제8판

환 경 법

김 홍 균

弘 文 社

제8판 머리말

25년 정도에 걸친 환경과의 만남이 어느덧 나의 운명이 되어 버렸다. 일상 대화에서부터 논문, 회의, 칼럼, 변론, 자문 등 온통 환경을 떠나서는 있을 수 없게 되었다. 책은 그 결정판이라고 할 수 있다. 나의 정체성은 환경법 근처라는 것이 분명해 보인다. 몇 번인가 여기까지야라고 하다가 아직까지 손을 못 놓고 있다는 것이 그 핵심 증거다. 이 개정판이 나오기까지에는 독자의 덕이 절대적이다. 독자가 있다는 것에 고무되어 개정판을 결행하였기 때문이다. 독자들에 감사할 따름이다.

한편으로는 환경법 제·개정이 워낙 잦다 보니 마냥 미룰 수만은 없을 터였다. 시간적인 이유로 개정판을 내는 것이 만만치 않았기 때문에 새로 제정된 것, 대폭 개정된 것에 초점을 맞추었다. 「도시하천유역 침수피해방지대책법」, 「물순환 촉진 및 지원에 관한 법률」, 「환경분쟁 조정 및 환경피해 구제 등에 관한 법률」, 「화학물질의 등록 및 평가 등에 관한 법률」, 「화학물질관리법」 등이 그 좋은 예이다. 다만, 너무 두꺼워지는 것이 아닐까 경계하여 시행 시기를 2025년 상반기까지로 제한하여 해당 부분을 책에 포함하였다. 판례도 무시할 수 없었다. 고민은 하급심 판결도 넣을 것인지였다. 판례 하나하나를 추가할 때마다 한참을 고민하였다. 없애려다가, 차마 용기가 나지 않아 일단 미루어두었다가 결국은 추가하였다. 실무를 하면서 고민한 부분도 그냥 흘려버리기에는 너무 아까워 넣고 말았다. 맑아지기 위해서는 비워야 하는데, 사단은 다 고놈의 결벽주의 때문에 이루어진 일이다. 굳이 자기변호를 해보라면 지금 멈추는 것은 무섭지 않다. 다만 허무할 뿐이다.

개정판 작업을 하면서 완벽주의 가면을 벗어야 행복을 맛볼 수 있을 텐데, 인생에서 낭만을 빼면 남는 게 뭐가 있단 말인가. 행복은 평범한 일상 속에 순간이라는 이름으로 숨어있다, 평범한 날들의 찬란한 하루, 외로울 때 혼자서 부를 노래가 있다는 것 등등의 행복이라는 단어의 언저리에 있는 것들을 많이 생각하였다. 나이가 들어서일 수도 있고, 계엄 정국을 거치면서 혼란스럽고 불편한 마음이 들어서일 수도 있다. 어쨌든 이제는 휴식이 필요한 시간이다. 마음의 평화가 찾아오고 있다. 마침 고독한 공기가 불어오고 있다. "나는 자유다."

2025년 2월
명덕재에서 著者

제7판 머리말

보통 2년 정도 터울로 개정판을 내왔는데, 이번에도 이를 지키게 되었다. 2년이라는 것은 내가 스스로 정한 룰(rule)인데, 매년 내자니 힘들고 그렇다고 그 기간이 조금만 더 늘어나면 완전 중고 책이 될 수 있다는 강박감에 기인하는 것이다. 그 무언의 약속은 내가 임의로 정한 것이니 반드시 지켜야 할 것은 아니지만 무의식중에 나를 감시하고 있다. 이 기간 동안 나는 습관적으로 제 · 개정된 법령들을 추적하고, 그때그때 정리하곤 한다. 그런데 이번에는 이러한 작업이 간단치 않았다. 학교와 달리 로펌일이 만만치 않은 것이 가장 중요한 이유였다.

예상대로 그 동안 환경법 제 · 개정이 숨가쁘게 이루어졌다. 예컨대, 2022. 12. 31. 기존 「자원순환기본법」의 전면 개정방식으로 「순환경제사회 전환 촉진법」이 제정되고, 2022. 12. 30. 유기성 폐기물의 친환경적 활용을 촉진할 목적으로 「유기성 폐자원을 활용한 바이오가스의 생산 및 이용 촉진법」이 제정되었으며, 통합물관리 차원에서 2022. 1. 1.부터 「하천법」이 명실상부한 환경부 소관의 법이 되었다. 환경법의 특성상 개정도 많이 이루어졌는데, 하위법령까지 포함할 경우에는 그 양이 엄청나다고밖에 할 수 없다. 생각해 보라. 환경부 소관 법률만도 80여 개에 이르지 않는가. 이러한 사정변경을 그때그때 반영하지 않을 경우에는 나중에 더 힘든 작업이 기다릴 것이고, 그 사이 책은 고물이 되어버릴 것이 분명하다.

이제야 얘기지만 그 동안 내 신상에 큰 변화가 있었다. 단연코 그 첫 번째는 1년여 전에 오랫동안 정들었던 학교를 떠나 로펌으로 이동한 것이라고 할 수 있다. 어쩔 수 없이 주변 환경과 문화가 바뀌어서 아직도 적응을 하고 있는 중이다. 책과 관련해서만 얘기하자면 이론에서 실무로 무게 중심이 조금씩 조심스럽게 옮겨가는 중이라고나 할까. 결과적으로 그 동안 알았던 것이 실상 잘 모르고 있었구나 하는 생각이 들기도 하고, 그 동안 무시했던 부분의 중요성을 새로이 발견하기도 한다. 실무는 이러한 사실을 보다 분명히 알게 해주었으며, 내용의 디테일을 강하게 요구하였다. 이번 개정에서는 이런 인식을 기초로 보충, 수정한 부분이 제법 있다.

올 겨울에는 유난히 눈이 많이 내린 듯하다. 며칠 전에는 40여년만의 폭설을 뚫고 자전거 라이딩을 하였다. 눈이 많이 내린다는 예보를 들었다면 아예 길을 나서지조차 않았을 터인데, 결과적으로는 기록적인 폭설 속에서 강행한 꼴이 되었다. 덕분에 나는 최고로 감동적인 순간을 맛보았다. 이 책을 집어든 독자들에게도 이런 생각지 못한 감동이 생기길… 오늘도 그 눈이 내리고 있다. 그렇게 세월이 가고 있었다.

2024년 2월

명덕재에서 저자

제6판 머리말

내게 방학이 있다는 것은 여간 다행이 아니다. 나는 습관처럼 개정 작업을 시작하였다. 어차피 환경법은 법 제정과 개정이 잦은 관계로 번잡함과 수고는 감수하기로 하였다. 2년여 사이 새로 제정된 법(예컨대, 「기후위기 대응을 위한 탄소중립 · 녹색성장 기본법」, 「물관리기술 발전 및 물산업 진흥에 관한 법률」, 「공공폐자원관리시설의 설치 · 운영 및 주민지원 등에 관한 특별법」 등)을 우선 추가하였다. 환경구제를 다루고 있는 저자의 다른 책(로스쿨환경법)에도 넣지 못하였던 일조권, 조망권도 추가하였다. 책이 두꺼워지는 것을 염려하여 지난 판에서 과감하게 삭제하였던 구제(공법상 · 사법상 구제)를 다시 소환하였다. 총론 격인 구제분야가 없음으로써 책의 완결성이 떨어지는 것이 아무래도 마음에 걸려서다. 다만 범위와 수준은 필요 최소한으로 하였다(내용과 깊이가 부족한 부분은 로스쿨환경법으로 보완하면 될 것이다). 개정된 내용은 예상대로 많았는데, 어떤 개정은 전면 개정 수준이거나 입법의도를 명확히 알 수 없어 새로 쓰는 것 못지않게 만만치 않은 노력이 요구되었다. 그나마 수업시간, 자문회의 등을 통해 간간이 듣고 정리해 둔 것이 있어서 가능하였다.

매 순간마다 망설임의 연속이었는데, 결국 완벽주의적인 태도를 버리지 못하고 집어넣었다. 그 결과 하염없이 책이 두꺼워졌다. 책의 두께와 다루는 범위 · 수준 사이에는 개정 때마다 느끼는 딜레마가 있다. 나는 그 어느 지점에선가 고민으로 며칠의 불면의 밤을 보낸 것 같다. 분명 책의 두께를 줄이자는 마음으로 시작하였는데, 그 종착역은 아이러니하게도 이것저것 다 들어 있는 보따리 같은 것이 되었다. 허전한 부분을 메꾸려는 나의 욕심이 원죄라고 할 수 있다. 그나마 위안이라면 그것이 싱거운 책을 만들지 말자는 나의 다짐과 결의를 확인한 것이라는 것이다. 또 하나, 누군가 환경법을 정리하는 사람도 있어야 하지 않을까 하는 자존감의 표시라는 것이다.

코로나 19는 나에게도 힘든 시간이었다. 그나마 다행이라면 걷기, 자전거 타기를 일상적으로 하게 된 것이라고 할 수 있다. 인도 속담엔가 "잘못된 기차가 올바른 곳에 데려다 준다"는 말이 있다는 것을 들은 것 같다. 맞다. 코로나 19가 없었다면 내가 제주 올레길을 걸으려고나 했겠는가. 야밤에 한강 자전거길을 돌아다닐 생각이나 했겠는가. 차가움과 어둠이 없었더라면 따스함과 눈부심도 없으리. 이 책을 접한 독자가 생각지 않은 즐거움과 지혜를 얻기를 기원한다.

2022년 2월

명덕재에서 저자

제5판 머리말

우선 독자들에게 무조건 감사를 드린다. 2018년에도 숨가쁘게 환경법의 제정, 개정이 이루어졌다. 「유전자원의 접근 · 이용 및 이익 공유에 관한 법률」이 시행되었고, 살생물제, 미세먼지 등에 대한 대응법인 「생활화학제품 및 살생물제의 안전관리에 관한 법률」, 「미세먼지 저감 및 관리에 관한 특별법」 등이 제정되었다. 물관리 일원화에 부응하는 법제 개편도 주목할 만하다. 예컨대, 2018년 5월 28일 「물관리기본법」이 국회를 통과하였으며, 수자원 · 수량 관련 5개 법률(「수자원의 조사 · 계획 및 관리에 관한 법률」, 「댐건설 및 주변지역지원 등에 관한 법률」, 「지하수법」, 「친수구역 활용에 관한 특별법」, 「한국수자원공사법」)이 환경부로 이관되었다. 또한 「하천법」 중 하천관리를 제외한 수량, 수질, 재해예방 등 관련 물관리 기능 일부가 환경부로 이관되었다. 예상대로 개정된 법도, 새로운 판례도 다수 생겼다. 이러한 대폭적인 상황 변화를 고려해서, 그동안 대개 2년 정도가 지나서 개정판을 내왔는데, 이번에는 좀 서둘러 책을 내기로 하였다.

판례도 그렇지만 빈번한 법 제정과 개정은 책을 자꾸 두껍게 하고 있다. 이번에는 드디어 큰 결단을 내렸다. 기존 책에서 환경오염피해에 대한 구제의 핵심 분야를 이루는 민사소송, 행정소송 부분을 아예 삭제하기로 하였기 때문이다. 환경구제를 다루지 않고 어찌 환경법 책이라고 할 수 있을까 하는 생각이 들었지만 책이 너무 두꺼워지는 것을 경계하기 위한 고육책이었다. 책이 너무 두꺼워져 독자들에게 부담이 된다는 출판사의 걱정과 완벽주의를 추구하는 필자와의 기 싸움 중 타협지점이 이것이었다고 이해해 주었으면 한다. 마음은 너무 아팠지만 삭제된 부분을 필자의 다른 책(로스쿨환경법)에서 다루는 것으로 위안을 갖기로 하였다. 이제 와서 보니 책의 두께가 보통이 아니었던 상황에서 환경구제도 다루었던 것이 불안한 동거가 아니었는가 하는 생각이 든다. "흐린 것을 버리면 맑음이 절로 나타날 것이다"라는 말이 맞는 것 같다.

2019년 2월
명덕재에서 저자

제4판 머리말

그 동안 3년여의 시간이 지났다. 환경법 제 · 개정이 유난히 잦다는 점을 고려할 때 긴 시간이 흘렀다고 할 수 있다. 그 동안 손을 대지 못한 것은 내가 게으른 것이 가장 큰 이유이다. 켜켜이 쌓인 숙제 때문에 마음이 늘 편안치 않았는데, 이제 막다른 심정으로 손을 보기로 했다. 새 책에는 최근에 제정된 「환경오염피해 배상책임 및 구제에 관한 법률」, 「환경오염시설 통합관리에 관한 법률」, 「자원순환기본법」 등과 함께 미루어 두었던 「온실가스 배출권의 할당 및 거래에 관한 법률」, 「화학물질의 등록 및 평가 등에 관한 법률」, 「화학물질 관리법」 등을 담았다. 여기에 예상했던 대로 그 동안 이루어진 많은 개정 부분을 추가하였다. 독자들로부터 책이 많이 두껍다는 불평을 듣곤 했는데, 더 두꺼워졌으니 걱정이 크다. 다만 페이지를 줄여보려는 요량으로 기존 책에서 공법상 구제와 사법상 구제 부분을 떼어냈다(그러나 고민 끝에 이 중에서 워낙 중요하다고 보이는 행정소송과 민사소송 분야는 축약해서 살려두었다). 책의 완결성 차원에서 못내 아쉬웠지만 다른 한편으로 필자의 다른 책(로스쿨환경법)에서 이 부분을 비교적 소상히 다루고 있다는 점에서 약간의 위안을 삼았다.

세월의 흐름 속에서 거기에 맞는 변화는 불가피할 것이다. 돌이켜 생각해 보면 로스쿨이 시행된 지 9년이 지나고 있다. 환경법이 변호사시험에 들어 있기는 하지만 시험범위에 들어있는 것이 고작 9개 법률이다 보니 환경법 저변을 확대하는 데에는 한계가 있어 보인다. 학생 입장에서는 60개 가까이 되는 법률을 모두 들여다보는 것이 무리일지 모른다. 로스쿨의 출범이 오히려 환경법의 입지를 위축하고 있으니 아이러니라고나 할까. 서글픈 현실이다. 그렇다고 9개만을 환경법이라고 하면서, 수험생만을 독자층으로 해서 책을 쓴다는 것이 나에게는 쉽게 허용되지 않는 일이다. 환경법은 아무리 많아도 끝까지 함께 가야하는 것이다. 내용도 단순히 법조문만을 나열하는 것에 그치지 말자는 것이 원칙이다. 정작 위기는 계획을 바꾸는 데서 오기보다는 원칙을 바꾸는 데서 오는지 모른다. 언젠가는 책 쓰는 작업을 멈출지 모르지만 작업을 계속하는 한 이 원칙은 바뀌지 않을 것이다. 책이 더 두꺼워질 것이라는 불길한 예감이 든다.

생각해 보니 지금껏 책을 내준 출판사와 교정을 봐준 분들에게 감사의 마음을 전한 적이 없는 것 같다. 특히 이번 여름휴가를 빼앗은 것 같아 죄송한 마음이 크다. 이 자리를 빌어 임권규 사장님, 이경희 주간님에게 감사를 드린다.

2017년 8월
명덕재에서 著者

제3판 머리말

일단 책을 쓰면 그 뒤에도 소홀할 수 없어 좋든 싫든 뒤치다꺼리로 세월을 보낼 수밖에 없다는 말을 들은 적이 있다. 그러나 그동안 자의반 타의반으로 버티었다. 그 사이 법 제 · 개정이 워낙 많아졌고 더 이상 책 개정을 미룰 수가 없었다. 2012년 「인공조명에 의한 빛공해 방지법」, 「생물다양성 보전 및 이용에 관한 법률」, 2013년 「화학물질의 등록 및 평가 등에 관한 법률」, 「화학물질 관리법」 등이 제정되었고, 크고 작게 거의 모든 법이 개정되었다. 현재 토양환경보전법 개정(안), 환경오염피해 구제 법률(안), 자원순환사회 전환 촉진법(안) 등이 국회에 발의된 상태라 책 손질은 끝이 없어 보인다.

애초 제 · 개정법 모두를 담으려고 했으나 2015년 이후 시행되는 법은 담지 않기로 하였다. 「온실가스 배출권의 할당 및 거래에 관한 법률」, 「화학물질의 등록 및 평가 등에 관한 법률」 등이 대표적인 예이다. 일단 시간을 벌자는 것이 큰 이유였지만 줄줄이 대기하고 있는 법안에 대한 반영도 언젠가 해야 하기에 어차피 한 번에 모두를 충족할 수 없다고 보았기 때문이다. 최소한 가까운 시일 내에 또 한 번의 개정 작업을 예고하고 있는 셈이다. 50여 개의 법률을 다루려고 하다 보니 스트레스가 여간 아니었다. 변호사시험 범위에 들어있는 법으로 대폭 축소해 볼까하는 유혹도 몇 번 찾아왔다. 그러나 냉정히 생각해 보면 로스쿨 수업과 변호사시험이 환경법이 존재하는 이유의 전부가 될 수는 없는 것 아닌가. 그나마 아직까지 환경 판례가 많지 않은 것이 역설적으로 여간 다행인 것이 아니었다. 책이 점점 두꺼워져 해양환경 분야를 빼기로 하였는데, 마음이 아프다.

지난겨울은 유난히 바빴다. 그 와중에 나오는 개정판이라 어설플 수 있다는 걱정이 있다. 바쁜 일들 중 책 손질이 단연 큰일이었다. 무엇보다도 그 동안 받아온 과분한 사랑에 대해 최대한 성의 표시를 해야 한다는 압박감이 컸기 때문이리라. 책을 만질 때는 치열했지만 편안했다. 내 손을 떠나면 소중한 뭔가가 빠져나갈 것 같아서인지 막바지에는 심한 몸살이 찾아왔다. 이제 가슴 속이 맑고 시원해지는 감을 느낀다. 나는 이 자리에서 "환경법 책 한 번 봐주십시오. 두 번 보면 더욱 좋습니다"라고 간청하지 않겠다. "이번에는 정말 시간이 부족했습니다"라고 핑계도 대지 않겠다. 다만 나 자신에게 충실했고 지금도 노력하고 있다. "성실한 사람은 고독하지 않다"는 말, 참 좋다.

나는 근본적으로 운명주의자이지만 늘 꿈을 꾸며 산다. 그래서 입에서는 바쁘다는 말이 그치지 않는지 모르겠다. 봄이 성큼 다가오고 있다. 더 바빠질 수 있다. 텃밭을 만들고, 앞마당에 매화, 목련을 더 심고, 아내의 작업실도 만들어야 하고 …. 그러나 바쁜 가운데도 잊지 말아야 할 것이 있다. 담담하고 조용해져 충실해질 것.

2014년 2월
명덕재에서 著者

제2판 머리말

그 동안 많은 법이 제 · 개정되었다. 「환경정책기본법」, 「환경영향평가법」, 「폐기물관리법」, 「토양환경보전법」, 「물의 재이용 촉진 및 지원에 관한 법률」, 「먹는물관리법」, 「석면피해구제법」, 「석면안전관리법」, 「소음 · 진동관리법」 등등. 법명도 많이 변경되었다. 「야생생물 보호 및 관리에 관한 법률」, 「환경기술 및 환경산업 지원법」, 「환경범죄 등의 단속 및 가중처벌에 관한 법률」, 「녹색제품 구매촉진에 관한 법률」 등등. 주목할 만한 판례도 많이 나왔다. 그러다 보니 일거리를 가능한 한 만들지 않으려는 나로서도 어쩔 수 없었다. 개정판을 내자.

그 동안 로스쿨이 본격 출범되고 변호사시험이 시행되었다. 개정판에서는 변호사시험 범위에 드는 법률을 많이 보완하였다. 제 · 개정 법률은 2012년 중반 이후에 시행되는 법률도 반영하였다(다만 미처 개정되지 않은 시행령은 반영하지 못하였다). 판례는 중요성을 고려하여 하급심 판례도 소개하고자 하였다.

당초 조금만 손을 보려고 하였는데, 하다 보니 이것저것 건드리면서 일이 커졌다. 책도 사는 집과 같아서 살다 보면 수리를 할 곳이 생기기 마련인데, 여기저기 수리하다 보니 사실상 증 · 개축을 한 듯하다. 이제 좀 산뜻해진 것 같다. 그러고 보니 그 동안 독자들한테 받은 사랑이 과분하였다는 생각이 든다. 이렇게 고칠 곳이 많았는데도 곱게 봐주었으니 말이다. 책을 처음 쓰는 것도 어렵지만 이를 고치는 것도 여간 어려운 것이 아니라는 생각이 든다. 이제 책을 쓰는 동안 미뤄두었던 일상의 번거로움이 찾아올 테고, 나는 어느 정도의 고요함과 한가로움도 가질 것이다. 봄이 곧 올 것이다. 아마 봄에도 나는 톱과 망치를 찾을 것이다. 어디 고칠 곳이 없는지 두리번거리면서.

2012년 2월
명덕재에서 著者

머 리 말

날로 심해지고 있는 환경오염은 우리의 생명 · 건강을 크게 위협하고 있으며, 우리의 생존 자체를 어렵게 하고 있다. 환경은 인간 생존의 조건이다. 그렇기 때문에 환경이 없으면 아무것도 존재할 수 없다. 경제성장도 인류의 평화도 인권도 있을 수 없다. 이처럼 중요한 환경에 대해 그 동안 우리는 너무 무심하였다. 이제 환경에게 안부를 묻고 다정하게 말을 걸어보자. 환경! 그 동안 잘 있었니?

따지고 보면 산다는 것이 그렇게 복잡하고 어려운 것이 아닐 텐데, 그 동안 환경법과의 씨름은 나의 삶을 사뭇 진지하게 만들고, 때론 어렵게, 때론 외롭게 하였다. 누구에게나 강박관념과 스트레스는 있겠지만 이제와 생각해 보면 나에게는 환경법이라는 주제로 쓸모 있는 책을 쓰는 것이 내 고민의 8할을 넘었던 것 같다. 책을 쓰는 것은 내 인생에 대해 매듭을 짓는 중요한 작업이기도 하다.

그래서 욕심을 내보았다. 환경파괴가 심각해지는 시점에서 나도 문제해결의 시발점이 될 수 있다는 것을 확인하고 싶었다. 마침 로스쿨이라는 새로운 화두는 나에게 큰 용기를 주었다. 정확히 개념지울 수는 없지만 환경법을 총정리하는 그 무엇을 쓰기로 하자. 그 방향은 교과서, 실무서, 연구서 모두를 지향하자. 내용은 가능한 한 모든 법률을 다루고, 판례, 각주에도 세밀히 신경을 쓰기로 하자. 진부하여 새롭지 않은 이야기로 지루한 논의 같은 것은 하지 말자. 그러다 보니 책의 두께는 하염없이 늘어만 갔다. 괜스레 너무 욕심낸 것이 아닌가 하는 생각이 들기도 하였다.

그 동안 후발주자로서 환경법은 숨가쁘게 발전하였다. 환경부 소관 법률만도 50개에 육박하고, 지금 이 순간에도 숨가쁘게 제 · 개정을 거듭하면서 진화를 거듭하고 있다. 가히 법률의 홍수다. 양도 그렇지만 법률 제 · 개정이 잦아들 때까지 기다리다가는 아예 책을 쓰지 못할 것이라는 걱정이 들었다. 책 쓰기를 시작하였을 때는 기본적으로 다루어야 할 양이 너무 많아서 어려웠는데, 막상 끝내는 시점에서는 페이지를 줄이느라고 고생하였다.

바람이 부는 날, 햇살이 눈부신 날, 장맛비가 쏟아지던 날, 송이눈이 내리던 날 연구실에 나왔다. 그래서 행복하였다. 행복은 제 각각의 형태로 온다는데, 나는 환경법에 서서히 다가서다가 빠져들었으며, 행복은 파노라마처럼 존재하였다. 결론 없는 글을 쓰다가 빠져 나온 밤도 많았다. 연구실은 피난처이면서도 나의 꿈이 영그는 포근한 공간이었다.

그 동안 앞만 보고 숨차게 달려온 듯하다. 이제 "바람소리와 파도소리, 그 외에 아무 소리도 듣지 않겠다." 그러나 휴식도 잠시라는 것을 안다. 농부가 봄이 왔는데 어찌 씨 뿌리는 일을 폐하겠는가? 나는 아련한 추억에 잠기다가 또 다른 여행을 떠날 것이다. 미처 도달하지 못한 곳이 있을 터이기에 마땅히 더 공부할 생각이다.

꿈을 가진 내 사람과 그 동안 도움을 준 모든 이에게 깊은 감사의 말을 전하며 눈부신 발전을 기원한다.

2010년 2월

著 者

목 차

제 1 장 환경과 법

제 2 장 환경정책기본법

제 3 장 환경영향평가

제 4 장 통합환경관리

제 5 장 자연환경의 보전

제 6 장 대기환경의 보전

제 8 장 물관리

제 9 장 생활환경의 보호 · 관리

제10장 순환자원과 폐기물의 관리

제11장 유해물질의 관리 및 환경보건

제12장 토양환경의 보전

제13장 먹는물 관리

제14장 환경오염의 규제

제15장　환경오염피해에 대한 구제

제16장 환경범죄의 형사법적 규제

제 1 장 환경과 법

제1절 환경문제

환경은 우리에게 무엇인가? 자연의 기능과 가치는 무엇인가? 우리는 왜 환경과 자연을 보전 · 보호해야 하는가? 환경과 자연의 가치가 너무나 크기 때문이다. 환경의 기능과 가치는 무궁무진한 것으로 나타나고 있다. 그 가치는 윤리적인 것에서부터 경제적인 것에 이르기까지 다양하다. 여기에는 식량, 의약품, 목재, 교육과 같은 직접적인 이용에서부터 수질정화, 홍수조절, 기후조절, 토양생산, 지하수충전 등 간접적인 이용에 이르기까지 다양하다. 여가적 · 심미적 가치도 빼놓을 수 없다. 이와 같이 다양하고 중요한 가치는 인류 건강, 복지와 생태계 안정의 기반에 크게 기여하고 있다. 이는 우리가 환경과 자연을 강하게 보호해야 할 이유이기도 하다. 그러나 현실은 그렇지 않다. 환경은 계속 파괴되어 왔고 지금도 소중한 자연이 농업용지, 도시, 산업단지 등으로 변하고 있다.

1960년대 이후 급속한 경제개발은 대기 · 수질오염, 폐기물, 소음 문제 등 각종 환경문제를 야기하였다. 옛날부터 금수강산이라고 알려져 온 우리나라 산천은 이제 과거 속으로 사라져 가고 있다. 각종 개발사업과 무분별한 자원의 이용, 개발 등은 생태계의 보고, 야생 동 · 식물의 서식지를 파괴하고 있다. 맑고 드높았던 우리나라 하늘도 과거의 얘기에 불과하다. 맑고 풍부하기로 유명한 우리나라 물의 명성도 많이 퇴색하였다. 서울 등 주요 대도시의 대기는 스모그, 매연, 먼지 등으로 뒤덮여서 밤하늘의 별을 헤는 것이 어렵게 되었다. 올챙이, 송사리가 뛰놀던 개천은 오 · 폐수가 넘쳐흘러 이들을 보는 것이 어렵게 되었다. 가재잡이는 더 이상 불가능하게 되었다. 개울에서 미역감는다는 것은 옛말이 되었다. 산천은 쓰레기로 뒤덮이면서 찌들고, 그 상처는 점점 커지고 있다. 조용한 아침의 나라는 소음과 진동의 중심지로 변하고 있다.

개발과 보전을 둘러싼 갈등은 심화되고 있다. 개발제한구역의 조정, 동강댐건설, 새만금 간척사업 등을 둘러싼 분쟁사례에서 목격한 바와 같이 환경문제에 대한 지역적, 사회적 갈등과 님비(NIMBY) 현상 등이 그 좋은 예이다. 지방자치단체간, 지역주민간 갈등은 국립공원, 상수원보호구역 등의 지정에 따른 지역주민의 재산권 침해를 둘러싼 분쟁과 맞물리면서 한층 치열해질 것으로 예상된다.

많은 사람들은 현대의 가장 시급한 문제로 환경문제를 꼽는 데 주저하지 않고 있다.

이러한 문제인식의 바탕에는 환경오염이 단순히 별 헤는 것, 가재잡이, 미역을 어렵게 하는 데 그치지 않는다는 생각이 자리하고 있다. 그 동안 환경오염은 양적으로 엄청난 규모로 커졌고, 질적으로 심각히 악화되었다. 그 태양은 다양하고 복잡한 양상을 띠고 있다. 이로 인하여 도처에서 나타나는 환경 재앙은 우리에게 인류의 멸망을 경고하고 있다. 환경오염으로 인한 인적, 물적 피해와 생활환경상의 피해는 엄청나다. 날로 심해지고 있는 환경오염과 환경훼손은 우리의 생명 · 건강을 직접적으로 위협하고 있으며, 우리의 생존 자체를 어렵게 하고 있다.

환경오염이 심각해진 이유로는 급속한 산업화와 도시화로 인한 산업활동의 증가 및 고도화, 환경 · 생태계에 대한 인식 부족, 환경기초시설의 부족, 자연의 정화능력의 초과 등을 들 수 있다. 그 결과는 대기질 · 수질환경의 악화, 생물 서식지 및 산란지의 파괴, 생물종의 변이 등 생태계의 급속한 훼손으로 돌아오고 있다. 중금속, 다이옥신, 농약 등으로 대표되는 환경호르몬, 잔류성유기오염물질(POPs) 등 새로운 유해오염물질이 오염에 가세하고 있으며, 하천, 지하수, 대기, 연안, 해양 등 다양한 경로를 통해 환경을 악화시키고 있다.

환경이 없으면 아무것도 존재할 수 없다. 경제성장도 인류의 평화도 인권도 있을 수 없다. "환경이 건강해야 사람도 건강하다." 이는 환경보전이 우리의 생존 조건임을 의미한다. 환경문제는 단순한 주의를 요하는 문제가 아니라 우리의 생존권과 직결된 절실한 문제인 것이다. "환경문제는 우리가 감당하여야 할 성장의 부수비용이 아니라 생존의 불가결한 조건이 된 지 이미 오래이며, 우리가 생활환경 및 자연환경을 그 침해 및 훼손으로부터 보호하고, 나아가 모든 국민에게 건강하고 쾌적한 환경을 보장하여 인간다운 생활을 영위할 수 있도록 해 주어야 한다는 것은 시대적 요청이다."[1] 환경문제는 더 이상 사치가 아니다. 물론 환경문제의 해결이 간단한 일은 아니다. 그러나 환경보전은 우리의 노력 여하에 따라 충분히 이룰 수 있는 작업이다. 이는 환경문제가 사람의 활동이 개입한 일종의 인재의 성질이 있다는 점을 인식할 경우 더욱 분명해진다. 그래서 희망이 있다.

환경의 가치가 소중할수록 보전의 필요성은 높다. 그러나 아이러니하게도 최근 추세는 환경파괴의 정도와 속도에 가속도가 붙고 있어 위기를 불러일으키고 있다. 그렇다면 그 위기의 타결책은 없는 것인가? 그 답은 간단하다: 환경보전.

환경은 이제 더 이상 개발 · 파괴의 대상이 아니라 보전의 대상이라는 인식의 전환이 필요하다. 환경문제는 재산권 보호 등 근대부터 이어져온 이념, 원리 및 체제만으로는 더 이상 보호하기 힘든 영역의 것이 되었으며 이제 새로운 법이념, 원리 및 체제로써 대처할 필요가 있다. 이는 새로운 사고와 접근방법을 요구한다.

---

1) 대법원 1999. 8. 19. 선고 98두1857 전원합의체 판결.

Ⅰ. 환경이란?

환경을 일의적으로 정의하기는 어려우나 일단 인간의 생활과 직접 또는 간접적으로 관계를 맺고 있는 자연적 · 인위적인 모든 외부적 생활조건[2]이라고 할 수 있다. 그러나 그 포괄성과 접근방식에 따라 환경에 대한 구성 요소 및 개념 정의는 다양하게 나타나고 있다. 환경을 좁게 보는 입장은 환경을 대기, 물, 토양, 동 · 식물계와 같은 자원 및 이들 자원들과의 상호작용으로 정의한다(협의의 환경). 반면, 환경을 넓게 보는 입장은 협의의 환경과 더불어 경관(landscape) 및 문화유산(cultural heritage)을 형성하는 재산을 포함한다(광의의 환경). 더 나아가 자연환경의 심미적 가치와 휴양활동 등에 따른 자연상태의 향유와 같이 자연환경의 존재로부터 기인하는 공공의 서비스와 그 이용까지도 포함한다는 입장도 있다(최광의의 환경).[3]

「환경정책기본법」은 '환경'에 대한 별도의 개념규정을 두고 있지 아니하고 환경이란 "자연환경과 생활환경을 말한다"고 규정하고 있다(제3조 제1호). 이에 따르면 '자연환경'은 지하 · 지표(해양을 포함) 및 지상의 모든 생물과 이들을 둘러싸고 있는 비생물적인 것을 포함한 자연의 상태(생태계 및 자연경관을 포함)를, '생활환경'은 대기, 물, 토양, 폐기물, 소음 · 진동, 악취, 일조, 인공조명, 화학물질 등 사람의 일상생활과 관계되는 환경을 의미한다(제3조 제2호, 제3호). 이러한 개념정의는 광의의 환경개념을 채택하고 있는 것이라고 할 수 있다. 한편, 「환경정책기본법」상의 환경의 개념정의에 대하여는 자연환경과 생활환경이 부분적으로 중복되고, 특히 생활환경을 정의함에 있어 별도로 정의되지 않은 환경이라는 개념을 사용함으로써 순환론에 빠져있으며, 그 개념이 명확하지 않다는 비판이 있다.[4]

환경과 구별되는 개념이 생태계이다. '환경(environment)'이란 개념이 보호대상의 주변(surrounding) 지역에 적용되는 광범위한 개념으로서, 단순히 보호대상의 바깥지역을 지칭하는 것으로 이해될 수 있다는 데 비하여 '생태계'란 인간과 비인간적 구성부분간의 상호작용, 역동성, 변화성 등에 초점이 맞추어진 개념이라는 점에서 환경법적으로는 '생태계'가 보다 정확하고 의미있는 용어일 수 있다.[5] 1992년 「생물다양성협약」은 '생태계'를 "식

---

2) 고영훈, 환경법, 법문사, 2000, 23면. 혹자는 환경을 "인간을 둘러싸고 있는 주위(surroundings) 일체(구연창, 환경법론, 법문사, 1993, 53면)", "인간을 둘러싸고 있는 삶의 여건(박균성 · 함태성, 환경법, 박영사, 2004, 23면)"으로 이해하기도 한다.

3) Edward H. P. Brans, Liability for Damage to Public Natural Resource－Standing, Damage and Assessment－, 10 (Kluwer Law International, 2001).

4) 박균성 · 함태성(각주 2), 23면.

5) '생태계'는 '환경'과 다음과 같은 점에서 구별된다: ① 환경이 인간 중심적인 개념이라면 생태계는 생물 중심적이다; ② 환경이라는 개념이 구심적이거나 원심적인 중심주의적인 세계관을 나타낸다면, 생태계는 '관계적'이라고 이름 붙일 수 있는 세계관을 반영한다; ③ 환경이 원자적 · 단편적인 세계 인식양식을 반영하는 데 반해, 생태계는 유기적 · 총체적인 세계 인식양식을 나타낸다; ④ 환경이 이원론적인 형이상학을 합의한다면, 모든 생명을 뗄 수 없는 상호 의존성을 강조하는 생태학이라는 개념은 일원론적인 형이상학을 반영한다. 박인문, 나비의 꿈이 세계를 만든다, 뿔, 2007, 166 내지 167면.

물 · 동물 및 미생물 군락과 기능적인 단위로 상호작용하는 비생물적 환경의 역동적인 복합체"로,[6] 「자연환경보전법」과 「생물다양성 보전 및 이용에 관한 법률」에서는 '생태계'를 "식물 · 동물 및 미생물 군집(群集)들과 무생물 환경이 기능적인 단위로 상호작용하는 역동적인 복합체"로 정의하고 있다(각 제2조). 이러한 개념 정의에 따르면 생태계의 한 구성부분에 영향을 미치는 외부영향은 다른 구성부분 사이에 반응을 초래하고 전체 생태계의 균형을 방해하거나 생명을 지지해 주는 시스템으로서 기능하는 생태계의 능력을 손상 또는 파괴할 수 있다.[7]

생태계 개념의 특징적인 요소로는 인간과 다른 종(동 · 식물) 간의 비구별성, 인간과 비인간적 구성부분간의 상호 작용, 역동성, 변화성 등을 들 수 있다.[8] 생태계의 변화성은 이율배반적인데, 생태계의 계속적인 변화는 진화를 촉진하는 반면, 그 변화가 심할 경우에는 생태계가 손상 · 파괴될 수 있다. 인간에 의해 초래되는 생태계 변화가 심하고 급격할수록 그 손상 · 파괴의 가능성은 클 수밖에 없다.

Ⅱ. 환경오염 · 환경훼손이란?

환경오염 또는 환경훼손에 대한 개념이해는 환경문제와 환경보전을 이해하기 위한 출발점이 된다. 일반적으로는 오염, 침해, 훼손 등이 구별되지 않고 사용되는 있으나 「환경정책기본법」은 환경오염과 환경훼손을 구별하여 사용하고 있다. 먼저 동법은 '환경오염'을 "사업활동 및 그 밖의 사람의 활동에 따라[9] 발생하는 대기오염, 수질오염, 토양오염, 해양오염, 방사능오염, 소음 · 진동, 악취, 일조방해, 인공조명에 의한 빛공해 등으로서 사람의 건강이나 환경에 피해를 주는 상태"라고 정의하고 있다(제3조 제4호). 이러한 정의는 대기, 수질, 토양, 해양, 방사능 등 매체의 오염과 소음 · 진동, 악취, 일조, 빛공해 등 물리적 현상에 기초한 분류방법으로서 환경행정의 구체적인 대상 및 환경오염피해의 범위를 명확히 하고 있는 것이다.[10]

환경오염에 대한 정의는 다양할 수 있으나 이들 개념정의에는 보편적인 요소가 있다. 그것은 인위적인 오염물질의 배출과 피해 발생이다. 예컨대, 대기오염은 자연상태와 구별

---

6) Convention on Biological Diversity, 31 I. L. M. 818 (1992), 제2조.

7) *Id.*

8) Ved P. Nanda and George Pring, International Environmental Law & Policy for the 21st Century 200−201 (Transnational Publishers, Inc., 2003).

9) '환경오염'은 사람의 활동을 전제로 한 개념이기 때문에 환경에 피해를 주는 활동 자체에 전혀 개입하지 아니한 사람을 포섭하지 못한다. 조홍식, "토양환경침해에 관한 법적책임", 환경법연구 제20권, 1998, 301면.

10) 예시된 피해의 한 원인으로 들고 있는 '일조방해'는 2002. 12. 30 개정 법에서, 빛공해는 2016. 1. 27. 개정 법에서 처음 제시되었는데, 이 개념의 명시로 일조방해, 빛공해가 새로이 환경오염피해의 원인으로 추가되고, 새로운 규범력이 생긴다고 볼 수는 없을 것이다. 다만 일조방해 등을 둘러싼 문제에 대한 국가작용, 환경정책의 강화를 유도할 수 있을 것이다. 전자파, 내분비계장애물질(환경호르몬), 유전자변형물질 등 새로운 환경문제에 대한 접근도 명문화됨으로써 보다 집중될 수 있을 것인바, 아직까지 이에 대한 명문화는 이루어지지 않고 있다.

되는 것으로 인위적으로 대기오염물질이 배출되어 자연정화능력을 벗어나서 대기 중에 이들 오염물질이 일정 시간 동안 일정량 또는 일정 농도로 존재하는 것을 의미한다. 또한 이렇게 존재하는 오염물질이 불특정 다수인에게 피해를 주어 일상생활이나 재산권 행사 등에 장애를 일으킬 때 대기오염이 있다고 할 수 있다.[11)]

동법은 계속하여 '환경훼손'을 "야생동·식물의 남획 및 그 서식지의 파괴, 생태계질서의 교란, 자연경관의 훼손, 표토의 유실 등으로 자연환경의 본래적 기능에 중대한 손상을 주는 상태"로 정의하고 있다(제3조 제5호). 이러한 개념 정의에 따르면 인체 및 생활환경에 악영향(피해)을 미치는 요인은 환경오염으로, 자연환경에 악영향을 미치는 요인은 환경훼손으로 이해할 수 있다. 한편, 침해(injury)와 피해(damage)가 혼동되어 사용되는 경향이 있으나 이들 개념은 서로 구별되는 개념이다. 즉 침해가 과학적 개념이라면 피해란 기술적인 법률 용어인 것이다. 예컨대, 기름유출로 인해 자연환경에 발생한 악영향 자체가 '침해'라고 한다면, 그 침해로 발생하는 효과 중 법적 의미가 있는 것을 '피해'라 할 수 있다.

환경문제, 환경오염, 환경훼손 등의 개념과 유사한 개념으로 공해(公害)라는 개념이 사용되고 있다. 공해의 규제를 목적으로 1963년 제정된 '공해방지법'에서는 공해를 "대기를 오염하는 매연·분진·악취 및 가스와 화학적·물리학적·생물학적 요인에 의하여 하천을 오염하는 공장폐수·사업장폐수 및 일반하수와 소음 또는 진동으로 인하여 발생하는 보건위생상에 미치는 위해"라고 정의하였다(제2조 제1항). '공해방지법'의 폐지로 공해라는 표현은 점차 사라져가고 있으나 요즈음에도 간혹 환경오염 또는 환경훼손 등과 유사한 의미로 통용되고 있다. 그러나 공해는 이들 개념과는 구분되어야 한다.

공해는 객관적으로 발생되는 법익침해에 중점을 두어 그 법익을 적극적으로 침해하는 행위의 측면을, 환경오염(또는 환경훼손)은 환경을 피해의 객체로 볼 뿐만 아니라, 현재와 장래의 국민 모두의 생존의 기초가 되는 넓은 의미에서, 환경을 저해하는 현상의 측면을 강조한 것이라 할 수 있다.[12)] 공해는 환경문제의 극히 일부분을 구성할 뿐이다.[13)]

공해는 '공해방지법'(공해법)의 중심 개념을 이루는데, 여기에서는 환경전반에 대한 배려 없이 대기오염, 수질오염 등의 공해·보건위생적 측면만을 대상으로 하고, 피해자체에 대한 소극적·사후적 규제에 초점을 맞추어 대증요법적·국부적·미시적 접근방법을 취하고 있다. 그 지도 원리는 시민법 원리가 지배하고 있다. 이에 반해 환경오염(또는 환경훼손)은 '환경보전법'과 「환경정책기본법」(환경법)의 중심 개념을 이루는데,

11) 고윤화 외 1, 배출권거래제의 도입상 제약요인 및 향후 검토과제, 배출권거래제도 논의 동향과 향후 정책방향, 한국환경정책평가연구원, 187 내지 188면.

12) 조은래, 환경법, 세종출판사, 2003, 7면.

13) 공해는 인간의 활동에 의해서 야기된 것에 한하며 인간의 건강 또는 생활환경에 대한 피해에 한정된다는 점에서 환경오염보다는 좁은 개념이다. 박균성·함태성(각주 2), 22면.

여기에서는 그 대상을 자연환경을 포함한 전반적인 환경문제로 넓히고 있으며, 환경의 사전예방, 이용 · 관리 · 보전으로까지 관심을 확대하고 있다. 환경문제에 적극적, 거시적, 종합적으로 대응하려는 이러한 접근방법은 종전의 공해법과는 차원을 달리하는 입법상의 대전환이라 할 수 있다.[14] 이러한 관점에서 보면 '빛공해'라는 개념을 사용하고 있는 2012년 2월 1일 제정된 「인공조명에 의한 빛공해 방지법」은 과거로 회귀한 느낌이다.

환경오염(또는 환경훼손)으로 압축되는 환경문제의 해결은 환경보전으로 귀결된다. 「환경정책기본법」에서는 환경보전을 "환경오염 및 환경훼손으로부터 환경을 보호하고 오염되거나 훼손된 환경을 개선함과 동시에 쾌적한 환경상태를 유지 · 조성하기 위한 행위"라고 정의하고 있다(제3조 제6호). 보전(conservation)은 보존(preservation)과 구별되는 개념이다. 보존이라는 개념이 비사용(non－use)이라는 관념을 내포하고 있다면 보전이라는 개념은 '현명한 사용(wise use)'이라는 관념을 내포하고 있다.[15] 말하자면 보전은 보존과 달리 환경의 개선, 유지 및 조성을 포함하는 적극적인 개념이라 이해된다. 「자연환경보전법」은 '자연환경보전'을 "자연환경을 체계적으로 보존 · 보호 또는 복원하고 생물다양성을 높이기 위하여 자연을 조성하고 관리하는 것"이라고 개념 정의함으로써(제2조 제2호), 보존이 보전에 포함되는 것으로 이해하고 있다.

Ⅲ. 환경오염의 원인

1. 인구증가

인구의 증가는 환경오염을 발생시키는 중요한 원인이 되고 있다. 인간의 소비활동은 필연적으로 자연자원의 이용, 개발, 파괴를 수반하게 되는데 이러한 행위는 환경오염으로 이어지게 된다. 인구가 많아지면서 자동차와 에너지 등의 소비가 늘어날 수밖에 없는데 그 결과 오염물질 배출량, 쓰레기 등은 급증하게 된다. 국토가 좁은 경우에는 그 문제가 더욱 심각해진다. 개발은 고밀도로 이루어지고, 단위 면적당 오염물질 배출은 과다하게 이루어지기 때문에 체감 오염도는 더욱 증가하게 된다. 인구의 증가는 대기오염, 수질오염, 폐기물 문제, 소음 문제 등 각종 환경오염을 초래하는 주범이라 할 수 있는데, 어떤 의미에서 인간 자체가 가장 중요한 오염원이며 오염물질이라 할 수 있다. 문제의 심각성은 인구의 증가가 경제능력을 상회하면서 폭발적으로 이루어지고 있다는 데 있다.

2. 산 업 화

산업화 과정은 환경부하를 일으키는 중요한 요인으로 작용한다. 우리나라도 예외가 아니어서 1960년대 이후 불어닥친 급격한 산업화는 환경문제를 심화하였다. 산업화는 자

14) 구연창(각주 2), 51 내지 52면; 박균성 · 함태성(앞의 책), 21면 참조.
15) Ved P. Nanda & George Pring(각주 8), 149면.

원 및 에너지의 소모를 요구하는데, 이는 오염물질의 배출량을 증가시킨다. 산업화가 진행되면서 이루어진 경제성장에 따른 소득 증가는 재화에 대한 또 다른 수요를 증가시키고 재화에 대한 수요가 증가할수록 더 많은 자원 및 에너지를 수요하면서 그만큼 환경오염의 정도는 심화된다. 산업화에 따른 대도시의 인구집중 현상은 이들 지역의 대기오염 등 환경오염을 가중시키고 있다.

3. 환경용량의 초과

환경오염의 본질과 그 심각성은 환경의 자정능력이 한계에 다다르고 있다는 데 있다. 인간의 활동에 따라 발생되는 오염물질이 자연에서 스스로 수용 · 정화 · 복원된다면 지금과 같은 환경문제는 발생하지 않게 된다. 문제는 그 발생되는 오염물질의 양이 규모나 질적으로 엄청나 환경이 이를 제대로 수용 · 정화하지 못하고 있다는 데 있다. 환경용량을 초과하여 발생된 오염물질은 그대로 환경오염으로 이어질 수밖에 없는 것이다.

Ⅳ. 현대 환경문제의 특성

일반적으로 환경문제는 다음과 같은 특성을 나타낸다. 이 침해행위는 여러 측면에서 특수한 성격을 갖고 있다.

1. 오염의 광역성, 대규모성

환경침해행위에 따른 피해는 지역적으로 광범위하고, 세계적 규모로 확산되고 있다. 그 결과 환경 및 인간에 미치는 영향은 막대하고, 피해 액수는 엄청나다. 오염의 국제화(Globalization)는 세계적 · 광역적 분쟁을 초래하고 있다. 이러한 환경오염의 특성은 환경문제를 해결하기 위한 지역적 · 사회적 · 국가적 · 국제적 공동 노력을 요구하고 있다. 피해의 대규모성은 기금, 보험, 공제조합 등을 통한 피해에 대한 책임 분산 및 사회적 책임에 대한 관심을 제고하고 있다.

2. 분쟁당사자의 다수

흔히 환경오염 피해와 관련한 가해자나 피해자는 다수일 경우가 많으며, 경우에 따라서는 가해주체와 피해주체가 불명확하여 그 특정이 어려운 경우가 많다. 분쟁 관련당사자의 다수는 피해의 광역성, 피해금액의 폭증과 밀접한 관련을 갖는다. 이러한 분쟁당사자의 집단성은 집단소송(Class action), 단체소송 등에 대한 관심을 증폭시키고 있다.

3. 인과관계 규명(입증)의 곤란

환경오염의 경우에는 그 오염원인의 복잡성과 불명확성, 피해의 누적적, 광역적 성격 등으로 그 인과관계를 규명하기가 쉬운 일이 아닐 뿐만 아니라 원인물질의 성분, 오염경로 등을 과학적으로 일일이 밝히는 것도 쉬운 일이 아니다. 이는 환경오염 피해의 구제를 어렵게 하는 중요한 요소로 작용한다.

4. 양태의 다양성

산업, 과학기술이 발전하면서 새롭고 다양한 오염물질이 배출되면서 그 오염 형태는 종래의 대기 · 수질오염, 소음, 진동 등으로 인한 전통적인 피해에 국한하지 아니하고, 다양한 형태를 띠고 있다. 예컨대, 악취, 스모그, 다이옥신, 일조, 조망, 고엽제, 유조선, 핵발전소, 황사, 석면, 전자파, 내분비계장애물질(환경호르몬), 유전자변형물질 등에 의한 피해가 그것이다. 우리가 미처 예상하지 못하는 문제가 발생할 가능성이 있으며, 전통적인 시민법 원리로 해결하는 데에는 한계가 발견된다. 그 해결을 위해서는 새로운 환경법 원리가 요구되며, 복수법의 태동은 자연스러운 현상이 된다.

5. 오염의 장기성, 계속성, 누적성

환경오염은 일회적으로 급격하게 진행되기도 하지만 흔히 장기적, 누적적으로 진행되고 있다. 이와 같이 그 원인행위가 완만하게 진행되면서 피해의 발생시기를 명확히 판단하기 어렵고, 피해가 누적되면서 피해에 대한 단일한 원인 규명이 어려운 경우가 많다. 오염원인들의 영향은 장기적으로 나타나며, 오염에 의한 부작용이 가시적으로 나타날 때에는 이미 환경은 치유 · 복원되기가 매우 어렵거나 복원에 상당한 비용과 시간이 들게 된다.

6. 간 접 성

환경침해행위는 환경재라는 매개체를 통하여 인간의 생명이나 신체에 침해를 가한다.

7. 가해자와 피해자의 힘의 불균형성

흔히 가해자의 사회적 · 경제적 지위는 피해자에 비해 월등하고 가해자는 관계 정보 또는 자료를 독점하고 있다.

8. 가해자의 수익성

흔히 환경오염을 유발하는 기업은 막대한 이윤을 획득하게 되는 데 반해, 기업활동의 결과 배출시설에서 배출된 오염물질로 인하여 피해를 입게 되는 피해자는 재산적, 경제적, 정신적으로 엄청난 손실만을 감당하게 된다.

제2절 환경법 일반

Ⅰ. 범 위

환경법은 헌법 제35조에서 보장하고 있는 환경권을 구체화하는 법이라 할 수 있다. 「환경정책기본법」은 '환경'을 '자연환경'과 '생활환경'이라고 정의하고 있으므로(제3조), 결국 환경법은 이러한 자연환경과 생활환경을 규율하는 법이라고 할 수 있다. 그 결과 환경법은 환경오염이나 환경훼손을 규제하고 환경의 합리적인 이용, 관리 및 구제를 주된 내용으로 하게 된다. 여기에는 환경부가 관장하는 법률은 물론이고 내용상 자연환경과 생활환경과 관련이 있는 다른 부처 소관법률도 포함하게 되는 광범위한 것이다.[1] 여기에서는 논의의 편의상 환경부 소관의 법률을 중심으로 살펴본다.

Ⅱ. 환경법의 역사

우리나라 환경법 역사의 출발은 일단 1963년에 제정된 '공해방지법'에서 찾을 수 있다. 그러나 동법이 위생법적인 성격을 가지고 있었기 때문에 진정한 의미에서의 환경법으로 보는 데에는 한계가 있다. 결국 진정한 환경법 역사는 1977년에 제정된 '환경보전법'에서 비롯된다 할 수 있으며,[2] 1990년 「환경정책기본법」을 비롯한 많은 개별 환경법들이 만들어지면서 보다 본격적이고 성숙한 단계로 접어들었다. 이와 같이 '환경보전법'을 우리나라 환경법 역사에서 출발점으로 볼 경우 그 역사는 30년이 조금 넘는 일천한 것이다. 이러한 환경법의 역사를 간단히 정리해 보면 공해법에서 환경법으로, 단일법주의에서 복수법주의로의 발전이라 할 수 있다. 환경법은 아래에서 보는 바와 같이 당시의 환경문제를 둘러싼 시대적 상황, 인식의 정도, 국가 이념, 통치철학, 추진력 등이 융해되어 있는 시대적 산물일 수밖에 없다.

1. 공해방지법 시대(1963년~1977년)

우리나라에서 환경문제는 1960년대 제3공화국 정부가 경제개발 5개년 계획을 수립하여 경제개발을 본격적으로 추진하기 시작하면서부터 발생하였다. 1963년 정부는 경제개발에 수반하여 발생하는 "대기오염 · 하천오염 · 소음 · 진동으로 인한 보건위생상의 피해를 방지하여 국민보건의 향상을 기하려는 목적"으로 '공해방지법'을 제정하였다.

그러나 동법은 환경문제를 '공해'문제로 인식하고 '보건위생' 측면을 강조하는, 현대적 의미에서의 환경법과는 크게 차이가 나는 것이었다. 즉 동법은 공해법적 성격을 갖고, 환경 전반에 대한 배려 없이 공해자체의 소극적 · 사후적 규제에 급급하였다. 규제대상은 대기, 수질, 소음 · 진동 등 '3대 공해'에 그치고 있으며, 전문이 21개조에 불과하여 규제 내용도 보잘 것 없는 것이었다. 그나마 동법을 시행하기 위한 시행령과 시행규칙이 1969년 7월에야 제정되고, 공해를 다루는 전담기관이나 법 시행에 필요한 예산조치가 뒷받침되지 아니하면서 그 구체적 시행은 제대로 이루어지지 못하였다. 무엇보다도 경제개발을 최우선적 과제로 생각하는 당시의 사회분위기는 동법의 실효성을 약화시키

1) 공중의 건강과 안전도 환경법이 다루는 영역으로 보는 견해가 있다. Daniel M. Steinway, Esq., *Fundamentals of Environmental Law*, Environmental Law Handbook 4 (Thomas F. P. Sullivan ed., Government Institute 2005).

2) 이상돈 · 이창환, 환경법, 이진출판사, 2003, 87면.

고 유명무실화하였다.

그 후 경제개발에 따른 공해문제가 국민적인 관심을 불러일으키면서 그 동안 허울뿐인 '공해방지법'에 대한 반성이 이루어졌다. 이러한 반성은 1971년 1월 동법의 개정으로 이어졌는데, 여기에는 배출허용기준, 배출시설설치허가제도, 이전명령제도 등이 포함되었다.

한편, '공해방지법'과는 별도로 1963년 12월 독물 및 극물(독극물)의 관리를 적정히 하여 보건위생상의 위해를 방지할 목적으로 '독물및극물에관한법'이 제정되었으며, 1961년 12월 오물을 위생적으로 처리하여 생활환경을 청결히 함으로써 국민보건의 향상을 기할 목적으로 '오물청소법'이 제정되었다.

1972년 6월 스톡홀름에서 개최된 유엔인간환경회의(UNCHE)[3]에서 채택된 이른바, '스톡홀름선언'[4]은 환경문제에 대한 인식을 고양시키는 역할을 하였다.

2. 환경보전법 시대(1977년~1990년)

고도의 경제개발 및 성장에 따른 각종 오염물질의 급격한 배출과 인구밀집 그리고 소비생활의 신장에 따라 필연적으로 발생되는 오염물질, 폐기물 등은 환경오염을 심화시켰다. 이러한 점증하는 환경문제를 종래의 '공해방지법'으로 대처하기에는 애초부터 무리였다. 즉 소극적인 공해규제에 만족하는 기존 공해방지법만으로는 다양하고 광역적인 환경문제에 적극적, 종합적, 효과적으로 대처할 수가 없었다. 급기야 정부는 1977년 12월 31일 '공해방지법'을 대체하는 '환경보전법'을 제정·공포하게 되었다. 동법은 환경기준, 환경영향평가제도, 환경오염도의 상시측정, 특별대책지역의 지정제도, 오염물질의 총량규제제도, 배출부과금제도, 사업자에 대한 환경오염방지비용제도, 생명·신체의 피해에 대한 무과실책임제도 등을 새로이 도입하였다.

기존 '공해방지법'이 대기오염, 수질오염 등에 따른 공해적 측면만을 대상으로 소극적으로 대응하는 데 비하여 동법은 그 대상을 자연환경 및 생활환경을 아우르는 전반적인 환경문제에 두고 적극적·종합적으로 대응하려고 하였다는 점에서 환경법의 새로운 지평을 열었다고 평가할 수 있다.[5] '환경보전법'이 현재의 국민보건의 향상만을 목적으로 한 '공해방지법'과 달리 현재의 국민은 물론 미래세대의 환경권까지 보장하고 있다는 점도 높게 평가할 수 있다. 그러나 동법의 전문이 고작 70개 조에 불과하였기 때문에 동법이 내세우는 사전예방, 미래세대의 환경권 보장과는 거리가 있었고, 심화되는 환경문제를 근본적으로 해결하는 데에는 미흡할 수밖에 없었다.

---

3) 위 유엔인간환경회의는 스톡홀름선언(Stockholm Declaration of the UN Conference on the Human Environment), 행동계획(Action Plan)을 채택하고, 환경기금(Environment Fund)과 유엔환경기구(UN Environment Programme: UNEP)의 설립을 결의하였다.

4) Stockholm Declaration of the United Nations Conference on the Human Environment, 11 I. L. M. 1416 (1972).

5) 우리나라의 환경법은 '공해방지법', 즉 공해방지를 위한 경찰법으로부터 독립 내지 결별함으로써 발전되어 왔다. 홍준형, 환경법, 박영사, 2001, 5면, 56면.

다른 환경관련 법률로 주목할 만한 것은 선박 및 해양시설 등에서 해양에 배출하는 기름 또는 폐기물을 규제하고 해양의 오염물질을 제거하여 해양환경을 보전하기 위해 1977년 12월에 제정된 '해양오염방지법'(2007년 1월 「해양환경관리법」으로 대체), 합성수지폐기물의 수집 · 처리 및 비용부담 등에 관한 사항을 규정함으로써 폐기된 자원의 재활용과 자연환경의 보전에 기여함을 목적으로 1979년 12월에 제정된 '합성수지폐기물처리사업법', 환경오염방지사업단을 설립하여 환경오염방지사업을 효율적으로 수행하게 하기 위하여 1983년 5월에 제정된 '환경오염방지사업단법'이 있다. 1986년에는 '환경보전법'이 개정되었고, 새로이 「폐기물관리법」이 제정되었으며, 동법이 1987년 7월 발효함에 따라 기존 '오물청소법'은 폐지되었다.

특히 주목할 만한 것은 1980년 개정된 헌법에 환경권에 관한 규정이 처음으로 수용된 것이다. 환경권의 신설은 당시로서는 획기적인 것이었다. 당시에는 환경권의 내용과 행사에 관한 법률유보조항이 없었는데, 1987년 전면개정이 이루어지면서 법률유보조항이 삽입되고 현재에 이르고 있다. 당시 환경행정은 보건사회부 외청인 환경청이 맡았다.

3. 환경정책기본법(1990년 이후)

환경문제는 날로 심각화 · 다양화 · 복잡화해가는 데도 불구하고 '환경보전법'이 대기, 수질, 소음 · 진동 등 이질적인 분야를 함께 규정하고 있어 이러한 환경문제에 효과적으로 대처할 수 없다는 인식이 확대되었다. 이와 함께 헌법에 명시된 국민의 환경권을 실질적으로 보장하기 위하여 국가환경보전시책의 기본이념과 방향을 분명히 제시하고, 환경관계 법률 상호간의 합리적 체계를 정립하여 환경보전시책이 국가 전체로서 유기적 연관하에 일관성있게 추진되도록 할 필요성이 제기되었다. 이러한 상황 인식은 기본법적 성격을 갖는 법의 제정과 함께 오염분야별 대책법의 제정이 불가피하다는 데로 의견이 모아졌다. 결국 1990년 8월 1일 「환경정책기본법, 「대기환경보전법」, 「수질환경보전법」, 「소음 · 진동규제법」, 「유해화학물질관리법」, 「환경오염피해분쟁조정법」 등 이른바 '환경 6법'이 제정되기에 이르렀는데, 이는 우리나라의 환경법이 종래의 '환경보전법'이라는 단일법체계를 탈피하여 복수법 체계로 이행하게 되었음을 의미하는 것이었다.

1990년대에는 이러한 '환경 6법'을 시발로 하여 오수 · 분뇨 및 축산폐수를 적정하게 처리하기 위한 '오수 · 분뇨및축산폐수의처리에관한법률'(1991. 3), 환경오염 또는 파괴를 초래하는 행위 등을 처벌하기 위한 '환경범죄의처벌에관한특별법'(1991. 5, 2011년 4월 「환경범죄 등의 단속 및 가중처벌에 관한 법률」로 대체), 생태계의 보전과 자연환경의 인위적인 훼손 및 야생동 · 식물의 멸종을 방지하기 위한 「자연환경보전법」(1991. 12), 환경개선을 위한 대책을 추진하고 그 투자재원을 합리적으로 조달하기 위한 「환경개선비용부담법」(1991. 12), 자원재활용을 촉진하여 폐기물을 적정하게 처리하고 자원을 효율적으로 이용하기 위한 「자원의 절약과 재활용촉진에 관한 법률」(1992. 12), 「유해폐기물의 국가간 이동 및 그 처리의 통제에 관한 협약(바젤협약)」을 국내에서 시행하기 위한 「폐기물의 국가간 이동 및 그 처리에 관한 법률」(1992. 12), 폐기물처리시설의 설치를 원활히 하고 그 주변지역지역의 복지를 증진하기 위한 「폐기물처리시설 설치촉진 및 주변지역지원 등에 관한 법률」(1995. 1), 먹는물에 대한 합리적인 수질관리 및 위생관리를 도모하기 위한 「먹는물관리법」(1995. 1), 토양오염으로 인한 국민건강 및 환경상의 위해를 예방하고 오염된 토양을 정화하는 등 토양을 적정하게 관리 · 보전하기 위한 「토양환경보전법」(1995. 1), 지하생활공간의 공기질을 적정하게 관리 · 보전하기 위한 '지하생활공간공기질관리법'(2015년 12월 「실내공기질 관리법」으로 대체), 독도를 비롯한 도서지역의 생물다양성과 수려한 경관을 보전하기 위한 「독도 등 도서지역의 생태계보전에 관한 특별법」(1997. 12), 한강수계의 수질개선을 위한 「한강수계 상수원수질개선 및 주민지원 등에 관한 법률」(1999. 2), 습지를 효율적으로 보전 · 관리하기 위한 「습지보전법」(1999. 2) 등이 속속 제정되었다. 1993년에는 「환경정책기본법」에 있던 환경영향평가 규정이 동법에서 분리되어 별도로 제정된 「환경영향평가법」에 이관되었으며, 1999년에는 '환경 · 교통 · 재해등에관한영향평가법'(2008년 3월 「환경영향평가법」으로 재대체)으로 거듭 태어났다. 가히 '환경법의 홍수'라 부를 만한 것이었다. 이때 1992년 브라질 리우데자네이로에서 열린 유엔환경개발회의(UNCED 또는 정상회담)[6]에서 채택된 이른바, '리우선언'은 새로이 제정되는 법에 크게 영향을 미쳤다.

한편, 1990년 1월 환경청은 환경처로 승격되면서 환경행정부서의 장이 각료급으로 승격되었는데, 환경처의 발족은 비로소 독자적으로 환경행정업무를 수행할 수 있는 부처가 탄생하게 되었다는 점에서 큰 의의가 있다 할 것이다. 그 후 환경처는 1994년 말 정부조직 개편에 의하여 환경부로 승격되었다.

정부조직 개편에 의하여 일부 다른 부처 관장업무도 환경부로 이관되어 환경부 업무가 되었는데, 예컨대, 1994년 건설부가 관장하던 상 · 하수도 업무와 보건사회부가 관장하던 음용수관리업무가 환경처로 이관되고, 1998년 내무부 관장의 국립공원관리업무가 환경부로 이관되고, 1999년 '조수보호및수렵에관한법률'에 따른 산림청 소관업무가 환경부로 이관된 것 등이 그것이다.

한번 분법화를 시작한 환경법은 그 가속도가 붙으면서 1999년 2월에 한강수계의 수질을 특별히 관리하기 위한 「한강수계 상수원수질개선 및 주민지원 등에 관한 법률」이,

6) 여기에는 103개국 정상을 포함한 176개국 정부대표와 많은 세계정부기구(International Governmental Organizations: IGOs), 비정부기구 등 3만명 정도가 참여하였다. Report of the United Nations Conference on Environment and Development, U.N. Document A/CONF.151/26, Vols. I－IV (1992), V (1993).

2000년에 수도권매립지의 효율적인 관리를 위하여 「수도권매립지관리공사의 설립 및 운영 등에 관한 법률」이 제정되는 한편, 기존 '호소수질관리법'은 '수질환경보전법'(2007년 5월 「수질 및 수생태 보전에 관한 법률」로, 2017년 1월 「물환경보전법」으로 대체)에 통합되었다. 2002년 1월 낙동강 · 영산강 · 금강수계의 수질을 개선하여 주민에게 맑은 물을 공급하기 위하여 상하류간의 공존의 정신을 바탕으로 오염물질총량관리제도 등 기존의 오염물질의 사후처리위주에서 사전예방중심으로 획기적인 정책의 전환을 가져오는 「낙동강수계 물관리 및 주민지원 등에 관한 법률」, 「영산강 · 섬진강수계 물관리 및 주민지원 등에 관한 법률」, 「금강수계 물관리 및 주민지원 등에 관한 법률」 등 이른바, '3대강수계법'이 제정되었다.

2003년에는 대기오염이 심각한 수도권 지역의 대기환경을 개선하기 위한 대책을 추진하기 위한 「수도권 대기환경개선에 관한 특별법」(2019년 4월 「대기관리권역의 환경개선에 관한 법률」로 대체), 건설폐기물의 효율적 처리 및 재활용을 촉진하기 위한 「건설폐기물의 재활용촉진에 관한 법률」, 백두대간의 훼손을 방지하기 위한 「백두대간 보호에 관한 법률」 등 3개법이 제정되었다. 2004년 2월에는 종래 「자연환경보전법」과 '조수보호및수렵에관한법률'에서 규정하던 야생동 · 식물 관련 규정을 통합 · 체계화함으로써 야생동 · 식물과 그 서식 환경을 체계적으로 보호 · 관리하기 위하여 「야생동 · 식물보호법」(2011년 7월 「야생생물 보호 및 관리에 관한 법률」로 대체)이 제정됨과 동시에 '조수보호및수렵에관한법률'이 폐지되고, 사업활동 등으로 인하여 발생하는 악취를 방지하기 위한 「악취방지법」이 숨가쁘게 제정되었다.

새로운 법 제정은 그칠 줄 모르고 진행되었다. 2006년 「문화유산과 자연환경자산에 관한 국민신탁법」, 「가축분뇨의 관리 및 이용에 관한 법률」(2006년 9월 '오수 · 분뇨및축산폐수의처리에관한법률'은 폐지), 2007년 「잔류성유기오염물질 관리법」(2016년 1월 「잔류성오염물질 관리법」으로 대체, 시행은 미정임), 「전기 · 전자제품 및 자동차의 자원순환에 관한 법률」, 「지속가능발전 기본법」(2010년 1월 「지속가능발전법」으로 대체), 2008년 「환경보건법」, 「환경교육진흥법」(2021년 1월 「환경교육의 활성화 및 지원에 관한 법률」로 대체), 2009년 「한국환경공단법」, 2010년 「물의 재이용 촉진 및 지원에 관한 법률」, 「석면피해구제법」, 2011년 「석면안전관리법」, 2012년 「인공조명에 의한 빛공해 방지법」, 「생물다양성 보전 및 이용에 관한 법률」, 2013년 「화학물질의 등록 및 평가 등에 관한 법률」, 「화학물질관리법」 등이 대표적인 예이다. 나아가 2014년 12월에 제정된 「환경오염피해 배상책임 및 구제에 관한 법률」, 2015년 12월에 제정된 「환경오염시설의 통합관리에 관한 법률」은 기존 환경오염피해에 대한 구제체계와 환경관리 방식에 큰 변화를 가져올 전망이며, 2016년 5월 제정된 「자원순환기본법」(2022년 12월 「순환경제사회 전환 촉진법」으로 대체)은 '자원순환'이라는 개념을 강조하면서 기존 폐기물 정책을 자원순환형 사회의 추구로 정책 패러다임의 전환을 요구하고 있다. 2017년 1월에 제정된 「유전자원의 접근 · 이용 및 이익 공유에 관한 법률」도 빼놓을 수 없다. 2018년에는 살생물제, 미세먼지 등에 대한 대응법인 「생활화학제품 및 살생물제의 안전관리에 관한 법률」, 「미세먼지 저감 및 관리에 관한 특별법」 등의 제정이 눈에 띠지만 무엇보다도 물관리 일원화에 부응하는 법제 개편이 주목할 만하다. 2018년 5월 28일 「물관리기본법」이 국회를 통과하였으며, 수자원 · 수량 관련 5개 법률(「수자원의 조사 · 계획 및 관리에 관한 법률」, 「댐건설 및 주변지역지원 등에 관한 법률」, 「지하수법」, 「친수구역 활용에 관한 특별법」, 「한국수자원공사법」)이 환경부로 이관되었다. 2020년 12월 31일에는 개정 「정부조직법」에 따라 물관리 업무 중 하천에 관한 사무가 환경부로 이관되었다. 이로써 분산되어 있는 물관리 정책을 조정하고 국가 · 유역 단위의 통합적 물관리 체계를 마련하는 기틀이 마련되었다. 물관리 일원화 차원에서의 법제정은 2023년 9월 14일 「도시하천유역 침수피해방지대책법」, 2023년 10월 24일 「물순환 촉진 및 지원에 관한 법률」로 이어졌다. 한편 2020년 6월 9일에는 「공공폐자원 관리시설의 설치 · 운영 및 주민지원 등에 관한 특별법」, 2022년 12월 30일에는 「유기성 폐자원을 활용한 바이오가스의 생산 및 이용 촉진법」(바이오가스법)이 제정되었다. 이러한 지단한 과정을 거쳐 2024년 현재 환경부가 직접 관장하는 환경법은 무려 80여 개에 이르고 있다.

오염매체별로 효율적인 관리를 위하여 하루가 멀다시피 이루어진 분법화는 그 정도가 심해지면서 이제는 비대화, 복잡화, 비체계화 등 많은 문제를 야기하고 있다. 지나친 분법화는 오염을 근본적으로 감소 또는 제거하기보다는 오염을 다른 곳으로 전가하는 데 그치게 할 수 있으며 효율성을 떨어뜨릴 수 있다. 이는 분법화에 대한 재고가 요구된다는 것을 의미한다. 이제는 유사한 환경법률들간의 통합, 조정이라는 새로운 과제를 안게 되었다. 「환경오염시설의 통합관리에 관한 법률」은 바로 이러한 요구에 부응하는 것이다.

이상에서 살펴본 법률들은 환경부 소관의 법률이다. 그러나 타 부처 소관 법률 중에도 환경관련 규정을 담고 있는 법률들이 다수 있기 때문에 이들까지 포함할 경우 환경법의 범위는 광범위한 것이다. 예컨대, 「저탄소 녹색성장 기본법」(2021년 9월 「기후위기 대응을 위한 탄소중립 · 녹색성장 기본법」으로 대체), 「국토기본법」, 「국토의 계획 및 이용에 관한 법률」, 「해양환경관리법」, 「해양생태계의 보전 및 관리에 관한 법률」, 「해양환경 보전 및 활용에 관한 법률」, 「유류오염손해배상 보장법」, 「오존층보호를 위한 특정물질 제조 · 규제 등에 관한 법률」, 「에너지법」, 「원자력안전법」, 「원자력손해배상법」, 「방사성폐기물 관리법」, 「개발제한구역의 지정 및 관리에 관한 특별조치법」, 「남극활동 및 환경보호에 관한 법률」, 「환경친화적 산업구조로의 전환촉진에 관한 법률」, 「환경기술 및 환경산업 지원법」등이 그것이다. 현재 환경부 이외의 다른 부처에서 관장하는 환경관계법은 70여 개에 이르며, 관련 부처는 15개 이상인 것으로 파악되고 있다.[7] 이처럼 환경관계 규정이 여러 부처에 그리고 여러 법률에 산재하고 있기 때문에 부처간의 알력, 책임 소재의 불분명, 관련 규정들간의 모순·충돌이 상존하고 있다.

Ⅲ. 구 분

환경법은 크게 환경규제법과 환경구제법[8]으로 구별할 수 있다. 환경관계법은 크게 보아 규제법이라 할 것이다. 환경관계법은 주로 오염매체의 물리적 현상에 기초하여 나누어지고 있는바, 예컨대, 대기오염·악취를 규제하기 위한 「대기환경보전법」, 수질오염을 규제하기 위한 「수질 및 수생태계 보전에 관한 법률」, 소음·진동을 규제하기 위한 「소음·진동관리법」, 해양오염을 규제하기 위한 「해양환경관리법」, 폐기물을 관리·규제하기 위한 「폐기물관리법」 등이 그것이다. 이들 대부분은 행정상의 규제를 전제하고 있으므로 크게 보아 행정법의 영역이라고 할 수 있다.

최근에는 환경오염 또는 환경훼손을 초래한 행위를 환경범죄로 보아 형벌을 부과하는 경향이 뚜렷하다. 이러한 점에 착안하여 환경형법이라는 영역이 대두하고 있다. 우리나라의 환경범죄는 개별 환경관계법에 있는 벌칙규정과 「환경범죄 등의 단속 및 가중처벌에 관한 법률」 규정에 의하여 다루어지고 있는데, 환경형법이라는 영역을 인정할 경우 이들이 여기에 포함될 것이다.

환경법의 또 다른 축은 환경오염에 대한 구제를 다루는 영역이다. 환경오염구제는 공법상 구제와 사법적 구제로 구별할 수 있다. 공법적 구제의 전형적인 것으로는 행정쟁송, 국가배상, 손실보상, 환경분쟁조정 등을, 사법적 구제의 전형적인 것으로는 손해배상청구와 유지(留止)청구 등을 들 수 있다. 앞서 행정쟁송 등 공법적 구제는 주로 「행정소송법」의 영역에서 다루어지고 있으며, 손해배상청구 등 사법적 구제는 주로 민법의 영역에서 다루어지고 있다. 특히 환경오염피해구제와 관련하여 환경관계법에서 특별히 정하고 있지 아니한 경우에는 민법의 규정이 적용되는데, 물권적청구권(제205조, 제206조, 제214조), 생활방해금지(제217조), 불법행위(제750조) 등이 중요하게 다루어지고 있다.

한편, 환경법은 국내환경법과 국제환경법으로 구별할 수 있을 것이다. 특히 최근에 환경문제가 한 국가만의 노력으로 해결될 수 없고 전 지구적인 공동노력이 필요하다는 공감대가 형성되었으며, 이에 맞추어 주목할 만한 국제환경법이 구축되었다. 국제환경법의 법원으로는 조약, 국제관습법, 법의 일반원칙, 판결과 학설 등이 포함되는데, 특히 조약이 중요한 의미를 갖는다. 1972년 스톡홀름에서 개최된 유엔인간환경회의 이후 환경관련 국제조약이 속속 체결되었는데, 유엔인간환경회의 이전까지 40개에도 못 미치던 것이

7) 환경부, 환경백서, 2012, 778면.

8) 「환경오염피해 배상책임 및 구제에 관한 법률」이 대표적인 구제법이라고 할 수 있으며, 「환경정책기본법」(제44조), 「토양환경보전법」(제10조의3, 제10조의4) 등에서는 단편적으로 구제법 성격의 규정을 두고 있다.

현재는 대기, 해양, 폐기물 등 다양한 분야에 걸쳐 220여 개에 달하고 있다.[9] 이러한 국제협약으로 주요한 것으로는 「기후변화에 관한 유엔 골격협약(기후변화협약)」,[10] 「생물다양성협약」,[11] 「물새 서식처로서 국제적으로 중요한 습지의 보전에 관한 국제협약(람사르협약)」[12] 「유해폐기물의 국가간 이동 및 그 처리의 통제에 관한 협약(바젤협약)」,[13] 「오존층 보호를 위한 비엔나협약」 및 「몬트리올의정서」,[14] 「사막화방지협약」,[15] 「환경보호에 관한 남극조약의정서」,[16] 「멸종위기에 처한 야생 동·식물 국제거래에 관한 협약(CITES)」[17] 등이다.

이와 같이 환경법은 공법적 규제를 취급한다는 점에서 행정법, 환경오염피해의 구제문제와 관련하여 민법·행정쟁송법, 환경 형벌 분야와 관련하여 형법, 국제환경문제를 다루기 위하여 국제법·국제사법 등 관련이 있는 다른 법들과의 종합적인 접근을 요구하고 있다.

Ⅳ. 현행 법체계

좁은 의미의 환경법 체계는 헌법을 최상위법으로 하여 개별 환경법의 헌법과 같은 성격을 가지고 있는 「환경정책기본법」, 그리고 오염분야별 대책법의 성격을 가지는 환경관계법으로 구성되고 있다. 종전의 '환경보전법'과 같이 단일법으로 이루어진 것이 아니라 복수의 법으로 이루어졌다는 점에서 우리나라의 환경법은 복수법 체계를 채택하고 있다

9) 2012년 환경백서(각주 7), 678면, 2016년 현재 우리나라는 그 중 57개의 환경협약에 가입되어 있다. 환경부, 환경백서, 2016, 562면 이하 참조.

10) United Nations Framework Convention on Climate Change(UNFCCC), 31 I. L. M. 849 (1992). 위 협약은 지구온난화에 책임이 있는 부속서 I에 들어 있는 선진국들에 대하여 온실가스 배출량을 2000년까지 1990년 수준으로 감축할 것을 권고하는 선언적 내용을 담고 있다.

11) Convention on Biological Diversity, 31 I. L. M. 818 (1992). 「생물다양성협약」은 생물다양성의 보전과 지속가능한 이용을 위하여, 당사국의 유전자원에 대한 주권적 권리와 접근의 인정, 기술이전, 유전자변형물질(Genetically Modified Organisms: GMOs)의 관리 등을 규정하고 있다.

12) Convention on Wetland of International Importance Especially as Waterfowl Habitat(Ramsar Convention), 11 I. L. M. 963 (1976). 위 협약은 수계의 조절 기능을 갖고, 동·식물을 지탱하는 서식처로서, 경제적·문화적·과학적 및 여가적으로 큰 중요성을 갖는 습지의 보전을 위하여 협약 가입 시 체약당사국으로 하여금 국제적으로 중요한 국내습지를 최소 1개 이상 지정, 사무국에 등재하도록 하고 있다.

13) Basel Convention on the Control of Transboundary Movements of Hazardous Wastes and Their Disposal, 28 I. L. M. 657 (1989). 바젤협약은 수은, 카드뮴 등 유해폐기물 47종을 규제대상으로 정하여 국가간 이동 시 필요한 절차(PIC) 및 수·출입국의 의무를 비교적 상세히 규정하고 있다.

14) Vienna Convention for the Protection of the Ozone Layer, 26 I. L. M. 1529 (1987); Montreal Protocol on Substances that Deplete the Ozone Layer, 26 I. L. M. 1550 (1987). 비엔나 협약은 오존층 파괴물질의 생산과 사용을 규제하는 노력을 기울이기로 하였고, 몬트리올 의정서는 CFC, Halon 등 95종의 오존층파괴물질을 규제대상물질로 정하고 생산과 소비를 단계적으로 금지하기로 하였다.

15) Convention to Combat Desertification in Those Countries Experiencing Serious Drought and/or Desertification, Particularly in Africa, 33 I. L. M. 1328(1994).

16) Protocol on Environmental Protection to the Antarctic Treaty, 30 I. L. M. 1461 (1991).

17) Convention on International Trade in Endangered Species of Wild Fauna and Flora(CITES), 12 I. L. M. 1085 (1973). 위 협약은 멸종위기의 정도에 따라 규제대상 동·식물을 부속서 Ⅰ, Ⅱ, Ⅲ으로 구분하여 수·출입 시 관리당국의 허가를 받도록 하고 있다.

고 할 수 있다. 복수법 체계는 다양한 환경오염의 태양에 따라 오염매체별로 신속하고 효과적으로 대처할 수 있다는 큰 장점이 있다. 문제는 지나치게 많은 법으로 구성되어 있을 경우 수범자인 국민의 접근 및 이해가 쉽지 않으며, 환경보호 및 개선에 있어 오히려 비효율적일 수 있다는 것이다.

지금까지 설명한 환경법의 분야별 체계를 살펴보면 ≪환경법 체계도≫와 같다.

Ⅴ. 환경법의 특성

일반적으로 환경법은 공법성, 다양성 · 복잡성, 기술성 · 과학성, 국제성, 종합성 등을 띠고 있다.[18] 이러한 성격은 우리나라 환경법에도 그대로 적용된다.

1. 공 법 성

환경보전이 국가의 주요 정책과 과제로 대두되고 있기 때문에 환경법은 주로 공법의 영역이 되고 있다. 환경보전을 위한 정책은 규제행정이나 조성행정 등을 주요한 내용으로 할 수밖에 없기 때문에 공법 중에서도 행정법이 중요한 부분을 차지하고 있다. 환경 관련 법률들의 상당부분이 환경부 등 행정기관이 주도한 법률이라는 점이 이를 보여주고 있다. 그러나 공법과 사법의 영역이 점점 모호해지고, 전통적으로 사법 영역에서 다루어지던 부분(특히 사법적 구제, 환경책임법)도 환경법의 중요한 부분을 구성하면서 환경법은 공법이라고 단정할 수 없게 되었다. 말하자면 환경법은 공법과 사법이 혼재하는 영역이라고 할 수 있다.

2. 다양성 · 복잡성

환경문제는 점점 다양화 · 복잡화되고 있다. 그 결과는 환경법의 다기화, 복잡화이다. 이는 다양하고 복잡한 환경문제를 해결하기 위한 필연적인 현상이다. 대기환경, 수질환경, 소음 · 진동, 유해화학물질 등의 관리에서 나아가 전자파, 비점오염원(non-point source), 층간소음, 유전자변형물질, 잔류성유기오염물질, 가습기살균제 등의 관리와 같이 종전에는 미처 생각하지 못했던 환경문제가 속속 대두되면서 문제해결이 쉽지 않아졌다. 복수법 체계로의 전환도 이와 무관하지 않다. 법의 공백은 새로운 법의 탄생을 예고하고 있다. 이러한 관점에서 환경법은 '진화'하는 법이라고 할 수 있다. 또한 환경문제의 다양성과 복잡성은 새로운 접근방법과 법리, 법학 이외의 다른 분야 학문의 지원 등을 요구하고 있다.

---

18) 혹자는 기술성, 개발 및 산업발전과의 상관관계, 지형적 특성, 미완성 법률, 국제적 성격(조현권, 환경법 —이론과 실무—, 법률문화원, 1999, 90면), 상징성, 역사의 일천성, 자연과학과의 연계성, 정책판단과의 연계성, 복잡성(조홍식 외 2, 우리나라 환경법체계 정비에 관한 연구 I, 한국환경정책평가연구원, 1997. 12, 55 내지 68면), 공법성, 다양성 · 복잡성, 학문관련성, 기술관련성, 국제관련성(박균성 · 함태성, 환경법, 박영사, 2004, 25면) 등을 들고 있다.

≪환경법 체계도≫

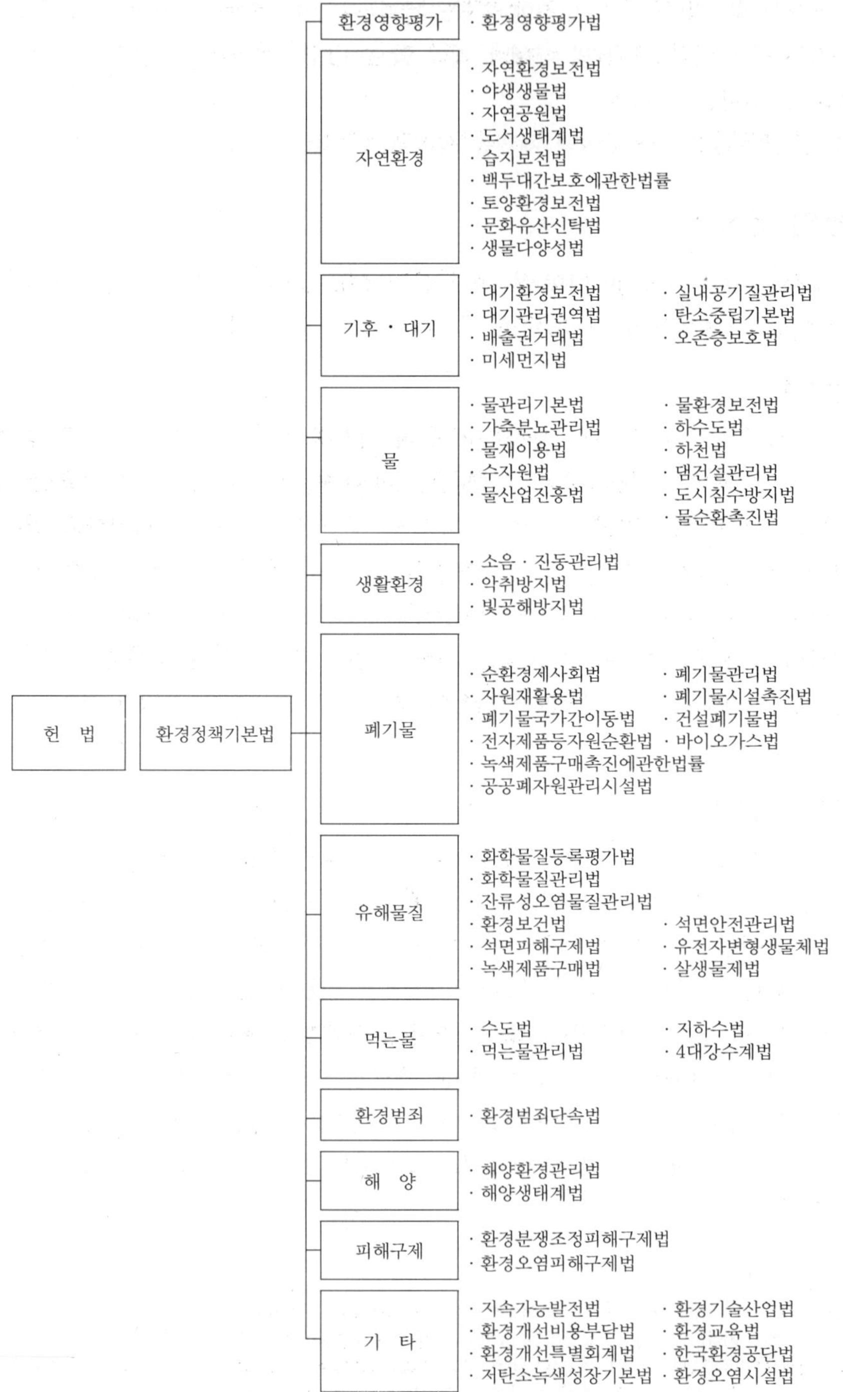
헌 법
환경정책기본법
환경영향평가
· 환경영향평가법
자연환경
· 자연환경보전법
· 야생생물법
· 자연공원법
· 도서생태계법
· 습지보전법
· 백두대간보호에관한법률
· 토양환경보전법
· 문화유산신탁법
· 생물다양성법
기후 · 대기
· 대기환경보전법
· 대기관리권역법
· 배출권거래법
· 미세먼지법
· 실내공기질관리법
· 탄소중립기본법
· 오존층보호법
물
· 물관리기본법
· 가축분뇨관리법
· 물재이용법
· 수자원법
· 물산업진흥법
· 물환경보전법
· 하수도법
· 하천법
· 댐건설관리법
· 도시침수방지법
· 물순환촉진법
생활환경
· 소음 · 진동관리법
· 악취방지법
· 빛공해방지법
폐기물
· 순환경제사회법
· 자원재활용법
· 폐기물국가간이동법
· 전자제품등자원순환법
· 녹색제품구매촉진에관한법률
· 공공폐자원관리시설법
· 폐기물관리법
· 폐기물시설촉진법
· 건설폐기물법
· 바이오가스법
유해물질
· 화학물질등록평가법
· 화학물질관리법
· 잔류성오염물질관리법
· 환경보건법
· 석면피해구제법
· 녹색제품구매법
· 석면안전관리법
· 유전자변형생물체법
· 살생물제법
먹는물
· 수도법
· 먹는물관리법
· 지하수법
· 4대강수계법
환경범죄
· 환경범죄단속법
해 양
· 해양환경관리법
· 해양생태계법
피해구제
· 환경분쟁조정피해구제법
· 환경오염피해구제법
기 타
· 지속가능발전법
· 환경개선비용부담법
· 환경개선특별회계법
· 저탄소녹색성장기본법
· 환경기술산업법
· 환경교육법
· 한국환경공단법
· 환경오염시설법

3. 기술성 · 과학성

환경문제는 과학과 기술의 발달에 따라 더욱 다양해지고 복잡해지는 경향이 있다. DDT의 발명으로 인간의 건강과 환경이 위협받고, 생명공학기술의 발달로 인하여 유전자 변형물질이 대두되었고, 그로 인하여 환경문제가 심각해진 것을 들 수 있다. 문제해결은 새로운 과학과 기술에 대한 이해에 크게 의존하고 있으며, 해결 방법도 과학적 · 기술적 접근방법을 요구하고 있다. 환경기준, 폐기물처리 기준과 방법, 환경오염방지기술 등이 모두 과학적 · 기술적 결과물이다. 말하자면 환경법은 환경과학과 기술의 수준에 따라 가변적인 성격을 갖고 있다. 이러한 현상은 법 전공자들의 환경법에 대한 접근을 어렵게 만들고 있다. 그러나 주의할 것은 환경법이 아무리 과학적 · 기술적 성격을 띠고 있다고 하더라도 법학 고유의 영역이 있다는 것이다. 아울러 기억할 것은 환경법은 과학성과 기술성을 인정하고 이를 가능한 한 수용하여야 하되 지나치게 앞서가서는 곤란하다는 사실이다.

4. 국 제 성

지구 온난화, 오존층 파괴, 산성비, 열대림 파괴, 사막화, 생물다양성의 감소, 해양오염, 유해폐기물의 국가간 이동 등 현재의 환경문제는 광역적 · 전지구적인 성격을 띠고 있다. 이에 따라 특정 국가 또는 지역적인 노력만으로는 더 이상 이러한 환경 문제를 해결할 수 없게 되었다. 이제 환경 문제의 방지를 일개 국가만 책임진다는 것은 기술적, 재정적, 행정적, 정치적 한계 등으로 불가능하거나 실효성이 없다. 환경오염의 국제화에 따라 환경 문제의 해결을 위하여 국제적인 노력이 필요한 때인 것이다. 국제 환경문제에 대처하는 국제 공동 노력은 기존의 국제법에서 국제환경법이라는 영역을 개발해 내었는데, 이제는 그 성격이나 내용에 있어 주목할 만한 영역을 구축하였다 할 만하다.

5. 종 합 성

환경법의 영역은 넓고 다양하다. 행정규제법의 영역이 중심이 되지만 민법, 행정쟁송법, 형법 등도 포괄하고 있다. 민법이나 행정쟁송법 등은 환경피해 구제와 관련해서, 형법은 환경범죄의 처벌 분야에서 중요한 역할과 기능을 수행하게 된다. 헌법, 인권법 등은 환경권을 포함한 기본권 침해문제와 밀접한 관련을 갖는다. 환경법의 영역은 국제법과 국제통상법, 국제사법의 영역으로도 확장된다. 급기야 환경문제에 대한 접근은 공학, 자연과학, 인문과학, 사회과학 등에 대한 폭넓은 이해가 요구된다. 환경법의 정확한 이해를 위해서는 이들 분야의 학문에 대한 지식이 많이 필요하다. 결국 환경법은 독자적인 법 영역이지만, 다양한 법 · 학문 · 정책 등이 어우러진, 다른 분야보다도 학제간 연구가 필요한 종합적인 학문이라고 할 수 있다.

Ⅵ. 우리나라 환경법 체계의 문제점

우리나라 환경법 체계의 특성을 문제점을 중심으로 살펴보면 다음과 같다.[19]

1. 복수법주의

다양하고 복잡한 환경문제를 단일법으로 대처한다는 것은 불가능할 뿐만 아니라 효율성이 떨어질 수밖에 없다. 단일법 체계는 입법의 비대화, 기형화[20] 현상을 초래하고, 환경문제에 대해 유연하고 신축적으로 대응하는 것을 어렵게 한다. 이에 반해, 복수법 체계는, 환경문제의 종합적인 대처를 어렵게 하고 단편적인 규제에 급급할 위험성이 없는 것은 아니지만,[21] 오염매체별, 오염분야별 특수한 상황에 따라 특수한 규제방식을 동원함으로써 효율적인 규제가 가능하다는 장점이 있다. 이러한 점에서 복수법 체계의 대두는 자연스러운 것이다. 현재 우리나라 환경법은 「환경정책기본법」을 기본법으로 하고 오염매체별, 오염 분야별로 분화를 거듭하면서 무려 80여 개의 개별 대책법들이 제정되어 있다.

문제는 지나친 분할을 통해 다수법이 양산되면서 오히려 그 효율성이 떨어지고 있다는 것이다. 특히 기본적으로 동일하거나 유사한 오염매체, 오염분야임에도 불구하고 불필요하게 많은 법이 산재하면서 환경법의 복잡성과 중복성을 더하고 있다. 「환경정책기본법」과 다른 환경관계법,[22] 그리고 환경관계법들 상호간의 관계가 불분명하고, 경우에 따라서는 법률 상호간에 중복하여 규제하는 경우도 발생하고 있다. 이들 법 중 어느 법이 우선 적용되는가 하는 문제점도 야기될 수 있다.

---

19) 「환경정책기본법」과 개별 대책법과의 관계가 불분명하다는 점, 개별 법률 상호간에 중복하여 규제하는 경우도 있고 법의 공백이 있는 경우도 있으며 개별 법률들간의 균형이 맞지 않다는 점, 지나치게 하위법령에 위임하는 방식을 취하고 있는 점, 환경법이 지나치게 복잡하고 어려워 일반 국민을 비롯한 규제대상자들이 이해하기 어렵다는 점, 법체계가 오염매체별로 이루어진 분할법체계를 취하고 있다는 점, 법체계가 지나치게 규제자 중심으로 이루어져 있다는 점, 과도하게 직접규제에 의존하고 있다는 점 등이 구체적으로 제시되면서 우리나라의 환경법 체계의 비체계성과 비효율성이 주된 문제점으로 지적되고 있다. 조홍식 외 2(앞의 책), 26면 이하 참조.

20) 중요한 입법사항들이 시행규칙과 같은 하위법령에서 규정되는 입법형식에 있어서 기형화 현상이 나타날 수 있다.

21) 김유환, "환경법규에 있어서의 법규실패와 법적 대응", 환경법연구 제16권, 1994, 117면. 단일 매체 규제(single−media)는 기업 등 피규제자로 하여금 관말(end of pipe)오염 규제에 초점을 맞추도록 함으로써, 오염물질을 다른 오염매체로 이전시킬 가능성이 있다. 예컨대, 대기오염물질에 대한 「대기환경보전법」상의 규제는 예기치 않게 동법의 규제를 회피하고자 배출시설로 하여금 대기오염물질을 다른 환경분야(수질, 폐기물)로 배출하는 것을 부추길 수 있다. 이러한 문제점으로 인해 최근에는 매체통합(multimedia 혹은 cross media) 규제방식에 대하여 관심이 집중되고 있다. 규제자가 오염물질의 대기, 물, 토양배출을 동시에 감시·감독할 경우, 단일매체 규제방식에서 흔히 발생되는 중복적이고 충돌되는 비효율적인 요소가 제거되기 때문에 규제자는 보다 적은 비용으로 보다 효율적인 규제 체제를 구축할 수 있게 될 것이다. 그 밖에 오염매체별 분할법체계가 초래하는 문제점으로는 환경문제의 본질(또는 원인)을 제대로 파악하지 못하며, 예방이 최선이라는 사실을 간과하고, 다매체적인 오염의 감소를 생각하지 못하고 당장 눈앞에 닥친 문제의 해결에만 치중하게 하고, 새로운 환경문제를 파악하고 이에 대처하는 능력을 감소시키고, 대처하여야 할 환경문제들 중 우선순위를 정하는 데 어려움을 주고, 환경정책과 다른 정책과의 보다 효율적인 통합을 방해하고, 지나치게 복잡하고 일관성이 없는 행정조직을 유발한다는 등 문제점이 지적되고 있다. 조홍식 외 2(각주 18), 45 내지 48면. 2015년 12월 22일에 제정된 「환경오염시설 통합관리에 관한 법률」은 이러한 개념을 일부 수용하고 있다.

22) 예컨대, 「토양환경보전법」상의 토양오염피해에 대한 배상책임 규정(제10조의3)이 「환경정책기본법」상의 원인자의 무과실책임 규정, 즉 "환경오염 또는 환경훼손으로 피해가 발생한 경우에는 해당 환경오염 또는 환경훼손의 원인자가 그 피해를 배상하여야 한다"는 규정(제44조)에 대하여 특별법적 지위를 갖는가에 대하여는 논란이 제기될 수 있다.

관련법이 분산·난립하게 된 데에는 거시적으로 체계성과 일관성을 갖고 제정되지 않고 그때그때의 사정에 따라 임기응변식으로 제정된 것에 기인하는 바가 크다. 그 결과는 효율적 집행을 저해할 뿐만 아니라 법령체계를 불필요하게 복잡하게 만들고 있다. 법체계는 매우 산만하고 비체계적이며, 통일성이 떨어진다. 피규제자인 국민의 입장에서 볼 때는 매우 혼란스럽고 그 접근과 이해가 쉽지 않다. 예컨대, 폐기물문제가 발생하였을 경우 폐기물 관련법이 단일법이 아닌 여러 개의 법률로 이루어져 있기 때문에 법률 문외한인 일반국민으로서는 자신의 행위가 어느 법률의 규율을 받는 것인지 판단하기가 여간 어려운 것이 아니다. 이러한 상황은 필연적으로 용어, 개념, 적용범위의 혼란 및 규제의 중복, 관련 법률들간의 충돌이라는 중대한 문제를 야기한다.

지나친 법률의 양산은 체계적이고 효율적인 법 집행을 방해한다. 규제 대상이나 방법 등이 실제적인 측면에서 유사한데도 다른 법률에 의해 규율하는 것은 법체계를 불필요하게 혼란스럽고 복잡하게 하는 것이다. 수범자인 국민이 쉽게 이해할 수 있기 위해서라도 바람직하지 않다. 지나친 분산은 입법의 편의만을 생각하는 것이다. 기본 개념 및 규제수단이 유사함에도 불구하고 여러 개의 법률로 분산하고 있는 것은 효율성을 저해하는 것이며, 관리체계의 다원화를 유발하여 책임행정을 저해할 수 있다. 규제체계의 혼란, 규제의 중복 등을 해소하고 규제의 통일성·종합성·효율성·형평성을 제고하기 위하여서는 법체계 및 제도의 정비가 요구된다. 적어도 유사한 대상분야별로 통합, 조정, 일원화하는 노력이 필요하다. 그러나 현실적으로는 부처 이기주의, 업적주의와 맞물리면서 쉽지 않아 보인다. 이러한 점을 고려할 때 현실적으로 부분적 통합·조정이 바람직해 보인다.[23] 이에 2015년 12월에 제정된, 허가절차의 간소화를 주된 목적으로 하는 「환경오염시설의 통합관리에 관한 법률」, 2024년 3월에 개정된, 법적 근거를 달리하여 분산적으로 운영되었던 건강영향조사, 석면으로 인한 건강피해구제, 환경오염피해구제, 살생물제품 피해구제 등의 통합을 도모하는 「환경분쟁 조정 및 환경피해구제 구제 등에 관한 법률」 등은 높이 평가할 만하다.

2. 관리체계의 다원화

환경관련 내용이 환경부 외에도 다른 부처 소관법률에 다수 규정되면서 그 효율성이 떨어지고, 경우에 따라서는 중복규제 및 책임소재의 불분명 등의 문제를 초래하고 있다. 예컨대, 야생동·식물의 지정 및 관리와 관련하여 멸종위기 야생생물, 보호야생생물, 국제적 멸종위기종(「야생생물 보호 및 관리에 관한 법률」, 환경부), 천연기념물(「문화재보호법」, 문화

23) 통합환경법을 제정할 필요성에 대하여 고문현, "한국 환경법의 발전과 바람직한 개정방향", 공법학연구 제9권 제3호, 2008. 8, 564 내지 566면. 다만, 이 견해는 분야별 부분적 통합이 아니라 환경 관련법이 하나로 통합되는, 즉 단일 법전화를 염두에 두고 있는 듯하다. 참고적으로 현재 프랑스, 스웨덴, 폴란드, 핀란드 등에서 다양한 형태로 통합법이 시행되고 있다. 송동수, "환경법제의 통합과제－독일 통합환경법전의 제정과 그 시사점－", 공법연구 제37집 제1－1호, 2008. 10, 251면 이하 참조.

재청), 어류(「수산업법」, 농림수산식품부), 산림(「산림자원의 조성 및 관리에 관한 법률」, 산림청) 등에 따라 소관 부처와 소관법률이 달라 그 효율적 집행이 이루어지지 않는다는 것이다.

한편, 종전에 물관리 및 규제와 관련해서는 수량관리는 국토교통부(「하천법」 등), 수질관리는 환경부(「수질 및 수생태계 보전에 관한 법률」, 「수도법」 등), 상수원 댐건설과 물공급은 국토교통부와 한국수자원공사의 소관 업무로 소관부처가 많았고, 지하수관리 및 규제와 관련해서는 지하수의 조사 · 개발 · 이용은 국토교통부의, 지하수의 수질보전은 환경부의 소관으로 분산되어 있었다. 그러나 2018년 5월 28일 물관리 3법(「정부조직법」, 「물관리기본법」, 「물관리기술 발전 및 물산업 진흥에 관한 법률」)이 국회를 통과하고, 수자원 · 수량 관련 5개 법률(「수자원의 조사 · 계획 및 관리에 관한 법률」, 「댐건설 및 주변지역지원 등에 관한 법률」, 「지하수법」, 「친수구역 활용에 관한 특별법」, 「한국수자원공사법」)이 환경부로 이관됨으로써, 물관리 일원화가 이루어졌다. 그러나 완전한 통합물관리의 길은 멀다고 할 수 있다. 구체적 실행방안이 미흡하고, 수량과 수질의 단편적인 통합에 그치고, 물재난의 통합은 엄두도 내지 못하고 있기 때문이다. 수리권과 관련해서는 환경부(하천), 국토교통부(하천), 행정안전부(소하천), 농림축산식품부(농업용수) 간의 관리체계 다원화가 당분간 지속될 것으로 보인다.

다수의 관련 법과 부처가 개입됨에 따라 법규의 수범자인 국민은 혼란스럽고, 책임소재의 불분명, 부처간의 책임회피 및 전가, 중복 규제 등 문제점이 발생될 수 있다. 부처간의 협조가 원활하다고 할 수 없는 상황에서 그 효율성은 떨어질 수밖에 없다.

3. 특별법의 제정 및 빈번한 개정

환경법 영역에서는 유독 특별법의 성격을 갖는 법이 양산되고 있다. 법률의 이름이 암시하는 바와 같이 「독도 등 도서지역의 생태계보전에 관한 특별법」, 「대기관리권역의 대기환경개선에 관한 특별법」, 「가습기살균제 피해구제를 위한 특별법」, 「미세먼지 저감 및 관리에 관한 특별법」 등은 물론이고 특별법이라는 이름은 붙어있지 않아도 「환경범죄 등의 단속 및 가중처벌에 관한 법률」, 「한강수계 상수원수질개선 및 주민지원 등에 관한 법률」을 포함한 이른바, '4대강수계법', 「생활화학제품 및 살생물제의 안전관리에 관한 법률」 등이 그 좋은 예이다.

특별법의 양산과 더불어 지적되어야 할 것은 그 개정이 지나치게 빈번하게 이루어지고 있다는 것이다. 환경법의 '기본법'이라 할 수 있는 「환경정책기본법」이 짧은 기간 동안에 벌써 10여 차례 정도 개정이 이루어진 사실은 문제의 심각성을 상징적으로 보여준다. 「환경영향평가법」, 「대기환경보전법」, 「물환경보전법」 등 주요 법령도 큰 차이가 없다. 이러한 상황은 하위법령(시행령, 시행규칙, 고시 등)의 개정까지 고려할 경우 더욱 심각하다.

이와 같이 특별법의 제정과 수시로 이루어지는 법률 개정은 시대에 따른, 그리고 규제대상에 따른 효율적이고 유연한 법 집행과 입법편의 등 차원에서 합리적인 이유가 없는 것은 아니나 문제는 그 정도와 횟수가 지나치다는 것이다. 특별법의 양산과 잦은 개정은 전체적·거시적 차원에서 입법이 이루어지는 것이 아니고, 단편적·미시적 차원에서 임기응변식으로 입법이 이루어지고 있음을 보여주는 것이다.

특별법의 제정과 잦은 개정은 그만큼 수범자로 하여금 법률체계에 대한 접근·추적·이해를 어렵게 만들고 결국 법 집행의 효율성과 실효성을 저해한다. 법령이 산만하게 흩어져 있고, 그 개정이 빈번한 경우 관리 및 규율이 통일적으로 이루어질 수 없고, 전체 구조를 파악하기가 쉽지 않아 체계적인 통제가 곤란하다. 오염분야별 종합적·통일적 계획 및 관리를 도모하고, 법률의 단순화를 통한 국민의 법률에의 접근과 이해를 쉽게 한다는 차원에서 가능한 한 특별법 형식을 지양하고, 동일 오염분야별로 관련 법률을 통합·조정할 필요성이 있다. 빈번한 개정 관행도 고쳐져야 한다.

4. 지나친 하위법령 위임방식

환경법상의 규제수단들이 지나치게 하위법령에 위임되어 있으며 그 법형식은 복잡·다양하다. 또한, 관련 규정이 법률, 시행령과 시행규칙 사이에 논리적·합리적으로 배분되어 있지 못하여 법령을 전체적으로 이해하는 것이 어렵다. 법률로 정하여야 할 사항을 시행령으로, 시행령으로 정하여야 할 사항을 시행규칙으로 정하는 식이다. 그 결과 시행령, 시행규칙을 살펴보지 않으면 관련 내용을 이해하기 어려운 경우가 많으며, 최하위 법규명령인 시행규칙이 제일 중요하다는 비아냥을 들을 만하다. 시행령이나 시행규칙으로 정하는 사항을 별표에서 규정할 경우에는 별표 내용을 대조해서 보지 않으면 규제 내용을 정확히 알 수 없다. 법률이 아무런 기준도 설정하지 아니하고 하위 명령에 위임하는 경우가 많아 포괄위임입법 금지원칙의 위반 가능성도 제기된다(예컨대, 배출허용기준, 배출부과금 산정방법·기준, 환경영향평가 대상 범위 등).

고시를 통한 행위규제도 무시할 수 없다. 예컨대, 「환경정책기본법」 제38조에 근거하여 환경부 고시로 특별대책지역을 지정하고, 특별대책지역에서 토지이용과 시설설치의 제한 등을 가하는 것이다. 재산권 침해를 수반하는 토지이용 및 시설설치의 제한 등은 해당 지역주민에게 직접적으로 영향을 미치는 규제 내용임에도 불구하고 법률이나 시행령이 아닌 고시를 통해 그 규제가 이루어진다는 것은 큰 문제라고 할 수 있다. 환경부 고시(행정규칙)로 해당 지역 토지소유자들의 행위제한 내지 재산권 제한을 하는 것은 행정기관의 편의적·비공개적 행정이 가능해지는 문제를 넘어서서 법형식상의 일반원칙에 어긋날 뿐만 아니라 의회입법의 원칙을 유명무실화할 수 있다. 배출권 할당, 조정, 취소 등에 관한 구체적이고 전문적인 기준을 정하고 있어 법규성을 인정할 수 있는 내용을 '온실가스 배출권의 할당, 조정 및 취소에 관한 지침'(할당지침)에서 정하고 있는 것도 같은 맥락으로 이해할 수 있다.

해당 정책을 집행하기 위한 전문적이고 기술적인 면을 고려할 때 지정 자체를 고시의 형태로 하는 것이 합리적인 면이 없는 것은 아니나 국민의 재산권 행사와 밀접한 관련이 있는 제한되는 내용까지 고시로 규정하는 것은 큰 문제가 있다.[24] 위임입법은 전문성, 기술성, 유연성 확보, 입법기술상의 편의 등의 차원에서 그 합리성과 필요성이 인정되고 있으나 자칫 행정부의 편의적이고 비공개적인 행정을 가능하게 할 수 있다.

5. 규제 또는 법률의 공백

규제 또는 법률의 공백도 문제가 될 수 있다. 환경문제가 다양화 · 복잡화하면서 이에 미처 대응하지 못하는 경우가 발생할 수 있으며, 문제를 인식하고도 현재 수준에서 대책이 미흡할 수 있다. 환경법이 시대적 결과물이기 때문에 어쩔 수 없는 면도 있지만 시대적 고민을 수용하고 해결해야 한다는 점에서 가능한 한 그 대응 방안을 모색하여야 할 것이다. 우리나라 환경법은 외국 선진 법제도의 신속한 도입으로, 시행은 별론으로 하더라도, 비교적 선진적인 법제도를 갖추었다고 자평할 수 있다. 그러나 일정 분야에서는 여전히 미흡한 부분, 규제 및 법의 공백이 발견되고 있다.

산성비, 오존층 파괴, 전자파, 내분비계장애물질(환경호르몬) 등 문제가 소홀히 다루어지고 있는 것이 대표적인 예이다. 기존 오염에 대한 책임과 원인자의 자력부족의 경우에 발생되는 정화문제, 자연환경피해에 대한 구제 등은 법의 사각지대에 있다. 기금의 조성, 환경보험 등의 대안이 제시될 수 있을 것이나 이에 대한 입법은 불비한 상태이다. 지하수이용권과 토지소유권과의 관계 설정, 환경분쟁조정 대상의 확대, 환경정보의 공개, 환경감사제도의 도입, 수리권의 통합 등도 입법적으로 해결해야 할 과제 중의 일부이다. 자연자원 피해에 대한 배상 규정은 물론이고 손해배상의 범위 · 기준 · 산정 방법을 두고 있지 않는 것도 해결해야 하며,[25] 생태계 복원의 개념 · 주체 · 대상 · 절차 등에 대한 입법적 불비도 개선되어야 한다.[26]

6. 국제성의 결여

오늘날의 환경문제는 한 국가만의 문제가 아니라 전지구적, 범세계적 문제의 양상을 띠고 있다. 이러한 환경문제의 세계화 · 지구촌화는 국가의 국제협력을 촉구하고, 공동대응 노력을 요구하고 있다. 이러한 차원에서 「환경정책기본법」에서는 국가로 하여금 국제협력 및 지구환경보전에 노력할 것을 선언하고 있다(제27조). 문제는 우리나라의 환경법이 최근에 국제적으로 크게 문제되고 있는 산성비, 기후변화, 오존층 파괴, 사막화 등 문제에 대한 대처 규정을 제대로 갖추고 있지 못함으로써 국제적 노력에 제대로 부응하고 있지 못하다는 점이다. 예컨대, 오존층 보호와 관련하여 「오존층보호를 위한 특정물질 제조

---

24) 정우형, "상수원보호관련법의 문제점과 정책방향", 국토정보, 1994. 73면.
25) 최미희, "자연자원 손해배상론: 미국 제도와의 비교", 환경법연구 제23권 제1호, 2001. 9, 303 내지 305면 참조.
26) 박종원, "생물다양성의 보전과 생태계복원의 법적 과제", 환경법연구 제30권 제3호, 2008. 11, 100 내지 102면 참조.

규제 등에 관한 법률」, 온실가스배출 저감과 관련하여 「환경친화적 산업구조로의 전환촉진에 관한 법률」(제25조 참조) 등이 제정되어 있는바, 그 규제 정도, 기준, 구체성은 미국 등 선진국에 비하여 훨씬 약한 형편이다. 이러한 관점에서 다양한 프로그램의 개발 · 시행이 요구되고 있다. 산성비, 기후변화, 유전자원에 대한 접근 및 이익공유 등 국제적으로 한창 문제가 되고 있는 문제들에 적극적으로 대처하는 입법의 제 · 개정도 시급히 이루어져야 할 것이다. 이러한 점을 고려할 때, 2010년 1월 「저탄소 녹색성장 기본법」이라는 기후변화 대응법을 만들어 배출권거래제도의 도입 근거(제48조)를 두고, 2012년 5월 「온실가스 배출권의 할당 및 거래에 관한 법률」을 제정한 것은 중요한 의미를 갖는다. 정부의 국제환경문제에 대한 소극적이고 안일한 대응은 결국 부메랑이 되어 우리에게 돌아온다는 사실을 알아야 한다.

제3절 환 경 권

환경권의 보장은 환경법의 지도원리이다. 환경법은 헌법에서 규정하고 있는 환경권을 구체화하는 법이므로 환경권의 내용, 성질 등의 규명은 환경법을 이해하는 출발점이 된다. 우리나라 헌법 제35조 제1항은 "모든 국민은 건강하고 쾌적한 환경에서 생활할 권리를 가지며, 국가와 국민은 환경보전을 위하여 노력하여야 한다"고 규정하여 기본권으로서의 환경권을 인정하고 있다. 그런데 이러한 환경권을 사법상의 구체적인 권리로까지 인정하여 환경권 자체의 침해 또는 침해의 우려에 대하여 그 배제청구권을 인정할 수 있을 것인지에 관해서 환경의 범위, 내용, 주체, 법적 안정성 등의 문제를 놓고 논란이 있다. 이와 같은 논란은 특히 같은 조 제2항의 규정, 즉 "환경권의 내용과 행사에 관하여는 법률로 정한다"는 규정으로 인하여 복잡한 양상으로 전개되고 있다.

이제 환경문제는 단순한 주의를 요하는 문제가 아닌, 우리의 생존권과 직결된 절실한 문제로 인식되고 있다. 그렇기 때문에 모든 국민에게 건강하고 쾌적한 환경을 보장하여 인간다운 생활을 영위할 수 있도록 해주어야 한다는 것은 시대적 요청이다. 이는 환경권의 실질적 보장을 의미한다. 헌법 제35조와 「환경정책기본법」 제6조에서 보장하고 있는 환경권이 실질적 의미를 갖기 위하여는 환경권에 대하여 구체적 효력을 인정하는 것이 중요하다.

Ⅰ. 환경이란?

환경권의 내용이 되는 환경에는 자연환경과 생활환경이 포함된다.[1] 「환경정책기본법」은 '환경'이란 자연환경과 생활환경을 의미한다고 규정하고 있는데(제3조 제1호), '자연환

1) 환경권이 보호하려는 보호법익은 자연환경에 국한된다는 견해가 있다. 홍성방, 헌법학, 현암사, 2002, 577면.

경'은 지하 · 지표(해양을 포함) 및 지상의 모든 생물과 이들을 둘러싸고 있는 비생물적인 것을 포함한 자연의 상태(생태계 및 자연경관을 포함)를, '생활환경'은 대기, 물, 토양, 폐기물, 소음 · 진동, 악취, 일조, 인공조명, 화학물질 등 사람의 일상생활과 관계되는 환경을 의미한다(제3조 제2호, 제3호). 사회 · 경제적 환경을 환경권의 대상에 포함시킬 것인지에 대하여는 의문이 제기된다. 자칫 환경권의 이름으로 포장된 '유사환경권' 또는 '사이비환경권' 논란을 야기할 소지가 있기 때문이다.[2] 환경의 내용을 자연환경과 생활환경으로 제한하는 것은 헌법상의 환경권을 구체화하는 「환경정책기본법」의 정신을 존중하는 것이고, 환경권의 범위를 제한함으로써 법적 안정성에 기여할 것으로 보인다.

이러한 관점에서 하급심 법원의 "환경권의 내용인 환경에는 자연적 환경은 물론이고, 역사적, 문화적 유산인 문화적 환경, 사람이 사회적 활동을 하는 데 필요한 사회적 시설 등 사회적 환경 등도 이에 포함된다"는 판단[3]은 환경권의 대상인 환경의 범위를 지나치게 확장하고 있다는 지적을 받을 수 있다. 환경권의 대상인 환경을 자연환경과 생활환경으로 국한하여 이해한다고 하더라도 구체적인 경우에 그 판단이 쉬운 것은 아니다. 환경권의 범위와 내용이 사회의 발전에 따라 필연적으로 변하는 상대적 개념을 내포할 수밖에 없다는 점이 이를 더 복잡하게 하고 있다.[4]

Ⅱ. 법적 성격

1. 종합적 기본권

헌법 제35조상의 환경권은 흔히 사회적 기본권 또는 생존권적 기본권으로 이해되고 있다.[5] 그러나 건강하고 쾌적한 환경을 향유할 수 있는 자유를 침해당하지 않을 자유권적 기본권의 성격도 가지고 있다. 헌법재판소는 환경권이 종합적 기본권이라는 입장을 밝힌바 있다.[6] 환경권은 사람이 인간다운 생활을 영위함으로써 인간으로서의 존엄을 유지하기 위하여 필요적으로 요구되는 인간의 생래적인 기본권의 하나라고 할 것이다.

---

2) 조홍식 교수는 뒤에서 보는 '부산대 사건'을 들면서 환경이란 슬로건을 내걸고는 있지만 공공자원으로서의 환경보호보다는 자신의 재산권 보호를 위하여 타인의 재산권 제한을 요구하고 있다고 이해하고 있다. 이러한 '유사환경권' 주장은 진정한 환경분쟁과 달리 공공자원의 이용, 보호와 직접적인 관련을 가지고 있지 아니하며, 재산권 대 공익의 대결이 아닌 재산권 대 재산권의 대결이라는 분쟁구조를 가지게 된다. 이에 반하여 '봉은사 사건'은 불특정 다수가 향유하는 공공자원 대 사유재산의 대결구조를 갖는 진정한 환경문제로 파악하고 있다. 조홍식, "유지청구 허용 여부에 관한 소고", 민사판례연구 XXII, 박영사, 2000, 38면 참조.

3) 부산고법 1995. 5. 18. 선고 95카합5 판결(부산대 사건); 서울지법 1995. 9. 7. 선고 94카합6253 판결(봉은사 사건).

4) "신청인이 내세우고 있는 사회적, 문화적 환경은 넓은 의미의 주거환경의 범주에 속하는 것으로서 이러한 주거환경에는 일조, 통풍, 정온, 청정한 대기, 조망, 압박감 없는 상태 등 자연적 환경이 포함되고, 이러한 환경은 사회의 진보에 의하여 필연적으로 변화하는 것이기 때문에 정지된 어느 한 시점에 있어서의 환경, 그 상태를 영속시키는 것을 목적으로 하는 취지의 권리를 인정하는 것은 곤란하지만 (…)." 서울지법 1995. 9. 7. 선고 94카합6253 판결(봉은사 사건).

5) 김철수, 헌법학개론, 박영사, 1999, 739면(생존권적 기본권); 권영성, 헌법학원론, 법문사, 1999, 646면(종합적 기본권이지만 그 주된 성격은 사회적 기본권); 홍성방(각주 1), 574면(사회적 기본권).

6) 헌재 2008. 7. 31. 선고 2006헌마711 결정.

이러한 환경권을 사법상의 구체적인 권리로까지 인정할 것인지에 대하여는 논란이 있다. 사인에 대하여 효력을 가지지만 이는 사법의 일반조항을 통하여 사인에게 간접 적용된다는 설[7]과 헌법이 명문의 규정을 가지고 국민의 환경보전의무를 규정하고 있는 이상 환경권은 사인 상호간의 관계에도 직접 적용된다고 하여 사인에 대하여도 헌법 제35조 제1항을 근거로 오염의 배제나 손해배상을 청구할 수 있다는 설,[8] 환경권을 자유권·방어권적 성격과 생존권적 성격으로 나누어 볼 때, 전자로부터는 구체적 권리가 도출되는데 반해 후자로부터는 명문의 규정이 없는 한 구체적 권리를 부여하기 어렵다는 설[9] 등이 그것이다.

2. 구체적 권리

환경권이 사인 상호간에 직접 적용된다고 할 경우에는 그 논리의 귀결상 침해배제청구권 또는 침해예방청구권을 쉽게 인정할 수 있을 것이다. 환경권이 사인 상호간에 직접 효력을 미치지 않는다고 하더라도 사법법규의 해석과 적용에 있어서 헌법이 환경권을 국민의 기본권의 하나로서 승인하고 있는 마당에 이러한 기본권이 충분히 보장되도록 고려하여야 할 것인바, 이러한 점에서 사인이 환경오염을 발생하여 다른 사인의 생명, 신체, 재산 등에 대한 피해를 가하거나 가할 우려가 있을 때에는 손해배상은 물론 방해배제청구권 또는 방해예방청구권을 행사할 수 있다고 보아야 할 것이다.[10]

환경침해는 인간의 쾌적한 생활과 인체의 건강을 침해함은 물론 행복추구권에 대한 침해로도 인식될 수 있다. 이러한 건강하고 쾌적한 환경에서의 생활은 법으로 보호해 주어야 하는 중대한 이익인 것이고, 이러한 이익이 침해되었거나 침해될 우려가 있을 경우 당연히 그 배제를 청구할 수 있다고 하여야 할 것이다.

그러한즉 헌법 제35조 제1항은 "모든 국민은 건강하고 쾌적한 환경에서 생활할 권리를 가지며, 국가와 국민은 환경보전을 위하여 노력하여야 한다"고 규정하고, 「환경정책기본법」은 모든 국민이 건강하고 쾌적한 삶을 누릴 수 있도록 함을 목적으로 한다고 천명하면서(제1조), "모든 국민은 건강하고 쾌적한 환경에서 생활할 권리"를 가지며 국가 및 지방자치단체의 환경보전시책에 협력하고 환경보전을 위하여 노력하여야 한다고 규정하여 국민의 환경권을 보장하고 있다(제6조). 나아가 「물환경보전법」, 「대기환경보전법」, 「폐기물관리법」 등의 개별 환경법은 환경을 적정하게 관리·보전함으로써, 모든 국민이 건강하고 쾌적한 환경에서 생활할 수 있도록 하기 위한 제반 규정을 두고 있다.

여기에 대하여 환경권의 내용이 불명확하여 구체적 권리로 인정할 수 없고, 법적 안정

7) 김철수(앞의 책), 743면.
8) 권영성(각주 5), 651면.
9) 강현호, 환경법, 신론사, 2011, 54면.
10) 환경권은 국가의 환경침해에 대한 방어권, 국가 이외의 제3자가 일으키는 환경오염을 막아 줄 것을 요구할 수 있는 공해배제청구권, 건강하고 쾌적한 생활환경조성권 등을 그 내용으로 한다. 허영, 한국헌법론, 박영사, 1999, 422 내지 425면.

성을 해칠 수 있다는 반론이 제기되고 있으며,11) 대법원도 "환경권은 명문의 법률규정이나 관계 법령의 규정 취지 및 조리에 비추어 권리의 주체, 대상, 내용, 행사 방법 등이 구체적으로 정립될 수 있어야만 인정되는 것이므로, 사법상의 권리로서의 환경권을 인정하는 명문의 규정이 없는데도 환경권에 기하여 직접 방해배제청구권을 인정할 수 없다"고 판시함으로써 환경권을 구체적 권리로 볼 수 없다는 입장을 분명히 하고 있다(판례 [1]).12)

[1] 부산대 사건(상고심): 대법원 1995. 9. 15. 선고 95다23378 판결

가. 환경권에 관한 헌법 제35조의 규정이 개개의 국민에게 직접으로 구체적인 사법상의 권리를 부여한 것이라고 보기는 어렵고, 사법상의 권리로서의 환경권이 인정되려면 그에 관한 명문의 법률규정이 있거나 관계법령의 규정취지 및 조리에 비추어 권리의 주체, 대상, 내용, 행사방법 등이 구체적으로 정립될 수 있어야 함은 소론이 주장하는 바와 같다(당원 1995. 5. 23. 선고 94마2218 결정 참조).

그러나 원심 판시와 같이 피신청인이 건축하는 이 사건 아파트가 24층까지 완공되는 경우 신청인 산하 부산대학교 구내의 그 판시 첨단과학관에서의 교육 및 연구활동에 커다란 지장이 초래되고, 위 첨단과학관 옥상에 설치된 자동기상관측장비 등의 본래의 기능 및 활용성이 극도로 저하되며, 위 부산대학교의 대학교로서의 경관, 조망이 훼손되고, 조용하고 쾌적한 교육환경이 저해되며, 소음의 증가 등으로 교육 및 연구활동이 방해받게 된다면, 위 부산대학교의 부지 및 건물을 교육 및 연구시설로서 활용하는 것을 방해받게 되는 그 소유자인 신청인으로서는 위와 같은 방해가 사회통념상 일반적으로 수인할 정도를 넘어선다고 인정되는 한 그것이 민법 제217조 제1항 소정의 매연, 열기체, 액체, 음향, 진동 기타 이에 유사한 것에 해당하는지 여부를 떠나 그 소유권에 기하여 그 방해의 제거나 예방을 청구할 수 있다할 것이므로, 적어도 원심이 소유권에 기한 방해배제청구권을 이 사건 가처분의 피보전권리로 삼은 부분만큼은 정당하고(신청인의 신청원인사실 주장 속에는 이러한 취지의 주장도 포함되어 있는 것으로 보인다), 따라서 헌법 제35조의 규정이 구체적인 사법상의 권리를 부여한 것이 아니고 달리 사법상의 권리로서의 환경권을 인정하는 명문의 법률규정이 없는데도 원심이 마치 신청인이 환경권에 기하여 방해배제를 청구할 수 있는 것처럼 설시하고, 또한 원심이 불법행위나 인격권에 기한 방해배제청구권을 이 사건 피보전권리의 하나로 들고 있는 데에 설령 소론과 같은 잘못이 있다 하더라도, 그와 같은 잘못은 판결 결과에 영향을 미치지 못한다 할 것이다.

---

11) 천병태 · 김명길, 환경법론, 삼영사, 1997, 275면; 윤철홍, "환경이익침해에 관한 사법적 구제", 비교사법 제7권 제1호, 2000. 6, 538면; 문광섭, "환경침해에 대한 유지청구", 환경법의 제문제, 재판자료 제94집, 2002. 6, 300면; 김재호, "환경오염 피해에 대한 법적 구제 —사법적 측면을 중심으로—", 천봉석종현박사 화갑논문집, 현대 공법이론의 제문제, 2003, 636면; 손윤하, 환경침해와 민사소송, 청림출판, 2005, 369면. 생명, 신체 등에 대한 직접적인 피해가 없는 경우에도 단순히 환경의 보전을 위하여 환경권에 기하여 유지청구를 하는 것까지 허용된다고 할 수 없다. 윤진수, "환경권 침해를 이유로 하는 유지청구의 허용여부", 판례월보, 1996. 12, 41면.

12) 대법원 1995. 5. 23. 선고 94마2218 결정(청담공원 사건); 대법원 1997. 7. 22. 선고 96다56153 판결(봉은사 사건); 대법원 1999. 7. 27 선고 98다47528 판결; 대법원 2001. 10. 23. 선고 99다36280 판결(낙동강 물 사건); 대법원 2006. 3. 16. 선고 2006두330 전원합의체 판결(새만금 사건); 대법원 2006. 6. 2. 선고 2004마1148, 1149 결정(도롱뇽 사건).

나. 이 사건과 같은 경우 그 침해가 사회통념상 일반적으로 수인할 정도를 넘어서는지 여부는 피해의 성질 및 정도, 피해이익의 공공성과 사회적 가치, 가해행위의 태양, 가해행위의 공공성과 사회적 가치, 방지조치 또는 손해회피의 가능성, 공법적 규제 및 인·허가 관계, 지역성, 토지이용의 선후관계 등 모든 사정을 종합적으로 고려하여 판단하여야 할 것이다.

원심은, 이 사건 토지 주변의 지역성, 피신청인이 이 사건 아파트를 건축하게 된 경위, 이 사건 아파트 건축공사를 시작할 당시와 현재의 주위 상황, 이 사건 아파트의 완성으로 인하여 예상되는 위 부산대학교에 대한 교육환경 침해의 태양과 정도, 이 사건 아파트 건축공사가 금지됨에 따라 피신청인이 입게 될 손해의 정도 등에 관하여 그 판시와 같은 사실을 확정한 다음, 이 사건 아파트가 24층까지 완공됨으로 인하여 위 부산대학교가 받게 될 교육환경 등의 침해는 사회통념상 수인한도를 초과한다고 판단하고, 나아가 공사금지의 범위를 최소화하면서도 신청인이 입게 되는 침해를 상당히 감소시킬 수 있는 조화점을 찾아 임시로 이 사건 아파트 건축공사 중 18층을 초과하는 부분에 대한 공사를 금지시켰는바, 기록에 의하여 살펴보면 원심의 위와 같은 조처는 수긍이 가고, 거기에 소론과 같이 이익교량에 관한 법리를 오해하고 정의와 형평에 어긋나는 판단을 한 위법이 있다 할 수 없다.

일본, 독일 등의 경우와 같이 헌법이나 환경기본법 등에서 환경권을 명문으로 인정하고 있지 아니하는 경우에는 환경권을 구체적 권리로 인정할 수 있는지 여부가 크게 논란이 될 수 있으나 우리나라에서와 같이 명문으로 인정하고 있는 상황에서는 환경권의 구체적 권리성을 쉽게 배척해서는 안 될 것이다. 환경권의 범위와 내용은 사회의 발전에 따라 필연적으로 변하는 상대적 개념을 내포하는 것으로 판례나 해석론으로 앞으로 충분히 명료화할 수 있으므로 법률의 규정이 없고 그 내용이 불명확하다고 하여 구체적 권리로 인정할 수 없다고 단정할 수는 없는 것이다.[13] 판례나 학설이 헌법이나 법률에 명시적인 규정이 없거나 미흡한 일조권,[14] 조망권,[15] 통풍권, 프라이버시권,[16] 천공권(天空權)[17] 등을

13) 구체적 효력을 인정하는 견해로는 조성민, “환경침해와 방해배제청구권의 인부”, 고시계, 1996. 4, 188 내지 191면; 송기춘, “환경권의 대사인적 효력”, 공법연구 제28집 제3호, 2000. 3, 153면; 김춘환, “공권적 환경권이론”, 공법연구 제29집 제2호, 2001, 355면; 황진호, “국가·지방자치단체의 환경보전의무위반으로 인한 손해배상책임”, 한국의 환경 및 에너지에 관한 법원리, 환경문제연구총서 X, 대한변호사협회, 2003, 45면; 정사언, “환경권의 규범화방안에 관한 검토”, 천봉석종현 박사 화갑논문집, 현대 공법이론의 제문제, 2003, 1492면; 김형성, “헌법상 환경규정의 규범적 의의”, 환경법연구 제26권 제4호, 2004. 12, 126면; 홍준형, 환경법, 박영사, 2005, 37면; 석인선, 환경권론, 이화여자대학출판부, 2007, 233면 참조. 헌법상의 환경권의 내용을 구체화한 법률이 제정되어 있지 않은 상황에서는 원칙적으로 환경권 규정의 직접적 원용가능성을 부인하여야 하나, 예외적으로 주민의 환경이익이 수인한도를 넘어서 침해되는 경우에는 헌법상의 환경권에 기하여 침해배제의 청구를 할 수 있다는 견해가 있으나(신보성, “환경분쟁과 주민의 당사자적격에 관한 고찰”, 중앙법학 제2호, 2000, 171면), 수인한도의 판단에 법원의 주관적 판단이 개입될 여지가 있다는 점에서 기교적이라 할 것이다.

14) 일조 규정은 「건축법」 제61조 및 동법 시행령 제86조, 「서울특별시건축조례」 제35조에 간접적으로 규정되어 있는데 건축물의 일조 확보를 위해 인접 대지와 이격거리를 두거나 건축물의 높이를 제한하고 있다. 대법원 1999. 1. 26. 선고 98다23850 판결; 대법원 2000. 5. 16. 선고 98다56997 판결; 서울고법 1983. 11. 17. 선고 83나1174 판결; 서울고법 1996. 3. 29. 선고 94나11806 판결; 서울민사지법 1992. 5. 27. 선고 91가합63687 판결; 대법원 2001. 6. 26. 선고 2000다44928, 44935 판결; 대법원 2002. 12. 10. 선고 2000다72213 판결; 대법원 2004. 9. 13. 선고 2003다64602 판결; 대법원 2004. 10. 28. 선

인정하고 있는 것이 이를 잘 뒷받침하고 있다. 입법론으로 바람직한 것은 아니지만 헌법이나 「환경정책기본법」에 구체적 효력이 인정되는 규정을 두지 말라는 법도 없는 것이다.[18)]

환경권의 구체적 효력을 부인하는 유력한 근거로 내세워지는 헌법 제35조 제2항, 즉 "환경권의 내용과 행사에 관하여는 법률로 정한다"라는 규정[19)]과 대법원이 들고 있는 '법령의 규정취지'와 '조리'도 오히려 환경권의 구체적 권리성을 인정해야 하는 이론적 근거로 제시될 수 있는 것이지 그 반대로 부인하는 논거로 작용할 수는 없는 것이다. 위 조항이 헌법에 수용된 1987년 당시[20)]에는 '환경보전법'만이 있었지만 현재는 80여 개의 환경관계법이 존재하고 있다. 이러한 환경관계 법규는 한결같이 깨끗한 물(「물환경보전법」), 깨끗한 공기(「대기환경보전법」)의 향수, 소음으로부터의 자유(「소음 · 진동관리법」), 폐기물로부터의 환경악화 방지(「폐기물관리법」) 등 환경이익을 직접적으로 보호하려는 것으로 이들 법률규정의 취지는 분명히 환경권을 보호하고 있는 것이며, 그 내용과 행사방법을 나름대로 제시하고 있다고 못 볼 바 아니다. 예컨대, 「환경오염피해 배상책임 및 구제에 관한 법률」, 원인자의 무과실책임(「환경정책기본법」 제44조), 토양오염의 피해에 대한 원인자의 무과실책임(「토양환경보전법」 제10조의3) 규정 등은 책임자에 대한 배상 및 정화책임의 근거로 작용하고 있다. 도대체 어느 정도까지 법률이 제정되어야지 그 내용과 행사방법이 정해진다는 것인가? 이제 깨끗한 물을 마실 권리, 소음으로부터 자유로울 권리와 같은 환경이익은 조리상으로도 당연히 인정된다 할 수 있다. 대법원이 '법령의 규정취지'와 '조

고 2002다63565 판결; 대법원 2006. 1. 26. 선고 2005다47014, 47021, 47038 판결; 대법원 2007. 6. 14. 선고 2005다72058 판결; 대법원 2007. 9. 7. 선고 2005다72485 판결; 대법원 2010. 6. 24. 선고 2008다23729 판결. 일조권의 법적 성질에 대하여 자세한 내용은 전경운, "일조권과 전망권의 법적 타당성에 대한 검토", 사법행정, 1998. 11, 27 내지 30면; 이응세, "일조권 침해와 환경소송", 환경법의 제문제(하), 재판자료 제95집, 2002. 6, 271 내지 274면; 서해용, "일조권침해에 관한 사법적 구제", 환경법연구 제26권 제1호, 2004. 4, 161 내지 165면; 최창렬, "일조권 보호법리의 재고", 환경법연구 제29권 제3호, 2007. 12, 413면 이하 참조. 일조권을 환경권의 성질을 갖는 것으로 보는 견해는 유지태, "일조권에 대한 공법적 검토", 토지공법연구 제3집, 1996, 76면; 김종보, "건축법상 일조권", 환경법연구 제23집 제2호, 2001. 12, 187면 참조.

15) 대법원 1997. 7. 22. 선고 96다56153 판결(봉은사 사건); 부산고법 1999. 4. 29. 선고 98나10656 판결; 대법원 2004. 9. 13. 선고 2003다64602 판결; 서울고법 2004. 9. 1. 선고 2003나82275 판결; 대법원 2004. 9. 13. 선고 2004다24212 판결; 대법원 2007. 6. 14. 선고 2005다72058 판결; 대법원 2007. 6. 28. 선고 2004다54282 판결; 대법원 2007. 9. 7. 선고 2005다72485 판결. 조망권의 법적 성질에 대하여 자세한 내용은 조은래, "조망권의 민사법적 보호에 관한 연구", 환경법연구 제26권 제1호, 2004. 4, 257 내지 260면; 전경운(앞의 글); 김종률, "조망권의 법적 구성론", 법조 제559호, 2003. 4, 113면; 김남욱, "조망권의 법리", 환경법연구 제27권 제1호, 2005. 6, 53 내지 57면 참조.

16) 대법원 2007. 6. 28. 선고 2004다54284 판결; 서울고법 2000. 7. 7. 선고 99나52567 판결 참조. 이 사건에서 법원은 사생활침해율을 10등급으로 구분하고 6등급(사람의 행위를 판단할 수 있는 정도) 이상인 경우에 수인한도 내에 있다고 판단하였다.

17) 대법원 2007. 6. 28. 선고 2004다54282 판결 참조.

18) 「환경정책기본법」에는 원인자의 무과실책임(제44조)과 같은 구체적 효력을 갖는 규정이 있다. 동법 제42조(분쟁조정), 제44조(환경오염의 피해에 대한 무과실책임) 규정이 사인 사이의 분쟁을 전제로 하고 있다는 점을 지적하면서 「환경정책기본법」 제6조에서 정하고 있는 환경권 규정이 헌법 제35조의 단순한 반복이 아니라 사인 사이에서도 통용되는 구체적 권리를 규정하고 있다는 견해가 있다. 김형성(각주 13), 126면.

19) 헌법 제35조 제2항의 규정이 존재하는데도 환경권이 구체적 권리이고 사인간에 직접 적용될 수 있는 것으로 해석하는 것은 문리해석의 측면에서 자연스럽지 않다고 하면서 현행법의 해석상 물권적청구설이 타당하다고 주장하는 견해가 있다. 조홍식(각주 2), 53면.

20) 환경권 규정이 처음 우리나라 헌법에 수용된 것은 1980년이다. 당시에는 그 내용과 행사에 관한 법률유보조항이 없었는데, 1987년 전면 개정이 이루어지면서 법률유보조항이 삽입되고 현재에 이르고 있다.

리' 등을 제시하면서도 굳이 환경권을 구체적 권리로 인정하지 아니하는 것은 법 논리적이라기보다는 정치 · 경제적 논리를 우선하는 결과로 보인다. 그러나 환경이익을 중시하는 판례들이 속속 등장하면서 이러한 법원의 태도도 바뀔 가능성이 충분히 있다고 본다.

이러한 점에서 하급심 법원의 "비록 개개 국민에게 구체적인 사법상의 권리로서의 환경권을 인정한 명시적인 법률규정이 없다 하더라도, 식수에 관한 환경이익에 대하여는 헌법 제35조 제1항의 정신에 따른 「환경정책기본법」 및 「먹는물관리법」의 위 각 규정 취지에 비추어, 또한 식수오염의 피해가 인간생존에 대한 근원적인 위협을 의미한다는 점에서 조리에 비추어도, 오염되지 않은 식수를 음용할 구체적인 사법상 권리로서의 환경권이 예외적으로 인정된다고 보아야 할 것이다"라는 판시는 본질을 파악한 것이다.[21]

마찬가지로 비록 대법원에서는 파기되었지만 또 다른 하급심 판결은, "사회적, 문화적 환경은 넓은 의미의 주거환경의 범주에 속하는 것으로서 이러한 주거환경에는 일조, 통풍, 정온, 청정한 대기, 조망, 압박감 없는 상태 등 자연적 환경이 포함되고 … 현재 환경이익을 누리는 구성원은 그 환경이 명백히 부당하게 파괴될 우려, 다시 말하면 환경이익이 명백히 부당하게 침해될 위험이 발생한 경우에는 그와 같은 부당한 침해를 사전에 거절하거나 미리 방지할 수 있는 권리, 이른바 환경이익의 부당침해방지권을 가진다고 봄이 상당하다"고 판시하였는바, 주목받을 만하다.[22]

3. 전 망

대법원 판결은 "헌법 제35조의 규정이 구체적인 사법상의 권리를 부여한 것이 아니고 달리 사법상의 권리로서의 환경권을 인정하는 명문의 법률규정이 없는데도 원심이 마치 신청인이 환경권에 기하여 방해배제를 청구할 수 있는 것처럼 설시하고, 또한 원심이 불법행위나 인격권에 기한 방해배제청구권을 피보전권리의 하나로 들고 있는 것은 잘못이다"고 적시하고,[23] "어느 토지나 건물의 소유자가 종전부터 향유하고 있던 경관이나 조망, 조용하고 쾌적한 종교적 환경 등이 그에게 하나의 생활 이익으로서의 가치를 가지고 있다고 객관적으로 인정된다면 법적인 보호의 대상이 될 수 있는 것이라 할 것이므로, 인접 대지에 어떤 건물을 신축함으로써 그와 같은 생활이익이 침해되고 그 침해가 사회통념상 일반적으로 수인할 정도를 넘어선다고 인정되는 경우에는 위 토지 등의 소유

21) 청주지법 1998. 2. 26. 선고 97카합613 결정(문장대 온천 사건, 오염되지 않은 식수를 음용할 구체적인 사법상의 권리로서의 환경권을 인정하고 문장대온천관광지사업 시행허가처분을 받아 시행하는 공사를 중지시킨 사례).

22) 서울지법 1995. 9. 7. 선고 94카합6253 판결(봉은사 사건, 환경권의 내용인 환경에는 자연적 환경은 물론이고, 역사적, 문화적 유산인 문화적 환경도 환경권의 대상인 환경의 범주에 포함시켜야 하며, 그 뿐만 아니라 사람이 사회적 활동을 하는데 필요한 사회적 시설도 인간의 생활에 필요 불가결한 사회적 환경으로서 이에 포함됨은 당연함을 전제로, 이 사건 봉은사로부터 70여m 떨어진 곳에 19층 규모의 스포츠센터를 건립하는 것은 봉은사의 역사적, 문화적 환경을 침해하여 환경이익의 부당침해방지권이 인정되므로 건물 중 지상 15층, 높이 72.3m를 초과하는 공사를 금지한 사례. 같은 취지의 판결은 부산고법 1995. 5. 18. 선고 95카합5 판결(부산대 사건, 부산대학교의 교육환경 침해를 이유로 그 인접 대지 위에 건축 중인 24층 아파트 중 18층 초과부분에 대한 건축공사를 금지한 사례).

23) 대법원 1995. 9. 15. 선고 95다23378 판결(부산대 사건, 판례 [1]).

자는 그 소유권에 기하여 그 방해의 제거나 예방을 위하여 필요한 청구를 할 수 있다고 할 것이다"고 판시함으로써,[24] 유지청구의 법적 근거가 소유권에 기한 방해배제청구임을 분명히 하고 있다. 이러한 입장은 환경침해를 토지 · 건물의 소유권 내지 점유권 등 물권에 대한 침해로 보고 유지청구를 소유권 내지 점유권에 근거하여 청구할 수 있다는 것이므로 이른바, '물권적청구권설'을 취하는 것으로 이해된다.

환경침해가 일정한 토지나 건물의 이용가치를 저하시키고, 환경침해로 인하여 배타적 권리인 물권의 행사가 방해받고 있거나 방해받을 염려가 있을 경우 소유권 또는 점유권에 기하여 그 배제를 구할 수 있다 함은 두말할 나위가 없다. 그러나 환경침해가 물권 자체의 침해도 침해지만 본질적으로 쾌적한 생활을 영위할 수 있는 신체적 자유나 정신적 자유에 대한 침해를 수반하므로 물권의 침해와는 분명히 다른 양상을 갖고 있다 할 것이므로 대법원이 취하고 있는 이른바 물권적청구권설은 일정한 한계를 갖는다. 물권적청구권설은 물권의 존재를 전제하므로 법적 안정성이 높다는 장점이 있을 수 있으나, 소유권 또는 점유권 등의 물권을 가지고 있지 아니한 자(예컨대 통행인, 방문객, 입원환자, 학생 등)의 보호를 등한히 하고 있음을 부인할 수 없으며,[25] 또한 소유권(또는 점유권[26])이 절대적 · 배타적 권리라는 점에서 대법원 판결들이 한결같이 거론하고 있는 수인한도법리와는 이론상 모순된다.[27]

최근에는 점차 물권 이외의 침해를 고려하는 환경권설이 확산되는 추세라고 할 수 있다. 환경권설은 건강하고 쾌적한 환경에서의 생활은 법으로 보호해 주어야 하는 중대한 이익인 것이고, 이러한 이익이 침해되었거나 침해될 우려가 있을 경우 당연히 그 배제를 청구할 수 있다고 하여야 한다는 견해로, 환경침해가 본질적으로 물적인 손해보다는 정신적 손해 내지 건강하고 쾌적한 생활에 대한 중대한 침해를 수반한다는 점에서 물권적청구권설보다 본질을 꿰뚫는 것이라 할 수 있다. 환경권설은 물권적청구권설이 내포하고 있는 수인한도법리와의 충돌문제도 극복할 수 있고, 피해자의 보호에도 충실하다는 장점이 있다. 특히 환경권의 구체적 효력을 인정하는 경우에는 결과적으로 청구권자의 범위가 확대되고 사실상 원고적격이 확대되는 결과가 예상된다. 환경권이라는 이름하에 남소가능성이 제기될 수 있으나 '환경' 범위의 제한, 수인한도론의 적용 등을 통해서 제한될 수 있다.

---

24) 대법원 1997. 7. 22. 선고 96다56153 판결(봉은사 사건).

25) 홍천룡, "환경오염 피해의 구제 －손해배상청구와 유지청구－", 환경법연구 제14권, 1992, 50면. 대법원은 일조이익을 향유하는 주체에 소유자는 물론이고 지상권자, 전세권자 또는 임차인 등의 거주자를 포함시키고 있으나 학생과 같이 학교시설을 일시적으로 이용하는 것에 불과한 사람은 제외하고 있다. 대법원 2008. 12. 24. 선고 2008다41499 판결.

26) 대법원은 물권적청구권설을 취하는 것으로 지목되고 있는 위 판결들에서 의식적인지는 모르나 점유권에 대하여는 침묵하고 있다.

27) 소유권의 제한법리는 수인한도가 아닌 권리남용이론, 신의성실의 원칙, 상린관계, 재산권 행사의 사회적 의무성 등이며, 수인한도법리는 불법행위에서의 제한법리로 작용한다.

환경권설이 갖는 진정한 의미는 환경침해 내용이 구체적인 법령에서 명시적으로 언급되지 아니할 경우에 헌법이나 「환경정책기본법」상의 환경권이 침해되었다는 이유로 손해배상 및 유지청구를 할 수 있다는 데에 있다. 이는 물권적청구권설 등 다른 견해들과 큰 차이를 보이는 부분이다. 그러나 실무상 원고들은 흔히 환경권을 침해당하였다는 막연한 주장보다는 구체적인 환경피해 내용을 주장하고 관련 법률을 언급하고 있으며, 법원은 비록 제한적이지만 환경이익이라는 형태로 원고의 청구를 인정함으로써, 사실상의 환경권을 인정하고 있기 때문에 그 차이는 생각보다 크지 않다고 할 수 있다. 더욱이 법원이 환경권의 구체적 권리성을 부인하는 논거로 사용하는 '법령의 규정취지'와 '조리'를 보다 합목적적으로 유연하게 해석하는 노력을 할 경우에는 그 차이는 더욱 좁혀질 수 있다.

앞에서 본 바와 같이 헌법이나 「환경정책기본법」에 명문규정을 두고 있다는 점, 현재 70여 개의 환경관계법이 존재하고 있다는 점, 이러한 법률들이 환경권의 내용과 행사방법을 나름대로 제시하고 있다는 점, 환경권의 제한 법리로 작용하는 "법령의 규정취지와 조리"의 합리적 해석이 가능하다는 점 등에 비추어 환경권에 대하여 충분히 구체적 효력을 인정할 수 있다고 생각된다. 그러나 현재까지의 대법원은 환경권을 구체적 권리로 보는 데에 인색하다. 주목할 것은 대법원이나 헌법재판소가 환경이익이 "영업상의 이익 또는 여가생활향유라는 이익보다 훨씬 우월하며",[28] "한차원 높은 가치",[29] "소유권을 행사하는 경제적 자유보다 우선하는 지위",[30] "재산권이나 영업의 자유보다 우위에 있는 권리"[31]라면서 경제적 이익보다 우선되어야 한다는 점을 밝히고 있다는 것이다. 그러나 환경이익을 중시하는 이러한 전향적이고 고무적인 자세가 환경권을 구체적 권리로 인정하는 방향으로 결실을 맺을 것인지는 장담할 수 없다. 최근 대법원에서 자세한 설시는 없지만 명시적으로 환경권을 소유권과 함께 공사중지와 금지를 청구할 권리의 한 근거로 들고 있어 주목을 받고 있다(판례 [2]).

[2] 음성광산 사건: 대법원 2008. 9. 25. 선고 2006다49284 판결

원고가 광산에서 금광의 탐광 및 채광을 위한 굴진공사를 계속 진행할 경우, 광산

28) 대법원 2001. 7. 27. 선고 99두8589 판결(문장대온천 사건); 대법원 2001. 7. 27. 선고 99두5092 판결(용화온천 사건).

29) "설사 관할 지방자치단체가 토지거래허가 시에 이러한 사정을 간과하고 토지거래허가를 하였다고 하더라도 쾌적한 환경에서 생활할 주민들의 권리라는 한 차원 높은 가치를 보호하기 위한 위와 같은 조정명령을 신뢰보호의 원칙을 들어 위법하다고 할 수도 없는 것이다." 대법원 1996. 7. 12. 선고 95누11665 판결.

30) "모든 국민이 건강하고 쾌적한 환경에서 생활할 수 있는 환경권(헌법 제35조)은 인간의 존엄과 가치 · 행복추구권의 실현에 기초가 되는 기본권이므로 사유재산권인 토지소유권을 행사하는 경제적 자유보다 우선하는 지위에 있다." 헌재 1998. 12. 24. 선고 89헌마214, 97헌바78 결정, 재판관 이영모의 반대의견.

31) 대법원 1999. 8. 19. 선고 98두1857 전원합의체 판결(러브호텔 사건, 구 국토이용관리법 시행령의 위임에 따른 준농림지역 내의 숙박시설 설치 등 토지이용행위 제한에 관한 조례에 의하여 행위제한지역과 제한대상행위를 구체적으로 지정하지 아니한 경우에도 그 지정에 관하여 조례가 정한 기준에 해당하는 경우 건축허가를 거부할 수 있다고 한 사례). 나아가 이 판결은 환경보호 내지 환경오염 방지라는 이념을 중시하면서 법규의 '합목적적' 해석을 통하여 준농림지역 안에서의 숙박시설설치를 제한함으로써, 지방자치단체의 개발압력에 제동을 걸었다는 점에서 눈여겨볼 만하다.

> 지하를 통과하는 지하수가 고갈되고, 이로 인하여 인근 토지가 침하되며, 지하수와 토양이 심하게 오염될 가능성에 대한 충분한 개연성이 인정되고, 이러한 환경침해가 발생할 경우 광산 이웃 토지 소유자이거나 근접 토지 거주자들은 종전부터 향유하고 있던 자연환경 및 생활환경에 대하여 수인한도를 넘는 침해가 발생하며, 또 그 침해되는 환경적 이익이 그들의 생명, 건강 기타 금전으로 배상하기 어려운 생활상의 이익에 관련된 것임이 충분히 증명되었으므로 피고들을 포함한 인근 주민들은 토지 소유권 및 환경권에 기초하여 공사의 중지와 금지를 청구할 권리가 있다.

환경권의 구체적 내용은 판례나 해석론으로 해결할 수 있는바, 법률의 규정이 없고 내용이 불명확하다는 등의 이유로 구체적 효력을 부인하여서는 안 될 것이다. 그러나 법적 불안정성, 남용 가능성, 정치 · 경제적 이유 등 때문에 환경권의 구체적 효력을 인정함에는 용기가 필요한 것도 사실이다. 그러나 이러한 문제점은 수인한도법리로 그 충격을 완화할 수 있을 것이다. 논란의 소지를 없애기 위해서 환경권의 구체적 효력을 부인하는 가장 유력한 근거로 제시되고 있는 헌법 제35조 제2항과 같은 제한 규정을 차제에 삭제하는 것도 검토할 필요가 있다.

Ⅲ. 주　　체

환경권은 성질상 자연인에게만 인정된다.[32] 법인도 환경권의 주체가 될 수 있다는 견해가 있으나 환경권의 성질상 법인에게는 인정되지 아니한다. 미래세대는 현존하는 자연인이 아니므로 권리의 주체가 될 수 없다는 견해가 있으나[33] 최근에는 미래세대에 대하여도 환경권의 주체성을 인정하여야 한다는 견해가 등장하고 있다.[34]

그러나 주의할 것은 환경권의 주체성이 인정된다는 것과 구체적으로 청구권을 행사할 수 있다는 것은 구별된다는 것이다. 아직 출생하지 아니한 자는 출생을 조건으로 태아에게 인정되는 극히 예외적인 경우를 제외하고 원칙적으로 권리주체성이 인정되지 않으므로 원고적격은 제한될 수밖에 없는 것이다. 미래세대에 환경권의 주체성이 있다고 하더라도 이는 국가가 미래세대가 건강하고 쾌적한 환경에서 생활할 권리를 누릴 수 있도록 노력하여야 한다는 의미에 불과한 것이다.[35]

미래세대의 환경권 주체성은 특히 행정소송에서의 원고적격 문제와 관련하여 다투어지고 있다. 헌법 제10조는 기본적 인권의 보장을 선언하고, 헌법 제35조는 "모든 국민은 깨끗한 환경에서 생활할 권리를 가지며 국가와 국민은 환경보전을 위하여 노력하여야 한

---

32) 홍성방(각주 1), 73면; 김철수(각주 5), 740면.
33) 조현권, 환경법 －이론과 실무－, 법률문화원, 1999, 101면.
34) 김철수(각주 5), 740면.
35) 홍성방(각주 1), 575면.

다"고 규정하여 모든 국민의 환경권을 명시하고 있다. 또한, 「환경정책기본법」은 제2조에서 "지구환경상의 위해를 예방하기 위하여 공동으로 노력함으로써 현 세대의 국민이 그 혜택을 널리 누릴 수 있게 함과 동시에 미래의 세대에게 그 혜택이 계승될 수 있도록 함"을 기본 이념으로 천명하고 있다. 「자연환경보전법」(제3조), 「야생생물 보호 및 관리에 관한 법률」(제3조 제1항) 등도 야생생물의 공익성 또는 공유자산성을 밝히고, 그 이용에 있어 미래세대를 고려할 것을 분명히 하고 있다.

국제적인 차원에서는 1972년 스톡홀름선언(원칙 1), 1992년 리우선언(원칙 1, 3, 21), 의제(Agenda) 21 등에서 세대간의 형평성을 강조하고 있다. 이러한 미래세대를 배려하는 개념은 1987년 'Brundtland 보고서(Our Common Future)'에서 "미래세대의 욕구를 충족할 수 있도록 하는 여건을 저해하지 않고 현재세대의 욕구를 충족시킬 수 있는 성장"이라고 정의되고 있는 지속가능한 개발(Sustainable Development)로 구체화되고 있으며, 산림원칙,[36] 「기후변화협약」,[37] 「생물다양성협약」,[38] 「사막화방지협약」[39] 등에도 수용되어 있다.

이러한 국내법 또는 국제조약에 근거하여 미래세대의 환경권 침해를 이유로 행정처분의 처분 당시 미성년자였거나 아직 태어나지 아니하였던 자가 소를 제기할 수 있는가가 논란이 되고 있다. 원고적격의 판단기준을 처분의 근거가 되는 법규의 보호목적에 두고 있는 한, 처분의 근거법규에 해당되기 힘든 국제조약에 근거하여서는 미래세대들에게 법률상 보호되는 이익이 있다고 인정하기 힘들 것이다. 또한 국내법규의 관련규정은 구체적 효력이 아닌 선언적 효력만이 있다는 이유로 원고적격이 부인될 소지가 많은 것이 현실이다.[40]

Ⅳ. 내　　용

환경권의 내용은 건강하고 쾌적한 자연환경(예컨대, 청정한 대기)을 향유할 권리, 일조권, 조망권, 경관권,[41] 오염되지 않은 식수를 음용할 권리(식수에 관한 환경권),[42] 맑

36) Non-Legally Binding Authoritative Statement of Principle for a Global Consensus on the Management, Conservation and Sustainable Development of All Types of Forests, 31 I. L. M. 881 (1992), 전문.

37) United Nations Framework Convention on Climate Change(UNFCCC), 31 I. L. M. 849 (1992), 제3조 제4항, 제5항.

38) Convention on Biological Diversity, 31 I. L. M. 818 (1992), 제1조, 제6조 내지 제12조, 제16조 내지 제18조.

39) Convention to Combat Desertification in Those Countries Experiencing Serious Drought and/or Desertification, Particularly in Africa, 33 I. L. M. 1328 (1994), 전문.

40) 정부의 새만금사업과 관련하여 처분당시 태어나거나 아직 태어나지 아니한 18세 미만의 미성년자들인 원고들(이른바, 미래세대)이 농림수산부장관의 공유수면매립면허처분과 새만금간척종합개발사업시행인가처분의 취소를 구하는 소송에서 법원은, 환경권은 명문의 법률규정이나 「자연환경보전법」, 「습지보전법」 등 관계 법령의 규정 취지 및 조리에 비추어 권리의 주체 · 대상 · 내용 · 행사방법 등이 구체적으로 정립되어 있다고 볼 수 없어 법률상 보호되는 이익으로 인정될 수 없고, 원고들이 주장하는 국제기구 선언, 국제협약 등은 처분의 근거 법규 또는 처분의 행정목적을 달성하기 위한 일련의 단계적인 관련 처분들의 근거법규에 해당하지 않는다는 등 이유로 원고적격을 부인한 바 있다. 서울행정법원 2001. 7. 25. 선고 2000구12811 판결.

41) 앞서 환경권을 인정하고 있는 하급심 판결들은 일조(日照), 통풍(通風), 정온(靜穩), 청정(淸淨)한 대기(大氣), 조망(眺望), 압박감(壓迫感) 없는 상태 등을 환경권의 내용으로 파악하고 있다. 일조권 · 조망권 · 경관권을 환경권의 한 내용으로 이

고 깨끗한 식수를 음용할 권리(또는 식용수선택권),[43] 쾌적한 주거 생활권,[44] 채광 · 통풍 · 난방을 위한 시설이 갖추어진 거실에서 건강하게 생활할 권리,[45] 악취, 오염된 공기 등을 제거 · 방지하여 쾌적한 환경에서 생활할 권리,[46] 토양에서 유해중금속 등의 화학물질을 제거 · 방지하여 건강한 환경에서 생활할 권리[47] 등을 포함하게 된다. 이러한 환경권이 침해되거나 침해될 우려가 있는 경우 피해자는 손해배상청구, 환경침해예방청구, 환경침해배제청구[48] 등을 할 수 있다. 환경권의 내용은 시대에 따라 변화할 수밖에 없으며 법원의 인식 여하에 따라 크게 달라질 수 있다. 예컨대, 법원은 공원이용권을 환경권의 내용으로 하는 데에 소극적인데,[49] 문제의 공원이 자연공원(예컨대, 국립공원)이고, 그 공원이 미래세대를 위한 최소한의 배려라고 인식하고 보전의 필요성을 강조한다면 그 결과는 얼마든지 달라질 수 있다고 생각된다.

V. 제한과 한계

환경권의 구체적 효력을 인정할 경우 그 권리의 행사는 일정한 요건하에서만 가능하다고 할 것이므로, 그것이 타인의 사유재산권의 행사와 저촉되는 경우에는 헌법 제23조에 따른 재산권의 보장과 제한을 고려하여 상호간의 충돌을 합리적으로 조정할 필요가 있게 된다. 이때 이익형량과 수인한도법리는 중요한 기능을 하게 된다. 물권적청구권설을 취하는 대법원도 그 제한 원리로 수인한도법리를 적용하고 있음은 유의할 필요가 있다. 수인한도의 판단기준과 관련해서는 그 침해가 사회통념상 일반적으로 수인할 정도를 넘어서는지의 여부는 피해의 성질 및 정도, 피해이익의 공공성, 가해행위의 태양, 가해행위의 공공성, 가해자의 방지조치 또는 손해회피의 가능성, 인 · 허가관계 등 공법상 기준에의 적합 여부, 지역성, 토지이용의 선후관계 등 모든 사정을 종합적으로 고려하여 판단하여야 한다고 보고 있다.[50]

해하는 견해로는 김철수(각주 5), 742면.

42) 청주지법 1998. 2. 26. 선고 97카합613 결정(문장대 온천 사건) 참조.

43) 대법원 1994. 3. 8. 선고 92누1728 판결(대법원은 국가가 수돗물의 질을 개선하는 등의 필요한 조치를 취하는 대신 보존음료수의 국내판매만을 금지하는 것은 국민으로 하여금 수돗물만을 계속하여 마시도록 간접적으로 강제함으로써 국민의 환경권을 제한하는 결과가 되어 부당하다면서 보존음료수(생수)를 일반 국민들에게 판매할 수 없고 전량 수출 내지 주한 외국인에게만 제한판매토록 한 보사부고시는 우리 헌법상 국민의 기본권인 행복추구권과 직업선택의 자유에 위반돼 무효이다라고 한 사례).

44) 대법원 1996. 7. 12. 선고 95누11665 판결 참조.

45) 헌재 2014. 6. 26. 선고 2011헌마150 결정(교도소 안전철망 사건).

46) 헌재 2020. 3. 26. 선고 2017헌마1281 결정(동물장묘장 사건).

47) 헌재 2024. 4. 25. 선고 2020헌마107 결정(학교운동장 사건).

48) 허영(각주 10), 1999, 423 내지 424면; 김철수(각주 5), 742면 참조.

49) 대법원 1995. 5. 23. 선고 94마2218 결정(청담공원 사건).

50) 대법원 1995. 9. 15. 선고 95다23378 판결(부산대 사건); 대법원 1997. 7. 22. 선고 96다56153 판결(봉은사 사건); 대법원 1999. 1. 26. 선고 98다23850 판결; 대법원 2000. 5. 16. 선고 98다56997 판결; 서울고법 1983. 11. 17. 선고 83나1174 판결; 서울고법 1996. 3. 29. 선고 94나11806 판결; 서울민사지법 1992. 5. 27. 선고 91가합63687 판결.

제4절 환경법 원칙

환경법의 기본원칙인 지속가능한 개발의 원칙, 사전예방의 원칙, 오염원인자 책임원칙, 협동의 원칙 등[1]은 환경정책의 수립과 시행뿐만 아니라 입법 · 사법 · 행정 등 모든 국가작용의 지도원리 · 기초로 작용한다. 이러한 원칙들은 서로 배타적이 아닌 서로 중첩적, 보완적으로 적용된다. 이러한 원칙들은 행정법 등에서 일반적으로 인정되고 있는 신뢰보호의 원칙, 과잉금지의 원칙, 비례의 원칙 등과 같이 법적 원리로서 인정되기 힘들고, 그 결과 이 원칙을 위반하더라도 위법이 된다는 등의 직접적 · 구체적 효력이 발생한다고 할 수 없다.[2] 말하자면 독립적이고 확고한 구속력이 없고, 구체적 효력을 갖지 아니하는 선언적 · 프로그램적 성격을 갖는다고 할 것이다. 다만 개별 환경법에 명시적으로 규정되어 구체화되면 비로소 법적 책임으로 작용하기 시작한다. 법적 구속력을 갖지 않음에도 불구하고 환경법 원칙이 중요한 의미를 갖는 것은 환경정책 및 입법의 큰 방향을 제시하고, 애매한 환경관계법의 해석 기준을, 관계법간의 충돌 시 해석의 지침을 제공한다는 점에 있다. 기존 논의는 실체적 원칙에 초점을 맞추고 있는데, 최근에는 환경영향평가, 공중참여, 정보공개, 사법(司法)에의 접근과 같은 절차적 원칙에 대한 중요성과 관심이 커지고 있다.

환경법의 원칙은 국가환경정책 및 환경입법의 큰 방향타 역할을 한다는 점에서 중요한 개념이 되고 있다. 그러나 이상에서 살펴본 원칙 중 원인자 책임원칙을 제외하고는 「환경정책기본법」에서조차 명시적으로 규정하고 있지 아니하다. 기본이념을 선언하고 있는 동법 제2조에서 "국가, 지방자치단체, 사업자 및 국민은 … 노력하고, … 공동으로 노력함으로써"라는 문언은 '협력의 원칙'을, "…환경상의 위해를 예방하기 위하여…"라는 문언은 '사전예방의 원칙' 혹은 '사전배려의 원칙'을, "현 세대의 국민이 그 혜택을 널리 누릴 수 있게 함과 동시에 미래의 세대에게 그 혜택이 계승될 수 있도록 함"이라는 문언은 '지속가능한 개발의 원칙'을 규정한 것으로 해석할 수 있으나 이러한 원칙을 정면에서 구체적으로 규정하고 있지 않다.

이러한 원칙은 법률에 명시적 규정을 두고 있지 않는 한 구체적 효력을 갖기 어렵다.

---

1) 독일 학계에서는 일반적으로 사전배려의 원칙, 원인자 책임원칙, 협동원칙을 환경법의 3대 원칙으로 들고 있다. 김창규, "환경법상 협동원칙에 관한 소고", 배준상교수 정년기념논문집, 법원사, 1997, 642면. 특히 독일의 경우 1976년에 공표된 환경보고서는 사전배려의 원칙, 원인자 책임의 원칙, 협동의 원칙을 환경정책의 3대 기본원칙으로 천명한 바 있다. 신보성, "환경보전과 협력의 원칙", 가족 · 사회 · 법의 변도, 고정명교수 강단 30주년 기념논문집, 1995, 625면. 우리나라에서는 일반적으로 위 3대 원칙에 존속보장의 원칙을 더해 예시하는 것이 일반적이다. 혹자에 따라서는 정보공개 및 참여의 원칙(박균성 · 함태성, 환경법, 박영사, 2004, 43면 이하), 지속가능한 발전의 원칙, 환경정의의 원칙(홍준형, 환경법, 박영사, 2001, 69면 이하), 수혜자부담의 원칙(조현권, 환경법-이론과 실무, 법률문화원, 1999, 114면), 지속가능한 개발의 원칙(고영훈, 환경법, 법문사, 2000, 64면; 조은래, 환경법, 세종출판사, 2003, 55면) 등을 더 들고 있다.

2) 신보성(앞의 글), 632 내지 633면.

물론 환경정책과 입법 · 사법 · 행정을 통한 국가의 작용에서 지도원리로서 작용할 수 있으나, 이러한 원칙들이 보다 충실하게 기능하기 위해서는 「환경정책기본법」에 이를 분명히 밝히고 개별 환경법에서 이를 구체화하는 노력이 필요하다.

Ⅰ. 지속가능한 개발의 원칙

1. 배 경

오랜 동안 환경과 개발은 서로 대립 · 상충하는 것이라고 인식되어 왔다. 그러나 최근 들어 환경과 개발이 서로 양립할 수 있다는 인식이 확산되어 가고 있다. 환경용량을 초과하지 않는 범위 내의 개발 개념이 그것인데, 스톡홀름 회의를 거쳐 리우 유엔환경개발회의에서 '지속가능한 개발(Sustainable Development)'이라는 이름으로 구체화되기에 이르렀다.

보전과 개발을 잘 조화시킨 자원관리방안을 제시하고 있는 '지속가능한 개발'에 대하여 본격적인 논의가 이루어진 것은 1987년 브룬트란트위원회(Brundtland Commission)로 알려진 환경과 개발에 관한 세계위원회(World Commission on Environment and Development: WCED)에서 발행한 'Our Common Future'라는 일명 브룬트란트 보고서이다. 이 보고서는 지속가능한 개발을 "미래세대의 수요(needs)를 충족시킬 수 있는 능력을 저해하지 않으면서 현재세대의 수요를 충족하는 개발(development)"이라고 정의한 바 있다.3)

1992년 브라질의 리우에서 개최된 '지구환경 정상회담'에서는 환경과 개발에 관한 리우선언을 채택하고, 지속가능한 개발의 내용을 보다 구체화하는 실천적인 행동강령으로서 의제(Agenda) 21을 채택하였다. 특히, 리우선언에서는 21세기 지구환경보전을 위한 기본 원칙들을 천명하고 있는데 환경적으로 건전하고 지속가능한 개발(Environmentally Sound and Sustainable Development: ESSD)의 원칙이 그 대표적이라 할 수 있다.4) 리우회의로부터 10년(Rio+10)이 지난 2002년 남아프리카공화국의 요하네스버그에서 개최된 지속가능한 개발을 위한 지구정상회담(World Summit on Sustainable Development: WSSD)에서는 리우회의 및 의제 21의 이행 성과를 점검하고 지속가능한 개발의 실천계획인 WSSD 이행계획과 실천의지를 담은 요하네스버그선언을 채택하였다.5)

지속가능한 개발 개념의 중심 내용은 리우선언 외에도 산림원칙,6) 기후변화협약,7)

3) 「지속가능발전법」은 '지속가능한 개발'이라는 개념 대신에 '지속가능발전'이라는 개념을 사용하면서 이를 "지속가능성에 기초하여 경제의 성장, 사회의 안전과 통합 및 환경의 보전이 균형을 이루는 발전"으로 정의하고 있다(제2조 제2호). 그러나 이러한 개념 정의는 미래세대를 고려한다는 이른바, 세대간 형평성 개념을 충분히 담고 있지 못하다고 생각된다.

4) 이 개념은 리우선언 원칙 1 내지 8, 21 등에 구체화되고 있다.

5) 요하네스버그회의에서 논의된 실천적 과제에 대하여 자세한 내용은 정영근 · 배현회, WSSD 논의결과 분석 및 후속과제 도출, 한국환경정책 · 평가연구원, 2002. 11. 참조.

6) Non-Legally Binding Authoritative Statement of Principles for a Global Consensus on the Management, Conservation and Sustainable Development of All Types of Forests, 31 I. L. M. 881 (1992).

7) United Nations Framework Convention on Climate Change(UNFCCC), 31 I. L. M. 849 (1992), 제3조 제4항 · 제5항.

「생물다양성협약」,[8] 「사막화방지협약」[9] 등 많은 국제환경협약에 수용되어 있다. 우리나라 환경법에서는 명시적이고 직접적인 규정을 찾아보기 어렵다. 비교적 최근에 제정된 법에서는 이 원칙을 수용하고 있으나 대체로 암시적이고 불분명하다. 최소한 「환경정책기본법」에서 이를 명문화할 필요성이 있다고 생각한다.

2. 내 용

논의의 편의를 위해 다음과 같은 사례를 생각해 보자. 눈앞의 물고기를 잡기 위해서 연못에 있는 물을 완전히 빼버리면 당장 물고기는 많이 잡을 수는 있겠지만 앞으로는 물고기를 보기도 힘들 것이다. 쉽게 얘기하자면 지속가능한 개발이란 바로 계속해서 물고기를 잡기 위해서는 어느 정도의 물을 연못에 항상 가두어 놓아야 한다는 사고라고 할 것이다. 앞으로도 계속해서 물고기를 잡기 위해서, 경우에 따라서는 더 많은 고기를 잡기 위해서는 물을 항상 가두어 놓는다는 것이 중요하다는 것이다. 그러나 어느 정도의 물을 가두어 놓아야 하는가?

지속가능한 개발이 환경법의 중요한 원칙이라는 점에 대하여는 별 이론이 없으나 그 구체적 의미가 무엇인가에 대해서는 상당히 의견이 갈라져 있다. 그 결과 그 의미에 대해서 명확한 개념 정의를 내리기가 매우 힘든 상황이다. 학자간의 입장에 따라, 선·후진국간 이해관계의 불일치에 따라 그 의미 해석이 불명확하고 개념적 통일을 이루는 것이 어려운 상황이다. 그러나 일반적으로 지속가능한 개발의 개념에는 미래세대를 위해 자연자원의 보전(세대간의 형평성), 신중한(prudent)·이성적인(rational)·현명한(wise) 또는 적절한(appropriate) 방식의 자연자원의 개발(지속가능한 이용), 현재세대의 요구를 고려하는 자연자원의 공평한 이용(세대내 형평성), 경제적 그리고 다른 개발계획 등에서의 환경적 고려와 환경목표의 구체적 적용에 있어서의 개발요구의 고려(환경과 개발의 통합성)가 포함되고 있다.[10]

이 개념은 우리들의 후손인 미래의 세대가 필요로 하는 수요를 저해함이 없이 현재세대의 수요를 충족시키는 동시적 개념으로서의 개발을 내포하고 있다. 문제는 현재세대를 위한 수요를 어디까지 허용하느냐 하는 것이다. 이 문제는 개발하려고 하는 자의 재산권 제한과 이에 따라 필연적으로 발생하는 소유권보호의 문제와 관련하여 복잡한 양상을 띠고 있다.

3. 기 능

국토가 좁고, 자연자원이 부족한 상태에서 인구밀도가 높은 우리나라로서는 자연환경 및 국토보전의 필요성이 어느 나라보다도 크다. 그러나 그 동안 우리나라의 자연환경 및

8) Convention on Biological Diversity, 31 I. L. M. 818 (1992), 제1조, 제6조 내지 제12조, 제16조 내지 제18조.

9) Convention to Combat Desertification in Those Countries Experiencing Serious Drought and/or Desertification, Particularly in Africa, 33 I. L. M. 1328 (1994), 전문.

10) Philippe Sands, Principles of International Environmental Law 252 (2nd ed. Cambridge University Press, 2003).

국토에 대한 보전은 개발압력에 밀려 등한히 다루어졌다. 급격한 경제성장과 소득수준, 생활수준의 향상으로 높은 환경의 질을 요구하는 국민적 · 사회적 수요는 지속적으로 증가되고 있으며, 건강하고 쾌적한 환경에 대한 욕구는 증대하고 있다. 동시에 소득수준이 향상됨에 따라 관광 및 레저 등에도 눈을 돌리면서 개발압력도 증가하고 있다. 이와 같은 상황은 우리나라의 국토보전 및 환경정책이 지속가능한 개발을 지향할 수밖에 없다는 것을 의미한다. 지속가능한 개발의 원칙은 국가나 지방자치단체의 개발 욕구에 제동을 걸 수 있는 논리를 제공할 것이다.

4. 구체적 구현형태

지속가능한 개발 원칙은 우리나라 법체제에서 상당부분 수용되고 있다. 예컨대, 「국토기본법」은 국토에 관한 계획 및 정책이 개발과 환경의 조화를 바탕으로, 국토를 균형 있게 발전시키고 국가의 경쟁력을 높이며, 국민의 삶의 질을 개선함으로써 국토의 지속가능한 발전을 도모할 수 있도록 수립 · 집행되어야 한다는 것을 기본 이념으로 내세우면서(제2조), 국토의 균형있는 발전(제3조), 경쟁력 있는 국토여건의 조성(제4조), 환경친화적 국토관리의 도모(제5조) 등을 국가 및 지방자치단체의 의무로 제시하고 있다. 특히 환경친화적 국토관리를 위해 국가 및 지방자치단체는 국토에 관한 계획이나 사업을 수립 · 집행함에 있어서 자연환경과 생활환경에 미치는 영향을 사전에 고려하여야 하며, 환경에 미치는 부정적인 영향이 최소화될 수 있도록 하여야 한다(제5조 제1항).

「국토의 계획 및 이용에 관한 법률」은 국토이용 및 관리의 기본원칙으로 국토는 자연환경의 보전 및 자원의 효율적 활용을 통하여 환경적으로 건전하고 지속가능한 발전을 이루기 위하여 자연환경 및 경관의 보전과 훼손된 자연환경 및 경관의 개선 및 복원 등의 목적을 달성할 수 있도록 이용 및 관리되어야 한다고 밝히고 있다(제3조).

환경법에서 헌법이라고 할 수 있는 「환경정책기본법」은 환경을 "지속가능하게 관리 · 보전함"을 중요한 목적의 하나로 언급하고(제1조), "환경의 질적인 향상과 그 보전을 통한 쾌적한 환경의 조성 및 이를 통한 인간과 환경 간의 조화와 균형의 유지는 국민의 건강과 문화적인 생활의 향유 및 국토의 보전과 항구적인 국가발전에 필요한 요소임에 비추어 국가, 지방자치단체, 사업자 및 국민은 환경을 보다 양호한 상태로 유지 · 조성하도록 노력하고, 환경을 이용하는 모든 행위를 할 때에는 환경보전을 우선적으로 고려하며, 지구환경상 위해를 예방하기 위하여 공동으로 노력함으로써 현 세대의 국민이 그 혜택을 널리 누릴 수 있게 함과 동시에 미래의 세대에게 그 혜택이 계승될 수 있도록 함"을 기본 이념으로 삼고 있으며, 제9조에서 정부로 하여금 환경과 경제를 통합적으로 평가할 수 있는 방법을 개발하여 각종 정책을 수립할 때에 이를 활용하도록 하고 있다. 이러한 규정들은 인간과 환경 간의 조화와 균형의 유지, 환경보전의 우선적 고려, 세대간 형평의 도모, 환경과 경제의 통합적 고려 등을 밝히고 있다는 점에서 지속가능한 개발의 중요한 내용을 담고 있다 할 수 있다.

「환경정책기본법」에 따르면, 국가 및 지방자치단체는 환경에 관련되는 법령을 제정 또는 개정하거나 행정계획의 수립 또는 사업의 집행을 할 때에는 환경기준이 적절히 유지되도록 환경 악화의 예방 및 그 요인의 제거, 환경오염지역의 원상회복, 새로운 과학기술의 사용으로 인한 환경오염 및 환경훼손의 예방, 환경오염방지를 위한 재원의 적정 배분 등을 고려하여야 한다(제13조). 또한 동법은 환경에 영향을 미치는 계획 및 개발사업이 환경적으로 지속가능하게 수립·시행될 수 있도록 전략환경영향평가, 환경영향평가, 소규모 환경영향평가를 실시하도록 하고 있다(제41조). 이러한 환경성을 고려하는 제도들은 개발사업으로 인한 환경적인 악영향을 사전에 예측·분석하고, 그 대응방안을 모색한다는 점에서 지속가능한 개발을 위한 필수적인 제도이다.

한편, 국가와 국민은 자연환경의 보전이 인간의 생존 및 생활의 기본임에 비추어 자연의 질서와 균형이 유지·보전되도록 노력하여야 하는바(「환경정책기본법」 제40조), 「자연환경보전법」은 "자연은 모든 국민의 자산으로서 공익에 적합하게 보전되고 현재와 장래의 세대를 위하여 지속가능하게 이용되어야 한다"는 등의 자연환경보전의 7대 기본원칙을 명시하고 있다(제3조). 지속가능한 개발의 원칙에서 중요한 개념을 이루는 '지속가능한', '미래(장래)의 국민' 등과 같은 표현은 「환경영향평가법」(제4조 제1호), 「야생생물 보호 및 관리에 관한 법률」(제3조), 「대기환경보전법」(제1조), 「물환경보전법」(제1조), 「자연공원법」(제2조의2), 「백두대간 보호에 관한 법률」(제3조의2) 등 비교적 최근에 제정·개정된 법에 흔히 나타나고 있다. 2000년 지속가능발전위원회의 발족, 2007년 8월 「지속가능발전기본법」(2010년 1월 「지속가능발전법」으로 대체, 2022년 1월 4일 「지속가능발전 기본법」으로 환원)의 제정 등은 지속가능한 발전이라는 것이 우리 법제의 큰 화두로 이미 자리잡아가고 있음을 잘 보여준다. 2021년 9월 24일 제정된 「기후위기 대응을 위한 탄소중립·녹색성장 기본법」(탄소중립기본법)은 탄소중립 사회로의 이행과 녹색성장은 "미래세대의 생존을 보장하기 위하여 현재 세대가 져야 할 책임이라는 세대 간 형평성의 원칙과 지속가능발전의 원칙에 입각한다"는 원칙을 선언함으로써(제3조 제1호), 지속가능한 개발의 원칙이 거스를 수 없는 원칙임을 재확인하고 있다.

5. 한 계

개발과 보전의 합리적인 경계를 설정하는 것이 현실적으로는 어려울 수밖에 없다. 개념이 지나치게 모호하고 불분명하다는 점과 경제 개발 또는 경제성장이 가치있다는 것을 전제하고 있는 점은 동 원칙의 구속력을 약화시키고 있다. 현실적으로도 개발욕구를 억제하고 보전과 개발을 상호 절충하기가 쉽지 않다는 점, 지속가능한 개발을 위해서 엄청난 재원이 소요될 수밖에 없다는 점 등에서 한계가 있다.

Ⅱ. 사전예방과 사전배려의 원칙

1. 개 념

환경이란 한번 오염(또는 훼손)되면 그 복구가 사실상 불가능하고, 가능하더라도 엄청난 시간과 비용이 소요된다. 이 같은 사실은 사후감독 및 구제에는 일정한 한계가 있고, 사전에 환경의 오염을 예방하는 것이 효과적이라는 것을 의미한다. 이러한 관점에서 사전에 환경오염이 발생하지 않도록 하는 예방수단이 강구되어야 한다는 사전예방의 원칙(Preventive Principle)은 아무리 강조하여도 지나치지 않은 것이다.

2. 구체적 구현형태

「환경정책기본법」은 환경오염과 환경훼손을 예방하는 것을 하나의 목적으로(제1조), 환경상의 위해를 예방하기 위하여 공동으로 노력할 것을 하나의 이념으로 선언하고 있다(제2조). 또한 동법에 따르면 국가 및 지방자치단체는 환경오염물질 및 환경오염원의 원천적인 감소를 통한 사전예방적 오염관리에 우선적인 노력을 기울여야 하며, 사업자로 하여금 환경오염을 예방하기 위하여 스스로 노력하도록 촉진하기 위한 시책을 마련하여야 한다(제8조 제1항). 사업자는 제품의 제조 · 판매 · 유통 및 폐기 등 사업활동의 모든 과정에서 환경오염이 적은 원료를 사용하고 공정을 개선하며, 자원의 절약과 재활용의 촉진 등을 통하여 오염물질의 배출을 원천적으로 줄이고, 제품의 사용 및 폐기로 환경에 미치는 해로운 영향을 최소화하도록 노력하여야 한다(동조 제2항). 국가, 지방자치단체 및 사업자는 행정계획이나 개발사업에 따른 국토 및 자연환경의 훼손을 예방하기 위하여 해당 행정계획 또는 개발사업이 환경에 미치는 해로운 영향을 최소화하도록 노력하여야 한다(동조 제3항). 이러한 일련의 규정들은 사전예방의 원칙을 내포하고 있다고 할 수 있다. 국가 및 지방자치단체의 환경보전계획 수립 · 시행 의무(제4조), 사업자의 책무(제5조), 국민의 환경오염과 환경훼손 감소 의무(제6조), 국가 및 지방자치단체의 환경 악화의 예방 및 그 요인의 제거를 고려한 환경관계 법령의 제 · 개정과 행정계획의 수립 또는 사업의 집행(제13조), 정부의 과학기술의 위해성평가(제35조) 규정 등도 직 · 간접적으로 이 원칙과 관련을 갖는다.

계획이나 개발사업의 초기단계부터 환경성을 검토하도록 하여 환경에의 영향을 최소화하고자 하는 전략환경영향평가, 환경영향평가 등 제도(「환경정책기본법」 제41조), 환경보전을 위해 수립되는 국가환경종합계획(「환경정책기본법」 제14조)을 비롯한 개별법에 근거하여 수립되는 각종 환경계획은 사전예방원칙을 구현하는 전형적인 제도이다.

한편, 「물환경보전법」은 "환경상의 위해를 예방"하는 것을 중요한 목적의 하나로 하고 있다(제1조). 또한, 「환경보건법」은 "환경유해인자와 수용체의 피해 사이에 과학적 상관성이 명확히 증명되지 아니하는 경우에도 그 환경유해인자의 무해성(無害性)이 최종적으로 증명될 때까지 경제적 · 기술적으로 가능한 범위에서 수용체에 미칠 영향을 예방하기 위한 적절한 조치와 시책을 마련하여야 한다"고 선언하여 사전배려의 원칙을 환경보건의 증진을 위한 기본이념의 하나로 천명하고 있다(제4조 제1호). 「생활화학제품 및 살생물제의 안전관리에 관한 법률」은 생활화학제품 및 살생물제와 사람, 동물의 건강과 환경에 대한 피해 사이에 과학적 상관성이 명확히 증명되지 아니하는 경우에도 그 생활화학제품 및 살생물제가 사람, 동물의 건강과 환경에 해로운 영향을 미치지 아니하도록 사전에 배려하여 안전하게 관리되어야 한다는 원칙을 관리의 제1원칙으로 제시하고 있다(제2조 제1호).

3. 사전예방의 원칙과 사전배려의 원칙의 구별

사전예방의 원칙과 유사하지만 구별되는 것으로 사전배려의 원칙(Precautionary Principle)이 있다. 환경과 개발에 관한 리우선언 원칙 15에서도 밝히고 있는 사전배려의 원칙이란 "중대하거나 회복 불가능한 피해의 위협이 있을 경우 과학적 불확실성이 환경 악화를 방지하기 위한 비용－효과적인 조치를 지연시키는 구실로 이용되어서는 아니 된다"[11]는 원칙이다.

사전배려의 원칙은 크게 사전예방의 원칙으로 이해할 수도 있지만 환경문제가 과학적 불확실성이 존재하고 있다는 점을 인식하고 이러한 과학적 불확실성이 어떠한 예방조치를 취하는 데 장애요소가 되어서는 안 된다는 점을 강조하고 있다는 점에서 구별되는 개념 내지 하위 개념으로 이해할 수 있다.

동 원칙이 담고 있는 개념은 환경오염으로 인한 결과에 대하여 과학적으로 단정할 수 없다고 하더라도, 다시 말하면 과학적 입증이 없더라도 어떠한 조치가 취해져야 한다는 것이므로 단순한 사전예방 개념에서 더 나아가는 개념을 수용하는 원칙인 것이다.[12] 결국 사전배려의 원칙은 과학적 불확실성이 존재하는 영역에 적용되는 원칙으로서 오존층 파괴, 기후변화, 내분비계장애물질(환경호르몬), 유전자변형물질, 전자파, 저준위방사능 등의 규제에 유용한 틀을 제공할 것이다. 특히 위 원칙은 국제환경법에서 중요한 원칙으로 급속히 자리잡아가고 있는데, 「오존층 보호를 위한 비엔나협약」 및 「몬트리올의정서」, 기후변화협약, 「생물다양성협약」, 「아프리카 내 유해폐기물의 국경이동 규제에 관한 바마코 협약」,[13] 「런던덤핑의정서」[14] 등 다수의 환경조약에 수용되어 있다.

---

11) 이에 따르면 사전배려의 원칙이 발동하는 계기(trigger)는 중대한(serious) 또는 회복 불가능한 피해의 '위협(threats)'이고, 발동 시점(timing)은 "'과학적 불확실성'이 환경 악화를 방지하기 위한 조치를 지연시키는 구실로 이용되어서는 아니 된다"라는 문구와 관련이 있다. 대응조치(response)는 '비용－효과적인 조치'이다.

12) 박균성 · 함태성(각주 1), 45면 참조.

13) 특히 「아프리카 내 유해폐기물의 국경이동 규제에 관한 바마코 협약」은 "체약국은 오염문제의 사전예방적, 사전배려적(preventive, precautionary) 접근방법을 채택 · 실시하도록 노력한다. 이 접근방법은 특히 인간 또는 환경에 대한 조치에

4. 기 능

이 원칙의 적용은 국가가 부담하는 사전주의의 정도를 높이고, 입증책임을 전환 내지 완화하는 결과를 초래한다.15) 유의할 것은 여기에서 말하는 입증책임은 환경피해에 대한 손해배상을 청구할 때 소송상 원고에게 요구하는 입증책임과는 차원을 달리한다는 것이다. 이는 소송법적 의미의 입증책임 전환이 아니라 어떠한 조치, 프로그램, 프로젝트를 수행하는 측(국가를 포함)이 그 활동이 무해하다는 것을 증명하여 해당 규제 및 제한 조치가 필요하지 않다는 것을 밝혀야 한다는 것이다. 이로써 어떤 행위나 물질이 인간의 건강이나 환경에 유해하다고 주장하는 측에서 그 유해함을 입증해야 했던 전통적인 접근방법은 수정이 불가피하게 되었다. 이 원칙에 충실할 경우, 이제는 어떤 행위나 물질이 인간의 건강이나 환경에 안전하다고 주장하는 측에서 그 안전함을 입증하여야 한다.

이 원칙은 명시적이지 않더라도 새로운 과학적 지식, 정보, 기술을 계속해서 반영할 것을 요구하고 있다. 과학적 식견과 기술은 불확실하고 급속하게 변화하고 있으며, 행위규제는 현재의 과학적 불확실성에 기초해서 이루어지기 때문에 규제자는 새로운 과학적 정보를 탄력적으로 받아들여 의사결정에 반영하여야 한다.

5. 한 계

사전배려의 원칙과 관련해서는 다음과 같은 어려운 문제가 제기될 수 있다: 어느 정도의 위해가 있을 때 사전배려조치를 취해야 하는가?16) 발동 시점은 어느 때인가?17) 어떠한 대응조치가 요구되는가?18) 그러한 조치를 취하기 위해서 소요되는 비용이 아무리 많아도 상관이 없는가? 특히 마지막 물음은 어느 정도의 사전배려가 적당한가의 문제인데, 리

관한 과학적 증명을 기다리지 않고, 손해를 일으킬 우려가 있는 물질을 환경에 배출하는 것을 방지하는 것을 수반한다." 라고 규정함으로써 위 원칙을 명문화하고 있다. Bamako Convention on the Ban of Import Into Africa and the Control of Transboundary Movements and Management of Hazardous Wastes and Within Africa, 30 I. L. M. 775 (1991), 제4조 제3항(f).

14) 1996년 런던덤핑의정서는 "해양환경에 유입되는 폐기물 또는 그 밖의 물질이 그 영향과의 인과관계를 증명하는 단정적인 증거가 없더라도 피해를 발생시킨다고 믿을 만한 이유가 있으면 동 물질을 해양에 투기하여서는 아니 된다"고 규정하고 있다. 1996 Protocol to the Convention on the Prevention of Marine Pollution by Dumping of Wastes and Other Matter, 36 I. L. M. 1 (1997), 제3조 제1항.

15) 김정건, 국제법, 박영사, 1998, 946 내지 947면; Ved P. Nanda and George Pring, International Environmental Law & Policy for the 21st Century 59 (Transnational Publishers, Inc., 2003).

16) 사전배려조치를 발동하는 계기(trigger)가 되는 위해 수준에 대하여는 논란이 있을 수밖에 없다. 리우선언에서는 "중대(serious)하거나 회복 불가능한 피해의 위협(threats)"을 들고 있다. 그러나 구체적으로 "중대하거나 회복 불가능한 피해", "위협" 등이 무엇을 의미하는지 논란이 있을 수 있다.

17) 이 문제는 과학적 불확실성의 의미 및 성질과 관련이 있다. 리우선언은 "과학적 불확실성이 환경 악화를 방지하기 위한 비용－효과적인 조치를 지연시키는 구실로 이용되어서는 아니 된다"라고 표현할 뿐 발동 시점에 대한 직접적인 언급은 피하고 있다.

18) 요구되는 조치는 완전금지인가? 완화조치인가? 또는 위해와 이익을 형량한 적당한 조치인가 논란이 있을 수 있다. 리우선언은 "비용－효과적인 조치"를 언급하고 있다.

우선언에서는 "비용-효과적인 조치(cost-effective measures)"를 취할 것을 요구하고 있다.

이 원칙에 대해서는 다음과 같은 질문이 계속해서 제기될 수 있다. 인간의 건강 또는 중대한 환경가치가 위태로운 상황에서, 비용-효과적인 조치란 무엇을 의미하는가? 적합한 기술에의 접근 가능성 여하와는 관계가 없는가? 예컨대, 적합한 기술에의 접근이 불가능한 경우에도 이 원칙이 적용되는가? 그러한 사전배려조치를 위해서는 어떤 또는 어느 정도의 증거가 요구되는가? 어떤 위해는 수인할 수 있는가? 수인하여야 한다면 그 정도(수준)는 어디까지인가? 사전배려는 인간의 이익만을 위해서 취해져야 하는가? 아니면 동·식물, 자연환경의 이익을 위해서도 취해질 수 있는가?[19] 이러한 질문은 이 원칙의 내용이 추상적이고 불분명하여 통일적인 이해가 형성되어 있지 않기 때문에 발생하는 것인데, 구체적 적용의 경우에 혼란을 야기하고, 이 원칙을 실효성 없는 원칙으로 만들 가능성이 있다.

Ⅲ. 오염원인자 책임의 원칙

1. 개　　념

오염원인자 책임의 원칙이란 환경오염·훼손의 방지, 제거, 회복 및 피해구제에 대한 책임자가 누구인가의 문제를 담고 있는 환경법의 기본원칙으로서, 요약하면 자기 또는 자기의 영향권 내에 있는 자의 행위 또는 물건으로 인하여 환경오염·훼손 발생의 원인을 제공한 자가 그 책임을 져야 한다는 원칙을 말한다.

「환경정책기본법」은 "사업자는 그 사업활동으로부터 발생하는 환경오염 및 환경훼손을 스스로 방지하기 위하여 필요한 조치를 하여야 하며(제5조)," "자기의 행위 또는 사업활동으로 환경오염 또는 환경훼손의 원인을 발생시킨 자는 그 오염·훼손을 방지하고 오염·훼손된 환경을 회복·복원할 책임을 지며, 환경오염 또는 환경훼손으로 인한 피해의 구제에 드는 비용을 부담함을 원칙으로 한다(제7조)"고 하여 오염원인자 책임원칙을 명시적으로 규정하고 있다. 「해양환경관리법」은 개별법으로는 흔치 않게 오염원인자 책임원칙을 명시적으로 밝히고 있다(제7조). 최근 제정된 탄소중립기본법은 탄소중립 사회로의 이행과 녹색성장은 "환경오염이나 온실가스 배출로 인한 경제적 비용이 재화 또는 서비스의 시장가격에 합리적으로 반영되도록 조세체계와 금융체계 등을 개편하여 오염자 부담의 원칙이 구현되도록 노력한다"는 원칙을 천명하고 있다(제3조 제5호).

2. 배　　경

국제적으로 오염원인자 책임원칙은 1972년 경제협력개발기구(OECD)의 지도원칙(Guiding

19) Don Mayer, *The Precautionary Principle and International Efforts to Ban DDT,* 9 S. C. Envtl. L. J. 135, 158 (2002); Nanda & Pring(각주 15), 59면 참조.

Principles)으로 채택되었고,[20] 1974년 그 시행과 관련한 위원회의 권고로 보다 명료화되었다.[21] 이 원칙은 1975년 EC 위원회의 환경비용의 배분과 관련한 권고로 EC(현재는 EU)의 정책이 되었으며,[22] 1987년 유럽단일법(Single European Act)은 로마조약(Treaty of Rome)을 개정하고 이러한 EC 환경정책의 법적 근거를 마련하였다.[23] 경제협력개발기구와 EC에서 논의한 오염원인자 책임원칙의 당초의 그리고 중심 개념은 효율성을 위한 비용 배분원칙이었는데, 특별히 개인부문에서 취하여진 오염 저감조치 비용은 개인이 부담하여야 하고, 정부의 양여금이나 보조금 등으로 상계되어서는 안 된다는 것이었다. 여기에는 이러한 보조금 등이 국제거래와 투자를 심각하게 왜곡할 수 있다는 인식이 그 바탕을 이루고 있는데, 결국 동 원칙의 주된 목적은 환경이 아닌 경제에 있다고 이해된다.[24]

이 원칙은 환경비용의 내부화(internalization of environmental costs)[25]와 부합하는데, 1992년 리우선언은 "국가당국은 오염자가 원칙적으로 오염의 비용을 부담하여야 한다는 원칙을 고려하여 환경비용의 내부화와 경제적 수단의 이용을 증진시키도록 노력하여야 한다. 이에 있어서 공공이익을 적절히 고려하여야 하며, 국제무역과 투자를 왜곡시키지 않아야 한다"라고 천명하면서 동 원칙을 지지하고 있다(원칙 16).

3. 기능 및 성격

이 원칙은 오염 · 훼손된 환경의 회복 · 복원은 물론 피해의 구제에 소요되는 비용을 누가 부담할 것인가라는 '환경비용부담의 원칙' 또는 '환경비용귀속의 원칙'으로서 주된 기능을 하지만 환경오염의 방지 · 제거를 위해 오염자에게 일정한 작위 또는 부작위 의무를 부과하는 것을 포함하는 '실질적 책임귀속의 원칙'으로도 기능한다.[26] 실질적 책임귀속이 귀책의 측면을 가지고 있다는 점에서 일반 경찰법상의 책임원칙과 상통하고, 비용부담의 측면을 가지고 있다는 점에서 뒤에서 살펴보는 경제협력개발기구(OECD)의 오염원인자 비용부담의 원칙(Polluter Pays Principle)과 상통한다.[27] 결국 이 원칙은 환경을 오염하

20) "오염원인자 부담원칙이란 오염원인자가 환경을 수용가능한 상태로 유지할 수 있도록 공공당국이 결정한 오염감소 및 방지조치를 수행하기 위하여 소요되는 비용을 부담하여야 한다는 것을 의미한다. 환언하면 이들 조치의 비용이 생산 또는 소비함에 있어서 오염을 야기하는 상품 및 용역의 비용에 반영되어야 한다. 이러한 조치들은 국제무역과 투자에 중대한 왜곡을 유발할 수 있는 보조금을 수반하지 않아야 한다." Recommendation of the Council on Guiding Principles Concerning International Economic Aspects of Environmental Policies, Organization for Economic Cooperation and Development, OECD Doc. C(72)128 (May 26, 1972), Annex, P 4.

21) Recommendation of the Council on the Implementation of the Polluter-Pays Principle, OECD Doc. C(74)223 (Nov. 14, 1974).

22) Council Recommendation of 3 March 1975 Regarding Cost Allocation and Action by Public Authorities on Environmental Matters, 1975 O. J. (L169) 1.

23) Single European Act, 1987 O. J. (L 169) 1, art. 25.

24) Patricia W. Birnie and Alan E. Boyle, International Law and the Environment, 110 (Clarendon Press, 1992).

25) 이는 천연자원의 활용, 쓰레기 발생, 소비 등을 고려하여 제품생산 및 사용의 환경비용이 시장가격에 반영되어야 한다는 것으로, 환경정책의 주요 목표 중의 하나이며 환경경제학의 초점이 되어왔다. 나아가 이 개념은 자원의 가격결정, 환경정책에 있어서의 경제적 수단의 사용, 환경회계 등의 분야에서 중요한 토대를 이루는 개념이다.

26) 박균성 · 함태성(각주 1), 47면.

거나 훼손한 자는 이러한 행위에 수반되는 오염의 사전방지 및 사후회복에 대한 책임을 지며, 오염의 방지 · 제거 등을 위해 소요되는 비용이 있다면 그 비용을 부담해야 한다는 것으로 이해된다. 그러나 이 원칙은 국가의 책임회피와 사업자 · 국민에의 책임전가의 구실로 작용할 수 있다. 비용만 부담하면 책임이 면제된다는 논리도 경계되어야 한다.

오염원인자 책임원칙은 고의 · 과실 등 귀책사유가 있는 자에게 일정한 책임을 부과하는 법적 책임원칙이 아닌 오염비용의 할당 내지 분배를 위한 경제원칙이라 할 수 있다.[28] 이러한 점에서 법적 책임원칙으로서의 의미를 갖는 과실책임의 원칙과는 구별된다. 혹자는 「환경정책기본법」 제44조상의 원인자의 무과실책임과 모순되는 것으로 이해하기도 하나 전자가 경제원칙인 데 반하여 후자가 법적 책임원칙이라는 점에서 상호 모순 · 충돌되는 개념이 아닌 것이다. 오히려 두 원칙은 상호 보완하는 원리이다. 오염원인자 책임원칙은 구체적 효력을 갖지 아니하는 선언적 · 프로그램적 성격을 갖는다. 이 원칙은 개별 환경관계법에서 구체화되면서 비로소 법적 책임으로 작용하게 된다.[29] 예컨대, 원인자(「물환경보전법」 제48조의2, 「수도법」 제71조), 처리자(「폐기물관리법」 제48조), 정화책임자(「토양환경보전법」 제10조의4) 등에게 구체적 책임을 묻는 개별 규정들에 의해서 오염원인자 책임원칙은 구체적 의미를 갖는 법적 책임으로 작용하게 되는 것이다.

4. '원인자'란?

누가 원인자가 되는지에 대하여는 견해가 나누어지고 있다. 즉, 외형적 생활관계의 장소적 범위 내에서 오염물질을 방출한 자(형식적 생활관계설), 사실상의 생활지배의 범위 내에서 오염을 발생시킨 자(사실상의 지배영역설), 환경오염의 원인을 야기하고 오염을 제거 · 방지하는 데 가장 적합한 상황에 있는 자(적합지위설), 계속적인 인과관계의 고리 속에서 환경오염에 참여하거나 요인을 분담한 자(인과관계 연속에의 참여설) 등이 그것이다.[30] 형식적 생활관계설로부터 인과관계 연속에의 참여설 순으로 원인자의 범위가 넓어진다고 할 수 있는데, 「환경정책기본법」은 오염원인자를 자기의 행위 또는 사업활동으로 환경오염 또는 환경훼손의 원인을 발생시킨 자(제7조)로 하고 있으므로 사실상의 지배영역설을 따르고 있는 것으로 보인다.

구체적으로 누구를 원인자로 할 것인지는 국가의 환경정책에 따라 달라질 수 있을 것이다. 원칙적으로는 환경문제의 심각성에 비추어 원인자의 개념을 확대하는 것이 바람직할 것이나 자칫 '누구나'의 책임으로 되는 것은 경계해야 한다. 지나친 확대는 산업의 위축, 도덕적 해이 등 예상치 않은 부작용을 초래할 수 있다. 구체적 · 법적 의미를 갖는

27) 홍준형(각주 1), 106면.
28) Birnie & Boyle(각주 24), 109면.
29) 조현권(각주 1), 120면; 조은래(각주 1), 49면.
30) 원인자 개념에 대하여 자세한 내용은 윤서성, "원인자부담원칙의 적용에 대한 고찰", 환경법연구 제10권, 1988, 25 내지 26면 참조.

원인자의 범위는 개별 환경관계법에 따라 다르다. 예컨대, 환경개선부담금을 부담하는 자동차의 소유자(「환경개선비용 부담법」 제9조)는 형식적 생활관계설, 방제조치 의무자로서의 행위자(「물환경보전법」 제15조 제2항)와 공공폐수처리시설 설치사업에 필요한 비용을 부담할 책임이 있는 원인자(동법 제48조의2)는 사실상의 지배영역설, 배출부과금 부과대상 사업자(「물환경보전법」 제41조)는 적합지위설, 부적정처리폐기물의 처리에 대한 조치명령대상자(「폐기물관리법」 제48조)와 정화책임자(「토양환경보전법」 제10조의4) 등은 인과관계 연속에의 참여설에 따른 것으로 이해된다. 특히 법원은 이른바, '화선키메탈 사건'에서 발생자의 개념을 넓게 해석한바 있는데, 이는 적합지위설의 입장에 가까운 것으로 보인다.31)

5. 비용부담

「환경정책기본법」 제7조를 좁게 해석할 경우에는 오염 · 훼손방지 및 회복을 위한 비용, 즉 현실비용만을 오염원인자에게 귀속시키는 것으로 이해할 수 있으나, 환경비용의 충실한 내부화를 위해서는 자신의 행위로 인하여 야기된 환경위해를 방지 · 감소시키거나 제거하기 위하여 당연히 지불했어야 할 비용, 즉 당위비용도 귀속시키는 것으로 이해하여야 한다.32)

구체적으로 환경관계법에서 정하고 있는 배출부과금제도(「물환경보전법」 제41조, 「대기환경보전법」 제35조)는 환경오염을 야기하지 않기 위하여 당연히 지출했어야 할 처리비용을 오염물질을 배출한 사업자에게 부과한다는 점에서 당위비용을 포함하는 것으로 이해될 수 있다. 같은 맥락에서 사업자가 불법배출시설, 비밀배출관 등을 통하여 오염물질을 배출한 경우 불법배출로 지출이 이루어지지 아니한 처리비용이 그대로 사업자의 이득으로 남을 가능성이 많다는 점을 고려하여 이러한 불법이득에 대한 환수규정을 두고 있는 「환경범죄 등의 단속 및 가중처벌에 관한 법률」 관련 규정33)은 설득력을 갖게 된다. 환경비용이 사치비용이 아니고 필요비용으로 인식하여야 한다는 사회적 필요성, 형평성 제고, 철저한 원인자책임원칙의 구현 등의 차원에서 당위비용에 대한 부담은 당연하다 할 것이다. 앞으로 당위비용을 포함하는 방향으로 오염원인자 책임원칙의 적용이 확대 운영되어야 할 것이다.

6. 내　　용

구체적으로 이 원칙은 다음의 내용들을 담고 있다.

---

31) 대법원 1997. 8. 22. 선고 95누17724 판결(특정폐기물이 방치되어 있던 공장의 경락 후 경락자와 종업원의 협의로 공장이 가동되어 추가로 배출된 특정폐기물이 방치됨으로써 인근 상수원 등에 중대한 위해가 발생할 우려가 있는 경우, 경락자에 대하여 한 폐기물처리에 대한 조치명령이 적법하다고 한 사례).

32) 조현권(각주 1), 119면; 홍준형(각주 1), 107면; 조은래(각주 1), 42면.

33) 환경부장관은 특정오염물질을 불법배출(제2조 제2호 가목부터 아목까지의 행위만 해당)한 사업자에 대하여 불법배출이익(불법배출한 때부터 적발된 때까지 특정오염물질을 불법배출함으로써 지출하지 아니하게 된 해당 특정오염물질의 처리비용)의 2배 이상 10배 이하에 해당하는 금액과 특정오염물질의 제거 및 원상회복에 드는 비용(정화비용)을 과징금으로 부과 · 징수할 수 있다(동법 제12조 제1항).

가. 오염원인자 책임

이는 오염원인자가 스스로 오염을 회피, 방지, 감소하며 그 제거를 하여야 한다는 의미를 함축한다.

나. 훼손원인자 책임

현행 환경법은 환경오염에서 더 나아가 환경훼손에 대한 책임으로 그 범위를 확대하고 있다. 예컨대, 「먹는물관리법」상의 수질개선부담금(제31조), 「자연환경보전법」상의 생태계보전부담금(제46조) 등은 훼손원인자책임을 구체화하는 개념으로 이해된다.

다. 오염원인자 비용부담

오염원인자는 오염 · 훼손된 환경의 회복 · 복원은 물론 피해의 구제에 소요되는 비용을 부담하여야 한다. 이는 독자적인 의미를 갖기보다는 흔히 앞서 원인자 책임원칙, 즉 실질적 책임귀속의 원칙과 밀접한 관련을 갖는다.

7. 원칙의 확장

오염원인자를 규명하기가 불가능하거나 환경비용을 추산하기가 쉽지 않거나 원인자 책임원칙을 엄격하게 적용하는 것이 심각한 불평등을 초래할 경우, 또는 원인자에게 비용을 부담시키는 것이 형평성 차원이나 현실적으로 타당하지 아니할 경우에는 원인자 책임원칙을 고집하는 것이 부당할 수 있다. 이에 동 원칙의 수정이 제한적으로 필요하다. 그러나 동 원칙의 수정 또는 확대 적용은 자칫 오염원인자의 도덕적 해이를 불러일으킬 수 있다. 현실적으로는 주민의 강한 저항에 부딪칠 수 있다. 그렇기 때문에 동 원칙의 수정이 이루어지더라도 원인자 책임원칙이 담고 있는 취지를 손상하지 않는 범위 내에서 이루어져야 한다.

가. 공동책임

환경오염의 방지, 회복 및 피해구제 비용의 부담은 그 원인을 야기한 자를 규명하여 책임 정도에 따라 부담시키는 것이 동 원칙에 가장 충실한 것이 된다. 문제는 환경오염의 누적적, 장기적, 복합적 성격 등으로 인하여 오염원인자를 규명하기가 쉽지 않고 책임 정도를 산정하는 것도 어렵다는 것이다.[34] 필요한 비용을 혼자서 조달할 수 없는, 그렇다고 국가가 그 비용을 전적으로 부담할 수 없다는 현실적 필요성도 원인자책임 원칙의 확장을 요구한다. 이에 공동책임을 인정할 필요성이 있게 된다. 「한강수계 상수원수질개선 및 주민지원 등에 관한 법률」(제19조)에 따라 환경수익자(수혜자)와 공동으로 물 최종수요자라는 명목으로 상류지역 주민에 대하여도 물이용부담금을 부담토록 하는 것이 그 예이다.[35] 최근에 관심이 집중되고 있는 환경세나 탄소세의 부과도 환경오염에 일말의

34) 조현권(각주 1), 124면.

35) 물이용부담금에 의한 하류지역 주민의 부담이 상류지역 주민에 대한 충분한 보상으로 이어지는 경우에는 수혜자부담의 원

책임이 있는 잠재적 당사자에게 부담을 지운다는 점에서 공동책임의 원칙에 부합한다.36)

나. 원인자부담의 승계

경우에 따라서는 오염원인자의 무자력 등의 이유로 오염원인자 책임원칙을 적용하는 것이 무의미하고, 비효율적인 경우도 있게 된다. 이러한 경우에는 일정한 자에게 부담을 승계하는 것이 정책적으로 바람직할 수 있다. 원인자부담의 승계는 「대기환경보전법」(제27조 제1항), 「물환경보전법」(제36조 제1항), 「환경오염시설의 통합관리에 관한 법률」(제11조), 「환경영향평가법」(제38조 제1항), 「폐기물관리법」(제17조, 제33조), 「건설폐기물의 재활용촉진에 관한 법률」(제44조), 「화학물질관리법」(제37조), 「토양환경보전법」(제10조의4 제1항 제3호), 「먹는물관리법」(제25조), 「지하수법」(제24조 제2항) 등에서 발견되고 있다.

다. 환경수익자(수혜자)의 비용부담

상수원 상류지역 주민의 재산권 또는 행위제한의 결과 하류지역 주민들은 깨끗한 물을 마실 수 있게 된다. 이러한 상황은 어느 일방의 희생의 대가로 그 타방이 수혜를 입는 경우라고 할 수 있는데, 이는 공평의 관념에 비추어 바람직하지 않다. 하류지역 주민으로부터 일정 금원을 부과 · 징수하여 제한을 당하는 지역주민 또는 지역에 경제적 지원을 하는 것은 환경정의의 관념에 부합하게 된다. 예컨대, 팔당상수원 보호를 위한 상류지역의 하수종말처리시설 비용을 서울 등 하류지역 지방자치단체에서 일정률을 부담토록 하는 것이 그것이다. 이는 결국 환경 수혜자가 일정 비용을 부담하게 된다는 것을 의미하는바, 오염원인자 부담원칙의 또 다른 표현인 것이다.

「환경정책기본법」은 국가 및 지방자치단체는 환경보전을 위한 사업으로 현저한 이익을 얻는 자에게 그 이익의 범위에서 해당 환경보전을 위한 사업비용의 전부 또는 일부를 부담하게 할 수 있도록 하는 내용의 수익자 부담원칙을 규정하고 있다(제7조의2). 이에 따르면 수익자 부담원칙은 "환경보전사업"으로 한정되며, 부담의 주체, 즉 수익자의 범위는 "현저한 이익을 얻는 자"이다. 그러나 막상 이들에 대한 개념 정의가 없어 적용상 혼란이 발생할 수 있다. 특히 현저한 이익에서 말하는 이익이 어떠한 이익을 말하는지, 현저함의 기준은 무엇인지 등에 대한 논란이 제기될 수 있다. 이러한 논란은 수익자의 범위나 대상을 둘러싼 논란으로 재연될 수 있다.

우리나라 개별 환경관계법에서도 이러한 원칙을 다수 수용하고 있는데, 상수원 보호구역의 비용부담(「수도법」 제11조 제1항), 물이용부담금(「한강수계 상수원수질개선 및 주민지원 등에 관한 법률」 제19조), 공공하수도의 설치 · 개축 · 수선 · 유지에 필요한 비용의 분담(「하수도법」 제58조 제1항), 수질개선부담금의 부과(「먹는물관리법」 제31조 이하), 자연공원 이용자에 대한 입장료 부과(「자연공원법」 제37조) 등이 그것이다. 보전된 환경을 이용하는 자가

칙이 실현되었다고 할 수 있으나 그렇지 못할 경우에는 공동부담의 원칙이 반영되었다고 볼 것이다. 조은래(각주 1), 51면.

36) 조은래(앞의 책), 47면.

그 자연의 이용료를 지급하는 것이 타당하다는 점에서 이용자부담의 원칙으로 이해하는 입장[37]도 같은 맥락으로 이해된다.

8. 구체적 구현형태

이 원칙은 많은 경우 비용부담 내지 귀속의 형태로 나타나는데, 환경관계법에서는 이를 구현하는 다양한 수단을 두고 있다. 예컨대, 각종 부담금(배출부과금, 환경개선부담금, 폐기물부담금, 수질개선부담금, 생태계보전협력금), 사용료 · 수수료, 비용부담, 환경세 등이 대표적인 예이다. 환경영향평가서의 작성 주체를 대상사업을 추진하는 자, 즉 사업자로 하여 그의 비용으로 환경영향평가서를 작성하도록 하는 것(「환경영향평가법」 제27조)도 이 원칙의 반영이라 할 것이다. 동 원칙은 비용부담이라는 측면에서 환경관계법상의 경제적 유인수단의 논리 구조와 유사하고 중복되는 면이 있다.

한편, 이 원칙은 책임 귀속으로 구체화되기도 한다. 즉 환경관계법에서 구체화되면서 법적 책임으로 작용하게 된다. 예컨대, 「토양환경보전법」상 정화책임자에 대한 토양오염방지조치명령(제15조 제1항), 오염토양 개선사업의 실시명령(동법 제19조), 「폐기물관리법」상 사업장폐기물의 자가처리책임(제18조)과 폐기물처리자에 대한 조치명령(동법 제48조), 폐기물처리업자에 대한 방치폐기물의 처리명령(동법 제40조), 「물환경보전법」상 특정수질유해물질 등을 누출 · 유출시키거나 버린 자 등에 대한 방제조치명령(제15조 제2항 · 제3항), 「대기환경보전법」상 배출시설에 대한 측정기기 부착 등 조치명령(제32조 제5항), 「하수도법」상 개인하수처리서설의 설치(제34조), 「해양환경관리법」상의 오염물질을 배출한 자에 대한 방제조치명령(제64조 제3항) 등이 그 좋은 예이다. 이러한 규정들은 책임 귀속의 측면이 있으며, 그 결과 일반 경찰법상의 책임원칙과 유사한 논리구조를 갖는다.

Ⅳ. 협동의 원칙

1. 개 념

환경문제가 복잡해지고, 개인차원의 문제만으로 그치지 아니하고 사회적 · 국가적 · 세계적 현상을 띠면서 그 해결은 한 개인만의 노력으로 결코 이룰 수 없다. 환경에 대한 침해를 예방 · 제거하여 모든 국민이 건강하고 쾌적한 환경에서 생활하도록 하는 것은 일차적으로 국가의 책무라고 할 것이다. 그러나 환경침해는 개인과 사업자로부터 파생하는 것이므로 국가의 환경보호 노력만으로 건강하고 쾌적한 환경을 유지하는 데에는 한계가 있다. 이러한 관점에서 헌법과 개별환경법에서는 국가는 물론 국민과 사업자의 환경보호 의무와 책무를 강조하고 있다.

환경문제의 해결은 국민 개인, 지방자치단체, 국가 모두가 공동으로 대처함으로써만

37) 박균성 · 함태성(각주 1), 49면.

가능하다. 헌법 제35조 제1항 후단은 "국가와 국민은 환경보전을 위하여 노력하여야 한다"고 규정함으로써 환경법의 기본원칙을 이루는 이른바 '협동의 원칙'의 이념적 기초를 제공하고 있으며, 「환경정책기본법」은 국가, 지방자치단체, 사업자 및 국민이 지구환경상의 위해를 예방하기 위하여 공동으로 노력할 것을 기본이념의 하나로 제시하고 있다(제2조). 진정한 의미에서의 협동은 국가와 국민, 기업 간의 상호 대등한 관계가 전제되어야 하므로 국민, 기업 등이 환경정책의 수립 · 시행 과정에 실질적으로 참여하고 정보에 접근하는 것을 보장하는 것이 중요한 의미를 갖게 된다.

2. 구체적 구현형태

이 원칙은 「환경정책기본법」상의 국가 및 지방자치단체의 책무, 사업자의 책무에 이은 국민의 권리와 의무로 이어지고 있다. 이에 따르면 국가는 환경오염 및 환경훼손과 그 위해를 예방하고 환경을 적정하게 관리 · 보전하기 위하여 환경보전계획을 수립하여 시행할 책무를 지며(제4조), 사업자는 그 사업활동으로부터 발생하는 환경오염 및 환경훼손을 스스로 방지하기 위하여 필요한 조치를 하여야 하며, 국가 또는 지방자치단체의 환경보전시책에 참여하고 협력하여야 할 책무를 진다(제5조). 한편, 모든 국민은 건강하고 쾌적한 환경에서 생활할 권리를 가지며 국가 및 지방자치단체의 환경보전시책에 협력하고 환경보전을 위하여 노력하여야 한다(제6조).

이러한 협동의 원칙은 개별 환경법에서도 그대로 유지되고 있는데, 예컨대, 「폐기물관리법」(제7조), 「물환경보전법」(제3조), 「악취방지법」(제3조), 「야생생물 보호 및 관리에 관한 법률」(제4조), 「녹색제품 구매촉진에 관한 법률」(제3조) 등에서 규정하고 있는 사업자 및 국민의 책무도 같은 맥락으로 이해할 수 있다.

3. 한　　계

공중참여 및 정보에의 접근이 보장되지 않은 상태에서는 협동이 아니라 야합 내지 타협으로 전락할 수 있다. 국가가 협동의 원칙이라는 미명하에 국민을 회유할 가능성도 제기된다. 예컨대, 폐기물 처리의 주된 책임은 국가나 지방자치단체가 져야 하는데도 불구하고 분리수거 등 국민의 책임을 강조하는 것이 그것이다. 환경보호를 위하여 국민의 의무를 강조하는 것은 환경문제의 심각성과 그 해결에 있어서 국민 개개인의 의식 및 노력이 중요하다는 점에 비추어 이해될 수 있다. 그러나 여기에 대하여는 대기업과 같은 환경오염의 주범을 도외시하거나, 국가의 주된 책임을 희석하고 그 해결에 있어서 일반 국민을 끌어들이는, 다시 말하면 환경오염의 책임을 국민의 공동책임으로 전가하려는 저의가 있다는 비판이 제기될 수 있는 것이다.[38] 내용의 불확정성, 다의성으로 형체 없는

---

38) 홍준형(각주 1), 108면; 정남철, "환경법상의 협동의 원칙", 환경법연구 제25권 제1호, 2003. 9, 396면. 환경파괴에 대하여 가해자와 피해자의 구별이 불가능하고 전 국민이 책임져야 한다는 공동책임의 이데올로기는 대기업에 의한 환경오염 및

외관에 불과하고, 국가의 환경보전 책임을 사회나 경제에 전가할 가능성이 있고, 법적 원칙으로 인정되지 않아 법적 구속력을 갖고 있지 않다는 점도 한계로 지적되고 있다.[39)]

Ⅴ. 환경정의

1. 배 경

역사적으로 경제적 약자, 소외계층 또는 지역은 주택, 교육, 재정, 고용, 정치 문제 등에 있어서 차별을 받아 온 것이 사실이다. 환경위험의 문제도 이와 크게 다르지 않다. 즉, 경제적 약자들은 경제적으로 부유한 자들보다 환경위험에 불균형적으로 훨씬 더 많이 노출되어 있다. 위해시설, 혐오시설 내지 기피시설 등이 정치 · 경제력이 약한 지역에 편중되는 현상이 이를 잘 말해주고 있다.

정의나 형평성 개념은 많은 양의 제품을 소비 · 사용하고 그 결과 환경오염을 많이 야기하고 그로 인하여 많은 이익을 누리는 경제적으로 우위의 지위를 누리는 자가 환경부담을 많이 부담할 것을 요구한다. 그러나 현실은 그렇지 않다. 적은 양의 제품을 소비하는 경제적 지위가 약한 자가 오히려 환경위해시설이나 유해물질에 더 근접하고 있다. 이들로 인한 환경오염은 저소득층과 소외지역의 건강과 복지에 불균형적으로 영향을 미치고 이들이 환경적 · 사회적 문제에 불균형적으로 부담을 안게 되는 부정의가 초래되는 것이다.

환경유해물질에의 근접과 노출이 환경위험에 있어서의 불평등의 중요한 원인이지만 이것만이 유일한 요소가 되지 않는다. 정치적, 경제적, 사회적 요소 등이 한데 어우러져 환경부정의의 확대에 기여한다. 이 중 어떠한 요소가 환경위험에 있어서의 불평등을 초래하는 보다 더 중요한 요소로 작용하는지를 분명히 밝히는 것은 힘들 뿐만 아니라 큰 의미가 없어 보인다. 중요한 것은 환경문제와 관련한 의사결정에 경제적 편견이 작용하고 있다는 증거가 있는 한 경제력에 기인한 환경위험의 불평등 문제를 법적 수단을 통해 구제하는 노력을 하여야 한다는 것이다.

2. 개 념

환경정의의 정확한 의미가 무엇이고 그 목적은 무엇인가? 경제적 지위가 약한 자들이 강한 자들에 비하여 불균형적으로 심하게 환경위험에 노출되고 있는 상황을 환경부정의 내지 환경위험에 있어서의 불평등이라고 이해할 수 있다.[40)] 그러나 환경정의 개념은

오염물질 배출의 심각성과 그 해결에 있어서 정책적 우선순위를 호도시킬 우려가 있다(예컨대, 주부들에 의한 가정쓰레기 줄이기 운동의 강조).

39) 정남철(앞의 글), 378 내지 379면.

40) '환경불평등'이라는 표현을 사용하는 견해는 최병두, "환경불평등과 대안적 환경정책", 환경갈등과 불평등, 한울, 1999, 411면 이하.

모호하며, 다양한 의미로 사용되고 있다. 절차적 정의부터 실체적 정의에 이르기까지 많은 사람들이 서로 다른 의미로 사용하고 있다.

미국에서는 초창기 단계에서 환경정의는 그 초점이 인종 차별 문제에 두어지면서 환경인종주의(environmental racism)와 동일한 표현으로 이해되었다.41) 그러나 이제 환경정의는 그 범위가 확대되어 환경악화가 심각한 소외지역에까지 관심을 두고 있으며, 민권운동과 유사하게 환경문제에 초점이 있는 일종의 사회정의 운동이 되고 있다. 그 관심 영역은 사회경제적인 불균형, 소외계층과 가난한 자의 의사결정 과정에서의 배제, 과거의 차별과 잘못이 현재에 미치는 영향 등을 포함한다. 묵시적으로는 소외자와 가난한 자의 수요의 질을 향상시키기 위해 환경을 보호하는 보다 일반적인 내용을 내포하기도 한다. 그 결과 환경정의가 내포한 진정한 실체적 내용은 모호하고 혼란스러울 수 있다.42) 환경정의 개념은 정치적 의미도 내포하고 있다. 시민권 박탈에 대한 정치적 투쟁의 일환으로서 환경정의는 가난한 자나 소외계층이 환경관련 의사결정 과정에서 정치적 권한을 부여받고 향상된 참여를 위한 광범위한 전략을 추구하도록 하는 측면이 있다.

미국 환경보호청(EPA)은 환경정의를 "개발, 이행, 환경법 · 규정 · 정책의 시행과 관련하여 인종, 피부 색깔, 국적, 수입 등을 불문한 모든 사람의 공평한 취급(fair treatment)과 의미있는 관여(meaningful involvement)"라고 정의하고 있다.43) 이러한 개념 정의는 환경부정의 문제가 특별한 종류의 오염에만 국한하지 않는다는 것을 시사한다. 사실 환경부정의는 대기 · 수질 · 토양오염과 관련한 건강에의 악영향을 포함한다. 또한 시설의 입지와 허가 등을 포함하는 모든 종류의 토지이용 결정을 아우른다.44)

3. 내 용

환경정의는 실체적인 내용도 명확한 목적도 갖고 있지 않는 부정형의 개념이라고 할 수 있다. 말하자면 환경정의는 불완전하고 진화하는 개념이라고 할 수 있다. 그러나 환경부정의를 타파하기 위한 방안, 즉 환경정의는 최소한 다음과 같은 요소를 포함하여야 한다: ① 형평성을 고려한다; ② 의사결정 과정에서 소외계층과 지역의 참여를 요구한다; ③ 소외계층과 그렇지 않은 계층과의 환경부담의 재분배를 반영한다; ④ 차별의 고의뿐만 아니라 그 영향도 고려하여 차별적인 결과를 금지한다; ⑤ 벌칙의 부과와 정부의 정화방법 등의 시행에서의 차별에 대해서도 고려한다; ⑥ 절차적 차별뿐만 아니라 실체적

---

41) 김홍균, 환경위험에 있어서의 불평등 해소방안: 환경정의, 인권과 정의, 제431호, 2013. 2, 8면.

42) 김홍균(각주 41), 21면.

43) EPA, Final Guidance for Incoporating Environmental Justice Concerns in EPA's NEPA Compliance Analyses (1998). § 1.1.1. http://www.epa.gov/region1/ej/pdfs/ej_guidance_nepa_epa0498.pdf. 공평한 취급은 인족, 민족, 사회경제적 그룹을 포함하는 어떠한 그룹의 사람들도 산업적 · 도시적 · 상업적 운영이나 연방 · 주 · 지역 · 부족의 프로그램 및 정책의 시행에 따라 발생하는 부정적인 환경결과의 몫을 불균형적으로 부담하지 않는 것을 의미한다.

44) Suzanne Smith, *Current Treatment of Environmental Justice claims: Plaintiffs Face a Dead end in the Courtroom*, 12 B.U. Pub. Int. L. J. 223, 223 (2002).

차별에 대해서도 고려한다.[45]

OECD는 환경정의를 절차적 정의, 분배적 정의, 교정적 정의 3가지 측면으로 설명한다. 이에 따르면 절차적 정의는 공공기관이 보유한 환경정보에 접근하고, 환경 관련 의사결정과정에 참여하며, 환경사건의 사법적 · 행정적 소송에 접근하는 것이다. 분배적 정의는 천연자원, 환경서비스 및 혜택에 대한 접근과 환경위험에 대한 노출가능성의 측면에서 현재세대와 미래세대를 공정하게 대우하는 것이다. 교정적 정의는 환경훼손에 대한 복원, 회복과 피해자에 대한 보상 등 환경사건에 대해 효과적이고 적절하며 즉각적인 해결방안을 마련하고 환경적 피해에 대한 책임을 분명히 하는 것이다.[46] 이러한 환경정의 개념은 환경권과 접점이 있는 측면이 있다.

4. 성　　격

환경정의는 「환경정책기본법」에서 이를 원칙으로 명시적으로 인정하지 않고 있으며, 개별 환경법에서 소외계층이나 소외지역을 고려하는 규정은 찾아보기 어렵다. 이러한 점을 고려할 때 환경정의는 확립된 원칙이라기보다는 우리가 앞으로 추구하여야 할 이념이나 기본원리라고 보는 것이 적합하다고 생각된다.[47] 「환경정책기본법」도, 그것도 아주 최근인 2019. 1. 15. 개정 시에, 기본이념이라는 제목하에 이를 명시하고 있다.

5. 구체적 구현형태

「환경정책기본법」은 환경정의를 기본이념으로 명시하고 국가와 지방자치단체에게 환경 관련 법령이나 조례 · 규칙을 제정 · 개정하거나 정책을 수립 · 시행할 때 모든 사람들에게 실질적인 참여를 보장하고, 환경에 관한 정보에 접근하도록 보장하며, 환경적 혜택과 부담을 공평하게 나누고, 환경오염 또는 환경훼손으로 인한 피해에 대하여 공정한 구제를 보장함으로써 환경정의를 실현하도록 노력할 의무를 부여하고 있다(제2조 제2항). 또한 국가환경종합계획에 환경정의 실현을 위한 목표 설정과 이의 달성을 위한 대책을 포함하도록 하고 있다(제15조 제4호). 최근 제정된 탄소중립기본법은 기후정의라는 개념을 정의하고,[48] 기본원칙(제3조 제4호)과 국가와 지방자치단체의 책무에 이를 포함시키고 있다(제4조 제6항).

우리나라 현행법 체제에서는 환경정의를 고려하는 규정을 찾기가 어렵고, 환경부정의를 구제하기 위한 수단은 미약하다. 상대적으로 절차적 정의를 고려하는 규정은 다수 발

45) 김홍균(각주 41), 10면.
46) 환경부, 환경백서, 2019, 363면.
47) 환경정의 원칙을 환경법상의 중요한 원칙으로 이해하고 있는 견해는 홍준형, 환경법특강, 박영사, 2013, 21면 이하.
48) "기후정의"란 기후변화를 야기하는 온실가스 배출에 대한 사회계층별 책임이 다름을 인정하고 기후위기를 극복하는 과정에서 모든 이해관계자들이 의사결정과정에 동등하고 실질적으로 참여하며 기후변화의 책임에 따라 탄소중립 사회로의 이행 부담과 녹색성장의 이익을 공정하게 나누어 사회적·경제적 및 세대 간의 평등을 보장하는 것을 말한다(제2조 제12호).

견된다. 지역주민에게 일정한 참여권을 부여하고 있는데, 공청회 등 주민의견수렴절차(「환경영향평가법」 제25조, 제66조), 입지선정위원회에 주민대표의 참여(「폐기물처리시설 설치촉진 및 주변지역지원 등에 관한 법률」 제9조 제3항) 등이 좋은 예이다. 정보의 수집과 공개를 요구하는 규정(「환경영향평가법」 제66조 제1항, 「환경오염시설의 통합관리에 관한 법률」 제27조, 「화학물질관리법」 제12조, 「생활화학제품 및 살생물제의 안전관리에 관한 법률」 제29조)도 주목할 만하다. 교정적 정의의 예로는 「환경오염피해 배상책임 및 구제에 관한 벌률」, 「가습기살균제 피해구제를 위한 특별법」, 「석면피해구제법」 등에 따른 신속한 구제절차와 환경분쟁조정제도를 통한 사법에의 접근을 들 수 있다.

이에 반해 분배적 정의를 고려하는 규정은 찾아보기 힘들다. 예컨대, 「환경영향평가법」에서는 대안, 평가항목에 지역 소외, 불균형을 포함하지 않고 있다. 「폐기물관리법」은 폐기물처리시설을 환경부령으로 정하는 기준에 맞게 설치하도록 하고 있으며(제29조 제1항), 시행규칙에서는 시설별로 재질, 설비, 재료, 구조, 장비, 성능, 장치 등을 정하고 있다. 동법령은 해당 시설이 위와 같은 정해진 기준을 충족하는 한 주변 지역(예컨대, 빈곤한 지역)에 어떠한 사회적 · 경제적 영향(파생효과)이 있더라도 환경부장관이 설치 승인을 하여야 한다는 입장을 취하고 있다. 시설의 입지와 관련하여 불균형적 요소를 고려하여야 하는 법적 근거나 지침이 존재하지 않는 것은 유해폐기물 처리시설이 불균형적으로 설치되는 이유 중의 하나로 작용하게 된다. 「대기환경보전법」과 「물환경보전법」도 지역사회의 균등성을 가정하고 있기는 마찬가지이다. 예컨대 「대기환경보전법」은 허가기준(제23조 제7항)을, 동법 시행령은 허가대상의 배출시설, 허가 신청 시 제출하여야 하는 서류 등을 구체적으로 규정함으로써 허가권자는 법령에서 정한 요건을 구비한 때에는 이를 허가하여야 하는바, 해당 시설로 인해 영향을 받는 지역사회의 빈부나 사회적·경제적 구성요소에 기초하여 허가가 부인될 수 있는 법적 기초는 없기 때문이다.

한편, 「대기관리권역의 대기환경개선에 관한 특별법」과 「온실가스 배출권의 할당 및 거래에 관한 법률」은 배출권거래제도를 도입하고 있는데, 이 제도는 자칫 환경위험의 불평등을 초래하거나 이미 존재하는 불평등을 더욱 악화시킬 수 있다.[49] 즉 배출허용총량의 이전에 따라 환경오염의 증가가 경제적으로 약한 지역에 집중되어 가뜩이나 환경오염이 심한 지역이 환경위험에 더욱 심하게 노출될 가능성이 있다. 경제적으로 약한 사업장은 오염물질 배출량 저감을 위해 상대적으로 높은 한계비용이 소요되므로 새로운 기술을 도입하여 실제 배출량을 감소하는 대신에 다른 사업장으로부터 이전할 수 있는 배출허용총량을 매수하여 오염 배출을 계속할 가능성이 많은데, 이는 경제적으로 약한 사업장이 소재하는 지역에 오염물질 배출을 증가시키는 요인이 되는 것이다. 오염물질 배출의 증가

49) Stephen M. Johnson, *Economics v. Equity: Do Market-Based Environmental Reforms Exacerbate*, 56 Wash. & Lee L. Rev. 111, 129 (1999).

는 결과적으로 경제력, 정치력, 정보력 등이 약한 소외계층 내지 지역의 환경위험에의 노출을 더욱 심화시킬 가능성이 있다.

「폐기물관리법」과 「토양환경보전법」은 제조나 처리 단계에서 처리자나 시설의 행위를 규제하고 오염된 토양의 정화를 위한 규정을 두고 있으나(예컨대, 「폐기물관리법」 제48조에 따른 폐기물 처리에 대한 조치명령, 「토양환경보전법」 제10조의3 및 제10조의4에 따른 토양오염의 피해에 대한 무과실책임과 정화책임) 폐기물처리시설, 토양오염관리대상시설 등이 해당 지역주민에게 부과하는 환경부담과 위해의 분배를 고려하고 있지는 않다. 유해폐기물처리시설과 오염산업의 입지를 다루는 규제 장치는 없는 셈이다.

6. 한 계

환경정의의 모호한 개념, 실체적 내용의 부재는 결과적으로 뚜렷한 문제 해결책을 제시하고 있지 못하다. 환경정의는 정치 구호에 불구하고 화려한 수사에 불과할 수 있다. 환경정의 운동가들이 주장하는 이슈는 정치적이기 때문에 법적인 해결책을 제시하지 못한다. 현행 환경법규들은 환경위해시설의 입지와 관련하여 환경위험의 불평등을 막기 위한 실체적인 기준을 가지고 있지 못하다. 환경부정의를 다투는 본격적인 소송이 이루어지지 못하는 것도 이러한 한계에서 기인하는 바가 크며, 기존 환경법을 근거로 한 환경부정의를 다투는 소송의 승소 가능성은 매우 낮다고 할 수 있다.

예컨대, 소외지역주민은 환경불평등의 문제를 「환경영향평가법」에 근거하여 다투는 것을 고려할 수 있다. 동법과 관련한 소송은 환경영향평가서를 둘러싼 논쟁에 집중되고 있다. 소외지역주민은 문제의 환경영향평가서가 환경적으로 덜 위험한 대안을 충분히 고려하지 아니하였고, 소외지역사회에 부과되는 위해를 편견에 기초하여 과소평가하였다는 등을 이유로 다툴 수 있을 것이다. 그러나 이러한 소송은 일정한 한계를 갖는다. 가장 중요한 것은 동법이 요구하는 의무가 절차적이라는 것이다. 그 결과 소외지역주민은 동법에 의해 승소하더라도 이는 종국적, 실체적 승리가 아닌 절차적 승리에 불과하다. 이러한 이유로 실체적인 결정을 시행할 능력을 가지지 못한 자에게 동법에 다른 절차적 구제는 종국적 구제라기보다는 일시적 연기에 불과할 수 있다.

환경법을 통한 환경정의 실현의 곤란, 절차적 규정이나 정보공개 규정이 갖는 한계 등을 고려할 때 실체적 규정을 갖는 별도의 법을 제정하는 것을 생각해 보아야 한다. 말하자면 미국의 민권법(Civil Right Act)과 같은 개별법의 제정을 생각해 볼 수 있을 것이다.[50]

50) 단일법의 제정 필요성 및 내용에 대하여 자세한 내용은 김홍균(각주 2), 23 내지 24면.

제 2 장　환경정책기본법

「환경정책기본법」은 환경관계법의 헌법과 같은 지위를 갖는 법으로서, 개별 환경법을 총괄하는 개별 환경법들의 모법, 기본법적 성격을 갖는다. 동법은 "환경정책에 관한 다른 법령 등을 제정하거나 개정하는 경우에는 이 법의 목적과 기본이념에 부합하도록 하여야 한다"고 밝힘으로써(제6조의2), 이를 분명히 하고 있다. 이 법은 헌법상 규정한 환경권 및 환경보전의무의 구체적 실현을 위해 헌법과 개별 환경법을 연계시켜 주고, 개별 환경법들을 조정 · 통합하는 작용을 하는데, 국가환경정책의 기본 철학 · 이념과 방향을 제시하고 있다.

「환경정책기본법」은 기본법 · 정책법의 성격을 가지기 때문에 규제법이나 대책법 · 집행법으로서의 규정보다 선언적 · 프로그램적 성격의 규정을 두고 있다. 주요 내용에는 환경정책을 수행함에 있어서 기본이념 및 원칙의 천명, 국가의 책무, 환경기준의 설정 및 유지, 환경보전계획의 수립 및 시행, 경제적 유인수단의 강구, 특별종합대책의 수립 등 기본적 시책, 환경오염피해에 대한 원인자의 무과실책임 등에 관한 규정이 있다. 기본적으로 동법에 있는 규정들은 구체적 효력이 인정되지 않고 있다. 그러나 환경오염피해에 대한 무과실책임 규정 등은 그 구체적 효력이 인정되고 있다.

환경정책을 수행하기 위해 다수의 법률이 제정 · 운영되고 있는 상황에서 통합 · 조정의 기능을 하는 기본법과 개별 정책분야별로 개별적인 집행법을 구분하여 운용할 필요성은 있다고 할 것이다. 이러한 점에서 「환경정책기본법」은 중요한 의미를 갖는다. 개별 환경법을 운용하는 부서는 「환경정책기본법」을 존중하고 동법에 따른 조정을 받아야 하며, 개별 환경법을 기본법의 정신에 모순 · 충돌되지 않도록 시행하여야 한다. 그러나 「환경정책기본법」의 잦은 개정은 기본법의 취지를 무색케 하며, 기본법의 무용론으로 연결될 수 있다.

한편, 「환경정책기본법」에 제한적이지만 구체적 효력이 인정되는 규정이 있는 것은 동법이 과연 진정한 기본법인가를 의심케 하고 있다. 이러한 규정이 기본법의 성격이 강한 동법에 규정되어 있는 것은 바람직한 입법형식이 아니므로 차제에 관련 집행법으로 이동하거나 별도의 법 제정을 고려하여야 할 것이다. 원인자 책임의 원칙과 달리 지속가능한 개발의 원칙, 사전배려의 원칙 등은 중요한 환경법 원칙임에도 불구하고 직접적인 규정을 두고 있지 않은데, 기본법의 취지에 맞게 이들 원칙을 명시하여 환경정책 및 입법의 방향을 분명히 제시하여야 한다. 유전자변형물질, 내분비계장애물질(환경호르몬), 전자파, 조망 등 새로운 오염물질에 대한 규제 근거도 마련하여 새롭고 다양한 환경문제에 적극 대처할 수 있는 기반을 마련하여야 할 것이다.

Ⅰ. 목적, 기본이념, 원칙 등

1. 목적 및 기본이념

동법은 "환경보전에 관한 국민의 권리 · 의무와 국가의 책무를 명확히 하고 환경정책의 기본 사항을 정하여 환경오염과 환경훼손을 예방하고 환경을 적정하고 지속가능하게 관리 · 보전함으로써 모든 국민이 건강하고 쾌적한 삶을 누릴 수 있도록 함을 목적"으로 하고 있다(제1조). 이 목적 조항은 환경정책의 방향을 제시하고 환경법 해석의 중요한 기준이 된다.

또한 "환경의 질적인 향상과 그 보전을 통한 쾌적한 환경의 조성 및 이를 통한 인간과 환경 간의 조화와 균형의 유지는 국민의 건강과 문화적인 생활의 향유 및 국토의 보전과 항구적인 국가발전에 반드시 필요한 요소임에 비추어 국가, 지방자치단체, 사업자 및 국민은 환경을 보다 양호한 상태로 유지 · 조성하도록 노력하고, 환경을 이용하는 모든 행위를 할 때에는 환경보전을 우선적으로 고려하며, 기후변화 등 지구환경상의 위해를 예방하기 위하여 공동으로 노력함으로써 현 세대의 국민이 그 혜택을 널리 누릴 수 있게 함과 동시에 미래의 세대에게 그 혜택이 계승될 수 있도록 함"을 기본이념으로 내세우고 있다(제2조 제1항).

이는 환경보전의 우선적 고려, 환경상 위해의 예방, 공동의 노력 그리고 세대간의 형평을 강조하고 있다는 점에서 사전예방의 원칙, 협동의 원칙, 지속가능한 개발의 원칙 등을 수용하고 있는 것으로 이해된다.

나아가 환경정책 결정과정에의 실질적 참여 보장, 환경정보에의 접근 보장, 환경적 혜택과 부담의 공평한 분배, 환경오염피해 구제의 공정성 확보 등을 통한 '환경정의' 실현의 중요성을 강조하고 있다(동조 제2항).

2. 당사자의 책무

동법은 국가 및 지방자치단체의 환경보전계획 수립 및 시행(제4조 제1항), 환경보전계획 수립 시 국토계획과의 연계방안 강구(동조 제3항), 사업자의 환경보전시책에의 참여와 협력(제5조) 등과 같이 당사자별로 구분하여 그 책무를 지우고 있다. 이는 환경문제를 해결하기 위하여 당사자들이 서로 협동하여야 한다는 이른바, 협동의 원칙의 구체적 표현이다.

특히 동법은 모든 국민은 건강하고 쾌적한 환경에서 생활할 권리를 가진다고 선언하면서[1] 다른 한편으로는 모든 국민은 국가 및 지방자치단체의 환경보전시책에 협력하여야 하며, 일상생활에서 발생하는 환경오염과 환경훼손을 줄이고, 국토 및 자연환경의 보전을 위하여 노력하여야 할 의무가 있음을 강조하고 있다(제6조).

---

1) 이 규정은 헌법 제35조의 환경권 조항과 유사한데, 헌법 규정과 달리 환경침해에 대한 방어적 권리의 측면과 보다 나은 환경에서 생활할 수 있는 적극적인 권리(사회적 권리)의 측면 등을 모두 아우르는 개념임을 명시적으로 밝히고 있지 않는 것은 아쉬운 점으로 남는다.

3. 오염원인자 책임원칙과 수익자 부담원칙

동법은 원인자 책임원칙을 명시적으로 규정하고 있는데, 즉 자기의 행위 또는 사업활동으로 환경오염 또는 환경훼손의 원인을 발생시킨 자는 그 오염 · 훼손을 방지하고 오염 · 훼손된 환경을 회복 · 복원할 책임을 지며, 환경오염 또는 환경훼손으로 인한 피해의 구제에 드는 비용을 부담함을 원칙으로 한다(제7조). 한편, 국가 및 지방자치단체는 환경보전을 위한 사업으로 현저한 이익을 얻는 자에게 그 이익의 범위에서 해당 환경보전을 위한 사업 비용의 전부 또는 일부를 부담하게 할 수 있도록 하는, 이른바 수익자 부담원칙을 규정하고 있다(제7조의2).

4. 환경오염 등의 사전예방

동법은 사전예방을 기본이념으로 내세우면서 당사자별로 환경오염 등의 사전예방을 위한 노력을 촉구하고 있다. 먼저, 국가 및 지방자치단체는 환경오염물질 및 환경오염원의 원천적인 감소를 통한 사전예방적 오염관리에 우선적인 노력을 기울여야 하며, 사업자로 하여금 환경오염을 예방하기 위하여 스스로 노력하도록 촉진하기 위한 시책을 마련하여야 한다(제8조 제1항). 환경영향을 최소화하기 위하여는 사업자가 제품의 설계단계에서부터 제품의 사용 · 폐기에 이르기까지 사전예방의 노력을 기울이는 것이 중요하다. 이러한 인식하에 동법은 사업자로 하여금 제품의 제조 · 판매 · 유통 및 폐기 등 사업활동의 모든 과정에서 환경오염이 적은 원료를 사용하고 공정을 개선하며, 자원의 절약과 재활용의 촉진 등을 통하여 오염물질의 배출을 원천적으로 줄이고, 제품의 사용 및 폐기로 인하여 환경에 미치는 해로운 영향을 최소화하도록 노력할 것을 촉구하고 있다(동조 제2항). 또한, 국가, 지방자치단체 및 사업자는 행정계획이나 개발사업에 따른 국토 및 자연환경의 훼손을 예방하기 위하여 해당 행정계획 또는 개발사업이 환경에 미치는 해로운 영향을 최소화하도록 노력하여야 한다(동조 제3항).

5. 환경과 경제의 통합적 고려 등

환경문제와 경제문제는 서로 밀접하게 관련되어 있는데, 이들을 서로 어떻게 조화시킬 것인지가 중요한 과제로 대두되고 있다. 동법은 정부는 환경과 경제를 통합적으로 평가할 수 있는 방법을 개발하여 각종 정책을 수립할 때에 이를 활용하여야 하며, 환경용량[2)]의 범위에서 산업간, 지역간, 사업간 협의에 의하여 환경에 미치는 해로운 영향을 최소화하도록 지원하여야 한다(제9조)고 규정하여 지속가능한 개발원칙의 한 내용을 반영하고 있다.

---

2) '환경용량'이란 개념은 2002. 12. 30. 개정 법에서 처음으로 도입된 것으로 "일정한 지역에서 환경오염 또는 환경훼손에 대하여 환경이 스스로 수용 · 정화 및 복원하여 환경의 질을 유지할 수 있는 한계"를 의미한다(제3조 제7호). 환경용량이란 개념은 총량관리의 전제가 되는 것으로 오염의 지역적, 거시적, 종합적 관리를 가능케 하는 단초를 이룬다.

6. 자원 등의 절약 및 순환적 사용 촉진

국가 및 지방자치단체는 자원과 에너지를 절약하고 자원의 재사용 · 재활용 등 자원의 순환적 사용을 촉진하는 데 필요한 시책을 마련하여야 한다(제10조 제1항). 이에 따라 「자원의 절약과 재활용촉진에 관한 법률」, 「건설폐기물의 재활용촉진에 관한 법률」 등이 제정되어 구체적인 시책이 마련 · 시행되고 있다. 한편, 사업자는 경제활동을 할 때 이러한 국가 및 지방자치단체의 시책에 협력하여야 한다(동조 제2항).

Ⅱ. 환경기준의 설정 · 유지

1. 환경기준의 의의

'환경기준'이란 국민의 건강을 보호하고 쾌적한 환경을 조성하기 위하여 국가가 달성하고 유지하는 것이 바람직한 환경상의 조건 또는 질적인 수준을 말한다(제3조 제8호).[3] 환경기준은 국가 또는 일정지역 내에서 환경개선 노력을 통하여 달성하려는 환경목표라고 할 수 있는데, 「환경정책기본법」은 국가로 하여금 생태계 또는 인간의 건강에 미치는 영향 등을 고려하여 환경기준을 설정하도록 하고, 환경여건의 변화에 따라 그 적정성이 유지되도록 하고 있다(제12조 제1항). 특별시 · 광역시 · 특별자치시 · 도 · 특별자치도는 해당 지역의 환경적 특수성을 고려하여 필요하다고 인정할 때에는 해당 시 · 도의 조례로 환경기준보다 확대 · 강화된 별도의 지역환경기준을 설정 또는 변경할 수 있다(동조 제3항).

2. 환경기준의 설정

가. 설 정

환경기준을 설정할 때 중요한 고려요소는 사람의 건강과 생태계이다(제12조 제1항). 원칙론적으로 사람의 건강을 보호하기 위한 기준은 사회적 비용을 고려하지 않고 설정되어야 하는 엄격한 것이고 환경을 보전하기 위한 기준은 비용을 고려할 여지가 있는 것이다.[4] 「환경정책기본법」은 "국민이 건강하고 쾌적한 삶을 누릴 수 있도록 함"을 그 목적

3) 환경기준을 설정하는 데 지배하는 원칙을 편의상 허용원칙과 쾌적원칙으로 구분할 때 우리나라의 환경기준 정의는 규범력이 떨어지는 쾌적원칙을 받아들이고 있는 것으로 보인다. 그러나 실제 시행령에서 정하고 있는 기준은 양자가 혼재되어 있다. 채영근, "환경정책기본법상의 환경기준의 소고", 환경법연구 제38권 제3호, 2016. 11, 365면 이하. 일반적으로 환경기준이란 "쾌적한 환경을 보전하고 사람의 건강을 보호하기 위하여 국가가 달성하고 유지하여야 할 환경상의 조건을 수치화한 것"으로 이해되고 있다. 홍준형, 환경법, 1994, 85면; 전병성, "우리나라 환경법의 발전과 환경정책기본법의 제정", 환경법연구 제14집, 1992, 96면; 천병태 · 김명길, 환경법론, 1997, 133면; 송동수, "환경기준의 유형구분과 법적 성질", 환경법연구 제23권 제1호, 2001, 36면; 조은래, 환경법, 세창출판사, 2003, 140면; 고영훈, 환경법, 법문사, 2000, 68면.

4) 미국 「대기정화법(CAA)」 상 대기환경기준에는 두 가지 유형이 있는데 1차 기준(primary standard)과 2차 기준(secondary standard)이 그것이다. 1차 기준은 공중의 건강(public health)을 보호하기 위한 기준으로서(CAA §109(b)(1)), 비용을 고려하지 아니하고 설정된다(*Lead Industries Assn. v. EPA*, 647 F.2d 1130, 1180 (D.C. Cir. 1980)). 1차 기준은 민감한 자를 보호하기 위하여 안전을 위한 적절한 경계(adequate margin of safety)의 설정을 허용함으로써, 보통인이 아닌 가장 위험에 처한 자까지를 보호대상으로 하고 있다. 한편, 2차 기준은 공공의 복리(public welfare)를 보호하기 위한 기준으로서(CAA §109(b)(2)), 일반적으로 비용－편익 분석을 통하여 설정된다. 공공의 복리에 대한 영향은 토양환경, 수질환경, 농작물, 동 · 식물, 기온, 조망(visibility), 기후, 재산손실, 교통에 대한

으로 하고 있으므로 위 두 가지 기준을 모두 포함하는 것으로 이해된다.[5] 실제로 환경기준의 설정 대상물질과 수준은 오염의 현황, 환경 및 인체에 미치는 영향, 경제적 · 사회적 여건 등을 고려하여 정하게 되는데, 일반적으로 세계보건기구(WHO)의 권장기준을 참고하여 설정하고 있다.

나. 설정의 법형식

동법은 환경기준을 '대통령령'으로 정하도록 하고 있는데(제12조 제2항), 이는 환경행정의 전문성, 기술성, 동태성, 유연성 등을 고려한 것으로 이해된다. 한편, 지역환경기준의 설정은 조례로 이루어진다(동조 제3항). 지방자치단체가 조례로 지역환경기준을 설정하는 것이 지방자치단체의 자치사무(고유사무)인지 위임사무인지 논란이 되고 있다. 지역환경기준은 지역의 특수성과 환경의 질적 수준에 대한 주민의 욕구를 수렴하여 환경기준을 정할 수 있도록 하려는 데 그 취지가 있으므로 지방자치단체가 법령의 범위 안에서 자기의 책임으로 결정하는 자치사무라고 보는 것이 타당하다.[6]

지역환경기준의 설정 권한이 특별시장 · 광역시장 · 도지사 · 특별자치도지사 등 광역자치단체의 장에게만 주어져 있고, 시장과 군수와 같은 기초자치단체의 장이 지역환경기준을 설정할 수 없는 것은 하나의 한계로 지적될 수 있다.[7] 동법 규정에 충실할 경우 지방의회가 아닌 특별시 · 광역시 · 도 · 특별자치도가 조례로 지역환경기준을 설정할 수 있는 것으로 볼 수 있는데, 조례 제정권이 지방자치단체의 최고의결기관인 지방의회에 있다는 점에서(「지방자치법」 제39조 제1항 제1호) 입법상의 오류라고 생각한다.

다. 기준의 적정성

「환경정책기본법」은 정부에게 "환경 여건의 변화에 따라 환경기준의 적정성이 유지되도록 하여야 한다"는 의무를 부과하고 있는데, 여기에서 적정성은 환경기준이 제시하고 있는 수치가 기술적 · 과학적으로 가능해야 할 뿐만 아니라 기술 · 비용관계에서도 비례성이 있어야 하는 것으로 이해된다.[8]

라. 구체적 환경기준

환경기준 설정분야는 대기, 소음, 수질 및 수생태계 등 3개 분야로서, 대기분야는 아황산가스(SO_2), 일산화탄소(CO), 이산화질소(NO_2), 미세먼지(PM−10), 미세먼지(PM−2.5), 오존(O_3), 납(Pb), 벤젠 등 8개 항목에 대하여, 소음분야는 항공기소음, 철도소음 및 건설작업장 소음을 제외한 소음을 대상으로 하며, 수질 및 수생태계분야는 하천, 호소, 지하

위험, 경제적 가치, 개인의 평안과 안녕 등에 대한 영향이 포함된다(CAA §302(h)). 김홍균, "한국과 미국의 대기환경 정책 비교", 환경법연구 제22권, 2000, 403면 참조.

5) 조은래(각주 3), 144면.

6) 천병태 · 김명길(각주 3), 139면.

7) 조은래(각주 3), 148면.

8) 송동수(각주 3), 48면.

수, 해역 등 4개 항목으로 구분하여 환경기준을 설정하고 있다(시행령 제2조, 별표 1). 이러한 기준은 성과기준(performance standard)으로서,9) 농도기준의 성격을 갖는다.

(1) 대기환경기준

시행령에서는 아황산가스(SO_2), 이산화질소(NO_2), 미세먼지(PM-10) 등 8개 항목에 대하여 그 기준을 설정하고 있다. 대기환경기준 항목을 연간평균치(장기기준)와 시간평균치(단기기준)로 구분하여 기준을 적용하고 있는데, 이와 같이 단기기준을 규정하는 이유는 짧은 시간이라도 일시적으로 대기오염도가 높을 경우 인체나 생태계에 큰 피해를 줄 수 있기 때문이다. 구체적인 기준치는 다음과 같다.

항목	기준	측정방법
아황산가스 (SO_2)	· 연간평균치 0.02ppm 이하 · 24시간평균치 0.05ppm 이하 · 1시간평균치 0.15ppm 이하	자외선형광법 (Pulse U.V. Fluorescence Method)
일산화탄소 (CO)	· 8시간평균치 9ppm 이하 · 1시간평균치 25ppm 이하	비분산적외선분석법 (Non-Dispersive Infrared Method)
이산화질소 (NO_2)	· 연간평균치 0.03ppm 이하 · 24시간평균치 0.06ppm 이하 · 1시간평균치 0.10ppm 이하	화학발광법 (Chemiluminescent Method)
미세먼지 (PM-10)	· 연간평균치 50㎍/㎥ 이하 · 24시간평균치 100㎍/㎥ 이하	베타선흡수법 (β-Ray Absorption Method)
미세먼지 (PM-2.5)	· 연간평균치 15㎍/㎥ 이하 · 24시간평균치 35㎍/㎥ 이하	중량농도법 또는 이에 준하는 자동측정법
오존 (O_3)	· 8시간평균치 0.06ppm 이하 · 1시간평균치 0.1ppm 이하	자외선광도법 (U.V Photometric Method)
납 (Pb)	· 연간평균치 0.5㎍/㎥ 이하	원자흡광광도법 (Atomic Absorption Spectrophotometry)

9) 기준은 크게 기술기준(technology standard)과 성과기준(performance standard)로 구분될 수 있는데, 기술기준이 환경오염의 방지 · 제거 등을 위한 기술과 관련한 기준이라면 성과기준은 피규제자가 궁극적으로 달성하고 유지해야 하는 목표치로서, 그 달성 방법은 기업이나 개인에게 일임되어 있는 기준이다. 홍준형(각주 3), 162면. 성과기준에는 농도기준, 질기준(quality standard)과 총량기준이 있다.

벤젠	· 연간평균치 5㎍/㎥ 이하	가스크로마토그래프법 (Gas Chromatography)

(2) 소음환경기준

소음환경기준은 일반지역과 도로변지역으로 구분하며 이를 다시 소음으로부터 보호를 받아야 할 시설을 기준으로 '가' 내지 '라'지역으로 구분하고 각 대상지역별로 낮과 밤으로 구분하여 정하고 있다. 소음환경기준에서 '낮'은 오전 6시부터 오후 10시까지이며, '밤'은 오후 10시부터 오전 6시까지인데, 그 특성상 '밤'에 보다 엄격한 기준이 적용된다. 구체적인 기준치는 다음과 같다.

(단위: Leq dB(A))

지역구분	적용대상지역	기 준	
		낮(06:00－22:00)	밤(22:00－06:00)
일반지역	"가"지역	50	40
	"나"지역	55	45
	"다"지역	65	55
	"라"지역	70	65
도로변지역	"가" 및 "나"지역	65	55
	"다"지역	70	60
	"라"지역	75	70

* 항공기소음, 철도소음 및 건설작업소음에는 적용하지 않음.
** 지역구분별 적용 대상지역 구분
가. "가"지역: 녹지지역, 보전관리지역, 농림지역 및 자연환경보전지역, 종합병원 · 학교 · 공공도서관의 부지 경계로부터 50미터 이내의 지역
나. "나"지역: 생산관리지역, 일반주거지역 및 준주거지역
다. "다"지역: 상업지역 및 계획관리지역, 준공업지역
라. "라"지역: 전용공업지역 및 일반공업지역

(3) 수질 및 수생태계환경기준

수질 및 수생태계환경기준은 하천, 호소, 지하수, 해역 등 수역별로 설정되어 있는데 구체적으로 사람의 건강보호 기준과 생활환경 기준으로 구분되어 있다. 사람의 건강보호 기준으로는 카드뮴(Cd), 비소(As), 시안(CN), 수은(Hg), 유기인, 포리크로리네이티드비페닐(PCB), 연(Pb), 6가크롬(Cr), 음이온계면활성제(ABS) 등 20개의 항목으로, 생활환경 기준으로는 수소이온농도(pH), 생물화학적산소요구량(BOD), 화학적산소요구량(COD), 부유물질량(SS), 용존산소량(DO), 대장균군수(MPN), 총질소(T－N), 총인(T－P) 등의 항목으로 구분하고 있다. 또한 등급별로는 하천, 호소에 7개 등급(매우 좋음부터 매우 나쁨까지)으로 구분하여 기준을 차등 설정하고 있다.

(가) 하 천

1) 사람의 건강보호 기준

항 목	기준값(mg/L)
카드뮴(Cd)	0.005 이하
비소(As)	0.05 이하
시안(CN)	검출되어서는 안 됨(검출한계 0.01)
수은(Hg)	검출되어서는 안 됨(검출한계 0.001)
유기인	검출되어서는 안 됨(검출한계 0.0005)
폴리크로리네이티드비페닐(PCB)	검출되어서는 안 됨(검출한계 0.0005)
납(Pb)	0.05 이하
6가크롬(Cr6+)	0.05 이하
음이온계면활성제(ABS)	0.5 이하
사염화탄소	0.004 이하
1,2-디클로로에탄	0.03 이하
테트라클로로에틸렌(PCE)	0.04 이하
디클로로메탄	0.02 이하
벤젠	0.01 이하
클로로포름	0.08 이하
디에틸헥실프탈레이트(DEHP)	0.008 이하
안티몬	0.02 이하
1,4-다이옥세인	0.05 이하
포름알데히드	0.5 이하
헥사클로로벤젠	0.00004 이하

2) 생활환경 기준

등급		상태(캐릭터)	기 준							대장균군(군수/100mL)	
			수소이온농도(pH)	생물화학적산소요구량(BOD)(mg/L)	화학적산소요구량(COD)(mg/L)	총유기탄소량(TOC)(mg/L)	부유물질량(SS)(mg/L)	용존산소량(DO)(mg/L)	총인(T-P)(mg/L)	총대장균군	분원성대장균군
매우좋음	Ia		6.5~8.5	1 이하	2 이하	2 이하	25 이하	7.5 이상	0.02 이하	50 이하	10 이하
좋음	Ib		6.5~8.5	2 이하	4 이하	3 이하	25 이하	5.0 이상	0.04 이하	500 이하	100 이하

약간 좋음	II		6.5~8.5	3 이하	5 이하	4 이하	25 이하	5.0 이상	0.1 이하	1,000 이하	200 이하
보통	III		6.5~8.5	5 이하	7 이하	5 이하	25 이하	5.0 이상	0.2 이하	5,000 이하	1,000 이하
약간 나쁨	IV		6.0~8.5	8 이하	9 이하	6 이하	100 이하	2.0 이상	0.3 이하	–	–
나쁨	V		6.0~8.5	10 이하	11 이하	8 이하	쓰레기 등이 떠 있지 않을 것	2.0 이상	0.5 이하	–	–
매우 나쁨	VI			10 초과	11 초과	8 초과		2.0 미만	0.5 초과	–	–

(나) 호　소[10])

1) 사람의 건강보호 기준

하천의 사람의 건강보호 기준과 같다.

2) 생활환경 기준[11])

등급		상태 (캐릭터)	기 준									
			수소 이온 농도 (pH)	화학적 산소 요구량 (COD) (mg/L)	총유기 탄소량 (TOC) (mg/L)	부유 물질량 (SS) (mg/L)	용존 산소량 (DO) (mg/L)	총인 (T−P) (mg/L)	총질소 (T−N) (mg/L)	클로로필 −a (Chl−a) (mg/m³)	대장균군 (군수/100mL) 총 대장균군	분원성 대장균군
매우 좋음	Ia		6.5~8.5	2 이하	2 이하	1 이하	7.5 이상	0.01 이하	0.2 이하	5 이하	50 이하	10 이하
좋음	Ib		6.5~8.5	3 이하	3 이하	5 이하	5.0 이상	0.02 이하	0.3 이하	9 이하	500 이하	100 이하
약간 좋음	II		6.5~8.5	4 이하	4 이하	5 이하	5.0 이상	0.03 이하	0.4 이하	14 이하	1,000 이하	200 이하
보통	III		6.5~8.5	5 이하	5 이하	15 이하	5.0 이상	0.05 이하	0.6 이하	20 이하	5,000 이하	1,000 이하
약간 나쁨	IV		6.0~8.5	8 이하	6 이하	15 이하	2.0 이상	0.10 이하	1.0 이하	35 이하	–	–

10) 2006. 12. 4. 개정 시행령은 수질 및 수생태계 등급을 종전의 I 내지 V까지 숫자만으로 표현하던 등급을 '매우 좋음', '좋음', '약간 좋음' 등 서술형 명칭을 가미하고, 전체 5등급에서 7등급으로 보다 세분화하였다. 2009. 7. 7. 개정 시행령은 기후변화 등으로 증가하고 있는 조류와 화학적산소요구량(COD) 관리강화를 위해 하천환경기준에 화학적산소요구량(COD) 및 총인(TP)을 추가하였다.

11) 종전 최상등급(I등급)인 COD 1 이하 기준을 2 이하로 하향 조정함으로써, 그 동안 1등급 호소 수질이라는 목표달성을 위해 기울인 노력과 예산이 퇴색된 느낌이다. 이는 해당 지역 및 주민들에게 개발유인으로 작용하고, 수질오염총량제의 시행에도 반발 논리로 작용할 가능성이 있다.

나쁨	V		6.0~ 8.5	10 이하	8 이하	쓰레기 등이 떠 있지 않을 것	2.0 이상	0.15 이하	1.5 이하	70 이하	–	–
매우 나쁨	VI			10 초과	8 초과		2.0 미만	0.15 초과	1.5 초과	70 초과	–	–

(다) 지 하 수

지하수 환경기준 항목 및 수질기준은 「먹는물관리법」 제5조 및 「수도법」 제26조에 따라 환경부령으로 정하는 수질기준을 적용한다.

(라) 해 역

시행령에서는 차등적인 수질기준을 "생활환경", "생태기반 해수수질 기준", "해양생태계 보호기준"과 "사람의 건강보호"로 구분하여 보다 과학적이고 현실에 맞도록 조정하고 있다.

1) 생활환경

항 목	수소이온농도 (pH)	총대장균군 (총대장균군수/100mL)	용매 추출유분 (mg/L)
기 준	6.5 ~ 8.5	1,000 이하	0.01 이하

2) 생태기반 해수수질 기준

등급	수질평가 지수값(Water Quality Index)
Ⅰ(매우 좋음)	23 이하
Ⅱ(좋음)	24 ~ 33
Ⅲ(보통)	34 ~ 46
Ⅳ(나쁨)	47 ~ 59
Ⅴ(아주 나쁨)	60 이상

3) 해양생태계 보호기준

(단위: μg/L)

중금속류	구리	납	아연	비소	카드뮴	크롬(6가)
단기 기준	3.0	7.6	34	9.4	19	200
장기 기준	1.2	1.6	11	3.4	2.2	2.8

4) 사람의 건강보호

등 급	항 목	기준(mg/L)
전 수역	6가크롬(Cr6+)	0.05
	비소(As)	0.05
	카드뮴(Cd)	0.01
	납(Pb)	0.05

	아연(Zn)	0.1
	구리(Cu)	0.02
	시안(CN)	0.01
	수은(Hg)	0.0005
	폴리로클리네이티드비페닐(PCB)	0.0005
	다이아지논	0.02
	파라티온	0.06
	말라티온	0.25
	1.1.1-트리클로로에탄	0.1
	테트라클로로에틸렌	0.01
	트리클로로에틸렌	0.03
	디클로로메탄	0.02
	벤젠	0.01
	페놀	0.005
	음이온계면활성제(ABS)	0.5

3. 환경기준 등의 공표

동법은 국민의 알권리 보장 차원에서 환경부장관으로 하여금 환경기준 및 설정근거를 공표하도록 하고 있다(제6조의2).

4. 환경기준의 평가

환경기준이 국민의 생명 및 생태계에 직접적인 영향을 미치는 중요한 지표라는 점을 고려하여 동법은 환경부장관이 5년의 범위 내에서 주기적으로 환경기준을 평가하고 그 결과를 국회에 보고하도록 근거 규정을 두고 있다(제12조의3).

5. 환경기준의 유지

동법은 국가 및 지방자치단체에게 환경기준의 유지를 위하여 적절한 조치를 취할 의무를 부과하고 있다. 즉 국가 및 지방자치단체는 환경에 관련되는 법령을 제정 또는 개정하거나 행정계획의 수립 또는 사업의 집행을 할 때에는 환경기준이 적절히 유지되도록 다음 사항을 고려하여야 한다: ① 환경 악화의 예방 및 그 요인의 제거; ② 환경오염지역의 원상회복; ③ 새로운 과학기술의 사용으로 인한 환경오염 및 환경훼손의 예방; ④ 환경오염방지를 위한 재원의 적정 배분(제13조 제1항).

적정한 환경기준을 설정 · 유지하기 위해서는 정확하고 계속적인 환경상태의 조사 · 평가가 필요하다. 이를 위하여 동법은 국가 및 지방자치단체로 하여금 ① 자연환경 및 생활환경 현황, ② 환경오염 및 환경훼손 실태, ③ 환경오염원 및 환경훼손 요인, ④ 환경의 질의 변화, ⑤ 그 밖에 국가환경종합계획등의 수립 · 시행에 필요한 사항 등을 상시 조사 · 평가하도록 하고 있으며(제22조 제1항), 이러한 조사 · 평가를 적정하게 시행하기 위한 연구 · 감시 · 측정 · 시험 및 분석체제를 유지하도록 하고 있다(동조 제2항). 이에 따라 개별 환경법에서는 오염실태의 상시측정 및 측정망설치의무를 규정하고 있다(「대기환경보전법」 제3조, 「물환경보전법」 제9조).

6. 법적 성질

가. 대국민적 구속력

환경기준은 환경행정상의 목표를 나타내는 지표에 불과하고 직접 국민의 구체적인 권리 · 의무를 규정하는 법규로서의 성질을 갖지는 않는다고 이해된다.12) 이에 따르면 환경기준은 환경기준의 유지를 위하여 정부에 대한 구속력이 있을 뿐이고, 일반국민을 수범자로 하지 아니하고, 국민에 대하여 직접적인 구속력을 갖지 못한다. 이러한 점에서 국민(사업자)에게 규제기준으로 작용하는 배출허용기준과 구별된다.13)

일정한 지역의 환경이 환경기준을 초과하여 악화되더라도 환경기준 자체가 당연히 환경규제의 근거로 작용할 수는 없다. 이러한 경우에 행정청은 총량규제의 실시와 같은 적절한 조치를 취하거나14) 행정지도와 같은 방식으로 오염원에게 오염행위의 금지 · 제한을 요청할 수는 있으나15) 환경기준 자체를 근거로 직접 환경규제를 할 수는 없다.

나. 처 분 성

환경기준은 국민의 권리 · 의무에 직접적으로 일정한 법적 효력을 갖지 않으므로 환경기준의 설정행위는 항고소송의 대상이 되는 처분성을 갖지 않는다.16) 그 결과 환경기준 자체에 대하여 행정소송을 제기하여 다툴 수는 없다. 다만, 환경기준이 구체적이고 개별적인 사안에 적용되어 이루어진 행정청의 처분에 대하여 행정소송을 제기하여 그 효력을 다툴 수 있음은 물론이다.

다. 국가의 환경기준 유지의무와 손해배상

환경기준은 국가에 대한 구속력이 있다. 그 결과 국가가 환경기준을 유지할 의무를 준수하지 못하였을 경우에는 손해배상청구를 당할 가능성이 있다. 그러나 그 구속력과 관련하여 환경기준이 행정청에게 이를 달성하여야 할 법적 의무를 부과하는 것은 아니라는

---

12) 천병태 · 김명길(각주 3), 134면; 이상규, 환경법론, 법문사, 1998, 59면; 이상돈 · 이창환, 환경법, 이진출판사, 2003, 102면; 박균성 · 함태성, 환경법, 박영사, 2015, 237면; 조은래(각주 3), 140면; 송동수(각주 3), 43면.

13) 「환경정책기본법」상의 환경기준이 행정목표인 기준이라면 일반적으로 개별 환경관계법에서 발견되는 환경기준, 예컨대, 배출허용기준(「대기환경보전법」 제16조, 「물환경보전법」 제32조)은 「환경정책기본법」상의 환경기준을 달성하기 위하여 사업장이나 시설 단위의 개별적 오염물질을 통제하기 위한 규제기준이 된다는 점에서, 양자는 목적과 수단의 관계에 있다 할 수 있다. 구체적으로 환경기준이 ① 행정목표 내지 지향점에 불과한 것으로서 법적 구속력을 갖지 않으며(처분성 불인정), ② 국가 또는 지방자치단체를 수범자로 하여, ③ 기준이 준수되지 않는 경우에도 처벌의 대상이 되지 않으며, ④ 그 법적 형식이 대통령령이라면, 배출허용기준은 ① 법적 구속력을 갖는 규제기준이며, ② 사업장의 경영자 또는 관리자를 수범자로 하여, ③ 위반 시 처벌의 대상이 되며, ④ 법적 형식이 환경부령이다.

14) 이상규(각주 12), 59면.

15) 천병태 · 김명길(각주 3), 135면.

16) 천병태 · 김명길(앞의 책), 136면; 홍준형(각주 3), 170면; 김동희, 행정법 I, 박영사, 1999, 642면.

견해[17]나 행정조직 내부에서의 행정의 지침이 되는 데 그친다는 견해[18]에 따르면 손해배상청구가 부인될 가능성이 많다. 「환경정책기본법」이 환경보전시책의 기본이념과 방향을 제시하는 정책법의 성격이 강하다는 점도 그 가능성을 높이고 있다. 최근에 법원은 그 논리는 달리하고 있지만 손해배상청구를 부인한 바 있다. 법원은 환경기준이 국민 일반의 건강을 보호하여 공공 일반의 전체적인 이익을 도모하기 위한 것이지, 국민 개개인의 안전과 이익을 직접적으로 보호하기 위한 것이 아니라는 것을 그 논거로 하였다(판례 [1]).[19]

[1] 낙동강 물 사건: 대법원 2001. 10. 23. 선고 99다36280 판결

일반적으로 국가 또는 지방자치단체(아래에서는 '국가 등'이라고 한다)가 권한을 행사할 때에는 국민에 대한 손해를 방지하여야 하고, 국민의 안전을 배려하여야 하며, 국가 등의 소속 공무원이 전적으로 또는 부수적으로라도 국민 개개인의 안전과 이익을 보호하기 위하여 법령에서 정한 직무상의 의무에 위반하여 국민에게 손해를 가하면 상당인과관계가 인정되는 범위 안에서 국가 등이 배상책임을 부담한다. 그러나 공무원이 직무를 수행하면서 그 근거되는 법령의 규정에 따라 구체적으로 의무를 부여받았어도 그것이 국민의 이익과는 관계없이 순전히 행정기관 내부의 질서를 유지하기 위한 것이거나, 또는 국민의 이익과 관련된 것이라도 직접 국민 개개인의 이익을 위한 것이 아니라 전체적으로 공공 일반의 이익을 도모하기 위한 것이라면 그 의무에 위반하여 국민에게 손해를 가하여도 국가 등은 배상책임을 부담하지 아니한다(대법원 1993. 2. 12. 선고 91다43466 판결, 1998. 5. 8. 선고 97다36613 판결, 2000. 6. 9. 선고 98다55949 판결 등 참조).

이 사건에서 원고들은, 헌법 제10조, 제35조, 환경정책기본법, 수질환경보전법, 수도법과 그 시행령 등의 관련 규정에 따라 피고들은 상수원으로 사용되는 하천수를 환경정책기본법 시행령 제2조 [별표 1]에서 정한 상수원수 3급 이상의 수질이 유지되게 하여 그 기준에 미달한 상수원수로 생산한 수돗물이 공급되지 아니하도록 하고, 또한 수돗물 공급자인 피고 부산광역시는 상수원수 2급에 미달하는 상수원수를 취수하여 수돗물을 생산할 경우에는 고도의 정수처리를 하여야 함에도 불구하고, 피고들이 이러한 의무에 위반하여 수질기준에 미달하는 낙동강 하천수를 취수하여 수돗물을 생산 · 공급하거나, 상수원수 2급에 미달하는 하천수를 일반적 정수처리 후 수돗물을 생산 · 공급함으로써, 이를 마신 원고들이 정신적 고통을 입었으므로, 피고들은 불법행위책임을 부담하여야 한다고 주장한다.

그런데 상수원수의 수질을 환경기준에 따라 유지하도록 규정하고 있는 관련 법령

17) 천병태 · 김명길(앞의 책), 137면; 고영훈(각주 3), 70면.
18) 이상규(각주 12), 59면.
19) 대법원 2001. 10. 23. 선고 99다36280 판결(낙동강 물 사건, 부산지역 환경운동단체회원 등 100명이 국가와 부산광역시를 상대로 낙동강 등 상수원 수질오염으로 인해 환경권이 침해당했으므로 원고 1인당 100만원씩 모두 1억원의 손해배상을 지급해 줄 것을 구한 사건에서 국가 또는 지방자치단체가 법령이 정하는 상수원수 수질기준 유지의무를 다하지 못하고, 법령이 정하는 고도의 정수처리방법이 아닌 일반적 정수처리방법으로 수돗물을 생산 · 공급하였다는 사유만으로 그 수돗물을 마신 개인에 대하여 손해배상책임을 부담하지 않는다면서 원고들의 청구를 부인한 사례).

의 취지 · 목적 · 내용과 그 법령에 따라 국가 등이 부담하는 의무의 성질 등을 고려할 때, 피고들에게 일정한 기준에 따라 상수원수의 수질을 유지하여야 할 의무를 부과하고 있는 법령의 규정은 국민들에게 양질의 수돗물이 공급되게 함으로써 국민 일반의 건강을 보호하여 공공 일반의 전체적인 이익을 도모하기 위한 것이지, 국민 개개인의 안전과 이익을 직접적으로 보호하기 위한 규정이 아니다. 따라서 원고들에게 공급된 수돗물의 상수원의 수질이 수질기준에 미달한 경우가 있고, 이로 말미암아 원고들이 법령에 정하여진 수질기준에 미달한 상수원수로 생산된 수돗물을 마심으로써 건강상의 위해 발생에 대한 염려 등에 따른 정신적 고통을 받았다고 하더라도, 이러한 사정만으로는 피고들이 원고들에게 손해배상책임을 부담하지 아니한다.

또한, 상수원수 2급에 미달하는 상수원수는 고도의 정수처리 후 사용하여야 한다는 환경정책기본법령상의 의무 역시 위에서 본 수질기준 유지의무와 같은 성질의 것이므로, 피고 부산광역시가 상수원수의 수질기준에 미달하는 낙동강 하천수를 취수하거나 상수원수 3급 이하의 하천수를 취수하여 고도의 정수처리가 아닌 일반적 정수처리 후 수돗물을 생산 · 공급하였다고 하더라도, 그렇게 공급된 수돗물이 음용수 기준에 적합하고 몸에 해로운 물질이 포함되어 있지 아니한 이상, 피고 부산광역시의 위와 같은 수돗물 생산 · 공급행위가 원고들에 대한 불법행위가 되지 아니한다.[20]

7. 기 능

환경기준은 특히 다음과 같은 경우에는 구체적 · 직접적 효력을 가지면서 중요한 환경보전수단으로 기능한다.

가. 위법성, 피해 정도 등의 판단기준

환경기준은 손해배상청구나 유지청구소송에서 가해행위의 위법성이나 구체적인 피해 정도를 판단하는 중요한 요소로 작용한다. 물론 환경기준은 실체법상 일반 국민의 사법상 권리의무를 발생시키는 효력 규정이 아닌 환경행정에 있어서 정책과 규제 등을 위한 일종의 공법상 기준이므로, 그 기준의 위반이 곧바로 위법한 것으로 되지는 아니하나 민사법상 위반 여부를 판단하는 중요한 하나의 기준이 된다. 실제로 환경기준은 수인한도를 판단하는 데 절대적인 요소가 될 수는 없으나 중요한 기능을 하고 있다(판례 [2], [3] 참조).[21]

---

20) 부산지역 환경운동단체회원 등 100명이 국가와 부산광역시를 상대로 낙동강 등 상수원 수질오염으로 인해 환경권이 침해당했으므로 원고 1인당 100만원씩 모두 1억원의 손해배상을 지급해 줄 것을 구한 사건에서 국가 또는 지방자치단체가 법령이 정하는 상수원수 수질기준 유지의무를 다하지 못하고, 법령이 정하는 고도의 정수처리방법이 아닌 일반적 정수처리방법으로 수돗물을 생산 · 공급하였다는 사유만으로 그 수돗물을 마신 개인에 대하여 손해배상책임을 부담하지 않는다면서 원고들의 청구를 부인한 사례. 부작위로 인한 국가배상의 경우와 관련하여 직무상 의무의 '사익보호성'이 필요하다는 입장에서는 이를 사익보호성을 부정하는 것으로 이해하고 있다. 홍정선, 행정법원론(상), 박영사, 2007, 607 내지 609면.

21) 예컨대, 법원은 이른바, '김포공항 사건'에서 소음도 85WECPNL(「환경정책기본법」상의 소음환경기준 중 공업지역 주간 소음도인 70dB(≒83WECPNL)보다 높은 수치)를 원고들의 수인한도기준으로 인정하였으며(대법원 2005. 1. 27. 선고 2003다49566 판결), '매향리사격장 사건'에서 「환경정책기본법」상 주거지역 환경소음기준인 50dB 내지 65dB을 수인한도를 판단함에 있어서 중요한 판단기준으로 고려하였다(대법원 2004. 3. 12. 선고 2002다14242 판결). 그 밖에 대법원 2007. 6. 15. 선고 2004다37904 판결(고속도로로부터 발생하는 소음이 피해 주민들 주택을 기준으로 일정 한도를 초과하여 유입되지 않도록 하라는 취지의 유지청구가 적법하다고 한 사례) 참조.

[2] 도로소음과 분양회사의 불법행위책임(소극): 대법원 2008. 8. 21. 선고 2008다9358 판결

차량이 통행하는 도로에서 유입되는 소음 때문에 인근 주택의 거주자에게 사회통념상 일반적으로 수인할 정도를 넘어서는 침해가 있는지 여부는, 주택법 등에서 제시하는 주택건설기준보다는 환경정책기본법 등에서 설정하고 있는 환경기준을 우선적으로 고려하여 판단하여야 한다.22)

[3] 도로소음과 '참을 한도': 대법원 2015. 9. 24. 선고 2011다91784 판결

공법상 기준으로서 환경정책기본법의 환경기준은 국민의 건강을 보호하고 쾌적한 환경을 조성하기 위하여 유지되는 것이 바람직한 기준, 즉 환경행정에서 정책목표로 설정된 기준인 점, 위 환경기준은 도로법이나 도로교통법에 규정된 도로의 종류와 등급, 차로의 수, 도로와 주거의 선후관계를 고려하지 아니한 채 오로지 적용 대상 지역에 따라 일정한 기준을 정하고 있을 뿐이어서 모든 상황의 도로에 구체적인 규제의 기준으로 적용될 수 있는 것으로 보기 어려운 점, 2층 이상의 건물에 미치는 도로교통소음이 환경정책기본법의 환경기준을 준수하였는지는 소음 · 진동공정시험기준(환경부고시 제2010－142호)에 규정된 측정방법에 따라 소음피해지점에서 소음원 방향으로 창문 · 출입문 또는 건물벽 밖의 0.5~1m 떨어진 지점에서 측정된 실외소음에 의해 판정하도록 되어 있으나, 공동주택에 거주하는 사람들에 대하여는 일상생활이 실제 이루어지는 실내에서 측정된 소음도에 따라 '참을 한도' 초과 여부를 판단함이 타당한 점 등을 고려하면, 도로변 지역의 소음에 관한 환경정책기본법의 소음환경기준을 초과하는 도로소음이 있다고 하여 바로 민사상 '참을 한도'를 넘는 위법한 침해행위가 있다고 단정할 수 없다.

이른바 도로소음으로 인한 생활방해를 원인으로 제기된 사건에서 공동주택에 거주하는 사람들이 참을 한도를 넘는 생활방해를 받고 있는지는 특별한 사정이 없는 한 일상생활이 실제 주로 이루어지는 장소인 거실에서 도로 등 소음원에 면한 방향의 모든 창호를 개방한 상태로 측정한 소음도가 환경정책기본법상 소음환경기준 등을 초과하는지에 따라 판단하는 것이 타당하다.

* 동지: 대법원 2015. 10. 15. 선고 2013다89433 판결; 대법원 2016. 11. 25. 선고 2014다57846 판결

나. 환경보전목표의 설정 시 참고기준

「환경영향평가법」은 환경보전목표를 설정하는 경우 참고할 기준 중의 하나로 환경기준을 들고 있다(제5조).

22) 도로에서 유입되는 소음 때문에 인근 주택의 거주자가 사회통념상 수인한도를 넘는 생활이익의 침해를 당한 경우, 그 주택의 분양회사에게 도로 설치 · 관리상의 하자로 인한 불법행위책임을 물을 수 없다고 한 사례. 그러나 이 사안에서 법원은 도로에서 유입되는 소음 때문에 인근 주택의 거주자에게 사회통념상 수인한도를 넘는 생활이익의 침해가 발생하였다면서 도로의 설치 · 관리자에 대하여 「국가배상법」 제5조 제1항에 따라 배상책임을 인정하였다. 법원은 교통소음과 관련하여 도로의 설치 · 관리자에 대하여 「주택법」 등에서 정하는 주택건설기준보다 「환경정책기본법」 등에서 설정하고 있는 환경기준을 우선하여 적용함으로서 책임을 강화시키고 있다.

다. 환경영향평가 등의 실시요건

「환경정책기본법」은 관계 행정기관의 장으로 하여금 "환경기준의 적정성 유지" 및 자연환경의 보전을 위하여 환경에 영향을 미치는 계획 및 개발사업이 환경적으로 지속가능하게 수립·시행될 수 있도록 전략환경영향평가, 환경영향평가 등을 실시하도록 하고 있는데(제41조), 이 경우 환경기준의 유지는 환경영향평가 등의 한 요건을 구성하게 된다. 또한 환경기준은 전략환경영향평가와 환경영향평가 시 평가항목 등을 결정할 때 고려 사항이 된다(「환경영향평가법」 제11조 제4항, 제24조 제5항).

라. 대기오염경보의 근거

「대기환경보전법」상 시·도지사는 대기오염도가 「환경정책기본법」상의 대기환경기준을 초과하여 주민의 건강·재산이나 동·식물의 생육에 중대한 위해를 가져올 우려가 있다고 인정되는 때에는 당해 지역에 대하여 대기오염경보를 발령할 수 있는데(제8조 제1항), 이 경우 대기환경기준은 대기오염경보의 근거로 작용하는 것이다.

마. 엄격한 배출허용기준의 근거

「대기환경보전법」, 「물환경보전법」은 특별시·광역시·도 또는 특별자치도가 「환경정책기본법」 제12조 제3항의 규정에 의한 지역환경기준의 유지가 곤란하다고 인정되는 경우 조례로 일반적인 배출허용기준보다 엄격한 배출허용기준을 정할 수 있도록 하고 있다(「대기환경보전법」 제16조 제3항, 「물환경보전법」 제32조 제3항). 한편, 시·도지사는 지역환경기준의 유지가 곤란하다고 인정하는 경우 조례로 일반적인 방류수수질기준보다 엄격한 기준을 적용할 수 있다(「가축분뇨의 관리 및 이용에 관한 법률」 제13조 제3항). 이때 (지역)환경기준은 엄격한 배출허용기준(또는 방류수수질기준)의 설정 근거로 기능한다.

바. 총량규제의 근거

「대기환경보전법」은 오염상태가 환경기준을 초과하여 주민의 건강·재산이나 동·식물의 생육에 중대한 위해를 가져올 우려가 있다고 인정하는 구역 또는 특별대책지역 중 사업장이 밀집되어 있는 구역의 경우에는 당해 구역 안의 사업장에 대하여 배출되는 오염물질을 총량으로 규제할 수 있도록 하는 등 총량규제 방식의 도입 가능성을 규정하고 있는데(제22조), 이때 환경기준은 중요한 총량규제 근거로 작용하게 된다.

사. 배출시설 등의 설치제한의 근거

환경부장관은 배출시설로부터 배출되는 대기·수질오염물질로 인하여 환경기준의 유지가 곤란하거나 주민의 건강·재산, 동·식물의 생육에 심각한 위해를 끼칠 우려가 있다고 인정되는 경우에는 대통령령이 정하는 바에 따라 배출시설의 설치를 제한할 수 있다(「대기환경보전법」 제23조 제6항, 「물환경보전법」 제33조 제5항). 시장·군수·구청장은 환경기준을 초과한 지역에 대하여 일정한 구역을 지정하여 가축의 사육을 제한할 수 있다

(「가축분뇨의 관리 및 이용에 관한 법률」 제8조 제1항). 이 경우 환경기준은 배출시설의 설치 제한, 가축사육의 제한 등의 근거로 작용하게 된다.

8. 문 제 점

환경기준을 설정함에 있어서 이해관계인의 참여 및 주민의 의견수렴의 기회가 주어지지 않고 있다는 점은 문제점으로 지적될 수 있다.[23] 「행정절차법」상의 입법예고절차(제44조)를 통해 주민참여가 이루어질 수 있으나 절차적 통제를 충실히 하기 위해 의견수렴절차를 확보하는 방안이 고려되어야 할 것이다. 환경기준은 환경행정의 목표기준이 되는 것에서 나아가 실질적으로는 국민생활에 영향을 미치고 있기 때문에 이해관계인에게 환경기준의 설정과 관련하여 정보를 충분히 제공하고 참여기회를 법적으로 보장할 필요가 있다.[24]

환경기준은 기본적으로 농도기준이다. 이러한 농도기준방식은 오염원의 규모와 배출량의 다소에 관계없이 일률적인 규제기준을 적용함으로써 발생하는 비경제성, 비형평성 그리고 환경용량을 초과하는 오염물질의 다량 배출 및 축적에 대해서 규제가 힘들다는 문제점이 발견된다. 이에 따라 총량기준이나 질(quality)기준(예컨대, 수영할 수 있는 수질, 낚시할 수 있는 수질) 등에 대하여도 관심을 기울일 필요가 있다.

Ⅲ. 환경계획의 수립 등

1. 환경계획의 수립

환경관리를 종합적, 체계적, 계획적으로 추진하기 위해서는 기본 목표, 시책, 정책을 시행하기 위한 각종 수단 등을 감안한 기본계획이 필요하다. 이에 「환경정책기본법」은 국가에게 환경오염 및 환경훼손과 그 위해를 예방하고 환경을 적정하게 관리 · 보전하기 위하여 환경계획을 수립하여 시행할 책무를 부과하고 있다(제4조 제1항). 또한 동법은 국민에게 국토 및 자연환경의 보전을 위하여 노력하여야 할 의무를 부과하면서(제6조), 국가 · 지방자치단체 및 사업자에게 행정계획이나 개발사업에 따른 국토 및 자연환경의 훼손을 예방하기 위하여 해당 행정계획 또는 개발사업이 환경에 미치는 해로운 영향을 최소화하도록 노력하여야 할 의무를 부과하고 있다(제8조 제3항). 이는 국토 및 자연환경의 훼손을 사전에 예방하려는 차원에서 이루어진 국가환경정책의 선언인 것이다.

이에 따라 국가차원에서 20년마다 국가환경종합계획(제14조)이, 지방자치단체 차원에서 시 · 도 환경계획(제18조)과 시 · 군 · 구 환경보전계획(제19조)이 수립 · 시행되고 있다. 특기할 것은 동법은 국가환경종합계획 등을 수립 · 변경하는 경우 공청회 등을 열어 국민,

23) 홍준형(각주 3), 538면.
24) 이상규(각주 12), 60면.

관계 전문가 등의 의견을 수렴하도록 하고, 국가환경종합계획 등이 수립되거나 변경된 경우 이를 인터넷 홈페이지 등을 통하여 공개하도록 하여 투명성을 높이고 있다(제20조).

2. 개발계획 · 사업의 환경적 고려

개발에 따른 환경오염 또는 환경훼손을 최소화화기 위하여는 개발계획을 수립하거나 개발사업을 시행함에 있어 환경계획을 고려하여야 한다. 이는 '선계획 후개발원칙'의 고수를 의미한다. 이러한 인식하에 「환경정책기본법」은 국가 및 지방자치단체의 장으로 하여금 토지의 이용 또는 개발에 관한 계획을 수립하는 때에는 국가환경종합계획, 시 · 도환경계획 및 시 · 군 · 구환경계획과 해당 지역의 환경용량을 고려하도록 하고(제21조 제1항), 관계 중앙행정기관의 장, 시 · 도지사 및 시장 · 군수 · 구청장으로 하여금 토지의 이용 또는 개발에 관한 사업의 허가 등을 하는 경우에 국가환경종합계획 등을 고려하도록 하고 있다(동조 제2항). 개발계획 · 사업의 환경적 고려는 환경영향평가제도에 의해서도 이루어진다.

3. 환경상태의 조사 · 평가

동법은 환경상태의 조사·평가(제22조)와 나아가 이를 위하여 일정한 시료를 확보 · 저장 · 활용할 수 있도록 국가환경시료은행의 설치 · 운영과 관련한 법적 근거를 마련하고 있다(제22조의3).

4. 환경친화적 계획기법 등의 작성 · 보급

정부는 환경에 영향을 미치는 행정계획 및 개발사업이 환경적으로 건전하고 지속가능하게 계획되어 수립 · 시행될 수 있도록 환경친화적인 계획기법 및 토지이용 · 개발기준을 작성 · 보급할 수 있다(제23조).

Ⅳ. 환경보전 특별종합대책

1. 특별대책지역의 지정

동법은 특별대책지역의 지정 요건 및 절차를 정하고 있다. 즉 환경부장관은 환경오염 · 환경훼손 또는 자연생태계의 변화가 현저하거나 현저하게 될 우려가 있는 지역과 환경기준을 자주 초과하는 지역을 관계 중앙행정기관의 장 및 시 · 도지사와 협의하여 환경보전을 위한 특별대책지역으로 지정 · 고시하고, 해당 지역의 환경보전을 위한 특별종합대책을 수립하여 관할 시 · 도지사에게 이를 시행하게 할 수 있다(제38조 제1항). 지정 요건은 자연생태계의 변화 등 매우 엄격하고 포괄적이다. 이에 따라 현재 울산 · 미포 국가공업단지 및 온산 국가공업단지(1986. 3. 지정), 여천 국가공업단지(1996. 9. 지정) 등이 대기보전특별대책지역으로, 팔당 · 대청호 상수원지역(1990. 7. 지정)이 수질보전특별대책지역[25]

으로 지정되어 있다.

2. 행위제한

또한 동법은 "환경부장관은 특별대책지역의 환경개선을 위하여 특히 필요한 경우에는 대통령령으로 정하는 바에 따라 그 지역에서 토지 이용과 시설 설치를 제한할 수 있다(동조 제2항)"고 규정하여 특별대책지역에서의 특정 행위를 제한할 수 있도록 하고 있다. 이에 따라 환경부장관은 특별대책지역에서 ① 환경기준을 초과하게 되어 주민의 건강·재산이나 생물의 생육에 중대한 위해를 가져올 우려가 있다고 인정되는 경우, ② 자연생태계가 심하게 파괴될 우려가 있다고 인정되는 경우, ③ 토양 또는 수역이 특정유해물질에 의하여 심하게 오염된 경우에는 해당 특별대책지역에서의 토지이용과 시설설치를 제한할 수 있다(시행령 제13조).

특별대책지역 내에서는 토지이용과 시설설치의 제한 등이 수반되는데, 이러한 제한은 환경부 고시[26]에 의해 이루어지고 있다.

3. 엄격한 배출허용기준 및 총량규제

특별대책지역에서는 개별법상 일반배출허용기준보다 엄격한 배출허용기준을 정하도록 하고(「대기환경보전법」 제16조 제5항, 「물환경보전법」 제32조 제5항), 이 지역 안의 사업장에 대하여는 총량규제를 할 수 있도록 하고 있다(「대기환경보전법」 제22조). 특별대책지역에 대하여는 특별한 규제가 뒤따른다. 예컨대, 특별대책지역에서 휘발성유기화합물(Volatile Organic Compounds: VOCs)을 배출하는 시설로서 대통령령으로 정하는 시설(석유정제 및 석유화학제품제조업, 저유소, 주유소, 세탁시설)을 설치하려는 자는 환경부령으로 정하는 바에 따라 환경부장관 또는 시·도지사에게 신고하여야 하고(「대기환경보전법」 제44조 제1항, 시행령 제45조), 휘발성유기화합물의 배출을 억제하거나 방지하는 시설을 설치하는 등 휘발성유기화합물의 배출로 인한 대기환경상의 피해가 없도록 조치하여야 한다(동조 제3항).

4. 평　　가

특별대책지역제도와 관련해서는 우선 다른 지역·지구 등(예컨대, 상수원보호구역, 자연보전권역, 개발제한구역, 수변구역)과 중첩적으로 지정되어 해당 지역주민들이 규제 내용을 정확히 파악하기가 힘들고, 중복 규제로 인하여 관련 법률들간의 상충과 소관 부처의 중복 및 책임소재의 불분명 등의 문제가 발생하고 있다는 점을 지적할 수 있다. 환경부 고시로 재산권 침해를 수반하는 행위제한을 가하는 것은 입법권의 지나친 위임이며, 법형식

25) 팔당호상수원수질보전 특별대책지역은 경기도 남양주시, 여주군, 광주시, 가평군, 양평군, 용인시 등 7개 시 51개 읍·면·동으로 면적은 2,102㎢에 이른다. 대청호 특별대책지역은 대전광역시 동구 일부와 충청북도 청원군, 보은군, 옥천군 등 3개 군 11개 읍·면으로 지정면적은 713㎢이다.

26) '팔당·대청호 상수원 수질보전특별대책지역지정'(환경부고시 제90-16호).

상의 일반 원칙에 어긋난다. 유인보다는 규제가 중심이며, 그 규제가 규모 · 면적 중심인 것은 제도의 성공을 방해하고 있다. 주민의견 수렴절차, 손실보상, 주민지원 등의 입법적 미비도 비판의 대상이 되고 있다.

V. 환경영향평가

「환경정책기본법」은 난개발을 방지하고 환경친화적인 개발을 유도한다는 차원에서, 환경영향평가제도 등에 대한 근거 규정을 마련하고 있다. 즉 국가로 하여금 환경기준의 적정성을 유지하고 자연환경을 보전하기 위하여 환경에 미치는 계획 및 개발사업이 환경적으로 지속가능하게 수립 · 시행될 수 있도록 전략환경영향평가, 환경영향평가, 소규모 환경영향평가를 실시하도록 하고 있다(제41조)(환경영향평가제도 등에 대하여 자세한 내용은 제3장 참조).

VI. 피해구제

국가 및 지방자치단체는 환경오염 또는 환경훼손으로 인한 피해를 원활히 구제하기 위하여 필요한 시책을 마련하여야 한다(제43조 제1항). 2014년 12월 환경오염피해에 대한 충실하고 신속한 구제를 위해 제정된 「환경오염피해 배상책임 및 구제에 관한 법률」은 그 일환이라고 할 수 있다. 나아가 「환경정책기본법」은 피해 구제 시책에는 건강피해조사, 환경분쟁 조정(調整) 및 구제급여 지급이 연계되어 처리될 수 있도록 하는 방안이 포함되어야 한다고 규정하고 있는데(동조 제2항), 2024년 3월 구 「환경분쟁조정법」을 전면 개정한 「환경분쟁 조정 및 환경피해 구제 등에 관한 법률」은 환경분쟁 조정제도, 건강영향조사 제도, 석면으로 인한 건강피해구제 제도, 「환경오염피해 배상책임 및 구제에 관한 법률」에 따른 환경오염피해구제 제도 및 살생물제품피해 구제 제도가 각각 다른 기관에 의해 분산적으로 운영됨에 따른 국민들의 불편을 해소한다는 차원에서 환경분쟁조정피해구제위원회가 위 제도들을 통합 · 운영하도록 하고 있다.

또한 「환경정책기본법」은 환경오염의 피해에 대한 무과실책임 규정을 두면서, 환경오염 피해에 대한 구제를 위한 강력한 실현의지를 보여주고 있다: 환경오염 또는 환경훼손으로 피해가 발생한 경우에는 해당 환경오염 또는 환경훼손의 원인자가 그 피해를 배상하여야 한다(제44조 제1항).

원론적으로 환경법규를 환경오염의 발생을 사전에 방지하려는 규제법규와 오염피해를 사후에 복구하려는 구제법규로 구분한다고 할 경우, 구제법규의 중심을 이루는 동법 제44조 제1항은 그 중요성이 사뭇 크다 할 수 있다. 특히 이 규정상의 책임은 행위책임으로서 「환경오염피해 배상책임 및 구제에 관한 법률」상의 시설책임을 보완하는 성격을 갖는다. 논란이 예상되지만 「환경정책기본법」상 원인자의 무과실책임 규정은 구체적 효력을 갖는 규정이다. 물론 헌법에서 구체적 효력을 갖는 규정을 두지 말라는 법이 없는 것과 같이 「환경정책기본법」에 이러한 규정을 두지 말라는 법은 없다. 그러나 프로그램적 성격을 갖는 「환경정책기본법」에 구체적 규정을 두는 것이 바람직한 입법이 아님은 분명하다. 환경피해에 대한 구제와 관련하여 상당히 중요한 기능을 담당하는 책임 규정이 「환경정책기본법」에 위치하고 있는 것은 동 규정의 구체적 효력을 부인하는 입장에 유력한 빌미를 제공하고 있다.

동법 제44조에 따른 원인자의 무과실책임에 대하여는 구체적 효력이 인정될 수 없다는 견해가 엄연히 존재할 뿐만 아니라 구체적 효력을 인정하더라도 책임 범위 및 책임자 범위 등과 관련하여 논란의 여지가 있어, 이 규정에 대한 개정을 포함한 입법적 검토가 이루어져야 할 것이다. 이 규정은 환경책임 체계의 전반과 맞물리는 규정이기 때문에 입법적 검토가 이루어질 경우에는 책임체계 전반에 대한 검토도 함께 이루어져야 한다.

1. 원인자의 무과실책임

최근에는 환경피해에 대하여 고의 · 과실이 없다고 하더라도 배상 책임을 지우는 경향이 뚜렷해지고 있는데 우리나라의 환경 관련 실정법에서도 이 같은 규정을 다수 담고 있다. 예컨대, 「원자력손해배상법」 제3조 제1항에서는 "원자로의 운전 등으로 인하여 원자력손해가 생긴 때" 원자력사업자에게, 「유류오염손해배상보장법」 제5조 제1항에서는 "유류오염손해가 발생하였을 때" 사고 당시의 선박소유자에게 무과실책임을 지우고 있고, 「광업법」 제75조에서는 광해에 대하여 무과실책임을 규정하고 있으며, 「수산업법」 제80조에서는 "산업시설이나 그 밖의 사업장의 건설 또는 조업, 선박 또는 「해양환경관리법」 제2조 제17호에 따른 해양시설과 해저광구의 개발 등에 의한 수질오염으로 인하여 면허받은 어업에 피해가 발생한 때" 오염발생시설의 경영자에게 무과실책임을 지우고 있다.

「환경정책기본법」상 원인자의 무과실책임도 같은 맥락으로 이해될 수 있다. 이 규정의 의미를 보다 정확히 이해하기 위해서는 해당 규정의 입법 역사를 살펴볼 필요가 있다. 이 규정의 시초는 1977. 12. 31. 공포된 구 '환경보전법' 제60조 제1항으로 거슬러 올라간다. 동 규정은 "사업장등에서 발생되는 오염물질로 인하여 사람의 생명 또는 신체에 피해가 발생한 때에는 당해 사업자는 그 피해를 배상하여야 한다"라고 규정하고, 같은 조 제3항은 "제1항의 규정에 의한 피해의 배상에 관하여 이 법에 규정한 것을 제외하고는 민법의 규정에 의한다. 다만, 민법 이외의 법률에 다른 규정이 있을 때에는 그 규정에 의한다"라고 규정하였다. 그 후 1990. 8. 1. 공포된 「환경정책기본법」은 위 '환경보전법'상의 "생명 또는 신체"라는 제한과 민법과의 연계규정을 없애고, 제31조 제1항에서 "사업장등에서 발생되는 환경오염으로 인하여 피해가 발생한 때에는 당해 사업자는 그 피해를 배상하여야 한다"라고 규정하여 환경오염의 피해에 대한 '사업자'의 무과실책임을 인정하였다. 2011. 7. 28. 개정된 「환경정책기본법」은 제44조에서 '사업장등'과 '사업자' 등의 요건을 삭제하고 '원인자' 개념으로 대체하면서, 환경피해에 대한 '원인자'의 무과실책임을 인정하기에 이르렀다. 이와 같은 입법과정에 비추어 볼 때 책임 주체, 범위는 확대되어 왔다고 할 수 있다.

위와 같은 규정들은 위험책임의 법리를 실정화한 것으로, 환경오염 피해자는 가해자의 고의 내지 과실을 입증할 필요 없이 손해배상을 받을 수 있으므로, 그만큼 환경피해 구제는 충실해질 것이다. 위와 같은 무과실책임 규정이 적용되는 경우에는 책임 유무를 가리기 위하여 가해자의 고의 내지 과실의 유무를 살피는 것이 의미가 없을 것이다. 그러나 고의 내지 과실의 존재가 위법성 여부나 유지청구의 인정 여부를 판단하는 데 중요한 판단기준으로 작용하므로 그 범위 내에서는 여전히 의미를 갖는다.

2. 구체적 효력(적극)

「환경정책기본법」 제44조의 규정이 구체적인 효력이 있어 과연 그 적용범위 내의 모든 환경피해에 대해 무과실책임을 인정할 수 있을 것인가에 대하여는 논란이 있을 수 있다. 모든 환경피해에 대해 무과실책임을 인정한다 함은 환경피해소송을 민법 제750조에 근거한 과실책임으로 이해해온 기존의 학계나 실무계의 입장에서 볼 때 일대 방향 전환을 의미하는 것으로 그 해석에 신중을 기하지 아니할 수 없다. 혹자는 구성요건과 효과의 비구체성, 「환경정책기본법」이 민법의 특별법으로서의 성격을 갖지 않는다는 점 등을 근거로 위 「환경정책기본법」 제44조 제1항(원인자의 무과실책임)의 구체적 효력을 부인하고, 위 규정이 방침규정에 불과한 것으로 볼 가능성이 있다. 원인자의 무과실책임 규정보다도 그 요건이 제한적이고, 책임주체가 비교적 한정적이던 종전의 '사업자'의 무과실책임 규정에 대하여도 구체적 효력을 인정하지 않던 견해가 있었다는 점에서 그 가능성을 배제할 수 없다.27)

그러나 「환경정책기본법」 제44조 제1항은 위험책임원리를 근거로 환경오염피해 구제와 관련한 특수한 법리를 규정한 책임규정으로서, 구체적 효력이 있는 규정으로 못 볼 바 없다. 앞서 살펴 본 바와 같이 해당 규정의 연혁을 살펴볼 때 책임주체와 범위 등이 확대되어 온 점, 구체성이 떨어지는 요건에 대한 해석은 판례나 학설을 통해 해결할 수 있다는 점, 원인자 불명의 경우에 원인자들의 공동불법행위책임을 규정하고 있는 것으로 이해되는 제44조 제2항의 규정이 동조 제1항의 구체적 효력을 전제하여야 성립할 수 있다는 점, 개별 환경법에 환경오염피해와 관련한 어떠한 책임 및 구제 규정이 없는 상황

27) 종전의 「환경정책기본법」상 사업자의 무과실책임 규정(제31조)의 구체적 효력을 부인한 견해는 이은영, 채권각론, 박영사, 1993, 714면. 「환경정책기본법」의 입법취지나 규정들의 내용을 볼 때 사업자의 무과실책임 규정이 국민에게 손해배상청구권을 취득하게 하는 효력규정으로 보기 어렵고, 공법상 환경기준에 대한 규제와 환경정책의 지표를 제시하는 행정법규라고 보는 것이 타당하다는 취지에서 구체적인 효력을 부인하는 견해가 있다. 손윤하, 환경침해와 민사소송, 청림출판, 2005, 66면, 318면 참조.

에서는 위 규정의 구체적 효력을 쉽게 부인하여서는 안 된다는 점 등을 고려할 때 그 구체적 효력은 인정된다고 할 것이다.28) 이렇게 해석할 경우, 위 규정의 요건에 해당되는 환경오염피해를 입은 자는 환경오염 또는 환경훼손의 원인자에게 무과실책임을 지울 수 있을 것이다. 판례도 구체적 효력을 인정하고 있다(판례 [4], [5]).29)

[4] 환경정책기본법 제44조 제1항의 구체적 효력: 대법원 2017. 2. 15. 선고 2015다23321 판결

이 사건 소음 · 진동이 1차적으로는 열차로부터 발생하지만, 열차의 운행에는 철로가 필수적이고 소음과 진동이 철로를 통해서 생긴다. 이 사건 철로를 통한 열차 운행으로 소음 · 진동이 생긴 경우에 피고 공단과 피고 공사는 구 환경정책기본법 제31조 제1항의 사업자와 환경정책기본법 제44조 제1항에서 정한 오염원인자에 해당하여 그 손해를 배상할 책임이 있다.30)

3. 요 건

가. 환경오염의 원인자

책임주체는 환경오염 또는 환경훼손의 '원인자'이다. '원인자'는 자기의 행위 또는 사업활동으로 환경오염 또는 환경훼손의 원인을 발생시킨 자이다(제7조). 원인자의 행위가 영리행위일 것을 요구하지는 않는다고 해석된다. 그러나 구체적인 경우 '원인자'에 해당하는지를 판단하는 것은 쉽지 않을 것이다. 그 범위가 워낙 포괄적이고 광범위해서 원인자의 무과실책임이 자칫 누구나의 책임으로 변질될 가능성마저 있다. 「물환경보전법」(제48조의2 제1항), 「토양환경보전법」(제10조의4, 제11조 제3항, 제15조) 등에서는 원인자라는 용어를 사용하고 있지만 이는 책임주체를 판단하는 하나의 참고 기준 내지 요소일 뿐 「환경정책기본법」상 원인자의 무과실책임 규정을 해석함에 완전한 기준을 제공하지는 않는다.

---

28) 종전의 「환경정책기본법」상 사업자의 무과실책임 규정(제31조)의 구체적 효력을 긍정하는 견해는 이상규(각주 12), 242면; 오석락, 환경소송의 제문제, 삼영사, 1996, 77면; 이경춘, "소음과 환경소송", 환경법의 제문제(하), 재판자료 제95집, 법원도서관, 2002, 186면; 서희원, 환경소송, 북피디닷컴, 2004, 214면; 전경운, "환경침해피해의 사법상 구제원리", 환경법연구 제25권 제2호, 2003, 384 내지 385면; 조은래, "환경소송상의 입증문제에 대한 소고", 환경법연구 제28권 제3호, 2006, 331면. 위험책임의 규정을 특별 입법에 의한 제한적 열거보다는 한정적으로 환경오염의 위험분야를 일반조항 형식으로 하는 것이 합리적이므로 「환경정책기본법」의 민사책임 규정은 합리성이 있다. 안법영, "환경오염 사고와 위험책임", 환경오염의 법적 구제와 개선책, 소화, 1996, 316 내지 317면. 이러한 견해들이 개정된 원인자의 무과실책임 규정에 대하여도 동일한 입장을 유지할 것인지 단정할 수 없으나 기본적으로 구제의 충실화를 도모하려는 해석론이라는 점에서 구체적 효력을 인정할 가능성이 많다고 생각한다.

29) 그 밖에 인천지법 2013. 12. 24. 선고 2011가합24254 판결; 부산지법 2014. 5. 15. 선고 2013가합2514 판결; 서울고법 2015. 4. 30. 선고 2014나2007924 판결(도로 건설공사에 따른 소음 · 진동으로 인해 발생한 원고가 인근 목장에서 사육 중이던 소들의 유량 감소, 유질 저하, 유산 · 사산, 수태율 저하 등 피해에 대하여 도로 건설공사의 시행자인 국가가 손해를 배상할 의무가 있다고 한 사례); 대법원 2020. 6. 25. 선고 2019다292026, 292033, 292040 판결.

30) 철도를 건설하여 열차를 통행함으로써 발생한 소음 · 진동으로 인해 발생한 인근 농장에서 사육 중이던 한우들의 유 · 사산, 성장지연, 수태율 저하 피해에 대하여 철로의 건설과 관리를 맡은 한국철도시설공단과 열차사업을 운영하고 있는 한국철도공사가 손해를 배상할 의무가 있다고 한 사례. 이 사안에서 법원은 「환경정책기본법」 제44조와의 관계를 밝히지 아니한 채 민법 제758조에 다른 책임도 명시하였다.

개별 환경법에서의 처리자(「폐기물관리법」 제48조), 행위자, 사업자 등의 개념도 이와 크게 다르지 않다. 결국 원인자인지 여하는 사안별로 사실관계에 기초하여 판단할 문제이다. 이러한 점에서 무과실책임 규정은 상당히 모호한 규정이고, 이는 구체적 효력을 부인하는 유력한 근거로 작용할 가능성이 있다. 책임주체가 종전의 '사업자'에서 '원인자'로 그 범위가 확대되었으나 아이러니하게도 책임주체의 확대가 구체적 효력을 부인하는 빌미를 제공할 가능성이 있는 것이다.

무과실책임을 지는 '원인자'에 대한 별도의 개념규정을 두고 있지 않는 한 구체적인 경우에는 논란이 계속될 것이다. 그 범위도 무한정 확대될 가능성이 있다. 자칫 환경오염피해에 해당하기만 하면 무과실책임을 진다는 극단적인 상황도 배제할 수 없다. 구제범위를 확대하려는 시도는 실효성과 현실성 양 측면에서 공격을 받을 수 있다. 종전에 '사업장등'이나 '사업자'의 해석을 둘러싼 논쟁은 이제는 '원인자'가 누구냐의 문제를 둘러싸고 재현될 가능성이 많다. 이와 관련하여 법원은 '원인자'가 자기의 행위 또는 사업활동을 위하여 자기의 영향을 받는 사람의 행위나 물건으로 환경오염을 야기한 자라는 입장을 취하고 있다.[31] 책임주체인 '원인자'를 폭넓고 유연하게 해석할 경우에는 무과실책임을 지는지 여부를 판단하는 관건은 그 피해가 환경오염피해인지 여하가 될 가능성이 많다.

[5] 대법원 2018. 9. 13. 선고 2016다35802 판결

환경정책기본법 제44조 제1항은 민법의 불법행위 규정에 대한 특별 규정으로서(대법원 2008. 9. 11. 선고 2006다50338 판결 등 참조), 환경오염 또는 환경훼손의 피해자가 그 원인을 발생시킨 자(이하 '원인자'라 한다)에게 손해배상을 청구할 수 있는 근거규정이다. 위에서 본 규정 내용과 체계에 비추어 보면, 환경오염 또는 환경훼손으로 인한 책임이 인정되는 경우는 사업장에서 발생되는 것에 한정되지 않고, 원인자는 사업자인지와 관계없이 그로 인한 피해에 대하여 환경정책기본법 제44조 제1항에 따라 귀책사유를 묻지 않고 배상할 의무가 있다(대법원 2017. 2. 15. 선고 2015다23321 판결 등 참조).

방사능에 오염된 고철은 원자력안전법 등의 법령에 따라 처리되어야 하고 유통되어서는 안 된다. 사업활동 등을 하던 중 고철을 방사능에 오염시킨 자는 원인자로서 관련 법령에 따라 고철을 처리함으로써 오염된 환경을 회복·복원할 책임을 진다. 이러한 조치를 취하지 않고 방사능에 오염된 고철을 타인에게 매도하는 등으로 유통시킴으로써 거래 상대방이나 전전 취득한 자가 방사능오염으로 피해를 입게 되면 그 원인자는 방사능오염 사실을 모르고 유통시켰더라도 환경정책기본법 제44조 제1항에 따라 피해자에게 피해를 배상할 의무가 있다.[32]

31) 대법원 2017. 2. 15. 선고 2015다23321 판결(판례 [3]); 서울고법 2015. 4. 30. 선고 2014나2007924 판결.
32) 방사능에 오염된 고철을 타인에게 매도하는 등으로 유통시킴으로써 거래 상대방이나 전전 취득한 자가 방사능오염으로 피해를 입게 되면 그 원인자는 방사능오염 사실을 모르고 유통시켰더라도 「환경정책기본법」 제44조 제1항에 따라 피해자에게 피해를 배상할 의무가 있다고 한 사례.

나. '환경피해'가 발생할 것

구 '환경보전법'상의 '생명 또는 신체'라는 제한이 없어짐에 따라 「환경정책기본법」상의 '환경오염 또는 환경훼손으로 인한 피해'란 사업장등에서의 활동으로 인해 발생한 사람의 생명 또는 신체 등 인적 손해는 물론이고 물적 손해를 포함한다 할 것이다.[33] 그러나 구체적인 경우에 피해범위를 어디까지로 정할지는 쉬운 일이 아니다. 특히 소유권 침해 등 개인적 이익의 침해가 수반되지 않는 자연자원 자체의 피해를 책임범위로 인정할 것인지에 대하여는 논란이 있을 수 있다.[34] 피해의 발생이 그 요건일 뿐 피해의 정도는 불문한다. 다만 이는 위법성 판단의 한 요소가 될 것이다.

참고적으로 「환경정책기본법」 에서는 '환경오염'을 "사업활동 및 그 밖의 사람의 활동에 의하여 발생하는 대기오염, 수질오염, 토양오염, 해양오염, 방사능오염, 소음 · 진동, 악취, 일조방해, 인공조명에 의한 빛공해 등으로서 사람의 건강이나 환경에 피해를 주는 상태"라고 정의하고 있다(제3조 제4호). 이러한 정의는 매체의 오염이나 물리적 현상에 기초한 분류라고 할 수 있다. 한편, '환경훼손'을 '환경오염'과 구별하여 "야생동식물의 남획 및 그 서식지의 파괴, 생태계질서의 교란, 자연경관의 훼손, 표토의 유실 등으로 자연환경의 본래적 기능에 중대한 손상을 주는 상태"라고 정의하고 있다(동조 제5호). 이러한 개념 정의에 따르면 인체 및 생활환경에 악영향(피해)을 미치는 요인은 환경오염으로, 자연환경에 악영향을 미치는 요인은 환경훼손으로 이해할 수 있다. 동법은 '환경오염'이나 '환경훼손'의 원인을 예시적인 형태로 규정하고 있기 때문에 경우에 따라 그 판단이 어려울 수 있다. 예컨대, 전자파, 유전자변형물질, 화학물질이 함유된 제품(예컨대, 가습기살균제), 빛, 증기, 열, 온배수[35] 등으로 인한 피해를 환경오염피해라고 할 수 있는가? 현재로서 그 해답은 생각만큼 간단치 않을 것이다.

한편, 「환경분쟁 조정 및 환경피해 구제 등에 관한 법률」은 제2조에서 '환경피해'를 "사업활동, 그 밖에 사람의 활동에 의하여 발생하였거나 발생이 예상되는 대기오염, 수질오염, 토양오염, 해양오염, 소음 · 진동, 악취, 자연생태계 파괴, 일조 방해, 통풍 방해, 조망 저해, 인공조명에 의한 빛공해, 지하수 수위 또는 이동경로의 변화, 화학물질 유출 ·

---

33) '환경오염 또는 환경훼손으로 인한 피해'를 무엇으로 할 것인지를 정하는 것은 구제의 범위를 명확히 한다는 점에서 중요한 것이다. 이러한 관점에서 현행 「환경정책기본법」에서 '환경오염'과 '환경훼손'에 대한 정의만을 두고 정작 중요한 의미를 갖게 되는 환경오염 또는 환경훼손으로 인한 '피해'에 대한 개념 정의를 두고 있지 아니한 것은 불충분한 입법이라고 할 수 있다. 그러나 한편으로는 환경오염(또는 환경훼손)으로 인한 피해란 시대에 따라 변할 수 있는 상대적인 개념인 것으로 이를 명확히 한다는 것 자체가 불가능한 것일 수 있다.

34) 미국의 「종합환경대응보상책임법(CERCLA)」과 「유류오염법(OPA)」은 자연자원의 침해에 대한 고려를 하고 있다. 즉 「종합환경대응보상책임법」상 책임자는 자연자원의 손상, 파괴, 상실(이를 평가하는 합리적인 비용을 포함)에 대한 피해에 대하여 책임을 진다. 42 U.S.C. §9607(a) (1-4)(C). 「유류오염법」은 자연자원의 손상, 파괴, 상실뿐만 아니라 이용의 상실과 피해를 평가하는 데 소요되는 합리적인 비용도 자연자원에 대한 피해로 보고 있다. 33 U.S.C. §2702 (b)(2)(A).

35) 대법원 2003. 6. 27. 선고 2001다734 판결(원전냉각수순환 시 발생되는 온배수의 배출은 사람의 활동에 의하여 자연환경에 영향을 주는 수질오염 또는 해양오염으로서 환경오염에 해당한다고 한 사례).

노출, 살생물제품 노출, 그 밖에 대통령령으로 정하는 원인[36]으로 인한 건강상 · 재산상 · 정신상의 피해를 말한다"고 정의하고 있다. 환경피해의 원인을 열거하는 이러한 개념 정의는 「환경정책기본법」에서 말하는 환경오염(훼손)피해의 원인과 일치하지 않기 때문에 「환경정책기본법」 제44조의 '환경오염(훼손)피해' 요건을 해석하는 데 완전한 기준을 제공하지 못한다. 즉 「환경정책기본법」에서는 '환경오염(훼손)피해'에 대한 별도의 개념 정의가 없기 때문에 환경피해의 확정이 어려울 수 있다. 「환경정책기본법」에서 구체적으로 열거하고 있는 환경오염 · 훼손 내용은 예시적인 의미를 가질 뿐이며, 해석에 따라 그 범위는 크게 확대될 수 있다.

4. 평　가

위 무과실책임 조항에 규정된 '환경오염 또는 환경훼손으로 인한 피해'나 '원인자'가 구체적으로 무엇을 의미하는지에 대하여 별도의 개념 규정이 없는 등 구체성이 결여되어 있어, 책임주체, 피해범위 · 정도 등을 둘러싸고 혼란이 예상된다. 그러나 구체성이 떨어진다는 것이 실체적 효력을 부인하는 근거가 될 수 없다. 그 의미 해석은 판례나 해석론으로 해결해 나가면 되기 때문이다. 손해배상책임의 일반적인 규정인 민법 제750조상의 구성요건인 '고의 · 과실', '위법성' 등도 판례나 해석론으로 상당 부분 해결해 온 것을 부인할 수 없는 것이다. 그러나 그 요건의 구체성이 종전보다도 약화된 상황에서 구체적 효력 인정 여하를 둘러싼 논란은 치열해질 것으로 보인다.[37] 법원은 종전 사업자의 무과실책임 규정에 대하여 구체적 효력을 인정하였는바,[38] 책임 주체와 범위가 이전보다 모호해진 상황에서도 이러한 입장을 고수할지는 미지수다. 이러한 상황에서 「환경정책기본법」 제44조 제1항의 구체적 효력을 인정하고 있는 최근 판결은 주목받을 만하다(판례 [4], [5]). 원인자의 무과실책임 규정이 적용되는 경우에도 배상책임을 인정하기 위해서는 수인한도론에 입각한 위법성이 요구된다.[39]

법원은 손해배상책임의 대상을 거래 상대방에 제한하지 않고 전전취득한 제3자로 확대하여 인정하고 있으며, 오염사실을 모르고 유통시킨 경우에도 적용하므로(판례 [5]), 원

36) 여기에는 진동이 그 원인 중의 하나가 되는 지반침하(광물 채굴로 인한 지반침하를 제외)가 포함된다(동법 시행령 제2조).

37) 「환경정책기본법」 제44조의 구체적 효력을 인정하는 견해는 박균성 · 함태성(각주 12), 153면. 이에 반해 그 법적 성질이 정책선언적 규정에 불과하다면서 구체적 효력을 부인하는 견해는 전경운, "환경오염피해구제를 위한 민사법제의 개선방안 및 대안모색", 환경법연구 제36권 제1호, 2014. 4, 151 내지 152면.

38) 대구고법 1990. 1. 12. 선고 88나3049 판결(이는 구 「환경정책기본법」 제31조 제1항의 모태가 되는 환경보전법 제60조 제1항에 대하여 구체적 효력을 인정하고 있음); 대법원 2001. 2. 9. 선고 99다55434 판결; 대법원 2003. 6. 27. 선고 2001다734 판결; 인천지법 2004. 10. 22. 선고 2002가단23361 판결(확정); 대법원 2008. 9. 11. 선고 2006다50338 판결; 대법원 2011. 11. 10. 선고 2010다98863 판결; 대법원 2013. 10. 24. 선고 2013다10383 판결 참조.

39) 대법원 2001. 2. 9. 선고 99다55434 판결; 대법원 2011. 11. 10. 선고 2010다98863 판결; 대법원 2013. 10. 24. 선고 2013다10383 판결(무안공항 사건, 청계만에서 어업에 종사하여 온 원고들이 대한민국 등을 상대로 무한국제공항 건설로 일대 해역이 오염됨에 따라 어업생산량이 감소하는 손해를 입었다고 주장하면서 공동불법행위 또는 구 「환경정책기본법」 제31조 제1항에 따른 손해배상을 구한 사안에서 원고들의 청구를 기각한 사례).

인자가 손해배상책임을 지는 대상 및 가능성은 상당히 넓다고 할 수 있다. 나아가 배상책임한도를 규정하고 있지 않아 책임범위도 무한정 넓어질 수 있다.

한편, 명문으로 천재지변, 전쟁, 제3자의 행위 등을 면책조항으로 두고 있지 아니하여 이러한 불가항력적 사유에 기한 환경오염의 경우에도 해당 원인자가 책임을 져야 하는가 하는 의문이 제기될 수 있으며,[40] 누적적 손해나 격지손해에 대하여도 무과실책임을 인정할 것인가 하는 어려운 문제가 있다.[41]

원인자의 무과실책임의 요건인 '원인자'와 '환경오염(환경훼손)피해'는 물론 논란의 여지는 있겠지만 해석하기에 따라 무한정 넓어질 수 있고, 그 결과 이를 충족하기가 비교적 쉽다고 할 수 있다. 그렇다면 이제 환경소송의 승패는 과실 여부가 아니라 인과관계의 입증에 크게 달려있다고 할 수 있다.

5. 불법행위책임 규정과의 관계

「환경정책기본법」의 규정은 손해의 책임과 발생에 관한 입증책임을 환경오염을 발생시키는 자에게 지우는 것으로서 민법 제750조에 대한 특별규정이라고 보아야 하므로 환경오염으로 인한 손해배상사건에 관하여는 그 피해자가 위 법률의 적용을 구하는 주장을 하였는지 여부를 가리지 아니하고 민법상의 손해배상 규정에 우선하여 적용하여야 할 것이다(법조경합).[42] 「환경정책기본법」 제44조가 민법상 불법행위에 관한 특별규정에 해당한다는 것은 무과실책임을 인정한 부분을 제외한 나머지 불법행위 성립요건에 관해서는 민법상 불법행위 법리가 그대로 적용된다는 것을 의미한다.

6. 민법 제758조 규정(공작물책임)과의 관계

양자의 관계는 피해자의 입장에서 「환경정책기본법」 제44조에 따른 '원인자'를 밝히는 것보다 공작물의 '설치자'임을 소명 · 입증하는 것이 쉬울 수 있는 점, 「환경정책기본법」 제44조가 행위책임이라면 공작물책임은 상태책임에 가까운 점, 1차적 책임자인 점유자의 경우 주의를 해태하지 않았음을 입증함으로써 면책 가능성이 있는 점, 법조경합설을 취할 경우 공작물로 인한 특수한 환경침해에 대하여 책임을 인정하는 규정 및 그 동안의 해석을 무용지물로 만들 수 있다는 점 등을 고려할 때 청구권경합으로 보는 것이 타당해 보인다. 법원은 양자의 관계를 밝히지 아니한 채 민법 제758조에 따른 책임도 명시함으로써, 일응 청구권경합임을 뒷받침하고 있다.[43]

---

40) 불가항력에 의한 환경침해의 경우는 위법성을 인정할 수 없기 때문에 환경을 불법적으로 침해하였다고 할 수 없으므로 무과실책임의 원칙은 불가항력에 의하여 발생한 손해에 대하여는 적용되지 아니한다는 견해가 있다. 조홍식, "토양환경침해에 관한 법적 책임", 환경법연구 제20권, 1998, 308면; 이경춘(각주 27), 190면. 이에 반해 불가항력에 의해 발생한 손해에 대한 규정이 없으므로 불가항력에 의한 손해도 배상되어야 한다는 견해가 있다. 전경운(각주 27), 385면. 불가항력적 사유에 대하여도 절대적으로 책임을 지는 절대책임(absolute liability)과의 관계가 불분명하고, 고의 · 과실과 위법성을 1원적으로 파악하는 견해도 있으므로 논란을 불식하기 위하여는 입법적인 해결이 필요하다.

41) 유지태, "환경책임법 입법론", 공법연구 제20집, 1992, 316면.

42) 인천지법 2004. 10. 22. 선고 2002가단23361 판결(확정); 대법원 2008. 9. 11. 선고 2006다50338 판결 참조.

7. 「토양환경보전법」상의 무과실책임 규정과의 관계

환경오염피해가 「원자력손해배상법」, 「유류오염손해배상보장법」, 「광업법」, 「수산업법」 등 무과실책임 규정이 적용되는 피해일 경우에는 마땅히 당해 법 규정이 적용된다 할 것이므로 「환경정책기본법」의 위 조항이 중요한 의미를 갖는 경우는 개별 환경법에 환경오염피해와 관련한 어떠한 책임 또는 구제 규정이 없는 경우일 것이다. 이러한 관점에서 「토양환경보전법」상의 토양오염피해에 대한 무과실책임과의 관계를 살펴보는 것은 중요한 작업이다.

「토양환경보전법」상의 토양오염피해에 대한 무과실책임은 개별 환경법에서 무과실책임을 인정하고 있는 유일한 규정인데, 과연 「환경정책기본법」에 대하여 특별법적 지위를 갖는가에 대하여 논란이 제기될 수 있다. 「토양환경보전법」은 제10조의3 제1항에서 "토양오염으로 인하여 피해가 발생하였을 때에는 해당 오염원인자는 그 피해를 배상하고 오염토양을 정화하여야 한다"라고 규정함으로써, 해당 토양오염원인자에게 토양오염의 피해에 대한 무과실책임을 인정하고 있다.

토양오염인지 여부가 문제되어 「토양환경보전법」 제10조의3의 적용 여부가 쟁점이 되는 경우에, 원고는 동 규정에 의하지 않고 「환경정책기본법」 제44조에 기한 손해배상을 청구할 수 있다고 해석된다(청구권경합).[44] 그러나 「토양환경보전법」은 환경오염의 피해 원인을 '토양오염'[45]에 국한하고, '토양오염물질'[46]을 한정하고 있기 때문에 원고는 실질적인 구제범위가 넓은 「환경정책기본법」 제44조 규정을 선택하여 원인자에게 무과실책임을 물을 가능성이 많아 보인다. 그러나 「토양환경보전법」 제10조의3은 피해자로 하여금 손해배상뿐만 아니라 '정화'책임도 물을 수 있도록 하기 때문에 정화를 위한 구제수단으로 여전히 의미가 있다고 할 수 있다. 그러나 피해자가 흔히 손해배상의 전 단계로 정화를 포함한 정상복구를 요구하고, 그것이 여의치 않을 경우에 손해배상을 청구할 가능성이 많기 때문에 「토양환경보전법」상의 무과실책임 규정은 상당 부분 의미가 퇴색되었다고 할 수 있다.

8. 공동불법행위책임

수인이 공동으로 오염물질을 배출하여 환경피해를 야기한 경우 과연 누구에 의해 피해가 발생한 것인지를 밝히기란 쉬운 일이 아닐 것이다. 이러한 환경피해에 대한 책임소

---

43) 대법원 2017. 2. 15. 선고 2015다23321 판결(판례 [3]). 이와 관련해서 법조경합이라는 견해도 있다. 이영창, "민사소송을 통한 환경오염피해 구제의 현실과 한계", 환경오염 피해구제의 실효성 확보방안, 한국환경법학회 제117회 학술대회 자료집, 2014. 3. 8, 87면.

44) 조홍식(각주 39), 307면.

45) '토양오염'이란 "사업활동이나 그 밖의 사람의 활동에 의하여 토양이 오염되는 것으로서 사람의 건강 · 재산이나 환경에 피해를 주는 상태를 말한다(동법 제2조 제1호)." 사람의 활동을 전제로 한 개념이기 때문에 환경에 피해를 주는 활동 자체에 전혀 개입하지 아니한 사람을 포섭하지 못한다. 조홍식(각주 39), 301면.

46) '토양오염물질'이라 함은 토양오염의 원인이 되는 물질로서 환경부령이 정하는 것을 말하는데, 「토양환경보전법」 시행규칙은 카드뮴, 구리, 비소, 수은, 납, 6가크롬, 유기인화합물, PCB, 페놀류, 시안화합물 등 21개 물질로 제한하고 있다(동법 제2조 제2호, 동법 시행규칙 제1조의2).

재 규명의 어려움을 해결하기 위하여는 우선 민법상의 공동불법행위책임이 적용될 수 있을 것이다. 즉 민법 제760조 제1항은 "수인이 공동의 불법행위로 타인에게 손해를 가한 때에는 연대하여 그 손해를 배상할 책임이 있다"라고 규정하고 있는바, 위 공동불법행위책임을 지우기 위해서는 공동행위자 각각의 행위가 독립하여 불법행위의 요건을 갖추고 있으면서 객관적으로 관련되고 공동으로 위법하게 피해자에게 손해를 가하여야 한다.47) 나아가 동법은 "공동 아닌 수인의 행위 중 어느 자의 행위가 그 손해를 가한 것인지를 알 수 없는 때에도 전항과 같다(동조 제2항)"고 규정함으로써, 가해자 불명의 공동불법행위책임을 인정하고 있다.

그러나 환경오염 피해의 경우에는 피해의 만성적 · 누적적 성격 때문에 이러한 요건을 충족하는지 규명하기가 쉬운 것이 아니다. 이러한 점 때문에 환경오염 피해의 경우에 공동불법행위에 대한 특수한 법리가 요구되는데, 「환경정책기본법」 제44조 제2항의 "원인자가 둘 이상인 경우에 어느 원인자에 의하여 제1항에 따른 피해가 발생한 것인지를 알 수 없을 때에는 각 원인자가 연대하여 배상하여야 한다"라는 규정은 이러한 요구에 부응하는 것이다.48) 동법은 민법과 달리 공동불법행위 규정을 두지 않고 여러 사람의 행위가 경합하여 손해가 발생한 경우 인과관계가 불명하더라도 연대책임을 지울 수 있도록 하고 있다. 이 규정을 객관적 관련공동성이 없는 경우에도 개개의 행위와 환경오염 사이에, 그리고 환경오염과 피해 사이에 인과관계가 인정되는 경우에는 연대책임을 인정할 수 있다고 이해할 경우49) 민법 제760조보다 강화된 형태를 규정하고 있는 셈이다.

공동불법행위자의 책임은 부진정연대책임이라고 이해되고 있다.50) 따라서 공동불법행위가 인정되면 피해자는 가해자 가운데 임의의 1인에 대하여 피해액 전부의 배상을 청구하거나, 모든 가해자에 대하여 피해액 전부의 배상을 청구할 수 있다. 공동불법행위자인 가해자 사이의 내부적 분담부분은 각자의 오염물질 배출정도, 즉 관여도에 따라 결정되며,51) 책임을 면하기 위하여는 환경 피해에 기여하지 아니하였음을 입증하여야 한다. 법원은 공장들에서 배출된 각종 유해가스 및 분진 등 오염물질로 인하여 발생된 피해에 대하여 공장주들에게 공동불법행위책임을 물음으로써 공동불법행위책임 법리를 충실히 적

47) 대법원 2006. 1. 26. 선고 2005다47014, 47021, 47038 판결; 대법원 2000. 4. 11. 선고 99다41749 판결; 대법원 1996. 5. 14. 선고 95다45767 판결; 대법원 1994. 11. 25. 선고 94다35671 판결; 대법원 1993. 1. 26. 선고 92다4871 판결; 1989. 5. 23. 선고 87다카2723 판결; 대법원 1988. 4. 12. 선고 87다카2951 판결; 곽윤직, 채권각론, 1995, 766면. 이에 반해 공동불법행위가 성립하기 위해서는 가해자들 사이에 공모 내지 공동의 인식, 즉 주관적 공동이 있어야 한다는 견해가 있다. 이은영(각주 26), 612 내지 613면.

48) 「토양환경보전법」 제10조의3 제2항의 "오염원인자가 둘 이상인 경우에 어느 오염원인자에 의하여 제1항의 피해가 발생한 것인지를 알 수 없을 때에는 각 오염원인자가 연대하여 배상하고 정화하여야 한다"라는 규정도 마찬가지 맥락으로 이해할 수 있다.

49) 조홍식, 환경법원론, 박영사, 2019, 772면.

50) 대법원 1995. 10. 12. 선고 93다31078 판결; 대법원 1983. 5. 24. 선고 83다카208 결정; 곽윤직(앞의 책), 766면, 769면.

51) 이은영(각주 26), 716면.

용하고 있다.[52]

위와 같은 공동불법행위책임 법리는 피해자 보호라는 관점에서 환영할 만한 것이나 경우에 따라서는 오염물질을 소량 배출한 자도 엄격한 연대책임을 지게 되는 결과 영세 사업자에게 지나치게 가혹한 결과를 초래할 가능성이 있다. 이와 같은 불합리를 극복하기 위하여는 미국에서 판례로써 인정되고 있는 시장점유율 책임이론(market share theory),[53] 일본 「대기오염방지법」상 책임경감 규정[54] 등을 눈여겨볼 필요가 있다.

Ⅶ. 환경보전을 위한 기타 시책

그 밖에 동법은 환경보전을 위한 기본적 시책으로 환경상태의 조사(제22조), 환경정보의 보급(제24조), 환경보전에 관한 교육(제25조), 국제협력 및 지구환경 보전(제27조), 국제환경협력센터의 지정(제27조의2),[55] 환경과학기술의 진흥(제28조), 환경보전시설의 설치 · 관리(제29조), 환경보전을 위한 규제(제30조),[56] 배출허용기준의 예고(제31조), 경제적 유인수단의 활용(제32조), 유해화학물질의 관리(제33조), 방사성 물질에 의한 환경오염의 방지(제34조), 과학기술의 위해성 평가(제35조), 환경성 질환에 대한 대책(제36조), 환경친화성의 제고(제37조), 영향권별 환경관리(제39조),[57] 자연환경의 보전(제40조), 분쟁조정(제42조), 환경개선특별회계의 설치(제45조 내지 제53조), 법제 및 재정상의 조치(제54조 내지 제57조), 환경정책위원회의 설치(제58조), 한국환경보전원의 설립(제59조) 등에 대하여 규정하고 있다.

---

52) 대구고법 1987. 1. 16. 선고 85나111 판결(피고들 공장에서 배출되는 아황산가스와 불화수소가스가 인근 토지 및 농작물에 피해를 주어 폐농상태에 이르게 한 사례); 대법원 1991. 7. 26. 선고 90다카26607, 26614 판결(온산공단 사건, 공단 소재 공장들에서 배출된 유해가스 및 분진으로 인하여 초래된 공단 주변 주민들의 생활환경 침해 및 발병 가능한 만성적인 신체건강상의 장애로 인한 정신적 고통에 대하여 공장주들에게 공동불법행위자로서 위자료 지급의무가 있다고 본 사례); 서울고법 2015. 4. 30. 선고 2014나2007924 판결; 대법원 2017.2.15. 선고 2015다23321 판결(판례 [3]).

53) 시장점유율 책임이론이란 공동피고들이 원고에게 발생한 손해에 대하여 책임 없음을 입증하지 못하는 한 공동피고들 각자에게 총생산품시장 판매에 대한 각자의 시장점유율에 상응하는 비율의 책임을 지우는 이론이다. *Sindell v. Abbott Laboratories*, 607 F.2d 924 (Cal. 1980). 그러나 이 이론은 원인물질과 손해 간의 인과관계의 입증을 완화하는 것이 아니고, 피고의 특정을 완화하는 것이라는 점에서 일정한 한계가 발견된다.

54) 일본 「大氣汚染防止法」은 민법 제719조 제1항에 의해 부담하는 연대책임에 대한 특칙으로 손해 발생의 원인이 되는 정도가 현저하게 적은 사업자가 있는 경우 법원이 그 사업자의 손해배상액을 정함에 있어 그 사정을 참작할 수 있다고 규정함으로써(제25조의2), 기여도가 적은 사업자의 책임을 경감할 수 있도록 하고 있다.

55) 제27조는 국가 및 지방자치단체가 지구의 환경을 보전하기 위하여 국제협력에 적극 참여하여야 한다고 규정하고 있을 뿐 구체적인 추진기관에 대한 근거규정을 두고 있지 않아 국제환경문제 협력에 체계적으로 대응할 수 없는 한계가 있다는 지적이 있었다. 이에 2019. 11. 26. 개정 법에서는 국제환경협력센터의 지정 근거를 마련함으로써 국제환경문제에 대하여 체계적이고 적극적으로 대응할 수 있도록 하고 있다.

56) 정부는 환경보전을 위하여 대기오염 · 수질오염 · 토양오염 또는 해양오염의 원인이 되는 물질의 배출, 소음 · 진동 · 악취의 발생, 폐기물의 처리, 일조의 침해 및 자연환경의 훼손에 대하여 필요한 규제를 하여야 한다(제30조 제1항). 여기에서 대기오염 등은 예시에 불과하기 때문에 정부에게는 전자파 침해, 경관 침해, 유전자변형물질(GMO) 및 내분비계장애물질(환경호르몬) 피해 등에 대해서도 필요한 규제를 하여야 할 일반적 의무가 있다. 나아가 동법은 환경오염물질 배출시설 사업장에 대한 통합 출입 · 검사(동조 제2항), 법령 위반 사실의 공표(동조 제3항)에 관한 법적 근거를 두고 있다.

57) 이에 따라 환경부장관은 대기오염의 영향권, 수질오염의 수계 및 생태계 권역 등에 따라 영향권별 환경관리지역을 중권역 및 대권역으로 구분하여 지정할 수 있는데(시행령 제14조), 유역환경청장과 환경부장관은 각자 중권역관리계획, 대권역관리계획 및 대책을 수립하여야 한다(시행령 제15조).

제 3 장 환경영향평가

환경영향평가제도가 환경의 오염 및 훼손이 심각해지고 국토가 난개발로 신음하는 상황을 타개할 수 있는 유력한 대안이 되고 있다. 우리나라 국토는 급격한 산업화와 개발의 여파로 빚어진 환경파괴로 신음하고 있다. 농경지 및 산지의 무분별한 개발 등으로 녹지 면적 및 야생 동·식물의 서식공간이 축소되는 등 생태계 보전기능은 저하되고 있다. 국립공원, 습지, 백두대간 등 생태적으로 중요한 지역 역시 골프장, 도로, 댐, 리조트 시설 등이 들어서면서 훼손되고 있다. 국토개발과 보전을 둘러싼 갈등은 첨예화되면서 재산권, 환경권, 개발권 등을 둘러싼 이해관계자들간의 대립과 갈등 역시 심화되고 있다. 이와 같이 우리의 자연환경 및 국토가 무분별하게 파괴·훼손되고, 이를 둘러싼 갈등이 심화되기에 이른 데에는 국토보전을 위해 마련된 여러 법·제도가 그 동안 제대로 그 기능을 수행하지 못하였기 때문이다. 이러한 반성은 우리에게 그 동안 국토보전을 위한 법·제도를 운영하면서 경험한 문제점을 되돌아보게 하고, 개선해 나가야 하는 과제를 주고 있다.

환경영향평가제도는 환경적인 악영향을 사전에 예측·분석하고 그 대응방안을 모색한다는 점에서 지속가능한 발전을 위한 필수적인 제도이다. 그러나 현재 이 제도에 대한 평가는 그리 후한 편이 아니다. 이 제도는 사전예방의 원칙과 지속가능한 개발의 원칙을 구현하는 주요한 수단으로 그 유효성을 보편적으로 인정받고 있지만 그 시행으로 인하여 우리의 국토가 효과적으로 보전되었다고 평가하는 사람들은 많지 않다. 오히려 개발에 면죄부만 주었을 뿐이라는 따가운 평가가 앞서고 있다. 여기에는 환경영향평가제도가 개발계획의 수립, 개발사업의 시행과정에서 적극적으로 개발에 제동을 걸기보다는 개발계획의 시행을 전제로 한 사업규모의 축소나 사업시행에 따른 환경영향저감 방안을 제시하는 소극적 역할로 만족한 측면을 무시할 수 없다. 사법부가 소극적인 사법심사를 통해 스스로 그 역할을 축소한 것도 일조하였다. 이들 제도는 대상범위의 제한, 실효성 확보수단의 미흡 등의 이유로 국토의 난개발을 막는 데 한계점을 드러내고 있는 형상이다. 이에 따라 이들 제도에 대한 개선이 필요하다는 주장이 끊임없이 제기되고 있다.

Ⅰ. 일 반

1. 개 념

환경영향평가제도는 행정계획, 개발사업이 환경에 미칠 영향을 미리 파악하고, 건전하고 지속가능한 개발이 되도록 함으로써 건강하고 쾌적한 환경을 유지 · 조성함을 목적으로 환경에 영향을 미치는 각종 정책, 계획, 개발사업을 수립 · 시행함에 있어 개발활동으로 인한 환경상의 변화를 사전에 예측, 분석, 평가하고 환경에 미칠 부정적인 영향을 규명하여 그 저감 및 제어를 위한 방안을 강구하는 제도로 이해할 수 있다. 「환경정책기본법」은 "국가는 환경기준의 적정성을 유지하고 자연환경을 보전하기 위하여 환경에 영향을 미치는 계획 및 개발사업이 환경적으로 지속가능하게 수립 · 시행될 수 있도록 전략환경영향평가, 환경영향평가, 소규모 환경영향평가를 실시하여야 한다"고 규정하고(제41조), 「환경영향평가법」은 환경에 영향을 미치는 계획 또는 사업을 수립 · 시행할 때에 해당 계획과 사업이 환경에 미치는 영향을 미리 예측 · 평가하고 환경보전방안 등을 마련하도록 하여 친환경적이고 지속가능한 발전과 건강하고 쾌적한 국민생활을 도모함을 목적으로 한다고 명시함으로써(제1조), 환경영향평가제도가 행정계획, 개발사업으로 인하여 환경에 미치는 현저한 영향을 회피시키는 방안을 강구, 환경보전에 기여케 하려는 데에 목적이 있음을 분명히 하고 있다.

2. 의 의

이 제도는 행정계획, 개발사업으로 인한 환경적인 악영향을 사전에 예측 · 분석하고, 그 영향을 회피하는 방안을 선택 · 모색한다는 점에서, 환경법의 기본원칙인 사전예방 · 사전배려의 원칙을 구현하는 제도라 할 수 있다. 아울러 행정계획, 개발사업이 환경에 미치는 영향을 미리 파악하고, 건전하고 지속가능한 개발이 되도록 한다는 점에서 지속가능한 개발의 원칙과 밀접한 관련이 있다. 또한 환경영향평가는 계획과정의 일환으로 이해할 수 있으며, 그 과정에서 의사결정권자의 의사결정을 지원하는 역할도 한다. 이는 사업의 경제성, 기술성 외에 환경성까지 검토함으로써, 궁극적으로 환경보전 대책을 강구하고, 환경친화적 개발을 유도한다는 점에서 환경오염의 사전예방, 관리 규제수단으로서 중요한 역할을 수행하게 된다. 나아가 협의 내용에 대한 확인 및 사후관리 등을 통하여 사전규제의 기능도 수행한다. 이는 다른 나라에서는 찾아보기 힘든 우리나라 환경영향평가제도의 큰 특징이라고 할 수 있다.

환경영향평가제도의 시작은 미국이 1969년 「국가환경정책법(National Environmental Policy Act: NEPA)」[1]에서 처음 도입 · 시행한 것에서 비롯되었다고 알려지고 있다. 현재는 이 제

1) NEPA §101. 42 U.S.C. §4331.

도가 환경오염의 사전예방 내지 관리수단으로서 중요한 기능을 하고 있다는 점이 넓게 인식되면서 캐나다(1973년), 호주와 독일(1974년) 등 100여개 국가가 이 제도를 도입, 시행하고 있다.2)

환경영향평가와 관련한 법제도 분야만큼 진화를 거듭하고, 그 변화가 급속하고 폭넓게 이루어진 예가 드물 것이다. 우리나라에서는 1977년 제정된 '환경보전법' 제5조에 행정기관이 시행하는 도시개발, 산업입지의 조성, 에너지개발 등에 대한 협의 근거를 마련함으로써 처음 도입되었다. 1990년에는 「환경정책기본법」이 새로이 제정되면서 환경영향평가에 관한 사항이 동법에 포함되고, 이때에 주민의견 수렴 및 사후관리제도가 처음 도입되면서 환경영향평가제도가 크게 발전하게 되었다. 1993년에는 그 동안 지적되어 온 문제점을 개선 · 보완한다는 차원에서 독립법으로서의 '환경영향평가법'이 제정되었는데, 이는 우리나라 환경영향평가제도의 큰 전환점을 이루었다.

종전에 개별법상, 그리고 그 주관부서를 중심으로 다른 법률에 의하여 각각 시행되고 있던 환경영향평가, 교통영향평가, 인구영향평가, 재해영향평가 등 각종 영향평가제도를 통합운영할 필요성이 대두되면서 종전의 '환경영향평가법'을 폐지하고 이를 대체하는 「환경 · 교통 · 재해등에 관한 영향평가법」(이른바, 통합영향평가법)이 1999년 12월 31일에 제정되어 2001년 1월 1일부터 시행되었다. 통합영향평가법의 제정으로 비용의 과다 지출, 절차의 중복, 사업 착수의 지연 등에서 오는 낭비와 비능률 등이 해소될 것으로 기대되었으나 그 기대는 시행 과정에서 허구임이 드러났다. 오히려 성격이 다른 평가제도를 통합 · 운영하여 오면서 평가제도 상호간의 중복, 각종 영향평가서 작성에 과다한 시간 · 비용 · 인력이 소요되는 등의 문제점이 제기되었다. 이에 따라 그 문제점을 개선하기 위하여 2008년 3월 28일 통합영향평가법을 폐지하고, 「환경영향평가법」으로 법명을 변경하고, 동법에서 교통 · 재해 · 인구영향평가제도를 분리하고 환경영향평가제도만을 규정하기에 이르렀다.3)

2011년에는 또 다른 변신이 이뤄졌다. 즉 이전에는 환경에 영향을 미치는 행정계획과 소규모 개발사업에 대하여 「환경정책기본법」에 따른 사전환경성검토를 실시하고, 대규모 개발사업에 대하여는 「환경영향평가법」에 따른 환경영향평가를 실시하였으나, 같은 목적

---

2) 환경부, 환경백서, 2002, 95면. 전세계적으로 70% 이상의 국가가 환경영향평가제도를 도입 · 시행하는 것으로 알려지고 있다. Kevin R. Gray, International Environmental Impact Assessment, 11 Colo. J. Int'l Envtl. L. & Pol'y 83, 89 (2000).

3) 환경 · 교통 · 재해 · 인구에 관한 영향평가가 각기 다른 법률에 근거하여 별도로 시행되면서 절차가 중복되고 사업자에게 경제적 부담을 주게 되어 「행정규제기본법」에 의한 규제정비계획에 따라 각종 평가제도를 통합하고 평가절차를 통일하고 영향평가서 작성을 단일화하기 위하여 '환경 · 교통 · 재해등에 관한 영향평가법'이 제정되었다가 동법의 제정 이유와 유사하게 평가제도 상호간의 중복, 각종 영향평가서 작성의 부담 등의 이유로 「환경영향평가법」으로 환원한 것은 아이러니라고 할 수 있다. 이는 '환경 · 교통 · 재해등에 관한 영향평가법'이 통합영향평가법이라고는 하지만 각종 평가제도의 성격이 다르고 실제 운영에 있어서 평가분야별 협의를 여전히 각 소관부서에서 담당하도록 하는 등 진정한 통합이 이루어지지 아니한 것이었기 때문에 어느 정도 예상되었던 것이다.

의 평가제도가 각각 다른 법률에 규정되어 있어 평가절차가 복잡하고 일부 절차의 중복으로 협의기간이 장기화되는 등의 문제점이 나타남에 따라, 이들 2원화되어 있는 환경영향평가제도를 하나의 법률에 통합 · 규정하여 평가절차를 합리적으로 개선하고, 환경영향평가제도의 체계성과 효율성을 높인다는 차원에서 사전환경성검토제도를 「환경영향평가법」에 수용하는 개정이 이루어진 것이다. 이에 따르면 환경영향평가제도는 전략환경영향평가, 환경영향평가 및 소규모 환경영향평가로 구분되는데(이들을 모두 통칭할 경우에는 '환경영향평가등'), 종전의 사전환경성검토 대상 중 행정계획은 전략환경영향평가를, 소규모 개발사업은 소규모 환경영향평가를 받도록 하고 있다.

이와 같이 환경영향평가제도가 도입된 이래 지속적으로 제도를 보완, 발전시켜 왔으나 여전히 미흡한 부분이 나타나고 있다. 대표적인 것이 대상의 협소, 시기의 부적절, 평가범위의 제한, 절차의 지연, 주민의견 수렴절차의 미흡, 실효성 확보의 미흡 등이다.

우리나라는 다른 국가에 비해 비교적 일찍 환경영향평가제도를 도입 · 시행하였다고 할 수 있다. 그 동안 숨가쁘게 관련 법의 개정이 이루어지면서 환경영향평가제도는 복잡한 체계를 갖추게 되었다. 당초 절차적인 성격에서 출발한 환경영향평가제도는 시행 과정에서 실체적 · 집행적 성격이 가미되면서 다른 나라와 사뭇 다른 독특한 제도로 발전하고 있다.

그동안 환경영향평가제도를 도입 · 시행하는 과정에서 많은 시행착오를 거쳤으며, 그 공 · 과에 대한 논란이 그치지 않고 있다. 그 논란의 중심에는 이 제도들이 환경오염의 사전예방이라는 역할을 제대로 수행하지 못하고 있다는 비판이 자리하고 있다. 환경오염의 사전예방, 관리 규제수단으로서 중요한 역할을 수행하고 있다는 환경영향평가제도가 도입 · 시행되고 있음에도 불구하고 국토환경은 심각하게 훼손되었고 국토의 난개발 또는 막개발은 멈출 줄 모르고 진행되고 있다. 환경영향평가제도에 대해서는 이 제도가 효율적으로 작동하여 국토환경이 그나마 보전되었다는 평가도 있지만 개발의 면죄부, 사업의 합리화로 전락하면서 환경오염의 사전예방과 지속가능한 개발이라는 역할 · 기능을 제대로 수행하지 못하였다는 평가가 나오고 있는 것도 현실이다. 이러한 부정적 평가는 환경영향평가가 개발사업을 시행하는 과정에서 명확한 환경지침 내지 가이드라인으로 기능하지 못하고, 개발사업의 시행을 전제로 한 사업규모의 부분적 축소나 사업시행에 따른 환경영향저감 방안을 제시하는 정도로 자기역할을 부당하게 축소한 데에 기인한다. 이는 새만금 간척사업, 경부고속철도 건설사업, 서울외곽순환도로 사패산터널 건설사업, 경인운하 건설사업, 4대강 사업 등 대형 국책사업을 추진하는 과정에서 어김없이 불거져 나온 환경논란을 겪으면서 확신으로 바뀌고 있다. 이러한 시점에서 절차의 간소화, 주민의견 수렴의 활성화, 실효성의 확보 등 제도개선을 위한 대안이 쏟아지고 있다. 그러나 어느 한가지의 단편적인 처방만으로 문제해결을 하기에는 그 문제가 너무 복잡하고 본질적이라는 데에 고민이 있다.

3. 국가 등의 책무

「환경영향평가법」은 국가, 지방자치단체 및 사업자에게 정책이나 계획을 수립 · 시행하거나 사업을 시행할 때에 환경오염과 환경훼손을 최소화하기 위하여 필요한 방안을 마련할 의무를 부과하고 있다(제3조).

4. 기본원칙

환경영향평가등은 다음의 기본원칙에 따라 실시되어야 한다: ① 환경영향평가등은 보전과 개발이 조화와 균형을 이루는 지속가능한 발전이 되도록 할 것; ② 환경보전방안 및 그 대안은 과학적으로 조사 · 예측된 결과를 근거로 하여 경제적 · 기술적으로 실행할 수 있는 범위에서 마련되어야 할 것; ③ 환경영향평가등의 대상이 되는 계획 또는 사업에 대하여 충분한 정보 제공 등을 함으로써 환경영향평가등의 과정에 주민 등이 원활하게 참여할 수 있도록 노력하여야 할 것; ④ 환경영향평가등의 결과는 지역주민 및 의사결정권자가 이해할 수 있도록 간결하고 평이하게 작성되어야 할 것; ⑤ 환경영향평가등은 계획 또는 사업이 특정 지역 또는 시기에 집중될 경우에는 이에 대한 누적적 영향을 고려하여 실시되어야 할 것; ⑥ 환경영향평가등은 계획 또는 사업으로 인한 환경적 위해가 어린이, 노인, 임산부, 저소득층 등 환경유해인자의 노출에 민감한 집단에게 미치는 사회 · 경제적 영향을 고려하여 실시되어야 할 것; ⑦ 환경영향평가등은 계획 또는 사업으로 인한 온실가스 배출 및 감축 효과와 온실가스 배출이 미치는 영향을 최소화할 수 있는 방안을 고려하여 실시되어야 할 것(제4조).

5. 환경보전목표의 설정

환경영향평가등을 하려는 자는 다음의 기준, 계획 또는 사업의 성격, 토지이용 및 환경 현황, 계획 또는 사업이 환경에 미치는 영향의 정도, 평가 당시의 과학적 · 기술적 수준 및 경제적 상황 등을 고려하여 환경보전목표를 설정하고 이를 토대로 환경영향평가등을 실시하여야 한다: ①「환경정책기본법」 제12조에 따른 환경기준; ②「자연환경보전법」 제2조 제14호에 따른 생태 · 자연도; ③「대기환경보전법」,「물환경보전법」 등에 따른 지역별 오염총량기준; ④ 그 밖에 관계 법률에서 환경보전을 위하여 설정한 기준(제5조). 이는 환경기준 등이 환경영향평가등을 수행함에 있어서 참고해야 할 중요한 기준이 된다는 것을 의미한다.

6. 환경영향평가등의 대상지역

환경영향평가등은 계획의 수립이나 사업의 시행으로 영향을 받게 되는 지역으로서 환경영향을 과학적으로 예측 · 분석한 자료에 따라 그 범위가 설정된 지역에 대하여 실시하여야 한다(제6조).

7. 환경영향평가분야 및 평가항목

환경영향평가등은 계획의 수립이나 사업의 시행으로 영향을 받게 될 자연환경, 생활환경, 사회 · 경제 환경 등의 분야(환경영향평가분야)에 대하여 실시하여야 한다(제7조).

Ⅱ. 전략환경영향평가

1. 의 의

'전략환경영향평가'라 함은 "환경에 영향을 미치는 계획을 수립할 때에 환경보전계획과의 부합 여부 확인 및 대안의 설정 · 분석 등을 통하여 환경적 측면에서 해당 계획의 적정성 및 입지의 타당성 등을 검토하여 국토의 지속가능한 발전을 도모하는 것"을 말한다(제2조 제1호). 계획의 적정성에는 계획의 환경목표와의 부합성, 계획의 건전성 및 지속가능성, 계획의 일관성 등이, 입지의 타당성에는 자연환경에 미치는 영향, 생활환경에 미치는 영향 등이 포함될 수 있다.

결국 전략환경영향평가는 국토환경에 영향을 미치는 각종 행정계획을 수립 · 시행함에 있어 계획의 초기단계에서 계획의 적정성, 규모의 타당성, 주변환경과의 조화 등 환경에 미치는 영향을 사전에 검토하도록 함으로써 환경친화적인 개발을 유도하고자 하는 제도이다. 이 제도의 궁극적인 목적은 행정계획단계부터 환경성을 검토함으로써 환경에의 영향을 최소화하고자 한다는 점에서 환경적으로 건전하고 지속가능한 개발을 실현하는 것이다.

환경은 한번 훼손되면 원상회복이 사실상 불가능하고, 그 복원을 위한 시간과 비용이 엄청나게 소요된다. 이는 결국 사후감독 및 구제로는 일정한 한계가 있을 수밖에 없고, 사전에 환경오염 및 훼손을 막는 예방수단이 강구되어야 함을 의미한다. 이러한 점에서 대표적인 사전예방환경정책수단이라고 할 수 있는 전략환경영향평가(SEA)[4]에 대한 관심은 증가하고 있다. 각종 계획이나 개발사업의 초기단계에서부터 환경성검토를 제대로 하지 아니할 경우, 사후 감독이나 오염처리기술이 아무리 잘 발전하더라도 이는 사후처리대책에 불과한 것으로 근본적인 해결책이 될 수 없는 것이다. 특히 최근의 개발에 대한 수요 급증과 이로 인한 국토의 난개발 또는 막개발은 사회적으로 개발과 보전의 조화에 관심을 갖도록 하고 있으며, 이를 도모하고자 하는 전략환경영향평가의 중요성은 아무리 강조해도 지나침이 없다.

---

4) 전략환경평가는 정책(Policy), 계획(Plan), 프로그램(Program)에 대하여 환경적 영향을 사전에 검토하고 이를 토대로 환경적 측면을 고려한 정책이나 계획이 수립될 수 있도록 의견이나 대안을 제시하는 제도이다. 송영일 외 4, 사전환경성검토제도의 개선방안, 한국환경정책 · 평가연구원, 2002. 12, 26면. 개인적으로는 전략환경평가라는 표현보다는 전통적인 환경영향평가의 상위단계에서 이루어지는 영향평가라는 점과 일반 국민의 이해를 쉽게 할 수 있다는 점에서 '상위단계에서의 환경영향평가'라는 표현이 적절하다고 생각한다.

≪전략환경영향평가 및 환경영향평가≫

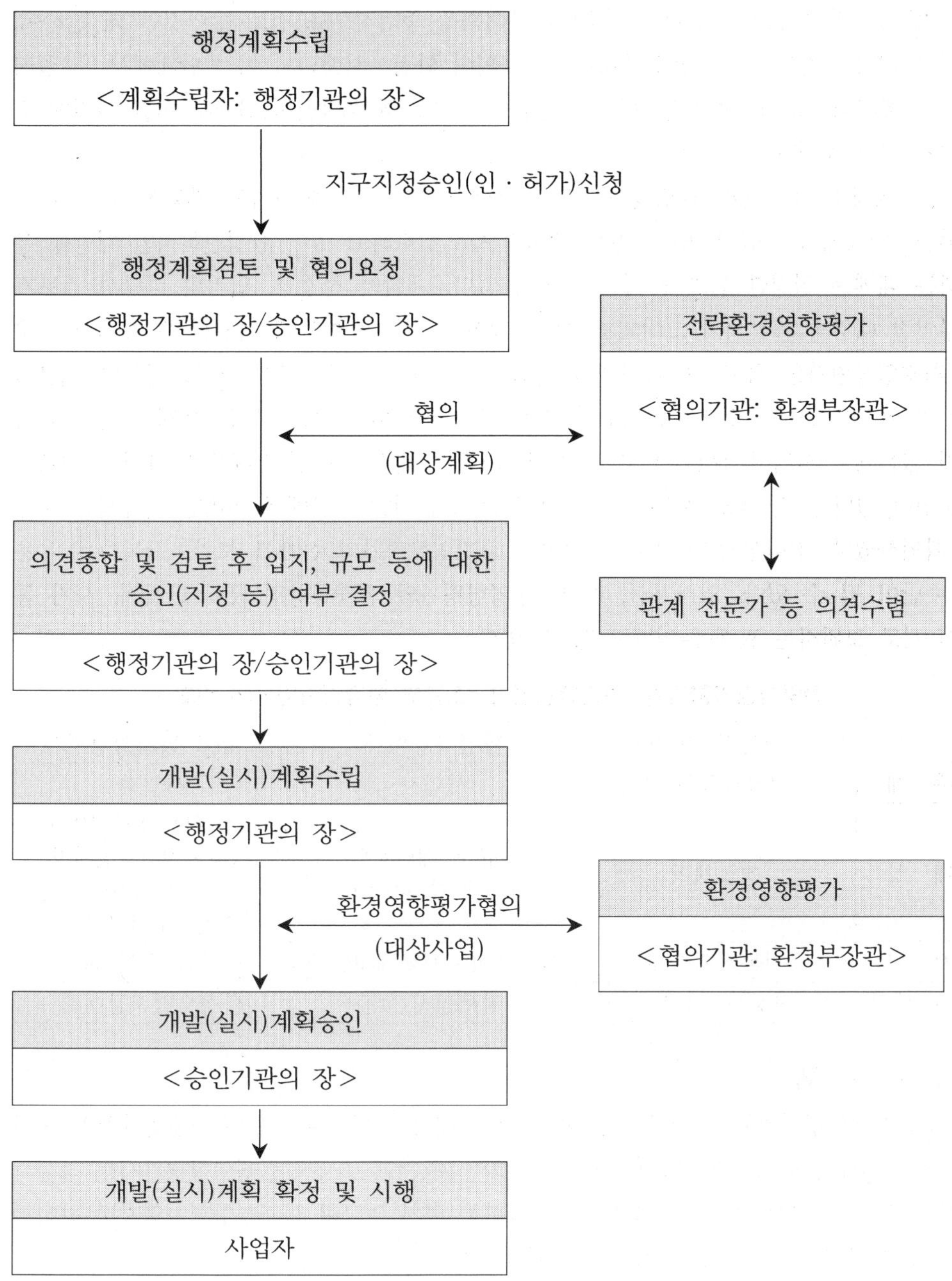

전략환경영향평가는 크게 환경에 미치는 영향을 사전에 고려 · 검토한다는 점에서 환경영향평가와 유사하나 다음과 같은 점에서 구별되고 있다. 즉 환경영향평가제도가 ①

대규모의 개발사업에 대하여 ② 계획이 확정된 후 사업실시단계(주로 실시계획단계)에서 ③ 개발사업의 시행으로 인한 환경오염저감대책을 중점적으로 검토하는 것인 데 반하여, 전략환경영향평가는 ① 계획에 대하여 ② 계획이 확정·시행되기 이전 단계에서 ③ 입지나 개발계획의 필요성, 적정성, 타당성 등을 중심으로 환경적인 측면에서 이를 사전에 검토하기 위한 것이다.

환경영향평가는 흔히 타당성조사와 병행하여 실시하지 아니하고 계획이 확정된 후 사업실시단계에서 오염의 저감방안을 중점적으로 검토하고 있어 환경친화적인 개발을 유도하는 데에는 일정한 한계가 있을 수밖에 없다. 계획의 적정성, 입지의 타당성 검토가 이루어질 때부터 환경성이 고려되지 않고, 계획이 확정된 이후에 사업실시단계에서 비로소 환경영향평가를 하고 그 과정에서 사업이 취소되는 것은 사회적으로 엄청난 비용과 시간의 손실을 초래하게 된다. 사업의 취소는 그나마 다행인데, 더 큰 문제는 환경에 영향이 있음에도 사업이 강행됨으로써, 환경친화적인 개발이 아닌 무분별한 개발이 횡행할 가능성이 있다는 것이다. 우리는 그 동안의 국토 난개발 현장에서 이러한 가능성을 수없이 확인하였다. 전략환경영향평가는 이러한 환경영향평가의 한계를 보완·극복하는 유용한 수단이 될 수 있다. 말하자면, 전략환경영향평가와 환경영향평가는 그 목적, 시기 등에서 서로 보완하는 관계에 있다고 할 수 있다.

≪전략환경영향평가, 환경영향평가, 소규모 환경영향평가의 비교≫

구 분	전략환경영향평가	환경영향평가	소규모 환경영향평가
주 체	행정기관의 장	사업자	사업자
대 상	행정계획	대규모 개발사업 (78개 단위사업)	소규모 개발사업 (생태·경관보전지역, 자연보전지역, 습지보호지역 등)
시 기	기본계획단계	실시계획·시행계획단계	사업 승인 전
검토 대상	적정성, 타당성	환경오염저감대책	환경오염저감대책

2. 주 체

전략환경영향평가를 실시하는 주체는 평가 대상계획을 수립하려는 행정기관의 장이다. 동법은 대상계획을 수립하려는 행정기관의 장이 스스로 전략환경영향평가서를 작성하도록 하되, 전문적인 평가서가 작성될 수 있도록 하기 위하여 환경영향평가업자로 하여금 그 작성을 대행할 수도 있게 하고 있다(제53조 제1항).

3. 전략환경영향평가대상

전략환경영향평가대상은 행정계획이다. 이는 환경영향평가대상이 개발사업인 것과 구별되는 것이다. 최근에는 정책, 프로그램 등에 대한 환경영향평가의 중요성이 부각되고 있는데, 이러한 상위단계에서의 환경영향평가는 고려하고 있지 않다고 할 수 있다. 「환경정책기본법」 제13조는 환경기준이 적절히 유지되도록 환경에 관계되는 법령의 제·개정, 행정계획의 수립 또는 사업의 집행을 할 때 환경에 대한 영향을 고려하도록 규정함으로써, 환경성 고려대상에 행정계획 및 개발사업뿐만 아니라 관계 '법령'도 포함하고 있다. 그러나 전략환경영향평가대상에는 관계 법령이 포함되어 있지 않아 법령의 제정이나 개정을 함에 있어 환경성검토가 불가능하며 그 결과 환경에 대한 영향의 고려가 미흡할 수 밖에 없다.

가. 대상계획

전략환경영향평가를 하여야 하는 대상은,

① 도시의 개발에 관한 계획

② 산업입지 및 산업단지의 조성에 관한 계획

③ 에너지 개발에 관한 계획

④ 항만의 건설에 관한 계획

⑤ 도로의 건설에 관한 계획

⑥ 수자원의 개발에 관한 계획

⑦ 철도(도시철도를 포함)의 건설에 관한 계획

⑧ 공항의 건설에 관한 계획

⑨ 하천의 이용 및 개발에 관한 계획

⑩ 개간 및 공유수면의 매립에 관한 계획

⑪ 관광단지의 개발에 관한 계획

⑫ 산지의 개발에 관한 계획

⑬ 특정 지역의 개발에 관한 계획

⑭ 체육시설·폐기물 처리시설·국방·군사시설의 설치에 관한 계획

⑮ 토석·모래·자갈·광물 등의 채취에 관한 계획

⑯ 환경에 영향을 미치는 시설로서 대통령령으로 정하는 시설의 설치에 관한 계획[5] 이다(제9조 제1항).

구체적으로 환경에 영향을 미치는 116개 행정계획(정책계획 35개, 개발기본계획 81개)이 여기에 해당된다(시행령 제7조 제2항, 별표 2).

나. 대상계획의 종류

대상계획의 구체적인 종류는 대통령령으로 정한다(제9조 제3항). 대상계획은 그 계획의

5) "대통령령으로 정하는 시설의 설치에 관한 계획"이란 「가축분뇨의 관리 및 이용에 관한 법률」 제5조에 따른 가축분뇨관리 기본계획을 말한다(시행령 제7조 제1항).

성격 등을 고려하여 정책계획과 개발기본계획으로 구분되는데, '정책계획'은 국토의 전 지역이나 일부 지역을 대상으로 개발 및 보전 등에 관한 기본방향이나 지침 등을 일반적으로 제시하는 계획[6]을, '개발기본계획'은 국토의 일부 지역을 대상으로 하는 계획으로서 다음 각 목의 어느 하나에 해당하는 계획을 의미한다: ① 구체적인 개발구역의 지정에 관한 계획; ② 개별 법령에서 실시계획 등을 수립하기 전에 수립하도록 하는 계획으로서 실시계획 등의 기준이 되는 계획도시의 개발에 관한 계획산업입지 및 산업단지의 조성에 관한 계획(동조 제2항).[7][8] 이와 같은 구분 실익은 의견수렴절차의 요부에 있다. 즉 정책계획에는 전략환경영향평가서 초안의 작성, 주민 등의 의견수렴절차가 요구되지 않은 반면,[9] 개발기본계획에는 이러한 절차가 환경영향평가 수준으로 요구되고 있다. 정책계획에까지 주민의견 수렴절차를 요구하는 것은 효율성과 현실성 측면에서 문제가 될 수 있다.

다. 예 외

다음의 계획에 대하여는 전략환경영향평가를 실시하지 아니할 수 있다: ① 국방부장관이 군사상 고도의 기밀보호가 필요하거나 군사작전의 긴급한 수행을 위하여 필요하다고 인정하여 환경부장관과 협의한 계획; ② 국가정보원장이 국가안보를 위하여 고도의 기밀보호가 필요하다고 인정하여 환경부장관과 협의한 계획(제10조).

라. 대상계획의 결정 절차

동법은 행정기관의 장이 환경부장관과 협의하여 전략환경영향평가 대상계획에 대하여 주기적으로 평가하여, 갱신하도록 하고 있다(제10조의2 제1항). 환경영향의 중대성, 다른 계획 또는 개발사업 등에 미치는 영향 등을 고려하여 대상계획을 결정(Screening)하지 않고 대상계획을 법에서 일괄해서 정하고 있는 방식은 행정낭비를 발생할 수 있다. 이러한 점을 고려하여 동법은 계획수립기관에게 주기적으로 대상계획에 대하여 전략환경영향평가 실시 여부를 결정할 수 있도록 함으로써, 계획수립기관의 장에게 제한적으로 스크리닝 권한을 부여하고 있다고 할 수 있다. 그러나 계획수립기관과 협의기관 간에 해당 계획의 전략환경영향평가의 실시 여부를 둘러싸고 갈등이 있는 상황에서, 비록 주기적으로 일괄해서 스크리닝을 하고, 환경부장관의 협의를 거치도록 하고 있지만(동조 제2항), 계획수립기관이 스크리닝 권한을 갖게 되는 경우 전략환경영향평가 실시 여부는 소극적으로 흐를 가능성이 있다고 예상된다. 계획수립기관이 주기적 갱신을 한다고 하지만 대상계획의 추가보다는 제외 가능성이 높아 보인다. 환경부장관은 전략환경영향평가가 필요하다고 판단

6) 예컨대, 대기환경관리 기본계획, 연안정비기본계획, 수자원장기종합계획, 대권역 물환경관리계획, 관광개발기본계획, 전력수급기본계획 등이 여기에 포함될 수 있다.

7) 예컨대, 댐건설기본계획, 하천기본계획, 각종 용도구역의 지정 등이 여기에 포함될 수 있다.

8) 행정계획의 유형별 분류에 대하여 자세한 내용은 송영일 외 7, 전략환경평가제도 도입에 관한 연구, 환경부, 2003. 12, 112 내지 124면 참조.

9) 다만, 정책계획을 수립하려는 행정기관의 장은 협의를 요청할 때 해당 계획의 전략환경영향평가서에 대한 행정예고를 「행정절차법」에 따라 실시하여야 한다(제15조의2).

되면 해당 계획에 대한 전략환경영향평가 실시를 요청할 수 있으나(동조 제3항) 요청 자체가 의무적이지 않고 요청을 받은 행정기관의 장이 이에 따를 의무가 규정되어 있지 않기 때문에 기속력은 약하다고 할 수 있다.

한편, 동법은 전략환경영향평가 대상계획의 중복평가 실시를 방지한다는 차원에서 전략환경영향평가 대상계획 중 다른 계획에서 실시한 전략환경영향평가와 내용이 중복되는 등 동일한 평가가 시행된 것으로 볼 수 있는 계획에 대하여는 해당 계획에 대한 전략환경영향평가를 생략(Tiering)할 수 있도록 하고 있다(동조 제4항).

4. 평가서 제출시기 및 협의요청시기

전략환경영향평가 시기는 해당 계획을 수립 · 확정하기 전까지이다. 시행령에서는 대상 계획별로 협의요청 시기를 구체적으로 정하고 있다(제7조 제2항, 별표 2). 일반적으로 전략환경영향평가는 최초의 입지 및 기본계획 구상단계에서 시행된다. 이에 반하여 환경영향평가는 대부분의 입지 및 기본계획이 확정된 이후의 하위단계인 실시계획 단계에서 시행된다. 다시 말하면 환경영향평가가 사업 결정 이후에 실시되는 데 반해 전략환경영향평가는 사업 결정 이전에 사업시행 여부를 판단하기 위하여 실시된다.

5. 협의 요청기관 및 협의기관

협의기관의 장은 환경부장관이다. 승인등을 받지 아니하여도 되는 전략환경영향평가 대상계획을 수립하려는 행정기관의 장은 해당 계획을 확정하기 전에 전략환경영향평가서를 작성하여 환경부장관에게 협의를 요청하여야 한다. 승인등을 받아야 하는 전략환경영향평가 대상계획을 수립하는 행정기관의 장은 전략환경영향평가서를 작성하여 승인기관의 장에게 제출하여야 하며, 승인기관의 장은 해당 계획에 대하여 승인등을 하기 전에 환경부장관에게 협의를 요청하여야 한다(제16조).

6. 평가 항목 및 범위 등의 결정

전략환경영향평가 대상계획을 수립하려는 행정기관의 장은 전략환경영향평가를 실시하기 전에 평가준비서를 작성하여 환경영향평가협의회[10]의 심의를 거쳐 다음의 사항(전략환경영향평가항목등)을 결정하여야 한다: ① 전략환경영향평가 대상지역; ② 토지이용구상안; ③ 대안; ④ 평가 항목 · 범위 · 방법 등(제11조 제1항). 행정기관 외의 자가 제안하여

10) 동법은 환경부장관, 계획 수립기관의 장, 계획 또는 사업에 대하여 승인등을 하는 기관의 장(승인기관의 장) 및 승인등을 받지 아니하여도 되는 사업자로 하여금 주민대표, 시민단체 등 민간전문가가 포함되는 환경영향평가협의회를 구성 · 운영하도록 하고 있다. 환경영향평가협의회는 평가 항목 · 범위 등의 결정에 관한 사항, 환경영향평가 협의 내용의 조정에 관한 사항, 약식절차에 의한 환경영향평가 실시 여부에 관한 사항, 의견수렴 내용과 협의 내용의 조정에 관한 사항, 심층평가와 신속평가 대상 결정에 관한 사항, 환경영향평가서등의 거짓 또는 부실 작성 여부의 판단에 관한 사항 등 폭넓은 범위의 사항에 대하여 심의하게 되는데(제8조, 시행령 제3조), 이는 환경영향평가 출발단계에서부터 효율적인 환경영향평가가 이루어지도록 한다는 중요한 의미가 있다.

수립되는 전략환경영향평가 대상계획의 경우에는 전략환경영향평가 대상계획을 제안하는 자가 평가준비서를 작성하여 전략환경영향평가 대상계획을 수립하는 행정기관의 장에게 전략환경영향평가항목등을 결정하여 줄 것을 요청하여야 한다(동조 제2항). 이 경우 요청을 받은 행정기관의 장은 대통령령으로 정하는 기간 내에 환경영향평가협의회의 심의를 거쳐 전략환경영향평가 대상계획을 제안하는 자에게 그 결과를 통보하여야 한다(동조 제3항). 이와 같이 전략환경영향평가항목등의 결정을 의무화하고 있는 것은 평가의 효율화, 내실화를 기한다는 점에서 바람직하다. 다만 그 결정 주체가 환경부장관이 아니고 대상계획을 수립하는 행정기관의 장이라는 점에서 한계가 나타날 수 있다.

전략환경영향평가 대상계획을 수립하려는 행정기관의 장은 전략환경영향평가항목등을 결정할 때에는 다음의 사항을 고려하여야 한다: ① 해당 계획의 성격; ② 상위계획 등 관련 계획과의 부합성, ③ 해당 지역 및 주변 지역의 입지 여건, 토지이용 현황 및 환경 특성; ④ 계절적 특성 변화(환경적 · 생태적으로 가치가 큰 지역); ⑤ 그 밖에 환경기준 유지 등과 관련된 사항(동조 제4항). 나아가 동법은 결정된 평가항목등을 공개하고 주민의견을 듣도록 하고 있다(동조 제5항). 그러나 전략환경영향평가항목등에 환경영향평가항목이 모두 포함되는 경우에는 공개를 생략할 수 있도록 함으로써, 중복된 환경영향평가절차를 간소화하고 있다.

7. 약식전략환경영향평가

전략환경영향평가 대상계획을 수립하려는 행정기관의 장은 해당 계획이 입지 등 구체적인 사항을 정하고 있지 않거나 정량적인 평가가 불가능한 경우 등에는 계획내용의 적정성을 중심으로 정성평가를 하는 약식전략환경영향평가 실시를 결정할 수 있다(제11조의2).

8. 절 차

가. 평가서 초안의 작성 · 제출

개발기본계획을 수립하는 행정기관의 장은 결정된 전략환경영향평가항목등에 맞추어 전략환경영향평가서 초안을 작성한 후 제13조에 따라 주민 등의 의견을 수렴하여야 한다. 다만, 행정기관 외의 자가 제안하여 수립되는 개발기본계획의 경우에는 개발기본계획을 제안하는 자가 전략환경영향평가서 초안을 작성하여 개발기본계획을 수립하는 행정기관의 장에게 제출하여야 한다. 한편, 개발기본계획을 수립하는 행정기관의 장은 전략환경영향평가서 초안을 환경부장관, 승인기관의 장(승인등을 받아야 하는 계획만 해당), 그 밖에 대통령령으로 정하는 관계 행정기관의 장에게 제출하여 의견을 들어야 한다(제12조).

나. 의견수렴

한 정책이 개발과 보전을 조화시키기 위해서는 정책결정단계에서 환경성이 충분히 고려되어야 한다. 계획단계에서부터, 다양한 방면으로부터 폭넓은 의견이 제시되고 이러한 의견이 많이 고려 · 수용될수록 그 정책은 투명성, 공개성, 민주성, 지속성을 유지하게 된다. 또한 여러 각도에서 주민의견을 수렴하는 것은 심도 있는 환경성 검토를 통하여 난개발을 예방할 수 있으며, 이해관계자들간의 갈등문제를 조기에 발견 · 조정 · 해소함으로써 궁극적으로는 지속가능한 개발을 유도하게 된다. 이러한 관점에서 다양한 주민의견의 수렴은 제도의 성공적인 운영을 담보하게 된다. 이러한 차원에서 동법은 주민 등의 의견수렴절차를 마련하고 있다.

주민의견 수렴절차의 핵심적인 내용은 설명회 또는 공청회의 개최라 할 수 있는데, 특기할 점은 동법이 일정한 경우 주민의 요구에 의한 공청회 개최를 의무화하고, 주민이 아닌 자의 의견을 듣고 이를 평가서 내용에 반영하도록 하고 있다는 것이다. 즉 개발기본계획을 수립하려는 행정기관의 장은 개발기본계획에 대한 전략환경영향평가서 초안을 공고 · 공람하고 설명회를 개최하여 해당 평가 대상지역 주민의 의견을 들어야 한다. 다만, 대통령령으로 정하는 범위의 주민이 공청회의 개최를 요구하면 공청회를 개최하여야 한다. 또한 개발기본계획을 수립하려는 행정기관의 장은 개발기본계획이 생태계의 보전가치가 큰 지역, 환경훼손 또는 자연생태계의 변화가 현저하거나 현저하게 될 우려가 있는 지역 등으로서 대통령령으로 정하는 지역을 포함하는 경우에는 관계 전문가 등 평가 대상지역의 주민이 아닌 자의 의견도 들어야 한다(제13조 제2항). 주민등의 의견수렴 결과와 반영 여부는 공개되어야 한다(동조 제4항). 또한 동법은 공개한 의견의 수렴 절차에 흠이 존재하는 등 환경부령으로 정하는 사유가 있으면 의견 재수렴 절차를 거치도록 하고 있다(제15조). 이러한 제도적 장치를 통해 개발사업 추진과정에서의 공사중단 및 대규모 설계 변경 등에 따른 사회적 갈등 및 비용지출 문제가 상당 부분 해소될 수 있는 기초가 마련되었다고 할 수 있다. 그러나 실제 운영과정에서 실질적인 의견수렴이 이루어져, 사회적 갈등이 조기에 해소될지는 두고 볼 일이다.

특기할 것은 동법은 "개발기본계획을 수립하려는 행정기관의 장은 다른 법령에 따른 의견수렴절차에서 전략환경영향평가서 초안에 대한 의견을 수렴한 경우에는 제13조에 따른 의견수렴절차를 거치지 아니할 수 있다."고 규정하고 있다는 것이다. 이는 절차의 중복 방지, 절차의 간소화를 염두에 둔 것으로 이해된다.

다. 전략환경영향평가서의 작성 및 협의 요청

승인등을 받지 아니하여도 되는 전략환경영향평가 대상계획을 수립하려는 행정기관의 장은 해당 계획을 확정하기 전에 전략환경영향평가서를 작성하여 환경부장관에게 협의를 요청하여야 한다. 한편, 승인등을 받아야 하는 전략환경영향평가 대상계획을 수립하는 행정기관의 장은 전략환경영향평가서를 작성하여 승인기관의 장에게 제출하여야 하며, 승인기관의 장은 해당 계획에 대하여 승인등을 하기 전에 환경부장관에게 협의를 요청하여야 한다(제16조).

해당 행정계획에 대하여 전략환경영향을 제대로 검토하기 위하여는 관련 자료가 충분히 제시되어야 한다. 이러한 관점에서 평가서가 담고 있어야 할 내용을 구체화하는 것은 중요하다. 시행령에서는 평가서의 내용, 제출방법 등을 구체적으로 정하고 있다(제21조, 제22조).

라. 검 토

환경부장관은 협의를 요청받은 경우에는 주민의견 수렴절차 등의 이행 여부 및 전략환경영향평가서의 내용 등을 검토하여야 한다(제17조 제1항). 환경부장관은 전략환경영향평가서의 검토를 위하여 필요하면 한국환경연구원(KEI) 등 전략환경영향평가에 필요한 전문성을 갖춘 기관으로서 대통령령으로 정하는 기관 또는 관계 전문가의 의견을 듣거나 현지조사를 의뢰할 수 있고, 관계 행정기관의 장에게 관련 자료의 제출을 요청할 수 있다(동조 제2항). 한편, 환경부장관은 검토한 결과 전략환경영향평가서를 보완할 필요가 있는 등 대통령령으로 정하는 사유가 있는 경우에는 전략환경영향평가 대상계획을 수립하려는 행정기관의 장(승인등을 받아야 하는 계획의 경우에는 승인기관의 장)에게 전략환경영향평가서의 보완을 요청하거나 보완을 전략환경영향평가 대상계획을 제안하는 자 등에게 요구할 것을 요청할 수 있다. 이 경우 보완 요청은 두 차례만 할 수 있다(동조 제3항). 환경부장관은 보완 요청을 하였음에도 불구하고 요청한 내용의 중요한 사항이 누락되는 등 전략환경영향평가서가 적정하게 작성되지 아니하여 협의를 진행할 수 없다고 판단하는 경우, 전략환경영향평가서가 거짓으로 작성되었다고 판단하는 경우에는 전략환경영향평가서를 반려할 수 있다(동조 제4항).

동법은 환경부장관이 전략환경영향평가 대상계획의 재검토를 통보할 수 있는 근거를 마련하여 전략환경영향평가의 실효성을 제고하고 있다. 즉 환경부장관은 다음의 어느 하나에 해당하는 경우에는 해당 전략환경영향평가 대상계획의 규모 · 내용 · 시행시기 등을 재검토할 것을 주관 행정기관의 장에게 통보할 수 있다: ① 해당 전략환경영향평가 대상계획을 축소 · 조정하더라도 그 계획의 추진으로 환경훼손 또는 자연생태계의 변화가 현저하거나 현저하게 될 우려가 있는 경우; ② 해당 전략환경영향평가 대상계획이 국가환경정책에 부합하지 아니하거나 생태적으로 보전가치가 높은 지역을 심각하게 훼손할 우려가 있는 경우(동조 제5항).

마. 협의 내용의 통보

환경부장관은 협의를 요청받은 날부터 대통령령으로 정하는 기간 이내에 대상계획을 수립하려는 행정기관의 장(승인등을 받아야 하는 계획의 경우에는 승인기관의 장)에게 협의 내용을 통보하여야 한다. 다만, 부득이한 사정이 있을 때에는 그 기간을 연장할 수 있다(제18조 제1항). 협의 내용은 실무상 크게 동의, 부동의, 조건부 동의로 이루어지는데, 그 구별기준은 분명치 아니하다. 한편, 환경부장관은 다음의 어느 하나에 해당하는 경우에는 해당 계획에 관련 내용을 반영할 것을 조건으로 주관 행정기관의 장에게 협의 내용을 통보할 수 있다: ① 보완할 사항이 경미한 경우; ② 해당 계획을 수립 · 결정하기 전에 보완이 가능한 경우(동조 제2항). 이는 일정한 경우 평가서의 보완을 요청하는 대신에 사후 보완을 조건으로 협의절차를 완료할 수 있는, 말하자면 조건부협의제도로서, 보완의 내용이 경미하거나 사후 보완이 가능한 경우에는 보완협의, 이에 따른 절차 이행, 협의 내용 통보 등의 절차를 거치는 대신에 조건부협의를 하게 함으로써 절차를 간소화하고 전략환경영향평가 기간을 단축하려는 것으로 이해된다.

9. 재협의, 변경협의

전략환경영향평가를 실시함에 있어서 해당 계획이 변경된 경우에는 새롭게 제기되는 환경문제를 반영하여 협의기관의 장과 협의를 다시 하도록 하여야 한다. 이러한 제도적 장치는 협의결과와 다르게 해당 계획이 변질되는 사례가 발생되는 것을 막을 수 있다는 점에서 큰 의미가 있다. 이에 따르면, 개발기본계획을 수립하는 행정기관의 장은 협의한 개발기본계획을 변경하는 경우로서 다음의 어느 하나에 해당하는 경우에는 전략환경영향평가를 다시 하여야 한다: ① 개발기본계획 대상지역을 대통령령으로 정하는 일정 규모 이상으로 증가시키는 경우; ② 협의 내용에서 원형대로 보전하거나 제외하도록 한 지역을 대통령령으로 정하는 규모 이상으로 개발하거나 그 위치를 변경하는 경우(제20조 제1항). 재협의를 해야 하는 경우를 일정한 규모 이상 해당 사업의 계획이 변경된 경우로 제한하는 것은 경제성 등을 고려한 것으로 이해된다.

그러나 동법은 전략환경영향평가 대상계획이 환경부장관과 협의를 거쳐 확정된 후 취소 또는 실효된 경우 또는 환경부장관과 협의를 거친 후 지연 중인 경우로서 대통령령으로 정하는 기간 이내에 해당 계획의 승인 등을 추진하려는 경우에는 재협의를 생략할 수 있도록 함으로써(동조 제2항), 절차의 간소화를 고려하고 있다.

한편, 주관 행정기관의 장은 협의한 기본개발계획에 대하여 제20조 각 호에 해당하지 아니하는 변경을 하려는 경우로서 대통령령으로 정하는 사항을 변경하려는 경우, 협의한 정책계획을 변경하려는 경우로서 대통령령으로 정하는 사항을 변경하려는 경우에는 미리 환경부장관과 변경 내용에 대하여 협의를 하여야 한다(제21조).

10. 실효성 확보

동법은 협의 내용을 통보받은 주관 행정기관의 장에게 이를 해당 계획에 반영하기 위하여 필요한 조치를 하거나 전략환경영향평가 대상계획을 제안하는 자 등에게 필요한 조치를 할 것을 요구하며, 그 조치결과 또는 조치계획을 환경부장관에게 통보할 의무를 부과하고 있다(제19조 제1항). 동법은 주관 행정기관의 장으로 하여금 협의 내용을 해당

계획에 반영하기 곤란한 특별한 사유가 있을 때에는 대통령령으로 정하는 바에 따라 환경부장관과 협의한 후 해당 계획을 승인하거나 확정하도록 하고, 전략환경영향평가 대상계획을 수립하는 자로 하여금 조치결과 및 조치계획을 성실히 이행하도록 함으로써(동조 제2항 · 제3항), 그 실효성을 확보하려고 하고 있다.

그러나 전반적으로 협의 요청의 누락, 협의 내용의 미반영, 협의 내용의 불이행, 전략환경영향평가서의 부실 또는 허위작성 등에 대한 실효성을 확보하기 위한 법적 수단은 미흡하다고 할 수 있다. 이는 미협의 사례의 빈번, 전략환경영향평가서의 부실작성 등으로 이어질 수 있다. 행정기관에 대한 마땅한 통제수단이 없는 것도 문제를 어렵게 하고 있다. 예컨대, 주관 행정기관의 장이 협의 내용을 반영하지 아니한 경우 과연 어떠한 통제수단이 동원될 수 있을까? 언론을 통한 공표, 관계 공무원에 대한 직무감사, 주무 상급기관의 시정요청 등만으로는 유효한 통제를 할 수 없다는 한계가 있다. 이에 환경부장관이 주관 행정기관의 장에게 계획의 취소, 변경 등 필요한 조치를 요구할 수 있도록 하여 실효성을 제고하는 것을 검토할 필요가 있다.

주관 행정기관의 장은 협의 내용을 해당 계획에 반영하기 곤란한 '특별한 사유가 있을 때'에는 환경부장관과 협의한 후 해당 계획을 승인하거나 확정하도록 하여야 하는데(제19조 제2항), 이 경우 '특별한 사유'에 대한 개념 정의가 없기 때문에 주관 행정기관의 장은 자의적으로 그리고 폭넓게 해석하면서, 위 의무사항을 회피할 가능성이 있다.

한편, 협의의 성질을 자문에 불과하다면서 "관계 중앙행정기관의 장과 협의를 하라는 의미는 그의 자문을 구하라는 것이지 그 의견을 따라 처분을 하라는 의미는 아니라 할 것이므로 이러한 협의를 거치지 아니하였다고 하더라도 이는 해당 처분을 취소할 수 있는 원인이 되는 하자 정도에 불과하고 당연무효가 되는 하자에 해당하지 아니한다"는 판례[11]의 입장에 따를 경우에는 그 실효성을 확보하기가 여간 어려운 것이 아니다.

Ⅲ. 환경영향평가

1. 주 체

환경영향평가의 실시(환경영향평가서의 작성) 주체는 환경영향평가 대상사업을 하려는 자, 즉 사업자이다(제22조). 동법은 사업자가 스스로 환경영향평가서를 작성하도록 하되, 전문적인 환경영향평가서가 작성될 수 있도록 하기 위하여 환경영향평가업자로 하여금 그 작성을 대행할 수 있도록 하고 있다(제53조 제1항). 이 법은 환경영향평가업자에 의한 평가의 공정성과 신뢰성을 확보하기 위하여 환경영향평가업의 등록(제54조), 결격사유(제55조), 준수사항(제56조)[12], 업무의 폐업(제57조), 등록취소 및 영업정지(제58

11) 대법원 2000. 10. 13. 선고 99두653 판결; 부산고법 2007. 6. 29. 선고 2006누5540 판결.

12) 특히 환경영향평가등을 하려는 자와 환경영향평가업자는 환경영향평가서등과 그 작성의 기초가 되는 자료를 거짓으로 또

조), 평가 대행비용의 산정기준(제62조) 등에 관하여 규정하고 있다.

환경영향평가업자에 의해 작성되는 평가서 등 각종 사항에 대하여는 환경영향평가의 주체, 즉 사업자에게 전적인 책임이 있다. 해당 사업을 시행하려는 사업자가 평가서 작성 주체인 상황에서는 실질적이고 객관적인 평가가 이루어지기 어렵다. 이는 환경영향평가가 공정하게 이루어지지 않을 가능성과 평가서가 사업을 강행하기 위한 합리화 문서로 전락할 가능성을 제기하는 것이다.

동법은 환경영향평가업을 창설하여 사업자에게 환경영향평가업자로 하여금 환경영향평가를 대행할 수 있도록 하는 길을 열어 놓고 있다. 문제는 현실적으로 환경영향평가업자가 사업자에 종속될 가능성이 많다는 것이다. 이는 환경영향평가업자의 독립성 결여로 이어지면서 환경영향평가의 객관성과 공정성의 확보를 어렵게 한다. 이러한 점을 고려할 때 자격증을 취득한 환경영향평가사로 하여금 환경 현황 조사, 환경영향 예측 · 분석, 환경보전방안의 설정 및 대안 평가 등을 통하여 환경영향평가서를 작성하도록 하도록 하고(제63조), 환경영향평가와 관련하여 최종 총괄, 조정 및 책임을 지도록 한 것은 의미있다고 생각한다.

한편, 환경영향평가의 중립성과 객관성을 확보한다는 차원에서 제3의 전문기관을 평가서 작성 주체로 하는 것이 이상적이라고 할 수 있으며, 그 일환으로 사업자로 하여금 의무적으로 환경영향평가업자에게 환경영향평가서의 작성을 대행하게 하고, 동시에 전문기관(예컨대, 한국환경공단 등)에 환경영향평가업자의 선정 등 대행계약의 체결에 필요한 업무를 위탁하게 하며, 전문기관은 경쟁입찰 방식으로 환경영향평가업자를 선정하게 하는 방안(이른바, 공탁제)이 제시되고 있다. 이는 환경영향평가업자(대행자)가 사업자에 종속되거나 영향을 받을 가능성을 차단하기 위한 하나의 방안이라고 할 수 있다. 참고로 2021. 1. 제정된 「해양이용영향평가법」에서는 해양환경에 미치는 영향이 중대한 사업으로서 대통령령으로 정하는 사업을 하는 경우에는 해양환경분야의 전문성을 갖춘 기관으로 하여금 환경영향평가업자를 선정하도록 하고 있다(제32조).

2. 평가대상

가. 대상사업

환경영향평가를 실시하여야 하는 사업(대상사업)은,

① 도시의 개발사업

② 산업입지 및 산업단지의 조성사업

③ 에너지 개발사업

는 부실하게 작성하여서는 아니 되는데(제53조 제2항, 제56조 제1항 제2호), 시행규칙에서는 그 거짓 또는 부실 작성에 대한 판단기준을 제시하고 있다(시행규칙 제23조, 별표 2).

④ 항만의 건설사업
⑤ 도로의 건설사업
⑥ 수자원의 개발
⑦ 철도(도시철도를 포함)의 건설사업
⑧ 공항의 건설사업
⑨ 하천의 이용 및 개발사업
⑩ 개간 및 공유수면의 매립사업
⑪ 관광단지의 개발사업
⑫ 산지의 개발사업
⑬ 특정지역의 개발사업
⑭ 체육시설 · 폐기물 처리시설 · 국방 · 군사 시설의 설치사업
⑮ 토석 · 모래 · 자갈 · 광물 등의 채취사업
⑯ 환경에 영향을 미치는 시설로서 대통령령으로 정하는 시설의 설치사업이다(제22조).

동법이 명시하고 있는 이들 대상사업은 환경오염 및 훼손이 우려되는 사업, 환경적으로 예민한 지역에서의 사업, 장기적 · 복합적인 환경영향이 예상되는 사업 등으로 요약할 수 있다.

동법은 이와 같이 대상사업을 특정하고 있는데, 이는 평가 대상을 "인간의 환경질에 중대한 영향을 미치는 입법이나 주요 연방행위(major federal actions significantly affecting the quality of the human environment)"와 같이 포괄적으로 정하고 있는 미국의 경우와 비교된다.13)

나. 대상사업의 범위

환경영향평가 대상사업의 구체적인 범위는 대통령령으로 정하는데,14) 동법 시행령은 개발사업을 위주로 79개 단위사업을 대상사업으로 정하고 있다. 대상사업의 범위는 아래 ≪표≫와 같이 환경영향평가 대상사업에 따라 다른데, 일반적으로 대규모 사업이 해당된다(시행령 제31조 제2항, 별표 3 참조). 대상사업에 해당 해당하는지 여부는 해당 사업의 형식적인 명칭보다 실질을 보고 판단하여야 한다(판례 [1]).

---

13) NEPA §102(c). 법령에서 대상사업을 특정하는 것은 불필요한 논란을 방지할 수 있다는 장점이 있으나 유연성이 떨어진다는 단점이 있다.

14) 현행법은 대상사업의 개략적인 형태만 법률에서 규정하고 그 구체적인 종류와 규모를 대통령령에 위임하고 있으며, 평가서의 내용과 작성 방법 등도 대통령령에 위임하고 있다. 이와 같이 시행령, 시행규칙에 포함되어 있는 내용은 가능한 한 상위 법에서 다루어야 할 것이다. 참고로 독일「환경영향평가법」과 일본「환경영향평가법」에서는 우리나라와 달리, 환경영향평가 대상사업을 시행령이 아닌 법에서 구체적으로 규정하고 있다.

≪대상사업의 범위≫

대상사업	대상사업의 범위
1. 도시개발 (13개)	· 정비사업, 대지조성사업, 택지개발사업 · 국민임대주택단지조성사업, 학교설치공사: 30만㎡ · 혁신도시개발사업: 25만㎡ · 공동집배송센터조성사업, 여객자동차터미널설치공사, 물류터미널개발사업 · 물류단지개발사업, 마을정비구역조성사업: 20만㎡ · 도시계획시설사업: 운하, 유통업무설비(20만㎡), 주차장시설(20만㎡), 시장(15만㎡) · 공공하수처리시설 · 개인하수처리시설: 10만㎥/일
2. 산업입지 (7개)	· 산업단지개발사업, 단지조성사업, 자유무역지역지정, 공장설립, 공업용지조성사업, 산업기술단지조성사업, 연구개발특구조성사업: 15만㎡
3. 에너지개발 (8개)	· 에너지개발을 목적으로 하는 해저광업 · 에너지개발을 목적으로 하는 광업: 30만㎡ · 전원개발사업: 발전소(1만㎾, 댐 · 저수지 건설 수반시 3천㎾, 풍력 · 연료전지발전소 10만㎾), 지상송전선로(345kV, 10㎞), 옥외변전소(765kV), 회처리장(30만㎡), 저탄장(5만㎡) · 전기설비설치사업: 발전소(1만㎾, 댐 · 저수지 건설 수반시 3천㎾, 공장용지 안의 자가용 발전설비 3만㎾, 태양열 · 풍력 · 연료전지발전소 10만㎾), 지상송전선로(345kV, 10㎞), 옥외변전소(765kV), 회처리장(30만㎡), 저탄장(5만㎡) · 집단에너지공급시설설치사업: 1만㎾, 공장용지 또는 산업용지 안 3만㎾, 태양력 · 풍력 또는 연료전지 발전소 10만㎾ · 송유관 중 저유시설 설치공사, 석유사업자의 저유시설 또는 석유비축시설의 설치공사, 가스사업의 설치공사: 10만㎘
4. 항만건설 (6개)	· 어항시설 또는 어항개발사업: 외곽시설(300m), 계류시설, 기타 어항시설(15만㎡), 공유수면매립 수반시 3만㎡ · 항만시설 건설사업: 외곽시설(300m), 계류시설, 기타 항만시설, 공유수면매립 수반시 3만㎡ · 항만에서의 준설사업: 준설면적 10만㎡ 또는 준설량 20만㎥(항로·정박지 등 유지, 오염물질 제거 목적의 준설 제외)
5. 도로건설	· 도로 신설: 4㎞(도시지역 폭 25m) · 도로 확장: 10㎞(2차로 이상) · 신설＋확장: $\frac{\text{신설구간 길이의 합}}{4\text{km}} + \frac{\text{확장구간 길이의 합}}{10\text{km}} \geq 1$ · 도시지역＋비도시지역: $\frac{\text{비도시구간 길이의 합}}{4\text{km}} + \frac{\text{도시구간 길이의 합}}{4\text{km}} \geq 1$
6. 수자원개발 (3개)	· 댐 건설공사, 하구언의 설치공사, 저수지 · 보(洑) · 유지(溜池)의 조성: 만수면적 200만㎡ 또는 총저수용량 2천만㎥

7. 철도건설 (3개)	· 철도(공장 내 전용철도 제외) 건설사업, 도시철도 건설사업, 고속철도 건설사업: 길이 4㎞ 또는 면적 10만㎡ · 삭도사업: 길이 2㎞, 궤도 길이 4㎞ 또는 궤도용지 면적(궤도시설의 면적 포함) 10만㎡
8. 공항건설	· 공항개발사업: 비행장 신설, 활주로 건설(500m), 기타 공항개발사업(20만㎡)
9. 하천이용개발	· 하천구역 · 홍수관리구역에서의 하천공사: 10㎞
10. 매립 · 개간 (2개)	· 공유수면매립사업: 지정항만 · 신항만 또는 자연환경보전지역 내 3만㎡, 기타 지역 30만㎡ · 간척 또는 개간사업: 100만㎡
11. 관광단지 (6개)	· 관광사업, 관광지 및 관광단지 조성사업, 온천원보호지구에서의 온천개발사업: 30만㎡ · 공원사업: 조성면적 또는 공원집단시설지구면적 10만㎡ · 유원지, 공원시설 설치사업: 시설면적 10만㎡
12. 산지개발 (3개)	· 산지에서 시행되는 사업: 묘지 또는 봉안시설 설치(25만㎡), 초지조성(30만㎡), 기타(20만㎡) · 임도설치사업: 노선 길이 8㎞, 1등급 권역에서의 임도설치사업
13. 특정지역개발 (9개)	· 1~12, 14~17의 대상사업의 범위에 해당되는 사업 중 지역균형개발및지방중소기업육성에관한법률에 따라 시행되는 사업 · 지역종합개발사업: 20만㎡ · 주한미군시설사업, 국제화계획지구의 개발사업, 평택시개발사업, 행정중심복합도시의 건설사업, 경제자유구역의 개발사업, 기업도시개발사업, 신공항건설사업
14. 체육시설 (5개)	· 체육시설설치공사, 경륜 또는 경정시설 설치사업, 경마장 설치사업: 25만㎡ · 청소년수련시설 건설사업, 청소년수련지구 조성사업: 30만㎡
15. 폐기물 · 분뇨 처리시설 (2개)	· 폐기물처리시설 설치사업: 매립시설(조성면적 30만㎡ 또는 매립용적 330만㎥, 지정폐기물 처리시설의 경우 조성면적 5만㎡ 또는 매립용적 25만㎥), 소각시설(100t/1일), 시멘트 소성로(1일 시설능력 100톤 이상) · 분뇨처리시설, 가축분뇨처리시설, 폐기물처리시설 중 중간처분시설 또는 재활용시설로서 음식물류 폐기물의 처리시설의 설치
16. 국방 · 군사시설 (4개)	· 국방 · 군사시설사업: 33만㎡(골프장의 경우 26만㎡) · 군사기지 안에서 시행되는 사업: 비행장 신설, 활주로 신설 (500m), 기타 시설(20만㎡) · 해군기지 안에서 시행되는 사업: 15만㎡(공유수면매립 수반시 3만㎡)
17. 토석등 채취 (6개)	· 하천구역 · 홍수관리구역에서의 토석 · 암석 · 모래 · 자갈 · 광물채취사업: 상수원보호구역(2만㎡), 상수원보호구역에서 유수거리 5㎞ 이내의 상류(5만㎡) · 산지에서의 토석 · 광물채취사업: 10만㎡

· 해안에서의 광물채취: 강원 · 경북(2만m^2), 기타(3만m^2)
· 골재채취: 채취예정지 면적 25만m^2 또는 채취량 50만m^3
· 해안에서의 골재채취: 채취면적 25만m^2 또는 채취량 50만m^3
· 채석단지의 지정, 골재채취단지의 지정

[1] 행정처분효력집행정지: 서울고법 2006. 9. 11. 선고 2006루122 결정(확정)

1. 대지조성사업해당 여부

주택법 제2조 제1호에 의하면 주택이란 건축물과 그 부속토지를 의미하고, 주택법 제16조에서 사업계획승인을 받아야 하는 사업으로 '주택건설사업'과 '대지조성사업'을 구분하고는 있으나, 주택법 시행령 제15조 제5항에 의하면 주택건설사업에는 '주택건설에 필요한 대지조성공사를 우선 시행하고자 하는 경우'도 포함되는 것으로 하면서, 그러한 경우에는 주택건설사업계획 승인신청시 대지조성공사설계도서를 함께 제출하도록 규정하고 있는 점에 비추어, 대지조성을 수반하는 주택건설사업은 대지조성사업으로서의 성질도 함께 가지고 있는 것이라 하겠다.

그런데 이 사건 사업지의 상당부분이 아직 대지가 아니어서, 보조참가인들이 사업계획승인을 받으면서 대지조성에 필요한 농지전용허가 등도 함께 받은 사실이 인정된다. 따라서 이 사건 사업은 비록 그 명칭은 주택건설사업이지만 대지조성사업으로서의 성질도 아울러 가지고 있으므로, 위 환경영향평가 법령에서 정한 환경영향평가 대상사업에 해당된다.

2. 환경영향평가대상규모(사업면적 30만m^2 이상) 여부

환경영향평가법 시행령 [별표 1] 비고 제4. 나.항에 의하면 '사업의 승인 당시에 평가대상사업에 해당되나 평가대상규모 미만이어서 영향평가를 실시하지 아니한 사업이 동일영향권역에서 (…) 당해 사업규모가 신규로 승인이 된 사업규모와의 합이 평가대상규모에 이른 때'에는 '그 사업 전체에 대하여 영향평가를 실시하여야 한다'고 규정되어 있다. 그런데 환경영향평가법의 입법취지와 위 규정의 문언 등에 비추어 보면, 동일영향권역에서 시행되는 동종의 사업들에 대해서는 사업자가 동일한지를 불문하고 전체적으로 하나의 사업으로 보아 각 사업의 규모를 합산하여 환경영향평가 대상 여부를 결정하여야 한다고 해석된다.

이 사건 사업과 종전에 승인이 된 주택건설사업들은 모두 동일 영향권역 내에 있다고 보이고, 그 각 사업규모를 합하면 30만m^2를 초과한다.

그렇다면, 이 사건 사업은 환경영향평가를 받아야 하는 대상사업 · 규모에 해당한다.[15)]

평가 대상사업을 특정하는 현 체제에서는 상당한 환경영향이 예상되는 사업이지만 미처 대상사업으로 지정되지 아니한 사업이나 규모 미만의 사업에 대하여 환경영향평가

15) 해당 사업이 환경영향평가대상 규모에 해당한다고 판단하면서 그 평가를 거치지 않은 채 이루어진 처분이 위법하다고 한 사례. 이 판례에서 법원은 총량적 · 누적적 영향평가를 법해석을 통해 인정하였다고 할 수 있다.

가 이루어지지 않을 가능성이 있게 된다. 대상사업이 규모 위주로 선정되어 있어 소규모 사업이지만 환경에 예민한 사업이 영향평가대상에서 제외될 수 있으며, 개별적으로는 환경에 미치는 영향이 적지만 집중 개발됨으로써 환경용량이 초과되는 경우가 영향평가대상에서 제외되는 불합리한 경우가 나타날 수 있다. 또한 사업자로 하여금 규모 제한을 회피하는 토막치기(segmentation)수법과 같이 환경영향평가를 무색케 하는 편법을 동원할 소지를 주고 있다.

난개발을 막고 환경의 오염 및 훼손을 방지하고자 하는 환경영향평가제도의 취지를 살리기 위해서는 대상사업의 범위를 광범위하게 할 필요가 있다. 대상사업의 범위 확대는 현행법에서와 같이 대상사업을 특정하는 체제를 고수하는 경우 대상사업의 추가를 의미한다. 토막치기와 같이 환경영향평가를 무력화하는 편법이 허용되지 않도록 하기 위해서는 이와 관련한 규정을 법에 명시할 필요가 있다.[16] 편법으로 이루어지는 토막치기를 막기 위해서는 밀접하게 관련이 있는 행위(connected actions), 누적적 행위(cumulative actions), 유사한 행위(similar actions) 등에 대하여 하나의 환경영향평가서에서 모두 고려하도록 할 필요가 있다.[17]

[2] 연접개발과 총량적 · 누적적 영향평가: 대법원 2006. 12. 22. 선고 2006두14001 판결

사전환경성검토 대상면적 미만으로 이미 허가를 받은 개발사업지역과 연접한 지역에 추가로 개발사업을 하고자 하는 경우(연접개발)의 사전환경성검토협의 대상사업 해당 여부와 관련하여 기존 개발사업과 추가 개발사업 사이에 그 사업주체나 사업시기가 동일한 경우에만 협의 대상사업에 해당한다고 볼 수 있는지에 관하여 살펴보면, 법문의 문리적 해석상 반드시 동일 사업자가 추가로 허가를 받아 개발하는 경우에 한정하여 적용된다고 해석할 근거가 없는 점, '사전환경성검토협의' 제도는 '환경기준의 적정성 유지' 및 '자연환경의 보전' 등을 위하여 환경에 영향을 미치는 행정계획 및 개발사업을 그 대상으로 하고 있는 점, 연접개발의 경우를 규정한 (환경정책기본법 시행령 제7조 제1항, 별표 2 '사전환경성검토협의대상 및 협의시기'의) 비

16) 「국가환경정책법(NEPA)」절차를 회피할 목적으로 이루어지는 토막치기는 금지된다. City of Rochester v. United States Postal Service, 541 F.2d 967 (2d Cir. 1976); Alpine Lakes Protection Society v. Schlapfer, 518 F.2d 1089 (9th Cir. 1975); Appalachian Mountain Club v. Brenegar, 394 F.Supp. 105 (D. N. H. 1975). 당해 행위가 보다 상위단계에서 이루어지는 사업에 대한 (공무원의) 의사결정에 "직접적(direct)"이면서 "중대한(substantial)" 영향을 미칠 가능성이 있는 경우 허용될 수 없는 토막치기에 해당된다. State of North Carolina v. City of Virginia Beach, 951 F.2d 596 (4th Cir. 1991).

17) 미국 환경질위원회(CEQ) 규정에 따르면 밀접하게 관련이 있는 행위(connected actions), 누적적 행위(cumulative actions), 유사한 행위(similar actions)를 같은 환경영향평가서에서 함께 평가하도록 하고 있다. '밀접하게 관련이 있는 행위(connected actions)'에는 ① 환경영향평가서를 요구하는 다른 행위를 자동적으로 유발하는 행위; ② 다른 행위가 이전에 또는 동시에 이루어지지 않으면 시행할 수 없거나 시행되지 않는 행위; ③ 대규모 행위의 비독립적인 구성부분으로서, 그 정당성을 위해서는 대규모의 행위에 의존하는 행위 등이 포함된다. '누적적 행위'는 제안된 다른 행위와 함께 고려해 보았을 때 누적적으로 중대한 영향을 미치기 때문에 같은 환경영향평가서에서 검토되어야 하는 행위를 말한다. '유사한 행위'란 합리적으로 예측 가능한 또는 제안된 다른 행위와 함께 고려해 보았을 때 공통된 시기 또는 지형 등과 같이 그들의 환경적 영향을 함께 평가할 수 있는 기초를 제공하는 유사성을 가지고 있는 행위이다. 40 C.F.R. §1508.25(a).

고 제7항은 소규모 개발사업의 누적적 환경영향의 발생에 대비한 사전 검토, 즉 개별 단위사업이 사전환경성검토협의 대상사업이 아니라 하더라도 각 사업이 한 곳에 집중하게 되면 총량적 · 누적적으로 그 지역의 환경용량을 초과하여 환경에 악영향을 초래할 우려가 있다면 이를 사전에 검토하여 그 불합리를 방지하고자 함에 그 취지가 있는 것으로 보이므로, 사업주체가 동일인인 경우에 한정하여 이를 적용한다면 그 규범적 실효성이 크게 떨어질 것으로 예상되는 점 등의 각 사정에 비추어 볼 때, 위 연접개발에 관하여 규정한 비고 제7항은 사업주체가 동일한 경우는 물론 사업주체나 사업시기를 달리하는 경우에도 그 적용이 있다고 해석함이 상당하다(대법원 1999. 12. 10. 선고 87두2881 판결, 대법원 2005. 10. 27. 선고 2005두7600 판결, 대법원 2006. 11. 23. 선고 2006두13954 판결 등 참조)(판례 [12]와 동일 판례).18)

평가 대상사업을 특정하는 현 체제는 환경영향평가의 경직성을 야기한다. 이러한 문제를 완화하기 위한 방안으로는 먼저 대상사업의 기준을 규모 위주에서 탈피하여 인구수, 해당 사업이 환경에 미치는 영향 등 다양한 기준을 고려할 필요가 있다. 행위(정책, 사업 등)별로 구체적인 환경영향을 사전 검토 · 심사하여 평가대상 여부를 결정하는 방식(스크리닝, Screening)19)의 도입도 생각해 볼 수 있는데, 미국에서와 같이 평가대상을 포괄적으로 정하지 아니하고 대상사업을 구체적으로 특정하여 대상사업에 대하여 환경영향평가의 시행을 의무화하는 현 체제(positive list 방식)를 고수하고 있는 한 이러한 방식의 도입은 현실성이 없다고 보인다. 그러나 일정 규모 미만의 사업에 대하여 환경영향평가를 시행할 것인지 여부를 의무적이 아닌 승인기관장등이 개별적으로 판단토록 하는 방법은 고려할 만하다.20)

한편 동법은 지방자치단체의 적극적인 환경관리노력에 의하여 개발사업의 확대에 따른 환경영향을 최소화하도록 한다는 차원에서 대상사업의 범위를 시 · 도의 조례로 확대할 수 있는 가능성을 열어 놓고 있다. 즉 특별시 · 광역시 · 도 · 특별자치도 또는 인구 50

18) 「국토의 계획 및 이용에 관한 법률」상의 농림지역에서 순차적으로 연접하여 설립되는 5개 공장의 사업계획 총면적은 31,006㎡에 이르나, 각자의 면적은 모두 사전환경성검토 최소 대상면적인 7,500㎡ 미만인 사안에서, 기존 개발사업자와 추가개발사업자가 동일한 경우는 물론이고 사업주체나 사업시기를 달리하는 경우에도 총면적이 7,500㎡ 이상인 경우에는 사전환경성검토 대상이라고 한 사례. 이는 소규모 개발사업이 한 곳에 집중되면서 초래될 총량적 · 누적적 환경상의 악영향을 방지할 필요성이 있다는 점을 고려한 것으로서, 사전환경성검토를 회피할 목적으로 형식상 사업주체를 달리하여 사업계획면적을 분할하여 사업을 시행하던 종전 관행에 제동을 걸었다고 할 수 있다. 이 사안은 종전의 사전환경성검토와 관련한 것이지만 환경영향평가에도 그대로 적용될 수 있을 것이다. 사안에서 법원은 사업주체를 달리하는 경우에도 그 적용이 있다고 하였으나 2015. 12. 30. 개정 시행령에서 "사업자가 같은 경우만 해당한다"는 문구가 추가됨으로써(비고 제4항 제4호 참조), 사업주체가 다른 경우에는 그 적용이 없다고 해야 할 것이다.

19) 미국에서는 먼저 환경평가(Environmental Assessment)를 거쳐, 문제의 사업이 인간환경에 중대한 영향을 미칠 것인지 여부를 결정하는데, 일단 중대한 영향을 미친다고 판단되면 환경영향평가서(Environmental Impact Statement)의 작성이 요구되고, 그렇지 아니할 경우에는 FONSI(Finding of No Significant Impact) 절차가 진행되어 환경영향평가서의 작성이 요구되지 아니한다. 40 C.F.R. §1501.4(c), (e).

20) 일본 「환경영향평가법」은 규모가 크고 환경에 큰 영향을 미칠 우려가 있는 사업을 "제1종 사업"으로 정하고, 환경영향평가 절차를 반드시 거치도록 하고 있으며, "제1종 사업"에 준하는 규모의 사업을 "제2종 사업"으로 정하고, 환경영향평가 절차를 행할지 여부를 개별적으로 판단하도록 하고 있다(제2조 제2항, 제3항). 그러나 이러한 방식은 선택적으로 환경영향평가를 시행하도록 한 대상사업(예컨대, 제2종 사업)을 사실상 의무적인 대상사업으로 할 가능성이 있다.

만 이상의 시는 환경영향평가 대상사업의 종류 및 범위에 해당하지 아니하는 사업으로서 대통령령으로 정하는 범위에 해당하는 사업에 대하여 지역 특성 등을 고려하여 환경영향평가를 실시할 필요가 있다고 인정하면 해당 시 · 도의 조례로 정하는 바에 따라 그 사업을 시행하는 자로 하여금 환경영향평가를 실시하게 할 수 있다(제42조 제1항). 다만, 국가 또는 지방자치단체, 공공기관 등이 시행하는 사업으로서 소규모 환경영향평가 대상사업에 해당하는 경우에는 그러하지 아니하다(동항 단서).

다. 예 외

다음의 사업에 대하여는 환경영향평가를 실시하지 아니한다:

① 「재난 및 안전관리기본법」 제37조에 따른 응급조치를 위한 사업;

② 국방부장관이 군사상 고도의 기밀보호가 필요하거나 군사작전의 긴급한 수행을 위하여 필요하다고 인정하여 환경부장관과 협의한 사업;

③ 국가정보원장이 국가안보를 위하여 고도의 기밀보호가 필요하다고 인정하여 환경부장관과 협의한 사업;

④ 특별재난지역으로 선포된 지역에서 재해 · 재난복구계획에 따라 시행하는 사업으로서 행정안전부장관이 긴급한 복구를 위하여 필요하다고 인정하여 환경부장관과 협의한 사업(제23조).

3. 평가서 제출시기 및 협의요청시기

동법은 환경영향평가 대상사업별로 평가서의 제출 및 협의요청시기를 달리 정하고 있는데 대부분 실시계획의 인가(승인)전으로 되어 있다(시행령 별표 3 참조). 시행령에 정해진 제출시기 또는 협의요청시기는 해당 사업이 환경영향평가 대상에 해당하는지 여부를 결정하는 대상사업의 범위 중 사업의 규모를 판단하는 시점으로 작용한다.[21]

시행령에 협의 요청시기 등이 규정되어 있음에도 실무적으로는 언제 환경영향평가가 시행되어야 하는지 종종 문제가 되고 있다(판례 [3], [4]).

[3] 제주해군기지 사건: 대법원 2012. 7. 5. 선고 2011두19239 전원합의체 판결

[다수 의견]

환경영향평가법의 위임에 따라 환경영향평가 대상사업 또는 사업계획에 대한 환경영향평가서 제출시기를 규정하고 있는 구 환경영향평가법 시행령(2010. 2. 4. 대통령령 제22017호로 개정되기 전의 것, 이하 같다) 제23조 [별표 1] 제16호 (가)목에서 정한 '기본설계의 승인 전'은 문언 그대로 구 건설기술관리법 시행령(2009. 11. 26. 대통령령 제21852호로 개정되기 전의 것) 제38조의9에서 정한 '기본설계'의 승인 전을 의미한다고 해석하는 것이 타당하고, 그렇게 보는 것이 환경영향평가법의 위임 범위

21) 대법원 2008. 11. 13. 선고 2007두19317 판결.

를 벗어나는 것도 아니다.

[대법관 전수안, 대법관 이상훈의 반대의견]

구 국방·군사시설 사업에 관한 법률(2009. 1. 30. 법률 제9401호로 개정되기 전의 것, 이하 '구 국방사업법'이라 한다)에 따른 국방·군사시설사업의 경우 환경영향평가법 제16조 제1항의 '사업계획 등에 대한 승인 등'은 구 국방사업법 제4조 제1항의 '실시계획의 승인'을 의미한다고 보아야 한다. 환경영향평가법 제16조 제1항은 구 국방사업법상 국방·군사시설사업에 대한 실시계획 승인을 받기 전에 환경영향평가서를 제출하도록 규정하면서 그 범위 내에서 구체적인 제출시기를 대통령령에 위임한 것인데, 구 환경영향평가법 시행령 제23조 [별표 1] 제16호 (가)목은 이와 같은 위임범위를 벗어나 실시계획의 승인이 이루어진 후 실제 공사가 진행되는 과정의 하나로 보이는 '기본설계의 승인 전'까지 환경영향평가서를 제출하도록 규정하고 있으므로, 이는 근거가 되는 상위법률에 위반되는 무효인 규정이다.22)

[4] 대법원 2018. 2. 28. 선고 2017두30979 판결

구 환경영향평가법 시행령(2014. 4. 29. 개정 전) 제31조 제2항 및 제47조 제2항 [별표 3] 제15호 (나)목 2)에서 '가축분뇨 재활용시설 설치사업'에 대한 환경영향평가서 협의 요청시기를 '재활용 신고 전'으로 규정하고 있는 부분은 가축분뇨 재활용시설 설치가 재활용 신고보다 늦게 이루어지는 경우에 한하여 적용되고, 재활용시설 설치가 재활용 신고보다 먼저 이루어지는 경우에는 그대로 적용되지 아니하므로 그 설치를 위한 개발행위허가나 그에 준하는 사업계획 승인 등이 있기 전에 환경영향평가가 시행되어야 한다.

4. 환경영향평가 항목 및 범위 결정

동법은 환경영향평가 대상사업의 시행으로 영향을 받게 될 자연환경, 생활환경, 사회·경제 등의 분야에 대하여 실시하도록 하며, 분야별 환경영향평가의 세부 평가항목을 대통령령으로 정하도록 위임하고 있다(제7조). 이에 따라 시행령에서는 6개 분야(대기환경, 수환경, 토지환경, 자연생태환경, 생활환경, 사회·경제환경)에 걸쳐 21개 항목을 정하고 있다(시행령 제2조, 별표 1). 이와 같이 평가항목이 정하여진 상황에서 그 필요성이 없거나 적은 경우에도 전 항목에 걸쳐 일률적으로 평가를 하여야 한다면 환경영향평가의 효율성이 떨어질 수밖에 없다. 예컨대, 어느 지역에서 시행하는지 여부를 불문하고 도로건설을 하

22) 구 「환경영향평가법 시행령」 제23조 [별표 1] 제16호 (가)목의 '기본설계의 승인 전'은 국방·군사시설사업에 대한 '실시계획의 승인 전'을 의미한다는 전제하에 해군참모총장이 실시계획 승인 전 국방부장관에게 사전환경성검토서만 제출하였을 뿐 환경영향평가서를 제출하지 않았으므로 실시계획 승인처분이 무효라고 본 원심판결에 국방·군사시설사업에 관한 환경영향평가서 제출시기 등에 관한 법리를 오해한 위법이 있다고 한 사례. 이 판결 후 동법 시행령은 국방·군사시설사업 환경영향평가 시기가 국방사업법에 따른 '기본설계의 승인 전'에서 국방·군사시설사업에 대한 '실시계획의 승인 전'으로 개정되었다.

는 경우 일률적으로 같은 평가항목에 대하여 평가하도록 하는 것은 효율적이고 내실있는 평가를 방해할 수 있다. 산림지역에서 하는 경우와 도시지역에서 하는 경우를 달리 취급하여 전자의 경우에는 녹지훼손, 동 · 식물에 미치는 영향 등을 집중적으로 검토하고, 후자의 경우에는 소음영향, 인구, 교육문제 등에 대하여 집중적으로 평가하는 것이 평가의 내실화에 부합할 것이다.

평가항목을 일률적으로 정하고, 간략하게 평가가 가능한 항목이나 평가가 불필요한 항목까지 평가를 하도록 하는 것은 불필요한 시간과 비용의 낭비를 초래할 수 있다. 평가항목 전부에 대하여 동일한 수준으로 평가를 실시하는, 말하자면 '선택과 집중'이 없는 상태에서는 평가의 비효율성이 야기될 수밖에 없는 것이다. 이에 대상사업별로 사업의 유형 및 특성, 입지여건 등을 고려하여 환경에 미치는 영향이 큰 평가항목에 대하여는 중점적으로 평가하여 작성하고 기타 항목에 대하여는 평가를 하지 아니하거나 필요한 범위 내에서 현황만을 조사하는 식의 평가방식의 필요성이 제기된다.

이러한 점을 감안하여 동법은 평가항목 · 범위 등을 결정하는 이른바, 스코핑(Scoping)[23] 절차를 모든 환경영향평가 대상사업에 대하여 의무화하고 결정된 평가항목 · 범위 등에 따라 환경영향평가를 실시하도록 하고 있다. 이에 따르면, 승인등을 받지 아니하여도 되는 사업자는 환경영향평가를 실시하기 전에 평가준비서를 작성하여 대통령령으로 정하는 기간 내에 환경영향평가협의회의 심의를 거쳐 환경영향평가 대상지역, 환경보전방안의 대안, 평가 항목 · 범위 · 방법 등(환경영향평가항목등)을 결정하여야 한다(제24조 제1항). 승인등을 받아야 하는 사업자는 환경영향평가를 실시하기 전에 평가준비서를 작성하여 승인기관의 장에게 환경영향평가항목등을 정하여 줄 것을 요청하여야 한다(동조 제2항).

환경부장관은 다음의 어느 하나에 해당하는 요청을 받은 경우에는 환경영향평가항목등을 결정할 수 있다: ① 승인등을 받지 아니하여도 되는 사업자가 필요하다고 인정하여 환경영향평가항목등을 정하여 줄 것을 요청한 경우; ② 승인등을 받아야 하는 사업자가 환경영향평가협의회의 심의를 거치기 곤란한 부득이한 사유가 있거나 특별히 전문성이 요구된다고 판단하여 승인기관을 거쳐 환경영향평가항목등을 정하여 줄 것을 요청한 경우(동조 제3항). 요청을 받은 승인기관의 장이나 환경부장관은 대통령령으로 정하는 기간 내에 환경영향평가협의회의 심의를 거쳐 환경영향평가항목등을 결정하여 사업자에게 통보하여야 한다(동조 제4항). 나아가 동법은 환경영향평가 대상사업에 대한 평가항목 · 범위 등을 결정할 때 환경적 · 생태적으로 가치가 큰 지역에 대한 계절적 특성 변화 등을 고려하도록 하고, 결정된 평가항목 · 범위 등을 공개하고 주민의견을 듣도록 하고 있다(동조 제5항 · 제7항). 한편, 동법은 전략환경영향평가항목등에 환경영향평가항목등이 포함되어

23) 미국에서 활용되고 있는 스코핑이란 제기된 행위와 관련한 중요한 쟁점을 규명하고, 환경영향평가서에서 다루어질 쟁점의 범위를 정하기 위해 조기에 이루어지는 공개적인 과정이다. 40 C.F.R. §1501. 7.

결정된 경우로서 환경부장관과 전략환경영향평가에 대하여 협의하였을 때에는 환경영향평가항목등의 결정 절차를 거치지 아니할 수 있도록 함으로써(동조 제6항), 절차 간소화와 사업자 편의를 도모하고 있다.

환경영향평가항목등의 결정은 결정된 평가항목 · 범위등 이외의 평가항목 · 범위등에 대해서는 환경영향평가의무가 면제될 수 있는 반면 결정된 평가항목 · 범위등에 대하여 허위 · 부실의 평가서 작성이 이루어진 경우 그 책임을 면하기 어렵게 되었다는 것을 의미한다. 말하자면 '선택과 집중'을 통해 환경영향평가의 내실화, 실효성을 제고할 수 있게 된 것이다.

이로써, 모든 항목에 대하여 동일한 수준으로 평가를 실시하면서 발생되는 비효율성과 경직성이 상당부분 감소될 것으로 보이며, 부실조사 및 부실작성도 상당부분 개선될 것으로 예상된다. 환경영향평가 시 여러 항목 중에서 관련되는 항목 및 범위를 한정함으로써 환경영향평가에 소요되는 노력과 비용을 절감할 수 있고, 환경영향평가의 기간이 단축되는 효과도 기대된다. 그러나 환경부장관에 대한 요청이 의무적이지 않고, 평가항목 · 범위의 결정 주체가 원칙적으로 환경부장관이 아니라 승인기관의 장이라는 점에서 그 실효성에 의문이 제기된다. 이에 환경부장관에 대한 요청을 의무화하고, 결정 주체를 환경부장관으로 하여 이 제도를 활성화할 필요가 있다. 평가항목 · 범위의 결정 주체를 환경부장관으로 하고 평가항목 · 범위 결정절차를 획일적으로 의무화하는 것이 부담스러울 경우에는 원칙적으로 결정 주체를 승인기관의 장으로 하되 일정 규모 이상의 대상사업에 한해서만 의무화하는 것을 검토할 수 있을 것이다.

또 하나 지적할 점은 동법이 환경영향평가항목등의 결정 대상 중의 하나로 환경보전방안의 대안을 들고, 평가서에는 당해 사업으로 인하여 불가피하게 발생하는 환경 악영향 및 이에 대한 대책, 대안 설정 및 평가 등을 포함하도록 하고 있는바(시행령 제46조, 제34조 제1항 제6호), 구체적인 대안 설정의 범위, 방법 등이 마련되어 있지 않아 실효성에 의문이 제기된다는 것이다.[24] 법원은 대안을 검토하지 않은 점을 크게 문제 삼지 않는 것으로 보인다.[25] 비시행(no action)이라는 대안제시를 의무화하고 있지 않은 점도 문제이다. 경우에 따라서는 대안을 일체 제시할 수 없는 경우도 예상할 수 있는바, 이러한 경우는 사업을 하지 않는 것이 대안이 되는 것이다. 그럼에도 불구하고 대안제시를 생략하거

24) 환경부장관의 고시(「환경영향평가서등 작성 등에 관한 규정」)에 따르면 '대안'이란 해당사업의 시행으로 인하여 환경에 미치는 영향을 저감 또는 방지할 수 있는 모든 합리적인 방안으로서 규모, 사업지역 경계, 토지이용계획, 시기, 공법, 기타의 저감방안 등 조건이 다른 여러 가지 안을 말한다. 단, 전략환경영향평가를 거치지 않은 사업의 경우에는 입지를 대안으로 둘 수 있다(제2조 제5호). 나아가 동 규정은 저감방안은 환경현황 및 영향의 예측 · 분석 · 평가 등의 내용을 토대로 합리적이고 구체적인 내용으로 수립되어야 하며, 가능한 둘 이상의 대안을 비교하여 그 장 · 단점을 객관적으로 기술하여야 하고, 최종적으로 사업 시행 시 이행할 저감방안을 선정 · 제시하되, 그 선정사유를 명시하여야 한다고 규정하고 있다(제12조).

25) 대법원 2001. 6. 29. 선고 99두9902 판결(판례 [14]) 참조.

나 형식적으로 하면서 사업을 강행하는 것은 환경영향평가제도의 본질을 왜곡할 수 있는 것이다.[26]

대안의 검토는 합리적(rational)이고 실행가능한 모든 대안에 대하여 구체적으로 이루어져야 한다.[27] 현실적으로는 대안제시가 아예 없거나 형식적인 대안제시에 그치는 경우가 있다. 형식적인 대안제시는 환경영향평가의 부실 내지 형해화(形骸化)를 의미한다. 이러한 문제를 개선하기 위해서는 대안비교, 특히 비시행대안(no action alternative)의 검토를 의무화할 필요가 있다.[28] 복수안의 작성을 의무화하는 것도 생각해 볼 수 있다.

누적영향평가가 제대로 이루어지지 않는 것도 영향평가제도의 기능, 역할을 반감하고 있다. 장소적으로 개발사업들이 집중되거나 시기적으로 기존 개발사업에 연하여 다른 개발사업이 이루어지는 경우 등에 누적적 영향을 고려하지 않고 개별사업 중심의 평가만을 고집할 경우에는 환경훼손과 난개발은 심화되고 일정지역에서의 개발과 보전을 둘러싼 갈등은 증폭될 수밖에 없다. 특히 일정한 지역에서 다양한 개발사업이 집중되어 난개발이 진행되고 있거나 진행될 우려가 있는 경우, 시기를 달리하여 기존 개발사업지구에 연하여 다른 개발사업지구가 지정되어 개발이 이루어지면서 환경훼손이 심각한 경우 등에 대하여는 누적영향평가의 필요성이 크다. 누적영향평가의 실효성을 확보하기 위해서는 누적적 · 총량적 영향평가를 의무화할 필요가 있다. 누적영향평가의 기법을 개발하고, 정보 · 자료의 축적 · 공유 · 제공 · 지원을 가능케 하는 시설 및 체계의 설치 · 확립도 중요하다.

5. 환경영향평가 대상지역

환경영향평가는 환경영향평가 대상사업의 시행으로 인하여 환경영향을 받게 되는 지역으로서 환경영향을 과학적으로 예측 · 분석한 자료에 따라 범위가 설정된 지역에 대하여 실시하여야 한다(제6조). 승인등을 받지 아니하여도 되는 사업의 경우에는, 환경영향평가협의회의 심의를 거치지만(제8조), 환경영향평가 대상지역의 범위를 결정하는 주체는 사업자(그 결정을 환경부장관에게 요청한 경우에는 환경부장관)이다. 승인등을 받아야 하는 사업의 경우에는 승인기관의 장(승인기관을 거쳐 그 결정을 환경부장관에게 요청한 경우에는 환경부

26) 현행 제도하에서 대안비교는 적절한 대안이 있는 경우에만 하도록 되어 있다. 이러한 이유로 많은 평가서는 대안 설정과 평가를 생략하거나 지엽적, 기술적인 대안만을 비교하는 것으로 그치고 있다. 대부분의 평가서는 모범답안을 만든 후 오답을 대안으로 제시하고, 모범답안의 불가피성을 정당화하는 형태로 대안비교를 하고 있다. 이러한 문제를 개선하기 위해서는 대안비교, 특히 비시행대안(no action alternative)의 검토를 의무화할 필요가 있다. 구도완, "지속가능한 발전을 위한 환경영향평가: 사회 · 경제환경분야를 중심으로", 환경포럼, 제2권 제17호, 한국환경정책 · 평가연구원, 1998. 9. 24, 5면. 절차법적 차원에서 대안의 평가에 대하여 상세한 규정은 두자는 견해가 있다. 이비안, "환경영향평가제도에서 대안의 검토 필요성: 합리적 대안과 부작위 대안", 환경법연구 제32권 제1호, 2010. 4, 376면, 393면.

27) 대법원 2011. 4. 21. 선고 2010무111 전원합의체 결정. 미국 법원과 환경질위원회(CEQ)는 검토되어야 하는 대안과 관련하여 '합리성 원칙(rule of reason)'을 적용하고 있다. NRDC v. Morton, 148 U.S. App. D.C. 5, 458 F.2d 827, 836 (D.C. Cir. 1972); Vermont Yankee Nuclear Power Corp. v. NRDC, 435 U.S. 519, 98 S.Ct. 1197, 55 L.Ed.2d 460 (1978); 40 C.F.R. §1502.14.

28) 구도완(각주 26), 5면. 참고적으로 미국의 경우 환경질위원회(Council on Environmental Quality) 규정은 환경영향평가를 하는 공무원으로 하여금 비시행대안을 검토하도록 하고 있다. 40 C.F.R. §1502.14.

장관)이다. 환경영향평가 대상지역의 설정은 환경영향평가가 실시되는 지역적 한계를 정하고, 주민의견 수렴절차를 수행함에 있어 주민의견 수렴대상을 정하는 데 의미가 있으며, 권리구제 차원에서 원고적격을 판단하는 근거로서도 중요한 의미를 갖게 된다. 법원은 환경영향평가 대상지역 안의 주민에게 항고소송(취소소송)의 원고적격을 인정하고 있는 추세이다.29)

6. 평가서의 내용

시행령에서는 평가서에 포함되어야 할 사항을 정하고 있다(시행령 제46조 제1항). 한편, 각 사항별 작성방법과 그 밖에 평가서 작성에 필요한 사항은 환경부장관이 정하여 고시하도록 되어 있다(동조 제2항). 이에 따라 환경영향평가서의 본문에 포함되어야 할 내용이 환경부 고시인 '환경영향평가서작성등에관한규정'(환경부 고시 제1997－95호)에 자세히 규정되어 있다.

7. 환경영향평가절차

가. 평가준비서의 작성

사업자는 환경영향평가 대상지역, 환경보전방안의 대안, 평가 항목 · 범위 · 방법 등(환경영향평가항목등)을 결정하기 위하여 환경영향평가를 실시하기 전에 평가준비서를 작성하여야 한다(제24조). 이는 그 출발단계부터 철저한 준비를 하도록 하여 효율적이고 내실있는 환경영향평가가 이루어지도록 하기 위한 조치로 이해된다.

나. 주민의 의견수렴

동법은 대상사업에 대한 주민이해를 돕고, 내용을 공개하여 공정한 평가가 이루어지도록 주민의견 수렴절차를 도입하고 있다. 환경영향평가서의 초안의 작성 및 주민 등의 의견수렴절차에 관하여는 전략환경영향평가에 적용되는 규정(제12조부터 제13조)이 준용된다. 그 결과 환경영향평가서초안의 작성, 제출, 공고 · 공람, 설명회 또는 공청회의 개최,30) 주민이 아닌 자의 의견 반영31) 등이 그대로 적용된다. 그러나 개발기본계획의 수

---

29) 대법원 1998. 9. 22. 선고 97누19571 판결(남대천양수발전소 사건); 대법원 1998. 4. 24. 선고 97누3286 판결; 대법원 1998. 9. 4. 선고 97누19588 판결(영광원자력발전소 사건) 참조.

30) 원칙적으로 사업자는 주민의견의 수렴을 위하여 설명회나 공청회, 그 밖의 다른 의견수렴방법을 선택하여 실시할 수 있으며, 반드시 공청회를 개최하여야 하는 것은 아니다. 이는 사업의 종류나 규모를 불문하고 일률적이고 획일적인 방식을 강제하는 것보다는 사업의 특성에 따라 유연한 의견수렴방법을 선택하도록 하는 것이 보다 효율적이라는 인식에 기한 것으로 생각된다. 그 결과 사업자로서는 공청회보다는 상대적으로 절차가 까다롭지 아니한 설명회를 선택할 가능성이 높다. 그러나 대통령령으로 정하는 범위(30명 이상)의 주민의 요구가 있으면 반드시 공청회를 개최하여야 한다(제13조 제1항 단서, 시행령 제16조 제1항, 제40조 제1항).

31) 자연공원, 습지보호지역 등 생태계의 보전가치가 큰 지역에서 시행하는 국민적 관심대상이 되는 사업에 대하여는 의견수렴 대상자가 '주민이 아닌 자'에게까지 확대된다. 즉 사업자는 생태계의 보전가치가 큰 지역으로서 대통령령으로 정하는 지역을 포함하는 지역에서 환경영향평가 대상사업을 시행하려는 경우에는 주민의 의견 외에 전문가 등 평가 대상지역의 주민이 아닌 자의 의견도 듣고 이를 평가서의 내용에 포함시켜야 한다(제13조 제2항, 제25조 제2항). '주민이 아닌 자'란 이 규정에 따라 대통령령으로 정하는 지역의 주민만이 아니라 환경단체, 시민단체 등 해당 지역주민 외의 자를 포함하는 것으로 이해된다. 홍준형, 환경법, 박영사, 2005, 224면.

립단계에서 전략환경영향평가서 초안의 작성 및 의견수렴절차를 거친 경우로서 일정한 요건에 해당하는 경우[32] 협의기관의 장과의 협의를 거쳐 환경영향평가서 초안의 작성 및 의견수렴절차를 거치지 아니할 수 있도록 하고 있다(제25조 제5항).

[5] 의견수렴(공청회): 대법원 2009. 4. 23. 선고 2007두13159 판결

구 환경영향평가법 시행령 제9조 제4항은 "공청회가 사업자가 책임질 수 없는 사유로 2회에 걸쳐 개최되지 못하거나 개최는 되었으나 정상적으로 진행되지 못한 경우에는 공청회를 생략할 수 있다. 이 경우 사업자는 공청회를 생략하게 된 사유와 공청회시 의견을 제출하고자 한 자의 의견제출의 시기 및 방법 등에 관한 사항을 제2항의 규정을 준용하여 공고하고, 다른 방법으로 주민의 의견을 듣도록 노력하여야 한다"고 규정하고 있다.

위 규정은 천재지변이나 사업을 반대하는 세력에 의한 공청회의 개최 또는 진행 방해 등 사업자가 책임질 수 없는 사유로 인해 공청회를 개최 또는 진행하는 것이 불가능할 경우에는 공청회를 생략하고, 다른 방법으로 주민의 의견을 들을 수 있도록 하는 데 그 취지가 있다. 그러므로 1회의 공청회가 개최 또는 정상 진행되지 못한 경우에도 공청회가 개최 또는 진행되지 못한 사유 등에 비추어 차후의 공청회 역시 개최 또는 정상 진행되지 못할 것이 확실한 경우에는 위 규정의 취지에 비추어 반드시 2회 공청회를 개최할 필요는 없다.

의견수렴 후 사업이 일정 규모 이상으로 확대된다든지 소각시설 등이 추가되는 경우에는 기존의 주민의견 수렴의 기초가 변경되어 주민들의 의견이 달라질 수 있으므로 의견수렴을 다시 하는 것이 필요하고, 그렇게 하는 것이 환경영향평가 후 실제 사업의 추진에도 도움이 될 것이다. 이에 동법은 사업자로 하여금 의견수렴절차를 거친 후 협의 내용을 통보받기 전까지 환경영향평가 대상사업의 변경 등 대통령령으로 정하는 중요한 사항을 변경하는 경우에는 평가서초안의 작성과 의견수렴을 다시 하도록 하고 있다(제26조 제1항). 또한 공개한 의견의 수렴 절차에 흠이 존재하는 등 환경부령으로 정하는 사유가 있으면 의견 재수렴 절차를 거치도록 하고 있다(동조 제2항).

주민의견 수렴절차와 관련하여 미흡한 부분이 발견되고 있다. 그 동안 수차례의 법개정을 통하여 일정한 경우 공청회의 개최가 의무화되고, 자연공원, 습지보호지역 등 생태계의 보전가치가 큰 지역에서 시행하는 사업의 경우에는 의견수렴 대상자를 주민이 아닌 자에게까지 확대하고, 평가항목 및 범위등의 심의 시 주민 등의 의견을 들을 수 있도록

32) 이는 ① 전략환경영향평가서의 협의 내용을 통보받은 날부터 3년이 지나지 아니한 경우; ② 협의 내용보다 사업규모가 30퍼센트 이상 증가되지 아니한 경우; ③ 협의 내용보다 사업규모가 제22조 제2항에 따라 대통령령으로 정하는 환경영향평가 대상사업의 최소 사업규모 이상 증가되지 아니한 경우; ④ 폐기물소각시설, 폐기물매립시설, 공공하수처리시설, 공공폐수처리시설 등 주민의 생활환경에 미치는 영향이 큰 시설의 입지가 추가되지 아니한 경우에 모두 해당하는 경우를 말한다.

하며, 평가서초안에 기초한 설명회 또는 공청회가 개최된 이후 사업계획이 변경된 경우 의견재수렴을 하도록 하는 등 큰 진전이 있어 온 것은 사실이다. 그러나 타당성 또는 기본계획단계가 아니라 평가서초안 작성단계에서 비로소 의견수렴절차가 진행된다는 점, 의견수렴 대상자가 사업의 시행으로 영향을 받게 되는 평가 대상지역 주민으로 한정하고 있는 점,[33] 제한적인 경우를 제외하고는 환경단체 또는 시민단체의 참여가 제한되고 있는 점, 군사상 기밀보호나 영업비밀보호 등의 이유로 제출자의 요청에 따라 평가서초안의 공개가 제한될 수 있는 점(제66조) 등 절차상 미흡한 부분이 있는 것도 사실이다.

주민의견 수렴절차는 평가의 공정성, 투명성, 신뢰성을 담보하고 대상사업의 시행을 함에 있어 발생될 수 있는 사업자와 지역주민의 상반된 이해관계를 조정하는 등 중요한 기능을 수행하게 되면서 동 제도의 성공을 위한 중요하고 핵심적인 요소가 되고 있다. 이러한 관점에서 타당성 또는 기본계획단계부터 의견수렴절차의 진행, 의견수렴 대상자의 범위 확대,[34] 의견수렴절차에 환경단체 및 민간단체의 참여, 환경영향평가협의회에 주민 · 환경단체 · 민간단체의 활발한 참여, 평가서 작성 · 제출 이후의 주민의견 수렴절차의 마련과 같은 주민의견 수렴절차를 활성화하는 제도적 보완이 모색되어야 할 것이다.[35]

현실적으로는 평가서초안 자체가 부실하게 작성되어 주민의견 수렴절차가 형식적으로 흐를 가능성이 상존하고 있으며, 주민들이 평가서초안이 공람되고 있는지조차 모르는 경우가 많고 알게 된 경우에도 공람기간이 짧고, 그 내용이 고도로 전문적이어서 사업내용을 충분히 이해하고 의견을 제시하는 것이 어려운 경우가 많다. 주민들이 의견을 제시하는 경우에도 자료와 정보의 부족 때문에 그 의견이 제대로 반영되지 않는 경우가 많다. 일부 이해관계자들의 의견이 전체 의견인양 제시되어 반영될 우려도 있다.

환경영향평가제도가 본래 취지에 부합하기 위하여는 주민의견 수렴절차가 형식적이고 소극적으로 이루어져서는 안 된다. 이에 주민의견의 수렴이 실질적으로 이루어질 수 있는 제도적 장치가 고안되어야 할 필요가 있다. 우선 평가서초안이 부실하게 작성된 경우에는 의견수렴이 형식적으로 이루어질 수밖에 없기 때문에 결국 충실한 의견수렴을 위해서는 평가서초안이 적정하게 만들어졌는지에 대한 통제가 선결되어야 할 것이다. 이를 위해서는 환경영향평가협의회 등을 활용하여 평가서초안이 의견수렴을 할 수 있을 정도로 제대로 만들어졌는지 확인하는 과정이 필요하다고 생각된다. 평가서초안의 내용을 비전문가가 이해할 수 있을 정도로 쉬운 내용으로 주민들에게 설명해 주어야 한다는 설명의무조항을 평가서초안의 필수적 내용으로 추가한다거나,[36] 실질적인 정보의 충분한 공개, 정보통신망 또는 전자우편, 여론조사와 같은 주민의견 수렴방법의 개발, 의견수렴범위의 결정 등

33) 석인선, “환경영향평가절차상 주민참여”, 환경법연구 제30권 제2호, 2008. 8, 458면 참조.
34) 석인선(앞의 글), 458면 참조.
35) 구도완(각주 26), 6면.
36) 홍준형(각주 31), 231면.

주민의견을 폭넓게 수렴하고 충실히 반영하기 위한 구체적이고 세부적인 절차가 제도적으로 뒷받침되어야 한다.

다. 평가서 제출 및 협의요청

일반적인 경우 사업자는 사업의 승인기관에게 평가서를 제출하고, 승인기관은 환경부장관에게 평가서의 협의를 요청하게 된다.

(1) 평가서 작성 및 제출

승인등을 받지 아니하여도 되는 사업자는 제1항에 따라 환경부장관에게 협의를 요청할 경우 환경영향평가서를 작성하여야 하며, 승인등을 받아야 하는 사업자는 환경영향평가서를 작성하여 승인기관의 장에게 제출[37]하여야 한다(제27조 제2항).

(2) 협의요청

승인등을 받지 아니하여도 되는 사업자 또는 승인기관의 장(승인기관장등)은 환경영향평가 대상사업에 대한 승인등을 하거나 환경영향평가 대상사업을 확정하기 전에 환경부장관에게 협의를 요청하여야 한다. 이 경우 승인기관의 장은 환경영향평가서에 대한 의견을 첨부할 수 있다(제27조 제2항). 협의기관의 장은 환경부장관이 된다. 협의요청의 주체는 사업자가 아닌 승인기관의 장인데, 이는 사업승인 시 협의 내용이 사업계획 등에 충실히 반영될 수 있도록 하는 역할을 하게 된다.

(3) 시　　기

동법 시행령에서는 대상사업별로 평가서의 제출 시기와 협의요청 시기를 구체적으로 정하고 있다(시행령 제31조 제1항, 별표 3). 그 시기가 공항개발사업, 매립 등과 같이 공사시행의 고시 또는 면허단계도 있지만 원칙적으로 실시계획 승인 전으로 되어있다. 사업자로부터 평가서를 제출받은 승인기관의 장은 평가서를 제출받은 날부터 10일 이내에 환경부장관에게 평가서에 대한 협의를 요청하여야 한다(시행령 제47조 제3항).

(4) 평가서 등의 공개

특히 동법에서는 환경부장관으로 하여금 다른 법령에 따라 공개가 제한되는 경우 외에는 제70조 제3항에 따른 환경영향평가와 관련된 정보지원시스템 등을 이용하여 주민 등이 평가서초안뿐만 아니라 최종 평가서, 사후환경영향조사서 등 환경영향평가 관련 서류를 열람할 수 있게 원칙적으로 공개하도록 함으로써(제66조 제1항), 협의 내용에 대한 투명성과 지역주민의 알권리를 제고하고 있다. 공개행정이 이루어지면 그만큼 환경영향평가제도에 대한 국민의 신뢰는 향상되고, 평가의 공정성과 객관성이 확보될 것이다. 환경영향평가 대상사업에 대한 외부감시는 강화될 뿐만 아니라 사업 추진을 둘러싼 갈등의 소지는 줄어들 것이다. 그러나 그 공개가 의무적이지 않고, 군사상의 기밀 보호, 사업의 영업비밀

---

37) 환경영향평가서의 '제출'이 수리를 요하는 제출인가라는 질문을 하면서 수리를 요하는 '신고'로 볼 수 있다는 견해는 조홍식, 환경법원론, 박영사, 2019, 381면.

등을 이유로 사업자나 승인기관의 장이 전부 또는 일부를 공개하지 아니하도록 요청하는 경우 이를 공개하지 아니할 수 있도록 하고 있기 때문에 일정한 한계가 있다(동조 제2항).

라. 평가서의 보완 · 검토

환경부장관에게는 환경영향에 관한 최종 검토권한이 있다. 협의요청에 따라 이루어지는 협의 단계는 평가서의 검토를 통하여 환경부의 의견이 반영된다는 점에서 환경영향평가의 핵심절차이다.

(1) 평가서의 보완

일정한 경우 환경부장관에게는 승인기관장등에 대한 사업계획 등의 보완요구권이 부여되고 있다. 즉 평가서가 작성내용 · 작성방법 등에 따라 작성되지 아니한 경우, 환경영향평가 대상사업의 시행으로 환경에 해로운 영향을 미칠 우려가 있어 사업계획등의 조정이나 보완이 필요하다고 인정하는 경우 등에는 승인기관장등에게 평가서나 사업계획등을 조정하거나 보완할 것을 요청할 수 있다(제28조 제3항). 환경부장관이 사업계획 등의 보완을 요청하지 않거나[38] 수차례의 보완 요청으로 협의기간이 도과된 경우에는 책임 소재를 둘러싸고 분쟁의 소지가 있다. 이에 동법은 보완 · 조정의 요청은 두 차례만 할 수 있도록 하고, 그 요청에도 불구하고 요청한 내용의 중요한 사항이 누락되는 등 환경영향평가서 또는 해당 사업계획이 적정하게 작성되지 아니하여 협의를 진행할 수 없다고 판단되는 경우, 환경영향평가서가 거짓으로 작성되었다고 판단되는 경우에는 환경영향평가서를 반려할 수 있도록 하고 있다(동조 제4항). 문맥이나 환경영향평가서 내용의 충실을 도모하려는 규정 취지에 비추어 반려된 경우에는 협의 절차가 더 이상 진행될 수 없다고 이해된다.[39] 그 결과 반려는 처분성이 인정된다고 할 수 있다. 보완 · 조정 요청을 받은 승인기관장등은 특별한 사유가 없으면 이에 따라야 한다(동조 제3항). 요청할 수 있는 내용으로는 사업계획의 조정, 보완뿐만 아니라 사업의 중지나 원상회복 등이 들어진다.[40] 나아가 동법은 환경부장관의 환경영향평가서 보완 · 조정 요청에 대해 이의신청할 수 있는 근거를 마련하고 있다(동조 제6항). 한편, 주민참여를 통한 사회적 합의에 강한 구속력이 주어지기 위해서는 환경부장관의 조정 · 보완 등 협의 내용에 대하여 주민들도 이의를 제기할 수 있는 제도적 장치가 필요하다는 견해가 있을 수 있으나[41] 주민들에게 이의를 제기할 수 있도록 하기 위해서는 이들에 대한 협의 내용의 통보가 전제되어야 하기 때문에 어려운 점이 있다.

(2) 평가서의 검토

환경부장관은 평가서를 검토할 때 필요하면 환경영향평가에 필요한 전문성을 갖춘

38) 이순자, 환경법, 법원사, 2012, 177면.
39) 함태성, "환경행정법의 최근 동향과 쟁점 및 과제", 환경법연구 제41권 제1호, 2019. 4, 95면.
40) 홍준형(각주 31), 235면.
41) 홍준형(앞의 책), 248면.

기관으로서 대통령령으로 정하는 기관 또는 관계 전문가의 의견을 듣거나 현지조사를 의뢰할 수 있고, 사업자 또는 승인기관의 장에게 관련 자료의 제출을 요청할 수 있다. 다만, 다음의 자로부터 그 의견을 들어야 한다: ① 한국환경연구원(KEI); ② 해양수산부장관(해양환경에 영향을 미치는 사업으로서 대통령령으로 정하는 사업만 해당)(동조 제2항). 한편 동법은 환경훼손이나 자연생태계의 변화가 현저하게 될 우려 등이 있는 경우 환경부장관이 환경영향평가 대상사업의 재검토를 통보할 수 있는 근거를 마련하여 환경영향평가제도의 실효성을 제고하고 있다(동조 제5항).

환경부장관은 평가서 검토를 위하여 필요한 경우에는 사업자 또는 승인기관의 장에게 관련 자료 등의 제출을 요청할 수 있다(동조 제2항).

마. 협의 내용의 통보

환경부장관은 평가서의 검토가 완료된 때에는 그 결과, 즉 협의 내용을 승인기관장등에게 통보하여야 하며, 협의 내용을 통보받은 승인기관의 장은 이를 지체 없이 사업자에게 통보하여야 하며(제29조 제1항 · 제3항), 사업자는 협의 내용에 따른 필요한 조치를 하여야 한다. 환경부장관은 사업자의 편의를 위하여 협의를 요청한 날부터 45일 이내에 승인기관장등에게 통보하여야 하나 부득이한 사유로 협의기간을 연장한 경우에는 60일 이내에 통보하여야 한다(동조 제1항, 시행령 제50조). 협의 내용을 주민에게까지 통보할 필요는 없다.

협의 내용은 실무상 크게 동의, 부동의, 조건부 동의로 이루어지는데,[42] 조건부 동의가 월등히 많은 것으로 파악되고 있다. 그 구별기준은 분명치 아니하다. 협의 내용의 통보는 승인기관장등에게 하면 족하고 전문가나 주민에게까지 할 것이 요구되지는 않는다. 조건부 동의의 경우에 조건의 충족 여부를 확인하는 것은 큰 의미가 있다. 조건의 이행 여부를 확인하지 아니하는 경우는 사실상 동의와 마찬가지의 의미를 갖게 되기 때문이다. 흔히 조건부 동의를 사실상의 동의로 이해하고 사업을 강행하는 경향이 있는 현실에서는 차제에 조건부 동의 자체를 없애는 것도 고려해 보아야 한다.

한편, 환경부장관은 다음의 어느 하나에 해당하는 경우에는 해당 사업계획 등에 관련 내용을 반영할 것을 조건으로 협의를 마치고 승인기관장등에게 협의 내용을 통보할 수 있다: ① 보완 · 조정하여야 할 사항이 경미한 경우; ② 해당 사업계획등에 대한 승인등을 하거나 해당 사업을 시행하기 전에 보완 · 조정이 가능한 경우(제29조 제4항). 이는 조건부 협의제도로서 협의기간의 지연으로 사업의 시행이 지체되는 것을 막기 위한 입법적 배려라 할 것이다.

바. 협의 내용의 반영 여부에 대한 확인 · 통보

협의 내용의 반영을 승인등의 요건으로 하면 협의 내용의 이행이 확보될 수 있다는

42) 이는 환경부 고시인 '환경영향평가서등에 관한 협의업무 처리규정' 제17조 제3항에 근거하고 있다.

차원에서 동법은 승인기관의 장이 사업계획등에 대하여 승인등을 하려는 때에는 협의 내용이 사업계획등에 반영되었는지 여부를 확인하고, 협의 내용이 반영되지 아니한 때에는 이를 반영하게 하여야 한다고 규정하고 있다(제30조 제1항). 또한 동법은 환경부장관이 협의 내용이 반영되었는지를 확인할 수 있도록 승인기관장등이 사업계획등에 대한 승인등을 하거나 승인등을 받지 아니하여도 되는 사업계획등을 확정하였을 때에는 협의 내용의 반영 결과를 환경부장관에게 통보하도록 하고 있다(동조 제3항).

승인기관의 장이 처분을 할 때 협의 내용을 따라야 하는 것이 원칙이나 반드시 협의 내용대로 처분해야 한다고 볼 근거는 없고, 만일 협의 내용이 합리적이지 않다면 그에 반하는 처분을 하는 것도 충분히 가능하다고 할 것이다.[43] 그러나 실질적인 환경영향평가가 이루어지기 위해서는 협의 내용이 사업계획등에 충실히 반영되는 것이 중요한데, 이를 위해서는 승인기관의 장에게 전적으로 맡기기보다는 환경부장관이 그 반영을 요구할 수 있도록 하는 것이 필요하다. 이에 동법은 환경부장관으로 하여금 협의 내용이 반영되지 아니한 경우 승인기관장등에게 협의 내용을 반영하도록 요청할 수 있고, 이 경우 승인기관장등이 '특별한 사유'가 없으면 이에 따르도록 하고 있다(동조 제4항).[44] 협의 내용의 반영 여부를 주민이 아는 것은 쉽지 않을 것이다. 이에 주민의 알권리를 보장한다는 차원에서 협의 내용 반영 여부 또는 비반영에 대한 타당한 근거 등에 대해 주민 또는 전문가들이 알 수 있도록 하는 법적·제도적 보완을 검토할 필요가 있다.

사. 협의 내용에 대한 조정 요청

사업자나 승인기관의 장은 통보받은 협의 내용에 대하여 이의가 있으면 대통령령으로 정하는 바에 따라 환경부장관에게 협의 내용을 조정하여 줄 것을 요청할 수 있다. 이 경우 승인등을 받아야 하는 사업자는 승인기관의 장을 거쳐 조정을 요청하여야 한다(제31조 제1항). 이와 같이 조정 요청을 할 수 있는 자는 사업자 또는 승인기관의 장에 한하고 주민은 제외되고 있기 때문에 현재로서는 주민들이 이의를 제기할 수 있는 길은 차단된 상태이다.

조정 요청을 받은 환경부장관은 환경영향평가협의회의 심의를 거쳐 조정 여부를 결정하고 그 결과를 사업자나 승인기관의 장에게 통보하여야 한다(동조 제2항). 이의에 대한 판단을 평가서협의기관의 장에게 맡기고 있는 것은 자신이 내린 결정에 대하여 다시 판

43) 대전지법 2017. 11. 22. 선고 2017구합103558 판결; 대전지법 2021. 6. 3. 선고 2020구합101743 판결. 참고적으로 법원은 "(…) 특별한 사정이 없는 한 승인기관의 장이 환경영향평가에 대한 의견에 반하는 처분을 하였다고 하여 그 처분이 위법하다고 할 수는 없다"고 판시하고 있다. 대법원 2001. 7. 27. 선고 99두2970 판결(용화온천 사건).

44) 환경부는 "특별한 사유"를 관계 행정기관이 개발계획을 수립·확정하거나 또는 개발사업을 승인함에 있어 "협의기관이 제시한 협의 내용을 관계 행정기관이 반영하지 못하거나 반영할 수 없는 불가항력적인 사유"로 해석하며, 그 구체적인 예로, ① 다른 법령이 정하고 있는 허용행위 또는 행위제한 규정을 잘못 적용하여 협의 내용을 제시한 경우, ② 천재지변, 홍수·재난 등과 같은 긴급한 상황이 발생되어 협의 내용을 반영할 수 없거나 협의 내용을 반영할 경우, 신속한 복원·복구 등이 불가능하고 또한 오히려 환경영향이 더 클 경우 등을 들고 있다. 부산고법 2011. 8. 17. 선고 2010누1910 판결.

단하는 것을 의미하기 때문에 그 결정의 번복을 기대하기 어렵다. 이는 사업자 등의 권리보호에 소홀할 수밖에 없다. 이에 조정 요청에 대한 판단을 독립된 제3의 기관이 하도록 하는 것은 중요한 의미가 있다. 이러한 점에서 환경부장관이 독자적으로 결정하지 않고 환경영향평가협의회에 그 타당성을 심의하도록 한 것은 환영할 만한 것이다. 그러나 환경영향평가협의회가 기본적으로 환경부 내의 위원회라는 점에서는 절반의 성공에 불과하다. 승인기관장등은 협의 내용의 조정을 요청하였을 때에는 통보를 받기 전에 그 사업계획 등에 대하여 승인등을 하거나 확정을 하여서는 아니 된다. 다만, 조정 요청과 관련된 내용을 사업계획등에서 제외시키는 경우에는 그러하지 아니하다(동조 제4항).

아. 평가서의 재협의

협의 내용을 통보받은 후 오랜 기간이 경과하고, 환경여건이 변하면 협의 내용의 실효성이나 타당성이 상실 또는 감소될 수밖에 없다. 이러한 문제에 대처하기 위하여 동법은 평가서의 재작성 및 재협의에 관한 규정을 두고 있다. 이에 따르면, 승인기관장등은 협의한 사업계획 등을 변경하는 경우 등 다음의 어느 하나에 해당하는 경우에는 환경부장관에게 재협의를 요청하여야 한다: ① 환경영향평가 대상사업이 환경부장관과 협의를 거쳐 확정되거나 승인등을 받고 사업을 착공하지 아니한 채 5년을 경과한 경우; ② 환경영향평가 대상사업이 환경부장관과 협의를 거쳐 확정되거나 승인등을 받고 취소 또는 실효된 경우로서 협의 내용을 통보받은 날부터 5년을 경과한 경우; ③ 환경영향평가 대상사업의 승인 또는 확정이 환경부장관과 협의를 거친 후 지연 중인 경우로서 협의 내용을 통보받은 날부터 5년을 경과한 경우; ④ 환경영향평가 대상사업의 면적·길이 등을 대통령령으로 정하는 규모 이상으로 증가시키는 경우; ⑤ 통보받은 협의 내용에서 원형대로 보전하거나 제외하도록 한 지역을 대통령령으로 정하는 규모 이상으로 개발하거나 그 위치를 변경하는 경우[45]; ⑥ 대통령령으로 정하는 사유[46]가 발생하여 협의 내용에 따라 사업계획 등을 시행하는 것이 맞지 아니하는 경우(제32조 제1항). 한편, 동법은 위 ①부터 ③까지에 해당하는 경우 중 주변 여건이 경미하게 변한 경우에는 재협의를 생략할 수 있도록 함으로써(동조 제2항), 절차의 간소화를 고려하고 있다.

자. 변경협의

동법에서는 환경영향평가서를 새로 작성해야 하는 재협의와 '환경보전방안'만 마련하면 되는 변경협의를 구분하고 있다. 이에 따르면 사업자는 사업계획등의 변경으로 협의

45) 통보된 협의 내용에서 원형대로 보전하거나 제외하도록 한 지역을 개발하거나 그 위치를 변경하려는 규모가 해당 사업의 최소 환경영향평가 대상 규모의 30퍼센트 이상인 경우를 말한다.

46) "대통령령으로 정하는 사유"란 「산업집적활성화 및 공장설립에 관한 법률」에 따른 공장의 부지면적만 증가되는 경우로서 추가적인 자연환경의 훼손 또는 오염물질의 배출이 없는 경우에 해당하여 환경영향평가서의 재협의를 하지 않은 사업자가 그 부지에서 자연환경을 훼손하거나 오염물질을 배출시키는 행위를 하려는 경우, 공사가 7년 이상 중지된 후 재개되는 경우를 말한다.

내용이 변경되는 경우로서 평가서의 재작성 · 재협의 대상에 해당되지 아니하는 경우에는 사업계획등의 변경에 따른 환경보전방안을 강구하여 이를 변경되는 사업계획등에 반영하여야 한다(제33조 제1항). 승인등을 받아야 하는 사업자는 경미한 변경사항이 아닌 한 환경보전방안에 대하여 미리 승인기관의 장의 검토를 받아야 한다(동조 제2항). 승인기관장 등은 환경보전방안을 마련하거나 검토할 때에는 대통령령으로 정하는 사유[47]에 해당하면 환경부장관의 의견을 들어야 한다(동조 제3항). 요약컨대, 동법은 변경협의의 대상을 ① 경미한 사항으로 사업자의 자체 변경만으로 가능한 경우, ② 승인기관의 검토만 받으면 되는 경우, ③ 협의기관인 환경부의 의견을 들어야 하는 경우로 나누어 규정하고 있다고 할 수 있다.

8. 환경영향평가 후의 관리

제도의 기능이 제대로 수행되기 위해서는 환경영향평가과정에서 마련된 환경보전방안 등 협의 내용을 사업자 스스로 충실히 이행하여야 한다. 그러나 현실적으로는 불이행 사례가 많이 발생하고 있는데, 이러한 현실을 인식하고 동법은 사업자로 하여금 협의 내용을 이행하도록 의무화하고 사업승인기관으로 하여금 협의 내용 이행 여부를 관리 · 감독하도록 하고 있다. 이에 따라 승인기관의 장은 사업자의 협의 내용 이행을 확보하기 위해 사업자에게 시정조치, 더 나아가 공사중지명령을 부과한다. 이러한 사후관리는 한마디로 말하면 환경영향평가의 실효성을 확보하기 위한 것이다.

가. 사업자의 의무

(1) 협의 내용의 이행의무

사업자는 사업계획등을 시행할 때 사업계획등에 반영된 협의 내용을 이행하여야 한다(제35조 제1항).

(2) 관리대장의 비치 및 협의 내용관리책임자의 지정

사업자는 협의 내용을 성실히 이행하기 위하여 환경부령으로 정하는 바에 따라 협의 내용을 적은 관리대장에 그 이행 상황을 기록하여 공사현장에 갖추어 두어야 하며, 협의 내용이 적정하게 이행되는지를 관리하기 위하여 협의 내용 관리책임자를 지정하여 승인기관의 장(승인등을 받아야 하는 환경영향평가 대상사업만 해당)과 환경부장관에게 통보하여야

47) "대통령령으로 정하는 사유"란 다음의 어느 하나에 해당하는 경우를 말한다: ① 협의기준을 변경하는 경우; ② 사업 · 시설 규모가 협의 내용에 포함된 사업 · 시설 규모의 10퍼센트 이상 증가하는 경우; ③ 증가된 사업규모가 협의 내용에 포함된 사업규모의 증가로 소규모 환경영향평가 대상사업의 규모에 해당하는 경우; ④ 협의 내용에서 원형대로 보전하거나 제외하도록 한 지역의 5퍼센트를 초과하여 토지이용계획을 변경하거나 변경되는 면적이 1만m2 이상인 경우; ⑤ 협의 내용에 포함된 부지면적의 15퍼센트 이상 토지이용계획을 변경하는 경우; ⑥ 협의 내용 통보 시 사업장 안에 입지를 제한한 건축물 그 밖의 공작물(산업입지 및 산업단지의 조성사업인 경우에는 업종을 포함)에 관한 사항이나 그 밖에 협의 내용의 변경 시 미리 협의기관의 장의 의견을 듣도록 한 사항을 변경하는 경우; ⑦ 협의 내용에 포함된 오염물질(「대기환경보전법」 제16조 및 「물환경보전법」 제32조에 따라 배출허용기준이 설정된 오염물질을 말함)의 배출량이 30퍼센트 이상 증가되거나 협의내용에 포함되지 않았던 오염물질의 배출량이 배출허용기준의 30퍼센트 이상 배출되는 경우(시행령 제55조 제2항).

한다(동조 제2항 · 제3항).

동법은 이와 같이 관리책임자를 지정하도록 함으로써, 협의 내용 관리책임을 사업자에게 부과하고 있는데, 흔히 사업자는 사업자 소속직원이 아닌 시공사 소속직원을 관리책임자로 지정함으로써 협의 내용에 대한 종합적인 책임관리를 회피하고 있다. 시행규칙에서 정하고 있는 관리책임자의 자격기준(건설기술자의 현장배치기준)은 완화되어 있고, 관리책임자의 세부적인 준수사항은 규정되어 있지 않으며, 처벌규정은 없다. 이러한 실태는 환경영향평가제도의 실효성을 약화시킨다. 일정한 자격 요건(예컨대, 환경영향평가사)을 갖춘 사업자 소속 직원으로 협의 내용 관리책임자를 지정하도록 하고, 자격기준과 준수사항을 보다 세밀하고 명확히 규정하고 이를 위반한 경우 처벌함으로써 사후관리를 강화할 필요가 있다.

(3) 사후환경영향조사

이미 작성된 환경영향평가서 내용이 개발단계와 이용단계에서 예기치 못한 사항이 발생하고 있는지 여부를 파악하기 위하여 사후환경영향조사제도가 활용되고 있다. 사후환경영향조사라 함은 사업시행으로 인하여 발생될 수 있는 환경피해를 방지하고 아울러 당초에 환경영향평가서가 적정하게 실시되었는가를 파악하기 위하여 사업자가 행하는 환경에 대한 조사 · 분석 및 평가행위를 말한다. 이에 따르면, 사업자는 해당 사업을 착공한 후에 그 사업[48]이 주변 환경에 미치는 영향을 조사(사후환경영향조사)하고, 그 결과를 승인기관의 장(승인등을 받아야 하는 환경영향평가 대상사업만 해당)과 환경부장관에게 통보하여야 한다(제36조 제1항). 승인기관의 장과 환경부장관에게 그 결과를 통보하도록 한 것은 이들에게 사후관리 · 감독책임 및 권한이 있다는 점을 감안한 것이다.

사업자는 사후환경영향조사 결과 해당 사업으로 인한 주변 환경의 피해를 방지하기 위하여 조치가 필요한 경우에는 지체 없이 이를 승인기관의 장과 환경부장관에게 통보하고 필요한 조치를 하여야 한다(동조 제2항). 나아가 동법은 환경부장관으로 하여금 사후환경영향조사의 결과 및 조치의 내용 등을 검토하도록 함으로써(동조 제3항), 실효성을 확보하려고 하고 있다. 한편, 동법은 사후환경영향조사의 대상사업 · 조사항목 및 조사기간, 그 밖에 필요한 사항을 환경부령으로 정하도록 위임하고 있다(동조 제5항).

(4) 의무의 승계

사업자가 변경되는 때에는 이와 같은 사업자의 의무는 변경된 사업자에게 승계된다(제38조). 그러므로 사업자가 변경되는 경우에는 변경된 사업자가 협의 내용을 이행하여야 하며, 환경영향평가를 다시 할 필요는 없다.

나. 협의 내용의 관리 · 감독

(1) 승인기관의 감독책임

환경영향평가의 실효성을 확보하기 위하여 승인기관의 장에게는 협의 내용의 이행을

48) 시행규칙에서는 사후환경영향조사의 대상사업 및 조사기간을 정하고 있다(제19조, 별표 1).

감독할 1차적 책임과 권한이 있다. 즉 승인기관의 장은 승인등을 받아야 하는 사업자가 협의 내용을 이행하는지를 확인하여야 한다(제39조 제1항). 주민들의 협의 내용에 대한 이행 여부 확인은 인정되지 않는다. 승인기관은 사업승인 시 협의 내용이 사업계획에 제대로 반영되었는지 확인하는 데 그치지 아니하고 공사착공 이후에도 협의 내용이 충실히 이행되고 있는지 사업자를 감독할 책임이 있다. 즉 승인기관의 장은 승인등을 받아야 하는 사업자가 협의 내용을 이행하지 아니한 때에는 그 이행에 필요한 조치를 명하여야 한다(제40조 제1항).

[6] 서울고법 2016. 11. 7. 선고 2016누51 판결

명시적으로 환경부장관(원주지방환경청장)이 수정이나 보완을 요구한 사항이 아니라고 하더라도 환경영향평가서에 기재된 사항은 환경부장관의 협의를 거친 것이므로, 환경영향평가법 제40조 제1항의 협의사항에 해당하고, 원고가 이를 미이행하는 경우 위 조항에 따라 피고는 조치명령을 할 수 있다.49)

(2) 공사중지명령

승인기관의 장은 승인등을 받아야 하는 사업자가 협의 내용의 이행에 필요한 조치명령을 이행하지 아니하여 해당 사업이 환경에 중대한 영향을 미친다고 판단하는 경우에는 그 사업의 전부 또는 일부에 대한 공사중지명령을 하여야 한다(동조 제2항).

(3) 환경부장관의 공사중지요청

환경부장관은 협의 내용의 이행을 감독할 2차적 책임과 권한을 갖는다. 즉 환경부장관은 승인기관의 장과 더불어 사업자에게 협의 내용의 이행에 관련된 자료를 제출하게 하거나 소속 공무원으로 하여금 사업장에 출입하여 조사하게 할 수 있으며(제39조 제2항), 협의 내용에 협의기준50)에 대한 내용이 포함되어 있으면 협의기준의 준수 여부를 확인하여야 한다(제40조 제3항). 협의 내용의 이행을 관리하기 위하여 필요하다고 인정하는 경우, 사후환경영향조사의 결과 및 조치의 내용 등을 검토한 결과 주변 환경의 피해를 방지하기 위하여 필요하다고 인정하는 경우에는 승인등을 받지 아니하여도 되는 사업자에게 공사중지, 원상복구 또는 그 밖에 필요한 조치를 할 것을 명령하거나, 승인기관의 장에게

49) 명시적으로 환경부장관이 수정이나 보완을 요구한 사항이 아니라고 하더라도 환경영향평가서에 기재된 사항은 환경부장관의 협의를 거친 것이므로, 「환경영향평가법」 제40조 제1항의 협의사항에 해당한다고 한 사례.

50) '협의기준'이란 사업의 시행으로 영향을 받게 되는 지역에서 다음의 어느 하나에 해당하는 기준으로는 「환경정책기본법」 제12조에 따른 환경기준을 유지하기 어렵거나 환경의 악화를 방지할 수 없다고 인정하여 사업자 또는 승인기관의 장이 해당 사업에 적용하기로 환경부장관과 협의한 기준을 말한다: ① 「가축분뇨의 관리 및 이용에 관한 법률」 제13조에 따른 방류수수질기준; ② 「대기환경보전법」 제16조에 따른 배출허용기준; ③ 「물환경보전법」 제12조 제3항에 따른 방류수 수질기준; ④ 「물환경보전법」 제32조에 따른 배출허용기준; ⑤ 「폐기물관리법」 제31조 제1항에 따른 폐기물처리시설의 관리기준; ⑥ 「하수도법」 제7조에 따른 방류수수질기준; ⑦ 「소음 · 진동관리법」 제7조에 따른 소음 · 진동의 배출허용기준; ⑧ 「소음 · 진동관리법」 제26조에 따른 교통소음 · 진동 관리기준; ⑨ 그 밖에 관계 법률에서 환경보전을 위하여 정하고 있는 오염물질의 배출기준(제2조 제5호).

공사중지, 원상복구 또는 그 밖에 필요한 조치 명령을 할 것을 요청할 수 있다. 이 경우 승인기관장등은 특별한 사유가 없으면 이에 따라야 한다(동조 제4항). '특별한 사유'가 어떠한 것이지 별도의 규정이 없기 때문에 승인기관장등이 자의적이고 폭넓게 해석하면서 환경부장관의 요청에 응하지 아니할 가능성이 있다. 이에 필요한 조치 또는 의무사항을 회피할 수 있는 여지를 주고 있는 '특별한 사유'에 대한 예시와 제한이 요망된다. 승인기관의 장이 조치명령 또는 공사중지명령을 하거나 사업자가 조치를 한 때에는 지체 없이 그 내용을 환경부장관에게 통보하여야 한다(동조 제5항).

(4) 과 징 금

동법은 원상복구할 것을 명령하여야 하는 경우에 해당하나, 그 원상복구가 주민의 생활, 국민경제, 그 밖에 공익에 현저한 지장을 초래하여 현실적으로 불가능할 경우에는 원상복구를 갈음하여 총 공사비의 3퍼센트 이하의 범위에서 과징금을 부과할 수 있도록 하고 있다(제34조의2).

(5) 사업착공 등의 통보

사업자는 사업을 착공, 준공, 3개월 이상 공사 중지 또는 3개월 이후 공사를 중지한 후 재개하려는 경우에는 승인기관의 장(승인등을 받아야 하는 환경영향평가 대상사업만 해당)과 환경부장관에게 그 내용을 통보하여야 한다(제37조 제1항). 사업착공등을 통보받은 승인기관의 장은 해당 내용을 평가 대상지역 주민에게 대통령령으로 정하는 방법에 따라 공개하여야 한다(동조 제2항).

(6) 사전공사의 금지

동법은 협의 · 재협의 · 변경협의 등의 절차를 거치지 아니하거나 절차가 끝나기 전에 해당 개발사업의 공사를 강행하는 것을 제재하기 위하여 사전공사 시행을 금지하고 그 위반에 대한 벌칙 등의 제재수단을 둠으로써, 실효성을 확보하려고 하고 있다. 즉 사업자는 협의 · 재협의 또는 변경협의의 절차를 거치지 아니하거나 절차가 끝나기 전(공사가 일부 진행되는 과정에서 변경협의의 사유가 발생한 경우에는 변경협의의 절차가 끝나기 전을 말함)에 환경영향평가 대상사업의 공사를 하여서는 아니 된다. 사전공사가 허용되는 공사는 ① 협의를 거쳐 승인등을 받은 지역으로서 재협의나 변경협의의 대상에 포함되지 아니한 지역에서 시행되는 공사, ② 착공을 준비하기 위한 현장사무소 설치 공사 또는 다른 법령에 따른 의무를 이행하기 위한 공사 등 환경부령으로 정하는 경미한 사항에 대한 공사로 제한된다(제34조 제1항). 승인기관의 장은 협의 · 재협의 또는 변경협의의 절차가 끝나기 전에 사업계획등에 대한 승인등을 하여서는 아니 되며, 승인등을 받아야 하는 사업자가 이 규정을 위반하여 공사를 시행하였을 때에는 해당 사업의 전부 또는 일부에 대하여 공사중지를 명하여야 한다(동조 제2항 · 제3항). 승인기관의 장이 협의절차가 끝나기 전에 승인을 한 경우에는 그 승인처분은 위법하다고 할 것이다.51)

여기에서 협의 절차가 완료되는 시점은 언제를 말하는가? 사업자나 승인기관의 장이 협의 내용을 반영하기 전까지는 협의 절차가 완료되지 않은 것으로 보아야 하는가? 법원은 승인기관의 장이 협의 내용을 반영하지 않겠다고 통보함으로써, 협의 절차가 끝나는 것으로 보고 있다.[52]

환경부장관은 사업자가 제1항을 위반하여 공사를 시행하였을 때에는 승인등을 받지 아니하여도 되는 사업자에게 공사중지, 원상복구 또는 그 밖에 필요한 조치를 할 것을 명령하거나 승인기관의 장에게 공사중지, 원상복구 또는 그 밖에 필요한 조치를 명할 것을 요청할 수 있다. 이 경우 승인기관장등은 특별한 사유가 없으면 이에 따라야 한다(동조 제4항).

사전공사 금지규정을 위반한 경우 승인처분의 위법성을 인정할 수 있는가? 법원은 그 논거가 명확하지 아니하나 소극적인 입장을 취하고 있다(판례 [7]). 사전공사의 금지가 환경영향평가 절차 및 승인의 요건을 구성하지 않는다는 점, 동 규정의 취지가 향후 '실효성의 확보'라는 점 등에 비추어 사전공사 금지규정 위반이 승인처분의 위법성에 영향을 미치지 않는다고 이해된다.[53]

[7] 사전공사 시행과 처분의 효력: 대법원 2014. 3. 13. 선고 2012두1006 판결

환경영향평가법 제16조 제1항, 제28조 제1항 본문, 제3항, 제51조 제1호 및 제52조 제2항 제2호의 내용, 형식 및 체계에 비추어 보면, 환경영향평가법 제28조 제1항(현행 제34조 제1항) 본문이 환경영향평가절차가 완료되기 전에 공사시행을 금지하고, 제51조 제1호 및 제52조 제2항 제2호가 그 위반행위에 대하여 형사처벌을 하도록 한 것은 환경영향평가의 결과에 따라 사업계획 등에 대한 승인 여부를 결정하고, 그러한 사업계획 등에 따라 공사를 시행하도록 하여 당해 사업으로 인한 해로운 환경영향을 피하거나 줄이고자 하는 환경영향평가제도의 목적을 달성하기 위한 데에 입법 취지가 있다. 따라서 사업자가 이러한 사전 공사시행 금지규정을 위반하였다고 하여 승인기관의 장이 한 사업계획 등에 대한 승인 등의 처분이 위법하게 된다고는 볼 수 없다.

(7) 재 평 가

동법은 개발사업의 시행 당시에는 예측하지 못한 환경영향이 발생하여 주변환경에 중대한 영향을 미치는 것으로 인정하는 사업 등에 대해서는 환경영향을 원점에서 다시 평가하도록 하고 있다. 즉 환경부장관은 ① 해당 사업을 착공한 후에 환경영향평가 협의 당시 예측하지 못한 사정이 발생하여 주변 환경에 중대한 영향을 미치는 경우, ② 환경영향평

51) 박균성 · 함태성, 환경법, 박영사, 2017, 338면.
52) 부산고법 2007. 6. 29. 선고 2006누5540 판결.
53) 같은 맥락에서 사전공사의 금지가 환경영향평가를 하는 데 있어서 거치는 절차가 아니며, 그 위반이 환경영향평가의 실체를 구성하고 있는 주요 내용이 누락되는 등 환경영향평가가 부실하게 이루어진 경우라고 보기 어렵다는 점에서 사업자가 사전공사 금지규정을 위반하였다는 사실만으로 그 후에 이루어지는 승인처분이 당연히 위법하게 되는 것은 아니라는 견해가 있다. 박균성 · 함태성(각주 51), 337면.

가서등과 그 작성의 기초가 되는 자료를 거짓으로 작성한 경우로서 제36조 제2항 또는 제40조에 따른 조치나 조치명령으로는 환경보전방안을 마련하기 곤란한 경우에는 승인기관장등과의 협의를 거쳐 한국환경연구원의 장 또는 관계 전문기관 등의 장에게 재평가를 하도록 요청할 수 있다(제41조 제1항). 재평가는 일단 적법하게 승인된 사업의 환경영향을 다시 평가하는 것으로 사업자에게 지나친 부담을 줄 수 있기 때문에 요건을 협의 당시 예측하지 못한 환경영향으로 인해 발생한 중대한 주변환경 영향으로 한정하고 있다.

재평가는 한국환경연구원의 장 또는 관계 전문기관 등의 장이 하도록 하고 있으며, 환경영향재평가결과에 따라 사업자 또는 관계 행정기관은 환경보전조치를 하게 된다. 즉 한국환경연구원의 장 또는 관계 전문기관 등은 이 규정에 따른 요청을 받은 때에는 해당 사업계획등에 대하여 재평가를 실시하고, 그 결과를 대통령령으로 정하는 기간 이내에 환경부장관과 승인기관장등에게 통보하여야 한다(동조 제2항). 환경부장관이나 승인기관장등은 재평가의 결과를 통보받았을 때에는 재평가 결과에 따라 환경보전을 위하여 사업자에게 필요한 조치를 하게 하거나 다른 행정기관의 장 등에게 필요한 조치명령을 하도록 요청할 수 있다(동조 제3항).

[8] 환경영향평가서 재작성 · 재평가(도롱뇽 사건): 대법원 2006. 6. 2 선고 2004마1148, 2004마1149(병합) 결정

환경영향평가제도는 환경 등에 미치는 영향이 큰 사업에 대한 계획을 수립 · 시행함에 있어서 그 사업이 환경 등에 미칠 영향을 미리 평가 · 검토하여 건전하고 지속가능한 개발이 되도록 함으로써 쾌적하고 안전한 국민생활을 도모함을 목적으로 하는바(환경 · 교통 · 재해 등에 관한 영향평가법 제1조), 피신청인이 국가의 전 지역에서 장기간 이루어지는 고속철도사업을 시행함에 있어서는 위 법에 의한 환경영향평가 절차를 충실히 이행할 뿐 아니라, 환경영향평가 절차를 이행한 후 환경영향평가 시에 고려되지 아니하였던 새로운 사정이 발견되어 그 사업으로 인하여 사업시행구간 관련 토지 소유자들의 환경이익을 침해할 수 있다는 개연성이 나타나고 종전의 환경영향평가만으로는 그와 같은 개연성에 관한 우려를 해소하기에 충분하지 못한 경우에는 새로이 환경영향평가를 실시하거나 그 환경이익의 침해를 예방할 수 있는 적절한 조치를 먼저 행한 후 사업을 시행하도록 함이 상당하고, 위 토지소유자들은 이를 사법상의 권리로 청구할 수 있을 것이다.

그러나 위와 같은 환경영향평가를 통한 권리의 보장은 실체적인 환경이익의 침해를 보호하기 위한 것이므로, 비록 위와 같이 다시 환경영향평가를 함이 상당한 새로운 사정들이 발생되었다고 하더라도, 그 새로운 사정들과 소유자들의 환경이익 사이에 구체적인 피해가능성 내지는 연관성을 인정하기 어려운사정이 소명되는 경우 또는 새로운 환경영향평가 절차 내지는 이에 준하는 조사가 이루어지고 환경이익의 침해를 예방할 수 있는 적절한 방법이 보완되는 등 소유자들의 환경이익이 침해될 수 있다는 개연성이 부정될 만한 사정이 소명되는 경우에는 더 이상 사업시행의 중

> 지를 구할 수는 없다.
> (…) 위 신청인들의 주장과 같이 여전히 활성 단층과 관련하여 공사의 안전성 및 지하수 유출 가능성, 무체지늪과 화엄늪 기타 천성산 일원의 여러 습지들 보호 등의 문제가 제기될 수는 있으나, 피신청인은 위 신청인 들이 주장하는 바와 같은 환경침해에 관한 우려를 해소하기 위하여 비록 법령상의 환경영향평가절차는 아니지만 사단법인 대한지질공학회에 의뢰하여 자연변화 정밀조사를 실시하였고, 그 조사결과 및 환경부의 의뢰로 이루어진 한국환경정책 · 평가연구원 등의 검토의견에 의하면 이 사건 터널 공사가 천성산의 환경에 별다른 영향을 미치지 않는 것으로 조사된 사정 등을 모두 종합하여 보면, 현재로서는 이 사건 터널 공사로 인하여 위 신청인들의 환경이익이 침해될 수 있는 개연성에 관한 소명이 부족하다고 인정된다.54)

(8) 평 가

환경영향평가제도의 성공을 위해서는 그 실효성 확보가 필수적이다. 환경영향평가서의 허위작성, 부실작성, 형식적 협의, 협의 내용의 미이행 등 시비가 끊임없이 발생하는 것도 그 실효성 확보에 문제가 있기 때문이다. 그 동안 승인기관의 장의 조치명령과 공사중지명령(제40조), 사전공사의 금지(제34조 제1항), 공사중지명령을 이행하지 아니한 사업자에 대한 처벌, 처벌 대상자(사업자 외에 환경영향평가업자, 환경영향평가사를 포함), 처벌 대상행위의 확대(예컨대, 평가서의 허위작성뿐만 아니라 무단 복제 등에 대한 처벌)와 처벌의 강화(벌금, 과태료 부과금액의 증액), 협의 위반사실의 공표(제66조의2) 등 실효성 확보를 위한 중요한 진전이 있어 온 것은 사실이나 아직까지는 기본적으로 그 실효성의 보장이 미흡하다고 평가할 수 있다. 평가내용을 지키지 않을 경우 제재수단이 마땅치 않은 점, 대단위사업의 주체인 국가와 지방자치단체에 대한 벌칙 적용이 불가능한 점 등이 그 예이다.

환경영향평가제도가 실질적인 환경파수꾼이 되기 위해서는 명실상부하게 그 실효성을 확보하는 수단이 마련되어야 한다. 환경영향평가업자에 대하여는 형사처벌뿐만 아니라 등록취소, 업무폐업 · 정지(제57조 · 제58조) 등 행정제재가 가능함에도 불구하고 사업자에 대하여는 이러한 제재가 불가능한 점은 형평성 차원에서도 문제가 될 수 있다. 환경영향평가서를 허위 · 부실하게 작성하는 사업자에 대하여는 처벌과 함께 인 · 허가취소, 조업정지 등 행정제재도 고려할 필요가 있다. 승인기관장에게 공사중지명령뿐만 아니라 더 나아가 사업 자체를 취소할 수 있도록 하는 것도 규제수단을 강화한다는 차원에서 생각해 볼 수 있다. 실효성 확보 차원에서 협의 내용에 대한 확인 및 사후관리(monitoring)도 중요하다. 사후관리가 제대로 안 된다는 것은 환경영향평가제도가 제대로 작동되지 않는다는 것을 의미하는 것이다.

---

54) 천성산 일대 사찰과 시민단체가 한국철도시설공단을 상대로 전통사찰이 관통하는 길이 13.5㎞의 터널공사와 관련하여 환경적 이익에 대한 침해의 배제 또는 예방으로서 공사착공금지를 구한 사건에서 이를 기각한 사례.

≪환경영향평가절차≫

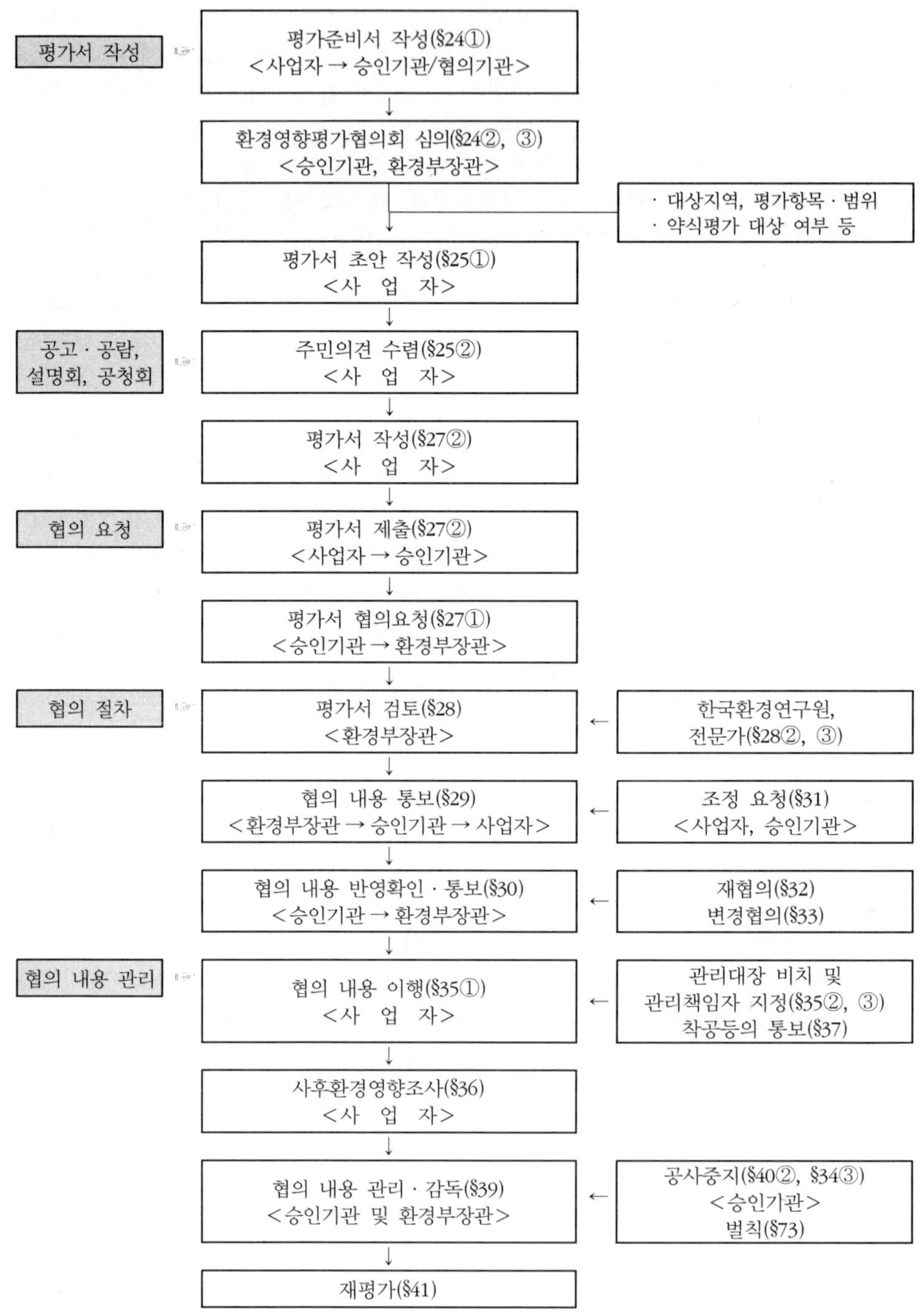
평가서 작성
평가준비서 작성(§24①)
<사업자 → 승인기관/협의기관>
환경영향평가협의회 심의(§24②, ③)
<승인기관, 환경부장관>
· 대상지역, 평가항목 · 범위
· 약식평가 대상 여부 등
평가서 초안 작성(§25①)
<사 업 자>
공고 · 공람,
설명회, 공청회
주민의견 수렴(§25②)
<사 업 자>
평가서 작성(§27②)
<사 업 자>
협의 요청
평가서 제출(§27②)
<사업자 → 승인기관>
평가서 협의요청(§27①)
<승인기관 → 환경부장관>
협의 절차
평가서 검토(§28)
<환경부장관>
한국환경연구원,
전문가(§28②, ③)
협의 내용 통보(§29)
<환경부장관 → 승인기관 → 사업자>
조정 요청(§31)
<사업자, 승인기관>
협의 내용 반영확인 · 통보(§30)
<승인기관 → 환경부장관>
재협의(§32)
변경협의(§33)
협의 내용 관리
협의 내용 이행(§35①)
<사 업 자>
관리대장 비치 및
관리책임자 지정(§35②, ③)
착공등의 통보(§37)
사후환경영향조사(§36)
<사 업 자>
협의 내용 관리 · 감독(§39)
<승인기관 및 환경부장관>
공사중지(§40②, §34③)
<승인기관>
벌칙(§73)
재평가(§41)

Ⅳ. 소규모 환경영향평가

동법은 환경적으로 민감한 지역에서의 소규모 개발사업에 대하여 소규모환경영향평가를 실시하도록 하고 있다. 환경영향평가와 구별되는 것은 그 대상사업의 규모가 소규모이며, 이러한 점을 고려하여 환경영향평가 항목 및 범위 결정, 주민의견 수렴, 이의 조정, 사후환경영향조사, 재협의, 재평가 절차 등을 생략하고 있다는 것이다.

1. 평가대상

가. 대상사업

다음 모두에 해당하는 개발사업을 하려는 사업자는 소규모 환경영향평가를 실시하여야 한다: ① 보전이 필요한 지역과 난개발이 우려되어 환경보전을 고려한 계획적 개발이 필요한 지역으로서 대통령령으로 정하는 지역(보전용도지역)[55]에서 시행되는 개발사업; ② 환경영향평가 대상사업의 종류 및 범위에 해당하지 아니하는 개발사업으로서 대통령령으로 정하는 개발사업(제43조 제1항). 소규모 환경영향평가의 구체적인 대상사업의 종류, 범위 및 협의 요청 시기 등은 대통령령에 위임되어 있다(제59조, 별표 4).

[9] 대법원 2020. 7. 23. 선고 2019두31839 판결

환경영향평가법 시행령 제59조 [별표 4] 제1호 (다)목에서 소규모 환경영향평가의 대상으로 정한 '국토의 계획 및 이용에 관한 법률 제6조 제3호에 따른 농림지역의 경우 사업계획 면적이 7,500㎡ 이상인 개발사업'에서 '사업계획 면적'이란 개발사업이 이루어지는 전체 면적으로서, 사업자가 해당 개발사업의 사업계획을 수립 · 시행하기 위하여 관계 법령상 행정청의 인허가를 받아야 할 필요가 있는 모든 토지 면적의 총합을 의미한다고 봄이 타당하다.[56]

나. 예　　외

다음의 어느 하나에 해당하는 개발사업은 소규모 환경영향평가 대상에서 제외한다: ① 「재난 및 안전관리 기본법」 제37조에 따른 응급조치를 위한 사업; ② 국방부장관이 군사상 고도의 기밀보호가 필요하거나 군사작전의 긴급한 수행을 위하여 필요하다고 인정하여 환경부장관과 협의한 개발사업; ③ 국가정보원장이 국가안보를 위하여 고도의 기밀보호가 필요하다고 인정하여 환경부장관과 협의한 개발사업; ④ 특별재난지역으로 선

55) 여기에는 관리지역, 개발제한구역 등 22개 보전지역이 포함된다.

56) 甲이 「국토의 계획 및 이용에 관한 법률」에 따라 농림지역 및 농업진흥구역으로 지정된 지목이 '답'인 토지 중 7,457㎡ 부분에서 돼지 축사 10개 동을 건축하기 위하여 건축허가를 신청하였고, (…) 위 토지 중 '부지 제외지'(345㎡)와 '목적 외 사용승인허가 예정지'(135㎡)도 축사 자체의 부지는 아니지만 축사의 부속시설이나 진입도로의 부지에 해당하므로, 축사를 건축하는 개발사업은 그 '사업계획 면적'이 적어도 7,937㎡(=7,457㎡+345㎡+135㎡)가 되므로 환경영향평가법 시행령 제59조 [별표 4] 제1호 (다)목에서 정한 소규모 환경영향평가의 대상인 '농림지역에서 사업계획 면적이 7,500㎡ 이상인 개발사업'에 해당하는 것으로 보아야 한다고 한 사례.

포된 지역에서 재해 · 재난복구계획에 따라 시행하는 사업으로서 행정안전부장관이 긴급한 복구를 위하여 필요하다고 인정하여 환경부장관과 협의한 사업(제43조 제1항).

2. 평가절차

가. 평가서의 작성 및 협의 요청

승인등을 받아야 하는 사업자는 소규모 환경영향평가 대상사업에 대한 승인등을 받기 전에 소규모 환경영향평가서를 작성하여 승인기관의 장에게 제출하여야 한다(제44조 제1항). 승인기관장등은 소규모 환경영향평가 대상사업에 대한 승인등을 하거나 대상사업을 확정하기 전에 환경부장관에게 소규모 환경영향평가서를 제출하고 소규모 환경영향평가에 대한 협의를 요청하여야 한다(동조 제2항). 한편, 동법은 절차의 간소화와 사업자의 편의를 고려하여 소규모 환경영향평가서의 작성 및 협의요청을 생략할 수 있는 경우를 두고 있다(동조 제3항 · 제4항).

나. 평가서의 검토 및 통보

환경부장관은 협의를 요청받은 경우에는 협의 요청 절차의 적합성과 소규모 환경영향평가서의 내용 등을 검토한 후 협의를 요청받은 날부터 대통령령으로 정하는 기간 이내에 협의 내용을 승인기관장등에게 통보하여야 한다(제45조 제1항). 소규모 환경영향평가서의 검토에 관하여는 제17조 제2항을 준용한다. 이 경우 '전략환경영향평가서'는 '소규모 환경영향평가서'로 본다(동조 제2항). 동법은 원활한 검토를 위해 보완 · 조정 요청, 반려 등을 규정하고 있으며(동조 제3항, 제4항), 환경훼손이나 자연생태계의 변화가 현저하게 될 우려 등이 있는 경우 환경부장관이 소규모 환경영향평가 대상사업의 재검토를 통보할 수 있는 근거를 마련하고 있다(동조 제5항).

3. 평가 후의 관리

가. 협의 내용의 반영

사업자나 승인기관의 장은 협의 내용을 통보받았을 때에는 이를 해당 사업계획에 반영하기 위하여 필요한 조치를 하여야 한다(제46조 제1항).

나. 변경협의

사업자는 소규모 환경영향평가 협의를 마친 후 원형대로 보전하도록 한 지역 또는 개발에서 제외하도록 한 지역을 추가로 개발하는 등 사업계획 등을 변경하는 경우에는 환경보전방안을 마련하여 변경되는 사업계획 등에 반영하여야 한다(46조의2).

다. 사전공사의 금지

사업자는 협의 또는 변경협의 절차를 거치지 아니하거나 절차가 끝나기 전(공사가 일부 진행되는 과정에서 재협의 또는 변경협의의 사유가 발생한 경우에는 재협의 또는 변경협의의 절차가 끝나기 전을 말함)에 소규모 환경영향평가 대상사업에 관한 공사를 하여서는 아니 되며, 승인기관의 장은 협의 또는 변경협의 절차가 끝나기 전에 소규모 환경영향평가 대상사업에 대한 승인등을 하여서는 아니 된다(제47조 제1항 · 제2항). 이를 위반하여 공사를 시행한 자에 대하여는 공사중지명령 및 조치명령이 부과된다(동조 제3항).

라. 사업착공 등의 통보

소규모 환경영향평가 대상사업에 대한 사업 착공 등의 통보에 관하여는 제37조를 준용한다(제48조).

마. 협의 내용 이행의 관리감독

사업자는 개발사업을 시행할 때에 그 사업계획에 반영된 협의 내용을 이행하여야 한다(제49조 제1항). 동법은 협의 내용의 관리 차원에서 이행 여부의 확인 · 통보, 자료제출 · 조사 및 조치명령 등과 관련한 근거 규정을 두고, 환경영향평가에서의 관련 규정을 준용하도록 하고 있다(동조 제2항).

V. 환경영향평가등에 관한 특례

동법은 평가서 작성 · 협의에 과다한 시일이 소요되는 등 환경영향평가제도 운영상 나타난 문제점을 해소하기 위해 일정한 경우 전략환경영향평가와 환경영향평가를 통합하여 실시하도록 하고, 환경영향이 적은 사업에 대하여 평가서초안과 평가서를 하나로 한 약식평가서에 의하여 의견수렴과 평가서에 대한 협의를 병행하여 실시하는 약식절차를 도입하고 있다. 나아가 2024. 10. 22. 개정 법은 환경에 미치는 영향이 중대할 것으로 예상되는 사업에 대한 '심층평가'와 환경에 미치는 영향에 대한 신속한 조사 · 예측 · 평가 등이 필요한 사업에 대한 '신속평가'를 위한 법적 근거를 두고 있다.

1. 환경영향평가등의 통합 실시

동법은 개발기본계획과 환경영향평가 대상사업에 대한 계획을 통합하여 수립하는 경우에는 전략환경영향평가와 환경영향평가를 통합하여 검토하되, 전략환경영향평가 또는 환경영향평가 중 하나만을 실시할 수 있도록 하고 있다(제50조 제1항). 전략환경영향평가 대상계획에 대한 협의시기와 환경영향평가 대상사업에 대한 협의시기가 같은 경우에는 환경영향평가만을 실시할 수 있다. 이 경우 전략환경영향평가항목등을 포함하여 환경영향평가서를 작성하여야 한다(동조 제2항). 이는 근접한 시기에 유사한 내용의 환경성평가를 중복하여 행하는 것을 피하기 위한 것이라고 이해된다.[57]

57) 대법원 2009. 4. 23. 선고 2007두13159 판결(사전환경성검토협의의 시기와 환경영향평가의 협의시기가 같은 경우에 해당한다고 한 사례, 판례 [5]) 참조.

2. 약식평가

가. 대상사업 여부의 결정

사업자는 승인기관의 장 또는 환경부장관에게 환경영향평가항목등을 결정하여 줄 것을 요청할 때에 약식절차에 따라 환경영향평가를 실시할 수 있는지 여부를 결정하여 줄 것을 함께 요청할 수 있다(제51조 제3항). 한편, 승인등을 받지 아니하여도 되는 사업자는 환경영향평가항목등을 결정할 때에 환경영향평가협의회의 심의를 거쳐 약식절차에 따라 환경영향평가를 실시할 수 있는지를 결정한다.

승인기관의 장이나 환경부장관은 요청을 받으면 환경영향평가협의회의 심의를 거쳐 약식절차에 의한 환경영향평가 실시 여부를 결정하고 대통령령으로 정하는 기간 내에 그 결과를 사업자에게 통보하여야 한다(동조 제4항).

나. 협　　의

사업자는 환경영향평가 대상사업 중 환경에 미치는 영향이 적은 사업으로서 대통령령으로 정하는 사업에 대하여는 대통령령으로 정하는 환경영향평가서(약식평가서)를 작성하여 주민등의 의견수렴과 협의 요청을 함께 할 수 있다(제51조 제1항).

다. 평가서의 작성 · 제출

승인등을 받지 아니하여도 되는 사업자는 의견수렴절차와 협의절차를 마치면 제출된 의견과 협의 내용 등이 포함된 환경영향평가서를 다시 작성하여야 한다(제52조 제1항). 승인등을 받아야 하는 사업자는 의견수렴절차와 협의절차를 마치면 제출된 의견과 협의 내용 등이 포함된 환경영향평가서를 다시 작성하여 승인기관의 장에게 제출하여야 한다(동조 제2항). 제출된 의견과 협의 내용이 다른 경우에는 환경부장관의 의견을 들어야 한다. 환경부장관은 의견을 통보하려면 대통령령으로 정하는 기간 내에 환경영향평가협의회의 심의를 거쳐 승인기관의 장과 사업자에게 그 의견을 통보하여야 한다(동조 제3항). 승인기관장등은 환경부장관에게 협의 내용의 반영 결과를 통보할 때에 환경영향평가서를 함께 제출하여야 한다(동조 제4항).

3. 심층평가

승인기관장등 또는 환경부장관은 환경영향평가 대상사업이 다음의 어느 하나에 해당하는 경우 환경영향평가항목등을 결정할 때에 환경영향평가협의회 심의를 거쳐 환경에 미치는 영향에 대한 심층적인 조사·예측·평가 등이 필요한 사업(심층평가 대상)에 해당하는지 여부를 포함하여 결정하여야 한다: ① 환경영향평가 대상지역에 생태계의 보전가치가 큰 지역이 포함되는 등 자연환경에 미치는 영향이 중대할 것으로 예상되는 사업으로서 대통령령으로 정하는 기준에 해당하는 경우; ② 환경영향평가 대상지역에 어린이, 노인, 임산부, 저소득층 등 환경유해인자 노출에 민감한 집단이 일정규모 이상 거주하는 등 생활환경에 미치는 영향이 중대할 것으로 예상되는 사업으로서 대통령령으로 정하는 기준에 해당하는 경우(제52조의2 제1항). 동법은 심층평가 대상에 대하여 환경영향평가를 실시하려는 경우에는 공청회를 개최하여 주민 등의 의견을 들어야 함을 규정함(동조 제3항).

4. 신속평가

심층평가 대상과 달리 환경에 경미한 영향을 미칠 것으로 예상되는 신속평가 대상의 경우 평가 절차 일부를 생략할 수 있도록 하고, 이 경우 사업계획 시행 등에 따른 환경보전방안을 마련하도록 하고 있다(제52조의3).

Ⅵ. 사법심사

이제 환경영향평가는 환경분쟁과 관련하여 어김없이 등장하는 주제가 되었다. 환경영향평가서의 허위 · 부실 작성, 형식적인 환경영향평가 협의 등 논란은 계속되고 있으며, 그 결과 환경영향평가제도의 실효성은 상당히 약화되어 있는 상황이다. 환경의식, 시민의식이 증대됨에 따라 이러한 문제를 둘러싼 분쟁은 보다 급격히 증대될 것이 예상된다. 이러한 분쟁을 조기에 수습하지 않을 경우 사회갈등은 계속되고, 더욱 첨예화되면서 사회적 · 국가적 자원낭비가 초래될 것이 분명하다. 우리는 이러한 결과를 동강댐 건설, 새만금 간척사업, 경부고속철도 건설사업, 서울외곽순환도로 사패산터널 건설사업, 경인운하 건설사업, 4대강 사업, 제주 해군기지사업 등 대형 국책사업을 수행하면서 뼈저리게 경험한 바 있다.

그 동안 환경영향평가가 유명무실하게 이루어지고 형식적으로 운영되었던 데에는 법원에게도 큰 책임이 있다고 생각된다. 법원이 환경영향평가를 둘러싼 사법심사를 함에 있어서 환경영향평가의 절차적 · 실체적 하자 등을 등한시하고 사업승인처분의 위법성을 인정하는 데 소극적인 입장을 견지하는 한 그 실효성을 확보하기란 근본적으로 어려운 것이다. 법원의 안일한 태도는 환경영향평가제도의 실효성을 떨어트리면서 동 제도를 자칫 유명무실하게 만들 수 있다. 이러한 관점에서 환경영향평가제도의 실효성을 확보하기 위한 법원의 역할 내지 사법심사에 대한 방향 전환이 요구되고 있다.

1. 원고적격

가. 법률상 이익이 있는 자

이른바 '법률상 이익구제설'을 취하고 있는 통설, 판례의 입장은 행정소송과 관련하여 처분의 근거가 되는 법규의 보호목적을 기준으로 하여 처분의 근거법규가 공익보호뿐만 아니라 개인의 이익도 보호하고 있다고 판단되는 경우에 원고적격이 있는 것으로 보고 있다.[58] 최근에는 처분의 직접 근거가 되는 법규에서 나아가 처분의 근거가 되는 법규가 원용하고 있는 법규도 처분의 근거법규로 봄으로써, 취소소송의 원고적격을 확대하는 경향이 뚜렷하다. 예컨대, 대법원은 환경영향평가의 대상이 되는 개발사업이 이루어지는 곳의 인근주민이 개발사업의 승인취소를 청구하는 소송에서, "환경영향평가법은 평가의 대상이 되는 개발사업이 환경을 해치지 아니하는 방법으로 시행되도록 함으로써 개발사업과 관련된 환경공익을 보호하려는 데에 그치는 것이 아니라 환경영향평가 대상지역 안의 주민들의 환경침해를 받지 아니하고 쾌적한 환경에서 생활할 수 있는 개별적인 이익까지도 이를 보호하고 있다"고 판시하면서 「환경영향평가법」을 개발사업승인처분의 근거법으로 보고, 개발사업으로 인하여 직접적이고 중대한 환경피해를 입으리라고 예상되는 환경영향평가 대상지역 안의 주민에게 환경영향평가 대상사업을 승인하는 처분의 취소를 구할 원고적격을 인정하고 있다.[59] 「환경영향평가법」까지도 처분의 근거법규로 보고, 비록 제한적 범위이지만 환경영향평가 대상지역 안의 주민에게까지 취소소송의 원고적격을 확대하고 있는 것이다.

나. 주민이 아닌 자

「환경영향평가법」은 환경영향평가 대상사업이 생태계의 보전가치가 큰 지역으로서 대통령령으로 정하는 지역을 포함하는 경우에는 주민의 의견 외에 관계 전문가 등 평가대상지역의 주민이 아닌 자의 의견을 듣고 이를 평가서의 내용에 포함시키도록 하고 있는데(제25조 제2항, 제13조 제2항), 의견수렴의 대상이 되는 '주민이 아닌 자'에게 당해 대상사업의 승인처분을 다툴 수 있는 원고적격을 인정할 수 있는지 여부가 문제될 수 있다. 명시적인 규정이 있는 상태에서, 이 조항의 취지를 적극적으로 해석하면 '주민이 아닌 자'에게도 원고적격을 인정할 수 있을 것이나 원고적격을 좁게 해석하는 판례의 경향에 비추어 현실적으로 부인될 가능성이 많아 보인다.[60]

다. 환경영향평가 대상지역 안의 주민

환경영향평가 대상지역은 행정소송에서 원고적격의 인정 여부를 가르는 결정적인 단서이다. 환경영향평가 대상지역이란 환경영향평가협의회의 심의를 거치지만(제11조 제1항, 제24조 제1항), 환경영향평가를 실시하는 주체인 사업자(또는 환경영향평가업자)가 스스로 환경영향평가가 필요하다고 설정한 지역이다. 문제는 원고적격을 판단함에 있어 법원이

58) 대법원 1990. 5. 22. 선고 90누813 판결; 대법원 1991. 12. 13. 선고 90누10360 판결; 대법원 1994. 4. 12. 선고 93누24247 판결; 대법원 1995. 2. 28. 선고 94누3964 판결; 대법원 1995. 9. 26. 선고 94누14544 판결; 대법원 1995. 10. 17. 선고 94누14148 판결; 대법원 2002. 10. 25. 선고 2001두4450 판결; 대법원 2004. 8. 16. 선고 2003두2175 판결; 대법원 2006. 3. 16. 선고 2006두330 전원합의체 판결(판례 [10]); 대법원 2006. 7. 28. 선고 2004두6716 판결.

59) 대법원 1998. 4. 24. 선고 97누3286 판결; 대법원 1998. 9. 4. 선고 97누19588 판결(영광원자력발전소 사건); 대법원 1998. 9. 22. 선고 97누19571 판결(남대천양수발전소 사건); 대법원 1998. 10. 20. 선고 97누5503 판결; 대법원 2001. 7. 27. 선고 99두2970 판결(용화온천 사건); 대법원 2001. 7. 27. 선고 99두5092 판결(용화온천 사건); 대법원 2004. 12. 9. 선고 2003두12073 판결(판례 [16]); 대법원 2005. 5. 12. 선고 2004두14229 판결.

60) 이 조항의 취지를 '주민이 아닌 자'에게 수인한도를 넘는 환경침해를 받지 아니하고 쾌적한 환경에서 생활할 수 있는 개별적 이익까지도 이를 보호하려는 데에 있다고 볼 수 있는지는 의심스럽다면서 이들의 원고적격을 부인하는 견해가 있다. 홍준형(각주 31), 387면. 문언의 강조점이 "주민이 아닌 자"가 아니라 "관계 전문가"라면서 원고적격을 부인하는 견해는 조홍식(각주 37), 378면.

사업자가 설정한 환경영향평가 대상지역에 구속되어 판단하여야 하는지 아니면 독자적으로 판단하여야 하는지이다. 환경영향평가 대상지역이 사업자가 환경영향평가가 필요하다고 정한 지역에 불과하므로 법원이 사업자가 설정한 환경영향평가 대상지역에 구애됨이 없이 소송자료와 증거자료 등을 종합적으로 검토하여 해당 사업으로 인하여 영향을 받게 되는 지역 안의 주민인지 여부를 판단하여야 할 것이다.[61]

'남대천양수발전소 사건'에서 보듯이 법원은 환경영향평가 대상지역의 안과 밖을 구분하여 환경영향평가 대상지역 안의 주민에게만 원고적격을 인정하여 왔는데, 이러한 법원의 태도는 아래와 같은 이유로 부당하다. 즉 환경영향평가 대상지역이란 환경영향평가협의회의 심의를 거치지만, 환경영향평가를 실시하는 주체인 사업자(또는 환경영향평가업자)가 스스로 환경영향평가가 필요하다고 설정한 지역이다. 흔히는 이 지역 안의 주민이 그 밖에 거주하는 주민보다 직접적이고 중대한 환경피해를 입을 가능성이 높다고 할 수 있으나, 그렇다고 환경영향평가 대상지역 밖에 거주하는 주민이 직접적이고 중대한 환경피해를 입을 우려가 없다고 단정할 수는 없다. 환경상 상당한 영향이 예상되는 지역을 환경영향평가 대상지역의 안팎을 기준으로 하여 일도양단식으로 명확하게 구분할 수는 없다. 다시 말하면 이러한 피해가 예상되는 지역과 환경영향평가 대상지역이 일치하지 않을 가능성이 상존하는 것이다. 물론 환경영향평가 대상지역 안의 주민이 그 밖에 거주하는 주민보다 직접적이고 중대한 환경피해를 입을 가능성이 높다는 점에서 환경영향평가 대상지역이라는 물리적 기준은 입증의 부담을 완화시키는 중요한 역할을 할 것으로 보인다.

결론적으로 원고적격을 인정함에 있어서 환경영향평가 대상지역의 안팎을 칼로 자르듯이 획일적으로 구분하여 환경영향평가 대상지역 안의 주민에게만 원고적격을 인정하고 그 밖에 거주하는 주민에게는 원고적격을 인정하지 않는 것은 부당한 결과를 초래할 수 있다. 따라서 비록 환경영향평가 대상지역 밖에 거주하더라도 직접적이고 중대한 환경피해를 입을 것이 예상된다는 점을 주장 · 입증하는 자에게는 원고적격을 인정하여야 할 것이다. 최근 새만금 사건(판례 [10]), 4대강 사건[62] 등에서 대법원은 이러한 입장을 확인하고 있다. 이때 법원은 원고가 처분 전과 비교하여 수인한도를 넘는 환경피해를 받거나 받을 우려가 있다는 것을 입증함으로써 원고적격을 인정받을 수 있다고 밝히고 있는데, 원고적격을 인정받을 수 있는 원고를 수인한도를 넘는 환경침해를 받거나 받을 우려가 있는 주민으로 제한하는 것은 남소의 가능성을 염두에 둔 것으로 보인다.

---

61) 김향기, "행정소송의 원고적격에 관한 연구", 환경법연구 제31권 제2호, 2009. 8, 252면.
62) 대법원 2015. 12. 10. 선고 2012두6322 판결(4대강 사건).

[10] 새만금 사건: 대법원 2006. 3. 16. 선고 2006두330 전원합의체 판결

공유수면매립면허처분과 농지개량사업시행인가처분의 근거 법규 또는 관련 법규가 되는 구 공유수면매립법(1997. 4. 10. 개정 전), 구 농촌근대화촉진법(1994. 12. 22. 개정 전), 구 환경보전법(1990. 8. 1. 폐지 전), 구 환경보전법 시행령(1991. 2. 2. 폐지 전), 구 환경정책기본법(1993. 6. 11. 개정 전), 구 환경정책기본법 시행령(1992. 8. 22. 개정 전)의 각 관련 규정의 취지는, 공유수면매립과 농지개량사업시행으로 인하여 직접적이고 중대한 환경피해를 입으리라고 예상되는 환경영향평가 대상지역 안의 주민들이 전과 비교하여 수인한도를 넘는 환경침해를 받지 아니하고 쾌적한 환경에서 생활할 수 있는 개별적 이익까지도 이를 보호하려는 데에 있다고 할 것이므로, 위 주민들이 공유수면매립면허처분 등과 관련하여 갖고 있는 위와 같은 환경상의 이익은 주민 개개인에 대하여 개별적으로 보호되는 직접적 · 구체적 이익으로서 그들에 대하여는 특단의 사정이 없는 한 환경상의 이익에 대한 침해 또는 침해우려가 있는 것으로 사실상 추정되어 공유수면매립면허처분 등의 무효확인을 구할 원고적격이 인정된다고 할 것이다.

한편, 환경영향평가 대상지역 밖의 주민이라 할지라도 공유수면매립면허처분 등으로 인하여 그 처분 전과 비교하여 수인한도를 넘는 환경피해를 받거나 받을 우려가 있는 경우에는, 공유수면매립면허처분 등으로 인하여 환경상 이익에 대한 침해 또는 침해우려가 있다는 것을 입증함으로써 그 처분 등의 무효확인을 구할 원고적격을 인정받을 수 있다고 할 것이다.[63)]

법원은 원고적격 인정의 실질적 근거로 "환경상의 이익에 대한 침해 또는 침해우려"를 들면서도, 환경영향평가 대상지역이 설정된 경우 이 대상지역 안의 주민들에게 이러한 피해가 발생하였다고 '사실상 추정'함으로써, 입증의 부담을 완화해 주고 있다. 이러한 입장은 종전에 획일적으로 환경영향평가 대상지역의 안팎을 구별하여 대상지역 안에 거주하는 주민들에게만 원고적격을 인정하여 오던 태도에서 진일보한 것이라고 평가할 수 있다. 이러한 법원의 전향적 입장은 "환경상의 이익에 대한 침해 또는 침해우려"를 입증하는 것이 쉽지 않다는 점, 최근 원고적격 인정을 확대할 필요가 있다는 공감대가 확산되고 있다는 점 등에 비추어 타당한 결론이라고 생각한다.

다만 법원이 '수인한도를 넘는 환경피해'를 극히 제한적으로 인정할 경우에는 사실상 환경영향평가 대상지역 밖의 주민이 원고적격을 인정받기가 쉽지 않을 것이다. '수인한도를 넘는 환경피해'인지 여부는 본안에서 판단할 문제가 아닌가 하는 의문도 제기된다.[64)] 환경영향평가 대상지역 밖의 주민에게도 원고적격의 길을 열어준다는 점

63) 그러나 이 사건에서 대법원은 143명의 원고를 제외한 나머지 원고들에 대하여 원고들이 거주하는 지역이 환경영향평가 대상지역도 아닌데다가 원고들이 공유수면매립면허처분 등으로 인하여 그 처분 전과 비교하여 수인한도를 넘는 환경피해를 받거나 받을 우려가 있다는 점을 입증하지 못하고 있으며, 원고들이 이 사건 처분의 관련 법규상의 권리를 가진 자 또는 이해관계인에 해당한다고 인정할 자료가 없다는 이유로 원고적격을 부인하였다.

에서 원고적격 인정 여부를 판단할 경우에 '수인한도를 넘는 환경피해'인지 여부에 대한 판단 기준은 완화되어야 할 것이다. 나아가 법원은 원고적격의 인정 여부를 가르는 중요한 요소로 '환경상 이익'의 침해 여부를 추가하고 있다(판례 [11]).

주목할 점은 판례 [11]에서 법원은 추정이 깨진다는 등 직설적이고 분명한 표현을 쓰고 있지 않았으나 환경상 이익의 침해가 '사실상 추정'되는 환경영향평가 대상지역(영향권)의 주민이라도 환경상 이익을 향유하지 않는 경우에는 결국 원고적격을 인정받기 어렵다는 점에서 다른 차원에서 사실상 추정이 깨지는 경우를 예시한 것으로 이해할 수 있을 것이다.

[11] 제주 풍력발전소 사건: 대법원 2009. 9. 24. 선고 2009두2825 판결

환경상 이익에 대한 침해 또는 침해 우려가 있는 것으로 사실상 추정되어 원고적격이 인정되는 사람에는 환경상 침해를 받으리라고 예상되는 영향권 내의 주민들을 비롯하여 그 영향권 내에서 농작물을 경작하는 등 현실적으로 환경상 이익을 향유하는 사람도 포함된다. 그러나 단지 그 영향권 내의 건물·토지를 소유하거나 환경상 이익을 일시적으로 향유하는 데 그치는 사람은 포함되지 않는다(판례 [19]와 동일 판례).

라. 환경영향평가 대상사업인지 여부를 다투는 소송에서의 원고적격

해당 사업이 환경영향평가 대상사업임에도 환경영향평가가 실시되지 아니한 경우, 인근 주민들이 환경영향평가가 실시되었다면 자신들이 환경영향평가 대상지역 안의 주민들에 해당되었을 것이라면서 원고적격이 있다고 주장할 수 있는지가 문제될 수 있다. 이러한 문제는 법령해석의 착오 또는 이른바, '토막치기' 등으로 환경영향평가를 생략 내지 회피하는 사안에서 흔히 발생할 수 있다. 이 문제는 원고적격 인정의 실질적 징표로 작용하는 "환경상의 이익에 대한 침해 또는 침해우려"를 입증하는 것이 쉽지 않은 현실에서 중요한 의미를 갖는다. 최근 새만금 사건(판례 [10])에 비추어 볼 때 환경영향평가가 실시되었다면 당연히 환경영향평가 대상지역이 설정될 것이고, 따라서 그 지역 내에 거주하는 주민이라는 사실만 밝혀지면 "환경상의 이익에 대한 침해 또는 침해우려"가 있다고 사실상 '추정'될 것이다.

문제는 환경영향평가가 실시되지 않아 환경영향평가 대상지역이 설정되지 않은 경우이다. 환경영향평가 대상지역 안의 주민에게 환경상의 이익에 대한 침해 또는 침해우려가 있는 것으로 사실상 추정해 주는 것은 환경영향평가 대상지역 안의 주민들이 직접적이고

64) 법원이 수인한도를 넘는 환경상 이익의 침해 시 원고적격을 인정함으로써, 민사상의 권리를 기반으로 한 이익을 법적 이익으로 인정하고 있다고 이해하는 견해(이홍훈, "환경오염피해 구제와 법원의 역할 – 환경권의 해석에 있어 –", 환경법연구 제38권 제2호, 2016, 6면)도 원고적격의 판단 시 수인한도를 언급하는 것이 타당한지 의문을 제기하는 입장이라고 할 수 있다.

중대한 환경피해를 입을 가능성이 높다는 점을 고려하여 입증의 부담을 덜어주기 위한 것이라고 이해된다. 그런데 법령해석의 착오 또는 토막치기 등 환경영향평가 시행자의 위법·부당한 행위가 개재되어 환경영향평가 자체가 실시되지 않은 경우에 인근 주민들에게 입증의 부담을 환경영향평가가 실시된 경우보다 오히려 무겁게 하는 것은 불합리하다. 따라서 해당 사업이 환경영향평가 대상사업임에도 불구하고 환경영향평가가 실시되지 아니한 경우에는, 인근 주민들은 환경영향평가가 실시되었다면 자신들이 환경영향평가 대상지역 안의 주민들에 해당되었을 것이라면서 원고적격이 있다고 주장할 수 있으며, 법원은 여러 가지 사정을 종합 검토하여 인근 주민들이 환경영향평가 대상지역 안의 주민들에 해당할 '개연성'이 있고, 나아가 원고적격이 인정된다고 판단하는 것이 타당할 것이다(판례 [12]).65)

[12] 사전환경성검토대상지역과 원고적격: 대법원 2006. 12. 22. 선고 2006두14001 판결

기록에 의하면 원고들이 거주하는 ○○아파트의 부지와 이 사건 각 임야의 경계를 기준으로 가장 가까운 거리는 71m에 불과하고, 실제 공장시설과 가장 근접한 ○○아파트 제104동의 각 직선거리 및 사거리 역시 최소 144m 내지 최대 301m에 불과한 사실 또한 알 수 있으므로, 비록 피고 주장의 반대 사정, 즉 각 공장 부지에서 ○○아파트가 육안으로 보이지 아니하는 점, 공장 부지가 아파트 바로 위쪽이 아닌 다른 능선 쪽에 위치하고 있는 점, 피고 시내에 참가인들의 공장과 같은 동종업체가 다수 있는 점 등의 사정을 참작한다 하더라도, 위와 같은 지형적 사실에 앞에서 살핀 참가인들의 각 공장 업종, 그리고 최근 이루어지고 있는 사전환경성검토협의 대상지역의 통상적 범위 등의 사정을 더하여 보면, 원고들이 거주하는 ○○아파트는 사전환경성검토협의 대상지역 내에 포함될 개연성이 충분하다고 할 것이다.

그렇다면, 위 사전환경성검토협의 대상지역 내에 포함될 개연성이 충분하다고 보이는 주민들인 원고들에 대하여는 그 환경상 이익에 대한 침해 또는 침해 우려가 있는 것으로 추정할 수 있고 이는 법률상 보호되는 이익에 해당한다고 해석함이 상당하다(판례 [2]와 동일 판례).66)

2. 처 분 성

항고소송의 대상이 될 수 있는 것은 행정청의 '처분'이다. 행정소송법은 '처분'을 "행정청이 행하는 구체적 사실에 관한 법집행으로서의 공권력의 행사 또는 그 거부와 그밖에 이에 준하는 행정작용 및 행정심판에 대한 재결"이라고 정의하고 있다(제2조 제1항 제1

65) 서울고법 2006. 9. 11. 선고 2006루122 결정(환경영향평가를 실시하여야 함에도 그 절차를 거치지 않았다고 판단하면서 해당 사업지와 인접한 주민들에게 원고적격을 인정한 사례).

66) 사전환경성검토가 실시되지 아니한 사안에서, 사전환경성검토대상지역 내에 포함될 개연성이 충분하다고 보이는 주민들에게 원고적격을 인정한 사례. 이 사안은 종전의 사전환경성검토와 관련한 것이지만 환경영향평가의 경우에도 유효할 것이다.

호). 항고소송의 대상이 되는 행정청의 처분이 무엇을 의미하는지에 대하여는 실체법상의 행위를 의미한다는 견해와,[67] 실체법상의 행정행위에 국한하지 아니하고 권력적 사실행위, 공권력 행사로서의 실체를 가지고 있지는 아니하나 실질적으로 국민에게 계속적으로 사실상의 지배력을 미치는 행정작용(형식적 행정행위)을 포함하는 것으로 이해하는 견해가 있다.[68]

법원은 "행정청의 공법상의 행위로서 특정 사항에 대하여 법규에 의한 권리의 설정 또는 의무의 부담을 명하거나 기타 법률상 효과를 발생하게 하는 등 '국민의 권리의무에 직접 관계가 있는 행위'[69] 또는 '국민의 구체적인 권리의무에 직접적 변동을 초래하는 행위'[70]를 가리키는 것"이라고 함으로써, 국민의 권리의무에 대한 직접관련성 여부를 기준으로 하여 그 처분성 여부를 판단하고 있다.[71]

환경영향평가 실시 후에 이루어지는 사업승인행위의 처분성은 쉽게 인정될 수 있다. 문제는 사업승인 이전에 이루어지는 환경영향평가행위 자체, 이에 기한 승인기관과의 사이에 이루어지는 협의, 재평가 등이 처분에 해당하는가이다. 이러한 행위의 처분성이 인정될 경우 이해 당사자는 사업승인 이전에라도 그 행위의 위법성을 다투어 사업의 속행 또는 진척을 저지할 수 있을 것이다. 사업이 이미 상당히 진척되어 있는 경우에도 그 처분의 위법성을 다툴 수 있을 것이나 현실적으로는 처분 등을 취소하는 것이 현저히 공공복리에 적합하지 아니하다는 이유로 사정판결을 받기 쉬울 것이다.[72]

가. 환경영향평가행위

환경영향평가서의 작성주체는 사업자 혹은 환경영향평가업자로 되어 있어서 환경영향평가행위는 행정청이 공권력의 주체가 되어 행하는 행정작용이 아니므로 환경영향평가행위 자체는 행정쟁송의 대상이 되는 처분이 되지 아니한다.

나. 협 의

'협의'의 처분성 인정 여부에 대한 판단은 협의의 성질을 어떻게 볼 것인지가 중요한 기준이 될 것이다. 협의는 대상사업자나 일반국민에게 효력을 미치지 아니하므로 처분이 아니라는 견해가 있을 수 있으나, 법에서 협의를 의무 사항으로 규정하고 있는 점, 협의 내용을 이행하기 위한 절차 · 수단(협의 내용의 반영 · 이행, 조치명령, 사전공사 시행금지)이

67) 홍정선, 행정법원론(상), 박영사, 1994, 690면; 유지태, 행정법신론, 신영사, 1998, 507면; 김성수, 행정법(I), 법문사, 1998, 766면.

68) 김남진, 행정법(I), 법문사, 1997, 785 내지 786면; 김동희, 행정법(I), 박영사, 1999, 637 내지 639면; 석종현, 행정법강의(I), 삼영사, 1998, 697면; 김철용, 행정법(I), 박영사, 2006, 625면.

69) 대법원 1983. 2. 22. 선고 81누283 판결; 대법원 1984. 2. 14. 선고 82누370 판결; 대법원 1996. 3. 22. 선고 96누433 판결.

70) 대법원 1993. 10. 26. 선고 93누6331 판결; 대법원 1995. 7. 28. 선고 94누10832 판결; 대법원 1995. 11. 21. 선고 95누9099 판결.

71) 박균성, 환경법, 박영사, 2004, 216면.

72) 조홍식, "환경구제법 소고", 환경법연구 제21권, 1999, 151 내지 152면.

있는 점, 협의가 동의까지를 요구하지는 않는다고 하더라도 단순히 자문을 구하라거나[73] 협조요청을 구하라는 의미는 아닌 점, 그 의견을 따라 처분을 하라는 의미가 강한 공권력의 행사라는 점, 쌍방간의 의사의 조정이 아닌 환경부장관의 일방적인 심사라는 점,[74] 협의 내용에 불복이 있는 경우에 대한 절차(조정 요청)가 있는 점, 사실상 승인의 요건으로 작용한다는 점 등에 비추어서 행정쟁송의 대상이 되는 처분이라고 볼 여지가 있다.[75]

다. 통　보

환경부장관이 승인기관의 장에 한 협의 내용의 통보와 승인기관의 장이 사업자에게 한 협의 내용의 통보는 단순한 관념의 통지, 사실의 통지가 아니라 '국민의 권리의무에 직접 관계가 있는 행위' 또는 '국민의 구체적인 권리의무에 직접적 변동을 초래하는 행위'이므로 처분성이 인정될 수 있을 것이다.[76]

최근 중앙행정심판위원회가 이른바, 설악산 케이블카 사건 등에서 통보의 처분성을 인정하는 재결[77]을 한 것은 주목할 만하다.

3. 환경영향평가상의 하자

사업승인처분에 위법이 있는 경우 그 처분의 취소가 가능한 것은 당연하다. 그 결과 환경영향평가 대상사업임에도 불구하고 환경영향평가를 하지 아니한 경우는 물론이고(판례 [1]), 환경영향평가의 결과를 정당하게 고려하지 아니하고 사업승인을 한 경우에는 사업승인처분의 위법이 다투어질 수 있을 것이다.[78] 하자는 편의상 실체적 하자와 절차적 하자로 구분할 수 있다. 일응 실체적 하자가 있는 경우로는 상위계획에 부합하지 않은 경우, 대안 비교를 하지 않은 경우, 관련 법령이나 규정에 위배되는 경우

---

73) 비록 환경영향평가에서의 협의는 아니지만 종전의 사전환경성검토 협의상의 '협의'를 두고 법원은 그 협의의 법적 성질을 '자문'으로 보고 있다. 대법원 2000. 10. 13. 선고 99두653 판결; 부산고법 2007. 6. 29. 선고 2006누5540 판결(물금취수장 사건). 그러나 이 사안에서 문제가 된 것은 종전의 사전환경성검토제도상의 '협의'인바, 그 협의가 부처간 협의의 성질을 가지고 있기 때문에 법원이 환경영향평가상의 협의의 법적 성질을 '자문'으로 보고 있다고 단정하기는 어려울 것이다. 추후 법원의 판단이 필요한 부분이다.

74) 협의란 환경부장관이 평가서를 검토하여 사업계획이 환경영향을 초래할 위험이 있는 때에는 사업계획의 조정, 보완 등 필요한 요청을 할 수 있는 제도이므로 이 법에서의 협의는 쌍방간의 의사의 조정이 아닌 환경부장관의 일방적인 심사라고 보아야 한다. 천병태 · 김명길, 환경법론, 삼영사, 1997, 157면; 조현권, 환경법 —이론과 실무—, 법률문화원, 1999, 246면.

75) 협의의 처분성이 인정된다는 견해는 강현호, 환경법, 신론사, 2011, 125면; 이순자, "환경영향평가상의 협의에 대한 고찰", 환경법연구 제34권 제3호, 2012, 95면(다만, 승인 등을 받지 않아도 되는 사업자가 요청하는 협의의 경우는 제외); 조홍식(각주 36), 389면. 그러나 협의가 대외적 구속력을 갖지 않는 행정기관 내부행위라는 점에 초점을 맞추면 처분이라고 볼 수 없는 면이 있다. 한편, 처분의 성질을 갖는다고 하더라도 환경부장관의 협의의견을 직접적으로 다툴 실익은 적어 보인다. 정작 문제가 되는 것은 환경부장관의 협의의견이 아니라 승인기관이 협의 내용을 반영하지 않는 경우이기 때문이다. 이와 관련하여 환경영향평가상의 협의란 쌍방간의 의사의 조정이 아닌 환경부장관의 일방적인 심사를 의미한다고 하면서도 그 협의는 사업시행허가를 위한 여러 절차 중의 한 절차에 불과하기 때문에 협의 내용 자체를 다투는 것보다는 사업시행 자체를 다투는 것이 타당하다는 견해가 있다. 조현권(앞의 책), 255면.

76) 조홍식(각주 37), 382면.

77) 전주지법 2020. 6. 4. 선고 2019구합1316 판결(마이산 케이블카 사건); 중앙행심위 2020. 12. 29. 결정 2019−24121 재결(설악산 케이블카 사건); 중앙행심위 2021. 4. 13. 결정 2021−1516 재결(채석단지 지정 사건).

78) 조희종, "환경행정소송", 환경문제연구총서 Ⅸ, 대한변호사협회, 2001, 53면.

등을 들 수 있으며, 절차적 하자가 있는 경우로는 자격요건 미달의 대행자에 의해 환경영향평가서가 작성된 경우, 환경영향평가서 제출시기 및 협의 요청시기를 준수하지 않은 경우, 주민의견 수렴절차를 거치지 아니한 경우, 환경부장관이 환경영향평가서 검토 시 법에서 정해진 기관 또는 관계 전문가의 의견을 듣지 아니한 경우, 승인기관의 장이 환경부장관으로부터 환경영향평가서 또는 사업계획의 보완 · 조정 요청을 받고도 응하지 않은 경우, 협의 내용 통보기간을 준수하지 않은 경우, 협의 · 재협의 절차를 거치지 않은 경우 등을 들 수 있을 것이다. 그러나 양자를 엄격히 구분하기 어려운 측면이 있으며, 법원은 이를 크게 구분하지 아니하고 판단하고 있다.[79]

사업자가 환경영향평가서를 허위 · 부실작성하고 협의기과의 장과의 협의 내용을 이행하지 않거나 의견수렴절차를 제대로 거치지 않아 피해가 발생하거나 발생할 우려가 있는 경우 해당 사업자에게 손해배상이나 유지청구를 할 수 있을 것이다(판례 [13] 참조). 그러나 환경영향평가와 관련한 분쟁은 손해배상과 같은 사법상 구제보다 사업승인처분의 위법성에 집중되고 있다. 이는 고의 · 과실이나 위법성의 입증이 어려운 것과 무관하지 않아 보인다.

[13] 대법원 2021. 8. 12. 선고 2015다208320 판결

① 공법인이 국가나 지방자치단체의 행정작용을 대신하여 공익사업을 시행하면서 행정절차를 진행하는 과정에서 주민들의 절차적 권리를 보장하지 않은 위법이 있더라도 곧바로 정신적 손해를 배상할 책임이 인정되는 것은 아니지만, 절차상 위법의 시정으로도 주민들에게 정신적 고통이 남아 있다고 볼 특별한 사정이 있는 경우에는 정신적 손해의 배상을 구하는 것이 가능하다는 점(대법원 2021. 7. 29. 선고 2015다221668 판결 취지 참조), ② 당초 예정경과지 주민들의 거센 반대로 이 사건 사업부지에 관한 전면적 재논의를 위하여 이 사건 협의체가 구성되고 그에 따라 사업부지가 변경되었으나 피고는 이 사건 사업 실시계획 승인에 이르기까지 원고 등을 비롯하여 변경된 사업부지 인근주민들의 의견을 청취한 적이 없는 점, ③ 사업부지가 상당한 정도로 변경되어 당초예정경과지에 대하여 작성된 환경영향평가서 초안의 공고와 해당 지역 주민들에 대한의견청취만으로는 변경된 경과지에 대해서 구 「환경 · 교통 · 재해 등에 관한 영향평가법」(2008. 3. 28. 법률 제9037호 환경영향평가법으로 전부 개정되기 전의 것) 제6조 등에서 정한 환경영향평가서 초안의 공람 · 공고 및 주민의견 청취가 이루어진 것으로 보기 어려운데도, 당초 예정경과지에 대한 주민의견수렴절차가 진행되었다는 사정만으로 변경된 경과지 인근 주민들의 의견을 별도로 청취할 필요가 없다고 보게 되면, 사업부지 주민들의 의견을 청취한 결과 반

79) 부산지법 2006. 4. 13. 선고 2005구합1153 판결(신고리원자력 1, 2호기 사건); 서울행정법원 2010. 4. 23. 선고 2008구합29038 판결(확정, 군산복합화력발전소 사건); 서울행정법원 2013. 3. 19. 선고 2012구합31311 판결(일동 송전선로 사건). 이에 반해 이를 구분하고 있는 판결은 서울행정법원 2021. 2. 10. 선고 2019구합74850 판결 참조.

대가 심하여 사업 추진이 불가능해 보일 경우 사업부지를 다른 지역으로 변경하고 그 변경된 사업부지 인근 주민들의 의견을 듣지 않더라도 적법하다는 결과에 이르게 되어 그 주민들의 절차적 권리에 부정적 영향을 미치는 점, ④ 사업부지가 뒤늦게 변경된 일련의 경위에 비추어, 피고로서는 그동안 사업부지 선정절차에서 소외된 이 사건 경과지 주민들의 의견을 더욱 적극적으로 청취하고 그 이해를 구하는 절차를 진행했어야 할 것으로 보이는데도, 주민들의 거센 저항이나 보상 등 민원 제기로 사업시행이 지연될 것을 우려하여 주민의견수렴절차를 거치지 않았을 가능성이 커 보이는 점, ⑤ 이 사건 관련 법령 규정의 취지와 개정 경과 등을 종합하면, 피고가 원고 등이 환경상 이익의 침해를 최소화할 수 있는 의견을 제출할 수 있는 기회를 박탈하여 원고 등에게 상당한 정신적 고통을 가하였으므로 원고 등이 입은 정신적 손해를 배상할 의무가 있다.[80]

가. 실체적(내용적) 하자

환경영향평가 자체에 하자(실체적 · 내용적 하자)가 있는 경우 사업승인처분의 위법성을 인정할 수 있는가? 예컨대, 승인기관의 장이 부동의 협의의견을 무시하거나 협의 내용을 제대로 반영하지 아니하고 해당 사업을 승인한 경우 그 승인처분이 위법한가? 환경영향평가제도를 둔 입법 목적 · 취지와 사업자와 승인기관의 장에게 협의 내용을 반영하도록 의무화한 관련 규정(제30조 제1항) 등을 종합하여 볼 때 그 승인은 하자가 있는 처분이라 할 것이다.[81] 그러나 법원은 "환경부장관과의 협의를 거친 이상, 환경영향평가서의 내용이 환경영향평가제도를 둔 입법 취지를 달성할 수 없을 정도로 심히 부실하다는 등의 특별한 사정이 없는 한 처분청이 환경부장관의 환경영향평가에 대한 의견에 반하는 처분을 하였다고 하여 그 처분이 위법하다고 할 수는 없다"고 판시하고 있다.[82]

"환경영향평가의 부실 정도가 환경영향평가제도를 둔 입법취지를 달성할 수 없을 정도이어서 환경영향평가를 하지 아니한 것과 다를 바 없는 정도의 것이 아닌 이상"이라는 표현을 사용하면서 위법성 인정에 소극적인 법원의 태도도 같은 맥락으로 이해된다(판례 [14]).

---

80) 사업부지가 변경된 후 피고(한국전력공사)가 예정경과지에 대한 환경영향평가서 초안을 재작성하고 예정경과지 주민들의 의견을 수렴하는 절차를 거치지 않은 채 사업을 진행함으로써, 원고 등이 환경상 이익의 침해를 최소화할 수 있는 의견을 제출할 수 있는 기회를 박탈하여 원고 등에게 상당한 정신적 고통을 가하였으므로 원고 등이 입은 정신적 손해를 배상할 의무가 있다고 한 사례.

81) 사전환경성검토서의 허위 · 부실, 협의 내용의 부실 등이 중대하여 최종 의사결정(허가등 처분)에 중대한 영향을 미쳤을 경우에는 해당 처분의 위법성이 인정되어야 할 것이다. 함태성, 사전환경성검토제도의 법적 과제, 한국법제연구원, 2004. 11, 47면; 송동수, "참여정부의 환경정책 평가와 과제 −환경관련법령의 제 · 개정을 중심으로−", 환경법연구 제27권 제4호, 2005. 12, 98면.

82) 대법원 2001. 7. 27. 선고 99두2970 판결(용화온천 사건, 국립공원 관리청이 국립공원 집단시설지구개발사업과 관련하여 그 시설물기본설계 변경승인처분을 함에 있어서 환경부장관과의 협의를 거친 이상 환경부장관의 환경영향평가에 대한 의견에 반하는 처분을 하였다고 하여 그 처분이 위법하다고 할 수 없다고 한 사례); 대법원 2001. 7. 27. 선고 99두5092 판결(용화온천 사건).

[14] 정비창 사건: 대법원 2001. 6. 29. 선고 99두9902 판결

구 환경영향평가법(1997. 3. 7. 개정 전) 제4조에서 환경영향평가를 실시하여야 할 사업을 정하고, 그 제16조 내지 제19조에서 대상사업에 대하여 반드시 환경영향평가를 거치도록 한 취지 등에 비추어 보면, 같은 법에서 정한 환경영향평가를 거쳐야 할 대상사업에 대하여 그러한 환경영향평가를 거치지 아니하였음에도 승인 등 처분을 하였다면 그 처분은 위법하다 할 것이나, 그러한 절차를 거쳤다면, 비록 그 환경영향평가의 내용이 다소 부실하다 하더라도, 그 부실의 정도가 환경영향평가제도를 둔 입법 취지를 달성할 수 없을 정도이어서 환경영향평가를 하지 아니한 것과 다를 바 없는 정도의 것이 아닌 이상 그 부실은 당해 승인 등 처분에 재량권 일탈 · 남용의 위법이 있는지 여부를 판단하는 하나의 요소로 됨에 그칠 뿐, 그 부실로 인하여 당연히 당해 승인 등 처분이 위법하게 되는 것이 아니다.[83]

법원은 '특별한 사정'을 언급함으로써 처분의 위법성을 인정할 수 있는 여지를 주고 있다. 그러나 판례에 따를 경우 실제로 사업승인 등 처분의 위법성이 인정되어 그 취소까지 이르기는 극히 어려울 것으로 보인다. 이 같은 사실은 이른바, '새만금 사건', '명지대교 사건', '4대강 사건' 등에서도 확인되었다.[84] 법원에서 적시하고 있는 바와 같이 협의를 거친 경우나, 환경영향평가의 부실 정도가 약한 경우에는 환경영향평가에 대한 의견에 반하는 처분에 대하여도 그 처분의 하자를 다투어 위법성을 인정받을 가능성이 거의 없으며, 환경영향평가의 부실 정도가 아주 심하다는 등 특별한 사정이 있는 경우에만 극히 제한적으로 처분의 취소가 가능하게 되는데, 심각한 부실, 특별한 사정 등의 입증이 쉬운 것이 아니기 때문이다.

환경영향평가서가 허위 · 부실하게 작성된 경우도 문제될 수 있다. 법원은 환경영향평가서가 부실하게 작성된 경우만을 다루고 있을 뿐 허위작성된 경우에 대하여는 판단하고 있지 아니하고,[85] 부실의 경우에도 그 정도가 심히 부실한 경우에만 그 처분의 위법성을 인정하고 있다. 어떠한 경우에 그 부실이 처분의 위법사유가 되는지를 구체적으로 제시하지도 못하고 있다. 환경영향평가가 심히 부실하다는 판단의 한 기준으로는 "환경영향평가를 하지 아니한 것과 다를 바 없는 정도"를 제시하고 있는바, 이는 지나치게 엄격한 기준으로 생각된다.[86] 이익형량을 함에 있어서 자의적인 판단을 한 경우, 환경요소에 대하

---

83) 한국고속철도건설공단의 경부고속철도 서울차량기지 정비창 건설사업에 관한 환경영향평가 내용의 부실의 정도가 환경영향평가제도를 둔 입법 취지를 달성할 수 없을 정도이어서 환경영향평가를 하지 아니한 것과 다를 바 없는 정도의 것은 아니라는 이유로 위 사업의 실시계획의 승인처분이 위법하지 아니하다고 한 사례.

84) 대법원 2006. 3. 16. 선고 2006두330 전원합의체 판결(판례 [10]); 부산고법 2006.6.19. 선고 2006라64 결정(명지대교 사건); 대법원 2014. 7. 24. 선고 2012두4616 판결; 대법원 2015. 12. 10. 선고 2012두6322 판결(4대강 사건); 서울행정법원 2021. 8. 10. 선고 2020구합51204 판결 참조.

85) 시행규칙에서는 그 거짓 또는 부실 작성에 대한 판단기준을 제시하고 있으나(시행규칙 제23조, 별표 2) 그 기준이 반드시 명확한 것만은 아니다.

86) 박균성, "환경영향평가의 하자와 사업계획승인처분의 효력", 행정판례연구 Ⅶ, 한국행정판례연구회, 박영사, 2002, 380면.

여 충분하게, 편견을 갖지 않고 고려 · 형량하지 아니한 경우, 고의나 중대한 과실 · 악의로 중요 사실부분을 누락 · 오인하거나 진실에 반하게 기재한 경우[87] 등도 그 기준으로 제시될 수 있을 것이다. 그러나 무엇보다도 그 허위, 부실 작성이 최종 의사결정에 영향을 미쳤는지 여부가 처분의 위법성 판단에 중요한 요소로 작용하여야 한다고 생각된다.

중요한 점은 환경영향평가 협의 내용이 제대로 반영되었는지 여부, 환경영향평가서의 허위 · 부실의 여하 및 정도, 최종 의사결정에 영향을 미쳤는지 여부 등을 판단하는 주체는 최종적으로 법원이므로 법원의 인식 여하에 따라서는 결론이 달라질 수 있다는 것이다. 법원 스스로 "환경부장관의 협의를 거친 이상"이라는 의미를 관대하게 해석하는 것은 환경부장관이 검토하였다는 이유로 더 이상의 사법심사는 할 필요가 없다는, 즉 사법부의 심사포기선언과 다름없다.[88] 이러한 법원의 태도는 「환경영향평가법」이 순수한 절차법이라는 편견에 기초한 것으로 보이며,[89] 「환경영향평가법」이 환경영향평가서, 기초자료 등을 허위 · 부실하게 작성한 자에게 벌칙 및 과태료를 부과할 수 있게 하고, 허위 · 부실 작성의 구체적인 기준을 시행규칙(제23조, 별표 2)에서 구체적으로 정하고 있음에도 정작 허위 · 부실 작성의 결과인 환경영향평가에 터 잡은 사업승인처분은 위법하지 않다는 것이므로 법령의 취지나 법감정에 반하는 것이다.[90] 이는 역으로 환경 파수꾼, 환경보호의 최후 보루로서의 사법부의 역할이 그만큼 중요하다는 것을 의미한다.

[15] 대법원 2023. 2. 2. 선고 2019두36025 판결

환경영향평가업자가 조사보고서를 작성하면서 사업지구 내 수리부엉이의 서식 사실 관련 내용을 누락한 것은 통상적인 주의로 확인할 수 있음에도 불구하고 멸종위기야생동 · 식물 및 천연기념물 등을 누락하여 환경영향평가서등의 검토 · 협의기관이 적절하게 검토하기 어렵게 하거나 환경영향평가서등의 신뢰를 크게 떨어뜨린 경우로서, 구 환경영향평가법 제56조 제1항 제2호, 제2항, 구 환경영향평가법 시행규칙 제23조 [별표 2] 제2호 사목에 따라 '환경영향평가서등을 부실하게 작성한 경우'에 해당한다고 봄이 타당하다.[91]

---

87) 「환경영향평가법」은 평가서등을 허위로 작성한 자에 대하여는 2년 이하의 징역 또는 2천만원 이하의 벌금(제52조 제1항)에 처하도록 하고 있는 반면, 부실하게 작성한 평가대행자나 사업자에 대하여는 1천만원 이하의 과태료를 부과하도록 하고 있다(제54조 제2항). 이와 같이 동법이 허위작성과 부실작성에 대한 제재 방법 및 정도를 구분하고, 허위작성의 경우를 더 중하게 처벌하고 있다는 점에 비추어 허위작성의 경우에는 그 처분의 위법성이 비교적 쉽게 인정되어야 할 것이다.

88) 조홍식(각주 36), 385면; 이은기, "하자있는 환경영향평가를 거친 행정처분의 판결이유에 관한 재검토 소고 –반복된 판박이 대법원 판시이유에 대한 비판–", 공법연구 제45집 제3호, 2017. 2, 332면. 이러한 법원의 입장은 「환경영향평가법」을 순수 절차법으로 보는 전제에서 발전해 온 것으로 그 전제가 타당하다고 할 수 없어 재검토가 요구된다. 박태현 · 정남순, "환경영향평가의 적정성에 대한 현행 사법심사 기준의 비판적 검토와 대안 고찰", 환경법과 정책 제6권, 2011. 5, 84면.

89) 환경영향평가가 순전히 절차도구적 성격을 갖는다는 견해는 김중권, "환경영향평가가 결여된 행정행위의 효력", 환경판례백선, 박영사 2019, 84면.

90) 송동수, "환경영향평가의 하자와 사법심사", 환경법연구 제34권 제3호, 2012. 11, 62면.

91) 환경영향평가업자인 원고가 환경영향평가법 시행규칙 제23조 [별표 2] 제2호 사목에 따른 '환경영향평가서등의 부실 작성' 판단기준을 위반하였다고 하면서도 원고에게 부과한 업무정지처분(승인기관의 승인처분이 아님)에 절차상 하자가 없

법원은 누적적 영향평가를 하지 아니한 경우, 환경영향에 대한 조사가 누락된 경우, 대안평가를 적정하게 하지 아니한 경우, 환경저감방안을 충분히 검토하지 아니한 경우 등에 기초하여 이루어진 처분의 위법성 또는 재량권의 일탈 · 남용을 인정하는 데 인색하지 말아야 할 것이다.92) 이러한 관점에서 소수의견이지만 "합리적이고 실행가능한 모든 대안을 구체적으로 검토하여야 한다"는 점을 밝히면서 대안검토가 불충분하다는 점을 지적한 판결을 눈여겨볼 필요가 있다.93)

환경영향평가서의 내용이 심히 부실하지 않더라도 재량권의 일탈 · 남용 여부를 별도로 살펴보아야 한다는 취지에서 환경영향평가 내용의 부실 여부 및 그 정도 등에 대하여 법원의 적극적인 심리를 촉구하는 대법원 판결도 큰 의미를 갖는다(판례 [16]). 이러한 판결은 심히 부실하지 않은 부실이 해당 승인 등 처분에 재량권 일탈 · 남용의 위법이 있는지 여부를 판단하는 하나의 요소에 불과하다는 입장이라고 할 수 있다(판례 [14] 참조).

결국 법원은 해당 처분의 위법성 여하를 판단하기 위해서는 부실의 정도가 환경영향평가제도를 둔 입법 취지를 달성할 수 없을 정도에 이르는지 여부뿐만 아니라 이로 인해 해당 처분에 재량권을 일탈 · 남용한 위법이 있는지 여부도 판단하여야 한다는 취지로 판시함으로써, 2원적 판단기준을 제시하고 있는바, 이와 같이 두 경우로 구분하는 근거 및 타당성은 부족해 보인다.

[16] 납골당 사건: 대법원 2004. 12. 9. 선고 2003두12073 판결

환경영향평가법에 따라 환경영향평가를 거쳐야 할 대상사업에 대하여 처분이 이루어진 경우 법원으로서는 먼저 구 환경영향평가법에 따라 환경영향평가절차가 제대로 진행되었는지 여부와 환경영향평가절차가 제대로 진행되었다면 환경영향평가서를 기초로 환경영향평가의 내용이 부실한지 여부를 따져야 할 것이고, 만약 환경영향평가의 내용이 부실하다면 그 부실의 정도가 환경영향평가제도를 둔 입법 취지를 달성할 수 없을 정도이어서 환경영향평가를 하지 아니한 것과 다를 바 없는 정도인지 여부, 그 부실의 정도가 환경영향평가제도를 둔 입법 취지를 달성할 수 없을 정도에 이르지 아니한 경우에는 그 부실로 인하여 당해 처분에 재량권 일탈 · 남용의 위법이 있는지 여부 등을 심리하여 그 결과에 따라 당해 처분의 적법 여부를 판단하여야 할 것이다.

(…) 위와 같이 1면이나 2면 또는 3면만을 발췌하여 제출한 환경영향평가서의 일부만으로는 이 사건 납골당조성사업이 환경에 미칠 영향이나 환경영향평가 내용의 부실 정도를 파악하기가 곤란하므로, 원심으로서는 석명권을 행사하여 이 사건 환경영향평가서들 전체를 제출하도록 입증을 촉구하고 그 전부를 살펴 환경영향평가 내

다고 한 사례.

92) 박균성 · 함태성(각주 51), 362 내지 363면 참조.

93) 대법원 2011. 4. 21. 선고 2010무111 전원합의체 결정(반대의견).

용의 부실 여부와 부실의 정도 등을 심리한 후 그 결과에 따라 이 사건 처분의 적법 여부와 재량권 일탈·남용 여부 등을 따졌어야 함에도 원심은 환경영향평가에 대한 충분한 심리를 진행하지 아니한 채 이 사건 환경영향평가서들 중 발췌된 일부만을 심리대상으로 삼아 이 사건 납골당조성사업에 대하여는 국토 및 자연의 유지, 환경의 보전 등 이를 허가하지 아니하여야 할 중대한 공익상의 필요가 있다는 이유로 이 사건 처분이 위법하다고 판단하고 말았으니 원심판결에는 석명권 불행사, 심리미진 또는 채증법칙 위배로 인한 사실오인 등으로 인하여 판결 결과에 영향을 미친 위법이 있다.[94)]

[17] 서울행정법원 2021. 2. 10. 선고 2019구합74850 판결

피고는 전략환경영향평가의 입지 타당성 검토가 불충분한 상태에서 법상 요구되는 추가적인 조사 및 검토를 누락한 채 이 사건 처분(공공주택지구 지정)으로 나아감으로써, 마땅히 고려야 할 이 사건 사업지구 내 멸종위기 야생생물(맹꽁이) 서식 가능성을 이익형량에서 누락하거나 멸종위기 야생생물 보호라는 공익을 대규모 주택공급이라는 이익에 비하여 지나치게 과소평가하였다 할 것이다. 따라서 이 사건 처분은 재량권을 일탈·남용한 하자가 존재하므로, 원고들의 주장은 이유 있다.[95)]

나. 절차적 하자

절차상의 하자가 실체적 하자의 유무와 관계없이 독립된 위법사유가 될 수 있는지는 논란이 되고 있다.[96)] 예컨대, 법에 정해진 절차에 따라 요구되는 주민의 의견제출, 공청회 절차 등이 이루어지지 아니한 경우, 협의가 이루어지지 않은 경우 등과 같이 절차상의 하자가 있는 경우 이에 터잡아 이루어진 승인 등 처분이 위법한 것인지가 문제될 수 있는 것이다. 법원은 절차적 하자에 비교적 관대한 편이다.[97)]

---

94) 법원은 부실의 정도가 환경영향평가제도를 둔 입법 취지를 달성할 수 없을 정도에 이르렀는지 그렇지 아니한지에 따라 해당 처분의 위법성 여하를 판단하기 위한 기준을 2원적으로 제시하고 있다. 이와 관련해서 "그 부실의 정도가 환경영향평가제도를 둔 입법 취지를 달성할 수 없을 정도이어서 환경영향평가를 하지 아니한 것과 다를 바 없는 정도의 부실이 아닌 경우"에는 그 부실은 해당 승인 등 처분에 재량권 일탈·남용의 위법이 있는지 여부를 판단하는 하나의 요소로 됨에 그칠 뿐 그 부실로 인하여 당연히 해당 처분이 위법하게 되는 것이 아니라는 취지의 판례의 견해는 그 의미가 매우 모호하며, 환경상 이익을 승인처분 시 충분히 고려하지 않은 위법을 판단함에 있어 환경영향평가의 부실이 하나의 고려사항이 된다는 의미라면 당연한 것을 선언한 것에 불과하다는 비판이 있다. 박균성, "환경영향평가와 사업계획승인의 관계에 관한 연구", 환경법연구 제35권 제2호, 2013. 8, 262면.

95) 공공주택지구 지정을 하면서 사업지구 내 맹꽁이 서식 가능성이 존재함에도 불구하고 불충분한 현장조사에 기초하여 사업지구 전체가 입지 타당성 요건을 갖추었다고 판단하였다는 등의 사정을 근거로 자연환경영향에 관한 이익형량의 하자가 인정된다고 한 사례.

96) 행정절차상의 하자가 독립된 위법 사유가 된다는 것이 판례와 다수설의 입장이며, 중요도에 따라 무효 또는 취소사유로 보고 있다. 대법원 2004. 7. 8. 선고 2002두8350 판결; 대법원 2000. 11. 14. 선고 99두5870 판결; 대법원 2006. 6. 30. 선고 2005두14363 판결; 박윤흔, 행정법강의(상), 박영사, 1999, 420면; 박균성, 행정법론, 박영사, 2008, 356면; 홍준형, 행정법, 법문사, 2017, 239면.

97) 부산지법 2006. 4. 13. 선고 2005구합1153 판결(신고리원자력 1, 2호기 사건); 서울행정법원 2010. 4. 23. 선고 2008구합29038 판결(확정, 군산복합화력발전소 사건).

[18] 일동 송전선로 사건: 서울행정법원 2013. 3. 19. 선고 2012구합31311 판결

참가인이 공청회를 개최하기 전에 이 사건 쟁점사업 실시계획의 승인신청을 하였다고 하더라도, 전원개발촉진법 제5조의2 제1항 소정의 '사업시행계획의 열람 및 설명회'를 통하여 주민 등의 의견을 들으려고 조치한 이상 공청회를 미리 개최하지 아니하였다는 이유만으로 같은 조항이 정한 절차를 위반하였다고 보기도 어렵다.

또한, 환경영향평가법 제17조 제3항은 '환경부장관은 전략 환경영향평가서를 검토한 결과 전략 환경영향평가서 또는 계획 등을 보완 · 조정할 필요가 있는 등 대통령령으로 정하는 사유가 있는 경우에는 전략 환경영향평가 대상계획을 수립하려는 행정기관의 장에게 전략 환경영향평가서 또는 해당 계획의 보완 · 조정을 요청하거나 보완 · 조정을 전략 환경영향평가 대상계획을 제안하는 자 등에게 요구할 것을 요청할 수 있다'고 규정하고 있고, 환경영향평가서 작성 등에 관한 규정 제29조는 '사업자 또는 승인기관의 장은 협의 요청된 평가서 등의 내용을 보완하고자 할 때에는 문서로써 그 사유를 밝히고 평가서 등의 내용을 보완할 수 있다. 다만 환경영향평가 협의가 종결된 때에는 평가서 등의 내용을 보완할 수 없다'고 규정하고 있는바, ① 위 관계 법령의 규정을 종합하여 보면, 환경영향평가서는 그 본안이 제출되더라도 환경영향평가 협의가 종결될 때까지는 언제든지 보완 · 수정이 가능하다고 할 것인데, 참가인이 비록 제2차 공청회가 개최되기 전에 피고에게 환경영향평가서 초안을 본안으로 제출하였지만 그 이후 제출된 주민의견서 등을 일부 반영한 환경영향평가 보완서를 작성하여 제출한 점, ② 환경영향평가 법령에서 정한 환경영향평가를 거쳐야 할 대상 사업에 대하여 그러한 환경영향평가를 거치지 아니하였음에도 승인 등 처분을 하였다면 그 처분이 위법하다 할 것이나, 그러한 절차를 거쳤다면 비록 그 환경영향평가의 내용이 다소 부실하다 하더라도 그 부실의 정도가 환경영향평가 제도를 둔 입법취지를 달성할 수 없을 정도이어서 환경영향평가를 하지 아니한 것과 다를 바 없는 정도의 것이 아닌 이상, 그 부실은 당해 승인 등 처분에 재량권 일탈 · 남용의 위법이 있는지 여부를 판단하는 하나의 요소가 됨에 그칠 뿐 그 부실로 인하여 당연히 당해 승인 등 처분이 위법하게 되는 것이 아니라 할 것인데(대법원 2006. 3. 16. 선고 2006두330 전원합의체 판결 등 참조), 참가인은 환경영향평가서 초안에 대하여 주민설명회와 공청회가 무산된 이후 서면으로나마 주민들의 의견을 수렴하였고 그 결과를 일부 반영하여 환경영향평가 보완서를 작성 · 제출하였으므로, 그와 같이 작성된 환경영향평가가 다소 미흡한 부분이 있다고 하더라도, 그 부실의 정도가 환경영향평가 제도를 둔 입법취지를 달성할 수 없을 정도이어서 환경영향평가를 하지 아니한 것과 다를 바 없는 정도의 것이라고 보기는 어려운 점 등에 비추어 보면, 이 부분에 있어서도 절차상의 하자가 있다고 할 수 없다.[98]

---

98) 공청회를 개최하기 전에 환경영향평가서 초안을 본안으로 제출한 사안에서 그 이후 제출된 주민의견서 등을 일부 반영한 환경영향평가 보완서를 작성하여 제출한 점 등을 고려하여 절차상 하자가 없다고 한 사례.

절차의 하자가 승인처분의 위법성에 영향을 미치는지 그 문제해결의 관건은 당해 제도, 절차의 취지, 중요성에 있다고 생각한다.[99] 환경영향평가제도로 돌아와서 공람 · 공고, 주민설명회 등 주민의 의견제출절차 등을 거치도록 법에서 요구하고 있는 것은 사업시행에 있어서 지역주민 등 다수 이해관계인의 의사를 반영하고 그들 상호간의 이익을 합리적으로 조정함으로써 주민의 권리에 대한 부당한 침해를 방지하고 행정의 민주화와 신뢰를 확보하는 데 그 취지가 있다고 할 것이다. 결국 환경영향평가절차의 준수는 내용의 적정성을 담보함으로써, 환경피해의 사전예방 내지 최소화를 가능케 하므로 그 절차가 갖는 중요성을 쉽게 무시해서는 안 될 것이다. 그러한즉 일단 그 절차에 하자가 있는 경우에는 「환경영향평가법」의 목적과 평가제도를 두게 된 취지 등에 비추어 그 절차에 관한 규정은 엄격하게 준수되어야 한다는 점을 고려하여 처분의 위법성이 적극적으로 인정되어야 할 것이다.[100] 환경영향평가절차가 강행규범의 성질을 가지기 때문에 이를 부실하게 행한 경우 당연히 독립된 위법사유로 보아야 한다는 견해도 같은 맥락으로 이해할 수 있다.[101] 이러한 관점에서 최근 법원이 환경영향평가를 거치지 아니하고 이루어진 사업승인처분을 한 경우,[102] 환경영향평가협의회 심의사항에 대하여 심의를 거치지 아니하고 처분한 경우[103] 등이 무효라고 판단한 것은 지극히 타당한 결론이라고 생각한다.

[19] 제주 풍력발전소 사건: 대법원 2009. 9. 24. 선고 2009두2825 판결

환경정책기본법의 규정 취지는 대상사업이 환경을 해치지 아니하는 방법으로 시행되도록 함으로써 당해 사업과 관련된 환경공익을 보호하려는 데 그치는 것이 아니라, 당해 사업으로 인하여 직접적이고 중대한 환경피해를 입으리라고 예상되는 사전환경성검토 협의 대상지역 내의 주민들이 전과 비교하여 수인한도를 넘는 환경침

---

99) 대법원 1988. 5. 24. 선고 87누388 판결(도시계획입안절차에 하자가 있는 행정처분과 공람공고절차를 위배한 도시계획변경결정처분은 위법하다고 한 사례); 대법원 1991. 7. 9. 선고 91누971 판결; 대법원 1990. 11. 9. 선고 90누4129 판결(「식품위생법」 소정의 청문절차를 전혀 거치지 아니하거나 거쳤다고 하여도 그 절차적 요건을 제대로 준수하지 아니하고 한 영업정지 등의 처분이 위법하다고 한 사례) 참조. 이러한 판례에 따르면 절차에 하자가 있는 행정처분은 그 자체로 위법하다고 할 것이다.

100) 대법원 2011. 11. 10. 선고 2010두22832 판결(일동 송전선로 사건, 환경영향평가서 초안에 대하여 주민들에 대한 공람 · 공고 및 설명회 등 의견수렴 절차를 거치지 아니하였다는 이유로 의견수렴절차를 누락한 구간에 대한 부분에 있어 승인처분이 위법하다고 한 사례). 환경영향평가 절차상의 하자가 무시할 수 있을 정도의 경미한 하자가 아닌 한 환경영향평가의 대상이 된 사업의 허가는 위법하다는 견해가 있다. 박균성, "환경피해의 공법적 구제", 환경법연구 제23권 제1호, 2001, 150면.

101) 김성수, 행정법판례평론: 사례 · 해설, 홍문사, 2006, 427면.

102) 대법원 2001. 6. 29. 선고 99두9902 판결(판례 [14]); 대법원 2006. 3. 16. 선고 2006두330 전원합의체 판결(판례 [10]); 대법원 2006. 6. 30. 선고 2005두14363 판결(도창리 사격장 사건, 박격포 사격장 인근 주민 244명이 주민의견 수렴과정이나 환경영향평가 없이 마을에 설치된 훈련장의 승인처분의 무효임을 확인해 달라며 국방부장관을 상대로 한 국방군사시설 사업실시계획 승인처분무효확인 청구소송에서 환경영향평가를 거쳐야 할 대상사업에 대하여 환경영향평가를 거치지 아니하였음에도 그 사업실시계획 승인처분을 한 경우, 그 처분이 당연무효라고 하면서 원고들의 청구를 인용한 사례); 서울고법 2010. 9. 2. 선고 2009누36363 판결(환경영향평가서 초안만을 제출받은 상태에서 협의절차나 주민의견수렴절차를 거치지 아니하고 한 승인처분이 무효에 해당한다고 하면서 당사자의 사정판결 주장을 배척한 사례).

103) 창원지법 2020. 8. 26. 선고 2019구단11881 판결.

해를 받지 아니하고 쾌적한 환경에서 생활할 수 있는 개별적 이익까지도 보호하려는 데에 있다 할 것인데, 사전환경성검토협의를 거쳐야 할 대상사업에 대하여 사전환경성검토협의를 거치지 아니하였음에도 승인 등 처분이 이루어진다면 환경파괴를 미연에 방지하고 쾌적한 환경을 유지·조성하기 위하여 사전환경성검토협의 제도를 둔 입법 목적을 달성할 수 없게 되는 결과를 초래할 뿐만 아니라 사전환경성검토협의 대상지역 안의 주민들의 직접적이고 개별적인 이익을 근본적으로 침해하게 되므로, 이러한 행정처분의 하자는 법규의 중요한 부분을 위반한 중대한 것이라고 하지 않을 수 없다. 그러나 앞서 본 바와 같이 구 국토의 계획 및 이용에 관한 법률 제6조, 제36조 제1항에서 규정한 세부용도지역에 따라 사전환경성검토협의 대상이 되는 사업계획면적이 달리 규정되어 있는바, 소외 회사가 피고에게 제출한 개발사업시행승인신청서에는 이 사건 개발사업 부지가 6,418㎡로 기재되어 있어 이 사건 개발사업 부지의 세부용도지역 지정에 따라 사전환경성검토협의 대상 여부가 달라질 수 있었음에도, 이 사건 처분 당시 이 사건 개발사업 부지에 대하여 세부용도지역이 지정되지 않은 상태였고, 이러한 경우 피고로서는 이 사건 개발사업 부지의 이용실태 및 특성, 장래의 토지이용방향 등에 대한 구체적 조사 및 이에 기초한 평가 작업을 거쳐 이 사건 개발사업 부지가 어떠한 세부용도지역의 개념 정의에 부합하는지 여부를 가린 다음 이를 토대로 사전환경성검토협의 여부를 결정하여야 한다는 법리는 이 사건 처분이 있은 후에 비로소 이 사건 대법원판결에 의하여 선언되는 것이므로, 설령 피고가 법의 해석을 잘못한 나머지 이 사건 개발사업이 사전환경성검토협의 대상이 아니라고 보고 그 절차를 생략한 채 이 사건 처분을 하였다고 하더라도, 그 하자가 외형상 객관적으로 명백하다고 할 수는 없다. 따라서 이 사건 처분에 존재하는 위와 같은 하자만으로는 이 사건 처분이 당연무효라고 위와 같은 하자만으로는 이 사건 처분이 당연무효라고 할 수 없다(판례 [11]과 동일 판례).104)

특히 협의기관의 장과의 협의를 거치지 않은 경우에 해당 허가 등 처분의 위법성이 인정되는지의 문제는 특히 환경영향평가제도의 중심부분을 이루는 '협의'의 성질을 어떻게 보느냐의 문제와도 관련이 있다. 법에서 협의절차를 둔 기본 취지는 행정계획이나 개발사업을 수립·시행하기 전에 환경성을 검토하는 과정에서 환경전문기관인 환경관서의 의견을 듣도록 하는 데 있다. 이러한 제도 취지에 잘 부합하기 위해서는 환경관서는 전문적 입장에서 환경오염을 방지 또는 저감하는 방안을 제시하고 일정한 경우에는 조정할 수 있어야 한다. 그러한즉 협의를 단지 형식적으로 거치기만 하는 것으로 이해하는 것은 제도 취지에 어긋나는 것이다. 또한 「환경영향평가법」에서는 "협의를 요청하여야 한다(제27조)", "협의 내용을 통보하여야 한다(제29조)" 등의 규정을 둠으로써, 협의를 의무적인

104) 행정청이 사전환경성검토협의를 거쳐야 할 대상사업에 관하여 법의 해석을 잘못한 나머지 세부용도지역이 지정되지 않은 개발사업 부지에 대하여 사전환경성검토협의를 할지 여부를 결정하는 절차를 생략한 채 승인 등의 처분을 한 사안에서, 그 하자가 객관적으로 명백하다고 할 수 없다고 한 사례.

사항으로 규정하고 있으며, 조치명령(제40조), 사전공사의 금지(제34조) 규정을 두어 그 실효성을 확보하고자 하고 있다. 이러한 제도 취지나 규정 등을 모두 살펴볼 때 협의를 단지 조언이나 자문을 구하라는 의미로 이해해서는 곤란하다. 이 점은 환경영향평가상의 '협의'가 일반 행정법상의 협의와 크게 구별되는 부분이라 할 것이다. 결국 협의는 허가 등 처분을 하는 관계 행정기관의 장에게 적어도 직무상 구속력 또는 사실상의 구속력을 부여하고 있다고 보아야 하고, 나아가 일정 부분 어느 정도의 법적 구속력까지도 인정되고 있다고 해석하는 것이 타당하다.[105]

법원이 "관련 행정청이 협의를 얻지 못한 잘못은 단순한 절차 흠결이 아니라 이 사건 인가처분을 위법하게 하는 하자라고 보지 아니할 수 없다"고 판시하면서 해당 인가처분의 취소를 명하고,[106] 승인 등 처분 이후에 환경영향평가를 실시하고 공사에 착수하였다는 사정만으로 그 하자가 치유된다고 할 수 없다고 하였는바,[107] 절차의 엄격한 준수를 강조한 타당한 결론이라고 생각된다.

[20] 하자의 치유(소극): 서울고등법원 2010. 9. 2. 선고 2009누36363 판결

하자있는 행정행위의 치유는 행정행위의 성질이나 법치주의의 관점에서 볼 때 원칙적으로 허용될 수 없는 것이고, 예외적으로 행정행위의 무용한 반복을 피하고 당사자의 법적 안정성을 위해 이를 허용하는 때에도 국민의 권리나 이익을 침해하지 않는 범위에서 인정되는바(대법원 2002. 7. 9. 선고 2001두10684 판결 참조), 피고가 원고를 포함한 인근 주민의 의견수렴절차나 평가서에 대한 환경부장관 등과의 협의절차를 거치지 아니한 채 이 사건 처분을 함으로써 환경부장관 등과의 협의내용을 사업계획에 반영시키는 것 자체가 원천적으로 봉쇄되었을 뿐만 아니라 인근 주민의 직접적이고 개별적인 권리나 이익을 근본적으로 침해하였다고 볼 것이므로, 피고가 이 사건 처분 이후에 환경부장관과의 협의를 완료하였다거나 이 사건 사업계획의 목적과 공익상의 요청, 행정행위의 무용한 반복을 피하기 위한 필요성 등을 감안하더라도 그러한 사정만으로 위와 같이 중대하고 명백한 하자가 치유될 수는 없다.

---

105) 함태성(각주 81), 44면.

106) 서울행정법원 2003. 12. 24. 선고 2003구합30071 판결(피고인 고양시장이 도시계획시설사업실시계획인가처분을 하기 전에 관할지방환경청장과 관할 부대장과 「환경정책기본법」과 「군사시설보호법」에 정하여진 사전환경성검토협의 절차와 군사시설보호구역 안이 행정청 허가에 관한 관할부대장의 협의 절차를 거치지 못한 것이 인가처분을 위법하게 하는 하자이므로 인가처분은 위법하여 취소되어야 한다고 판단한 사례).

107) 서울행정법원 2009. 10. 9. 선고 2009구합3316 판결. 이 판결에 대한 항소는 기각되었으나, 상고심(대법원 2012. 7. 5. 선고 2010두20423 판결)에서는 당해 처분에 위법이 없다는 이유로 파기되었다.

같은 맥락의 판례는 서울행정법원 2004. 10. 8. 선고 2003구합37607 판결(도창리 사격장 사건, 승인처분 이후 환경영향평가를 실시하여 환경영향평가서를 작성하고 관할 지방환경청장과 협의를 거친 다음 그 검토의견 등을 반영한 환경영향저감방안을 마련하여 시행할 준비가 되어 있다는 것으로 하자가 치유되었다고 볼 수 없다고 한 사례). 이에 반하여 환경영향평가 결과 등을 반영하여 변경승인을 한 경우 변경승인 처분은 최초의 승인처분과는 독립된 것이므로 최초의 승인처분 하자가 변경승인 처분에 승계된다고 볼 수 없다고 한 판례는 서울행정법원 2010. 7. 15. 선고 2009구합15258 판결(이 판결에 대한 항소는 기각되었으나, 상고심(판례 [3])에서 해당 처분이 위법하지 않다는 이유로 파기환송되었음) 참조.

4. 소 결

환경영향평가에 대한 법원의 인식 및 사법심사의 정도 여하는 동 제도의 실효성 문제와 밀접한 관련이 있다. 그 동안 환경영향평가가 유명무실하게 이루어지고 형식적으로 운영되었던 데에는 법원에게 큰 책임이 있다고 생각된다. 법원이 환경영향평가를 둘러싼 사법심사를 함에 있어서 소극적인 입장을 견지하고 안일하게 대처하는 한 그 실효성을 확보하기란 근본적으로 어려운 것이다. 미국 법원은 환경영향평가와 관련한 다양한 절차적 · 실체적 문제에 대해서 광범위하고 적극적으로 개입하여 판단하고 있다.108) 이에 비해 우리나라 법원은 원고적격 여부의 판단에 급급하고 사회적 갈등과 환경문제를 해결하는 데 핵심 단서가 되는 환경영향평가의 절차적 · 실체적 하자를 등한시하고 있는데, 이러한 법원의 태도는 시정되어야 한다. 협의를 거쳤다는 이유만으로 환경영향평가의 허위 · 부실 작성 등 하자문제를 소홀히 하는 것은 오히려 형식적이고 편법적인 평가만을 조장할 뿐이다.

환경영향평가를 둘러싼 법적 판단요구에 대하여 환경보전을 위한 최후의 보루로서 법원의 적극적인 개입이 시대적으로 요구되고 있다. 이러한 관점에서 환경영향평가서 내용 자체에 중대한 하자가 있다거나, 처분청이 협의 내용에 반하는 처분을 한 경우에는 당해 처분을 무효로 본다든지 하는 효력 규정을 두어 법원에 환경영향평가에 대한 적극적인 심사를 촉구하는 것도 고려할 만하다.

---

108) 미국에서는 의사결정자의 의사결정이 「국가환경정책법(NEPA)」 절차에 따라 이루어졌는지, 환경영향평가서(EIS) 작성 자체를 하지 아니한 것이 옳은 것인지 등과 같은 절차적인 문제는 물론이고 환경영향평가서가 제대로 작성되었는지와 같은 실체적인 문제 등에 대해서도 치열한 분쟁이 제기되면서 법원이 이러한 절차적, 실체적 문제에 대해서 다양하고, 광범위하고, 적극적으로 개입하여 판단하고 있다. 절차적 문제와 관련한 중요한 사법심사 기준은 자의성(arbitrary and capricious)이며, 실체적 문제와 관련하여 적용되는 중요한 기준은 합리성(rule of reason)이다. 환경영향평가에 대한 미국 법원의 사법심사는 김홍균, "환경영향평가와 사법심사", 법조, 2004. 6, 20 내지 25면 참조.

제 4 장 통합환경관리

「환경정책기본법」을 필두로 분야별로 분화를 거듭해온 환경법체계에 대한 근본적인 검토가 요구되고 있다. 지나친 분할을 통한 다수법의 양산이 환경법의 복잡성과 중복성을 초래하면서 오히려 효율성을 떨어트리고 있기 때문이다. 여기에 더하여 유럽연합을 중심으로 대두된 선진법제인 통합환경관리(Integrated Pollution Prevention and Control: IPPC)에 대한 소개는 환경법의 통합이라는 새로운 과제를 우리에게 주고 있다. 유럽연합은 일찍이 이 개념을 환경 정책의 중요한 요소로 인정하였고, 1996년에는 지침[1]을 채택한 바 있으며,[2] 영국,[3] 독일,[4] 미국[5] 등은 그 지침에 따라 통합환경관리를 시행하고 있다.[6] 그러나 막상 그 개념은 모호한 측면이 있다.[7] 이들 선진국가들에 비해서는 많이 늦은 감이 있지만 2015년 12월 22일에 제정된 「환경오염시설 통합관리에 관한 법률」은 이러한 개념을 수용하고 있어 크게 주목을 받고 있다.

정부는 동법의 제정 이유를 다음과 같이 밝히고 있다: 현행 환경오염 관리방식은 대기, 물, 토양 등의 환경 분야에 따라 개별적으로 이루어지고 있어 복잡하고 중복된 규제

1) Council Directive 96/61/EC Concerning Integrated Pollution Prevention and Control, 1996 O.J. (L 257) 26. 이 지침은 2008년 개정을 거쳐 2010년 산업배출에 관한 지침(이하 2010년 유럽연합 지침이라고 한다)으로 제명이 바뀌어 전면 개정되었다. Directive 2010/75/EU of the European Parliament and the Council of 24 November 2010 on industrial emissions(industrial pollution prevention and control). 이러한 개정에도 불구하고 동지침은 매체통합적 검토를 통한 허가, 시설운영자 의무 준수, 최적가용기법의 적용, 자유로운 정보접근 보장 등 초기 지침의 주용 내용을 그대로 유지하고 있다. 현준원 외 7, 유럽의 환경허가제도 법률체계 분석, 국립환경과학원, 2013, 20면.

2) 유럽연합의 통합환경관리제도에 대하여 자세한 내용은 UWE M. Erling, *Approach to Integrated Pollution Control in the United States and the European Union*, 15 Tul. Envtl. L. J. 1, 33~41 (2001).

3) 영국에서는 통합환경관리가 1976년경부터 도입 논의가 시작되어 지금은 정착단계에 접어들었다고 알려지고 있다. 오염물질 배출시설 및 운영허가를 받아야 하는 대상시설, 허가절차 등은 1990년 환경보호법(Environmental Protection Act: EPA)의 하위 법령인 EPR 2010에서 정하고 있다. 영국의 통합환경관리제도에 대하여 자세한 내용은 한상운, "영국의 통합환경관리제도에 관한 연구", 환경정책연구 제6권 제3호, 2007, 8면 이하; 현준원 외 7(각주 1), 86면 이하.

4) 독일의 경우 유럽연합 지침에 따른 통합허가 대상 및 절차 등을 임미시온방지법(BImSchG)과 이에 따른 행정입법(특히 네 번째 시행령과 아홉 번째 시행령)에서 정하고 있다. 독일의 통합환경관리제도에 대하여 자세한 내용은 현준원 외 7(각주 1), 43면 이하.

5) 미국의 일부 주(루이지애나, 오클라호마, 펜실베니아 등)에서는 허가절차를 통합하고 있다. 뉴저지, 뉴욕, 메사추세츠 주 등에서는 실체적 통합을 인식하고 오염방지와 매체통합 프로그램을 도입하고 있다. UWE M. Erling(각주 2), 24 내지 33면.

6) 유럽연합 국가들의 통합환경관리 사례에 대하여 자세한 내용은 김홍균 외 5, 통합환경관리제도 확대적용을 위한 환경법체계 개선방안 마련 연구, 환경부, 2014. 12, 38 내지 48면.

7) 통합관리의 대상에 따라 통합적 오염물질 관리, 통합적 배출원 관리, 통합적 제품 및 산업관리, 통합적 지역환경 관리, 지역과 배출원의 통합적 관리 등으로 구분할 수 있다. 김민호 · 양은영, "통합적 환경관리를 위한 법제 개선에 관한 연구", 토지공법연구 제50집, 2010. 8, 325 내지 328면; 김영진, "통합적 환경오염관리제도에 관한 소고", 한양법학 제22권 제1집, 2011. 2, 175 내지 177면. 통합의 유형에 따라 실체적 · 절차적 · 조직적 통합, 통합적 제품관리 등으로 구분할 수 있다. UWE M. Erling(각주 2), 9 내지 10면.

와 함께 개별 사업장의 여건을 반영하지 못하는 구조로 운영되고 있고, 과학기술의 발전과 함께 진보하는 환경오염물질 처리기술을 적용하는 것 또한 한계가 있는 점을 고려하여, 일정 규모 이상의 사업장을 대상으로 종전의 「대기환경보전법」 등 개별법에 따라 분산·중복된 배출시설 등에 대한 인·허가를 이 법에 따른 허가로 통합·간소화하고, 오염물질 등의 배출을 효과적으로 줄일 수 있으면서도 기술적·경제적으로 적용 가능한 환경관리기법인 최적가용기법(Best Available Techniques: BAT)에 따라 개별 사업장의 여건에 맞는 맞춤형 허가배출기준 등을 설정하도록 함으로써 종전의 고비용·저효율 규제 체계를 개선하고 산업의 경쟁력을 높이려는 것이다.[8]

통합환경관리는 이와 같이 허가절차의 통합, 최적가용기법을 활용한 맞춤형 배출허용기준의 설정, 기술 진보 등 사회변화의 반영 등의 효과 외에도 제정 이유에서는 미처 밝히고 있지 않지만 매체통합(multimedia 혹은 cross media) 규제방식을 통한 오염전이 문제[9]의 해결에도 기여할 것으로 보인다.

이러한 효과에도 불구하고 통합환경관리 방식은 종래 개별 환경관계법에 따른 매체별 관리방식과 적지 않은 차이가 있어 법체계적으로 그 이해가 쉽지 않을 뿐만 아니라 기업 등 피규제자의 입장에서 많은 혼란을 느낄 우려가 있으며, 규제강화의 측면도 있어 그 도입을 크게 반기고 있지 않은 형편이다.

한편, 동법은 배출부담금제도와 측정기기 부착의무, 허가배출기준 초과 시 내릴 수 있는 시설개선명령 위반에 대한 제재 규정(예컨대, 조업정지명령, 허가취소 및 벌칙) 등을 둠으로써 '허가'절차의 통합에 머무르지 않고 환경오염시설에 대한 '관리' 측면도 다루고 있다. 말하자면 불완전하지만 '통합환경관리법'이라고 할 수 있다. 그러나 당초 입법의 중요한 목적 중의 하나로 제시되었던 최적가용기법의 전면 도입 및 적용이 후퇴됨으로써 당초 이 법의 도입 배경 및 취지가 반감되었다는 우려와 비판이 제기될 수 있다. 다수의 환경 인허가로 인한 사업자의 부담을 완화하는 측면이 있지만 개별법에 비하여 규제가 강화된 측면이 있고, 체계성을 유지하지 못하고 있다는 비판도 일각에서 여전히 제기되는 상황이다.

Ⅰ. 환경오염시설 통합관리에 관한 법률

「환경오염시설 통합관리에 관한 법률」(통합환경관리법)은 허가절차를 단일화하는 통합

---

8) 환경관리의 목적 달성 및 효율성 제고, 현대화된 환경문제에 대한 적극적 대응, 기술진보 등 사회변화의 반영, 유연하고 합리적인 규제를 통한 실질적 환경보호 실현, 지도·단속의 경직성과 불합리성 해소, 상호신뢰 및 협조관계를 바탕으로 한 맞춤형 정보제공 등도 같은 맥락으로 이해할 수 있다. 김홍균 외 5(각주 6), 49 내지 54면.

9) 예컨대, 대기가스로부터 이산화황을 제거하기 위해 해당 시설에 집진기의 설치를 요구할 경우 집진 과정에서 이산화황 슬러지가 발생할 수 있다. 오염의 전이는 간접적으로도 발생하는데, 예컨대, 수질오염은 주로 수질오염물질의 수환경에의 직접 배출뿐만 아니라 간접적인 대기오염물질의 침전에 의해서도 이루어진다.

환경'허가법'의 성격은 물론이고 기존 개별 환경관계법에 따른 주요 규제수단인 배출시설 및 방지시설의 비정상운영 금지, 측정기기 부착, 개선명령 및 개선명령 위반에 따른 조업정지명령, 배출부과금 부과 · 징수 등과 같은 '환경관리'에 해당하는 사항까지 수용함으로써 통합환경'관리법'의 면모를 보이고 있다.

≪통합환경관리 절차≫10)

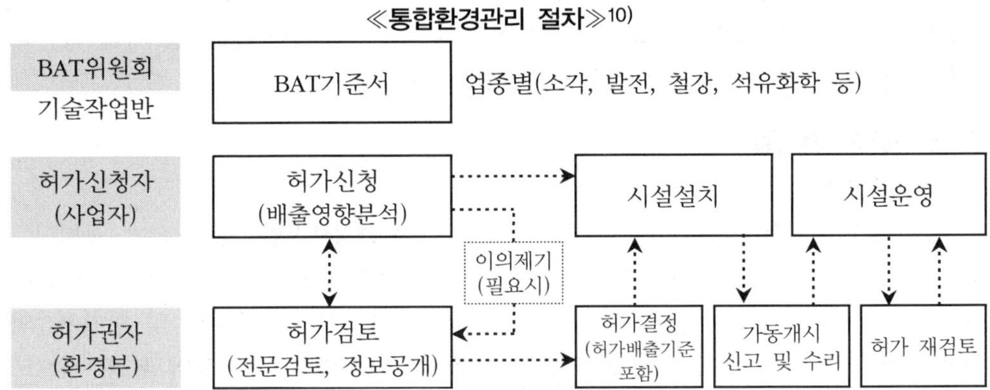

1. 통합허가 대상사업장

통합환경관리법에서는 '업종'과 '오염물질배출량'을 기준으로 통합허가의 대상사업장을 정하고 있다. 우선, 업종 기준에 의하면, 환경에 미치는 영향이 큰 업종으로서 「통계법」에 따른 한국표준산업분류를 기준으로 하여 구체적인 업종의 범위는 대통령령에 위임되어 있다. 이 경우 업종별 적용시기는 최적가용기법 기준서의 준비 상황 등을 고려하여 단계적으로 정해질 수 있다.11) 결국 구체적인 범위는 대통령령에 위임될 업종의 종류에 따라 결정될 것이다.12) 다음으로, 오염물질배출량 기준에 의하면, ① 「대기환경보전법」 제2조 제1호에 따른 대기오염물질 중 환경부령으로 정하는 대기오염물질이 연간 20톤 이상 발생하거나 ② 「물환경보전법」 제2조 제4호에 따른 폐수를 일일 700㎥ 이상 배출하여야 한다(제6조 제1항). 이에 따르면 통합관리사업장은 「대기환경보전법」 및 「물환경보전법」에 따른 제1종, 제2종 사업장으로서, 결국 이러한 대상 사업장에서 배출시설등(제10조 제1항 각 호의 구분에 따른 허가 또는 승인을 받거나 신고를 하여야 하는 배출시설등만 해당)13)을

10) 환경부, 환경백서, 2016, 118면.

11) 이 법 시행 당시 개별법에 따라 허가를 받은 기존 사업장은 해당 업종에 현행법이 적용되는 시기부터 4년 이내에 현행법에 따른 통합허가를 받아야 한다(부칙 제4조 제1항). 허가를 조기에 받은 자에 대하여는 허가조건이나 허가배출기준의 검토 주기를 최대 3년의 범위 내에서 연장하는 등의 행정적 지원을 할 수 있도록 함으로써 시설을 설치 · 운영하려는 자가 조기에 통합허가를 받도록 유도하고 있다(동항 단서).

12) 이에 따라 2017년 1월 1일부터 2023년 7월 1일까지 순차적으로 적용되는 업종은 22개 업종(전기업, 증기 · 냉온수 및 공기조절 공급업, 폐기물처리업 등)이다(시행령 제2조 제1항, 별표 1). 2010년 유럽연합 지침은 에너지산업, 금속의 생산 및 가공, 광업, 화학산업, 폐기물관리, 기타 활동 등 6개 분야의 활동을 적용대상으로 하고 있다(제10조, 부속서 I).

13) '배출시설등'이란 오염물질등을 배출하는 시설물, 기계 또는 기구 등으로서 다음 각 목의 것을 말한다: ① 「대기환경보전법」 제2조 제10호의 휘발성유기화합물을 배출하는 시설; ② 「대기환경보전법」 제2조 제11호의 대기오염물질배출시설; ③

설치 · 운영하려는 자는 환경부장관의 허가를 받아야 한다. 그러나 통합허가대상 사업장이 아니라도 자발적으로 통합환경관리를 받고자 하는 경우에는 동조 제5항에 따라 통합허가를 신청할 수 있다.

한편, 환경부장관은 다음의 지역에 대하여는 다른 법령에 따라 배출시설등의 설치가 제한되는 경우에는 통합허가를 할 수 없다: ① 「수도법」 제7조 제1항에 따라 지정된 상수원보호구역; ② 「수도법」 제7조의2 제1항에 따라 공장의 설립이 제한되는 지역; ③ 「환경정책기본법」 제38조에 따른 특별대책지역(제7조 제6항).

2. 통합허가 절차

가. 사전협의

통합허가 절차와 관련하여 「대기환경보전법」, 「물환경보전법」 등과 크게 구별되는 것 중의 하나가 '사전협의' 제도이다. 즉 통합허가를 신청하려는 자는 다음의 사항에 대하여 환경부장관에게 미리 사전협의를 신청할 수 있다: ① 배출시설등 및 방지시설의 설치 계획에 관한 사항; ② 허가배출기준의 설정에 관한 사항; ③ 그 밖에 환경부령으로 정하는 사항(제5조 제1항). 동법은 사전협의 내용, 기간 등을 명시적으로 있지 않은 바, 자칫 허가 절차의 지연 등을 초래할 뿐만 아니라 실효성을 약화시킬 수 있다.

사전협의의 법적 성격이 어떤 것인지 분명치 않으나 사인이 허가에 따른 의무를 부담하기에 앞서 환경부장관과 그 부담의 여부 및 정도, 관련 절차 등 통합허가와 관련된 전반적인 사항에 대하여 협의(논의)하는 절차적 제도로 이해될 수 있다. 이는 기본적으로 사업장에 대한 규제가 아니라 허가신청 절차의 지원을 통한 신청인의 경제적 · 시간적 손실의 방지 및 행정청의 허가단계에서의 신속한 업무 처리에 그 초점이 있는 것으로 사전협의 절차를 거칠 것인지 여하는 사업장의 재량이다.

환경부장관은 신청 내용이 허가기준을 충족하는지를 검토한 후 그 결과를 신청인에게 통지하여야 하며, 통지받은 신청인은 그 결과를 반영하여 통합허가를 받으려는 경우에는 환경부령으로 정하는 기간 이내에 이를 신청하여야 한다(동조 제2항 · 제3항). 신청인이 그 결과를 반영하여야 한다는 취지는 사전협의를 존중하여 허가를 신청하도록 요구하는 취지에 불구하고, 일단 사전협의가 이루어지면 허가 단계에서 행정청이 어떠한 경우에도 그 사전협의에 기속되어 이에 반하는 허가를 할 수 없고 반드시 허가를 하여야 할 의무를 부담한다는 취지로 해석할 수 없다.

「대기환경보전법」 제38조의2 제1항의 대기오염물질을 비산배출하는 배출시설; ④ 「대기환경보전법」 제43조 제1항에 따른 비산먼지를 발생시키는 사업; ⑤ 「소음 · 진동관리법」 제2조 제3호의 소음 · 진동배출시설; ⑥ 「물환경보전법」 제2조 제2호의 비점오염원; ⑦ 「물환경보전법」 제2조 제10호의 폐수배출시설; ⑧ 「악취방지법」 제2조 제3호의 악취배출시설; ⑨ 「잔류성유기오염물질 관리법」 제2조 제2호의 배출시설; ⑩ 「토양환경보전법」 제2조 제4호의 특정토양오염관리대상시설; ⑪ 「폐기물관리법」 제2조 제8호의 폐기물처리시설 중 환경부령으로 정하는 시설(제2조 제2호). 여기에는 비산먼지를 발생시키는 사업, 비점오염원 등과 같이 배출시설과 무관한 오염원이 포함되어 있다.

나. 허가신청

통합관리사업장에서 배출시설등을 설치 · 운영하려는 자는 환경부장관의 허가를 받아야 한다(제6조 제1항). 허가의 주체는 환경부장관이다. 이는 기존 일부 대상시설에 대한 지방자치단체의 허가 권한이 환경부장관으로 이전한다는 것을 의미한다. 피규제자의 입장에서는 규제강화로 인식될 수 있다. 허가를 받은 자가 허가받은 사항 중 대통령령으로 정하는 중요한 사항을 변경하려는 경우에는 변경허가를 받아야 한다. 다만, 변경허가 사항 외의 사항 중 대통령령으로 정하는 사항을 변경하려는 경우 또는 대통령령으로 정하는 사항을 변경한 경우에는 변경신고를 하여야 한다(동조 제2항). 변경신고의 법적 성질은 '수리'를 염두에 두고 있다는 점에서(동조 제5항), 자기완결적 신고로 볼 수 없다. 허가 또는 변경허가를 신청하거나 변경신고를 하려는 자는 환경부령으로 정하는 바에 따라 다음 각 호의 사항(변경허가의 경우에는 다음 각 호의 어느 하나의 사항 중 변경된 사항만 해당하며, 변경신고의 경우에는 제1호, 제3호, 제4호 또는 제6호의 사항 중 변경된 사항만 해당)을 포함한 통합환경관리계획서를 첨부하여 환경부장관에게 제출하여야 한다: ① 배출시설등 및 방지시설의 설치 및 운영 계획; ② 배출시설등에서 배출되는 오염물질등이 주변 환경에 미치는 영향을 조사 · 분석한 배출영향분석 결과; ③ 사후 모니터링 및 유지관리 계획; ④ 환경오염사고 사전예방 및 사후조치 대책; ⑤ 사전협의 결과의 반영 내용; ⑥ 그 밖에 환경부령으로 정하는 사항(동조 4항).

다. 허가기준의 검토

환경부장관은 허가 또는 변경허가를 하는 경우에는 다음의 허가기준을 충족하는지를 검토하여야 한다: ① 배출시설등에서 배출하는 오염물질등을 제8조 제1항 전단에 따른 허가배출기준 이하로 처리할 것; ② 사람의 건강이나 주변 환경에 중대한 영향을 미치지 아니하도록 배출시설등을 설치 · 운영할 것; ③ 환경오염사고의 발생으로 오염물질등이 사업장 주변 지역으로 유출 또는 누출될 경우 사람의 건강이나 주변 환경에 미칠 수 있는 영향을 방지하기 위한 환경오염사고 사전예방 및 사후조치 대책을 적정하게 수립할 것(제7조 제1항). 허가기준에 포함되어 있는 불명확한 개념(예컨대, 주변 환경, 중대한, 적정하게)은 사업자의 법적 지위의 불안정을 초래할 수 있다.

라. 검토결과의 통지

환경부장관은 허가기준 충족 여하에 관한 검토 결과를 환경부령으로 정하는 바에 따라 제6조 제4항에 따른 제출자에게 통지하여야 한다. 이 경우 의견이 있는 제출자는 30일 이내에 환경부장관에게 의견을 제출할 수 있다(제7조 제3항).

마. 허 가

(1) 허가의 성질

통합관리사업장에서 배출시설등을 설치 · 운영하려는 자가 환경부장관의 허가를 받아야 한다는 것은 동법의 핵심 중의 핵심이다. 동법은 허가 신청 시 제출하여야 하는 서류(통합환경관리계획서, 제6조 제4항), 허가 기준(제7조 제1항) 등을 구체적으로 규정하고 있다. 환경부장관은 허가기준을 충족하는 해당 사업장에 대하여 허가 결정을 하게 되는데, 허가의 법적 성질은 기속재량행위라고 이해된다. 즉 환경부장관은 허가 신청이 법에서 정한 허가 기준에 부합하고 허가제한사유(제7조 제6항 참조)에 해당하지 아니하는 한 원칙적으로 허가를 하여야 한다. 다만 중대한 공익상 필요가 있다고 인정될 때에는 동법에 명문의 근거가 없더라도 허가를 거부할 수 있다.

(2) 허가조건

한편, 환경부장관은 허가 또는 변경허가를 하는 경우에는 사람의 건강이나 주변 환경에 미치는 영향을 최소화하기 위하여 필요한 조건(허가조건)을 붙일 수 있다(제6조 제3항). 이 경우 환경오염 예방 및 오염물질 감소 · 제거를 위한 국가나 지방자치단체의 명령을 위반하거나 그 이행을 완료하지 아니한 자에 대하여는 해당 명령의 이행과 관련된 내용을 허가조건에 포함할 수 있다. 여기서 말하는 허가조건은 행정행위 부관으로서 허가의 주된 내용에 부가하여 그 허가의 상대방에게 작위 · 부작위 · 급부 · 수인 등의 의무를 부과하는 이른바, 부담으로 이해된다. 일반적으로 기속행위나 기속재량행위에는 부관을 붙일 수 없고 가사 부관을 붙였다고 하더라도 무효이다.[14] 그러나 예외적으로 동법에서와 같이 특별한 규정 있는 경우에는 가능하다고 할 것이다. 그 결과 허가조건은 법령에 위배되지 않아야 하고, 허가의 본질적 목적에 위배해서는 안 된다는 부관의 일반적 한계뿐만 아니라 동 규정에서 특별히 요구하는 "건강이나 주변 환경에 미치는 영향을 최소화하기 위하여 필요한"이라는 요건을 지켜야 한다.

(3) 허가배출기준

환경부장관은 허가 또는 변경허가를 하는 경우에는 최적가용기법을 배출시설등에 적용할 경우 오염물질등이 배출될 수 있는 최대치인 최대배출기준(emission limit values)[15] 이하로 허가배출기준을 설정하여야 한다(제8조 제1항). 허가배출기준이 최대배출기준 이하로 설정되어야 한다는 것은 「대기환경보전법」, 「물환경보전법」 등에 따라 허가를 받는 모든 사업장에 획일적으로 '배출허용기준'이 적용되는 것과 크게 다른 점이다. 허가배출기준은 최적가용기법의 적용을 고려하여 허가 시에 업종별 · 사업장별로 달리 설정될 수 있기 때문이다. 말하자면 허가배출기준은 업종 및 사업장 특성에 따른 맞춤형 기준이라고

14) 대법원 1997. 6. 13. 선고 96누12269 판결; 대법원 1995. 6. 13. 선고 94다56883 판결; 대법원 1993. 7. 27. 선고 92누13998 판결; 대법원 1990. 10. 10. 선고 89누4673 판결; 대법원 1988. 4. 27. 선고 87누1106 판결 등 참조.

15) 최대배출기준은 허가배출기준의 설정 기초가 될 뿐 규제기준이 아니므로 위반하더라도 벌칙이 부과되지 아니 한다.

할 수 있다. 환경부장관은 허가배출기준을 설정하는 경우에는 특히 다음의 사항을 고려하여야 한다: ① 「환경정책기본법」 제12조 제1항에 따른 환경기준(같은 조 제3항에 따른 지역환경기준을 포함); ② 「환경정책기본법」 제18조 및 제19조에 따른 시 · 도 환경계획 및 시 · 군 · 구 환경계획에 반영된 환경의 질(質) 목표; ③ 배출시설등을 설치 · 변경하려는 지역의 기존 대기질 · 수질의 오염상태 및 수계 이용 현황; ④ 그 밖에 환경부령으로 정하는 환경의 질 목표 수준(동조 제2항).

한편, 환경부장관은 허가 후 허가조건 또는 허가배출기준을 5년마다 검토하여 이를 변경할 수 있다(제9조 제1항). 변경허가(오염물질의 발생량 또는 배출량이 일정량 이상 증가하는 등 대통령령으로 정하는 사항에 대한 변경허가로 한정)를 받는 경우에는 기존의 허가조건 또는 허가배출기준을 검토하여 변경할 수 있도록 하고, 해당 변경허가를 받은 날부터 5년마다 허가조건 또는 허가배출기준을 검토하도록 하고 있다(동조 제2항). 허가배출기준 등을 주기적으로 검토하도록 하는 것은 기술발전 등 여건 변화를 반영하고, 사업자의 배출시설등의 적정한 운영을 지원한다는 측면이 강하지만 사업자의 비고의적인 범법행위를 차단하여 선의의 범법자 양산을 막는다는 의미도 있다. 제도의 목적·취지상 허가조건 등의 재검토는 변경허가(제6조 제2항)와 비교해서 사업자에게 보다 완화된 의무가 적용되어야 할 것이다. 그러나 허가조건 등의 변경 필요성을 판단하기 위해서 그리고 허가조건 등의 변경이 있는 경우 통합환경관리계획서 내용의 변경이 발생할 수 있으므로 어떤 식으로든 관련 자료의 제출이 필요해 보인다. 그러나 통합환경관리계획서의 제출은 사업자에게 큰 부담이 될 수 있다는 점을 고려할 때 원칙적으로 제출을 의무화하더라도 기준, 예외 등에 대한 입법적 검토가 필요해 보인다.

(4) 허가의 효력

환경부장관은 사업자 또는 배출시설등을 설치 · 운영하는 자(제2호의 경우에만 해당)가 거짓이나 그 밖의 부정한 방법으로 허가 또는 변경허가를 받았거나 변경신고를 한 경우에는 허가 또는 변경허가를 취소하여야 한다(제22조). 또한 제6조에 따른 허가 또는 변경허가를 받지 아니하거나 거짓으로 허가 또는 변경허가를 받아 배출시설등(대기오염물질배출시설 또는 폐수배출시설에 한정)을 설치 또는 변경하거나 그 배출시설등을 이용하여 조업한 자는 7년 이하의 징역 또는 1억원 이하의 벌금에 처한다(제38조).

(5) 권리 · 의무의 승계

사업자가 사망하거나 배출시설등 및 방지시설을 양도한 때 또는 사업자인 법인이 합병한 때에는 그 상속인 · 양수인 또는 합병 후 존속하는 법인이나 합병에 따라 설립되는 법인은 허가 · 변경허가 또는 변경신고에 따른 종전 사업자의 권리 · 의무를 승계한다(제11조).

(6) 통합허가대행업

동법은 허가 관련 서류의 부실작성 및 허가절차 지연 문제 등을 해결한다는 차원에서 통합허가대행업 등록제를 마련하고, 대행업자가 갖추어야 할 기술인력과 시설 및 장비 요건, 준수사항 등을 규정하고 있다(제11조의2 이하).

3. 사업자의 의무

가. 허가배출기준의 준수

제6조에 따른 허가 또는 변경허가를 받거나 변경신고를 한 자(사업자)는 배출시설등을 설치 · 운영할 때 허가배출기준을 초과하여 오염물질등을 배출해서는 아니 된다. 이 경우 허가배출기준의 초과 여부의 판정기준은 오염물질등의 배출농도 및 배출농도를 측정하는 방식 등을 고려하여 환경부령으로 정하는 바에 따른다(제8조 제3항).

나. 가동개시 신고

동법은 허가 이후에 배출시설등 및 방지시설의 적정 설치 여부를 확인하기 위하여 사업자에게 가동개시 신고의무를 부여하고 있다(제12조 제1항). 동법이 신고를 접수한 경우 현장 확인을 실시하여 배출시설등이 허가 사항에 적합하게 설치 또는 변경된 경우에 그 신고를 수리하도록 하고 있기 때문에 여기서의 신고는 자기완결적 신고로 볼 수 없다고 이해된다.

다. 측정기기의 부착

사업자는 배출시설등에서 나오는 오염물질등의 배출수준 또는 배출시설등 및 방지시설에 사용되는 용수 및 전력 등의 사용량 등을 확인하기 위하여 수질자동측정기기, 굴뚝자동측정기기, 적산전력계, 적산유량계 등 대통령령으로 정하는 기기(측정기기)를 부착하여야 하며(제19조), 측정기기를 부착한 사업자는 법에서 구체적으로 정한 행위를 위반하지 않고 정상 운영 · 관리를 하여야 한다(제20조).

라. 배출시설등 및 방지시설의 운영 · 관리 등

동법은 비정상운영행위의 태양을 구체적으로 예시하여 대기오염물질배출시설 또는 폐수배출시설과 그에 딸린 방지시설을 운영하는 사업자(공동방지시설을 설치 · 운영하는 자를 포함)에게 배출시설 및 방지시설을 정상적으로 운영할 의무를 부과하고 있다(제21조 제1항).

마. 설치 · 관리 및 조치 기준의 준수

사업자는 배출시설등에서 배출되는 오염물질등을 총체적으로 줄이기 위하여 환경부령으로 정하는 배출시설등 및 방지시설의 설치 · 관리 및 조치 기준, 오염물질등의 측정 · 조사 기준을 준수하여야 한다(제21조 제2항).

바. 통합환경관리인의 선임

「대기환경보전법」, 「물환경보전법」 및 「소음·진동관리법」 등 각 개별법에서 배출시설과 방지시설의 안정적인 관리를 위해 전문성을 갖춘 '환경기술인'을 임명하도록 하고 있으나, 2017년 1월 1일 통합환경관리제도가 도입된 후 환경기술인과 별도로 사업장의 통합환경관리 업무를 수행하는 전문인력이 필요하다는 지적이 있어왔다. 이에 2022. 6. 10. 개정 법에서는 통합관리사업장에 통합환경관리인을 선임하도록 하고, 통합관리사업장의 허가기준 준수를 위한 관리 · 감독 등 통합환경관리인의 업무를 규정하고, 인력 양성을 위한 교육제도를 도입하였다(제21조의2부터 제21조의4).

사. 자가측정

사업자는 배출시설등 및 방지시설을 적정하게 운영하기 위하여 오염물질등을 자가측정하거나 「환경분야 시험 · 검사 등에 관한 법률」 제16조에 따른 측정대행업자에게 측정하게 하고 그 결과를 환경부령으로 정하는 바에 따라 기록 · 보존하여야 한다(제31조).

아. 기록 · 보존

사업자는 배출시설등 및 방지시설의 운영 · 관리 등에 관한 사항, 허가조건의 이행에 관한 사항 등을 환경부령으로 정하는 바에 따라 기록 · 보존하여야 한다(제32조).

자. 연간 보고서 제출

사업자는 배출시설등 및 방지시설의 운영 · 관리에 관한 연간 보고서를 작성하여 환경부장관에게 제출하여야 한다(제33조).

4. 통합관리사업장의 관리

가. 오염도 측정

환경부장관은 제12조 제3항에 따른 시운전 대상시설에 대하여는 시운전기간이 종료한 날부터 환경부령으로 정하는 기간 이내에 배출시설등 및 방지시설의 가동상태를 점검하고 배출되는 오염물질등을 측정하여 다음의 사항을 확인하여야 한다: ① 해당 배출시설등에서 허가배출기준 이하로 오염물질등이 배출되는지 여부; ② 해당 배출시설등에서 허가 또는 변경허가나 변경신고된 사항 외의 오염물질등이 배출되는지 여부(제13조).

나. 최적가용기법

동법의 큰 특징 중의 하나는 최적가용기법을 적용하여 사업장 관리를 꾀하려는 것이다. 최적가용기법이란 배출시설등 및 방지시설의 설계, 설치, 운영 및 관리에 관한 환경관리기법으로서 오염물질등의 배출을 가장 효과적으로 줄일 수 있고 기술적 · 경제적으로 적용 가능한 관리기법들로 구성된 기법을 말한다.[16] 최적가용기법은 최대배출기준을 정

16) 2010년 유럽연합 지침에서는 최적가용기법을 "오염의 방지, 완전한 방지가 실제적으로 타당하지 아니한 경우, 오염물질 배출과 전체 환경에 미치는 영향을 감소하기 위해 설계된 최대배출기준과 그 밖의 허가조건의 기초를 제공하기 위한 특정 기법의 실제적 적합성을 보이는 활동들의 발전과 그 운용 방식에서 가장 효과적이고 향상된 단계를 의미한다"고 정의하고 있다. 여기에서 '기법(techniques)'은 고정적 기술 단위(installation)의 설계 · 건축 · 유지 · 운영 · 폐쇄 등에 사용되는 기술과 방식을 포함하며, '가용기법(available techniques)'이란 해당 회원국 내에서의 사용 · 생산 여부를 떠나, 운영자가 합리적으로 접근할 수 있는 한, 비용과 장점을 고려하면서 경제적 · 기술적으로 실행가능성이 있다는 조건하에서, 관련 산업 분야에서 이행을 허용하는 규모로 발전된 기법을 의미하며, '최적(best)'이란 높은 수준의 전체 환경보호를 달성함에 있어서 가장 효과적인 것을 의미한다(제3조 제10호).

하는 데 기초가 되고,17) 최대배출기준은 허가배출기준의 기초가 되기 때문에 결과적으로 최적가용기법은 허가배출기준을 결정하는 중요한 요소가 된다. 최적가용기법은 순수한 기술기준이 아니기 때문에 최적가용기법을 정하는 환경부장관에게 광범위한 재량이 주어진다. 다만 법에서는 최적가용기법을 정하기 위한 고려 사항으로 사업장에서의 적용 가능성, 오염물질등의 발생량 및 배출량 저감 효과, 환경관리기법 적용 · 운영에 따른 소요 비용, 폐기물의 감량 또는 재활용 촉진 여부, 에너지 사용의 효율성, 오염물질등의 원천적 감소를 통한 사전 예방적 오염관리 가능 여부 등을 들고 있다(제24조 제1항).

최적가용기법은 직접적인 허가기준은 아니나 허가배출기준을 설정함에 있어 그 적용이 전제되므로 실질적인 허가기준으로서 기능하는 측면이 있다. 환경부장관은 사업장에서 최적가용기법이 용이하게 적용될 수 있도록 최적가용기법 기준서(BAT reference documents: BREF),18)를 마련하여 보급하여야 하며(동조 제2항), 최적가용기법 마련을 위한 기술 현황 등을 파악하기 위하여 실태조사를 할 수 있다(제25조). 한편, 환경부장관은 최적가용기법과 최적가용기법 기준서 마련 등을 실무적으로 지원하기 위하여 업종별로 기술작업반(Technical Working Group: TWG)을 구성 · 운영할 수 있는데(제24조 제5항), 이는 사업자에게 우수한 환경관리기법을 공유 · 적용토록 한다는 측면과 함께 복잡해지는 행정 과정에서 과학적 · 효율적 · 체계적인 대응의 필요성과 함께 최적가용기법은 기술적 · 경제적 검토가 뒷받침되어야 하기 때문에 현실적으로 전문가의 참여 없이 행정청이 독자적으로 이를 결정하기 힘들다는 점이 고려된 것으로 보인다.

다. 보고와 검사

환경부장관은 사업자 또는 환경부장관으로부터 업무를 위탁받은 자에게 필요한 보고나 자료의 제출을 명하거나 관계 공무원으로 하여금 허가 또는 변경허가를 받거나 변경신고한 사항의 이행 여부, 허가배출기준 및 허가조건의 적정성 여부 등을 점검하기 위하여 오염물질등을 측정하게 하거나 관련 서류 · 시설 및 장비 등을 출입 · 검사하게 할 수 있다(제30조).

라. 정보공개

환경부장관은 사전협의 검토 결과, 허가 또는 변경허가의 신청 및 결정에 관한 정보, 연간 보고서 등의 정보를 공개하여야 한다(제27조 제1항). 여기서의 정보공개는 이해관계자의 신청에 따른 공개보다는 신청 여하와 관계없이 공중에 공개가 요구된다는 점에서 정보공시(公示)에 가깝다. 이는 전반적으로 행정 서비스 측면의 강조 및 정보공개의 확대 추세 등을 반영한 것이라고 할 수 있다. 동법에서 정보 공개의 범위는 광범위하다고 할 수 있다. 특히 "허가의 신청 및 결정에 관한" 정보를 공개하도록 규

17) 이는 환경 전체를 고려한다는 점에서 실체적 통합을 도모하는 측면이 있다고 할 수 있다.
18) 최적가용기법 기준서(BREF)는 법적인 구속력이 있다고 할 수 없고 내부 참고자료에 불과하다고 할 수 있다.

정하고 있는데, 허가의 신청 및 결정에 '관한' 정보는 모호하다. 비공개 사유로 들고 있는 영업비밀도 모호하기는 마찬가지이다. 한편, 동법은 영업비밀과 관련되어 정보를 공개하지 아니할 필요가 있는 등 일정한 경우에는 통합환경관리정보공개심의위원회를 심의를 거쳐 정보를 공개하지 않을 수 있다(동조 제2항 · 제3항).

마. 통합환경허가시스템의 구축

동법은 환경부장관으로 하여금 허가 또는 변경허가의 신청 등 대통령령으로 정하는 업무를 전자적으로 처리할 수 있도록 하기 위하여 통합환경허가시스템을 구축 · 운영할 수 있도록 그 법적 근거를 두고 있다(제28조).

5. 의무이행 확보수단

가. 개선명령

환경부장관은 배출시설등에서 배출되는 오염물질등이 허가배출기준을 초과한다고 인정되는 경우에는 사업자(「물환경보전법」 제35조 제4항 및 「대기환경보전법」 제29조 제1항에 따른 공동방지시설을 설치 · 운영하는 자를 포함)에게 그 오염물질등이 허가배출기준 이하로 배출되도록 필요한 조치 등 개선을 명할 수 있다(제14조 제1항).

나. 조업정지명령

환경부장관은 개선명령을 받은 자가 개선명령을 이행하지 아니하거나 기간 내에 이행은 하였으나 측정 결과 허가배출기준을 계속 초과하는 경우에는 해당 배출시설등의 전부 또는 일부에 대하여 6개월 이내의 조업정지 또는 사용중지를 명할 수 있다(동조 제2항).

다. 허가의 취소 등

환경부장관은 사업자 또는 배출시설등을 설치 · 운영하는 자(허가를 받지 아니하고 배출시설등을 설치하거나 운영한 경우에만 해당)가 거짓이나 그 밖의 부정한 방법으로 허가 또는 변경허가를 받았거나 변경신고를 한 경우, 제21조 제1항 각 호의 어느 하나에 해당하는 행위를 한 경우 등 일정한 경우에는 허가 또는 변경허가의 전부 또는 일부를 취소하거나 배출시설등의 전부 또는 일부에 대하여 폐쇄 또는 6개월 이내의 조업정지 · 사용중지를 명할 수 있다. 다만, 거짓이나 그 밖의 부정한 방법으로 허가 또는 변경허가를 받았거나 변경신고를 한 경우에는 허가 또는 변경허가를 취소하여야 한다(제22조 제1항).

라. 과징금 부과

환경부장관은 조업정지 또는 사용중지(제14조 제2항에 따라 잔류성유기오염물질의 허가배출기준을 계속 초과하여 사용중지처분을 받은 경우에 한정)를 명하여야 하는 경우로서 조업정지 또는 사용중지가 주민의 생활, 대외적인 신용 및 고용 · 물가 등 국민경제, 그 밖에 공익에 현저한 지장을 줄 우려가 있는 경우에는 그 조업정지 또는 사용중지처분을 갈음하여 3억원 이하의 과징금을 부과할 수 있다(제23조).

마. 배출부과금

법 제15조는 환경부장관으로 하여금 오염물질등으로 인한 환경오염을 방지하거나 줄이기 위하여 대기오염물질 또는 수질오염물질을 배출하는 사업자(공동방지시설을 설치 · 운영하는 자를 포함) 또는 허가 또는 변경허가를 받지 아니하거나 변경신고를 하지 아니하고 대기오염물질배출시설 또는 폐수배출시설을 설치 · 변경한 자에게 배출부과금을 부과 · 징수토록 하고 있다.

Ⅱ. 특 징

동법의 가장 큰 특징은 배출시설의 설치 · 운영에 관한 허가를 통합하는 데 주된 목적을 두고, 오염배출원 '통합관리'의 입장을 취하고 있다는 것이다. 배출시설의 허가 · 관리 방식을 근본적으로 개선하려는 통합환경관리제도는 무엇보다는 매체별 허가에 따른 중복된 인허가를 통합 · 간소화하며, 획일적 배출기준이 아닌 업종 · 사업장 특성 및 최적가용기법에 근거한 맞춤형 배출기준을 설정할 수 있으며, 기술 진보 등 사회변화의 반영, 오염의 전이문제를 완화할 수 있는 등 장점이 많은 선진적인 제도라고 할 수 있다. 동법의 특징 중 가장 논란이 될 수 있는 것은 기존 관리방식보다 규제가 강화되었는지, 아니면 완화되었는지 여하인데, 동법이 두 가지 측면을 다 가지고 있기 때문에 단정적으로 말하기 어려운 면이 있다.

1. 허가절차의 일원화

「환경오염시설 통합관리에 관한 법률」의 가장 큰 특징은 11개 허가 · 신고 · 승인 절차를 일원화, 간소화하고 있다는 것이다. 이에 따라 통합관리사업장은 대기, 수질 등 2개 이상의 매체를 통합하여 한 번에 허가신청절차를 진행하게 된다. 제정 이유가 적절히 지적하고 있듯이 기존 산업오염원 관리방식은 여러 문제점이 제기되었다. 그 중 대표적인 것이 대기, 물, 토양 등 매체별로 분화하면서 매체별 허가, 관리체계에 따른 행정 비효율, 중복과잉 등의 문제가 발생하였다는 점이다. 이러한 점을 고려하여 동법은 분산, 중복된 배출시설에 대한 허가절차를 물리적으로 통합하였다. 다수 법의 기계적 통합이 사실상 어렵다는 점에서 다수 법에 산재된 허가 절차만이라도 통합해보려는, 동법은 타당성과 현실성을 가지고 있는 입법적 시도라고 평가할 수 있다.

2. 통합매체 접근

기존 매체별 관리는 오염의 전이문제를 초래하였다. 단일 매체(single－media) 규제는 기업 등 피규제자로 하여금 관말(end of pipe)오염 규제에 초점을 맞추도록 함으로써, 오염물질을 다른 오염매체로 이전시킬 가능성이 있다. 예컨대, 대기오염물질에 대한 「대기환경보전법」상의 규제는 예기치 않게 동법의 규제를 회피하고자 배출시설로 하여금 대기오염물질을 다른 환경분야(수질, 폐기물)로 배출하는 것을 부추길 수 있다. 이러한 문제점으로 인해 최근에는 통합매체 규제방식에 대하여 관심이 집중되고 있다. 통합환경관리법이 도입 · 채택하고 있는 통합매체 접근방식은 규제자가 오염물질의 대기, 물, 토양배출을 동시에 감시 · 감독할 경우, 단일매체 규제방식에서 흔히 발생되는 중복적이고 충돌되는 비효율적인 요소가 제거되기 때문에 규제자는 보다 적은 비용으로 보다 효율적인 규제체제를 구축할 수 있게 될 것이다.

그러나 동법이 통합매체 접근에 충실한 것인지에 대해서는 다소 의문이 제기될 수 있다. 동법은 허가절차의 일원화에 초점이 맞추어진 절차적 통합의 성격이 강하다. 이는 상대적으로 실체적 통합, 즉 매체별로 환경에 미치는 긍정적, 부정적 영향을 살핀 후 그 영향을 비교형량함으로써 전반적 결정을 통해 전체론적인(holistic) 통합매체 허가에 이르는 것과는 다소 거리가 있기 때문이다.

3. 최적가용기법의 활용

동법의 큰 특징 중의 하나는 최적가용기법을 적용하여 사업장 관리를 꾀하려는 것이다. 동법은 비록 최적가용기법을 사업장별, 시설별로 구체적으로 정하고 있지는 않으나 허가배출기준을 결정하는 중요한 요소로 인식하고 있다. 이는 최적가용기법이 사업장별 맞춤형 기준을 설정함에 있어 기초가 된다는 것을 의미한다. 그 동안 규제의 출발점이 되었던 획일적 배출허용기준에 대해서는 기술 진보 등 사회변화의 반영이 곤란하였다는 비판이 가능하였는바 최적가용기법은 이를 극복하는 대안이 될 수 있다고 할 수 있다. 최적가용기법은 기술 혁신을 통해 비용절감과 함께 기업의 경쟁력 강화를 도모하는 바탕을 마련할 있다는 점에서 기업 환경관리의 개선을 위한 핵심 요소라고 할 수 있다. 말하자면 최적가용기법에 기반한 환경관리는 사업장 특성, 지역환경에 미치는 영향 등을 반영하기 때문에 사회적 비용을 최소화하는 데 기여하고, 사업장의 기술 개발과 도입의 확대를 유도함으로써 결과적으로 산업경쟁력을 강화할 수 있을 것이다.

4. 환경관리의 효율성 제고

통합환경관리법은 배출시설등의 설치 · 운영에 관한 허가를 통합하는 데 주된 목적을 두고, 오염배출원 '통합관리'의 입장을 취하고 있다. 통합관리를 함에 있어 동법은 기존관리 방식의 한계를 불식시키려고 하고 있다. 기존 매체별 획일적인 규제방식은 비효율성을 노출시켰다. 예컨대, 「대기환경보전법」 또는 「물환경보전법」에서 정하고 있는 '배출허용기준'은 허가를 받은 모든 사업장에 획일적으로 적용됨으로써 비용 · 경제적이지 못한 비효율성이 문제점으로 노출되었다. 통합환경관리법은 최적가용기법의 적용을 고려하여 허가배출기준을 허가 시에 설정하도록 하고 있다. 이에 따라 허가배출기준이 사업장별로 달리 설정될 수 있다. 이와 같이 동법은 업종 · 사업장 특성 및 최적가용기법에 근거한 맞춤형 기준(허가배출기준)을 설정함으로써, 업종별 · 사업장별로 효율성을 극대화하는 방식을 채택하고 있다. 또한 허가조건 및 허가배출기준을 5년마다 검토하여 이를 변경할 수 있도록 하고, 주기적 이행점검으로 시설의 적정운영 여부를 확인함으로써 관리의 효율성을 제고하고 있다.

5. 규제완화인가? 규제강화인가?

동법상의 규제가 기존 관리방식보다 규제를 강화하고 있는지, 완화하고 있는지 단정적으로 말하기는 쉽지 않다. 완화된 측면과 함께 강화된 측면을 내포하고 있기 때문이다. 우선 여러 매체별로 개별 허가를 받도록 하였던 것을 통합허가방식으로 전환한 점, 사전협의를 통해 사업자의 허가절차를 지원하고 있는 점(제5조), 획일적인 배출허용기준과 달리 허가배출기준이라는 맞춤형 기준을 규제의 출발점으로 하고 있는 점, 사업자의 의견을 들어 허가조건 또는 허가배출기준을 변경할 수 있도록 한 점(제9조 제1항), 배출시설이나 방지시설의 '일부' 설치의 경우에도 가동개시가 가능한 점(제12조) 등을 통하여 사업자가 규제로 느낄 수 있는 부분을 완화하고 있다고 볼 수 있다.

그러나 규제 완화가 전부가 아니라 오히려 강화된 측면도 있다. 예컨대, 통합허가는 11개 허가 · 신고 · 승인 절차를 허가로 통일하고 있는바, 이 중 5개 사항은 개별 법률에서 신고사항이었으나,[19] 통합법에 따라 통합허가를 받아야 한다. 허가주체도 시 · 도지사에서 환경부장관으로 변경 · 격상된다.[20] 사전협의→통합허가→가동개시신고로 이어지는 통합허가절차가 허가를 지연시킬 가능성을 배제할 수 없다. 특히 사업자의 허가절차를 지원할 목적으로 도입된 사전협의 절차가 현실적으로 새로운, 부가적인 절차로 작용할 수 있다. 사업자로서는 사전협의 등을 포함하여 여러 산을 넘어야만 사업장 운영이라는 목표에 이를 수 있게 되고, 이에 따라 절차가 장기화되고 허가 및 신고 수리 여부에 대한 불확실성으로 사업자의 지위는 불안해질 수 있다. 또한 동법은 통합허가를 신청하려는 자로 하여금 배출영향분석을 실시하여 오염물질 등이 주변 환경에 미치는 영향을 조사 · 분석하고 그 결과를 제출하도록 함으로써(제6조 제4항 제2호),[21] 규제를 강화하고 있다.

배출시설의 설치제한 지역에 대한 규제 강화도 주목할 만하다. 즉 제7조 제5항에서는

---

19) 기존 신고사항이었던 것은 비산먼지발생사업(「대기환경보전법」 제43조), 휘발성유기화합물 배출시설(「대기환경보전법」 제44조), 비점오염원(「물환경보전법」 제53조), 악취배출시설(「악취방지법」 제8조), 특정토양오염관리대상시설(「토양환경보전법」 제12조), 폐기물처리시설의 설치 승인 · 신고(폐기물법 제29조) 등이다. 한편, 「대기환경보전법」, 「물환경보전법」 등은 설치허가를 받아야 하는 대상 배출시설을 극히 제한하고 그 밖의 경우에는 신고하도록 함으로써 실제에 있어서는 허가제가 원칙적 신고제와 다름없이 운영되고 있는바, 통합허가에 따라 명실상부한 허가제로 전환되었다고 할 수 있다.

20) 예컨대, 대기오염물질배출시설의 설치(「대기환경보전법」 제23조), 비산먼지발생사업(「대기환경보전법」 제43조), 악취배출시설(「악취방지법」 제8조) 등의 허가 · 신고 주체가 시 · 도지사에서 환경부장관으로 변경된다. 한편, 폐기물처리업의 경우 「폐기물관리법」 제25조 제2항에 따라 지정폐기물을 대상으로 하는 경우에는 환경부장관의, 그 밖의 폐기물을 대상으로 하는 경우에는 시 · 도지사의 허가를 받도록 하던 기존 2원적 허가체계는 통합환경관리법에 따라 1원적으로 환경부장관의 허가를 받아야 한다.

21) 배출영향분석의 내용, 방법 등을 어떻게 설계하는지에 따라 환경영향평가와의 중복성도 제기될 수 있다.

「대기환경보전법」 제23조 제6항 또는 「물환경보전법」 제33조 제5항에 따른 배출시설 설치제한 지역의 통합관리사업장에 설치하는 배출시설등에 대하여는 허가기준 외에 허가배출기준을 엄격하게 설정하여 적용하는지, 시설의 설치 및 유지 · 관리 기준 등을 준수하는지 등을 추가적으로 검토하도록 함으로써, 규제를 강화하고 있다. 또한, 제7조 제6항에서는 배출시설의 설치허가를 제한할 수 있는 지역의 범위를 기존의 「대기환경보전법」 및 「물환경보전법」보다 좁게 규율하고 있으나[22] 허가를 할 수 없도록 통합허가의 가능성을 봉쇄함으로써, 결과적으로 규제를 강화하고 있다. 주기적인 허가조건 또는 허가배출기준의 검토(제9조), 주기적인 이행점검(보고·검사 등)을 통한 시설의 적정 운영 등의 확인(제30조), 기존에 없던 자가측정 의무의 부과(제31조)[23] 등도 기업에게는 부담으로 작용할 수 있다.

아울러 업종별 최적가용기법의 적용은 자칫 기술규제가 될 가능성이 있어 기업에 부담이 될 수 있다. 나아가 적용 결과가 배출허용기준과 달리 사전에 정해져 있지 않아 기업의 입장에서는 예견가능성이 떨어져 기업의 장기 투자를 저해할 수 있다. 이러한 점을 의식해서인지 통합환경관리법은 최적가용기법을 사업장별, 시설별로 구체적으로 정하고 있지는 않다. 그러나 동법은 최적가용기법을 허가배출기준을 결정하는 중요한 요소로 인식하고 있다. 즉 최적가용기법은 배출시설등에 적용할 경우 오염물질등이 배출될 수 있는 최대치인 최대배출기준을 정하는 데 기초가 되고, 최대배출기준은 허가배출기준의 기초가 된다. 한편, 동법은 최적가용기법을 직접적으로 강제하지는 않지만 보고와 검사 등의 의무를 강화함으로써 사실상 최적가용기법을 강제할 수 있을 것이다.[24]

이러한 규제 강화의 측면을 완화하기 위해 동법은 여러 유인 수단을 두고 기업의 입장을 고려하고 있다. 예컨대, 배출부과금 부과 시 자가측정 여부를 고려하고(제15조 제3항 제5호), 대통령령으로 정하는 연료를 사용하는 배출시설을 운영하는 경우, 대통령령으로 정하는 최적의 방지시설을 설치하는 경우, 대통령으로 정하는 배출시설을 운영하는 경우(「대기환경보전법」 제35조의2), 방류수수질기준 이하로 수질오염물질을 배출하는 경우(「물환경보전법」 제12조 제3항), 대통령령으로 정하는 양 이하의 수질오염물질을 배출하는 경우 등 일정한 경우에 배출부과금을 감면할 수 있도록 하고 있다(제16조). 또한 사업자의 법적 지위의 안정성을 확보한다는 차원에서 허가조건 및 허가배출기준의 검토 주기를 5년으로 하고(제9조 제1항), 사업자가 오염물질등의 배출수준을 지속적으로 허가배출기준보다

22) 현행법상 배출시설 설치가 제한되는 지역은 배출시설 설치 지점으로부터 반경 1킬로미터 안의 상주인구가 2만명 이상인 지역, 취수시설이 있는 지역, 제한지역(「물환경보전법 시행령」 제32조 제1호부터 제3호까지에 해당하는 지역)의 상류지역의 경우 배출시설 설치 제한지역이다(「대기환경보전법 시행령」 제12조, 「물환경보전법 시행령」 제32조).

23) 자가측정은 「소음 · 진동관리법」, 「악취방지법」, 「토양환경보전법」, 「폐기물관리법」 등에서는 요구되지 않는, 통합환경관리법에 따라 사업장에 부과되는 새로운 의무라고 할 수 있다. 한편, 법에서 배출부과금을 부과할 때 자가측정 여부를 고려하도록 함으로써(제15조 제3항), 간접적으로 자가측정을 강제하고 있다.

24) 예컨대, 환경부령으로 정하도록 하고 있는 배출시설 및 방지시설의 운영 · 관리 등에 관한 사항(제21조 제2항), 자가측정(제31조) 및 기록 · 보존에 관한 사항(제32조) 등에 배출시설별 에너지 사용량 등을 포함하면서 그 기준을 업종별, 시설별 최적가용기법을 정하는 수준으로 할 경우 사실상 업종별, 시설별 최적가용기법이 적용되는 효과를 갖게 될 것이다.

현저하게 낮게 유지하는 등 대통령령으로 정하는 일정한 경우에는 검토 주기를 3년의 범위에서 연장할 수 있도록 하고 있다(동조 제2항).

Ⅲ. 평　　가

1. 적용대상 사업장의 제한

동법은 일부 사업장(일부 업종 중 제1종, 제2종 사업장)만을 대상으로 함으로써 통합환경관리법으로서 완전한 모습을 갖추고 있지 못하다. 「대기환경보전법」이나 「물환경보전법」 등에서 규정하고 있는 '사업장의 규모'는 통합환경관리제도의 적용대상을 확정하는데 중요한 기준이 되고 있다. 특히 동법에서는 대기오염물질과 폐수의 배출량을 기준으로 적용대상 사업장을 정하고 있는데, 결과적으로 폐기물을 대량 배출하는 사업장이 대상 사업장에서 제외될 수 있다. 이러한 결과는 예컨대, 폐기물 배출량은 많은데, 대기오염물질 배출량이 적은 경우 오염의 전이 문제가 해결되지 않을 가능성이 존재할 수 있다는 것을 의미한다. 적용대상 업종의 제한은 비대상업종과의 비형평성, 제외 업종에 대한 역차별 문제를 초래할 수 있으며, 현실적으로 업종별 시행시기를 어떻게 할 것인가 고민을 하게 만든다.

완전한 통합환경관리를 위해서는 대상 사업장의 확대가 필요하다. 현재 상황에서 최적가용기법의 선정이 쉽지 않은 점 등을 고려하여 단기적으로는 오염물질의 배출이 큰 대규모 사업장을 대상으로 하더라도 차후 점진적으로 확대하여 모든 사업장으로 확대할 필요가 있다. 대상 사업장을 대기오염물질과 폐수를 배출하는 사업장으로 제한하고 있는 것을 폐기물을 배출하는 사업장으로 확대하는 것과 소규모지만 위해성이 큰 사업장(예컨대, 유해화학물질 배출시설)을 포함하는 것도 검토할 필요가 있다. 적용대상 사업장의 제한에 따라 발생하는 비대상업종과의 비형평성 문제를 해결하기 위해서는 가능한 빨리 많은 대상 업종 및 사업장을 적용대상으로 포섭하는 노력이 필요하며, 업종별 시행시기의 합리적 설정이 요구된다.

2. 규율체계의 복잡성

동법 제4조는 통합관리사업장의 배출시설등 및 방지시설에 대한 허가 및 관리 등에 관하여 「대기환경보전법」, 「물환경보전법」 등 7개 법률에 우선하여 적용된다고 밝히고 있기 때문에 통합환경관리의 대상이 되는 '통합관리사업장'은 통합환경관리법에서 정하고 있는 사항을 적용받고, 통합환경관리법에서 규정하고 있지 아니한 사항과 관련해서는 기존의 매체별 개별 법의 적용을 받게 될 것이다. 그 결과 예컨대, 비산먼지의 규제(「대기환경보전법」 제44조), 휘발성유기화합물의 규제(동법 제44조), 비점오염원의 관리(「물환경보전법」 제53조 이하), 토양오염검사(「토양환경보전법」 제13조), 특정토양오염대상시설의 설치자에 대한 명령(동법 제14조) 등과 관련해서는 여전히 개별 법률이 정하는 바에 따라야 할 것으로 보인다. 이러한 문제는 통합환경관리법이 '사업장'의 규제 · 관리에 주안을 두고 있는데 비해 개별 법이 '배출시설'의 규제 · 관리에 주안을 두고 있는 데서 발생하며, 원천적으로 개별 법에서 그 적용 범위를 특정하지 않음으로써 발생한다고 할 수 있다. 입법기술적으로 명문상 통합환경관리법은 제1종, 제2종 사업장에, 개별 법은 제3종 이하 사업장에 각각 완결적으로 적용되는 것으로 하였다면 발생하지 않았을 것이다. 개별 법에서 그 적용대상 및 범위에 대한 명시적인 규정을 두지 않는 한 그 혼란은 계속될 것이다.

통합환경관리법이 허가와 관련해서는 그 절차 및 기준 등을 비교적 명확하고 구체적으로 규정하고 있으며, 통합허가에 다른 법률 적용상의 특례 규정(제10조)을 두고 있기 때문에 적용 시 혼란 가능성이 많지 않으나 모호한 개념을 포함하고 있는 '관리'와 관련해서 큰 혼란이 예상된다. 이러한 혼란은 특히 통합환경관리법에서 미처 정하고 있지 아니한 경우에 발생한다.[25] 예컨대, 통합환경관리법이 방지시설과 관련해서 여러 군데에서 언급하고 있지만(제5조, 제6조, 제12조, 21조 등) 정작 방지시설의 설치의무를 직접적으로 언급하고 있지는 않는바, 여기에서 방지시설의 설치가 개별 법(「대기환경보전법」 제26조, 「물환경보전법」 제35조)에 따라 통합관리사업장의 의무사항이 되는지 논란이 있을 수 있다. 이러한 상황은 급박한 조치명령(「대기환경보전법」 제34조 제2항), 위법시설에 대한 폐쇄명령(「대기환경보전법」 제38조 단서, 「물환경보전법」 제44조), 자가측정(「대기환경보전법」 제39조), 환경기술인의 임명 · 신고(「대기환경보전법」 제40조, 「물환경보전법」 제47조),[26] 보고서 제출(「폐기물관리법」 제38조) 등에도 마찬가지이다. 말하자면 이러한 관리 규정이 통합환경관리법에 규정되어 있지 않다는 이유로 개별 법이 적용되어야 하는지 혼란이 있을 수 있다. 이러한 혼란은 실효성을 떨어트릴 뿐만 아니라 자칫 규제의 공백도 초래할 수 있다. 대기오염물질을 배출하는 시설이 수도권지역에 설치될 경우 또는 폐수배출시설이 수변구역 안에 설치되는 경우 등에도 「대기관리권역의 대기환경개선에 관한 특별법」, 4대강수계법 등이 적용되는지, 통합환경관리법이 적용되는지 논란이 있을 수 있다. 동법이 양 법률의 관계를 명시적으로 밝히고 있지 않기 때문에 혼란이 가중되고 있는 것이다.

차제에 적용상의 혼란과 법령 간 모순 등의 문제를 막고, 규율 체계의 단순화, 통합환경관리법과 개별 법의 체계성 유지 등을 위해서는 통합환경관리법과 개별 법 관계를 명확히 설정할 필요가 있다. 이러한 관점에서 통합환경관리법과 개별 법 간의 중복, 모순 또는 상치되는 부분을 찾아 정리하는 것이 필요하다. 단기적으로는 통합환경관리법과 기존 개별 법 규정의 단계적 개정이 요구된다. 개별 법의 적용 범위를 보다 분명히 하거나

25) 개별 법 규정의 일부만에 대하여 이관이 이루어진 것은 모든 규정을 통합환경관리법에 이관하는 것이 입법기술상 어려울 뿐만 아니라 이관을 하지 않은 경우에 자칫 발생할 수 있는 규제 공백을 막기 위한 타협의 결과로 보인다.

26) 2022. 6. 10. 개정 법에서는 통합환경관리인을 선임하여야 하는 사업자에 대하여는 「대기환경보전법」, 「물환경보전법」 또는 「소음 · 진동관리법」에 따른 환경기술인 관련 규정을 적용하지 아니한다고 명시적으로 밝히고 있다(제4조 제1항).

적용상의 혼란을 야기하는 구체적 규정(예컨대, 방지시설의 설치, 위법시설에 대한 폐쇄명령 등, 환경기술인의 임명 · 신고 등)을 통합환경관리법에 두는 것이 대표적인 예이다. 일시적으로 오염물질 배출량이 증가하거나 감소하는 경우 적용대상 사업장으로 포섭하거나 제외하는 근거 규정을 마련하는 것도 검토할 필요가 있다.

3. 유인수단의 미흡

통합환경관리가 성공하기 위해서는 적절한 규제와 함께 강한 유인이 필요하다. 해당 제도가 규제수단으로만 인식되고 유인의 동기가 적으면 그 제도는 쉽게 성공하기 힘들다. 앞에서 살펴본 바와 같이 동법은 규제 완화 차원에서 배출부과금의 감면, 허가조건 및 허가배출기준의 검토 주기의 장기화(5년) 등 유인 수단을 두고 있다. 그러나 이러한 유인은 제한적인 것으로 사업장에 대한 유인력은 적다고 할 수 있다.

제도의 성공을 위해서는 다음을 포함하여 다양한 유인 수단을 제공하여 사업장의 유인력을 높여야 한다. 먼저 사전협의 내용 · 기간에 대한 제한이 없어 오히려 허가절차가 지연될 가능성이 있는바, 사전협의 내용 · 기간을 정하고 그 기간을 최소화할 필요가 있다. 이러한 조치는 실효성을 제고한다는 의미도 갖는다.

허가조건의 부과와 허가기준의 불명확성은 사업자의 법적 지위에 불안한 요소로 작용할 수 있다. 법적 지위의 안정성을 확보한다는 차원에서 허가조건을 부과할 경우에는 필요 최소한에 그쳐야 하며, 허가기준은 가능한 한 객관화 · 수치화할 필요가 있다. 자발적 참여 사업장, 즉 통합관리사업장이 아닌 사업장에서 배출시설등을 설치 · 운영하려는 자가 제6조 제5항에 따라 자발적으로 통합환경관리를 받으려고 할 만한 유인은 거의 없다고 할 수 있는바,[27] 특례 규정을 두어 다양한 유인을 제공할 필요가 있다.

이행점검 및 보고 · 검사(제30조), 자가측정(제31조) 등의 주기와 방식의 변화도 기업부담을 완화시킬 수 있을 것이다. 특히 이행 점검 등을 위한 오염물질등의 측정 및 관련 서류 · 시설 · 장비 등의 출입 · 검사에 필요한 주기는 환경부령으로 정하도록 하고 있는바(제30조 제4항), 사업자에게 법적 안정성을 부여한다는 차원에서 그 주기를 장기화할 필요가 있다.

자가측정은 자율적 환경관리수단[28]으로 이해될 수 있는바, 원론적으로 그 확대가 바람직하다. 그러나 이러한 자가측정이 사업자의 입장에서 추가적 의무가 될 가능성과 함께

---

27) 「대기환경보전법」 제23조 제6항, 「물환경보전법」 제33조 제5항 등에 따라 입지규제를 받는 사업장의 경우 규제를 피하기 위하여 통합허가를 선택할 가능성 있다고 보이는데, 규제의 회피와 공백이 생기지 않도록 규정을 보완할 필요가 있다.

28) 자율적 환경관리방식이란 정부, 기업, 민간부문이 바람직한 환경목표를 달성하기 위하여 협력과 동반자관계를 형성하여 기업 스스로가 보다 효율적인 방법으로 환경문제 해결과 환경개선을 도모하려는 방식이라 할 수 있다. 이러한 자율적 환경관리방식이 부각되는 근저에는 잠재적인 환경오염 원인자(사업자 또는 기업)가 규제당사자(정부)보다 환경친화적인 기술, 공정, 제품개발에 대한 필요성을 크게 인식할 뿐만 아니라 효율적인 환경관리에 대한 정보 및 능력을 더 갖추고 있으며, 그렇기 때문에 기업이 자발적으로 환경관리를 할 수 있도록 충분한 유인을 제공하여 준다면 근본적인 환경문제 해결과 환경개선을 이룰 수 있을 것이라는 인식이 깔려 있다.

기본적으로 사업자의 자율적 의사에 의해 이루어지는 것이므로 형식적으로 이루어질 가능성이 있다. 이에 허가조건에 따라 탄력적으로 자가측정 의무를 부여하고, 측정결과에 대하여 신뢰도를 제고할 필요가 있다. 법에서는 측정기기의 부착의무를 부과하고 있는바(제19조), 측정 결과가 규제의 수단으로 이용될 가능성이 있다. 이에 측정기기의 부착에 드는 비용만이라도 지원해주는 배려가 필요하다고 생각된다. 동법의 중요한 목적인 허가·관리방식의 과학적인 관리방식으로의 전환을 위해 최적가용기법의 적용이 중요해진 만큼 기술의 연구·개발의 지원(제26조)을 통한 유인의 제공도 한층 중요해졌다고 할 수 있다. 최적가용기법이나 최대배출기준을 적용한 사업장에 대한 배출부과금의 감면, 일정한 보고·검사의 면제, 사업에 필요한 자금 또는 기술의 지원[29] 등도 검토할 만하다.

한편, 「환경기술 및 환경산업 지원법」에 따르면 녹색기업으로 지정된 사업장에 대하여는 허가를 신고로 대신하고, 일정한 보고·검사를 면제해 주는 등 유인이 제공되는바(제16조의2 제16조의3), 통합환경관리법의 시행에 따라 그 유인은 사라지게 되었다. 이에 중장기적으로 그 유인을 회복시키는 방안을 검토할 필요가 있다.

4. 최적가용기법의 선정 방식, 절차상의 문제

동법은 최적가용기법에 따라 업종 및 개별 사업장의 여건에 맞는 맞춤형 허가배출기준 등을 설정하도록 함으로써 종전의 고비용·저효율 규제 체계를 개선하고 산업의 경쟁력을 높이려고 하고 있다. 최적가용기법을 배출시설 등에 적용할 경우 오염물질등이 배출될 수 있는 최대치인 최대배출기준이 정해지고, 최대배출기준 이하로 허가배출기준이 설정되기 때문에 최적가용기법은 사업장에 직접 적용되는 것은 아니지만 맞춤형 허가배출기준 설정의 기초가 되기 때문에 통합환경관리의 성공을 좌우하는 핵심 수단이 된다. 문제는 최적가용기법의 선정이 쉽지 않을 것이라는 점이다. 수많은 업종별·시설별로 오염물질 등의 배출을 효과적으로 줄일 수 있으면서도 기술적·경제적으로 적용 가능한 환경관리기법을 도출해 내는 것은 많은 시간과 노력이 필요하기 때문이다. 이러한 점은 법 시행 시점에서 모든 업종·시설에 대해 최적가용기법을 선정하는 것이 무리라는 것을 암시하고 있으며, 이러한 문제점은 법 시행 초기에는 일부 업종·시설에 대해서만 최적가용기법이 적용되는, 말하자면 완전한 통합환경관리가 아니라 일부 통합환경관리로서 출발할 수밖에 없다는 것을 의미한다.

조기에 완전한 통합환경관리가 정착되기 위해서는 가능한 한 빨리 모든 업종·시설에 대해 최적가용기법을 마련하는 것이 중요해 보인다. 동법에서 환경부장관으로 하여금 최적가용기법 기준서를 마련하고 주기적으로 검토하도록 하고, 최적가용기법과 최적가용

29) 이러한 유인은 「환경기술 및 환경산업 지원법」에 따라 녹색기업으로 지정된 사업장에 대하여 제공되는 유인이라고 할 수 있다(제16조의2, 제16조의3).

기법 기준서 마련을 실무적으로 지원하기 위하여 업종별로 기술작업반을 구성·운영할 수 있도록 하고 있는 것은 이러한 문제의식과 무관하지 않을 것이다. 최적가용기법의 효율적인 선정을 위해 단기적으로는 기술작업반을 활성화할 필요가 있으며, 산업 현장과 동떨어진 선정을 막고, 공중 참여를 확대하기 위해서는 산업계 종사자, 환경관계 전문가 등의 기술작업반 참여가 적극 이루어져야 할 것이다. 이는, 최적가용기법의 적용이 기업에게 부담으로 작용할 있는 상황에서, 현실성 있는 최적가용기법의 선정을 도울 수 있다는 점을 고려할 때 규제 완화에도 기여할 것이다.

최적가용기법이 적용되는 기술만을 염두에 둔 순수한 기술기준이라고는 할 수 없지만 상당 부분 기술에 기초하기 때문에 새로운 기술개발을 저해할 가능성도 배제할 수 없다. 한편, 동법에서는 최적가용기법을 중앙환경정책위원회의 심의를 거쳐 마련하도록 하고 있는데(제24조 제4항), 주로 정책 위주의 심의 기능을 하는 중앙환경정책위원회에서 실무 위주의 최적가용기법을 선정하는 것이 가능한지 의문이 제기될 수 있으며, 그 기능이 의결·결정이 아니라 심의에 그치기 때문에 일정한 한계가 있을 수 있다. 산업의 특성이나 해당 업종의 상황과 동떨어진 최적가용기법이 선정될 가능성도 예상된다. 중장기적으로는 선정 과정에서 형식적인 심의에 그치지 않도록 중앙환경정책위원회의 능력을 제고하거나 최적가용기법의 선정을 전문으로 하는 별도의 위원회를 구성하는 것도 고려할 필요가 있다. 이 경우 위원회의 구성 및 운영 방식, 위원회의 임기, 신분 보장 등을 법에 규정함으로써, 객관적·독립적인 선정과 원활한 운영을 도와야 할 것이다.

5. 단기적·미시적인 접근

통합환경관리법은 허가절차의 통합에 초점이 맞추어져 있기 때문에 상대적으로 관리수단은 단순하고, 단기적·미시적인 접근방법을 취하고 있다. 예컨대, 동법에서는 미처 오염총량관리제, 지역환경용량 및 지역오염부하량에 대한 충분한 고려가 없다.30) 이는 지역배출허용총량 개념을 도입하고 있는 「대기관리권역의 대기환경개선에 관한 특별법」, 「한강수계 상수원수질개선 및 주민지원 등에 관한 법률」 등을 무력화시킬 수 있다. 허가배출기준은 지역의 오염상태 및 수계 현황을 고려하도록 하고 있지만 최적가용기법이나 허가배출기준의 기초가 되는 최대배출기준도 지역환경기준 또는 지역 여건의 고려가 없이 획일적으로 설정될 뿐이다. 이에 통합환경관리법과 「대기관리권역의 대기환경개선에 관한 특별법」, 「한강수계 상수원수질개선 및 주민지원 등에 관한 법률」, 수질오염물질의 총량관리(「물환경보전법」 제4조 이하) 등과의 연계를 검토하여야 할 것이다. 허가기준 또는 최적가용기법 선정 시에 지역오염부하량을 반영하도록 하거나 통합허가를 함에 있어서 「대기관리권역의 대기환경개선에 관한 특별법」 제15조와 같이31) 할당가능한 오염부하량의 초과

30) 김홍균 외 5(각주 6), 129면.

를 허가의 제한 사유로 하는 것도 검토할 필요가 있다.

한편, 허가신청 시 사업장이 제출하여야 하는 배출영향분석 결과는 그 내용, 방법, 절차 등이 환경영향평가와 그 운용 과정에서 자칫 중복성과 비효율성이 제기될 수 있는바, 시행 과정에서 양제도의 목적, 취지를 극대화하는 노력이 필요해 보인다. 이를 위해서는 시기적으로 앞서 시행되는 환경영향평가 단계에서는 저감방안을 포괄적으로 살피고, 통합허가의 단계에서는 허가기준의 충족 여하에 분석의 중심을 두고 사업장으로 하여금 보다 구체적이고 정량화된 자료를 제출하도록 제도 설계를 할 필요가 있다.

통합환경관리법은 그 도입 배경 및 취지에서 다소 후퇴하여 최적가용기법 적용을 허가기준으로 하고 있지 않는데, 이는 최적가용기법의 적용이 사업장에 지나친 부담으로 작용하지 않을까하는 산업계의 우려를 의식한 것이라고 할 수 있다. 그러나 이러한 후퇴는 발전되는 환경기술을 산업 현장에 제대로 반영하려고하는 통합환경관리 체제의 취지를 반감시키는 것이라고 할 수 있다. 완전한 통합환경관리로 나아가기 위해서는 환경기술 등의 발전 수준에 따라 통합관리사업장에 최적가용기법의 적용이 유지될 수 있도록 하는 것이 중요하므로 차제에 최적가용기법 적용을 허가기준으로 삼는 것을 입법적으로 검토할 필요가 있다. 다만 최적가용기법의 적용이 기술개발을 저해할 소지가 있다는 점 등을 고려하여 그 적용 효과가 최적가용기법의 적용 시와 동등하거나 보다 우수한 경우 최적가용기법 이외의 기법 또는 기술을 적용할 수 있도록 허용하는 것을 검토할 필요가 있다.[32] 지역적 사정 등을 고려하고 규제자의 환경관리와 관련한 자율성을 높인다는 차원에서 허가배출기준의 차등화(예컨대, 일반, 엄격 · 특별허가배출기준 등)도 차제에 검토할 필요가 있다.

또한 동법은 허가절차에서의 정보접근과 공중참여, 사법(司法)에의 접근 등에는 소홀한 측면이 있는바,[33] 환경정의의 실현과 신속한 분쟁해결 차원에서 차제에 주체, 범위, 방식 등을 보다 세밀히 그리고 적극적으로 다룰 필요가 있다. 이 과정에서 특히 정보공개는 공중의 알권리와 영업비밀의 보호가 충돌되는 측면이 있기 때문에 향후 정보공개의 범위 · 방법 등을 둘러싸고 논란이 예상된다. 더욱이 공개의 대상으로 예시되고 있는 "신청 및 결정에 관한 정보"(동법 제27조 제1항 제3호)는 모호한 부분이 있으며, 해석 여하에 따라 지나치게 광범위한 대상을 포함할 수 있기 때문에 사업장의 입장에서 부담이 될 가능성이 많다.[34] 여기에서 국민의 알권리와의 이익을 절충, 조화하기 위한 방안을 검토해

31) 환경부장관은 사업장의 설치 또는 변경의 허가신청을 받은 경우 그 사업장의 설치 또는 변경으로 인하여 지역배출허용총량의 범위를 초과하게 되면 이를 허가하여서는 아니 된다(동법 제15조).

32) 2010년 유럽연합 지침은 최대배출기준과 그에 상응하는 요소 및 기술적 조치는 최적가용기법에 기초하여야 하며, 어떠한 기법이나 특정 기술의 사용을 규정하지 않아야 한다고 규정하고 있다(제15조 제2항).

33) 2010년 유럽연합 지침은 허가절차에서의 정보접근과 공중참여, 사법(司法)에의 접근 등에 대하여 비교적 자세하게 규정하고 있다(제24조 내지 제25조).

34) 통합관리제도의 취지에 비추어 공개 대상정보를 넓게 이해할 필요가 있는바, 2010년 유럽연합 지침은 허가결정 내용, 허

보아야 한다. 예컨대, 환경에 영향을 미치는 중요한 정보만을 공개 대상으로 하고, 그 대상을 구체적으로 예시하는 방안이 대표적인 예이다. 문제는 현재 동법에서 입법적으로 달리 공개 대상을 선별하는 기준이나 법형식(예컨대, 환경부령, 고시 등)이 제시되지 않고 있다는 것이다. 이에 이러한 문제를 해결하기 위해 추후 법개정이 필요해 보인다.

한편, 통합관리사업장에 대한 허가 및 관리 권한을 환경부장관에 부여하고 있는 것은 도입 초기 제도의 조속한 안정화, 최적가용기법 선정의 어려움, 사전협의 등 허가절차의 복잡성, 사업장에 대한 관리의 강화 필요성 등과 맞물려서 행정 역량과 전문성이 보다 나은 중앙정부의 주도적 역할을 기대하는 결과라고 할 수 있다. 지방자치단체가 환경문제와 규제정책의 시행에 소극적인 경향을 보이는 것도 무시할 수 없다. 그러나 다른 한편에서는 지방자치단체의 권한을 축소시키며, 통합환경관리법에 따른 통합관리사업장과 개별 법에 따른 배출시설에 대하여 각기 다른 허가 및 관리가 시행됨으로써 피규제자의 불편, 행정의 비효율성, 해당 사업장간의 형평성 문제가 발생할 수 있다. 차제에 적용 대상 사업장이 확대되는 경우에는 그 불편과 비효율성이 더 증가할 것이다.

배출시설의 지역적 특성, 행정의 효율성 등을 고려할 때 차제에 통합허가 권한을 지방자치단체에 이전하는 것도 검토하여야 한다. 이를 위해서는 지방 정부의 통합허가 및 관리 역량을 확대하는 것이 중요하다. 당분간은 통합환경관리사업장에 대해서는 환경부가, 그 외의 사업장에 대해서는 지방자치단체가 권한을 나누어 행사하겠지만 완전한 통합환경관리가 정착되면 지방자치단체에 통합허가 및 관리 권한을 대폭 위임하는 것을 전향적으로 검토하여야 한다. 전폭적인 이전이 현실적으로 어렵다면 상시적으로 통합허가권한을 행사하는 환경부 산하 전담부서 또는 독립청 등을 창설하는 것도 검토할 만하다.

동법은 통합환경'허가'절차의 통합에 무게가 실리면서 신고제에 대해서는 입법적 고려를 하고 있지 않다. 말하자면 통합환경관리사업장을 정해 놓고 일률적으로 허가제를 적용함으로써 사업장별 오염물질의 배출수준, 처리기술 수준, 경제적 · 사회적 여건 등을 세밀하게 고려하지 않고, 경직된 규제가 이루어질 가능성이 있다. 말하자면 획일적 규제가 이루어짐으로써 오염물질 배출량이 많은 대규모 사업장에는 상대적으로 약화된 규제가, 오염물질 배출량이 적은 소규모 사업장에는 상대적으로 강화된 규제가 이루어질 가능성이 있는 것이다. 완전한 통합환경관리제로 전환되면서 오염물질 배출량이 적은 사업장이나 오염 기여도가 높지 않은 업종임에도 불구하고 일률적, 획일적으로 동법에 따른 허가를 받도록 요구하는 것은 형평성 차원에서 문제가 있을 수 있다. 이에 중장기적으로는 허가의 대상으로 하지 않거나 신고제의 도입을 검토할 필요가 있다.

가결정이 내려진 이유, 허가결정이 이루어지기 전에 개최된 협의 결과, 최적가용기법 기준서의 제목, 최대배출기준을 포함하여 어떻게 허가조건이 정하여졌는지 등 공중에 공개하여야 할 정보를 광범위하게 정하고 있다(제24조 제2항).

제 5 장 자연환경의 보전

-우리는 자연에 있을 때 가장 건강하고 행복하다-

1960년대 이후 개발과 성장 위주의 정책추진은 생태계 단절과 환경 훼손이라는 심각한 후유증을 만들어 냈다. 각종 개발사업과 무분별한 자원의 이용 · 개발 등으로 생태계의 보고, 야생동 · 식물의 서식지가 사라져가고 있으며, 야생동 · 식물의 불법적인 포획, 채취로 인하여 많은 야생동 · 식물의 생존이 위협받고 있다. 농지 및 산지는 도로, 택지 등의 개발부지로 전용되어 지속적으로 감소되고 있으며, 백두대간, 습지, 공원 등 생태적으로 보전가치를 가지고 있는 지역도 개발이라는 명목으로 사라져 가고 있다. 근래에는 외국에서 들어온 생물종이 국내의 생태계를 교란시키고 있어 문제를 더욱 복잡하게 만들고 있다. 국제적으로는 생물자원의 확보를 위한 경쟁이 가속화되면서 유전자변형물질(Genetically Modified Organisms: GMOs)의 위해성도 증가하고 있다. 생태계의 단절, 환경파괴 · 훼손은 그 곳에 서식하는 생물종을 감소시킬 뿐만 아니라 생물다양성의 감소를 초래하고 있다. 생태계의 위협은 야생동 · 식물을 위협하는 데 그치지 아니하고 나아가 인간의 생존까지 위협하고 있다. 이러한 지경에 이르게 된 데에는 그 동안의 환경보전 방안이 갖는 한계를 지적하지 않을 수 없다. 그 한계를 극복하기 위하여는 자연환경 및 생태계를 보전하는 방법과 인식의 근본적인 방향전환이 요구되고 있다.

자연환경을 보호하기 위한 방법으로는 크게 두 가지가 있을 수 있다. 동 · 식물 등 보호대상을 지정하여 개별 종 자체를 직접적으로 보호하는 방법(특별 종 관리방법)과 생태계를 보전함으로써 생태계 내의 동 · 식물 등을 간접적으로 보호하는 방법(생태계 중심 관리방법)이 그것이다. 특별 종 관리방법은 흔히 보호의 필요성이 있는 개별 종을 보호대상종으로 분류, 등재(list), 지정하여 관리하게 되는데, 그 시행이 단순하고 효과가 가시적이라는 점 등에서 장점이 있을 수 있으나 다음과 같은 문제점이 발견된다. 즉 개별 종들의 장기적 생존을 뒷받침하는 생태계 또는 생물다양성을 등한히 하게 된다. 이 접근방법은 등재된, 알려진 종만을 보호하기 때문에 등재되어 있지 아니한, 현재 알려지지는 않았지만 멸종되어 가는 종을 보호하지 못한다. 이는 척추동물과 같은 고등동물을 중시하기 때문에 자칫 생태계의 건강성을 판가름하는 데 중요한 요소가 되는, 먹이사슬에서 하층부를 구성하는 종을 도외시할 수 있다. 멸종된다거나 보호할 필요성이 있다는 판단 주체는 신만이 할 수 있는데, 인간이 신의 역할을 수행하게 되면서 오류의 가능성이 상존한다. 판단 주체가 누가 되느냐는 것도 문제지만 그 판단기준이 자의적일 경우에는 정말로 보호되어야 할 종이 정작 보호대상에서 누락되는 결과가 발생할 수 있게 된다. 개별적으로 보호할 필요가 있는지 여부를 판단하기 위해서는 계속적인 조사 · 연구가 있어야 하며, 보호할 필요가 있다고 결정된 후에는 개별 종마다에 대하여 개별적인 추적, 감시 등 관리가 지속되어야 하기 때문에 그 시행이 곤란하고 많은 비용이 소요된다. 멸종위기에 처하였거나 보호될 필요가 있다고 판단하였을 때는 이미 회복이 불가능하거나 어려운 상태에 놓여 있을 가능성이 많다. 보호할 필요가 있는지 여부는 해당 종의 생태계에서의 역할, 다른 종간의 관계 등이 중요한 판단요소가 되어야 하는데, 이 접근방법은 주로 개별 종이 처한 위협의 정도에 기초하여 판단하게 된다.

이에 반해 생태계 중심 관리방법은 생태계의 통합성(integrity) 유지를 중심 개념으로 하는데, 흔히 용도지역의 지정 및 당해 지역 내에서의 행위제한, 금지를 수반하게 된다. 이러한 접근방법은 다음과 같은 여러 장점이 있어서 앞서 개별 종만을 보호하려는 특별종 관리 방법에 비해 우수한 것으로 판단된다. 즉 이 방법은 생태계의 우산(umbrella) 역할을 통하여 보호의 필요성이 있다고 알려진 종은 물론이고 알려지지 않은 종, 먹이사슬의 하층부를 구성하는 종 등을 모두 아우르며 보호하게 되는 큰 장점을 갖는다. 또한, 개별 종을 보호하는 접근방법에 비하여 생태계의 기본 요소가 되는 식물, 무척추동물 등에 보다 많은 관심과 보호가 이루어지면서 생태적으로 보다 바람직한 건강성이 유지된다. 생태계 중심 관리방법은 광범위하고 장기적인 보호에 주안점을 두면서 급격하고, 비상적인 조치를 취할 필요성을 사전에 봉쇄한다. 사전적 보호를 통하여 해당 종이 멸종위기에 처하거나 위협에 노출되기 전에 보호조치를 취하게 된다. 또한 해당 지역에서 다양한 수단을 동원할 수 있으므로 정책의 유연성을 제고할 수 있는데, 관리대상 지역이 클수록 유연성은 더 커질 것이다.

예컨대, 우리나라의 멸종위기야생생물, 국제적 멸종위기종(「야생생물 보호 및 관리에 관한 법률」), 천연기념물(「문화재보호법」), 어류(「수산업법」), 산림(「산림자원의 조성 및 관리에 관한 법률」) 등을 보호하기 위한 관련 법규정은 전자, 즉 특별종 관리방법이라 할 것이다. 한편, 자연환경보전지역(「국토의 계획 및 이용에 관한 법률」), 생태 · 경관보전지역, 자연휴식지(「자연환경보전법」), 야생생물특별보호구역(「야생생물 보호 및 관리에 관한 법률」), 습지보호지역(「습지보전법), 특정도서(「독도 등 도서지역의 생태계보전에 관한 특별법」), 국립 · 도립 · 군립공원(「자연공원법」), 문화재보호구역, 명승지(「문화재보호법」), 개발제한구역(「개발제한구역의 지정 및 관리에 관한 특별조치법」) 등 생태적으로 중요한 지역을 보호구역으로 지정 · 관리하는 방법은 생태계 중심 관리방법이라 할 것이다.

이제 보전의 초점은 그동안 특정 야생동 · 식물의 보호에서, 생태계의 보호를 거쳐 생물다양성의 보호로 옮겨지고 있다. 이러한 추세는 1992년 리우회의에서 서명을 위해 개

≪자연환경보전 · 관리체제≫

- 자연환경보전 · 관리
  - 보호지역 지정관리
    - 생태 · 경관보전지역, 자연휴식지 — 「자연환경보전법」(환경부, 시 · 도)
    - 습지보호지역 — 「습지보전법」(환경부, 국토교통부)
    - 특정도서 — 「독도 등 도서지역의 생태계보전에 관한 특별법」(환경부)
    - 야생생물특별보호구역/보호구역 — 「야생생물 보호 및 관리에 관한 법률」(환경부)
    - 자연공원 — 「자연공원법」(환경부, 시 · 도 · 군)
    - 백두대간보호지역 — 「백두대간 보호에 관한 법률」(환경부)
    - 도시공원 — 「도시공원법」(국토교통부)
    - 문화재보호구역/명승지 — 「문화재보호법」(문화재청)
    - 개발제한구역 — 「개발제한구역의 지정 및 관리에 관한 특별조치법」(국토교통부)
    - 자연환경보전지역 — 「국토의 계획 및 이용에 관한 법률」(국토교통부)
    - 수산생물보호수면 — 「수산업법」(농림축산식품부)
    - 자연보전권역 — 「수도권정비계획법」(국토교통부)
  - 야생동 · 식물 지정관리
    - 멸종위기야생생물 — 「야생생물 보호 및 관리에 관한 법률」(환경부)
    - 멸종위기야생생물 외의 야생생물 — 「야생생물 보호 및 관리에 관한 법률」(환경부)
    - 천연기념물 — 「문화재보호법」(문화재청)
    - 산림(보안림, 산림유전자원보호림 등) — 「산림자원의 조성 및 관리에 관한 법률」(산림청)
  - 생물다양성의 보전
    - 생물다양성 — 「생물다양성 보전 및 이용에 관한 법률」(환경부)

방된 「생물다양성협약」[1]을 고비로 더욱 분명해지고 있다. 「생물다양성협약」은 생물다양성 자체의 보전에 초점을 맞추었다. 동 협약은 생물다양성이 '인류의 공동 관심사(common concern of mankind)'로서 인간의 삶에 필수불가결한 존재임을 강조하였고, 이는 각국의 환경관련 법제에 많은 변화를 초래하였다. 우리나라도 예외가 아니어서 급기야 2012년 생물다양성의 종합적 · 체계적인 보전과 생물자원의 지속가능한 이용을 도모하고 「생물다양성협약」의 이행에 관한 사항을 정하기 위해 「생물다양성 보전 및 이용에 관한 법률」이 제정되었다. 그 핵심 주제는 두말 할 것도 없이 생물다양성이다. 생물다양성협약체제는 우리에게 또 다른 과제를 주고 있다. 바로 「생물다양성협약」의 후속 의정서인 「나고야의정서」가 유전자원과 전통지식을 활용하여 발생한 이익을 공유할 것을 요구하고 있기 때문이다. 2017. 1. 17. 제정된 「유전자원의 접근 · 이용 및 이익 공유에 관한 법률」은 국제사회에 대한 우리의 대응이라고 할 수 있다.

이러한 자연환경 보전방법은 환경부를 비롯하여 여러 부처에 의해, 분야 및 보호대상에 따라 다양한 형태로 시행되고 있는데, 관할 기관의 다원화는 책임소재의 불분명을 초래하면서 자연환경 보전 및 관리정책의 효율적인 시행을 막고 있다. 자연환경보전을 위한 근거 법률은 위에서 본 바와 같이 무수히 많은데, 산만한 근거 법률은 어느 법이 특별법인가에 대한 논쟁을 촉발하면서 자연보호 법률체계의 중복과 비효율성을 초래하고 있다.

제 1 절 자연환경보전법

국토가 좁고 자연자원이 부족한 상태에서 인구밀도가 높은 우리나라로서는 자연환경에 대한 보전의 필요성은 어느 나라보다도 크다. 우리나라는 산, 강, 도서, 습지, 해안 등 비교적 다양한 자연환경을 보유하고 있다고 할 수 있다. 그러나 그 동안 우리나라의 자연환경에 대한 보전은 등한히 다루어졌으며, 생활환경에 비하여 소홀히 다루어진 감이 있다. 소득이 증대함에 따라 자연환경의 보전 필요성에 대해 눈을 돌리기 시작하였지만 관광 및 레저 등에도 눈을 돌리면서 개발압력은 사라지지 않고 있다. 자연환경에 대한 보전이 등한시 된 데에는 난개발, 막개발, 공급위주의 국토개발, 야생동 · 식물에 대한 잘못된 관행, 일반 국민들의 인식 수준 등도 문제이지만, 그 보호를 위한 법체계의 미숙을 들 수 있다. 물론 자연환경 보전 · 관리의 중요성에 대한 인식이 증가되면서 1991년 「자연환경보전법」이 제정된 점은 높이 평가할 수 있다. 그러나 법제정이 이루어진 이후에도 여전히 생태계의 무분별한 파괴, 야생동 · 식물의 남획, 밀렵, 밀거래가 성행하고 있는 현실을 보면 이를 규율하는 법체계에 문제가 있음을 간파할 수 있다.

「자연환경보전법」은 우리나라 자연환경보전 · 관리를 위한 근간을 이루는 근거법률

1) Convention on Biological Diversity, 31 I. L. M. 818 (1992).

로서, 자연환경보전 관련 법의 기본법으로서의 역할을 하고 있다. 이 법은 기본법이 갖고 있는 선언적 · 프로그램적 규정과 함께 구체적 효력을 갖는 규정도 다수 두고 있다. 말하자면 기본법과 규제법 · 집행법적 성격이 혼재하고 있다고 할 수 있다.

동법은 목적규정에서도 명시적으로 밝히고 있는 바와 같이 자연환경의 인위적 훼손의 방지, 생태계와 자연경관의 보호를 핵심으로 하고 있으며, 그 밖에 생물다양성의 보전, 자연자산의 관리 등에 대한 고려를 함으로써, 자연환경 전반에 대한 종합적이고 효율적인 관리를 도모하고 있다. 자연환경에는 토양환경도 포함되므로[2] 크게 자연환경보전 관련 법에는 「토양환경보전법」도 포함될 것이나 이는 편의상 별도의 장(제12장)에서 다루기로 한다.

Ⅰ. 일 반

1. 자연환경보전의 기본원칙

국가와 국민은 자연환경의 보전이 인간의 생존 및 생활의 기본임에 비추어 자연의 질서와 균형이 유지 · 보전되도록 노력하여야 하는바(「환경정책기본법」 제40조), 「자연환경보전법」은 자연환경보전의 8대 기본원칙을 다음과 같이 명시하고 있다: ① 자연환경은 모든 국민의 자산으로서 공익에 적합하게 보전되고 현재와 장래의 세대를 위하여 지속가능하게 이용되어야 한다; ② 자연환경보전은 국토의 이용과 조화 · 균형을 이루어야 한다; ③ 자연생태와 자연경관은 인간활동과 자연의 기능 및 생태적 순환이 촉진되도록 보전 · 관리되어야 한다; ④ 모든 국민이 자연환경보전에 참여하고 자연환경을 건전하게 이용할 수 있는 기회가 증진되어야 한다; ⑤ 자연환경을 이용하거나 개발하는 때에는 생태적 균형이 파괴되거나 그 가치가 저하되지 아니하도록 하여야 한다. 다만, 자연생태와 자연경관이 파괴 · 훼손되거나 침해되는 때에는 최대한 복원 · 복구되도록 노력하여야 한다; ⑥ 자연환경보전에 따르는 부담은 공평하게 분담되어야 하며, 자연으로부터 얻어지는 혜택은 지역주민과 이해관계자가 우선하여 누릴 수 있도록 하여야 한다; ⑦ 자연환경보전과 자연의 지속가능한 이용을 위한 국제협력은 증진되어야 한다; ⑧ 자연환경을 복원할 때에는 환경 변화에 대한 적응 및 생태계의 연계성을 고려하고, 축적된 과학적 지식과 정보를 적극적으로 활용하여야 하며, 국가·지방자치단체 · 지역주민 · 시민단체 · 전문가 등 모든 이해관계자의 참여와 협력을 바탕으로 하여야 한다(제3조).

2. 국가 · 지방자치단체의 책무

국가 및 지방자치단체는 자연환경보전대책의 수립 · 시행 등 자연환경보전의 1차적,

---

2) 「환경정책기본법」에서는 '자연환경'을 "지하 · 지표(해양을 포함) 및 지상의 모든 생물과 이들을 둘러싸고 있는 비생물적인 것을 포함한 자연의 상태(생태계 및 자연경관을 포함)"로 정의하고 있다(제3조 제2호).

포괄적 책임을 지게 된다(제4조 제1항).

3. 사업자의 책무

사업자는 사업활동을 할 때 자연생태 · 자연경관을 우선적으로 고려하고, 사업활동으로부터 비롯되는 자연환경 훼손을 방지하고, 훼손되는 자연환경에 상응하도록 스스로 복원 · 복구하거나 환경부령으로 정하는 생태면적률(개발면적 중에서 생태적 기능 또는 자연순환기능이 있는 토양면적이 차지하는 비율을 말함)3)을 확보하는 등의 필요한 조치를 하며, 국가 및 지방자치단체의 자연환경보전대책 등에 참여하고 협력하여야 한다(제4조 제2항).

4. 자연환경보전기본방침

동법은 동법의 목적과 자연환경보전의 기본원칙을 실현하기 위하여 환경부장관으로 하여금 자연환경보전기본방침을 수립하도록 하고 있다. 자연환경보전기본방침을 수립하기 전에는 관계 중앙행정기관의 장 및 특별시장 · 광역시장 · 특별자치시장 · 도지사 · 특별자치도지사(시 · 도지사)의 의견을 듣고 중앙환경정책위원회 및 국무회의의 심의를 거쳐야 한다(제6조 제1항). 자연환경보전기본방침에는 자연환경의 체계적 보전 · 관리, 자연의 지속가능한 이용 등의 사항이 포함되어야 한다(동조 제2항).

5. 전국자연환경보전계획

자연환경보전기본방침을 실천하기 위하여 환경부장관은 10년마다 자연환경보전기본계획을 수립하여야 한다(제8조). 자연환경보전기본계획의 수립은 자연환경의 보전 및 관리에 관한 기본방향을 설정하고 주요 사업을 확정하는 등 자연환경의 보전 및 관리를 종합적이고 체계적으로 추진하기 위해 필요한 과정이다. 자연환경보전기본계획을 10년마다 수립하도록 한 것은 국가환경보전을 위한 최상위계획으로 「환경정책기본법」에 따라 20년마다 수립하는 국가환경종합계획과의 연계성을 강화하여 중장기 비전을 설정하여 효율적인 자연환경보전 정책을 추진하기 위한 것으로 이해된다. 자연환경보전기본계획은 자연환경부문의 상위계획으로서, 우리나라 자연환경정책의 근간을 이루게 된다.

이 계획에는 자연환경 · 생태계서비스(「생물다양성 보전 및 이용에 관한 법률」 제2조 제10호에 따른 생태계서비스를 말함)의 현황, 전망 및 유지 · 증진, 자연환경보전에 관한 기본방향 및 보전목표설정 등과 같은 자연환경정책의 핵심적인 요소들을 포함하여야 한다(제9조). 자연환경보전기본계획을 수립 · 확정하기 위하여는 관계 중앙행정기관의 장과의 협의와 중앙환경정책위원회의 심의가 요구된다(제8조 제2항 · 제3항). 관계 중앙행정기관의 장

---

3) 환경부 '생태면적률 적용 지침'에 따르면 개발사업 유형별로 생태면적률 달성목표를 정하고, 이를 사업계획 수립, 환경영향평가 협의시의 지표로 활용하고 있다. 적용 개발사업으로는 도시의 개발사업, 산업입지 및 산업단지의 조성사업, 관광단지의 개발사업, 특정지역의 개발사업, 체육시설의 설치사업, 폐기물처리시설 · 분뇨처리시설 및 가축분뇨처리시설의 설치 등으로 국한되어 있다.

및 시 · 도지사는 자연환경보전기본방침에 따른 추진방침 또는 실천계획(시 · 도지사의 경우 실천계획에 한함)을 수립하고 이를 환경부장관에게 통보하여야 하며(제6조 제4항), 환경부장관은 자연환경보전기본계획의 수립에 있어 이를 고려하여야 한다(제8조 제3항).

한편, 동법은 중앙행정기관의 장이 자연환경보전과 직접적인 관계가 있는 주요시책 또는 계획을 수립 · 시행하고자 할 때 미리 환경부장관과 협의하도록 하고 있는데, 전략환경영향평가를 자연환경 분야에서 구체화한 것이라 할 것이다(제7조 제1항). 같은 맥락에서 환경부장관은 관계 중앙행정기관의 장과 협의하여 각종 개발계획 또는 개발사업을 시행함에 있어 자연환경보전 및 자연의 지속가능한 이용을 위하여 고려하여야 할 지침을 작성하여 활용하도록 할 수 있다(동조 제2항).

Ⅱ. 생태계 보전

최근의 난개발과 무분별한 서식지 파괴 · 훼손 등은 중요한 생태계를 무차별적으로 파괴하고 있다. 이에 생태계 파괴를 근본적으로 방지하기 위한 생태계 보전 대책이 중요한 과제가 되고 있다.

「자연환경보전법」은 '생태계'를 "식물 · 동물 및 미생물 군집들과 무생물 환경이 기능적인 단위로 상호작용하는 역동적인 복합체"로 정의하고 있다(제2조 제5호). 이러한 생태계를 보전하기 위하여 우리나라는 생태 · 경관보전지역, 습지보호지역, 특정도서, 국립 · 도립 · 군립공원, 야생생물특별보호구역 등 생태적으로 중요한 지역을 보호구역으로 지정 · 관리하고 있으며, 환경부를 비롯한 여러 부처에 의해 수행되고 있음은 앞에서 본바와 같다. 생태계보전을 위하여는 흔히 당해 구역 내에서의 일정한 행위제한 · 금지 등이 사용된다.[4)]

1. 생태 · 경관보전지역의 관리

각종 개발 · 이용행위의 증가로 인하여 생물의 서식지, 생태계, 경관 등의 훼손이 급격히 진행되고 있다. 이에 「자연환경보전법」은 제2장에서 환경부장관으로 하여금 자연생태 · 자연경관을 특별히 보전할 필요가 있는 지역을 생태 · 경관보전지역으로 지정하여 관리하도록 하고 있다. '생태 · 경관보전지역'이라 함은 "생물다양성이 풍부하여 생태적으로 중요하거나 자연경관이 수려하여 특별히 보전할 가치가 큰 지역으로서 환경부장관이 지정 · 고시하는 지역"을 말한다(제2조 제12호). 생태 · 경관보전지역은 생태계 우수지역, 희귀종 서식지역 또는 자연경관이 수려한 지역 등을 체계적으로 보전하여 생물다양성을 확보하고, 보전가치가 있는 지역의 훼손행위를 예방하려는 것이다.

생태 · 경관보전지역 지정제도는 종전의 생태계보전지역 지정제도를 확대 개편한 것

---

4) 「자연환경보전법」 제9조 내지 제17조, 「습지보전법」 제13조, 「자연공원법」 제16조, 제23조, 「독도 등 도서지역의 생태계 보전에 관한 특별법」 제8조, 「문화재보호법」 제20조 등 참조.

이다. 즉 종전의 생태계보전지역은 생태계 보전에 치중하여 강변, 산간 계곡 등 자연경관이 수려한 지역이 제외되는 문제점이 있었는바, 이를 보완하기 위하여 '자연경관'을 포함시켜 생태 · 경관보전지역으로 개선한 것이다.[5] 이에 따라 자연경관이 수려한 지역에 대한 보다 종합적 · 체계적 · 효율적인 관리가 이루어질 것으로 예상된다. 그러나 아직까지 생태 · 경관보전지역은 전국토의 0.2%로 지정 실적이 미미한 실정이다.

가. 대상지역

생태 · 경관보전지역은 다음에 해당하는 지역으로서 자연생태 · 자연경관을 특별히 보전할 필요가 있는 지역이다: ① 자연상태가 원시성을 유지하고 있거나 생물다양성이 풍부하여 보전 및 학술적 연구가치가 큰 지역; ② 지형 또는 지질이 특이하여 학술적 연구 또는 자연경관의 유지를 위하여 보전이 필요한 지역; ③ 다양한 생태계를 대표할 수 있는 지역 또는 생태계의 표본지역; ④ 그 밖에 하천 · 산간계곡 등 자연경관이 수려하여 특별히 보전할 필요가 있는 지역으로서 대통령령이 정하는 지역(제12조 제1항).

나. 지정 및 지정의 해제

생태 · 경관보전지역은 위 대상지역 중에서 당해 지역주민과 이해관계인 및 지방자치단체의 장의 의견을 수렴한 후 관계 중앙행정기관의 장과의 협의 및 중앙환경정책위원회의 심의를 거쳐 정한다(제13조 제1항).[6] 생태 · 경관보전지역 지정의 법 형식은 환경부장관의 고시이다(동조 제3항). 대통령령이 아닌 고시로써 지정하기 때문에 생태 · 경관보전지역의 지정 때마다 대통령령을 개정해야 하는 번거로움을 피할 수 있으나 그 지정에 따라 재산권 행사를 위시한 행위제한이 수반되므로 그 법형식은 시행령 이상의 형식이 바람직하다고 생각한다.

한편, 생태 · 경관보전지역이 군사목적 또는 천재 · 지변 그 밖의 사유로 인하여 생태 · 경관보전지역으로서의 가치를 상실하거나 보전할 필요가 없게 된 경우에는 그 지역을 해제 · 변경할 수 있다(제12조 제3항). 한편, 시 · 도지사는 생태 · 경관보전지역에 준하여 보전할 필요가 있다고 인정되는 지역을 당해 지역주민과 이해관계인 및 시장 · 군수 · 구청장의 의견을 수렴한 후 관할 유역환경청장 또는 지방환경청장 및 관계 행정기관의 장과의 협의를 거쳐 시 · 도환경정책위원회의 심의를 받아 시 · 도생태 · 경관보전지역으로 지정하여 관리할 수 있다(제24조 제1항). 동법은 생태 · 경관보전지역을 지정할 때 지역주민 등 의견을 수렴하도록 규정하고 있으나 주민참여를 위한 구체적 절차를 마련하고 있지 아니하여 그 실효성이 의문시되며, 환경단체의 참여를 고려하고 있지 아니하다.

---

5) 동법상 '자연경관'이란 "자연환경적 측면에서 시각적 · 심미적인 가치를 가지는 지역 · 지형 및 이에 부속된 자연요소 또는 사물이 복합적으로 어우러진 자연의 경치"를 말한다(제2조 제10호).

6) 2021년 말 현재 국가생태 · 경관보전지역으로 낙동강하구, 지리산 심원계곡일대의 극상 원시림, 강원도 대암산의 고층 습원, 경남 창녕의 우포늪, 울주군 무제치늪, 동강유역 등 9개 지역이 지정되어 있으며, 시 · 도생태 · 경관보전지역은 광양 백운산 등 24개 지역이다. 환경부, 환경백서, 2021, 345면.

다. 구 분

환경부장관은 생태 · 경관보전지역의 지속가능한 보전 · 관리를 위하여 생태적 특성, 자연경관 및 지형여건 등을 고려하여 생태 · 경관보전지역을 다음과 같이 구분하여 지정 · 관리할 수 있다:

① 생태 · 경관핵심보전구역(核心區域): 생태계의 구조와 기능의 훼손방지를 위하여 특별한 보호가 필요하거나 자연경관이 수려하여 특별히 보호하고자 하는 지역;

② 생태 · 경관완충보전구역(緩衝區域): 핵심구역의 연접지역으로서 핵심구역의 보호를 위하여 필요한 지역;

③ 생태 · 경관전이보전구역(轉移區域): 핵심구역 또는 완충구역에 둘러싸인 취락지역으로서 지속가능한 보전과 이용을 위하여 필요한 지역(제12조 제2항).

생태 · 경관보전지역을 이와 같이 핵심 · 완충 · 전이구역으로 구분 지정하는 것은 보전상태, 보전가치, 이용 상태 등에 따라 행위제한을 달리함으로써, 보전 필요성이 큰 지역에 대하여 철저한 관리를 하는 한편, 지역주민의 과도한 불편을 줄이고 보전지역의 추가 지정을 활성화하는 등 보전과 이용의 조화를 도모하기 위한 조치라고 이해된다.

라. 보전 수단

(1) 생태 · 경관보전지역의 관리 기본계획

환경부장관은 생태 · 경관보전지역에 대하여 관계 중앙행정기관의 장 및 관할 시 · 도지사와 협의하여 자연생태 · 자연경관과 생물다양성의 보전 · 관리 등의 사항이 포함된 생태 · 경관보전지역관리기본계획을 수립 · 시행하여야 한다(제14조).

(2) 생태 · 경관보전지역에서의 행위제한

생태 · 경관보전지역 지정제도는 생태 · 경관보전지역을 핵심 · 완충 · 전이구역으로 세분화하여 핵심구역은 절대적으로 보전하되, 완충 · 전이구역에서는 주거 · 생계 목적의 건축물 등의 설치, 생태탐방시설의 설치 등을 허용함으로써, 행위제한을 완화하고 있다.

(가) 금지되는 행위

생태 · 경관보전지역 안에서는 다음에 해당하는 자연생태 또는 자연경관의 훼손행위를 하여서는 아니 된다. 다만, 생태 · 경관보전지역 안에 「자연공원법」에 의하여 지정된 공원구역 또는 「문화재보호법」에 의한 문화재(보호구역을 포함)가 포함된 경우에는 「자연공원법」 또는 「문화재보호법」이 정하는 바에 의한다: ① 핵심구역 안에서 야생동 · 식물을 포획 · 채취 · 이식(移植) · 훼손하거나 고사(枯死)시키는 행위 또는 포획하거나 고사시키기 위하여 화약류 · 덫 · 올무 · 그물 · 함정 등을 설치하거나 유독물 · 농약 등을 살포 · 주입(注入)하는 행위; ② 건축물 그 밖의 공작물(건축물등)의 신축 · 증축(생태 · 경관보전지역 지정 당시의 건축연면적의 2배 이상 증축하는 경우에 한함) 및 토지의 형질변경[7]; ③ 하천 · 호소 등의 구조

7) 토지의 형질변경이라 함은 절토, 성토 또는 정지 등으로 토지의 형상을 변경하는 행위로서 토지의 형상을 외형상으로 사

를 변경하거나 수위 또는 수량에 증감을 가져오는 행위; ④ 토석의 채취; ⑤ 그 밖에 자연환경보전에 유해하다고 인정되는 행위로서 대통령령이 정하는 행위8)(제15조 제1항).

그러나 군사목적을 위하여 필요한 경우, 생태 · 경관보전지역 안에 거주하는 주민의 생활양식의 유지 또는 생활향상을 위하여 필요하거나 생태 · 경관보전지역 지정 당시에 실시하던 영농행위를 지속하기 위하여 필요한 행위 등 대통령령이 정하는 행위9)를 하는 경우, 환경부장관이 당해 지역의 보전에 지장이 없다고 인정하여 환경부령이 정하는 바에 따라 '허가'하는 경우, 환경부장관이 생태 · 경관보전지역을 보호 · 관리하기 위하여 대통령령이 정하는 행위 및 필요한 시설10)을 설치하는 경우 등 예외적인 경우에는 위 규정이 적용되지 아니한다(제15조 제2항).

(나) 완충 · 전이구역에서 허용되는 행위

완충구역 안에서는 다음의 행위를 할 수 있다: ①「측량 · 수로조사 및 지적에 관한 법률」에 의한 지목이 대지(생태 · 경관보전지역 지정 이전의 지목이 대지인 경우에 한함)인 토지에서 주거 · 생계 등을 위한 건축물등으로서 대통령령이 정하는 건축물등의 설치; ② 생태탐방 · 생태학습 등을 위하여 대통령령이 정하는 시설의 설치; ③「산림자원의 조성 및 관리에 관한 법률」에 의한 산림경영계획과 산림보호 및 산림유전자원보호구역 등의 보전 · 관리를 위하여 시행하는 산림사업; ④ 하천유량 및 지하수 관측시설, 배수로의 설치 또는 이와 유사한 농 · 임 · 수산업에 부수되는 건축물등의 설치; ⑤「장사 등에 관한 법률」에 의한 개인묘지의 설치(제15조 제3항).

한편, 전이구역 안에서는 다음의 행위를 할 수 있다: ① 제3항 각호의 행위; ② 전이구역 안에 거주하는 주민의 생활양식의 유지 또는 생활향상 등을 위한 대통령령이 정하는 건축물등의 설치; ③ 생태 · 경관보전지역을 방문하는 사람을 위한 대통령령이 정하는 음식 · 숙박 · 판매시설의 설치; ④ 도로, 상 · 하수도 시설 등 지역주민 및 탐방객의 생활편의 등을 위하여 대통령령이 정하는 공공용시설 및 생활편의시설의 설치(동조 제4항).

(3) 개발사업 등 제한

환경부장관은 취약한 자연생태 · 자연경관의 보전을 위하여 특히 필요한 경우에는 대

실상 변경시킬 것과 그 변경으로 말미암아 원상회복이 어려운 상태에 있을 것을 요한다. 대법원 2005. 11. 25. 선고 2004도8436 판결(개발제한구역 내에 있는 잡종지를 음식점 부설주차장으로 사용한 행위가 무허가 토지형질변경에 해당하지 않는다고 한 사례).

8) 여기에서 "대통령령이 정하는 행위"라 함은 ① 수면의 매립 · 간척, ② 불을 놓는 행위 등을 말한다(시행령 제11조).

9) "대통령령이 정하는 행위"라 함은 생태 · 경관보전지역 또는 그 인근지역에 거주하는 주민이나 생태 · 경관보전지역 안의 토지 · 공유수면의 소유자 · 점유자 또는 관리인의 행위로서 생태적으로 지속가능하다고 인정되는 농사, 어로행위, 수산물의 채취행위, 버섯 · 산나물 등의 채취행위 그 밖의 이에 준하는 행위를 말한다(시행령 제13조 제1항).

10) "대통령령이 정하는 행위 및 필요한 시설을 설치하는 경우"라 함은 다음의 어느 하나에 해당하는 경우를 말한다: ① 법 제14조의 규정에 따른 관리기본계획에 포함된 시설 등을 설치하는 경우; ② 생태 · 경관보전지역의 생태계 및 자연경관에 대한 정기적인 현황조사 · 학술연구 또는 그 수행에 필요한 관측시설 등을 설치하는 경우; ③ 생태 · 경관보전지역을 보호하고 외부인의 무단출입으로 인한 자연환경의 훼손을 방지하기 위하여 필요하다고 인정되는 시설 등을 설치하는 경우(시행령 제13조 제2항).

통령령이 정하는 개발사업을 제한하거나 제2항 제3호의 규정에 불구하고 영농행위를 제한할 수 있다(제15조 제5항).

(4) 생태 · 경관보전지역에서의 금지행위

한편, 동법은 생태 · 경관보전지역 안에서 특정수질유해물질, 폐기물 또는 유독물을 버리는 행위, 생태 · 경관보전지역의 보전을 위하여 금지하여야 할 행위로서 풀 · 나무의 채취 및 벌채 등 대통령령이 정하는 행위 등을 금지하되, 다만, 군사목적을 위하여 필요한 경우 등에는 이를 허용하고 있다(제16조).

(5) 출입제한

환경부장관은 자연적 또는 인위적인 요인으로 훼손된 자연환경의 회복을 위한 경우 등 일정한 경우에는 생태 · 경관보전지역의 전부 또는 일부에 대한 출입을 일정 기간 제한하거나 금지할 수 있다(제16조의2).

(6) 행위중지 및 원상회복 명령

환경부장관은 생태 · 경관보전지역 안에서 제15조 제1항의 규정에 위반되는 행위를 한 사람에 대하여 그 행위의 중지를 명하거나 상당한 기간을 정하여 원상회복을 명할 수 있다. 다만, 원상회복이 곤란한 경우에는 대체자연의 조성 등 이에 상응하는 조치를 하도록 명할 수 있다(제17조).

마. 생태 · 경관보전지역의 확보 등

동법은 생태 · 경관보전지역의 확보차원에서 관리전환, 매수, 수용 등에 관한 규정을 두는 한편, 생태 · 경관보전지역의 지정에 따른 주민들의 행위제한, 재산권행사의 제약 등을 완화 내지 배려한다는 차원에서 손실보상, 주민지원 등에 관한 규정을 두고 있다.

(1) 관리전환(管理轉換)

환경부장관은 생태 · 경관보전지역, 생태적 가치가 우수하거나 자연경관이 수려하여 생태 · 경관보전지역으로 지정할 필요가 있다고 인정되는 지역에 소재하는 국유의 토지 · 건축물 그 밖에 그 토지에 정착된 물건이 군사목적 또는 문화재의 보호목적 등으로 사용할 필요가 없게 되는 경우에는 국방부장관 · 문화재청장 등 당해 토지등의 관리권을 보유하고 있는 중앙행정기관의 장에게 「국유재산법」 제2조 제5호에 따른 관리전환(管理轉換)을 요청할 수 있다(제18조 제1항).

(2) 협의매수

환경부장관은 생태 · 경관보전지역 및 자연유보지역의 생태계를 보전하기 위하여 필요한 경우에는 동 지역의 토지 등을 그 소유자와 협의하여 매수할 수 있다(제19조 제1항). 이와 유사한 규정을 두고 있는 「한강수계 상수원수질개선 및 주민지원 등에 관한 법률」이 토지등 소유자에게 매수신청을 할 수 있다고 규정(제7조, 시행령 제5조)하고 있는 것과 달리 매수신청에 관한 규정을 두고 있지 않고 필요성 여부에 관한 판단을 행정청의 재량으로 하고 있다.

이 규정에 의하여 토지등을 매수하는 경우의 매수가격은 「공익사업을 위한 토지 등의 취득 및 보상에 관한 법률」에 의하여 산정한 가격에 의한다(동조 제2항). 종전에는 매수가격을 '지가공시및토지등의평가에관한법률'에 의한 공시지가를 기준으로 평가하도록 하였는데, 여기에 대하여는 생태 · 경관보전지역의 확보가 '구 공공용지의취득및손실보상에관한특례법'이 적용되는 공익사업에 해당하는지, 이에 해당하지 않는 경우라고 하더라도 동법을 적용하여 토지 등을 취득할 수 있는지 문제가 논란이 있어왔다. 이러한 논란을 잠재우기 위하여 2004. 2. 4. 개정 「자연환경보전법」은 생태 · 경관보전지역의 용도로 토지등을 매수하는 것이 「공익사업을 위한 토지 등의 취득 및 보상에 관한 법률」상의 공익사업에 해당한다는 명문규정을 두기에 이르렀다. 그 결과 종전의 공시지가에 연연하지 아니하고 실비 등에 대한 보상이 가능해지면서 종전보다 유연하게 생태 · 경관보전지역의 용도로 토지 등을 매수하는 것이 가능해졌다. 그러나 「공익사업을 위한 토지 등의 취득 및 보상에 관한 법률」상의 협의취득 또는 보상합의의 성질을 법원과 같이 사법상 매매내지 사법상 계약으로 이해할 경우,[11] 예산 부족 등의 이유로 계약체결이 이루어지지 않을 가능성은 물론이고 계약체결이 이루어지더라도 실질적이고 충분한 보상이 이루어지지 아니할 개연성은 상존하고 있다.

(3) 생태 · 경관보전지역의 주민지원

생태 · 경관보전지역의 지정으로 인한 재산권 행사의 제한, 행위의 제한 등 불편을 겪는 해당 지역의 주민에게 보상대책을 마련하는 것은 형평의 원칙에 부합한다. 이에 동법은 환경부장관으로 하여금 생태 · 경관보전지역에 수질오염 등의 영향을 직접 미칠 수 있는 지역(인접지역)에서 그 지역의 주민이 주택을 증축하는 등의 경우 개인하수처리시설 및 분뇨처리시설을 설치하는 경비의 전부 또는 일부를 지원할 수 있도록 하고 있다(제20조 제1항). 환경부장관은 생태 · 경관보전지역 및 인접지역에 대하여 우선적으로 오수 및 폐수의 처리를 위한 지원방안을 수립하여야 한다. 이 경우 지원에 필요한 조치 및 환경친화적 농 · 임 · 어업의 육성을 위하여 필요한 조치를 하도록 관계 중앙행정기관의 장 또는 당해 지방자치단체의 장에게 요청할 수 있다(동조 제2항).

(4) 생태 · 경관보전지역 주민의 우선 이용

환경부장관은 관계 중앙행정기관의 장 및 지방자치단체의 장과 협의하여 생태 · 경관보전지역의 주민이 당해 생태 · 경관보전지역을 우선하여 이용할 수 있도록 한다. 다만, 토지소유자 등 이해관계인이 있는 경우에는 그와 합의가 이루어진 때에 한한다(제21조 제1항). 지역주민은 당해 생태 · 경관보전지역의 보전을 위하여 노력하여야 한다(동조 제2항).

---

11) 대법원 1996. 4. 26. 선고 96다3319 판결; 대법원 1998. 5. 22. 선고 98다2242, 2259 판결; 대법원 1999. 3. 23. 선고 98다48866 판결.

(5) 손실보상

동법은 제15조 제5항에 의하여 이미 실시하고 있는 개발사업 · 영농행위 등을 할 수 없음에 따라 초래되는 재산상의 손실을 입은 사람으로 하여금 환경부장관 또는 지방자치단체의 장에게 보상을 청구할 수 있도록 함으로써 보상조치를 강구하고 있다(제53조).

바. 평 가

「자연환경보전법」은 생태 · 경관보전지역에서의 행위금지 · 제한, 행위중지, 원상회복 명령 등을 규정하고 그 실효성을 확보하기 위하여 위반 시 처벌하도록 하고 있는 등 제도적으로 난개발 억제수단을 마련하고 있으며, 환경부장관이 충분한 생태계 조사를 거쳐 지역주민, 지방자치단체의 장, 이해관계자의 의견을 수렴하여 생태 · 경관보전지역을 지정하고, 보전 등에 관한 관리기본계획을 수립 · 시행하도록 하고 있어 국가적인 차원에서의 종합적인 관리가 가능하다. 한편, 동법은 주민에 대한 지원과 주민의 우선 이용, 재산상 손실을 입은 자에 대한 손실보상(제53조) 등을 보장하도록 규정하고 있는데, 이는 자칫 소외되기 쉬운 지역주민들을 관리의 주체로 끌어들이고, 이들에게 실질적인 지원이 가능하도록 할 것이다.

생태 · 경관보전지역 지정제도는 생태계 보전 및 훼손의 방지, 자연경관의 보호를 위한 유효하고도 중요한 수단으로 작용할 수 있다. 동법은 그 밖에도 국가로 하여금 자연유보지역을 지정하거나 우선보호대상 생태계의 복원대책(제44조), 생태통로의 설치(제45조) 등 필요한 조치를 취하도록 하고 있어 국가는 생태계 보전을 위하여 다양한 보전 · 관리수단을 이용할 수 있다. 동법은 관리전환, 협의매수, 토지수용 등에 대하여 법적 근거를 마련하고 있어 국가는 부지확보를 위하여 이를 활용할 수 있다. 한편, 동법은 생태계보전부담금의 부과 · 징수에 대한 법적 근거를 두고 있는데, 환경부장관은 이 생태계보전부담금을 이용하여 생태 · 경관보전지역의 보전 · 관리에 필요한 재원을 쉽게 마련할 수 있을 것이다. 이는 뒤에서 살펴보는 자연휴식지제도하에서의 이용료보다 서민 부담을 줄이면서도 안정적인 재원관리를 가능하게 할 것이다.

결국, 생태 · 경관보전지역은 생태 · 경관보전과 주민보상 및 지원이라는 양 측면에서 장기적이고 충실한 것으로 평가된다.[12] 이는 동강유역이 댐 건설계획의 백지화[13] 후 2년

---

12) 김혜정, "슬픈 동강", 함께 사는 길, 2001. 12, 26 내지 27면 참조; 환경운동연합, "동강유역 '생태계보전지역' 지정방안에 대한 정책 대안", 2002. 3. 21, 18면; 김홍균, "동강의 보전과 인간의 보전", 강원포럼, 2002. 11, 94 내지 96면 참조.

13) 동강댐 건설계획은 1990년 제2차 국토종합개발계획에 다목적댐의 건설계획이 포함됨으로써 구체화되었으며, 1992년 건설교통부와 수자원공사가 그 계획의 타당성을 조사하였다. 동강댐 건설 계획은 1996년 본 궤도에 올라 1996년부터 1997년 건설교통부는 지방자치단체(영월군, 정선군, 평창군)와의 협의 및 공청회를 거쳐 1992년의 타당성 조사 내용을 재검토하였고, 기본계획 및 기본설계를 수행하여 최종 개발규모를 확정하였다. 이에 따르면 동강, 즉 영월군 영월읍 거운리에 홍수조절과 용수확보를 위하여 2001년까지 7억톤 규모의 다목적댐이 건설된다는 것이다. 동강이 가지고 있는 국내 최고 수준의 생태계와 경관은 이 지역에 댐 건설을 반대하는 여론 및 운동으로 이어졌으며, 급기야 2000년 6월 5일 '환경의 날'을 기해 대통령이 댐 건설 백지화를 공식적으로 발표함으로써 그 동안 국가 중요사업으로 추진되었던 동강댐 건설 계획은 완전히 종료되기에 이르렀다. "「환경의 날」 김대통령 영월 동강댐 백지화", 동아일보, 2000. 6. 6. 기사.

여간 생태계보전지역과 자연휴식지 사이를 표류하다가 생태계보전지역으로 2002. 8. 9. 최종 지정된 것으로 이미 입증된 바 있다.

그러나 재산권 행사의 제한이 없는 자연휴식지와 달리 생태 · 경관보전지역에서는 건축물 신 · 증축, 토석채취, 야생동 · 식물 포획 · 채취 등의 행위가 금지되고, 출입이 제한되는 등 생활상 불편이 예상되며, 지정을 위한 주민 동의에 많은 시간과 노력이 소요될 수 있으므로 이러한 문제를 극복하는 것이 동 제도의 성공적인 요소로 작용하게 된다. 동강 생태계보전지역의 지정이 사유지를 제외하고 이루어진 것이 이러한 문제를 잘 보여주고 있다.[14] 이러한 관점에서 생태 · 경관보전지역을 핵심 · 완충 · 전이구역으로 세분화, 행위제한을 차등화함으로써, 보전과 이용의 조화를 도모하는 것은 높이 평가할 만하다. 그러나 생태 · 경관보전지역의 지정에 따른 재산권 침해를 해소 · 완화하기 위한 보상적 조치는 충분치 않아 보인다.

2. 생물권보전지역의 지원

전세계적으로 보전가치가 있는 생태적으로 뛰어난 지역을 유네스코에서는 생물권보전지역으로 선정하고 있는바, 그 체계적 관리를 위하여 동법은 생물권보전지역에 재정적 지원을 할 수 있도록 법적 근거를 두고 있다(제21조의2).

3. 자연유보지역

동법은 사람의 접근이 어려운 특수한 지역을 자연유보지역으로 지정 · 관리하도록 함으로써, 생태 · 경관보전지역 지정제도를 보완하고 있다. 자연유보지역이란 "사람의 접근이 사실상 불가능하여 생태계의 훼손이 방지되고 있는 지역 중 군사상의 목적으로 이용되는 외에는 특별한 용도로 사용되지 아니하는 무인도로서 대통령령이 정하는 지역과 관할권이 대한민국에 속하는 날부터 2년간의 비무장지대"를 말한다(제2조 제13호). 환경부장관은 자연유보지역에 대하여 관계 중앙행정기관의 장 및 관할 시 · 도지사와 협의하여 생태계의 보전과 자연환경의 지속가능한 이용을 위한 종합계획 또는 방침을 수립하여야 한다(제22조 제1항). 제15조 제1항 · 제2항 · 제5항, 제16조 및 제17조의 규정은 자연유보지역의 행위제한 및 중지명령 등에 관하여 이를 준용한다. 다만, 비무장지대 안에서 남 · 북한간의 합의에 의하여 실시하는 평화적 이용사업과 통일부장관이 환경부장관과 협의하여 실시하는 통일정책관련사업에 대하여는 그러하지 아니하다(동조 제2항).

---

14) 2002년 8월 9일 강원도 영월 · 평창 · 정선군 동강유역이 생태계보전지역으로 지정 · 고시되었다. 이에 따르면 정선군 동강 상류인 광하교에서 영월군 섭세에 이르는 46㎞구간 중 동강 수면을 포함하여 생태 및 경관적 가치가 뛰어나 특별관리가 시급한 국 · 공유지 64.97㎢(2천여만평)가 생태계보전지역으로 지정되었다. 당초 환경부는 2002년 상반기까지 국 · 공유지 80㎢를 지정할 계획이었으나, 그간의 협의과정에서 지역주민, 지자체, 산림청에서 제시한 지정유보지역, 즉 사권(私權)이 설정된 분수림지역(토지: 국가, 나무: 개인), 수계외(分水嶺외곽)지역, 주민생활 밀접지역을 수용하여 우선 일부만을 지정하였다. "동강유역 65㎢ 생태계보전지역 지정", 조선일보, 2002. 8. 6. 기사. 이는 당초 계획 면적 111㎢(국공유지: 80㎢, 사유지: 31㎢)보다는 40%가 줄어든 것이다. "「보전지역 지정」 동강 유역에 신축, 야영 못한다", 조선일보, 2002. 8. 6. 기사.

Ⅲ. 자연경관의 보전

산간계곡, 강변, 해변 등 자연경관이 수려한 지역에 세워지는 건축물 등이 주변경관과 조화되지 아니하고 미관을 훼손하는 문제점이 빈번히 발생하면서 자연경관에 대한 보호대책이 절실히 요구되고 있다. 자연경관은 한번 훼손되면 사실상 복원이 불가능하거나 복원에 오랜 시간과 비용이 소모되기 때문에 자연경관에 대한 치밀하고 체계적인 관리가 필요하다. 2004. 12. 31. 개정 법에서는 개발사업이 자연경관에 미치는 영향 및 보전방안 등을 검토 · 심의하여 인 · 허가 시에 고려하도록 하는 자연경관영향 협의제도를 도입하여 그 보호대책을 강화하고 있다.

1. 자연경관의 보전의무

관계 중앙행정기관의 장 및 지방자치단체의 장은 경관적 가치가 높은 해안선 등 주요 경관요소가 훼손되거나 시계가 차단되지 아니하도록 노력하여야 한다. 지방자치단체의 장은 조례가 정하는 바에 따라 각종 사업을 시행함에 있어서 자연경관을 보전할 수 있도록 필요한 조치를 하여야 한다(제27조).

2. 자연경관영향의 협의

동법은 환경부장관으로 하여금 자연경관이 수려한 자연공원, 습지보호지역 등의 주변지역에서의 개발사업에 대하여 전략환경영향평가 및 환경영향평가 협의를 함에 있어 개발사업이 자연경관에 미치는 영향 및 보전방안 등에 대하여 검토하도록 하고 있다. 이에 따르면 관계 행정기관의 장 및 지방자치단체의 장은 다음에 해당하는 개발사업등으로서 전략환경영향평가 대상계획, 환경영향평가 또는 소규모 환경영향평가 대상사업에 해당하는 개발사업등에 대한 인 · 허가등을 하고자 하는 때에는 당해 개발사업등이 자연경관에 미치는 영향 및 보전방안 등을 전략환경영향평가 협의, 환경영향평가 또는 소규모 환경영향평가 협의 내용에 포함하여 환경부장관 또는 지방환경관서의 장과 협의를 하여야 한다: ① 자연공원, 습지보호지역, 생태 · 경관보전지역의 어느 하나에 해당하는 지역으로부터 대통령령이 정하는 거리 이내의 지역에서의 개발사업등; ② 위 ① 외의 개발사업등으로서 자연경관에 미치는 영향이 크다고 판단되어 대통령령이 정하는 개발사업등(제28조 제1항).

3. 자연경관영향 심의

환경부장관 또는 지방환경관서의 장은 제1항의 규정에 의하여 협의를 요청받은 경우에는 당해 개발사업등이 자연경관에 미치는 영향 및 보전방안 등에 대하여 환경부장관은 중앙환경정책위원회의 심의를, 지방환경관서의 장은 자연경관심의위원회의 심의를 거쳐야 한다(제28조 제2항). 지방자치단체의 장은 제1항 각호의 개발사업등으로서 환경영향평가

협의 및 소규모 환경영향평가 협의 대상사업이 아닌 개발사업등과 그 밖에 자연경관에 미치는 영향이 크다고 판단되어 지방자치단체의 조례로 정하는 개발사업등에 대하여 인 · 허가등을 하고자 하는 때에는 환경부령이 정하는 자연경관에 관한 검토기준을 따라야 한다. 다만, 지방도시계획위원회의 심의를 거치는 경우 등 대통령령이 정하는 경우에는 그러하지 아니하다(동조 제3항).

4. 평 가

90년대 후반 들어 각종 대규모 도시개발사업과 건축규제 완화로 자연경관이 양호한 보전지역의 주변과 산간 계곡, 농촌 들녘, 해변 등의 지역에 택지개발, 도로, 음식점, 러브호텔 등이 무분별하게 들어섬에 따라 자연경관 및 자연스카이라인이 파괴되어 국토환경의 쾌적성이 저하되고 있다. 이러한 상황임에도 현행 환경성검토(전략환경영향평가, 환경영향평가) 시에 자연경관에 대하여 충분한 검토가 이루어지지 못하는 현실을 감안할 때 환경성검토 협의 시에 자연환경에 관한 사항을 포함하여 검토 · 심의하도록 하는 자연경관영향협의 · 심의제도의 도입은 바람직하다고 할 수 있다. 이러한 자연경관영향협의 · 심의제도는 건축물 등의 배치, 높이, 모양 등이 주변의 자연경관과 조화를 이루도록 유도함으로서, 궁극적으로 자연친화적인 개발로 이어질 것으로 기대되고 있다.

동법은 '자연경관'을 "자연환경적 측면에서 시각적 · 심미적인 가치를 가지는 지역 · 지형 및 이에 부속된 자연요소 또는 사물이 복합적으로 어우러진 자연의 경치"라고 정의하고 있으나 자연경관이란 심리적인 상태와 개인적 · 주관적 성향에 따라 많은 영향을 받기 때문에 같은 대상을 보더라도 개개인이 느끼는 정도가 달라 자연경관의 수려한 정도를 객관화하기 어려운 점이 있다. 이러한 점 때문에 자연경관영향협의 · 심의제도의 조기 정착을 위해서는 객관성을 확보하기 위하여 생태적 · 시각적 경관 등을 고려한 보다 구체적인 기준을 마련할 필요가 있다.

Ⅳ. 생물다양성의 보전

생물다양성의 보전 문제 역시 「자연환경보전법」의 주된 과제에 해당한다. '생물다양성'이란 "육상생태계 및 수생생태계(해양생태계를 제외)와 이들의 복합생태계를 포함하는 모든 원천에서 발생한 생물체의 다양성을 말하며, 종내 · 종간 및 생태계의 다양성을 포함"하는(제2조 제7호) 포괄적인 개념이다. 생물다양성의 가치는 무궁무진한 것으로 나타나고 있다. 생물다양성은 왜 중요한가? 그 가치는 윤리적인 것에서부터 경제적인 것에 이르기까지 다양하다. 생물자원은 우리 인간에게 필수적이고 유용한 수단을 제공한다. 식량, 목재, 거주지, 의류, 의약품 등이 대표적인 예이다. 수질정화, 홍수조절, 기후조절, 토양보전 등 간접적인 이용도 빼놓을 수 없다. 최근에는 생명공학 분야에서 놀라운 발전이 이루어지고 있는데, 그 발전은 농업의 번성과 함께 다양성의 경제적 중요성을 크게 일깨우고 있다. 여가적 · 심미적 가치도 생물다양성 보호의 원인으로 들어지고 있다. 생물다양성의 다양한 가치는 인류 복지와 생태계 안정의 기반에 크게 기여하고 있다. 이러한 점에 주목하여 1992년 「생물다양성협약」이 전문에서 "당사국들은 생물다양성의 본래적(intrinsic) 가치와 생물다양성과 그 구성요소들의 생태학적 · 유전적 · 사회적 · 경제적 · 과학적 · 문화 교육적 · 여가적 및 미학적인 가치를 인식한다"고 선언한 것은 놀라운 일이 아니다.

이는 우리가 생물다양성을 강하게 보호해야 할 이유이기도 하다. 그러나 현실은 그렇지 않다. 생물다양성의 가치가 소중할수록 보전의 필요성은 높다. 그러나 아이러니하게도 최근 추세는 생물다양성이 감소하고 있으며 그 정도에 가속도가 붙고 있어 생물다양성 감소위기를 고조시키고 있다.

생물다양성 감소의 원인으로는 인구증가와 산업화에 따른 개발의 확대, 오염의 증대, 서식지의 파괴 및 감소, 인간의 야만적 행위, 유전공학의 발전과 선택적 재배 및 사육 등이 들어지고 있다. 생물다양성의 감소는 식량, 산업자원의 고갈, 의약품의 소멸(약품의 80% 이상이 생물 등에서 추출되는 것으로 알려지고 있음), 생태계의 파괴 등을 초래하게 되고 이는 결국 인간의 생존 기반을 위협하게 된다.

최근에는 생물종이 높은 가치를 가지고 있는 자원으로 인식하고 생물자원의 확보를 위한 국가간 경쟁이 치열해지면서 생물종 보전 문제가 복잡해지고 있다. 그 동안 우리나라는 생물자원의 중요성이 도외시되면서 생물자원에 대한 기초자료 부족, 생물자원의 해외 유출, 무분별한 채취 및 밀렵의 성행, 서식지 훼손의 방치 등 관리에 허점이 많았다. 우리나라 재래식물의 상당 부분이 사라지고, 우리나라 작물의 대부분이 외국기관에 보관되어 있으며, 토종식물의 외국 유출이 빈번하게 이루어지는 현실이 이를 단적으로 보여주고 있다.

국제적으로 자연자원에 대한 보전의 초점은 그 동안 특정 야생동 · 식물의 보호에서, 생태계의 보호를 거쳐 생물다양성의 보호로 옮겨져 왔다. 우리나라도 이러한 추세에 크게 벗어나 있지 않다. 그 결과는 동법에 두고 있는 생물다양성 보호 규정이다. 동법은 1973년 「멸종위기에 처한 야생동 · 식물 국제거래에 관한 협약(CITES)」과 1992년 「생물다양성협약」의 가입에 따른 국내법 정비차원에서 생물다양성의 보전을 위한 규정을 1994년 8월 3일 개정 법에서 처음으로 추가하였는데, 자연환경조사(제30조),15) 생태 · 자연도16)의

15) 자연환경 조사주기는 전국은 5년, 생태 · 자연도 1등급 권역은 2년이다(제30조 제1항 및 제2항). 조사결과는 자연환경종합 지리정보체계 데이터베이스(GIS－DB)와 생물종다양성 데이터베이스로 구축되며, 생태 · 자연도를 작성하여 자연환경 보전대책을 수립하거나 생물자원의 효율적 관리체계를 제시하는 데 사용되고 있다. 전국자연환경조사에 대하여는 조사인력이 부족하고, 안정적인 자료확보가 곤란하다는 점, 조사체계가 전국에 걸쳐 제각각이기 때문에 자연자원의 공간적 분포에 대해 전국적 비교가 곤란하다는 점, 포유류, 조류, 양서 · 파충류, 곤충류 등 생물종에 대한 조사에 치중하고 생물종의 서식환경이나 생태계, 생태권역에 대한 조사체계가 명확히 설정되지 못하고 미흡하다는 점, 자료확보가 쉽지 않고, 일반 시민들이 자발적으로 조사활동에 참여하고 조사자료를 검증할 수 있는 체계가 확립되어 있지 못하다는 점, 조사자료를

작성 · 활용(제34조), 도시생태현황지도의 작성 · 활용(제34조의2), 생태계 보전대책의 수립 및 국제협력(제35조), 생태계의 연구 · 기술개발(제36조) 등 다양한 수단을 마련하였다.

[1] 생태 · 자연도 등급변경과 원고적격: 대법원 2014. 2. 21. 선고 2011다29052 판결

생태 · 자연도의 작성 및 등급변경의 근거가 되는 구 자연환경보전법(2011. 7. 28. 개정 전) 제34조 제1항 및 그 시행령 제27조 제1, 2항에 의하면, 생태 · 자연도는 토지이용 및 개발계획의 수립이나 시행에 활용하여 자연환경을 체계적으로 보전 · 관리하기 위한 것일 뿐, 1등급 권역의 인근 주민들이 가지는 생활상 이익을 직접적이고 구체적으로 보호하기 위한 것이 아님이 명백하고, 1등급 권역의 인근 주민들이 가지는 이익은 환경보호라는 공공의 이익이 달성됨에 따라 반사적으로 얻게 되는 이익에 불과하므로, 인근 주민에 불과한 원고는 피고 환경부장관이 이 사건 지역의 생태 · 자연도 등급권역을 1등급에서 일부는 2등급으로, 일부는 3등급으로 변경한 결정의 무효확인을 구할 원고적격이 없다.[17]

V. 자연자산의 관리

자연환경은 우리를 둘러싼 생활조건이면서 물질적 자산으로서도 작용한다. 「자연환경보전법」은 별도의 장(제4장)에서 이러한 귀중한 자연자산을 효율적으로 관리하기 위한 규정을 두고 있다. 동법은 '자연자산'을 "인간의 생활이나 경제활동에 이용될 수 있는 유형 · 무형의 가치를 가진 자연상태의 생물과 비생물적인 것의 총체"로 정의하고 있다(제2조 제15호).

1. 자연환경 보전 · 이용시설의 설치 · 운영

관계 중앙행정기관의 장 및 지방자치단체의 장은 자연환경보전 및 자연의 건전한 이용을 위하여 자연환경을 보전하거나 훼손을 방지하기 위한 시설, 자연환경보전에 관한 안내시설, 교육 · 홍보시설 등을 설치할 수 있으며, 이러한 시설을 이용하는 사람으로부터 이용료를 징수할 수 있다(제38조 제1항, 제3항).

국가 또는 지방자치단체는 자연환경보전 · 이용시설의 설치를 위하여 필요하다고 인정되는 때에는 자연환경보전 · 이용시설에 필요한 토지 등을 수용 또는 사용할 수 있다(제52조 제1항). 이는 공익사업의 효율적 수행을 통한 공공복리의 증진과 사유 재산권의

효과적으로 활용하기 위한 데이터베이스 구축 및 교육 · 홍보가 부족하다는 점 등이 문제점으로 지적되고 있다. 노백호 · 정흥락, "생물다양성 증진을 위한 전국자연환경조사의 발전방안: 선진 외국의 사례검토를 중심으로", 환경정책연구, 한국환경정책 · 평가연구원, 2006, 32 내지 33면.

16) '생태 · 자연도'라 함은 "산 · 하천 · 내륙습지 · 호소 · 농지 · 도시 등에 대하여 자연환경을 생태적 가치, 자연성, 경관적 가치 등에 따라 등급화하여 제34조의 규정에 의하여 작성된 지도"를 말한다(제2조 제14호).

17) 환경부장관이 생태 · 자연도 1등급으로 지정되었던 지역을 2등급 또는 3등급으로 변경하는 내용의 생태 · 자연도 수정 · 보완을 고시하자, 인근 주민이 생태 · 자연도 등급변경처분의 무효 확인을 청구한 사안에서, 무효 확인을 구할 원고적격이 없다고 한 사례.

적정한 보호를 함께 도모한다는 의미가 있다.

2. 자연휴식지제도

가. 지정 · 관리

「자연환경보전법」은 자연휴식지의 지정 · 관리에 대한 법적 근거를 제공하고 있다. 즉 지방자치단체의 장은 다른 법률에 의하여 공원 · 관광단지 · 자연휴양림 등으로 지정되지 아니한 지역 중에서 생태적 · 경관적 가치 등이 높고 자연탐방 · 생태교육 등을 위하여 활용하기에 적합한 장소를 대통령령이 정하는 바에 따라 자연휴식지로 지정할 수 있다(제39조 제1항). 지방자치단체의 장은 자연휴식지의 효율적 관리를 위하여 자연휴식지를 이용하는 사람으로부터 유지 · 관리비용 등을 고려하여 조례가 정하는 바에 따라 이용료를 징수할 수 있는데(동조 제2항), 징수한 이용료는 관리인 배치, 쓰레기 처리, 편의시설 설치 등 주민의 복지 · 증진을 위해 사용될 수 있을 것이다. 자연휴식지의 관리 그 밖에 필요한 사항은 당해 지방자치단체의 조례로 정한다(동조 제3항).

나. 평 가

자연휴식지제도는 주민의 재산권 행사에 제한을 가하지 않고, 지방자치단체장이 관리주체가 되어 지역 사정에 맞게, 그리고 법률이 아닌 조례에 의거하여 비교적 유연하게 행위제한의 방식을 선택할 수 있으며, 이용료를 징수하여 보전 · 관리에 필요한 재원을 마련할 수 있다는 장점이 있다. 그러나 아래에서 보는 바와 같은 한계점이 발견되고 있다.

즉 자연휴식지는 관리권한이 개발압력을 심하게 받고 있는 지방자치단체에 위임되어 있어 행위를 통제하는 것이 어렵고, 오히려 난개발 · 유원지화의 합법화를 초래할 가능성이 있다. 지방자치단체의 무분별한 공약사업 추진, 세수증대 유혹, 그리고 감시 · 견제장치의 부재 등이 국토 난개발의 큰 원인으로 지적되고 있는데, 자연휴식지제도는 지방자치단체에 그 관리권한이 전적으로 위임됨으로써, 주민 또는 지역의 개발욕구가 강할 때는 난개발을 방지하는 것이 근본적으로 힘들어질 것이다. 앞에서 본 바와 같이 동법은 생태 · 경관보전지역의 보전을 위하여 행위제한의 유형을 구체적으로 나열하고 있다. 이에 반하여 자연휴식지의 보전을 위해서는 지방자체단체의 장이 수립한 자연휴식지관리계획에 일정한 보전방안을 포함하도록 하고 있을 뿐이다. 비록 자연휴식지의 관리 그 밖에 필요한 사항을 조례로 정하도록 하고 있어 지방자치단체의 조례나 규칙으로 일정한 행위제한 사항을 규정할 수 있을 것이나 난개발을 방치 내지 주도해온 지방자치단체의 성격에 비추어 그것이 실효성 있는 난개발 억제수단을 마련할 수 있을지 의문이다.

자연휴식지는 주민지원 및 보상에 관한 법적 근거가 없기 때문에 주민보상책을 마련하기가 힘들 것이다. 지방자치단체의 열악한 재정자립도를 고려할 경우 관리에 직접 소요되는 비용도 확보하기가 쉽지 않을 것이다. 재원이 충분하지 아니할 경우에는 주민들의 불평 · 불만의 고조, 지방자치단체의 재정악화, 정치적 부담의 가중으로 이어질 것이다. 동법은 사유지를 자연휴식지로 지정할 경우 해당 토지 소유자의 의견을 듣도록 하고 있으나(제39조 제1항) 사실상 동의가 있어야 지정이 가능하므로 부지를 확보하고 지정하는데 오랜 기간이 소요될 수 있어 자칫 종합적 관리가 불가능해질 수 있다. 또한, 자연휴식지는 공원 · 관광단지 · 자연휴양림 등으로 지정되지 않은 지역에 대하여 지정하는 보충적 관리방안이므로 결코 장기적인 보전대책이 될 수 없다.

결국, 자연휴식지제도란 주민의 재산권 행사에는 제한을 가하지 않으면서, 탐방객의 취사, 야영, 래프팅 통제 등을 부분적으로 실시하여 탐방객을 적절히 관리하는 소극적인 제도로서, 종합적 · 적극적 · 장기적인 환경보전정책이 될 수 없는 것이다. 그나마 그 관리가 적절히 이루어지지 않을 경우에는 자연이 휴식하는 것이 아니라 사람만 휴식하는 제도로 전락되어 해당 생태계의 희생만을 요구하는 일방적인 정책이 될 가능성이 있다.

≪생태 · 경관보전지역과 자연휴식지의 비교≫

구 분	생태 · 경관보전지역	자연휴식지
지정권자	환경부장관	지방자치단체의 장
지정의 법 형식	고 시	조 례
행위제한	법에 규정 (건축물 신 · 증축 등)	조례로 규정
주민지원 및 보상	법적 근거 있음	법적 근거 없음
재 원	생태계보전부담금	이용료

3. 공공용으로 이용되는 자연의 훼손 방지

흔히 공공용으로 이용되는 자연은 자칫 누구의 것도 아니라는 인식 때문에 그 훼손이 방치되기 쉽다. 그러나 공공용으로 이용되는 자연은 다수가 그 이익을 누리고 미래세대에도 절대적으로 넘겨주어야 할 자산이기 때문에 보호의 필요성이 크다. 동법은 이러한 점을 인식하고 공공용으로 이용되는 자연에 대한 특별한 고려를 하고 있다. 즉 지방자치단체의 장은 다음에 해당하는 경우에 생태적 · 경관적 가치 등의 훼손을 방지하기 위하여 당해 지방자치단체의 조례가 정하는 바에 따라 입목의 벌채 또는 토지의 형질변경을 제한하거나 출입 · 취사 · 야영행위를 제한할 수 있다: ① 해수욕장 등 공공용으로 이용되고 있는 장소에 인접한 숲으로서 훼손되는 경우 공공용으로 이용되는 장소의 가치가 크게 감소되거나 상실되는 경우; ② 도로 또는 철도변에 있는 숲 · 거목 등으로서 훼손되는 경우 경관적 가치가 크게 상실되는 경우; ③ 그 밖에 ① 또는 ②에 준하는 경우로서 대통령령이 정하는 기준에 해당하는 경우(제40조).

4. 생태관광의 육성

동법은 생태관광(ecotourism)의 육성에도 관심을 가지고 있다. 즉, 환경부장관은 생태관광을 육성하기 위하여 문화체육관광부장관과 협의하여 환경적으로 보전가치가 있고 생태계 보호의 중요성을 체험 · 교육할 수 있는 지역(생태관광지역)을 지정하고, 생태관광지역을 관할하는 지방자치단체에 대하여 재정적 지원을 할 수 있으며, 문화체육관광부장관 및 지방자치단체의 장과 협조하여 생태관광에 필요한 교육, 생태관광자원의 조사 · 발굴 및 국민의 건전한 이용을 위한 시설의 설치 · 관리를 위한 계획을 수립 · 시행하거나 지방자치단체의 장에게 권고할 수 있으며, 그 관리 · 운영에 필요한 비용을 지원할 수 있다(제41조).

5. 생태마을의 지정

환경부장관 또는 지방자치단체의 장은 생태 · 경관보전지역 안의 마을 또는 생태 · 경관보전지역 밖의 지역으로서 생태적 기능과 수려한 자연경관을 보유하고 있는 마을에 해당하는 마을을 생태마을로 지정하여 자연생태 및 자연경관의 보전을 도모하고, 주민편의시설의 설치 및 소득증대방안의 마련 등 지역주민에 대한 지원을 강화하고 있다(제42조).[18]

6. 도시의 생태적 건전성 향상

동법은 도시의 생태적 건전성 향상과 관련한 규정을 두고 있다. 이에 따르면 국가 또는 지방자치단체는 도시의 생태적 건전성을 높이기 위하여 도시지역 중 훼손 · 방치된 지역을 복원하거나 생태 · 경관보전지역, 생태 · 자연도 1등급 권역, 습지보호지역, 야생생물보호구역, 자연공원 등이 훼손되지 아니하도록 노력하여야 한다. 환경부장관은 도시의 자연환경보전 및 생태적 건전성 향상 등을 위하여 관계 중앙행정기관의 장과 협의하여 생태축의 설정, 생물다양성의 보전, 자연경관의 보전, 바람통로의 확보, 생태복원 등 자연환경보전 및 생태적 건전성에 관한 지침과 평가지표를 작성하여 관계 행정기관의 장 및 지방자치단체의 장에게 권고할 수 있고, 관계 중앙행정기관의 장 및 지방자치단체의 장에게 물 · 에너지를 적게 사용하거나 폐기물이 적게 발생하도록 하는 기술 또는 생물다양성을 높이기 위한 생태적 기술의 개발 및 활용과 이를 위한 제도의 개선 등을 권고할 수 있으며, 도시의 생물다양성 증진 등을 위하여 녹지와 소생태계의 조성 등을 관계 중앙행정기관의 장 및 지방자치단체의 장에게 요청할 수 있다(제43조).

7. 도시생태 복원사업

동법은 시 · 도지사 또는 시장 · 군수 · 구청장으로 하여금 도시의 생태계 연속성 유지 또는 생태적 기능의 향상을 위하여 특별히 복원이 필요하다고 인정되는, 도시생태축이 단

18) 생태마을의 지정은 환경부 시책사업으로 2001년부터 추진하여 2021년 현재 95개소가 지정되어 있다. 2021년 환경백서(각주 6), 345면.

절 · 훼손되어 연결 · 복원이 필요한 지역 등에 대하여 도시생태 복원사업을 할 수 있도록 하고, 도시생태 복원사업을 하는 경우에는 도시생태 복원사업의 명칭 · 위치 및 면적 등을 포함한 도시생태 복원사업의 계획을 수립하도록 하고 있다(제43조의2).

8. 우선보호대상 생태계의 복원 등

환경부장관은 다음에 해당하는 경우 관계 중앙행정기관의 장 및 시 · 도지사와 협조하여 해당 생태계의 보호 · 복원대책을 마련하여 추진할 수 있다: ① 멸종위기야생생물의 주된 서식지 또는 도래지로서 파괴 · 훼손 또는 단절 등으로 인하여 종의 존속이 위협을 받고 있는 경우; ② 자연성이 특히 높거나 취약한 생태계로서 그 일부가 파괴 · 훼손되거나 교란되어 있는 경우; ③ 생물다양성이 특히 높거나 특이한 자연으로서 훼손되어 있는 경우(제44조). 이와 같이 동법은 복원의 법적 근거를 두고 있으나 복원의 개념[19]을 위시하여 그 원칙, 주체와 대상, 범위, 정도, 비용부담, 절차 등이 분명한 것은 아니다.

9. 생태통로의 설치

국가 또는 지방자치단체는 개발사업 등을 시행하거나 인 · 허가 등을 함에 있어서 야생생물의 이동 및 생태적 연속성이 단절되지 아니하도록 생태통로 설치 등의 필요한 조치를 하거나 하게 하여야 하며(제45조 제1항), 야생생물의 이동 및 생태적 연속성이 단절된 지역을 조사 · 연구하여 생태통로가 필요한 지역에 대하여 생태통로 설치계획을 수립 · 시행하여야 한다. 이 경우 생태통로가 필요한 지역에 위치한 도로 및 철도 등의 관리주체에게 생태통로 설치를 요청할 수 있으며 요청을 받은 자는 특별한 사유가 없으면 생태통로를 설치하여야 한다(동조 제2항). 개발사업 시행 과정에서 설치가 의무화되어 있는 생태통로가 야생생물의 이동경로, 생태적 특성 등을 고려하지 않은 채 설치되어 로드킬(road kill)의 원인이 되고 있다는 점에서 동법은 생태통로 설치 시의 사전조사 및 설치 후의 사후관리 절차를 정하고 있다(동조 제3항, 제45조의2).

Ⅵ. 자연환경복원사업

동법은 국가에 자연환경 훼손지에 대한 복원 · 복구 대책을 수립하고 시행할 책무를 부여하고 있으나(제4조 제1항 제4호), 정작 자연환경복원사업의 개념 및 기본원칙, 추진 절차 등에 관한 법적 근거가 없어 자연환경복원의 체계적 추진이 어려운 상황이었다. 이에 2021. 1. 5. 개정 법에서는 이를 제도적으로 보완한다는 차원에서 자연환경복원사업의 정의[20]를 위시하여 자연환경복원사업 대상지역의 후보목록 작성, 자연환경복원사업의 시행,

---

19) 참고적으로 「갯벌 및 그 주변지역의 지속가능한 관리와 복원에 관한 법률」은 '갯벌복원'을 갯벌에 서식하는 생물의 다양성을 증진하기 위하여 개발사업 등의 영향으로 훼손된 갯벌등의 물리적 형태와 생태적 기능을 본래 갯벌등의 상태로 회복 · 증진시키는 것이라고 정의하고 있다(제2조 제5호).

20) 이에 따르면 '자연환경복원사업'이란 훼손된 자연환경의 구조와 기능을 회복시키는 사업으로서 다음에 해당하는 사업을

자연환경복원사업계획의 수립, 추진실적의 보고 · 평가 및 유지 · 관리 등 자연환경복원사업의 체계적인 추진절차를 마련하고 있다(제45조의3 내지 제45조의6).

Ⅶ. 생태계보전부담금

환경부장관은 생태적 가치가 낮은 지역으로 개발을 유도하고 자연환경 또는 생태계의 훼손을 최소화할 수 있도록 자연환경 또는 생태계에 미치는 영향이 현저하거나 생물다양성의 감소를 초래하는 대규모 개발사업을 하는 사업자에 대하여 생태계보전부담금을 부과 · 징수할 수 있는데, 이는 생태계 · 생물종의 보전 · 복원 사업 등에 필요한 재원으로 사용된다. 2001년 10월 8일부터 도입 · 시행되고 있는 생태계보전부담금제도의 취지를 요약하면 부담금을 부과함으로써 자연환경 또는 생태계를 훼손하는 개발사업에 대한 억제효과를 기대함과 아울러 징수된 부담금을 생태계 및 생물종의 보전 · 복원사업 등에 사용하려는 것이라고 할 수 있다. 생태계보전부담금은 자연환경, 생태계 또는 생물다양성 등에 악영향을 초래하는 개발사업자에 대하여 그 훼손면적을 중요한 기준으로 하여 부과하고 있다는 점에서 오염원인자 책임의 원칙 내지 훼손자 책임의 원칙을 구체화한 제도라 할 것이다. 한편 일정한 개발사업에 대하여 경제적 불이익이라는 소극적 유인을 제공한다는 점에서 경제적 유인제도라 할 것이다.

1. 부과대상사업

구체적으로 생태계보전부담금의 부과대상이 되는 사업은 다음과 같다: ① 전략환경영향평가 대상계획 중 개발면적 3만㎡ 이상인 개발사업으로서 대통령령으로 정하는 사업, ② 환경영향평가 대상사업(시·도의 조례에 따른 환경영향평가 대상사업 포함); ③ 「광업법」 제3조 제2호에 따른 광업 중 대통령령이 정하는 규모 이상의 노천탐사 · 채굴사업; ④ 소규모 환경영향평가 대상 개발사업으로 개발면적이 3만㎡ 이상인 사업; ⑤ 그 밖에 생태계에 미치는 영향이 현저하거나 자연자산을 이용하는 사업 중 대통령령이 정하는 사업(제46조 제2항). 다만, 「해양생태계의 보전 및 관리에 관한 법률」 제49조 제2항의 규정에 따른 해양생태계보전부담금의 부과대상이 되는 사업은 제외된다(동항 단서).

2. 부과기준

생태계보전부담금은 생태계의 훼손면적에 단위면적당 부과금액과 지역계수를 곱하여

말한다: ① 생태 · 경관보전지역에서의 자연생태 · 자연경관과 생물다양성 보전 · 관리를 위한 사업; ② 도시지역 생태계의 연속성 유지 또는 생태계 기능의 향상을 위한 사업; ③ 단절된 생태계의 연결 및 야생동물의 이동을 위하여 생태통로 등을 설치하는 사업; ④ 「습지보전법」 제3조 제3항의 습지보호지역등(내륙습지로 한정)에서의 훼손된 습지를 복원하는 사업; ⑤ 그 밖에 훼손된 자연환경 및 생태계를 복원하기 위한 사업으로서 대통령령으로 정하는 사업(제2조 제19호). 시행령에서는 자연환경복원사업의 대상에 멸종위기 야생생물 서식지 복원을 위한 사업, 람사르협약 등록습지를 복원하기 위한 사업 및 하천을 복원하기 위한 사업 등을 추가하고 있다(시행령 제2조).

산정 · 부과한다(제46조 제3항).

생태계의 훼손면적 × 단위면적당 부과금액(300원/㎡) × 지역계수

생태계의 훼손면적은 다음에 해당하는 훼손행위가 발생한 지역의 면적을 말한다: ① 토양의 표토층을 제거 · 굴착 또는 성토하여 토지 형질변경이 이루어지는 행위; ② 식물이 군락을 이루며 서식하는 지역을 제거하거나 파괴하는 행위; ③ 습지 등 생물다양성이 풍부한 지역을 개간 · 준설 · 매립 또는 간척하는 행위(시행령 제37조). 단위면적당 부과금액, 지역계수 및 납부방법 등은 대통령령으로 정하는데, 이 경우 단위면적당 부과금액은 훼손된 생태계의 가치를 기준으로 하고, 지역계수는 자연생태적 가치를 등급화한 생태 · 자연도의 권역 · 지역 및 「국토의 계획 및 이용에 관한 법률」에 따른 토지의 용도를 기준으로 한다(제46조 제6항).

3. 감 면

감면대상은 한정되어 있다. 즉 생태계의 보전 · 복원 목적의 사업 또는 국방 목적의 일정사업에 대하여는 생태계보전부담금을 감면할 수 있는데(동조 제3항 단서), 구체적으로 동법 시행령에서는 자연환경복원사업, 「국방 · 군사시설 사업에 관한 법률」 관련 규정에 따른 국방 · 군사시설사업 등에 대하여 생태계보전부담금을 면제하는 것으로 규정하고 있다(제39조).

4. 부과 · 징수 등

시행령에서는 생태계보전부담금의 부과 · 징수 절차, 감면기준, 재산정, 정산 등에 관하여 자세한 규정을 두고 있다(제38조 내지 42조). 한편 동법은 체납된 생태계보전부담금의 징수가 불가능한 경우 등에 그 체납액을 결손처분 할 수 있도록 함으로써(제48조의2), 행정력 및 행정비용 낭비의 방지를 도모하고 있다.

5. 반 환

동법은 환경부장관으로 하여금 생태계보전부담금을 납부한 자 또는 생태계보전부담금을 납부한 자로부터 자연환경보전사업의 시행 및 생태계보전부담금의 반환에 관한 동의를 받은 자(자연환경보전사업 대행자)가 환경부장관의 승인을 받아 대체자연의 조성, 생태계의 복원 등 대통령령이 정하는 자연환경보전사업을 시행하는 경우에는 납부한 생태계보전부담금 중 대통령령이 정하는 금액을 돌려줄 수 있도록 규정함으로써(제50조 제1항), 자연환경보전사업을 촉진하기 위한 유인수단을 마련하고 있다.

종전에는 생태계보전부담금을 납부한 자가 자연환경보전사업을 시행한 경우에만 생태계보전부담금을 반환받을 수 있도록 규정하고 있었으나 2007. 5. 17. 개정 법은 자연환경보전사업의 주체 및 부담금 반환대상에 생태계보전부담금을 납부한 자 이외의 자인 자연환경보전사업 대행자까지 확대하였다. 다만 생태계보전부담금을 납부한 자 이외의 자가 자연환경보전사업을 대행하는 경우에는 생태계보전부담금을 납부한 자의 동의를 얻어야 한다.

부담금 반환대상에 대행자를 포함시키게 된 데에는 생태계보전부담금 반환사업이 활성화되어 있지 않다는 문제의식이 크게 작용하였다. 생태계보전부담금 반환사업이 활성화되지 않는 주된 사유로는 생태계 복원사업에 경험과 노하우가 없는 개발사업 시행자가 동 부담금 납부 후 반환사업을 시행하는 경우 별다른 경제적 이득이 없어 반환사업 시행에 관심이 없기 때문이라는 점이 들어지고 있다. 개발사업 시행자만 반환사업을 할 수 있도록 하는 반환사업 시스템으로는 국토의 대규모 생태계복원사업을 체계적으로 시행하는 데에도 일정한 한계가 있을 수밖에 없다. 따라서 경험과 노하우를 보유하고 있는 복원전문기관이 개발사업시행자의 동의를 얻어 자연환경 복원사업에 반환금을 사용함으로써 반환사업을 활성화하고 대규모 자연환경 복원사업 추진을 가능하게 할 필요가 있는 것이다.

6. 용 도

생태계보전부담금 및 가산금이 환경개선특별회계의 세입으로 됨에 따라(제46조 제4항) 생태계보전부담금의 용도는 제한되고 있다. 생태계보전부담금의 교부대상은 사업을 관할하는 시 · 도지사이다. 즉 환경부장관은 시 · 도지사에게 생태계보전부담금 또는 가산금의 징수에 관한 권한을 위임한 경우 징수된 생태계보전부담금 및 가산금의 50%를 당해 사업지역을 관할하는 시 · 도지사에게 교부할 수 있다(제46조 제5항, 시행령 제43조).

동법은 생태계보전부담금 및 위 지방자치단체에 대한 교부금이 생태계의 복원사업 위주로 사용되도록 하고 있는바, 구체적으로 생태계 · 생물종의 보전 · 복원사업, 자연환경 복원사업, 생태계 보전을 위한 토지 등의 확보, 생태 · 경관보전지역 등의 토지등의 매수 등의 용도에 사용하여야 한다(제49조 제1항). 나아가 시 · 도지사에게 교부된 금액이 법정 용도 외에 다른 용도로 사용되었을 경우 환수 또는 감액할 수 있는 근거를 두고 있다(동조 제2항).

7. 평 가

생태계보전부담금제도는 개발사업으로 인한 자연생태계의 훼손을 최소화하고, 자연의 훼손이 불가피한 경우에는 훼손한 면적만큼의 비용을 개발사업자에게 부과 · 징수함으로써 훼손된 자연생태계의 복원사업 등 자연환경보전사업을 하기 위하여 2001년 도입되었다. 자연은 현재세대뿐만 아니라 미래세대도 같이 이용하여야 하는 공동자산이므로 자연의 개발 · 이용으로 발생한 훼손에 대해서는 복원이 이루어져야 한다. 여기에 드는 비용을 마련하려는 것이 바로 생태계보전부담금제도이기 때문에 이 제도는 자연 및 생태계의 보전 나아가 현재와 미래세대 모두를 위한 지속가능한 개발에 기여하는 제도라고 할 수 있다. 자연 및 생태계의 보전 및 복원에 드는 비용을 개발·이용을 한 사업자에 부담토록 하는 것은 합리적이고, 형평의 원칙에도 부합한다. 이 제도는 그 훼손면적을 중요한 기준으로 하여 부과하고 있다는 점에서 환경법상의 훼손자(원인자) 책임의 원칙에 부합하는 제도라 할 것이다.

그러나 상한액을 제한하고 있어 대규모 개발사업자에게 상대적으로 유리하게 작용하며, 개발사업자간의 형평성이 결여되고 있다는 문제가 제기될 수 있다. 경우에 따라서는 생태계보전부담금만 내면 책임없다는 인식이 생기면서 개발면적의 과대 확보 등 자연생태계의 훼손을 촉진시킬 가능성마저 있다. ㎡당 250원으로 정해져 있는 부과요율은 현실적이지 못하다고 생각한다. 한편, 생태계보전부담금의 용도는 매우 다양한데, 그 수요를 충족하기 위한 세입예산은 미미한 것으로 판단된다.

생태계보전협력 반환사업이 활성화되어 있지 않은 것도 문제로 지적될 수 있다. 이는 징수된 부담금이 환경개선특별회계로 편입되어 대부분 환경부 자체 사업에 사용되고 있는 현실과 무관하지 않다.21) 또한 개발사업자의 이해와 관심의 부족, 소규모 반환금으로 보전사업을 시행하기가 어려워 생태계보전부담금 반환 및 자연환경보전사업의 추진이 부진한 실정 등도 생태계보전부담금 반환사업이 부진한 이유로 들 수 있다. 이와 같이 생태계보전부담금 반환사업이 활성화되어 있지 않은 것은 제도의 취지를 반감시키고 있다. 생태계보전부담금이 사용된 사업과 반환사업이 제대로 이루어졌는지를 지속적으로 모니터링하고 사후관리할 수 있는 제도가 마련되어 있지 못한 것도 문제점으로 지적할 수 있다.

제 2 절 야생생물 보호 및 관리에 관한 법률

우리와 함께 '지구를 방문한' 야생생물의 수가 줄어들고 있다. 최근 수렵 또는 밀렵행위와 무분별한 채취 등으로 야생생물의 개체 수가 급격히 감소하고 있으며, 멸종위기에 몰린 야생생물의 수가 점차 늘어나고 있다. 이미 멸종해버린 수도 헤아릴 수 없이 많다. 이와 같이 야생생물의 멸종 위기가 매우 심각한 상황임에도 불구하고, 그릇된 보신문화로 인한 야생생물에 대한 수요가 증가하면서 야생생물의 무분별한 포획·채취·밀렵·밀거래가 계속되고 있으며, 심지어 철새나 천연기념물로 지정되어 있는 생물까지도 불법으로 포획함으로써 커다란 사회적 문제를 야기하고 있다. 희귀한 식물은 관상용, 약재 등으로

21) 구체적으로 생태계보전부담금의 사용실적을 살펴보면 지난 5년간 반환금(14억원)은 부담금 징수액(852억원)의 1.6% 수준에 불과한 실정이며, 부담금 징수액의 54%(463억원) 가량을 환경부 자체 사업에 사용하고 있다. 노백호, 자연환경복원 종합대책수립을 위한 연구, 환경부, 2008, 34면.

사용하기 위하여 무분별하게 채취되고 있다. 이와 같이 야생생물이 생존의 위협을 당하고 있는 상황에서 근래에는 외국에서 들어온 생물종과 유전자변형생물체가 기존의 생태계를 파괴 · 교란하면서 문제를 더욱 어렵게 하고 있다.

야생생물의 가치는 인간 생존의 기초가 되는 식량생산의 원천 또는 식량을 위한 품종개량의 유전자원, 의약품의 원료, 에너지자원의 원천, 미적 그리고 여가적 가치 유지, 생태계의 균형유지, 윤리 · 도덕적 고려 등 차원에서 재론의 필요성을 느끼지 않는다. 그렇기 때문에 우리는 그 멸종의 원인에 주목하게 된다. 야생생물 멸종의 원인으로는 남획, 서식지의 파괴, 외래동 · 식물의 유입, 먹이 연쇄의 파괴(도미노 효과) 등이 들어진다.

야생생물의 멸종이 문제되는 이유는 그들이 생태계의 구성요소라는 데 있다. 생태계는 생물이 먹이사슬 내지는 먹이 피라미드를 형성하여 각자가 일정 개체수를 유지하여야 원만하게 유지되는데, 만약 그 고리 중에서 어느 하나만 빠져도, 전체의 균형이 무너질 수 있다는 데 문제의 심각성이 있다. 그리고 일단 생물이 멸종되면 그것을 복원시켰다고 해도 복원된 종이 멸종되기 전의 종이 생태계에서 살아가던 것처럼 만들 수 있다는 보장이 없다. 이는 우리가 지금이라도 야생생물을 보호하기 위한, 그 멸종을 차단하기 위한 특단의 조치를 취해야 함을 의미한다.

우리나라에서 야생생물을 보호하기 위한 근거법률로는 「야생생물 보호 및 관리에 관한 법률」을 비롯하여 「수산업법」(어류), 「산림자원의 조성 및 관리에 관한 법률」(산림), 「문화재보호법」(천연기념물), 「환경범죄 등의 단속 및 가중처벌에 관한 법률」 등이 다수 산재하고 있다. 그러나 무엇보다도 「야생생물 보호 및 관리에 관한 법률」이 그 중심을 이룬다. 동법은 구 '조수보호및수렵에관한법률'과 '야생동 · 식물보호법'에 기원하고 있다. 2004. 2. 9. 제정되었던 '야생동 · 식물보호법'은 종래 「자연환경보전법」과 구 '조수보호및수렵에관한법률'[1]에 분산 · 중복되어 규정되어 있던 야생동 · 식물의 보호 · 관리에 관한 규정을 단일법으로 통합시켜 체계화하고 야생동 · 식물 등 생물자원의 보호 · 관리를 강화하였다. 이에 따라 「자연환경보전법」에서 야생동 · 식물보호 관련 규정은 삭제되었다. 그 결과 「자연환경보전법」은 생태 · 경관보전지역의 관리, 생물다양성의 보전에 초점이 맞추어진 '공간법'으로서, '야생동 · 식물보호법'은 야생동 · 식물보호의 보전 및 관리에 초점이 맞추어진 '개체법'으로 특화되었다. 특히 '야생동 · 식물보호법'은 다른 법들에서는 미처 다루고 있지 아니하는 자연적 또는 인위적 위협요인으로 멸종위기에 처한 야생동 · 식물에 대하여도 고려하였다. 동법은 2011. 7. 28, 「야생생물 보호 및 관리에 관한 법률」로 대체되었는데, 종전의 야생동 · 식물에 대한 보호 위주에서 원생생물(原生生物) 등을 포함한 야

1) 조수보호에 관한 기본법 성격을 갖고 있던 '조수보호및수렵에관한법률'은 1967년 제정되어 그 동안 수차례 개정을 거치다 결국 '야생동 · 식물보호법'의 제정과 함께 폐지되었다. 동법의 역사에서 빼놓을 수 없는 것은 특히 1999년 5월 정부조직법 개정에 따라 소관 부처가 산림청에서 환경부로 바뀐 것이다.

생생물의 체계적인 보호 · 관리로의 정책기조 변화를 반영하고 있다.

동법은 야생생물보호기본계획을 수립하고, 야생동물에 대한 밀렵 · 밀거래를 근절하기 위하여 야생동물을 사먹는 자에 대해서도 처벌하고, 국립공원이나 생태 · 경관보전지역 등에서 야생동물로 인하여 발생한 피해를 보상할 수 있도록 하고, 야생동물의 포획 · 채취 등을 금지하고, 야생생물특별보호구역을 신설하는 등 야생생물의 보호 · 관리를 강화하고 있다. 그러나 관련 법규와 관할 부처의 혼재는 해소되지 않고 있으며, 야생생물 보호사업을 지속적으로 수행하기 위하여 필요한 보호기금과 같은 재정체계는 마련하고 있지 못하다.

Ⅰ. 일　　반

1. 야생생물보호 및 이용의 기본원칙

야생생물은 현세대와 미래세대의 공동자산임을 인식하고 현세대는 야생생물과 그 서식환경을 적극 보호하여 그 혜택이 미래세대에게 돌아갈 수 있도록 하여야 한다. 야생생물과 그 서식지를 효과적으로 보호함으로써 야생생물이 멸종되지 아니하고 생태계의 균형이 유지되도록 하여야 한다. 국가, 지방자치단체 및 국민이 야생생물을 이용할 때에는 야생생물이 멸종되거나 생물다양성이 감소되지 아니하도록 하는 등 지속가능한 이용이 되도록 하여야 한다(제3조).

2. 책　　무

동법은 당사자별로 책무를 부과하고 있는데, 예컨대 국가는 야생생물의 보호에 관한 종합적인 시책의 수립 · 시행, 국제협약의 준수, 관련 국제기구와의 협력, 지방자치단체는 국가 시책에 협조, 관할 구역의 야생생물의 보호와 그 서식환경의 보전을 위한 대책의 수립 · 시행, 모든 국민은 국가와 지방자치단체 시책에 협조 등의 책무를 부담한다(제4조).

Ⅱ. 야생생물 보호를 위한 일반 시책

1. 야생생물 보호기본계획의 수립 등

동법은 야생생물과 그 서식환경 등을 계획적이고 체계적으로 보호 · 보전하기 위하여 환경부장관에게 멸종위기야생생물 등에 대한 야생생물보호기본계획의 수립의무를 부과하고 있다(제5조 제1항). 기본계획은 자연환경보전법상의 자연환경보전기본계획의 하위계획으로서의 성질을 갖는데, 환경부장관은 5년마다 기본계획을 수립하여야 한다. 기본계획의 주요 내용에는 야생생물의 현황 및 전망, 야생생물의 서식실태조사 등이 포함된다(시행령 제2조). 한편, 시 · 도지사는 기본계획에 따라 관할 구역의 야생생물 보호를 위한 구체적인 세부계획을 수립 · 시행하여야 한다(제5조 제4항).

2. 야생생물의 서식실태조사

동법은 환경부장관이 멸종위기야생생물, 생태계교란 생물 등 특별히 보호 또는 관리가 필요한 야생생물에 대하여 그 서식실태조사를 의무적으로 실시하도록 하고 있다(제6조 제1항).

3. 정보제공의 요청

환경부장관은 야생생물의 보호 및 관리를 위하여 야생생물 수입 실적 등 대통령령으로 정하는 정보를 관계 행정기관이나 지방자치단체의 장에게 요청할 수 있다. 이 경우 요청을 받은 기관의 장은 특별한 사유가 없으면 요청에 따라야 한다(제6조의2).

4. 야생동물종합관리시스템

환경부장관은 야생동물의 수출 · 수입 · 반출 · 반입 · 양도 · 양수 · 보관 · 폐사 등에 관한 사항을 효율적으로 관리하기 위하여 전자정보시스템(야생동물종합관리시스템)을 구축하여 운영할 수 있다(제6조의3).

5. 서식지외보전기관의 지정

환경부장관은 야생생물을 그 서식지에서 보전하기 어렵거나 종의 보존 등을 위하여 서식지 외에서 보전할 필요가 있는 경우에는 관계 중앙행정기관의 장의 의견을 들어 야생생물의 서식지외보전기관(예컨대, 동물원, 식물원, 수목원, 곤충관, 어류관)을 지정할 수 있다(제7조 제1항). 동법은 서식지외보전기관에 대한 지원 근거(동조 제2항)를 마련하는 한편, 관리를 강화한다는 차원에서 지정 취소 규정을 두고 있다(제7조의2).

6. 야생동물의 학대금지

동법은 야생동물 학대행위를 야생동물을 죽음에 이르게 하는 행위와 야생생물에게 고통을 주거나 상해를 입히는 행위로 구분하고, 여기에 때리거나 산채로 태우는 행위, 목을 매달거나 독극물, 도구 등을 사용하는 행위, 포획 · 감금하여 고통을 주거나 상처를 입히는 행위, 살아 있는 상태에서 혈액, 쓸개, 내장 또는 그 밖의 생체의 일부를 채취하거나 채취하는 장치 등을 설치하는 행위, 도구 · 약물을 사용하거나 물리적인 방법으로 고통을 주거나 상해를 입히는 행위, 도박 · 광고 · 오락 · 유흥 등의 목적으로 상해를 입히는 행위, 야생동물을 보관, 유통하는 경우 등에 고의로 먹이 또는 물을 제공하지 아니하거나, 질병 등에 대하여 적절한 조치를 취하지 아니하고 방치하는 행위 등을 구체적으로 열거하고 있다(제8조).

이와 같이 동법은 야생동물에 대한 학대행위를 방지하는 규정을 두고 있으나 이러한 규정은 환경보호 차원보다는 생명체로서의 동물의 보호 측면이 강하기 때문에 동물의 복지를 고려하는 「동물보호법」에서 규정하는 것이 입법 체계상 바람직하다고 생각한다.[2)]

7. 인공구조물로 인한 야생동물의 피해방지

2022. 6. 10 개정 법에서는 건축물 투명창, 투명 방음벽, 수로 등 인공구조물로 인한 조류 등 야생동물의 충돌·추락 등의 피해가 최소화될 수 있도록 국가기관, 지방자치단체 및 공공기관으로 하여금 인공구조물을 설치하도록 하고, 환경부장관이 관련 실태조사를 실시하고 피해가 심각하다고 인정되는 경우 공공기관 등의 장에게 야생동물의 피해방지를 위한 조치를 요청할 수 있는 근거를 마련하였다(제8조의2).

8. 야생동물 전시행위 금지 등

동법은 동물원 및 수족관으로 허가받지 않은 시설에서의 야생동물 전시행위를 금지하고(제8조의3), 환경부장관으로 하여금 야생동물 전시행위 금지 등으로 인하여 유기 또는 방치될 우려가 있는 야생동물의 관리를 위해 유기·방치 야생동물 보호시설을 설치할 수 있도록 하고 있다(제8조의4).

9. 불법포획한 야생동물의 취득 등 금지

최근 건강식품이라는 미명 아래 야생동물을 이용한 보신풍조가 만연되면서 야생동물에 대한 수요가 증가되고 있다. 심지어 철새나 천연기념물로 지정되어 있는 것까지도 불법으로 포획·남획되면서 커다란 사회적 문제를 야기하고 있다. 지속적인 단속에도 불구하고 밀렵·밀거래는 날로 지능화·전문화되면서 줄어들지 않고 있는 것이 현실이다. 이러한 점을 고려하여 동법은 이 법을 위반하여 포획·수입 또는 반입한 야생동물, 이를 사용하여 만든 음식물 또는 가공품을 그 사실을 알면서 취득(환경부령으로 정하는 야생동물을 사용하여 만든 음식물 또는 추출가공식품을 먹는 행위를 포함)·양도·양수·운반·보관하거나 그러한 행위를 알선하는 것을 금지하고 있다(제9조 제1항).

동법은 불법 포획된 야생동물 및 그 가공물(음식품 포함)을 그 사실을 알고서 먹는 사람에 대해서도 처벌할 수 있도록 하고 있는데(제70조 제2호), 이 경우 모든 야생동물이 해당되는 것은 아니고 주로 밀렵되어 식용으로 사용되는 멧돼지, 고라니, 노루, 물개, 가창오리, 구렁이, 살모사, 산개구리 등 31종이 해당된다(시행규칙 제8조, 별표 4).

야생동물을 사용하여 만든 음식물 또는 추출가공식품을 먹는 행위까지 금지하고 있는 것은 야생동물 밀렵·밀거래를 근절하기 위해서는 최종수요자인 먹는 자에 대한 처벌이 필요하다는 입법적 고려가 반영된 것이다. 이에 따라 밀렵의 수요가 줄어들어 밀렵·밀거래의 악순환이 차단될 것으로 기대된다.

한편, 환경부장관 또는 지방자치단체의 장은 이 법에 위반하여 포획·수입 또는 반입

---

2) 윤수진, "환경보호에 있어서의 동물보호 및 생명체로서의 동물보호에 관한 검토", 환경법연구, 제30권 제3호, 2008. 11, 535면. 「동물보호법」은 동물의 사육·관리에 있어서의 준수사항, 동물학대의 금지, 동물운송에 있어서의 동물에 대한 인도적 처우, 유기동물의 관리, 실험동물에 대한 인도적 처우 등에 관하여 규정하고 있다.

한 야생동물 및 이를 사용하여 만든 음식물 또는 가공품에 대하여 압류 등 필요한 조치를 할 수 있다(제9조 제2항).

10. 덫 · 창애 · 올무의 제작금지 등

누구든지 덫, 창애, 올무 또는 그 밖에 야생동물을 포획할 수 있는 도구를 제작 · 판매 · 소지 또는 보관하여서는 아니 된다. '그 밖에 야생동물을 포획할 수 있는 도구'란 도구의 형상, 재질, 구조와 기능 등을 종합하여 볼 때 덫, 창애, 올무와 유사한 방법으로 야생동물을 포획할 용도로 만들어진 도구를 의미한다.[3] 다만, 학술연구, 관람 · 전시, 유해야생동물의 포획 등 환경부령으로 정하는 경우에는 그러하지 아니하다(제10조).

11. 야생동물로 인한 피해의 예방 및 보상

동법은 국가 및 지방자치단체로 하여금 야생동물로 인한 피해(신체적으로 상해를 입거나 사망한 경우를 말함), 농업 · 임업 및 어업의 피해, 일정한 지역에서 반복적 · 지속적으로 발생한 재산상의 피해로서 환경부령으로 정하는 피해 등을 예방하기 위하여 필요한 시설을 설치하는 자에게 그 설치비용의 전부 또는 일부를 지원할 수 있도록 하고 있다(제12조 제1항).

야생동물에 의한 농어민의 피해가 계속되고 있는 상황에서 야생동물의 보호와 동시에 그로 인해 증가하고 있는 농어민 피해를 구제할 필요성이 제기되고 있다. 동법은 야생생물 특별보호구역, 생태 · 경관보전지역, 습지보호지역, 자연공원 등 일정한 지역에서의 야생동물로 인한 인명 피해나 농어민의 피해에 대하여 국가 및 지방자치단체가 보상할 수 있도록 하는 근거규정을 두고 있다(동조 제2항).

Ⅲ. 멸종위기야생생물의 보호

동법은 야생생물을 산 · 들 또는 강 등 자연상태에서 서식하거나 자생하는 동물, 식물, 균류 · 지의류, 원생생물 및 원핵생물의 종으로 정의하고(제2조 제1호), 멸종위기야생생물을 그 위기의 정도에 따라 Ⅰ급[4]과 Ⅱ급[5]으로 구분하고 이들의 지정을 관계 중앙행정기관의 장과 협의하여 환경부령으로 정하도록 하고 있다(동조 제2호). 환경부령으로 정하도록 한 것은 지정절차를 간소화하여 상황변화에 신속히 대처하기 위한 것으로 이해된

---

3) 대법원 2016. 10. 27. 선고 2016도5083 판결('전파발신기를 부착한 사냥개와 전파수신기, 수렵용 칼'은 야생동물을 포획하는 데 사용된 도구일 뿐이지, 덫, 창애, 올무와 유사한 방법으로 야생동물을 포획할 용도로 만들어진 도구라고 보기 어렵다고 한 사례).

4) '멸종위기야생생물Ⅰ급'이란 "자연적 또는 인위적 위협요인으로 개체수가 현저하여 감소되어 멸종위기에 처한 야생생물로서 관계 중앙행정기관의 장과 협의하여 환경부령으로 정하는 종"을 말한다(제2조 제2호 가목). 여기에는 2012년 현재 51종이 지정되어 있다(시행규칙 제2조, 별표 1)

5) '멸종위기야생생물Ⅱ급'이란 "자연적 또는 인위적 위협요인으로 개체수가 크게 줄어들고 있어 현재의 위협요인이 제거되거나 완화되지 아니할 경우 가까운 장래에 멸종위기에 처할 우려가 있는 야생생물로서 관계 중앙행정기관의 장과 협의하여 환경부령으로 정하는 종"을 말한다(제2조 제2호 나목). 여기에는 2012년 현재 195종이 지정되어 있다(시행규칙 제2조, 별표 1).

다. 이에 따라 시행규칙에서는 멸종위기야생생물 220여종을 지정하고 있다(제2조, 별표 1). 그러나 멸종위기야생생물의 지정기준이 없기 때문에 자의적으로 운용될 가능성이 있다. 체계적인 생물종 관리차원에서 멸종위기야생생물의 지정 확대 및 관리강화가 요망된다. 한편, 환경부장관은 야생생물의 보호와 멸종 방지를 위하여 5년마다 멸종위기야생생물을 다시 정하여야 한다(제13조의2).

1. 멸종위기야생생물에 대한 보호대책의 수립 등

환경부장관은 대통령령으로 정하는 바에 따라 멸종위기야생생물에 대한 중 · 장기보전대책을 5년마다 수립 · 시행하여야 한다(제13조 제1항). 멸종위기야생생물에 대한 중 · 장기보전대책은 야생생물기본계획하에서 개별적 종의 보호를 위한 부문별 시책의 성격을 갖는다.

환경부장관은 멸종위기야생생물의 서식지 등에 대한 보호조치를 마련하여야 하며, 자연상태에서 현재의 개체군으로는 지속적인 생존이 어렵다고 판단되는 종의 증식 · 복원 등 필요한 조치를 하여야 한다(동조 제2항).

2. 멸종위기야생생물의 포획 · 채취 등의 금지

가. 금 지

누구든지 멸종위기야생생물을 포획[6] · 채취 · 방사(放飼) · 이식 · 가공 · 유통 · 보관 · 수출 · 수입 · 반출 · 반입(가공 · 유통 · 보관 · 수출 · 수입 · 반출 및 반입하는 경우에는 죽은 것을 포함) · 죽이거나 훼손(포획 · 채취등)해서는 아니 되며(제14조 제1항 본문), 멸종위기야생생물을 포획하거나 고사시키기 위하여 다음에 해당하는 행위를 하여서는 아니 된다: ① 폭발물 · 덫 · 창애 · 올무 · 함정 · 전류 및 그물의 설치 또는 사용, ② 유독물 · 농약 및 이와 유사한 물질의 살포 또는 주입(제14조 제2항 본문).

나. 예 외

그러나 다음에 해당하는 경우로서 환경부장관의 허가를 받은 경우에는 포획 · 채취 등을 할 수 있다:

① 학술연구 또는 멸종위기야생생물의 보호 · 증식 및 복원의 목적으로 사용하려는 경우;

② 생물자원보전시설이나 생물자원관에서 관람용 · 전시용으로 사용하려는 경우;

③ 공익사업의 시행 또는 다른 법령에 따른 인 · 허가 등을 받은 사업의 시행을 위하여 멸종위기야생생물을 이동시키거나 멸종위기야생생물을 이식하여 보호하는 것이 불가피한 경우;

---

6) '포획'에는 현실적으로 조수를 포획하기에 이르지 아니한 경우라 하더라도 부상당한 상태로 조수를 피난케 하는 등 조수의 보호번식에 지장을 줄 가능성이 있는 행위도 포함된다. 昭和 1954. 7. 31.

④ 사람이나 동물의 질병 진단 · 치료 또는 예방을 위하여 관계 중앙행정기관의 장이 환경부장관에게 요청하는 경우;

⑤ 대통령령으로 정하는 바에 따라 인공증식7)한 것을 수출 · 수입 · 반출 또는 반입하는 경우;

⑥ 그 밖에 멸종위기야생생물의 보호에 지장을 주지 아니하는 범위에서 환경부령으로 정하는 경우(제14조 제1항 단서).

또한, 인체에 급박한 위해를 끼칠 우려가 있어 포획하는 경우 등과 같이 일정한 경우에는 이 규정이 적용되지 아니하여 포획 · 채취 등이 허용된다(동조 제3항).

다. 허가의 취소

환경부장관은 허가를 받은 자가 거짓이나 그 밖의 부정한 방법으로 허가를 받은 경우, 허가조건을 위반한 경우, 허가받은 목적이나 용도 외로 사용하는 경우 허가를 취소할 수 있다(제15조).

3. 국제적 멸종위기종의 국제거래의 제한

동법은 우리나라가 1993년 7월「멸종위기에 처한 야생동 · 식물 국제거래에 관한 협약(CITES)」에 가입함에 따라 국내법 정비의 필요성이 제기되면서 그 일환으로 멸종위기종의 국제거래를 제한하는 규정을 두었다. 여기에서 "국제적 멸종위기종"이라 함은 CITES에 따라 국제거래가 규제되는 다음의 생물로서 환경부장관이 고시하는 종을 말한다: ① 멸종위기에 처한 종 중 국제거래로 영향을 받거나 받을 수 있는 종으로서 CITES의 부속서 Ⅰ에서 정한 것; ② 현재 멸종위기에 처하여 있지는 아니하나 국제거래를 엄격하게 규제하지 아니할 경우 멸종위기에 처할 수 있는 종과 그 멸종위기에 처한 종의 거래를 효과적으로 통제하기 위하여 규제를 하여야 하는 그 밖의 종으로서 CITES의 부속서 Ⅱ에서 정한 것; ③ CITES의 당사국이 이용을 제한할 목적으로 자기 나라의 관할권에서 규제를 받아야 하는 것으로 확인하고 국제거래 규제를 위하여 다른 당사국의 협력이 필요하다고 판단한 종으로서 CITES의 부속서 Ⅲ에서 정한 것(제2조 제3호). 동법에서는 지정절차를 간소화한다는 차원에서 고시로 정하도록 하고 있다.

가. 국제적 멸종위기종의 수출 · 입 등 허가

국제적 멸종위기종 및 그 가공품을 수출 · 수입 · 반출 또는 반입하려는 자는 다음의 구분에 따른 허가기준에 따라 환경부장관의 '허가'를 받아야 한다: ① CITES의 부속서(Ⅰ,

7) '인공증식'이라 함은 "야생생물을 일정한 장소 또는 시설에서 사육 · 양식 또는 증식하는 것"을 말한다(제2조 제6호). 동법은 멸종위기야생생물과 포획금지 야생생물을 인공증식하여 수출 · 수입 · 가공 · 유통 또는 보관할 수 있도록 하기 위해 인공증식에 대한 관리규정을 두고 있다. 이에 따르면 인공증식한 것을 수출 · 반출 · 가공 · 유통 또는 보관하기 위해서는 인공증식증명서를 구비하고 있어야 한다(시행령 제11조). 포획금지 야생생물에 대하여는 특별자치도지사 · 시장 · 군수 · 구청장으로부터 인공증식을 위한 포획허가를 받아 인공증식을 할 수 있도록 함으로써 야생생물의 합리적인 보호 및 이용이 가능하도록 하고 있다(제19조 제1항 제1호).

Ⅱ, Ⅲ)에 포함되어 있는 종에 따른 거래의 규제에 적합할 것; ② 생물의 수출 · 수입 · 반출 또는 반입이 그 종의 생존에 위협을 주지 아니할 것; ③ 그 밖에 대통령령으로 정하는 CITES 부속서별 세부 허가조건에 적합할 것(제16조 제1항 본문).

다만, 국제적 멸종위기종을 이용한 가공품으로서 「약사법」에 따른 수출 · 수입 또는 반입의 허가를 받은 의약품과 대통령령으로 정하는 국제적 멸종위기종 및 그 가공품의 경우에는 그러하지 아니하다(동항 단서). 이러한 허가기준은 국제적 멸종위기종의 수출 · 입 제한에 관한 근거 규정이 되고 있다.

허가를 받아 수입되거나 반입된 국제적 멸종위기종으로부터 증식된 종(예컨대, 알 · 새끼)은 수입허가 또는 반입허가를 받은 것으로 보며, 처음에 수입되거나 반입된 국제적 멸종위기종의 용도와 같은 것으로 본다(동조 제5항).

한편, 그 종의 특성상 사람의 생명, 신체 또는 재산에 중대한 위해를 가할 우려가 있는 국제적 멸종위기종에 대하여는 인공증식을 제한할 필요가 있는바, 수입되거나 반입된 개체를 증식하려는 경우 미리 환경부장관의 허가를 받아야 한다(동조 제7항). 인공증식 허가대상 국제적 멸종위기종은 대통령령에서 정하고 있다(제13조의2, 별표 1의2).

나. 수입 또는 반입 목적 외의 사용금지

허가를 받아 수입되거나 반입된 국제적멸종위기종 및 그 가공품은 그 수입 또는 반입 목적 외의 용도로 사용할 수 없다. 다만, 용도변경이 불가피한 경우로서 환경부령으로 정하는 바에 따라 환경부장관의 승인을 받은 경우에는 그러하지 아니하다(동조 제3항). 여기에서 승인 행위의 성질은 이른바 수익적 행정행위로서 재량행위이다.8)

[1] 헌재 2013. 10. 24. 선고 2012헌바431 결정

국제적멸종위기종의 멸종예방과 서식환경보호라는 이 사건 법률조항의 입법목적은 인간이 공존하는 자연환경을 보존하기 위한 것으로서 정당하다. 동 · 식물이 멸종하고 자연생태계가 파괴되는 다양한 원인 중 상업적 이득을 취하려는 인간의 무분별한 행동이 한 가지 주요한 원인이 되고 있으므로, 증식된 종을 포함하여 국제적멸종위기종에 대한 사인의 자의적 용도변경을 원천적으로 봉쇄함으로써 그 이용범위를 엄격히 국가의 통제 아래 둔 것은 위 입법목적을 이루기 위한 적절한 수단이다. 이 사건 법률조항은 국제적멸종위기종에 대한 이용 및 처분을 전면적으로 금지하는 것이 아니라 이미 허가된 용도로는 계속 보유 및 사용토록 하고, 수입 또는 반입 목적 이외의 다른 용도로의 변경만을 원칙적으로 금지하고 있으며, 용도변경이 불가피한 경우 환경부장관의 승인을 받아 부분적으로 용도변경을 할 수 있도록 하고 있으므로 침해의 최소성도 충족한다. 또한 이 사건 법률조항을 통하여 국제적멸종위기종의 멸종을 예방하고, 인간의 무분별한 이용으로 인한 자연파괴를 방지하며, 인류가 세대에 걸쳐 공존할 수

8) 대법원 2011. 1. 27. 선고 2010두23033 판결.

있는 지속가능한 자연생태계를 보존하려는 공익의 비중에 비하여 그 침해의 정도가 크다고 보기 어려우므로 법익의 균형성도 갖추었다. 그러므로 이 사건 법률조항은 과잉금지원칙을 위반하여 청구인의 재산권을 침해하지 아니한다.[9)]

다. 양도 · 양수 등 행위제한

누구든지 허가를 받지 아니한 국제적멸종위기종 및 그 가공품을 포획 · 채취 · 구입하거나 양도 · 양수, 양도 · 양수의 알선 · 중개, 소유, 점유 또는 진열하여서는 아니 된다(동조 제4항). 나아가 동법은 국내에 반입된 종의 사후관리를 강화한다는 차원에서 수입 · 반입종의 증식범위를 제한하고, 양도 · 양수 신고기한을 두도록 하며, 입수경위를 증명하는 서류를 갖추도록 하고 있다(동조 제4항 내지 제8항).

[2] 울산지법 2021. 1. 15. 선고 2020고단3057, 2020고단4634(병합) 판결

'우리가 고래를 보호해야 할 이유는 단지 고래가 멸종위기종으로써 이들을 보호해야 한다는 도덕적 가치에만 있는 것이 아니라 지구온난화로 인한 이상 기후변화 및 위기를 저지하여 미래 세대의 인류 생존에 기여하고, 인간이 고래를 비롯한 다른 생명체와 같이 지구에서 공존하기 위하여 필요한 것이다. 고래를 포함하여 생태계를 구성하는 생물종들이 멸종 위험에 내몰리는 상황에서 인간만 독야청정 살아갈 수는 없다. 태양계에서 유일하게 생명체가 존재하는 지구의 자원은 유한하며, 인간 역시 다른 생물체들과 마찬가지로 지구를 공유하고 있는 존재라고 여겨야 한다. 지구에서 여러 생물체들이 살아가기에 위험한 환경이 조성되었다면 생명체인 인간도 위험한 환경에 노출되어 있는 것이다. 이미 해양환경은 넘쳐나는 플라스틱, 화학물질 쓰레기로 몸살을 앓고 있어 고래 등 해양동물들의 생존에 상당한 위협이 되고 있는 상황에서 다시 고래 포획이 허용된다면 고래 개체수의 회복불가능한 감소는 현실화될 것으로 보인다. 그리하여 고래가 바다에게 사라지게 된다면, 그 바다는 여전히 인간에게 쓸모 있고, 유용할 것인지 의문이다. 누군가가 계속하여 고래를 포획하여 현금을 만지는 일이 발생함과 동시에 우리가 인식하지 못하는 사이에 생태계 균형 훼손, 지구온난화 증가에 따른 이상 기후변화도 같이 발생할 것이며, 그것이 계속 누적되면, 언젠가 우리 미래 세대의 불특정 다수의 인류에게 큰 재난과 위험이 발생할 수 있다(현재의 우리 세대에 발생할 수도 있다). 그러므로 우리는 고래 포획의 위법성을 과소평가하여서는 아니 되며, 고래 보호의 중요성을 인식해야 한다. 고래가 지구상에서 사라지지 않도록 하고, 고래를 보호해야만 하는 이유를 다음과 같은 문구로 요약해 본다. 「고래가 지구상에서 사라진다면 인간 역시 지구상에서 사라지지 않는다는 보장을 할 수 없다.」[10)]

9) 수입 · 반입된 국제적멸종위기종으로부터 증식된 종에 대하여 원칙적으로 수입 · 반입 목적 외 다른 용도의 사용을 금지한 구 야생동·식물보호법(2004. 2. 9. 제정, 2011. 7. 28. 개정 전) 제16조 제3항 본문 중 같은 조 제5항의 '국제적멸종위기종으로부터 증식된 종'에 적용되는 부분(이 사건 법률조항')이 재산권을 침해하지 않는다고 한 사례.

10) 국제적으로 포획이 금지되어 있는 멸종위기종인 밍크고래 2마리를 계획적이고 조직적으로 불법 포획한 것을 동법 제69조 제1항 제5호, 제16조 제4항 위반으로 처벌한 사례.

라. 사육시설

동법은 보호 · 관리 필요성이 있는 국제적 멸종위기종의 사육시설 등록의무[11] 및 설치기준, 사육시설의 정기 · 수시 검사, 사육동물 관리기준, 사육시설 개선명령, 폐쇄 신고 및 등록 취소, 권리 · 의무 승계 등 규정을 두고 있다(제16조의2 내지 제16조의9).

마. 허가의 취소

환경부장관은 국제적멸종위기종 및 그 가공품의 수출 · 수입 · 반출 또는 반입허가를 받은 자가 거짓이나 그 밖의 부정한 방법으로 허가를 받은 경우 등 일정한 경우에는 그 허가를 취소할 수 있다(제17조 제1항).

바. 보호조치 등

환경부장관이나 관계 행정기관의 장은 다음에 해당하는 국제적멸종위기종 중 살아있는 생물의 생존을 위하여 긴급한 경우에는 즉시 필요한 보호조치를 할 수 있다: ① 수입 또는 반입 목적 외의 용도로 사용되고 있는 것; ② 허가를 받지 아니하고 포획 · 채취 · 구입, 양도 · 양수, 양도 · 양수의 알선 · 중개, 소유, 점유하거나 진열되고 있는 것(제17조 제2항). 또한, 위 규정에 따라 보호조치되거나 이 법을 위반하여 몰수된 국제적멸종위기종을 수출국 또는 원산국과 협의하여 반송하거나 보호시설 또는 그 밖의 적절한 시설로 이송할 수 있다(동조 제3항).

4. 멸종위기야생생물 등의 광고 제한

동법 제18조에서는 "누구든지 멸종위기야생생물과 국제적멸종위기종의 멸종 또는 감소를 촉진시키거나 학대를 유발할 수 있는 광고를 하여서는 아니 된다"고 멸종위기야생생물 등의 관련 광고를 제한하고 있다. 동법은 멸종, 감소, 학대 등을 촉진 · 유발시킬 우려가 있는 광고에 대한 개념 정의가 없어 혼란이 예상된다. 참고로 구 「자연환경보전법」은 시행령에서 ① 동 · 식물 및 그 파생품을 제품의 구성성분으로 하고 있음을 표현하는 광고; ② 동 · 식물을 사상하거나 훼손하는 내용을 표현하는 광고; ③ 제작과정에서 동 · 식물을 사상하거나 훼손하는 광고 등을 들었다(제19조 제2항). 다만, 다른 법률에 의하여 인 · 허가 등을 받은 경우에는 그러하지 아니하다.

Ⅳ. 멸종위기야생생물 외의 야생생물의 보호

1. 야생생물의 포획금지

가. 금 지

누구든지 멸종위기야생생물에 해당하지 아니하는 야생생물 중 환경부령으로 정

11) 국제적 멸종위기종의 보호와 건전한 사육환경 조성을 위하여 사육하려는 자는 적정한 사육시설을 갖추어 환경부장관에게 등록하여야 한다(제제16조의2). 사육시설 등록대상 국제적 멸종위기종은 대통령령에서 정하고 있다(제13조의3, 별표 1의3).

하는 종(해양만을 서식지로 하는 해양생물은 제외, 식물은 멸종위기야생생물에서 해제된 종에 한정)을 포획 · 채취하거나 죽여서는 아니 되며(제19조 제1항 본문), 야생생물을 포획 · 채취하거나 죽이기 위하여 폭발물 · 덫 · 창애 · 올무 · 함정 · 전류 및 그물을 설치 또는 사용하거나 유독물 · 농약 및 이와 유사한 물질을 살포 또는 주입하여서는 아니 된다(동조 제3항). 종래 멸종위기종인 아닌 경우 야생동물에 한정하여 포획을 금지하였으나 야생생물(식물, 어류, 곤충 등)에 대해서도 채취 등을 금지함으로써, 야생동물의 보호를 확대하고 있다.

나. 예 외

그러나 학술연구 또는 야생동물의 보호 · 증식 및 복원의 목적으로 사용하려는 경우 등 일정한 경우로서 특별자치시장 · 특별자치도지사 · 시장 · 군수 · 구청장(자치구의 구청장)의 허가를 받은 경우에는 포획 등을 할 수 있다(제19조 제1항 단서). 또한, 인체에 급박한 위해를 끼칠 우려가 있어 포획하는 경우 등 일정한 경우에는 제1항 본문이 적용되지 아니한다(동조 제4항).

2. 야생생물의 수출 · 입 등 제한

가. 허 가

멸종위기야생생물에 해당하지 아니하는 야생생물 중 환경부령이 정하는 포유류 · 조류 · 양서류 · 파충류(가공품을 포함)를 수출 · 수입 · 반출하거나 반입하려는 자는 정해진 허가기준에 따라 시장 · 군수 · 구청장의 허가를 받아야 한다(제21조 제1항).

나. 예 외

그러나 「자연유산의 보존 및 활용에 관한 법률」 제11조에 따른 천연기념물에 대하여 같은 법 제20조에 따라 허가를 받은 경우, 야생동물을 이용한 가공품으로서 「약사법」 제42조에 따른 수입허가를 받은 의약품, 환경부장관이 지정 · 고시하는 생물자원을 수출하거나 반출하려는 경우에는 그러하지 아니한다(동조 제2항).

3. 지정관리 야생동물의 관리

2022. 12. 13. 개정 법은 기존의 관리 대상이 아닌 야생동물을 '지정관리 야생동물'[12]로 분류하여 관리 대상으로 추가하고, 수입 · 수출 · 양도 · 양수 · 보관 등을 원칙적으로 금지하는 규정을 두고 있다(제22조의2, 제22조의4).

---

12) "지정관리 야생동물"이란 야생생물 중 다음에 해당하지 아니하는 살아있거나 알 상태인 포유류 · 조류 · 파충류 · 양서류를 말한다: ① 멸종위기 야생생물; ② 국제적 멸종위기종; ③ 제21조 제1항에 따라 환경부령으로 정하는 종; ④ 「생물다양성 보전 및 이용에 관한 법률」에 따른 유입주의 생물, 생태계교란 생물 및 생태계위해우려 생물; ⑤ 「축산법」 제2조 제1호에 따른 가축; ⑥ 「동물보호법」 제2조 제7호에 따른 반려동물; ⑦ 「해양생태계의 보전 및 관리에 관한 법률」에 따른 해양생물 중 해양만을 서식지로 하는 동물 및 해양보호생물; ⑧ 「문화재보호법」 제25조에 따라 천연기념물로 지정된 동물(제2조 제4호).

4. 야생동물 영업허가

동법은 야생동물을 생산, 수입, 판매 등을 하는 영업자에 대한 '허가' 규정을 두어(제22조의5 이하) 야생동물의 복지 증진뿐만 아니라 국내 생태계 보호, 질병 관리를 통한 국민 보건 증진을 꾀하고 있다.

5. 유해야생동물의 포획허가 등

동법은 유해야생동물13)을 포획하려는 자는 환경부령으로 정하는 바에 따라 시장 · 군수 · 구청장의 허가를 받도록 하고(제23조 제1항), 포획허가를 받은 자로 하여금 유해야생동물의 포획결과를 신고하도록 하고 있다(동조 제6항). 한편, 유해야생동물 포획 사업이 지방자치단체별로 서로 다른 시기에 시행됨에 따라 해당 야생동물이 다른 지역으로 이동하면서 포획 사업의 효과가 저조한 실정인바, 인접 시 · 군 · 구 공동 수확기 피해방지단 구성 · 운영을 통해 유해야생동물을 효율적으로 관리할 수 있도록 그 법적 근거를 두고 있다(동조 제5항).

6. 유해야생동물의 관리

환경부장관 및 지방자치단체의 장은 유해야생동물로 인하여 발생할 수 있는 인명, 재산, 시설물 등의 피해를 최소화하기 위하여 번식지 및 서식지 관리, 피해 예방시설 설치 등 필요한 조치를 할 수 있다(제23조의3 제1항). 지방자치단체의 장은 조례로 정하는 바에 따라 장소 또는 시기를 정하여 유해야생동물에게 먹이를 주는 행위를 금지하거나 제한할 수 있다(동조 제2항).

7. 야생화된 동물의 관리

최근에 애완용으로 기르던 고양이, 개 등과 같은 동물들이 야생화됨에 따라 생물다양성이 감소하고 생태계 피해가 발생하는 등 문제가 발생하고 있다. 이에 동법은 환경부장관으로 하여금 버려지거나 달아나 야생화된 가축 또는 애완동물로 인하여 생물다양성의 감소 등 생태계에 교란이 발생하거나 발생할 우려가 있는 경우에는 관계 중앙행정기관의 장과 협의하여 이를 야생화된 동물로 지정 · 고시하고 필요한 조치를 할 수 있도록 하고 있다(제24조 제1항).

8. 시 · 도보호야생생물의 지정 · 보호

동법은 시 · 도지사로 하여금 관할 구역에서 그 수가 감소하는 등 멸종위기야생생물에 준하여 보호가 필요하다고 인정되는 야생생물을 해당 지방자치단체의 조례로 정하는 바에 따라 시 · 도보호야생생물로 지정 · 고시할 수 있도록 함으로써(제26조 제1항),

13) '유해야생동물'이라 함은 "사람의 생명이나 재산에 피해를 주는 야생동물로서 환경부령으로정하는 종"을 말한다(제2조 제5호).

야생생물의 보호와 관련하여 지방자치단체의 참여 가능성을 열어두고 있다.

Ⅴ. 야생생물특별보호구역 등의 지정 · 관리

서식지 파괴는 야생생물의 멸종에 가장 큰 원인으로 들어지고 있다. 이는 서식지 보호가 야생생물보호를 위해 중요한 정책이 되어야 한다는 것을 의미한다. 동법은 멸종위기야생생물의 서식지 보호를 위해 행위제한을 포함하는 야생생물특별보호구역제도를 마련하고, 특별보호구역의 토지매수, 주민지원, 출입제한 등을 규정하고 있다. 또한 지방자치단체 차원에서 야생생물을 보호하기 위하여 특별보호구역에 준하여 보호할 필요가 있는 지역을 야생생물보호구역으로 지정 · 관리하도록 하고 있다.

1. 야생생물특별보호구역

가. 지 정

환경부장관은 멸종위기야생생물의 보호 및 번식을 위하여 특별히 보전할 필요가 있는 지역을 토지소유자 등 이해관계인과 지방자치단체의 장의 의견을 듣고 관계 중앙행정기관의 장과 협의하여 야생생물특별보호구역(특별보호구역)으로 지정할 수 있다(제27조 제1항). 지정 시 이해관계인의 의견을 듣도록 하고 있으나 실질적인 의견수렴절차를 두지 않아 형식적인 절차로 운영될 소지가 많다. 정보공개와 주민참여가 충분히 보장되도록 하기 위해서는 설명회, 공청회 등 구체적인 절차 · 방법 등을 규정할 필요가 있다. 지정의 법형식은 환경부 고시이다(동조 제3항).

나. 행위제한

(1) 훼손행위 금지

특별보호구역에서는 다음에 해당하는 훼손행위를 하여서는 아니 된다:

① 건축물 또는 그 밖의 공작물의 신축 · 증축(기존 건축 연면적을 2배 이상 증축하는 경우에 한함) 및 토지의 형질변경; ② 하천 · 호소 등의 구조를 변경하거나 수위 또는 수량에 변동을 가져오는 행위; ③ 토석의 채취; ④ 그 밖에 야생생물 보호에 유해하다고 인정되는 훼손행위로서 대통령령으로 정하는 행위(제28조 제1항).

(2) 예 외

그러나 군사 목적상 필요한 경우, 천재지변 또는 이에 준하는 대통령령으로 정하는 재해가 발생하여 긴급한 조치가 필요한 경우 등과 같이 예외적인 경우에는 앞서 규정이 적용되지 아니하므로 허용된다(동조 제2항).

(3) 금지행위

특별보호구역에서 다음에 해당하는 행위를 하여서는 아니 된다. 다만, 군사 목적상 필요한 경우, 천재지변 또는 이에 준하는 대통령령으로 정하는 재해가 발생하여 긴급한

조치가 필요한 경우에는 그러하지 아니하다:

① 특정수질유해물질, 폐기물 또는 유독물질을 버리는 행위;

② 환경부령으로 정하는 인화물질을 소지하거나 취사 또는 야영을 하는 행위;

③ 야생생물의 보호에 관한 안내판 또는 그 밖의 표지물을 더럽히거나 훼손하거나 함부로 이전하는 행위;

④ 그 밖에 야생생물의 보호를 위하여 금지하여야 할 행위로서 대통령령으로 정하는 행위(동조 제3항).

다. 출입제한

환경부장관이나 시 · 도지사는 야생생물을 보호하고 멸종을 예방하기 위하여 필요하면 특별보호구역의 전부 또는 일부 지역에 대하여 일정한 기간 동안 출입을 제한하거나 금지할 수 있다(제29조 제1항).

라. 중지명령

환경부장관이나 시 · 도지사는 특별보호구역에서 제28조 제1항을 위반하는 행위를 한 사람에게 그 행위의 중지를 명하거나 적절한 기간을 정하여 원상회복을 명할 수 있다. 다만, 원상회복이 곤란한 경우에는 이에 상응하는 조치를 하도록 명할 수 있다(제30조).

마. 특별보호구역 토지 등의 협의매수

환경부장관은 효과적인 야생생물의 보호를 위하여 필요하면 특별보호구역, 특별보호구역으로 지정하려는 지역 또는 그 주변지역의 토지 등을 그 소유자와 협의하여 매수할 수 있다(제31조 제1항). 이때 매수가격은 「공익사업을 위한 토지 등의 취득 및 보상에 관한 법률」에 따라 산정한 가액에 따른다(동조 제3항). 한편, 환경부장관은 특별보호구역의 지정으로 손실을 입는 자가 있으면 대통령령으로 정하는 바에 따라 예산의 범위에서 그 손실을 보상할 수 있다(동조 제2항).

바. 지정해제

환경부장관은 특별보호구역이 군사 목적상 또는 천재지변 또는 그 밖의 사유로 특별보호구역으로서의 가치를 상실하거나 보전할 필요가 없게 된 경우에는 그 지정을 변경하거나 해제하여야 한다. 이 경우 특별보호구역의 지정절차를 준용한다(제27조 제2항). 특별보호구역의 지정 해제와 변경은 공익과 환경에 미치는 영향이 매우 클 수 있으므로 이 경우 환경영향평가를 거치도록 하는 등 절차를 강화할 필요가 있다고 생각된다.

사. 멸종위기종관리계약

환경부장관이나 시 · 도지사는 특별보호구역과 인접지역(특별보호구역에 수질오염 등의 영향을 직접 미칠 수 있는 지역)에서 멸종위기야생생물의 보호를 위하여 필요하면 토지의 소유자 · 점유자 등과 경작방식의 변경, 화학물질의 사용 저감 등 토지의 관리방법 등을 내용으로 하는 계약(멸종위기종관리계약)을 체결하거나 관계 중앙행정기관의 장 또는 지방자치단체의 장에게 멸종위기종관리계약의 체결을 권고할 수 있다(제32조 제1항).

한편, 환경부장관은 인접지역에서 그 지역의 주민이 주택 증축 등을 하는 경우에는 개인하수처리시설을 설치하는 비용의 전부 또는 일부를 지원할 수 있으며, 특별보호구역과 인접지역에 대하여 우선적으로 오수 · 폐수 및 축산폐수를 처리하기 위한 지원방안을 수립하여야 하고, 그 지원에 필요한 조치 및 환경친화적 농업 · 임업 · 어업의 육성을 위하여 필요한 조치를 하도록 관계 중앙행정기관의 장에게 요청할 수 있다(동조 제3항 · 제4항).

2. 야생생물보호구역

가. 지 정

시 · 도지사나 시장 · 군수 · 구청장은 멸종위기야생생물 등을 보호하기 위하여 특별보호구역에 준하여 보호할 필요가 있는 지역을 야생생물보호구역(보호구역)으로 지정할 수 있다(제33조 제1항). 환경부장관이 야생생물특별보호구역을 지정 · 관리한다면 시 · 도지사 또는 시장 · 군수 · 구청장은 야생생물보호구역을 지정 · 관리하게 된다.

나. 출입제한 등

시 · 도지사나 시장 · 군수 · 구청장은 해당 지방자치단체의 조례로 정하는 바에 따라 출입제한 등 보호구역의 보전에 필요한 조치를 할 수 있다(동조 제4항). 환경부장관이 정하여 고시하는 야생동물의 번식기에 보호구역에 들어가려는 자는 환경부령으로 정하는 바에 따라 시 · 도지사나 시장 · 군수 · 구청장에게 신고하여야 한다(동조 제5항). 신고의 법적 성질은 '수리'를 염두에 두고 있다는 점에서(동조 제6항) 자기완결적 신고로 볼 수 없다.

다. 보호구역에서의 개발행위 등의 협의

보호구역에서 다른 법령에 따라 국가나 지방자치단체가 이용 · 개발 등의 행위를 하거나 이용 · 개발 등에 관한 인가 · 허가 등을 하려면 소관 행정기관의 장은 보호구역을 관할하는 시 · 도지사 또는 시장 · 군수 · 구청장과 미리 협의하여야 한다(제34조).

Ⅵ. 야생동물 질병관리

동법은 최근 조류인플루엔자 등 야생동물에 대한 질병 관리의 필요성이 증가함에 따라 야생동물의 질병 확산을 방지하고 체계적인 관리를 위한 기반을 구축하고 있다. 즉 환경부장관은 야생동물(수산동물은 멸종위기 야생생물로 정한 종 또는 제19조 제1항에 따라 포획 · 채취 금지 야생생물로 정한 종에 한정) 질병[14]의 예방과 확산 방지, 체계적인 관리를 위하여 5년마다 야생동물 질병관리 기본계획을 수립 · 시행하여야 한다(제34조의3). 나아가

14) '야생동물 질병'이란 야생동물이 병원체에 감염되거나 그 밖의 원인으로 이상이 발생한 상태로서 환경부령으로 정하는 질병을 말한다(제2조 제8호).

동법은 야생동물의 질병연구, 조난당하거나 부상당한 야생동물의 구조 · 치료, 야생동물 치료기관의 설치 · 운영의 법적 근거를 두고 있다(제34조의4).

한편, 질병에 걸린 것으로 확인되거나 걸렸다고 의심할만한 정황이 있는 야생동물(죽은 야생동물을 포함)을 발견한 사람은 지체 없이 국립야생동물질병관리기관장 또는 관할 지방자치단체의 장에게 신고하여야 한다(제34조의6). 신고를 받은 관할 지방자치단체의 장은 국립야생동물질병관리기관장 또는 야생동물 질병진단기관의 장에게 해당 야생동물의 질병진단[15]을 의뢰할 수 있으며(제34조의7), 야생동물 질병의 발생 현황을 공개하여야 한다(제34조의8). 국립야생동물질병관리기관이 중심이 되어 죽거나 병든 야생동물의 발견 신고, 질병진단, 역학조사 등의 야생동물 질병관리를 전담함으로써 국가의 야생동물 질병관리체계는 한층 강화되었다고 할 수 있다.

환경부장관과 시 · 도지사는 야생동물 질병이 확산되는 것을 방지하기 위하여 필요하다고 인정되는 경우에는 야생동물 치료기관 등 야생동물을 보호 · 관리하는 기관 또는 단체에 살처분을 명하여야 한다(제34조의10 제1항). 살처분한 야생동물의 사체는 지체 없이 소각하거나 매몰하여야 하며(동조 제2항), 야생동물의 사체를 매몰한 토지는 3년 이내에 발굴하여서는 아니 된다(제34조의11). 또한 동법은 환경부장관과 시 · 도지사로 하여금 야생동물 질병이 확산되는 것을 방지하기 위하여 야생동물 서식지 등을 대상으로 야생동물 질병의 발생 여부, 확산 정도를 파악하기 위한 예찰, 출입통제, 소독 등의 조치를 할 수 있도록 하고 있다(제34조의12).

Ⅶ. 곰 사육 금지

동법은 누구든지 사육곰[16]을 소유·사육·증식할 수 없도록 하고, 이를 위반한 경우 벌칙을 부과하며, 곰 사육농가에 안전사고 조치 의무를 부과하는 등 사육곰에 대한 특별관리를 도모하고 있다(제34조의24 이하).

Ⅷ. 생물자원의 보전

1. 생물자원보전시설의 관리

동법은 제3장에서 생물자원시설에 대한 법적 근거를 두고 있다. 체계적인 생물자원의 보전 · 관리를 위한 법 · 제도가 미비하고, 시설 및 인력이 절대 부족한 현실을 감안할 때 일정한 시설 · 인력 등을 갖추어 등록한 생물자원시설에 대한 법적 · 제도적 지원 근거를

15) '질병진단'이란 죽은 야생동물 또는 질병에 걸린 것으로 확인되거나 걸릴 우려가 있는 야생동물에 대하여 부검, 임상검사, 혈청검사, 그 밖의 실험 등을 통하여 야생동물 질병의 감염 여부를 확인하는 것을 말한다(제2조 제9호).

16) '사육곰'이란 1981년부터 1985년까지 증식 또는 재수출을 목적으로 수입 또는 반입한 곰과 그 곰으로부터 증식되어 사육되고 있는 곰(제16조 제3항 단서에 따라 용도를 변경하고 환경부령으로 정하는 시설에서 관람 또는 학술 연구 목적으로 기르고 있는 곰은 제외)을 말한다(제2조 제10호).

마련하는 것은 중요하다. 이에 동법은 환경부장관으로 하여금 일정한 시설과 요건을 갖추어 등록된 생물자원보전시설에서 멸종위기야생생물 등을 보전하는 경우 그 비용의 전부 또는 일부를 지원할 수 있도록 하고(제37조 제1항), 생물자원보전시설의 설치비도 지원할 수 있도록 하며(동조 제2항) 생물자원에 관한 정보의 효율적인 관리 및 이용과 생물자원 보전시설간의 협력을 도모하기 위하여 정보교환체계를 구축하도록 하고 있다(제38조).

2. 생물자원관의 설치 · 운영 등

국가와 지방자치단체는 생물자원의 효율적인 보전을 위하여 생물자원관을 둘 수 있다. 생물자원관을 설치하는 경우에는 생물자원관의 효율적인 운영 및 관리를 위하여 생물자원의 분류 · 보전 등에 관한 관련 전문가를 두어야 한다(제39조).

3. 박제업자의 등록 등

야생동물의 박제품의 제조 또는 판매를 업으로 하려는 자는 시장 · 군수 · 구청장에게 등록하여야 한다(제40조 제1항). 등록을 한 자(박제업자)는 박제품(박제용 야생동물을 포함)의 출처 · 종류 · 수량 및 거래 상대방 등 환경부령으로 정하는 사항을 적은 장부를 갖추어 두어야 한다(동조 제2항).

시장 · 군수 · 구청장은 박제업자에게 야생동물의 보호 · 번식을 위하여 박제품의 신고 등 필요한 명령을 할 수 있으며(동조 제3항), 박제업자가 위 규정 또는 명령을 위반하였을 때에는 6개월 이내의 범위에서 영업을 정지하거나 등록을 취소할 수 있다(동조 제5항).

Ⅸ. 수렵관리

동법 제4장에서는 수렵장의 설정(제42조), 수렵동물의 지정(제43조), 수렵면허(제44조), 수렵강습(제47조), 수렵승인(제50조), 수렵보험(제51조), 수렵장의 위탁관리(제53조), 수렵장의 설정 제한지역(제54조), 수렵의 제한(제55조) 등 수렵관리와 관련한 규정을 두고 있다. 이 규정들은 대부분 구 '조수보호및수렵에관한법률'에 규정되어 있던 내용을 반영한 것이며, 수렵관리 및 규제 권한은 시장 · 군수 · 구청장에게 있다. 그러나 이러한 규정들은 야생동물을 보호한다는 측면보다 국민 레저로서의 수렵을 관리한다는 측면이 강하므로 다른 법에 규정하는 등 달리 규율할 필요가 있다고 생각한다.17)

17) 함태성, "한국의 자연공원보전법제의 현황 및 발전방향", 환경법연구 제28권 제2호, 2006. 8, 27면.

제 3 절 자연공원의 보전과 이용

국립공원 내에 골프장, 스키장, 관통도로가 속속 들어서고 대규모 휴양, 위락, 숙박시설이 설치되어 환경 및 생태계를 심각하게 훼손하고 있는 것이 현실이다. 절대적 보전대상인 자연공원이라는 귀중한 자원을 개발대상인 위락 내지 행락공간으로 인식하여, 무분별한 개발 및 이용을 해온 것이다. 이 같은 사실은 그 동안 우리가 보전위주로 자연공원을 관리하여오기보다는 개발위주로 관리해 왔음을 잘 말해주고 있다. 문제의 심각성은 지방자치제가 본격적으로 실시됨에 따라 많은 지방자치단체가 앞다투어 지방재정을 확충하고 지역경제를 활성화하기 위하여 개발사업을 추진하거나 계획하고 있어 그 정도가 더 심해질 가능성이 있다는 것이다.

자연공원관리는 개발적 성격보다 보전적 성격이 두드러져야 함에 틀림없으나 자칫 보전적 성격만을 내세우다보면 사유재산권의 침해라는 중대한 문제가 발생하게 되고, 이로 인하여 자연공원의 효율적인 자원관리가 힘들어질 수 있다. 이에 보전과 개발이 적절히 조화를 이룬 자연공원관리가 요구되는 것이다. 최근에는 '지속가능한 개발(sustainable development)'이라는 개념이 대두되어 보전과 개발을 잘 조화시킨 자원관리방안을 제시하고 있다는 점을 주목할 필요가 있다. 지속가능한 개발의 중심요소로는 미래세대를 위한 자연자원의 보전과 자원의 현명한 이용을 들 수 있는데, 자연공원제도란 바로 이러한 지속가능한 개발 개념에 잘 부합하는 것이라고 할 수 있다. 자연공원은 미래세대를 위해 현재세대인 우리가 개발을 유보하고 절대적으로 보전해야 할 자원이기 때문이다. 「자연공원법」도 "지속가능한 이용"을 명시적인 목적으로 내세우면서 이 점을 분명히 하고 있다(제1조).

자연공원의 보전에 있어서는 이와 같이 현재세대뿐만 아니라 미래세대까지 고려하여야 하기 때문에 지속가능한 개발의 개념을 바탕으로 하여야 한다. 이는 자연공원에 대한 개발압력이 증가하고 있는 시점에서 더욱 중요한 의미를 갖는다. 지속가능한 개발에 따라 자연자원의 보전과 개발을 조화시키는 것이 자연공원관리의 기본이 되는 것이지만 그 동안 우리나라의 자연공원은 「자연공원법」에 명시된 자연공원의 지정목적과 「자연환경보전법」에 규정된 자연환경보전원칙[1]과는 달리 자연환경의 보전이 경시되고 오히려 이용에 중점이 주어지면서 개발을 유도 내지 방치하는 방향으로 관리되어 왔다고 할 수 있다. 이제부터라도 보전을 우선적으로 고려하는 자연공원관리가 이루어져야 할 것이다. 자연공원은 "자연풍경지 그대로를 보호하는 것이 가장 좋은 보전 · 관리 방법"이므로[2] 환경을

1) 「자연환경보전법」은 제3조 제1호에서 "자연환경은 모든 국민의 자산으로서 공익에 적합하게 보전되고 현재와 장래의 세대를 위하여 지속가능하게 이용되어야 한다"라고 천명하고 있다.

2) 대법원 1997. 8. 29. 선고 97다19137 판결(출입금지 경고판을 무시하고 국립공원 내 위험지역에 들어가 사진을 찍다 실족하여 익사한 사건에서 국립공원관리공단의 손해배상책임을 부인한 사례); 서울고법 1998. 5. 15. 선고 97나45503 판결; 대법원 2001. 11. 9. 선고 2001다54045 판결.

훼손하는 행위에 대한 제한은 강화되어야 할 것이다.

자연공원의 관리를 근간으로 하는 「자연공원법」이 자연공원의 보전을 위한 다수 규정을 두고 있음에도 개발적 요소를 내재하고 있는 등 지속가능한 개발을 수용하기에는 아직도 미흡하다. 이에 보전과 개발의 조화를 구체적으로 실현할 수 있는 법률적 · 제도적 장치의 보완이 필요하다 할 것이다. 그 보완에는 공원지정 및 공원계획의 수립 시 공공참여의 실질적인 보장, 공원지정폐지와 공원구역 · 용도지구 변경 시 환경영향평가의 실시, 용도지구의 조정, 재산권 침해에 대한 적절한 보상 내지 주민지원 등이 고려되어야 할 것이다. 현행 공원의 관리가 주로 보전보다는 이용 위주로 이루어지고 있다는 점도 시정되어야 한다. 공원개발은 자연환경을 훼손하지 않는 범위 내에서 최소한에 그쳐야 하며, 자연생태계나 경관보호를 위하여 합리적인 단계 · 절차를 거쳐 일관성 있게 시행되어야 한다.

자연환경은 한번 훼손되면 원상태로 돌아오는 데 많은 시간이 소요되며 심지어 회생이 불가능한 경우도 있다. 이러한 관점에서 지속가능한 개발에 부합하는 자연공원의 관리방안이 모색되어야 한다. 자연환경의 보전을 본질로 하는 자연공원이 훼손될 경우 자연환경의 훼손은 필연적이고 그 결과는 명백한 것이다. 자연은 우리 후손에게 물려주어야 할 가장 값진 유산이다. 우리는 현재 우리가 누리고 있는 자연환경의 질적 수준과 최소한 같은 수준의 자연환경을 미래세대에 물려줄 책임이 있다. “우리가 땅을 소유하고 있는 것이 아니라, 땅이 우리를 잠시 소유하고 있는 것이다”라는 말은 여전히 유효하다. 이러한 관점에서 미래세대들이 쾌적하게 살아가기 위한, 개발의 지속을 위하여 유보해 둔 지역인 자연공원의 절대적 보전은 우리의 중요한 과제이다.

Ⅰ. 자연공원제도의 역사 및 존재 의의

국립공원으로 대표되는 자연공원제도는 그 역사가 1세기가 조금 지난 일천한 것이지만 전 세계적으로 크게 공감을 갖고 급속하게 확산되고 있다. 1872년 미국에서 옐로우스톤지역을 국립공원(Yellowstone National Park)으로 지정한 것을 시작으로 오늘날 대부분의 국가들은 국립공원제도를 운영하고 있다.[3] 국립공원의 개념에 대해서는 국가별로 차이가 있지만 주요한 개념은 자연자원의 보전과 이용에 있다.

국제자연보전연맹(IUCN)에서는 국립공원의 요건을 다음과 같이 제시한 바 있다: ① 상당한 면적을 지니고 있을 것; ② 한 가지 이상의 생태계가 인간의 개발이나 점용으로 인하여 훼손됨이 없이 학술적 · 교육적 · 위락적 가치가 있고 자연적으로 뛰어난 경관을 지니고 있을 것; ③ 국가의 주무기관이 그 지역(공원)에 대한 개발 · 점유를 신속하게 배

3) 1990년 현재 세계 141개국에서 국립공원제도를 채택, 운영하고 있으며, 1,392개소가 국립공원으로 지정되어 있다. 오구균 · 이경재, “국립공원 개발사업 무엇이 문제인가?”, 국립공원을 지키는 시민의 모임 · 응용생태연구회, 1994. 8, 11면.

제하는 조치를 취하고 국립공원으로의 지정 요인인 생태학적 · 지형학적 · 미학적 현상을 살릴 수 있도록 효과적인 강제를 할 수 있을 것; ④ 영감, 교육, 문화, 위락을 얻을 목적으로만 탐방자의 출입이 허가되어야 할 것.[4)]

우리세대가 지속적인 발전을 유지하기 위해서는 일정한 공간에 대하여는 개발을 유보하거나 억제하여야 할 필요가 있다. 수려한 자연경관과 보전가치가 있는 곳을 자연공원으로 지정하여 개발로 인해 발생하는 피해를 최소화하려는 자연공원제도가 바로 이러한 필요에 부응하는 것이다. 이러한 자연공원은 자연자원과 생태계 보호 기능을 일차적으로 수행하겠지만 이에 더 나아가 관광, 위락, 교육 기능 등도 수행하게 될 것이다.

우리나라에서 자연공원의 보전 · 관리와 관련된 법규는 많다. 예컨대, 자연공원 구역이 산림을 이루는 경우가 많은 관계로[5)] 「산림자원의 조성 및 관리에 관한 법률」과 관련이 많고, 자연공원 구역이 주로 자연 풍경지를 이루고 있다는 점에서 관광개발과의 관계도 많아 「관광진흥법」, 「온천법」, 「공중위생관리법」 등이 관련되어 있다. 또한, 사찰 등 문화재가 많아 「문화재보호법」과도 밀접히 관계되며, 공원구역 내의 각종 행위규제와 관련하여서는 「국토의 계획 및 이용에 관한 법률」, 「건축법」, 「체육시설의 설치 · 이용에 관한 법률」, 공원 진입도로의 설치 및 관리와 관련하여서는 「도로법」, 공원 내의 생태계, 환경보전 또는 야생동 · 식물 보호 등과 관련하여서는 「자연환경보전법」, 「야생생물 보호 및 관리에 관한 법률」 등이 밀접한 관계를 갖고 있다. 그러나 그 근간은 「자연공원법」이라 할 것이다.

「자연공원법」은 자연공원[6)]의 지정 · 보전 및 관리에 관한 사항을 규정함으로써 자연생태계와 자연 및 문화경관 등을 보전하고 지속가능한 이용을 도모함을 목적으로 하고 있다(제1조). 「자연공원법」은 자연공원을 지정과 관리 주체에 따라 국립 · 도립 또는 광역시립(도립) · 군립 · 시립 또는 구립(군립)공원으로 구분하면서, 자연공원을 대표하는 국립공원을 "우리나라의 자연생태계나 자연 및 문화경관을 대표할 만한 지역으로서 제4조 및 제4조의2에 따라 지정된 공원을 말한다"라고 정의하고 있는데(제2조 제2호),[7)] 결국 자

4) 국립공원관리공단, 국립공원백서, 2001, 41면; 석영철, 국립공원구역의 재조정 기준에 관한 연구, 서울대학교 환경대학원 석사학위논문, 1999. 2, 62면.

5) 국립공원지역은 대부분이 임야와 농경지로 이루어져 있는데 전체 국립공원들의 평균 임야 비중이 92.1%에 이를 정도로 특히 임야의 비중이 크다. 박용하 외 5, 환경 친화적 국립공원 관리방안 연구－국립공원 주민지원방안을 중심으로, 한국환경정책 · 평가연구원, 1999. 12, 8 내지 9면.

6) 공원에는 「자연공원법」상의 자연공원과 「도시공원 및 녹지 등에 관한 법률」상의 도시공원이 있는데 도시공원에는 생활권공원(소공원, 어린이공원, 근린공원)과 주제공원(역사공원, 문화공원, 수변공원, 묘지공원, 체육공원, 그 밖에 특별시 · 광역시 또는 도의 조례가 정하는 공원)이 있다(제15조).

7) 구 「자연공원법」은 국립공원을 "우리나라의 풍경을 대표할 만한 수려한 자연풍경지로서 제4조의 규정에 의하여 지정된 것을 말한다"라고 정의하였는데(제2조 제2호), 여기에 대하여는 자연공원의 실체적 요건으로 "수려한 자연풍경지"라는 요건만을 고수하게 되면 자칫 생태계 또는 생물다양성 보전, 교육, 문화, 과학적 연구 등을 위해 중요한 지역이 제외될 가능성이 있게 된다는 비판이 제기되었다. 자연공원 중에는 역사적 가치가 있는 유적자원이 산재해 있는 곳이 많은데, 자연공원은 자연풍경지의 보전 이외의 자연생태계보호, 국민휴양의 증진 등 다양한 목적을 위해 지정될 필요가 있다. 이러한 관점에서 "자연생태계나 경관을 대표할 만한 지역"을 실체적 요건으로 요구하는 현행 규정은 높이 평가할 만하다. 이에

연공원은 "자연생태계나 경관을 대표할 만한 지역"이라는 실체적 요건과 국가 또는 지방자치단체의 지정이라는 절차적 요건을 구비한 것을 의미한다.

현재 우리나라의 자연공원은 1967년 12월 29일 지리산국립공원이 최초의 국립공원으로 지정된 이후 2015년 말 현재 총 81개소(총면적 8,243㎢)로서 전국토의 8.2%를 차지하고 있는데,[8] 다른 나라 국가들에 비하여 그 수와 면적이 넓은 편이 아니다.[9] 자연생태계로서의 갯벌의 가치를 높게 평가하고, 갯벌이 발달한 연안을 국립공원으로 지정해 관리하고 있는 독일의 경우는 시사하는 바가 크다.[10]

Ⅱ. 지속가능한 개발

다른 환경문제와 마찬가지로 자연공원의 관리문제와 관련하여서도 오래 전부터 보전론과 개발론이 첨예한 대립을 보이고 있다. 무분별한 개발로 인해 자연환경이 훼손되면서 자연공원의 가치를 새롭게 정립하고 절대적으로 보전하자는 보전론과 날로 증가하고 있는 국민의 여가 또는 위락수요를 충족시키기 위하여 적극적인 개발이 필요하다고 주장하는 개발론이 팽팽히 대립하고 있는 것이다. 보전과 개발을 조화하는 일은 여간 어려운 일이 아니다. 특히 먼 미래세대를 위해 현재의 우리가 많은 희생을 해야 한다는 점에서 그러하다.

이러한 관점에서 보전과 개발을 잘 조화시킨 자원관리방안을 제시하고 있는 '지속가능한 개발'이라는 개념은 주목받을 만하다. 이 개념은 우리들의 후손인 장래의 세대가 필요로 하는 수요를 저해함이 없이 현재세대의 수요를 충족시키는 동시적 개념으로서의 개발을 내포하고 있으므로 미래세대를 위해 개발을 유보 내지 억제하는 자연공원제도의 중심이념에 잘 부합한다. 이러한 맥락에서 「자연공원법」은 자연공원의 지정 · 보전 및 관리의 제1원칙으로 다음과 같이 적절히 천명하고 있다: 자연공원은 모든 국민의 자산으로서 현재세대와 미래세대를 위하여 보전되어야 한다(제2조의2).

문제는 자연공원의 관리목표를 지속가능한 개발로 하였을 경우 현재 세대를 위한 수요를 어디까지 허용하느냐 하는 것이다. 이 문제는 공원지정과 장기간 방치에 따른 토지

따라 자원생태계로서의 가치가 높게 평가되고 있는 습지 등에 대해서도 자연공원으로 지정될 수 있는 길이 열렸다고 할 수 있다.

8) 이 중 국립공원이 22개소(총면적 6,656㎢, 전국토의 6.6%), 도립공원이 30개소, 군립공원이 27개소에 이르고 있다. 국립공원으로 지정된 곳은 지리산, 경주, 계룡산, 한려해상, 설악산, 속리산, 한라산, 내장산, 가야산, 덕유산, 오대산, 주왕산, 태안해안, 다도해해상, 북한산, 치악산, 월악산, 소백산, 변산반도, 월출산, 무등산, 태백산 등이다. 환경부, 환경백서, 2016, 364 내지 351면.

9) 국토면적이 넓은 미국(0.6%), 캐나다(1.3%)에 비하면 높으나, 일본(8.3%)에 비하면 낮은 편이다. 특히 국민 1인당 국립공원의 면적은 147㎡로 캐나다(5,679㎡), 미국(276.7㎡), 일본(281.2㎡)에 비하면 크게 낮은 편이다. 박용하 외 5(각주 6), 6면; 우리나라의 국토면적에 비추어 볼 때 국립공원 수는 매우 과다하다는 견해가 있다. 변우혁, "보존 측면에서의 국립공원 계획과 관리", 제11회 자연공원학술세미나 주제논문, 1990. 5, 21면.

10) "갯벌을 국립공원으로", 한겨레21 제180호, 1997. 10. 30.

소유자와의 마찰과 이에 따라 필연적으로 발생하는 소유권보호의 문제와 관련하여 복잡한 양상을 띠고 있다.

지속가능한 개발은 보전과 개발 어느 한쪽에 치우치지 않는 개념에 주목하여야 한다. 이러한 관점에서 자연공원의 관리목표를 지속가능한 개발로 하였을 경우 보전에 중점을 두면서 적정한 범위 내에서 현명하게 개발 · 이용을 하는 것이 중요하다. 다시 말하면, 자원조사를 거쳐 반드시 보전하여야 할 구역은 소수 정예화하여 집중적 · 영속적으로 보호하며, 그렇지 아니한 지역은 공원의 효율적 이용을 위해 환경적 영향이 없는 범위 안에서 최소한의 개발을 허용하는 보전위주의 정책이 유지되어야 한다.

Ⅲ. 자연공원의 보전

자연공원의 관리는 자연자원의 보전을 우선으로 하는 만큼 개발 · 이용은 엄격히 제한되어야 한다. 개발의 정도에 비례하여 자연환경 또는 생태계의 훼손이 크기 때문에 자연환경의 보호를 위하여 개발은 최소한에 그쳐야 한다. 자연공원법은 자연공원의 보전을 위한 다수 내용을 담고 있다. 예컨대, 공원의 지정, 공원계획의 수립, 용도지구 내에서의 행위제한, 공원구역 내에서 공원시설 훼손, 오물 · 폐기물투기 행위 등의 금지, 공원자원 보호, 공원사업 시행 등을 위한 일정지역의 출입금지, 자연자원의 조사 등이 그것이다.

1. 공원의 지정

가. 지정절차

「자연공원법」상 자연공원의 지정에는 지역 주민의견 청취, 관계 행정기관과의 협의, 각급공원위원회의 심의를 거쳐야 하는 복잡한 절차가 요구되고 있다(제4조 내지 제4조의4). 자연공원의 지정절차와 관련하여 주민참여의 기회가 보장되어 있다는 것은 중요한 의미를 갖는다. 일단 자연공원이 지정되면 그에 대하여 사실상 반대의사 표시를 하기 어렵고, 그에 따른 손해배상 또는 손실보상을 제대로 받지 못하는 현실적 상황에서 주민참여는 심각한 민원을 예방하게 되고 더 나아가 절차적 정의를 통한 지속가능한 개발을 가능하게 한다. 이러한 관점에서 주민설명회, 공청회를 개최하고 지역주민의 의견을 듣도록 한 것은 의미있는 것이다. 그러나 그 방법, 절차 등에 관한 규정이 미비하여 주민참여의 실효성이 제대로 확보될 수 있을지는 의문이다. 공원위원회에 다수의 민간환경전문가를 참여시켜 심의의 기준을 강화할 필요성도 같은 맥락에서 이해될 수 있을 것이다.[11)]

나. 고 시

자연공원 지정의 법형식은 고시이다(제6조).[12)] 공원지정처분은 그 결정 및 첨부된 도

11) 이석태, "자연공원법 개악을 우려함", 환경리포트 제13호, 1995. 5/6, 48면.

면의 공고로써 그 경계가 확정된다. 다시 말하면 공원지정행정처분은 그 결정과 결정된 도면의 공고로 완성되는 것이고, 그 밖에 도면에 의한 경계측량과 경계표시 설치행위(사실행위)가 있어야 완성되는 것이 아니다.[13] 공원으로 지정 · 고시된 국유토지는 시효취득의 대상이 되지 아니한다.[14]

공원으로 지정 · 고시만 되어 있을 뿐 장기간 공원계획이 수립되지 아니한 경우에는 재산권보호차원에서 문제가 될 수 있는데, 도시계획시설의 결정에 따른 토지재산권제한에 대한 손실보상의 필요성을 역설한 헌법재판소의 결정은 시사하는 바가 크다.[15] 한편, 대법원은 공원으로 지정 · 고시만 되어 있을 뿐 공원계획이 아직 수립된 바 없더라도, 그 공원 내에 무허가로 축조된 불법건축물을 그대로 방치하는 것은 앞으로의 적정한 공원계획의 수립, 실시에 큰 지장을 주게 되는 등 공익을 심히 해친다고 볼 것이므로 위와 같은 건물의 철거대집행통지처분은 적법하다는 취지로 판단한 바 있다.[16]

다. 지정의 기준

공원의 지정은 자연생태계, 경관 등을 고려하여 이루어져야 하는데, 구체적 기준은 동법 제7조와 동법 시행령 제3조에 비교적 상세히 명시되어 있다.

라. 지정의 해제 및 구역변경

공원은 군사상 또는 공익상 불가피한 경우와 천재지변이나 그 밖의 사유로 자연공원으로 사용할 수 없게 된 경우 및 공원구역의 타당성을 검토한 결과 공원의 지정기준에서 현저히 벗어나서 자연공원으로 존치시킬 필요가 없다고 인정되는 경우 등 법에서 인정되는 경우를 제외하고는 지정을 해제하거나 그 구역을 축소할 수 없다(제8조 제1항). 지정을 해제하거나 축소하는 경우에는 당해 지역주민의 의견을 들은 후 관계 중앙행정기관의 장과 협의하고 각급공원위원회의 심의와 상급관청의 승인을 요하는 복잡한 절차가 요구된다(제4조의2 제1항, 제4조의3 제2항, 제4조의4 제2항). 공원관리청은 공원의 지정기준에 맞는 공원주변지역이 있는 경우에는 당해 지역을 공원에 편입할 수 있다(제8조 제2항). 문제는

---

12) 고시는 일반적으로 행정기관 내부 통제와 지침을 목적으로 하는 것으로 일반국민과의 법률관계를 규정할 수 없는 것이기 때문에 공원지정을 고시로 하는 것은 문제가 있으며 그 법 형식은 최소한 시행령 형식을 취할 필요가 있다는 견해가 있다. 이상돈 외 2, "환경보전 관점에서 상수원지역, 국립공원 및 그린벨트지역 법령정비방안", 우리나라 환경법체계 정비에 관한 연구 Ⅱ-환경정책기본법, 상수원보호 및 그린벨트지역 법령정비를 중심으로, 한국환경정책 · 평가연구원, 1998. 12, 214면, 276면, 287면.

13) 대법원 1992. 10. 13. 선고 92누2325 판결; 대법원 1998. 5. 15. 선고 98두410 판결(공원지정처분의 공고 시 구역 표시에 일부 토지의 지번이 누락되었지만 그 첨부도면에 그 토지가 속한 구역이 공원에 포함되어 있는 것으로 표시된 경우, 위 공고가 무효라고 할 수 없다고 한 사례).

14) 대법원 1996. 7. 30. 선고 95다21280 판결.

15) 청구인들 소유의 토지들이 학교시설 부지로 지정된 이래 오랜 기간이 지났음에도 불구하고 사업시행이 되지 아니한 이른바, '도시계획장기미집행 사건'에서 헌법재판소는 "토지의 사적소유권이 배제된 상태에서 토지소유자로 하여금 10년 이상을 아무런 보상 없이 수인하도록 한 것은 공익실현의 관점에서도 정당화 될 수 없는 과도한 제한으로서 헌법상의 재산권 보장에 위배된다"고 판단하였다. 헌재 1999. 10. 21. 선고 97헌바26 전원재판부 결정.

16) 대법원 1990. 1. 23. 선고 88누11889 판결.

공원지정해제와 구역변경은 공익과 환경에 미치는 영향이 매우 크다는 것이다. 이러한 관점에서 공원지정의 해제와 공원구역의 변경의 경우 환경영향평가를 반드시 거치게 하는 등 절차를 강화할 필요가 있다는 주장이 설득력을 얻고 있다.[17]

2. 공원기본계획의 수립

환경부장관은 10년마다 국립공원위원회의 심의를 거쳐 자연공원의 보전 · 이용 · 관리를 위한 장기 발전방향을 제시하는 종합계획으로서 공원계획과 공원별 보전 · 관리계획의 지침이 되는 공원기본계획을 수립하여야 한다(제11조).

3. 공원계획의 수립

환경부장관 또는 지방자치단체장은 자연공원의 효율적인 보호 관리와 적정한 이용을 도모하기 위하여 공원계획을 결정하며 그 계획에 따라 공원 내에서의 행위 및 시설의 설치를 제한할 수 있다. 공원계획은 관할 시 · 도지사의 의견 청취, 관계 행정기관의 장과의 협의, 공원위원회의 심의 등 복잡한 절차를 거쳐 결정되는데(제12조 내지 제14조), 공원계획에 의하여 결정된 공원구역은 4개 용도지구(자연보존지구, 자연환경지구, 마을지구, 문화유산지구)로 구분되어 법에 정하여진 허용행위의 기준에 따라 차별 규제된다.

가. 공원계획의 법적 성질

공원계획은 공원을 보전 · 관리하고 알맞게 이용하도록 하기 위한 용도지구의 결정, 공원시설의 설치, 건축물의 철거 · 이전 그 밖의 행위제한과 토지이용 등에 관한 계획을 목적으로(제2조 제7호) 전문적 · 기술적 판단에 기초하여 행하는 일종의 행정계획으로서, 그 입안 · 결정에 광범위한 형성의 자유를 가진다. 그러나 행정주체가 가지는 이와 같은 형성의 자유는 무제한적인 것이 아니라 그 계획에 관련되는 자들의 이익을 공익과 사익 사이에서는 물론이고 공익 상호간과 사익 상호간에도 정당하게 비교 교량하여야 한다는 제한이 있는 것이다. 따라서 행정주체가 공원계획을 입안 · 결정함에 있어서 이익형량을 전혀 행하지 아니하거나 이익형량의 고려 대상에 마땅히 포함시켜야 할 사항을 누락한 경우 또는 이익형량을 하였으나 그 정당성과 객관성이 결여되어 비례의 원칙에 위반되었다고 볼 사정이 있는 경우에는 그 계획결정은 재량권을 일탈 · 남용한 것으로서 위법하다고 할 것이다.[18]

나. 공원계획의 결정

공원계획의 결정권자는 환경부장관, 시 · 도지사 또는 군수이다. 국립공원에 관한 공원계획은 환경부장관이 관할 시 · 도지사의 의견을 들은 후 관계 중앙행정기관의 장과 협의하고, 국립공원위원회의 심의를 거쳐 결정한다(제12조). 도립(군립)공원에 관한 공원계획

17) 이상돈 외 2(각주 12), 215면.
18) 대법원 1996. 11. 29. 선고 96누8567 판결; 대법원 1997. 6. 24. 선고 96누1313 판결.

은 관계 행정기관의 장과 협의하고 도립(군립)공원위원회의 심의를 거쳐 시 · 도지사(군수)가 결정한다(제13조 제2항, 제14조 제2항). 2 이상의 시 · 도(군)의 행정구역에 걸치는 공원계획을 입안하려고 할 때에는 관계 시 · 도지사(군수)는 협의하여 공동으로 입안하거나 그 입안할 자를 정하여야 한다(제13조 제3항, 제14조 제3항).

이러한 공원계획절차에 있어서 문제점은 환경단체 및 관계 전문가의 참여가 보장되지 않는다는 것이다. 지방자치단체가 개발사업을 확대하고, 규제를 완화하려는 상황에서 이들의 참여는 커다란 견제세력이 될 것임이 분명하다. 공원계획 수립 당시 공공참여가 제도적으로 보장된다면 공원 내의 골프장, 스키장, 대형 위락시설 등 환경에 심대한 영향을 미치는 개발사업은 쉽게 이루어질 수 없음이 분명하다. 이러한 관점에서 각급공원위원회에 시민단체나 환경관련 전문가를 다수 포함하는 것을 적극적으로 고려해 보아야 한다.

다. 고 시

공원계획의 법형식은 고시이다(제16조). 공원계획을 의회가 제정한 법률형식이 아닌 고시로 함으로써 편의적이고 비공개적인 행정 가능성이 상존하고 있는 셈이다.

라. 공원계획의 내용

공원계획에는 공원용도지구계획, 공원시설계획이 포함되어야 한다(제17조 제1항). 공원계획을 결정하거나 공원계획 중 환경부령으로 정하는 중요한 사항을 변경하는 경우에는 대통령령으로 정하는 바에 따라 그 계획이 자연환경에 미치는 영향을 미리 평가하여 이를 반영하여야 하는데(동조 제2항), 환경현황조사, 자연생태계 변화분석, 대기 및 수질변화분석, 폐기물 배출분석, 환경에의 악영향 감소방안에 관한 평가가 그것이다(시행령 제13조). 한편, 동법은 공원계획에 포함된 공원시설계획이 고시일부터 10년이 되는 날까지 공원시설 설치에 관한 사업을 착수하지 아니할 경우 실효되도록 하고 있는데(제17조의2), 이는 공원구역 주민의 재산권을 보호하고 공원시설계획의 실효성을 확보하기 위한 것으로 이해된다.

마. 공원계획의 변경

공원계획의 변경은 공원계획의 결정 절차에 따라 행한다(제15조 제1항). 공원관리청은 10년마다 지역주민, 전문가, 그 밖의 이해관계자의 의견을 수렴하여 공원계획의 타당성 유무(공원구역의 타당성 유무를 포함)를 검토하고 그 결과를 공원계획의 변경에 반영하여야 한다(동조 제2항).

위와 같이 「자연공원법」은 10년마다 공원계획에 대한 타당성을 조사할 때 공원구역에 대한 타당성도 검토하도록 하고 있으며, 그 결과를 토대로 공원구역을 조정할 수 있는 길을 열어 놓고 있다. 공원 내 행위제한에 따른 지역주민의 민원해결, 공원의 체계적 관리 등을 위하여 공원구역의 조정은 필요하다. 공원의 현명한 이용을 위해서는 공원계획 전반에 대한 철저한 검토가 이루어져야 할 것이다.

바. 공원별 보전 · 관리계획의 수립

동법은 공원관리청으로 하여금 공원계획에 연계하여 10년마다 공원별 보전 · 관리계획을 수립하도록 하고 있다(제17조의3 제1항). 이때 지역주민 · 관계 전문가 · 지역단체 등의 의견수렴과 관할 시장 · 군수 · 구청장 및 관계 행정기관의 장과의 협의 절차가 요구된다(동조 제2항).

사. 전통사찰의 의견수렴

2011. 4. 5. 개정 법은 공원관리청이 전통사찰의 경내지를 대상으로 공원계획의 결정 · 변경, 공원별 보전 · 관리계획을 수립하려는 경우 미리 해당 사찰 주지의 의견을 수렴하도록 하고 있다(제17조의4).

4. 용도지구의 결정

자연공원에서 개발이냐 보전이냐 하는 토지이용의 성격은 해당 지역의 용도지구가 무엇이냐에 따라 크게 달라진다. 지역경제의 활성화, 재정압박과 지역주민의 개발압력의 해소를 근거로 자연공원에 대단위 위락 · 휴양시설을 설치하자는 개발론자들의 주장과 자연공원은 자연풍경지 또는 자연생태계의 보고로써 다음세대들이 충분히 누릴 수 있게 온전하게 보전하여야 한다고 인식하면서 자연공원만큼은 반드시 지켜야 한다는 보전론자들의 주장은 용도지구 내의 행위제한과 관련하여 첨예하게 대립하고 있다. 이러한 관점에서 용도지구 내 행위제한은 「자연공원법」 및 더 나아가 공원계획의 핵심이라 할 만하다.

가. 용도지구 내 행위제한

공원관리청은 공원의 효과적인 보전과 이용을 도모하게 하기 위하여 다음 4개의 용도지구를 공원계획으로 결정한다:

① 자연보존지구(생물다양성이 특히 풍부하거나, 자연생태계가 원시성을 지니고 있거나, 특별히 보호할 가치가 높은 야생 동 · 식물이 살고 있거나, 경관이 특히 아름다운 곳으로서 특별히 보호할 필요가 있는 곳);

② 자연환경지구(자연보존지구의 완충공간[緩衝空間]으로 보전할 필요가 있는 지역);

③ 마을지구(마을이 형성된 지역으로서 주민생활을 유지하는 데에 필요한 지역);

④ 문화유산지구(지정문화재를 보유한 사찰과 전통사찰의 경내지 중 문화재의 보전에 필요하거나 불사(佛事)에 필요한 시설을 설치하고자 하는 지역)(제18조 제1항).

이러한 용도지구의 구분에도 불구하고 용도지구가 개념적으로 구분 · 지정되어 있을 뿐 경계를 지을 만한 표식이 불분명하여 이용자는 물론이고 관리인조차도 경계를 명확히 구분하기 어렵다.

위 용도지구 안에서의 허용행위 기준은 다음 ≪표≫와 같은데(동조 제2항), 제한행위 열거방식이 아닌 허용행위 열거방식을 채택하여 개발행위를 엄격히 금지하고 있다.[19] 허용행위 열거방식은 규제행위의 명확성과 수범자의 예견가능성을 해친다는 점에서 바람직한 규제방식은 아니나 규제되는 행위가 보다 광범위하다는 장점을 가진다. 행위제한의 정도는 문화유산지구에서 자연보존지구로 갈수록 강화되어 있다. 용도지구별 허용되는 행위기준은 시행령으로 정하고 있는데, 이는 해당 지역주민의 재산권 제한 및 불편과 직결된다는 점을 고려한 것으로 이해된다.

≪용도지구에서 허용되는 행위기준≫

구 분	허용행위
1. 자연보존지구	가. 학술연구, 자연보호 또는 문화재의 보존·관리를 위하여 필요하다고 인정되는 최소한의 행위 나. 대통령령으로 정하는 기준에 따른 최소한의 공원시설의 설치 및 공원사업 다. 해당 지역이 아니면 설치할 수 없다고 인정되는 군사시설·통신시설·항로표지시설·수원(水源)보호시설·산불방지시설 등으로서 대통령령으로 정하는 기준에 따른 최소한의 시설의 설치 라. 대통령령으로 정하는 고증 절차를 거친 사찰의 복원과 사찰경내지에서의 불사를 위한 시설 및 그 부대시설의 설치. 다만, 부대시설 중 찻집·매점 등 영업시설의 설치는 경내건조물이 정착되어 있는 토지 및 이에 연결되어 있는 그 부속 토지로 한정한다. 마. 문화체육관광부장관이 종교법인으로 허가한 종교단체의 시설물 중 자연공원으로 지정되기 전의 기존 건축물에 대한 개축·재축, 대통령령으로 정하는 고증 절차를 거친 시설물의 복원 및 대통령령으로 정하는 규모 이하의 부대시설의 설치 바. 「사방사업법」에 따른 사방사업으로서 자연 상태로 그냥 두면 자연이 심각하게 훼손될 우려가 있는 경우에 이를 막기 위하여 실시되는 최소한의 사업 사. 공원자연환경지구에서 공원자연보존지구로 변경된 지역 중 대통령령으로 정하는 대상 지역 및 허용기준에 따라 공원관리청과 주민(공원구역에 거주하는 자로서 주민등록이 되어 있는 자) 간에 자발적 협약을 체결하여 하는 임산물의 채취행위
2. 자연환경지구	가. 공원자연보존지구에서 허용되는 행위 나. 대통령령으로 정하는 기준에 따른 밀집하지 아니하는 공원시설의 설치 및 공원사업 다. 대통령령으로 정하는 허용기준 범위에서의 농지 또는 초지 조성행위 및 그 부대시설의 설치 라. 농업·축산업 등 1차산업행위 및 대통령령으로 정하는 기준에

19) 현행법상 제한행위 열거방식에는 생태·경관보전지역, 야생생물특별보호구역, 습지보호지역, 특정도서 등에서의 행위제한을 들 수 있다. 이에 반해 허용행위 열거방식에는 (자연공원)용도지구 외에 백두대간보호지역 내에서의 행위허용을 들 수 있다.

	따른 국민경제상 필요한 시설의 설치 마. 임도의 설치(산불 진화 등 불가피한 경우로 한정), 조림, 육림, 벌채, 생태계 복원 및 「사방사업법」에 따른 사방사업 바. 자연공원으로 지정되기 전의 기존 건축물에 대하여 주위 경관과 조화를 이루도록 하는 범위에서 대통령령으로 정하는 규모이하의 증축 · 개축 · 재축 및 그 부대시설의 설치와 천재지변이나 공원사업으로 이전이 불가피한 건축물의 이축 사. 자연공원을 보호하고 자연공원에 들어가는 자의 안전을 지키기 위한 사방 · 호안 · 방화 · 방책 및 보호시설 등의 설치 아. 군사훈련 및 농로 · 제방의 설치 등 대통령령으로 정하는 기준에 따른 국방상 · 공익상 필요한 최소한의 행위 또는 시설의 설치 자. 「장사 등에 관한 법률」에 따른 개인묘지의 설치(대통령령으로 정하는 섬지역에 거주하는 주민이 사망한 경우만 해당) 차. 허가받은 사업을 시행하기 위하여 대통령령으로 정하는 기간의 범위에서 사업부지 외의 지역에 물건을 쌓아두거나 가설건축물을 설치하는 행위 카. 해안 및 섬지역에서 탐방객에게 편의를 제공하기 위하여 대통령령으로 정하는 기간의 범위에서 관리사무소, 진료시설, 탈의시설 등 그 밖의 대통령령으로 정하는 시설을 설치하는 행위
3. 마을지구	가. 공원자연환경지구에서 허용되는 행위 나. 대통령령으로 정하는 규모 이하의 주거용 건축물의 설치 및 생활환경 기반시설의 설치 다. 공원마을지구의 자체 기능상 필요한 시설로서 대통령령으로 정하는 시설의 설치 라. 공원마을지구의 자체 기능상 필요한 행위로서 대통령령으로 정하는 행위 마. 환경오염을 일으키지 아니하는 가내공업
4. 문화유산지구	가. 공원자연환경지구에서 허용되는 행위 나. 불교의 의식, 승려의 수행 및 생활과 신도의 교화를 위하여 설치하는 시설 및 그 부대시설의 신축 · 증축 · 개축 · 재축 및 이축행위 다. 그 밖의 행위로서 사찰의 보전 · 관리를 위하여 대통령령으로 정하는 행위

나. 행위제한의 강화

주민의 불편해소 차원에서의 규제완화가 이루어져야 한다는 주장에 대하여 이러한 행위제한에도 불구하고 골프장, 위락시설 등이 계속해서 들어서는 등 무분별한 개발이 이루어지고 있는 것이 엄연한 현실인 점에 비추어 행위제한의 강화가 오히려 필요하다는 주장도 만만치 않다. 자연공원의 관리는 자연자원의 보전에 주안이 있는 것이므로 공원에의 시설입지는 원칙적으로 배제되어야 할 것이다. 이러한 관점에서 비록 '최소한'[20] 또는

'밀집하지 아니하는'이라는 조건이 붙어 있지만 자연자원의 절대적 보전지구인 자연보존지구나 자연환경지구 내에 공원시설의 설치가능성을 열어두고 있음은 문제라고 할 수 있다. 즉 공원시설의 범주에는 상업시설, 숙박시설, 휴양 및 편익시설 등이 망라되어 있는데(시행령 제2조) 보전 필요성이 강한 자연보존지구에도 공원시설의 명목으로 시설이 들어설 수 있게 되어 있는 것이다. 이는 재원확충에 혈안이 된 지방자치단체가 환경에 영향을 미치는 개발사업에 대하여도 허가를 주는 빌미를 제공할 수 있는 것이다.

문제의 시설이 공원시설인가의 여부에 대한 논란을 잠재우기 위하여는 그 규모와 유형을 엄격히 제한할 필요성이 있다. 이러한 관점에서 「자연공원법」 시행령 제2조 제3호에서 공원구역에 설치할 수 있는 공원시설에서 골프장 및 스키장을 제외함으로써 공원구역에서는 골프장 및 스키장을 설치할 수 없도록 한 것은 타당한 조치이다.[21] 법령에서 공원시설의 종류를 열거하고 있는 경우에도 구체적으로 해당 시설이 공원시설에 해당하는지 논란이 될 수 있다.[22] 이에 그 판단기준을 보다 명확히 제시할 필요가 있다.

지속가능한 개발을 위하여 자연공원의 관리는 보전할 곳은 소수 정예화하여 철저히 보전하되, 보전할 필요성이 없는 곳은 규제를 완화하여야 한다. 이러한 점에서 자연보존지구나 자연환경지구에서의 행위제한은 보다 강화하고 마을지구나 문화유산지구에서의 행위제한은 완화하는 것을 고려해 보아야 한다.[23]

다. 용도지구의 조정 필요성

자연공원의 지속가능한 개발을 위해서는 무엇보다도 용도지구가 적정하게 설정되어 있어야 한다. 생태계 실태에 대한 철저한 조사가 없이 예컨대, 보전 대상물이 아닌 단순 등고선 중심으로 도면상으로만 경계를 설정할 경우, 보전해야 할 지역이 지구 지정에서 누락되거나 거꾸로 보전 필요성이 없는 지역이 용도지구로 설정되어 재산권 침해와 생활 불편 등 불필요한 민원만 야기할 수 있다.[24] 용도지구의 조정 필요성은 자연보전과 별 관계가 없는 지역의 재산권행사 제한과 맞물리면서 탄력을 받고 있는 상황이다.

---

20) '최소한'이라는 개념은 불명확하고 막연한 개념으로 이를 해석하는 데 다양한 주장이 제시되면서 불필요한 논란을 야기할 우려가 있다. 이는 법집행과 관련해서 예상치 못한 부작용이 생길 수 있다는 점에서 부적절하다고 생각한다.

21) 서울행정법원 2000. 1. 7. 선고 99구2791 판결(가야산골프장 사건)에서 법원은 원고인 사업자가 가야산 국립공원 내 골프장설치사업시행허가를 받은 후 수년 동안 공사를 착공하지 않자 자연훼손, 문화재보호 등을 이유로 사업시행연장신청을 불허한 처분이 정당하다고 판단한 바 있다.

22) "구 자연공원법령에서 정한 공원시설에 관한 규정 형식, 내용 및 입법 취지 및 구 건축법령의 규정 내용을 종합하면, 구 자연공원법 시행령 제2조 제7호에서 말하는 '숙박시설'은 구 건축법 시행령 제3조의4 [별표 1] 제15호에서 정한 '숙박시설'로서 구 자연공원법의 입법 취지에 부합하는 시설을 의미한다고 보아야 한다."(대법원 2014. 2. 27. 선고 2012두22980 판결).

23) 조현권, 환경법 －이론과 실무－, 법률문화사, 1999, 403면.

24) 자연보존지구의 비율이 국립공원 8.5%, 도립공원 23.1%, 군립공원 27.1%로 군립공원, 도립공원, 국립공원의 순서로 자연보존이 강조되고 있는 느낌을 받는다. 자연공원의 자연보존지구의 설정이 원칙 없이 이루어지기 때문에 이러한 현상이 발생한다. 배달환경, 한국환경보고서, 1993, 92면. 주민참여가 배제된 채 도면상의 선긋기 식으로 구역설정이 이루어짐에 따라 취락시설, 농경지 등 많은 곳이 자연환경지구로 지정되어 주민 불편 및 민원이 제기되고 있다. 또한 공원구역 경계설정의 기준을 등고선으로 하여 현실적으로 이용하고 있는 지적경계, 자연적 · 인위적 지형지물 등 실제 토지이용 실태와 상당히 다른 차이가 나타나기도 한다. 박용하 외 5(각주 5), 19면.

자연보존지구는 당해 자연공원이 가지고 있는 자연자원 및 생태계의 보고 중의 보고로서, 보전 가치가 가장 높은 생태계를 대상으로 설정하고 고도의 제한을 가하여야 한다. 고도의 제한에도 불구하고 불법적인 산림훼손, 천연기념물과 희귀동 · 식물채취, 등산객을 상대로 한 영업행위 등 자연자원 및 환경파괴행위가 끊임없이 이루어지고 있는 현실을 고려할 때 자연보존지구의 확대지정은 필요하다고 할 것이다.[25] 광범위한 자연보존지구의 지정은 개발의 제한 요소로 작용할 것이기 때문이다. 자연보존지구의 지정 후에는 정확하고 정기적인 자연자원의 조사 및 실태파악이 이루어져 용도지구의 재조정 시 고려되어야 하는데 지정된 자연보존지구가 효율적으로 관리된다면 다른 지역의 추가적 편입에 따라 자연보존지구의 면적은 계속해서 확대될 것이다.

자연보존지구와 문화유산지구, 마을지구의 완충기능을 하는 자연환경지구는 전체 자연공원 면적에서 불균형적으로 큰 비중을 차지하고 있다.[26] 이러한 자연환경지구의 광범위성은 각각의 자연공원의 특성을 효율적으로 관리할 수 없게 하므로 그 세분화가 필요하다.[27] 자연공원 내의 자연자원을 보다 지속가능하게 보전하기 위해서는 자연환경지구를 포함한 용도지구의 세분화를 위한 근거 규정을 마련할 필요가 있다.

용도지구를 변경하는 경우는 그 영향이 특정한 개발사업의 경우에 비하여 오히려 클 수 있음에도 불구하고, 현행법은 환경영향평가를 요구하고 있지 아니하다. 이에 최소한 공원계획상의 용도지구를 완화하는 방향으로 변경하는 경우에는 자연보호의 강화 차원에서 환경영향평가를 거치도록 하는 입법적 보완이 필요하다.[28]

라. 재산권침해와 구제

용도지구 내의 행위제한은 자연공원의 보전이라는 공익을 위해 어느 정도 불가피한 규제라 할 것이나 제한을 받는 구체적인 개인으로서는 물가상승에 대한 기대상실, 이용의 금지, 소유권행사의 제한 등 불이익을 입게 되며, 특히 그 불이익이 심해 실질적으로 당

---

25) 우리나라 자연보존지역의 면적은 설악산, 속리산을 제외하고는 대부분이 30㎢ 미만으로서 소규모이다. 국제자연보전연맹(IUCN)에서 권고하는 생태계의 면적이 20~40㎢되어야 한다는 점을 고려할 때 우리나라와 같이 자연생태계 훼손이 심한 지역에서는 최소한 40㎢ 이상의 보존면적이 필요하다. 배달환경(앞의 글), 93면.

26) 국립공원의 용도지구의 비중은 자연보존지구 8.5%, 자연환경지구 89.6%, 취락지구 1.5%, 그리고 집단시설지구 0.4%로서 자연환경지구가 가장 큰 비중을 차지하고 있으며, 자연보존지구의 비중은 적은 편이다. 박용하 외 5(각주 5), 9면.

27) 변우혁(각주 9), 26면; 박용하 외 5(각주 5), 111면. "Corbett은 생물권 보존지역의 용도지구 선정개념 모식도에서 탐방활동이 생태계에 미치는 영향력을 고려하여 핵심지역(Core area), 완충지대(Buffer zone) 및 전이지역(Transition area)과 그리고 지역주민들의 정착 및 주거지(Human settlements), 연구 및 시험지(research station or experiment), 장기조사지(monitoring), 교육 및 훈련지(education and training), 관광 및 휴양지(tourism and recreation)로 구분하여 보전과 개발의 조화를 추구하고자 하였다. 그러나 국내 자연공원의 경우는 외국에 비해 면적이 좁고, 국립공원과 도립공원, 군립공원의 면적과 특성이 다르기 때문에 더욱 세분화된 용도지구의 지정으로 공원내의 허용행위나 개발수준을 조정할 수 있어야 할 것이다, 따라서 현행용도지구구분을 자연보존지구, 자연환경지구, 마을지구, 집단시설지구에서, 완전자연보존지구, 1종, 2종자연보존지구, 1종, 2종자연환경지구, 마을지구로 세분화하여 보존과 탐방행위의 수준을 조절하며, 현행 집단시설지구는 탐방밀도에 따라 개발지구, 개발유도지구, 공공시설지구로 세분화하여 탐방밀도를 조정해야한다." 황길식, "자연공원의 환경 친화적인 관리체계에 관한 연구 −남한산성 도립공원의 이용실태를 중심으로−", 한양대학교 대학원 석사학위논문, 1997, 95 내지 96면.

28) 이상돈 외 2(각주 12), 279면, 287면.

해 토지의 소유권 자체의 의미를 상실할 정도에 이를 경우에는 토지소유자의 불이익을 특별한 희생으로 인정하여 손실보상을 해주어야 하는 문제가 발생한다. 이 문제는 공원 내의 사유지문제[29]와 맞물리면서 매우 복잡하고 해결이 어려운 양상을 보이고 있는데, 특히 자연환경지구 내 건축물의 신축 · 증축이 문제되고 있다.[30] 사유재산권의 침해에도 불구하고 현행법이 이를 합리적으로 보상하는 장치를 갖추고 있지 못하다는 데 근본적인 원인이 있다.

「자연공원법」상 인정되는 손실보상은 공원계획의 변경이나 공익사업을 위해 공원관리청이 허가를 취소하거나 사업을 정지 또는 변경한 경우, 감독관청의 처분으로 인하여 공원관리청이 그 처분을 취소, 변경 또는 다른 필요한 조치를 함으로 인하여 손실이 생긴 경우(제73조, 제30조 제1항 제3호 · 제4호, 제32조), 또는 공원관리청이나 공원관리청의 명령 · 위임 또는 허가를 받은 자가 공원에 관한 조사 · 측량과 그 밖의 공원사업 시행을 위한 필요에 의해 타인의 토지를 출입하거나 일시 사용하는 경우, 또는 부득이하게 나무나 그 밖의 장애물을 제거 또는 변경한 경우(제73조, 제72조 제1항)로 한정되어 있다.

동법은 손실보상에 관한 규정 외에 보상에 관한 여러 규정들을 두고 있는데, 공원사업에 포함되는 토지와 그 토지에 정착된 물건에 대한 소유권 그 밖의 권리의 수용 · 사용과 이에 대한 손실보상 및 환매권 규정(제22조), 협의에 따른 토지 등의 매수에 관한 규정(제76조), 매수청구권 규정(제77조, 제78조) 등이 그것이다. 이러한 조치들은 완전하지는 않지만 용도지구 내 행위제한, 공원구역의 출입제한 · 금지로 인한 재산권 제한에 대한 보상적 조치가 될 수 있다.

「자연공원법」이 용도지구 내의 행위제한으로 인한 손실보상을 두고 있지 아니한 것은 헌법 제23조 재산권보장과 관련하여 위헌의 소지가 있는데(판례 [1] 참조),[31] "(공원 또는 용도지구)지정으로 말미암아 당해 토지의 이용가능성이 배제되거나 또는 토지소유자가 토지를 종래 허용된 용도대로도 사용할 수 없기 때문에 이로 말미암아 현저한 재산적 손실이 발생하는 경우에는 원칙적으로 사회적 제약의 범위를 넘는 수용적 효과를 인정하여 국가나 지방자치단체는 이에 대한 보상을 하여야 한다."[32]

---

29) 국립공원지역의 토지 중에서 사유지는 1,322.602㎢로 전체 지역의 20.43%(사찰지역을 포함할 경우에는 43%)에 이르는데, 전체 국립공원 면적 중에서 국유지인 해상지역 면적이 전체 면적의 40.9%로서 많은 비중을 차지하고 있다는 점을 고려할 경우에는 그 비중이 훨씬 증가하여 각 공원별 실제 사유지 면적율은 40% 이상에 달한다. 박용하 외 5(각주 5), 10면.

30) 자연환경지구에서는 건축물의 신축행위는 금지되고 증축 · 개축 · 재축 및 이축은 제한된 범위에서 허용되나 그러한 행위도 공원관리청의 허가를 받아야 한다(제23조 제1항 제1호). 이는 자연보존지구의 완충공간으로 보전할 필요가 있는 지역을 자연환경지구로 지정한 것이므로 지정당시의 상태에 따른 현상유지적 혹은 현상개량적 사용 이상의 건축행위를 허용하는 것은 자연환경지구의 지정목적에 반하기 때문이다.

31) 조현권(각주 23), 172면.

32) 헌재 1999. 10. 21. 선고 97헌바26 결정; 헌재 1998. 12. 24. 선고 89헌마214 결정.

[1] 자연공원법 제4조의 위헌 여부: 헌재 2003. 4. 24. 선고 99헌바110 전원재판부 결정

[재판관 한대현, 재판관 김영일, 재판관 송인준, 재판관 주선회의 헌법불합치의견]

가. 재산권의 내용과 한계에 관한 규정이자 사회적 구속성을 구체화하는 규정

이처럼 헌법상의 재산권은 토지소유자가 이용가능한 모든 용도로 토지를 사용할 권리나 가장 경제적 또는 효율적으로 사용할 수 있는 권리를 보장하는 것은 아니며, 입법자는 중요한 공익상의 이유로 토지를 일정용도로 사용하는 권리를 제한할 수 있다. 따라서 토지의 개발이나 건축도 합헌적 법률로 정한 재산권의 내용과 한계 내에서만 가능한 것이다.

자연생태계와 자연풍경지의 보호 등을 목적으로 국립공원을 지정하도록 하는 이 사건 법률조항과 이를 근거로 토지사용을 제한하는 구법조항들(법 제16조, 제23조, 제36조)은 입법자가 토지재산권에 관한 권리와 의무를 일반 · 추상적으로 확정하는, 재산권의 내용과 한계에 관한 규정이면서 동시에 재산권의 사회적 제약을 구체화하는 규정이다. 모든 토지에는 그의 위치, 성질 및 자연과 풍경과의 관계, 즉 토지의 고유상황에서 나오는 재산권의 내재적 한계가 있는데, 토지소유자는 재산권의 행사에 있어서 토지의 이러한 고유한 상황을 고려하여 모든 토지를 그의 위치 및 상황에 적합하도록 사용해야 한다는 사회적 제약을 받으며, 한편 입법자는 토지소유자로 하여금 토지의 상황에 상응하게 재산권을 행사하도록 규율할 수 있다. 따라서 지역의 풍경을 대표하는 수려한 풍경지이기 때문에 공원구역 지정의 요건을 충족시키는 토지에 대하여 자연보존을 목적으로 부과되는 자연공원법상의 현상유지의무나 사용제한은 토지의 위치와 주변환경에 비추어 토지재산권에 내재하는 제한을 구체화한 것으로서 사회적 제약의 한 표현이라고 볼 수 있다.

즉 국립공원 구역의 지정으로 인한 개발가능성의 소멸과 그에 따른 지가의 상대적인 하락이나 지가상승률의 감소는 토지소유자가 감수해야 하는 사회적 제약의 범주에 속하는 것으로 보아야 한다. 구역지정 당시의 상태대로 토지를 사용 · 수익 · 처분할 수 있는 이상, 구역지정으로 인한 토지이용의 제한은 원칙적으로 사회적 제약의 범주를 넘지 않기 때문에, 토지이용의 이러한 제한이 부동산시장에서 현실적으로 나타난 결과인 지가의 상대적 하락은 일반국민이 수인해야 하는 사회적 제약으로 보아야 하기 때문이다.

나. 비례의 원칙의 위반 여부

(1) 위에서 본 바와 같이 토지재산권의 강한 사회성 · 공공성으로 인하여 다른 재산권에 비하여 보다 강한 제한과 의무가 부과될 수 있으나, 토지재산권에 대한 제한입법 역시 다른 기본권에 대한 제한입법과 마찬가지로 과잉금지의 원칙을 준수해야 하고 재산권의 본질적 내용인 사적유용성(私的有用性)과 원칙적인 처분권(處分權)을 부인해서는 안 된다. 토지에 대한 사용제한이 언제 토지재산권의 내재적 한계로서 허용되는 사회적 제약의 범위를 넘어 특별한 재산적 손해를 발생시키는가의 문제를 판단함에 있어서, 다음의 2가지 관점이 유용한 기준을 제공한다(헌재 1998. 12. 24. 89헌마214등, 판례집 10－2, 927, 953－954 참조).

첫째, 토지소유자가 종래 합법적으로 허용된 사용가능성을 이미 현실적으로 행사했는가 하는 점이 중요한 의미를 가진다. 헌법상의 재산권은 무엇보다도, 토지소유자가 종래의 재산권적 법질서가 존속하리라는 신뢰하에서 그의 토지에 가치를 창설한 경우 법질서의 변경에 의하여 토지에 형성된 가치가 갑자기 박탈되거나 절하되는 것으로부터 보호한다. 예컨대 자신의 토지를 농업용으로 사용하기 위하여 토지를 농지로 형성하거나, 대지에 건축물을 설치한 경우 등과 같이 토지소유자가 당시의 법질서를 신뢰하여 그에 부합되게 무엇인가를 실행에 옮겼고 이로써 자본이나 노동을 투입하여 그의 토지를 변화시켰다면, 토지소유자는 법률의 개정이나 토지재산권의 내용을 새로이 규율하는 규정으로부터 보호를 받아야 한다.

이와 같이 기존에 형성된 가치와 상태는 보상 없이는 박탈할 수 없는 재산권적 지위를 가지므로, 일단 합법적으로 설치된 건축물이 법률의 제·개정으로 인하여 사후에 불법적으로 된 경우에도 이미 한번 합법성을 부여받은 건축물은 행정청의 철거명령 등으로부터 보호되어 그 상태의 존속을 주장할 수 있다. 종래 합법적으로 행사된 토지사용권과 그로 인하여 형성된 상태는 이를 변경하려는 입법자에 대하여 계속 그의 존속을 관철할 수 있으며, 따라서 입법자는 보상 없이는 종래의 합법적인 상태나 사용을 제거 또는 금지할 수 없는 것이다. 그러므로 새로운 법규정으로 이미 실현된 토지사용을 배제한다면, 다시 말하여 구역지정 후 토지를 종래 합법적으로 행사된 토지이용의 목적으로도 사용할 수 없는 경우에는 토지재산권의 제한을 단순히 사회적 제약으로 판단할 수 없고 수용적 효과를 인정해야 한다.

둘째, 사용제한으로 인하여 토지소유자에게 법적으로 허용되는 사적 효용을 가져오는 사용방법이 없기 때문에 토지재산권의 사적 효용성이 폐지된 경우에도, 사회적 제약의 한계를 넘는 특별한 재산적 손해가 발생하였다고 보아 수용적 효과를 인정해야 한다.

(2) 앞에서 본 바와 같이, 국립공원구역지정 후 토지를 종래의 목적으로 사용할 수 있는 원칙적인 경우의 토지소유자에게 부과하는 현상태의 유지의무나 변경금지의무는, 토지재산권의 제한을 통하여 실현하고자 하는 공익의 비중과 토지재산권의 침해의 정도를 비교해 볼 때, 토지소유자가 자신의 토지를 원칙적으로 종래 용도대로 사용할 수 있는 한 재산권의 내용과 한계를 비례의 원칙에 부합하게 합헌적으로 규율한 규정이라고 보아야 한다. 그러나 입법자가, 국립공원구역지정 후 토지를 종래의 목적으로도 사용할 수 없거나 토지를 사적으로 사용할 수 있는 방법이 없이 공원구역 내 일부 토지소유자에 대하여 가혹한 부담을 부과하면서 아무런 보상규정을 두지 않은 경우에는 비례의 원칙에 위반되어 당해 토지소유자의 재산권을 과도하게 침해하는 것이라고 할 수 있다.

구체적으로 예를 들면 첫째, '자연보존지구'는 자연경관과 생태계를 그대로 보존하는 것을 주된 목적으로 삼고 있으므로, 토지소유자가 산림을 경제적으로 활용할 수 있는 일체의 행위가 금지된다. 따라서 토지소유자에게 그의 토지가 단지 명목상으로만 귀속되었을 뿐 실제로 사익을 위해서는 전혀 사용할 수 없고 오로지 공익만을 위해서 존재해야 한다면, 사실상 토지와 소유자와의 귀속관계가 단절되어 토지의 사적 효용성이 폐지되었고 이는 곧 국민이 수인해야 하는 사회적 제약의 범위를 넘었다고 할 것이다. 이러한 경우 자연경관을 해치지 않는 범위 내에서 야생식물의 채취 등 부분적으로나마 사적 효용을 가능하게 하는 허가규정을 삽입하고 국가가 허가를 거부하는 경우에는 손실을 보상하는 규정을 마련함으로써 토지소유자의 가혹한 부담을 완화하거나, 아니면 원시적 자연상태대로 보존할 필요성이 있다면 입법자는 토지소유자의 사적 효용성을 배제하는 대신 그에 대한 보상규정을 두어야 할 것이다. 나아가 토지소유자에게 사적 효용성이 소멸한 토지를 계속 보유하도록 하는 것은 경제적으로 무의미하므로, 장기적으로는 국가나 지방자치단체에 대하여 토지의 매수를 청구할 수 있는 권리를 토지소유자에게 부여하는 것이 바람직할 것이다.

둘째, 토지소유자가 공원구역으로 지정되기 전에 영림(營林)을 목적으로 그 당시의 법질서에 따라 조림 · 육림을 통하여 토지상황을 적극적으로 형성한 경우에는 입법자가 보상 없이는 박탈할 수 없는 재산권적 지위를 획득한 것으로 보아야 할 것이다. 마찬가지로 자연보존지구 안의 토지를 이미 농지나 대지로 합법적으로 이용한 경우에도 구역지정으로 인하여 종래의 용도대로 더 이상 사용할 수 없다면 사회적 제약의 한계를 넘는 특별한 재산적 손해가 발생했다고 보아야 한다.

셋째, '자연환경지구' 안에 위치하는 '나대지'의 경우에도 기존 건축물의 증축 · 개축만 허용될 뿐 신축을 할 수 없으므로, 토지관련 공부에 지목이 대지로 되어 있고 지정 당시 이미 나대지로 형성되어 토지의 현상도 지목과 일치한다면, 나대지의 소유자에게는 구역지정으로 인하여 토지의 이용이 사실상 폐지되는 효과가 발생하기 때문에, 토지소유자에게 보상 없이는 박탈할 수 없는 재산권적 지위를 인정해야 한다.

다. 소 결

결론적으로 이 사건 법률조항은 자연공원구역으로 지정된 토지에 대하여 원칙적으로 지정 당시에 행사된 용도대로 사용할 수 있는 한, 이른바 재산권에 내재하는 사회적 제약을 비례의 원칙에 합치하게 합헌적으로 구체화한 규정이라고 할 것이다. 그러나 예외적으로 종래의 용도대로 토지를 사용할 수 없거나 사적 효용의 가능성이 완전히 배제되는 경우에도 아무런 보상 없이 이를 감수하도록 규정하고 있는 한 이러한 부담은 법이 실현하려는 중대한 공익으로도 정당화될 수 없는 과도한 부담이므로, 이러한 한도 내에서 이 사건 법률조항은 비례의 원칙을 위배하여 당해 토지소유자의 재산권을 과도하게 침해하는 위헌적인 규정이다.[33)]

---

33) 법 제4조는 사유토지를 국립공원으로 지정함에 있어 정당한 보상을 전제로 하지 아니하였고 제43조 제1항은 사유토지에 대한 국립공원지정처분으로 인한 손실보상에 대해 아무런 규정을 두지 아니하였는바, 이들 규정은 헌법 제23조 제1항 및 제37조 제2항의 규정에 위반하여 재산권의 본질적 내용을 침해하였을 뿐만 아니라 헌법 제23조 제3항에서 규정한 정당보상의 원리에도 위반된다는 취지의 위헌심판청구에 대하여 재판관 한대현, 재판관 김영일, 재판관 권성, 재판관 송인준, 재판관 주선회의 의견은 청구인들의 심판청구는 적법하므로 본안에 들어가 심판해야 하고, 그 중 재판관 한대현, 재판관 김영일, 재판관 송인준, 재판관 주선회의 의견은 이 사건 법률조항은 헌법에 합치하지 아니한다는 것이고, 재판관 권성의 의견은 이 사건의 심판대상은 신법 제4조가 되어야 하고 동 조항은 위헌이라는 것이며, 재판관 윤영철, 재판관 하경철, 재판관 김효종, 재판관 김경일의 의견은 이 사건 심판청구는 재판의 전제성이 없어 부적법하므로 각하하여야 한다는 것이었다. 그 결과 헌법재판소는 「헌법재판소법」 제23조 제2항 제1호에 규정된 법률의 위헌결정에 필요한 정족수 6인에 미

자연공원의 지정으로 인하여 손실을 입은 개인은 헌법 제23조 제3항을 근거로 손실보상을 청구하거나, 손실보상 규정을 두고 있지 아니한 「자연공원법」이 위헌무효라고 하면서 국가 또는 지방자치단체를 상대로 불법행위에 기한 손해배상청구를 할 수 있을 것이다.

사유지를 공원구역이나 용도지구로 지정받아 불이익을 입고 있는 토지소유자에 대하여 사회가 무신경한 것은 사회정의에 반하는 것으로, 해당주민의 끊임없는 민원을 유발함에 따라 효율적인 자연공원관리를 불가능하게 하는 것이다. 결국 재산권을 침해받고 있는 소유자에 대한 적극적 배려는 자연공원의 지속가능한 개발을 위해 중요한 것으로서, "입법자는 매수청구권이나 수용신청권의 부여, 지정의 해제, 금전적 보상 등 다양한 보상가능성을 통하여 재산권에 대한 가혹한 침해를 보상하여야 한다."[34] 보유세의 감면과 '자연보존지구'와 같은 절대 보전지구 내에서 자연경관을 해치지 않는 범위 내에서 야생식물의 채취 등 부분적으로나마 사적 효용을 가능하게 하는 허가 규정을 두고 국가 또는 지방자치단체가 허가를 거부하는 경우, 그 손실을 보상토록 하자는 제안도 경청할 필요가 있다.[35]

동법 제77조에서 매수청구권 제도를 도입한 것은 중요한 의미를 갖는다. 이에 따르면 일정한 자[36]에게 매수청구권이 인정되는데, 공원관리청은 매수청구를 받은 토지가 대통령령으로 정한 판정기준에 해당되는 때에는 이를 매수하여야 한다(동조 제2항 · 제3항).[37] 매수청구권이 인정되기 위해서는 그 대상이 "효용이 현저히 감소된 토지" 또는 "해당 토지의 사용 · 수익이 사실상 불가능한 토지"이어야 한다. 매수 대상토지의 판정기준이 매수청구일 현재 당해 토지의 개별공시지가가 그 토지가 소재하고 있는 자연공원 안의 동일한 용도지구에 있는 읍 · 면 · 동의 같은 지목의 개별공시지가 평균치의 70퍼센트 미만이기 때문에(시행령 제43조), 그 범위는 축소되어 있다. 매수예상가격은 매수청구당시의 '개별공시지가'로 하고 있는데(시행령 제44조 제3항), 정당한 보상 차원에서 감정평가가격으로 매수하는 것이 바람직하다.[38]

달한다는 이유로 합헌 결정을 하였다.

34) 헌재 1999. 10. 21 선고 97헌바26 결정. 이에 반해 공원구역 내의 사유지에 대해 보상은 필요 없으며, 다만 고통분담차원에서 공원지정의 목적에 반하지 않는 한도 내에서 공원구역 내의 주민들에 대한 지원을 하는 것이 필요하다는 견해가 있다. 이상돈 외 2(각주 12), 287 내지 288면.

35) 강현호, "자연공원구역의 지정과 재산권 보호의 조화방안", 환경법연구 제26권 제1호, 2004. 4, 14면. 참고적으로 일본 「自然公園法」은 "국가는 국립공원에 관하여, 도도부현은 국정공원에 관하여, 제13조 제3항(특별지역), 제14조 제3항(특별보호지구) 또는 제24조 제3항(海中公園地區)의 허가를 받을 수 없거나, 제25조(조건)의 규정에 의하여 허가에 조건을 부가받거나, 또는 제28조 제2항에 의한 처분을 받기 때문에 손실을 받은 자에 대하여 통상 생기는 손실을 보상한다"고 규정함으로써(제52조), 토지소유자가 토지이용을 위한 허가를 신청하였으나 거부당한 경우 손실보상을 하도록 하고 있다.

36) 토지 매수의 청구자는 "자연공원 지정 당시부터 그 토지를 계속 소유한 자, 토지의 사용 · 수익이 사실상 불가능하게 되기 전에 해당 토지를 취득하여 계속 소유한 자 또는 그 토지를 상속받아 계속 소유한 자"에 해당되어야 한다(제77조 제1항).

37) 「백두대간 보호에 관한 법률」(제10조의2)에서도 이와 유사하게 산림청장으로 하여금 일정한 토지소유자로부터 매수청구를 받은 경우 토지를 매수하도록 하고 있다. 의무화 여부에 차이가 있지만 이 밖에도 「습지보전법」 제20조의2, 「개발제한구역의 지정 및 관리에 관한 특별조치법」 제17조, 「한강수계 상수원수질개선 및 주민지원 등에 관한 법률」 제7조, 3대강수계법 각 제8조 등은 일정한 경우 소유자에게 매수청구권을 인정하고 있다.

38) 허강무, "도립공원제도에 관한 소고", 환경법연구 제29권 제2호(2), 2007. 8, 663면.

손실보상방법의 대안으로는 개발이익을 환수하여 규제 손실을 보상하는 ZSAFED(Zoning by Special Assessment Financial Eminent Domain)[39]와 개발권양도제(Transfer of Development Rights: TDR)[40]가 제시되고 있으며,[41] 최근에는 보다 근본적인 방법으로서, 자연공원 내 사유지의 국 · 공유화까지 제시되고 있다.[42] 예산상의 이유로 국 · 공유화가 어려운 경우에는 환경친화적 관리계약의 체결, 임대차의 활용, 지상권의 설정, 토지의 교환 등을 다각적으로 검토할 필요가 있다. 자연공원의 절대적 보전을 위하여 시민들이 자발적으로 공원지역의 토지를 매수하려는 국민신탁(National Trust)운동도 국 · 공유화와 같은 맥락으로 이해할 수 있다.

5. 생태축 우선의 원칙

동법은 공원구역 내에 도로 · 철도 등의 시설물 또는 구조물을 설치함에 있어서 생태축 우선의 원칙을 준수하도록 하고 있다(제23조의2).

6. 방치된 물건 등의 제거 등

동법은 자연공원의 효율적인 관리를 위하여 공원관리청에게 공원구역 내에 방치된 물건 등의 제거명령권 및 제거권을 부여하고(제24조의2 제1항), 소속 직원으로 하여금 관계인 등에 대하여 조사를 할 수 있도록 하며(제24조의3), 자연공원의 환경오염예방, 탐방질서유지, 경관보전 등 불가피한 경우에는 지역주민의 퇴거 등 필요한 조치를 할 수 있도록 하고 있다(제24조의4).

7. 자연공원에서의 행위금지

누구든지 자연공원에서 다음에 해당하는 행위를 하여서는 아니 된다: ① 자연공원의 형상을 해하거나 공원시설을 훼손하는 행위;[43] ② 나무를 말라죽게 하는 행위; ③ 야생

---

39) 이는 용도지정으로 이익을 본 토지소유자에게 수익자 부담금을 징수함으로써 개발 또는 규제로 인하여 손실을 본 토지소유자에게 보상을 하여주는 제도이다.

40) 이는 토지의 소유권과 개발권을 분리하여 개발을 제한할 필요가 있는 지역(송출지역: sending district)의 토지소유자에 대해 해당 토지를 개발하지 못하게 하는 대신, 그에 상당하는 개발권을 부여하여 개발을 유도하는 지역(수용지역: receiving district) 안에서 행사할 수 있도록 하는 것이다. 이에 따라 토지소유자는 개발을 위해 필요한 타인에게 개발권을 양도함으로서, 송출지역에서 발생하는 손실을 보전받게 된다.

41) 박용하 외 5(각주 5), 116면. 개발권양도제에 대하여 자세한 내용은 홍완표, "미국의 TDR에 관한 연구 –환경보전사례와 문제점을 중심으로–", 환경법연구 제20권, 1998, 397면 이하; 김형성 외 3, "환경보전을 위한 토지 이용관계의 합리화 방안", 성균관대학교 비교법 연구소, 1998. 5, 291면 이하; 최혁재 · 최수, 토지이용규제 손실보전수단으로서의 개발권양도제 도입 및 활용방안 연구, 국토연구원, 2002, 9 내지 10면; 김상용, 토지법, 법원사, 2004, 217면 이하 참조.

42) 자연공원 내의 사유지를 매수할 경우에는 공원계획에 따라 용도지구계획으로 행위제한이 엄격한 지구 내부터 실시해야 한다. 노융희, "자연공원관리의 위약성–법제적 측면에서 본 관리주체를 중심으로", 제10회 자연공원학술세미나 주제논문, 1989, 31면. 현재 사유지가 25% 정도인 우리나라와 100% 국유지로 되어 있는 미국 및 85% 가량이 국유지로 되어있는 일본 실정을 비교할 때, 국립공원 내의 사유지를 점진적으로 수용하여 환경보전의 실질을 구현하는 정책적 필요성이 크다. 이석태(각주 11), 50면.

43) 대법원 2002. 3. 29. 선고 2001도6904 판결(공원구역 안에서 자생하고 있는 나무의 상당량에 농약을 투입하여 말라죽게 함으로써 공원의 외관에 실질적인 변경을 초래한 행위를 공원의 형상을 해하는 행위로 본 사례).

동물을 잡기 위하여 화약류 · 덫 · 올무 또는 함정을 설치하거나 유독물 · 농약을 뿌리는 행위; ④ 제23조 제1항 제6호에 따른 야생동물의 포획허가를 받지 아니하고 총 또는 석궁을 휴대하거나 그물을 설치하는 행위; ⑤ 지정된 장소 밖에서의 상행위; ⑥ 지정된 장소 밖에서의 야영행위; ⑦ 지정된 장소 밖에서의 주차행위; ⑧ 지정된 장소 밖에서의 취사행위; ⑨ 지정된 장소 밖에서 흡연행위; ⑩ 오물이나 폐기물을 함부로 버리거나 심한 악취가 나게 하는 등 다른 사람에게 혐오감을 일으키게 하는 행위; ⑪ 그 밖에 일반인의 자연공원 이용이나 자연공원의 보전에 현저하게 지장을 주는 행위로서 대통령령으로 정하는 행위[44](제27조).

8. 출입금지

공원관리청은 공원자원 보호, 훼손된 자연의 회복 등을 위해 일정한 지역을 자연공원특별보호구역 또는 임시출입통제구역으로 지정하여 사람의 출입 또는 차량의 통행을 금지 · 제한하거나, 일정한 지역을 탐방예약구간으로 지정하여 탐방객 수를 제한할 수 있다(제28조 제1항). 자연휴식년제[45]와 한시적인 입산통제도 그 일환으로 이해할 수 있다. 그러나 "공익상 필요하다고 인정하는 경우"와 같은 출입금지 요건은 포괄적이고 막연하여 구체적인 경우 자의적인 행사가 이루어질 수 있다. 이에 그 요건을 보다 투명하고 구체적으로 정할 필요가 있다.

출입금지제도는 원시적 자연성을 갖춘 지역에 대한 공원자원 및 경관의 보존 · 관리나 자연생태계가 훼손된 지역의 복원을 위하여 또는 산불이나 폭설, 태풍 등이 염려되는 위험지역에 대한 공원 탐방객의 안전을 위하여 필요한 기간 동안 사람의 출입이나 차량의 통행을 제한 또는 금지하려는 것이다. 산불이나 폭설, 태풍 등이 염려되는 위험지역에 대한 출입제한 · 금지는 소방방재청의 사전조사나 기상청의 기상예보에 따라 위험이 예상되는 기간 동안 이루어질 것이고, 자연생태계의 보호와 회복을 위한 출입제한 · 금지는 해당지역의 상태에 따라 그 기간이 달라질 것이다. 이러한 출입제한 또는 금지는 모든 용도지구에 가능한 조치이지만, 그 취지를 고려할 때 자연보존지구나 자연환경지구에 주로 적용될 것이다.

동법은 소극적으로 공원구역에 대한 사람의 출입 또는 차량의 통행을 제한하는 데 그치지 않고, 자연공원을 보다 효율적으로 관리하고 훼손된 자연의 복원사업을 효과적으로 추진할 수 있도록 지정된 자연공원특별보호구역에서 멸종위기종의 복원, 외래 동식물의 제거 등 필요한 조치를 취할 수 있도록 하고 있다(동조 제2항).

44) 여기에는 공원 생태계를 교란시킬 수 있는 외래동물을 놓아주는 행위가 포함된다(시행령 제25조).
45) 자연휴식년제란 특정지역에 대하여 일정 기간 사람의 출입을 제한함으로써 훼손된 자연의 회복을 도모하기 위한 제도이다.

9. 영업의 제한

공원관리청은 공원사업을 시행하거나 공원의 보전 · 이용 · 보안과 그 밖의 관리를 위하여 필요한 때에는 공원구역에서 사행행위와 이와 유사한 행위, 인화물질을 소지하거나 흡연을 하는 행위, 계곡에서 목욕 또는 세탁을 하는 행위 등을 제한하거나 금지할 수 있다(제29조 제1항, 시행령 제26조).

10. 자연자원의 조사

자연환경의 보전을 위한 자연자원의 실태와 가치에 대한 조사가 이루어지지 아니한 상태에서 자연공원 내에서의 자연자원관리를 위한 대안제시는 사실상 불가능할 것이다. 이러한 조사결과는 공원계획변경, 용도지구 조정, 훼손지 복원계획, 이용자관리계획 등의 공원보전계획의 기초가 될 것이기 때문이다. 「자연공원법」은 공원의 자연자원의 보호를 위하여 공원관리청으로 하여금 특별한 경우를 제외하고는 10년마다 정기적으로 자연자원의 조사를 실시하도록 하고 있으며, 자연자원의 조사결과를 공원대장에 기록 · 정리하도록 하고 있다(제36조, 시행령 제27조).

11. 허가취소, 사업정지 등

공원관리청은 일정한 허가 · 신고 또는 협의 내용을 위반한 경우, 속임수나 그 밖의 부정한 방법으로 허가를 받거나 협의를 하게 한 경우 등과 같이 일정한 경우에 허가를 취소하거나 사업을 정지 또는 변경할 수 있다(제30조 제1항).

12. 대 집 행

공원관리청은 공원사업 시행허가, 행위허가 등을 받지 아니한 경우 해당 건축물이나 공작물 등의 소유자 또는 점유자에게 그 철거 등 필요한 조치를 하도록 명할 수 있다(제31조 제1항). '점유자'에게도 조치명령이 가능하므로 타인의 토지를 임차하여 허가 없이 토지형질변경 등 불법행위를 한 자에 대해서도 원상회복에 필요한 조치를 명할 수 있다. 이에 따라 철거 등 조치명령을 받은 자가 명령에 따르지 아니하는 경우 그대로 두면 공익을 해치거나 자연공원의 관리에 지장을 줄 것으로 인정될 때에는 행정대집행법에서 정하는 바에 따라 공원관리청이 대집행하거나 공원 관리청의 요청에 따라 시 · 도지사 또는 군수가 대집행할 수 있다(동조 제2항).

13. 생태체험사업

동법은 공원관리청이 지연공원의 경관과 생태환경을 훼손하지 아니하는 범위에서 생태체험사업을 시행하도록 함으로써 국민이 자연공원을 건전하게 이용할 수 있도록 하고 있다(제73조의3). 생태체험사업은 생태체험을 통하여 자연생태계 보전에 대한 국민의 관심과 의식을 높인다는 의미도 있다.

14. 협의매수 등

동법은 공원지역의 확보를 위하여 매수를 할 수 있는 근거규정을 두고 있다. 즉 공원관리청은 자연공원을 보전 · 관리하기 위하여 필요한 경우에는 자연공원에 있는 토지 및 그에 정착된 물건을 그 소유자와 협의하여 매수하거나 국유지 또는 공유지와 교환할 수 있다(제76조 제1항).

Ⅳ. 공원의 관리

1. 공원사업의 시행

공원사업이란 공원계획과 공원별 보전 · 관리계획에 따라 시행하는 사업을 말한다(제2조 제9호). 공원사업은 공원관리청이 행하는 경우와 비공원관리청이 행하는 경우가 있는데, 원칙적으로 특별한 규정이 있는 경우를 제외하고는 공원관리청이 행한다(제19조).

[2] 공원계획의 시행절차와 수용: 헌재 2005. 9. 29. 선고 2005헌마437 결정

자연공원법에 의한 공원계획의 시행절차를 간략히 살펴보면, 그 절차는 자연공원의 지정 · 고시 및 공원기본계획의 수립, 공원계획의 결정 및 고시, 공원사업시행계획의 결정 및 고시, 공원사업의 시행 등의 단계를 거치게 되는데, 법 제22조에서는 공원사업의 시행을 위하여 필요한 토지 등에 대한 수용 및 사용권한의 근거를 부여하는 한편(제1항), 법 제19조 제2항의 규정에 의한 공원사업시행계획의 결정 및 고시를 공익사업을위한토지등의취득및보상에관한법률 제20조 제1항의 규정에 의한 사업인정 및 동법 제22조의 규정에 의한 사업인정의 고시로 본다고 규정하고 있어(제2항), 공원사업에 편입된 토지에 대한 수용 및 사용은 결국 당해 공원사업시행계획에 대한 결정 및 고시가 있어야 가능하도록 되어 있다.

따라서 공원사업시행계획의 전단계로서 단지 국립공원구역(용도지구계획상 자연환경지구)으로의 지정 및 고시의 절차까지만 이루어지고 구체적인 공원사업시행계획의 결정 및 고시가 이루어지지 아니한 상태에 있는 이 사건 토지에 대하여는 공원관리청이 이를 수용할 수 있는 법률적 근거가 없다(헌재 1996. 11. 28. 92헌마237, 판례집 8-2, 600, 607; 2002. 5. 30. 2001헌마708, 공보 69, 504 참조). 그러므로 피청구인(국립공원관리공단)이 이 사건 토지를 수용하여야 할 법률적 의무는 존재하지 아니한다.[46]

공원관리청이 아닌 자가 공원사업을 시행할 때에는 공원관리청의 허가를 받아야 한다(제20조 제1항).[47] 공원사업의 허가를 받으려는 자는 공원사업의 대상이 되는 토지에 자

---

46) 국립공원의 지정 및 고시, 국립공원계획(용도지구계획상 자연환경지구)의 결정 및 고시까지 이루어졌으나 공원사업시행계획의 결정 및 고시가 이루어지지 아니한 토지에 대하여 행정청이 수용의무를 부담하지 않는다고 한 사례.

47) 같은 시설을 설치하는데 공원계획에 의한 공원사업의 시행과 공원관리청의 점용 및 사용허가라는 두 가지 방법을 두고 절차를 현격히 달리하는 것은 문제라고 본다. 따라서 시설물설치는 공원사업으로 행할 수 있는 것과 공원관리청의 공원 점용, 사용허가를 받아서 행할 수 있는 것으로 구분하여서 실시하는 것이 타당하다. 조현권(각주 23), 399면.

기 소유가 아닌 토지가 있는 경우에는 그 토지 소유자의 사용 승낙을 받아야 한다. 다만, 제70조 제2항에 따라 공원마을지구에서 환지를 하려는 경우에는 토지면적과 사업대상 토지 소유자 총수의 각각 3분의 2 이상에 해당하는 소유자의 승낙을 받아야 한다(동조 제3항). 공원사업시행 허가 여부는 공원관리청이 공원계획의 내용, 사업시행의 시기 및 주체의 적정성, 자연 및 환경에 미치는 영향 등을 종합적으로 고려하여 결정하여야 하는 일종의 재량행위에 속한다.48)

2. 공원보호협약의 체결

동법은 공원관리청으로 하여금 자연공원의 경관을 효과적으로 보전 · 관리하고, 그 가치를 증진하기 위하여 토지 소유자, 그 밖에 대통령령으로 정하는 자와 공원보호협약을 체결하고 이를 이행하기 위한 사업을 추진할 수 있도록 하고 있다(제20조의2). 이는 자연공원의 보전 · 관리에 대한 지역주민의 적극적인 참여를 유도한다는 의미를 갖는다.

3. 행위허가

공원구역(자연공원으로 지정된 구역)에서 공원사업 외의 다음 행위를 하려는 자는 대통령령으로 정하는 바에 따라 공원관리청의 허가를 받아야 한다: ① 건축물이나 그 밖의 공작물을 신축 · 증축 · 개축 · 재축 또는 이축하는 행위; ② 광물을 채굴하거나 흙 · 돌 · 모래 · 자갈을 채취하는 행위; ③ 개간이나 그 밖의 토지의 형질변경(지하 굴착 및 해저의 형질변경을 포함)을 하는 행위;49) ④ 수면을 매립하거나 간척하는 행위; ⑤ 하천 또는 호소의 물높이나 수량(水量)을 늘거나 줄게 하는 행위; ⑥ 야생동물(해중동물을 포함)을 잡는 행위; ⑦ 나무를 베거나 야생식물(해중식물을 포함)을 채취하는 행위; ⑧ 가축을 놓아먹이는 행위;50) ⑨ 물건을 쌓아두거나 묶어 두는 행위; ⑩ 경관을 해치거나 자연공원의 보전 · 관리에 지장을 줄 우려가 있는 건축물의 용도변경51)과 그 밖의 행위로서 대통령령으

48) 대법원 1998. 12. 8. 선고 98두13553 판결; 대법원 2001. 7. 27. 선고 99두2970 판결(용화온천 사건).

49) "도시계획법 제4조 제1항 제1호 등에서 규정하는 '토지의 형질변경'이라 함은 절토, 성토 또는 정지 등으로 토지의 형상을 변경하는 행위(조성이 완료된 기존 대지 안에서의 건축물 기타 공작물의 설치를 위한 토지의 굴착행위를 제외한다)와 공유수면의 매립을 뜻하는 것으로서 토지의 형질을 외형적으로 사실상 변경시킬 것과 그 변경으로 말미암아 원상회복이 어려운 상태에 있을 것을 요하고, 여기에서 절토라 함은 기존 토지의 토석의 양을 줄이는 행위를, 성토라 함은 반대로 기존 토지의 토석의 양을 늘리는 행위를 의미하는바, 개발제한구역으로 지정된 토지 내의 직경 50m쯤 되는 연못의 흙을 파내어 직경 20m쯤 되는 연못을 메우는 등 절토 및 성토작업을 한 사실은 도시계획법 제21조 제2항 소정의 형질변경행위에 해당한다." 대법원 1995. 3. 10. 선고 94도3209 판결.

50) "규정의 문언과 그에 의하여 보호하려는 법익 및 입법 목적에 비추어 보면, 위 규정이 금하는 '가축을 놓아먹이는 행위'란 그 법문대로 가축을 우리 등 일정한 장소에 가두지 않고 기르는 행위를 의미하는 것으로 해석될 뿐, 가축을 기르는 일체의 행위를 의미하는 것이라고 볼 수는 없다. 나아가 어떠한 행위가 '가축을 놓아먹이는 행위'에 해당하는지는 가축을 기르는 행위의 태양에 따라 구체적으로 살펴보아야 하지만, 가축을 가두어 두는 우리 등이 있는 경우에는 우리 등의 구조와 규모, 주변 자연환경과의 관계, 우리 등의 내부 환경이 자연생태계의 일부로 볼 수 있는지 여부, 가축이 인공적인 급식 없이 사육되는지 여부, 가축의 습성 등에 의해 일정한 경우 가축을 우리 등의 밖에 내놓아 기르거나 먹이를 먹이는지 여부 및 가축을 우리 등의 밖에 내놓아 먹이를 먹이는 경우에도 그 방법과 태양 등을 종합적으로 고려하여 판단하여야 한다." 대법원 2009. 3. 26. 선고 2008도7784 판결(축사를 설치하여 외부와 차단된 공간에서 사료만으로 사슴을 사육한 행위가 '가축을 놓아먹이는 행위'에 해당되지 않는 다고 한 사례).

로 정하는 행위52)(제23조 제1항). 위 각호의 행위에 대한 허가는 특별한 사정이 없는 한 각 행위에 대하여 별도의 허가를 받아야 한다.53)

[3] 건축행위 제한 규정의 위헌성 여부(소극): 헌재 2006. 1. 26. 선고 2005헌바18 전원재판부 결정

[다수 의견]

자연환경지구에서 건축행위를 제한하는 것은 자연보존지구의 완충공간으로 보전할 필요가 있는 지역을 자연환경지구로 지정한 취지에 부합하는 것으로 자연생태계와 자연 및 문화경관의 보전 및 지속 가능한 이용을 도모하기 위한 것이므로 그 입법목적의 정당성과 방법의 적절성을 인정할 수 있다. 그리고 자연공원은 그 성격상 보호, 관리와 자연재난으로부터 탐방객의 안전도모가 필수적으로 요구되므로 이를 위해 필요한 경우 공원구역에 대한 출입제한이나 금지 조치를 취할 수 있도록 한 것은 그 입법목적이 정당할 뿐 아니라, 그 방법 역시 적절하다.

또한, 자연환경지구에서 건축물 건축의 가능성이 전면적으로 배제되는 것이 아니라 자연환경지구에서 허용되는 행위의 기준에 부합하는 등 자연공원법 제23조 제2항의 요건을 갖추면 공원관리청의 허가를 받아 증·개축, 재축 및 이축행위를 할 수 있고, 출입의 제한이나 금지는 아무런 제한 없이 이루어질 수 있는 것이 아니라 일정 기간, 일정 지역이라는 시간적, 장소적 제한을 필요로 하므로 이 사건 법률조항들은 최소침해성원칙에도 부합한다.

토지를 종래의 목적으로 사용할 수 있는 경우에 있어서 자연환경지구에 대한 건축행위의 제한이나 공원구역의 출입제한 또는 일시적인 출입금지는 재산권에 내재하는 사회적 제약의 범위 내라 할 것이므로, 이 사건 법률조항들이 실현하고자 하는 공익의 비중과 그로 인하여 발생하는 토지재산권의 침해 사이에 법익균형성이 충족된다 할 것이고, 토지를 종래의 목적으로 사용할 수 없거나 또는 더 이상 법적으로 허용된 토지이용방법이 없어서 실질적으로 사용 및 수익을 전혀 할 수 없는 경우, 즉 자연환경지구 내 토지에서의 건축행위 제한과 공원구역의 출입제한·금지로 인한 재산권 제한이 사회적 제약의 한계를 초과하는 경우에 대하여는 자연공원법이 공원사업에 들어가는 토지와 그 토지에 정착된 물건에 대한 소유권 등 권리의 수용·사용과 이에 대한 손실보상 및 환매권 규정(제22조), 협의에 의한 토지 등의 매수에 관한 규정(제76조), 매수청구권 규정(제77조, 제78조) 등 적절한 보상적 조치를 마련하고 있으므로, 이 사건 법률조항들에 관하여 그를 통하여 달성하려고 하는 공익과 그로 인하여 침해되는 사익 사이에 적절한 균형이 이루어져 있다 할 것이다.

---

51) 법원은 자연공원구역 내에서 창고를 주택으로 용도변경하는 행위에 대하여 공원관리청의 허가를 받아야 한다고 판단하고 있다. 대법원 2007. 10. 26. 선고 2006도7968 판결.

52) "대통령으로 정하는 행위"란 선전이나 광고를 위한 입간판을 설치하는 행위, 계곡 등에 좌판대를 설치하는 행위, 전신주나 철조망 등을 설치하는 행위, 비닐하우스 기타 조립식 가설 건조물을 설치하는 행위 등을 포함한다(시행령 제20조).

53) 대법원 2005. 3. 10. 선고 2004도8311 판결(국립공원 취락지구 내에 있는 토지에 관하여 농지전용허가만을 받아 그 위에 주택신축을 위한 콘크리트타설 공사를 하였다면 이는 자연공원법상의 적법한 허가를 받지 아니한 것이어서 유죄라고 한 사례).

따라서 이 사건 법률조항들은 비례의 원칙에 반하여 청구인의 재산권을 침해한다고 볼 수 없다.

[재판관 권성의 반대의견]

특정 임야에 대한 청구인의 개별 소유권은 자연공원법에 의하여 그 권리행사의 범위가 질적, 양적으로 축소되는 제한을 받는다. 이것은 소유권의 본질에 따른 제한이 아니라 공공의 필요를 충족시키기 위하여 국가가 청구인에게 특별한 희생을 부담시키려 하기 때문에 발생하는 제한이다. 그로써 개별 소유권의 배타성과 전면성은 침해되고 만다. 그러므로 이러한 제한은 헌법 제23조 제3항이 규정하고 있는 재산권의 제한에 해당하고 헌법 제37조 제2항의 제한은 아니다. 따라서 보상을 요하고 보상이 없으면 그 제한 법률은 그대로 위헌이다. 개정 법률이 마련한 보상적 조치들은 정당한 보상 및 완전한 보상의 원칙을 충족하지 못한다. 그러므로 이 사건 법률조항들은 위헌이다.[54)]

공원관리청이 위 허가를 요하는 행위를 허가하려는 경우에는 관계 행정기관과 협의하여야 한다(제23조 제4항). 이는 당해 공원의 특수성을 살려 생태계 및 경관의 파괴, 훼손을 막고자 하는 데 그 취지가 있는 것으로 이해된다.

허가를 받아야 하는 사항으로서 국가 · 지방자치단체 또는 공공기관이 시행하는 사업에 관하여는 관계 중앙행정기관의 장, 지방자치단체의 장 또는 공공기관의 장이 공원관리청과 협의하여야 하며 협의가 이루어진 경우에는 이 법에 따른 허가를 받은 것으로 본다(제71조 제1항). 자연공원에서 「건축법」 등 관련 법령에 따라 허가 또는 인가 등을 하려는 행정기관의 장은 대통령령으로 정하는 바에 따라 공원관리청과 협의하여야 하는바, 협의가 이루어져 관계 행정기관의 장의 허가 또는 인가 등을 받은 경우에는 이 법에 따라 공원관리청의 허가를 받아야 하는 사항에 관하여 공원관리청의 허가를 받은 것으로 본다(동조 제2항).

[4] 협의: 대법원 1989. 12. 26. 선고 88누11018 판결

자연공원법 제23조 제1항 제3호, 제4항, 제50조 제2항, 산림법 제90조의 규정에 의하면, 국립공원구역 내에서의 입목벌채는 산림법에 따른 시장, 군수 또는 영림서장의 허가를 받은 외에 자연공원법에 따른 공원관리청의 허가를 받도록 하고 공원구역 안에서 산림법 등에 의하여 허가, 인가를 할 경우에는 그 허가, 인가권자가 공원관리청과 협의를 거치도록 규정하고 있는데 그렇게 규정한 취지는 무엇보다 공원의 특수성을 살려 자연경관의 훼손을 막고자 함에 있다 할 것이고 또 건설부의 공

54) 자연공원 중 자연환경지구에서의 건축행위 제한에 관하여 규정한 「자연공원법」 제23조 제1항 제1호 중 제23조 제2항 제1호에 의한 제18조 제2항 제2호 적용부분과 자연공원의 출입제한 또는 금지에 관하여 규정한 같은 법 제28조 제1항이 비례의 원칙에 반하지 않는다고 한 사례.

> 원구역 내 산림관리 지침에 의하더라도 간벌은 5년 내지 10년간으로 '자연경관에 지장이 없는 범위 내'에서 실시하도록 하고 있는바 을제1호증의3, 제2호증의2 내지 5, 제4호증, 제8호증과 증인 이○○, 장○○의 증언을 종합하면, 이 사건 임야는 토함산과 추령단풍 등으로 우리나라의 대표적인 풍경지로 알려져 있고 년 중 수많은 관광객들이 찾는 경주보문단지에서 추령을 넘어 감포로 통하는 포장도로와 불국사로 통하는 관광도로 바로 옆에 위치하고 있는데다가 그 임야에 있는 입목은 가을철이면 단풍이 곱게 드는 활엽수가 대부분이어서 입목을 벌채하게 되면 그 작업으로 인한 자연경관이 훼손될 우려가 있다고 인정하기에 어렵지 아니하고 원고가 내세운 모든 증거에 의하더라도 위 인정을 달리하기에 부족하므로 공원관리청이 그와 같은 취지에서 피고의 이 사건 간벌등의 협의신청을 반려한 것도 옳게 수긍이 간다.[55]

공원관리청은 다음 경우에 한하여 허가를 할 수 있다: ① 용도지구에서 허용되는 행위의 기준에 맞을 때; ② 공원사업의 시행에 지장을 주지 아니할 때; ③ 보전이 필요한 자연상태에 영향을 미치지 아니할 때; ④ 일반인의 이용에 현저한 지장을 주지 아니할 때(제23조 제2항).

여기에서의 행위허가는 사회적으로 유해하거나 바람직하지 아니한 행위를 일반적으로 억제하기 위하여 금지하고 다만 예외적인 경우에만 그 금지를 해제하는 경우인 억제적 금지의 해제로 보아야 할 것이다. 다시 말해서 이 경우 행위허가는 예외적 승인의 성질을 지닌다고 할 것이다. 예방적 금지의 경우와는 달리 억제적 금지의 경우에는 일반적으로 그 해제, 즉 금지대상 행위의 허용 여부가 관계 행정청의 재량에 맡겨진 것으로 해석된다.[56]

4. 원상회복

자연공원을 점용 또는 사용한 자는 점용 또는 사용의 기간이 끝나거나 점용 또는 사용을 그만 둔 때에는 자연공원을 원상으로 회복하여야 한다(제24조 제1항). 공원관리청은 원상회복의 의무이행을 보증하기 위하여 필요하다고 인정하는 때에는 대통령령으로 정하는 바에 따라 자연공원을 점용 또는 사용하려는 자에 대하여 원상회복에 필요한 비용(원상회복예치금)을 공원관리청에 미리 예치하게 하는 등 원상회복의무의 이행을 보증하기 위한 필요한 조치를 하게 할 수 있다(동조 제2항). 원상회복예치금은 부담금이라는 명칭을 사용하고 있지는 않지만 행정주체(공원관리청)가 특정의 공익사업과 특별한 이해관계가 있는 사인에게 그 사업에 필요한 경비의 전부 또는 일부를 부담하게 한다는 점에서 부담금이며, 「부담금관리 기본법」에서는 부담금의 일종으로 다루고 있다.

---

55) 경주국립공원으로 지정된 임야에서의 간벌허가신청을 자연경관을 해친다는 이유로 반려한 경주시장의 처분이 재량권을 남용한 위법처분이 아니라고 한 사례.

56) 홍준형, 환경법, 한울아카데미, 1994, 219면.

5. 입장료 및 사용료 징수

공원관리청은 자연공원에 들어가는 자로부터 입장료를 징수할 수 있으며 공원시설을 사용하는 자로부터 사용료를 징수할 수 있다(제37조 제1항).57) 입장료는 공원관리청이 '입장객'으로부터 징수하는 것으로서 소유자 등이 '관람자'로부터 징수할 수 있는 관람료와 징수 주체, 대상이 다르다고 할 수 있다. 공원문화유산지구 내 지정문화유산 및 천연기념물 등을 보유한 사찰 또는 전통사찰의 주지는 공원관리청과 협의하여 공원문화유산지구에 입장하는 자로부터 입장료를 징수할 수 있다. 이 경우 입장료를 징수하는 사찰은 「문화유산의 보존 및 활용에 관한 법률」에 따른 관람료를 징수할 수 없다(동조 제2항). 입장료와 문화재관람료의 통합징수 여하가 논란이 되고 있으나 양자간 법적 근거, 입법취지, 기본 성격, 징수 주체, 징수대상 등이 상이하다는 점에서 특별한 사정이 없는 한 통합징수는 곤란해 보인다.58) 입장료 수입은 공원문화유산지구의 유지·관리를 위한 비용으로 사용하여야 한다(제42조 제2항). 한편, 공원사업을 하거나 공원시설을 관리하는 자는 시설을 사용하는 자로부터 그 수익의 범위에서 사용료를 징수할 수 있다(제37조 제3항).

[5] 입장료의 성질과 귀속주체: 대법원 2001. 12. 28. 선고 2000다27749 판결

자연공원법(1995. 12. 30. 개정) 제26조 및 제33조의 규정내용과 입법목적을 종합하여 보면, 국립공원의 입장료는 토지의 사용대가라는 민법상 과실이 아니라 수익자부담의 원칙에 따라 국립공원의 유지·관리비용의 일부를 국립공원 입장객에게 부담시키고자 하는 것이어서 토지의 소유권이나 그에 기한 과실수취권과는 아무런 관련이 없고, 국립공원의 유지·관리비는 원칙적으로 국가가 부담하여야 할 것이지만 형평에 따른 수익자부담의 원칙을 적용하여 국립공원 이용자에게 입장료를 징수하여 국립공원의 유지·관리비의 일부에 충당하는 것도 가능하다고 할 것이며, 징수된 공원입장료 전부가 자연공원법 제33조 제2항에 의하여 국립공원의 관리와 국립공원 안에 있는 문화재의 관리·보수를 위한 비용에만 사용되고 있는 점 등에 비추어 국립공원 내 토지소유자에게 입장료 수입을 분배하지 않고 공원관리청에 전부 귀속되도록 규정한 자연공원법 제33조 제1항이 헌법상의 평등권이나 재산권 보장을 침해하는 규정이라고 볼 수 없다.59)

---

57) 자연공원의 성격과 국가의 기능 및 역할이 변모한 오늘날 국립공원 사용료 징수제도는 폐지되어야 한다는 견해가 있다. 함태성, "한국의 자연공원보전법제의 현황 및 발전방향", 환경법연구 제28권 제2호, 2006. 8, 21면. 2007년 국립공원관리공단은 그 동안 받아온 국립공원 입장료를 폐지하였다.

58) 서울지방법원 2001. 4. 26. 선고 2000가소101328 판결. 통합징수가 가능하다고 본 판례는 서울지법 2001. 12. 13. 선고 2001나20560 판결(통합징수 방법으로 문화재관람료를 징수하였다고 하여 그 문화재관람료가 부당이득이 된다고 할 수는 없지만 사찰관통 도로이용자에게 문화재 관람에 대한 의사나 외부적 의사표시를 한 것으로 인정할 수 없어 '관람자'로 보기 어렵다는 이유로 징수한 관람료가 부당이득이라고 한 사례) 참조.

59) 공원지역 일대의 임야 소유자인 원고가 국립공원관리공단과 국가를 상대로 한 입장료분배청구소송에서 원고의 청구를 기각한 사례. "국립공원의 입장료는 수익자 부담의 원칙에 따라 국립공원에 입장하는 자에게 국립공원의 유지·관리비의 일부를 징수하는 것이며, 공원의 관리와 공원 안에 있는 문화재의 관리·보수를 위한 비용에만 사용하여야 하는 것이므로, 민법상 과실이라고 볼 여지가 없으므로, 국립공원의 입장료를 국가 내지 국립공원관리공단의 수입으로 하도록 한 규

6. 점용료 징수

공원관리청은 공원관리청의 허가를 받아 공원시설을 관리하는 자 및 공원관리청의 허가를 받아 자연공원을 점용하거나 사용하는 자로부터 점용료 또는 사용료를 징수할 수 있다(제38조 제1항).

Ⅴ. 지질공원의 인증 · 운영

2011. 7. 28. 개정 법은 지질공원제도를 도입하고 있다. 지질공원이란 지구과학적으로 중요하고 경관이 우수한 지역으로서 이를 보전하고 교육 · 관광 사업 등에 활용하기 위하여 환경부장관이 인증한 공원을 말하는데(제2조 4의2호),[60] 자연공원에 포함된다(제2조 제1호). 동법은 지질자원에 대한 국가 차원의 체계적인 지원 · 관리 시스템을 구축하고, 지질자원의 효과적인 보호와 활용을 통하여 지질유산의 보존 및 지역경제발전을 도모하기 위하여 지질공원 인증(제36조의3) 및 그 취소(제36조의4), 지질공원에 대한 지원(제36조의5), 지질공원해설사(제36조의6), 비용부담(제36조의7), 금지행위(제36조의8) 등에 관한 규정을 두고 있다.

제 4 절 습지보전법

버려진 땅으로만 여겨지던 갯벌이 최근 국가적, 사회적 논란의 중심에 있다. 우리나라는 세계적으로 갯벌이 국토의 많은 비율을 차지하고 있는 흔치 않은 나라로서,[1] 최근 우리나라의 갯벌은 세계적 관심의 대상이 되고 있다. 그러나 정작 우리나라에서는 이러한 갯벌의 보전 필요성에 대한 이론적 논의나 정책적 · 실천적 방안들이 미흡하였던 것이 사실이다. 수많은 서 · 남해안의 갯벌들이 대규모 간척 매립사업으로 개발되면서 계속적으로 발생한 '시화호 사건,' '새만금 사건,'[2] '화옹호 사건' 등에서 국민적 공감대가 이루어지

정이 국립공원 내 토지의 소유자의 재산권을 침해하는 것이라 할 수 없다. 또한 국립공원 내 토지소유자들은 국립공원의 유지 · 관리비용을 전혀 부담하고 있지 않을 뿐만 아니라, 징수된 입장료 전부가 국립공원의 관리와 국립공원 안에 있는 문화재의 관리 · 보수를 위한 비용에만 사용되고 있는 점 등에 비추어 보면, 국립공원 내 토지소유자에게 입장료 수입을 분배하지 않고 공원관리청에 귀속시키고 있는 것이 비합리적이라거나 자의적인 것으로서 평등권을 침해하였다고 할 수 없다." 헌재 2001. 6. 28. 선고 2000헌바44 결정.

60) 2012년 12월 27일 제주도와 울릉도 · 독도가 국가지질공원으로 최초 지정된 이래 2015년 말 현재 6개소가 지정되었으며, 지질명소 면적은 215㎢로서 전 국토의 0.21%에 해당한다. 2016년 환경백서(각주 8), 351면.

1) 갯벌의 면적은 2,393㎢에 이르고 있는데, 이는 전 국토의 2.4%에 해당한다. 한국해양연구소 · 한국해양수산개발원, 해양환경보전 국가기본전략수립연구, 1999. 12, 118면.

2) 새만금 사업은 총 1조8680억원을 투입하여 전북 부안군 대정리에서 군산시 비응도에 이르는 33㎞를 방조제로 연결, 40,000ha규모의 갯벌과 바다를 막아 28,300ha의 농지와 11,800ha의 담수호를 조성하기 위해 시작되었다. 새만금 사업을 통해 만들어지는 방조제 길이는 세계 최장이며, 간척 규모는 여의도의 140배에 이르고 있다. 새만금 사업은 전례가 없는 특이한 해양구조물 건설사업이라고 할 수 있는데, 최근에 가장 큰 규모였던 시화호 간척사업을 포함한 대개의 간척사업이 고립된 만(灣)을 방조제로 막거나 하구의 안쪽에 방조제를 쌓는 하구둑 건설사업이었던 것에 반하여, 새만금 사업은 해안에서 십수㎞ 떨어진 외해(外海)에 있는 섬들을 콘크리트 방조제로 이어가면서 외해 한가운데에 거대한 콘크리트구조

지 못하고 있는 것이 이를 상징적으로 보여주고 있다.

오늘날 갯벌의 가치를 둘러싼 인식의 변화는 극적이다. 가치가 없는 곳으로만 여겨지던 갯벌이 최근 들어서는 오히려 가치를 평가할 수 없을 정도로 가치가 많은 곳으로 인식되고 있는 것이다. 갯벌의 생태적 · 경제적 가치는 무궁무진한 것으로 알려지고 있다. 이러한 갯벌의 가치에 대한 재평가는 그 동안 개발의 논리에 밀려 마구잡이식으로 매립이 이루어지고 오염이 가속되면서 갯벌이 심하게 훼손되었던 터라[3] 반가울 수밖에 없다. 갯벌의 가치에 대한 재인식을 토대로 환경관련 시민단체 및 학계가 갯벌의 매립, 훼손과 관련하여 꾸준히 문제를 제기하고 있는 것도 뒤늦은 감이 없지 않지만 여간 다행한 일이 아니다.[4]

우리나라의 경우 1997년 「물새서식처로서 국제적으로 중요한 습지에 관한 협약(람사르협약)」[5]에 회원국으로 가입하고,[6] 1998년에는 「습지보전법」이 제정됨으로써, 갯벌보전과 관련한 정책은 많은 변화가 예상된다. 습지보전법제가 제정되면서 어느 정도 습지보전을 위한 발판이 마련되었다고 할 수 있으나 아직까지의 습지보전 노력은 미흡하다고 할 수 있다. 람사르 습지목록에 등록된 습지가 수십 개에 이르고 있는 외국에 비해 습지가 국토의 많은 비율을 차지하는 우리나라의 경우 아직까지 22개의 습지만을 습지목록에 등록하고 있다는 것이 이를 잘 보여준다.[7]

물을 만들어 만경강과 동진강 하구전체와 그 연안해역을 싸 바르는 사업이다. 이처럼 새만금 사업은 규모와 방식 등에서 다른 간척사업과 많은 차이를 가지고 있기 때문에 이를 둘러싼 갈등과 논쟁이 치열하게 전개되었다. 급기야 새만금 사업은 법적 다툼으로 비화되었다. 그 결과 1991년 11월 첫 삽을 뜬 이래 강행, 중단과 재개를 반복하면서 심한 진통을 겪었다. 2006년 3월 16일 이루어진 대법원 판결(대법원 2006. 3. 16. 선고 2006두330 전원합의체 판결)은 법적으로 새만금 사업을 계속하는 것으로 최종 결론을 내렸으며, 2007년 12월 제정된 「새만금사업 촉진을 위한 특별법」은 새만금 개발에 속도를 내게 만들었다. 새만금 소송의 경과 및 쟁점에 대하여 자세한 내용은 김홍균, "새만금 소송의 의의와 과제", 저스티스, 2004. 10, 90면 이하 참조.

3) 우리나라의 경우 갯벌의 주된 훼손은 매립과 간척에 의해 이루어졌는데, 지난 40여년간 간척으로 약 700㎢가 상실되었으며, 특히 지난 10년간 갯벌의 10% 정도가 사라졌다. 한국해양연구소 · 한국해양수산개발원(각주 1), 123면. 지난 10년간 상실된 갯벌 면적은 810㎢ 정도로 전체 갯벌 면적의 33.8%에 이르고 있다. 해양수산부, 연안통합관리계획, 2000. 8, 8면.

4) 2000. 5. 4. '미래세대'인 미성년자 177명이 원고로서, 환경권, 미래세대의 다양한 동 · 식물계에 대한 권리, 풍요로운 자연에서 생활할 권리, 자연유산을 향유할 권리 등을 근거로 새만금 간척사업 중단을 요구하는 행정소송(공유수면매립면허처분취소 등)을 제기하였는바, 법원은 이들의 원고적격을 부인하였다. 서울행정법원 2001. 7. 25. 선고 2000구12811 판결 참조.

5) Ramsar Convention on Wetlands of International Importance, Especially as Waterfowl Habitat, 11 I. L. M. 963 (1972). 당사국은 협약 가입 시 자국 영역 내에 1곳 이상의 적절한 습지를 지정하여, 국제적으로 중요한 습지목록(List of Wetlands of International Importance, Ramsar List라고도 함)에 의무적으로 등록해야 한다. 「람사르협약」은 습지의 보호를 위해 당사국에게 의무적인 보호대상 지정, 국가계획의 수립 · 시행, 자연보호구설치, 정보교환 등을 의무화하고 있으나 당사국에 대하여 법적으로 구속력 있는 보전의무 규정을 제대로 갖추고 있지 아니하다.

6) 1990년대에 들어서면서 「람사르협약」 가입국의 수가 급증하였는데, 1990년에는 60개국에 불과했던 것이 2016년 12월 현재 169개국으로 증가하였다. *The Ramsar Convention Wetlands* <http://www.ramsar.org(2016. 12)>. 우리나라는 1997년 3월 28일 101번째로 가입국이 되어 이 협약이 1997년 7월 28일부터 발효되었다. 환경외교편람, 외교통상부 국제경제국, 1998, 155면.

7) 습지목록에 등록된 숫자로 영국의 경우 174곳으로 가장 많다. 등록된 습지가 비교적 많은 나라로는 멕시코(142), 스페인(74), 스웨덴(68), 호주(65), 노르웨이(63), 이탈리아(53), 일본(50) 등이다. 독일은 34곳, 중국은 49곳, 미국은 38곳의 습지를 습지목록에 등록하고 있다. *The Ramsar List of Wetlands of International Importance*<http://www.ramsar.org/key_sitelist. htm(2016. 12)>.

우리나라의 갯벌보전정책은 많은 문제점을 가지고 있는 것이 사실이다. 이러한 문제점들은 갯벌을 개발함으로써 얻어지는 이익과 갯벌을 보전함으로써 얻어지는 이익을 어떻게 이익형량하여 어디에 우선할 것인가라는 근본적인 갈등구조에서 기인하고 있다. 보전이익이 개발이익보다 많다는 연구결과[8]가 나오고 있는 시점에서 지금부터라도 갯벌의 가치를 인정하고 갯벌을 보전하는 정책을 행동으로 보일 때이다.

습지는 더 이상 개발의 대상이 아니라 보전의 대상이다. 최근에는 '지속가능한 개발'이라는 개념이 등장하여 보전과 개발을 잘 조화시킨 자원관리방안이 제시하고 있다는 점을 주목할 필요가 있다. 지속가능한 개발의 중심요소로는 미래세대를 위한 자연자원의 보전과 자원의 현명한 이용을 들 수 있는데 습지란 바로 이러한 지속가능한 개발 개념에 잘 부합하는 것이라 할 수 있다. 습지는 미래세대를 위해 현재세대인 우리가 개발을 유보하고 절대적으로 보전해야 할 자원이기 때문이다. 이제 습지 가치에 대한 재평가를 토대로 습지는 더 이상 개발할 대상이 될 수 없고 절대적으로 보전해야 할 대상이란 인식의 전환이 필요하다.

습지의 효율적 보전 · 관리에 필요한 사항을 정하여 습지와 습지의 생물다양성의 보전을 도모하고, 「람사르협약」의 취지를 반영함으로써 국제 협력의 증진에 이바지하기 위하여 1998년 「습지보전법」이 제정되어 동년 8월 9일부터 시행되어 오고 있다(제1조). 이에 따라 습지는 기본적으로 「습지보전법」이라는 단일법에 의하여 보전, 관리되고 있다. 동법은 습지보전을 위해 습지보전계획의 수립 · 시행, 습지지역의 지정, 습지보호지역 안에서의 행위제한 등을 규정하고 있다. 한편, 습지는 「자연환경보전법」, 「자연공원법」, 「환경영향평가법」 등과 직 · 간접적으로 관련을 갖게 된다. 특히, 습지 중 연안습지는 법적으로 연안을 구성하고, 공유수면에도 속할 수 있기 때문에 복잡한 법률문제를 야기할 수 있게 된다. 경우에 따라서는 「연안관리법」 및 「공유수면 관리 및 매립에 관한 법률」 등이 적용될 수 있다.

Ⅰ. 습지의 기능과 가치

현재까지 습지 생태계와 가치에 대한 완전한 이해는 이루어지 못하고 있는 실정이나 일반적으로 습지는 생태적, 경제적으로 큰 가치를 가지고 있는 것으로 알려지고 있다. 습지가 제공하는 기능과 가치는 다음과 같이 무수하다.[9]

8) 갯벌의 수산물 생산, 서식지, 정화, 심미적 기능 등을 합한 갯벌의 가치는 에이커 당 820만원으로서, 이는 농업적 이용을 통한 미곡의 에이커 당 생산성인 247만원보다 3.3배 높은 것으로 보고되었다. 한국해양연구소, 갯벌보전과 이용의 경제성 평가, 1996, 66면.

9) 습지의 기능과 가치에 대하여 자세한 내용은 박태윤 · 이동근, "연안습지의 보전 및 효율적 이용방안에 관한 연구", 한국환경정책 · 평가연구원, 1997. 12, 3면 이하 참조.

1. 생물자원의 보고

습지는 양적 · 질적으로 풍부한 수자원, 식량자원, 목재, 에너지자원, 야생동물자원 등을 보유하고 있다. 높은 생산력은 인간에게 식량, 목재, 약품 등을 제공한다. 수산산업은 습지에 의지하는 다양한 어패류를 수확한다.[10)]

2. 야생동 · 식물의 서식처

습지는 수많은 어패류의 산란장이며, 각종 포유동물, 어류, 조류 등의 서식지이다, 습지는 철새, 악어, 고기, 곤충 등 멸종위기종을 포함하여, 수많은 야생 동 · 식물에게 영양분과 서식처를 제공한다. 또한 산소의 생산과 영양분의 재생을 촉진하여 민감한 생태계를 유지한다. 이 때문에 습지는 지구상에서 가장 생명력이 풍부한 지역이라 할 만하다. 습지는 유기물 등 풍부한 영양을 함유한 물질을 축적 · 운반하는데, 생물다양성은 이 유기물에 크게 의지하고 있다.

3. 오염물질의 정화

습지는 다양한 방법으로 물을 흡수하고, 저장하고, 배출하면서 수질을 향상시킨다. 예컨대, 습지는 지표수의 유수를 막고, 무기영양물을 제거 또는 보유함으로써 생물화학적산소요구량(BOD)을 감소시키고, 먼지와 유기폐기물을 제거하고, 금속과 병원체를 감소시킨다. 미생물들은 유기물을 먹고 살기 때문에 오염원을 정화한다. 미국 환경보호청(EPA)은 1991년 사우스 캐롤라이나에 소재하는 Congaree Bottomland Hardwood Swamp 습지지역에 습지의 수질 정화기능을 대체하는 정수처리장을 건설하기 위하여는 5백만 달러(추가적인 운영비용은 제외)가 소요될 것이라고 추산한 바 있다.[11)]

4. 침식의 저감

습지는 일종의 완충(buffer)지역을 형성하여 해안과 제방의 침식을 막아 수질을 향상하는 역할을 한다.

5. 지하수의 충전

습지는 오염물질과 유해한 침전물을 걸러내는 여과(filter) 작용을 하면서 지하수를

---

10) 어패류등 상업적으로 어획되는 양의 95% 이상은 일시적이든 영구적이든 습지와 관련이 있다. Lisa M. Schenck, *Wetlands Protection: Regulators Need to Give Credit to Mitigation Banking,* 9 Dick. J. Env. L. Pol. 103, 112 (2000).

11) EPA, *Wetlands Fact Sheet: Economic Benefits of Wetlands* <http://www.epa.gov/owow/ wetlands/facts/fact4.html(2008. 10)>. 우리나라 갯벌에서 분해되는 유기물의 양은 연간 21만 톤(BOD 22만 톤) 정도로 추산되는바, 우리나라 공장(약 2만 8천 개소)에서 방류되는 생물학적 산소요구량(BOD) 부하량이 약 3만 6천 톤이라는 점을 고려할 때 그 정화능력은 대단한 것이다. 고철환, "해양생태계 보전과 갯벌관리", 해양 21세기, 나남출판, 1998. 10, 465면. 미국 조지아 대학교 오덤(Odum)교수팀의 연구에 따르면 갯벌 1ha(0.01㎢)는 하루에 생물학적 산소요구량 21.7㎏을 정화하는 것으로 분석되었는데, 이를 토대로 면적이 208㎢에 달하는 새만금 갯벌의 하수처리능력을 계산해보면 10만 톤 규모의 하수종말처리장 40개와 맞먹는다. 10만 톤 규모의 전주 하수종말처리장의 건설비용이 172억원인 점을 감안할 때 새만금 갯벌은 하수정화능력만으로도 7,247억원 상당의 가치가 있는 것이다. 김원, 새 세기의 환경 이야기, 열화당, 2001, 195면.

충전한다. 물이 지하수층으로 이동할 때 녹지 않는 물질 등을 여과하며, 염수의 유입을 막는다. 정화된 지하수는 음료수, 농업용수, 공업용수 등 공중의 소비를 이용된다. 지하수로 이동된 물은 다시 습지로 유출되어 지표수가 되어 습지를 유지한다.

6. 홍수 및 폭풍피해의 저감

습지는 홍수와 가뭄을 조절하는 자연적 스펀지 역할을 한다. 습지는 남는 물을 축적하는 저수지 역할을 하며, 습지에 서식하는 나무와 식물들은 물의 흐름을 유지시켜서 수량의 극심한 변화를 막고 홍수 발생을 완화시킨다. 연안습지의 경우 홍수로 인한 빗물을 저장하여 단기간의 홍수량을 조절하여 홍수의 피해를 줄인다. 또한 태풍의 격렬한 에너지를 흡수하여 태풍의 영향을 감소시키는 역할을 한다. 말하자면 '자연의 방파제'인 셈이다. 미네소타 자연자원국(Department of Natural Resources)은 홍수 저장기능을 갖는 1에이커 상당의 습지를 대체하기 위하여 평균 300달러가 소요될 것으로 추산한 바 있다.[12]

7. 기후조건의 안정화

습지는 기후유지 역할도 수행한다. 즉 이산화탄소, 아황산가스, 질소 등 온실가스를 저장하고, 허용한도를 유지하면서 지구 기후의 안정화에 기여한다.

8. 과학적 · 심미적 · 관광적 기능

습지는 문화 또는 자연유산으로서의 가치, 그리고 연구나 교육의 장으로서도 중요한 역할을 한다. 습지는 휴양 및 관광, 교육, 연구 등의 기회를 제공하고 있다. 사냥, 낚시, 탐조, 사진촬영 등 습지지역에서의 레크리에이션 활동은 경제에 상당히 이바지하고 있다.[13]

이와 같이 습지는 오염물질의 정화, 침식의 저감, 지하수 충전, 홍수 및 폭풍피해의 저감 등과 같은 생태적 기능뿐만 아니라 우리에게 생존에 필요한 '제품'을 제공하고 여가 · 연구활동의 기회를 제공하는 등 인간에게 중요한 가치를 가진다. 습지의 다양하고 풍부한 생태적 가치에 주목하여 혹자는 습지를 "배우는 실험실(laboratories)"로 부르고 있다.[14] 그 경제적 가치는 무궁무진한 것으로 알려지고 있다. 이러한 점에 주목하여 「람사르협약」이 전문에서 "습지는 경제적 · 문화적 · 과학적 그리고 여가적으로 큰 가치를 가지고 있는 자원이다"고 선언한 것은 놀라운 일이 아니다. 이는 우리가 가치있는 지역을 강하게 보호해야 할 이유이기도 하다. 그러나 현실은 그렇지 않다. 습지는 계속 파괴되어 왔고, 현재 습지 보전을 위한 노력이 이루어지고 있지만 지금도 많은 습지가 농업용지, 도시, 산업단지로 변하고 있다.

---

12) EPA(앞의 글).

13) 1991년 사냥, 낚시, 탐조, 사진촬영 등 습지지역에서의 레크리에이션 활동은 미국 국가 경제에 상당히(5,950만 달러) 이바지한 것으로 보고되고 있다. EPA(앞의 글).

14) Kim Diana Connolly, *Keeping Wetlands Wet: Are Existing Productions Enough?* 6 Vt. J. Envtl. L. 5 (2004~2005).

Ⅱ. 내 용

1. 습지란?

「습지보전법」은 '습지'를 "담수(淡水, 민물)·기수(汽水, 바닷물과 민물이 섞여 염분이 적은 물) 또는 염수(鹽水, 바닷물)가 영구적 또는 일시적으로 그 표면을 덮고 있는 지역"이라고 정의하고, 습지를 내륙습지와 연안습지로 구분하고 있다(제2조 제1호). '내륙습지'란 육지 또는 섬에 있는 호수, 못, 늪, 하천 또는 하구(河口) 등의 지역을, '연안습지'란 만조 때 수위선과 지면의 경계선으로부터 간조 때 수위선과 지면의 경계선까지의 지역을 의미한다. 이러한 「습지보전법」상의 개념 정의에 따르면 특히 연안습지와 관련하여 해안 조간대가 연안습지가 되는데, 갯벌 주변부의 염습지, 사구, 석호 등은 제외되게 된다.

이러한 형태의 습지의 범위에 대한 정의와 관련해서는 습지 형태의 다양성을 반영하지 못하는 것으로, 습지는 유동적이며 일정 기간에 걸쳐 변화될 수 있다는 사실 및 그로 인해 습지의 경계를 명확하게 획정하는 것이 곤란하다는 사실을 간과한 것이라는 비판이 제기될 수 있다.[15] 얼핏 보아 「습지보전법」상의 습지에 대한 정의는 「람사르협약」상의 정의와 크게 다르지 않다. 「람사르협약」에서는 습지에 대해서 "자연적이거나 인공적이거나 영구적이거나 일시적이거나, 또는 물이 정체하고 있든 흐르고 있거나, 담수이거나 기수이거나 염수이거나 관계없이 소택지(marsh), 늪지대(fen), 이탄지역(peatland) 또는 수역(water)을 말하고 이에는 간조 시에 수심이 6미터를 넘지 않는 해역을 포함한다"고 정의하고 있다.[16] 그러나 동 협약이 습지목록에 포함시키기 위하여 당사국이 습지를 지정할 때 물새 서식처로서 중요한 경우에는 습지에 인접한 강기슭(riparian) 및 연안지대(costal zones adjacent to the wetlands), 습지 내에 있는 간조 시에 수심이 6미터를 넘는 섬 또는 해역이 습지의 경계에 포함될 수 있다고 규정(제2조 제1항)하고 있는 점을 고려할 때 연안습지에 대한 동법상의 정의는 「람사르협약」상 보호되는 습지보다 협소한 것으로 이해될 수 있다.

우리나라 습지의 대부분은 연안습지이고,[17] 연안습지 중에는 갯벌이 상당 부분을 차지하고 있으며,[18] 서해안에 집중적으로 분포되어 있다.[19] 우리나라의 중요한 습지로는 낙동강하구, 주남저수지, 창녕 우포늪, 강화도, 천수만, 아산만, 한강하구, 철원평야, 금강, 만경강, 동진강 등 습지가 있는데, 국제적으로 중요한 물새 서식처로 확인되고 있다.[20]

---

15) Philippe Sands, Principles of International Environmental 543 (2nd ed. Cambridge University Press, 2003).

16) 람사르협약(각주 5) 제1조 제1항, 제2항.

17) 우리나라 습지의 99%는 바다 갯벌이다. 김원(각주 11), 189면.

18) 연안습지는 전국토의 3% 정도(3,073㎢)를 차지하고 있으며, 전체 연안습지 중 갯벌은 80% 이상(2,393㎢)을 차지하고 있다. 한국해양연구소·한국해양수산개발원(각주 1), 118면, 123면.

19) 서해안에는 전체 갯벌 중 약 83%(1,986㎢)가 위치하고 있으며, 나머지(407㎢)가 남해안에 산재되어 있다. 한국해양연구소·한국해양수산개발원(앞의 글), 118면. 서해안 갯벌은 캐나다의 동부해안, 미국의 동부 조지아해안, 북해연안 및 아마존 유역 등과 함께 세계 5대 연안습지로 꼽힌다. 김호철, "독일의 갯벌국립공원법", 환경문제연구총서 Ⅷ, 대한변호사협회, 1999. 11, 28면.

2. 국가 · 지방자치단체의 책무

국가 및 특별시 · 광역시 · 특별자치시 · 도 · 특별자치도는 습지를 보전할 책무를 진다. 환경부장관은 습지조사 및 습지보전기본계획의 수립에 관한 사항을 총괄하고(제3조 제1항, 제2항), 내륙습지에 대하여 습지보호지역 · 습지주변관리지역 또는 습지개선지역의 지정 및 보전에 관한 시책을 수립 · 시행하며, 해양수산부장관은 연안습지에 대하여 습지보호지역 등의 지정 및 보전에 관한 시책을 수립 · 시행한다(동조 제3항).

3. 습지조사

동법은 습지조사의 유형을 3가지(기초, 정밀, 보완조사)로 구분하고, 그 중 기초조사만을 의무적으로 강제하는 규정을 두고 있다(제4조).

4. 습지보전계획

환경부장관 또는 해양수산부장관은 습지조사의 결과를 토대로 5년마다 습지보전기초계획(기초계획)을 각각 수립하여야 하며, 환경부장관은 해양수산부장관과 협의하여 기초계획을 토대로 습지보전기본계획(기본계획)을 수립하여야 하는데, 이 경우 다른 법률에 따라 수립된 습지보전에 관련된 계획은 최대한 존중되어야 한다(제5조 제1항). 기초계획을 환경부장관 또는 해양수산부장관이 각각 수립하도록 한 것은 습지의 관리가 이원화되어 있기 때문인 것으로 이해된다. 그러나 기초계획과 기본계획의 구분이 모호하고, 유사한 성격을 띨 수밖에 없기 때문에 중첩되는 측면이 크다고 생각된다. 행정의 효율성 차원에서 기초계획을 생략하는 것도 고려할 필요가 있다.[21] 기본계획에는 습지보전에 관한 시책방향, 습지조사에 관한 사항 등이 포함되어야 한다(동조 제2항).

5. 국가습지심의위원회의 설치 · 운영

동법은 내륙습지 · 연안습지 등 다양한 습지에 관련된 관계 행정기관 및 전문가 사이의 습지 보전 · 관리에 관한 긴밀한 협조 · 지원체계를 구축하고 각 행정기관 사이의 습지정책을 조정하기 위하여 국가차원의 국가습지심의위원회를 설치 · 운영하도록 하고 있다(제5조의2).

6. 습지지역

동법은 용도지역제(zoning)를 채택하여 습지를 습지보호지역, 습지주변관리지역, 습지개선지역 등으로 구분 · 지정하여 그에 따라 상이한 제한을 가함으로써, 습지보호의 효율성을 도모하고 있다.

---

20) 우리나라 갯벌 중 「람사르협약」 기준을 충족시키는 곳은 낙동강하구, 순천만, 강화도 갯벌 등 17곳에 이른다. 공경자, "우리나라 습지보전법상 연안습지 보전의 문제점에 관한 연구", 해사법연구 제12권 제2호, 한국해사법학회, 2000. 12, 192면.

21) 함태성, "한국 습지보전법의 문제점과 개선방안", 환경법연구 제30권 제3호, 2008. 11, 350면.

가. 구 분

환경부장관 · 해양수산부장관 또는 시 · 도지사는 습지 중 일정 지역을 다음 구분과 같이 습지지역으로 지정할 수 있다:

(1) 습지보호지역

자연상태가 원시성을 유지하고 있거나 생물다양성이 풍부한 지역, 희귀하거나 멸종위기에 처한 야생동 · 식물이 서식하거나 나타나는 지역, 또는 특이한 경관적 · 지형적 또는 지질학적 가치를 지닌 지역에 해당하는 지역으로서 특별히 보전할 가치가 있는 지역(제8조 제1항).[22)]

(2) 습지주변관리지역

습지보호지역의 주변지역을 습지주변관리지역(동조 동항).

(3) 습지개선지역

습지보호지역 중 습지가 심하게 훼손되었거나 훼손이 심화될 우려가 있는 지역, 또는 습지생태계의 보전 상태가 불량한 지역 중 인위적인 관리 등을 통하여 개선할 가치가 있는 지역(동조 제2항).

나. 지정과 해제

환경부장관 또는 해양수산부장관은 위와 같이 습지보호지역 등을 지정할 수 있는데, 이 경우 시 · 도지사 및 지역주민의 의견을 들은 후 관계 중앙행정기관의 장과 협의하여야 하며, 지역주민의 의견을 듣기 위하여 필요한 경우 시 · 도지사 또는 시장 · 군수 · 구청장에게 공청회를 개최하여 줄 것을 요청할 수 있다(제8조 제3항, 시행령 제5조). 시 · 도지사는 습지보호지역 등을 지정할 때에는 시장 · 군수 · 구청장 및 지역주민의 의견을 들은 후 관계 행정기관의 장과 협의하여야 한다(제8조 제4항).

한편, 환경부장관 · 해양수산부장관 또는 시 · 도지사는 습지보호지역 등의 지역 중에서 대통령령으로 정하는 공익상 또는 군사상 불가피한 경우[23)]에 해당하는 지역과 천재지변 또는 그 밖의 사유로 습지보호지역 등으로서의 가치를 잃거나 보전할 필요가 없게 된 지역에 대하여는 그 지정을 해제하거나 그 지역을 축소변경할 수 있다(제10조 제1항).

22) 2015년 말 현재까지 환경부장관에 의해 습지보호지역으로 지정된 지역은 낙동강 하구, 대암산 용늪, 창녕 우포늪, 울산 무제치늪, 물영아리 오름 등 21개 지역이며, 해양수산부장관에 의해 지정된 곳은 무안갯벌, 순천만갯벌 등 12개소, 시도지사에 의해 지정된 곳은 송도갯벌 등 3개소이다. 환경부, 환경백서, 2016, 343면. 이 중 낙동강 하구, 대암산 용늪, 창녕 우포늪, 울산 무제치늪 등은 「자연환경보전법」에 의한 생태 · 경관보전지역으로 지정되어 있다. 연안습지 중 특히 갯벌은 생태 · 경관보전지역으로 지정될 자격을 충분히 갖추고 있으나 아직까지 지정된 지역은 없다. 다만, 문화재청은 2000년 7월 인천시 강화군 남부지역과 석모도 · 불음도 주변 섬 일대에 걸친 강화 갯벌 1억3천6백만평을 국가 지정 문화재인 천연기념물 제419호로 지정한 바 있다.

23) “대통령령이 정하는 공익상 또는 군사상 불가피한 경우”라 함은 국가경제에 중대한 영향을 미치는 사업의 시행 또는 자원개발을 위하여 불가피한 경우, 홍수예방 등 인명 · 재산의 피해방지를 위하여 불가피한 경우, 국방부장관이 군작전이나 군사시설의 설치 · 보호 또는 군사기밀의 보호를 위하여 불가피하다고 인정하는 경우를 말한다(시행령 제6조).

7. 습지지역에서의 행위제한

가. 습지보호지역에서의 행위제한

습지보호지역에서 다음에 해당하는 행위를 해서는 아니 된다: ① 건축물이나 그 밖의 인공구조물의 신축 또는 증축(증축으로 인하여 해당 건축물이나 그 밖의 인공구조물의 연면적이 기존 연면적의 두 배 이상이 되는 경우에 한함) 및 토지의 형질변경; ② 습지의 수위 또는 수량이 증가하거나 감소하게 되는 행위; ③ 흙 · 모래 · 자갈 또는 돌 등의 채취; ④ 광물의 채굴; ⑤ 동 · 식물을 인위적으로 들여오거나 경작 · 포획 또는 채취하는 행위(해당 지역주민이 공동부령으로 정하는 기간 이상 생계수단 또는 여가활동 등의 목적으로 계속하여 경작·포획하거나 채취한 경우는 제외)(제13조 제1항).

다음에 해당하는 경우로서 환경부장관 · 해양수산부장관 또는 시 · 도지사의 승인을 받은 경우(관계 중앙행정기관의 장의 경우에는 환경부장관 · 해양수산부장관 또는 시 · 도지사와 협의한 경우를 말함)에는 위 규정을 적용하지 아니한다: ① 「자연재해대책법」 제2조 제2호에 따른 자연재해의 예방 및 복구를 위한 활동 및 구호 등에 필요한 경우; ② 습지보호지역 등의 보전을 위하여 필요하거나 습지보호지역 등에서 농림수산업을 영위하기 위하여 필요한 경우; ③ 그 밖에 공익상 부득이한 경우로서 대통령령으로 정하는 경우[24] (제13조 제5항).

나. 습지주변관리지역 및 습지개선지역 내에서의 행위제한

누구든지 습지주변관리지역 또는 습지개선지역 안에서는 「생물다양성 보전 및 이용에 관한 법률」 제2조 제8호에 따른 생태계교란 생물 또는 「해양생태계의 보전 및 관리에 관한 법률」 제2조 제12호의 규정에 의한 해양생태계교란생물을 풀어놓거나 식재하는 행위를 하여서는 아니 된다(제13조 제2항). 습지주변관리지역에서 일정 규모 이상의 간척사업, 공유수면매립사업 기타 습지보호에 위해를 줄 수 있는 행위를 하고자 하는 자는 환경부장관 · 해양수산부장관 또는 시 · 도지사의 승인을 얻어야 하며, 관계 중앙행정기관의 장의 경우에는 환경부장관 또는 해양수산부장관과 협의해야 한다(동조 제3항).

다. 출입제한

동법은 습지보호지역 또는 습지개선지역의 보호 · 관리차원에서 출입 제한 · 금지 규정을 두고 있다(제15조).

라. 이행확보수단

(1) 중지명령, 원상회복명령 또는 조치명령

습지보호지역에서의 행위제한 규정을 위반한 자에 대하여 환경부장관 · 해양수산부장

24) "그 밖에 공익상 부득이한 경우로서 대통령령이 정하는 경우"란 다음의 어느 하나에 해당하는 경우를 말한다: ① 해상항로 건설사업 등 대규모 국책사업으로서 국가경제에 중대한 영향을 미치는 사업의 시행 또는 물적 자원개발을 위하여 불가피한 경우, ② 홍수예방 등 인명 · 재산의 피해방지를 위하여 불가피한 경우(시행령 제11조의2 제3항).

관 또는 시 · 도지사는 그 행위의 중지를 명하거나 그 위반행위의 내용과 정도를 고려하여 6개월의 범위에서 대통령령으로 정하는 기간 내에 원상회복을 하도록 명할 수 있으며 원상회복이 곤란한 경우에는 이에 상응한 조치를 할 것을 명할 수 있다(제14조).

(2) 포 상 금

습지보호지역, 습지주변관리지역 및 습지개선지역에서의 행위제한 규정에 위반한 자를 관계 행정관청이나 수사기관에 신고 또는 고발한 사람에게 해당 사건으로 인하여 선고된 벌금액의 10/100 이내의 포상금을 지급할 수 있다(제19조, 시행령 제15조 제3항).

(3) 벌 칙

습지보호지역으로 지정 · 고시된 습지를 「공유수면 관리 및 매립에 관한 법률」에 따른 면허 없이 매립한 사람(제23조), 습지보호지역 · 습지주변관리지역 · 습지개선지역에서의 행위제한 규정에 위반한 사람 등에게는 일정한 벌칙이 부과된다(제24조).

8. 「람사르협약」의 이행

정부가 협약의 이행을 위하여 협약사무국에 협약등록습지를 통보하려는 경우에는 환경부장관과 해양수산부장관은 습지보호지역 또는 습지보호지역으로 지정되지는 아니하였으나 그에 상당하는 가치가 있는 습지 중에서 관계 중앙행정기관의 장과 협의하여 통보대상 습지를 정하여야 한다(제9조 제1항).[25] 한편 협약등록습지 또는 협약보호지역 등의 인근에 위치하고 습지보전에 참여하는 도시는 람사르협약의 인증을 받게 되는데, 동법은 협약등록습지 및 협약의 인증을 받았거나 인증을 받으려는 도시에 대한 행정적·재정적 지원 근거를 마련하고 있다(제9조의2).

9. 습지보전계획

환경부장관 · 해양수산부장관 또는 시 · 도지사는 관계 행정기관의 장과 협의하여 습지의 보전과 이용 · 관리에 관한 사항 등이 포함된 습지보호지역 등에 대한 보전계획을 수립 · 시행하여야 한다(제11조).

10. 습지보전 · 이용시설

동법은 습지보전 · 이용시설의 설치 근거를 두고 있다(제12조 제1항, 시행령 제9조). 이러한 시설의 설치는 습지보호지역 내에서의 행위제한의 규정의 적용을 받지 않는다.

11. 훼손된 습지의 관리

정부는 국가 · 지방자치단체 또는 사업자가 습지보호지역 또는 습지개선지역 중 1/4

---

25) 우리나라는 협약가입 시 원시생태계의 보고로 대표적 고층습지인 강원도 양구군의 대암산 용늪(1.06㎢)을 람사르습지로 지정했고, 그 후 추가 지정이 이루어지면서 2021년 8월 현재 창녕 우포늪, 신안 장도습지, 순천만, 물영아리오름, 두웅, 무제치늪, 무안갯벌, 강화도 매화마름 군락지, 오대산국립공원습지, 제주도 물장오리습지, 한라산 1100고지 습지 등 24곳이 습지목록에 등록되어 있다.

이상에 해당하는 면적의 습지를 훼손하게 되는 경우에는 그 습지보호지역 또는 습지개선 지역 중 공동부령으로 정하는 비율(1/2)에 해당하는 면적의 습지가 보존되도록 하여야 하며(제17조 제1항, 시행령 제14조), 보존된 습지의 생태계 변화 상황을 공동부령으로 정하는 기간 동안 관찰한 후 그 결과를 훼손지역 주변의 생태계 보전에 활용할 수 있도록 하여야 한다(제17조 제2항).

12. 인공습지의 조성 · 관리권장

환경부장관과 해양수산부장관은 생태계 보전 · 습지환경 개선 등을 위하여 관계 중앙행정기관의 장 또는 지방자치단체의 장으로 하여금 인공적인 습지를 조성하도록 권장하고, 훼손된 습지의 주변에 해류 · 사구 등의 변화로 인하여 자연적으로 조성되는 습지를 될 수 있으면 유지하고 보전하도록 하여야 한다(제18조). 인공습지의 조성은 개발과 보전을 병행할 수 있는 유효한 정책수단이 될 수 있음에도 불구하고 이에 대한 의무사항이나 벌칙 조항을 두지 않는 권고에 그침으로써, 전시적인 효과에 머무를 가능성이 많다.

인공습지의 조성은 습지총량제의 단초를 제공할 수 있으나 권장사항에 불과할 뿐 의무적이 아니고, 습지총량제를 시행하기 위한 습지은행 프로그램(mitigation banking),[26] 대체납부금제도[27] 등은 논의 단계에 있을 뿐이다.[28]

---

26) 습지은행 프로그램은 기본적으로 시장원리에 기초하고 있다는 점에서 시장유인적 규제수단의 성격을 가지며, 습지의 순상실을 막으려는 국가의 습지보전정책에 부합한다. 1995년에 발표된 연방지침에 따르면 이 프로그램은 습지상실을 보상하는 유효한 수단으로 인식되고 있다. 흔히 이 프로그램은 개발행위 이전에 개발로 인해 불가피하게 발생할 수 있는 습지에 대한 악영향을 완화할 목적으로 다른 지역의 습지를 복원(restoration), 조성(creation), 향상(enhancement), 보존(preservation)하는 것으로 이해되고 있다. 이에 따르면 일정 지역의 습지를 개발하고자 하는 자는 해당 지역의 습지 상실을 보상(compensation)하여야 하는데, 습지은행(banker)으로부터 습지권(mitigation credits)을 구매함으로써 그 요건을 충족할 수 있게 된다. 습지은행은 해당 지역뿐만 아니라 광범위한 지역에 걸쳐 판매가 가능한 습지권을 창출 · 보유하여 가지고 있다가 이를 필요로 하는 자(user)에게 판매할 수 있는데, 습지은행은 높은 습지권을 부여받기 위하여 습지를 복원, 조성, 향상하는 등 노력을 기울이게 된다. 1999년 현재 미국 내에 200개 이상의 습지은행이 운영되고 있으며, 이 중 90개 정도가 영리를 목적으로 운영되는 것으로 알려지고 있다. 습지은행 프로그램에 대하여 자세한 내용은 Lisa M. Schenck(각주 10), 127 내지 132면; William W. Sapp, *Mitigation Banking: Panacea or Poison for Wetlands Protection*, 1 Envtl. Law. 99, 108 (1994); S. Scott Burkhalter, *Oversimplification: Value and Function: Wetland Mitigation Banking*, 2 Chapman L. Rev. 261, 285~286 (1999); 김홍균, "갯벌의 보전과 관리－습지보전법의 한계와 개선방안", 저스티스, 2002. 10, 126 내지 127면 참조. 이 프로그램은 습지은행이 생태적으로 유기적인 관련을 갖는 광범위한 지역을 장시간에 걸쳐 관리하게 된다는 점에서 동일 지역 내의 습지만을 다루는 프로그램보다 효과적이라는 장점이 있으나 다른 지역의 습지로 대체가 곤란한 독특한 기능을 갖는, 규모가 작은 고립된 습지 등의 상실을 막을 수 없다는 등 유효성을 둘러싸고 논란이 제기되고 있다. 이 프로그램의 장단점에 대하여 자세한 내용은 William W. Sapp(앞의 글), 111 내지 119면; Shirley Jeanne Whitsitt, *Wetlands Mitigation Banking*, 3 Envtl. Law 441, 459~462 (1997); Lisa M. Schenck(각주 10), 132 내지 136면; Royal C. Gardner, *Money for Nothing? The Rise of Wetland Fee Mitigation*, 19 Va. Envtl. L. J. 1, 9~13 (2000).

27) 대체납부금제도(In－Lieu－Fee Mitigation)는 "개발허가를 받은 자(permittee)가 개별 사업에 따른 완화조치를 완료하지도, 습지은행 지침(Banking Guidance)에 따라 승인된 습지은행으로부터 습지권(credits)을 구매하지도 않고, 다만 대행자(sponsor)에게 대체납부금을 지불함으로써 이루어지는 완화조치"를 말한다. Federal Guidance on the Use of In－Lieu－Fee Arrangements for Compensatory Mitigation Under Section 404 of the Clean Water Act and Section 10 of the Rivers and Harbors Act, 65 Fed. Reg. 66914 (2000).

28) 습지총량제도에 대하여 자세한 내용은 방상원 외 2, 습지보전을 위한 정책방안 연구－습지은행제도(Wetland Banking)을 중심으로, 한국환경정책 · 평가연구원, 2006, 47 내지 107면 참조. 미국의 습지완화(mitigation) 정책을 도입하기 위한 방안의 일환으로 인공습지의 조성을 권장하는 규정을 의무화할 필요가 있다. 박성욱 외 3, "연안습지의 효율적 관리를 위한

13. 이 용 료

환경부장관, 시 · 도지사 또는 시장 · 군수 · 구청장은 습지보호지역 등을 이용하는 사람으로부터 이용료를 징수할 수 있다(제18조의2 제1항). 환경부장관, 해양수산부장관, 관계중앙행정기관의 장 또는 지방자치단체의 장은 습지보전 · 이용시설을 이용하는 사람으로부터 이용료를 징수할 수 있다(동조 제2항). 동법은 이용료를 습지보호지역등의 보전 및 습지보전 · 이용시설의 관리에 한정하여 사용하도록 명시하고 있다(동조 제4항).

Ⅲ. 평 가

「습지보전법」은 시행된 지가 얼마 되지 않아 그 공과를 섣불리 판단할 수 없으나 어느 정도 습지 및 그 생물다양성의 보전에 이바지할 것으로 보인다. 그러나 다음과 같은 문제점들을 내포함으로써, 그 실효성에는 일정한 한계가 있다. 우리나라의 경우 「습지보전법」이 제정됨으로써 어느 정도 습지보전을 위한 발판을 마련했다고 볼 수 있다.

1. 협소한 보호범위

연안습지가 갯벌 주변부의 염습지, 사구 등과 밀접하게 연결되어 있고 동일한 생태계를 구성하고 있으므로 이들 지역을 연안습지에 포함하여 관리할 필요가 있다. 그러나 동법은 이들 지역을 연안습지의 범위에 포함시키지 않고 사실상 '갯벌'로 습지의 범위를 좁게 한정하고 있다.[29] 염습지, 사구, 석호 등은 '공유수면'으로 분류되어 오히려 매립의 대상이 되고 있다. 한편, 하구습지는 하천과 연안해역이 만나는 곳에 위치하고 있기 때문에 연안습지의 형성 및 발달과 밀접한 관련을 맺고 있다. 그러나 현행법 체계상 하구습지는 내륙습지로 분류되어 있어 연안습지의 통합적 관리를 저해하고 있다. 또한 하구의 정의 및 범위 등에 관하여 명시적인 규정이 없기 때문에 해양수산부와 환경부 사이에 관리권 중복의 문제도 발생할 여지가 있다.

동법은 습지 중 "특별히 보전할 가치가 있는 지역"을 습지보호지역으로 지정할 수 있다고 규정하고 있는데, 표현 자체가 불확정 개념을 내포하고 있을 뿐만 아니라 이에 따르면 "특별히 보전할 가치가 있는 지역" 외의 지역이 제대로 보호받지 못할 가능성이 있게 된다.[30] 생태계는 당해 지역 전체로 유기적, 역동적 상호작용을 하기 때문에 보호되는 습지지역이 좁을수록 그 기능 및 가치는 충분히 보호받지 않게 된다. 결국 보호범위를 가능한 한 넓게 하고, 습지지역 지정도 가능한 한 광범위하게 하는 것이 습지의 효율적 관리 · 보전을 위해 바람직하다.

Mitigation 개념의 한국적 적용방안에 관한 연구 —법제도 개선방안을 중심으로—", Ocean and Polar Research Vol. 25(4), 2003. 12, 553면.

29) 공경자(각주 20), 187면.

30) 공경자(앞의 글), 189면.

2. 관할권의 이원화

동법상 연안습지는 해양수산부장관의, 내륙습지는 환경부장관의 관리, 관할권하에 있다. 양 습지의 생태적 특성은 다를 수밖에 없고, 그 결과 관리방법도 다를 수밖에 없는 것인데, 동일 법에서 이를 다룬다는 것은 효율성 차원에서 문제가 될 수 있다. 관할권의 이원화에 따른 업무의 중복과 책임전가 가능성 등을 고려할 때 관할권 행사를 일원화할 필요가 있다. 이때 해양수산부장관은 상대적으로 개발위주적 성격을 띨 우려가 있으므로, 연안·내륙습지를 불문하고 환경부장관에게 그 관할권을 부여하는 것이 바람직하다고 생각한다.

3. 비강제성

동법의 선언적·권고적 성격은 그 실효성을 약화시키고 있다. 예컨대, 습지보호지역을 비롯한 습지지역의 지정에 있어 "지정할 수 있다"라고만 규정하고 있는 것이 대표적이다. 「습지보전법」의 목적 즉, 습지 및 그 생물다양성의 보전을 달성하기 위하여는 일정 요건을 가능한 한 상세히 정하여 그 요건이 충족되는 지역을 반드시 습지지역으로 정하도록 강제하는 방안이 모색되어야 할 것이다. 동법에는 이밖에도 "노력하여야 한다"라는 식의 규정이 다수 발견되는데, 국가의 습지보전 책무(제3조 제1항), 습지보전대책의 마련(제9조 제2항), 인공습지의 조성·관리 장려(제18조) 규정 등이 그것이다. 이러한 권고적 성격의 규정은 그 실효성이 의문시될 수밖에 없다.

4. 행위제한의 예외

「습지보전법」은 주로 습지보호지역에 대해서만 행위제한(제13조 제1항)을 하고 있고, 그 제한도 간척, 매립, 준설 등과 같은 습지훼손에 큰 영향을 미치는 행위를 포함하고 있지 않다. 습지주변관리지역 또는 습지개선지역에서는 생태계위해외래동·식물을 풀어놓거나 식재하는 행위(제13조 제2항)만을 규제하고 있을 뿐이다. 습지의 효율적 관리를 위해서는 가능한 한 광범위한 영역에 걸쳐 습지관리가 이루어져야 한다는 관점에서 습지주변관리지역 또는 습지개선지역에서의 행위 규제를 강화할 필요성이 있다.

한편, 습지주변관리지역에서는 환경부장관·해양수산부장관 또는 시·도지사의 승인을 조건으로 일정규모 이상의 간척사업, 공유수면매립사업 기타 습지보호에 위해를 줄 수 있는 행위가 허용되는데(제13조 제3항), 이와 같이 비록 제한적이지만 개발을 허용하는 규정은 자칫 매립, 간척 등 개발의 면죄부로 작용할 가능성이 있다.

5. 재산권침해와 손실보상

습지지역 내의 행위제한은 습지보전이라는 공익을 위해 어느 정도 불가피한 규제라 할 것이나 제한을 받는 구체적인 개인에게는 당해 지역의 소유권 자체의 의미를 상실케 할 정도의 특별한 희생이 될 수 있다. 이러한 재산권 침해의 문제는 소유권이 국·공유인 연안습지의 경우에는 문제가 되지 않으나 개인에게 소유권이 있는 내륙습지의 경우에는 문제될 수 있다.

「습지보전법」상 손실보상이 인정되는 경우는 습지조사로 인하여 손실을 입은 경우(제20조)뿐인데, 동법이 습지지역(특히 습지보호지역) 내의 행위제한으로 인한 손실보상을 염두에 두고 있지 아니한 것은 헌법 제23조 재산권보장 규정과 관련하여 위헌의 소지가 있다. "(습지지역)지정으로 말미암아 당해 토지의 이용가능성이 배제되거나 또는 토지소유자가 토지를 종래 허용된 용도대로도 사용할 수 없기 때문에 이로 말미암아 현저한 재산적 손실이 발생하는 경우에는 원칙적으로 사회적 제약의 범위를 넘는 수용적 효과를 인정하여 국가나 지방자치단체는 이에 대한 보상을 하여야 한다."[31]

습지지역으로 지정되어 불이익을 입고 있는 토지소유자에 대하여 사회가 무신경한 것은 사회정의에 반하는 것이다. 재산권을 침해받고 있는 소유자에 대한 국가, 사회의 적극적 배려는 해당 주민과의 갈등해소를 위해서도 중요한 것으로써, "입법자는 매수청구권이나 수용신청권의 부여, 지정의 해제, 금전적 보상 등 다양한 보상가능성을 통하여 재산권에 대한 가혹한 침해를 보상하여야 한다."[32] 이러한 관점에서 동법 제20조의2에서 토지등 소유자에게 매수청구권을 인정하고 있는 것은 중요한 의미를 갖는다. 그러나 소유자가 매수청구권을 행사할 경우 환경부장관 · 해양수산부장관의 매수를 의무화하고 있지 않기 때문에 매수청구권 행사에는 일정한 한계가 있다.[33]

6. 이행확보수단의 미흡

동법은 국가 · 지방자치단체 또는 사업자가 습지보호지역 또는 습지개선지역 중 대통령령으로 정하는 비율 이상에 해당하는 면적의 습지를 훼손하게 되는 경우에는 그 습지보호지역 또는 습지개선지역 중 공동부령으로 정하는 비율에 해당하는 면적의 습지가 보존되도록 하고 있는데(제17조 제1항), 이를 위반한 경우에 벌칙 등 제재수단이 마련되어 있지 아니함으로써, 그 이행확보가 사실상 곤란하다.[34]

7. 재정문제

습지조사에 따른 손실보상, 습지 존치를 위한 사업수행, 포상금 지급 등을 위해 재원이 마련되어야 할 것인데도 불구하고 동법은 재원마련에 관한 규정을 두고 있지 않다. 이러한 재정적 문제는 동법의 실효성을 약화시킬 것이다.

---

31) 헌재 1999. 10. 21 선고 97헌바26 결정; 헌재 1998. 12. 24 선고 89헌마214 결정.
32) 헌재 1999. 10. 21. 선고 97헌바26 결정.
33) 이는 공원관리청으로 하여금 매수청구를 받은 토지가 대통령령으로 정한 판정기준에 해당되는 때에는 이를 반드시 매수하도록 하고 있는 자연공원법(제77조 제3항)상의 매수청구권 제도와 구별된다. 「백두대간 보호에 관한 법률」(제10조의2)에서도 이와 유사하게 산림청장으로 하여금 일정한 토지소유자로부터 매수청구를 받은 경우 토지를 매수하도록 하고 있다.
34) 공경자(각주 20), 189면.

8. 「공유수면 관리 및 매립에 관한 법률」과의 관계

동법은 제16조에서 습지보호지역 또는 습지개선지역으로 지정된 습지에 대하여는 중대한 공익상 · 군사상 필요가 있는 경우로서 대통령이 정하는 경우[35]를 제외하고는 「공유수면 관리 및 매립에 관한 법률」에 의한 공유수면매립면허, 「골재채취법」에 의한 골재채취허가를 할 수 없도록 규정하고 있다. 이에 따르면 습지보호지역 또는 습지개선지역으로 지정되지 못한 습지의 경우에는 이 규정 자체가 적용되지 않으므로 여전히 「공유수면 관리 및 매립에 관한 법률」에 의한 매립 등이 가능하게 되어 매립, 간척 등으로부터 습지훼손을 막을 수 없는 본질적 한계를 갖게 된다.

9. 지방자치단체에의 위임

동법은 환경부장관 또는 해양수산부장관이 그의 권한을 시 · 도지사 또는 시장 · 군수 · 구청장에게 위임할 수 있도록 하고 있는바(제21조), 자칫 지방자치화에 따라 개발 압력을 심하게 받고 있는 지방자치단체가 위임받은 권한을 남용할 가능성이 있다. 이에 위임의 회수조치, 재정적 제재 등 남용을 견제하는 장치가 마련되어야 할 것이다.

Ⅳ. 습지보호를 위한 제안

1. 보호 범위의 확대

「습지보전법」상의 연안습지 개념 정의에 따르면 갯벌 주변부의 염습지와 사구는 제외되게 된다. 이러한 지역은 갯벌지역과 유기적으로 연결된 생태계를 형성하므로 갯벌 생태계를 보전하기 위하여는 이들 지역에 대한 보호도 동시에 이루어져야 한다.

가능한 한 넓은 영역을 보호대상으로 하여야 해당 습지를 보다 더 충실히 보전할 수 있다. 이러한 관점에서 지역 전체를 습지지역,[36] 또는 생태 · 경관보전지역[37]으로 지정하자는 견해는 그 현실성을 떠나[38] 일면의 타당성을 갖게 된다. 갯벌지역 전반에 대하여 국립공원을 지정하고 있는 독일[39]이나 미국에서 시행되고 있는 개발지역은 물론이고 인

35) "중대한 공익상 · 군사상 필요가 있는 경우로서 대통령령이 정하는 경우"라 함은 제6조 각호의 1에 해당하는 경우로서 「공유수면 관리 및 매립에 관한 법률」 제22조에 따른 매립기본계획을 수립하는 자, 같은 법 제28조에 따른 공유수면매립면허 또는 「골재채취법」 제22조에 따른 골재채취허가를 하고자 하는 자가 환경부장관 또는 해양수산부장관과 협의한 경우를 말한다(시행령 제13조).

36) 서해안 갯벌 전체를 습지지역으로 지정할 필요가 있다는 견해는 고철환(각주 11), 473면; 연안습지 모두를 습지지역 또는 국립공원으로 지정하여 관리하는 것이 바람직하다는 견해는 공경자(각주 20), 189면.

37) 갯벌의 경우 전체가 하나의 생태계를 구성하기 때문에 분할 자체가 곤란하고 최소한의 범위 설정도 어려우므로 전체를 보호구역으로 지정하는 것이 바람직하다. 전재경, "갯벌보전의 법리", 한국의 갯벌, 서울대학교 출판부, 2001. 7, 971면.

38) 갯벌지역이 생태계 보전뿐만 아니라 다수 지역주민의 삶의 터전이고 다양한 토지이용이 이루어지고 있다는 점에서 갯벌지역 전부에 대하여 생태계보전지역으로 지정하는 것은 적절하지 않다. 조진상, "공유수면매립 관련법 및 갯벌보전 정책수단", 한국의 갯벌, 서울대학교 출판부, 2001, 7, 988면.

39) 우리나라 남 · 북한의 갯벌을 합한 것보다 조금 작은 5,400㎢의 갯벌을 가진 독일은 1980년대 중반 북해연안의 모든 갯벌을 모두 국립공원(니더작센, 함부르크, 슐레스비히 홀슈타인 갯벌국립공원)으로 지정하였다. 고철환, "독일의 갯벌 국립공원화 전략", 한국의 갯벌, 서울대학교 출판부, 2001. 7, 1007면 이하; 김호철(각주 19), 29면 이하.

접지역, 다른 지역 등 광범위한 지역을 아우르는 습지은행 프로그램(Mitigation Banking)도 같은 맥락으로 이해될 수 있다.

습지지역의 지정이 어려울 경우에는 생태 · 경관보전지역, 국립공원의 지정도 현행법상 가능한 것이므로 어떠한 형태로든 가능한 한 빨리 법적 보호가 가능한 보호지역의 지정이 필요하다. 습지목록에의 추가 등록도 습지보전의 강력한 의지 표현으로써 중요한 의미를 가질 것이다.

2. 순상실 방지정책의 채택

습지가 더 이상 개발의 대상이 아닌 보전의 대상이라는 인식이 환경정책으로서 강력하게 표현되어야 한다. 이러한 관점에서 미국에서 부시행정부 이래 견지해 오고 있는, 불가피한 개발로 습지가 상실되는 경우에는 습지 상실을 상쇄하는 대체 습지가 반드시 마련되어야 한다는 이른바, 'No Net Loss Policy'는 시사하는 바가 많다.[40] 현재 우리가 습지의 개발이냐 보전이냐를 둘러싸고 끊임없는 소모전을 경험하는 것은 상당부분 정부의 습지보전에 대한 의지 부재에 기인한다. 정부의 확고한 의지와 정책은 지방자치단체 또는 개발자에게 개발 의도를 제압하는 압력으로 작용할 것이다.

3. 「습지보전법」의 개선

동법상 습지보호지역의 지정 요건 및 기준은 불명확하기 때문에 중요한 습지가 습지보호지역으로 지정되지 않을 가능성이 있다. 보호가 절실한 습지를 선택해서 집중적으로 보호할 수 있기 위해서는 그 요건 및 기준을 보다 명확히 하고 구체화할 필요가 있다. 습지의 효율적 관리를 위해서는 가능한 한 광범위한 영역에 걸쳐 습지관리가 이루어져야 한다는 관점에서 습지주변관리지역 또는 습지개선지역에서의 행위 규제를 강화할 필요가 있다. 습지지역(특히 습지보호지역)으로 지정되어 재산권을 침해받고 있는 소유자에 대하여는 손실보상, 매수청구권, 수용신청권의 부여 등 보상책이 마련되어야 할 것이다. 동법 제20조의2에서 토지등의 매수를 인정하고 있으나 소유자가 매도를 요청할 경우 환경부장

---

40) 습지보전과 관련한 미국에서의 중요하고도 기본적인 정책은 이른바 'No Net Loss of Wetlands'이다. 이에 따르면 습지를 개발하려는 자는 상실되는 습지를 상쇄하기 위하여 개발면적 이상의 습지를 다른 지역에 조성하여야 한다. 이 정책은 더 이상의 습지 상실을 막아야 한다는 인식을 전제로 1980년 후반부터 유지되고 있다. 환경보호청(EPA)은 이 정책을 지원하기 위한 지침을 제시하였는데, 즉, 허가 신청을 하는 자는 잠재적인 환경에의 악영향을 완화시키는 적합하고 합리적인 조치를 취함으로써, 습지 상실의 영향을 완화하여야 한다는 것이다. 40 C.F.R. 230.10(d). 1990. 공병대(The Army Corps of Engineers: Corps)와 환경보호청은 환경보호청의 지침을 구체화하는 양해각서를 체결하였는바, 그 중심내용은 허가 신청자는 먼저 습지에 대한 개발사업의 영향이 가능한 한 없도록 하는 조치를 취하고(avoidance), 그것이 힘들 경우에는 습지에의 악영향을 감소하는 조치를 취하고(minimization), 마지막으로 습지의 복원 또는 조성 등을 통하여 피할 수 없는 영향에 대한 보상조치(compensation)를 취함으로써, 피해를 완화하여야 한다는 것이다. *Memorandum of Agreement(MOA) Between the Environmental Protection Agency and the Department of the Army(DA), Concerning the Determination of Mitigation Under the Clean Water Act 404(b)(1) Guidelines*, 55 Fed. Reg. 9,210 (1990). 위 양해각서는 특히 보상조치와 관련하여 다른 지역(off-site)에 소재하는 습지보다는 동일지역 내(on-site)의 습지로, 이종(out-of-kind)습지보다는 동종(in-kind)습지로 보상조치하는 것을 우선시하고 있다. MOA(앞의 글), 9,212면. 이러한 습지상실 및 파괴를 완화하는 정책은 남아 있는 습지의 순상실이 더 이상 없어야 한다는 국가 목표를 반영하고 있는 것이다.

관 · 해양수산부장관의 매수를 의무화하고 있지 않다. 토지등의 매수제도가 실효를 거두기 위해서는 매수 의무화를 고려해 보아야 한다.

국가 · 지방자치단체 또는 사업자가 습지보호지역 중 일정 면적의 습지를 훼손하게 되는 경우 일정 면적의 습지가 보존되도록 규정하면서도 이를 위반한 경우에 대비한 벌칙 등 제재수단을 마련하지 아니한 것은 입법적 불비라 할 수 있으므로 이행확보를 위한 수단을 규정할 필요가 있다. 인공습지의 조성의 권장을 의무화하는 것도 검토하여야 한다. 이는 미국에서 시행하고 있는 습지은행 프로그램을 도입하기 위한 기초가 될 수 있다. 동법이 규정하고 있는 습지보전사업을 위해서는 그 재원마련을 위한 기금 설치 등의 방안도 제시되어야 할 것이다. 관할권의 이원화에 따른 업무의 중복, 책임전가, 비효율성 등을 방지하기 위해서는 개발부서가 아닌 환경부에 내륙 · 연안습지를 불문하고 관리책임권을 부여하는 방안이 고려될 수 있을 것이다.

한편, 습지지역을 지정하여 엄격히 보호하려고 하는 것은 자칫 아무런 습지도 보호하지 못하게 되는 결과를 초래할 수 있다. 예컨대, 습지보호지역에서의 행위제한 조치가 지나치게 과도하고, 경직되어 습지보호지역의 지정 자체가 아예 이루어지지 않거나 편법으로 실행될 가능성이 있는 것이다. 이에 습지지역의 지정이 궁극적으로 주민의 이익에 부합한다는 인식을 확산시키고, 지역주민의 이해와 협조를 받을 필요성이 있게 된다. 지역주민과의 갈등을 최소화하기 위해서는 현재 법률에 규정된 지역주민의 의견수렴절차가 형식적으로 되지 않도록 적극적인 해석과 활용이 필요하다. 의견수렴 절차 · 방법 등을 보다 구체화하는 작업이 필요하다. 또한, 습지의 현명한 이용을 위하여 주민의 편의도 고려하는 생태형 어장이나 주말어장, 학습장 또는 연구장소 등의 개발을 생각해 볼 수 있는데, 이에 대한 근거 규정을 마련할 필요성이 있다.

4. 「공유수면 관리 및 매립에 관한 법률」의 개정

「공유수면 관리 및 매립에 관한 법률」에 의한 매립이 가능한 상황에서 습지보호에는 일정한 한계가 있을 수밖에 없으므로 궁극적으로 습지개발을 허용하는 동법 관련 규정의 폐지가 필요하다. 예컨대, 「공유수면 관리 및 매립에 관한 법률」상의 매립을 조장하는 조항들, 특히 사업시행자의 매립지에 대한 소유권 인정 및 임대에 관한 특혜 조항들의 삭제와 다른 법률상의 인 · 허가등을 의제하는 조항의 철폐가 그것이다.[41] 의견수렴절차의 미비에 따른 정책 결정구조의 불투명성 및 비민주성 등에 대한 개선도 요망된다. 공유수면을 매립하려고 하는 자(원인자)에게 인공습지, 대체습지의 조성을 의무화하는 것도 고려해 볼 수 있다. 나아가 연안습지가 연안을 구성하고 있으며, 연안이라는 포괄적 개념하에서 관리되어야 할 대상이라는 관점에서 「연안관리법」에의

41) 조진상(각주 38), 986 내지 987면.

통합도 생각해 보아야 한다.

제 5 절 독도등 도서지역의 생태계보전에 관한 특별법

상당수의 극히 제한된 지역에만 사람이 거주하는 섬이나 무인도서[1]가 우수한 식생, 철새 등 희귀동·식물의 서식지 등 생태적으로 중요한 가치를 가지고 있는 것으로 알려지고 있다. 일반적으로 도서지역은 인위적 교란이 심한 내륙생태계와 달리 생물다양성이 풍부한 자연생태계를 유지하고 있으며, 오랜 진화의 결과 각 섬마다 독특한 고유종이 존재하고, 국가적으로 중요한 식생이 존재하며, 국제 또는 국내적으로 멸종위기종의 중요한 서식지가 되는 등 독특하고 중요한 도서생태계 기능을 갖고 있다.

그러나 그 동안 이와 같이 중요한 가치 및 기능을 갖는 이러한 지역들에 대한 관리의 소홀로 그 생태적 가치는 많이 감소하였다. 남획, 염소 등 가축 방목에 의한 식생 훼손, 낚시꾼·관광객에 의한 오염 등은 그 생태계의 보전적 가치를 계속적으로 감소시키고 있다. 이러한 지역에서의 급격하고 무분별한 생태계 훼손은 이들 지역에 대한 특별한 관리를 요구하였다. 이러한 요구에 부응하여 「자연환경보전법」과는 별도로 1997년 「독도등 도서지역의 생태계보전에 관한 특별법」(도서생태계법)이 제정되기에 이르렀으며, 이로써 자연경관이 우수하고 희귀동·식물이 서식하고 있는 무인도서를 '특정도서'로 지정하면서 체계적으로 관리하기 시작하였다. 동법은 도서지역의 독특한 도서생태계를 유지하고 그 훼손을 방지하기 위하여 특정도서의 지정, 특정도서보전기본계획의 수립, 특정도서 안에서 행위제한, 출입금지 등, 원상회복명령, 토지 등의 매수, 시·도특정도서의 지정 등의 제도적 장치를 두고 있다.

Ⅰ. 적용범위

동법은 독도 등 대한민국의 주권이 미치는 특정도서의 자연생태계 등의 보호에 관한 사항에 대하여 적용되는바(제3조), 특정도서의 자연생태계 등의 보호를 위하여 다른 법률에 우선하여 적용된다 할 것이다. 여기에서 '특정도서'란 사람이 거주하지 아니하거나 극히 제한된 지역에만 거주하는 섬(무인도서등)으로서 자연생태계·지형·지질·자연환경이 우수한 독도등 환경부장관이 지정하여 고시하는 도서를 의미한다(제2조 제1호).

Ⅱ. 특정도서의 지정

환경부장관은 특정도서를 지정하고자 할 때에는 화산·기생화산·계곡·하천·호

1) 현재 전국적으로 2,876개의 무인도서가 있는 것으로 파악되고 있다. 환경부, 환경백서, 2016, 337면.

소 · 폭포 · 해안 · 연안 · 용암동굴 등 자연경관이 뛰어난 도서, 수자원 · 화석, 희귀동 · 식물, 멸종위기동 · 식물, 그 밖의 우리나라 고유의 생물종의 보존을 위하여 필요한 도서 등 일정한 도서 중에서 관계 중앙행정기관의 장과 협의하고 관할 광역시장 · 도지사 또는 특별자치도지사(시 · 도지사)의 의견을 들어야 한다(제4조 제1항).[2)]

Ⅲ. 특정도서보전기본계획수립

도서의 자연생태계의 효율적인 보전 · 관리를 위해서는 계획수립 및 시행이 전제되어야 한다. 동법은 환경부장관에게 특정도서의 자연생태계 등의 보전을 위하여 10년마다 특정도서보전기본계획을 수립하고 관계 중앙행정기관의 장과 협의한 후 이를 확정할 의무를 부과하고 있다(제5조 제1항). 기본계획에는 자연생태계 등의 보전에 관한 기본방향, 자연생태계 등의 보전에 관한 사항, 기타 대통령령으로 정하는 사항 등이 포함되어야 한다(동조 제2항).

Ⅳ. 기초조사

특정도서의 환경을 보전 · 관리하기 위해서는 먼저 특정도서의 실태에 대한 조사가 선행되어야 한다. 이를 위하여 동법은 환경부장관에게 특정도서를 지정하거나 기본계획을 수립하기 위하여 필요한 경우에 특정도서의 자연생태계 등에 대한 기초조사를 실시하여야 할 의무를 부과하고, 특정도서의 환경변화가 뚜렷하다고 인정하는 도서에 대하여는 정밀조사를 실시할 수 있도록 하고 있으며(제6조), 이러한 조사를 관계 중앙행정기관, 지방자치단체 및 민간단체 등과 합동으로 실시할 수 있는 근거조항을 마련하고 있다(동조 제3항). 합동조사의 근거조항을 두는 이유는 기초조사 대상인 국내 무인도서의 수가 많고 전국에 산재해 있어서 환경부 단독으로 조사를 실시하기에는 한계가 있고, 조사를 위한 장비 · 인력을 보유하고 있는 기관 · 단체와 합동으로 조사를 실시하는 것이 조사의 효율성을 보다 극대화할 수 있기 때문인 것으로 이해된다.

한편, 환경부장관은 도서의 자연생태계등의 조사를 위하여 필요한 경우에는 관계 공무원 또는 조사원으로 하여금 타인의 토지에 출입하거나 그 지상의 입목 · 토석 기타 장애물을 변경 또는 제거할 수 있다(제7조 제1항). 동법은 이러한 처분으로 손실을 입은 자에 대한 손실보상은 고려하고 있지 않다. 타인의 토지에 출입하거나 장애물을 변경 또는 제거하고자 하는 자는 그 소유자 · 점유자 또는 관리인에게 미리 그 뜻을 통지하여야 하며, 해뜨기 전 · 해진 뒤에는 당해 토지 점유자의 승낙 없이는 택지 또는 담장이나 울로 싸인 타인의 토지에 출입할 수 없다(동조 제2항·제3항). 토지의 소유자 · 점유자 또는

2) 환경부는 1998년부터 전국 무인도서에 대한 자연환경조사를 실시하여 이 중 2000년 독도(1호 특정도서)를 필두로 2015년 말 현재 생태적으로 보전가치가 높은 230개 도서를 특정도서로 지정하였다. 2016년 환경백서(앞의 책), 345면.

관리인은 정당한 사유 없이 조사행위를 거부 · 방해 또는 기피할 수 없다(동조 제4항).

Ⅴ. 명예감시원

동법은 환경부장관으로 하여금 특정도서의 효율적인 보전을 위하여 특정도서의 보전과 관련된 법인 · 단체의 구성원, 주변지역의 주민 등을 특정도서 명예감시원으로 위촉 · 운영할 수 있도록 하고 있다(제6조의3). 이는 현재 전국에 퍼져 있는 특정도서를 효율적으로 관리 · 감독하기 위해서는 관련 법인 · 단체의 구성원, 주변지역의 주민 등과의 협조가 필요하고, 이들을 특정도서 보전을 위한 감시요원 등으로 활용할 필요가 있다는 점이 고려된 것으로 보인다.

Ⅵ. 행위제한

1. 금　　지

동법은 누구든지 특정도서에서는 다음에 해당하는 행위를 하거나 허가를 하여서는 아니 된다고 규정하여 관리를 엄격히 하고 있다: ① 건축물 · 공작물의 신축 · 증축; ② 개간 · 매립 · 준설 또는 간척; ③ 택지의 조성 · 토지의 형질변경 · 토지의 분할; ④ 공유수면의 매립; ⑤ 입목 · 대나무의 벌채 또는 훼손; ⑥ 흙 · 모래 · 자갈 · 돌의 채취, 광물의 채굴, 지하수의 개발; ⑦ 가축의 방목, 야생동물의 포획 · 살생 또는 그 알의 채취, 야생식물의 채취; ⑧ 도로의 신설; ⑨ 특정도서에 서식하거나 도래하는 야생동 · 식물 또는 특정도서에 존재하는 자연적 생성물을 그 섬 밖으로 반출하는 행위; ⑩ 특정도서로 생태계교란 생물을 반입하는 행위; ⑪ 폐기물을 매립하거나 버리는 행위; ⑫ 인화물질을 이용하여 음식물을 조리하거나 야영을 하는 행위; ⑬ 지질 · 지형 · 자연적 생성물을 훼손하는 행위 또는 그 밖에 이와 유사한 행위(제8조 제1항 본문).

2. 예　　외

군사 · 항해 · 조난구호행위, 천재지변 등 재해발생 및 대응을 위하여 필요한 행위, 국가가 시행하는 해양자원개발행위, 「도서개발촉진법」의 사업계획에 따른 개발행위 및 「문화재보호법」에 따라 문화재청장 또는 시 · 도지사가 필요하다고 인정하는 행위는 그러하지 아니하다(제8조 제1항 단서).

3. 허　　가

환경부장관은 특정도서의 지정목적에 지장이 없다고 인정하는 경우에는 다음에 해당하는 행위를 허가할 수 있다. 다만, 「문화재보호법」에 의하여 문화재로 지정된 도서에 대하여는 미리 문화재청장 또는 시 · 도지사와 협의하여야 한다: ① 국가 또는 지방자치단체가 등산로 · 산책로 · 도로 · 공중변소 및 정자 등을 설치하는 행위; ② 자연생태계 등의 연구 · 조사를 목적으로 하는 행위; ③ 기존의 건축물 · 공작물의 보수 · 개축; ④ 기타 자연생태계 등의 원형을 훼손하거나 변형시키지 아니하는 범위 안에서의 환경부장관이 필요하다고 인정하는 행위(제9조 제1항).

4. 원상회복명령 등

환경부장관은 특정도서 안에서 제8조 제1항의 규정에 위반되는 행위를 한 자에 대하여는 상당한 기간을 정하여 원상회복 또는 원상회복이 곤란한 경우에는 이에 상응하는 조치를 할 것을 명할 수 있다(제11조).

Ⅶ. 출입금지 등

환경부장관은 특정도서의 보호 · 육성 또는 훼손된 자연생태계 등의 회복을 위하여 필요하다고 인정할 경우에는 특정도서의 전부 또는 일부지역을 지정하여 일정한 기간동안 그 지역에의 출입을 제한하거나 금지할 수 있다(제10조 제1항).

Ⅷ. 법령 위반에 대한 처분

환경부장관은 다음에 해당하는 자에 대하여는 이 법에 의한 허가를 취소하거나 행위를 정지 또는 변경할 것을 명할 수 있다: ① 거짓 그 밖의 부정한 방법으로 허가를 받은 자, ② 허가 조건이나 기한을 위반한 자. 다만, 위 ①에 해당하는 경우에는 그 허가를 취소하여야 한다(제12조).

Ⅸ. 토지 등의 매수

2007. 5. 17. 개정 법은 환경부장관으로 하여금 특정도서의 자연생태계 등을 보전하기 위하여 필요하다고 인정되는 경우에는 토지 · 건축물 그 밖의 물건(토지등)의 소유자와 협의하여 토지등을 매수할 수 있도록 하고 있으며(제12조의2 제1항), 그 가격은 「공익사업을 위한 토지 등의 취득 및 보상에 관한 법률」의 규정에 따라 산정하도록 하고 있다(동조 제2항). 이 규정은 재산권 제한에 대한 보상적 조치라고 할 수 있으나 소유자가 매수청구권을 행사하면 행정청이 반드시 매수하여야 하는 매수의무조항이 아니다. 이는 행정청의 필요에 의한 협의매수제도로서 기본적으로 환경부장관(청약)과 토지등의 소유자(승낙)의 합의로 토지등의 거래가 이루어질 수 있다는 법원칙을 선언을 하고 있는 데 불과하다. 결국 소유자의 매수청구 요건을 구체적이고 명확하게 규정하고 있지 않고, 국가의 매수를 의무화하고 있지도 않기 때문에 그 실효성은 의문이다.[3)]

---

3) 종전에는 토지등의 매수에 있어서 토지등의 소유자가 이를 매도하고자 하는 경우에만 환경부장관이 매수할 수 있도록 하

X. 평 가

특정도서의 보호에 효율성을 기하고 입법의 편의까지 고려하여 특별법 형식을 빌어 동법이 제정된 것으로 이해 못할 바 아니나 「자연환경보전법」으로 어느 정도 그 목적을 달성할 수 있을 것으로 판단된다. 유사한 법률이 다수 존재한다는 것은 법체계상으로나 운영상으로 바람직한 것은 아니다. 중 · 장기적으로는 「자연환경보전법」에 통합되는 것이 바람직하다고 생각된다. 특정도서에 대한 생태계 보전을 강화하기 위해서는 무인도서에 대한 지속적인 자연환경조사를 거쳐 특정도서의 지정확대가 필요하다. 또한 다양한 자연생태계 · 지형 또는 지질을 보유하고 있는 특정도서를 효율적으로 보전하기 위해서는 특정도서 내 토지등의 매수를 적극적으로 검토하여야 할 것인바, 토지매수의 촉진을 위해서는 소유자에게 매수청구권을 인정하는 방안을 생각해 볼 수 있다.

제6절 백두대간 보호에 관한 법률

민족정기가 서려있는 성스러운 곳, 백두산에서부터 금강산 · 설악산을 거쳐 지리산 천왕봉까지 끊이지 않고 이어지는 능선, 백두대간. 백두대간은 국토의 남북을 종단하는 대동맥으로서, 민족정기를 이어주는 산줄기로서, 한반도의 등뼈로서, 국토의 골간으로서 신비와 외경의 대상이 되고 있다. 나아가 자연생태계의 축으로서, 생태계의 보고로서, 한반도 야생동 · 식물의 핵심서식지로서, 생물다양성의 비축기지이자 공급원으로서 생태적으로 보전가치가 상당히 높은 곳이다.[1] 산 · 능선이 단절 없이 연속하는 백두대간은 하나의 산맥으로서 일체를 이루면서, 동 · 서 유역을 가르는 분수계의 역할을 하는 한편, 한반도에 생존하는 야생동 · 식물의 연결 · 이동통로가 되고 있다. 백두대간의 자연경관과 그 안에 비축하고 있는 풍부하고 다양한 자연자원은 너무나 소중하다. 최근에는 비무장지대, 도서 · 연안지역, 5대강과 함께 한반도의 자연환경과 생태계의 근본을 이루는 핵심축을 형성하고 있는 것으로 새로운 조명을 받고 있다.[2]

이와 같이 백두대간은 민족정기가 서려있는 결정체로서, 한반도의 자연환경과 생태계의 근본을 이루는 곳임에도 불구하고, 그 동안 그 위상에 걸맞는 대우를 받지 못하였다. 지난 반세기 동안 대규모 채석, 광산개발, 관통도로 · 대형댐 · 골프장 · 스키장 · 송전탑 등 건설, 위락단지 조성 등 각종 크고 작은 개발과 건설행위가 이루어지면서 자연환경 및

는 협의매수제도를 채택하고 있었는데, 당시 이러한 제도하에서 토지매수는 전혀 이루어지지 않은 것으로 파악되고 있다. 2007. 5. 17. 개정 법에서 도입하고 있는 현행 협의매수제도하에서도 이러한 상황은 크게 호전될 것으로 보이지 않는다.

1) 백두대간에 분포하는 생물종은 4,671종으로(식물 1,581종, 포유류 36종, 조류 135종, 육상곤충 2,567종, 양서 · 파충류 32종, 담수어류 38종, 저서성대형무척추동물 282종) 우리나라 일부지역의 고유종(섬시호 등)을 제외한 대부분의 종이 서식 및 생육하고 있다. 환경부, 환경백서, 2016, 334면.

2) 2016년 환경백서(앞의 책), 333면.

경관이 심하게 훼손되고, 생물서식지 · 생태계가 파괴 · 단절되고, 그 안에 서식하는 각종 생물종은 감소되었다.[3] 보전의 대상이 아니라 파괴의 대상이 되어온 느낌이다. 이제부터라도 무분별한 개발행위로 인하여 백두대간이 훼손되는 것을 방지하고, 미래세대에게 건전한 자연환경을 물려줄 필요가 있다.

백두대간 훼손의 심각성은 환경보호론자, 산악인, 민간단체 등을 중심으로 한 백두대간 보전운동의 전개 등 범국민적 관심을 불러 일으켰다. 백두대간 보호 필요성에 대한 공감대의 확산은 백두대간의 효율적인 보전과 관리를 위한 「백두대간 보호에 관한 법률」의 제정(2003. 12. 31)으로 그 결실을 맺게 되었다. 동법은 보호대책을 통해 백두대간의 자연생태계를 유지 · 보전코자 하는 특별법의 성격을 갖는다(제3조 참조).

동법은 백두대간이라는 끊이지 않고 이어지는 능선 또는 산줄기에 주목한다는 점에서 전통적인 점 개념 관리를 선 내지 면 개념 관리로 관리방식을 전환하고 있다고 할 수 있다. 이로써 그 동안 법적 · 제도적 장치가 없어 대규모 광산개발, 위락단지 조성 등 각종 개발로 인해 생태계가 파괴된 백두대간을 효율적으로 보호할 수 있는 기틀이 마련되었다고 할 수 있다. 보전가치가 우수한 백두대간을 훼손하는 주요 원인이 되고 있는 대규모 개발행위가 상당 부분 감소할 것으로 예상되며, 부득이한 훼손에 대해서도 그 훼손이 최소화될 것으로 예상된다.

Ⅰ. 보호대상

'백두대간'이라 함은 백두산에서 시작하여 금강산 · 설악산 · 태백산 · 소백산을 거쳐 지리산으로 이어지는 큰 산줄기를 말한다(제2조 제1호).[4] 여기에 포함되지 않는 산줄기는 국립공원 등 자연공원으로 지정되어 관리되고 있다. 보호범위와 관련해서는 백두대간의 중요성을 고려해서 백두대간과 이어지는 전국의 모든 주요 산맥을 포함시켜 체계적으로 보전 · 관리해야 한다는 주장이 제기되고 있다.

Ⅱ. 백두대간 보호 · 관리의 기본원칙

동법은 백두대간 보호 · 관리를 위한 5대 기본원칙을 천명하고 있다: ① 백두대간은 모든 국민의 자산으로 현재와 미래세대를 위하여 지속가능하게 보전 · 관리되어야 한다; ② 백두대간은 자연의 기능 및 생태계 순환이 유지 · 증진되고 인간의 이용으로 인한 영

3) 백두대간상에는 65개의 관통도로가 평균 9㎞ 간격으로 설치되어 생태계의 단절을 초래하고 있다. 관광리조트 개발, 댐 건설, 광산개발, 송전탑 건설 등 각종 개발사업의 추진과 자원개발은 백두대간의 자연환경 및 국토를 훼손하고 있다. 산불통제나 임산물 수송을 위해 개설된 임도(林道)도 백두대간을 훼손하는 주요인이 되고 있다. 2016년 환경백서(앞의 책), 335 내지 336면.

4) 백두대간은 백두산에서 시작하여 금강산, 설악산을 거쳐 지리산까지 전장 1,400㎞ 이어지고 있다. 특히 백두대간 중 남한 지역은 설악산 향로봉에서 지리산 천왕봉에 이르는 구역으로 면적은 2,634㎢에 이르며, 여기에는 9개의 국 · 도립공원과 6개 도, 32개 시 · 군의 행정구역이 포함되어 있다. 환경부, 환경백서, 2012, 307면.

향과 자연재해가 최소화되도록 보전 · 관리되어야 한다; ③ 불가피하게 백두대간을 이용하여 훼손이 발생한 경우 최대한 복구 · 복원되도록 노력하여야 한다; ④ 백두대간은 정맥 등 다른 산줄기와의 연결성이 유지 · 증진될 수 있게 보전 · 관리되어야 한다; ⑤ 백두대간의 지속가능성 유지를 위하여 지역주민과 지역공동체는 보호되어야 한다(제3조의2).

Ⅲ. 백두대간보호기본계획의 수립

환경부장관은 산림청장과 협의하여 백두대간보호기본계획(기본계획)의 수립에 관한 원칙과 기준을 정한다(제4조 제1항). 환경부장관에게 기본계획의 수립에 관한 원칙과 기준을 정할 수 있는 권한을 부여하고 있는 것은 백두대간을 포함한 우리나라의 자연환경보전업무를 환경부에서 총괄하고 있으며, 뒤에서 보는 바와 같이 자연환경보전이 기본계획의 핵심적인 내용을 이루고 있음을 감안한 것으로 이해된다.

동법은 백두대간의 절대적인 면적이 산지인 점[5]을 고려하여 산림청장에게 기본계획을 10년마다 수립할 권한을 부여하고 있다(동조 제2항). 이 경우 산림청장은 환경부장관과 협의하여야 하는데, 이는 동법의 기본 취지가 백두대간의 자연생태계의 유지 · 보전이고, 백두대간의 보전 및 관리는 생물자원의 보전 및 관리, 수자원 및 하천생태계의 보전, 국토의 보전 및 이용 등과 긴밀한 관계가 있으므로 환경정책의 전반에 대한 이해를 토대로 총체적인 정책수립 및 추진이 필요하다는 점, 자연생태계보호 및 쾌적한 자연환경 조성이 기본적으로 환경부장관의 권한에 속하는 점 등을 감안하여 산림청과 환경부가 상호 유기적으로 협력하여 백두대간을 보전 · 관리할 수 있는 근거를 마련할 필요가 있다는 인식을 반영한 것으로 이해된다.

또한 산림청장은 기본계획을 수립 또는 변경할 때에는 미리 관계 중앙행정기관의 장 및 기본계획과 관련이 있는 도지사와 협의하여야 한다(동조 제3항). 기본계획 변경 절차를 계획수립 절차와 같게 한 것은 기본계획의 수립행위와 변경행위가 행위의 중요성 면에서 차이가 없다는 점을 인식하고 있는 것이다.

기본계획에는 백두대간의 현황, 백두대간의 보호에 관한 기본방향, 백두대간의 자연환경 및 산림자원 등의 조사와 보호를 위한 사업에 관한 사항 등 백두대간 보호를 위한 핵심적인 요소들이 포괄적으로 포함되어야 한다(동조 제4항). 한편, 산림청장은 환경부장관과 협의하여 기본계획에 따라 연도별 백두대간보호시행계획을 수립하여야 한다(제5조 제1항).

Ⅳ. 백두대간보호지역의 지정 · 관리

백두대간 보호의 핵심 사항은 백두대간보호지역의 지정이다. 동법은 백두대간 중 생

5) 백두대간보호지역 내에는 산림이 약 93%를 차지하고 있다.

태계 · 자연경관 또는 산림 등에 대하여 특별한 보호가 필요하다고 인정되는 지역을 보호지역으로 지정하여 각종 개발행위를 제한하고 있다.

1. 지 정

환경부장관은 산림청장과 협의하여 백두대간보호지역(보호지역)의 지정에 관한 원칙과 기준을 정한다(제6조 제1항). 동법은 산림청장에게 앞서와 같이 기본계획의 수립권한을 부여함과 동시에 백두대간보호지역의 지정권한을 부여함으로써, 백두대간의 보전 · 관리를 위한 광범위한 권한을 부여하고 있으며, 행정체계를 일원화하고 있다.

이에 따르면, 산림청장은 백두대간 중 생태계 · 자연경관 또는 산림 등에 대하여 특별한 보호가 필요하다고 인정되는 지역을 2개 구역으로 구분하여 보호지역으로 지정할 수 있다. 즉 핵심구역은 백두대간의 능선을 중심으로 일정한 구역을 특별히 보호하고자 하는 지역에 대하여, 완충구역은 핵심구역의 연접지역으로서 핵심구역의 보호상 필요한 지역에 대하여 지정된다(동조 제2항).

보호지역을 지정할 경우 산림청장은 환경부장관과 협의하여야 하는데, 이는 백두대간보호지역의 지정이 자연생태계 및 자연환경보전과 밀접한 연관이 있으며, 이러한 업무를 환경부가 총괄하고 있다는 점을 고려한 것이다. 말하자면 환경부장관이 지정하는 다른 환경 관련 보호지역과의 중복 또는 충돌 가능성을 염두에 둔 것으로 보인다. 한편, 산림청장은 제1항의 규정에 의하여 마련된 원칙과 기준에 따라 보호지역을 지정하여야 하며, 그 지정절차에 관하여는 제4조 제3항 · 제5항 및 제6항의 규정을 준용하되, 필요한 경우 당해 지역주민의 의견을 들을 수 있다(동조 제3항). 지역주민의 참여가 백두대간 보호의 핵심 관건이 될 수 있다는 점에서 지정단계부터 지역주민의 의견수렴절차 거치도록 한 것은 중요한 의미를 갖는다. 그러나 의견수렴을 의무화하고 있지 아니하고, '필요한 경우'로 제한하고 있으며, 실질적인 의견수렴절차를 규정하고 있지 않기 때문에 형식적인 절차로 운영될 소지가 많다.

백두대간의 효율적인 보전과 관리를 위해서는 보호지역의 지정이 합리적으로 이루어져야 하며, 보호지역의 점진적인 확대가 요구된다. 보호지역의 확대를 위해서는 사유지에 대한 국가 또는 지방자치단체의 토지매수가 유효한 수단이 될 수 있을 것이다. 보호기금을 조성하여 보호 · 복원 등 사업비용에 투입하는 것도 하나의 대안이 될 수 있다.

2. 행위제한

동법은 제한행위 열거방식이 아닌 허용행위 열거방식을 채택하여 개발행위를 엄격히 금지하면서 예외적으로 불가피한 개발행위를 인정하고 있다.

가. 핵심구역에서의 행위제한

핵심구역에서는 국방 · 군사시설의 설치 등 일정한 경우를 제외하고는 건축물의 건축,

인공구조물이나 그 밖의 시설물의 설치, 토지의 형질변경, 토석의 채취 또는 이와 유사한 행위를 하여서는 아니 된다(제7조 제1항).

나. 완충구역에서의 행위제한

완충구역에서는 산림공익시설의 설치 등 일정한 경우를 제외하고는 건축물의 건축, 인공구조물이나 그 밖의 시설물의 설치, 토지의 형질변경, 토석의 채취 또는 이와 유사한 행위를 하여서는 아니 된다(제7조 제2항).

다. 평 가

해당 지역과 지역주민의 여건과 실상을 무시하고 환경보전 논리에만 치우쳐 그 실정을 제대로 반영하지 않을 경우에는 지역주민들의 참여는 고사하고 불필요한 민원만 제기되면서 지속가능한 개발에 역행하는 결과가 초래될 수 있다. 가뜩이나 규제가 많은 이들 지역에 또 하나의 규제가 추가되는 것은 이들 지역주민들에게 지나친 희생과 질곡으로 다가올 수 있다. 이러한 점을 고려하여 행위제한에 대한 보상적 조치와 주민지원 등에 소홀히 하여서는 아니 된다. 이를 위해서는 예산 확보를 위한 근거 규정을 두고 주민지원을 보다 활성화할 필요가 있다. 또한 지역주민들의 불편과 요구사항을 수용하고 보호지역에서의 허용행위를 현실화할 필요가 있다. 이러한 점에서 지역주민의 생활과 관계되는 광산개발, 농가주택, 농림축산시설, 개인묘지 · 납골묘 등의 설치를 허용하여 농 · 산촌 주민들의 주거생활에 제한을 하지 않는 것은 지역 여건 및 실정을 고려한 것으로 타당한 조치라고 할 수 있다.

3. 사전협의

동법은 관계 행정기관의 장 또는 지방자치단체의 장으로 하여금 제7조 제1항 및 제2항 각호의 개발행위를 하기 위하여 관계 법률에 의한 승인 · 인가 · 허가 등의 행정처분을 하고자 하는 경우에는 산림청장과 미리 '협의'하도록 하고 있다(제8조 제1항). 산림청장은 협의과정에서 환경부장관의 의견을 들어야 한다(동조 후문). 환경부장관의 의견을 듣도록 한 것은 환경부장관이 산림청과 함께 산림은 물론 생태계 전반에 대하여 보전 · 보호책임이 있고, 기본계획 수립 시 산림청장으로 하여금 환경부장관과 협의하도록 함으로써 백두대간의 보호에 상호 유기적으로 협력할 수 있도록 한 근거 규정이 있으며, 자연생태계의 보호 및 쾌적한 자연환경의 조성은 환경부의 중요한 소관사항이라는 점 등을 고려한 것으로 보인다.

산림청장은 협의를 함에 있어 백두대간 보호를 위하여 필요하다고 인정하는 경우에는 개발행위 규모의 축소 · 조정 또는 위치변경을 요구할 수 있다(동조 제2항). 이는 국방 · 군사시설, 도로, 철도, 공공시설의 설치 등 개발행위가 불가피한 경우에도 백두대간의 생태계가 크게 해치지 않는 범위 내에서 최소한으로 이루어지도록 하기 위한 입법적 고려라고 할 수 있다.

4. 보호지역의 지정해제 등

산림청장은 환경부장관과 협의하여 보호지역의 지정목적이 상실되었거나 자연적 · 사회적 · 경제적 · 지역적 여건변화 등으로 인해 보호지역으로 계속 지정 · 관리할 필요가 없거나 핵심구역과 완충구역 간 구역변경이 필요하다고 인정하는 경우에는 보호지역을 해제하거나 구역을 변경할 수 있다(제9조). 보호지역의 지정해제와 구역변경은 공익과 환경에 미치는 영향이 매우 클 수 있으므로 이 경우 환경영향평가를 거치도록 절차를 강화할 필요가 있다고 생각한다.

5. 토지등의 매수 · 교환

동법은 국가 또는 지방자치단체가 보호지역의 지정목적을 달성하기 위하여 필요한 경우에는 토지등의 소유자와 협의하거나 토지등의 소유자의 신청을 받아 보호지역의 토지등을 매수하거나 국유림 또는 공유림과 교환할 수 있도록 하고 있다(제10조 제1항 본문). 다만, 장차 보호지역으로 지정할 필요가 있거나 보호지역의 효율적인 보호 · 관리를 위하여 필요하다고 인정하는 경우에는 대통령령으로 정하는 보호지역 밖의 토지 등을 매수 · 교환할 수 있다(동항 단서).

6. 토지등의 매수청구

백두대간지역의 주민들은 보호지역의 지정으로 인하여 지가하락, 사유재산권의 제한, 개발기회의 감소는 물론이고 생계에도 막대한 지장을 받을 것을 우려하고 보호지역 지정 자체를 반대하기 때문에 백두대간의 효율적인 보호 및 관리가 어려움에 봉착하고 있다. 이에 주민의 사유재산권을 보호하고 주민불편을 해소하는 등 해당 지역 주민을 배려하는 정책이 필요하다. 불평과 희생을 강요당하는 주민에 대한 보상은 형평성 차원에서도 요구되고 있다.

다행히 동법은 앞에서 본 바와 같이 백두대간기본계획에 백두대간보호지역에 거주하는 주민 또는 백두대간보호지역 안에 토지를 소유하고 있는 자에 대한 지원에 관한 사항을 포함시켜(제4조 제4항 제7호) 주민을 지원하기 위한 시책 추진 의지를 적극적으로 표명하는 동시에 계획적이고 실효성 있게 지원시책을 추진할 수 있도록 예산을 확보하고자 하고 있다. 또한 일정한 조건하에서 광산개발, 농가주택, 농림축산시설의 설치 등을 허용함으로써 지역주민들의 요구사항을 반영하고 주민불편을 최소화하는 등 주민에 대한 배려를 하고 있다(제7조).

같은 맥락에서 동법은 일정한 소유자에게 매수청구권을 인정하여 보호지역 내 건축행위의 제한, 형질변경 등 행위제한으로 인한 재산권 제한에 대하여 매수청구권 규정을 두어 보상적 조치를 취하고 있다. 즉 보호지역의 지정 · 고시가 있는 때에는 같은 지역의 토지등의 소유자로서 다음의 어느 하나에 해당하는 자는 산림청장에게 해당 토지등의 매수를 청구할 수 있다: ① 보호지역 지정 당시부터 해당 토지등을 계속 소유한 자; ② 위 ①의 자로부터 해당 토지등을 상속받아 계속 소유한 자(제10조의2 제1항). 산림청장은 토지등의 매수청구를 받은 때에는 예산의 범위에서 이를 매수하여야 한다(동조 제2항).

지역주민의 재산권 제한을 보상한다는 차원에서 보호지역 내 재산권 제한이 사회적 제약의 한계를 초과하지 않도록 매수청구권을 인정함으로써 보상적 조치를 취하는 것은 중요한 의미를 갖는다. 그러나 매수청구권을 행사하기 위한 위 요건을 충족하는 것이 쉽지 않아 미흡한 조치에 머무를 가능성이 많으며, 사유재산권 보호라는 취지를 달성할 수 있을 지, 그 실효성에 의문이 제기된다. 예산의 범위라는 한계도 있다.

7. 주민지원사업

해당 지역과 지역주민의 실정을 무시하고 환경보전 논리에만 치우쳐 규제만을 강요한다면 이들 지역주민들에게 지나친 부담으로 다가올 수 있다. 해당지역의 보호를 위해 이들의 참여와 협조가 절대적으로 필요한 상황에서 일방적인 희생만을 강요한다면 거부와 반발만을 불러일으킬 수 있다. 이는 형평의 차원에서도 타당하지 않다. 이러한 점에서 주민지원사업을 추진하고 이에 소요되는 예산을 확보하며, 주민생활과 관련있는 시설의 설치를 확대함으로써 주민불편을 해소하는 등 보상적 조치를 취하는 것이 중요하다. 해당 지역 주민에 대한 지원은 재산권 제한에 대한 적절한 보상적 조치라고도 할 수 있다.

이러한 점을 고려하여 동법은 산림청장과 지방자치단체의 장으로 하여금 보호지역(보호지역에 일부가 포함되는 읍·면, 동의 행정구역을 포함)에 거주하는 주민 또는 보호지역 안에 토지를 소유하고 있는 자에 대한 주민지원사업에 관한 계획을 수립 · 시행하도록 함으로써, 지역주민에 대한 생활편익 · 소득증대 · 복지증진 등을 위한 지원의 법적 토대를 제공하고 있다(제11조의2 제1항). 또한 산림청장이 주민지원사업의 대상자 또는 지원 혜택을 받은 자에게 백두대간 보호 · 관리활동 참여를 요청할 수 있도록 하고, 보호지역에 거주하는 주민의 생활환경 개선과 복리증진을 위한 관리계획을 수립하고 이에 필요한 사업에 소요되는 예산을 지원할 수 있는 법적 근거를 마련하고 있다(동조 제3항 · 제4항).

동법의 성공을 위해서는 지방자치단체, 지역주민, 민간단체 등 이해관계자의 적극적인 동참과 협조가 절대적으로 필요하다. 백두대간의 보호 및 관리에는 정부뿐만 아니라 민간단체, 지역주민들도 일정한 역할이 요구되기 때문에 이들의 역할 분담에 의하여 이들이 참여할 경우 시너지효과가 있을 수 있다. 특히 해당 지역 주민의 참여와 협조는 이들이 직접적인 이해관계자이기 때문에 무엇보다도 중요하다. 이들 지역 또는 지역주민의 참여와 협조를 유도하기 위해서는 이들에 대한 배려를 소홀히 하여서는 안 된다.

이러한 점에서 기본계획 수립 시 주민의 지원에 관한 사항을 포함하도록 하고, 나아가 산림청장과 지방자치단체의 장으로 하여금 생활편익과 소득증대 및 복지증진을 위한 주민지원사업에 관한 계획을 수립 · 시행하도록 함으로써 지역주민의 피해를 최소화하고, 지역 여건 및 실정을 반영하도록 한 것은 타당한 조치라고 생각된다. 그러나 주민지원사업의 효율적인 추진을 위해 필수적인 예산확보가 만만치 않아 실질적인 주민지원이 이루어지지 않을 가능성이 상존하고 있다. 법에는 예산 확보를 위한 근거규정조차 없다.

Ⅴ. 조사 · 연구 및 기술개발에 대한 재정지원

국가 또는 지방자치단체는 백두대간의 보호에 관련되는 학술조사 · 연구 및 기술개발에 필요한 재정지원을 할 수 있다(제12조 제1항). 국가 또는 지방자치단체는 백두대간의 보호 및 감시활동, 산림생태계 복원활동 그 밖에 백두대간 보호에 관한 활동에 대하여 필요한 재정지원을 할 수 있다(동조 제2항).

백두대간의 관리 · 보전은 정부뿐만 아니라 민간부분에서도 매우 중요하게 인식하고 있어 정부와 민간이 일정한 영역에 있어 역할분담이 요구되고 있다. 이를 위해 연구기관, 민간단체에 대하여 재정지원을 할 수 있도록 한 것은 백두대간에 대한 국민적 공감대를 형성하고 일반인의 적극적인 참여를 유도한다는 측면에서 바람직하다고 할 수 있다. 다만, 민간단체가 단순히 정부재정의 지원을 받기 위해 연구를 위한 연구단체를 설립할 소지가 있으므로 무분별하게 연구단체가 난립되지 않도록 각별한 주의가 요망된다.

제 7 절 문화유산과 자연환경자산에 관한 국민신탁법

흔히 '국민신탁(National Trust)운동'은 1895년 영국에서 시작된 환경 · 문화보전운동으로서 무분별한 개발로부터 환경적 · 문화적 가치가 있는 땅이나 시설들을 지키기 위하여 모금운동을 통하여 자연 · 문화유산지역의 토지 · 시설을 매입하거나 기증을 받아 영구히 보전하는 시민환경운동으로 이해된다. 특히 영국에는 이와 관련되는 제반 기준과 절차 등을 규율하기 위하여 1907년 국민신탁법(National Trust Act)이 제정되어 있다.[1] 국민신탁운동은 현재 영국[2]을 필두로 미국 · 호주 · 일본 등 30여개국에서 시행되고 있다.[3] 우리나라에서도 일부 환경단체들이 무등산 및 주변토지 공유화 운동, 대전 오정골 선교사 건물

1) 박용하 외 5, 환경 친화적 국립공원 관리방안 연구－국립공원 주민지원방안을 중심으로, 한국환경정책 · 평가연구원, 1999. 12, 123면.

2) 100년이 넘는 역사를 자랑하는 영국 내셔널리스트는 연간 예산 6천억원 규모로 전국 토지의 1.6%, 해안지역의 17%를 보유하고 있어 국민신탁운동이 가장 활발히 전개되고 있는 나라로 꼽히고 있다. 김금호, "국민신탁법, 내셔널트러스트운동 전기 마련하나", 함께 사는 길, 2006. 5, 58면.

3) 각국의 신탁법제 현황에 대하여 자세한 내용은 전재경 외 2, 내셔널 트러스트 운동 활성화를 위한 법제연구, 환경부, 2004. 2, 50 내지 64면 참조.

및 터 보전운동, 태백산 변전소 땅 한평사기 운동 등을 벌여왔으나 본격적이고 체계적인 활동은 2000년 1월경 운동본부가 발족하면서 시작되었다.4) 현재는 한국내셔널트러스트, 무등산보호단체협의회 등 20개 단체가 국민신탁운동을 벌이고 있으며, 동강제장마을, 강화매화마름군락지, 서울 성북동 최순우 고택, 무등산 일부가 신탁재산으로 매입·보전되고 있다.5)

이와 같이 민간 차원의 단체들이 기부금 등으로 생태적 보전가치가 큰 지역 또는 문화유산으로의 가치가 있는 재산 등을 매입하여 보전·관리하는 노력이 있어 왔으나 재원부족과 법적 뒷받침의 미비로 초보적 수준에 머무르고 있다. 이에 문화유산과 자연환경자산을 취득하고 이를 보전·관리하기 위하여 신탁법인을 설립하여 이 단체로 하여금 문화유산과 자연환경자산을 보다 효율적으로 보전·관리하기 위한 법적 근거를 마련하여 국민신탁운동을 범국민적 운동으로 활성화할 필요성이 제기되었다. 이러한 필요성을 인식하고 2006. 3. 24. 「문화유산과 자연환경자산에 관한 국민신탁법」이 제정되었다. 이 법의 제정은 입법청원운동이 시작되고 6년이라는 비교적 짧은 기간에 이루어진 입법적 결실로서, 보전가치가 높은 자연환경과 문화유산이 처한 위기상황에 대한 절박감을 반증하고 있다. 이로써 우리 삶의 터전이요 정체성의 중요한 부분을 구성하는 자연환경과 문화유산의 보전을 위한 민간 차원의 국민신탁운동이 범국민적 운동으로 성장할 수 있는 법적 기반이 마련되었다고 할 수 있다.

동법은 문화유산 및 자연환경자산에 대한 민간의 자발적인 보전·관리 활동을 촉진하기 위하여 국민신탁운동을 하는 법정 법인으로 문화유산국민신탁과 자연환경국민신탁을 설립하도록 하고, 동 법인에서 시행하는 보전재산의 매입·관리 등에 대한 절차를 명확하게 규정하고 있다.

Ⅰ. 국민신탁이란?

동법은 '국민신탁'을 "국민신탁법인 또는 국민신탁단체가 국민·기업·단체 등으로부터 기부·증여를 받거나 위탁받은 재산 및 회비 등을 활용하여 보전가치가 있는 문화유산과 자연환경자산을 취득하고 이를 보전·관리함으로써 현재세대는 물론 미래세대의 삶의 질을 높이기 위하여 민간 차원에서 자발적으로 추진하는 보전 및 관리 행위"로 정의하고 있다(제2조). 이는 위탁자가 재산권을 수탁자에게 이전하고, 수탁자로 하여금 수익자의 이익 또는 특정한 목적을 위하여 그 재산을 관리·처분하는 법률관계인 신탁법상의 신탁(信託)과는 다른 개념으로 신탁의 법적인 개념을 문화유산의 보호 또는 자연환경의 보전 등 공공의 이익으로 확장하는 것이다.

4) "'동강 공유화'로 훼손 막는다". 한겨레, 2000. 8. 7. 기사.
5) "내셔널 트러스트 기부 땐 소득공제", 중앙일보, 2004. 10. 28. 기사.

국민신탁운동의 범위는 문화유산과 자연환경자산이다. 동법은 '문화유산'을 ① 문화재, ② 문화재를 보존 · 보호하기 위한 보호물 및 「문화재보호법」 제2조 제3항의 규정에 따른 보호구역, ③ 문화재와 보호물 및 보호구역에 준하여 보전할 필요가 있는 것으로(제2조 제2호), '자연환경자산'을 「자연환경보전법」, 「습지보전법」, 「야생생물 보호 및 관리에 관한 법률」, 「자연공원법」, 「백두대간 보호에 관한 법률」 등의 보호 · 보전지역의 토지 · 습지 또는 그 지역에 서식하는 멸종위기야생생물로 정의하고 있는데(동조 제3호), 문화적으로나 자연환경적으로 보전할 가치가 있는 대상의 대부분이 국민신탁의 범주에 포함된다고 할 수 있다.

Ⅱ. 국민신탁법인의 설립

동법은 문화유산 및 자연환경자산을 취득하고 이를 보전 · 관리하기 위하여 문화유산국민신탁과 자연환경국민신탁(국민신탁법인)을 각각 설립하도록 하고 있다(제3조 제1항). 이에 따라 개인 등이 소유하고 있는 문화유산 등을 민간 차원에서 기부금 등으로 매입하거나 기증받아 보전 · 관리하는 국민신탁법인이 설립되면 민간 차원의 문화유산 및 자연환경자산의 보전 · 관리활동이 보다 체계적으로 활성화 될 것이 기대된다. 그러나 전국차원에서 2개의 국민신탁법인이 이원적으로 운영됨에 따라 사업영역의 확보와 확장, 기부 · 모금활동과 관련하여 갈등이 발생할 소지가 있다. 국민신탁법인이 관변 단체화하면서 오히려 자생적으로 탄생한 시민운동을 억제하는 부작용도 우려된다.

Ⅲ. 기본계획

국민신탁법인은 해당 중앙행정기관의 장(문화재청장과 환경부장관)과 협의하여 기본계획(10년)과 시행계획(매년)을 수립하여야 한다(제5조 제1항·제3항, 제6조). 국민신탁법인은 기본계획을 수립하고자 하는 때에는 당해 기본계획에 포함되는 사항이 국가의 국방 · 군사, 농지 · 산림 또는 개발 등에 관한 정책 · 사업과 상충되는지 여부에 관하여 미리 관계 중앙행정기관의 장과 협의하여야 한다(동조 제4항). 이와 같이 관계 중앙행정기관의 장과 사전에 협의하도록 한 것은 사후에 국민신탁으로 보전될 수 있는 자산과 관련하여 발생할 수 있는 문제를 사전에 예방하기 위한 입법적 고려라고 이해된다.

Ⅳ. 재산현황의 공개

국민신탁법인은 보전재산의 목록을 작성 · 비치하여야 하며, 회계연도별로 보전재산 및 일반재산의 현황 등을 작성하고 이를 공개하여야 한다(제9조).

Ⅴ. 재산의 보전 및 운용

국민신탁법인은 보전재산 및 일반재산을 신의에 따라 성실하게 보전 · 운용하여야 한다(제10조 제1항). 동법은 국민신탁법인의 재산을 보전재산[6]과 일반재산[7]으로 구분하여 보전재산은 이를 매각 · 교환 · 양여 · 담보 또는 신탁하거나 출자의 목적으로 제공하지 못하도록 하고 있다. 이를 위반한 행위는 무효로 한다(동조 제2항). 개인 등이 소유하고 있는 문화유산 등을 기부금 등으로 매입하거나 기증받아 보전 · 관리하는 재산은 미래세대에 대한 공유재산이므로 보전재산을 처분 · 양도하거나 담보로 제공하지 못하도록 하고 있는 것은 공유재산의 안정성 확보를 위하여 필요하다고 할 것이다. 같은 맥락에서 동법은 위반한 행위를 무효로 하면서 과태료를 부과하고 있다(제23조). 한편 일반재산은 문화유산 및 자연환경자산의 매입 및 보전 · 관리와 국민신탁법인의 운영에 소요되는 경비 등으로 사용할 수 있다(제10조 제3항).

동법은 신탁관계에 있어 위탁자와 수탁자 사이의 신탁계약 및 해지, 신탁사항 등 신탁자산의 관리에 대한 계약 및 해지 등에 관한 사항을 정하고 있지 아니하다. 다만 어떠한 예외도 인정하지 아니하고 신탁재산의 처분이나 양도를 제한하고 있을 뿐이다. 이에 신탁자산의 관리에 대한 계약 및 해지 등에 관한 사항을 정하고 나아가 그 재산가치가 상실 · 저하된 경우 등 예외적인 경우에는 이사회의 의결 또는 환경부장관의 동의나 승인 등을 얻어 처분할 수 있는 길을 열어 둘 필요가 있다고 생각된다.

Ⅵ. 지정기탁재산

동법은 '지정기탁재산'을 도입하여 기탁자가 문화유산 및 자연환경자산의 매입 · 보전 또는 관리로 용도를 지정하여 기탁할 수 있도록 하고 기탁된 현금 · 유가증권 또는 부동산 등의 재산(지정기탁재산)은 기탁자와 합의한 경우를 제외하고는 그 용도를 변경할 수 없도록 하고 있다(제11조 제1항). 지정기탁재산을 제외하고는 신탁재산에 속하는 현금이나 증권 등을 운용해 재산증식을 할 수 있기 때문에 일반 시민이 "자연환경을 보전하는 데 사용해 달라"며 돈을 기부한 경우에는 국민신탁법인은 이 기부금을 활용해 재산을 증식한 뒤 문화유산 등을 매입 · 보전하는 데 사용할 수 있을 것이다. 지정기탁재산은 지정된 용도별로 다른 일반재산과 구분하여 계리하여야 한다(동조 제2항).

Ⅶ. 문화유산 및 자연환경자산의 매입

국민신탁법인은 문화유산 및 자연환경자산을 매입하고자 하는 때에는 이사회의 의결

6) '보전재산'이라 함은 "국민신탁법인의 재산 중 문화유산 또는 자연환경자산에 해당하는 것"을 말한다(제2조 제4호).
7) '일반재산'이라 함은 "국민신탁법인의 재산 중 보전재산을 제외한 것"을 말한다(제2조 제5호).

을 거쳐야 한다(제12조).

Ⅷ. 조세감면

동법은 신탁재산과 국민신탁법인에 대한 세제혜택을 부여하는 법적 근거를 마련하고 있다(제15조). 신탁재산이 공유재산이라는 점에 주목할 경우 신탁재산의 취득 · 보유 · 처분 등과 관계되는 국세와 지방세를 면제하고, 국민신탁에 신탁한 자에게는 당해 신탁재산에 대한 증여세 등을 면제하며, 국민신탁에 기부금을 낸 경우에는 기부금에 대한 과세특례를 인정 · 확대하는 것은 당연하다 할 것이다.

Ⅸ. 재정지원

동법은 국민신탁법인과 보전협약을 체결한 법인 · 단체에 대한 재정지원 근거를 마련하고 있다(제16조). 국민신탁운동은 국민들의 자발적인 노력을 통하여 문화유산과 자연환경자산을 보전하고 관리하는 국민자율 운동인 만큼 국가부문의 지원과 도움은 가능한 한 최소화하여야 한다. 이러한 관점에서 보전자산 확보는 일반시민들의 기부금 등으로 충당하고, 국가 및 지방자치단체의 재정지원의 범위를 보전 · 관리에 직접 소요되는 경비로 한정하고 있는 것은 국민신탁활동의 자율성과 민간단체의 자율활동 조장차원에서 바람직한 조치라고 생각된다.

Ⅹ. 보전협약

동법은 '보전협약'을 도입하여 국민신탁법인으로 하여금 문화유산 및 자연환경자산의 효율적인 보전 · 관리를 위하여 문화유산 및 자연환경자산의 소유자 · 점유자 또는 대리인과 협약을 체결하고, 소유자 · 점유자 또는 대리인이 당해 문화유산 및 자연환경자산을 성실하게 보전 · 관리할 수 있도록 필요한 지원을 하거나 당해 문화유산 및 자연환경자산을 대차하여 직접 보전활동을 할 수 있도록 하고 있다(제19조). 보전협약은 신탁재산으로 설정하지 않더라도 그 소유자 · 점유자와 자발적 협약의 형태로 보전가치가 큰 문화유산 및 자연환경자산을 보전할 수 있다는 점에서 의미를 갖는다 할 것이다. 보전협약을 체결한 자에 대해서는 조세감면이나 재정지원 등을 인정 · 확대하여 유인을 제공할 필요가 있다. 한편, 국민신탁법인과 보전협약을 체결한 문화유산 및 자연환경자산의 소유자 · 점유자 또는 대리인은 당해 재산의 권리관계가 변동되었거나 변동될 것으로 예상되는 때에는 그 사실을 지체 없이 국민신탁법인에 통지하여야 한다(제20조).

XI. 국민신탁단체

국가 및 지방자치단체의 재정적 · 행정적 지원 등이 법정법인인 문화유산국민신탁과 자연환경국민신탁에만 집중되어 국민신탁운동이 활성화되는 데 한계가 있다. 이에 동법은 법정법인 외에 일정 자격요건을 갖춘 비영리법인을 '국민신탁단체'로 지정할 수 있도록 근거 규정을 두고, 이들에게도 권한 · 의무 · 혜택 등이 부과 · 부여되도록 하고 있다(제20조의2 이하).

XII. 사전협의

관계 중앙행정기관의 장, 시 · 도지사 및 시장 · 군수 · 구청장은 국민신탁법인의 보전재산에 직접적인 영향을 미치는 행정계획을 수립 · 확정하거나 개발사업을 허가 · 인가 · 승인 · 면허 · 결정 · 지정 등을 하고자 하는 때에는 그 영향을 미리 검토하여 국민신탁법인의 의견을 조회한 후 그 결과를 첨부하여 해당중앙행정기관의 장에게 협의를 요청하여야 한다(제21조 제1항 본문, 제3항). 다만, 이러한 협의절차는 전략환경영향평가 대상계획, 환경영향평가 대상사업 또는 소규모 환경영향평가 대상사업인 경우에는 생략할 수 있다(제21조 제1항 단서).

XIII. 모 금

동법은 국민신탁법인이 모금을 할 수 있도록 근거를 마련하고, 모금 투명화를 위하여 해당 중앙행정기관의 승인 및 모금결과의 공개 등을 규정하고 있다(제22조).

XIV. 평 가

자연 · 문화적으로 보전가치가 큰 지역은 한번 훼손되면 복원이 어렵기 때문에 사전보전대책이 무엇보다 중요하다. 「자연환경보전법」, 「습지보전법」 등에서는 보호 · 보전지역을 지정 · 관리함으로써 문화유산과 자연환경의 보전을 도모하고 있다. 그러나 현실적으로 지정 · 보호활동 등을 함에 있어 토지나 건축물 등의 소유자로부터 사유재산권 침해에 대한 반발과 사유지 매입을 위한 예산부족 등으로 어려움을 겪고 있다. 이러한 상황에서 실천적 대안으로서 민간운동 차원에서 보전가치가 큰 문화유산 및 자연환경자산을 매입하여 보전 · 관리하는 이른바 국민신탁운동은 하나의 희망을 주고 있다. 그러나 이러한 국민신탁운동은 재정적 · 법적 기반의 미비로 아직은 초보적인 수준에 머무르고 있다. 그러나 「문화유산과 자연환경자산에 관한 국민신탁법」이 제정됨으로써 우리나라에서도 보전가치가 높은 문화유산 및 자연환경자산을 민간 차원에서 매입 · 보전하는 국민신탁운동이 본격화되고, 범국민적 운동으로 성장할 수 있는 계기가 마련되었다고 할 수 있다.

그 결과 그 동안 (사)한국내셔널트러스트, (재)무등산공유화재단 등 민간단체 차원에서 법률적 기반 없이 추진되었던 국민신탁운동이 활성화될 것으로 예상된다. 그러나 국민신탁운동이 범국민운동으로 승화될지는 쉽게 예측할 수 없다. 그 성공 여부는 신탁재산 확보의 용이성, 신탁재산의 보호정도, 보호대상 재산의 법적 안정성, 기부자나 국민신탁법인에 대한 혜택 정도 등과 밀접한 관련을 갖는다.

이 법의 제정이 문화유산과 자연환경자산의 보전을 위한 큰 전기를 마련하고 있으나 다음과 같이 보완하여야 할 부분도 많다는 점을 지적하여야 할 것이다. 우선, 동법은 국민신탁운동의 대상을 문화유산과 자연환경자산으로 구분하여 포괄적으로 정하고 있다. 그 결과 국민신탁운동의 활동범위는 문화적으로나 자연환경적으로 보전할 가치가 있는 거의 모든 대상에 대하여 이루어질 수 있을 것이다. 그러나 국민신탁운동이 문화유산과 자연환경자산으로 이분화됨으로 인하여 경관적 가치가 있는 자연, 동 · 식물 등 보전가치가 혼재되어 있는 자산에 대하여 개념과 업무의 중복 내지 혼란현상이 나타날 소지가 있다.

국민신탁법인의 농지 취득과 관련해서는 별도의 규정이 없기 때문에 국민신탁법인의 농지 취득은 제한적일 수밖에 없다. 그러나 생태적 · 문화적으로 중요한 농지가 각종 편법을 통한 불법투기와 난개발의 현장으로 변하는 상황에서 이들 농지의 훼손을 마냥 방치할 수는 없는 것이다. 이에 국민신탁법인이 문화유산과 자연환경자산의 보전차원에서 보유하는 농지에 대해서는 그 소유를 인정해 줄 필요성이 제기되고 있다. 신탁재산의 확보를 용이하게 한다는 차원에서 농지법상의 규제를 일부 완화하는 방안도 생각해 볼 수 있다.

국민신탁법인이 보유한 재산에 대한 법적 지위를 향상시킬 필요가 있다. 국민신탁법인은 보전재산을 매각 · 교환 · 양여 · 담보 또는 신탁하거나 출자의 목적으로 제공하지 못하며, 지정기탁재산은 기탁자와 합의한 경우를 제외하고는 그 용도를 변경할 수 없어 나름대로 내부적으로 안정성이 확보되어 있다고 평가할 수 있다. 문제는 외부적으로 취약성이 드러날 수 있다는 것이다. 동법에서 정하고 있는 사전협의 절차도 확고한 안전장치가 될 수 없다. 이는 국민신탁법인재산의 대항력의 문제로 결부되는데, 예컨대, 정부의 강제수용에 속수무책일 수 있다는 것이다. 이에 국민신탁재산에 법적 안정성과 대항력을 부여한다는 차원에서 국민신탁재산에 대해서는 강제수용 대상에서 제외하는 방안이 검토되어야 한다. 말하자면 국민신탁재산에 대하여 「공익사업을 위한 토지 등의 취득 및 보상에 관한 법률」 규정을 적용하지 않는 방안이 그것이다.[8]

동법은 국민신탁법인을 설립하도록 하고, 이에 대한 조세감면과 재정지원의 근거를 마련하고 있다. 이러한 조치는 유인을 제공함으로써, 국민신탁운동을 활성화하고자 하는 것으로 국민신탁운동의 성공을 위해 필요한 것이다. 구체적으로는 신탁재산의 취득 · 보유 · 처분 등과 관계되는 법인세와 소득세 · 취득세 · 등록세 · 재산세 · 종합토지세 등의 면

8) 김금호(각주 2), 59면.

제, 국민신탁에 신탁한 자에게 당해 신탁재산에 대한 증여세 · 재산세 · 종합토지세 등의 면제, 기부금에 대한 과세특례의 인정 · 확대 등이 적극적으로 검토되어야 한다. 여기에서 또 하나 지적할 것은 국민신탁법인 또는 신탁재산에 대한 유인의 제공이 거꾸로 국민신탁법인 이외의 국민신탁운동을 위축시킬 가능성이 있다는 것이다. 국민신탁운동은 국민신탁법인 이외에도 국민신탁법인과 보전협약을 체결한 법인 · 단체, 문화유산 등의 소유자 · 점유자 · 관리인, 기존의 신탁운동을 전개하고 있는 개인 · 단체 등 다양한 형태로 전개될 수 있다. 이러한 점을 고려할 때 기존의 자발적인 신탁운동이 계속 신장될 수 있도록 고려할 필요가 있다. 2022. 5.부터 시행되는 국민신탁단체 지정의 활성화가 좋은 예이다.

제 8 절 생물다양성 보전 및 이용에 관한 법률

생물다양성의 보전과 관련하여 그동안 우리나라 관련법제는 각종 보전 또는 보호지역제도, 생물다양성관리계약제도, 생태계보전부담금제도 등을 도입하는 등 상당한 부분에서 진일보가 이루어졌다. 그러나 훼손된 생태계의 복원, 지역주민의 이익과 참여보장, 생물다양성 및 생태계의 훼손에 따른 피해 배상 또는 보상, 유전자원의 접근 및 이익 공유, 전통지식의 보호 등 여전히 미흡한 부분이 남아 있다. 또한 생물다양성의 보전과 생물자원의 지속가능한 이용을 체계적으로 추진하기 위한 기본법이 제정되지 않은 상태에서 각 부처들이 생물다양성 관련 법률을 경쟁적으로 제정 · 시행함으로써[1] 오히려 체계적이고, 효율적인 보전 및 관리를 저해한 측면도 나타나고 있다. 특히 2010년 10월, 제10차 생물다양성협약 당사국총회에서 채택된 「생물다양성협약 부속 유전자원에 대한 접근 및 유전자원 이용 이익의 공정하고 공평한 공유에 관한 나고야의정서」[2]가 출현함에 따라 생물주권을 강화하려는 국제적 추세에 대응하기 위하여는 생물다양성의 보전은 물론, 생물자원의 확보 및 지속가능한 이용을 보다 체계적으로 추진하고, 생물자원의 이익 공유 및 전통지식의 보호, 생태계위해 외래생물의 관리 등에 관한 제도적 기반을 마련할 필요성이 급부상하였다. 이러한 배경하에 2012년 「생물다양성 보전 및 이용에 관한 법률」이 제정되었다.

동법은 "생물다양성의 보전 및 생물자원의 이용에 관하여 다른 법률을 제정하거나 개정하는 경우에는 이 법의 목적과 기본원칙에 부합하도록 하여야 한다"(제6조 제2항)고 규정함으로써 동법이 생물다양성 보전과 관련하여 기본법임을 천명하고 있다. 「생물다양성

---

1) 예컨대, 환경부는 생물다양성 · 생물자원 총괄 관리 및 야생생물에 관한 사항을, 교육과학기술부는 생명연구자원 위주의 연구를, 농림축산식품부는 농업 · 산림 및 축산 자원을, 보건복지부는 질병관련 사항을, 해양수산부는 해양생태계 및 해양생물자원의 보전 및 관리를, 문화재청은 생물종 또는 서식지로서 천연기념물 관련 소관 업무를 담당하고 있다. 생물다양성 관련 법령은 「자연환경보전법」을 필두로 「생명공학육성법」, 「문화재보호법」, 「종자산업법」, 「유전자변형 생물체의 국가간 이동 등에 관한 법률」, 「해양수산발전 기본법」 등 약 30개 정도에 이르고 있다. 환경부, 한국의 생물다양성보고서, 2010, 126면.

2) Nagoya Protocol on Access to Genetic Resources and the Fair and Equitable Sharing of Benefits Arising from Their Utilization to the Convention on Biological Diversity, http://www.cbd.int/abs/text/default.shtml.

협약」의 이행법으로서 국가의 생물다양성 보전 및 생물자원을 총괄하는 동법의 제정은 생물자원의 통합관리를 위한 법적 기반을 마련하였다는 측면에서 의의를 지닌다. 생물다양성의 지속가능성 및 생물자원의 지속가능한 이용을 위한 단일법의 채택은 효율적인 관리체계 수립을 도모할 수 있는 근간을 제공할 것이다.

Ⅰ. 일 반

1. 기본원칙

동법은 생물다양성 보전 및 생물자원의 지속가능한 이용을 위한 기본원칙을 설정하고 있다: ① 생물다양성은 모든 국민의 자산으로서 현재 세대와 미래 세대를 위하여 보전되어야 한다; ② 생물자원은 지속가능한 이용을 위하여 체계적으로 보호되고 관리되어야 한다; ③ 국토의 개발과 이용은 생물다양성의 보전 및 생물자원의 지속가능한 이용과 조화를 이루어야 한다; ④ 산 · 하천 · 호소(湖沼) · 연안 · 해양으로 이어지는 생태계의 연계성과 균형은 체계적으로 보전되어야 한다; ⑤ 생태계서비스[3]는 생태계의 보전과 국민의 삶의 질 향상을 위하여 체계적으로 제공되고 증진되어야 한다; ⑥ 생물다양성 보전 및 생물자원의 지속가능한 이용에 대한 국제협력은 증진되어야 한다(제3조).

2. 국가 · 지방자치단체의 책무

국가와 지방자치단체는 제3조의 기본원칙에 따른 조치들을 적극적으로 마련하고 시행할 책무를 진다(제4조 제1항). 국가와 지방자치단체는 각종 계획의 수립과 사업의 집행과정에서 그 계획과 사업이 제3조의 기본원칙과 제7조의 국가생물다양성전략에 부합하도록 노력하여야 한다(동조 제2항).

3. 국민의 책무

모든 국민은 생물다양성의 보전 및 지속가능한 이용을 위하여 국가와 지방자치단체가 수립 · 시행하는 사업이 원활하게 추진될 수 있도록 적극 협력하여야 하며(제5조 제1항), 생물다양성의 중요성을 인식하고 생물다양성을 배려한 상품 및 서비스를 선택함으로써 생물다양성에 미치는 부정적 영향의 감소와 생물자원의 지속가능한 이용을 위하여 노력하여야 한다(제5조 제2항).

4. 국가생물다양성전략

정부는 생물다양성 보전과 그 구성요소의 지속가능한 이용을 위하여 국가생물다양성

3) '생태계서비스'란 인간이 생태계로부터 얻는 다음의 어느 하나에 해당하는 혜택을 말한다: ① 식량, 수자원, 목재 등 유형적 생산물을 제공하는 공급서비스; ② 대기 정화, 탄소 흡수, 기후 조절, 재해 방지 등의 환경조절서비스; ③ 생태 관광, 아름답고 쾌적한 경관, 휴양 등의 문화서비스; ④ 토양 형성, 서식지 제공, 물질 순환 등 자연을 유지하는 지지서비스(제2조 제10호).

전략을 5년마다 수립하도록 하고(제7조 제1항), 관계 중앙행정기관의 장은 수립된 국가생물다양성전략에 따라 매년 시행계획을 수립 · 시행하고, 전년도 시행계획의 추진실적 및 해당 연도의 시행계획을 환경부장관에게 통보하여야 한다(제8조 제1항 내지 제2항).

Ⅱ. 생물다양성 및 생물자원의 보전

1. 생물다양성 조사와 생태계서비스 평가

생물다양성의 보전과 생물자원의 지속가능한 이용을 위해서는 먼저 생물종의 확보가 선행되어야 한다. 특히, 10만종 정도로 추정되는 한반도의 생물종 가운데 불과 3만6천여 종만의 생물종 목록을 확보하고 있는 것은 생물종 관리에 큰 허점이 있다는 것을 암시한다.[4] 이에 동법은 정부가 국가생물다양성 조사와 생태계서비스 평가를 실시할 수 있는 근거를 마련하고 있으며(제9조), 환경부장관에게 국내에 서식하는 생물종의 학명, 분포 현황 등을 포함하는 국가 생물종 목록을 구축하도록 의무화하고 있다(제10조 제1항). 생물다양성 조사는 생물종 보호를 위한 정책을 추진하기 위해 그 토대가 되는 생물다양성의 국내 현황을 파악한다는 의미가 있으며, 「생물다양성협약」에서 요구하는 국가생물다양성 종 목록 구축체계를 제도적으로 확립할 수 있다는 의미가 있다. 생태계서비스 평가는 생태계서비스의 가치를 체계적으로 평가하고 정책에 반영하려는 것으로 국제사회의 추세에 부합한다는 의미가 있다. 동법은 생물다양성 조사와 생태계서비스 평가의 주기를 정하고 있지 아니한데 조사가 지속적으로 이루어질 수 있도록 주기적으로 생물다양성 조사를 하도록 규정할 필요가 있다.[5]

2. 생물자원의 국외반출 승인 및 획득 신고

동법은 보호가치가 높은 고유 생물자원에 대한 보호장치로서의 국외반출 승인제도를 두고 있다. 이에 따르면 동법은 생물자원[6]의 국외반출 제한과 관련하여 반출승인대상을 환경부장관이 지정 · 고시하도록 규정하고 있다(제11조 제1항). 또한 국내의 생물자원이 무분별하게 국외로 유출되는 것을 방지하기 위하여, 누구든지 보호할 가치가 높은 반출승인대상 생물자원을 국외로 반출하려면 환경부장관의 '승인'을 받아야 하며(동조 제2항), 일정한 경우 승인취소, 환수명령, 대집행 등을 할 수 있다고 규정함으로써(제12조), 우리나라의 소중한 생물자원이 함부로 국외로 반출되는 것을 규제하고 있다.

외국인(외국기관 및 국제기구 등을 포함) 또는 외국인과 생물자원 관련 계약을 체결한 자가 연구 또는 상업적 이용을 위하여 환경부장관이 지정 · 고시하는 생물자원을 획득하

4) 우리나라의 자생생물은 약 10만 종으로 추정되고 있으며, 2010년까지 총 36,921종이 조사되었다. 한국의 생물다양성보고서(각주 1), 21면.

5) 「자연환경보전법」은 환경부장관으로 하여금 10년마다 자연환경조사를 하도록 하고 있다(제30조).

6) '생물자원'이란 "사람을 위하여 가치가 있거나 실제적 또는 잠재적 용도가 있는 유전자원, 생물체, 생물체의 부분, 개체군 또는 생물의 구성요소"를 말한다(제2조 제7호).

려는 경우에는 환경부장관에게 신고하도록 하고 있는데(제13조), 이는 연구기관을 비롯한 외국인의 국내 생물자원의 채취 현황을 파악하고, 무분별한 채취 및 포획을 방지할 뿐만 아니라 생물자원의 국외반출 승인제도의 실효성을 확보할 수 있을 것이다. 나아가 외국인이 국내 생물자원에 접근할 수 있는 근거를 마련하여 생물자원에 대한 접근과 이익의 공유(Access to Genetic Resources and Benefit−Sharing: ABS)를 위한 제도적 기반을 구축한다는 측면도 있다. 다만 외국인이 연구 또는 상업적 이용을 위하여 생물자원을 획득하려는 경우에는 '신고'만 하면 되고, 신고 대상은 국외반출 승인대상 생물자원으로 국한되는 바,[7] 국내 생물자원의 충실한 보전과 관리를 위해서는 그 대상을 확대하고, 통지와 승인을 받도록 하는 것을 입법적으로 검토할 필요가 있다.

3. 생물다양성 감소 등에 대한 긴급조치

환경부장관, 관계 중앙행정기관의 장 및 지방자치단체의 장은 다음의 어느 하나에 해당하는 경우에는 긴급 복구, 구조 · 치료, 공사 중지 등 생물다양성의 급격한 감소를 피하거나 최소화할 수 있는 조치를 할 수 있다: ① 자연재해 등 국가적 또는 지역적 생물다양성에 심각한 영향을 미치는 사태가 발생한 경우; ② 생물다양성이 심각하게 감소하거나 소실(消失)될 위험에 처한 경우; ③ 개발사업 등의 시행으로 인하여 야생생물의 번식지나 서식지가 대규모로 훼손될 위험에 처한 경우(제14조 제1항 본문). 한편, 동법은 긴급조치에 따라 불가피하게 주민, 개발사업자 등에게 직접적인 손실이 발생할 우려가 있다는 점을 고려하여 그 손실을 보상할 수 있는 근거를 두고 있다(제14조 제2항).

4. 생태계 보전 및 복원 지원

국가와 지방자치단체는 생태계의 균형이 파괴되지 아니하도록 생태계의 보전, 훼손된 생태계의 복원 또는 생태계가 제공하는 서비스의 회복을 위하여 필요한 시책을 수립하여야 하며(제15조 제1항), 생태계의 보전 및 복원에 참여하는 주민 · 단체 등에 대하여 지원할 수 있다(동조 제2항). 이 규정은 훼손된 생태계의 복원을 위한 법적 근거를 제공하고 있지만 복원의 원칙, 주체, 대상, 기준, 방법, 절차, 재원 등에 대해서는 언급하고 있지 않아 그 실효성에 의문이 제기된다.

5. 생태계서비스지불제계약

정부는 생태 · 경관보전지역, 습지보호지역, 자연공원, 생물다양성의 증진 또는 생태계 서비스의 회복이 필요한 지역, 생물다양성이 독특하거나 우수한 지역 등이 보유한 생태계 서비스의 체계적인 보전 및 증진을 위하여 토지의 소유자 · 점유자 또는 관리인과 자연경관 및 자연자산의 유지 · 관리, 경작방식의 변경, 화학물질의 사용 감소, 습지의 조성, 그

7) '획득 신고대상 생물자원 지정'(환경부고시 제2016−185호) 제2조.

밖에 토지의 관리방법 등을 내용으로 하는 계약(생태계서비스지불제계약)을 체결하거나 지방자치단체의 장에게 생태계서비스지불제계약의 체결을 권고할 수 있다(제16조 제1항). 나아가 동법은 생태계서비스지불제계약의 체결에 따른 보상과 지원을 규정하고 있다(동조 제2항 · 제4항).8)

생태계서비스지불제계약은 생태계를 보호하고 그로부터 얻는 혜택에 대한 대가를 해당 생태계 공급자에게 지불하는 것으로 생물다양성을 보전하면서 생태계에서 받는 혜택(생태계서비스)을 유지 · 증진하기 위해 정부와 소유자 등 사이에 체결되는 일종의 자발적 협약라고 할 수 있다. 이는 기본적으로 시민 참여형 제도로서 규제보다는 유인에 초점이 있는 조치로서 계약대상 지역의 확대, 재원확보, 취득세 또는 재산세의 감면을 비롯한 적절한 세제혜택의 제공 등을 통해 그 활성화를 꾀할 필요가 있다.

Ⅲ. 국가생물다양성센터

1. 국가생물다양성센터 및 정보공유체계의 구축 · 운영

동법은 생물다양성 보전 및 이용에 관한 업무 및 정보 관리를 효율적으로 수행하기 위하여 환경부장관에게 국가생물다양성센터의 운영 권한을 부여하는 한편, 관계 부처 소관별로 운영하는 생물다양성센터와 연계함으로써, 생물다양성센터간의 정보공유 및 정보공유체계의 통합 관리와 각 부처의 생물자원 확보 등의 관련 정보를 총괄 · 관리하도록 하고 있다(제17조 제1항). 또한 동법은 「생물다양성협약」의 국내 이행과 국가생물다양성 정보의 종합적인 관리를 위하여 환경부장관에게 국가생물다양성센터(제17조 제2항) 및 국가생물다양성 정보공유체계(Clearning House Mechanism: CHM)를 구축 · 운영할 의무를 부여하고 있다(제18조 본문).

2. 생물자원에 대한 이익 공유

동법은 생물자원의 연구 · 개발의 성과 및 그 상업적 이용 등으로 발생하는 이익은 생물자원의 제공자와 이용자 간에 공정하고 공평하게 공유되어야 한다고(제19조 제1항) 규정함으로써, 「생물다양성협약」9) 및 「나고야의정서」10)의 내용을 반영하고 하고 있다.

8) 생태계서비스지불제는 생태계서비스 개념이 도입됨에 따라 종전의 생물다양성관리계약을 대체하면서 2020년부터 시행되었다. 생물다양성관리계약이 생물다양성의 손실예방이 목적이라면 생태계서비스지불제는 생태계서비스의 보전 및 증진이라고 할 수 있다. 그 결과 보상과 관련해서 큰 차이점이 발생하는데, 생물다양성관리계약에서는 계약의 이행으로 인하여 해당 토지에서 '수익이 감소된 자'에게 '실비 보상'을 하는데 그쳤지만 생태계서비스지불제에서는 '계약의 이행 상대자'에게 '정당한 보상'을 하는 것으로 보상의 범위와 기준이 확대된 것이다.

9) 각 당사국은 연구개발의 결과와 유전자원의 상업적 또는 다른 이용에 따라 얻어지는 이익을 이러한 자원을 제공하는 국가와 공평하게 공유하기 위하여(sharing in a fair and equitable) 적절한 입법적 · 행정적 · 정책적 조치를 취하여야 한다. 그 공유는 상호 합의된 조건에 따라야 한다(「생물다양성협약」 제15조).

10) 「나고야의정서」 제4조 제1항은 후속의 응용과 상업화와 같은 유전자원의 이용으로부터 발생하는 이익을 그러한 자원의 원산지국 또는 「생물다양성협약」에 일치하여 유전자원을 획득한 당사국인 제공당사국과 공정하고 형평한 방식으로 공유하고, 그러한 공유는 상호합의된 조건에 따를 것을 규정하고 있다. 또한 각 체약당사자는 국내법에 따라 토착지역공동체

나아가 정부에 생물자원에서 발생하는 이익의 공정하고 공평한 공유를 보장하기 위하여 생물자원 제공자와 이용자가 서로 계약을 체결할 때 협의하여야 할 필수적인 계약사항 및 이를 반영한 표준계약서 제공 등 필요한 시책을 추진할 수 있다고 하면서(제19조 제2항), 생물자원의 이익 공유에 필요한 사항은 따로 법률로 정한다고 규정하고 있다(동조 제3항). 이에 따라 2017. 1. 17. 국내 유전자원등에 대한 접근 · 이용 및 이익 공유, 주요기관 지정, 해외 유전자원등에 대한 접근 및 이용을 위한 절차의 준수 등을 골자로 하는 「유전자원의 접근 · 이용 및 이익 공유에 관한 법률」이 제정되었다(제9절 참조).

3. 전통지식의 보호

전통지식[11]에 관한 사항은 최근 국제적으로 크게 논란이 제기되고 있는 지적재산권, 유전자원에 대한 접근과 이익의 공유(ABS) 문제와 연계되는 것으로써, 국제적 논의에 적극 대응하고 관련 정책을 추진한다는 차원에서 전통지식의 보호 규정을 둘 필요가 있다. 이에 동법은 전통지식의 보전 및 이용을 촉진하기 위하여 정부에 ① 개인과 지역사회의 전통지식 발굴 · 연구 및 보호, ② 전통지식 정보수집 및 관리시스템 구축, ③ 전통지식 활용을 위한 기반 구축의 시책을 추진하여야 한다고 규정하고 있다(제20조).

Ⅳ. 유입주의 생물 등 관리

외래종(alien species) 또는 생태계교란 생물로 인한 피해가 증가하고 있음에도 피해실태 및 관리 현황이 제대로 이루어지지 않고 있으며, 외래종의 효율적인 제거 · 방제가 이루어지지 못하고 있다. 외래종의 국내 유입은 다수 부처가 관여하고 있으나 관계 부처간 협력체계가 미비하여 생태계교란 등의 문제가 발생할 경우 범정부적 차원의 외래종 관리에 한계가 있으며, 이로 인해 생태적 · 경제적 피해가 발생하고 있다. 이에 동법은 통합적 외래생물종 관리체계를 구축하고, 사전적 예방수단의 확보 및 사후관리를 강화하고 있다. 2018. 10. 16 개정 법은 외래생물[12]과 별도로 유입주의 생물[13] 개념을 인정하고,[14] 그 관리체계를 강화하기 위하여 해당 생물이 국내에 유입되기 전에 유입주의 생

(ILC)가 보유하는 유전자원의 이용으로부터 발생하는 이익을 상호합의된 기초에서 관련 공동체와 공정하고 형평한 방식으로 공유하는 것을 보장할 목적으로 적절한 법률적, 행정적 또는 정책 조치를 취하도록 하고 있다.

11) '전통지식'이란 "생물다양성의 보전 및 생물자원의 지속가능한 이용에 적합한 전통적 생활양식을 유지하여 온 개인 또는 지역사회의 지식, 기술 및 관행(慣行) 등"을 말한다(제2조 제6호).

12) '외래생물'이란 외국으로부터 인위적 또는 자연적으로 유입되어 그 본래의 원산지 또는 서식지를 벗어나 존재하게 된 생물을 말한다(제2조 제7호). 동법은 외래생물의 개념에 대한 시간적 범위를 규정하지 않고 있다. 한편 동법은 외래생물의 범위를 국외로 한정하고 있지만 세계자연보전연맹(IUCN)이나 「생물다양성협약」과 같은 국제환경협약상 외래종 또는 위해외래종은 "본래의 서식지가 아닌 지역"만을 규정하고 있고, 지침 및 기준을 통해서도 생물종 중심의 접근이나 정치적 경계에 따른 구분이 아닌 생태계 중심의 접근방법을 강조하고 있다는 점 등을 살펴보면 외래생물의 범위를 반드시 국외로 명시할 필요가 없다고 여겨진다. 윤익준, "외래종 규제를 위한 법적 과제 – 생물다양성 보전 및 이용에 관한 법률을 중심으로 –" 환경법연구 제35권 제2호, 2013. 8, 112면.

13) '유입주의 생물'이란 국내에 유입(流入)될 경우 생태계에 위해(危害)를 미칠 우려가 있는 생물로서 환경부장관이 지정·고시하는 것을 말한다(제2조 6호의2).

물로 지정하고, 유입주의 생물 및 외래생물 등을 생태계 등에 미치는 위해성 정도에 따라 생태계교란 생물 또는 생태계위해우려 생물로 지정하여 종별로 수입 · 반입 · 방출 · 방제 등에 관한 관리를 하고 있다.

1. 위해성평가

환경부장관은 유입주의 생물 또는 외래생물 등에 대하여 생태계 등에 미치는 위해성을 평가할 수 있으며(제23조 제1항), 위해성평가 결과에 따라 생태계 등에 미치는 위해가 크거나 위해를 미칠 우려가 있는 유입주의 생물, 외래생물 등을 관계 중앙행정기관의 장과 협의하여 유입주의 생물에서 제외하거나 생태계교란 생물[15] 또는 생태계위해우려 생물[16]로 지정 · 고시하여야 한다(동조 제2항). 위해성평가의 기간에 대해서는 별도의 규정이 없다. 위해성평가는 외래생물의 유입에 대한 예방조치로서 뿐만 아니라 생태계교란 생물 등의 지정에 있어 중요한 의미를 갖는다. 또한 일방적 무역규제조치로 인한 국가간 무역갈등을 완화시켜 주는 역할도 할 수 있다.[17]

생태계교란 생물 등의 지정과 관련하여 공중에 대한 정보 제공이나 이해관계인의 참여 및 공중의 의견수렴 등 절차적 보장을 위한 입법적 배려는 없는 상태이다. 생태계교란 생물이나 생태계위해우려 생물의 지정은 사실상 수입 제한을 의미하기 때문에 지정과정에서 이해관계자의 의견수렴을 보장해 주는 것을 입법적으로 검토할 필요가 있다.[18]

2. 유입주의 생물의 관리

유입주의 생물을 수입 또는 반입하려는 자는 환경부장관의 승인을 받아야 한다(제22조 제1항). 위해성평가는 유입주의 생물 관리의 시작이라고 할 수 있다. 이에 동법은 유입

---

14) 외래생물은 국내에 이미 유입된 생물이고, 유입주의 생물은 국내에 유입되지 않았으나 사전 관리가 필요한 생물을 의미한다고 할 수 있다.

15) '생태계교란 생물'이란 다음의 어느 하나에 해당하는 생물로서 위해성평가 결과 생태계 등에 유출될 경우 위해를 미칠 우려가 있어 관리가 필요하다고 판단되어 환경부장관이 지정 · 고시하는 것을 말한다: ① 유입주의 생물 및 외래생물 중 생태계의 균형을 교란하거나 교란할 우려가 있는 생물; ② 유입주의 생물이나 외래생물에 해당하지 아니하는 생물 중 특정 지역에서 생태계의 균형을 교란하거나 교란할 우려가 있는 생물(제2조 제8호). 유전자변형생물체(LMOs) 중에는 생태계에 교란을 가져올 우려가 있으나 이와 관련해서 동법은 명시적인 언급을 하지 않고 있다. 「유전자변형생물체의 국가간 이동 등에 관한 법률」에서도 별도의 규정이 없다. 동법은 '생태계교란' 자체에 대하여는 개념 정의를 하고 있지 아니한바, 여기에는 생물종의 개체수 급감 또는 급증, 서식지 환경 훼손으로 인한 자연환경 및 사회경제적 피해의 발생 등이 중요한 요소가 될 수 있다. 윤익준(각주 11), 109면.

16) '생태계위해우려 생물'이란 다음의 어느 하나에 해당하는 생물로서 위해성평가 결과 생태계 등에 유출될 경우 위해를 미칠 우려가 있어 관리가 필요하다고 판단되어 환경부장관이 지정 · 고시하는 것을 말한다: ① 「야생생물 보호 및 관리에 관한 법률」 따른 멸종위기 야생생물 등 특정 생물의 생존이나 「자연환경보전법」에 따른 생태 · 경관보전지역 등 특정 지역의 생태계에 부정적 영향을 주거나 줄 우려가 있는 생물; ② 제8호 각 목의 어느 하나에 해당하는 생물 중 산업용으로 사용 중인 생물로서 다른 생물 등으로 대체가 곤란한 생물(제8조의2).

17) 위해성평가는 WTO 부속협정 중의 하나인 위생 및 검역조치의 적용에 관한 협정(SPS협정)의 중요한 주제인데, SPS협정은 과학적 정당성(scientific justification)이 있거나 당사국이 위해성평가 조항(제5조 제1항 내지 제8항)에 따라 적절한 보호수준이라고 결정하는 경우에는 당사국으로 하여금 관련 국제기준, 지침 또는 권고에 기초한 조치에 의하여 달성되는 위생 및 검역 보호수준보다 높은 수준의 위생 및 검역조치를 도입 · 유지하는 것을 허용하고 있다(제3조 제3항).

18) 윤익준(각주 11), 104면, 115면.

주의 생물의 수입 또는 반입의 승인을 신청하는 자로 하여금 위해성평가를 받도록 하고 있다(동조 제2항). 한편 환경부장관은 유입주의 생물이 생태계에서 발견된 경우에는 해당 유입주의 생물에 대하여 위해성평가를 하고, 관계 중앙행정기관의 장 또는 지방자치단체의 장에게 해당 유입주의 생물의 방제 등 필요한 조치를 하도록 요청할 수 있으며, 그 요청을 받은 관계 중앙행정기관의 장 또는 지방자치단체의 장은 특별한 사정이 없으면 그 요청에 따라야 한다(제22조의2).

3. 생태계교란 생물의 관리

일부 황소개구리, 블루길, 큰입배스 등 외래 생물의 유입으로 국내 생태계가 심각하게 교란되는 문제가 발생하고 있는 현실을 감안할 때 수입 또는 반입을 철저히 차단함으로써 국내생태계교란 위험에 효과적으로 대처할 필요가 있다. 이에 따라 동법은 생태계교란 생물에 대한 관리대책을 마련하고 있다.

가. 수입등 금지

누구든지 생태계교란 생물을 학술연구 목적인 경우, 그 밖에 교육용, 전시용, 식용 등 환경부령으로 정하는 경우로서 환경부장관의 허가를 받은 경우를 제외하고, 생태계교란 생물을 수입 · 반입 · 사육 · 재배 · 양도 · 양수 · 보관 · 운반 또는 유통(수입등)하여서는 아니 된다(제24조 제1항). 환경부장관은 학술연구 목적 등의 사유로 허가신청을 받았을 때에는 살아 있는 생물로서 자연환경에 노출될 우려가 없다고 인정하는 경우에만 수입등을 허가할 수 있다(동조 제2항).

나. 생태계교란 생물의 방제

환경부장관은 생태계교란 생물의 관리를 위하여 필요한 경우에는 관계 중앙행정기관의 장 또는 지방자치단체의 장에게 생물다양성 및 생태계 보전을 위하여 방제 등 필요한 조치를 하도록 요청할 수 있으며, 관계 중앙행정기관의 장 또는 지방자치단체의 장은 특별한 사유가 없으면 요청에 따라야 한다(동조 제3항 · 제4항). 동법은 방제의 실시요건이나 방법, 방제에 관한 통지 및 협조 등에 관한 기준을 제시하고 있지 않다. 방제 조치를 위하여 타인의 토지에 출입이 필요하거나 손실보상이 필요할 수 있는데, 이에 관한 규정도 없다. 환경부장관 등은 방제조치를 하는 경우 「수도법」 제7조 제3항에 따른 상수원보호구역에서의 행위제한에도 불구하고 생태계교란 생물을 포획 · 채취 할 수 있으며, 불가피할 때에는 다른 야생생물과 함께 포획 · 채취 할 수 있다(제24조 제5항). 한편 동법에는 생태계교란 생물로 지정되었으나 이미 국내에서 사육 중이거나 위해가 차단된 시설에서 사육되는 경우 등에 대한 별도의 규정이 없으며, 생태계교란에 대한 복원 내지 복구의 법적 근거가 없고 그 결과 그 구체적 내용과 방법, 주체, 비용부담, 완료 시점 등에 대한 규정이 없어 실질적 복원 내지 복구를 기대하기 어려운 상황이다. 특히 생태계교란 생물이 유입으로 인한 피해에 대하여는 원인자를 규명하기 쉽지 않은데, 이러한 경우를 대비하는 책임이나 비용부담 주체, 성격, 내용, 범위 등에 대한 입법적 고려가 없어 피해 보전이 쉽지 않아 보인다.

다. 방출 등 금지

누구든지 생태계교란 생물을 생태계로 방출, 방생, 유기 또는 이식(방출등)해서는 아니 된다. 다만, 학술연구 목적으로 방출등을 하려는 경우로서 방출등으로 해당 생물의 서식지가 확대될 우려가 없는 경우, 방출등이 된 생물의 지속적인 감시 및 회수가 가능한 경우 등에 해당하여 환경부장관의 허가를 받은 경우에는 그러하지 아니하다(제24조의3).

라. 허가의 취소 등

환경부장관은 생태계교란 생물에 대한 수입등의 허가를 받은 자가 거짓이나 그 밖의 부정한 방법으로 허가를 받은 경우에는 그 허가를 취소하여야 하고, 학술연구 목적 외의 사유로 생태계교란 생물을 자연환경에 방출한 경우에는 그 허가를 취소할 수 있다(제25조 제1항). 환경부장관은 허가가 취소된 생태계교란 생물이 이미 자연환경에 노출된 경우에는 그 허가가 취소된 자에게 해당 생물의 포획 · 채취를 명령하는 등 필요한 조치를 할 수 있으며(동조 제2항),[19] 생태계교란 생물의 포획 · 채취 명령 등을 받은 자가 그 명령 등을 이행하지 아니할 때에는 「행정대집행법」에서 정하는 바에 따라 대집행할 수 있다(동조 제3항).

4. 생태계위해우려 생물의 관리

생태계위해우려 생물을 상업적인 판매의 목적으로 수입등을 하려는 자는 환경부장관의 허가를 받아야 한다(제24조의2 제1항). 생태계교란 생물과 달리 허가 예외 규정은 마련되어 있지 않다. 다만 생태계위해우려 생물로 지정 · 고시될 당시 해당 생물을 사육 또는 재배하고 있던 자는 해당 고시에서 정하는 기간 동안 해당 생물 개체에 한정하여 사육 또는 재배할 수 있다(제24조의5). 생태계위해우려 생물을 상업적인 판매 외의 목적으로 수입등을 하려는 자는 환경부장관에게 신고를 하여야 한다(제24조의2 제2항). 신고의 성격은 수리를 전제로 하고 있다는 점에서(동조 제5항) 자기완결적 신고로 볼 수 없다. 그 밖에 방출등 금지, 허가의 취소 등은 생태계교란 생물의 경우와 동일하다.

---

19) 이미 자연환경에 노출된 경우 원인자인 허가가 취소된 자에게 이를 회수할 책임을 부과하고 있는 것은 오염원인자 책임원칙에 부합한다고 할 수 있지만 개인이 이를 회수하기란 사실상 불가능하기 때문에 국가 및 지방자치단체가 회수하도록 하고, 원인자에게 그 비용을 부담하도록 하는 것이 보다 적절하다고 생각한다.

제 9 절 유전자원의 접근 · 이용 및 이익 공유에 관한 법률

유전자원과 전통지식은 무한한 경제적 가치를 갖고 있는데, 특히 생명공학의 눈부신 발전에 따라 식량난의 해결, 새로운 의약품 개발, 그 밖에 인간의 각종 편의 제고 등을 위하여 그 중요성이 증대되고 있다. 종래에는 일부 국가가 다른 국가가 보유하는 유전자원이나 전통지식을 아무런 대가 없이 무상으로 이용하고 그 경제적 이익을 독점해 왔다. 특히 선진국은 막강한 자본력과 고도의 기술력을 이용하여 개도국의 유전자원과 전통지식을 활용하여 신약이나 부가가치가 높은 신물질을 개발하여 이익을 독점하였다.[1] 그러나 2010년 10월 29일 제10차 생물다양성협약 당사국총회에서 「생물다양성협약」의 후속 의정서인 「나고야의정서」가 채택[2]됨에 따라 유전자원과 전통지식은 법적 보호의 틀 속으로 들어오게 되었으며, 앞으로는 다른 국가의 유전자원과 전통지식을 활용하여 발생한 이익을 공유할 것이 요구된다. 예컨대, 선진국 제약회사가 아프리카 특정 국가에서 약의 원료를 구입할 경우, 기존에는 원료 구입비만 지급하면 되었지만 「나고야의정서」 발효 후에는 원료를 이용해 얻은 이익을 일정 부분 공유하여야 한다. 이러한 경제적 부담 및 예상되는 피해는 협상 과정에서 유전자원 제공국(개도국)과 유전자원 이용국(선진국)의 갈등과 충돌을 불가피하게 하였다.

나고야의정서는 표면적으로 유전자원의 보전과 함께 유전자원의 이용에 있어 유전자원 보유국의 자국 자연자원에 대한 주권을 존중하는 한편, 해당 유전자원의 이용으로부터 발생하는 이익을 이용국과 제공국이 공유할 수 있도록 보장함으로써, 유전자원을 통한 국가 상호간 공동의 이익을 추구하고 있다. 그러나 내막은 유전자원 소재국(주로 개도국)과 이용국(주로 선진국) 사이의 갈등을 해결하기 위하여 채택되었다고 할 수 있다. 그 해결방법은 유전자원 제공국과 이용국 사이 이익을 공유하는 것이다. 이를 위하여 유전자원에 대한 접근과 이익 공유(ABS)체제를 위한 법적 기반을 제공하고 있다. 그 핵심은 사전통지승인(PIC)과 상호합의조건(MAT) 요건이다.

2017. 1. 17. 제정된 「유전자원의 접근 · 이용 및 이익 공유에 관한 법률」(유전자원법)의 제정은 「나고야의정서」에의 참여와 유전자원에 대한 접근과 이익공유체제의 국내 시행을 위해서 가장 기본적이고 필수적이면서도 효과적인 조치라고 할 수 있다. 무엇보다도 「생물다양성의 보전 및 이용에 관한 법률」에서는 생물자원의 이익 공유에 필요한 사항은 따로 법률로 정한다고 규정하고 있기 때문에(제19조) 관련 단일법 제정은 필연적이었다.

---

1) 오윤석, "유전자원과 전통지식의 보호에 관한 국제적 논의동향", 법학연구 제14권 제1호, 충남대학교 법학연구소, 2003. 12, 493 내지 494면.

2) 「나고야의정서」는 채택된 때로부터 4년이 지난 2014년 11월 발효되었으며, 2018년 9월 현재 109개국이 이에 비준하였다. https://www.cbd.int/information/parties.shtml#tab=2. 우리나라는 2017년 5월 19일 동의정서에 가입하였으며, 같은 해 8월 17일 발효되었다.

비준이 미루어지고, 부처간의 이해대립과 진지한 논의의 장이 전개되지 않는 정치적 상황은 법 제정을 어렵게 하였다. 유전자원법은 유전자원등에 대한 접근 및 이익 공유에 관하여 기본법적인 지위에 있다고 할 수 있다(제5조).[3] 동법의 핵심 중의 핵심은 국내 유전자원 및 관련 전통지식에 대한 접근 및 이익공유를 규정한 제9조와 제11조이다.

Ⅰ. 주요 관리대상

동법에서는 '유전자원', '전통지식', '접근', '이용', '이익' 등의 주요개념을 정의하고 있다(제2조). 이들 개념은 「생물다양성협약」과 「나고야의정서」상의 개념 정의와 크게 다르지 않다. 다른 점은 '파생물'에 대한 개념 정의를 별도로 하지 않고, 대신에 '접근' 개념 정의를 하고 있다는 것이다.

Ⅱ. 적용 범위

적용 범위와 관련해서는, ① 인간의 유전자원 및 이와 관련된 전통지식(유전자원등)[4]; ② 남극지역 등 국가관할권이 미치지 아니하는 지역에 존재하는 유전자원등; ③ 이용 외의 목적으로 접근하는 유전자원등; ④ 유전자원등의 접근 및 이익 공유와 관련하여 다른 국제조약의 적용을 받는 유전자원등; ⑤ 「특허법」 제87조 제1항에 따른 특허권이 설정등록된 유전자원등을 적용대상에서 배제하고 있다(제3조).

특히 시적 범위와 관련해서는, 원칙적으로 의정서가 우리나라에 효력을 발생하는 날부터 시행하며(부칙 제1조), 특히 국내 유전자원등에 대한 접근 및 이용금지, 해외 유전자원등에 대한 접근 및 이용을 위한 절차의 준수 등에 관해서는 이 법 시행 후 유전자원등의 이용을 목적으로 접근하는 자부터 적용한다고 명시함으로써(부칙 제2조), 소급 적용을 배제하고 있다.

Ⅲ. 지원시책의 수립

동법은 국가로 하여금 유전자원등에 대한 접근과 이용을 지원하기 위한 시책을 마련하도록 하고, 지원시책에는 유전자원 등에 대한 접근과 이용 현황의 조사, 유전자원등에 대한 접근 및 이익 공유 절차에 관한 국내외 정보 제공, 유전자원등에 대한 접근 및 이

3) 동법은 "유전자원등에 대한 접근 및 이익 공유에 관하여 다른 법률에 특별한 규정이 있는 경우를 제외하고는 이 법에서 정하는 바에 따른다"고 규정함으로써 기본법적인 지위에 있음을 선언하고 있는데, 막상 구체적인 경우 관련 법, 예컨대 「생물다양성 보전 및 이용에 관한 법률」, 「해양수산생명자원의 확보·관리 및 이용 등에 관한 법률」, 「농업생명자원의 보존·관리 및 이용에 관한 법률」 등과의 관계에서 분명치만은 않다.

4) '유전자원'이란 「생물다양성 보전 및 이용에 관한 법률」 제2조 제4호의 유전자원을 말하며, '전통지식'란 유전자원의 보전과 지속가능한 이용에 적합한 전통적인 생활양식을 유지하여 온 개인 또는 지역사회의 지식, 기술 및 관행(慣行) 등을 말한다(제2조 제1호 · 제2호).

용하는 자의 권리 보호 등에 관한 사항 등을 포함하도록 하고 있다(제6조).

Ⅳ. 국가연락기관과 국가책임기관

동법은 국가연락기관(National Focal Points)을 외교부와 환경부로 정하고 있다(제7조). 외교부는 「생물다양성협약」 사무국과의 정보 교환 업무를, 환경부는 그 외에 유전자원등의 이용자 등과의 정보 교환 업무를 수행한다(시행령 제2조 제1항). 한편, 국가책임기관(Competent National Authority)을 복수의 기관, 즉 생명연구자원, 농업생명자원, 병원체자원, 생물자원, 해양수산생명자원 등 소관 자원별로 과학기술정보통신부, 농림축산식품부, 보건복지부, 환경부, 해양수산부등이 맡도록 하고 있다(제8조 제1항). 복수의 국가책임기관은 이용자의 혼란뿐만 아니라 업무의 중복 등으로 유전자원 관리의 체계성과 효율성을 떨어트릴 수 있다. 국가책임기관은 소관 분야와 관련하여 다음의 업무를 수행한다: ① 국내 유전자원등에 대한 접근신고 또는 변경신고의 처리, ② 국내 유전자원등에 대한 접근 및 이용의 금지 또는 제한, ③ 국내 유전자원등의 이익의 공정하고 공평한 공유를 위한 지원, ④ 국내 유전자원등의 이용 실태 등 현황에 관한 조사관리, ⑤ 상호합의조건의 체결 확인 및 이행 현황에 관한 조사·관리 등의 업무를 수행한다(동조 제2항, 시행령 제3조). 국가연락기관이 대외적 연락 기능을 수행한다면, 국가책임기관은 유전자원에 대한 접근과 사전통지승인에 관한 서면 증거(허가증이나 상응 문서)의 발급 기능 등을 수행한다고 할 수 있다.

Ⅴ. 국내 유전자원등에 대한 접근 신고

동법은 국내 유전자원등의 이용[5]을 목적으로 접근[6]하는 경우에는 외국인과 내국인을 구별하고, 특히 외국인의 경우 국가책임기관의 장에게 「나고야의정서」가 일반적으로 요구하는 사전통지승인보다 약화된 '신고'의무를 부과하고 있다(제9조 제1항).[7] 이와 관련해서는 사전통지승인은 유전자원에 대한 주권을 표시하는 유력한 징표이므로 쉽게 포기하여서는 안 되며, 최소한 상호주의를 표방할 필요가 있다는 비판이 가능하다.[8] 동법은 한편, 국내 유전자원등의 이용을 목적으로 접근하려는 내국인의 경우에는 외국인 등의 경우와 달리 신고의무를 부과하고 있지 않으나, 그 유전자원등의 제공국(유전자원등의 원산지 국가로서 이를 제공하는 국가 또는 유전자원등을 「생물다양성협약」에 따라 적법하게 취득하여 제

5) '이용'이란 유전자원등을 활용하여 유전자원의 유전적·생화학적 구성성분에 관하여 생명공학기술 적용 등의 방법으로 연구·개발을 수행하는 것을 말한다(제2조 제4호).

6) '접근'이란 유전자원의 표본 또는 실물을 획득하거나, 유전자원등에 대한 정보를 수집하는 것을 말한다(제2조 제3호).

7) 여기에서의 신고가 수리를 요하지 않는 신고, 즉 자기완결적 신고라는 견해는 박종원, "「유전자원의 접근·이용 및 이익 공유에 관한 법률」의 환경법적 의의와 한계", 환경법연구 제40권 제2호, 2018. 8, 243면.

8) 김홍균, "생물다양성 보전을 위한 유전자원에 대한 접근과 이익 공유: 향후 협상과제와 국내 이행을 위한 입법적 조치", 법제연구 제50호, 2016, 304 내지 305면.

공하는 국가)이 대한민국임을 확인받기 위하여 필요한 경우 등 대통령령으로 정하는 경우에는 국가책임기관의 장에게 신고할 수 있도록 하고 있다(동조 제4항).

Ⅵ. 국내 유전자원등의 이익의 공유

동법은 이익 공유를 위한 합의를 의무화하고 있다. 즉, 유전자원등의 제공자 및 이용자는 국내 유전자원등의 이익[9]을 공정하고 공평하게 공유할 수 있도록 합의하여야 한다(제11조). 상호합의는 유전자원의 이용 및 이익 공유라는 조건으로 유전자원의 제공자와 이용자 사이에 체결되는 약정이라고 할 수 있다. 그러나 동법은 합의조건의 최소한의 내용이나 기준을 제시하고 있지 않다.[10] 합의의무 위반에 대한 벌칙도 규정하고 있지 않다. 그 결과 경우에 따라서는 상호합의조건[11]을 체결하지 않고서도 국내 유전자원에 접근·이용이 가능하다. 이는 이익공유 없이도 국내 유전자원에 접근할 수 있다는 것을 의미하는 바, 「나고야의정서」의 중요한 목적 중의 하나인 유전자원 제공국과 이용국 사이의 이익의 보장을 무력화할 가능성이 있는 것이다.

한편, 해외 유전자원등에 접근하여 국내에서 이용하려는 자는 제공국에서 정한 절차에 따라야 하며, 해외 유전자원등의 이익을 해당 유전자원등을 제공한 자와 공정하고 공평하게 공유하도록 노력할 의무가 있다(제14조).

Ⅶ. 국내 유전자원등에 대한 접근 및 이용의 금지

국가책임기관의 장은 다음의 어느 하나에 해당하는 경우에는 관계 중앙행정기관의 장과 협의하여 국내 유전자원등에 대한 접근 및 이용을 금지하거나 제한할 수 있다: ① 「생물다양성 보전 및 이용에 관한 법률」 제2조 제1호의 생물다양성의 보전 및 지속적인 이용에 위해(危害)를 끼치거나 끼칠 우려가 있다고 인정하는 경우; ② 생물다양성의 가치와 관련하여 사회·경제적으로 부정적인 영향을 미치거나 미칠 우려가 있다고 인정하는 경우(제12조 제1항). 이를 위반하여 접근 또는 이용이 금지되거나 제한된 유전자원등에 대하여 접근하거나 이용한 자는 벌칙이 부과된다(제26조). 동법이 상정하고 있는 이용자의 의무는 이와 같이 접근 및 이용의 금지·제한으로 제한적이고 사전통지승인과 상호합의조건의 확인, 국가점검기관(Checkpoint)에 대한 정보제공, 유전자원등의 해적질(Biopiracy)

---

9) '이익'이란 유전자원등의 이용으로부터 발생하는 사용료·수입 등 금전적 이익과 기술이전, 연구결과의 공유 등 비금전적 이익을 말한다(제2조 제5호).

10) 「나고야의정서」는 당사국이 상호합의조건을 채택함에 있어 포함될 수 있는 내용을 예시적으로 정하고 있다. 여기에는 분쟁해결 조항, 지적재산권 관련 사항을 포함한 이익 공유 조건, 제3자의 추후 이용에 관한 조건, 사용 목적의 변경에 관한 조건 등이 포함된다(제6조 제3항(g)).

11) 상호합의조건은 예컨대, 특정 유전자원에 대한 접근과 관련한 제공자와 이용자 간의 사적 계약의 형태로 이루어질 수 있다. 사전통지승인이 공법이 적용되는 영역이라면 상호합의조건은 사법이 적용되는 영역이라고 할 수 있다. Elisa Morgera *et al.*, *Unraveling the Nagoya Protocol*, Brill, 2014, p.15.

금지, 정보의 보관 · 전달, 출처의 첨부 · 표시, 상호합의조건의 준수, 유전자원등에 대한 불법취득 금지 등에 대하여는 입법적 고려를 하고 있지 않다.

Ⅷ. 해외 유전자원등에 대한 접근 및 이용을 위한 절차의 준수

한편, 해외 유전자원등에 접근하여 국내에서 이용하려는 자에게 제공국에서 정한 절차(예컨대, 사전통고승인 절차, 상호합의조건의 체결)에 따라야 하는데, 그 위반에 대한 제재 규정은 마련하고 있지 않다. 해외 유전자원등의 이익을 해당 유전자원등을 제공한 자와 공정하고 공평하게 공유하여야 노력할 의무를 부과하고 있다(제14조). 이익 공유의무를 의무화하지 않고 노력하여야 할 의무만을 부과하고 있다. 그 결과 의무위반에 대한 제재 규정은 없다. 한편, (내외국인 구별이 없이)해외 유전자원등에 접근하여 국내에서 이용하려는 자는 제공국에서 정한 절차를 준수하였음을 국가점검기관의 장에게 신고하여야 한다(제15조 제1항). 신고는 의정서의 당사국으로서 유전자원등에 대한 접근 및 이용을 위한 절차를 마련한 제공국의 유전자원등에 접근하여 국내에서 이용하는 경우로 한정한다(동조 제2항). 신고기간은 제공국으로부터 사전통고승인을 받은 날부터 90일 이내이다(시행령 제6조 제1항). 신고의무를 위반한 경우에는 1,000만원 이하의 과태료가 부과될 수 있는데(제28조), 불법적인 접근 및 이용으로 얻을 수 있는 이익의 규모에 비추어 그 금액이 너무 과소한 것 아닌가하는 의문이 제기되고 있다.[12)]

나아가 동법은 절차준수의 조사[13)]와 관련한 규정을 두고 있는데(제16조), 권고와 협조사항으로 하고 있다(동조 제2항 · 제3항). 결국 동법은 유전자원에 대한 접근 및 이익 공유체제의 이행을 담보하기 위한 기본 요건이라고 할 수 있는 위반에 대한 제재 규정을 제대로 담고 있지 않으며, 권고 조항에 그치고 있어 이행을 위해서는 미흡하다고 평가할 수 있다.

Ⅸ. 기　　타

그 밖에 동법은 유전자원정보관리센터(제17조), 정보보호(제19조), 국고보조(제20조), 재원 확보(제21조) 등에 대한 법적 근거를 마련하고 있다.

---

12) 박종원(각주 7), 252면.
13) 절차준수 조사가 비권력적 행정조사에 머무르고 있다는 견해는 박종원(앞의 글), 252면.

제6장 대기환경의 보전

"한국 CO_2 오염 갈수록 악화", 문화일보, 2001. 5. 17. 기사.
"미세먼지 오염 美환경기준 4.5배", 문화일보, 2001. 6. 22. 기사.
"서울시 오존오염 갈수록 악화", 문화일보, 2001. 7. 13. 기사.
"최악 황사…항공기 '결항'", 문화일보, 2002. 3. 21. 기사.
"내일부터 전국 또 황사", 문화일보, 2002. 4. 11. 기사.
"수도권 주민 63% 소음 시달려", 문화일보, 2002. 8. 16. 기사.
"대기오염 뇌경색 주요 원인", 문화일보, 2002. 9. 10. 기사.
"서울 대기오염 OECD국 최악", 문화일보, 2003. 3. 31. 기사.
"'먼지특별시 서울…OECD서 최악", 중앙일보, 2003. 4. 1. 기사.
"대기오염으로 年1만1000명 조기사망", 문화일보, 2004. 1. 27. 기사.
"서울도 '햇빛부족 도시'", 문화일보, 2004. 2. 13. 기사.
"잦은 오존주의보 올들어 126회", 문화일보, 2004. 8. 10. 기사.
"서울시 운행 택시내부 CO_2,먼지 기준치 2배", 문화일보, 2004. 9. 30. 기사.
"서울 하늘 3년째 먼지'자국'", 문화일보, 2004. 10. 4. 기사.
"도시 미세먼지 선진국 2~3배", 문화일보, 2005. 2. 19. 기사.
"오염된 대기가 산속까지 산성화 시켜", 문화일보, 2005. 4. 21. 기사.
"수도권 미세먼지 異常 급증…가을에 이례적 기준치 초과", 문화일보, 2005. 10. 31. 기사.
"기상청 뒷북 예보 '놀토 주말' 무방비로 당해: 중국발 먼지폭탄…공세적인 '협조 외교' 필요", 중앙일보, 2006. 4. 10. 기사.
"청정지역 안면도 산성비: 미 공업지역만큼 독하다", 중앙일보, 2006. 5. 24. 기사.
"대기오염 선진국 수준으로 개선 땐 수도권 성인 사망 年 7400명 줄어", 문화일보, 2006. 6. 1. 기사.
"황사, DNA도 손상시킨다", 문화일보, 2006. 6. 28. 기사.
"수도권 미세먼지 인체에 치명적", 문화일보, 2007. 3. 13. 기사.
"황사의 습격 올봄 더 잦다", 문화일보, 2008. 2. 22. 기사.
"소리 없는 살인자 '지하철 미세먼지'", 조선일보, 2008. 3. 21. 기사.
"수도권 연일 스모그 현상", 조선일보, 2008. 10. 18. 기사.
"1조5000억 쏟아붓고도 더 나빠진 수도권 공기", 조선일보, 2008. 11. 24. 기사.

옛날부터 맑고 드높기로 유명한 우리나라 하늘이 역사 속으로 사라져가고 있다. 밤하늘의 별을 헤는 것도 과거의 일이 되었다. 서울 등 주요 대도시의 대기는 스모그, 매연, 먼지 등으로 뒤덮여서 밤하늘의 별을 보는 것이 어렵게 되었다. 오존경보는 하루가 멀다하게 발령되고 있으며, 스모그의 잦은 발생은 시정거리를 계속 좁히고 있다. 수도권, 특히 서울의 대기오염도는 뉴욕, 런던, 파리, 도쿄 등 선진국 주요도시에 비해 매우 높은 것으로 나타나고 있다. 문제의 심각성은 대기오염이 단순히 별헤는 것을 어렵게 하고, 시정장애를 일으키는 데 그치지 않는다는 것이다. 12,000명의 목숨을 앗아간 런던 스모그 사건을 떠올리지 않더라도 대기오염으로 인한 인적 · 물적 피해와 생활환경상의 피해는 엄청난 것으로 파악되고 있다. 대기오염으로 인한 조기 사망자 수가 교통사고로 인한 사망자 수보다 많다는 연구결과도 있다. 대기오염으로 인한 건강장애를 호소하는 사람들은 증가하고 있다. 산성비로 인해 산림과 토양 피해가 보고되고 있으며, 가치 있는 문화유산들이 사라져갈 위기를 맞고 있다. 오존층 파괴로 인하여 피부암과 백내장의 발생이 증가하고 농산물 수확량이 감소하고 있으며, 지구온난화로 인하여 해수면의 상승, 생태계의 변화 등이 예측되고 있다. 이제 많은 사람들은 가장 시급한 환경문제로 대기오염을 꼽는데 주저하지 않고 있다.

대기오염을 발생시키는 오염원 비중은 자동차를 비롯한 수송부문이 압도적으로 높고, 산업부문, 발전부문, 난방부문 순이며, 오염물질별로는 먼지와 아황산가스는 산업부문에서, 일산화탄소는 수송 및 난방부문에서, 질소산화물과 탄화수소는 수송부문에서 주로 발생되고 있다.[1] 청정연료와 저황유 공급의 확대, 배출규제 강화 등 각종 대기오염 저감정책에 힘입어 아황산가스와 미세먼지, 납 등 대기오염상태는 개선되는 추세이나 기후변화에 따른 기온상승, 자동차의 증가 등으로 인한 이산화질소 및 오존의 오염도는 비슷하거나 완만하게 증가하고 있다고 분석되고 있다.[2]

대기오염물질은 오염원의 발생 및 흐름에 따라 통제가 가능한 수질오염물질 및 폐기물 등의 경우와는 달리 즉시 확산되는 오염매체의 특성상 배출 이후의 단계에서는 통제가 곤란하므로 대기질 개선은 배출단계에서의 오염관리가 관건이고, 배출시설의 설치제한과 환경친화적인 배출시설의 설치 및 이에 대한 투자가 중요하다. 그 동안 청정연료와 저황유공급의 확대, 저공해자동차의 보급 등 각종 대기오염 저감노력에도 불구하고 대기환경이 크게 개선되지 아니하고 체감오염도는 오히려 더 심해지고 있는 것은 대기오염의 측정 방법 등에 기인할 수도 있겠지만 대기환경 개선 및 유지를 위한 투자가 미흡한 것도 한 요인이라고 생각된다.[3] 우리나라의 대기환경관련 규제법규로는 「대기환경보전법」

---

1) 환경부, 환경백서, 2000, 283 내지 285면.
2) 환경부, 환경백서, 2016, 203면.
3) 2016년도 환경부 예산 5조6,697억원 가운데 대기보전을 위한 예산은 7.4% 정도인 4,215억원에 불과하다. 2016년 환경백서(앞의 책), 549면.

외에 「실내공기질 관리법」, 「대기관리권역의 대기환경개선에 관한 특별법」(대기관리권역법), 「미세먼지 저감 및 관리에 관한 법률」 등이 있다.

제 1 절 대기환경보전법

1990년 '환경보전법'에서 개별법규로 분화되어 나온 「대기환경보전법」은 가장 중요한 대기환경 관련 법규이다. 동법은 오염물질을 크게 사업장에서 배출되는 대기오염물질, 생활환경에서 배출되는 대기오염물질, 그리고 자동차 배출가스로 나누어 규제하고 있다. 대기오염물질을 발생시키는 오염원은 다양한데 일반적으로 배출 태양 및 지역성에 따라 점오염원(Point Source), 면(지역)오염원(Area Source), 선오염원(Line Source)으로 구분된다. 점오염원은 발전소 · 대형 공장 · 소각로 등과 같이 하나의 시설이 대량의 오염물질을 배출하는 것을 말하며, 면오염원은 일정 지역 내의 주택이나 소규모 공장과 같이 다수의 소규모 오염원이 밀집하여 오염물질을 배출하는 것을 말하고, 선오염원은 자동차 · 기차 · 비행기 · 선박 등과 같이 이동하면서 오염물질을 연속적으로 배출하는 것을 말한다. 일반적으로 점오염원은 높은 굴뚝에서 배출되기 때문에 그 영향 범위가 넓은 반면, 면오염원과 선오염원은 배출구가 낮아 대기확산이 잘 이루어지지 않는데, 그 결과 오염으로 인한 피해가 직접적이다. 이에 따르면 「대기환경보전법」상 대기오염물질 배출시설은 점오염원, 대기관리권역법에 따른 대기관리권역 내의 오염원은 면오염원에 해당한다. 자동차 · 선박 등은 선오염원이라고 할 수 있다.

한편, 오염원의 이동성 여부에 따라 단순히 고정오염원(stationary source)과 이동오염원(mobile source)으로 구분할 수 있는데, 점오염원과 면오염원이 고정오염원이라면 선오염원은 이동오염원이라고 할 수 있다. 「대기환경보전법」상의 사업장 및 생활환경상의 대기오염물질 배출규제가 고정오염원에 대한 규제임에 반하여 자동차 배출가스의 규제는 이동오염원에 대한 규제라고 할 것이다.

동법의 규제는 사업장의 대기오염물질 배출규제, 즉 점오염원에 대한 규제가 초점이며, 그 주요한 배출규제 수단으로는 배출허용기준의 설정, 허가, 배출부과금의 부과, 조업정지 등 행정명령, 벌칙의 부과 등이 있다. 기본적인 규제방식으로는 배출허용기준의 설정 등 명령 · 규제방식이나 예외적으로 배출부과금의 부과와 같은 경제적 유인수단이 동원되고 있다.

우리나라 「대기환경보전법」에서 정하고 있는 대기환경 규제수단은 비교적 단순하고 다양하지 않다고 할 수 있다.[4] 국제화 시대에 제대로 대처하고 있지 못하다는 점도 지적

4) 참고적으로 미국 「대기정화법(CAA)」은 대기환경기준(National Ambient Air Quality Standards: NAAQS), 신규오염원의 이행기준(New Source Performance Standards: NSPS), 대기환경기준을 초과한 지역에 대한 규제 프로그램(Non-Attainment Program), 오존에 대한 대기환경기준 미달성지역에 대한 규제프로그램, 심각한 악화 방지프로그램(Prevention

할 수 있다. 일부 단편적인 규정이 있기는 하나 산성비, 황사, 지구온난화 문제 등 국제적으로 한창 논란이 되고 있는 문제들을 해결하기에는 미흡하다.

대기오염물질이라는 것은 수질오염물질과 달리 일단 배출되면 대기 중으로 확산되기 때문에 배출원을 추적하는 것이 쉽지 않다. 이러한 대기오염물질의 특징은 대기오염 배출량의 감소를 위하여는 대기오염물질의 배출단계, 배출시설의 입지 단계부터 효율적으로 규제하는 것이 중요하다는 것을 암시한다. 이러한 점에 착안하여 신규오염원에 대한 보다 강력한 규제가 요구된다.5)

한편, 우리나라의 「대기환경보전법」은 미국, 일본 등과 달리 대기오염 피해의 구제를 위한 법적 장치를 갖추고 있지 못하므로6) 일단 대기오염 피해가 발생되었을 때 이를 복구하고, 그 피해를 구제해 주는 것이 충실하지 못한 것이 사실이다. 구제의 충실화를 위하여 환경구제 또는 책임 관련규정을 정비·체계화하는 것이 앞으로 중대한 과제가 될 것임을 예고케 하는 대목이다. 이러한 관점에서 최근 제정된, 대기오염물질배출시설 등의 사업자에게 무과실책임을 부과하고 있는 「환경오염피해 배상책임 및 구제에 관한 법률」은 주목할 만하다. 특히 무과실책임을 표방하는 동법의 제정과 기존의 「환경정책기본법」 제44조에 따라 대기오염피해 분쟁의 쟁점은 이제 고의·과실이 아니라 인과관계 문제로 보다 집중될 수밖에 없을 것이다. 그리고 승패의 관건은 개연성이론 또는 역학적 인과관계론의 적용이라고 할 수 있다.7)

Ⅰ. 일 반

1. 대기오염물질

대기오염을 유발하는 물질은 매연, 먼지, 악취 등 다양하다. 최근에는 산성비(Acid rain), 황사 등이 중요한 대기오염원으로 등장하면서 새로운 환경문제를 야기하고 있다.

---

of Significant Deterioration: PSD), 유해대기오염물질의 국가배출기준(NESHAPs), 조망보호 프로그램, 자동차배출가스 규제, 산성비 대책 프로그램(Acid Rain Program), 오존층보호 프로그램 등 매우 다양한 프로그램을 가지고 있다. 미국의 대기환경정책에 대하여 자세한 내용은 김홍균, "한국과 미국의 대기환경정책 비교", 환경법연구 제22권, 2000, 401 내지 416면 참조.

5) 시행규칙에서는 주요 배출시설에 대하여 배출허용기준을 신규 시설과 기존 시설로 구분하여 적용하고 있다(제15조, 별표 8). 신규오염원에 대하여 설치를 위한 허가 조건을 보다 엄격히 하는 것은 단순하면서도 직접적인 효과를 가져 올 것이다. 그러나 신규오염원에 대한 차별적 취급은 자칫 기존 오염원으로 하여금 새로운 기술의 도입이나 기술혁신을 위한 투자를 꺼리고 시설의 현대화에 소극적일 수 있게 하므로 보조금, 세제감면 등의 지원을 통하여 청정기술의 도입 및 투자를 조장하는 것도 중요한 작업이 될 것이다.

6) 미국 「대기정화법(CAA)」은 모든 시민(any citizen)으로 하여금 법규에 정하여진 의무나 명령을 위반한 자(국가를 포함함)에 대하여 직접 소송을 제기할 수 있도록 하는 시민소송제도(citizen suit)를 인정하고 있다. CAA §304. 일본 「大氣汚染防止法」에 따르면 공장 또는 사업장에서 사업활동에 수반하는 건강피해물질(연기, 특정물질 또는 분진으로, 생활환경에 관련되어 피해를 발생시키는 물질로서 법령에 정한 것 이외의 것)의 대기 중 배출로 인해 사람의 생명 또는 신체에 해를 끼친 경우, 당해 배출에 관련된 사업자는 이로 인해 발생한 손해를 (무과실)배상할 책임이 있다(제25조 제1항).

7) 대법원 1974. 12. 10. 선고 72다1774 판결(한국전력 사건); 대법원 2014. 9. 4. 선고 2011다7437 판결(자동차대기오염 사건); 서울고법 2015. 5. 28. 선고 2014나7300 판결(시멘트공장 분진 사건) 참조.

동법은 대기오염물질과 관련하여 대기오염물질, 유해성대기감시물질, 특정대기유해물질 등으로 분류하고 그 관리를 세분화, 체계화하고 하고 있다. 이에 따르면 '대기오염물질'이란 "대기 중에 존재하는 물질 중 제7조에 따른 심사 · 평가 결과 대기오염의 원인으로 인정된 가스 · 입자상물질로서 환경부령으로 정하는 것"을 말하며(제2조 제1호),8) 환경부령에서는 입자상물질, 황산화물(SOx), 질소산화물(NOx), 탄화수소(HC), 일산화탄소(CO) 등 64개 물질을 대기오염물질로 정하고 있다. '유해성대기감시물질'이란 "대기오염물질 중 제7조에 따른 심사 · 평가 결과 사람의 건강이나 동식물의 생육(生育)에 위해를 끼칠 수 있어 지속적인 측정이나 감시 · 관찰 등이 필요하다고 인정된 물질로서 환경부령으로 정하는 것"을 말한다(동조 제1호의2). 또한 '특정대기유해물질'이란 "유해성대기감시물질 중 제7조에 따른 심사 · 평가 결과 저농도에서도 장기적인 섭취나 노출에 의하여 사람의 건강이나 동식물의 생육에 직접 또는 간접으로 위해를 끼칠 수 있어 대기 배출에 대한 관리가 필요하다고 인정된 물질로서 환경부령으로 정하는 것"을 말하는데(동조 제9호), 시행규칙에서는 35개 물질을 지정하여 엄격히 관리하고 있다.9)

2. 상시측정 등

어떠한 정책수단을 강구함에 있어 기본이 되는 출발점은 현황을 정확하게 파악하는 것이다. 이를 토대로 장래 예측되는 여건의 변화를 고려하여 대응방안을 강구할 때 효과적인 정책수단이 마련될 수 있는 것이다. 대기환경정책을 수립함에 있어서도 가장 기본이 되는 것은 대기오염실태를 파악하는 것이다. 대기질의 상태를 측정한 오염측정자료는 대기질 개선대책을 수립하기 위한 기초자료가 되는 것이다. 이러한 관점에서 상시 자동측정망의 설치를 통한 자동감시체계는 대기질 개선을 위한 제도 · 정책을 실시하기 위한 기본적인 요건이라 할 수 있다.

동법은 대기환경정책을 수립 · 시행하기 위한 기본 요건으로서, 환경부장관에게 전국적인 대기오염 및 기후 · 생태계변화 유발물질의 실태를 파악하기 위하여 측정망을 설치하고 대기오염도 등을 상시측정할 것을 명하고 있다(제3조 제1항). 관할 구역 안의 대기오염에 대한 상시측정 업무는 지방자치단체장의 의무인바(제3조 제2항), 지방행정에 있어서 환경행정의 중요성을 제고하고, 지방자치단체의 관할 구역 내 대기질 관리책무를 강화하기 위한 것으로 이해된다. 나아가 동법은 환경위성 관측망의 구축 · 운영을 위한 법적 근거를 두고 있다(제3조의2).

---

8) 배출허용기준, 규제대상 오염물질, 허가제와 신고제의 대상범위의 결정을 환경부령 등에 포괄적으로 위임하는 것은 포괄적 위임입법의 금지, 의회 입법의 원칙을 형해화할 가능성이 있다. 홍준형, "한국환경법의 현황과 과제", 제2회 동아시아 행정법학회 발표논문집, 249 내지 250면.

9) 이에 비해 미국은 189종을, 일본은 234종을 특정대기유해물질로 지정하고 있다. 송관호, "대기환경보전법상의 휘발성유기화합물질(VOC)의 행정적, 형사적 규제", 법조, 2001. 12, 75면.

3. 대기오염물질에 대한 심사 · 평가

환경부장관은 대기 중에 존재하는 물질의 위해성을 독성, 생태계에 미치는 영향, 배출량, 「환경정책기본법」 제12조에 따른 환경기준에 대비한 오염도 등의 기준에 따라 심사 · 평가할 수 있다(제7조).

4. 대기오염도 예측 · 발표 등

대기오염에 효과적으로 대응하고 적절한 개선정책을 시행하기 위해서는 관련 정보를 신속 · 정확하게 수집하여 대기질에 대한 종합적 관리가 필요하다. 이에 동법은 환경부장관으로 하여금 대기오염도를 예측하고 그 결과를 발표하도록 하고 있다(제7조의2). 나아가 동법은 대기오염예보 및 대기오염 관련 자료의 수집 및 분석 · 평가 등을 담당하는 국가 대기질통합관리센터를 설치 · 운영하도록 하고 있는데(제7조의3), 이는 과학적 분석을 실시하는 국가 차원의 대기질관리 전담조직을 통해 정책 전반을 지원하기 위한 것으로 이해된다.

5. 대기오염경보

현재의 기술 수준이나 과학적 수준의 한계로 인하여 특정한 대기오염 현상을 근본적으로 방지할 수 없을 경우에는 차선책으로 그 영향을 최소화할 필요가 있다. 대기오염경보제란 대기오염의 심각성과 그로 인해 예상되는 피해를 일반 국민들에게 알려 줌으로써 영향을 최소화하려는 제도이다.

대기오염경보의 발령권자는 시 · 도지사인바, 즉 시 · 도지사는 대기오염도가 「환경정책기본법」상의 대기환경기준을 초과하여 주민의 건강 · 재산이나 동 · 식물의 생육에 심각한 위해를 끼칠 우려가 있다고 인정되면 그 지역에 대기오염경보를 발령할 수 있다(제8조 제1항). 시 · 도지사는 대기오염경보가 발령된 지역의 대기오염을 긴급하게 줄일 필요가 있다고 인정하면 기간을 정하여 그 지역에서 자동차의 운행을 제한하거나 사업장의 조업단축을 명하거나, 그 밖에 필요한 조치를 할 수 있는데(동조 제2항), 이러한 명령을 받은 자는 정당한 사유가 없으면 따라야 한다(동조 제3항).

현재 대기오염발령대상물질로 지정된 것은 오존, 미세먼지(PM－10), 미세먼지(PM－2.5) 등이다(시행규칙 제14조, 별표 7). 환경부는 고농도 오존의 발생을 신속히 국민에 알려 생활환경상의 피해를 최소화하기 위한 오존경보제를 1995년 7월 서울을 시작으로 주요 도시로 확대 · 시행하고 있다.

6. 기후 · 생태계 변화유발물질 배출억제 등

동법은 온실가스 감축 및 기후변화에 적극 대응한다는 차원에서 약간의 규정을 두고 있다. 즉 정부는 기후 · 생태계 변화유발물질[10]의 배출을 줄이기 위하여 국가간에 환경정

10) '기후 · 생태계변화 유발물질'이라 함은 지구온난화 등으로 생태계의 변화를 가져올 수 있는 기체상물질로서 온실가스와

보와 기술을 교류하는 등 국제적인 노력에 적극 참여하고, 기후 · 생태계 변화유발물질의 배출을 줄이기 위하여 연구 · 개발 · 조사 · 배출저감 및 탄소시장 활용에 관한 사업 등을 추진하여야 한다(제9조). 한편 동법은 「저탄소 녹색성장 기본법」에 따른 국가 기후변화 적응대책의 수립 · 시행을 위하여 환경부장관이 국가 기후변화 적응센터를 지정할 수 있도록 법적 근거를 마련하고, 적응센터 예산지원 사업 범위를 대통령령으로 정하는 사업으로 명확하게 정하고 있다(제9조의2). 또한 환경부장관으로 하여금 기후 · 생태계 변화유발물질의 관리방안을 마련하도록 하고, 특히 냉매를 사용하는 공기조화기를 가동하는 건물 및 시설의 소유자 또는 관리자에게 냉매의 적절한 관리와 회수 · 처리를 의무화하고(제9조의3), 냉매를 제조 또는 수입하는 자에게 냉매의 종류, 양, 판매처 등을 신고하도록 함으로써(제9조의4), 국가적으로 감축 또는 폐기의무가 부과된 물질인 냉매에 대하여 효율적인 관리체계 및 통계 구축을 도모하고 있다.

7. 대기순환 장애의 방지

동법은 특히 도시지역의 대기오염을 효율적으로 관리하기 위하여 관계 중앙행정기관의 장, 지방자치단체의 장 및 사업자로 하여금 각종 개발계획을 수립할 때 계획지역 및 주변지역의 지형, 풍향 · 풍속, 건축물의 배치 · 간격 및 바람통로 등을 고려하여 대기오염물질의 순환에 장애가 발생하지 아니하도록 그 계획을 수립 · 이행하도록 하고 있다(제10조).

8. 대기환경개선 종합계획의 수립

환경부장관은 대기오염물질과 온실가스를 줄여 대기환경을 개선하기 위하여 대기오염물질의 배출현황 및 전망, 대기오염물질을 줄이기 위한 목표설정과 이의 달성을 위한 분야별 · 단계별 대책, 온실가스의 농도 변화 현황 및 전망, 대기오염이 국민 건강에 미치는 위해정도와 이를 개선하기 위한 위해수준의 설정에 관한 사항, 유해성대기감시물질의 측정 및 감시 · 관찰에 관한 사항 등이 포함된 대기환경개선 종합계획(종합계획)을 10년마다 수립하여 시행하여야 한다(제11조).

온실가스 감축을 위한 기후변화협약이 발효되는 등 국제적 규제와 협력이 강화되고 있는 시점에서 동법이 '온실가스' 개념을 도입하고,[11] 종합계획에 온실가스와 관련한 내용을 담고 온실가스를 줄이기 위한 대책을 수립 · 시행하도록 하고 있는 것은 주목할 만하다.

한편, 황사, 먼지 등 국가간에 영향을 미치는 대기오염물질(장거리이동대기오염물질)의 발생 빈도와 그로 인한 사회적·경제적 피해가 증가하면서 그 피해를 방지하기 위한 체계적이고 지속적인 대책이 요구되고 있다. 이에 동계획에 장거리이동물질의 발생 현황 및

환경부령으로 정하는 것을 말하는데(제2조 제2호), 이산화탄소, 메탄, 아산화질소, 수소불화탄소, 과불화탄소, 육불화황, 염화불화탄소, 수소염화불화탄소 등이 그것이다(시행규칙 제3조).

11) '온실가스'란 적외선 복사열을 흡수하거나 다시 방출하여 온실효과를 유발하는 대기 중의 가스상태 물질로서 이산화탄소, 메탄, 아산화질소, 수소불화탄소, 과불화탄소, 육불화황을 말한다(제2조 제3호).

전망, 피해방지를 위한 국내대책과 발생 감소를 위한 국제협력 등을 추가하고, 정부의 국제협력을 강조하고 있다(제15조).

9. 대기오염물질 배출원 및 배출량 조사

동법은 대기오염현상에 대한 과학적 분석과 장래 대기질 예측의 기초자료가 되는 대기오염물질 배출량 조사의 실효성을 높이기 위해 환경부장관에 대하여 전국적인 배출량 조사를 주관하도록 하고, 시 · 도지사 및 지방환경관서의 장에 대하여는 관할 구역 내 배출량 조사를 실시하도록 하고 있다(제17조 제1항 · 제2항). 한편 동법은 대기오염물질의 배출원, 배출량 등 각종 정보 및 통계를 검증할 수 있는 체계를 구축할 수 있는 법적 근거를 마련하고 있다(동조 제4항).

Ⅱ. 사업장의 대기오염물질 배출규제

1. 배출허용기준

가. 의 의

「대기환경보전법」은 대기오염물질배출시설[12]에서 배출되는 대기오염물질의 배출허용기준을 환경부령으로 정하도록 하고 있다(제16조 제1항). 배출허용기준은 배출시설별로 정해진 오염물질 배출의 최대허용치 또는 최대허용농도이다. 배출허용기준은 오염물질의 최대 배출허용농도라는 점에서 기술기준이 아닌 성과기준이며, 총량이 아닌 농도에 주안점이 있는 농도기준이다. 배출허용기준은 「환경정책기본법」상 환경기준의 실현을 목표로 하기 때문에 환경기준과 무관한 것이 아니다. 다만, 대기환경기준이 환경목표로서의 기능을 갖는다면 배출허용기준은 이러한 환경기준을 달성하기 위해 준수해야 하는 법적 강제력이 있는 구체적 배출규제기준이 된다. 결국, 배출허용기준은 목표가 되는 환경기준의 설정정도에 따라 달라지게 되는데, 현실적으로는 현재의 오염물질 배출수준, 자연의 정화능력, 처리기술수준, 경제적 · 사회적 여건, 지역적 사정 등을 감안하여 정하여진다.

나. 종 류

(1) 일반배출허용기준

동법은 배출허용기준의 설정을 환경부령으로 정하도록 하고 있는데, 현재 환경부는 황산화물, 질소산화물, 먼지 등 27개 대기오염물질에 대하여 배출허용기준을 설정하고 있다(시행규칙 제15조, 별표 8). 문제는 배출허용기준이 아무런 내용적 제한이 없이 환경부령에 위임되어 있다는 것인데, 포괄위임입법 금지원칙에 반한다고 생각된다. 그러나 판례는 이를 부인하고 있다.[13] 배출허용기준은 그 수준을 어느 정도로 하느냐에 따라 피규제자

12) 「대기환경보전법」상 '대기오염물질배출시설'이라 함은 대기오염물질을 대기에 배출하는 시설물, 기계, 기구, 그 밖의 물체로서 환경부령으로 정하는 것을 말한다(제2조 제11호). 이에 따라 동법 시행규칙은 제5조(별표 3)에서 구체적으로 배출시설의 범위를 정하고 있다.

의 부담이 크게 달라지는 만큼 피규제자의 입장에서는 중대한 의미를 갖기 때문에 이러한 사항은 대략적인 상하한 범위라도 법에서 규정하는 것이 바람직하다. 국민의 의무부담에 관련된 중요한 사항에 대해 포괄적으로 행정입법에 위임하고 있다는 것은 문제라고 할 것이다. 이러한 점에서 법에서 최소한의 고려요소, 설정기준이 제시되어야 할 것이다. 법제 기술적 측면에서 배출물질별 배출허용기준의 상하한 범위를 법에 규정하는 것이 어렵다면 관련 중앙행정기관을 통해 피규제자들의 입장이 배출허용기준 설정 시 반영될 수 있도록 배출허용기준을 대통령령으로 정하도록 하는 것을 고려해 보아야 한다.

(2) 엄격 · 특별배출허용기준

배출허용기준은 환경부장관이 관계 중앙행정기관의 장과 협의하여 환경부령으로 정하여야 하나(제16조 제2항),[14] 이와 별도로 특별시 · 광역시 · 특별자치시 · 도 · 특별자치도(시 · 도) 또는 대도시(특별시 · 광역시 및 특별자치시를 제외한 인구 50만 이상 시)는 「환경정책기본법」 제12조 제3항에 따른 지역환경기준의 유지가 곤란하다고 인정되거나 대기관리권역법에 따른 대기관리권역의 대기질에 대한 개선을 위하여 필요하다고 인정되면 조례로 일반배출허용기준보다 '강화된 배출허용기준'을 정할 수 있다(동조 제3항). 이와 같이 조례로 일반배출허용기준보다 강화된 배출허용기준을 정하여 심각한 대기질을 개선하려는 것은 지방자치단체의 대기환경관리와 관련한 자율성을 높일 수 있다는 점에서 의미있다고 평가된다. 그러나 광역자치단체와 달리 시 · 군 · 구 등 기초자치단체에는 엄격한 배출허용기준을 제정할 권한이 위임되어 있지 않다.

한편, 「대기환경보전법」은 환경부장관으로 하여금 특별대책지역의 대기오염방지를 위하여 필요하다고 인정하면 그 지역에 이미 설치된 배출시설에 대하여 '엄격한 배출허용기준'을 정할 수 있도록 하고, 그 지역에 새로이 설치되는 배출시설에 대하여 '특별배출허용기준'을 정할 수 있도록 함으로써, 산업단지와 같이 대기오염이 심하여 특별대책지역으로 지정된 지역 내의 배출허용기준을 강화하고 있다(동조 제6항).[15]

다. 법적 성질 및 기능

배출허용기준은 환경기준과 달리 국가는 물론이고 국민에 대하여도 구속력을 갖는다.

---

13) 헌재 2009. 10. 29. 선고 2008헌바122 결정 참조.

14) 환경부령으로 위임하는 규정이 죄형법정주의에 위반되는지 여부가 문제될 수 있는바, 판례는 부인하고 있다(대법원 1992. 12. 8. 선고 92도407 판결 참조). 환경기준이든 배출허용기준이든 그것이 환경을 규제하는 실질적 기준으로서의 의미를 갖기 위해서는 그 기준의 설정이 단순히 관료적인 판단에 의거하게 하기보다, 어떠한 형태로든, 공공참여가 보장되는 방법에 의거하도록 하는 방안이 필요하다. 김유환, "환경법규에 있어서의 법규실패와 법적 대응", 환경법연구 제16권, 1994, 122면. 위와 같은 맥락에서 행정입법에 관한 절차적 통제가 제대로 이루어지지 않아서 배출허용기준의 설정은 사실상 환경부장관에게 전면 위임된 것과 마찬가지 상황이라는 비판이 제기되고 있다. 이상돈, "환경정책기본법과 환경대책개별법", 사법행정, 1992. 3, 32, 38면. 기준설정에 대한 절차적 통제를 위하여 이해관계인의 참여 및 의견수렴기회를 부여하는 방안이 고려될 수 있다.

15) 산업단지와 같이 오염이 심한 지역이 특별대책지역으로 지정되어 있다. 현재 울산 · 미포 국가공업단지 및 온산 국가공업단지(1986. 3. 지정), 여천 국가공업단지(1996. 9. 지정) 등이 대기보전특별대책지역으로 지정되어 동지역의 배출시설에 대하여는 강화된 배출허용기준이 적용되고 있다. 2016년 환경백서(각주 2), 291면.

국민의 구체적인 권리의무를 규정하는 규제기준으로서 기능하는 것이다. 배출허용기준은 대기오염지표로 작용하면서 규제의 기본, 출발점이 되고 있는데, 이를 초과하여 오염물질을 배출할 경우에는 배출부과금 부과나 개선명령, 조업정지, 폐쇄명령 또는 허가취소 등의 제재를 받게 된다. 배출시설 및 방지시설을 정당한 사유 없이 정상적으로 가동하지 아니하여 배출허용기준을 초과한 오염물질을 배출하는 행위에 대하여는 벌칙이 부과된다(제89조 제3호, 제31조 제5호).

배출허용기준은 위와 같이 규제기준으로서 작용할 뿐만 아니라 환경분쟁에 있어 위법성, 수인한도의 중요한 판단기준으로 작용한다. 이때 잊지 말아야 할 것은 사업자가 배출허용기준을 준수하였다하더라도 피해가 현저하게 커 사회통념상 수인한도를 넘을 경우에는 손해배상책임을 질 수 있다는 것이다.16) 배출허용기준은 대기질 유지를 공법적인 측면에서 보증하려는 것으로서 특별한 사정이 없는 한 대기질 보호를 위한 최소한도의 기준으로 보아야 하기 때문이다.

라. 규제방식(농도규제)

배출규제를 질적 기준에 의해 규제하느냐 아니면 양적 기준에 의해 규제하느냐에 따라 농도규제와 총량규제로 구분되는데, 「대기환경보전법」은 기본적으로 배출허용기준의 설정을 통한 농도규제방식을 취하고 있다. 이에 따르면 배출되는 오염물질을 희석하여 배출허용기준 이하로 배출하더라도 특별한 규제가 없게 된다. 이러한 농도규제방식은 그 시행이 용이한 장점이 있으나 배출시설의 규모에 관계없이 일률적인 규제기준을 적용함으로써 발생되는 비경제성 · 비형평성 · 비유연성이 있으며, 배출시설의 신 · 증설에 따른 환경용량을 초과하는 오염물질의 다량 배출 및 축적에 대해서 규제할 방법이 없는 문제점이 발견되고 있다. 말하자면 농도 규제는 오염원이 밀집한 지역(예컨대, 공업단지)에는 지나치게 무력하고 오염원이 희소한 경우에는 지나치게 엄격한 규제가 되고 있다. 배출원으로 하여금 자발적으로 배출저감기술 또는 환경친화기술을 개발 · 도입하도록 유도하는 데에도 한계가 있다. 이에 따라 최근에는 규제방식을 총량규제방식으로 전환할 필요성이 고조되고 있다.17)

---

16) 서울민사지법 1989. 1. 12. 선고 88가합2897 판결(진폐증 사건); 서울민사지법 1992. 10. 13. 선고 92가합4135 판결; 대구고법 1990. 1. 12 선고 88나3049 판결; 대전지법 1995. 2. 8. 선고 93가합3237 판결 참조.

17) 그러나 배출총량을 저감시켰다고 하더라도 배출농도가 배출허용기준을 초과할 때 순간적으로는 주변환경 및 인간에게 큰 악영향을 미치게 되므로 배출허용기준 준수 여부를 규제하는 것은 여전히 필요하다. 총량규제는 우선 지역적 특성상 대기오염물질을 집중적으로 발생시키는 공장밀집지역(공업단지)과 공해유발업종으로 구성되어 대기질이 악화되기 쉬운 지역을 중심으로 이루어져야 한다. 다량배출업소로 구성된 지역에서는 배출권거래제를 위한 시장형성도 가능하여 총량규제가 효율적으로 운영될 수 있다. 임동순 외 2, 대기오염 규제제도의 주요 산업별 영향과 효율적 개선 방안, 산업연구원, 1998. 11, 174면.

≪농도규제와 총량규제 비교≫

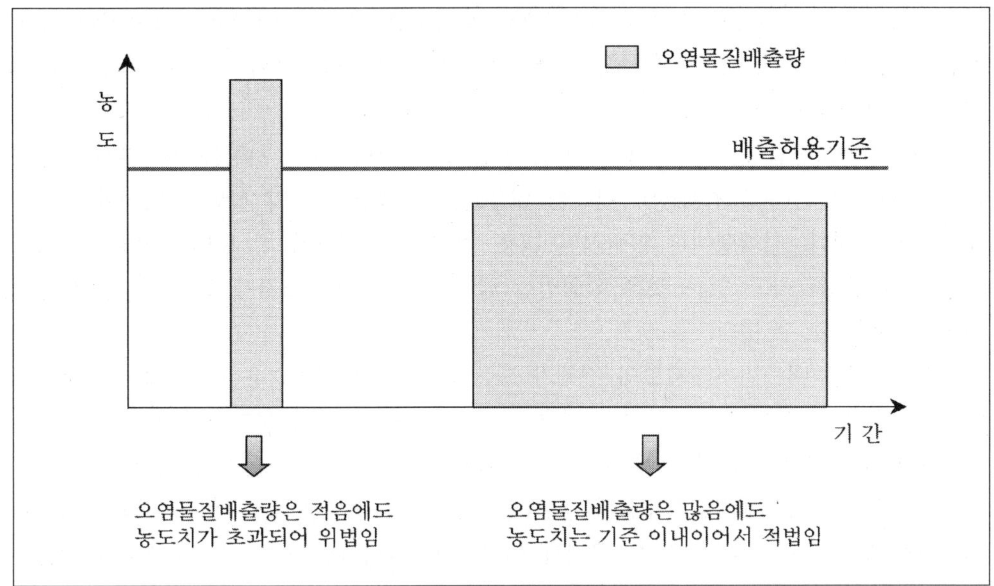

마. 총량규제

총량규제란 일정한 지역 안에서 배출되는 오염부하량과 오염부하량 증가를 총량으로 관리하는 방법이라고 할 수 있다.[18] 이는 배출허용기준과 같이 ppm과 같은 단위당 집중량으로 규제하지 아니하고, 시간 · 일 또는 년 단위로 오염물질의 배출총량을 규제하게 된다. 총량규제는 특정지역에 대한 오염부하량 산정과 이를 기초로 한 사업장별 배출허용량의 할당으로 구체화되는데, 특히 오염원의 수가 많고 규모가 크며 오염물질 배출량이 증가하는 지역, 사업장이 밀집된 지역 등에서 개별 사업장의 배출시설에서 배출되는 오염물질의 배출허용기준(농도기준)을 통한 규제만으로는 환경기준의 달성에 한계가 있을 경우에 그 효용성이 크다.

「환경정책기본법」은 '환경용량'이라는 개념을 도입하고,[19] 「대기환경보전법」은 대기오염상태가 환경기준을 초과하여 주민의 건강 · 재산이나 동 · 식물의 생육에 중대한 위해를 가져올 우려가 있다고 인정하는 구역 또는 특별대책지역 중 사업장이 밀집되어 있는 구역의 경우에는 그 구역의 사업장에서 배출되는 오염물질을 총량으로 규제할 수 있도록 함으로써 총량규제 방식의 도입을 위한 법적 기초를 마련하고 있다(제22조 제1항). 이러한

18) 홍준형, 환경법, 박영사, 2001, 596면.

19) 2002. 12. 30. 개정 「환경정책기본법」에서는 '환경용량'이라는 개념정의 규정을 신설하였는데, 이에 따르면 '환경용량'이란 "일정한 지역에서 환경오염 또는 환경훼손에 대하여 환경이 스스로 수용, 정화 및 복원하여 환경의 질을 유지할 수 있는 한계"를 의미한다(제3조 제6호). 이러한 환경용량 개념은 일정한 지역 안에서 수인될 수 있는 환경오염 총량을 관리함으로써 복합적인 환경오염에 대하여 거시적, 포괄적 대책을 강구할 수 있도록 하는 사고의 틀을 제공하고 있다. 김해룡, "환경정책기본법 개정안에 관한 소고", 환경법연구 제23권 제1호, 2001. 9, 25면.

총량규제방식은 그 시행의 전제가 되는 지역별 오염부하량 및 해당 배출시설에 대한 구체적 배출허용량의 산정 · 할당이 기술적으로 복잡하고, 관리가 어렵다는 문제점이 있다. 신규오염원의 시장진입을 제한하고, 사업자의 생산을 제한함으로써 산업활동을 위축시킬 가능성도 배제할 수 없다.

「대기환경보전법」은 총량규제의 항목, 방법, 그 밖에 필요한 사항을 환경부령으로 정하도록 하고 있는데(동조 제2항), 이러한 내용들은 시행령 이상의 상위 입법에서 정하는 것이 바람직하다. 시행령에서 일반적인 내용 · 범위를 제시하지 아니하고 막연히 시행규칙에서 정하도록 하고 있는 것은 위임입법 금지원칙에 반할 소지가 있으며, 의회입법의 원칙을 무력화할 수 있다.

총량규제는 배출권거래제도의 전제가 되는데, 지역별 배출허용량 및 해당 배출시설에 대한 구체적 배출가능량 산정이 기술적으로 어렵다는 등의 문제점이 제기되면서 아직까지 본격적인 총량규제 방식 및 배출권거래제도는 실시되고 있지 않다.[20]

그러나 「수도권 대기환경개선에 관한 특별법」은 환경부장관이 수도권지역의 대기환경개선을 위하여 수립하는 기본계획에서 대기관리권역의 배출원별 대기오염물질 배출허용총량과 그 저감계획, 지역배출허용총량, 사업장의 배출허용총량의 할당기준을 포함하도록 함으로써, 총량규제 및 배출권거래가 가능하도록 하고 있다.

바. 배출허용기준의 예고

국가는 배출허용기준을 정하거나 변경하고자 할 때에는 특별한 사유가 없는 한 이를 예고하여야 한다(「환경정책기본법」 제31조).

2. 배출시설 및 방지시설의 설치

가. 설치허가 및 신고

(1) 대상시설

배출시설 설치허가 · 신고제도는 오염원으로 하여금 오염물질배출시설과 관련한 정보를 제공하게 하여 배출시설의 설치제한 및 적정 방지시설의 설치여부 확인 등 배출시설에 대한 효율적 관리를 위해 운용되고 있는 제도이다. 이에 따르면 배출시설을 설치하려는 자는 시 · 도지사의 허가를 받거나, 시 · 도지사에게 신고하여야 한다(제23조 제1항). 허가와 신고의 대상범위는 법에서 아무런 기준도 제시되지 아니하고 시행령에 포괄적으로 위임되고 있는데 이는 포괄위임 금지원칙에 배치될 소지가 있다.[21]

현재 특정대기유해물질이 발생되는 배출시설과 특별대책지역에 배출시설을 설치하려는 자는 시 · 도지사의 허가를 받아야 하며, 그 이외의 경우에는 시 · 도지사에게 신고를

20) 총량규제가 정착되지 못하는 주된 이유로는 기술적인 기반구축의 미비와 생산활동의 위축 등 경제적 문제를 들 수 있다. 송동수, "환경기준의 유형구분과 법적 성질", 환경법연구 제23권 제1호, 2001. 9, 47면.

21) 조홍식 외 2, 우리나라 환경법체계 정비에 관한 연구 I, 한국환경정책 · 평가연구원, 1997. 12, 40면.

하여야 한다(시행령 제11조 제1항 · 제2항).

이와 같이 허가 · 신고제도가 허가대상시설을 극히 제한하고 있다는 점에서 신고제 중심으로 운영되고 있다고 할 수 있다. 허가절차는 특정대기유해물질이 발생되는 배출시설과 특별대책지역에 설치하는 배출시설에만 적용되므로 허가제도는 그 대상시설이 아닌, 즉 특정대기유해물질이 아닌 오염물질을 발생시키는 배출시설과 배출시설이 아닌 오염원에서 발생되는 오염물질에 대하여는 규제 수단이 될 수 없다. 동법은 배출시설의 설치신고를 받은 경우 환경부령으로 정하는 기간 내에 신고 수리 여부를 신고인에게 통지하도록 하고, 그 기간 내에 신고수리 여부나 처리기간의 연장을 통지하지 아니한 경우에는 신고를 수리한 것으로 간주함으로써(제23조 제5항 및 제6항), '신고'의 법적 성질이 자기완결적 신고가 아니라는 점을 분명히 하고 있다.

한편 동법은 대기오염물질 배출시설의 설치허가 또는 변경허가를 하는 경우 주민건강이나 주변환경의 보호 및 배출시설의 적정관리 등을 위하여 필요한 조건(허가조건)을 붙일 수 있도록 하고 있다(제23조 제9항).[22] 여기서 말하는 허가조건은 행정행위 부관으로서 허가의 주된 내용에 부가하여 그 허가의 상대방에게 작위 · 부작위 · 급부 · 수인 등의 의무를 부과하는 이른바, 부담으로 이해된다. 일반적으로 기속행위나 기속재량행위에는 부관을 붙일 수 없고 가사 부관을 붙였다고 하더라도 무효이다.[23] 그러나 예외적으로 동법에서와 같이 특별한 규정 있는 경우에는 가능하다고 할 것이다. 그 결과 허가조건은 법령에 위배되지 않아야 하고, 허가의 본질적 목적에 위배해서는 안 된다는 부관의 일반적 한계뿐만 아니라 동 규정에서 특별히 요구하는 "시행에 필요한 최소한도의 것"이라는 요건을 지켜야 한다.

대기오염물질배출시설의 설치허가 · 신고를 한 경우에는 폐수배출시설, 소음 · 진동배출시설 등의 설치허가 · 신고도 한 것으로 본다(제24조).

(2) 허가의 성질

대법원은 "환경부장관은 배출시설 설치허가 신청이 법에서 정한 허가 기준에 부합하고 허가제한사유에 해당하지 아니하는 한 원칙적으로 허가를 하여야 한다. 다만 (…) 환경 기준의 유지가 곤란하거나 주민의 건강 · 재산, 동식물의 생육에 심각한 위해를 끼칠 우려가 있다고 인정되는 등 중대한 공익상의 필요가 있을 때에는 허가를 거부할 수 있다고 보는 것이 타당하다"고 판시함으로써, 배출시설 설치허가가 '기속재량행위'라고 보고 있다(판례 [1]). 동법은 허가 기준(제23조 제7항)과 설치제한지역(동조 제8항)을, 동법 시행령

22) 허가조건에는 ① 배출구 없이 대기 중에 직접 배출되는 대기오염물질이나 악취, 소음 등을 줄이기 위하여 필요한 조치 사항, ② 배출시설의 배출허용기준 준수 여부 및 방지시설의 적정한 가동 여부를 확인하기 위하여 필요한 조치 사항이 포함될 수 있다(시행령 제11조 제7항).

23) 대법원 1997. 6. 13. 선고 96누12269 판결; 대법원 1995. 6. 13. 선고 94다56883 판결; 대법원 1993. 7. 27. 선고 92누13998 판결; 대법원 1990. 10. 10. 선고 89누4673 판결; 대법원 1988. 4. 27. 선고 87누1106 판결 등 참조.

은 허가대상의 배출시설, 허가 신청 시 제출하여야 하는 서류 등을 구체적으로 규정하고 있다(제11조 제1항 · 제3항).

[1] 배출시설 설치허가: 대법원 2013. 5. 9. 선고 2012두22799 판결

구 대기환경보전법(2011. 7. 21. 개정 전) 제2조 제9호, 제23조 제1항, 제5항, 제6항, 같은 법 시행령(2010. 12. 31. 개정 전) 제11조 제1항 제1호, 제12조, 같은 법 시행규칙 제4조, [별표 2]와 같은 배출시설 설치허가와 설치제한에 관한 규정들의 문언과 그 체제 · 형식에 따르면 환경부장관은 배출시설 설치허가 신청이 구 대기환경보전법 제23조 제5항에서 정한 허가 기준에 부합하고 구 대기환경보전법 제23조 제6항, 같은 법 시행령 제12조에서 정한 허가제한사유에 해당하지 아니하는 한 원칙적으로 허가를 하여야 한다. 다만 배출시설의 설치는 국민건강이나 환경의 보전에 직접적으로 영향을 미치는 행위라는 점과 대기오염으로 인한 국민건강이나 환경에 관한 위해를 예방하고 대기환경을 적정하고 지속가능하게 관리 · 보전하여 모든 국민이 건강하고 쾌적한 환경에서 생활할 수 있게 하려는 구 대기환경보전법의 목적(제1조) 등을 고려하면, 환경부장관은 같은 법 시행령 제12조 각 호에서 정한 사유에 준하는 사유로서 환경 기준의 유지가 곤란하거나 주민의 건강 · 재산, 동식물의 생육에 심각한 위해를 끼칠 우려가 있다고 인정되는 등 중대한 공익상의 필요가 있을 때에는 허가를 거부할 수 있다고 보는 것이 타당하다.24)

(3) 허가의 효력

(가) 허가의 효력이 미치는 범위

동법 시행규칙에서는 업종별로 배출시설을 특정하고 있으므로 대기오염물질을 배출하는 업종이 다르면 새로운 허가를 받아야 한다.

(나) 무허가 설치행위

허가나 변경허가를 받지 아니하거나 거짓으로 허가나 변경허가를 받아 배출시설을 설치 또는 변경하거나 그 배출시설을 이용하여 조업한 자는 최고 법정형인 7년 이하의 징역 또는 1억원 이하의 벌금에 처한다(제89조 제1호). 무허가 설치행위는 즉시범(상태범)으로서, 공소시효의 기산점은 설치행위 완료시점이며, 배출허용기준을 현실적으로 초과하였는지 여부는 범죄의 성립에 영향이 없다.25)

무허가배출시설을 이용하여 조업한 행위는 설치행위와는 별개의 범죄가 되므로 설치행위에 대한 공소시효가 완료되더라도 조업행위에 대하여는 별도의 범죄로써 처벌할 수

24) 대법원은 명시적으로 기속재량이라는 개념을 사용하지는 않았지만 그동안 채광계획인가(대법원 2002. 10. 11. 선고 2001두151 판결), 산림형질변경허가(대법원 1998. 9. 25. 선고 97누19564 판결) 등에 대하여 기속재량행위라는 개념을 쓰면서 전개한 법리와 동일한 법리를 전개하고 있다는 점에서 배출시설 설치허가를 기속재량행위라고 보고 있다고 할 수 있다. 이에 따르면 산림훼손허가(대법원 1995. 9. 15. 선고 95누6113 판결), 산림형질변경허가(대법원 1997. 9. 12. 선고 97누1228 판결) 등도 마찬가지로 기속재량행위로 이해할 수 있다.

25) 대법원 1987. 10. 26. 선고 87도1869 판결.

있다. 계속되는 조업행위에 대하여는 포괄일죄가 되는데, 다만 이미 무허가 조업행위로 확정판결을 받은 이후에 그러한 조업행위를 계속하였다면 여기에 대하여는 별개의 죄가 성립한다.[26)]

나. 배출시설의 설치제한

환경부장관 또는 시 · 도지사는 배출시설로부터 나오는 특정대기유해물질이나 특별대책지역의 배출시설로부터 나오는 대기오염물질로 인하여 환경기준의 유지가 곤란하거나 주민의 건강 · 재산, 동 · 식물의 생육에 심각한 위해를 끼칠 우려가 있다고 인정되면 대통령령으로 정하는 바에 따라 특정대기유해물질을 배출하는 배출시설의 설치 또는 특별대책지역에서의 배출시설 설치를 제한할 수 있다(제23조 제8항). 배출시설의 설치제한은 오염물질의 배출량을 감소하고, 결국 오염부하량을 감소하는 효과를 초래할 것이다.

배출시설의 설치제한은 「국토의 계획 및 이용에 관한 법률」,[27)] 「개발제한구역의 지정 및 관리에 관한 특별조치법」,[28)] 「수도권정비계획법」,[29)] 「산업집적활성화 및 공장설립에 관한 법률」,[30)] 「산업입지 및 개발에 관한 법률」,[31)] 「농지법」,[32)] 「산림법」[33)] 등 다른 법률에 의해서도 이루어지고 있다.

다. 방지시설의 설치 · 운영

「대기환경보전법」은 대기오염물질의 배출시설을 설치하는 자에 대하여 오염원인자책임의 원칙에 따라 오염방지시설[34)]의 설치의무를 부과하고 있다(제26조 제1항). 배출시설을 설치한 자가 지는 방지시설의 설치의무는 배출시설 설치허가에 따르는 법정부담의 성

---

26) 대법원 1992. 2. 28. 선고 91도2935 판결 참조.

27) 「국토의 계획 및 이용에 관한 법률」은 용도지역을 도시지역, 관리지역, 농림지역, 자연환경보전지역으로 구분하고(제36조), 각 용도지역 안에서 건축물 그 밖의 시설의 용도 · 종류 및 규모 등을 제한하고 있다(제76조). 동법은 구 '국토이용관리법'상 난개발의 주요인으로 지목되던 준농림지역을 관리지역으로 편입하여 관리하고 있으며, 자연환경 · 수자원 · 해안 · 생태계 · 상수원 및 문화재의 보전과 수산자원의 보호 · 육성 등을 위하여 필요한 지역을 자연환경보전지역으로 지정하여 관리토록 하고 있으며(제6조), 환경성검토 및 토지적성평가제(제27조 제3항), 개발허가제(제56조), 개발밀도관리구역(제66조) 및 기반시설부담구역제도(제67조) 등 기반시설연동제 등의 실시를 위한 근거규정을 둠으로써, 국토의 체계적인 이용 · 개발뿐만 아니라 보전적인 면도 고려하고 있다.

28) 동법에 근거하여 지정된 개발제한구역에서는 지정목적에 위배되는 건축물의 건축 및 용도변경, 공작물의 설치 행위 등이 제한된다(제11조).

29) 동법은 수도권을 과밀억제권역, 성장관리권역, 자연보전권역으로 구분하고(제6조), 각 지역별로 일정한 종류, 규모의 건물 등 시설의 신설 · 증설 · 허가 제한된다(제7조 내지 제9조).

30) 동법상 과밀억제지역, 성장관리지역 및 자연보전지역 안에서는 원칙적으로 500㎡ 이상의 공장을 신설 · 증설 또는 이전하거나 업종을 변경하는 행위를 금지하고 있다(제20조).

31) 동법은 국토교통부장관으로 하여금 산업입지개발에 관한 기본지침을 작성 · 고시하도록 하고 있는데(제5조), 이에 따라 고시된 '산업입지개발지침'에서는 민간 등에 의한 산업단지 지정요청불가지역, 산업단지가 갖추어야 할 요건, 개별공장입지의 선정기준 등을 정하고 있다.

32) 동법은 농지를 효율적으로 이용 · 보전하기 위하여 농업진흥지역을 농업진흥구역과 농업보호구역으로 구분하여 지정할 수 있는데(제30조), 각 지역별로 일정한 토지이용행위가 제한된다(제34조).

33) 동법은 산림의 보전측면에서 이용목적에 따라 보전임지, 준보전임지로 구분하고(제16조), 보전임지의 전용허가(제18조), 전용산림의 용도변경제한(제18조의2), 보전임지의 지목변경제한(제20조) 등 규정을 두고 있다.

34) '대기오염방지시설'이라 함은 대기오염물질배출시설로부터 나오는 대기오염물질을 없애거나 줄이는 시설로서 환경부령으로 정하는 것을 말한다(제2조 제12호).

질을 갖는다.35)

산업단지 그 밖에 사업장이 밀집된 지역의 사업자는 배출시설로부터 배출되는 오염물질의 공동처리를 위한 공동방지시설을 설치할 수 있다. 이 경우 사업장별로 해당 오염물질에 대한 방지시설이 설치된 것으로 보기 때문에 각 사업자는 개별의 방지시설을 설치할 필요가 없다(제29조 제1항). 공동방지시설에 있어서의 배출허용기준은 제16조에 따른 배출허용기준과 다른 기준을 정할 수 있으며, 그 배출허용기준 및 공동방지시설의 설치 · 운영에 관하여 필요한 사항은 환경부령으로 정한다(동조 제3항).

라. 가동개시 신고

사업자는 배출시설이나 방지시설의 설치를 완료하거나 배출시설의 변경을 완료하여 그 배출시설 및 방지시설을 가동하려면 미리 환경부장관 또는 시 · 도지사에게 가동개시 신고를 하여야 한다(제30조 제1항). 사업자가 배출시설 등의 설치허가를 받은 경우에도 위와 같이 그 시설을 가동하려면 별도로 가동개시 신고를 하도록 하는 것은 사업자에게 불필요한 부담으로 작용할 수 있다.

마. 권리 · 의무의 승계

사업자(비산배출시설 설치 신고를 한 자를 포함)가 배출시설 및 방지시설을 양도하거나 사망한 경우 또는 법인의 합병이 있는 경우에는 그 양수인이나 상속인 또는 합병 후 존속하는 법인이나 합병에 의하여 설립되는 법인은 허가 · 변경허가 · 신고 또는 변경신고에 따른 사업자의 권리 · 의무를 승계한다(제27조 제1항).36) 배출시설 설치허가는 대물적 처분의 성질을 갖는 것으로 이해된다.37) 대물적 처분은 시설물의 이전과 함께 자동적으로 이전된다는 것이 통설적 견해 및 판례이다(당연승계설). 이러한 입장에 의할 경우 위 승계규정은 배출시설의 설치허가와 관련하여 확인적 규정에 불과하게 된다.38) 이 규정에서 말하는 허가에 따른 사업자의 권리 · 의무에는 허가에 따른 조건, 기한, 위반횟수계산과 같은 귀책사유 등이 포함된다.39) 그러나 배출부과금의 부과는 사업장에만 미치는 순수한 대물적 처분의 성격을 갖는다고 보기 어렵기 때문에 당연히 승계된다고 할 수 없다는 견해가 있다. 즉 배출부과금의 부과는 무허가배출시설에 대해서도 배출부과금이 부과되기 때문에 허가에 따른 사업자의 권리 · 의무에 배출부과금은 포함되지 않는다는 견해가 그것이다.40) 그러나 이 규정의 취지에 비추어 일단 허가 받은 배출시설의 경우에는 시설의

---

35) 이상규, 환경법론, 법문사, 1998, 129면.

36) 동법은 경매 등으로 배출시설 및 방지시설을 인수한 경우 신고 등에 따른 권리와 의무를 승계하는 규정을 두고 있지 않다. 이는 「물환경보전법」 제36조 제2항과 대비되는 것이다.

37) 조현권, 환경법 –이론과 실무–, 1999, 220면.

38) 조현권(앞의 책), 223면; 대법원 1975. 3. 11. 선고 74누138 판결; 대법원 1979. 10. 16. 선고 79누175 판결; 대법원 1979. 10. 30. 선고 79누190 판결; 대법원 1986. 7. 22. 선고 86누203 판결.

39) 조현권(앞의 책), 224면.

40) 조현권(앞의 책), 222면.

이전과 함께 배출부과금도 승계된다고 이해된다.[41] 논란을 없애기 위해서는 행정제재처분 효과의 승계 규정을 두는 것을 검토할 필요가 있다.[42]

3. 사업자의 의무

가. 배출시설 및 방지시설의 정상운영

「대기환경보전법」은 비정상운영행위의 태양을 예시하여 사업자(공동 방지시설의 대표자를 포함)에게 배출시설 및 방지시설을 정상적으로 운영할 의무를 부과하고 있다. 즉, 사업자는 ① 배출시설을 가동할 때에 방지시설을 가동하지 아니하거나[43] 오염도를 낮추기 위하여 배출시설에서 나오는 오염물질에 공기를 섞어 배출하는 행위;[44] ② 방지시설을 거치지 아니하고 오염물질을 배출할 수 있는 공기조절장치나 가지배출관 등을 설치하는 행위;[45] ③ 부식이나 마모로 인하여 오염물질이 새나가는 배출시설이나 방지시설을 정당한 사유 없이 방치하는 행위; ④ 방지시설에 딸린 기계와 기구류의 고장이나 훼손을 정당한 사유 없이 방치하는 행위;[46] ⑤ 그 밖에 배출시설 및 방지시설을 정당한 사유[47] 없이 정상적으로 가동하지 아니하여 배출허용기준을 초과한 오염물질을 배출하는 행위[48] 등을 하여서는 아니 된다(제31조 제1항).

⑤와 같은 포괄적 규정은 여기에 열거된 행위들이 제한적이 아니라 예시적이라는 것을 의미한다. 한편, 위 ①, ②의 경우에는 배출이 배출허용기준 이하이더라도 범죄가 성립되나 ⑤의 경우에는 배출허용기준의 초과를 범죄구성요건으로 하고 있다. 배출허용기준을 초과한 경우에는 위 ⑤의 위반을 근거로 형사처벌하거나 개선명령(제33조), 조업정

41) 배출부과금의 부과가 처분 상대방의 주관적 사정을 고려하지 않고 처분 대상인 시설의 객관적 사정에 착안하여 이루어진다는 점을 지적하면서 승계를 인정하는 실무관행이 정착되면 양수인은 양수 전에 해당 시설에 부과된 배출부과금이 있는지 여부를 조사하게 됨으로써 결과적으로 양도인의 환경친화적 시설운영을 촉진하는 효과도 갖는다는 견해도 같은 맥락으로 이해된다. 조홍식, 환경법원론, 박영사, 2019, 419면.

42) 예컨대, 「공중위생관리법」에서는 "공중위생영업자가 그 영업을 양도하거나 사망한 때 또는 법인의 합병이 있는 때에는 종전의 영업자에 대하여 제11조 제1항의 위반을 사유로 행한 행정제재처분의 효과는 그 처분기간이 만료된 날부터 1년간 양수인 · 상속인 또는 합병후 존속하는 법인에 승계된다(제11조의3)"는 행정제재처분 효과의 승계 규정을 두고 있다.

43) 예컨대, 배출시설(분쇄기)을 가동하면서 연결된 방지시설인 여과집진시설을 미가동하여 오염물질이 대기 중에 무단방출되는 경우가 여기에 해당된다.

44) 예컨대, 배출시설에서 발생하는 대기오염물질을 방지시설로 이송하는 배관의 중간에 외부공기가 들어갈 수 있는 시설을 설치하는 경우가 여기에 해당된다.

45) 예컨대, 배출시설에서 발생하는 대기오염물질을 방지시설로 이송하는 배관의 중간에 가지배출관 및 공기조절장치를 설치하여 오염물질이 방지시설로 유입되기 전에 외부로 유출되도록 하는 경우가 여기에 해당된다.

46) 예컨대, 방지시설의 부대설비인 후드, 닥트, 모터 등의 고장 및 부식 등 훼손을 방치하고 있어 방지시설의 효율이 저하되고 있는 경우가 여기에 해당된다.

47) 갑작스런 단전 · 단수, 오염물질의 부하변동 등 처리상의 문제점으로 부득이하게 배출허용기준을 초과한 경우에는 정당한 사유가 있었다고 인정할 수 있을 것이다. 대검찰청, "환경사범수사편람", 1995, 95면. 구체적으로 정당한 사유에는 구 「대기환경보전법」 시행령 제11조에서 적시하고 있는 다음의 사유가 들어질 수 있을 것이다: ① 배출시설 또는 방지시설을 개선 · 변경 · 점검 또는 보수하기 위하여 부득이한 경우; ② 배출시설 또는 방지시설의 주요기계장치 등의 돌발적 사고로 인하여 적정운영을 할 수 없는 경우; ③ 단전 · 단수로 배출시설 또는 방지시설을 적정운영할 수 없는 경우; ④ 천재 · 지변, 화재, 그 밖의 불가항력적인 사유로 배출시설 또는 방지시설을 적정운영할 수 없는 경우.

48) 예컨대, 방지시설이 다수일 경우 일부를 가동하지 아니한 경우가 여기에 해당된다.

지명령(제34조), 폐쇄명령(제38조) 등 행정처분을 내리고 이러한 명령위반에 대하여 비로소 처벌할 수 있다(제89조).

나. 측정기기의 부착

사업자는 배출시설에서 나오는 오염물질이 배출허용기준에 맞는지를 확인하기 위하여 측정기기를 부착하는 등 배출시설 및 방지시설의 적정한 운영에 필요한 조치를 하여야 한다(제32조 제1항). 대기질 개선을 위해서는 대기오염매체의 성질상 배출단계에서의 단속이 관건이 되는바, 이러한 관점에서 굴뚝별로 오염물질의 성분별 배출상태, 공장가동상태 등을 일정 시간대별로 24시간 파악하고 단속의 효율성을 증대시키기 위한 굴뚝자동감시체제(Telemetering System: TMS)를 구축할 필요성이 제기되어 왔다. 그 일환에 따라 1988년 대기오염이 심한 울산 · 온산특별대책지역 사업장을 시작으로 현재 다수의 사업장에 측정기기가 설치 · 운영 중에 있다.[49] 측정기기 부착대상사업장 및 기기의 종류(예컨대, 적산전력계, 굴뚝 자동측정기기, 사물인터넷 측정기기[50]) 등은 시행령에서 정하고 있다(제17조).[51] 굴뚝자동감시체제의 구축은 상시 감독을 통한 대기오염방지 내지 저감뿐만 아니라 총량규제실시, 더 나아가 배출권거래제도의 전제가 되는 기간시설 구축이라는 차원에서 그 의미가 크다.

배출시설의 운영 상태에 대한 체계적인 관리와 측정기기에 의한 측정의 신뢰성과 실효성을 높이기 위하여 동법은 측정기기를 부착한 사업자에 대하여 측정기기를 정당한 사유 없이 방치하는 등 일정한 행위를 금지하고 있다(제32조 제3항).

아울러 동법은 측정기기로 측정한 자료의 신뢰도와 정확도를 지속적으로 확보하기 위하여 사업자가 지켜야 할 측정기기의 운영 · 관리기준을 환경부령으로 정하도록 하고 있으며(동조 제4항), 사업자가 이러한 기준을 지키지 아니할 경우에는 측정기기가 기준에 맞게 운영 · 관리되도록 필요한 조치를 명할 수 있고(동조 제5항), 조치명령마저 위반할 경우에는 배출시설의 전부 또는 일부에 대하여 조업정지를 명할 수 있도록 하고 있다(동조 제6항). 측정기기 관리대행업의 등록제(제32조의2, 제32조의3)도 측정기기로 측정한 결과의 신뢰도와 정확도를 제고하기 위한 것으로 이해할 수 있다.

다. 자가측정

사업자가 그 배출시설을 운영할 때에는 나오는 오염물질을 자가측정하거나 측정대행업자에게 측정하게 하여 그 결과를 사실대로 기록하고, 환경부령으로 정하는 바에 따라

---

49) 2015년 말 현재 전국 578개 대형 사업장에서 1,531개의 굴뚝에 측정기기가 설치 · 운영 중에 있다. 2016년 환경백서(각주 2), 294면.

50) 인터넷을 기반으로 모든 사물의 연결을 통해 사람과 사물 또는 사물과 사물 간 정보를 상호 공유·소통하는 지능형 기술을 적용하여 배출시설 및 방지시설의 전류, 압력, 수소이온농도(pH) 및 온도 등의 정보를 실시간으로 확인 · 관리할 수 있는 측정기기를 말한다.

51) 측정기기 부착대상 사업장은 1종부터 3종까지의 사업장이다(시행령 제17조 제5항).

보존하여야 한다(제39조 제1항). 사업자는 측정대행업자에게 측정을 하게 하려는 경우 다음의 행위를 하여서는 아니 된다: ① 측정결과를 누락하게 하는 행위; ② 거짓으로 측정결과를 작성하게 하는 행위; ③ 정상적인 측정을 방해하는 행위(동조 제2항). 이러한 규정들은 측정값 조작으로 과소 측정되는 등의 문제가 발생하고 있는 상황을 해결하려는 노력의 일환으로 이해할 수 있을 것이다. 충실한 자가측정은 사업자의 배출허용기준 준수를 간접적으로 강제하는 유용한 수단이 될 수 있을 것이며, 궁극적으로는 환경오염의 사전억제 · 예방 기능을 수행하게 될 것이다. 그러나 자가측정이 기본적으로 사업자의 자율적 의사에 의해 이루어지기 때문에 형식적으로 흐르고, 자가측정의 결과가 규제수단으로 변질될 가능성이 상존하고 있다.

라. 비산배출시설의 설치신고

동법은 굴뚝 등 배출구 없이 대기 중에 직접 배출(비산배출)되는 대기오염물질의 관리방안을 마련하고 있다. 즉 대통령령으로 정하는 업종(20개)에서 비산배출하는 공정 및 설비 등의 시설(비산배출시설)을 설치 · 운영하려는 자는 환경부장관에게 신고하여야 하고, 시설관리기준을 지켜야 한다(제38조의2 제1항 · 제5항). 동법은 비산배출시설의 설치신고를 받은 날부터 10일 이내에 신고 수리 여부를 신고인에게 통지하고, 그 기간 내에 신고수리 여부나 처리기간의 연장을 통지하지 아니한 경우에는 신고를 수리한 것으로 간주하고 있다(동조 제3항 · 제4항).

환경부장관은 비산배출시설을 설치 · 운영하는 자가 비산배출시설의 설치신고를 누락하거나 시설관리기준을 위반하거나 조치명령을 이행하지 않은 경우 6개월 이내의 기간을 정하여 해당 비산배출시설의 조업정지를 명할 수 있으며(동조 제9항), 조업정지를 명하여야 하는 경우에도 공익에 현저한 지장을 줄 우려가 있는 경우 조업정지처분을 갈음하여 과징금을 부과할 수 있도록 하되, 이러한 과징금 대체가 남용되는 것을 방지하기 위하여 과징금 처분을 받은 날부터 2년이 경과되기 전에는 조업정지처분을 갈음하여 과징금을 부과할 수 없도록 하고 있다(동조 제10항, 제11항).

마. 환경기술인의 임명 · 신고

사업자는 배출시설과 방지시설의 정상적인 운영 · 관리를 위하여 환경기술인을 임명하고, 환경기술인이 그 준수사항을 철저히 이행하도록 감독하여야 하고, 배출시설과 방지시설의 정상적인 운영 · 관리를 위한 환경기술인의 업무를 방해하여서는 아니 되며, 그로부터 업무수행상 필요한 요청을 받은 경우에 정당한 사유가 없으면 이에 응하여야 한다(제40조 제1항 · 제3항 · 제4항). 환경기술인은 그 배출시설과 방지시설에 종사하는 자가 이 법 또는 이 법에 따른 명령에 위반하지 아니하도록 지도 · 감독하고, 배출시설 및 방지시설의 운영결과를 기록 · 보관하여야 하며, 사업장에 상근하는 등 환경부령이 정하는 준수

사항을 준수하여야 한다(동조 제2항).

환경기술인은 사업자에 의하여 임명되고 그의 감독을 받게 되어 있고, 사업자의 위반에 대하여는 관여할 수 있는 권한이 없으며, 환경기술인이 지도 · 감독 등에 의하여 법령의 위반에 대하여 통제할 수 있는 인적 대상은 배출시설과 방지시설에 종사하는 자에 한정된다는 점에서 현행법상의 환경기술인에 의한 배출시설과 방지시설에 대한 관리 · 감독에는 일정한 한계가 있다.[52]

4. 사업자의 의무이행 확보수단

가. 개선명령

환경부장관 또는 시 · 도지사는 가동개시신고를 한 후 조업 중인 배출시설에서 배출되는 오염물질의 정도가 배출허용기준을 초과한다고 인정하면 대통령령이 정하는 바에 따라 기간을 정하여 사업자에게 그 오염물질의 정도가 배출허용기준 이하로 내려가도록 필요한 조치를 취할 것을 명할 수 있다(제33조).

나. 조업정지명령

환경부장관 또는 시 · 도지사는 이러한 개선명령을 받은 자가 개선명령을 이행하지 아니하거나 기간 내에 이행은 하였으나 검사결과 배출허용기준을 계속 초과하면 해당 배출시설의 전부 또는 일부에 대한 조업정지를 명할 수 있다(제34조 제1항). 또한 대기오염으로 인한 주민의 건강상 · 환경상의 피해가 급박하다고 인정하면 해당 배출시설의 전부 또는 일부에 대하여 조업정지, 그 밖에 필요한 조치를 명할 수 있다(동조 제2항). 이를 위해서는 제1항과 달리 배출허용기준의 초과가 요구되지 않는다. 한편, 제36조와의 관계상 필요한 조치에 폐쇄명령이 포함되는지 논란이 있을 수 있다. 조업정지명령은 사업자를 전과자로 만들지 않으면서도 효과적으로 규제할 수 있다는 점에서 실무상 많이 이용되는 수단으로 알려지고 있다. 앞서 개선명령이 사업자에게 일정한 의무를 부과하는 하명의 성질을 갖는 반면 조업정지명령은 부작위하명의 성질을 갖는다.

명문 규정상으로는 "명할 수 있다"라고 되어 있어 조업정지명령 등이 행정청의 재량에 속한다고 볼 소지가 있으나 주민의 생명, 신체 등에 중대하고 급박한 위험이 존재하는 상황을 요건으로 하고 있다는 점에서 행정청의 재량권은 없어지게 된다고 보아야 한다. 결국 동규정상의 "명할 수 있다"는 "명해야 한다"로 해석하는 것이 합당하며, 이러한 경우 행정권은 발동되어야만 하는 것이다.[53]

한편, 조업정지명령은 측정기기를 부착한 사업자로서 측정기기가 기준에 적합하게 운영 · 관리되도록 조치명령을 받았음에도 이를 이행하지 아니한 자에게도 해당 배출시설의

---

52) 김연태, "환경법에 있어서 사전배려의 원칙", 법학논집 제34집, 1998. 12, 105면.
53) 고영훈, 환경법, 법문사, 2000, 130면; 홍준형(각주 18), 555면.

전부 또는 일부에 대하여 조업정지를 명할 수 있다(제32조 제6항).

다. 허가의 취소 등

환경부장관 또는 시 · 도지사는 사업자가 거짓이나 그 밖의 부정한 방법[54]으로 허가 · 변경허가를 받았거나 신고 · 변경신고를 한 경우, 제31조 제1항 각 호의 어느 하나에 해당하는 행위를 한 경우 등 20가지 사유에 해당하는 행위를 한 때에는 배출시설의 설치허가 또는 변경허가를 취소하거나 배출시설의 폐쇄를 명하거나 또는 6월 이내의 기간을 정하여 배출시설 조업정지를 명할 수 있다(제36조 제1항 본문).[55] 다만, 거짓이나 그 밖의 부정한 방법으로 허가 · 변경허가를 받은 경우, 조업정지 기간 중에 조업을 한 경우 등 일정한 경우에는 허가의 취소나 폐쇄조치는 행정청의 의무가 된다(동항 단서).

라. 과징금 부과

사회복지시설 및 공동주택의 냉난방시설, 발전소의 발전설비, 집단에너지시설, 의료기관 · 학교 · 제조업의 배출시설 등을 설치 · 운영하는 사업자에 대하여 제36조 제1항에 따라 조업정지를 명하여야 하는 경우로서 그 조업정지가 주민의 생활, 대외적인 신용 · 고용 · 물가 등 국민경제, 그 밖에 공익에 현저한 지장을 초래할 우려가 있다고 인정되는 경우 등 그 밖에 대통령령으로 정하는 경우에는 조업정지 처분을 갈음하여 매출액에 100분의 5를 곱한 금액을 초과하지 아니하는 범위에서의 과징금을 부과할 수 있다(제37조).[56] 다만, 매출액이 없거나 매출액 산정이 곤란한 경우에는 과징금 상한이 2억원이고(동조 단서), 방지시설을 설치하지 아니하고 배출시설을 가동한 경우, 30일 이상의 조업정지처분을 받아야 하는 경우 등에는 과징금을 부과할 수 없다(동조 제2항).

조업정지처분을 할 경우 사회 · 경제적으로 큰 파장이 발생하고, 그 집행이 현실적으로 쉽지 않아 자칫 집행결함 내지 집행불능이라는 문제가 발생할 수 있는데, 이 경우 과징금 처분은 그 경계에서 유효한 수단으로 작용할 수 있다. 말하자면 과징금 제도는 환경보전이라는 대의명분을 살리는 한편, 법규위반에 따른 기업 내지 공공시설에 제제가 이루어지는 경우 발생할 수 있는 사회 · 경제적 손실과 혼란을 최소화할 수 있는 현실적 필요성도 고려하는 제도라 할 수 있다. 조업정지처분을 내릴 것인지 조업정지처분을 대신하여 과징금부과처분을 내릴 것인지를 정하는 것은 행정청의 재량사항이다.[57] 한편, 헌법재

---

54) "허위 기타 부정한 방법으로 어업의 면허를 받은 경우"라고 함은 정상적인 절차에 의하여는 어업의 면허를 받을 수 없는 경우임에도 불구하고 위계 기타 사회통념상 부정이라고 인정되는 모든 행위를 사용하여 면허를 받은 경우를 뜻하는 것으로서 적극적 및 소극적 행위를 사용한 경우를 포함한다 할 것이다. 대법원 1995. 1. 20. 선고 94누6529 판결.

55) 동조가 들고 있는 사유는 예시적 열거로서 이에 해당하지 않더라도 그에 버금가는 사유로서 대기환경보전을 위해 필요한 경우에는 허가의 취소 등을 명할 수 있는 것으로 본다는 견해가 있다. 조홍식(각주 41), 426면.

56) 이러한 과징금은 불법이익이나 기대이익의 박탈을 수반하는 전형적 과징금(「독점규제 및 공정거래에 관한 법률」 제6조, 「화학물질관리법」 제36조, 「생활화학제품 및 살생물제의 안전관리에 관한 법률」 제38조 참조)과 달리 단속적 차원에서 위반행위자에 대해 금전적 부담을 부과한다는 점에서 '변형된 과징금'이라고 한다.

57) 박균성 · 함태성, 환경법, 박영사, 2004, 371면. 대법원 2008. 2. 15. 선고 2006두4226 판결.

판소는 이러한 과징금과 행정벌이 이중처벌이 아니라는 입장을 취하고 있다.58)

과징금처분에 대하여는 배출허용기준 또는 개선명령의 준수를 금전적 수단으로 대체할 수 있도록 함으로써, 자력이 충분한 사업자가 규제를 회피할 가능성이 있으며, 실제 부과되는 과징금 액수가 조업정지 등의 손실보다 경미할 경우 형평성 논란까지 제기될 수 있다. 과징금 부과 요건이 지나치게 광범위하며 애매하게 규정되어 있다는 점, 실제 부과되는 과징금 액수가 기업이 부담을 느끼지 못할 소액으로 부과될 가능성이 있어 환경법규 위반에 대한 면책 내지는 솜방망이식 처벌에 그칠 수 있다는 점 등에 대해서도 비판이 제기되고 있다.59)

마. 사용중지 및 폐쇄명령

환경부장관 또는 시 · 도지사는 허가를 받지 아니하거나 신고를 하지 아니하고 배출시설을 설치하거나 사용하는 자에 대하여 그 배출시설의 사용중지를 명하여야 한다(제38조 본문). 이는 앞서 조업정지명령, 허가의 취소 등이 허가나 신고를 받은 배출시설에 대한 조치라고 한다면 허가나 신고를 받지 않은 배출시설에 대한 조치이다. 허가 · 신고 없이 배출시설을 설치한 경우 사용중지명령을 의무적으로 부과하도록 하고 있는 것은 뒤에서 보는 바와 같이 이와 같은 경우 별도로 배출부과금을 부과 · 징수하도록 하고 있는 것과 배치될 수 있고, 제34조상의 조업정지명령과 구별실익이 적고 불필요한 혼란을 야기한다고 생각된다.60)

한편, 그 배출시설을 개선하거나 방지시설을 설치 · 개선하더라도 그 배출시설에서 배출되는 오염물질의 정도가 배출허용기준 이하로 내려갈 가능성이 없다고 인정되는 경우 또는 그 설치장소가 다른 법률에 따라 그 배출시설의 설치가 금지된 경우에는 그 배출시설의 폐쇄를 명하여야 한다(제38조 단서).

[2] 대법원 2022. 1. 27. 선고 2021두38536 판결

해당 건축물이 '특정대기유해물질이 기준 이상으로 발생되는 배출시설'에 해당하게 됨으로써 국토의 계획 및 이용에 관한 법률상 용도지역 안에서 건축제한규정에 부적합하게 되었다고 해도, 기존 용도가 국토교통부령으로 정하는 바에 따라 확인되는 등 구 국토의 계획 및 이용에 관한 법률 시행령(2021. 1. 26. 개정 전) 제71조의 건축제한규정과 관련하여 기존 건축물에 대한 특례를 규정한 같은 시행령 제93조 제5항 전문에서 정한 요건에 해당한다면 특례규정에 따라 기존 용도로 계속 사용할 수 있다. 따라서 위 특례규정이 적용되는지 여부를 따져 보지 않은 채 위 건축제한규정에 위반된다고 단정하여 위 허가를 받는 것 자체가 불가능하다거나, 구 대기환

58) 헌재 2003. 7. 24. 선고 2001헌가25 전원재판부 결정.
59) 김인환 · 전병성, 환경법강의, 홍문관, 2003, 198면.
60) 채우석, "대기오염의 법규제적 동향", 환경법연구 제25권 제1호, 2003. 12. 472면.

경보전법 제38조 단서의 폐쇄명령 요건인 '그 설치장소가 다른 법률에 따라 그 배출시설의 설치가 금지된 경우'에 해당한다고 볼 것은 아니다. 설령 해당 건축물에 대하여 위 부칙규정에서 정한 기한 내 허가를 받지 않았다고 해도, 이러한 사정만으로 곧바로 위 허가기한이 지난 다음부터 위 특례규정의 적용이 배제된다고 볼 수도 없다.61)

5. 배출부과금(Effluent Charges)

가. 의 의

第35조는 환경부장관 또는 시 · 도지사로 하여금 대기오염물질로 인한 대기환경상의 피해를 방지 또는 감소시키기 위하여 대기오염물질을 배출하는 사업자 및 허가 · 변경허가를 받지 아니하거나 신고 · 변경신고를 하지 아니하고 배출시설을 설치 또는 변경한 자에 대하여 배출부과금을 부과 · 징수토록 하고 있다. 배출부과금제도는 경제적 동기를 이용한다는 점에서 경제유인적 규제방식이라고 할 수 있으며, 배출시설의 설치허가, 위법시설에 대한 개선명령, 조업정지, 허가취소, 벌칙의 부과 등과 같은 직접적인 명령 · 규제방식과 대비된다.

나. 성 격

배출부과금제도는 1983년 개정 '환경보전법'에서 처음 도입되었다. 당시에는 배출허용기준의 준수 여부가 중요한 부과기준으로 작용하여 배출허용기준을 초과한 경우에 한하여 배출부과금이 부과되었으므로 직접규제방식이 가미된 형태이었으나 그 후 수차례에 걸쳐 변형되어오면서 현재는 배출허용기준의 준수 여부와 관계없이 배출부과금이 부과됨으로써62) 오염원인자 책임원칙을 구현하는 중요한 경제유인적 규제수단으로 자리 잡아가고 있다. 그러나 이는 기본부과금의 경우에 해당하는 것이고 초과부과금의 경우에는 위반정도 및 위반 횟수 등에 따라 배출부과금이 가중 부과되는 구조이기 때문에 규제적 성격이 강하다. 이러한 점에서 배출부과금제도는 명령 · 규제와 경제적 유인을 결합한 변형된 규제방식이라 할 수 있다. 이에 따라 부과대상자인 사업자는 오염농도와 오염총량을 감소시킬 유인을 갖게 된다.63)

배출부과금은 부담금의 일종으로서, 부담금을 그 성격에 따라 ① 일정한 과제의 수행

---

61) 시행규칙 개정에 따라 새로이 추가된 특정대기유해물질로 인해 새로이 설치허가 대상이 되는가가 논란이 된 사건으로 허가대상 특정대기유해물질 배출시설에 해당하기는 하나 「국토의 계획 및 이용에 관한 법률」 시행령 규정(건축제한규정과 관련하여 기존 건축물에 대한 특례)에서 정한 요건에 해당한다면 기존 용도로 (적법하게) 계속 사용할 수 있다고 한 사례.

62) 기존 배출부과금은 배출허용기준 이상으로 대기오염물질을 배출하였을 경우에 벌과금적인 성격으로 징수되었기 때문에 사업자가 배출허용기준만 준수하면 문제가 없었다. 그 결과 사업자는 오염물질 총량을 저감하려는 노력이 미흡하였고 결과적으로 지역 환경관리가 어려웠다. 이러한 문제점을 해결하기 위해 1995. 12. 29. 개정 「대기환경보전법」에서는 배출허용기준 이내로 배출하는 오염물질에 대하여도 기본부과금을 도입함으로써 농도가 아닌 배출총량에 따라 배출부과금을 부과하도록 하였다.

63) 문현주 외 2, 유연한 산업환경규제체계를 통한 환경성과 개선방안 연구, 한국환경정책 · 평가연구원, 1999. 12, 20면.

에 필요한 재정경비를 조성하는 것을 목적으로 한 '재정충당 부담금(재정조달목적 부담금)'과 ② 법상의 명령이나 금지에 의하여 직접 규제하는 대신에 금전의 부담을 지워 간접적으로 일정한 국가목적의 달성을 유도하는 기능을 가진 '유도적 부담금(정책실현목적 부담금)'으로 나눌 경우,64) 배출부과금은 배출허용기준 이상의 배출을 제한하거나 금지하기 위한 정책적·유도적 성격을 갖고 있다는 점에서 유도적 부담금의 성격을 갖고 있다고 할 수 있다.

배출부과금은 사업장의 오염물질 배출을 규제하기 위한 개선명령이나 조업정지명령 등과 함께 부과될 수 있다. 그 결과 배출허용기준 초과 사업장은 개선명령이나 조업정지명령 등 행정처분을 이행하기 위한 경제적 부담과 동시에 배출부과금의 납부라는 이중의 경제적 부담을 안게 될 가능성이 있다.

다. 부과대상자

환경부장관 또는 시·도지사는 대기오염물질을 배출하는 사업자 및 허가·변경허가를 받지 아니하거나 신고·변경신고를 하지 아니하고 배출시설을 설치 또는 변경한 자에 대하여 배출부과금을 부과한다. 허가·신고 없이 배출시설을 설치한 자에게 배출부과금을 부과·징수하도록 하는 것은 이와 같은 경우에 사용중지명령을 의무적으로 부과하도록 하고 있는 규정(제38조)과 배치될 수 있다. 허가·신고 없이 배출시설을 설치한 경우에는 사용중지명령, 벌칙(제89조) 등의 부과가 논리적으로 타당하다고 생각한다.

라. 종 류

배출부과금에는 배출허용기준 이하로 배출하는 오염물질의 배출량 및 배출농도 등에 따라 부과하는 기본부과금과 배출허용기준을 초과한 경우에 배출허용기준초과 오염물질 배출량 및 배출농도 등에 따라 부과하는 초과부과금이 있다(제35조 제1항 후단).

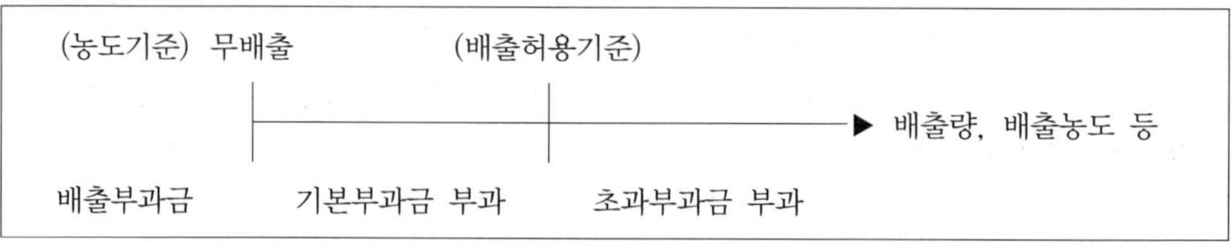

마. 산정방법 및 기준

배출부과금의 산정방법과 산정기준 등 필요한 사항은 대통령령으로 정한다. 다만, 초과부과금은 대통령령으로 정하는 바에 따라 본문의 산정기준을 적용한 금액의 10배의 범위에서 위반횟수에 따라 가중하며, 이 경우 위반횟수는 사업장의 배출구별로 위반행위 시

64) 헌재 2003. 1. 30. 선고 2002헌바5 결정; 헌재 2003. 12. 18. 선고 2002헌가2 결정; 헌재 2004. 7. 15. 선고 2002헌바42 결정 참조.

점 이전의 최근 2년을 기준으로 산정한다(동조 제4항).

(1) 기본부과금

기본부과금은 황산화물과 먼지 2종류의 오염물질에 국한하여(시행령 제23조 제1항) 배출허용기준 이하로 배출하는 오염물질배출량에 오염물질 1kg당 부과금액, 연도별 부과금 산정지수, 지역별 부과계수, 농도별 부과계수를 각 곱하여 산정한다(시행령 제28조 제1항).

기본부과금＝배출허용기준 이하로 배출하는 오염물질배출량(기준 이내 배출량) × 오염물질 1kg당 부과금액 × 연도별 부과금 산정지수 × 지역별 부과계수 × 농도별 부과계수

(2) 초과부과금

초과부과금은 황산화물, 암모니아, 황화수소, 이황화탄소, 먼지, 불소화합물, 염화수소, 염소, 시안화수소 등 9종류의 오염물질을 대상으로(시행령 제23조 제2항), 오염물질 1kg당 부과금액, 배출허용기준초과 오염물질배출량, 지역별 부과계수, 연도별 부과금 산정지수 등을 고려하여 산출한다. 초과부과금은 개선계획서를 제출하고 개선하는 경우와 그 외의 경우로 구별하여 부과된다. 부과금의 산정방법 및 기준은 시행령에 구체적으로 규정되어 있다(시행령 제24조 내지 제26조).

① 개선계획서를 제출하고 개선하는 경우

오염물질 1kg당 부과금액 × 배출허용기준초과 오염물질배출량 × 지역별 부과계수 × 연도별 부과금 산정지수

② 그 외의 경우

오염물질 1kg당 부과금액 × 배출허용기준초과 오염물질배출량 × 배출허용기준 초과율별 부과계수 × 지역별 부과계수 × 연도별 부과금 산정지수 × 위반 횟수별 부과계수

바. 부과금의 부과면제

다음에 해당하는 자에 대하여는 배출부과금을 부과하지 아니한다: ① 대통령령으로 정하는 연료를 사용하는 배출시설을 운영하는 사업자; ② 대통령령으로 정하는 최적의 방지시설을 설치한 사업자; ③ 대통령령으로 정하는 바에 따라 환경부장관이 국방부장관과 협의하여 정하는 군사시설을 운영하는 자(제35조의2 제1항, 시행령 제32조). '최적의 방지시설(BAT)'을 설치한 사업자에 대하여 부과금이 면제되나 '최적의 방지시설'에 대한 개념 정의가 없어[65] 어떠한 경우에 부과금이 면제되는지 불분명하고, 방지시설의 구분이 세분

65) 참고적으로 대기관리권역법에서는 '최적방지시설'을 "「대기환경보전법」 제2조 제12호에 따른 대기오염방지시설 중 현재 사용되고 있거나 향후 기술발전 가능성을 고려하여 적용 가능한 대기오염물질 저감기술 중 저감효율이 우수하다고 인정되는

화되어 있지 않은 상태에서는 설정 자체가 무의미할 수 있다.[66)]

사. 부과금의 감면

다음에 해당하는 자에 대하여는 배출부과금을 감면할 수 있다. 이 경우 ②에 따른 사업자에 대한 배출부과금의 감면은 해당 법률에 따라 부담한 처리비용의 금액 이내로 한다: ① 대통령령으로 정하는 배출시설을 운영하는 사업자; ② 다른 법률에 따라 대기오염물질의 처리비용을 부담하는 사업자(제35조의2 제2항). 「수도권 대기환경개선에 관한 특별법」에서는 총량관리사업자에 대하여 배출부과금을 감면할 수 있는 특례 규정을 두어 총량관리 대상사업장에 대한 유인을 제공하고 있다(동법 제17조 제1항).

아. 배출부과금의 징수

배출부과금을 내야 할 자가 납부 기한까지 내지 아니하면 가산금을 징수한다(제45조 제5항). 가산금에 대하여는 「지방세기본법」 제59조와 제60조를 준용한다(동조 제6항). 배출부과금과 가산금은 「환경정책기본법」에 따른 환경개선특별회계의 세입으로 한다(동조 제7항).

자. 불복절차

위법한 배출부과금부과처분에 대하여는 취소소송 등 행정소송을 통해서 그 구제가 이루어질 수 있을 것이다. 과다 산정된 배출부과금을 납부한 경우에는 부과처분의 위법성을 선결문제로 하여 부당이득금 반환청구의 대상이 될 것이다.

차. 배출부과금의 조정

환경부장관 또는 시 · 도지사는 다음에 해당하는 경우에는 부과금을 다시 산정 · 조정하여 그 차액을 부과하거나 환급하여야 한다: ① 개선기간 만료일 또는 명령이행 완료예정일까지 개선명령, 조업정지명령, 사용중지명령 또는 폐쇄명령을 이행하였거나 이행하지 아니하여 초과부과금 산정의 기초가 되는 오염물질 또는 배출물질의 배출기간이 달라진 경우; ② 초과부과금의 부과 후 오염물질 등의 배출상태가 처음에 측정할 때와 달라졌다고 인정하여 다시 측정한 결과, 오염물질 또는 배출물질의 배출량이 처음에 측정한 배출량과 다른 경우; ③ 사업자가 과실로 확정배출량을 잘못 산정하여 제출하였거나 환경부장관 또는 시 · 도지사가 제30조에 따라 조정한 기준이내배출량이 잘못 조정된 경우(제35조의3, 시행령 제34조).

카. 평 가

배출부과금제도는 경제적 효율성 및 유연성의 확보, 오염원인자 책임원칙의 구현, 배출시설에게 오염물질 배출의 감소에 대한 유인의 제공, 국고수입의 확보 등 많은 장점을 가지고 있다.[67)] 그 시행과 관련해서 배출부과금은 오염원인자인 생산시설의 소유자를 정

시설로서 산업통상자원부장관과 협의하여 환경부령으로 정하는 시설"로 정의하고 있다(제2조 제4호).

66) 공성용, "대기배출시설 관리와 BAT 제도", 환경포럼 제59호, 한국환경정책 · 평가연구원, 2000. 12. 29, 6면.

67) 임동순 외 2(각주 17), 88 내지 89면.

책의 대상으로 삼고 있기 때문에 정책수단과 그 정책대상 간의 연계성이 강하다. 또한 배출부과금의 대상시설물의 경우 정책당국이 이에 대해 필요한 정보를 상당부분 구축하고 있어 이를 수행하는 데 많은 비용이 수반되지 않는다.[68] 이러한 장점들은 이 제도가 상당히 성공적인 제도로 자리잡게 하는 요인이 되었다.

그러나 배출부과금제도는 내용이나 산정절차가 복잡하여 구체적으로 배출부과금의 결정이 어려운 문제가 있으며, 배출부과금(특히 초과부과금) 부과 시 농도를 기준으로 정하여진 배출허용기준을 고려하도록 하고 있으므로 벌과금적 성격이 강하고, 탈법행위의 가능성이 상존하게 된다. 행정력의 한계로 배출허용기준 위반 여부를 적발하는 것이 쉽지 않다. 부과금의 산정이 배출허용기준(농도기준)을 초과하는 정도가 클수록 단위 오염량에 대해 가중되기 때문에 농도 저감유인 효과가 크다고 할 수 있는데, 이러한 구조는 사업자로 하여금 배출량보다 농도희석에 관심을 갖도록 할 수 있다.

기본부과금의 경우에는 부과대상 오염물질(황산화물, 먼지)이 극히 제한되어 있어 다른 오염물질과의 형평성을 결여하고 있을 뿐만 아니라 그 제도적 효과는 미미하다고 생각된다. 특히 황산화물의 경우는 저황연료의 사용, 탈황설비의 보급 등으로 배출총량이 감소하는 추세를 보이고 있어 그 부과가 행정편의와 재원확충 때문이 아닌가 하는 의구심이 생긴다. 미세먼지 대응 차원에서 배출부과금 부과대상 물질에 질소산화물(NOx)을 추가하는 것도 고려할 필요가 있다. 또한 산정방식의 근거로서 기본부과금의 1kg당 부과금액(황산화물 500원, 먼지 770원)과 지역별계수 및 농도별계수가 어떠한 근거에 의하여 산출되었는지 불분명하다.[69] 이러한 문제점은 배출부과금제도가 기업에 준조세 형태로서 재원확보 수단으로만 작용할 가능성을 높이고 있다. 초과부과금의 경우 적용되는 각종 계수에 대해서는 객관성이 확보되어 있지 않고, 행정규제적 측면이 강하다는 비판이 제기되고 있다.[70]

배출부과금의 부과요율은 낮아 경제적 유인수단으로서의 충분한 역할을 기대하기 어려운 실정이다. 부과요율이 낮다는 것은 외부비용의 내재화가 완전히 이루어지지 못하였으므로 오염원인자 책임원칙에 충실하지 못하다는 것을 의미한다. 그 결과 사업자는 오염물질 감소를 위한 노력보다는 배출부과금을 부담하는 편을 선택할 가능성이 있다. 또한 배출부과금은 오염물질을 배출하는 '사업자'에게 부과하는 것이므로 이동오염원을 규제하지 못하는 한계가 있다.

환경규제수단으로서 중요한 기능을 하는 배출부과금은 원칙적으로 배출허용기준초과가 적발된 때 이후를 대상으로 하고 있으므로 적발 이전에 사업자가 불법배출시설, 비밀배출관 등을 통하여 오염물질을 불법배출한 경우 불법배출로 지출이 이루어지지 아니한

68) 손원익 외 4, 환경오염 저감을 위한 세제 및 관련제도 개선방향, 한국환경기술개발원 · 한국조세연구원, 1996. 11, 92면.
69) 임동순 외 2(각주 17), 107 내지 108면.
70) 임동순 외 2(앞의 책), 109면.

처리비용은 그대로 사업자의 이득으로 남을 가능성이 많다. 이러한 불법이득은 사업자에게 불법배출의 동기를 제공하고, 계속적인 불법배출로 이어진다는 문제점이 지적되어 왔다. 이에 「환경범죄 등의 단속 및 가중처벌에 관한 법률」은 이러한 문제점을 보완하여 사업자의 불법이득에 대한 환수규정을 두기에 이르렀다. 즉, 환경부장관은 특정오염물질을 불법배출(제2조 제2호 가목부터 자목까지의 행위만 해당)한 사업자에 대하여 불법배출이익(불법배출한 때부터 적발된 때까지 특정오염물질을 불법배출함으로써 지출하지 아니하게 된 해당 특정오염물질의 처리비용)의 2배 이상 10배 이하에 해당하는 금액과 특정오염물질의 제거 및 원상회복에 드는 비용(정화비용)을 과징금으로 부과 · 징수할 수 있다(제12조 제1항).

또한, 동법은 이와 같이 배출부과금이 불법배출행위에 대한 충분한 제재수단이 되고 있지 못하다는 인식하에 위 불법배출이익을 산정함에 있어 불법배출시설을 설치 · 운영한 날부터 불법배출이 적발된 때까지의 기간에 대하여는 특별한 사유가 없는 한 특정오염물질을 불법 배출한 것으로 추정함으로써(동조 제2항), 불법배출시설설치자 등이 과거에 불법배출행위가 없었다는 등의 특별한 사정을 입증하지 못하는 한 과징금이 부과될 수 있도록 하고 있다.

Ⅲ. 생활환경상의 대기오염물질 배출규제

「대기환경보전법」은 사업장에서 배출되는 오염물질과 별도로 일상적인 생활활동의 결과 발생하는 생활환경상의 대기오염물질에 대하여도 배출규제를 하고 있다. 생활활동과 관련하여 발생되는 석유 · 석탄과 같은 화석연료에는 상당량의 황이 함유되어 있는데 그 연소과정에서 아황산가스로 되어 대기 중에 배출되어 산성비 문제 등 대기오염을 유발하게 된다. 이에 따라 대기 중의 이산화황을 저감시키기 위해서는 저황유의 사용확대, 황함유량이 적은 연료 또는 청정연료의 대체 사용 등 사용규제를 할 필요성이 제기되고 있다.[71] 현행법상 생활환경상의 대기오염물질의 규제는 연료, 비산먼지, 휘발성유기화합물 등의 규제로 구분된다.

1. 저황유 연료 등의 사용

동법은 황함유량이 적은 저황유의 사용 강제 또는 공급 확대를 위하여 환경부장관으로 하여금 연료용 유류 및 그 밖의 연료에 대하여 그 종류별로 황의 함유허용기준을 정하

71) 석유 · 석탄과 같은 화석연료에는 상당량의 황이 함유되어 있는데 이것이 연소, 특히 고온연소과정에서 아황산가스로 되어 대기 중에 배출된다. 따라서 대기 중의 아황산가스를 저감시키기 위해서는 황함유량이 적은 연료 또는 청정연료로 대체 사용하거나 연료 연소 후 배출가스를 탈황하는 방법이 있다. 이 방안들을 아황산가스저감효과, 경제성, 방지기술의 타당성, 국가경제에 미치는 영향 등 관점에서 보면 보일러용량이 큰 발전소 및 산업체에서는 배연탈황시설을 설치하는 것이 비용효과적인 반면 소규모 사업체에서는 연료 중 황함유량이 적은 저황중유를 사용하여 아황산가스 배출을 줄이는 것이 오염을 사전에 저감할 수 있을 뿐만 아니라 막대한 시설비 투자에 따른 경제적 부담도 완화할 수 있어 바람직하다. 고윤화 · 박광석, "배출원거래제의 도입상 제약요인 및 향후 검토과제", 배출권거래제도 논의 동향과 향후 정책방향, 한국환경정책 · 평가연구원, 1998. 12, 200면.

고, 황함유기준이 정하여진 연료에 대하여는 그 공급지역과 사용시설의 범위를 정할 수 있도록 하고 있다. 황함유기준이 정하여진 공급지역 또는 사용시설에서 연료를 공급·판매하거나 동 지역 또는 시설에서 연료를 사용하려는 자는 황함유기준을 초과하는 연료를 공급·판매하거나 이를 사용하여서는 아니 되며, 시·도지사는 황함유기준을 초과하는 연료의 공급·판매 또는 사용을 금지 또는 제한하거나 필요한 조치를 명할 수 있다(제41조).

2. 연료의 제조·사용의 규제

환경부장관 또는 시·도지사는 연료의 사용으로 인한 대기오염을 방지하기 위하여 특히 필요하다고 인정하는 때에는 관계 중앙행정기관의 장과 협의하여 대통령령으로 정하는 바에 따라 그 연료를 제조·판매하거나 사용하는 것을 금지 또는 제한하거나 필요한 조치를 명할 수 있다(제42조).

위 규정에 따라 환경부장관 또는 시·도지사는 연료사용으로 인한 대기오염을 방지하기 위하여 환경기준을 초과하거나 초과할 우려가 있는 지역 중에서 환경부장관이 관계 중앙행정기관의 장과 협의하여 고시하는 지역에서 석탄류, 코크스, 땔나무와 숯, 폐합성수지 등 가연성폐기물 등의 고체연료 사용을 규제할 수 있다(시행령 제42조).[72)]

3. 청정연료의 사용

1981년 저황유 사용의무화와 1985년 고체연료 사용금지에도 불구하고 서울 등 대도시의 대기오염 개선에 한계가 드러나자 정부는 1988년 '청정연료 사용의무제도'를 도입하였다. 이에 따르면 연료사용에 관한 규제조치에도 불구하고 환경기준을 초과하거나 초과할 우려가 있는 지역 중에서 환경부장관이 관계 중앙행정기관의 장과 협의하여 고시하는 지역 및 시설에 대하여는 오염물질이 거의 배출되지 아니하는 액화천연가스(LNG) 및 액화석유가스(LPG) 등 청정연료 외의 연료에 대한 사용 금지를 명할 수 있다(시행령 제43조).[73)]

4. 비산먼지의 규제

비산먼지란 일정한 배출구 없이 대기 중에 직접 배출되는 먼지[74)]를 의미하는데, 다른 오염물질에 비하여 체감오염도가 큰 특징을 갖는다. 최근에는 비산먼지를 둘러싼 민원이 증가하는 경향이 있다. 동법은 사람의 건강뿐만 아니라 동·식물의 생육에 악영향을 미치는 비산먼지의 발생을 규제하기 위하여 비산먼지를 발생시키는 사업으로서 대통령령으로 정하는 사업[75)]을 하려는 자로 하여금 특별자치시장·특별자치도지사·시장·군수·

72) 2019년 말 현재 서울특별시, 부산, 인천, 대구, 광주, 대전, 울산 등 6개 광역시 지역과 경기도의 수원 등 13개 지역을 고체연료 사용금지지역으로 정하고 있다. 환경부, 환경백서, 2020, 342면.

73) 청정연료사용 의무화는 1988년 9월 서울시의 업무용 보일러 및 인천화력에 사용하는 연료를 액화천연가스(또는 경유)로 대체 사용하도록 의무화한 이래 2019년 말 현재 전국 36개 시의 업무용 보일러 및 공동주택, 발전소로 확대하여 적용되고 있다. 2020년 환경백서(앞의 책).

74) '먼지'라 함은 대기 중에 떠다니거나 흩날려 내려오는 입자상물질을 말한다(제2조 제6호).

구청장(자치구의 구청장)에게 신고하고, 비산먼지의 발생을 억제하기 위한 시설을 설치하거나 필요한 조치를 하도록 하고 있다(제43조 제1항). 예컨대, 이송시설 밀폐, 방진망 설치, 세륜 · 세차시설의 확대 등이 그것이다. 신고의 법적 성질은 '수리'를 염두에 두고 있다는 점에서(제43조 제3항) 자기완결적 신고로 볼 수 없다.

[3] 대법원 2016. 12. 15. 선고 2014도8908 판결

구 대기환경보전법(2012. 5. 23. 개정 전) 제43조 제1항, 제92조 제5호, 제95조, 구 대기환경보전법 시행령(2015. 7. 20. 개정 전) 제44조 제5호, 구 대기환경보전법 시행규칙(2013. 5. 24. 개정 전) 제57조, 제58조 제1항, 제4항의 체계와 내용을 종합하여 보면, 법 제43조 제1항에 의하여 비산먼지 발생 사업을 신고할 의무(신고의무) 및 비산먼지 발생 억제 시설을 설치하거나 필요한 조치를 할 의무(시설조치의무)는 시행령과 시행규칙에서 규정한 사업의 종류 및 대상자에 해당하는 경우에만 인정된다.

그런데 시행령과 시행규칙은, 건설업을 도급에 의하여 시행하는 경우에는 '발주자로부터 최초로 공사를 도급받은 자'(최초수급인)가 비산먼지 발생 사업신고를 하여야 하고, 신고를 할 때는 시설조치의무의 이행을 위한 사항까지 포함하여 신고하도록 규정하고 있다. 이는 여러 단계의 도급을 거쳐 시행되는 건설공사의 특성을 고려하여, 사업장 내의 비산먼지 배출 공정을 효과적으로 관리 · 통제하고 책임 소재를 명확하게 할 목적으로 하도급에 의하여 공사를 하는 경우에도 비산먼지 배출 신고의무 및 시설조치의무는 최초수급인이 부담하도록 한 것이라고 해석된다. 시행규칙 제58조가 신고의무에 관해서만 의무자가 최초수급인임을 제1항에서 명시하고, 시설조치의무에 관해서는 따로 의무자를 규정하지 않고 단지 제4항에서 시설조치에 관한 기준만을 규정하고 있기는 하지만, 위와 같은 입법 취지로 볼 때 시설조치의무자와 신고의무자를 달리 볼 것은 아니다.[76]

---

75) "대통령령으로 정하는 사업"이라 함은 다음의 사업 중 환경부령으로 정하는 사업을 말한다:
1. 시멘트 · 석회 · 플라스터(Plaster) 및 시멘트 관련 제품 제조 및 가공업
2. 비금속물질 채취 · 제조 · 가공업
3. 제1차 금속 제조업
4. 비료 및 사료제품 제조업
5. 건설업(지반조성공사, 건축물축조 및 토목공사, 조경공사의 경우에 한함)
6. 시멘트 · 석탄 · 토사 등 운송업
7. 운송장비 제조업
8. 저탄시설의 설치가 필요한 사업
9. 고철 · 곡물 · 사료 · 목재 · 광석하역업 또는 보관업
10. 금속제품 제조 · 가공업
11. 폐기물 매립시설 설치 운영 사업(시행령 제44조).

76) 최초수급인으로부터 도급을 받은 하수급인 등이 시설조치의무자가 아니라고 한 사례.

[4] 대법원 2008. 11. 27. 선고 2008도7438 판결

구 대기환경보전법 제28조 제1항(현행 제43조 제1항)을 위반하여 비산먼지의 발생을 억제하기 위한 시설을 설치하지 아니한 자를 처벌하는 구 대기환경보전법 제57조 제4호(현행 제92조 제5호)의 입법 취지와 목적 등을 고려할 때, 비산먼지의 발생을 억제하기 위한 시설을 설치하였으나 이를 가동하지 아니한 자도 위 조항에 위반된다고 봄이 상당하다.

대기오염으로 인한 국민건강 및 환경상의 위해를 예방하고 대기환경을 적정하고 지속가능하게 관리·보전함으로써 모든 국민이 건강하고 쾌적한 환경에서 생활할 수 있게 함을 목적으로 한 구 대기환경보전법의 입법 목적이나 제반 관계 규정의 취지 등을 고려하면, 구 대기환경보전법 제28조 제1항에 위반하는 행위 즉, 위 규정에 따른 비산먼지의 발생을 억제하기 위한 시설을 설치하지 아니하거나 필요한 조치를 하지 아니한 자를 처벌하고자 하는 구 대기환경보전법 제57조 제4호의 규정은 고의범은 물론이고, 과실로 인하여 그러한 내용을 인식하지 못하고 위 시설을 설치하지 아니하거나 필요한 조치를 하지 아니한 자도 함께 처벌하는 규정이라고 해석함이 상당하다(대법원 1993. 9. 10. 선고 92도1136 판결 등 참조).[77]

신고를 수리한 특별자치시장·특별자치도지사·시장·군수·구청장은 비산먼지의 발생억제를 위한 시설의 설치 또는 필요한 조치를 하지 아니하거나 그 시설이나 조치가 적합하지 아니하다고 인정하는 경우에는 그 사업을 하는 자에게 필요한 시설의 설치나 조치의 이행 또는 개선을 명할 수 있으며, 위 명령을 이행하지 아니하는 자에게는 그 사업의 중지 또는 시설 등의 사용중지 또는 사용제한을 명할 수 있다(동조 제4항·제5항).

5. 휘발성유기화합물의 규제

자동차의 수요증가와 유류 및 유기용제의 사용 확대에 따른 휘발성유기화합물[78]의 발생 증가는 이에 대한 규제의 필요성을 제기하게 되었고 그 결과 1995. 12. 개정 법에서는 처음으로 이에 대한 규제기준을 마련하였다. 휘발성유기화합물을 규제하고 있는 지역은 특별대책지역, 대기관리권역, 휘발성유기화합물 배출규제 추가지역으로 대별할 수 있

---

77) 비산먼지 억제시설을 설치하지 아니한 자 등을 처벌하는 구 「대기환경보전법」 제57조 제4호(현행 제92조 제5호)가 과실범도 처벌하는 규정이라고 한 사례.

78) '휘발성유기화합물'이라 함은 탄화수소류 중 석유화학제품, 유기용제, 그 밖의 물질로서 환경부장관이 관계 중앙행정기관의 장과 협의하여 고시하는 것을 말한다(제2조 제10호). 이에 따라 환경부고시(제2015-181호, "휘발성유기화합물 지정")는 아세트알데히드, 벤젠, 휘발유 등 37개 제품 및 물질을 규제대상으로 정하고 있다. 휘발성유기화합물은 탄화수소화합물의 총칭으로 방향족탄화수소와 지방족탄화수소(Paraffin계와 Olefin계) 등의 일반탄화수소와 질소, 산소 및 할로겐원소를 포함하는 비균질탄화수소(알데히드, 케톤류) 등으로 분류된다. 휘발성유기화합물은 방향족탄화수소와 할로겐탄화수소와 같이 화합물 자체로도 환경 및 건강에 직접 유해할 뿐만 아니라 지방족탄화수소와 같이 주로 대기 중의 광화학 반응을 거쳐 광화학산화물 등의 2차 오염물질을 생성하므로 관리의 시급성이 크다. 휘발성유기화합물이 배출되는 오염원을 보면 대도시지역에서는 자동차와 주유소 등이 주오염원이며 석유화학계통의 오염원이 밀집한 산업단지에서는 제조시설과 유기용제 사용시설 등이 주 배출원이다. 고윤화·박광석(각주 71), 202면. 휘발성유기화합물의 배출원은 유기용제 사용분야가 전 배출량의 59.6%로 가장 큰 비중을 차지하고, 생산공정 등에서 발생하는 비율이 그 뒤를 이어 19.9%를 차지하고 있다. 2020년 환경백서(각주 72), 377면.

으며 지역에 따라 규제대상 등을 조금씩 달리한다.

가. 신 고

다음의 어느 하나에 해당하는 지역에서 휘발성유기화합물질을 배출하는 시설로서 대통령령으로 정하는 시설[79]을 설치하려는 자는 시 · 도지사 또는 대도시 시장에게 신고하여야 한다: ① 특별대책지역; ② 대기관리권역; ③ ① 및 ②의 지역 외에 휘발성유기화합물 배출로 인한 대기오염을 개선할 필요가 있다고 인정되는 지역으로 환경부장관이 관계 중앙행정기관의 장과 협의하여 지정 · 고시하는 지역(휘발성유기화합물 배출규제 추가지역)(제44조 제1항). 신고의 법적 성질은 '수리'를 염두에 두고 있다는 점에서(동조 제3항 · 제4항) 자기완결적 신고로 볼 수 없다.

나. 휘발성유기화합물 배출시설에 대한 규제

휘발성유기화합물을 배출하는 시설을 설치하려는 자는 휘발성유기화합물질의 배출을 억제 또는 방지하는 시설을 설치하는 등 그 배출로 인한 대기환경상의 피해가 없도록 조치를 하여야 한다(동조 제5항). 시 · 도지사 또는 대도시 시장은 휘발성유기화합물 배출시설을 설치 · 운영하는 자가 비산배출시설의 설치신고를 누락하거나 휘발성유기화합물의 배출로 인한 대기환경상의 피해가 없도록 조치하지 아니하거나 조치명령을 이행하지 않은 경우 6개월 이내의 기간을 정하여 해당 시설의 조업정지를 명할 수 있으며(동조 제10항), 조업정지를 명하여야 하는 경우로서 그 조업정지가 공익에 현저한 지장을 줄 우려가 있는 경우에는 조업정지처분을 갈음하여 과징금을 부과할 수 있다(동조 제11항).

다. 도료의 휘발성유기화합물기준 등

동법은 환경친화형 도료(塗料)를 공급하기 위하여 공급 · 판매할 수 있는 도료의 기준을 정할 수 있도록 하는 근거 규정을 두고 있다. 즉 도료에 대한 휘발성유기화합물의 함유기준은 환경부령으로 정하며(제44조의2 제1항), 도료를 제조하거나 공급 · 판매하는 자는 휘발성유기화합물함유기준을 초과하는 도료를 공급하거나 판매하여서는 아니 된다(동조 제2항). 나아가 동법은 도료의 휘발성유기화합물함유기준을 초과한 제품에 대한 공급 · 판매 중지 또는 회수 등 필요한 조치를 명할 수 있는 근거 규정을 두고 있다.

라. 기존 휘발성유기화합물 배출시설에 대한 규제

특별대책지역, 대기관리권역 또는 휘발성유기화합물 배출규제 추가지역으로 지정 · 고시될 당시 그 지역에서 휘발성유기화합물을 배출하는 시설을 운영하고 있는 자는 특별대책지역, 대기관리권역 또는 휘발성유기화합물 배출규제 추가지역으로 지정 · 고시된 날부터 3개월 이내에 신고를 하여야 하며, 특별대책지역, 대기관리권역 또는 휘발성유기화합

79) 이에는 석유정제 및 석유화학제품제조를 위한 제조시설 · 저장시설 및 출하시설, 저유소의 저장시설 및 출하시설, 주유소의 저장시설, 세탁시설, 그 밖에 휘발성유기화합물을 배출하는 시설로서 환경부장관이 관계 중앙행정기관의 장과 협의하여 고시하는 시설 등이 포함된다(시행령 제45조 제1항).

물 배출규제 추가지역으로 지정 · 고시된 날부터 2년 이내에 휘발성유기화합물의 배출을 억제하거나 방지하는 시설을 설치하는 등 휘발성유기화합물의 배출로 인한 대기환경상의 피해가 없도록 조치하여야 한다(제45조 제1항).

마. 휘발성유기화합물 배출 억제 · 방지시설 검사

동법은 휘발성유기화합물 배출 억제 · 방지시설 검사에 대한 법률적 근거를 마련하고 전문 검사기관에서 검사업무를 수행하도록 하고 있다(제45조의3 제1항). 또한 중소사업자의 경제적 부담 경감과 비규제지역과의 형평성을 감안하여 검사기관에 정부의 재정적 지원을 할 수 있는 근거를 두고 있다(동조 제2항).

Ⅳ. 자동차 · 선박 등의 배출가스 규제

대도시지역 대기오염의 주범으로 지목되고 있는 자동차로 인한 대기오염을 줄이려는 것은 대기환경 정책에서 중요한 부분을 이루고 있다. 일산화탄소, 탄화수소, 질소산화물, 먼지 등 자동차에서 배출되는 배출가스는 대도시 대기오염의 주요 원인으로서, 최근 자동차의 증가[80]에 따라 자동차에서 배출되는 오염물질은 계속 증가하고 있다.[81] 자동차대기오염으로 인한 피해는 그 피해 범위가 광범위하고 재산적 피해와 달리 생명 · 신체에 중대한 영향을 미친다는 점에서 특별히 주목할 필요가 있다. 자동차대기오염을 둘러싼 분쟁이 증가하고 있는 상황에서 대기오염물질의 도달경로나 영향을 분석할 수 있는 기법이 발전하고 그 결과 인과관계 입증이 보다 용이해지면 앞으로 환경분쟁의 주된 한 유형이 될 수 있을 것이다.

[5] 자동차대기오염 사건: 대법원 2014. 9. 4. 선고 2011다7437 판결

역학이란 집단현상으로서의 질병의 발생, 분포, 소멸 등과 이에 미치는 영향을 분석하여 여러 자연적 · 사회적 요인과의 상관관계를 통계적 방법으로 규명하고 그에 의하여 질병의 발생을 방지 · 감소시키는 방법을 발견하려는 학문이다. 역학은 집단현상으로서의 질병에 관한 원인을 조사하여 규명하는 것이고 그 집단에 소속된 개인이 걸린 질병의 원인을 판명하는 것이 아니다. 따라서 어느 위험인자와 어느 질병 사이에 역학적으로 상관관계가 있다고 인정된다 하더라도 그로부터 그 집단에 속한 개인이 걸린 질병의 원인이 무엇인지가 판명되는 것은 아니고, 다만 어느 위험인자에 노출된 집단의 질병 발생률이 그 위험인자에 노출되지 않은 다른 일반 집단의 질병 발생

80) 1970년대 13만대에 불과하던 자동차는 1997년 말 1천만대를 넘어섰으며, 2015년 말 현재 2,099만대에 이르고 있다. 2012년 현재 우리나라의 자동차 밀도는 도로연장(1㎞)당 자동차수가 178대로 미국 38대, 프랑스 77대, 일본 61대에 비하여 높다. 2016년 환경백서(각주 2), 300 내지 301면.

81) 자동차가 급증하면서 오염원 중 자동차가 차지하는 비중은 크게 증가하고 있는데, 오염물질의 종류별로는 전국 대기오염 배출량 중 일산화탄소 62.9%, 질소산화물 32.2%, 미세먼지 10.6%, 휘발성유기화합물 7.5%를 차지하고 있다. 2016년 환경백서(앞의 책), 300면.

률보다 높은 경우 그 높은 비율의 정도에 따라 그 집단에 속한 개인이 걸린 질병이 그 위험인자로 인하여 발생하였을 가능성이 얼마나 되는지를 추론할 수 있을 뿐이다.

한편 특정 병인에 의하여 발생하고 원인과 결과가 명확히 대응하는 '특이성 질환'과 달리, 이른바 '비특이성 질환'은 그 발생 원인 및 기전이 복잡다기하고, 유전 · 체질 등의 선천적 요인, 음주, 흡연, 연령, 식생활습관, 직업적 · 환경적 요인 등 후천적 요인이 복합적으로 작용하여 발생하는 질환이다. 이러한 비특이성 질환의 경우에는 특정 위험인자와 그 비특이성 질환 사이에 역학적으로 상관관계가 있음이 인정된다 하더라도, 그 위험인자에 노출된 개인 또는 집단이 그 외의 다른 위험인자에도 노출되었을 가능성이 항시 존재하는 이상, 그 역학적 상관관계는 그 위험인자에 노출되면 그 질병에 걸릴 위험이 있거나 증가한다는 것을 의미하는 데 그칠 뿐, 그로부터 그 질병에 걸린 원인이 그 위험인자라는 결론이 도출되는 것은 아니다.

따라서 비특이성 질환의 경우에는 특정 위험인자와 비특이성 질환 사이에 역학적 상관관계가 인정된다 하더라도, 어느 개인이 그 위험인자에 노출되었다는 사실과 그 비특이성 질환에 걸렸다는 사실을 증명하는 것만으로 양자 사이의 인과관계를 인정할 만한 개연성이 증명되었다고 볼 수 없다. 이러한 경우에는 그 위험인자에 노출된 집단과 노출되지 않은 다른 일반 집단을 대조하여 역학조사를 한 결과 그 위험인자에 노출된 집단에서 그 비특이성 질환에 걸린 비율이 그 위험인자에 노출되지 않은 집단에서 그 비특이성 질환에 걸린 비율을 상당히 초과한다는 점을 증명하고, 그 집단에 속한 개인이 위험인자에 노출된 시기와 노출 정도, 발병시기, 그 위험인자에 노출되기 전의 건강상태, 생활습관, 질병 상태의 변화, 가족력 등을 추가로 증명하는 등으로 그 위험인자에 의하여 그 비특이성 질환이 유발되었을 개연성이 있다는 점을 증명하여야 한다.[82)]

* 동지: 대법원 2013. 7. 12. 선고 2006다17539 판결(고엽제 사건); 대법원 2014. 4. 10. 선고 2011다22092 판결(담배 사건).

자동차에 의한 오염물질의 배출은 인구 밀집지역 및 도로변 주거지역 등에서 집중적으로 이루어지기 때문에 오염체감도가 높고, 건강에 대한 피해도 직접적이고 클 수밖에 없다. 자동차 중에는 경유자동차의 오염비중이 높은 편이며, 특히 차량대수가 상대적으로 얼마 안 되는 버스나 트럭과 같은 대형경유자동차의 오염비중이 높은 편이다. 문제는 경유가격이 휘발유가격에 비하여 저렴한 구조적 이유 때문에 경유차의 비율이 계속 증가하고 있다는 것이다.

일반적으로 자동차 공해를 관리하기 위한 대책으로 저공해 엔진의 개발, 연료의 개선

82) 서울에 거주하는 주민이 자동차배출가스 때문에 천식이 발병 또는 악화되었다고 주장하면서 국가와 서울특별시 및 국내 자동차 제조 · 판매회사들을 상대로 대기오염물질의 배출 금지와 손해배상을 청구한 사안에서, 미세먼지나 이산화질소, 이산화황 등의 농도변화와 천식 등 호흡기질환의 발병 또는 악화 사이의 유의미한 상관관계를 인정한 연구 결과들이 다수 존재하고 있는 것은 사실이나 그 역학연구 결과들의 내용에 따르더라도 각 결과에 나타난 상대위험도가 크다고 보기 어려운 점 등을 고려하면 위 역학연구 결과만으로 대기오염물질과 천식 사이의 인과관계를 인정하기 어렵다는 등의 이유로 위 청구를 배척한 원심판단이 정당하다고 한 사례.

과 같은 발생원 대책, 지하철 및 환승주차장의 설치, 혼잡통행료의 부과, 버스전용차로제, 교통소통체계의 개선, 교통량 억제 등과 같은 교통환경대책, 그리고 공회전 억제, 차량 10부제, 승용차 덜 타기, 함께 타기 운동의 전개와 같은 대국민 홍보정책 등이 있을 수 있다. 그러나 자동차로 인한 대기오염문제는 에너지 정책, 교통수요, 교통소통 정책 등과 서로 복잡하게 연계되어 있어 그 대책 마련이 쉽지 않은 것이 사실이다.

자동차배출가스로 인한 대기오염을 저감시키기 위해서는 제작차배출기준의 강화, 배출가스 보증기간의 강화, 결함시정제도의 강화, 운행차 배출가스 정기검사의 강화, 자동차 연료의 품질기준의 강화, 대중교통수단의 확충을 통한 자동차 운행의 감소, 교통체계 및 교통수요의 관리개선, 공회전의 방지, 교통량을 줄이기 위한 시민운동 등이 요구된다. 특히 경유자동차가 대기오염의 주범이라는 점을 고려할 때 보다 근본적으로 오염물질의 배출을 줄이기 위한 저공해자동차[83]의 보급 · 확대가 절실하다.

동법은 저공해자동차의 보급을 촉진하기 위하여 저공해자동차를 구입하는 자에게 자금을 지원할 수 있도록 하고(제58조 제3항), 자동차판매자로 하여금 전체 차량 판매량의 일정 비율 이상을 저공해자동차로 판매하도록 하고(제58조의2), 환경부장관은 저공해자동차 보급목표를 달성하지 못한 자동차판매자에게 매출액의 1퍼센트 이하의 금액을 저공해자동차 보급 기여금으로 부과·징수할 수 있도록 하고 있다(제58조의4).

「대기환경보전법」은 크게 제작차 · 운행차에 대한 규제와 자동차연료 등의 규제로 분류하여 자동차 배출가스를 관리하고 있다(제4장). 그러나 동법은 항공기, 기차, 농기계 등 다른 운송기관에 의한 대기오염문제는 다루지 않고 있다. 항공기의 이착륙 및 기차 등의 운행에 따른 대기오염 규제가 어려운 과제로 남아있는 셈이다.

1. 제작자동차에 대한 규제

자동차에서 배출되는 오염물질을 줄이기 위해서는 제작단계부터 환경친화적인 관리가 이루어져야 한다. 오염물질을 적게 배출하는, 다시 말하면 저공해를 추구하는 자동차의 구조 및 설계는 자동차 공해의 성공적인 관리를 위한 관건이 된다. 이와 관련하여 동법은 제작차배출허용기준(제46조), 기술개발 또는 제작에 필요한 지원(제47조), 자동차의 평균배출량 관리제도(제50조의2 및 제50조의3),[84] 제작차에 대한 인증 및 인증표시 · 취소(제

83) 시행령에서는 전기자동차, 태양광자동차, 수소전기자동차, 하이브리드자동차 등을 들고 있다(제1조의2). 저공해연료자동차는 기존의 연료에 비하여 자동차 배출가스 저감에 효과가 있는 청정연료(clean fuel)와 대체연료(alternative fuel)를 사용하는 자동차라고 할 수 있는데 LPG, 천연가스 등 가스연료자동차와 전기자동차가 제시되고 있다. 김순호, "'환경부산'을 위한 낙동강 주변도로 교통문제해결", 자동차 대기오염 저감 및 개선방안, 낙동강연구논총, 제2집(2000), 9 내지 10면. 전기자동차는 차량의 운행과정에서는 오염물질을 전혀 배출하지 아니하나 연료를 소비하는 전 과정에서 오염물질을 대량 배출하므로 전기자동차의 보급에는 신중한 대처가 요구된다. 중앙일보, "전기자동차는 과연 무공해차인가?", 1996. 4. 6. 기사 참조.

84) 자동차의 평균배출량 관리제도는 제작차 배출허용기준의 하나로서, 자동차제작자는 제작하는 자동차에서 나오는 배출가스를 차종별로 평균한 값(평균배출량)이 평균배출허용기준에 적합하게 자동차를 제작하도록 하고, 평균배출량이 평균배출허용기준 이내인 경우에는 그 차이분을 일정 기간 동안 이월하여 사용할 수 있도록 하며, 평균배출량이 평균배출허용기준을 초과하는 경우에는 그 초과분을 상환하도록 하고 있다.

48조, 제55조), 제작차배출허용기준 검사(제50조), 결함확인검사 및 결함시정(recall)(제51조), 부품의 결함시정 요구 및 결함보고제도(제52조 · 제53조) 등 규정을 두고 있다.

2. 운행자동차에 대한 규제

자동차의 운행단계에서 발생하는 대기오염을 효율적으로 줄이는 것도 대기질 개선의 중요한 요소가 된다. 아무리 저공해 기술을 사용한 자동차라고 하더라도 그 소유자가 이를 제대로 관리하지 않을 경우에는 오염물질이 다량 배출될 수 있을 것이다. 그렇기 때문에 저공해 성능의 지속적인 유지 · 관리도 중요하다. 세계적으로 자동차 배출가스에 대한 규제가 강화되고 있는 추세에 맞춰 동법에서는 운행차배출허용기준(제57조), 배출가스 관련 부품의 탈거 등 금지(제57조의2), 저공해자동차의 운행(제58조), 저공해자동차의 보급(제58조의2), 저공해자동차 보급실적의 이월 · 거래(제58조의3), 저공해자동차 보급 기여금(제58조의4), 저공해자동차의 구매 · 임차 등(제58조의5 이하), 저공해자동차 관련 정보의 제공(제58조의9), 공회전의 제한(제59조), 배출가스저감장치 등의 인증(제60조), 배출가스저감장치 등의 관리(제60조의2), 배출가스저감장치 등의 저감효율 확인검사(제60조의3), 배출가스저감장치 등의 수시검사(제60조의4), 운행차의 수시점검 · 배출가스 정기검사(제61조, 제62조), 전문정비사업자제도(제68조), 운행차의 개선명령(제70조), 운행정지(제70조의2) 등을 추가하는 등 규제의 강도를 높이고 있다. 온실가스 배출을 줄인다는 차원에서 수소가스를 연료로 사용하는 자동차(수소전기자동차)의 보급을 확대하고 이에 따라 수소충전소 구축을 가속화할 필요가 있다는 차원에서 수소연료공급시설 배치계획의 수립(제58조의10), 수소연료공급시설 설치계획의 승인(제58조의11) 등의 규정을 두고 있는 것도 눈여겨 볼 필요가 있다.

한편, 「환경개선비용 부담법」상 경유를 연료로 사용하는 자동차의 소유자에게 부과하는 환경개선부담금은 오염원인자 책임원칙을 구현하는 경제적 유인수단으로서, 대기오염 규제를 위한 유효한 규제수단으로 작용하고 있다.

3. 자동차연료 · 첨가제 등에 대한 규제

자동차 연료의 품질 향상은 자동차 오염물질의 배출량을 감소시킨다. 이는 자동차연료 자체를 환경친화적인 것으로 함으로써 자동차 공해 비중을 줄일 수 있다는 것을 의미한다. 동법은 자동차연료 · 첨가제[85] 또는 촉매제의 규제를 위한 환경부장관의 검사, 제조 · 판매 또는 사용의 규제 등의 규정을 두고 있다(제74조). 환경부장관의 사전검사를 받도록 한 것은 최근 유가급등으로 사회문제화되고 있는 불법 연료 및 첨가제 등의 대량

85) '첨가제'라 함은 자동차의 성능을 향상시키거나 배출가스를 줄이기 위하여 자동차의 연료에 첨가하는 탄소와 수소만으로 구성된 물질을 제외한 화학물질로서 다음의 요건을 모두 충족하는 것을 말한다: ① 자동차의 연료에 부피 기준으로 1퍼센트 미만의 비율로 첨가하는 물질. 다만, 「석유 및 석유대체연료 사업법」 제2조 제7호 및 제8호에 따른 석유정제업자 및 석유수출입업자가 자동차 연료인 석유제품을 제조하거나 품질을 보정하는 과정에 첨가하는 물질의 경우에는 그 첨가비율의 제한을 받지 아니한다; ② 「석유 및 석유대체연료 사업법」 제2조 제10호에 따른 유사석유제품에 해당하지 아니하는 물질(제2조 제15호).

유통에 따른 대기오염 악화를 방지하기 위한 자구책이라 할 수 있다.

한편, 환경부장관은 공급 · 판매 또는 사용이 금지되는 자동차연료 또는 첨가제를 제조한 자에 대해서는 그 제조의 중지 및 유통 · 판매 중인 제품의 회수를 명할 수 있으며(제75조 제1항), 자동차연료 또는 첨가제를 공급 · 판매한 자에 대하여는 공급 · 판매의 중지를 명할 수 있다(동조 제2항).

4. 저공해건설기계

건설현장 등 비도로 부분에서 배출되는 미세먼지가 점차 증가하여 건설기계의 배출가스 관리 필요성이 대두되고 있다. 이에 2022. 12. 27. 개정 법은 저공해건설기계[86] 보급 및 노후 건설기계 조기폐차 등 저공해조치를 활성화하기 여러 규정을 두고 있다(제58조). 예컨대, 시장·군수가 노후 건설기계의 소유자로 하여금 저공해건설기계 전환 또는 개조 명령을 내릴 수 있도록 하고, 저공해건설기계의 구입, 저공해건설기계로의 개조, 저공해건설기계 연료공급시설의 설치, 건설기계의 조기폐차 및 기타 오염물질 배출이 적은 건설기계 구입에 대한 지원 근거를 두고 있는 것이 그것이다.

5. 선박의 배출허용기준

동법은 선박의 디젤기관에서 배출되어 육지 · 연안 등에까지 넓게 영향을 미치는 대기오염을 방지하기 위하여 환경부장관으로 하여금 배출허용기준을 설정하도록 하고, 필요한 경우에는 배출허용기준의 준수에 관하여 해양수산부장관에게 대기오염방지설비 등에 대한 검사를 요청할 수 있도록 하고 있다(제76조).

Ⅴ. 자동차 온실가스 배출 관리

1. 자동차 온실가스 배출허용기준

자동차제작자는 「저탄소 녹색성장 기본법」 제47조 제2항에 따라 자동차 온실가스 배출허용기준을 택하여 준수하기로 한 경우 환경부령으로 정하는 자동차에 대한 온실가스 평균배출량이 환경부장관이 정하는 허용기준(온실가스 배출허용기준)에 적합하도록 자동차를 제작 · 판매하여야 한다(제76조의2). 동법은 이와 같이 자동차제작자에게 온실가스 배출허용기준 준수 의무를 부과하고 그 실효성 확보를 위해 이 기준을 준수하지 못한 경우에는 과징금을 부과 · 징수하도록 하고 있다(제76조의6).

2. 자동차 온실가스 배출량의 보고

자동차제작자는 제76조의2에 따른 환경부령으로 정하는 자동차를 판매하고자 하는

86) '저공해건설기계란 다음의 건설기계로서 대통령령으로 정하는 것을 말한다: ① 대기오염물질의 배출이 없는 건설기계; ② 제작차의 배출허용기준보다 오염물질을 적게 배출하는 건설기계(제2조 제16호의2).

경우 환경부장관이 지정하는 시험기관에서 해당 자동차의 온실가스 배출량을 측정하고 그 측정결과를 환경부장관에게 보고하여야 한다(제76조의3).

3. 자동차 온실가스 배출량의 표시

동법은 국민의 알권리 보장과 녹색 소비문화 확산을 위하여 자동차 온실가스 배출량 표시 등에 관한 근거를 마련하고 있다. 즉 자동차제작자는 온실가스를 적게 배출하는 자동차의 사용 · 소비가 촉진될 수 있도록 환경부장관에게 보고한 자동차 온실가스 배출량을 해당 자동차에 표시하여야 한다(제76조의4).

4. 자동차 온실가스 배출허용기준 및 평균에너지소비효율기준의 적용 · 관리

자동차제작자는 자동차 온실가스 배출허용기준 또는 평균에너지소비효율기준(「저탄소 녹색성장 기본법」 제47조 제2항에 따라 산업통상자원부장관이 정하는 평균에너지소비효율기준을 말함) 준수 여부 확인에 필요한 판매실적 등 환경부장관이 정하는 자료를 환경부장관에게 제출하여야 한다(제76조의5 제1항).

자동차제작자는 해당 연도의 온실가스 평균배출량 또는 평균에너지소비효율이 온실가스 배출허용기준 또는 평균에너지소비효율기준 이내인 경우 그 차이분을 다음 연도부터 환경부령으로 정하는 기간 동안 이월하여 사용하거나 자동차제작자간에 거래할 수 있으며, 초과한 경우에는 그 초과분을 다음 연도부터 환경부령으로 정하는 기간 내에 상환할 수 있다(동조 제2항).

5. 온실가스 전과정 평가 방법의 고시

2024. 1. 9. 개정 법은 환경부장관과 국토교통부장관이 자동차 전과정에서 발생하는 이산화탄소 배출량을 파악하고 이를 효율적으로 관리할 수 있도록 온실가스 전과정 평가[87] 대상이 되는 자동차의 종류와 그 실시 방법 등을 마련하여 고시하도록 하고 있다(제76조의7).

6. 냉매의 관리

기후 · 생태계에 변화를 유발할 수 있는 물질인 냉매의 안정적인 관리를 위하여 관리기준의 마련, 냉매사용기기의 관리, 냉매회수업의 등록제 등을 도입하고 있다(제76조의9 이하).

87) '온실가스 전과정 평가'란 자동차의 제조 전(원료의 채취·가공 및 소재 · 부품의 제조 · 가공 등의 과정을 말한다), 제조, 사용, 폐기에 이르는 전 과정(자동차에 사용되는 연료의 생산부터 사용까지의 전 과정을 포함한다)에서 발생하는 이산화탄소 배출량의 합계를 산출하는 것을 말한다(제2조 제21호의2).

제 2 절 실내공기질의 관리

최근 들어 실내의 공기질 개선 및 유지가 중요한 환경문제로 부각되고 있다. 그 동안에는 환경문제와 관련하여 주로 수질오염, 대기오염, 토양오염, 폐기물오염 등과 같이 외부 환경오염에 초점이 맞추어져 왔으나, 최근 현대인들의 실내에서 생활하는 시간이 많아짐에 따라 실내공기질에 대한 관심이 높아지고 있는 것이다. 국민생활수준의 향상과 실외대기질의 개선도 관심의 방향을 실내공간의 공기질 개선 및 유지로 돌리게 하고 있다.

대부분의 사람들이 사무실, 학교, 병원, 지하공간 등 다양한 실내공간에서 하루의 대부분을 보내고 있는 점을 감안할 때,[1] 실내공기의 오염은 현대인에게 가장 직접적이고 중대한 위해를 줄 수 있다.[2] 실내공기의 오염은 오염물질별로 구토, 두통, 암 등 특이성 질병을 유발할 뿐만 아니라 빌딩증후군[3] 및 복합화학물질과민증(Multi－Chemical Sensitivity: MCS)을 유발시켜 인간에게 정신적, 신체적 고통을 주거나 위해요소로 작용할 수 있다. 뿐만 아니라, 개인 및 국가에게도 의료비용 증가라는 경제적 부담을 안긴다는 점에서 그 심각성이 크다 할 수 있다. 그러나 현재까지 실내공기오염이 인체에 미치는 영향이 대기오염(실외공기오염)보다 더 심각하다는 문제의식은 적을 뿐만 아니라 이에 대한 조사, 연구, 법적 규제는 미흡한 실정이다. 이러한 연유로 실내공기질 관리의 실효성 확보 및 규제 체계의 수립이 중요한 과제로 자리잡게 되었다.

Ⅰ. 실내공기 오염원과 오염물질

실내공기의 오염원인에는 건물 주변의 대기오염과 실내에서 발생하는 오염물질로 구분할 수 있다. 오염된 실외공기가 건물 실내로 유입되어 실내공기 오염을 가중시킨다는 점에서 실내공기는 실외공기와 밀접한 관계를 가질 수밖에 없다. 대기오염이 심각한 수도권 및 공단 지역 등에 있는 건물의 실내 대기질이 다른 지역에 소재하고 있는 건물의 실

1) 인간은 하루의 80 내지 90%를 실내에서 생활하는 것으로 보고되고 있다. 이인균, "대기오염보다 심각한 「실내공기오염」", 월간옵서버, 1991. 7, 471면; 현대환경연구원, "실내공기오염 문제의 이해", 환경VIP 리포트 제24호, 1998. 12, 1면.

2) 세계보건기구(WHO)는 2000년 9월호 관보에 게재한 보고서에서 공기오염에 의한 사망자 수는 최대 600만명에 달하고, 특히 실내 공기오염에 의한 사망자는 280만명이라고 분석하였다. 또한 동 보고서에서는 실내에 방출되는 오염물질이 실외에서보다 사람의 폐에 전달될 확률이 1,000배가 높다고 하면서 실내오염도를 20%만 줄여도 급성 기관지 질환 사망률은 최소한 4~8% 줄일 수 있다고 강조하였다. 장재구, "실내공기질관련 법령 설명 및 관리방안", 산업 및 환경 보건세미나 자료집, 2003, 4면.

3) 실내오염과 관련된 건강장애로 빌딩증후군(Sick Building Syndrome: SBS) 또는 빌딩관련질병현상(Building Related Illness: BRI) 등이 들어진다. 일부 전문가들은 이러한 현상들을 앞으로 다가올 21세기에 폭발적으로 증가할 "침묵의 유행병"으로 믿고 있다. 빌딩증후군이란 빌딩내 거주자가 유해한 환경에 노출되었을 때 눈이나 피부, 상기도(上氣道)의 자극, 피부발적, 두통, 피로감, 소화기장애 등과 같이 단기간 내에 진행되는 급성적인 증상을 말한다. 이에 반해 빌딩관련질병현상이란 병인균(病因菌: etiologic agent)에 의해 발병되는 레지오넬라병(legionnaire's disease), 결핵, 홍역, 폐렴, 감기, 비염 등과 같이 빌딩 증후군에 비해 비교적 증상의 발현 및 회복은 느리지만 병인의 파악이 가능한 질병을 말한다. 김기현 외 10, 신제 대기오염개론, 향문사, 2000, 281면.

내 대기질보다 악화되어 있다는 사실은 이러한 추론을 뒷받침하고 있다.

한편, 건물의 실내에서 발생하는 오염원으로는 건물내부의 건축자재에서 발생하는 것, 가구나 집기들에서 발생하는 것, 살충제 및 가정용 화학제품에서 발생하는 것, 연소기구사용 및 기타 인간활동으로 발생되는 것 등 다양하다. 구체적인 오염물질로는 라돈(radon), 포름알데히드(formaldehyde), 석면, 납, 이산화탄소(CO2), 이산화질소(NO2), 일산화탄소(CO), 분진, 담배연기(Environmental Tobacco Smoke), 수증기, 미생물성물질, 휘발성유기화합물(VOCs), 전자파 등 헤아릴 수 없이 많다.[4] 이러한 오염물질 중에는 전자파와 같이 그 위해성이 아직 명확하게 입증되지 않은 것도 있다.

Ⅱ. 실내공기질의 관리법제

우리나라의 공기질에 대한 관리는 크게 실내공기와 실외공기로 구분되어 관리되고 있다. 실외공기는 환경부의 「대기환경보전법」에 의해 관리되고 있으나 실내공기질은 환경부 외에도 교육부, 보건복지부, 고용노동부 등 여러 부처에서 분산 · 관리되고 있다. 예컨대, 환경부는 「다중이용시설 등의 실내공기질관리법」에 근거하여 지하역사, 지하도 상가 등 지하생활공간뿐만 아니라 여객터미널, 의료기관, 도서관, 박물관, 미술관 등 다중이용시설의 실내공기질을 관리하고 있으며, 보건복지부에서는 업무용시설, 공연장, 학원, 대규모점포 및 지하도 상점가, 혼인예식장, 실내체육시설 등 공중이용시설을 대상으로 「공중위생관리법」에서, 교육부에서는 학교를 대상으로 「학교보건법」에서, 고용노동부에서는 작업장을 대상으로 「산업안전보건법」에서 관리하고 있다.

이와 같이 부처별로 관리대상시설 · 기준 · 관리방법 등이 상이하기 때문에 실내공기질의 관리의 종합적인 접근이 어려운 실정이다. 현대시설은 대개 복합시설의 성격을 가지면서 한 건물에 위치하고 있는데, 같은 건물에 있는 시설 중 예컨대, 버스대합실, 도서관은 환경부에서, 업무용시설, 학원, 예식장 등은 보건복지부에서 관리하는 것은 법체계상 효율적이지 않고, 관리도 어려울 뿐만 아니라 수범자인 국민의 입장에서는 혼란스러울 수밖에 없다.

이러한 관점에서 체계적인 실내공기질 관리를 위해서는 관리주체를 통합하거나 유기적인 협조체계를 구축하여 실내공기질 관리에 대해 시설별로 동일한 공기질 기준 및 관리방법이 도입되어야 할 것이다.

Ⅲ. 실내공기질 관리법

지하생활공간의 공기질을 적정하게 관리 · 보전함으로써 국민의 건강을 보호하고 환경상의 위해를 예방하기 위하여 1996. 12. 30. '지하생활공기질관리법'이 제정되었다. 지하

4) 김윤신, "지하생활공간의 환경문제 및 대책", 공기청정기술 제11권 제4호, 1998, 31면; 현대환경연구원(각주 1), 2면 참조.

역사 및 지하도상가를 적용대상으로 하는 동법의 주요 내용은 지하생활공간의 쾌적한 공기질 유지를 위한 공기질기준을 설정하고, 동 기준의 유지를 위하여 적절한 환기시설 및 공기정화설비의 설치를 의무화하고, 위반 시에는 개선명령 및 벌칙을 부과하는 것이다. 2003년에는 동법을 전면 개정하고 법명을 「다중이용시설 등의 실내공기질관리법」으로 변경하였다. 동법은 2015. 12. 22. 「실내공기질 관리법」으로 대체되었다.

2004년부터 시행되고 있는 동법에서는 비록 모든 실내 공기질을 관리하지는 못하지만, 그 동안 규제대상에서 빠져있었던 여객터미널, 의료기관, 도서관 등을 포함하고, 실내공기질 관리라는 용어를 법명에서 사용하고 있기 때문에 실내공기질의 체계적이고 통합적인 관리를 위한 기초를 마련하였다고 평가할 수 있다.[5] 동법은 다중이용시설등의 실내공기질 관리에 관하여 다른 법률에 특별한 규정이 있는 경우를 제외하고는 이 법에서 정하는 바에 따른다고 선언함으로써(제4조의2), 실내공기질 관리와 관련해서 기본법의 성격을 분명히 하고 있다.

1. 실내공기오염물질

동법상 '오염물질'이란 실내공간의 "공기오염의 원인이 되는 가스와 떠다니는 입자상물질 등으로서 환경부령이 정하는 것"을 말하는데(제2조 제3호), 시행규칙에서는 미세먼지, 이산화탄소, 포름알데히드, 총부유세균, 일산화탄소, 이산화질소, 라돈, 휘발성유기화합물(VOCs), 석면, 오존 등을 들고 있다(시행규칙 제2조, 별표 1).

2. 적용대상

'다중이용시설'이라 함은 "불특정다수인이 이용하는 시설"을 말한다(제2조 1호). 구체적으로 이 법의 적용대상이 되는 다중이용시설은 일정 규모 이상의

1. 지하역사(출입통로 · 대합실 · 승강장 및 환승통로와 이에 딸린 시설을 포함)
2. 지하도상가(지상건물에 딸린 지하층의 시설을 포함)
3. 철도역사의 대합실
4. 「여객자동차 운수사업법」 제2조 제5호에 따른 여객자동차터미널의 대합실
5. 「항만법」 제2조 제5호에 따른 항만시설 중 대합실
6. 「공항시설법」 제2조 제7호에 따른 공항시설 중 여객터미널
7. 「도서관법」 제2조 제1호에 따른 도서관
8. 「박물관 및 미술관 진흥법」 제2조 제1호 및 제2호에 따른 박물관 및 미술관
9. 「의료법」 제3조 제2항에 따른 의료기관

5) 미국은 실내공기오염규제와 관련하여 실내라는 공간이 아니라 오염물질(예컨대, 석면, 라돈, 납 등)별로 대책프로그램을 마련하고 있기 때문에 근거 연방법률(예컨대, TSCA, FIFRA, SDWA 등)이 산재하고 소관 부처가 많다. 미국 실내공기질 관리법제에 대하여 자세한 내용은 김성배, "미국의 생활공간 공기질 관리법제", 환경법연구 제32권 제2호, 2010. 11, 191면 이하 참조.

10. 「모자보건법」 제2조 제11호에 따른 산후조리원
11. 「노인복지법」 제34조 제1항 제1호에 따른 노인요양시설
12. 「영유아보육법」 제2조 제3호에 따른 어린이집 중 국공립어린이집, 법인어린이집, 직장어린이집 및 민간어린이집
13. 「어린이놀이시설 안전관리법」 제2조 제2호에 따른 어린이놀이시설 중 실내 어린이놀이시설
14. 「유통산업발전법」 제2조 제3호에 따른 대규모점포
15. 「장사 등에 관한 법률」 제29조에 따른 장례식장(지하에 위치한 시설로 한정)
16. 「영화 및 비디오물의 진흥에 관한 법률」 제2조 제10호에 따른 영화상영관(실내 영화상영관으로 한정)
17. 「학원의 설립 · 운영 및 과외교습에 관한 법률」 제2조 제1호에 따른 학원
18. 「전시산업발전법」 제2조 제4호에 따른 전시시설(옥내시설로 한정)
19. 「게임산업진흥에 관한 법률」 제2조 제7호에 따른 인터넷컴퓨터게임시설제공업의 영업시설
20. 실내주차장
21. 「건축법」 제2조 제2항 제14호에 따른 업무시설
22. 「건축법」 제2조 제2항에 따라 구분된 용도 중 둘 이상의 용도에 사용되는 건축물
23. 「공연법」에 따른 공연장 중 실내 공연장
24. 「체육시설의 설치 · 이용에 관한 법률」에 따른 체육시설 중 실내 체육시설
25. 「공중위생관리법」 제2조 제1항 제3호 나목에 따른 목욕장업의 영업시설
26. 그 밖에 대통령령으로 정하는 시설 등이다(제3조 제1항)[6)]

또한 이법은 신축 '공동주택'을 적용대상으로 하고 있는데, 여기에서 말하는 공동주택은 아파트, 연립주택, 기숙사로서 대통령령이 정하는 규모 이상으로 신축되는 것을 말한다(동조 제2항). 2013. 3. 22. 개정 법에서는 '대중교통차량'을 추가 관리대상으로 하였는바, 여기에는 도시철도차량, 철도차량과 대통령령으로 정하는 자동차 등이 포함된다(제3조 제3항). 이와 같이 동법은 공동주택 등을 적용대상으로 하고 있지만 그 관리 · 규제의 초점은 공동주택보다는 다중이용시설에 주어져 있다.

구 '지하생활공간공기질관리법'에서는 적용대상을 지하역사 및 지하도 상가만으로 하였는데, 동법은 수차례 개정을 통해 적용 대상을 계속 확대하였다. 그러나 모든 시설을 규제대상으로 하고 있지 아니한바, 앞으로 예식장 등으로 규제대상을 계속 확대할 필요가 있다.

6) 보육시설(어린이집)이나 산후조리원은 민감계층을 보호 목적으로 하는 다른 법에서 다루는 것이 보다 효율적이다고 하면서 동법의 적용대상으로는 부적절하다는 견해가 있다. 이준서, "우리나라 생활공간 공기질관리법제의 현황과 문제점", 주요 국가의 생활공간 공기질관리법제(1) 워크숍 자료집, 한국법제연구원, 2010. 5. 27, 30면.

3. 실내공기질관리 기본계획 및 시행계획 수립

실내공기질 관리가 관계 부처별로 개별적으로 이루어지고 있는 상황에서 상호 조정과 소관 부처간의 협의를 통한 체계적인 관리가 요구되고 있다. 이에 동법은 환경부장관으로 하여금 관계 중앙행정기관의 장과 협의하여 실내공기질 관리에 필요한 기본계획을 5년마다 수립하도록 하고(제4조의3), 기본계획이 수립된 후 관계 중앙행정기관의 장 및 시 · 도지사로 하여금 기본계획에 따라 시행계획을 수립 · 시행하도록 하고 있다(제4조의4).

4. 실태조사 · 측정망 설치

동법은 기본계획과 시행계획을 효율적으로 수립 · 시행하기 위하여 실내공기질 관리에 관한 실태조사를 실시하도록 하고(제4조의5), 다중이용시설과 대중교통차량의 실내공기질 실태를 파악하기 위하여 측정망을 설치하여 상시 측정할 수 있도록 하고 있다(제4조의6).

5. 측정기기의 부착 및 운영 · 관리

환경부장관은 다중이용시설의 실내공기질 실태를 파악하기 위하여 다중이용시설의 소유자 · 점유자 또는 관리자 등 관리책임이 있는 자(소유자등)에게 환경부령으로 정하는 측정기기를 부착하고, 환경부령으로 정하는 기준에 따라 운영 · 관리할 것을 권고할 수 있다(제4조의7).

6. 위해성평가

동법은 위해성평가의 실시 근거를 두고 있다. 즉 환경부장관은 사람의 건강에 위해가 클 것으로 우려되는 미세먼지 등 대통령령으로 정하는 물질에 대하여 위해성평가를 실시할 수 있다(제4조의8).

7. 실내공기질 기준

동법은 실내공기질 기준을 유지기준과 권고기준으로 2원화하여, 시설에 따라 실내공기질이 적정하게 관리되도록 하고 있다. 즉 다중이용시설 내부에 발생원이 있어 항상 실내에 존재하는 오염물질에 대하여는 내부의 쾌적한 공기질을 위해 반드시 지켜야 하는 유지기준을 정하여 엄격히 관리되도록 하고, 외부에 발생원이 있거나 건물의 위치, 특성에 따라 실내에서 발생될 수도 있는 오염물질은 유지기준과는 별도로 일정기준에 따르도록 권고하는 권고기준을 정하여 이의 준수를 권고할 수 있도록 하고 있다.

≪실내공기질 유지기준≫

<table>
<tr><th>오염물질 항목
다중이용시설</th><th>미세먼지
(PM－10)
(μg/m³)</th><th>이산화
탄소
(ppm)</th><th>폼알데
하이드
(μg/m³)</th><th>총
부유세균
(CFU/m³)</th><th>일산화
탄소
(ppm)</th></tr>
<tr><td>지하역사, 지하도상가, 여객자동차터미널의 대합실, 철도역사의 대합실, 공항시설 중 여객터미널, 항만시설 중 대합실, 도서관·박물관 및 미술관, 장례식장, 목욕장, 대규모점포, 영화상영관, 학원, 전시시설, 인터넷컴퓨터게임시설제공업 영업시설</td><td>150
이하</td><td rowspan="3">1,000
이하</td><td rowspan="3">100
이하</td><td></td><td rowspan="2">10
이하</td></tr>
<tr><td>의료기관, 보육시설, 국공립 노인요양시설 및 노인전문병원, 산후조리원</td><td>100
이하</td><td>80
이하</td></tr>
<tr><td>실내주차장</td><td>200
이하</td><td></td><td>25
이하</td></tr>
</table>

비고: 도서관, 영화상영관, 학원, 인터넷컴퓨터게임시설제공업 영업시설 중 자연환기가 불가능하여 자연환기설비 또는 기계환기설비를 이용하는 경우에는 이산화탄소의 기준을 1,500ppm 이하로 한다.

가. 유지기준

다중이용시설의 소유자등은 다중이용시설 내부의 쾌적한 공기질을 유지하기 위한 기준에 맞게 시설을 관리하여야 한다(제5조 제1항). 공기질 유지기준은 환경부령으로 정하도록 되어 있다(동조 제2항, 별표 2). 이 경우 어린이, 노인, 임산부 등 오염물질에 노출될 경우 건강피해 우려가 큰 취약계층이 주로 이용하는 다중이용시설로서 대통령령으로 정하는 시설과 미세먼지 등 대통령령으로 정하는 오염물질에 대하여는 더욱 엄격한 공기질 유지기준을 정하여야 한다(동항 후단).

한편, 시·도는 지역환경의 특수성을 고려하여 필요하다고 인정하는 때에는 조례로 제1항의 규정에 의한 공기질 유지기준보다 엄격하게 당해 시·도에 적용할 공기질 유지기준을 정할 수 있다(동조 제3항).

나. 권고기준

특별자치시장·특별자치도지사·시장·군수·구청장은 다중이용시설의 특성에 따라 공기질 유지기준과는 별도로 쾌적한 공기질을 유지하기 위하여 환경부령으로 정하는 권고기준에 맞게 시설을 관리하도록 다중이용시설의 소유자등에게 권고할 수 있다. 이 경우 어린이, 노인, 임산부 등 오염물질에 노출될 경우 건강피해 우려가 큰 취약계층이 주로 이용하는 다중이용시설이 그 권고기준을 초과하면 해당 시설 소유자등에게 공기정화설비 또는 환기설비 등의 개선·대체·설치 등 필요한 조치를 요청할 수 있다(제6조). 한편, 종전에는 기업의 자율규제 차원에서 권고기준을 설정하지 않았으나 판단기준이 없어 국민들에게 막연한 불안감을 조성하고 건설업체간에 과잉경쟁을 야기한다는 등의 지적이 제기되면서 2005. 5. 31. 개정 법에서는 신축 공동주택 실내공기질 권고기준의 법적 근거를 마련하였다(제9조 제4항).

8. 다중이용시설의 소유자 등의 교육

동법은 다중이용시설의 소유자등에게 특별자치시장 · 특별자치도지사 · 시장 · 군수 · 구청장이 실시하는 실내공기질관리에 관한 교육을 받도록 함으로써(제7조), 해당 시설 내 공기질의 적정관리를 유도하고 있다.

9. 신축 공동주택의 실내공기질 관리

신축 공동주택의 시공자는 선정된 입주예정자의 입회하에 시공이 완료된 공동주택의 실내공기질을 스스로 측정하거나 환경부령으로 정하는 자로 하여금 측정하도록 하여 그 측정 결과를 특별자치시장 · 특별자치도지사 · 시장 · 군수 · 구청장에게 제출하고, 입주 개시전에 입주민들이 잘 볼 수 있는 장소에 공고하여야 한다(제9조 제1항). 이는 흔히 공동주택 시공자로 하여금 신축 아파트, 연립주택에 입주할 경우 겪게 되는 이상한 냄새, 두통 등의 증상("새집증후군")의 주원인으로 알려지고 있는 포름알데히드, 휘발성유기화합물 등의 방출이 적은 건축자재를 사용하도록 유도하고, 주민들에게 실내공기질 관리에 대한 관심을 촉구하기 위한 것으로 이해된다. 실내공기질의 측정항목 · 방법, 측정결과의 제출 · 공고시기 · 장소 등에 관하여 필요한 사항은 환경부령으로 정한다(제9조 제2항).

시공자로 하여금 주민이 입주하기 전에 실내공기질을 측정 · 공고하도록 의무화하는 규정은 시공자에게 친환경건축자재를 개발 · 사용하도록 함으로써, 궁극적으로 입주민들의 건강위해를 저감하기 위한 것이라 할 수 있다. 동법은 당초 기업의 자율규제 차원에서 이와 같이 시공자에게 측정 · 공고 의무만 부여하고 기준을 설정하지 않았는바, 그 결과 신축 공동주택의 실내공기질에 대한 객관적 연구나 판단기준이 없음에도 불구하고, 입주자들이 다중이용시설의 실내공기질기준이나 WHO 기준과 비교하고, 필요 이상으로 불안감을 갖는 등 민원분쟁 및 입주지연의 빌미를 제공하였다. 건설업체간의 과잉경쟁도 야기한다는 지적이 제기되었다. 이러한 문제는 신축 공동주택에 입주자가 입주 후 새로 구입한 가구, 커튼 등 오염물질 방출원인의 증가와 실내공기오염 원인규명의 어려움 가중, 리모델링, 확장공사 등으로 인한 실내공기질의 농도 변화 등으로 복잡한 양상을 띨 수 있다. 이에 2005. 5. 31. 개정 법에서는 신축 공동주택의 실내 공기질이 적정한지 여부에 대하여 판단할 수 있는 준거기준이 될 수 있는 신축 공동주택 실내공기질 권고기준의 법적 근거를 마련하였다(제9조 제3항). 이 기준은 신축 공동주택 시공자의 친환경건축자재의 사용을 유도할 뿐만 아니라 시공사 및 입주자들의 혼란을 예방할 것으로 예상된다.

10. 대중교통차량의 실내공기질 관리

동법은 건축물을 대상으로 하는 실내공기질 관리에 머무르지 않고 대중교통차량의 실내공기질 관리에도 눈을 돌리고 있다. 대중교통차량은 불특정 다수인이 이를 이용하고 있다는 점에서 다중이용시설과 유사한 측면이 있고, 온실가스 감축과 에너지 절약 수단으로 대중교통수단을 이용하는 국민이 증가하고 있으며 밀폐된 공간에 다수 이용객이 밀집될 경우 이용자의 건강이 위협적일 수 있다는 점 등이 고려된 것으로 보인다. 대중교통차량의 실내공기질 관리를 위해 동법은 대중교통차량의 운송사업자가 해당 차량의 실내공기질을 측정하도록 하며(제9조의2), 환경부장관으로 하여금 대중교통차량의 실내공기질을 쾌적하게 유지하고 관리하기 위하여 대중교통차량의 제작에 관한 관리지침을 정하여 고시할 수 있으며(제9조의3 제1항), 대중교통차량의 제작자에게 관리지침에 맞게 대중교통차량을 제작하도록 권고할 수 있다(동조 제2항).

11. 대중교통시설의 실내공기질 관리

환경부장관은 대중교통시설의 실내공기질을 쾌적하게 유지하고 관리하기 위하여 대중교통시설의 소유자등에게 공기정화설비를 설치하도록 하거나 그 밖에 실내공기질 관리를 위한 조치를 하도록 할 수 있다(제9조의4).

12. 지하역사의 실내공기질 관리

세계보건기구(WHO)산하 국제암연구소(IARC)에서 발표한 1군 발암물질인 미세먼지에 대한 국민의 우려가 커지고 있는 상황에서 국민들이 많은 시간을 보내는 지하역사의 실내공기질 현황에 대한 관심 역시 높아지고 있다. 이에 동법은 지하역사 소유자등의 실내공기질 측정기기 부착을 의무화하고(제4조의7 제2항), 환경부장관이 저감방안 등을 포함한 지하역사 공기질 개선대책을 5년마다 수립 · 시행하도록 하고 있다(제9조의5).

13. 개선명령

특별자치시장 · 특별자치도지사 · 시장 · 군수 · 구청장은 다중이용시설이 공기질 유지기준에 맞지 아니하게 관리되는 경우에는 기간을 정하여 그 다중이용시설의 소유자등에게 공기정화설비 또는 환기설비 등의 개선이나 대체 그 밖의 필요한 조치(개선명령)를 할 것을 명령할 수 있다(제10조).

14. 오염물질방출건축자재의 사용제한

근원적인 실내공기 오염원을 제거하기 위해서는 건축자재에서 발생하는 오염물질을 규제할 필요성이 있다. 화학공업의 발달로 복합화학물질을 이용한 새로운 건축자재(석고보드, 내장재, 페인트 등), 접착제 등의 보급 및 사용량이 증가되면서 이들로부터 방출되는 포름알데히드, 휘발성유기화합물 등 특히 인체에 해로운 오염물질이 급증하고 있는 상황에서 이러한 오염물질을 다량으로 방출하는 건축자재의 사용을 규제할 필요성은 클 수밖에 없다.

이에 동법은 다중이용시설 또는 공동주택(「주택법」에 따른 건강친화형 주택은 제외)을 설치(기존 시설 또는 주택의 개수 및 보수를 포함)하는 자는 접착제, 페인트, 실란트(sealant), 퍼티(putty), 벽지, 바닥재, 건축물 내부에 사용되는 건축자재로서 표면가공 목질판상(木質板狀) 제품 등 환경부령으로 정하는 건축자재를 사용하려는 경우 환경부장관이 관계 중앙행정기관의 장과 협의하여 환경부령으로 정하는 기준을 초과하지 아니하는 것으로 확인을 받고 이를 증명하는 표지를 붙인 건축자재만을 사용하여야 한다고 규정하고 있다(제11조 제1항). 나아가 동법은 사전적합확인제도를 도입함으로써, 건축자재 사용을 금지하는 사후관리에 만족하지 않고 이러한 건축자재를 제조하거나 수입하는 자로 하여금 그 건축자재의 오염물질 방출기준 초과 여부를 시험기관에서 확인받은 후 다중이용시설 또는 공동주택을 설치하는 자에게 공급하도록 의무화함으로써 오염물질 방출 건축자재에 대한 관리를 강화하고 있다(동조 제2항). 건축자재를 제조하거나 수입하는 자는 해당 건축자재가 방출기준을 초과하지 아니한다고 확인받은 경우 및 다른 법령에 따라 이 법에 준하는 확인을 받은 경우에는 환경부령으로 정하는 바에 따라 이를 증명하는 표지를 부착하여야 한다(제11조의6). 또한 동법은 환경부장관으로 하여금 사전적합확인을 받은 건축자재를 사후검사한 결과 방출기준 초과 시 시험기관에 확인 취소를 명하고(동조 제3항), 제조 · 수입업자에게 회수 등 조치명령이 가능하도록 하고 있다(제11조 제4항).

15. 라돈의 관리

라돈은 발암물질로 인체에 유해함에도 불구하고 그 동안 실내공기질 관리기준으로만 설정하여 비체계적을 관리되어 온 측면이 강했다. 이에 2015. 12. 22. 개정 법은 실내라돈조사(제11조의7), 라돈지도의 작성(제11조의8), 라돈관리계획의 수립 · 시행(제11조의9), 라돈저감공법의 사용 등 권고(제11조의10) 등을 규정함으로서 관리를 강화하고 있다.

16. 실내공기질의 측정

동법은 다중이용시설의 소유자등에게 실내공기질을 스스로 측정하거나 환경부령이 정하는 자로 하여금 측정하고 그 결과를 10년 동안 기록 · 보존할 의무를 부과함으로써, 실내공기질 현황을 정기적으로 파악하여, 필요 시 적절한 조치를 취할 수 있도록 하고 있다(제12조 제1항). 실내공기질의 측정의무가 부과되는 대상에 공동주택과 대중교통차량은 제외되고 있으나 이용자들의 환경상 위해를 예방하기 위하여 공동주택 등에서도 실내공기질 측정이 가능하도록 포함할 필요가 있다.

17. 실내환경관리센터의 지정 등

동법은 실내 오염물질로 인한 건강피해의 예방 · 관리 등을 위한 조사 · 연구 및 기술개발 등의 업무를 수행하기 위한 실내환경관리센터의 지정(제12조의3), 실내공기질의 종합적 · 체계적 관리를 위한 실내공기질 관리 종합정보망의 구축 · 운영에 대한 법적 근거를 두고 있다(제12조의4).

18. 보고 및 검사

다중이용시설 및 공동주택과 관련된 보고 및 검사업무는 지방자치단체가 관할 지역 내 주민을 위하여 필요한 조치를 취하는 것이 바람직하다는 차원에서 시 · 도지사 또는 특별자치시장 · 특별자치도지사 · 시장 · 군수 · 구청장에 이양, 원칙적으로 해당 지방자치단체의 업무로 하고 있다(제13조 제1항). 그러나 예외적으로 실내공기질 관리를 위하여 필요하다고 인정하는 때에는 환경부장관이 보고 및 검사 업무에 관여할 수 있다(동조 제2항, 제4항). 한편, 동법은 환경부장관 등이 제1항부터 제5항까지의 규정에 따라 오염물질을 채취한 때에는 환경부령이 정하는 검사기관에 오염도검사를 의뢰하도록 하고(동조 제7항), 오염도검사를 한 경우 이를 공개할 수 있도록 하고 있다(동조 제8항). 오염도검사 결과가 공기질 유지기준을 초과한 경우에는 그 공개가 의무적이다(동항 단서). 오염물질을 채취한 시설, 오염물질의 명칭, 오염도검사 결과를 국민에게 알리는 것은 국민 인식을 높이고, 시설의 소유자등에게 실내공기질의 관리 상태를 제고하도록 강제하는 효과가 있다.

제 3 절 대기관리권역 대기환경개선에 관한 특별법

서울의 대기오염도는 심각한 수준이다. 국토면적의 12%에 불과한 수도권에 우리나라 전 인구와 자동차의 절반 가까이(47%)가 집중되어 있기 때문에 수도권의 대기가 나쁠 것이라는 것은 쉽게 짐작할 수 있으나 그 정도는 상상외로 심각하다. "먼지특별시"라는 자조도 나오고 있다.[1] 이와 같이 수도권의 대기오염은 심각한 수준인데도,[2] 「대기환경보전법」을 중심으로 한 대기환경관리가 농도규제에 크게 의존하는 사후관리에 그치고 있고, 그것도 자치단체별로 분산되어 이루어지면서, 대기오염문제 해결에 한계를 드러내고 있

---

1) 서울의 공기가 OECD 30개 회원국 주요 도시 중 가장 나쁜 것으로 나타났다. 환경부에 따르면 서울의 공기에서 각종 호흡기 질환의 원인이 되는 지름 10㎛이하의 미세먼지는 2001년 말 ㎥당 71㎍으로 OECD 국가의 주요 도시 가운데 가장 많았다. 대기오염이 심각한 것으로 알려진 이탈리아의 로마는 60㎍, 멕시코의 멕시코시티는 53㎍로 서울보다 적었다. "'먼지특별시' 서울 … OECD서 최악", 중앙일보, 2003. 4. 1. 기사.

2) 수도권지역의 대기오염도는 선진국에 비해 1.7~3.5배 정도 심하며, 특히 미세먼지, 이산화질소 오염도가 매우 심각한 수준인 것으로 알려지고 있다. 환경부, 환경백서, 2012, 179면. 오존경보나 주의보 등이 수도권을 중심으로 빈번하게 발령되고 있으며, 시정거리도 지속적으로 감소하고 있다. 수도권지역의 심각한 대기오염으로 발생되는 사회적 피해비용은 연간 10조원 이상으로 추산되고 있다. 한국환경정책 · 평가연구원, 수도권 지역 배출총량관리제 추진방안, 2004. 8, 4 내지 5면; 경기개발연구원, 경기도지역 대기오염의 사회적 비용 추진 및 적정 수준 달성방안, 2003. 12, 120 내지 122면.

다. 대기오염과 상관성이 큰 에너지사용, 도시개발, 교통체계 정책 등 관련 정책의 통합적 접근이 미흡하고, 대기환경개선을 위한 투자재원이 부족한 것 등도 대기질 개선대책을 수립 · 시행하는 데 한계로 작용하고 있다. 이러한 문제점을 극복하기 위해서는 사전예방적 총량관리, 대기영향권에 따른 통일적 · 광역적 관리, 대기관련 정책의 통합적 운용, 대기환경개선을 위한 투자재원의 확충 등의 특별대책 및 제도의 도입이 요구되고 있다.3)

이러한 요구를 인식하고 대기오염이 심각한 수도권지역의 대기환경을 개선하기 위하여 종합적인 시책을 추진하고 대기오염원을 체계적으로 관리함으로써 지역주민의 건강을 보호하고 쾌적한 생활환경을 조성함을 목적으로 2003년 12월 31일 「수도권 대기환경개선에 관한 특별법」(수도권대기법)이 제정되었다. 동법은 2019년 4월 2일 「대기관리권역의 대기환경개선에 관한 특별법」(대기관리권역법)이 제정되면서 폐지되었다. 대기관리권역법의 명시적 목적(제1조)은 대기오염원을 '광역적으로' 관리한다는 용어가 추가되었을 뿐 수도권대기법의 목적과 유사하다. 이는 수도권지역에 한정하여 대기관리지역으로 지정하여 관리하는 것에서 수도권 이외의 지역도 대기관리지역으로 지정하여 관리키로 하는 정책의 방향 전환을 반영한 것이라고 할 수 있다. 대기관리권역법의 적용범위의 확대는 광역적인 대기환경개선 대책의 종합적인 추진 및 체계적인 시행을 통해 대기환경개선 효과의 실효성을 제고하려는 것으로 이해할 수 있다.

동법은 법명이 함축하고 있는 것과 같이 「대기환경보전법」의 특별법으로서의 성질을 갖는다. 그 결과 이 법은 「대기환경보전법」에 우선하여 적용된다(제3조).

동법은 대기환경관리계획의 수립, 사업장 오염물질의 총량관리, 자동차배출가스의 억제, 건설기계 · 선박 등의 배출가스의 억제, 재원의 확보 및 관리를 위한 규정을 두고 있다. 그 초점은 대기오염의 주범인 경유자동차와 공장에 맞추어져 있다. 이러한 체계적이고 광역적인 대기환경개선 대책은 대기질을 선진국 수준으로 한 단계 향상시킬 수 있는 계기를 제공할 것이다.

Ⅰ. 일 반

1. 적용범위

동법은 대기오염이 심각하다고 인정되는 지역과 해당 지역에서 배출되는 대기오염물질이 대기오염이 심각하다고 인정되는 지역의 대기오염에 크게 영향을 미친다고 인정되

---

3) 이에 반해 수질오염 문제는 지역적 문제이자 국가적 문제이지만, 대기오염문제는 국지적 문제이며 따라서 지방정부가 떠안아야 하는 것이 당연하다면서 수도권의 도지사와 기초자치단체장들이 협의체를 구성해서 추진하는 것이 보다 효과적이라는 주장이 있다. 그 논거는 대기오염과 수질오염이 그 발생 원인과 진행 양상의 특성이 다르다는 것이다. 즉 수질오염 문제가 오염자와 수익자가 다르고, 정책의 집행에 따른 효과가 즉시 나타나지 않으며, 문제해결이 다른 부문에 미치는 일이 거의 없는 반면, 대기오염 문제는 오염자가 곧 피해자이고, 정책의 집행과 동시에 효과가 즉각 나타나며, 사회적으로 다른 분야에 쉽게 영향력이 파급된다는 것이다. 홍욱희, 위기의 환경주의 오류의 환경정책, 지성사, 2006, 84 내지 86면.

는 지역 중에서 대통령령으로 정하는 지역을 대기관리권역으로 설정하여 특별히 관리하고 있다(제2조 제1호).[4] 여기에서 "심각하다"거나 "크게 영향을 미친다"는 표현은 모호한 개념으로 향후 환경기준의 초과와 같은 보다 구체화 · 객관화된 기준이 필요해 보인다. 대기오염에 크게 영향을 미친다고 인정되는 지역도 포함하는 것은 대기오염물질이 광역적으로 이동, 확산한다는 특성을 고려하여 그 효율적 관리를 위해서는 인접지역도 아우르는 광역적 관리가 필요하다는 인식에 기초한다고 할 수 있다. 이와 같이 동법의 적용대상 및 적용범위가 수도권지역으로 한정되지 않고 수도권지역이 아니라고 하더라도 예컨대, 수도권 인접지역과 같이 수도권지역의 대기오염에 크게 영향을 미친다고 인정되는 지역에 대해서도 적용이 된다. 이는 대기환경개선지역의 범위가 수도권이라는 지리적 제한에서 벗어나 대기오염이 심각한 어느 지역으로든 확대될 수 있다는 것을 의미한다.

2. 책 무

동법은 주요 당사자별로 대기오염 방지 및 개선을 위한 책무를 규정하고 있다. 먼저, 국가는 대기관리권역의 대기환경개선을 위한 종합적인 시책을, 대기관리권역을 관할 구역으로 하는 지방자치단체는 세부시책을 수립 · 시행하여야 한다(제4조). 나아가 동법은 사업자의 책무 규정을 두고 있는데, 즉 대기관리권역에서 사업활동(해당 사업활동을 위하여 소유하고 있는 자동차의 운행을 포함)을 하는 자는 그 사업활동으로 인한 대기오염을 방지하기 위하여 필요한 조치를 적극 마련하여야 하며, 국가나 지방자치단체가 시행하는 대기환경보전시책에 적극 협조하여야 한다(제5조). 한편, 대기관리권역에 거주하는 주민은 자동차 운행 등 일상생활을 영위함에 있어서 대기오염을 줄이기 위한 노력을 기울여야 하며, 국가와 지방자치단체가 시행하는 대기환경보전시책에 협조하여야 한다(제6조).

3. 기초조사의 실시

환경부장관은 이 법의 시행을 위하여 필요한 때에는 대기관리권역에 대하여 인구 · 주택 · 산업 · 자동차 · 교통 · 에너지이용 등에 관한 기초조사를 실시하거나 관계 행정기관의 장에게 필요한 자료의 제출 또는 지원을 요청할 수 있다(제7조 제1항). 이러한 기초조사 실시는 자동차 통행량의 증가, 에너지 사용량의 증가 등을 고려하여 오염원 유형, 오염원별 배출량 변화를 예측하게 하고, 더 나아가 이를 바탕으로 계획수립 또는 환경정책의 원활한 수행을 가능하게 할 것이다.

4. 대기오염도의 측정

도로의 대기오염에 대한 체계적이고 철저한 관리를 위해 동법은 환경부장관으로 하

4) 이에 따라 동법 시행령에서는 대기관리권역의 범위를 서울특별시 전 지역, 옹진군을 제외한 인천광역시 전 지역 및 경기도의 31개 시 · 군 중 28개 시를 위시해서 대전광역시 전 지역, 세종특별자치시 전 지역, 광주광역시 전 지역, 부산광역시 전 지역, 대구광역시 전 지역, 울산광역시 전 지역 등으로 정하고 있다(제2조, 별표 1).

여금 대기오염 측정장비를 탑재한 차량 등을 이용하여 대기관리권역의 미세먼지 등 대기 오염도를 측정한 후 그 결과를 공개하도록 하고, 측정결과가 일정 수준을 초과하면 관계 행정기관의 장에게 도로 청소 등 필요한 조치를 요청할 수 있도록 하고 있다(제8조).

5. 대기환경관리기본계획 등의 수립 · 시행

가. 대기환경관리기본계획의 수립

환경부장관은 대기관리권역의 대기환경개선을 위하여 관계 중앙행정기관의 장과 대기관리권역을 관할하는 특별시장 · 광역시장 · 특별자치시장 · 도지사 또는 특자치도지사(시 · 도지사)의 의견을 들어 5년마다 질소산화물, 황산화물, 휘발성유기화합물, 먼지, 미세먼지, 초미세먼지, 오존 등 대기오염물질을 줄이기 위한 대기환경관리기본계획을 대기관리권역별로 수립하여야 한다(제9조 제1항).

기본계획에는 대기환경개선 목표 및 기본방향, 대기관리권역의 배출원별 대기오염물질 배출허용총량, 대기관리권역의 배출원별 대기오염물질 배출량의 저감계획, 배출허용총량의 할당기준 등 대기관리권역 대기환경개선정책의 핵심적인 요소들이 포함되어야 한다(동조 제2항).

동법은 뒤에서 살펴보는 사업장 오염물질의 총량관리와 관련하여 중요한 부분을 이루는 대기오염물질 배출허용총량의 삭감목표와 시한 등에 관하여 기본계획 수립단계에서 관계 중앙행정기관의 장과 시 · 도지사의 의견을 들어 정하도록 하고 있는데, 그 결과 향후 실적 평가가 어렵고, 의견수렴과정에서 배출허용총량 및 할당이 제대로 이루어지지 않아 총량관리 자체가 유명무실해질 가능성도 배제할 수 없다.

나. 시행계획의 수립

시 · 도지사는 해당 관할 구역에서 기본계획의 시행을 위한 세부계획(시행계획)을 수립하여 대기관리권역의 대기환경관리위원회의 심의를 거쳐 환경부장관의 승인을 받고, 매년 추진실적을 환경부장관에게 보고하여야 한다(제10조). 시행계획을 대기관리권역 내 시 · 도지사가 수립하도록 하는 것은 지역 특성과 여건에 맞는 효율적이고 실효적인 대기환경개선대책의 도출을 가능하게 할 것이다. 시행계획의 수립 및 시행을 담보하기 위해서는 시행계획의 미수립, 미시행에 대한 제재 방안이 마련되어야 할 것이다. 관할 구역에서 이루어지는 일정 사업의 승인 또는 허가를 시행계획의 수립 · 시행 시까지 유보하거나, 재정지원을 중단 또는 삭감하는 것 등이 그것이다.

다. 환경친화적인 개발계획의 수립 · 시행

관계 중앙행정기관의 장 또는 시 · 도지사는 관련 법에 따른 광역도시계획, 에너지기본계획, 국가기간교통망계획, 대도시권광역교통기본계획 및 대도시권광역교통시행계획 등의 계획을 수립하는 때에는 그 계획의 시행으로 인하여 대기관리권역에 유발되는 대기오염이 최소화될 수 있도록 그 계획을 환경친화적으로 수립 · 시행하여야 한다(제11조).

6. 대기환경관리위원회

또한 동법은 기본계획 및 시행계획, 총량관리에 관한 사항 등을 심의 · 조정하기 위하여 대기관리권역별로 환경부장관을 위원장으로 하는 대기환경관리위원회를 설치하고, 위원회에 실무위원회를 두도록 규정하고 있다(제12조 및 제13조).

Ⅱ. 사업장 오염물질의 총량관리

동법의 제정은 대기관리권역이 이미 환경용량을 초과하고 있으므로 농도규제만으로는 대기관리권역의 대기질을 획기적으로 개선할 수 없고 강력한 총량규제를 통해서만 개선효과를 거둘 수 있다는 인식에 기초하여 이루어졌다. 그 결과 동법에서 규정하고 있는 사업장 오염물질의 총량관리제는 동법의 중요한 내용을 이루고 있다. 2007년 7월 1일부터 시행된 총량관리제의 도입으로 대기관리권역의 대기질을 선진국 수준으로 향상시킬 수 있는 전기가 마련되었다 할 수 있다. 그러나 제도 시행상의 걸림돌도 만만치 않아 대기관리권역의 대기질의 획기적인 개선이 이루어질지는 쉽게 속단할 수 없다.

사업장 오염물질 관리를 위한 핵심적인 대책을 이루고 있는 총량관리제는 대기질 개선목표를 달성하기 위하여 환경용량을 산정하고, 환경용량의 범위에서 지역별 배출허용총량을 결정하여 오염물질을 다량으로 배출하는 총량관리 대상 사업장에 이를 할당하고, 대상 사업장에 할당된 배출허용총량 중 일정부분의 이전을 허용하는 등의 방식으로 관리하는 체제라고 할 수 있다.

≪총량관리체제≫

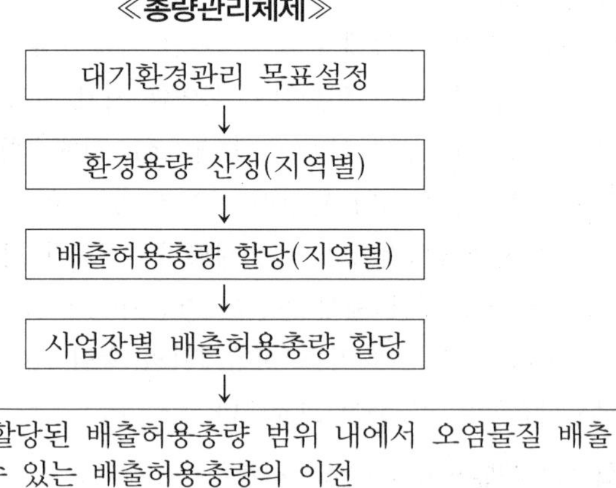

동법은 환경부장관이 대기관리권역의 대기환경개선을 위하여 수립하는 기본계획에서 대기관리권역의 배출원별 대기오염물질 배출허용총량과 그 저감계획, 지역배출허용총량,

사업장의 배출허용총량의 할당기준을 포함하도록 함으로써, 총량규제가 가능하도록 하고 있다(제9조 제2항).

1. 적용대상 오염물질 및 사업장

동법은 관리대상오염물질을 질소산화물(NOx), 황산화물(SOx), 휘발성유기화합물(VOCs), 먼지, 미세먼지(PM－10), 초미세먼지(PM－2.5), 오존(O3)으로 정하고 있으며(제9조 제1항 참조), 사업장에 대한 총량관리대상오염물질을 질소산화물, 황산화물, 먼지 등 3가지로 특정하고 있다(제9조 제2항 제8호).

한편, 동법은 총량관리 대상이 되는 사업장을 대기관리권역에서 총량관리대상오염물질을 대통령령으로 정하는 배출량을 초과하여 배출하는 사업장으로 정하고 있다(제15조 제1항). 동법의 위임에 따라 시행령에서는 대상사업장의 범위를 정하고 있다.[5] 총량관리대상사업장은 생산시설의 신 · 증설에 제한을 받는 등 기업활동에 제약을 받을 수밖에 없다. 따라서 총량관리를 할 경우 가능한 한 기업으로 하여금 향후 규제계획을 미리 알 수 있도록 하여 기업활동을 하는 데 예측가능성을 높여 주는 것이 바람직하다. 이러한 관점에서 총량관리 대상사업장의 범위를 대통령령에 전적으로 위임하는 것은 예측가능성을 떨어뜨리고 안정적인 기업활동을 저해하므로 법에서 총량관리 대상사업장의 범위와 적용시기를 명시하는 것이 바람직하다고 생각된다.

2. 총량관리제의 내용

가. 허 가 제

(1) 허 가

적용대상 사업장을 설치하거나 이에 해당하는 사업장으로 변경하려는 자는 환경부장관으로부터 사업장설치의 허가를 받아야 한다(제15조 제1항). 허가는 총량관리대상오염물질을 일정량을 초과하여 배출할 수 있는 특정한 권리를 설정하여 주는 행위로서 그 처분의 여부 및 내용의 결정은 재량행위에 해당한다.[6] 환경부장관은 이 규정에 따른 허가 또는 변경허가를 하는 경우에는 최적방지시설(BACT)[7]을 설치할 것을 조건으로 붙여야 한다(동조 제3항).

대기관리권역을 정할 당시 해당 대기관리권역에서 「대기환경보전법」 제23조에 따른 설치허가 또는 변경허가를 받거나 설치신고 또는 변경신고를 하고 제1항에 따른 사업장을 설치하였거나 설치 중인 자는 사업장설치허가를 받은 것으로 본다(동조 제6항 제1문).

---

5) 사업장 중에서 연간 오염물질 배출량이 질소산화물 4톤, 황산화물 4톤, 먼지 0.2톤을 최근 2년 동안 1회 이상 초과하는 사업장이 그 대상이 된다(시행령 제20조, 별표 2).

6) 대법원 2013. 5. 9. 선고 2012두22799 판결.

7) '최적방지시설'이라 함은 "「대기환경보전법」 제2조 제12호에 따른 대기오염방지시설 중 현재 사용되고 있거나 향후 기술발전 가능성을 고려하여 적용 가능한 대기오염물질 저감기술 중 저감효율이 우수하다고 인정되는 시설로서 산업통상자원부장관과 협의하여 환경부령으로 정하는 시설"을 말한다(제2조 제5호).

이러한 의제규정은 행정절차의 간소화를 위한 것으로 이해된다. 사업장설치의 허가 또는 변경허가를 받은 자는 그 사업장의 배출시설에 관하여 「대기환경보전법」 제23조에 따른 설치허가 또는 변경허가를 받거나 설치신고 또는 변경신고(동법 제24조에 따라 의제되는 경우를 포함)를 한 것으로 본다(동조 제8항).

(2) 허가의 제한

환경부장관은 사업장의 설치 또는 변경의 허가신청을 받은 경우 그 사업장의 설치 또는 변경으로 인하여 지역배출허용총량의 범위를 초과하게 되면 이를 허가하여서는 아니 된다(제16조 전문). 대기관리권역의 대기오염의 개선을 위해서는 이와 같이 강력한 총량관리가 필요하나 국민경제적 차원에서 불가피하게 사업장 시설의 신 · 증설 등을 허용할 필요가 있을 것이다. 동법이 산업통상자원부장관이 환경부장관에게 설치 또는 변경의 허가를 요청하는 사업장으로서 대기환경관리위원회의 심의결과 그 불가피성이 인정되는 경우에는 허가할 수 있도록 예외규정을 두고 있는 것(동조 후문)은 이러한 불가피성을 인정하고 있는 것으로 이해된다. 그러나 자칫 불가피성이라는 명목으로 허가제한의 예외를 남용할 경우에는 총량관리의 취지가 반감될 가능성이 있다.

(3) 허가의 취소

환경부장관은 사업자가 거짓이나 그 밖의 부정한 방법으로 허가 또는 변경허가를 받은 경우, 제15조 제3항에 따른 조건을 위반한 경우에는 사업장설치의 허가 또는 변경허가를 취소할 수 있다(제24조 제1항).

환경부장관은 사업장설치의 허가 또는 변경허가를 받지 아니하고 사업장을 설치 · 운영하는 자나 허가 또는 변경허가가 취소된 사업장을 계속하여 운영하는 자 등에 대하여 해당 사업장의 폐쇄를 명할 수 있다(동조 제2항).

나. 배출허용총량의 할당

(1) 할당기준

환경부장관은 총량관리 대상 사업장설치의 허가 또는 변경허가를 받은 자와 사업장설치허가를 받은 것으로 보는 자(사업자)에게 제9조 제2항 제8호에 따른 배출허용총량의 할당기준에 따라 5년마다 연도별로 구분하여 총량관리대상오염물질의 배출허용총량을 할당한다(제17조 제1항). 연도별 배출허용총량은 총량관리대상 오염물질별 총량할당계수[8]에 할당계수 단위량[9]을 곱하여 산정한다(시행규칙 제12조, 별표 2).

사업장에 대한 배출허용총량의 할당은 총량관리제 및 뒤에서 살펴보는 배출권거래제

---

8) 초기 연도의 할당량 산정 시 적용되는 할당계수는 최근 연도 단위배출량을 사용한다. 배출량 산정방법은 시설별 굴뚝자동측정기기(TMS)의 부착 또는 자가측정 여부에 따라 달리 산정하는데, TMS 부착시설의 경우는 농도를 기반으로 산정(TMS 기준)하고(시행령 제22조, 별표 3), 연료유량계 부착시설이나 측정기기 미부착 시설의 경우는 원칙적으로 오염물질 배출계수를 사용하여 산정(배출계수 기준)한다(시행규칙 제16조 제1항). 그러나 실제 배출량을 입증할 수 있는 자료를 인정받은 경우에는 해당 자료를 근거로 배출량을 산정한다(시행규칙 제16조 제3항).

9) 최근 5년간 연료 사용량, 원료 사용량 또는 제품 생산량의 평균값으로 한다.

도의 전제가 되고 있다. 결국 총량관리제 및 배출권거래제도가 성공적으로 시행되기 위해서는 사업장에 대한 배출허용총량의 할당이 제대로 이루어져야 한다. 부적정한 배출허용총량의 할당은 배출권거래제도를 왜곡하게 된다. 예컨대, 과다하게 할당된 배출허용총량은 곧 바로 이전 가능한 배출허용총량의 증가로 연결되어 극단적으로 서류상으로는 분명히 오염물질 배출량이 감소되었음에도 실제 오염물질 배출량은 증가하는 기이한 현상이 발생할 수 있는 것이다. 과다하게 할당된 배출허용총량은 이전 가능한 배출허용총량의 가격을 하락시키는데, 이는 해당 사업장의 오염물질 배출량 감소를 위한 투자 또는 기술혁신에 대한 동기를 약화시키고, 오히려 다른 사업장으로부터 배출허용총량을 매수하려는 유인으로 작용할 것이다.

배출허용총량의 할당은 해당 사업장의 실제 오염물질 배출량, 에너지 사용량 등을 기초로 하여 이루어지는데, 그 기초를 이루는 배출량, 에너지 사용량 등의 정확성이 담보되지 아니하였을 경우에는 총량관리제 및 배출권거래제도의 의의가 반감될 수밖에 없다. 과다 산정된 배출량은 해당 사업장에 대한 배출허용총량의 과다 할당으로 이어지면서 가공의 배출권거래가 이루어질 수밖에 없고, 그 결과 총량관리 및 배출권거래제도의 궁극적 목적인 오염물질 배출량의 감소는 이루어질 수 없게 되기 때문이다. 예컨대, 어떤 총량관리 대상사업장의 오염물질 실제 배출량이 300톤인데 해당 사업장에 할당된 배출허용총량이 400톤일 경우, 해당 사업장은 차액에 해당하는 100톤을 아무런 노력을 기울이지 아니하고도 다른 사업장에 매도할 수 있게 되는 것이다. 이러한 경우 오염물질 배출량의 감소는 서류상으로만 이루어지게 되고, 오염물질 배출량의 감소는 실제 이루어질 수 없게 되는 것이다.

결국 총량관리 및 배출권거래제도가 성공적으로 시행되기 위해서는 우선 정확하고 신뢰할 만한 오염물질 배출에 대한 산정이 이루어져야 한다. 대기관리권역 및 개별 사업장의 정확한 배출량 자료가 뒷받침되어야만 정확한 환경용량이 산정되고, 이를 바탕으로 적정한 지역배출허용총량, 사업장별 배출허용총량의 할당 등이 정해질 수 있기 때문이다. 이러한 관점에서 환경부장관으로 하여금 대기관리권역에 대하여 기초조사를 실시할 수 있도록 한 근거 규정(제7조)과 뒤에서 살펴보는 총량관리 사업자의 측정기기의 부착, 산정결과의 기록·보존의무 규정(제17조 제5항), 배출량 산정결과의 제출의무 규정(동조 제6항) 등은 큰 의미를 갖는다. 같은 맥락에서 「대기환경보전법」상 환경부장관 또는 시 · 도지사로 하여금 대기오염물질의 배출원과 그 배출량에 대해 조사하도록 하고 있는 규정(제17조)도 총량관리 및 배출권거래제도의 시행을 위해 중요한 의미를 갖는다.

(2) 고려요소

환경부장관은 사업자에게 배출허용총량을 할당하는 때에는 다음의 사항을 고려하여야 한다: ① 배출량의 저감계획; ② 지역배출허용총량; ③ 해당 사업장의 과거 5년간의 총량관리대상오염물질 배출량 및 에너지 사용량; ④ 최적방지기술 수준과 향후 총량관리대상 오염물질의 추가적인 저감 가능 정도; ⑤ 해당 사업자의 연도별 총량관리대상오염물질 저감계획; ⑥ 그 밖에 환경부령으로 정하는 사항(제17조 제2항).

시행규칙에서는 "그 밖에 환경부령으로 정하는 사항"으로 "총량관리사업장에서 배출되는 대기오염물질이 주변지역의 대기오염에 미치는 영향"만을 들고 있으나(제13조) 그 밖에 오염물질의 환경 및 건강에 미치는 유해성의 정도, 해당 사업장의 오염기여도(예컨대, 에너지 효율성 정도) 등도 생각해 볼 수 있을 것이다.[10)]

(3) 할당시기 · 절차 · 방법

배출허용총량의 할당시기 · 절차 · 방법 등에 관하여 필요한 사항은 환경부장관이 산업통상자원부장관과 협의하여 환경부령으로 정한다(제17조 제8항). 이에 따라 동법 시행규칙에서는 사업자에게 대기오염물질 총량관리사업장설치 허가증을 교부하는 때에 연도별 배출허용총량을 할당하도록 하고(제11조), 연도별 배출허용총량은 총량관리대상오염물질별 총량할당계수에 연도별 할당계수단위량을 곱하여 산정하도록 하고 있다(제12조, 별표 2).

동법은 할당 시 무상 할당을 염두에 두고 경매를 통한 배출허용총량의 취득에 대하여 침묵하고 있다. 그러나 환경비용의 내부화, 오염원인자 책임원칙의 실현, 신규오염원의 시장진입 장벽의 완화, 배출권거래시장의 활성화 등 관점에서 배출허용총량의 할당 시 경매제도의 도입을 적극 고려할 필요가 있다. 현행과 같이 과거(5년간)의 배출량수준에 기초하여 배출허용총량을 무상으로 할당해주는 것은 마치 오염원인자에게 보조금을 지급해주는 것과 같은바, 이는 환경비용의 내부화 및 오염원인자 책임원칙에 반한다 할 것이다. 또한 신규오염원에 비해 기존오염원에 완화된 기준을 적용하는 것과 같아 결과적으로 신규오염원의 시장참여를 제한하며, 기존오염원에게 새로운 기술도입보다는 구 기술, 구 설비를 고집하는 동인으로 작용할 가능성이 높다.[11)]

한편, 배출허용총량의 이전을 허용하는 이른바 배출권거래제도는 환경을 오염시키는 것 자체를 '권리'로 인식하는 윤리상 · 도덕상의 큰 결함을 본질적으로 내포하고 있다. 말하자면 깨끗한 대기환경을 누릴 권리 대신에 대기환경을 오염시키는 권리가 우선적 의미를 갖는다는 것이다. 배출허용총량을 무상으로 할당하지 아니하고, 경매를 통하여 취득하도록 하는 것은 대기오염의 비용을 내부화하고 배출권거래제도가 태생적으로 지니고 있는 이러한 윤리적 · 제도적 결함을 다소 완화시킬 수 있을 것이다.

기존오염원의 기득권 주장, 정치적 압력 등의 이유로 배출허용총량의 할당 시 경매제도의 완전한 시행이 현실적으로 어렵다면,[12)] 일부 무상과 부분적인 경매를 절충하여 배

10) Jonathan Remy Nash, *Too Much Market? Conflict Between Tradable Pollution Allowances and the "Polluter Pays" Principle*, 24 Harv. Envtl. L. Rev. 466, 501, 507 (2000).

11) Stephen M. Johnson, *Economic v. Equity: Do Market-Based Environmental Reforms Exacerbate*, 56 Wash. & Lee L. Rev. 111, 130 (1999).

출허용총량을 할당하거나, 단기적으로는 무상 할당이지만 중 · 장기적으로는 경매를 통해서만 배출허용총량을 취득할 수 있도록 하는 방안을 고려할 필요가 있다.

(4) 추가 할당

배출허용총량의 할당은 배출허용총량을 할당받은 기간(할당기간)마다 정하는 것이기 때문에, 그 기간 중에 예상하지 못한 경제사정의 변화나 할당대상업체의 사업계획의 변경 등이 발생하는 경우 배출권 할당을 조정함으로써 이러한 상황을 조정할 필요가 있다. 이에 동법은 다음의 어느 하나에 해당하는 경우에는 직권으로 또는 신청에 따라 총량관리사업자에게 배출허용총량을 추가로 할당할 수 있도록 하고 있다: ① 기본계획 변경으로 지역배출허용총량(총량관리사업자에 대한 지역배출허용총량을 말함)이 증가된 경우; ② 할당기간 동안 사업장 내 시설의 신설이나 증설로 총량관리대상 오염물질 배출량이 증가하는 등 대통령령으로 정하는 경우(제17조의2). 배출허용총량의 할당은 배출허용총량의 할당이 이루어지는 시점과 요건에 따라 사전 할당과 추가 할당으로 구분된다고 할 수 있다.

(5) 할당 취소

한편, 환경부장관은 다음의 어느 하나에 해당하는 경우에는 할당 또는 추가 할당한 배출허용총량의 전부 또는 일부를 취소할 수 있다: ① 기본계획 변경으로 지역배출허용총량이 감소된 경우; ② 총량관리사업자가 사업장을 폐쇄한 경우; ③ 설치 허가를 받아야 하는 사업장의 기준에 미달하게 되는 경우; ④ 거짓 또는 그 밖의 부정한 방법으로 배출허용총량 할당을 받은 경우; ⑤ 사업장설치의 허가가 취소된 경우(제17조의3). 배출허용총량의 추가 할당이 예상치 못한 배출량 증가에 대비하기 위한 것이라면 할당의 취소는 이미 할당된 배출허용총량을 취소할 수 있도록 하는 것이라고 할 수 있다.

(6) 배출허용총량 예비분

환경부장관 또는 시 · 도지사는 추가 할당, 이의신청 결과의 처리, 그 밖에 예비분 보유가 필요한 경우로서 대통령령으로 정하는 사항[13] 등의 목적을 수행하기 위하여 예비분을 보유하여야 한다(제17조의4).

다. 총량관리사업자의 의무

배출허용총량을 할당받은 사업자(총량관리사업자)는 해당 연도의 배출허용총량을 초과하여 총량관리대상오염물질을 배출하여서는 아니 된다(제17조 제4항). 총량관리사업자는 총량관리대상오염물질의 배출량을 측정할 수 있는 기기(TMS, 연료유량계)를 부착 · 가동하여 배출량을 산정하고, 그 산정결과를 기록 · 보존하여야 하며, 배출량의 산정결과를 환경부장관에게 제출하여야 한다(동조 제5항 내지 제6항).

12) 기존오염원에 대한 기득권의 인정(실적기준 무상분배)은 제도 도입에 대한 저항을 완화시키는 데 중요한 역할을 한 것으로 이해되고 있다. 문준조, 기후변화협약과 국내입법방향에 관한 연구, 한국법제연구원, 1999. 12, 128면.

13) 여기에는 신규로 사업장설치의 허가를 받는 자에 대한 배출허용총량의 할당, 배출허용총량 이전 제도의 안정적 운영을 위한 배출허용총량의 할당 등이 포함된다(시행령 제22조의5 제1항).

위와 같은 측정기기 부착 등 사업자의 의무는 배출량 산정의 정확성을 높일 수 있다는 점에서 중요한 의미를 갖는다. 배출량의 과다 산정은 배출허용총량의 과다 할당으로 이어지고, 이는 곧 해당 사업장의 경제적 이윤과 직결되므로 해당 사업장은 배출량에 대한 기망 내지 허위보고의 유혹을 뿌리치기 힘들 것이다. 이러한 사업장의 기망 또는 허위보고를 차단하기 위해서는 위와 같은 사업자 의무의 이행준수를 확보하는 것이 무엇보다 중요하다. 결국 의무 위반에 대한 벌칙의 철저한 부과(제46조)는 총량관리제 더 나아가 배출권거래제도의 효율성을 제고하는 것이다.

나아가 동법은 총량관리사업자가 부착하는 측정기기의 정확성을 확보하고, 측정결과를 효율적으로 관리하기 위하여 환경부장관으로 하여금 총량관리사업자가 배출량을 측정하기 위하여 부착한 측정기기와 연결하여 그 측정결과를 전산 처리할 수 있는 전산망을 운영할 수 있으며, 총량관리사업자가 측정기기를 정상적으로 부착 · 가동할 수 있도록 기술지원 등을 할 수 있도록 하고 있다(제17조 제9항). 이는 수많은 측정자료를 전산 처리해야 하는 현실적 필요성과 함께 대기오염물질의 배출량을 전산 관리함으로써 총량관리제가 원활하게 시행될 수 있도록 하기 위한 조치라고 할 수 있다. 환경부장관은 전산망을 통해 산정한 배출량을 확인하고 그 결과 사업장이 할당받은 배출허용총량을 초과하여 배출한 경우 총량초과과징금(제22조)을 부과하는 등 사업장 관리의 중요한 자료로 활용할 수 있다.

라. 이의신청

동법은 할당받은 배출허용총량 또는 배출량 산정 결과 등에 대한 이의신청절차를 마련하고 있다. 즉 총량관리사업자는 ① 배출허용총량을 할당 또는 추가 할당 받은 날, ② 배출량 산정 결과를 제출한 날, ③ 할당 취소 결과를 통보받은 날부터 30일 이내에 환경부장관에게 문서로 이의신청을 할 수 있다(제18조). 이는 사업장의 배출 수준에 비하여 과소 할당되거나 배출량 산정 시 측정기기의 고장 또는 오류의 발생으로 인해 그 산정량이 달라지는 등의 문제가 발생하여 총량관리 대상사업장이 할당받은 배출허용총량이나 실제 배출한 양을 산정한 결과에 대하여 이의가 있는 경우 조정하는 절차를 두어 사업자의 권익을 구제하려는 것이다.

마. 총량관리 대상사업장에 대한 유인 수단

총량관리의 효율성을 향상시키기 위해서는 총량관리 대상사업장에 대한 규제도 중요하지만 유인 수단을 제공하는 것도 중요하다. 동법은 환경부장관이 총량관리사업자에 대하여 대통령령으로 정하는 바에 따라 배출부과금을 감면하거나[14) 「대기환경보전법」 제41

14) 동법 시행령에서는 황산화물에 대한 총량관리사업자의 경우에는 황산화물에 대한 기본부과금을, 먼지에 대한 총량관리사업자의 경우에는 먼지에 대한 기본부과금을, 질소산화물에 대한 총량관리사업자의 경우에는 질소산화물에 대한 기본부과금을 면제하도록 하고 있다(시행령 제23조).

조에 따른 연료의 황함유기준을 적용하지 아니할 수 있도록 함으로써(제19조 제1항), 총량관리 대상사업장에게 대기 배출부과금 및 저황유 사용의무를 면제받을 수 있는 유인을 주고 있다. 또한, 환경부장관은 총량관리사업자가 설치·운영하는 사업장의 배출시설에 대하여 배출허용총량이 할당된 총량관리대상오염물질의 배출허용기준을 「대기환경보전법」상의 배출허용기준과 달리 정할 수 있다(동조 제2항, 시행규칙 제26조, 별표 4).

바. 배출권거래제도

동법은 총량관리대상 사업자에게 배출허용총량을 할당하고, 사업자로 하여금 할당받은 배출허용총량 중 일정 부분을 매매 또는 거래할 수 있도록 하는 배출권거래제도(Emission Trading System)의 도입 근거를 마련하고 있다.[15]

(1) 적용대상 오염물질

배출권거래제도가 적용되는 오염물질은 총량관리대상오염물질인 질소산화물, 황산화물, 먼지 등 3가지 대기오염물질에 한한다. 적용대상 오염물질을 한정하는 것은 법적용 및 관리대상 범위를 명확히 하고 있다는 점에서 바람직하다고 생각된다. 그러나 배출권거래제도의 활성화를 위해서는 그 적용대상 오염물질의 범위를 확대할 필요가 있다. 휘발성 유기화합물에 대한 단계적 실시가 요구되는 이유이다.

(2) 적용대상 사업장

배출권거래제도가 적용되는 사업장은 앞에서 살펴본 총량관리 대상사업장이다. 즉 대기관리권역에서 총량관리대상오염물질을 대통령으로 정하는 배출량을 초과하여 배출하는 사업장이다(제15조, 시행령 제20조).

배출권거래제도의 적용대상 사업장에 대하여 제한을 두는 것은 거래량을 소규모화함으로써 거래시장의 축소를 초래할 수 있다. 또한 신규오염원으로 하여금 상당 비용을 소요하면서 기존오염원으로부터 배출허용총량을 구입하도록 하는 것은 신규오염원의 시장참여를 제한함으로써 거래시장을 위축시킬 가능성이 있다. 그렇다고 모든 사업장을 적용대상으로 하는 것은 제도 운영 및 집행의 복잡성, 행정비용의 증가 등 현실적 문제점을 초래하므로 대량 오염물질 사업장 등으로 적용대상 사업장을 어느 정도 제한하는 것이 구체적 타당성을 갖는다 할 것이다.[16] 이러한 관점에서 동법이 사업장의 설치허가를 받아야 하는 총량관리사업자의 오염물질별 연간 배출량을 단계적으로 감축하여 결과적으로 적용대상 사업장을 확대하는 것은 설득력을 갖는다.

---

15) 배출권거래제도에 대하여 자세한 내용은 김홍균, "배출권거래제도와 한국에서의 적용 가능성", 법조, 2001. 12, 150면 이하 참조. 「저탄소 녹색성장 기본법」에서는 이산화탄소에 대한 배출권거래제도의 도입 근거 규정(제46조)을 두고 있으며, 2012년 5월 14일 「온실가스 배출권의 할당 및 거래에 관한 법률」이 제정되어 2015년부터 본격적으로 온실가스 배출권거래제가 시행되고 있다.

16) 미국 「대기정화법(CAA)」에 근거한 이산화황거래제도에서는 황산화물배출량이 일정량 이상인 발전시설을 적용대상으로 하고, 로스앤젤레스지역에서 시행되고 있는 청정대기를 위한 유인제도(RECLAIM)하에서는 황산화물과 질소산화물을 일정 규모 이상으로 배출하는 시설에 대해 업종 구분 없이 배출권거래제도를 적용하고 있다.

≪배출권거래제도≫

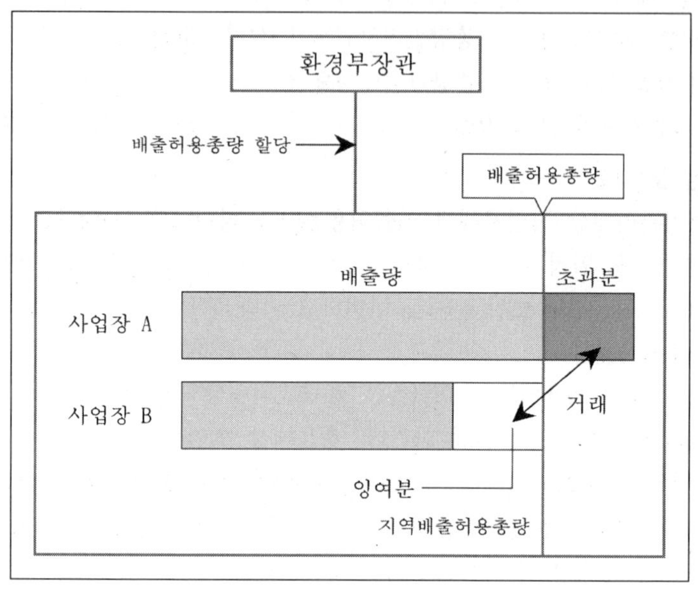

동법은 총량관리 대상사업장이 아닌 사업장의 자발적 참여가 가능한지에 대하여 침묵하고 있으나 총량관리 대상사업장이 아니더라도 배출권거래시장에 자발적으로 참여하여 배출허용총량을 이전할 수 있도록 하는 것이 배출권거래 시장의 활성화를 위하여 바람직하다고 생각된다.

(3) 배출허용총량의 이전

(가) 이전 절차 · 방법

총량관리사업자는 다음의 조건을 모두 충족하는 경우 할당받은 연도별 배출허용총량의 전부 또는 일부를 다른 총량관리사업자에게 매매 등을 통하여 이전할 수 있다: ① 총량관리대상 오염물질별로 이전할 것; ② 같은 연도의 연도별 배출허용총량간에 이전할 것(제20조 제1항). 종전에는 배출허용총량 중 미사용 할당량의 '일부'를 '해당 연도 내에서' 이전하도록 양적 · 시간적으로 제한하고 있어서 배출권 거래 및 총량관리사업장들의 안정적인 생산 활동을 제약하고 있었는바, 거래 활성화와 사업장의 편의를 위하여 같은 연도의 연도별 배출허용총량이라면 이를 다른 사업자에게 이전할 수 있도록 함으로써 그 제한을 없앴다. 그 결과 동일 오염물질별 · 동일 연도의 배출허용총량간에는 해당 연도 도래 전이라도 '전량' 이전이 가능하다. 이 규정에 따라 배출허용총량의 전부 또는 일부를 다른 총량관리사업자에게 이전하려는 자는 양쪽 당사자가 서명한 이전계약서 등 이전에 관한 증명서류를 환경부장관에게 제출하여 확인을 받아야 한다(동조 제2항). 배출허용총량의 이전은 환경부장관의 확인 후에야 그 효력이 발생하는 것으로 이해된다. 여기에서 '확인'의 법적 성질은 인가라고 할 수 있다.

배출허용총량 이전 시 환경부장관의 확인을 받도록 하는 것은 배출권거래제도의 큰 장점인 유연성을 제거하고, 불필요한 거래비용의 증가를 초래함으로써, 사업자의 배출권 거래시장 참여에 장애로 작용할 가능성이 있으므로17) 장차 정부의 확인 요건을 제거하고 시장기능에 맡길 필요가 있다.

동법은 배출허용총량의 이전 방법으로 경매를 명시적으로 규정하고 있지 않지만 해석상 경매를 통한 배출허용총량의 이전도 가능하다고 할 것이다. 그러나 제도적 뒷받침이 없는 상태에서 경매를 통한 배출허용총량의 이전이 활발히 이루어질 수 있을지는 의문이다. 환경비용의 내부화, 오염원인자 책임원칙의 실현, 배출권거래제도가 가지는 윤리적·도덕적 결함의 극복 등의 관점에서 경매제도의 도입과 활성화가 필요하다고 생각된다. 경매제도는 가격조작 또는 독과점에 따른 폐해를 방지하면서 경락자에게 이전할 수 있는 배출허용총량을 가장 비싼 값으로 경매함으로써 적정가격을 창출할 수 있을 것이다. 이러한 적정가격의 형성은 각 사업장에게 배출허용총량의 매도를 통한 이익의 극대화라는 유인을 제공함으로써 장기적으로 시장거래를 촉진할 것이다. 이에 더하여 경매제도는 오염배출의 감소를 위하여 최선의 방법을 사업장 스스로 결정하도록 자유를 제공하는바, 해당 사업장은 끊임없는 기술혁신을 기울일 가능성이 높다. 한편, 경매를 통하여 경락받은 배출허용총량에 대하여 지급된 금원은 오염세와 같은 기능을 갖는데, 궁극적으로 오염배출량 감소를 유도하고, 이 과정에서 얻어진 수입은 오염배출에 대한 감시 또는 환경피해를 입은 자에 대한 보상 등의 용도로 사용될 수 있을 것이다.

(나) 효 과

배출허용총량을 이전한 자는 이전한 만큼 해당 연도의 배출허용총량이 줄어든 것으로 보며, 이를 이전받은 자는 이전받은 만큼 그 연도의 배출허용총량이 늘어난 것으로 본다(동조 제3항). 총량관리사업자는 할당받은 연도별 배출허용총량 중 해당 연도에 사용하지 아니한 배출허용총량의 전부 또는 일부를 대통령령으로 정하는 범위에서 환경부장관의 승인을 받아 다음 연도 배출허용총량에 더할 수 있다(동조 제4항).

(다) 이전할 수 있는 배출허용총량의 양

제도의 성공을 위해서는 이전할 수 있는 배출허용총량의 적정한 산정이 요구된다. 동법은 배출허용총량을 이전할 수 있는 양에 관하여 필요한 사항은 환경부령으로 정하도록

---

17) Lily N. Chinn, *Can the Market Be Fair and Efficient? An Environmental Justice Critique of Emissions Trading*, 26 Ecology L. Q. 80, 120 (1999); Jeffrey M. Hirsch, *Emissions Allowance under the Clean Air Act: A Model for Future Environmental Regulations?*, 7 N. Y. U. Envtl. L. J. 352, 378 (1999). 높은 거래비용, 특히 거래 승인의 필요성은 배출권거래제도의 성공을 방해하고 있다. Robert W. Hahn & Gordon L. Hester, *Marketable Permits: Lessons for Theory and Practice*, 16 Ecology L. Q. 361, 376 (1989).

하고 있는데(제20조 제5항), 시행규칙에서는 총량관리사업자가 연간 이전할 수 있는 배출허용총량은 당초 할당받았거나 다른 총량관리사업자로부터 이전받은 배출허용총량 전체로 정하고 있다(제21조 제1항, 별표 3).

(라) 배출허용총량을 이전할 수 있는 지역의 범위

배출권거래제도는 자칫 환경위험의 불평등(environmental injustice)을 초래하거나 이미 존재하는 불평등을 더욱 악화시킬 수 있다.[18] 즉 배출허용총량의 이전에 따라 환경오염의 증가가 경제적으로 약한 지역에 집중되어 가뜩이나 환경오염이 심한 지역이 환경위험에 더욱 심하게 노출될 수 있다는 것이다. 경제적으로 약한 사업장은 오염물질 배출량 저감을 위해 상대적으로 높은 한계비용이 소요되므로 새로운 기술을 도입하여 실제 배출량을 감소하는 대신에 다른 사업장으로부터 이전할 수 있는 배출허용총량을 매수하여 오염 배출을 계속할 가능성이 많은데, 이는 경제적으로 약한 사업장이 소재하는 지역에 오염물질 배출을 증가시키는 요인이 되는 것이다. 오염물질 배출의 증가는 결과적으로 경제력, 정치력, 정보력 등이 약한 소외계층 내지 지역의 환경위험에의 노출을 더욱 심화시키는 것이다.

이러한 현상은 배출허용총량의 이전이 금지되는 지역에 대하여 제한을 두지 아니함으로써 가중될 수 있다. 예컨대, 오염의 정도가 심한 지역과 덜한 지역 사이의 배출허용총량의 이전을 허용함으로써, 오염이 악화되어 있는 지역에서의 배출허용총량 매수가 계속해서 증가하게 되는 것이다.

이러한 환경위험의 불평등을 해소하기 위하여는 배출권거래제도의 적용대상지역을 제한하는 것이 하나의 방안이 될 수 있다. 예컨대, 오염이 더 심한 지역으로부터의 배출허용총량의 매수는 허용하되 그 반대의 경우, 즉 오염이 더 심한 지역으로의 배출허용총량 매도를 금지하거나,[19] 오염이 더 심한 지역으로의 이전 시 오염물질 배출의 상쇄율을 증가시키는 방법[20] 등이 그것이다. 동법 시행규칙에서는 환경부장관으로 하여금 배출허용총량의 이전으로 인하여 대기관리목표 달성에 차질이 발생할 우려가 있는 경우에는 대기관리권역의 일부 지역에 대하여 다른 지역으로부터 배출허용총량이 이전되는 것을 제한할 수 있도록 규정하고 있다(제21조 제3항). 배출허용총량의 이전을 제한할 수 있는 지역의 범위는 지형, 기상조건 등 해당 지역의 대기환경관리 여건을 고려하여 환경부장관이

18) Stephen M. Johnson(각주 11), 129면.

19) 로스앤젤레스 지역에서 시행되고 있는 청정대기를 위한 시장유인제도(RECLAIM)하에서는 기상조건을 토대로 바람이 불어오는 지역, 즉 해안지역에 위치한 시설과 바람의 영향을 받는 지역, 내륙지역에 위치한 시설간의 거래는 제한하고 있는데, 내륙에 위치한 시설이 해안지역에서 배출허용총량을 구입하는 것은 가능하나, 그 반대는 금지되고 있다. 고윤화 · 박광석, "배출권거래제의 도입상 제약요인 및 향후 검토과제", 배출권거래제도 논의 동향 및 향후 정책방향, 한국환경정책 · 평가연구원, 1998. 12, 209면.

20) 미국 「대기정화법」은 오존에 대한 대기환경기준 미달성 지역에 대한 규제프로그램으로써, 미달성 지역을 오염 정도에 따라 5지역으로 구분하고 오염정도가 심한 지역으로의 등급 이동에 따라 허가조건이 엄격해지고, 오염배출의 상쇄율이 증가하는 등 규제가 강화된다. CAA § 181, § 182.

정하여 고시한다.

(마) 배출허용총량의 이전이 금지되는 오염물질

환경위험의 불평등 현상은 배출허용총량의 이전이 금지되는 오염물질에 대하여 제한을 두지 아니하기 때문에도 발생할 수 있다. 예컨대, 배출허용총량 이전의 결과 독성이 적은 오염물질의 배출량 감소분을 상쇄하는, 독성이 강한 오염물질이 경제적으로 약한 지역으로 유입되는 경우가 그것이다. 이와 같은 현상은 동종 오염물질간의 거래 시에도 발생할 수 있다, 즉 배출허용총량의 이전을 통한 1차 오염물질(precursor)의 증가는 이에 따른 2차 오염물질(secondary pollutants)의 증가를 초래하는바, 예컨대, 반응성이 약한 질소산화물의 배출량을 감소하는 대신 배출허용총량을 매수하여 반응성이 강한 질소산화물의 배출을 증가시킬 경우 2차 오염물질인 먼지는 증가하게 되는 것이다. 특정 오염물질의 증가는 특정오염물질로의 노출을 증가시키는데 그 오염물질이 유해할수록 환경위험은 더욱 악화될 것이다.

동법은 앞에서 본 바와 같이 배출허용총량의 이전이 제한되는 지역에 대한 고려는 하고 있으나 이전이 제한되는 오염물질에 대하여는 고려하고 있지 아니하다. 그러나 환경위험의 불평등을 해소하기 위하여는 유해성의 정도가 약한 오염물질의 배출량 감소를 상쇄하여 유해성의 정도가 더 강한 오염물질의 배출량을 증가시키는 것을 금지하는 것을 고려할 필요가 있다. 이종 오염물질간 배출허용총량의 이전은 동종 오염물질간 배출허용총량의 이전에 비하여 자칫 경제적으로 약한 지역에 보다 집중적으로 오염물질의 증가를 초래할 수 있다. 이러한 점을 의식하였는지 동법은 '총량관리대상 오염물질별'로 이전할 수 있다고 규정하고 있다(제20조 제1항).

(4) 이월과 차입

총량관리사업자에게 전략적 유연성을 제공한다는 차원에서 배출허용총량의 이월(banking)과 차입(borrowing)의 필요성이 있다. 총량관리사업자는 보유한 연도별 배출허용총량(이전한 배출허용총량을 포함) 중 해당 연도에 사용하지 아니한 배출허용총량의 전부 또는 일부를 대통령령으로 정하는 범위에서 환경부장관의 승인을 받아 다음 연도로 이월할 수 있다(제20조의2 제1항). 이월과 대비되는 것이 차입인데, 총량관리사업자는 할당기간(5년) 내의 다른 연도에 할당받은 연도별 배출허용총량의 일부를 환경부장관의 승인을 받아 해당 연도에 차입할 수 있다(동조 제2항). 차입 가능한 배출허용총량의 범위는 총량관리사업자가 차입 후에 매도 수익을 남기고 사업장을 폐쇄할 수 있는 부작용과 지역배출허용총량에 미치는 영향을 최소화해야한다는 차원에서 제한적이어야 한다. 시행령에서는 해당 연도에 할당받은 배출허용총량의 100분의 10 이내로 정하고 있다(시행령 제24조 제2항).

(5) 외부 감축활동의 인정

동법은 외부사업에서 발생한 온실가스 감축실적을 일정한 조건 하에서 총량관리사업자의 온실가스 감축의무이행으로 인정하고 있다. 이에 따르면 총량관리사업자는 사업장 외부(사업장이 속한 대기관리권역 내로 한정)에서 연료전환 등 대통령령으로 정하는 감축활동(외부 감축활동)[21]으로 총량관리대상 오염물질을 저감한 경우에는 그 전부 또는 일부를 해당 사업장의 배출량 산정 시 감축량으로 인정하여 줄 것을 환경부장관에게 신청할 수 있다(제20조의3 제1항). 말하자면 외부 감축활동 인정제도는 같은 대기관리권역 내 다른 사업장에서 오염물질을 줄이는 활동도 감축량으로 인정해 줌으로써 감축 유연성과 함께 동일한 권역 내의 기업간 상생을 도모하는 것이라고 할 수 있다. 다만, 다른 법령에 따른 의무이행을 위한 활동, 총량관리대상 오염물질의 저감 효과가 장기적으로 지속되지 않는 경우, 해당 사업을 통한 총량관리대상 오염물질 감축량에 대하여 정량화된 검증이 가능하지 않은 경우 등은 외부 감축활동으로 인정받을 수 없다(시행령 24조의2).

환경부장관은 총량관리사업자가 외부 감축활동에 대한 감축량의 인정을 신청한 경우에는 그 감축량(외부감축량)을 대통령령으로 정하는 방법에 따라 산정하고 그 결과를 총량관리사업자에게 통보하여야 한다. 이 경우 환경부장관은 지역배출허용총량에 미치는 영향 등을 고려하여 총량관리사업자의 외부감축량을 제한할 수 있다(동조 제2항). 환경부장관은 외부감축량만큼 총량관리사업자가 해당 연도의 배출량을 감소시킨 것으로 본다(동조 제3항).

사. 배출허용총량의 조정

환경부장관은 산업통상자원부장관이 에너지나 전력 수급 등 대통령령으로 정하는 사유[22]로 총량관리사업자의 배출허용총량의 조정을 요청하는 경우에는 위원회의 심의를 거쳐 해당 연도의 배출허용총량을 조정할 수 있으며(제21조 제1항), 총량관리사업자가 총량관리대상오염물질을 연간 배출허용총량을 초과하여 배출한 경우에는 그 초과배출량의 2배의 범위에서 다음 연도의 배출허용총량을 줄일 수 있다(동조 제2항). 동법 시행령에서는 구체적으로 총량관리사업자가 배출허용총량을 초과하여 오염물질을 배출한 경우에는 해당 연도의 초과배출량에 위반계수를 곱한 값을 다음 연도 배출허용총량에서 줄이도록 하고 있다(제26조).

아. 총량초과과징금

총량관리 더 나아가 배출권거래제도를 성공적으로 시행하기 위하여는 사업장 오염물질 배출과 관련하여 체계적이고 지속적인 관리와 철저한 감시가 이루어져야 한다. 동법은 총량관리사업자의 의무 위반 시 사업자에 대한 제재 등을 통해 엄격한 시행을 시도하고 있다. 즉 환경부장관은 총량관리사업자가 할당받은 배출허용총량을 초과하여 배출하면 총

---

21) 연료전환(종전 연료보다 오염물질을 적게 배출하는 연료 또는 에너지원으로 전환하는 것을 말한다) 등을 위하여 시설을 설치하는 활동을 말한다. 다만, 다른 법령에 따른 의무 이행을 위해 설치하는 것은 제외한다(시행령 제24조의2 제1항).

22) 여기에는 다음의 사유가 포함된다: ① 에너지와 전력의 원활한 수급이 필요한 경우; ② 재난이 발생하여 신속한 대응 및 복구가 필요한 경우; ③ 전략물자의 제조 · 개발이 필요한 경우(제25조).

량초과과징금을 부과 · 징수할 수 있다(제22조 제1항). 총량초과과징금의 산정방법은 다음과 같다(제23조 제1항):

배출허용총량 초과배출량 × 오염물질 1kg당 과징금액 × 지역별 부과계수 × 연도별 과징금 산정지수 × 배출허용총량 초과율별 부과계수 × 위반횟수별 부과계수

총량관리사업자가 연간 배출허용총량을 초과하여 배출한 경우 초과배출량의 2배의 범위에서 다음 연도의 배출허용총량을 줄일 수 있도록 하는 것(제21조 제2항)도 사업자의 이행준수 및 배출권거래제도의 실효성을 확보하는 수단이 될 수 있다.

초과배출행위에 대한 제재는 이행준수를 확보한다는 차원에서뿐만 아니라 환경비용의 내부화 차원에서도 필수적이다. 이러한 관점에서 할당된 배출허용총량을 초과하는 배출행위에 대하여는 동 제도 이행비용을 넘어서는 총량초과과징금을 부과하도록 부과율을 조정하는 것이 필요하다.

자. 자발적 협약

동법은 총량관리사업자가 총량관리대상오염물질의 배출을 그 배출허용총량보다 더 줄이기 위하여 환경부장관과 협약(자발적 협약)을 체결할 수 있도록 하고 자발적 협약을 체결한 기업(협약기업)에게 일정한 특례를 인정할 수 있는 법적 근거를 두고 있다.[23] 즉 환경부장관은 총량관리사업자가 총량관리대상오염물질의 배출을 그 배출허용총량보다 더 줄이기 위한 계획을 수립하여 환경부장관과 자발적 협약을 체결한 때에는 다음의 혜택을 부여할 수 있다: ① 자발적 협약의 이행을 위하여 필요한 재원의 지원; ② 과징금을 부과하는 경우 전년도에 할당된 배출허용총량보다 더 줄인 양에 해당하는 금액의 감액(제25조 제1항).

Ⅲ. 자동차배출가스의 억제

자동차의 급속한 증가에 따라 이산화질소, 미세먼지의 오염도는 증가하는 추세에 있다. 서울에서 배출되는 오염물질 중 수송부문의 오염물질이 전체의 80%를 넘는다는 것은[24] 대기관리에서 자동차의 배기가스를 줄이는 것이 급선무라는 것을 시사하고 있다. 동법에서 대기오염의 주범으로 지목되는 경유자동차 관련 내용이 많은 것은 이러한 인식에 기초한 것으로 보인다.

---

23) 동법 시행규칙에 따르면 자발적 협약에는 다음의 사항이 포함되어야 한다: ① 총량관리사업자의 연도별 총량관리대상오염물질 배출허용총량; ② 총량관리대상오염물질의 저감목표 및 그 이행기간; ③ 저감목표를 달성하기 위한 연도별 투자계획; ④ 그 밖에 저감목표 이행을 위하여 필요한 사항(제24조).

24) 서울에서 배출되는 오염물질 배출량을 용도별로 구분하여 보면 수송 85.4%, 난방 12.7%, 산업 1.7%, 발전 0.2%를 차지하고 있다. 서울특별시, 서울의 환경, 2001, 56면.

1. 특정경유자동차 관리

대기관리권역 대기질의 획기적인 개선을 위해서는 주요 대기오염원인 경유자동차에 대한 기준을 강화할 필요가 있다. 동법은 특정경유자동차[25]에 대하여 「대기환경보전법」 상의 기준보다 강화된 운행차배출허용기준을 적용할 수 있도록 하고 있다(제26조 제1항). 이에 따라 시행규칙은 매연 배출허용기준을 단계적으로 강화하고 있다(제26조, 별표 4).

특정경유자동차의 소유자는 그 자동차에서 배출되는 배출가스가 특정경유자동차의 배출허용기준에 맞는지 여부에 대하여 검사를 받아야 한다(제26조 제2항). 검사를 받은 특정경유자동차에 대하여는 「대기환경보전법」상의 정밀검사를 면제할 수 있다(동조 제4항).

한편, 동법은 특정경유자동차의 소유자에 대하여 해당 자동차에서 배출되는 배출가스가 특정경유자동차의 배출허용기준에 맞게 유지되도록 배출가스저감장치를 부착하거나 저공해엔진으로 개조 또는 교체를 의무화하고 있다(동조 제3항). 이 규정에 따라 배출가스저감장치를 부착하거나 저공해엔진으로 개조 또는 교체한 특정경유자동차에 대하여는 배출가스저감장치 또는 저공해엔진의 보증기간 동안 제2항에 따른 검사를 면제할 수 있다. 다만, 배출가스저감장치에 부착한 측정기기 및 「대기환경보전법」 제54조에 따른 자동차 배출가스 종합전산체계를 통하여 배출가스 저감장치의 성능이 유지되는지를 확인할 수 있는 경우에는 제2항의 검사를 면제한다(동조 제4항). 저감장치에 부착한 측정기기 등을 통하여 그 성능이 확인된 자동차에 한하여 정밀검사를 면제하도록 한 것은 정밀검사를 통해 저감장치의 부착 여부의 확인 및 사후관리를 강화하기 위한 것으로 이해된다.

환경부장관이나 시 · 도지사 및 시장·군수는 특정경유자동차의 소유자 또는 대기관리권역 외의 지역을 관할하는 지방자치단체에 등록된 사업용 경유자동차 중 특정경유자동차의 종류에 해당하는 자동차로서 대기관리권역에서 대통령령으로 정하는 기간(연간 60일) 이상 운행하는 자동차의 소유자가 배출가스 저감장치를 부착하거나 저공해엔진으로 개조 또는 교체하는 경우에는 이에 소요되는 경비를 지원할 수 있다(동조 제5항). 이에 따르면 경비 지원 차량은 특정경유자동차로 국한된다. 문제는 특정경유자동차는 배출가스보증기간이 지난 자동차를 의미하므로(제2조 제5호) 결국 경비 지원 기준이 기간만으로 한정된다는 것이다. 기간 외에 다른 여러 여건(무거운 화물 운반, 가다 서다를 반복하는 시내주행, 잦은 언덕길 주행, 급정거 · 급발진 등)으로 인해서도 대기오염물질의 배출량에 많은 차이가 발생할 수 있다는 점을 고려할 때 경비 지원 대상을 특정경유자동차 외에 사업용 경유자동차로 확대함으로써 정책의 효율성을 제고할 필요가 있다.

나아가 동법은 특정경유자동차의 '소유자'에 대하여도 관리의무를 부과하고 있다. 즉

25) '특정경유자동차'란 「대기환경보전법」 제2조 제13호에 따른 자동차 중 같은 법 제46조 제3항에 따른 배출가스보증기간이 지난 자동차로서 대기관리권역에 등록된 경유자동차를 말한다. 다만, 엔진배기량 등이 환경부령으로 정하는 기준에 해당하는 경유자동차는 제외한다(제2조 제5호).

배출가스저감장치를 부착하거나 저공해엔진으로 개조 또는 교체한 특정경유자동차의 소유자는 그 장치 또는 엔진이 저감효율에 맞게 유지되도록 배출가스저감장치 등의 성능 유지를 위하여 환경부령으로 정하는 사항을 지켜야 하며, 이를 지키지 아니할 경우에는 시 · 도지사 및 시장 · 군수가 배출가스저감장치나 저공해엔진의 성능을 유지하도록 시정을 명할 수 있다(동조 제7항 · 제8항). 소유자에게 이와 같이 사후관리의무를 부과하는 것은 배출가스저감장치의 사후관리 강화에도 불구하고 자동차 소유자의 불법연료 주입 및 무단 탈착에 따른 저감장치의 훼손과 필터 청소 등의 적정한 정비가 이루어지 아니함으로 인한 성능 저하 등 사후관리에 한계가 드러남에 따라 이를 개선하려는 것이다. 배출가스저감장치를 부착하거나 저공해엔진으로 개조 또는 교체하는 사업이 정부의 예산으로 추진된다는 점에서 소유자에게 관리책임을 부과하는 것은 당연하다고 할 수 있다.

2. 경유자동차의 교체 지원

노후차량이 증가하면서 대기오염을 가중시키고 있다. 이러한 점을 인식하고 동법은 환경부장관 및 시 · 도지사로 하여금 「대기환경보전법」 제46조 제3항에 따른 배출가스보증기간이 지난 경유자동차를 저공해자동차로 교체하면 그 경비를 지원할 수 있도록 하고 있다(제27조). 이에 따르면 폐차만으로는 경비 지원을 받을 수 없고 폐차와 함께 저공해자동차를 구매하여야 비로소 지원금을 받을 수 있다. 노후차량의 조기폐차만으로도 지원금을 받을 수 있도록 하는 입법적 검토가 필요해 보인다.

3. 특정 용도 자동차로 경유자동차의 사용 제한

대기오염물질로 인한 어린이의 건강상 위해를 예방하고 일상생활에서 주민의 건강을 보호하기 위하여 다음의 목적으로 사용하는 자동차에 대하여는 경유자동차를 사용하여서는 아니 된다: ① 어린이통학버스; ② 화물자동차 운송사업 중 화물을 집화 · 분류 · 배송하는 형태의 운송사업에 사용되는 자동차; ③ 여객자동차운송플랫폼사업에 사용되는 자동차(제28조). 사용 제한 대상을 어린이통학버스와 운송사업에 사용되는 자동차로 국한하는 것은 이들 업체의 입장에서는 강한 규제라고 할 수 있지만 이들이 운송, 배송 및 택배 등으로 일상의 생활환경에 상존하고 있고, 이로 인해 어린이는 물론이고 주민의 건강을 해칠 가능성이 매우 높다는 점을 고려한 것으로 보인다. 같은 맥락에서 노약자들을 운송하는 셔틀버스에 대해서도 입법적 고려가 요망된다. 이러한 규제는 경유자동차가 다른 차종에 비해 대기오염물질 배출정도가 많은 것을 고려한 것이지만 사업자의 재산상의 신뢰이익도 중요하다는 점에서 사용 제한 규정의 유예(부칙 제1조)와 함께 종전의 택시운송사업 등에 사용 중인 경유자동차의 경우 규제대상에서 제외하는 특례를 규정하고 있다(제28조의2). 한편, 동법은 환경부장관이 자동차제작자에게 특정 용도 경유자동차의 제작 중단 및 대체 자동차의 우선 출고의 협조를 요청할 수 있도록 하고, 협조요청을 받은 자동차제작자는 특별한 사유가 없으면 이에 협조하도록 하고 있다(제28조의3).

4. 저공해운행지역의 지정

동법은 저공해자동차의 보급을 촉진하고 대기환경을 보전 · 개선하기 위하여 저공해자동차 등만 운행 가능한 저공해운행지역을 지정할 수 있는 근거를 마련하고 있다(제29조의2).

5. 경유자동차의 운행 제한

대기오염이 심한 지역에 대하여 다량의 배출가스를 방출하는 차량의 운행을 제한하는 것은 대기환경개선에 기여하는 면이 있을 것이다. 이에 동법은 시 · 도지사 또는 시장 · 군수가 대기환경개선을 위하여 필요하다고 인정하는 지역에 대하여 다음의 어느 하나에 해당하는 경유자동차의 운행을 제한할 수 있도록 함으로써, 운행제한의 법적 근거를 두고 있다: ① 운행차배출허용기준을 초과한 특정경유자동차; ② 배출가스저감장치를 부착하지 아니하였거나 저공해엔진으로 개조 또는 교체하지 아니한 특정경유자동차; ③ 사업용 경유자동차 중 배출가스보증기간이 지난 자동차로서 배출가스저감장치를 부착하지 아니하였거나 저공해엔진으로 개조 또는 교체하지 아니한 자동차(제29조 제1항).

배출가스저감장치의 부착 여하와 무관하게 운행차배출허용기준을 초과한 특정경유자동차를 통행 제한 대상으로 하고 있는 것은 배출가스저감장치를 부착하였다 하더라도 배출가스저감장치의 보증기간이 지난 경우 저감장치 촉매제의 고갈로 운행차배출허용기준을 충족하기 어려울 수 있고, 배출가스저감장치의 보증기간이 아직 남아 있다고 하더라도 운행특성 및 여건에 따라 배출가스저감장치의 효율이 떨어져 운행차배출허용기준을 충족하기 어려울 수 있다는 점 등을 고려한 것으로 이해된다. 운행이 제한되는 자동차의 범위, 지역 및 운행 제한 미이행에 따른 과태료 부과는 시 · 도 또는 시 · 군의 조례로 정한다(동조 제2항). 운행 제한 기간에 대해서는 언급이 없는데, 상시 정체구간에 대한 특정시간 운행제한을 포함하여 제한 기간 및 시간 등을 조례로 정할 수 있도록 하는 것을 검토할 필요가 있다.

6. 자동차 및 자동차 연료의 정보공개

환경부장관은 대기관리권역을 관할 구역으로 하는 지방자치단체에서 판매되는 자동차의 대기오염물질 배출등급과 자동차 연료의 성분 및 대기오염에 미치는 영향 등에 따른 연료품질등급을 고시하여야 한다(제30조, 시행령 제31조, 제32조).

Ⅳ. 건설기계, 선박 등의 배출가스의 억제

동법의 관리 대상 범위는 경유자동차가 주가 되지만 이에 그치지 않고 건설기계 · 장비, 공항에서 사용하는 설비나 장비에도 미친다.

1. 특정건설기계 등의 관리

시 · 도지사 및 시장 · 군수는 특정건설기계 및 자동차 중 특정경유자동차의 저공해화 계획을 수립 · 시행하여야 하고(제31조 제1항), 행정기관 및 대통령령으로 정하는 공공기관이 대기관리권역에서 환경부령으로 정하는 규모 이상의 토목사업 또는 건축사업을 발주하거나 시행하는 경우 특정건설기계[26]가 아닌 건설기계, 배출가스저감장치를 부착하거나 저공해엔진으로 개조 또는 교체한 특정건설기계, 특정경유자동차가 아닌 자동차, 배출가스저감장치를 부착하거나 저공해엔진으로 개조 또는 교체한 특정경유자동차를 사용하거나 사용하도록 하여야 한다(동조 제2항).

2. 항만 · 선박 대기오염원 관리

환경부장관은 해양수산부장관에게 대기관리권역 내에 위치한 항만과 선박에서 배출되는 대기오염물질의 저감을 위한 대책 수립 및 조치를 요청할 수 있다. 이 경우 해양수산부장관은 특별한 사유가 없으면 이에 따라야 한다(제32조).

3. 공항의 대기개선계획

동법은 대기관리권역 내 위치한 공항의 운영자로 하여금 사용하는 장비, 건설기계, 자동차의 내연기관에서 배출되는 배기가스를 억제하기 위하여 대기개선계획을 수립하고 시 · 도지사의 승인을 받도록 하고, 시 · 도지사로 하여금 시행계획 수립 시 이를 반영하도록 하고 있다(제33조).

4. 소규모 배출원의 규제

시 · 도지사는 생활주변 소규모 배출원에서 배출되는 오염물질로 인한 대기오염을 줄이기 위하여 필요하다고 인정하면 그 시 · 도의 조례로 정하는 바에 따라 대통령령으로 정하는 행위의 제한 및 방지시설 설치를 명령할 수 있다(제34조).

5. 가정용 보일러 관리

동법은 가정용 보일러에 대한 규제, 관리를 강화한다는 차원에서 보일러 인증기준, 검사 등에 대한 법적 근거를 두고 있다(제35조, 제36조).

Ⅴ. 재원의 확보 및 관리

저공해자동차 보급 등 대기관리권역의 대기환경개선을 위한 재원의 수요는 급증하고 있으나 지출예산은 턱없이 부족한 실정이다. 이에 동법은 대기환경개선특별회계의 설치를 위시하여 대기관리권역의 대기환경 개선을 위한 투자재원을 확보하기 위한 관련 규정을

26) '특정건설기계'란 「대기환경보전법」에 따른 건설기계 중 배출가스보증기간이 지나거나 2004년 1월 1일 이전에 제작된 건설기계로서 대기관리권역에 등록된 것을 말한다(제2조 제6호).

두고 있다(제37조 내지 제38조).

제 4 절 미세먼지 저감 및 관리에 관한 특별법

하루가 멀다하고 쏟아지는 미세먼지 관련 기사. 미세먼지에 대한 공포는 더 이상 허구가 아니라 현실이 되고 있다. 미세먼지는 입자 크기가 매우 작아, 코, 구강, 기관지에서 걸러지지 않고 우리 몸 속까지 스며들어 알레르기성 비염, 기관지염, 폐기종, 천식, 폐포 손상 등과 함께 조기 사망률을 높이는 것으로 알려지고 있다. 2013년 국제암연구소(IARC)가 1군 발암물질(Group 1)로 지정한 데 이어, 2014년 세계보건기구(WHO)는 한 해에 미세먼지로 인해 일찍 사망한 사람이 700만명에 이른다고 발표한바 있다.[1] 미세먼지로 인해 어린이, 노인, 호흡기 질환자 등 민감계층에 속하는 사람은 물론이고 일반 시민들의 일상생활도 크게 제약을 받고 있다. 마스크, 공기청정기 사용은 일상이 되고 있다. 미세먼지로 프로야구 경기가 취소되는 초유의 사태까지 발생하고 있다. 우리나라 미세먼지의 심각성은 수치로도 잘 나타나고 있다. 서울의 미세먼지(PM2.5) 농도는 외국보다 높은 수준을 보이고 있으며,[2] 황사의 발생빈도는 크게 증가하고 있다.[3]

미세먼지문제가 가지고 있는 다음과 같은 특징은 그 문제 해결 및 관리를 어렵게 하고 있다. 우선 미세먼지의 발생은 국외 요인,[4] 국내 요인,[5] 지리 · 기상 · 기후 조건[6] 등으로 복합적이다. 국외 요인이나 지리 · 기상 · 기후 조건 등은 어쩔 수 없는 측면이 강하다면 국내 요인은 그나마 우리 스스로 해결할 수 있는 영역이라고 할 있다. 말하자면 지리 · 기상 조건 등은 장기적, 국외 요인은 중기적 대책이 요구되는 반면 국내 요인은 상대적으로 단기적 대책이 요구된다고 할 수 있다. 이는 외부 요인에도 불구하고 국내 배출을 소홀히 하면 안 된다는 것을 강하게 시사한다.

국내 요인에 초점을 맞출 경우 워낙 복잡 다양한 배출원이 존재한다. 국내 배출은 전체 미세먼지 발생의 50% 정도를 차지하고 있으며, 배출원은 산업, 수송, 생활 발전분야

1) 환경부, 환경백서, 2018, 121면. 2015년 11월 유럽환경청(EEA)은 2012년 유럽 전역에서 질소산화물에 노출돼 심혈관, 폐 등 각조 질환으로 조기 사망한 사람이 약 7만5천명으로 추정된다고 발표한 바 있다. 조선일보, "경유차가 내뿜는 질소산화물이 초미세먼지 주범", 2016. 4. 29. 기사.

2) 2017년 기준 서울의 미세먼지(PM2.5) 농도는 25마이크로그램(㎍/㎥)으로, 파리 14㎍/㎥, LA 14.8㎍/㎥에 비해 70~79% 정도 높게 나타나고 있다. 2018년 환경백서(앞의 책), 120면.

3) 최근 황사 발생빈도는 서울 기준으로 2012년 1회/1일에서 2017년 6회/10일로 늘어났다. 2018년 환경백서(앞의 책), 121면.

4) 미세먼지에 대한 국외 영향은 평상 시 40~50%, 고농도 시에는 60~80%에 이를 정도로 큰 것으로 분석되고 있다. 2018년 환경백서(앞의 책), 122면.

5) 세계적으로 높은 인구밀도, 수도권 중심의 인구 · 차량 집중에 따른 도시화, 제조업 중심의 산업화 요인 등은 단위 면적당 미세먼지 배출량을 증가시키고 있다.

6) 지리적으로는 편서풍 지역에 위치하고 있어 상시적으로 주변국으로부터 황사, 미세먼지 영향을 받고 있으며, 미세먼지를 씻어 내는 강우가 여름철에 편중되고 겨울 · 봄철에는 강수가 극히 적어, 유럽과 같은 미세먼지 세정효과를 기대하기 어려울 뿐만 아니라, 특히 우리나라 주변에서 자주 발생하는 대륙성 고기압으로 대기정체가 많아 고농도 미세먼지 발생을 야기하는 등 기상적 여건도 불리하다. 2018년 환경백서(각주 1), 120면.

등 다양하다. 구체적으로는 공장 등 사업장, 경유차, 건설기계, 발전소, 냉난방 등이 주요 배출원으로 꼽히고 있다.[7] 미세먼지의 배출원이 이와 같이 다양하다는 것은 배출 억제 및 관리를 위해서는 그 만큼 다양한 수단이 동시다발적으로 동원되어야 한다는 것을 의미한다.

미세먼지는 1차적 발생뿐만 아니라 2차적 발생에 의해서도 생성된다. 즉 미세먼지의 생성원인은 발생원으로부터 고체상태의 미세먼지로 나오는 경우(1차적 발생)와 발생원에서는 가스 상태로 나온 물질이 공기 중의 다른 물질과 화학반응을 일으켜 미세먼지가 되는 경우(2차적 발생)로 나누어진다. 1차적 발생은 경유자동차의 배기관이나 공장에서 매연의 형태로 배출되는 것을 말하며, 2차적 발생은 자동차나 발전소에서 배출되는 아황산가스, 질소산화물이 배출된 후 대기 중에서 수증기, 암모니아 등과 결합하는 화학반응을 거쳐 생성되는 것을 말한다. 2차적 발생비율(생성물질)이 큰 부분을 차지하고 있다는 점을 고려할 때[8] 그 전구물질(아황산가스, 질소산화물)에 대한 종합적 관리가 요구되는 대목이다.

미세먼지문제는 에너지문제와 밀접히 연계된다. 에너지원을 무엇으로 하느냐, 어느 정도로 하느냐에 따라 그 결과는 많은 차이가 날 수밖에 없다. 화석연료를 주에너지원으로 할 경우 원자력에 비해 미세먼지 배출이 많아질 수 있다는 사실을 생각해보라. 이는 최근 탈원전, 신재생에너지의 확대 등 에너지 조정 · 전환 등이 사회적 이슈로 부각하고 있는 상황에서 미세먼지문제와도 연계되기 때문에 논란이 더욱 증폭될 수 있다.

또한 미세먼지문제는 환경부 이외의 다양한 부처 업무와 관련된다. 예컨대, 석탄화력발전소 운영(산업자원부), 도로 관리(도로재비산먼지), 대중교통이용(국토교통부), 황사 문제(외교부), 민감계층보호, 역학조사(보건복지부), 학교 · 학원보건(교육부), 항만 및 선박관리(해양수산부), 도로숲(산림청) 등 관련 부처는 워낙 다양하다. 이는 업무의 중복, 관리의 비효율성 등의 문제를 야기하는바, 범부처 차원의 콘트롤 타워의 존재와 역할에 대한 필요성을 제기한다.

[1] 서울중앙지법 2020. 12. 11. 선고 2021가합23139 판결

우리나라의 미세먼지 환경기준이 세계보건기구의 기준 수치인 20㎍/m³보다 두 배 이상 초과하는 50㎍/m³인 사실, 우리나라 초미세먼지 수치는 서울 연평균, 일평균의 경우 거의 대부분 기준을 달성하지 못하고 있는 사실은 인정되나, 역시 앞서 본 바와 같은 사정 즉, 미세먼지와 초미세먼지는 현대사회공동생활을 함에 있어 불가피하

7) 미세먼지 발생 주요 배출원을 살펴보면, 수도권은 경유차(23%), 건설기계 등(16%), 사업장(14%), 냉난방(12%), 에너지수송 · 저장 등(10%) 순이며, 전국적으로는 사업장(38%), 건설기계등(16%), 발전소(15%), 경유차(11%), 냉난방(5%) 순이다. 2018년 환경백서(앞의 책), 122 내지 123면.

8) 대기오염물질 배출량통계(국립환경과학원)와 수도권 대기오염집중측정소에서 측정하고 있는 미세먼지 구성성분을 토대로 추정한 결과에 의하면, 수도권의 경우 화학반응에 의한 2차 생성 비중이 전체 PM2.5 발생량의 73%를 차지할 만큼 매우 높다. 2018년 환경백서(앞의 책), 122면.

게 수반될 수밖에 없는 점, 최근 우리나라 미세먼지 수치는 연 평균 환경기준을 대부분 달성하고 있는 점, 피고 대한민국이 2018년 초미세먼지 관련 환경기준을 기존의 25㎍/㎥에서 15㎍/㎥으로 강화한 점, 우리나라 미세먼지 및 초미세먼지 수치가 점차 개선되어 가는 추세에 있는 점 등에 비추어 보면, 위와 같은 사실만으로 미세먼지로 인한 국민의 생명 · 신체 · 재산 등에 대하여 절박하고 중대한 위험상태가 발생하였다거나 발생할 상당한 우려가 있다고 보기 어려우므로, 공무원에게 관련 법령에 없는 조치를 함으로써 미세먼지로 인한 위험을 배제할 작의위무를 인정할 수 없다.[9)]

이러한 미세먼지문제가 갖는 복잡성은 그 해결을 어렵게 하는 요인으로 작용하고 있다. 그렇다고 두 손 놓고 있을 수는 없는 것. 국회는 2018. 8. 14. 「미세먼지 저감 및 관리에 관한 특별법」(미세먼지법)을 제정함으로써 문제해결을 위한 돌파구를 마련하였다. 동법은 제정 이유서에서 적절히 밝히고 있듯이 "미세먼지는 국민건강을 위협하는 가장 중요한 문제로 인식되고 있으며 정부가 특별대책을 발표하고 각종 정책을 시행하고 있음에도 불구하고 여전히 개선의 기미가 보이지 않음에 따라 갈수록 국민들의 불안을 증폭시키고 있는 상황이고 이로 인해 미세먼지를 줄이기 위한 특단의 대책 마련에 대한 요구가 갈수록 커지고 있으며 보다 근본적인 차원의 미세먼지 원인 규명 및 대책 마련이 시급하다고 할 수 있다"는 인식하에 미세먼지 및 미세먼지 생성물질의 배출을 저감하고 그 발생을 지속적으로 관리함으로써 미세먼지가 국민건강에 미치는 위해를 예방하고 대기환경을 적정하게 관리 · 보전하여 쾌적한 생활환경을 조성하는 것을 명시적인 목적으로 하고 있다(제1조). 동법이 담고 있는 내용은 사실 기존 「대기환경보전법」의 개정으로도 가능한 것이었으나[10)] 미세먼지 오염 현황이 심각하고 국민의 인식이 워낙 높다는 점 등이 복합적으로 작용하여 특별법의 형태로 제정되었다고 할 수 있다. 국제적으로 미세먼지만을 규율 대상으로 하고 있는 법을 찾아보기 힘들다는 점에서[11)] 동법의 제정은 특별한 의미로 다가온다.

1. 미세먼지란?

동법의 주된 규율 대상은 바로 미세먼지다. 동법은 '미세먼지'를 「대기환경보전법」 제2조 제6호에 따른 먼지 중 다음의 흡입성먼지를 말한다고 정의하고 있다: ① 입자의 지

9) 원고들이 중국과 대한민국을 상대로 먼지로 인한 손해배상(위자료 청구)을 구한 사건에서 중국에 대한 소는 우리나라 법원에 재판관할권이 없다는 이유로 부적법 각하하고, 대한민국에 대해서는 공무원의 작위의무를 인정할 수 없다는 이유로 기각한 사례.

10) 미세먼지법은 미세먼지의 저감 및 관리에 관하여 다른 법률에 우선하여 적용한다고 하고 있으나(제6조) 「대기환경보전법」, 「실내공기질 관리법」, 「대기관리권역의 대기환경개선에 관한 특별법」 등에서도 미세먼지를 다루고 있는바, 이들 법과의 관계상 법체계의 중복, 비효율 등의 논란이 제기될 수 있다.

11) 일본에서는 자동차 배출규제와 관련해서 2001년 「자동차에서 배출되는 질소산화물 및 입자상물질의 특정 지역의 총량 삭감 등에 관한 특별조치법」이 제정되어 시행되고 있다. 동법에 대하여 자세한 내용은 이준서, "미세먼지 규제를 위한 입법적 제안", 환경법연구 제39권 제2호, 2017. 8, 73면 이하.

름이 10마이크로미터 이하인 먼지(PM－10: 미세먼지); ② 입자의 지름이 2.5마이크로미터 이하인 먼지(PM－2.5: 초미세먼지)(제2조 제1호). 「환경정책기본법」은 환경기준에서 미세먼지(PM－10), 미세먼지(PM－2.5)로, 「대기환경보전법」에서는 세분화 없이 그냥 먼지로 규정하고,[12] 「실내공기질 관리법」에서는 미세먼지(PM－10)에 대해서만 유지기준을 설정하고, 「수도권 대기환경개선에 관한 특별법」에서는 먼지, 미세먼지(PM－10), 미세먼지(PM－2.5)로 세분화(제8조)[13]하고 있다. 이와 같이 다양한 법에 따라 미세먼지 용어 및 개념을 달리 하고 있고, 불명확하게 사용하고 있는 것은 미세먼지에 대한 인식 부족을 반증하는 것인바, 미세먼지법에서는 미세먼지, 초미세먼지로 용어와 개념을 명확히 구분하고 기존에 상대적으로 소홀히 다루어진 측면이 있는 초미세먼지에 대한 규제를 강화하고 있다.

한편 미세먼지법은 대기 중에서 미세먼지로 전환되는, 이른바 '미세먼지 생성물질'[14]에 대하여도 고려함으로써, 미세먼지의 2차적 발생을 저감, 관리하려고 하고 있다.

2. 미세먼지관리종합계획의 수립

정부는 5년마다 미세먼지관리종합계획을 수립하여 미세먼지특별대책위원회의 심의를 거쳐 확정하여야 하고(제7조), 시 · 도지사는 종합계획의 시행을 위한 세부계획을 수립하여야 한다(제8조). 중앙부처의 이행계획과 지방자치단체의 시행계획이라는 계획체계는 전형적인 계획수립 방식이라고 할 수 있는데, 기존 「대기환경보전법」상 대기환경개선 종합계획(제11조)에서 미세먼지관리가 제대로 다루어지지 않은 측면이 있고, 지방자치단체 차원의 시행계획에 대한 근거는 아예 없어 시행방안이 마련되지 못한 문제를 해소할 수 있다는 데 의미를 부여할 수 있다.

3. 미세먼지 특별대책위원회

동법은 미세먼지 저감 및 관리를 효율적으로 추진하기 위하여 국무총리를 위원장으로, 대통령령으로 정하는 관계 중앙행정기관의 장 등 40명 이내의 위원으로 구성하는 국무총리 소속의 미세먼지특별대책위원회를 두도록 하고 있다(제10조 및 제11조). 위원회를 국무총리 소속으로 하고 있는 것은 물문제가 여러 부처가 관련되어 복잡한 양상을 띠기 때문에 강력한 컨트롤 타워를 통해 업무의 중복성, 비효율성을 타개하는 것이 필요하다는

12) 미세먼지는 「대기환경보전법」상 대기오염물질로 보아야 한다. 강현호, "국민의 건강권 보호를 위한 미세먼지에 대한 법적 고찰", 환경법연구제38권 제1호, 2016. 4, 171면. 미세먼지(PM－2.5) 개념은 대기오염도 예측 · 발표의 대상 오염물질로 비로소 등장한다(시행령 제1조의3 제2항). 한편 동법에서는 가스 · 입자상물질을 대기오염물질로 정의하고 있다(제2조 제1호). 입자상물질에 먼지가 포함된다고 이해되지만(제2조 제6호) 시행규칙(제2조, 별표 1)에서는 먼지를 특정하지 않고 입자상물질을 대기오염물질의 일종으로 정하고 있을 뿐이다. 시행규칙에서 법상의 대기오염물질 정의와 중복되게 입자상물질을 대기오염물질의 하나로 들고 있는 것도 어색하다고 할 수 있다.

13) 동법은 환경부장관으로 하여금 10년 마다 대기오염물질을 줄이기 위한 수도권 대기환경관리 기본계획을 수립하도록 하면서 대기오염물질로 먼지와 미세먼지의 관계를 밝히지 아니한 채 먼지 외에 미세먼지(PM－10), 미세먼지(PM－2.5) 등을 열거하고 있다.

14) 여기에는 질소산화물, 황산화물, 휘발성유기화합물 등이 포함된다(제2조 제2호).

현실적 인식에 기초한 것으로 보인다. 물관리 기능을 제대로 수행하기 위해서는 사무국이나 (전문)분과위원회의 구성이 필요하다고 할 수 있는바, 동법은 사무기구로 범부처 차원의 미세먼지개선기획단을 설치하도록 하고 있다(제12조).

4. 실태조사 등

환경부장관은 미세먼지 정책 수립에 필요한 미세먼지 배출 실태 등을 파악하기 위하여 실태조사를 할 수 있으며(제13조), 장거리 이동 미세먼지의 경로 · 농도 등 미세먼지 배출원[15] 현황을 파악하기 위하여 관련 행정기관의 장에게 협조를 요청할 수 있고, 항공기 · 선박 등에 미세먼지 측정 장비를 설치할 수 있도록 관련 사업자 등에게 요청할 수 있다(제15조).

5. 국가미세먼지정보센터의 설치 및 운영

동법은 미세먼지 배출량의 정확한 산정과 발생원인, 정책영향분석, 배출량 관련 정보의 효율적 관리를 위하여 국가미세먼지정보센터를 설치 · 운영하도록 그 법적 근거를 두고 있다(제17조). 미세먼지정보센터는 정부의 미세먼지 정책 수립 시 기초자료를 종합분석하는 데 그치지 않고 관련 정보를 국민들에게 제공하고 국민 참여 미세먼지 저감활동을 지원하는 역할과 기능을 수행할 것으로 기대된다.

6. 비상저감조치

환경부와 수도권 3개 시 · 도(서울, 인천, 경기)가 합동으로 시행해온 비상저감조치에 대해서는 법적 근거가 미약하다는 비판이 꾸준히 제기되었다. 차량 2부제 등 근거 조항이 될 수 있는 「대기환경보전법」 제8조 제2항(차량 운행제한 등)은 대상지역, 발령 기준, 기간, 절차 등과 관련해서 구체성 · 명확성이 없어 침익적 행정처분의 근거조항이 될 수 없다는 주장과 함께 급기야 오염경보제의 실효성 논란으로까지 이어지고 있다.[16] 이러한 점을 고려하여 미세먼지법에서는 비상저감조치에 대한 법적 근거를 두고 그 내용을 구체화하기에 이르렀다. 이에 따르면 시 · 도지사는 일정 요건 충족 시 ① 대통령령으로 정하는 영업용 등 자동차를 제외한 자동차의 운행제한; ② 환경부령으로 정하는 대기오염물질 배출시설의 가동시간 변경, 가동률조정, 대기오염방지시설의 효율 개선; ③ 비산먼지 발생사업 중 건설공사장의 공사시간 변경 · 조정 등의 비상저감조치를 시행할 수 있다(제18조 내지 제20조). 비상저감조치의 발동 요건은 환경부장관이 정하는 기간 동안 초미세먼지 예측 농도가 환경부령으로 정하는 기준에 해당하는 경우이다. 동법은 그 밖에 "대통령

---

15) '미세먼지 배출원'이란 미세먼지와 미세먼지 생성물질을 대기에 배출하는 시설물 · 기계 · 기구 및 그 밖의 물체로서 「대기환경보전법」 제2조 제11호에 따른 대기오염물질배출시설과 환경부령으로 정하는 것을 말한다(제2조 제3호).

16) 국민의 권리를 제한하거나 의무를 부과하는 자동차 운행제한과 같은 조치는 법률에 근거가 요구되는 것이고, 현행법(시행령 제2조)상 중대경보를 발령할 수 없는 미세먼지의 경우에는 이러한 조치가 이루어지지 않는다. 이준서(각주 10), 64면.

령으로 정하는 사항"[17]이라는 포괄적 조항을 두고 있는바, 여기에는 차량등급제, 차 없는 거리의 운영, 대중교통시설의 실내공기질 개선, 출퇴근시간(유연근무)의 조정, 휴업 · 휴교 · 휴원, 야외 스포츠 제한 등 다양한 조치가 입법적으로 고려될 수 있을 것이다.

7. 계절적 요인 등으로 인한 집중관리

고농도 미세먼지의 발생을 사전에 예방하기 위해서는 고농도 미세먼지 발생이 잦은 시기 등에 배출 관리를 보다 집중적으로 시행할 필요가 있다. 이에 동법은 환경부장관이 계절적인 요인 등으로 초미세먼지 월평균 농도가 특히 심화되는 미세먼지 계절관리기간(12월 1일부터 다음 해 3월 31일까지)과 대규모 화재 등 비상시적 요인으로 미세먼지 저감 및 관리를 효율적으로 수행하기 위하여 필요하다고 인정하는 경우 관계 중앙행정기관의 장, 지방자치단체의 장, 공공기관이 운영하는 시설 또는 환경부령으로 정하는 민간배출시설의 운영자에게 대기오염물질 배출시설(민간배출시설은 제외)에 대한 가동률 조정, 대기오염방지시설의 효율 개선, 선박에 대한 연료 전환 등의 조치 등을 요청할 수 있도록 하고 있다(제21조 제1항).

또한 시 · 도지사로 하여금 같은 기간에 차량운행제한 등 비상저감조치로 규정한 조치사항 등의 조치를 시행할 수 있도록 하고 있다(동조 제4항).

8. 집중관리구역의 지정

동법은 시 · 도지사, 시장 · 군수 · 구청장으로 하여금 관할구역 내에 미세먼지 집중관리구역을 지정하고, 미세먼지 저감 개선사업의 지원을 확대하도록 하고 있다(제22조). 이에 따르면 집중관리구역의 지정요건은 미세먼지 오염이 심각하다고 인정되는 지역 중 어린이 · 노인 등이 이용하는 시설이 집중된 지역이다. 지원 사업에는 대기오염도의 상시 측정, 살수차 · 진공청소차의 집중 운영, 어린이 등 통학차량의 친환경차 전환, 학교 등에 공기 정화시설 설치, 수목 식재 및 공원 조성 등이 포함된다. 특기할 점은 동법은 집중관리구역의 지정과 관련해서 행위제한(예컨대, 노후경유차의 운행금지, 사업장의 조업단축) 대신에 지원에 초점을 맞추고 있다.

9. 취약계층의 보호

미세먼지는 생활의 불편, 불안의 문제를 넘어 건강 · 생명의 문제를 제기한다. 그 직격탄은 어린이, 노인, 호흡기 질환자 등 민감계층에 속하는 사람이다. 이러한 점을 인식하고 동법은 정부에게 어린이 · 노인 등 미세먼지로부터 취약한 계층의 건강을 보호하기 위하여 일정 농도 이상 시 야외 단체활동 제한, 취약계층 활동공간 종사자에 대

17) 여기에는 ① 살수차, 진공청소차 등을 활용한 미세먼지의 제거; ② 공영주차장의 사용 제한 등 교통량 감소를 위한 조치; ③ 미세먼지의 측정 · 분석 및 불법 · 과다 배출행위에 대한 감시; ④ 그 밖에 환경부장관 또는 시 · 도지사가 미세먼지를 줄이기 위해 필요하다고 인정하는 조치 등이 포함된다(시행령 제10조).

한 교육 등 취약계층 보호대책을 마련할 의무를 부과하고 있다(제23조).

10. 간이측정기 성능인증

간이측정기 신뢰도가 낮다는 지적에 따라 동법은 간이측정기 성능인증제를 도입하고 있다. 이에 따르면 환경부장관은 미세먼지 간이측정기에 대하여 성능인증제를 시행하여야 하고(제24조 제1항), 누구든지 성능인증을 받지 아니한 미세먼지 간이측정기를 제작 · 수입하여서는 아니 된다(동조 제2항). 나아가 동법은 성능인증을 받아 제작 · 수입된 미세먼지 간이측정기가 성능인증기준에 부합하는지 여부를 검사할 수 있는 근거를 마련하고 있다(동조 제5항). 한편, 대중에게 정보를 제공하기 위하여 사용되는 미세먼지 간이측정기의 경우 그 성능을 정기적으로 점검받도록 함으로써(동조 제7항), 미세먼지에 대한 정보가 정확하게 생산되도록 하고 있다.

11. 미세먼지연구 · 관리센터 지정

동법은 시급한 미세먼지 문제 해결을 위한 조사 · 연구 · 교육 및 기술개발 등의 업무를 수행하는 기관 또는 법인 · 단체 중에서 요건을 갖춘 자를 “미세먼지연구 · 관리센터”로 지정할 수 있도록 하고, 업무 수행에 필요한 비용의 전부 또는 일부를 지원할 수 있도록 근거를 마련하고 있다(제25조의2).

제 7 장 기후변화 대응

기후변화가 '뉴노멀(new normal, 새로운 일상화)'이 되고 있다. 기후변화는 이제껏 인류가 경험해 보지 못한 속도로 이루어지면서 우리에게 새로운 도전과 과제를 주고 있다. 이제 지구온난화라는 세기적 도전에 대응하기 위해 이산화탄소 배출을 줄여야 한다는 것이 당연시되고 있다. 각국은 효과적인 대응책 마련에 부심하고 있다. 우리나라도 예외가 될 수 없다. 예컨대, 일찍이 「저탄소 녹색성장 기본법」(녹색성장기본법)이 기후변화 대응을 주문하고 있는 것을 위시해서 「환경정책기본법」은 기본이념으로 기후환경상 위해의 예시로 기후변화를 들고 있으며(제2조 제1항), 「물관리기본법」은 기후변화 대응을 물관리의 기본원칙의 하나로 적시하고 있다(제18조). 구체적인 대응 방안으로서 대표적인 것이 배출권거래제도와 탄소세[1]의 도입이다. 현재 각국은 탄소세보다도 배출권거래제도에 보다 큰 관심을 기울이는 것으로 보인다. 여기에는 교토의정서가 온실가스감축을 위한 중요한 수단으로 배출권거래제도를 상정하고 있다는 점을 무시할 수 없을 것이다. 이러한 영향 때문인지 현재 우리나라에서의 논의도 배출권거래제도에 치중하고 있는 느낌이다. 2012년 5월 14일 제정된 「온실가스 배출권의 할당 및 거래에 관한 법률」(배출권거래법)에 따라 우리나라에서도 2015년부터 본격적인 온실가스 배출권거래제도가 시행되고 있다.

최근 우여곡절 끝에 신기후변화체제의 닻이 올랐다. 즉 2015년 12월 12일 프랑스 파리에서 열린 제21차 기후변화협약 당사국총회(COP－21)에서 당사국들은 신기후변화체제의 근간이 되는 파리협정(Paris Agreement)[2]을 채택하였다.[3] 파리협정은 선진국과 개도국이 모두 포함된 총 197개국이 참여하고, 참여 국가들의 온실가스 배출량 또한 전세계 배출량의 약 90%에 이른다는 점[4]에서 진일보한 체제라는 평가를 받을 만하다. 파리협정의 핵심 중의 핵심은 각국이 스스로 정한, 감축목표를 포함하는, 이른바 국가결정기여(INDC)를 이행하기로 하고, 이행 준수를 확보하기 위하여 5년마다 종합적인 이행점검을 받도록 한 것이다.

---

1) 탄소세의 도입 필요성에 대하여 자세한 내용은 김홍균, "온실가스 규제를 위한 방안: 탄소세인가? 배출권거래제인가?", 저스티스, 2014. 4. 1, 126면 이하. 탄소세의 도입방안에 대하여 자세한 내용은 "기후변화에 대한 대응: 탄소세의 도입과 설계", 환경법과 정책 제12권, 2014. 2. 28, 135면 이하 참조.

2) FCCC/CP/2015/l.9, Annex(파리협정).

3) 파리협정은 2016년 11월 4일 공식 발효되었다. 우리나라는 2016년 11월 3일 비준서를 기탁함으로써, 신기후변화체제의 일원이 되었다.

4) "온실가스 감축 37국→195국 … '파리의정서' 나올지 주목," 중앙일보 2015. 11. 30. 기사.

최근의 급격한 기후변화는 '기후위기'로 표출되기에 이르렀다. 2018년 기후변화에 관한 정부간 협의체(IPCC)는 '1.5도 특별보고서'를 통해 "지구 기온 상승을 1.5도 아래로 억제하기 위해서는 2050년 탄소중립을 달성해야 한다"고 강조하였다. 탄소중립은 온실가스 순(純) 배출량을 제로(0)로 만든다는 의미다. 파리협정의 이행과 IPCC의 경고에 발맞추어 탄소중립은 정책선언이나 법제로 거스를 수 없는 국제적인 추세로 자리 잡아가고 있다. 그러나 탄소중립을 실현하기 위한 국제사회의 노력과 이행은 만족스럽지 못한 것이 현실이다. 이러한 문제인식은 우리에게 기후변화소송이라는 새로운 주제를 던져주고 있다.[5] 탄소중립이 선택이 아닌 필수가 되고 있는 거대한 흐름에 맞추어 우리나라도 2020년 7월 그린뉴딜 정책을 발표하였고, 같은 해 10월 2050년 탄소중립 목표를 선언하였고, 2021년 2030년까지 2018년 대비 40%를 감축한다는 국가감축목표(NDC)도 확정하기에 이르렀다. 급기야 정부는 2021년 9월 24일 「기후위기 대응을 위한 탄소중립 · 녹색성장 기본법」(탄소중립기본법)을 제정하였다. 동법은 탄소중립 정책과 관련된 계획과 각종 시책을 시행할 수 있는 법적 기반을 마련하려는 것이다.

신기후변화체제의 출범에 따라 우리나라가 국제사회에 제시한 감축목표를 달성하는 것이 중대한 현안이 되었다. 이를 위해서는 배출권거래제도를 포함한 온실가스 감축을 위한 이행수단에 대한 종합적이고 장기적인 전략을 수립 · 시행함으로써, 우리나라가 국제사회에 제시한 감축목표를 달성하여야 할 것이다. 특히 현재 시행 중인 배출권거래제도는 파리협정과 직접적인 관계가 있는 것은 아니나 파리협정의 발효에 따라 우리나라가 달성해야 하는 온실가스 감축을 위한 핵심 수단으로 활용될 것이 거의 확실해 보인다.

국제사회는 기후변화에 대한 대응(response)과 관련해서 완화(mitigation)와 적응(adaptation) 두 방향으로 논의를 진행하여 왔다. 완화란 기후변화를 야기하는 원인인 화석연료의 사용을 줄임으로써 온실가스 배출량 자체와 농도를 줄이는 것을 말한다. 말하자면 온실가스의 감축이 핵심이다. 한편, 적응은 실제 또는 예상되는 기후 자극 또는 그 영향에 대응하는 생태적, 사회적, 경제적 시스템을 조정하는 것을 말한다.[6] 기후위기의 원인인 지구온난화의 속도를 완화 또는 지연시키려면 온실가스의 감축 노력이 반드시 필요하다. 그런데 지구온난화가 심화하여 그 피해가 증가할수록 그 파급효과와 영향을 최소화하기 위한 적응에는 더 큰 어려움이 따르고 더 많은 비용이 소요되므로 온실가스의 감축에는 '긴급한 필

5) 2019년 12월 네덜란드 대법원의 네덜란드 v. 우르헨다 판결(Netherlands v. Urgenda)을 시작으로 우리나라에서도 여러 건의 기후변화소송이 제기되었다(2020헌마389, 2020헌마1516, 2021헌마1264, 2022헌마854, 2023헌마846 등 참조). 외국(미국, 프랑스, 독일 등)의 기후변화소송과 관련해서 자세한 내용은 김도요, "기후 위기 시대와 세계의 기후 관련 소송", 2024. 1. 30. 한국환경법학회 학술대회(세계의 기후소송) 자료집 참조. 국내 기후변화소송은 아직은 헌법소원에 그치고 있으나 기업에 대하여 민사책임을 묻는 방안에 대한 모색도 이루어지고 있다. 최지원, "기후변화에 대한 개별 기업의 책임 - 로열더치셸(Royal Dutch Shell plc.) 판결을 중심으로 -", 환경법연구 제48권 제1호, 2022. 4, 373면 이하. 이 경우 개별 기업의 행위(온실가스 배출)와 기후변화를 통한 피해 간 인과관계를 인정할 수 있는지가 큰 쟁점이 될 것으로 보인다.

6) <http://unfccc.int/focus/adaptation/items/6999.php(2016. 12)>.

요성'이 인정된다. 그 동안 국제사회에서 기후변화 대응과 관련한 논의는 완화에 집중되었다. 적응 문제는 상대적으로 소홀히 다루어진 측면이 많다. 이는 우리나라의 경우에도 마찬가지이다. 완화와 직결되는 배출권거래법이 있는데 반해 적응법제가 제대로 구비되지 않은 것이 이를 반증한다. 완화와 적응은 별개가 아니고 긴밀히 연계된다. 이러한 점을 고려할 때 완화와 적응 정책은 통합될 필요가 있으며, 시너지를 낼 수 있고, 상호 충돌을 막는 방향으로 전개되어야 한다.

제 1 절 기후위기 대응을 위한 탄소중립 · 녹색성장 기본법

기후위기에 따른 탄소중립은 거스를 수 없는 국제적인 추세이다. 그 동안 녹색성장기본법을 중심으로 한 기후위기 대응 체계는 최초로 국가 온실가스 감축목표를 설정하고, 국가 전체 온실가스 배출량의 약 70%를 포괄하는 온실가스 배출권거래제 출범의 기반을 다지는 등 그간 우리나라 기후변화 대응 정책을 이끌어 왔으며 지난 2019년 우리나라 국가 온실가스 배출량을 최초로 감소세로 돌아서도록 하는 데 기여하였으나, 탄소중립 사회로의 이행을 위한 온실가스 감축과 기후위기에 대한 적응, 이행과정에서의 일자리 감소나 지역경제 · 취약계층 피해 최소화와 함께, 경제와 환경이 조화를 이루는 녹색성장 추진까지를 아우르는 통합적인 고려가 불충분하고 법률적 기반에 한계가 있다는 지적이 있어 왔다.

이에 정부는 중장기 온실가스 감축목표 설정하고 위 목표를 달성하기 위한 국가기본계획을 수립 · 시행하고, 이행현황을 점검하는 내용 등을 포함하는 기후위기 대응 체계를 정비하고, 기후변화영향평가와 탄소흡수원을 확충하는 등 온실가스 감축시책과 국가 · 지자체 · 공공기관의 기후위기 적응대책 수립 · 시행, 정의로운 전환 특별지구의 지정 등 정의로운 전환시책, 녹색기술 · 녹색산업 육성 · 지원 등 녹색성장 시책을 포괄하는 정책수단과 이를 뒷받침할 기후대응기금을 신설함으로써 탄소중립 사회로의 이행과 녹색성장의 추진을 위한 제도와 기반을 마련하고자 2021년 9월 24일 탄소중립기본법을 제정하였다.

동법은 기후위기의 심각한 영향을 예방하기 위하여 온실가스 감축 및 기후위기 적응대책을 강화하고 탄소중립 사회로의 이행 과정에서 발생할 수 있는 경제적 · 환경적 · 사회적 불평등을 해소하며 녹색기술과 녹색산업의 육성 · 촉진 · 활성화를 통해 경제와 환경의 조화로운 발전을 도모함으로써, 현재 세대와 미래 세대의 삶의 질을 높이고 생태계와 기후체계를 보호하며 국제사회의 지속가능발전에 이바지하는 것을 목적으로 하고 있다(제1조). 동법은 탄소중립 사회로의 이행과 녹색성장의 추진에 관하여 기본법의 성질을 가지므로 이와 관련 다른 법률에 특별한 규정이 있는 경우를 제외하고는 동법에서 정하는 바에 따른다(제6조).[7] 동법의 제정에 따라 녹색성장기본법은 폐지되었다.

Ⅰ. 국가비전 및 국가전략

정부는 2050년까지 탄소중립[8]을 목표로 하여 탄소중립 사회로 이행하고 환경과 경제의 조화로운 발전을 도모하는 것을 국가비전으로 하며, 이를 실현하기 위한 국가전략을 수립하여야 한다(제7조). 2050년 탄소중립 목표는 그 실현 가능성 여하를 불문하고 법에 명시함으로써 그 방향성을 단호히 제시하고 있다는 점에서 의의가 있다고 할 수 있다.

Ⅱ. 국가 온실가스 감축 목표

정부는 국가비전을 달성하기 위한 중장기감축목표를 설정하여야 하는데, 중장기감축목표는 국가 온실가스 배출량을 2030년까지 2018년의 국가 온실가스 배출량 대비 35퍼센트 이상의 범위에서 대통령령으로 정하는 비율만큼 감축하는 것이다(제8조 제1항).

[1] 헌재 2024. 8. 29 선고 2020헌마389, 2001헌마1264, 2022헌마854, 2023헌마846 전원재판부 결정

탄소중립기본법 제8조 제1항과 같은 법 시행령 제3조 제1항이 설정한 2030년까지의 중장기 감축목표로서 국가 온실가스 배출량을 2018년 대비 40%만큼 감축한다는 감축비율의 수치만으로는, 전 지구적 온실가스 감축 노력의 관점에서 우리나라가 기여해야 할 몫에 현저히 미치지 못한다거나, 기후변화의 영향과 온실가스 배출 제한의 측면에서 미래에 과중한 부담을 이전하는 것이라고 단정하기 어렵다.

연도별 감축목표의 이행현황 점검이나 배출권거래제 등 배출량 목표 달성을 보장하기 위한 수단들과 관련하여, 매년 정량적 감축목표가 달성되지 않은 경우 추후의 감축목표에 미달성 부분을 추가하는 규율이 법률에 명시되어 있지 않다는 이유로, 탄소중립기본법 제8조 제1항의 온실가스 감축목표 설정 방식이 온실가스 감축을 실효적으로 담보할 수 있도록 설계되지 않은 것으로 볼 수도 없다.

그러나 탄소중립기본법 제8조 제1항에서 2031년부터 2049년까지의 감축목표에 관하여 어떤 형태의 정량적 기준도 제시하지 않은 것은, 2050년 탄소중립의 목표 시점에 이르기까지 점진적이고 지속적인 감축을 실효적으로 담보할 수 없으므로, 미래에 과중한 부담을 이전하는 방식으로 온실가스 감축목표를 규율한 것이다.

따라서 탄소중립기본법 제8조 제1항은 2031년부터 2049년까지의 감축목표에 대한

---

7) 동법이 경제와 환경 요소를 포함하는 녹색성장의 추진에 관하여 다른 법률에 특별한 규정이 있는 경우를 제외하고는 동법에서 정하는 바에 따른다고 규정함으로써, 경제와 환경에 관한 정책의 방향성을 지시하고, 환경법뿐만 아니라 다른 분야를 다루는 관련법에 대한 기본법으로 기능하며, 녹색성장은 실질적으로 거의 모든 국가정책의 기준과 지도원리로서 방향성을 제시한다고 볼 수 있다. 그러나 이 법이 다른 법령과의 관계에서 진정한 기본법의 기능과 역할을 수행할 수 있는지에 대해서는 의문이 제기된다. 기본법은 그 내용이 고도로 추상적인 규정으로 되어 있는데, 구체적인 시행 법률에 의해 그 내용이 형성, 보충되어야 하기 때문이다. 시행 법률이 만들어지지 않거나 그 내용이 충실하지 않고 구체적이지 않을 경우 이 법은 이름만의 기본법으로 존재할 가능성이 있다.

8) 동법에 따르면 '탄소중립'이란 대기 중에 배출 · 방출 또는 누출되는 온실가스의 양에서 온실가스 흡수의 양을 상쇄한 순배출량이 영(零)이 되는 상태를 말한다(제2조 제3호).

규율에 관하여 기후위기라는 위험상황에 상응하는 보호조치로서 필요한 최소한의 성격을 갖추지 못하였으므로 과소보호금지원칙을 위반하였다.[9]

이 목표는 기존 2017년 온실가스 배출량의 1000분의 244만큼 감축하기로 한 목표를 변경한 것이다. 이에 따라 2021년 2030년까지 2018년 국가 온실가스 배출량 대비 40%를 감축한다는 국가 감축 목표(NDC)가 확정되었다.[10] 이 목표를 달성하기 위하여 정부는 부문별감축목표, 연도별감축목표를 설정하고(동조 제2항 · 제3항), 탄소중립위원회로 하여금 그 이행현황을 매년 점검하고, 그 결과 보고서를 작성하여 공개하도록 하고 있다(제9조 제1항). 중앙행정기관 · 지방자치단체 · 공공기관은 부진 · 개선사항을 해당 기관의 정책 등에 의무적으로 반영하여야 한다(동조 제4항).

Ⅲ. 국가기본계획의 수립 · 시행

정부는 국가비전 및 중장기감축목표를 달성하기 위하여 20년을 계획기간으로 하는 국가 탄소중립 녹색성장 기본계획(국가기본계획)을 5년마다 수립 · 시행하여야 한다(제10조). 특별시장 · 광역시장 · 특별자치시장 · 도지사 및 특별자치도지사(시 · 도지사)와 시장 · 군수 · 구청장(자치구의 구청장을 말함)은 국가기본계획과 관할 구역의 지역적 특성 등을 고려하여 10년을 계획기간으로 하는 시 · 도계획 및 시 · 군 · 구계획을 5년마다 수립 · 시행하여야 한다(제11조 · 제12조).

Ⅳ. 탄소중립녹색성장위원회의 설치

동법은 정부의 탄소중립 사회로의 이행과 녹색성장의 추진을 위한 주요 정책 · 계획과 그 시행에 관한 사항을 심의 · 의결하기 위하여 대통령 소속으로 2050 탄소중립녹색성장위원회를 두도록 하고(제15조), 지방자치단체별로는 2050 지방탄소중립녹색성장위원회를 둘 수 있도록 하고 있다(제15조 및 제22조). 동위원회 법적 성격은 법에서 자문기관이라는 점을 명시하고 있지 않고 동법이 그 기능으로 심의와 함께 '의결'이라는 표현을 사용하고(제16조), 사무처를 두도록 하고 있으며(제21조), 위원장이 연도별감축목표의 이행현황을 매년 점검하고 그 결과 보고서를 작성 · 공개하는 권한을 보유하고 있어(제9조 제1항) 단순 자문기관이 아니라는 여지가 있을 수 있다. 그러나 무엇보다도 「정부조직법」에서 중앙행정기관으로 동위원회를 적시하고 있지 않을 뿐만 아니라 계획의 수립, 분쟁조정 등

9) 다만, 헌법재판소는 탄소중립기본법 제8조 제1항의 규범영역 전부에 대한 효력을 상실시킬 경우, 2050년의 탄소중립 목표 시점 이전에 존재하는 정량적인 중간 목표(30년까지의 중장기 감축목표)가 사라지므로, 오히려 온실가스 감축에 관한 제도적 장치가 후퇴하는 더욱 위헌적인 상황이 발생하게 된다는 점 등을 고려하여 헌법불합치결정을 하였다.

10) 연합뉴스, "탄소중립목표 최종안… '203040% 감축 · 2050 순배출 제로'", 2021. 10. 18. 기사.

독자적으로 관계행정기관을 구속하는 행위를 할 수 없다는 점에서 자문기관으로 보는 것이 합리적일 것이다. 위원회의 구성이 100명 가까이 된다는 점에 비추어 의결기능을 제대로 수행할지도 의문이다.

Ⅴ. 온실가스 감축 시책

동법은 정부로 하여금 다양한 온실가스 감축 시책을 시행하도록 하고 있다. 여기에는 기후변화영향평가(제23조),[11] 온실가스감축인지 예산제도(제24조),[12] 배출권거래제(제25조),[13] 목표관리제(제26조 내지 제28조),[14] 탄소중립 도시의 지정(제29조),[15] 지역 에너지 전환의 지원(제30조), 녹색건축물이 확대(제31조), 녹색교통의 활성화(제32조), 탄소흡수원의 확충(제33조), 탄소포집 · 이용 · 저장(CCUS)기술의 육성(제34조), 국제 감축사업의 추진(제35조), 온실가스 종합정보관리체계의 구축(제36조) 등이 포함된다.

Ⅵ. 기후위기 적응 시책

최근에는 온실가스 감축에서 나아가 기후위기 '적응'의 문제가 중요해지고 있다. 기후위기 적응이란 기후위기에 대한 취약성을 줄이고 기후위기로 인한 건강피해와 자연재해

11) 「환경영향평가법」에 따른 환경영향평가 대상 사업의 사업계획을 수립하거나 시행하는 사업자는 전략환경영향평가 또는 환경영향평가를 실시할 때, 소관 정책 또는 개발사업이 기후변화에 미치는 영향이나 기후변화로 인하여 받게 되는 영향에 대한 분석 · 평가(기후변화영향평가)를 포함하여 실시하여야 한다(동조 제1항). 기후변화영향평가 대상 계획 및 개발사업은 산업단지 조성, 에너지 개발, 공항 건설 등 제한적이다(시행령 제15조 제1항, 별표 2). 동법은 그 평가 방법, 검토 방법 등에 하여 대통령령에 위임하고 있으며, 시행령에서는 평가 방법에 관하여 필요한 사항은 환경부장관이 정하여 고시한다(제15조 제4항)고, 기후변화영향평가 결과의 검토에 필요한 사항은 환경부장관이 정한다(동조 제6항)고 규정하고 있어 내용을 정하는 법 형식 자체가 불분명하다. '기후변화영향평가 방법 등에 관한 규정'(환경부고시 제2022-181호)에서는 기후영향평가를 환경영향평가 등에 포함하여 실시하도록 하고(제3조), 기후환경영향을 위한 특별한 방법, 절차 등을 정하면서도 「환경영향평가법」 및 「환경영향평가서등 작성 등에 관한 규정」(고시) 상의 관련 규정 상당 부분을 준용하고 있다(제12조).

12) 국가와 지방자치단체는 관계 법률에서 정하는 바에 따라 예산과 기금이 기후변화에 미치는 영향을 분석하고 이를 국가와 지방자치단체의 재정 운용에 반영하는 온실가스감축인지 예산제도를 실시하여야 한다.

13) 2012년 5월 제정된 배출권거래법에 따라 2015년부터 배출권거래제가 시행되고 있다.

14) 우리나라의 온실가스 감축 정책 중 하나인 목표관리제는 2010년부터 시행되고 있다. 이는 공공부문 온실가스 목표관리와 관리업체의 온실가스 목표관리로 구분된다. 이에 따르면 정부는 국가비전 및 중장기감축목표등을 달성하기 위하여 관계 중앙행정기관, 지방자치단체, 시 · 도 교육청, 공공기관 등 대통령령으로 정하는 기관에 대하여 해당 기관별로 온실가스 감축 목표를 설정하도록 하고 그 추진상황을 지도·감독할 수 있다(제26조). 한편, 정부는 최근 3년간 연평균 온실가스 배출총량이 5만 이산화탄소상당량톤(tCO2eq) 이상인 업체이거나 연평균 온실가스 배출량이 1만5천tCO2eq 이상인 사업장을 하나 이상 보유하고 있는 업체를 관리업체로 지정하고 계획기간 내에 달성하여야 하는 온실가스 감축 목표를 관리업체와 협의하여 설정하고, 관리업체는 그 목표를 준수하여야 하며, 온실가스 배출량 명세서를 외부 검증 전문기관의 검증을 받아 정부에 제출하여야 한다(동법 제27조, 동법 시행령 제19조). 녹색성장기본법에서는 정부(중앙행정기관, 지방자치단체, 일부 공공기관)와 관리업체(대통령령으로 정하는 기준량 이상의 온실가스 배출업체 및 에너지 소비업체)에 대하여 온실가스 · 에너지 목표관리제를 통한 온실가스의 감축과 에너지 절약 및 에너지 이용효율 등을 관리하였으나(제42조) 탄소중립기본법에서는 에너지 목표관리제를 삭제하고 온실가스 목표관리제만을 운용할 것을 밝히고 있다. 이준서, "기후위기 대응을 위한 탄소중립·녹색성장기본법의 제정 의의와 그 이행을 위한 향후 과제", 환경법연구 제43권 제3호, 2021, 259면.

15) 이에 따르면 정부는 다음 각 호의 사업을 시행하고자 하는 도시를 직접 또는 지방자치단체의 장의 요청을 받아 탄소중립 도시로 지정할 수 있다: ① 도시의 온실가스 감축 및 에너지 자립률 향상을 위한 사업; ② 도시에서 탄소흡수원등을 조성 · 확충 및 개선하는 사업; ③ 도시 내 생태축 보전 및 생태계 복원; ④ 기후위기 대응을 위한 자원순환형 도시 조성; ⑤ 그 밖에 도시의 기후위기 대응 및 탄소중립 사회로의 이행, 환경의 질 개선을 위하여 필요한 사업.

에 대한 적응역량과 회복력을 높이는 등 현재 나타나고 있거나 미래에 나타날 것으로 예상되는 기후위기의 파급효과와 영향을 최소화하거나 유익한 기회로 촉진하는 모든 활동을 말한다(제2조 제11호).

정부는 기상정보관리체계와 기후위기적응정보관리체계를 구축 · 운영하여야 한다(제37조). 또한 정부는 국가의 기후위기적응대책을(제38조), 시 · 도지사, 시장 · 군수 · 구청장은 관할 구역의 지방기후위기적응대책을(제40조), 기후위기 영향에 취약한 시설을 보유 · 관리하는 공공기관은 공공기관기후위기적응대책을 5년마다 수립 · 시행하여야 한다(제41조). 이러한 기후위기적응대책 등은 종전의 녹색성장기본법 제48조에 따라 정부가 수립한 기후변화 적응대책을 대체, 보강하는 성격을 갖는다.

나아가 동법은 정부로 하여금 기후위기의 감시 · 예측(제37조), 지역 기후위기 대응사업의 시행(제42조), 기후위기 대응을 위한 물 관리(제43조), 녹색국토의 관리(제44조), 농림수산의 전환 촉진(제45조), 국가 기후위기 적응센터 지정(제46조) 등 기후위기 적응을 위한 제도 · 시책을 시행하도록 하고 있다(자세한 내용은 제3절).

Ⅶ. 정의로운 전환

동법의 중요한 특징 중의 하나가 '정의로운 전환' 개념을 도입하고 있다는 것이다. 동법은 탄소중립 사회로 이행하는 과정에서 직 · 간접적 피해를 입을 수 있는 지역이나 산업의 노동자, 농민, 중소상공인 등을 보호하여 이행 과정에서 발생하는 부담을 사회적으로 분담하고 취약계층의 피해를 최소화하는 정책방향을 '정의로운 전환'이라고 명명하고 있으며(제2조 제13호),[16] 이를 위한 다양한 제도 · 시책을 제시하고 있다. 여기에는 기후위기 사회안전망의 마련(제47조), 정의로운 전환 특별지구의 지정(제48조), 사업전환 지원(제49조), 자산손실 위험의 최소화(제50조), 국민 참여 보장(제51조), 협동조합 활성화(제52조), 정의로운 전환 지원센터의 설립(제53조) 등이 망라된다.

Ⅷ. 녹색성장 시책

동법의 제정에 따라 기존 녹색성장기본법에 기초한 저탄소와 녹색성장의 패러다임이 탄소중립과 정의로운 전환으로 변경되었음에도 동법은 여전히 녹색성장[17]이라는 개념을 사용하며 관련 시책을 마련하고 있다.[18] 이에 따르면 정부가 녹색경제[19] · 녹색산업[20]을

---

16) 취약계층의 피해 최소화를 선언하고 있으나 취약계층의 개념과 범위, 피해의 유형 및 구제방안에 대하여는 침묵하고 있다.

17) '녹색성장'이란 에너지와 자원을 절약하고 효율적으로 사용하여 기후변화와 환경훼손을 줄이고 청정에너지와 녹색기술의 연구개발을 통하여 새로운 성장동력을 확보하며 새로운 일자리를 창출해 나가는 등 경제와 환경이 조화를 이루는 성장을 말한다(제2조 제14호). 이러한 개념 정의는 30여 년 환경 담론의 중심적 개념으로 자리잡고 있는 "지속가능한 개발" 개념에 비해 역사성이 약하고 의미에 대한 논의가 부족하다. 환경과 경제의 2요소만 포함되어 있고 세대 간 형평성과 세대 내 형평성 개념을 포함하고 있지 않은 결정적인 흠을 가지고 있다.

18) 패러다임이 변경에도 불구하고 녹색성장이라는 개념이 필요한지에 대해 의문을 표하는 견해는 이준서(각주 14), 258면.

육성 · 지원하고(제54조), 녹색경영 촉진(제55조), 녹색기술 연구개발 · 사업화 촉진(제56조), 기후위기 대응을 위한 조세 · 금융(제57조, 제58조), 녹색기술 · 녹색산업에 대한 지원 · 특례(제59조), 표준화 · 인증(제60조), 집적지 · 단지 조성(제61조), 일자리창출(제62조), 정보통신 기술서비스 시책(제63조), 순환경제의 활성화(제64조) 등 녹색성장을 위한 제도 · 시책을 시행하도록 하고 있다.

Ⅸ. 탄소중립 사회 이행과 녹색성장의 확산

탄소중립 사회 이행과 녹색성장이 사회 전반에 확산되도록 한다는 차원에서 동법은 탄소중립 지방정부 실천연대의 구성 · 운영(제65조), 녹색제품 등 생산 · 소비 문화의 확산(제66조), 녹색생활 운동 지원 및 교육 · 홍보(제67조), 탄소중립 지원센터의 설립(제68조) 등을 위한 근거 규정을 두고 있다.

Ⅹ. 기후대응기금의 설치

정부는 기후위기에 효과적으로 대응하고 탄소중립 사회 이행과 녹색성장을 촉진하는데 필요한 재원 확보를 위해 기후대응기금을 설치하고 기획재정부장관이 이를 운용 · 관리하도록 하고 있다(제69조 이하). 기금의 주된 재원은 정부 출연금, 배출권을 유상으로 할당하는 경우 발생하는 수입 등이며, 정부의 온실가스 감축 기반 조성 · 운영, 탄소중립 사회로의 이행과 녹색성장의 추진을 위한 산업 · 노동 · 지역경제 전환 및 기업의 온실가스 감축 활동 지원, 기후위기 대응 과정에서 경제적 · 사회적 여건이 악화된 지역이나 피해를 받는 노동자 · 계층에 대한 일자리 전환 · 창출 지원 등에 사용된다.

Ⅺ. 평　　가

동법이 제정됨에 따라 기존 저탄소, 녹색성장 개념은 탄소중립 개념으로 대체되었다. 이에 따라 탄소중립 사회로의 이행을 위한 기본원칙이 제시되고 국가비전 → 국가전략, 중장기감축목표 → 국가기본계획 → 시 · 도계획 및 시 · 군 · 구계획의 틀이 마련되었다. 이때 무엇보다도 2050년 탄소중립 목표와 2030년 중장기감축목표가 법에 명시된 점과 그 과정에서 컨트롤타워 역할을 하는 기구로 탄소중립녹색성장위원회가 설치되었다는 점은 주목할 만하다. 주요 시책과 관련해서 동법의 체제는 크게 감축, 적응, 정의로운 전환, 녹색성장 등으로 구분할 수 있는데, 감축과 녹색성장 분야는 기존 녹색성장기본법을 거의

19) '녹색경제'란 화석에너지의 사용을 단계적으로 축소하고 녹색기술과 녹색산업을 육성함으로써 국가경쟁력을 강화하고 지속가능발전을 추구하는 경제를 말한다(제2조 제15호).

20) '녹색산업'이란 온실가스를 배출하는 화석에너지의 사용을 대체하고 에너지와 자원 사용의 효율을 높이며, 환경을 개선할 수 있는 재화의 생산과 서비스의 제공 등을 통하여 탄소중립을 이루고 녹색성장을 촉진하기 위한 모든 산업을 말한다(제2조 제17호).

그대로 답습하고 있는 반면, 적응과 정의로운 사회 분야에서는 새로운 개념을 도입하고, 이를 위한 다양한 제도 · 시책을 제시하고 있다고 할 수 있다. 그 밖에 동법은 탄소중립을 위시해서 온실가스감축인지 예산제도(제24조), 기후정의 개념 등을 새로이 도입하고, 기후대응기금을 설치하였는데, 기후위기에 적극 대응하려는 강력한 의지의 표현이라는 점에서 높이 평가할 만하다.

문제는 그 실천이라고 할 수 있다. 무엇보다도 동법의 성공은 2030년까지 2018년 국가 온실가스 배출량 대비 40%를 감축한다는 중장기감축목표와 2050년 탄소중립 목표가 현실성이 있는 것인지, 어떻게 달성할 것인지에 달려 있다고 할 수 있다. 탄소제로와 방법과 속도에 대한 점검과 목표 달성을 위한 합리적이고 이행가능한 대안제시가 중요해 보이는 이유이다. 탄소중립 달성을 위해 탄소중립녹색성장위원회의 기능과 역할이 중요해 보이는데, 단순 자문기관에 머무를 경우 본질적인 한계에 봉착할 수 있을 것이다. 위원회의 설치보다도 중요한 것은 위원회에 명실상부한 최고 의사결정기구로서의 지위를 부여하는 것인데, 동위원회를 의결기관 또는 중앙행정기관(내지 행정위원회)으로 격상하는 것을 입법적으로 검토할 필요가 있다.

한편, 동법은 기후정의라는 개념을 정의하고,[21] 기본원칙(제3조 제4호)과 국가와 지방자치단체의 책무에 포함시키고는 있지만(제4조 제6항), 정작 기후정의를 실현하기 위한 시책은 제시하고 있지 않다. 자칫 기후정의가 선언, 구호에 그칠 가능성을 배제할 수 없다. 또한 온실가스감축인지 예산제도에 따라 국가나 지방자치단체로 하여금 예산 등이 기후변화에 미치는 영향을 분석하도록 하고 있으나 분석 방법, 예산서 · 결산서 작성 · 분석방법 등이 정해지지 않은 상태에서 제대로 작동할지 의문이다, 분석 결과 그 시정을 담보하는 수단이 없는 것은 한계로 지적될 수 있다. 탄소중립 도시의 지정제도와 관련해서는 지정할 만한 대상을 탄소중립 도시로 지정하는 것이 아니라 조성 사업의 시행이 예정된 도시를 탄소중립 도시로 지정한 후에 조성 사업 계획을 수립 · 시행하는 절차를 두고 있어 지정을 통한 효과 측면에서 실효성이 낮을 것으로 예상된다는 비판이 있는바,[22] 지정의 기준, 지정 시 검토 사항 등에 대한 입법적 보완이 필요해 보인다.

기금의 설치에 원칙적으로 소극적인 정부가 기후대응기금을 설치한 것은 큰 약진이라고 평가할 수 있다. 그 만큼 탄소중립 사회로의 이행을 위해 많은 재원이 소요된다는 점을 정부가 자인하는 것이라고 볼 수 있다. 문제는 그 재원을 어떻게 마련할 것인지로 귀결된다. 동법에서 정부로 하여금 기후위기와 에너지 · 자원의 고갈 문제에 효과적으로 대응하기 위하여 온실가스와 오염물질을 발생시키거나 에너지 · 자원 이용효율이 낮은 재

21) "기후정의"란 기후변화를 야기하는 온실가스 배출에 대한 사회계층별 책임이 다름을 인정하고 기후위기를 극복하는 과정에서 모든 이해관계자들이 의사결정과정에 동등하고 실질적으로 참여하며 기후변화의 책임에 따라 탄소중립 사회로의 이행 부담과 녹색성장의 이익을 공정하게 나누어 사회적 · 경제적 및 세대 간의 평등을 보장하는 것을 말한다(제2조 제12호).

22) 이준서(각주 14), 261면.

화와 서비스를 줄이고 환경 및 기후친화적인 재화와 서비스를 촉진하는 방향으로 조세 제도를 운영하도록 함으로써(제57조), 탄소세의 도입 여지를 남기고 있는바, 탄소세의 도입이 현실화할 경우 이를 주요 재원으로 하는 것도 입법적으로 검토할 만하다. 이 때 국가 경제와 국민 부담을 완화한다는 차원에서 「교통 · 에너지 · 환경세법」에 따른 교통 · 에너지 · 환경세의 폐지도 고려할 필요가 있다.23)

배출권거래법이 동법 제25조(구 녹색성장기본법 제46조)에 기초하였듯이 동법은 탄소포집 · 이용 · 저장기술(CCUS)의 실증을 위한 규제특례(제34조 제2항), 기후위기 대응을 위한 금융의 촉진에 관한 사항 등은 따로 법률로 정한다고 함으로써(제58조 제2항), 새로운 법의 탄생을 예고하고 있는바, 탄소중립을 위한 법제정비는 끝나지 않았다고 할 수 있다.

제2절 온실가스 배출권의 할당 및 거래에 관한 법률

「기후위기 대응을 위한 탄소중립 · 녹색성장기본법」(탄소중립기본법)은 "정부는 국가비전 및 중장기감축목표등을 효율적으로 달성하기 위하여 온실가스 배출허용총량을 설정하고 시장기능을 활용하여 온실가스 배출권을 거래하는 제도(배출권거래제)를 운영한다"고 규정하고 있으며(제25조 제1항, 구 「저탄소 녹색성장 기본법」 제46조 제1항), 이 제도의 실시를 위한 구체적인 내용은 따로 「온실가스 배출권의 할당 및 거래에 관한 법률」(배출권거래법)에 따르도록 규정하고 있다. 이에 따라 2012년 5월 배출권거래법이 제정되었으며, 2015년 배출권거래제도가 본격 시행되었다

배출권거래제도는 탄소세와 함께 기후변화대응의 유력한 방안으로 이용되고 있다. 이는 규제 대상 기업들로 하여금 기존에 발생하지 않던 비용을 추가적으로 부담토록 함으로써 제도 시행에 저항이 많이 발생하는 제도라고 할 수 있다. 배출권거래법은 첨예한 찬반 논란 끝에 제정되었으며, 시행일 직전까지 제도의 시행 여부 자체에 대한 논의가 지속되었을 만큼 이해관계자의 의견대립이 첨예하게 진행되고 있다. 동법 제정 이후에도 국가배출권 할당계획의 처분성 여하, 배출권의 법적 성격, 할당(처분)의 법적 성격(구체적으로 침해적 행정행위인지, 수익적 행정행위인지, 허가인지, 특허인지, 기속행위인지, 재량행위인지), 동일 부문 및 업종에 속하는 할당대상업체 간에 경원자 관계를 인정할 수 있는지, 탄소배출행위와 직업의 자유(영업의 자유) 제한이 비례의 원칙에 위반하는지, 적용 대상의 차별이 형평성원칙에 위반하는지, 배출권 관련 법인세 과세 여하 등 논의가 지속되고 있으며, 소송 등을 통한 법률적 쟁점에 대한 논의도 계속 확산되고 있다. 이러한 논의는 배출권거래제도가 환경법상 가장 복잡한 제도임을 반증하는 것이라고 할 수 있다.

---

23) 도로 및 도시철도 등 사회간접자본의 확충에 소요되는 교통시설특별회계전입이 불균형적으로 많고, 사회간접자본에 대한 투자 필요성의 감소, 과세와 정책과의 연계성의 부족 등은 폐지에 대한 검토를 요구하고 있다. 과세기한이 3년마다 한시적으로 계속 연장되고 있는 점도 이를 뒷받침하고 있다.

그 동안 우리나라는 개도국으로 분류되어 교토의정서상 온실가스배출 감축의무 대상국이 아니었다. 그러나 15대 경제대국으로서, 세계적인 수준의 온실가스를 배출한다는 이유로 국제사회로부터 의무감축국이 되어야 한다는 거센 압력을 받아왔다. 더욱이 신기후변화체제가 탄생함으로써 이제는 운명이 되었다. 이에 배출권거래제도의 확대 시행이 불가피해 보인다. 정부는 산업계의 심한 반대에도 불구하고 배출권거래제도를 시행하기에 이르렀다. 그러나 논란이 지속되고 있는 상태에서 법제도의 시행은 시작일 뿐이다.

《배출권거래제 운영절차》

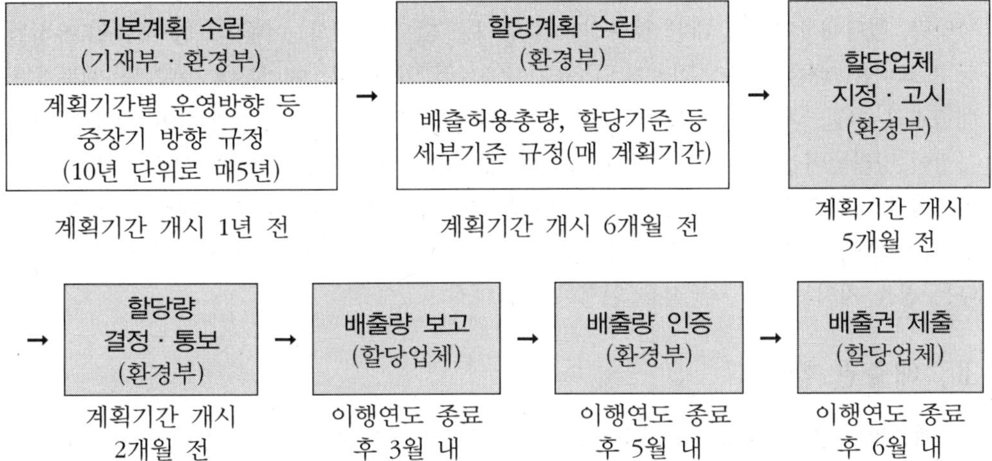

적용대상 기업의 총 온실가스배출량이 우리나라 전체 탄소배출량의 상당 부분을 차지하고, 거래량이 지속적으로 증가하고 있다는 점에서 배출권거래제도는 우리나라 탄소감축 정책의 핵심을 이루고 있다고 할 수 있다. 그러나 배출권 가격이 지속적으로 하락하는 추세에 있으며, 거래량이 기본적으로 적다는 한계가 나타나면서 시장 활성화를 위한 고민이 깊어지고 있다.[1] 배출권거래제도는 크게 할당, 거래, 제출의 단계를 거친다.

Ⅰ. 기본계획 및 국가 배출권 할당계획의 수립

정부는 배출권거래제의 현황 및 전망, 운영의 기본방향, 온실가스 배출전망, 배출권거래제 운영에 따른 에너지 가격 및 물가 변동 등 경제적 영향 등에 관한 사항이 포함된 배출권거래제에 관한 중 · 장기 정책목표와 기본방향을 정하는 배출권거래제 기본계획을 수립하여야 한다(제4조). 동법은 기본계획을 탄소중립위원회 및 국무회의의 심의를 거쳐

1) 관계부처 합동, "배출권 거래 시장 활성화 방안", 2023. 9.

기획재정부장관과 환경부장관이 계획기간 시작 1년 전까지 공동으로 10년을 단위로 하여 5년마다 수립하도록 하고 있다(시행령 제2조). 기본계획을 기획재정부장관이 수립하도록 한 것은 배출권거래제도의 운영의 총괄 · 조정자로서, 제도 시행에 따른 산업계 부담 등을 고려하여 경제 분야 주무관청이 제도 운영방향을 정하도록 하기 위한 것으로 이해된다.

한편, 동법은 5년 단위[2] 계획기간별로 환경부장관으로 하여금 국가배출권 할당계획(National Allocation Plan: NAP)을 할당위원회[3]의 심의 · 조정과 탄소중립위원회 및 국무회의의 심의를 거쳐 계획기간 시작 6개월 전까지 수립하도록 하고 있다(제5조, 제6조, 시행령 제3조). 할당계획은 온실가스 배출허용총량,[4] 해당 계획기간 및 이행연도별 배출권의 총수량,[5] 배출권의 할당 대상이 되는 부문 및 업종, 부문별 · 업종별 배출권의 할당기준 및 할당량, 할당대상업체에 대한 배출권의 할당기준 및 할당방식, 이행연도별 배출권 유상할당 목표비율, 배출권 유상할당 방법, 조기감축실적 인정기준, 예비분의 수량 및 배분기준, 배출권의 이월 · 차입 및 상쇄의 기준 등 배출권거래제도의 운영을 위하여 필요한 세부사항이 망라되어 있다. 할당계획이 처분에 해당하는지 논란이 있을 수 있으나 법원은 국가온실가스 감축목표, 배출허용총량, 배출권 총수량, 예비분, 업종별 할당량 등이 확정되면 대상업종 내 할당대상업체들의 궁극적인 할당량에 직접적이고 구체적인 영향을 미친다는 점을 지적하면서 처분성을 인정하고 있다.[6]

Ⅱ. 배출권 할당

배출권거래법 제5조, 동법 시행령 제3조 규정과 그에 따라 환경부장관이 수립한 할당계획에 따르면 배출권 할당은 ① 연도별 국가 온실가스 배출량 산정 → ② 연도별 배출권거래제 적용대상의 온실가스 배출량 전망 산정 → ③ 연도별 · 업종별 온실가스 배출량 전망 산정 → ④ 연도별 · 업종별 배출허용총량 산정 → ⑤ 계획기간 배출허용총량(CAP) 산정 → ⑥ 계획기간 예비분 규모 산정 → ⑦ 계획기간 배출권 총 사전할당량(계획기간 배출허용총량 – 예비분 수량) 산정 → ⑧ 계획기간 연도별 · 업종별 사전할당량 산정 → ⑨ 계획

2) 그러나 부칙에서는 최초의 계획기간(1차 계획기간)은 2015년 1월 1일부터 2017년 12월 31일까지로 하고, 두 번째 계획기간(2차 계획기간)은 2018년 1월 1일부터 2020년 12월 31일까지로 하고 있다(제2조). 3차 계획기간은 2021년부터 2025년까지(5년)이다.

3) 동법은 배출권 할당위원회를 기획재정부 소속으로 하고 있는데 할당위원회는 할당계획, 시장 안정화 조치, 배출량의 인증 및 상쇄, 국제 탄소시장과의 연계 등에 관한 사항을 관장한다(제6조).

4) 배출허용총량(CAP)은 온실가스감축목표를 고려하여 설정한 배출권거래제 적용대상 전체의 온실가스 배출에 대한 총 허용량을 의미한다. 이에 따라 배출허용총량은 국가 목표 배출량 중 배출권거래제에 의해 관리되는 목표배출량에 해당한다.

5) 배출권의 총수량은 계획기간 중에 정부가 할당 또는 보유하게 되는 배출권의 전체 수량(상쇄배출권 또는 해외에서 유입되는 배출권 수량은 제외)을 의미한다. 배출권의 총수량은 배출권거래제 적용대상에 해당되는 배출권 사전 할당량과 국가가 보유하게 되는 예비분의 합으로 구성된다. 배출허용총량을 할당 · 거래 · 제출을 위한 단위로 환산하면 배출권 총수량에 적용되는 개념이 된다. 다만, 예비분이 일부는 배출허용총량과는 별도로 산정함에 따라 배출허용총량과 배출권 총수량의 수치는 일치하지 않는다.

6) 서울행정법원 2017. 3. 30. 선고 2014구합74527 판결.

기간 이행연도별 할당량 조정의 순서로 이루어진다.

1. 할당대상업체

가. 지 정

주무관청[7]은 매 계획기간 시작 5개월 전까지 할당계획에서 정하는 배출권의 할당 대상이 되는 부문 및 업종에 속하는 온실가스 배출업체 중에서 배출권 할당대상업체로 지정 · 고시한다. 이에 따라 배출권거래제도에 의무적으로 참여하여야 하는 대상은 ① 최근 3년간[8] 온실가스 배출량의 연평균 총량이 125,000 이산화탄소상당량톤(tCO2-eq) 이상인 업체이거나 25,000 이산화탄소상당량톤(tCO2-eq) 이상인 사업장을 하나 이상 보유한 업체로서, 직전 계획기간 당시 할당대상업체거나 탄소중립기본법에 따른 관리업체(목표관리제[9]의 적용대상)에 해당하는 업체[10]와, ② ①에 해당하지 아니하는 업체 중에서 할당대상업체로 지정받기 위하여 신청한 업체로서 대통령령으로 정하는 기준에 해당하는 업체이다(제8조 제1항). 할당대상업체 지정을 위한 신청의무가 대상업체에게 없어 지정 자체가 이루어지지 않을 가능성이 있다. 제1호에 해당하지 아니하는 관리업체로서 자발적으로 제도참여를 신청한 업체(자발적 참여업체)도 할당대상업체로 지정될 수 있는데, 계획기간 시작 전에만 들어올 있다. 할당대상업체는 배출권거래제도에 따른 배출권 할당의 대상으로서, 배출권 할당의 전제인 온실가스 배출량 보고 · 검증의무를 부담하게 된다. 나아가 주무관청은 계획기간 중에 시설의 신설 · 변경 · 확장 등으로 인하여 새롭게 제8조제1항 제1호에 해당하게 된 업체(신규진입자)를 할당대상업체로 지정 · 고시할 수 있다(제9조 제1항).

한편, 탄소중립기본법상 목표관리제의 관리업체 중 온실가스 배출량이 일정 기준 이상인 경우에는 목표관리제의 적용을 받으면서 배출권거래제도의 대상도 되므로 지정된 할당대상업체의 입장에서는 이중규제가 될 수가 있다. 이러한 문제를 해소하기 위하여 동법은 탄소중립기본법에 규정되어 있는 목표관리제의 적용을 배제하도록 하고 있다(제10조).

---

7) 동법은 할당대상업체의 지정 · 고시, 할당, 추가 할당 · 취소, 배출량의 보고, 배출량 인증, 배출권의 제출에 따른 등록, 이월 · 차입 승인 및 처리, 상쇄, 소멸, 과징금 등 배출권거래제의 집행업무를 담당하는 주무관장기관으로 환경부장관을 들고 있다(시행령 제9조 제1항 제1호). 동법은 이와 같이 배출권거래제의 총괄 · 운영기능을 환경부로 일원화하되, 외부사업에 대한 온실가스 배출량 인증업무는 부문별 관장기관 체계를 유지하고(동항 제2호), 배출권거래제 운영과 관련된 기본계획 수립, 할당계획의 수립, 배출권 추가 할당 및 취소, 배출량 인증 등 주요 사안에 대해서는 관계부처 간 협의체를 설치함으로써(시행령 제8조) 협의기능을 강화하고 있다.

8) '최근 3년간'이란 매 계획기간 시작 4년 전부터 3년간을 말한다. 다만, 신규진입자에 대해서는 신규진입자로 지정 · 고시하는 연도의 직전 3년간을 말한다(시행령 제9조 제2항). 이에 따르면 예컨대, 배출권거래제의 제1차 계획기간(2015년~2017년)을 기준으로 할 경우 최근 3년간은 2011년부터 2013년까지가 된다.

9) 목표관리제는 2010년부터 시행되고 있는바, 동법 제27조에 근거하고, 「온실가스 목표관리 운영 등에 관한 지침」(환경부 고시 제2022-54호)에 따라 운영되고 있다.

10) 관리업체 지정 대상은 최근 3년간 연평균 온실가스 배출총량이 5만 이산화탄소상당량톤(tCO2eq) 이상인 업체이거나 연평균 온실가스 배출량이 1만5천 이산화탄소상당량톤(tCO2eq) 이상인 사업장을 하나 이상 보유하고 있는 업체이다(동법 제27조 제1항, 동법 시행령 제18조).

나. 지정 취소

동법은 배출권 할당대상업체 지정을 취소할 수 있는 근거를 마련하고 있는데, 할당대상업체가 폐업·해산 등의 사유로 더 이상 존립하지 아니하는 경우, 할당대상업체가 분할하거나 사업장 또는 일부 시설을 양도하는 등의 사유로 사업장을 보유하지 아니하게 된 경우 등이 여기에 해당한다(제8조 제2항).

다. 권리·의무의 승계

한편, 동법은 배출권 할당대상업체가 합병·분할한 경우 등에 있어서 권리와 의무의 승계에 관한 사항을 정하고 있다(제8조의2).

2. 할 당

배출권의 할당은 배출권거래제도 운영의 출발점이면서 제도의 성공을 좌우할 수 있는 핵심적인 사항이다. 배출권의 과잉 할당은 거래 가능한 배출권의 가격을 하락시키는데 이는 할당대상업체의 실제 배출량 감소를 위한 투자 또는 기술혁신에 대한 동기를 약화시키고, 오히려 타 업체로부터 배출권을 매수하려는 유인으로 작용할 것이다. 배출권의 과잉 할당은 곧 바로 매도 가능한 배출권의 증가로 연결되어 경제적 이윤을 발생시키므로 해당 할당대상업체는 배출량에 대한 기망 내지 허위보고의 유혹을 뿌리치기 힘들 것이다. 결국 할당대상업체는 기망을 통하여 배출권거래제도를 남용하고, 그 결과 극단적으로 서류상으로는 분명히 배출량이 감소되었음에도 실제 배출량은 증가하는 기이한 현상이 발생할 수 있는 것이다. 이에 반해 과소 할당은 배출권 거래시장을 고사시킬 가능성이 있다.[11]

할당을 받기 위해 할당대상업체는 매 계획기간 시작 4개월 전까지(할당대상업체가 신규진입자인 경우에는 배출권을 할당받는 이행연도 시작 4개월 전까지) 자신의 모든 사업장에 대하여 할당대상업체로 지정된 연도의 '직전 3년간의 온실가스 배출량' 등이 포함된 배출권 할당신청서를 작성하여 주무관청에 제출하여야 한다(제13조). 신청기간이 도과한 경우 그 효력 규정이 없어 실권 내지 할당청구권이 소멸하는지 등 논란이 제기될 수 있다. 할당신청은 '사업장' 단위로 신청한다. 주무관청은 계획기간마다 할당계획에 따라 할당대상업체에 해당 계획기간의 총배출권과 이행연도별 배출권(할당배출권)을 할당한다. 다만, 신규진입자에 대하여는 해당 업체가 할당대상업체로 지정·고시된 다음 이행연도부터 남은 계획기간에 대하여 배출권을 할당한다(제12조 제1항). (유상)할당은 할당대상업체를 대상으로 경매의 방법으로 한다(시행령 18조 제4항).

배출권 할당처분이 수익적 행정처분인지, 침익적 행정처분인지 논란이 있으나 법원은 "배출권거래제 하에서 주무관청은 할당대상업체에게 온실가스 배출권을 유상 또는 무상

11) 김홍균, "배출권거래제도와 한국에서의 적용 가능성", 법조, 2001. 12, 162 내지 163면.

으로 할당해야 하고, 할당대상업체는 할당받은 배출권보다 더 많은 온실가스를 배출한 경우에 한하여 과징금 부과를 받을 뿐, 할당받은 배출권의 범위 내의 온실가스 배출행위에 대해서는 아무런 제재를 받지 않게 된다. 따라서 할당대상업체 입장에서는 할당받은 배출권의 범위 내의 온실가스 배출행위에 대해서는 사실상 오염 · 훼손된 환경을 회복 · 복원할 책임을 전부 면제받거나 회복 · 복원 비용에서 유상 할당비용을 공제한 나머지 회복 · 복원 비용에 상당하는 책임을 면제받는 효과를 누리게 된다. 특히 할당대상업체에게 온실가스 배출권을 무상으로 할당하는 경우에는 온실가스 배출행위에 대한 비용 부담원칙에 대한 일종의 예외를 두는 셈이어서 온실가스 배출행위에 대한 허용한도라는 측면을 고려하더라도 이를 침익적이라고 보기는 어렵다"는 점 등을 근거로 권리를 설정하고 이익을 부여하는 수익적 처분으로 보고 있다.[12]

주무관청은 할당대상업체에 배출권을 할당한 때에는 지체 없이 그 사실을 할당대상업체에 통보하고, 배출권등록부의 각 업체별 계정에 그 할당 내역을 등록하여야 한다(제14조). 할당(처분)에 대하여 이의가 있는 자는 할당받은 날로부터 30일 이내에 주무관청에 이의를 신청할 수 있다(제38조). 경우에 따라서는 소송까지 제기될 수 있는데, 현재까지 제기된 소송의 대부분이 할당(처분)의 위법성(재량권 일탈 · 남용) 여하에 초점이 맞추어져 있다.[13]

3. 할당기준

배출권의 할당은 할당대상업체들의 입장에서는 어느 정도의 부담을 지게 될 것인지를 좌우하는 예민하고 중요한 문제이다. 그렇기 때문에 그 기준을 정하는 것은 다른 어느 것보다도 중요하다고 할 수 있다. 이와 같이 중요한 문제에 대하여 동법은 기준 설정 시 고려할 요소로 할당대상업체의 이행연도별 배출권 수요, 조기감축실적, 할당대상업체

---

12) 서울고법 2018. 2. 9. 선고 2017누39763 판결; 서울행정법원 2016. 12. 8. 선고 52330 판결; 서울행정법원 2017. 2. 2. 선고 2015구합55431 판결; 서울행정법원 2017. 2. 2. 선고 2015구합55547 판결.

13) 대법원 2018. 6. 15. 선고 2018두38185 판결(EO/EG 시설의 신설에 따른 보일러 시설의 스팀 생산을 위한 가동률 증가에 대하여, 예상되는 신설 · 증설 시설의 가동과 달리, 예상 온실가스 배출량을 고려 · 인정하지 않은 것은, 합리적 이유 없는 차별로 평등의 원칙에 반하여 재량권을 일탈 · 남용한 것으로 봄이 타당하다고 한 사례); 대법원 2018. 9. 13. 선고 2018두46230 판결(같은 업종으로 분류된 할당대상업체들인 원고들이 그들과 같은 업종으로 분류된 피고보조참가인에게 과다하게 이루어진 온실가스 배출권 할당처분에 대한 취소와 원고들에게 이루어진 할당 거부처분에 대한 취소를 구한 사안에서 원고들의 청구를 인정한 사례); 서울행정법원 2015. 12. 17. 선고 2015구합55592 판결(이 판결에 대한 검토는 김성배, "배출권 할당처분에 관한 판례의 검토와 제언", 환경법연구 제38권 제1호, 2016. 4, 23면 이하 참조); 서울행정법원 2016. 12. 8. 선고 52330 판결; 서울행정법원 2017. 2. 2. 선고 2015구합55431 판결; 서울행정법원 2017. 2. 2. 선고 2015구합3386 판결; 서울행정법원 2017. 2. 2. 선고 2015구합55493 판결; 서울행정법원 2017. 2. 2. 선고 2015구합55547 판결; 서울행정법원 2017. 2. 2. 선고 2015구합55622 판결(배출권 할당이 할당기준을 위반함으로써, 법령을 위반하거나 형평의 원칙 등을 위반하여 재량권을 일탈 · 남용하였다는 원고의 주장을 배척한 사례); 대법원 2018. 11. 9. 선고 2017두61652 판결(폐기물소각업체의 소각열 판매는 배출권거래법 적용대상이 아니라는 등의 이유를 들어 배출권 할당 시 이를 고려하지 아니한 데에 위법이 없다고 한 사례) 등 참조. 소송은 원고 자신에 대한 할당에 대하여는 할당거부처분(원고의 신청량 범위 이내인 인정량에서 실제 할당되지 않은 부분) 취소의 소 형태로, 제3자에 대한 할당에 대하여는 경업자의 지위에서 그 할당처분 취소의 소 형태로 제기되고 있다. 국가 배출권 할당계획의 위법성을 다툰 사건은 서울행정법원 2017. 3. 30. 선고 2014구합74527 판결 참조.

의 배출권 제출 실적, 할당대상업체의 무역집약도 및 탄소집약도, 할당대상업체 간 배출권 할당량의 형평성, 부문별 · 업종별 온실가스 감축 기술 수준 및 국제경쟁력, 할당대상업체의 시설투자 등이 국가온실가스감축목표 달성에 기여하는 정도, 탄소중립기본법 제27조 제1항에 따른 관리업체의 목표 준수 실적[14] 등을 제시하고(제12조 제1항), 대통령령에서는 할당대상업체별 배출권 할당량을 결정함에 국가 온실가스 감축 목표 및 부문별 온실가스 감축 목표, 해당 할당대상업체의 과거 온실가스 배출량,[15] 무상할당비율, 해당 할당대상업체의 사업장 또는 시설 변경에 따른 온실가스 배출량의 증감, 제품생산량 등 단위 활동자료량당 온실가스 배출량 등의 실적 자료를 국내의 동종(同種) 사업장 · 시설 또는 공정의 실적 자료와 비교하는 방식(배출효율기준방식)으로 평가한 결과 등을 고려하도록 하고(시행령 제17조 제1항) 구체적인 산정방법에 대해서는 환경부장관이 정하여 고시하도록 재위임하고 있다(동조 제2항).[16] 이와 관련해서 환경부 고시로 2014. 9. 12. 제정된 '온실가스 배출권의 할당 및 취소에 관한 지침'(할당지침, 환경부고시 제2021-277호)이 있다.[17]

할당지침에 따르면 할당대상업체의 이행연도별 온실가스 배출권 할당량은 할당대상업체의 기준기간(계획기간 4년 전부터 3년간) 온실가스 배출량을 기준으로 계획기간 이행연도별 예상 온실가스 배출량을 산정하고, 이에 조정계수를 적용한 수치를 기준으로 할당결정심의위원회의 심의 등을 거쳐 결정된다(제9조 내지 제12조).

할당 방식은 국가 배출권 할당계획의 수립(제5조 제1항 제1호, 제4호), 배출권 할당의 기준(시행령 제17조), 할당지침(제10조, 제12조) 규정 등에 비추어 정부가 국가 온실가스 배출전망과 감축목표를 설정하여 국가의 온실가스 배출허용총량과 이행연도별 배출권 총수량을 우선 결정하고, 그 배출권 총수량의 범위 내에서 각 업종별로 배출권 수량을 결정하며, 그 범위 내에서 업종 내의 업체별 배출권 수량을 결정하게 되어 있다는 점에서 이른바, Top-down 방식이라고 할 수 있다.

---

14) 목표관리제상 목표를 준수하지 못한 관리업체에 대하여는 개선명령이 뒤따르고 이를 이행하지 아니한 경우에는 과태료가 부과되는데(탄소중립기본법 제64조 제1항 제2호), 이러한 불이익에도 불구하고 할당기준을 통해 할당을 적게 함으로써 또 다른 불이익을 주는 것이 소급효 규제 또는 사실상 이중규제가 아닌가하는 논란이 제기될 수 있으나, 새로운 기준을 설정하는 것이기 때문에 소급효문제는 발생할 수 없으며, 목표관리제와 배출권거래제도가 규제대상을 달리하는 등 별도의 제도이고, 할당기준에 관리업체의 목표 준수 실적을 고려하는 것이 제재의 측면보다 할당대상업체에 추가 유인을 주는 것이라는 점을 고려할 때 이중규제라고 볼 수 없다고 생각한다.

15) 여기에서의 과거 배출량이란 결국 할당대상업체로 지정된 연도의 직전 3년간의 온실가스 배출량을 의미하게 된다(제13조 제1항 제3호). 자연재해, 화재, 파업 등 사유로 해당 기간에 배출량이 없는 경우 어떻게 산정할 것인가 문제될 수 있는바, 명문 규정을 두어 이를 해결할 필요가 있다고 생각한다.

16) 이러한 입법 구조가 백지재위임 금지에 위배되는지 여부가 문제될 수 있겠으나, 시행령 제17조 제1항은 각 호를 통하여 위임의 범위를 구체적으로 제한하고 있으므로 백지재위임의 문제는 발생하지 않는다고 보아야 할 것이다. 현준원, "온실가스 배출권거래제 법령의 주요내용과 법적 문제", 환경법연구 제35권 제1호, 2013. 4, 176면.

17) 동지침의 법규성을 인정할 수 있는지 여부에 대해 논란이 존재할 수 있으나 이 지침은 배출권 할당, 취소 등에 관한 구체적이고 전문적인 기준을 정하고 있어 이른바 규범구체화 행정규칙에 해당하므로 법규성을 인정할 수 있다고 판단된다. 할당지침이 배출권거래법과 동법 시행령 규정과 결합하여 대외적인 효력을 가진다는 취지의 판결은 서울행정법원 2017. 2. 2. 선고 2015구합55370 판결; 서울행정법원 2017. 2. 2. 선고 2015구합55493 판결; 서울행정법원 2017. 2. 2. 선고 2015구합55547 판결.

동법은 무상할당(Grandfathering)과 함께 동종업계 중 바람직한 온실가스 감축노력을 지속해온 배출시설들의 배출평균치를 기준으로 배출권을 할당하는 '벤치마크(Benchmark) 방식'도 염두에 두고 있다. 무상할당 방식이 '과거 배출실적 기준'으로 할당한다면 벤치마크 할당방식은 사업장 공정 · 시설, 제품 등의 배출효율 비교가 적절한지를 고려하여 '배출효율기준'으로 할당하는 것이라고 할 수 있다. 벤치마크 할당방식(배출효율기준 방식)은 배출원단위가 우수한 시설에 상대적으로 많은 배출권을 할당할 수 있을 것이다. 무상할당은 외부비용의 비내부화, 배출시설의 감축효율 차이의 미반영, 신규오염원에 대한 진입장벽 등의 문제점이 있으나 제도 시행 초기에는 산업계의 부담 완화 차원에서 배출권의 무상할당은 부득이한 측면이 있다.[18] '벤치마크 방식'은 각 업종별 · 기업별로 충분한 온실가스 배출 자료가 축적되어야 적용이 가능하다는 점에서 제도 도입 초기에는 무상할당 방식이 선호될 가능성이 높다.[19] 배출권거래제도를 이미 시행하고 있는 선진 외국에서 무상할당 방식을 중심으로 배출권 할당이 이루어진 것도 이와 무관치 않다. 할당계획도 법 시행 후 최초의 제1차 계획기간에는 벤치마크 계수가 개발된 3개 업종(시멘트, 정유, 항공)의 일부 시설에 우선 적용하고, 점차 적용대상을 보다 확대하는 것으로 되어 있다. 3차 계획기간(2021~2025)에 벤치마크 할당적용 대상은 발전, 정유, 시멘트, 석유화학, 철강 등 12개 업종이며, 배출량 기준 66.4%에 해당된다.[20]

업체별 할당량의 구체적인 산정방법은 다음과 같다: 해당 이행연도의 할당량은 과거 실적 기반 적용시설의 해당 이행연도 예상 온실가스 배출량(Grandfathering 방식)과 벤치마크 적용시설의 해당 이행연도 예상 온실가스 배출량(Benchmark 방식)의 합에서 기준기간[21]에 관리업체로서 목표를 준수하지 아니한 온실가스 초과배출량 등을 제외한 후 거기에 조정계수(업종별 할당량을 업종 내 모든 할당대상업체의 할당 인정량의 총합으로 나눈 계수)를 곱하여 산정한다(할당지침 제10조, 제12조, 별표 1).

어떠한 사업장을 지속가동 사업장으로 보느냐, 신설 · 증설 사업장으로 보느냐에 따라 예상 온실가스 배출량 산정방식 달라진다. 즉 기준기간 기존사업장은 기준기간의 지속가

18) 무상할당은 EU 배출권거래제도와 미국 산성비 프로그램 등에서 활용되고 있다. 특히 EU 배출권거래제도하에서는 단계별로 무상할당의 범위가 정해져 있는데, 1단계(2005년부터 2007년)에는 95%, 2단계(2008년부터 2012년)에는 90%의 무상할당이 예정되어 있으며, 3단계(2013년 이후)에서는 경매 방식의 유상 할당이 기본이 된다. 황형준, "EU 및 영국의 배출권거래제도", 기후변화와 법의 지배, 박영사, 2010. 8, 113면. EU는 무상할당 규모를 2026년부터 2.5% 소폭 감축을 시작으로 2027년 5%, 2028년 10%, 2029년 22.5%, 2030년 48.5% 등으로 축소하다가, 2034년에는 완전히 폐지할 것으로 알려지고 있다. "EU, 산업 탄소배출 규제 더 옥죈다…'배출권 가격' 韓 7배될 듯", 연합뉴스 2022. 12. 18. 기사. 미국 산성비 프로그램 하에서 개별 오염원의 구체적인 배출권량은 각 오염원의 과거의 실제 배출량과 연료 사용량에 기초하여 할당된다. CAA §403(a).

19) 2005년부터 배출권거래제도를 시행 중인 유럽연합(EU)에서는 기존에 해당업체가 배출한 온실가스 배출량을 기준으로 하는 '그랜드파더링(Grandfathering) 방식'을 중심으로 배출권 할당이 이루어지다가 2013년부터 시작되는 3차 계획기간부터는 '벤치마크(Benchmark) 방식'을 원칙으로 하고 있다. 현준원(각주 16), 176면.

20) 현재 벤치마크 적용시설을 법령이 아니라 할당계획에서 정하고 있는데, 이는 수범자의 예측가능성을 떨어트릴 수 있다는 점에서 문제의 소지가 있다.

21) '기준기간'이란 매 계획기간 시작 4년 전부터 3년간을 말한다(할당지침 제2조 제7호).

동 사업장, 기준기간 내 신설[22] · 증설[23] 사업장(기준기간의 마지막 연도에 신설 · 증설된 사업장 제외)과 기준기간 내 마지막 연도에 신설 · 증설된 사업장으로 구분된다. 그리고 ① 기준기간의 지속가동 사업장의 예상 온실가스 배출량은 기준기간 연평균 온실가스 배출량을 기준으로, ② 기준기간 내의 신설 · 증설 사업장(기준기간의 마지막 연도에 신설 · 증설된 사업장 제외)은 해당 사업장이 신설 · 증설된 연도 직후 연도부터 기준기간 마지막 연도까지의 연평균 온실가스 배출량을 기준으로, ③ 기준기간 내 마지막 연도에 신설 · 증설된 사업장은 해당 사업장의 기준기간 마지막 연도의 월평균 온실가스 배출량을 활용한 연 온실가스 배출량을 기준으로 산정한다(할당지침 제10조).

4. 무상할당 비율

어느 정도 배출권을 무상으로 할당받는가는 할당대상업체로서 가장 예민한 문제일 수 있다. 할당대상업체로서 배출권 무상할당을 많이 받을수록 경제적 부담이 줄어들기 때문이다. 동법은 유상할당뿐만 아니라 산업계의 부담 완화 차원에서 배출권의 무상할당을 고려하고 있다. 이에 따르면 무상할당 비율은 국내 산업의 국제경쟁력에 미치는 영향, 탄소배출에 가격을 부과하는 등의 국제사회의 기후위기 대응 동향, 부문별 · 업종별 온실가스 감축 여건, 물가 등 국민경제에 미치는 영향 및 직전 계획기간에 대한 평가 등을 토대로 대통령령으로 정한다. 다만, 무상할당비율은 직전 계획기간의 무상할당비율을 초과할 수 없다(제12조 제3항). 다만, 무상할당 비율은 직전 계획기간의 무상할당 비율을 초과할 수 없도록 함으로써(동항 단서), 단계적으로 유상할당 비율을 확대할 수 있도록 하고 있다. 이러한 무상할당 비율기준에도 불구하고 온실가스 감축으로 인한 비용발생도 및 무역집약도가 대통령령으로 정하는 기준에 해당하는 업종[24]에 속하는 업체와 공익을 목적으로 설립된 기관 · 단체 또는 비영리법인으로서 대통령령으로 정하는 업체[25]에 대해서는 배출권

22) '신설 사업장'이란 기존 사업장과 독립적으로 온실가스 배출활동을 하고 명세서에서 배출량을 별도로 보고하는 사업장을 물리적으로 추가하는 것을 말한다(할당지침 제2조 제15호). 신설의 해석과 관련해서 서울고법 2018. 5. 4. 선고 2017누38760 판결(재가동하는 배출시설에 대해 물리적인 추가가 없었다는 이유로 신설 시설로 보지 않은 사례), 서울행정법원 2017. 2. 2. 선고 2015구합55462 판결, 서울행정법원 2017. 2. 2. 선고 2015구합3386 판결(1969. 준공된 이후 1985. 증설된 시설로 기준연도의 개시시점인 2013. 11. 1. 이후에 물리적으로 추가된 시설에 해당하지 않아 할당지침에서 규정하는 기준연도 마지막 연도에 신설된 시설이라고 볼 수 없다는 사례) 등 참조.

23) '증설 사업장'이란 기존사업장 내 배출시설의 신설 · 증설 등 생산활동에 직접적으로 기여하는 배출시설들의 물리적 변경을 추가함으로써 해당 사업장의 해당 이행연도 온실가스 배출량이 해당 사업장에 할당된 해당 이행연도 배출권보다 증가된 사업장을 말한다(할당지침 제2조 제21호). 증설의 해석과 관련해서 서울행정법원 2017. 2. 2. 선고 2015구합55370 판결(보일러 시설의 스팀생산을 위한 가동률 증가를 증설에 해당하지 않는다고 한 사례); 서울행정법원 2017. 2. 2. 선고 2015구합55493 판결(원고가 물리적 변경을 가한 부분은 열병합발전시설에서 발생한 전기 · 증기 · 열 등을 공급하기 위한 스팀하이웨이에 불과하고 열병합발전시설의 생산활동에 직접적으로 기여하는 부분에 물리적 변경을 추가한 것은 아니라면서 증설에 해당하지 않는다고 본 사례) 등 참조.

24) '대통령령으로 정하는 기준에 해당하는 업종'"이란 별표 1에 따른 비용발생도와 무역집약도를 곱한 값이 1천분의 2 이상인 업종으로서 할당계획에서 정하는 업종을 말한다(시행령 제19조 제1항).

25) '대통령령으로 정하는 업체'란 다음의 어느 하나에 해당하는 할당대상업체를 말한다: ① 지방자치단체; ② 초 · 중 · 고등학교; ③ 의료기관; ④ 대중교통운영자; ⑤ 「집단에너지사업법」에 따른 집단에너지사업자(시행령 제19조 제2항).

의 전부를 무상으로 할당할 수 있다(동조 제5항). 이에 따라 1차 계획기간(2015~2017)에는 할당대상업체별로 할당되는 배출권의 전부를, 그리고 2차 계획기간에는 100분의 97(2018~2020)을 무상으로 할당된 바 있으며, 3차 계획기간에는 100분의 90 이내의 범위에서 할당된다(시행령 제18조 제3항).

5. 조기감축실적의 인정

동법은 배출권거래제도 시행 이전에 온실가스 감축노력을 한 업체에 불이익이 발생하지 않고 감축 유인을 주기 위하여 할당계획 수립 시나 배출권 할당 시 조기감축 실적을 반영할 수 있도록 하고 있다. 즉 주무관청은 할당대상업체가 배출권을 할당받기 전에 외부 전문기관(탄소중립기본법 제24조의 제1항에 따른 외부 전문기관을 말함)의 검증을 받은 온실가스 감축량(조기감축실적)에 대하여는 대통령령으로 정하는 바에 따라 할당계획 수립 시 반영하거나 배출권 할당 시 해당 할당대상업체에 배출권을 추가 할당할 수 있다(제15조). 조기감축실적을 인정해 줄 필요성은 특히 배출권을 무상할당하는 경우에 발생하게 되는데, 감축노력을 하였음에도 이미 감축한 배출 실적이 할당의 기준이 되는 기준배출량이 되어 오히려 배출권 할당이 줄어드는 불합리를 해소할 필요가 있기 때문이다.

조기감축실적으로 인정되는 실적은 ① 해당 할당대상업체가 목표관리제의 관리업체로 지정되어 최초로 목표를 설정받은 연도의 12월 31일까지 자발적으로 한 온실가스 감축실적 중 목표관리 실적에 반영되지 아니한 실적, ② 목표관리제에서 인정된 전체 감축목표량에 대한 초과달성분이다(시행령 제25조 제1항).

6. 추가 할당

배출권 할당은 계획기간마다 정하는 것이기 때문에, 그 기간 중에 예상하지 못한 경제사정의 변화나 할당대상업체의 사업계획의 변경 등이 발생하는 경우 배출권 할당을 조정함으로써 이러한 상황을 조정할 필요가 있다. 이에 동법은 다음의 어느 하나에 해당하는 경우로서 직권 또는 할당대상업체가 신청한 경우에 배출권을 추가 할당할 수 있도록 하고 있다: ① 할당계획 변경으로 배출허용총량이 증가한 경우; ② 계획기간 시작 직전 연도 또는 계획기간 중에 사업장이 신설되어 해당 이행연도에 온실가스를 배출한 경우; ③ 계획기간 시작 직전 연도 또는 계획기간 중에 사업장 내 시설의 신설이나 증설 등으로 인하여 해당 이행연도의 온실가스 배출량이 대통령령으로 정하는 기준[26] 이상으로 증가된 경우; ④ 배출권의 할당 또는 ①부터 ③까지 및 배출권의 추가 할당의 기준에 따라 결정된 할당대상 업체별 할당량보다 과소 할당받은 경우로서 대통령령으로 정하는 경우; ⑤ 그 밖에 계획기간 중에 할당대상업체가 다른 법률에 따른 의무를 준수하거나 국가온

26) '대통령령으로 정하는 기준'이란 해당 할당대상업체의 해당 이행연도 배출권 할당량 중에서 그 사업장 단위로 결정된 할당량보다 증가한 경우를 말한다(시행령 제27조 제1항).

실가스감축목표 달성에 기여하는 활동을 하여 온실가스 배출량이 증가된 경우로서 대통령령으로 정하는 경우(제16조).

결국 할당은 배출권 할당이 이루어지는 시점과 요건에 따라 사전 할당과 추가 할당으로 구분된다고 할 수 있다. 사전 할당이 계획기간 시작 전에 할당대상업체의 기존시설과 예상 신 · 증설 시설을 대상으로 계획기간의 이행연도별 배출권을 할당하는 것이라면, 추가 할당은 사전 할당 이후 할당계획 변경 또는 할당대상업체의 예상하지 못한 신 · 증설 시설 등에 대하여 할당하는 것을 말한다. 추가 할당은 배출권 총량의 증가를 초래하기 때문에 한도를 설정하여 환경이익(온실가스 감축)을 보장하려는 배출권거래제도의 기본 취지를 훼손할 수 있다. 특히 할당대상업체의 신청에 의하여 추가할당을 하는 경우에는 할당대상업체가 당초 배출권 할당을 신청할 때 시설확장 및 변경계획 등도 신청서에 포함하도록 하고 있고, 할당대상업체가 추가할당 가능성을 염두에 두고 배출권 할당신청을 무성의하게 할 가능성이 있다는 점에서 추가 할당은 제한적으로 이루어져야 할 것이다.[27] 시행령에서는 배출허용총량을 초과하는 배출권 할당이 이루어지는 것을 막기 위하여 신청에 의한 추가 할당은 배출권 예비분의 한도 내에서만 가능하도록 하고 있다(제28조 제5항). 이와 같이 동법은 상황의 변경에 따른 배출권의 추가할당을 규정하고 있으나 거래제한 여부에 대해서는 규정하고 있지 않은바, 예상치 못한 상황으로 인한 할당대상업체의 배출권 부족 사태와 시장의 불확실성이라는 추가할당의 목표나 취지에 충실하기 위해서는 추가 발행된 배출권의 거래 가능성을 차단할 필요가 있다.[28]

7. 할당 취소

한편, 동법은 할당계획 변경으로 인한 배출허용총량의 감소나 할당대상업체의 사업장 폐쇄, 시설의 미가동, 사실과 다른 내용으로 배출권을 할당받은 경우, 할당대상 업체별 할당량보다 과다 할당받은 경우 등에 배출권(무상으로 할당된 배출권만 해당) 할당을 취소할 수 있는 근거를 마련하고 있다(제17조). 배출권 할당의 취소는 환경부장관이 해당 할당대상업체의 배출권 거래계정에서 배출권 예비분을 위한 배출권 거래계정으로 배출권을 이전하는 방식으로 한다(시행령 제29조 제10항).[29] 배출권 할당의 취소는 할당대상업체에

27) 이의신청이나 할당거부처분의 취소가 인용된 경우가 추가 할당의 대상이 되는지 분명치 아니하나 배출권의 추가 할당이 필요하다는 점에서 가능하다고 보는 것이 합리적인 해석이라고 생각한다. 법원은 할당계획에 따르면 예비분의 용도에는 배출권의 사전 할당 등에 대한 이의신청 결과에 따라 사전 할당량의 조정이 가능하다는 점을 지적하면서 할당 처분에 대한 취소청구에 따른 할당량 조정도 이에 준하여 할당량 조정이 가능하다고 볼 여지가 있다고 밝힌 바 있다. 서울고법 2018. 5. 4. 선고 2017누38760 판결.

28) 조현진, "국내 배출권거래제에 대한 법적 연구 −배출권의 할당, 거래, 감독의 단계별 분석", 법학논총 제32집 제2호, 한양대학교 법학연구소, 2015. 2015. 6, 140면.

29) 배출권 할당이 취소된 경우에 예비분으로 이전된 배출권이 동종의 다른 업체들에 추가 할당되지는 않는다. 배출권 할당이 취소된 경우 예비분으로 귀속되는지 여부와 관련해서 법원의 입장은 나누어져 있다: ① 취소분이 예비분을 위한 거래계정으로 이전한다는 입장(서울고법 2018. 5. 4. 선고 2017누38760 판결); ② 배출권거래법 제17조에 따르면 예비분 사유가 한정적으로 규정하고 있는바, 취소된 배출권이 예비분으로 귀속한다고 해석할 수 없고, 달리 취소된 배출권이 예비분

예기치 않은 피해발생, 제도의 신뢰성 상실 등을 초래할 수 있으므로 엄격한 심사를 거쳐 이루어져야 할 것이다. 배출권 추가 할당이 예상치 못한 배출량 증가에 대비하기 위한 것이라면 할당의 취소는 이미 할당된 배출권을 취소할 수 있도록 하는 것이라고 할 수 있다. 동법은 이와 같이 배출권 추가 할당이나 취소, 그리고 안정화 조치 등을 통해 배출권 할당의 변경 가능성을 열어 두고 있는바, 이는 자칫 배출권거래 시장의 안정화와 제도의 신뢰성을 해칠 수 있으므로 그 요건 적용을 엄격히 할 필요가 있다.

8. 배출권 예비분

주무관청은 추가 할당, 시장 안정화 등을 위하여 예비분으로 보유하여야 한다(제18조). 법령에서는 예비분의 용도로 배출권의 추가 할당, 배출권시장 조성자의 시장조성 활동, 배출권 거래시장 안정화 조치를 위한 추가 할당, 이의신청의 처리, 조기감축실적이 인정될 경우 추가 할당, 신규진입자에 해당하는 할당대상업체에 대한 배출권 할당(시행령 제30조 제1호) 등을 구체적으로 들고 있으며 할당계획에서는 자발적 참여업체에 대한 할당, 대중교통 확대 등에 대한 추가 할당 등을 포함하고 있다. 할당거부처분의 취소가 인용된 경우 할당량의 조정을 위해 예비분이 사용될 수 있는지, 있다고 할 경우 당초 할당처분이 이루어진 계획기간과 다른 계획기간의 예비분이 사용될 수 있는지 분명치 아니하나 예비분 도입의 취지에 비추어 적극적으로 해석하는 것이 합리적이라고 생각한다.

Ⅲ. 배출권의 거래

배출권을 거래하려는 자는 배출권등록부라는 곳에 거래계정을 등록하여 다른 계정에서 부족한 배출권을 사오거나 남는 배출권을 파는 방식으로 거래할 수 있다(제20조). 동법은 배출권 시장 참여자로 할당대상업체, 시장조성자, 배출권거래중개회사 등을 규정하고 있다(제19조 제1항). 배출권 시장 참여자를 배출권거래중개회사 등으로 확대한 것은 할당대상업체 중심의 직접 거래는 물론이고 증권시장에서처럼 참여자의 간접 거래도 가능하도록 허용한다는 것을 의미한다. 이는 거래 편의성의 향상과 함께 거래량 확대를 통한 배출권 가격의 변동성을 낮춤으로써, 결국 온실가스 감축 투자를 유인할 것으로 보인다. 배출권은 온실가스를 이산화탄소상당량톤으로 환산한 단위로 거래한다(제19조). 국외에서 발행된 배출권의 거래가능성도 열려 있어 향후 배출권거래시장에서 국내 배출권 이외의 배출권(상쇄배출권)의 거래도 예상된다(제30조).

주무관청은 배출권의 공정한 가격 형성과 매매, 거래의 안정성과 효율성을 도모하기 위하여 배출권 거래소를 지정하거나 설치 및 운영할 수 있다(제22조 제1항).[30] 나아가 동

으로 귀속된다고 해석할 만한 법적 근거가 존재하지 않는다는 입장(서울고법 2021. 7. 22. 선고 2020누46907 판결) 참조.

30) 2014년부터 배출권 거래소로 한국거래소가 지정되어 있다.

법은 배출권 거래소에서의 거래와 관련된 시세조종행위 등의 금지 및 배상책임, 부정거래행위 등의 금지 및 배상책임, 시장질서 교란행위의 금지, 정보이용금지 등 시장 참여자의 준수의무를 규정하고 있다(동조 제3항). 동법은 "매매나 그 밖의 방법으로 거래할 수 있다"(제19조 제1항)고 규정하고 있을 뿐, 배출권 거래소로 한정하고 있지 아니하므로 거래소 거래와 장외 거래가 모두 가능하다.[31] 한편, 동법은 배출권시장의 거래 활성화를 위하여 한국산업은행 등을 배출권시장 조성자로 지정할 수 있는 근거를 마련하고 있다(제22조의2).

배출권 거래는 마치 주식시장에서 주식을 거래하는 것과 같은 것이며, 거래 참여자는 배출권을 주식과 마찬가지로 하나의 투자상품으로 거래할 수 있다. 배출권의 가격은 주식시장에서의 주식가격과 같이 수요와 공급에 따라 유동적으로 변동하게 된다.

배출권을 거래한 자는 그 사실을 주무관청에 신고하여야 하며, 신고를 받은 주무관청은 지체 없이 배출권등록부에 그 내용을 등록하여야 한다(제21조 제1항 · 제2항). 배출권 거래에 따른 배출권의 이전은 배출권 거래 내용을 '등록'한 때에 효력이 생긴다(동조 제3항). 배출권 거래의 효력 발생 시기를 '등록'으로 하고 있는 것은 배출권이 배출권등록부상에만 존재하고, 배출권등록부의 계정간 이체의 방식으로 거래되며, 배출권에 관한 권리의 존부를 명확하게 할 필요가 있는 점 등이 고려된 것으로 보인다.[32]

Ⅳ. 배출권 거래시장의 안정화

주무관청은 배출권 거래가격의 안정적 형성을 위하여 배출권 가격이 높게 형성될 경우, 거래량이 크게 증가하는 경우 등에는 시장 안정화 조치를 할 수 있다(제23조). 여기에는 예비분의 추가 할당, 보유한도 설정, 최고 · 최저가격의 설정 등이 포함된다(시행령 제38조).

Ⅴ. 온실가스 배출량 보고 · 검증 · 인증

배출권의 할당 및 추가 할당 · 취소 등은 할당대상업체의 온실가스 배출량에 대한 정보 및 자료가 있어야 가능하다. 이는 배출권거래제도가 시행되기 위해서는 온실가스 배출량의 측정 · 보고 · 검증(Monitoring－Reporting－Verification: MRV)체제의 구축이 전제되어야 함을 의미한다. 이에 따르면 할당대상업체는 자신의 모든 사업장에서 실제 배출된 온실가스 배출량에 관한 명세서를 주무관청에 제출하면, 주무관청이 보고서의 적합성을 평가하

31) 배출권 거래소에서 거래를 하는 경우에는 복수의 매도자와 매수자 간의 경쟁매매로 거래의 편의성이 높고, 거래가격에 대한 신뢰성이 높으며 매매계약 불이행 위험이 거의 없는 반면, 거래의 최소단위가 존재하고 거래수수료와 부대비용이 발생하게 된다. 장외시장에서 거래를 하는 경우에는 브로커를 통하여 배출권을 매매하게 되므로, 거래 상대방을 물색하는 것이 용이하고 매매 물량 및 조건 설정이 상대적으로 용이한 데다 거래관련한 별도의 비용부담이 없지만 거래 상대방 탐색비용이 높고 거래상대방의 신용에 대한 부담감이 존재한다. 김갑래 · 강소현, "배출권 거래소 초기시장 문제 대응을 위한 과제: 신뢰성 및 유동성 제고", K－ETS 개장기념 세미나 자료집, 2015. 1. 12, 21면.

32) 김혜정, "「온실가스 배출권의 할당 및 거래에 관한 법률안」 심사경과와 해설", 월간법제, 2011. 5, 80면.

여 '인증'하게 된다(제24조, 제25조).[33] 적합성 평가 및 실제 온실가스 배출량의 인증, 외부 온실가스 감축사업 실적에 대한 배출권의 상쇄에 관한 전문적인 사항을 심의 · 조정하기 위하여 주무관청에 배출량 인증위원회를 둔다(제26조). 이러한 측정 · 보고 · 검증체제는 탄소중립기본법에 따른 목표관리제의 시행을 위하여 이미 구축되어 있기 때문에 배출권거래제도의 시행을 위해 새로이 측정 · 보고 · 검증체제를 구축할 필요성은 적어 보인다. 배출권거래법에서는 온실가스 배출량의 보고에 관하여는 「탄소중립기본법」의 규정을 준용하도록 함으로써(제24조 제2항), 온실가스 배출량 보고와 관련하여서 기존의 목표관리제에서의 보고절차 및 내용이 크게 변하지 않을 것임을 예고하고 있다.

Ⅵ. 배출권의 제출 등

배출권거래법은 배출권의 이월 · 차입 · 제출제도를 도입하여 이행연도 단위를 기준으로 배출권은, ① 인증을 위하여 제출되거나, ② 장래를 위하여 이월되거나, ③ 당해 이행연도를 위하여 차입되어야만 하고, 위 어느 경우에도 해당하지 아니하는 경우에는 이행연도 종료일부터 6개월이 지났을 때 당해 이행연도에 할당된 배출권에 관한 제반 법률관계가 모두 종료되도록 규정하고 있다.

1. 제 출

할당대상업체는 이행연도 종료일부터 6개월 이내에 인증받은 온실가스 배출량에 상응하는 배출권(종료된 이행연도의 배출권을 말함)을 주무관청에 제출(Submission)하여야 하며,[34] 주무관청은 배출권을 제출받으면 지체 없이 그 내용을 배출권등록부에 등록하여야 한다(제27조). 특히 배출권의 제출은 할당대상업체로 하여금 배출량과 동일 수량의 배출권 제출을 요구한다는 점에서 배출권 '정산'이라고 이해할 수 있다.

2. 이월과 차입

할당대상업체의 실제 온실가스 배출량과 할당배출권의 수량은 일치하지 않을 가능성이 많다. 할당대상업체의 경우에는 자신의 경영, 투자 등 계획에 따라 배출권의 수요가 시기별로 달라질 수 있으며, 기본적으로 과거실적을 기준으로 할당이 이루어지므로 해당 시기에 적정한 수량의 배출권을 보유하는 것이 쉽지 않을 수 있다. 이에 할당대상업체에

---

33) 구체적인 온실가스 배출량 인증 방법은 '온실가스 배출권거래제의 배출량 보고 및 인증에 관한 지침'(환경부고시 제2021－278호)에 의해서 규율된다. 이에 따르면 할당대상업체는 배출한 온실가스에 대해서 직접배출과 간접배출로 배출유형을 구분하여 배출량을 빠짐없이 산정하여야 한다(제9조 제1항). 다만 특정한 기술 내지 방법 {바이오매스 사용, 재생에너지(폐기물에너지) 이용, 폐열 이용, 탄소포집과 이용(CCU)과 관련한 이산화탄소 사용 등}으로 온실가스를 배출한 경우에는 배출량 산정 시 제외된다(제18조 참조). 제외된 배출량은 배출권 이행에서 제외되고 대상업체는 그만큼 배출권을 절약할 수 있게 된다.

34) '배출권의 제출(surrender)'은 당초 할당대상업체가 할당받은 온실가스 배출허용량에서 실제 배출한 양을 확인 · 정산하는 것이다.

게 전략적 유연성을 제공한다는 차원에서 배출권의 이월(banking)과 차입(borrowing)의 필요성이 있다.35)

배출권을 보유한 자는 보유한 배출권을 주무관청의 승인을 받아 계획기간 내의 다음 이행연도 또는 다음 계획기간의 최초 이행연도로 이월할 수 있다(제28조 제1항). 이는 조기감축에 대한 유인을 제공할 뿐만 아니라 배출권 가격의 급등이나 급락을 막고, 신규 투자 시기의 결정 등 할당대상업체로 하여금 배출권거래시장에 유연하게 대처할 수 있도록 하기 위한 장치라고 할 수 있다.

이월과 대비되는 것이 차입인데, 이는 당해 연도에 부족한 배출권을 주무관청의 승인을 받아 계획기간 내의 다른 이행연도에 할당된 배출권의 일부를 차입하는 것이다(동조 제2항). 배출권의 이월 · 차입 한도가 지나치게 적을 경우엔 제도의 유연성을 떨어뜨리고, 지나치게 많을 경우에는 할당대상업체에게 지속적인 감축노력보다는 배출권 제출의무의 미이행에 따른 제재를 회피하도록 유도한다. 이에 이월과 차입을 허용할 경우에는 일정한 한도를 정하여 남용을 막을 필요가 있다.36) 동법은 이월의 경우에는 그 한도를 정하고 있지 않지만 차입의 경우에는 해당 할당대상업체가 주무관청에 제출하여야 하는 배출권 수량의 일정 범위 내에서만 허용하고 있다(시행령 제45조 제2항). 또한 차입은 계획기간 내의 차입만 가능하도록 제한되어 있다. 이는 이월이 계획기간간 또는 이행연도간에 허용되는 것과 구별된다.

3. 상 쇄

배출권의 상쇄(offset)란 외부 온실가스 감축사업을 통하여 인증받은 감축실적으로 배출권 제출의무를 이행할 수 있도록 하는 것을 말한다. 동법은 외부사업에서 발생한 온실가스 감축실적을 일정한 조건 하에서 할당대상업체의 온실가스 감축의무이행으로 인정하고 있다. 즉 할당대상업체가 국제적 기준에 부합하는 방식으로 외부사업에서 발생한 온실가스 감축량을 보유 혹은 취득한 경우 이를 주무관청에 배출권으로 전환해 줄 것을 신청하면, 주무관청은 이를 그에 상응하는 배출권으로 전환하고 그 내용을 상쇄등록부에 등록한다(제29조 제1항 · 제2항). 할당대상업체의 신청에 따라 주무관청이 인증하여 상쇄등록부에 등록된 배출권을 '상쇄배출권(Korean Credit Unit: KCU)'이라고 하는데,37) 이러한 상쇄배출권은 할당대상업체의 의무이행을 위한 배출권의 제출에 이용할 수 있게 된다.

배출권의 상쇄를 인정하는 것은 배출권거래제도가 궁극적으로 온실가스 배출총량을

35) 온실가스 배출의 환경적 영향이 장기적인 것을 감안하여 이월 및 차입을 허용하는 것은 경제적 효율성 향상을 촉진하는 긍정적 효과를 나타내게 될 것이다. 김용건, "온실가스 배출권거래제 도입 방향", 한국환경정책 · 평가연구원, 2010. 12. 22, 15면.

36) 배출권의 이월을 허용하는 것이 바람직하지만 시범기간에 해당하는 제1단계 계획기간의 잉여배출권의 이월문제는 전면 금지하거나 일정 비율 이하로 제한하는 것이 바람직하다는 견해가 있다. 김용건(앞의 책), 15면.

37) 이는 할당대상업체의 신청에 따라 할당기준에 의거하여 주무관청이 할당대상업체별로 할당하는 이른바, 할당배출권(Korean Allowance Unit, KAU)과 구별된다.

감축하는 것이 목적이고, 외부 온실가스 감축 노력도 그것이 온실가스 배출총량의 감축에 기여하는 것인 이상 이를 배제할 이유가 없기 때문이다. 그러나 이를 무제한으로 허용하는 경우에는 할당대상업체가 실질적인 온실가스 감축 노력을 기울이지 않고 비용 대비 실적이 큰 외부 감축사업을 벌어 배출권 제출의무를 이행함으로써 감축 효과가 크지 않을 수 있다. 이에 인정 가능한 외부 감축사업을 제한하거나 상쇄 인정비율을 제한하는 등 인정 범위를 제한할 필요성이 있다.

동법은 국내외 부문에서 국제적 기준에 부합하는 측정 · 보고 · 검증이 가능한 방식으로 실시한 온실가스 감축사업과 기후변화협약 및 교토의정서에 따른 온실가스 감축사업[38]만을 외부 감축사업으로 인정하고 있다(제30조 제1항). 주무관청은 외부사업 온실가스 감축량 인증을 위하여 필요한 경우에는 외부사업에 대한 타당성 평가와 환경부장관과의 협의를 거쳐 외부사업을 승인할 수 있다(시행령 제48조 제1항).

한편, 시행령에서는 상쇄배출권의 질적 수준을 유지하기 위하여 추가성, 지속 가능성, 계량 가능성, 검증 가능성 등을 언급함으로써(제48조), 외부 감축사업으로 인한 무분별한 상쇄배출권의 공급을 차단하려고 하고 있다. 또한 제출한도를 해당 할당대상업체가 주무관청에 제출하여야 하는 배출권의 10% 범위에서 할당계획으로 정하는 비율로 제한하고 있으며, 국외 상쇄배출권은 전체 상쇄배출권의 50%을 넘을 수 없도록 하고 있다(제47조 제3항). 이러한 양적 제한은 배출량 감축이 기본적으로 할당대상업체의 배출 감축을 통해 이루어져야 하고 외부 사업을 통한 감축은 보충적 지위에 머물러야 한다는 인식에 기초하는 것이다.

4. 소　　멸

이행연도별로 할당된 배출권 중 주무관청에 제출되거나 다음 이행연도로 이월되지 아니한 배출권은 각 이행연도 종료일부터 6개월이 경과하면 그 효력을 잃는다(제32조). 이에 따르면 해당 계획기간 및 이행연도별로 이루어진 배출권 할당은 해당 계획기간이 도과한 이후에는 원칙적으로 효력이 상실된다고 할 것이다.

Ⅶ. 배출권 제출의무의 불이행에 따른 제재

주무관청은 할당대상업체가 제출한 배출권이 인증한 온실가스 배출량보다 적은 경우

38) 시행령에서는 청정개발체제(Clean Development Mechanism: CDM) 사업을 예시하고 있다(제47조 제2항). 청정개발체제 하에서 부속서 I 당사국(의무감축국가)은 부속서 I 이외의 당사국(유치국)의 배출감축 사업에 투자하고, 그 사업활동으로 발생하는 '인증 배출량 감축(Certified Emission Reductions: CER)'을 감축목표 공약 일부의 준수에 기여하기 위하여 사용할 수 있다. 그 밖에 기후변화협약체제에서 인정되는 배출권은 공동이행제도(Joint Imple mentation: JI) 하에서 부속서 I국가간에 온실가스 저감사업을 통하여 인정되는 '배출량 감축단위(Emission Reduction Units: ERU)', 의무감축국가가 교토의정서상의 목표달성을 위하여 할당받은 '할당량 단위(Assigned Amounts Unit: AAU)', 교토의정서 제3조 제3항 및 제4항에 따라 토지이용·토지이용전환과 산림활동(LULUCF)으로 인한 흡수원 활동에 의해 인정되는 '배출량 제거단위(Removal Unit: RMU)'가 있다.

에는 그 부족한 부분에 대하여 이산화탄소 1톤당 10만원의 범위에서 해당 이행연도의 배출권 평균 시장가격의 3배 이하의 과징금을 부과할 수 있으며(제33조), 1천만원 이하의 과태료가 부과된다(제43조). 이와 같이 과징금 및 과태료 이외에도 배출권 제출의무를 위반한 경우에는 해당 업체에 대한 정보공개, 미제출분의 추가 제출 등을 부과함으로써 의무이행을 확보하는 것을 검토할 필요가 있다. 이러한 조치는 특히 할당대상업체의 도덕적 해이를 막을 것이다.

제 3 절 기후변화 적응

우리나라의 경우 기후변화 적응 노력의 역사는 일천하다. 그 동안 우리나라는 기후변화 대응 종합대책을 4차례 수립 · 시행함으로써 기후변화에 대한 대응노력을 하였다. 제1차(1999~2001), 제2차(2002~2004) 종합대책은 기후변화 완화 관련 대책을 주요 내용으로 하고 있으며, 2005년에 수립된 제3차 종합대책(2005~2007)에서 비로소 기후변화 적응과 관련한 내용을 반영하기 시작하였다. 2008년 12월 13개 부처가 합동으로 수립한 '국가 기후변화 적응 종합계획(2009~2030)'은 기후변화 적응을 통한 안전사회 구축 및 녹색성장 지원을 국가 비전으로 제시하였다. 2009년 7월 녹색성장위원회에서 발표한 '녹색성장 국가전략 및 5개년 계획'에 기후변화 적응역량 강화가 10대 정책과제에 포함되는 등 기후변화 적응대책의 필요성과 시급성에 대한 인식이 점차 확대되었다. 2010년 4월 「저탄소 녹색성장 기본법」(2021년 「기후위기 대응을 위한 탄소중립 · 녹색성장기본법」으로 대체)이 시행됨에 따라 국가 기후변화 적응대책(2011~2015)이 수립되었다. 이는 2008년에 수립되었던 '국가 기후변화 적응 종합계획'을 보완한 것으로 건강, 재난 · 재해, 물관리 등 10개 분야 87개 과제를 담고 있으며, 13개 중앙부처가 참여하고 있다. 2013년에는 수정 · 보완 작업의 후속 조치로서 적응대책 세부과제를 9개 분야 67개 과제로 재정비하고 이에 대한 세부시행계획(2013~2015)을 수립하였다.[1)]

한편, 2009년 국가기후변화적응센터의 설립 및 운영에 관한 규정이 시행되면서 기후변화에 대한 영향 분석 및 취약성 평가, 기후변화로 인한 피해 규모 분석 등을 실시하고 관련 정보를 제공하기 위해 한국환경연구원 내에 국가기후변화정보센터가 설립되어 운영되고 있다.

Ⅰ. 완화와 적응의 구별

기후변화 완화와 적응은 서로 연계되고, 중첩되는 면이 있기 때문에 이를 명확히 구

1) 이수재 외 9, 국가별 적응전략에 따른 우리나라의 리스크 대응방안 연구, 한국환경정책 · 평가연구원, 2013. 12, 65면; 환경부, 환경백서, 2014, 395 내지 396면 참조.

별하는 것은 쉽지 않다. 그러나 그 동안 기후변화 정책에서 완화에 비해 상대적으로 소홀히 다루어진 적응을 보다 명확히 이해하고 그 필요성을 분명히 인식하기 위해서는 양자를 구별하는 것이 나름대로 의미가 있다고 생각한다. 이러한 관점에서 양자의 차이를 좀 더 구체적으로 살펴보면 다음과 같다.[2)]

첫째, 완화는 국제적인 공동 노력이 중요해 보인다. 한 국가의 온실가스 감축 노력만으로 기후변화를 막는 데는 한계가 있기 때문이다. 이에 비해 적응은 국가적, 지역적 노력이 보다 중요해 보인다. 기후변화에의 취약성은 국가별, 지역별로 다르기 때문에 해당 국가나 지역의 노력이 보다 중요해 보인다. 기후변화 영향의 지역성 때문에 경우에 따라서는 국가보다도 지방자치단체의 역할이 중요해 보인다.

둘째, 완화가 현재 또는 장래의 배출에 주목하면서 미래세대의 환경이익을 고려하는 데 반해, 적응은 과거의 배출행위에 관심을 가지며 기후변화가 현재세대에 미치는 영향에 주목하고 있다.

셋째, 완화는 그 목표가 온실가스 배출과 농도의 감축으로 단순하며, 그 방안도 제한적이다. 대표적인 것으로는 배출권거래제, 탄소세, 보조금 등이 있다. 이에 반해 적응은 광범위하고 다기화된 문제를 해결할 필요가 있기 때문에 다루는 분야가 국가안보, 농업, 생태계, 산업 및 서비스, 에너지, 홍수 및 해안침식, 산림, 건강, 해양, 교통, 물, 토지이용 부문에 걸쳐 광범위하다.[3)]

넷째, 의무 주체와 관련해서도 구별이 가능하다. 완화는 온실가스 배출 규제에 초점이 있기 때문에 배출자인 사업자를 규제한다면 적응은 사업자에 국한하지 않고 국가 또는 지방자치단체의 역할에도 주목한다.

마지막으로 완화 노력이 중앙집권적인, 컨센서스에 기초한 하향식(top-down)의 의사결정에 의지하는 반면에 적응은 분권화된 상향식(bottom-up) 의사결정을 선호한다.[4)] 적응 노력이 분권화된 의사결정에 의해 이루어질 것을 강조하는 것은 기후변화의 영향이 지역에 따라 다양하고 지역 사정에 맞는 다른 정책, 전략이 요구되는 것과 깊은 관련이 있다.

이와 같이 적응과 완화는 구별될 수 있지만 결코 분리될 수 없다. 두 개념은 모두 기후변화 정책의 중요한 요소이며, 적극적 그리고 소극적으로 서로 연계된다.[5)]

---

2) 김홍균, "기후변화에 대한 대응: 기후변화적응법의 제정", 법제연구 제48호, 2015. 5, 182 내지 183면.

3) Robin Kundis Craig, *Stationarity is Dead – Long Live Transformation: Five Principles for Climate Change Adaptation Law*, 34 Harv. Emvtl. L. Rev. 9, 28~29 (2010).

4) Cinnamon P. Carlarne, *Rethinking a Falling Framework: Adaptation and Institutional Rebirth for the Global Climate Change Regime*, 25 Geo. Int'l Envtl. L. Rev. 1, 26 (2012).

5) Jonathan Verschuuren(각주 1), 262 내지 263면.

Ⅱ. 내 용

우리나라는 2010년 「저탄소 녹색성장 기본법」(녹색성장기본법)이 제정되고 국가기후변화 적응대책이 수립됨으로써, 기후변화적응정책의 추진기반이 마련되었다고 평가할 수 있다. 그러나 그 체계성, 구체성, 종합성, 적극성 등 차원에서 미흡하였다. 정치 · 경제 · 사회적 제 여건이 성숙하지 아니한 측면이 있지만 적응 관련 법제의 미비가 그 중요한 원인으로 지적되었다. '적응'과 관련한 비교적 구체적 조항은 사실상 한 조문(제48조)에 그치고 있었던 것이 이를 잘 보여주었다. 이러한 반성적 차원에서 2021. 9. 24. 제정된 「기후위기 대응을 위한 탄소중립 · 녹색성장 기본법」(탄소중립기본법)은 기후변화 대응의 기본원칙으로 "기후위기에 영향을 미치거나 기후위기로부터 영향을 받는 모든 영역과 분야를 포괄적으로 고려하여 온실가스 감축과 기후위기 적응에 관한 정책을 수립할 것"을 천명하고(제3조 제3호), 적응 분야를 크게 보완, 강화하였다.

1. 기후위기의 감시 · 예측

우선 동법은 정부로 하여금 대기 중의 온실가스 농도 변화를 상시 측정 · 조사하고 기상현상에 대한 관측 · 예측 · 제공 · 활용 능력을 높이며 기후위기에 대한 감시 · 예측의 정확도를 향상시키는 기상정보관리체계를 구축 · 운영하고, 기후위기가 생태계, 생물다양성, 대기, 물환경, 보건, 농림 · 식품, 산림, 해양 · 수산, 산업, 방재 등에 미치는 영향과 취약성, 위험 및 사회적 · 경제적 파급효과를 조사 · 평가하는 기후위기적응정보관리체계를 구축 · 운영하도록 하고 있다(제37조 제1항 · 제2항).

2. 기후위기적응대책의 수립 · 시행

현재 기후변화 적응대책은 크게 녹색성장과 관련한 최상위 국가계획이라 할 수 있는 녹색성장 5개년 계획과 탄소중립기본법에 근거한 법정 국가대책이라고 할 수 있는 기후위기적응대책으로 구분할 수 있다. 특히 동법은 정부로 하여금 기후위기적응대책을 탄소중립위원회의 심의를 거쳐 5년마다 수립 · 시행하도록 하고 있으며(제38조 제1항 · 제3항), 기후위기적응대책에 기후위기에 대한 감시 · 예측 · 제공 · 활용 능력 향상, 부문별 · 지역별 기후위기의 영향과 취약성 평가, 기후위기에 따른 취약계층 · 지역 등의 재해 예방 등에 관한 사항을 포함하도록 하고 있다(제2항). 동법상 국가 탄소중립 녹색성장 기본계획에서는 적응대책에 관한 사항을 포함하고 있는바(제10조 제2항), 기후위기적응대책과의 중복성이 제기될 수 있다. 관계 중앙행정기관의 장은 기후위기적응대책의 소관사항을 효율적 · 체계적으로 이행하기 위하여 적응대책세부시행계획을 수립 · 시행하여야 하며(제4항), 정부는 기후위기적응대책 및 적응대책세부시행계획의 추진상황을 매년 점검하고 결과 보고서를 작성하여 위원회의 심의를 거쳐 공개하여야 한다(제39조 제1항). 결과 보고서에 부진 사항과 개선 사항을 포함하고, 관계 행정기관의 장으로 하여금 정책에 반영토록 하고 있으나(동조 제2항 · 제4항), 점검 방법이나 절차 등에 대하여는 구체적 규정이 없다.

한편, 시 · 도지사, 시장 · 군수 · 구청장은 기후위기적응대책과 지역적 특성 등을 고려하여 관할 구역의 기후위기 적응에 관한 대책을 5년마다 수립 · 시행하여야 한다(제40조 제1항). 대책의 미수립, 미시행에 대한 제재나 지원 체계가 마련되어 있지 않아 그 이행을 담보하기 어렵다. 한편, 지방기후위기적응대책이 수립되는 경우 관할 지방자치단체의 장은 상급 행정기관에 제출할 의무가 있는데(동조 제3항). 점검 지침, 평가기준·지표 등 시행 규정이 마련되어 있지 않아 실효성을 확보하기 어렵다고 할 수 있다. 기후위기 영향에 취약한 시설을 보유 · 관리하는 공공기관 등 대통령령으로 정하는 기관(취약기관)은 기후위기적응대책과 관할 시설의 특성 등을 고려하여 공공기관의 기후위기 적응에 관한 대책을 5년마다 수립 · 시행하고 매년 이행실적을 작성하여야 한다(제41조 제1항).

3. 지역 기후위기 대응사업의 시행

국가 또는 지방자치단체는 기후변화로 심화되는 환경오염 · 훼손에 종합적 · 효과적으로 대응하고, 기후위기에 따른 자연환경의 변화나 자연재해 등으로 농업 등 기존 산업을 유지하기 어려운 취약 지역 및 계층 등을 중점적으로 보호 · 지원하기 위하여 지역 기후위기 대응사업을 시행할 수 있다(제42조 제1항). 엄격히 해석할 경우 산업 측면의 취약 지역 및 계층만을 지원 대상사업으로 하고 있기 때문에 정작 건강, 환경에 취약한 지역이나 계층에 대한 지원 여부가 불분명한 상태이다. 시행절차가 마련되어 있지 않은 것은 시행 자체를 힘들게 하고 있다.

4. 기후위기 대응을 위한 물 관리

정부는 기후위기로 인한 가뭄, 홍수, 폭염 등 자연재해와 물 부족 및 수질악화와 수생태계 변화에 효과적으로 대응하고 모든 국민이 물의 혜택을 고루 누릴 수 있도록 하기 위하여 다음의 사항을 포함하는 시책을 수립 · 시행하여야 한다: ① 깨끗하고 안전한 먹는 물 공급과 가뭄 등에 대비한 안정적인 수자원의 확보; ② 수생태계의 보전 · 관리와 수질 개선; ③ 물 절약 등 수요관리, 적극적인 빗물관리 및 하수 재이용 등 물 순환 체계의 정비 및 수해의 예방; ④ 자연친화적인 하천의 보전 · 복원; ⑤ 수질오염 예방 · 관리를 위한 기술 개발 및 관련 서비스 제공 등(제43조).

5. 녹색국토의 관리

정부는 기후위기로부터 안전하며 지속가능한 국토(녹색국토)를 보전 · 관리하기 위하여 국토종합계획 등을 수립 · 시행할 때 기후위기 대응에 관한 사항을 반영하여야 하며(제44조 제1항), 녹색국토를 조성하기 위하여 다음의 사항을 포함하는 시책을 마련하여야 한다:

① 도시 및 농어촌의 온실가스 배출량 감축, 마을 · 도시 단위의 에너지 자립률 및 자원순환성 제고; ② 산림 · 녹지의 확충, 광역 생태축 보전 및 생태계 복원; ③ 개발대상지 및 도시지역 생태계서비스 유지 · 증진; ④ 농지 및 해양의 친환경적 개발 · 이용 · 보존; ⑤ 도로 · 철도 · 공항 · 항만 등 인프라 시설의 친환경적 건설 및 기존 시설의 친환경적 전환; ⑥ 친환경 교통체계의 확충(동조 제2항).

6. 농림수산의 전환 촉진

정부는 농작물의 생산 및 가축 생산 등의 과정에서 발생하는 온실가스 배출을 줄이고 기후위기에 대응하여 식량안보를 확보함으로써 탄소중립 사회로의 이행에 기여하기 위하여 농림수산의 전환 시책을 수립 · 시행하여야 한다(제45조 제1항).

7. 국가기후위기적응센터의 지정

2009년 국가기후변화적응센터의 설립 및 운영에 관한 규정이 시행되면서 국가기후변화정보센터가 설립되어 운영되고 있는바, 그 지위와 권한을 공고히 한다는 차원에서 지정근거를 법에 두고 있다(제46조 제1항).

8. 다른 법에 따른 적응 대책

그 밖에 기후변화 적응과 직 · 간접적으로 관련이 있는 법 규정으로는「대기환경보전법」 제9조의2(국가 기후변화 적응센터 운영), 제11조(대기환경개선 종합계획에 기후변화로 인한 영향평가와 적응대책에 관한 사항의 포함),「물관리기본법」 제18조(기후변화 대응원칙),「물환경보전법」 제19조의4(배출시설 등에 대한 기후변화 취약성 조사), 제24조(대권역 수질 및 수생태계 보전계획에 기후변화에 대한 적응대책의 포함),「자연환경보전법」 제36조(기후변화 등에 의한 생태계 변화와 적응 등에 관한 연구 및 기술개발, 기후변화 등에 취약한 생태계 등에 대한 조사 실시) 등이 있다. 기후변화가 태풍, 홍수 등 자연현상으로 인한 재난과 무관하지 않다는 점에서 자연재해 문제를 다루는「자연재해대책법」, 기후감시 및 영향조사 등을 다루는「기상법」 등도 기후변화 적응과 관련이 있다.

Ⅲ. 평 가

이러한 법 규정에도 불구하고 우리나라 기후변화 적응법제를 평가할 경우 좋은 점수를 주기는 어렵다고 할 수 있다. 전반적으로 기후변화 적응은 관련 법에서 주요 의제로 다루어지지 않고 있으며, 관련 규정이 있더라도 체계성이 없고, 구체성이 떨어져 이행을 담보하기 어렵다. 이는 기후변화 대응 기본법인 탄소중립기본법에서도 마찬가지이다. 적응 분야가 기후위기 대응의 또 다른 한 축을 이루는 감축에 대해 보충적이라고 보면서 다루는 비중이 지나치게 낮고, 그나마 규정한 각종 기후위기 적응 시책은 지침, 절차, 방법 등이 시행령 등에 위임되었음에도 아직까지 구체적 규정이 마련되어 있지 않아 시행 자체가 불투명하거나 용이하지 않은 상태이다. 부문별(물, 녹색국토, 농림수산 등) 대책 등도 구체성이 떨어져 그 실효성에 의문이 있다. 관련 규정은 다른 법에 이미 규정되어 있는 것을 중복적으로 언급하는 수준에 불과하고(예컨대, 「물관리기본법」 제18조는 물관리의 기본원칙의 하나로 '기후변화 대응'을 규정하고 있다), 선언 규정에 머무르고 있으며, 시책의 수립의무는 원칙이나 책무 규정에 가깝다.

동법에서 규정하고 있는 기후변화 적응 정책의 핵심은 영국의 기후변화 위해성평가(CCRA)[6]와 유사한 기후변화로 인한 영향 및 취약성 평가와 적응대책 수립이라고 할 수 있다. 그러나 그 기준, 절차, 방식, 내용, 평가주체 등에 대하여 규정이 없거나 구체성이 떨어져 이행력은 약하다고 할 수 있다. 시급히 시행령 등 하위법령이 만들어져 이를 보완할 필요가 있다. 이러한 적응법제의 미비는 동법의 개정을 포함한 입법적 재검토를 요구하고 있다.[7]

6) 2008년 제정된 영국 「기후변화법(The Climate Change Act 2008)」은 국제사회에서 최초로 그리고 모범적으로 기후변화 완화뿐만 아니라 적응조치와 관련해서 법제화하고 있다. 동법상 기후변화 적응과 관련해서 핵심적인 절차와 내용은 보고기관(reporting authorities)에 의한 적응보고(Adaptation Reporting Power: ARP) → 주무장관의 기후변화 위해성평가(Climate Change Risk Assessment: CCRA) → 주무장관의 국가적응프로그램(National Adaptation Programme: NAP)의 의회 제출 등이다. 이수재 외 9(각주 1), 59 내지 60면.

7) 온실가스 감축에 초점이 있는 「온실가스 배출권의 할당 및 거래에 관한 법률」과 별도의 가칭, 기후변화적응법을 제정하는 것도 검토할 만하다. 기후변화 적응법제 개선 방안에 대하여 자세한 내용은 김홍균(각주 2), 195면 이하. 보다 근본적으로 감축과 적응을 아우르는 기후변화대응법을 제정하는 것도 생각해 볼 수 있는데, 이 경우에는 탄소중립기본법의 해체와 「지속가능발전법」의 격상 등 복잡한 문제가 제기될 수 있다.

제 8 장　물관리

물은 모든 생명이 생존하기 위한 필수조건이다. 물은 기름이나 다른 자연자원과 달리 대체재를 가지고 있지 않다. 이는 물이 오염되고, 고갈된다면 인간의 생명이 곧바로 위태로울 수 있음을 의미한다. 이러한 관점에서 우리나라의 물 문제는 심각한 것으로 나타나고 있다. 급속한 경제성장에 따른 공업화, 도시화로 오염물질 배출량은 급격히 증가하는데 반해 산업폐수, 생활하수, 오수의 처리율은 저조한 상태를 면치 못하면서 강 · 호소 · 연안 등 공공수역의 수질오염이 심화되고 있다. 주요 4대강 중 · 하류 지역의 수질이 이미 Ⅲ~Ⅳ등급 수준으로 떨어져 있는 것이 우리나라 수질의 현주소이다. 이와 같이 수질오염이 악화 일로로 치닫고 있는 가운데, '물부족 국가'[1]로 분류될 정도로 물 부족문제도 심각한 것으로 드러나고 있다. 문제는 물 사정이 갈수록 어려워지고 있다는 것이다. 이러한 상황에서 국민의 맑은 물에 대한 요구는 더욱 거세지고 있다. 1991년 '낙동강 페놀오염사건'은 이러한 요구가 분출한 극단적인 한 예에 불과하다.

물은 무궁무진한 자원인 것처럼 보이지만 지극히 한정된 자원이다.[2] 물은 더 이상 자유재가 아니라 명실상부한 경제재이다. 그 동안 물이 자유재로 취급된 것이 수질오염을 부추긴 원인이 되었다. 물은 한정적이며, 용수 수요를 충족하기 위해서는 엄청난 비용을 들여 하천수를 개발할 필요가 있으며, 수질보전을 위해 막대한 비용이 지출된다는 점을 고려할 때 물은 이제 개발을 통해 인공적으로 흐르는 물, 즉 공장에서 나오는 제품과 같은 생산물로 보아야 한다.

우리나라 수질환경관련 규제법규로는 「물환경보전법」, 「하수도법」, 「가축분뇨의 관리 및 이용에 관한 법률」, 「물의 재이용 촉진 및 지원에 관한 법률」 등이 있다. 「한강수계 상수원수질개선 및 주민지원 등에 관한 법률」을 비롯한 4대강수계법, 「수도법」, 「먹는물관리법」, 「지하수법」 등 음용수 관련법도 직 · 간접적으로 수질환경과 관련이 있으나 이들은 편의상 별도의 장(제13장)에서 다루기로 한다.

---

1) 국제연합 국제인구행동연구소(PAI)의 분석자료에 의하면 연간 물 사용 가능량이 1000m^3 미만은 물기근 국가, 1000~1700m^3는 물부족(압박) 국가, 1700m^3 이상은 물풍요 국가로 분류된다. 이에 따르면 우리나라는 2000년 사용 가능량이 1488m^3로 물부족 국가에 해당된다. 건설교통부 · 한국수자원공사, 물과 미래, 2004, 11면.

2) 지구의 표면은 70% 정도가 물로 덮여 있다. 지구상에 있는 물의 양은 약 14억km^3 정도로 추정된다. 이 중 약 97.5%가 염수이고 담수는 약 2.5%정도이다. 이 물을 그대로 사용할 수 있는 것이 아니다. 담수 중 약 69.5%가 남극과 북극의 얼음 및 만년설의 형태이고, 30.06% 정도는 지하수로, 0.39% 정도만이 하천수나 호소수로 존재한다. 지하수를 제외하면 약 9만km^3 정도만이 인간이 사용할 수 있는 물이다. 결국 우리가 이용가능한 물은 지구에 있는 총 물량의 오직 0.0086%뿐이다. 물과 미래(앞의 책), 8면.

그 동안의 수질환경정책은 경제개발이라는 국가 정책목표와 맞물려 수자원의 개발에 초점이 맞추어진 것이 사실이다. 수질 또는 수생태계의 보전 · 관리 문제가 부각된 것은 비교적 최근의 일이다. 이는 고도의 그리고 급격한 경제성장의 결과로 나타난 심각한 수질오염에 대한 뒤늦은 대응이라고 할 수 있다. 그러나 수질환경정책은 답보상태를 유지하고 있다. 여기에는 수량과 수질, 그리고 지하수와 지표수의 문제를 분리해온 그 동안의 정책에 크게 기인하고 있다. 여기에 산만하고 복잡한 법률체계로 인한 관련 법률들간의 상충 · 중복, 복잡 · 다양한 관할 부처와 관리구조로 인한 책임의 중복 · 책임한계의 불명확 · 책임의 전가 또는 회피, 수리권을 둘러싼 지방자치단체간의 갈등 및 불 분쟁 등이 개입되면서 문제를 더욱 어렵게 하였다. 이러한 점을 인식하고 수량과 수질의 통합 관리, 지하수와 지표수의 연계 관리는 물론이고 소관 부처 또는 위원회의 통합 등이 논의되었다.

이러한 관점에서 2017년 5월 물 관리를 환경부로 일원화하겠다는 정부의 발표와 그 일환으로 2018년 6월 12일 제정된 「물관리기본법」과 수자원 · 수량 관련 5개 법률(「수자원의 조사 · 계획 및 관리에 관한 법률」, 「댐건설 및 주변지역지원 등에 관한 법률」, 「지하수법」, 「친수구역 활용에 관한 특별법」, 「한국수자원공사법」)의 환경부로 이관은 역사적 의미가 크다고 할 수 있다. 이때 하천관리 2개 법률(「하천법」, 「하천편입토지 보상 등에 관한 특별조치법」)은 국토교통부에 존치하게 되었는데,[3] 「하천법」 중 하천관리를 제외한 수량, 수질, 재해예방 등 관련 물관리 기능 일부가 환경부로 이관되었다.[4] 그 결과 하천, 댐, 수도, 친수구역 등 물관리 기능의 상당 부분이 환경부의 관할로 되었다. 이로써 분산되어 있는 물관리 정책을 조정하고 국가 · 유역 단위의 통합적 물관리 체계를 마련하는 기틀이 마련되었다. 특히 「물관리기본법」은 통합물관리라는 새로운 이정표를 제시하였다.

2020년 12월 31일에는 개정 「정부조직법」에 따라 물관리 업무 중 하천에 관한 사무가 환경부로 전격 이관되었다.[5] 이로써 2022년 1월 1일부터 「하천법」이 명실상부한 환경부 소관의 법이 되었다. 그 결과 형식적으로는 통합의 모양새가 갖추어 졌다고 할 수 있다. 그러나 현단계에서 평가할 때 완전한 통합물관리의 길은 멀다고 할 수 있다. 실질적 통합을 위한 법제 · 개정이 눈에 띄지 않을 뿐더러 그 동안 물관리일원화 차원에서 이루어진 「하천법」 등의 개정은 소관부처를 국토교통부장관에서 환경부장관으로 변경한 것에 그치고 통합물관리와 직결되는 내용은 없기 때문이다. 그나마 성과가 있다면 2023년 9월 14일 기후변화와 도시화에 따른 대규모 홍수에 적절하게 대응함으로써 도시하천 유역의

3) 국토교통부와 환경부의 물관리 조직 일원화로 우선 수량, 수질의 기능 통합되었으나 향후 완전한 물관리 일원화를 위해서는 소하천(행정안전부), 발전댐(산자부), 농업용 저수지(농림축산식품부)에 대한 조직, 기능의 통합이 요망된다.

4) 대표적으로 댐 · 보 연계운영(제14조), 홍수조절을 위한 조치(제41조), 하천수 사용허가(제50조), 하천유지유량 설정(제51조), 하천수 사용관리, 조정(제52조, 제53조), 하천수 분쟁조정(제54조) 등이 여기에 해당한다.

5) 그러나 여전히 물관리 업무 중 홍수 · 가뭄 등 수재해(행정안전부), 농업용수(농림축산식품부), 연안해역 · 하구(해양수산부), 수력발전(산업통상자원부) 등과 관련해서 여러 부처가 분담해서 업무를 수행하고 있기 때문에 업무 효율화를 위한 통합 노력이 요구되고 있다.

침수피해를 방지하는 것을 목적으로 「도시하천유역 침수피해방지대책법」이, 2023년 10월 24일 물 관리 시책을 통합적으로 추진함으로써 건전한 물순환 체계를 구축함을 목적으로 「물순환 촉진 및 지원에 관한 법률」[6]이 제정된 것이 고작이라고 할 수 있다. 그 동안 이루어진 관련법의 개정은 실질적 통합과는 거리가 있는 단편적인 것이고, 구체적 실행방안이 부족하다고 할 수 있다. 어떤 분야의 통합에 대해서는 엄두를 내지 못하고 있는데, 수리권의 통합[7]이 그 좋은 예이다.

제 1 절 물관리기본법

Ⅰ. 배경: 통합물관리

1990년대 등장한 통합수자원관리(IWRM)[8]는 이제는 국제사회의 대세가 되었다. 유럽연합은 2000년 '물기본지침'을 제정하여 통합수자원관리의 추진을 강력히 주문하고 있다. 국가에 따라 통합의 범위와 정도가 다르긴 하나 대부분의 국가는 수량 · 수질의 통합, 지표수와 지하수의 통합, 유역관리를 시행하고 있다.[9] 통합물관리는 무엇을 통합하는가에 따라 정책의 통합(계획 · 정보의 통합, 상류와 하류의 통합, 수량과 수질의 통합, 지표수와 지하수의 통합, 토지이용과 물의 통합, 수리권의 통합), 시설 · 사업의 통합, 조직 · 기구의 통합, 법의 통합 등으로 구별해 볼 수 있다.[10] 통합물관리의 핵심은 통합의 범위와 정도이며 이를 어떻게 통합할 것인가 하는 방식의 문제이다. 그럼에도 불구하고 그 동안 우리의 상황은 조직 · 기구의 통합에 온갖 신경이 맞추어져 있는 측면이 컸다. 1996년 환경부의 물관리기본법 제정안, 19대(4개), 20대 국회(7개)에서 발의된 법안 모두 그 핵심은 물관리위원회의 설치라고 할 수 있다. 지난 2017년 5월 22일, 정부가 발표한 물 관리를 환경부로 일원화하겠다는 방침도 여기에서 자유롭지 않았다.

물관리일원화와 관련한 정부의 전격적인 발표는 지난 20여년에 걸쳐 무성했던 해묵은 논란을 일거에 날려버릴 수 있겠구나하는 기대를 가지게 하였다. 그러나 그로부터 1년이 거의 지나가도록 여야의 입장차로 큰 진전이 없었다. 그러나 2018년 5월 18일 여야 원내대표들이 같은 해 5월 국회에서 물관리일원화 관련 법을 본회의에서 처리하기로 전

---

6) 동법에서는 국가의 물순환 촉진에 관한 전략과 기본방침의 수립, 물순환 촉진구역의 지정 및 행위제한, 물순환 촉진사업의 시행 및 국고 보조, 물순환정보시스템의 구축 등이 규정되어 있다.

7) 수리권의 통합방안에 대하여 자세한 내용은 김홍균, "통합물관리를 위한 대응방안: 수리권법의 제정", 공법연구 제47권 제1호, 2018, 364면 이하 참조.

8) 통합물관리의 등장 배경 및 개념에 다하여 자세한 내용은 김홍균, "물 인권과 통합 수자원 관리 법제", 물과 인권, 도서출판 피어나, 2012. 12. 15, 255면 이하 참조.

9) 채영근, "우리나라 통합물관리제도 도입에 관한 소고", 환경법연구 제37권 제3호, 2015. 11, 335면 이하.

10) 김홍균(각주 8), 274 내지 293면. 이러한 통합대상을 토대로 한 법제 정비방향에 대하여는 김홍균, "통합물관리를 위한 법제 정비방향", 환경법연구, 제43권 제1호, 2021. 4, 207면 이하.

격 합의하면서 통합물관리의 물꼬가 터졌다. 우여곡절 끝에 2018년 5월 28일 물관리 3법(「정부조직법」, 「물관리기본법」, 「물관리기술 발전 및 물산업 진흥에 관한 법률」)이 국회를 통과하였으며, 수자원 · 수량 관련 5개 법률은 환경부로 이관되었다. 이로써 통합적 물관리 체계의 기반이 마련되었다.

특히 물의 안정적인 확보, 물환경의 보전 · 관리, 재해의 예방 등을 목적으로 2018. 6. 12 제정(2019. 6. 13. 시행)된 「물관리기본법」은 물관리와 관련한 기본법으로써, 국가 · 유역물관리위원회 운영, 국가물관리기본계획 및 유역물관리종합계획의 수립 근거 등을 마련함으로써 국가 · 유역단위의 통합물관리 체계로 나아가기 위한 큰 기틀을 마련하였다고 할 수 있다. 그러나 구체적인 시행을 위한 실행전략은 미비한 상태이며, 그 성공을 담보하기에는 많은 시간과 노력이 필요해 보인다. 물관리와 관련해서 중요하고 예민한 분야로 수리권, 측정망의 설치, 조사(실태조사, 수자원의 조사), 국가통합물관리정보센터의 설치 · 운영, 취수부담금 및 기금 등을 들 수 있으며, 이러한 분야를 법에 담거나 취소한 연계규정을 두어 동법이 다수 물관련 법들을 통합 · 조정하는 기본법의 성격을 가지고 있음을 보다 분명히 할 필요가 있으나 빠져 있는 것은 아쉬운 부분이라고 할 수 있다.

「물관리기본법」은 물의 안정적인 확보, 물환경의 보전 · 관리, 재해의 예방 등을 통하여 지속가능한 물순환 체계를 구축하고 국민의 삶의 질 향상에 이바지함을 명시적으로 목적으로 하고 있다. 동법은 법명이 암시하는대로 물관리와 관련한 기본법이다. 제7조에서는 "물관리에 관하여 다른 법률을 제정하거나 개정하는 경우에는 이 법에 맞도록 하여야 하며, 다른 법률에 특별한 규정이 있는 경우를 제외하고는 이 법에서 정하는 바에 따른다"고 규정함으로써 기본법적인 성격을 분명히 하고 있다. 동법의 3대 핵심적인 내용은 국가물관리위원회(국가위원회) · 유역물관리위원회(유역위원회, 이 둘을 합하여 물관리위원회)의 운영, 국가물관리기본계획(국가계획) 및 유역물관리종합계획(유역계획)의 수립, 물분쟁의 조정이다.

Ⅱ. 일 반

1. 기본이념

동법은 물은 지구의 물순환[11] 체계를 통하여 얻어지는 공공의 자원으로서 모든 사람과 동 · 식물 등의 생명체가 합리적으로 이용하여야 하고, 물을 관리함에 있어 그 효용은 최대한으로 높이되 잘못 쓰거나 함부로 쓰지 아니하며, 자연환경과 사회 · 경제 생활을 조화시키면서 지속적으로 이용하고 보전하여 그 가치를 미래로 이어가게 함을 기본이념으로 한다고 명시하고 있다(제2조).

11) '물순환'이란 강수(降水)가 지표수(地表水)와 지하수(地下水)로 되어 하천 · 호수 · 늪 · 바다 등으로 흐르거나 저장되었다가 증발하여 다시 강수로 되는 연속된 흐름을 말한다(제3조 제1호).

2. 물관리의 기본원칙

동법은 물관리의 기본원칙으로 물의 공공성, 건전한 물순환, 수생태환경의 보전, 유역별 관리, 통합 물관리, 협력과 연계, 물의 공평한 배분, 물수요관리, 물사용의 허가 및 비용부담원칙, 기후변화 대응, 물관리 정책 참여 등을 들고 있다(제8조 내지 제19조).

Ⅲ. 물관리위원회의 설치

동법은 물관리에 관한 중요 사항의 심의 · 의결을 위해 국가 · 유역위원회를 설치 · 운영하도록 하고 있다(제20조 이하). 법에서는 심의 · 의결 사항을 열거하고 있는데(제22조, 제24조), 상당히 포괄적이라고 할 수 있다.

1. 국가위원회

국가위원회는 대통령 소속으로 설치되며 그 핵심 기능은 국가계획의 심의 · 의결, 물분쟁의 조정 등이다. 대통령 소속으로 둔 것은 물관리가 여러 부처가 관련되어 복잡한 양상을 띠는 문제로서 강력한 컨트롤 타워가 필요하다는 인식에 기초한 것으로 보인다. 국가위원회의가 그 기능과 역할을 제대로 수행하기 위해서는 사무국이나 (전문)분과위원회의 역할이 중요하다. 이에 동법은 국가위원회에 사무국을 두도록 하고(제26조 제5항), 분과위원회의 구성과 운영을 시행령에 위임하고 있다(동조 제6항).

≪국가 · 유역물관리위원회 비교≫

구 분	국가위원회	유역위원회
명 칭	국가위원회	유역위원회
소 속	대통령	국가위원회
위원장	공동위원장 2인 (국무총리 및 민간 1인)	공동위원장 2인 (환경부장관 및 민간 1인)
위 원	관계 중앙행정기관의 장 및 공공기관의 장, 학계, 물관련 단체, 전문가 등 30인 이상 50인 이내 (대통령 위촉)	관계 시 · 도지사 및 공공기관 임직원, 학계, 물관련 단체, 전문가 등 30인 이상 50인 이내 (국가위원회 위원장 위촉)
주요기능	국가 · 유역계획 심의 · 의결, 유역간 물분쟁 조정 등	유역계획 심의 · 의결, 유역 내 물분쟁 조정 등
물관리 기본계획 수립 절차	환경부장관이 10년마다 국가위원회의 심의를 거쳐 수립	유역위원회 위원장이 10년마다 유역 · 국가위원회 심의를 거쳐 수립

2. 유역위원회

국가위원회에 유역별12)로 유역위원회를 두도록 하고 있는데, 이는 유역계획의 수립, 유역 내에서 발생한 물분쟁 조정 등의 주요 기능을 수행한다.

3. 평　　가

물관리위원회를 행정기관으로 본다는 규정이 없기 때문에 그 법적 성격이 문제될 수 있다.13) 「정부조직법」 제2조에서는 "중앙행정기관은 이 법에 따라 설치된 부·처·청과 다음 각 호의 행정기관으로 하되, 중앙행정기관은 이 법 및 다음 각 호의 법률에 따르지 아니하고는 설치할 수 없다"고 하면서 막상 각 호에서는 「물관리기본법」에 따른 물관리위원회를 적시하지 않고 있다. 이 규정을 엄격히 해석할 경우 물관리위원회에 대해서는 행정기관이 아니라는 견해가 있을 수 있다. 그러나 법에서 행정기관으로 본다는 규정을 두고 있지 않은 경우에는 법에서 정하고 있는 내용을 살펴 그 법적 성격을 파악해야 할 것이다.14) 이러한 해석이 가능할 경우 물관리위원회를 행정기관으로 볼 여지가 생기게 된다.15)

한편, 위원회를 크게 의사결정권이 있는지, 정해진 의사를 대외적으로 표시할 권한이 있는지 여하 등을 기준으로 합의제행정기관, 의결기관, 자문기관 등으로 구분할 경우16) 물관리위원회는 모호하고 불완전하지만 합의제행정기관 내지 의결기관으로 보아야 할 것이다. 중요한 것은 아무리 양보하더라도 자문만 하는 기관은 아니라는 것이다.17) 독자적인 계획(특히 유역계획) 수립 및 변경, 물분쟁 조정 등을 통해 정해진 의사를 대외적으로 표시할 권한을 갖고 있다. 그리고 물관리위원회의 주요 기능에는 수계별 유역 범위의 지

---

12) '유역'이란 분수령(분수령)을 경계로 하여 하천 등이 모이는 일정한 구역을 말한다(제3조 제4호). 동법은 유역위원회의 명칭·위치 및 관할 구역은 대통령령으로 정하도록 하고 있는데(제20조 제2항), 기존 4대강 수계의 범위를 크게 벗어나지 않고 있다.

13) 예컨대, 「방송통신위원회의 설치 및 운영에 관한 법률」, 「독점규제 및 공정거래에 관한 법률」, 「금융위원회의 설치 등에 관한 법률」 등에서는 방송통신위원회, 공정거래위원회, 금융위원회를 「정부조직법」 제2조에 따른 중앙행정기관으로 보고 있다. 이에 비해 '수계'란 본류 하천의 종점을 기준으로 동일 유역에 속하는 하천 전체를 말한다. 수계가 선 개념이라면 유역은 면 개념이라고 할 수 있다. 그 결과 유역관리라 함은 선 개념 관리를 면 개념 관리로 관리방식을 전환하는 것이라고 할 수 있다.

14) 윤태영, "물관리위원회의 운영에 관한 제언", 물 정책·경제 제32호, 2019. 9, 8면. 참고적으로 헌법재판소는 「정부조직법」에서 언급되지 않고 있는 공수처를 중앙행정기관으로 보고 있다. 헌재 2021. 1. 28. 선고 2020헌마264 결정.

15) 관련 법에서 행정기관으로 본다는 명시적 규정을 두고 있지 않은 「행정규제기본법」에 따른 규제개혁위원회 등과 마찬가지로 행정위원회로 분류된다는 견해가 있다. 윤태영(앞의 글), 행정안전부, 2020년 행정기관 위원회 현황, 7면. 여기에서 말하는 행정위원회의 의미가 명확치 아니하나 「정부조직법」 제5조의 "행정기관에는 그 소관사무의 일부를 독립하여 수행할 필요가 있는 때에는 법률로 정하는 바에 따라 행정위원회 등 합의제행정기관을 둘 수 있다"는 규정에 비추어 합의제행정기관의 일종인 행정위원회로 이해하는 듯하다. 이 경우 물관리위원회가 행정기관이면서 행정기관 산하의 행정위원회라는 이상한 결론에 도달하게 된다.

16) 홍정선, 행정법원론(하), 박영사, 2007, 46면; 김남진·김연태, 행정법 II, 법문사, 2007, 56면.

17) 물관리에 관한 의사를 결정하고 이를 외부에 표시할 수 있는 권한은 없다는 점에서 합의제행정기관은 아니지만 의결기관의 성격을 갖는다는 견해는 한상운, "유역별 통합하천관리 실현을 위한 입법적 시론, 환경법연구 제43권 제2호, 2021. 8, 348면. 국가물관리위원회가 자문기관이라는 견해는 행정안전부(각주 15). 그 유력한 근거는 「정부조직법」에서 이 위원회가 언급되지 않기 때문이라는 것이다.

정, 물의 적정배분을 위한 유역 간 물 이동 등에 대한 '의결'기능이 포함되어 있는데(제22조, 제24조), 이러한 사항은 단순 자문기능에 그치지 않고 법적 구속력이 있는 의사결정 권한을 전제하고 있기 때문이다. 동법에서 물관리위원회의 성격이 자문기관임을 밝히고 있지 않은 점,[18] 심의와 별도로 의결을 언급함으로써 양자간에 유의미한 해석이 필요하다는 점, 그동안 자문 · 조정기능에 머무른 위원회의 설치 논의[19] 및 과거 설치 · 운영되었던 위원회의 실패(예컨대, 1997년 물관리정책조정위원회)[20] 등의 한계를 극복하려고 한 입법자의 의도 등이 이를 뒷받침하고 있다. 그 결과 물관리위원회의 의결 결과는 관계행정기관을 구속하며, 경우에 따라서는 행정소송 대상(처분)이 될 수 있다고 이해된다. 그러나 그 기능은 명실상부한 행정기관 내지 행정위원회로 인정하기에는 부족한 부분이 많다. 무엇보다도 집행기능을 가지고 있지 않고[21] 준입법기능[22], 준사법기능[23]도 법적 근거가 없거나 활성화가 곤란한 구조이기 때문이다.

동법은 물관리위원회의 기능으로 일정한 사항에 관한 심의 · 의결을 규정하고 있는데, 외관상 열거하고 있는 소관 기능은 상당히 제한적이다. 또한 그 규정이 포괄적 · 추상적으로 되어 있어서 구체적으로 어떤 것이 물관리위원회의 관할 사안인지, 나아가 심의사항인지, 의결사항인지 분명치 않다. 예컨대, 일각에서 4대강 보(洑)의 철거 여부가 국가위원회의 결정 사항이라고 하는데,[24] 과연 이것이 국가위원회의 결정 사항이라고 할 수 있는가? 동법은 핵심 기능으로 유역계획의 수립, 물분쟁의 조정을 들고 있는데 이들이 독자적인 행정행위라는 점에서 과연 심의 · 의결사항이라고 하는 것이 타당한지도 의문이다. 이러한 혼란은 소관 사무와 기능을 혼동하여 규정한 결과이다.

---

18) 이는 「국가균형발전 특별법」이 동법에 따른 국가균형발전위원회가 일정한 사항에 대하여 "대통령의 자문에 응하기 위하여" 심의 · 의결한다고 규정함으로써(제22조) 동위원회의 성격이 자문기관임을 밝히고 있는 것과 대비된다.

19) 예를 들면, 1997년부터 최근까지 의원 또는 정부가 발의한 다섯 차례에 걸친 물관리기본법안 중 1997년 방용석 의원안, 2006년 10월 정부안, 2009년 3월 김소남 의원안 등은 국무총리 소속으로 국가물관리위원회를, 2009년 8월 이윤성 의원안과 2009년 10월 이병석 의원 안은 대통령 소속으로 국가물관리위원회를 두는 것을 골자로 하고 있는데, 한결같이 자문 · 조정기관을 염두에 두고 있다.

20) 물관리와 관련하여 통합 · 조정의 역할을 기대하고 1997년 국무총리 훈령에 기초하여 물관리정책조정위원회와 그 사무조직인 수질개선기획단이 운영되었으나 물관리정책을 총괄하는 부처나 기구가 없어 관련 기관의 갈등은 여전히 노출되었으며 물관련 계획 · 정책을 조정하는 데 한계가 드러나고 실효성을 확보하지 못했던 전례가 있다.

21) 위원회를 그 권한을 기준으로 행정관청(행정기관)으로서의 위원회(행정위원회)와 비행정관청으로서의 위원회(자문기관, 의결기관)로 구분하고 행정위원회의 큰 특징이 집행권을 행사하는 것으로 보는 견해가 있다. 임병수, "위원회제도에 관한 연구", 법제, 1995. 4, 1면. 그러나 이러한 구분이 모든 위원회를 완전하게 설명해 줄 수 없고, 물관리위원회로 돌아와 살펴볼 경우 계획수립, 물분쟁 조정 등은 집행권이 불필요하고 그 자체로 완결성을 갖는다고 할 수 있다.

22) 이는 소관 사무와 관련해서 고시, 훈령, 예규 등의 제정을 포함한 일종의 입법행위를 할 수 있다는 것을 의미한다. 이러한 행정규칙은 대외적인 구속력을 갖지 않는 것이 원칙인데, 반드시 법적 근거를 요하지는 않는다고 이해된다.

23) 물관리위원회가 갖는 물분쟁 조정 기능을 준사법기능의 일종으로 볼 수 있으나 재판상 화해의 효력이 인정되지 않아 불완전한 준사법기능을 수행한다고 할 수 있다.

24) 환경부는 4대강 16개 보에 대해 철거 등 보별 처리방안이 국가물관리위원회에서 최종 확정된다는 입장이다. "'돈들여 지었는데 없앤다'고? 4대강 보 처리, 비용편익 분석해 결정", 경향신문, 2018. 12. 23. 기사; "4대강 보 해체 갑론을박 무엇이 사실일까", 경향신문, 2019. 2. 25. 기사; "4대강 보 운명 결정할 물관리위원회 출범… 물 분쟁 조정 역할", 중앙일보, 2019. 8. 27. 기사.

통합물관리로 나아가는 마당에 이를 주도할 물관리위원회의 권한, 기능 및 역할의 강화는 자연스럽다고 할 수 있다. 국가위원회와 유역위원회의 관계도 보다 체계적이고 분명하게 설정할 필요가 있다. 통합물관리에서 특히 유역위원회의 역할과 기능 강화는 필연적이다. 물관리의 패러다임이 국가물관리에서 유역물관리 중심으로 전환하는 시점에서 유역위원회의 기능과 역할은 아무리 강조해도 지나침이 없을 것이다. 통합물관리가 유역의 물 문제는 기본적으로 유역 자체에서 해결하여야 한다는 원칙에 기초하므로 유역위원회 중심의 물관리가 강조될 수밖에 없기 때문이다. 이에 위원회 구성원으로 해당 유역의 주민이 참여토록 하고 있는 것은 자연스러운 것이다. 그러나 유역위원회가 국가위원회 소속으로 남아있는 경우 그 역할과 기능은 제한적이라고 할 수 있다. 동법은 국가위원회에 사무국을 두도록 하고 있을 뿐 유역위원회에 별도의 사무국을 두는 것을 염두에 두고 있지 않다. 통합물관리에서 중요한 내용이 유역물관리가 제대로 이루어져야 하는 것이고 이를 위해서는 무엇보다도 유역위원회의 기능과 역할이 활성화되어야 할 것이다. 이러한 차원에서 유역위원회에 위원회의 사무를 처리하기 위한 국가위원회와는 별도의 사무국을 두는 것이 필요해 보인다. 중장기적으로는 유역위원회가 독립성을 갖도록 자체적으로 예산확보와 집행을 할 수 있도록 하고, 의무이행 확보수단을 동원함으로써 집행기능을 수행할 수 있도록 하는 방향의 입법적 고려가 필요하다.25)

Ⅳ. 국가 · 유역계획

물관리를 종합적, 계획적으로 추진하기 위해서는 물관련 기본 목표, 시책, 각종 정책수단의 조합 등을 정한 기본계획이 필요하다. 이에 동법은 환경부장관으로 하여금 국가위원회 심의를 거쳐 10년마다 국가계획을 수립하도록 하고(제27조), 유역위원회 위원장으로 하여금 유역 · 국가위원회의 심의를 거쳐 유역계획을 수립하도록 하고 있다.

국가계획의 주요내용에는 국가 물관리 정책의 기본목표 및 추진방향, 물환경 보전 및 관리와 복원, 물의 공급 · 이용 · 배분과 수자원의 개발 · 보전 및 중장기 수급전망, 가뭄 · 홍수 등 수재해 예방, 물분쟁 조정 및 수자원 사용의 원칙 · 기준 등이 포함된다(제27조 제1항). 동법은 "그 밖에 지속가능한 물관리를 위하여 대통령령으로 정하는 사항"이라는 포괄조항을 두어 국가계획에서 다룰 내용을 포괄적으로 정하고 있는바, 시행령에서는 물관리 국제협력에 관한 사항, 남북한 간 물관리 협력에 관한 사항, 물관리 관련 조사연구와 기술개발에 대한 지원에 관한 사항, 국가계획의 연차별 이행상황 평가에 관한 사항 등을 열거하고 있다(제13조).26) 환경부장관은 국가계획을 수립한 날부터 5년마다 타당성

25) 물관리위원회의 기능 · 역할 확대방안에 대하여 자세한 내용은 김홍균, "물관리기본법의 평가와 그 과제", 사법, 2020. 12, 596 내지 604면.

26) 여기에는 물환경의 변화추이 및 물환경 목표기준, 전국적인 물환경 오염원의 변화 및 장기전망 등이 빠져 있는데, 향후 추가 · 포함이 요망된다.

을 검토하고 그 결과를 반영하여 국가계획을 변경하여야 한다(제27조 제2항). 나아가 동법은 대통령령으로 정하는 물관리 관련 계획[27]을 수립 · 변경할 때 국가계획에 부합되도록 하고, 부합 여부에 대하여 국가위원회의 심의(부합성심의)까지 받도록 하고 있다(동조 제3항). 부합성심의는 분절적인 물관리 계획을 통합하는 기능을 수행한다. 그러나 부합성에 대한 개념, 판단 기준 · 방법 등의 미정립과 심의에 그치는 국가위원회의 기능적 한계 등으로 인하여 그 목적을 효율적으로 달성할 수 있을지는 의문이다. 부합성심의를 위해 필요한 경우에는 관계 기관에 부합성심의를 위한 현지조사나 기술적 · 전문적 사항의 검토를 의뢰할 수 있다(시행령 제13조의2).

한편 유역계획의 주요내용에는 유역의 물관련 여건의 변화 및 전망, 유역 수자원의 개발 · 보전 · 다변화, 유역 물의 공급 · 이용 · 배분, 유역의 수재해 예방, 유역 물환경 보전 및 관리와 복원, 유역 물관리 비용 추계와 재원조달 방안 등이 포함된다(제28조 제1항). 법에서는 국가계획 또는 유역계획을 수립하거나 변경하려는 경우 반드시 공청회를 거치도록 하고 공청회에서 제시된 의견이 타당하다고 인정되는 경우에는 이를 반영하도록 하고 있다(제31조). 동법은 공청회 개최와 관련한 규정을 시행령에서 정하도록 하고 있으나 지나치게 단순하다고 생각된다. 의견수렴 결과 및 반영 여부의 공개에 관한 규정은 두고 있지 않다.

국가 물환경관리기본계획(「물환경보전법」), 하천기본계획(「하천법」), 수자원장기종합계획(「수자원의 조사 · 계획 및 관리에 관한 법률」) 등을 위시하여 현행 물관련 법정계획은 68개에 이르고 있다.[28] 환경부가 직 · 간접적으로 관여하고 있는 물이용 · 개발(수량)관리, 물보전(수질)관리로 국한할 경우에도 35개 정도에 이른다.[29] 지방자치단체가 수립, 시행하는 계획도 그 수가 만만치 않다.

부처의 고유 업무 및 기능에 따라 다양한 물관련 계획이 수립되는 상황에서 계획간의 연계성은 부족하고 이들의 통합 · 조정은 어려울 수밖에 없다. 또한 수자원 관련 각종 계획이 단일법이 아닌 다수의 개별법에 근거하여 산만하게 수립 · 시행되고 있어 계획 내용의 중복 · 상충 등의 문제가 발생할 수 있다.[30] 특히 환경부와 국토교통부가 각각 수질

27) 여기에는 수변구역관리기본계획, 농어촌용수 이용 합리화계획, 댐건설장기계획, 물 재이용 기본계획, 국가 물환경관리기본계획, 대권역 물환경관리계획, 수생태계 복원계획 및 비점오염원 관리 종합대책, 사방사업 기본계획, 수도정비기본계획 및 전국수도종합계획, 수자원장기종합계획 및 하천유역수자원관리계획, 지하수관리기본계획, 친수구역조성사업에 관한 계획, 국가하수도종합계획 및 유역하수도정비계획 등이 포함된다(시행령 제13조).

28) 김진수 · 김경민, “물관리일원화에 따른 물 분야 법정계획의 정비 방향”, NARS 현안분석 보고서 vol. 68, 국회입법조사처, 2019, 2면.

29) 그 밖에 물재해(홍수, 가뭄) 관리를 위한 계획으로는 「재난 및 안전관리 기본법」에 따른 국가안전관리기본계획(제22조)을 필두로 집행계획(제23조), 시 · 도안전관리계획(제24조), 시 · 군 · 구안전관리계획(제25조), 「자연재해대책법」에 따른 자연재해위험개선지구 정비계획(제13조), 자연재해위험개선지구 정비사업계획(제14조), 자연재해저감 종합계획 · 시행계획(제16조, 제16조의2), 우수유출저감시설 사업계획(제19조의2), 상습가뭄재해지역 해소를 위한 중장기대책(제33조) 등이 있다.

30) 예컨대, 물관리 관련계획으로는 수자원장기종합계획, 하천기본계획(「하천법」), 국가 물환경관리기본계획(「물환경보전법」), 국가하수도종합계획(「하수도법」), 전국수도종합계획(「수도법」), 지하수관리기본계획(「지하수법」), 물 재이용 기본계획(「물

과 수량을 분산 관리하는 과정에서 소관 물관리 관련 법률 및 그에 따라 수립되는 각종 계획들이 이러한 문제를 노출하고 있다. 계획간의 우선순위 및 관계도 분명치 아니하여 불필요한 혼란을 초래하고, 이는 효율적이고 체계적인 시행을 저해하는 것으로 이어진다.

이에 가능하면 여러 계획들을 통합 · 조정 · 단순화하고 계획의 위계체계를 정립하는 작업이 필요하다. 국가차원의 통합적인 계획없이 부처별 고유 업무 및 기능에 따라 이루어지는 관련 계획간에는 중복, 누락의 문제가 발생할 수밖에 없다. 이에 전담부처 또는 주관부처를 두어 통합적 계획을 수립하도록 할 필요가 있다. 이러한 관점에서 차제에 국가계획의 수립 권한을 환경부장관에서 국가위원회로 이전한 것을 검토할 필요가 있다. 이는 유역계획의 수립 권한을 유역위원회에 주는 것과 균형을 맞춘다는 의미도 있다. 또한 통합물관리 차원에서 「물관리기본법」이 제정되고 이에 따라 국가계획과 유역계획이 수립되도록 하고 있는 마당에 이를 중심으로 단순화하고 유역관리에 기반을 둔 계획(유역관리 중심 계획) 수립을 강조하는 것은 필요성과 타당성이 있다고 할 수 있다.[31]

Ⅴ. 물분쟁의 조정

수자원의 개발 · 이용 및 관리 등에 있어서 물분쟁이 생기면 이해관계가 있는 당사자는 물관리위원회에 물분쟁의 조정을 신청할 수 있다(제32조 제1항). 동법에서는 '물분쟁'을 "수자원의 개발 · 이용 및 관리 등에 있어서 의견이 달라 생기는 다툼"이라고 정의하고 있는데, 막상 모호한 측면이 있기 때문에 논란이 제기될 수 있다. 국가위원회의 물분쟁 조정 대상은 ① 중앙행정기관이나 광역지방자치단체를 당사자로 하는 물분쟁, ② 둘 이상의 유역에 걸친 물분쟁, ③ 그 밖에 대통령령으로 정하는 물분쟁[32]이다(제22조 제6호). 유역위원회의 물분쟁 조정 대상은 "유역 내에서 발생한 물분쟁"으로서(제24조 제4호) 관할 유역만 비교적 분명할 뿐 그 주체, 대상, 범위 등은 지나치게 광범위하거나 모호하다고 할 수 있다.

한편, 물관리위원회는 대통령령으로 정하는 바에 따라 공익에 중대한 피해를 야기하는 물분쟁에 대하여는 당사자의 신청이 없는 경우에도 직권으로 조정절차를 시작할 수 있는데(제32조 제3항), '공익에 중대한 피해를 야기하는 물분쟁'이 무엇인지에 대해서도 논란이 제기될 수 있다.[33] 이에 물분쟁의 개념도 정의 조항에 두고, 그 주체, 대상, 범위를

의 재이용 촉진 및 지원에 관한 법률」), 국가안전관리기본계획(「재난 및 안전관리기본법」), 소하천정비계획(「소하천정비법」) 등이 있다.

31) 물관련 계획의 통합 · 조정 방안은 김홍균(각주 25), 605 내지 606면.

32) "대통령령으로 정하는 물분쟁"이란 다음의 물분쟁을 말한다: ① 유역 내에서 발생한 물분쟁 중 국가위원회 위원장이 공익에 중대한 영향을 미칠 수 있다고 인정하는 물분쟁; ② 법 제38조 제1항 전단에 따른 물관리 협정의 내용과 관련된 물분쟁(시행령 제6조).

33) 물관리위원회가 직권으로 조정절차를 시작할 수 있는 물분쟁은 다음과 같다: ① 사람이 사망하거나 신체에 중대한 장애가 발생하는 등 주민의 건강 및 생활환경에 직접적인 영향을 미치는 물분쟁; ② 사회적으로 갈등이 심하여 물관리위원회

보다 세밀히 하고 명확히 할 필요가 있다. "공익에 중대한 피해를 야기하는 물분쟁"에 대해서도 보다 구체화 · 객관화할 필요가 있다. 경우에 따라서 관할권의 다툼도 예상된다. 즉 동법은 국가위원회의 기능과 관련해서 대통령령으로 정하는 물분쟁을 다룰 수 있다고 하고 시행령에서는 유역 내에서 발생한 물분쟁 중 국가위원회 위원장이 공익에 중대한 영향을 미칠 수 있다고 인정하는 물분쟁을 그 하나로 들고 있는바(제6조 제1호), 공익성, 중대성 등의 기준이 모호한 측면이 있다, 그 결과 위원의 전문성, 절차의 반복 회피 등의 이유로 분쟁사건이 유역위원회보다 국가위원회에 집중될 가능성이 제기된다.

「환경분쟁 조정 및 환경피해 구제 등에 관한 법률」 상 환경분쟁조정의 대상에는 단순히 수질오염피해에 대한 다툼 외에도 "지하수 수위 또는 이동경로의 변화와 관련된 분쟁"이 포함되어 있다(제5조 제1호). 문제는 물관리위원회가 다루는 물분쟁, 즉 "수자원의 개발 · 이용 및 관리 등에 관련된 분쟁"에 지하수 수위 또는 이동경로의 변화와 관련된 분쟁이 포함될 여지가 있어, 다소 중복 또는 충돌되는 측면이 있는 것이다. 한편 「하천법」은 댐등의 설치자 또는 관리자, 하천수의 사용허가를 받은 자, 기득하천사용자, 하천수의 사용에 이해관계가 있는 지방자치단체 등으로 하여금 하천수의 사용에 관한 분쟁이 있는 경우 국가수자원관리위원회에 조정을 신청할 수 있도록 하고(제54조), 하천수 분쟁조정의 효력과 관련해서 당사자가 조정안을 수락한 때에는 당사자 간에 조정조서와 동일한 내용의 합의가 성립된 것으로 보고 있다(제56조). 이러한 하천수 분쟁과 관련한 조정은 「물관리기본법」상의 물분쟁 조정과 중복되는 측면이 있으므로 그 해소를 위한 입법적 검토가 요망된다.34)

물관리위원회는 신청을 받은 날부터 90일 이내에 심사하여 조정안을 작성하고 지체없이 당사자에게 이를 제시하여야 하며(제33조 제1항), 조정안을 제시받은 당사자는 제시받은 날부터 30일 이내에 그 수락 여부를 해당 물관리위원회에 통보하여야 한다. 이 경우 30일 이내에 의사표시가 없는 때에는 수락한 것으로 본다(동조 제3항).

당사자가 조정안을 수락한 때에는 물관리위원회는 즉시 조정조서를 작성하여야 하는데(동조 제4항), 조정조서의 효력에 대해 명문 규정이 없어 논란이 있을 수 있으나 당사자 간에 성립한 조정은 민법상 계약에 그친다고 이해된다. 이에 구제의 실효성을 확보하고, 소제기로 인하여 발생하는 사회적 비용을 줄이기 위해 '재판상 효력'이 있는 것으로 격상할 필요가 있다. 물관리위원회의 조정에 '재판상 화해'의 효력이 인정되기 위해서는 물분쟁 조정의 실체적 · 절차적 정당성이 확보되고 위원회의 중립성 · 독립성이나 심의 절차의 공정성 · 신중성이 사법절차에 준할 정도로 보장되어야 한다.

위원장이 시급한 조정이 필요하다고 인정하는 물분쟁(시행령 제16조 제6항).

34) 「물관리기본법」상의 조정만을 남기고 「하천법」 및 「환경분쟁조정법」상의 조정을 삭제하거나 「물관리기본법」에 타법의 조정에 우선한다는 규정을 둘 필요가 있다는 견해는 정우상, "통합물관리 구현을 위한 수리권의 발전방향", 물 정책 · 경제 제32호, 2019. 9, 83면.

법률적인 문제를 내포할 수밖에 없는 물분쟁의 효율적인 조정을 위해서는 법조인이 다수 참여하는 (물분쟁 전문)분과위원회의 설치 · 운영을 검토할 필요가 있어 보인다. 보다 근본적으로는 가칭, '물분쟁조정위원회'에 대한 설치 근거를 두어 명실상부하게 체계적이고 효율적인 물분쟁 해결을 도모할 필요가 있다.[35] 이는 물관리위원회 소관사무의 일부를 수행하는 물분쟁조정위원회로 재편하는 방안을 포함한다.

Ⅵ. 물문화 육성 및 국제협력 등

그 밖에 동법은 물문화 육성, 물관리 국제협력, 남북한 간 물관리 협력, 물관리 협정, 조사연구와 기술개발에 관한 지원, 민간참여의 활성화, 물관리 자료의 정보화 등에 대하여 규정을 두고 있다.

제 2 절 물환경보전법

우리나라 물환경 관련 규제법규의 근간은 「물환경보전법」이라 할 수 있다. 동법은 1991년에 제정된 「수질환경보전법」, 2007년에 개정된 「수질 및 수생태계 보전에 관한 법률」을 거쳐 2017년 개정 법률에서 제명이 바뀌어 현재에 이르고 있는바, 제명만으로 볼 때 동법의 관리 · 규제의 범위가 수질 → 수생태계 → 물환경으로 확대되었음을 알 수 있다. 동법은 물환경을 보전하기 위한 기본법, 일반법으로서의 성질을 갖는다. 그렇기 때문에 다른 법에서 물환경을 규율하는 규정이 없는 경우에는 이 법이 적용된다(제8조).

수질오염원은 배출 태양 및 지역성에 따라 점오염원(point source), 비점오염원(non-point source) 그리고 기타수질오염원으로 구분된다. 점오염원이란 오염물질의 배출경로가 특정되어 있는 오염원이며, 비점오염원이란 배출경로가 불특정한 오염원을 말한다. 동법은 '점오염원'을 "폐수배출시설, 하수발생시설, 축사 등으로서 관로 · 수로 등을 통하여 일정한 지점으로 수질오염물질을 배출하는 배출원"이라고, '비점오염원'을 "도시, 도로, 농지, 산지, 공사장 등으로서 불특정 장소에서 불특정하게 수질오염물질을 배출하는 배출원"이라고 개념 정의하고 있다(제2조 제1호의2, 제2호). '기타수질오염원'은 점오염원과 비점오염원으로 관리되지 않는 수질오염물질을 배출하는 시설 또는 장소로서 환경부령으로 정하는 것을 말한다(동조 제3호). 일반적으로 생활하수, 산업폐수, 가축분뇨 등은 고정배출구가 있다는 점에서 점오염원이라 할 수 있다. 한편, 빗물, 농경지 배출수, 노면배수 등 비점오염원에 대하여는 2005. 3. 31. 구 '수질환경보전법'에서 비로소 다루어지기 시작하였으나 고정배출구가 없기 때문에 그 관리가 쉽지 않다. 특히 소규모 농가로부터의 오염물질 배출은 비점오염원에 가까운 특수한 배출형태를 보이면서 그 관리에

35) 윤태영(각주 14), 21면.

어려움을 주고 있다.

수질오염물질을 발생시키는 오염원은 발생장소 및 형태를 중심으로 생활하수, 산업폐수, 광산폐수, 가축분뇨 등으로 다양하게 구분할 수 있다. 생활하수는 가정 · 상업지역 · 공공시설 등 일상적인 과정 및 도시생활과정에서 배출되는 오염물질이 주를 이루고 있으며, 산업폐수는 제품제조 · 수리 · 세척 등 산업활동을 하는 제조업 시설에서, 가축분뇨는 축산농가의 가축사육과정에서 배출되는 분(糞) · 요(尿)가 주된 오염물질로 작용하고 있다. 동법의 적용 대상은 수질뿐만 아니라 수생태계를 포함하는 광범위한 것이지만 산업폐수를 주된 규율대상으로 하고 있다.[1]

한편, 수질오염물질의 배출과 수질오염피해 간의 인과관계를 밝히는 것이 쉽지 않은바, 실제 수질오염피해 분쟁은 고의 · 과실, 인과관계가 중요한 쟁점이 되는 사례가 많다. 그리고 그 본질은 개연성이론의 적용이라고 할 수 있다.[2] 기본적으로 사업장폐수를 규제하는 동법의 체제 및 내용은 「대기환경보전법」상 사업장의 대기오염물질 배출규제와 흡사하므로 여기에서는 「대기환경보전법」에서 다루지 않는 다른 부분(공공수역의 수질보전, 비점오염원의 관리 등)을 중심으로 살펴보기로 한다.

Ⅰ. 일　　반

1. 수질오염물질

수질오염을 유발하는 물질은 다양하다. 「물환경보전법」에서는 '수질오염물질'을 수질오염의 요인이 되는 물질로서 환경부령으로 정하는 것이라고 정의하고 있으며(제2조 제7호),[3] 환경부령에서 구리, 납, 비소, 수은, 시안화합물, 유기물질, 유류, 카드뮴, 페놀류, 황 등 48종을 수질오염물질로 지정하고 있다(시행규칙 제3조, 별표 2). 이러한 수질오염물질 중 사람의 건강 · 재산이나 동 · 식물의 생육에 직접 또는 간접으로 위해를 줄 우려가 있는 구리, 납, 비소, 수은(Hg), 시안화합물, 6가크롬화합물, 카드뮴, 페놀류, 폴리크로리네이티드페닐, 벤젠, 클로로폼 등 25종은 특정수질유해물질로 지정되어 엄격히 관리되고 있다(제2조 제8호, 시행규칙 제4조, 별표 3). 수질오염물질은 부영향화, 조화현상, 지하수오염 등에 영향을 미치는 것으로 알려지고 있다.

---

1) 수질오염원 중 가장 큰 비중을 차지하는 오염원으로 알려지고 있는 생활하수는 「하수도법」에서, 가축분뇨는 「가축분뇨의 관리 및 이용에 관한 법률」에서 다루어지고 있다.

2) 대법원 1984. 6. 12. 선고 81다558 판결(진해화학 사건); 대법원 1997. 6. 27. 선고 95다2692 판결(현대자동차 폐수배출 사건); 대법원 2002. 10. 22. 선고 2000다65666 판결(서천화력발전소 사건); 대법원 2004. 11. 26. 선고 2003다2123 판결(여천공단 사건); 대법원 2012. 1. 12. 선고 2009다84608 판결(수도권매립지 침출수처리장 사건) 등 참조.

3) 배출허용기준, 규제대상 오염물질, 허가제와 신고제의 대상범위의 결정을 대통령령에 포괄적 위임하는 것은 포괄위임입법의 금지, 의회 입법의 원칙을 형해화할 가능성이 있다. 홍준형, "한국환경법의 현황과 과제", 제2회 동아시아 행정법학회 발표논문집, 249 내지 250면.

2. 총량규제

배출허용기준의 설정을 통한 농도규제방식에는 배출시설의 규모에 관계없이 일률적인 규제기준을 적용함으로써 발생되는 비경제성, 배출시설의 증 · 신설에 따른 환경용량을 초과하는 오염물질의 배출 및 축적에 대해서 규제할 방법이 없는 한계성 등이 발생됨에 따라 최근에는 총량규제방식으로 전환할 필요성이 제기되고 있다. 이에 따라 동법은 환경부장관으로 하여금 ① 물환경의 목표기준 달성 여부를 평가한 결과 그 기준을 달성 · 유지하지 못한다고 인정되는 수계의 유역에 속하는 지역이나 ② 수질오염으로 주민의 건강 · 재산이나 수생태계에 중대한 위해를 가져올 우려가 있다고 인정되는 수계의 유역에 속하는 지역에 대하여 수계영향권별로 배출되는 수질오염물질을 총량으로 관리할 수 있도록 하는 총량규제 방식의 도입 가능성을 규정하고 있다(제4조).

총량관리제는 이미 이른바, 4대강수계법에 의거하여 4대강(한강, 낙동강, 영산강·섬진강, 금강) 수계에 대해서 실시되고 있다.[4] 문제는 4대강수계 이외의 수계에서는 수질오염이 심한 경우에도 총량관리를 실시할 수 없는 문제가 발생하였다. 이에 따라 동법은 이들 4대강수계 지역에 대해서는 4대강수계법 규정에 따른다고 밝히는 한편, 4대강 이외의 수계에 대해서도 수질오염 총량관리를 할 수 있는 근거를 마련함으로써 기존의 배출허용기준 중심의 관리체제를 보완하였다. 이로써 4대강수계 이외의 지역으로서 수질오염이 심한 삽교천 · 안성천 · 태화강 · 형산강 지역 등에서도 과학적, 체계적인 수질관리를 통해 실질적인 수질개선이 이루어질 수 있는 기반이 마련되었다. 제4조 이하에서는 4대강 이외의 수계에 대하여 적용할 총량관리의 절차를 구체적으로 규정하고 있다. 그러나 4대강 수계가 제외됨으로써 사실상 그 지류에만 적용된다. 그 절차와 방식은 이미 총량관리제를 실시하고 있는 낙동강, 금강, 영산강 · 섬진강수계에 대한 총량관리방식과 동일하다.

가. 오염총량목표수질의 고시 · 공고 및 오염총량관리기본방침의 수립

환경부장관은 오염총량관리지역의 수계 이용상황 및 수질상태 등을 고려하여 대통령령으로 정하는 바에 따라 수계구간별로 오염총량관리의 목표가 되는 수질(오염총량목표수질)을 정하여 고시하여야 하며, 오염총량목표수질을 달성 · 유지하기 위하여 관계 시 · 도지사 및 관계 기관과의 협의를 거쳐 대통령령으로 정하는 사항을 포함하는 오염총량관리에 관한 기본방침(오염총량관리기본방침)을 수립하여 관계 시 · 도지사에게 통보하여야 한다(제4조의2).

나. 오염총량관리기본계획의 수립

오염총량관리지역을 관할하는 시 · 도지사는 오염총량관리기본방침에 따라 지방자치단

4) 한강, 낙동강, 영산강 · 섬진강, 금강 등 주요 수계의 수질을 특별히 관리하기 위한 특별법으로 1999. 2. 8.「한강수계 상수원수질개선 및 주민지원 등에 관한 법률(한강수계법)」, 2002. 1. 14.「낙동강수계 물관리 및 주민지원 등에 관한 법률(낙동강수계법)」,「영산강 · 섬진강수계 물관리 및 주민지원 등에 관한 법률(영산강수계법)」,「금강수계 물관리 및 주민지원 등에 관한 법률(금강수계법)」등이 제정되었는데, 이 법률들(4대강수계법)은 모두 오염총량관리제의 실시근거를 마련하고 있다.

체별 · 수계구간별 오염부하량의 할당, 관할 지역에서 배출되는 오염부하량의 총량 및 저감계획 등의 사항이 포함되는 오염총량관리기본계획을 수립하여 환경부장관의 승인을 얻어야 한다(제4조의3). 오염총량관리기본계획은 중앙정부인 환경부의 승인을 받아 시행하게 되는데, 오염총량관리제가 성공적으로 작동하기 위해서는 해당 계획이 성공적으로 수립되어야 할 뿐만 아니라 이에 대한 승인이 엄격하게 이루어져야 한다.

다. 오염총량관리시행계획의 수립 · 시행

오염총량관리지역 중 오염총량목표수질이 환경부령으로 정하는 바에 따라 달성 · 유지되지 아니하는 지역을 관할하는 특별시장 · 광역시장 · 특별자치시장 · 특별자치도지사 · 시장 · 군수(광역시의 군수를 제외)는 오염총량관리기본계획에 따라 오염총량관리시행계획을 수립하여 환경부장관 또는 시 · 도지사의 승인을 받은 후 이를 시행하여야 한다. 오염총량관리시행 지방자치단체장은 오염총량관리시행계획에 대한 전년도의 이행사항을 평가하는 보고서를 작성하여 지방환경관서의 장에게 제출하여야 하며, 지방환경관서의 장은 제출받은 보고서를 검토한 후 오염총량관리시행계획의 원활한 이행을 위하여 필요하다고 인정되는 경우에는 오염총량관리시행 지방자치단체장에게 필요한 조치나 대책을 수립 · 시행하도록 요구할 수 있다. 이 경우 그 오염총량관리시행 지방자치단체장은 특별한 사유가 없으면 이에 따라야 한다(제4조의4).

라. 이행수단

(1) 시설별 오염부하량의 할당

환경부장관은 오염총량목표수질을 달성 · 유지하기 위하여 필요하다고 인정되는 경우에는 방류수수질기준과 배출허용기준을 적용받는 시설 중 대통령령으로 정하는 시설에 대하여 환경부령으로 정하는 바에 따라 최종방류구별 · 단위기간별로 오염부하량을 할당하거나 배출량을 지정할 수 있다(제4조의5 제1항). 오염총량관리시행 지방자치단체장은 오염총량목표수질을 달성 · 유지하기 위하여 필요하다고 인정되는 경우에는 위 시설을 제외한 시설 중 환경부령으로 정하는 시설에 대하여 최종방류구별 · 단위기간별로 오염부하량을 할당하거나 배출량을 지정할 수 있다(동조 제2항).

오염부하량을 할당받거나 배출량을 지정받은 시설을 설치 · 운영하는 자(오염할당사업자등)는 오염부하량 및 배출량을 측정할 수 있는 기기를 부착 · 가동하고 그 측정결과를 사실대로 기록하여 보존하여야 한다(동조 제4항).

(2) 조치명령 등

환경부장관 또는 오염총량관리시행 지방자치단체장은 할당된 오염부하량 또는 지정된 배출량(할당오염부하량등)을 초과하여 배출하는 자에게 수질오염방지시설의 개선 등 필요한 조치를 명령할 수 있으며, 조치명령을 받은 자가 그 명령을 이행하지 아니하거나 이행기간 내에 이행을 하였으나 검사 결과 할당오염부하량등을 계속 초과하는 경우에는 그 시설의 전부 또는 일부에 대하여 6개월 이내의 기간을 정하여 조업정지를 명하거나 시설의 폐쇄를 명할 수 있다. 다만, 수질오염방지시설을 개선하는 등의 조치를 하더라도 할당오염부하량등 이하로 내려갈 가능성이 없다고 인정되는 경우로서 환경부령으로 정하는 경우에는 시설의 폐쇄를 명령하여야 한다(제4조의6).

(3) **오염총량초과과징금**

환경부장관 또는 오염총량관리시행 지방자치단체장은 할당오염부하량등을 초과하여 배출한 자로부터 오염총량초과과징금을 부과한다(제4조의7).

(4) **불이행에 대한 제재**

관계 행정기관의 장은 지방자치단체별 · 수계구간별로 할당된 오염부하량을 초과하거나 특별한 사유 없이 오염총량관리기본계획 또는 오염총량관리시행계획을 수립 · 시행하지 아니하는 지방자치단체의 관할 구역에서는 관련 법에 따른 도시개발사업의 시행, 산업단지의 개발, 관광지 및 관광단지의 개발 등에 대해서는 승인 · 허가 등을 하여서는 아니된다(제4조의8 제2항). 환경부장관 또는 관계 중앙행정기관의 장은 관계 행정기관의 장이 이를 위반하거나 오염총량관리시행 지방자치단체장이 제4조의4 제3항에 따른 요구를 특별한 사유 없이 이행하지 아니하는 경우에는 재정적 지원의 중단이나 삭감, 그 밖에 필요한 조치를 할 수 있다(동조 제3항).

(5) **오염총량관리지역 지방자치단체에 대한 지원**

국가는 오염총량관리시행계획을 수립 · 시행하는 지방자치단체에 오염총량관리에 필요한 비용의 일부를 지원할 수 있다(제4조의8 제1항).

(6) **오염총량관리를 위한 기관간 협조 및 조사 · 연구반의 운영 등**

환경부장관은 오염총량관리의 시행에 필요한 자료를 효율적으로 활용하기 위한 정보체계를 구축하기 위하여 관계 중앙행정기관, 지방자치단체, 공공기관 등 관계 기관의 장에게 필요한 자료를 제출하도록 요청할 수 있으며(제4조의9 제1항), 오염총량관리 대상 오염물질 및 수계구간별 오염총량목표수질의 조정, 오염총량관리의 시행 등에 관한 검토 · 조사 및 연구를 위하여 관계 전문가 등으로 조사 · 연구반을 구성 · 운영할 수 있다(동조 제2항).

마. 평 가

오염총량관리제는 수질오염 부하량의 증가를 억제하며, 수질 농도와 오염량의 상관관계를 규명하여 수질관리 목표를 명시함으로써 수질관리의 과학성을 높이는 계기가 될 것이다. 특히 이 제도가 상수원을 대상으로 하는 경우 상수원 수질개선을 보다 구체적이고 과학적인 프로그램에 입각해 추진하는 것이 가능하며, 궁극적으로 용수의 적절한 공급과 수생태계의 복원에 기여할 것으로 예상된다. 그리고 시장 · 군수에게 수질관리에 대한 책임과 권한을 동시에 부여함으로써 지역 여건에 적합한 수질관리가 가능하게 될 것이다.5)

5) 송동수, "수질오염총량관리제와 국토이용관계법령의 조화방안", 환경법연구 제25권 제2호, 2003. 12, 141면.

3. 물환경종합정보망의 구축 · 운영

동법은 환경부장관으로 하여금 상시측정 결과, 수생태계 현황 조사 및 수생태계 건강성 평가 결과, 오염원 조사 결과, 폐수배출시설에서 발생하는 폐수의 오염도 및 배출량 등의 정보에 국민이 쉽게 접근할 수 있도록 국가 물환경종합정보망을 구축 · 운영하여 정보를 제공하도록 함으로써 주민의 자발적 수질보전활동을 유도하도록 하고 있다(제5조).

4. 민간의 물환경 보전활동 지원

동법은 국가 및 지방자치단체로 하여금 지역주민이나 민간단체의 자발적인 물환경 보전활동이나 그 오염 또는 훼손 감시활동을 지원할 수 있도록 법적 근거를 마련하고 있다(제6조).

5. 물환경 연구 · 조사활동 지원

이 법은 국가 또는 지방자치단체가 기업, 대학, 민간단체, 정부출연연구기관 및 국 · 공립 연구기관 등에서 실시하는 물환경에 대한 연구 · 조사 활동을 지원할 수 있도록 하는 법적 근거를 두고 있다(제6조의2).

6. 친환경상품에 대한 지원

정부는 물의 사용을 절약하거나 세제 등의 합성화합물 사용을 줄이거나 그 밖에 수질오염물질의 발생을 저감하여 하천 · 호소 등의 수질오염을 예방할 수 있는 제품의 생산자 · 판매자 또는 소비자에게 보조금 등을 지원하거나 기술개발 및 관련 산업을 진흥하기 위한 시책을 마련할 수 있다(제7조).

Ⅱ. 공공수역의 물환경보전

동법에는 「대기환경보전법」에는 없는 '공공수역'이라는 개념이 들어와 있다. '공공수역'이라 함은 하천 · 호소 · 항만 · 연안해역 그 밖에 공공용에 사용되는 수역과 이에 접속하여 공공용에 사용되는 환경부령이 정하는 수로를 말하는데(제2조 제9호),[6] 시행규칙에서는 지하수로, 농업용 수로, 하수관로, 운하 등을 포함하고 있다(제5조).[7] 동법은 공공수역의 물환경보전을 위하여 물환경 목표기준의 결정 및 평가, 배출 등 행위금지, 수질오염사고의 신고, 상수원의 수질보전을 위한 통행제한, 공공수역의 점용 및 매립에 의한 수질오

---

6) 하천, 호소, 항만, 연안해역 등에 대해서 관련 법률(예컨대, 「하천법」, 「항만법」 등) 의 규정을 인용하지 않고, 그 밖에 공공용으로 사용되는 수역에 대해 정의 규정 등 별도 규정이 없기 때문에 그 적용범위에 대해서는 해석상 논란의 여지가 있을 수 있다. 「물환경보전법」은 공공수역의 하나인 '하천'을 「하천법」에 따른 하천(국가하천과 지방하천)으로 제한하고 있지 않아 해석상으로 「소하천정비법」상의 '소하천'도 하천으로 볼 수 있고, 그 결과 소하천도 공공수역으로 볼 여지가 있다. 나아가 민법 제231조에 따른 '공유하천'도 '하천'에 해당하므로 공공수역의 범위에 포함될 수 있다.

7) 하수관로를 제외하고 지하수로와 농업용 수로, 운하 등에 대해서도 관련 법률로 제한하거나 별도 규정이 없어 해석상 논란이 제기될 수 있다.

염방지, 특정 농산물의 경작권고, 낚시행위의 제한, 수질오염경보제, 수계영향권별 수질관리 등 여러 규정을 두고 있다.

1. 수질의 상시측정

상시측정은 수질상태의 종합적이고 정확한 파악을 통해 정책의 효과와 문제점을 분석한 후 정책의 개선 및 대책수립을 위한 기초정보를 확보, 제공한다는 차원에서 중요한 기능을 갖는다. 이러한 견지에서 동법은 환경부장관으로 하여금 전국적인 물환경의 실태를 파악하기 위하여 측정망을 설치하고 수질오염도를 상시측정하고, 수질오염물질의 지정 및 수질의 관리 등을 위한 조사를 전국적으로 하도록 하고 있다(제9조 제1항). 나아가 동법은 측정망 설치계획의 결정 · 고시(제9조의2), 수생태계 현황 조사 및 건강성 평가(제9조의3), 수생태계 현황 조사계획의 수립 · 고시(제9조의4)에 대한 법적 근거를 두고 있다.

2. 물환경 목표기준 결정 및 평가

동법은 환경부장관으로 하여금 하천 · 호소 등의 이용목적, 물환경 현황, 오염원의 현황 및 전망 등을 고려하여 수계영향권별 및 제28조 제1항에 따른 조사 · 측정 대상이 되는 호소별 물환경 목표기준을 결정하여 고시하도록 하고, 목표기준의 달성 여부 등을 평가하여 그 결과를 공개하도록 하고 있다(제10조의2). 이로써 목표기준의 평가방법이 제도화되고 평가결과가 공개되어 행정의 투명성이 높아질 것으로 예상된다.

3. 공공시설의 설치 · 관리

동법은 수질오염방지를 위하여 공공폐수처리시설, 폐기물처리시설 등 공공시설의 설치 필요성을 인식하는 한편, 그로 인한 수질오염 가능성을 염두에 두고 방류수수질기준의 설정, 개선명령 등 규제방안을 마련하고 있다. 또한 이러한 환경기초시설이 갖는 중요성을 감안하여 국토계획과 같은 중요한 공간이용계획에서 그 설치계획을 반영하도록 하고 있다.

가. 공공시설의 설치 · 정비 및 관리

환경부장관은 공공수역의 수질오염방지를 위하여 특히 필요하다고 인정할 때에는 시 · 도지사, 시장 · 군수 · 구청장으로 하여금 관할 구역의 하수관로, 공공폐수처리시설, 공공처리시설 또는 폐기물처리시설 등의 설치 · 정비 등을 하게 할 수 있으며(제12조 제1항), 공공폐수처리시설에서 배출되는 물의 수질이 방류수수질기준을 초과하는 경우에는 해당 시설을 설치 · 운영하는 자에게 그 시설의 개선 등 필요한 조치를 취하게 할 수 있다(동조 제2항). 시설의 개선 등의 조치명령을 위반한 자에게는 벌칙이 부과되는데(제78조 제1호), 조업정지 등 다른 조치를 취하지 않고 미이행만으로 바로 벌칙을 부과하는 것이 적절한지에 대해서는 논란이 있을 수 있다.[8]

---

8) 윤익준, "물환경보전법상 공공수역 관리제도의 문제점 및 개선방안", 환경법연구 제43권 제3호, 2021. 11, 200면.

공공폐수처리시설에서 배출되는 물의 방류수수질기준은 관계 중앙행정기관의 장과 협의하여 환경부령으로 정하고, 공공하수처리시설 또는 폐기물처리시설에서 배출되는 물의 수질기준은 「하수도법」 또는 「폐기물관리법」에 따른다(동조 제3항).[9] 공공폐수처리시설에서 처리된 방류수는 하천, 호소, 연안해역과 같은 공공수역으로 직접 배출되므로 배출허용기준보다 엄격한 기준이 적용되고 있다. 배출허용기준이 개별 배출시설(폐수)에 적용되는 규제기준이라면 방류수수질기준은 공공폐수처리시설과 같은 공공시설(방류수)에 적용되는 기준이라는 점, 배출허용기준이 처리부과금의 기준이 된다면 방류수수질기준은 기본부과금의 부과기준이 된다는 점 등에서 차이가 있다.

나. 국토계획에의 반영

시 · 도지사, 시장 또는 군수는 도종합계획 또는 시군종합계획을 작성하는 경우에는 공공수역의 수질오염방지대책 및 공공하수처리시설 · 분뇨처리시설 등의 설치계획을 당해 종합계획에 반영하여야 한다(제13조).

다. 도시 · 군기본계획에의 반영

특별시장 · 광역시장 · 특별자치시장 · 특별자치도지사 · 시장 또는 군수는 도시기본계획을 수립할 때에는 도종합계획, 지역개발계획에 포함된 공공하수처리시설 · 분뇨처리시설 등의 설치계획을 종합하여 해당 도시 · 군기본계획에 반영하여야 한다(제14조).

4. 투기 등 행위의 금지

동법은 공공수역에서의 투기 등 일정한 행위를 금지하고 있다(제15조 제1항).

가. 요 건

(1) "누구든지"

여기에서의 금지자는 "누구든지"이다. 폐수배출시설을 설치 · 운영하는 자에 국한하지 아니하므로 일정 규모 미만이어서 배출시설에 해당되지 아니하는 시설을 설치 · 운영하는 자, 기타 수질오염원의 설치 · 관리자(제60조) 등도 여기에 포함될 수 있다. 여기에 배출시설의 설치 또는 변경에 대한 허가를 받은 자(사업자)도 포함되는가? 법원은 소극적으로 해석하고 있다.[10] 동법에서 점오염원에 대한 규제(제3장)를 별도로 마련하고 있으므로 투기 등 행위의 금지 규정과 경합하는 경우 제3장을 우선 적용하는 것이 타당하다는 점이 고려된 것으로 보인다.

(2) 정당한 사유 없이

정당한 사유가 있는 경우에는 위법성 조각 이전에 범죄 구성요건이 충족되지 아니한다 할 것이다.[11] 정당한 사유의 해석과 관련하여서는 자의적인 판단이 이루어지고, 처벌 범

9) 동법 시행규칙에서는 생물화학적산소요구량(BOD), 화학적산소요구량(COD), 부유물질(SS), 총질소(T−N), 총인(T−P), 총대장균수, 생태독성(TU) 등 7개 항목에 걸쳐 방류수수질기준을 정하고 있다(제26조, 별표 10).

10) 인천지법 1997. 1. 16. 선고 96노1932 판결(확정). 여기에 대하여 비판적인 견해는 조홍식, 환경법원론, 박영사, 2019, 459면.

위가 지나치게 확장될 수 있으므로 이를 특정하는 것이 법적 안정성 차원에서 필요하다.

(3) 금지되는 행위

(가) 공공수역에 특정수질유해물질, 지정폐기물, 석유제품 · 가짜석유제품 · 석유대체연료 및 원유(석유가스를 제외), 유독물질, 농약을 누출 · 유출하거나 버리는 행위

누출 · 유출량과 기준을 정하지 않고 누출 · 유출 행위 자체를 금지하고 있다. "공공수역에 특정수질유해물질 등을 누출 · 유출하거나 버리는 (경우)"라 함은 공공수역에 직접 누출 · 유출시키거나 버린 경우뿐만 아니라 공공수역이 아닌 곳에 누출 · 유출시키거나 버렸다 할지라도 공공수역으로 들어갈 수 있는 곳에 누출 · 유출시키거나 버렸다면 여기에 해당한다고 보아야 한다.[12] 따라서 하수관로에 버린 경우에도 경우에 따라서는 공공수역에 버린 것으로 될 수 있다. 예컨대, 특정수질유해물질 등을 하수관로를 통하여 흘러 보낸 경우에도 하수관로가 공공폐수처리시설에 연결되고 공공폐수처리시설에서 처리가 가능한 경우라면 특별한 사정이 없는 한 공공수역으로 배출한 것으로 볼 수 없다. 그러나 공공폐수처리시설에서 처리할 수 없는 특정수질유해물질을 하수관로로 배출하는 것은 공공수역으로 배출한 것으로 보아야 한다.[13]

이 규정의 위반과 관련해서는 고의범은 물론이고 과실범도 처벌하는데(제78조 제2호), 특정수질유해물질 등을 누출 · 유출시키거나 버림으로써 성립하고, 배출허용기준을 현실적으로 초과하였는가의 여부는 범죄의 성립에 영향이 없다.

[1] 공공수역에 폐기물을 버리는 행위: 대법원 1990. 9. 14. 선고 90도1348 판결

오래된 빌딩을 부순 벽돌조각, 돌조각, 타일조각, 콘크리이트 덩어리, 나무조각, 비닐조각, 스티로플조각 등의 폐기물은 산업폐기물인 건축물폐재류임이 명백하다. (…) 피고인들이 산업폐기물로 하천을 매립하여 고수부지를 조성하였다고 하더라도, 정당한 사유 없이 공공수역에 산업폐기물을 버리는 행위를 한 이상 환경보전법 제68조 제5호 소정의 '제37조 제1항의 규정에 위반한 자'에 해당한다.

이러한 투기행위는 다른 법에 의해서도 규제되고 있는바 어느 지역에 투기하였는지에 따라 규율하는 법규가 달라질 수 있다. 예컨대, 폐기물을 투기한 지역이 생태 · 경관보전지역, 자연공원, 상수원보호구역, 공원 · 도로 등 시설의 관리자가 폐기물의 수집을 위하여 마련한 장소나 설비 외의 곳(「폐기물관리법」 제63조, 제8조 제1항)인가에 따라 처벌 법규 및 정도가 달라질 수 있다. 동일한 행위가 어디에서 투기하느냐에 따라 처벌이 달라지는 것은 수범자를 혼란에 빠트리고, 양형의 부당, 불균형 등의 문제를 야기할 수 있다.[14]

11) 이에 대하여는 위법성 조각사유로 보는 견해가 있다. 조현권, 환경법－이론과 실무, 법률문화원, 1999, 482면; 조홍식(앞의 책).

12) 조현권(앞의 책), 483면.

13) 조현권(앞의 책).

(나) 공공수역에 분뇨,15) 가축분뇨, 동물의 사체, 폐기물(「폐기물관리법」에 의한 지정폐기물을 제외) 또는 오니를 버리는 행위

[2] 분뇨를 버리는 행위의 의미: 대법원 1984. 12. 11. 선고 84도1738 판결

환경보전법 제37조 제1항 제2호에서 금지하고 있는 '분뇨를 버리는 행위'라 함은 물리적, 화학적 또는 생물학적 방법에 의하여 분뇨를 안전하게 처리함이 없이 분뇨인 상태 그대로 버리는 것을 말한다.16)

(다) 하천 · 호소에서 자동차를 세차하는 행위

(라) 공공수역에 환경부령으로 정하는 기준 이상의 토사(土砂)를 유출하거나 버리는 행위17)

나. 방제조치 및 명령

공공수역에의 투기행위로 인하여 공공수역이 오염되거나 오염될 우려가 있는 경우에는 그 행위자 · 행위자가 소속된 법인 및 그 행위자의 사업주(행위자등)는 당해 물질을 제거하는 등 오염을 방지 · 제거하기 위한 조치(방제조치)를 하여야 한다(제15조 제2항). 동법은 원인행위자 자신은 물론 그 행위자가 소속된 법인 및 그 행위자의 사업주에게 방제조치의 책임을 물을 수 있도록 함으로써, 원인자의 범위를 넓히고 있다. 행위자는 행위책임을, 행위자가 소속된 법인 및 행위자의 사업주는 상태책임을 진다고 할 수 있다. 과잉금지원칙상 상태책임을 진다는 이유로 사업주에게 무제한적인 책임을 지워서는 안 된다는 점에서 면책이나 감경 등 합리적인 조정이 이루어질 수 있는 규정을 입법적으로 검토할 필요가 있다.18) 시 · 도지사는 행위자등이 방제조치를 하지 아니하는 경우에는 그 행위자등에게 방제조치의 이행을 명할 수 있으며, 일정한 경우에는 대집행을 할 수 있다(동조 제3항 · 제4항).

[3] '그 행위자의 사업주'의 의미: 대법원 2011. 12. 13. 선고 2011두2453 판결

수질 및 수생태계 보전에 관한 법률 제15조 제2항(이하 '이 사건 조항'이라 한다)은 같은 조 제1항 제1호 또는 제2호에서 정한 행위로 인하여 공공수역이 오염되거나 오

14) 일반법과 특별법적 성격을 고려할 때 폐기물의 불법투기 · 매립에 대해서 「폐기물관리법」을 원칙적으로 적용하고, 자연공원구역이나, 생태 · 경관보전지역, 상수원보호구역 등에 불법투기 · 매립하는 경우에는 「폐기물관리법」에서보다 가중처벌하는 형식이 바람직하나 현행법에서는 「폐기물관리법」의 법정형이 가장 높게 되어 있다.

15) 분뇨에는 가축분뇨가 포함되지 아니한다. 분뇨는 「하수도법」에서, 가축분뇨는 「가축분뇨의 관리 및 이용에 관한 법률」에서 규율하고 있다.

16) 여기서 '분뇨인 상태'라 함은 분뇨 그 자체뿐만 아니라 수질오염으로 인하여 국민건강 및 환경상 위해를 초래할 정도의 분뇨가 함유된 폐수도 포함된다. 대법원 1986. 7. 22. 선고 84도2248 판결; 대법원 2008. 9. 25. 선고 2008도6298 판결.

17) 종전에는 "공공수역에 다량의 토사를 유출시키거나 버려 상수원 또는 하천 · 호소를 현저히 오염되게 하는 행위"를 규정하고 있었는데, 헌법재판소는 이 규정을 위반하여 다량의 토사를 유출하거나 버린 자를 처벌토록 한 벌칙 규정(제78조 제4호)이 '다량', '토사', '현저히' 등 명확하지 않은 처벌 기준을 제시하고 있다면서 죄형법정주의의 명확성 원칙에 반한다고 결정한 바 있다. 헌재 2013. 7. 25. 선고 2011헌가26, 2013헌가14(병합) 결정.

18) 사업주가 선량한 관리자의 주의의무를 해태하지 않은 경우에는 면책을 고려하여야 한다는 견해는 윤익준(각주 8), 201면.

염될 우려가 있는 경우에 '그 행위자의 사업주'가 그 해당 물질을 제거하는 등 오염의 방지 · 제거를 위한 조치를 하여야 함을 규정하고 있는바, 환경정책기본법 제7조가 자기의 행위 또는 사업활동으로 인하여 환경오염 또는 환경훼손의 원인을 야기한 자는 그 오염 · 훼손의 방지와 오염 · 훼손된 환경을 회복 · 복원할 책임을 지며, 환경오염 또는 환경훼손으로 인한 피해의 구제에 소요되는 비용을 부담함을 원칙으로 한다고 규정하고 있는 점 등에 비추어 보면, 이 사건 조항에 규정된 '그 행위자의 사업주'는 자기의 사업활동을 위하여 자기의 영향력 내에 있는 행위자를 이용하는 자로서 그 행위자의 같은 조 제1항 제1호 또는 제2호에서 정한 행위로 인하여 공공수역이 오염되거나 오염될 우려가 있는 경우의 사업자를 가리킨다고 할 것이다. 따라서 자기의 사업활동을 위하여 자기의 영향력 내에 있는 행위자를 이용하는 사업자는, 특별한 사정이 없는 한 그 행위자가 발생시킨 수질오염에 대하여 '그 행위자의 사업주'로서 이 사건 조항에 따른 방제조치 의무를 부담한다고 보아야 할 것이다.[19)]

5. 수질오염사고의 신고

유류 · 유독물 · 농약 또는 특정수질유해물질을 운송 또는 보관 중인 자가 해당 물질로 인하여 수질을 오염시킨 때에는 지체 없이 지방환경관서, 특별자치시 · 도 또는 시 · 군 · 구 등 관계 행정기관에 신고하여야 한다(제16조). 신고의무 불이행에 대해서는 벌칙 등 제재규정을 두고 있지 않다.

6. 방사성물질 등의 유입 여부 조사

환경부장관은 하천 · 호소 등에 대하여 방사성물질 및 방사성폐기물의 유입 여부를 조사하여야 하며, 조사에 필요하면 행정기관, 지방자치단체, 그 밖의 관계 기관의 장에게 협조를 요청할 수 있다(제16조의2). 한편 방사성물질 및 방사성폐기물은 통행제한의 대상인 "상수원을 오염시킬 우려가 있는 물질"에 포함되어 규제되고 있다(제17조 제2항).

7. 수질오염방제센터의 운영

동법은 수질오염사고에 신속하고 효과적으로 대응하고 방제조치의 전문성을 높이기 위해 한국환경공단으로 하여금 수질오염방제센터를 운영(대행)하도록 하고(제16조의3), 수질오염방제센터는 전국 하천 · 호소의 수질 정보를 실시간으로 수집 · 분석 · 관리하고 수질오염사고 발생 시 이를 신속히 관계 행정기관에 알릴 수 있는 온라인 시스템을 구축 · 운영할 수 있도록 하고 있다(제16조의4).

19) 물류창고의 전반적인 자산관리업무를 위탁받은 갑 주식회사가 을 주식회사에 물류창고 지하층 스윙도어 등 설치공사를 도급하였고, 을 회사가 다시 병에게 일부를 하도급하였는데, 병의 작업 중 발생한 화재로 하천이 오염되자 관할 시장이 갑, 을 회사 등에 방제조치 이행명령을 하고, 이행되지 않자 행정대집행을 실시하여 방제작업을 완료한 후 갑 회사에 그에 소용된 비용을 연대하여 납부할 것을 명하는 처분을 한 사안에서, 갑 회사는 자기의 사업활동을 위하여 자기의 영향력 안에 있는 행위자 병을 이용하는 자로서 병이 발생시킨 화재로 공공수역이 오염된 데 대하여 방제조치를 해야 할 사업자에 해당한다고 한 사례.

8. 상수원의 수질보전을 위한 통행제한

폐기물 · 유류 · 유독물 등을 적재한 차량의 전복, 추락사고 등이 잇달으면서 수질오염 사고가 빈발함에 따라 동법은 특히 상수원의 수질오염사고를 예방하기 위한 대응책을 마련하였다. 즉 전복, 추락 등 사고 시 상수원을 오염시킬 우려가 있는 물질을 수송하는 자동차를 운행하는 자는 상수원보호구역, 특별대책지역, 수변구역, 상수원에 중대한 오염을 일으킬 수 있어 환경부령이 정하는 지역 또는 그 지역에 인접한 지역 중에서 환경부령이 정하는 도로 · 구간을 통행할 수 없다(제17조 제1항). 여기에서 "상수원을 오염시킬 우려가 있는 물질"이라 함은 특정수질유해물질, 지정폐기물(액체상태의 폐기물 및 환경부령이 정하는 폐기물에 한함), 유류, 유독물, 농약 및 원제, 방사성물질 및 방사성폐기물, 그 밖에 대통령령이 정하는 물질 등을 말한다(동조 제2항).

9. 공공수역의 점용 및 매립에 의한 오염방지

공공수역에 대한 점용 또는 매립을 허가하거나 인가하려는 행정기관은 공공수역의 수질오염을 방지하기 위하여 필요한 조건을 붙일 수 있다. 여기에서의 '허가'는 자연적 자유의 회복이 아니라 새로이 권리를 설정한다는 점에서 강학상 특허의 성질을 갖는 것으로 이해된다. 수질오염의 예방책으로 조건의 부가를 규정하고 있는데, 조건의 내용, 수질오염 방지방법 등에 관하여 필요한 사항은 대통령령으로 정한다(제18조).[20]

10. 특정 농산물의 경작권고 등

시 · 도지사 또는 대도시의 장은 하천 · 호소구역에서 농작물을 경작하는 사람에게 경작대상 농작물의 종류 및 경작방식의 변경과 휴경 등을 권고할 수 있으며, 그 권고에 따라 농작물을 경작하거나 휴경함으로 인하여 경작자가 입은 손실에 대하여는 보상할 수 있다(제19조). 권고 규정에 그치기 때문에 실효성을 확보하는 데에는 일정한 한계가 있다. 나아가 시행령(제23조)에서는 보상 기준을 정하고 있는데, 그 기준이 고시가 되지 않아 실제 보상까지 이루어지는 데에는 어려움이 예상된다.

11. 물환경 보전조치 권고

환경부장관은 측정 · 조사결과 방치할 경우 하천 · 호소 등의 물환경에 중대한 위해를 끼칠 우려가 있다고 판단될 때에는 공공수역을 관리하는 자(수면관리자, 하천관리청 및 특별자치시장 · 특별자치도지사 · 시장 · 군수 · 구청장)에게 물환경 보전을 위하여 필요한 조치를 할 것을 권고할 수 있다(제19조의2).

---

20) 공공수역의 수질오염을 방지하기 위해 필요한 조건에는 폐기물은 「폐기물관리법」 제13조(폐기물의 처리기준)에 따라 처리할 것, 공공수역을 폐기물로 매립하려는 경우에는 「폐기물관리법」 제13조에 따른 폐기물처리의 기준 및 방법에 적합하도록 처리한 후 매립할 것 등이 포함되어야 한다(시행령 제22조).

12. 수변생태구역의 매수 · 조성

동법은 환경부장관과 시 · 도지사 또는 대도시의 장으로 하여금 하천 · 호소 등의 물환경 보전을 위하여 필요하다고 인정할 때에는 수변습지 및 수변토지(수변생태구역)를 매수하거나 생태적으로 조성 · 관리할 수 있도록 함으로써(제19조의3), 공공수역의 생태적인 관리를 위한 기반을 마련하고 있다. 그러나 수변생태구역의 생태적인 조성 · 관리에 관한 구체적인 방법이나 지침이 마련되어 있지 않아 제도의 효과성 측면에서 미흡한 점이 있다. 나아가 그 협의가 협의매수임에도 불구하고 매수가격의 산정은 일반적인 수용보상의 기준인 공시지가를 기준으로 하고 있어[21] 토지소유자와 갈등이 발생할 여지가 높다.

13. 배출시설 등에 대한 기후변화 취약성 조사 및 권고

환경부장관은 폐수배출시설, 비점오염저감시설, 공공폐수처리시설을 대상으로 기후변화에 대한 시설의 취약성 등을 조사하고, 조사 결과 기후변화에 취약한 시설에 대해서는 시설 개선 등을 권고할 수 있다(제19조의4).

14. 낚시행위의 제한

특별자치시장 · 특별자치도지사 · 시장 · 군수 · 구청장은 하천(국가하천 및 지방하천을 제외) · 호소의 이용목적 및 수질상황 등을 고려하여 낚시금지구역 또는 낚시제한구역을 지정할 수 있다(제20조 제1항). 낚시제한구역에서 낚시행위를 하려는 사람은 낚시의 방법 · 시기 등 환경부령으로 정하는 사항을 준수하여야 한다(동조 제2항). 낚시행위의 제한은 「하천법」에서도 규정하고 있는데,[22] 동일한 행위 규제가 여러 법률에 따라 규제하고 있다는 점에서 향후 통합이 필요해 보인다.

15. 수질오염경보제

상수원으로 이용되는 하천 · 호소에 조류(조류)가 발생할 경우 정수장 여과장치의 기능이 저하되고 일부 남조류의 경우 독성유발 가능성까지 있어, 그 동안 상수원호소를 대상으로 조류예보제를 시범 실시하였다. 그러나 매년 조류예보제의 발령횟수와 발령기간이 증가되고 있는 추세여서 이를 제도화할 필요성이 제기되었다. 이에 2005. 3. 31. 개정 법은 수질오염경보제를 새로이 도입하여 일정한 경우 수질오염경보를 발령하도록 하였다(제21조).

16. 오염된 공공수역에서의 행위제한

환경부장관은 하천 · 호소 등이 오염되어 수산물의 채취 · 포획이나 물놀이, 그 밖에

---

21) 토지등의 매수가격은 「부동산 가격공시에 관한 법률」에 따른 공시지가를 기준으로 그 토지의 위치, 형상, 환경 및 이용상황 등을 고려하여 평가한 금액으로 하되, 둘 이상의 감정평가법인등(「감정평가 및 감정평가사에 관한 법률」 제2조 제4호에 따른 감정평가법인등을 말함)이 평가한 금액을 산술평균한 금액으로 한다(시행령 제26조 제3항).

22) 「하천법」 제46조 제6호 나목에 따르면 하천의 이용목적 및 수질상황 등을 고려하여 시 · 도지사가 지정 · 고시하는 지역에서 떡밥 · 어분 등 미끼를 사용하여 하천을 오염시키는 낚시행위는 금지된다.

대통령령으로 정하는 행위를 할 경우 사람의 건강이나 생활에 미치는 피해가 크다고 인정할 때에는 해당 하천 · 호소 등에서 그 행위를 금지 · 제한하거나 자제하도록 안내하는 등 환경부령으로 정하는 조치를 할 것을 시 · 도지사에게 권고할 수 있다(제21조의2 제1항). 권고를 받은 시 · 도지사는 특별한 사유가 없으면 권고에 따른 조치를 하여야 한다(동조 제2항). 환경부장관은 제2항에 따른 시 · 도지사의 조치가 미흡하여 사람의 생명 · 신체에 위험이 발생할 수 있는 경우에는 관계 행정기관과 협의하여 필요한 조치를 할 수 있다(동조 제3항). 이 규정은 직접적이고 실질적인 수질관리라기보다는 각 하천 · 호소 등의 오염 정도 및 수영 등 물놀이를 하는 경우 국민건강에 미치는 피해 등에 대하여 가장 많은 정보를 가지고 있는 환경부장관이 수영 등 물놀이 행위 등을 자제하도록 안내하는 등의 조치를 취할 것을 권고함으로서 시 · 도지사로 하여금 국민건강 피해를 사전에 예방할 수 있도록 하는 단순한 제도규정이라 할 수 있다.

17. 상수원의 수질개선을 위한 특별조치

환경부장관은 상수원의 수질오염이 다음의 어느 하나에 해당하는 경우에는 수질오염을 발생시키는 오염원에 대하여 오염물질의 배출금지 등 특별조치를 명할 수 있다: ① 상수원의 수질오염으로 먹는 물 수질관리기준(「수도법」 제26조에 따른 수질기준을 말함)의 충족이 어려울 것으로 예상되는 경우; ② 수질관리기준에서 정하고 있지 아니한 오염물질로 인하여 주민의 건강에 중대한 위해를 가져올 우려가 있다고 인정되는 경우(제21조의3).

18. 완충저류시설의 설치 · 관리

동법은 공업지역 또는 산업단지에서 발생하는 유해뮤질 누출 및 수질오염 사고에 신속하게 대응하기 위하여 폐수 발생량 등을 고려하여 일정한 규모의 공업지역 또는 산업단지의 소재지를 관할하는 지방자치단체의 장(광역시의 군수는 제외)에게 그 공업지역 또는 산업단지에서 배출되는 오수 · 폐수 등을 일시적으로 담아둘 수 있는 완충저류시설을 설치 · 운영하도록 하고 있다(제21조의4 제1항). 관할 지방자치단체의 장은 5년마다 소관 완충저류시설에 대한 기술진단을 실시하여 완충저류시설의 관리상태를 점검하여야 한다(동조 제2항).

19. 조류에 의한 피해 예방

동법은 공공수역에서 발생하고 있는 녹조 현상 등으로 인한 피해를 예방하기 위하여 조류(藻類)로 인한 피해를 예방하기 위한 조치를 취할 수 있는 법적 근거를 두고 있다(제21조의5). 피해 예방 조치의 대상은 호소에 그치지 않고 주요 하천 등으로 확대하고 있다.

20. 수계영향권별 물환경관리

환경부장관 또는 지방자치단체의 장은 수계영향권별 국가 물환경관리기본계획 및 수계영향권별 물환경관리계획에 따라 물환경 현황 및 수생태계 건강성을 파악하고 적절한 관리대책을 마련하여야 한다(제22조 제1항). 이에 따라 환경부장관은 하천 · 호소 등의 이용목적, 물환경 현황 및 수생태계 건강성, 오염원의 현황 및 전망 등을 고려하여 수계영향권별 목표기준을 결정 · 고시하여야 할 뿐만 아니라(제10조의2), 환경부장관 및 시 · 도지사는 수계영향권별로 오염원의 종류 · 수질오염물질 발생량 등을 정기적으로 조사하여야 한다(제23조).

수계영향권은 대권역, 중권역, 소권역으로 구분된다(제22조 제2항).23) 대권역 물환경관리계획은 유역환경청장이, 중권역 물환경관리계획은 지방환경관서의 장이, 소권역 물환경관리계획은 특별자치시장 · 특별자치도지사 · 시장 · 군수 · 구청장이 각각 수립한다(제24조 내지 제26조).

21. 수생태계 연속성 조사

2017. 1. 17. 개정 법에서는 환경부장관으로 하여금 수생태계 연속성의 단절 · 훼손 여부 등을 파악하기 위하여 수생태계 연속성 조사를 실시할 수 있도록 하고, 수생태계 연속성이 단절되거나 훼손되었을 경우에는 관계 중앙행정기관의 장과 협의하여 수생태계 연속성의 확보에 필요한 조치를 하도록 하고 있다(제22조의2).

22. 환경생태유량의 확보

2017. 1. 17. 개정 법에서는 환경부장관으로 하여금 수생태계 건강성 유지를 위하여 필요한 최소한의 유량(환경생태유량)의 확보를 위하여 하천의 대표 지점에 대한 환경생태유량을 국토교통부장관과 공동으로 정하여 고시할 수 있도록 하고, 하천 등의 유량이 환경생태유량에 현저히 미달하는 경우에는 관계 기관의 장 등에게 협조를 요청할 수 있도록 하고 있다(제22조의3).

환경생태유량과 구별되는 개념으로 하천유지유량이 있다. 「하천법」은 하천유지유량을 "하천수 사용을 고려하여 하천의 정상적인 기능 및 상태를 유지하기 위하여 필요한 최소한의 유량"으로 정의하고 있다(제51조 제1항). 하천유지유량이 물 이용이라는 사람의 활동을 염두에 둔 측면이 강하다면 환경생태유량은 수생태 건강성이라는 생태계 보전 측면을 강조하고 있다고 할 수 있다. 그러나 양 개념은 중복되는 측면이 있다. 하천유지유량을 정하는 경우 환경생태유량을 고려하도록 하고 있으며(「물환경보전법」 제22조의3 제2항), 「하천법」 시행령에서는 기준지점을 지정할 경우 수질을 고려항목으로 제시하고 있다(제59조 제12항 제1호).

표면적으로 환경생태유량이 하천유지유량의 하위 개념이라고 할 여지가 있다.24) 양

---

23) 정부는 전국을 수계영향권별로 관리하기 위하여 전국수계를 4개 대권역 및 114개 중권역으로 구분하고 있다(환경부 고시 제1991-79호).

자의 관계가 명확치 않은 것은 “수생태 건강성 유지”나 “하천의 정상적인 기능 및 상태의 유지”라는 개념이 불분명하기 때문이다. 또한 하천의 목적용수에 환경개선용수가 포함되어 있는 것과 무관치 않아 보인다.[25] 환경개선용수의 모호함은 그 혼란을 부추기고 있다.[26]

환경개선용수가 자연환경 또는 수생태계의 보호도 염두에 둔 개념이라면 수생태계의 보호 측면에서 발전한 개념이라고 할 수 있는 환경생태유량을 내포한다고 할 수 있다. 환경개선용수가 생활환경을 염두에 둔다고 하더라도[27] 생활환경이 자연환경과 완전히 동떨어진 것이라고 할 수 없다. 이러한 접점이 있는 상황에서 가뜩이나 물관리일원화에 따라 환경부장관이 하천유지유량과 환경생태유량 모두에 대해 설정 권한을 갖게 됨에 따라 양자의 통합 · 조정의 필요성과 타당성은 높다고 보인다. 하천유지유량의 준수로도 환경생태유량의 확보가 안 될 수 있다는 점, 하천유지유량이 가뭄 등으로 충분한 유량확보가 어려워질 경우 수질 및 생태계에 대한 악영향을 막을 수 없는 점, 환경생태유량이 「하천법」상의 하류 이외의 소하천, 건천화된 지류 또는 지천에도 적용된다는 점 등에 비추어 각자의 존재 의의가 있으나 양자의 관계를 재설정하는 등의 방법으로 조화점을 찾을 수 있을 것이다.

23. 국가 물환경관리기본계획의 수립

환경부장관은 공공수역의 물환경을 관리 · 보전하기 위하여 대통령령으로 정하는 바에 따라 국가 물환경관리기본계획을 10년마다 수립하여야 한다(제23조의2).

24. 수생태계 복원계획의 수립 · 시행

체계적인 수생태계 복원을 위하여 환경부장관, 시 · 도지사 또는 시장 · 군수 · 구청장

---

24) 하천유지유량이라는 개념 하에 한경개선용수가 언급되는 것으로 보아 환경개선용수가 환경유지용수의 하위 개념이라고 이해된다. 그러나 환경개선용수와 하천유지용수를 구별함으로써 양자를 병렬적인 개념으로 이해하는 견해도 있다. 권형준, 댐 용수 용도별 이용분야 확대 방안 연구, 한국수자원공사, 2005. 9. 16, 87 내지 88면.

25) 환경개선용수라는 개념은 2007년 개정 「하천법」에 처음 도입되었는데(제50조), 그 개념 정의가 없다. 「댐건설 및 주변지역지원 등에 관한 법률」에서도 댐의 용도로 생활용수, 공업용수, 농업용수, 발전(發電), 홍수 조절, 주운(舟運) 등과 함께 개념 정의가 없이 환경개선용수가 예시되고 있다. 한편 동법 시행규칙은 댐의 용도별로 타당투자액의 세부적인 산출방법으로 환경개선용도에 대해서는 언급이 없이 하천유지용도를 언급하고 있다.

26) 예컨대, 인공시설을 통해 물을 공급받아서 하천을 복원하는 경우(예컨대, 청계천) 그 물을 환경개선용수라고 할 수 있는지 분명치 아니하다. 환경개선용수로 볼 경우 「하천법」에 따른 하천수 사용료와 「댐건설 · 관리 및 주변지역지원 등에 관한 법률」에 따른 댐용수 사용료가 부과될 여지가 있다. ‘4대강수계법’상 물이용부담금 부과대상이 되는지도 논란이 제기될 수 있다. 「하천법」 제51조에 근거하여 환경개선용수를 하천유지용수로 볼 경우 부과제외 대상이 된다는 결론에 이르게 될 것이다.

27) 흔히 환경개선용수가 생활환경 내지 사회환경의 개선을 염두에 둔 개념이라는 것이 일반적이다. 권형준(각주 24), 75 내지 76면; 김현준 외 4, 환경생태수리권 및 환경생태유량에 관한 법제연구, 환경부, 2014. 7, 26 내지 29면; 강형식, “수생태 복원 · 관리를 위한 환경생태유량 정책 개선 방향”, 물 정책 · 경제 제28호, 2017, 46면. 여기에서 말하는 ‘환경개선’이란 하천유지유량 이상이 물을 확보하기 위한 취수이거나 하천에서 취수를 해서 다른 하천의 수질이나 친수성을 향상시키기 위한 경우를 말한다는 견해는 이상돈, “우리나라 하천법에서의 하천 유지 유량과 환경개선용수”, 중앙법학논문집 제35권 제2호, 2011, 315면.

은 제9조 또는 제9조의3에 따른 측정 · 조사 결과 수질 개선이 필요한 지역 또는 수생태계 훼손 정도가 상당하여 수생태계의 복원이 필요한 지역을 대상으로 수생태계 복원계획을 수립하여 시행할 수 있다(제27조의2). 그러나 동법은 복원의 개념, 원칙, 방법, 절차, 수준, 비용부담 등에 대하여는 정하고 있지 않다.

Ⅲ. 호소의 물환경 보전

호소의 수질오염이 심각하다는 징후가 감지되면서 그 대책을 마련하는 것이 절실해지고 있다. 동법은 제2장 제3절에서 호소의 물환경을 보전하기 위하여 정기적 조사 · 측정 및 분석(제28조), 양식어업 면허의 제한(제30조), 호소 안의 쓰레기 수거 · 처리(제31조), 중점관리저수지의 지정(제31조의2) 등 다양한 수단을 마련하고 있다. 이들은 종래 '호소수질관리법'에서 규정하였던 사항이었는데, 2000. 10. 구 '수질환경보전법'에 통합되어 규정된 것이다. 호소수질도 크게 보아 수질에 해당된다는 점에서 규제대상이나 구조, 체계가 유사하여 '수질환경보전법'에의 통합 · 수용은 충분히 예견되었던 것이다. 분산되어 있는 법률을 통합, 단일화하는 것은 국민의 법률에의 접근 및 이해를 쉽게 할 수 있다는 점에서 높게 평가할 만하다.

Ⅳ. 점오염원의 관리

1. 사업장의 폐수배출규제

사업장 폐수는 생활하수에 비하여 고농도의 독성과 오염도를 갖는다. 이러한 사업장 폐수가 제대로 처리되지 아니하고 환경에 배출된다면, 환경뿐만 아니라 인간의 건강에도 치명적인 결과를 초래할 수 있다. 일본에서 대표적인 공해로 알려진 미나마타병,[28] 이따이이따이병[29]의 발병이 대표적인 예이다. 결국 사업장 폐수의 배출규제는 중요한 수질환경정책을 구성하게 되며, 동법의 핵심을 이루고 있다. 동법상 사업장 폐수에 대한 대표적인 배출규제수단으로는 명령 · 규제수단인 배출허용기준의 설정, 배출시설의 설치허가, 조업정지 명령 등 행정처분, 벌칙부과 등과 경제적 유인수단인 배출부과금제도가 있다.

---

28) 1953년경 구마코토현의 미나마타 어촌에 원인불명의 괴질이 발생하였는데, 그 주된 증상은 손발마비, 언어장애, 시야 협착 등이었다. 일본 후생성은 1968년 미나마타병이 미나마타 만 근처에 있는 질소공장 폐수에서 배출되는 유기수은에 중독되어 발생한 것으로 공식 인정하였다. 당시 미나마타병으로 인해 사망한 사람은 73명에 달했다. 제2의 미나마타병은 미나마타 마을에서 발생한 것만으로 그치지 않고 1965년 니이가타현에서도 발생하였다. 1992년 기준으로 미나마타병 환자로 인정된 사람은 구마모토현과 니이가타현을 합쳐 1,200명 정도에 이르렀다. 구자건, 환경상식 백가지, 현암사, 191 내지 192면 참조.

29) 1910년경 일본 도야마현 진즈강(神通川) 유역 주민들 사이에 팔 · 다리뼈가 부러지고 뼈가 줄면서 키가 작아지는 증상이 나타났다. 심한 통증이 있었으나 당시에는 정확한 원인을 알지 못하였고, '아프다 아프다'는 뜻의 '이따이이따이병'으로 불렸다. 1968년 뒤늦게 강 상류의 광업소에서 배출된 폐수에 포함된 카드뮴이 병의 원인이라는 것이 밝혀졌다. 구자건(앞의 책), 192 내지 193면 참조.

가. 배출허용기준

(1) 기준설정

폐수배출시설에서 배출되는 수질오염물질에 대한 배출허용기준은 환경기준을 달성하기 위하여 사업장이나 시설 단위의 개별적 오염물질을 통제하기 위한 규제기준이다. 동법은 생물화학적산소요구량(BOD), 화학적산소요구량(COD), 부유물질량(SS) 등 48개 항목에 대하여 배출허용기준을 설정하여 규제의 기본으로 삼고 있는데, 폐수배출량 규모(2천톤/일 기준)에 따라 차등화하고, 지역에 따라 '청정'지역, '가'지역(가장 엄격), '나'지역(보통), 특례지역(완화) 등으로 구분하여 적용하고 있다(제32조 제1항, 시행규칙 제34조, 별표 13). 배출허용기준은 환경부장관이 관계 중앙행정기관의 장과 협의를 거쳐 환경부령으로 정하도록 되어 있다(제32조 제2항). 이와 같이 배출허용기준을 환경부령에 위임한 것은 포괄위임입법 금지원칙에 위반할 소지가 있으나 판례는 이를 부인하고 있다.[30] 기준설정 절차와 관련하여서는 이해관계자나 환경단체 등에 대한 의견수렴절차가 마련되어 있지 아니하고 환경부장관에게 전적으로 그 설정권한이 주어지면서 행정편의적이고 비합리적, 비현실적인 기준이 설정될 가능성이 문제점으로 지적될 수 있다.

(2) 엄격 · 특별배출허용기준

기본적으로 배출허용기준은 전국에 통일적으로 적용되는 기준이다. 그러나 여기에는 두 가지 예외가 있다. 즉 조례로 정하는 지역배출허용기준과 특별대책지역에 설정되는 엄격 · 특별배출허용기준이 그것이다(제32조 제3항 · 제6항). 현재 엄격 · 특별배출허용기준이 적용되는 지역은 팔당, 대청호 상수원수질보전특별대책지역이다.[31] 그러나 폐수무방류배출시설[32]과 환경부령이 정하는 배출시설 중 폐수를 전량 재이용하거나 전량 위탁처리하여 공공수역으로 폐수를 방류하지 아니하는 배출시설에 대하여는 이러한 배출허용기준 관련 규정이 적용되지 않는다(동조 제8항).

나. 배출시설 및 방지시설의 설치 · 운영

(1) 설치허가 및 신고

(가) 대상시설

폐수배출시설을 설치하려는 자는 대통령령으로 정하는 바에 따라 환경부장관의 허가를 받아야한다(제33조 제1항). '폐수배출시설'이란 수질오염물질을 배출하는 시설물 · 기

30) 헌재 2004. 11. 25. 선고 2004헌가15 결정; 헌재 2009. 10. 29. 선고 2008헌바122 결정.

31) 현재 상수원 수질보전을 위해 팔당, 대청호 특별대책지역이 지정되어 있다(환경부고시 제2001－148호, '팔당 · 대청호상수원수질보전특별대책지역지정').

32) 동법상 '폐수무방류배출시설'이란 폐수배출시설에서 발생하는 폐수를 해당 사업장에서 수질오염방지시설을 이용하여 처리하거나 동일 폐수배출시설에 재이용하는 등 공공수역으로 배출하지 아니하는 폐수배출시설을 말한다(제2조 제11호). 2004. 2. 9. 개정 법에서는 폐수무방류배출시설 개념을 새로이 도입하여 배출시설 설치제한지역에 설치할 수 있도록 하되, 상수원보호에 미칠 수 있는 영향을 고려하여 설치계획서를 제출하도록 하는 등 엄격한 허가절차를 정하고, 폐수를 사업장 밖으로 반출하거나 공공수역으로 배출하는 등 수질오염방지시설을 부적정하게 운영하는 경우와 허가기준 및 허가조건을 위반하는 경우에는 허가취소를 할 수 있도록 하여 사후관리를 엄격히 하고 있다.

계 · 기구 그 밖의 물체로서 환경부령으로 정하는 것[33]을 말한다. 다만 「해양환경관리법」 제2조 제16호 및 제17호에 따른 선박 및 해양시설을 제외한다(제2조 제10호).[34] 이에 따라 환경부령에서는 폐수를 배출하는 공정단위별 82개 시설을 폐수배출시설로 명시하고 있다(시행규칙 제6조, 별표 4).[35]

[4] 폐수배출시설: 창원지법 2015. 9. 16. 선고 2015노315 판결(확정)

공소사실에서 '폐수'로 특정된 물은 사업장의 전체 공정 중 '절단'공정에 위치하고, 절단 공정은 플라스마를 철판에 분사하여 절단하는 방식으로 이루어지는데, 이때 발생한 분진은 공기 중으로 흩어지고, 슬러그(Slug, 찌꺼기)는 절단시설 아래에 있는 습식 정반에 모이게 되고, 정반 안에는 물이 약 20cm 고여 있어 절단 공정 시 떨어지는 슬러그를 효율적 · 안정적으로 모을 수 있게 하고 분진을 억제하는 등의 역할을 하는 점 등을 종합하면, 물은 밀폐된 정반에 계속 고여 있을 뿐 밖으로 배출되거나 배출될 것이 예정되어 있지 않으며, 폐수가 '배출'되는 것이 아니라 단지 '발생'한다고 볼 수밖에 없는 경우에도 '폐수배출시설'이라고 보아 처벌한다면 건전한 일반상식을 가진 사람이 어떠한 경우자신의 행위가 처벌받는지 예측하기가 어렵고, 발생된 폐수가 밀폐된 정반에 가두어져 수분은 증발하고 납 등 고체 성분은 정반에 남아 있을 뿐 납 성분이 함유된 폐수가 외부 하천 · 호소 등 공공수역으로 배출되지 않을 것이 명백한 경우에는 그에 대해 허가를 받도록 하지 않는다고 하여 헌법상 환경권과 이를 구체화 · 현실화한 수질 및 수생태계 보전에 관한 법률을 둔 입법 취지와 목적 등에 반한다고 볼 수 없으므로, 위 시설이 같은 법 제75조 제1호에서 정한 '폐수배출시설'에 해당하지 않는다.[36]

---

33) 동법 시행규칙에 따르면 특정수질유해물질이 포함된 폐수를 배출하는 시설의 경우는 1일 최대 폐수량이 0.01㎥ 이상, 특정수질유해물질이 포함되지 않은 폐수를 배출하는 시설의 경우는 0.1㎥ 이상인 시설이 폐수배출시설에 해당한다(제6조, 별표 4 제1호). 여기에서 '1일 최대 폐수량'은 원칙적으로 연중 폐수가 가장 많이 발생되는 날을 기준으로 사업장의 모든 시설에서 배출되는 폐수를 합산하여 산정하고, 위탁처리 · 재이용하거나 폐수배출공정 중의 방지시설에서 처리되는 폐수를 모두 포함하여 산정한다.

34) 구법하에서는 폐수배출시설에 해당되기 위해서 '공공수역'으로의 배출이 요구되었는바, 폐수를 전량 위탁처리함으로써 공공수역에 폐수를 배출하지 아니하는 폐수위탁처리업체의 시설이 여기에서 말하는 폐수배출시설인지에 대하여 논란이 있었다. 2000. 1. 21 개정 법에서는 이러한 논란을 없애기 위하여 '공공수역'이라는 요건을 삭제하였다. 같은 맥락에서 수질오염물질이 포함된 액체를 공공수역에 배출하지 않고 재사용하는 시설이 폐수배출시설에 해당한다고 본 판례가 있다. 대법원 2005. 10. 28. 선고 2003도5192 판결.

35) 예컨대, 동법 시행규칙 제6조, 별표 4 제2호 53)항에 따르면 레미콘차량은 폐수배출시설인 '시멘트 · 석회 · 플라스터 및 그 제품 제조시설'의 관련 시설로서 이에 해당한다. 이와 관련해서 판례는 레미콘차량은 사업자의 소유인지 여부와 관계없이 폐수배출시설인 사업장의 관련 시설에 해당한다고 보고 있다. 대법원 2022. 12. 15. 선고 2022두49953 판결. 한편, 동호 74)항에서 병원시설을 배출시설로 정하고 있는데, 다만 수술실, 처치실, 병리실이 없는 병원과 한약을 끓이는 시설이 없는 한약병원을 제외하고 있다. 여기서 논란이 있을 수 있는 것은 조업정지와 같은 행정처분을 할 경우 수술실 등에 대해서만 정지 등 처분할 것인가, 아니면 병원시설 전체에 대하여 처분을 할 것인가이다. 조업정지 등 처분을 할 경우에는 수술실, 처치실, 병리실, 한약을 끓이는 시설에 대해서만 처분할 것이 아니라 병원시설 전체에 대한 처분을 하여야 하는 것으로 이해된다. 조현권(각주 7), 410면, 각주 1. 이에 반해 처분의 대상이 전체시설이 아니라 폐수를 직접 배출하는 특정한 시설로 한정되어야 한다는 견해는 조홍식(각주 10), 477면.

36) 피고인이 관할 관청의 허가 없이 폐수배출시설인 금속가공제품 제조시설을 설치하고 조업하였다고 하여 구 '수질 및 수생태계 보전에 관한 법률' 위반으로 기소된 사안에서, 위 시설이 같은 법 제75조 제1호에서 정한 '폐수배출시설'에 해당하지 않는다는 이유로 무죄를 선고한 사례.

[5] 서울고법 2023. 1. 11. 선고 2021누64841 판결(상고기각)

물환경보전법과 폐기물관리법은 그 입법목적을 달리하고, 물환경보전법에 따른 폐수배출시설과 폐기물관리법에 따른 폐기물처리시설의 기준과 요건, 그 적용범위 등을 각각 달리 정하고 있으므로 각각의 시설에 해당될 수도 있다. 오히려 이 사건 음식물류폐기물 자원화시설에서 발생하는 음폐수, 응축수, 세정수 등은 수질오염방지시설에 유입되어 처리된 후 최종적으로 공공수역에 해당하는 분류식하수관로로 방류되므로, 폐기물관리법 제3조 제1항 제3호에 따라 '물환경보전법에 따른 수질오염방지시설에 유입되는 폐수'에 해당하거나 '공공수역으로 배출되는 폐수'에 해당하여, 이에 대하여는 폐기물관리법이 적용이 배제된다.37)

동법은 설치허가를 받아야 하는 대상 배출시설을 특정하고 있다.38) 동법은 이와 같이 허가 대상시설을 극히 제한하고 그 밖의 경우에는 환경부장관에게 신고하도록 함으로써(시행령 제31조 제2항) 실제에 있어서는 허가제가 원칙적 신고제와 다름없이 운영되고 있다. 신고는 그 '수리'를 전제하고 있다는 점에서 자기완결적 신고로 볼 수 없다고 이해된다(시행령 제31조 제6항 참조).

한편, 동법에서는 폐수무방류배출시설을 설치하고자 하는 자로 하여금 환경부장관의 허가를 받도록 하고 있다(제33조 제1항 단서). 또한 폐수무방류배출시설의 경우 상수원보호를 위하여 배출시설 설치제한지역39)에 설치할 수 있도록 하되(동조 제4항), 상수원오염을 대비하여 그 허가절차 등을 엄격히 정하여 폐수무방류배출시설에 대한 사전 · 사후 관리체계를 마련하고 있다(제34조 참조).

(나) 허가의 성질

법에서는 허가기준과 설치제한지역을 구체적으로 정하고 있고,40) 시행령은 허가대상

---

37) 음식물류폐기물 자원화시설에서 배출되는 음폐수 등이 폐수에 해당하고 이 시설이 (폐기물배출시설 또는 처리시설이 아니라) 물환경보전법상 폐수배출시설에 해당한다면서 음폐수 등이 배출허용기준을 초과하여 배출된 경우 초과배출부과금을 부과할 수 있다고 한 사례.

38) 여기에는 특정수질유해물질이 발생되는 배출시설, 특별대책지역에 설치하는 배출시설, 환경부장관이 고시하는 배출시설설치제한지역에 설치하는 배출시설, 상수원보호구역에 설치하거나 그 경계구역으로부터 상류로 유하(流下)거리 10㎞ 이내에 설치하는 배출시설, 상수원보호구역이 지정되지 아니한 지역 중 상수원 취수시설이 있는 지역의 경우에는 취수시설로부터 상류로 유하거리 15㎞ 이내에 설치하는 배출시설, 배출시설설치신고를 한 배출시설로서 원료 · 부원료 · 제조공법 등이 변경되어 특정수질유해물질이 새로이 발생되는 배출시설 등 6개가 포함된다(시행령 제31조 제1항). 여기에서 말하는 '특정수질유해물질이 발생되는 배출시설'이라 함은, 폐수배출시설의 기능 및 공정상 특정수질유해물질이 발생되는 경우, 즉 사업자가 사용하는 원료(용수 포함) · 부원료 · 첨가물의 성질 및 그 공정 과정에서의 화학 작용 등이 원인이 되어 특정수질유해물질이 발생되는 경우를 의미한다. 대법원 2005. 1. 28. 선고 2002도6931 판결(피고인의 사업장에서 실제 사용한 물감 등 원료에는 구리 등이 포함되어 있지 않은 점과 수질오염도 등의 측정을 위하여 채취한 시료의 부적합성 등을 이유로, 피고인의 사업장에서 채취한 시료에 구리화합물이 함유되어 있다는 취지의 검사결과통보서만으로는 피고인이 설치한 폐수배출시설 자체로부터 구리화합물이 발생되었다고 단정하기 어렵다고 한 사례).

39) 배출시설 설치제한지역은 ① 취수시설이 있는 지역; ② 특별대책지역; ③ 「수도법」에 따라 공장의 설립이 제한되는 지역(제31조 제1항 제1호에 따른 배출시설의 경우만 해당); ④ 제1호부터 제3호까지에 해당하는 지역의 상류지역 중 배출시설이 상수원의 수질에 미치는 영향 등을 고려하여 환경부장관이 고시하는 지역 등 제한적이다(시행령 제3조).

40) 허가기준은 ① 배출시설에서 배출되는 오염물질을 배출허용기준 이하로 처리할 수 있을 것, ② 다른 법령에 따른 배출시설의 설치제한에 관한 규정에 위반되지 아니할 것, ③ 폐수무방류배출시설을 설치하는 경우에는 폐수가 공공수역으로 유

의 배출시설, 허가 신청 시 제출하여야 하는 서류 등을 구체적으로 규정(제31조 제5항)하고 있다. 법원은 배출시설 설치허가를 '기속재량행위'라고 보고 있다.41) 그 결과 허가권자는 법에서 정한 요건을 구비한 때에는 원칙적으로 허가를 하여야 한다. 그러나 환경기준의 유지가 곤란하거나 주민의 건강 · 재산, 동식물의 생육에 심각한 위해를 끼칠 우려가 있다고 인정되는 등 중대한 공익상의 필요가 있을 때에는 허가를 거부할 수 있다고 이해된다.

(다) 허가의 효력

1) 허가의 효력이 미치는 범위

판례는 "오염물질 배출시설의 설치허가를 받고자 하는 경우에 설치할 시설물은 한 가지라도 그 배출오염물질이 여러 가지로서 다르게 분류되는 경우에는 분류된 각 오염물질 배출에 대해서마다 그 설치허가를 받아야 하며 여러 가지 오염물질의 배출 중 한 가지 배출에 대한 허가신청에 기한 그 허가만으로는 허가신청이나 허가되지 아니한 나머지 배출부분에 대하여서까지 그 효력이 미치는 것은 아니라 할 것이다"고 판시하면서 허가의 효력을 엄격히 제한하고 있다.42)

이에 따르면 별도의 의제규정이 없는 한,43) 예컨대, 문제의 시설이 폐수배출시설이면서 대기오염물질배출시설에 해당할 경우 폐수의 배출부분에 대해서만 설치허가신청을 하여 그 허가를 받았을 뿐이라면 그 허가가 대기오염물질배출시설에 대한 허가까지 받은 것으로는 되지 않게 된다. 한편, 동법 시행규칙에서는 공정단위별로 폐수배출시설로 특정하고 있으므로(제6조) 폐수를 배출하는 공정단위가 다르면 새로운 허가를 받아야 한다.

2) 무허가 설치행위

허가 또는 변경허가를 받지 아니하거나 거짓으로 허가 또는 변경허가를 받아 배출시설을 설치 또는 변경하거나 그 배출시설을 이용하여 조업한 자는 7년 이하의 징역 또는 5천만원 이하의 벌금에 처한다(제75조 제1호). 이는 동법상 가장 중한 범죄이다. 무허가 설치행위는 상태범으로써, 공소시효의 기산점은 설치행위 완료시점이며, 배출허용기준을 현실적으로 초과하였는가의 여부는 위 범죄의 성립에 아무런 영향이 없다.44)

(2) 배출시설의 설치제한

환경부장관은 상수원보호구역의 상류지역, 특별대책지역 및 그 상류지역, 취수시설이

출 · 누출되지 아니하도록 대통령령으로 정하는 시설 전부를 대통령령으로 정하는 기준에 따라 설치할 것 등이다(제33조 제11항).

41) 대법원 2013. 5. 9. 선고 2012두22799 판결.

42) 대법원 1984. 9. 25. 선고 84도1563 판결.

43) 「대기환경보전법」에서는 대기오염물질배출시설의 설치허가 · 신고를 한 경우에는 폐수배출시설의 설치허가 · 신고, 소음 · 진동배출시설의 설치허가 · 신고도 한 것으로 본다는 의제규정을 두고 있다(제24조). 이에 반해 「물환경보전법」에서는 의제 규정을 두고 있지 않다. 그 결과 동법 규정에 따라 폐수배출시설 설치의 허가를 받거나 신고를 한 경우 「대기환경보전법」 규정에 따른 대기오염물질배출시설 설치의 허가 · 신고는 의제되지 않는다고 해석할 수밖에 없을 것이다.

44) 대법원 1987. 10. 26. 선고 87도1869 판결.

있는 지역 및 그 상류지역의 배출시설로부터 배출되는 수질오염물질로 인하여 환경기준의 유지가 곤란하거나 주민의 건강 · 재산이나 동 · 식물의 생육에 중대한 위해를 가져올 우려가 있다고 인정되는 경우에는 관할 시 · 도지사의 의견을 듣고 관계 중앙행정기관의 장과 협의하여 배출시설의 설치(변경을 포함)를 제한할 수 있다(제33조 제7항).45) 다만, 환경부령으로 정하는 특정수질유해물질을 배출하는 배출시설의 경우 배출시설의 설치제한 지역에서 폐수무방류배출시설로 하여 이를 설치할 수 있다(동조 제7항). 이러한 배출시설 설치제한은 앞서 「환경정책기본법」상의 특별대책지역과 함께 토지의 이용을 규제함으로써 수질오염을 방지하고자 하는 제도이다.

배출시설의 설치제한은 배출시설의 입지를 좌우하는 중요한 요소로 작용하는데, 우리나라는 그 밖에도 배출시설의 설치가 금지되는 수변구역(4대강법수계법), 총량규제가 적용되는 오염총량관리지역(동법), 엄격 · 특별배출허용기준이 적용되는 특별대책지역(「환경정책기본법」) 등이 있어 배출시설의 입지에 큰 영향을 미치고 있다.

(3) 방지시설의 설치 · 운영

(가) 방지시설 설치의무

배출시설 설치허가 · 변경허가를 받은 자 또는 신고 · 변경신고를 한 자(사업자)가 해당 배출시설을 설치하거나 변경할 때에는 그 배출시설로부터 배출되는 수질오염물질이 배출허용기준이하로 배출되게 하기 위한 수질오염방지시설(폐수무방류배출시설의 경우에는 폐수를 배출하지 아니하고 처리할 수 있는 수질오염방지시설을 말함)46)을 설치하여야 한다. 다만, 대통령령으로 정하는 기준에 해당하는 배출시설(폐수무방류배출시설을 제외)의 경우에는 그 설치의무가 면제된다(제35조 제1항).

(나) 공동방지시설의 설치

사업자는 배출시설로부터 배출되는 수질오염물질의 공동처리를 위한 공동방지시설을 설치할 수 있다. 이 경우 각 사업자는 사업장별로 해당 수질오염물질에 대한 방지시설을 설치한 것으로 본다(제35조 제4항).

(4) 가동시작 신고

사업자는 배출시설 또는 방지시설의 설치를 완료하거나 배출시설의 변경을 완료하여 그 배출시설 및 방지시설을 가동하려면 미리 환경부장관에게 가동시작 신고를 하여야 한다(제37조 제1항).

---

45) 배출시설의 설치를 제한할 수 있는 지역의 범위는 ① 취수시설이 있는 지역; ② 수질보전을 위해 지정 · 고시한 특별대책지역; ③ 「수도법」 제7조의2 제1항에 따라 공장의 설립이 제한되는 지역(특정수질유해물질 배출시설의 경우만 해당); ④ ①부터 ③까지에 해당하는 지역의 상류지역(특정수질유해물질 배출시설의 경우만 해당)이다(시행령 제32조). 이에 따라 1990년 4월부터 팔당호 및 대청호 특별대책지역과 낙동강 물금 · 매리 지역을 배출시설설치허가 제한지역으로 지정고시하여 입지를 제한하고 있고, 1997년 1월부터는 임진강 중상류지역에 대하여도 배출시설설치제한지역으로 지정하여 시행하고 있다.

46) '수질오염방지시설'이라 함은 점오염원, 비점오염원 및 기타 수질오염원으로부터 배출되는 수질오염물질을 제거하거나 감소하게 하는 시설로서 환경부령이 정하는 것을 말한다(제2조 제12호).

(5) 권리 · 의무의 승계

사업자가 배출시설 및 방지시설을 양도하거나 사망한 경우 또는 법인의 합병이 있는 경우에는 그 양수인 · 상속인 또는 합병 후 존속하는 법인이나 합병으로 설립되는 법인은 허가 · 변경허가 · 신고 또는 변경신고에 따른 사업자의 권리 · 의무를 승계한다(제36조).

다. 사업자의 의무

(1) 배출시설 및 방지시설의 정상운영

동법은 비정상운영행위의 태양을 명시하여 사업자에게 배출시설 및 방지시설을 정상적으로 운영할 의무를 부과하고 있다. 즉, 사업자(폐수무방류배출시설의 설치허가 또는 변경허가를 받은 사업자를 제외) 또는 방지시설운영자(제35조 제5항의 규정에 의한 공동방지시설 운영기구의 대표자를 포함)는 다음의 행위를 하여서는 아니 된다: ① 배출시설에서 배출되는 수질오염물질을 방지시설에 유입하지 아니하고 배출하거나 방지시설에 유입하지 아니하고 배출할 수 있는 시설을 설치하는 행위[47]; ② 방지시설에 유입되는 수질오염물질을 최종 방류구를 거치지 아니하고 배출하거나, 최종 방류구를 거치지 아니하고 배출할 수 있는 시설을 설치하는 행위[48]; ③ 배출시설에서 배출되는 수질오염물질에 공정 중 배출되지 아니하는 물 또는 공정 중 배출되는 오염되지 아니한 물을 섞어 처리하거나, 배출허용기준을 초과하는 수질오염물질이 방지시설의 최종 방류구를 통과하기 전에 오염도를 낮추기 위하여 물을 섞어 배출하는 행위. 다만, 환경부장관이 환경부령으로 정하는 바에 따라 희석하여야만 수질오염물질을 처리할 수 있다고 인정하는 경우와 그 밖에 환경부령으로 정하는 경우는 제외한다; ④ 그 밖에 배출시설 및 방지시설을 정당한 사유 없이[49] 정상적으로 가동하지 아니하여 배출허용기준을 초과한 수질오염물질을 배출하는 행위[50]

---

47) 위탁처리업자에게 전량 위탁처리하는 경우와 같이 방지시설 설치의무가 면제된 경우(제35조 제1항 단서, 시행령 제33조 제2호)에도 배출시설(집수조)에 비밀배출관을 연결하여 무단 방류한 경우는 방지시설에 유입하지 아니하고 배출할 수 있는 시설을 만든 경우에 해당함과 아울러 배출시설에서 배출되는 오염물질을 방지시설에 유입하지 아니하고 배출한 경우에 해당된다. 대검찰청, 환경사범수사편람, 1995, 139면; 조현권(각주 11), 474면. 레미콘차량으로 사업장에서 제조 · 생산된 레미콘을 공사현장에 운반하고 돌아오던 중, 하천 인근 교량에서 레미콘 잔여물과 먼지 등이 묻어 있는 레미콘차량의 후미를 세척하면서 수질오염물질을 배출한 행위는 「물환경보전법」 제38조 제1항 제1호 전단에 해당한다. 대법원 2022. 12. 15. 선고 2022두49953 판결.

48) 배출허용기준 초과 여부를 측정할 수 있는 최종방류구를 통과하는 한 방지시설 중 어느 일부 과정을 거치지 않도록 시설을 설치하거나 미가동 등 정상적인 가동과정을 거치지 아니할 경우는 여기에 해당되지 않으며, 다만 그 배출이 배출허용기준을 초과할 경우에는 동조 제4호 위반이 문제될 수 있을 것이다. 조현권(앞의 책), 474 내지 475면.

49) 갑작스런 단전 · 단수, 오염물질의 부하변동 등 처리상의 문제점으로 부득이하게 배출허용기준을 초과한 경우에는 정당한 사유가 있었다고 인정할 수 있을 것이다. 환경사범수사편람(각주 47), 95면. 구체적으로 정당한 사유에는 구 '수질환경보전법' 시행령 제9조에서 적시하고 있는 다음 사유가 들어질 수 있을 것이다: ① 배출시설 또는 방지시설을 개선 · 변경 또는 보수하기 위하여 부득이한 경우; ② 배출시설 또는 방지시설의 주요기계장치 등의 돌발적 사고로 인하여 적정운영을 할 수 없는 경우; ③ 단전 · 단수로 배출시설 또는 방지시설을 적정운영 할 수 없는 경우; ④ 천재 · 지변, 화재 기타 불가항력적인 사유로 배출시설 또는 방지시설을 적정운영 할 수 없는 경우; ⑤ 오염물질을 생물화학적 방법에 의하여 처리하는 경우 기후변동 또는 이상물질 유입 등으로 인하여 방지시설을 적정운영 할 수 없는 경우. 여기에 대하여 위 ①, ②의 사유를 정당한 사유로 보는 것은 지나치게 관대하다는 주장이 있다. 조홍식(각주 10), 485면.

50) 배출허용기준을 초과한 경우에는 개선명령(제39조), 조업정지명령(제40조), 폐쇄명령(제44조) 등을 내리고 이러한 명령위반에 대하여 처벌(제76조 제3호 · 제4호)하는 방법도 있을 것이다.

등을 하여서는 아니 된다(제38조 제1항).

위 ① 내지 ③의 경우에는 수질오염물질을 방지시설에 유입하지 아니할 것, 최종 방류구를 거치지 아니하고 배출할 것 등을 요건으로 하면서 배출허용기준 초과를 요구하지 않는 것과 달리 ④의 경우에는 사유를 불문하고 정당한 사유 없이 배출시설 등을 정상적으로 가동하지 아니할 것을 요건으로 하면서 배출허용기준의 초과를 요구하고 있어 행위의 태양뿐만 아니라 그 결과의 측면에서 구별된다.

사업자에게 배출시설 및 방지시설을 정상적으로 운영할 의무가 부과된 것은 배출시설 → 방지시설 → 최종 방류구를 거치는 일반적인 폐수의 순환 · 배출과정에서 배출시설에서 배출되어 방지시설을 거치는 정상적인 폐수처리 공정을 규제 · 관리하는 것이다. 다시 말하면 ① 내지 ③의 경우는 수질오염물질이 배출시설에서 배출되거나 방지시설에 유입될 것을 전제로 이를 위반하는 행위를 규제하는 것이므로 배출시설, 방지시설을 거쳐 공장 외부로 배출될 것이 예정된 (공정)폐수와 무관하게 발생한 폐수(수질오염물질)의 경우는 여기에 해당되지 않는다고 할 수 있다(판례 [6] 참조).

[6] 수질오염물질 배출행위: 청주지법 2014. 7. 18. 선고 2014노46 판결

법 제38조 제1항 제2호 전단에서 금지하는 '수질오염물질 배출행위'는 방지시설에 유입되는 수질오염물질을 최종 방류구를 거치지 아니하고 방지시설 안에서 방지시설 밖으로 내보내는 행위를 의미한다고 봄이 타당하고, 이와 달리 방지시설 밖으로 내보낸 수질오염물질을 반드시 공공수역으로 흘러들어가게 하는 행위로 제한할 것은 아니며, 나아가 방지시설의 개선이나 보수 등을 위하여 수질오염물질이 함유된 폐수를 방지시설 밖으로 내보내는 경우라고 하더라도 수질보전법령에 따라 사전에 개선계획서를 제출하고 폐수처리업 등록을 한 자에게 위탁처리하는 등 수질보전법령에 따른 절차를 거쳤다고 볼 만한 사정이 없는 한 달리 볼 것은 아니다.[51]

[7] 전주지법 2020. 9. 10. 선고 2019구합2760 판결

물환경보전법 제38조 제1항 제2호의 '방지시설에 유입되는 수질오염물질을 최종방류구를 거치지 아니하고 배출하는 행위'란 '정상적으로 가동되는 방지시설과 최종 방류구를 거치지 아니한 채 배출시설에서 공장 외부로 폐수를 배출하는 행위'를 의미한다고 해석된다.

51) 공장 팀장인 피고인이 공장 내 유량조정시설에서 수질오염물질을 꺼내어 자루에 담고, 위 자루에서 흘러나온 침출수를 인근 하천으로 연결된 맨홀에 모았다가 다시 위 유량조정시설에 유입시킴으로써 방지시설에 유입되는 수질오염물질을 최종 방류구를 거치지 아니하고 배출하였다고 하여 구 「수질 및 수생태계 보전에 관한 법률」 위반으로 기소된 사안에서, 피고인의 행위가 같은 법 제38조 제1항 제2호 전단에서 금지하는 '수질오염물질 배출행위'에 해당한다고 본 사례.

[8] 비정상운영신고와 정상운영할 의무: 대법원 1992. 12. 8. 선고 92도2517 판결

수질오염물질에 대한 배출시설 및 방지시설의 개선 변경이나 고장 또는 수리를 위하여 비정상운영신고를 하였다고 하여도 그 가동을 중단할 필요 없이 기존시설의 정상운영이 가능한 경우에는 정상운영할 의무가 있고 이를 위반한 때에는 배출시설 및 방지시설을 정당한 사유 없이 정상적으로 가동하지 아니하여 오염물질을 배출하는 행위에 해당되어 벌칙규정(구 수질환경보전법 제56조 제3호)의 적용대상이 될 수 있다.52)

[9] 신분범: 대법원 1997. 5. 28. 선고 97도363 판결

법 제56조의2 제4호가 처단하는 같은 법 제15조 제1항 각 호의 1에 해당하는 행위를 한 자는 위와 같은 신분에 있는 사업자의 행위를 처단하는 규정이라고 보아야하고, 위와 같은 신분을 갖지 않은, 즉 허가 · 신고 없이 배출시설, 방지시설을 운영한 자의 오염물질 배출행위에는 적용될 수 없다할 것이므로 허가 · 신고 없이 배출시설, 방지시설을 설치 운영하면서 오염물질을 배출한 자를 수질환경보전법 제56조의2 제4호 위반죄로 처벌할 수 없다.53)

[10] 환경부령으로의 위임이 죄형법정주의에 위반 여부(소극): 대법원 1992. 12. 8. 선고 92도407 판결

수질환경보전법 제56조 제3호에서 "배출시설 및 방지시설을 정상운영하지 아니한 자"라 함은, 같은 법 제8조의 규정에 의한 배출허용기준 이하로 오염물질이 배출될 수 있도록 설계 시공되어 적합판정을 받은 배출시설이나 방지시설을 정상적으로 운영하지 아니함으로써 배출허용기준을 초과하여 오염물질을 배출시킨 자를 가리키는 것임이 분명하므로, 같은 법 제56조 제3호가 처벌대상으로 규정하고 있는 행위가 구체적이고 명확하게 규정되어 있지 않다고 볼 수 없을 뿐만 아니라, 지역적 사정과 환경의 질적인 향상 및 그 보전을 위한 여러 가지 여건을 감안하여 정하여야 하는 오염물질의 배출허용기준을 직접 법률에서 모두 규정하지 아니하고 총리령 등으로 정하도록 위임하였다 하여 같은 법 제8조의 규정이 죄형법정주의에 위반된다고 볼 수 없다.54)

---

52) 비정상운영신고를 하였지만 정상운영할 의무가 있다고 판단하여 처벌한 사례.

53) 허가 · 신고 없이 배출시설, 방지시설을 설치 운영하면서 오염물질을 배출한자를 구 '수질환경보전법' 제56조의2 제4호 위반죄로 처벌할 수 없다고 한 사례. 동 판결은 이유에서 "논지는 위와 같이 해석할 경우 같은 법 제10조 제1항 내지 제3항 소정의 허가 · 변경허가, 신고 · 변경신고 등을 받지 않고 폐수를 배출하는 경우보다 그와 같은 절차를 거친 사람이 배출하는 경우를 더 무겁게 처벌하는 모순이 생긴다는 것인바, 그와 같은 사정은 법 규정의 미비일 뿐이므로, 입법적으로 해결함은 별론으로 하고, 처벌법규의 구성요건을 유추 · 확대해석할 수는 없다고 해야 할 것이다"라고 적시함으로써, 법 규정의 미비를 지적하고 있으나 무허가(신고) 배출시설의 설치를 가장 무겁게 처벌하고 있다는 점에서 법 규정의 미비는 아니라 할 것이다.

54) 오염물질의 배출허용기준을 직접 법률에서 모두 규정하지 아니하고 총리령 등으로 정하도록 위임한 것이 죄형법정주의에 위반되지 않는다고 한 사례.

특히 동법에서는 폐수무방류배출시설의 경우 상수원보호에 미칠 수 있는 영향을 고려하여 일정한 행위를 금지함으로써, 관리를 엄격히 하고 있다(제38조 제2항).

(2) 측정기기 부착

동법은 일정한 폐수배출량 이상의 사업장을 운영하는 사업자, 일정한 처리용량 이상의 공공폐수처리시설 또는 공공하수처리시설을 운영하는 자 등의 측정기기 부착의무(제38조의2), 측정기기 관련 금지행위 및 측정기기 운영 · 관리기준 등을 규정하고 있으며(제38조의3), 나아가 측정기기부착사업자등이 운영 · 관리기준을 준수하지 아니하는 경우 필요한 조치 및 조업정지 명령을 할 수 있도록 하며(제38조의4), 측정기기 전산망 운영, 측정기기 부착 사업자 등에 대한 지원 등의 사항을 규정하고 있다(제38조의5). 한편, 측정기기 관리의 안정성 및 전문성을 제고하기 위해 측정기기 관리대행업의 등록제가 도입 · 시행되고 있다(제38조의6 이하).

(3) 자가측정제도

사업자는 그가 운영하는 배출시설 및 방지시설을 적정하게 운영하기 위하여 배출되는 수질오염물질을 스스로 측정하거나 측정대행업자로 하여금 측정하게 할 수 있다(제46조).

(4) 특정수질유해물질 배출량조사 및 공개

동법은 사업자 중 환경부령으로 정하는 자로 하여금 매년 사업장에서 배출되는 특정수질유해물질의 종류, 취급량 · 배출량 등을 조사하여 그 결과를 환경부장관에게 제출하여야 하고, 환경부장관은 조과결과에 대한 검증을 한 후 그 결과를 사업장별로 공개하여야 한다(제46조의2).

(5) 환경기술인의 임명 및 신고

동법은 배출시설과 방지시설의 정상적인 운영 · 관리를 위한다는 차원에서 환경기술인에 대한 법적 근거를 마련하고 있다(제47조).

라. 사업자의 의무이행 확보수단

(1) 개선명령

환경부장관은 가동시작 신고를 한 후 조업 중인 배출시설(폐수무방류배출시설을 제외)에서 배출되는 수질오염물질의 정도가 배출허용기준을 초과한다고 인정할 때에는 기간을 정하여 사업자(공동방지시설 운영기구의 대표자를 포함)에게 그 수질오염물질의 정도가 배출허용기준 이하로 내려가도록 필요한 조치를 취할 것을 명할 수 있다(제39조).

(2) 조업정지명령

환경부장관은 위 개선명령을 받은 자가 개선명령을 이행하지 아니하거나 기간 이내에 이행은 하였으나 검사결과가 배출허용기준을 계속 초과할 때에는 해당 배출시설의 전부 또는 일부에 대한 조업정지를 명할 수 있다(제40조).

(3) 조업정지 · 폐쇄명령 및 허가의 취소

동법은 환경부장관으로 하여금 사업자가 거짓이나 그 밖의 부정한 방법으로 허가 · 변경허가를 받은 경우 등 일정한 경우에는 배출시설의 설치허가 또는 변경허가를 취소하거나 배출시설의 폐쇄 또는 6개월 이내의 조업정지를 명할 수 있도록 함으로써, 사후관리를 엄격히 하도록 하고 있다(제42조).

(4) 과징금처분

동법은 규제완화 차원에서 조업정지명령에 대신하여 과징금을 부과할 수 있는 근거규정을 두고 있다. 즉 환경부장관은 의료기관의 배출시설, 발전설비, 학교의 배출시설, 제조업의 배출시설 등 일정한 배출시설(폐수무방류배출시설을 제외)을 설치 · 운영하는 사업자에 대하여 조업정지를 명하여야 하는 경우로서 그 조업정지가 주민의 생활, 대외적인 신용 · 고용 · 물가 등 국민경제 또는 그 밖의 공익에 현저한 지장을 줄 우려가 있다고 인정되는 경우에는 조업정지처분을 갈음하여 매출액에 100분의 5를 곱한 금액을 초과하지 아니하는 범위에서 과징금을 부과할 수 있다(제43조 제1항). 그러나 다음의 어느 하나에 해당하는 위반행위에 대해서는 제1항에도 불구하고 조업정지를 명하여야 한다: ① 방지시설(공동방지시설을 포함)을 설치하여야 하는 자가 방지시설을 설치하지 아니하고 배출시설을 가동한 경우; ② 제38조 제1항 각 호의 어느 하나에 해당하는 행위(배출시설 및 방지시설의 비정상운영)를 한 경우로서 30일 이상의 조업정지처분 대상이 되는 경우; ③ 제38조의3 제1항 각 호의 어느 하나에 해당하는 행위(측정기기 관리대행업자의 준수사항 비준수)를 한 경우로서 5일 이상의 조업정지처분 대상이 되는 경우; ④ 개선명령을 이행하지 아니한 경우; ⑤ 과징금 처분을 받은 날부터 2년이 경과되기 전에 조업정지 처분 대상이 되는 경우(동조 제2항).

(5) 위법시설에 대한 폐쇄조치

동법은 일정한 경우 사용중지 및 폐쇄명령의 의무적 부과를 규정하고 있다. 즉 환경부장관은 허가를 받지 아니하거나 신고를 하지 아니하고 배출시설을 설치하거나 사용하는 자에 대하여 당해 배출시설의 사용중지를 명하여야 한다. 다만, 당해 배출시설을 개선하거나 방지시설을 설치 · 개선하더라도 그 배출시설에서 배출되는 수질오염물질의 정도가 배출허용기준 이하로 내려갈 가능성이 없다고 인정되는 경우(폐수무방류배출시설의 경우에는 그 배출시설에서 나오는 폐수가 공공수역으로 배출될 가능성이 있다고 인정되는 경우를 말함) 또는 그 설치장소가 다른 법률의 규정에 의하여 당해 배출시설의 설치가 금지된 장소인 경우에는 그 배출시설의 폐쇄를 명하여야 한다(제44조). 폐쇄명령은 재량사항이 아니고 의무사항이다.[55]

55) 광주고법 1995. 5. 26. 선고 94구3147 판결.

마. 배출부과금(Effluent Charges)

(1) 의 의

동법 제41조는 환경부장관으로 하여금 수질오염물질로 인한 수질오염 및 수생태계 훼손을 방지하거나 감소시키기 위하여 수질오염물질을 배출하는 사업자 또는 허가·변경허가를 받지 아니하거나 신고·변경신고를 하지 아니하고 배출시설을 설치하거나 변경한 자에게 배출부과금을 부과·징수토록 하고 있다. 배출부과금제도는 경제적 동기를 이용하여 오염을 유발하는 자에게 부과한다는 점에서 오염원인자부담원칙을 구현하는 중요한 경제유인적 규제수단이라 할 것이다. 이는 배출시설의 설치허가, 위법시설에 대한 개선명령, 조업정지, 허가취소, 벌칙부과 등과 같은 직접적인 명령·규제방식과 구별된다.

배출부과금제도는 1983년 개정 '환경보전법'에서 처음 도입되었다. 당시에는 배출허용기준의 준수 여부가 중요한 부과기준으로 작용하여 배출기준을 초과한 경우에 한하여 배출부과금이 부과되었으므로 직접규제방식이 가미된 형태이었으나, 그 후 수차에 걸쳐 변형되어오면서 현재는 배출허용기준 준수 여부와 관계없이 배출부과금이 부과되고 있다.[56] 배출부과금제도는 환경법상 상당히 성공한 제도로 평가받고 있음에도 불구하고 산정절차 및 방식의 복잡성, 부과대상 오염물질의 제한, 낮은 부과요율, 적용대상의 제한 등 문제점이 발견되고 있다.

(2) 부과대상자: 사업자

환경부장관은 오염물질을 배출하는 사업자(공공폐수처리시설, 공공하수처리시설 중 환경부령으로 정하는 시설을 운영하는 자를 포함) 또는 허가·변경허가를 받지 아니하거나 신고·변경신고를 하지 아니하고 배출시설을 설치 또는 변경한 자에 대하여 배출부과금을 부과한다(제41조 제1항). 허가·신고 없이 배출시설을 설치한 자에게도 배출부과금을 부과·징수하도록 하는 것은 이와 같은 경우에 사용중지명령을 의무적으로 부과하도록 하고 있는 규정(제44조)과 배치될 수 있다. 허가·신고 없이 배출시설을 설치한 경우에는 사용중지명령, 벌칙(제75조, 제76조) 등의 부과가 논리적으로 타당하다고 생각한다.

배출부과금의 부과대상자는 오염물질을 배출하는 '사업자'이므로 배출부과금을 통하여 가정의 생활폐수나 상업시설폐수 등과 같은 환경오염물질을 배출하는 배출원에 대한 규제는 할 수 없다. 배출시설 및 방지시설을 임대차하는 경우에는 임차인은(허가취소의 경우를 제외) 배출부과금 규정을 적용함에 있어 이를 사업자로 본다(제36조 제3항). 사업자에 해당되면, 오염물질을 공공수역에 직접 배출하는 경우는 물론이고, 공공폐수처리시설 등을 통하여 공공수역에 배출하는 경우에도 부과할 수 있다.[57]

---

56) 기존 배출부과금은 배출허용기준 이상으로 대기오염물질을 배출하였을 경우에 벌과금적인 성격으로 징수되었기 때문에 사업자가 배출허용기준만 준수하면 문제가 없었다. 그 결과 사업자는 오염물질 총량을 저감하려는 노력이 미흡하였고 결과적으로 지역 환경관리가 어려웠다. 이러한 문제점을 해결하기 위해 1995. 12. 29. 개정 「대기환경보전법」에서는 배출허용기준 이내로 배출하는 오염물질에 대하여도 배출총량에 따라 배출부과금을 부과하도록 하였다.

공동방지시설에 배출부과금을 부과할 경우에는 복잡한 문제가 발생할 수 있다. 공동방지시설이 법규를 위반하여 부적정하게 운영되었을 때 배출부과금을 이 시설에 폐수를 보내는 다수의 사업자 모두에게 부과하여야 하는지 아니면 공동방지시설의 대표자, 운영기구 등에 부과하여야 하는지 문제가 될 수 있기 때문이다. 판례는 배출부과금은 사업자가 배출한 오염물질처리비용 상당액을 한도로 부과하여야 하는 것이므로, 공동방지시설로부터 기준초과 오염물질 등이 배출되어 배출부과금을 부과하는 경우에도 법령에 특별한 규정이 없는 한 행정청은 각 사업장별로 사용된 원료의 양, 제품생산량, 공정 등에 의하여 각 사업자가 실제로 배출한 오염물질 등의 양을 합리적으로 산정한 다음 각 사업자에게 각자 배출한 오염물질 처리비용에 상당하는 금액만을 부과하여야 한다는 입장이다.58) 이에 따르면 원칙적으로 공동방지시설의 운영기구인 조합 등에 배출부과금을 부과할 수 없게 된다. 그 결과 배출부과금 등 행정처분을 결정하는 것이 현실적으로 어려운 사례가 발생할 수 있다.

(3) 종 류

배출부과금에는 폐수배출시설(폐수무방류배출시설을 제외)에서 배출되는 폐수 중 오염물질이 배출허용기준 이하로 배출되나 방류수수질기준(제12조 제3항)을 초과하는 경우와 공공폐수처리시설 또는 공공하수처리시설에서 배출되는 폐수 중 오염물질이 방류수수질기준을 초과하는 경우에 오염물질배출량과 배출농도 등에 따라 부과하는 기본부과금과 오염물질이 배출허용기준을 초과하여 배출되는 경우와 공공수역에 배출되는 경우(폐수무방류배출시설에 한함)에 오염물질배출량과 배출농도에 따라 부과하는 초과부과금이 있다(제41조 제1항).

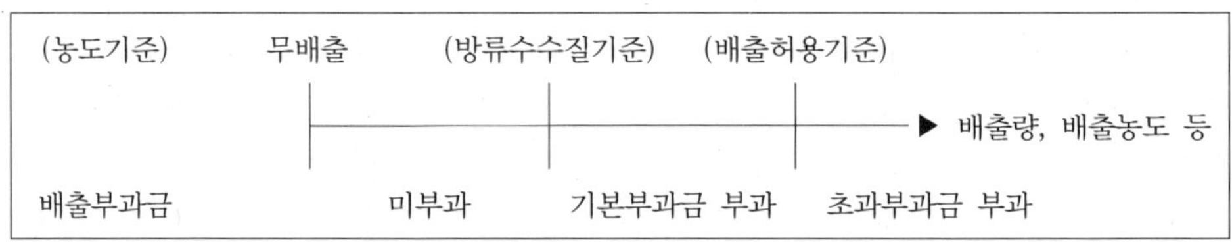

(4) 부과금의 부과근거

법원은 국민에게 의무를 부과하는 배출부과금 부과처분은 법령의 근거하에 행해져야 하는 것이므로 승인서나 사업자들 상호간의 내부관계를 정한 문서(예컨대, 공동운영규약) 등에 근거하여 배출부과금을 부과할 수 없다는 입장을 고수하여 왔다.59)

57) 대법원 2004. 12. 10. 선고 2003두3246 판결; 대법원 2011. 10. 27. 선고 2011두12986 판결.

58) 대법원 1994. 5. 10. 선고 93누23763 판결(공동방지시설의 운영기구인 조합에 배출부과금을 부과할 수 없다고 한 사례).

59) 대법원 1996. 3. 22. 선고 95누18000 판결(공동방지시설을 설치한 사업자들 상호간의 내부관계를 정한 것에 불과한 '공동방지시설의 운영에 관한 규약'에 근거하여 배출부과금을 부과할 수 없다고 한 사례); 대구고법 1996. 6. 7. 선고 95구2778 판결(조합운영규약에 근거하여 출자비율에 따른 배출부과금 부과처분이 위법하다고 한 사례); 대구고법

그러나 시행규칙에서 사업자 또는 공동방지시설의 대표자로 하여금 공동방지시설을 설치하려는 경우에, "사업장별 폐수배출량 및 수질오염물질 농도를 측정할 수 없을 때의 배출부과금 · 과태료 · 과징금 및 벌금 등에 대한 분담명세를 포함한 공동방지시설의 운영에 관한 규약"을 시 · 도지사에게 제출하도록 하고, 공동방지시설의 운영관리와 관련된 배출부과금의 납부는 '사업자별로 부담비율을 미리 정하여 분담'하도록 규정함으로써(제45조 제1항 제6호), 배출부과금 산정에서의 편의를 통한 용이한 배출부과금 부과를 도모하고 있다. 이에 법원도 전향적인 입장을 보이고 있다.60)

(5) 배출부과금 부과처분의 성질

배출부과금 부과처분은 법령에 정해진 산정기준에 의거하여 부과하는 기속행위이므로 그 감액은 할 수 없다.61) 또한 개선명령이나 조업정지명령 등과 같은 행정제재적 명령과 별개의 목적과 법적 근거에 따라 이루어지는 독립처분이다.62)

(6) 산정방법 및 기준

동법은 배출부과금의 산정방법과 기준을 대통령령에 위임하고 있는데, 이는 포괄위임입법 금지원칙에 위반될 소지가 있다. 그러나 판례는 산정방법과 기준이 전문적 · 과학적인 판단과 탄력적인 규율이 요구되는 영역으로 하위 법령으로의 위임 필요성이 인정된다는 등 이유로 소극적으로 이해하고 있다.63)

(가) 기본부과금

기본부과금은 유기물질, 부유물질 2종류의 오염물질에 국한하여(시행령 제42조), 배출허용기준 범위 안에서 오염물질배출량과 배출농도를 기준으로 다음과 같이 산출한 금액으로 한다(시행령 제41조).

기본부과금 = 방류수수질기준을 초과한 오염물질배출량(기준이내배출량) × 오염물질 1kg당 부과금액 × 연도별 부과금산정지수 × 사업장별부과계수 × 지역별부과계수 × 방류수수질기준초과율별 부과계수

(나) 초과부과금

초과부과금은 유기물질, 부유물질, 총질소, 총인 등 19종류를 대상으로(시행령 제46조), 개선명령을 받은 경우와 개선명령을 받지 아니한 경우(자진개선)에 따라 차이를 두고 부

1997. 10. 24. 선고 97구1908 판결(공동방지시설설치승인서상의 오염물질 배출량에 근거한 배출부과금 부과처분이 위법하다고 한 사례).

60) 대법원 2017. 11. 29. 선고 2014두13232 판결.

61) 서울고법 1997. 10. 9. 선고 96구21975 판결(도산 위기에 있는 영세업체에게 과도한 배출부과금 부과처분이 재량권을 남용한 것이라는 원고 주장을 배척한 사례); 부산고법 2015. 1. 16. 선고 2014누441 판결.

62) 부산고법 1996. 4. 17. 선고 94구2640 판결(개선명령이 취소되더라도 배출부과금 부과처분의 효력이 당연히 상실되지 않는다고 한 사례).

63) 대법원 2009. 12. 10. 선고 2009두14705 판결; 헌재 2009. 10. 29. 선고 2008헌바122 결정.

과한다. 구체적인 산정방법은 시행령 제45조에 규정되어 있다.

1) 개선명령을 받은 경우

배출허용기준을 초과한 오염물질배출량에 오염물질 1kg당 부과금액, 배출허용기준초과율별 부과계수, 지역별 부과계수, 연도별 부과금산정지수 및 위반횟수별 부과계수를 곱하여 산출한 금액에 사업장의 규모에 따라 일정한 금액을 더한 금액으로 한다(시행령 제45조 제1항 본문).

배출허용기준초과배출량(기준초과배출량) × 오염물질 1kg당 부과금액 × 연도별 부과금 산정지수 × 지역별부과계수 × 배출허용기준 초과율별 부과계수 × 위반횟수별 부과계수+사업장 규모에 따른 일정 금액

기준초과배출량=일일기준초과배출량 × 배출기간(시행령 제47조 제1항)

2) 자진개선의 경우

배출허용기준을 경미하게 초과하여 개선명령을 받지 아니한 사업자의 경우 또는 사업자가 개선계획서를 제출하고 개선하는 경우에는 사업장의 규모에 따른 일정한 금액을 더하지 아니하고, 배출허용기준초과율별 부과계수와 위반횟수별 부과계수를 적용하지 아니한다(시행령 제45조 제1항 단서). 그 결과 개선명령를 받은 경우에 비해 감액되는 결과가 발생한다.

(7) 산정 방법

배출부과금과 관련한 판례는 비교적 많은데, 특히 배출허용기준초과오염물질배출량과 배출기간 문제에 집중되고 있다. 이는 이들 요소가 배출부과금 산정의 중요한 기준이 되기 때문인 것으로 보인다.

(가) 기준초과배출량

배출량에 대한 증명책임은 기본적으로 처분청이 부담한다.[64] 특히 기준초과배출량은 배출허용기준을 초과한 배출량이기 때문에 배출허용기준의 초과 여부가 중요한 기준이 되고 있다. 이는 수질오염도검사를 어느 지점에서 어떻게 검사하느냐에 따라 기준초과배출량은 큰 차이가 있을 수 있다는 것을 의미한다. 배출부과금을 부과하기 위한 수질오염도검사에 있어 시료채취지점은 폐수의 성질을 대표할 수 있는 곳(예컨대, 조업 목적 이외의

64) 참고적으로 법원은 피고 처분청이 원고에 대하여 폐수배출량이 증가하여 사업장 종류를 제4종에서 제3종 사업장으로 변경하는 신고를 해야 함에도 이를 하지 않아 「물환경보전법」 제33조 제3항을 위반하였다는 이유로 경고처분을 한 사안에서 "행정처분의 적법성에 관하여는 해당 처분청이 이를 주장·증명하여야 한다. 피고는 원고의 사업장에 설치된 적산유량계를 통해 직접 폐수 배출량을 측정하는 등 실제 위법사항을 확인한 바 없고, 만연히 원고의 환경기술인이 작성한 운영일지의 측정치 기재와 이에 터잡은 합동점검단의 통지만을 근거로 이 사건 처분을 하였다. 원고 운영일지의 폐수 배출량에 관한 기재가 1일의 폐수 배출량을 정확하게 측정하여 기재된 것이라는 점은 피고가 이를 입증하여야 하는 것일 뿐이고, 원고가 이에 반하는 주장을 할 수 없게 된다면 결국 원고에게 그 반대사실에 대한 입증책임이 전가되는 것이어서 받아들이기 어렵다"고 판시한 바 있다. 대전고법 2018. 6. 20 선고 2017누11457 판결.

물이 포함될 가능성이 없는 지점)에서 이루어져야 하며, 현장물의 성질을 대표할 수 있도록 채취하여야 한다.65) 「수질오염공정시험기준」(환경부 고시)은 수질오염물질을 측정함에 있어 측정의 정확성 및 통일성을 유지하기 위하여 시료의 채취 및 보존 방법 등을 정하고 있다(ES 04130.1e).66)

배출부과금 산정의 기준이 되는 기준초과배출량은 실제 배출된 오염물질량을 기준으로 한다. 그 결과 실제 가동하지 않는 배출시설이 있는 경우에는 그 가동을 전제하여 배출허용기준 초과 오염물질배출량을 산정하여서는 안 된다.67)

(나) 배출기간

1) 배출기간의 산정

기준초과배출량의 산정기준이 되는 배출기간은 개선계획서를 제출하고 개선하는 경우와 그 밖의 경우로 구분된다. 즉 개선기간은 기본적으로 응급조치를 한 경우나 불가항력적 사유로 배출시설 등이 적정하게 운영될 수 없는 경우 등에 개선계획서를 제출하고 개선하는 경우에는 수질오염물질이 배출되기 시작한 날 또는 개선계획서에 적힌 배출허용기준 초과일부터 개선계획서에 적힌 가동중지일이나 개선기간의 만료일까지의 기간이며, 그 밖의 경우에는 수질오염물질이 배출되기 시작한 날부터 동법에 따른 개선명령 · 조업정지명령 · 사용중지명령 · 폐쇄명령의 이행완료 예정일 또는 허가취소일이나 법 제38조제1항 각 호의 어느 하나를 위반한 경우의 위반행위 중지일까지의 기간이다(시행령 제47조).

특히 자진개선의 경우에는 개선명령를 받은 경우에 비해 감액되기 때문에 개선기간을 어떻게 볼 것이지는 사업자의 입장에서 중요하다고 할 수 있다.68)

2) 실제 가동하였던 기간

배출부과금 산정의 기준이 되는 배출기간의 산정은 사업장을 실제 가동하였던 기간

---

65) 시료채취방법 및 지점에 대하여 자세한 내용은 환경사범수사편람(각주 47), 129 내지 133면 참조. “부과금 산정의 기초가 되는 시료를 채취함에 있어 돈사 옆 맨홀 부분에서 시료를 채취함이 정당하다는 더 이상의 주장이나 입증이 없는 이상 그곳에서 채취한 시료의 오염도에 기하여 배출부과금을 산정한 피고의 부과처분은 그 오염도가 위 농장폐수를 대표한다고 할 수 없어 위법하다.” 서울고법 1994. 6. 15. 선고 92구37484 판결; 대법원 1990. 5. 11. 선고 90누714 판결(폐수처리장의 최종방류구가 아닌 침전조에서 채취한 시료의 분석결과에 따른 배출부과금 부과처분을 적법하다고 판단한 원심판결에 채증법칙 위반 또는 심리미진의 위법이 있다고 본 사례); 대법원 1992. 12. 11. 선고 92누8989 판결; 서울고법 1997. 12. 10. 선고 97구11418 판결.

66) 여기에서는 “배출허용기준 적합 여부 판정을 위하여 채취하는 시료는 시료의 성상, 유량, 유속 등의 시간에 따른 변화를 고려하여 현장 물의 성질을 대표할 수 있도록 채취하여야 한다”, “시료는 목적 시료의 성질을 대표할 수 있는 위치에서 채취하여야 한다”고 규정하면서 폐수의 성질을 대표할 수 있는 곳으로서 시료를 당연히 채취하여야 할 지점으로 ‘수질오염방지시설의 최초 방류지점’ 또는 ‘폐수배출시설의 최초 방류지점(수질오염방지시설을 거치지 않을 경우)’을 들고 있다.

67) 대법원 1992. 12. 11. 선고 92누8989 판결(배출시설 허가를 받은 보일러 3대 중 평소 1대만 가동하여 온 경우, 3대 전부를 가동시켜 측정한 배출오염물질을 기준으로 배출부과금을 산정한 것이 위법하다고 한 사례).

68) 초과부과금개선기간은 이는 사업자가 개선계획서를 제출하고 공사를 완료한 후 개선완료보고서를 제출하였다고 하더라도 오염도 검사결과가 배출허용기준을 초과하여 배출허용기준 이내가 될 때까지 개선하여 최종적으로 개선완료 보고를 한 경우, 개선계획서를 제출하고 최종적으로 개선완료 보고를 한 날까지를 ‘일련의 개선과정’ 중으로 보아 개선기간으로 보는 것이 타당하다는 판결은 수원지법 2021. 11. 25. 선고 2021구합 65720 판결 참조.

을 기준으로 하여야 하므로 예컨대, 실제 작업일이 아닌 공휴일 등은 그 기간에서 제외된다.69)

3) 사업자가 개선명령을 받은 이후에 그 명령을 이행한 경우의 배출기간

사업자가 개선명령을 받은 이후에 그 명령을 이행한 때에는 개선을 완료한 날까지를 배출기간으로 하여야 한다. 구체적으로 개선을 완료한 날을 언제로 보아야 하는가? 개선명령을 받은 사업자는 그 명령을 이행한 때 지체 없이 환경부장관에게 보고를 하여야 하므로(제45조 제1항) 개선명령을 받은 경우에는 보고를 함으로써 비로소 개선이 완료되었다고 보아야 할 것이다.70)

「물환경보전법 시행령」 제40조 제2항 · 제3항의 취지 및 그 규제대상인 오염물질 초과 배출량과 그 부과금 산정의 특성에 비추어 배출허용기준 초과 오염물질의 배출에 따른 개선명령을 받고 이행을 완료한 사업자에 대한 배출부과금의 산정은 사업자가 「물환경보전법 시행령」 제54조에서 정한 조정사유의 발생사실을 들어 그에 필요한 절차를 밟지 아니한 이상 당초 측정된 배출량에 보고한 날을 종기로 한 배출기간을 곱하여 배출부과금을 산정하는 것이 합리적일 것이다.71)

[11] 개선명령의 이행(소극): 서울고법 1996. 12. 18. 선고 96구9067 판결

노후된 목재제재시설 1대를 폐쇄하였다고 하더라도 배출기준초과 오염물질의 배출이 오로지 동제재시설의 가동에 따른 것으로 볼 아무런 자료가 없고, 제재시설의 폐쇄를 전후하여 생산량에 있어서도 현저한 변동이 없었을 경우, 제재시설의 가동 중단만으로 개선명령을 이행한 것이라고 볼 수 없다.72)

개선을 완료하였다는 부분에 대한 주장, 입증 책임은 사업자에게 있으며,73) 이러한 입증책임을 다하지 못하였을 경우에 사업자는 환경부장관에게 보고를 한 날까지의 배출부과금을 부담하여야 할 것이다.74)

4) 사업자가 개선명령을 받지 아니한 상태에서 개선하는 경우의 배출기간

개선명령이 있기 전에 스스로 개선을 완료한 경우에는 사업자가 개선사실을 보고할 법적인 근거가 없다는 점 등을 고려할 때 장차 있을 개선명령의 내용대로 개선작업을 사실상 완료한 날까지를 배출기간으로 보고 배출부과금을 산정함이 상당하다.75)

69) 서울고법 1994. 6. 23. 선고 93구18114 판결 참조.
70) 대법원 1995. 6. 30. 선고 94누569 판결; 서울고법 1996. 5. 9. 선고 89구7391 판결.
71) 대법원 2009. 12. 10. 선고 2009두14705 판결.
72) 노후된 목재제재시설을 폐쇄한 것이 개선명령을 이행한 것으로 볼 수 없다고 한 사례.
73) 광주고법 1995. 10. 19. 선고 92구1567 판결.
74) “행정청이 사업자에게 개선명령을 한 이전에 사업자가 오염물질에 대한 배출시설 및 방지시설의 개선을 완료하였다는 주장사실을 인정할 증거가 없을 경우, 사업자는 시료채취일부터 이행보고서를 제출한 날까지의 배출부과금을 부담하여야 한다.” 서울고법 1996. 5. 2. 선고 95구31210 판결.
75) 대법원 1995. 6. 30. 선고 94누569 판결; 서울고법 1997. 10. 10. 선고 97구340 판결; 대법원 1998. 4. 10. 선고 98두1406 판결.

(8) 배출부과금의 감면

배출부과금은 방류수수질기준 이하로 배출하는 사업자(폐수무방류배출시설을 운영하는 사업자를 제외)에 대해서는 부과하지 아니하며, 대통령령으로 정하는 양 이하의 수질오염물질을 배출하는 사업자[76] 및 다른 법률에 따라 수질오염물질의 처리비용을 부담한 사업자에 대해서는 부과금을 감면할 수 있다. 이 경우 다른 법률에 따라 처리비용을 부담한 사업자에 대한 부과금의 감면은 그 부담한 처리비용의 금액 이내로 한정한다(제41조 제3항). 감면의 대상은 기본부과금이다(시행령 제52조 제2항).

(9) 징 수

배출부과금을 내야 할 자가 정하여진 기한까지 내지 아니한 때에는 가산금을 징수한다(제41조 제4항). 배출부과금 및 가산금은 「환경정책기본법」에 따른 환경개선특별회계의 세입으로 한다(동조 제6항).

환경부장관 또는 시 · 도지사는 배출부과금이나 가산금을 내야 할 자가 정하여진 기한까지 이를 내지 아니하면 국세 또는 지방세 체납처분의 예에 따라 징수한다(동조 제8항).

(10) 불복절차

위법한 배출부과금부과처분에 대하여는 취소소송 등 행정소송을 통해서 그 구제가 이루어질 수 있을 것이다. 과다 산정된 배출부과금을 납부한 경우에는 부과처분의 위법성을 선결문제로 하여 부당이득금 반환청구의 대상이 될 것이다.

(11) 배출부과금의 조정

환경부장관은 다음에 해당하는 경우에는 부과금을 다시 산정하여 조정하되, 이미 납부한 금액과 조정된 금액에 차이가 있을 때에는 그 차액을 다시 부과하거나 환급하여야 한다.

① 개선(가동중지 · 전량위탁처리를 포함한다)기간 만료일 · 명령이행완료예정일 · 허가취소일 또는 위반행위 중지일까지 개선 · 명령의 이행 또는 위반행위의 중지가 완료되지 아니하거나 그 기간에 개선 · 명령의 이행 또는 위반행위의 중지가 완료되어 초과부과금 산정의 기초가 되는 오염물질의 배출기간이 달라지게 된 경우(시행령 제54조 제1항 제1호)

이 사유로 초과부과금을 조정하는 경우의 초과부과금 산정을 위한 오염물질 또는 배출물질의 배출기간은 개선계획서를 제출한 경우에는 환경부령으로 정하는 개선완료일, 개선명령 · 조업정지명령 · 사용중지명령 · 폐쇄명령을 받은 경우에는 명령이행의 보고를 한 날(법 제45조 제2항에 따른 개선완료상태가 확인된 경우에 한함)까지, 그 밖의 경우에는 위반행위의 중지일 또는 허가취소일까지로 한다(시행령 제54조 제2항). 개선명령 이행완료 예정

76) "대통령령으로 정하는 양 이하의 수질오염물질을 배출하는 사업자"에는 다음 사업자가 포함된다: ① 별표 13에 따른 제5종사업장의 사업자; ② 공공폐수처리시설에 폐수를 유입하는 사업자; ③ 공공하수처리시설에 폐수를 유입하는 사업자; ④ 배출부과금 부과기준일 전 6개월 동안 방류수수질기준을 초과하는 수질오염물질을 배출하지 아니한 사업자; ⑤ 최종방류구에 방류하기 전에 배출시설에서 배출하는 폐수를 재이용하는 사업자(시행령 제52조 제1항).

일 이전의 조기 이행을 원인으로 그 배출기간의 단축을 통한 배출부과금의 조정이 가능함에도 불구하고 그러한 절차를 취하지 않은 한 배출기간의 종기는 사실상 개선작업을 완료한 날이 아니라 개선완료 보고일이다.77)

[12] 개선기간 만료일까지 공사가 완료되지 않은 경우(소극): 대법원 1992. 12. 22. 선고 92누2998 판결

구 환경보전법 시행령(1991. 2. 2. 폐지) 제17조의13 제1항 제1호(현행 제54조 제1항 제1호)는 같은 시행령 제17조의9 제1항 제1호 또는 제2호의 규정에 의한 개선기간 만료일 등까지 개선 등이 완료되지 않음으로써 그 기간만료 후의 연장된 배출기간에 대하여 부과금을 추가부과할 경우와 이와 반대로 개선기간 만료 전에 개선 등이 완료됨으로써 단축된 배출기간에 대하여 이미 부과한 부과금을 감액할 경우에 관한 조정규정이므로, 공사기간 내에 공사를 완료하지 않았다면 공사가 완료된 후 오염물질의 배출상태가 개선되었다거나 방지시설이 정상으로 가동되었다는 사유를 들어 위 제1호 소정의 조정사유에 해당한다고 할 수 없다.78)

개선명령이 발하여지기 전에 스스로 장차 있을 개선명령의 내용대로 개선작업을 미리 완료하고 이를 보고하는 경우가 위 부과금 조정사유에 해당하는지에 대하여 대법원은 적극적으로 이해하고 있다.79)

② 초과부과금의 부과 후 오염물질의 배출상태가 처음 측정할 때와 달라졌다고 인정하여 다시 점검한 결과 오염물질의 배출량이 처음 측정한 배출량과 다른 경우(시행령 제54조 제1항 제2호)

이 사유로 초과부과금을 조정하는 경우에는 재점검일 이후의 기간에 대하여만 다시 측정한 배출량을 기초로 산정한다(시행령 제54조 제3항).

[13] 환경관리공단의 검사결과 다른 측정치가 있었다는 사실(소극): 대법원 1993. 7. 16. 선고 93누814 판결

배출부과금 부과권자가 구 환경보전법(1990. 8. 1. 폐지) 제24조의 규정에 의하여 관계 공무원에게 검사시킨 결과라고 볼 수 없는 환경관리공단의 검사 결과 다른 측정치가 있었다는 사실만으로는 같은 법 시행령(1991. 2. 2. 폐지) 제17의13 제1항 제2호 소정의 조정사유에 해당한다고 볼 수 없고, 그와 같은 다른 측정치가 있다는 자료를 부과권자에게 제시하거나 부과권자가 스스로 그와 같은 자료를 입수함으로써 오염물질의 배출상태가 당초의 측정 시와 달라졌다고 인정하여 그에 따라 재점검을

77) 대법원 2009. 12. 10. 선고 2009두14705 판결.

78) 오염물질 배출시설에 대한 개선기간 만료일까지 공사가 완료되지 않은 경우 공사완료 후 오염물질의 배출상태가 개선되었다거나 방지시설이 정상가동되는 사유가 배출부과금 조정사유에 해당하지 않는다고 한 사례.

79) 대법원 1991. 3. 22. 선고 90누4372 판결(개선명령이 있기 전에 원고의 개선작업으로 공장의 수질오염방지시설이 정상가동 되고 이 사실이 보고까지 된 경우 배출부과금 조정사유에 해당한다고 한 사례).

하였다든지, 그와 같은 자료가 부과권자에게 제시되었음에도 불구하고, 부과권자가 합리적 이유 없이 재점검을 실시하지 않았다든지 하는 경우라야만 위 조정사유에 해당한다.

[14] 측정대행자의 오염도 검사결과(적극): 대법원 1995. 12. 15. 선고 94누5380 판결

구 수질환경보전법(1993. 12. 27. 개정 전) 제22조, 제44조 및 구 수질환경보전법 시행규칙(1993. 7. 31. 개정 전) 제51조 내지 제57조는 측정대행자제도를 두고, 측정대행자가 갖추어야 할 기술능력, 시설 및 장비, 그 지정절차, 정수관리 등에 관하여 구체적으로 규정하면서, 측정대행자에게 측정결과의 기록 및 그 보존의무를 지우고, 그 준수사항 및 결격사유, 그 지정의 취소에 관하여 규정하는 등 환경처장관이 측정대행자의 지정에서부터 이를 엄격하게 규제, 감독하고 있는 점에 비추어 볼 때, 구 수질환경보전법 시행령(1993. 6. 9. 개정 전) 제14조 제1항 제1호 소정의 부과금조정을 위한 오염물질 또는 배출물질의 배출기간이 달라지게 된 경우를 판단하는 자료로써 반드시 같은 법 시행규칙 제25조 제2항 각 호 소정의 검사기관의 오염도 검사결과만에 한정되는 것은 아니고 오염물질의 시료채취 및 그 분석방법 등에 있어 신빙성이 인정되는 한 측정대행자의 오염도 검사결과에 의하여도 가능하다고 할 것이다.

③ 사업자가 제44조 제1항에 따라 제출한 확정배출량의 산정에 착오가 있거나 환경부장관이 제50조에 따라 조정한 기준이내배출량이 잘못 조정된 경우(시행령 제54조 제1항 제3호)

이 사유로 기본부과금을 조정하는 경우에는 배출시설의 설치허가 · 변경허가를 신청하거나 신고 · 변경신고를 하였을 때에 제출한 자료, 배출시설 및 방지시설 운영기록부, 법 제68조에 따른 검사결과 등을 기초로 하여 산정한다(시행령 제54조 제5항).

(12) 권리 · 의무의 승계

동법은 제36조에서 사업자가 배출시설 및 방지시설을 양도하거나 사망한 경우 또는 법인의 합병이 있는 경우에는 그 양수인 · 상속인 또는 합병 후 존속하는 법인이나 합병에 의하여 설립되는 법인은 허가 · 변경허가 · 신고 또는 변경신고에 따른 사업자의 권리 · 의무를 승계하도록 규정함으로써, 관리의 공백과 책임소재 불분명에 따른 분쟁의 발생을 예방하고 있다. 문제는 "허가등에 따른 사업자의 권리 · 의무"에 배출부과금이 포함되는가이다. "허가등에 따른 사업자의 권리 · 의무"를 허가등에 붙여진 조건으로 이해하고, 배출부과금의 부과를 대인적 하명으로 이해하면서, 배출부과금 부과는 양수, 상속, 합병 등의 이유로 양수인, 피상속인, 합병 후 존속하는 법인 등에 당연히 승계되지 않는다는 견해가 있다.[80] 그러나 배출시설 설치허가는 수질오염물질 배출 금지나 저감을 위한

80) 조현권(각주 11), 222면, 224면, 452면.

시설 등 객관적 요소를 주된 대상으로 하는 대물적 허가 내지는 대물적 요소가 강한 혼합적 허가인 점 등을 고려할 때,[81] "허가등에 따른 사업자의 권리 · 의무"를 '허가등에 따른 효력'으로 이해하고, 배출부과금 납부와 같은 공법상의 의무가 여기에 포함된다고 이해하는 것이 합리적인 해석이라고 생각한다. 논란을 없애기 위해서 배출부과금에 관한 권리 · 의무의 승계나 행정제재 처분의 효과의 승계(「식품위생법」 제78조 참조) 등 명시적인 규정을 두는 것을 입법적으로 검토할 필요가 있다.

(13) 불법배출이익의 환수

한편, 환경규제수단으로서 중요한 기능을 하는 배출부과금은 원칙적으로 배출허용기준초과가 적발된 때 이후를 대상으로 하고 있으므로 적발 이전에 사업자가 불법배출시설, 비밀배출관 등을 통하여 오염물질을 불법배출한 경우 불법배출로 지출이 이루어지지 아니한 처리비용은 그대로 사업자의 이득으로 남을 가능성이 많다. 이러한 불법이득은 사업자에게 불법배출의 동기를 제공하고, 계속적인 불법배출로 이어진다는 문제점이 지적되어 왔다. 이에 「환경범죄 등의 단속 및 가중처벌에 관한 법률」은 이러한 문제점을 보완하여 사업자의 불법이득에 대한 환수규정을 두기에 이르렀다. 즉 환경부장관은 특정오염물질을 불법배출(제2조 제2호 가목부터 아목까지의 행위만 해당)한 사업자에 대하여 불법배출이익(불법배출한 때부터 적발된 때까지 특정오염물질을 불법배출함으로써 지출하지 아니하게 된 해당 특정오염물질의 처리비용)의 2배 이상 10배 이하에 해당하는 금액과 특정오염물질의 제거 및 원상회복에 드는 비용(정화비용)을 과징금으로 부과 · 징수할 수 있다(제12조 제1항).

또한, 동법은 이와 같이 배출부과금이 불법배출행위에 대한 충분한 제재수단이 되고 있지 못하다는 인식하에 위 불법배출이익을 계산할 때에는 불법배출시설을 설치 · 운영한 날부터 불법배출이 적발된 때까지의 기간에 대하여는 특별한 사유가 없으면 특정오염물질을 불법배출한 것으로 추정함으로써(동조 제2항), 불법배출시설설치자 등이 과거에 불법배출행위가 없었다는 등의 특별한 사정을 입증하지 못하는 한 과징금이 부과될 수 있도록 하고 있다.

(14) 평 가

(폐수)배출부과금제도는 「대기환경보전법」상의 배출부과금제도와 마찬가지로 경제적 효율성 및 유연성의 확보, 오염원인자 책임원칙의 구현, 배출시설에게 오염물질 배출의 감소에 대한 동기(incentive)부여, 국고수입의 확보 등의 큰 장점을 가지고 있는 반면, 내용이나 산정절차 및 방식의 복잡성, 벌과금적 성격, 탈법 가능성의 상존, 기본부과금 부과대상 오염물질의 제한(유기물질, 부유물질), 낮은 부과요율 등 문제점도 가지고 있다.

---

81) 대법원 2008. 4. 11. 선고 2007두17113 판결 참조.

2. 공공폐수처리시설의 관리

가. 공공폐수처리시설의 설치

국가 · 지방자치단체 및 한국환경공단은 수질오염이 악화되어 환경기준을 유지하기가 곤란하거나 물환경 보전에 필요하다고 인정되는 지역의 각 사업장에서 배출되는 오염물질을 공동으로 처리하여 배출하기 위하여 공공폐수처리시설을 설치 · 운영할 수 있으며, 국가와 지방자치단체는 다음의 어느 하나에 해당하는 자에게 공공폐수처리시설을 설치하거나 운영하게 할 수 있다: ① 한국환경공단; ② 산업단지개발사업의 시행자; ③ 「사회기반시설에 대한 민간투자법」에 따른 사업시행자; ④ ① 내지 ③에 해당하는 자에 준하는 공공폐수처리시설의 설치 · 운영 능력을 가진 자로서 대통령령으로 정하는 자(제48조 제1항).

이에 따라 산업단지, 농공단지 지역에서는 주로 공공폐수처리시설을 설치하여 폐수를 처리하고 있으며, 그 밖의 개별 사업장에서는 자체적인 폐수방지시설을 설치하여 처리하고 있다. 공공폐수처리시설도 일종의 공동방지시설이라 할 수 있는데, 공동방지시설과 다른 점이 있다면 공동방지시설은 사업자들이 임의로 설치 · 운영하는 것인데 비하여, 공공폐수처리시설은 국가 및 지방자치단체 또는 법률이 정한 자가 설치 · 운영하고 공공폐수처리구역 안에 배출시설을 설치하고자 하는 자 및 폐수를 배출하고자 하는 자는 해당 사업장에서 배출되는 폐수를 반드시 공공폐수처리시설에 유입시켜야 한다는 점에 차이가 있다.

사업자 또는 그 밖에 수질오염의 원인을 직접 야기한 자(원인자)는 공공폐수처리시설의 설치 · 운영에 필요한 비용의 전부 또는 일부를 부담하여야 한다(제48조 제1항). 이는 오염원인자 책임원칙을 고려한 것으로 이해된다. 비용 부담의 대상자를 수질오염의 원인을 "직접 야기한 자"로 하고 있는데, 구체적으로 직접적인지 여부를 판단하는 것은 쉽지 않을 것이다.

나. 공공폐수처리시설 설치 부담금

동법은 공공폐수처리시설의 설치 부담금에 대한 부과 · 징수 규정을 마련하고, 원인자에게 부과되는 부담금은 오염물질의 배출 정도 등을 기준으로 하여 정하도록 하고 있다. 이 부담금은 공과금의 일종으로서 공공폐수처리시설의 설치사업의 시행을 위한 투자재원을 조달하는 것을 그 목적으로 하고 있다.

(1) 부담금의 부과 · 징수

공공폐수처리시설을 설치 · 운영하는 자(시행자)는 그 시설의 설치에 소요되는 비용의 전부 또는 일부에 충당하기 위하여 원인자로부터 공공폐수처리시설 설치 부담금을 부과 · 징수할 수 있다(제48조의2 제1항). 공공폐수처리시설 설치 부담금의 총액은 시행자가 해당 시설의 설치와 관련하여 지출하는 금액을 초과하여서는 아니 된다(동조 제2

항). 배출부과금과의 관계와 관련해서 법원은 공공폐수처리시설 등에 배수설비를 통하여 폐수를 전량 유입하는 배출시설에 대하여도 (초과)배출부과금이 부과될 수 있다고 보고 있다.[82]

(2) 공공폐수처리시설 사용료의 부과 · 징수

시행자는 공공폐수처리시설의 운영에 드는 비용의 전부 또는 일부를 충당하기 위하여 원인자로부터 공공폐수처리시설의 사용료를 부과 · 징수할 수 있다(제48조의3).

(3) 공공폐수처리시설 기본계획

환경부장관은 공공폐수처리시설을 설치(변경을 포함)할 때에는 기본계획을 수립하여야 하며, 시행자(환경부장관은 제외)가 공공폐수처리시설을 설치(변경을 포함)하려는 경우에는 공공폐수처리시설 기본계획을 수립하여 환경부장관의 승인을 받아야 한다(제49조 제1항·제2항). 기본계획의 승인을 받은 후 공공폐수처리시설을 설치하려는 자는 그 기본설계 및 실시설계에 승인 내용을 반영하여야 한다(동조 제5항).

(4) 비용부담계획

환경부장관이 기본계획을 수립하였을 때에는 대통령령으로 정하는 바에 따라 해당 사업에 드는 비용부담에 관한 계획(비용부담계획)을 수립하고 원인자에게 통지하여야 한다(제49조의2 제1항). 시행자가 공공폐수처리시설 기본계획의 승인을 받았을 때에는 비용부담계획을 수립하여 환경부장관의 승인을 받아야 한다(동조 제2항).

(5) 권리 · 의무의 승계

공공폐수처리시설 설치 부담금의 징수대상이 되는 공장 또는 사업장 등을 양수한 자는 당사자간에 특별한 약정이 없으면 양수 전에 이 법에 따라 양도자에게 발생한 공공폐수처리시설 설치 부담금에 관한 권리 · 의무를 승계한다(제49조의3).

[15] 대법원 2013. 2. 14. 선고 2011두12672 판결

관계 법령의 규정과 그 입법 취지, 그리고 수질 및 수생태계 보전에 관한 법률 제36조 제1항과 제2항이 배출시설 등을 양도 · 양수한 경우와 경매 절차에 따라 배출시설 등을 인수한 경우를 구분하여 규정하고 있는데, 동일한 법령에서 사용한 용어는 특별한 사정이 없는 한 동일하게 해석 · 적용하여야 하는 점 등을 원심이 설시한 사정들에 보태어 보면, 수질 및 수생태계 보전에 관한 법률 제49조의3이 정한 '공장 또는 사업장 등을 양수한 자'에 경매를 통하여 공장 또는 사업장 등의 소유권을 이전받은 사람은 포함되지 않는다.[83]

82) 대법원 2011. 10. 27. 선고 2011두12986 판결.

83) 관할 시장이 부동산임의경매절차에서 두부류를 제조, 가공하는 공장을 경락받아 소유권을 이전한 주식회사에 종전 사업자가 체납한 공공폐수처리시설 설치 부담금을 부과한 사안에서, 법 제49조의3이 정한 '공장 또는 사업장 등을 양수한 자'에 경매를 통하여 공장 또는 사업장 등의 소유권을 이전받은 사람은 포함되지 않는다고 한 사례.

(6) 수용 및 사용

동법은 시행자가 공공폐수처리시설 설치에 필요한 토지 · 건물 또는 그 토지에 정착된 물건이나 토지 · 건물 또는 물건에 관한 소유권 외의 권리를 수용하거나 사용할 수 있도록 하고 있다(제49조의4).

(7) 강제징수

동법은 시행자로 하여금 공공폐수처리시설 설치 부담금을 내야 할 자가 납부기한까지 내지 아니하는 경우 가산금 부과 및 강제징수할 수 있도록 하고 있다(제49조의6).

다. 공공폐수처리시설의 운영 · 관리

공공폐수처리시설을 운영하는 자는 강우 · 사고 또는 처리공법상 필요한 경우 등 환경부령으로 정하는 정당한 사유 없이 다음에 해당하는 행위를 하여서는 아니 된다: ① 폐수관로로 유입된 수질오염물질을 공공폐수처리시설에 유입하지 아니하고 배출하거나 공공폐수처리시설에 유입시키지 아니하고 배출할 수 있는 시설을 설치하는 행위; ② 공공폐수처리시설에 유입된 오염물질을 최종 방류구를 거치지 아니하고 배출하거나 최종 방류구를 거치지 아니하고 배출할 수 있는 시설을 설치하는 행위; ③ 공공폐수처리시설에 유입된 오염물질에 오염되지 아니한 물을 섞어 처리하거나 방류수수질기준을 초과하는 오염물질이 공공폐수처리시설의 최종 방류구를 통과하기 전에 오염도를 낮추기 위하여 물을 섞어 배출하는 행위(제50조 제1항). 동법은 여기에 해당하는 행위를 한 자를 폐수배출시설의 경우와 마찬가지로 5년 이하의 징역 또는 3천만원 이하의 벌금에 처하도록 함으로써(제76조), 폐수배출시설과의 형평성을 유지하고 있다.

공공폐수처리시설을 운영하는 자는 환경부령으로 정하는 유지 · 관리기준에 따라 그 시설을 적정하게 운영하여야 한다. 환경부장관은 공공폐수처리시설이 이 기준에 맞지 아니하게 운영 · 관리되고 있다고 인정할 때에는 1년의 범위에서 조치기간을 정하여 해당 시설을 운영하는 자에게 그 시설의 개선 등 필요한 조치를 할 것을 명할 수 있다(동조 제2항, 제4항, 시행령 제70조).

라. 기술진단

동법은 시행자로 하여금 5년마다 해당 공공폐수처리시설에 대하여 기술진단을 하고, 그 결과 관리상태가 적정하지 아니한 때에는 개선계획 수립 및 시행 등 필요한 조치를 하도록 의무화하고 있다(제50조의2).

마. 배수설비의 설치

시행자는 사업장의 폐수를 공공폐수처리시설로 유입시키기 위하여 폐수관로를 설치 · 관리하여야 한다(제51조 제1항). 동법은 공공폐수처리구역에서 배출시설을 설치하려는 자 및 폐수를 배출하려는 자 중 대통령령으로 정하는 자[84]로 하여금 해당 사업장에서 배출되는 폐수를 폐수관로로 유입시키고, 이에 필요한 배수관 등 배수설비를 설치하도록 하고(동조 제2항), 그 실효성을 확보한다는 차원에서 시행자가 필요한 조치명령을 할 수 있는 근거를 두고 있다(제51조의2). 나아가 오·폐수 유입처리 승인, 배수설비 설치 승인, 배수설비 준공검사 등에 관한 사항을 규정하고 있다.

Ⅴ. 비점오염원(non-point source)의 관리

비점오염원은 도시·농지·산지·도로·공사장 등에서 불특정하게 오염물질을 발생시키는 장소 또는 지역을 의미한다. 주요 원인물질로는 농지에 살포된 비료 및 농약, 토양침식물, 축사유출물, 교통오염물질, 도시지역의 먼지와 쓰레기, 자연동·식물의 잔여물, 대기오염물질의 강하물 등이 있다. 이러한 물질들은 지표면에 퇴적되어 있다가 강우 시 한꺼번에 하천과 호소로 유입되어 물고기의 집단폐사를 유발하는 등 하천생태계를 파괴시키고 수질을 오염시키는 주원인으로 지목되어 왔다. 비점오염물질 발생은 강수·바람 등을 통해 지표유출수를 통해 유출되거나 직접 수계에 유입된다. 비점오염물질은 일반적으로 강우 시 유출되기 때문에 일간·계절간 배출량 변화가 크고 예측과 정량화가 어려우며, 인위적 조절이 어려운 기상조건·지질·지형 등에 영향을 많이 받는 특성을 지니고 있다. 또한 희석·확산되면서 넓은 지역으로 배출되며, 차집이 곤란하고 강우 등 영향을 받아 처리 효율이 일정치 않다.

비점오염원의 4대강수계에 대한 오염부하는 2012년경 생물화학적산소요구량(BOD)을 기준으로 전체 오염원의 66% 정도에 달할 정도로 수질에 미치는 영향이 큰 것으로 파악되고 있으며, 그 비중은 지속적으로 증가하고 있다.[85] 그럼에도 불구하고 비점오염물질의 배출지점이 불특정하고, 기상조건, 지질, 지형 등에 영향을 많이 받는다는 등 이유로 그 관리를 소홀히 한 측면이 많이 있었다. 그간의 물관리대책은 수집·처리가 용이하며 처리효율이 높은 산업폐수·생활하수 등 점오염원 관리를 위주로 추진해 왔다. 그러나 배출허용기준의 강화, 환경기초시설의 확충, 각종 수질대책의 수립·시행 등이 이루어졌음에도 불구하고 수질 개선은 쉽게 이루어지지 않고 있다. 비점오염원의 관리차원에서 그 동안 수변구역의 지정, 수변녹지의 조성, 습지정화시설의 설치, 자연정화방법에 의한 질소·인 제거시설의 설치, 도시지역에 저류지의 건설, 하천부지에서의 농약 및 비료 사용제한, 가축분뇨의 자원화 촉진, 장마' 전 대청소 실시 등 다각적인 노력이 있었음에도 불구하고 비점오염원의 오염부하량은 계속해서 증가하고 있다. 비점오염원에 대한 체계적인 관리 없이는 물관리 목표의 달성은 고사하고 획기적인 수질을 개선하는 데 큰 한계가 있음이 판명된 것이다. 이는 그 동안의 점오염원 관리대책이 성공적이었다는 것을 의미하는

84) "대통령령으로 정하는 자"라 함은 그 공공폐수처리시설에서 처리하는 수질오염물질을 배출하기 위하여 '방류수수질기준을 초과하여 폐수를 배출하려는 자를 말한다(시행령 제71조).

85) 환경부, 환경백서, 2018, 250면.

것이 아니다. 그 동안 이루어진 점오염원 관리대책에 대한 반성과 함께, 이를 보완하는 비점오염원 관리대책에 대하여도 관심과 신경을 기울여야 할 시점이다.

급기야 2005. 3. 31. 개정 법은 수질보전계획에 점오염원, 비점오염원 및 기타 수질오염원의 분포현황과 오염원별 수질오염물질 발생량을 포함하고 수질오염 예방 및 저감대책을 마련하도록 하는 한편(제24조 내지 제26조), 비점오염물질의 배출량이 많은 사업장으로 하여금 오염저감시설을 설치토록 하며, 시 · 도별로 관리를 위한 시행계획을 수립하고 오염이 심각한 지역을 비점오염원관리지역으로 지정하여 관리하도록 하는 등 비점오염원 관리대책을 법제화하였다. 이로써, 그 동안 상대적으로 소홀히 다루어졌던 비점오염원이 본격적으로 다루어지기 시작하였다. 비점오염원은 강우 시 노면배수, 농경지 배출수 등과 같이 불특정한 배출경로를 가지고 있어 배출기준을 정하지 않고 있다. 이는 점오염원에 대해서 오염물질 배출기준을 정하고 있는 것과 대비된다.

1. 비점오염원의 설치신고 등

다음에 해당하는 자는 환경부장관에게 신고하여야 한다: ① 대통령령으로 정하는 규모 이상의 도시의 개발, 산업단지의 조성[86] 그 밖에 비점오염원에 의한 오염을 유발하는 사업으로서 대통령령으로 정하는 사업[87]을 하려는 자; ② 대통령령으로 정하는 규모 이상의 사업장[88]에 제철시설, 섬유염색시설, 그 밖에 대통령령으로 정하는 폐수배출시설[89]을 설치하는 자;[90] ③ 사업이 재개되거나 사업장이 증설되는 등 대통령령으로 정하는 경우가 발생하여 ① 또는 ②에 해당되는 자(제53조 제1항). 신고는 비점오염원 규제의 핵심인데, 공공수역에 큰 영향을 미치는 비점오염원의 관리를 강화한다는 차원에서 비점오염원 설치신고제도를 확대할 필요가 있다.

한편, 위 규정에 따라 신고 또는 변경신고를 한 자(비점오염원설치신고사업자)는 환경부령이 정하는 시점까지 환경부령으로 정하는 기준에 따라 비점오염저감시설[91]을 설치하여

86) 도시의 개발 및 산업단지의 조성 사업은 「환경영향평가법 시행령」 별표 3의 제1호 및 제2호에 해당하는 사업으로 한다(시행령 제72조 제1항). 그 결과 사실상 개발사업의 대부분이 비점오염원 설치신고 대상이 된다.

87) "대통령령으로 정하는 사업"이라 함은 「환경영향평가법 시행령」 별표 3의 제3호부터 제17호까지에 해당하는 사업을 말한다(시행령 제72조 제2항).

88) "대통령령으로 정하는 규모 이상의 사업장"이란 부지면적이 1만㎡ 이상인 사업장을 말한다(시행령 제72조 제3항).

89) "대통령령으로 정하는 폐수배출시설"이라 함은 「통계법」 제22조에 따른 표준분류 중 다음의 업종에 해당하는 사업장에 설치하는 폐수배출시설을 말한다: ① 목재 및 나무제품 제조업; ② 펄프 · 종이 및 종이제품 제조업; ③ 코크스 · 석유정제품 및 핵연료 제조업; ④ 화합물 및 화학제품 제조업; ⑤ 고무 및 플라스틱제품 제조업; ⑥ 비금속광물제품 제조업; ⑦ 제1차 금속산업; ⑧ 석탄, 원유 및 우라늄 광업; ⑨ 금속 광업; ⑩ 비금속광물 광업(연료용은 제외); ⑪ 음 · 식료품 제조업; ⑫ 전기업, 가스업 및 증기업; ⑬ 도매업 및 상품 중개업; ⑭ 하수처리업, 폐기물처리업 및 청소 관련 서비스업(시행령 제72조 제4항). 업종을 제한하고 있지만 강학상 점오염원에 해당할 수 있는 '폐수배출시설' 개념을 도입하고 있어 혼란스러운 측면이 있다. 선택된 업종은 비점오염물질 유발 가능성이 고려된 것으로 보인다.

90) 결국 이 요건을 충족하기 위해서는 규모, 업종, 폐수배출시설이라는 3가지 요소를 모두 충족하여야 한다.

91) '비점오염저감시설'이라 함은 수질오염방지시설 중 비점오염원으로부터 배출되는 수질오염물질을 제거하거나 감소하게 하는 시설로서 환경부령이 정하는 것을 말한다(제2조 제12의2호).

야 한다. 다만, 다음에 해당하는 경우 비점오염저감시설을 설치하지 아니할 수 있다: ① 사업장의 강우유출수(降雨流出水, stormwater)92)의 오염도가 항상 배출허용기준 이하인 경우로서 대통령령으로 정하는 바에 따라 환경부장관이 인정하는 경우; ② 완충저류시설에 유입하여 강우유출수를 처리하는 경우; ③ 하나의 부지에 제1항 각 호에 해당하는 자가 둘 이상인 경우로서 환경부령으로 정하는 바에 따라 비점오염원을 적정하게 관리할 수 있다고 환경부장관이 인정하는 경우(동조 제3항).

비점오염원 설치신고의 초점은, 비점오염저감시설의 설치면제 요건과 관련하여 강우유출수가 중요한 요소로 작용하고 있다는 점에서, 비점오염물질 자체보다는 비점오염물질이 포함되어 있을 가능성이 있는 강우유출수의 규제에 있어 보인다. 문제는 규제 대상 업종이 제한적이고 해당 업종 및 강우유출수의 배출 규제와 비점오염물질의 배출감소라는 정책 간의 연계성이 분명치 않다는 것이다. 그 결과 형평성 논란도 제기될 수 있다. 또한 면제요건과 관련해서는 강우유출수의 오염도는 사업장 조성 후에나 가능한 것이고, '항상'이라는 요건을 충족하는 것이 사실상 어렵다는 점에서 명확성과 타당성이 떨어진다는 비판이 제기될 수 있다.

비점오염원설치신고사업자가 사업을 하거나 시설을 설치 · 운영할 때에는 다음의 사항을 지켜야 한다: ① 비점오염저감계획서의 내용을 이행할 것; ② 비점오염저감시설을 설치기준에 맞게 유지하는 등 환경부령으로 정하는 바에 따라 관리 · 운영할 것; ③ 그 밖에 비점오염원을 적정하게 관리하기 위하여 환경부령으로 정하는 사항(동조 제4항). 환경부장관은 위 준수사항을 지키지 아니한 자에 대해서는 기간을 정하여 비점오염저감계획의 이행 또는 비점오염저감시설의 설치 · 개선을 명할 수 있다(동조 제5항). 이를 위반한 경우에는 벌칙이 부과되고 있으나(제78조 제13호) 앞서 준수사항을 지키지 않은 것에 대한 직접적인 벌칙 규정이 없어 그만큼 실효성이 떨어진다고 할 수 있다.

2. 상수원의 수질보전을 위한 비점오염저감시설 설치

동법은 상수원과 관련 있는 지역의 수질관리를 위하여 상수원보호구역, 특별대책지역, 수변구역 등 인근 도로에 비점오염저감시설의 설치를 의무화하고 있다(제53조의2).

3. 종합대책의 수립

환경부장관은 비점오염원의 종합적인 관리를 위하여 비점오염원 관리 종합대책을 관계 중앙행정기관의 장 및 시 · 도지사와 협의하여 대통령령으로 정하는 바에 따라 5년마다 수립하여야 한다(제53조의3 제1항). 종합대책에는 다음의 사항이 포함되어야 한다: ① 비점오염원의 현황과 전망; ② 비점오염물질의 발생 현황과 전망; ③ 비점오염원 관리의 기본 목표와 정책 방향; ④ 비점오염물질 저감을 위한 세부 추진대책; ⑤ 그 밖에 비점

92) '강우유출수'란 비점오염원의 수질오염물질이 섞여 유출되는 빗물 또는 눈 녹은 물 등을 말한다(제2조 제5호).

오염원의 관리를 위하여 대통령령으로 정하는 사항(동조 제2항).

4. 관리지역의 지정 등

환경부장관은 비점오염원에서 유출되는 강우유출수로 인하여 하천 · 호소 등의 이용목적, 주민의 건강 · 재산이나 자연생태계에 중대한 위해가 발생하거나 발생할 우려가 있는 지역에 대하여는 관할 시 · 도지사와 협의하여 비점오염원관리지역(관리지역)으로 지정할 수 있다(제54조 제1항).[93] 시 · 도지사는 관할 구역 중 비점오염원의 관리가 필요하다고 인정되는 지역에 대해서는 환경부장관에게 관리지역으로의 지정을 요청할 수 있다(동조 제2항). 관리지역 지정은 시 · 도지사의 지정요청서의 제출에 따라 환경부장관이 검토 후 고시하는 방식인데(시행령 제76조 제3항), 검토 기한이 정해져 있지 않아 자칫 관리지역 미지정 또는 지연을 초래할 가능성이 있고 이는 지방자치단체의 지정 의지 및 추진 동력을 약화시키는 요인으로 작용할 수 있다.

5. 관리대책의 수립

환경부장관은 관리지역을 지정 · 고시하였을 때에는 관리목표, 관리대상 수질오염물질의 종류 및 발생량, 관리대상 수질오염물질의 발생 예방 및 저감방안, 그 밖에 관리지역을 적정하게 관리하기 위하여 환경부령으로 정하는 사항을 포함하는 비점오염원관리대책을 관계 중앙행정기관의 장 및 시 · 도지사와 협의하여 수립하여야 한다(제55조 제1항).

6. 시행계획의 수립

시 · 도지사는 환경부장관으로부터 관리대책의 통보를 받았을 때에는 관리지역의 개발현황 및 개발계획 등의 사항이 포함된 관리대책의 시행을 위한 계획(시행계획)을 수립하여 환경부장관의 승인을 얻어 시행하여야 한다(제56조 제1항).

7. 예산 등의 지원

환경부장관은 시행계획의 수립 · 시행에 필요한 경비의 전부 또는 일부를 예산의 범위에서 지원할 수 있다(제57조).

8. 농약잔류허용기준

환경부장관은 수질 또는 토양의 오염을 방지하기 위하여 필요하다고 인정할 때에는 수질 또는 토양의 농약잔류허용기준을 정할 수 있다(제58조 제1항). 환경부장관은 수질 또는 토양 중에 농약잔류량이 위 기준을 초과하거나 초과할 우려가 있다고 인정할 때에는 농약의 제조 금지 · 변경 또는 그 제품의 수거 · 폐기 등 필요한 조치를 관계 행정기관의 장에게 요청할 수 있다. 이 경우 관계 행정기관의 장은 특별한 사유가 없으면 이에 따라

93) 시행령에서는 관리지역의 지정기준 및 절차를 정하고 있다(제76조). 현재 소양호, 도암호, 임하호 유역과 광주광역시, 수원시, 새만금 유역 및 골지천유역 등 7개소가 관리지역으로 지정되어 있다. 2018년 환경백서(각주 85), 304면.

야 한다(동조 제2항).

9. 고랭지 경작지에 대한 경작방법 권고

특별자치도지사 · 시장 · 군수 · 구청장은 공공수역의 물환경 보전을 위하여 환경부령으로 정하는 해발고도 이상에 위치한 농경지 중 환경부령으로 정하는 경사도 이상의 농경지를 경작하는 사람에게 경작방식의 변경, 농약 · 비료의 사용량 저감, 휴경 등을 권고할 수 있다(제59조 제1항). 특별자치도지사 · 시장 · 군수 · 구청장은 위 권고에 따라 농작물을 경작하거나 휴경하므로 인하여 경작자가 입은 손실에 대해서는 대통령령으로 정하는 바에 따라 보상할 수 있다(동조 제2항).

Ⅵ. 기타 수질오염원의 관리

1. 기타 수질오염원의 설치신고

기타 수질오염원[94]을 설치 또는 관리하려는 자는 환경부장관에게 신고하여야 한다(제60조 제1항). 기타 수질오염원은 폐수배출시설이 아니므로 폐수배출시설임을 전제로 하는 배출부과금, 과징금, 배출허용기준 등의 규정은 적용되지 아니한다. 다만 권리 · 의무의 승계(제36조), 위법시설에 대한 폐쇄조치(제44조) 등은 준용된다(제60조 제9항).

기타 수질오염원을 설치 · 관리하는 자는 환경부령으로 정하는 바에 따라 수질오염물질의 배출을 방지 · 억제하기 위한 시설을 설치하는 등 필요한 조치를 하여야 하며, 환경부장관은 이러한 시설이나 조치가 적합하지 아니하다고 인정할 때에는 기간을 정하여 개선명령을 할 수 있고, 개선명령을 위반한 때에는 조업을 정지시키거나 해당 기타 수질오염원의 폐쇄를 명할 수 있다(동조 제6항 내지 제8항).

2. 골프장의 농약사용 제한

골프장을 설치 · 관리하는 자는 골프장의 잔디 및 수목 등에 「농약관리법」 제2조 제1호에 따른 농약 중 맹독성 또는 고독성이 있는 것으로서 대통령령이 정하는 농약[95]을 사용하여서는 아니 된다. 다만, 수목의 해충 · 전염병 등의 방제를 위하여 관할 행정기관의 장이 불가피하다고 인정하는 경우에는 그러하지 아니하다(제61조 제1항). 동법은 이러한 골프장의 농약사용 제한 규정의 실효성을 제고하기 위하여 환경부장관으로 하여금 환경부령으로 정하는 바에 따라 골프장에 대하여 맹 · 고독성 농약의 사용 여부를 확인하도록

---

94) '기타 수질오염원'이라 함은 점오염원 및 비점오염원으로 관리되지 아니하는 수질오염물질을 배출하는 시설 또는 장소로서 환경부령이 정하는 것을 말한다(제2조 제3호). 동법 시행규칙에서는 수산물 양식시설, 골프장, 운수장비 정비 또는 폐차장시설, 농 · 축 · 수산물 단순가공시설, 사진처리 또는 X-Ray시설, 금은판매점의 세공시설 또는 안경점 등을 명시하고 있다(제2조, 별표 1).

95) "대통령령이 정하는 농약"이라 함은 「농약관리법 시행령」 별표 1 제1호에 따른 맹독성 및 고독성 농약을 말한다(시행령 제78조).

하고 있다(동조 제2항).

3. 물놀이형 수경시설의 신고 및 관리

동법은 물놀이형 수경시설[96]로서 국가 · 지방자치단체, 그 밖에 대통령령으로 정하는 공공기관이 설치 · 운영하는 물놀이형 수경시설과 공공보건의료 수행기관, 관광지 및 관광단지, 도시공원, 체육시설, 어린이놀이시설 등에 설치된 수경시설에 대해 환경부장관 또는 시 · 도지사에게 신고하고, 수질 기준 및 관리 기준을 지키도록 하고 의무화하고 있다(제61조의2).

Ⅶ. 폐수처리업

동법은 폐수의 수탁처리를 위한 영업(폐수처리업)을 창설하고 이와 관련하여 허가(제62조), 폐수처리업의 시설검사(제62조의2), 허가의 취소(제64조), 권리 · 의무의 승계(제65조), 과징금 처분(제66조) 등에 관하여 규정함으로써, 무자격자의 부실처리를 방지하고 있다.

제 3 절 하 천 법

1961. 12. 30. 제정된 「하천법」은 하천의 지정, 관리, 사용 및 보전과 비용에 관한 사항을 정함으로써 하천을 중심으로 한 수량관리의 문을 열었다. 동법은 그동안 수차례 개정을 통해 현재에 이르고 있는바, 1971년 전면 개정된 동법은 그간 치수(治水) 중심에서 이수(利水)를 보완하고, 하천의 정비개발촉진과 효율적인 하천관리에 필요한 제도적 미비점을 보완 · 정비함으로써 하천관리방식의 근대화를 도모하였다. 그 후 1984년(손실보상), 1999년(수자원장기종합계획, 수문조사의 실시 등) 개정을 거쳐 하천법의 체제가 확립되었다. 2007. 4. 6. 전면 개정에서는 하천의 국유화 포기, 하천의 점용과 하천수의 사용의 구분 등 중대한 변화가 있었다. 2018. 6. 8. 「정부조직법」이 개정됨에 따라 「하천법」도 불가피하게 개정되었는데, 그 핵심은 동법 중 하천관리를 제외한 수량, 수질, 재해예방 등 관련 물관리 기능 일부가 환경부로 이관된 것이다.[1)]

하천법의 역사는 4단계로 나누어 파악할 수 있다. 시기적으로 명확한 구분이 쉽지 않으나 치수 → 이수 → 하천환경 보전 순으로 하천관리가 확대되고 다양화되었다고 할 수 있다. 하천법의 역사는 통합물관리라는 역사적 흐름에 따라 또 다시 요동치고 있다. 2018. 5. 「물관리기본법」을 위시한 이른바, 물관리 3법(「정부조직법」, 「물관리기본법」, 「물관

96) '물놀이형 수경(수경)시설'이란 수돗물, 지하수 등을 인위적으로 저장 및 순환하여 이용하는 분수, 연못, 폭포, 실개천 등의 인공시설물 중 일반인에게 개방되어 이용자의 신체와 직접 접촉하여 물놀이를 하도록 설치하는 시설을 말한다(제2조 제19호).

1) 대표적으로 댐 · 보 연계운영(제14조 제4항), 홍수조절을 위한 조치(제41조), 하천수 사용허가(제50조), 하천유지유량 설정(제51조), 하천수 사용관리, 조정(제52조, 제53조), 하천수 분쟁조정(제54조) 등이 여기에 해당한다.

리기술 발전 및 물산업 진흥에 관한 법률」)이 제정됨으로써 통합물관리의 물꼬가 터졌다. 통합물관리는 물관리의 중복성을 해소하고 효율성을 제고하는 데 초점이 있다. 이때 통합하천관리는 핵심 주제가 될 수밖에 없다. 전체 용수 중 농업용수가 차지하는 비중이 절반을 넘고, 그 농업용수의 의존도가 가장 높은 곳이 하천이고, 하천수를 관리하는 법이 바로 「하천법」이라는 점에서 동법을 빼고 물관리를 얘기한다는 것은 핵심이 빠진 것이라고 할 수 있기 때문이다. 그러나 2017. 5. 정부의 물관리일원화와 관련한 전격적인 발표가 있고 7년 정도가 지난 이 시점에서 통합 하천관리가 제대로 이루어지고 있는지에 대해서는 강한 의심이 든다. 「하천법」을 통합물관리의 틀에서 다루는 눈에 띄는 개정 논의가 보이지 않는 것이 그 증거이다.

통합물관리 차원에서 2022. 1. 1.부터 「하천법」이 명실상부한 환경부 소관의 법이 되었으나 실질적 통합은 미완이라고 할 수 있다. 그 동안 동법의 개정은 소관부처만을 변경한 것에 그치고 통합물관리와 직결되는 실체적 내용은 발견할 수 없기 때문이다. 통합물관리의 핵심은 수량과 수질관리의 통합이며, 그 종점은 수량관리를 관장하는 「하천법」과 수질관리를 관장하는 「물환경보전법」의 통합이다. 이러한 관점에서 「하천법」을 환경부로 완전 이관한 것은 지난 20여년에 걸쳐 무성했던 통합물관리 논의에 방점을 찍는 것이라고 할 수 있다. 그러나 「하천법」의 단순 이관만으로는 갈 길이 요원하다. 이제까지는 물관리일원화 차원에서 조직의 일원화만 이루어졌다고 할 수 있다. 이제부터는 실질적 통합을 위한 관련 법의 제, 개정 등을 통한 실질적 통합을 이루어야 할 것이다.2)

통합물관리라는 파고는 동법에 대한 전면 개편을 요구하고 있다. 이때 통합물관리의 이념, 목적, 원칙 등이 동법에 충실히 반영되고 계획수립부터 집행에 이르기까지 그것이 충실히 이행되는 것이 중요하다. 이러한 과정에서 관통하는 핵심 개념은 수생태환경, 물순환, 유역관리 등과 같은 것으로 기존 이수, 치수에 맞추어진 익숙한 접근과는 다른 새로운 접근을 요구하고 있다. 2023. 1. 3. 개정 법에서 동법의 목적(제1조)과 하천기본계획을 수립할 때에 "수생태환경"을 고려할 것을 요구하고(제25조), 하천공사의 목적에 "자연성의 보전 · 회복"을, 하천공사의 유형에 "복원" 공사를 추가한 것이 그나마 새로운 접근을 보여주는 것이지만 근본적이고 획기적인 변경이 보이지 않는다는 점에서 아쉬움이 크다고 할 수 있다.

Ⅰ. 일 반

1. 책 무

동법은 당사자별로 구분하여 그 책무를 지우고 있다. 즉 국가는 하천을 효율적으로

2) 통합물관리를 위한 하천법 개선방안은 김홍균, "통합물관리에 따른 하천법 개선방안", 환경법연구 제44권 제2호, 2022. 8, 135면 이하 참조.

이용 · 관리하고 하천을 자연친화적으로 보전 · 정비하며 기후변화 등으로 인한 수재해에 효과적으로 대응하기 위하여 하천에 관한 종합적인 계획을 수립하고 합리적인 시책을 마련할 책무를 진다(제3조 제1항). 지방자치단체는 국가의 시책에 따라 필요한 조치를 하고 그 관할구역의 특성에 맞는 계획을 수립 · 시행하여야 한다(동조 제2항). 국민은 국가 및 지방자치단체의 하천관리시책에 적극 협력하고 하천의 보전과 오염방지를 위하여 노력하여야 한다(제3항).

2. 하천관리의 원칙

하천 및 하천수는 공적 자원으로서 국가는 공공이익의 증진에 적합한 방향으로 적절히 관리하여야 한다(제4조 제1항). '공적 자원'이라는 개념은 2007. 4. 6. 개정 법에서 도입된 것으로써, 기존 하천의 국유 개념을 포기한 그보다 후퇴한 개념이라고 할 수 있다.[3] 하천을 구성하는 토지와 그 밖의 하천시설에 대하여는 사권(私權)을 행사할 수 없다(동조 제2항).

이러한 원칙은 나름대로 물의 공공성을 표방하고는 있으나 권리 여하에 집착함으로써 이수, 치수에 치중하였던 시대에 부합하는 원칙일 뿐이다. 동법은 하천에 대하여 "공적 자원"이라는 모호한 개념을 사용하고 있는데, 지나치게 소극적이거나 불충분한 측면이 있다고 할 수 있다. 이러한 접근은 수자원이 미래세대를 포함한 국민 모두의 공공재산이며 국가가 수탁자로서 이를 관리하는 것이라고 이해할 수 있다는 점에서 수정될 필요가 있다. 「하천법」은 하천수와 하천부지를 분리하면서 하천부지에 대하여만 사유의 대상이 될 수 없다고 선언하고 있는바, 하천수도 사유의 대상이 되지 않는다는 식의 직접적 · 적극적인 언급이 필요해 보인다. 오히려 하천부지는 사유의 대상이 될 여지가 있는 데 반해 하천수야말로 사유의 대상이 될 수 없다고 보는 것이 타당해 보이기 때문이다.

그 동안 원칙이 2개에 그치고 있는 것이 하천관리의 중요성, 복잡성 등에 비추어 부족하다는 지적이 있어 왔다. 2023. 1. 3. 개정 법에서는 "하천 및 하천수는 기후변화에 대한 과학적 예측과 분석에 기반하여 관리하여야 한다"는 원칙을 추가하였다(동조 제2항).

Ⅱ. 하천의 지정 등

1. 하천의 구분

동법상 하천[4]은 다음과 같이 구분되는바(제7조 제1항), 국가하천의 비율이 전체 하천

3) 여기에는 하천으로 편입되는 토지의 국유화에 따라 발생하는 사유재산권 침해의 논란을 해소하고 국가의 재정부담을 완화하기 위한 이유가 크게 작용하고 있다. 하천의 국유제 폐지는 보상 문제가 결부되어 있는데, 즉 국가하천 및 지방1급하천으로 편입되는 사유토지가 보상없이 국유로 됨에 따라 사유재산권을 침해할 수 있다는 논란과 함께 막대한 보상비 마련 등 국가 재정부담의 어려움이 예상되었기 때문이다.

4) '하천'이라 함은 지표면에 내린 빗물 등이 모여 흐르는 물길로서 공공의 이해와 밀접한 관계가 있어 국가하천 또는 지방하천으로 지정된 것을 말하며, 하천구역과 하천시설을 포함한다(제2조 제1호).

연장의 10% 정도에 불과하다.[5] 하천은 '국가하천'과 '지방하천'으로 구분된다. 국가하천은 환경부장관이, 지방하천은 시 · 도지사가 그 명칭과 구간을 지정하며(제7조), 환경부장관과 그 관할구역의 시 · 도지사가 각 관리한다(제8조).

가. 국가하천

국가하천은 국토보전상 또는 국민경제상 중요한 하천으로서 다음의 어느 하나에 해당하여 환경부장관이 그 명칭과 구간을 지정하는 하천을 말한다: ① 유역면적 합계가 200제곱킬로미터 이상인 하천; ② 다목적댐의 하류 및 댐 저수지로 인한 배수영향이 미치는 상류의 하천; ③ 유역면적 합계가 50제곱킬로미터 이상이면서 200제곱킬로미터 미만인 하천으로서 일정한 요건[6]에 해당하는 하천; ④ 범람으로 인한 피해, 하천시설 또는 하천공작물의 안전도 등을 고려하여 대통령령으로 정하는 하천을 말한다(동조 제2항).

나. 지방하천

지방하천은 지방의 공공이해와 밀접한 관계가 있는 하천을 말한다(동조 제3항).

2. 지　　정

환경부장관은 국가하천을 지정하려는 경우에는 관계 중앙행정기관의 장과 협의한 후 「수자원의 조사·계획 및 관리에 관한 법률」(수자원법)에 따른 국가수자원관리위원회의 심의를, 시 · 도지사가 지방하천을 지정하려는 경우에는 지역수자원관리위원회의 심의를 거쳐야 하며(동조 제4항), 지정하는 경우에는 이를 고시하고, 관계 서류를 관계 시장 · 군수 또는 구청장(자치구의 구청장을 말함)에게 보내야 하며, 시장 · 군수 또는 구청장은 관계 서류를 일반인이 볼 수 있도록 하여야 한다(동조 제5항). 시 · 도지사는 지방하천이 국가하천의 기준에 해당한다고 판단하는 경우에는 지역수자원관리위원회의 심의를 거쳐 환경부장관에게 국가하천으로 지정하여 줄 것을 요청할 수 있다(동조 제8항).

3. 하천관리청

하천관리청이라 함은 하천에 관한 계획의 수립과 하천의 지정 · 사용 및 보전 등을 하는 환경부장관, 특별시장 · 광역시장 · 특별자치시장 · 도지사 · 특별자치도지사(시 · 도지사)를 말한다(제2조 제4호). 하천관리청은 국가하천의 경우 환경부장관, 지방하천의 경우 관할 구역의 시 · 도지사이다(제8조). 경계하천, 즉 지방하천으로서 특별시 · 광역시 · 특별자치시 · 도 · 특별자치도(시 · 도)의 경계에 위치한 하천은 관계 시 · 도지사의 협의에 따라 그 하천의 관리청 및 관리방법을 따로 정하여야 하며, 협의가 성립되지 아니한 때에는

---

5) 2018년 현재 하천은 국가하천은 63개소(3,012km), 지방하천은 3,770개소(26,840km), 소하천 22,160개소(34,689km)로 구성되어 있다. 관계부처 합동, 제1차 국가물관리기본계획, 2021, 14면.

6) 여기에는 ① 인구 20만명 이상의 도시를 관류(貫流)하거나 범람구역 안의 인구가 1만명 이상인 지역을 지나는 하천; ② 다목적댐, 하구둑 등 저수량 500만세제곱미터 이상의 저류지를 갖추고 국가적 물 이용이 이루어지는 하천; ③ 상수원보호구역, 국립공원, 유네스코생물권보전지역, 문화재보호구역, 생태 · 습지보호지역을 관류하는 하천 등이 포함된다.

환경부장관은 관계 시 · 도지사의 의견을 들어 국가수자원관리위원회의 심의를 거쳐 관계 시 · 도지사에게 하천의 관리청 및 관리방법을 정하여 통보할 수 있다(제9조 제1항 · 제2항).

하천에 관한 비용은 원칙적으로 위 하천관리의 책임소재에 따른다. 즉 국가하천에 관한 것은 국고의 부담으로 하고, 지방하천에 관한 것은 해당 시 · 도의 부담으로 한다. 다만, 제27조 제6항 단서에 따라 시 · 도지사가 국가하천의 유지 · 보수를 하는 경우에 필요한 비용은 해당 시 · 도의 부담으로 하되(제59조), 환경부장관은 그 비용의 일부를 시 · 도에 보조할 수 있다(제64조).

[1] 대법원 2015. 4. 23. 선고 2013다211834 판결

국가하천의 관리상 하자로 인한 손해에 관하여, 국가는 사무의 귀속주체 및 보조금 지급을 통한 실질적 비용부담자로서, 해당 시 · 도는 하천법 제59조 단서에 따른 법령상 비용부담자로서 각각 책임을 중첩적으로 지는 경우, 국가와 해당 시 · 도 모두가 국가배상법 제6조 제2항에서 정한 '손해를 배상할 책임이 있는 자'에 해당한다.

4. 하천구역의 결정

동법은 하천의 종적 구역인 하천구간과 횡적 구역인 하천구역의 지정에 대하여 규정하고 있다. 즉 하천관리청은 하천의 명칭 및 구간의 지정 또는 지정의 변경 · 해제의 고시가 있는 때에는 국가수자원관리위원회 또는 지역수자원관리위원회(수자원관리위원회)의 심의를 거쳐 일정한 지역을 하천구역으로 결정 또는 변경하거나 하천구역을 폐지하여야 한다(제10조). 이에 따르면 동법은 하천구간 내의 일정한 구역을 하천구역으로 정하도록 하고 있다(동조 제1항 각호). 그 결과 하천구역은 하천구간이 결정 · 고시됨으로써 당연히 정해지는 것이 아니라 하천관리청이 위 규정에 해당하는 지역 중 하천구역으로 결정할 때 비로소 하천구역이 된다고 할 수 있다.

5. 홍수관리구역

하천관리청은 하천을 보전하고 홍수로 인한 피해를 예방하기 위하여 필요하다고 인정되는 경우에는 다음의 어느 하나에 해당하는 지역을 수자원관리위원회의 심의를 거쳐 홍수관리구역으로 지정할 수 있다: ① 하천기본계획이 수립된 하천의 경우 계획홍수위 아래에 있는 토지로서 하천관리청이 하천구역으로 결정한 토지(제10조 제1항 제1호부터 제3호까지의 어느 하나에 해당하는 지역을 하천구역으로 결정한 토지를 말함)를 제외한 지역; ② 하천기본계획이 수립되지 아니한 하천에서 홍수범람의 우려가 있는 지역 중 하천관리청이 제10조 제1항 제6호에 해당하는 지역을 하천구역으로 결정한 하천구역의 경계선부터 대통령령으로 정하는 일정한 범위 안의 지역(제12조). 홍수관리구역 안에서 공작물의 신축 또는 개축, 토지의 굴착 · 성토 · 절토, 그 밖에 토지의 형질변경 등의 행위를 하려는 자는 하천관리청의 허가를 받아야 한다(제38조).

6. 하천의 구조 · 시설 및 유지 · 보수 등의 기준

하천의 구조 · 시설과 하천의 유지 · 보수 및 안전점검은 환경부령으로 정하는 기준에 따른다(제13조 제1항).

7. 하천시설의 관리

가. 하천시설의 관리규정

하천시설[7] 중 댐 · 보 · 수문 등 대통령령으로 정하는 하천시설[8]을 설치한 자는 환경부령으로 정하는 바에 따라 하천시설의 관리규정을 정하여야 하며(제14조 제1항), 하천관리청이 아닌 자가 하천시설의 관리규정을 정하는 때에는 하천관리청의 승인을 얻어야 한다(동조 제2항).

나. 하천시설의 연계운영

동법은 상호연계된 하천시설에 대하여 통합관리가 가능하도록 함으로써 홍수로 인한 재해의 방지와 수자원의 효율적인 운영을 도모하고 있다. 이에 따르면 환경부장관은 2 이상의 하천시설 간의 유기적인 연계운영에 관한 관리규정을 관계 중앙행정기관의 장 및 관계 시 · 도지사의 의견을 들어 정할 수 있으며(동조 제4항), 관리규정에 근거하여 홍수방지 등을 위하여 필요한 조치를 명할 수 있다. 이 경우 하천시설 관리자는 이에 따라야 한다(동조 제5항). 이로써, 환경부는 댐 · 보 간의 연계운영이 가능해졌다고 할 수 있다.

Ⅲ. 조사 및 정보화

하천관리 정책을 체계적으로 추진하기 위해서는 과학적인 조사, 연구를 선행적으로 진행하여 실태, 관리 현황을 정확하게 파악하는 것이 중요하다. 나아가 관련 정보를 체계적으로 관리하여 정책의 수립 및 시행에 유효적절하게 활용되어야 한다. 여기에서 조사와 정보체계의 구축의 선결성과 중요성이 강조되는 이유이다. 하천실태조사는 정책 시행을 위한 출발이며 사전예방적 하천 관리를 위한 기초가 된다. 그리고 그 조사는 관련 정보체계의 구축을 통해 시너지를 갖는다. 동법에서도 이러한 점을 인식하고 조사와 정보체계

7) '하천시설'이라 함은 하천의 기능을 보전하고 효용을 증진하며 홍수피해를 줄이기 위하여 설치하는 다음의 시설을 말한다. 다만, 하천관리청이 아닌 자가 설치한 시설에 관하여는 하천관리청이 해당 시설을 하천시설로 관리하기 위하여 그 시설을 설치한 자의 동의를 얻은 것에 한한다: ① 제방 · 호안(護岸) · 수제(水制) 등 물길의 안정을 위한 시설; ② 댐 · 하구둑(「방조제관리법」에 따라 설치한 방조제를 포함) · 홍수조절지 · 저류지 · 지하하천 · 방수로 · 배수펌프장(「농어촌정비법」에 따른 농업생산기반시설인 배수장과 「하수도법」에 따른 하수를 배제(排除)하기 위하여 설치한 펌프장을 제외) · 수문(水門) 등 하천수위의 조절을 위한 시설; ③ 운하 · 안벽(岸壁) · 물양장(物揚場) · 선착장 · 갑문 등 선박의 운항과 관련된 시설; ④ 하천관리에 필요한 보(洑) · 수로터널 · 하천실험장, 그 밖에 법에 따라 설치된 시설로서 국토교통부장관이 고시하는 시설(제2조 제3호, 시행령 제2조).

8) ① 댐 · 하구둑 · 홍수조절지 · 방수로 및 저류지; ② 운하 및 갑문; ③ 하천관리청이 지정하는 보 · 수문 및 배수펌프장 등을 말한다(시행령 제8조).

의 구축을 강조하고 있다. 수자원법의 제정에 따라 「하천법」 제3장의 정보화 관련 규정들이 수자원법에 이관되었으나 하상변동조사(제21조의2), 하천관리 자료의 정보화(제22조) 규정만은 「하천법」에 잔존하고 있다.

1. 하상변동조사의 실시

동법은 하천관리청으로 하여금 하상(河床)의 세굴(洗掘) 및 퇴적 등이 하천의 소통능력, 하천시설의 안전이나 고유기능에 미치는 영향을 파악하기 위하여 하상변동조사를 정기적으로 실시하도록 하고 있다(제21조의2).

2. 정 보 화

환경부장관은 하천관리에 필요한 자료의 효율적인 활용을 위하여 하천관리 정보체계를 구축 · 운영하여야 하며(제22조 제1항), 하천관리 정보체계를 구축할 경우 최신의 정보통신기술을 활용하도록 노력하여야 한다(동조 제2항). 또한 하천관리 정보체계의 구축을 위하여 중앙행정기관 · 지방자치단체 · 정부투자기관 또는 정부출연기관 등 관계 기관의 장에게 필요한 자료의 제출을 요청할 수 있다. 이 경우 자료 제출의 요청을 받은 관계 기관의 장은 특별한 사유가 없으면 그 요청을 따라야 한다(동조 제3항).

Ⅳ. 하천기본계획 등

하천관리청은 그가 관리하는 하천에 대하여 하천의 치수 · 이수 · 수생태환경 및 지역적 특성을 종합적으로 고려하여 계획의 목표, 하천의 개황(槪況), 홍수방어계획, 하천공사의 시행에 관한 사항, 자연친화적 하천 조성에 관한 사항, 불법행위의 감시를 위한 인력 확보, 하천의 환경보전과 적절한 이용에 관한 사항[9] 등을 포함하는 10년 단위의 하천기본계획을 수립하여야 하며(제25조 제1항, 시행령 제24조), 하천기본계획이 수립된 날부터 5년마다 그 타당성을 검토하여 필요한 경우에는 그 계획을 변경하여야 한다(동조 제3항).

물관리일원화의 일환으로 「물관리기본법」이 제정된 상황에서 그간의 비효율적인 계획체계를 동법상 계획을 중심으로 재편할 필요성과 당위성이 있다. 이에 차제에 하천기본계획을 국가물관리기본계획으로 포섭하고, 수립권한을 국가물관리위원회로 이관할 것을 검토할 필요가 있다.[10] 하천기본계획의 경우 지역주민이나 이해관계자, 관계 전문가 등의 의견수렴절차 규정을 두고 있지 않다. 계획의 평가와 사후관리체계도 미흡하다고 할 수 있다.[11]

한편, 댐 등 대통령령으로 정하는 하천시설을 설치하는 자는 하천시설의 붕괴 등의

9) 도시지역을 관통하여 흐르거나 인접하여 흐르는 하천에 대해서는 탄소흡수원 확충 방안을 하천기본계획에 포함하여야 한다(제25조 제1항 후단), 하천기본계획에 자연친화적 하천 조성에 관한 사항, 하천의 환경보전에 관한 사항 등이 포함되지만 동계획은 기본적으로 홍수방어 내지 치수에 초점이 있다고 할 수 있다.

10) 김홍균, 물관리기본법의 평가와 과제, 사법 제54호, 2020. 12, 605면.

11) 「물관리기본법」 제22조에서는 국가물관리위원회의 기능 중의 하나로 "국가물관리기본계획의 이행상황 및 물관리 전반에 대한 평가"를 들고 있는바. 평가를 위한 평가지표의 개발과 함께 어떻게 평가할 것인지에 대한 고민이 필요해 보인다.

비상상황으로 발생할 수 있는 국민의 생명 · 재산상 피해를 예방하거나 줄이기 위한 비상대처계획을 수립하여야 한다(제26조).

Ⅴ. 하천공사의 시행

하천공사[12)]와 하천의 유지 · 보수는 이 법에 특별한 규정이 있는 경우를 제외하고는 하천관리청이 시행한다(제27조 제6항). 하천관리청이 하천공사를 시행하려는 때에는 하천공사의 시행에 관한 계획(하천공사시행계획)을 수립하여야 한다(동조 제1항). 나아가 동법은 국가하천의 수위 상승으로 배수영향을 받는 지방하천 내 구간으로서 환경부장관이 고시하는 구간인 '국가하천 배수영향구간'에 대한 국가의 하천공사 시행 근거를 마련하고 있다(동조 제4항). 하천관리청이 아닌 자는 원칙적으로 하천관리청의 허가를 받아 하천공사나 하천의 유지 · 보수를 할 수 있다(제30조 제1항).

[2] 대법원 2006. 4. 28. 선고 2004두12278 판결

비관리청인 행정기관 등이 하천법 제30조의 규정에 의한 하천공사허가를 받아 시행한 하천공사로 인하여 손실을 받은 자는 같은 법 제74조 제2항(현행 제76조 제1항)을 유추적용하여 손실보상을 청구할 권리가 있다고 할 것이다.

한편, 같은 법 제76조(현행 제78조) 제1항은 하천공사허가를 받은 비관리청인 행정기관 등은 하천공사에 필요한 토지나 토지에 정착한 물건 및 그 토지나 물건에 관한 소유권 외의 권리를 수용 또는 사용할 수 있다고 규정하고 있고, 같은 조 제2항은 손실보상을 함에 있어 구 토지수용법(2002. 2. 4. 폐지 전)을 준용하도록 하고 있는데, 구 토지수용법 제45조 제1항은 토지를 수용 또는 사용함으로 인하여 토지소유자 또는 관계인이 입은 손실은 기업자가 이를 보상하여야 한다고 규정하고 있다.

위 규정들을 종합하여 보면, 이 사건과 같이 비관리청이 시행한 하천공사로 인하여 토지소유자 또는 관계인이 입은 손실은 공사를 허가한 관리청이 속하는 권리주체가 보상할 것이 아니고, 그 하천공사를 시행한 비관리청인 행정기관 등이 속하는 권리주체가 이를 보상하여야 할 것으로 해석하는 것이 타당하다.

Ⅵ. 하천의 점용

1. 하천의 점용허가

동법은 하천 또는 하천구역에서의 행위 규제를 두고 있다. 이에 따르면 하천구역 안에서 다음의 어느 하나에 해당하는 행위를 하려는 자는 하천관리청의 '허가'를 받아야 한

12) '하천공사'라 함은 하천의 기능을 높이거나 자연성을 보전 · 회복하기 위하여 하천의 신설 · 증설 · 개량 및 보수 및 복원 등을 하는 공사를 말한다(제2조 제5호). 하천공사 개념 정의에 복원이 빠져 있는바, 하천사업이 수질개선, 수생태계 복원 등 하천개선으로 방향 선회할 것이 요망된다는 차원에서 하천공사 개념 정의에 복원을 추가할 필요가 있다. 김홍균(각주 2), 141면.

다: ① 토지의 점용; ② 하천시설의 점용; ③ 공작물의 신축 · 개축 · 변경; ④ 토지의 굴착 · 성토 · 절토, 그 밖의 토지의 형질변경; ⑤ 토석 · 모래 · 자갈의 채취; 그 밖에 하천의 보전 · 관리에 장애가 될 수 있는 행위로서 대통령령으로 정하는 행위(제33조 제1항).

하천의 점용이라 함은 하천에 대하여 일반사용과는 별도로 하천의 특정 부분을 유형적 · 고정적으로 특정한 목적을 위하여 사용하는 이른바 특별사용을 의미한다. 즉 하천의 점용허가는 특정인에게 하천이용권이라는 독점적 권리를 설정하여 주는 처분에 해당하므로, 그러한 점용허가를 받은 자는 일반인에게는 허용되지 않는 특별한 공물사용권을 설정받아 일정 기간 이를 배타적으로 사용할 수 있다.[13] 하천의 점용허가에 따라 해당 하천을 점용할 수 있는 권리(하천점용허가권)는 특허에 의한 공물사용권의 일종으로서 하천의 관리주체에 대하여 일정한 특별사용을 청구할 수 있는 권리에 해당하고, 독립된 재산적 가치가 있다.[14]

[3] 대법원 1990. 2. 13. 선고 89다카23022 판결

하천의 점용허가권은 특허에 의한 공물사용권의 일종으로서 하천의 관리주체에 대하여 일정한 특별사용을 청구할 수 있는 채권에 지나지 아니하고 대세적 효력이 있는 물권이라 할 수 없다.

* 동지 대법원 2015. 1. 29. 선고 2012두27404 판결

점용허가에는 하천의 오염으로 인한 공해, 그 밖의 보건위생상 위해를 방지함에 필요한 부관을 붙일 수 있다(동조 제2항). 점용허가 여부는 하천관리청의 재량에 속하고 재량행위에 있어서는 법령상의 근거가 없어도 부관을 붙일 것인가의 여부는 당해 행정청의 재량에 속하는바, 동항은 부관을 붙일 수 있도록 규정함으로써 논란을 차단하고 있다. 여기서 말하는 부관은 허가의 주된 내용에 부가하여 그 허가의 상대방에게 작위 · 부작위 · 급부 · 수인 등의 의무를 부과하는 이른바, 부담으로 이해된다.

[4] 대법원 2008. 7. 24. 선고 2007두25930 판결

하천점용허가의 부관 제10조에서 정하고 있는 '점용기간 만료 또는 점용을 폐지하였을 때에는 즉시 원상복구할 것'의 의미는 하천부지에 대한 점용기간 만료시 그에 관한 개간비보상청구권을 포기하는 것을 조건으로 하여 하천점용허가를 한 것으로 해석함이 상당하다.

하천관리청이 하천점용허가를 하고자 할 경우에는 다음의 사항을 고려하여야 한다: ① 제13조에 따른 하천의 구조 · 시설 기준에의 적합 여부; ② 하천기본계획에의 적합 여

13) 대법원 2003. 12. 12. 선고 2003두8036 판결; 대법원 2011. 1. 13. 선고 2009다21058 판결 참조.
14) 대법원 2014. 10. 10. 선고 2014마1404 결정.

부; ③ 공작물의 설치로 인근 지대에 침수가 발생하지 아니하도록 하는 배수시설의 설치 여부; ④ 하천수 사용 및 공작물 설치 등으로 하천시설에 미치는 영향(동조 제3항). 점용허가 시 고려사항에 수질 및 수생태계 오염 등 수질관리를 염두에 두고 있지는 않다. 차제에 점용허가 시 고려사항에 수질 및 수생태계 오염을 포함함으로써 수질관리를 포용하는 것도 입법적으로 고려할 필요가 있다. 이는 수량 · 수질의 통합관리에서 나아가 그 동안 수량관리에 치우쳐있던 상황을 수질관리로 방향을 수정한다는 의미를 갖는다.

한편, 동법은 허가거부 사유를 명시하고 있는데, 즉 하천점용허가를 할 때 농약 또는 비료를 사용하여 농작물을 경작하는 행위, 골재채취 등 하천 및 하천시설을 훼손하거나 훼손할 우려가 있는 행위, 가축을 방목하거나 사육하는 행위(「동물보호법」에 따른 등록대상 동물을 위한 운동 · 휴식 시설을 설치하는 경우는 제외), 콘크리트 등의 재료를 사용하여 고정 구조물을 설치하는 행위 등을 하기 위한 경우에는 이를 허가하여서는 아니 된다(동조 제4항). 수질오염, 수생태계 파괴 등은 염두에 두고 있지 않다.

동법은 점용허가를 두는 한편, 기득하천사용자의 보호, 하천점용에 대한 손실보상을 위한 규정을 두고 있는데, 즉 하천관리청은 점용허가를 할 때 이미 점용허가를 받은 자 등 대통령령으로 정하는 하천에 관한 권리를 가진 자[기득하천사용자(旣得河川使用者)]가 그 허가로 인하여 진출입 제한, 환경 피해 등이 생겨 기존의 하천에 관한 권리행사가 현저히 곤란해지는 등 손실을 받게 됨이 명백한 경우에는 해당 신청인으로 하여금 기득하천사용자의 동의를 얻도록 하여야 한다(제34조 제1항). 또한 하천점용허가로 손실을 받은 기득하천사용자가 있는 때에는 그 하천점용허가를 받은 자가 그 손실을 보상하여야 한다(제35조 제1항).

한편, 하천의 점용허가를 받아 하천을 점용하는 자는 그 허가가 실효되거나 점용 또는 사용을 폐지한 때에는 하천을 원상으로 회복시켜야 하고 예외적으로 하천관리청은 그 원상회복의무를 면제할 수 있으며 원상회복의무가 면제된 때에는 그 공작물 또는 그 밖의 물건을 무상으로 국유화 또는 공유화할 수 있다(제48조).

2. 점용료 등

동법은 하천관리청이 하천점용허가를 받은 자로부터 토지의 점용료, 그 밖의 하천사용료를 징수할 수 있도록 법적 근거를 두고 있다(제37조 제1항).

Ⅶ. 재해방지시설의 설치

다음의 어느 하나에 해당하는 댐 또는 하구둑 등(댐등)의 설치자 또는 관리자는 그 댐등으로 인한 재해발생을 방지하거나 줄이는 데 필요한 시설을 설치하고 그 밖에 필요한 조치를 하여야 한다: ① 하천의 유수를 저류(貯溜)하거나 취수(取水)하기 위하여 설치한 댐으로서 기초지반부터 댐마루까지의 높이가 15미터 이상이거나 총 저수용량이 2천만 세제곱미터 이상인 댐; ② 하구둑; ③ 하구 부근의 해수면에서 하천의 유수를 저류하는 공작물; ④ 운하(제39조 제1항).

Ⅷ. 홍수조절을 위한 조치

동법은 댐등의 설치자 또는 관리자가 홍수에 대비하여 댐의 저수를 방류하려는 때에는 환경부장관의 승인을 얻도록 하고(제41조 제1항), 하천관리청이 홍수로 인한 재해의 발생을 방지하거나 줄이기 위하여 긴급한 조치가 필요한 때에는 그 수계에 관한 하천의 상황을 종합적으로 고려하여 댐등의 설치자 또는 관리자에 대하여 필요한 조치를 명할 수 있도록 하되 환경부장관으로 하여금 미리 하천관리청인 시 · 도지사와 협의한 경우에는 시·도지사가 할 조치명령을 직접 할 수 있도록 함으로써(동조 제2항), 일정한 범위 내에서 환경부에 홍수조절을 위한 역할과 기능을 부여하고 있다.

Ⅸ. 하천환경의 보전 · 관리

1. 자연친화적인 공법의 사용

하천관리청 또는 하천관리청이 아닌 자는 하천공사 등을 시행하는 경우에는 자연친화적인 공법을 사용하여야 한다(제43조).

2. 보전지구 등의 지정 · 관리

하천관리청은 하천기본계획을 수립하는 경우에 하천구역 안에서 하천환경 등의 보전 또는 복원이나 하천공간의 활용 등을 위하여 필요한 경우에는 보전지구 · 복원지구 및 친수지구를 지정할 수 있으며(제44조), 지정된 보전지구와 복원지구 안에서는 하천환경 등을 보전하거나 복원하는 사업을 시행할 수 있다(제45조).

3. 하천 안에서의 금지행위

누구든지 정당한 사유 없이 하천에서 다음의 어느 하나에 해당하는 행위를 하여서는 아니 된다: ① 하천의 유수를 가두어 두거나 그 방향을 변경하는 행위; ② 하천시설을 망가뜨리거나 망가뜨릴 우려가 있는 행위; ③ 토석 또는 벌목된 나무토막 등을 버리는 행위; ④ 하천의 흐름에 영향을 미치는 부유물이나 장애물을 버리는 행위; ⑤ 하천을 복개하는 행위. 다만, 하천기본계획에서 정하는 경우로서 도로의 교량을 설치하는 경우는 제외한다; ⑥ 하천의 이용목적 및 수질상황 등을 고려하여 시 · 도지사가 지정·고시하는 지역에서 행하는 야영행위 또는 취사행위, 하천을 오염시키는 낚시행위; ⑦ 그 밖에 하천의 흐름에 지장을 주거나 하천을 오염시키는 행위로서 대통령령으로 정하는 행위(제46조).

4. 하천의 사용금지

하천관리청은 하천공사, 하천의 보전 및 하천환경 등을 고려하여 필요하다고 인정되는 때에는 구간을 정하여 하천의 사용을 금지하거나 제한할 수 있다(제47조).

5. 원상회복의무

제30조 또는 제33조에 따라 하천을 점용 또는 사용하는 자 및 제50조에 따라 하천수를 사용하는 자는 그 허가가 실효되거나 점용 또는 사용을 폐지한 때에는 하천을 원상으로 회복시켜야 한다(제48조).

6. 하천수 사용 및 배분원칙

하천수는 타인의 권리와 공공의 이익을 침해하지 아니하고 물 관리에 지장이 없는 범위 안에서 사용되어야 하며, 모든 국민이 그 혜택을 고루 향유할 수 있도록 배분되어야 한다(제49조 제1항). 동법은 특히 가뭄의 장기화 등으로 하천수 사용 허가수량을 조정하지 아니하면 공공의 이익에 해를 끼칠 우려가 있는 경우 용수배분의 우선순위를 생활용수 → 공업용수 → 농업용수 → 그 밖의 용수 순으로 정하고 있다(동조 제2항, 시행령 제54조).

Ⅹ. 허가수리권

동법에서는 생활 · 공업 · 농업 · 환경개선[15] · 발전 · 주운(舟運) 등의 용도로 하천수를 사용하려는 자는 대통령령으로 정하는 바에 따라 환경부장관의 허가를 받아야 한다고 규정하는 한편(제50조 제1항),[16] 하천수 이용과 관련하여 하천수의 공적 성격을 강조하면서 그에 따른 제한 가능성을 인정하고 있다(동조 제3항, 제47조). 또한 동법에서는 하천수 사용 및 배분의 원칙(제49조), 하천유지유량(제51조), 하천수 사용의 조정(제53조), 하천수 분쟁조정(제54조 이하) 등 수리권과 관련한 규정을 두고 있다. 그러나 수리권의 개념, 법적 성격, 주체, 종류, 내용, 범위, 성립, 소멸 등에 대하여 명확한 입장을 취하고 있지 않다. 한편, 동법은 하천수 분쟁조정의 신청(제54조 제1항) 규정을 통해 기득하천사용자 개념을

15) 이는 2007년 개정 「하천법」에 처음 도입되었는데, 그 개념 정의가 없어 혼란을 부추기고 있다. 예컨대, 인공시설을 통해 물을 공급받아서 하천을 복원하는 경우(예컨대, 청계천) 그 물을 환경개선용수라고 할 수 있는지 분명치 아니하다. 그 결과 '4대강수계법'상 물이용부담금 부과대상이 되는지 논란이 제기될 수 있다. 「하천법」 제51조에서는 하천의 목적용수의 하나로 환경개선용수를 포함하고 있는바, 환경개선용수를 하천유지용수로 볼 경우 부과제외 대상이 된다는 결론에 이르게 될 것이다. 흔히 환경개선용수가 생활환경 내지 사회환경의 개선을 염두에 둔 개념이라는 것이 일반적이다. 권형준, 댐 용수 용도별 이용분야 확대 방안 연구, 한국수자원공사, 2005. 9. 16, 75 내지 76면; 김현준 외 4, 환경생태수리권 및 환경생태유량에 관한 법제연구, 환경부, 2014. 7, 26 내지 29면; 강형식, "수생태 복원 · 관리를 위한 환경생태유량 정책 개선 방향", 물 정책 · 경제 제28호, 2017, 46면. 여기에서 말하는 '환경개선'이란 하천유지유량 이상이 물을 확보하기 위한 취수이거나 하천에서 취수를 해서 다른 하천의 수질이나 친수성을 향상시키기 위한 경우를 말한다는 견해는 이상돈, "우리나라 하천법에서의 하천 유지 유량과 환경개선용수", 중앙법학논문집 제35권 제2호, 2011, 315면.

16) 이 규정(하천수의 사용허가)은 2007. 4. 6. 개정 법에서 신설된 것으로, 기존에는 하천의 점용허가 형식으로 유수의 사용이 허용되었다(구법 제33조). 하천의 점용과 하천수의 사용을 구분한 것은 하천수를 하천의 종물로 보아 관리하던 기존의 방식을 탈피하여 하천수의 독자성을 인정하고 그 특성에 맞는 관리방식을 염두에 둔 것이라고 이해된다.

사용하고 있다. 그러나 기득수리권과의 관계, 기득수리권의 범위 등에 대하여는 규정하고 있지 않다.[17] 기득수리권을 어느 시기의 사용량으로 할 것인지도 불분명하다.

동법은 공유하천의 이용권(수리권)이 행정청의 '허가'에 의해 설정되도록 하고 있는 바,[18] 이를 통하여 취수 · 사용량에 대한 제한이 이루어지게 된다.

[5] 대법원 2018. 12. 27. 선고 2014두11601 판결

하천법 제50조에 의한 하천수 사용권은 하천법 제33조에 의한 하천의 점용허가에 따라 해당 하천을 점용할 수 있는 권리와 마찬가지로 특허에 의한 공물사용권의 일종으로서, 양도가 가능하고 이에 대한 민사집행법상의 집행 역시 가능한 독립된 재산적 가치가 있는 구체적인 권리라고 보아야 한다. 따라서 하천법 제50조에 의한 하천수 사용권은 공익사업을 위한 토지 등의 취득 및 보상에 관한 법률 제76조 제1항이 손실보상의 대상으로 규정하고 있는 '물의 사용에 관한 권리'에 해당한다.[19]

동법은 수리권을 하천수를 사용하는 권리에 한정하고 있으므로 「하천법」상의 하천[20]이 아닌 소하천[21]과 하천과 관련이 없는 또는 하천에 설치되지 아니한 연못이나 저수지, 보,[22] 양수장, 유지(웅덩이) 등에 물을 저장하고 그로부터 취수 · 사용하는 것은 허가수리권 허가의 대상이 되지 않는다. 그러나 이와 같이 하천수와 무관한 물의 용수는 민법상의 공유하천용수권[23] 내지 관행수리권(제234조)[24]의 범주 내에 들 수 있다. 공유하천용수

17) 법원은 일찍이 기득수리권 개념을 인정한바 있다. 대법원 1964. 11. 24. 선고 64다790 판결. 이른바, '서울시 물값 소송'에서는 기득수리권이 크게 쟁점이 되었다. 대법원 2011. 1. 13. 선고 2009다21058 판결.

18) 허가의 법적 성질은 특허로 이해된다. 이종영, "서울시와 K-water 간 물값분쟁에 대한 대법원 판례", 물 정책 · 경제 연구, 2011, 68면; 대법원 2018. 12. 27. 선고 2014두11601 판결(판례 [1]).

19) 甲주식회사가 한탄강 일대 토지에 수력발전용 댐을 건설하고 한탄강 하천수에 대한 사용허가를 받아 하천수를 이용하여 소수력발전사업을 영위하였는데, 한탄강 홍수조절지댐 건설사업 등의 시행자인 한국수자원공사가 댐 건설에 필요한 위 토지 등을 수용하면서 지장물과 영업손실에 대하여는 보상을 하고 甲회사의 하천수 사용권에 대하여는 별도로 보상금을 지급하지 않자 甲회사가 재결을 거쳐 하천수 사용권에 대한 별도의 보상금을 산정하여 지급해 달라는 취지로 보상금증액 소송을 제기한 사안에서, 甲회사의 하천수 사용권에 대한 '물의 사용에 관한 권리'로서의 정당한 보상금액은 어업권이 취소되거나 어업면허의 유효기간연장이 허가되지 않은 경우의 손실보상액 산정 방법과 기준을 유추적용하여 산정하는 것이 타당하다고 본 사례. 이와 관련해서 하천수 사용허가로 인한 법적 지위는 원칙적으로 처분권이 인정되지 않는다는 점에서 헌법상 재산권으로서의 개념적인 요건을 충족하지 못하고, 하천관리청이 하천수 사용허가를 하는 경우 신청인의 입장에서 자기기여금이 없는 점 등을 들어 하천수 사용허가의 재산적 권리성을 부인하는 견해가 있다. 김성수, "하천수 이용권 법적 성질", 판례백선, 박영사, 2019, 180면.

20) 「하천법」상 '하천'이란 "지표면에 내린 빗물 등이 모여 흐르는 물길로서 공공의 이해에 밀접한 관계가 있어 제7조 제2항 및 제3항에 따라 국가하천 또는 지방하천으로 지정된 것을 말하며, 하천구역과 하천시설을 포함한다"(제2조 제1호).

21) 「소하천정비법」에서는 '소하천'을 "「하천법」의 적용 또는 준용을 받지 아니하는 하천으로서 제3조의 규정에 의하여 그 명칭과 구간이 지정 · 고시된 것을 말한다"고 개념정의하면서(제2조 제1호), 소하천구역안에서 유수의 점용을 하고자 하는 자로 하여금 행정안전부령이 정하는 바에 의하여 관리청의 허가를 받도록 하고 있다(제14조). 시행령에서는 "영농의 목적으로 유수 및 토지를 관습적으로 점용하거나 소하천부속물 또는 기타 공작물을 임시로 설치하는 경우"를 허가 예외의 경우의 하나로 정하고 있다(제11조).

22) 「하천법」은 '보'를 하천시설의 하나로 포함하고 있지만 그 정의나 법적 지위에 대한 규정을 두고 있지 않다. 「댐건설 · 관리 및 주변지역지원 등에 관한 법률」은 댐을 개념 정의하고 법적 지위와 댐과 관련한 법률관계(관리, 댐사용권의 설정, 사용료 등)를 규정하고 있으나 보에 대해서는 일체 언급이 없다.

23) 민법 제221조 내지 제236조는 물에 대한 이용관계를 규율하고 있다. 특히 민법 제231조는 공유하천용수권에 대하여 규

권에서 다루는 공유하천이 「하천법」상의 하천과 일치하지 않기 때문이다. 허가수리권의 범주에는 지하수와 해수용수권도 포함되지 않는데, 이는 문제점으로 지적할 수 있다.25)

「하천법」상의 허가수리권 규정은 민법상의 공유하천용수권 내지 관행수리권 규정(제231조 내지 제234조)과 충돌할 수 있다. 민법의 특별법이라고 할 수 있는 「하천법」 규정이 우선 적용됨으로써 「하천법」 시행 이후에는 동법에 의해 용수권을 취득하기 위하여는 허가가 필요하기 때문이다. 「하천법」 시행 이후에는 결과적으로 동법에 의하여 허가를 받지 않는 한, 예전의 농경사회의 관습을 정당화할 수 없기 때문에 새로운 공유하천용수권 내지 관행수리권의 성립이 인정될 수 없을 것이다.26) 말하자면 공유하천용수권 내지 관행수리권은 「하천법」이 시행되기 전(1962. 1. 1. 이전)의 '기득수리권'으로서의 의미로 존재할 뿐이다.

또한 공유하천용수권에서 다루는 공유하천이 「하천법」상의 하천과 일치하지 않은 결과, 현행 「하천법」상 하천으로 분류되지 않는 소하천, 개천, 도랑, 한국농어촌공사의 관리지역 외의 상류 저수지 등으로부터 물을 사용하는 것은 민법상의 공유하천용수권의 범주에 들어 제한된 범위 내에서 여전히 의미를 갖는다고 할 수 있다. 「소하천정비법」에서는 '소하천'을 "「하천법」의 적용 또는 준용을 받지 아니하는 하천으로서 제3조의 규정에 의하여 그 명칭과 구간이 지정 · 고시된 것을 말한다"고 개념정의하면서(제2조 제1호), 소하천구역 안에서 유수의 점용을 하고자 하는 자로 하여금 관리청의 허가를 받도록 하고 있다(제14조).27) 결국 「하천법」상의 하천 이외의 수자원에 대한 사용은 민법이나 「소하천정비법」의 규정이 여전히 적용될 수 있을 것이다.

한편, 법원은 「하천법」상의 허가수리권 규정에도 불구하고 민법상의 공유하천용수권을 관행수리권으로 인정함으로써 기득수리권을 보장하고 있다.28) 이에 따르면 「하천법」

정하고 있다. 즉 "공유하천의 연안에서 농, 공업을 경영하는 자는 이에 이용하기 위하여 타인의 용수를 방해하지 아니하는 범위 내에서 필요한 인수를 할 수 있다(제1항)." 동조 제2항은 "전항의 인수를 하기 위하여 필요한 공작물을 설치할 수 있다"고 규정하고 있다. 이는 오랫동안 촌락공동체 사회에서 물의 사실적 지배를 통해 관습적으로 인정되어 온 권리를 입법화 한 것이다. 이들 규정은 농업용수 이외의 다양한 용수, 예컨대, 유지용수, 생활용수, 환경용수 등을 다루지 않기 때문에 공유하천용수권은 사실상 농업용수 수리권을 규율한다고 할 수 있다.

24) 민법은 용수권의 내용을 모두 성문화할 수 없기 때문에 용수권에 관한 다른 관습이 있으면 그 관습에 의한다고 규정함으로써(제234조), 이른바 '관행수리권'을 인정하고 있다. 관행수리권은 농업용수의 취수와 관련하여 상당히 중요한 의미를 갖고 있으나 그 내용은 너무나 불분명하고, 지역 사회 및 사안마다 다를 수밖에 없다. 그 내용은 종국적으로 법원에 의하여 결정될 것이지만 가변적인 요소가 많기 때문에 법적 지위는 불안정하다고 할 수 있다.

25) 예종덕, "수리권에 관한 연구", 단국대학교 법학논총 제15집, 1989, 6면; 전일주, "수리권에 관한 연구", 산업과학기술연구소보 제2호, 1995, 180면.

26) 윤태영, "민법상 공유하천용수권에 대한 재해석", 중앙법학 제8집 제1호, 2006. 4, 440면; 배성호, "수리권의 본질에 관한 민법적 접근 —관행수리권 주체의 기능적 분화와 구조를 중심으로—", 물 정책경제연구 제2권 제2호, 2009, 440면.

27) 「하천법」과 달리 「소하천정비법」에서는 (소)하천수 사용허가의 형식이 아니라 소하천의 점용허가의 형식으로 유수의 점용(사용)이 이루어지고 있다.

28) "농지소유자들이 수백년 전부터 공유(公有)하천에 보를 설치하여 그 연안의 논에 관개를 하여 왔고 원고도 그 논 중 일부를 경작하면서 위 보로부터 인수(引水)를 하여 왔다면, 공유하천으로부터 용수를 함에 있어서 하천법에 의하여 하천관리청으로부터 허가를 얻어야 한다고 하더라도 그 허가를 필요로 하는 법규시행 이전부터 원고가 위 보에 의하여 용수할 수 있는 권리를 관습에 의하여 취득하였음이 뚜렷하므로 원고는 하천법에 관한 법규에 불구하고 그 기득권이 있는 것이

시행 전에 이미 하천에서 용수를 하고 있었다면 허가가 필요 없이 관행수리권으로 인정되는데, 문제는 관행수리권의 주체, 성립, 범위, 효력 등이 명확하지 않다는 것이다. 그 결과 물 이용과 관련한 분쟁이 발생할 수밖에 없다. 한편, 「하천법」에서는 국가수자원관리위원회의 심의를 거쳐 수리권의 조정, 기득수리권과의 조정을 허용하고 있는바(제53조, 제54조), 조정 원칙이나 기준 등이 마련되어 있지 않아 갈등이 발생할 가능성이 있다. 결국 분쟁해결을 막기 위해서는 공유하천용수권의 내용을 분명히 하고, 「하천법」 규정과의 관계를 분명히 정립하고, 분쟁 해결의 원칙이나 기준을 수립하는 것이 필요하다.

현행 법체제상의 수리권 개념은 여러 법에 산재해 있고 그 내용이 혼란스럽고 모호한 부분이 많다고 할 수 있다. 특히 민법상의 공유하천용수권 내지 관행수리권은 전통적인 농업사회에 바탕을 두고 형성 · 발전된 규범으로서 시대에 크게 뒤떨어져 있으며, 지나치게 불명확하다. 민법상의 수리권은 물이 풍부하고 수질오염 문제가 심하지 않았던 소박한 농경시대에나 어울리는 시대에 뒤떨어진 제도라고 할 수 있다. 이러한 관점에서 민법상의 수리권 규정은 발전적 해체를 할 필요가 강하다. 이들 수리권 규정은 복잡하고 많은 분쟁과 갈등을 유발할 수 있는 수리권을 다루기에는 지나칠 정도로 단순하다. 수리권의 개념, 법적 성격, 주체, 내용, 범위, 효력, 성립, 소멸 등에 대하여 침묵하거나 불분명하다. 공유하천용수권, 허가수리권, 댐사용권 등 사이의 관계는 모호하고 중복되는 측면이 많다.[29] 수리권 분쟁 해결을 위한 원칙이나 기준은 미비한 상태이다.

나아가 이들 수리권은 지표수에 국한되고 지하수에 대해서는 다루고 있지 않다는 공통적인 문제를 지니고 있다. 이러한 문제점들은 수리권의 안정적 확보를 해치고 불필요한 갈등과 분쟁, 그리고 이를 해결하기 위한 많은 사회적 비용을 수반하게 된다. 이에 법 · 제도적 정비 · 개선을 통하여 수리권 개념을 확립하고 그 요건, 내용, 범위 등을 명확히 할 필요가 있다. 이러한 노력은 분쟁해결의 실마리를 제공할 것이며, 선진적인 물관리체제의 확립을 앞당길 것이다. 통합의 큰 흐름에서 수리권의 통합도 비켜갈 수 없을 것이다.

가칭, 수리권법의 제정은 통합물관리의 일환으로 이루어지는 것이다. 통합물관리의 근저에는 물의 효율적이고 체계적인 관리가 담겨져 있기 때문에 수리권 문제는 통합물관리를 푸는 중요한 열쇠가 된다. 통합물관리를 위해서는 법제도의 개편이 필수적이다. 그것은 기존 산재한 수리권법제의 확대, 통합이 될 수밖에 없다.[30] 이는 기존 「하천법」상의 수리권 개념, 내용을 주축으로 하되 민법상의 공유하천용수권, 관행수리권 등의 폐지,

---

다." 대법원 1972. 3. 31. 선고 72다78 판결. "구하천법 제26조에 의하여 관리청의 허가가 필요하다고 하여도 그 허가를 필요로 하는 법규의 시행 전에 축보 기타 설비에 의하여 인수할 수 있는 권리가 관습에 의하여 이미 인정된 이상 위의 하천에 관한 법규로 인하여 그 기득권이 아무런 영향을 받지 않는다." 대법원 1964. 11. 24. 선고 64다790 판결.

29) 문현주, 합리적인 수리권 및 수자원에의 기여와 보상체계 연구, 한국환경정책 · 평가연구원, 2009, 28 내지 29면.

30) 수리권의 통합방안에 대하여 자세한 내용은 김홍균, "통합물관리를 위한 대응방안: 수리권법의 제정", 공법연구 제47권 제1호, 2018, 353면 이하 참조.

그리고 댐사용권, 농어촌용수 수리권 등의 포섭을 의미하는 방대한 작업이다. 나아가 중·장기적으로는 소하천, 보의 물, 농업용수, 해수 등 다양한 용수를 포섭하기 위해 정부조직과 관련 법의 개편이 필요한 어려운 작업이다.

한편, 현행 허가수리권체제에서는 하천수 사용허가를 받은 자에게 사용료를 징수할 수 있다는 법적 근거를 두고 있다(「하천법」 제50조 제7항). 이에 따르면 징수권자는 사용허가권자(환경부장관)와 달리 시 · 도지사이다. 하천수사용료의 용도별 단가는 생활용수 또는 공업용수는 「한국수자원공사법」 제16조 제2항에 따라 환경부장관이 승인한 요금, 농업용수와 발전용수는 63.3원(각 100,000㎥, 10,000㎥당)이다(시행령 제57조 제3항, 별표 3의2). 다만 다음의 경우에는 하천수사용료가 면제된다: ① 하천관리청이 하천수사용허가의 기준이 되는 유량범위에서 소관 하천의 유지 · 보수 등 하천관리를 목적으로 하천수를 사용하는 경우; ② 하천수 사용자가 한국수자원공사에 사용료를 내는 경우; ③ 하천수 사용자가 한국농어촌공사에 용수사용료를 내는 경우(시행령 제58조 제2항).

수리권의 핵심은 물 사용에 대한 허가와 비용부담이라고 할 수 있으며, 환경비용의 내부화 또는 수익자 부담의 원칙에 충실하여야 한다는 차원에서 자연스러워 보인다. 문제는 하천수 사용 중 농업용수가 가장 큰 비중을 차지하는 상황에서[31] 농업용수가 면제됨으로써 수익자부담의 원칙이나 물 사용에는 공짜가 없다는 원칙에 부합하지 않는 측면이 발생하고 있다는 것이다. 이러한 관점에서 하천수를 농업용수로 사용하는 자를 물이용부담금 부과대상자에서 제외하고 있는 것[32]에 대한 시정을 검토하여야 한다. 전면적으로 취수부담금[33]을 도입할 경우 발생할 수 있는 물이용부담금, 댐용수사용료 등과 중복의 문제도 해결해야 할 것이다.

최근 기후변화로 인한 집중호우, 극심한 가뭄 등으로 하천수위와 유량의 변동성이 크고, 녹조 · 유류오염 등이 발생할 경우 하천수 사용에 장애가 발생할 우려가 있어 안정적으로 공급하기 위해서는 보의 기준수위를 조절하여 운영할 필요가 있다. 그러나 기존 하천수의 사용허가를 받아 운영하고 있는 취수장 · 양수장의 취수구 위치는 대부분 관리수위에 맞춰 설치되어 있어 하천수위가 관리수위보다 낮아지는 경우 탄력적으로 대응하기 어려운 문제가 발생할 수 있다. 하천수 사용을 하려는 자로 하여금 환경부장관의 허가를 받도록 하는 것만으로는 이러한 문제를 해결하는 데 한계가 있는바, 하천수를 하천수위 변화와 관계없이 안정적으로 공급하기 위해서는 취수구 위치를 하향 조정하는 등 조치가 필요해 보인다.

이러한 점을 인식하고 2022. 6. 10. 개정 법은 환경부장관이 하천수 사용 허가 또는

31) 농업용수는 전체 용수 중 약 53%를 차지하고 있다. 김성준, “농업용수와 수리권”, 한국농공학회지 제41권 제2호, 1999. 4, 12면.

32) 한강수계법 제19조 제2항, 낙동강수계법 제32조 제2항, 영산강 · 금강수계법 제30조 제2항.

33) 취수부담금제도에 대하여 자세한 내용은 문현주(각주 29), 88 내지 89면, 105면 이하.

변경허가 시 하천수 사용 · 관리에 지장이 없도록 취수시설의 설치 · 개선 등에 관한 조건을 붙일 수 있도록 함으로써(제50조 제4항), 취수시설 개선을 유도할 수 있는 근거를 마련하고 있다, 아울러 지방자치단체 또는 공공기관이 설치 · 관리하는 시설과 그 밖에 공익상 필요하다고 인정되는 경우에는 그 시설의 개선에 필요한 비용의 전부 또는 일부를 지원할 수 있도록 하고 있다(동조 제5항).

XI. 일시적 하천수의 사용신고

하천수 사용허가 대상 중 소방 · 청소 · 비산먼지 제거 · 가뭄 시 농업용수 공급 등의 일시적 작업용도로 하천수를 사용하려는 자는 미리 환경부장관에게 신고하고 하천수를 사용할 수 있다(제50조의2 제1항). 환경부장관은 다음의 어느 하나에 해당하는 경우에 취수량과 기간 제한, 취수지점의 조정, 사용중지 등 필요한 조치를 할 수 있다: ① 하천수를 오염시키거나 유량감소를 유발하여 자연생태계를 해칠 우려가 있는 경우; ② 하천수의 적정관리 또는 도시·군관리계획, 그 밖에 공공사업에 지장을 주는 등 다른 공익을 해할 우려가 있는 경우; ③ 하천수의 취수로 인근 지역의 시설물의 안전을 해칠 우려가 있는 경우; ④ 그 밖에 하천수의 보전을 위하여 필요하다고 인정되는 경우로서 대통령령으로 정하는 경우(동조 제2항).

XII. 하천유지유량

환경부장관은 생활 · 공업 · 농업 · 환경개선 · 발전 · 주운 등의 하천수 사용을 고려하여 하천의 정상적인 기능 및 상태를 유지하기 위하여 필요한 최소한의 유량(하천유지유량)을 정하여 국가수자원관리위원회의 심의를 거쳐 이를 고시하여야 하며(제51조 제1항), 하천유수의 상황을 대표할 수 있는 주요 지점(기준지점)을 하천별로 선정하여 기준지점별로 하천유지유량을 정하여야 한다(동조 제2항).

그러나 환경개선용수 개념은 명확치 않으며, 하천유지유량의 개념은 「물환경보전법」상의 환경생태유량[34]과 유사하거나 중복되는 측면도 있다. 환경개선용수가 자연환경 또는 수생태계의 보호도 염두에 둔 개념이라면 수생태계의 보호 측면에서 발전한 개념이라고 할 수 있는 환경생태유량을 내포하기 때문이다. 환경개선용수가 생활환경을 염두에 둔다고 하더라도 생활환경이 자연환경과 완전히 동떨어진 것이라고 할 수 없고 가뜩이나 물관리일원화에 따라 환경부장관이 하천유지유량과 환경생태유량 모두에 대해 설정 권한을 갖게 됨에 따라 양자의 통합·조정은 불가피해 보인다.[35]

---

34) 이에 따르면 환경부장관은 수생태계 건강성 유지를 위하여 필요한 최소한의 유량(환경생태유량의 확보를 위하여 하천의 대표지점에 대한 환경생태유량을 국토교통부장관과 공동으로 정하여 고시할 수 있다(제22조의3 제1항). 국토교통부장관은 「하천법」상 하천유지유량을 정하는 경우 환경생태유량을 고려하여야 한다(동조 제2항).

XIII. 하천수 사용관리

대통령령으로 정하는 하천수 사용자는 그 사용량을 확인할 수 있는 계측시설을 설치하고 환경부령으로 정하는 사항을 기록하여 보관하여야 한다(제52조 제1항). 환경부장관은 하천관리에 필요한 경우 「하수도법」에 따라 공공하수도를 운영·관리하는 자에게 하천으로 방류하는 방류수량에 관한 자료의 제출을 요청할 수 있다(동조 제2항). 한편, 하천수 사용자는 그 사용계획 및 사용실적을 환경부장관에게 통보하여야 한다(동조 제3항).

XIV. 하천수 사용의 조정

환경부장관은 하천수의 상태가 다음의 어느 하나에 해당하여 하천수의 적정관리에 지장을 줄 경우에는 국가수자원관리위원회의 심의를 거쳐 하천수 사용자의 사용을 제한하거나 허가수량을 조정하는 등 필요한 조치를 할 수 있다: ① 기준지점에서의 하천유지유량 확보가 곤란한 경우; ② 가뭄의 장기화 등으로 하천수 사용 허가수량을 조정하지 아니하면 공공의 이익에 해를 끼칠 우려가 있는 경우; ③ 하천수의 사용자가 유효기간 안에 이를 사용하지 아니하거나 허가수량보다 환경부령으로 정하는 비율 이하로 사용한 경우; ④ 그 밖에 허가된 하천수의 사용이 곤란하게 된 경우(제53조).

XV. 하천수 분쟁조정

다음 각 호의 어느 하나에 해당하는 자는 하천수의 사용에 관한 분쟁이 있는 경우 국가수자원관리위원회에 조정을 신청할 수 있다: ① 댐등의 설치자 또는 관리자; ② 하천수의 사용허가를 받은 자; ③ 기득하천사용자; ④ 하천수의 사용에 이해관계가 있는 지방자치단체(제54조 제1항). 국가수자원관리위원회는 조정신청을 받은 날부터 90일 이내에 이를 심사하여 조정안을 작성하여야 하며(동조 제5항), 지체 없이 각 당사자에게 이를 제시하여야 한다(제56조 제1항). 조정안을 제시받은 당사자는 제시받은 날부터 15일 이내에 그 수락 여부를 국가수자원관리위원회에 통지하여야 한다(동조 제2항). 각 당사자가 조정안을 수락한 때에는 당사자 간에 조정조서와 동일한 내용의 합의가 성립된 것으로 본다(동조 제4항).

동법상 하천수 분쟁과 관련한 조정은 「물관리기본법」상의 물분쟁 조정과 중복되는 측면이 있으므로 그 해소를 위한 입법적 검토가 요망된다. 하천수 분쟁조정 업무와 그 과정에서 중요한 역할을 하는 국가수자원관리위원회가 환경부로 이관된 상태에서 「하천법」에서 하천수 분쟁조정 규정을 삭제하고 그 업무를 국가물관리위원회로 이관하는 것도 입법적으로 검토할 필요가 있다.

---

35) 하천유지유량의 재정립 방안에 대하는 김홍균(각주 2), 151 내지 153면 참조.

XVI. 손실보상

동법은 타인의 토지에의 출입 등에 다른 처분이나 제한(제75조), 하천공사, 공익을 위한 처분(제70조), 감독처분(제71조) 등으로 생긴 특별한 희생에 해당하는 손실의 보상에 관한 규정을 두고 있으며(제76조, 제77조), 하천구역(지방하천의 하천구역은 제외)의 결정 또는 변경으로 그 구역 안의 토지, 건축물, 그 밖에 그 토지에 정착된 물건(토지등)을 종래의 용도로 사용할 수 없어 그 효용이 현저하게 감소한 토지등 또는 그 토지등의 사용 및 수익이 사실상 불가능한 토지등의 소유자가 하천관리청에 그 토지등의 매수를 청구할 수 있도록 하고, 매수청구의 절차, 비용부담 등의 관련 규정을 두고 있다(제79조 내지 제81조).

XVI. 폐천부지 등의 관리

동법은 하천공사 또는 홍수, 그 밖의 자연현상으로 하천의 유로가 변경되어 하천구역에서 제외된 토지(폐천부지등, 국유 또는 공유인 토지에 한정)가 발생한 경우 그 관리를 위한 규정을 두고 있다. 이에 따르면 폐천부지등은 치수 및 하천환경보전 등의 목적에 우선적으로 활용하여야 하며(제84조), 치수 및 하천환경보전 등의 목적으로 활용할 필요가 없는 경우, 국유재산 또는 공유재산으로 둘 필요가 없는 경우 등에는 교환 또는 양여할 수 있도록 하고 있다(제85조).

제 4 절 수자원의 조사 · 계획 및 관리에 관한 법률

물관리일원화의 일환으로 2018년 6월 기존 국토교통부에서 환경부로 이관된 「수자원의 조사 · 계획 및 관리에 관한 법률」(수자원법)이 새삼 조명을 받고 있다. 2017. 1. 17. 제정된 동법은 수자원의 효율적 보전 · 이용 · 개발 및 물 관련 재해의 경감 · 예방을 위하여 수자원의 조사, 수자원계획의 수립 · 집행 및 수자원 관리의 효율화에 필요한 사항을 정하는 것을 목적으로 하고 있다. 부연하면 동법은 하천 · 댐 · 지하수 등 특정 시설 · 공간 위주로 시행되고 있는 수자원의 조사, 수자원계획의 수립 · 집행 및 수자원 관리 효율화 업무를 전 국토 공간에 대하여 체계적 · 통합적으로 시행하도록 함으로써 수자원을 과학적으로 관리하고 홍수 · 가뭄 등 물 관련 재해로부터 안전한 국민생활환경을 조성할 수 있도록 하려는 것이다. 수량과 수질, 지표수와 지하수 등의 통합을 핵심으로 하는 통합물관리에서 그 출발점은 수자원에 대한 통합적인 조사, 계획, 관리라고 할 수 있다. 이러한 관점에서 수자원법의 중요성은 아무리 강조하여도 지나침이 없다. 동법의 규제대상은 '수자원'이다. 동법상 '수자원'이란 인간의 생활이나 경제활동 및 자연환경 유지 등을 하는

데 이용할 수 있는 자원으로서의 물을 말한다(제2조 제1호). 그러나 동법의 상당 부분이 통합물관리 차원에서 2018. 6. 12. 제정된 「물관리기본법」의 내용과 중복되고(예컨대, 수자원계획, 수자원 정보체계의 구축 · 운영, 수자원관리위원회), 법체계의 정합성에 부합하지 않거나 수질 및 수생태계에 대한 고려가 미흡한 부분이 있어 두 법의 통합이나 조정이 검토되어야 할 것이다.

Ⅰ. 수자원의 조사 등

동법은 환경부장관으로 하여금 하천유역의 관리 및 국가개발계획의 수립 등에 필요한 정보 제공을 위하여 하천유역조사를 하도록 하고 있다(제6조). 조사대상에는 하천유역의 특성, 이 · 치수현황, 하천 환경 등이 포함되는바, 수질 및 수생태계에 대한 고려는 미흡해 보인다. 또한 동법은 홍수와 물 부족으로 인한 피해에 대비하기 위하여 홍수피해 · 가뭄상황조사, 홍수 · 갈수예보에 대한 법적 근거를 두고 있다(제7조, 제8조). 한편, 환경부장관은 하천유역 · 호수 · 늪의 물순환[1] 구조 파악, 수자원에 관한 계획의 수립 등을 위하여 수문조사[2]를 하고, 10년 단위의 수문조사기본계획을 수립 · 시행하여야 한다(제9조 제1항 · 제2항). 나아가 동법은 수문조사의 시행을 위하여 수문조사 자료를 안정적으로 생산 · 제공하는 수문조사 전담기관을 지정하고, 수문조사 업무를 수행할 수 있도록 규정하며(동조 제5항), 수문조사 전담기관 운영에 필요한 경비를 위한 출연 근거를 마련하고 있다(동조 제6항). 나아가 환경부장관은 수문조사시설을 설치하고 유지 · 관리할 의무가 있다(제13조). 한편, 2023. 1. 3. 개정 법은 효과적인 수자원 관리 및 수자원 관련 재해의 감시를 위한 수자원위성 관측망의 구축 및 관측 정보의 수집·활용에 대한 법적 근거를 마련하고 있다(제13조의2). 수자원의 조사 관련 규정은 물관리의 출발점이 된다는 차원에서 중 · 장기적으로 법체계상 상위법이면서 기본법인 「물관리기본법」으로 이관하는 것을 검토할 필요가 있다.

Ⅱ. 수자원계획의 수립 및 관리

1. 수자원장기종합계획 및 하천유역수자원관리계획

환경부장관은 국가 수자원의 효율적인 이용 및 관리를 위한 20년 단위의 종합계획(수자원장기종합계획)을 수립하여야 하며(제17조), 하천유역 내 수자원의 통합적 개발 · 이용, 홍수예방 및 홍수피해 최소화 등을 위한 10년 단위의 관리계획(하천유역수자원관리계획)을

1) '물순환'이란 강수(降水)가 지표수(地表水)와 지하수(地下水)로 되어 하천 · 호수 · 늪 · 바다 등으로 흐르거나 저장되었다가 증발하여 다시 강수로 되는 연속된 흐름을 말한다(제2조 제2호).

2) '수문조사'란 하천(「하천법」 제2조 제1호에 따른 하천을 말함) · 호수 · 늪의 수위, 유량(취수량, 방류수량을 포함), 유사량(流砂量) 및 하천유역의 강수량, 증발산량(蒸發散量), 토양수분 함유량에 관하여 과학적인 방법으로 관찰 · 측정 · 조사 · 분석하는 것을 말한다. 다만, 「기상관측표준화법」 등 기상 관계 법률에 따른 기상관측은 제외한다(제2조 제3호).

수립 · 시행하여야 한다(제18조). 한편, 환경부장관은 둘 이상의 시 · 군 · 자치구를 관통하여 흐르거나 인접하여 흐르는 하천유역, 도시지역을 관통하여 흐르거나 인접하여 흐르는 하천유역에 대하여 침수피해 예방 및 침수피해 최소화 등에 특화된 치수계획(특정하천유역치수계획)을 10년마다 수립 · 시행할 수 있다(제20조).

2. 지역수자원관리계획

동법은 시 · 도지사가 관할구역 내 수자원의 통합적인 개발 · 이용, 하천환경의 개선, 홍수예방 및 홍수피해 최소화 등을 위한 10년 단위의 관리계획(지역수자원관리계획)을 수립 · 시행할 수 있는 근거를 마련하고 있다(제19조).

3. 수자원계획의 적기 시행을 위한 조치

동법은 환경부장관, 시 · 도지사 및 관계 행정기관의 장에게 수자원장기종합계획, 하천유역수자원관리계획, 지역수자원관리계획 및 특정하천유역치수계획의 적기 시행을 위하여 노력 · 협조할 의무를 부과하고, 환경부장관으로 하여금 계획의 적기 시행을 위하여 시 · 도지사 및 관계 행정기관의 장에게 필요한 조치를 요청하거나 권고할 수 있도록 하고 있다(제21조).

4. 다른 법령에 따른 계획과의 관계

수자원계획은 「국토기본법」 및 「국토의 계획 및 이용에 관한 법률」에 따른 국토종합계획, 도시 · 군기본계획 등과 조화되어야 한다(제22조).

Ⅲ. 수자원 관리의 효율화

국가 및 지방자치단체는 사용가능한 용수(用水)의 부족에 대비하여 바닷물의 민물화, 지하수 인공함양(人工涵養), 빗물 활용 등의 방법으로 대체 · 보조 수자원의 개발 · 활용을 위하여 노력하여야 한다(제23조). 환경부장관은 수자원시설[3]의 용수공급능력, 홍수조절능력 등을 주기적으로 재평가하고 수자원 관련 정책 수립에 활용하여야 하며(제24조), 수자원과 관련된 자료의 효율적 관리를 위하여 수자원 정보체계를 구축 · 운영할 수 있다(제25조). 나아가 동법은 수자원 관리의 효율화, 국제화 등을 위하여 환경부장관으로 하여금 수자원 관리기술의 실용화 · 산업화 추진, 국제협력 및 인력 양성 업무를 할 수 있도록 하고 있다(제26조 내지 제28조).

---

3) '수자원시설'이란 수자원의 보전 · 이용 및 개발과 재해의 경감 · 예방을 위하여 설치하는 다음의 시설을 말한다: ① 제방 · 하구둑 · 홍수조절지 · 방수로 등 하천의 기능을 보전하고 효용을 증진하며 홍수피해를 줄이기 위하여 설치하는 시설; ② 댐, 보(洑), 해수담수화 시설 및 지하수자원확보 시설 등 수자원의 종합적인 이용 · 개발을 위하여 설치하는 시설; ③ ① 또는 ②의 시설과 연계된 친수이용을 위하여 설치하는 시설; ④ 그 밖에 대통령령으로 정하는 시설(제2조 제4호).

Ⅳ. 수자원관리위원회

동법은 국가 수자원정책에 관한 수자원계획의 수립 · 변경에 관한 사항, 수자원 조사 등에 관한 사항을 심의하기 위하여 환경부에 국가수자원관리위원회를 두고(제29조), 지역수자원정책에 관한 수자원계획의 수립 · 변경에 관한 사항 등을 심의하기 위하여 특별시 · 광역시 · 특별자치시 · 도 또는 특별자치도에 지역수자원관리위원회를 두도록 하고 있다(제32조). 그러나 동법에 따른 수자원관리위원회는 「물관리기본법」의 제정에 따른 물관리위원회의 설치에 따라 통합되거나 폐지 · 축소될 운명에 처했다고 예상된다.

제 5 절 댐건설 · 관리 및 주변지역지원 등에 관한 법률

「댐건설 및 주변지역지원 등에 관한 법률」은 댐의 건설 · 관리, 댐건설 비용의 회전활용, 댐건설에 따른 환경대책, 지역주민에 대한 지원 등을 규정함으로써 수자원을 합리적으로 개발 · 이용하여 국민경제의 발전을 도모함을 목적으로 1999. 9. 7. 제정되었다(제1조). 그 양대 축은 댐건설과 주변지역 지원이라고 할 수 있다. 특히 동법은 다목적댐의 건설과 관리에 관한 특례 규정을 두어 「하천법」상의 규정보다 우선 적용하고 있다. 종래 동법은 국토교통부 소관으로 댐 건설을 주도하였으나 2018. 5. 28. 물관리일원화 내지 물통합물관리 차원에서 환경부 소관 법률이 됨으로써 댐의 수질 개선에도 눈을 돌리고 있다.

2021. 6. 15 개정 법은 신규 댐 건설 위주에서 기존 댐의 효율적인 관리로 방향 전환을 꾀하며, 제명도 「댐건설 · 관리 및 주변지역지원 등에 관한 법률」(댐건설관리법)로 바꾸고 댐건설장기계획을 기존 댐의 효율적인 관리와 안정적 운영을 위한 댐관리계획 체제로 개편하는 등 물관리 일원화에 따른 효율적이고 지속가능한 물관리 및 수량 · 수질 · 수생태를 포괄하는 댐관리를 통하여 지속가능한 통합물관리 체계를 구현코자 하고 있다. 댐관리가 환경부 소관으로 이관되는 것에 발맞춰 급격히 주목받고 있는 것은 동법에서 의율하고 있는 수리권의 일종인 댐사용권 및 댐용수사용권과 민법상의 공유하천용수권(제231조 내지 234조) 「하천법」상의 허가수리권(제50조) 등과의 통합 여하다.

1. 댐관리기본계획

동법은 환경부장관으로 하여금 댐관리 및 그 주변지역의 보전을 위하여 댐시설의 관리계획, 댐 저수 운영, 물환경보전계획 및 댐 주변지역 보전 방안 등을 포함하여 10년마다 댐관리기본계획을 수립하도록 하고, 5년마다 계획의 타당성을 검토 · 반영하도록 하고 있다(제4조 제1항 · 제2항). 댐관리기본계획은 환경부장관이 총괄 수립하되, 관계 중앙행정기관이 관리하는 댐에 대해서는 소관별로 수립하여 제출한 댐 관리에 대한 기본계획을 환경부장관이 수립하는 댐관리기본계획에 반영토록 하고 있다(동조 제3항). 댐관리기본계획 수립 대상 댐을 관리하는 자는 댐관리기본계획에 따라 관할 댐에 대한 댐관리세부시행계획을 수립하여 환경부장관의 승인을 받도록 하되, 관계 중앙행정기관이 관할하는 댐에 대해서는 소관 중앙행정기관의 장과 협의 · 수립하고 환경부장관에게 통보하여야 한다(제4조의2).

2. 댐의 관리

댐은 환경부장관 또는 시 · 도지사 등(댐관리청)이 관리하되, 필요한 경우에는 댐사용권자 또는 댐의 설치 · 운영에 관한 업무를 수행하는 공공기관에 댐의 관리를 위탁할 수 있도록 하고 있다(제5조). 댐관리청이나 댐수탁관리자는 댐으로 인하여 발생하는 침수피해, 교통불편 등을 제거하거나 경감하기 위한 사업을 위시하여 댐의 수질을 개선하기 위한 댐 상류지역의 물환경 관리 사업 등을 시행할 수 있다(제9조).

3. 댐관리의 기본원칙

댐의 관리는 홍수 · 가뭄의 예방, 댐의 저수로 인한 공익의 증진, 피해의 제거 또는 경감에 유의하고 댐사용권을 침해하지 아니하도록 적정하게 하여야 한다(제6조).

4. 댐건설의 적정성 검토

댐을 건설하려는 경우에는 댐건설에 관한 계획을 수립하여야 하며, 환경부장관은 댐건설에 관한 계획의 적정성을 검토하고, 지역의견 수렴을 거친 후 하천유역수자원관리계획에 반영하여야 한다(제10조).

5. 기본계획 및 실시계획

동법은 댐건설사업시행자로 하여금 댐건설에 관한 기본계획 및 실시계획을 수립하도록 하고(제11조 내지 제12조), 기본계획이 고시된 때에는 「공익사업을 위한 토지 등의 취득 및 보상에 관한 법률」에 다른 사업인정이 있은 것으로 보며(제15조 제2항), 실시계획이 고시된 때에는 공유수면점용허가 · 농지전용허가 등 관련 인 · 허가가 있은 것으로 본다(제13조).

6. 댐사용권 및 댐용수사용권

동법에서는 다목적 댐의 건설 및 관리에 관한 특례 규정을 두면서 「하천법」상의 허가수리권과는 다른 댐사용권 개념을 도입하고 댐사용권자 또는 댐사용권설정예정권자의 댐저수 사용료 징수근거와 범위를 규정하고 있다. 즉 댐사용권은 다목적댐의 저수를 특정용도에 사용하고자 하는 자의 신청에 의하여 환경부장관이 이를 설정한다(제24조 제1항).[1)]

---

1) 댐사용권 설정행위의 법적 성질은 특허이다. 이종영, "서울시와 K-water 간 물값분쟁에 대한 대법원 판례", 물 정책 · 경제 연구, 2011, 60면; 김성수, 수법연구, 신조사, 2013, 84면; 전경운, "수리권의 종류와 수리권 통합 논의에 대한 재검토", 경희법학 제55권 제3호, 2020, 203면.

댐사용권자 또는 댐사용권설정예정자는 당해 댐의 저수(貯水)[2]를 사용하는 자로부터 사용료를 받을 수 있다. 다만, 댐건설 이전에 「하천법」 제50조에 따른 하천수의 사용허가를 받아 하천의 물을 사용하는 경우에는 사용료를 받지 아니한다(제35조 제1항). 댐의 저수를 사용하려는 자는 댐사용권자 등과의 용수계약[3]을 통해 사용료를 지급하면서 이를 이용할 수 있으며, 그 사용료는 댐사용권자 또는 댐사용권설정예정자가 부담한 금액 또는 납부한 금액의 범위에서 댐의 저수를 사용하는 자가 사용하는 수량 등을 고려하여 정해진다(동조 제2항). 대표적인 댐사용권자가 바로 「한국수자원공사법」에 따른 한국수자원공사이다. 한국수자원공사는 생활 · 공업용수부문 댐사용권자로서 부담한 댐건설비용과 관리비용을 회수하기 위하여 동법 제15조, 제16조에 따라 댐용수를 사용하는 자로부터 사용료를 받고 있다.[4] 댐사용권자와 댐용수를 사용한 자 간의 용수계약은 댐건설관리법이 아니라 「한국수자원공사법」에서 규율하고 있다.

특별히 댐건설관리법은 댐사용권을 "다목적댐에 의한 일정량의 저수를 일정한 지역에 확보하고 이를 특정용도에 사용할 수 있는 권리를 말한다"고 정의하고 있다(제2조 제3호). 이는 댐이라는 물적 시설을 사용할 수 있는 권리의 범주에 '저수'를 사용할 수 있는 권리까지 포함하는 것으로 댐 안에 들어 있는 물을 댐의 종물로 파악하는 입장이라고 할 수 있다.[5] 나아가 동법은 댐사용권을 '물권'으로 보고 있는바(제29조), 그 결과 댐사용권을 설정받은 자는 댐에 대한 사용 · 수익이 가능한 용익물권을 취득하게 되며,[6]

---

2) 댐에서 방류되어 댐 하류의 하천에 흐르는 상태에 있는 물도 댐의 저수에 해당하고 그 결과 댐사용권자는 하류의 수요자와 용수계약을 체결하여 댐의 저수를 하천을 통해 공급할 수 있다는 견해는 정우상, 하천수 사용료에 관한 법리 연구, 중앙대학교 박사학위논문, 2012, 53면: 전경운(앞의 글), 205면(댐사용권이 설정된 댐 저수를 하천에 방류함으로써 사용 가능하게 된 물은 댐용수 사용료의 징수 대상이 된다). 판례도 취수 사용하고자 하는 하천유수가 댐건설법상 댐사용권이 설정된 물일 경우, 하천유수로부터 취수하더라도 댐용수 사용료의 징수대상이 된다고 한다. 법원의 "댐이 완공되면 저수구역은 구 댐건설법(2001. 12. 31. 개정 전) 제12조, 구 하천법(2007. 4. 6. 개정 전) 제2조에 따라 하천구역이 되고, 댐에서 방류되어 댐하류의 하천에 흐르는 물은 하천유수에 속하게 되는데, 하천유수를 본래의 공용목적에 따라 타인의 공동이용을 방해하지 않는 한도에서 자유로이 사용하는 것을 넘어서 일반인에게는 허용되지 않는 특별한 공물사용권을 설정받아 일정기간 배타적으로 사용하기 위해서는 하천법에 의해 하천점용허가를 받아야 한다"는 판시도 같은 맥락으로 이해된다. 대법원 2011. 1. 13. 선고. 2009다21058 판결(구 댐건설 및 주변지역지원 등에 관한 법률(2001. 12. 31. 개정 전) 제35조 제1항 단서 등에 의하면, 댐 건설 이전에 하천점용허가를 받아 사용하던 물량에 대해서는 사용료를 부과하지 않도록 하고 있는바, 취수지점별 취수량은 하천 수량 및 수질에 영향을 미치므로 하천관리청에서는 취수지점별로 하천점용허가를 하여 왔고, 댐용수계약이 하천점용허가와 밀접하게 연관되어 있다는 점을 보태어 보면, 용수료 부과 대상에서 제외되는 기득사용물량은 각 취수장별로 산정되어야 한다고 한 사례).

3) 용수계약은 민법상 계약의 성질을 갖는다. 그러나 생존배려행정의 성격을 가지고 있기 때문에 비록 그것이 사법상의 형식을 취하는 경우에도 계약의 공공성으로 인하여 국민의 기본권 보장 등 다양한 공법적 원리에 의하여 기속되는 행정사법의 영역에 속한다. 김성수, 수법연구, 신조사, 2013, 106 내지 108면.

4) 특히 댐 사용료 부과기준과 관련하여 동법은 해당 시설의 건설 및 운영 · 관리에 필요한 비용을 고려하여 사용자가 사용하는 물의 양 또는 시설이나 그 수면의 사용 정도에 따라 요금 또는 사용료를 징수할 수 있도록 하고 있다(제16조 제1항) 댐건설관리법은 댐사용권자나 댐사용권설정예정자가 제20조 제1항에 따라 부담한 금액이나 제33조에 따라 납부한 금액의 범위에서 댐의 저수를 사용하는 자가 사용하는 수량 등을 고려하여 정하도록 하고 있다(제35조 제2항). 이와 관련해서 이 규정과 댐건설관리법 제35조 제2항 중 어느 규정이 우선하는지, 관리비용이 사용료에 포함될 수 있는지 논란이 제기되고 있다. 정우상, 하천수 사용료에 관한 법리 연구, 중앙대학교 박사학위논문, 2012, 166 내지 168면, 162 내지 164면; 김성수, "하천수 사용에 대한 비용부담과 법제 개선방안," 법학논총 제33집 제3호, 2016, 34 내지 37면.

5) 전재경, "수리권을 둘러싼 국가와 시장 및 공동체의 대화", 춘천물포럼 논문집, 2006, 12면.

댐사용권자는 댐사용권을 설정받은 범위에서 다목적 댐의 저수를 독점적 · 배타적으로 사용할 수 있다.

댐사용권은 다목적댐의 저수를 특정용도에 사용하고자 하는 자의 신청에 의하여 환경부장관이 이를 설정한다(제24조). 환경부장관은 신청인이 다음의 요건을 갖춘 경우에 한하여 댐사용권을 설정하여야 한다: ① 댐사용권을 설정하고자 하는 용도에 다목적댐의 저수를 사용하는 것이 기본계획에 적합한 경우; ② 다목적댐의 저수를 이용하려는 사업을 하는 데에 필요한 허가 · 인가등을 받은 경우(제25조).

이러한 댐사용권도 본질적으로 물을 사용하는 권리라는 점에서 성질상 수리권의 일종이라고 할 수 있으나 특별법에 의해 설정된 수리권이라는 점, 그 범주 등이 법에 의해 정해져 있다는 점에서 「하천법상」의 허가수리권과 구분된다.[7] 나아가 동법은 댐건설 이전에 「하천법상」에 따라 하천수의 사용허가를 받아 하천의 물을 사용하는 경우 사용료를 면제함으로써, 허가수리권과의 조화를 꾀하고 있다. 여기에서 하나 지적하고 싶은 것은 댐사용권을 수리권 개념으로 파악할 것이 아니라 댐건설 비용의 회수 내지 수익자의 비용부담의 관점으로 이해할 필요가 있다는 것이다.

7. 댐건설지역주민에 대한 지원

대규모댐이 건설되는 지역에 대하여는 지역주민의 복리향상을 위하여 댐건설기간에 시장 · 군수 또는 구청장이 주변지역의 경제를 진흥하고 생활환경 개선을 위한 댐주변지역정비사업을 실시하도록 하고(제41조), 댐건설이 완료된 후에는 댐관리청 또는 댐수탁관리자가 주민소득 증대와 복지 증진을 위한 댐주변지역지원사업을 실시하도록 하고 있다(제43조). 댐주변지역지원사업의 재원은 댐관리청이나 댐사용권자의 출연금, 생활용수댐 · 공업용수댐의 수도사업자의 출연금 등이다(제44조).[8]

제 6 절 가축분뇨의 관리 및 이용에 관한 법률

가축분뇨는 폐기물과 달리 수질오염에 직접 영향을 미치는데, 다양한 배출원이 존재하고, 비점오염원 형태의 배출형태를 띠고 있어 그 관리가 쉽지 아니하다. 특히 공공처리시설이 설치되어 있지 않은 지역이나 다량 발생시설의 분뇨에 대하여는 특별한 관리가 요구되고 있다. 상수원 지역에 산재해 있는 배출시설로부터 배출되는 가축분뇨는 오염부하 정도가 크고, 영세규모의 축산농가로부터 발생되는 가축분뇨는 그 적정한 처리가 매우

6) 인역권((人役權)과 유사한 물권으로서 지역권에 관한 민법 규정이 적용된다는 견해는 전경운(각주 1), 204면.
7) 이상돈, "수리권 제도 개선에 관한 연구 −수리권 거래 및 물 은행 제도 도입에 대비하여−", 법조, 2001. 12, 63면.
8) 출연비율은 발전판매 수입금의 100분의 6 이내, 생활용수 · 공업용수 판매량에 「한국수자원공사법」에 따른 한국수자원공사의 댐용수요금 단가를 곱한 금액의 100분의 22 이내이다.

어렵기 때문에 사업장폐수와는 다른 독자적인 규제수단이 필요하다. 이러한 이유로 종전에 「폐기물관리법」, 구 '환경보전법' 등에서 규제하던 오수 · 분뇨 및 축산폐수를 사업장의 폐수와 다른 특성을 고려하여 별도의 법체계(1991. 3. 8. 제정 구 '오수 · 분뇨및축산폐수의처리에관한법률')를 택하여 강력히 규율하기로 한 것은 타당성이 있었다.

그러나 동법은 기본적으로 가축분뇨를 수질오염의 방지에 주안점을 두고 정화하여 하천 등으로 방류하는 정화 위주의 법제로서, 가축분뇨를 자원화 대상으로 보고 이를 제도적으로 뒷받침하는 데에는 역부족이었다. 이러한 한계를 극복하기 위해서는 친환경개념을 강화하여 가축분뇨를 퇴비 · 액비 등으로 자원화하도록 뒷받침하는 법제의 탄생을 기다려야 하였다. 2006. 9. 27. 제정된 「가축분뇨의 관리 및 이용에 관한 법률」은 마침 오수 · 분뇨를 「하수도법」에 통합하여 규정하는 작업과 가축분뇨에 관하여 환경과 조화시키면서 지속가능한 축산업 및 자원순환형 농업의 발전과 환경보전을 실현시키려는 현실적 필요성을 위해서도 요구되는 것이었다.

종전에는 가축의 분뇨를 정화처리에 중점을 둔 개념인 축산폐수라는 개념이 사용되었으나, 「가축분뇨의 관리 및 이용에 관한 법률」은 가축의 분뇨를 퇴비 · 액비 등으로 재활용하기 위한 자원화 개념으로서의 '가축분뇨'라는 용어를 사용면서 축산폐수 개념을 포기하였다. 동법상 '가축분뇨'란 "가축이 배설하는 분(糞) · 요(尿) 및 가축사육과정에서 사용된 물 등이 분 · 요에 섞인 것"을 말한다(제2조 제2호). 그 주요 성분은 질소, 인, 유기화합물이며, 특히 분뇨에 유기물 함량이 많을 경우에는 메탄가스, 유기산, 알콜류 등의 중간 대사물이 생성될 수 있다.

[1] 동물의 분뇨의 의미: 대법원 1986. 7. 22. 선고 84도2248 판결

구 환경보전법(1981. 12. 31. 개정 전) 제37조 제1항 제2호 소정의 '동물의 분뇨'에는 동물의 분뇨 그 자체뿐만 아니라 대기오염, 토양오염, 악취 등으로 인하여 환경을 오염시키고 보건위생을 해칠 정도의 동물의 분뇨가 함유된 폐수도 포함한다.

Ⅰ. 일 반

1. 국가와 지방자치단체의 책무와 광역관리

오수 · 분뇨 및 가축분뇨처리의 1차적 책임자는 지방자치단체의 장이다. 즉 특별자치시장 · 특별자치도지사 · 시장 · 군수 · 구청장(시장 · 군수 · 구청장)은 이 법에서 정하는 바에 따라 관할 구역의 가축분뇨 발생 현황을 파악하고 공공처리시설을 설치하는 등 가축분뇨로 인한 환경오염을 방지하고 가축분뇨를 자원화하도록 노력하여야 한다(제3조 제1항).

둘 이상의 특별시 · 광역시 · 도(시 · 도) 또는 특별자치시 · 특별자치도 · 시 · 군 · 구(자치구인 구를 말함, 시 · 군 · 구)에서 발생하는 가축분뇨를 광역적으로 처리할 필요가 있다고 인정되는 경우에는 그 구역을 관할하는 지방자치단체가 공동으로 공공처리시설을 설치 · 운영할 수 있다(제4조).

2. 가축분뇨관리기본계획

시 · 도지사, 특별자치시장 또는 특별자치도지사는 관할 구역의 가축분뇨의 관리에 관한 기본계획을 10년마다 수립하여 환경부장관의 승인을 얻어야 한다(제5조 제1항 · 제2항). 시장 · 군수 · 구청장은 기본계획을 바탕으로 관할 구역의 가축분뇨의 관리에 관한 세부계획을 수립하여 시 · 도지사에게 제출하여야 한다(동조 제3항).

Ⅱ. 가축분뇨의 관리

동법은 가축분뇨실태조사를 위시하여 축산농가가 축사를 이전하거나 철거하는 경우 그 비용을 지원할 수 있도록 하고, 가축사육제한구역을 지정 · 운영할 수 있도록 하며, 축산농가를 환경친화축산농장으로 지정하여 지원할 수 있도록 하는 등 가축분뇨의 발생 저감을 위한 대책을 마련하고 있다. 도입 여부가 논란이 되고 있는 가축사육 규모를 지역별 농경지 양분수요량 범위 내로 유도하기 위하여 농경지의 환경용량에 맞춰 살포되는 양분총량을 제한하는 '양분총량제'도 유력한 가축분뇨의 사전관리방안이라고 할 수 있다.

1. 가축분뇨실태조사

가축분뇨 등의 정확한 실태조사를 통하여 상수원 등 하천의 수질개선 및 보전, 지하수 · 토양 오염 지역의 관리에 관한 효과적인 정책을 마련함으로써 지역주민의 환경피해를 최소화할 필요가 있다. 이에 동법은 농림축산식품부장관, 환경부장관, 시 · 도지사, 특별자치시장 또는 특별자치도지사로 하여금 농경지에 포함된 비료의 함량, 비료의 공급량 및 가축분뇨 등으로 인한 환경오염의 실태 등을 조사하도록 하고 있으며(제7조), 조사결과 농경지에 포함된 비료의 함량이 과다하거나 비료의 공급량이 비료의 수요량을 초과하는 지역의 축산농가가 축사를 이전하거나 철거하는 경우에는 농림축산식품부령이 정하는 바에 따라 그 축사의 이전비 또는 철거비 등을 지원할 수 있도록 규정하고 있다(동조 제4항).

2. 가축사육의 제한

상수원 지역에 산재해 있는 축산농가에서 사육하는 가축으로부터 발생하는 가축분뇨는 상수원의 수질오염을 일으키는 주요한 원인으로 작용하고 있다. 양분[1]이 과잉 시에는 작물의 생육뿐만 아니라 영양염류로 작용하여 하천 · 호소 · 지하수 등의 수질오염에 끼치

1) 양분이란 화학비료 및 가축분뇨(퇴 · 액비) 중에 포함된 비료성분으로 작물의 생육에 필요한 토양에 축적된 질소, 인 등의 원소를 의미한다.

는 영향이 클 수밖에 없다. 우리나라 양분소요량은 많은 편으로 양분소요량을 최소화하고 가축의 사육단계에서부터 적정한 규모의 가축이 사육되어 가축분뇨의 발생을 사전에 줄이기 위한 대책이 필요하다. 특히 수질오염이 심각한 지역의 수질개선을 위해서는 주요 오염원이 되는 가축사육시설에 대한 관리를 강화할 필요가 있다.

이러한 견지에서 동법은 시장 · 군수 · 구청장으로 하여금 상수원의 수질보전을 위하여 '가축사육제한구역'을 지정 · 운영할 수 있도록 규정하고 있다. 즉 시장 · 군수 · 구청장은 지역주민의 생활환경보전 또는 상수원의 수질보전을 위하여 다음 지역 중 가축사육의 제한이 필요하다고 인정되는 지역에 대하여는 해당 지방자치단체의 조례로 정하는 바에 따라 일정한 구역을 지정 · 고시하여 가축의 사육을 제한할 수 있다: ① 주거 밀집지역으로 생활환경의 보호가 필요한 지역; ② 상수원보호구역, 특별대책지역 및 그 밖에 이에 준하는 수질환경보전이 필요한 지역; ③ 수변구역; ④ 환경기준을 초과한 지역; ⑤ 환경부장관 또는 시 · 도지사가 가축의 사육을 제한할 수 있는 구역으로 지정 · 고시하도록 요청한 지역(제8조 제1항). 가축사육제한구역을 지정하는 경우에는 「토지이용규제 기본법」(제8조)에서 정한 바에 따라 지형도면을 작성 · 고시하여야 하고, 이러한 지형도면 작성 · 고시 전에는 가축사육제한구역 지정의 효력이 발생하지 아니한다.[2)]

시장 · 군수 · 구청장은 지정한 가축사육제한구역에서 가축을 사육하는 자에 대하여 1년 이상의 유예기간을 주어 축사의 이전, 그 밖에 위해의 제거 등 필요한 조치를 명할 수 있으며(동조 제2항 · 제3항), 이 경우 대통령령으로 정하는 기준 및 절차에 따라 이전에 따른 재정적 지원, 부지 알선 등 정당한 보상을 실시하여야 한다(동조 제4항).

3. 환경친화축산농장의 지정

동법은 축사를 친환경적으로 관리하고 가축분뇨의 적정한 관리 및 이용에 기여하는 축산농가를 환경친화축산농장으로 지정하여 재정적 지원 등 지원할 수 있도록 하고 있다(제9조 제1항 · 제3항).

4. 가축분뇨 및 퇴비 · 액비의 처리의무

동법은 규모와 관계없이 모든 축산농가에 대하여 가축분뇨 등이 무단배출으르 금지하고 있다. 즉 가축분뇨 또는 퇴비 · 액비를 배출 · 수집 · 운반 · 처리 · 살포하는 자는 이를 유출 · 방치하거나 액비의 살포기준을 지키지 아니하고 살포함으로써 공공수역에 유입시키거나 유입시킬 우려가 있는 행위를 하여서는 아니 된다(제10조 제1항). 이를 위반한 경우에는 비교적 중한 벌칙이 부과된다(제48조). 시장 · 군수 · 구청장은 유출 · 방치된 가축분뇨 또는 퇴비 · 액비로 인하여 생활환경이나 공공수역이 오염되거나 오염될 우려가 있는 경우에는 가축분뇨 또는 퇴비 · 액비를 배출 · 수집 · 운반 · 처리 · 살포하는 자, 그

2) 대법원 2017. 5. 11. 선고 2013두10489 판결; 대법원 2020. 12. 24. 선고 2020두46769 판결.

밖에 가축분뇨 또는 퇴비 · 액비의 소유자 · 관리자에게 가축분뇨 또는 퇴비 · 액비의 보관 방법 변경이나 수거 등 환경오염 방지에 필요한 조치를 명할 수 있다(동조 제2항).

Ⅲ. 가축분뇨의 처리

가축분뇨는 다량의 영양성분을 포함한 자원이면서, 다른 한편으로는 발생량에 비하여 오염부하량이 대단히 크기 때문에 적정한 처리 없이 공공수역으로 방류하게 되면 수질오염 및 호소의 부영양화를 초래할 뿐만 아니라 악취 및 해충피해 등으로 쾌적한 생활환경을 해치는 요인이 되므로 적정한 처리가 중요하다. 이는 가축분뇨에 대한 적정한 관리가 수질오염 등을 방지하기 위하여 중요한 정책과제가 되고 있음을 의미하는 것이다. 특히 최근 축산업의 발전으로 사육형태가 전업화 · 기업화됨에 따라 오염부하량이 큰 가축분뇨의 오염원에 대한 관리는 강화될 필요가 있다.

기본적으로 가축분뇨는 동법에 의해 배출시설을 위주로 한 점오염원으로 관리되고 있다. 그러나 소규모 농가에서 배출되는 가축분뇨는 비점오염원에 유사한 형태를 보이고 있어 그 관리가 쉽지 않다. 동법은 가축분뇨배출시설을 가축 사육 규모에 따라 허가대상과 신고대상으로 구분하고 있으며, 이와 같은 규제대상 배출시설에서 배출되는 가축분뇨에 대하여 축산농가가 자체 처리시설을 갖추어 관리하도록 하고 있다. 가축분뇨는 기본적으로 축산농가에서 자체 처리하는 것을 원칙으로 하되 신고대상 미만의 소규모 축산농가에서 배출되는 가축분뇨는 해당 농가의 가축분뇨 처리 부담완화와 함께 수질개선 차원에서 공공처리시설에서 수거 · 처리하도록 하고 있다. 축산농가의 대부분(89%)은 발생되는 가축분뇨를 퇴비화, 액비화 등 자원화시설을 통해 처리하고 있으며, 일부는 개별시설이나 공공처리시설을 이용하여 처리하고 있다.[3)]

1. 배출시설 설치허가 · 신고

대통령령으로 정하는 규모 이상의 배출시설을 설치하려고 하거나 설치 · 운영 중인 자는 배출시설의 설치계획(가축분뇨처리 및 악취저감에 관한 사항을 포함)을 갖추어 시장 · 군수 · 구청장의 허가를 받아야 한다(제11조 제1항). 허가는 허가기준을 따로 구체적으로 정하고 있지 않은 사정 등을 고려할 때 허가권자의 재량행위에 해당한다고 이해된다.[4)] 이 규정에 따른 허가대상에 해당하지 아니하는 배출시설 중 대통령령으로 정하는 규모 이상의 배출시설을 설치하려고 하거나 설치 · 운영 중인 자는 시장 · 군수 · 구청장에게 신고하여야 한다(동조 제3항).[5)] 신고를 하지 아니하고 배출시설을 설치한 자에게는 벌칙이 부과

---

3) 환경부, 환경백서, 2016, 243면. 2012년부터는 가축분뇨의 해양배출이 금지되었다.
4) 대법원 2021. 6. 30. 선고 2021두35681 판결.
5) 배출시설은 가축(돼지, 소, 젖소, 말, 양, 닭, 오리, 양, 사슴, 개 등 9종)의 사육 규모에 따라 허가대상과 신고대상으로 구분되고 있다(시행령 제6조, 별표 1, 제8조, 별표 2).

되는데(제50조 제3호), 그 죄는 그와 같은 행위가 종료됨으로써 즉시 성립하고 그와 동시에 완성되는 이른바, 즉시범이라고 할 것이다.[6]

'배출시설'이란 가축의 사육으로 인하여 가축분뇨가 발생하는 시설 및 장소 등으로서 축사 · 운동장, 그 밖에 환경부령으로 정하는 것을 말한다(제2조 제3호). 종전에는 명문 규정이 없어 운동장 등이 여기에 포함되는지 논란이 있었으나 판례는 가축 사육상 필요하다고 인정되는 운동장, 가축 놀이터 등과 같은 부대시설이 포함된다고 해석하여 왔으며,[7] 동법은 이를 반영하여 명문 규정으로 이를 포함하기에 이르렀다.

2. 처리시설의 설치

허가 또는 변경허가를 받거나 변경신고를 한 자와 신고 또는 변경신고를 한 자(배출시설설치자)는 처리시설을 설치하거나 변경하여야 한다. 다만, 대통령령으로 정하는 바에 따라 처리시설 설치나 변경 외의 방법으로 가축분뇨를 적정하게 처리할 수 있는 경우에는 처리시설을 설치 또는 변경하지 아니할 수 있다(제12조 제1항).[8] '처리시설'이란 가축분뇨를 자원화 또는 정화(처리)하는 자원화시설 또는 정화시설을 말하는데(제2조 제8호), 「물환경보전법」상의 폐수방지시설에 상응하는 것이다.

[2] 가축분뇨처리시설: 대법원 2007. 10. 11. 선고 2007도5930 판결

구 오수 · 분뇨 및 축산폐수의 처리에 관한 법률(2006. 9. 27. 폐지)이 축산폐수처리시설의 설치 · 사용에 있어 허가 · 신고 · 준공검사 등의 절차를 거치도록 규정하고 있는 취지는, 그러한 절차를 통하여 당해 시설이 같은 법이 정한 처리능력 및 설치기준 등에 부합하는지 사전에 검증하여 이에 부합하지 않는 시설의 사용을 방지함으로써 축산폐수로 인한 환경오염을 방지하려는 데 있고, 이에 비추어 축산업자가 위 법에 따른 적법한 절차를 거치지 아니한 채 임의로 설치한 축산폐수처리시설은 같은 법 제28조 제1항 제1호의 축산폐수처리시설에 해당하지 않는다.[9]

특히 동법은 배출시설에서 배출되는 가축분뇨를 퇴비 · 액비 또는 바이오에너지로 만드는 자원화시설 개념을 도입하고 있으며(제2조 제4호), 농림축산식품부장관으로 하여금 가축분뇨의 자원화에 필요한 기술을 축산업자 등에게 제공할 수 있도록 하고 있다(제43조 참조).

---

6) 대법원 2011. 7. 14. 선고 2011도2471 판결.

7) 대법원 1997. 6. 13. 선고 96도2767 판결; 대법원 1992. 8. 18. 선고 92도1413 판결.

8) 처리시설의 설치 또는 변경의 의무가 면제되는 경우는 다음 어느 하나에 해당하는 경우로 한다: ① 공공처리시설이나 「하수도법」 제2조 제10호에 따른 분뇨처리시설 또는 같은 조 제13호에 따른 개인하수처리시설에 가축분뇨의 전량을 유입 · 처리하거나 그 처리를 위탁하는 경우; ② 재활용신고자에게 가축분뇨의 처리를 전량 위탁하는 경우; ③ 법 제28조 제2항 제2호에 따른 가축분뇨처리업을 경영하는 자에게 가축분뇨의 처리를 전량 위탁하는 경우(시행령 제9조).

9) 축산업자가 구 '오수 · 분뇨 및 축산폐수의 처리에 관한 법률'(2006. 9. 27. 폐지)에 따른 적법한 허가나 신고 없이 임의로 액비저장조를 설치하고 농장에서 발생한 축산폐수를 위 저장조에 유입하였다가 배출한 경우, 같은 법 제28조 제1항 제1호의 축산폐수를 축산폐수처리시설에 유입시키지 아니하고 배출한 행위에 해당한다고 본 사례.

처리시설 중 정화시설에 대해서는 방류수수질기준이 적용되는데(제13조 제1항), 특별대책지역이나 상수원수질보전 · 생활환경보전 또는 자연환경보전을 위하여 필요한 지역으로서 대통령령으로 정하는 일정한 지역에 대하여는 방류수수질기준보다 엄격한 기준을 정할 수 있다(동조 단서). 한편, 시 · 도지사, 특별자치시장 또는 특별자치도지사는 환경기준의 유지가 곤란하다고 인정될 때에는 해당 지방자치단체의 조례로 방류수수질기준보다 엄격한 기준을 정할 수 있다(동조 제3항).

3. 배출시설 및 처리시설의 관리

배출시설 및 처리시설은 시설의 특성상 시설이 빨리 부식하고 일정 내구연한의 경과로 기계설비가 노후하면서 가축분뇨처리능력의 저하로 연결된다. 이에 해당 시설의 설계 · 시공을 비롯하여 지속적인 관리가 요구된다. 이와 관련하여 동법은 준공검사(제15조), 처리시설의 설계 · 시공(제16조), 정상운영(제17조 제1항), 비정상 운영신고(제17조 제2항), 관리기준(동조 제3항), 개선명령(동조 제4항), 허가취소 · 사용중지 · 폐쇄명령(제18조), 과징금(제18조의2), 명령의 이행보고(제18조의3) 등을 규정하고 있다.

[3] 대법원 2014. 3. 27. 선고 2014도267 판결

가축분뇨의 관리 및 이용에 관한 법률(이하 '법'이라 한다)의 목적(법 제1조), 법 제2조 제3호, 제8호, 제17조 제1항 제1호 전단, 제49조 제2호, 제50조 제4호, 제51조 제1호, 가축분뇨의 관리 및 이용에 관한 법률 시행규칙 제2조 등의 내용을 종합하여 보면, 법 제17조 제1항 제1호 전단에서 금지하는 '가축분뇨 배출행위'는 가축분뇨를 처리시설에 유입하지 아니하고 가축분뇨가 발생하는 배출시설 안에서 배출시설 밖으로 내보내는 행위를 의미하며, 배출시설 안에 있는 가축이 분뇨를 배출시설 인근에 배출한 경우에도 그 분뇨를 처리시설에 유입하지 아니하고 그대로 방치한 경우에는 이에 해당된다고 해석하여야 한다.

4. 퇴비 · 액비의 관리

가축분뇨뿐만 아니라 퇴비 · 액비도 관리를 소홀히 하거나 유출 또는 방치하는 경우에는 심각한 환경오염물질이 되므로 이에 대한 관리를 강화할 필요가 있다. 이에 동법은 퇴비 · 액비의 처리의무를 부과하고 있으며(제10조), 나아가 자원화시설의 퇴비액비화기준을 정하고 있다(제13조의2).

5. 가축분뇨의 공공처리

소규모 영세 축산농가에서 배출되는 가축분뇨는 비점오염원에 유사한 형태를 보이고 있어 그 관리가 쉽지 않다. 동법은 공공처리시설을 설치하여 이러한 가축분뇨를 공동처리하도록 함으로써, 축산농가 부담의 해소와 아울러 수질보전이라는 두 가지 측면을 고려하고 있다. 즉 지방자치단체의 장 또는 농협조합은 배출시설에 해당하지 아니하는 소규모 축산농가에서 발생하는 가축분뇨를 처리하기 위하여 필요하면 시 · 도지사, 특별자치시장 또는 특별자치도지사의 승인을 받아 공공처리시설(농협조합의 경우에는 자원화시설로 한정)을 설치할 수 있다(제24조). 공공처리시설(특히 정화시설)에 적용되는 방류수수질기준(제13조)은 공공처리시설에 대한 규제기준으로 작용하게 된다. 그 결과 이 기준을 위반한 시설에 대하여는 개선명령(제25조 제10항) 등 규제수단이 발동된다. 나아가 동법은 공공처리시설설치자등의 금지행위(제25조 제9항), 자가측정, 퇴비 · 액비의 성분검사(동조 제6항), 비용부담(제26조) 등에 관하여 규정하고 있다.

6. 가축분뇨 고체연료의 관리

동법은 가축분뇨 처리과정에서 자원화시설의 가축분뇨 고체연료10)에 관한 기준(제13조의2 제2항) 및 검사방법(제15조 제7항), 사용신고(제15조의2) 등을 정함으로써 가축분뇨를 다양하게 처리할 수 있도록 하는 한편, 효율적인 관리를 꾀하고 있다.

Ⅳ. 가축분뇨의 이용촉진

현재 가축분뇨의 자원화 비율은 발생량과 대비하여 높은 편이지만 퇴비 · 액비의 품질이 화학비료에 비해 떨어지고 퇴 · 액비는 살포 시 많은 비용과 노동력이 필요하여 경작농가 등에서 사용을 기피하고 있다. 또한 축산농가와 경작농가 등의 연계 체계가 구축되어 있지 않고 지역별 축산퇴비 · 액비 생산, 수요 등 유통정보 제공 및 활용기반이 없어 퇴 · 액비의 유통이 활성화되지 못하고 있는 실정이다. 그러나 가축분뇨를 자원화하는 기술이 발달하면서 가축분뇨가 더 이상 쓸모없는 것이 아니라 자원으로 재활용될 수 있다는 인식이 확산되고 있다.

이에 동법에서는 지방자치단체로 하여금 퇴비 · 액비이용촉진계획을 수립하고(제19조), 관할 구역에서 사용되는 퇴비 · 액비의 성분분석을 실시하여 그 결과를 공고할 수 있고(제20조), 퇴비 · 액비의 이용 및 유통을 촉진하기 위하여 축산업자 · 경작농가 · 생산자단체 등으로 퇴비 · 액비유통협의체를 구성할 수 있으며(제22조), 가축분뇨를 적정하게 관리하기 위하여 공공처리시설과 판매망을 연계하여 가축분뇨의 수거, 자원화, 퇴비 · 액비의 유통관리 등을 포함하는 통합관리를 실시할 수 있도록 규정하고 있다(제23조). 특히 지역별 통합관리체제는 가축분뇨의 발생 · 처리 · 이용까지 포괄적으로 관리한다는 점에서 의미를 가진다. 이러한 규정들은 가축분뇨의 자원화를 촉진할 수 있는 제도적 기반을 이루며, 생산된 퇴비 · 액비에 대한 수요를 확대하고 이용을 활성화하고 가축분뇨의 자원화를 촉진하는 데 기여할 것으로 보인다.

10) '가축분뇨 고체연료'란 가축분뇨를 분리 · 건조 · 성형 등을 거쳐 고체상의 연료로 제조한 것을 말한다(제2조 4의2호).

Ⅴ. 가축분뇨 관련 영업의 규제

1. 가축분뇨의 재활용신고

가축분뇨가 자원으로 재활용될 수 있다는 인식이 확산되면서 동법은 가축분뇨의 재활용에 관한 입법적 고려를 하고 있다. 즉 가축분뇨의 적정한 처리를 유도하기 위하여 환경부령으로 정하는 양 이상의 가축분뇨를 재활용하거나 재활용의 목적으로 가축분료를 수집 · 운반하려는 자는 시장 · 군수 · 구청장에게 '신고'하여야 한다. 다만, 설치허가를 받거나 설치신고를 한 자가 가축분뇨를 재활용하는 경우에는 그러하지 아니하다(제27조 제1항). 신고의 법적 성질은 '수리'를 염두에 두고 있다는 점에서(동조 제3항) 자기완결적 신고로 볼 수 없다.

2. 가축분뇨 관련 영업의 허가

가축분뇨의 수집 · 운반 · 처리 또는 처리시설의 관리를 대행하는 업(가축분뇨관련영업)을 영위하고자 하는 자는 대통령령으로 정하는 기준에 따른 시설 · 장비 및 기술능력을 갖추어 업종별로 시장 · 군수 · 구청장의 '허가'를 받아야 한다(제28조 제1항). 가축분뇨관련영업허가는 기속행위가 아니라 재량행위이며, 사업경영의 권리를 설정해 주는 형성적 행위가 아니라 금지를 해제하는 명령적 행위라고 해석된다. 그 결과 그 허가의 효과는 영업자유의 회복을 가져올 뿐이다.[11] 동법은 가축분뇨관련영업으로 가축분뇨수집 · 운반업, 가축분뇨처리업, 가축분뇨처리시설관리업 등을 두고 있다.

동법은 가축분뇨관련영업의 허가와 관련하여 사전에 사업계획서를 검토할 수 있도록 하고(동조 제2항), 적합통보를 받은 사업계획서에 따라 허가신청을 한 때에는 지체 없이 허가하도록 함으로써(동조 제4항), 허가거부처분에 따른 부담을 예방할 수 있도록 하고 있다.

3. 처리시설 설계 · 시공업의 등록

처리시설의 설계 · 시공업을 하려는 자는 대통령령으로 정하는 기준에 따른 시설 · 장비 및 기술능력을 갖추어 시장 · 군수 · 구청장에게 '등록'하여야 한다(제34조 제1항).

4. 기술관리인

대통령령이 정하는 일정한 규모 이상의 처리시설을 설치 · 운영하는 자는 기술업무를 담당하게 하기 위하여 기술관리인을 두어야 한다. 다만, 다음에 해당하는 경우에는 그러하지 아니하다: ① 가축분료시설관리업의 허가를 받은 자에게 해당 처리시설의 관리를 위탁한 경우; ② 「물환경보전법」 제47조에 따른 환경기술인이 선임된 사업장의 경우(제37조 제1항).

---

11) 대법원 2000. 6. 13. 선고 99두2857 판결; 광주고법 1996. 2. 1. 선고 94구3581 판결; 부산고법 1995. 7. 19. 선고 94구5380 판결.

5. 전자인계관리시스템

동법은 환경부장관으로 하여금 전자인계관리시스템을 구축 · 운영하도록 함으로써(제37조의2 및 제37조의3), 가축분뇨의 배출부터 수집 · 운반 및 최종처리까지 인계 · 인수내용을 전자정보화하여 가축분뇨의 처리과정을 효율적이고 투명하게 관리하도록 하고 있다.

이에 따르면 일정한 가축분뇨 또는 액비에 대하여 배출, 수집 · 운반, 처리 또는 살포하는 자로 하여금 그 가축분뇨 또는 액비를 배출, 수집 · 운반, 처리 또는 살포할 때마다 전자인계관리시스템에 입력하도록 하고 있다(제37조의3, 시행규칙 제39조의3 별표 14). 그 대상은 돼지분뇨 또는 돼지분뇨로 만드는 액비로 제한되어 있는데(시행령 23조의3). 이는 가축분뇨 관리의 사각지대를 발생시킬 뿐만 아니라 현실적으로 가축분뇨관련 영업자간 형평성 논란을 제기할 수 있다. 이에 그 대상을 돈분퇴비, 우분 · 계분 등으로 확대해 나감으로써, 전자인계관리시스템을 강화할 필요가 있다.

제 7 절 하수도법

산업화 · 공업화 · 도시화의 진행과 이로 인한 급속한 인구집중으로 다량의 생활하수 · 분뇨가 배출되고 있다. 이러한 하수 · 분뇨가 제대로 처리되지 않고 공공수역 등으로 흘러들어갈 경우 곧바로 수질오염으로 연결된다. 이러한 관점에서 하수 · 분뇨를 효율적으로 처리하여야 한다는 것은 도시행정의 중요하고 필수적인 과제이다. 하수 · 분뇨관련 정책의 시행을 뒷받침하기 위하여 「하수도법」이 제정되어 있는데, 동법은 하수 · 분뇨를 유출 또는 처리하기 위하여 설치되는 하수도의 계획, 설치, 운영 및 관리의 기준 등을 정함으로써 하수의 범람으로 인한 침수 피해를 예방하고 지역사회의 지속가능한 발전과 공중위생의 향상에 기여하고 공공수역의 물환경을 보전함을 명시적인 목적으로 하고 있다(제1조).

종래 가정하수는 이원화된 관리체계하에서 관리 · 규제되었다. 즉 개별 건축물 내의 하수는 구 '오수 · 분뇨및축산폐수의처리에관한법률'에 의해 1차 관리되고 하수처리구역 내의 하수는 「하수도법」에 따라 2차적으로 관리(하수처리구역 밖은 '오수 · 분뇨및축산폐수의처리에관한법률' 규정만 적용)되었다. 그러나 이러한 관리체계는 동일물질을 이중적으로 관리하는 것으로 이로 인한 행정기관의 조직 · 인력 및 예산의 비효율성, 일관성 결여 및 중복규제, 정책의 연계체계 미흡 등의 문제점이 제기되었다. 이러한 관리체계는 하수도 보급률이 낮고, 오수 · 분뇨관리 업무의 비중이 큰 과거에는 어느 정도 타당성을 가진 면도 있었지만 하수처리구역 확대에 따른 하수도 보급률 증가로 하수와 오수 · 분뇨를 구분해서 관리할 필요성이 감소하면서 비효율성만 부각되었다. 이에 2006. 9. 27 개정 법은 '오수 · 분뇨및축산폐수의처리에관한법률'상의 오수 · 분뇨 관련규정을 「하수도법」으로 통합하고[1] 관리체계를 일원화하여 비효율성을 개선하는 전면 개정을 단행하기에 이르렀다.

동법상 '하수'라 함은 "사람의 생활이나 경제활동으로 인하여 액체성 또는 고체성의 물질이 섞이어 오염된 물(오수)과 건물 · 도로 그 밖의 시설물의 부지로부터 하수도로 유입되는 빗물 · 지하수"를 말하는데(제2조 제1호), 여기에서의 오수는 종래 '오수 · 분뇨및축산폐수의처리에관한법률'상의 오수뿐만 아니라 「물환경보전법」상의 폐수도 포함된다.[2] 오수가 오염물질 제거의 대상이라면 빗물 · 지하수는 배제의 대상이라 할 수 있다. 한편, '분뇨'는 "수거식 화장실에서 수거되는 액체성 또는 고체성의 오염물질(개인하수처리시설의 청소과정에서 발생하는 찌꺼기를 포함)"을 말한다(제2조 제2호). 여기서 말하는 분뇨는 가축분뇨를 포함하지 아니한다.

「하수도법」상 중요한 개념을 이루는 '하수도'는 하수와 분뇨를 유출 또는 처리하기 위하여 설치되는 하수관로 · 공공하수처리시설 · 간이공공하수처리시설 · 하수저류시설 · 분뇨처리시설 · 배수설비 · 개인하수처리시설 그 밖의 공작물 · 시설의 총체(제2조 제3호)를 말하는 광범위한 개념이다. 이에 따르면 하수도는 하수(농작물의 경작으로 인한 하수 제외)를 처리하는 시설은 물론이고 배출원에서 처리시설까지 수송하는 시설과 하수를 처리한 다음 방류지점까지 수송하는 데 소요되는 시설 일체를 의미한다. 하수도는 하수도의 설치 · 관리의 주체에 따라 공공하수도와 개인하수도로 구분된다. '공공하수도'란 지방자치단체가 설치 또는 관리하는 하수도를 말한다(제2조 제4호). '개인하수도'란 건물 · 시설 등의 설치자 또는 소유자가 당해 건물 · 시설 등에서 발생하는 하수를 유출 또는 처리하기 위하여 설치하는 배수설비 · 개인하수처리시설과 그 부대시설을 말한다(제2조 제5호).

[1] 공공하수도에 해당하기 위한 요건: 대법원 2003. 6. 24. 선고 2001두8865 판결

어느 시설이 하수도법 소정의 공공하수도에 해당하려면 지방자치단체가 직접 설치하였거나 직접 설치한 다른 자로부터 사용권 등을 취득하여 관리하고 있는 인공의 공작물 내지 시설이어야 한다.[3]

---

1) 「하수도법」과 「가축분뇨의 관리 및 이용에 관한 법률」의 통합 필요성에 대하여는 김상겸 · 이진욱, "하수 및 오수 · 분뇨 통합 법률(안)에 대한 소고", 환경법연구 제27권 제2호, 2005. 9, 63면 이하 참조.

2) 조현권, 환경법-이론과 실무, 법률문화원, 1999, 407면 참조. 오수는 폐수를 포함하는 개념이기 때문에 결국 폐수, 오수, 하수 등의 개념은 다분히 중복적이 될 수밖에 없다. 폐수, 오수, 하수가 이론상 구분이기보다는 다분히 실정적 구분이어서 「하수도법」에서 규정하면 '하수'가 되고, 「수질 및 수생태계 보전에 관한 법률」에서 규정하면 '폐수'가 된다. 조홍식 외 2, 우리나라 환경법체계 정비에 관한 연구 I, 한국환경정책평가연구원, 1997. 12, 33면.

3) 원래 공장 일대를 통과하여 흐르는 소규모의 자연하천인데, 그 일대에 공업단지가 조성되면서 하천 양쪽에 석축을 쌓는 등 정비되었더라도 위 하천들이 지방자치단체에 의해 설치, 관리되고 있지 않다는 이유로 공공용물인 공공하수도로 인정할 수 없다고 한 사례. 같은 취지의 판결은 울산지법 2005. 7. 6. 선고 2005가합509 판결(공공하수도 관리청이 비록 공공하수도의 사용개시행위를 하였다고 하더라도, 그 대상이 된 하수도를 지방자치단체가 직접 설치하였거나 직접 설치한 자로부터 사용권 등을 취득하여 관리한 것이 아니라면 이는 공공용물인 하수도가 될 수 없다고 한 사례).

Ⅰ. 일　반

1. 국가 및 지방자치단체의 책무

하수 · 분뇨처리 책임은 2원화되어 있다. 즉 도시화된 지역은 하수도정비기본계획을 수립하고, 주로 공공하수도를 설치하여 하수 · 분뇨를 처리하는데, 그 처리책임은 원칙적으로 지방자치단체에게 있다(제3조 제2항 참조). 한편, 농어촌지역과 같이 비도시화지역은 개별건축물별로 개인하수도를 설치하여 이를 처리한다.

2. 국가하수도종합계획 등

가. 국가하수도종합계획

하수도 정비 및 관리에는 많은 인적 · 물적 시설이 투입되고 많은 비용이 요구되므로 이러한 시설 및 예산을 효율적으로 관리하기 위해서는 먼저 계획을 수립하는 것이 필수적이다. 이에 동법은 환경부장관에게 국가 하수도정책의 체계적 발전을 위하여 10년 단위의 국가하수도종합계획을 수립할 의무를 부과하고 있다(제4조).

나. 유역하수도정비기본계획

유역환경청장 또는 지방환경청장(지방환경관서의 장)이 권역별로 하수도의 설치 및 통합 운영 · 관리에 관해 수립하는 20년 단위의 유역하수도정비계획(제4조의2)과, 관할 구역 안의 유역별로 특별시장 · 광역시장 · 특별자치시장 · 특별자치도지사 · 시장 또는 군수가 20년 단위로 수립하는 하수도정비기본계획은 이러한 국가하수도종합계획을 보다 구체화하고 있다(제5조).

다. 하수관로 유지관리계획

공공하수도관리청은 중점관리지역, 상습침수지역 등에 대한 하수관로 유지관리계획을 수립하고 관로, 맨홀 등 시설에 대한 유지관리 및 점검을 하여야 한다(제4조의4).

3. 하수도정비중점관리지역의 지정

환경부장관은 하수의 범람으로 인하여 침수 피해가 발생하거나 발생할 우려가 있는 지역, 공공수역의 수질을 악화시킬 우려가 있는 지역에 대하여는 관할 시 · 도지사와 협의하여 하수도정비중점관리지역으로 지정할 수 있다(제4조의3).

4. 방류수수질기준

공공하수처리시설 · 간이공공하수처리시설 · 분뇨처리시설 및 개인하수처리시설의 방류수수질기준은 환경부령으로 정한다(제7조 제1항). 방류수수질기준은 환경부령으로 정하는데, 이와 같이 방류수수질기준을 환경부령에 위임한 것이 포괄위임입법금지의 원칙에 위배되는지 논란이 있으나 판례는 전문성 · 과학성의 요구, 예측가능성 등을 근거로 이를

부인하고 있다.[4)]

방류수수질기준은 공공하수도에 대한 규제기준으로 작용하게 된다. 그 결과 이 기준을 위반한 시설에 대하여는 개선명령(제25조 제2항), 과태료 부과(제80조)[5)] 등 규제수단이 발동된다. 이러한 기준은 원칙적으로 전국적으로 통일된 기준인데, 예외적으로 엄격한 기준을 정할 수 있다. 특별대책지역이나 상수원의 수질보전 또는 생활환경보전을 위하여 필요한 지역 등에 적용되는 방류수수질기준(제7조 제1항 단서)과 조례로 정하는 지역방류수수질기준(동조 제2항)이 그것이다.

5. 타인 토지의 출입

지방자치단체의 장 또는 그 명령에 의하거나 위임을 받은 자는 공공하수도에 관한 조사 · 측량 · 공사 또는 유지를 위하여 필요한 경우에는 타인의 토지에 출입하거나 특별한 용도가 없는 타인의 토지를 재료적치장 · 통로 또는 임시도로의 용도로 일시 사용할 수 있으며, 특히 필요한 경우에는 수목 그 밖의 장애물을 제거하거나 변경할 수 있다(제8조 제1항). 지방자치단체의 장은 이 규정에 의한 출입 · 사용이나 장애물 등의 제거 또는 변경으로 인하여 손실을 받은 자가 있을 때에는 그 손실을 보상하여야 한다(제9조).

6. 토지수용 · 사용

공공하수도를 설치하고자 하는 자는 공공하수도 설치에 필요한 때에는 「공익사업을 위한 토지 등의 취득 및 손실보상에 관한 법률」 제3조의 규정에 따른 토지등을 수용 또는 사용할 수 있다(제10조 제1항).

7. 토지의 지하부분 사용에 대한 보상 등

국민의 재산권 보호 차원에서 동법은 공공하수도를 설치하려는 자가 공공하수도의 설치를 위하여 타인 토지의 지하부분을 사용하려는 경우에는 그 토지의 이용 가치, 지하의 깊이 및 토지 이용을 방해하는 정도 등을 고려하여 보상하도록 하는 규정을 마련하고 있다(제10조의2). 나아가 토지의 지하부분 사용에 대한 구분지상권의 등기절차와 존속기간을 정하고 있다(제10조의3).

Ⅱ. 공공하수도의 설치 및 관리

1. 설치 · 유지 · 관리

종래의 하수 · 분뇨처리는 주로 강우 시에 빗물을 원활하게 배제시켜 도시의 침수를 방지하고 국민의 건강보호에 필요한 공중위생 및 생활환경의 개선에 중점을 두어 왔으나,

---

4) 헌재 2004. 11. 25. 선고 2004헌가15 결정.

5) 방류수수질기준을 위반하여 방류한 자에 대하여는 500만원 이하의 과태료가 부과된다(제80조 제2항 제1호). 여기에는 개인이 설치하여 운영하는 시설은 물론이고 지방자치단체가 설치 · 운영하는 공공하수처리시설과 분뇨처리시설이 포함된다.

최근에는 공공수역의 수질보전도 중요시되고 있다. 이를 위해서는 공공하수도의 설치·관리가 중요한 정책적 수단이 되고 있다. 공공하수도에서 방류되는 하수·분뇨로 인한 수질오염을 막기 위해서는 공공하수처리시설을 비롯한 공공하수도가 제대로 설치되어야 할 뿐만 아니라 적정하게 관리되어야 한다.

이러한 차원에서 동법은 설치인가(제11조), 하수처리구역 지정(제15조 제2항), 유지·관리기준(제19조 제1항), 행위금지(동조 제2항), 하수의 수량과 수질의 측정·기록(동조 제3항), 방류수의 수질검사, 찌꺼기의 성분검사(동조 제4항), 기술진단 및 대행(제20조, 제20조의2), 사용제한·금지(제22조), 제해시설(예컨대, 유수분리기, 중금속처리시설)의 설치(제23조), 점용허가(제24조), 공사의 중지명령(제25조), 조치명령 및 허가의 취소(제26조), 공공하수도 운영·관리실태점검(제69조의2) 등 규정을 두고 있다.

2. 비용부담

가. 비용부담의 원칙

공공하수도에 관한 비용은 이 법 또는 다른 법률에 특별한 규정이 있는 경우를 제외하고는 당해 공공하수도관리청이 속하는 지방자치단체의 부담으로 한다(제57조).

나. 비용분담

공공하수도관리청은 당해 공공하수도로 인하여 이익을 받는 다른 지방자치단체에 대하여 그 이익의 범위 안에서 공공하수도의 설치·개축·수선·유지에 필요한 비용의 전부 또는 일부를 분담시킬 수 있다(제58조 제1항).

다. 시·군에 대한 부담명령

도지사는 도가 공공하수도에 관한 비용을 부담하는 경우에는 대통령령이 정하는 바에 따라 당해 공공하수도로 인하여 이익을 받는 시 또는 군에게 그 비용의 전부 또는 일부를 부담시킬 수 있다(제59조).

라. 원인자부담금

공공하수도관리청은 건축물 등을 신축·증축하거나 용도변경하여 오수가 하루 10㎥ 이상 증가되는 경우 해당 건축물 등의 소유자(건축 또는 건설 중인 경우에는 건축주 또는 건설주체를 말함)에게 공공하수도 개축비용의 전부 또는 일부를 부담시킬 수 있으며(제61조 제1항, 시행령 제35조 제1항), 대통령령이 정하는 타공사 또는 공공하수도의 신설·증설 등을 수반하는 개발행위(타행위)[6]로 인하여 필요하게 된 공공하수도에 관한 공사에 소요되

6) 여기에는 ① 타공사(공공하수도를 이설·보수·개수하게 하는 원인을 제공한 공공하수도 외의 상수도관, 가스관, 통신관, 전주 및 도로·철도 등의 설치공사), ② 공공하수도의 신설·증설 등을 수반하는 개발행위(도시개발사업의 수행, 산업단지조성사업의 수행, 공항건설사업의 수행, 관광지·관광단지의 개발사업의 수행, 그 밖에 하수처리구역에 포함되지 아니한 지역의 개발행위자가 하수처리구역으로 포함하여 줄 것을 요청하여 공공하수도의 신설·증설 등이 필요한 행위)가 포함된다(시행령 제35조).

는 비용의 전부 또는 일부를 타공사 또는 타행위의 비용을 부담하여야 할 자에게 부담시키거나 필요한 공사를 시행하게 할 수 있다(동조 제2항).7)

결국 공공하수도에 관한 비용은 기본적으로 해당 공공하수도관리청이 속하는 지방자치단체가 부담하고(제57조), 공공하수도관리청은 '타행위'로 인하여 필요하게 된 공공하수도에 관한 공사에 소요되는 비용의 '전부 또는 일부'를 타공사 또는 타행위의 비용을 부담하여야 할 자에게 부담시키거나 필요한 공사를 시행하게 할 수 있다. 원인자부담금의 부과 규정 형식이 공공하수도관리청에게 부과 여부 및 범위를 결정할 수 있도록 하고 있다는 점에서 원인자부담금 부과처분은 재량행위에 해당한다. 원인자부담금의 산정기준·징수방법 그 밖의 필요한 사항은 해당 지방자치단체의 조례로 정한다(제61조 제3항).

원인자부담금은 타행위에 해당하는 사업으로 인하여 발생할 것이 예상되는 하수를 유출·처리하는 데 필요한 공공하수도 설치에 소요되는 비용에 대하여 그 원인을 조성한 타행위자로 하여금 이를 부담하게 하려는 데 그 취지가 있다. 동법은 지방자치단체에서 징수한 원인자부담금을 공공하수도의 신설, 증설, 이설, 개축 및 개수 등 공사에 드는 비용 외의 용도로 사용하는 사례를 막기 위하여 그 사용 용도를 명확하게 하고 있다(동조 제4항).

[2] 명확성과 소급입법금지의 원칙: 대법원 2007. 7. 26. 선고 2005두2612 판결

하수도법(2006. 9. 27. 개정 전) 제32조 제2항에서 정한 원인자부담금은 타공사 또는 타행위로 인하여 필요하게 된 공공하수도에 관한 공사비용의 전부 또는 일부를 당해 타공사의 시행자 또는 타행위자에게 부담시키기 위해 부과하는 것으로서, 그 공공하수도에 관한 공사비용은 당해 사업으로 인한 하수발생량을 기준으로 하여 부과함이 상당하고, 그 하수발생량은 당해 사업의 완공시까지는 사업계획의 변경 등에 의하여 변경될 수 있는 점에 비추어 당해 사업의 완공 시까지 원인자부담금을 부과할 수 있다고 할 것이므로, 당해 사업을 개시할 당시에 하수도법 제32조 제2항이 시행되고 있었고 그 사업의 완공 이전에 하수도법 제32조 제5항에 의하여 같은 조 제2항의 원인자부담금에 관하여 필요한 사항의 규정을 위임받은 지방자치단체의 조례가 제정된 경우 당해 사업에 그 조례를 적용하는 것이 소급입법금지의 원칙에 위배된다고 할 수 없고, 또한 하수도법 및 그 조례의 관련 규정의 해석을 통하여 원인자부담금 부과대상 및 그 요건과 징수절차의 의미·내용을 분명하게 이해할 수 있다면 명확성의 원칙에 위배된다고 할 수도 없다.8)

7) 주민친화시설(하수처리장 상부에 조성된 인라인스케이트장, 축구장 등의 운동시설)은 타 행위로 인하여 발생할 것이 예상되는 하수 등의 유출, 처리와는 관련이 없고, 타 행위자가 공공하수도의 설치 등에 대한 원인을 조성한 데에서 더 나아가 주민친화시설의 설치에 대한 원인까지 제공한 것이라고 보기는 어렵다. 그러므로 타 행위자에게 주민친화시설 설치비용을 부담시키는 것은 하수도법 제61조 제2항의 원인자부담금 제도의 취지에도 부합하지 않는다. 대법원 2022. 8. 25 선고 2019두58773 판결.

8) 사업을 개시할 당시에 원인자부담금에 관한 구 「하수도법」 제32조 제2항이 시행되고 있었고 그 사업의 완공 이전에 원인자부담금에 관하여 필요한 사항의 규정을 위임받은 지방자치단체의 조례가 제정된 경우, 당해 사업에 그 조례를 적용

[3] 대법원 2016. 10. 29. 선고 2015두40712 판결

산업집적활성화 및 공장설립에 관한 법률(이하 '산업집적법'이라 한다) 제2조 제1호는 '공장'이란 '건축물 또는 공작물, 물품제조공정을 형성하는 기계·장치 등 제조시설과 그 부대시설을 갖추고 대통령령으로 정하는 제조업을 하기 위한 사업장으로서 대통령령으로 정하는 것'을 말한다고 규정하는데, 구 하수도법 제27조 제1항, 제34조 제1항 본문, 제35조 제1항, 제61조 제1항, 구 하수도법 시행령(2014. 7. 16. 개정 전) 제35조 제1항 등의 내용, 형식, 체제, 입법 목적과 취지 등을 종합하면, 구 하수도법 제61조 제1항, 구 하수도법 시행령 제35조 제1항에 따라 원인자부담금의 부과대상이 되는 '건축물 등'에는 산업집적법 제2조 제1호에서 정한 공장도 포함된다.

[4] 타행위로 인하여 필요하게 된 공공하수도: 대법원 2007. 7. 26. 선고 2005두2612 판결

하수도법 제32조 제2항 및 이 사건 하수도사용조례 제24조 제1항, 제2항 제2호의 제정취지, 하수도법 제32조 제2항과 제4항의 관계 등을 참작하여 보면, 하수도법 제32조 제2항 소정의 타행위로 인하여 필요하게 된 공공하수도란, 타행위에 해당하는 사업으로 인하여 발생할 하수를 처리하기 위하여 당해 사업 시행 이후 새로이 설치되는 공공하수도뿐만 아니라, 당해 사업 시행 전에 이미 설치되었고 그 설치 당시까지는 당해 사업으로 인하여 발생할 하수를 처리할 예정이 없었으나 설치 후에 비로소 당해 사업으로 인하여 발생할 하수를 처리하게 된 공공하수도까지 포함하는 개념으로 봄이 상당하다.[9)]

[5] 부과 대상자: 대법원 2008. 3. 20. 선고 2007두6342 전원합의체 판결

하수도법(2006. 9. 27. 개정 전) 제32조 제2항 및 구 수원시 하수도사용조례(2007. 1. 3. 개정 전) 제17조 제2항 제2호 (나)목 (1)에서 타행위로 인하여 필요하게 된 공공하수도에 관한 공사에 요하는 비용의 전부를 타행위자가 부담하도록 한 것은, 타행위에 해당하는 사업으로 인하여 발생할 것이 예상되는 하수를 처리하는 데 필요한 공공하수도 설치에 소요되는 비용에 대하여는 그 원인을 조성한 타행위자로 하여금 이를 부담하게 하려는 데 그 취지가 있으므로, 이러한 타행위자가 그 사업으로 인하여 발생할 것으로 예상되는 하수의 처리에 필요한 공공하수도 공사비용을 부담한 부분에 대하여는 이와 별도로 하수도법 제32조 제4항 및 이 사건 조례 제17조 제2항 제4호에 따른 원인자부담금을 부과할 수 없다. 그리고 이러한 타행위에 해당하는 사업의 기본 또는 실시 설계보고서에 반영된 하수량은 당해 사업으로 조성된 토지의 이용을 포함하여 사업계획에 따라 그 사업을 시행할 경우에 발생할 것으로 예상되는 하수량을 의미하고, 여기에는 당해 사업으로 조성된 토지에 그 사업계획에

하는 것이 소급입법금지의 원칙에 위배되지 않는다고 한 사례.

9) '타행위로 인하여 필요하게 된 공공하수도'에 공공하수도의 설치 후에 비로소 당해 사업으로 인하여 발생할 하수를 처리하게 된 공공하수도가 포함된다고 한 사례.

서 정해진 규모 및 용도에 따라 건축할 건축물로부터 발생할 것으로 예상되는 하수량도 포함된다. 따라서 건축물에 관하여 공공하수도 공사비용을 부담한 부분에 대하여도 마찬가지다.10)

[6] 건축물 등 소유자: 대법원 2012. 10. 11. 선고 2010두7604 판결

구 하수도법(2011. 11. 14. 개정 전)은 공공하수도 자체의 설치 · 관리를 위한 공사 외에 공공하수도 공사의 원인이 되거나 결과적으로 공공하수도 공사를 필요하게 하는 원인제공자에 대하여 원인자부담금을 부과할 수 있도록 하면서 그 부담자를 제61조 제1항에서는 건축물 등 소유자를 규정하고, 제2항에서는 타공사 또는 공공하수도에 영향을 미치는 공사 외의 행위(이하 '타행위'라 한다)를 한 자를 규정하고 있을 뿐, 도시개발사업 등의 사업주체가 시행한 사업으로 조성한 부지에 건축물이 신축된 경우 위 부담금은 개발사업 시행자와 건축물 소유자 중 누가 우선하여 부담하여야 하는지는 명시적으로 정한 바가 없다. 그러나 원인자부담금은 공공하수도의 신설 · 증설을 야기한 환경오염의 원인자에게 그 비용을 부담시키고자 하는 데 근본 취지가 있고, 위 법에 규정된 타행위는 그 의미 자체가 공공하수도공사를 필요하게 만드는 행위를 뜻하는 것으로 이해되므로, 도시개발사업의 경우 공공하수도 확대를 야기한 실질적 원인자는 특별한 사정이 없으면 당해 개발사업의 시행자이지 그 사업지구 내 부지를 분양받아 건축물을 신축한 건축물 소유자라고 할 수 없다. 따라서 도시개발사업의 사업시행자가 하수도법상 '타행위'에 해당하는 사업으로 조성한 토지에 그 사업계획에서 정해진 규모 및 용도에 따라 건축물이 건축된 경우에는 원인자부담금은 사업시행자가 부담하는 것이 원칙이고, 당해 건축물이 원래 사업에서 예정된 범위를 초과하는 등의 특별한 사정이 없으면 건축물 등 소유자는 따로 원인자부담금을 부담하지 않는다고 보아야 한다.

마. 타공사의 비용부담

제14조 제1항의 규정에 따라 시행하는 타공사에 소요되는 비용은 제24조의 규정에 따른 허가에 특별한 조건이 있는 경우를 제외하고는 타공사의 원인을 발생하게 한 한도 안에서 공공하수도에 관한 비용을 부담하여야 할 자가 그 전부 또는 일부를 부담하여야 한다(제62조).

바. 국고보조

국가는 공공하수도의 설치 · 개축 또는 재해복구에 관한 공사비용의 전부 또는 일부를 예산의 범위 안에서 지방자치단체에 보조할 수 있다(제63조).

---

10) 타행위자인 사업시행자(한국토지공사)가 구 「하수도법」 제32조 제2항에 따라 타행위로 인한 공공하수도공사 비용을 부담한 경우, 이와 별도로 위 사업자로부터 토지를 매수하여 그 위에 건물을 신축한 원고에게 같은 법 제32조 제4항에 정한 원인자부담금을 부과할 수 없다고 한 사례. 같은 취지의 대법원 2004. 9. 24. 선고 2003두6849 판결 참조.

사. 국유지의 무상대여 · 양여

국가는 국유의 일반재산으로서 공공하수도에 관한 사업에 필요한 토지를 당해 지방자치단체에 무상으로 대여하거나 양여할 수 있다(제64조).

아. 사 용 료

공공하수도관리청은 공공하수도를 점용 또는 사용하는 자로부터 점용료 또는 사용료를 징수할 수 있다. 이 경우 점용료 또는 사용료의 징수에 관하여는 대통령령이 정하는 기준에 따라 당해 지방자치단체의 조례로 정한다(제65조 제1항). 그 수입금은 공공하수도에 관한 용도 외에는 이를 사용할 수 없다. 다만, 개인하수도의 악취로 인하여 공공하수도의 효율적인 관리 및 생활환경에 미치는 영향이 크다고 인정되는 경우로서 조례로 그 사용용도를 구체적으로 정하는 경우에는 개인하수도에 관한 용도에 사용할 수 있다(동조 제2항).

[7] 공공하수도 사용료 납부의무: 대법원 2003. 6. 24. 선고 2001두8865 판결

공공하수도 사용료는 공공하수도의 사용에 따른 대가로서 실제로 공공하수도를 사용하여 하수를 배출한 자만이 그 하수의 양 등에 따라 하수도 사용료의 납부의무를 진다고 해석함이 상당하고, 배수구역 내의 하수배출자가 하수도법 제24조에 따라 하수를 공공하수도에 유입시킬 의무나 배수설비를 설치할 의무에 위반하는 경우에도, 그에 대한 같은 법 소정의 제재를 받는 것은 별론으로 하고 그러한 공법상 의무가 있다는 사정만으로 실제 하수도 시설의 사용 여부에 관계없이 곧바로 하수도 사용료 납부의무를 진다고 볼 수 없다.

[8] 조례와 하수도 사용요율: 대법원 1989. 6. 13. 선고 88누8203 판결

동일시설 안에서 분리가 불가능한 오수가 복합적으로 발생하는 경우의 요율적용에 관하여 현행 서울특별시하수도사용조례(1987. 5. 11.자 조례 제2175호) 제15조 제2항에서 '주된 오수'의 요율에 의하도록 규정한 것과 달리 개정 전의 조례(1984. 12. 31.자 조례 1957호)는 아무런 규정을 두지 않고 있는바 이와 같은 경우에는 조리상 하수도 사용자의 권익침해를 배제한다는 원칙적인 입장에 서서 낮은 요율에 의하여 부과해야 한다.

Ⅲ. 개인하수도의 설치 및 관리

1. 배수설비 등

가. 배수설비의 설치

공공하수도의 사용이 개시된 때에는 배수구역 안의 토지의 소유자 · 관리자(그 토지 위에 시설물이 있는 경우에는 그 시설물의 소유자 또는 관리자) 또는 국 · 공유시설물의 관리자는 그 배수구역의 하수를 공공하수도에 유입시켜야 하며, 이에 필요한 배수설비를 설치하여야 한다(제27조 제1항).

또한 동법은 공공하수도관리청이 배수설비의 부실시공을 방지하기 위하여 필요한 경우에는 배수설비를 설치하여야 하는 자에게 그 배수설비의 시공을 대통령령이 정하는 요건을 갖춘 자로 하여금 대행하게 하도록 명할 수 있도록 규정하여 전문업체의 배수설비 시공제도를 도입하고 있다(동조 제2항).

배수설비를 설치하거나 이를 관리하는 자가 타인의 토지 또는 배수설비를 사용하지 아니하고는 하수를 공공하수도에 유입시키기 곤란하거나 이를 관리할 수 없는 때에는 타인의 토지에 배수설비를 설치하거나 타인이 설치한 배수설비를 사용할 수 있다(제29조 제1항). 이 경우 타인의 배수설비를 사용하는 자는 그 이익을 받는 비율에 따라 그 설치 또는 관리에 소요되는 비용을 분담하여야 하며, 타인의 토지를 사용하고자 하는 자는 당해 토지의 소유자나 이해관계인과 미리 '협의'하여야 하며,[11] 그 사용으로 인하여 발생하는 손실에 대하여는 상당한 보상을 하여야 한다(동조 제2항 · 제3항).

나. 특정공산품의 사용제한

환경부장관은 하수의 수질 악화를 방지하기 위하여 대통령령이 정하는 특정공산품(주방용 오물분쇄기)의 사용으로 인하여 하수의 수질을 현저히 악화시키는 것으로 판단되는 때에는 관계 중앙행정기관의 장과 협의하여 당해 특정공산품의 제조 · 수입 · 판매나 사용의 금지 또는 제한을 명할 수 있다(제33조 제1항 본문, 시행령 제23조). 다만, 연구목적 등의 용도인 경우에는 금지 또는 제한되지 아니하는데(동항 단서), 이는 특정공산품에 대한 조사 · 연구활동의 활성화로 이어질 것이다.

2. 개인하수처리시설

하수의 주요 오염원은 일반가정, 숙박업소, 식품접객업소, 목욕탕, 공장 등이며, 특히 생활하수는 수질오염의 가장 큰 원인으로 알려지고 있다.[12] 하수처리는 하수관로를 통하여 공공하수처리시설로 유입 처리되는 공공처리체계와 발생원에 개인하수처리시설을 설치하여 개별적으로 처리하는 개별처리체계로 대별할 수 있다. 즉 하수처리구역[13] 내에서는 공공하수처리시설, 공공폐수처리시설(「물환경보전법」 제48조) 등에서 최종 처리되며, 공공하수처리시설 등이 설치되어 있지 아니한 지역의 가정 또는 산업체 등에서

---

11) 여기에서 말하는 '협의'의 의미는, 문언의 객관적 의미의 해석에 충실하게 해석되어야 한다는 점, 제1항의 조건에 해당하는 경우에는 타인 토지에 배수설비 설치권이 가능한 것으로 보이는 점, 공용관로에 인접한 토지소유자의 동의가 없다면 공용관로에서 멀리 위치한 개별 주택의 배수설비 관로를 공용관로에 연결시킬 수 없어 공중위생의 향상이라는 동법의 목적을 달성할 수 없다는 점 등을 고려할 때 동의 또는 합의가 아닌 토지 사용에 대한 '의견의 교환' 정도로 해석하는 것이 타당해 보인다.

12) 생활하수는 전체 오 · 폐수의 발생량의 65% 이상을 차지하고 있다. 환경부, 환경백서, 2008, 401면.

13) 하수를 공공하수처리시설에 유입하여 처리할 수 있는 지역으로서 제15조의 규정에 따라 공고된 구역을 말한다(제2조 제15호).

발생되는 하수는 각 가정과 산업체에 설치된 개인하수처리시설에서 처리된다.

이에 따르면, 오수를 배출하는 건물 등을 설치하는 자는 개인하수처리시설을 설치하여야 하며(제34조 제1항), 설치기준(시행령 제24조 제3항, 별표 1의5)을 준수하여야 한다. 개인하수처리시설에 대하여는 방류수수질기준이 적용되어 규제가 이루어지고 있다.14)

가. 개인하수처리시설의 설치

동법은 오수를 배출하는 건물·시설 등을 설치하는 자에게 단독 또는 공동으로 개인하수처리시설을 설치할 것을 의무화하고 있다(제34조 제1항). 다만, ① 공공폐수처리시설로 오수를 유입시켜 처리하는 경우, ② 오수를 흐르도록 하기 위한 분류식하수관로로 배수설비를 연결하여 오수를 공공하수처리시설에 유입시켜 처리하는 경우, ③ 공공하수도관리청이 환경부령으로 정하는 기준·절차에 따라 하수관로정비구역으로 공고한 지역에서 합류식하수관로로 배수설비를 연결하여 공공하수처리시설에 오수를 유입시켜 처리하는 경우, ④ 그 밖에 환경부령이 정하는 요건에 해당하는 경우에는 그 의무가 면제된다(동항 단서).

나. 개인하수도관리지역 지정

동법은 시·도지사로 하여금 공중위생의 향상과 공공수역의 수질보전을 위하여 개인하수도관리지역을 지정하고(제34조의2), 지방자치단체의 장은 관할 관리지역 안의 개인하수도를 소유자의 동의를 받아 공동으로 관리할 수 있도록 하고 있다(동조 제3항).

다. 개인하수처리시설 등의 관리

동법은 개인하수처리시설의 적정관리를 위하여 준공검사(제37조), 설계·시공(제38조), 금지행위(제39조 제1항), 시설의 유지·관리 및 신고(제39조 제2항·제3항), 개선명령(제40조) 등에 관하여 규정하고 있다.

Ⅳ. 분뇨의 처리

가정, 산업체 등에서 발생되는 분뇨는 각 가정과 산업체 내에 설치된 분뇨처리시설에서 최종 처리된다. 그 나머지는 해양투기, 재활용 등의 방법으로 처리된다.

1. 분뇨처리의 책임

분뇨를 수집·운반 및 처리의 책임은 특별자치시장·특별자치도지사·시장·군수·구청장에게 있다. 이 경우 특별자치시장·특별자치도지사·시장·군수·구청장은 당해 지방자치단체의 조례가 정하는 바에 따라 분뇨수집·운반업자로 하여금 그 수집·운반을 대행하게 할 수 있다(제41조 제1항). 다만, 화장실이 설치되어 있는 차량·선박 또는 항공

14) 결국 하수와 관련하여서는 도시화가 되지 아니한 지역의 개별건축물에 설치되는 개인하수처리시설에 적용되는 방류수수질기준과 도시화가 된 지역(하수처리구역)에 설치되는 공공하수처리시설에 대하여 적용되는 방류수수질기준이 있다(제7조).

기를 운행하는 자 및 이동식 화장실을 설치 · 관리하는 자는 그 화장실에서 배출되는 분뇨(수세식 화장실에서 발생하는 오수를 포함)를 스스로 수집 · 운반 및 처리하여야 하며, 스스로 수집 · 운반할 수 없는 경우에는 분뇨수집 · 운반업자로 하여금 그 수집 · 운반을 대행하게 할 수 있다(동조 제3항).

2. 분뇨의 광역관리

지방자치단체의 장은 2 이상의 지방자치단체에서 발생하는 분뇨를 광역적으로 처리할 필요가 있다고 인정되는 경우에는 분뇨처리시설을 공동으로 설치 · 운영할 수 있다(제42조 제1항). 환경부장관(시 · 도지사가 분뇨처리시설을 설치·운영하는 경우에 한함) 또는 시 · 도지사(특별자치시장 · 특별자치도지사 · 시장 · 군수 · 구청장이 분뇨처리시설을 설치 · 운영하는 경우에 한함)는 지방자치단체간의 분뇨처리시설 설치 · 운영에 대하여 필요한 조정을 할 수 있다(동조 제2항).

3. 분뇨의 처리

분뇨의 수집 · 운반 및 처리의 기준은 환경부령으로 정한다(제43조 제1항). 분뇨를 수집 또는 운반하는 자는 분뇨를 적정하게 처리할 수 있는 장소 외의 장소에 분뇨를 함부로 버리거나 기준을 위반하여 수집 또는 운반하여서는 아니 된다(동조 제2항).

4. 분뇨의 재활용

분뇨를 자원화하는 기술이 발달하면서 분뇨가 더 이상 쓸모없는 것이 아니라 자원으로 재활용될 수 있다는 인식이 확산되고 있다. 이에 동법은 분뇨의 재활용에 관한 입법적 고려를 하고 있다. 이에 따르면 환경부령이 정하는 양 이상의 분뇨를 재활용하려는 자는 특별자치시장 · 특별자치도지사 · 시장 · 군수 · 구청장에게 신고하여야 한다. 다만, 제43조 제3항의 규정에 따라 분뇨를 사용하는 경우에는 신고할 필요가 없다(제44조 제1항).

V. 하수 · 분뇨 관련 영업

동법은 하수 · 분뇨 관련 영업으로 분뇨수집 · 운반업(제45조), 개인하수처리시설설계 · 시공업(제51조),[15] 개인하수처리시설제조업(제52조), 개인하수처리시설관리업(제53조) 등을 두고 있는데, 그 성격과 규제의 정도 및 필요성 등을 고려하여 허가제(분뇨수집 · 운반업),[16]

---

15) 개인하수처리시설설계 · 시공업을 도입한 취지는 무자격자의 개인하수처리시설 설치로 인한 부실시공을 방지하기 위한 것이다.

16) 분뇨수집 · 운반업 허가는 기속행위가 아니라 재량행위이며, 사업경영의 권리를 설정해 주는 형성적 행위가 아니라 금지를 해제하는 명령적 행위라고 해석된다. 그 결과 허가의 효과는 영업자유의 회복을 가져올 뿐이다. 대법원 2000. 6. 13. 선고 99두2857 판결(구 '오수 · 분뇨및축산폐수의처리에관한법률' 제35조 소정의 정화조청소업허가신청에 대하여 기존의 업체만으로도 분뇨의 수집 · 운반 등에 별다른 지장이 없다는 사유로 한 반려처분은 재량권의 한계를 일탈하여 위법한 것이라고 판단한 사례); 광주고법 1996. 2. 1. 선고 94구3581 판결; 부산고법 1995. 7. 19. 선고 94구5380 판결 참조.

등록제(개인하수처리시설설계 · 시공업, 개인하수처리시설제조업, 개인하수처리시설관리업)로 운영하고 있다.

Ⅵ. 기술관리인

대통령령이 정하는 규모 이상의 개인하수처리시설을 설치 · 운영하는 자는 당해 시설의 유지 · 관리에 관한 기술업무를 담당하게 하기 위하여 기술관리인을 두어야 한다. 다만, 다음의 어느 하나에 해당하는 경우에는 그러하지 아니하다: ① 처리시설관리업자에게 개인하수처리시설의 관리를 위탁한 경우; ②「물환경보전법」 제47조에 따른 환경기술인이 선임된 사업장의 경우(제66조).

제 8 절 물의 재이용 촉진 및 지원에 관한 법률

국민의 생활수준이 향상되고 경제활동이 증가함에 따라 물 사용량은 늘어나는 반면, 한정된 물 자원과 기후변화로 인하여 앞으로 물 수급의 지역적인 불균형이 나타날 것으로 전망되고 있다. 이에 기존 물 자원에 대한 의존도를 줄이고 그동안 버려졌던 빗물, 오수 및 하 · 폐수처리수를 공업 · 생활 · 농업용수 등 각종 용수로 재이용함으로써 물 자원을 효율적으로 활용하고 물부족에 적극적으로 대응할 필요성이 있다. 이러한 배경에서 빗물, 오수 등의 재이용을 촉진하고 수질에 미치는 해로운 영향을 줄임으로써 물 자원의 지속가능한 이용을 도모할 수 있는 제도적 기반을 마련하기 위하여 2010. 6. 8.「물의 재이용 촉진 및 지원에 관한 법률」이 제정되었다.

우리나라는 물부족 국가군에 속하며, 가뭄 시 물 이용에 취약한 실정이다. 현행의 물 공급 체계는 취수, 정수, 송 · 배수, 급수, 수요처에 이르는 과정으로 되어있어 장거리 수송에 따른 다량의 에너지를 소비하고, 온실가스가 배출되고 있다. 이러한 상황에서 하천에 집중된 취수 구조를 바꾸어 물에 대한 압박을 줄이고 기후변화에 따른 가뭄 등에도 능동적으로 대처하기 위하여 물의 재이용을 활성화할 경우 한정된 수자원을 효율적으로 활용할 수 있게 되며, 지역적 물 부족도 완화할 수 있을 것으로 보인다.

동법의 핵심적인 내용은 물 재이용시설의 설치 · 관리와 관련한 것인데, 이는 기존「수도법」,「하수도법」,「물환경보전법」,「낙동강수계 물관리 및 주민지원 등에 관한 법률」 등에 산재해 있는 빗물이용시설, 중수도, 하 · 폐수처리수 재이용, 발전소 온배수 등 물 재이용 관련 규정을 한데 모아 관리의 효율성을 제고한다는 의미가 있다.

1. 책 무

국가는 물의 재이용을 촉진하기 위한 계획을 수립하고 합리적인 시책을 마련하며, 지방자치단체 및 물 재이용시설을 설치·운영하는 자에게 필요한 기술 및 재정 지원을 하기 위하여 노력하여야 하며, 지방자치단체는 관할 지역에서 물의 재이용을 촉진하기 위한 시책을 수립·시행하고, 관련 시설의 설치·관리 등을 위하여 노력하여야 한다. 한편, 국민은 국가와 지방자치단체가 추진하는 물의 재이용과 관련된 시책에 협력하여야 한다(제3조).

2. 물 재이용 기본계획 및 물 재이용 관리계획

환경부장관은 물의 재이용을 촉진하고 관련 기술의 체계적인 발전을 위하여 10년마다 물 재이용 기본계획을 수립하여야 하고(제5조), 특별시장·광역시장·특별자치시장·제주특별자치도지사 및 시장·군수는 물 재이용 기본계획에 따라 관할 지역에서의 물 재이용 관리계획을 수립하여 환경부장관의 승인을 받아야 한다(제6조). 물 재이용 기본계획이 중앙정부 차원이라면, 물 재이용 관리계획은 지방자치단체 차원에서 수립되는 계획이라고 할 수 있다.

3. 물 재이용시설의 설치·관리

가. 빗물이용시설의 설치

'빗물이용시설'이란 건축물의 지붕면 등에 내린 빗물을 모아 이용할 수 있도록 처리하는 시설을 말한다(제2조 제3호). 동법은 지붕면적이 넓은(지붕 면적이 1천㎡ 이상) 운동장 또는 체육관, 공공업무시설 및 공공기관의 청사와 공동주택, 학교, 골프장 및 「유통산업발전법」 제2조 제3호에 따른 대규모점포를 신축(대통령령으로 정하는 규모 이상으로 증축·개축 또는 재축하는 경우를 포함)하려는 자의 빗물이용시설의 설치·운영을 의무화하고(제8조 제1항), 그 소유자 또는 관리자에게 시설·관리기준의 준수를 요구하고 있다(동조 제6항, 시행령 제10조). 동법은 빗물이용시설을 설치·운영하여야 하는 자 등이 건축허가를 신청하거나 건축신고를 하기 전에 빗물이용시설의 빗물 처리용량 등을 시장·군수·구청장 등에게 사전 신고하도록 하고 있다(동조 제2항).

나. 중수도의 설치

장래 예상되는 물부족에 대처하기 위하여 물절약은 중요한 전략이 되고 있다. 이러한 차원에서 물절약을 가능케 하는 중수도(中水道) 설치를 위한 근거 규정은 의미를 갖는다. '중수도'란 개별 시설물이나 개발사업 등으로 조성되는 지역에서 발생하는 오수를 공공하수도로 배출하지 아니하고 재이용할 수 있도록 개별적 또는 지역적으로 처리하는 시설을 말한다(제2조 제4호). 동법은 중수도제도를 통해 쓰고 버린 각종 오·폐수를 재처리하여 식수와 같이 깨끗하지 않아도 되는 허드렛물, 즉 수세실 화장실용수, 청소용수, 세차용수 및 공업용수 등으로 재이용할 수 있도록 하고 있다. 이에 따르면 대형빌딩이나 공장 등 다량의 물을 사용하는 일정 규모 이상의 건축물이나 시설은 중수도를 의무적으로 설치하여야 한다. 즉 다음에 해당하는 시설물을 신축(대통령령으로 정하는 규모 이상으로 증축·개축 또는 재축하는 경우를 포함)하려는 자는 환경부령으로 정하는 바에 따라 단독 또는 공동으로 물 사용량의 10퍼센트 이상을 재이용할 수 있도록 중수도를 설치 · 운영하여야 하며, 중수도의 중수 처리용량 등을 시장 · 군수 · 구청장 등에게 신고[1]하여야 한다:

① 「공중위생관리법」에 따른 숙박업 또는 목욕장업에 사용되는 시설로서 건축 연면적이 6만㎡ 이상인 시설물;

② 「산업집적활성화 및 공장설립에 관한 법률」에 따른 공장으로서 1일 폐수배출량이 1천500㎥ 이상인 시설물;

③ 「건축법」에 따른 발전시설로서 1일 폐수배출량이 1천500㎥ 이상인 시설물

④ 그 밖에 대통령령으로 정하는 종류 및 규모 이상의 시설물[2](제9조 제1항 · 제3항).

한편, 국가 또는 지방자치단체, 공기업, 지방공기업이 다음에 해당하는 개발사업을 시행하려는 경우에는 단독 또는 공동으로 물 사용량의 10퍼센트 이상을 재이용할 수 있도록 중수도를 설치하여야 하며, 개발사업의 시행으로 설치된 중수도의 운영 및 관리에 관하여는 개발사업의 시행자와 중수도를 관할하는 시장 · 군수 · 구청장 등이 개발사업의 시행 전에 협의하여 정해야 한다:

① 「관광진흥법」에 따른 관광단지의 개발사업;

② 「도시개발법」에 따른 도시개발사업;

③ 「산업입지 및 개발에 관한 법률」에 따른 산업단지개발사업;

④ 「택지개발촉진법」에 따른 택지개발사업

⑤ 그 밖에 대통령령으로 정하는 개발사업(동조 제2항).

다만, 물 사용량의 10퍼센트 이상을 공급받거나 이용하는 자의 경우에는 중수도 설치가 의무화되지 않는다(동조 제1항 · 제2항 단서). 중수도의 소유자 또는 관리자는 시설 · 관리기준 등을 준수하여야 하며(동조 제6항), 시장 · 군수 · 구청장 등은 시설물을 신축하거나 개발사업을 시행하는 자가 중수도를 설치 · 운영하지 아니하는 경우에는 그 이행을 명할 수 있다(동조 제7항).

다. 공공하수도관리청의 하 · 폐수처리수 재처리수 공급

「하수도법」에 따른 공공하수도관리청은 하 · 폐수처리수 재처리수를 재이용하거나 이를 필요로 하는 자에게 공급하도록 하되, 하수처리수가 하 · 폐수처리수 재처리수의 용도별 수질기준을 충족하는 경우에는 이를 바로 재이용하거나 공급할 수 있도록 하고 있다(제10조).

---

1) 신고의 법적 성질은 '수리'를 염두에 두고 있다는 점에서(동조 제4항 · 제5항) 자기완결적 신고로 볼 수 없다.

2) 여기에는 건축연면적이 6만㎡ 이상인 시설로서 대규모점포, 터미널, 건축역사, 공항시설 및 종합여객시설, 업무시설, 교도소, 방송국 및 전신전화국 등이 포함된다(시행령 제11조).

라. 하·폐수처리수 재이용사업 등

공공하수도관리청 외에 하·폐수처리수 재이용사업과 온배수 재이용사업을 하려는 자는 그 사업계획을 수립하여 환경부장관의 '인가'를 받아야 한다(제11조). 하·폐수처리수 재이용사업 등은 특히 공공수역으로 방류되는 하·폐수처리수를 활용하는 것이므로 이에 따른 환경영향과 적정성 여부에 대한 검토가 필요하다. 이러한 차원에서 하·폐수처리수 재이용사업 등에 대하여 인가제도를 도입하여 이를 관리할 필요가 있는 것이다. 하·폐수처리수 재이용사업자 등은 공공하수도관리청에 국한되지 않기 때문에 민간사업자(예컨대, 공공폐수처리시설을 설치·운영하는 자)도 하·폐수처리수 재처리수를 공급할 수 있으며, 이와 같은 사업자의 확대는 물의 재이용을 촉진할 것으로 보인다. 동법은 하·폐수처리수 재이용시설 및 온배수 재이용시설의 설치기준(제13조)을 대통령령에, 하·폐수처리수 재처리수 등의 수질기준(제14조) 및 하·폐수처리수 재이용시설 등의 관리 등에 관한 사항(제15조)을 환경부령에 규정하도록 하고 있다. 재처리수 등의 수질기준을 설정하는 것은 수요자의 요구에 부합하는 수질의 하·폐수처리수 재처리수를 공급할 수 있도록 하여 물 재이용 범위를 확대한다는 의미가 있다. 또한 동법은 하·폐수처리수 재처리수를 공급하는 공공하수도관리청 및 하·폐수처리수 재이용사업자가 재처리수에 대하여 요금을 받을 수 있는 근거 규정을 두고 있다(제21조).

마. 하·폐수처리수 재이용시설 설계·시공업

하·폐수처리수 재처리수 등의 안전성을 확보한다는 차원에서 하·폐수처리수 재이용시설 등 설계·시공업에 대하여 등록제를 도입하여 관리하고 있다(제18조 내지 제20조). 하·폐수처리수 재이용시설 등은 규모가 큰 장치산업의 성격을 가지고 있어 건설 후 안정적인 운영 및 사후관리가 필요하여 전문 설계·시공이 필요하고, 재이용수는 오수처리시설·하수처리시설보다 강화된 수질기준을 적용하고 있어 시설 설계·시공에 있어 일반적인 처리방법에 비해 전문성이 요구되고 있다.

바. 재정지원 등

동법은 물 재이용시설의 보급확대를 위하여 국가로 하여금 빗물이용시설, 중수도, 하·폐수처리수 재이용시설을 설치하는 자에 대하여 그 중수도의 설치비용을 지원할 수 있으며, 지방자치단체로 하여금 조례로 수도요금 또는 하수도사용료를 경감할 수 있도록 유인을 제공하고 있다(제23조). 그러나 이러한 유인에도 불구하고 생산원가보다 훨씬 낮은 수도요금 등으로 인한 낮은 경제성, 기존의 수도관과 다른 별도의 관을 설치해야 하는 설치상의 어려움 등은 물 재이용시설의 활발한 설치를 제한할 수 있다. 결국 수도요금의 현실화, 광역순환방식의 중수도 설치 등이 물 재이용시설의 보급·확대를 위하여 필요하다.

제 9 절 물관리기술 발전 및 물산업 진흥에 관한 법률

물산업은 그 범위와 경계를 정하기가 쉽지 아니하나 물순환 전과정에 걸쳐 이루어지는 생산, 공급, 처리, 이용, 서비스 등 포괄적인 사업 및 연관 산업을 말한다고 할 수 있다. 그 동안 물산업은 공공성 측면이 강조되었으나 국내 · 외 물기업의 급성장에 따라 산업성이 부각되고 있다. 급기야 물산업은 21세기 블루골드산업으로 사회기반시설 중 최대의 투자시장을 형성할 것으로 전망되고 있다. 물산업은 흔히 대규모 자본집약적인 장치 · 관망산업의 특징을 갖고 있어 규모의 경제가 지배하며, 복합적 응용산업에 해당되어 다양한 기술과 지식의 융합이 요구되고 있다.

현재 세계 물산업은 연간 약 870조의 거대한 시장 규모를 형성하고 있다.[1] 그러나 국내 물산업 시장의 규모는 세계 시장의 1.7%, 국내 GDP의 2.1%에 불과하고, 국내 11,035개 물기업의 70%가 종업원 10명 미만의 소기업으로 대부분 영세하여 기술경쟁력 확보를 위한 여건이 취약한 상황이다.[2] 물산업이 국가경제에서 차지하는 비중과 중요성이 급속도로 증가하는 데 발맞추어 물산업을 기간산업으로 인식하고 차세대 성장동력으로 육성할 필요가 있다. 이에 물관리기술의 발전 기반을 조성하고 물산업의 진흥을 꾀해 국내 물산업이 세계 물시장에 활발하게 진출할 수 있는 기반 마련이 절실한 시점이다.

2018. 5. 28. 이른바, 물관리 3법(「정부조직법」, 「물관리기본법」, 「물관리기술 발전 및 물산업 진흥에 관한 법률」)이 국회를 통과함으로써 물관리일원화의 물꼬가 터졌다. 정부는 「물관리기본법」의 제정(2018. 6. 12)과 동시에 「물관리기술 발전 및 물산업 진흥에 관한 법률」(물산업진흥법)이 탄생하였다는 점에 주목하면서 동법이 물관리일원화 차원에서 이루어진 입법이라는 점을 강조하고 있다.[3] 그러나 물관리기술의 발전과 물산업의 육성이라는 숙원 입법으로서 엄밀한 의미에서 통합물관리와의 직접 관련성은 찾아보기 어렵다. 동법이 다루는 핵심 주제는 법명이 암시하듯 물관리기술의 발전과 물산업의 육성, 2가지이다. 동법에서 말하는 '물관리기술'이란 수량 · 수질 및 수생태계를 균형적으로 관리하는 데 필요한 기술을 말한다(제2조 제1호). '물산업'은 관련 법에 따른 수도시설과 관련된 기술사업, 하수도를 설치 · 관리하는 사업, 먹는물관련영업, 해수담수화시설과 관련된 사업, 물의 재이용과 관련된 사업, 폐수를 처리 또는 이용하는 사업, 지하수의 개발 · 이용 · 정화 등과 관련된 사업, 농어촌용수의 개발 · 이용 등과 관련된 사업, 하천공사, 소하천등 정비, 댐의 건설 · 이용 · 관리 등과 관련된 사업 등과 이와 관련된 설계, 건설, 운영, 부품 · 소재 · 장치 · 기기 · 약품의 시험 · 검사 · 인증, 제조 · 판매 · 유통 및 컨설팅 등에 관한 사업 등을

1) 환경부, 환경백서, 2020, 278면.
2) 2018. 6. 12. 법 제정이유서.
3) 환경부, 환경백서, 2019, 105면.

광범위하게 포함하는데(동조 제2호), 그 경계와 범위가 모호한 측면이 있다. 물산업의 일부는 환경산업에 포함되는 측면도 있다.

1. 기본계획

정부는 체계적인 물관리기술 발전 및 물산업 진흥을 위한 기본계획을 수립하여 시행하고, 시 · 도지사는 기본계획에 따라 지역적 특성을 고려한 시행계획을 수립하고 시행하여야 한다(제5조).

2. 실태조사 및 물기술종합정보시스템의 구축

환경부장관은 물산업 관련 정책의 효율적인 추진을 위하여 물산업에 대한 실태조사를 실시하여야 하며(제6조), 물산업 관련 기술개발을 촉진하고 관련 정보를 효율적으로 관리하기 위한 물기술종합정보시스템을 구축 · 운영하고 해당 정보의 활용을 촉진하여야 한다(제7조).

3. 물관리기술 개발의 촉진

동법은 정부로 하여금 물관리기술 개발을 촉진하기 위한 물관리기술 동향 및 수요조사, 물관리기술의 연구 · 개발업무 등을 추진하도록 하고(제8조), 물산업의 진흥 및 물산업을 영위하는 물기업의 경쟁력 강화를 위하여 표준화 기반조성 사업을 추진할 수 있도록 하고 있다(제9조).

4. 사업화 지원 등

환경부장관은 우수제품등의 도입 실적이 우수한 지방자치단체에 대하여 보조율 우대 적용 등의 재정적 혜택을 제공하는 보조사업을 추진할 수 있으며, 물산업 관련 혁신기술의 이용 · 보급 및 해외시장 진출 촉진을 위한 시범사업을 시행할 수 있다(제10조, 제11조).

5. 혁신형 물기업의 지정

환경부장관은 물산업 진흥을 위하여 중소기업 중 일정 요건을 갖춘 기업을 혁신형 물기업으로 지정하고, 국가는 지정된 혁신형 물기업의 신기술 · 제품의 연구개발, 연구시설의 개선 등에 필요한 지원을 할 수 있다(제13조, 제14조).

6. 전문인력 양성

국가와 지방자치단체는 물산업 관련 전문인력 양성기관을 지정하여 교육 및 훈련을 실시하게 할 수 있으며, 그에 필요한 비용을 지원할 수 있다(제14조의2 제2항 · 제3항). 또한 물산업 관련 연구기관, 대학 및 물기업 간의 교류 · 협력을 강화하기 위하여 각종 사업을 추진할 수 있다(동조 제4항).

7. 물산업 실증화 시설 및 집적단지의 조성

동법은 국가 또는 지방자치단체로 하여금 물산업 진흥과 물기업의 경쟁력 강화를 위하여 연구 · 진흥 시설, 실증화[4] 시설 등으로 구성된 물산업 실증화 시설 및 집적단지[5]를 조성할 수 있도록 하고(제15조), 여기에 입주한 기업 등의 기술개발, 사업화[6] 및 해외진출을 촉진하기 위한 지원을 할 수 있도록 법적 근거를 두고 있다(제16조).

8. 분산형 실증화 시설의 운영

동법은 국가, 지방자치단체 및 물산업 공공기관[7]이 물산업 실증화 시설 및 집적단지의 실증화시설과 연계하여 분산형 실증화 시설을 운영하도록 하고, 실증화시설에 하수 및 폐수를 공급하여 관련 법령에 따른 수질기준을 충족할 경우 처리수를 방류하거나 재이용 · 공급할 수 있도록 특례를 규정하고 있다(제17조 및 제18조).

9. 한국물관리인증원의 설립

동법은 물관리기술 또는 물관리 제품의 위생안전, 품질 및 성능 등을 확보하기 위한 인증 · 검증 및 그에 관련된 업무를 효율적으로 수행하기 위하여 한국물기술인증원을 설립하도록 하고(제19조 제1항), 국가가 예산의 범위에서 그 설립 · 운영 등에 필요한 경비의 전부 또는 일부를 출연하거나 보조할 수 있도록 하고 있다(동조 제5항).

10. 물기업 해외진출의 지원

동법은 국가가 중소 물기업의 해외진출 지원을 위한 사업을 추진할 수 있도록 하고(제21조), 물기업의 해외진출 지원 및 물산업의 진흥을 위하여 한국물산업협의회를 설립하도록 그 법적 근거를 두고 있다(제22조).

제10절 도시하천유역 침수피해방지대책법

통합물관리 차원에서 「물관리기본법」 제정 이후에 이렇다 할 법제정이 없던 상황에서 2023. 9. 14. 「도시하천유역 침수피해방지대책법」(도시침수방지법)이 제정되었다. 동법의 제정은 향후 통합물관리를 위한 법제의 폭발적인 증가를 가늠케 하는 신호탄이 될 수 있다. 통합물관리의 큰 기둥이 크게 수량과 수질의 통합이라고 할 수 있지만 재난 영역도

---

4) '실증화'란 이론으로 정립된 기술을 시작품 등으로 제작하여 시험 또는 운영하거나 개발된 기술을 실증설비 적용 등을 통하여 규모 확정, 최적화 또는 주변기술을 확보하는 것을 말한다(제2조 제7호).

5) '물산업 실증화 시설 및 집적단지'란 물산업과 관련된 기업, 연구소, 대학 및 기업지원 시설 등을 일정한 지역에 집중시켜 상호 연계를 통한 상승효과를 만들어 내기 위하여 조성한 시설 및 집적단지를 말한다(제2조 제5호).

6) '사업화'란 기술을 이용하여 제품을 개발 · 생산 또는 판매하거나 그 과정의 관련 기술을 향상시키는 것을 말한다(제2조 제6호).

7) '물산업 공공기관'이란 「공공기관의 운영에 관한 법률」 제4조에 따른 공공기관, 「지방공기업법」 제5조에 따른 지방직영기업, 같은 법 제49조에 따른 지방공사 및 같은 법 제76조에 따른 지방공단 중 물산업을 영위하는 기관을 말한다(제2조 제4호).

잠재적으로 통합물관리의 영역으로 포섭될 필요가 있다는 점에서 동법은 주목할 만하다. 동법은 기후변화와 도시화에 따른 대규모 홍수에 적절하게 대응함으로써 도시하천 유역의 침수피해를 방지하는 것을 목적으로 한다고 선언함으로써, 그 다루는 그 범위를 "도시하천 유역의 침수피해"로 국한하고 있지만 재난의 영역은 여기에 그칠 수 없을 것이다. 동법이 담고 있는 내용은 주제에 비해 지나치게 단순해 보인다.

1. 침수피해방지 기본계획의 수립

환경부장관은 특정도시하천[1] 유역의 침수피해를 방지하기 위하여 10년 단위의 특정도시하천 침수피해 방지 기본계획을 수립하여야 하며(제6조 제1항), 환경부장관 또는 시 · 도지사 및 시장 · 군수 · 구청장은 기본계획에 따라 관할 특정도시하천 유역에서 침수방지시설 사업 등을 시행하기 위하여 시행계획을 수립 · 시행하여야 한다(제8조). 환경부장관은 기본계획 및 시행계획을 수립하는 때에는 침수방지시설의 설계기준 및 설계빈도에 관계 법령에서 정하는 기준보다 강화된 기준을 적용할 수 있다(제9조). 시행령에서는 강화된 기준을 적용할 수 있는 지역을 기후변화 등에 따라 침수방지시설의 설계기준 및 설계빈도를 초과하는 강우 등으로 인해 침수피해가 발생한 이력이 있는 지역인 경우, 인구밀집지역, 산업단지 등 침수 발생시 인명 또는 재산상 피해가 크게 우려되는 지역인 경우 등으로 정하고 있다(제8조).

2. 침수방지시설

특정도시하천 유역에 설치하는 침수방지시설[2]은 침수피해 방지 기능에 지장이 없는 범위에서 다른 용도로 활용할 수 있다(제10조). 침수방지시설 사업의 사후관리 차원에서 동법은 지방자치단체의 장이 침수방지시설 사업의 집행실적을 종합하여 환경부장관에게 제출하도록 하고(제12조 제1항), 환경부장관이 집행실적을 검토하여 원활한 사업추진을 위하여 필요하다고 인정되는 경우에는 지방자치단체의 장에게 개선을 권고하거나 시정을 요청할 수 있도록 하고 있다(동조 제2항).

3. 침수피해 방지 자료의 정보화

환경부장관은 특정도시하천 유역의 침수피해 방지에 필요한 자료의 효율적인 활용을

---

1) 동법상 '도시하천'이란 「국토의 계획 및 이용에 관한 법률」에 따른 도시지역을 통과하거나 인접하여 흐르는 하천(「하천법」 제2조 제1호에 따른 하천을 말함)을 말하며(제2조 제3호), '특정도시하천'이란 기후변화와 도시화에 따라 현저하게 침수피해가 발생하였거나 발생이 예상되어 하천정비 등 통상적인 홍수관리대책만으로는 피해 예방이 곤란한 도시하천을 말한다(제2조 제4호).

2) '침수방지시설이란 침수피해를 방지하기 위하여 설치하는 시설로서 다음의 시설을 말한다: ① 「하천법」 제2조 제3호 가목에 따른 물길의 안정을 위한 시설; ② 「하천법」 제2조 제3호 나목에 따른 하천수위의 조절을 위한 시설; ③ 「하수도법」 제2조 제6호에 따른 하수관로; ④ 「하수도법」 제2조 제10호에 따른 하수저류시설; ⑤ 그 밖에 대통령령으로 정하는 시설(제2조 제5호). 시행령에서는 비점오염저감시설 중 환경부장관이 정하여 고시하는 시설, 수로터널 등을 추가하고 있다(제2조).

위하여 정보체계를 구축·운영할 수 있다(제13조).

4. 물재해종합상황실의 설치 · 운영

환경부장관은 물재해 정보의 수집 · 전파, 도시침수 및 침수피해 상황관리 등의 업무를 수행하기 위하여 물재해종합상황실을 설치·운영할 수 있다(제14조).

5. 도시침수예보의 실시

도시침수방지법은 환경부장관이 도시침수로 인한 침수피해를 예방하거나 경감하기 위하여 필요한 경우 유역별로 도시침수예보를 실시할 수 있도록 하고, 도시침수예보의 실시를 위하여 관계 전문가 등이 참여한 도시침수예보센터를 설치 · 운영할 수 있도록 하고 있다(제15조).

제11절 물순환 촉진 및 지원에 관한 법률

기후변화 및 도시화로 인한 가뭄 · 홍수 등 재해와 물 부족, 수질 악화 및 수생태계(水生態系) 변화에 효율적으로 대응하기 위하여 물 관리 시책을 통합적으로 추진함으로써 건전한 물순환 체계를 구축함을 목적으로 2023. 10. 25. 「물순환 촉진 및 지원에 관한 법률」(물순환촉진법)이 제정되었다.

'물순환'이란 강수(降水)가 지표수(地表水)와 지하수(地下水)로 되어 하천 · 호수 · 늪 · 바다 등으로 흐르거나 저장되었다가 증발하여 다시 강수로 되는 연속된 흐름을 말하는바(「물관리기본법」 제3조 제1호), 물순환촉진법은 '물순환 촉진'을 물순환 과정에서 깨끗하고 안전한 물 공급, 수생태계의 보전 · 관리와 수질개선, 가뭄 · 홍수 등으로 인한 재해의 예방, 강수의 침투 · 저류 및 하수 재이용, 중수도 설치 등 물의 순환이용이 건전하게 이루어지도록 유도하는 것이라고 정의하면서(제2조). 이를 위한 물순환 촉진사업의 추진, 물순환 촉진 기반의 조성 등을 다루고 있다.

1. 국가물순환촉진기본방침의 수립

환경부장관은 물순환 촉진을 종합적 · 계획적으로 추진하기 위한 국가의 물순환 촉진에 관한 전략과 기본방침을 10년마다 수립하여야 하고, 5년이 지나거나 변경이 필요하다고 인정하는 경우 그 타당성을 검토하여 변경할 수 있다(제4조 제1항, 제4항). 기본방침은 「물관리기본법」에 따른 국가물관리기본계획의 내용에 부합하여야 하며, 다음의 사항이 포함되어야 한다: ① 물순환 촉진의 의의 및 목표; ② 국가가 중점적으로 시행하여야 할 물순환 촉진 시책; ③ 물순환촉진 종합계획의 수립 및 물순환 촉진사업 실시계획의 작성에 관한 기본적인 방향과 원칙; ④ 그 밖에 물순환 촉진을 위하여 필요한 사항으로서 대통령령으로 정하는 사항(동조 제2항 · 제3항).

2. 물순환 촉진구역의 지정

물순환촉진법은 환경부장관으로 하여금 수자원부족 등으로 인하여 물순환이 현저히 왜곡되거나 물관리 취약성이 심각한 지역, 안정적인 물공급에 차질이 있거나 가뭄·홍수 등으로 인한 피해가 발생한 지역 등을 직접 또는 지방자치단체의 장의 제안을 받아 물순환 촉진구역으로 지정할 수 있도록 하고 있다(제6조 제1항). 물순환 촉진구역을 지정하려는 경우에는 다음의 사항을 고려하여야 한다: ① 「물관리기본법」에 따른 국가물관리기본계획에 부합할 것; ② 물순환 촉진사업의 시행에 따른 사회적 · 경제적 편익이 발생할 것; ③ 물순환 촉진사업의 공공필요와 사업 추진으로 인하여 침해되는 이익이 균형적일 것; ④ 물순환 촉진사업 추진으로 인하여 수자원의 개발 · 이용 및 관리 등에 관한 다툼을 촉발시킬 우려가 없을 것; ⑤ 물순환 촉진사업의 재원 조달 및 투자계획 등이 실현 가능할 것; ⑥ 그 밖에 대통령령으로 정하는 요건에 부합할 것(동조 제2항).

3. 물순환촉진 종합계획의 수립

환경부장관은 물순환 촉진구역에 대하여 물순환촉진 종합계획을 수립할 수 있다(제8조). 동법은 해당 종합계획이 고시된 날부터 물순환 촉진구역에서 종합계획에 적합하지 아니한 행위를 제한하도록 하고 있다(제11조). 제한되는 행위에는 건축물의 건축, 공작물의 설치, 토지의 형질변경, 토석의 채취, 토지분할, 물건을 쌓아두는 행위, 죽목(竹木)을 베거나 심는 행위, 다년생 식물을 새로 경작하거나 재배하는 행위 등이 포함된다(시행령 제16조).

4. 물순환 촉진사업

가. 시 행 자

물순환 촉진구역에서 물순환 시설[1]을 설치 · 정비하거나 운영 · 관리하는 등 물순환 촉진사업을 시행하는 자(사업시행자)에 대하여 다른 법률에서 별도로 규정하지 아니한 경우에는 환경부장관이 국가 또는 지방자치단체, 공공기관 중 대통령령으로 정하는 기관, 지방공기업 중에서 사업시행자를 지정할 수 있다(제15조 제1항).

나. 물순환 촉진사업 실시계획의 수립

동법은 사업시행자로 하여금 물순환 촉진사업 실시계획을 작성하여 승인을 받도록 하고 있다(제16조).

---

1) '물순환 시설'이란 물순환을 촉진하기 위하여 설치하는 물 재이용시설, 수질오염방지시설, 수도. 수자원시설, 지하수개발 · 이용시설 및 유출지하수 이용시설, 하수도, 하천시설, 그 밖에 물순환 촉진을 위하여 필요한 시설로서 대통령령으로 정하는 시설 등을 말한다(제2조 제3호).

5. 물순환 촉진 기반의 조성

물순환 촉진 기반을 조성하기 위하여 동법은 물순환촉진지원센터의 지정 · 운영(제19조), 물순환정보시스템의 구축 · 운영(제20조), 물순환 시설에 사용되는 제품 · 설비에 대한 품질인증(제21조), 전문인력의 양성 및 지원(제22조), 기술개발(제23조), 물순환협회의 설립(제24조) 등의 규정을 두고 있다.

6. 국가의 보조

동법은 국가가 예산의 범위에서 물순환 촉진사업에 필요한 비용 등의 전부 또는 일부를 해당 사업 또는 업무를 수행하는 자에게 보조할 수 있는 근거를 마련하고 있다(제26조).

제 9 장 생활환경의 보호 · 관리

제한적인 국토이용, 인구증가, 도시화, 산업화, 생활방식의 변화 등으로 국민의 생활에 밀접한 생활환경을 침해하는 요인이 급격히 증가하고 있다. 실내공기질의 악화, 생활소음 · 교통소음 등의 증가, 생활악취의 증가, 과도한 인공조명 등이 대표적인 예이다. 이에 반해 생활수준이 향상됨에 따라 건강하고 정온한 생활환경에 대한 국민의 욕구는 증가하고 있다. 이에 따라 생활환경 개선 및 기반강화에 대한 필요성이 높아지고 있다. 석면, 과다한 빛, 전자파, 나노물질, 가습기 살균제 등 새로운 환경문제에 대한 대응도 강화할 필요가 있다.

생활환경이 개선되고 있으나 여전히 미흡하고, 그 피해를 둘러싼 분쟁 또는 민원은 증가하고 있다. 이들 생활환경을 침해하는 요인은 인체에 위해를 주기도 하지만 주로 심리적, 정신적 악영향을 주는, 이른바 감각공해의 성질을 갖고 있다. 소송 등 분쟁해결 과정에서 발생원과 피해 사이의 인과관계 입증이 비교적 용이하다는 공통점이 있는바, 그 결과 수인한도 문제나 피해(특히 위자료) 산정이 상대적으로 어려울 수 있다.

소음 · 진동, 악취, 과다한 빛 등은 민법상의 상린관계 규정에 의한 규율이 가능할 수도 있다. 그러나 상린관계 규정에 의하면 주체가 토지소유자로 제한되어 있기 때문에 피해구제에는 한계가 있다. 한편, 건강피해, 야생동 · 식물에 미치는 악영향, 생태계의 교란, 생물다양성의 감소, 기후변화 등 그 피해 내용이 사법 영역에서 다루기에는 힘든 문제가 발생하고 있다. 오히려 이러한 피해는 환경문제로 인식하여 환경법의 영역에서 다룰 필요가 증가하고 있다. 이하에서는 관련법제가 마련되어 있는 소음 · 진동, 악취, 과다한 빛 등에 국한하여 살펴보기로 한다.

제 1 절 소음 · 진동관리법

중앙환경분쟁조정위원회의 전체 분쟁조정 건수 중 소음 · 진동 관련 분쟁 건수가 대부분을 차지할 정도로 소음 · 진동으로 인한 피해가 심각해지고 있다.[1] 그러나 우리나라의 소음 · 진동에 대한 대처는 소홀한 것이 사실이고, 일반 국민의 인식도 매우 낮은 편

1) 2015년 중앙환경분쟁조정위원회에서 처리한 210건의 분쟁조정사건 중 소음 · 진동 사건이 177건인 84%로 대부분이고, 일조 사건이 13건, 대기오염 사건이 10건을 차지하고 있다. 환경부, 환경백서, 2016, 199면.

이라 할 수 있다.

일상생활에서 경험하는 소리의 유형은 구분을 하는 것 자체가 무의미할 정도로 다양하다. 그 소리 중 일상생활을 하는 데 어려움을 주는 소음은 산업화 이후로 가속화되어 현재 중요한 환경문제의 하나로 대두되고 있다. 소음은 필연적으로 진동을 수반하는데, 이제 소음·진동은 인간의 삶의 질에 대한 욕구가 점차 높아지는 추세에 따라 공장, 사업장, 자동차, 항공기, 철도 등으로부터 무차별 발생하고 있다. 또한 주·야간과 지역을 가리지 아니하고 일반적인 문제로 대두되었고, 그로 인한 불편과 재산·건강피해는 점점 심각해지고 있다. 소음·진동문제가 민원의 상당 부분을 차지하고 있다는 점은 그 영향을 무시할 수 없으며, 아울러 이에 대한 규제 및 그 피해구제를 소홀히 하여서는 안 된다는 사실을 알려주고 있다. 지속적인 소음·진동의 발생은 모든 국민의 조용하고 평온한 환경에서의 생활을 침해하고 있다. 이제 건강하고 쾌적한 생활환경을 보장받기 위하여 소음·진동과 전쟁이라도 선포하여야 할 때인 것이다.

소음·진동에 대한 규제는 1979년 '환경보전법'이 제정되면서 비로소 시작되었고, 다른 오염물질에 비하여 비교적 늦게 이루어졌다. 동법 제4장은 불과 3개 조항(제33조 내지 제35조)으로 이루어졌는데, 시·도지사에 의한 소음규제지역의 지정 및 그 소음규제지역 내에서의 소음규제기준과 특정공사의 사전신고에 관하여 정하는 데 그쳤다. 그 후 소음·진동문제는 1981년 '환경보전법' 개정을 거쳐 1990년 '소음·진동규제법'이 제정되면서 본격적으로 다루어지기 시작하였다. 2009. 6. 9. 개정 법은 소음·진동이 규제가 아닌 관리의 대상임을 명확히 한다는 차원에서 법률의 제명을 「소음·진동관리법」으로 변경하였다.

「소음·진동관리법」은 소음·진동관리의 주된 대상을 공장소음·진동, 생활소음·진동, 교통소음·진동, 항공기 소음으로 하고 있으며, 규제 권한을 지방자치단체장에게 주고 있는데, 공장소음·진동을 제외하고는 그 규제 내용이 상당히 미흡하다. 한편, 소음·진동문제는 주관적 측면이 있어서 그 규제 및 관리가 쉽지 않을 뿐만 아니라 무형성, 국지성, 한시성 등의 특성을 가지고 있기 때문에 구제 또한 쉬운 것이 아니다. 소음·진동 피해는 대기·수질오염 피해 등에 비하여 상대적으로 발생원과 피해 사이의 인과관계 입증이 비교적 쉽기 때문에 소송 등 분쟁해결 과정에서는 주로 수인한도 문제나 피해(특히 위자료) 산정과 관련하여 다툼이 집중되고 있다. 수인한도 문제는 공법상 기준의 초과 여부를 중심으로 한 이른바, 수인한도론의 적용에 초점이 맞추어져 있다.

Ⅰ. 일 반

1. 소음·진동의 개념

「환경정책기본법」 제3조는 대기오염, 수질오염, 악취 등과 함께 소음·진동을 독립된 환경오염으로 정의하고 있다. 「소음 · 진동관리법」은 '소음'을 "기계 · 기구 · 시설, 그 밖의 물체의 사용 또는 공동주택 등 환경부령으로 정하는 장소에서 사람의 활동으로 인하여 발생하는 강한 소리"라고, '진동'을 "기계 · 기구 · 시설, 그 밖의 물체의 사용으로 인하여 발생하는 강한 흔들림"이라고 매우 모호하게 정의하고 있다(제2조 제1호, 제2호). 소음, 진동에 대하여 굳이 재정의하자면 소음은 "통상적인 수인한도를 넘어 사람에게 불쾌감을 야기하는 음질 또는 음량의 소리"로, 진동은 "삶의 통상적인 안온을 해치는 정도의 흔들림"이라고 정의할 수 있다.[2] 소음 · 진동은 기본적으로 고전음악을 감상중인 사람이 트로트나 헤비메탈음악이 소음이라고 생각하는 것처럼 주관적인 요소가 강한 것으로, 객관적인 측정방법, 기준 등이 제시되지 않는 상황에서는 소음 · 진동에 해당하는지 여부를 쉽게 판단할 수가 없다.

소음 · 진동은 악취와 마찬가지로 법관이 일정한 가치판단에 의하여 내릴 수 있는 규범적인 개념이 아니므로 소음인가 여부를 판정함에 있어서는 법규가 정하는 기준치의 측정방법에 의하지 아니하고서 막연하게 함부로 판정하여서는 안 된다.[3] 측정방법은 「소음 · 진동 공정시험기준」(국립환경과학원 고시)에서 자세히 정하고 있다. 이는 형식 및 내용에 비추어 행정기관 내부의 사무처리준칙에 불과하며 일반 국민이나 법원을 구속하는 대외적 구속력은 없다고 할 것이다.

2. 영　　향

소음은 불쾌감, 수면장애, 작업능률 저하, 대화장애, 학습방해, 생리기능 장애, 청력장애, 불안, 초조, 스트레스, 분노 등의 정서방해 등을 유발한다.[4] 그 결과 사람이 일정한 수준 이상의 소음에 장기간 노출된 경우, 만성적인 불안감, 집중력 저하, 잦은 신경질 등의 정신적인 고통을 입게 되고, 회화방해, 전화통화방해, 라디오 시청장해, 독서방해나 사고중단, 수면방해 등 일상생활을 정상적으로 영위하는 데에 많은 지장이 있게 되며, 그 정도가 심한 경우 난청이나 이명 등 신체적인 이상이 나타날 가능성이 있다. 한편, 진동은 건물의 균열 등과 같은 물적 영향뿐만 아니라 요통, 소화기계 등의 이상, 만성피로 등 인체에 대하여도 영향을 미친다.

3. 특　　성

소음 · 진동은 다른 환경오염 현상에 비하여 ① 가시적 · 물질적인 것이 아니라는 무형성(無形性), ② 소음 · 진동의 정도에 따라 발원지로부터 일정한 범위의 지역에 국한하여 영향을 미친다는 국지성(局地性), ③ 그 원인행위가 존속하는 시간적 범위 안에서만

---

2) 이상규, 환경법론, 법문사, 1998, 168면.
3) 대법원 1989. 1. 31. 선고 88도1650 판결.
4) 박영민, "환경소음의 영향과 관리체계 개선방안", 환경포럼, 한국환경정책 · 평가연구원, 2001. 9, 2 내지 3면.

존속하고, 발생행위가 종료됨으로써 소음 · 진동도 없어지는 한시성(限時性), ④ 그 위치나 시간대 등에 따라 다른 영향을 미치는 상대성(相對性) 등의 특성이 있다.5) 이러한 특성이 법적으로 의미를 갖는 것은 소음 · 진동의 발생원 · 시간대 · 위치별로 규제기준을 설정하고 이를 적절히 규제하는 것이 어려울 뿐만 아니라 그 피해에 대한 인과관계의 규명을 어렵게 하고 있다는 데 있다.6)

4. 소음 · 진동 환경 보전을 위한 조치

우선 동법은 소음 · 진동의 효과적 관리를 위해 환경부장관 등에게 소음 · 진동관리계획을 수립 · 시행하도록 하고 있다(제2조의3). 효과적인 소음저감대책을 수립하기 위해서는 자동측정망 등을 설치하여 신뢰성 있는 측정자료를 확보할 필요가 있다. 이에 동법은 환경부장관으로 하여금 전국적인 소음 · 진동의 실태를 파악하기 위하여, 특별시장 · 광역시장 · 도지사 또는 특별자치도지사(시 · 도지사)로 하여금 해당 관할 구역의 소음 · 진동 실태를 파악하기 위하여 측정망을 설치하여 상시측정하도록 하고 있다(제3조). 나아가 동법은 국가가 시 · 도지사가 결정 · 고시한 측정망 설치계획이 목표 기간에 달성될 수 있도록 필요한 재정적 · 기술적 지원을 할 수 있는 법적 근거를 두고 있다(제4조 제3항). 재정이 취약한 지방자치단체가 소음 · 진동을 24시간 자동측정하는 자동측정망을 설치하는 것은 쉽지 않다는 점에서 국가의 위 지원 근거 규정은 중요한 의미를 갖는다.

한편, 환경부장관 또는 시 · 도지사는 교통기관 등으로부터 발생하는 소음을 적정하게 관리하기 위하여 필요한 경우에는 환경부령으로 정하는 바에 따라 일정 지역의 소음의 분포 등을 표시한 소음지도(騷音地圖)를 작성할 수 있다(제4조의2). 소음지도는 도로와 교통량 등 소음유발 변수에 대한 컴퓨터 모델링에 의해 만들어진 동음선이나 색을 이용하여 시각화시켜 소음에 대한 영향을 좀더 쉽게 파악하고 평가할 수 있는 도구이다. 소음지도는 대도시로의 인구집중, 교통량 증가 등으로 소음에 의한 피해가 심각해지고 있고, 소음의 발생원인 및 분포가 다양한 양상을 보이고 있는 상황을 반영하여 도시계획단계에서부터 소음피해를 최소화할 수 있는 친환경적 도시설계와 지역특성에 맞는 소음 저감대책 수립 등에 활용할 수 있도록 하는 유용한 도구라는 점에서 그 법적 근거를 마련하는 것은 의미가 있다고 할 것이다.

Ⅱ. 공장의 소음 · 진동 관리

동법은 공장의 소음 · 진동 관리와 관련하여 비교적 상세한 규정을 두고 있다. 동법에

5) 이상규(각주 2), 169면. 소음 · 진동피해가 정서불안, 강박관념, 불면증 등과 같이 주로 정신적인 면을 띠고, 그 피해가 완만히 나타난다는 점을 특성으로 꼽기도 하나 이는 다른 환경오염 피해 일반에 나타나고 있기 때문에 굳이 소음 · 진동에 국한하는 특성으로 볼 필요는 없다고 본다.

6) 이상규(앞의 책), 170면.

서의 공장은 「산업집적활성화 및 공장설립에 관한 법률」 제2조 제1호의 공장을 말한다. 다만, 「도시계획법」 제12조 제1항에 따라 결정된 공항시설 안의 항공기 정비공장을 제외한다(제2조 제7호).

공장의 소음 · 진동 배출원은 고정오염원을 이루면서 일단 설치되면 자동차, 기차, 항공기 등과 같은 이동오염원과 달리 쉽게 없어지지 아니하므로 배출원 자체에 대한 관리, 그것도 초기단계에서의 관리가 중요하다.

1. 배출허용기준

소음 · 진동배출시설을 설치한 공장에서 나오는 소음 · 진동의 배출허용기준은 환경부령으로 정한다(제7조 제1항). 구체적으로 동법 시행규칙은 소음의 경우는 대상소음도에서 소정의 보정치를 가감한 평가소음도가 50dB(A) 이하, 진동의 경우는 대상진동레벨에서 소정의 보정치를 가감한 평가진동레벨이 60dB(V)이하로 그 배출허용기준을 정하고 있다(제8조, 별표 5 참조). 이러한 배출허용기준의 설정은 「환경정책기본법」에서 정하고 있는 환경기준을 달성하기 위한 규제 수단으로서, 이 기준은 각 배출시설이 소음 · 진동을 배출할 때 지켜야 하는 최대 배출허용치이다.

≪공장소음 · 진동의 배출허용기준≫

1. 공장소음 배출허용기준 [단위: dB(A)]

대상 지역	시간대별		
	낮 (06:00~18:00)	저녁 (18:00~24:00)	밤 (24:00~06:00)
가. 도시지역 중 전용주거지역 · 녹지지역, 관리지역 중 취락지구 · 주거개발진흥지구 및 관광 · 휴양개발진흥지구, 자연환경보전지역 중 수산자원보호구역 외의 지역	50 이하	45 이하	40 이하
나. 도시지역 중 일반주거지역 및 준주거지역	55 이하	50 이하	45 이하
다. 농림지역, 자연환경보전지역 중 수산자원보호구역, 관리지역 중 가목과 라목을 제외한 그 밖의 지역	60 이하	55 이하	50 이하
라. 도시지역 중 상업지역 · 준공업지역, 관리지역 중 산업개발진흥지구	65 이하	60 이하	55 이하
마. 도시지역 중 일반공업지역 및 전용공업지역	70 이하	65 이하	60 이하

2. 공장진동 배출허용기준 [단위: dB(V)]

대상 지역	시간대별	
	낮 (06:00~22:00)	밤 (22:00~06:00)
가. 도시지역 중 전용주거지역 · 녹지지역, 관리지역 중 취락지구 · 주거개발진흥지구 및 관광 · 휴양개발진흥지구, 자연환경보전지역 중 수산자원보호구역 외의 지역	60 이하	55 이하
나. 도시지역 중 일반주거지역 · 준주거지역, 농림지역, 자연환경보전지역 중 수산자원보호구역, 관리지역 중 가목과 다목을 제외한 그 밖의 지역	65 이하	60 이하
다. 도시지역 중 상업지역 · 준공업지역, 관리지역 중 산업개발진흥지구	70 이하	65 이하
라. 도시지역 중 일반공업지역 및 전용공업지역	75 이하	70 이하

[1] 공장소음과 수인한도: 서울동부지법 2004. 7. 22. 선고 2002가합371 판결

(1) 공장을 운영하는 자가 그 공장을 가동하는 과정에서 소음 · 진동 · 악취 · 분진을 발생시킴으로써 인접 토지의 거주자에게 사회통념상 수인할 수 있는 한도를 넘는 신체적 · 정신적 손해를 가한 경우 그 침해행위는 사법상 위법한 가해행위로서 불법행위가 되는데, 그 경우 사회통념상 수인할 수 있는 한도를 넘었는지 여부는 그 지역의 환경과 소음 등에 관한 공법적 규제기준, 피침해자의 생활상황, 침해행위의 태양과 침해의 정도, 사회적 유용성, 가해자의 침해방지대책에 관한 태도 등을 종합적으로 고려하여 결정하여야 한다.

(2) 위 인정 사실에 의하면, 피고는 2000. 4.경부터 구조적으로 취약한 시멘블록조 스레트지붕으로 축조된 건물에서 피고 공장을 운영하면서 그 공장 내에 설치된 기계를 작동하여 소음 · 진동규제법과 대기환경보전법의 각 규제기준을 초과하는 소음 · 악취를 발생시켰고, 그에 따라 행정청으로부터 개선명령 등을 받았음에도 불구하고 계속 피고공장을 운영하면서 위 가처분결정이 집행될 때까지 소음 · 악취를 발생시켜 왔으며(다만, 수인한도를 넘는 진동이 발생하였다는 주장사실과 피고가 위 가처분결정 이후에도 기계를 작동하였다는 주장사실들은 인정할 증거가 없다), 그와 같은 침해행위로 인하여 블록담장을 경계로 약 1m 떨어져 있는 인접 토지에서 원고 주택을 소유하고 거주하는 원고 등이 주거생활의 안정을 방해받아 집안에서 휴식과 숙면을 취할 수 없었고, 병원에서 치료를 받는 등 신체적 · 정신적 손해를 입었다고 할 것이다.

(3) 그런데 앞서 인정한 바와 같이 피고 공장이 위치한 곳은 준공업지역이고, 원고가 피고 공장과 인접한 곳에 대지를 취득한 후 원고 주택을 신축하였으며, 원고 등의 민원에 의하여 피고가 악취방지시설 및 방음시설 등을 설치하는 등 나름대로 노력을

한 점, 소음 등의 금지를 위하여 지나치게 피고 공장 내에서의 기계의 작동을 금지시킬 경우 피고가 입게 될 피해가 작지 아니한 것으로 보이는 점 등을 종합하여 볼 때, 매일 05:00~22:00의 17시간 동안에 이루어진 피고의 위 침해행위는 상린관계에 따라 원고 등이 수인하여야 할 통상의 범위 내에 속하는 것이어서 원고 등으로서는 이를 인용할 의무가 있다고 할 것이므로, 결국 피고의 위 침해행위 중 위 시간 동안을 제외하고 원고 등이 일상생활을 영위함에 필요한 최소한의 휴식을 위한 시간인 매일 22:00~다음날 05:00의 7시간(이하 '인용시간'이라고 한다) 동안 소음 · 악취를 발생시킨 행위만이 사회통념상 수인할 수 있는 한도를 넘는 위법한 가해행위로서 원고에 대한 불법행위가 된다고 할 것이다.(…)

나아가 앞서 인정한 바와 같이 원 · 피고 사이에 2000. 9. 4.~2001. 4. 26. 13차례에 걸쳐 분쟁이 있었고, 이 사건 소송 중에도 여전히 피고가 피고 공장을 야간에 가동하였는지에 관하여 다투어지고 있었던 점 등 변론에 나타난 모든 사정들을 참작하여 볼 때, 피고에 대하여 위 금지를 명하는 채무명의가 성립하더라도 피고가 이를 단기간 내에 위반할 개연성이 있고, 또한 이 판결절차에서도 간접강제에 관한 민사집행법 제261조에 의하여 피고에게 명할 적정한 배상액을 산정하는 것이 가능하다고 인정되므로, 피고가 장차 앞서 인정한 금지의무에 위반하는 행위를 한 때에는 그에 따른 간접강제로서 위반일 1일당 300,000원의 비율에 의한 배상금을 원고에게 지급할 것을 명하기로 한다.

한편, 이미 지어진 공장 주변으로 주거지가 확장되면서 지역주민들의 소음 관련 민원이 끊임없이 제기되고 있어 이에 대한 대책이 필요한 실정이다. 이에 시 · 도와 대도시로 하여금 조례로 공장 소음 · 진동 배출허용기준보다 강화된 기준을 정할 수 있도록 하고, 이 경우 주민 등 이해관계자의 의견을 미리 듣도록 하고 있다(동조 제3항 · 제4항).

2. 배출시설의 설치 신고 및 허가

배출시설을 설치하려는 자는 대통령령으로 정하는 바에 따라 특별자치시장 · 특별자치도지사 또는 시장 · 군수 · 구청장에게 신고하여야 한다. 신고의 법적 성질은 '수리'를 염두에 두고 있다는 점에서(동조 제4항) 자기완결적 신고로 볼 수 없다. 다만, 학교 또는 종합병원의 주변 등 대통령령으로 정하는 지역은 특별자치시장 · 특별자치도지사 또는 시장 · 군수 · 구청장의 허가를 받아야 한다(제8조 제1항). 여기에는 종합병원, 도서관, 학교, 공공주택, 주거지역, 노인전문병원, 어린이집 등이 포함된다(시행령 제2조 제2항). 법령에서는 허가기준을 따로 정하고 있지 않다.[7] 소정의 신고 등을 하지 아니하고 배출시설을 설치 · 운영하는 경우에는 뒤에서 보는 바와 같이 사용중지 또는 폐쇄명령의 대상이 된다.

7) 허가의 성질과 관련해서도 논란이 있을 수 있다. 허가가 권리를 설정하는 행위라고 할 수 없는 점, 법령에서 허가기준을 따로 정하고 있지 않으나 허가를 받으려는 자가 제출해야 할 자료(배출시설의 설치명세서 및 배치도 등)를 비교적 자세히 제시하고 있는 점, 주민의 건강 등에 심각한 위해를 끼칠 우려가 있다고 인정되는 등의 중대한 공익상의 필요가 있다면 그 허가를 거부할 수 있다고 보아야 한다는 점 등에 비추어 '기속재량행위'에 해당한다고 이해된다.

3. 방지시설의 설치 · 운영

가. 설치의무

배출시설의 설치 또는 변경에 대한 신고를 하거나 허가를 받은 자(사업자)가 그 배출시설을 설치하거나 변경하려면 그 공장으로부터 나오는 소음 · 진동을 배출허용기준이하로 배출되게 하기 위하여 소음 · 진동방지시설(방지시설)을 설치하여야 한다(제9조).

나. 의무의 면제

다음에 해당하는 경우에는 방지시설의 설치의무가 면제된다: ① 특별자치시장 · 특별자치도지사 또는 시장 · 군수 · 구청장이 그 배출시설의 기능 · 공정 또는 공장의 부지여건상 소음 · 진동이 항상 배출허용기준 이하로 배출된다고 인정하는 경우; ② 소음 · 진동이 배출허용기준을 초과하여 배출되더라도 생활환경에 피해를 줄 우려가 없다고 환경부령으로 정하는 경우(제9조 단서).

다. 설계시공

방지시설의 설치 또는 변경은 사업자 스스로가 설계 · 시공을 하거나 「환경기술 및 환경산업 지원법」 제15조에 따른 환경전문공사업자에게 설계 · 시공을 하도록 하여야 한다(제11조).

라. 공동방지시설의 설치

지식산업센터의 사업자나 공장이 밀집된 지역의 사업자는 공장에서 배출되는 소음 · 진동을 공동으로 방지하기 위하여 공동방지시설을 설치할 수 있다. 이 경우 각 사업자는 공장별로 그 공장의 소음 · 진동에 대한 방지시설을 설치한 것으로 본다(제12조 제1항).

4. 권리 · 의무의 승계

사업자가 배출시설 및 방지시설을 양도하거나 사망한 경우 또는 법인의 합병이 있는 경우에는 그 양수인 · 상속인 또는 합병 후 존속하는 법인이나 합병에 의하여 설립되는 법인은 신고 · 허가 또는 변경신고에 따른 사업자의 권리 · 의무를 승계한다(제10조 제1항). 「민사집행법」에 따른 경매, 「채무자 회생 및 파산에 관한 법률」에 따른 환가나 「국세징수법」 · 「관세법」 또는 「지방세법」에 따른 압류재산의 매각, 그 밖에 이에 준하는 절차에 따라 사업자의 배출시설 및 방지시설을 인수한 자는 신고 · 허가 또는 변경신고에 따른 종전 사업자의 권리 · 의무를 승계한다(동조 제2항).

제1항과 제2항은 그 적용대상을 모두 배출시설 및 방지시설로 하고 있어 구별실익이 적어 보이는데, 추후에 제1항은 사업의 양도, 제2항은 배출시설 및 방지시설(재산)의 인수로 함으로써 양자를 구별하는 것도 입법적으로 검토할 필요가 있다. 한편 제50조에서는 행정처분 효과 승계 규정을 두고 있는데, 제10조상의 권리 · 의무의 승계가 공법상의 권리 · 의무의 승계로 이해되고(대법원 2002. 10. 22. 선고 2002다46331 판결 참조) 결국 행정처

분의 효과가 공법상의 권리 · 의무의 승계에 포함될 수 있다는 점에서 제10조와 제50조는 중복되는 측면이 강하다고 할 수 있다.

5. 사업자의 의무

가. 배출허용기준의 준수의무

사업자는 배출시설 또는 방지시설의 설치 또는 변경을 끝내고 배출시설을 가동한 때에는 환경부령으로 정하는 기간 이내에 공장에서 배출되는 소음 · 진동이 제7조 또는 제12조 제2항에 따른 소음 · 진동 배출허용기준 이하로 처리될 수 있도록 하여야 한다(제14조).

나. 환경기술인의 임명

동법은 배출시설과 방지시설의 정상적인 운영 · 관리를 위한다는 차원에서 환경기술인에 대한 법적 근거를 두고 있다(제19조).

6. 사업자의 의무이행 확보수단

가. 허가시설에 대한 행정처분

(1) 개선명령

조업 중인 공장에서 배출되는 소음 · 진동의 정도가 배출허용기준을 초과하면 특별자치시장 · 특별자치도지사 또는 시장 · 군수 · 구청장은 기간을 정하여 사업자에게 그 소음 · 진동의 정도가 배출허용기준 이하로 내려가는 데에 필요한 조치(개선명령)를 명할 수 있다(제15조).

(2) 조업정지명령

특별자치시장 · 특별자치도지사 또는 시장 · 군수 · 구청장은 개선명령을 받은 자가 이를 이행하지 아니하거나 기간 내에 이행은 하였으나 배출허용기준을 계속 초과할 때에는 그 배출시설의 전부 또는 일부에 조업정지를 명할 수 있다(제16조 제1항). 개선명령이 사업자에게 일정한 의무를 부과하는 하명의 성질을 갖는 데 비하여 조업정지 명령은 부작위를 명하는 하명의 성질을 갖는다. 또한, 특별자치시장 · 특별자치도지사 또는 시장 · 군수 · 구청장은 소음 · 진동으로 건강상의 위해와 생활환경의 피해가 급박하다고 인정하면 즉시 해당 배출시설에 대하여 조업시간의 제한 · 조업정지, 그 밖에 필요한 조치를 명할 수 있다(동조 제2항). 이와 관련해서는 조치명령을 위해 배출허용기준 초과 여부를 요건으로 하지 않는다고 이해되나 정작 언제 피해의 급박성이 인정될 것이지 분명치 않아 논란이 제기될 수 있다.

(3) 허가취소

특별자치시장 · 특별자치도지사 또는 시장 · 군수 · 구청장은 사업자가 변경신고를 하지 아니한 경우 등 일정한 경우에는 배출시설의 설치허가 취소(신고대상시설의 경우에는 배출시설의 폐쇄명령을 말함)를 하거나 6개월 이내의 기간을 정하여 조업정지를 명할 수 있다. 다만, 거짓이나 그 밖의 부정한 방법으로 허가를 받았거나 신고 또는 변경신고를 한 경우에는 배출시설의 설치허가를 취소하거나 폐쇄를 명하여야 한다(제17조).

나. 무허가시설에 대한 행정처분(사용중지 또는 폐쇄명령)

특별자치시장 · 특별자치도지사 또는 시장 · 군수 · 구청장은 신고를 하지 아니하거나 허가를 받지 아니하고 배출시설을 설치하거나 운영하는 자에게 그 배출시설의 사용중지를 명하여야 한다. 다만, 그 배출시설을 개선하거나 방지시설을 설치 · 개선하더라도 그 공장에서 나오는 소음 · 진동의 정도가 배출허용기준 이하로 내려갈 가능성이 없거나 다른 법률에 따라 그 배출시설의 설치가 금지되는 장소이면 그 배출시설의 폐쇄를 명하여야 한다(제18조).

다. 각종명령의 이행보고 및 확인

이러한 조치명령 · 개선명령 · 조업정지명령 또는 사용중지명령 등을 받은 사업자는 그 명령을 이행한 경우에는 지체 없이 이를 보고하여야 한다(제20조).

Ⅲ. 생활소음 · 진동 관리

소음과 진동은 공장에서뿐만 아니라 우리 일상생활에서도 많이 발생한다. 생활소음 · 진동은 확성기, 소규모 공장, 건설공사장, 유흥업소, 음악기기 등 우리의 생활환경에 다양한 형태로 분포되어 있는 배출원에 기인한다. 생활소음 · 진동피해에 따른 민원이 소음 전체 민원에서 압도적인 부분[8]을 차지할 정도로 그 피해가 증가하고 있으며, 주변 생활환경은 악화되고 있다. 국민의 건강하고 쾌적한 생활환경의 조성을 위해서는 생활소음 · 진동에 대한 관리가 요구되고 있다.

1. 사업장 및 공사장 등 소음 · 진동 규제

특별자치시장 · 특별자치도지사 또는 시장 · 군수 · 구청장은 주민의 조용하고 평온한 생활환경을 유지하기 위하여 사업장 및 공사장 등에서 발생되는 생활소음 · 진동(산업단지나 그 밖에 환경부령으로 정하는 지역[9]에서 발생하는 소음·진동은 제외)을 규제하여야 한다(제21조 제1항). 구체적인 규제조치는 규제대상과 규제기준의 설정으로 나타난다.

---

8) 2014년 현재 생활소음 민원(89,827건)이 환경분야 전체 민원의 45.9% 정도를 차지하고 있다. 2016년 환경백서(각주 1), 199면.

9) “환경부령으로 정하는 지역”이라 함은 다음의 지역을 말한다: ①「산업입지 및 개발에 관한 법률」 제2조 제5호에 따른 산업단지; ②「국토의 계획 및 이용에 관한 법률 시행령」 제30조에 따른 전용공업지역; ③「자유무역지역의 지정 및 운영에 관한 법률」 제4조에 따라 지정된 자유무역지역; ④ 생활소음 · 진동이 발생하는 공장 · 사업장 또는 공사장의 부지경계선으로부터 직선거리 300㎡ 이내에 주택, 운동 · 휴양시설 등이 없는 지역(시행규칙 제20조 제1항).

[2] 공사장 소음과 수인한도: 대법원 2023. 4. 13. 선고 2022다210000 판결

소음 · 진동으로 참을 한도를 넘는 피해가 발생하였는지 여부는 구체적으로 피해의 성질 및 정도, 피해이익의 공공성, 가해행위의 태양, 가해행위의 공공성, 가해자의 방지조치 또는 손해회피의 가능성, 공법상 규제기준의 위반 여부, 토지가 있는 지역의 용도와 이용현황, 토지이용의 선후관계 등 모든 사정을 종합적으로 고려하여 판단하여야 한다. 일반적으로 소음 · 진동을 규제하는 행정법규는 인근 주민의 건강이나 재산, 환경을 소음 · 진동으로부터 보호하는 것을 주된 목적으로 하고 있기 때문에 여기에서 정하는 소음 · 진동에 관한 기준을 넘는지 여부는 참을 한도를 정하는 데 중요한 고려요소가 될 수 있다(대법원 2017. 2. 15. 선고 2015다23321 판결 등 참조). 그러나 이러한 기준은 주민의 건강 등을 보호하기 위한 최소한도의 기준이므로, 그 기준을 넘어야만 참을 한도를 넘는 위법한 침해행위가 되는 것은 아니고 그 기준에 형식적으로 부합한다고 하더라도 현실적인 피해의 정도가 현저하게 커서 사회통념상 참을 한도를 넘는 경우에는 위법행위로 평가될 수 있다(대법원 2014. 2. 27. 선고 2009다40462 판결 등 참조).

[3] 공사장 소음과 입증책임 · 입증방법의 완화: 서울중앙지법 2009. 8. 26. 선고 2008가합72566 판결(확정)

소음을 이유로 하는 사건에서 원고들은 일반적인 손해배상 청구사건에서 이루어지고 있는 수준의 입증에 거의 실패하고 있는데, 그렇다면 과연 이러한 사건에서도 원고들이 일반적인 사건에서와 같은 정도로 입증하여야 하는 것인가가 문제된다.

입증책임이나 입증방법을 일반적인 경우와 달리하는 것은 당사자들의 이해관계에 커다란 영향을 미치므로 매우 신중하게 결정되어야 할 문제이다. 그러나 소음을 이유로 한 사건의 경우, 위와 같은 배려를 하여야 할 충분한 이유가 있다. 즉, 쾌적한 환경에서 생활할 주민들의 권리는 한 차원 높은 가치로서(대법원 1996. 7. 12. 선고 95누11665 판결 참고) 그것과 다른 권리 또는 이익이 충돌할 경우 특별한 사정이 없는 한 주민들의 권리가 더 존중되어야 한다. 이러한 점은 구조적으로 일반적인 입증이 어려운 경우에도 마찬가지로 적용되어야 함은 물론이다. (…) 이상과 같은 이유로 이 사건과 같은 유형의 사건에서는 원고에게 요구되는 입증의 정도를 상당한 정도 완화되어야 하고, 수인한도 초과 여부를 인정함에 있어 원래의 소음을 정확하게 측정하지 못한 경우라 하더라도, 다른 방법에 의하여 수인한도 초과의 점을 합리적으로 추정할 수 있다면, 그 추정결과를 그대로 인정할 수 있다. 이러한 논리가 소음을 매개로 한 모든 사건에 적용될 수 있는 것은 아니다. 침해행위가 통상의 건축행위에서 발생하여야 하며, 원고측과 피고측이 가용자원 보유의 면이나 기술의 면에서도 피고측이 일방적으로 우위에 있고 또한 침해요소의 지배와 통제의 면에서도 피고측에게 일방적인 권한과 책임이 따르는 경우에 국한되어야 한다.

(…) 이러한 점을 종합하면, 피해자가 공사 현장에서 상당한 크기의 소음이 일정 기간 이상 빈번하게 발생하였다는 사정 및 당해 공사 현장으로부터 상당한 거리 이

내에 거주하고 있어 거리에 따른 소음 감쇠를 고려하더라도 상당한 소음이 측정 가능할 것으로 예측된다는 사정 등을 입증하면 수인한도를 초과하는 피해가 발생하였다고 인정할 수 있고, 피고측에서 그 위법성을 제거하려면, 당해 공사 현장에서 발생한 소음이 상당한 정도가 아니었다는 점(예를 들어 사용된 장비가 일정 정도의 소음을 발생시키지 않는 제품인 점을 입증할 수 있을 것이다)이나 거리감쇠 이외에도 소음 저감 장치를 사용하여 수음자의 위치에서의 소음이 상당한 크기 이내가 되었다는 점 또는 기타의 사정으로 위에서 본 추정을 저지할 만한 사정을 주장 · 입증하여야 한다.[10]

2. 생활소음 · 진동규제기준

생활소음 · 진동의 규제대상 및 규제기준은 환경부령으로 정하는데(동조 제2항), 동법 시행규칙은 대상지역, 소음원 종류, 시간대에 따라 달리 설정하고 있다(제20조 제3항, 별표 8).

[4] 공연장 소음과 수인한도(원칙적 적극): 서울고법 2008.5.22. 선고 2007나78588 판결(상고)

가수의 공연장은 상당한 정도의 소음 발생이 충분히 예견되는 장소이고, 이러한 공연에 참석하는 관객으로서는 당연히 그러한 정도의 소음을 예상하고 감내하겠다는 의사를 가지는 것이므로, 통상의 공연장에서의 소음과는 차별화될 정도의 큰 소음으로, 일반인이 예상하기 힘든 고도의 음향이 돌발적으로 발생한 것이 아닌 이상 어느 정도의 소음은 수인한도 내에 포함된다.[11]

[5] 수원지법 2009. 8. 19. 선고 2008구합10813 판결

이 사건 나이트클럽에 개폐식 지붕이 설치되는 목적이 단순히 일시적으로 하늘을 볼 수 있게 하거나 환기를 위하여서라고 보기는 어렵고, 이 사건 나이트클럽의 영업 중에 개폐됨으로써 이용자의 유흥을 위하여 설치되는 것으로 지붕이 개폐되면서 나이트클럽의 방송과 음악 연주소리, 이용자들의 환호성 소리가 밖으로 새어나올 것은 분명해 보이는 점, 위와 같이 지붕이 개방되어 허용기준을 초과하는 소음이 외부에 노출되는 회수와 시간 등도 영업자의 임의적 운영에 맡겨져 있는 점 등에 비추어 위 개폐식 지붕이 설치되는 경우 관광진흥법령과 식품위생법령의 '방음장치'를 갖추었다고 보기 어렵다(참가인은 이 사건 신청 내용대로 지붕공사가 완공되면 완벽한 방음장치를 갖추게 된다고 주장하나, 이를 인정할 증거가 없다).

---

10) 공사장 소음 입증의 어려움, 입증책임이나 입증방법을 일반적인 경우와 달리하여야 할 필요성이 있는 점 등을 이유로 원고에게 요구되는 입증의 정도가 상당한 정도 완화되어야 하고, 수인한도 초과 여부를 인정함에 있어 원래의 소음을 정확하게 측정하지 못한 경우라 하더라도, 다른 방법에 의하여 수인한도 초과의 점을 합리적으로 추정할 수 있다면, 그 추정 결과를 그대로 인정할 수 있다고 하면서 건설사에 배상책임이 있다고 한 사례.

11) 가수의 공연장에 참석한 관객이 비정상적인 음향으로 청력이 손상되었다고 주장하며 공연담당자 등을 상대로 손해배상을 청구한 사안에서, 수인한도를 벗어난 소음이라고 볼 수 없다는 이유로 불법행위의 성립을 인정하지 아니한 사례.

≪생활소음 · 진동의 규제기준≫

1. 생활소음 규제기준

[단위: dB(A)]

대상 지역	소음원 (시간대별)		아침, 저녁 (05:00~07:00, 18:00~22:00)	주간 (07:00~18:00)	야간 (22:00~05:00)
가. 주거지역, 녹지지역, 관리지역 중 취락지구 · 주거개발진흥지구 및 관광 · 휴양개발진흥지구, 자연환경보전지역, 그 밖의 지역에 있는 학교 · 종합병원 · 공공도서관	확성기	옥외 설치	60이하	65 이하	60 이하
		옥내에서 옥외로 소음이 나오는 경우	50 이하	55 이하	45 이하
	공장*		50 이하	55 이하	45 이하
	사업장	동일 건물	45 이하	50 이하	40 이하
		기타	50 이하	55 이하	45 이하
	공사장		60 이하	65 이하	50 이하
나. 그 밖의 지역	확성기	옥외 설치	65 이하	70 이하	60 이하
		옥내에서 옥외로 소음이 나오는 경우	60 이하	65 이하	55 이하
	공장		60 이하	65 이하	55 이하
	사업장	동일 건물	50 이하	55 이하	45 이하
		기타	60 이하	65 이하	55 이하
	공사장		65 이하	70 이하	50 이하

2. 생활진동 규제기준

[단위: dB(V)]

대상 지역 (시간대별)	주간 (06:00~22:00)	심야 (22:00~06:00)
가. 주거지역, 녹지지역, 관리지역 중 취락지구 · 주거개발진흥지구 및 관광 · 휴양개발진흥지구, 자연환경보전지역, 그 밖의 지역에 소재한 학교 · 종합병원 · 공공도서관	65 이하	60 이하
나. 그 밖의 지역	70 이하	65 이하

* 배출시설이 설치되지 아니한 공장을 의미함(시행규칙 제20조 제2항).

또한, 위 인정사실에 의하면, 이 사건 나이트클럽의 지붕이 열리는 경우 소음·진동규제법에서 정하고 있는 사업장의 야간소음한도를 초과할 가능성이 상당히 높을 뿐만 아니라 위와 같은 소음이 발생하는 시간이 인근 주민들이 숙면을 취하는 심야인 점 등을 감안하면, 이 사건 주상복합아파트 주민들의 주거생활에 상당한 지장을 초래할 것이 분명해 보이고, 이는 수인할 수 있는 한도를 넘어서는 것이라고 판단되므로, 이를 사후적으로 규제하기 보다는 사전적으로 예방함이 타당하다 할 것이다.

3. 층간소음기준

최근에 주거지역 내나 아파트 등에서의 근린소음, 층간소음 등이 분쟁이 심한 소음원으로 대두되고 있다. 아파트 층간소음문제로 인해 이웃들간에 다툼과 법적 분쟁이 일어나고[12] 심각한 경우 폭력과 살인까지 발생한다는 소식이 끊이지 않고 있다. 이러한 점을 인식하고 동법은 소음의 정의에 공동주택 소음을 추가하고(제2조 제1호), 공동주택의 소음기준과 입주민간 갈등 조정 및 상담 지원 등을 규정하고 있다. 이에 따르면 환경부장관과 국토교통부장관은 공동으로 공동주택에서 발생되는 층간소음(인접한 세대간 소음을 포함)으로 인한 입주자 및 사용자의 피해를 최소화하고 발생된 피해에 관한 분쟁을 해결하기 위하여 층간소음기준을 정하여야 한다(제21조의2 제1항). 층간소음의 피해 예방 및 분쟁 해결을 위하여 필요한 경우 환경부장관은 대통령령으로 정하는 바에 따라 전문기관으로 하여금 층간소음의 측정, 피해사례의 조사·상담 및 피해조정지원을 실시하도록 할 수 있다(동조 제2항).

2014. 6. 3. 국토교통부와 환경부 공동부령으로 아파트나 연립주택, 다세대 주택 공동주택에서 지켜야 할 생활소음의 최저기준을 담은 '공동주택 층간소음의 범위와 기준에 관한 규칙'이 제정되었다. 이에 따르면 소음은 직접충격 소음(아이들 뛰는 소리, 망치질)과 공기전달 소음(피아노, TV)으로 구분된다. 직접충격 소음은 1분 동안 소음측정기로 측정한 소음의 평균치(1분 등가소음도)로 층간소음의 기준을 정하고 있다. 주간(오전 6시~오후 10시) 43dB, 야간 38dB이 기준이다. 무거운 물건이 떨어져 순간적으로 센 소음이 날 수 있기 때문에 최고소음도(1시간에 3번 이상 소음이 날 경우) 기준도 별도로 정하고 있는데, 주간 57dB, 야간 52dB이 기준이다. 공기전달 소음은 텔레비전이나 악기 연주로 다소 길게 이어지는 경우가 많아 5분 동안 측정한 평균치(5분 등가소음도)로 기준을 정하고 있는데, 주간 45dB, 야간 40dB을 넘지 않아야 한다. 연립주택, 빌라 등 아파트 이외의 공동주택과

12) 부산지법 2008. 11. 18. 선고 2008가단8030 판결(판례 [5]); 서울지법 2000. 12. 12. 선고 98가합23596 판결(판례 [6]); 서울중앙지법 2010. 9. 8. 선고 2009가합53944 판결(판례 [7]); 대법원 2008. 6. 26. 선고 2005다56193 판결; 서울중앙지법 2010. 9. 8. 선고 2009가합53944 판결; 서울고법 2011. 11. 3. 선고 2010나96579 판결; 대전지법 2014. 2. 10. 선고 2013가소59099 판결. 층간소음으로 인한 분쟁은 흔히 아래층 거주자들이 원고가 되고, 위층 거주자, 건축주, 건축허가관청(시장·군수·구청장) 등이 피고가 되어 층간소음으로 인한 정신적 피해배상, 하자보수, 이사비용 등의 청구를 둘러싸고 진행될 것으로 보인다.

2005년 6월 30일 이전에 사업 승인을 받은 아파트에는 여기에 5dB씩 더 완화해 적용된다.

≪층간소음의 기준≫13)

층간소음의 구분		층간소음의 기준[단위: dB(A)]	
		주간 (06:00~22:00)	야간 (22:00~06:00)
1. 제2조 제1호에 따른 직접충격 소음	1분간 등가소음도 (Leq)	43	38
	최고소음도 (Lmax)	57	52
2. 제2조 제2호에 따른 공기전달 소음	5분간 등가소음도 (Leq)	45	40

[6] 부산지법 2008. 11. 18. 선고 2008가단8030 판결

원고는 아파트 단지를 시공하면서 피고가 거주하는 아파트의 위층인 5OO의 통상적인 바닥충격음을 충분히 차단하여 404호에 거주하는 피고의 일상생활에 피해를 입히지 않아야 함에도 불구하고, 5OO의 바닥충격음을 충분히 차단할 수 있는 차음시설을 하지 않음으로 인하여 피고에게 수면장애, 신경증, 위궤양, 스트레스, 기타 일상생활의 불편 등 참을 수 있는 한도를 넘는 고통에 시달리게 하였는바, 공법상의 기준을 충족한 것만으로 침해행위를 적법하다고 할 수 있는 것은 아닌 점, 2003. 4. 22. 개정되기 이전의 주택건설관련 법령은 층간 바닥충격음을 충분히 차단할 수 있는 구조로 하여야 한다고 되어 있어 단순한 훈시규정이나 정책적 규정이 아니라 의무적 규정으로 되어 있는 점, 개정 이후의 주택건설 관련 법령은 공동주택 바닥충격음 차단 성능기준을 중량충격음 50dB, 경량충격음 58dB로 정하고 있는데 이런 구체적인 기준이 정해져 있다 하더라도 개별 사안에서 획일적으로 적용될 수는 없는 점, 피고가 거주하는 아파트와 같이 위층, 아래층, 좌측, 우측이 모두 공동주택(한쪽은 복도)으로 둘러싸인 밀폐되고 제한된 주거공간의 경우 충격음 그 자체보다 거기에서 파생되는 진동소음이 아주 중요한 요소가 된다고 할 것인데, 5OO의 바닥충격음은 중량충격음이 평균 54.5dB(거실 52dB, 안방 57dB), 경량충격음이 평균 57.5dB(거실 59dB, 안방 56dB)로 이미 구체적인 기준을 어느 정도 초과한 점 및 여기에 추가하여 파생되는 진동소음과 이를 몸으로 느끼는 상태, 주관적 감정까지 고려하면 수인한도를 초과하였다고 볼 수 있다.14)

13) 「공동주택 층간소음의 범위와 기준에 관한 규칙」 제3조.

14) 아파트 시공자에게 아래층 거주자가 위층 바닥충격음으로 인하여 입게 된 손해에 대하여 배상책임을 인정한 사례. 그러나 손해배상을 인정하는 권원이 하자담보책임인지 불법행위책임인지 분명치 않다.

[7] 서울지법 2000. 12. 12. 선고 98가합23596 판결

아파트 등 집합건물 내부의 소음을 규제하는 법률이 따로 없더라도 분양자는 분양계약에 따라 사회경제적 여건과 기술적 제약 아래서 수분양자가 최소한의 쾌적한 생활을 유지하여 분양계약의 목적을 달성할 수 있도록 할 의무가 있으므로, 건물의 구조적 하자로 인하여 소음이 발생하거나 발생한 소음이 적절한 수준으로 차단되지 않는다면 분양자가 담보책임을 지는 하자로 보아야 한다.15)

[8] 층간소음과 분양회사의 하자담보책임: 서울중앙지법 2010. 9. 8. 선고 2009가합53944 판결

아파트와 같이 위층의 바닥이 아래층의 천장이 되는 공동주택에서는 구조적으로 위층에서 발생하는 모든 생활소음이 아래층에 전달되는 것을 완전히 차단하기가 어렵고, 거주자들이 이웃 간에 소음으로 인한 피해가 발생하지 않도록 주의를 기울여야 하겠지만, 공동주택이라 하더라도 실내에서 천천히 걷는다거나, 주방 싱크대에서 칼과 도마 등을 이용하여 요리를 한다거나, 욕실에서 샤워기를 이용하여 샤워를 하거나 변기의 물을 내린다거나, 보통의 성량으로 대화를 나눈다든가 하는 정도의 기본적인 일상생활에서 발생하는 소음 정도는 완전하지는 않다 하더라도 상당한 정도로 차단될 것이 당연히 요구되고, 이에 반하여 위와 같이 기본적인 일상생활에서 발생하는 소리가 아래층에 상당 부분 그대로 전달되어 아래층에 거주하는 사람들의 수인한도를 넘어 정상적인 주거생활을 영위하는데 방해가 된다면 이와 같은 공동주택을 건축하여 분양한 자는 집합건물의 소유 및 관리에 관한 법률 제9조 제1항, 민법 제671조 제2항에 의하여 수분양자의 청구에 따라 위와 같은 하자를 보수하거나 이에 갈음하여 또는 보수와 함께 손해배상을 할 의무가 있다.16)

4. 특정공사의 사전신고

생활소음 · 진동이 발생하는 공사로서 일정 규모 이상의 건축물 해체공사, 토목건설공사 등 환경부령으로 정하는 특정공사를 시행하려는 자는 환경부령으로 정하는 바에 따라 관할 특별자치시장 · 특별자치도지사 또는 시장 · 군수 · 구청장에게 신고하여야 한다(제22조 제1항). 신고의 법적 성질은 '수리'를 염두에 두고 있다는 점에서(동조 제3항 · 제4항) 자기완결적 신고로 볼 수 없다. 동법은 특정공사를 시행하려는 자로 하여금 환경부령으로 정하는 기준에 적합한 방음시설을 설치한 후 공사를 시작하고, 공사로 발생하는 소음 ·

15) 767세대 주민들이 아파트를 신축하여 분양한 서울시 도시개발공사와 시공회사를 상대로 화장실 급 · 배수 소음에 대한 하자보수와 정신적 피해배상금을 청구한 사건에 대해, 하자보수 공사비로 세대당 18만 내지 36만여원씩 총 2억4,500만원을 배상하도록 한 사례.

16) 이 판결은 항소심에서 파기되었다(서울고법 2011. 11. 3. 선고 2010나96579 판결, 2003. 4. 22. 개정된 주택건설기준 등에 관한 규정이 시행되기 전에 사업계획승인을 받아 신축한 아파트의 소유자이거나 소유자였던 사람들이 시공회사를 상대로 층간소음이 평균 60.5dB로 개정 규정의 58dB을 초과한다는 이유로 차음공사비와 위자료를 청구한 사안에서, 위 아파트에 대하여 개정 규정의 바닥충격음에 관한 기준이 직접 적용되지 않는 점 등 여러 사정에 비추어 아파트 바닥이 충격음을 차단하기 부족한 구조로서 흠이 있다고 단정할 수 없다고 한 사례).

진동을 줄이기 위한 저감대책을 수립 · 시행하도록 하고 있다(동조 제5항). 공사장 방음시설의 사전설치를 의무화한 것은 공사장 인근 주민이 공사로 인한 소음 · 진동피해에 쉽게 노출되어 민원이 증가하고 있는 현실을 고려한 것으로 이해된다.

5. 공사장 소음측정기기의 설치 권고

특별자치시장 · 특별자치도지사 또는 시장 · 군수 · 구청장은 공사장에서 발생하는 소음을 적정하게 관리하기 위하여 필요한 경우에는 공사를 시행하는 자에게 소음측정기기를 설치하도록 권고할 수 있다(제22조의2). 이러한 권고는 공사 시행자의 자발적인 소음 저감노력을 유도함으로써 공사장 소음으로 인한 민원 및 분쟁을 완화할 수 있다는 의미가 있다.

6. 방음 · 방진시설의 설치 등 조치명령

특별자치시장 · 특별자치도지사 또는 시장 · 군수 · 구청장은 생활소음 · 진동이 생활소음 · 진동규제기준을 초과하면 소음 · 진동을 발생시키는 자에 대하여 작업시간의 조정, 소음 · 진동발생행위의 분산 · 중지, 방음 · 방진시설의 설치, 소음이 적게 발생하는 건설기계의 사용 등 필요한 조치를 명할 수 있으며(제23조 제1항), 이러한 조치명령을 받은 자가 이를 이행하지 아니하거나 이행하였더라도 규제기준을 초과한 경우에는 해당 규제대상의 사용금지, 해당 공사의 중지 또는 폐쇄를 명할 수 있다(동조 제4항).

7. 이동소음의 규제

특별자치시장 · 특별자치도지사 또는 시장 · 군수 · 구청장은 이동소음의 원인을 야기하는 기계 · 기구(이동소음원)로 인한 소음을 규제할 필요가 있다고 인정되는 지역을 이동소음규제지역으로 지정하여 이동소음원의 사용을 금지하거나 사용시간 등을 제한할 수 있다(제24조 제1항). 이 규정에 따른 이동소음원의 종류[17] · 규제방법 · 규제에 필요한 사항은 환경부령으로 정한다(동조 제2항).

8. 폭약의 사용으로 인한 소음 · 진동의 방지

특별자치시장 · 특별자치도지사 또는 시장 · 군수 · 구청장은 폭약의 사용으로 인한 소음 · 진동피해를 방지할 필요가 있다고 인정하면 지방경찰청장에게 「총포 · 도검 · 화약류 등 단속법」에 따라 폭약을 사용하는 자에게 그 사용의 규제에 필요한 조치를 하여 줄 것을 요청할 수 있다. 이 경우 지방경찰청장은 특별한 사유가 없으면 그 요청에 따라야 한

17) 이동소음원의 종류는 다음과 같다:
① 이동하며 영업이나 홍보를 하기 위하여 사용하는 확성기;
② 행락객이 사용하는 음향기계 및 기구;
③ 소음방지장치가 비정상이거나 음향장치를 부착하여 운행하는 이륜자동차;
④ 그 밖에 환경부장관이 고요하고 편안한 생활환경을 조성하기 위하여 필요하다고 인정하여 지정 · 고시하는 기계 및 기구(시행규칙 제23조 제1항).

다(제25조).

Ⅳ. 교통소음 · 진동 관리

자동차, 기차, 지하철 등 교통수단의 발전과 차량의 급증은 그로 인한 교통 소음, 진동을 일상화하였고, 그 피해는 심각한 수준에 이르고 있다. 이 때문에 동법은 교통소음과 진동을 관리하기 위한 몇 가지 규정을 두고 있는데, 교통소음 · 진동의 관리기준 설정, 교통소음 · 진동관리지역의 지정, 방음 · 방진시설의 설치 등이 그것이다.

1. 소음 · 진동의 관리기준

교통기관에서 발생하는 소음 · 진동의 관리기준은 환경부령으로 정한다. 이 경우 환경부장관은 미리 관계 중앙행정기관의 장과 교통소음 · 진동 관리기준 및 시행시기 등 필요한 사항을 협의하여야 한다(제25조).[18] 동법 시행규칙에서는 대상지역과 시간대(주간, 야간)에 따라 그 한도 및 시행시기를 달리 정하고 있다(제25조, 별표 12 참조). 그 기준은 「환경정책기본법」상의 소음환경기준보다 완화되어 설정되어 있다.

≪교통소음 · 진동의 관리기준≫

1. 도로

대상 지역	구분	한도	
		주간 (06:00~22:00)	야간 (22:00~06:00)
주거지역, 녹지지역, 관리지역 중 취락지구 · 주거개발진흥지구 및 관광 · 휴양개발진흥지구, 자연환경보전지역, 학교 · 병원 · 공공도서관 및 입소규모 100명 이상의 노인의료복지시설 · 영유아보육시설의 부지 경계선으로부터 50미터 이내 지역	소음 (LeqdB(A))	68	58
	진동 (dB(V))	65	60
상업지역, 공업지역, 농림지역, 생산관리지역 및 관리지역 중 산업 · 유통개발진흥지구, 미고시 지역	소음 (LeqdB(A))	73	63
	진동 (dB(V))	70	65

2. 철도

대상 지역	구분	한도	
		주간 (06:00~22:00)	야간 (22:00~06:00)

18) 교통소음 · 진동의 관리기준은 종전에 도로와 철도 등의 피해를 받는 자에게 대책이 필요하다고 판단되는 수준을 의미하는 '교통소음 · 진동의 한도'를 대체하는 개념이다.

주거지역, 녹지지역, 관리지역 중 취락지구 · 주거개발진흥지구 및 관광 · 휴양개발진흥지구, 자연환경보전지역, 학교 · 병원 · 공공도서관 및 입소규모 100명 이상의 노인의료복지시설 · 영유아보육시설의 부지 경계선으로부터 50미터 이내 지역	소음 (LeqdB(A))	70	60
	진동 (dB(V))	65	60
상업지역, 공업지역, 농림지역, 생산관리지역 및 관리지역 중 산업 · 유통개발진흥지구, 미고시지역	소음 (LeqdB(A))	75	65
	진동 (dB(V))	70	65

특기할 점은 도로소음과 관련해서는 교통소음 · 진동관리기준 외에도 다음 표에서 보는 바와 같이 적용대상에 따라 여러 기준이 적용될 수 있다는 점이다.

≪도로소음에 관한 공법상 기준≫

[단위: dB(A)]

근거 법령	환경정책기본법	소음 · 진동관리법	주택건설기준 등에 관한 규정
적용대상	도로변 일반주거지역	교통소음 · 진동 관리지역	공동주택
주간 실외소음도	65	68	1~5층 65
야간 실외소음도	55	58	
실내소음도	규정 없음	규정 없음	6층 이상 45

2. 교통소음 · 진동관리지역의 지정

특별시장 · 광역시장 · 특별자치시장 · 특별자치도지사 또는 시장 · 군수는 교통기관에서 발생하는 소음 · 진동이 교통소음 · 진동관리기준을 초과하거나 초과할 우려가 있는 경우에는 해당 지역을 교통소음 · 진동관리지역으로 지정할 수 있다(제27조 제1항). 교통소음 · 진동관리지역의 지정은 해당 지방자치단체장의 재량사항으로 되어 있다. 환경부장관은 교통소음 · 진동의 관리가 필요하다고 인정하는 지역을 교통소음 · 진동관리지역으로 지정하여 줄 것을 특별시장 · 광역시장 · 특별자치시장 · 특별자치도지사 또는 시장 · 군수에게 요청할 수 있다. 그러나 그 요청에도 불구하고 교통소음 · 진동규제지역으로 지정하는 것이 해당 지방자치단체장의 재량사항이기 때문에 지정 자체가 이루어지지 않을 가능성이 상존하고 있다. 이에 동법은 이 경우 특별시장 · 광역시장 · 특별자치시장 · 특별자치도지사 또는 시장 · 군수로 하여금 특별한 사유가 없으면 그 요청에 따르도록 함으로써(동조 제2항), 그 실효성을 확보하고자 하고 있다.

3. 자동차 운행의 규제

「도로교통법」에 의하여 자동차운행에 대하여 제한을 가할 수 있는 권한은 경찰관서이다. 그렇기 때문에 특별자치시장 · 특별자치도지사 또는 시장 · 군수 · 구청장은 교통소음 · 진동관리지역을 통행하는 자동차를 운행하는 자에게 속도의 제한 · 우회 등 필요한 조치를 하여 줄 것을 지방경찰청장에게 요청할 수 있다. 필요한 조치에는 경음기의 사용제한도 고려하여야 할 것이다. 이 경우 지방경찰청장은 특별한 사유가 없으면 지체 없이 그 요청에 따라야 한다(제28조). 여기에서 특별한 사유란 자동차 운행에 대한 제한을 가함으로써 교통질서와 안전의 유지에 현저한 지장을 초래하는 것과 같이 그 요청을 받아들일 수 없게 하는 현저한 사유를 말한다 할 것이다.[19]

4. 방음 · 방진시설의 설치

특별시장 · 광역시장 · 특별자치시장 · 특별자치도지사 또는 시장 · 군수는 교통소음 · 진동관리지역에서 자동차 전용도로 · 고속도로 및 철도로부터 발생하는 소음 · 진동이 관리기준을 초과하여 주민의 조용하고 평온한 생활환경이 침해된다고 인정하면 스스로 방음 · 방진시설을 설치하거나 해당 시설관리기관의 장에게 방음 · 방진시설의 설치 등 필요한 조치를 할 것을 요청할 수 있다. 요청을 받은 해당 시설관리기관의 장은 특별한 사유가 없으면 그 요청에 따라야 한다(제29조 제1항). 해당 시설관리기관의 장에게 요청할 수 있는 '필요한 조치'가 어떠한 것이 있는지, 제28조에 따라 지방경찰청장에게 요청할 수 있는 '필요한 조치'와 어떠한 차이가 있는지 논란이 있을 수 있다.[20]

5. 자동차소음의 규제

자동차(이륜자동차 포함)의 급격한 증가는 자동차 소음을 급증시키고 있다. 자동차소음을 없애기 위해서는 그 제작단계에서부터 소음이 없도록 제작되는 것이 중요하고, 일단 제작된 후에는 현실적으로 소음문제를 발생시키는 운행차에 대한 관리가 필요하다. 동법은 제작자동차의 소음규제를 위하여 제작차 소음허용기준(제30조),[21] 제작차에 대한 인증 및 취소(제31조, 제34조),[22] 제작차의 소음검사(제33조), 자동차 소음 · 진동 정보관리 전산망의 구축 및 운영(제33조의2) 등을 규정하는 한편, 운행차의 소음규제를 위하여 운행차 소음허용기준(제35조), 운행차의 수시점검(제36조), 운행차의 정기검사(제37조), 개선명령(제38조) 등에 관하여 규정하고 있다.

---

19) 이상규(각주 2), 177면.

20) 채우석, "소음 · 진동에 관한 법적 규제", 환경법연구 제27권 제2호, 2005. 9, 354면.

21) 제작차 소음허용기준은 경자동차, 승용자동차, 소형화물승용차, 화물자동차, 이륜자동차 등 자동차의 종류별로 가속주행소음, 배기소음, 경적소음별로 구분하여 설정되고 있다(시행규칙 제29조, 별표 13).

22) 여기에서의 인증은 자동차 운행으로 발생하는 소음이 운행차 소음허용기준을 유지하기 위한 예방조치인데, 일종의 확인행위로서의 성질을 갖는다. 이상규(각주 2), 179면.

한편, 동법은 자동차용 타이어에서 발생하는 소음을 줄이고 저소음 타이어의 생산 및 보급을 촉진함으로써 교통소음으로 인한 피해를 최소화하기 위하여 자동차용 타이어를 제작 또는 수입하려는 자는 제작 또는 수입하는 자동차용 타이어에서 나오는 소음(타이어 소음도)이 타이어 소음허용기준에 적합하게 제작 또는 수입하도록 하고(제34조의2 제1항), 해당 자동차용 타이어가 소음허용기준에 적합한지를 확인하기 위하여 타이어 소음도를 스스로 측정하거나 환경부령으로 정하는 시험기관에 의뢰하여 측정하고 그 결과를 환경부장관에게 신고하도록 하며(동조 제2항), 환경부장관은 자동차용 타이어가 타이어 소음허용기준을 초과하는 경우에는 그 시정을 명할 수 있도록 하고 있다(제34조의3).[23]

6. 교통소음 · 진동피해의 구제

교통소음 · 진동문제는 교통소음 · 진동을 직접 야기하는 해당 교통수단마다의 소음 · 진동 정도를 측정하기가 쉽지 않고, 손해와의 개별적 인과관계를 입증하는 것이 쉽지 않으며, 문제의 교통소음 · 진동이 공공 일반의 이익에 공하는 도로, 시설 등 장소에서 발생하고 있다는 특성이 있다. 이는 공장, 사업장, 공사장 등에서 발생하는 소음 · 진동과 다소 차이가 있는 부분이다.

이러한 특성은 교통소음 · 진동에 대한 피해배상과 관련해서 교통소음 · 진동의 직접 발생자인 해당 교통수단의 소유자나 운행자를 피고로 하기보다는 관련 교통시설을 설치 · 관리하는 국가나 지방자치단체를 피고로 할 필요성을 높이고 있다. 교통소음 · 진동 피해와 관련하여 영조물의 설치 · 관리상의 하자에 터잡은 국가배상책임(국가배상법 제5조)이나 공작물의 설치 · 보존상의 하자에 터잡은 공작물책임(민법 제758조)을 동원하는 것은 이러한 필요성의 산물이라 할 수 있다(판례 [9] 내지 [11]).

[9] 교통소음과 분양회사의 도로 설치 · 관리상의 하자로 인한 불법행위책임(소극): 대법원 2008. 8. 21. 선고 2008다9358 판결

1. 차량이 통행하는 도로에서 유입되는 소음 때문에 인근 주택의 거주자에게 사회통념상 일반적으로 수인할 정도를 넘어서는 침해가 있는지 여부는, 주택법 등에서 제시하는 주택건설기준보다는 환경정책기본법 등에서 설정하고 있는 환경기준을 우선적으로 고려하여 판단하여야 한다.

2. 도로에서 유입되는 소음 때문에 인근 주택의 거주자에게 사회통념상 수인한도를 넘는 생활이익의 침해가 발생하였다고 하더라도, 그 주택을 건축하여 분양한 분양회사는 도로의 설치 · 관리자가 아니고 그 주택의 건축으로 인하여 소음이 발생하였다고 볼 수도 없으므로, 주택의 거주자들이 분양회사를 상대로 소음 때문에 발생한 생활이익의 침해를 원인으로 하는 불법행위책임을 물을 수는 없다. 다만 분양회

23) 동 규정은 자동차 유형에 따른 구분에 따라 2020년부터 정해진 시기 이후 장착되는 자동차용 타이어부터 적용된다(부칙 제2조).

사는 주택의 공급 당시에 주택법상의 주택건설기준 등 그 주택이 거래상 통상 소음 방지를 위하여 갖추어야 할 시설이나 품질을 갖추지 못한 경우에 집합건물의 소유 및 관리에 관한 법률 제9조 또는 민법 제580조의 담보책임을 부담하거나, 수분양자와의 분양계약에서 소음 방지 시설이나 조치에 관하여 특약이 있는 경우에 그에 따른 책임을 부담하거나, 또는 분양회사가 수분양자에게 분양하는 주택의 소음 상황 등에 관한 정보를 은폐하거나 부정확한 정보를 제공하는 등 신의칙상의 부수의무를 게을리한 경우에 그 책임을 부담할 뿐이다.24)

[10] 도로소음과 '참을 한도': 대법원 2015. 9. 24. 선고 2011다91784 판결

① 이 사건 고속도로는 이미 1970. 7.경 왕복 4차로로 개설된 도로로 1998. 3.경 왕복 8차로로 확장하는 내용의 '확장공사구간 지정결정'이 고시되었는데, 그 후인 1998. 5. 6.이 ○○아파트가 위치한 '○○○○ 2지구 택지개발사업지구'가 택지개발예정지구로 지정되어 1999. 7. 30.부터 2004. 12. 31.까지 택지개발사업이 시행된 점, ② 위 고속도로 확장공사는 1998. 4.경부터 2003. 12.경까지 시행되었는데, 이 ○○아파트는 고속도로 확장공사가 거의 완성되었을 무렵인 2003. 10.경 착공되어 2005. 12.경에야 준공된 점, ③ 도시화 · 산업화 및 이로 인한 주거의 과밀화로 인하여 도시에 거주하는 대부분의 거주자는 어느 정도의 소음이 존재하는 상황에서 특정 장소에 거주를 시작하게 될 것인데, 거주자가 고요하고 평온한 상태에서 쾌적한 일상생활을 누릴 수 있는 생활이익은 원칙적으로 그가 거주를 시작한 때 그 장소에서의 소음도를 기초로 형성되기 시작하는 것이고, 피고들이 이 ○○아파트에 거주할 당시 이 사건 고속도로로 인하여 일정한 정도의 도로소음의 발생과 증가를 알았거나 알 수 있었던 것으로 보이는 점, ④ 원심은 제1심 감정인이 소음 · 진동공정시험방법에 규정된 측정방법에 따라 소음측정기의 마이크로폰을 이 ○○아파트 베란다 창문으로부터 0.5~ 1m 돌출시켜 이 사건 고속도로 방향으로 설치하여 측정한 소음도 및 이에 기초하여 산정한 실외소음도를 그대로 받아들여 원고의 방음대책이행의무를 인정하였으나, 피고들이 거주하는 이 ○○아파트 101동의 7층 이상 세대, 102동의 5층 이상 세대에서 위 실외소음도를 피고들이 일상생활을 주로 하는 지점의 소음도로 보기는 어렵고, 피고들의 일상생활이 실제 주로 이루어지는 장소인 거실에서 도로 등 소음원에 면한 방향의 모든 창호를 개방한 상태로 측정한 소음도를 기준으로 환경정책기본법상 소음환경기준 등을 초과하는지 여부를 판단하는 것이 타당한 점, ⑤ 공동주택에 거주하는 사람들의 생활이익이 중요함은 물론이지만, 자동차 교통망의 중요한 축을 이루고 있는 이 사건 고속도로는 국민경제 전반의 기반을 공고히 하고, 전체 국민 생활의 질을

24) 도로에서 유입되는 소음 때문에 인근 주택의 거주자가 사회통념상 수인한도를 넘는 생활이익의 침해를 당한 경우, 그 주택의 분양회사에게 도로 설치 · 관리상의 하자로 인한 불법행위책임을 물을 수 없다고 한 사례. 그러나 이 사안에서 법원은 지방자치단체에게는 도로 설치 · 관리상의 하자에 대하여 책임을 물었다. 결과적으로 법원은 교통소음과 관련하여 도로의 설치 · 관리자에 대하여는 「주택법」 등에서 정하는 주택건설기준보다 「환경정책기본법」 등에서 설정하고 있는 환경기준을 우선하여 적용함으로서 책임을 강화시켰으며, 주택을 분양한 회사에 대하여는 주택의 공급 당시 주택건설기준을 적용하였다.

향상시키는 등 그 공공성과 사회적 가치가 매우 클 뿐만 아니라, 국가를 대신하여 고속국도를 관리하는 주체인 원고로서는 동등한 피해상황에 있는 국민 전체를 기준으로 도로소음 방지조치의 내용을 결정할 수밖에 없고, 따라서 그 방지조치도 기술적 · 경제적으로 한계를 지닐 수밖에 없으므로, 방지청구의 당부를 판단함에 있어서 청구가 허용될 경우 그로 인해 당사자들이 받게 될 영향을 비교 · 교량해야 함에도, 원심은 원고가 부담해야 할 방음대책 이행의무의 구체적인 내용을 전혀 특정하지 않았고, 원고의 방음대책 이행의무가 피고들과 이 사건 고속도로의 이용자들에게 미칠 이익 · 불이익에 대한 비교 · 교량을 행하지 아니한 결과, 원심이 인정한 65데시벨(dB) 이하 소음도를 달성하기 위해서는 어떠한 조치나 공사가 필요한지, 그에 소요될 시간과 비용은 어떠한지, 고속도로의 정상적인 통행에 지장이 없는지 등을 전혀 알 수 없는 점 등의 사정을 알 수 있다.

이와 같은 사정들을 앞에서 본 법리에 따라 살펴보면, 이 사건 청구에서 원심 판시와 같은 사정만으로 바로 '참을 한도'를 넘는 생활방해가 인정되어 원고에게 방음대책 이행의무가 인정된다고 단정하기 어렵다.[25]

[11] 교통소음과 위법성 판단 요건(사회발전에 따른 자연스러운 변화): 서울중앙지법 2008. 12. 17. 선고 2007가합51029 판결(확정)

도로소음으로 인하여 피침해자들이 민사상의 손해배상을 청구하기 위해서는 그 소음발생 또는 강도의 변화가 사회발전에 따른 자연스러운 변화에 해당되지 않는 것이어야 하는데, 여기서 말하는 사회발전에 따른 자연스러운 변화에 해당되려면 다음과 같은 각 요건이 충족되어야 한다. 즉, 아래의 요건 중 하나라도 갖추지 못하면 여기서 말하는 자연스러운 변화라 할 수 없다.

① 침해적 요소의 내용이 자연스러운 것이어야 한다. 여기에서의 자연스러움이란 통상 예측 가능하며 이례성을 보이지 아니함을 의미한다. 따라서 이례성을 보이지 않는 도로나 항로의 개설 · 개량으로 인하여 새로 발생한 기능적 하자나 그 변화는 그것이 아래의 각 요건을 충족하는 한 민사상 손해배상책임의 대상이 될 수 없다. 개설이나 개량 자체는 이례적인 것이 아니라 하더라도, 그 결과 발생하는 소음 또는 그 소음의 증가 정도가 비정상적으로 크다면, 자연스러운 것이라 할 수 없다.

② 사회 전체와 관련된, 사회 전체를 위한 작용이어야 한다. 사경제주체 사이에 각자의 경제적 이익을 위한 경우에는 그로 인한 사업의 범위가 아무리 넓더라도 사회

25) 도로소음으로 인한 생활방해를 원인으로 제기된 사건에서 공동주택에 거주하는 사람들이 참을 한도를 넘는 생활방해를 받고 있는지는 특별한 사정이 없는 한 일상생활이 실제 주로 이루어지는 장소인 거실에서 도로 등 소음원에 면한 방향의 모든 창호를 개방한 상태로 측정한 소음도가 「환경정책기본법」상 소음환경기준 등을 초과하는지에 따라 판단하는 것이 타당하다고 한 사례. 이와 관련해서 환경기준에 따른 실외측정방법은 객관성과 획일성을 담보하는 방법인 반면, 판례가 요구하는 실내 측정방법은 상대적이고 개별적이라는 점을 지적하면서, 객관적이고 획일적으로 정해지는 공법상의 환경기준을 구체적인 상황에서 유연하게 판단할 필요가 있는 것과 소음도 측정을 구체적 상황(예컨대, 개별적인 주거 형태에 따라 거실에서 주로 생활하는 경우)에서 유연하게 판단하는 것과는 별개의 문제로서, 측정방법의 객관성, 동일성을 유지하면서 측정 소음도의 평가에 있어서 구체적 타당성을 도모할 필요가 있다는 견해가 있다. 최창렬, "도로소음으로 인한 환경침해의 유지청구권 -대법원 2015. 9. 24. 선고 2011다91784 판결을 중심으로-", 환경법연구 제38권 제3호, 2016. 11, 350 내지 351면.

발전에 따른 자연스러운 변화라고 할 수 없다. 침해적 요소로 인하여 불특정 다수에게 이익이 되는 것이라야 한다. 특정인에게만 이익을 주는 것은 공공행정작용이라 하더라도 여기서 말하는 자연스러운 변화에 해당된다고 할 수 없다.

③ 침해적 요소가 초래하는 불편함이 특정인에게 집중되는 것이어서는 아니 된다. 여기서 말하는 특정인에게의 집중이란 단순히 피침해자가 특정될 수 있음을 의미하는 것이 아니라, 특정 피침해자에게만 특수하게 적용되는 것임을 의미한다. 즉, 침해적 요소로 인한 불편함은 동일한 상황에 처하면 누구에게나 평등하게 가해지는 것이어야 비로소 그러한 불편함을 유발하는 침해적 요소가 여기서 말하는 자연스러운 것이라 할 수 있다.

따라서 피침해자들은 그 소음발생 또는 강도의 변화가 피침해자들의 거주 형태를 비롯한 생활이익의 형성과정, 도로의 구조 및 주변상황, 나아가 피침해자들 및 도로가 속해 있는 지역사회의 변화추이 등에 비추어 위에서 말하는 자연스러운 변화에 해당되지 아니함을 주장 · 입증하여야 한다.[26]

한편, 교통소음피해를 유발하는 시설이 영조물이고 법원이 영조물의 하자와 관련해서 기능적 하자 개념을 도입하고 수인한도론을 적용하고 있기 때문에 교통소음피해 사건은 고의 · 과실이 아니라 수인한도의 초과 여부가 주로 문제가 되고 있다. 도로에 대하여 국가 또는 지방자치단체에 대해 책임을 묻는 경우에는 민법 제758조가 아니라 「국가배상법」 제5조에 따른 영조물로서의 책임이 문제가 될 것인 바, 이러한 두 법적 근거는 해당 공작물의 소유자 또는 관리자가 누구인가에 의한 차이일 뿐, 원칙적으로 동일한 법리가 적용되어야 할 것이다. 판례는 영조물의 설치 · 관리상의 '하자'와 관련하여 물적 하자뿐만 아니라 기능적 하자(내지 작용상 하자)를 포함하며,[27] 나아가 기능적 하자의 판단시 수인한도론을 확장 · 적용하고 있다. 그 판단 요소는 위법성의 판단 요소와 유사하다(판례 [11]).

도로소음과 관련하여 아파트를 분양하여 건축하여 분양한 분양회사의 책임은 원칙적으로 부인되나 건축물에 하자가 있는 경우, 당사자간에 분양회사가 책임을 지기로 하는 특약이 있는 경우, 건축물에 대한 소음 상황 등에 관한 정보를 은폐하거나 부정확한 정보를 제공하는 등 신의칙상의 부수적 의무를 게을리한 있는 경우 등에는 예외적으로 인정되는 경우가 있다(판례 [9]).

---

26) 아파트 주민 590여명이 서울시와 한국철도시설공단을 상대로 입주 이후 차량 및 철도 통행량이 증가함으로써 수인한도를 넘는 소음피해를 입었다고 주장하면서 정신적 손해에 대한 배상을 청구한 사안에서 차량 통행량이 늘어 도로상에 현재 존재하는 소음이 기능적 하자에 속한다고 하더라도 소음증가치가 과다한 것이라 보기도 어려울 뿐더러 그러한 변화가 사회발전에 따른 자연스러운 변화에 해당하지 않는다는 점에 대한 주장 · 입증이 없다면서 원고들의 청구를 배척한 사례. 이 판결과 관련하여 "사회발전에 따른 자연스러운 변화"는 궁극적으로 '소음의 정도'로 귀결되고 부수적으로 '지역성'과도 관련이 있으므로 그 요소에 기존의 수인한도 판단요소와 구별하여 독자적 지위를 인정할 필요성이 없다는 견해가 있다. 구재균, "교통소음과 법적 대응", 환경법연구 제32권 제1호, 2010. 4, 169면.

27) 대법원 2005. 1. 27. 선고 2003다49566 판결(김포공항 사건, 판례 [11]), 대법원 2004. 3. 12. 선고 2002다14242 판결(매향리사격장 사건) 참조.

V. 항공기 소음의 관리

항공기 소음은 금속성 고주파음으로 상공에서 다량으로 발생하는 충격음이므로 다른 소음원에 비하여 피해지역이 광범위하다. 동법은 항공기 소음의 관리에 대하여는 소극적인 태도를 취함으로써, 전반적으로 항공기 소음 · 진동에 관한 관리가 미흡한 상태이다. 환경부장관은 항공기 소음이 대통령령으로 정하는 항공기 소음의 한도28)를 초과하여 공항 주변의 생활환경이 매우 손상된다고 인정하면 관계 기관의 장에게 방음시설의 설치나 그 밖에 항공기 소음의 방지에 필요한 조치를 요청할 수 있다(제39조 제1항).

시행령 제9조 제1항은 항공기소음한도를 공항주변 인근지역은 90웨클(WECPNL), 그 밖의 지역은 75웨클(WECPNL)로 정하고, 동조 제2항, 시행규칙 제49조는 공항주변 인근지역과 그 밖의 지역을 소음피해지역과 소음피해예상지역으로 구분하고 있다. 한편, 「공항소음 방지 및 소음피해지역 지원에 관한 법률」 제5조 제1항, 동법 시행령 제2조 제1항, 시행규칙 제3조는 소음대책지역의 구역별 예상 소음영향도 기준을 ① 제1종 구역: 소음영향도(WECPNL) 95 이상, ② 제2종 구역: 소음영향도(WECPNL) 90 이상 95 미만, ③ 제3종 구역: 소음영향도(WECPNL) 75 이상 90 미만으로 하고 제3종 구역을 지구별로 세분화하고 있다.

≪항공기 소음의 규제기준≫

「소음 · 진동관리법」 상 구분	「공항소음 방지 및 소음피해지역 지원에 관한 법률」상 구분	구 역		소음영향도 (WECPNL)
공항 인근 지역	소음대책지역	제1종		95 이상
		제2종		90 이상 95 미만
그 밖의 지역	소음대책지역	제3종	가지구	85 이상 90 미만
			나지구	80 이상 85 미만
			다지구	75 이상 80 미만

제39조 제3항에 따르면 제1항에 따른 조치는 항공기 소음 관리에 관한 다른 법률이 있으면 그 법률로 정하는 바에 따르도록 하고 있다. 그 대표적인 법률이 「항공안전법」(제19조 제2호)이다.

---

28) 항공기 소음의 한도는 흔히 항공기소음영향도(Weighted Equivalent Continuous Perceived Noise Level: WECPNL)로 정해진다. 이는 항공기의 소음이 하루에도 시간대별로 달라지는 점, 같은 크기의 소음이라도 상황이나 시간에 따라 개인이 느끼는 강도가 다른 점 등을 감안하여 한 지역에서 1일 수회 그 소음도를 측정한 다음, 시간대에 따라 가중치를 부여하여 계산한 소음영향도의 단위이다. WECPNL 수치는 dB 수치에 비하여 평균 13 정도 높다고 파악되고 있다. WECPNL 수치는 민간항공기에 적용되는 방식이므로 민간항공기와 출력, 운항형태 등이 다른 군항항공기의 경우에까지 무조건적으로 적용하는 것은 문제가 있다는 견해가 있다. 2017. 9. 17. 개정 법(2023. 1. 1. 시행)에서는 가중등가소음도(LdendB(A)로 변경하였다.

일반적인 항공기 소음대책으로는 크게 소음 발생원 대책, 공항주변 대책이 있으며, 소음 발생원 대책으로는 저소음 항공기의 도입, 이·착륙 방식 및 절차의 개선, 야간비행 제한 등이, 공항주변 대책으로는 완충녹지 조성, 이주비 지원, 주택방음공사의 보조, TV 수신장애 대책보조, 순회건강진단 등이 있다. 특히 공항소음을 방지하고 소음대책지역의 공항소음대책사업 및 주민지원사업을 효율적으로 추진하기 위하여 2010년 3월 22일 「공항소음 방지 및 소음대책지역 지원에 관한 법률」이 제정되었다.

항공기 소음 피해와 관련하여서는 영조물의 설치·관리상의 하자에 터잡은 국가배상책임 여하가 크게 다투어지고 있다. 이는 개별 항공사별로 항공기를 특정하여 그 운항에 따른 수인한도를 넘는 소음 발생 사실을 입증하는 것이 매우 어렵다는 것과 무관하지 않다. 실무상으로는 인과관계 입증의 곤란으로 생활방해를 이유로 한 위자료 청구 소송이 대부분이다. 판례는 영조물의 설치·관리상의 '하자' 개념을 확장하여 영조물을 구성하는 물적 시설 그 자체에 있는 물리적·외형적 흠결뿐만 아니라, 영조물의 이용과 관련하여 이용자 또는 제3자에게 사회통념상 수인할 것이 기대되는 한도를 넘는 피해를 입히는 경우도 영조물의 하자로 보고 있다(판례 [12] 참조).29)

[12] 김포공항 사건 : 대법원 2005. 1. 27. 선고 2003다49566 판결

가. 국가배상법 제5조 제1항에 정하여진 '영조물의 설치 또는 관리의 하자'라 함은 공공의 목적에 공여된 영조물이 그 용도에 따라 갖추어야 할 안전성을 갖추지 못한 상태에 있음을 말하고(대법원 2002. 8. 23. 선고 2002다9158 판결 참조), 여기서 안전성을 갖추지 못한 상태, 즉 타인에게 위해를 끼칠 위험성이 있는 상태라 함은 당해 영조물을 구성하는 물적 시설 그 자체에 있는 물리적·외형적 흠결이나 불비로 인하여 그 이용자에게 위해를 끼칠 위험성이 있는 경우뿐만 아니라, 그 영조물이 공공의 목적에 이용됨에 있어 그 이용상태 및 정도가 일정한 한도를 초과하여 제3자에게 사회통념상 수인할 것이 기대되는 한도를 넘는 피해를 입히는 경우까지 포함된다고 보아야 할 것이다(대법원 2004. 3. 12. 선고 2002다14242 판결 참조). 그리고 수인한도의 기준을 결정함에 있어서는 일반적으로 침해되는 권리나 이익의 성질과 침해의 정도뿐만 아니라 침해행위가 갖는 공공성의 내용과 정도, 그 지역환경의 특수성, 공법적인 규제에 의하여 확보하려는 환경기준, 침해를 방지 또는 경감시키거나 손해를 회피할 방안의 유무 및 그 난이 정도 등 여러 사정을 종합적으로 고려하여 구체적 사건에 따라 개별적으로 결정하여야 할 것이다.

원심판결 이유에 의하면, 원심은 설령 피고가 김포공항을 설치·관리함에 있어 항공법령에 따른 항공기 소음기준 및 소음대책을 준수하려는 노력을 경주하였다고 하

---

29) 같은 취지의 판결은 서울지법 2004. 1. 27. 선고 2002가합33132 판결(군산비행장 사건); 서울중앙지법 2008. 1. 22. 선고 2004가합106508 판결(청주공항 사건); 서울남부지법 2009. 10. 9. 선고 2006가합14470 판결(김포공항 사건); 대법원 2010. 11. 25. 선고 2007다20112 판결(서산비행장 사건); 대법원 2010. 11. 25. 선고 2007다74560 판결(대구비행장 사건); 대법원 2010. 12. 23. 선고 2009다10928 판결(평택비행장 사건); 대법원 2015. 10. 15. 선고 2013다23914 판결(광주비행장 사건, 판례 [13]) 참조.

더라도, 김포공항이 항공기 운항이라는 공공의 목적에 이용됨에 있어 그와 관련하여 배출하는 소음 등의 침해가 인근 주민인 선정자들에게 통상의 수인한도를 넘는 피해를 발생하게 하였다면 김포공항의 설치 · 관리상에 하자가 있다고 보아야 할 것이라고 전제한 다음, 그 판시와 같은 여러 사정을 종합적으로 고려하면 이 사건 김포공항 주변지역의 소음과 관련하여서는 항공법시행규칙 제271조상의 공항소음피해예상지역(제3종구역)으로 분류되는 지역 중 85 WECPNL[30] 이상의 소음이 발생하는 경우에는 사회생활상 통상의 수인한도를 넘는 것으로서 위법성을 띠는 것으로 봄이 상당하다고 할 것인데, 이 사건 선정자들의 거주지역이 이에 해당하므로 김포공항을 설치 · 관리하는 국가는 이에 대하여 손해를 배상할 책임이 있다고 판단하였다.

김포공항과 그 주변지역이 국내의 다른 민간공항이나 군용공항과 구별되는 특성을 기록에 비추어 살펴보면 원심이 구체적 사건인 김포공항 주변지역에 설정한 수인한도의 기준을 그 판시와 같이 정하고 이에 기하여 김포공항을 설치 · 관리하는 국가의 손해배상책임을 인정한 판단은 위 법리에 따른 것으로서 수긍이 가고, 거기에 상고이유에서 주장하는 바와 같이 영조물 설치 · 관리상의 하자에 관한 법리오해, 소음피해로 인한 수인한도에 관한 법리오해 등의 위법이 있다고 할 수 없다.

나. 소음 등을 포함한 공해 등의 위험지역으로 이주하여 들어가서 거주하는 경우와 같이 위험의 존재를 인식하면서 그로 인한 피해를 용인하며 접근한 것으로 볼 수 있는 경우에, 그 피해가 직접 생명이나 신체에 관련된 것이 아니라 정신적 고통이나 생활방해의 정도에 그치고 그 침해행위에 고도의 공공성이 인정되는 때에는, 위험에 접근한 후 실제로 입은 피해 정도가 위험에 접근할 당시에 인식하고 있었던 위험의 정도를 초과하는 것이거나 위험에 접근한 후에 그 위험이 특별히 증대하였다는 등의 특별한 사정이 없는 한 가해자의 면책을 인정하여야 하는 경우도 있을 수 있을 것이나(대법원 2004. 3. 12. 선고 2002다14242 판결 참조), 일반인이 공해 등의 위험지역으로 이주하여 거주하는 경우라고 하더라도 위험에 접근할 당시에 그러한 위험이 존재하는 사실을 정확하게 알 수 없는 경우가 많고, 그 밖에 위험에 접근하게 된 경위와 동기 등의 여러 가지 사정을 종합하여 그와 같은 위험의 존재를 인식하면서 굳이 위험으로 인한 피해를 용인하였다고 볼 수 없는 경우에는 손해배상액의 산정에 있어 형평의 원칙상 과실상계에 준하여 감액사유로 고려하는 것이 상당하다.

원심판결 이유에 의하면, 원심은 서울지방항공청장이 김포공항 주변에 대하여 소음피해지역 및 소음피해예상지역을 분류하여 지정 · 고시한 1993. 6. 21. 이후에 자신들의 주거지에 전입한 일부 선정자들이 항공기 소음으로 인한 피해를 인식하였거나 과실로 인식하지 못한 것만 가지고 소음으로 인한 피해를 용인하였다고 보기는 어렵고, 또한 그것만으로 피고의 위법한 침해행위가 위법하지 않게 된다거나 책임이 소멸한다고는 볼 수 없으며, 다만 손해배상액의 산정에 있어서 형평의 원칙상 위자료의 감

30) 이는 「환경정책기본법」상의 환경소음기준 중 공업지역의 주간 소음도인 70dB(83WECPNL)보다 높은 수치이다. 판례상 소음의 정도가 수인한도를 판단하는 중요한 기준이 되고 있는데, 판례마다 다소 다르다. 예컨대, 충주비행장 사건(서울중앙지법 2006. 10. 31. 선고 2005가합56815 판결), 김포공항 사건(대법원 2005. 1. 27. 선고 2003다49566 판결, 판례 [12]), 대구비행장 사건(대법원 2010. 11. 25. 선고 2007다74560 판결), 광주비행장 사건(대법원 2015. 10. 15. 선고 2013다23914 판결, 판례 [13])에서는 85 WECPNL을, 청주공항 사건(서울중앙지법 2008. 1. 22. 선고 2004가합106508 판결), 김포공항

액사유로 고려함이 상당하다고 판단하여 이 부분 피고의 면책주장도 배척하였다.

기록과 앞서 본 법리에 비추어 살펴보면, 원심의 판단은 정당한 것으로 수긍이 가고, 거기에 상고이유에서 주장하는 바와 같이 손해배상책임의 면제에 관한 법리오해 등의 위법이 있다고 할 수 없다.31)

[13] 광주비행장 사건: 대법원 2015. 10. 15. 선고 2013다23914 판결

대법원은 비행장 주변지역의 항공기소음을 원인으로 한 손해배상 사건에서 농촌지역에 위치한 서산공군비행장, 충주공군비행장, 군산공군비행장, 평택공군비행장의 경우 그 주변지역의 소음도가 80웨클(WECPNL) 이상인 경우 사회생활상 통상의 수인한도를 넘어 위법하다고 본 반면, 도시지역에 위치한 대구공군비행장이나 김포공항의 경우 그 주변지역의 소음도가 85웨클(WECPNL) 이상인 경우 사회생활상 통상의 수인한도를 넘어 위법하다고 보았다. 이는 비행장 주변지역이 당초 비행장이 개설되었을 때와는 달리 그 후 점차 도시화되어 인구가 밀집되는 등 도시지역으로서의 지역적, 환경적 특성이 있는 경우에는 농촌지역과 비교하여 통상 배경소음이 높다고 할 것이고, 배경소음이 낮은 농촌지역의 경우 도시지역과 비교하여 동일한 소음에 대하여 더 큰 불쾌감을 느낀다고 알려져 있으며 농촌지역 주민들의 옥외 활동의 비중이 높다는 사정 등을 고려한 것이라고 할 것이다.32)

한편, 「소음 · 진동관리법」은 방음시설의 설치나 그 밖에 항공기 소음의 방지에 필요한 조치를 요청할 수 있는 공항을 대통령령에 위임하고 있는데(제39조 제2항), 동법 시행령에서는 「공항시설법」 제2조 제3호에 따른 공항과 공항개발사업시행자가 새로이 건설하는 공항을 언급하면서 「군사기지 및 군사시설 보호법」에 따른 항공작전기지를 겸하는 공항을 제외하고 있다(제9조 제3항, 「공항소음 방지 및 소음대책지역 지원에 관한 법률」 제2조 제4호). 결국 「소음 · 진동관리법」은 군비행장을 제외하고 민간공항만을 대상으로 하고 있으며, 군비행장 소음피해에 대한 손실보상이나 소음방지대책 등에 관하여는 아무런 규정이 없는 상황이다.

사건(서울남부지법 2009. 10. 9. 선고 2006가합14470 판결), 평택비행장 사건(대법원 2010. 12. 23. 선고 2009다10928 판결), 서산비행장 사건(대법원 2010. 11. 25. 선고 2007다20112 판결), 군산비행장 사건(서울지법 2004. 1. 27. 선고 2002가합33132 판결)에서는 80 WECPNL을 수인한도 기준으로 보았다. 법원은 농촌지역에 위치한 비행장의 경우에는 80 WECPNL을, 도시지역에 위치한 비행장의 경우에는 85 WECPNL을 수인한도 기준으로 보는 경향이 있다.

31) 김포공항 주변에 거주하는 주민들이 항공기들이 배출하는 소음, 배기가스, 진동 등으로 인하여 수면, 대화, 전화통화, TV · 라디오시청, 독서 등을 방해받고 있을 뿐 아니라 집중력 감소, 작업능률 및 학습능률의 저하, 긴장 및 불안감 발생 등의 정신적 고통을 입었다고 주장하면서 「국가배상법」 제5조와 민법 제758조를 근거로 국가와 한국공항공사를 상대로 제기한 손해배상청구사건에서, 법원이 인근 주민들이 입은 피해가 사회통념상 수인한도를 넘는 것으로 김포공항의 설치 · 관리에 하자가 있다고 판단하면서 피고들의 배상의무를 인정한 사례.

32) 광주공군비행장 주변에 입주한 군인, 군무원 및 가족들이 국가를 상대로 항공기 소음 피해에 대한 손해배상을 구한 사안에서, 광주공군비행장 주변의 소음피해가 소음도 80웨클(WECPNL) 이상인 경우 사회생활상 통상의 수인한도를 넘어 위법하다고 본 원심판단에 법리오해의 위법이 있다고 한 사례.

Ⅵ. 기 타

그 밖에 동법은 확인검사대행자의 등록(제41조 이하), 소음발생건설기계의 소음도 검사 및 소음도표지 의무화(제44조 제1항), 소음발생건설기계소음 관리기준(동조 제2항),33) 가전제품 저소음 표지(제44조의2),34) 철도차량에 대한 소음기준 권고(제45조의2), 휴대용음향기기의 최대음량기준(제45조의3),35) 등을 규정하고 있다. 특히 건설기계에 대한 소음도표시 의무화는 저소음 건설기계의 사용 및 개발을 촉진함으로써 공사현장에서의 소음을 줄일 것으로 보인다.

제 2 절 악취방지법

악취는 인체에 위해를 끼치기보다는 주로 심리적 · 정신적으로 나쁜 영향(불쾌감, 혐오감 등)을 미치기 때문에 흔히 감각공해의 일종으로 이해된다. 이러한 악취를 발생시키는 물질은 사업장뿐만 아니라 생활주변 등에서 광범위하게 발생하고 있다. 악취는 국민이 직접 후각으로 느끼는 환경오염의 지표로서 극히 낮은 농도에서도 불쾌감을 유발하고 대기질 전반에 불신을 초래할 수 있다. 악취문제는 사람의 일상생활과 관계되는 생활환경문제로서 국민의 삶의 질과 직결되고 있다. 이는 사업활동, 일상생활 등으로 인하여 발생하는 악취를 방지하는 것이 국민이 건강하고 쾌적한 환경에서 생활할 수 있는 권리, 즉 환경권을 보장하는 것임을 의미한다.

최근에는 악취와 관련된 민원이 꾸준히 증가하고 있으며, 악취는 일반적인 대기오염과 달리 원인물질이 다양하고 복합적이며 국지적 · 순간적으로 발생 · 소멸하는 특성이 있어 기존 「대기환경보전법」에서 관리하기에 일정한 한계가 있으며, 환경권 보장 차원에서 악취에 대한 규제 · 관리를 강화할 필요성이 강하게 제기되었다. 이에 정부는 2004. 2. 9. 「악취방지법」을 제정함으로써 체계적이고 사전예방적인 악취 관리를 위한 큰 전기를 마련하였다. 동법이 제정되면서 종전에 「대기환경보전법」에서 규정하고 있던 악취관련 규

33) 소음발생건설기계의 소음 발생이 심각하다는 점을 고려하여 동법은 소음발생건설기계에서 발생하는 소음의 관리기준을 정하고, 소음도 검사 결과 관리기준을 초과한 자에게 소음을 줄이는 장치의 부착 등 필요한 조치를 명할 수 있으며, 조치명령을 받은 자가 이를 이행하지 아니하거나 이행하였더라도 관리기준을 초과한 경우에는 해당 소음발생건설기계의 제작 · 수입 또는 판매 · 사용의 금지를 명할 수 있도록 하고 있다.

34) 2013. 3. 22. 개정 법은 소비자에게 가전제품의 저소음에 대한 정보를 제공하고 저소음 가전제품의 생산 · 보급을 촉진하기 위하여 저소음표지를 붙일 수 있도록 하는 가전제품 저소음표시제를 도입하고 있으며(44조의2 제1항), 저소음표지를 붙이려는 자는 환경부장관이 실시하는 소음도 검사를 받아 저소음기준에 적합한 경우에는 저소음표지를 가전제품에 붙일 수 있다(동조 제2항).

35) 휴대용음향기기 사용으로 인한 사용자의 소음성난청(騷音性難聽) 등 소음피해를 방지하기 위해 휴대용음향기기 최고음량기준 의무제를 도입하고 있다. 이에 따르면 환경부장관은 환경부령으로 휴대용음향기기에 대한 최대음량기준을 정하여야 하고(제45조의3 제1항), 휴대용음향기기를 제조 · 수입하려는 자는 이 기준에 적합한 휴대용음향기기를 제조하거나 수입하여야 하며(동조 제2항), 해당 제품을 판매하기 전에 소음도 검사를 받아야 한다(동조 제3항).

정은 폐지되고, 악취관리지역의 지정, 악취배출허용기준의 설정, 사업자의 악취배출시설의 설치신고, 악취방지계획의 수립 및 이행, 개선 · 사용중지 · 폐쇄명령 등 악취에 대한 규제가 개선 · 강화되었다.

Ⅰ. 일 반

1. 악취란?

「환경정책기본법」 제3조는 대기오염, 수질오염, 소음 · 진동 등과 함께 악취를 독립된 환경오염으로 정의하고 있다. 「악취방지법」상 '악취'란 "황화수소 · 메르캅탄류 · 아민류, 그 밖에 자극성이 있는 물질이 사람의 후각을 자극하여 불쾌감과 혐오감을 주는 냄새"를 의미한다(제2조 제1호).[1] 동법은 특히 주된 악취물질 22종을 '지정악취물질'로 지정하여 규제하고 있다(제2조 제2호, 시행규칙 제2조, 별표 1).

악취는 판단자의 주관적 가치판단에 의하여 내릴 수 있는 규범적인 개념이 아니므로 악취를 판정함에 있어서는 법규가 정하는 기준치의 측정방법에 의하지 아니하고서 막연하게 함부로 판정하여서는 안 된다.[2]

2. 책 무

동법은 국가, 지방자치단체, 국민별로 규정하여 악취방지를 위한 책무를 강조하고 있다. 이에 따르면, 국가는 악취방지에 관한 종합시책의 수립 · 시행, 지방자치단체에 대한 지원, 악취영향에 관한 조사 · 연구, 기술개발 및 보급 등의, 지방자치단체는 관할 구역 악취방지시책의 수립 · 시행, 주민에 재정적 · 기술적 지원, 정보의 제공 등의, 국민은 악취방지 노력, 국가 및 지방자치단체의 악취방지시책에 협조 등의 책무가 있다(제3조 제1항 내지 제3항).

3. 종합시책

환경부장관은 악취방지에 관한 종합적 시책을 10년마다 수립 · 시행하여야 한다(제3조 제4항).

4. 악취실태조사

특별시장 · 광역시장 · 특별자치시장 · 도지사 · 특별자치도지사(시 · 도지사) 또는 인구 50만 이상의 시의 장(대도시의 장)은 악취관리지역 안의 대기 중 지정악취물질의 농도와 악취의 정도 등 악취발생실태를 주기적으로 조사하고 그 결과를, 그리고 관할 구역 안에

1) 종전에는 악취를 유발하는 물질을 '기체'로 국한하였는바, 악취규제의 사각지대를 해소하기 위하여 그 제한이 사라졌기 때문에 이제는 미세입자, 증기 등 고체나 액체도 악취유발물질에 포함된다고 이해된다.

2) 대법원 1989. 1. 31. 선고 88도1650 판결(분뇨로 인해 발생되는 악취에 대하여 환경오염공정시험법 등 법에서 정하고 있는 판정시험 또는 방법에 의하지 아니하고 악취로 판정하고 분뇨정화조 시설에 대하여 개수명령을 한 것이 잘못되었다는 사례).

서 악취로 인하여 발생한 민원 및 그 조치결과 등을 매년 환경부장관에게 보고하여야 한다(제4조).

Ⅱ. 사업장 악취의 규제

쾌적한 주거환경에 대한 관심이 높아지면서 공단, 사업장 인근 주민들의 악취로 인한 민원이 급증하고 있다. 1997년 6월경 발생한 인천 · 시화지역 악취오염사건은 한 예에 불과하다. 사업장 인근 주민의 이주대책과 같은 단기적인 방안만으로는 사업장 악취문제를 해결할 수 없다. 이에 사업장 악취를 근원적으로 제거하기 위한 근본적이고 장기적인 대책이 요구된다 할 것이다. 이러한 점을 인식하고 동법은 악취관리지역의 지정 등을 규정하고 있으며, 그 핵심은 바로 사업장 악취의 규제(제2장)에 있다. 사업장 악취 규제의 가장 큰 특징은 악취관리지역을 지정하고, 악취관리지역 내의 사업장에 대해 악취방지시설의 설치 및 악취방지계획을 수립 · 이행하도록 하는 등 지역관리 중심의 '면' 규제라 할 수 있다. 동법은 시 · 도지사 또는 대도시의 장에게 악취관리지역 지정 및 해제, 악취관리지역 이외의 지역에서의 신고대상 악취배출시설의 지정 등의 권한을 부여함으로써 지역여건에 맞는 악취관리가 이루어지도록 하고 있다.

1. 악취관리지역의 지정

동법은 생활환경을 보전하기 위하여 필요한 지역을 악취관리지역으로 지정하도록 하면서 악취관리 대상을 '시설'에서 '지역'으로 확대 · 전환하였다. 악취관리업무는 시 · 도지사의 고유업무이다. 즉 시 · 도지사 또는 대도시의 장은 주민의 생활환경을 보전하기 위하여 사업장에서 배출되는 악취를 규제할 필요가 있다고 인정되는 지역을 악취관리지역으로 지정하여야 한다. 악취관리지역의 지정기준은 ① 악취민원이 1년 이상 지속되고, 악취배출시설을 운영하는 사업장이 둘 이상 인접(隣接)하여 모여 있는 지역으로서 악취가 배출허용기준을 초과하는 지역 악취가 배출허용기준을 초과하는 지역, ② 악취민원이 집단적으로 발생하는 지역이다(제6조 제1항).[3] 시 · 도지사 또는 대도시의 장이 악취관리지역을 지정 · 해제 · 변경하고자 하려는 때에는 이해관계인의 의견을 들어야 한다(동조 제4항).

악취관리지역의 지정 · 관리는 일종의 '면' 중심의 규제라 할 수 있는데, 이는 종래 「대기환경보전법」에서와 같이 특정 악취배출시설을 중심으로 규제하는 '점' 규제와 대비된다. 이러한 지역관리중심의 면 규제방식은 점 규제방식에 비하여 보다 체계적이고 사전예방적인 관리를 가능하게 할 수 있다. 문제는 악취관리지역의 지정이 지연되거나 이루어지지

3) 이에 따라 2015년 말 울산 미포 · 온산 국가산업단지 등 11개 시 · 도 33개 지역이 악취관리지역으로 지정되어 있다. 환경부, 환경백서, 2016, 297면.

않는 경우에 발생할 수 있다. 예컨대, 악취민원이 많이 발생함에도 시 · 도지사가 집값 하락 등 지역 여건을 이유로 악취관리지역의 지정을 지연하는 등 그 지정에 소극적인 경우이다. 이러한 경우를 대비해서 환경부장관이 지정을 요구할 수 있는 법적 근거를 두고 있다(동조 제3항). 또한 환경부장관은 악취발생 실태 조사의 결과를 고려하여 시 · 도지사 또는 대도시의 장에게 해당 지역을 악취관리지역으로 지정할 것을 권고할 수 있다. 이 경우 권고를 받은 시 · 도지사 또는 대도시의 장은 특별한 사유가 없으면 1년 이내에 해당 지역을 악취관리지역으로 지정하여야 한다(동조 제8항). 악취관리지역의 지정이 이루어진다 하더라도 악취관리지역 지정은 공단이나 악취민원 다발지역 등을 중심으로 지역단위로 지정될 수밖에 없으므로 기존의 「대기환경보전법」상 악취배출시설이나 생활악취시설로서 관리되던 시설 중 상당부분이 규제대상에서 제외될 수 있다. 이러한 규제의 공백을 최소화하기 위해서는 가능한 한 빨리 광범위하게 악취관리지역이 지정되어야 할 것이다. 한편, 악취관리지역의 지정 목적이 달성되어 당초 지정된 악취관리지역을 해제할 필요가 있는바, 법에 지정 해제의 근거 규정을 두고 있다(동조 제2항).

2. 악취 배출허용기준

가. 의 의

동법은 악취를 규제하기 위하여 문제발생의 여지가 큰 악취관리지역 안의 사업장에서 배출되는 악취에 대하여 배출허용기준을 정하여 엄격하게 관리하고 있으며, 사업자에게 악취방지계획 수립 및 악취방지를 위한 필요한 조치의무를 부과함으로써, 배출허용기준을 준수하도록 하고 있다. 배출허용기준을 초과한 경우에는 개선명령, 사용중지명령 등을 명하고, 이러한 명령을 이행하지 아니한 경우에는 벌칙이 부과된다. 결국 악취배출허용기준은 「악취방지법」을 시행하는 데 기본적이고 중요한 규제기준으로 작용하는 것이다. 시행규칙에서는 악취에 대한 배출허용기준을 복합악취[4] 및 지정악취물질[5]로 구분하여 정하고, 악취를 측정하기 위해 여러 악취물질이 섞인 복합악취의 경우에는 실험실에서 코로 냄새를 맡는 공기희석관능법을, 지정악취물질의 경우에는 기기분석법을 적용하도록 하고 있다. 배출허용기준의 측정은 복합악취를 측정하는 것을 원칙으로 하나, 사업자의 악취물질 배출 여부를 확인할 필요가 있는 경우에는 지정악취물질을 측정할 수 있고, 그 경우 어느 하나의 측정방법에 따라 측정한 결과 기준을 초과하였을 때에는 배출허용기준을 초과한 것으로 본다(시행규칙 제8조 제1항, 별표 3).

---

4) '복합악취'라 함은 두 가지 이상의 악취물질이 함께 작용하여 사람의 후각을 자극해 불쾌감과 혐오감을 주는 냄새를 말한다(제2조 제4호).

5) '지정악취물질'이란 악취의 원인이 되는 물질로서 환경부령으로 정하는 것을 말하는데, 시행규칙은 암모니아, 메틸메르캅탄, 황화수소 등 22종을 지정악취물질로 정하고 있다.

나. 종 류

(1) 일반배출허용기준

악취배출시설에서 배출되는 악취의 배출허용기준은 환경부장관이 관계 중앙행정기관의 장과 협의하여 환경부령으로 정한다(제7조 제1항).

(2) 엄격한 배출허용기준

특별시 · 광역시 · 특별자치시 · 도 · 특별자치도(시 · 도) 또는 인구 50만 이상의 시(대도시)는 일반배출허용기준으로는 주민의 생활환경을 보전하기 어렵다고 인정하는 경우에는 환경부령이 정하는 범위에서 조례로 일반배출허용기준보다 엄격한 배출허용기준을 정할 수 있다(동조 제2항). 광역자치단체와 달리 시 · 군 · 구 등 기초자치단체에는 엄격한 배출허용기준을 제정할 권한이 위임되어 있지 않다. 특히 시 · 도 또는 대도시는 엄격한 배출허용기준을 정하고자 하는 때에는 환경부령이 정하는 바에 따라 이해관계인의 의견을 들어야 한다(동조 제3항). 한편, 시장 · 군수 · 구청장은 주민의 생활환경을 보전하기 위하여 필요하다고 인정하는 경우에는 그 관할 구역에 있는 악취배출시설에 대하여 시 · 도에 엄격한 배출허용기준을 정하여 줄 것을 요청할 수 있다(동조 제5항).

최근에 학교 등 공공시설 주변지역 악취배출시설에서 발생하는 악취로 환경피해 민감계층의 건강 보호와 피해 대책이 중요한 이슈로 등장하고 있다. 이에 주요 공공시설 주변지역 악취배출시설에 대하여 엄격한 배출허용기준을 적용할 수 있도록 근거 규정을 두어 생활악취 피해대책을 강구하고 쾌적한 생활환경을 보장할 필요가 있다.

3. 신 고

동법은 악취를 유발하여 주민들의 쾌적한 주거생활에 피해를 줄 우려가 있는 악취배출시설에 대한 관리를 강화하고 있다. 먼저, 악취관리지역에 악취배출시설[6]을 설치하려는 자는 환경부령이 정하는 바에 따라 악취방지계획서 등을 첨부해서 시 · 도지사 또는 대도시의 장에게 신고하여야 한다(제8조 제1항). 신고의무는 원칙적으로 악취관리지역 밖의 악취배출시설에는 적용되지 않는다. 이에 따라 악취관리지역 밖에 소재하지만 악취가 많이 발생하는 시설이 법의 사각지대에 놓일 수 있다. 이에 동법은 악취관리지역 외의 지역에 설치된 악취배출시설과 관련하여 악취 관련 민원이 1년 이상 지속되고 복합악취나 지정악취물질이 3회 이상 배출허용기준을 초과하는 경우 해당 악취배출시설을 신고대상시설로 지정 · 고시하고, 지정 · 고시된 악취배출시설을 운영하는 자로 하여금 시 · 도지사 또는 대도시의 장에게 신고하도록 하고 있다(제8조의2). 신고 대상 악취배출시설로 지정 · 고시되었다는 것은 사실상 이미 생활환경에 피해가 발생하였다는 것을 의미한다. 신고의 법

6) '악취배출시설'이라 함은 "악취를 유발하는 시설 · 기계 · 기구, 그 밖의 것으로서 환경부장관이 관계 중앙행정기관의 장과 협의하여 환경부령으로 정하는 것"을 말한다(제2조 제3호). 시행규칙에서는 축산시설 등 45개 시설을 열거하고 있다(시행규칙 제3조, 별표 2).

적 성질은 '수리'를 염두에 두고 있다는 점에서(동조 제4항, 시행령 제9조 제3항) 자기완결적 신고로 볼 수 없다.7)

4. 악취방지시설의 공동 설치 등

국가, 지방자치단체 및 한국환경공단은 각 사업장에서 배출되는 악취를 공동으로 처리하기 위하여 악취공공처리시설을 설치 · 운영할 수 있다(제8조의3 제1항). 한편, 신고대상시설을 운영하는 자는 신고대상시설로부터 나오는 악취를 처리하기 위한 악취방지시설을 공동으로 설치 · 운영할 수 있다(동조 제3항).

5. 의무이행확보수단

가. 개선명령

시 · 도지사 또는 대도시의 장은 신고대상시설에서 배출되는 악취가 배출허용기준을 초과하는 경우에는 기간을 정하여 운영자에게 그 악취가 배출허용기준 이하로 내려가도록 필요한 조치를 할 것(개선명령)을 명할 수 있다(제10조).

나. 조업정지명령

동법은 고질적인 악취문제를 개선하기 위하여 누적 초과사업장에 대한 조업정지명령의 법적 근거를 두고 있다. 즉 시 · 도지사 또는 대도시의 장은 개선명령을 받은 자가 이를 이행하지 아니하거나, 이행은 하였으나 최근 2년 이내에 배출허용기준을 반복하여 초과하는 경우에는 해당 신고대상시설의 전부 또는 일부에 대하여 조업정지를 명할 수 있다(제11조).

다. 폐쇄명령

동법은 위법시설에 대하여 폐쇄명령을 부과하도록 함으로써, 그 이행을 확보하고 있다(제13조).

라. 개선 권고

동법은 신고대상시설 외의 악취배출시설에서 배출되는 악취에 대하여도 관심을 갖고, 특별자치시장 · 특별자치도지사 · 대도시의 장 또는 시장 · 군수 · 구청장으로 하여금 신고대상시설 외의 악취배출시설에서 배출되는 악취가 배출허용기준을 초과하는 경우에는 해당 사업장을 운영하는 자에게 그 악취가 배출허용기준 이하로 내려가도록 필요한 조치를 할 것을 권고할 수 있도록 하고 있다(제14조). 이와 같이 권고에 그칠 경우 그 실효성은 쉽게 확보될 수 없으며, 특히 종래 「대기환경보전법」에서 규제 · 관리를 받던 악취배출시설, 생활악취시설이 규제를 받지 않게 되면서, 시 · 도 등에서 악취관리지역 지정이 이루어지지 아니할 경우에는 종래 규제 · 관리 수준에도 미치지 못할 가능성도 있다. 이러

7) 대법원 2022. 9. 7. 선고 2020두40327 판결.

한 규제의 공백에 대비하여 동법은 특별자치시장 · 특별자치도지사 · 대도시의 장 또는 시장 · 군수 · 구청장으로 하여금 권고를 받은 자가 권고사항을 이행하지 아니하는 때에는 악취를 저감하기 위하여 필요한 조치를 명할 수 있도록 하고 있다(동조 제2항).

신고대상시설 외의 악취배출시설도 악취배출허용기준을 준수하여야 하나, 배출허용기준 초과 시 행정처분은 악취관리지역에서보다 완화되어 있다. 즉 신고대상시설이 배출허용기준을 초과한 경우, 개선 · 사용중지명령 등이 부과되고, 이러한 명령을 위반한 자에 대하여는 벌칙이 부과되는 데 비해(제28조), 신고대상시설 외의 악취배출시설의 경우에는 개선권고에 이른 조치명령이 부과되고 이 명령을 위반한 자에 대하여는 과태료가 부과될 뿐이다(제30조).

[1] 부산지법 2011. 2. 10. 선고 2009가합10372 판결

주거의 평온은 거주자의 건강과 사생활 유지를 위하여 꼭 필요한 것이므로, 악취를 발생시켜 주거의 평온을 해치는 행위는 불법행위가 될 수 있다. 다만 악취를 발생시키는 행위가 모두 불법행위가 되는 것은 아니고, 발생한 악취가 거주자가 사회통념상 참을 수 있는 한도(수인한도)를 넘을 때에만 위법성이 인정되어 불법행위에 해당된다. 악취가 사회통념상 참을 수 있는 한도를 넘었는지 여부는 피해의 정도, 피해이익의 성질 및 그에 대한 사회적 평가, 가해행위의 태양, 지역성, 토지이용의 선후관계, 가해 방지 및 피해 회피의 가능성, 공법적 규제의 위반 여부, 교섭 경과 등 모든 사정을 종합적으로 고려하여 판단하여야 한다.

폐수공동처리장에서 배출되는 악취가 개선 불가능한 것이 아닌 이상 구청이 그 악취의 영향권 내에 있는 지역에 아파트 신축사업계획승인과 사업계획변경승인을 하여 준 승인행위가 악취방지의무 위반행위에 해당한다고 볼 수 없을 뿐만 아니라 그 승인행위와 악취로 인한 아파트 주민들의 피해 사이에 인과관계를 인정할 수도 없고, 악취방지법은 배출허용기준을 초과하는 악취를 배출하는 경우에 하는 개선권고, 조치이행명령, 개선명령, 사용중지명령을 처분행위의 재량행위로 규정하고 있는데, 위 조합이 나름대로 개선조치를 이행한 점등을 참작할 때 구청이 위 폐수공동처리장에 대하여 사용중지명령을 하지 않은 것이 재량권을 일탈 · 남용한 것이라고 보기 어려우므로 구청이 피해 아파트 주민들에게 폐수공동처리장의 악취로 인한 손해를 배상할 의무는 존재하지 않는다.8)

마. 과 징 금

시 · 도지사 또는 대도시의 장은 공장, 공공하수처리시설 또는 분뇨처리시설, 공공처

8) 공단에 입주한 피혁가공업체 등으로 구성된 조합이 구성원 업체들의 폐수 처리를 위하여 운영하고 있는 폐수공동처리장에서 발생한 악취로 인근 아파트 주민들이 피해를 입었는지 여부가 문제된 사안에서, 그 고통의 정도가 참을 수 있는 정도를 넘었다고 보아 조합은 피해 아파트 주민들에게 정신적 손해를 배상할 의무가 있다고 한 사례. 그 밖에 수인한도를 초과한 악취 피해가 인정된다고 한 판례는 부산고법 2012. 4. 10. 선고 2011나2258, 2011나2265, 2011나2272, 2011나2289 판결; 창원지법 2022. 9. 29. 선고 2021가합50966 판결.

리시설, 공공폐수처리시설, 폐기물처리시설 중 지방자치단체가 설치하거나 운영하는 시설, 그 밖에 대통령령으로 정하는 악취배출시설 등을 운영하는 자에게 제11조에 따라 조업정지를 명하여야 하는 경우로서 그 조업정지가 주민의 생활에 심한 불편을 주거나 공익을 해칠 우려가 있다고 인정되는 경우에는 조업정지처분을 대신하여 1억원 이하의 과징금을 부과할 수 있다(제12조).

6. 권리 · 의무의 승계

신고대상시설을 상속, 양도, 합병을 통하여 승계한 자는 종전 신고대상시설 운영자의 권리 · 의무를 승계한다(제9조 제1항). 또한 동법은 경매, 환가, 압류재산의 매각 등으로 신고대상시설을 인수한 경우 신고에 따른 권리 · 의무를 승계하는 규정을 두고 있다(동조 제2항).

Ⅲ. 생활악취의 방지

동법은 공공수역을 적절히 관리하도록 함으로써, 궁극적으로는 주민들의 악취로 인한 체감환경을 개선할 수 있도록 하고 있다. 즉 국가 및 지방자치단체는 하수관거 · 하천 · 호소 · 항만 등 공공수역에서 악취가 발생하여 주변지역 주민에게 피해를 주지 아니하도록 적절히 관리하여야 한다(제16조).

또한 생활악취 관리 개선을 위하여 시 · 도지사 및 대도시의 장이 지역 여건에 맞게 조례로 생활악취 발생의 원인이 된다고 인정되는 시설 등에 대하여 악취검사, 기술진단 실시 및 악취방지시설의 설치 등 생활악취 방지를 위한 대책을 수립 · 시행할 수 있도록 하고(제16조의2), 생활악취 개선을 위한 규제를 할 수 있도록 하고 있다(제16조의7). 한편, 동법은 악취배출시설에 대한 기술진단의 전문성을 강화하기 위하여 악취배출시설 기술진단전문기관의 등록제를 도입하고 있다(제16조의3 내지 제16조의6).

제 3 절 인공조명에 의한 빛공해 방지법

도시에 밤이 오면 조명이 켜지면서 건물과 거리는 더 화려해지고, 불빛은 꺼질 줄 모른다. 화려한 불빛은 흔히 '양지와 성공'을 상징하곤 한다. 도시와 건축물의 미관을 표현하는 문화적 척도로 인식되기도 한다. 도시화 · 산업화와 밀접한 관련을 갖는 인공조명은 현대사회의 문명생활, 산업활동에 불가결한 측면과 함께 범죄로부터 시민의 안전 확보, 야간활동의 증대, 야간관광의 활성화 등 이점을 제공하고 있다. 그러나 조명의 과다 사용과 오용은 사회적 문제를 유발하고 있다. 즉 인공조명의 사용량 증가와 필요 이상으로 밝아지는 조명은 전력 낭비를 걱정하게 한다. 밝아진 밤하늘은 오히려 천체관측을 어렵게 하며, 과다한 불빛은 차량 · 선박 · 비행기의 시야를 방해하여 사고를 유발할 가능성이 있다. 그러나 이러한 고민들은 아주 지엽적인 것에 불과하다. 보다 본질적인 것은 인체 및 생태계에 미치는 악영향이다. 즉 과다 조명은 멜라토닌의 생성을 억제함으로써 생체리듬을 변화시켜 불면증, 피로, 스트레스와 불안 등을 유발할 뿐만 아니라 암의 발생확률을 증가시킨다. 또한 농작물의 생육 지장, 식물의 번식률 저하, 양서류 · 포유류 등의 생식률 저하, 조류, 곤충의 번식과 이동에 지장, 야생동물에 대한 로드킬(road kill) 등 생태적 피해를 가져올 수 있다.[1] 말하자면 인공조명은 문화와 오염(light pollution)의 두 얼굴을 가지고 있는 셈이다.

이러한 문제점 때문에 외국에서는 오래전부터 인공조명에 의한 환경문제를 제기하여 왔다. 그동안 우리나라에서는 부처별로 「도로법」, 「경관법」, 「옥외광고물 등 관리법」 등에서 가로등, 옥외광고물 등 조명기구와 관련해서 단편적인 규정이 있을 뿐이었다. 그러던 중 현행법에 따른 문제가 지속적으로 제기되고, 조명으로 인한 피해를 환경문제로 인식하는 외국의 입법례[2]가 늘어나는 것에 부응하여 급기야 우리나라도 인공조명을 체계적으로 관리하기 위한 「인공조명에 의한 빛공해 방지법」이 2012년 2월 1일 제정되었다.[3] 이로써 과도한 조명에 대한 체계적인 관리체계와 적정한 빛의 사용에 대한 기준이 마련되었으며, 빛공해를 체계적으로 관리하기 위한 법제도적 장치가 일단 갖추어졌다고 할 수 있다. 나아가 동법은 과도한 빛 방사 등으로 인한 건강 또는 환경에 대한 위해(危害)의 방지는 물론이고 생태계의 피해 예방 및 천체관측, 에너지 절약, 지구온난화 방지 등에도 기여할 것으로 보인다.

Ⅰ. 적용대상

동법은 "인공조명에 의한 빛공해"를 "인공조명의 부적절한 사용으로 인한 과도한 빛 또는 비추고자 하는 조명영역 밖으로 누출되는 빛이 국민의 건강하고 쾌적한 생활을 방해하거나 환경에 피해를 주는 상태"로 정의하고 있다(제2조 제1호).[4] 동법의 적용대상에

1) 김정태, "빛공해 관리방안 마련을 위한 실태조사", 환경부, 2009. 12, 12 내지 20면 참조.

2) 외국의 관련법제에 대하여 자세한 내용은 박종원, "빛공해방지법 제정의 법적 의의와 과제", 환경법연구 제34권 제2호, 2012. 8, 235 내지 258면 참조.

3) 동법은 '빛공해'라는 개념을 사용하고 있는데, '공해'라는 개념은 환경을 저해하는 현상의 측면이 아니라 법익을 적극적으로 침해하는 행위의 측면만을 강조하며, 환경전반에 대한 배려 없이 보건위생적 측면만을 대상으로 하고, 피해 자체에 대한 소극적 · 사후적 규제에 초점을 맞추어 대증요법적 · 국부적 · 미시적 접근방법을 취하는 등 한계가 발견되고 있다. 구시대적인 '공해' 개념이 '환경오염(또는 환경훼손)'이나 '환경피해'라는 개념으로 대체되는 경향이 뚜렷하고 「환경정책기본법」 등에서도 이를 채택하고 있다는 점을 고려할 때 빛공해 대신에 빛오염(light pollution), 광해(光害) 등과 같은 개념을 사용하는 것이 보다 현행법 체제에 부합할 것이다. 환경오염의 유형인 소음, 악취 등의 형식과 같이 '과도한 빛', '누출되는 빛(누출광)' 등의 용어를 사용하는 것도 그 대안으로 검토될 수 있을 것이다. 박종원(앞의 글), 263면. 과다한 빛이 사람의 인체 및 생활환경에 악영향(피해)을 준다는 점에 주목하면 「환경정책기본법」상 '환경오염' 개념에, 생태계질서의 교란, 자연경관의 훼손 등 자연환경에 악영향을 미친다는 점에 주목할 경우에는 '환경훼손' 개념에 포섭될 수 있다. 박종원(앞의 글), 261 내지 262면; 최현태, "빛공해에 대한 민사책임", 환경법연구 제34권 제1호, 2012. 4, 369면.

4) 빛공해에 대해서 국제기관에서는 다음과 같이 정의하고 있다. ① 국제다크스카이협회(The International Dark-Sky Association: IDA): "스카이글로우(sky glow), 글레어(glare), 침입광(lighttrespass), 라이트클러터(light clutter)를 포함한

해당하는 "조명기구"에는 "공간을 밝게 하거나 광고, 장식 등을 위하여 설치된 발광기구 및 부속장치로서, ① 안전하고 원활한 야간활동을 위하여 도로, 보행자길, 공원녹지 등의 옥외공간을 비추는 발광기구 및 부속장치, ② 「옥외광고물 등 관리법」에 따른 허가대상 옥외광고물(의료시설, 위험물 저장 및 처리 시설, 교정 및 군사 시설 제외)에 설치되거나 광고를 목적으로 그 옥외광고물을 비추는 발광기구 및 부속장치, ③ 연면적 2천㎡ 이상 또는 5층 이상의 건축물, 숙박시설 및 위락시설, 교량 등을 장식할 목적으로 그 외관에 설치되거나 외관을 비추는 발광기구 및 부속장치 등이 포함된다(제2조 제2호, 시행령 제2조). 실내조명이 포함되지 아니함 것은 규제 자체가 어려울 뿐만 아니라 사생활침해의 소지가 있을 수 있다는 점이 고려된 것으로 보인다. 그러나 광고조명의 경우 「옥외광고물 등 관리법」상의 허가를 받은 광고물에 설치되는 경우로 한정하고 있는 점은 한계라고 할 수 있다.

Ⅱ. 빛공해방지계획의 수립

동법은 환경부장관으로 하여금 관계 중앙행정기관의 장과 협의하여 빛공해방지계획을 5년마다 수립 · 시행하도록 하고 있다(제4조 제1항). 빛공해방지계획에는 ① 빛공해 방지를 위한 분야별 · 단계별 대책, ② 빛공해 방지를 위한 관련 기술의 개발촉진대책, ③ 빛공해로 인한 영향평가에 관한 사항, ④ 빛공해에 관한 교육 · 홍보대책, ⑤ 빛공해 방지사업 추진에 소요되는 비용의 산정 및 재원 조달방안 등이 포함되어야 한다(동조 제2항). 한편 시 · 도지사는 빛공해방지계획이 수립된 날부터 1년 이내에 빛공해방지계획에 따라 관할 지역의 빛공해 방지를 위하여 시 · 도빛공해방지계획을 5년마다 수립하여야 한다(제5조).

이와 관련하여, 빛공해방지계획의 수립 및 시행 등에 관한 사항을 심의하기 위하여 환경부 소속으로 빛공해방지위원회를, 시 · 도빛공해방지계획의 수립 · 시행 등에 관한 사항을 심의하기 위하여 빛공해방지지역위원회를 각각 설치하도록 하고 있다(제6조, 제7조).

Ⅲ. 조명환경관리구역의 지정

시 · 도지사는 빛공해가 발생하거나 발생할 우려가 있는 지역을 조명환경관리구역으로 지정할 수 있다. 지역적 차이를 고려하여 조명환경관리구역은 다음 ≪표≫와 같이 구분된다(제9조 제1항).

인공조명의 역효과로 인하여 야간의 가시도에 악영향을 미치고, 또한 에너지를 낭비하는 현상", ② 국제조명위원회(Commission Internationale de l'Eclairage: CIE): "인공조명의 역효과를 일으키는 요소들의 총칭", ③ 영국의 조명기술자협회(The Institution of Lighting Engineers: ILE): "침실창면으로 들어와 수면을 방해하거나 야간 하늘을 바라보는 것을 방해하든지 공해의 한 형태로서 실질적으로 작업조명에 아무 손상 없이 감소시킬 수 있는 빛", ④ 북미조명공학회(Illuminating Engineering Society of North America: IESNA): "하늘로 직접적으로 향하거나 표면에 반사되는 빛으로 인하여 천문관측이나 야간의 하늘을 인식하는 데 방해가 되는 빛". 김정태, "빛공해 관리방안 마련을 위한 실태조사", 환경부, 2009. 12, 2 내지 3면 참조.

지정할 때에는 「국토의 계획 및 이용에 관한 법률」에 따른 용도지역, 토지이용현황 등을 고려하여야 하며(동조 제2항),5) 절차적으로는 지역주민과 환경에 대한 영향조사를 사전적으로 실시하고, 시장 · 군수 · 구청장 및 지역주민의 의견을 들은 후 빛공해방지지역위원회의 심의를 거쳐야 한다(동조 제3항).

≪조명환경관리구역≫

구 분	요 건
제1종	과도한 인공조명이 자연환경에 부정적인 영향을 미치거나 미칠 우려가 있는 구역
제2종	과도한 인공조명이 농림수산업의 영위 및 동물 · 식물의 생장에 부정적인 영향을 미치거나 미칠 우려가 있는 구역
제3종	국민의 안전과 편의를 위하여 인공조명이 필요한 구역으로서 과도한 인공조명이 국민의 주거생활에 부정적인 영향을 미치거나 미칠 우려가 있는 구역
제4종	상업활동을 위하여 일정 수준 이상의 인공조명이 필요한 구역으로서 과도한 인공조명이 국민의 쾌적하고 건강한 생활에 부정적인 영향을 미치거나 미칠 우려가 있는 구역

Ⅳ. 빛환경관리계획의 수립

조명환경관리구역으로 지정되면, 시 · 도지사는 해당 조명환경관리구역의 빛환경을 친환경적으로 관리하기 위한 계획, 즉 빛환경관리계획을 수립 · 시행하여야 하는데(제9조 제5항), 여기에는 ① 조명환경관리구역의 빛환경 관리 목표 및 기본방향, ② 조명환경관리구역의 현황 및 빛공해 실태, ③ 조명환경관리구역의 조명기구에 대한 친환경적 관리방안, ④ 조명환경관리구역의 빛환경을 친환경적으로 관리하기 위한 기술적 · 재정적 지원 방안, ⑤ 그 밖에 빛공해 방지를 위하여 필요하다고 인정되는 것으로 해당 시 · 도의 조례로 정하는 사항이 포함되어야 한다(시행령 제5조).

Ⅴ. 빛방사허용기준의 준수

조명환경관리구역 안의 조명기구의 소유자, 점유자 또는 관리자 등 관리책임이 있는 자(소유자등)는 빛방사허용기준을 준수하여야 한다. 다만, 국내외 행사, 축제 또는 관광진흥 등을 목적으로 한정된 기간 동안 조명시설을 설치하는 경우로서 시 · 도지사의 승인을

5) 이 밖에도 ① 법 제16조에 따른 빛공해환경영향평가 결과, ② 「자연환경보전법」 제12조 제1항에 따른 생태 · 경관보전지역 지정 현황, ③ 「야생생물 보호 및 관리에 관한 법률」 제27조 제1항에 따른 야생생물 특별보호구역 지정 현황, ④ 「습지보전법」 제8조 제1항에 따른 습지보호지역 · 습지주변관리지역 지정 현황 및 같은 법 제9조 제1항에 따른 협약등록습지 통보 현황, ⑤ 그 밖에 조명환경관리구역 지정을 위하여 필요하다고 인정되는 것으로서 시 · 도의 조례로 정하는 사항을 고려하여야 한다(시행규칙 제3조).

받은 경우는 예외로 한다(제12조). 환경부장관은 빛방사허용기준 준수 여부를 전문적으로 검사하기 위하여 빛공해 검사기관을 지정할 수 있다(제16조의2).

빛방사허용기준은 에너지 절약과 기술의 발전을 고려하여 환경부령으로 정하고 있는데(제11조 제1항), 조명기구의 목적에 따라, 즉 안전을 위한 것인지, 광고를 위한 것인지, 장식을 위한 것인지에 따라, 그리고 조명환경관리구역의 유형별로 그 기준을 달리 정하고 있다(시행규칙 제6조 제1항, 별표). 특별시 · 광역시 · 특별자치시 · 도 · 특별자치도는 빛방사허용기준으로는 빛공해의 방지 또는 쾌적한 환경의 조성이 어렵다고 인정하는 때에는 해당 지방자치단체의 조례로 빛방사허용기준보다 엄격한 빛방사허용기준을 정할 수 있다(제11조 제2항). 빛방사허용기준은 공법상의 기준이지만 기준치 이상에 해당하는 빛공해로 인한 피해에 대한 사법적 구제를 쉽게 하는 기능을 갖는다.

시 · 도지사는 조명환경관리구역에서 빛방사허용기준을 위반한 소유자등에게 기간을 정하여 해당 조명기구가 빛방사허용기준을 충족하도록 하는 데에 필요한 조치(개선명령)를 명할 수 있으며(제13조 제1항), 개선명령을 받은 자가 이를 이행하지 아니하거나 기간 내에 이행은 하였으나 빛방사허용기준을 계속 초과하는 경우 해당 조명시설의 전부 또는 일부의 사용중지 또는 사용제한을 명할 수 있다(동조 제4항).

Ⅵ. 조명기구의 설치 · 관리기준 등

환경부장관은 조명기구의 설치 · 관리 기준 등에 필요한 사항을 정하여 고시할 수 있다(제15조). 조명기구의 설치 · 관리 기준에서는 빛방사허용기준에서와 달리 수량적인 기준 이외에 차폐설비나 소등시간에 관한 기준이나 그 밖에 기술적인 기준이 포함될 수 있을 것이다. 그러나 이와 관련해서는 소유자등의 의무나 위반에 대한 제재에 관한 규정이 마련되어 있지 아니한바, 이는 어디까지나 구속력이 없는 권고기준에 불과한 것으로 해석된다.

아울러 환경부장관은 빛공해가 생태계, 천체관측, 에너지 낭비 등에 미치는 영향에 관한 조사 · 연구사업을 할 수 있으며(제14조), 시 · 도지사는 관할 지역의 빛환경이 주변 지역에 미치는 환경상 영향을 3년마다 1회 이상 평가하고 그 결과를 환경부장관에게 보고하여야 한다(제16조).

[1] 태양반사광 피해(빛반사 시각장애): 대법원 2021. 3. 11. 선고 2013다59142 판결

인접 토지에 외벽이 유리로 된 건물 등이 건축되어 과도한 태양반사광이 발생하고 이러한 태양반사광이 인접 주거지에 유입되어 거주자가 이로 인한 시야방해 등 생활에 고통을 받고 있음(이하 '생활방해'라 한다)을 이유로 손해배상을 청구하려면, 그 건축행위로 인한 생활방해의 정도가 사회통념상 일반적으로 참아내야 할 정도(이하 '참을 한도'라 한다)를 넘는 것이어야 한다. 건축된 건물 등에서 발생한 태양반사광으로 인한 생활방해의 정도가 사회통념상 참을 한도를 넘는지는 태양반사광이 피해 건물에 유입되는 강도와 각도, 유입되는 시기와 시간, 피해 건물의 창과 거실 등의 위치 등에 따른 피해의 성질과 정도, 피해이익의 내용, 가해 건물 건축의 경위 및 공공성, 피해건물과 가해 건물 사이의 이격거리, 건축법령상의 제한 규정 등 공법상 규제의 위반 여부, 건물이 위치한 지역의 용도와 이용현황, 피해를 줄일 수 있는 방지조치와 손해회피의 가능성, 토지 이용의 선후관계, 교섭 경과 등 모든 사정을 종합적으로 고려하여 판단하여야 한다.[6)]

제4절 일 조 권

“오, 나의 태양.” 나폴리 민요다. 우리 인간이 태양이 없이 살아갈 수 있을까? 태양이 없다면 사물을 일체 분별할 수 없고, 추위와 맞서 싸워야 한다. 이는 낭만 차원이 아니라 생존의 문제로 직결된다. 일조가 사람의 생활환경에 미치는 효과로는, 직사열이 겨울철에 있어서 난방비용을 경감시켜주는 외에 세탁물을 건조시키는 등의 효과(열효과), 주거환경에 일정한 밝음을 유지시켜 주는 효과(광효과), 직사 일광 중에 포함되어 있는 자외선에 의한 건강 · 생리효과(생리적 효과) 등 직접적 효과와 함께 주거 내에 밝은 분위기를 확보하고 장해물에 의한 압박감과 폐쇄감을 없애고, 통풍과 조망을 양호하게 하여 주는 간접적인 효과가 있다. 특히 우리나라 사람들은 일조에 대한 가치를 높게 평가하고 주거지를 결정함에 있어 일조 여건을 상당히 중요시하며, 현실적으로 일조 상황이 주거용 건물의 가격에 반영되는 경향이 있다.

이러한 일조의 높은 가치 때문에 법적으로 태양의 직사광선을 향유할 권리를 인정해 줄 필요가 있는데, 이름하여 일조권(日照權)이라는 것이다. 통상 피해 건물의 남쪽에 가해 건물이 신축됨으로써 남향 건물에의 일조방해가 문제된다는 점에 착안하여 일조권을 북측건물의 거주자가 인접한 남측 토지상의 공간을 통하여 햇빛을 받고 있었는데, 남측 토지의 사용권자가 그 토지 위에 건물 기타 공작물을 설치함으로써 이를 방해 받는 경우에 북측 거주자가 일정한 햇빛을 받기 위하여 법적으로 그 보호를 요구할 수 있는 권리로 이해하는 주장이 있다.[1)] 그러나 남향 건물에의 일조방해만이 아니라 경우에 따라서는 기존 건축물의 전면이 동쪽을 향할 수밖에 없는 환경에서 그 인접 지상에 새로운 건축물이 건축되어 기존 건축물에의 햇빛이 차단될 수 있다는 점에서 앞서의 주장은 약간의 수정

---

6) 甲 회사가 시공한 건물의 외벽에서 반사되는 강한 햇살로 주거생활권을 침해당하고 있다는 이유로 피해 아파트 주민인 乙 등이 甲 회사를 상대로 손해배상을 구한 사안에서, 아파트에 빛반사 시각장애 현상이 나타나는 일수와 지속시간, 유입되는 빛의 강도 등 여러 사정을 고려하여 甲 회사가 시공한 건물의 외벽 유리에 아파트로 유입되는 강한 햇빛으로 인하여 乙 등이 수인한도를 넘는 침해를 입고 있다는 이유로, 甲 회사는 乙 등에게 그로 인한 손해를 배상할 책임이 있다고 한 사례. 이와 유사한 태양반사광 침해 사건은 대법원 2021. 6. 3. 선고 2016다33202, 33219 판결(네이버 사건) 참조.

1) 전경운, “일조권과 전망권에 관한 소고”, 연세법학, 1998, 164면.

이 필요하다. 즉 일조권의 범위를 보다 넓혀서 기존의 이웃거주자가 인근에 새로운 건물 기타 공작물을 설치함으로써 종래 누려왔던 햇빛의 쪼임을 방해 받지 않을 권리라고 하는 것이 무난해 보인다.[2] 가해 건물의 일조방해로 농작물 피해가 발생하거나 농경지가 기존에 재배하던 농작물의 부지로 부적당하게 되는 경우 등에도 일조권 침해로 구성해 볼 수 있으나[3] 이는 일반 불법행위 법리로 충분히 해결할 수 있을 것이다.

일조침해는 다음과 같은 면에서 전형적인 환경오염과 다른 특성이 있다: ① 가해 건물의 완공으로 일조침해의 결과가 일단 확정되며, 가해 건물이 철거되지 않는 한 침해상태는 계속된다; ② 전형적인 환경오염에 비해 절대성 · 긴급성의 요청이 적고, 침해에 대한 법률적 평가는 시대와 지역에 따라 상대적 · 유동적이다; ③ 대기오염, 소음, 진동 · 악취 등과 같이 침해 물질이나 음파를 피해자의 생활 영역에 침입시키는 적극적 침해가 아니라 소극적 침해를 유발한다; ④ 상당한 지역에 걸쳐 다수인에게 피해를 끼치는 환경오염에 비해 상대적으로 소규모 사인들간의 상린관계적 분쟁의 형태를 띤다.

일조권 분쟁은 주로 건축허가처분취소청구, 국가배상[4] 등과 같은 공법적 수단[5]보다는 사법적 수단을 통해 해결해 오고 있다.[6] 사법적 수단은 크게 손해배상청구와 유지청구로 구분할 수 있으며, 이 중 흔히 활용되는 것이 손해배상청구이다.

Ⅰ. 실정법상 근거

헌법 제35조 제1항은 "모든 국민은 건강하고 쾌적한 환경에서 생활할 권리를 가지며 국가와 국민은 환경보전을 위하여 노력하여야 한다"라고 규정하고, 「환경정책기본법」은 "모든 국민이 건강하고 쾌적한 환경에서 생활할 권리를 가진다"고 규정하여, 기본권 중의

---

2) 전극수, "일조권분쟁의 공법적 해결을 위한 연구", 환경법연구 제30권 제2호, 2008. 8, 550 내지 551면.

3) 대법원 2011. 4. 28. 선고 2009다98652 판결(일조방해로 인하여 인근 토지상의 비닐하우스를 더 이상 난을 재배하는 용도로 사용할 수 없게 된 사안에서 일조권 침해로 보고 불법행위의 성립을 인정한 사례); 대법원 2004. 11. 26. 선고 2004다2366 판결(일조침해로 겨울철에 상추 재배가 불가능하다는 사정을 알면서도 당해 토지에 대한 국유재산대부계약을 체결하여 이를 경작하여 온 경우, 위 계약에 의한 토지의 사용권은 이미 상추 재배를 할 수 없는 토지에 대한 사용권이므로 일조침해로 인하여 위 토지의 사용권이 침해되었다고 볼 수 없다고 한 사례).

4) 대법원 2010. 6. 24. 선고 2008다23729 판결(일조 등의 확보를 위한 건축물의 높이제한에 관한 건축법 등 관계 법령에 위반하였다고 인정할만한 증거가 없는 이상, 서울특별시 강서구청장이 이 사건 건물의 건축을 허가하고 그 사용승인을 하였다고 하더라도 그러한 사정만으로 피고 서울특별시 강서구가 이 사건 건물로 인한 일조방해에 대하여 손해배상책임이 있다고 볼 수 없다고 한 사례).

5) 일조권 침해와 관련한 공법적 해결 수단으로는 건축허가처분취소청구, 시정명령발동청구, 사용승인불허처분청구 및 사용승인처분취소청구, 입법부작위에 대한 헌법소원 등을 생각해 볼 수 있을 것이다. 공법적 구제 수단에 대해 자세한 내용은 전극수(각주 2), 549면 이하 참조.

6) 대법원 1999. 1. 26. 선고 98다23850 판결; 대법원 2000. 5. 16. 선고 98다56997 판결; 서울고법 1983. 11. 17. 선고 83나1174 판결; 서울고법 1996. 3. 29. 선고 94나11806 판결; 서울민사지법 1992. 5. 27. 선고 91가합63687 판결; 대법원 2001. 6. 26. 선고 2000다44928, 44935 판결; 대법원 2004. 9. 13. 선고 2003다64602 판결; 대법원 2004. 10. 28. 선고 2002다63565 판결; 대법원 2006. 1. 26. 선고 2005다47014, 47021, 47038 판결; 대법원 2007. 6. 14. 선고 2005다 72058 판결; 서울중앙지법 2008. 7. 8. 선고 2007가합79119 판결(확정); 서울중앙지법 2008. 7. 8. 선고 2007가합79119 판결; 대법원 2011. 2. 24. 선고 2010다 13107 판결 등 참조.

하나로 환경권을 천명하고 있다. 헌법이나 「환경정책기본법」이 인정하는 환경권은 깨끗한 자연환경뿐만 아니라 보다 좋은 생활환경에서 살 수 있는 권리까지 포괄하므로 인간은 누구나 환경권의 내용으로서 일조권을 향유할 수 있으며, 이에 대한 침해를 배제할 권리를 인정받고 있다고 할 것이다.

한편, 「환경정책기본법」은 환경보전에 관한 국민의 권리 · 의무와 국가의 책무를 명확히 하고 환경정책의 기본이 되는 사항을 정하여 환경오염과 환경훼손을 예방하고 환경을 적정하게 관리 · 보전함으로써 모든 국민이 건강하고 쾌적한 삶을 누릴 수 있도록 함을 목적으로 하고 있는데, 동법 제3조 제1호에서는 환경을 자연환경과 생활환경으로 구분하고, 생활환경을 대기, 물, 토양, 폐기물, 소음 · 진동, 악취, 일조 등 사람의 일상생활과 관계되는 환경이라고 정의하고 있다. 또한 동법 제3조 제4호에서는 환경오염을 사업활동 및 그 밖의 사람의 활동에 따라 발생되는 대기오염, 수질오염, 토양오염, 해양오염, 방사능오염, 소음 · 진동, 악취, 일조방해 등으로서 사람의 건강이나 환경에 피해를 주는 상태라고 정의하고 있다. 위 개념 정의들은 일조를 명시적으로 언급하고 있다.

일조 규정은 건축법령과 조례 등에도 간접적으로 규정되어 있다. 즉 「건축법」 제61조는 일조 확보를 위하여 건축물의 높이를 전용주거지역과 일반주거지역 안에서는 정북방향의 인접 대지경계선으로부터의 거리에 따라 대통령령이 정하는 높이 이하로 제한하도록 하고 있고, 공동주택(일반상업지역과 중심상업지역에 건축하는 것은 제외함)은 위 기준에 맞아야 할 뿐만 아니라 대통령령이 정하는 높이 이하로 제한하도록 하여 건축물의 높이를 제한하고 있다.

동법 시행령은 ① 건축물의 경우에는(전용주거지역과 일반주거지역에서 건축하는 경우) 정북방향으로의 인접 대지경계선으로부터 높이 9미터 이하인 부분은 1.5미터 이상, 높이 9미터를 초과하는 부분은 해당 건축물 각 부분 높이의 1/2이상의 범위에서 건축조례로 정하는 거리 이상을 띄어 건축하도록 하고 있으며, ② 공동주택의 경우에는 위 규정에 적합하여야 하는 이외에 높이를 채광을 위한 창문 등이 있는 벽면에서 직각 방향으로 인접 대지경계선까지의 수평거리의 2배(근린상업지역 또는 준주거지역의 건축물은 4배) 이하로 하여야 하고, 같은 대지에서 두 동 이상의 건축물이 서로 마주보고 있는 경우에는 일정한 거리 이상을 띄워야 하며, 그 대지의 모든 세대가 동지를 기준으로 9시에서 15시 사이에 2시간 이상을 계속하여 일조를 확보할 수 있는 거리 이상으로 할 수 있도록 하고 있다(제86조). 한편 조례(서울특별시 건축조례 제35조, 부산광역시 건축조례 제17조)는 일조 등의 확보를 위한 건축물의 높이 제한과 관련하여 건축법 시행령의 규정과 거의 유사한 규정을 두고 있다.

이와 같이 일조 관련 건축법령은 건축물의 일조 보호를 위하여 인접 대지와 이격거리를 두거나 건축물의 높이를 제한하고 있으며, 다만 공동주택을 건축하는 경우에는 이러한 제한 외에 같은 대지 안의 이웃 세대가 일조시간(동지를 기준으로 9시에서 15시 사이에 2시간 이상 계속)이 확보되도록 하는, 이른바 일조성능규정을 두고 있다. 그러나 이러한 일조 관련 규정은 미흡하기 짝이 없다. 건축물의 높이 제한이 주된 것이고 일조 시간은 건축물이 동일한 대지 안에 있을 경우에만 적용되기 때문이다.7)

이러한 건축법령의 규정에도 불구하고 일조침해에 대한 사법적 구제는 민법 등의 사법상의 법리에 크게 의존할 수밖에 없는데, 공법상의 일조 규정이 사법상의 권리를 인정하기 위한 간접적인 근거는 될 수 있을지언정 사법상의 청구권을 인정하는 직접적인 근거가 될 수 없기 때문이다.8)

Ⅱ. 법적 성질

일조권의 법적 성질과 관련해서는 일조침해를 토지나 건물의 소유권 등 물권을 침해하는 경우로 이해하는 견해(물권적청구권설),9) 인격권의 침해로 이해하는 견해(인격권설),10) 환경권의 침해로 이해하는 견해(환경권설),11) 불법행위의 효과로서 손해배상뿐만 아니라 유지청구 등을 인정할 수 있다는 견해(불법행위설), 민법 제217조를 일조침해의 경우에 적용하여 일조침해를 물권법적으로 해결하려는 견해(상린관계설)12) 등이 있다. 일조권을 환경권의 일부로 파악해 볼 수 있으나 법원은 환경권의 영역에서 다루지 않고 물권적청구권설의 입장에서 독자적, 개별적으로 판단하고 있다.13)

Ⅲ. 손해배상청구

1. 당 사 자

가. 청구권자

일조권의 성질을 어떻게 파악하는가에 따라 피해자인 원고가 달라질 수 있다. 말하자면 일조침해를 상린관계 또는 소유권의 침해로 볼 경우에는 일조침해를 당하는 건물이나

---

7) 일조권 피해로 인한 분쟁이 주로 같은 대지 안의 건축물 사이가 아니라 대지를 서로 달리하는 건축물 사이에서 발생하고 있으므로 인접한 다른 대지에 공동주택이 건축되는 경우에도 같은 대지 안의 공동주택이 건축되는 경우와 마찬가지로 일조성능규정이 필요하다. 전극수(각주 2), 559면.

8) 전경운(각주 1), 164면.

9) 전경운, "일조권과 전망권의 법적 타당성에 대한 검토", 사법행정, 1998. 11, 30면. 부산지법 2006. 11. 6. 선고 2005카합1906 결정; 서울중앙지법 2008. 12. 17. 선고 2007가합96794 판결; 대법원 2008.12. 24. 선고 2008다41499 판결 참조.

10) 인격권적인 면과 물권적인 면을 모두 가지고 있다는 견해는 이응세, "일조권 침해와 환경소송", 환경법의 제문제(하), 재판자료 제95집, 2002. 6, 274면. 대법원 2008. 4. 17. 선고 2006다35865 판결에서 소수의견은 일조방해가 단순한 재산권의 침해에 그치는 것이 아니라 건강하고 쾌적한 환경에서 생활할 개인의 인격권을 침해하는 성격도 지니고 있다고 지적하였다.

11) 일조권을 환경권의 성질을 갖는 것으로 보는 견해는 유지태, "일조권에 대한 공법적 검토", 토지공법연구 제3집, 1996, 76면; 김종보, "건축법상 일조권", 환경법연구 제23집 제2호, 2001. 12, 187면.

12) 서해용, "일조권침해에 관한 사법적 구제", 환경법연구 제26권 제1호, 2004. 4, 165면; 최창렬, "일조권 보호법리의 재고", 환경법연구 제29권 제3호, 2007. 12, 420면. 그러나 민법 제217조는 적극적 침해를 유발하는 생활방해를 규율하고 있다는 점에서 일조, 조망 침해와 같은 소극적 침해는 제외된다고 할 것이다.

13) 서울중앙지법 2008. 7. 8. 선고 2007가합79119 판결(확정); 서울중앙지법 2008. 12. 17. 선고 2007가합96794 판결.

토지 소유자가, 일조침해를 법률상 보호되는 환경이익(환경권)의 침해로 이해하는 입장에서는 종래부터 향유하던 환경이익을 침해당한 피해자가 원고가 될 것이다. 판례는 소유자는 물론이고 지상권자, 전세권자 또는 임차인 등의 거주자도 일조이익을 향유하는 주체로 보고 있다.[14] 그러나 토지 · 건물을 일시적으로 이용하는 것에 불과한 사람은 제외된다.[15] 또한 가해 건물이 완공되어 일조방해가 초래된 후에 피해 건물의 소유권을 새로이 취득한 자도 원칙적으로 손해배상을 청구를 할 수 없다.[16] 한편, 일조침해를 인격권 또는 환경권의 침해로 보는 입장에서는 인격권이나 환경권을 침해당한 피해자가 원고가 될 것이다.

나. 피청구권자

(1) 가해 건물의 소유자

집합건물이 아닌 경우에 가해 건물의 소유자가 피고가 될 수 있다. 아파트 등 집합건물의 경우에는 흔히 건축주 또는 시공자로부터 다수인이 이를 분양받아 구분소유의 형태로 소유하게 되는데, 구분소유자(수분양자)들이 건축행위에 관여한 바가 없고, 구분소유부분으로 인하여 일조침해의 결과가 발생한 것인지 알 수도 없기 때문에 구분소유자들에게 직접 책임을 묻기는 어려울 것이다. 이러한 경우에는 가해 건물의 건축주 또는 시공자가 피고가 될 수 있다.

(2) 수 급 인

건물 건축공사의 수급인은 도급계약에 기한 의무이행으로서 건물을 건축하는 것이므로 원칙적으로는 일조침해에 대하여 손해배상책임이 없다고 할 것이다. 그러나 수급인이 스스로 또는 도급인과 서로 의사를 같이하여 타인이 향유하는 일조를 방해하려는 목적으로 건물을 건축한 경우, 해당 건물이 건축법규에 위반되었고 그로 인하여 타인이 향수하는 일조를 방해하게 된다는 것을 알거나 알 수 있었는데도 과실로 이를 모른 채 건물을 건축한 경우, 도급인과 사실상 공동 사업주체로서 이해관계를 같이 하면서 건물을 건축한 경우 등 특별한 사정이 있는 때에는 수급인도 일조침해에 대하여 손해배상책임을 진다.[17]

(3) 피해 건물의 시공자 또는 분양자

아파트의 수분양자들이 분양회사를 상대로 일조침해를 이유로 손해배상을 청구할 수 있는가? 하자담보책임이나 신의칙상의 고지의무 위반은 별론으로 하더라도 분양회사가 신축한 건물로 인하여 수분양자가 직사광선이 차단되는 불이익을 입게 되었다고 볼 수 없으므로 소극적으로 해석하는 것이 타당할 것이다.[18] 마찬가지로 시공자에 대한 불법행위

---

14) 서울중앙지법 2008. 12. 17. 선고 2007가합96794 판결.

15) 대법원 2008.12. 24. 선고 2008다41499 판결.

16) 서울고법 2005. 10. 28. 선고 2004나56440 판결(일조침해로 인한 손해에 있어서 특별한 사정이 없는 한 새로운 매매계약에는 이미 일조침해로 인한 시가하락분이 반영되어 가격이 결정될 것이기 때문에 피해건물의 소유권을 취득한 자가 손해배상청구를 할 수 없다고 한 사례).

17) 서울고법 2005. 10. 28. 선고 2004나56440 판결(상고); 대법원 2004. 9. 13. 선고 2003다64602 판결; 대법원 2005. 3. 24. 선고 2004다38792 판결; 대구지법 2022. 12. 22. 선고 2022가합203334 판결 등 참조.

책임도 부인될 가능성이 많다.19)

2. 위법성(수인한도)

전형적인 환경오염 소송에서는 손해배상책임을 인정하기 위하여 과실, 인과관계, 위법성, 손해 등의 손해배상책임 요건과 관련하여 그 요건을 완화하는 등 일반불법행위론과 다른 접근방법이 이루어지고 있다(예컨대, 개연성이론, 입증책임의 전환, 수인한도론). 이에 반해 일조권 침해로 인한 손해배상청구와 관련해서는 수인한도론을 제외하고는 일반불법행위의 일반론이 적용되고 있다.

일조침해는 대기오염이나 소음·진동 등과 같은 전형적인 오염물질로 인한 침해와 달리 건축물의 건축을 통한 토지의 적법한 이용행위로 인하여 피해 건물에의 직사광선이 차단되는 형태로 이루어진다. 따라서 모든 일조침해를 위법하다고 하여 손해배상을 인정하는 것은 부당하다. 대도시 인구의 과밀화 및 토지의 효율적 이용을 위한 건물의 고층화 경향 등을 고려할 때 기존 건물의 일조권을 무제한으로 인정할 경우 자칫 토지의 적법한 이용이 저해될 수 있기 때문이다. 이에 인접한 토지의 이용에 따라 발생하는 어느 정도의 일조침해는 상린자 간의 상호 수인을 필요로 하며 그 한계를 초과하는 경우에만 일조권의 침해로 볼 필요가 있다. 그렇다면 그 한계는 무엇인가? 이를 다루는 것이 수인한도론이다.

이에 따르면 어떠한 건물신축이 건축 당시의 공법적 규제에 형식적으로 적합하다고 하더라도 현실적인 일조방해의 정도가 현저하게 커 사회통념상 수인한도를 넘은 경우에는 위법행위로 평가 될 수 있고, 사회통념상 수인한도를 넘었는지의 여부는 피해의 정도, 피해이익의 성질 및 그에 대한 사회적 평가, 가해건물의 용도, 지역성, 토지이용의 선후관계, 가해방지 및 피해회피의 가능성, 공법적 규제의 위반여부, 교섭경과 등 모든 사정을 종합적으로 고려하여 판단하여야 한다.20)

---

18) 대법원 2001. 6. 26. 선고 2000다44928 판결(분양회사가 신축한 아파트를 분양받은 자는 분양된 아파트에서 일정한 일조시간을 확보할 수 없다고 하더라도, 이를 가지고 위 아파트가 매매목적물로서 거래상 통상 갖추어야 하거나 당사자의 특약에 의하여 보유하여야 할 품질이나 성질을 갖추지 못한 것이라거나, 또는 분양회사가 수분양자에게 분양하는 아파트의 일조 상황 등에 관하여 정확한 정보를 제공할 신의칙상 의무를 게을리하였다고 볼 여지가 있을지는 몰라도, 분양회사가 신축한 아파트로 인하여 수분양자가 직사광선이 차단되는 불이익을 입게 되었다고 볼 수는 없으므로 분양회사에게 일조방해를 원인으로 하는 불법행위책임을 물을 수는 없다고 한 사례); 서울고등법원 2003. 10. 29. 선고 2002나22016 판결("아파트의 소유자가 아닌 시공자에 불과한 건설회사는 그 공사로 인하여 '적극적'으로 야기한, 수인한도를 넘어선 진동이나 소음 피해에 대해 인근 주민에게 배상을 하여야 함은 당연하나, 건물이 완공된 후에 통상적으로 야기되는 일조권이나 통풍권, 조망권의 피해와 같은 '소극적'인 침해의 경우에도 전자와 종일하게 평가될 수는 없으며, 아파트의 건축으로 인한 이익을 궁극적으로 향유하는 주체는 소유자 내지는 도급인이지 시공자가 아니고, 시공자는 도급인과 체결한 계약 내용에 좇아 건설 공사를 이행하는 수족에 불과하므로, 시공자가 건축법 등 관계법령을 준수하여 건물을 완공하였으면, 완성된 건물이 인근 건물의 소유자의 일조권 등을 침해하였다고 하더라도 특별한 사정이 없는 한 시공자에게 도급인 내지는 소유자에 대하여 요구되는 책임을 동일하게 부과하기는 어렵다고 할 것이다").

19) 대법원 2010. 4. 29. 선고 2007다9139 판결.

20) 대법원 1999. 1. 26. 선고 98다23850 판결; 대법원 2000. 5. 16. 선고 98다56997 판결; 대법원 2002. 12. 10. 선고 2000다72213 판결(건물 신축이 건축 당시의 공법적 규제에 형식적으로 적합하다고 하더라도 현실적인 일조방해의 정도가 현저

실무상으로는 특별한 설시없이 일조시간이 가장 짧은 동지일을 기준으로 일조침해 여부를 측정하고 있으며,21) 법원이 제시하고 있는 일조방해시간에 해당하기만 하면 일조권 침해가 인정되는 경향이 있다. 즉 동지일을 기준으로 9시부터 15시까지 사이의 6시간 중 일조시간이 연속하여 2시간 이상 확보되는 경우(연속일조시간) 또는 동지일을 기준으로 8시에서 16시까지 사이의 8시간 중 일조시간이 통틀어서 최소한 4시간 정도 확보되는 경우(총일조시간)에는 이를 수인하여야 하고, 그 두 가지 중 어느 것에도 속하지 아니하는 일조 저해의 경우에는 수인한도를 넘는다는 것이다.22)

일조시간과 관련해서는 남향 전면창에 80% 이상 일조가 확보되는 경우를 기준으로 판단한 사례,23) 거실에 접한 베란다 창문에 50% 이상의 일조가 확보되는 경우를 기준으로 판단한 사례,24) 피해 건물의 주요 개구부(가장 주된 거실의 외부창)를 기준으로 하여 측정된 결과에 따른 일조량 감소를 기준으로 하여야 한다는 사례가 있다.25)

일조시간을 수인한도 판단의 주된 기준으로 보는 입장에 대해서는 일조권 침해 여부가 기계적으로 판단 · 운영된다는 비판이 있을 수 있다. 추가된 일조방해시간이 얼마 되지 않는 경우에도 전체 일조방해시간이 초과한다는 이유로 위법성이 인정된다든가, 일조량 감소가 상대적으로 적은 사람이 배상을 받게 되는 반면, 일조량 감소의 정도가 상대적으로 큰 사람이 배상을 받지 못하게 되는 불합리도 발생하게 된다. 이러한 점을 고려할 때 일조권 침해 여부를 판단할 시 피해의 정도, 지역이나 용도 등에 대한 적극적인 고려도 필요하다고 생각한다. 이러한 관점에서 연속일조시간과 총일조시간이 확보되지 않

하게 커 사회통념상 수인한도를 넘은 경우에는 위법행위로 평가될 수 있다고 한 사례); 대법원 2004. 9. 13. 선고 2003다64602 판결; 대법원 2014. 2. 27. 선고 2009다40462 판결.

21) 서울고법 1996. 3. 29 선고 94나11806 판결(확정), 대법원 1999. 1. 26. 선고 98다23850 판결; 대법원 2004. 9. 13. 선고 2003다64602 판결; 대법원 2007. 6. 28. 선고 2004다54282 판결 참조.

22) 대법원 2007. 6. 28. 선고 2004다54282 판결; 서울중앙지법 2017. 5. 22. 2016가단5022946 판결. 그러나 일반상업지역에서의 건축물의 경우 동지일을 기준으로 9시부터 15시까지 사이의 6시간 중 2시간 이상의 연속일조시간이 확보되지 않은 경우라도 고층건물의 건축이 예상되던 곳으로 인접 대지에 들어서는 건축물로 인하여 일조권 등의 침해가 있을 것이라는 것을 어느 정도 예상한 것으로 보인다는 점 등을 고려하여 수인한도 내에 있다고 본 판례가 있다. 대법원 2002. 12. 10. 선고 2000다72213 판결. 법원은 1년 중 동지일에 태양의 고도가 가장 낮고 태양이 비치는 시간 역시 짧게 된다는 이유로 최소한의 일조량이 보장되는지를 동지일을 기준으로 판단하고 있다.

23) 서울지법 2003. 4. 29. 선고 2001다43521 판결. 이 사건에서 법원은 남향 전면창에 80% 이상 일조가 이루어지는 경우를 일조시간으로 판단하여 1분 간격으로 일조시간을 산정한 결과, 동지일을 기준으로 09:00부터 15:00까지 사이의 연속일조시간은 갑세대는 0~43분 정도, 을세대는 0~20분 정도, 병세대는 0~32분 정도이고, 동지일을 기준으로 08:00부터 16:00까지 사이의 총일조시간은 갑세대는 1시간 20분 정도, 을세대는 57분 정도, 병세대는 45분 정도에 불과하다면서 수인한도를 넘는 일조침해를 인정하였다.

24) 부산고법 2005. 7. 8. 선고 2004다19678 판결. 이 사건에서 법원은 원고의 일조침해 여부는 베란다 창문을 기준으로 판정할 것이 아니라, 베란다 내측 거실 창을 기준으로 판정하여야 한다고 주장에 대하여, 일반적으로 햇빛이 비치는 주간의 가사 활동이 주로 거실을 중심으로 이루어지고 있어 거실에 대한 일조의 필요성이 가장 큰 것으로 보이기는 하지만, 이 사건 빌라와 같은 아파트형의 공동주택의 경우 대부분 거실과 베란다 창문이 이중으로 설치되어 있으며, 그 사이 간격이 넓지 아니하여 베란다 창문이 외부로부터 내부로 직접 일조를 받아들이는데다가, 위와 같은 공동주택의 경우 베란다가 건물 내 주거생활공간의 일부분으로 기능하고 있는 점 등을 고려하면, 일조침해 여부는 거실에 접한 베란다 창문에 비치는 일조 유무를 기준으로 함이 상당하다면서 원고 등의 주장을 받아들이지 아니하였다.

25) 서울중앙지법 2008. 7. 8. 선고 2007가합79119 판결.

더라도 수인한도를 초과하는 일조피해가 없다고 단정할 수 없다고 한 판결[26]과 일조권 침해 판단기준 6가지를 제시한 판결[27]은 주목할 만하다. 특히 이 판결은 일조량 자체에 대한 요건과 관련해서 "동지일을 기준으로 한 조건이 충족된다고 하여 기계적으로 손해배상의 청구가 가능해진다고 할 수는 없다"고 하면서 종전 판례들이 제시하고 있는 일조방해시간 외에 다른 요건을 추가 · 강화하고 있다.

일조방해, 사생활 침해, 조망 침해, 시야 차단으로 인한 압박감, 소음, 분진, 진동 등과 같이 생활이익을 구성하는 요소들이 다수인 경우 이들을 종합적으로 참작하여 수인한도를 판단하여야하는가, 개별적인 생활이익별로 침해의 정도를 고려하여 수인한도 초과 여부를 판단하여야 하는가. 이와 관련해서 법원은 원칙적으로 개별적인 생활이익별로 침해의 정도를 고려하여 수인한도 초과 여부를 판단하여야 한다고 하고 있으며,[28] 그 요소 중에는 일조 침해를 중시하는 경향이 있다.[29]

3. 손　　해

가. 손해의 발생 시기

일조침해가 발생하는 시기는 원칙적으로 가해 건물의 외부 골조가 완성된 때라고 할 것이다.[30]

나. 손해의 범위 및 산정방법

손해의 범위에는 토지 · 건물의 가격 하락, 영업수익의 감소, 광열비 등의 지출 증대, 치료비 등의 증가와 같은 재산적 침해가 포함될 수 있다. 이는 일반불법행위법리로 해결할 수 있을 것이다. 그러나 구체적으로 일조침해로 인한 토지나 건물의 가치하락분을 어떻게 산정하여야 하는가? 어느 시점을 기준으로 판단하여야 하는가? 등은 어려운 문제이다. 광열비 · 건조비 등도 부동산 자체의 가치 하락액과 구분하여 별도로 배상청구할 수 있을 것이나[31] 구체적인 경우 그 액수의 입증이 쉽지 않을 것이다. 일조침해가 있는 경우 정신적 고통을 입게 됨은 경험칙으로 인정될 수 있다.

첨언할 것은 일조권 침해로 인한 재산적 손해 중에는 손해액의 입증이 어려운 경우

---

26) 서울고법 1996. 3. 29. 선고 94나11806 판결(확정); 부산지법 2009. 8. 28. 선고 2009카합1295 결정(가해건물의 신축으로 인하여 일조피해를 받게 되는 건물이 이미 다른 기존 건물에 의하여 일조방해를 받고 있는 경우 또는 피해건물이 남향이 아니거나 처마가 돌출되어 있는 등 그 구조 자체가 충분한 일조를 확보하기 어렵게 되어 있는 사안에서, 일조침해를 이유로 공사금지를 구하는 경우 수인한도를 엄격하게 판단하여야 한다는 점 등에 비추어, 연속일조 시간이 30분 미만이고 총일조시간이 1시간 미만인 세대만이 수인한도를 넘는 것으로 보아 건축공사의 금지를 청구할 수 있다고 한 사례).

27) 서울중앙지법 2008. 7. 8. 선고 2007가합79119 판결(확정).

28) 부산고법 2013. 6. 25. 선고 2011나474 판결; 대법원 2007. 6. 28. 선고 2004다54282 판결.

29) 서울지법 2003. 11. 12. 선고 2002가합3921 판결.

30) 서울지방법원 2001. 4. 26. 선고 99가합34203 판결(일조권 침해의 불법행위 개시일을 가해 아파트 최상층의 골조공사가 완료된 날로 본 사례); 서울고법 2005. 10. 28. 선고 2004나56440 판결(가해 건물이 완공되어 일조방해가 초래된 후에 피해 건물의 소유권을 새로이 취득한 자가 일조이익을 향유하는 주체로 볼 수 없다고 한 사례) 참조.

31) 대법원 1999. 1. 26. 선고 98다23850 판결 참조.

가 많을 뿐 아니라 습기의 증가, 식물의 성장 저해, 병자 및 유아의 일광욕 기회의 감소 등 금전적으로 산출하기 곤란한 일상생활상의 불이익도 있으므로 이러한 손해에 대한 보전을 위한 위자료의 보완적 기능이 중요해 진다.[32] 위자료 액수를 산정할 때에는 앞에서 살펴 본 수인한도의 판단요소가 고려되어야 할 것인데, 피해의 정도가 가장 중요한 고려요소가 될 것이다.

4. 복수의 건물에 의한 일조권 침해

가해 건물이 동시 또는 비슷한 시기에 건축되어 합하여 수인한도를 넘는 일조침해가 발생하거나, 기존 건물에 의하여 이미 일조침해가 있는 상황에서 새로운 건물이 건축됨으로써 일조침해가 수인한도를 넘게 되거나 그 침해 정도가 확대되는 경우 가해 건물과 피해 건물이 어떻게 그 책임을 분배할 것인지 문제가 된다.

가. 가해 건물이 동시에 신축되는 경우

가해 건물이 동시 또는 비슷한 시기에 건축되어 피해 건물에 대하여 전체적으로 수인한도를 넘는 일조권 침해가 발생한 경우, 가해 건물들은 피해 건물이 입은 손해 전부에 대하여 공동불법행위책임을 질 수 있다.[33]

나. 기존 건물의 일조권 침해가 심화된 경우

일조피해를 받는 건물이 이미 다른 기존 건물에 의하여 일조방해를 받고 있는 경우(복합일영, 複合日影)에는 구체적인 수인한도를 판단하기 위하여는 그 일조방해의 정도와 신축 건물에 의한 일조방해와의 관련성 등도 고려하여 신축 건물에 의한 일조방해가 수인한도를 넘었는지 여부를 판단하여야 한다.[34] 기존 건물의 건축에 의하여 이미 일조침해가 있는 상황에서 상당한 시간이 지난 후에 새로운 건물이 건축되어 일조침해를 가중시킨 경우에는 두 건축행위 사이에 행위 관련성을 인정하기 곤란하므로 신·구 건축물의 공동불법행위책임을 인정할 수 없다. 따라서 기존 건물은 자신의 건축행위로 인한 일조권

32) 주거전용지역에 교회를 건축하면서 건축법 소정의 수평거리를 확보하지 아니하여 인접 가옥을 응달에 묻히게 하고 가옥 실내등을 관망할 수 있게 한 경우 불법행위가 성립된다고 한 사례. 토지·건물의 가격 하락, 영업수익의 감소, 광열비 등의 지출 증대, 치료비의 증가, 습기 · 곰팡이로 인한 질병의 발생 등의 손해가 발생하는 사실을 경험칙으로 인정하면서 그 손해액에 관한 입증이 어렵다는 이유로 재산적 손해를 인정하지 않고 대신 이러한 사정을 위자료 산정에 참작한 판례가 다수 있다. 서울고등법원 2003. 10. 29. 선고 2002나22016 판결; 부산고등법원 1997. 1. 23. 선고 96나891 판결; 대구지방법원 2001. 6. 21. 선고 2000가합2386 판결; 부산고등법원 1998. 6. 25. 선고 98나253 판결 참조.

33) 대법원 2006. 1. 26. 선고 2005다47014, 47021, 47038 판결.

34) 대법원 2004. 10. 28. 선고 2002다63565 판결(다세대주택 거주자 원고 11명이 주택 옆에 9층짜리 숙박시설이 들어서면서 일조권을 침해당했다면서 숙박업자를 상대로 제기한 손해배상청구소송에서 일조방해행위가 수인한도를 넘었는지 여부를 판단함에 있어 건물이 들어선 곳(일반 상업지역)의 지역성과 다른 기존의 건물(19층 상가빌딩)에 의하여 일조방해를 받을 가능성 등이 있다는 사정을 고려하지 않은 채 신축 건물로 인한 일조방해의 정도가 수인한도를 넘었다고 판단한 원심이 위법하다고 한 사례). 같은 취지의 판결은 대법원 2007. 6. 14. 선고 2005다72058 판결; 대법원 2007. 6. 28. 선고 2004다54282 판결(가해건물 신축 후 피해건물의 일조시간이 감소하였으나 그 피해건물이 서향인데다가 종전부터 다른 기존 건물로 인하여 일조를 방해받고 있던 점, 가해건물 신축으로 인하여 추가된 일조방해시간이 전체 일조방해시간의 1/4에 미달하고, 종전부터 있던 일조방해시간의 1/3에 미달하는 점 등에 비추어, 가해건물의 신축으로 인한 일조침해의 정도가 수인한도를 초과한다고 보기 어렵다고 한 사례); 대법원 2011. 2. 24. 선고 2010다 13107 판결.

침해에 대해서만 책임을 지게 되는데, 그 침해가 수인한도를 넘지 않았다면 신·구 건축물에 의한 최종적인 일조침해가 수인한도를 넘더라도 책임이 없다.[35]

기존 건물에게 자신의 건축행위로 인한 일조권 침해에 대해서만 책임을 지운다고 하면 최종적인 일조권 침해에 대한 책임은 누가 부담하는가? 그 책임을 모두 새로운 건물에 부담시키는 것은 새로운 건물의 입장에서 볼 때 자신의 건축행위로 인해 발생한 결과 이외의 부분에 대해서까지 책임을 부담하는 꼴이 되기 때문에 합리적이지 않다. 결국 이러한 경우에는 형평의 원칙상 나머지 부분에 대하여 피해 건물의 부담으로 하는 것이 타당할 것이다.[36]

5. 소멸시효

환경침해는 계속성이라는 특성을 갖고 있으며, 사안마다 피해의 모습이 워낙 다양하여 소멸시효의 기산점이 문제될 수 있다. 계속적 불법행위로 인한 손해배상청구권의 소멸시효의 기산일에 관하여는 각각의 손해마다 개별적으로 진행한다는 견해(개별진행설)가 판례와 다수설의 입장이다.

판례는 "불법행위에 의한 손해배상청구권의 단기소멸시효의 기산점이 되는 민법 제766조 제1항 소정의 '그 손해 및 가해자를 안 날'이라 함은 현실적으로 손해의 발생과 가해자를 알아야 할 뿐만 아니라 그 가해행위가 불법행위로서 이를 이유로 손해배상을 청구할 수 있다는 것을 안 때를 의미하고, 불법행위가 계속적으로 행하여지는 결과 손해도 역시 계속적으로 발생하는 경우에는 특별한 사정이 없는 한 그 손해는 날마다 새로운 불법행위에 기하여 발생하는 손해로서 민법 제766조 제1항을 적용함에 있어서 그 각 손해를 안 때로부터 각별로 소멸시효가 진행된다고 보아야 한다"고 판시하고 있다.[37] 이러한 판시에 충실할 경우 생활방해와 같이 수인한도 초과 여부가 불분명한 경우가 많은 환경소송에서는 통상 피해자의 입장에서 가해행위가 불법행위로서 이를 이유로 손해배상을 청구할 수 있다는 것을 알기 어려워 불법행위의 단기소멸시효가 진행되지 않는 경우가 많아 소멸시효의 완성으로 인하여 피해자가 구제받지 못하는 경우는 많지 않을 것이다.

일조 침해의 경우 그 손해가 날마다 새로운 불법행위에 기하여 발생하는 손해로 보아야 하는지 문제가 될 수 있다. 이는 일조방해가 일회적 불법행위를 구성하는지, 계속적 불법행위를 구성하는지의 문제와 관련이 있다. 판례는 위법한 건축행위에 의하여 건물 등

35) 대법원 2010. 6. 24. 선고 2008다23729 판결.

36) 서울고등법원 2003. 10. 29. 선고 2002나22016 판결(신축 아파트가 세워지기 이전에 이미 5층 아파트가 들어서 있어 그로 인하여 이미 일조권, 조망권 등에 일부 제한을 받고 있었던 점을 고려할 때 신축 아파트 사업주에게 통상의 경우와 같이 시가 하락분 전부에 관하여 책임을 부담시키는 것은 신의칙 또는 형평의 원칙상 불합리하다면서 손액배상액을 일정 비율 감액 산정한 사례).

37) 대법원 1999. 3. 23. 선고 98다30285 판결.

이 준공되거나 외부골조공사가 완료되면 그 건축행위에 따른 일영의 증가는 더 이상 발생하지 않게 되므로 그 때부터 소멸시효가 진행된다고 봄으로써 일조방해를 둘러싼 분쟁의 1회적 해결을 도모하고 있다. 다만 소유자 등이 철거의무를 부담하게 되는 예외적인 경우에는 계속적 불법행위를 구성한다면서 손해는 가해 건물이 철거되지 않는 한 날마다 계속적으로 발생하고 결과적으로 피해자가 그 각 손해를 안 때로부터 별개의 소멸시효가 진행된다고 이해하고 있다.38)

Ⅳ. 유지청구

일조침해를 사전에 예방하거나 보다 근본적으로 제거하기 위하여 피해자는 건물의 완공 전에 공사의 중지를, 완공 후에 건물철거를 구할 수 있다. 이러한 청구는 본안소송으로도 구할 수 있으나, 보통은 가처분을 통하는 경우가 많다. 법률적 구성에 관하여는 물권적청구권설, 인격권설, 환경권설, 불법행위설, 상린관계설 등이 있으며, 판례가 물권적청구권설을 취하고 있다함은 앞에서 본 바와 같다. 청구인(또는 신청인)은 일정 층수 이상의 공사금지를 구하거나, 일정 높이 이상의 공사금지를 구하거나 일정 구조 부분에 대한 공사금지를 구할 수 있을 것이다.

주의할 것은 유지청구는 손해배상청구와 달리 피해가 발생할 우려가 있을 경우에도 발하여질 수 있으므로 그 요건이 손해배상청구의 요건보다 까다롭다(위법성 2단계설). 유지청구는 가해자의 이익과 피해자가 입는 손해의 교량을 전제하기 때문에 수인한도론이 갖는 의미는 손해배상청구에서의 그것보다 큰 것이다. 판례도 유지청구에서 수인한도 기준은 손해배상청구에서의 수인한도 기준과는 다르다고 보고 있다.39)

제5절 조 망 권

조망권이란 좋은 경관을 바라볼 수 있는 조망적 내지 환경적 이익 또는 생활이익을 누릴 권리를 말한다. 좋은 경관은 물리적 가치뿐만 아니라 정신적, 미적, 금전적 가치 등을 내포한다. 조망적 이익이라 함은 먼 곳을 바라볼 수 있는 이익, 달리 말하면 열린 공간을 향유할 수 있는 이익을 말한다. 결국 조망권은 건물과 같은 특정한 위치에서 밖을 바라볼 때 산, 호수, 바다 등과 같은 자연경관이나 역사유적, 문화유산 등 특별한 경관을 바라볼 수 있는 생활이익상의 권리를 의미한다.

대법원은 조망권을 일조권의 부차적 권리로 보면서 별도의 권리로 인정하지 않는

---

38) 대법원 2008. 4. 17. 선고 2006다35865 전원합의체 판결. 이러한 입장은 위법성의 정도가 가해 건물의 소유자 등에게 철거의무를 부과해야 할 정도에 이르렀는지 여하를 기준으로 불법행위의 성립시기와 소멸시효의 진행이 달라질 수 있다는 입장을 취하고 있다는 점에서 이른바 '위법성 2단계설'을 취하고 있다고 할 수 있다.

39) 부산지법 2009. 8. 28. 선고 2009카합1295 결정.

경향이 있다. 말하자면 이른바, 부산대 사건 등에서 경관이나 조망 등이 생활이익으로서의 가치가 있다고 인정된다면 법적인 보호의 대상이 될 수 있다고 언급한 이래 일정 요건을 갖춘 경우 조망이익을 법적 보호의 틀에서 인정하고 있다.[1] 그러나 그 요건을 일조권에 비해 엄격하게 적용함으로써, 조망권 보호에 소극적이다.

소송실무에서는 조망 또는 경관이익이 일조권과 관련하여 부차적으로 다루어지고 있다. 원고는 일조권 침해를 주장하면서 흔히 조망권, 경관권, 프라이버시권, 천공권 등의 침해를 주장하고 있으며,[2] 법원이 일조 침해를 인정하지 않으면서 이와 독립하여 조망 침해만을 인정한 예는 찾아보기 힘들다. 즉 법원은 일조침해에 초점을 맞추고 부수적으로 조망 또는 경관문제를 다루고 있다. 예컨대, 주거환경을 좌우하는 영향요소로서 일조, 조망, 프라이버시 순으로 분류한 다음, "일조저해율이 수인한도 범위 내인 이상, 조망 및 압박감의 저해나 프라이버시의 침해가 개별적으로 수인한도를 넘든, 넘지 않든 전체적으로 고찰하면 수인한도의 범위 내라 할 것이다"라는 판결이 좋은 예이다.[3]

Ⅰ. 실정법상 근거

헌법 제35조 제1항은 "모든 국민은 건강하고 쾌적한 환경에서 생활할 권리를 가지며 국가와 국민은 환경보전을 위하여 노력하여야 한다"라고 규정하고, 「환경정책기본법」은 "모든 국민이 건강하고 쾌적한 환경에서 생활할 권리를 가진다"고 규정하여, 기본권 중의 하나로 환경권을 천명하고 있다. 헌법이나 「환경정책기본법」이 인정하는 환경권은 깨끗한 자연환경뿐만 아니라 쾌적한 생활환경에서 살 수 있는 권리까지 포괄하므로 인간은 누구나 환경권의 내용으로서 조망권을 향유할 수 있으며, 이에 대한 침해를 배제할 권리를 인정받고 있다고 할 것이다.

한편, 「환경정책기본법」은 환경보전에 관한 국민의 권리 · 의무와 국가의 책무를 명확히 하고 환경정책의 기본이 되는 사항을 정하여 환경오염과 환경훼손을 예방하고 환경을 적정하게 관리 · 보전함으로써 모든 국민이 건강하고 쾌적한 삶을 누릴 수 있도록 함을 목적으로 하고 있는데, 동법 제3조 제1호에서는 환경을 자연환경과 생활환경으로 구분하고, 제3조 제4호에서는 환경오염을 "사업활동 및 그 밖의 사람의 활동에 따라 발생되는 대기오염, 수질오염, 토양오염, 해양오염, 방사능오염, 소음 · 진동, 악취, 일조방해 등으로서 사람의 건강이나 환경에 피해를 주는 상태"라고 정의하고 있다. 위 개념 정의가 '조망'을 명시적으로 언급하고 있지 않지만 예시적 성격이 있다는 점을 고려할 때 조망이 배제될 특별한 이유는 없다고 할 수 있다.

---

1) 대법원 1995. 9. 15. 선고 95다23378 판결(부산대 사건); 대법원 1997. 7. 22. 선고 96다56153 판결(봉은사 사건). 다만. 부산대 사건 등에서는 독자적으로 조망 이익이 다루어지지 않았으며, 교육 환경이나 종교적 환경 등이 함께 문제가 되었다.
2) 서울고법 1996. 3. 29 선고 94나11806 판결; 대법원 1999. 1. 26. 선고 98다23850 판결 등.
3) 서울고법 1996. 3. 29. 선고 94나11806 판결.

한편, 「건축법」 제61조, 동법 시행령 제86조에서는 일조 등의 확보를 위한 건축물의 높이 제한을 하고 있다. 즉, "전용주거지역과 일반주거지역 안에서 건축하는 건축물의 높이는 일조 등의 확보를 위하여 정북방향의 인접 대지경계선으로부터의 거리에 따라 대통령령으로 정하는 높이 이하로 하여야 한다. 그리고 공동주택의 높이는 제1항에 따른 기준에 맞아야 할 뿐만 아니라 대통령령으로 정하는 높이 이하로 하여야 한다"고 규정하고 있다. "일조 등"에 조망이 포함된다고 해석할 경우 미흡하지만 조망권을 법적으로 보호하고 있다고 볼 수 있다. 비록 단일법에서 조망권을 명시적, 직접적으로 규정하고 있지 않지만 헌법, 「환경정책기본법」, 「건축법」 등이 조망의 법적 근거로 될 수 있을 것이다.

Ⅱ. 법적 성질

조망이 좋은 경관을 바라보는 사람에게 미적 만족감과 정신적 편안함을 부여하는 등 생활상 적지 않은 가치를 가지고 있고, 어느 토지나 건물의 소유자가 종전부터 향유하고 있던 조망, 조용하고 쾌적한 환경 등이 하나의 생활이익으로서의 가치가 객관적으로 인정하는 권리로 이해한다면 일조권 등과 같이 헌법 제35조에서 보장하는 환경권의 일종으로 볼 수 있다.4)

이에 반해 판례는 환경권(조망권)에 기하여 직접 방해배제청구권을 인정하지 않지만, 수인한도를 넘어선 침해에 대해서는 소유권에 기하여 건물의 건축금지 등 방해의 제거나 예방을 청구할 수 있다고 한다.5) 나아가 조망권 보호의 근거를 민법 제217조에서 구하면서, 소유권이 아닌 물권적 이용권을 가진 자에게도 조망권이 인정되고, 부동산의 점유자(특히 대항력을 갖춘 임차인)의 경우에도 제217조가 적용되거나 유추 적용될 수 있다는 견해가 있다.6)

한편, 조망권이 재산권과 생활권, 인격권의 성질을 갖는다고 하면서도 환경권에 대한 법적 보호가 확립되어 있지 않으므로 개인의 조망 · 경관 이익을 사법적 구제가 가능한 권리로 인정하기는 곤란하다는 견해가 있다.7)

Ⅲ. 법적 보호요건

일반적으로 조망은 미적 만족감이나 정신적 안정을 주는 점에서 인간의 생활상 적지 않은 가치를 가지지만, 조망의 이익은 당해 장소의 소유 내지 점유와 밀접하게 결부된 이익이고, 그 장소의 독점적 점유자만이 사실상 향수하게 되는 결과 독점적으로 귀속하는

4) 김남욱, "조망권에 대한 법적 보장", 환경법연구 제31권 제3호, 2009. 11, 6면.
5) 대법원 1995. 9. 15. 선고 95다23378 판결(부산대 사건); 대법원 1997. 7. 22. 선고 96다56153 판결(봉은사 사건); 대법원 1999. 7. 27. 선고 98다47528 판결.
6) 김종률, "조망권의 법적 구성론", 법조 제559호, 2003. 4, 113면.
7) 조은래, "조망권의 민사법적 보호에 관한 연구", 환경법연구 제26권 제1호, 2004. 4, 257 내지 260면, 273면.

것에 지나지 않으며, 그 내용은 주변에 있어서 객관적 상황의 변화에 의해 저절로 변용되는 제약을 받지 않을 수 없는 것이어서 조망의 이익이 항상 법적 보호를 받을 가치가 있다고는 할 수 없다. 그러나 특정의 장소가 그 장소로부터의 조망의 점에서 특별한 가치를 가지고, 당해 건물의 소유자 내지 점유자에 의한 조망이익의 향수가 사회관념상 독자의 이익으로서 승인되어야 할 중요성을 가지고 있는 것이라고 인정되는 경우에는 법적으로 보호되어야 할 이익이 된다 할 것이다.[8] 이를 좀 더 부연하면 다음과 같다.[9]

1. 특별한 경관

조망이익이 보호받기 위해서는 우선 일반 통념에 비추어 조망가치가 있는 특별한 경관이 존재하여야 한다. 판례는 토지나 건물의 소유자가 종전부터 향유하고 있던 경관이나 조망이 그에게 하나의 생활이익으로서의 가치를 가지고 있다고 객관적으로 인정된다면 법적인 보호의 대상이 될 수 있다고 판시하고 있다.[10] 특별한 경관요건은 '조망가치의 객관성'으로 대체될 수 있다. 이에 따르면 특별히 경관으로 내세울 만한 것이 없는 경우에는 법령상 권리로까지 인정할 수 없으며, 단순한 논, 밭, 야산, 구릉지 등의 녹지나 개방감을 확보하는 수준에 불과한 대상에 대하여는 '특별한 경관'이라는 전제조건이 충족되지 아니하여 조망권이 성립되지 아니한다.[11]

객관적으로 조망이익이 법적인 보호의 대상이 되기 위해서는 조망되는 곳이 사회통념상 경관이라고 부를 정도로 아름답고 쾌적한 요소를 갖추어야 한다.[12] 구체적으로 한강,[13] 북한산, 해운대[14] 등이 여기에 해당한다고 할 수 있다.[15]

2. 특별한 가치

원칙적으로 그 조망의 이익이 사회통념상 독자의 이익으로 승인되어야 할 정도로 중요성을 가져야 비로소 '권리화(權利化)'하여 법적인 보호가 부여될 수 있다.[16] 조망이익의 향유를 하나의 목적으로 삼아 그 장소에 건물이 건축된 경우가 좋은 예이다. 따라서 보통의 지역에 인공적으로 특별한 시설, 즉 경관이 조망되지 않는 평지에 고층건물을 축조

8) 서울고법 2004. 9. 1. 선고 2003나82275 판결.
9) 조망권의 법적 보호요건으로 정당한 소유점유 권원성을 추가하는 견해는 김남욱, "조망권의 법리", 환경법연구 제27권 제1호, 2006. 6, 56면.
10) 대법원 2004. 9. 13. 선고 2003다64602 판결; 대법원 2004. 9. 13. 선고 2004다24212 판결; 대법원 2007. 6. 14. 선고 2005다72058 판결; 대법원 2007. 6. 28. 선고 2004다54282 판결; 대법원 2007. 6. 14. 선고 2005다72058 판결; 대법원 2007. 9. 7. 선고 2005다72485 판결.
11) 대법원 2007. 6. 28. 선고 2004다54282 판결 참조.
12) 김종률(각주 6), 112면; 김남욱(각주 9), 54면; 안경희, "조망권에 대한 소고", 재산법연구 제23권 제2호, 2006, 172면.
13) 서울고법 2004. 9. 1. 선고 2003나82275 판결; 대법원 2007. 6. 28. 선고 2004다54282 판결 등 참조.
14) 부산고법 1999. 4. 29. 선고 98나10656 판결.
15) 이에 반해 남산공원에 대해서 소극적인 입장을 취한 판례가 있다. 대법원 2007. 6. 14. 선고 2005다72058 판결.
16) 대법원 1997. 7. 22. 선고 96다56153 판결(봉은사 사건); 대법원 2004. 9. 13. 선고 2003다64602 판결; 대법원 2007. 6. 14. 선고 2005다72058 판결; 대법원 2007. 6. 28. 선고 2004다54282 판결; 대법원 2007. 9. 7. 선고 2005다72485 판결. 손윤하, 환경침해와 민사소송, 청림출판, 2005, 178면.

하여 너른 지역을 조망할 수 있게 된 경우에는 다른 고층건물의 건축에 의하여 조망방해를 받더라도 조망권을 주장할 수 없다.[17] 마찬가지로 우연히 자신의 주택 앞에 다른 건축물이 존재하지 않음에 따른 조망이익은 반사적 이익에 불과할 뿐이다. 특별한 가치요건은 주관적이어서 개인마다 가치평가가 다를 수 있고, 조망이익의 향수가 사회통념상 독자의 이익으로 승인되어야 한다는 까다로운 전제조건을 충족해야 하기 때문에 앞서 특별한 경관요건보다 많은 논란이 있을 수밖에 없다. 판례는 조망이익을 법적으로 보호할 가치 있는 이익으로 보면서도 "사회통념상 독자적인 이익으로 승인될 만하여야 한다"는 조건을 부가함으로써 실제 인정에는 인색하다.

[1] 조망이익: 대법원 2004. 9. 13. 선고 2003다64602 판결

어느 토지나 건물의 소유자가 종전부터 향유하고 있던 경관이나 조망이 그에게 하나의 생활이익으로서의 가치를 가지고 있다고 객관적으로 인정된다면 법적인 보호의 대상이 될 수 있는 것인바(대법원 1997. 7. 22. 선고 96다56153 판결 참조), 이와 같은 조망이익은 원칙적으로 특정의 장소가 그 장소로부터 외부를 조망함에 있어 특별한 가치를 가지고 있고, 그와 같은 조망이익의 향유를 하나의 중요한 목적으로 하여 그 장소에 건물이 건축된 경우와 같이 당해 건물의 소유자나 점유자가 그 건물로부터 향유하는 조망이익이 사회통념상 독자의 이익으로 승인되어야 할 정도로 중요성을 갖는다고 인정되는 경우에 비로소 법적인 보호의 대상이 되는 것이라고 할 것이고, 그와 같은 정도에 이르지 못하는 조망이익의 경우에는 특별한 사정이 없는 한 법적인 보호의 대상이 될 수 없다고 할 것이다.

그리고 조망이익이 법적인 보호의 대상이 되는 경우에 이를 침해하는 행위가 사법상 위법한 가해행위로 평가되기 위해서는 조망이익의 침해 정도가 사회통념상 일반적으로 인용하는 수인한도를 넘어야 하고, 그 수인한도를 넘었는지 여부는 조망의 대상이 되는 경관의 내용과 피해건물이 입지하고 있는 지역에 있어서 건조물의 전체적 상황 등의 사정을 포함한 넓은 의미에서의 지역성, 피해건물의 위치 및 구조와 조망상황, 특히 조망과의 관계에서의 건물의 건축 · 사용목적 등 피해건물의 상황, 주관적 성격이 강한 것인지 여부와 여관 · 식당 등의 영업과 같이 경제적 이익과 밀접하게 결부되어 있는지 여부 등 당해 조망이익의 내용, 가해건물의 위치 및 구조와 조망방해의 상황 및 건축 · 사용목적 등 가해건물의 상황, 가해건물 건축의 경위, 조망방해를 회피할 수 있는 가능성의 유무, 조망방해에 관하여 가해자측이 해의(害意)를 가졌는지의 유무, 조망이익이 피해이익으로서 보호가 필요한 정도 등 모든 사정을 종합적으로 고려하여 판단하여야 한다.[18]

---

17) 부산고법 1999. 4. 29. 선고 98나10656 판결; 대법원 2007. 6. 28. 선고 2004다54282 판결(5층짜리 아파트의 뒤에 그보다 높은 10층짜리 건물을 세움으로써 한강 조망을 확보한 경우와 같이 보통의 지역에 인공적으로 특별한 시설을 갖춤으로써 누릴 수 있게 된 조망의 이익은 법적으로 보호받을 수 없다고 한 사례); 대법원 2007. 9. 7. 선고 2005다72485 판결.

18) 원고 주민 30명이 건설회사를 상대로 일조권과 조망권을 침해당했다면서 제기한 손해배상청구소송에서 조망권은 그 조망이익이 독자의 이익으로 승인될 정도의 중요성이 인정되어야만 법적인 보호대상이 되며 침해정도가 사회통념상 일반적

3. 장소가치의 경관의존성

해당 장소의 장소적 가치가 그 경관을 조망할 수 있는 점에 크게 의존하고 있는 장소이어야 한다.[19] 관광지의 호텔, 음식점 등 풍광이 수려한 곳의 조망을 기초로 하여 영업을 하고 있는 경우와 같이 조망이 영업상의 중요한 하나의 이익으로서 재산적 가치를 가지고 있는 경우가 여기에 해당한다고 볼 수 있을 것이다.

같은 맥락에서 부산지방법원 2001. 5. 21. 선고 2001카합600 결정에서는 주거용건물인 아파트의 조망이익이 보호받기 위한 법적 요건의 하나로 당해 건물의 가치가 당해 경관의 조망에 상당히 의존하고 있을 것이 요구된다고 적시하면서 "일반주거지역에 세워진 피해아파트의 건축 목적은 도심지안의 역세권에 거주하는 입주민들에게 교통과 쇼핑 등의 편리한 생활여건을 누리게 함을 주된 목적으로 삼고 있는 것으로 보이고, 신청인들이 주장하는 경관에 대한 조망은 위 아파트가 인근 거주지보다 약간 고지대에 위치하기 때문에 부차적으로 누리는 생활상의 이익으로 보아야 할 것이지, 위 아파트의 존재가치가 전적으로 조망의 이익에 의존하는 것은 아닌 것으로 판단된다"고 판시하였다.

4. 주위 토지의 이용상황과의 조화

또한 조망권이 인정되기 위해서는 특정의 장소로부터의 조망을 보존, 유지하는 것이 주변 토지의 이용과 조화를 이룰 수 있을 것 등이 요구된다.[20] 이와 관련해서 비록 하급심이지만 부산지방법원 2001. 5. 21. 선고 2001카합600 결정에서는 아파트의 조망이익이 보호받기 위해서는 "조망의 보존 및 유지가 주위토지의 이용상황과 조화를 이룰 수 있을 것이 요구된다"고 명시적으로 판시하였다.

5. 위법성: 수인한도의 초과

조망이익을 침해하는 행위가 사법상 위법한 가해행위로 평가되기 위해서는 조망이익의 침해정도가 사회통념상 일반적으로 인용하는 수인한도를 넘어야 할 것이다. 수인한도를 넘었는지 여부는 조망의 대상이 되는 경관의 내용과 피해건물이 입지하고 있는 지역에 있어서 건조물의 전체적 상황 등의 사정을 포함한 넓은 의미에서의 지역성, 피해건물의 위치 및 구조와 조망상황, 특히 조망과의 관계에서의 건물의 건축 · 사용목적 등 피해건물의 상황, 주관적 성격이 강한 것인지 여부와 여관·식당 등의 영업과 같이 경제적 이익과 밀접하게 결부되어 있는지 여부 등 당해 조망이익의 내용, 가해건물의 위치 및 구조와 조망방해의 상황 및 건축 · 사용목적 등 가해건물의 상황, 가해건물 건축의 경위, 조망방해를 회피할 수 있는 가능성의 유무, 조망방해에 관하여 가해자측이 해의를 가졌는지

인 수인한도를 넘어서야 사법상 위법한 가해행위로 볼 수 있다면서 원고들의 청구를 배척한 사례.

19) 서울고법 2004. 9. 1. 선고 2003나82275 판결.

20) 서울고법 2004. 9. 1. 선고 2003나82275 판결. 안경희(각주 12), 173면; 김남욱(각주 9), 55면; 김종률(각주 6), 115면; 이동원, "조망권의 침해에 관한 판례의 동향", 법조 제54권 제10호, 법조협회, 2005. 10, 247면.

의 유무, 조망이익이 피해이익으로서 보호가 필요한 정도 등 모든 사정을 종합적으로 고려하여 판단하여야 한다.21)

조망 침해는 독립된 소송보다는 일조방해, 사생활 침해 등과 병행하여 제기되는 경우가 대부분인데, 이러한 경우 원칙적으로 개별적인 생활이익별로 침해의 정도를 고려하여 수인한도 초과 여부를 판단한 후 수인한도를 초과하는 생활이익들에 기초하여 손해배상액을 산정하여야 한다.22) 이는 개별적으로는 수인한도 내에 있다고 할 수 있는 여러 행위를 일체로 판단하여 결정하게 되면, 각 행위별로 수인한도 기준을 정할 필요와 그 기준 초과 여부를 판단할 필요가 없게 되면서 법원의 편의적, 자의적인 위법성 인정이 가능해 진다는 점에서 타당하다고 생각된다.

---

21) 대법원 2004. 9. 13. 선고 2003다64602 판결; 대법원 2007. 6. 28. 선고 2004다54282 판결; 대법원 2007. 9. 7. 선고 2005다72492 판결. 수인한도에 대한 자세한 기준을 설시한 판례로는 비록 하급심이지만, 서울고법 2000. 7. 7. 선고 99나52567 판결이 있다. 이 사건에서 법원은 조망율(0%란 눈을 움직이지 않은 상태에서 시야 전체가 다른 건물에 의해 완전히 가려지는 정도이고, 36.3%란 같은 상태의 시야에서 다른 건물에 의해 가려지지 않는 범위가 36.3% 정도라는 의미이다)에 관하여는 40% 이상인 경우에 수인한도 내에 있다고 판단하였다. 한편, 서울고법 1996. 3. 29. 선고 94나11806 판결은 조망율과 관련해서 "인간의 시야는 60°의 원추체로서 일상생활에서 작용하는 시야의 범위는 시선의 좌우측 및 상하로 30°인 60°가 한계인데, 시야의 중심을 기준으로 좌우 및 위쪽으로 27°의 범위 내에서 마주보는 건물 밖의 외부공간의 조망이 확보되어야 폐쇄감 혹은 압박감이 현저히 감소한다고 하며, 마주보는 건물에서 조망, 압박감과 관련하여 수직시야의 범위는 외부공간을 고려할 때 특히 위쪽(앙각)이 고려대상이 된다"고 적시하고, 정남향에 아무런 건물이 없는 경우를 0으로 기준하고 0~2를 보통, 3~5를 불량으로 분류하여 이를 수치화하면서 침해수치 4를 초과하는 경우 수인한도를 넘는다고 판단하였다.

22) 대법원 2007. 6. 28. 선고 2004다54282 판결.

제10장 순환자원과 폐기물의 관리

폐기물은 인류가 지구상에 탄생한 이후 지금까지 계속 발생하고 있다. 폐기물이란 인류의 생산 및 소비 활동의 필연적 결과물인 것이다. 산업화 · 도시화로 인한 인구집중으로 폐기물이 대량으로 배출되고 있으며, 특히 유해폐기물의 배출량이 계속해서 증가하고 있다. 사회구조와 생활방식이 대량생산 및 대량소비 형태로 변화하면서 과다한 포장, 음식물쓰레기의 과다배출, 과소비 및 중고용품의 투기 등으로 많은 폐기물 문제가 발생하고 있다. 소득수준의 향상과 편의성을 추구하는 소비문화는 1회용품의 사용을 부추기면서 자원낭비와 환경오염문제를 가속화하고 있다. 폐기물의 다량배출과 유해성 · 난분해성은 자연의 자정작용만으로는 해결될 수 없는 사회문제를 제기하고 있다. 곳곳에서 분출하고 있는 님비(NIMBY) 현상 내지 지역이기주의는 폐기물 문제를 더욱 어렵게 하고 있다.

인구가 적은 농경중심의 사회에서는 폐기물이 발생되어도 자연의 자정작용으로 자연적으로 소화 · 흡수되어 문제가 없었다. 이는 폐기물 문제를 해결하는 데 큰 시사를 주고 있다. 폐기물의 양적 감량과 함께 질적 감량을 위한 대책이 요구되는 것이다. 폐기물 문제의 근본 원인은 대량생산 및 대량소비라 할 것인바, 폐기물 문제를 근본적으로 해결하기 위해서는 그 연결고리를 차단할 필요성이 있다. 이는 결국 앞으로의 사회가 낭비적인 소비사회를 추구하는 것이 아니라 자원의 절약 및 폐기물 발생을 억제하는 사회, 즉 자원순환형 사회로 나아가야 한다는 것을 의미한다. 이 점은 우리나라의 환경정책으로서, 이미 「환경정책기본법」에서도 명백히 밝히고 있다. 즉 국가 및 지방자치단체는 자원과 에너지를 절약하고 자원의 재사용 · 재활용 등 자원의 순환적 사용을 촉진하는 데 필요한 시책을 마련하여야 한다(제10조). 특히 좁은 국토에 비해 인구밀도가 높은 우리나라의 현실은 자원순환형 사회의 구축을 강력하게 요구하고 있다.

폐기물처리 · 관리방법으로는 크게 감소(reduction), 재활용(recycling), 소각(incineration), 매립(landfill) 등이 있다. 매립은 소각 · 재활용 등에 비하여 용이하고 처리비용이 저렴할 뿐만 아니라 소각 · 재활용을 거친 물질의 처리를 위해 반드시 필요한 방법이기 때문에 전통적으로 주요한 폐기물처리 수단으로 인식되어 왔다. 그러나 매립지 가격의 인상, 엄격해진 법적 통제에 따른 디자인 · 건설 · 운영비용의 증가, 님비 현상 등에 따라 매립에 대한 매력은 상당히 줄어들었다. 매립장에서 유출 · 발생되는 메탄, 휘발성유기화합물(VOCs), 침출수(다이옥신) 등으로 인한 환경오염문제도 매립을 꺼리는 요인으로 작용하고 있다.

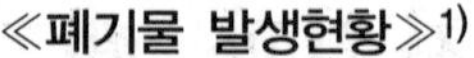

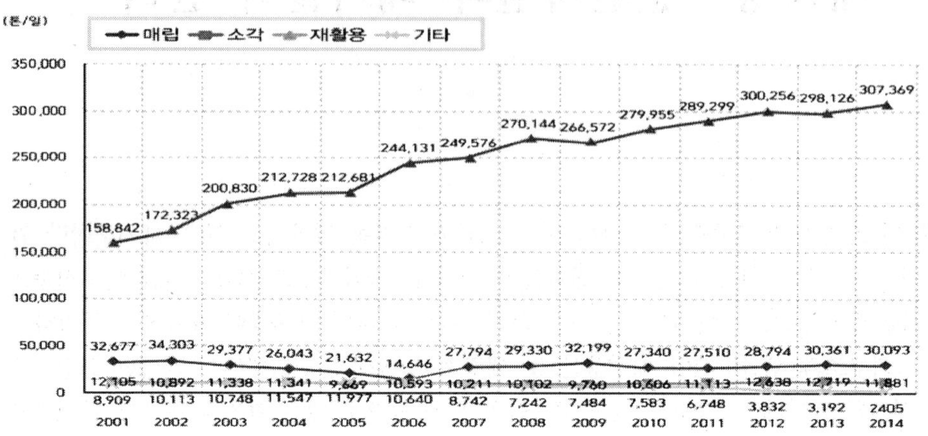

소각은 유기성 폐기물을 최종적으로 처리하고, 그 과정에서 에너지를 발생시킨다. 또한 매립량을 감소시켜 매립지의 수요를 낮추며, 오염물질의 농도를 상당 정도 낮출 수 있기 때문에 매립을 대체하는 유효한 폐기물 관리방식으로 인식되고 있다. 그러나 소각과정에서 배출되는 이산화탄소, 일산화탄소, 다이옥신, 중금속, 산성가스, 재 등 새로운 종류의 오염물질로 인한 환경위해, 막대한 소각장 건설비용 등은 소각에 대한 반대로 이어지고 있다.

한편, 재활용은 자연자원 및 에너지 자원의 절약, 오염의 감소, 쓰레기 감량, 일자리 창출, 환경의식과 교육의 고양 등의 장점이 있는 것으로 알려지고 있으며, 많은 국가가 폐기물 관리방식 중 최상의 것으로 인식하고 있다. 그러나 이러한 많은 장점에도 불구하고 재활용 시행을 위한 높은 비용(예컨대, 초기단계 재활용시설 건설을 위한 막대한 자본 지출, 분리수거를 위한 높은 노동비용, 재활용된 제품의 낮은 질과 높은 가격 등), 재활용 과정에서 발생하는 오염문제, 재활용 시장의 부존재 등은 성공적인 재활용을 저해하고 있다.

폐기물 감소는 폐기물의 발생 자체를 초기단계에서 차단한다는 점에서 근본적인 폐기물 관리방식이라고 할 수 있다. 이는 제품 생산자의 입장에서는 디자인 · 포장방법의 개선, 내구성 증진 등을 통해서, 개인 소비자의 입장에서는 제품 및 재료의 재사용, 구매결정 및 습관의 변경 등을 통해서 이루어질 수 있다. 이러한 관점에서 폐기물 감소는 폐기물 흐름에 적용될 수 있는 기술 또는 과정이라기보다는 의사결정이나 사회적 행동과 밀접하게 관련이 있는 개념이라 할 수 있다. 문제는 이러한 의사결정과 사회적 행동을 변화시키는 것이 쉽지 않다는 것이다. 폐기물 감소를 위해서는 법을 통한 명령 · 규제방식보다 시장을 통한 경제적 유인수단이 보다 효율적일 수 있다.

---

1) 환경부, 환경백서, 2016, 411면.

현재 우리나라는 폐기물의 재활용률이 크게 확대되고 매립률이 크게 낮아진 반면, 소각률은 점진적으로 증가하는 추세에 있어 폐기물 처리 구조가 바람직한 방향으로 변화하고 있다고 할 수 있다.[2)]

폐기물은 폐기물관리의 기본이 되는 「순환경제사회 전환 촉진법」, 「폐기물관리법」, 자원 재활용을 촉진하기 위한 「자원의 절약과 재활용촉진에 관한 법률」, 「건설폐기물의 재활용촉진에 관한 법률」, 「전기 · 전자제품 및 자동차의 자원순환에 관한 법률」, 폐기물 처리시설의 입지선정절차 및 주변지역 지원 등에 관한 사항을 다루는 「폐기물처리시설 설치촉진 및 주변지역지원 등에 관한 법률」, 폐기물의 수출 · 입을 통제하는, 이른바 「바젤협약」의 국내 시행을 위한 「폐기물의 국가간 이동 및 처리에 관한 법률」, 자원순환을 촉진하는 사업을 효율적으로 수행할 수 있는 공단의 조직 · 운영 · 재원 및 사업에 관한 사항을 포함하고 있는 「한국환경공단법」, 수도권매립지 관리의 효율성을 제고하기 위한 「수도권매립지의 설립 및 운영에 관한 법률」 등에 의해 관리되고 있다.

이들 법은 장기적인 폐기물 정책하에 체계적으로 제정 또는 개정되지 못하고 대체로 새롭게 제기되는 문제의 해결을 위하여 제정 또는 개정되었다고 볼 수 있어 체계적인 폐기물관리 · 규제법이 되지 못하고 있다. 그 결과 복잡하고 난해한 법체제가 탄생하였다. 말하자면 '법률의 홍수' 사태가 발생한 셈이다. 물론 각각의 법 목적에 따라서 사회적인 필요에 따라 유연하게 대처할 수 있다는 장점이 있기는 하나, 법령이 흩어져 있다 보니 폐기물에 관한 규율이 통일적이지 못하고 전체구조를 파악하기 어렵다는 결점이 있다.

최근에 세계적으로 단순한 폐기물 관리에서 자원순환의 단계로 나아가고,[3)] 자원순환형 사회를 추구하고 있다는 차원에서 차제에 자원순환형 사회에 부합하는 법체계를 구축하여야 한다는 주장이 설득력을 얻고 있다.[4)] 그 동안 우리나라는 폐기물 관리방식에 있어서 감량 → 재활용 → 처리(소각 · 매립)의 순으로 우선순위를 둔 정책을 고수하여 왔다고 할 수 있다. 그러나 최근에는 '자원순환'이라는 개념이 강조되면서 효율적 생산 · 소비 → 물질재활용 → 에너지회수 → 처리선진화 등으로 정책 패러다임을 전환하고 있다. 종전 폐기물 정책의 핵심 개념이 '폐기물'이라면 새로운 정책 방향의 핵심은 '자원'이라고 할 수 있다.[5)]

---

2) 2014년 현재 우리나라에서 발생하는 전체 폐기물의 처리와 관련해서 재활용이 83.9%, 매립이 9.4%, 소각이 6.1%, 해역배출이 0.4%를 차지하고 있다. 사업장폐기물은 재활용률이 87.4%에 이르고 있다. 2016년 환경백서(앞의 책), 412 내지 413면.

3) 참고로 일본에서는 2000년 「循環型社會形成基本推進法」이, 독일에서는 1994년 「순환관리 및 폐기물법(Kreislaufwirtschafts und Abfallrecht)」(현행 「순환경제의 촉진 및 폐기물의 환경친화적 관리 보장을 위한 법률」)이 제정되었다.

4) 자원순환사회기본법을 새로이 제정하고 이를 모법으로 하여 폐자원안전처리와재활용사업촉진법, 산업계폐자원관리법, 생활계폐자원관리법, 폐자원처리시설안전설치와주민합의법 등으로 구성되는 새로운 법률 체계를 만들 필요가 있다는 견해는 오용선, "자원순환형 폐기물 관리의 법적 · 제도적 체계 설계", 환경법연구 제28권 제1호, 2006. 5, 315 내지 325면. 그 밖에 자원순환형 폐기물 관리법제에 대한 내용은 박수혁 외 2, "한국 폐기물법과 정책의 추진방향에 관한 연구", 환경법연구 제23권 제2호, 2001. 12, 296 내지 311면; 함태성, 자원순환형사회의 확립을 위한 폐기물 관련 법제의 개선방안연구, 한국법제연구원, 2005. 11, 71면 이하; 전재경, "폐기물과 순환자원의 법적 개념의 변화와 적용", 환경법연구 제30권 제3호, 2008. 11, 611면 이하; 정훈, "폐기물 관련 법체계와 자원순환기본법의 제정필요성", 환경법연구 제31권 제2호, 2009. 8, 115면 이하; 조성규, "폐기물 관리법제의 법적 문제", 행정법연구 제27호, 2010, 66면 이하 참조.

제1절 순환경제사회 전환 촉진법

세계적으로 자원순환형 사회라는 개념이 크게 화두가 되고 있다. 우리나라도 이 흐름에 합류하는 경향이 뚜렷이 나타나고 있으며, 급기야 자원순환형 사회에 부합하는 법체계를 구축한다는 차원에서 2016. 5. 20. 「자원순환기본법」이 제정되기에 이르렀다. 그러나 동법이 폐기물의 발생 억제 및 처분에 초점을 둠으로써 명실상부한 자원순환형 사회를 구축하는 데에는 한계가 드러났다. 이에 2022. 12. 31. 법의 명칭까지 바꾸는 전면 개정방식으로 「순환경제사회 전환 촉진법(순환경제사회법)」이 제정되고 이로써 「자원순환기본법」은 역사적 소명을 다하게 되었다. 순환경제사회법이 기존 폐기물관리에 관한 법률들이 갖고 있는 한계를 넘어서서 의욕적으로 생산 · 유통 · 소비 등 제품의 전 과정에서 자원을 효율적으로 이용하고 폐기물의 발생을 최대한 억제하며 발생된 폐기물의 순환이용을 촉진하여 지속가능한 순환경제사회를 만드는 데 기여함을 목적으로 제시하고 있다는 점은 의미심장하다고 할 수 있다. 동법은 이를 달성하기 위해 순환경제, 순환이용, 순환원료 등 새로운 개념과 함께, 순환경제 목표 설정 및 성과관리, 제품의 생산 · 유통 · 소비 단계에서 순환이용 촉진, 순환자원의 인정, 순환자원의 고시, 규제 샌드박스 도입, 폐기물처분부담금 등 여러 가지 제도 · 시책을 규정하고 있는데, 규제의 근본 틀을 바꾸고 있다는 점에서 이전의 폐기물 관련법들에 비해 진일보한 것으로 평가할 수 있을 것이다.

Ⅰ. 주요 내용

1. 기본원칙

동법은 제3조에서 자원의 낭비 억제, 폐기물의 발생 최소화, 순환이용(재사용 → 재생이용 → 에너지 회수[6])을 포괄한 일련의 과정에서 순환경제사회[7]로의 전환을 촉진하기 위한 기본원칙을 제시하고 있으며, 제4조에서 "순환경제사회 전환 촉진에 관하여 다른 법률에 특별한 규정이 있는 경우를 제외하고는 이 법에서 정하는 바에 따(르며)," "순환경제사회 전환 촉진에 관련되는 다른 법률을 제정하거나 개정하는 경우에는 이 법의 목적과 기본원칙에 부합되게 하여야 한다"고 명시함으로써 기본법적 성격을 표방하고 있다.

---

5) 2016년 환경백서(각주 1), 416면.

6) '순환이용'이란 다음의 어느 하나에 해당하는 활동을 말한다: ① 사람의 생활이나 산업활동에서 사용된 물질 또는 물건을 다시 자원으로 재사용 및 재생이용하는 등 환경부령으로 정하는 일련의 활동; ② 폐기물로부터 에너지를 회수하거나 회수할 수 있는 상태로 만드는 활동(제2조 제3호).

7) 동법상 '순환경제'란 "제품의 지속가능성을 높이고 버려지는 자원의 순환망을 구축하여 투입되는 자원과 에너지를 최소화하는 친환경 경제 체계를 말한다(제2조 제1호)." '순환경제사회'란 "모든 사회의 구성원이 함께 노력하여 순환경제를 달성함으로써 환경 보전과 온실가스 감축을 동시에 구현하는 사회를 말한다(동조 제2호)." 한편, 「환경친화적 산업구조로의 전환촉진에 관한 법률」에서는 '순환경제'를 "원료조달, 설계, 생산, 유통, 사용, 재자원화 등 제품의 전과정 단계에서 자원의 이용 가치를 극대화하여 자원순환사회를 실현하고 지속가능한 발전을 추구하는 친환경 경제를 말한다"고 달리 개념 정의하고 있다.

2. 순환경제기본계획의 수립 · 시행

동법은 환경부장관으로 하여금 관계 중앙행정기관의 장과 협의를 거쳐 순환경제사회로의 전환을 위한 중장기 정책 목표와 방향을 제시하는 순환경제기본계획을 10년마다 수립 · 시행하도록 하고, 관계 중앙행정기관의 장은 연차별로, 시 · 도지사는 5년마다 시행계획을, 시장 · 군수 · 구청장은 시행계획의 연차별 집행계획을 각각 수립 · 시행하도록 하고 있다(제10조, 제11조).

3. 순환경제 목표의 설정

동법은 중장기 · 단계별 순환경제 목표를 설정하고 그 성과관리를 하도록 하고 있다(제13조 내지 제15조). 순환경제 목표를 설정할 때 그 지표는 폐기물발생감량률, 최종처분율, 순환이용률, 에너지회수율 등인데, 폐기물 발생 이후의 지표 외에 폐기물발생감량률[8]을 고려토록 한 것은 주목할 만하다.

그러나 그 지표로 폐기물발생감량률을 사용하고 더 나아가 순환이용률, 에너지회수율, 최종처분율 등을 사용함에서 있어서 폐기물 개념을 원용하고 있는바(제13조), 이는 순환경제를 표방하고 있는 법체계에 부합하지 아니하다고 할 수 있다. 특히 순환이용률에서 순환이용 개념 정의(예컨대, 물질 또는 물건의 재사용, 에너지 회수)를 반영하지 않는 것은 적절하지 않다고 할 수 있다. 이러한 결과는 구「자원순환기본법」에 있는 자원순환 지표를 그대로 차용한 결과라고 할 수 있으며, 차후 입법적 검토가 필요한 부분이다.[9]

4. 사업자의 순환경제 성과관리

동법은 환경부장관으로 하여금 환경부령으로 정하는 업종 및 규모에 해당하는 사업자를 순환경제성과관리대상자로 정하고, 산업통상자원부장관 및 사업자단체와의 협의를 거쳐 사업 규모, 기술 수준, 국제경쟁력 및 그 동안의 목표 달성 이력 등을 고려하여 자원순환 순환경제성과관리대상자별 순환경제 목표를 설정 · 관리하여야 한다(제15조 제1항, 제2항). 동법은 순환경제 성과관리의 적용 대상이 되는 사업자를 기존 폐기물 다량 배출자로 제한하지 않고 적용 대상이 되는 업종 및 규모를 환경부령으로 정하도록 하고 있다. 해당 순환경제성과관리대상자가 순환경제 목표를 달성하지 못한 경우에는 이행명령(동조 제5항), 공표 등의 조치를 할 수 있다(동조 6항).

---

8) 폐기물발생감량률을 산정하기 위하여 원단위를 무엇으로 하여야 하는지(예컨대, 1인 1일당 폐기물발생량인지, 국내물질소비량 대비 폐기물발생량인지)에 대한 고민이 필요하다. 생활폐기물에 대해서는 1인 1일당 폐기물발생량이 타당하나 사업장폐기물의 경우에는 매출액이나 생산량이 증가할수록 폐기물 발생량이 증가할 수밖에 없다는 점을 고려할 때 국내물질소비량(DMC) 대비 폐기물발생량이 보다 적절해 보인다.

9) 순환이용율을 순환원료 발생량 대비 순환원료 순환이용량의 비율로 수정하는 것도 하나의 대안이 될 수 있다.

5. 제품의 생산 · 유통 · 소비 단계에서 순환이용 촉진

동법은 생산 · 유통 · 소비 등 전 과정에 걸쳐 자원의 효율적 이용과 폐기물 발생 억제, 순환이용 촉진을 위한 규정을 둠으로써 지속가능한 순환경제사회 촉진을 도모하고 있다. 한편, 순환이용 촉진을 위해 사업자에게 새로운 의무를 부과하고 있는데, '노력' 조항에 그치고 있어 실효성에 의문이 제기될 수 있다.

가. 순환원료의 사용 촉진

환경부장관 및 산업통상자원부장관은 제품 · 원료 · 재료 · 용기(제품등)를 생산하는 과정에서 천연자원 사용을 줄이고 순환원료[10] 사용을 촉진하기 위하여 바이오 기반의 원료 등 천연자원 대체원료의 연구개발, 순환원료의 품질개선을 위한 연구개발 등 각종 사업을 추진할 수 있다(제16조).

나. 제품등의 순환이용 촉진

대통령령으로 정하는 제품등을 생산하거나 수입하는 자는 제품등의 순환이용을 촉진하기 위하여 제품등의 순환원료 또는 친환경 소재 · 공법 사용에 관한 사항 등 대통령령으로 정하는 사항을 준수하도록 노력하여야 한다(제17조).

다. 제품등의 순환이용성 평가

동법은 환경부장관으로 하여금 순환이용이 어려울 것으로 의심되는 제품등에 대하여 순환이용성 평가를 실시할 수 있도록 하고 있다(제18조 제1항). 순환이용성 평가는 다음의 사항에 관하여 실시한다: ① 제품등의 순환원료 또는 친환경 소재 · 공법 사용, 제품등의 내구성 및 수리의 용이성, 순환이용 가능성, 탄소배출 영향 등에 관한 사항; ② 제품등이 폐기물로 되는 경우 그 적정 처분의 가능성; ③ 제품등이 폐기물로 되는 경우 그 중량 · 부피 및 재질 · 성분; ④ 그 밖에 제품등의 순환이용을 촉진하기 위하여 필요한 사항으로서 환경부령으로 정하는 사항(동조 제2항). 기존 유해성 및 순환이용성 평가를 순환이용성 평가로 개편하고 평가항목을 확대함으로써, 순환이용을 촉진하고 있다. 환경부장관은 평가 결과 제품등의 순환이용이 어려울 것으로 판단되는 경우에는 해당 제품등을 생산 · 가공 · 수입 · 판매하는 자에게 기간을 정하여 순환이용성의 개선을 권고할 수 있다(동조 제3항). 동법은 개선권고에 그치고 있으나 검증제도를 도입하고 개선, 모니터링 등을 의무화함으로써 실효성을 제고할 필요가 있다. 다만, 권고를 받은 자가 이를 이행하지 아니한 경우에는 해당 제품등의 순환이용성 평가 결과를 공개할 수 있다(동조 제4항).

---

10) '순환원료'란 사람의 생활이나 산업활동에서 사용되었거나 사용되지 아니하고 수거된 물질 또는 물건의 전부·일부를 원형 그대로 또는 가공을 거쳐 순환이용할 수 있는 물질로서 대통령령으로 정하는 것을 말한다(제2조 제4호). 시행령에서는 구체적으로 ① 순환자원, ② 재활용가능자원, ③ 재생원료, ④ 재활용센터에서 교환하는 중고물품, ⑤ 순환골재, ⑥ 유기성 폐자원, ⑦ 그 밖에 환경부장관이 순환이용할 수 있다고 인정하여 고시하는 물질 등을 들고 있다(제2조).

라. 유통 과정에서의 순환이용 촉진

동법은 환경부장관이 유통포장재의 순환이용 촉진을 위한 사업을 추진할 수 있도록 하고, 대통령령으로 정하는 유통사업자가 유통포장재의 순환이용 등 대통령령으로 정하는 사항을 준수하도록 노력할 것을 요구하고 있다(제19조).

마. 지속가능한 제품의 수리 · 사용

대통령령으로 정하는 제품을 생산하거나 수입하는 자는 해당 제품이 조기에 폐기되지 아니하고 수리되어 사용될 수 있도록 대통령령으로 정하는 기준을 준수하도록 노력하여야 한다(제20조).

6. 순환자원의 인정

'순환자원'이란 제21조 또는 제23조에 따라 환경부장관이 산업통상자원부장관과 협의하여 인정하거나 지정 · 고시한 물질 또는 물건을 말한다(제2조 제5호). 환경부장관은 폐기물 중 다음의 기준을 모두 충족하는 물질 또는 물건을 순환자원으로 인정할 수 있다: ① 사람의 건강과 환경에 유해하지 아니할 것; ② 경제성이 있어 유상(有償) 거래가 가능하고 방치될 우려가 없을 것; ③ 그 밖에 대통령령으로 정하는 순환자원의 기준을 충족할 것(제21조 제1항). 순환자원 인정기준이 까다로울수록 제도의 실효성은 떨어질 수밖에 없다. 종전에는 법률에 정해진 비유해성 · 유상성 2개 기준뿐만 아니라 시행령에 따른 9개 기준까지, 모두 11개 기준을 충족하여야 순환자원으로 인정될 수 있었다. 그러나 2022. 12. 30. 개정 시행령은 기존 순환자원 인정기준을 대폭 삭제함으로써 순환자원의 범위를 대폭 확대하였다.[11] 이러한 인정기준 축소는 비유해성 · 유상성이 높은 물질은 제한 없이 다양한 용도로 활용할 수 있게 되어, 재활용 활성화와 함께 폐기물 처분 부담이 크게 줄 것으로 예상된다.

순환자원의 인정을 받으려는 개인 또는 법인 · 단체는 환경부장관에게 순환자원의 인정을 신청하여야 한다(동조 제2항). 순환자원 인정을 받은 순환자원은 더 이상 폐기물로 보지 않는다(동조 제5항). 그에 따른 규제의 면제는 인정 후 일정한 기간이 경과되어 재인정을 받기 전의 제한적인 기간만 이루어지고 면제 기간에도 일정한 경우에는 인정기관이 취소할 수 있다(제22조). 나아가 동법은 인정 신청절차 · 방법 및 취소 등에 대하여 규정

---

11) 이에 따르면 순환자원의 기준은 다음 기준을 말한다: ① 다음에 해당하는 물질 또는 물건이 아닐 것; ㉠ 소각 또는 매립하거나 해역으로 배출하려는 물질 또는 물건; ㉡「폐기물관리법」 제2조 제7호 나목에 따른 활동에 사용하려는 물질 또는 물건. 다만, 다음의 어느 하나에 해당하는 제품의 제조에 사용되는 물질 또는 물건은 제외한다. ⓐ「자원의 절약과 재활용촉진에 관한 법률」 제25조의4 제1항에 따른 고형연료제품(왕겨, 쌀겨 및 커피찌꺼기만을 사용하여 제조한 경우만 해당), ⓑ 바이오디젤(폐식물성유 · 폐동물성유를 사용하여 제조한 연료를 말하며,「석유 및 석유대체연료 사업법」 제31조 제2항에 따라 산업통상자원부장관이 고시한 석유대체연료의 품질기준을 충족한 것으로 한정), ㉢ 성토재, 복토재, 도로의 기층재 · 보조기층재, 채움재 등 토양 · 지하수 · 지표수에 접촉시켜 사용하려는 물질 또는 물건; ② 순환자원으로 인정받으려는 물질 또는 물건의 순환이용 특성을 고려하여 환경부장관이 정하여 고시하는 기준 및 용도에 따라 사용될 것(시행령 제11조).

하고 있다. 한편, 순환자원의 인정절차 · 방법의 간소화 차원에서 순환자원 인정 시 환경영향이 적은 폐지, 폐금속 등 대통령령으로 정하는 물질 또는 물건[12)]에 대하여는 대통령령으로 정한 절차 · 방법 등의 일부를 생략한다.

순환자원 인정은 순환자원이라는 이유로 폐기물에서 제외하고 규제대상에서 배제한다는 관념을 전제하고 있는바, 이는 거꾸로 말하면 어떠한 물질이 폐기물에 해당하는지 여하는 어떤 물질이 순환자원인지를 알아야 비로소 최종 결론에 도달할 수 있다는 것을 의미한다.

동법은 순환자원의 인정을 받은 자의 준수사항에 대해서는 정하고 있지 아니한데, 실효성을 확보한다는 차원에서 이를 정하고 위반의 경우 사용금지 등 필요한 조치명령 또는 시정명령을 내리고 이를 위반한 경우에는 벌칙을 부과하는 등 입법적 고려가 필요해 보인다.

7. 순환자원의 고시

순환자원의 인정을 받으려는 자는 순환자원의 인정을 신청하여야 하는바, 그 결과 동일한 물질 또는 물건이라도 신청 여하에 따라 순환자원이 되거나 폐기물이 될 수 있다. 말하자면 순환자원 인정을 신청하여 인정받은 자에 대해서만 「폐기물관리법」상 규제가 면제된다. 순환자원 인정을 신청하여 인정받은 자에게만 폐기물 규제에서 벗어나도록 한다는 것은 그 만큼 순환자원 인정제도의 활성화에 장애가 된다고 할 수 있다. 이러한 문제인식 하에 2022. 12. 31. 개정 법은 신청절차 없이도 순환자원으로 인정하는 절차를 두고 있다. 말하자면 신청을 통해 개별적으로 순환자원으로 인정하는 순환자원 인정제도에 고시를 통한 인정을 추가하였다고 할 수 있다. 이에 따르면 환경부장관은 산업통상자원부장관과 협의하여 폐기물 중 다음의 요건을 모두 충족하는 물질 또는 물건을 순환자원으로 지정하여 고시할 수 있다: ① 제21조 제1항 제1호(비유해성) 및 제2호(유상성)의 기준을 충족할 것; ② 폐기물로 보지 아니하는 것이 순환이용 촉진에 보다 효과적일 것(제23조 제1항).[13)] 환경부장관이 지정 · 고시한 순환자원은 그와 함께 고시한 순환이용의 용도, 방법 및 기준 등을 준수하는 범위에서 폐기물로 보지 아니한다(동조 제3항).

---

12) 종전에는 순환자원 인정절차의 일부를 생략할 수 있는 폐기물을 폐지류, 폐금속류(지정폐기물을 담았던 폐용기류 제외), 폐유리 및 폐유리병류, 폐합성수지(합성수지재질의 폐포장재 또는 단일 합성수지재질인 것으로 한정), 폐의류, 원단을 가공하는 과정에서 발생하는 폐원단조각, 식물성 잔재물(사료 또는 비료 제조 용도로 한정)로 한정하고 있었으나, 2022. 12. 30. 개정 시행령은 왕겨 및 쌀겨, 커피찌꺼기를 추가하여 절차 간소화의 범위를 확대하였다(시행령 제14조).

13) 환경부 「순환자원 지정 등에 관한 고시」(환경부 고시 제2023－299호)에 따르면 지정대상 폐기물은 폐지류, 고철, 폐금속캔류, 비철금속 중 알루미늄, 비철금속 중 구리, 전기자동차 폐배터리, 폐유리 및 폐유리병류 등이다(제2조, 별표 1). 순환자원 지정대상 폐기물에 전기자동차 폐배터리가 포함된 것은 주목할 만하다. 이에 따르면 전기자동차 폐배터리 중 침수 · 화재 · 변형 · 파손 등이 없고, 셀이 훼손되어 유출되거나 화재 폭발 등 위험이 없는 것으로서, 순환이용의 용도로 사용하려는 자에게 직접 공급하는 경우에 한하여 폐기물로 보지 않게 된다(별표 2).

8. 순환자원의 사용 촉진

순환자원의 사용을 촉진할 필요가 있는 사업자로서 대통령령으로 정하는 업종 및 규모 이상의 사업자(순환자원사용지정사업자[14])는 대통령령으로 정하는 순환자원[15]을 환경부장관과 산업통상자원부장관이 공동으로 고시하는 지침에 따라 일정량 이상 사용하도록 노력하여야 한다(제24조 제1항). 환경부장관 및 산업통상자원부장관은 순환자원의 사용실적이 우수한 순환자원사용지정사업자에게 행정적 · 기술적 · 재정적 우대조치를 할 수 있다(동조 제2항).

9. 순환자원의 품질인증

동법은 환경부장관으로 하여금 순환자원의 품질과 기술경쟁력을 강화하기 위하여 순환자원의 품질 및 공정 심사와 산업통상부장관과의 협의를 거쳐 순환자원에 관한 품질인증을 할 수 있도록 하고 있다(제25조 제1항).

10. 순환자원사용제품 표시

품질인증을 받은 순환자원을 일정한 비율 이상(제조공정에 투입되는 제품당 원료 중량의 100분의 10)으로 원료로 사용한 제품(순환자원사용제품)에는 그 포장 및 용기 등에 순환자원사용제품임을 표시할 수 있다(제26조 제1항, 시행규칙 제20조 제1항). 환경부장관 및 산업통상자원부장관은 대통령령으로 정하는 공공기관(「녹색제품 구매촉진에 관한 법률」 제2조 제2호에 따른 공공기관을 말함)에 순환자원사용제품의 우선 구매를 요청할 수 있으며, 민간단체나 기업에 우선 구매를 권유할 수 있다(동조 제2항). 순환자원사용제품이 아닌 경우에는 그 포장 및 용기 등에 순환자원사용제품 표시 또는 이와 유사한 표시를 사용하여서는 아니 된다(동조 제3항). 이를 위반한 자에 대해서는 2년 이하의 징역 또는 2천만원 이하의 벌금에 처한다(제50조).

11. 규제 특례 등

동법은 순환경제 신기술·서비스의 활성화를 위하여 이른바 "규제 샌드박스"를 통한 관련 규제를 완화하고 있다. 이에 따르면 순환경제 신기술 · 서비스를 활용하여 사업을 하려는 자는 환경부장관에게 해당 사업에 대한 순환경제 신기술 또는 서비스와 관련된 법령에 따른 허가 · 승인 · 등록 · 인가 · 검증 등(허가등)의 필요 여부 등을 확인하여 줄 것을 신청할 수 있으며(제28조), 해당 사업에 2개 이상의 허가등이 필요한 경우 환경부장관

---

14) 여기에는 ① 종이를 연간 1만톤 이상 생산하는 종이제조업종의 사업자, ② 유리용기를 연간 2만톤 이상 생산하는 유리용기제조업종의 사업자, ③ 조강(條鋼) 또는 선철(銑鐵)을 연간 10만톤 이상 생산하는 제철 및 제강업종의 사업자 등이 포함된다(시행령 제16조 제1항).

15) '대통령령으로 정하는 순환자원'이란 순환자원으로 인정을 받거나 지정 · 고시된 물질 또는 물건 중 폐지류, 폐유리용기류, 고철 등을 말한다(시행령 제16조 제2항).

에게 관련 허가등의 심사가 동시에 이루어지도록 '일괄처리'를 신청할 수 있다(제29조).

같은 맥락에서 실증을 위한 규제특례(실증특례)와 임시 허가가 부여될 수 근거를 두고 있다. 즉 순환경제 신기술 · 서비스를 활용하는 사업에 대하여 당사자의 신청에 따라 ① 허가등의 근거가 되는 법령에 해당 순환경제 신기술 · 서비스에 맞는 기준 · 규격 · 요건 등이 없는 경우, ② 허가등의 근거가 되는 법령에 따른 기준 · 규격 · 요건 등을 해당 순환경제 신기술 · 서비스에 적용하는 것이 맞지 아니한 경우, ③ 다른 법령의 규정에 의하여 허가등을 신청하는 것이 불가능한 순환경제 신기술·서비스에 대하여 제한된 구역 · 기간 · 규모 안에서 실증이 필요한 경우에는 환경부장관으로부터 제한적 시험 · 기술적 검증을 위해 필요한 규제를 적용하지 않는 실증특례가 부여될 수 있으며(제30조), ① 허가등의 근거가 되는 법령에 해당 순환경제 신기술 · 서비스에 맞는 기준 · 규격 · 요건 등이 없는 경우; ② 허가등의 근거가 되는 법령에 따른 기준 · 규격 · 요건 등을 해당 순환경제 신기술 · 서비스에 적용하는 것이 맞지 아니한 경우에는 임시 허가가 부여될 수 있다(제33조).

12. 폐기물처분부담금의 부과 · 징수

동법은 폐기물이 최대한 순환자원으로 이용되도록 함으로써 최종처분하여야 하는 폐기물의 양을 근본적으로 줄이기 위하여 폐기물을 배출하는 자 등에게 폐기물처분부담금을 부과 · 징수할 수 있도록 하고 있다. 즉 환경부장관은 다음의 자가 폐기물을 순환이용할 수 있음에도 불구하고 소각 또는 매립의 방법으로 폐기물을 처분하는 경우 폐기물처분부담금을 부과 · 징수할 수 있다: ① 「폐기물관리법」 제14조 제1항에 따른 특별자치시장, 특별자치도지사, 시장 · 군수 · 구청장; ② 「폐기물관리법」 제18조 제1항에 따른 사업장폐기물배출자(제36조 제1항).[16] 폐기물처분부담금이 부과되는 경우는 소각 또는 매립의 경우로 국한된다. 다만 그 대상자가 ① 폐기물 매립지를 직접 조성하고 향후 재활용하기 위하여 일정기간 동안 매립하는 경우, ② 폐기물을 처분하는 과정에서 폐자원에너지[17]를 일정 기준 이상 회수하는 경우, ③ 「자원의 절약과 재활용촉진에 관한 법률」 제12조에 따른 폐기물부담금이 부과된 경우,[18] ④ 중소기업인 경우 등에는 폐기물처분부담금을 감면할 수 있다(동조 제2항).

폐기물처분부담금은 해당 폐기물을 순환이용하는 데에 소요되는 비용을 고려하여 산

16) 공사장 생활폐기물(생활폐기물 중 일련의 공사·작업 등으로 인하여 5톤 미만으로 발생되는 폐기물)이 생활폐기물이라는 이유로 그 배출자에게 한 폐기물부담금 부과처분이 부당하다고 한 사례는 서울고법 2022. 1. 12. 선고 2020누52148 판결 참조.

17) 「자원의 절약과 재활용촉진에 관한 법률」에 따르면 '폐자원에너지'는 고형연료제품, 폐기물합성가스 등 폐기물로부터 회수된 에너지 또는 에너지를 회수할 수 있도록 전환된 물질로서 환경부령으로 정하는 것을 말한다(제2조 제8호의2).

18) 폐기물처분부담금의 경우, 기존 「자원의 절약과 재활용촉진에 관한 법률」 제12조에 따른 폐기물부담금제도와 중복성이 제기될 수 있다. 즉 폐기물부담금제도에 따라 특정대기유해물질, 특정수질유해물질 또는 유독물을 함유하고 있거나, 재활용이 어렵고 폐기물 관리상의 문제를 초래할 가능성이 있는 일정한 제품 · 재료 · 용기에 대하여 그 처리에 소요되는 비용을 부담케 한 후에 순환경제사회법에 따라 다시 매립 · 소각 비용을 부담토록 하는 것은 중복성 논란이 제기될 수 있는 것이다. 이러한 점을 고려하여 동법은 폐기물부담금이 부과된 경우 폐기물처분부담금을 감면할 수 있도록 하고 있다.

정하되, 처분한 폐기물의 양에 대통령령으로 정하는 산출기준을 적용하여 산출된 금액과 대통령령으로 정한 산정지수를 곱하여 산정한다(동조 제3항).

이와 같이 폐기물처분부담금을 부과하는 것은 폐기물을 소각 또는 매립의 방법으로 처분하는 폐기물처리의무자에게 해당 폐기물이 순환이용되지 아니하고 단순 처분됨으로써 발생하는 사회적 비용을 부과 · 징수하는 것이라고 이해할 수 있다.

현재 우리나라는 폐기물의 재활용률이 크게 확대되고 매립률이 크게 낮아진 반면, 소각률은 점진적으로 증가하는 추세에 있어 폐기물 처리 구조가 바람직한 방향으로 변화하고 있다고 할 수 있다.[19] 그러나 우리나라는 자원 및 에너지 빈국임에도 불구하고 자원 및 에너지를 많이 소비하는 국가로서 전체 사용 에너지의 96% 정도를 수입에 의존하는 형편이다. 2015년 에너지 수입에 지불한 외화는 1천억달러 규모이다. 단위면적당 폐기물 발생량은 OECD 국가 중 4위에 이를 정도로 상대적으로 높은 편이다.[20] 매립되거나 단순 소각되어 사라지는 폐기물 중에서도 에너지 회수가 가능한 물질이 56% 포함되어 있는 반면, 경제 전체의 자원 생산성은 약 1.14유로(2011년 기준)에 불과하다.[21] 이러한 상황에서 자원의 선순환을 유도하는 마땅한 정책 및 수단은 존재하지 않는다고 할 수 있다. 이에 동법은 순환자원의 처분을 최소화하여 순환자원으로 선순환되도록 유도하기 위해 폐기물처분부담금을 신설하였다고 할 수 있다.

폐기물처분부담금제도는 폐기물의 소각 · 매립을 직접적으로 규제하는 명령규제 방식이 아니라 경제적 동기 부여를 통하여 간접적으로 폐기물 처분자의 행태에 영향을 주어 폐기물 처분량을 줄여나가는 것을 유도하는 방식이라고 할 수 있다. 전자의 방식이 비교적 단순하고 효과가 신속하게 나타나므로 단기적으로 폐기물 처분량 감소 효과가 나타나는 데 비해, 후자의 방식은 경제적 유인을 통해 점진적 감소 및 순환자원의 이용을 촉진하는 효과를 가져올 수 있을 것이다. 그러나 폐기물 소각 · 매립비용이 재활용비용보다 많은 경우, 재활용이 불가능한 경우 등에도 폐기물처분부담금제도를 고집하는 것이 타당한지에 대해서는 별도의 검토가 필요해 보인다.

13. 재정적 · 기술적 지원 등

동법은 국가 및 지방자치단체로 하여금 순환경제사회의 발전을 위하여 사업자 등에게 필요한 재정적 · 기술적 지원을 할 수 있도록 하고(제41조), 관련 법령에 따른 규제의 완화 등 필요한 법제상 · 행정상의 조치를 하도록 법적 근거를 두고 있다(제42조).

---

19) 2014년 현재 우리나라에서 발생하는 전체 폐기물의 처리와 관련해서 재활용이 83.9%, 매립이 9.4%, 소각이 6.1%, 해역배출이 0.4%를 차지하고 있다. 사업장폐기물은 재활용률이 87.4%에 이르고 있다. 2016년 환경백서(각주 1), 412 내지 413면.

20) 2016년 환경백서(앞의 책), 415면.

21) 2016년 환경백서(앞의 책), 84면.

Ⅱ. 평 가

구「자원순환기본법」은 기본법적 성격과 함께 집행적인 성격을 공유함으로써 다른 폐기물 관련 개별법과의 체계성과 연계성이 약하고, 순환자원을 폐기물의 하부 개념으로 설정하고 있어 자원순환이 제품의 설계, 생산, 폐기 전 단계에 걸친 기본원리로서 적용되기에는 한계가 있었다. 말하자면 자원순환사회를 구현하기 위해 명실상부한 포괄적이고 기본적인 법률의 제정에는 실패하였다고 평가할 수 있었다. 이 때문에 폐기물과 관련해서 또 하나의 개별법이 탄생하였다는 비판을 감수하여야 하였다.[22] 이러한 한계는 기본법이 개별법보다 나중에 제정됨으로써 혼란을 자초한 측면이 있다. 명실상부한 기본법이 만들어지고 여기에 맞추어져 순차적으로 하위 개별법이 만들어졌다면 이러한 부작용과 왜곡현상은 발생하지 않았을 것이다. 뒤늦은 감이 있지만 폐기물을 뛰어넘어 제품의 전 과정을 염두에 두고 있는 순환경제사회법의 제정은 자연스럽다고 할 수 있다. 말하자면「자원순환기본법」이 폐기물 개념에 집착하여 그 발생억제와 적정한 처리에 초점이 있었다면 순환경제사회법은 생산 · 유통 · 소비 등 제품의 전 과정에서 순환경사회로의 촉진에 초점을 두고 있다고 할 수 있다. 이로써 자원순환형 사회에 부합하는 선진적인 법체계가 비로소 구축되었다고 평가할 수 있다.

1. 성격: 불완전한 기본법

동법은 제4조에서 "순환경제사회 촉진에 관련되는 다른 법률을 제정하거나 개정하는 경우에는 이 법의 목적과 기본원칙에 부합되게 하여야 한다"고 규정하고 있는데, 이는 동법이 기본법적 성격과 역할을 지향하고 있다는 것을 의미한다. 이러한 관점에서 동법에서 순환경제사회를 내세우면서 그 출발이 되는 '순환경제사회', '순환이용', '순환원료' 등 개념을 정의하고(제2조), 기본원칙(제3조), 국가 및 지방자치단체 · 사업자 · 국민의 책무(제5조 내지 제7조), 순환경제기본계획의 수립 · 시행(제10조) 등을 규정하고 있는 것은 자연스럽다고 할 수 있다.

그러나 다른 한편으로 기본법에서는 낯선 구체적이고 집행법적인 성격을 지닌 조항들이 일부 포함되어 있는데, 예컨대, 순환자원의 인정(제9조), 폐기물처분부담금(제21조)에 관한 규정들이 대표적이다. 집행법적인 내용을 두게 된 것은 가뜩이나 많은 법에 단순히 또 하나의 법을 추가한다는 비판에 직면할 수 있다. 보기에 따라서는 폐기물관리 분야에「폐기물관리법」과 함께 두 개의 기본법이 존재하는 상황이 되기 때문이다. 그러나 순환경제사회법은 이러한 고민을 크게 덜어주고 있다. 폐기물과의 절연(切緣)을 시도하면서

22) 2013. 9. 정부 입법으로 발의된「자원순환사회 전환 촉진법안」에 대하여 기본법인지 개별법인지 법안의 정체성이 모호하다는 비판도 같은 맥락으로 이해할 수 있다. 한상운, 자원순환형사회를 위한 법체계 정비 방안 연구, 한국환경정책 · 평가연구원, 2014. 10, 54면.

적용범위가 폐기물보다 포괄적이고, 원료부터 제품의 전 주기에 걸친 자원순환을 표방하면서 제품의 전과정에서의 순환이용을 강조하고 있는 것이 그 증거이다. 순환원료, 제품 · 원료 · 재료 · 용기, 유통포장재 등에 대한 고려, 제품의 생산 · 유통 · 소비 단계에서 순환이용 촉진 등이 좋은 예이다. 이제는 동법이 「폐기물관리법」, 「자원의 절약과 재활용촉진에 관한 법률」을 그 하부에 두어 폐기물의 처리와 재활용을 아우르는 것은 물론, 제품 등에도 신경을 씀으로써, 자원순환과 폐기물관리를 총괄하면서 기본법의 성격을 고수하는 방향으로 선회했다고 평가할 수 있다.

그러나 기본법으로서의 완결성은 부족한 측면이 있다. 순환경제사회를 위한 기본법으로서의 역할을 충실히 수행하기 위해서는 궁극적으로 폐기물 개념을 폐기해야 함에도 폐기물과의 단절이 완전히 이루어지고 있지 못하기 때문이다(이는 기본법이 「폐기물관리법」이나 「자원의 절약과 재활용촉진에 관한 법률」보다 나중에 제정되었기 때문에 부득이한 측면이 있다고 할 수 있다). 이 근거를 몇 가지 들면 다음과 같다.

첫째, '자원순환', '자원순환산업', '자원순환시설'에 관한 개념정의(제2조) 및 기본원칙(제3조)이 폐기물 개념에 의지하고 있으며, 순환원료, 순환자원, 순환이용 등과 유사한 용어인 재생자원, 재생원료, 재사용, 재생이용 등에 대한 개념 정의를 「자원의 절약과 재활용촉진에 관한 법률」에 미루고 있다.

둘째, 순환경제 목표를 설정하면서 순환경제 지표로 폐기물발생감량률을 사용하고 더 나아가 순환이용률, 에너지회수율, 최종처분율 등을 사용함에서 있어서 여전히 폐기물 개념을 원용하고 있다(제13조).

셋째, 순환자원 인정제도 역시 폐기물 개념을 전제로 하고 있다는 점에서 비판을 면하기 힘들어 보인다. 순환자원 인정제도는 폐기물에 해당하는 물질을 폐기물에서 제외시키는 폐기물정책에 해당하기 때문이다.

마지막으로 기본법 차체가 갖는 한계도 만만치 않다. 좀더 구체적으로 살펴보면 재량조항과 노력 조항이 많이 발견된다는 점이다. 순환원료의 사용촉진(제16조), 제품등의 순환이용 촉진(제17조), 제품등의 순환이용성 평가(제18조), 유통사업자의 유통포장재 감량 및 순환이용(제19조), 지속가능한 제품의 사용(제20조) 등이 그 대표적인 예이다. 그 결과 이러한 정책들의 실시 자체가 불투명해지거나 기업의 자발적 참여에 기댈 수밖에 없게 되어 있다.

2. 폐기물, 처분에서 순환자원, 이용으로의 정책 방향 전환

동법은 폐기물 → 자원으로, 처분 → 이용으로 정책방향을 제시하고 있다. 즉 폐기물 대신에 순환자원이라는 새로운 개념을 도입하고, '순환이용'이란 개념 정의를 하면서 폐기물이라는 표현 대신에 '사용된 물질 또는 물건'이라는 표현을 사용함으로써, 폐기물 (적정)

처분보다 자원의 이용에 초점을 두고 있다고 할 수 있다. 이는 앞에서 본 바와 같이 폐기물을 상위개념으로 하고 있는 구 「순환자원기본법」의 한계를 극복하려고 제품 · 원료 · 재료 · 용기(제품등)을 포용한 결과이다.

나아가 동법은 생산 · 유통 · 소비 등 단계별로 순환이용 촉진을 위한 규정을 두고 있다.

· 생산단계: 순환원료의 사용 촉진, 제품등의 순환이용성 평가
· 유통단계: 유통포장재의 표준화, 유통포장재의 감량 등
· 사용단계: 수리에 필요한 예비부품의 확보, 예비부품 배송 기한 준수

다소 아쉬운 점이 있다면 자원의 '이용'은 재사용 및 재생이용을 아우르는 것이라고 할 수 있는데, 이러한 개념을 여전히 「자원의 절약과 재활용촉진에 관한 법률」에 두고 있다는 것이다. 이는 기본법이 개별법보다 후에 만들어진 기형적인 결과물로서 순환경제사회의 촉진을 위해 중요한 이러한 개념들은 향후 순환경제사회법으로 이동할 필요가 있다.

나아가 동법에서 대략적이라도 재사용 등의 방향, 방법 등에 대한 규정을 둘 필요성이 있다. 기본원칙에서 폐기물의 재사용, 재생이용 등을 언급하고는 있지만 이로써 동법이 이들을 아우른다고 하기에는 부족한 감이 있기 때문이다. 이러한 입법적 고려는 어렵게 만들어진 선진적인 법체계의 정합성과 동법의 기본법적 성질을 한층 제고하는 일환이 될 수 있다.

3. 순환자원을 폐기물의 상위개념으로 하는 순환이용

순환자원과 폐기물 중 어느 것을 상위 개념으로 하는 것이 바람직할까? 이는 「폐기물관리법」을 위시한 관련 법 체계 전반과 직결되는 문제이다. 우리 사회가 궁극적으로 자원순환사회로 나아가기 위해서는 자원순환의 원리가 적용되어야 하는 순환자원을 넓게 이해할 필요가 있다. 그러나 순환자원의 개념을 지나치게 확대할 경우에는 기존 폐기물로 관리되던 물질이 관리대상에서 제외될 가능성이 있으며, 그 결과 재활용 등 적정하게 처리되지 않아 자칫 환경이나 사람의 건강에 심각한 위해를 끼칠 수 있다. 순환자원이 폐기물의 재활용, 에너지회수 등과 관련된 개념을 훨씬 뛰어 넘어 그 범위 및 대상이 자원의 개발과 제품의 설계, 생산, 폐기의 전 단계에 걸쳐 적용될 경우에는 기존 환경부 소관 업무뿐만 아니라 산업통상자원부, 농림식품부, 해양수산부 등 다른 관련 부처의 업무에도 큰 영향을 미칠 수 있어, 법제정 자체가 어려워질 수 있다는 현실적인 문제도 발생할 수 있다.

이러한 점을 고려하여 기존 「자원순환기본법」은 폐기물의 개념을 전제로, 폐기물 발생의 최소화와 함께 폐기물의 재사용, 재생이용 및 에너지회수 등을 포괄하는 규정을 두고 있었다(제3조 제4호). 그러나 자원순환이 자원의 개발과 제품의 설계 및 생산에서부터 폐기까지 전 단계에 관한 기본원리로서 적용되기에는 역부족이라고 할 수 있다. 폐기물이

라는 상위 개념에서 순환자원을 추출해 내는 것은 자칫 논리적 모순을 가질 수 있다. 순환자원은 애초에 폐기물이 될 수 없고 거꾸로 폐기물에서 추출해 낼 수 있는, 가치가 있는 순환자원이라는 것이 있을 수 없기 때문이다.[23] 이러한 문제에 대한 고민의 결과 순환경제사회법은 폐기물과의 완전한 단절이 아니라 순환원료라는 개념을 차용하고 폐기물 개념을 희석함으로써 문제를 해결하려고 하고 있다.

4. 순환자원 인정제도의 개선

한편, 동법은 '순환자원 인정' 제도를 통해 일정한 기준과 절차에 따라 인정을 받은 순환자원을 폐기물에서 제외하고 있다. 이는 결과적으로 폐기물 규제에서 제외된다는 점에서 폐기물 제외[24] 또는 종료제도[25]와 유사한 측면이 있다.[26]

순환자원의 인정 여하와 관련한 규정방식으로는 원칙적으로 순환자원을 폭넓게 인정하고 예외적으로 배제하는 방식과 원칙적으로 폐기물의 순환자원성을 부인하고 예외적으로 순환자원으로 인정해 주는 방식이 있을 수 있다. 순환자원을 상위 개념으로 하는 경우에는 제외 규정을 두는 전자의 방식이 논리적으로 타당할 것이다. 그러나 동법은 순환자원 인정방식을 채택함으로써 후자의 규정방식을 따르고 있다.

이에 따르면 순환자원으로 인정되지 않는 경우에는 폐기물의 지위를 그대로 유지하게 되므로 순환자원의 인정은 폐기물의 범위와 직접적으로 관련이 있다. 이는 폐기물 중에서 일부만이 순환자원이 될 수 있다는 것을 의미한다.

순환경제의 궁극적 목표가 폐기물 개념을 아예 없애거나 희석시키는 것이므로 순환자원 인정은 순환경제체제에 부합하지 않는다고 할 수 있다. 순환자원 인정제도가 폐기물에 해당하는 물질을 폐기물 규제에서 면제시키는 폐기물정책에 불과하기 때문이다. 그렇다고 동제도를 당장 폐지하는 것은 현실성이 떨어지는 측면이 있다. 이러한 점을 고려할 때 지속적으로 인정기준을 완화하고 인정범위를 확대하는 조치가 필요해 보인다. 같은 맥락에서 신청하여 인정받은 자에게만 순환자원이라는 지위를 부여하는 데에서 나아가 고시를 통

---

23) 전재경(각주 4), 615면.

24) 정부에서 2013. 9. 입법예고한 「자원순환사회 전환 촉진법안」에서는 폐기물 제외기준을 규정하고 있었다. 즉 동 법안 제4조 제2항에서는 폐기물 제외가 되는 물질 또는 물건이 ① 사용목적이 명확할 것, ② 추가적인 공정 없이 직접 사용할 것, ③ 일련의 생산공정 내에서 발생할 것, ④ 당해 물질 또는 물건의 사용이 환경 및 건강에 악영향을 미치지 않을 것, ⑤ 다른 법령의 요건을 만족할 것 등을 명시하고 있다.

25) EU는 2008년 기존 「폐기물 기본지침」을 개정하면서 '폐기물 종료(End-of-Waste)'라는 지위를 제6조에 새롭게 규정하였다. 독일은 이 지침을 받아들여 2012. 2. 개정 「순환경제의 촉진 및 폐기물의 환경친화적 관리 보장을 위한 법률」에서 폐기물 종료제도를 도입하였다. 이에 따르면 일정한 물질 또는 물건이 재자원화 절차를 거치고, ① 그 물질이나 물건이 통상적으로 특정한 목적에 사용되며, ② 그에 대한 시장이나 수요가 존재하고, ③ 특정한 목적에 해당하는 기술적인 요건과 그 생산에 관한 일체의 법적 규정 및 표준을 충족시키며, ④ 그 사용이 전체적으로 인간이나 환경에 유해한 영향을 초래하지 않도록 만들어진 경우에 그 폐기물성은 종료된다(제5조 제1항). 2013. 7.과 같은 해 11. 국회에 의원발의 법률안으로 제출된 「자원순환사회 전환 촉진법안」, 「자원순환사회촉진기본법안」과 정부에서 2013. 9. 입법예고한 「자원순환사회 전환 촉진법안」에서는 '폐기물 제외 기준'과 함께 '폐기물 종료 인정' 제도를 도입하고 있었다.

26) 폐기물 제외는 애초부터 폐기물에서 배제되는 것이라면 폐기물 종료는 일단 폐기물에는 해당하지만 일정한 기준과 절차에 따라 폐기물에서 제외되는 것이라고 할 수 있다.

해 순환자원의 인정을 허용한 것은 순환자원의 확대 및 활성화에 기여할 것으로 보인다. 궁극적으로는 일정한 기준과 절차를 통한 '폐기물 종료' 제도의 도입함으로써 법체계성을 강화할 필요가 있다.

5. 규제완화

동법은 순환경제 신기술·서비스의 활성화를 위하여 관련 규제를 완화하고 있다. 신속처리 절차, 일괄처리, 규제특례와 임시허가 등이 그 좋은 예이다. 이는 「규제자유특구 및 지역특화발전특구에 관한 규제특례법」(규제자유특구법), 「정보통신 진흥 및 융합 활성화 등에 관한 특별법」(정보통신융합법) 등에서 인정되던 이른바, 규제 샌드박스 제도가 도입된 것으로 순환경제 분야의 특성을 고려한 신사업을 육성하는 토대가 될 가능성이 크다.[27)]

규제 샌드박스의 도입은 기존 환경법 영역에서는 없었던 것으로서 순환경제 신기술 · 서비스를 활성화함으로써, 순환경제사회 촉진을 도모한다는 의미를 준다고 할 수 있다. 한편, 이러한 규제 완화조치, 특히 실증특례와 임시허가는 어디까지나 잠정적인 조치에 불과하다는 한계가 있다. 그러나 실제 법제도로 반영되기도 한다는 점에서 여전히 주목할 만하다.

제 2 절 폐기물관리법

1986년, 폐기물을 적정하게 처리하여 자연환경 및 생활환경을 청결히 함으로써 환경보전과 국민생활의 질적 향상에 이바지함을 목적으로 「폐기물관리법」이 제정되었다. 동법은 종래의 '환경보전법'과 '오물청소법'으로 나누어져 관리되고 있던 폐기물 관련 규정을 통합, 보완한 것이다. 「폐기물관리법」의 제정은 「환경정책기본법」과 개별 환경법들이 만들어지기 시작한 1990년대 이전에 이루어진 것으로 분법화의 단초를 제공하였다.

현행 「폐기물관리법」은 폐기물의 발생을 최대한 억제하고 발생한 폐기물을 친환경적으로 처리함으로써 환경보전과 국민생활의 질적 향상에 이바지함을 목적으로 하고(제1조), 사업장폐기물을 중심으로 폐기물의 친환경적 처리에 관한 사항을 주로 규정하고 있다.

Ⅰ. 일 반

1. 폐기물이란?

가. 개념표지: 필요성

「폐기물관리법」은 폐기물의 관리 및 규제와 관련하여 일반법의 성질을 갖는다. 따라

27) 2024년 현재 5개 부처에서 7개 제도를 운영하고 있다. 여기에는 앞서 규제자유특구법, 정보통신융합법 외에 「산업융합 촉진법」, 「금융혁신지원 특별법」, 「스마트도시 조성 및 산업진흥 등에 관한 법률」, 「연구개발특구의 육성에 관한 특별법」, 「모빌리티 혁신 및 활성화 지원에 관한 법률」 등이 포함된다.

서 폐기물에 관한 사항은 다른 법률에 특별한 규정이 없는 한 동법이 적용된다. 여기에서 폐기물 개념은 「폐기물관리법」의 적용을 위한 출발점이 되는데, 동법은 '폐기물'을 "쓰레기 · 연소재 · 오니 · 폐유 · 폐산 · 폐알카리 · 동물의 사체 등으로서 사람의 생활이나 사업활동에 필요하지 아니하게 된 물질"로 정의하고 있다(제2조 제1호). 이와 같은 폐기물 정의에는 자원순환형 사회에 부합하는, '자원'이라는 개념을 찾아 볼 수 없다. 쓰레기[1] · 연소재 등은 하나의 예시에 불과하고 "사람의 생활이나 사업활동에 필요하지 아니하게 된 물질"이 바로 폐기물이다.

이와 같이 동법은 폐기물의 표지로 '필요성'을 제시하고 있는데, 문제는 생활이나 사업활동에 필요하지 않다는 것을 누가, 어떻게 판단할 것인가이다. 이와 관련하여서는 당사자의 주관적인 의사를 기준으로 하여야 한다는 견해가 있을 수 있으나,[2] 이러한 견해는 자칫 폐기물 개념을 상대화할 수 있으므로 폐기물 여부는 객관적인 기준으로 판단하여야 할 것이다. 즉 객관적으로 사용가치가 없다고 사회통념상 승인되는 경우에 폐기물로 보는 것이 타당하다. 이와 같은 해석이 환경보호라는 「폐기물관리법」의 입법취지에 부합한다 할 것이다.[3] 다만 버리는 자나 사용하는 자의 주관적인 사정은 폐기물인지 여부를 판단하는 데 하나의 고려요소로 작용할 것이다. 판례는 주관적 의사와 물건의 객관적 성상 등을 함께 고려하고 있으나(종합판단설) 구체적인 경우 폐기물인지 여부를 판단하는 것이 쉬운 것은 아닐 것이다(판례 [1] 내지 [2] 참조). 이와 같은 관점에서 폐기물에 대한 구체적인 예시와 명확한 개념 정의가 필요하다고 생각된다. 참고로 독일 「순환경제의 촉진 및 폐기물의 환경친화적 관리 보장을 위한 법률」 제3조에서는 폐기물을 "점유자가 처리하거나 처리하려고 하는 것이거나 또는 점유자가 처리하여야만 하는 모든 물질 또는 물건"으로 보고 있는데, 이러한 개념 정의는 폐기물 개념을 보다 명확화 · 객관화 · 확대하고 있다는 점에서 시사하는 바가 크다.[4]

[1] 사업활동에 필요하지 아니하게 된 물질(소극): 대법원 2001. 12. 24. 선고 2001도4506 판결

경쟁입찰을 통하여 축산업협동조합과 1년 단위로 부산물판매계약을 체결하고 조

1) 폐기물의 개념 가운데 중심적 위치를 갖는 쓰레기에 대해서 동법은 정의하지 않고 있다. 쓰레기의 사전적 의미는 먼지나 티끌 또는 그 밖의 못쓰게 되어 버린 잡된 물건을 통틀어 일컫는 말이다. 대한민국 나라말 사전, YBM Si-sa, 2003.

2) 「폐기물관리법」상의 폐기물개념은 주관적 폐기물개념을 원칙으로 하고 객관적 개념에 의해 보충되고 있다는 견해가 있다. 홍준형, 환경법, 박영사, 2005, 914 내지 916면; 조현권, 환경법 -이론과 실무-, 법률문화원, 1999, 588면, 각주 3; 조홍식, 환경법원론, 박영사, 2019, 617면. 보다 넓게 폐기물은 배출자의 의사에 의해 버린 것이거나 버리고자 하는 것뿐만 아니라 환경과 사람의 건강의 보호라는 관점에서 사회통념상 사람의 생활이나 사업활동에 필요하지 않게 된 것을 포함한다는 견해도 있다. 박균성 · 함태성, 환경법, 박영사, 2015, 507 내지 508면. 폐기물 개념을 주관적 폐기물과 객관적 폐기물 개념으로 구분할 경우 지정폐기물은 객관적 폐기물 개념에 따른 것이라 할 것이다.

3) 김천수, "폐기물을 재활용하는 경우에 있어, 폐기물의 기준", 대법원판례해설, 재판연구관세미나자료 제43호, 2002, 771면.

4) 김광수, "독일의 폐기물법 개정이 우리나라 폐기물 정책에 주는 시사점", 환경법연구 제23권 제2호, 2001, 218 내지 219면.

합에게 보증금을 예치하고 돼지지육의 중량에 따른 단가를 정하여 계속적으로 공급받아 돼지가죽에서 기름을 제거하고 염장처리하는 등의 방법으로 가공한 후 가죽공장에 원자재로 납품하였다면 그 돼지가죽은 조합 공판장에서 상업적으로 매각하고 있으므로 이에 비추어 본 조합의 의사와 그 물건의 성상 등을 감안하면 이를 두고 사업활동에 필요하지 않게 된 폐기된 물질에 해당한다고 볼 수는 없다.5)

[2] 유출된 비료(적극): 대법원 2009. 1. 30. 선고 2008도8971 판결

구 폐기물관리법(2007. 4. 11. 전부 개정된 것) 제2조 제1호는 폐기물을 '쓰레기 · 연소재 · 오니 · 폐유 · 폐산 · 폐알칼리 · 동물의 사체 등으로서 사람의 생활이나 사업활동에 필요하지 아니하게 된 물질'로 정의하고 있는바, 폐기물의 발생을 최대한 억제하고 발생한 폐기물을 적정하게 처리하여 환경보전과 국민생활의 질적 향상에 이바지하는 것을 목적으로 하는 구 폐기물관리법의 취지에 비추어 볼 때, 위 액체비료가 본래 위 공장의 원료로서 보관하던 것이라 하더라도 그것이 일단 저장탱크로부터 유출되어 더 이상 위 생산목적에 사용하기 어렵게 된 이상은 사람의 생활이나 사업활동에 필요하지 아니하게 된 물질로서 폐기물에 해당한다고 보아야 할 것이다.6)

[3] 광미(소극): 대법원 2001. 7. 27 선고 2001도191 판결

피고인이 주식회사 C의 광산부지로 운반하여 보관하였다는 이 사건 물질은, 채광된 광석(금광석)을 육안으로 1차 선별하고 여러 단계의 물리적인 파쇄 및 분쇄 단계를 거친 다음 원심분리 방식의 부선기라는 기계를 사용하여 위로 뜨는 가벼운 물질부분(금이 일정량 함유된 물질로서 다음 단계로 넘어가 약품처리를 통하여 금을 추출함)을 선광하고, 밑으로 가라앉는 부산물부분을 물과 함께 배출해 적치해 놓은 것으로서 광미의 일종이라 할 것이고, 광석의 약품선광처리 후 배출되는 불용광석이나 광석을 용융한 후 배출되는 광재와는 다른 것이라 할 것이고 한편, 한국표준산업분류에 의하면, 비철금속광으로부터 비철금속을 제련 및 정련하는 산업활동인 비철금속 제1차 제련 및 정련업은 제조업에 해당되나, 금속광물의 채굴 및 추출활동, 그리고 채광활동에 부수적으로 수행되는 광석의 파쇄 · 마쇄 · 자성 및 중력에 의한 분리 · 선별 · 체질 · 부유 · 분말의 응집처리 · 건조 · 배소 · 자화 또는 산화하기 위한 하소 등과 같이 기본적인 화학구조를 변화시키지 않는 범위 내에서 수행되는 금속광물의 정광처리활동은 광업 특히 금속광업에 해당되는 것인 바, 위와 같이 약품처리를 하

---

5) 돼지를 도축하는 과정에서 발생한 돼지가죽이 폐기물관리법 제2조 제1호 소정의 폐기물에 해당하지 않는다고 한 사례. 그 밖에 폐기물 인정에 소극적인 판례는 대법원 1992. 2. 14. 선고 91도792 판결(식용에 사용하려는 살아 있는 토끼가 폐기물에 해당되지 않는다고 한 사례).

6) 빗물 등이 들어올 수 없도록 하는 차단시설을 설치하지 않은 채 공장 내부에 액체비료를 보관하던 중 물이 새면서 보관중이던 아미노산발효부산비료 및 침출수 등이 빗물과 함께 공장 밖으로 배출되어 인근 농경지를 오염시킨 사안에서, 위 액체비료를 「폐기물관리법」상 폐기물로 보고 비료생산업체를 운영하는 피고인이 법령이 정하는 기준 및 방법에 따라 처리하지 않았다고 유죄 취지로 판단한 사례.

기 전에 선별 · 분쇄 · 마쇄 및 원심 분리의 방법에 의한 분리 등 기계적·물리적인 방법을 통한 선광단계까지의 산업활동은 광업에 속하는 것이므로 그 과정에서 나온 이 사건 물질(광미)은 광업을 수행하는 사업장에서 광석을 선광하고 남은 잔존물일 뿐, 제조업을 수행하는 사업장에서 발생되는 폐기물이라 볼 수 없다.

제품의 생산과정에서 부수적으로 발생한 물질 또는 폐기된 물질이 타 공정의 원료로 이용될 수 있는 경우 이를 폐기물로 보아야 할 것인지가 문제될 수 있다. 「폐기물관리법」은 폐기물일 것을 재활용의 전제로서 요구하고, 재활용을 폐기물처리의 일종으로 파악하고 있으므로(제2조 제7호) 재활용이 가능하다고 하여 폐기물이 아니라고 단정할 수 없다.[7] 법원도 당해 사업장에서 폐기된 물질이 재활용 원료로 공급된다는 사정만으로 폐기물의 성질을 상실한다고 볼 것은 아니라고 판단하고 있다.[8] 결국 재활용될 수 있는 물질도 성상이 변경되지 아니하여 「폐기물관리법」상의 폐기물 개념에 부합할 경우에는 폐기물로 보아야 할 것이다.[9]

[4] 재생골재(소극): 부산지법 2008. 10. 8. 선고 2007구합5258 판결

구 폐기물관리법 시행규칙(2007. 12. 31. 개정되기 전의 것) 제12조는 "폐기물재활용 신고자가 무기성 오니를 재활용하려면 60일 이내에 처리하여야 한다"고 규정하고 있고, 구 폐기물관리법(2007. 1. 3. 개정되기 전의 것) 제2조 제1호는 "'폐기물'이란 쓰레기, 연소재, 오니, 폐유, 폐산, 폐알칼리 및 동물의 사체 등으로서 사람의 생활이나 사업활동에 필요하지 아니하게 된 물질을 말한다"고 규정하고 있으며, 제6호는 "'처리'란 폐기물의 소각 · 중화 · 파쇄 · 고형화 등의 중간처리(제7호에 따른 재활용을 포함)와 매립하거나 해역으로 배출하는 등의 최종처리를 말한다"고 규정하고 있고, 제7호는 "'재활용'이란 폐기물을 재사용 · 재생이용하거나 재사용 · 재생이용할 수 있는 상태로 만드는 활동 또는 환경부령으로 정하는 기준에 따라 폐기물로부터 「에너지기본법」 제2조 제1호에 따른 에너지를 회수하는 활동을 말한다"고 규정하고 있다.

위 각 규정의 의미를 문리적으로 살펴보면, 폐기물 처리의 개념에는 폐기물의 재활용이 포함되고, 폐기물 재활용이라 함은 폐기물을 직접 재사용 · 재생이용하는 경

7) 조현권, "환경사범 유형연구", 환경범죄수사과정교재, 2003, 157면.
8) 대법원 2001. 6. 1. 선고 2001도70 판결(돼지기름 등 돈지를 배출하여 폐기물처리업체에 위탁처리하면서 이를 신고하지 아니한 사안에서 유죄를 인정한 사례); 대법원 2002. 12. 26. 선고 2002도3116 판결; 대법원 2003. 2. 28. 선고 2002도6081 판결(판례 [4]); 대법원 2010. 9. 30. 선고 2009두6681 판결(골재 제조업, 폐기물중간처분업 등을 영위하는 갑 회사가 건설현장에서 발생하는 토사를 공급받아 세척시설을 이용하여 모래와 흙으로 분리한 후 흙을 인근지역 농민인 을에게 공급하자, 행정청이 위 흙은 「폐기물관리법」상 산업용 폐기물에 해당하고 갑이 법에서 정한 폐기물재활용 신고절차를 이행하지 않고 폐기물을 처리하였다는 이유로 갑에 대해서 '불법배출 폐기물 적정처리'를, 을에 대해서 '폐기물 반입지 원상복구'를 내용으로 하는 조치명령을 내린 사안에서, 그 처분이 재량권의 범위를 현저히 일탈 · 남용하여 위법한 처분으로 볼 수 없다고 판단한 사례, 판례 [6]) 참조.
9) 박균성 · 함태성(각주 2), 418면.

> 우뿐만 아니라 폐기물을 재사용 · 재생이용할 수 있는 상태로 만드는 행위도 포함하는 것이 분명하므로, 폐기물을 재사용 · 재생이용 할 수 있는 상태로 만들기만 하면 이미 폐기물을 처리한 것으로 볼 수 있다.
> 그런데 앞에서 본 바와 같이 원고는 피고에게 폐기물(점토점결폐주물사, 광재, 무기성오니)에 일반토사류 또는 건설폐재류를 재활용한 토사류를 50% 이상 혼합하여 재활용 제품인 재생골재(성토재)를 만드는 것을 내용으로 하는 폐기물재활용신고를 하였는바, 원고가 그와 같은 방법으로 재생골재(성토재)를 만드는 행위는 구 폐기물관리법 제2조 제7호에서 규정한 폐기물을 재사용 · 재생이용 할 수 있는 상태로 만드는 활동에 해당하여 그러한 행위만으로도 이미 폐기물을 처리한 것에 해당하므로, 위 재생골재(성토재)는 폐기물에 해당하지 않는다.
> 그렇다면, 위 재생골재(성토재)가 폐기물임을 전제로 이루어진 이 사건 제2차 조치이행명령은 폐기물관리법에 규정된 재활용의 개념에 대한 해석을 그르쳐 처분의 대상이 되는 법률관계가 없는 사람에 대하여 이루어진 위법한 처분으로서 그 하자가 중대할 뿐만 아니라, 앞서 본 폐기물관리법상의 각 규정의 의미는 문리적으로 분명하여 그 해석에 다툼의 여지가 있다고는 보여지지 아니하므로 그 하자가 객관적으로 명백한 경우에 해당하여 당연무효이다.

그렇다면 언제까지 폐기물로 보아야 하는가? 다시 말하면 언제 폐기물로서의 속성을 잃는가? 재사용되거나 재활용될 수 있는 물질에 대한 광범위한 규제는 자칫 산업군에 의한 재활용 행위를 위축시킬 가능성이 있다. 이러한 문제 해결을 위해서는 폐기물에 대한 규제와 사업자의 진실한 재활용을 촉진하기 위한 동기부여를 합리적으로 조정하는 명확한 지침이 요구되는데, 동법은 이에 대해 침묵하고 있다. 다만 법원은 폐기물을 재활용하는 경우 폐기물의 속성이 상실되는 시점으로 객관적으로 사람의 생활이나 사업활동에 필요하다고 사회통념상 승인될 정도에 이른 시점을 제시하고 있는데,[10] 구체적인 경우 그 판단은 어려울 수밖에 없다. 법원은 폐기물로서의 속성이 상실되는 시점을 판단하는 중요한 요소로 가공과정, 성상의 변경, 원료물질로 전환 등을 들고 있다(판례 [5] 내지 [6]). "계속되는 생산과정 중에 있는 2차 물질(in-process secondary material)", 계속적 생산과정의 다른 단계에서 "직접적인 재사용(immediate reuse)"에 제공된 물질은 폐기물이 아니라는 미국 법원의 입장도 참고할 만하다.[11]

---

10) 대법원 2002. 12. 26. 선고 2002도3116 판결(소각재, 연소재, 무기성 오니 등 폐기물을 반입하여 파쇄, 선별, 풍화, 혼합 및 숙성 등의 가공과정을 거친 것으로 시멘트와 혼합하여 곧바로 벽돌 등의 건축자재 생산을 위한 원료로 사용되는 것으로 인정되는 만큼, 이미 폐기물로서의 속성을 잃고 완제품생산을 위한 원료물질로 탈바꿈하였다고 판단한 사례); 대법원 2008. 6. 12. 선고 2008도3108 판결(닭털, 계분, 왕겨 등의 발효 혼합물을 폐기물이 아닌 퇴비의 원료로 본 사례).

11) 김홍균, 폐기물재활용 개념 -폐기물과의 구별-, 저스티스 제84호, 2005. 4, 61면 이하. 참고로 환경부는 공정에서 발생한 물질을 ① 해당 공정에 재투입하고 ② 외부로 반출하지 않아야 연속 공정으로서 폐기물에 해당하지 않는다고 입장을 취하는 것으로 보인다. 유권해석 사례(2019. 3. 12; 2021. 9. 8), 환경부, 사업장폐기물 관련 질의회신 사례집 참조.

[5] 폐기물(적극): 대법원 2003. 2. 28. 선고 2002도6081 판결

원심은 그 채용증거들을 종합하여, 피고인이 피고인 경영의 공장 옆 부지에 매립한 이 사건 물질은 폐기물중간처리업을 영위하는 피고인이 사업장폐기물배출자들과의 사이에 체결한 폐수처리오니 처리계약 내지 일반폐기물 재활용계약에 따라 수거한 오니인데, 피고인 경영 공장에서 생산되는 물품인 비료 및 암반녹화식생토는 산업폐기물배출업자들로부터 수거한 오니를 공장 내에 야적하고 톱밥 및 발효제를 배합한 후 약 1주일간의 발효과정과 건조과정을 거쳐 선별된 것임에 반하여, 이 사건 물질은 폐기물배출업자들로부터 수거한 오니 그 자체이거나 혹은 오니에 흙을 섞은 것에 불과하고, 이를 비료 또는 암반녹화식생토로 만들기 위한 공정인 톱밥 및 발효제와 배합한 후 발효 · 건조시키는 공정을 거치지 않은 것인 사실을 인정한 다음, 비록 이 사건 물질이 장차 피고인에 의하여 피고인 경영의 공장에서 비료 내지 암반녹화식생토로 만들어지는 원료로 사용될 것이라는 사정만으로는 그 성상이 변경된 것으로 볼 수 없어 아직 폐기물로서의 속성을 상실하지 않았으므로 이 사건 물질은 여전히 폐기물에 해당한다고 판단하였는바, 위에서 본 법리 및 기록에 비추어 관계증거를 살펴보면, 이와 같은 원심의 사실인정과 판단은 정당하고 거기에 상고이유에서 주장하는 바와 같이 채증법칙을 위배하여 사실을 오인하거나, 폐기물관리법에 있어서의 폐기물에 관한 법리를 오해한 위법이 있다고 할 수 없다.

[6] 폐기물(적극): 대법원 2012. 4. 13. 선고 2010도16314 판결

피고인 이○○가 실질적으로 운영하던 피고인 주식회사 ○○○○와 제1심 공동피고인 주식회사 ○○○○의 각 사업장에 야적되어 있던 이 사건 물질은 파쇄와 탈수의 과정을 거쳐 어느 정도 수분이 제거된 음식물류 폐기물에다가 가축분뇨와 톱밥 등을 혼합하여 부산물비료를 제조하는 진행과정 중에 있었을 뿐이고 가공과정을 거쳐 부산물비료의 제조를 위한 원료물질로 바뀐 상태에는 이르지 아니하였음을 전제로 이를 구 폐기물관리법상 폐기물에 해당한다고 보아, 피고인들에 대한 이 사건 폐기물관리법 위반의 공소사실을 유죄로 인정하였다.

또한 위 야적된 물질에 빗물이 섞여 각 사업장 밖으로 유출된 액체에 대하여도 그것이 사람의 생활이나 사업활동에 사용하기 어려운 상태에 있는 이상 폐기물에 해당된다고 보고, 피고인 이○○에게 위 폐기물이 위 각 사업장 밖으로 유출되어 인근의 공공수역에 유입되도록 한 데 대한 고의가 있음을 전제로, 피고인들에 대한 이 사건 '수질 및 수생태계보전에 관한 법률' 위반의 공소사실을 유죄로 인정하였다.

앞서 본 법리와 기록에 비추어 살펴보면, 원심의 위와 같은 판단은 정당한 것으로 수긍할 수 있고, 거기에 상고이유의 주장과 같이 구 폐기물관리법에서 정한 폐기물에 관한 법리나 '수질 및 수생태계보전에 관한 법률' 위반의 고의에 관한 법리를 오해하는 등의 위법이 있다고 할 수 없다.

[7] 폐기물(소극): 대법원 2009. 12. 24 선고 2009두13887 판결

이 사건 토지에 적법하게 매립된 철강슬래그는 수십여 년 전에 성토재 등으로 재활용됨으로써 이미 폐기물관리법상의 규제가 필요한 폐기물로서의 성질은 상실한 점, 철강슬래그 등은 이미 기존 토양과 불가분적인 일체로서 토양환경보전법상의 규제가 필요한 토양으로 된 점, 이러한 일체 상태의 이 사건 토지에서 토양오염물질이 토양오염 우려기준을 초과하고 있는 점, 이 사건 처분의 정화대상 내용은 이 사건 토지의 토양오염 상태를 분량적으로 나타낸 것일 뿐 폐기물관리법상의 규제가 필요 없는 특정 폐기물에 대하여 토양환경보전법에 의한 정화조치를 하도록 하는 취지는 아닌 점 등을 종합하여 이 사건 토지의 경우 이미 토양이 된 철강슬래그 부분까지 포함하여 그 일체가 토양환경보전법에 의한 토양정화 대상이 된다고 판단한 조치는 정당하다.

「폐기물관리법」에서는 폐기물의 개념 표지로 필요성만을 제시하고 있을 뿐 폐기물 개념이 명확하지 아니한데, 그 결과 적용단계에서 혼란이 예상되고 불필요한 소송이 유발될 수 있다. 이러한 상황은 결국 폐기물 처리의 효율적인 시행과 준수를 저해하게 된다. 이러한 문제를 해결하기 위해서는 폐기물 개념을 분명히 할 필요가 있다. 그 개념 정의는 가능한 한 객관적 기준을 사용하여야 한다. 이러한 관점에서 비교적 객관적 기준을 제시하고 있는 독일의 폐기물 개념[12] 등이 크게 참고가 될 것이다.

한편, 동법은 방사성물질, 용기에 들어 있지 아니한 기체상태의 물질, 폐수, 하수 · 분뇨 및 가축분뇨, 동물장묘시설에서 처리되는 동물의 사체 등에 대하여 적용을 배제하고 있으며(제3조 제1항), 폐기물의 해역배출에 관하여는 별도로 「해양폐기물 및 해양오염퇴적물 관리법」이 적용된다(동조 제2항). 방사성폐기물 관리에 대하여는 「방사성폐기물 관리법」이 적용된다.

나. 오염토양

오염된 토양, 해양오염퇴적물 등을 「폐기물관리법」상 폐기물로 보아야 하는지 논란이 있을 수 있다. 이러한 논의의 실익은 오염된 토양, 수저오염퇴적물 등에 관하여 「토양환경보전법」, 「해양폐기물 및 해양오염퇴적물 관리법」상의 규제가 불가능할 경우[13]에 「폐기물관리법」에 의한 규제가 가능한지 여부에 모아진다. 이러한 논의는 오염된 토양의 정

12) 독일 「순환경제의 촉진 및 폐기물의 친환경적 관리 보장을 위한 법률」은 폐기물의 개념을 점유자가 물건에 대한 사실상의 지배권을 포기하는 것을 의미하는 "처리한 사실"이 있는 경우, 객관적인 기준에 의하여 판단하여 "처리의사"가 인정되는 경우 그리고 점유자가 "처리하여야 하는 의무"를 부담하는 경우의 3가지 유형으로 나누어 정의하고, 폐기물의 군을 나누어 구체적으로 예시 · 열거하고 있는데(제3조 제1항) 이러한 개념 정의는 폐기물의 해당 여부, 폐기물과 동법의 적용을 받지 않는 경제재 내지 원재료의 구분을 명확히 하고 있다는 점에서 평가할 만하다. 김연태. "폐기물의 개념 및 분류 · 처리체계 −독일의 순환관리 및 폐기물법을 중심으로−", 환경법연구 제25권 제1호, 2003, 172 내지 177면, 205면.

13) 예컨대, 토양오염물질로 지정되지 아니한 물질에 의하여 토양이 오염되어 있는 경우, 토양오염우려기준 및 대책기준이 마련되어 있지 않은 지역(예컨대, 평범한 주거지역)의 토양이 오염되어 있는 경우, 지정된 오염물질로 오염되어 있으나 오염의 정도가 토양오염우려기준 이하일 경우 등이 여기에 해당될 것이다.

화과정에서 발생한 토양오염물질의 처리문제와 깊은 관련이 있는데, 현행 「토양환경보전법」에서는 특별한 규정을 두고 있지 않아 어떻게 해결하여야 하는지 문제가 될 수 있다.

현실적으로는 오염토양이 폐기물로 취급되어 처리되는 경우가 많은 것으로 알려지고 있다. 사실상 폐기물과 오염토양을 분리하는 것이 곤란하고, 폐기물의 처리를 택하는 쪽이 오염토양의 정화를 택하는 쪽보다 용이하고 비용이나 시간 등의 측면에서 유리하기 때문이다. 「토양환경보전법」에 따라 오염토양으로 처리할 경우에는 토양정밀조사, 오염토양 정화, 정화검증 등 복잡한 절차를 거쳐야 하고 그에 따라 많은 비용이 소요될 가능성이 크다. 건설공사의 특성상 폐기물과 오염토양의 분류 등에 소요되는 기간 동안 공사를 중지함으로 인해 비용손실이 발생할 수 있다는 점도 폐기물 처리 쪽을 택하는 유인으로 작용할 수 있다. 규제자의 입장에서는 폐기물의 위법 처리에 대해 보다 과중한 처벌이 가능하다는 규제의 편의도 있다.

오염된 토양 자체는 폐기물이 아니나, 오염된 토양을 파내어 처리하는 경우에는 폐기물에 해당한다는 견해가 있으며,[14] 원칙적으로 오염된 토양은 지하에 방치되어 있든 지상으로 옮겨졌든 폐기물로 보지 않되, 예외적으로 불법매립 · 투기된 폐기물로 인하여 직접 오염된 토양에 한하여 폐기물로 보아야 한다는 견해가 있다.[15] 원래 위치로부터의 분리 여부,[16] 오염 여부에 의해 폐기물에 해당하는지 여부가 결정된다고 볼 것은 아니라고 생각된다. 이는 폐기물에 해당하는지 여부를 판단하기 위한 하나의 요소일 뿐이다. 대법원도 "단지 오염되지 않았다거나 유해성이 없다는 이유만으로는 폐기물에 해당하지 않는다고 할 수 없(다)"고 판시한바 있다(판례 [8]).

[8] 대법원 2010. 9. 30. 선고 2009두6681 판결

원심은, ① 폐기물관리법 제2조 제1호 에 규정된 '오니' 등은 폐기물의 종류를 한정한 것이 아니라, 이를 예시한 것임이 조문상 분명하고, ② 폐기물관리법이 사업장폐기물 중 주변 환경을 오염시킬 수 있거나 인체에 위해를 줄 수 있는 유해한 물질을 지정폐기물로 규정하여 보다 엄격한 규제를 하고, 그 나머지는 일반폐기물로 규정하고 있는 점에서 볼 때 단지 오염되지 않았다거나 유해성이 없다는 이유만으로는 폐기물에 해당하지 않는다고 할 수 없으며, ③ 원고 1 주식회사 스스로 사업장폐기물배출자 신고를 하면서 자신의 사업장에서 발생하는 폐기물의 종류를 '무기성 오니'라고 표시하였으며, 피고도 원고 1 주식회사가 자진 신고한 바에 따라 원고 1 주식회사의 사업

14) 조현권(각주 7), 588면.

15) 환경공무원교육원, 토양환경관리법연수교재, 1997, 177면(조홍식, "토양환경침해에 관한 법적 책임", 환경법연구 제20권, 1998, 325면에서 재인용). 이는 환경부의 해석으로, 이에 따르면 지하저장시설로부터 연료 또는 원료로 사용되는 유류나 유독물질이 누출되어 토양을 오염시킨 경우 그로 인하여 오염된 토양은 「폐기물관리법」의 적용대상이 아니다. 박상열, "토양오염과 법률문제", 토양환경 제1권 제1호, 1996. 9, 6면.

16) 토양의 분리 여부가 폐기물 여부를 판단함에 중요한 기준이지만 절대적 기준이 아니라는 견해는 박종원, "오염토양과 폐기물의 구별과 그 처리책임", 환경법과 정책 제8권, 2012. 5, 121면.

장에서 배출한 이 사건 흙을 '무기성 오니'라 호칭하여 이 사건 처분을 한 것으로 보이고, ④ 이 사건 흙은 모래 및 골재를 생산하는 원고 정선산업의 사업목적상 객관적으로 사업 활동에 더 이상 필요하지 아니하게 된 물질임이 분명하다는 이유로, 원고 1 주식회사의 사업장 내에서 발생한 이 사건 흙이 오니가 아니라 이토(泥土)라 하더라도 폐기물관리법 제2조 제1호가 규정하고 있는 폐기물에 해당한다고 한 다음, 이 사건 흙이 거래가 된 것은 원고 1 주식회사의 폐기물처리비용 절감과 농민들의 객토비용 절감이라는 경제적 이해관계가 합치한 결과이지 이 사건 흙 자체가 일반적으로 농업용 흙으로 거래될 만한 경제적 가치를 가졌기 때문이 아니고, 이 사건 흙이 농업용 객토로 사용하기에 유리한 점이 있다는 사정만으로 농업용 재료로 바뀌어 폐기물로서의 속성을 상실하였다고 볼 수는 없다고 판단하였다.

앞서 본 법리 및 관련 법령의 규정에 비추어 기록을 살펴보면, 원심이 위와 같이 판단한 것은 정당하고, 거기에 상고이유에서 주장하는 바와 같이 폐기물의 속성을 상실하였는지, 적법한 재활용인지 여부 등에 관한 심리미진, 채증법칙 위배로 인한 사실오인, 폐기물관리법상의 오니나 폐기물의 개념 등에 관한 법리오해의 잘못이 없다.

법원은 오염 여부를 불문하고 준설토사를 폐기물로 보고 있다.17) 그러나 한편으로는 오염토양이 폐기물에 해당하지 아니하고 「토양환경보전법」의 적용대상이라고 함으로써(판례 [9]), 혼란을 부추기고 있다. 판례 [9]와 준설토사를 폐기물로 본 판례는 그 대상이 토양 또는 흙이라는 점에서 유사하다고 할 것이나, 폐기물에 해당한다고 볼 것인지 여부에 대한 판단은 정반대로 내려졌다. 두 사건의 차이점은, 첫 번째 사건(판례 [9])에서의 토양은 대법원이 판시한 것처럼 다른 오염물질에 의한 '오염의 대상'이었던 데 반하여, 두 번째 사건에서의 흙은 '처리의 대상'이었다는 점을 들 수 있을 것이다. 그러나 첫 번째 사건에서도 오염된 토양은 오염의 대상인 동시에 정화 또는 처리의 대상이 되며, 이 경우 두 번째 사건에서의 흙과 실질적인 차이를 발견하기 어렵다고 생각된다. 따라서 위에서 살펴본 토양 또는 흙의 폐기물성에 대한 대법원의 최근 판례들은 서로 모순되거나 다소 명확하지 않은 측면이 있음을 부인하기 어렵다고 할 것이다.18)

[9] 오염토양(소극): 대법원 2011. 5. 26. 선고 2008도2907 판결

구 폐기물관리법(2007. 4. 11. 개정 전)과 구 폐기물관리법 시행령(2007. 9. 6. 개정 전), 건설폐기물의 재활용촉진에 관한 법률과 그 시행령 및 토양환경보전법의 각 규정을 종합하면, 토양은 폐기물 기타 오염물질에 의하여 오염될 수 있는 대상일 뿐 오염토양이라 하여 동산으로서 '물질'인 폐기물에 해당한다고 할 수 없고, 나아가 오

17) 대법원 2006. 5. 11. 선고 2006도631 판결(횡배수관 관로준설공사를 시행한 후 발생하는 토사가 폐기물에 해당하고, 피고인들이 설령 유실된 고속도로의 법면 보수공사에 사용하려 하였다 하더라도 폐기물로서의 성질을 상실하지 않는다고 한 사례).

18) 황계영, 폐기물 관리 법제에 관한 연구 −폐기물의 개념 및 분류를 중심으로−, 서울대학교 박사학위논문, 2015. 2, 217면; 조홍식(각주 2), 623면.

염토양은 법령상 절차에 따른 정화 대상이 될 뿐 법령상 금지되거나 그와 배치되는 개념인 투기나 폐기 대상이 된다고 할 수 없다. 따라서 오염토양 자체의 규율에 관하여는 '사람의 생활이나 사업 활동에 필요하지 아니하게 된 물질'의 처리를 목적으로 하는 구 폐기물관리법에서 처리를 위한 별도의 근거 규정을 두고 있지 아니한 이상 구 폐기물관리법의 규정은 성질상 적용될 수 없고, 이는 오염토양이 구 폐기물관리법상의 폐기물이나 구성요소인 오염물질과 섞인 상태로 되어 있다거나 그 부분 오염토양이 정화작업 등의 목적으로 해당 부지에서 반출되어 동산인 '물질'의 상태를 일시 갖추게 되었더라도 마찬가지이다.[19]

법논리적으로 토양과 해당 오염물질의 분리가 불가능하다고 전제할 때 문제의 토양이 토양오염물질로 오염된 경우에는 오염토양으로, 토양오염물질 이외의 물질로 오염된 경우에는 폐기물로 보는 것이 타당할 것이다. 문제는 토양이 대개의 경우 토양오염물질로만 오염되어 있지 않고, 해당 오염물질을 토양과 분리하는 것이 쉽지 않다는 데서 발생한다. 원론적으로 오염된 토양을 폐기물로 보아야 할지, 토양으로 보아야 할지는 오염물질과 토양과의 분리가능성, 오염물질의 주성분이 토양오염물질인지 여하, 오염물질로 인해 토양으로서의 기능을 상실하였는지 여하 등을 종합적으로 고려하여 판단해야 할 것이다. 그러나 막상 그 판단은 쉽지 않을 것이다.

편의상 오염도가 우려기준을 초과한 오염토양은 「토양환경보전법」, 그렇지 않은 경우는 「폐기물관리법」으로 규율하는 것을 생각해 볼 수 있으나 혼재되어 분리가 불가능한 경우도 있어 규제 · 관리가 쉽지 않다. 오염된 토양을 폐기물로 이해할 경우에는 「폐기물관리법」상의 처리기준 및 방법에 의하여야 할 것이다. 그러나 이러한 논리적 귀결은 자칫 오염된 토양을 정화하는 유인을 상당부분 감소시킬 우려가 있다. 또한 자연상태의 토사는 물론이고 준설토사도 토양이라고 볼 여지가 있고,[20] 준설물질 중에 상당 부분이 토사라고 하더라도 폐기물 성격의 오니, 중금속, 유기물질 등 다양한 물질이 발생하기 때문에 모든 준설물질이 토양이라는 등식은 성립되지 않으며, 이러한 물질을 분리하는 것이 쉽지 않다. 이러한 점을 고려할 때 차제에 별도의 특별법(예컨대, 가칭 '준설물질관리법')을 제정하여 준설물질을 일괄해서 효율적으로 관리 · 규제하거나 「토양환경보전법」에 관련 규정을 두어 그 처리방법을 제시하는 것이 바람직할 것이다. 「폐기물관리법」 제3조의 적

19) 이 사건에서 문제가 되고 있는 '폐토사의 굴착행위'는 토양의 준설로 볼 여지도 있는바, 법원은 준설된 토양(준설토사)의 법적 지위에 대하여 명쾌한 답을 주고 있지 않다. 법원의 추론에 따를 경우 준설토사는 동산으로서 '물질'에 해당되어 폐기물로 볼 여지가 있기 때문이다. 한편, 법원의 "오염토양은 법령상 절차에 따른 정화 대상이 될 뿐 법령상 금지되거나 그와 배치되는 개념인 투기나 폐기 대상이 된다고 할 수 없다"는 판시는 법규의 해석을 통한 논리적 귀결이 아니라 오염토양의 정화 필요성을 강조하는 일종의 정책의 방향성을 제시하는 결론이라 할 수 있다.

20) 「해양폐기물 및 해양오염퇴적물 관리법」은 준설토사를 물 밑에서 파낸 토사를 말한다고 정의하면서 매립, 고립 등의 방법으로 배출할 수 있는 폐기물의 일종으로 보고 있다(시행령 제5조 제1호). 퇴적물은 오물 또는 오염원이라는 인식 하에 준설토사가 오염도에 상관없이 폐기물로 규정되어 있는 셈이다.

용범위에 관한 조항에 토양에 관한 예외규정을 신설하여 「토양환경보전법」에 따라 토양 정화의 대상이 되는 우려기준을 초과하는 토양은 「폐기물관리법」의 적용대상에서 제외되는 것으로 규정하되, 그 이외의 오염토양은 「폐기물관리법」에 의한 폐기물로 관리할 수 있음을 명시하여 혼란을 잠재우는 것도 하나의 대안이 될 수 있다.21)

다. 부 산 물

부산물이 폐기물에 해당하는지도 많은 논란을 제기하고 있다. 「자원의 절약과 재활용촉진에 관한 법률」에 따르면 '부산물'이란 제품의 제조 · 가공 · 수리 · 판매나 에너지의 공급 또는 토목 · 건축공사에서 부수적으로 생겨난 물건을 말한다(제2조 제4호). 그 논란은 이러한 물질이 환경에 최종적으로 노출되었다고 볼 수 없고, 재사용하기 위한 가치가 있는 물질로서 산업공정에 사용될 것이 확실한 경우에까지 폐기물로 취급하는 것이 부산물을 생산적으로 이용함에 반대유인으로 작용할 것이라는 입장과 이러한 물질이 원료로 사용되지 않는 한 폐기물에 해당하는 것으로써, 건강과 환경에 악영향을 초래할 가능성 있다는 입장의 충돌이라고 할 수 있다.

법원은 일반론을 제시하지는 않은 채 부산물의 일종인 제강 슬래그가 재처리 단계를 거쳐야 하는 것은 아니라면서 신고 내용에 따라 기층복토용 또는 매립용으로 사용하는 것은 적법한 재활용으로서 그 처리를 위해 허가를 받을 필요가 없다는 취지의 판결을 내린 바 있다.22) 「순환경제사회 전환 촉진법」에서는 이른바, 순환자원 인정제도를 도입하고 있는바(제21조 제1항), 이에 따르면 어떤 물질이 폐기물에 해당하는지 여하는 어떤 물질이 순환자원인지를 알아야 최종 결론이 나게 되어 있다. 문제는 동제도의 적용대상은 폐기물로서 순환자원 인정절차를 거쳐 순환자원으로 인정되어야 비로소 폐기물의 낙인에서 벗어날 수 있다는 것이다. 한편, 부산물을 폐기물로 보지 않는 입장에서는 순환자원 인정제도가 아예 적용되지 않는바, 순환자원이라는 지위를 원천적으로 누릴 수 없다는 문제가 있다.

자원순환을 촉진한다는 차원에서 부산물을 가능한 한 폐기물로 보지 않는 것이 바람직할 수 있다. 그러나 생산공정에 투입되지 않을 가능성과 그로 인해 건강과 환경에 악영향을 미칠 가능성이 상존하면서 명확한 개념 정의가 없는 상태에서는 그 논란이 그치지 않을 것이다. 폐기물 여하를 둘러싼 법적 불안정성을 해소하기 위해서는 부산물에 대한 보다 명확한 개념 정의가 필요해 보인다. 그 요건으로는 재활용되는 것이 명확할 것, 추가적인 가공이 필요하지 않을 것, 인간의 건강과 환경에 부정적인 영향을 미치지 않을

21) 박종원(각주 16), 119면; 박균성 · 함태성(각주 2), 510면; 황계영(각주 18), 227면. 참고적으로, 폐기물인지 여하를 둘러싸고 논란이 있던 '포집한 이산화탄소'와 관련해서 「이산화탄소 포집 · 수송 · 저장 및 활용에 관한 법률」은 "포집한 이산화탄소와 이를 활용하여 생산한 물질 또는 물건(활용 과정에서 생겨난 부산물로서 해당 사업활동에 필요하지 아니하게 된 것은 제외)은 「폐기물관리법」 제2조 제1호에 따른 폐기물에 해당하지 아니한다(제4조)"고 함으로써 입법적으로 해결하였다.

22) 대법원 1996. 10. 17. 선고 94도2865 전원합의체 판결(판례 [24]).

것 등이 제시되고 있다.[23)]

2. 폐기물의 분류

「폐기물관리법」은 발생원을 기준으로[24)] 폐기물을 생활폐기물과 사업장폐기물로 구분하고 그 관리체계를 달리하고 있다. '사업장폐기물'이라 함은 오염물질배출시설을 설치·운영하는 사업장, 공공폐수처리시설을 설치·운영하는 사업장, 공공하수처리시설을 설치·운영하는 사업장, 분뇨처리시설을 설치·운영하는 사업장, 가축분뇨공공처리시설을 설치·운영하는 사업장, 폐기물처리시설을 설치·운영하는 사업장, 지정폐기물을 배출하는 사업장, 폐기물을 1일 평균 300kg 이상 배출하는 사업장, 「건설산업기본법」 제2조 제4호에 따른 건설공사로 폐기물을 5톤 이상(공사를 착공한 때부터 마칠 때까지 발생되는 폐기물 양을 말함) 배출하는 사업장, 일련의 공사 또는 작업으로 폐기물을 5톤 이상 배출하는 사업장에서 발생되는 폐기물을 말한다(제2조 제3호, 시행령 제2조).[25)] '생활폐기물'이라 함은 사업장폐기물 외의 폐기물을 말한다(동조 제2호). 사업활동에 수반하여 발생된 폐기물이라도 동법에 의하여 사업장폐기물로 열거된 것이 아니면 모두 생활폐기물이 된다. 예컨대, 발생량 1회 5톤 미만의 건설폐기물은 생활폐기물이 되는 것이다.[26)] 생활폐기물과 사업장폐기물은 처리책임자, 처리기준·방법, 배출자 신고의무 유무, 벌칙 등에서 차이가 있게 된다.[27)]

[10] 대법원 2013. 8. 22. 선고 2012도7446 판결

폐기물배출 사업장을 규정한 시행령 제2조 중 제9호는 폐기물을 지속적으로 배출하는 제7호의 사업장이나 건설공사 폐기물을 배출하는 제8호의 사업장 이외에 일시적 또는 일회적으로 폐기물을 5t 이상 배출하는 시설 등을 포괄적으로 규율하기 위한 규정이라 할 것이므로, 그 시설의 성격상 본래부터 폐기물을 발생시키는 사업장

23) 황계영(각주 18), 205면.

24) 그러나 사업장에서 발생되는 폐기물이 기계적으로 모두 사업장폐기물이 되는 것이 아니라 유해성을 띠거나 일정한 배출량 이상인 경우에 한하여 사업장폐기물로 분류되고 그 외의 경우에는 생활폐기물로 분류된다는 점에서 「폐기물관리법」상의 폐기물 분류는 엄격하게 발생원에 따른 구분을 하고 있지 않다고 할 수 있다. 김연태(각주 12), 168면. 또한 현행 폐기물 분류체계는 사업장폐기물 중 성상에 따라 사업장생활폐기물 개념을 인정하고 있는데, 즉 지정폐기물과 건설폐기물을 제외한 사업장일반폐기물 중 성상이 생활폐기물과 유사한 폐기물은 사업장생활계폐기물로 구분된다.

25) 그 대부분은 공공폐수처리시설, 공공하수처리시설, 분뇨처리시설, 폐기물처리시설 등 폐기물의 배출이 당연히 예정되어 있는 사업장이고(제1호 내지 제6호), 본래의 기능이 폐기물배출시설이 아닌 사업장으로는, 1일 평균 300kg 이상의 폐기물을 배출하는 사업장(제7호), 5t 이상의 폐기물을 배출하는 건설사업장(제8호)이 있고, 마지막으로 '일련의 공사(제8호에 따른 건설공사 제외) 또는 작업으로 폐기물을 5t 이상 배출하는 사업장'(제9호)이 포함되어 있다.

26) "5톤 미만의 건설폐기물, 즉 공사장 생활폐기물의 그 실질과 성상은 5톤 이상의 건설폐기물과 유사하고 가정에서 일반적으로 배출되는 일반적인 생활폐기물과는 달라 이를 종량제 봉투 등을 이용하여 배출하기는 어렵지만, 공사장 생활폐기물은 어디까지나 생활폐기물일 뿐이어서, 위와 같은 사정만으로 이를 사업장폐기물이라고 할 수는 없다." 서울고법 2022. 1. 12. 선고 2020누52148 판결.

27) 사업장폐기물의 처리책임자는 배출자로서, 배출자에게는 배출에 따른 신고의무가 있게 된다. 이에 반하여 생활폐기물의 처리책임자는 지방자치단체로서, 배출자에게 배출 신고의무는 없다. 또한, 사업장폐기물의 무단 투기·매립 시 벌금형과 징역형이 병과됨에 반하여(제63조), 생활폐기물의 경우는 과태료가 부과된다(제68조 제3항 제1호).

이 아니라도 이에 해당한다고 보아야 한다. 또한, 위 규정에서 말하는 '일련의 작업' 역시 전체적으로 서로 관련된 목적과 계획 아래 행하여지는 업무수행 과정 등 사실적 행위를 모두 포함하는 의미라고 할 것이어서, 그 형태나 내용에 아무런 제한이 없고 다만 규정 자체의 문언상 건축 등으로 인한 '공사'만이 제외될 뿐이라고 할 것이다.[28)]

한편, 사업장폐기물은 다시 지정폐기물, 건설폐기물 및 사업장일반폐기물로 분류된다.[29)] 동법은 사업장폐기물 중 폐유 · 폐산 등 주변환경을 오염시킬 수 있거나 의료폐기물[30)] 등 인체에 위해를 줄 수 있는 해로운 물질을 지정폐기물[31)]로 정하여(제2조 제4호, 시행령 제3조, 별표 1) 사업장일반폐기물보다 엄격히 규제하고 있으며, 건설폐기물[32)]을 별도로 구분하여 특별히 규제하고 있다. 사업장일반폐기물은 사업장폐기물로서 지정폐기물과 건설폐기물을 제외한 폐기물을 말하는 것으로서 다시 사업장배출시설계폐기물과 사업장생활계폐기물로 세분된다.[33)] 사업장배출시설계폐기물은 배출시설의 운영과 관련하여 사업장에서 배출되는 폐기물(예를 들면 폐석고, 폐석회, 폐금속류, 폐흡착제, 폐흡수제, 연소 뒤에 남은 재, 분진, 폐주물사, 오니, 폐고무류, 폐섬유류 등으로서 유해물질을 법에서 정하는 기준 이하로 함유하고 있는 폐기물 등)을 말하고, 사업장생활계폐기물은 폐기물을 1일 평균 300 kg 이상 배출하는 사업장(주로 상가 · 백화점 및 대형빌딩 등)과 지정폐기물과 건설폐기물을

28) ○○농협 저온저장고에서 '썩은 무'를 치우는 등 저온저장고를 정리하는 행위는 시행령 제2조 제9호에서 말하는 '일련의 작업'에 해당하고, 따라서 저온저장고는 위 썩은 무의 처리에 관하여 '일련의 작업으로 폐기물을 5t 이상 배출하는 사업장'에 해당한다고 본 사례.

29) 동법 시행규칙 제4조의2 제1항, 별표 4 참조.

30) '의료폐기물'이란 보건 · 의료기관, 동물병원, 시험 · 검사기관 등에서 배출되는 폐기물 중 인체에 감염 등 위해를 줄 우려가 있는 폐기물과 인체 조직 등 적출물, 실험 동물의 사체 등 보건 · 환경보호상 특별한 관리가 필요하다고 인정되는 폐기물로서 대통령령으로 정하는 폐기물을 말한다(제2조 제5호). 동법 시행령에서는 의료폐기물로 격리의료폐기물, 위해의료폐기물(조직물류폐기물, 병리계폐기물, 손상성폐기물, 생물 · 화학폐기물, 혈액오염폐기물), 일반의료폐기물을 들고 있다(시행령 제4조, 별표 2).

31) 1995년 개정 전의 특정폐기물에 해당한다. 지정폐기물에는 특정시설에서 발생되는 폐기물, 부식성폐기물, 유해물질함유폐기물, 폐유기용제 등 12가지 종류가 있다(시행령 제3조, 별표 1). 동법에서는 지정폐기물의 기준으로 '주변환경 오염가능성'과 '인체 위해가능성'이라는 모호한 기준을 제시하면서 구체적으로는 대통령령에서 여기에 해당하는 물질을 열거하고 있는데, 실제로는 시행규칙(제2조), 고시 등을 종합적으로 살펴보아야 비로소 어떤 물질이 지정폐기물에 해당하는지를 알 수 있어 수범자의 입장에서 지정폐기물 여부를 판단하는 것이 어렵다고 할 수 있다. 또한 지정폐기물과 다른 폐기물이 혼합된 경우나 지정폐기물로부터 파생된 물질을 어떻게 분류할 것인지 등에 대한 명확한 규정이 없어 법 적용 시 혼란이 발생할 수 있다. 조홍식(각주 2), 633면.

32) 「건설폐기물의 재활용촉진에 관한 법률」에서는 건설폐기물을 "건설산업기본법 제2조 제4호에 해당하는 건설공사로 인하여 공사를 착공하는 때로부터 완료하는 때까지 건설현장에서 발생되는 5톤 이상의 폐기물로서 대통령령이 정하는 것"으로 정의하고 있다(제2조 제1호).

33) 사업장배출시설계폐기물과 사업장생활계폐기물 개념은 시행규칙(제14조, 별표 5, 제28조 제6항, 별표 7 참조)에서 사용하고 있는 개념인데, 그 구별실익은 사업장일반폐기물의 수집 · 운반업의 업무범위와 관련이 있다. 헌재 2002. 8. 29. 선고 2001헌마159 전원재판부 결정(사업장 일반폐기물의 수집 · 운반업의 업무범위에서 사업장생활계폐기물을 제외함으로써 그 업무범위를 사업장배출시설계폐기물만의 수집 · 운반으로 축소한 시행규칙이 신뢰보호의 원칙에 반하지 않는다고 한 사례) 참조. 어떠한 종류의 폐기물로 분류되는가에 따라서 처리책임자, 처리에 필요한 비용과 그 부담주체, 처리기준 · 방법, 처리절차 및 처리시설 등이 달라지게 된다. 폐기물 분류에서 중요한 내용을 이루는 사업장배출시설계폐기물과 사업장생활계폐기물과 같은 개념을 시행규칙에서 정하고 있는 것은 법률유보의 원칙에 반한다. 박균성 외 2, "사업장생활폐기물 관리의 법적 문제와 개선방안", 환경법연구 제30권 제2호, 2008. 8, 420면; 송동수, "폐기물 관련법제의 변화와 전망", 환경법과 정책 제4권, 강원대학교 비교법학연구소 환경법센터, 2010. 5, 131면.

배출하는 사업장에서 배출되는 사업장일반폐기물을 말하며, 주로 폐지류, 폐목재류, 폐합성수지류, 음식물쓰레기 등이 이에 해당하고 성상이 생활폐기물과 유사한 폐기물이다.34)

[11] 건설폐기물: 대법원 1990. 9. 14. 선고 90도1348 판결

① 오래된 빌딩을 부순 벽돌조각, 돌조각, 타일조각, 콘크리이트 덩어리, 나무조각, 비닐조각, 스티로플조각 등의 폐기물은 산업폐기물인 건축물폐재류임이 명백하다.

② 피고인들이 처리한 건축물폐재류 중에 8할 가량의 사토가 섞여 있었다고 하더라도, 피고인들이 업으로 처리한 건축물폐재류의 배출량이 1일 평균 50킬로그램을 초과한 이상, 피고인들이 폐기물관리법 제43조 제1항 제6호 소정의 허가를 받지 아니하고 산업폐기물의 처리를 업으로 한 자에 해당 하는 것이므로 원심이 피고인들이 처리한 건축물폐재류의 배출량을 정확하게 특정하지 아니하였다고 하여 원심판결에 심리미진, 사실오인 또는 폐기물관리법에 관한 법리오해의 위법이 있다고 볼 수 없다.

③ 피고인들이 산업폐기물로 하천을 매립하여 고수부지를 조성하였다고 하더라도, 정당한 사유 없이 공공수역에 산업폐기물을 버리는 행위를 한 이상 환경보전법 제68조 제5호 소정의 '제37조 제1항의 규정에 위반한 자'에 해당한다.

≪폐기물의 분류≫

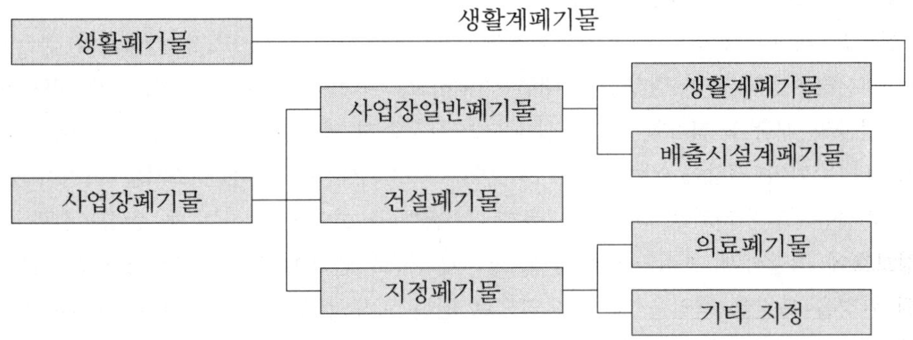

이러한 폐기물 분류방법에 대하여는 다음과 같은 비판이 제기되고 있다. 먼저 사업장폐기물의 1차적 처리책임자는 배출자인데, 사업장에서 배출됨에도 불구하고 유해하지 아니하고 일정한 배출량 이하이기 때문에 생활폐기물로 분류되는 폐기물의 경우에는 사업

34) 사업장생활계폐기물은 성상이 가정에서 배출되는 생활폐기물과 동일 내지 유사하고 그 중 음식물 · 채소류 등 가연성폐기물이 약 56%를 차지하고 있다. 이에 반하여 사업장배출시설계폐기물은 광재류(鑛滓類), 소각 후에 남은 재, 폐주물사(廢鑄物沙), 폐석회(廢石灰) 등 불연성폐기물이 대부분을 차지하고 그 최종처리방법도 생활폐기물과 전혀 다르다. 즉 사업장배출시설계폐기물은 대부분 이를 재활용하거나 매립하는 반면, 사업장생활계폐기물은 가연성 폐기물이 56%를 차지하기 때문에 대부분 소각처리하고 있는 실정이다. 이와 같이 최종처리과정이 달라야 되는 특성을 감안할 때 사업장생활계폐기물과 사업장배출시설계폐기물을 구별하여 수집 · 운반토록 할 필요가 있는 것이다. 헌재 2002. 8. 29. 선고 2001헌마159 전원재판부 결정.

자가 아닌 지방자치단체가 그 처리책임자가 된다. 이는 사업자로서 자신이 배출한 폐기물에 대한 처리책임을 면하게 된다는 것을 의미하므로 오염원인자 책임원칙에 반하게 된다. 또한 현재 지방자치단체가 부과하는 쓰레기 수거료가 실제 처리비용에 훨씬 못 미치는 상황하에서는 사업자 자신이 배출하는 폐기물을 일부 공공비용으로 처리한다는 것을 의미하므로 형평성의 관점에서도 문제가 있게 된다.[35] 나아가 일반 가정생활에서 배출되는 폐기물 중에는 폐건전지나 폐형광등 등과 같이 환경이나 건강에 유해한데도 발생원이 사업장이 아니라는 이유로 생활폐기물로 분류되고 다른 일반폐기물과 함께 처리되고 있다는 것이다. 이러한 분류방법의 문제점을 해소하기 위해서는 발생원과 유해성을 복합적 기준으로 폐기물을 분류 · 체계화하여 규제를 차별화하는 것이 필요하다.[36]

한편, 동법 시행규칙(제4조의2)에서는 폐기물의 종류별 세부분류를 구체적으로 규정하고 있다(별표 4). 주의할 것은 폐기물의 종류별 세부분류는 폐기물 배출자 신고, 인계·인수 및 처리 시 폐기물의 세부종류를 구분하기 위한 규정으로 폐기물 해당 여부를 판단하는 기준이 아니기 때문에 여기에 구체적으로 명시되어 있지 않다고 하여 폐기물에 해당하지 않는 것으로 볼 수 없으며, 거꾸로 여기에 속하는 물질에 해당하더라도 폐기물로 분류되기 위해서는 폐기물의 표지인 '필요성'에 대한 판단이 필요하다.

3. 폐기물 관리의 기본원칙

동법은 폐기물 관리의 6대 기본원칙을 선언하고 있다: ① 사업자는 제품의 생산방식 등을 개선하여 폐기물의 발생을 최대한 억제하고, 발생한 폐기물을 스스로 재활용함으로써 폐기물의 배출을 최소화하여야 한다; ② 누구든지 폐기물을 배출하는 경우에는 주변 환경이나 주민의 건강에 위해를 끼치지 아니하도록 사전에 적절한 조치를 하여야 한다; ③ 폐기물은 그 처리과정에서 양과 유해성(有害性)을 줄이도록 하는 등 환경보전과 국민건강보호에 적합하게 처리되어야 한다; ④ 폐기물로 인하여 환경오염을 일으킨 자는 오염된 환경을 복원할 책임을 지며, 오염으로 인한 피해의 구제에 드는 비용을 부담하여야 한다; ⑤ 국내에서 발생한 폐기물은 가능하면 국내에서 처리되어야 하고, 폐기물의 수입은 되도록 억제되어야 한다; ⑥ 폐기물은 소각, 매립 등의 처분을 하기보다는 우선적으로 재활용함으로써 자원생산성의 향상에 이바지하도록 하여야 한다(제3조의2).

4. 폐기물의 관리책무

가. 국가 및 지방자치단체의 책무

동법은 기초자치단체장에게 관할 구역에서 발생하는 폐기물에 대한 1차적 관리책임을 부과하고 있으며(제4조 제1항·제2항), 특히 지정폐기물에 대해서는 국가에게 관리책임을

35) 김연태(각주 12), 168면.
36) 김연태, "폐기물처리의 책임체계에 대한 고찰", 고려법학 제37호, 고려대학교 법학연구소, 2001, 226면.

지우고 있다(동조 제3항).

나. 광역관리

환경부장관, 시 · 도지사 또는 시장 · 군수 · 구청장은 2 이상의 시 · 도 또는 시 · 군 · 구에서 발생되는 폐기물을 광역적으로 처리할 필요가 있다고 인정되면 광역폐기물처리시설(지정폐기물공공처리시설을 포함)을 단독 또는 공동으로 설치 · 운영할 수 있으며(제5조 제1항), 그 설치 또는 운영을 한국환경공단 등에게 위탁할 수 있다(제5조 제2항, 시행규칙 제5조). 이에 따라 수도권에서 발생하는 생활폐기물은 환경부 산하기관인 수도권매립지관리공사가 관리하는 수도권매립지에서 매립되고 있다. 특별시와 광역시에서의 생활폐기물의 처리책임을 기초자치단체인 시 · 군 · 구에 지우면서도(제14조) 환경부 및 특별시와 광역시가 광역적 관리를 할 수 있게 한 것은 생활폐기물의 처리책임을 모호하게 하는 문제가 있다.

한편, 동법은 폐기물처리시설을 설치 · 운영하는 기관이 반입수수료를 받을 수 있는 근거규정을 두고 있는데(제6조), 반입수수료는 폐기물의 처리에 소요되는 비용을 보전하는 것도 있지만 폐기물의 반입과 더 나아가 폐기물 발생의 억제 · 감소를 유도하는 경제적 유인의 기능을 하게 된다.

다. 국민의 책무

헌법은 "국가와 국민은 환경보전을 위하여 노력하여야 한다"고 규정함으로써(제35조 제1항 후단), 환경법의 기본원칙을 이루는 이른바 '협동의 원칙'의 이념적 기초를 제공하고 있다. 이러한 '환경보전을 위하여 노력할 국민의 의무'는 「환경정책기본법」상의 국가 및 지방자치단체의 책무(제4조), 사업자의 책무(제5조)에 이은 국민의 권리와 의무 규정(제6조)으로 이어지고 있으며, 「폐기물관리법」에도 폐기물의 감량화와 자원화, 토지 · 건물의 청결유지를 위하여 노력하여야 할 의무 등으로 반영되고 있다(제7조). 이러한 규정은 구체적 효력이 있는 것은 아니고 국가의 폐기물관리정책을 수립 · 시행함에 있어서 방향을 제시하는 이른바, 선언규정으로서의 의미를 갖게 된다.

5. 폐기물의 투기금지

누구든지 특별자치시장 · 특별자치도지사, 시장 · 군수 · 구청장이나 공원 · 도로 등 시설의 관리자가 폐기물의 수집을 위하여 마련한 장소나 설비 외의 장소에 폐기물을 버리거나, 특별자치시, 특별자치도, 시 · 군 · 구의 조례로 정하는 방법 또는 공원 · 도로 등 시설의 관리자가 지정한 방법을 따르지 아니하고 생활폐기물을 버려서는 아니 되며(제8조 제1항)[37], 허가 또는 승인을 받거나 신고한 폐기물처리시설이 아닌 곳에서 폐기물을 매립하거나 소각하여서는 아니 된다(동조 제2항). '허가를 받은 매립시설'이라 함은 허가권자로부

37) 이 규정은 사실상 생활폐기물에만 적용되는 규정이다. 사업장폐기물과 관련해서는 현재 시장 · 군수 · 구청장이나 공원 · 도로 등 시설의 관리자가 폐기물의 수집을 위하여 마련한 장소 또는 설비가 없기 때문이다.

터 허가를 받은 위치 및 면적, 규모, 형태의 해당 시설을 의미하는 것이므로, 허가를 받은 매립시설이라도 변경허가를 받음이 없이 제방을 증·개축하거나 기타의 방법으로 매립면적을 확장하여 매립용량을 증가시켰다면, 그 확장된 부분은 여기에서 말하는 적법한 매립시설에 포함될 수 없다.[38] 이 규정에 위반하여 사업장폐기물을 버리거나[39] 매립[40]·소각한 자는 7년 이하의 징역 또는 5천만원 이하의 벌금에 처한다.[41] 이 경우 징역형과 벌금형은 이를 병과할 수 있다(제63조). 이는 동법상의 법정형 중 가장 중한 형이다.

[12] 대법원 2013. 5. 24. 선고 2011도9549 판결

폐기물관리법 제63조는 같은 법 제8조 제2항을 위반하여 사업장폐기물을 매립한 자를 7년 이하의 징역이나 5천만원 이하의 벌금에 처하도록 규정하고 있는데(다만 징역형과 벌금형은 병과할 수 있다), 폐기물관리법 제8조 제2항은 "누구든지 이 법에 따라 허가 또는 승인을 받거나 신고한 폐기물처리시설이 아닌 곳에서 폐기물을 매립하거나 소각하여서는 아니 된다."고 규정하고 있어 폐기물을 어느 곳에 매립하는지에 따라 범죄의 성립 여부가 달라질 뿐만 아니라, 매립은 그 자체로 매립장소와 불가분의 관계에 있다고 볼 수 있고, 매립장소에 따라 해당 지역이나 주민에게 미치는 영향이 상당하며, 매립장소 변경 시 범의의 갱신이 이루어질 수 있다는 점을 고려할 때, 폐기물관리법 제8조 제2항 위반죄에서 매립장소는 포괄일죄 여부를 판단하는 중요한 기준이 된다. 그리고 폐기물의 매립과 관련하여 범의의 단일성과 계속성이 인정되는지를 판단하기 위해서는 위와 같은 폐기물 매립장소에 더하여 매립의 경위와 기간, 방법, 도구 등은 물론 폐기물위탁처리업체와의 거래경위나 거래방식이 어떠하고 거기에 변경이 있는지 등을 함께 고려하여야 한다.

한편, 특별자치시장·특별자치도지사, 시장·군수·구청장은 토지·건물의 소유자·점유자 또는 관리자가 제7조 제2항의 규정에 따라 청결을 유지하지 아니하면 지방자치단체의 조례에 따라 필요한 조치를 명할 수 있다(제8조 제3항). 이 규정은 그 요건이 모호하고 내용이나 절차가 규정되어 있지 않는 등 불명확한 측면이 있지만 폐기물 제거를 위한 조치명령의 근거로 사용될 수 있을 것이다.

38) 대법원 2006. 1. 26. 선고 2005도7281 판결.

39) "산업폐기물로 하천을 매립하여 고수부지를 조성하는 행위가 환경보전상의 정당한 사유 없이 공공수역에 산업폐기물을 버리는 행위에 해당한다." 대법원 1990. 9. 14. 선고 90도1348 판결(판례 [11]).

40) "폐기물중간처리업자가 자신이 경영하는 공장 옆 부지에 수거한 오니를 적치하고 그 위에 흙을 덮은 후 나무를 심은 행위는 폐기물관리법상 금지되는 '매립'에 해당한다." 대법원 2003. 2. 28. 선고 2002도6081 판결(판례 [5]). 동 판결은 '매립'을 버린다는 의사를 가지고 이루어지는 것으로 한정적으로 해석할 수 없다고 판단하였다.

41) 한편, 이 규정에 위반하여 생활폐기물을 버리거나 매립한 자는 100만원 이하의 과태료에 처한다(제68조 제3항 제1호).

[13] 대법원 2020. 6. 25. 선고 2019두39048 판결

폐기물관리법 제8조 제3항에 따른 조치명령과 폐기물관리법 제48조에 따른 조치명령은 규율의 대상, 처분의 상대방과 요건, 위반 시의 효과 등이 서로 다른 별개의 제도이다. 따라서 폐기물관리법 제8조 제3항에서 말하는 '필요한 조치'에는 토지소유자 등이 폐기물관리법 제7조 제2항에 따른 토지의 청결유지의무를 다하지 못하여 환경상의 위해가 발생할 경우 토지상에 적치 또는 방치된 폐기물의 제거를 명하는 조치도 포함된다고 해석하여야 한다.

6. 폐기물처리기준

폐기물을 처리하려는 자는 대통령령으로 정하는 기준과 방법을 따라야 한다(제13조). 처리기준 일체를 시행령(제7조)[42]에 위임하고 있는 것은 포괄위임 금지의 원칙에 반할 소지가 있다.[43] 여기에서 '처리'란 폐기물의 수집, 운반, 보관, 재활용, 처분을 말하며(제2조 제5호의3) '처분'이란 폐기물의 소각·중화·파쇄·고형화 등의 중간처분과 매립하거나 해역으로 배출하는 등의 최종처분을 말한다(제2조 제6호). 처리기준은 해당 폐기물이 사업장폐기물인지 생활폐기물인지를 불문하고 적용된다. "폐기물을 처리하려는 자"에는 폐기물처리업자도 포함된다고 해석된다.

[14] 폐기물을 처리한 자의 의미: 대법원 1998. 9. 8. 선고 97도2214 판결

① 폐기물관리법 제12조, 제60조 제1호, 같은 법 시행령 제6조, 같은 법 시행규칙 제6조 제1항 [별표 4]의 각 규정에 의하면, 생활폐기물을 처리하고자 하는 자도 위 [별표 4]의 기준 및 방법에 따라 폐기물을 처리하여야 한다.

② 폐기물관리법 제60조 제1호는 같은 법 제12조를 위반하여 폐기물을 처리한 자를 처벌하도록 규정하고 있고, 위 조항에서 '폐기물을 처리한 자'에는 다른 사람으로 하여금 폐기물을 처리하게 한 경우도 포함된다.[44]

---

42) 시행령 제7조는 폐기물의 처리기준 및 방법과 관련하여 폐기물의 종류와 성질·상태별로 재활용 가능성 여부, 가연성이나 불연성 여부 등에 따라 구분하여 수집·운반·보관할 것, 수집·운반·보관의 과정에서 폐기물이 흩날리거나 누출되지 아니하도록 하고, 침출수(沈出水)가 유출되지 아니하도록 하며, 침출수가 생기는 경우에는 환경부령으로 정하는 바에 따라 처리할 것, 해당 폐기물을 적정하게 처분, 재활용 또는 보관할 수 있는 장소 외의 장소로 운반하지 아니할 것, 폐기물 처분시설 또는 재활용시설에서 처리할 것, 폐기물을 처분 또는 재활용하는 자가 폐기물을 보관하는 경우에는 그 폐기물 처분시설 또는 재활용시설과 같은 사업장에 있는 보관시설에 보관할 것, 폐기물을 매립하는 경우에는 침출수와 가스의 유출로 인한 주변환경의 오염을 방지하기 위하여 차수시설(遮水施設), 집수시설(集水施設), 침출수 유량조정조(流量調整槽), 침출수 처리시설을 갖추고, 가스 소각시설이나 발전·연료화 처리시설을 갖춘 매립시설에서 처분할 것, 재활용이 가능한 폐기물은 재활용하도록 할 것 등을 규정하고 있다. 이 중에는 구체성이 떨어져 적용 및 벌칙이나 과태료 부과 과정에서 논란이 예상되는 내용도 다수 있다.

43) 박균성, "폐기물 관련 법령의 기본구조", 환경법연구 제26권 제2호, 2004. 6, 180면; 조홍식(각주 2), 637면.

44) 물류센터 및 대리점을 통하여 소비자에게 신제품을 판매하면서 수거한 냉장고, 세탁기 등의 폐가전제품을 무허가 폐가전제품처리업체를 경영하는 자로 하여금 분쇄, 소각 등의 방법으로 중간처리하게 한 피고인들을 폐기물을 처리한 자로 보아 처벌한 사례.

처리기준과 방법에 맞지 않게 처리되는 경우에는 조치명령(제48조)이 내려질 수 있고, 이를 위반하여 폐기물을 매립한 자에게는 3년 이하의 징역 또는 3천만원 이하의 벌금이 부과된다(제65조 제1호). 위 처리기준에 위반하여 폐기물을 처리한 자'(제66조 제1호의 경우를 제외)는 2년 이하의 징역 또는 2천만원 이하의 벌금에 처한다(제66조 제1호).[45] 여기에서 범죄 구성요건의 핵심이 되는 "대통령령으로 정하는 기준과 방법"을 전적으로 대통령에 위임한 것이 죄형법정주의와 이에서 파생되는 명확성 원칙 및 포괄위임입법 금지원칙에 위배되는지 여부에 대해 논란이 있을 수 있다.[46]

[15] "주변환경을 오염시킨 자": 대법원 2005. 12. 8. 선고 2004도4150 판결

환경정책기본법은 제3조 제3호에서 '환경오염'이라 함은 사업 활동 기타 사람의 활동에 따라 발생하는 대기오염, 수질오염, 토양오염, 해양오염, 방사능오염, 소음·진동, 악취, 일조방해 등으로서 사람의 건강이나 환경에 피해를 주는 상태를 말한다고 규정하는 한편, 제10조에서 정부는 국민의 건강을 보호하고 쾌적한 환경을 조성하기 위하여 환경기준을 설정하여야 하고 그 환경기준은 대통령령으로 정한다고 규정하고 있고, 그 위임을 받은 법 시행령 [별표 1] '환경기준'에서 대기, 소음, 수질의 항목별 기준을 규정하고 있으며, 대기환경보전법, 수질환경보전법, 토양환경보전법, 해양오염방지법 및 각 시행규칙 등에서는 대기, 수질, 토양, 해양 등의 오염물질을 구체적으로 규정하고 있으므로, 폐기물을 그 보관·처리 등의 기준 및 방법에 위반하여 보관·처리함으로써 주변 환경을 오염시켰다고 인정하여 폐기물관리법 제61조 제1호 위반행위로 처벌하기 위하여는, 폐기물의 보관·처리 등 기준 및 방법에 위반한 보관·처리행위로 인하여 위와 같은 환경 관련 법령이 규정하고 있는 오염물질이 배출되거나 그로 인하여 사람의 건강이나 환경에 피해를 주는 정도에 이르러야 할 것이고, 이에 이르지 못한 경우라면 폐기물관리법 제63조 제1항 제1호에 의하여 과태료에 처할 수 있을 뿐 제61조 제1호에 의하여 처벌할 수는 없다.

* 동지: 대법원 2017. 11. 14. 선고 2017도7492 판결[47]

7. 폐기물의 재활용 원칙 및 준수사항

종전에는 폐기물을 재활용하려는 자는 정해진 용도 또는 방법을 따라야 한다고 규정하고 있었기 때문에 새로운 재활용 방법이 개발된 경우에도 여기에 해당되지 않으면 적

45) 흔히 폐기물의 처리개념에는 매립을 포함하고 있으나 여기에서의 처리에는 매립이 제외된다고 보아야 한다. 매립은 동법 제65조 제1호로 의율하면 되기 때문이다. "주변환경의 오염"을 범죄 구성요건으로 하기 때문에 동 규정에 의한 처벌은 쉬운 것이 아니라고 생각된다.

46) 헌법재판소는 위임의 필요성, 수범자의 예측 가능성 등에 비추어 죄형법정주의 및 포괄위임입법 금지원칙에 위배되지 않는다고 판단한 바 있다. 헌재 2010. 5. 27. 선고 2009헌바183 결정 참조.

47) 지하수 검사정(檢査井, 폐기물의 매립으로 침출수가 발생하는 경우 매립시설 주변에 지하수오염 여부를 확인할 수 있는 시설)에서 오염물질이 검출되지 않았더라도, 매립장 하부 토양과 지하수가 오염되어 지하수 배제정(排除井, 매립시설 주변으로 흐르는 지하수를 모아 지하수가 매립시설로 유입되는 것을 막는 시설)에서 오염물질이 검출되었으므로 폐기물관리법 제66조 제13호에서 정한 주변환경 오염에 해당한다고 판단한 사례.

법한 재활용으로 인정받을 수 없는 문제가 있었다. 이러한 규제방식(포지티브 방식)에 대하여 재활용을 위축하는 결과를 초래한다는 비판이 있었다. 이에 2015. 7. 20 개정 법은 폐기물의 재활용을 활성화하고, 그 과정에서 발생하는 환경오염을 사전에 예방하기 위하여 재활용의 원칙 및 준수사항을 새로 설정하고 이를 위반하지 아니하는 경우에는 재활용이 가능하도록 원칙적으로 모든 재활용 방법을 허용하되 환경적으로 위해가 우려되는 등 예외적 경우에 한하여 재활용을 제한하는 방식의 규제로 전환하였다(네거티브 방식). 결국 법령에서 정한 원칙 및 준수사항을 준수하면 별도의 제약 없이 폐기물 재활용이 가능하게 되었다. 그러나 폐기물의 재활용 기준 및 방법을 폐기물의 종류별로 매우 상세하게 규정하고 있기 때문에,[48] 재활용의 활성화에는 한계가 있어 보인다. 동법 시행규칙(제4조의2)에서는 재활용 유형(별표 4의2), 폐기물의 종류별 재활용 가능 유형(별표 4의3) 등을 구체적으로 정하고 있지만 재활용 가능 유형에 포함되어 있지 않은 다른 유형으로의 재활용이 일체 금지된다고 할 수 없다.

즉 누구든지 다음 각 호를 위반하지 아니하는 경우에는 폐기물을 재활용할 수 있다: ① 비산먼지, 악취가 발생하거나 휘발성유기화합물, 대기오염물질 등이 배출되어 생활환경에 위해를 미치지 아니할 것; ② 침출수(浸出水)나 중금속 등 유해물질이 유출되어 토양, 수생태계 또는 지하수를 오염시키지 아니할 것; ③ 소음 또는 진동이 발생하여 사람에게 피해를 주지 아니할 것; ④ 중금속 등 유해물질을 제거하거나 안정화하여 재활용제품이나 원료로 사용하는 과정에서 사람이나 환경에 위해를 미치지 아니하도록 하는 등 대통령령으로 정하는 사항[49]을 준수할 것; ⑤ 그 밖에 환경부령으로 정하는 재활용의 기준[50]을 준수할 것(제13조의2 제1항).

그러나 제1항에도 불구하고 다음의 어느 하나에 해당하는 폐기물은 재활용이 금지되거나 제한된다: ① 폐석면; ② 폴리클로리네이티드비페닐(PCBs)을 환경부령으로 정하는 농도 이상 함유하는 폐기물; ③ 의료폐기물(태반은 제외); ④ 폐유독물 등 인체나 환경에 미치는 위해가 매우 높을 것으로 우려되는 폐기물 중 대통령령으로 정하는 폐기물(동조 제2항, 시행규칙 제14조의3).

---

48) 폐기물의 재활용 유형별 세부분류(시행규칙 제4조의2 제2항, 별표 4의2), 폐기물의 종류별 재활용 가능 유형(시행규칙 제4조의2 제2항, 별표 4의3) 참조.

49) 시행령(제7조의2, 별표 4의2)에서는 폐기물의 유해특성(폭발성, 인화성, 자연발화성, 금수성(禁水性), 산화성, 용출독성, 감염성, 부식성, 생태독성)을 물리·화학적인 방법, 생물학적인 방법 등을 이용해 제거하거나 안정화하도록 하고 있다.

50) 시행규칙 제14조의3, 별표 5의3에 따른 폐기물의 재활용 기준을 말한다.

[16] 대법원 2022. 1. 14. 선고 2021두37373 판결

구 폐기물관리법 제13조의2 제1항 제5호, 구 폐기물관리법 시행규칙 제14조의3 제1항 [별표 5의3] 제1호 (라)목에서 정한 폐기물 재활용 기준은 위 고시와 같이 폐기물을 친환경적으로 처리하기 위해 폐기물 재활용의 대상과 결과물의 기준과 규격 등을 직접적으로 정하고 있는 경우만 의미한다. 그런데 폐기물관리법에 따른 폐기물을 비료로 재생처리하여 판매하거나 무상으로 유통 · 공급하려면 비료생산업 등록을 하여야 한다고 규정한 구 비료관리법 제11조 제1항을 폐기물 재활용의 대상이나 결과물의 기준과 규격 등을 직접적으로 정한 조항으로 보기는 어렵다. 따라서 폐기물 처리업자가 비료생산업 등록을 하지 아니한 채 폐기물을 비료로 재생처리하여 판매하거나 무상으로 유통 · 공급하였다고 하더라도 이에 대하여 구 비료관리법 제27조 제2호에 따라 형사적 제재를 하는 것은 별론으로 하고 그것이 곧바로 폐기물 재활용 기준을 위반한 경우로서 구 폐기물관리법 제27조 제2항 제2호에서 정한 폐기물 처리업의 허가취소 또는 영업정지 사유에 해당한다고 볼 수는 없다.

8. 재활용환경성평가

동법은 일정 규모 이상의 폐기물을 토양 · 지하수 · 지표수 등에 접촉시켜 복토재 · 성토재 · 도로기층재 등 환경부령으로 정하는 용도 또는 방법으로 재활용(매체접촉형재활용)하려는 경우와 폐기물 재활용의 원칙 및 준수사항을 정하지 아니한 폐기물을 재활용하려는 경우에는 '재활용환경성평가'를 거쳐 환경부장관으로부터 폐기물을 재활용할 수 있는지에 대한 승인을 받도록 하고 있다(제13조의3). 말하자면 동법은 재활용 가능 유형에 해당하지 않는 새로운 유형의 폐기물 재활용에 대해서는 재활용환경성평가를 거쳐야만 재활용할 수 있도록 하고 있다. 재활용환경성평가는 재활용의 건강이나 환경에 미치는 영향, 재활용기술의 적합성 등을 평가하여 재활용을 허용하는 한편, 재활용 신기술의 시장 진입을 유도하는 역할 및 기능을 한다. 다만 그 절차와 방법('재활용환경성평가를 위한 절차와 방법 등에 관한 규정', 환경부고시 제2016-144호)이 복잡하고 까다로우며 평가기간이 장기간 소요되어 활성화가 안 될 가능성이 상존하고 있다.

9. 재활용 제품 또는 물질에 관한 유해성기준

동법은 폐기물을 재활용하여 만든 제품 또는 물질에 대한 유해성기준을 설정하여 유해성기준에 적합하지 아니한 제품 또는 물질의 제조 또는 유통을 금지하고, 위반한 자에 대하여 해당 제품 또는 물질의 회수, 파기 등 필요한 조치를 명할 수 있도록 하고 있다(제13조의5).

10. 폐기물 사용 시멘트에 대한 정보공개

시멘트를 제조하는 자는 폐기물을 사용한 시멘트에 관하여 그 제조에 사용된 폐기물의 종류, 원산지 및 구성성분을 포함한 정보를 공개하여야 한다(제13조의6).

Ⅱ. 생활폐기물에 대한 규제

「폐기물관리법」에서는 생활폐기물의 규제와 관련한 규정이 많지 아니한데, 이는 생활폐기물의 처리책임의 주체가 지방자치단체로서, 지방자치단체의 조례로도 규제가 가능하기 때문이다. 생활폐기물의 처리와 관련하여 중요한 의미를 갖는 제도로는 쓰레기종량제와 음식물류 폐기물에 대한 관리가 있다. 우리나라의 경우 쓰레기종량제의 전국적인 실시와 감량정책에 힘입어 생활폐기물의 발생량은 1990년대에 들어 점차 감소하여 일정수준을 보이고 있다.

1. 생활폐기물의 발생지 처리원칙

2022. 12. 27. 개정 법에서는 생활폐기물의 발생지 처리원칙을 규정하고(제5조의2), 관할구역 외에서 생활폐기물을 처리할 경우 해당 폐기물을 반출한 지방자치단체로부터 반입협력금을 징수할 수 있는 근거를 마련하고 있다(제5조의3). 이는 지방자치단체의 관할구역 내 폐기물처리시설 확충을 유도하고, 나아가 지방자치단체 간 이해관계 조정을 촉진할 것으로 기대된다.

2. 생활폐기물의 처리 의무자

생활폐기물의 1차적 처리 책임자는 지방자치단체이다. 즉 특별자치시장 · 특별자치도지사, 시장 · 군수 · 구청장은 관할 구역에서 배출되는 생활폐기물을 처리하여야 한다(제14조 제1항). 동법은 특별자치시장 · 특별자치도지사, 시장 · 군수 · 구청장이 해당 지방자치단체의 조례로 정하는 바에 따라 대통령령으로 정하는 자에게 처리를 대행하게 할 수 있도록 하고(동조 제2항), 대행 시 발생할 수 있는 독점구조로 인한 부작용의 최소화 등을 위하여 중앙정부의 관리감독(대행계약 해지, 계약대상 제외 등)을 강화하고 있다(동조 제8항). 한편, 위 규정에도 불구하고 제46조 제1항에 따라 폐기물처리 신고를 한 자는 폐지, 고철, 폐식용유 등 일정한 생활폐기물을 수집 · 운반 또는 재활용할 수 있다(동조 제3항). 동법은 이와 같이 생활폐기물의 처리를 기본적으로 (기초)지방자치단체의 책임으로 하면서 한편으로는 폐기물의 광역처리를 위한 근거 규정을 두고 있다(제5조 제1항). 그 결과 처리권한의 중복이 발생할 수 있는데, 이는 자칫 처리 책임주체의 불명확과 처리 책임체계의 혼란을 초래할 수 있다.[51)]

51) 폐기물의 광역처리는 해당 지방자치단체간의 협력(조합의 구성)을 통하여 실현하는 것이 바람직하며, 국가 또는 광역자치단체가 직접 개입하는 것이 이론상 타당하지 않다는 견해가 있다. 박균성 · 함태성(각주 2), 524 내지 525면.

3. 음식물류 폐기물, 생활계 유해폐기물 처리계획의 수립 등

동법은 지방자치단체의 장으로 하여금 음식물류 폐기물(농산물류 · 수산물류 · 축산물류 폐기물을 포함), 생활계 유해폐기물(생활폐기물 중 질병 유발 및 신체 손상 등 인간의 건강과 주변환경에 피해를 유발할 수 있는 폐기물)의 적정 처리를 위한 계획을 수립 · 시행하고, 매년 추진 성과를 평가하도록 하고 있다(제14조의3, 제14조의4).

4. 생활폐기물 수집 · 운반 관련 안전기준

환경부장관은 안전사고 예방을 위하여 수집 · 운반차량과 안전장비의 기준 및 작업안전수칙 등 생활폐기물을 수집 · 운반하는 자가 준수하여야 할 안전기준을 마련하고 매년 안전점검 및 실태조사를 실시하여야 한다(제14조의5).

5. 생활폐기물 배출자의 의무

생활폐기물이 배출되는 토지나 건물의 소유자 · 점유자 또는 관리자, 즉 생활폐기물배출자는 관할 특별자치시, 특별자치도, 시 · 군 · 구의 조례로 정하는 바에 따라 생활환경 보전상 지장이 없는 방법으로 그 폐기물을 스스로 처리하거나 양을 줄여서 배출하여야 하며(제15조 제1항), 생활폐기물배출자는 스스로 처리할 수 없는 생활폐기물의 분리 · 보관에 필요한 보관시설을 설치하고, 그 생활폐기물을 종류별, 성질 · 상태별로 분리하여 보관하여야 하며, 폐기물의 위탁 처리실적 등을 특별자치시장, 특별자치도지사, 시장 · 군수 · 구청장에게 신고하여야 한다(동조 제2항 · 제3항).

오염원인자 책임원칙에 따라 폐기물의 처리책임은 배출자가 져야 하겠지만 동법은 생활폐기물에 대한 처리책임을 기초자치단체에게 부과하고 있다. 따라서 생활폐기물의 효율적 처리를 위해서 그 배출자에게 일정한 범위 내에서 처리책임을 부과하고 분리보관 등 일정한 의무를 부과하는 것은 자연스럽다 할 것이다. 이러한 처리책임 내지 처리협조 의무는 협동의 원칙에도 부합하는 것이다.

6. 쓰레기종량제

가. 의 의

동법은 쓰레기종량제에 대한 일반적 근거규정을 두고 있다. 즉 특별자치시장 · 특별자치도지사, 시장 · 군수 · 구청장은 생활폐기물을 처리할 때에는 배출되는 생활폐기물의 종류, 양 등에 따라 수수료를 징수할 수 있다. 이 경우 수수료는 해당 지방자치단체의 조례로 정하는 바에 따라 쓰레기종량제 봉투 또는 폐기물임을 표시하는 표지 등을 판매하는 방법으로 징수한다(제14조 제5항).

쓰레기종량제란 폐기물 배출량(쓰레기종량제 봉투 사용량)에 비례하여 배출자에게 폐기물 처리비용을 부담하도록 하는 제도이다. 1995년 1월 1일부터 전국적으로 시행된 이 제도는 오염원인자 책임원칙에 기해 배출자가 폐기물을 버리는 만큼 비용을 부담하도록 함으로써, 배출자 스스로 폐기물 발생을 근본적으로 줄이고 재활용 가능한 품목도 최대한 분리배출하도록 하고 있다. 이 제도는 폐기물 배출량에 따라 폐기물 처리비용을 부담하도록 한다는 점에서 경제적 유인수단이라고 할 수 있다.

나. 내 용

이 제도에 의하면 생활폐기물은 특별자치시 · 특별자치도, 시 · 군 · 구에서 제작 · 판매하는 규격봉투에 담아 배출하여야 하며,[52] 봉투 가격은 폐기물 처리비용과 지방자치단체의 재정능력을 고려하여 해당 지방자치단체의 조례로 정하여 운영하고 있다. 이에 따르면 연탄재와 재활용품(종이, 고철, 캔, 병, 플라스틱 등)은 규격봉투에 담지 않고 지정된 정기 수거일에 지정된 장소에 배출하거나 지방자치단체의 여건에 따라 조례에서 정하는 별도의 방법에 따라 배출하면 무료로 수거하며, 폐가구 · 폐가전제품 등 대형폐기물은 별도의 수수료를 부담하여 처리하도록 하고 있다.

깨진 유리와 같이 종량제 봉투에 담기 어려운 폐기물은 지방자치단체가 제작 · 판매하는 별도의 전용 포대나 마대 등에 담아 배출하고, 집수리 등으로 일시에 다량 발생하는 폐기물은 대형폐기물에 준하여 배출 · 처리하는 한편, 골목길 · 공원청소 등으로 수거한 폐기물은 지방자치단체에서 무료로 지급하는 공공용 봉투를 사용하여야 한다.

초기에는 생활폐기물에 대해서만 종량제를 시행하였으나 현재는 사업장일반폐기물중 생활폐기물과 성상이 유사하여 생활폐기물의 기준 및 방법으로 수집 · 운반 · 보관 · 처리할 수 있는 폐기물에 대하여도 확대 적용하고 있으며, 시행에 필요한 사항은 '쓰레기 수수료 종량제 시행지침'으로 정하여 운용하고 있다.[53]

다. 평 가

쓰레기종량제는 폐기물의 감량과 재활용량의 증가,[54] 폐기물 처리비용의 감소,[55] 폐기물 처리방법의 개선,[56] 폐기물 수거 · 관리행정서비스의 향상,[57] 재활용산업과 기술의

---

52) 특별자치시장 · 특별자치도지사, 시장 · 군수 · 구청장은 조례로 정하는 바에 따라 종량제 봉투 등의 제작 · 유통 · 판매를 대행하게 할 수 있다(제14조 제7항).

53) 쓰레기종량제의 주요한 내용에 대하여는 환경부, 환경백서, 2016, 423면 이하.

54) 1994년 1인당 1일 생활폐기물 발생량이 1.3㎏에서 종량제의 시행으로 1.0㎏으로 감량되어 유지되다가, 2008년부터는 더욱 감소되어 2014년에는 0.95㎏으로 감소된 것으로 나타나고 있다. 이렇게 감소한 데에는 쓰레기종량제의 실시를 무시할 수 없다. 2016년 환경백서(앞의 책), 411면. 여기에 대해서 폐기물 발생량이 감소한 것은 생활방식의 변화에 따른 연탄재와 음식물폐기물의 감소에 기인하는 바가 크며, 재활용량의 증가는 재활용되어 실제로 다른 제품으로 만들어진 것을 재활용으로 보지 않고 재활용품으로 분리 · 수거만 되면 재활용된 것으로 보기 때문이라는 비판적 시각이 있다. "쓰레기종량제: 그 후 10년", 중앙일보, 2005. 1. 4. 기사.

55) 쓰레기종량제로 인한 경제적 이득은 폐기물 감소에 따른 처리비 절감액 7조1,567억원과 재활용품 판매수익 증가 9,695억원 등 총 8조1,262억원에 이르는 것으로 추정되고 있다. "쓰레기종량제: 그 후 10년"(앞의 기사).

56) 생활폐기물 매립처리비율은 지속적으로 낮아지는 반면 소각 비율은 꾸준히 증가하는 추세를 보인다. 또한 폐자원에너지화 정책에 따라 단순 재활용되던 폐기물이 소각 등 에너지화 처리로 전환됨에 따라 재활용비율이 2009년 이후 감소되는 양상을 보이며, 2011년부터는 59.1%를 유지하고 있다. 이러한 결과는 그 간 쓰레기종량제 실시, 재활용정책 및 폐자원에너지화 등 정책에 힘입은 입은 것이고 폐기물처리구조가 단순 매립 위주에서 폐자원을 선순환시키는 자원순환형으로 전

발전, 환경의식의 고양 등의 성과를 얻은 것으로 분석되고 있다.

그러나 이와 같은 가시적인 효과 이면에는 시행과정에서 무단투기 및 불법 소각의 증가, 종량제 봉투의 가격 · 재질[58] · 강도 등에 대한 시민의 불만, 대형폐기물 배출수단의 제약, 종량제 봉투 안에 버려지는 1회용 비닐봉투의 증가, 재활용시스템의 미비로 인한 적환장에 폐기물의 적체, 종량제 봉투의 불법 제작 · 유통 · 판매 등 문제점이 발견되면서 그에 대한 대책이 민원해소 및 제도의 성공을 위해 요구되고 있다.[59]

7. 음식물류 폐기물 감량화

음식물류 폐기물은 생활폐기물의 상당부분[60]을 차지하고 있기 때문에 음식물류 폐기물의 감량은 생활폐기물 발생량의 감소 및 폐기물 문제를 해결하기 위한 중요한 과제가 되고 있다. 문제는 아직까지 음식물류 폐기물의 발생량을 감소시키기 위한 뚜렷한 대책이 제시되지 못하고 있다는 것이다.

음식물류 폐기물이 발생량이 많고 그 처리 비용이 막대하므로 음식물류 폐기물로 인한 경제적 낭비를 줄이기 위해 체계적인 관리가 요구되고 있다. 이를 위해서는 음식물류 폐기물 발생 이후의 처리 및 자원화보다는 음식물쓰레기 종량제 등 사전적으로 음식물류 폐기물의 발생을 억제, 감량화하는 것이 중요하다. 「폐기물관리법」에서는 음식물류 폐기물 문제를 해결하기 위해 음식물류 폐기물에 대한 수수료 부과, 지방자치단체장의 음식물류 폐기물 발생 억제 계획 수립 및 평가, 음식물류 폐기물 다량 배출자 관리 규정 등을 두고 있다. 음식물류 폐기물 문제는 다른 관련법에서도 다루고 있는데, 예컨대 「폐기물처리시설 설치촉진 및 주변지역지원 등에 관한 법률」에서는 산업단지 · 공장, 관광지 · 관광단지의 경우 음식물폐기물 자원화시설 설치를 의무화하고 있다(동법 제5조, 시행령 제3조 제2항). 「사료관리법」에서는 유 · 무상 판매 여부와 관계없이 사료제조업으로 등록하도록

환되고 있음을 보여준다. 2016 환경백서(각주 53), 411면.

57) 환경부, 환경백서, 2001, 605면.

58) 썩지 않는 봉투를 줄이기 위해 생분해성 봉투가 도입되었으나 생분해성 봉투의 높은 생산비 및 판매가격으로 인하여 그 보급이 지지부진한 상태이다. 2003년 10억장의 종량제 봉투가 판매되었으나 생분해성 봉투는 369만장(0.4%)에 불과하다. "쓰레기종량제: 그 후 10년"(각주 54).

59) 이러한 시행상의 문제점을 개선하기 위해서는 봉투재질 · 구조의 개선(두께 보강, 불투명한 재질의 사용, 음식물폐기물 전용봉투 규격의 소형위주 제작, 묶는 끈의 길이와 폭의 길이 연장), 종량제 봉투 환불과 교환절차의 개선, 종량제 대상 대형폐기물의 품목 확대와 배출절차의 간소화, 1회용 비닐봉투 분리수거체계의 구축, 재사용 종량제 봉투의 사용, 농촌지역 폐기물수거의 집중수거방식으로의 전환, 농촌 지역에 마을단위종량제의 도입 및 농기계 폐윤활유 수거체계의 구축, 폐기물 투기신고 포상금제의 도입 등 다양한 개선책이 제시되고 있다. 환경부, 환경백서, 2005, 594 내지 595면 참조. 시민 불편의 최소화 차원에서 일반 주택가에서 재활용 수거함을 비치하여 편리한 시간에 배출하도록 하는 방안, 분리배출을 유도하기 위하여 수거처리 비용의 30% 수준에 불과한 종량제 봉투가격의 인상, 큰 봉투에 재활용품까지 담아 배출하는 사례를 줄이기 위한 봉투 가격의 누진제 등도 검토할 필요가 있다. "쓰레기종량제: 그 후 10년"(각주 54). 종량제봉투를 불법 제작 · 유통 · 판매한 자에 대한 벌칙 규정의 신설도 고려해 보아야 한다. 송동수, "종량제봉투의 불법유통 방지를 위한 폐기물관리법과 조례의 개선방안", 환경법연구 제31권 제2호, 2009. 8, 305면.

60) 2014년 음식물폐기물 발생량은 하루 13,222톤으로 생활폐기물 발생량의 26.5%를 차지하고 있다. 2016년 환경백서(각주 53), 425면.

하여 불량사료의 유통을 차단하고 있다(제8조). 그러나 음식물류 폐기물 문제는 관습과 문화, 인식 등과 밀접하게 관련을 가지고 있기 때문에 이러한 단편적인 노력으로 해결될 성질이 아니라는 데 고민이 있다.

퇴비화, 소멸화, 사료화 등이 음식물류 폐기물 감량방법으로 거론되고 있으나[61] 어느 방법도 명쾌한 대안이 되고 있지 못하다.[62] 주로 음식물과 마당에 널려있는 폐기물 영역에서 이루어지는 재활용의 한 형태인 퇴비화 · 사료화(composting)는 온실, 정원, 토양침식 방지 등에 사용될 수 있는 부식토, 유기물질 등을 생산하는 유익한 활동으로서, 매립장에서 최종 처리되는 유기성 폐기물의 양을 줄이는 중요한 역할을 하고 있다.[63] 음식물류 폐기물의 양이 생활폐기물의 4분의 1을 차지하고 있는 상황에서 퇴비화 · 사료화는 생활폐기물의 발생량을 줄이기 위한 중요한 정책으로 각광받고 있다. 그러나 퇴비화 · 사료화 정책은 다음과 같은 몇 가지 장애에 부딪치면서 한계를 드러내고 있다. 즉 퇴비화 · 사료화를 통한 최종 제품이 상대적으로 적은 질소, 인을 함유하고 있기 때문에 농부들은 흔히 다른 상업적 비료를 더 선호하고 있다.[64] 퇴비화 · 사료화 과정은 음식물류 폐기물 등을 보관 · 저장하기 위하여 큰 부지를 요구하고 있으며, 악취를 발생하며, 곤충, 벌레를 끌어들이면서 건강, 위생문제를 야기한다. 이러한 문제들은 퇴비화 · 사료화시설의 입지를 제한하는 요인으로 작용한다.[65]

가. 음식물쓰레기 종량제 및 수수료

음식물쓰레기 종량제하에서 지방자치단체장은 음식물류 폐기물의 배출량에 따라 산출한 금액을 부과하는 방법으로 수수료를 징수할 수 있다(제14조 제5항).[66] 발생량에 따라 수수료를 산정하는 방식은 음식물류 폐기물의 발생을 억제하는 방향으로 경제적 유인이 작용하여 그 발생량을 감소시킬 수 있을 것이다. 나아가 동법은 음식물류 폐기물 처리 수수료를 환경부장관이 구축 · 운영하는 전자정보처리프로그램(제45조 제2항)을 이용하여

61) 동법 시행규칙 제14조, 별표 5, 제2호 참조. 2014년 음식물쓰레기 발생량(13,221톤/일)의 97% 정도가 사료 · 퇴비 등으로 재활용되었다. 2016년 환경백서(각주 53), 443면.

62) 미국의 많은 주(州)와 지역 정부는 매각과 소각의 대체 방법으로서, 다양한 형태의 퇴비화 방안을 고려하고 있다. 많은 주에서는 마당에 널려 있는 폐기물의 매각 금지를 실시하고 있는데, 예컨대, 위스콘신 주 폐기물법은 상당 기간 내에 분해되지 아니하는 봉지(bags)를 퇴비화가 가능한 다른 폐기물과 함께 사용될 수 없도록 하고 있다. WIS. STAT. §159.08 (1994). 오하이오 주 관련법은 퇴비화를 위한 물질의 투기를 금지하는 질 기준(quality standards)을 정하고 이에 부합되지 아니하는 물질의 투기를 금지하고 있다. OHIO REV. CODE §3734.028 (1996). 미주리 주는 퇴비화된 물질의 정부 구매를 강조하고 있다. MO. REV. STAT. §34.031(1) (1996).

63) James T. O'reily, *After the Applause Ends: Examining the Legal Issues in Municipal Solid Waste Disposal and Recycling*, 41 Fed. B. News & J. 106, 109 (1994).

64) 생산된 비료 및 사료의 품질이 낮아 사용이 기피되고 상품화되지 못하는 점을 혹자는 다음과 같이 압축적으로 지적하고 있다. "애써 생산한 퇴비와 사료의 사용이 크게 부진하고 그 결과 그것이 함부로 방치되거나 다시 매립장으로 보내지게 된다는 사실인데, 이 역시 공공연한 비밀이 되었다." 홍욱희, 위기의 환경주의 오류의 환경정책, 지성사, 2006, 303면.

65) Oliver S. Owen and Daniel D. Chiras, *National Resource Conservation: Management Approach* 344, 408 (1996).

66) 2014년 1월부터는 전국적으로 종량제가 시행되어 총 145개 지방자치단체 중 공동주택 기준으로 144개소가 시행중이며, 특히, 2012년부터는 RFID기반 음식물류 폐기물 종량제 방식을 본격적으로 도입 · 추진하여 2015년 말 현재 총 146개 시 · 구지역 중 119개 지역에서 RFID방식을 시행 중이다. 2016년 환경백서(각주 53), 426면.

부과 · 징수할 수 있도록 하고 있다(동조 제6항). 지방자치단체가 수수료 부과 · 징수를 위하여 환경부가 운영하는 전자정보처리시스템에 연계토록 하는 것은 예산절감과 함께 체계적인 배출량 관리를 유도할 수 있을 것이다.

나. 음식물류 폐기물 발생 억제 계획 수립 및 평가

음식물류 폐기물의 발생 및 처리는 음식 문화 등 지방자치단체의 여건에 따라 다를 수밖에 없기 때문에 발생량을 줄이고 적정하게 처리하기 위해서는 그 관리 책임이 있는 해당 지방자치단체의 역할과 노력이 매우 중요하다. 이에 동법은 지방자치단체에 음식물류 폐기물 발생 억제 계획을 수립 · 시행하도록 하고, 매년 그 추진성과를 평가하도록 함으로써(제14조의3), 폐기물 감량을 위한 지방자치단체의 노력을 어느 정도 강제하고 있다. 그러나 지방자치단체가 수립한 계획을 스스로 평가하도록 하고 있기 때문에 그 실효성은 약하다고 할 수 있다.

다. 음식물류 폐기물 다량 배출자 관리

음식물류 폐기물을 다량으로 배출하는 자로서 대통령령으로 정하는 자[67]는 음식물류 폐기물의 발생 억제 및 적정 처리를 위하여 관할 특별자치시, 특별자치도, 시 · 군 · 구의 조례로 정하는 사항을 준수하여야 한다(제15조의2 제1항). 그러나 다량 배출자의 준수 사항이 해당 지방자치단체의 조례에 따라 다를 수 있기 때문에 동일 사업자가 각각 다른 규정을 적용받을 가능성이 있다. 동법은 식품접객업소 등 음식물류 폐기물을 다량으로 배출하는 자에 대한 관리를 강화하고 음식물류 폐기물 처리의 효율성을 높이기 위하여 음식물류 폐기물 다량배출 사업자로 하여금 특별자치시장, 특별자치도지사, 시장 · 군수 · 구청장에게 음식물류 폐기물 발생 억제 및 처리 계획을 신고하도록 하고(동조 제2항), 음식물류 폐기물을 처리하는 경우에는 직접 수집 · 운반 · 재활용하거나 폐기물 재활용업의 허가를 받은 자 등에게 위탁하여 수집 · 운반 · 재활용하도록 하고 있다(동조 제3항). 음식물류 폐기물 배출자 중 업종 · 규모와 폐기물 배출량 등을 고려하여 환경부령으로 정하는 자에게는 음식물류 폐기물의 처리를 위탁한 경우 적정처리 확인의무가 있다(동조 제5항).

8. 협약의 체결

시 · 도지사나 시장 · 군수 · 구청장은 폐기물의 발생 억제 및 처리를 위하여 관할 구역에서 폐기물을 배출하는 자 또는 이들로 구성된 단체와 협약을 체결할 수 있으며(제16조 제1항), 해당 지방자치단체와 협약을 체결한 자에게 그 협약의 이행에 필요한 지원을

67) 여기에는 ① 1일 평균 총급식인원이 200명 이상인 집단급식소를 운영하는 자; ② 사업장 규모가 200제곱미터 이상인 휴게음식점영업[주로 다류(茶類) 또는 아이스크림류를 조리 · 판매하는 경우는 제외] 또는 일반음식점영업을 하는 자; ③ 대규모점포를 개설한 자; ④ 농수산물도매시장 · 농수산물공판장 또는 농수산물종합유통센터를 개설 · 운영하는 자; ⑤ 관광숙박업을 경영하는 자; ⑥ 그 밖에 음식물류 폐기물을 스스로 감량하거나 재활용하도록 할 필요가 있어 특별자치시, 특별자치도 또는 시 · 군 · 구의 조례로 정하는 자 등이 포함된다(시행령 제8조의4).

할 수 있다(동조 제3항).

Ⅲ. 사업장폐기물에 대한 규제

우리나라의 경우 쓰레기종량제의 전국적인 실시로 생활폐기물의 발생량은 1990년대에 들어 점차 감소하여 일정수준을 보이고 있으나, 사업장폐기물의 발생량은 연평균 약 10%씩 증가하는 추세에 있다. 특히 사업장폐기물은 그 유독성으로 인하여 환경 및 인체에 미치는 영향이 커 문제가 심각하다.

폐기물의 불법투기, 불법처리와 폐기물 방치는 수질과 토양 등의 심각한 오염을 초래할 뿐만 아니라 이를 정화하기 위해서는 엄청난 사회적 비용을 요구한다. 폐기물 불법처리와 방치는 환경의 중요성에 대한 인식 부족과 경제적 이유 등에 기인한다고 할 수 있으나 이를 규제하는 장치와 환경오염 피해에 대한 법적 · 제도적 구제장치의 미비도 무시할 수 없는 원인을 제공한다. 이러한 인식하에 「폐기물관리법」은 폐기물의 불법처리나 방치를 막기 위하여 다양한 형태의 규제수단을 마련하고 규제를 강화하고 있다.

1. 사업장폐기물의 배출규제

「폐기물관리법」은 생활폐기물보다 사업장폐기물의 관리에 관하여 보다 많은 규정을 두고 있다. 동법은 사업장폐기물의 처리책임을 배출자에게 지우고 있다. 이는 생활폐기물의 경우 처리책임자를 지방자치단체로 하고 있는 것과 구분된다. 이에 따라 배출자 · 처리자에게는 신고, 적정처리, 처리의무의 승계 등의 의무가 주어지며, 지정폐기물의 경우에는 보다 강화된 규제가 뒤따른다.

가. 배출신고

지정폐기물 외의 사업장폐기물[폐지 및 고철(비철금속을 포함)을 제외]을 배출하는 자로서 일정한 자는 사업장폐기물의 종류와 발생량 등을 특별자치시장 · 특별자치도지사, 시장 · 군수 · 구청장에게 신고[68]하여야 한다(제17조 제2항, 시행규칙 제18조 제1항). 배출신고 위반죄는 계속범이 아니라, 사업개시일 또는 실제로 폐기물을 배출하기 시작한 날부터 신고를 아니함으로써 곧바로 범죄가 완성된다(즉시범).[69]

나. 배출자의 의무

사업장폐기물을 배출하는 사업자(사업장폐기물배출자)는 사업장에서 지정폐기물로 분류

68) 동법은 처리기간(20일) 내에 신고의 수리가 이루어지지 않은 경우 신고의 수리가 이루어진 것으로 간주함으로써(제17조 제3항, 제4항), 행정의 투명성을 제고하고 신속한 처리를 도모하고 있다. 이러한 규정은 폐기물처리업의 변경신고(제25조 제3항), 전용용기 제조업의 변경신고(제25조의2 제3항), 폐기물처리시설의 설치 신고 · 변경신고(제29조 제6항), 폐기물처리업 · 폐기물처리시설의 설치승인 등의 권리 · 의무의 승계 신고(제33조 제6항), 폐기물처리업 등의 휴업 · 폐업 또는 재개업 신고(제37조 제3항), 폐기물처리 신고(제46조 제4항), 폐기물처리시설의 폐쇄신고(제50조 제3항) 등에도 그대로 적용된다.

69) 대법원 2001. 12. 24. 선고 2001도4506 판결(판례 [1]).

될 수 있는 폐기물에 대해서는 폐기물분석전문기관에 의뢰하여 지정폐기물에 해당되는지를 미리 확인하여야 하고, 사업장에서 발생하는 모든 폐기물을 폐기물의 처리 기준과 방법 및 폐기물의 재활용 원칙 및 준수사항에 적합하게 처리하여야 하며, 생산공정에서는 폐기물감량화시설[70]의 설치, 기술개발 및 재활용 등의 방법으로 사업장폐기물의 발생을 최대한으로 억제하여야 한다. 또한 동법은 사업장폐기물배출자가 폐기물의 처리를 위탁하는 경우에는 환경부령으로 정하는 위탁 · 수탁의 기준 및 절차를 따라야 하며, 사업장폐기물배출자 중 업종 · 규모와 폐기물 배출량 등을 고려하여 환경부령으로 정하는 자[71]는 해당 폐기물의 처리과정이 폐기물의 처리 기준과 방법 또는 폐기물의 재활용 원칙 및 준수사항에 맞게 이루어지고 있는지를 확인하는 등 필요한 조치를 취하도록 하고 있다(제17조 제1항).

다. 사업장폐기물의 감량지침 준수

사업장폐기물 감량화제도에 따라 사업장폐기물배출자는 사업장에서 발생하는 모든 폐기물을 폐기물의 처리 기준과 방법 및 폐기물의 재활용 원칙 및 준수사항에 적합하게 처리하여야 하며, 생산 공정에서는 폐기물감량화시설의 설치, 기술개발 및 재활용 등의 방법으로 사업장폐기물의 발생을 최대한으로 억제하여야 한다(동법 제17조 제1항). 이에 따라 대통령령으로 정하는 업종 및 규모[72] 이상의 사업장폐기물배출자는 사업장폐기물의 발생 억제를 위하여 환경부장관과 관계 중앙행정기관의 장이 환경부령으로 정하는 기본 방침과 절차에 따라 통합하여 고시하는 지침을 지켜야 하는데(동조 제5항), 이를 구체화하기 위하여 환경부 고시로 '사업장폐기물 감량화지침'(환경부고시 제2001－184호)이 공포 · 시행되고 있다.

라. 사업장폐기물과 관련한 권리 · 의무의 승계

(1) 의　　의

사업양도, 사망, 합병 등 일정한 경우에는 종종 책임주체를 둘러싸고 분쟁이 발생하고 있다. 이는 사업장폐기물배출자의 사업양도, 사망 등의 경우에도 크게 다르지 않아 분쟁의 여지가 상존하고 있다. 문제의 심각성은 책임소재의 불분명이 자칫 폐기물의 방치를 초래할 수 있다는 것이다. 환경오염피해는 장기간에 걸쳐 지속적으로 이루어지고 한번 오염되면 이를 복구하는 데 상당한 기간이 소요되고, 그 결과 사업자가 바뀌는 경우 피해배상을 소구하는 것이 어려워지기 때문에 책임승계의 문제가 중요한 문제가 될

70) '폐기물감량화시설'이란 생산공정에서 발생하는 폐기물의 양을 줄이고, 사업장 내 재활용을 통하여 폐기물 배출을 최소화하는 시설로서 대통령령으로 정하는 시설을 말한다(제2조 제9호).

71) 사업장폐기물의 처리를 위탁하는 경우 지켜야 할 적정처리 확인 의무 대상자가 기존에는 전체 사업장폐기물배출자였으나 2023. 8. 16. 개정 법에서는 업종 · 규모와 폐기물 배출량 등을 고려하여 환경부령으로 정하는 자로 축소되었다.

72) 폐기물 발생 억제 지침 준수의무 대상 배출자는 「통계법」 제22조에 따른 한국표준산업분류표의 중분류업종 중 18개 업종으로 최근 3년간의 연평균 배출량을 기준으로 지정폐기물을 100톤 이상 배출하거나 지정폐기물 외의 폐기물을 1천톤 이상 배출하는 자이다(시행령 제9조, 별표 5).

수 있다. 이에 동법은 일정한 경우 권리 · 의무의 승계 규정을 두어 양도 · 상속 · 법인 합병 등에 의하여 사업을 승계하는 경우 양수인 · 상속인 · 합병법인 등 승계받은 자가 폐기물 처리의무도 자동 승계하도록 하였다. 경매와 같은 원시취득의 경우에도 경락인 등에게 사업장폐기물 처리책임을 승계시키고 있는 것은 주목할 필요가 있다.

즉 동법 제17조 제8항은 "사업장폐기물배출자가 그 사업을 양도하거나 사망한 경우 또는 법인이 합병한 경우에는 그 양수인 · 상속인 또는 합병 후 존속하는 법인이나 합병에 의하여 설립되는 법인은 그 사업장폐기물과 관련한 권리와 의무를 승계한다"고, 동조 제9항은 "「민사집행법」에 따른 경매, 「채무자 회생 및 파산에 관한 법률」에 따른 환가(換價)나 「국세징수법」 · 「관세법」 또는 「지방세기본법」에 따른 압류재산의 매각, 그 밖에 이에 준하는 절차에 따라 사업장폐기물배출자의 사업장 전부 또는 일부를 인수한 자는 그 사업장폐기물과 관련한 권리와 의무를 승계한다"고 규정함으로써 사업장의 양수인, 상속인 등에게 사업장폐기물의 처리의무를 승계시키고 있다. 주의할 것은 사업장폐기물과 관련한 권리 · 의무 승계가 제8항의 경우(양수)에는 '사업'을 대상으로 함에 비해 제9항의 경우(경매 등)에는 사업을 구성하는 '재산'만 인수해도 승계될 수 있다.[73] "사업장폐기물과 관련한 권리와 의무"에는 불법처리 폐기물에 대한 처리의무가 포함되므로[74] 위 승계규정은 사업장에 방치된 폐기물의 처리문제를 해결하는 데 중요한 기능을 할 수 있다.

양수인(또는 인수인)이 승계한다고 할 경우 양도인(또는 인도인)의 책임은 소멸하는가? 동규정의 취지가 자칫 발생할 수 있는 책임 공백을 막기 위하여 행정 편의에 따라 양수인(또는 인수인)에게도 책임을 물을 수 있다는 것일 뿐이라고 이해되므로 양도인(또는 인도인)의 책임(병존적 책임)은 여전히 살아있다고 보아야 할 것이다. 사업장 내에 폐기물을 방치한 자가 사업의 양도(또는 사업장의 인도)만 하면 방치폐기물의 처리책임을 면한다고 보는 것은 부당하기 때문이다.[75] 동법은 "종전 사업장폐기물배출자의 이 법에 따른 의무위반으로 인한 법적 책임은 제8항 또는 제9항에 따른 권리 · 의무 승계에도 불구하고 소멸하지 아니한다"고 규정함으로써(동조 제10항), 이를 확인하고 있다. 주의할 것은 위 승계규정에 따라 해당 인수자가 사업장폐기물배출자의 공법상 권리 · 의무를 승계하지만, 이로써 사업장폐기물배출자의 사법상 권리 · 의무까지 당연히 승계되는 것은 아니라는 것이다(판례 [17]).

---

73) 이러한 비형평성을 고려할 때 제17조 제8항의 적용범위를 '재산' 양도 시까지도 포함하도록 개정할 필요성이 있다는 견해는 이비안, "폐기물처리시설 관련 판례 검토", 환경법연구 제40권 제2호, 2018. 8, 27면.

74) 같은 맥락에서 승계되는 권리 · 의무는 「폐기물관리법」상의 권리와 의무이기 때문에 양수인은 양도인의 행위로 인해 생긴 상태를 통제하기 위해 발하여지는 조치명령(제48조)의 대상이 될 수 있다. 조홍식, "폐기물관리법상 사업장폐기물 배출사업자의 법적 책임", 환경법연구 제26권 제2호, 2004. 6, 270면.

75) 박균성, "산업폐기물처리책임체계의 재검토", 산업폐기물관리법령 및 제도 비교세미나, 2001. 6. 22, 42면 참조.

[17] 권리 · 의무의 승계효과: 대법원 2002. 10. 22. 선고 2002다46331 판결

폐기물관리법 제24조 제5항 후문에 의하면, 민사집행법(구 민사소송법)에 의한 경매, 파산법에 의한 환가나 국세징수법 · 관세법 또는 지방세법에 의한 압류재산의 매각 기타 이에 준하는 절차에 따라 사업장폐기물배출자의 사업을 인수한 자는 당해 사업장폐기물과 관련한 권리 · 의무를 승계한다고 규정되어 있는바, 폐기물관리법이 폐기물을 적정하게 처리하여 자연환경 및 생활환경을 청결히 함으로써 환경보전과 국민생활의 질적 향상에 이바지함을 목적으로 하고(제1조), 환경정책기본법 제7조 및 폐기물관리법 제24조 제1항, 제25조가 오염원인자 책임원칙을 규정하고 있는 점에 비추어 보면, 위 승계규정은 방치되는 폐기물의 발생을 예방하기 위하여 오염원인자 책임원칙을 확장한 것으로서 위와 같은 인수자가 사업장폐기물배출자의 공법상 권리 · 의무를 승계한다는 취지일 뿐이고, 이로써 사업장폐기물배출자의 사법상 권리 · 의무까지 당연히 승계되는 것은 아니라고 보아야 한다.

원심이 확정한 사실관계 및 기록에 의하면, 원고는 염료 및 계면활성제 제조판매업 등을 목적으로 하는 회사이고, 피고(변경 전 상호, ○○실업 주식회사)는 염료 · 안료 제조업 및 판매업 등을 목적으로 하는 회사인 사실, 공장저당법에 의하여 근저당권이 설정되어 있던 피고 소유의 이 사건 공장 대지와 건물 및 기계기구에 대하여 일괄경매가 실시된 결과, 원고가 2000. 9. 4. 이를 낙찰받아 대금을 완납함으로써 그 소유권을 취득한 사실, 그런데 이 사건 공장 대지 중 원심판결의 도면 ①, ②, ③ 표시 부분 각 지상에는 피고가 염료 및 안료를 생산하는 과정에서 배출한 사업장폐기물인 폐수처리 오니(汚泥) 1,500t(이하 '이 사건 폐기물'이라 한다)이 폐기물관리법에 따라 처리 되지 아니한 채 500kg 단위의 점보백에 포장된 상태로 적치되어 있는 사실을 알 수 있는바, 사정이 이러하다면, 이 사건 폐기물의 배출자인 피고는 이 사건 폐기물을 독립된 물건의 형태로 원고 소유의 이 사건 공장 대지 위에 적치함으로써 원고의 소유권을 방해하고 있음이 분명하므로, 특별한 사정이 없는 한 위 방해배제를 구하는 원고에 대하여 이 사건 폐기물을 취거하고 그 부분 대지를 인도할 의무가 있으며, 이 사건 공장 대지와 건물 및 기계기구를 일괄하여 취득한 원고가 위 승계규정에 따라 이 사건 폐기물에 관한 피고의 지위를 승계함으로써 행정청에 대하여 공법상 의무를 부담한다 하더라도, 위와 같은 피고의 사법상 취거 및 인도 의무에 무슨 변동이 생기는 것은 아니다.[76)]

(2) 내 용

사업자가 상인이기 때문에 책임승계의 문제는 우선 상법의 적용을 받게 된다. 상법에서는 영업양수인이 영업양도인의 상호를 계속 사용하는 경우에 양도인의 영업이 지속되는 듯한 외관을 창출한 데 대한 책임을 물어 양도인의 채무에 대하여 책임을 지도록 하고 있다(동법 제42조 제1항). 이 책임은 영업양수에 대한 책임이 아니고 영업양도의 사실에

76) 공장 대지와 건물 및 기계기구를 일괄경매로 취득한 현 소유자의 전 소유자에 대한 사업장폐기물의 취거 및 대지 인도 청구를 인용한 사례.

대한 채권자의 선의를 보호하자는 것이므로 양도 당시에 이미 존재하는 영업상의 채권이면 다 보호받는다고 이해된다.77) 따라서 거래상의 채권뿐만 아니라 불법행위, 부당이득으로 인한 채권도 그 대상이 되며,78) 양수인은 환경법상의 책임(예컨대, 폐기물처리책임)에 대하여도 책임을 부담하게 된다.

그러나 상법의 위 규정은 환경책임의 추구에 일정한 한계가 있다. 즉 양수인이 영업양도를 받은 후 양도인의 채무에 대하여 지체 없이 책임이 없음을 등기하는 경우에는 모든 채무자에 대하여, 양도·양수인이 지체 없이 채권자에 대하여 그 뜻을 통지한 경우에는 그 통지를 받은 제3자에 대하여 책임을 지지 아니한다(동조 제2항). 또한 양수 사업자가 상호를 속용하지 아니하는 경우에는 위 규정에 따른 책임을 물을 수 없고 오염의 원인이 있는 양도인에 대해서만 책임을 물을 수밖에 없어서 승계의 의미가 없어진다. 위와 같은 한계점은 여러 개별 환경법에서 정하고 있는 사업자의 책임승계 규정에 의하여 다소 극복될 수 있다. 「폐기물관리법」의 책임승계 규정이 좋은 예이다.79)

동 조항의 해석과 관련하여서는 실무상 배출시설에 대한 허가 등을 받을 때 당국으로부터 부과받은 의무사항 등을 양수 이후에도 똑같이 준수할 의무가 있다는 정도의 의미로 해석하고, 배출시설의 양도인이 행한 양도시점 이전의 배출행위에 대하여까지 양수인에게 책임을 지우는 것으로는 이해되지 않는다는 견해가 있다.80) 그러나 원칙적으로 영업의 동일성이 인정되는 경우 양수인은 양도인의 책임을 부담한다고 적극적으로 해석하여야 할 것이다.81) 이 때 동일성의 판단은 종래의 영업조직의 전부 또는 중요한 일부가 유지되며 같은 기능을 할 수 있느냐에 의하여 판단되어야 한다.82) 동일성을 결정하는데 있어 고려할 사항으로는 동일한 고용인, 동일한 감독자, 동일한 장소, 동일한 생산시설, 동일한 제품, 동일한 영업, 동일한 상호, 자산의 계속성, 양도기업과의 일체성 등이 제시될 수 있다.

합병된 기업의 기존 채무를 포괄적으로 인수하는 합병과 달리 회사법상 한 회사가 다른 회사의 자산을 전부 또는 상당부분 인수하는 경우 위 양수인이 양도인의 기존 책임이나 채무를 당연히 인수하지는 아니한다. 이러한 원칙을 악용하여 사업양수인이 사업양도인의 책임을 부담하지 않기 위해 많이 사용되는 거래행위가 자산인수라 할 수 있다. 참고적으로 미국 법원은 자산인수의 경우에도 양수인이 양도인의 책임을 인수할 수 있다

77) 이철송, 상법총칙·상행위, 박영사, 1996, 256면.
78) 채무는 여전히 양도인에 속하고, 양수인은 단지 자기가 창출한 외관에 따른 책임을 질 뿐이므로 양도인과 양수인은 채권자에 대하여 부진정연대채무의 관계에 서게 된다. 이철송(앞의 책), 258면.
79) 이와 유사한 규정은 「먹는물관리법」(제25조 제1항·제2항), 「지하수법」(제24조 제2항), 「화학물질관리법」(제37조 제2항) 등에서도 발견되고 있다.
80) 황창식, "기업의 인수·합병과 토양오염", 환경문제연구총서 IX, 대한변호사협회, 2001, 134 내지 135면.
81) 조홍식(각주 2), 654면.
82) 대법원 1989. 12. 26. 선고 88다카10128 판결; 이철송(각주 77), 241면.

는 예외적인 경우를 인정하여 왔다. 예를 들어, 당사자간에 책임을 인수한다고 약정을 하는 경우(assumption of liability), 회사법이 요구하는 합병절차를 밟지 아니하였으나 사실상 합병에 상당하는 기업통합이 있는 경우(de facto merger), 거래대금을 지불하지 않고 사기행위(fraud)로 회사를 인수한 경우, 단순히 기업형태만 바꾸고 동일한 주주 · 이사 · 임원을 가지고 동일한 영업을 하는 경우(mere continuation) 등이 그것이다.83)

한편 폐기물처리업자 등이 사업장폐기물을 배출하는 경우로서 그 사업을 양도하는 경우에는 제33조(허가 등에 따른 권리 · 의무의 승계)와 별도로 동조항에 따라 사업장폐기물과 관련한 권리 · 의무를 승계하는지 논란이 제기될 수 있다.

(3) 평 가

환경법규상의 책임 승계규정은 무엇보다도 책임자를 양수인, 상속인 등으로 확대함으로써, 구제 가능성을 확대한다. 또한 사업장을 인수하려는 자로 하여금 사업장 내의 폐기물의 상태와 폐기물에 의한 토양의 오염상태 등에 대한 조사를 유도하고, 그 결과 불법처리 또는 방치된 폐기물을 발견할 가능성을 높인다.

그러나 사업양도가 구체적으로 무엇을 의미하는지, 사업장만을 매입한 자가 여기에서 말하는 사업의 양수인이 될 수 있는지 등에 대하여 논란이 있을 수 있다. 논란을 막기 위해 입법적으로 이를 분명히 할 필요가 있다. 양수인 등이 불측의 손해를 볼 수 있다는 문제도 있다. 이러한 관점에서 양수인에게 그 책임을 면할 수 있는 길을 열어 줄 필요가 있다.84) 차제에 사업양도의 개념 내지 범위도 분명히 할 필요가 있다. 「토양환경보전법」에서는 토양오염관리대상시설을 합병 · 상속이나 '그 밖의 사유'로 정화책임자의 권리 · 의무를 '포괄적'으로 승계한 자를 정화책임자로 규정함으로써 이 문제를 해결하고 있다(동법 10조의4 제1항 제3호). 그러나 여기에도 '그 밖의 사유'가 어떠한 경우인지, 어느 경우에 '포괄적' 승계가 있었는지가 여전히 문제로 남는다.

처리의무 승계 규정의 시행 전에 사업을 양수한 승계인이 조치명령(제48조) 등의 대상자가 될 수 있는가도 어려운 문제를 제기한다. 이는 소급책임의 인정 여하의 문제이다. 소급 적용은 헌법상 보장된 재산권의 박탈을 초래하므로 위헌의 소지가 많다고 생각된다. 그러나 해당 규정이 사실 또는 법률관계가 아직 종료되지 않은 문제를 다루며, 정책의 변경이 아니라 지식이나 평가의 변경에 따라 이루어진, 이른바 '부진정 소급' 규정으로 이해하고 소급 적용이 가능하다는 견해도 만만치 않다.85)

83) William B. Johnson, *Liability of Parent or Successor Corporation, or Corporate Shareholders, in Action Pursuant to Comprehensive Environmental Response, Compensation, and Liability Act*, 121 American Law Reports 173 (1997).

84) 강현호, 환경법, 신론사, 567면.

85) 조홍식(각주 74), 282면.

2. 사업장폐기물의 처리규제

가. 배출자 책임의 원칙

동법은 사업장폐기물배출자로 하여금 사업장에서 발생하는 폐기물을 스스로 처리하도록 하고 있다. 즉 폐기물의 유해성과 관계없이 사업장폐기물의 처리책임자는 원칙적으로 배출사업자 자신이다(제18조 제1항). 그러나 폐기물처리업의 허가를 받은 자 등 일정한 자에게 위탁하여 처리할 수도 있다(동조 단서).

[18] 대법원 2009. 2. 12. 선고 2007도5372 판결

구 폐기물관리법(2007. 1. 3. 개정 전) 제60조 제2호(현행 제65조 제11호)는 "법 제25조 제1항(현행 제18조 제1항)을 위반하여 사업장폐기물을 처리한 자"를 처벌하도록 규정하고 있고, 법 제25조 제1항은 "사업장폐기물배출자는 그의 사업장에서 발생하는 폐기물을 스스로 처리하거나 제26조 제3항의 규정에 의한 폐기물처리업의 허가를 받은 자, 제44조의2의 규정에 의하여 다른 사람의 폐기물을 재활용하는 자, 제4조 또는 제5조의 규정에 의한 폐기물처리시설을 설치 · 운영하는 자 또는 해양오염방지법 제18조의 규정에 의하여 폐기물해양배출업의 등록을 한 자에게 위탁하여 처리하여야 한다."고 규정하고 있으며, 법 제24조 제1항 제3호(현행 제17조 제1항 제3호)는 "제25조 제1항의 규정에 따라 폐기물의 수집 · 운반 · 처리를 위탁하는 경우에 사업장폐기물배출자는 수탁자가 제12조(현행 제13조)의 규정에 의한 기준에 적합하게 폐기물을 수집 · 운반 · 처리할 능력이 있는지를 환경부령이 정하는 바에 따라 확인한 후 위탁하여야 한다. 다만, 제4조 또는 제5조의 규정에 의한 폐기물처리시설을 설치 · 운영하는 자에게 위탁하는 경우에는 그러하지 아니하다."라고 규정하고 있다. 한편, 법 제12조는 "누구든지 폐기물을 수집 · 운반 · 보관 · 처리하고자 하는 자는 대통령령이 정하는 기준 및 방법에 의하여야 한다."고 규정하고 있는바, 이러한 제반 규정들을 종합적으로 고려하여 보면, 법 제60조 제2호는 사업장폐기물배출자가 그의 사업장에서 발생하는 폐기물을 스스로 처리하지 않고 위탁처리하는 경우에 법 제25조 제1항에 규정된 자 이외의 자에게 위탁하여 처리한 행위를 처벌대상으로 하고 있다고 볼 것이다.

이 부분 공소사실은 피고인이 위 사업소 소장인 원심공동피고인 1과 공모하여 위 사업소에서 발생한 사업장폐기물을 스스로 처리하면서 이를 부적정한 방법으로 처리하였다는 취지인바, 이러한 경우라면 그 행위가 법 제60조 제1호 또는 법 제61조 제1호에 의하여 처벌될 수 있는 여지가 있음은 별론으로 하고 법 제60조 제2호에 의하여 처벌될 수는 없다고 보아야 한다.

동법은 특히 폐기물 위탁처리의 경우 폐기물 처리가격의 최고액 또는 최저액을 고시하여(제24조) 사업장폐기물배출자로 하여금 최저액보다 낮은 가격으로 폐기물처리를 위탁하지 못하도록 하고 있다(제18조 제2항). 폐기물처리에 있어서 최저수수료 제도를 도입한 것은 적정처리비용 이하의 덤핑가격으로 폐기물을 수탁한 후 부적정 처리하는 것을 막기 위한 것이다. 그러나 여기에 대하여는 다양한 폐기물 종류별로 적정처리 가격을 설정하는 것이 현실적으로 용이하지 않으며, 최저가격제도가 처리업체의 연구개발 의욕 저하 등 처리업체간 건전한 경쟁을 저해할 소지가 있을 수 있다는 비판이 제기될 수 있다. 이러한 문제점을 해결하기 위해서는 폐기물의 특성상 덤핑에 의한 부적정 처리가능성이 높은 품목에 대해서만 제한적 · 임의적으로 시행하는 것을 고려할 필요가 있다.

현행 법은 이와 같이 사업자보다 전문적인 폐기물처리위탁업자로 하여금 폐기물을 처리토록 하는 폐기물처리의 위탁제도를 두고 있는데, 이는 폐기물의 안전처리, 환경오염의 방지 또는 개선을 위해 바람직하다고 생각된다.[86] 이때 위탁처리업자에 대한 충실한 사전 · 사후 통제는 위탁제도의 성공을 위해 필수적이다. 이러한 관점에서 폐기물처리의 위탁제도를 평가할 경우 현행법상 위탁처리업자가 새로이 시장진입하는 데 있어서 그 통제가 불충분하고, 사후 통제도 구체적이지 못하고 단편적이어서 적정한 처리를 보장하는 데에는 미흡하다고 할 것이다. 동법은 사업장폐기물배출자의 자가처리와 위탁처리를 선택적으로 하고 있을 뿐 사업자가 스스로 처리할 수도 없고 위탁처리를 거부하는 경우에 대하여는 규정하고 있지 아니한바, 이러한 경우 적정한 폐기물처리를 보장하기 위하여 공적 처리주체에 의해 처리되도록 할 필요가 있다.[87]

나. 사업장폐기물의 전자인계 · 인수제도

동법은 사업장폐기물의 인계 · 인수를 전자정보프로그램에 입력하는 방식으로 하도록 함으로써 처리증명을 투명화 · 간소화하고 있다. 처리증명의 투명화는 폐기물의 불법투기와 불법처리의 가능성을 막을 것으로 기대된다. 이에 따르면 환경부령으로 정하는 사업장폐기물을 배출, 수집 · 운반, 재활용 또는 처분하는 자는 그 폐기물을 배출, 수집 · 운반, 재활용 또는 처분할 때마다 폐기물의 인계 · 인수에 관한 사항과 계량값, 위치정보, 영상정보 등 폐기물 처리 현장정보를 제45조 제2항에 따른 전자정보처리프로그램에 입력하여야 한다(제18조 제3항). 전자정보프로그램에 입력해야 하는 정보는 비교적 많다고 할 수 있는데, 이는 폐기물 관리를 강화한다는 의미가 있다. 환경부장관은 입력된 폐기물 인계 · 인수 내용을 해당 폐기물을 배출하는 자, 수집 · 운반하는 자, 재활용하는 자 또는 처분하는 자가 확인 · 출력할 수 있도록 하여야 하며, 그 배출자, 수집 · 운반자, 재활용자 또는 처분자를 관할하는 시장 · 군수 · 구청장 또는 시 · 도지사가 그 폐기물의 배출, 수

86) 배출자 책임원칙에 대하여는 폐기물배출자는 폐기물처리에 전문성을 갖고 있지 않고 적정한 폐기물처리시설을 확보하지 못하는 경우가 많으므로 적정한 폐기물처리가 될 수 없는 경우가 많고, 배출자가 스스로 처리하는 경우에 폐기물이 사업장 내에 방치되거나 불법처리 또는 불법투기될 가능성이 많아질 뿐만 아니라 재활용이 가능함에도 단순 매립 또는 소각되는 등 단순처분이 우선적으로 행해질 가능성이 많으므로 폐기물배출자가 폐기물을 스스로 처리하는 것은 폐기물의 적정처리라는 관점에서 제한되어야 한다는 견해가 있다. 박균성, "폐기물의 불법처리 및 방치에 대한 법적 규제", 국제법무연구, 경희대학교 국제법무대학원, 10 내지 11면, 조현권(각주 7), 589면; 김연태(각주 36), 229면.

87) 김연태(앞의 글), 230면.

집 · 운반, 재활용 및 처분 과정을 검색 · 확인할 수 있도록 하여야 한다(동조 제4항).

또한 환경부령으로 정하는 사업장폐기물을 운반하는 자는 운반 중에 전자정보처리프로그램에 입력된 폐기물 인계 · 인수 내용을 확인할 수 있도록 인계번호를 숙지하여야 하며, 관계 행정기관이나 그 소속 공무원이 요구하는 때에는 이를 알려주어야 한다(제19조 제1항). 한편, 폐기물을 수탁하여 처리하는 자는 영업정지 · 휴업 · 폐업 또는 폐기물처리시설의 사용정지 등의 사유로 환경부령으로 정하는 사업장폐기물을 처리할 수 없는 경우에는 지체 없이 그 사실을 사업장폐기물의 처리를 위탁한 배출자에게 통보하여야 한다(동조 제2항).

사업장폐기물의 전자인계 · 인수제도는 종전의 폐기물전표제도88)를 포기하는 대신에 그 절차를 간소화하고, 폐기물 인계 · 인수의 전산화를 전면적으로 도입하는 것이다. 이에 따라 종전에 지정폐기물에 대하여 다른 사업장폐기물보다 엄격하게 처리증명을 요구하고 있던 것은 폐지되었다. 이는 폐기물 인계 · 인수의 전산화에 따라 폐기물의 배출 · 운반 · 처리 절차가 투명하게 관리될 수 있으므로 별도로 지정폐기물에 대한 강화된 처리 증명을 요구하는 것이 불필요하다는 인식에 기초한다.

그러나 환경부령으로 정하는 지정폐기물을 배출하는 사업자는 그 지정폐기물을 처리하기 전에 다음의 서류를 환경부장관에게 제출하여 확인을 받아야 한다: ① 폐기물처리계획서; ② 폐기물분석전문기관이 작성한 폐기물분석결과서; ③ 지정폐기물의 처리를 위탁하는 경우에는 수탁처리자의 수탁확인서(제17조 제3항). 이는 지정폐기물의 처리경로를 고정화함으로써, 불법처리를 사전에 차단하기 위한 것이다. 사업장폐기물 중 특히 중금속 등 유해물질이 다량 들어있어 유해성이 큰 지정폐기물은 그 구성물의 특성상 환경과 인간에 큰 위해를 줄 수 있기 때문에 지정폐기물의 발생에서부터 안전하게 운반되고 무해하게 최종처리될 때까지 그 처리경로를 효율적이고 적절하게 감시하고 통제할 수 있는 제도적 장치가 요구되는바, 관련 서류의 제출과 확인절차는 이러한 요구에 부응하는 것이라고 할 수 있다.

한편, 인계 · 인수의 전산화 차원에서 동법은 폐기물 인계 · 인수 내용이 입력된 기록을 관리할 수 있는 전산처리기구의 설치 · 운영을 의무화하고(제45조 제1항), 사업장폐기물 배출자 등이 폐기물 관련 업무를 전자정보처리프로그램을 이용하여 입력하면 해당 업무

88) 불법투기와 불법처리의 가능성에 대비하여 1999. 2. 8. 개정 「폐기물관리법」은 사업장폐기물의 배출자, 처리자, 운반자간의 처리경로를 투명하게 추적하여 확인이 가능하도록 하는 '폐기물전표제도'를 도입하였다. 폐기물전표제도는 폐기물의 불법투기와 불법처리의 가능성을 미리 막기 위한 것으로 폐기물의 배출단계부터 최종처리단계까지 폐기물의 처리경로 및 적법처리여부를 추적 · 감시하고 부적절한 처리가 있는 경우 이에 적절히 대응하기 위한 제도이다. 그러나 이러한 방식은 사업자에게는 비용 및 업무 부담이 크고, 또 감독기관은 최종처리자가 그 인계서를 관할 기관에 제출하여 확인할 수 있는 상태가 되기 전까지는 폐기물의 적법처리를 감시하기 어려운 점이 있었다. 이에 2007. 8. 3. 개정 법은 폐기물 인계 · 인수를 전자정보처리프로그램에 입력하는 방식으로 변경하기에 이르렀다. 이러한 방식은 전자정보처리프로그램에 접속하여 입력만 하면 되므로 기업의 업무부담은 그만큼 완화되고, 감독기관 등이 폐기물의 인계 · 인수에 관한 사항을 실시간 확인할 수 있어서 폐기물처리의 투명성을 확보할 수 있을 것으로 기대된다.

를 이행한 것으로 간주하도록 하고 있다(동조 제3항). 이는 폐기물 관련 업무를 일종의 전자문서교환(Electronioc Data Interchange: EDI) 방식에 의해 보고 · 제출할 수 있도록 하고 그 법적 효력을 인정함으로써 전자인계 · 인수제도를 효율화 · 간소화하려는 것이다.

폐기물의 이동경로를 추적 · 감시하기 위하여 폐기물인계 · 인수절차를 수작업으로 한다는 것은 효율성이 떨어지고, 사업자에게 큰 부담이 될 뿐만 아니라 전국적으로 수만개에 이르는 업소에 대해 폐기물의 적법처리 여부를 신속하게 파악하기 어려운 점이 있을 것이다. 전체 대상업소가 많고 그 수도 증가추세에 있어 그만큼 사회적 비용도 커질 것이다. 이에 따라 폐기물의 배출에서 최종처리까지의 전 과정을 적정 · 투명하게 관리하기 위하여 배출자, 운반자, 처리자, 행정기관 사이에 유통되는 폐기물인계서를 인터넷상에서 전자정보의 형태로 처리하여 인 · 허가 정보와 인계정보를 취합 · 대조 · 분석할 수 있는 사업장폐기물의 전자인계 · 인수제도는 그 효용성이 크다고 생각한다.

다. 사업장폐기물의 공동처리

환경부령으로 정하는 2 이상의 사업장폐기물배출자는 각각의 사업장에서 발생하는 폐기물을 환경부령으로 정하는 바에 따라 공동으로 수집 · 운반, 재활용 또는 처분할 수 있다. 이 경우 사업장폐기물배출자는 공동운영기구를 설치하고 그 중 1명을 공동운영기구의 대표자로 선정하여야 하며, 폐기물처리시설을 공동으로 설치 · 운영할 수 있다(제18조 제5항).

라. 배출자에 대한 폐기물 처리명령

환경부장관 또는 시 · 도지사는 사업장폐기물배출자가 폐기물의 처리 기준과 방법으로 정한 보관기간을 초과하여 폐기물을 보관하는 경우에는 사업장폐기물배출자에게 기간을 정하여 폐기물의 처리를 명할 수 있으며, 처리명령을 하였음에도 불구하고 처리되지 아니한 폐기물이 있으면 제17조 제8항 또는 제9항에 따라 권리와 의무를 승계한 자에게 기간을 정하여 폐기물의 처리를 명할 수 있다(제39조의2).

마. 유해성 정보자료의 작성 · 제공

안전사고 발생가능성이 높은 환경부령으로 정하는 특정 사업장폐기물을 배출하려는 자는 해당 폐기물에 대한 유해성 정보자료를 작성하여 그 자료를 처리자에게 제공해야 하고, 폐기물배출자와 처리자는 해당 자료를 사업장폐기물의 수집 · 운반차량, 보관장소 및 처리시설 등에 게시 · 비치하여야 한다(제18조의2). 이러한 규정은 사업장폐기물로 인한 폭발, 화재 등이 안전사고가 발생한 때 신속 대응을 제고할 것이다.

3. 폐기물분석전문기관

동법은 폐기물에 관한 시험 · 분석 업무를 전문적으로 수행하기 위하여 폐기물분석전문기관을 지정하고, 그 전문성과 공공성을 확보하기 위하여 준수사항, 평가, 지정의 취소 등을 도입하여 관리를 강화하고 있다(제17조의2 내지 제17조의5).

4. 사업자의 폐기물 회수조치

폐기물의 회수 및 재활용이 제대로 이루어지려면 무엇보다 배출단계에서부터의 여건 조성이 중요하다. 동법은 사업자에게 폐기물의 회수 및 처리가 용이하도록 할 의무를 부과함으로써, 이에 부응하고 있다.

가. 사업자의 재료, 용기, 제품폐기물 회수 및 처리방법

사업자는 제품의 제조 · 가공 · 수입 또는 판매 등을 할 때에 그 제조 · 가공 · 수입 또는 판매 등에 사용되는 재료 · 용기 · 제품 등이 폐기물이 되는 경우 그 회수 및 처리가 쉽도록 하여야 한다(제47조 제1항). 이는 생산자에게 폐기물의 회수 및 재활용의 의무를 부과하는 '생산자책임 재활용제도'의 일환으로 이해된다. 이에 따라 생산자는 제품의 설계 및 제조과정에서부터 폐기물의 감량 및 재활용을 고려하게 되어 폐기물의 원천적인 감량 및 재활용에 크게 기여할 수 있을 것이다. 사업자는 이러한 재료 · 용기 · 제품 등이 대기오염물질, 수질오염물질, 유독물 중 환경부령으로 정하는 물질을 함유하고 있거나 다량으로 제조 · 가공 · 수입 또는 판매되어 폐기물이 되는 경우 환경부장관이 고시하는 폐기물의 회수 및 처리방법에 따라 회수 · 처리하여야 한다(동조 제2항).

나. 회수권고 및 명령

환경부장관은 사업자가 회수 · 처리방법에 따라 회수 · 처리하지 아니하면 기간을 정하여 그 회수와 처리에 필요한 조치를 할 것을 권고할 수 있으며, 이에 따라 권고를 받은 자가 권고사항을 이행하지 아니하면 해당 폐기물의 회수와 적정한 처리 등에 필요한 조치를 명할 수 있다(동조 제3항·제4항).

5. 폐기물처리에 대한 조치명령

최근 재활용업체 사업장 등에 폐기물을 반입한 후 무단으로 방치하거나, 임대부지 및 창고 등에 폐기물을 불법으로 투기하고 도피하는 등 폐기물을 법령의 기준에 부합하지 않게 처리하는 사례가 빈번하게 발생하고 있다. 이에 부적정처리폐기물을 보다 신속 · 정확하게 처리함으로써 환경오염과 주민건강 피해 등을 최소화할 필요가 있다. 이러한 인식하에 동법은 환경부장관, 시 · 도지사 또는 시장 · 군수 · 구청장으로 하여금 부적정처리폐기물(폐기물처리기준과 방법 또는 폐기물의 재활용 원칙 및 준수사항에 맞지 아니하게 처리되거나 제8조 제1항 또는 제2항을 위반하여 버려지거나 매립되는 폐기물)이 발생하면 조치명령대상자에게 기간을 정하여 폐기물의 처리방법 변경, 폐기물의 처리 또는 반입 정지 등 필요한 조치를 명할 수 있도록 하고 있다. 2019. 11. 26. 개정 법은 조치명령대상자의 범위를 대폭 확대하였다. 헌법재판소는 이들이 부담하는 책임의 성질을 연대책임으로 이해하는 듯하나,[89] 명

89) 당사자가 "다른 사람에게 자기 소유의 토지 사용을 허용한 경우"에 관한 부분이 재산권 및 사적 자치권을 침해한다고 주장하면서 헌법소원심판청구를 제기한 사안에서 헌법재판소는 토지소유자가 지는 책임은 '보충적'이라고 적시한 바 있다.

문 규정이 없고 입법자의 의도가 분명치 않아 섣불리 단정할 수 없다.90) 이러한 불법처리에 대한 조치명령은 방치폐기물 문제를 해결하기 위한 유효한 수단으로 작용한다.

가. 조치명령대상자

(1) 발 생 자

부적정처리폐기물을 발생시킨 자는 조치명령대상자가 된다. 이는 오염원인자 책임원칙에 비추어 당연한 것이다. 발생자가 처리자보다 넓은 개념으로 이해할 경우 적정처리 · 발생자가 조치명령대상자가 되는가 문제가 될 수 있다. 문리해석상 발생자에 처리자가 포함되기 때문에 적정처리자가 조치명령대상자가 될 여지가 있다. 그러나 개념정의상 부적정처리폐기물 자체가 처리를 전제로 하고 있기 때문에 발생은 (위법)처리를 의미한다고 해석하는 것이 합리적이라고 할 수 있다.91) 개정 이유를 확인할 수 없는 상황에서 단정할 수 없지만 기존 "폐기물을 처리한 자"를 염두에 두고 본문의 위법한 '처리'라는 행위를 부적정처리폐기물로 대체해서 법문화하는 과정에서 발생한 입법 부주의로 보여진다. 이와 같이 이해할 경우 발생보다 '처리'의 의미가 보다 중요해 보인다. '처리'란 폐기물의 수집, 운반, 보관, 재활용, 처분을 말하며(제2조 제5호의3), '처분'이란 "폐기물의 소각(燒却) · 중화(中和) · 파쇄(破碎) · 고형화(固形化) 등의 중간처분과 매립하거나 해역(海域)으로 배출하는 등의 최종처분을 말한다(동조 제6호).

여기에서 처리(매립)행위의 입증책임 및 정도가 문제될 수 있다. 판례는 「폐기물관리법」의 적용을 부인하기 위하여는 "매립사실을 부인하는 측에서 제3자가 매립한 것이라거나 그 밖의 다른 원인으로 폐기물이 매립된 것이라는 입증을 적극적으로 하여야 할 것이다"고 판시함으로써,92) 기본적으로 발생자(처리자)에게 입증책임을 돌리고 있다.

[19] 대법원 2020. 2. 6. 선고 2019두43474 판결

원고가 직접 자신의 사업장 내에 적치되어 있던 토사를 매립한 것은 아니지만, 성토업자들로 하여금 이 토사를 원고의 사업장 밖으로 반출하여 이 토사를 매립하게 한 이상, 폐기물관리법 제48조 제1항 제1호에서 조치명령의 상대방으로 정한 '폐기물을 처리한 자'에 해당한다고 보아야 한다.93)

헌재 2010. 5. 27 선고 2007헌바53 결정.

90) 여기에 대해 공법상 책임에 관한 규정으로서 환경법(예컨대, 「환경정책기본법」 제44조 제2항, 「토양환경보전법」 제10조의3 제2항)상 연대책임 원칙이 적용될 수 없다는 견해는 같은 맥락으로 이해된다. 조홍식 · 이경호, "환경법상 연대책임원칙의 사정(射程) −폐기물관리법상 처리책임을 글감으로 하여−", 서울대학교 법학, 2021. 6, 145면.

91) 발생자를 법령상 처리기준과 방법 등에 위반하여 처리한 자로 이해하는 견해도 같은 맥락으로 이해된다. 박균성 · 함태성, 환경법, 박영사, 2021, 573면: 김현준, "폐기물조치명령 및 폐기물처리책임", 환경법연구 제44권 제1호, 2022. 4, 17면 참조.

92) 서울지법 1998. 10. 15. 선고 98가합40690 판결(일반적으로 폐기물 매립행위가 은밀하게 이루어지기 때문에 구체적인 행위의 일시나 방법 등은 대개의 경우 매립에 직접 관여한 자만이 알 수 있을 뿐이고, 그 기간 또한 특정하기 어렵다는 특수성이 있으므로, 관리인이 있는 어떤 토지에서 매립된 폐기물이 발견된 경우에는 폐기물이 그 토지의 관리, 이용방법과 관련하여 발생한 것이라는 정도의 입증으로 충분하다고 한 사례).

(2) 폐기물처리시설의 설치 또는 운영을 위탁한 자

부적정처리폐기물이 처리된 폐기물처리시설의 설치 또는 운영을 수탁자에게 위탁한 자는 조치명령의 대상자가 된다.

(3) 배 출 자

부적정처리폐기물의 처리를 위탁한 음식물류 폐기물 배출자 또는 사업장폐기물배출자는 조치명령대상자가 된다. 다만, 폐기물의 처리를 위탁한 자가 제15조의2 제3항 · 제5항, 제17조 제1항 제3호 또는 제18조의2 제3항에 따른 의무를 위반하거나 그 밖의 귀책사유가 있다고 인정되는 경우로 한정된다. 이는 적법한 위탁이 이루어진 경우에는 특별한 사정이 없는 한 배출자에게 부적정폐기물에 대한 책임을 물을 수 없다는 것을 의미한다. 여기서 주목할 것은 귀책사유가 있는 경우에는 조치명령대상자가 될 수 있다는 것인데, 예컨대, 배출자가 위탁 · 수탁의 기준 및 절차를 따르지 않거나 폐기물처리과정이 폐기물의 처리 기준과 방법에 맞게 이루어지는 있는지를 확인하지 않고 폐기물 처리를 위탁하는 등 귀책사유가 있다고 인정될 경우 조치명령대상자가 될 수 있을 것이다. 문제는 귀책사유가 있다고 인정되는 경우가 어떠한 경우인지 명확치 않다는 것이다.[94]

이와 같이 배출자에게 책임을 묻는 이유로는 다음과 같은 것을 들 수 있다: 「폐기물관리법」상 폐기물배출자는 자신이 배출한 폐기물을 처리할 책임이 있으므로(제18조 제1항), 폐기물처리의 위탁계약만으로 폐기물배출자의 배출폐기물처리책임이 면제되는 것으로 해석하여서는 안 된다; 위탁처리는 폐기물배출자의 폐기물처리책임을 이행하는 하나의 방법이 될 뿐이며, 위탁계약은 배출자와 처리업자 사이에 처리의무의 이전 효과는 있을지 몰라도 국가에 대한 법정의무인 배출자의 처리의무를 면제하는 것은 아니라고 보아야 한다; 또한 폐기물배출자는 폐기물의 처리를 위탁한 경우에도 자신의 폐기물이 적정하게 처리되는지를 확인할 책임을 부담하며 이 확인 · 감시의무를 소홀히 한 경우에는 책임을 져야 한다; 뿐만 아니라 폐기물배출자는 폐기물처리 위탁계약을 통하여 처리업자에 의한 폐기물의 처리에 일정한 지배력 내지 영향력을 미치므로 처리업자의 불법처리에 대하여 배출자도 처리책임을 부담하도록 하는 것이 타당하다; 폐기물배출자는 폐기물처리에 의해 이익을 보고 있는 자이므로 수익자부담의 원칙에 비추어, 폐기물배출자를 이행조치명령의 대상자로 하는 것이 타당하다; 폐기물의 처리가 위탁된 경우 폐기물이 불법처리될 위험성이 있으므로 배출자가 그 불법처리의 위험에 대하여 책임을 져야 한다는 위험책임의 원칙에 비추어 폐기물배출자를 이행조치명령의 대상자로 하는 것이 타당하

93) 문제의 토사 매립이 「건설폐기물의 재활용촉진에 관한 법률 시행령」 제4조 제1항 제3호 각 목에서 정한 예외사유에 해당하지 않아 「폐기물관리법」 제8조 제2항 위반에 해당하는 이상, 「폐기물관리법」 제48조 제1호에 따라 조치명령의 대상이 된다고 한 사례.

94) 귀책사유를 불법행위에서의 귀책사유(고의 · 과실)나 경찰책임에서의 귀책사유(행위책임이나 상태책임이 있는 자로서 위험에 직접적인 원인을 제공한 것)보다 넓게 인정되어야 한다면서 귀책사유를 명확하게 규정하지 않은 것은 입법의 불비라는 견해는 박균성, "폐기물관리법 개정의 주요내용에 대한 비판적 고찰", 환경법연구 제42권 제2호, 2020. 8. 309면.

다; 불법처리자에게 자력이 없는 경우 국가나 지방자치단체가 불법폐기물에 대한 조치를 취하여야 하는데, 이는 국민 또는 주민 전체의 부담으로 되어 타당하지 않으며 처리책임자를 확보하여 처리책임자에게 처리책임을 지울 필요성이 있다.[95]

(4) 배출, 수집 · 운반, 보관, 재활용 및 처분과정에 관여한 자

부적정처리폐기물의 발생부터 최종처분에 이르기까지 배출, 수집 · 운반, 보관, 재활용 및 처분과정에 관여한 자는 조치명령대상자가 된다. 이는 부적정처리폐기물과 관련한 인과관계 연속에 참여한 모든 자에게 폭넓은 책임을 묻는 것이라고 이해된다. 그러나 특히 '관여'의 해석 여하에 따라 자칫 누구나의 책임으로 작용할 가능성을 배제할 수 없다.[96]

(5) 전자정보처리프로그램 위반자

동법은 부적정처리폐기물과 관련하여 폐기물 인계 · 인수에 관한 사항과 폐기물처리현장정보를 전자정보처리프로그램에 입력하지 아니하거나 거짓으로 입력한 자도 폐기물관리를 강화한다는 차원에서 조치명령의 대상자로 하고 있다.

(6) 부적정처리폐기물의 발생 원인이 된 행위에 관여한 자

조치명령의 대상자에는 제1호부터 제5호까지의 규정 중 어느 하나에 해당하는 자에 대하여 부적정처리폐기물의 발생 원인이 된 행위를 할 것을 요구 · 의뢰 · 교사한 자 또는 그 행위에 협력한 자 등 광범위하게 포함된다.

(7) 권리 · 의무를 승계한 자

제1호부터 제6호까지의 사업장폐기물배출자[97]에 대하여 제17조 제8항 또는 제9항에 따라 권리 · 의무를 승계한 자와 제1호부터 제6호까지의 폐기물처리업자, 폐기물처리시설의 설치자 또는 폐기물처리 신고자에 대하여 제33조 제1항부터 제3항까지에 따라 권리·의무를 승계한 자는 조치명령의 대상자가 된다.

(8) 토지의 소유자

(가) 토지의 소유자

「폐기물관리법」은 일정한 경우 '소유자'에게도 조치명령을 할 수 있도록 하였다. 즉 제48조 제9호에서 토지소유자의 경우에는 부적정처리폐기물을 "직접 처리하거나 다른 사

95) 박균성(각주 75), 31면 내지 32면. 여기에 대하여 불법행위를 한 자에 대하여 책임을 물어야지 불법행위를 하지 않은 자에 대하여 책임을 지도록 하는 것은 책임의 원칙에 반하고, 폐기물처리계약에 의해 폐기물배출자는 폐기물처리의무를 면하는 것이 되며 폐기물배출자는 폐기물의 불법처리에 대하여 책임이 있는 자가 아니므로 허가받은 처리업자에게 위탁하였는데도 폐기물배출자가 책임을 부담하도록 하는 것은 책임의 원칙에 반하므로 타당하지 않다는 주장이 있을 수 있다. 그러나 「폐기물관리법」상 배출자는 자신이 배출한 폐기물에 대한 처리책임을 지는 것이며, 폐기물배출자가 스스로 처리하지 않고 위탁처리하는 경우 위탁하였다는 것만으로 처리책임을 면할 수는 없으며, 폐기물배출자의 처리책임은 공법상의 의무로서, 사인 상호간의 사법상 계약에 의해 면제될 수 없다고 보아야 한다. 박균성(각주 75), 33면.

96) 같은 맥락에서 '관여'의 의미가 불명확하고 지나치게 포괄적이어서 법률명확성의 원칙에 비추어 문제가 있다는 견해가 있다. 김현준(각주 91), 21면.

97) "폐기물관리법 제48조 제1항 제7호에 규정되어 있는 '제1호부터 제6호까지의 사업장폐기물배출자'는 제1호부터 제6호까지의 어느 하나에 해당하는 자 중 사업장폐기물배출자를 말하는 것으로 보아야 한다. (…) 폐기물관리법 제48조 제1항 제7호가 제6호까지의 어느 하나에 해당하는 자 모두를 '사업장폐기물배출자'로 간주하고 있다고 볼 수 없다"(서울고법 2024. 7. 12. 선고 2023누60638 판결).

람에게 자기 소유의 토지 사용을 허용한 경우"에 한하여 자신의 토지 내에 있는 폐기물의 처리책임을 인정하고 있다. 이에 따라 방치된 폐기물에 대하여 직접적으로 원인을 제공한 자(임차인) 외에도 토지를 임대한 자(임대인)도 방치폐기물에 대한 처리책임을 질 가능성이 많다.98) 부적정처리의 예방 및 조치명령의 실효성을 확보한다는 차원에서 다른 사람에게 폐기물의 투기 또는 매립을 허용하였는지 여부를 떠나 해당 토지소유자를 부적정처리된 폐기물에 대한 조치명령의 대상자로 이해하여야 할 것이다(판례 [20], [21]). 이 경우 토지소유자는 해당 토지로부터 야기되는 위해에 대하여 상태책임을 지게 될 것이다.

[20] 소유자의 의미: 부산고법 2003. 10. 24. 선고 2003누2731 판결(확정)

원고가 이 사건 토지의 매매 당시 위 박○○ 등에게 재활용품 재생자재의 적치만을 승낙하였을 뿐, 산업폐기물 등을 버리는 것까지 승낙하거나 묵인한 바는 없는 사실은 인정되나, 그렇다 하더라도 폐기물관리법 제45조 제1항 제3호에서 폐기물처리에 대한 조치명령의 상대방으로 규정하고 있는 '다른 사람에게 자기 소유의 토지 사용을 허용한 경우 폐기물이 버려지거나 매립된 토지의소유자'란 그 법문의 해석상 용도를 불문하고 타인에게 자신의 토지의 사용을 허용한 경우를 모두 포함한다고 해석함이 상당하고, 달리 이를 폐기물의 투기나 매립을 위한 토지사용을 허용한 소유자에 한정되는 것으로 해석할 아무런 근거가 없으므로, 그러한 한정해석을 전제로 한 원고의 위 주장도 받아들일 수 없다.99)

[21] 의정부지원 2024. 11. 12 선고 2023구합13444 판결

'토지 사용의 허용'이 토지 소유자와 사용자 사이에 임대차 계약, 사용대차계약과 같은 채권관계를 형성하였거나, 지상권, 지역권, 전세권과 같은 용익물권을 설정해 주어 토지를 그 목적과 기능에 맞게 쓸 수 있도록 허락한 경우에 한정된다고 볼 근거가 없다. (…) 토지 사용을 허용한 이상 토지소유자가 선의무과실인지 여부와 관계없이 부적정처리폐기물의 처리 등 조치명령을 할 수 있도록 정하고 있고, 원고의 토지 사용 허락이 사용자의 기망에 따른 하자 있는 의사표시라거나 사용자가 폐기물을 매립할 것을 원고가 알 수 없었다고 하여 원고가 조치명령 부과대상에서 제외된다고 볼 수 없다.

98) 이와 같이 직접적인 오염원인자(임차인) 외에도 토지소유자에게 폐기물 처리책임을 확장하여 인정하는 것이 과잉금지원칙을 위반할 수 있다는 논란이 있으나 헌법재판소는 이를 일축하고 있다. 헌재 2010. 5. 27. 선고 2007헌바53 결정. 여기에 대해서는 과잉금지원칙상 상태책임을 지는 소유자에게 그 책임은 무제한적이어서는 안 되고 면책이나 감경 등 합리적인 조정이 될 수 있는 규정이 있어야 한다는 주장이 있다. 이기춘, "자기 소유 토지 사용을 허락한 자의 건설폐기물법상 책임 부과의 위헌성", 환경판례백선, 박영사, 2019, 295면.

99) 토지상에 재활용품 재생자재의 적치를 위한 토지의 사용을 허용한 소유자가 폐기물처리에 대한 조치명령의 상대방에 해당한다고 한 사례. 여기에 대해 과잉금지원칙을 고려하여 "다른 사람에게 자기 소유의 토지 사용을 허용한 토지의 소유자"를 해석함에 있어, 애초에 토지소유자와 임차인간에 합의한 토지용도와 달리 임차인이 임의로 폐기물을 토지에 투기한 경우 임차인의 폐기물 투기에 선의 · 무과실인 토지소유자를 제외하는 방향으로 해석할 필요가 있다는 견해가 있다. 정지영, "토지소유자에 대한 폐기물처리 등 조치명령", 환경판례백선, 박영사, 2019, 283면.

(나) 양수한 토지소유자

종전 토지소유자로부터 당해 토지 사용을 허용받아 폐기물을 버리거나 매립한 후 그 토지를 양수한 토지소유자도 조치명령의 대상자가 되는지 문제가 될 수 있다. 부적정처리 폐기물을 발생시킨 경우 앞서 발생자로서의 책임을 지는 것은 별론으로 하고, 원칙적으로 소유자로서의 책임은 지지 않는다고 해석된다. 토지를 양수한 자에게 종전 토지소유자가 지는 책임(이는 토지소유자로서 지는 상태책임이 아니라 자신의 토지 위에서 폐기물의 처리를 허용한 행위에 근거하여 인정되는 책임임)을 인수하도록 하는 것은 선의의 토지취득자에게 불측의 손해를 주며, 토지거래 시 추가로 토양환경평가를 하여야 하는 부담을 가져올 수 있으므로 양수한 토지소유자에게 위 제9호를 유추 적용하여 획일적으로 책임을 묻는 것은 타당하지 않다고 판단된다. 그러나 토지의 매수가격이 폐기물이 매립되어 있는 것을 고려하여 낮게 책정된 경우와 같이 특별한 경우에는 토지의 양수인이 양도인의 폐기물처리책임도 인수한 것으로 볼 수 있을 것이다.100)

(다) 대주(貸主)

단순한 대주가 여기에서 말하는 조치명령의 대상자가 될 수 있는지 대하여는 분명하지 아니하다. 법원은 이른바, '화선키메탈 사건'에서 관리를 하면서 실제 폐기물 배출까지 하였을 경우 담보권자인 대주도 조치명령의 대상자가 될 수 있음을 밝히면서, 제48조 제1호상의 발생자의 개념을 넓게 해석하였다(판례 [22]).101)

[22] 화선키메탈 사건: 대법원 1997. 8. 22. 선고 95누17724 판결

[사실관계]

화선키메탈 주식회사(소외 회사)는 1979. 8. 설립되어 도산할 때까지 약 12년 동안 비철금속제련공장을 가동하면서 납, 주석, 안티몬을 생산하였는데, 생산과정에서 발생되는 특정폐기물을 제3자에게 위탁하여 처리하였다. 부도 당시 소외 회사의 공장용지에는 수탁업체가 수거해 가지 않은 광재류 및 폐밧데리케이스 등 약 4,200㎥의 특정폐기물이 방치되어 있었다. 1992. 1.경 언론은 위 소외 회사의 공장용지 지하에 다량의 특정폐기물이 매립되어 있어 인근 상수원이 오염되어 있다고 보도하였다.

원고인 서울은행은 이 사건 공장용지 및 그 지상 공장건물 등에 관하여 근저당권설정등기를 경료한 후, 위 소외 회사에게 금14억원을 대출해 주었는데, 1991. 12.경 위 회사가 도산하기에 이르렀다. 이에 서울은행은 즉시 경비용역업체에 공장경비를 의뢰하는 한편, 종업원들에 대한 미지급 임금 및 퇴직금 지급에 필요한 재원을 마련하기 위해 종업원들과 협의하여 약 10개월 동안 공장을 일부 가동하였는데, 그 가동

100) 박균성(각주 75), 34 내지 35면.

101) 사안에서 원고에 대하여 1994. 8.에 한 처분의 근거 법조문이 불분명한데, 사안에 적용된 구법(1995. 8. 4. 개정 전) 제25조 제5항(현행 유사한 규정이 없음) 또는 제45조(현행 제48조와 유사함)가 일응 근거 조문이 될 수 있을 것이다. 현행 법에서는 경매 등으로 사업장을 인수한 자의 책임승계 규정(제17조 제9항, 이 조항은 2007. 8. 3. 개정 법에서 신설되었음)이 처분의 적용 법조가 될 수 있을 것이다.

과 원료에 대한 관리부실로 폐기물이 추가로 발생되었다. 서울은행은 이 사건 공장용지 및 그 지상 공장건물에 관하여 근정당권 실행을 위한 경매신청을 하였으나, 원매자가 없어 4차례나 유찰되었고, 결국 서울은행이 최저경락가격의 40% 정도 밖에 되지 않는 가격으로 1993. 5.경 이 사건 부동산을 경락받기에 이르렀다.

원고인 서울은행은 이 사건 공장용지 및 그 지상 공장건물 등에 관하여 근저당권 설정등기를 경료한 후, 위 소외 회사에게 금 14억원을 대출해 주었는데, 1991. 12.경 위 회사가 도산하기에 이르렀다. 이에 서울은행은 즉시 경비용역업체에 공장경비를 의뢰하는 한편, 종업원들에 대한 미지급 임금 및 퇴직금 지급에 필요한 재원을 마련하기 위해 종업원들과 협의하여 약 10개월 동안 공장을 일부 가동하였는데, 그 가동과 원료에 대한 관리부실로 폐기물이 추가로 발생되었다. 서울은행은 이 사건 공장용지 및 그 지상 공장건물에 관하여 근정당권 실행을 위한 경매신청을 하였으나, 원매자가 없어 4차례나 유찰되었고, 결국 서울은행이 최저경락가격의 40% 정도 밖에 되지 않는 가격으로 1993. 5.경 이 사건 부동산을 경락받기에 이르렀다.

관할 대구지방환경관리청은 서울은행이 소외 회사 소유이던 이 사건 공장용지 및 그 지상건물 등을 경락받음으로써 폐기물관리법상 폐기물처리책임을 승계하였다고 보고 1994. 8. 서울은행에 대하여 폐기물처리명령을 내렸는바, 이에 대하여 서울은행은 특정폐기물배출자가 아닌 자에게 내려진 위 명령이 위법하다는 이유로 피고인 대구지방환경관리청장을 상대로 1994. 12. 대구고등법원에 폐기물처리명령취소청구소송을 제기하였다.

[판결요지]

1995. 10. 27. 대구고등법원은 "원고(서울은행)는 여러 가지 사실에 비추어 이 사건 부동산에 특정폐기물이 야적 또는 매립된 사실을 알면서도 이를 경락받았다고 보여질 뿐 아니라, 소외 회사의 부도 후 이를 관리해 오면서 그 종업원들과 협의하여 공장을 일부 가동하고 그 원료에 대한 관리부실로 폐기물을 발생케 하였으므로, 원고는 소외 회사의 승계인 겸 특정폐기물 배출자로서 그 특정폐기물을 처리할 의무가 있다 할 것이니, 원고에 대하여 그 처리를 명한 이 사건 처분이 위법하다고는 할 수 없다(강조는 저자)"고 판시하면서 원고인 서울은행에 대하여 패소판결을 내렸다(대구고등법원 1995. 10. 27. 선고 94구5572 판결).

서울은행은 대구고등법원의 위 판결에 불복, 1995. 11.경 대법원에 상고하였는바, 대법원은 "기록과 관련 법령에 비추어 보면, 원심이 원고가 소외 회사에 대하여 금 14억원을 대출한 후 그에 상당하는 소외 회사 소유이던 이 사건 공장용지 및 그 지상 공장건물 등에 관하여 근저당권 설정등기를 경료한 후, 소외 회사가 부도나자 근저당권 실행을 위한 경매를 신청하여 공장에 납, 주석 등 이 사건 특정폐기물 중 일부가 야적, 매립, 방치되어 있는 상태에 있는 공장용지 등을 경락받았으며, 나아가 소외 회사의 부도 후 공장을 관리하여 오면서 종업원과 협의하여 공장을 일부 가동하고 원료에 대한 관리를 소홀히 함으로 말미암아 이 사건 특정폐기물 중 일부를 배출하여 공장에 야적, 방치하였으며, 그로 인하여 인근 상수원 등에 중대한 위해가 발생할 우려가 있다고 사실을 인정한 다음, 원고가 이 사건 특정폐기물의 처리를 한 자에 해당한다는 취지의 전제하에, 피고가 위와 같은 위해 발생의 방지를 위하여 원고에 이 사건 특정폐기물처리에 대한 조치명령을 한 것은 적법하다고 판단한 것은 정당하다"고 판시하면서 서울은행의 상고를 기각하였다.

이 사건에 관하여 대법원과 원심(대구고등법원) 판결은, 인정한 사실관계에 폐기물관리법의 관련 규정이 어떻게 적용되는지 분명한 설명을 하지 아니한 채 서울은행에 처리책임을 묻고 있다. 대구고등법원 및 대법원의 위 판결은 토지매수 이전에 발생되어 불법처리 내지 방치된 폐기물과 관련하여 토지의 매수인에게 그 폐기물을 처리할 책임을 물은 선도적 판결이다. 대구고등법원 및 대법원이 서울은행에 대하여 책임을 물음에 있어서 명시적으로 내세운 근거는 서울은행이 이 사건 부동산에 대한 소유권을 취득할 당시 특정폐기물이 야적, 방치되어 있다는 사실을 알았다는 점과, 서울은행이 이 사건 부동산에 대한 소유권을 취득한 이후에 공장을 가동하면서 추가로 특정폐기물을 배출하였다는 점이다. 다만 차이가 있다면 고등법원은 승계인 겸 특정폐기물의 직접 배출자로서, 대법원은 특정폐기물의 처리를 한 자로서 서울은행에 그 특정폐기물을 처리할 의무가 있다고 판시하고 있다는 것이다.

고등법원 판결에서와 같이 승계인 책임을 인정한다고 할 경우 토지매입 시 특정폐기물의 존재를 알고 있었다는 것만으로 그에 대한 처리책임을 승계한다고 보아야 할 이론적 근거에 대한 설명이 어렵고, 폐기물 처리에 대한 공법상 책임이 토지매수 시점에 특정폐기물의 존재를 알고 있었다는 양수인의 주관적 사정에 좌우되게 되는데, 그 이론적 근거가 빈약하다. 경락의 경우에 책임이 승계되는지도 의문이다. 한편, 대법원 판결에서와 같이 소유권 취득 후 특정폐기물을 추가로 발생시켰다고 하면서 처리자 책임을 인정할 경우 소유권 취득 후 특정폐기물을 추가로 배출하였다고 하여 그 이전에 발생한 특정폐기물에 대하여까지 책임을 지울 수 있는 근거에 대한 설명이 어렵다.

이러한 점을 의식해서인지 판결문에는 명시적으로 설시되지 아니하였지만, 이 사건 부동산이 오염되어 있다는 사실이 경락가격에 반영되어 서울은행이 최저경락가격의 40%에 불과한 저렴한 가격으로 매수하였으므로, 매수인인 서울은행이 오염정화비용을 부담하도록 하는 것이 형평에 부합한다는 생각도 작용하였을 것으로 보인다는 견해가 있으나[102] 이는 그 근거가 불명확하다는 또 다른 주장에 다름 아니다.

그러나 위 대법원 판결은 논리적 근거가 명쾌하지 아니함에도 불구하고 토지양수인이 토지상의 폐기물 처리책임을 부담할 수 있다는 점을 밝힘으로써, 토지의 양도, 양수관계에 큰 영향을 끼칠 수 있는 판결로 평가될 수 있다. 주목할 점은 위 판결에 따라 토지

102) 송영일 외 8, 한국에서의 기업구조조정과 환경정책, 한국환경정책 · 평가연구원, 2000, 126 내지 127면.

매수인에게 토지 거래 시 대상 토지의 지상 또는 지하에 폐기물이 야적, 매립, 방치되어 있는지 여부를 확인할 필요성이 생기는 등 토지거래가 이전보다 어려워졌다는 것이다.

나. 조치명령의 요건

조치명령은 부적정처리폐기물이 발생하는 경우에 인정된다. 부적정처리폐기물은 "(폐기물의 처리)기준과 방법 또는 폐기물의 재활용 원칙 및 준수사항에 맞지 아니하게 처리한 경우"에 인정된다. 폐기물처리자에게 고의나 과실이 있을 것을 요하지 않는다. 또한 "제8조 제1항 또는 제2항을 위반하여 버려지거나 매립된 경우(불법처리)"에도 조치명령이 발동될 수 있다.[103] 종전에는 조치명령이 인정되기 위해서 불법처리를 하여 "생활환경보전상 중대한 위해가 발생하거나 발생할 우려"가 있어야 하였으나[104] 1999. 2. 8. 개정 법은 이 요건을 삭제하였다. 이에 따라 불법처리의 결과 '중대한' 위해가 발생하거나 발생할 우려가 있는지 여부를 떠나 조치명령을 발동할 수 있으며,[105] '생활환경'뿐만 아니라 생물, 생태계 등 자연환경에 대한 위해에 대하여도 조치명령을 발할 수 있다고 해석된다. 이는 불법처리를 하면 환경을 침해할 가능성이 높으므로 구체적인 위해발생 여부를 떠나 조치명령을 발할 수 있는 것으로 이해된다.

폐기물 배출의 정도가 심하여 주민의 환경권 또는 환경이익에 대한 중대한 침해가 있는데도 불구하고 행정청이 필요한 조치를 일절 취하지 않는 경우에는 재량의 수축 내지 소멸이 인정될 여지가 많을 것이므로 상황에 따라서는 폐기물처리에 대한 조치명령의 발동은 행정청의 의무로 될 수 있다.

다. 조치명령의 내용

조치명령의 내용으로 동법은 처리방법 변경, 폐기물의 처리 또는 반입 정지 등을 예시하고 있는바, 필요한 조치에는 폐기물처리시설의 개선 등 방지조치, 불법처리된 폐기물의 제거 등 시정과 오염된 지하수 · 지표수 또는 토양의 정화조치 등이 광범위하게 포함된다 할 것이다.[106] 그러나 이와 같이 해석을 통해 조치명령의 내용을 정하는 것은 법적

---

103) 규정상 소각은 제외된다고 해석되는데 입법의 불비나 흠결로 보인다.

104) 앞서 화선키메탈 사건(판례 [22])에서 법원은 상수원 등에 '중대한' 위해가 발생할 우려가 있다는 사실을 인정한 바 있다.

105) 미국은 유해물질이 환경에 배출되거나 배출의 중대한 위협이 있을 때, 공중건강이나 복지에 대한 절박하고 실질적인 위험을 야기할 수 있는 오염물질의 환경 내 배출 또는 중대한 배출위협이 있을 때 복구 및 제거조치가 취해진다. CERCLA § 104(a).

106) 「폐기물관리법」에 따른 조치명령의 내용으로 토양정화조치까지 명하는 것은 수범자에게 불측의 손해를 초래할 수 있을 뿐만 아니라, 법적 안정성을 훼손하는 결과를 초래할 수 있으며, 오염토양의 정화에 관해서는 「토양환경보전법」에서 정화책임주체와 정화의 방법이나 기준 등을 따로 정하고 있음을 고려할 때, 토양정화조치명령은 「토양환경보전법」에 근거해서만 발동될 수 있는 것으로 보아야 한다는 견해가 있다. 박종원(각주 16), 109면; 조홍식(각주 2), 651면. 「폐기물관리법」에 따라 적법하게 성토재로 재활용된 경우, 성토재는 폐기물로서의 성질을 잃게 되므로 조치명령의 대상이 될 수 없는 반면(토양으로서의 성질을 갖게 되어 「토양환경보전법」에 따른 토양정화조치명령의 대상이 됨은 별론), 「폐기물관리법」에 따른 재활용기준을 위반하여 성토재로 재활용된 경우, 폐기물로서의 속성을 지니고 있는지 여부에 따라 「폐기물관리법」에 따른 폐기물조치명령의 대상이 될 수도 있으나, 그 폐기물로 인해 오염된 토양은 「토양환경보전법」에 따른 토양정화조치명령의 대상이 된다. 박종원, "폐기물의 성토재 재활용에 관한 환경법적 문제", 환경법연구 제41권 제1호, 2019, 235 내지 239면.

안정성을 해칠 수 있으므로 차제에 정화사업의 종류, 기준, 방법, 절차 등에 대하여 보다 구체화할 필요가 있다.107)

라. 실효성 확보수단

조치명령을 이행하지 아니한 자에 대하여는 3년 이하의 징역이나 2천만원 이하의 벌금에 처하게 된다(제65조 제10호). 그런데 환경범죄가 주로 기업 또는 사업자에 의해 자행되며, 실무상으로 징역형이 아닌 벌금형이 주로 부과되고 있는 점을 고려할 때 벌금형의 상한이 2천만원인 것은 그 실효성을 확보하는 데 미흡하다고 할 수 있다.

조치명령의 실효성을 확보한다는 차원에서 동법은 환경부장관 등으로 하여금 조치명령대상자가 폐기물을 부적정하게 처리함으로써 얻은 부적정처리이익의 3배 이하에 해당하는 금액과 폐기물의 제거 및 원상회복에 드는 비용을 과징금으로 부과할 수 있도록 하고 있다(제48조의5). 특기할 점은 토지소유자를 과징금 부과대상에서 제외하고 있는데, 이는 자칫 토지소유자에게 지나치게 무거운 책임을 지울 수 있다는 점을 고려한 것으로 보인다.

한편, 조치명령을 이행하지 아니한 폐기물처리업자에 대하여는 처리업 허가를 취소하거나 6개월 이내의 기간을 정하여 영업의 전부 또는 일부의 정지를 명할 수 있는데(제27조 제2항), 이는 어디까지나 간접적인 의무이행 수단이다.

결국 조치명령의 실효성을 확보하는 수단은 불충분하다 할 수 있다. 흔히 조치명령의 내용을 이행하는 데 막대한 비용이 들어갈 수 있으며, 불법처리를 함으로써 지출되지 아니한 비용은 고스란히 불법이득으로 남을 가능성이 많으며, 이러한 이득은 계속적인 불법처리의 유인으로 작용한다는 점을 고려할 때 불법이득을 환수하는 것이 중요하다. 조치명령의 이행을 강제하기 위하여 이행강제금제도의 도입도 고려할 필요가 있다.108)

마. 대 집 행

기본적으로 불법처리된 폐기물에 대한 처리는 법에 명시된 처리책임자가 행하여야 한다. 그러나 급박한 경우 또는 처리책임자가 조치를 취하기 어려운 경우 등에는 공익차원에서 관계 행정청이 조치를 취하지 않을 수 없다. 동법은 환경부장관, 시 · 도지사 또는 시장 · 군수 · 구청장(대집행기관)으로 하여금 부적정처리폐기물을 발생시킨 자 등이 제48조에 따른 조치명령을 이행하지 아니하면 「행정대집행법」에 따라 대집행을 하고 그 비

107) 조홍식(각주 74), 271면. 나아가 폐기물 처리를 위탁한 폐기물배출자에 대한 조치명령은 직접 불법처리한 자에 대한 조치명령과 구분되어야 한다고 하면서 구체적으로 배출사업자가 배출한 폐기물과 상당인과관계에 있는 지장(支障)에 한정하여야 한다고 주장하고 있다. 조홍식(앞의 글), 300면.

108) 박균성(각주 86), 23면. 참고적으로 「건축법」은 위법 건축물에 대하여 이행강제수단으로 대집행(제74조)과 더불어 이행강제금(제69조의2 제1항)을 인정하고 있다. 미국 「자원보전회수법(RCRA)」상 법 규정을 위반한 자에 대하여는 $25,000 이하의 민사벌(civil penalty)이 부과된다. § 2008(a), (g). 한편, 미국 환경보호청(EPA)은, 소송을 제기하지 않고, 동법 위반에 대하여 행정벌(administrative penalty)을 부과할 수 있다. 이에 따르면 법 준수를 위해 내린 명령을 위반한 경우에는 하루에 $25,000 이하의 행정벌이 부과된다. § 2008(a)~(c).

용을 조치명령을 받은 자로부터 징수할 수 있도록 하고 있다(제49조 제1항). 한편, 동법은 명령대상자를 대집행기관이 확인할 수 없는 경우, 명령대상자를 대집행기관이 확인하였으나 명령을 이행할 능력이 없다고 인정되는 경우 등 명령을 내리지 아니하고 대집행을 바로 할 수 있는 근거를 마련하고 있다(동조 제2항).

「폐기물관리법」 제49조는 일정한 경우 대집행을 '할 수 있다'고 규정하고 있다. 따라서 대집행의 요건이 충족된 경우에도 행정청은 대집행을 할 것인지 여부에 대하여 재량적 판단을 할 수 있다. 이러한 대집행의 재량성과 관련해서는 가능한 한 불확정 개념을 줄여나가야 할 것이다. 의무의 불이행을 방치하는 것이 생명·신체에 대한 중대한 침해를 야기하는 것과 같은 예외적인 경우에는 대집행을 '할 수 있다'는 재량은 '하여야 한다'는 의무로 해석되어야 한다.

대집행에 관하여 불복이 있는 자는 행정심판 및 행정소송을 제기할 수 있는데, 정작 문제는 조치명령을 받은 자에게 충분한 자력이 없는 경우라 할 수 있다. 예컨대, 기업이 폐기물을 방치한 상태에서 파산하거나 사업장을 양도한 경우, 공익상의 이유로 정부가 우선 정부비용으로 그 폐기물을 처리하였음에도 후에 그 비용을 책임자로부터 징수받지 못할 수 있기 때문이다. 정부비용이 결국 국민의 세금으로 충당된다는 점에서 정부비용의 지출은 오염원인자 책임원칙에 반한다 할 수 있다. 이러한 관점에서 방치폐기물의 처리이행을 보증하는 제도의 필요성이 제기되는 것이다.

6. 방치폐기물에 대한 규제

1997년 말의 외환위기는 우리에게 종전에 경험하지 못하였던 새로운 사회적 문제를 경험하게 만들었다. 방치폐기물 문제도 그 중의 하나다. 폐기물의 처리를 업으로 하는 많은 폐기물처리업자들과 폐기물배출사업자가 경영난으로 부도가 났고, 이에 따라 많은 폐기물이 무단 방치되거나 불법 매립되었다. 토양과 하천에 방치된 각종 폐기물은 인체와 환경에 심각한 위험을 야기하였으며, 하천과 지하수를 오염시키고 토양에 흡수되어 자연생태계를 파괴하였다. 이러한 상황은 외환위기사태 이후에도 크게 변하지 않았다. 부도난 폐기물처리업소 등에서 방치된 폐기물의 상당부분이 오랫동안 처리되지 않고 방치되었기 때문이다.[109] 과거에 불법처리되었던 폐기물이 지금에서야 발견되는 사례도 보고되고 있다. 방치된 폐기물은 미관상의 문제도 있지만 폐기물의 유출이나 침출수로 인한 환경 및 건강피해가 우려되고 있다. 폐기물의 방치는 이와 같이 주변환경의 오염과 주민건강에 위해를 초래함에도 불구하고 책임소재의 규명 및 책임추구가 쉽지 않아 문제 해결을 어렵게 하고 있다.

기업이 정상적으로 운영이 되면 법적인 규제로 인하여 폐기물의 정상적인 처리가 이

109) 2014년 말 현재 3,111천톤의 방치폐기물이 발생하였으며, 이 중 96.8%가 처리되었다. 2016년 환경백서(각주 53), 458면.

루어질 수 있지만 기업이 도산하거나 부실하게 되면 폐기물의 방치가 이루어질 가능성이 많다. 우리나라는 외환위기 이후 이러한 현실을 절실히 경험하였다. 방치폐기물이 발생하는 주된 이유를 좀 더 자세히 살펴보면 첫째, 폐기물처리업소가 경영이 악화될수록 자금확보를 위하여 처리능력 등을 고려하지 않고 폐기물을 무분별하게 수탁하게 되어 그 후 부도가 나면 이를 그대로 방치하기 때문이며, 둘째, 폐기물배출업소가 폐기물을 처리업소에 위탁하여 처리하지 않고 업소 내에 보관하다가 부도가 나면 이를 방치하기 때문인 것으로 분석되고 있다.110)

방치된 폐기물이 처리되기까지는 오랜 시간이 소요됨에도 불구하고 방치폐기물에 대해서 적절히 대응할 수 없는 중요한 이유는 폐기물 처리에 관한 근거법인 「폐기물관리법」이 사업장폐기물 처리의무자를 기본적으로 폐기물배출자로 하고 있는 것을 들 수 있다. 그 결과 폐기물을 배출한 사업자가 도산한 경우에는 그 책임을 부담할 재정적 능력이 없기 때문에 현실적으로 집행이 어려울 수밖에 없으며, 방치폐기물에 대해서 채권자인 은행 등은 회사의 소유권자가 아니라는 이유로 이에 대한 책임을 부인할 가능성이 많으며, 환경당국은 예산부족과 구상권의 문제 등 법규정이 제대로 정립되어 있지 않다는 이유로 개입을 꺼리고 있다. 국가나 지방자치단체가 이러한 경우를 대비해서 마련해 둔 기금 내지 예산은 없거나 부족하기 때문에 전국에 걸쳐 있는 방치폐기물을 직접 처리하는 것은 불가능하다. 물론 폐기물처리업자의 방치폐기물에 대하여 관할 행정기관이 대집행을 하고, 그 비용을 원인자로부터 징수할 수는 있으나 원인자는 대부분 경제적 무능력자이어서 비용의 징수가 사실상 불가능한 경우가 많다. 또한 이러한 처리 방식은 국민의 세금으로 처리하는 꼴이 되어 오염원인자 책임원칙에도 반하고, 궁극적으로는 국가가 처리를 할 것이라는 그릇된 인식을 유발함으로써 방치를 조장할 가능성도 있다.

종전의 「폐기물관리법」에서는 사업장폐기물처리업자가 폐기물을 적정하게 처리할 능력이 없어 방치할 경우 주변환경을 오염시키고 주민건강에 위해를 주는 등 환경상의 위해가 발생할 소지가 많은데도 근원적인 제도적 대책이 없는 실정이었다. 이러한 상황을 시정하기 위해 1999. 2. 8. 개정 법은 방치폐기물과 관련한 규정을 다수 도입하였다. 방치폐기물의 처리이행을 보증하기 위한 '방치폐기물처리 보증제도'가 이때 도입된 대표적인 제도이다. 또한 일반사업장의 경우 일정한 경우 처리의무를 '자동승계'하도록 하는 규정을 두어 책임소재를 명백히 하였다.111) 한편, 동법은 환경부장관으로 하여금 일정한 자에게 조치명령을 할 수 있도록 하고 있는데, 이는 방치폐기물의 제거 · 처리를 포함할 수 있다는 점에서 방치폐기물에 대한 강력하고 유효한 규제수단이 되고 있다.

110) 환경부, 환경백서, 2002, 590면.

111) 2003. 12. 31. 제정된 「건설폐기물의 재활용촉진에 관한 법률」에서도 약간의 변형을 가하여 방치폐기물처리 보증제도와 방치폐기물 처리책임의 승계규정을 두고 있다.

그 밖에도 직 · 간접적으로 방치폐기물의 발생을 억제 · 규제하는 수단으로는 폐기물의 투기금지(제8조), 사업장폐기물배출자의 배출신고의무(제17조 제2항), 사업장폐기물의 처리책임(제18조 제1항), 사업장폐기물의 전자인계 · 인수제도(제18조 제3항 · 제4항, 제19조) 등을 들 수 있다.

가. 방치폐기물이란?

방치폐기물이란 넓게는 폐기물배출업자나 폐기물처리업자가 조업중단, 경영부실, 도산 등 이유로 폐기물을 정상적으로 처리하지 않고 방치한 폐기물이라고 할 수 있다. 「폐기물관리법」에서는 방치폐기물에 대한 일반적인 개념 정의를 하고 있지 않고 방치폐기물처리 보증제도와 관련하여 간접적으로 좁게 정의하고 있다.112) 즉 방치폐기물처리 보증제도상 '방치폐기물'이란, 동법 제40조 제2항에 의하면 환경부장관 또는 시 · 도지사는 폐기물처리업자나 폐기물처리 신고자가 대통령령으로 정하는 기간을 초과하여 휴업을 하거나 폐업 등으로 조업을 중단(허가취소 · 영업정지 또는 폐쇄명령 · 처리금지명령에 따른 조업 중단은 제외)하면 기간을 정하여 그 폐기물처리업자나 폐기물처리 신고자(또는 제33조 제1항 또는 제2항에 따라 권리·의무를 승계한자)에게 그가 보관하고 있는 폐기물의 처리를 명할 수 있는데, 이러한 명령을 받은 자가 그 명령을 이행하지 아니하고 보관하고 있는 폐기물을 의미한다(제40조 제4항).113)

나. 방치폐기물처리 보증제도

오염원인자 책임원칙상 방치폐기물을 발생시킨 폐기물처리업자 등이 당해 방치폐기물의 처리책임을 지는 것은 당연하다. 이러한 취지에서 1999. 2. 8. 개정 법은 방치폐기물처리 보증제도를 도입하였다. 이에 따르면 사업장폐기물을 대상으로 하는 폐기물처리업자와 폐기물처리 신고자(제46조)는 폐기물처리업 허가를 받거나 폐기물처리 신고를 한 후 영업 시작 전까지 폐기물처리공제조합에 분담금 납부, 폐기물의 처리를 보증하는 보험 가입 중 하나에 해당하는 조치를 취하여야 한다(제40조 제1항).

방치폐기물처리 보증제도의 의무대상자는 '폐기물처리업자'와 '폐기물처리 신고자'이다. 동법은 규제 완화 차원에서 폐기물처리 신고자 중 폐기물의 종류, 유가성, 폐기물의 방치 가능성 등을 고려하여 방치의 우려가 없는 경우에는 이행보증 대상에서 제외할 수 있도록 하고 있다(제40조 제1항 단서). 폐기물처리업자가 아닌 폐기물배출자에 불과한 경우에는 이행보증 대상이 되지 않는다. 이들은 공제조합 가입과 보험 가입의 두 가지 방법 중 택일하여 방치폐기물의 처리이행을 보증하여야 한다.114) 종전에는 이행보증금의 예치

112) 여기에서는 편의상 기본적으로는 방치폐기물 개념을 넓은 의미로 이해하되, 방치폐기물처리 보증제도에 대한 설명부분에서는 좁은 의미로 사용하기로 한다.

113) 「건설폐기물의 재활용촉진에 관한 법률」은 방치폐기물을 "수집 · 운반업자 또는 중간처리업자가 부도 또는 허가취소 등으로 인하여 건설폐기물을 적정처리하지 아니하고, 당해 사업장에 방치해 놓은 폐기물로서 대통령령이 정하는 것"이라고 정의하고 있다(제2조 제6호).

도 방치폐기물처리 보증의 한 방법이었으나 2007. 8. 3. 개정 법에서 삭제하였다. 개정 법에서 보증금의 예치를 삭제한 것은 그 활용이 유명무실하였다는 그 동안의 경험을 고려한 것으로 보인다.[115] 가입시기는 영업 시작 전이다.[116]

환경부장관 또는 시 · 도지사는 폐기물처리업자가 위와 같이 방치폐기물의 처리이행을 보증하지 아니한 경우에는 폐기물처리업 허가를 취소하여야 한다(제27조 제1항).

(1) 폐기물처리의 보증

동법은 방치폐기물의 처리를 담보하기 위한 폐기물처리의 보증 방법으로 다음 두 가지를 들고 있다.

(가) 폐기물처리공제조합에 분담금 납부

폐기물처리업자 등이 공제조합을 결성하여 공제조합에의 분담금 납부로 재원을 마련하도록 하고 조합원의 방치폐기물에 대하여 조합이 공제사업형태로 처리하는 것이다. 이에 따르면 폐기물처리업자와 폐기물처리 신고자는 방치폐기물의 처리이행을 보증하기 위하여 폐기물처리공제조합을 설립할 수 있으며(제41조 제1항), 조합원은 공제사업을 하는 데에 필요한 분담금을 조합에 납부하여야 한다(제43조 제1항).

(나) 보험가입

폐기물처리업자 등은 보험사업자와 방치폐기물의 처리이행을 보증하는 보험계약을 체결할 수 있다. 처리이행보증보험의 가입기간은 1년 이상 연 단위로 하되, 처리이행보증보험에 최초로 가입할 때에는 가입기간을 다음해 12월 31일까지로 한다(시행령 제18조 제1항·제2항). 처리이행보증보험에 가입하는 자는 보험사업자로부터 환경부장관 또는 시 · 도지사가 보험금을 수령할 수 있도록 보험계약을 체결하여야 한다(동조 제3항).

처리이행보증보험의 보험금액의 산출기준은 폐기물의 종류별 처리단가에 허용보관량을 곱한 금액의 1.5배로 한다. 다만, 허용보관량을 초과한 초과보관량에 대한 처리이행보증보험의 보험금액은 폐기물의 종류별 처리단가에 초과보관량을 곱한 금액의 3배로 한다(시행령 제21조).

(2) 방치폐기물의 처리

환경부장관 또는 시 · 도지사는 폐기물처리업자 또는 폐기물처리 신고자가 대통령령

---

114) 「건설폐기물의 재활용촉진에 관한 법률」도 이와 유사한 규정을 두고 있다. 즉 건설폐기물처리업자는 제21조 제4항의 규정에 의한 허가를 받은 후, 그 사용을 개시하기 위한 신고를 하기 전까지 대통령령이 정하는 바에 따라 다음에 해당하는 방치폐기물처리이행보증 조치를 취하여야 한다: ① 제47조의 규정에 의한 공제조합에의 분담금 납부; ② 방치폐기물의 처리를 보증하는 보증보험 가입(제42조).

115) 2003년경 동 제도에 가입한 사업자 중 보증보험에 가입한 사업자는 전체의 73.1%로 가장 많은 비중을 차지하였으며, 공제조합에 분담금을 납부한 사업자는 25%, 보증금을 예치한 자는 1.9%에 불과하였다. 한국산업폐기물처리공제조합, "방치폐기물 이행보증제도 운용현황(Ⅱ)", 폐기물처리 제78호, 2003. 3. 1, 44면.

116) 종전에는 폐기물처리업 허가를 받은 날로부터 2개월 이내에 위 방법 중 하나를 선택하도록 하고 있었는바, 2개월 이내에 휴 · 폐업이나 부도 등 영업상의 변동이 발생하면서 발생할 수 있는 방치폐기물 문제에 대하여는 제대로 대처할 수 없는 문제가 발생하였다. 이에 2003. 5. 29. 개정 법은 방치폐기물처리 보증제도에 가입하는 시기를 '영업 시작 전'까지로 정하여 방치폐기물 처리책임을 강화하였다.

으로 정하는 기간을 초과하여 휴업을 하거나 폐업 등으로 조업을 중단(허가취소 · 영업정지 또는 폐쇄명령 · 처리금지명령에 따른 조업 중단은 제외)하면 기간을 정하여 그 폐기물처리업자 또는 폐기물처리 신고자에게 그가 보관하고 있는 폐기물의 처리를 명할 수 있다(제40조 제2항).117) 방치폐기물이 발생할 가능성, 긴급성 등을 고려할 때 '영업허가의 취소'의 경우를 제외시킬 이유는 없다고 보이나, 명문상 허가취소의 경우는 제외된다. 다만, 허가취소 등의 경우 환경부장관 또는 시 · 도지사는 제39조의3에 따라 처리명령을 내려야 한다.

환경부장관 또는 시 · 도지사는 폐기물처리업자나 폐기물처리 신고자에게 처리명령을 하였음에도 불구하고 처리되지 아니한 폐기물이 있으면 제33조 제1항부터 제3항까지에 따라 권리 · 의무를 승계한 자에게 기간을 정하여 폐기물의 처리를 명할 수 있다(제40조 제3항). 환경부장관 또는 시 · 도지사는 위 명령을 받은 자가 그 명령을 이행하지 아니하면 그가 보관하고 있는 방치폐기물의 처리에 관하여 다음의 조치를 할 수 있다: ① 폐기물처리공제조합에 분담금을 납부한 경우에는 폐기물처리공제조합에 대한 방치폐기물의 처리명령; ② 폐기물의 처리를 보증하는 보험에 가입한 경우에는 방치폐기물의 처리와 보험사업자에게서 보험금 수령(제40조 제4항). 이에 따르면 방치폐기물처리 명령은 그 대상자의 관점에서 볼 때, 기본적으로 방치행위자 → 승계인 → 공제조합(또는 보험사업자)의 순서로 이루어지게 된다. 말하자면 방치폐기물 처리와 관련해서 '보충책임'을 지우는 셈이다. 이와 관련해서 방치폐기물의 신속한 처리를 위해 연대책임을 지도록 하는 것도 입법적으로 검토할 필요가 있다.

특히 폐기물처리공제조합에 처리를 명할 수 있는 방치폐기물의 처리량은 다음과 같다: ① 폐기물처리업자가 방치한 폐기물의 경우에는 그 폐기물처리업자의 폐기물 허용보관량의 1.5배 이내; ② 폐기물재활용신고자가 방치한 폐기물의 경우에는 그 폐기물처리 신고자의 폐기물 보관량의 1.5배 이내(시행령 제23조 제1항).118) 환경부장관 또는 시 · 도지사는 폐기물처리공제조합에 방치폐기물의 처리를 명하려면 주변환경의 오염우려 정도와 방치폐기물의 처리량 등을 고려하여 2개월의 범위에서 그 처리기간을 정하여야 한다(동조

117) 「건설폐기물의 재활용촉진에 관한 법률」은 시 · 도지사로 하여금 동법 제42조의 규정에 의한 이행보증 조치를 취한 자가 다음에 해당하는 경우에는 기간을 정하여 당해 건설폐기물 처리업자에게 그가 방치해 놓은 방치폐기물의 처리를 명하도록 하고 있다: ① 부도 또는 허가취소로 인하여 영업활동이 중단된 경우; ② 그 밖에 불가피한 사유로 인하여 90일 이상 조업을 중단한 경우(제43조).

118) 종전에 방치폐기물처리 보증제도의 실제 운용에 있어서 책임대상이나 범위와 관련하여 불공평의 문제가 제기되었다. 예컨대, 보증보험의 경우 처리업자가 환경부장관 또는 시 · 도지사의 폐기물처리 명령을 이행하지 않은 경우 보험사는 보험가입금액 한도 내에서 환경부장관 또는 시 · 도지사에게 보험금을 지급한 후 구상권을 행사하기 때문에 사실상 유한책임(보험증서 기재한도)을 지는 데 반하여, 공제조합의 경우에는 사업장 내의 모든 방치폐기물(허용보관량+초과보관량)에 대하여 처리책임을 져 사실상 무한책임을 진다는 지적이 그것이었다. 강만옥, "방치폐기물 이행보증제도의 개선방안", 환경포럼 제79호, 한국환경정책 · 평가연구원, 2002. 12. 26, 6면. 이에 2004. 2. 17. 개정 시행령에서는 공제조합의 처리범위를 제한하여 처리이행보증 기관간의 책임범위를 둘러싼 불공평 문제를 개선하였다.

제2항). 처리명령 대상 폐기물은 조합원의 영업대상 폐기물로 제한되지 않으며, 조합원이 방치한 폐기물이면 그 종류 여하를 불문한다.119)

(3) 평 가

방치폐기물처리 보증제도는 폐기물처리업자가 자력이 없어 사업장 내에 방치된 폐기물이 처리되지 못하는 것을 막기 위하여 1999. 2. 8. 개정 법에서 새로이 신설된 제도이다. 그러나 이 제도는 다음과 같은 문제점을 내포하고 있다. 즉 이 제도는 제도가 도입되기 전에 이미 발생한 폐기물방치에 대한 구제수단을 제공하고 있지 아니하다. 또한 폐기물처리업자와 폐기물처리 신고자에게만 적용되고, 그 외 발생자(예컨대, 폐기물배출자)에 대하여는 책임을 물을 수 없는 한계를 갖고 있다. 이는 방치폐기물의 배출량이나 업체수 등에서 폐기물배출자의 비중이 크다는 점을 고려할 때 제도의 실효성을 크게 떨어트리는 부분이라 할 수 있다.120) 이에 방치폐기물처리 보증제도의 의무대상자에 폐기물배출사업자를 포함시킬 필요가 있다.

실제 제도운영 측면에서도 다음과 같은 문제점이 제기될 수 있다. 첫째, 폐기물처리업자 등이 공제조합 분담금이나 보증보험 보험료를 적게 내기 위해서 허용보관량, 처리단가 등을 축소할 가능성이 있다. 허용보관량, 처리단가 등의 축소는 당장 분담금이나 보험료 부담을 줄일 수 있으나 폐기물처리업자 등으로 하여금 분담금이나 보험료의 납부 후 덤핑, 저가 수주로 허용보관량을 훨씬 초과하여 적치하는 행위를 유발할 수 있다. 둘째, 공제조합에의 분담금 납부의 경우에는 조합의 운영부실, 수지악화, 처리비용의 상승 등으로 조합의 부도 문제가 발생할 수 있다. 셋째, 보험가입의 경우에는 보험사가 가입자에게 연대보증을 요구하면서 순수한 의미의 보험으로 보기 어려운 형태로 운영되고 있다. 즉 일부 보증보험사에 의해 방치폐기물처리와 관련하여 개발된 보험상품은 보험계약자를 사업장폐기물을 대상으로 하는 폐기물처리업자, 피보험자를 지정폐기물의 경우에는 환경부장관, 일반사업장폐기물의 경우에는 시 · 도지사로 하고 있는데, 보험계약 시 흔히 타 사업자 또는 개인의 연대보증을 요구하고 있다. 이와 같은 보험상품은 폐기물처리업자의 관점에서는 공제조합의 가입에 비해 경제적 부담이 작을 수 있다는 장점이 있지만, 업자간 연대보증 또는 맞보증으로 연쇄 도산 등의 문제가 발생할 수 있다.121) 이는 방치폐기물의 발생을 방지할 목적으로 이루어진 보험가입이 오히려 방치폐기물의 발생을 부추길 수 있다는 것을 의미한다.

이러한 제도 운영상의 문제점을 해소하기 위해서는 허용보관량이나 처리단가를 고의

119) 대법원 2006. 5. 26. 선고 2004두4574 판결(폐기물처리공제조합에게 조합원의 영업대상폐기물이 아닌 방치폐기물에 대하여도 구 「폐기물관리법」 제43조의2 제3항 제1호의 방치폐기물 처리명령을 할 수 있다고 한 사례).

120) 방치폐기물을 발생시키는 가장 주된 원인을 배출업체가 제공하는데, 배출업체의 경우 전체 방치폐기물량의 76%(1998), 73%(1999), 64%(2000), 42%(2001)를 차지하고 있다. 한국산업폐기물처리공제조합, "방치폐기물 발생현황 및 처리계획(Ⅱ)", 폐기물처리 제88호, 2004. 1. 1, 56면.

121) 송영일 외 8(각주 102), 42 내지 43면.

로 축소하는 행위에 대한 관리 및 단속의 강화(예컨대, 과태료 금액의 증가, 공제조합이나 보험가입 시 허용보관량에 대한 현지조사 및 확인, 폐기물 반입정지, 영업정지, 허가취소 등 행정처분의 강화), 처리단가의 현실화, 보험가입 시 연대보증의 제한 등을 고려하여야 할 것이다.

다. 처리의무의 승계

앞에서 본 바와 같이 제17조 제8항 · 제9항에서 규정하고 있는 처리의무 승계규정은 사업장에 방치된 폐기물의 처리문제를 해결하는 데 중요한 기능을 할 수 있다.

라. 조치명령

동법상의 조치명령(제48조)이 방치폐기물 문제를 해결하는 데 있어 중요한 역할을 할 수 있으며, 조치명령 대상자의 범위가 확대되어 일정한 경우에는 '소유자'에게도 조치명령을 할 수 있다는 점 등은 이미 설명한 바와 같다.

마. 처리명령 등

동법은 폐기물처리업자 또는 폐기물처리 신고자가 그 영업을 휴업 · 폐업하려는 경우 보관하는 폐기물을 전부 처리하도록 하고 있다(제37조). 폐기물처리업자 등에 대한 처리명령(제39조의3), 배출자에 대한 폐기물 처리명령(제39조의2), 반입정지명령(제47조의2) 등도 방치폐기물에 대한 억제 기능을 할 것이다.

바. 벌칙 · 과태료

벌칙 또는 과태료의 부과는 방치폐기물을 규제하는 최후의 수단이다. 동법은 폐기물의 투기 금지 규정(제8조)에 위반하여 사업장폐기물을 버리거나 매립한 자, 허가를 받지 아니하고 폐기물처리업을 한 자, 사업장폐기물의 처리 규정(제18조)에 위반하여 사업장폐기물을 처리한 자, 조치명령(제48조)을 이행하지 아니한 자, 배출신고의무 규정(제17조 제2항)에 따라 신고를 하지 아니하거나 허위로 신고를 한 자 등에 대하여 법에 정하여진 형벌을 부과하도록 하고(제63조 내지 제66조), 처리명령(제40조 제3항 제1호)을 이행하지 아니한 자 등에 대하여는 과태료에 처하도록 하고 있다(제68조).

사. 기금의 조성

「폐기물관리법」은 방치폐기물의 처리를 확실히 하기 위해 방치폐기물처리 보증제도, 처리의무승계, 조치명령, 처리명령 등 규정을 두고 있다. 이러한 규정들은 방치폐기물의 발생 억제, 규제를 위한 중요한 기초를 제공하고 있으나 여러 가지 한계가 있으므로 보다 근본적인 대책이 요청된다. 그 중 대표적인 것으로 기금(fund)의 조성을 생각해 볼 수 있다.

방치폐기물의 발생은 폐기물처리업자를 비롯한 폐기물배출사업자의 파산이 주된 원인이다. 폐기물을 배출한 사업자가 파산한 경우에는 재정적 능력이 없기 때문에 현실적으로 사업자 스스로가 방치폐기물을 처리할 수 없으며, 결국 국가가 이를 처리하여야 한다. 이와 같은 상황은 방치폐기물의 원인자가 불명인 경우에도 마찬가지이다. 그러나 국가가 이러한 경우를 대비해서 마련해 둔 예산은 많지 않기 때문에 국가가 전국에 걸쳐 있는 수많은 방치폐기물을 직접 처리하는 것은 역부족이며, 설령 국가가 직접 처리를 하였다고 하더라도 사후에 그 비용을 배출사업자에게 구상하는 것이 현실적으로 어렵다. 기금의 조성은 이러한 문제를 해결하는 중요한 방안이 될 수 있다. 이때 대상자, 조성절차, 용도 등을 명확히 함으로써, 기금을 투명하고 효율적으로 운영하는 것이 무엇보다 중요하다.

기금의 조성에 있어서 가장 문제가 되는 것은 누구로부터 얼마만큼의 기금을 출연받을 것인가이다. 일반적으로 방치폐기물의 처리책임자 및 원인자로부터 조성되어야 할 것이다. 따라서 폐기물배출자 내지는 폐기물처리업자가 기금출연의 주된 주체가 되어야 한다. 출연 정도 및 비율을 정함에 있어서는 해당 출연자의 폐기물 불법처리에 대한 책임의 정도가 중요하게 고려되어야 할 것이다. 참고적으로 미국의 슈퍼펀드(Superfund)법으로 잘 알려진 「종합환경대응보상책임법(CERCLA)」상 오염부지를 정화하기 위해 소요되는 재원, 즉 슈퍼펀드[122]는 상당 부분이 석유 · 정유회사에 대한 세금 부과로 조달되고 있다.[123]

아. 소 결

우리나라는 1997년 말의 외환위기 이후 방치폐기물로 인한 사회적 혼란을 경험하였다. 많은 폐기물처리업자와 폐기물배출사업자들의 부도는 폐기물의 무단 방치로 이어졌고, 이는 토양오염, 지하수오염 등 심각한 환경문제를 초래하였다. 오염원인자를 규명하기도 쉽지 않았고, 설령 오염원인자를 규명하였더라도 원인자의 부도 또는 재정 악화로 현실적으로 책임을 묻는 것이 쉽지 않았다. 이러한 상황은 방치폐기물을 막기 위한 근본적인 조치를 요구하였다. 이에 따라 1999. 2. 8. 개정 「폐기물관리법」은 방치폐기물처리보증제도, 처리의무의 승계, 폐기물처리에 대한 조치명령 등 규정을 두기에 이르렀다. 이러한 규정들은 방치폐기물의 방지를 위한 강력하고 유효한 수단이 되고 있다.

그러나 이러한 규정들은 기본적으로 외환위기라는 국가재앙에 대증요법적으로 대처한 측면이 많다. '화선키메탈 사건'으로 대표되는 법원의 판결(판례 [19])도 여기에서 자유롭지 못하다. 관련 규정이 급하게 만들어지면서 명쾌하게 규정하지 못한 부분은 앞으로 잠재적 분쟁당사자간에 불필요한 분쟁을 야기할 가능성이 있다. 특히 책임자 및 책임범위를 둘러싼 논란은 치열해질 것으로 예상된다. 권리 · 의무의 승계규정과 관련하여 양수인이 책임지는 경우 및 그 책임 범위, 자산인수와 관련하여 어떠한 경우에 양수인이 책임지는

---

122) 미 의회는 당초 5년간의 집행을 위하여 16억 달러를 배정하였다가 보다 적극적인 오염지역 정화를 위하여 1986년 85억 달러로 증액하였다.

123) 슈퍼펀드의 78%가 화학, 정유회사의 세금으로 충당된다. EPA 540−K−96/004 Office of Solid Waste and Emergency Response, *EPA Superfund Today, Focus on Cleanup Costs* (June 1996). 구체적으로 석유 · 화학회사가 41억5천만 달러로 대부분을 조달하고, 연방의 일반세수입에서 12억5천만 달러, 이자에서 3억 달러, 정화비용의 구상으로 3억 달러가 조달되고 있다. 이창환, 유해폐기물 오염지역의 정화에 관한 공법상 책임: Superfund Act를 중심으로, 중앙대 박사학위논문, 1998, 120 내지 121면.

지, 조치명령의 대상자에 대주(貸主)가 포함되는지 등이 대표적인 예이다. 이러한 문제들은 외환위기 사태가 끝난 현 시점에서도 여전히 폭발력을 가지고 있다.

한편, 이미 발생한 폐기물방치에 대한 구제수단이 마련되어 있지 않은 점, 방치폐기물처리 보증제도의 적용대상에서 방치폐기물 발생에 크게 기여하는 폐기물배출사업자를 배제하고 있는 점, 방치폐기물처리 보증제도의 실제 운영과정에서 나타나는 문제점(예컨대, 공제조합의 부실 운영, 폐기물처리업자 등의 허용보관량 허위축소, 연대보증을 조건으로 하는 보증보험의 운용), 폐기물처리에 대한 조치명령의 실효성 확보가 미흡한 점 등은 관련 제도를 약화시키고 있다. 이에 관련 규정 및 제도의 보완 · 정비가 요구되고 있다. 여기에는 기금의 조성, 폐기물배출자에 대한 방치폐기물 보증제도의 적용, 허용보관량 허위축소 등에 대한 단속의 강화, 처리단가의 현실화, 보험가입 시 연대보증이나 맞보증의 제한, 조치명령 위반자에 대한 벌칙의 강화 등이 포함된다. 외환위기 사태의 종료가 문제의 종료를 의미하는 것은 아니다. 외환위기 사태가 끝난 현 시점에서도 새로운 차원의 문제에 대한 대비책이 마련되어야 할 것이다.

Ⅳ. 폐기물처리업에 대한 규제

1. 종 류

폐기물처리업은 ① 폐기물을 수집하여 재활용 또는 처분장소로 운반하거나 폐기물을 수출하기 위하여 수집 · 운반하는 영업을 하는 폐기물수집 · 운반업,[124] ② 폐기물중간처분시설을 갖추고 폐기물을 소각처분, 기계적 처분, 화학적 처분, 생물학적 처분, 그 밖에 환경부장관이 폐기물을 안전하게 중간처분할 수 있다고 인정하여 고시하는 방법으로 중간처분하는 영업을 하는 폐기물중간처분업,[125] ③ 폐기물최종처분시설을 갖추고 폐기물을 매립 등(해역배출은 제외)의 방법에 의하여 최종처분하는 영업을 하는 폐기물최종처분업, ④ 폐기물처분시설을 갖추고 폐기물을 중간처분과 최종처분을 함께 하는 영업을 하는 폐기물종합처분업, ⑤ 폐기물 재활용시설을 갖추고 중간가공 폐기물을 만드는 영업을 하는 폐기물중간재활용업, ⑥ 폐기물 재활용시설을 갖추고 중간가공 폐기물을 제13조의2에 따른 폐기물의 재활용 원칙 및 준수사항에 따라 재활용하는 영업을 하는 폐기물최종재활용업, ⑦ 폐기물 재활용시설을 갖추고 중간재활용업과 최종재활용업을 함께하는 영

124) 폐기물수집 · 운반업자가 사업장폐기물의 배출자로부터 운반은 물론이고 그 처분까지 일괄수탁할 수 있는지 논란이 있다. 이러한 논의는 동법이 폐기물처리를 사업자 스스로 하는 것을 원칙으로 하되 폐기물처리업의 허가를 받은 자에 위탁하여 처리할 수 있도록 하면서(제18조 제1항), 폐기물처리업의 허가를 받은 자에 폐기물수집 · 운반업자를 포함하고 있기 때문에 발생한다. 폐기물수집 · 운반업자와 처분업자를 구별하고 있는 현행법하에서는 폐기물수집 · 운반업자가 수탁처분을 할 수 없다고 보는 것이 합리적인 해석이라고 생각한다.

125) "폐산업폐기물인 폐유를 다른 사업자 등으로부터 수거한 다음 주물공장 등에 판매하여 연료로 사용케 한 행위는 특단의 사정이 없는 한 폐기물관리법 제23조 제2항에 규정된 산업폐기물의 이용을 목적으로 한 처리행위에 해당함은 모르되 같은 법 제24조 제1항에 규정된 산업폐기물처리업을 한 것으로 보기는 어렵다." 대법원 1991. 3. 12. 선고 91도30 판결.

업으로 구분된다(제25조 제5항).

2. 허 가

가. 허가권자

폐기물의 수집 · 운반, 재활용 또는 처분을 업으로 하려는 자는 환경부령으로 정하는 기준에 따른 시설 · 장비 및 기술능력을 갖추어 업종, 영업대상 폐기물 및 처리분야별로 지정폐기물을 대상으로 하는 경우에는 환경부장관의, 그 밖의 폐기물을 대상으로 하는 경우에는 시 · 도지사의 허가를 받아야 한다(제25조 제3항). 지정폐기물 처리업의 경우 환경부장관의 허가를 요구하는 것은 지정폐기물의 관리 및 처리에 대한 국가의 책무(제4조 제3항)에 부응하는 것으로 볼 수 있다.

[23] 대법원 2019. 8. 14. 선고 2019도3653 판결

폐기물관리법 제64조 제6호에서 정하고 있는 "거짓이나 그 밖의 부정한 방법으로 제25조 제3항에 따른 폐기물처리업 허가를 받은 자"란 폐기물처리업 허가를 신규취득하는 과정에서 부정한 방법을 동원한 자만을 가리키는 것이지, 이미 허가를 받은 기존의 폐기물처리업을 양수하여 그 권리 · 의무의 승계를 신고하는 자까지 포함하는 것이라고 볼 수는 없다.

나. 절 차

(1) 적합통보제도

폐기물의 수집 · 운반, 재활용 또는 처분을 업으로 하려는 자는 환경부령으로 정하는 바에 따라 폐기물처리사업계획서를, 지정폐기물을 대상으로 하는 경우에는 환경부장관에게, 그 밖의 폐기물을 대상으로 하는 경우에는 시 · 도지사에게 제출하여야 한다(제25조 제1항). 환경부장관이나 시 · 도지사는 제출된 폐기물처리사업계획서를 다음의 사항에 관하여 검토한 후 그 적합 여부를 폐기물처리사업계획서를 제출한 자에게 통보하여야 한다: ① 결격사유에 해당하는지 여부; ② 폐기물처리시설의 입지 등이 다른 법률에 저촉되는지 여부; ③ 폐기물처리사업계획서상의 시설 · 장비와 기술능력이 허가기준에 맞는지 여부; ④ 폐기물처리시설의 설치 · 운영으로 상수원보호구역의 수질이 악화되거나 환경기준의 유지가 곤란하게 되는 등 사람의 건강이나 주변 환경에 영향을 미치는지 여부(동조 제2항). 폐기물처리사업계획서의 검토사항을 구체적으로 법률에서 규정한 것은 재량권 행사의 범위와 기준을 보다 구체적이고 명확하게 정함으로써 폐기물처리업 허가의 사전결정절차로서 중요한 의미를 가지는 폐기물처리사업계획서 적합 여부의 통보에 관한 행정작용의 투명성과 적법성을 제고하고 그 결과 행정처분에 대한 이해관계자의 순응률을 제고할 것이다.

폐기물처리업의 허가에 앞서 사업계획서에 대한 적합통보제도를 두고 있는 것은 폐기물처리업을 하고자 하는 자가 스스로 시설 등을 설치하여 허가신청을 하였다가 허가단계에서 그 사업계획이 부적정하다고 판명되어 불허가되면 허가신청인이 막대한 경제적 · 시간적 손실을 입게 되므로, 이를 방지하는 동시에 허가관청으로 하여금 미리 사업계획서를 심사하여 그 적정 · 부적정통보 처분을 하도록 하고, 나중에 허가단계에서는 나머지 허가요건만을 심사하여 신속하게 허가업무를 처리하는 데 그 취지가 있다(다단계적 행정절차).

폐기물처리업의 허가를 받기 위하여는 먼저 사업계획서를 제출하여 허가권자로부터 사업계획에 대한 적합통보를 받아야 하고, 그 적합통보를 받은 자만이 일정 기간 내에 시설, 장비, 기술능력, 자본금을 갖추어 허가신청을 할 수 있으므로, 결국 부적합통보는 허가신청 자체를 제한하는 등 개인의 권리 내지 법률상의 이익을 개별적이고 구체적으로 규제하고 있어 행정소송의 대상이 되는 행정처분에 해당한다.126) 적합 여부에 대한 판단은 재량사항이다.127) 그 결과 "행정청은 폐기물처리 사업계획서의 적합 여부를 심사함에 있어서 「폐기물관리법」 제25조 제2항 각 호에서 열거된 사항을 검토한 결과 이에 저촉되거나 문제되는 사항이 없다고 하더라도 폐기물의 수집 · 운반 · 처리에 관한 안정적이고 효율적인 책임행정의 이행 등 공익을 해칠 우려가 있다고 인정되는 경우에는 이를 이유로 사업계획서의 부적합 통보를 할 수 있다고 보아야 할 것이다."128)

(2) 허 가

폐기물처리업을 하고자 하는 자는 그 허가를 받아야 한다. 동법은 업종과 영업내용을 엄격히 구분하고 있으므로 허가는 업종별로 요한다. 즉 업종이 다르면 새로운 허가를 받아야 한다.129) 폐기물처리업의 허가는 그 법적성질이 설권행위인 특허에 해당하고 재량행위라고 할 것이다.130) 그러나 그 허가로 인하여 국토 및 자연의 유지와 환경의 보전

---

126) 대법원 1998. 4. 28. 선고 97누21086 판결. 허가의 전단계로 사업계획서를 제출하여 검토를 받도록 시행규칙에 구체적으로 규정하고 있고, 부적합통보는 허가신청 자체를 배제하는 법적 효과(허가신청 차단효과)를 가져올 뿐만 아니라 그 부적합통보는 행정청의 상대방에 대한 의사표시로서 행정처분으로서의 외관을 갖추고 있기 때문에 부적합통보는 행정처분에 해당한다. 권은민, "폐기물처리업 허가권자가 한 '부적합통보'의 법적 성질", 행정판례연구 VI, 한국행정판례연구회, 서울대학교출판부, 2001, 135 내지 136면.

127) 대법원 1998. 4. 28. 선고 97누21086 판결; 대법원 2004. 5. 28. 선고 2004두961 판결(구체적이고 합리적인 이유의 제시없이 사업계획의 부적합통보를 하거나 사업계획서를 반려하는 경우가 재량권의 일탈 · 남용에 해당하여 위법하다고 한 사례); 대법원 2011. 11. 10. 선고 2011두12283 판결(甲주식회사가 제출한 생활폐기물수집 · 운반업을 위한 폐기물처리사업계획서에 대하여, 관할 구청장이 기존 업체가 보유하고 있는 인력과 장비로 충분한 처리가 이루어지고 있어서 별도의 신규허가가 어렵다는 사유로 부적합통보를 한 사안에서, 처분이 재량권을 일탈 · 남용하여 위법하다고 본 원심판단을 정당하다고 한 사례); 대법원 2019. 12. 24. 선고 2019두45579 판결; 대법원 2020. 7. 23. 선고 2020두36007 판결; 대전고법 2021. 7. 21. 선고 2020누1149 판결.

128) 대법원 2013. 10. 31 선고 2013두10731 판결.

129) "피고인이 비록 일반폐기물 수집 · 운반업 허가를 받았다고 하더라도 일반폐기물 최종처리업 허가를 받지 아니한 이상 피고인이 판시와 같이 폐기물인 '오니'를 매립함으로써 일반폐기물 최종처리업에 해당하는 행위를 하였다면, 이는 허가 없이 일반폐기물 최종처리업을 한 것으로 구 폐기물관리법 제17조 제1항, 제59조 제1호에 해당한다." 대법원 1997. 9. 9. 선고 97도1575 판결. "폐기물중간처리업 허가를 받은 피고인이 그 전문처리분야인 폐기물의 재활용처리는 하지 않고 폐기물중간처리방법 중의 하나인 소각처리만을 하였다고 하여 이를 허가를 받지 않고 폐기물처리업을 한 경우에 해당한다고 볼 수 없다." 대법원 2004. 10. 28. 선고 2004도1529 판결.

130) 조현권(각주 7), 597면. 박균성 · 함태성(각주 2), 541면; 조홍식(각주 2), 662면; 대법원 1998. 5. 8. 선고 98두4061 판결

등에 중대한 악영향이 있을 때에는 허가를 거부하여야 할 것이다.131) 한편, 폐기물처리업을 하고자 하는 자는 적법한 시설을 갖추어야 허가를 받을 수 있으므로 시설입지가 금지되거나 시설에 대한 준공검사가 불가능한 경우에는 물론이고, 적법한 시설 · 장비 · 기술능력이 구비되기 전에는 허가를 받을 수 없다.132) 이러한 점을 고려할 때 허가는 대물적 허가 내지는 대물적 요소가 강한 혼합적 허가의 성격을 갖는다.133)

다. 허가의 제한 및 부관 등

환경부장관 또는 시 · 도지사는 허가를 할 때에는 주민생활의 편익, 주변 환경보호 및 폐기물처리업의 효율적 관리 등을 위하여 필요한 조건을 붙일 수 있다(제25조 제7항). 한편, 환경부장관 또는 시 · 도지사는 생활폐기물의 수집 · 운반업에 한하여(사업장폐기물처리업은 불포함) 영업구역을 제한하는 조건을 붙일 수 있는데(동항 단서), 이는 생활폐기물의 수집 · 운반업을 제외한 모든 폐기물처리업의 영업구역 제한을 철폐하는 것을 의미한다. 이와 같이 영업구역의 제한을 철폐하게 된 데에는 소지역 할거주의 및 지역이기주의의 철폐, 영세화로 인한 폐기물 부적정처리의 방지, 시설용량이 남아도는 지역과 시설부족 지역의 존재로 인한 비효율성 · 비경제성의 탈피, 부족한 지역에서 타 지역 처리시설을 이용할 수 없게 되면서 발생하는 처리비용 증가요인의 제거, 폐기물의 국제적 교역 추세에의 부응 등 필요성이 고려되었다. 영업구역제한의 철폐는 자칫 관리감독의 곤란, 업체간의 과다경쟁, 덤핑처리로 인한 오염의 가중 등 문제를 야기할 수 있으나 이러한 문제는 사업장폐기물의 전자인계 · 인수제도를 통한 철저한 감독으로 보완될 수 있을 것이다.134)

[24] 대법원 2020. 5. 14. 선고 2019도1118 판결

폐기물처리업자가 지켜야 할 준수사항으로 폐기물의 보관장소를 규정한 폐기물관리법 제25조 제9항 제1호의 '적정한 보관장소'는 같은 법 시행규칙의 규정에 의하여 승인이나 변경승인을 받은 임시보관시설과 임시보관장소, 그리고 보관 대상 폐기물을 처분 또는 재활용할 시설이 있는 사업장 내에 위치한 것으로서 폐기물처리업허가 또는 변경허가를 받은 보관시설에 한정된다.135)

(폐기물처리업에 대하여 관할 관청의 사전 적정통보를 받고 막대한 비용을 들여 허가요건을 갖춘 다음 허가신청을 하였음에도 청소업자의 난립으로 효율적인 청소업무의 수행에 지장이 있다는 이유로 한 불허가처분이 신뢰보호의 원칙에 반하여 재량권을 남용한 위법한 처분이라고 본 사례) 참조.

131) 대법원 1997. 9. 12. 선고 97누1228 판결; 대법원 1995. 9. 15. 선고 95누6113 판결; 대법원 1993. 5. 27. 선고 93누4854 판결; 대법원 2001. 1. 19. 선고 2000두8547 판결; 대법원 2000. 7. 7. 선고 99두66 판결; 대법원 1993. 4. 23. 선고 92누7726 판결 참조.

132) 조현권(각주 7), 594면. 대법원 1999. 3. 9. 선고 98두19070 판결(「식품위생법」상 영업허가를 받기 위한 물적 시설요건을 갖추었으나 그 물적 시설이 건축 관련 법규에 위반되는 경우, 영업허가를 받을 수 없다고 한 사례) 참조.

133) 대법원 2008. 4. 11. 선고 2007두17113 판결(폐기물중간처리업 허가를 받은 사람이 영업장 소재지 토지와 폐기물처리시설을 모두 양도하여 영업 자체가 불가능하게 되었다면, 관할 관청은 구 「폐기물관리법」 제28조 제4호에 따라 그 허가를 취소할 수 있고 그 경우 휴업신고를 할 수 없다고 한 사례).

134) 조현권(각주 7), 595면.

[25] 대법원 2020. 6. 11. 선고 2019두49359 판결

폐기물관리법 제25조 제1항, 제2항, 제3항, 제11항, 제27조 제2항 제10호, 제65조 제14호, 구 폐기물관리법 시행규칙(2018. 12. 31. 개정 전) 제29조 제1항 제2호 (마)목의 규정 문언과 내용, 체계 등을 관련 법리에 비추어 살펴보면, 구 시행규칙 제29조 제1항 제2호 (마)목에서 변경허가사항으로 정한 '처분용량의 변경'이란 폐기물 중간처분업(소각 전문)의 경우 소각시설을 물리적으로 증설하는 경우를 의미하고, 소각시설의 증설 없이 단순히 소각시설의 가동시간을 늘리는 등의 방법으로 소각량을 늘리는 행위는 이에 포함되지 않는다.

라. 이행확보

동법은 그 밖에 허가제도의 이행을 확보하기 위하여 결격사유(제26조), 허가의 취소(제27조), 과징금 처분(제28조), 벌칙(제64조) 규정을 두고 있다.

3. 폐기물처리업자의 의무

폐기물처리업자는 다른 사람에게 자기의 성명이나 상호를 사용하여 폐기물을 처리하게 하거나 그 허가증을 다른 사람에게 빌려주어서는 아니 된다(제25조 제8항). 또한 ① 폐기물을 허가받은 사업장 내 보관시설이나 승인받은 임시보관시설 등 적정한 장소에 보관하고, ② 환경부령으로 정하는 양 또는 기간을 초과하여 폐기물을 보관하지 말아야 하며, ③ 자신의 처리시설에서 처리가 어렵거나 처리능력을 초과하는 경우에는 폐기물의 처리를 위탁받지 말아야 하며, ④ 보관 · 매립 중인 폐기물에 대하여 영상정보처리기기의 설치 · 관리 및 영상정보의 수집 · 보관 등 환경부령으로 정하는 화재예방조치를 하여야 하며(폐기물 수집 · 운반업을 하는 자는 제외), ⑤ 처리명령, 반입정지명령 또는 조치명령 등 처분이 내려진 장소로 폐기물을 운반하지 않아야 하며, ⑥ 그 밖에 폐기물 처리 계약 시 계약서 작성 · 보관 등 환경부령으로 정하는 준수사항을 지켜야 한다(동조 제9항). 특히 동법은 의료폐기물의 수집 · 운반 또는 처분을 업으로 하고자 하는 자로 하여금 다른 폐기물과 분리하여 별도로 수집 · 운반 또는 처분하는 시설 · 장비 및 사업장을 설치 · 운영하도록 함으로써(동조 제10항), 의료폐기물과 다른 폐기물을 분리하여 처리하도록 하고 있다. 이는 의료폐기물로 인한 감염요인을 차단하기 위한 입법적 고려로 이해된다.

4. 전용용기제조업

동법은 의료폐기물 전용용기(전용용기)[136] 제조업자에 대한 등록제를 도입하여 불량

---

135) 같은 맥락에서 "폐기물관리법 제25조 제9항 제1호의 '허가받은 사업장 내 보관시설'은 허가를 받은 폐기물처리업자 자신의 사업장 내 보관시설을 의미하는 것으로, 제3자가 허가를 받은 사업장은 그 '사업장'에 포함되지 않는다고 할 것이다." 는 판례는 대법원 2020. 9. 3. 선고 2020도7929 판결.

136) '의료폐기물 전용용기'란 의료폐기물로 인한 감염 등의 위해 방지를 위하여 의료폐기물을 넣어 수집 · 운반 또는 보관에 사용하는 용기를 말한다(제2조 제5호의2).

전용용기를 제조하여 판매한 경우 등 등록을 취소함으로써 의료폐기물 처리에 만전을 기하고 있다(제25조의2, 제27조의2).

5. 폐기물처리업의 적합성확인

동법은 폐기물처리업자로 하여금 업종별 적합성확인의 유효기간이 경과할 때마다 폐기물처리업을 계속 수행할 수 있는 적합성을 갖추었음을 확인받도록 하고 있다(제25조의3).

6. 의료폐기물 처리

동법은 의료폐기물의 처리에 관한 특례를 정하고 있다. 즉 환경부장관은 의료폐기물 중간처분 또는 종합처분을 업으로 하는 자의 시설 · 장비 또는 사업장의 부족으로 의료폐기물의 원활한 처분이 어려워 국민건강 및 환경에 위해를 끼칠 우려가 있는 경우 환경오염이나 인체 위해도가 낮은 의료폐기물로서 대통령령으로 정하는 의료폐기물에 한정하여 이를 지정폐기물 중간처분 또는 종합처분을 업으로 하는 자에게 처분하게 할 수 있다(제25조의4).

7. 허가 등에 따른 권리 · 의무의 승계

"폐기물처리업자, 제29조에 따른 폐기물처리시설의 설치승인을 받거나 신고를 한 자, 폐기물처리 신고자 또는 전용용기 제조업자(폐기물처리업자등)로부터 폐기물처리업, 폐기물처리시설, 제46조 제1항에 따른 시설 또는 전용용기 제조업(폐기물처리업등)을 양수하거나 「민사집행법」에 따른 경매, 「채무자 회생 및 파산에 관한 법률」에 따른 환가(換價)나 「국세징수법」 · 「관세법」 또는 「지방세징수법」에 따른 압류재산의 매각, 그 밖에 이에 준하는 절차에 따라 인수하는 경우에 해당 양수인 또는 인수인은 환경부장관 또는 시 · 도지사의 허가를 받아야 한다. 이 경우 허가를 받은 양수인 또는 인수인은 폐기물처리업등의 허가 · 승인 · 등록 또는 신고에 따른 권리 · 의무를 승계한다(제33조 제1항)."[137] 이는 이전의 대상이 '사업'이 아니라 그를 구성하는 '재산'의 경우에도 권리 · 의무의 승계를 하도록 하는 규정이라고 할 수 있다. "허가 등에 따른 권리 · 의무"란 허가를 하면서 붙인 부관 또는 허가를 받은 자의 법률상의 권리 · 의무 등을 말하는 것이므로 무허가업자나 무허가배출시설을 운영한 자의 권리 · 의무는 허가등에 따른 권리 · 의

137) 이와 유사한 규정은 「대기환경보전법」(제27조), 「물환경보전법」(제36조 제1항), 「환경영향평가법」(제38조 제1항), 「환경오염시설의 통합관리에 관한 법률」 제11조, 「소음 · 진동관리법」 제10조, 「먹는물관리법」 제25조, 「토양환경보전법」 제23조의12 등에서도 발견되고 있다. 「폐기물관리법」에서는 일반적으로 법률행위에 의한 소유권의 이전을 의미하는 '양도'와 법률에 의한 '경매' 또는 '압류재산의 매각' 등의 개념이 구분되어 사용되고 있다. 종전에는 폐기물처리시설 등의 양도 등 경우의 권리·의무 승계에 관해서만 규정되어 있었을 뿐, 위 시설 등이 경매 등으로 처분된 경우에 관해서는 따로 규정되어 있지 않다가 2010. 7. 23. 개정 법(제33조 제2항)에서 경매 등으로 위 시설 등을 인수한 자도 인수 전의 권리·의무를 승계한다는 규정이 신설되었다. 이러한 점을 지적하면서 "폐기물처리시설 부지를 공매절차에서 취득한 피고인이 위 폐기물처리시설까지 인수한 것이라고 하더라도 그 인수 당시 시행 중이던 「폐기물관리법」에서 말하는 폐기물처리시설의 양수인에 해당한다고 볼 수 없다"고 한 판례는 대법원 2017. 10. 31 선고 2017도9582 판결 참조.

무로 볼 수 없을 것이다.

동규정은 영업양도뿐만 아니라 경매 등 절차를 통해 폐기물처리업자로부터 폐기물처리시설을 인수한 경우에도 사업자 지위의 승계를 인정하고 있다고 할 수 있는데, 영업양도가 없음에도 위와 같이 경매 등 절차를 통해 폐기물처리업자로부터 폐기물처리시설을 인수한 경우에 특례를 인정한 것은 영업양도에 해당하지 않더라도 경매 등 절차에 따라 폐기물처리시설의 소유권이 이전되어 영업 주체가 변경되는 때에도 폐기물처리업의 허가와 관련하여 형성된 폐기물처리업자에 대한 공법상의 관리체계를 유지하게 하기 위하여 영업양도에 준하는 법률효과를 부여하려는 것을 그 입법취지로 한다고 볼 수 있다.[138]

[26] 대법원 2021. 8. 26. 선고 2019다226548 판결

폐기물관리법령의 입법취지 등에 비추어, 구 폐기물관리법 제33조 제2항에서 정한 폐기물처리시설이라고 하더라도 이를 구성하는 일부 시설이 노후화되거나 철거 또는 소재불명되는 등으로 남은 시설로는 본래 용도에 따른 기능을 상실하여 이를 이용해서 종전 폐기물처리업을 영위할 수 없는 정도에 이르렀고, 폐기물처리업의 영업 실질이 남아 있지 않게 된 경우에는 그 시설은 더는 위 조항에서 정한 폐기물처리시설에 해당한다고 볼 수 없다. 따라서 이러한 시설이 경매 등 절차에 따라 매각된다고 하더라도 구 폐기물관리법 제33조 제2항은 적용되지 않으므로 그 시설을 매수한 사람은 기존 폐기물처리업자의 허가에 따른 권리 · 의무를 승계한다고 볼 수 없다.

이러한 규정이 폐기물처리시설을 인수한 경우에도 사업자 지위를 승계토록 한다는 점에서 제17조 제9항과의 구별실익이 있는지 논란이 될 수 있는데, 법원은 제17조 제9항과 달리 폐기물처리시설 중 '일부'만을 인수한 경우는 문언에 포함시키고 있지 않다는 점을 강조하면서 동조항은 방치되는 사업장폐기물의 발생을 예방하기 위하여 오염원인자 책임원칙을 확장한 특별규정이지만, 제33조 제1항은 폐기물처리업 허가에 따른 권리 · 의무, 즉 사업자 지위의 승계에 관한 규정으로 그 취지와 성격을 달리 한다고 밝히고 있다.[139]

나아가 동법은 합병, 사망 등과 관련한 사업자 지위의 승계 규정을 두고 있다(제33조 제2항 · 제3항). 이러한 규정은 일종의 지위승계 규정으로서 사업장폐기물배출자의 사업양도가 아니라 '폐기물처리업등의 양도' 등 주체변경이 있는 경우 자칫 발생할 수 있는 관리의 공백과 관리책임의 소재가 불분명해지면서 발생하는 분쟁을 예방하고 폐기물처리업이나 폐기물처리시설이 제대로 가동되지 않는 결과를 방지하기 위한 것으로 이해된다.

권리 · 의무의 승계규정(제33조)은 표면상으로는 당해 "사업장폐기물과 관련한 권리 · 의무"를 승계하는 것이 아니라 "허가 · 승인 또는 신고에 따른 권리 · 의무"를 승계한다는

---

138) 대법원 2021. 8. 26 선고 2019다226548 판결.
139) 대법원 2021. 8. 26 선고 2019다226548 판결.

점에서 처리의무 승계규정(제17조 제8항)과 구별된다.140) 처리의무 승계규정과 제33조상의 권리 · 의무 승계규정은 적용 대상(전자는 사업장폐기물배출자, 후자는 폐기물처리업자)에서 차이가 있으며, 앞서 처리의무 승계규정이 "사업장폐기물과 관련한"이라는 제한적 문구를 사용함으로써, 적용범위가 보다 제한적이라는 것을 알 수 있다. 문제는 명문규정이 없어서 "허가 등에 따른 권리 · 의무"가 무엇을 의미하는지 분명치 아니하다는 것이다. 그 의미와 관련해서 허가에 붙여진 조건을 의미한다고 해석하는 견해가 있으나141) 이는 "권리 · 의무"를 지나치게 좁게 해석하는 것으로 생각된다. "허가 등에 따른 권리 · 의무"를 '허가에 따른 공법상의 효력'으로 이해하는 것이 문리해석상 보다 자연스럽다고 생각된다.142) 이는 이와 유사한 규정, 즉 「자연공원법」 제74조, 「생활화학제품 및 살생물제의 안전관리에 관한 법률」 제51조상의 "허가 또는 신고로 인하여 발생한 권리 · 의무" 승계규정과 대비하여 볼 때 더 분명해진다. 이와 같이 이해할 경우에는 앞서 처리의무 승계규정과 그 내용이나 효과 등에서 큰 차이가 없다고 생각된다. 이러한 문제는 결국 "허가 등에 따른 권리 · 의무" 자체가 무엇을 의미하는지 분명하지 않기 때문에 발생하는 것이다. 차제에 "허가 등에 따른 권리 · 의무"가 무엇을 의미하는지,143) 영업상의 지위승계 규정과의 구별점이 무엇인지 분명히 할 필요가 있다. 폐기물처리업자 등이 사업장폐기물을 배출한 경우로써 사업양수가 이루어진 경우에는 제17조 제8항, 폐기물처리시설을 인수한 경우에는 제17조 제9항에 따라 사업장폐기물과 관련한 권리 · 의무가 승계된다고 볼 소지도 있어 중복되는 측면이 있다. 처리의무 승계규정과 실제 적용에서 큰 차이가 없다면 양 규정을 통합하거나 표현을 통일할 필요가 있다고 생각된다. 「소음 · 진동관리법」 제50조, 「토양환경보전법」 제23조의13, 「환경범죄 등의 단속 및 가중처벌에 관한 법률」 제10조, 「먹는물관리법」 제49조, 「화학물질관리법」 제37조 제3항 등과 같이 '행정처분의 승계' 정도로 정리하는 것도 고려할 필요가 있다.

8. 폐기물처리신고

동법은 일정한 재활용자에게 허가가 아닌 신고만을 요구함으로써, 재활용에 대한 유

---

140) 제33조의 승계대상 권리 · 의무에는 폐기물처리업이나 폐기물처리시설을 가동하는 기간 중 배출된 사업장폐기물 관련 권리 · 의무의 승계를 포함하는 것으로 해석될 여지가 있으나 그렇게 해석할 경우 제17조는 독자적 의의를 상실한다. 이비안(각주 73), 17면.

141) 이러한 입장에서 배출부과금의 부과를 대인적 하명으로 이해하면서, 배출부과금 부과는 양수, 상속, 합병 등의 이유로 양수인, 피상속인, 합병 후 존속하는 법인 등에 당연히 승계되지 않는다는 견해가 있다. 조현권(각주 7), 222면, 452면. 이러한 입장에서는 대인적 하명의 성격을 갖는 과태료는 승계되지 않는다고 해석될 것이다.

142) 같은 취지의 견해는 강현호(각주 84), 364면. "허가 등에 따른 권리 · 의무"를 '허가 등에 따른 효력'으로 이해할 경우에는 배출부과금 납부와 같은 공법상의 의무가 여기에 포함된다고 이해할 수 있다. 그러나 판례는 부담금의 경우 권리 · 의무의 승계가 제한되는 것으로 보는 것 같다. 대법원 1999. 6. 8. 선고 98두1727 판결(관광진흥개발기금의 부과액 산정에 있어서 카지노업의 양도 · 양수가 있는 경우 양도인의 매출실적이 양수인의 매출액으로 되지 않는다고 한 사례) 참조.

143) 「환경영향평가법」은 사업의 양도로 사업자가 변경되는 경우 협의내용의 이행 등과 사후환경영향조사 등에 관한 의무를 승계한다고 규정함으로써, 승계되는 의무를 비교적 자세히 정하고 있다(제38조 제1항).

인을 제공하고 있다. 동법은 폐기물처리 신고대상에 포함된 재활용자의 범위를 구체적으로 정하고 환경부령으로 정하는 기준에 따른 시설 · 장비를 갖추어 시 · 도지사에게 신고[144]하도록 하고 있다: ① 동 · 식물성 잔재물 등의 폐기물을 자신의 농경지에 퇴비로 사용하는 등의 방법으로 재활용하는 자로서 환경부령으로 정하는 자, ② 폐지, 고철 등 환경부령으로 정하는 폐기물을 수집 · 운반하거나 환경부령으로 정하는 방법으로 재활용하는 자로서 사업장 규모 등이 환경부령으로 정하는 기준에 해당하는 자, ③ 폐타이어, 폐가전제품 등 환경부령으로 정하는 폐기물을 수집 · 운반하는 자(제46조 제1항). 이와 같이 신고 대상이 제한되어 있는 것은 재활용을 위축할 우려가 있다. 위 ①, ②에 따른 폐기물처리 신고자는 폐기물 수집 · 운반업의 허가를 받지 아니하거나 신고를 하지 아니하고 그 재활용 대상 폐기물을 스스로 수집 · 운반할 수 있다(동조 제5항).

동법은 이와 같이 재활용하는 자로서 일정한 경우에 해당하는 자에게 폐기물처리업 허가를 받을 것을 요구하지 아니하고, 시 · 도지사에게 '신고'만 하면 충분하도록 하고 있다. 이에 따라 폐기물재활용의 경우 사업자는 폐기물처리업의 일종으로서 허가를 받아야 하는 폐기물재활용업(제25조)과 폐기물처리 신고자로 구분되면서 재활용사업에 대한 규제수단이 혼재하며, 구체적인 경우 허가대상인지 신고대상인지 판단이 쉽지 않을 수 있다. 또한 허가를 요하는 폐기물 수집 · 운반업과 신고만으로 족한 폐기물을 수집 · 운반하는 자가 함께 병존함으로써 수집 · 운반업자의 탈법 가능성도 제기된다. 어떠한 경우가 '재활용'에 해당하는지 구체적인 경우 판단하기가 쉽지 않은 것도(판례 [27], [28] 참조) 재활용사업에 대한 체계적인 관리를 어렵게 하고 있다. 재활용 개념의 불명확성은 불필요한 소송을 유발하고, 가장(假裝)의 재활용자가 적법한 재활용을 하였다는 주장을 할 수 있는 여지를 주게 된다. 이러한 혼란스러운 상황은 결국 폐기물 처리의 효율적인 시행과 준수를 저해한다.

[27] 재활용신고: 대법원 1996. 10. 17. 선고 94도2865 전원합의체 판결

구 폐기물관리법(1992. 12. 8. 개정 전) 제31조 제1항, 제2항, 제2조 제8호의 규정상 폐기물을 재활용하고자 하는 자는 재활용 대상품목 및 방법을 적법하게 신고하기만 하면 되고, 그 외에 따로 일반폐기물 또는 특정폐기물 처리업자의 자격을 갖추어야 하는 등의 제한은 없으며, 재활용에는 재이용도 포함되므로 재활용을 위하여 반드시 재처리 단계를 거쳐야 하는 것도 아니다. 따라서 피고인이 재활용신고 내용에 따라 기층복토용 또는 매립용으로 제강 슬래그를 공급하여 그 용도에 사용한 것이라면 이는 재활용신고에 따른 재활용으로 적법하고, 재활용신고와는 별도로 일반폐기물처리업 허가를 받을 필요는 없다.

---

144) "특정폐기물재활용처리를 위하여는 폐기물중간처리시설 설치승인을 받아야 함에도 불구하고 특정폐기물재활용신고를 하기 전에 폐기물중간처리시설에 대한 설치승인을 받지 않았다는 사유를 들어 특정폐기물재활용신고서를 반려한 처분은 위법하다 할 수 없다." 대구고법 1997. 9. 5. 선고 96구11656 판결.

[28] 재활용신고: 대법원 1997. 11. 28. 선고 97도2031 판결

1995. 8. 4. 개정된 폐기물관리법은 제26조 제2항 제4호에서 폐기물재생처리업을 허가대상인 폐기물처리업의 하나로 신설하였고, 구법 제31조 제1항에 해당하는 신법 제44조의2 제1항은 신고대상을 '다른 사람의 폐기물로서 환경부령이 정하는 폐기물을 원료 · 재료 · 연료 등으로 재생처리(재생처리를 목적으로 하는 수집 · 운반을 포함한다)하고자 하는 자'로 제한하여 규정하게 됨에 따라 폐기물재생처리를 하고자 하는 자는 경우에 따라서 허가를 받거나 신고를 하여야 하고, 재활용도 중간처리를 거치는 재생처리로 개정되었고, 한편 같은 법 시행규칙 제46조는 건설폐재류를 지정폐기물이 아닌 폐합성수지, 폐합성섬유 등과 함께 신법 제44조의2 제1항 소정의 재생처리 신고대상 폐기물로 규정하고 있는바, 건축폐재류를 건축부지 조성공사장에 공급하여 성토용으로 재활용하게 하는 자에게 필요한 것은 신법 제26조 제2항 소정의 '폐기물최종처리업'의 영업허가가 아니라 원칙적으로 신법 제44조의2의 규정에 따라 환경부령이 정하는 시설 · 장비를 갖춘 신고가 필요할 뿐이다.

한편, 동법은 폐기물처리 신고자로 하여금 환경부령으로 정하는 준수사항을 지키도록 의무를 부여하고(동조 제6항), 일정한 경우145)에 시설의 폐쇄, 폐기물의 반입금지 등 폐기물처리 금지 등 행정처분을 부과할 수 있도록 함으로써(동조 제7항) 폐기물처리 신고자가 폐기물을 부적정하게 관리하여 방치폐기물이 발생하는 등 부작용이 발생하는 것을 방지하고자 하고 있다. 나아가 폐기물처리 금지에 갈음하여 2천만원 이하의 과징금을 부과할 수 있는 근거 규정을 두고 있는데(제46조의2), 폐기물처리의 금지로 인한 폐해를 방지하기 위하여 폐기물처리 신고제도를 탄력적으로 운용하는 한편, 과징금 처분을 할 수 있는 경우를 한정함으로써 그 남용을 견제하고 있다.

9. 폐기물처리업자 등에 대한 폐기물 처리명령

환경부장관 또는 시 · 도지사는 폐기물처리업자에 대하여 제27조에 따른 허가취소 또는 영업정지를 명하거나, 폐기물처리 신고자에 대하여 제46조 제7항에 따른 폐쇄명령 또는 처리금지명령을 하려는 경우에는 폐기물처리업자 또는 폐기물처리 신고자에게 기간을 정하여 보관하는 폐기물의 처리를 명하여야 한다(제39조의3).

10. 폐기물의 반입정지명령

환경부장관 또는 시 · 도지사는 폐기물처리업자의 보관용량, 처리실적, 처리능력 등 환경부령으로 정하는 기준을 초과하여 폐기물을 보관하는 경우에는 폐기물처리업자에게 폐기물의 반입정지를 명할 수 있다(제47조의2).

---

145) 여기에는 ① 폐기물처리 방법 등의 준수사항을 지키지 아니한 경우, ② 폐기물의 처리 기준과 방법 또는 폐기물의 재활용 원칙 및 준수사항을 지키지 아니한 경우, ③ 방치폐기물처리 이행보증조치를 하지 아니한 경우 등이 포함된다(제46조 제7항).

Ⅴ. 폐기물처리시설의 설치 · 관리

동법은 폐기물처리시설[146]이 법이 정한 설치 · 관리기준에 따라 설치 · 관리되도록 함으로써, 폐기물의 적정처리를 도모하고 있다. 이와 관련하여 동법은 설치기준(제29조 제1항),[147] 설치 승인(동조 제2항),[148] 사용개시 신고(동조 제4항), 검사(제30조), 폐기물처리시설 감사기관의 지정(제30조의2), 유지 · 관리(제31조),[149] 사후관리이행보증금을 폐기물매립시설의 폐쇄명령 이행 대행비용으로 사용(동조 제6항), 권리 · 의무의 승계(제33조), 기술관리인(제34조) 등에 관하여 규정하고 있다.

폐기물처리시설의 적절한 유지 · 관리 못지않게 사용종료 또는 폐쇄 후 사후관리를 철저히 하는 것도 중요하다. 사용종료된 폐기물매립시설에서 침출수가 누출되어 주민의 건강, 재산 또는 주변환경에 피해가 발생하고 있다는 사실이 종종 보고되고 있는바, 이는 사후관리의 중요성을 일깨워주고 있는 것이다. 동법은 이러한 점을 고려하여 폐기물처리시설의 사후관리를 위한 규정을 두고 있다. 사용종료 또는 폐쇄신고(제50조 제1항), 개선명령(동조 제4항), 사후관리의무(동조 제5항),[150] 정기검사(동조 제6항), 시정명령(동조 제7항), 사후관리이행보증금 등의 사용(동조 제8항), 사후관리이행보증금의 예치(제51조),[151] 사후관리이행보증금의 사전 적립(제52조),[152] 사용종료 또는 폐쇄 후의 토지이용제한(제54조) 등이 그것이다.

한편, 해당 지방자치단체별로 폐기물처리시설을 설치 · 운영함에 따라 소규모 시설이

---

146) 폐기물처리시설은 크게 중간처분시설과 최종처분시설 및 재활용시설로 구분되는데(제2조 제8호), 중간처분시설에는 소각시설, 기계적 처분시설, 화학적 처분시설, 생물학적 처분시설 등이 포함되며, 최종처분시설에는 매립시설, 그 밖에 환경부장관이 폐기물을 안전하게 최종 처분할 수 있다고 인정하여 고시하는 시설이 포함된다(시행령 제5조, 별표 3).

147) 동법은 설치기준 일체를 환경부령에 위임하고 있는데, 이는 포괄위임 금지의 원칙에 반한다고 할 것이다. 박균성(각주 42), 180면.

148) 동항은 "제25조 제3항에 따른 폐기물처리업의 허가를 받았거나 받으려는 자 외의 자가 폐기물처리시설을 설치하려면 환경부장관의 승인을 받아야 한다."고 규정하여 폐기물처리업자와 폐기물처리시설의 설치 · 운영자를 구별하고 있다.

149) 대법원 2017. 11. 14. 선고 2017도7492 판결(피고인 甲이 피고인 乙주식회사의 전무이사로서 폐기물 매립장의 행정과 운영 · 관리업무를 실제로 담당한 사안에서 폐기물처리시설을 설치 · 운영한 자는 피고인 乙회사이고 피고인 甲은 양벌규정(제67조)에서 정한 행위자라고 한 사례).

150) 사후관리 의무자는 ① 폐기물처리시설 사용종료 · 폐쇄 신고를 한 자 중 폐기물을 매립하는 시설을 사용종료하거나 폐쇄한 자, ② 폐쇄명령을 받은 자이다. 종전에는 폐기물처리시설을 설치한 자가 그 사용을 끝내거나 폐쇄하려면 환경부장관에게 신고하도록 하고 있는데(제50조 제1항), 사용종료나 폐쇄가 이루어지지 않은 상태에서는 사후관리의무나 사후관리이행보증금등의 사용이 불가능하였다. 이에 2015. 1. 25. 개정 법은 사후관리를 위해 폐쇄명령을 내려 사후관리의무를 부과할 수 있도록 하고(제50조 제5항 제2호), 사후관리이행보증금의 사용이 가능하도록 하였다(동조 제8항). 2023. 8. 16. 개정 법에서는 폐기물처리시설의 사후관리 의무가 승계되는 경우를 법률에 명시하고 있다(제50조의2).

151) 사후관리 대상인 폐기물을 매립하는 시설이 그 사용종료 또는 폐쇄 후 침출수의 누출 등으로 주민의 건강 또는 재산이나 주변환경에 심각한 위해를 가져올 우려가 있다고 인정하면 그 시설을 설치한 자에게 그 사용종료(폐쇄를 포함) 및 사후관리의 이행을 보증하게 하기 위하여 사후관리 등에 드는 비용의 전부를 「환경정책기본법」에 따른 환경개선특별회계에 예치하게 할 수 있다(제51조 제1항). 폐기물처리시설의 사후관리이행보증금은 부담금의 일종이라 할 것이다(「부담금관리기본법」 제3조, 별표 참조).

152) 동법은 매립시설 처분용량의 100분의 50을 초과하기 전까지 사후관리이행보증금을 전부 납입토록 함으로써, 폐기물 매립시설의 사후관리를 강화하고 있다.

난립하고, 설치 및 운영비용이 과다하게 드는 문제점이 대두되고 있다. 이에 동법은 환경부장관으로 하여금 지방자치단체간의 폐기물 처리사업을 효율적으로 조정하기 위하여 폐기물 처리사업 및 폐기물처리시설의 설치 · 운영 실태 등을 조사 · 평가할 수 있도록 하고, 평가 결과를 토대로 지방자치단체간의 사업을 조정하도록 함으로써(제55조), 폐기물처리시설의 광역화를 유도하고 있다.

제 3 절 자원의 절약과 재활용촉진에 관한 법률

우리나라는 폐기물 처리와 관련해서 재활용을 소각, 매립 등보다 우선하는 정책을 채택하여 왔다. 이러한 정책의 채택은 국토가 좁고, 자연자원이 부족한 우리나라로서는 선택의 여지가 거의 없는 어쩔 수 없는 측면이 많다. 이러한 현실을 인식하고 많은 국민들은 재활용 우선정책에 대하여 대체로 동의하고 있으며, 정부의 재활용정책에 힘입어 폐기물의 재활용률은 계속 증가하고 있다.[1] 그럼에도 불구하고 여전히 논란은 남아 있다: 어떻게 재활용을 하여야 하는가? 비용－효과적인 차원에서 어떠한 물질이 재활용되어야 하는가? 어떠한 전략이 효율적인 재활용을 위하여 필요한가? 재활용 비용을 줄이는 방안은 무엇인가?

폐기물의 재활용과 감량이 폐기물법제의 전면에 등장하게 된 것은 1990년대에 들어서면서부터이다. 1991년 3월 「폐기물관리법」이 전면 개정되었는데 폐기물의 재활용이라는 장이 별도로 신설되어 폐기물의 재활용과 감량화에 관한 사항이 강화되었다. 1992년 12월 8일에는 단행법으로 「자원의 절약과 재활용촉진에 관한 법률」(자원재활용법)이 제정되었다. 동법은 폐기물의 발생을 억제하고 자원재활용을 촉진하는 등 자원을 순환적으로 이용하도록 함으로써 환경의 보전과 국민경제의 건전한 발전에 이바지함을 명시적인 목적으로 하고 있다.[2]

동법은 「순환경제사회 전환 촉진법」 및 「폐기물관리법」의 특별법으로서의 성격을 갖는데(제3조), 재활용이 폐기물처리의 한 과정으로 이해되고 있는 점,[3] 실제 매립 · 소각 등 다른 처리과정과 엄격하게 분리할 수 없으며, 크게 폐기물 처리라는 큰 틀에서 유동적 · 유기적으로 작용하고 있다는 점, 동법이 재활용 문제의 전부를 포괄하고 있지 아니

---

1) 생활폐기물보다 사업장폐기물의 재활용률이 높은 편이다. 2014년 현재 폐기물 재활용률은 생활폐기물 59.1%, 사업장폐기물은 87.4%로 파악되고 있다. 특히 건설폐기물의 재활용률은 97.9%에 이르고 있다. 환경부, 환경백서, 2016, 412 내지 413면.

2) 종전에 동법이 내세우는 목적은 폐기물의 적정한 처리에 주안점이 있는 소극적인 것으로 자원순환형 폐기물 관리라는 관점에서 미흡하였다. 이에 2008. 3. 21. 개정 법은 자원의 '순환적 이용'을 추가함으로써 소극적인 재활용 정책에서 3R, 즉 발생억제(Reduce), 재사용(Reuse), 재활용(Recycle) 체계에 입각한 적극적인 재활용정책으로 선회하였다.

3) 「폐기물관리법」에서는 처리를 "폐기물의 수집, 운반, 보관, 재활용, 처분"으로 정의하면서(제2조 제5호의2), 재활용을 처리의 한 유형으로 이해하고 있다.

한 점(예컨대, 재활용 용도 · 방법, 폐기물재활용신고는 「폐기물관리법」 제13조의2, 제46조에서 규정하고 있으며, 건설폐기물의 재활용과 관련해서는 「건설폐기물의 재활용촉진에 관한 법률」이 적용된다) 등을 살펴볼 때 과연 「폐기물관리법」과 별도의 법으로 폐기물처리를 규율하는 것이 바람직한지는 의문이다. 오히려 재활용과 매립 · 소각 등 폐기물 처리 전체를 하나의 법률에서 통일적으로 규율하는 것이 보다 효율적이라고 생각된다. 자원의 절약 또는 재활용이 '폐기물의 관리' 차원에서 '자원순환'의 단계로 확장 · 발전하여야 한다는 점도 지적하고 싶다.

재활용의 중요성이 증가하고 그 효율성을 높인다는 차원에서 재활용법제를 폐기물관리법제와 구분하더라도 통일적인 재활용관리체제를 확립하기 위해서는 산재되어 있는 재활용 관련 법만이라도 통합할 필요성이 있다. 현행 재활용법제는 자원재활용법을 기본법으로 하고 특별법 형식으로 「건설폐기물의 재활용촉진에 관한 법률」(건설폐기물법), 「전기 · 전자제품 및 자동차의 자원순환에 관한 법률」 등으로 구성되어 있는데, 법률 체계가 복잡하다고 생각한다. 이러한 체계는 목재, 포장재 등 재활용 대상제품에 따라 법률이 양산되는, '법률의 홍수'로 이어질 수 있다는 심각한 문제가 발생할 수 있다. 「폐기물관리법」상의 재활용, 감량 등 관련 규정을 자원재활용촉진법으로 이관하는 것도 적극 검토하여야 한다.

Ⅰ. 일 반

1. 재활용이란?

재활용이라는 개념 정의는 「폐기물관리법」과 건설폐기물법에서 이루어지고 있다. 「폐기물관리법」에 따르면 '재활용'은 "폐기물을 재사용 · 재생이용하거나 재사용 · 재생이용할 수 있는 상태로 만드는 활동 또는 폐기물로부터 「에너지법」 제2조 제1호에 따른 에너지를 회수하거나 회수할 수 있는 상태로 만들거나 폐기물을 연료로 사용하는 활동으로서 환경부령으로 정하는 활동"을 의미하며(제2조 제7호), 시행규칙에서는 에너지 회수기준을 정하고 있다(제3조). 건설폐기물법에서는 '재활용'을 "건설폐기물을 처리하는 과정에서 생산된 순환골재 등을 당해 건설공사에 직접 사용하거나 다른 건설공사 또는 다른 용도로 사용하는 것으로서 대통령령이 정하는 것"으로 정의하고 있으며(제2조 제13호), 시행령에서 순환골재 등의 재활용 용도를 구체화하고 있다(시행령 제4조).

자원재활용법에서는 '재활용'과 관련해서 「폐기물관리법」상의 '재활용' 개념을 원용하고 있으며, 이 개념의 핵심을 이루는 '재사용' 또는 '재생이용'에 대한 구체적인 개념 정의를 하고 있다. 이에 따르면 '재사용'이란 재활용가능자원을 그대로 또는 고쳐서 다시 쓰거나 생산활동에 다시 사용할 수 있도록 하는 것을 말하며(제2조 제6호), '재생이용'이란 재활용가능자원의 전부 또는 일부를 원료(原料)로 다시 사용하거나 다시 사용할 수 있도록 하는 것을 말한다(동조 제7호).

그러나 이러한 개념 정의에도 불구하고 실제 적용단계에서 재활용에 해당하는지 여부를 판단하는 것은 쉽지 않아 보인다. '재활용', '재사용', '재생이용' 등의 개념이 기본적으로 모호한 표현으로 이루어져 있기 때문이다. 예컨대, 「폐기물관리법」 제46조에서는 재활용하는 자로서 일정한 경우에 해당하는 자에게 폐기물처리업 허가를 받을 것을 요구하지 아니하고, 환경부령으로 정하는 기준에 따른 시설 · 장비를 갖추어 시 · 도지사에게 신고만 하면 충분하도록 하고 있는바, 어떠한 경우가 재활용에 해당하는지는 구체적인 경우 판단하기가 쉬운 것이 아니다.[4] 재활용 개념의 불명확성은 불필요한 소송을 유발하고, 가장(假裝)의 재활용자가 적법한 재활용을 하였다는 주장을 할 수 있는 여지를 주게 된다. 이러한 혼란스러운 상황은 결국 폐기물 처리의 효율적인 시행과 준수를 저해한다. 이러한 문제를 해결하기 위해서는 폐기물재활용에 대한 개념 정의를 가능한 한 객관적 기준을 사용하여 할 필요가 있다. 이러한 관점에서 비교적 객관적 기준을 제시하고 있는 미국의 가장(假裝) 재활용 기준,[5] 독일의 재활용 요건[6] 등이 크게 참고가 될 것이다.

2. 재활용가능자원

재활용가능자원은 알루미늄, 유리, 종이, 철, 플라스틱 등 무수히 많다. 동법은 '재활용가능자원'을 "사용되었거나 사용되지 아니하고 버려진 후 수거된 물건과 부산물 중 재사용 · 재생이용할 수 있는 것(회수할 수 있는 에너지 및 폐열을 포함하되, 방사성물질과 방사성물질로 오염된 물질은 제외)"으로 포괄적으로 정의하고 있다(제2조 제2호). 그러나 '재활용가능자원'이란 표현은 정확한 표현이라고 할 수 없다. 순환형 사회를 추구한다는 차원에서 '순환자원'이라는 개념이 보다 적절해 보인다.[7]

폐기물 재활용의 효율성을 향상시키기 위해서는 비용-경제적인 폐기물의 재활용에 보다 초점이 맞추어져야 할 것이다. 이는 '선택과 집중'의 문제로 비용-경제성이 없는 재활용은 장기적으로 보아 포기하고 비용-경제적인 재활용에 보다 많은 노력을 집중하

4) 대법원 1996. 10. 17. 선고 94도2865 전원합의체 판결; 대법원 1997. 11. 28. 선고 97도2031 판결 참조.

5) 미국 환경보호청(EPA)은 적법한 재활용과 가장(假裝)의 재활용을 구별짓기 위하여 파운드당 5,000BTU의 발열량과 유해 유기물질의 500ppm 수준 농도 등 비교적 객관적인 기준을 제시하고 있다. 김홍균, "폐기물재활용 개념 -폐기물과의 구별-", 저스티스, 2005. 4, 66면 내지 68면 참조.

6) 독일의 1994년 순환관리 및 폐기물법에 따르면 에너지 재활용은 폐기물의 발열량이 최소한 11,000kj/kg에 달해야 하며, 열효율이 최소한 75% 이상이며, 발생하는 열을 스스로 이용하거나 제3자에게 전달할 수 있으며, 재활용 과정에서 발생한 폐기물은 가능한 한 다른 처리 없이 매립될 수 있어야 하는 요건을 충족하는 경우에만 허용된다(제6조 제2항).

7) 이러한 점을 지적하면서 '순환자원'을 "재화나 서비스의 생산 · 유통 · 소비 등 경제활동에 수반하여 얻어지는 찌꺼기 · 부산물 또는 배출물 중 재생산 · 재유통 · 재소비 과정에 다시 투입할 경제적 가치가 있는 물질 또는 에너지('폐기물' 중 기술의 발달이나 경제적 가치 · 수요의 변화 등으로 새롭게 경제적 가치를 얻어 순환성을 회복한 것을 포함한다)"로 재정의할 필요가 있다는 주장이 있다. 전재경, "폐기물과 순환자원의 법적 개념의 변화와 적용", 환경법연구 제30권 제3호, 2008. 11, 621면.

여야 한다는 것을 의미한다. 비용-경제적이지 않은 재활용을 지속하기 위해서는 보조금 지원 등 인위적인 노력이 가미되어야 하는데 이는 오염원인자 책임원칙이나 국가 · 사회 경제에 부담을 준다는 점에서 바람직하지 않다. 이러한 재활용은 인위적 노력이 없는 경우에는 결국 실패로 돌아갈 운명이기도 하다. 이러한 관점에서 비용-경제성이 있는 것으로 알려진 알루미늄, 유리, 종이, 철 등에 대한 재활용은 더욱 체계적인 재활용 전략을 수립하여 추진하고, 비용-경제성이 떨어지는 것으로 알려진 HDPE, PET, PVC 등에 대한 재활용은 전면 재검토가 필요하다.8)

3. 재활용 전략

가. 경제적 유인수단의 적극 활용

최근에는 폐기물의 발생 및 재활용을 증진하기 위한 방안으로, 경제적 유인수단이 주목을 받고 있다. 경제적 유인수단은 비용-경제성, 혁신적인 기술 도입의 조장, 해당 배출원에 유연성의 제공, 재원의 조달 등 많은 장점을 가지고 있기 때문에 폐기물 문제를 해결하기 위한 중요한 수단으로 부각되고 있다. 이에 폐기물부담금제도, 생산자책임 재활용제도, 자원순환보증금제도, 쓰레기종량제, 폐기물처분부담금 등의 적극적인 활용이 요구되고 있다.

이러한 수단들은 해당 물질이 경제적으로 수지만 맞는다면 재활용될 수 있으며, 폐기물을 발생한 생산자 · 소비자가 그 폐기물을 처리하기 위해 직접 소요되는 비용은 물론이고 환경비용 등 모든 사회적 비용을 부담하여야 한다는 사고를 포함하고 있다. 이러한 전략은 배출자로 하여금 폐기물 발생을 억제 · 감소하도록 하는 유인으로 작용하면서 오염원인자 책임원칙에 부합하게 된다. 이는 생산자로 하여금 제품의 설계 · 생산단계에서부터 재활용이 용이한 소재의 선택, 환경친화적인 디자인, 포장방법의 개발 및 개선을 유도하고, 소비자로 하여금 그들 자신의 우선순위와 비용에 기초하여 어떠한 제품을 구매하고, 어떻게 이들을 처리할 것인지 결정하도록 만든다. 생산자와 소비자는 경제원리에 기초하여 폐기물을 덜 발생시키는 제품을 생산 · 구입하고, 그 결과 폐기물 발생은 억제되고, 재활용은 증가하게 된다.

나. 수요측면의 고려

기존의 재활용 방안은 재활용률을 증가시키기 위하여 지역사회로 하여금 재활용을 하도록 강제하거나 어떠한 방법으로 처리되어야 하는지를 규제함으로써 재활용의 공급적 측면만을 강조하는 경향이 많았다. 공급 측면을 강조하는 전략(예컨대, 재활용 목표의 설정,

8) 알루미늄, 유리, 종이, 철의 경우에는 재활용하는 것이 새로운 원료를 사용하는 것보다 경제성이 높지만 HDPE, PET, PVC의 경우에는, 폐기물을 매립할 때 톤당 각 9.49, 13.98, 7.46파운드의 비용이 발생하고 재활용을 할 때 각 12.07, 21.25, 11.55파운드의 비용이 발생하므로 재활용의 순편익이 -2.57, -7.28, -4.10로 나타나 경제성이 없는 것으로 보고되고 있다. 조승헌 · 최새힘, "폐기물 재활용에 대한 경제적 연구검토 및 폐기물 처리수단별 환경영향검토", 반으로 두배로, 쓰레기문제 해결을 위한 시민운동협회 · 자원순환사회연대, 2005, 72면.

폐기물부담금제도, 자원순환보증금제도, 수거프로그램, 매립 및 소각의 금지 등)은 인위적으로 재활용가능물질의 공급을 강조하고 있다. 이러한 전략은 재활용된 제품의 수요 창출을 등한히 하고 재활용된 물질의 생산만을 지나치게 강조하는 것이다.

재활용가능물질의 분리 · 수거만을 강조하는 것은 자칫 재활용된 물질의 과잉공급과 이로 인한 재활용된 물질의 가격인하를 초래할 수 있다. 이와 같이 공급을 중시하는 전략은 자원회수의 증가를 통해 재활용가능자원의 공급을 증가시킨다. 그러나 재활용된 제품이 생산 · 공급된다고 하더라도 그러한 제품에 대한 수요가 제대로 이루어지지 않거나 자원회수된 물질의 양(공급량)이 그들에 대한 수요를 훨씬 초과할 경우 어떤 상황이 발생하겠는가? 논리적으로 제조자는 더 이상 재활용을 할 유인을 갖지 않게 될 것이다. 많은 비용으로 분리 · 수거된 유용한 물질이 재활용되지 못하고 매립 또는 소각되고 말 것이다. 이는 장기적으로 재활용업자의 재활용 노력이 위축되고, 재활용이 감소 내지 실패할 것임을 의미한다. 지난 수년간 재활용률이 눈에 띄게 증가하지 아니한 주된 원인은 수요의 현실적 측면을 무시한 것에 기인한다 할 것이다.

이러한 관점에서, 재활용된 제품의 수요를 창출하는, 다시 말하면 수요 측면을 강조하는 전략이 요구되고 있다. 공급측면을 강조하는 전략만으로는 높은 재활용 증가를 이룰 수 없는 것이다. 수요 측면을 강조하는 전략은 재활용된 물질이 원자재 또는 신제품의 형태로 재사용 또는 복귀되는 수요가 이루어지지 아니하고는 진정한 재활용이 이루어질 수 없다는 생각을 함축하고 있다. 지속가능한 재활용을 위한 기반을 구축하고 성공적인 재활용 노력을 담보하기 위하여는 수요 측면을 고려하는 재활용 방안에 주목하여야 한다. 이에는 정부 구매, 최소 재생내용물 함유기준(Minimum Recycled－Content Standards), 특정물질의 회수 및 사용기준(Material－Specific Recovery and Utilization Standards), 폐기물 교환제도의 구축, 포장 · 표시기준의 설정 등이 포함된다.

Ⅱ. 자원절약의 권고 · 지도 등

정부는 생산자나 소비자에게 자원을 절약하고 폐기물의 발생을 억제하며 폐기물의 재활용을 위하여 필요한 사항을 권고하거나 지도할 수 있다(제8조 제1항). 여기에서의 권고는 비권력적 사실행위인 행정지도이다. 폐기물의 재활용에 대한 유인을 제공한다는 점에서 동법이 어느 정도 권고적 · 지침적 · 조장적 성격의 규정을 갖는 것은 이해가 된다. 위 규정과 함께 포장방법 및 포장재의 재질 표시 권장 규정(제9조 제4항) 등이 그 좋은 예이다. 그러나 이 같이 권고적 성격에 그치는 규정은 법규적 · 강행적 재활용 수단이 될 수 없으므로 차제에 그 이행을 담보하는 규정을 마련하는 등 입법적 고려가 요구된다.

한편, 주무부장관은 자원의 절약과 폐기물의 발생 억제를 위한 장치 · 기술의 보급을 확대하기 위하여 관계 행정기관의 장에게 협조를 요청할 수 있다(동조 제2항).

Ⅲ. 포장폐기물의 발생억제

대량소비체제로의 전환과 소득의 증대는 필연적으로 제품 포장재의 소비량을 증가시키고 있다. 대량의 포장재 소비량은 자원의 낭비를 초래하고 폐기물을 양산함으로써, 사회적 문제를 초래하고 있으며, 우리사회의 과소비 현상 및 과대포장 문화와 맞물리면서 그 해결을 복잡하게 하고 있다. 소비제품의 유통을 위해 사용되는 포장재의 소비량이 큰 비중을 차지하고 있는데, 이는 포장 폐기물의 발생억제가 폐기물 정책의 중요한 내용이 되어야 할 것을 의미한다.

동법은 포장폐기물의 발생 억제를 위해 포장방법 및 포장재질기준을 정하여 제조자등으로 하여금 이에 따르도록 하고 있다(제9조 제1항 · 제2항). 포장재질에 관한 기준을 지켜야 하는 제품은 포장재를 사용하는 모든 제품이지만 포장방법에 관한 기준을 지켜야 하는 제품은 음식료품류(가공식품, 음료, 주류, 제과류, 건강기능식품), 화장품류(방향제를 포함), 세제류, 잡화류(완구 · 인형류, 문구류, 지갑 및 허리띠), 의약외품류 등 제한적이다(시행령 제7조). 이러한 포장기준에 대하여는 일선 지방자치단체가 집행하는 데 어려운 점이 있고, 규제대상제품이 제한적이고, 벌칙 등 제재방법이 마련되어 있지 아니하여 과대포장을 효율적으로 억제할 수 없다는 등 문제점이 지적되었다. 이에 2005. 3. 31. 개정 법은 과대포장으로 인정되는 제품에 대하여 제조자등의 부담으로 포장전문기관으로부터 검사를 받도록 명하는 '포장검사명령제'와 포장공간비율 · 재질 · 횟수를 포장 겉면에 표시하도록 권장하는 '포장표시권장제'를 도입하였다(동조 제3항). 검사명령에 관한 사무 권한은 지방자치단체의 장에게 있는데, 이는 행정효율을 높이고 주민의 참여를 유도하기 위한 노력의 일환으로 이해된다.

한편, 환경부장관은 제조자등에게 환경부령으로 정하는 바에 따라 포장방법 및 포장재의 재질을 포장의 겉면에 표시하도록 권장하여야 한다(동조 제4항). 1995. 2. 22.부터 시행되고 있는 상품의 용기, 포장, 상품 자체에 재활용마크를 표시하도록 하는 재활용마크 표시제는 그 일환으로 이해된다. 동법은 표시 권장에 그치고 있으나 의무화함으로써 실효성을 제고할 필요가 있다.

Ⅳ. 포장재의 재질 · 구조 평가

동법은 포장재를 생산하는 기업들이 제품 설계단계부터 재활용이 용이한 제품을 생산하도록 유도한다는 차원에서 제16조 제1항에 따른 포장재의 재활용의무생산자로 하여금 환경부장관이 정하여 고시하는 포장재의 재질 · 색상 · 무게, 재활용의 용이성 등 포장재의 재질 · 구조에 관한 기준을 준수하도록 하고 있다(제9조의2 제1항). 환경부장관은 이를 위반한 재활용의무생산자에게 필요한 조치명령을 내리고(동조 제2항), 그 명령을 위반한 경우에는 해당 포장재의 제조 · 수입 및 판매의 중단을 명할 수 있다(동조 제4항). 또한 제조 · 수입 및 판매를 중단하도록 명하여야 하는 경우로서 해당 포장재 · 제품의 제조 · 수입 및 판매가 불가피하다고 인정하는 경우 제조 · 수입 및 판매의 중단에 갈음하여 10억원 이하의 (대체)과징금을 부과할 수 있다(제9조의3). 이러한 조치들은 결국 포장폐기물과 플라스틱 폐기물의 발생을 줄이는 데 기여할 것이다.

나아가 동법은 기준 준수 이행을 확보하기 위해 환경부장관으로 하여금 포장재 재질 · 구조 평가 기준을 마련하여 제조 · 수입되는 포장재 및 이를 이용하여 판매되는 제품에 대하여 포장재 재질 · 구조 평가를 실시하도록 하고 있다(제9조의3 제1항). 한편 재활용의무생산자가 포장재 재질 · 구조 평가 결과를 포장재 겉면에 표시하도록 함으로써(동조 제3항), 기준 준수를 유도 · 촉진하고 있다.

Ⅴ. 1회용품의 사용억제

소득의 증가와 편의성 추구는 1회용품의 무분별한 사용으로 이어지고 있다. 1회용품의 사용억제 정책은 예방적 폐기물관리정책으로 폐기물의 최소화 개념에 부합한다. 이는 생산과정 및 소비과정에서 모두 요구되고 있으며, 특히 생산과정에 적용될 경우 환경친화적 제품의 생산을 유도하게 될 것이다.

동법은 1회용품의 사용억제를 위하여 다음의 어느 하나에 해당하는 시설 또는 업종을 경영하는 사업자로 하여금 1회용품9)의 사용을 억제하고 무상으로 제공하지 아니하도록 하고 있다: ① 「식품위생법」에 따른 집단급식소 또는 식품접객업; ② 「식품위생법」에 따른 식품 제조업 · 가공업 중 대통령령으로 정하는 업종; ③ 숙박업(객실이 50실 이상인 경우로 한정) 또는 목욕장업; ④ 「유통산업발전법」에 따른 대규모점포; ⑤ 「체육시설의 설치 · 이용에 관한 법률」에 따른 체육시설; ⑥ 그 밖에 1회용품의 사용을 억제할 필요가 있어 대통령령으로 정하는 시설 또는 업종. 다만, 1회용품이 생분해성수지제품인 경우에는 무상으로 제공할 수 있다(제10조 제1항). 이와 같이 동법은 1회용품의 사용억제 및 무상제공 금지 의무가 적용되는 대상 업종을 구체적으로 규정하면서, 집단급식소나 식품접객업소 외의 장소에서 소비할 목적으로 고객에게 음식물을 제공 · 판매 · 배달하는 경우(이 경우 「전자문서 및 전자거래 기본법」에 따른 전자상거래 또는 무인정보단말기를 통하여 음식물을 제공 · 판매 · 배달하는 때에는 고객이 1회용품 사용 여부를 선택할 수 있도록 하여야 함), 자

9) '1회용품'은 같은 용도에 한번 사용하도록 만들어진 제품으로서 대통령령으로 정하는 제품을 뜻한다고 정의하고 있으며(제2조 제15호), 동법 시행령에서는 1회용 컵 · 나무젓가락 · 봉투 · 쇼핑백, 1회용 빨대 등 1회용품을 구체적으로 명시하고 있다(제5조, 별표 1).

동판매기를 통하여 음식물을 판매하는 경우, 상례에 참석한 조문객에게 음식물을 제공하는 경우 등을 예외로 하고 있다(제10조 제1항).

1회용품 사용억제 제도에 대하여는 다음과 같은 비판이 제기될 수 있다. 첫째, 1회용품에 대한 사용억제는 국민의 자발적 참여를 통하는 것이 바람직하지 정부가 전국적인 차원의 규제로 실시하는 것은 바람직하지 않을 뿐만 아니라 이례적이다. 둘째, 세계적으로 백화점 등에서 고객에게 1회용 봉투 · 쇼핑백을 무상으로 제공하는 것을 규제하는 국가는 찾아보기 힘들고, 이는 무엇보다 시민생활과 기업활동에 대한 지나친 개입이다. 셋째, 합성수지 재질 도시락이 비록 환경적으로 문제가 있다 하더라도 그 사용을 금지하는 것은 사실상의 영업금지이므로 행정법상 비례원칙에 위반될 수 있다. 컵라면 용기, 햇반 용기 등과의 비형평성 문제도 제기될 수 있다. 1회용품(합성수지 도시락 용기) 규제와 관련한 직업수행의 자유와 평등권 침해 여부에 대해 헌법재판소는 소극적으로 판단한 바 있다.[10] 넷째, 1회용 컵 · 용기를 많이 사용하는 패스트푸드점 등에 대하여 과도한 부담을 줄 수 있다.[11] 다섯째, 1회용 컵을 재활용하는 것이 소각하는 것보다 전과정(life-cycle) 측면에서 환경에 더 나쁠 수 있다. 여섯째, 식품접객업소의 위생상태가 불량한 현 시점에서 1회용품을 금지하게 되면 간염 · 식중독 등 건강상의 문제를 야기할 가능성이 많다. 일곱째, 한식점에 비해 음식물류 폐기물이 적게 나오는 패스트푸드점이 오히려 한식점보다 큰 부담을 안게 된다. 특히 패스트푸드점과 아이스크림점 등에 대하여 이러한 부담을 주는 것은 외국계 기업에 대한 의도적 차별일 수 있기 때문에 통상마찰을 야기할 수도 있다.[12]

Ⅵ. 개발사업의 자원순환성 고려

최근 신도시건설 · 재건축 등 개발사업으로 인한 건설폐기물의 발생이 급격하게 증가하고 있으나 관련 법령에서 재활용에 필요한 절차 · 방법 등에 관한 사항을 규정하는 정도에 그치고 있어 근본적인 건설폐기물의 발생억제 및 재활용성을 높이기 위하여는 설계단계에서부터 이를 적극 고려할 수 있도록 하는 제도적 장치 마련이 요청되고 있다.

이에 2008. 3. 21. 개정 법은 정부로 하여금 개발사업의 시행자가 그 사업의 시행에 앞서 다음의 사항을 고려하여 자원순환을 촉진할 수 있도록 필요한 대책을 강구하도록 하고 있다: ① 개발사업의 계획수립과 설계 시 자원순환이 쉬운 구조와 자재의 선택; ② 개발사업 시행 시 순환골재의 사용; ③ 개발사업으로 발생하는 폐기물의 재활용 및 적절

---

10) 헌재 2007. 2. 22. 선고2003헌마428 결정.

11) 환경부는 고물가, 고금리 상황에서 소상공인의 부담을 고려하여 2023년부터 시행하기로 한 식당, 카페 등에서 1회용 종이컵, 1회용 빨대 등의 사용 금지 조치를 철회한다고 발표한 바 있다. "일회용 종이컵 · 플라스틱 빨대 계속 쓴다… 정부, 금지 조처 철회", 서울신문, 2023. 11. 7. 기사. 이로써, 정부의 1회용품 규제 포기와 함께 정책의 비일관성에 대한 비판이 불가피해 보인다.

12) 이상돈 · 이창환, 환경법, 이진출판사, 2003, 214 내지 215면.

한 처리(제11조 제1항). 개발사업의 시행자가 계획수립 및 설계 시 미리 자원순환성을 고려할 경우 개발사업으로 인한 건설폐기물의 발생이 억제되고 재활용이 촉진될 것으로 기대된다.

한편, 특별자치시장 · 특별자치도지사 · 시장 · 군수 또는 구청장은 폐기물의 발생을 억제하기 위하여 공동주택이나 숙박시설을 건설하는 사업자에게 붙박이장 등 수납공간이나 붙박이식의 집기(什器) 또는 비품 등을 설치하도록 권장할 수 있다(동조 제2항). 이는 가구 · 서랍장 등을 건축물의 설계 · 시공 시 설치하여 반영구적으로 사용토록 함으로써, 폐기물의 발생 억제와 자원을 절약코자 하는 것인데, 의무사항이 아니기 때문에 그 실효성이 의문이다.

Ⅶ. 폐기물배출자의 분리 보관 등

동법은 폐기물을 배출하는 토지 · 건물의 소유자 · 점유자 또는 관리자 중 대통령령으로 정하는 자(폐기물배출자)[13]로 하여금 그 토지 또는 건물에서 배출되는 폐기물 중 재활용할 수 있는 폐기물을 환경부령으로 정하는 기준에 따라 재활용하거나 종류 · 성질 · 상태별로 분리 보관하여 재활용될 수 있도록 하여야 할 의무를 부과하고 있는 한편(제12조의3 제1항), 시장 · 군수 · 구청장에게 폐기물배출자가 기준을 준수하지 아니하는 경우 환경부령으로 정하는 바에 따라 필요한 조치를 명할 수 있는 권한을 부여하고 있다(동조 제2항).

Ⅷ. 재활용센터의 설치 · 운영

특별자치시장 · 특별자치도지사 · 시장 · 군수 · 구청장은 중고물품의 교환과 재사용가능한 대형폐기물[14]의 재활용을 촉진하기 위하여 필요한 시설(재활용센터)을 설치 · 운영하여야 한다(제13조의2 제1항).

Ⅸ. 재활용가능자원관리특별회계의 설치

동법은 지방자치단체로 하여금 재활용가능자원 회수에 필요한 재원을 확보하고, 효율적으로 운용 · 관리하기 위하여 재활용가능자원관리특별회계를 설치하여 수거한 재활용가능자원을 재활용가능자원 유통지원센터[15]에 판매한 수익금 등을 별도의 특별회계를 설치

13) "대통령령으로 정하는 자"라 함은 사업활동에 수반하여 폐기물(지정폐기물을 제외함)을 배출하는 자로서 다음에 해당하는 자를 말한다: ① 각 층 바닥면적의 합계가 1천㎡ 이상인 건물의 소유자 · 점유자 또는 관리자; ② 폐기물을 1일평균 300㎏ 이상 배출하거나 일련의 공사 · 작업 등으로 인하여 폐기물을 5톤 이상 배출하는 토지의 소유자 · 점유자 또는 관리자(시행령 제14조의3 제1항). 이 규정을 적용함에 있어서 연접한 부지위에 있는 건물로서 소유자가 같은 둘 이상의 건물은 하나의 건물로 본다(동조 제2항).

14) '대형폐기물'이란 가정이나 사업장 등에서 배출되는 가구 · 가전제품 등 개별적으로 계량(계량)을 할 수 있고 품명(품명)을 알아볼 수 있는 물질로서 대통령령으로 정하는 폐기물을 말한다(제2조 제13호).

15) 재활용산업을 고부가가치 첨단산업으로 육성하기 위해서는 재활용가능자원이 원활히 공급될 수 있도록 재활용가능자원의

하여 관리할 수 있도록 하고 있다(제13조의3).

X. 부품 등의 재사용 촉진

그 동안 폐기물의 재활용에만 정책의 초점이 맞추어져 있어 제품이 폐기물이 되는 경우 부품 등을 본래의 용도로 재사용하기 위한 정책적인 배려가 미흡하였다. 이러한 반성에 기초하여 2008. 3. 21. 개정 법은 제품의 제조자등은 유통된 제품이 폐기물이 되는 경우 그 제품이나 부품을 회수하여 새로운 제품의 제조에 사용하거나 재사용할 수 있도록 하는 등의 노력을 하도록 하고, 정부는 제품의 제조자등이 이러한 목적을 달성할 수 있도록 하기 위한 기술지원 등 필요한 조치를 하도록 하였다(제15조). 이러한 조치는 자원순환의 수단 중 경제적인 효용성이 큰 재사용(reuse)이 촉진될 것으로 기대된다.

XI. 폐기물부담금

1. 의 의

폐기물부담금제도는 특정대기유해물질, 특정수질유해물질 또는 유독물을 함유하고 있거나, 재활용이 어렵고 폐기물 관리상의 문제를 초래할 가능성[16]이 있는 일정한 제품·재료·용기의 제조업자 또는 수입업자로 하여금 그 폐기물의 처리에 소요되는 비용을 일정한 산출기준에 따라 부담케 하는 제도로서(제12조 제1항), 환경비용을 내부화함으로써 폐기물의 발생 및 자원의 낭비 억제를 유도하고 제품의 환경친화성을 제고하는 것을 목적으로 한다.

폐기물부담금제도와 뒤에서 살펴보는 생산자책임 재활용제도 모두 기업과 정부를 당사자로 하고는 있으나 생산자책임 재활용제도가 회수·처리를 생산자에게 맡겨서 재활용을 촉진하는 제도라면, 폐기물부담금제도는 국가가 그 처리를 맡되 그 비용을 생산자에게 부담시켜서 폐기물의 발생을 억제하는 제도라 할 수 있다. 폐기물부담금은 폐기물의 발생 억제와 처리를 위한 사용료의 성격을 갖는 셈이다.

2. 부과대상 및 부과대상자

폐기물부담금제도의 부과대상제품·재료·용기로는 유리병·플라스틱용기를 사용하는 살충제(「농약관리법」 제2조 제1호에 따른 농약은 제외) 및 금속캔·유리병·플라스틱용기를 사용하는 유독물제품, 부동액, 1회용 기저귀, 담배, 플라스틱을 재료로 사용한 제품으로서 폐기물부담금 부과대상 업종의 제조업을 경영하는 자 또는 도·소매업자가 제조하

회수·유통체계를 선진화할 필요가 있다. 이에 동법은 재활용사업공제조합이 제품·포장재의 폐기물을 회수하기 위하여 환경부장관의 인가를 받아 재활용가능자원 유통지원센터를 공동으로 설립할 수 있도록 하고 있다(제28조, 제28조의2).

16) "폐기물 관리상의 문제를 초래할 가능성"이라는 것은 매우 모호한 순환논법적인 정의이기 때문에 법적 요건으로서 이러한 용어를 사용하는 것은 부적절하다. 이상돈·이창환(각주 12), 222면.

거나 수입한 제품(합성수지 섬유제품, 자원순환보증금이 제품 가격에 포함된 1회용 컵 등은 제외), 고흡수성수지가 냉매로 들어있는 아이스팩 등이다(시행령 제10조 제1항). 부담금부과대상자는 이들 제품 · 재료 · 용기의 제조업자(주문자의 상표를 부착하는 방식에 따라 제조한 제품 · 재료 · 용기의 경우에는 그 주문자를 말함) 또는 수입업자이다(제12조 제1항). 다만 제16조에 따른 제품 · 포장재와 생분해성수지제품, 플라스틱을 재료로 사용한 제품 · 재료 · 용기 중 대통령령으로 정하는 일정 비율 이상 회수 · 재활용이 가능한 경우와 환경부장관과 회수 · 재활용에 관한 자발적 협약(협약의 기간은 최대 5년)을 체결하고 이를 이행한 제조업자 또는 수입업자가 제조 또는 수입한 제품·재료 · 용기 등은 폐기물부담금의 부과대상에서 제외된다(동조 제2항).

3. 산출기준

폐기물부담금의 산출기준은 대통령령에 위임되어 있다(동조 제3항, 시행령 제11조, 별표 2). 동법은 폐기물의 품목별로 그 종류와 규격을 고려하여 산출하도록 하고 있다(제12조 제3항).

4. 납부시기 · 절차 등

폐기물부담금의 납부시기 · 납부절차, 그 밖에 필요한 사항은 대통령령으로 정한다(제12조 제2항). 폐기물부담금 및 체납된 폐기물부담금에 부과하는 가산금은 환경개선특별회계의 세입으로 한다(제12조 제5항). 또한 동법은 폐기물부담금의 징수유예 · 분할납부 및 납부기한 전 징수 등에 관한 근거를 규정하고 있다(제12조의2).

5. 용 도

징수된 폐기물부담금은 뒤에서 살펴보는 재활용부과금과 같이 폐기물의 재활용을 위한 사업 및 폐기물처리시설의 설치 지원, 폐기물의 효율적 재활용과 폐기물 줄이기를 위한 연구 및 기술개발, 지방자치단체에 대한 폐기물의 회수 · 재활용 및 처리 지원, 재활용가능자원의 구입 및 비축, 자원재활용을 촉진하기 위한 사업의 지원, 징수비용 교부, 그 밖에 자원순환 촉진을 위하여 필요한 사업의 지원 등의 용도에 사용한다(제20조).

6. 평 가

폐기물부담금제도가 제대로 시행되는 경우, 폐기물처리시설의 설치 및 관리비용의 감소와 회수 · 처리에 따른 사회적 비용의 절약을 통한 환경관리비용의 절감, 폐기물 다량발생제품의 생산 억제 및 자원순환형 사회로의 전환, 소비를 억제하는 방향으로의 소비형태 전환을 통한 폐기물발생의 원천적 억제, 자원낭비의 방지를 통한 자원절약 및 자원재활용 촉진 등의 효과를 얻을 수 있다.[17] 그러나 1993년부터 시행되고 있는 현행 폐기물부담금제도는 생각만큼 원활하게 시행되고 있지 못하고 있으며, 그에 따라 폐기물재활용

17) 정원태 · 정재춘, "예치금 등 폐기물재활용을 위한 경제적 유인책의 활성화 방안", 환경정책 제3권 제2호, 1995. 12, 52면.

촉진의 효과를 제대로 얻기 힘든 상태에 있다. 이러한 결과를 초래한 현행 폐기물부담금 제도의 문제점으로는 대체로 다음의 것들이 지적되고 있다.

첫째, 폐기물부담금의 근본 취지는 특정유해물질을 함유하고 있거나, 재활용이 어렵고 폐기물관리상의 문제를 초래할 가능성이 있는 제품에 대한 수요를 감소하려는 데 있으나, 현 대상품목은 이러한 취지에 잘 부합되지 않는다. 폐기물부담금의 대상품목(6개 품목 9종의 제품)을 살펴보면 유해물질을 포함하는 많은 제품 중 일부 제품만 대상품목에 포함되어 있을 뿐만 아니라, 재활용이 가능한 품목도 상당수 포함되어 있다. 예컨대, 폐기물부담금의 적용대상으로 선정되어 있는 살충제와 유독물은 성질상 그 편의성 때문이 아니라 사회적 필요성 때문에 사용되는 것이므로, 폐기물의 발생억제와 자원낭비를 막기 위하여 살충제와 유독물제품에 부담금을 부과하는 것은 논리에 맞지 않는다. 껌과 담배가 문제되는 것은 소비자가 이를 함부로 버리는 행위인데, 이를 처벌하지 아니하고 껌과 담배 자체에 대하여 폐기물부담금을 부과하는 것은 논리에 맞지 않는다. 1회용 기저귀는 사치품이라기보다는 필수품으로서의 성질을 가지며, 환경적 측면에서 볼 때 헝겊기저귀에 비하여 환경에 유해하다고 단정할 수 없다. 헝겊기저귀는 세척 · 건조 과정에서 다량의 물을 필요로 하고 악성 폐수를 다량 배출하며 에너지 소모량이 많은 등 전과정(life cycle) 차원에서 1회용 기저귀보다 오히려 환경친화적이지 못할 수 있다. 또한, 1회용 기저귀의 배출 시 쓰레기종량제에 따른 비용을 부담하여야 하므로 이중부담의 문제가 야기될 수 있다.[18] 한편, 현행 대상품목 중 1회용으로는 기저귀만이 선정되어 있을 뿐 많은 다른 1회용 제품은 포함되어 있지 않는데, 이는 제품간의 형평성 문제를 야기할 수 있다.[19] 재활용이 활발히 이루어지고 있는 플라스틱제품에 여전히 폐기물부담금을 부담시키는 것도 재고해 보아야 할 것이다.

둘째, 폐기물부담금 수입이 환경개선특별회계의 세입으로 편입됨으로써 준조세의 기능을 할 가능성이 있다. 이는 부담금 수입이 직접적으로 폐기물의 회수 · 재활용 · 처리에 사용되지 못하고 다른 용도에 사용될 가능성이 높다는 것을 의미한다.[20]

마지막으로, 무엇보다도 경제적 동기부여의 성격을 가지고 있는 폐기물부담금제도가 실제 회수 · 처리비용보다 낮은 요율로 인해 대상품목의 사용을 억제시키는 데 충분한 유인으로 작용하지 못할 가능성이 있다.[21]

---

18) 이상돈 · 이창환(각주 12), 223 내지 224면; 노상환, "소비자 폐기물 예치금제도의 도입방안", 환경포럼 제4권 제1호, 1997. 1, 4면. 이와는 반대로 헝겊기저귀는 세탁과 재사용이 가능하므로 심각한 매립장 문제를 야기하는 1회용 기저귀를 대체할 수 있다는 견해가 있다. 전재경, 쓰레기관리법제, 한국법제연구원, 1995, 172면.

19) 노상환, "최종소비재에 대한 제품부담금 도입방안", 환경포럼 제1권 제3호, 1997. 9, 3면.

20) 노상환(앞의 글), 2면, 4면; 문현주 외 2, 유연한 산업환경규제체계를 통한 환경성과 개선방안 연구, 한국환경정책 · 평가연구원, 1999. 12, 28면.

21) 정원태 · 정재춘(각주 17), 59면.

XII. 생산자책임 재활용제도

1. 의 의

2002. 2. 4. 개정 「자원의 절약과 재활용촉진에 관한 법률」에서 도입된 생산자책임 재활용제도(Extended Producer Responsibility: EPR)는 재활용책임을 소비자(또는 지방자치단체)로부터 생산자로 확대하는 제도로서, 제품 · 포장재의 일정 비율을 생산자가 재활용하도록 의무화하고 있다. 이는 제품의 생산자들로 하여금 제품의 설계, 제조, 유통 · 소비 및 폐기 전과정에 걸쳐 환경친화적인 경제활동을 유도함으로써, 폐기물의 발생 감소, 재사용, 재활용을 촉진하여 '자원순환형 경제 · 사회체계'를 도모하려는 제도이다. 그 도입원리는 자원순환형 사회를 구축하기 위해서는 정부와 소비자의 책임만으로는 한계가 있으므로, 제품의 재질 · 구조개선 등에 의한 폐기물 감량화와 자체 판매망을 이용한 회수체계의 구축을 통해 재활용에 상대적으로 유리한 위치에 있는 생산자의 역할과 책임을 강화하자는 것이다. 그 바탕에는 제품의 설계 · 제조 과정에서부터 재활용이 용이한 소재 선택, 디자인 및 구조개선을 통해 폐기물 배출량을 원천적으로 줄이고, 발생된 폐기물의 재활용을 향상시키는 것이 중요하다는 것이다. 결국 '생산자책임'이란 표현은 생산자가 재활용과 관련하여 모든 책임을 부담한다는 의미라기보다는 폐기물 발생의 감소와 재활용의 확대를 위해서는 생산자의 역할이 절대적으로 필요하다는 것을 강조하기 위한 것으로 이해된다.

생산자책임 재활용제도에 따르면, 생산자의 책임은 제품의 생산단계에서부터 제품 소비 후 단계까지 확대되며 재활용의 포괄적인 책임(물리적 · 재정적 책임)을 지게 된다. 이 제도는 2003년 1월 1일부터 시행되었는데, 그 시행과 더불어 기존의 폐기물예치금제도는 폐지되었다. 그 동안 폐기물예치금은 그 요율이 너무 낮아 생산자의 입장에서는 예치금의 반환을 포기하는 경우가 많아 사실상 예치금 납부의무만 있고, 재활용은 보장되지 않는 일종의 세금의 의미를 갖는 것으로 변질되어 운영되어 왔다.

생산자책임 재활용제도가 폐기물예치금제도와 본질적으로 다른 점은 폐기물예치금제도가 제품 · 포장재의 제조업자 · 수입업자가 일정 금액을 예치한 후 재활용 실적에 따라 예치금을 반환하도록 하는 외에 누구에게도 재활용에 대한 의무를 부과하고 있지 아니한데 반해, 생산자책임 재활용제도는 재활용이 가능한 제품 · 포장재의 제조업자 · 수입업자(재활용의무생산자)[22]에게 재활용의무량을 부과함으로써, 이를 달성하여야 할 최종책임자가 생산자임을 명확히 하고 생산자로 하여금 재활용 의무를 이행하도록 한다는 것이다.

---

22) 동법에서는 재활용의무생산자를 "생산단계 · 유통단계에서 재질 · 구조 또는 회수체계의 개선 등을 통하여 회수 · 재활용을 촉진할 수 있거나 사용 후 발생되는 폐기물의 양이 많은 제품 · 포장재 중 대통령령으로 정하는 제품 · 포장재의 제조업자나 수입업자(포장재는 포장재를 이용한 제품의 판매업자를 포함하되, 대통령령으로 정하는 업종 및 규모의 사업장을 운영하는 자로 한정)"로 제한하고 있다(제16조 제1항, 시행령 제18조).

말하자면 폐기물예치금제도가 제조업자 등에게 (소극적 비용부담을 통하여) 간접적으로 재활용의무를 부과하는 것이라면, 생산자책임 재활용제도는 재활용이 가능한 제품 · 포장재의 제조업자 · 수입업자 등에게 (적극적 생산자책임을 통하여) 직접적으로 재활용 의무를 부과하는 것이라고 할 수 있다.

2. 절　　차

가. 자원순환기본계획의 수립

먼저 이 제도가 성공적으로 시행되기 위해서는 사회적으로 달성해야 할 재활용 목표 등 기본적인 목표가 제대로 설정되어야 한다. 동법은 앞에서 본 바와 같이 환경부장관에게 자원순환 여건에 관한 사항, 자원순환 목표 설정에 관한 사항 등이 포함된 자원순환 기본계획을 수립할 의무를, 관계 중앙행정기관의 장과 특별시장 · 광역시장 · 도지사 · 특별자치도지사에게 기본계획의 연차별 시행계획, 시장 · 군수 · 구청장에게 관할 구역의 특성을 고려한 자원순환 집행계획을 수립 · 시행할 의무를 부과하고 있다(제7조).

나. 재활용가능자원의 발생량 및 분리수거량 공표

환경부장관은 재활용가능자원을 효율적으로 활용하기 위하여 폐기물의 발생량과 재활용 여건을 고려하여 재활용가능자원의 분리수거를 위한 분류 · 보관 · 수거 등에 관한 지침을 정할 수 있다(제13조 제1항). 특별시장 · 광역시장 · 도지사는 관할 지방자치단체의 분리수거가 효율적으로 이루어질 수 있도록 지원하고, 특별시장 · 광역시장 · 도지사 · 특별자치도지사는 환경부장관이 정하는 지침에 따라 매년 재활용가능자원의 발생량과 분리수거량 등을 조사하여 공표하여야 한다(동조 제2항).

다. 분리배출표시

폐기물의 재활용을 촉진하기 위하여 분리수거를 위한 표시를 하는 것이 필요한 제품 · 포장재로서 대통령령으로 정하는 제품 · 포장재의 제조자 등은 환경부장관이 정하여 고시하는 지침에 따라 그 제품 · 포장재에 분리배출표시를 하여야 한다(제14조). 이러한 분리배출표시제는 분리배출표시 대상 품목에 대한 재질표시는 물론 분리배출의 주체인 소비자에게 분리배출 대상 여부를 명확히 알려주는 기능을 한다.

≪분리배출표시≫

≪생산자책임 재활용제도의 시행절차≫[23]

절차	주체	근거
① 5년 단위 자원순환 기본계획 수립(환경부) －연차별 세부시행 계획 수립(특별시장 · 광역시장 · 도지사 · 특별자치도지사)	환경부장관 (특별시장 · 광역시장 · 도지사 · 특별자치도지사)	제7조
↓		
② 재활용가능자원의 분리수거량 공표	특별시장 · 광역시장 · 도지사 · 특별자치도지사	제13조 제2항
↓		
③ 제품 · 포장재별 재활용의무율 고시 －분리수거량 및 재활용 여건 등을 고려 －관련 업계 및 관계 부처와 협의	환경부장관	제17조 제1항
↓		
④ 개별 재활용의무생산자의 재활용의무량 산출 －제품출고량 · 포장재사용량 등을 고려, 산출	환경부장관	제17조 제2항
↓		
⑤ 회수 및 재활용의무이행계획서의 제출 및 승인	재활용의무생산자 ↔한국환경공단	제18조 제1항
↓		
⑥ 재활용의무 이행 －직접 회수 · 재활용 －재활용사업공제조합에 분담금 납부	개별생산자 또는 공제조합	제16조
↓		
⑦ 회수 및 재활용의무이행 결과보고서 제출	재활용의무생산자 ↔한국환경공단	제18조 제2항
↓		
⑧ 재활용부과금 부과 · 징수 －재활용의무 미이행량에 대해 재활용비용의 130% 이하를 부과	재활용의무생산자 ↔한국환경공단	제19조

23) 환경부, 환경백서, 2011, 564면

라. 재활용의무율의 고시

환경부장관은 재활용의무생산자의 제품 · 포장재의 출고량, 재활용가능자원의 분리수거량(제13조 제2항에 따라 특별시장 · 광역시장 · 특별자치도지사가 공표하는 재활용가능자원의 분리수거량을 포함), 회수 · 재활용실적 및 재활용 여건 등을 고려하여 제16조에 따른 제품 · 포장재별로 연간 출고량 중 재활용하여야 하는 양의 비율(재활용의무율)을 주무부장관과 협의하여 매년 해당 연도 개시 전에 고시하여야 한다(제17조 제1항, 시행령 제22조 제1항).

시행령에서는 재활용의무율의 산정기준을 다음과 같이 정하고 있다. 재활용의무대상인 제품 · 포장재로 규정되어 재활용의무가 처음으로 발생하는 연도(1차 연도)에는 제품 · 포장재별 재활용가능자원의 분리수거량, 수출 · 수입량, 재활용시설의 규모, 재활용기술의 개발상황, 제품의 내구연수 등 재활용에 영향을 미치는 요인(재활용요인)을 고려하여 재활용의무율을 0.9 이하의 범위에서 환경부장관이 정한다. 1차 연도의 다음 연도부터는 다음 산식에 의하여 산정하되, 0.9보다 큰 경우에는 0.9로 한다(시행령 별표 5).

(전년도 재활용의무율 × 가중치1) + (전전년도 재활용률 × 가중치2) + (전전전년도 재활용률 × 가중치3) + 조정계수

마. 재활용의무량의 산출

동 제도의 핵심적인 내용은 개별 재활용의무생산자의 의무량 결정이다. 재활용의무생산자가 재활용하여야 하는 양(재활용의무량)의 산출기준은 출고량, 제품 · 포장재별 재활용의무율 등을 고려하여 대통령령으로 정한다(제17조 제2항). 구체적으로 재활용의무량은 다음 산식에 의하여 산출된 양으로 한다(시행령 제23조 제1항). 재활용의무량을 재활용의무를 이행하는 연도의 출고량에 제품 · 포장재별 재활용의무율을 곱하여 산출하도록 함으로써 경기변동과 연동될 수 있도록 하고 있다.

제품 · 포장재별 재활용의무율 × 재활용의무생산자의 당해 연도 제품 · 포장재 출고량

바. 회수 및 재활용의무이행계획서 제출 · 승인

재활용의무생산자는 재활용의무를 공동으로 이행하기 위한 분담금을 재활용사업공제조합에 내야 하는데, 제16조 제3항 단서에 따라 분담금을 공제받으려는 경우 회수 및 재활용의무이행계획서를 환경부장관에게 제출하고 승인을 받아야 한다(제18조 제1항).

사. 제조업자 등의 재활용의무이행

개별 재활용의무생산자는 자신에게 부과된 재활용의무량을 달성하여야 한다. 동법은 재활용의무생산자로 하여금 자신이 제조 · 수입하거나 판매한 제품 · 포장재로 인하여 발생한 폐기물을 회수하여 재활용하는 것을 원칙으로 하되(제16조 제1항), 이를 이행하지 못할 경우 재활용사업공제조합에 분담금을 내어 재활용의무를 공동으로 이행하도록 하고 있다(동조 제2항). 포장재의 재활용의무생산자는 환경부장관이 정하여 고시한 재질 · 구조개선 등에 관한 기준을 준수하여야 한다(제9조의2). 한편, 환경부장관은 재활용의무생산자가 자신이 제조 · 수입하거나 판매한 제품 · 포장재의 폐기물 전부를 회수하여 재활용하거나 이에 대한 분담금을 재활용사업공제조합에 내는 경우 재활용의무를 충실히 이행하였다는 인증을 할 수 있고, 재활용의무생산자는 인증의 표시를 제품 · 포장재에 할 수 있다(제17조의2). 이는 재활용의무를 이행한 기업에 대해 일종의 인센티브를 부여하려는 것으로써, 자신이 제조 · 수입하거나 판매한 제품 · 포장재로 인해 발생한 사회적 비용을 모두 부담한 기업이라는 이미지를 제공할 수 있도록 하여 기업의 선호도를 제고할 수 있을 것이다.

아. 회수 및 재활용의무이행결과서 제출 · 승인

회수 및 재활용의무이행계획서의 승인을 받은 자는 회수 및 재활용의무이행결과보고서를 증빙자료와 함께 환경부장관에게 제출하여야 한다(제18조 제2항).

자. 재활용부과금의 부과 · 징수

환경부장관은 재활용의무이행결과서를 확인, 조사하여 의무를 적정하게 이행하였는지 여부를 확인하게 된다. 그 결과 재활용의무생산자가 재활용의무량을 달성하지 못하였을 경우에는 재활용부과금이 부과된다. 「부담금관리 기본법」에서는 재활용부과금을 부담금의 일종으로 보면서(제3조, 별표 참조), 그 운용의 공정성과 투명성을 꾀하고 있다.

3. 대상품목

재활용의무 대상품목으로는 종이팩 · 유리병 · 금속캔 · 합성수지재질의 포장재, 합성수지재질의 1회용 봉투 · 쇼핑백, 전지, 타이어, 윤활유, 형광등 등이 있다(시행령 제18조). 가스레인지, 1회용 카메라, 전화기, 자동차 부품 등은 대상품목에서 누락되어 있는데, 장기적으로는 이들 품목을 포함하여 대상품목을 확대할 것이 요망된다.

4. 의무생산자

생산자 중 시장에서 제품 · 포장재의 디자인 및 설계의 실질적인 선택권을 갖는 자가 주책임자로서 재활용의무를 부담하게 된다. 이러한 주책임자 방식에 의해, 생산자책임 재활용제도에서 재활용의무를 지는 의무생산자는 일반제품(예컨대, 윤활유, 타이어, 전지 등)의 경우에는 제품을 제조하는 제조업자와 수입업자가 되며, 포장재(예컨대, 종이팩, 유리병, 금속캔, 합성수지재질의 포장재)의 경우에는 포장재를 이용한 제품의 판매업자가 될 수 있다(제16조 제1항, 시행령 제18조). 그 결과 포장재는 원칙적으로 포장재를 이용한 제품의 제조자(Filler) 및 수입업자, 즉 내용물을 생산하는 자가 의무생산자가 된다. 이러한 원칙의 예외로, 내용물의 생산자가 불특정 다수인 농 · 수 · 축산물 등의 받침접시 등은 불가피하게 용기 · 포장재를 제조하는 자가 의무를 부담한다.

모든 생산자에게 재활용의무를 부과하는 것이 바람직하지만 동법은 실질적인 부담능력과 행정비용의 절감 등을 고려하여 영세한 재활용의무생산자가 재활용 의무를 면제받을 수 있는 근거를 마련하고 있다(동조 제2항).24)

5. 재활용부과금

재활용의무생산자가 재활용의무량을 달성하지 못하였을 경우에는 재활용부과금이 부과된다. 즉 환경부장관은 재활용의무생산자가 재활용의무를 이행하지 아니하거나 재활용사업공제조합이 조합원의 재활용의무를 대행하지 아니하는 경우에는 재활용의무량 중 재활용되지 아니한 수량에 폐기물의 재활용에 드는 비용(재활용단위비용)을 곱하여 산정한 금액에 재활용의무량 미이행율별 가산금액(15/100~30/100)을 더한 금액(재활용부과금)을 재활용의무생산자 또는 재활용사업공제조합으로부터 징수할 수 있다(제19조 제1항, 시행령 제28조 제1항). 재활용부과금을 부과받은 재활용사업공제조합이 해산 또는 파산 등의 사유로 재활용부과금을 납부하지 못할 경우에는 해당 재활용사업공제조합의 조합원인 재활용의무생산자가 재활용부과금을 분담하여 납부하여야 한다(동조 제10항).

한편, 동법은 재활용의무생산자 또는 공제조합이 재활용의무량을 초과하여 재활용한 경우에는 그 초과량을 다음 연도 또는 그 다음 연도의 회수 · 재활용실적에 포함시킬 수 있도록 함으로써, 일종의 예탁(banking)을 허용하고 있다(시행령 제28조 제2항). 이는 생산자가 재활용의무량을 초과달성한 경우 그 초과달성한 양을 2년간 의무이행실적으로 사용할 수 있도록 하는 것으로 경제여건 변동에 따른 생산자의 위험을 고려할 수 있도록 한다는 점에서 생산자에게 유인효과를 주고 있는 것이다.

징수된 부과금은 앞에서 살펴본 폐기물부담금과 같이 폐기물의 재활용을 위한 사업 및 폐기물처리시설의 설치 지원, 폐기물의 효율적 재활용과 폐기물 줄이기를 위한 연구 및 기술개발, 지방자치단체에 대한 폐기물의 회수 · 재활용 및 처리 지원, 재활용가능자원의 구입 및 비축, 자원재활용을 촉진하기 위한 사업의 지원, 징수비용 교부, 그 밖에 자원순환 촉진을 위하여 필요한 사업의 지원 등의 용도에 사용한다(제20조).

6. 평　　가

생산자책임 재활용제도는 생산자에게 출고량 · 분리수거량 · 재활용 여건 등에 기초하여 정해진 달성 가능한 목표에 대하여 재활용의무를 부과하기 때문에 생산자가 생산품의

24) 시행령에서는 포장재 재활용의무 면제 대상 업종뿐만 아니라 적용되는 사업장의 규모도 함께 제시하고 있다(제19조, 별표 4).

100% 재활용을 전제로 일정 예치금을 낸 뒤 재활용 분량만큼 되돌려 받는, 그리고 예치금 회수율이 적었던 기존 폐기물예치금제도에서보다 생산자의 부담은 적다고 할 수 있다. 결국 이 제도는 비용－효과적인 방법으로 바람직한 재활용 목표를 달성할 수 있게 함으로써, 우리 사회를 자원순환형 경제 · 사회체계로 유도하는 데 중요한 역할을 할 것으로 기대된다. 생산자들은 자신이 생산한 제품이 보다 쉽고 저렴한 비용으로 재활용이 가능하도록 제품재질과 구조 · 디자인을 개선하는 등의 노력을 할 수밖에 없고, 이는 사회 전체적으로 폐기물의 감량과 재활용의 활성화로 이어질 것이다. 품목에 따라서는 생산자의 부담이 증가할 수 있으나 공제조합의 가입 및 효율적인 운영, 효율적인 재활용가능자원의 회수 및 재활용 체계의 구축 등으로 장기적으로는 부담이 감소할 것으로 전망된다.

그러나 동 제도는 다음과 같은 문제를 내포하고 있다.

첫째, 기존의 폐기물예치금제도보다 다소 복잡하며, 기존의 재활용시스템에 큰 변화가 오는 만큼, 생산자 입장에서는 다소 번거롭고, 정부 입장에서는 행정적으로 비용이 더 소요될 수 있다.

둘째, 재활용의무생산자의 적정한 재활용의무량을 산출하기가 쉽지 않다. 재활용의무량 산출의 중요한 요소가 되는 제품 · 포장재별 재활용의무율의 산정기준이 분명하지 않은데, 재활용의무율이 낮게 책정될 경우에는 획기적인 폐기물재활용을 달성하기 어렵다. 재활용의무율 산정의 기초가 되는 출고량, 재활용가능자원의 분리수거량 등을 파악하기가 쉽지 않은데, 특히 분리수거량은 해당 제품의 회수 및 재활용 체계의 다양성, 복잡성, 재활용 기준의 애매성 등으로 인하여 그 파악이 어렵다.

셋째, 가스레인지, 1회용 카메라, 전화기, 자동차 부품 등 재활용이 가능하고 그 필요성이 큰 제품들이 그 대상품목에서 누락되어 있다. 이는 대상품목과의 비형평성 문제도 야기할 수 있다.

넷째, 포장재의 경우 영세 사업자를 재활용의무대상에서 제외함으로써, 이에 해당하지 않는 사업자들은 포장폐기물을 적극적으로 감량하지 않을 가능성이 있고, 동일 업종의 사업자간에 마찰이 예상된다.

다섯째, 제품의 수명, 유통경로, 폐기물 배출특성, 관리방법, 재활용과정, 회수체계 등에서 차이가 있는 포장재 · 제품을 그 특성을 반영하지 않고 같은 제도하에서 통일적으로 규제하고 있기 때문에 제도의 효율성이 떨어진다.

여섯째, 「폐기물관리법」에서는 생활폐기물에 관한 처리(재활용 포함)책임을 지방자치단체에 부과하고 있으면서 생산자책임 재활용제도하에서는 재활용책임을 생산자에게 부과하고 있어 대상 및 책임의 중복, 시행상의 혼란이 발생할 수 있다.

일곱째, 재활용의무생산자가 재활용 의무를 이행하지 아니하는 경우 재활용단위비용에 그 미이행율에 따라 15%~30%를 더한 금액(재활용부과금)을 재활용의무생산자에게 부과하고 있는데, 위 재활용부과금이 실제 재활용에 드는 비용보다 적을 경우에는 재활용부과금이 재활용을 담보하지 못하고 다만 일종의 세금의 의미로 변질될 가능성이 있다.

여덟째, 기존 재활용사업자 등을 통한 재활용가능자원의 회수 · 재활용 체제를 무시하고 생산자나 공제조합으로 하여금 직접 회수 · 재활용체계를 구축하도록 함으로써, 기존 체제의 붕괴를 초래하고 새로운 사회적 비용을 유발한다. 또한 자칫 공제조합만의 이익을 위한 제도로 전락할 가능성이 있다.

아홉째, 빈용기에 대한 재활용을 자원순환보증금제도와 함께 규정하고 있어 빈용기 재활용 시 혼란과 어려움이 발생할 수 있다.

이러한 문제점을 극복하기 위해서는 적정한 재활용의무량의 산출, 대상품목의 확대, 각 제품과 포장재 특성에 맞는 효율적인 재활용체계 구축, 재활용부과금의 증액, 재활용 단위비용의 현실화, 자원순환보증금제도와의 법적 관계의 명확화 등을 고려하여야 할 것이다.25)

XIII. 자원순환보증금제도

1. 의 의

자원순환보증금제도는 소비자가 빈용기(유리용기) · 1회용 컵을 반환할 때 보증금을 되돌려 받게 함으로써 소비자에게 경제적 동기를 부여하는 제도이다. 기존의 공병(유리병) 재사용 · 재활용체계는 법적인 근거가 명확하지 않은 상태에서 환경부의 폐기물예치금제도, 보건복지부의 청량음료보증금제도, 국세청의 주류보증금제도 등으로 여러 부처에서 시행되고 있었다. 그 결과 관리가 어렵고, 소비자나 소매업자들에게는 큰 혼란을 주고 있었다. 이러한 제도들과 관련해서는 그 보증금 액수가 적고 절차가 번거롭다는 등의 이유로 소비자나 소매상들이 공병을 반환하거나 회수할 동기가 크지 않다는 문제점이 지적되었다.

이러한 문제점을 인식하고 2002. 2. 4. 개정 법은 여러 부처에서 시행해 오고 있던 유사 제도를 일원화하여 명시하고, 보증금액과 빈용기보증금 포함제품의 제조자 등이 지켜야 할 의무사항을 규정하였다. 최근 커피전문점 등의 성장으로 1인당 커피 소비량이 늘어남에 따라 1회용 컵 사용량도 급증하고 있고, 1회용 컵의 부적정한 폐기로 인하여 환경오염, 자원의 낭비 등이 심각해지고 있다. 이에 2020. 6. 9. 개정 법은 사용된 1회용 컵의 수거 및 재활용을 촉진하기 위하여 판매자의 재활용 책임을 강화하고, 1회용 컵에 대한 자원순환보증금 제도를 도입하였다(2022. 6. 10. 시행).

2. 내 용

용기 · 1회용 컵(용기등)의 회수, 재사용이나 재활용 등을 촉진하기 위하여 다음의 경

25) 김태제 · 공은정, "자원의절약과재활용촉진에관한법령", 법제, 2003. 3, 113 내지 115면 참조.

우에는 출고, 수입 또는 판매가격과는 별도의 금액(자원순환보증금)을 제품 가격에 포함시켜야 한다: ① 반복 사용이 가능한 유리용기를 사용하여 제조업자나 수입업자가 대통령령으로 정하는 제품[26)]을 제조 또는 수입하는 경우; ② 1회용 컵을 다량으로 배출하는 사업자로서 대통령령으로 정하는 업종 · 규모에 해당하는 사업자[27)]가 1회용 컵을 사용하여 음료류를 판매하는 경우(제15조의2 제1항, 시행령 제17조). 유리용기에 대하여는 대상 사업자의 참여가 임의적인 임의보증금 제도인 반면, 1회용 컵에 대하여는 참여가 강제적인 의무보증금 제도이다(동항 단서). 전자(유리용기)가 반복 사용에 초점이 있다면 후자(1회용 컵)는 재활용에 초점이 있다고 할 수 있다.[28)] 자원순환보증금이 가격에 포함된 제품을 제조 · 수입하는 자와 1회용 컵을 사용하여 제품을 판매하는 판매자(보증금대상사업자)는 용기등을 반환하는 자에게 자원순환보증금을 돌려주어야 한다(동조 제3항). 자원순환보증금제도는 소매업자나 도매업자를 통해 용기등을 회수하는 체계인바, 소매업자 등에게만 회수의무를 부과하면서 보증금대상사업자는 용기등의 생산원가 절감 등 이익을 보는 제도라고 할 수 있다. 이러한 점을 고려하여 동법은 보증금대상사업자에게 회수체계 운영비용을 부담토록 하고 있다. 이에 따르면 보증금대상사업자는 자원순환보증금이 가격에 포함된 제품 용기등의 회수, 선별, 보관, 재활용 등에 소요되는 다음의 비용을 지급하여야 한다: ① 제1항 제1호에 해당하는 제조업자나 수입업자의 경우 도매업자나 소매업자(한국표준산업분류에 따른 종합소매업 · 음식료품 및 담배소매업을 하는 사업자로 한정)에게 빈용기의 보관과 운반에 드는 비용(취급수수료); ② 제1항 제2호에 해당하는 판매자의 경우 1회용 컵 등의 재활용을 위하여 이를 운반 및 처리하는 자에게 처리지원금(동조 제4항).

한편, 동법은 자원순환보증금제도가 자원순환보증금관리센터(제15조의6)를 통해 투명하고 합리적으로 운영할 수 있는 법적 근거를 두고 있다. 즉 자원순환보증금의 반환, 취급수수료와 처리지원금의 지급, 관리 등이 원활하게 이루어질 수 있도록 하기 위하여 보증금대상사업자는 자원순환보증금관리센터에 자원순환보증금이 가격에 포함된 제품의 출고 및 판매, 회수, 재사용 또는 재활용 등에 관한 정보를 제공하여야 하며, 자원순환보증금관리센터로 하여금 반환된 용기등을 확인한 후 이에 해당되는 자원순환보증금과 취급

26) 여기에는 ①「주세법」의 발효주류 및 증류주류, ② 음료류, ③「먹는물관리법」 제3조 제1호의 먹는물 등이 포함된다(시행령 제17조 제2항).

27) 이는 다음의 어느 하나에 해당하는 자 중 환경부장관이 정하여 고시하는 사업자를 말한다: ①「가맹사업거래의 공정화에 관한 법률」 제2조 제1호의 가맹사업(업종은 커피 · 음료 · 제과제빵 · 패스트푸드로 한정)을 하는 가맹본부 또는 가맹점사업자로서 가맹본부와 해당 가맹점사업자가 운영하는 매장 수가 전전년도 말 기준으로 100개 이상인 사업자; ②「식품위생법 시행령」 제21조 제8호 가목 · 나목 또는 바목의 휴게음식점영업, 일반음식점영업 또는 제과점영업을 하는 사업자로서 운영하는 매장 수가 전전년도 말 기준으로 100개 이상인 사업자; ③ 그 밖에 ① 또는 ②에 해당하는 업종으로서 각 호에서 정한 규모 미만인 사업자 중에서 1회용 컵 사용량, 매출규모, 매장 수 등을 고려하여 환경부장관이 자원순환보증금을 제품 가격에 포함시킬 필요가 있다고 인정하는 사업자(시행령 제17조 제3항).

28) 당초 반복 사용이 가능한 공병에서 나아가 성질이 다른 대상제품(1회용 컵)을 추가한 것은 자원순환 활성화 차원에서 고무적인 측면이 있지만 재사용(반복 사용)과 재활용이 혼재하는 결과를 초래하고 있다는 점에서 규율체계를 흐트러뜨릴 가능성이 있다. 자칫 1회용 용기나 포장재로 대상품목의 외연이 무한 확장될 가능성이 있기 때문이다.

수수료 또는 처리지원금 등을 반환 또는 지급하도록 하여야 한다(제15조의2 제5항). 자원순환보증금을 돌려주고 남은 금액(미반환보증금)은 빈용기의 효율적 회수와 재활용 방안의 연구·개발 등 일정한 용도로 사용하여야 한다(제22조의2). 한편, 동법은 빈용기의 반환을 촉진한다는 차원에서 자원순환보증금을 돌려주지 아니한 소매업자를 신고한 경우 보상할 수 있도록 하고 있다(제15조의4).

한편, 동법은 생산자책임 재활용제도 아래에서 자원순환보증금제도가 시행될 수 있도록 입법적 고려를 하고 있다. 즉 재활용의무대상 제품·포장재 중 자원순환보증금을 제품의 가격에 포함시키는 용기등의 경우에는 재활용의무생산자가 당해 연도에 그 제품에 사용한 용기량의 80%에 해당하는 양을 재활용의무량으로 한다고 규정하여(시행령 제23조 제2항), 이를 이행하지 못하였을 경우 재활용부과금을 부과하고 있다.

3. 평 가

생산자책임 재활용제도하에서 용기등에 대한 재활용을 규정하고 있는 이러한 구조는 결국 용기등을 사용하는 제품의 제조업자로 하여금 임의적으로 자원순환보증금제 또는 생산자책임 재활용제도를 선택할 수 있도록 하고 있다. 생산자책임 재활용제도는 생산자에게 직접 재활용책임을 부과하는 데 비하여, 자원순환보증금제도는 제품의 가격과 별도의 금액을 책정하여 결국 소비자에게 비용부담을 지우는 일종의 소비자 예치금적 성격을 갖고 있다. 생산자책임 재활용제도는 대상 사업자의 참여가 의무적인 반면, 자원순환보증금제도(1회용 컵의 경우는 제외)는 그 참여가 임의적이다. 양 제도가 이와 같이 그 본질이 다르지만 유사한 제품이 생산자책임 재활용제도하에서도 시행되도록 하고 있는 것은 그 시행 과정에서 혼란과 어려움을 야기할 수 있다(예컨대, 같은 빈용기인데도 반복 사용이 가능한 유리병의 경우에는 자원순환보증금제도에 의해 규율되는 반면, 그렇지 않은 1회용 유리병은 생산자책임 재활용제도에 의해 규율되는 것을 생각해 보라).

이러한 문제점을 개선하기 위해서는 자원순환보증금제도에 대한 독자적인 허가규정이나 반환율 목표, 제재 규정 등 세부규정을 둘 필요가 있다. 한편, 자원순환 활성화 차원에서 대상품목을 확대해 나갈 필요가 있다. 이 경우 생산자책임 재활용제도의 대상품목인 종이팩, 유리병, 금속캔, 합성수지재질의 포장재 등이 우선 검토대상이 될 수 있다. 생산자책임 재활용제도의 적용이 배제된다는 등의 내용을 명시하여 생산자책임 재활용제도와의 법적 관계를 명확히 할 필요성이 있다.[29] 1회용품으로 영역을 확장하는 것에 대한 입법적 논의도 필요해 보인다. 이는 반복 사용하지 않는 1회용 컵이 규율대상이 되고 있다는 점에서 전혀 근거없는 것이라고 할 수 없다.

---

29) 김태제·공은정(각주 25), 114면.

XIV. 지정부산물 배출사업자의 준수사항

부산물에 대해 「폐기물관리법」에서는 별도의 정의 규정을 두고 있지는 않으나, 「자원의 절약과 재활용촉진에 관한 법률」 제2조 제3호에서는 부산물을 '제품의 제조 · 가공 · 수리 · 판매나 에너지의 공급 또는 토목 · 건축공사에서 부수적으로 생겨난 물건'이라고 정의하고 있으며, 동조 제4호에서는 부산물 중에서 사업장에서 대량으로 발생하여 그 전부 또는 일부를 재활용하는 것이 그 자원을 효율적으로 이용하는 데 특히 필요한 것으로서 대통령령으로 정하는 부산물은 별도로 '지정부산물'로 정의하고 있다.[30] 나아가 동법은 지정부산물배출사업자에게 대통령령으로 정하는 기본방침과 절차에 따라 통합하여 고시하는 지침을 지키도록 하고 있으며(제25조),[31] 이를 위반할 경우 환경부장관이나 주무부장관은 권고 및 조치명령을 할 수 있다(제25조의2).

XV. 고형연료제품의 사용

최근 고유가, 기후변화 등에 대응하여 유럽 등 선진국에서는 화석연료를 대체할 수 있는 에너지원의 하나로 폐기물에서 회수하는 에너지에 대한 관심을 보이고 있으며, 매립지 수명을 연장하기 위하여 생분해성폐기물과 고발열 · 가연성폐기물을 직접 매립하는 것을 금지하는 정책 등을 도입하고 있다. 이러한 상황에서 팜(palm)껍질, 폐섬유 등 폐기물을 이용하여 만든 고형연료제품의 사용은 중요한 의미를 가지고 있다. 그러나 고형연료제품은 연료로서 효용가치가 높지만 기존의 일반 화석연료와 비교하여 성상의 균질성이 낮고 중금속 등이 포함될 가능성이 크므로 품질을 엄격히 관리하여 제품으로서의 가치를 높일 필요성이 있다. 이에 동법은 수입 · 제조 신고(제25조의4), 품질검사(제25조의5), 품질표시(제25조의6), 사용허가(제25조의7), 제조시설 및 사용시설의 정기검사(제25조의8), 수입자 · 제조자 및 사용자의 준수사항(제25조의9), 과징금(제25조의11), 처리(제25조의12) 등 다수의 규정을 두고 있다.

XVI. 재활용촉진을 위한 기반 구축

재활용을 촉진하기 위하여 그 인프라를 구축하는 것은 중요한 일이다. 동법은 폐자원에너지 종합정보관리시스템의 구축 · 운영(제25조의14), 폐자원에너지센터(제25조의15), 재활용산업을 육성하기 위한 자금 등의 지원(제31조), 재활용제품[32]의 품목별 규격 · 품질기준(제33조), 재생원료[33] 사용비율의 표시(제33조의2), 재생원료 사용 제품 · 용기의 구매촉진

30) 동 규정의 위임에 따라 시행령에서는 철강슬래그와 석탄재를 지정부산물로 규정하고 있다(제3조).

31) 이를 구체화하기 위하여 고시로 '철강슬래그 및 석탄재 배출사업자의 재활용지침'(환경부고시 제2015-227호)이 공포 · 시행되고 있다.

32) 동법상 '재활용제품'이란 "재활용가능자원을 이용하여 만든 제품으로서 환경부령으로 정하는 제품"을 말한다(제2조 제9호).

(제33조의3), 재활용단지의 조성 및 지원(제34조, 제34조의2), 국 · 공유재산의 대부 · 사용 · 수익(제34조의3), 공공 재활용기반시설의 설치 · 운영(제34조의4), 전처리시설의 설치 · 운영(제34조의5), 자원의 절약과 재활용촉진에 관한 평가기준과 지표(제34조의6), 자원의 절약과 재활용촉진정보의 제공(제34조의7), 자발적 협약의 체결(제34조의8), 재활용시장관리센터의 설치 · 운영(제34조의10), 재활용가능자원의 인계 · 인수에 관한 운영관리정보체계의 구축 · 운영(제36조의2, 제36조의3) 등 조성행정의 근거규정을 두고 있다.

제 4 절 건설폐기물의 재활용촉진에 관한 법률

그 동안 경제성장 과정에서 누적된 건물의 노후화에 따른 주거환경의 정비, 도시 집중화에 따른 건설 수요, 재개발, 재건축 등의 활성화 등으로 건설폐기물의 발생량은 급격하게 증가하고 있다. 건설폐기물은 1999년 이후 매년 20%씩 늘어 지금은 전체 사업장폐기물의 절반 이상을 차지하고 있다.[1)]

일시에 다량으로 발생하는 건설폐기물은 2014년 한 해만에도 약 6천8백만톤이 발생하였다.[2)] 건설폐기물의 재활용률은 98% 정도 되는 것으로 파악되고 있다.[3)] 재활용되는 건설폐기물은 콘크리트용, 아스팔트용 등 고품질 · 고부가가치의 순환재로 사용되기보다는 건설현장에서 무분별하게 파쇄되어 부지 조성 공사에서 바닥을 채우는 성토(저지대, 연약지반을 메우는 용도), 복토(폐기물 매립시설 등에 쓰임) 등 저급한 용도로 사용된다. 건설폐기물의 일부는 농경지 등에 불법으로 매립되기도 한다.

최근에는 재건축과 재개발 사업이 활성화되고, 신도시 개발 등을 통해 건설경기가 활기를 띨 것으로 예상되고 있어 천연골재에 대한 수요가 큰 폭으로 증가하고 있는 실정이다. 이로 인해 골재 공급원의 개발과정에서 국토가 훼손되고 자연환경이 파괴되는 등 국가적으로 막대한 피해가 초래되고 있다. 이러한 상황에서 건설폐기물이 제대로 재활용된다면 골재난에 시달리고 있는 건설현장의 부담이 상당부분 덜어질 수 있을 뿐만 아니라 국가자원의 효율적 이용 및 환경보전에도 크게 이바지할 것으로 보인다. 이는 결국 건설

---

33) '재생원료'란 재활용가능자원의 전부 또는 일부를 재생이용한 원료로서 환경부령으로 정하는 것을 말한다(제2조 제7호의2) 시행규칙에서는 재생원료의 범위를 다음의 것으로 제한하고 있다: ① 폐유리병을 가공 · 제조한 유리분말; ② 폐금속캔을 압축 · 파쇄하여 제조한 금속원료; ③ 폐폴리에틸렌테레프탈레이트(PET), 폐발포합성수지, 합성수지재질 제품 · 포장재를 가공 · 제조한 재생원료; ④ 폐타이어를 가공 · 제조한 고무분말; ⑤ 형광등의 유리를 가공 · 제조한 유리분말; ⑥ 발광다이오드(LED) 조명에서 분리한 발광다이오드칩, 칩 장착용 보드 및 그 밖의 부분품을 압축 · 파쇄하여 제조한 재생원료; ⑦ 그 밖에 환경부장관이 정하여 고시하는 기준 및 방법에 따라 재생이용한 원료(제1조의2).

1) "건설폐기물 매년 20%씩 증가: 재활용 저조-불법매립 극성", 중앙일보, 2005. 1. 4. 기사.

2) 환경부, 환경백서, 2016, 444면.

3) 2016년 환경백서(앞의 책), 445면. 이와 같이 재활용률이 높게 나타나는 것과 관련해서 건설폐기물이 처리업자에게 넘어가는 것을 기준으로 재활용률을 계산했기 때문이라는 비판이 있다. 재활용률을 건설폐기물이 처리업자를 거쳐 순환골재가 돼 다시 공사 현장에 투입되는 것을 기준으로 할 경우 이보다 훨씬 적을 것으로 보고 있다. "건설폐기물 매년 20%씩 증가: 재활용 저조-불법매립 극성"(각주 1).

폐기물의 적정처리와 고부가가치 용도로의 재활용 촉진이 건설폐기물 관리를 위한 중요한 정책이 되어야 함을 의미한다. 재활용 정책이 강화되면서 건설폐기물의 재활용률이 크게 증가하고 있는 것은 바람직한 현상이라 할 수 있다. 건설폐기물의 재활용률을 향상시키는 것은 천연골재가 고갈되어 가는 상황에서 천연골재의 소요량을 대체 또는 충족할 수 있다는 점에서 당위성을 가지고 있다. 건설폐기물의 재활용은 골재 공급원의 개발과정에서 초래되는 국토 훼손 및 자연환경의 파괴를 막기 위해서도 활성화되어야 한다.

이러한 차원에서 2003. 12. 31. 「건설폐기물의 재활용촉진에 관한 법률」(건설폐기물법)이 제정되어 국가적 차원의 대책을 마련하고 있다. 동법은 그 동안 천연골재의 대체자원으로 활용이 가능한 건설폐기물의 재활용이 「폐기물관리법」, 「건설기술관리법」 등에서 분산 관리되면서 효율성이 떨어지고 있다는 지적에 따라 단일 법률로서 제정되어, 관련 제도의 통합 · 조정을 도모하고 있다. 이에 따라 동법은 건설폐기물을 친환경적으로 적정처리하고, 천연골재의 대체자원으로 활용가능한 양질의 순환골재 생산을 유도하고, 일정한 건설공사 발주자를 대상으로 순환골재 및 순환골재 재활용제품의 사용 의무화 등 필요한 근거규정을 마련함으로써, 골재의 공급을 안정적으로 확보하여, 국가자원의 효율적 이용은 물론 국민경제 발전과 공공복리 증진을 꾀하고 있다.

그러나 동법의 비체계성, 기존 관련법과의 중복 규제 등은 동법의 효율성을 떨어트리고 있다. 예컨대, 건설폐기물의 배출자 신고, 건설폐기물처리업, 방치폐기물 처리이행보증제도, 방치폐기물 처리책임의 승계, 공제조합의 설립 등 많은 규정은 폐기물관리법에서 규정하고 있는 내용과 유사하여 중복 규제의 문제가 발생하고 있다. 폐기물 중에서 건설폐기물의 재활용에 대하여만 특별히 독립적인 법령을 제정하여 관리 · 규제할 당위성은 크지 않다. 동법이 건설폐기물의 적정처리와 재활용을 촉진하기 위해 새로이 도입한 규정이 많지 않다는 점도 그 당위성을 떨어트리고 있다.[4] 건설폐기물의 재활용을 강조할 뿐 발생의 억제를 도외시한 문제도 있다. 결국 법령 체계의 안정성을 유지하고, 법제의 다기화를 방지하기 위해서는 특별법적 성질을 갖는 별도의 법령을 제정하기보다는 「폐기물관리법」, 「건설기술관리법」이나 「자원의 절약과 재활용촉진에 관한 법률」(자원재활용법) 등 기존 법령을 보완하는 것이 보다 바람직하다고 생각한다.[5] 건설폐기물의 관리에 관한 규정은 오히려 「폐기물관리법」에서 다루는 것이 바람직하며, 굳이 자원의 재활용문제에 국한하여 「폐기물관리법」에서 포괄적으로 다루는 것보다 별도의 법령에서 다루는 것이 효

4) 동법은 기존 「폐기물관리법」에서 건설폐기물 부분을 분리하여 조문을 구성하고 재활용 시책을 일부 보완한 형태라 할 수 있으며, 재활용을 촉진하기 위해 새로이 도입된 규제는 재활용 기본계획의 수립, 연구개발 등의 지원, 건설폐기물 정보관리체계의 구축, 재활용 통계조사, 순환골재의 품질기준, 품질인증 등이 있으나 전체적으로 순환골재의 재활용을 활성화하기 위한 제도적 구상은 미흡하다고 할 수 있다. 최민수, "건설폐기물의 재활용 촉진을 위한 법제 정비방안", 한국건설산업연구원, 2002. 7. 26, 16면.

5) 최민수(앞의 글), 15 내지 17면 참조.

율적이라고 할 경우에는 기존의 「자원재활용법」을 근간으로 하고 이를 보완하는 것이 법체제상 바람직하다고 생각한다.

건설폐기물법은 건설공사 등으로 인하여 발생한 건설폐기물을 친환경적으로 적정처리하고 재활용을 촉진하여 국가자원의 효율적 이용은 물론 국민경제발전과 공공복리증진에 기여함을 그 목적으로 하고 있다(제1조). 동법상 건설폐기물은 「건설산업기본법」 제2조 제4호에 해당하는 건설공사로 인하여 공사를 시작할 때부터 완료할 때까지 건설현장에서 발생되는 5톤 이상의 폐기물로서 대통령령으로 정하는 것을 말한다(제2조 제1호, 시행령 제2조, 별표 1).[6] 이 법은 건설폐기물의 재활용과 관련하여 「자원재활용법」 등 다른 법률에 우선하여 적용된다(제3조 참조).

Ⅰ. 건설폐기물 재활용 촉진의무

1. 국가 및 지방자치단체의 의무

국가 및 지방자치단체는 건설폐기물을 친환경적으로 적정처리하고 재활용을 촉진할 수 있도록 필요한 시책을 강구하여야 한다. 국가 · 지방자치단체 및 공공 투자 · 출연기관은 이 규정에 의한 시책을 이행하여야 한다(제4조 제1항 · 제2항). 한편, 동법은 건설폐기물 중 재활용이 가능한 건설폐기물과 재활용이 어려운 건설폐기물이 서로 섞이지 않도록 국가, 지방자치단체 및 공공기관이 일정한 구조, 규모 및 용도에 해당하는 구조물의 철거공사를 발주하는 경우에는 건설폐기물을 분별해체를 통하여 분리배출하도록 하고 있다(동조 제3항).

2. 발주자의 의무

발주자는 재활용촉진에 관한 시책을 적극적으로 이행하기 위하여 건설폐기물의 처리대책을 강구하여 시행하여야 하며, 해당 건설공사에서 발생하는 건설폐기물의 분별해체, 분리배출 · 보관 · 처리 및 재활용 등에 필요한 비용을 공사금액에 계상(계상)하여야 하며, 분별해체 기간 및 그 밖에 재활용에 관하여 필요한 사항을 공사시방서 등 계약서류에 적어야 한다(제5조).

3. 배출자의 의무

건설업자는 건설폐기물을 친환경적으로 적정처리하고, 재활용을 촉진하기 위하여 발주자가 요구하는 계약조건을 성실히 이행하여야 한다. 배출자는 건설공사를 수행하는 과정에서 발생한 건설폐기물을 성상별 · 종류별로 분리하여 배출하고 재활용을 촉진하기 위하여 노력하여야 한다(제6조).

---

6) 시행령 제2조 관련 [별표 1]에서는 건설폐기물의 종류를 14가지로 한정하여 열거하고 있기 때문에 여기에 열거되지 아니한 것은 위 법령 소정의 건설폐기물에 해당하지 않는다. 대법원 2007. 5. 31. 선고 2007도2172 판결 참조.

4. 건설폐기물 처리업자의 의무

수집 · 운반업자 및 중간처리업자는 건설폐기물을 친환경적으로 수집 · 운반하고 적정 처리하여야 한다. 중간처리업자는 순환골재의 생산을 위한 연구개발 및 시설개선 등의 노력을 하여야 한다(제7조).

Ⅱ. 건설폐기물 재활용 시책의 강구

1. 연구개발 등의 지원

이 법은 환경부장관과 국토교통부장관이 건설폐기물의 친환경적 적정처리 및 재활용 촉진을 위한 건설폐기물의 처리기술 및 순환골재 생산을 위한 연구개발 등을 정부 또는 정부 외의 자의 출연금이나 기업의 기술개발비로 충당할 수 있도록 하고 있다(제9조).

2. 건설폐기물 정보관리체계 구축

순환골재의 안정적인 수급을 도모하기 위해서는 순환골재, 품질, 생산량, 수요량 등에 대한 정보에 대하여 생산자와 수요자를 연계할 수 있는 정보관리체계의 구축이 필요하다. 이러한 차원에서 동법은 환경부장관으로 하여금 건설폐기물의 처리기술, 순환골재의 생산 · 수요에 관한 자료 및 정보의 종합적인 유통체계를 갖추고 재활용촉진을 위한 필요한 조치를 강구하도록 하고(제10조 제1항), 수집 · 운반업자 또는 중간처리업자(건설폐기물 처리업자)의 자본금 · 경영상태 · 기술능력 및 용역이행상황 등 건설폐기물을 친환경적으로 적정처리하고 순환골재의 유통체계를 구축하기 위한 관련 자료 및 정보를 종합적으로 관리하여 이를 필요로 하는 자에게 제공할 수 있으며 필요한 경우 이용자에게 경비 또는 수수료를 부담시킬 수 있도록 하고 있다(동조 제2항).

3. 재활용 통계조사

특별자치시장 · 특별자치도지사 또는 시장 · 군수 · 구청장(자치구의 구청장)은 연간 건설폐기물의 발생 예상량 및 총 발생량, 처리실적 등을 조사하고 시장 · 군수 · 구청장은 그 조사결과를 특별시장 · 광역시장 · 도지사에게 제출하여야 한다(제11조).

Ⅲ. 건설폐기물의 적정 처리

1. 건설폐기물의 분류

환경부장관은 건설폐기물을 태울 수 있는 폐기물과 태울 수 없는 폐기물로 분류하고 분류체계에 따라 종류별로 세분화하여야 한다(제12조).

2. 건설폐기물의 처리기준

누구든지 건설폐기물을 배출, 수집 · 운반, 보관, 중간처리하고자 하려는 자는 대통령령으로 정하는 기준 및 방법에 따라야 하며, 건설폐기물을 수집 · 운반하는 경우 건설폐기물이 흩날리거나 누출되지 아니하도록 상부 전체가 금속 또는 이에 준하는 재질로서 환경부령으로 정하는 재질로 덮여 있는 차량을 이용하여야 한다(제13조 제1항, 시행령 제9조). 건설폐기물의 처리를 위탁받은 건설폐기물처리업자는 허용보관량을 초과하여 건설폐기물을 보관하여서는 아니 된다(동조 제2항). 나아가 동법은 건설폐기물 임시보관장소에 대한 승인기준을 규정하고 있다(제13조의2).

3. 건설폐기물처리업자의 용역이행능력 평가 및 공시

이 법은 건설폐기물 배출자가 적격업체를 선정할 수 있도록 건설폐기물중간처리업자의 용역이행능력의 평가 및 공시에 관한 법적 근거를 마련하고 있다(제14조, 시행령 제10조).

4. 건설폐기물 처리용역의 분리발주

동법은 국가, 지방자치단체, 공공기관 및 「사회기반시설에 대한 민간투자법」 제2조 제7호에 따른 사업시행자가 대통령령으로 정하는 규모 이상의 건설공사[7]를 발주하고자 하는 경우에는 건설공사와 건설폐기물처리용역을 분리발주하도록 의무화하고 있다(제15조 제1항, 시행령 제11조). 분리발주는 통합발주 때에 나타나는 하도급에 의한 처리비용의 축소를 방지하여 건설폐기물의 적정처리비를 보장함으로써 건설폐기물의 부적정처리를 방지하기 위한 것이다.

환경부장관은 발주자가 발주하는 건설폐기물처리용역의 적격업체를 선정할 수 있도록 이행능력, 경영상태, 기술능력 등의 평가기준을 고시하여야 한다(제15조 제3항). 환경부장관으로 하여금 건설폐기물처리업자의 용역이행능력을 평가하여 공시하도록 한 것은 분리발주의 토대를 마련하기 위한 것이라고 할 수 있다. 그러나 분리발주에 대해서는 발주자의 재량권을 극히 저해하는 것으로서, 발주자의 건설폐기물 감량의지를 감소시키고, 정부의 공공공사의 원가절감 노력을 저해하며, 오히려 예산 낭비를 초래할 뿐만 아니라 건설폐기물처리업자가 발주자의 통제하에 있지 않기 때문에 건설공사가 원활히 수행되지 않을 수 있다는 비판이 제기되고 있다.[8]

5. 건설폐기물처리용역의 위 · 수탁 계약 등

동법은 배출자가 당해 건설공사현장에서 발생하는 건설폐기물을 스스로 처리하거나 건설폐기물처리업자, 폐기물처리업의 허가를 받은 자 등에게 위탁하여 처리하도록 하고 있다(제16조 제1항). 배출자는 건설폐기물처리용역의 위 · 수탁 계약을 체결할 때에는 업종구분과 영업내용의 범위에 따라 계약을 체결하고, 폐기물의 종류, 위 · 수탁 물량, 용역금

---

7) "대통령령으로 정하는 규모 이상의 건설공사"란 해당 건설공사에서 발생하는 건설폐기물의 발생량 중 위탁처리하는 건설폐기물의 양이 100톤 이상인 건설공사를 말한다(시행령 제11조).

8) 최민수(각주 4), 18면.

액, 용역기간, 그 밖에 대통령령으로 정하는 사항을 계약서에 명시하여야 하며, 서명 또는 날인한 계약서를 서로 교부하여 3년간 보관하여야 한다(동조 제2항).

6. 배출자의 신고

이 법은 배출자가 해당 건설현장에서 배출될 건설폐기물의 종류별 발생예상량을 조사하여 그 결과를 토대로 폐기물처리계획서를 작성하여 신고하도록 함으로써, 건설폐기물을 분리배출하도록 유도하고 있다(제17조 제1항). 나아가 신고 민원의 처리절차를 법령에서 명확하게 규정함으로써 관련 민원의 투명하고 신속한 처리와 일선 행정기관의 적극행정을 유도하기 위하여 신고수리 간주(간주)제도를 도입하고 있다(동조 제4항).

7. 폐기물의 인계 · 인수 내용 등의 전산처리

이 법은 건설폐기물을 배출, 수집 · 운반 또는 처리를 하는 자로 하여금 건설폐기물을 배출, 수집 · 운반 또는 처리를 할 때마다 건설폐기물의 인계 · 인수에 관한 내용을 전자정보처리프로그램에 입력하도록 건설폐기물의 인계 · 인수의 전산화를 도입하고 있다(제18조 제1항). 나아가 동법은 환경부장관으로 하여금 건설폐기물의 인계 · 인수에 관한 정보(전산정보)를 처리할 수 있는 전자정보처리프로그램을 구축 · 운영하도록 하고 있다(제19조). 건설폐기물의 인계 · 인수의 전산화는 종이 인계 · 인수서 작성에 따른 사업자의 부담완화와 건설폐기물의 배출 · 수집 · 운반 또는 처리현황의 실시간 파악을 통한 건설폐기물 관리체계의 투명성 확보라는 중요한 의미가 있다.

Ⅳ. 건설폐기물처리업

그 동안 음성적으로 철거업자, 장비임대업자 등 무자격자에 의해 건설폐기물 처리와 재활용이 공공연하게 이루어지면서 많은 부작용이 발생되었다. 이에 동법은 건설폐기물처리업의 영업범위, 허가기준 허가취소, 영업정지, 과징금 등의 근거규정을 두어 불법처리 및 부적정 처리를 차단하고 있다(제21조 내지 제26조). 나아가 건설폐기물 처리업자의 의무이행을 확보하기 위해 법을 위반하여 행정처분, 징역형 또는 벌금형, 과태료 처분을 받거나 확정된 경우 그 위반행위 등을 공표할 수 있도록 하고 있다(제56조의3).

Ⅴ. 건설폐기물처리시설

동법은 배출자가 건설공사현장에서 건설폐기물처리시설을 직접 설치 · 운영할 수 있도록 하고, 건설폐기물처리시설을 설치하여 재활용하는 것은 당해 건설공사현장에 한하도록 하고 있다(제27조). 이로써 현장재활용을 하고 남은 폐기물의 외부반출은 허용되지 않는다. 여기에는 철거업자 또는 장비임대업자 등이 건설공사현장에서 단순 파쇄 후 현장 외부의 성토, 복토 등 저급한 용도로 재활용하거나, 처리기준에 적합하지 않게 처리한 후 건설현장 외로 무분별하게 반출하는 사례가 빈번히 발생하고, 철거업자 또는 정비임대업자 등 무자격자의 폐기물처리로 인한 무허가 건설폐기물처리업자가 양산되고 있는 실정이 고려되었다.

Ⅵ. 순환골재의 품질기준 및 사용촉진

동법은 건설폐기물의 재활용을 활성화하기 위하여 순환골재[9]의 품질기준, 사용자의 준수사항, 품질인증, 순환골재의 사용의무화, 재활용실적관리 및 제출 등의 규정을 두고 있다.

1. 순환골재의 품질기준

국토교통부장관은 환경부장관과 협의하여 건설폐기물의 재활용을 촉진하기 위하여 순환골재의 용도별 품질기준 및 설계 · 시공 등에 관하여 필요한 기준을 정하여야 한다(제35조). 이는 순환골재의 안전성을 확보하고 재활용을 효율적으로 촉진하기 위한 것으로 이해된다.

2. 순환골재 및 순환골재 재활용제품 사용자의 준수사항

동법은 순환골재 및 순환골재 재활용제품 사용자로 하여금 재활용 용도에 맞게 사용하고, 순환골재의 용도별 품질기준에 맞는 순환골재를 사용하도록 하고 이를 위반한 경우 과태료를 부과하도록 하고 있다(제35조의2, 제66조 제2항).

3. 순환골재의 품질인증

순환골재는 천연골재에 비하여 품질이 열악하고, 순환골재의 품질 편차는 심하기 때문에 순환골재의 재활용을 촉진하기 위해서는 순환골재의 품질을 확보하는 것이 중요하다. 동법은 국토교통부장관으로 하여금 순환골재의 품질을 확보하기 위하여 인증(품질인증)을 부여할 수 있도록 하고 있다(제36조). 품질기준에 적합한 제품에 대해서 품질인증을 부여하도록 하는 것은 양질의 순환골재 생산을 유도하고, 적정한 품질의 순환골재가 수요자에게 공급되도록 하기 위한 조치로 이해된다. 순환골재의 재활용 용도를 정하는 것도 수요자가 안심하고 순환골재를 활용할 수 있는 여건을 조성하는 데 기여할 수 있다.[10]

---

9) 동법상 '순환골재'란 건설폐기물을 물리적 또는 화학적 처리과정 등을 거쳐 제35조의 규정에 의한 품질기준에 적합하게 한 것을 말한다(제2조 제7호). 순환골재라는 용어는 법적 용어로 적합하지 않고, 현행 「폐기물관리법」에서 재생용지나 재생처리 등의 용어를 사용하고 있으며, 학술적으로 "recycled aggregate"라는 명칭이 국제적으로 통용되고 있다는 점에서 '재생골재'라는 용어가 보다 적절하다고 생각된다. 최민수(각주 4), 19면.

10) 참고적으로 동법 시행령에서는 순환골재 등의 재활용용도를 도로공사용 · 건설공사용(성토용 · 복토용은 관계 법령에 따라 인 · 허가된 건설공사에 한함) · 주차장 또는 농로 등의 표토용·폐기물처리시설 중 매립시설의 복토용 · 「국토의 계획 및 이용에 관한 법률 시행령」 제53조 제3호 가목 및 나목에 따른 성토용(농지개량을 위한 성토의 경우 「농지법 시행령」 제2조 제3항에 따른 시설을 설치하기 위한 경우에 한함) 순환골재와 인 · 허가된 건설공사의 성토용 또는 복토용 건설폐토석 등으로 구체화하고 있다(제4조).

한편, 재활용률의 증가는 실질적인 의미에서 이루어져야 크게 의미를 갖는다. 현재와 같이 순환골재가 저급 용도에만 사용될 경우에는 그 의미는 많이 퇴색된다. 이는 순환골재의 용도가 앞으로 성토용, 복토용 등의 단순용도에서 콘크리트용, 아스팔트용 등의 고품질 · 고부가가치의 재활용으로 전환되어야 함을 의미하는 것이다.

4. 순환골재 및 순환골재 재활용제품 사용의무

이 법은 발주자에 대해서 순환골재의 사용을 의무화하고 있다. 이에 따르면 발주자는 순환골재등 의무사용 건설공사[11]를 발주할 때에는 건설업자에게 품질기준에 맞는 순환골재 및 대통령령으로 정하는 기준에 적합한 순환골재 재활용제품을 사용하게 하여야 한다. 다만, 순환골재 및 순환골재 재활용제품의 사용으로 인하여 건설공사의 품질확보가 곤란한 경우 도서지역 등 지역의 특성으로 인하여 순환골재 및 순환골재 재활용제품의 수급이 곤란한 경우, 순환골재 및 순환골재 재활용제품의 가격이 같은 용도의 다른 골재 및 제품의 가격보다 비싼 경우 등에는 그러하지 아니하다(제38조 제1항).

순환골재의 사용을 의무화하는 것은 순환골재의 수요 활성화와 순환골재의 공급 안정화를 도모한다는 차원에서 이해할 수 있다. 또한 순환골재 재활용제품의 사용을 의무화하는 것은 강제적인 수요확대정책을 통해 건설폐기물을 고부가가치 상품으로 재자원화하려는 것으로 자원절약 및 자연환경보전을 촉진한다는 의미를 갖는다. 그러나 순환골재 및 순환골재 재활용제품의 품질이 확보되지 않고, 관리기준, 시공기준, 구조물의 안전조치 등이 확보되지 않은 상태에서 일률적으로 그 사용을 의무화할 경우에는 오히려 부실공사 등 사회적 문제가 발생할 수 있다. 이러한 관점에서 순환골재 등의 우선 사용을 규정하는 것이 보다 바람직하다 할 것이다.[12]

Ⅶ. 방치폐기물처리 보증제도

동법은 방치폐기물[13]의 발생을 억제하기 위하여 방치폐기물의 범위, 방치폐기물처리 보증제도, 처리절차, 처리책임의 승계 등에 대하여 근거 규정을 두고 있다(제6장).

---

11) '순환골재등 의무사용 건설공사'라 함은 국가, 지방자치단체, 공공기관, 정부출연연구기관, 공기업, 지방공기업 등이 발주하는 건설공사 중 대통령령으로 정하는 일정 구조 · 규모 · 용도에 해당하는 건설공사를 말한다(제2조 제15호). 동법 시행령에서는 "대통령령으로 정하는 일정 구조 · 규모 · 용도에 해당하는 건설공사"를 다음의 건설공사로 제한하고 있다: ① 「도로법」 제2조 또는 제7조의 규정에 의한 도로 중 1㎞ 이상인 도로의 신설 또는 확장공사; ② 「국토의 계획 및 이용에 관한 법률 시행령」 제2조 제2항 제1호에 따른 도로 중 1㎞ 이상인 도로의 신설 또는 확장공사; ③ 「산업입지 및 개발에 관한 법률」 제2조 제9호에 따른 산업단지개발사업 중 면적이 15만㎡ 이상인 용지조성사업; ④ 하수관로, 공공하수처리시설, 분뇨처리시설의 설치공사; ⑤ 폐수종말처리시설의 설치공사 ⑥ 30만㎡ 이상인 용지조성사업; ⑦ 물류터미널의 건설공사; ⑧ 주차장 설치공사(제5조)

12) 최민수(각주 4), 22면.

13) '방치폐기물'이라 함은 "수집 · 운반업자 또는 중간처리업자가 부도 또는 허가취소 등으로 인하여 건설폐기물을 적절하게 처리하지 아니하고, 해당 사업장에 방치해 놓은 폐기물로서 대통령령이 정하는 것"을 말한다(제2조 제6호).

제 5 절 녹색제품 구매촉진에 관한 법률

이전에 경험하지 못한 대량생산, 대량소비 사회에서 다량의 폐기물이 배출되고 있다. 증가하는 상품의 생산 · 소비는 자원의 고갈 및 낭비, 국토의 훼손, 자연환경의 훼손, 환경의 오염 등 심각한 문제를 초래하고 있다. 배출규제위주의 환경정책만으로는 지속적으로 증가하는 이러한 문제를 해결하는 데에 한계가 있으므로 상품의 생산단계부터 유통 · 판매 · 폐기단계에 이르기까지 전 과정에서 환경오염 저감은 물론 자원의 절약에도 기여하는 녹색제품(녹색제품)의 보급을 촉진하는 정책의 필요성이 제기되고 있다. 이러한 차원에서 녹색제품 구매를 촉진함으로써 자원의 낭비와 환경오염을 방지하고 온실가스 감축에 기여하며 국민경제의 지속가능한 발전에 이바지함을 목적으로 「녹색제품 구매촉진에 관한 법률」이 2004. 12. 31. 제정되었다(이는 2010년 1월 「저탄소 녹색성장 기본법」 제정으로 친환경상품이 녹색제품으로 규정됨에 따라 종전의 '친환경상품 구매촉진에 관한 법률' 제명을 변경한 것임). 동법의 제정 배경으로는 국제적으로 공공기관의 녹색제품 구매를 의무화하는 법률 제정 등 녹색제품 정책의 강화 추세와 국내적으로 시민단체, 지방자치단체 등을 중심으로 지속적으로 제기된 녹색제품의 구매촉진을 위한 관련법의 제정요구에 정부의 적극적인 대응 필요성 등도 무시할 수 없었을 것이다.

동법의 핵심적인 규제는 공공기관에 녹색제품의 구매의무를 부과하고, 녹색제품의 구매를 지원하기 위한 제도 · 기구를 마련하는 것이다. 이러한 조치는 최근 환경정책에서 제품 환경정책의 중요성 증가, 해외 제품 환경규제 강화, 국민들의 녹색제품에 대한 관심 증가 등을 고려할 때 보다 탄력을 받을 것으로 예상된다. 그러나 동법은 공공부문에서의 구매촉진에 초점을 맞춘 것으로 장차 민간부문에서도 녹색제품의 구매를 촉진하는 방향의 입법적 고려가 요구되고 있다.

Ⅰ. 적용대상

동법은 '녹색제품'에 대한 정의규정을 둠으로써 적용대상을 명확히 하고 있다. 동법상 '녹색제품'이란 「기후위기 대응을 위한 탄소중립 · 녹색성장 기본법」 제66조 제4항에 따른 제품(에너지 · 자원의 투입과 온실가스 및 오염물질의 발생을 최소화하는 제품)으로서 ① 환경표지의 인증을 위한 대상 제품으로서 인증을 받은 상품, ② 환경성적표지의 인증을 받은 제품 중 온실가스의 배출량을 줄인 제품,[1] ③ 재활용제품의 품질인증 대상품목으로서 인

1) 환경성적표지 인증을 받은 제품 중 저탄소제품, 즉 환경성적표지의 환경성 정보 중 탄소발자국 값이 최대허용탄소배출량 이하이거나 직전 동일한 환경성적표지인증제품의 탄소배출량 대비 탄소배출량 감축량이 최소탄소감축률 이상인 경우를 말한다. 다만, 저탄소제품을 갱신하는 경우에는 기존 탄소발자국 값보다 증가한 경우 기준을 만족하지 못한 것으로 본다(환경부 고시 「저탄소제품 기준」 제3조).

증을 받은 상품, ④ 그 밖에 녹색제품으로서 환경부장관이 관계 부처 장관과 협의하여 고시하는 대상품목별 판단기준에 적합한 상품을 말한다(제2조 제1호, 제2조의2).

인증된 제품뿐만 아니라 인증을 받지는 않았지만 인증기준에 적합한 상품까지도 녹색제품으로 인정하고 있는데, 이는 제품이 친환경성을 갖추었음에도 불구하고 인증심사 등 제품의 인증에 소요되는 기간 동안 공공기관의 물품구매에 참여하지 못하는 불합리를 시정하기 위한 것이다. 나아가 특정 인증을 받은 제품만을 녹색제품으로 규정하고 조달제품을 제한함으로써 발생할 수 있는 국제분쟁을 사전에 차단하는 의미도 있다.[2]

Ⅱ. 녹색제품의 구매촉진을 위한 책무

공공기관의 장은 녹색제품의 구매를 촉진하기 위하여 필요한 계획의 수립 · 시행, 자료조사, 교육 · 홍보 및 인력양성 등을 적극 추진하여야 한다(제3조 제1항). 사업자는 녹색제품의 생산과 품질향상 및 녹색제품에 사용되는 원료나 부품에 대한 녹색제품의 사용을 위하여 노력하여야 하며(동조 제2항), 국민은 환경친화적인 소비생활을 위하여 녹색제품을 사용하도록 노력하여야 한다(동조 제3항).

Ⅲ. 녹색제품구매촉진기본계획 등

동법은 환경부장관으로 하여금 녹색제품의 구매를 촉진하기 위하여 5년 단위의 기본계획, 1년 단위의 구매지침을 수립하도록 하고 있다(제4조, 제7조).

Ⅳ. 공공기관의 친환경상품 구매촉진

1. 친환경상품 구매의무

동법의 핵심은 공공기관의 장으로 하여금 상품을 구매하고자 하는 경우 녹색제품을 의무적으로 구매하도록 하는 것이다(제6조 본문). 흔히 녹색제품은 일반 상품에 비하여 상대적으로 가격이 높아 시장경제에만 의존할 경우 민간부문에서의 효율적인 보급이 곤란하며, 공공부문에서의 구매도 통상적으로 「국가를 당사자로 하는 계약에 관한 법률」의 저가입찰방식에 의해 이루어지므로 녹색제품이 구매될 가능성이 낮다는 문제점이 있다. 이에 공공기관에게 녹색제품의 구매를 의무화할 필요가 있다. 여기에서 '공공기관'은 국가기관, 지방자치단체, 「공공기관의 운영에 관한 법률」 제4조부터 제6조까지의 규정에 따라

2) 우리나라가 가입하고 있는 국제무역기구(WTO) 정부조달협정은 기술규정이 국제무역에 불필요한 장애를 초래하거나 그러한 효과를 갖도록 해서는 안 되며(제6조 제1항), "조달요건을 정확하게 또는 이해할 수 있는 형태로 설명할 만한 다른 방법이 없는 경우에 한하여 '또는 이와 동등한 것'과 같은 어휘를 입찰서에 포함시켰을 때를 제외하고는, 특정 상표나 상호, 특허, 디자인 또는 형태, 특정 원산지, 특정 생산자 또는 서비스제공자 등에 대한 요구나 언급이 없어야 한다"고 규정하고 있다(동조 제3항). 이러한 규정에 비추어 특정 인증을 받은 제품만을 녹색제품으로 규정하여 조달제품을 제한할 경우 국제적인 문제가 발생할 소지가 있다.

지정된 공공기관, 지방공사, 지방공단, 지방의료원, 지방자치단체 출연연구원, 초 · 중 · 고등학교, 한국방송공사, 한국은행 등을 포함한다(제2조 제2호, 시행령 제2조).

이와 같이 동법은 공공기관에 녹색제품 구매의무를 부과하고 있으나 문제는 이를 위반한다 하더라도 벌칙조항이 없어 사실상 강제할 방법이 없다는 것이다. 이는 녹색제품 구매가 부진하여 구매실적 증가율이 정체를 보이고 있는 상황과 무관하지 않다. 이에 동법은 공공기관에 녹색제품 구매 업무를 총괄하는 녹색제품 구매담당관 지정제도를 도입하여 녹색제품 구매를 촉진하려고 하고 있다(제6조의2 제1항). 녹색제품을 구매한 녹색제품 구매담당관은 고의 또는 중대한 과실이 증명되지 아니하면 녹색제품의 구매로 인하여 발생한 공공기관의 손실에 대하여 책임을 지지 아니한다(동조 제2항).

실제 시행과정에서는 구매대상 상품인 환경표지의 인증을 얻은 상품과 재활용제품의 품질인증을 얻은 상품 중 환경표지의 인증을 얻은 상품이 불균형적으로 많이 구매되는 경향이 있는바, 특정 상품만 지나치게 구매되지 않도록 시행이나 구매지침 과정에서 세심히 고려할 필요가 있다.

녹색제품 구매의무는 예외적으로 다음과 같은 경우에는 면제된다: ① 구매하고자 하는 상품의 품목에 녹색제품이 없는 경우; ② 녹색제품의 안정적 공급이 불가능한 경우; ③ 녹색제품의 현저한 품질저하 등의 이유로 구매목적의 달성이 어려운 경우; ④ 「장애인복지법」 등 다른 법률의 규정에 의한 우선구매 규정의 이행을 위하여 녹색제품 외의 상품을 구매하고자 하는 경우; ⑤ 그 밖에 긴급한 수요의 발생 등 불가피한 사유로 인하여 녹색제품의 구매가 어렵다고 해당 공공기관의 장이 판단하는 경우(제6조 단서). 예외사유 중에는 녹색제품의 가격이 현저하게 높은 경우가 포함되어 있지 않아서 국가 재정의 낭비가 우려된다. 예산의 적정한 사용을 위해 이에 대한 고려가 필요하다.

공공기관, 정부의 강력한 구매력은 재활용 제품에 대한 수요 시장을 창출하는 데 정부가 큰 역할을 할 수 있음을 시사한다. 이러한 공공기관에 녹색제품의 구매의무를 부과하는 것은 공공기관의 이러한 장점과 역할을 강조하는 것이다. 강력한 구매고객인 공공기관의 구매의무는 재활용제품에 대한 수요를 증가시킴으로써, 재활용을 활성화할 것으로 기대된다. 아울러 영세 재활용사업자의 보호와 재활용산업의 안정적인 육성도 예상된다. 그러나 그 위반에 대한 마땅한 제재 방법이 없어 그 실효성을 확보하는 데에는 어려움이 예상된다.

2. 구매의무 이행의 확보

동법은 공공기관이 스스로 책임을 갖고 녹색제품 구매를 이행하도록 하기 위하여 매년 기관별 녹색제품 구매이행계획을 수립하고 이행계획에 따른 구매실적을 집계 · 공표 · 제출하도록 하고 있다(제8조 · 제9조). 실적 집계과정에서 지연제출을 염두에 두고 녹색제품 구매의무 강화 차원에서 구매실적 집계 · 공표를 회계연도가 끝난 후 3개월 이내에 하도록 하고 있다(제9조 제1항). 구매이행계획과 구매실적의 공표 등 규정은 공공기관의 의무위반에 대하여 직접적인 제재규정을 두기 어려운 점, 의무구매의 실질화를 가져올 수 있다는 점 등을 고려한 것이다. 녹색제품 구매실적을 기관 업무평가에 반영하도록 한 것(제10조 제2호)도 구매의무의 이행을 확보하는 방안이 될 수 있다. 한편, 조달청장은 공공기관의 장이 구매를 요청한 상품이 녹색제품으로 대체구매가 가능한 경우에는 녹색제품을 구매하도록 공공기관의 장에게 요청하여야 한다. 이 경우 요청을 받은 공공기관의 장은 특별한 사유가 없으면 이에 따라야 한다(제12조).

3. 지방자치단체의 녹색제품 구매촉진

동법은 지방자치단체에서 이 법에서 정한 녹색제품 외의 품목도 녹색제품으로 지정 · 구매할 수 있도록 조례로 녹색제품의 판단기준을 정할 수 있는 근거를 두고 있다(제11조).

Ⅴ. 녹색제품 정보관리체계의 구축 · 운영

정부는 녹색제품의 생산 · 유통과 품질 · 안전성 · 환경친화성 등에 관한 정보의 종합적인 유통체계(정보관리체계)를 갖추고 구매촉진을 위하여 필요한 조치를 강구하여야 한다(제14조의2). 전산집계시스템은 정확하고 신속한 실적집계를 가능하게 할 것이다.

Ⅵ. 녹색제품의 구매촉진 지원 등

동법은 녹색제품의 구매 촉진에 기여하는 사업자 · 관련 단체 등에 대하여 지원하고(제15조 제1항), 녹색제품의 구매실적이 우수하거나 구매촉진에 기여한 공공기관 · 사업자 및 관련 단체 등에 대하여 포상할 수 있는 근거규정을 두고 있다(동조 제2항). 이는 녹색제품 우수구매 공공기관 등에게 녹색제품 구매촉진에 대한 유인책을 제공하는 것으로 자발적인 구매촉진 분위기를 조성하는 데 일조할 것이다.

Ⅶ. 자발적 협약

동법은 환경부장관과 녹색제품 생산 · 유통 · 구매업체간 자발적 협약 체결의 법적 근거를 마련하여 산업체의 녹색제품 구매를 증대하고 좀더 환경친화적인 조직경영을 유도하고자 하고 있다(제15조의3).

Ⅷ. 녹색제품의 해외교역 확대

녹색제품의 해외판로 확대 차원에서 동법은 환경부장관으로 하여금 녹색제품 제조 · 유통 사업자의 국외시장 공동 개척, 해외 녹색제품 인증 획득 지원, 녹색제품 관련 규제정보의 제공 등을 할 수 있도록 하고 있다(제15조의4).

Ⅸ. 녹색구매지원센터의 설치 · 운영

동법은 공공기관뿐만 아니라 일반 소비자가 녹색제품을 보다 합리적으로 선택 · 구매 · 소비할 수 있도록 녹색제품을 교육 · 홍보하고 소비자들에게 정보를 제공하는 제도적 기반을 확립하기 위하여 '녹색구매지원센터'를 설치 · 운영할 수 있는 법적 근거를 마련하고 있다(제17조의3).

Ⅹ. 녹색제품 판매장소 설치 및 운영

일반 소비자의 녹색제품에 대한 인식과 구매실적은 매우 저조한 실정인바, 이는 녹색제품의 품질에 대한 소비자의 인식 부족과 녹색제품 유통 시스템의 미비로 인한 판매장소의 부족 등에 기인하고 있다. 이에 동법은 녹색제품의 구매촉진을 위하여 「유통산업발전법」상의 대규모점포로서 대통령령으로 정하는 할인점 · 백화점 · 쇼핑센터 및 「농수산물 유통 및 가격안정에 관한 법률」상의 농수산물종합유통센터로서 대통령령으로 정하는 규모 이상의 것을 경영하는 사업자로 하여금 녹색제품의 판매장소를 설치 · 운영하도록 하고 있다(제18조 제1항). 설치 · 운영의무 주체는 취급품목이 비교적 다양하고 녹색제품이 다수 존재하는 할인점 · 백화점 · 쇼핑센터 등이며, 의무 내용은 '판매'장소의 설치 · 운영에 국한할 뿐 교환장소는 고려하고 있지 않다. 나아가 대형 유통매장의 건축물, 물류체계, 판매상품 등의 친환경성과 탄소효율성을 유도한다는 차원에서 환경부장관이 녹색매장을 지정할 수 있도록 하고 있다(동조 제3항). 녹색매장 지정 대상은 대형 유통매장뿐만 아니라 소비자 생활협동조합 매장 등이다.

제 6 절 전기 · 전자제품 및 자동차의 자원순환에 관한 법률

전기 · 전자제품 및 자동차의 재활용을 촉진하기 위하여 유해물질의 사용을 억제하고 재활용이 쉽도록 제조하며 그 폐기물을 적정하게 재활용하도록 하여 자원을 효율적으로 이용하는 자원순환체계를 구축할 목적으로 2007. 4. 27. 「전기 · 전자제품 및 자동차의 자원순환에 관한 법률」이 제정되었다. 이 법은 전기 · 전자제품[1] 및 자동차[2]를 일종의 자원으로 보고 자원순환의 체계에서 이들의 효율적 · 경제적인 재활용을 통해 환경의 보전과 국민경제의 건전한 발전에 이바지하고 나아가 국제적으로 강화되고 있는 환경규제에 능

1) '전기 · 전자제품'이란 전류와 전자기장을 생성, 이동, 전송 또는 측정하거나 전류 또는 전자기장에 의하여 작동하는 기계 · 기구(부분품 · 부속품을 포함)를 말한다(제2조 제1호).
2) '자동차'란 「자동차관리법」 제2조 제1호에 따른 자동차(부분품 · 부속품을 포함)를 말한다(제2조 제2호).

동적으로 대응하고자 하는 것이다. 그러나 접근방법이 다를 수 있는 유해물질의 사용억제와 재활용의 촉진을 함께 다루고, 재활용 방법이나 수단이 다를 수 있는 전기 · 전자제품과 자동차를 같은 법에서 규율하는 것이 바람직한지는 의문이다. 동법은 전기 · 전자제품과 자동차의 재활용 촉진에 관하여 다른 법률에 우선하여 적용되기 때문에(제3조), 「자원의 절약과 재활용촉진에 관한 법률」(자원재활용법)에 대한 특별법적인 성격을 갖는다. 이와 같이 이해할 경우 재활용법제는 자원재활용법을 기본법으로 하고 동법과 기존의 「건설폐기물의 재활용촉진에 관한 법률」 등이 그 하부에 위치한다고 할 수 있다. 이는 자원재활용법의 특별법으로 다수의 법률이 제정될 것이라는 것을 암시하는 것이다. 말하자면 전기 · 전자제품과 자동차, 건설폐기물 등을 필두로 목재, 포장재, 플라스틱제품, 선박, 중장비, 항공기 등 제품별, 재활용 분야별로 재활용 관련 법률이 양산될 수 있음을 예측할 수 있다. 동법의 주요한 내용을 살펴보면 다음과 같다.

Ⅰ. 전기 · 전자제품과 자동차의 유해물질 사용제한 등

1. 유해물질의 사용제한과 재활용가능률 등의 준수

전기 · 전자제품과 자동차에 여러 가지 유해물질과 복합물질이 사용됨에 따라 재활용이 저해되고 있다. 이에 제조단계에서부터 유해물질의 사용을 줄이고 단일재질의 사용 등 재활용이 쉽게 제품을 제조하도록 하여 재활용을 촉진할 필요성이 있다. 동법은 이러한 관점에서 유해물질의 사용제한, 유해물질의 함유기준의 준수, 재활용가능률의 준수, 재질 · 구조의 개선 등에 관한 규정을 두고 있다. 이에 따르면 일상생활에서 사용 · 유통되는 양이 많은 제품 중 대통령령으로 정하는 전기 · 전자제품[3]을 제조하거나 수입하는 자(전기 · 전자제품 제조 · 수입업자)와 대통령령으로 정하는 자동차[4]를 제조하거나 수입하는 자(자동차 제조 · 수입업자)는 제조단계에서 환경에 미치는 유해성이 높은 중금속 · 난연제(難燃劑) 등 대통령령으로 정하는 유해물질의 함유기준을 지켜야 한다(제9조 제1항 본문). 다만, 제품의 특성상 유해물질의 제거가 불가능하거나 대체물질이 없다고 인정되어 대통령령으로 정하는 경우와 연구 · 개발이나 수출을 목적으로 하는 경우에는 예외가 인정된다(동항 단서).[5]

---

3) "대통령령으로 정하는 전기 · 전자제품"에는 텔레비전, 냉장고, 세탁기(가정용으로 한정), 에어컨디셔너, 개인용 컴퓨터(모니터 및 자판을 포함), 오디오(휴대용은 제외), 이동전화단말기(전지 및 충전기를 포함), 프린터(교체용 잉크카트리지 및 토너카트리지는 법 제10조 제1항에 따른 재질 · 구조개선대상으로 한정), 복사기(교체용 토너카트리지는 법 제10조 제1항에 따른 재질 · 구조개선대상으로 한정), 팩시밀리(교체용 토너카트리지는 법 제10조 제1항에 따른 재질 · 구조개선대상으로 한정) 등이 포함된다(시행령 제8조 제1항).

4) "대통령령으로 정하는 자동차"에는 「자동차관리법」 제3조 제1항에 따른 승용자동차, 「자동차관리법」 제3조 제1항에 따른 승합자동차 중 승차정원이 9명 이하인 승합자동차, 「자동차관리법」 제3조 제1항에 따른 화물자동차(경형과 소형으로 한정) 등이 포함된다(시행령 제8조 제2항).

5) 수출을 목적으로 하는 경우에는 유해물질 함유기준을 지키지 아니하여도 된다는 것은 국내 · 외 제품을 차별하는 것으로 통상 마찰을 야기할 소지가 있다.

또한 전기 · 전자제품 제조 · 수입업자는 제품의 재활용을 쉽도록 하기 위한 재질 · 구조에 관한 사항 등 환경부장관과 산업통상자원부장관이 공동으로 정하여 고시하는 재질 · 구조개선에 관한 지침을 지켜야 한다(제10조 제1항). 자동차 제조 · 수입업자는 재활용이 쉬운 재질의 사용, 재질의 단순화, 재질정보의 표시, 분리 · 해체의 용이성 제고 등의 재질 · 구조 개선활동을 통하여 대통령령이 정하는 연차별 재활용가능률을 달성하여야 한다(동조 제2항). 한편, 전기 · 전자제품 제조 · 수입업자는 재질 · 구조개선에 관한 평가서를 작성하여 환경부장관과 산업통상자원부장관에게 제출하여 검증받아야 한다(동조 제3항 · 제4항). 나아가 전기 · 전자제품 제조 · 수입업자와 자동차 제조 · 수입업자는 유해물질의 함유기준이나 연차별 재활용가능률의 준수 여부를 스스로 확인하거나 평가하여 대통령령으로 정하는 바에 따라 공표하여야 한다(제11조).

이러한 조치들은 제품의 제조단계부터 환경유해성과 재활용 용이성을 고려하도록 하고, 유해물질의 함유기준 준수 여부를 스스로 확인 · 평가하도록 함으로써 중금속 등으로 인한 환경유해성을 줄이는 동시에 재활용을 쉽도록 하여 재활용을 촉진할 것으로 기대된다. 특기할 점은 유해물질의 사용을 억제하는 것은 건강 및 환경에의 악영향을 막자는 것이기 때문에 재활용의 촉진과는 다른 차원의 문제인데 이를 동일선상에서 다루고 있다는 것이다.

2. 재활용정보의 제공과 재질 · 구조 등의 개선제안 등

재활용에 필요한 정보의 부족은 재활용 촉진의 장애 요소로 작용하고 있다. 재활용사업자가 제품의 구성재질, 유해물질정보 및 해체방법 등 재활용정보를 알면 그에 맞추어 재활용이 크게 촉진될 것이다. 이에 동법은 전기 · 전자제품 제조 · 수입업자 등이 재활용사업자에게 제품의 재활용정보를 제공하도록 하여 재활용사업자가 그에 맞추어 재활용하도록 하고 있다(제12조).

재활용사업자 또는 폐자동차재활용업자 등에게 제공된 구성재질이나 재활용방법 등 재활용정보는 재활용사업자 등으로 하여금 경제적으로 재활용을 하도록 할 뿐만 아니라 크게 보아 재활용사업의 원활한 추진 및 재활용 촉진을 통한 환경보전에 기여할 것으로 기대된다.

Ⅱ. 폐전기 · 폐전자제품과 폐자동차의 재활용

1. 폐전기 · 폐전자제품의 재활용

가. 생산자책임 재활용제도

이 법은 생산자책임 재활용제도에 따라 전기 · 전자제품 제조 · 수입업자가 재활용의무량을 재활용하도록 하던 자원재활용법상의 규정을 이관하고, 그 내용을 일부 개선하고 있다. 이에 따르면 전기 · 전자제품의 사용 후 폐기물의 양이 많은 제품 중 대통령령으로 정하는 전기 · 전자제품[6]을 제조(주문자의 상표를 부착하는 방식에 따라 제조하는 경우에는 그 주문을 말함)하거나 수입하는 자로서 대통령령으로 정하는 규모의 사업장[7]을 운영하는 자(재활용의무생산자)는 자신이 출고한 제품의 폐기물을 회수하여 「폐기물관리법」에 따른 폐기물 재활용업의 허가를 받은 자에게 인계하여 재활용하거나 전기 · 전자제품 재활용사업공제조합에 가입하여 공동으로 회수 및 인계 · 재활용하여야 한다. 이 경우 폐전기 · 폐전자제품의 회수 및 인계 · 재활용에 소요되는 제반비용은 재활용의무생산자가 부담한다(제15조). 이는 사후관리제도라고 이해할 수 있는데, 자동차에는 적용되지 않는다. 전기 · 전자제품에 대한 생산자책임 재활용제도의 절차 및 내용은 다음과 같다.

(1) 재활용 목표관리와 재활용의무량의 산출

환경부장관은 출고량, 예상발생량, 분리수거량, 재활용실적과 재활용시설 규모, 재활용 여건 등을 고려하여 전기 · 전자제품의 인구 1인당 장기 재활용목표량을 정하여 5년마다 고시하고, 이를 달성하기 위하여 관계 중앙행정기관의 장과 협의하여 인구 1인당 연도별 재활용목표량을 매년 고시하여야 한다(제16조 제1항). 이와 같이 동법은 전기 · 전자제품 "재활용 목표관리제"를 도입하고 연도별 재활용목표량을 산출하고 이를 근거로 재활용의무생산자별로 재활용의무량을 부과하는데, 구체적 산출기준은 전기 · 전자제품 출고량 등을 고려하여 대통령령으로 정한다(동조 제3항, 시행령 제15조의2). 기본적으로 재활용의무량은 제품군별 재활용의무량을 합산하여 산출하는바(시행령 제15조의2 제1항), 재활용가치가 높아 재활용이 특별히 필요한 특정관리제품(태양광 패널)에 대해서는 제품군별로 연간 재활용의무량을 정하는 방식을 적용하지 않고 해당 제품별로 재활용의무량을 고시로 달리 정할 수 있도록 하고 있다(시행령 제15조의3).

재활용 목표관리제는 종전에 품목별(예컨대, 냉장고, 세탁기, 컴퓨터 등)로 재활용의무율을 부과하던 방식을 제품군별(예컨대, 대형 생활가전기기, 냉장 · 냉동기기, 중 · 소형 생활가전기기)로 부과하는 방식으로 대체하는 것이다. 이는 종전의 개별 품목별 관리방식이 재활용 확대에 한계가 있고, 전자기술의 발달 등으로 품목별 분류 기준이 모호하다는 그 동안의 비판을 수용한 결과이다. 재활용 목표관리제의 도입으로 전기 · 전자제품의 관리 방식은 개별 품목별 관리에서 제품군별 관리로 전환하였다고 할 수 있으며, 제품군 내 제품간에는 재활용실적의 상호 인정이 가능하다. 다만 재활용가치가 높은 특정 품목에 대해

6) 여기에는 대형기기(텔레비전, 냉장고, 가정용 세탁기, 에어컨디셔너, 자동판매기), 통신 · 사무기기(개인용 컴퓨터, 프린터, 복사기, 팩시밀리), 중형기기(전기정수기, 전기오븐, 전자레인지, 음식물처리기, 식기건조기), 소형기기(전기비데, 공기청정기, 전기히터, 오디오, 전기밥솥, 연수기, 가습기, 전기다리미, 선풍기, 믹서, 청소기, 비디오플레이어), 이동전화단말기 등이 포함된다(시행령 제14조, 별표 3).

7) "대통령령으로 정하는 규모의 사업장"이란 제14조에 따른 전기 · 전자제품을 제조하거나 수입하는 사업장으로서 다음의 어느 하나에 해당하는 기준을 충족하는 사업장을 말한다: ① 의무이행 전년도 전기 · 전자제품의 매출액: 10억원 이상; ② 의무이행 전년도 전기 · 전자제품의 수입액: 3억원 이상(시행령 제14조의2).

서는 종전과 같이 제품별 재활용의무량을 부과하도록 하여 효율적인 재활용의무 이행을 도모하고 있다(동조 제4항). 재활용의무생산자는 제품군별로 재활용의무를 이행할 수 있게 되어 비용의 절감 등 효율성이 향상될 것으로 보인다.

(2) 재활용의무이행계획서의 제출 · 승인

전기 · 전자제품 재활용의무생산자는 재활용의무이행계획서를 환경부장관에게 제출하여 승인을 받아야 한다(제17조 제1항). 그 승인을 받은 자는 의무이행결과보고서를 증명자료와 함께 환경부장관에게 제출하여야 한다(동조 제2항).

(3) 재활용의무생산자의 재활용의무이행

재활용의무생산자는 자신에게 부과된 재활용의무량을 달성하기 위하여 자신이 출고한 제품의 폐기물을 회수하여 폐기물 재활용업자에게 인계하여 재활용하거나 전기 · 전자제품 재활용사업공제조합에 가입하여 의무를 이행하여야 한다(제15조). 재활용의무생산자는 환경부령으로 정하는 방법과 기준에 따라 재활용방법이 유사한 전기 · 전자제품군별로 폐기물을 재활용하여야 한다(제16조의2). 한편, 동법은 전기 · 전자제품에 함유된 기후 · 생태계변화 유발물질(예컨대, 폐냉장고, 폐에어컨디셔너 등에 포함된 CFC 및 HFC 계열 물질)의 적정한 회수 및 처리체계를 구축하기 위하여 재활용의무생산자로 하여금 폐전기 · 폐전자제품에서 발생하는 기후 · 생태계 변화유발물질을 환경부령으로 정하는 기준에 따라 회수하여 분리 · 보관 및 처리하도록 하고 있다(제16조의3).

(4) 재활용부과금의 징수

재활용의무생산자가 재활용의무를 이행하지 못하였을 경우에는 재활용부과금이 부과된다. 즉 환경부장관은 재활용의무생산자가 제15조에 따른 회수 · 인계 · 재활용의무를 이행하지 아니하거나 공제조합이 조합원의 회수 · 인계 · 재활용의무를 대행하지 아니한 경우에는 재활용의무량 중 재활용되지 아니한 폐기물의 재활용에 드는 비용에 그 100분의 30의 범위 안에서 대통령령으로 정하는 기준에 따라 산출한 금액을 더한 금액(재활용부과금)을 그 재활용의무생산자나 공제조합에 부과 · 징수한다(제18조 제1항). 징수된 재활용부과금은 폐기물의 재활용 · 회수를 위한 사업이나 폐기물처리시설의 설치 지원 등 일정한 용도로 사용한다(제19조).

나. 전기 · 전자제품 판매업자의 회수의무 등

전기 · 전자제품의 사용 후 폐기물의 양이 많은 제품 중 대통령령으로 정하는 전기 · 전자제품을 판매하는 자로서 대통령령으로 정하는 규모의 사업장을 운영하는 자(전기 · 전자제품 판매업자)는 자신이 판매한 제품이 속한 제품군 내의 폐전기 · 폐전자제품을 스스로 회수하거나 공제조합에 가입하여 회수의무를 대행하게 할 수 있다(제16조의4 제1항).

전기 · 전자제품 판매업자의 전기 · 전자제품 회수의무량의 산출기준은 판매량, 재활용의무생산자의 재활용의무량, 판매업자의 총 매입량, 회수 여건을 고려하여 대통령령으로 정한다(동조 제2항). 전기 · 전자제품 판매업자(각각 공제조합에 회수 · 인계 · 재활용의무 또는 회수의무를 대행하게 한 자는 제외)는 회수의무이행계획서를 환경부장관에게 제출하여 승인을 받아야 한다(제17조 제1항). 그 승인을 받은 자는 의무이행결과보고서를 증명자료와 함께 환경부장관에게 제출하여야 한다(동조 제2항).

한편, 동법은 전기 · 전자제품에 대하여 판매점을 통한 회수를 의무화하여 효과적인 회수체계를 구축함으로써, 재활용을 활성화하고자 하고 있다. 즉 재활용의무생산자 및 전기 · 전자제품 판매업자는 구매자가 신제품을 구입하면서 환경부령으로 정하는 바에 따라 폐기물로 배출한 같은 종류의 제품(다른 전기 · 전자제품 재활용의무생산자가 공급한 같은 종류의 제품을 포함)과 신제품의 포장재를 무상(無償)으로 회수하여야 한다(제16조 제5항). 재활용의무생산자 및 판매업자의 회수의무 대상제품은 전기 · 전자제품에 국한되고 폐자동차에 대해서는 회수의무가 부과되고 있지 않다. 이러한 회수방식이 법적으로 의무화됨에 따라 지방자치단체에 수수료를 납부하고 대형폐기물을 배출하는 불편을 감수해야 했던 국민들은 보다 쉽게 폐기물을 배출할 수 있을 것으로 보인다.

다. 폐전기 · 폐전자제품의 재활용 촉진 등에 대한 지원

동법은 폐전기 · 폐전자제품을 회수하여 재활용한 물질을 제품의 제조 등에 사용하는 사업자 또는 폐전기 · 폐전자제품의 회수체계를 구축하려는 지방자치단체에 행정적 · 기술적 지원을 할 수 있도록 폐전기 · 폐전자제품의 재활용 촉진을 위한 지원 근거를 두고 있다(제20조).

라. 미래폐자원 거점수거센터의 설치 · 운영

전기자동차 보급과 태양광 발전시설 설치가 확대됨에 따라 폐배터리, 폐패널 등 새로운 유형의 전자 폐기물 발생이 크게 증가할 것으로 예상되고 있다. 이에 동법은 전기자동차 폐배터리, 태양광 폐패널 및 2차 전지가 포함된 폐기물의 회수 · 보관 · 재활용을 위한 미래폐자원 거점수거센터를 설립 · 운영근거를 둠으로써(제20조의4), 이러한 폐기물의 회수 · 보관 · 재활용, 성능평가, 민간공급 등의 안전하고 체계적인 수행을 도모하고 있다.

2. 폐자동차의 재활용

동법은 폐자동차의 재활용을 촉진하기 위하여 폐자동차 재활용비율의 준수(제25조 제1항), 이행당사자들의 역할분담(동조 제2항), 무상회수 및 재활용(동조 제3항), 폐자동차의 재활용방법과 기준(제26조), 기후 · 생태계 변화유발물질의 분리 · 보관(제27조), 폐자동차의 처리 · 재활용 비용의 충당(제28조), 재활용업의 등록(제32조 이하) 등에 관하여 규정하고 있다. 이러한 일련의 조치들은 폐자동차의 처리과정에서 발생하는 오염물질의 효율적 회수 및 재활용을 위한 체계를 구축하는 데 일조함으로써 궁극적으로 환경오염을 예방하고 자원의 효율적 이용을 가능하게 할 것이다.

제 7 절 폐기물처리시설 설치촉진 및 주변지역지원 등에 관한 법률

폐기물처리시설은 폐기물이 배출되는 상황에서는 반드시 필요한 시설로서 폐기물의 적절한 처리를 위한 기반시설이다. 동시에 어디에 입지할 것인지에 대하여 논란이 많을 수밖에 없는 기피시설이다. 폐기물처리시설의 입지는 님비(NIMBY) 현상으로 불리어지는 지역이기주의 현상과 결부되면서 점점 어려워지고 있다. 이러한 문제를 해결하기 위해 폐기물처리시설의 부지 확보 촉진과 그 주변지역 주민에 대한 지원을 통하여 폐기물처리시설의 설치를 원활히 하고 주변지역주민의 복지를 증진함으로써 환경보전 및 국민생활의 질적 향상에 이바지함을 목적으로(제1조) 「폐기물처리시설 설치촉진 및 주변지역지원 등에 관한 법률」(폐기물시설촉진법)이 1995. 1. 5. 제정되기에 이르렀다.

폐기물처리시설은 필요악으로서 지역사회에서는 반드시 필요한 시설이다. 그렇다면 어디에 입지할 것인가? 동법은 이러한 이율배반적인 문제를 다룸에 있어 한편에서는 폐기물처리시설의 설치를 강행하기 위한 근거규정을 두고, 다른 한편에서는 당해 시설이 입지하는 지역에 대한 지원 등 사회적 보상을 염두에 두고 있다. 보상적 수단은 폐기물처리시설을 설치하는 데 유인으로 작용하게 된다. 결국 동법의 핵심적인 내용은 동법의 제목에서도 암시하는 바와 같이 폐기물처리시설의 '설치촉진'과 주변지역에 대한 '지원'이다. 그렇기 때문에 이 양축에서 한 내용만이 강조된다면 동법은 절름발이 법으로 전락할 가능성이 있다. 이러한 점에서 지원부분은 등한히 하고 설치촉진만을 염두에 두고 폐기물처리시설의 설치를 강행하는 것은 경계되어야 한다.

그 동안 폐기물처리시설이 정치, 경제, 사회적으로 소외된 지역에 집중되고 있다는 강한 의심을 받아왔다. 이러한 현상은 소외지역이 다른 지역보다 환경위험에 불균형적으로 노출되는 환경위험의 불평등(environmental injustice)을 초래할 가능성이 있다. 최근에는 이러한 환경위험의 불평등 문제를 해결하는 것도 폐기물처리시설의 설치와 관련하여 중요한 과제로 등장하고 있다.[1)]

Ⅰ. 적용범위

동법에서 사용하는 '폐기물처리시설'이라 함은 「폐기물관리법」에 의한 폐기물처리시설을 말한다(제2조). 「폐기물관리법」은 폐기물처리시설을 "폐기물의 중간처리시설과 최종처리시설로서 대통령령으로 정하는 시설"이라고 정의하고 있다(동법 제2조 제8호).

1) 김홍균, "환경위험에 있어서의 불평등 해소방안: 환경정의", 인권과 정의, 2013. 2, 6면 이하 참조.

Ⅱ. 폐기물처리시설의 설치계획 반영

1. 국토건설종합계획에의 반영

동법은 폐기물처리시설의 설치 및 운영을 확보하기 위하여 주요 공간이용계획에 그 설치계획을 반영하도록 하는 규정을 두고 있다. 즉 특별시장 · 광역시장 · 특별자치시장 · 도지사 · 특별자치도지사 · 시장 또는 군수는 「국토기본법」에 따라 도종합계획 또는 시군종합계획을 작성하는 경우에는 해당 지방자치단체에서 발생되는 폐기물을 처리하기 위한 폐기물처리시설의 설치계획을 그 종합계획에 반영하여야 한다(제3조).

2. 도시기본계획에의 반영

특별시장 · 광역시장 · 특별자치시장 · 특별자치도지사 또는 시장 · 군수는 도시 · 군기본계획을 수립하는 경우에는 도종합계획, 광역개발계획 및 폐기물처리 기본계획에 포함된 폐기물처리시설의 설치계획을 종합하여 반영하여야 한다(제4조).

Ⅲ. 폐기물처리시설의 설치 · 운영

1. 폐기물처리시설의 설치 의무자

가. 산업단지개발에 따른 폐기물처리시설 설치

일정 양 이상의 폐기물을 배출하거나 일정 규모 이상의 산업단지, 공장을 개발 · 설치 · 증설하려는 자는 그 산업단지 등에서 발생하는 폐기물을 처리하기 위하여 대통령령으로 정하는 폐기물처리시설에 필요한 부지를 확보하고 폐기물처리시설을 직접 설치 · 운영하거나 타인으로 하여금 설치 · 운영하도록 하여야 한다(제5조 제1항). 이를 위반한 경우에는 시정명령(제29조의2), 시정명령을 미이행한 경우에는 이행강제금(제29조의3)이 부과될 수 있다. 나아가 동법은 산업단지 또는 공장의 설치 등을 하려는 자는 산업단지의 준공인가일 또는 공장의 사용승인일로부터 3년 이내에 폐기물처리시설을 직접 설치 · 운영하거나 이를 설치 · 운영하려는 자에게 폐기물처리시설 부지의 분양 또는 매각을 완료하도록 명시하고 있다(제5조 제1항 단서). 또한 폐기물처리시설설치의무자가 일정한 사유로 기한 내에 직접 폐기물처리시설을 설치 · 운영하지 못하거나 해당 부지의 분양 또는 매각을 완료하지 못한 경우 관할 지방자치단체의 장에게 해당 부지의 분양 또는 매각을 요청할 수 있도록 하며(제5조의2 제1항), 지방자치단체의 장이 폐기물처리시설 설치의무자를 대신하여 부지를 분양 또는 매각하는 경우 폐기물처리시설 설치의무자에게 관련 비용을 청구할 수 있도록 하고 있다(동조 제3항).

관광지 또는 관광단지(「관광진흥법」에 따른 관광지 또는 관광단지를 말함)를 개발 · 설치 · 증설하려는 자는 그 관광지 또는 관광단지에서 발생하는 폐기물을 처리하기 위하여 폐기물처리시설을 직접 설치 · 운영하거나 타인으로 하여금 설치 · 운영하도록 하여야 한다. 동법은 관광지 또는 관광단지를 개발 · 설치 · 증설하려는 자의 부담 경감 차원에서 산업단지 또는 공장 등과 달리 그 규모뿐만 아니라 폐기물 배출량도 함께 고려하여 폐기물처리시설을 설치 · 운영하도록 하고 있다(제5조 제3항). 다만, 폐기물 배출량이 대통령령으로 정하는 양 이하인 경우에는 폐기물처리시설 설치 비용에 해당하는 금액을 해당 지역을 관할하는 특별자치시장 · 특별자치도지사 · 시장 · 군수 · 구청장이 내도록 하고 있다(동항 단서).[2] 폐기물처리시설에는 매립시설, 재활용 가능 폐기물의 분리 및 보관을 위한 시설, 음식물류폐기물처리시설 등이 포함된다(시행령 제3조 제2항).

한편, 부득이한 사유로 해당 산업단지 · 공장 · 관광지 또는 관광단지 외의 장소에 폐기물처리시설을 설치하려는 자는 설치계획을 수립하여 서로 다른 시 · 도에 걸쳐서 설치하는 폐기물처리시설은 환경부장관에게, 그 밖의 폐기물처리시설은 폐기물처리시설이 설치되는 지역의 관할 지방자치단체장에게 승인을 받아야 한다(제5조 제4항). 종전에는 폐기물처리시설의 승인 권한이 중앙 정부(환경부장관)에 있었는데, 이와 같이 그 일부를 지방으로 이양하고 있는 것은 신속하고 효율적인 업무처리 및 지역특성을 반영한 폐기물처리시설의 설치 승인 등을 염두에 둔 것으로 이해된다. 지방분권을 촉진시키고 지방행정의 효율성과 경쟁력을 강화한다는 측면도 있을 것이다.

나. 택지개발사업에 따른 폐기물처리시설의 설치

조성면적 30만㎡ 이상의 공동주택단지나 택지를 개발하려는 자는 그 공동주택단지나 택지에서 발생하는 폐기물을 처리하기 위하여 폐기물처리시설(소각시설, 음식물류폐기물처리시설)을 설치하여야 한다(제6조 제1항). 이와 같이 원칙적으로 일정 규모 이상의 공동주택단지나 택지를 개발하려는 자에게 폐기물처리시설의 설치가 의무적이나 예외적으로 지방자치단체의 장이 신규 폐기물처리시설이 불필요하다고 인정하는 등의 경우 설치를 갈음하여 설치비용[3]에 해당하는 금액을 내도록 하고 있다(동조 제2항). 설치비용에 해당하는 금액(납부금액)은 시설부지의 매입에 드는 비용과 시설의 설치에 드는 비용으로 구분하여 산정하며, 납부금액의 산정에 관하여 그 밖에 필요한 사항은 그 지역을 관할하는 지방자치단체의 조례로 정한다(시행령 제4조 제3항, 제4항).[4]

---

2) 폐기물처리시설을 설치하여야 하는 자는 다음과 같다: ① 연간 폐기물 발생량이 2만톤 이상이고 조성면적이 50만㎡ 이상인 산업단지를 개발 · 설치 또는 증설하려는 자(증설의 경우에는 그 증설로 인하여 연간 폐기물 발생량이 2만톤 이상이 되고 전체 조성면적이 50만㎡ 이상이 되는 경우를 말함). 이 경우 폐기물 발생량을 산정할 때에는 사업장 폐기물 중 재활용되는 폐기물과 생활 폐기물의 양은 제외한다; ② 연간 폐기물 발생량이 1만톤 이상이고 조성면적이 15만㎡ 이상인 공장을 개발 · 설치 또는 증설하려는 자(증설의 경우에는 그 증설로 인하여 연간 폐기물 발생량이 1만톤 이상이 되고 전체 조성면적이 15만㎡ 이상이 되는 경우를 말함). 이 경우 폐기물 발생량을 산정할 때에는 재활용되는 폐기물의 양은 제외한다; ③ 조성면적이 100만㎡ 이상인 관광지 또는 관광단지를 개발 · 설치 또는 증설하려는 자(증설의 경우에는 그 증설로 인하여 전체 조성면적이 100만㎡ 이상이 되는 경우를 말함)(시행령 제3조 제1항).

3) 폐기물처리시설에는 주민편익시설이 포함되지 않고, 설치비용에 해당하는 금액에도 주민편익시설 설치비용이 포함되지 않는다. 대법원 2018. 11. 29. 선고 2016두35229 판결.

폐기물처리시설은 새로운 공동주택단지나 택지를 개발함에 따라 추가로 발생하는 폐기물처리 수요를 감당하기 위한 것으로, 공동주택단지나 택지를 개발하려는 자는 폐기물처리시설을 개발 대상인 공동주택단지나 택지 안에 설치하여야만 하는 것은 아니고 그 바깥에 설치하여도 된다. 사업시행자가 직접 폐기물처리시설을 설치하는 대신 설치부담금을 납부할 경우에는 시설부지가 사업지구 안에 있는 토지로 확정된 경우는 물론 시설부지가 미확정인 경우에도 설치부담금은 사업지구 안에 직접 설치할 경우에 부담하는 비용에 상응하는 금액을 내야하고, 이 경우 해당 지역을 관할하는 특별자치시장 · 특별자치도지사 · 시장 · 군수 · 구청장은 설치부담금을 당장 시설의 추가 확충 등에 사용하지 않더라도 사업지구를 위한 장래의 폐기물처리시설 재원으로 사용하여야 한다.[5)]

2. 운　　영

폐기물처리시설을 설치하여야 하는 자는 미리 그 시설의 부지 확보계획을 해당 산업단지개발실시계획 등에 포함시키는 등의 조치를 하여야 한다(제7조). 한편, 동법은 폐기물처리시설을 운영하는 지방자치단체의 장으로 하여금 그 폐기물처리시설에서 처리하는 폐기물에 대한 수수료를 징수할 때 그 폐기물처리시설이 설치되어 있는 시 · 군 · 구(자치구를 말함) 외의 지역에서 반입하는 폐기물에 대하여는 그 수수료 외에 대통령령으로 정하는 범위에서 해당 지방자치단체의 조례로 정하는 바에 따라 따로 가산금을 징수할 수 있도록 하고 있다(제8조). 이와 같이 폐기물 수수료의 차등 적용을 허용하는 것은 폐기물처리시설을 운영하는 지방자치단체에게 인센티브로 작용할 것이다.

Ⅳ. 폐기물처리시설의 설치절차

동법은 폐기물처리시설의 설치와 관련하여 비교적 자세한 절차규정을 두고 있다. 이러한 절차는 공중참여를 보장하고, 공정성과 투명성을 제고함으로써 폐기물처리시설의 설치를 둘러싼 갈등의 소지를 없애는 작용을 하게 된다. 또한 행정의 민주화와 신뢰성의 확보에도 크게 기여한다. 이러한 관점에서 그 절차가 갖는 중요성이 쉽게 무시되어서는 안 될 것이다. 그 동안 폐기물처리시설의 설치를 둘러싸고는 지역간, 주민간 많은 갈등이 노출되어 온 것이 사실이다. 이러한 점을 염두에 두고 동법은 절차를 유독 강조하고 있으나 정작 중요한 것은 이러한 절차가 폐기물처리시설의 설치를 강행하는 과정에서 그

---

4) 폐기물시설촉진법 시행령(2014. 2. 11. 개정 전) 제4조 제3항 등 관계 법령이 시설의 설치에 드는 비용의 산정기준에 관하여 상세한 규정을 두면서도 폐기물처리시설의 부지면적에 관하여는 아무런 규정을 두고 있지 않아 지방자치단체에는 장래 폐기물처리시설의 규모, 운영방식, 관리수요 등의 다양한 요소를 예측하여 그에 필요한 '관리동'과 '세차동 등 기타시설'의 규모를 정할 수 있는 재량이 부여된 것으로 보아야 하므로 조례에서 정한 폐기물처리시설 부지면적의 산정기준이 현저히 불합리하다는 등의 특별한 사정이 없는 한 조례 내용이 무효라고 볼 수는 없다. 대법원 2019. 7. 10. 선고 2016두61051 판결.

5) 대법원 2016. 12. 15. 선고 2013두8431 판결.

구색을 맞추기 위한 절차로 전락되어서는 안 된다는 것이다.

이러한 행정절차를 진행하는 과정에서 주민들의 의견제출 등 절차적 권리를 보장하지 않은 위법이 있는 경우 절차적 권리 침해로 인한 정신적 고통에 대한 배상이 인정되는가? 법원은 행정절차에 참여할 권리 그 자체가 사적 권리로서의 성질을 가지는 것은 아니라고 하면서 주민들이 일시적으로 행정절차에 참여할 권리를 침해받았다는 사정만으로 곧바로 국가나 지방자치단체가 주민들에게 정신적 손해에 대한 배상의무를 부담한다고 단정할 수 없으며, 주민들의 절차적 권리 침해로 인한 정신적 고통이 여전히 남아 있다고 볼 특별한 사정이 있는 경우에는 그로 인한 손해를 배상할 책임이 있다는 입장이다.[6)]

1. 입지선정

가. 입지선정계획의 결정 · 공고

폐기물처리시설설치기관[7)]은 폐기물처리시설을 설치 · 운영하려는 경우에는 처리대상 폐기물의 종류 및 발생량, 폐기물처리 대상지역, 폐기물처리시설의 종류와 규모, 입지 선정기준과 방법 등의 사항이 포함된 입지선정계획을 결정 · 공고하여야 한다(제9조 제1항 본문, 제2항). 폐기물처리시설과 관련한 사항 등 입지선정계획에 포함할 내용을 명시하고 있는 것은 입지선정과정에서 나타날 수 있는 분쟁을 사전에 예방하는 역할을 할 것이다. 그러나 보다 중요한 것은 입지선정 이전에 폐기물처리시설의 설치 필요성에 대하여 합의하고, 입지선정계획 과정에 주민의견을 반영하는 것이라고 할 것인데, 이러한 측면에 대해서는 고려하고 있지 않다.

[1] 적용대상: 대법원 2002. 6. 14. 선고 2000두8523 판결

폐기물처리시설설치촉진및주변지역지원등에관한법률(폐촉법) 제9조 및 제10조의 입지선정 및 전문연구기관의 타당성조사 등의 절차를 거쳐야 하는 폐기물처리시설에 관하여 1997. 12. 31. 대통령령 제15586호로 전문 개정되기 전의 폐촉법 시행령 제5조 제1호에서는 '조성면적 30만㎡ 이상인 폐기물매립시설'로 규정하고 있었으므로, 그 당시 참가인이 선정한 매립장의 조성면적은 30만㎡에 미달하여 폐촉법의 적용대상이 되지 아니하다가, 그 개정 후(1998. 1. 1. 시행)의 폐촉법 시행령 제6조 제1호에

---

6) 대법원 2021. 7. 29 선고 2015다221668 판결.

7) 여기에서 '폐기물처리시설설치기관'이라 함은 다음의 자를 말한다. 즉 ① 다음의 폐기물처리시설을 설치 · 운영하려는 환경부장관 또는 지방자치단체의 장: (i) 하루 매립량 300톤 이상으로서 조성면적 15만㎡ 이상인 폐기물매립시설; (ii) 하루 처리능력 50톤 이상인 폐기물소각시설; (iii) 그 밖의 폐기물처리시설로서 주변지역의 환경에 미칠 영향을 고려하여 환경부장관이 정하여 고시하는 시설(환경부장관이 설치하는 시설에 한함)이나 지방자치단체의 조례로 정하는 시설(지방자치단체가 설치하는 시설에 한함), ② 위 (i) 또는 (ii)의 폐기물처리시설을 설치 · 운영하려는 「수도권매립지관리공사의 설립 및 운영 등에 관한 법률」에 따른 수도권매립지관리공사의 장(제2조 제2호). 결국 입지선정계획을 수립해야 하는 대상시설은 환경부장관 또는 지방자치단체의 장과 수도권매립지관리공사의 장이 설치 · 운영하는 폐기물처리시설에 한정된다.

서는 '매립량이 1일 300톤 이상으로서 조성면적 15만㎡ 이상인 폐기물매립시설'로 규정함으로써 비로소 폐촉법의 적용대상이 되어 폐촉법 제9조 및 제10조에 따른 입지선정 등의 절차를 거쳐야 할 것인데, 참가인이 그 조성면적을 99,631㎡로 축소함으로써 여전히 폐촉법의 적용대상에서 제외되었고, 폐기물관리법상 별도의 입지선정 절차가 규정되어 있지 아니한 이상, 참가인이 폐촉법에 따른 절차를 거치지 아니하였다 하여 어떠한 절차적 위법이 있다고 할 수 없으며, 환경부에서 1998. 4.경 발행한 폐기물처리시설설치업무편람은 업무의 편의를 위하여 마련된 것으로 어떠한 구속력을 갖는 것이 아니므로, 참가인이 위 편람에서 정한 절차를 거치지 아니하였다 하여 적법한 행정절차를 위반한 것이라고 할 수 없다.[8]

나. 입지선정위원회의 설치

폐기물처리시설설치기관은 입지선정계획을 공고한 경우에는 지체 없이 대통령령으로 정하는 바에 의하여 주민대표가 참여하는 입지선정위원회를 설치하여 해당 폐기물처리시설의 입지를 선정하도록 함으로써(동조 제3항), 입지선정단계부터 실질적인 주민 참여를 보장하고 있다. 입지선정위원회는 폐기물처리시설의 입지를 선정하는 '의결기관'으로서 폐기물처리시설설치기관은 그 결정에 기속된다 할 것이다(판례 [2] 참조).[9]

[2] 대법원 2007. 4. 12. 선고 2006두20150 판결

폐촉법 제9조 제3항의 위임에 의한 폐촉법 시행령 제7조는 [별표 1]에서, 지방자치단체의 장이 설치하고자 하는 폐기물처리시설의 경우 입지선정위원회의 구성은 입지선정지역이 1개 시 · 군 · 구인 경우 위원의 정원은 11인 이내로, 위촉 기준은 시 · 군 · 구 의회 의원 2인, 시 · 군 · 구 공무원 2인, 시 · 군 · 구 의회에서 선정한 주민대표 3인, 시장 · 군수 · 구청장이 선정한 전문가 2인, 주민대표가 추천한 전문가 2인으로 하되, 전문가는 전문대학 이상의 환경 관련 학과의 조교수 이상 또는 국 · 공립연구기관의 선임연구원 이상의 자격 보유자로써 위촉하도록 규정하고 있고, 폐촉법 시행령 제11조 제2항은 입지선정위원회의 회의는 재적위원 3분의 2 이상의 참석과 참석위원 과반수의 찬성으로 의결하도록 규정하고 있는바, 위 각 규정들에 의하면, 입지선정위원회는 폐기물처리시설의 입지를 선정하는 의결기관이라고 할 것이

8) 폐기물처리시설설치기관이 매립장의 조성면적을 축소함으로써 폐기물매립시설을 입지선정 및 전문연구기관의 타당성조사 등의 절차를 요하는 「폐기물시설촉진법」의 적용대상에서 제외시킨 경우, 같은 법상의 절차를 거치지 아니하였다 하여 어떠한 절차적 위법이 있다고 할 수 없다고 한 사례.

9) 대법원 2007. 12. 28. 선고 2006두2916 판결(입지선정위원회는 입지선정에 관한 의결기관으로서 폐기물처리시설 설치기관은 입지의 위치뿐만 아니라 그 면적에도 입지선정결의에 기속되므로, 피고가 부지면적 추가에 관한 입지선정위원회의 의결이 결여된 채 폐기물처리시설 입지 결정 및 고시 처분을 한 것이 위법하다고 한 사례); 광주지법 2018. 5. 31. 선고 2015구합912 판결(甲 군수가 농어촌폐기물 종합처리시설을 추진하는 과정에서 입지선정위원회를 구성하고 그 회의를 진행하는 등 입지선정위원회와 관련한 절차를 전혀 거치지 않고 입지를 선정하여 고시한 후 도지사에게 위 시설의 설치계획 승인을 요청하였고, 도지사가 이를 승인한 사안에서, 위 시설의 입지 결정 · 고시 및 설치계획 승인처분의 하자가 중대하고 명백하여 무효라고 한 사례); 대법원 2021. 7. 29. 선고 2015다221668 판결.

고, 입지선정위원회의 구성방법에 관하여 일정 수 이상의 주민대표 등을 참여시키도록 한 것은 폐기물처리시설 입지선정 절차에 있어 주민의 참여를 보장함으로써 주민들의 이익과 의사를 대변하도록 하여 주민의 권리에 대한 부당한 침해를 방지하고 행정의 민주화와 신뢰를 확보하는 데 그 취지가 있는 것이므로, 주민대표나 주민대표 추천에 의한 전문가의 참여 없이 이루어지는 등 입지선정위원회의 구성방법이나 절차가 위법한 경우에는 그 하자 있는 입지선정위원회의 의결에 터잡아 이루어진 폐기물처리시설 입지결정처분도 위법하게 된다 할 것이다(대법원 2003. 11. 14. 선고 2003두7118 판결 등 참조).[10]

다. 전문연구기관의 입지후보지 타당성조사

입지선정위원회가 입지를 선정할 때에는 미리 대통령령으로 정하는 전문연구기관 중 입지선정위원회가 선정한 기관으로 하여금 입지후보지에 대한 타당성을 조사하도록 하여 그 결과를 고려하여야 한다. 그러나 동법은 절차의 간소화 차원에서 입지선정위원회가 전문연구기관에 의한 입지후보지 타당성조사가 필요하지 아니하다고 인정하는 경우 조사를 생략하거나 대통령령으로 정하는 관계 전문가의 검토의견서로 대체할 수 있도록 하고 있다(동조 제4항). 지역주민의 절차 참여의 권리보호 차원에서 입지후보지 타당성조사를 생략할 만한 구체적이고 합리적인 사유가 없음에도 불구하고 입지후보지 타당성조사를 생략한 채 이루어진 폐기물처리시설 입지선정은 위법하다고 할 것이다.[11] 한편, 입지선정위원회는 대통령령으로 정하는 지역[12]에 거주하는 세대주의 과반수가 입지선정계획에 따라 그 지역에 폐기물처리시설의 설치를 원하는 경우에는 입지후보지 타당성조사를 실시할 수 있다(동조 제5항).

라. 입지후보지 타당성조사의 공개

입지선정위원회는 입지 후보지에 대한 타당성조사의 과정과 결과(제4항 단서에 따라 타당성조사를 생략하거나 관계 전문가의 검토의견서로 대체한 경우에는 그 생략 이유 또는 검토의견서)를 해당지역의 주민에게 공개하여야 한다(제9조 제6항 본문). 지역주민은 열람하거나 공고된 내용에 대하여 열람기간이 끝난 후 15일 이내에 입지선정위원회에 의견을 제출할 수 있으며, 입지선정위원회는 제출된 의견에 대하여 필요하다고 인정하는 경우에는 공청회 또는 설명회를 개최하여 지역주민 등의 의견을 들을 수 있다(시행령 제10조 제4항 · 제5항).

---

10) 법령에 의한 구성방법에 따라 입지선정위원회를 구성하지 않은 채 임의의 입지선정위원회를 구성하면서 군수와 주민대표가 선정, 추천한 각 2인의 전문가를 포함시키지 않은 하자는 중대 · 명백하다고 판단한 사례. 280인으로 입지선정위원회를 구성함으로써 과연 법령의 입법취지, 위원회의 기능, 역할 등에 맞는 위원회가 구성된 것인지에 대한 의문이 들 정도로 그 하자의 정도는 중대하다고 할 수 있다.

11) 대구고법 2006. 1. 13. 선고 2005누1054 판결 참조.

12) "대통령령으로 정하는 지역"이라 함은 폐기물처리시설의 예상 입지의 경계로부터 매립시설은 2㎞ 이내, 그 외의 폐기물처리시설은 300m 이내의 지역을 말한다(시행령 제10조 제2항).

[3] 입지선정절차의 위법성: 대법원 2002. 5. 28. 선고 2001두8469 판결

구 폐기물처리시설설치촉진및주변지역지원등에관한법률(1997. 8. 28. 개정 전) 제9조 제2항 내지 제4항, 같은 법 시행령(1997. 12. 31. 개정 전) 제7조 제3항, 제4항 등 폐기물처리시설 설치에 관한 관련 법령이 입지선정위원회의 입지선정에 앞서 입지타당성조사결과의 공람·공고 절차나 지역주민의 의견제출 절차를 거치도록 규정하고 있는 것은, 폐기물처리시설설치계획의 기초가 되는 입지선정에 있어서 지역주민 등 다수 이해관계인의 의사를 반영하고 그들 상호간의 이익을 합리적으로 조정함으로써 국민의 권리에 대한 부당한 침해를 방지하고 행정의 민주화와 신뢰를 확보하는 데 그 취지가 있음은 물론이나, 위 관련 법령이 전문연구기관의 입지타당성조사결과를 공람·공고토록 하고 주민의 의견이 있을 경우 이를 제출할 수 있다고 규정하고 있을 뿐 주민의 의견제출이 있다 하여 반드시 전문연구기관에 재조사를 의뢰하여야 한다거나 그 재조사결과에 대하여 다시 공람·공고 절차를 거쳐야 하는 것으로는 규정하고 있지 아니하고, 전문연구기관의 당초의 입지타당성조사결과나 재조사결과 모두가 특정 지역에 쓰레기매립장을 설치하는 것이 타당하다는 결론에 있어서 차이가 없어 재조사결과에 관하여 지역주민들 사이에 새로운 이해관계가 발생하지도 않았는바, 이러한 경우에 입지선정위원회가 재조사 결과에 대하여 다시 공람·공고 절차를 거치지 않았다 하여 입지선정에 있어서 요구되는 지역주민들의 절차적 권리가 침해된 것이라고 보기 어려운 점 등에 비추어 보면, 입지선정위원회가 주민의 의견이 반영된 전문연구기관의 재조사결과에 관하여 새로이 공람·공고 절차를 거치지 않고 입지를 선정하였다 하여 그 입지선정이 위법하다고 볼 수 없다.13)

마. 협 의

동법은 다른 지방자치단체의 경계에 폐기물처리시설의 입지를 선정하고자 하는 경우 그 지방자치단체의 장과 미리 '협의'하도록 하고 있다. 협의대상 범위는 폐기물매립시설과 그 밖의 폐기물처리시설로 구분하여 해당 시설 부지 경계로부터 전자의 경우는 2㎞ 이내, 후자의 경우는 300m 이내이다. 이 경우 폐기물처리시설설치기관은 인접 지방자치단체의 장과의 협의가 이루어지지 아니하면 중앙환경분쟁조정위원회에 조정을 신청하여야 한다(제9조 제7항).

바. 변경동의

동법은 폐기물처리시설의 입지가 선정된 후 사정에 따라 입지의 변경이 불가피한 경우가 있는 경우 일정한 요건과 절차에 따라 그 변경을 허용하고 있다. 즉 폐기물처리시설설치기관이 선정된 입지의 부지면적 등 대통령령으로 정하는 중요한 사항을 변경하려면 입지선정위원회의 '동의'를 받아야 한다(제9조 제8항). 입지선정위원회의 변경 '동의'를

---

13) 폐기물처리시설의 입지선정위원회가 주민의 의견이 반영된 전문연구기관의 재조사결과에 관하여 새로이 공람·공고 절차를 거치지 않고 입지를 선정한 경우에도 그 입지선정이 위법하지 않다고 한 사례.

얻도록 한 것은 입지선정위원회가 입지선정의 권한을 갖고 있는 점과 입지변경 시 지역주민과의 협의 등을 통해 입지변경으로 인한 갈등을 예방할 수 있다는 점을 고려한 것으로 이해된다.

2. 입지선정의 결정 · 고시

가. 결정 · 고시 내용

폐기물처리시설설치기관은 폐기물처리시설의 입지를 선정한 경우에는 해당 부지를 관할하는 특별자치시장 · 특별자치도지사 · 시장 · 군수 · 구청장과 협의하여 이를 결정 · 고시하고, 1개월 이상 누구든지 그 도면을 열람할 수 있도록 하여야 한다(제10조 제1항 · 제4항).

나. 도시계획구역 밖의 입지에 대한 용도지역 의제

입지가 고시된 폐기물처리시설 설치지역이 「국토의 계획 및 이용에 관한 법률」 제6조 제1호에 따른 도시지역 밖에 있는 경우 그 지역은 같은 법 제36조 제1항에 따라 계획관리지역으로 지정된 것으로 보고, 그 시설은 같은 법 제43조 제1항에 따라 도시계획시설로 결정된 것으로 본다(제11조).

다. 행위제한

고시된 폐기물처리시설의 입지 안에서 토지의 형질변경, 건축물 · 공작물의 건축, 흙 · 돌 · 모래 또는 자갈의 채취 등을 하려는 자는 특별자치시장 · 특별자치도지사 · 시장 · 군수 · 구청장의 허가를 받아야 한다(제11조의2 제1항). 특별자치시장 · 특별자치도지사 · 시장 · 군수 · 구청장이 허가를 하려면 미리 폐기물처리시설설치기관과 '협의'하도록 하고 있는데(동조 제2항), 이는 이미 결정 · 고시된 폐기물처리시설 입지 안에서 폐기물처리시설의 기능에 영향을 줄 수 있는 행위에 대하여 폐기물처리시설설치기관과 협의할 필요성이 있다는 인식에 기초하고 있다. 지방자치단체의 장은 행위제한을 위반한 자에게 원상회복을 명할 수 있다(동조 제3항).

라. 토지 등의 수용 · 사용

폐기물처리시설설치기관은 폐기물처리시설의 입지를 고시한 경우에는 그 고시에 포함된 지역에서 폐기물처리시설의 설치 및 이주대책의 시행에 필요한 토지 · 건물, 그 밖에 그 토지에 정착된 물건 등을 수용하거나 사용할 수 있다(제14조 제1항).

3. 설치계획

가. 폐기물처리시설 설치계획의 승인

폐기물처리시설설치기관은 폐기물처리시설의 입지를 고시한 경우에는 폐기물처리시설 설치계획을 수립하여야 한다(제11조의3 제1항). 지방자치단체의 장이나 수도권매립지관리공사의 장이 폐기물처리시설 설치계획을 수립한 경우에는 환경부장관의 승인을 받아야 한다(동조 제2항).

[4] 폐기물처리시설설치 승인 무효: 대법원 2004. 7. 22. 선고 2002두10704 판결

구 폐촉법 제9조, 제10조 제2항, 구 폐촉법 시행령(1997. 12. 31. 개정 전) 제5조 제2호는 1일 처리능력이 300t 이상인 폐기물처리시설을 설치 · 운용하고자 하는 환경부장관 또는 지방자치단체의 장은 폐기물처리시설의 입지선정절차를 거쳐야 하고, 광역시장이 입지를 선정한 경우에는 구 폐촉법 제10조 제1항의 규정에 의한 폐기물처리시설 설치계획을 수립하여 환경부장관의 승인을 얻어야 한다고 규정하고 있는바, 이 사건 폐기물처리시설의 1일 처리능력은 400t이고, 그 설치기관이 광주광역시장인 점은 원심이 적법하게 확정한 바와 같으므로, 이 사건 폐기물처리시설에 대해서는 다른 특별한 사정이 없는 한 폐기물처리시설의 입지선정절차를 거친 다음 환경부장관으로부터 설치계획의 승인을 얻었어야 할 것이다.

그런데 구 택지개발촉진법 제11조 제1항 제1호는 택지개발사업실시계획의 승인을 얻은 때에는 도시계획법에 의한 도시계획의 결정이 있은 것으로 본다고 규정하고 있고, 구 폐촉법 부칙 제2항 본문은 이 법 시행 당시 환경부장관 또는 지방자치단체의 장이 제9조의 규정에 의한 폐기물처리시설을 설치하고 있는 경우에는 당해 폐기물처리시설은 제10조의 규정에 의한 폐기물처리시설 설치계획의 고시가 있은 것으로 보아 제11조, 제17조 내지 제26조의 규정을 적용한다고 규정하고 있으며, 구 폐촉법 부칙 제3항은 이 법 시행 당시 환경부장관 또는 지방자치단체의 장이 도시계획법에 의한 도시계획으로 결정한 폐기물처리시설 중 제9조에 해당하는 폐기물처리시설의 입지는 동조의 규정에 의한 절차에 따라 선정된 입지로 본다고 규정하고 있고, 한편 구 폐촉법 제12조 제1항 제2호는 구 폐촉법 제10조의 규정에 의하여 폐기물처리시설 설치계획이 고시된 때에는 당해 폐기물처리시설 설치기관은 구 폐기물관리법 제30조 제2항의 규정에 의한 폐기물처리시설의 설치승인을 받은 것으로 본다고 규정하고 있는바, 구 폐촉법 부칙 제2항에서 위와 같은 경과규정을 둔 것은 적법한 절차를 거쳐 폐기물처리시설을 설치하고 있는 기성상태를 존중하여 재산권 등을 보장하고자 함에 그 입법취지가 있다고 할 것이고, 따라서 구 폐촉법 부칙 제2항의 '폐기물처리시설을 설치하고 있는 경우'라 함은 구 폐기물관리법에 의한 폐기물처리시설의 설치승인을 얻어 폐기물처리시설을 설치하고 있는 경우를 의미한다고 할 것이므로(대법원 2000. 1. 10.자 99무72 결정 참조), 폐기물처리시설 설치기관인 광주광역시장이 구 폐촉법 시행 당시인 1995. 7. 6. 현재 구 폐기물관리법에 의하여 이 사건 폐기물처리시설의 설치승인을 받은 바가 없을 뿐만 아니라 이 사건 폐기물처리시설을 설치하고 있음을 인정할 자료도 없는 이 사건에서, 이 사건 폐기물처리시설은 구 폐촉법 부칙 제2항에 정하는 구 폐촉법 시행 당시 설치하고 있는 폐기물처리시설에 해당하지 아니한다고 할 것이고, 다만 이 사건과 같이 구 폐촉법 시행 당시에 이미 폐기물처리시설에 관한 토지이용계획 등을 포함한 택지개발사업실시계획의 승인을 얻은 경우에는 그 폐기물처리시설의 부지를 구 폐촉법 제9조의 규정에 의한 절차에 따라 선정된 입지로 보는 것에 불과하다고 할 것이다.

그렇다면 이 사건 폐기물처리시설에 대해서는 구 폐촉법 부칙 제2항이 적용될 여지가 없고, 따라서 그 설치계획에 대한 승인권자는 구 폐촉법 제10조 제2항의 규정에 의하여 환경부장관이며, 이러한 설치승인권한을 피고에게 위임할 수 있는 근거도 없으므로, 결국 피고의 이 사건 처분은 권한 없는 기관에 의한 행정처분으로서 그 하자가 중대하고 명백하여 당연무효라고 할 것이다(대법원 1969. 1. 21. 선고 68누193 판결, 1976. 2. 24. 선고 76누1 판결, 1996. 6. 28. 선고 96누4374 판결 등 참조).[14]

나. 다른 법령에 의한 인 · 허가 등의 의제

폐기물처리시설 설치절차의 간소화 차원에서 동법은 폐기물처리시설 설치계획이 공고된 경우 해당 폐기물처리시설설치기관이 다른 법령에 의한 허가 · 지정 · 인가 · 승인 · 인정 · 결정 · 면허 및 고시 · 공고가 있은 것으로 보는 의제 규정을 두고 있다(제12조 제1항).

다. 예상 피해에 관한 분쟁의 조정 등

폐기물처리시설설치기관은 폐기물처리시설 설치계획에 따른 폐기물처리시설의 설치 · 운영으로 인하여 그 폐기물처리시설의 주변지역 주민에게 피해가 발생할 것으로 예상되는 경우에는 이에 대한 대책을 마련하여야 한다(제13조 제1항). 폐기물처리시설 설치계획에 따른 폐기물처리시설의 설치로 발생할 것으로 예상되는 피해에 관하여 분쟁이 발생한 경우 당사자의 일방 또는 쌍방은 환경분쟁조정위원회에 분쟁의 조정을 신청할 수 있다(동조 제2항).

Ⅴ. 주민지원

폐기물처리시설로 인하여 불편, 고통과 피해를 입는 지역에 대한 보상은 형평의 관념에 부합된다. 보상적 차원에서 이루어지는 주민지원은 폐기물처리시설의 설치를 위한 유인이 되며, 설득의 기초를 제공하는 것으로 동법의 중요한 목적이자 성공요소이다. 또한 주민지원은 주민들의 반발을 누그러뜨리면서 폐기물처리시설의 설치를 용이하게 해준다는 점에서 폐기물처리시설의 설치를 촉진하는 역할을 하게 된다. 동법은 시설부지 거주주민에 대한 지원은 물론이고 주변영향지역에 대한 지원도 고려하고 있다. 여기에는 이주대책, 지역개발계획에의 반영, 주민편익시설의 설치, 주민지원기금의 조성 등이 있다.

1. 시설부지 거주주민에 대한 지원

폐기물처리시설설치기관은 폐기물처리시설설치계획의 공고일 현재 당해 폐기물처리

14) 설치승인권한이 없는 행정청이 한 폐기물처리시설 설치승인처분이 당연무효라고 한 사례.

시설의 부지에 거주하는 자로서 건축물 또는 토지의 소유자, 무허가 건축물의 소유자, 세입자 등에 대하여 폐기물처리시설 설치로 인한 생활기반상실 등을 고려하여 일정한 기준에 의하여 이주정착지원금, 생활안정지원금, 이사비 등 지원을 할 수 있다(제15조 본문, 시행령 제15조).

2. 폐기물처리시설 주변영향지역의 지원

가. 주변영향지역의 결정

(1) 주변영향지역의 결정 · 고시

폐기물처리시설설치기관은 폐기물처리시설 설치계획이 공고된 날부터 2년 이내에 당해 폐기물처리시설의 설치 · 운영으로 인하여 환경상 영향을 받게 되는 주변지역(주변영향지역)을 결정 · 고시하여야 한다(제17조 제1항). 한편, 시행령 제17조 후문은 "결정 · 고시를 한 후 환경상 영향의 변동이 있다고 인정되는 경우에는 주변영향지역을 조정하여 고시할 수 있다"고 규정하고 있는바, 폐기물처리시설설치기관은 주변영향지역을 결정 · 고시한 후에도 위 규정에 따라 주변영향지역을 변경할 수 있다.15)

(2) 주변영향지역의 결정을 위한 의견수렴

폐기물처리시설설치기관은 주변영향지역을 결정 · 고시하려면 주민지원협의체가 선정한 전문연구기관으로 하여금 환경상 영향을 조사하게 하고, 그 결과를 수렴하여야 한다(동조 제2항). 이와 같이 주변영향지역의 결정 · 고시를 위한 환경영향 조사를 수행하는 전문연구기관을 주민지원협의체가 선정함으로써, 그 결과 주변영향지역의 결정이 주변영향지역의 결정에 의하여 이해관계를 갖게 주민지원협의체에 의해 좌지우지될 가능성이 있다. 동법은 주민지원협의체가 주변지역의 환경상 영향조사가 필요하지 아니하다고 인정하는 경우에는 해당 조사를 생략하거나 관계 전문가의 검토의견서로 대체할 수 있도록 하고 있는데, 그 결과 주변영향지역의 결정이 과학적 · 객관적인 방법이 아닌 주민지원협의체의 이해관계에 따라 이루어질 가능성이 있다.

객관적인 환경영향조사와 주변영향지역의 결정의 투명성 제고라는 관점에서 환경영향조사를 생략할 수 없도록 하거나 조사과정이나 결과를 공개하도록 할 필요가 있다. 아울러 주변영향지역의 결정 · 고시를 위한 환경영향 조사를 수행하는 전문연구기관을 폐기물처리시설설치기관이 직접 선정토록 하는 방안도 검토할 필요가 있다. 문제는 이 경우 주민지원협의체 또는 주민의 의견이 반영되는 경로가 차단됨에 따라 폐기물처리시설설치기관이 선정한 전문연구기관의 환경영향조사에 대하여 불신을 표시하는 등 사업집행과정에서 갈등이 형성될 소지도 있다는 것이다. 이러한 문제를 해결하기 위해서는 주민지원협의

---

15) 대법원 2014. 11. 13. 선고 2014두10127 판결(시행령 제17조 후문 규정 자체가 주변영향지역을 변경할 수 있는 근거가 될 것이므로 당초결정고시를 존속시킬 필요가 없게 된 사정변경이 생겼거나 중대한 공익상의 필요가 발생하여야만 당초의 결정고시를 변경할 수 있는 것은 아니라고 한 사례).

체로 하여금 복수(2~3개)의 전문연구기관을 추천토록 하고, 그 중에서 폐기물처리시설설치기관이 선정하는 등 주민지원협의체 또는 주민의 의견을 반영할 수 있는 방안에 대한 검토가 요망된다.

한편, 동법 제17조의2에서는 주변영향지역의 결정과 관련하여 구성 · 운영되는 주민지원협의체의 구성기준과 결격사유를 정하고 있다. 아울러 그 기능을 명확히 하고 있는데, 이는 그 동안 주민지원협의체의 기능과 관련하여 종종 발생한 다툼을 상당 부분 해소할 것으로 보인다.

(3) 영향권의 설정

주변영향지역은 환경상 영향의 정도에 따라 직접영향권과 간접영향권으로 구분된다. 즉 환경상 영향을 조사한 결과 인체 · 동물의 활동, 농 · 축산물, 임산물 또는 수산물에 직접적으로 환경상 영향을 미칠 것으로 예상되어 지역주민을 이주시킬 필요가 있다고 인정되는 지역은 직접영향권으로, 대통령령으로 정하는 범위[16]의 지역으로서 환경상 영향을 조사한 결과 환경상 영향이 미칠 것으로 예상되는 직접영향권 외의 지역은 간접영향권으로 구분된다(제17조 제3항). 영향권의 설정은 그 범위 내의 주민들이 특단의 사정이 없는 한 환경상 이익에 대한 침해 또는 침해우려가 있는 것으로 '사실상 추정'되기 때문에 이들이 해당 처분의 취소를 구할 경우 원고적격이 비교적 쉽게 인정될 것이다.[17]

나. 지원수단

(1) 토지매수청구권

직접영향권으로 결정된 지역의 토지 등을 소유한 자는 해당 폐기물처리시설설치기관에 그 토지 등의 매수를 청구할 수 있다. 토지매수청구권을 행사할 수 있는 자는 '소유자'로 국한된다. 이 경우 매수에 관하여는 「공익사업을 위한 토지 등의 취득 및 보상에 관한 법률」을 적용한다(제17조 제4항). 폐기물처리시설설치기관은 위와 같이 매수한 토지를 주민편익시설, 녹지, 그 밖에 대통령령이 정하는 용도에 사용하여야 한다(동조 제5항).

(2) 이주대책

폐기물처리시설설치기관은 대통령령으로 정하는 규모 이상의 폐기물처리시설[18]을 설치하는 경우에는 해당 시설의 부지 및 그 직접영향권 안에 있는 주민에 대하여 이주대책을 수립 · 시행할 수 있다(제18조 제1항). 이 규정에 따른 이주대책에 관하여는 「공익사업을 위한 토지 등의 취득 및 보상에 관한 법률」을 적용한다(동조 제2항).

---

16) "대통령령으로 정하는 범위"라 함은 폐기물매립시설의 부지경계선으로부터 2㎞ 이내 또는 그 밖의 폐기물처리시설의 부지경계선으로부터 300m 이내를 말한다(시행령 제20조).

17) 대법원 2005. 3. 11. 선고 2003두13489 판결.

18) "대통령령으로 정하는 규모 이상의 폐기물처리시설"이라 함은 다음에 해당하는 시설을 말한다: ① 조성면적 30만㎡ 이상인 폐기물매립시설로서 그 사용기간이 10년 이상인 시설; ② 위 ①의 규모 미만인 폐기물매립시설 중 이주대책을 수립할 필요가 있다고 인정하여 환경부장관이 고시하는 시설 또는 지방자치단체가 조례로 정하는 시설(시행령 제22조).

(3) 지역개발계획에의 반영

지방자치단체의 장은 대통령령으로 정하는 규모 이상의 폐기물처리시설에 대한 폐기물처리시설 설치계획이 공고된 경우에는 그 시설의 주변영향지역에 대한 산업유치 · 기간시설확충 등 지역개발촉진을 위한 사항을 해당 지역의 지역개발계획에 반영하여야 한다(제19조 제1항).

(4) 주민편익시설의 설치

동법은 폐기물처리시설설치기관으로 하여금 대통령령으로 정하는 바에 따라 해당 폐기물처리시설의 부지나 그 인근에 주민지원협의체와 협의하여 체육시설 등 지역주민을 위한 편익시설을 의무적으로 설치하도록 하고 있다. 다만, 주민지원협의체가 그 편익시설의 전부나 일부의 설치를 원하지 아니하는 경우에는 시설의 설치비용에 해당하는 금액을 주민지원기금에 출연할 수 있도록 함으로써 주민에 대한 효율적인 지원이 이루어지도록 하고 있다(제20조 제1항).[19] 한편, 제6조에 따라 공동주택단지나 택지를 개발하려는 자는 해당 지역을 관할하는 지방자치단체의 장과 협의하여 주민편익시설을 설치할 수 있다(동조 제2항).

(5) 주민지원기금의 조성 및 주변영향지역의 지원

폐기물처리시설설치기관은 주변영향지역의 주민을 지원하기 위하여 폐기물처리시설설치기관의 출연금, 해당 폐기물처리시설에 반입되는 폐기물에 대하여 징수한 수수료 중 대통령령으로 정하는 바에 따라 산정한 금액 등을 재원으로 주민지원기금을 조성하여야 한다(제21조). 주민지원기금은 주변영향지역 주민의 소득향상 및 복리증진을 지원하기 위한 사업에 사용하여야 한다(제22조 제1항).[20] 동법은 투명성 강화와 주민의 알 권리 보장 차원에서 지원사업의 구체적인 계획과 전년도 실적을 공개하도록 하고 있다(동조 제3항).

다. 폐기물처리시설의 관리

동법은 주변영향지역의 환경상 위해를 방지하기 위해 부대시설의 설치기준(제23조), 지역주민의 감시(제25조), 환경상 영향의 조사 및 공개(제26조) 등 안전장치를 마련하고 있다.

---

19) 폐기물처리시설설치기관이 편익시설을 설치하려는 경우에는 설치비용(용지비 · 보상비 · 시설부대경비 등을 제외한 시설공사비를 말함)의 100분의 10의 범위에서 편익시설을 설치하되, 그 종류 및 설치방법 등에 관한 사항은 주민지원협의체와 협의하여야 한다(시행령 제24조 제1항). 한편, 폐기물처리시설설치기관은 주민지원협의체와 협의하여 주변영향지역에 거주하는 주민에 대하여 편익시설의 사용료를 감면할 수 있다(동조 제2항).

20) 폐기물처리시설설치기관은 주변영향지역의 지원을 하는 경우 그 지역의 여건과 주민지원기금의 규모 등을 고려하여 가구별로 지원하거나 소득증대사업, 복리증진사업, 육영사업, 기타사업 등을 실시하되, 가구별 지원규모와 지원사업의 종류 및 규모는 지원협의체와 협의하여 결정하여야 한다(시행령 제27조 제1항, 별표 3). 지원의 방식은 직접영향권 안의 주민에 대하여는 가구별로 지원할 수 있고, 간접영향권 안의 주민에 대하여는 공동사업의 형태로 지원하는 것을 원칙으로 하되, 폐기물처리시설설치기관이 가구별로 지원하는 것이 특히 필요하다고 인정하면 환경부장관 또는 수도권매립관리공사의 장이 고시하거나 지방자치단체가 조례로 정하는 바에 따라 가구별로 지원할 수 있다(동조 제2항).

제8절 공공폐자원관리시설의 설치 · 운영 및 주민지원 등에 관한 특별법

폐자원으로 인하여 발생하는 국민건강 및 재산에 대한 피해를 예방하기 위하여 공공폐자원관리시설의 설치 · 운영 및 주민지원 등에 관하여 필요한 사항을 규정함으로써 공공처리대상폐기물을 신속하고 친환경적으로 처리하여 지속가능한 환경보전과 국민생활의 질적 향상에 이바지함을 목적으로 2020. 6. 9. 제정된 「공공폐자원관리시설의 설치 · 운영 및 주민지원 등에 관한 특별법」(공공폐자원관리시설법)이 제정되었다. 공공폐자원관리시설이란 이른바, 기피시설로서 그 입지가 쉽지 않다. 그러나 해당 시설은 필요악으로 지역사회에 꼭 필요한 시설이라고 할 수 있다. 이에 공공폐자원관리시설의 설치를 유도하는 한편, 해당 시설이 입지하는 지역 및 주민에 대한 사회적 배려가 필요하다. 결국 동법의 핵심은 법명이 암시하는 바와 같이 공공폐자원관리시설의 '설치'와 '주민지원'이다.

Ⅰ. 적용범위

동법에서 사용하는 '공공폐자원관리시설'이란 공공처리대상폐기물을 처리하기 위해 설치 · 운영하는 폐기물처리시설을 말한다(제2조 제8호). '공공처리대상폐기물'이란 다음의 어느 하나에 해당하는 폐기물을 말한다: ① 방치폐기물; ② 부적정처리폐기물; ③ 재난폐기물; ④ 「폐기물관리법」에 따른 사업장폐기물 중 국민건강과 재산에 대한 피해가 발생할 우려가 있어 대통령령으로 정하는 폐기물(동조 제7호).

Ⅱ. 공공폐자원관리시설의 설치

1. 기본계획

환경부장관은 공공폐자원관리시설 설치사업을 효과적으로 추진하기 위하여 공공폐자원관리시설의 설치 및 운영 기본계획을 수립하여야 한다(제5조).

2. 공공폐자원관리시설 설치 · 운영

동법은 환경부장관으로 하여금 공공처리대상폐기물을 처리하기 위하여 공공폐자원관리시설을 설치하도록 하되, 환경부장관이 지정하는 경우에는 한국환경공단 등이 공공폐자원관리시설을 설치 · 운영할 수 있도록 하고 있다(제6조).

Ⅲ. 공공폐자원관리시설의 설치절차

1. 입지선정

가. 입지후보지 선정계획의 수립 · 공고

공공폐자원관리시설을 설치 · 운영하려는 자(설치 · 운영기관)는 입지후보지 선정계획을 수립하여야 한다(제7조 제1항). 환경부장관 외의 설치 · 운영기관이 입지후보지 선정계획을 수립하는 경우에는 미리 환경부장관의 승인을 받아야 한다(동조 제2항). 환경부장관은 입지후보지 선정계획을 수립하거나 승인하였을 때에는 이를 공고하여야 한다(동조 제3항).

나. 입지후보지 공고

설치 · 운영기관은 입지후보지가 선정된 경우 대통령령으로 정하는 바에 따라 그 결과를 공고하여야 한다(제8조).

다. 입지선정위원회의 구성

설치 · 운영기관은 공공폐자원관리시설 입지후보지가 공고된 때에는 지체 없이 주민대표가 참여하는 입지선정위원회를 구성하여 공공폐자원관리시설의 입지를 선정하도록 하여야 한다(제9조 제1항).

라. 입지후보지 타당성 조사

입지선정위원회가 입지를 선정할 때는 미리 대통령령으로 정하는 전문연구기관으로 하여금 입지후보지에 대한 타당성을 조사하게 하여 그 결과를 반영하여야 한다(동조 제2항).

마. 입지 결정 · 고시

환경부장관은 공공폐자원관리시설 입지가 선정된 경우에는 관리시설설치 · 운영기관, 처리대상 폐기물의 종류 및 처리량 등을 포함하여 이를 결정 · 고시하고, 누구든지 1개월 이상 그 도면을 열람할 수 있도록 하여야 함(제10조, 시행령 제8조).

바. 용도지역 의제

공공폐자원관리시설의 입지가 「국토의 계획 및 이용에 관한 법률」 제6조 제1호에 따른 도시지역 밖에 있는 경우 그 지역은 같은 법 제36조 제1항에 따라 계획관리지역으로 지정된 것으로 보고, 그 시설은 같은 법 제43조 제1항에 따라 도시 · 군계획시설로 결정된 것으로 본다(제12조).

사. 행위제한

공공폐자원관리시설의 입지 안에서 토지의 형질 변경, 건축물의 건축, 공작물의 설치, 흙 · 돌 · 모래 또는 자갈의 채취, 대통령령으로 정하는 토지의 분할 또는 물건의 야적(野

積)[1] 등을 하려는 자는 관할 지방자치단체의 장의 허가를 받아야 한다(제13조 제1항). 지방자치단체의 장이 허가를 하려면 미리 환경부장관과 '협의'하도록 하고 있는데(동조 제2항), 이는 이미 결정 · 고시된 공공폐자원관리시설의 입지 안에서 공공폐자원관리시설의 기능에 영향을 줄 수 있는 행위에 대하여 주무기관과 협의할 필요가 있다는 인식에 기초하고 있다. 관할 지방자치단체의 장은 허가를 받지 아니하고 행위제한을 위반한 자에게 원상회복을 명할 수 있다(동조 제3항).

2. 설치계획

가. 설치계획의 수립

설치 · 운영기관은 공공폐자원관리시설 입지의 결정 · 고시가 있는 경우에는 공공폐자원관리시설 설치계획을 수립하여야 한다(제14조 제1항). 환경부장관 외의 설치 · 운영기관이 설치계획을 수립하는 때에는 환경부장관의 승인을 받아야 한다(동조 제2항).

나. 다른 법률에 따른 인가 · 허가 등의 의제

설치절차의 간소화 차원에서 동법은 설치계획이 공고된 경우 다른 법령에 의한 허가 등을 받거나 신고 · 고시를 한 것으로 보는 의제규정을 두고 있다(제16조).

다. 예상 피해에 관한 분쟁의 조정

설치 · 운영기관은 설치계획이 공고된 공공폐자원관리시설의 설치 · 운영으로 인하여 주변지역 주민에게 피해가 발생할 것으로 예상되는 경우에는 이에 대한 대책을 마련하여야 한다(제17조 제1항). 공공폐자원관리시설의 설치 · 운영으로 인한 피해에 관하여 분쟁이 발생한 경우 당사자의 일방 또는 쌍방은 환경분쟁조정위원회에 분쟁의 조정(調整)을 신청할 수 있다.

라. 토지 등의 수용 · 사용

설치 · 운영기관은 공공폐자원관리시설의 설치 및 이주대책의 시행에 필요한 토지 등을 수용하거나 사용할 수 있다(제18조).

Ⅳ. 주민지원

1. 입지 안에 거주하는 주민에 대한 지원

설치 · 운영기관은 결정 · 고시된 공공폐자원관리시설의 입지 안에 거주하는 주민에게 공공폐자원관리시설 설치로 인한 생활기반 상실 등을 고려하여 대통령령으로 정하는 바에 따라 지원을 할 수 있다(제11조). 시행령에서는 해당 시설의 입지 안에 거주하는 사람으로서 입지 안의 건축물 또는 토지의 소유자 등에게 거주 기간 등의 지급기준에 따라

---

1) 「건축법」 제57조에 따른 대지면적 최소한도 미만의 토지의 분할, 무게가 3톤을 초과하는 물건의 야적이 여기에 해당한다(시행령 제10조 제3항).

이주정착지원금 · 생활안정지원금 또는 동산의 운반에 필요한 비용을 지급하도록 하고 있다(제9조).

2. 주변영향지역의 지원

가. 주변영향지역의 결정 · 고시

설치 · 운영기관은 공공폐자원관리시설 설치계획이 공고된 날부터 2년 내에 공공폐자원관리시설의 설치 · 운영으로 인하여 환경 및 기타 일상생활에 영향을 받게 되는 주변영향지역을 결정 · 고시하여야 한다(제27조 제1항, 시행령 제13조 제1항).

나. 의견수렴

설치 · 운영기관은 주변영향지역을 결정 · 고시하려면 주민협의체가 선정한 연구기관으로 하여금 환경 및 기타 일상생활에 미치는 영향을 조사하게 하고, 그 결과를 수렴하여야 한다(동조 제2항). 한편, 동법은 제28조에서 주민협의체의 구성기준, 결격사유, 기능 등을 규정하고 있다.

다. 주변영향지역의 구분

주변영향지역은 환경 및 일상생활에 미치는 영향의 정도에 따라 이주지역과 기금수혜지역으로 구분된다. 즉 조사결과 인체 · 동물의 활동, 농산물 · 축산물, 임산물 또는 수산물, 재산권 등에 직접적으로 영향을 미칠 것으로 예상되어 지역주민을 이주시킬 필요가 있다고 인정되는 지역은 이주지역으로, 환경 및 기타 일상생활에 영향이 미칠 것으로 예상되는 지역 중 이주지역을 제외한 지역은 기금수혜지역으로 구분된다(동조 제3항).

3. 지원수단

가. 이주지역 거주주민에 대한 지원

(1) 이주대책

설치 · 운영기관은 공공폐자원관리시설입지 및 이주지역 안의 거주주민에 대해서는 이주대책을 수립 · 시행할 수 있다(동조 제4항).

(2) 매수청구

토지 · 건축물 등을 소유한 자는 이주대책이 수립된 경우에는 설치 · 운영기관에 그 토지 · 건축물 등의 매수를 청구할 수 있다. 이 경우 매수에 관하여는 「공익사업을 위한 토지 등의 취득 및 보상에 관한 법률」을 적용한다(동조 제5항).

나. 기금수혜지역 거주주민에 대한 지원

(1) 주민특별기금의 조성

설치 · 운영기관은 공공폐자원관리시설 운영으로 인한 이익을 기금수혜지역에 거주하는 주민과 공유하고 그 주민의 복지를 실현하기 위하여 국가의 출연금 또는 보조금과 설치 · 운영기관의 출연금을 재원으로 공공폐자원관리시설의 설치비용과 별도로 설치비용의 100분의 10에 상당하는 금액을 주민특별기금으로 조성하여야 한다(제29조 제1항 · 제2항).

(2) 지원 내용

주민특별기금은 관할 구역에 설치하는 공공폐자원관리시설의 설치를 위한 용도로만 사용하여야 한다(동조 제3항). 설치 · 운영기관은 주민특별기금을 사용한 경우 운영이익금을 기금수혜지역에 거주하는 세대에 현물 또는 현금 등으로 지급할 수 있다(동조 제4항).

다. 주민투자 및 이익 공유

공공폐자원관리시설입지를 관할하거나 인접한 특별자치시, 특별자치도, 시 · 군 · 구(투자참여지역)에 거주하는 주민은 해당 공공폐자원관리시설 설치사업에 투자하고, 운영이익금을 지급받을 수 있다(제30조).

라. 운영이익금의 배분

공공폐자원관리시설 설치 · 운영기관은 공공폐자원관리시설 설치 · 운영사업에서 발생한 수익에서 인건비 등을 제외한 운영이익금을 배분하거나 적립하여야 한다(제31조).

마. 공공폐자원관리시설 설치지역의 주민지원

관할 지방자치단체의 장은 지원금을 지원받는 경우 공공폐자원관리시설이 설치된 해당 지역 주민을 위한 편익시설의 설치 및 소득 향상 등 주민복지를 위한 사업에 사용하여야 함(제32조).

Ⅴ. 공공폐자원관리시설의 운영 · 관리

1. 설치기준

공공폐자원관리시설 설치 · 운영기관은 공공폐자원관리시설을 설치할 때는 친환경적이고 심미성이 우수한 디자인으로 설계 · 설치하여야 한다(제33조).

2. 지역주민의 감시

설치 · 운영기관은 주민협의체가 요구하는 경우에는 주민협의체에서 추천하는 지역주민(주민감시요원)에게 공공처리대상폐기물의 반입 · 처리과정 등을 감시하도록 할 수 있다(제34조).

3. 환경관리 강화

환경부장관은 공공폐자원관리시설 설치지역 환경을 유지 · 관리하기 위하여 필요한 경우 공공폐자원관리시설에 대하여 「대기환경보전법」 및 「폐기물관리법」 등에서 정하고 있는 환경상 기준보다 강화된 기준을 정하여 고시할 수 있다(제35조).

4. 주민복지 지원

설치 · 운영기관은 공공폐자원관리시설을 운영하는 경우 다음의 주민지원 사항을 이행할 수 있다: ① 기금수혜지역 거주 주민에 대한 건강검진 지원; ② 공공폐자원관리시설 입지에 설치되는 공원, 체육시설 등 공간의 우선 이용 · 사용 지원; ③ 폐기물처리과정에서 발생되는 온수 등 잉여에너지 공급(제36조).

5. 지역주민의 우선 고용

설치 · 운영기관은 공공폐자원관리시설이 설치된 해당 지역 주민의 삶의 질 향상을 위하여 주변영향지역에 거주하는 주민을 공공폐자원관리시설 근무자로 우선 고용할 수 있다(제37조).

6. 폐기물처리시설의 매수청구

환경부장관은 공공폐자원관리시설의 안정적인 확보를 위해 「폐기물관리법」 제25조 제3항에 따라 폐기물처리업의 허가를 받은 자가 휴업 또는 폐업, 허가취소, 파산 또는 회생절차의 개시 등으로 폐기물처리시설과 이에 부수되는 시설 및 토지의 매수를 청구하는 경우 기술진단의 실시, 매수가격의 결정, 청구인에 통보 등의 절차를 거쳐 매수할 수 있다(제38조, 시행령 제22조).

제 9 절 유기성 폐자원을 활용한 바이오가스의 생산 및 이용 촉진법

그동안 가축분뇨, 음식물류 폐기물 등의 유기성 폐자원은 주로 퇴비 · 사료 등으로 사용되었으나, 이러한 방식은 환경오염 우려와 생산된 퇴비 · 사료의 수요처 감소 등으로 인해 사회적 수용성이 줄어들고 있는 상황이다. 이에 환경적 부담은 줄이고 사회적 효용성은 높이는 방식으로 유기성 폐자원을 재활용할 필요가 있는데, 그 대표적 방식이 바로 '바이오가스'로 재활용하는 것이라고 할 수 있다.[1] 살포 · 매립된 퇴비, 사료 등은 썩으면서 메탄을 대기 중에 방출하는데, 이는 이산화탄소보다 20~80배까지 지구온난화에 부정적 영향을 미친다고 알려지고 있다. 결국 이들 유기성 폐기물을 대기 중에 방출되지 않도록 관리하고 에너지로 전환해 사용하는 방안이 기후변화 대응 측면에서 중요해지고 있다고 할 수 있다. 이러한 방안은 요즘 화두가 되고 있는 순환경제뿐만 아니라 님비(NIMBY) 현상을 해소, 완화하는 데도 일정 부분 기여할 수 있다.

요약컨대, 바이오가스의 생산과 이용은 에너지 활용과 온실가스 감축이라는 두 마리 토끼를 잡을 수 있는 최적의 방식이라고 할 만하다. 잠재력이 큰 유기성 폐자원의 효율

1) 유기성 폐자원을 활용한 바이오가스의 생산 및 이용 촉진법(대안) 제안이유서 참조.

적 이용을 도모할 수 있을 뿐만 아니라 폐기물 분야에서의 탄소중립을 달성하기 위한 효율적인 대안이라고 할 수 있기 때문이다. 이러한 관점에서 유기성 폐자원의 바이오가스 생산과 이용에 필요한 기반을 조성하도록 법제화하는 것은 순환경제의 활성화 도모 및 환경의 보전에 기여할 것이다.

2022. 12. 30. 제정된 「유기성 폐자원을 활용한 바이오가스의 생산 및 이용 촉진법」(바이오가스법)은 유기성 폐자원을 활용한 바이오가스의 생산과 이용에 필요한 기반을 조성함으로써 유기성 폐자원의 친환경적 활용을 촉진하고, 환경의 보전과 국민경제의 건전한 발전에 기여함을 명시적 목적으로 하고 있다(제1조). 동법상 '유기성 폐자원'이란 하수찌꺼기, 분뇨, 가축분뇨, 음식물류 폐기물, 동 · 식물성 잔재물 등을 말하며, '바이오가스'란 재생에너지 중 유기성 물질을 변환시켜 발생하는 가스를 말한다(제2조).

1. 당사자의 책무

동법은 지방자치단체의 장으로 하여금 관할 구역에서 발생하는 유기성 폐자원의 배출 및 처리 상황을 파악하고, 사업자가 바이오가스 생산에 적극 참여하도록 필요한 조치를 강구하도록 하며, 국가로 하여금 바이오가스 생산 및 이용에 관한 기술의 연구 · 개발을 지원하도록 하는 등 당사자별로 구분하여 그 책무를 지우고 있다(제4조).

2. 생산목표의 설정

환경부장관은 유기성 폐자원을 활용한 바이오가스의 생산을 촉진하기 위하여 공공의무생산자 및 민간의무생산자(바이오가스 의무생산자)를 대상으로 매년 바이오가스 생산목표를 설정 · 관리하여야 한다. 동법은 바이오가스 의무생산자를 공공영역의 시 · 도지사, 시장 · 군수 · 구청장과 민간영역의 일정 규모 이상의 배출 · 처리 사업자로 구분하여 정하고 있다(제5조 제1항). 민간의무생산자로는 돼지사육 사업자, 가축분뇨처리시설을 운영하는 사업자, 음식물류 폐기물을 배출하는 사업자 등을 들 수 있다(시행령 제3조 참조). 바이오가스 의무생산자의 바이오가스 생산목표는 유기성 폐자원 발생량에 유기성 폐자원별 생산수율 등을 고려한 회수 · 생산계수를 곱한 값의 합에 대통령령으로 정하는 생산목표율을 곱하여 산정한다(동조 제2항).

3. 생산목표의 달성

바이오가스 의무생산자의 바이오가스 생산목표 달성도는 기본적으로 바이오가스 의무생산자가 직접 또는 위탁 운영하는 바이오가스 생산시설에서 생산한 바이오가스 생산량을 기준으로 산정한다. 부가적으로 다른 사업자가 제공한 바이오가스 생산량도 실적으로 인정받을 수 있는데, 해당 바이오가스 생산량을 제공한 바이오가스 생산자는 이를 바이오가스 생산 실적으로 중복하여 인정받을 수 없다(제6조, 제7조).

4. 과 징 금

동법은 바이오가스 생산목표를 달성하지 못한 바이오가스 의무생산자에게 과징금을 부과할 수 있도록 근거 규정을 두고 있다(제8조). 이에 따르면 그 상한은 목표미달성분에 「도시가스사업법」 제20조 제1항에 따라 승인된 공급규정에 따른 도시가스 요금을 곱한 금액의 범위 내이다.

5. 배출량 등의 보고

바이오가스 의무생산자는 매년 유기성 폐자원의 배출량, 처리량 및 바이오가스 생산량을 산정 · 작성하여 환경부장관에게 보고하여야 한다(제9조).

6. 통계 관리 및 성과평가

동법은 환경부장관이 국가 전체의 유기성 폐자원 발생량, 처리량 및 바이오가스 생산량 등 유기성 폐자원 및 바이오가스에 관한 통계를 매년 작성 · 관리하도록 하고, 바이오가스 생산시설의 운영성과에 대한 평가를 실시하도록 하고 있다(제10조).

7. 바이오가스의 이용 촉진 등

바이오가스 이용 촉진을 위해 시 · 도지사 및 시장 · 군수 · 구청장은 도시가스사업자, 수소제조자, 집단에너지사업자 또는 발전사업자 등에게 이 법에 따라 생산된 바이오가스의 이용을 권고할 수 있으며(제13조), 민간의무생산자를 지원하기 위해 바이오가스를 생산하는 과정에서 발생하는 잔재물 등을 공공처리시설, 분뇨처리시설 등에서 처리할 수 있도록 하고 있다(제15조).

8. 바이오가스센터의 설치 · 운영

동법은 바이오가스 생산목표의 설정 및 이행 관리, 유기성 폐자원 및 바이오가스에 관한 통계 관리 등의 업무를 수행하는 바이오가스센터의 설치 · 운영 근거를 마련하고 있다(제17조).

제10절 폐기물의 국가간 이동 및 그 처리에 관한 법률

폐기물의 국가간 이동을 유발하는 원인은 다양하다. 우선, 선진국의 폭증하는 폐기물 발생량과 제한된 폐기물 처리공간, 증가하는 폐기물 처리비용과 선 · 후진국간에 존재하는 처리비용의 심한 차이[1] 등을 들 수 있다. 한편, 폐기물의 수출 · 입에는 경제적 동기

---

1) 미국에서 처리비용이 톤당 2,500달러 정도에 이르는 데 반하여 후진국에서의 처리비용은 톤당 3달러 정도이다. Teresa A. Wallbaum, *America's Lethal Export: The Growing Trade in Hazardous Waste*, 1991 U. Ill. L. Rev. 889, 891 (1991). 서아프리카에 있는 Guinea-Bissau 같은 국가는 톤당 40달러 정도에 기꺼이 폐기물을 처리하려고 한다. James Brooke, *Waste Dumpers Turning to West Africa*, N.Y. Times, 1988. 7. 17. 기사, A1면. 선진국에서의 처리비용은 보

가 크게 작용하고 있는데, 수입국은 폐기물을 수입하는 것을 외화를 획득하는 좋은 기회로 생각하고 있다.[2] 또한, 수출국과 수입국의 상이한 법적 기준도 폐기물의 국경이동을 조장하고 있다. 예컨대, 폐기물을 발생하는 선진국은 국내의 엄격한 기준을 준수하는 것보다 폐기물을 외국에 수출하는 것이 보다 비용－경제적이기 때문에 그들의 폐기물을 외국에서 처리함으로써 엄격한 국내 기준을 준수함에 따라 생겨나는 막대한 비용을 절약하려고 하는 것이다.[3] 국내 환경법규가 역외적으로(extraterritorially) 적용되지 않는다는 점도 폐기물 발생자로 하여금 부적절한 폐기물처리에 따른 국내 법규에 의한 책임을 회피하기 위한 수단으로서 폐기물 수출을 고려하게 하는 빌미를 주고 있다.[4] 또한, 재사용(reusing), 재활용(recycling) 등과 같은 오염물질을 감소하는 조치를 시행하기 위하여는 단기적으로 비용이 소요되는데, 이러한 비용 지출에 호의적이지 아니한 사업자의 태도는 폐기물 수출의 한 원인으로 작용할 수 있다.[5] 유해폐기물을 재활용 가능한 자원 또는 원자재로 보아 이들의 국가간 이동을 허용하는 법체제의 존재도 폐기물의 국가간 이동의 단서가 되고 있다.[6]

단기적으로 선진국에서 후진국으로의 폐기물 이동은 수출·입국 서로에게 이익일 것으로 보인다. 그러나 긴 안목에서 살펴볼 때 이는 사실이 아니다. 왜냐하면 유해폐기물의 수출·입은 단기적인 이익을 훨씬 상회하는 장기적인 비용지출을 초래하기 때문이다.[7] 제한된 재정적·법적·기술적 자원과 유해폐기물을 관리하는 데 있어서의 무경험 등은 유해폐기물의 정화를 불충분하게 만들고, 결과적으로 인간의 유해물질에의 노출 가능성을 증가시킨다. 종종 불충분한 폐기물 처리는 야간의 무단 투기와 가장(假裝) 재활용(sham recycling)으로 이어진다. 또한 부적절한 폐기물 처리는 지하수와 농작물 오염을 야기하고, 암과 유산 등의 건강상의 문제를 증가시키며, 생태계의 침해를 초래한다. 유해폐기물의

통 외국에서의 처리비용과 그 처리를 위한 운반비용을 합한 비용을 초과하고 있다. Maurreen T. Walsh, *Comment, the Global Trade in Hazardous Wastes: Domestic and International Attempts to Cope with a Growing Crisis in Waste Management*, 42 Cath. U. L. Rev. 103, 109 (1992).

2) Millman, *Exporting Hazardous Waste*, Tech. Rev., 1989. 4, 6면.

3) Marguerite M. Cusack, *International Law and the Transboundary Shipment of Hazardous Waste to the Third World: Will the Basel Convention Make a Difference?*, 5 Am. U. J. Int'l L. & Pol'y 393 (1991).

4) Stephen Johnson, *The Basel Covention: The Shape of Things to Come for States Waste Exports?*, 21 Envtl. L. 299, 304 (1991).

5) Julienne I. Adler, *United States' Waste Export Control Program: Burying Our Neighbors in Garbage*, 40 Am. U. L. Rev. 885, 893 (1991).

6) Elizabeth C. Rose, *Transboundary Harm: Hazardous Waste Management Problems and Mexico's Maquiladoras*, 23 Int'l L. 223, 230 (1989); Luis R. Vera－Morales, *Dumping in the International Backyard: Exportation of Hazardous Wastes to Mexico*, 7 Tul. Envtl. L. J. 353, 384 (1994). 「유해폐기물의 국가간 이동 및 그 처리의 통제에 관한 협약(바젤협약)」은 문제의 폐기물이 수입국의 재활용 또는 회수산업의 원자재로서 필요한 경우 예외적으로 폐기물의 국가간 이동을 허용하고 있다. Basel Convention on the Control of Transboundary Movements of Hazardous Wastes and Their Disposal, 28 I. L. M. 649 (1989), 제4조 제9항(a).

7) Peter Obstler, *Toward a Working Solution to Global Pollution: Importing CERCLA to Regulate the Export of Hazardous Waste*, 16 Yale J. Int'l L. 73 (1991).

거래에 따라 특히 정치 · 경제 · 사회적으로 취약한 소외계층은 다양한 유독물로 인하여 회복할 수 없는 악영향을 받을 것이다. 단기적인 경제적 이익에도 불구하고 폐기물 수입은 국민의 건강과 환경을 크게 위협하는 것이다. 폐기물의 이동 중에 해난 사고가 발생한 경우 주변 해양생태계는 직 · 간접적으로 심대한 영향을 받을 것이다.

이와 같은 환경 문제는 수입국 내부에서만으로 끝나지 않는다. 예컨대, 미국의 한 회사가 오수 슬러지(sludge)를 농작물을 위한 비료용으로 카리브해 국가에 수출하고, 미국 국내에서는 사용이 금지된 살충제를 아시아 국가에 수출하는 경우를 생각해 보자. 미국은 많은 양의 농작물을 수입하는 국가이므로 미국에서 수출한 슬러지나 살충제에 오염된 농작물이 미국 소비자의 식탁에 오를 가능성은 많은 것이다. 결국, 유해폐기물이 부적절하게 처리될 경우 그 폐기물은 수출국으로 역류할 가능성이 있는 것이다. 말하자면 폐기물 수출은 우리의 환경에 부메랑효과를 갖는 셈이다.

국제적인 성격을 띠는 환경 재난은 장기간 지속된다. 비록 유해폐기물의 이동과는 관련 없는 사건이지만 1984년 인도 보팔(Bhopal)에서 일어났던 유니언 카바이드(Union Carbide) 가스 누출사건[8]과 1986년의 체르노빌(Chernobyl) 원전 방사능물질 유출사건[9]은 유해물질과 관련한 국제적인 재난의 심각성을 극명하게 보여주고 있다. 과학자들은 아직까지도 체르노빌 사고에 따른 장기적인 영향에 대하여 확신을 갖지 못하고 있다. 같은 맥락에서 유해폐기물 국가간 이동은 국제적인 성격의 환경 재난을 야기할 가능성을 배제할 수 없다.

폐기물의 국가간 이동은 앞서 살펴본 경제, 그리고 인간의 건강과 환경에 미치는 악영향 외에도 국가간의 관계에 금이 가게 함으로써 정치적인 의미를 갖기도 한다. 선진국이 후진국을 자신들의 폐기물 처리장으로 인식함으로써 국제 정치관계는 종종 긴장국면을 맞기도 한다.[10] 후진국들이 선진국으로부터 후진국으로 폐기물 이동에 대하여 '독성 테러리즘(toxic terrorism)' 또는 '쓰레기 제국주의(garbage imperialism)'로 이해하는 인식이 점차 확산되는 것은 주목할 만하다.[11] 1997년 대만이 핵폐기물을 북한에 수출하려고 한

8) 유니언 카바이드 가스 누출사건은 인간의 생명에 치명적인 메틸이소시안염(methyl isocyanate) 가스 수천 파운드가 유니언 카바이드 제조회사로부터 누출된 사건으로서, 누출된 유독 가스로 10,000명 정도의 사망자와 200,000명 이상의 부상자가 발생하였다. *In re Union Carbide Corp. Gas Plant Disaster*, 809 F.2d 195, 197 (2d Cir. 1987).

9) 체르노빌 원자력 발전소에서 발생한 화재와 폭발은 막대한 양의 방사능물질의 유출로 이어졌고 이로 인하여 작업 중이거나 발전소 바로 인근에 있던 31명이 즉사하였다. 방사능물질은 다른 유럽 국가들로 확산되면서 이들 국가의 생태계를 심각히 파괴하였다. Chernobyl: The Soviet Report, NUCLEAR NEWS Special Report, Sept. 11, 1986, at 1, col. 7; Jillian Barron, *After Chernobyl: Liability for Nuclear Accidents Under International Law*, 25 Colum. J. Transnat'l. L 647, 647 (1987).

10) Teresa A. Wallbaum(각주 1), 913면.

11) 아프리카동맹기구(OAU)는 폐기물의 국가간 이동을 "독성 테러리즘"이라고 하면서 이를 비난한 바 있다. Millman(각주 2). 또한 케냐의 다니엘 아랍 모이(Daniel Arap Moi) 대통령은 선진국의 이러한 행위를 "쓰레기 제국주의"라고 지칭한 바 있다. James Brooke(각주 1). 말리공화국의 환경부장관인 모리핑 코네(Morifing Kone)는 폐기물 수출을 도덕적으로 비난받아야 하는 범죄행위(morally reprehensive and criminal act)라고 부른 바 있다. Environmental Law and Machinery Unit, *Hazardous Waste: Why Africa Must Act Now*, 1989. 12, 1 내지 3면.

계획[12)]은 우리나라와 전 세계의 환경단체들로부터 심한 반발을 불러일으켰으며, 그 결과 우리나라와 대만 정부의 국제관계는 급속한 긴장관계를 맞게 되었다.

폐기물 발생량과 폐기물의 국가간 이동량의 증가는 국제적 차원에서 환경에 대한 경각심이 증가하는 것과 맞물려 유해폐기물과 관련하여 포괄적인 국제적 규제체제를 탄생시켰다: 1989년 「유해폐기물의 국가간 이동 및 그 처리의 통제에 관한 협약(바젤협약)」. 「바젤협약」을 국내법으로 수용한 것이 바로 「폐기물의 국가간 이동 및 그 처리에 관한 법률」(폐기물국가간이동법)이다. 동법은 「바젤협약」 및 같은 협약에 따른 양자간 · 다자간 또는 지역적 협정을 시행하고, 폐기물의 수출 · 수입 및 국내 경유를 규제함으로써 폐기물의 국가간 이동으로 인한 환경오염을 방지하여 국제협력을 증진함을 목적으로 1992. 12. 8. 제정되었다(제1조). 동법의 핵심적인 내용은 일정한 폐기물을 수출하거나 수입하려면 반드시 환경부장관의 허가를 받아야 한다는 것이다.

Ⅰ. 국가 및 폐기물 수출입자의 의무

국가는 폐기물의 국가간 이동으로 인하여 발생하는 사람의 건강과 환경에 대한 피해의 위험성을 인식하고 국민의 건강과 환경오염예방을 위하여 폐기물의 수출입 등을 통제 · 관리하기 위한 적절한 시책을 마련하여야 한다. 또한, 국가는 폐기물을 적정하게 관리하기 위한 기술의 개발, 정보의 수집 · 이용 및 전파, 관리체계의 구축 등을 위하여 협약당사국등과 서로 협력하여야 하며, 폐기물과 관련된 기술의 개발 및 이전 등에 대한 지원을 하여야 한다(제4조).

한편, 폐기물을 수출 · 수입 · 운반 또는 처리하는 자는 폐기물의 수출입 등으로 인하여 사람의 건강과 환경에 위해가 발생하지 아니하도록 하여야 하고, 위해 방지를 위한 기술의 개발 및 정보의 교환 등에 적극 노력하여야 하며, 폐기물의 수출입 등으로 인하여 사람의 건강과 환경에 위해가 발생하였을 때에는 이를 제거하는 데에 필요한 모든 조치를 하여야 한다(제5조).

Ⅱ. 적용대상폐기물

동법은 폐기물을 다음의 어느 하나에 해당하는 물질로 정의하고 있다: ① 「바젤협약」

12) 1997년 1월경 대만전력공사(Taipower)와 북한이 체결한 핵폐기물 처리계약에 따르면 영구적인 폐기처분을 위하여 20만 배럴의 저준위 핵폐기물이 북한에 수출된다는 것인데, 그 주요 내용은 먼저 6만 배럴을 2년 이내에 처리하고 그 양을 점차 증가시키며, 핵폐기물의 북한반입에 대한 대가로 1배럴당 1,300달러가 북한에 지급된다는 것이다. "대만 핵폐기물 북한 매립계약", 동아일보, 1997. 1. 13. 기사; *Greenpeace Protests Taiwan Plans to Ship Nuclear Waste to Pyongyang*, Agence Trance－Presse, 1997. 9. 7. 기사. 이 계약은 한반도 및 동북아의 방사능 오염 가능성을 우려한 우리나라, 중국, 미국 등 국제사회의 거센 반발로 대만 정부와 북한이 사실상 포기한 것으로 알려지다가 최근 대만 정부와 북한이 계약 만료 기한을 2년 연장한 것으로 알려짐으로써, 대만의 원자력발전소에서 발생한 핵폐기물을 북한에서 처리하는 문제가 다시 재연되고 있다. "북, 대만 핵폐기물 수입 재추진", 한국일보, 2001. 2. 14. 기사.

부속서 등에 규정된 폐기물 및 협약 제11조에 따른 양자간 · 다자간 또는 지역적 협정에서 수출 · 수입 및 국내 경유의 규제가 필요한 것으로 정하는 물질로서 대통령령으로 정하는 물질(수출입규제폐기물), ② 「폐기물관리법」 제2조 제1호의 폐기물 중 수출입규제폐기물 외의 폐기물로서 수출 · 수입의 관리가 필요하여 대통령령으로 정하는 물질(수출입관리폐기물)(제2조 제1호).13) 동법 시행령에서는 구체적으로 「바젤협약」 부속서 1 또는 8에서 정한 폐기물로서 부속서 3에 규정한 유해한 특성을 가지는 것과 부속서 2에서 정한 폐기물,14) 협약 제3조 제1항 내지 제3항 및 협약 제11조에 의하여 우리나라가 협약사무국에 통보하거나 통보받은 폐기물 등을 수출입규제폐기물로 정하고 있다(시행령 제2조). 폐기물의 품목은 당해 폐기물의 유해성, 다른 물질에 의하여 오염될 경우의 위험성, 재생처리의 곤란성 등에 따라 황색폐기물(amber wastes)과 적색폐기물(red wastes)로 구분하여 환경부장관이 산업통상자원부장관과 협의하여 고시한다(시행령 동조 제2항).15)

[1] 대법원 2019. 11. 14. 선고 2019도6525 판결

유해 폐기물의 국제적 이동의 통제와 규제를 목적으로 하는 바젤협약, 폐기물의 국가 간 이동 및 그 처리에 관한 법률, 폐기물의 국가 간 이동 및 그 처리에 관한 법률 시행령, 환경부고시(제2017-188호) [별지] 수출입규제폐기물의 품목 중 가.항 (1)호의 '금속폐기물 또는 다음 성분(안티몬 등 9개 금속)의 합금으로 구성된 폐기물(Metal wastes and waste consisting of alloys of any of the following)'의 체계와 구조, 문구, 내용, 취지 등을 종합하여 볼 때, 위 환경부고시(제2017-188호) [별지] 수출입규제폐기물의 품목 중 가.항 (1)호에서 규정하고 있는 것은 안티몬 등의 합금으로 구성된 금속폐기물에 한정되는 것이 아니라 금속폐기물 자체를 의미하는 것으로 해석하는 것이 타당하다.16)

그러나 「원자력안전법」에 따른 방사성물질 및 이에 의하여 오염된 물질, 「해양환경관리법」에 따른 해역배출폐기물과 선박의 항행에 따라 배출되는 폐기물에 대하여는 동법이

---

13) 「바젤협약」은 폐기물을 "국내법 규정에 의하여 처리되거나, 처리가 의도되거나, 처리될 것이 요구되는 물질 또는 대상"이라고 정의하고 있다. 바젤협약(각주 6), 제2조 제1항.

14) 「바젤협약」하에서 '유해폐기물'이란 부속서 3에 포함된 특성을 보유하면서, 부속서 1에 포함된 폐기물을 의미한다. 수출, 수입 또는 통과당사국의 국내법에 의하여 유해폐기물로 정의되거나 인정되는 폐기물도 유해하다. Id. 제1조 제1항(a)(b). 부속서 2에 포함된 폐기물은 기타 폐기물(other wastes)로 정의되는데 역시 동협약의 규제를 받는다(제1조 제2항).

15) 경제협력개발기구(OECD)는 자원회복(recovery)을 위하여 이동하는 폐기물을 규제하기 위하여 폐기물 유형을 환경에의 위해성 정도에 따라 3단계로 구분하는 소위 폐기물등재제도를 채택하고 있다. 이에 따르면, 녹색 폐기물(green wastes)은 「바젤협약」에서 정의되어 있는 유해폐기물의 성격을 일체 가지고 있지 아니한 폐기물로서 상거래에 통상적으로 적용되는 규제를 받으며, 적색 폐기물(red wastes)은 「바젤협약」이 규정하고 있는 사전통고동의절차(Prior Informed Consent: PIC) 등 엄격한 규제를 받는 유해폐기물이며, 황색 폐기물(amber wastes)은 이들의 중간 단계에 있는 폐기물이다.

16) 해당 조항의 영문에서 "consisting of alloys of any of the following"라는 문구가 폐기물(waste)만을 수식한다고 볼지, 폐기물뿐만 아니라 금속폐기물(Metal wastes)도 수식한다고 보아야 하는지에 따라 결론이 달라진다고 할 수 있다. 사안에서 법원은 폐기물(waste)만을 수식한다고 해석하면서 해외에서 수입된 폐유에 오염된 것으로 보이는 "폐엔진"이 해당 조항이 규정하고 있는 금속폐기물(Metal wastes)에 해당한다고 보았다.

적용되지 아니한다(제3조).

Ⅲ. 수출입규제폐기물의 통제

1. 폐기물 수출입자의 자격 등

동법은 폐기물 수출입자의 자격을 명시하고, 수출입 허가서 및 신고 증명서의 대여를 금지함으로써(제5조의2, 제6조, 제10조, 제18조의2), 무분별한 수출입을 차단하고 있다.

2. 폐기물의 수출

가. 허 가

수출입규제폐기물을 수출하려는 자는 환경부장관의 허가를 받아야 한다(제6조 제1항). 국제거래의 주무부처가 산업통상자원부이지만 폐기물의 거래가 환경문제와 밀접한 연관이 있다는 점을 감안하여 폐기물의 수출 허가업무의 주관을 환경부장관의 소관으로 한 것으로 이해된다. 동법은 수출입규제폐기물의 수출허가 요건을 구체화하고 있다. 즉 환경부장관은 수출입규제폐기물의 수출 허가신청 또는 변경허가신청을 받은 경우에는 다음의 어느 하나의 요건에 해당하는 경우에만 이를 허가할 수 있다: ① 국내에서 해당 폐기물을 환경적으로 건전하고 적정하게 처리하기 위하여 필요한 기술과 시설을 가지고 있지 아니한 경우; ② 해당 폐기물이 수입국의 재활용을 위한 산업의 원료로 필요한 경우(동조 제2항). 이는 「바젤협약」에서 정하고 있는 유해폐기물의 수출 허가 요건과 동일한 내용이라 할 수 있다. 허가부담을 줄이기 위하여 물리적 · 화학적 특성이 같은 수출입규제폐기물을 국내의 같은 세관 및 수입국의 같은 세관을 통하여 같은 자에게 두 번 이상 수출하는 경우(포괄수출)에는 12개월의 범위에서 기간을 정하여 한꺼번에 허가할 수 있다(동조 제5항).

나. 동 의

환경부장관은 수출허가를 하려는 경우에는 수출입규제폐기물의 수입국 및 경유국의 동의를 받아야 한다(동조 제3항).

다. 수출이동서류의 교부 및 소지

수출입규제폐기물의 수출허가(변경허가를 포함)를 받은 자는 수출입규제폐기물에 관한 이동서류(수출이동서류)를 작성하여야 한다(제7조). 수출입규제폐기물을 운반하는 자는 해당 수출입규제폐기물에 관한 수출이동서류를 지녀야 하며, 수출입규제폐기물을 인도하는 경우에는 수출이동서류에 인도일 그 밖에 대통령령으로 정하는 사항을 적고 서명하여야 한다(제8조).

3. 폐기물의 수입

가. 허　　가

수출입규제폐기물을 수입하려는 자는 환경부장관의 허가를 받아야 한다(제10조 제1항). 나아가 동법은 수출입규제폐기물 수입 허가요건을 특정하고 있다. 즉 환경부장관은 수출입규제폐기물의 수입 허가신청 또는 변경허가신청을 받은 경우에는 다음에 해당하는 경우에만 이를 허가할 수 있다: ① 해당 폐기물을 환경적으로 건전하고 적정하게 처리하기 위하여 필요한 기술과 시설을 가지고 있는 경우; ② 해당 폐기물이 재활용을 위한 산업의 원료로 사용되는 경우(동조 제2항). 이 또한 「바젤협약」에서 정하고 있는 요건과 동일한 것으로 법에 명확히 규정함으로써 협약 집행의 효율성이 보다 향상될 것으로 보인다. 포괄수입의 경우에는 한꺼번에 수입허가를 할 수 있도록 함으로써(동조 제6항), 허가부담을 줄이고 있다.

나. 동　　의

환경부장관은 수출국의 주무관청이 수출입규제폐기물의 수입 동의 요청을 하였을 때에는 그 폐기물의 수입에 관한 동의 여부를 결정하여 수출국에 통지하여야 한다(동조 제4항).

다. 수입이동서류의 작성

수출입규제폐기물의 수입허가(변경허가를 포함)를 받은 자는 해당 수출입규제폐기물을 수입하였을 때에는 해당 수출입규제폐기물에 관한 이동서류(수입이동서류)를 작성하여야 한다(제11조).

라. 수입이동서류의 소지의무 등

수입허가를 받은 수출입규제폐기물을 처리하는 자는 해당 수입이동서류 및 수출국의 법령에 따라 발행된 이동서류(수출국의 법령에 따라 국가간 이동 통제 대상 폐기물로 규정된 경우만 해당: 수출국발행이동서류)와 인계 · 인수에 관한 내용을 출력한 서류를 지녀야 하며, 해당 수출입규제폐기물을 인도하는 경우에는 수입이동서류에 인도일과 그 밖에 대통령령으로 정하는 사항을 적고 서명하여야 하며(제12조 제1항), 수입이동서류에 적힌 내용을 준수하여야 한다(동조 제2항).

마. 수출입규제폐기물의 처리 결과 등의 통보

수입허가를 받은 수출입규제폐기물의 처리를 완료한 자는 지체 없이 대통령령으로 정하는 바에 따라 해당 폐기물의 수령 및 처리 결과를 적은 서류를 수출국의 주무관청과 수출한 자에게 보내고 그 사본을 환경부장관에게 제출하여야 한다(제14조).

4. 폐기물의 수출 · 입허가취소

환경부장관은 수출입규제폐기물의 수출 또는 수입허가를 받은 자가 거짓이나 그 밖의 부정한 방법으로 허가를 받았을 때, 허가조건을 이행하지 아니하였을 때 등 일정한 경우에는 그 허가를 취소할 수 있다(제15조).

5. 폐기물의 국내경유 동의

환경부장관은 수출국의 주무관청이 수출하려는 수출입규제폐기물의 국내 경유의 동의를 요청하였을 때에는 그 경유에 관한 동의 여부를 결정하여 수출국에 통지하여야 한다(제16조).

6. 폐기물의 포장 등

수출입규제폐기물을 수출하거나 수입하려는 자는 대통령령으로 정하는 바에 따라 포장 · 표지 부착 등을 하여야 한다(제17조).

Ⅳ. 수출입관리폐기물의 관리

수출입관리폐기물을 수출하거나 수입하려는 자는 대통령령으로 정하는 바에 따라 그 폐기물의 종류 · 양 및 처리계획 등이 포함된 서류를 첨부하여 환경부장관에게 신고하여야 한다(제18조의2 제1항). 이는 「바젤협약」상의 유해폐기물이 아니라 하더라도 폐기물의 무분별한 수출 · 입 및 적정하지 못한 처리로 환경오염과 국제분쟁을 일으킬 수 있으므로 이를 '신고'를 통하여 사전에 관리할 수 있도록 하려는 것이다. 환경부장관은 신고를 하지 아니하고 수출 또는 수입을 하거나 신고한 내용과 다른 폐기물을 수출 또는 수입하였을 때에는 기간을 정하여 해당 폐기물의 반입 또는 반출을 명하거나 적정한 방법으로 관리할 것을 명할 수 있다(제20조 제3호의2).

Ⅴ. 수출입폐기물의 처리

1. 수입폐기물의 처리

동법은 수입허가를 받은 자와 제18조의2 제1항에 따라 수입신고를 한 자로 하여금 그 수입폐기물을 스스로 처리하거나 폐기물처리업의 허가를 받은 자 등 일정한 자에게 위탁하여 처리하도록 하고 있다(18조의3 제1항). 폐기물처리 위탁은 폐기물의 안전처리, 환경오염의 방지 등을 염두에 둔 것이라고 할 수 있다.

동법은 수입폐기물의 인계 · 인수를 전자정보처리프로그램에 입력하는 방식으로 하도록 함으로써, 처리증명의 투명화 및 간소화를 도모하고 있다. 이에 따르면 환경부장관은 수입폐기물의 인계 · 인수에 관한 내용 등을 전산처리할 수 있는 전자정보처리프로그램을 구축 · 운영하여야 하며(제18조의4), 수입허가를 받은 자 등은 수입 또는 처리할 때마다 그 폐기물의 인계 · 인수에 관한 내용을 전자정보처리프로그램에 입력하여야 하고(동조 제2항), 수입폐기물을 운반하는 자는 그 폐기물을 운반하는 중에 전자정보처리프로그램에 입력된 폐기물 인계 · 인수 내용을 확인할 수 있도록 인계번호를 숙지하여야 하며, 관계 행정기관이나 그 소속 공무원이 요구할 때에는 인계번호를 알려주어야 한다(동조 제3항).

수입폐기물을 처리하는 자는 「폐기물관리법」 제13조에 따른 폐기물의 처리 기준 · 방법과 같은 법 제13조의2에 따른 폐기물의 재활용 원칙 및 준수사항에 따라 수입폐기물을 처리하여야 한다(동조 제4항). 이러한 일련의 조치는 수입폐기물의 처리에 있어서 국내폐기물과 동일한 의무를 부과하고 있는 것이다. 이는 수입된 폐기물이 국내에서 '배출'되지 않았다는 이유로 사업장폐기물배출자의 처리의무를 부담하지 않는 것으로 오해될 수 있는 소지를 차단하여 수입폐기물의 처리의 경우에도 국내폐기물과 동일하게 취급하기 위한 것으로 이해된다.

아울러 동법은 수입폐기물을 수입할 당시의 성질과 상태 그대로 수출하지 못하도록 규정하고 있는데(동조 제5항), 이는 수입폐기물을 다시 그대로 수출함으로써 우리나라가 국제폐기물의 중계무역장으로 이용되는 것을 방지하려는 것이다.

2. 수출입폐기물 인계 · 인수 내용 등의 전산처리

동법은 수출입폐기물의 인계 · 인수 내용의 전산처리를 의무화함으로써(제18조의4, 제18조의5), 수출입폐기물의 추적과 처리경로의 투명성을 도모하고 있다.

3. 수출 · 입 금지

환경부장관은 사람의 건강 보호와 환경보전을 위하여 다음에 해당하는 긴급한 조치가 필요한 사유가 발생하였을 때에는 기간을 정하여 폐기물의 수출 또는 수입을 금지하거나 제한할 수 있다: ① 원자력사고가 발생한 지역 등 환경부장관이 수입을 금지 또는 제한하는 지역에서 폐기물을 수입하려는 경우; ② 대통령령으로 정하는 유해물질이 환경부장관이 고시하는 기준 이상으로 포함된 경우(제19조 제1항). 이러한 금지 · 제한 조치는 다른 나라에서 발생한 유해폐기물, 유해물질이 우리나라에서 처리되는 것을 원천적으로 차단하기 위한 것으로 이해된다. 또한 동법은 「바젤협약」과 유사하게 사람의 건강과 환경에 위해를 줄 우려가 있는 폐기물에 대하여 수출하거나 수입할 수 없도록 하고 있으며(동조 제2항), 폐기물을 적정하게 처리할 능력이 없는 국가에 대하여는 폐기물을 수출할 수 없도록 하고 있다(동조 제3항).

4. 폐기물 수출입자의 보증의무

동법은 폐기물 수출입자에게 보증금 예탁 또는 보증보험 가입을 의무화함으로써(제18조의6), 수출입자에게 폐기물의 적정한 수출 또는 수입의 보증을 요구하고 있다.

5. 반입 · 반출명령

환경부장관은 폐기물을 수출 또는 수입한 자가 허가를 받지 아니하고 수출 또는 수입하는 등 일정한 경우에는 기간을 정하여 해당 폐기물의 반입 또는 반출을 명하거나 적정한 방법으로 관리할 것을 명할 수 있으며(제20조 제1항), 그 명령을 받은 자가 기간 내에 이를 이행하지 아니할 때에는 「행정대집행법」에서 정하는 바에 따라 대집행을 하고, 그 비용을 해당 폐기물을 수출하거나 수입한 자로부터 징수할 수 있다(제21조).

관계 행정기관의 장은 폐기물을 수출하거나 수입한 자가 제20조 제1항 각 호의 어느 하나에 해당한다는 사실을 알게 된 때에는 환경부장관에게 폐기물의 반출 또는 반입 명령 등 필요한 조치를 할 것을 요청할 수 있으며, 환경부장관은 요청을 받았을 때에는 그에 따른 적절한 조치를 한 후 그 결과를 해당 행정기관의 장에게 통보하여야 한다(제20조 제2항 · 제3항).

6. 장부의 기록과 보고서 제출

동법은 폐기물의 수출입허가 또는 수출입신고를 받은 자나 수입폐기물을 처리하는 자로 하여금 장부를 갖추고, 폐기물의 수출입 · 처리 상황 등을 기록하도록 하고(제21조의2), 매년 폐기물의 수출입 · 처리에 관한 보고서를 다음 연도 2월 말일까지 해당 허가 또는 신고기관의 장에게 제출하도록 하고 있다(제21조의3).

7. 보고 · 검사

환경부장관은 폐기물의 수출 또는 수입의 적정 관리를 위하여 수출 · 입허가를 받은 자 등으로 하여금 보고하게 하거나 자료를 제출하게 할 수 있으며, 관계 공무원으로 하여금 사무소 · 사업장 또는 보세구역 등에 출입하여 관계 서류 또는 시설 · 장비 등을 검사하게 할 수 있다(제22조). 동법은 폐기물을 수출입하려는 자가 통관 전 검사에 소요되는 비용을 부담하도록 하되, 검사 결과 위법한 사항이 없는 것으로 판명된 경우에 대해서는 예산의 범위에서 검사 비용을 국가가 지원할 수 있도록 하고 있다(동조 제4항).

8. 위반사실 공표 등

동법은 의무이행 확보 차원에서 수출입규제폐기물의 수출입허가 취소 등 행정처분이 확정된 자에 대한 위반사실 공표 근거(제22조의2)와 무허가로 폐기물을 수출입한 자 등에 대한 과징금 부과 근거를 두고 있다(제22조의3).

제11장 유해물질의 관리 및 환경보건

야누스의 두 얼굴, 화학물질. 우리 인간은 수많은 화학물질을 만들어 그 혜택을 누리면서 다른 한편으로는 그로 인한 심각한 피해를 입고 있다. 지난 20세기 동안 급속하게 진행된 산업화에 힘입어 인류의 생활수준은 현저히 높아졌으며, 이러한 생활수준의 향상에 화학물질은 크게 기여하였다. 의약품의 개발과 이용은 각종 질병의 예방과 치료를 가능하게 하여 인류의 생명연장에 지대한 공헌을 하였고, 화학직물 및 플라스틱 등은 편리한 인간생활을 가능하게 하였으며, 화학비료와 농약의 개발은 농업 생산성을 현격히 증가시켜 기아 · 식량문제를 해결하였다. 이 과정에서 화학물질은 어김없이 등장하였고, 이제는 사회 · 경제활동의 기본물질로서, 인류의 생존을 위해 필수불가결한 요소로 자리 잡았다. 그러나 한편으로 화학물질은 독성 등 크고 작은 유해성을 가지고 있으며, 그 개발 · 이용되는 과정에서 인간과 환경에 적지 않은 문제를 일으켜왔다.

한때 기적의 농약으로까지 불리우던 DDT가 역사 속으로 사라진 것은 그 효용성만 지나치게 강조한 결과이다. 이러한 극적인 운명이 흔히 환경호르몬으로 알려진 내분비계장애물질(Endocrine Disrupting Chemicals: EDCs)과 잔류성유기오염물질(Persistent Organic Pollutants: POPs) 등에서도 감지된다. 내분비계장애물질로 인해 인류가 풍요로운 삶을 살게 되었음을 부인하지 못하면서도 동시에 피해 사례가 속속 보고되면서 인류의 멸종 가능성에 대하여도 생각해 보지 않을 수 없게 되었기 때문이다. 최근에 논의가 집중되고 있는 유전자변형생물체(LMOs)는 또 다른 차원의 유해물질로서 그 양면성으로 인해 규제 및 관리가 쉽지 않다. 유전자변형생물체가 다른 공업 제품과 달리 살아있는 생명체이기 때문에 일단 유통이 되면 되돌리는 것이 사실상 불가능하고, 기존 농산물과 다른 새롭게 조합된 유전물질을 가지고 있기 때문에 인간이나 환경에 어떠한 영향을 미칠지 알 수 없다는 점은 그 규제 및 관리에 어려움을 가중시키고 있다.

화학물질 · 화학제품이나 유전자변형생물체 등에 대한 문제는 그 효용성과 폐해라는 양면성 때문에 규제를 강화해야 한다는 입장과 규제를 완화해야 한다는 입장이 팽팽히 맞서고 있다. 중요한 것은 어느 입장도 안전성에 확신을 하지 못하고 있다는 것이다. 결국, 화학물질 등과 관련한 환경정책의 핵심은 그 위해성을 정확하게 평가 · 관리함으로써 안전성을 확보하는 것이다. 우리나라는 「유해화학물질 관리법」을 비롯하여 「잔류성유기오염물질 관리법」(2016년 1월 「잔류성오염물질 관리법」으로 대체), 「유전자변형생물체의 국가간 이동 등에 관한 법률」, 「생활화학제품 및 살생물제의 안전관리에 관한 법률」 등을 제정하여 이러한 문제를 법적 규제의 틀에서 다루기 시작하였으며 인간과 환경에 대한 피해를 효과적으로 예방 · 관리하고자 하고 있다.

한편, 산업단지, 폐금속광산 등의 오염원으로 인하여 인근 지역주민의 건강피해가 발생하고, 생태계가 위협받고 있어 건강과 생태계의 건전성을 보호하는 것이 중요한 환경정책으로 부각하고 있다. 특히 새로운 기술 및 물질의 도입 · 사용이 증가하면서 국민의 건강문제를 외면할 수 없게 되었으며 국민의 건강을 보호할 필요성이 증가하고 있다. 환경오염과 화학물질 노출에 따른 천식, 아토피 등 환경성질환 증가에 대한 우려가 커지는 것과 맞물리면서 참살이(well-being), LOHAS(Lifestyles of Health and Sustainability) 등 건강과 지속가능성을 중시하는 새로운 삶의 방식을 추구하는 국민 수요가 증가하고 있다. 이에 따라 변화된 환경행정에 적극적으로 대처해야 한다는 관점에서 환경보건정책을 추진할 필요성이 증가하고 있다. 이는 말하자면 환경과 보건의 통합문제라 할 수 있다. 이러한 배경에서 2008년 3월 「환경보건법」이 제정되었는데, 이로써 국민건강과 생태계의 건전성을 보호 · 유지하기 위한 법적 · 제도적 교두보가 마련되었다고 할 수 있다.

최근에 1급 발암물질로 석면이 주목을 받고 있다. 석면은 악성중피종, 폐암 등 인체에 치명적인 질병을 일으키며, 전 생애에 걸쳐 안전하고 철저한 관리를 필요로 하는 고위험 물질이다. 최근 석면피해가 증가하고 있는 현실에 비추어 석면안전에 관한 종합적이고 효율적인 대응과 피해자를 구제하기 위한 체계적인 보상과 지원이 요구되고 있다. 이러한 차원에서 최근에 「석면피해구제법」(2010. 3. 22. 제정)과 「석면안전관리법」(2011. 1. 28. 제정)이 계속해서 제정되어 관심을 끌고 있다.

제1절 화학물질의 관리

역사적으로 화학물질로 인한 혜택과 피해의 양면성을 극적으로 보여주는 물질로 DDT를 꼽을 수 있다. 1940년대에 DDT는 특히 말라리아 구제에 놀라운 효능이 있는 것으로 알려지면서 전세계적으로 다량 사용되었으며 그 공로로 노벨상 수상자(폴 뮐러)까지 탄생되었다. 그러나 그 명성은 오래가지 않았다. 1960년대 들어서 미국의 여류학자 레이첼 카슨(Rachel Carson)의 저서 "침묵의 봄(Silent Spring)"을 통하여 환경에서 잘 분해되지 아니하고 생물에 농축되어 악영향을 끼치는 등 그 해악이 밝혀지면서 급기야 1970년대에 사용이 금지되기에 이르렀기 때문이다.

많은 화학물질이 산업용 원료물질, 중간재 등으로 사용되고 있으며, 플라스틱, 전기전자제품 등 생활용품의 원부자재 등으로 폭넓게 사용되고 있다. 많은 화학물질이 독성, 잔류성, 발암성 등 유해한 성질을 가지고 있어 환경을 오염시킬 뿐만 아니라 인간의 건강을 크게 위협하고 있어 유해화학물질의 안전한 관리가 시급한 과제로 대두되고 있다. 문제는 유해화학물질의 적정한 관리와 규제가 쉽지 않다는 것이다. 1984년 인도 보팔(Bhopal)에서 일어났던 유니언 카바이드(Union Carbide) 가스 누출사건[1] 그리고 국내적으로는 2012년 9월 발생한 구미 불산 누출사고[2] 등은 유독물의 관리가 얼마나 중요하고 힘든 일인가를 일깨워 주고 있다.

화학물질은 제조 · 사용 · 판매 등 유통 · 소비단계에서 환경 중으로 유출되고, 유출된 화학물질들은 환경오염물질로 작용하여 국민건강과 환경에 위해를 주게 된다. 그러나 화학물질이 갖고 있는 양면성은 그 규제를 어렵게 하고 있다. 인류는 그 효용 때문에 새로운 화학물질을 개발 · 이용하는 유혹을 떨치기 어렵고, 이들 화학물질이 인간과 환경에게 어떤 악영향을 끼칠지 그 예측이 쉽지 않다. DDT의 예와 같이 화학물질의 위해성에 대한 고려 없이 이익만을 추구하여 사용되는 경우에는 자칫 인간과 환경 모두에게 치명적인 결과를 초래할 수 있다. 이러한 점을 고려할 때 화학물질의 제조, 유통, 폐기에 이르는 전과정에서 안전성을 확보하는 것이 절실하게 요구된다.

화학물질의 종류와 사용량이 증가함에 따라 환경위험은 계속하여 증가하고 있다. 현재 전세계적으로 약 10만여 종의 화학물질이 존재하며 매년 2천여 종의 새로운 물질이 개발되어 상품화되는 것으로 알려져 있다. 국내에는 현재 4만여 종의 화학물질이 유통되고 있으며, 매년 300여 종이 새로이 제조 또는 수입되는 등 그 유통량과 종류는 계속 증가하여 왔다.[3] 따라서 인간의 건강과 환경은 화학물질에 상시 노출되어 악영향을 받을 가능성이 크므로 화학물질에 대한 규제 · 관리가 중요한 과제가 되고 있다.

화학물질은 그 이용 목적 및 성상에 따라 아래 ≪표≫에서 보는 바와 같이 7개 부처의 14개 법률에 의하여 규제 · 관리되고 있으며, 일부 물질은 2개 이상의 법률에 의해 동시에 규제되기도 한다. 이러한 법률 중에 「화학물질관리법」은 화학물질에 관한 기본법적인 성격을 갖고 있으며(제3조 제3항 참조), 산업체에서 사용되는 화학물질에 대한 관리를 총괄하고 있다. 우리나라는 1990년 8월 1일 종전의 '독극및극물에관한법률'이 폐지됨과 동시에 「유해화학물질 관리법」이 제정되면서 명실상부한 화학물질관리가 이루어지게 되

1) 유니언 카바이드 가스 누출사건은 수천 파운드의 인간의 생명에 치명적인 메틸이소시안염(methyl isocyanate)가스가 유니언 카바이드 제조회사로부터 누출된 사건으로서, 누출된 유독 가스로 10,000명 정도의 사망자와 200,000명 이상의 부상자가 발생하였다. *In re Union Carbide Corp. Gas Plant Disaster*, 809 F.2d 195, 197 (2d Cir. 1987).

2) 2012년 9월 27일 밤 구미 제4국가산업단지에 위치한 화학제품 생산 업체인 (주) 휴브글로벌 공장에서 탱크로리에 실린 플루오린화 수소 가스(일명 불산가스)를 공장 내 설비에 주입하던 중 근로자의 실수로 가스가 누출되는 사고가 발생하였다. 조선일보, "불산 누출 일주일… 나무 수백그루 말라비틀어져", 2012. 10. 04 기사. 사고로 공장 근로자 5명이 사망하고 농작물, 가축, 임산물, 차량(부식), 기업체(차량, 건물, 조경수, 조업중단 등)가 막대한 피해를 입었다. 정부는 2012년 10월 8일 이 지역을 '특별재난지역'으로 선포하였다. 피해자에 대한 보상금액은 364억2천800만원 정도에 이르는 것으로 알려지고 있다. 동아일보, "구미 불산사고 보상 마무리단계…364억원 결정", 2013. 1. 23. 기사. 이 사고와 관련해서는 유해화학물질관리법상 사고대비물질에 대한 관리체계의 문제, 초동 방제대응의 미흡과 사후관리의 미숙, 솜방망이 처벌 등으로 사고가 확대되었다는 지적이 제기되었다.

3) 환경부, 환경백서, 2016, 159면.

었다. 그 후 1996년 OECD 가입을 계기로 전문 개정을 거쳐, 2004년 12월 다시 전문 개정을 하여 화학물질확인제도와 위해성평가제도의 도입, 화학물질사고 대비 · 대응 · 체계의 정비 등을 대폭 도입하면서 화학물질 관리체계를 선진화하고 화학물질 관리를 강화하였다. 동법은 2013년 5월 22일 「화학물질의 등록 및 평가 등에 관한 법률」의 제정에 발맞추어 2013년 6월 4일 법명을 「화학물질관리법」으로 변경하고 전문 개정하였다.

≪화학물질 관련법령≫4)

관리대상	소관부처	근거법령	관 리 목 적
유해화학물질	환경부	화학물질의 등록 및 평가 등에 관한 법률 화학물질관리법 잔류성오염물질 관리법 생활화학제품 및 살생물제의 안전관리에 관한 법률	화학물질 · 화학제품으로 인한 사람의 건강 및 환경상의 위해예방
건강장해물질	고용노동부	산업안전보건법	산업재해예방 및 근로자의 안전보건의 유지 · 증진
농약 · 비료 · 사료	농림축산식품부	농약관리법 비료관리법 사료관리법	농약, 비료, 사료의 품질향상과 수급관리
의약품, 마약류	보건복지부	약사법, 마약류관리에 관한법률	의약품의 적정관리를 통한 국민건강 향상
식품첨가물	보건복지부	식품위생법	식품으로 인한 위해방지 및 식품영양의 질적 향상
화장품	보건복지부	화장품법	화장품의 안전관리
위험물, 화약류	안전행정부 소방방재청	위험물안전관리법 총포 · 도검 · 화약류 등단속법	위험물로 인한 위해를 방지하여 공공의 안전 확보 화약류 등으로 인한 위험과 재해 방지
고압가스	산업통상자원부	고압가스안전관리법	고압가스로 인한 위해방지
방사성물질	원자력안전위원회	원자력안전법	원자력이용과 안전관리

4) 환경부, 환경백서, 2012, 241면.

「화학물질관리법」은 화학물질이 그 이용목적 및 성상 등에 따라 앞에서 본 바와 같이 여러 법률에 의하여 규제 · 관리되고 있기 때문에 모든 화학물질을 규제 · 관리하는 법률은 아니지만, 용도를 기준으로 분류된 해당 화학물질을 규율하는 다른 법률들과 병렬적으로 구분될 수 없으며, 화학물질의 총괄적인 관리 규정을 두고 있다는 점에 비추어 사실상 국내 화학물질 관리의 기본이 되는 법이라 할 수 있다.

「화학물질의 등록 및 평가 등에 관한 법률」이 화학물질의 보고, 등록, 유해성심사 · 위해성평가, 정보제공, 제품에 들어있는 중점관리물질의 안전관리 등을 다루는 데 비해 「화학물질관리법」은 유해화학물질로 지정 · 고시된 화학물질의 사후관리를 다룬다. 말하자면 종전의 「유해화학물질 관리법」이 화학물질의 확인, 심사 · 평가 및 관리를 모두 포괄하고 있었다면 화학물질의 확인과 심사 · 평가는 「화학물질의 등록 및 평가 등에 관한 법률」이, 화학물질의 관리는 「화학물질관리법」이 규율하는 2원화 체계로 변경되었다고 할 수 있다.

화학물질은 그 제조(수입), 판매, 사용, 폐기의 모든 단계에서 필연적으로 사람에게 노출되거나 환경 중에 배출되고 있다. 이러한 관점에서 화학물질은 "요람에서 무덤(Cradle-to-Grave)", 즉 생산부터 폐기까지 모든 단계에서 적정하게 관리되어야 하며, 이를 위해서는 새로운 화학물질이 개발되거나 수입되어 경제활동에 이용되기 전 단계인 시장진입단계, 경제활동에 실제 이용되는 시장유통단계, 환경에 배출되는 배출단계별로 유효적절한 관리수단이 동원되어야 한다. 「화학물질의 등록 및 평가 등에 관한 법률」과 「화학물질관리법」은 시장진입단계, 시장유통단계, 배출단계별로 나누어 필요한 관리수단을 마련하고 있다. 「화학물질의 등록 및 평가 등에 관한 법률」이 시장진입단계에서의 규율에 초점이 있다면 「화학물질관리법」은 주로 시장유통단계와 배출단계를 규율하고 있다고 할 수 있다.

먼저, 시장진입단계에서의 화학물질관리는 화학물질확인제도, 화학물질 등록, 유해성심사 및 위해성평가, 화학물질의 지정 등을 통하여 이루어지고 있다. 이에 따라 화학물질 제조 · 수입 시 해당 물질이 신규화학물질, 인체등유해성물질 등 규제대상 화학물질에 해당하는지 여부를 사업자 스스로 확인하여 환경부장관에게 제출하여야 한다. 화학물질을 제조 · 수입하려는 자는 제조 또는 수입 전에 미리 등록하여야 하며, 환경부장관은 등록한 화학물질에 대하여 유해성심사 및 위해성평가를 하고, 그 결과에 따라 인체등유해성물질 등으로 지정한다.

시장유통단계에서는 유해화학물질 취급기준의 준수, 유해화학물질의 표시 등 행위제한, 유해화학물질 영업허가 등이 요구된다. 화학물질(유해화학물질, 허가물질, 제한 · 금지물질 등)별로 규제가 이루어지는데, 특히 위해성이 커 제한 · 금지물질로 지정된 경우는 수입허가, 수출승인 등 강한 규제가 가해진다. 유해화학물질 영업을 하려는 자는 화학사고예방관리계획, 취급시설의 설치검사 등을 거쳐 허가를 받아야 한다.

마지막으로 환경배출단계에서는 화학물질의 제조 · 사용 등 취급 시 환경 중에 배출 및 이동현황을 조사하는 화학물질 배출량조사제도(Toxics Release Inventory: TRI)가 시행되고 있다.

- 시장진입단계: 화학물질확인, 화학물질 등록, 유해성심사, 위해성평가, 적정성 검토, 인체급성유해성물질 등의 지정
- 시장유통단계: 유해화학물질 취급기준, 유해화학물질 표시, 화학물질의 관리, 유해화학물질 영업허가 및 관리
- 환경배출단계: 화학물질 배출량조사

한편, 화학물질 안전관리는 사고 예방단계와 수습단계 별로 구분되어 이루어지는데, 사고 예방단계에서는 화학사고예방관리계획, 취급시설 검사 등이, 수습단계에서는 사고발생 시 조치의무, 신속 대응체계구축(수습조정관 파견, 영향조사, 복구조치명령, 특별관리지역의 지정) 등을 통해 이루어진다.

Ⅰ. 화학물질의 등록 및 평가 등에 관한 법률

2007년 6월부터 유럽연합(EU)에서 화학물질과 화학물질이 들어있는 제품으로부터 사람 및 환경 위해성을 예방 · 저감하고 자국 화학산업의 경쟁력을 높이기 위하여 화학물질의 등록 · 평가제도(REACH)를 시행하고,5) 일본, 중국 등 주요 교역국에서도 이와 유사하게 화학물질 관리를 강화하고 있다. 이러한 추세에 대응하기 위하여, 바로 「화학물질의 등록 및 평가 등에 관한 법률」이 제정되었다. 동법은 화학물질과 화학물질을 포함한 제품으로 인한 피해를 사전에 예방하고 국민건강 및 환경을 보호하기 위한 목적으로, 화학물질의 등록 · 신고 및 유해성(有害性) · 위해성(危害性)에 관한 심사 · 평가, 유해화학물질 지정에 관한 사항을 규정하고 있다.

5) REACH(Registration, Evaluation, Authorization and Restriction of Chemicals)의 핵심내용을 압축하면 'no data, no market'이라 할 수 있다. 즉 안전성 검증을 위해 화학물질의 유해성 · 위해성 관련 자료의 제출 · 등록 없이는 화학물질의 시장진입을 허용하지 않겠다는 것이다. REACH는 EU 내 연간 1톤 이상 제조 · 수입되는 모든 화학물질에 대하여 화학물질의 제조 · 수입자가 화학물질의 독성 및 노출 등에 관한 자료를 생산하여 관계 당국에 등록(Registration), 평가(Evaluation) 및 승인(Authorization) 후 유통되도록 하거나 제한대상 물질에 포함될 경우 제한(Restriction)하는 것을 주요 내용으로 한다. REACH가 기존의 화학물질관리제도과 다른 점은 ① 종전에는 신규화학물질에 대해서만 제조 · 수입자에게 유해성 자료의 생산 · 신고 의무가 있고, 기존화학물질에 대해서는 그러한 의무가 없었지만 REACH에서는 신규화학물질은 물론이고 기존화학물질에 대해서도 이러한 의무를 규정하고 있다. ② 신규 · 기존화학물질 제조 수입자뿐만 아니라 완제품에 포함된 화학물질에 대해서도 제조 · 수입자에게 안전성 입증의무가 있다. ③ 기존의 화학물질관리가 물질의 독성 위주의 유해성(hazard) 관리였다면 REACH는 물질이 인체 및 환경에 미치는 위해성(risk) 관리로 전환하였다. REACH에서 등록 시 요구하는 자료인 화학물질안전성보고서(Chemical Safety Report: CSR)는 화학물질의 독성 뿐 아니라, 유통 · 사용과정에서 인체 및 환경에 미치는 노출정도와 위해성을 평가하고 위해성 저감 대책과 함께 제시하도록 하고 있다. ④ 화학물질의 생산 · 유통 · 사용 등 전 과정에서 정보전달체계를 강화하였다. 특히 등록자간, 화학물질 공급망의 사용자간 정보전달의무가 한층 강화되었다. 환경부, 환경백서, 2014, 50 내지 51면 참조.

이 법은 방사성물질, 의약품 및 의약외품, 마약류, 화장품, 농약과 원제(原劑), 비료, 식품 및 식품첨가물, 사료, 화약류, 군수품 등의 화학물질에 관하여는 적용되지 아니한다(제3조). 적용이 제외되는 대상은 기본적으로 완제품인바, 이러한 제품을 제조하기 위한 원료나 제조하는 과정에서 사용하는 재료 등이 포함되어 있고, "관계 법률에 따른 특별한 규정이 있는 경우를 제외하고는 동법에 따른다"는 식의 조건이나 포괄조항 없이 해당 물질이나 제품을 적용범위에서 제한하고 있어 관리의 허점이 발생할 수 있다.

≪화학물질의 관리체계≫[6)]

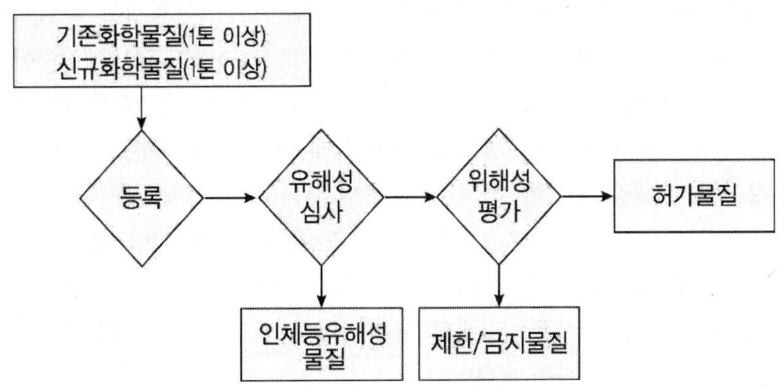

1. 화학물질의 등록

화학물질의 등록제도는 화학물질 규제의 기본 틀로서 화학물질 안전관리를 위한 것으로 동법의 가장 핵심적인 내용을 이룬다. 이에 따르면 화학물질을 제조·수입하려는 자는 제조 또는 수입 전에 미리 등록하여야 한다(제10조 제1항 본문). 등록 대상은 연간 1톤 이상 신규화학물질 또는 연간 1톤 이상 기존화학물질[7)]이다.[8)] 등록 주체는 완제품의 제조·수입자가 아닌 화학물질의 제조·수입자이다. 말하자면 등록은 판매·사용자 책임이 아니며, 완제품에 사용된 화학물질을 관리하는 것도 아니다.

등록 대상이 아님에도 불구하고 사람의 건강 또는 환경에 심각한 피해를 입힐 우려가 크다고 인정되거나 연간 국내 총 제조·수입량이 대통령령으로 정하는 기준을 초과하여 평가위원회의 심의를 거쳐 환경부장관이 지정·고시한 화학물질을 제조·수입하려는 자는 해당 화학물질을 환경부장관에게 등록하여야 한다(동조 제5항). 연간 1톤 미만의 신규화학물질 등은 등록이 아니라 신고 대상이다(동조 제4항).

6) 2014년 환경백서(앞의 책), 52면 참조.

7) '기존화학물질'이란 다음의 화학물질을 말한다: ① 1991년 2월 2일 전에 국내에서 상업용으로 유통된 화학물질로서 환경부장관이 고용노동부장관과 협의하여 고시한 화학물질; ② 1991년 2월 2일 이후 종전의 「유해화학물질 관리법」에 따라 유해성심사를 받은 화학물질로서 환경부장관이 고시한 화학물질(제2조 제3호).

8) 2024. 2. 6. 개정 법에서 신규화학물질에 대한 등록기준이 연간 100킬로그램에서 1톤으로 완화되었는바, 이는 유럽연합의 등록·평가제도(REACH)가 요구하는 1톤에 비하여 엄격하다는 산업계의 의견과 무관치 않다.

그러나 유출가능성 등을 고려하여 ① 기계에 내장(內藏)되어 수입되는 화학물질, ② 시험운전용으로 기계 또는 장치류와 함께 수입되는 화학물질, ③ 특정한 고체 형태로 일정한 기능을 발휘하는 제품에 들어있어 그 사용 과정에서 유출되지 아니하는 화학물질, ④ 위해성이 매우 낮은 화학물질로서 평가위원회의 심의를 거쳐 환경부장관이 지정 · 고시하는 화학물질, ⑤ 그 밖에 국외로 전량 수출하기 위하여 제조하거나 수입하는 화학물질 등 대통령령으로 정하는 화학물질로서 환경부장관의 등록 또는 신고의 면제 확인을 받은 화학물질 등은 등록 또는 신고가 면제된다(제11조).

소량의 신규화학물질에 대하여도 등록을 요구하는 것은 산업계에 부담으로 작용할 수 있으나 수많은 미지(未知)의 신규화학물질이 아무런 정보 없이 국내에 유통될 경우 제2의 가습기살균제 피해사고9)가 발생할 우려가 있기 때문에 등록을 통해 정보의 사각지대를 해소함으로써 국민에 대한 건강 위협을 차단해야 한다는 부득이한 측면이 있다. 등록대상임에도 불구하고 해당 등록을 하지 아니하거나 등록등면제확인을 받지 아니한 화학물질(미등록등화학물질)을 제조 · 수입 · 사용 또는 판매하여서는 아니 된다(제13조 제1항). 환경부장관은 미등록등화학물질의 하위사용자 또는 이를 제조 · 수입 · 판매하는 자에게 그 화학물질의 제조 · 수입 · 사용 · 판매의 중지, 회수 및 그 밖에 대통령령으로 정하는 필요한 조치를 명할 수 있다(동조 제2항).

한편, 동법은 등록유예제도를 둠으로써, 정해진 등록유예기간 동안에는 등록이 없어도 제조 · 수입 등이 가능하도록 하고 있다(제10조 제2항).10) 그러나 등록유예기간 동안 등록을 하지 아니하고 제조 · 수입하려는 자는 화학물질의 명칭, 연간 제조량 또는 수입량 등을 환경부장관에게 신고하여야 한다(동조 제3항). 그러나 이는 기존화학물질에 대한 등록의무 면제에 초점이 있는 것이 아니라 대규모의 기존화학물질에 대한 유해성 또는 위해성평가를 일시에 실시하기가 사실상 곤란하므로 우선순위를 정하여 평가 · 등록절차를 시행하기 위한 것으로 이해된다. 환경부장관은 신고를 하지 아니하고 등록유예기간 이내에 기존화학물질을 제조 또는 수입하는 자에게 해당 화학물질의 제조, 수입, 사용 또는 판매를 중지하도록 명할 수 있다(제13조 제3항).

등록을 하려는 자는 화학물질의 특성, 용도와 같은 기초정보와 유해성, 위해성 정보11) 등에 관한 등록신청자료를 제출하여야 한다(제14조 제1항). 이러한 정보는 화학물질

9) 가습기를 사용할 때 나오는 분무액에 함께 첨가된 가습기 살균제를 흡입함으로써 발생한 폐질환으로 인다수의 사망자 등이 발생한 사건이다. 피해원인 물질은 살균제의 주성분인 염화올리고에톡시에틸구아니딘(PGH), 폴리헥사메틸렌구아니딘(PHMG) 등으로 알려지고 있다. 환경보건시민센터는 가습기 살균제 피해 신고가 2016년 11월 현재 5천명이 넘었고, 사망자는 10,055명에 이르고 있다고 보고하였다. 환경보건시민센터보고서 제269호, 2016. 11. 1. 한국환경산업연구원은 2021. 11. 30. 현재 가습기살균제 피해신청자 중 사망자는 1,736명에 이른다고 밝히고 있다. 한국환경산업기술원, 가습기살균제 피해지원 종합포털(https://www.healthrelief.or.kr/home/content/stats01/view.do, 2021. 12. 31 검색). 그러나 이것은 신청한 사람 기준이고 정확한 피해규모는 알 수 없다.

10) 기존화학물질의 단계적 유예는 사실상 규제 완화로 이어질 수 있는데, 유럽연합의 등록 · 평가제도(REACH)가 1톤 이상 기존화학물질에 대하여 단계적 지정 · 고시없이 등록을 요구하는 것에 비하여 완화된 측면이 있다.

의 안전관리를 위한 필수적 정보라고 할 수 있다. 그러나 규제가 과도하다는 산업계의 입장을 고려하여 일정한 화학물질의 경우에는 제출 자료를 생략하도록 하여 등록 절차를 간소화하고 있다(동항 단서, 시행령 제13조). 한편, 자료의 제출은 자칫 기업의 영업비밀을 침해할 우려가 있는바, 동법은 화학물질 등록신청자료 제출 시 영업비밀 보호를 위해 자료를 제출한 자로 하여금 자료보호 요청을 할 수 있도록 하고, 해당 자료를 비공개함으로써 영업비밀 침해 우려를 최소화하고 있다(제45조).

등록신청자료 제출방법과 관련하여 동법은 기존화학물질을 등록유예기간 이내에 등록하려는 자는 각자 등록을 신청하되, 유해성에 관한 자료 등 일정한 자료는 대표자를 정하여 공동으로 제출하도록 하고 있다(제15조). 이와 같이 등록신청자료를 공동으로 제출하도록 한 것은 등록신청자료를 중복적으로 생산함에 따른 사회 · 경제적인 손실을 막고, 제조 · 수입자마다 등록준비 비용을 줄이기 위한 것으로 이해된다. 한편, 다른 등록자가 제출한 기존 등록신청자료는 원칙적으로 소유자의 사용동의를 받아 자신의 등록신청 목적으로 활용할 수 있다(제16조 · 제17조).

환경부장관은 등록신청 또는 신고를 받은 날부터 30일 이내에 등록 또는 신고 수리 여부를 결정하여 신청인에게 통지하여야 한다(제10조 제7항). 누구든지 등록 또는 신고의 대상임에도 불구하고 해당 등록 또는 신고를 하지 아니하거나 등록등면제확인을 받지 아니한 화학물질을 제조 · 수입 · 사용 또는 판매하여서는 아니 된다(제13조 제1항). 한편, 등록한 자는 등록한 화학물질의 연간 제조량 · 수입량이 환경부령으로 정하는 범위 이상 변경된 경우, 등록한 화학물질의 용도, 유해성 및 위해성 등에 관하여 환경부령으로 정하는 사항이 변경된 경우 변경등록을 하여야 한다(제12조).[12] 한편, 동법은 척추동물시험의 유효성 및 윤리성에 대한 의문이 제기되면서 전세계적으로 척추동물시험을 대체할 수 있는 방법에 대한 관심이 상대적으로 높아지고 있으며, 불필요한 척추동물시험을 줄이기 위해 척추동물시험의 최소화 원칙을 선언하고(제16조의2) 척추동물시험자료에 관한 특례 규정을 두고 있다(제17조). 환경부장관은 화학물질을 제조 또는 수입하는 자가 등록을 하지 아니하거나 등록한 내용과 다르게 화학물질을 제조 또는 수입한 경우 등 일정한 경우에는 해당 화학물질을 제조 또는 수입하는 자에게 매출액의 100분의 5 이하에 해당하는 금액을 과징금으로 부과할 수 있다(제17조의2).

등록은 화학물질의 안전관리를 위해 필수적이나 자료의 제출 등 기업에 부담으로 작용할 수밖에 없다. 이러한 점을 고려하여 동법은 유연한 제도적 장치를 두어 그 부담을 완화하고 있다. 등록유예기간의 부여(제10조 제2항), 구조가 유사한 화학물질로부터 얻어진

11) 제조 · 수입하려는 화학물질의 양이 연간 10톤 이상인 경우에는 화학물질의 전과정에서 취급방법과 노출통제 · 관리방법을 기술한 노출시나리오를 포함한 위해성 자료를 제출하여야 한다(제14조 제1항 제7호).

12) 가습기살균제 피해사고를 유발한 원인물질(PHMG, PGH)에 대하여 용도변경을 이유로 변경등록이 이루어졌다면 사고를 예방할 수 있었을 것이다.

결과를 통하여 사람의 건강이나 환경에 대한 유해성을 판단할 수 있는 화학물질의 경우 등 일정한 경우 자료 미제출의 허용(제14조 제1항 단서), 시험계획서로 대체 제출 허용(제14조 제3항), 자료의 공동 제출(제15조 제1항) 등이 그것이다.

2. 유해성심사 및 위해성평가

환경부장관은 등록한 화학물질에 대하여 유해성심사 및 위해성평가를 하고, 그 결과에 따라 유해화학물질, 허가물질, 제한 · 금지물질 등으로 지정한다. 이와 같이 지정된 화학물질은 「화학물질관리법」에 따라 구분 · 관리된다. 특히 동법은 '유해성'과 '위해성'에 대한 정의를 두어 '유해성심사'와 '위해성평가'에 대해 국민들의 이해를 돕고 있다. 이에 따르면 '유해성'이라 함은 "화학물질의 독성 등 사람의 건강이나 환경에 좋지 아니한 영향을 미치는 화학물질 고유의 성질"을 말한다(제2조 제11호). 한편, '위해성(risk)'이라 함은 "유해성이 있는 화학물질이 노출되는 경우 사람의 건강이나 환경에 피해를 줄 수 있는 정도"를 말한다(동조 제12호).

유해성심사는 화학물질 안전관리의 시작이며 요체가 되는 제도이다. 그러나 유해성심사제도에 대하여는 독성 중심에 머무르고 있으며, 화학물질이 환경 중에 어떠한 방식으로 움직여 사람과 환경에 실제로 어느 정도의 영향을 미치는지에 대한 종합적인 평가는 이루어지지 않고 있다는 비판이 제기될 수 있다.[13] 독성 중심의 화학물질 관리는 사람과 환경에 미치는 악영향에 비례한 관리를 어렵게 하는 측면이 있다. 독성이 강한 물질이라고 하더라도 환경으로 누출되지 않는 밀폐된 시스템에서 사용하는 경우와 폐수, 소비자 용품 등에 포함되어 사람과 환경에 일상적으로 노출될 수 있는 용도로 사용되는 경우는 그 미치는 피해가 다를 수밖에 없기 때문이다. 이러한 관점에서 수용체(receptor), 즉 사람과 환경중심의 화학물질 관리로의 방향 전환이 요구된다. 여기에는 독성기준으로 보아 유해성이 인정되더라도 해당물질의 시장진입 결과 인간과 환경에 특별히 위해를 미칠 정도로 노출이 이루어지지 않고, 비용－편익 분석 결과 편익이 큰 경우라면 이를 제한하는 것이 오히려 바람직하지 않다는 인식이 깔려있다. 유해성(독성 등)기준뿐만 아니라 화학물질의 사용에 따른 사회 · 경제적 효과 등도 감안하여 해당물질에 대한 규제 여부를 결정하여야 한다는 주장도 거세다.[14] 이러한 비판에 대응하여 2004. 12. 31. 개정 법에서는 독성과 함께 노출가능성까지 고려하는 위해성평가제도가 새로이 도입되었다.

가. 유해성심사

유해성심사제도의 기본 취지는 화학물질의 고유한 유해성을 확인하여 표시 등을 통하여 화학물질을 취급 및 사용하는 근로자 및 소비자 등에게 관련 정보를 전달하고, 화

13) 환경부, 환경백서, 2002, 598면.
14) 김강석, "선진적 화학물질 규제개념의 정립과 기존 제도의 개선", 환경포럼, 한국환경정책 · 평가연구원, 1998. 7. 15, 3면.

학물질에 대한 안전 사용 요령을 제공함으로써 노출 위험성을 사전에 예방하고, 적절한 방제방법을 제공하여 사고 시에 인체 및 환경피해를 최소화하는 데 있다. 동 제도는 화학물질로 인한 국민건강 및 환경상의 위해가능성을 사전에 예방하고자 하는 제도로서 국민보건 또는 환경보전상의 위해를 방지하기 위한 객관적 · 과학적 근거를 제공해 줄 뿐만 아니라 직접 규제적 효과를 발생하는 수단으로서의 기능을 수행하기도 한다.

이에 따르면 환경부장관은 등록한 화학물질에 대하여 유해성심사를 하고 그 결과를 등록한 자에게 통지하여야 한다(제18조 제1항). 유해성심사의 대상은 등록 대상 화학물질, 즉 연간 1톤 이상 신규화학물질 또는 연간 1톤 이상 기존화학물질이 되는바, 이는 구「유해화학물질 관리법」에 따라 유해성심사의 대상이 신규화학물질에 국한되던 것이 기존화학물질까지 확대된 것을 의미한다. 한편, 환경부장관은 국제기구에서 유해성을 평가하는 화학물질 중 우리나라가 평가하기로 한 화학물질 등 유해성평가가 필요하다고 인정되는, 사람의 건강이나 환경에 피해를 입히거나 입힐 우려가 있는 화학물질 등에 대하여 '유해성평가'를 하여야 한다(제19조 제1항, 시행령 제16조). 유해성평가를 위하여 생산한 유해성 시험자료 등록 등 국내외의 법령에 따른 화학물질의 등록 또는 유해성심사 신청의 목적으로 사용하고자 하는 자는 환경부장관의 승인을 받아야 한다(동조 제2항). 환경부장관은 유해성 시험자료의 사용승인을 받은 자에게 사용료를 징수한다(제19조의2). 환경부장관은 유해성심사를 마친 경우 해당 화학물질의 명칭, 유해성, 인체 · 생태유해성물질에 해당하는지 여부 등을 고시하여야 한다(제21조).

나. 위해성평가

동법은 유해성(독성) 확인 위주로 운영되는 유해성심사에서 나아가 유해한 화학물질이 노출되는 경우 사람의 건강이나 환경에 피해를 줄 수 있는 정도에 관한 '위해성평가제도'를 도입하고 있다. 그 핵심은 유해한 화학물질이 노출되는 경우 사람의 건강이나 환경에 피해를 줄 수 있는 정도에 관한 위해성을 평가하여 위해성이 높은 화학물질을 제한 · 금지물질 등으로 구분 · 지정하고(제27조) 엄격하게 관리하는 것이다.

유해성이 화학물질이 지닌 고유한 위험성(예컨대, 폭발성, 인화성, 산화성 등) 및 유해성(예컨대, 급성독성, 발암성, 생식독성, 어류독성 등)에 주목하는 개념인데, 위해성은 여기에서 더 나아가 화학물질의 노출까지 포함하는 개념이다. 그 결과 위해성평가는 유해성(독성 등) 위주의 화학물질 관리에서 노출 정도까지 고려하여 사람의 건강이나 환경에 피해를 줄 수 있는 정도를 평가하고 이에 따라 관리수단을 결정하는 체제로 전환하는 것이라고 할 수 있다. 이는 독성이 낮으나 잔류성 또는 노출 가능성이 큰 물질에 대해서도 관리 · 규제할 수 있는 길이 열린 것을 의미한다.

위해성평가는 다음의 4단계의 과정을 거친다:

① 유해성 확인: 화학물질에 노출되는 경우, 어떠한 유해한 영향을 일으키는지 정상

적으로 확인하는 단계로 그 물질의 물리화학적 성질과 동물실험자료 및 인체역학 자료를 토대로 유해성을 확인,

② 노출평가: 다양한 매체(공기, 음용수 등)를 통해 화학물질에 얼마나 노출되었는지 결정하는 단계,

③ 용량－반응평가: 화학물질에 특정한 용량으로 노출되었을 때, 과연 유해한 영향을 발생시킬 확률은 얼마인가를 결정하는 단계로, 주로 고용량에서 수행된 동물실험 자료를 이용하기 때문에 동물에서 사람으로의 용량변환, 저용량으로의 외삽절차 등이 반드시 필요,

④ 위해도 결정: 유해성 확인, 노출평가 및 용량－반응평가에서 도출된 정보를 종합하여 특정 화학물질에 특정 농도로 노출되었을 경우 인체 및 환경에 어떠한 영향을 미치는지 종합 검토하는 단계.

환경부장관은 등록한 화학물질 중 다음의 어느 하나에 해당하는 화학물질에 대하여 유해성심사 결과를 기초로 위해성평가를 하고 그 결과를 등록한 자에게 통지하여야 한다: ① 제조 또는 수입되는 양이 연간 10톤 이상인 화학물질; ② 유해성심사 결과 위해성평가가 필요하다고 인정하는 화학물질(제24조 제1항). 평가주체는 환경부장관이다.

3. 화학물질의 지정

가. 인체급성유해성물질 등의 지정

환경부장관은 유해성심사(유해성평가를 포함) 결과 유해성이 있는 화학물질에 대하여는 독성, 부식성, 자극성, 변이원성, 발암성 등 구분에 따른 일정한 기준에 따라 인체급성유해성물질,[15] 인체만성유해성물질,[16] 생태유해성물질[17]로 지정하여 고시하여야 한다(제20조, 시행령 제3조).

나. 허가물질의 지정

환경부장관은 중점관리물질[18]과 유해성심사 및 위해성평가 결과 위해성이 있다고 우려되는 화학물질에 대하여 관계 중앙행정기관의 장과의 협의와 평가위원회의 심의를 거쳐 제조 · 수입 · 사용 전에 환경부장관의 허가를 받아야 하는 허가물질로 지정하여 고시할 수 있다(제25조). 허가물질의 지정은 위해성이 있는 물질의 사용을 차단(제한 · 금지)하기보다는

15) '인체급성유해성물질'이란 단회 또는 단시간 노출로 단기간 내에 사람의 건강에 좋지 아니한 영향을 미칠 수 있는 화학물질로서 대통령령으로 정하는 기준에 따라 환경부장관이 지정하여 고시한 것을 말한다(제2조 제6호).

16) '인체만성유해성물질'이란 반복적으로 노출되거나 노출 이후 잠복기를 거쳐 사람의 건강에 좋지 아니한 영향을 미칠 수 있는 화학물질로서 대통령령으로 정하는 기준에 따라 환경부장관이 지정하여 고시한 것을 말한다(제2조 제6호의2).

17) '생태유해성물질'이란 단기간 또는 장기간 노출로 인하여 수생생물 등 환경에 좋지 아니한 영향을 미칠 수 있는 화학물질로서 대통령령으로 정하는 기준에 따라 환경부장관이 지정하여 고시한 것을 말한다(제2조 제6호의3).

18) '중점관리물질'이란 다음의 어느 하나에 해당하는 화학물질 중에서 위해성이 있다고 우려되어 화학물질평가위원회의 심의를 거쳐 환경부장관이 정하여 고시하는 것을 말한다: ① 사람 또는 동물에게 암, 돌연변이, 생식능력 이상 또는 내분비계 장애를 일으키거나 일으킬 우려가 있는 물질; ② 사람 또는 동식물의 체내에 축적성이 높고, 환경 중에 장기간 잔류하는 물질; ③ 사람에게 노출되는 경우 폐, 간, 신장 등의 장기에 손상을 일으킬 수 있는 물질; ④ 사람 또는 동식물에게 ①부터 ③까지의 물질과 동등한 수준 또는 그 이상의 심각한 위해를 줄 수 있는 물질(제2조 제10호의2).

일정 기간 동안 허가사용토록 함으로써 대체물질의 개발을 유도한다는 의미를 갖는다.

다. 제한물질 또는 금지물질의 지정

환경부장관은 화학물질이 다음의 어느 하나에 해당되는 경우 관계 중앙행정기관의 장과의 협의와 평가위원회의 심의를 거쳐 해당 화학물질을 제한물질 또는 금지물질로 지정하여 고시하여야 한다: ① 유해성심사 및 위해성평가 결과 위해성이 있다고 인정되는 경우; ② 외국정부, 국제기구 등이 위해성이 있다고 인정하는 경우; ③ 국제협약 등에 따라 제조·수입 또는 사용이 금지되거나 제한되는 경우; ④ 허가물질을 대체할 수 있는 물질 또는 신기술을 개발하여 허가물질을 사용하지 아니하여도 되는 사유로 지정 해제된 허가물질에 해당하는 경우(제27조).

≪화학물질 지정기준≫

구분	지정기준	비고
인체등유해성 물질	– 유해성심사 결과 인체·생태 독성 등이 있는 물질	– 화학물질 명칭, 유해성 여부 등을 고시해야 함
허가물질	– 중점관리물질과 유해성심사 및 위해성평가 결과 위해성이 있다고 우려되는 물질	– 발암·돌연변이·생식독성 물질, 잔류성·생물농축성·독성 물질 등
제한·금지물질	– 유해성심사 및 위해성 평가 결과 위해성이 있다고 인정하는 물질	– 국제기구·국제협약 등이 위해성이 있다고 인정하는 물질도 포함

4. 정보관리

등록 또는 신고된 화학물질, 등록유예기간 동안 등록되지 아니한 기존화학물질 중 인체등유해성물질, 허가물질, 제한물질 또는 금지물질, 유해성미확인물질 또는 해당 화학물질이 들어있는 혼합물을 양도하는 자는 해당 화학물질의 함량이 대통령령으로 정하는 기준에 해당하는 경우에는 양수하는 자에게 해당 화학물질의 유해성·위해성에 관한 정보 등을 제공하여야 한다(제29조 제1항). 또한 동법은 제조·수입자와 하위사용자·판매자간에도 상대방이 요청한 경우 화학물질의 용도, 노출정보, 양 및 안전사용 정보 등을 제공하도록 함으로써(제30조), 화학물질에 대한 정보교류가 화학물질의 제조·생산·사용자에만 머무르지 않고 시장유통의 전단계에 걸친 취급자 간에 서로 이루어지도록 하고 있다.

5. 화학물질 함유제품의 관리

가. 제품에 들어있는 중점관리물질의 신고

중점관리물질이 들어있는 제품을 생산하거나 수입하는 자는 다음의 요건에 모두 해당하는 경우에는 해당 제품에 들어있는 중점관리물질의 명칭, 함량 및 유해성정보, 노출정보, 제품에 들어있는 중점관리물질의 용도에 대하여 생산 또는 수입 전에 환경부장관에게 신고하여야 한다: ① 제품 1개당 개별 중점관리물질의 함유량이 0.1중량퍼센트를 초과할 것; ② 제품 전체에 함유된 중점관리물질의 물질별 총량이 연간 1톤을 초과할 것(제32조 제1항). 신고사항 중 중요한 사항이 변경된 경우에는 변경신고를 하여야 한다(제33조). 제품에 대하여는 화학물질과 달리 사전예방적 등록, 평가체계(유해성평가, 위해성평가)가 갖추어 있지 않다.

나. 제품에 들어있는 화학물질의 정보제공

동법은 신고한 중점관리물질이 들어있는 제품을 양도하는 자로 하여금 들어있는 중점관리물질의 명칭, 용도, 조건 등 환경부령으로 정하는 정보를 작성하여 양수하는 자에게 제공하도록 함으로써(제35조 제1항), 중점관리물질이 들어있는 제품으로부터 국민건강 피해사고를 막기 위해 제품에 대한 안전관리를 도모하고 있다. 또한 제품을 양도하는 자는 제품의 소비자가 정보의 제공을 요청하는 경우에는 제품의 안전한 사용과 관련한 정보를 제공하여야 한다(동조 제2항).

6. 화학물질 정보의 공개

한편, 동법은 이해관계자에게 별도의 정보청구권을 인정하지 않은 채 환경부장관으로 하여금 일반인이 화학물질의 유해성 및 위해성에 관한 정보를 쉽게 확인하고 활용할 수 있도록 하기 위하여 등록 · 신고된 화학물질, 유해성심사 · 위해성평가를 실시한 화학물질의 명칭, 유해성 등의 정보를 공개하도록 하고 있다(제42조 제1항). 공개된 화학물질의 공개된 정보에 대해서는 누구든지 환경부장관에게 입증자료를 첨부하여 공정, 보완 등을 요청할 수 있다(동조 제2항).

7. 자료제공의 요청

환경부장관은 이 법에 따른 화학물질의 제조 · 수입에 관한 등록 또는 신고 등의 이행여부를 확인하기 위하여 필요하다고 인정되면 관계 행정기관의 장에게 화학물질의 수출입에 관한 자료의 제공을 요청할 수 있다. 이 경우 요청받은 기관의 장은 정당한 사유가 없으면 그 요청에 따라야 한다(제43조의2).

8. 자료의 보호

나아가 동법은 정보보다 제한적인 '자료' 자체에 대한 보호 규정을 두고 있는데, 즉 환경부장관은 이 법에 따라 자료를 제출한 자가 비밀의 보호를 위하여 화학물질의 성분 등에 대한 자료보호를 요청하면 5년 동안 자료를 공개하여서는 아니 된다. 이해관계자가 자료보호를 요청하면 비로소 비공개의무가 발생한다.[19] 다만, 보호를 요청한 자료가 이미 공개된 자료이거나 그 밖에 대통령령으로 정하는 자료에 해당되는 경우에는 공개할 수 있다(제45조). 자료유출사고가 발생한 경우 이를 인지한 자는 지체 없이 사고의 일시 · 장소 · 사고내용 및 조치사항을 환경부장관에게 통보하여야 한다(제45조의3).

9. 권리 · 의무의 승계

동법은 화학물질 등록 · 신고 및 제품에 들어있는 중점관리물질의 신고 등과 관련된 권리 · 의무의 승계를 규정하고, 승계한 자로 하여금 승계한 날부터 1개월 이내에 그 사실을 신고하도록 하고 있다(제45조의2).

Ⅱ. 화학물질관리법

잇따른 화학사고가 국민 건강과 환경 위해를 위협하고 있으며 국민 불안감을 가중시키고 있다. 이러한 상황에서 화학물질의 안전한 관리와 화학사고에 대한 효과적인 대응이 보다 중요해지고 있다. 이에 「화학물질관리법」은 화학물질에 대한 통계조사 및 정보체계를 구축하여 국민의 알권리를 보장하고 유해화학물질 취급기준의 구체화, 화학물질의 체계적 관리, 화학사고예방관리계획 및 영업허가제 등을 통해 유해화학물질의 예방관리체계를 구축하는 한편, 화학사고의 발생 시 화학물질 취급자에게 즉시 신고의무를 부여하고 현장조정관 파견 및 특별관리지역 지정 등을 통해 화학사고 예방과 함께 사고 후 신속한 대응체계를 마련함으로써, 화학물질의 위험으로부터 국민 건강 및 환경을 보호하려고 하고 있다.

1. 적용범위

동법은 '화학물질'의 적절한 관리를 주요한 목적으로 하고 있는데(제1조), 화학물질이란 "원소 · 화합물 및 그에 인위적인 반응을 일으켜 얻어진 물질과 자연 상태에서 존재하는 물질을 화학적으로 변형시키거나 추출 또는 정제한 것"을 말한다(제2조 제1호).

화학물질이 혼합물을 포함하는지에 대해 명시적인 규정이 없으나 동법상 유독물질 지정기준(시행령 제2조)에서 위임하고 있는 「화학물질의 등록 및 평가에 관한 법률」(제3조, 별표 1 카목)에서 혼합물을 언급하고 있는 점을 고려할 때 혼합물을 포함하는 것으로 보는 것이 합리적인 해석이라고 할 수 있다. '제품'은 어떠한가. 「화학물질관리법」에서 화학물질을 개념정의하면서 "○○ 것"이라고 하고 있어 제품이 포함된다고도 할 수 있으나 명시적 규정을 두고 있지 않아 그 판단이 쉽지 않다. 가뜩이나 적용범위(제3조)에서 「생활화학제품 및 살생물제의 안전관리에 관한 법률」에 따른 살생물제품, 살생물처리제품을 배제하고 있지 않는 점은 혼란을 부추기고 있다. 화학물질이 기본적으로 제품의 성분, 원료물질이라는 점에서 제품과 구별되고 관리기준, 방법 등이 다를 수 있다는 점, 「화학물

19) 이는 이해관계자의 요청과 무관하게 비공개의무가 발생하는 「생활화학제품 및 살생물제의 안전관리에 관한 법률」에서의 접근방법(제31조)과 다르다.

질의 등록 및 평가에 관한 법률」에서 제품과 제품에 들어있는 물질을 구분하고, 살생물제품, 살생물처리제품을 적용범위(제3조)에서 배제하고 있다는 점 등에 비추어 화학물질은 제품을 포함하지 않는다는 해석도 가능하다. 이러한 논의는 살생물제품의 경우 「화학물질관리법」에 따른 화학사고예방관리계획서의 작성 · 제출 · 지역사회 고지(제23조), 취급시설의 설치 및 관리기준(제24조), 안전교육(제33조) 등이 그대로 적용되는가의 문제와 관련이 있다. 해석, 적용상의 혼란스러움을 해소한다는 측면에서 차제에 법체계 개편을 포함해서 입법적으로 분명히 할 필요가 있다고 생각된다.

이 법은 방사성물질, 의약품 및 의약외품, 마약류, 화장품, 농약과 원제(原劑), 비료, 식품 및 식품첨가물, 사료, 화약류, 독성가스, 유기식품 · 비식용유기가공품 · 무농약원료가공식품 · 유기농어업자재 및 허용물질, 지정폐기물 등의 화학물질에 관하여는 적용되지 아니한다(제3조 제1항).[20] 다만, 동법은 적용배제 대상인 독성가스에 대해 이 법의 일부 조항을 적용하도록 규정하고 있다. 즉 「고압가스 안전관리법」상 독성가스는 고압상태에서는 「고압가스 안전관리법」에 의한 관리대상이나, 고압이 제거된 상태로 사용되거나 환경 중으로 배출될 경우에는 이 법에 의한 유해화학물질로 관리될 필요가 있다. 이에 동법은 독성가스에 대해 「고압가스 안전관리법」에 규정되지 않은 화학물질확인, 화학물질 배출량조사, 유해화학물질 취급기준, 화학사고예방관리계획서의 작성 · 제출, 사고대비물질의 지정, 화학사고의 대응 등에 대해 이 법의 적용을 받도록 하고 있다(제3조 제2항).

이와 같이 독성가스에 대해서 일정한 분야에서 「화학물질관리법」의 적용을 받도록 하고, 방사성물질을 제외한 모든 적용배제 물질에 대하여 관계 법률에서 다른 특별한 규정이 있는 경우를 제외하고는 동법상의 화학물질의 관리 및 화학사고 대응 규정을 적용하기 때문에(제3조 제3항) 사실상 그 적용범위는 넓다고 할 수 있다. 그러나 화학물질의 관리 및 화학사고 대응에 관하여 관계 법률에 다른 특별한 규정이 있는 경우를 제외하고는 적용배제 조항에도 불구하고 이 법에 따르도록 하고 있어 구체적인 적용 과정에서 "화학물질의 관리"의 범위, 내용 등을 둘러싸고 논란의 여지가 있고 혼선이 예상된다.

2. 국가 및 영업자의 책무

가. 국가의 책무

동법은 국가 및 지방자치단체가 화학물질의 유해성 · 위해성으로부터 국민건강과 환경에 미치는 영향을 늘 파악하고, 국민건강이나 환경상의 위해를 예방하기 위하여 필요한 시책을 수립 · 시행하여야 하고 화학물질의 관리를 위한 오염도 측정, 조사 · 연구, 기술개발, 전문인력 양성, 교육 및 홍보시책 등을 강구하여야 한다(제4조 제1항). 나아가 화학물질

20) 적용이 제외되는 대상은 기본적으로 완제품인바, 이러한 제품을 제조하기 위한 원료나 제조하는 과정에서 사용하는 재료 등은 화학물질인 경우 적용제외 대상물질이라고 할 수 없을 것이다. 다만 화장품, 농약, 식품 등의 경우에는 원료, 원제, 첨가물 등의 문구에 비추어 그 적용이 배제된다.

의 안전관리에 필요한 행정적 · 기술적 · 재정적 지원을 하여야 함을 선언하고, 특히 환경부장관이 중소기업의 화학물질 안전관리를 위하여 화학사고예방관리계획서의 작성 등에 대한 지원방안을 마련하여 시행할 수 있도록 법적 근거를 두고 있다(동조 제2항 · 제4항).

동법은 환경부장관에게 관계 중앙행정기관의 장과 협의하여 5년마다 화학물질관리에 관한 기본계획(기본계획)을 수립할 의무를 부과하고 있는데(제6조 제1항 · 제2항), 기본계획은 국가의 화학물질관리시책을 보다 효과적으로 수행하기 위한 것으로 화학물질의 안전관리시책 등을 수립 · 시행하는 경우 기본이 되는 계획이라 할 수 있다. 그렇기 때문에 기본계획에는 목표와 전략, 추진시책과 추진계획 등 화학물질 관리정책의 핵심적이고 포괄적인 사항이 포함되어야 한다(동조 제3항).

또한 동법은 중앙행정기관의 장으로 하여금 화학물질의 관리와 직접적인 관계가 있는 시책이나 계획 중 대통령령으로 정하는 시책이나 계획을 수립 · 시행하려면 미리 환경부장관과 협의하도록 하고 있으며(제8조), 환경부장관의 자문기관으로서 환경부장관 소속하에 화학물질관리위원회의 설치를 위한 법적 근거를 두고 있다(제7조). 화학물질의 관리 · 규제업무는 관련부처가 많고, 관련업계, 전문가의 종합적 조사 · 분석 · 협의에 의한 대책수립이 필요하므로 이를 통합 · 조정하기 위한 위원회의 필요성이 크다고 할 것이다.

나. 영업자의 책무

한편, 화학물질을 취급하는 자는 화학물질로 인한 국민건강상 또는 환경상의 위해가 발생하지 아니하도록 적절한 시설 · 설비의 유지, 종업원의 교육, 기술개발 및 정보의 교환 등 필요한 조치를 하여야 하며, 화학물질의 적절한 관리를 위한 국가의 시책에 참여하고 협력하여야 한다(제5조).

3. 화학물질의 관리에 관한 기본계획 등

환경부장관은 유해성 · 위해성이 있는 화학물질을 효율적으로 관리하기 위하여 5년마다 화학물질의 관리에 관한 기본계획을 수립하여야 하며, 관계 중앙행정기관의 장 및 지방자치단체의 장은 기본계획에 따라 소관 사항에 속하는 시책을 수립 · 시행하여야 한다(제6조 제1항 · 제5항). 한편, 동법은 지방자치단체가 관할구역에서 취급하는 화학물질을 효율적으로 관리하고 화학물질로 발생하는 사고에 대비 · 대응하기 위하여 화학물질 안전관리 및 화학사고 대비 · 대응을 위한 계획 또는 시책의 수립 · 시행, 화학물질 관련 정보의 제공 등을 조례로 정할 수 있도록 하고 있다(제7조의2). 이는 기본계획과 별도로 지방자치단체가 비상대응계획을 수립하고 화학물질의 관리와 관련하여 지역 사회가 참여할 수 있도록 함으로써 화학사고에 효과적으로 대응할 수 있도록 한다는 의미를 갖는다.

4. 화학물질확인

제9조에서는 화학물질의 효율적인 관리를 위하여 화학물질 제조 · 수입 시 해당 물

질이 신규화학물질, 인체등유해성물질 등 규제대상 화학물질에 해당하는지 여부를 사업자 스스로 확인하여 환경부장관에게 제출하도록 의무화하는 '화학물질확인제도'를 도입하고 있다.[21] 이에 따르면 화학물질을 제조하거나 수입하려는 자는 해당 화학물질이나 그 성분이 기존화학물질, 신규화학물질, 인체등유해성물질, 허가물질, 제한물질, 금지물질, 사고대비물질에 해당하는지를 확인(화학물질확인)하고, 그 내용을 환경부장관에게 제출하여야 한다(제9조 제1항). 또한 화학물질을 제조하거나 수입하려는 자는 화학물질확인을 위하여 필요하다고 인정하면 환경부령으로 정하는 자료를 첨부하여 환경부장관에게 해당 화학물질이나 그 성분이 기존화학물질, 신규화학물질, 인체등유해성물질, 허가물질, 제한물질, 금지물질, 사고대비물질에 해당하는지에 관한 증명을 신청할 수 있다(동조 제3항).

화학물질확인제도는 사업자 스스로 화학물질의 유해성을 인식하고, 화학물질 유통 시 준수하여야 할 제조자, 수입자의 책임을 명확히 한다는 점에서 큰 의의가 있다 할 수 있다. 그러나 사업자 스스로 화학물질을 확인할 경우 허위로 확인할 우려가 있으며 특히 신규화학물질로 확인될 경우에는 「화학물질의 등록 및 평가 등에 관한 법률」에 따른 유해성심사를 받아야 하기 때문에 신규화학물질임에도 불구하고 이를 허위로 확인할 가능성이 있다. 기본적으로 그 확인이 사업자의 자율적 판단에 맡겨져 있고, 그 위반에 대한 제재가 과태료 처분에 불과하여 실효성을 확보하는 것이 쉽지 않아 보인다. 더욱이 시장에 유통 중인 화학물질의 수가 엄청나고 다양하기 때문에 허위 확인 시에도 그 적발이 어려울 뿐만 아니라 화학물질 취급업소도 상당히 많기 때문에 단속 자체가 쉽지 않다. 더욱이 단속기관의 인력과 전문성 부족은 문제를 더욱 어렵게 하고 있다. 이러한 점을 고려할 때, 그 후속 조치로 단속업무가 보다 실효성 있게 행해질 수 있도록 전담인력 및 전문인력의 확충방안이 마련되어야 할 것이다.

5. 화학물질 통계조사 및 정보체계 구축 · 운영

환경부장관은 2년마다 화학물질의 취급과 관련된 취급현황, 취급시설 등에 관한 통계조사(화학물질 통계조사)를 실시하여야 하며(제10조 제1항), 화학물질 통계조사의 효율적 수립 · 시행을 위하여 서면조사 또는 현장조사를 실시하거나 정보체계를 구축 · 운영하여야 한다(동조 제2항). 한편, 동법은 조사결과의 정보공개절차를 마련하고 있다. 즉 환경부장관은 화학물질 통계조사를 완료한 때에는 사업장별로 그 결과를 지체 없이 공개하여야 한다(제12조 제1항).

---

21) 기존에는 화학물질을 수입하기 위하여 수입자가 화학물질 성분내역서를 제출하여 확인증명서를 발급받고 이를 세관에 제출하여야 하였다. 그러나 이러한 의무적인 '화학물질 확인증명제도'는 기업의 영업에 관련된 정보가 노출될 가능성이 있어 기업의 불만이 제기되어 왔다. 이에 2004. 12. 31. 개정 법은 이러한 정보의 노출 가능성을 차단하여 기업의 애로사항을 해소하고 기업활동을 지원하기 위해 화학물질확인제도를 새로이 도입하고, 화학물질 확인증명제도는 임의제도로 전환하였다.

6. 화학물질의 배출량 조사 · 공개

동법은 사업자의 자발적인 배출량저감을 유도하고 조사자료를 화학물질 및 환경관리의 기초자료로 활용하고자 화학물질의 제조 · 사용 등 취급 시 환경 중에 배출 및 이동현황을 조사하는 화학물질 배출량조사제도(PRTR)의 법적 근거를 두고 있다(제11조). 이는 사업장에서의 제조 · 사용 등 취급과정에서 화학물질이 환경 중으로 배출(대기, 수계, 토양, 폐기물)되는 양을 기업이나 지방자치단체가 파악하여 정부에 보고하고 정부는 취합된 자료를 DB화하여 정부, 기업, 민간이 공유토록 하는 제도이다.[22] 배출량조사제도는 점오염원에게 보고의무를 지운다는 점에서 시설 중심적이고, 배출되는 오염물질에 초점이 맞추어져 있다는 점에서 오염물질 중심적이다. 기본적으로 오염 자체를 규제하는 것이 아니라 오염자를 공중에 알려 명예실추를 두려워하는 오염자로 하여금 오염물질을 감소토록 유도하는 것이다.

이에 따르면 환경부장관은 화학물질 배출로부터 국민의 건강 및 환경을 보호하고 사업장으로 하여금 자발적인 화학물질 배출의 저감을 유도하기 위하여 매년 대통령령으로 정하는 화학물질[23]을 취급하는 사업장에 대하여 해당 화학물질을 취급하는 과정에서 배출되는 화학물질 현황 등의 조사를 실시하여야 한다. 환경부장관은 화학물질 배출량조사를 하는 경우 화학물질을 취급하는 자에게 필요한 자료를 제출하도록 명하거나 관계 공무원으로 하여금 해당 사업장에 출입하여 해당 화학물질 배출량조사를 하게 할 수 있다(제11조).[24] 한편, 화학물질 배출량조사 대상 사업장 중 유해성이 높은 화학물질을 연간 일정량 이상 배출하는 등 환경부령으로 정하는 사업장은 5년마다 화학물질 배출저감계획서를 작성하여 환경부장관에게 제출하여야 한다(제11조의2).

---

22) 2016년 환경백서(각주 3), 169면. 미국 '비상계획 및 알권리에 관한 법(Emergency Planning and Community Right-to-Know Act: EPCRA)'은 일정한 시설들로 하여금 그들이 제조, 사용한 정해진(listed) 화학물질이 정해진 량(threshhold amount)을 초과하여 대기, 수, 토양 등에 배출된 경우 이에 대하여 매년 보고하도록 하고 있다. 환경보호청(EPA)은 보고서에 대하여 전산자료를 통하여 공중이 접근할 수 있도록 하여야 한다. 42 U. S. C. §11023.

23) "대통령령으로 정하는 화학물질"이라 함은 다음의 어느 하나에 해당하는 것을 말한다: ① 유해화학물질; ② 대기오염물질 중 화학물질; ③ 수질오염물질 중 화학물질; ④ 휘발성유기화합물; ⑤ 국제적인 전문기관이나 국제기구에서 지정한 발암성 · 생식독성 또는 유전독성 등을 가진 화학물질로서 관리위원회의 심의를 거쳐 환경부장관이 국민의 건강 및 환경을 보호하기 위하여 필요하다고 인정하는 화학물질(시행령 제6조).

24) 화학물질 배출량조사제도는 1999년 "화학물질의 배출량조사 및 산정계수에 관한 규정" 고시가 제정되면서 본격적으로 시행되었다. 이에 따르면 조사대상업종은 39개 업종에 걸쳐 「대기환경보전법」 또는 「물환경보전법」에 따른 배출시설의 설치허가 또는 신고를 한 사업장이며(제3조), 조사대상 화학물질은 다음에 해당하는 물질로서 고시에서는 그룹별(I그룹 - 취급량 1톤/년 이상 배출량 조사대상 화학물질, II그룹 - 취급량 10톤/년 이상 배출량 조사대상 화학물질)로 나누어 적시하고 있다: ① 사업장에서 생산하는 화학물질 및 제품; ② 사업장에서 사용하는 원료 및 첨가제(보조원료, 반응가스 등 직접 또는 화학적 변화를 통해 제품 속에 함유되는 모든 물질을 포함); ③ 사업장에서 사용하는 공정보조물질(제품에 함유되지는 않지만, 제품생산과정에 사용하는 화학물질을 포함); ④ 폐기물처리사업장에서 처리하는 폐기물(소각, 매립, 재활용 등의 과정을 거쳐 처리되는 폐기물에 함유된 화학물질을 포함) ⑤ 기타 사업장에서 사용하는 화학물질(폐수처리, 사업장 시설 및 장치의 유지 · 보수에 사용하는 화학물질을 포함)(제5조). 다만 위 조사대상 화학물질을 각 물질별로 I그룹에 해당하는 물질의 경우 연간 1톤 미만, II그룹에 해당하는 물질의 경우 연간 10톤 미만을 제조 · 사용하는 사업장은 조사대상에서 제외된다(제3조 제2항 단서).

나아가 동법은 환경부장관으로 하여금 화학물질정보공개심의위원회의 심의를 거쳐 사업장별로 그 조사결과를 공개하도록 하는 한편(제12조 제1항 · 제4항), 화학물질을 취급하는 자가 화학물질 취급정보의 비공개를 원하는 경우 공개 여부에 관한 심의를 청구할 수 있도록 절차를 마련하고 있다(동조 제3항). 지역별 · 업종별 · 물질별 등으로 통계 처리하여 공표하는 배출량조사 결과를 사업장별로도 공개할 수 있도록 근거 규정을 두고 있는 것은 국민의 알권리 보호 및 사업장 자체의 자발적인 배출저감노력 강화를 유도할 수 있다는 점에서 의의가 크다고 할 수 있다.

그러나 사업장별 공개제도를 시행할 경우 사업체의 반발이 상당히 클 것으로 예상되며 화학물질 배출에 대한 주민의 불안감 야기 등 주민들에게 미칠 파급효과도 적지 않을 것으로 보인다. 이에 사전에 사업체 및 국민들에게 제도의 취지 및 효과 등에 대한 보다 적극적인 홍보정책을 수립 · 시행할 필요가 있다. 또한 화학물질 배출량 산정 시 대부분의 배출원은 측정을 통한 배출량 산정이 불가능하여 추정에 의할 수밖에 없으며, 이 경우 사업장별로 계산방법이 다양하여 서로 다른 결과가 도출될 가능성이 있는바, 계산결과의 객관성과 신뢰성을 검증할 수 있는 방안이 마련될 필요가 있다.

화학물질의 배출량조사는 자칫 기업의 영업비밀을 해칠 가능성이 있는데, 동법은 기업의 영업비밀을 보장하는 정보보호에 관한 규정을 두어 충돌할 수 있는 기업비밀과 화학물질의 안전관리라는 양 측면의 조화를 도모하고 있다. 즉 ① 공개할 경우 국가안전보장 · 질서유지 또는 공공복리에 현저한 지장을 초래할 것으로 인정되는 경우, ② 조사 결과의 신뢰성이 낮아 그 이용에 혼란이 초래될 것으로 인정되는 경우, ③ 기업의 영업비밀과 관련되어 일부 조사 결과를 공개하지 아니할 필요가 있다고 인정되는 경우 등에는 공개가 제한된다(제12조 제1항 단서). 또한 화학물질을 취급하는 자가 자료를 제출하는 때에 그 제출한 자료에 대하여 보호를 요청하면 대통령령으로 정하는 기간 동안 이를 공개하여서는 아니 된다(제52조 제1항).

동 제도는 정부로 하여금 배출량 정보를 바탕으로 효과적인 화학물질관리정책을 수립할 수 있도록 하고, 기업으로 하여금 원료물질과 폐기물의 양을 줄임으로써 생산성을 향상시킬 수 있도록 하며, 지역주민으로 하여금 자신이 화학물질에 어느 정도 노출될 위험이 있는가를 파악하도록 함과 동시에 기업에 환경친화적인 경영을 촉구하도록 하는 여론 형성의 기능을 갖는다.[25)]

기본적으로 화학물질 배출량조사제도는 주요 배출오염원만을 대상으로, 그리고 단기간에 걸친 조사에 그치기 때문에 화학물질의 위해성을 정확하게 이해하는 데는 한계가 있을 수 있다. 배출량조사는 배출량만을 중시하고 당해 배출의 경로, 분포, 잔류성, 노출된 사람의 민감성 등과 같이 인간에 대한 위해성과 관련한 요소들은 등한히 함으로써 자

25) 2002년 환경백서(각주 12), 615면.

칫 실제 인간 및 환경에 대한 위해성을 판단하는 자료로서의 한계를 노출할 수 있다. 또한 배출량조사는 양을 중심으로 이루어지고 있기 때문에 화학물질의 배출량은 줄어들었으나 독성은 오히려 증가하는 예기치 않은 상황에 대하여는 대처할 수 없다. 동 제도가 성공하기 위해서는 배출량조사 자료의 공개 및 이에 대한 공중의 접근이 보장되어야 하는데, 그 자료가 고도의 전문성을 가지고 있기 때문에 실제로 비전문가인 공중의 접근 및 이해가 쉬운 것이 아니라는 것이 또 하나의 문제로 지적될 수 있다.[26] 특히 현행 제도에서는 원료물질만이 배출량 조사대상으로 선정되어 있고 부산물은 제외되어 있으며, 조사대상물질을 연간 10톤 이상 제조 또는 사용하는 사업장에만 적용되기 때문에 그 이하 소량으로 발생하는 부산물에는 적절하게 대처할 수 없다는 문제점이 발견된다.[27]

7. 유해화학물질 등의 안전관리

동법은 유해성이 있는 화학물질을 인체급성유해성물질, 인체만성유해성물질, 생태유해성물질 등의 3가지 종류로 분류하고, 유해화학물질의 범주를 이들 3가지와 사고대비물질로 재분류하고,[28] 유해화학물질에서 제외된 금지 · 제한 · 허가물질을 별도의 허가 · 신고 등의 방법으로 차등 관리하고 있다. 이러한 분류체계와 관리는 해당 물질의 특성, 지정 목적에 부합하는 효율적 관리의 제고와 유해성 · 위해성에 비례한 맞춤형 관리수단의 적용을 위한 것으로 이해된다.

가. 유해화학물질 취급기준 등

유해화학물질 취급기준(제13조 제1항), 취급자의 개인보호장구 착용(제14조), 진열량 · 보관량 제한(제15조), 유해화학물질의 표시(제16조), 소비자에 대한 특례(제16조의2),[29] 유해화학물질, 허가물질, 제한물질 또는 금지물질의 제조, 수입, 판매, 보관 · 저장, 운반 또는 사용의 중지(제17조) 등을 규정함으로써, 유해화학물질로 인한 국민건강 및 환경에의 위해를 줄이도록 안전관리를 도모하고 있다.

나. 화학물질의 관리

동법은 화학물질을 유해화학물질, 금지물질, 제한물질, 허가물질 등으로 구분하여 관리방법(허가 · 신고 · 승인 등)을 다르게 하고 이들 물질을 엄격히 관리하고 있는바, 특히 금지 또는 제한은 화학물질의 안전관리를 위한 강력한 조치라 할 수 있다.

---

26) Bradley C. Karkkainen, *Information as Environmental Regulation: TRI and Performance Benchmarking, Precursor to a New Paradigm?* 89 Geo. L. J. 257, 331~333 (2001).

27) 박정규 · 이희선, "잔류성유기오염물질의 관리현황과 대응방향－부산물을 중심으로", 한국환경정책 · 평가연구원, 2000. 12, 126면.

28) '유해화학물질'이란 인체급성유해성물질, 인체만성유해성물질, 생태유해성물질 및 사고대비물질을 말한다(제2조 제7호).

29) 동법은 소비자가 유해화학물질을 일상생활에서 사용하는 경우에 대해서는 유해화학물질의 일반적인 취급 · 관리 의무에서 제외할 수 있도록 특례를 규정하고 있다.

(1) 금지물질의 취급금지 및 제한물질의 취급제한

위해성이 큰 금지물질에는 강한 규제가 뒤따른다. 즉 누구든지 금지물질을 취급하여서는 아니 된다. 다만, 예외적으로 국외 전량 수출용의 경우나 시험용 · 연구용 · 검사용 시약의 경우에만 허가를 받아 제조 · 수입 · 판매할 수 있도록 함으로써, 철저한 관리가 이루어지도록 하고 있다(제18조 제1항). 한편, 누구든지 제한물질을 사용이 제한된 용도로 취급하여서는 아니 된다. 다만, 제한물질을 국외로 전량 수출하기 위하여 제조 · 수입하려는 자가 환경부장관의 허가를 받은 경우에는 그러하지 아니하다(동조 제2항). 이는 수입이 원칙적으로 금지되고 시험·연구·검사용 목적으로 수입하는 경우에도 허가를 받아야 하는 금지물질의 경우와 구별된다.

(2) 허가물질의 제조 · 수입 · 사용 허가

허가물질을 제조 · 수입 · 사용하려는 자는 화학물질의 용도, 화학물질의 위해성, 허가물질의 대안 분석 및 실행가능성, 허가물질의 대체 계획 등의 자료를 제출하여 미리 환경부장관의 허가를 받아야 한다(제19조 제1항). 허가는 화학물질의 시장진입을 규제하는 기능을 한다. 그러나 ① 기계에 내장(內藏)되어 수입되는 화학물질, ② 시험운전용으로 기계 또는 장치류와 함께 수입되는 화학물질, ③ 특정한 고체 형태로 일정한 기능을 발휘하는 제품에 들어있어 그 사용 과정에서 유출되지 아니하는 화학물질, ④ 조사용 · 연구용으로 제조 · 수입되는 화학물질, 그 밖에 연간 100킬로그램 이하로 제조, 수입 또는 사용되는 허가물질 등은 허가대상에서 제외된다(동조 제2항, 시행령 제9조). 허가물질을 국외로 전량 수출하기 위하여 제조 · 수입하려는 자 등 대통령령으로 정하는 자는 환경부장관에게 신고하여야 한다(동조 제7항).

(3) 인체급성유해성물질 등의 수입신고

인체급성유해성물질, 인체만성유해성물질 또는 생태유해성물질을 수입하려는 자는 유해성물질의 종류와 용도 등을 환경부장관에게 신고하여야 한다(제20조 제2항). 다만, 시험용, 연구용, 검사용 시약을 목적으로 사용하기 위하여 수입하는 경우에는 그러하지 아니하다(동조 제3항).

(4) 제한물질 또는 금지물질의 수출승인

동법은 제한 · 금지물질을 수출하고자 하는 자로 하여금 환경부장관의 승인을 얻도록 하고 있다. 즉 제한 · 금지물질(제한물질의 경우는 취급이 제한된 용도에 한정)을 수출하려는 자는 「특정 유해화학물질 및 농약의 국제교역 시 사전통보 승인절차에 관한 로테르담협약(로테르담협약, 일명 PIC 협약)」[30] 부속서 V에 규정된 수출통보서에 포함되어야 하는 정

30) The Rotterdam Convention on the Prior Informed Consent Procedure for Certain Hazardous Chemicals and Pesticides in International Trade, UNEP/FAO/PIC/ CONF/2 (1998). 동 협약은 사용이 금지된 또는 엄격히 제한된 화학물질과 고도의 유해성 농약제를 적용대상으로 하고 있다(제3조). 동 협약의 핵심절차는 사전통지승인절차(PIC)인데, 이를 통하여 인체 및 환경에 유해한 화학물질 및 농약의 교역 시, 수출국이 사전에 수입국에게 동 물질에 관한 유해성 정보 등을 통

보에 관한 자료를 갖추어 환경부령으로 정하는 바에 따라 매년 환경부장관의 승인을 받아야 한다(제21조 제1항). 이러한 규정은 특정유해화학물질 수출입 시 수입국에 사전통보 및 승인을 받도록 규정한 「로테르담협약」의 국내 이행을 위해 협약대상물질(제한·금지물질 포함)의 수출 시 승인을 받도록 한 것으로서 2004년 2월 발효된 로테르담협약의 이행 기반 마련에 필요한 규정이라 할 것이다.

(5) 환각물질의 흡입 등의 금지

누구든지 흥분·환각 또는 마취의 작용을 일으키는 화학물질로서 대통령령으로 정하는 환각물질[31]을 섭취 또는 흡입하거나 이러한 목적으로 소지하여서는 아니 되며(제22조 제1항), 환각물질을 섭취하거나 흡입하려는 사람에게 그 사실을 알면서도 이를 판매 하거나 제공하여서는 아니 된다(동조 제2항).

[1] 대법원 2000. 10. 27. 선고 2000도4187 판결

유해화학물질관리법 제35조 제1항에서 금지하는 환각물질을 구체적으로 명확하게 규정하지 아니하고 다만 그 성질에 관하여 '흥분·환각 또는 마취의 작용을 일으키는 유해화학물질로서 대통령령이 정하는 물질'로 그 한계를 설정하여 놓고, 같은 법 시행령 제22조에서 이를 구체적으로 규정하게 한 취지는 과학 기술의 급격한 발전으로 말미암아 흥분·환각 또는 마취의 작용을 일으키는 유해화학물질이 수시로 생겨나기 때문에 이에 신속하게 대처하려는 데에 있으므로, 위임의 한계를 벗어난 것으로 볼 수 없고, 한편 그러한 환각물질은 누구에게나 그 섭취 또는 흡입행위 자체가 금지됨이 마땅하므로, 일반적으로 술을 마시는 행위 자체가 금지된 것이 아니라 주취상태에서의 자동차 운전행위만이 금지되는 도로교통법상의 주취상태를 판정하는 혈중알코올농도와 같이 그 섭취 기준을 따로 정할 필요가 있다고 할 수 없으므로, 같은 법 제35조 제1항의 '섭취 또는 흡입'의 개념이 추상적이고 불명확하다거나 지나치게 광범위하다고 볼 수도 없다.[32]

다. 유해화학물질 취급시설의 설치·운영

동법은 화학사고예방관리계획[33] 제도와 취급시설의 배치·설치 및 관리 기준을 두고

보하여 수입국의 승인을 얻도록 하고 있다(제11조, 제12조). 그 밖에 이 협약이 정하고 있는 수출통지, 정보의 교환, 표시제 등은 화학물질과 농약의 안전한 관리를 촉진할 것으로 보인다.

31) "대통령령으로 정하는 물질"에는 ① 톨루엔·초산에틸 또는 메틸알콜, ② 톨루엔·초산에틸 또는 메틸알콜 등의 물질이 들어있는 시너(도료의 점도를 감소시키기 위하여 사용되는 유기용제를 말한다)·접착제·풍선류 또는 도료, ③ 부탄가스 등이 포함된다(시행령 제11조).

32) 구 유해화학물질관리법 제35조 제1항 및 유해화학물질관리법 시행령 제22조의 규정이 법치주의 및 죄형법정주의에 위반되지 않는다고 한 사례.

33) 유해화학물질 취급시설을 설치·운영하려는 자는 사전에 화학사고 발생으로 사업장 주변 지역의 사람이나 환경 등에 미치는 영향을 평가하고 그 피해를 최소화하기 위한 화학사고예방관리계획서를 작성하여 환경부장관에게 제출하여야 한다(제23조 제1항). 취급하는 유해화학물질의 유해성 및 취급수량 등을 고려하여 환경부령으로 정하는 기준 이상의 유해화학물질 취급시설(주요취급시설)을 설치·운영하는 자는 5년마다 화학사고예방관리계획서를 작성하여 환경부장관에게 제출하여야 한다(동조 제4항). 환경부장관은 제출된 화학사고예방관리계획서(변경된 화학사고예방관리계획서를 포함)를 검

(제24조 제1항), 취급시설의 검사를 실시하여 개선할 수 있도록 함으로써(동조 제2항 내지 제26조), 유해화학물질의 안전관리를 도모하고 있다.

8. 유해화학물질 영업

유해화학물질 영업허가를 받으려는 자는 화학사고예방관리계획서, 검사결과서를 제출하고, 취급시설 · 장비 · 기술인력에 대한 일정 기준을 갖추어 환경부장관의 허가를 받아야 한다(제28조). 허가는 사업장별로 받아야 한다. 이 경우 '허가'는 그 명칭에도 불구하고 '등록'보다 그 요건이 강화된 예외적 승인으로서 재량행위의 성질을 갖는다.[34] 동법은 유해화학물질 취급의 도급신고(제31조), 유해화학물질관리자의 선임(제32조), 안전교육(제33조), 유해화학물질 취급중단 및 휴업 · 폐업 사업장에 대한 관리(제34조), 개선명령(제34조의2), 영업허가의 취소 · 영업정지(제35조), 과징금 처분(제36조), 권리 · 의무의 승계(제37조), 보고 및 검사(제49조), 서류의 기록 · 보존 등(제50조) 등의 규정을 두어 유해화학물질 영업자에 대한 규제 및 관리체계를 확립하고 있다.

특히 동법은 수급인의 위반행위는 도급인에게도 영향(벌칙은 미적용)을 미치도록 하고(제31조 제1항), 영업정지 처분을 갈음하여 해당 사업장 매출액의 5% 이하 또는 단일사업장을 보유하고 있는 기업의 경우에는 2.5% 이하로 과징금을 부과할 수 있도록 하여(제36조 제1항)[35] 유해화학물질 영업자 책임을 강화하고, 유해화학물질 영업자에 대한 의무이행을 확보하고 있다.

이러한 규제는 유해화학물질의 안전관리를 통해 국민의 건강 및 환경상의 위해를 예방하려는 것으로 이해할 수 있으나 자칫 지나친 강화는 산업계에 큰 부담으로 작용할 수 있다. 이러한 점을 고려하여 동법은 법에 정해진 위반행위에 대하여 위반 횟수 등을 고려하여 개선명령 → 경고 → 영업정지 등을 순차적으로 할 수 있도록 하고, 위반행위의 동기, 내용, 횟수, 위반의 정도 등 사유를 고려하여 그 처분을 감경할 수 있도록 함으로써 기업의 부담을 완화하는 길을 열어 놓았다(시행규칙 제40조, 별표 7). 같은 맥락에서 과징금 제도가 징벌이 아닌 사고 예방 차원에서 계도 또는 경고 중심으로 운영되고, 부과될 경우에

토한 후 이를 제출한 자에게 해당 유해화학물질 취급시설의 위험도 및 적합 여부를 통보하여야 한다(동조 제5항). 화학사고예방관리계획서의 작성은 산업계에 부담으로 작용할 수 있는바, 동법에서는 다음의 어느 하나에 해당하는 유해화학물질 취급시설을 설치 · 운영하려는 자에게는 작성의무를 면제하고 있다: ① 연구실; ② 학교; ③ 화학사고 발생으로 사업장 주변 지역의 사람이나 환경에 미치는 영향이 크지 아니하거나 유해화학물질 취급 형태 · 수량 등을 고려할 때 화학사고예방관리계획서의 작성 필요성이 낮은 유해화학물질 취급시설로서 환경부령으로 정하는 기준에 해당하는 시설(동조 제1항 단서). 한편 동법은 화학사고예방관리계획서 이행, 화학사고예방관리계획서의 지역사회 고지 등의 근거를 마련하고 있다(제23조의2 내지 제23조의3).

34) 홍준형, 환경법, 박영사, 2005, 1004 내지 1005면; 김종천, "「화학물질관리법」의 전면 개정(안)에 관한 고찰", 환경법연구 제36권 제2호, 2014. 8, 30면.

35) 1일당 과징금의 금액은 위반행위를 한 사업자의 연간 매출액에 3,600분의 1(단일 사업장을 보유한 기업의 경우에는 연간 매출액의 7,200분의 1을 말함)을 곱하여 산정한다(제14조, 별표 1). 매출액의 5% 과징금이 과도한 부담이라는 산업계의 반발을 고려하여 과징금의 부과기준은 당초 예상보다 대폭 완화되었다고 할 수 있다.

는 위반 횟수나 과실 정도 등을 고려하여 책임에 비례하여 부과되도록 할 필요가 있다.

9. 화학사고의 대비 및 대응

지방자치단체의 장은 관할 지역에서 화학사고가 발생하는 경우에 대비하기 위하여 지역화학사고대응계획을 수립하여야 한다(제23조의4). 동법은 특히 급성독성 · 폭발성 등이 강하여 사고발생의 가능성이 높거나 사고가 발생한 경우에 그 피해 규모가 클 것으로 우려되는 화학물질을 사고대비물질[36]로 지정하고(제39조), 사고대비물질의 관리기준의 근거를 마련하고 있다(제40조). 또한 해당 화학물질을 취급하는 자에게 화학사고 발생 시 즉시 관계기관에 신고할 의무를(제43조),[37] 정부에게 현장수습조정관의 파견(제44조), 사고 후 영향조사(제45조), 피해 최소화 및 복구 조치명령(제46조), 화학사고 특별관리지역의 지정(제47조) 등 대응의무를 부과함으로써 화학물질로 인한 안전사고의 예방 · 대비 · 대응체계를 마련하고 있다.

Ⅲ. 생활화학제품 및 살생물제의 안전관리에 관한 법률

아! 가습기살균제. 폐손상의 원인이 된 화학물질(PHMG 등)에 대한 유해성에 대한 정보 및 용도관리 부재와 이러한 물질이 들어있는 제품에 대한 관리체계의 부재는 가습기살균제 사고로 이어져 우리사회에 엄청난 피해와 충격을 안겨 주었다. 여기에 그치지 않고 연이어 발생한 구미 불산가스 누출사고, 살충제 계란 파동, 화장품 · 생리대 유해물질 검출, 라돈침대 사태[38] 등 크고 작은 사건들은 여전히 가습기살균제 피해사고가 반복되고 있다는 점을 보여주고 있다. 화학물질 또는 화학제품 전반에 대한 불안 · 공포(Chemophobia)가 확산하고, 급기야 화학제품 없이 사는 사람들, 즉 노케미(no－chemi)족의 등장이 사회적 화두가 되기에 이르렀다.

---

36) '사고대비물질'이라 함은 "화학물질 중에서 급성독성(急性毒性) · 폭발성 등이 강하여 화학사고의 발생 가능성이 높거나 화학사고가 발생한 경우에 그 피해 규모가 클 것으로 우려되는 화학물질로서 화학사고 대비가 필요하다고 인정하여 제39조에 따라 환경부장관이 지정 · 고시한 화학물질"을 말한다(제2조 제6호). 사고대비물질은 사고발생 우려가 높거나 사고가 발생하면 피해가 클 것으로 우려되는 다음의 어느 하나에 해당하는 화학물질 중에서 지정 · 고시한다: ① 인화성, 폭발성 및 반응성, 유출 · 누출 가능성 등 물리적 · 화학적 위험성이 높은 물질; ② 경구(經口) 투입, 흡입 또는 피부에 노출될 경우 급성독성이 큰 물질; ③ 국제기구 및 국제협약 등에서 사람의 건강 및 환경에 위해를 미칠 수 있다고 밝혀진 물질; ④ 그 밖에 화학사고 발생의 우려가 높아 특별한 관리가 필요하다고 인정되는 물질(제39조).

37) 동법은 화학물질 취급자의 사고발생 신고의무, 신고접수기관의 환경부장관 보고 등 사고 전파체계를 구축하고 있다(제43조). 이와 같은 사고전파 체계 구축은 화학사고 대비 · 대응 기능의 강화 차원에서 큰 의미가 있다고 할 수 있다. 문제는 인근 주민에 대한 통보가 누락되어 화학물질 사고에 대비한 관리가 그 만큼 미흡하다고 할 수 있다. 동법은 화학사고가 발생하면 해당 화학물질을 취급하는 자는 '즉시' 관할지방자치단체, 지방환경관서, 국가경찰관서, 소방관서 또는 지방고용노동관서에 신고하여야 한다고 규정하고 있으나 '화학사고'의 범위와 '즉시' 신고의 의미가 불명확하여 실효성이 약화될 수 있다.

38) 대진침대 매트리스에서 라돈 피폭이 확인된 데 이어 중국 등에서 들여온 라텍스 침대에서도 라돈이 검출되면서 환경 · 시민단체들의 정부에 대한 고발까지 이어지는 상황이다. 정부의 관리 미흡과 발표 번복, 다수의 피해자 발생, 원료공급사의 안이한 태도, 다수의 제조 · 판매사의 존재 등 많은 면에서 수천명의 사상자를 낸 것으로 추정되는 가습기 살균제 사태와 유사하다는 지적이 이어지고 있다. 동아일보, "안전불감증이 불러온 참사 … 라돈침대－가습기살균제 '닮은꼴'", 2018. 6. 4. 기사.

PHMG, CMIT/MIT, OIT 등과 같은 살생물질이 들어있는 제품을 엄격하게 관리하는 체계가 부재한 상태에서 제2, 제3의 가습기살균제 피해사고가 발생할 가능성은 상존하고 있다. 이에 유사 사고의 발생을 방지하기 위해서는 균과 벌레 등을 제거, 무해화(無害化) 또는 억제하는 등의 기능을 가진 살균제, 살충제 등 살생물제(biocides) 관리를 강화할 필요성이 급속하게 사회적 공감대를 형성하였다. 여기에는 잇따르는 화학물질, 화학제품 관련 사고를 막지 못한 기존 「화학물질 등록 및 평가 등에 관한 법률」에 대한 통열한 반성도 일조하였다. 말하자면 사전적 관리 수단인 등록이 화학제품(위해우려제품)에는 적용되지 않고, 화학제품에 대한 안전성 관리가 사후적 관리에 머무를 수밖에 없는 본질적 한계를 가지고 있는 위해성평가에 기초하기 때문에 관리의 공백이 초래될 수 있다는 인식이 대표적이다.[39] 이러한 배경에서 2018. 3. 20. 살생물제에 대한 사전예방적 관리체계를 마련하는 한편, 생활화학제품에 대한 체계적인 안전관리를 기치로 내세운 「생활화학제품 및 살생물제의 안전관리에 관한 법률」(살생물제법)이 탄생하였다.

동법은 「화학물질 등록 및 평가 등에 관한 법률」에 따른 위해우려제품을 생활화학제품이라는 개념으로 발전적으로 수용하고, 생활화학제품의 위해성평가, 살생물물질(殺生物物質) 및 살생물제품의 승인, 살생물처리제품의 기준 등에 관한 사항을 규정함으로써 전반적으로 살생물제에 대한 관리를 강화하고 있다. 이로써 화학물질과 화학제품의 관리체계가 「화학물질 등록 및 평가 등에 관한 법률」과 살생물제법에 따라 이원화되었다. 특히 화학제품이 기존 화학물질 관리 중심의 법률에서 제품 관리에 관한 법률로 이전되어 「화학물질 등록 및 평가 등에 관한 법률」에서는 일반화학물질을 관리하고, 살생물제법에서는 생활화학제품과 살생물제를 관리하게 되었다.[40]

「화학물질 등록 및 평가 등에 관한 법」을 제정할 당시 유럽연합(EU)의 REACH가 크게 모델이 된 것과 유사하게 살생물제법의 제정 시에는 유럽연합의 살생물제품규칙(BPR)[41]이 모델이 된 것으로 알려지고 있다.

동법에 생활화학제품의 관리를 위한 규정이 들어 온 것은 가습기살균제 사고 등과 맞물리면서 생활화학제품의 규제라는 급증하는 사회적 수요를 충족하기 위한 부득이한 측면을 무시할 수 없는바, 법체계상 살생물제와 조화가 쉽지 않은 점, 어린이 제품을 포함한 소비자제품 일반으로 범위를 확대할 필요가 있는 점 등을 고려해서 향후 화학제품을 다루는 별도의 법 제정을 검토할 필요가 있다.

---

39) 박종원, "생활화학제품 및 살생물제의 리스크와 환경법의 역할", 환경법과 정책 제20권, 2018. 2. 28, 67면, 61면.

40) 이준서, "생활화학제품 및 살생물제의 안전관리에 관한 법률 제정에 따른 생활화학제품의 안전관리체계의 변화", 법학논총, 한양대학교 법학연구소, 2018. 9, 188면.

41) Regulation No. 528/2012 of the European Parliament and of the Council of 22 May 2012 concerning the Making Available on the Market and Use of Biocidal Products. 살생물제품규칙에 대한 자세한 내용은 한민지·송동수, "살생물제의 안전관리를 위한 유럽연합 법제에 관한 연구", 환경법연구 제39권 제1호, 2018. 11, 405면 이하.

≪생활화학제품 및 살생물제 관리체계≫

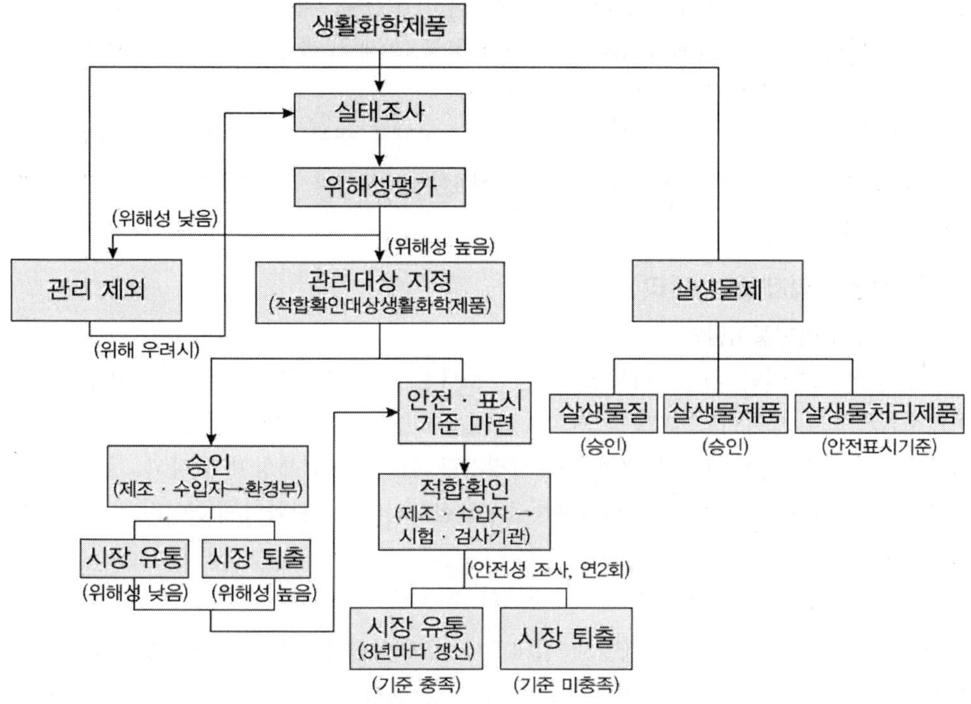

1. 일 반

가. 관리원칙

생활화학제품 및 살생물제는 다음의 원칙에 따라 관리되어야 한다: ① 생활화학제품 및 살생물제와 사람, 동물의 건강과 환경에 대한 피해 사이에 과학적 상관성이 명확히 증명되지 아니하는 경우에도 그 생활화학제품 및 살생물제가 사람, 동물의 건강과 환경에 해로운 영향을 미치지 아니하도록 사전에 배려하여 안전하게 관리되어야 한다(사전배려의 원칙); ② 어린이, 임산부 등 생활화학제품 또는 살생물제로부터 발생하는 화학물질 등의 노출에 취약한 계층을 우선적으로 배려하여 관리되어야 한다(민감 계층 보호의 원칙); ③ 오용과 남용으로 인한 피해를 예방하기 위하여 생활화학제품 및 살생물제의 안전에 관한 정보가 정확하고 신속하게 제공되어야 한다(정보 제공의 원칙).

나. 적용범위

동법은 생활화학제품 또는 살생물제가 관련 법에 따른 건강기능식품, 군수품, 농약, 천연식물보호제, 원제(原劑) 및 농약활용기자재, 수처리제(水處理劑), 단미사료(單味飼料) 및 보조사료(補助飼料), 「선박평형수(船舶平衡水) 관리법」 제2조 제10호에 따른 처리물질, 식품, 식품첨가물, 기구 및 용기 · 포장, 의약품, 의약외품(醫藥外品), 위생용품, 의료기기, 화장품, 유기식품 · 비식용유기가공품 · 무농약원료가공식품 · 유기농어업자재 및 허용물질에 해당하는 경우에는 이 법을 적용하지 않도록 하고 있는바, 적용 제외가 광범위하다고 할 수 있다. 다만, 해당 법률에서 정하는 목적과 용도로 제조, 수입, 판매 또는 사용되지 아니하는 경우에는 이 법을 적용한다(제5조 제1항).

한편 과학적 실험 · 분석 또는 연구용 생활화학제품 또는 살생물제 등에 대해서는 이 법 제10조(안전기준의 확인 및 표시기준 등)와 제3장(살생물제의 안전관리)을 적용하지 아니한다(동조 제2항).

2. 생활화학제품의 관리

가. 생활화학제품이란?

생활화학제품이란 가정, 사무실, 다중이용시설 등 일상적인 생활공간에서 사용되는 화학제품으로서 사람이나 환경에 화학물질의 노출을 유발할 가능성이 있는 것을 말한다(제2조 제3호). 이 중에서 특별히 위해성평가를 한 결과 위해성이 있다고 인정되어 환경부장관이 지정 · 고시한 생활화학제품을 '안전확인대상생활화학제품'이라고 한다(동조 제4호).

나. 관 리

생활화학제품의 관리는 단계별로 실태조사, 위해성평가, 안전확인대상생활화학제품의 지정 · 고시, 안전기준의 고시, 안전기준의 확인 및 표시기준, 제조 · 수입 금지 등으로 이루어진다. 이에 따르면 동법은 생활화학제품의 현황 파악 등을 위하여 환경부장관이 성분, 배합비율 등의 실태를 조사할 수 있도록 하고(제7조),[42] 실태조사를 한 생활화학제품에 대하여 위해성평가를 실시할 수 있도록 하고 있다(제8조 제1항). 환경부장관은 위해성평가를 한 결과 위해성이 있다고 인정하는 경우에는 관계 중앙행정기관의 장과 협의하고 관리위원회의 심의를 거쳐 해당 생활화학제품을 안전확인대상생활화학제품으로 지정 · 고시하여야 한다(동조 제3항).[43] 안전확인대상생활화학제품의 지정 · 고시는 포괄적인 생활화학제품 중에서 관리대상을 특정한다는 의미를 갖는다.

환경부장관은 안전확인대상생활화학제품에 대하여 종류별로 위해성 등에 관한 안전기준을 정하여 고시할 수 있다(제9조). 안전기준이 고시된 안전확인대상생활화학제품을 제조 또는 수입하려는 자는 3년마다 환경부장관이 지정한 시험 · 검사기관으로부터 해당 안전확인대상생활화학제품이 안전기준에 적합한지 확인을 받아야 하고(제10조 제1항 · 제2항), 확인을 받은 자는 제품정보 · 성분 및 함량 등 환경부령으로 정하는 사항을 환경부장관에

42) 실태조사의 대상자는 제조, 수입, 판매 또는 유통하는 자인데, 과연 판매자와 유통자의 구별이 가능한지, 그 구별기준(예컨대, 유 · 무상성)이 무엇인지 불분명하다. 동법은 실태조사의 실효성을 확보한다는 차원에서 이들 대상자들에 자료의 제출 등을 요구할 수 있도록 하고(동조 제2항), 이를 위반한 경우 과태료를 부과하고 있다(제60조).

43) 이 규정의 위임을 받아 2019. 2. 19. 「안전확인대상생활화학제품 지정 및 안전 · 표시기준」(환경부고시 제3조, 별표 1)이 제정되었다. 여기에서는 안전확인대상생활화학제품의 종류로 세정제품, 살균제품 등 14종(44개 품목)을 들고 있다.

게 신고하여야 한다(동조 제4항). 변경신고는 규정하고 있지 않아 관리의 공백이 발생할 가능성이 있다. 한편, 안전기준이 고시되지 아니한 안전확인대상생활화학제품을 제조 또는 수입하려는 자는 대통령령으로 정하는 바에 따라 해당 제품에 들어있는 화학물질의 용도, 유해성, 노출정보 등에 관한 자료를 제출하여 환경부장관의 '승인'을 받아야 한다(동조 제6항).44) 승인단계에서 제조 · 수입자는 '개별 제품'의 용출 · 방출실험, 위해성평가 등을 통해 유해성 여하를 입증해야 하는데, 이는 안전확인대상생활화학제품의 '품목'인 살균제, 가습기용 항균 · 소독제 등을 지정 · 고시하기 위한 절차로서 진행되는 위해성평가(제8조)와는 구별되는 절차라고 할 수 있다.

환경부장관은 신고하거나 승인을 받은 안전확인대상생활화학제품의 명칭, 제조 · 수입자의 성명 · 상호, 해당 제품에 사용된 주요 성분 등에 관한 정보를 공개하여야 한다(제10조의2). 시험 · 검사기관의 확인이나 환경부장관의 승인을 받지 아니하거나 거짓 또는 그 밖의 부정한 방법으로 확인 또는 승인을 받은 경우, 확인 또는 승인을 받은 내용과 다르게 안전확인대상생활화학제품을 제조 또는 수입하는 경우 등에는 환경부장관의 제조 또는 수입의 금지명령의 대상이 될 수 있다(제11조). 확인 또는 승인의 취소에 대한 규정은 없으나 보다 근본적으로 판매, 유통 등이 이루어지 않토록 한다는 차원에서 이에 대한 입법적 고려도 검토할 만하다.

3. 살생물제의 관리

살생물제(殺生物劑)란 살생물물질, 살생물제품 및 살생물처리제품을 말한다(동조 제6호). 살생물제의 관리에서 핵심적인 사항이 물질 및 제품'승인'인데 승인은 「화학물질 등록 및 평가 등에 관한 법률」에 따른 화학물질의 '등록'과 달리 사업자에게 정보제출책임에 그치지 않고 안전성에 관한 입증책임을 부과하는 것이라고 평가할 수 있다.45) 말하자면 "No Data, No Market"에서 더 나아가 "No Safety, No Market" 원칙에 따라 승인은 안전성이 입증된 살생물제에 대해서만 인정되고, 승인된 살생물물제만 사용이 가능하다.46) 동법은 살생물제품에 대해서는 보다 강화된 물질승인 후 제품승인이라는 2단계 구조를 취하고 있다.47) 또한 사전예방적 관리 수단(승인)이 살생물물질은 물론 살생물제품에서도 적용될 수 있도록 하여, 기존 「화학물질 등록 및 평가 등에 관한 법률」이 취하고 있던 사후적 관리로 인한 화학제품 관리의 공백을 메꾸고 있다.

---

44) 실태조사의 대상자가 제조, 수입, 판매 또는 유통하는 자 등 포괄적임에 반해 안전기준의 확인 대상자 및 승인 대상자는 제조, 수입하는 자로 국한된다. 여기에서 말하는 제조자에 이른바, 주문자상표부착생산(OEM), 제조자개발생산(ODM) 등의 경우 주문자가 포함되는지는 반드시 명확한 것이 아니다.

45) 박종원(각주 39), 67면, 70면.

46) 박종원(앞의 글), 70면.

47) 이준서(각주 40).

가. 살생물물질의 관리

(1) 살생물물질이란?

살생물물질이란 유해생물[48]을 제거, 무해화(無害化) 또는 억제하는 기능으로 사용하는 화학물질, 천연물질 또는 미생물을 말한다(동조 제7호). 가습기살균제 사고에서 문제가 되었던 PHMG가 대표적인 예이다.

(2) 물질승인

살생물제품에 사용하기 위하여 살생물물질을 제조 또는 수입하려는 자는 사전에 해당 살생물물질에 대하여 환경부장관의 '승인'을 받아야 한다(제12조 제1항). 동법은 물질승인을 받으려는 자가 살생물물질의 식별정보, 살생물제품유형,[49] 살생물물질에 관한 물리 · 화학적 또는 생물학적 특성, 살생물물질의 용도, 주요 노출경로, 노출형태 등 노출정보, 유해성 · 위해성 정보 등 물질승인을 신청할 때 제출해야 할 자료를 제시하는 한편(제13조 제1항), 살생물물질의 사용목적과 사용될 수 있는 살생물제품의 유형을 고려할 때 노출정보가 특정되어 인체 · 동물 및 환경에 미치는 영향이 작다는 사실을 증명하는 경우 등 일정한 경우에 자료 제출을 면제하고 있다(동조 제2항). 나아가 ① 살생물물질 또는 그 잔류물이 사람 · 동물의 건강 또는 환경에 부정적인 영향을 미치지 아니할 것, ② 살생물물질의 유해생물 제거등의 효과 · 효능이 충분할 것, ③ 살생물물질이 제거등의 목적이 되는 유해생물에게 내성(耐性)이 생기게 하지 아니할 것, ④ 살생물물질이 척추동물의 제거등을 목적으로 사용될 경우 제거등의 과정에서 척추동물에게 불필요한 고통을 유발하지 아니할 것 등 네거티브(negative) 방식의 승인기준을 제시하고 있다(제12조 제2항). 물질승인은 제조 · 수입되는 살생물물질의 건강이나 환경에 미치는 영향, 효과 · 효능 등을 파악, 관리하기 위한 것이므로 승인을 받은 경우 승인 당시 정한 사용 목적 또는 용도에 제한되며, 변경하려는 경우 변경승인을 받아야 한다(제15조).

한편, 물질승인을 받은 살생물물질(기준살생물물질)과 다른 살생물물질 간에 물질동등성을 인정받으려는 자는 물질동등성[50]을 갖추었음을 증명할 수 있는 자료를 갖추어 환경부장관에게 물질동등성의 인정을 신청하여야 한다(제16조 제1항). 물질동등성 인정제도는 유사성이 인정되는 물질에 대하여 승인 절차를 간소화하는 것이라고 할 수 있다. 물질동등성의 인정 여부가 생활화학제품 및 살생물제 관리위원회의 심의를 거쳐 결정되기 때문에(동조 제2항) 신속하고 객관적인 인정을 위해서는 구체적인 인정기준, 결정기한의 설정과 함께 위원회의 객관적 구성(예컨대, 제척, 기피 등)이 중요해 보인다. 법 시행 이전에 국내에서 유통된 살생물제품 또는 살생물처리제품에 들어있는 살생물물질(기존살생물물질)에

48) '유해생물'이란 사람이나 동물에게 직접적 또는 간접적으로 해로운 영향을 주는 생물을 말한다(동조 제5호).

49) 살생물제품을 사용 목적 또는 용도에 따라 종류별로 세분화한 것으로서 환경부령으로 정하는 것을 말한다.

50) '물질동등성'이란 서로 다른 살생물물질 간에 화학적 조성(組成), 위해성 및 유해생물 제거등의 효과 · 효능이 기술적으로 동등한 성질을 말한다(제2조 제11호).

대해서는 승인유예가 가능하다(제18조).

(3) 정보공개 및 자료보호

물질승인을 받은 살생물물질의 명칭 및 물질승인의 유효기간, 유해성 및 위해성 정도, 해당 살생물물질의 사용이 가능한 살생물제품유형 등은 정보 공개의 대상이 된다(제29조 제1항). 이해관계자에게 정보청구권을 인정하지 않고 환경부장관이 일방적으로 정보를 공개한다는 의미에서 정보공시와 유사하다. 한편, 물질승인등을 위하여 제출한 자료는 15년 이내의 범위에서 비공개 보호된다(제31조 제1항).[51] 비공개 보호대상은 '자료'로 정보에 비해 제한적이라고 이해된다. 법은 이와 같이 정보공개를 원칙으로 하고, 자료 사용동의(제32조)를 규정하는 데 그칠 뿐 정보나 자료의 사용 제한과 사용하는 경우의 사용료 또는 이익공유에 대하여는 규정을 두고 있지 아니하다.

나. 살생물제품의 관리

(1) 살생물제품이란?

살생물제품이란 유해생물의 제거등을 '주된 목적'으로 하는 다음의 어느 하나에 해당하는 제품을 말한다: ① 한 가지 이상의 살생물물질로 구성되거나 살생물물질과 살생물물질이 아닌 화학물질 · 천연물질 또는 미생물이 혼합된 제품;[52] ② 화학물질 또는 화학물질 · 천연물질 또는 미생물의 혼합물로부터 살생물물질을 생성하는 제품[53](동조 제8호).

(2) 제품승인

살생물제품을 국내에 판매하거나 유통시키기 위하여 제조 또는 수입하려는 자는 해당 살생물제품에 대하여 환경부장관의 '승인'을 받아야 한다(제20조 제1항). 승인은 기존 「화학물질 등록 및 평가 등에 관한 법률」에서는 미처 시도하지 못했던 화학제품에 대한 사전예방적 관리수단이라고 이해할 수 있다.

제품승인을 받으려는 자는 살생물제품의 제품명, 살생물제품유형, 살생물제품에 들어있는 살생물물질을 포함한 모든 물질의 성분, 배합비율, 사용 목적 및 용도, 물리 · 화학적 또는 생물학적 특성, 살생물제품의 용도, 주요 노출경로, 노출형태 등 노출정보, 인체 · 동물 및 환경에 대한 유해성 · 위해성 정보, 효과 · 효능 등의 자료를 갖추어 환경부장관에게 제품승인을 신청하여야 한다(제21조). 승인을 받기 위해서는 ① 살생물제품 또는 그 잔류물이 사람 · 동물의 건강 또는 환경에 부정적인 영향을 미치지 아니할 것; ② 살생물제품에 들어있는 모든 살생물물질이 물질승인등을 받은 범위에서 사용되는 살생물물질, 고시된 살생물물질 또는 지정 · 고시된 범위에서 사용되는 승인유예대상 기존살생물물질일 것; ③ 살생물제품의 유해생물 제거등의 효과 · 효능이 충분할 것; ④ 살생물제

51) 이러한 환경부장관의 자료 비공개의무는 자료를 제출한 자가 자료보호를 요청하면 비로소 비공개의무가 발생하는 「화학물질 등록 및 평가 등에 관한 법률」에서의 접근방법(제45조)과 다소 다르다고 할 수 있다.

52) 예컨대, 소독제, 살균제, 살충제, 방부제, 방오제 등이 여기에 해당한다고 볼 수 있다.

53) 예컨대, 이온/오존을 발생시키는 공기제균기, 살균수제조기 등이 여기에 해당한다고 볼 수 있다.

품이 제거등의 목적이 되는 유해생물에게 내성이 생기게 하지 아니할 것; ⑤ 살생물제품이 척추동물의 제거등을 목적으로 사용될 경우 제거등의 과정에서 척추동물에게 불필요한 고통을 유발하지 아니할 것; ⑥ 살생물제품의 취급 또는 사용에 따른 안전사고를 방지하기 위하여 환경부령으로 정하는 기준에 따른 안전용기 또는 포장을 사용할 것 등의 기준을 충족하여야 한다(제20조 제2항). 나아가 동법은 승인 절차(제22조), 제품승인의 변경(제23조) 등에 대하여 비교적 자세히 규정하는 한편, 특례 규정(제24조)을 두어 승인 절차를 간소화하고 있다.

한편, 동법은 물질동등성과 마찬가지로 제품유사성[54]이라는 개념을 도입하여 제품승인을 받은 살생물제품(기준살생물제품)과 유사한 성질을 인정받은 살생물제품에 대해서 제품승인을 받은 것으로 보고 있다(제25조). 생물제품에 들어있는 모든 살생물물질이 승인유예대상 기존살생물물질인 경우 기존살생물물질 승인유예기간의 종료일부터 2년 범위에서 승인유예가 가능하다(부칙 제3조).

(3) 표 시

제품승인을 받은 살생물제품을 국내에 판매하거나 유통시키기 위하여 제조 또는 수입하는 자는 살생물제품에 사용된 모든 살생물물질의 성분 및 배합비율, 살생물제품의 사용에 따른 위험성 및 응급처치 방법 등의 사항을 해당 살생물제품의 겉면에 구매자가 알아보기 쉽게 표시하여야 한다(제27조).

(4) 정보공개 및 자료보호

제품승인을 받은 살생물제품의 명칭 및 제품승인의 유효기간, 유해성 및 위해성 정도, 해당 살생물제품이 살생물처리제품에 사용되는 경우 사용이 가능한 살생물처리제품의 종류 및 사용방법 등은 정보 공개의 대상이 되는 한편(제29조 제2항), 제품승인등을 위하여 제출한 자료는 15년 이내의 범위에서 비공개 보호된다(제31조 제1항).

다. 살생물처리제품의 관리

(1) 살생물처리제품이란?

살생물처리제품이란 제품의 주된 목적 외에 유해생물 제거등의 부수적인 목적을 위하여 살생물제품을 사용한 제품을 말한다(동조 제9호).[55] 제품의 주된 목적과 부수적인 목적 구분에 따라 살생물 기능이 제품의 주된 목적에 해당되면 살생물제품으로, 부수적인 목적일 경우에는 살생물처리제품으로 구분된다.

(2) 안전기준 · 표시기준

살생물처리제품은 살생물제품에 비하여 제품 자체의 위해성은 낮다고 볼 수 있으나,

---

54) '제품유사성'이란 서로 다른 살생물제품 간에 동일한 살생물물질(물질동등성을 인정받은 것을 포함한다)이 들어있고, 살생물제품에 들어있는 물질의 성분 · 배합비율, 살생물제품의 용도, 위해성 및 유해생물 제거등의 효과 · 효능이 유사한 성질을 말한다(제3조 제12호).

55) 예컨대, 항균 제품(의류, 필터), 방부 처리된 제품 등이 여기에 해당한다고 볼 수 있다.

제거등의 효과 · 효능이 있다는 점에서 안전한 관리가 요구된다. 동법은 살생물물질이나 살생물제품과 같이 승인절차를 두고 있지는 않지만 안전기준 · 표시기준을 두어 적절한 관리를 도모하고 있다. 즉 살생물처리제품을 국내에 판매하거나 유통시키기 위하여 제조 또는 수입하는 자는 해당 살생물처리제품에 사용되는 살생물제품이 제품승인을 받은 것으로서 해당 제품승인을 받은 범위에서 사용하여야 하는 등 법에서 정해진 안전기준을 준수하여야 하며(제28조 제1항), 해당 살생물처리제품의 유해생물 제거등에 대한 효과 · 효능을 구매자에게 알리려는 경우에는 살생물처리제품에 사용된 살생물제품에 들어있는 모든 살생물물질의 명칭 및 기능, 살생물처리제품에 사용된 살생물제품의 위험성 및 취급 시 주의사항 등을 해당 살생물처리제품의 겉면에 구매자가 알아보기 쉽게 표시하여야 한다(동조 제2항).

(3) 정보제공

동법은 살생물물질 및 살생물제품에 대한 원칙적 정보공개와 달리 살생물처리제품에 대하여는 정보'제공'제도를 도입하고 있다. 즉 살생물처리제품을 구매한 자는 살생물처리제품에 사용된 살생물제품에 대한 정보의 제공 또는 열람을 그 살생물처리제품을 제조하거나 수입하는 자에게 청구할 수 있다(제30조 제1항). 이는 소비자의 알권리를 보장한다는 의미가 있다. 정보의 제공 또는 열람의 청구를 받은 자는 해당 정보가 경영상 · 영업상 비밀에 속하는 경우를 제외하고는 해당 정보를 제공하거나 열람하게 하여야 한다(동조 제2항). 경영상 · 영업상 비밀이 무엇인지에 대한 기준이 제시되지 않은 상태에서[56] 이해관계자간의 긴장관계는 지속될 수밖에 없을 것이다.

4. 사후관리

앞서 물질승인, 제품승인 등이 시장진입단계에서의 살생물제관리라고 한다면 이하에서 살펴보는 사후관리는 시장유통단계에서의 관리라고 할 수 있다.

가. 표시 · 광고의 제한

안전확인대상생활화학제품 또는 살생물제품을 제조, 수입, 판매 또는 유통하는 자는 해당 제품을 포장하거나 광고하는 경우에는 사람 · 동물의 건강과 환경에 미치는 부정적 영향에 대한 오해를 일으키지 아니하도록 "무독성", "환경친화적" 등 환경부령으로 정하는 문구 또는 이와 유사한 표현을 사용하지 않아야 하며, 제품의 사용으로 인한 위해를 방지하기 위하여 환경부령으로 정하는 문구를 명확하고 알아보기 쉽게 제품의 광고에 포함시켜야 한다(제34조 제1항). 한편, 제품승인등을 받은 살생물제품 또는 살생물처리제품이

56) 우선 경영상 비밀과 영업상 비밀을 구별할 수 있는지, 그 구별 실익이 무엇인지 분명치 않다. 참고로 「부정경쟁방지 및 영업비밀보호에 관한 법률」에서는 '영업비밀'을 "공공연히 알려져 있지 아니하고 독립된 경제적 가치를 가지는 것으로서, 합리적인 노력에 의하여 비밀로 유지된 생산방법, 판매방법, 그 밖에 영업활동에 유용한 기술상 또는 경영상의 정보(제2조 제2호)"로 정의함으로써, 비공개성, 경제성, 비밀관리성, 유상성 등을 개념 표지로 제시하고 있다.

아닌 제품을 제조, 수입, 판매 또는 유통하는 자는 해당 제품이 살생물제품 또는 살생물처리제품임을 표시 · 광고하거나 살생물제품 또는 살생물처리제품으로 오인될 우려가 있는 표시 · 광고를 하여서는 아니 된다(동조 제2항).

나. 판매 등의 금지

누구든지 확인 또는 승인을 받지 아니한 안전확인대상생활화학제품, 표시기준을 위반한 안전확인대상생활화학제품, 물질승인등을 받지 아니한 살생물물질, 제품승인등을 받지 아니한 살생물제품, 표시를 하지 아니한 살생물제품, 안전기준 또는 표시기준을 준수하지 아니한 살생물처리제품 등을 판매 또는 증여하거나 판매 또는 증여의 목적으로 진열, 보관 또는 저장하여서는 아니 된다(제35조). 이를 위반한 경우에는 회수, 폐기 등의 조치명령의 대상이 되며(제37조), '판매금액'에 상당하는 금액의 과징금이 부과될 수 있다(제38조).[57] 한편, 환경부장관은 조치명령, 과징금 부과처분이 확정된 자에 대한 처분 내용, 해당 생활화학제품 또는 살생물제의 명칭 등 처분과 관련된 정보를 공표하여야 한다(제40조).

다. 품질관리 의무

승인을 받은 안전확인대상생활화학제품 또는 살생물제품을 제조 · 수입하는 자는 해당 제품의 품질을 승인받은 대로 유지 · 관리하기 위하여 제조 · 보관 시설, 안전관리 등 환경부령으로 정하는 기준을 준수하여야 한다(제36조의2).

라. 기　타

그 밖에 관련자의 의무이행을 확보하기 위해 동법은 시정명령(36조의2 제2항), 회수명령(제37조), 과징금 부과(제38조), 위반사실 공표(제40조), 포상금(제52조의2) 등을 활용하고 있다.

5. 살생물제품피해의 구제

국민들이 일상적으로 사용하는 살생물제품의 경우 새로운 화학물질이 지속적으로 상품화되고 있어 피해 발생의 우려가 상존하고 있기 때문에 실효성 있는 구제가 요구되고 있다. 이에 2021. 5. 18. 개정 법은 살생물제품 사용으로 인해 예상하지 못한 생명 또는 건강상의 피해가 발생하는 경우 정부가 개입하여 신속하게 피해를 구제하기 위한 법적 근거를 마련하기에 이르렀다. 이에 따르면 「제조물 책임법」에 따른 제조물의 결함으로 인하여 살생물제품에 노출되어 발생한 사람의 생명 또는 건강상의 피해가 발생한 경우로

57) 다만, 판매금액이 없거나 판매금액을 산정하기가 곤란한 경우로서 대통령령으로 정하는 경우에는 10억원 이하의 과징금을 부과할 수 있다. 과징금제도가 부과의 기초를 손해액이 아니라 판매이익에 두고 있다는 점에서 「제조물 책임법」(제3조 제2항)과 「환경보건법」(제19조 제2항) 등에서 도입하고 있는 징벌적 손해배상제도와 구별된다. 동법은 과징금 부과의 기초를 판매금액에 두고 있는데, 이는 「화학물질관리법」에서 '매출액'에 두고 있는 것과 구별된다. 판매금액이 영업이익을 고려하지 않는다는 점에서 공평성 논란이 제기될 수 있다. 실효성 확보 차원에서 판매금액뿐만 아니라 물질 · 제품 승인 등을 위한 정보 생산에 필요한 금액을 포함하고, 이들 금액을 합한 금액의 5배의 범위에서 부과하는 등 부과기준을 상향 조정할 필요가 있다는 견해는 박종원(각주 39), 80면.

서 원인자가 무자력인 경우이거나 신속한 피해구제가 필요한 경우 「환경분쟁 조정 및 환경피해 구제 등에 관한 법률」에 따른 환경분쟁조정피해구제위원회의 심의 · 결정에 따라 피해자 또는 그 유족에게 구제급여를 지급할 수 있다(제48조의2).

동법은 구제급여 신청 · 결정 · 심사 등의 절차를 규정하고(제48조의4 내지 제48조의5), 해당 절차를 통해 지급받을 수 있는 구제급여의 종류를 진료비, 장애일시보상금, 사망일시보상금, 장례비로 정하고 있다(제48조의6). 환경부장관은 구제급여의 지급, 피해 평가 및 조사 · 연구 등을 위해 과징금, 살생물제품피해구제분담금, 과태료, 수수료 등을 재원으로 하는 살생물제품피해 구제계정을 설치 · 운용할 수 있다함(제48조의14). 환경부장관은 살생물제품피해를 발생시킨 살생물물제품의 제조 · 수입업자에 대하여 살생물제품피해구제분담금을 부과 · 징수하여야 한다(제48조의16).

제 2 절 내분비계장애물질(환경호르몬)

최근 흔히 '환경호르몬'이라고 불리어지는 내분비계장애물질에 대한 사회적 관심이 고조되고 있다. 선박페인트 등 오염원으로 발생한 유기주석화합물(TPT)과 유기인산화합물(TBT) 등에 의한 고둥류의 성전환현상,[1] 물고기와 개구리에서 암수가 뒤바뀌는 현상,[2] 산모 초유에서 허용기준치의 30배에 이르는 다이옥신의 검출,[3] 페놀류에 노출된 수컷 검상꼬리송사리의 꼬리가 줄어드는 등 암컷화 진행 현상[4] 등이 확인되었다는 보도가 이어지고 있다. 정상적인 호르몬의 작용을 교란 · 방해하는 내분비계장애물질(Endocrine Disrupting Chemicals: EDCs)[5]은 살충제, 플라스틱, 세제, 컵라면 용기, 금속 캔의 내부 코팅 소재, 포장용 랩, 음용수, 소각로 등 도처에서 발견되고 있다. 이와 같이 내분비계를 교란하는 효과를 가지고 있는 것으로 의심되는 화학물질이 우리의 환경에 널리 퍼져 있으므로 우리는 이러한 물질에 항시 노출되어 있는 셈이다.

최근 내분비계장애물질은 동물뿐만 아니라 인간에 대해서도 심각한 위협을 가할 수 있다는 이유로 특별한 관심이 집중되고 있다. 1996년 미국 생태학자 테오 콜본(Theo Colborn) 등이 쓴 '도둑맞은 미래(Our Stolen Future)'[6]에서는 그 동안 이루어진 내분비계장애물질에

1) "고둥 암컷 사라져", 중앙일보, 2002. 11. 27. 기사.
2) "전국 환경호르몬 비상", 동아일보, 2000. 9. 6. 기사; "'♀♂바뀜' 물고기 · 개구리 발견", 중앙일보, 2000. 9. 6. 기사.
3) "환경호르몬: 유방암 유발가능성", 중앙일보, 2000. 2. 17. 기사.
4) "환경호르몬 영향: 암 · 수 뒤바뀜 육안 식별법 개발", 중앙일보, 2000. 11. 17. 기사.
5) 일본에서 이를 환경호르몬이라고 부른 것이 우리나라에 전해진 것이다. 내분비교란물질이라고도 번역되며, 일본에서의 공식용어는 외인성 내분비교란 화학물질이다.
6) Theo Colborn et al., Our Stolen Future: Are We Threatening Our Fertility, Intelligence, and Survival?－A Scientific Detective Story (Penguin Group 1996). 종종 1962년 발간된 레이첼 카슨(Rachel Carson)의 침묵의 봄(Silent Spring)에 비견되는 위 책은 내분비계장애물질에 대한 연구결과를 살피면서 내분비계장애물질에 대한 논쟁을 점화시켰다. 저자는 미국의 관련 법규가 내분비계장애물질로부터 인간을 보호하는 데 부족하다는 점을 인정하고 그 개정을 촉구하고 있는데, 그 내용은 입증책임의 전환, 사전예방의 강조, 화학물질들간의 상호작용에 대한 고려, 다양한 오염원에 기인하는 축적효

관한 연구를 바탕으로 내분비계장애물질로 의심되는 합성화학물질이 생식력 감소, 생식기의 기형, 암의 증가, 태아발달의 손상, 신경계 · 면역체계의 혼란 등을 야기함으로써 인간에게 심각한 위험을 초래할지 모른다고 경고하고 있다. 과학자들은 내분비계장애물질의 인간에 대한 영향을 정확히 설명하지 못하고 있지만 암이나 외적으로 나타나는 기형 유발 등과 다른 이제까지 경험하지 못하였던 새로운 종류의 위해에 관하여 심각한 고려를 하고 있다.

내분비계장애물질을 둘러싼 과학적 불확실성은 법적 대응을 어렵게 하고 있다. 법적 조치를 뒷받침하기에는 내분비계장애물질에 관한 현재의 과학적 지식이 턱없이 부족한 실정이다. 내분비계장애물질의 미세한 효과, 다양한 노출 경로, 세대간의 영향, 누적적 · 복합적 성격 등은 위해성평가를 어렵게 만들 뿐만 아니라 인과관계의 규명을 어렵게 하고 있다. 현재로서는 내분비계장애물질로 인한 피해구제도 효과적이지 못하다. 특히 내분비계장애물질에 관한 소송은 인과관계의 입증 곤란 등의 이유로 기존의 사법 체계하에서 승소하기가 여간 어려운 것이 아니다.

법원보다 의회의 역할을 강조하는 입법적 규제방안이 내분비계장애물질로부터 공중의 건강을 보호하는 데 보다 적당한 방법일 수 있다. 입법을 통해 제조자로 하여금 문제의 제품이 인간에게 심각한 손해를 주지 않을 것이라는 사실을 입증하도록 요구하는 것은 회사에게 특정 개인의 손해와의 무관련성을 입증하도록 하는 것보다 덜 제한적이면서도 규제 효과는 클 것으로 보인다. 사후적이 아닌 사전적 예방 차원에서도 입법적 규제방안은 설득력을 갖는다.

내분비계장애물질에 관한 일련의 연구는 계속하여 인간에게 경고를 보내고 있다. 우리는 이미 이러한 화학물질에 심각히 노출되어 있는지도 모른다. 이제 우리는 내분비계장애물질이 과학적 불명확성을 내포하고, 그 위해성이 아직 완벽하게 밝혀지지 않았다고 해서 그 경고를 무시하여서는 안 된다. 더 늦기 전에 인간의 건강보호 차원에서 내분비계장애물질에 대한 대응이 이루어져야 한다. 내분비계장애물질에 관한 연구는 아직 초기단계라 할 수 있다. 그 연구도 내분비계장애물질의 위해성 여부에 집중되고 있으며, 법 · 제도적 연구는 너무나 미흡한 실정이다. 법이 과학적 지식을 앞서 갈 수 없다는 관점에서 이러한 한계는 어쩌면 당연한 것일지도 모른다. 그렇다고 법적 대응을 포기할 것인가?

우리의 내분비계장애물질에 대한 대응은 종전의 원리 · 원칙을 철저하게 고수하는 것이 아니라 시대적 변화의 요구에 부응하여 그 대응 방안을 적극적으로 모색하는 것이어야 한다. 법원과 의회 등 당국은 새로운 상황에 대처하기 위해 보다 유연한 태도를 보여야 한다. 내분비계장애물질 관련 피해는 전통적인 피해가 아닌 현대 산업사회의 결과로

과에 대한 고려, 소비자의 알 권리 보호, 제조자의 정기적인 검사, 화학물질배출목록(Toxic Release Inventory: TRI)의 확대, 건강정보체계의 개선 등을 포함하고 있다. 도둑맞은 미래(권복규 역), 사이언스북스, 1997, 262 내지 266면 참조.

발생된 새로운 차원의 피해이다. 그렇다면 새로운 접근방법이 요구될 수밖에 없는 것이다. 이제는 그 동안 우리가 화학물질의 사용함에 있어서 보여준 오만을 버리고, '도둑맞은 미래'를 되찾기 위해서 용감해져야 할 때이다.

Ⅰ. 내분비계장애물질이란?

내분비계장애물질이란 생물체 내에 들어가 내분비계(호르몬계)의 정상적인 작용을 방해하여 생식이상, 정자 수 감소, 암수 변환, 기형, 각종 암 유발 등 생물체 또는 그 자손의 건강에 위해한 영향을 나타낼 수 있는 화학물질을 말한다.[7] 참고적으로 미국 환경보호청(EPA)은 "체내의 항상성 유지와 발생과정을 조절하는 생체 내 호르몬의 생산, 분비, 이동, 대사, 결합, 작용 또는 제거를 간섭하는 외인성 물질"로 정의하고 있다.[8]

내분비계장애물질은 여러 가지 방법으로 내분비계의 정상적인 작용을 방해한다. 내분비계장애물질은 호르몬의 합성, 저장, 분비, 이동, 정화 기능에 장애를 일으키고 수용체(receptor) 인지, 수용체 결합, 세포 내 사후수용체(post-receptor) 반응을 교란시킨다.[9] 어떤 내분비계장애물질은 생체호르몬(natural hormone)을 모방하고, 어떤 것은 호르몬의 작용을 변경·저해하기도 한다. 어떤 내분비계장애물질은 체내의 생체호르몬의 과소 또는 과잉생산에 영향을 미치고, 호르몬 수용체의 수를 증가 또는 감소시킨다.[10]

내분비계장애물질은 잔류성, 농축성, 미세효과, 역U자 형태의 반응,[11] 시너지효과(상승효과), 광범위성, 세대간 효과 등의 특성을 갖는다.[12] 이러한 특성들이 법적 의미를 갖는 것은 이러한 특성으로 말미암아 내분비계장애물질에 대한 위해성평가가 쉽지 않고, 그 규제가 쉽지 않으며, 나아가 피해와의 인과관계를 입증하는 것이 어려워지면서 피해구제가 쉽지 않다는 데 있다.

현재 DDT, PCB, Alkylphenol, Phthalates, Bisphenol-A, Phytoestrogens 등 화학물질의 최소 50종 이상이 내분비계장애물질로 의심되고 있다.[13] 그러나 국제 민간단체인 세계야생생물보호기금(World Wildlife Fund: WWF)은 67종을,[14] 일본 후생성은 142종의 화

7) 환경부, 환경백서, 2002, 625면.

8) U.S. EPA, Office of Research and Development, EPA 600/R-98/087 Research Plan for Endocrine Disruptors 1 (1998).

9) Noah Sachs, *Blocked Pathways: Potential Legal Responses to Endocrine Disrupting Chemicals*, 24 Colum. J. Envtl. L. 289, 293 (1999).

10) Holly E. Pettit, *Shifting the Experiment to the Lab: Does EPA Have a Mandatory Duty to Require Chemical Testing for Endocrine Disruption Effects Under the Toxic Substances Control Act?*, 30 Envtl. L. 413, 420 (Spring, 2000).

11) 내분비학자인 Frederick Vom Saal에 의하면 내분비장애물질은 그 복용량이 증가함에 따라 부정적인 효과도 증가하지만 어느 시점부터는 호르몬 수용체가 부하되어 그 영향력이 감소하는 것으로 알려지고 있다. 도둑맞은 미래(각주 6), 208면.

12) 김홍균, "내분비계장애물질(환경호르몬)의 규제와 피해구제", 저스티스, 2003. 6, 168면 내지 170면 참조.

13) 테오 콜본은 최소한 51종의 합성화학물질이 한 가지 혹은 그 이상의 방식으로 내분비계를 교란시키고 있음을 확인하였다고 주장하고 있다. 도둑맞은 미래(각주 6), 106면.

학물질[15]을 내분비계장애물질로 추정하고 있는 등 전세계적으로 일치된 목록은 없는 실정이다. 현재 전 세계적으로 유통되는 화학물질이 약 12만종이고 매년 2천여 종의 화학물질이 새로이 개발 · 유통되는 현실[16]을 감안할 경우 내분비계장애를 일으키는 것으로 의심되는 화학물질의 수는 늘어날 것이 분명하다. 우리나라는 세계야생생물보호기금의 추정물질 목록을 우선적인 연구대상으로 하여 관련연구를 추진하고 있다.

1. 내분비계장애 사례

많은 과학적 연구가 여러 화학물질이 내분비계를 교란하고, 정상적인 호르몬 작용을 방해하고 있음을 지적하고 있다. 테오 콜본이 '도둑맞은 미래'에서도 지적하고 있는 바와 같이 야생생물에 대한 내분비계장애가 관찰되었다는 연구보고는 상당히 많으며, 그 대상이 되고 있는 야생동물도 파충류, 어류, 조류, 그리고 포유류 등 광범위하다. 이러한 연구보고들은 내분비계장애물질들이 이러한 야생동물에 영향을 주어 개체수 감소 및 성(性)의 혼란 등 많은 문제를 야기하고 있다고 지적하고 있다. 미국 환경보호청은 많은 보고서들이 다양한 합성물질이 내분비계를 변형시키고 있으며 무척추동물, 어류, 야생동물 등의 생식 · 성장 기능에 영향을 끼칠 수 있음을 보여준다고 요약한 바 있다.[17]

내분비장애물질로 추정되는 화학물질에 노출된 야생동물에 대한 피해 사례로는 다음과 같은 것들이 보고되고 있다: 플로리다 Apopka 호수의 악어들에게 보이는 생식기능장애,[18] 다이옥신을 섭취한 흰쥐에서 나타나는 정자 수 감소, 퀘백 주 세인트로렌스강 돌고래, 철갑상어 등에서 보이는 생식률 감소나 행동의 이상, 플로리다 표범들에서 나타난 불임증, 적은 정자 수, 면역반응의 손상, 갑상선의 기능 이상, 대머리독수리에서 보이는 알껍질이 얇아지는 현상, 생식률 저하, 이상한 짝짓기 행위, 호수송어 · 연어 등 어류집단에서 보이는 생식장애, 개구리 수의 감소, 도요새의 멸종.[19]

1991년 7월 테오 콜본 등 21명의 과학자들이 미국 위스콘신 주 러신에 있는 윙스프

---

14) 여기에는 DDT 등 농약류 40종과 PCBs 등 산업용화학물질 18종, 다이옥신, 휴란 등 부산물 또는 대사물 9종이 포함된다. 2002년 환경백서(각주 7), 626 내지 627면.

15) "먹이사슬로 인체도 영향", 중앙일보, 2000. 9. 6. 기사.

16) 환경부, 환경백서, 2016, 159면.

17) Risk Assessment Forum, United States Environmental Protection Agency, EPA/ 630/R−96/012, Special Report on Endocrine Disruption: An Effects Assessment and Analysis 56~77 (1997) <http://www.epa.gov/ORD/WebPubs/endocrine/endocrine.pdf (2003. 3. 6)>

18) 악어들은 1980년 화학물질 유출로 DDT, DDE, 디코폴(dicofol), 클로벤질에이트(chlorobenzilate), 디클로로벤조페논(dicholorobenzophenone) 등에 노출되었다. 내분비계장애물질로 추정되는 이 물질들은 에스트로겐과 안티안드로겐(남성호르몬 저지)의 성질을 모두 가지고 있었다. 과학자들은 수컷 악어들의 생식기가 정상적인 것에 비해 1/2 내지 1/4 정도 작은 이상현상을 발견하였다. 수컷 유생의 에스트라디올(에스트로겐의 한 형태)의 남성호르몬인 테스토스테론에 대한 비율이 정상적인 수컷의 4배에 이르고, 반면 암컷 유생의 그 비율이 정상적인 암컷 악어보다 2배나 높은 극도의 여성화 현상을 보였다. 악어들 사이에 심각한 생식문제가 발견되었는데, 정상적인 알의 부화율이 65%에서 80%임에 비해 이 악어 알의 부화율은 5%에서 20%에 그치고 있었다. *Id.* 65 내지 66면.

19) 도둑맞은 미래(각주 6), 139 내지 204면 참조.

레드 컨퍼런스센터에 모여 발표한 '윙스프레드선언'에서는 야생동물 집단에 대한 내분비계장애물질에 의한 영향으로 새들과 물고기들의 갑상선 질환, 물고기 · 새 · 조개류 · 포유류 등의 생식력 감소, 새 · 물고기 · 포유류 등에서의 부화율 감소, 새 · 물고기 · 거북이의 출생 시 기형, 새 · 물고기 · 포유류의 대사 이상, 새들의 행동 이상, 수컷 물고기 · 새 · 포유류의 여성화, 그리고 새 · 포유류의 면역계통 이상 등을 확인하고 있다.[20]

야생동물에 대한 내분비계장애를 밝히는 증거에 비해 인간에 대한 것은 상당히 빈약하다. 그러나 내분비계장애물질들이 야생동물에 심각한 영향을 주고 있는 것이 확인됨에 따라 현재와 미래의 인간의 건강에 대해서도 심각한 영향을 끼칠 것으로 염려되고 있다.[21] 비록 내분비계장애물질로 인한 인간의 피해가 단정적이고 최종적인 결론에는 이르고 있지 않더라도 경고의 메시지는 계속되고 있다. 약간의 연구보고서는 내분비계장애물질이 생식능력의 감소, 기형아 출산, 암 · 자궁내막증 · 기형생식기관 · 내분비선 기능장애, 신경계 장애 등 인체 내의 여러 장애와 연관이 있음을 시사하고 있다.[22]

내분비계장애물질이 인간에 심각한 영향을 미칠 수 있다는 가능성을 보여준 사건으로는 미국의 DES 사건을 들 수 있다. 유산방지제인 DES(diethylstilbestrol)는 산모의 유산과 다른 합병증 등을 막기 위해 1940년대 후반부터 1970년대 초반까지 480만 명의 미국 임산모에게 처방되었다.[23] 그러나 DES를 복용한 여성이 낳은 자식들에게 암, 생식장애 등이 유발되었다는 증거가 나타남에 따라 1971년 FDA는 그 사용을 금지시키기에 이르렀다. 이는 내분비계장애물질이 세대간 영향을 미칠 수 있음을 경고하는 단적인 예라 할 것이다.

내분비계장애물질은 또한 정자 수를 감소시킬 수 있다. 1992년 9월 영국의학저널(British Medical Journal)의 한 논문은, 여러 국가의 15,000명에 달하는 남성들을 대상으로 한 연구에서 1990년 당시 정자 수가 1940년에 비해 45%나 감소한 사실을 보여주었다고 밝힌 바 있다.[24] 최근의 미국에서 이루어진 한 연구는 미국인의 정자 수가 지난 50년 동안 연간 평균 1.5%씩 감소하고 있다고 밝히고 있다.[25]

일부 과학자들은 내분비계장애물질이 고환암과 전립선암의 발생률을 증가시키는 요인이라고 판단한다.[26] 미국에서는 1973년에서 1995년 사이에 고환암 발생률이 45.4%, 전립

20) 도둑맞은 미래(앞의 책), 299면(윙스프레드선언문 재인용).
21) 1991년 7월 채택된 이른바, '윙스프레드선언'에서는 환경 내에 있는 인공 화학물질들이 동물뿐만 아니라 인간의 내분비계를 저해할 수 있음을 경고하고 있다. 도둑맞은 미래(앞의 책), 208 내지 209면.
22) Noah Sachs(각주 9), 295면; Special Report on Endocrine Disruption: An Effects Assessment and Analysis(각주 17), 21 내지 54면.
23) Jorma Toppari et al., *Male Reproductive Health and Environmental Xenoestrogens*, 104 Envtl. Health Perspectives, Supplement 4, 715, 753 (1996).
24) 도둑맞은 미래(각주 6), 211면.
25) Noah Sachs(각주 9), 296면(Andrew Boswer, *Decline in Sperm Density May be Even Worse Than Reported*, Urology Times, Feb. 1998, 1면 재인용).

선암 발생률이 119.6%나 증가했음이 보고되었다.27) 여성의 유방암의 증가도 이와 관련된 것으로 보는 경향이 있는데, 유방암 발생률이 1973년과 1995년 사이에 25.2%가 증가하였다고 파악되었다.28) 이외에도 내분비장애물질은 생식기질환의 증가, 전립선 비대증의 악화를 초래할지도 모르며,29) 고환의 이상, 음경의 축소를 가져올지 모른다.30)

흔히 내분비계장애물질이 인체에 미치는 영향으로는 위에서 본 바와 같이 정자수 감소, 호르몬 관련성 암의 증가 등의 정황적 증거가 간간이 들어지고 있지만, 내분비계장애물질과 인체 사이의 인과관계를 역학적 · 과학적으로 명확히 증명하고 있지는 못하고 있다. 현재로서는 논란만이 계속되고 있을 뿐이다. 미국 환경보호청은 특정한 환경약품에의 노출과 내분비계장애 메커니즘을 통한 인체 내의 역효과 사이에 인과관계가 정립되지 않았다고 인정하고 있다.31) 그러나 이러한 피해보고는 내분비장애물질에 대한 경각심을 일깨우는 데 더 없이 효과적이다.

Ⅱ. 내분비계장애물질의 규제

1. 실　　태

현재 우리나라에서는 화학물질의 관리목적에 따라 환경부, 농림수산식품부, 보건복지부 등 여러 부처에서 사람의 건강과 환경보호를 위해서 여러 법을 운영하고는 있으나 내분비계장애물질만을 별도로 규정하여 관리하고 있는 법령은 없다. 내분비계장애물질은 넓게 유해화학물질로 이해될 수 있으므로, 내분비계장애물질을 직접적으로 규율하는 법규를 가지고 있지 않은 상태에서는 유해화학물질을 관리 · 규제하는 법규가 내분비계장애물질의 규제를 위해 유용할 것이다. 결국 내분비계장애물질의 관리는 「화학물질의 등록 및 평가 등에 관한 법률」, 「화학물질관리법」, 「대기환경보전법」, 「물환경보전법」, 「먹는물관리법」, 「환경보건법」, 「식품위생법」, 「농약관리법」, 「산업안전보건법」 등과 직 · 간접적으로 관련을 갖게 된다.

환경부는 내분비계장애물질에 대한 연구조사가 시급함을 인식하고 1999년부터 환경중 잔류실태 및 생태영향조사연구 등을 실시해 왔으며, 2007년 3월 정부부처간 공동대응을 위한 관계부처 합동 '내분비계장애물질 조사 · 관리 5개년(2007~2011년) 계획'을 수립하

26) *Id.* 296면; Special Report on Endocrine Disruption: An Effects Assessment and Analysis(각주 17), 39, 42면; Don Mayer, *The Precautionary Principle and International Efforts to Ban DDT,* 9 S. C Envtl. L. J. 135 148 (2002).

27) *Id.* (Ries et al., National Cancer Institute, SEER Cancer Statistics Review, 1973－ 1995 Table XXIV－1, XXII－1 (1998) 재인용)

28) *Id.* 297면(Table Ⅱ－1 재인용).

29) 도둑맞은 미래(각주 6), 21 내지 218면.

30) Don Mayer(각주 26), 149면(Gordon K. Dunril, The Making of a Conservative Environmentalist 80 (Indian U. Press 1955) 재인용)

31) Special Report on Endocrine Disruption: An Effects Assessment and Analysis(각주 17), 6면.

고, 환경잔류실태조사, 생태영향조사 등 관련 조사 · 연구를 추진하였다.[32] 2008년에는 잔류성유기오염물질(POPs)의 환경매체 중 잔류농도조사를 통한 오염실태 파악 및 관리방안 수립의 기초자료 확보를 위해 '환경 중 내분비계장애추정물질 잔류실태조사(브롬화난연제 중심)'를 실시하였다.[33] 그러나 조사규모가 적고 추적관찰 기간이 짧아 내분비계장애물질과 건강 · 환경영향의 관련성 규명에는 한계가 있어 보인다. 결론적으로 우리나라의 이와 같은 내분비계장애물질에 대한 관리 및 규제는 선진 외국에 비하여 미흡한 수준이다.[34]

2. 규제의 원칙: 사전배려의 원칙

내분비계장애물질이 인체에 치명적인 영향을 끼친다는 명백한 증거가 있는 것도 아니고, 어떤 물질이 내분비계장애물질에 해당하느냐에 대해서도 명확한 기준이 있는 것은 아니다. 그렇다고 내분비계장애물질의 유해성에 대한 인과관계가 완전히 밝혀지지 않았다는 것이 안전하다는 것을 의미하지는 않는다. 내분비장애물질에 대한 논의가 아주 최근에야 이루어지면서 그 인과관계가 미처 밝혀지지 않은 것일 수도 있다. 다시 말하면, 결정적인 인과관계의 부재가 내분비계장애물질의 위해성을 무시해도 됨을 의미하는 것은 아닌 것이다.

국제환경법에서 중요한 원칙으로 자리잡아가고 있는 '사전배려의 원칙', 즉 "심각한 또는 회복 불가능한 피해의 위협이 있을 경우, 과학적 불확실성이 환경 악화를 방지하기 위한 비용－효과적인 조치를 지연시키는 구실로 이용되어서는 아니 된다"는 원칙[35]이 내분비계장애물질을 다루는 데 있어서 유효한 원칙으로 적용될 수 있을 것이다. 인간의 생명, 건강을 보호하기 위해서는 그 불확실성에도 불구하고 특정한 조치가 필요하기 때문이다. 법이 과학에 앞서서는 안 되지만, 국가는 그 위험신호를 무시하여서는 안 된다.

환경에 존재하는 수많은 화학물질의 위험성을 다루기 위해서는 사법적 대응보다 입법적 대응이 더 적합할지 모른다.[36] 사법적 구제는 내분비계장애물질을 다룸에 있어 사후구제수단에 불과하고, 소를 제기하여 승소한 자만을 구제하는, 즉 부분적 구제에 그칠 가능성이 있다. 소송은 화학물질이 특정 개인에게 해롭다는 명백한 증거를 요구하지만 규제는 화학물질이 인류에 해로울지 모른다는 과학적 지식에 근거하여서도 시행될 수 있기 때문이다. 뒤에서 보는 바와 같이 인과관계의 입증 곤란 등의 이유로 소송을 통한 구제 가능성이 밝지 못하다는 현실적 이유도 규제에 초점을 맞추어야 하는 이유가 될 수 있다.

---

32) 환경부, 환경백서, 2012, 263 내지 264면.

33) 2016년 환경백서(각주 16), 165면.

34) 내분비계장애물질에 대한 세계 각국의 대응 및 국제적인 대응에 관한 자세한 내용은 김홍균(각주 12), 173면 내지 176면 참조.

35) 리우선언, 원칙 15. 이 원칙은 「아프리카 내 유해폐기물의 국경이동 및 규제에 관한 바마코협약」, 「오존층 보호를 위한 비엔나협약」 및 「몬트리올의정서」, 「기후변화방지협약」, 「생물다양성협약」, 「남극해양생물자원보전협약」, 「런던덤핑의정서」 등 환경관련 다수조약에서 수용되고 있다.

36) Noah Sachs(각주 9), 343면.

내분비계장애물질이 인간의 생식부분에 영향을 미칠 수 있다는 것은 인류의 미래에 엄청난 재앙을 가져올 수 있다는 것을 경고하고 있다. 내분비계장애물질로 인한 피해 가능성이 얼마 안 된다고 하더라도 현실화될 경우에는 인간의 멸종이라는 엄청난 피해가 초래될 수 있다. 화학물질이 인간에 유해하다는 증거가 명확히 밝혀질 때까지는 무해하다는 사고는 위험한 것이다. 연구가 초보단계라든가 인과관계가 확실하지 않다는 등의 변명은 더 이상 곤란하다. 이제 더 이상 과학적 불확실성을 이유로 공중건강을 보호하는 작업을 게을리해서는 안 될 것이다.

3. 규제방안

내분비계장애물질에 대한 연구가 초보단계라는 점에서 내분비계장애물질을 다루는 입법을 구상하는 것은 최근의 과학적 지식으로는 때 이른 감이 있다. 그러나 현재의 법적 규제수단들만으로는 내분비계장애물질의 위해에 대한 대응으로 부족하다고 보인다. 결국, 새로운 입법 또는 기존 관련 법들의 개정이 이루어져야 할 것이다. 이때 성공적인 규제가 이루어지기 위해서는 다음과 같은 내용이 입법적으로 고려되어야 한다.

가. 지속적 연구

내분비계장애물의 위해성 여부를 규명하는 연구는 내분비계장애물질로부터 우리의 환경과 건강을 보호하기 위한 첫 단계이자 중요한 작업이다. 현대사회에서 의약, 농업, 포장 등 다양한 영역에서 화학물질이 주는 혜택을 부인할 수는 없다. 그러나 많은 화학물질들이 발암물질 혹은 매우 해로운 물질로 알려져 있음에도 불구하고, 이에 대한 충분한 위해성 분석이 없었던 것이 사실이다. 화학물질에 대한 위해성 분석도 주로 암이나 육안으로 보이는 선천성 기형을 일으키느냐 여부에 집중되었지 내분비계에 어떻게 작용하는지, 세대간 영향을 미치는지 여부 등에 대한 분석은 제대로 이루어지지 않았다.[37] 내분비계장애물질 자체의 미세효과, 상승효과, 다양한 노출경로, 세대간 영향 등은 이에 대한 위해성평가를 어렵게 만든다. 유해성관련 법적 소송을 뒷받침하기에 내분비계장애물질에 관한 현재의 과학적 지식은 너무도 부족한 실정이다. 연구의 부족은 어떤 화학물질이 내분비계장애 효과를 유발하는지에 대한 상당한 불확실성을 초래한다.

내분비계장애물질의 위험성, 노출경로, 위해성의 메커니즘 등을 이해하기 위한 연구는 우리의 건강 위협을 사전에 예방하기 위한 최소한의 법적 대안이 되는 것이다. 국제적으로 선진국들을 중심으로 그 실체를 밝히기 위한 연구가 활발히 진행 중에 있으나 우리나라의 내분비계장애물질과 관련한 연구는 미미한 실정이다.[38] 내분비계장애물질에 대한 잔류량 실태조사, 작용메커니즘과 역학조사 등 그 위해성을 명확하게 규명하기 위

37) 도둑맞은 미래(각주 6), 173면.

38) 현재 미국에서는 연방 차원에서만도 400개 이상의 연구과제가 수행되고 있다. Robin Fastenau, *EPA's Investigation and Regulation of Endocrine Disruptors*, 14 J. Envtl. L. & Litig. 53, 58, 63 (1999).

한 연구는 많은 전문인력과 시간이 소요되는 과제로 지속적 연구를 위한 법적 · 재정적 지원이 요구되고 있다.

나. 기준의 설정

정부는 내분비계장애물질이 인류에 미칠 피해를 끊임없이 경고하여야 한다. 정부는 내분비계장애물질이 역U자 곡선 반응을 나타내고, 노출 시기가 노출량 못지않게 중요하다는 점 등을 고려하여 내분비계장애물질의 적정량 기준을 설정하여 인체의 안전을 보장하는 노력을 기울여야 한다. 물론 내분비계장애물질의 미세효과 등의 이유로 허용기준을 정하는 것이 쉬운 작업은 아니다.

현재의 과학적 지식에 비추어 그 기준 설정이 완벽할 수는 없지만, 이러한 기준 설정은 법원에 비해 더욱 세심한 방법으로 내분비계장애물질의 유해성을 다룰 수 있을 것이다. 정부가 설정한 기준은 내분비계장애물질의 규제기준, 정도, 시기 등에 대한 지침으로 작용할 뿐만 아니라 법적 소송에서 흔히 제기되는 수인한도의 기준으로, 중요하게 작용하게 될 것이다.

다. 주민의 알 권리 보장

규제 프로그램이 성공하기 위해서는 주민의 협조가 필수적인데, 주민에게 정보접근권을 보장하는 것은 다양한 이해관계를 가지고 있는 그들로부터의 지원을 향상시킬 것이다. 주민의 알 권리 보장은 내분비계장애물질을 둘러싼 규제 프로그램을 시행함에 있어서 절차의 민주성과 공개성, 투명성 등과도 밀접한 관련을 갖게 된다. 미국의 '내분비계장애물질 심사 및 시험 자문위원회'가 내분비계장애물질의 심사 및 시험프로그램을 시행함에 있어서, 시험과정과 결과의 공고, 심사대상화학물질에 대한 정보공시, 환경보호청의 결정에 영향을 받을 수 있는 그룹에 대한 정보 제공 등 절차의 투명성을 강조하는 것은 시사하는 바가 크다.[39)]

또한, 내분비계장애물질의 배출 여부 및 배출량 등은 주민의 알 권리 보호 차원에서 주민에게 즉시 알려져야 한다. 미국의 EPCRA(Emergency Planning and Community-to-Know Act)가 주민이나 공공기관의 정보 청구 여부를 떠나서 사업자에게 일정한 경우 보고의무를 부과하고 있는 것은 중요한 의미를 갖는다.[40)] 우리나라의 1996년에 제정된 「공공기관의 정보공개에 관한 법률」도 주민의 알 권리를 보장하고 있으나 주민의 청구가 있는 경우에 한하여 공공기관을 통하여 관련 정보가 공개된다는 점에서, 위 EPCRA에 비하

---

39) Robin Fastenau(앞의 글), 85 내지 88면.

40) 시설의 소유자 · 운영자는 유해화학물질의 비상 누출에 대하여 SERC(State Emergency Response Commission)와 LEPC(Local Emergency Planning Committee)에 통지하여야 할 뿐만 아니라(동법 제304조), 작업장에 존재하는 화학물질에 대한 정보를 SERC, LEPC와 LFD(Local Fire Department)에 일정한 양식을 갖추어 보고하여야 한다(동법 제311조). 또한, 일정한 요건에 해당되는 소유자, 경영자는 환경보호청에 배출된 유해화학물질에 대한 정보를 보고하여야 한다(동법 제313조).

여 주민의 알 권리 보장이 간접적 · 제한적이라 할 수 있다.

라. 화학물질 배출량조사제도의 확대

우리나라는 유해화학물질의 생산 및 사용과정에서 대기, 수질, 폐기물 및 토양으로 배출되는 양을 추적하여 보고토록 함으로써, 최종적으로 유해화학물질의 사용 및 배출을 감소시킬 수 있도록 유도하기 위하여 화학물질 배출량조사제도를 도입하고 있다.

기본적으로 화학배출량조사제도하에서의 화학물질배출목록(TRI)은 산업계에서 배출되는 오염원의 주요자료가 되고 있으나 주요 배출오염원만을 포함하기 때문에 내분비계장애물질의 위해성을 설명하는 데에는 한계가 있을 수 있다. 화학물질배출목록을 둘러싸고, 다양한 환경네트워크, 환경감시단체와 언론, 방송 등이 그 정보를 해석하고, 대중에게 유포하는 과정에서 내분비계장애물질 다량노출에 대한 대중의 관심을 불러일으킬 수 있으므로 해당 물질이 위 목록에 포함되고 있는가 여부는 그 규제에 대한 성공 여부를 가를 수 있게 된다. 이러한 관점에서 이제는 화학물질배출목록에 내분비계장애물질을 포함시키는 것을 적극 고려해야 한다. 내분비계장애물질이 화학물질배출목록에 포함된다는 것은 그만큼 내분비계장애물질에 대한 관심을 고조시키고, 이들에 대한 규제를 제고한다는 것을 의미한다.

마. 유해성심사와 위해성평가의 확충

환경부장관은 등록한 화학물질에 대하여 유해성심사 및 위해성평가를 하고, 그 결과에 따라 인체등유해성물질, 허가물질, 제한 · 금지물질 등으로 지정한다. 특히 위해성이 우려되는 화학물질은 허가를 받아 제조, 수입, 사용하도록 '허가물질 제도'가 도입되어 유해성심사 및 위해성평가 결과 내분비계 장애 등이 있는 물질 등은 허가물질로 지정하여 고시토록 하고 있다(「화학물질의 등록 및 평가 등에 관한 법률」 제25조). 기존의 유해성심사나 안전성시험이 암이나 외형적으로 나타나는 기형 유발 여부에 중점이 두어졌는데, 이제는 내분비계의 영향 여부에도 관심을 갖고 진행되어야 할 것이다.

바. 입증책임의 전환 내지 완화

최소한 현재까지 내분비계장애물질로 밝혀진 물질에 대해서는 그 피해와 관련한 추정 규정을 두는 등 입증책임을 전환 내지 완화하는 방안을 입법적으로 검토하여야 할 것이다. 제조자의 입증책임 부담은 제조자로 하여금 문제의 화학물질이 원고의 생식기능 장애 등 건강이상을 유발하지 않았다는 증명을 요구하기 때문에 피해자의 승소 가능성을 높일 것이다. 이러한 입증책임의 전환 내지 완화 조치는 제조자로 하여금 이러한 화학물질을 시장에 유통하기 전에 당국에 화학물질의 안전성을 증명하도록 만든다. 이러한 과정은 제조자로 하여금 내분비계장애물질에 대한 주의를 게을리하지 않도록 하는 효과를 갖게 할 것이다.

Ⅲ. 내분비계장애물질로 인한 피해구제

1. 불법행위

불법행위를 원인으로 하는 배상책임을 묻기 위해서는 가해행위, 행위의 위법성, 손해의 발생, 행위와 손해발생 간의 인과관계가 존재하여야 한다. 이 중에서 내분비계장애물질 관련소송에서의 가장 큰 장벽은 인과관계의 입증일 것이다. 인과관계의 입증곤란은 내분비계장애물질을 둘러싼 과학적 불확실성에 기인한다. 원고가 불법행위 책임을 묻기 위해서는 어떤 특정한 물질이 피해를 유발하였는지를 규명하여야 하는데, 현대사회가 워낙 많은 합성화학물질로 둘러싸여 있다는 점을 고려할 때 여간 어려운 것이 아니다. 내분비계장애물질이 수많은 소비제품, 다양한 유통경로에 걸쳐 있기 때문에 자신에게 피해를 준 제품, 피해자를 규명하는 것 또한 쉽지 않다. 유전, 흡연, 납이나 중금속에의 노출 등 비호르몬적 요소와 같은 복합적 요소 등의 개입 가능성은 인과관계의 규명을 더욱 어렵게 한다. 내분비계장애물질 자체의 미세효과, 상승효과, 다양한 노출경로, 세대간 영향 등은 이에 대한 위해성평가를 어렵게 만들 뿐만 아니라 법적 소송에서 문제가 되고 있는 인과관계의 규명을 어렵게 만든다.

내분비계장애물질에 관한 현재의 과학적 지식은 관련 법적 소송을 뒷받침하기에 너무도 부족한 것이 사실이다. 그렇다고 피해에 대한 법적 구제조치를 성급하게 포기하여서는 안 될 것이다. 법적 조치가 과학을 너무 앞서 나가는 것도 곤란하지만 새로운 시대적 변화에 너무 둔감한 것도 문제이다. 전통적인 이론에 집착하여 구제를 게을리 할 것이 아니라 새로운 요구에 부응하는 구제절차를 마련하는 것이 바람직하다. 새로운 물질의 대두에 따라 사법체계도 새로운 상황에 대처하는 유연한 태도를 보여야 할 것이다. 이에는 입증책임의 완화, 피고특정의 완화 노력 등이 포함된다.

가. 입증책임의 완화

인과관계의 입증은 자연과학적으로 엄격한 증명을 요구하는 것이 아니라 가해행위와 손해 사이에 상당한 정도의 가능성, 즉 개연성이 있다는 입증으로 족하다는 이른바, '개연성이론'[41]은 환경침해로 인한 손해배상청구에서 인과관계의 입증을 완화하려는 시도로 환영할 만하다.

인과관계의 규명이 어려운 경우를 대비하여 최근에는 통계적 방법을 원용하여 그 법칙성을 확인하는 역학적 방법이 시도되고 있다. 이러한 역학적 방법에 의하여 구체적 인과관계를 인정하려는 이론을 '역학적(疫學的) 인과관계론'이라고 한다.[42] 이때 문제의 본

41) 대법원 1974. 12. 10. 선고 72다1774 판결; 대법원 1984. 6. 12. 선고 81다558 판결; 대법원 1991. 7. 23. 선고 89다카1275 판결; 대법원 1997. 6. 27. 선고 95다2692 판결.

42) 장영민, "환경형법의 이론상 문제점", 환경범죄의 실태와 규제방안－제9회 형사정책 세미나, 한국형사정책연구원, 1993. 4, 140면; 이경환, "환경소송에서의 역학적 인과관계론", 환경문제연구총서IX, 2001. 12, 79면 이하 참조. 자세한 내용은

질은 이와 같이 원인과 결과의 직접적인 관계 규명이 아닌 확률상의 개연성을 통해 양자의 관련을 인정하는 방법을 인과관계의 증명에 원용할 수 있는가이다. 이는 결국 역학적 증거방법에 대해 어느 정도의 증명력을 인정할 것인가의 문제로 귀착된다. 역학적 증명의 증명력은 모든 사건에 있어서 획일적으로 판단할 것이 아니고 구체적인 경우에 따라 개별적으로 판단하여야 할 것이다. 실험의 정밀도나 표본의 양 등에 따라 경험칙의 수준에 도달하는 경우도 있고 단순히 개연성 인정에 그치는 경우도 있을 것이다. 과학 · 기술의 발달과 통계방법의 발달에 따라 그 증명력의 정도는 향상될 것이 분명하다. 내분비계장애물질로 인한 피해와 관련하여 입증의 곤란을 해소하는 방법으로 그 역할이 기대되고 있는 이유가 여기에 있다.

최근 법원은 사람의 건강침해와 관련한 소송에 역학적 인과관계론을 적극 도입하고 있는 경향이 있다.[43] 그러나 내분비계장애물질로 인한 건강피해가 원인과 결과가 명확히 대응하지 않는 비특이성질환이기 때문에 그 적용에는 한계가 있다.

인간을 대상으로 한 실험 · 연구가 상당히 제한되고, 모든 인간이 내분비계장애물질에 노출되어 있는 등의 이유로 인간에 대한 역학 연구가 사실상 불가능하고, 동물에 대한 내분비계장애물질로 인한 피해사례가 속속 보고되고 있는 상황에서, 이러한 동물에 대한 독물학상의 연구결과를 증거로 채택할 수 있는 길도 열 필요가 있다. 올 수 없는 증거를 기다리는 것은 사법정의나 사회책임정신에 반하는 것으로 정당화될 수 없다.[44] 이제 법원은 오지 않는 증거를 마냥 기다리지만 말고 마음을 열고 역학적 연구에 대하여도 높은 증명력을 부여하여야 할 것이다.

나. 피고 특정의 완화

수인이 관련되어 피해를 야기한 경우 과연 누구에 의해 발생한 것인지를 밝히기란 쉬운 일이 아니다. 내분비계장애물질이 도처에 산재하여 있고, 내분비계장애물질이 포함된 제품이 다단계에 걸쳐 유통되면서 수인이 개입될 수밖에 없다는 점 등을 고려할 때 문제는 더욱 심각하다. 내분비계장애물질의 종류와 노출 경로 그리고 다양한 피해 등은 내분비계장애물질로부터의 피해를 주장하는 원고로 하여금 피고를 특정하는 것조차 어렵게 만든다. 이때 민법 제760조 제1항이 정하고 있는 공동불법행위책임은 유용한 수단이 될 수 있을 것이다. 그러나 실제 적용함에 있어서는 만만치 않은 장애가 발견되고 있다.

합성에스트로겐인 DES는 내분비계장애물질이기 때문에 그와 관련한 소송은 내분비계장애물질 관련 소송, 그리고 좁게는 피고의 특정문제와 관련하여 좋은 시사점을 주고 있

제15장 제2절 Ⅰ. 3. 참조.

43) 대법원 2013. 7. 12. 선고 2006다17539 판결(고엽제 사건); 대법원 2014. 4. 10. 선고 2011다22092 판결(담배 사건); 대법원 2014. 9. 4. 선고 2011다7437 판결(자동차대기오염 사건) 등 참조.

44) Karen Fassuliotis, *The Science of Endocrine Disruption Will It Change the Scope of Products Liability Claims?*, 17 Pace Envtl. L. Rev. 351, 388 (2000).

다. 미국 법원이 DES 사건에서 제시한 이론들은 내분비계장애물질 관련 소송의 좋은 선례로 이용될 수 있을 것이다.

1970년대 중반부터 유산방지제인 DES에 노출된 여성의 자녀들이 암 피해와 생식장애 등을 이유로 하여 DES 제조업자를 상대로 소송을 제기하기 시작하였는데, 원고들은 그들의 산모가 복용한 DES를 제조한 약품회사를 특정하는 것이 쉽지 않았다. DES가 광범위하게 사용된 지난 30년간, 수백 개의 약품회사가 DES를 생산·시판하였기 때문이다.[45]

미국 법원은 DES 소송에서 기존의 불법행위이론을 유연하게 해석하려는 의지를 보여왔다. Sindell 사건[46]에서, 법원은 그 피해가 DES에의 노출로 발생하였다는 것을 인정하고, 이른바, '시장점유율 책임이론(market-share liability doctrine)'을 제시함으로써 피고특정문제를 해결하였다. 이 이론하에서, 모든 DES 제조업자들은 실질적 시장점유율을 근거로 피고들로 묶여져서 원고의 산모가 복용한 특정한 약품을 제조한 적이 없었음을 증명하지 않는 한 각 제조회사의 DES 시장점유율에 따라 책임을 지게 된다.[47] 일부 법원은 DES 문제의 해결을 위해 대체 책임(alternative liability),[48] 공동행위(concerted action)[49] 이론 등을 제시하였다. 이러한 이론들은 피고가 책임 없음을 주장하기 위해서는 피해를 유발하지 않았음을 증명해야 하므로 결과적으로 입증책임을 피고에게 넘기는 것이라 할 것이다.

우리나라의 경우 아직껏 내분비계장애물질을 본격적으로 다루는 소송이 없는 상태에서 미국에서 이루어진 DES 소송들은 좋은 선례를 제공해 줄 것이다. DES 소송에서 만들어진 이론들은 내분비계장애물질 관련 소송에 대한 전망을 다소 밝게 하고 있다. 특정제조자와 피해의 연관관계를 밝힐 필요가 없고, 피고들이 문제의 제품이 안전하다는 것을 보여주지 않은 채 제품에 화학물질을 첨가함으로써, 공동행위를 하였다거나, 다른 피고들의 불법적인 행위를 조장·협조하였다는 등의 주장이 설득력을 얻을 수도 있기 때문이다.

그러나 내분비계장애물질 관련 소송의 승소 가능성은 다음과 같은 이유로 여전히 낮을 수밖에 없다. 내분비계장애물질이 포함된 제품이 도처에서 다양한 통로로 시판되기 때문에 시장점유율을 정하기가 쉬운 것이 아니고, 제조자들이 관련 자료를 숨기거나 속일

---

45) Comment: *DES and Proposed Theory of Enterprise Liability*, 46 Fordham L. Rev. 963, 964 (1978).

46) *Sindell v. Abbott Laboratories*, 607 P.2d 924 (Cal. 1980).

47) Id. 936 내지 937면. 그 밖에 시장점유율 책임이론을 따른 판결은 *Hymowitz v. Eli Lilly & Co.*, 539 N.E.2d 1069 (N.Y. 1989), *cert. denied*, 493 U.S. 944 (1989).

48) 대체 책임이론에 따르면, 원고가 자신의 과실 없이, 피해를 입힌 책임이 있는 집단을 규명하지 못할 경우 피고들은 그들의 책임 없음을 입증하여야 하며, 그들이 책임 없음을 입증하지 못할 경우 연대책임(joint and several liability)을 부담하게 된다. *Ferrigno v. Elilily & Co.*, 420 A.2d 1305, 1313, 1316 (N.J. Super. Ct. Law Div. 1980).

49) 공동행위 이론하에서 불법행위를 저지를 공동계획 또는 의도하에 적극적으로 참여하거나, 협조 또는 요구 등을 통해 더 나아가거나, 또는 불법행위자에게 도움을 주거나 부추기거나, 그들의 이익을 위해 이루어진 불법행위자의 행위를 승인하거나 받아들이는 자들은 불법행위자와 마찬가지로 책임이 있게 된다. 책임을 묻기 위해서는 반드시 명시적인 합의를 요구하는 것은 아니고 묵시적인 이해로도 충분하다. *Abel v. EliLily & Co.*, 289 N.W.2d 20, 20 (Mich. Ct App. 1979); *Bichler v. EliLilly & Co.*, 436 N.Y.S.2d 625, 632 (N.Y. App. Div. 1981), *aff'd*, 436 N.E.2d 182 (1982).

수 있다는 현실을 감안할 때 그 적용이 쉬운 것이 아닐 것이다.[50] 공동행위 이론 등이 피고에게 지나치게 불공평하다는 비판이 제기될 수 있다.[51] 더욱이 피고 특정을 완화한다는 것이 내분비계장애물질이 피해를 유발하였다는 입증책임까지 면제하는 것은 아니라는 것이다.

2. 제조물책임

내분비계장애물질이 수많은 소비 상품에서 발견되기 때문에 제조물책임은 내분비장애물질로 인한 피해 구제를 위해 중요한 법적 장치를 제공해 줄 수 있을 것이다. 미국에서 수십년간 제기된 수많은 DES 소송들이 제조물책임 이론하에서 제기된 사실이 이를 뒷받침하고 있다. 화학물질(화학물질이 들어있는 상품 포함)이 내분비계 장애 등 신체장애를 유발할 수 있도록 불완전하게 제조되었거나 시험을 제대로 거치지 않았으며, 잠재적 피해에 대한 경고를 제대로 하지 아니하였다는 등의 이유로 청구소송이 가능할 것이다.

이러한 점에서 「제조물책임법」은 내분비계장애물질 관련 소송에서 중요한 의미를 갖는다. 동법의 목적은 제조물의 결함으로 인하여 발생한 피해에 대한 손해배상책임을 규정하여 피해자를 보호함에 있다(제1조). 동법이 적용되는 제조물은 다른 동산이나 부동산의 일부를 구성하는 경우를 포함한 제조 또는 가공된 동산을 말하므로(제2조 제1호) 내분비계장애물질을 포함하는 화학제품, 의약품, 농약 등이 이에 포함될 것이다. 제조물책임에서 결함의 유무는 동법상의 책임을 묻기 위한 중요한 요건이 되는데, 동법은 결함을 제조물의 제조·설계 또는 표시상의 결함이나 기타 통상적으로 기대할 수 있는 안전성이 결여되어 있는 것으로 정하고 있다(동조 제2호). 내분비계장애물질이 포함된 제품을 제대로 검사하지 못하였거나 경고를 제대로 하지 아니한 것 등이 결함에 해당될 수 있을 것이다. 법에서는 책임주체를 제조물의 제조·가공 또는 수입을 업으로 하는 자로 하고 있으며(동조 제3호), 제조업자의 책임범위를 제조물의 결함으로 인하여 피해자에게 발생한 생명·신체 또는 재산손해로 하고 있다(제3조).

특기할 것은 동법이 결함 등의 추정 규정을 두고 있다는 것이다. 즉 피해자가 다음의 사실을 증명한 경우에는 제조물을 공급할 당시 해당 제조물에 결함이 있었고 그 제조물의 결함으로 인하여 손해가 발생한 것으로 추정한다. 다만, 제조업자가 제조물의 결함이 아닌 다른 원인으로 인하여 그 손해가 발생한 사실을 증명한 경우에는 그러하지 아니하다: ① 해당 제조물이 정상적으로 사용되는 상태에서 피해자의 손해가 발생하였다는 사실; ② 손해가 제조업자의 실질적인 지배영역에 속한 원인으로부터 초래되었다는 사실; ③ 손가 해당 제조물의 결함 없이는 통상적으로 발생하지 아니한다는 사실(제3조의2).

50) Karen Fassuliotis(각주 44), 380면.
51) *Id.* 381면.

한편, 법에서는 면책사유로 제조업자가 당해 제조물을 공급하지 아니한 사실, 제조업자가 당해 제조물을 공급한 때의 과학 · 기술수준으로는 결함의 존재를 발견할 수 없었다는 사실, 제조물의 결함이 제조업자가 당해 제조물을 공급할 당시의 법령이 정하는 기준을 준수함으로써 발생한 사실, 원재료 또는 부품의 경우에는 당해 원재료 또는 부품을 사용한 제조물 제조업자의 설계 또는 제작에 관한 지시로 인하여 결함이 발생하였다는 사실 등을 정하고 있다(제4조 제1항). 그러나 이러한 면책사유에 해당하더라도 손해배상책임을 지는 자가 제조물을 공급한 후에 당해 제조물에 결함이 존재한다는 사실을 알거나 알 수 있었음에도 그 결함에 의한 손해의 발생을 방지하기 위한 적절한 조치를 하지 아니한 때에는 면책을 주장할 수 없다(동조 제2항).

특히, 동법은 제조물이 많은 구성품으로 이루어질 수 있고, 최종 소비자에게 도달하기까지 많은 관계자를 거친다는 점 등을 고려하여 동일한 손해에 대하여 배상할 책임이 있는 자가 2인 이상인 경우에는 연대하여 그 손해를 배상할 책임이 있는 것으로 정하고 있다(제5조).

제조물책임이 내분비계장애물질 관련 소송에서의 실마리를 제공하고 있지만 실제 그 전망에 대해서는 쉽게 낙관할 수가 없다. 그 장애는 내분비계장애물질의 특이한 성질도 그렇지만 무엇보다도 내분비계장애물질을 둘러싼 과학적 불확실성에 기인한다. 예컨대, 제품이 시장에 나올 당시의 과학적 지식에 비추어 피해가 도저히 예상될 수 없었다면 제조물책임이론에 의하여 제조자의 책임을 묻는 것이 힘들어질 것이다.

3. 전망(DES 소송의 시사점과 한계)

미국의 DES 소송은 우리나라에서의 내분비계장애물질 문제 해결에 많은 시사점을 주고 있다. 미국 법원은 세대간에 영향을 미치는 내분비계장애물질의 일종인 DES 관련 소송에서 원고의 피고를 특정하는 책임을 완화함으로써, 전통적인 불법행위원칙을 수정하였는데, 법원이 인정한 시장점유율 책임이론이나 대체 책임이론 등은 내분비계장애물질 관련 소송의 실마리를 제공하는 좋은 선례로 받아들여질 수 있다. 그러나 내분비계장애물질 관련 소송의 선례로서 DES 사건의 중요성이 지나치게 과장되어서는 안 된다. DES 사건에서 피고 특정을 완화하였다고 하더라도 DES가 피해를 유발하였음을 밝히는 입증책임은 완화되지 않았기 때문이다.

DES 사건에서 대부분의 원고들은 그들의 어머니가 DES를 복용하였고, 선암 등과 같은 원고가 자궁 내 DES 노출과 밀접하게 연관된 특이성 질병(signature diseases)을 가지고 있음을 증명할 수 있을 것이다. DES는 알약이고 그 노출경로는 명확하다. 이에 반해 내분비계장애물질은 우리 환경에 널리 퍼져 있으며 다양한 경로를 통해 노출될 수 있다. 실제로 현재까지만도 수십 종의 화합물이 내분비계장애물질로 추정되고 있다. 원고는 어떤 특정한 내분비계장애물질이 피해를 유발했는지는 잘 알지 못할 것이다. DES 사건이 동일한 상품, 대체할 수 있는 상품을 대상으로 하였음에 반해 내분비계장애물질은 다양한 제품 안에 수많은 화학물질의 형태로 존재하면서 대체적인 것과는 거리가 멀다. 이러한 이유로 현재로서는 법원이 내분비계장애물질에 대해서 DES 소송에서 인정한 바와 같이 시장점유율 책임이론 등을 적용할 것이라고 단정할 수 없다. 이는 미국 법원이 석면,[52] 휘발성유기화합물(VOC),[53] 방향제(fragrance products)[54] 등과 관련한 사건에서 시장점유율 책임이론을 적용하지 않은 점에서도 엿볼 수 있다. DES와 내분비계장애물질의 유사성에도 불구하고, DES 소송에서 정립된 이론들이 내분비계장애물질 관련 소송에서 견고한 법적인 기초를 제공하지는 않을 것이다.

인과관계의 입증은 내분비계장애물질 관련 소송에서 커다란 장벽으로 존재한다. 결국 내분비계장애물질 관련 소송에서 피해자인 원고가 승소할 가능성은 적어 보인다. 그렇다면 그 피해에 대한 구제를 포기할 것인가?

내분비계장애물질의 특성 및 과학적 한계로 그 인과관계를 증명하기 어렵다면, 소송구조, 넓게는 법체계가 그러한 현실을 고려하는 쪽으로 나아가야 할 것이다. 사법구조는 그러한 현실을 반영하고 이에 적응하여야 할 것이다. 이는 법원이 새로운 상황에 대처하기 위해 보다 유연한 태도를 보일 것을 의미한다. 입증책임의 전환이 그 중의 하나이다.

그러나 내분비계장애물질의 특성을 고려하더라도 전통적으로 인정되어온 불법행위 원칙에 대한 근본적인 변화는 위험하다. 예컨대, 원고에게 피해를 유발하는 다른 복합요소를 제거하거나 피해를 유발한 특정 내분비계장애물질을 규명할 필요가 없다고 한다면 더 큰 피해가 발생할 가능성을 배제할 수 없다. 원고가 단순히 내분비계장애물질로 인한 피해라는 주장만을 가지고 모든 화학제품제조업자를 상대로 소송을 제기한다면 제조업자들은 지나치게 위축되고, 유익한 화학제품은 그들이 어떠한 피해를 유발하였다는 일체의 증명도 없이 유통조차 이루어지지 않을지도 모른다.[55] 입증책임을 피고에게 전환시킨다고 하더라도 이는 원고가 피해를 유발한 특정 화학물질을 규명할 수 있을 때에만 가능하다고 할 것이다.

52) *Goldman v. Johns-Manville Sales Corp.*, 514 N.E.2d 691 (Ohio 1987); *Case v. Fibreboard Corp.*, 743 P.2d 1062 (Okla. 1987).

53) *Setliff v. E.I.Dupont de Nemours & Co.*, 38 Cal. Rptr. 2d 763 (Cal. Ct. App. 1995).

54) *Sanderson* 사건에서, 원고는 제품이 누관 염증, 뇌손상, 후각둔화 등을 유발했음을 이유로 몇몇 방향제 회사를 상대로 소송을 제기하였다. 원고는 자신이 1994년 4월부터 1995년 10월까지 방향제품에 16,000회 정도 노출되었다고 주장하였는데, 70% 가량에 해당하는 경우 자신이 노출된 특정방향제를 규명할 수 없었다. 법원은 특정 피고의 제품이 원고의 피해를 유발하였다는 점을 뒷받침하는 증거가 없다는 이유로 원고의 청구를 기각하면서 입증책임의 전환, 시장점유율이나 대체의무 부과에 관한 원고의 주장을 받아들이지 않았다. *Sanderson v. Intl. Flavors & Fragrance, Inc.*, 950 F. Supp. 981 (C. D. Cal. 1996).

55) Noah Sachs(각주 9), 342면.

제 3 절 잔류성오염물질 관리법

다이옥신, 다염소화비페닐(PCBs) 등 이른바 '잔류성오염물질(Persistent Organic Pollutants: POPs)'[1]은 독성이 강하고 자연환경에서 오랫동안 잔류하면서 생물 중에 고농도로 축적되어 있기 때문에 인간과 생태계에 큰 위해를 주는 물질임에도 그 관리가 쉽지 않다. 이러한 인식하에 국제사회는 잔류성오염물질의 위협으로부터 인간의 건강과 환경을 보호하기 위하여 지구적 차원에서 잔류성오염물질의 생산 · 사용 · 배출을 관리하고자 2001년 5월 「잔류성오염물질에 관한 협약(스톡홀름협약)」[2]을 채택하기에 이르렀다.

이에 비해 우리나라의 경우 잔류성오염물질을 환경친화적으로 관리 · 처리할 수 있는 국내 기반이 미비한 상황이다. 우리나라에서 잔류성오염물질은 대부분 「농약관리법」과 「화학물질관리법」에 의해 각각 등록취소되거나 금지물질로 관리되고 있다. 다이옥신과 퓨란의 경우는 1997년부터 소각시설에서 배출허용기준을 설정하여 관리하고 있다. PCBs의 경우는 변압기, 콘덴서 등의 절연유로 주로 사용되어오다가 1979년 「전기사업법」에 의해 전기기기에 대한 사용이 금지되었으며, 이와 함께 윤활유, 전선의 피복, 접착제, 도료 등 여러 용도로도 사용되어 오다가 1996년 「유해화학물질 관리법」(2013. 6. 4. 「화학물질관리법」으로 대체)에 의해 사용금지되었고, 현재 「폐기물관리법」에 의해 2ppm 이상 들어있는 폐기물이 지정폐기물로 관리되고 있다. 그러나 1979년 사용 금지 이후로도 기존 변압기 폐기 시 부적정 처리와 절연유 및 변압기 케이스의 불법적인 재활용으로 인한 2차 오염이 발생하고 있다. 현재 사용 중인 PCBs 함유기기는 「폐기물관리법」 적용대상이 아니며 당해기기의 재활용 용도 및 종류가 지정되어 있지 않은 상태이다. PCBs 함유기기 및 폐기물의 실태는 제대로 파악되지 않고 있으며, PCBs 폐기물을 친환경적으로 처리할 수 있는 국내 기반은 미비한 상황이다.

「스톡홀름협약」은 의도적으로 생산되는 잔류성오염물질뿐만 아니라 소각시설, 산업시설 등에서 비의도적으로 발생되는 잔류성오염물질(다이옥신, 퓨란, HCB, PCBs)의 배출량 저감을 의무화하고 있으나 우리나라의 경우 1997년부터 「폐기물관리법」에서 폐기물소각시설의 다이옥신 배출허용기준을 설정하여 관리하고 있을 뿐 산업시설 등 비소각시설의 경우 관리가 전혀 이루어지지 않고 있다.

이와 같이 그 동안 잔류성오염물질은 「화학물질관리법」, 「농약관리법」, 「폐기물관리법」 등을 통하여 부분적으로 관리되어 오고 있으나, 각 법률에는 잔류성오염물질이 배출되는 산업시설에 대한 배출허용기준 및 잔류성오염물질이 들어있는 폐기물에 대한

1) 「잔류성오염물질 관리법」은 '잔류성오염물질'을 "독성 · 잔류성 · 생물농축성 및 장거리이동성 등의 특성을 지니고 있어 사람과 생태계를 위태롭게 하는 물질로서 스톡홀름협약 및 수은에 관한 미나마타협약(수은협약)에서 정하는 것을 말하며, 그 구체적인 물질은 환경부장관이 정하여 고시한다"고 정의하고 있다(제2조 제1호).

2) Stockholm Convention on Persistent Organic Pollutants, 21 Int'l Env't Rep. (BNA) 5401, 40 I. L. M. 532 (2001).

관리기준 등이 마련되어 있지 못하여 잔류성오염물질에 대한 효율적인 관리가 미흡하였다.

이에 잔류성오염물질에 관한 종합적인 관리체계를 확립하고 「스톡홀름협약」의 비준 및 시행을 뒷받침하기 위한 법적 대응기반이 요구되었다. 이러한 요구를 뒷받침하기 위하여 단일법의 형태로 2007. 1. 26. 「잔류성오염물질 관리법」이 제정되었다. 이로써 「스톡홀름협약」의 국내이행에 필요한 국내절차로서 잔류성오염물질에 대한 취급금지 또는 취급제한제도를 확립하여 잔류성오염물질의 효율적인 관리체제를 갖추게 되었다. 그 후 동법은 2013년 채택된 수은협약의 발효에 대비하고 협약의 국내 이행기반을 구축하기 위하여 적용 대상 물질을 잔류성유기오염물질에서 수은협약에 따른 수은 및 수은화합물을 포함한 잔류성오염물질로 확대하여 법률의 제명을 「잔류성오염물질 관리법」으로 변경하고, 수은 및 수은화합물의 제조 · 수출입 또는 사용을 제한하는 등 잔류성오염물질에 대한 관리체계를 강화하고 있다. 그러나 관련 법의 개정이 아니라 새로운 단일법을 제정하게 된 것은 효율성 문제가 크게 고려되었겠지만 「화학물질관리법」, 「폐기물관리법」, 「대기환경보전법」 등 기존 법 개정의 번거로움을 모면하기 위한 안일한 대응방법이라는 비난을 면하기 어려울 것이다. 배출시설에 대한 규제보다는 오염물질별 규제에 초점이 맞추어져 있어 배출시설에 대한 일반적 · 통일적 규제가 어려운 한계도 발견된다.

동법은 「스톡홀름협약」에서 규정하고 있는 잔류성오염물질의 의도적인 생산 · 사용의 금지(제2장 잔류성오염물질의 제조 · 수출입 · 사용금지 또는 제한), 잔류성오염물질의 비의도적인 배출의 규제(제3장 잔류성오염물질 배출규제), 재고와 폐기물로부터 배출의 감소 또는 제거(제4장 잔류성오염물질함유폐기물의 처리, 제5장 잔류성오염물질 함유기기 등의 관리) 등 협약의 주요내용을 그대로 담고 있다.

Ⅰ. 일반 시책

1. 잔류성오염물질관리기본계획 등

동법은 환경부장관으로 하여금 잔류성오염물질의 위해로부터 국민의 건강을 보호하고 「스톡홀름협약」의 국내비준에 따른 의무사항을 이행하기 위하여 5년 단위의 기본계획, 1년 단위의 시행계획을 수립하도록 하고 있다(제5조 내지 제7조). 기본계획은 일종의 잔류성오염물질에 대한 장기계획으로서 잔류성오염물질을 통합적 · 효율적으로 관리하기 위한 전제가 된다.

2. 인체노출기준의 설정

정부는 인간이 평생에 걸쳐 계속적으로 호흡 · 피부접촉 또는 섭취 등을 통하여 잔류성오염물질에 노출되어도 건강에 영향을 미치지 아니할 것으로 판단되는 기준으로서의 인체노출기준을 설정할 수 있다(제9조 제1항).

3. 환경기준의 설정

정부는 잔류성오염물질에 대한 환경기준을 설정하여야 하며, 환경여건의 변화에 따라 그 적정성이 유지되도록 하여야 한다(제10조 제1항). 환경기준은 대통령령으로 정한다(동조 제2항).

4. 측정망의 설치 · 운영

환경부장관은 전국의 대기 · 물 · 토양 · 하천퇴적물 · 생물의 잔류성오염물질 오염실태를 파악하기 위하여, 시 · 도지사 및 시장 · 군수 · 구청장(자치구의 구청장을 말함)은 관할 구역 안의 잔류성오염물질 오염실태를 파악하기 위하여 측정망을 설치하고 오염도를 측정할 수 있다(동조 제2항).

Ⅱ. 잔류성오염물질의 제조 · 수출입 · 사용금지 또는 제한

「스톡홀름협약」의 국내 이행기반을 마련하기 위하여 「스톡홀름협약」에 지정되어 있는 잔류성오염물질에 대한 제조 · 수출입 · 사용을 금지 또는 제한할 필요성이 있다. 이에 동법은 「스톡홀름협약」 부속서 A, B와 수은협약에 등재된 물질을 취급금지 또는 취급제한 잔류성오염물질로 정하고,[3] 취급금지 잔류성오염물질에 대한 제조 · 수출입 또는 사용 금지(제13조 제1항), 그리고 취급제한 잔류성오염물질의 용기나 포장에 대한 안전관리표시(동조 제3항)와 그 수출을 위한 환경부장관의 승인(동조 제4항) 등의 절차를 마련하고 있다.

이러한 취급금지 또는 취급제한제도 및 절차는 스톡홀름협약의 국내이행을 위해 필요한 것으로서 이로써 잔류성오염물질의 효율적인 관리체제의 기틀이 마련되었다고 할 수 있다.

Ⅲ. 배출규제

동법은 잔류성오염물질 배출시설[4]에 대한 적절한 관리를 위하여 배출허용기준의 설정(제14조), 배출시설의 설치기준(제15조), 배출허용기준 위반 시 개선명령 · 사용중지 또는 폐쇄명령(제16조), 과징금(제17조), 배출량조사(제18조), 측정과 주변지역의 영향조사(제19조), 사고발생에 따른 응급조치 · 신고 및 재발방지조치 등에 관한 제도를 도입하고 있다.

---

3) 동법은 스톡홀름협약, 수은협약에서 정하는 잔류성오염물질의 종류와 특정 면제에 관한 국내 적용 사항을 환경부장관이 정하여 고시하도록 하고 있다(제13조 제6항).

4) 동법상 '배출시설'이란 "잔류성오염물질을 배출하는 시설물 · 기계 · 기구 또는 그 밖의 물체로서 환경부령이 정하는 것"을 말한다(제2조 제2호).

Ⅳ. 잔류성오염물질함유폐기물의 관리

잔류성오염물질은 대기 · 수질뿐 아니라 폐기물로도 배출되고 있으나 잔류성오염물질함유폐기물을 친환경적으로 처리할 수 있는 국내 기반은 상당히 미비한 상황이다. 예컨대, 폐변압기의 상당 정도가 PCBs 함유폐기물인 것으로 추정되고 있으나 PCBs 함유폐기물의 실태는 제대로 파악되지 않고 있다. 이에 대기 · 수질 배출시설의 관리는 물론 잔류성오염물질함유폐기물의 관리를 위한 기준을 마련할 필요성이 있다. 이러한 차원에서 동법은 잔류성오염물질함유폐기물[5]을 「폐기물관리법」에 따른 지정폐기물로 보고(제21조), 그 수집 · 운반 · 보관 또는 처리를 위한 기준 및 방법을 환경부령으로 정하도록 하고 있다(제22조). 잔류성오염물질함유폐기물의 재활용 종류와 용도는 환경부령으로 제한된다(제23조 제1항). 이러한 일련의 조치는 잔류성오염물질함유폐기물의 부적절한 처리로 인한 2차 오염을 방지할 수 있을 것이다.

Ⅴ. 잔류성오염물질 함유기기 등의 관리

PCBs 등 잔류성오염물질을 함유하고 있는 변압기, 축전기 등은 「폐기물관리법」 적용대상이 아니며 당해기기의 재활용 용도 및 종류가 지정되어 있지 않은 상태이다. 나아가 PCBs 함유기기의 실태도 제대로 파악되지 않고 있다. 이러한 상황에서 잔류성오염물질의 효율적이고 안전한 관리를 위해서는 잔류성오염물질을 함유하는 기기 · 설비 · 제품의 현황을 파악하고, 수집 · 운반 · 보관 · 처리 또는 재활용의 경우 그 처리기준 등에 따라 적정하게 처리되도록 관리할 필요성이 있다.

이에 따라 동법은 환경부장관으로 하여금 인체에 대한 위해를 예방하기 위하여 대통령령으로 정하는 기준 이상의 잔류성오염물질을 함유하는 기기 · 설비 · 제품(오염기기등)의 목록을 작성할 수 있도록 하고(제24조), 변압기 등 대통령령으로 정하는 기기 · 설비 · 제품(관리대상기기등)의 소유자로 하여금 제조사, 제조 연월일, 절연유 교체 여부 등 환경부령으로 정하는 사항을 시 · 도지사에게 신고하도록 하고 있다(제24조의2). 누구든지 잔류성오염물질의 농도가 대통령령으로 정하는 기준 이상인 절연유를 함유하는 관리대상기기등을 수출하거나 수입하여서는 아니 된다(제24조의3).

오염기기등의 소유자는 안전관리상 주의사항의 표시, 오염 여부에 대한 식별장치의 부착 등 안전관리상의 필요한 조치를 취하여야 한다(제25조). 나아가 동법은 그 소유자에게 기한 내 적정처리의무를 부과하고 있다(제26조). 오염기기등을 일정한 기준 및 기한

---

5) '잔류성오염물질함유폐기물'이란 「폐기물관리법」 제2조 제3호의 사업장폐기물 중 환경부령으로 정하는 잔류성오염물질 함유량 기준을 초과하는 잔류성오염물질에 오염된 쓰레기 · 연소재 · 오니(汚泥) · 폐유 · 폐산 · 폐알칼리 등으로서 사람의 생활이나 사업활동에 필요하지 아니하게 된 물질 중 대통령령으로 정하는 폐기물을 말한다(제2조 제3호).

내에 처리하도록 하는 것은 인체나 환경에의 노출을 최소화하기 위한 조치로 이해된다.

제 4 절 유전자변형생물체의 국가간 이동 등에 관한 법률

국내 · 외적으로 생명공학과 유전자변형기술에 대한 논란이 가열되고 있다. 그 동안 유전자변형(유전자재조합, 유전자조작 등으로도 부른다)기술 또는 생명공학기술은 눈부신 발전을 하였으며, 어느덧 현대 사회를 지탱하는 중요한 기술로 성장하였다. 생명공학기술은 쉽게 말하면 어떤 생물의 유전자 중 유용한 유전자를 뽑아낸 뒤 다른 생물의 유전자에 넣어 또 다른 품종을 만드는 기술이라 할 수 있다. 이 기술은 작물 · 동물 등에 다양하게 적용된다. 해파리의 DNA를 추출해 이를 얼룩 물고기(zebra fish)에 주입한 후에 황록색의 빛을 내는 유전자변형 얼룩 물고기를 만든 것이 한 예다.[1)]

유전자변형기술이 인류에게 식량생산의 증대, 농약사용량의 감축 등 유용성을 제공하면서 선진국들은 앞다투어 이를 개발 · 육성하고 있다. 그러나 유전자변형기술에 대해서는 우려의 목소리도 높아가고 있다. 그 논란의 중심에 '유전자변형생물체(Living Modified Organisms: LMOs)'[2)]가 있다. 특히 유전자변형 식품(예컨대, 유전자변형기술로 재배된 콩이나 옥수수 등의 작물을 원료로 해서 만든 식품)에 대해서 관심이 집중되고 있다. 유전자변형생물체에 이와 같이 관심이 집중되는 이유는 인간의 건강과 환경에 대한 안전성 여부가 문제되기 때문이다.

유전자변형생물체는 또 다른 차원의 유해물질로서 그 양면성으로 인해 규제 및 관리가 쉽지 않다. 유전자변형생물체가 다른 공업 제품과 달리 살아있는 생명체이기 때문에 일단 유통이 되면 되돌리는 것이 사실상 불가능하고, 기존 농산물과 다른 새롭게 조합된 유전물질을 가지고 있기 때문에 인간이나 환경에 어떠한 영향을 미칠지 알 수 없다는 점은 그 규제 및 관리에 어려움을 가중시키고 있다.

유전자변형식품의 유해성이 충분히 입증되지 않았음에도 이를 전면적으로 금지한다는 것이 현실적으로 무리일 수도 있다. 여기에 유전자변형생물체를 둘러싸고 어떤 정책을 채택할 것인지 국제사회와 국가의 고민이 있게 된다. 국제사회는 「카르타헤나의정서」[3)]를 채택함으로써, 우리나라는 단행법 형태인 「유전자변형생물체의 국가간 이동 등에 관한 법률」을 제정함으로써 유전자변형생물체의 안전성 확보로 방향을 선회하였다. 동법은 본래 카르타헤나의정서의 이행법률이므로 유전자변형생물체의 '수출입'에 있어서의 안전성을

1) "어둠속 빛이 헤엄친다", 경향신문, 2007. 7. 3. 기사.

2) 「유전자변형생물체의 국가간 이동 등에 관한 법률」에서는 '유전자변형생물체'를 다음의 현대생명공학기술을 이용하여 얻어진 생물체로서 새롭게 조합된 유전물질을 포함하고 있는 생물체로 정의하고 있다: ① 인위적으로 유전자를 재조합하거나 유전자를 구성하는 핵산을 세포 또는 세포 내 소기관으로 직접 주입하는 기술; ② 분류학에 의한 과의 범위를 넘는 세포융합으로서 자연상태의 생리적 증식이나 재조합이 아니고 전통적인 교배나 선발에서 사용되지 아니하는 기술(제2조 제1호).

3) Protocol on Biosafety to the Convention on Biological Diversity, 39 I. L. M. 1027 (2000).

관리하기 위한 법이지만, 여기에 멈추지 않고 국내 개발 · 생산 · 유통단계에서의 안전성도 관리하고 있다.4) 이러한 점에서 동법은 유전자변형생물체의 안전성 확보를 위한 기본법이라고 할 수 있다. 동법의 제정으로써 유전자변형생물체 문제는 본격적으로 법적 규제를 받는 사항으로 발전하였다.

Ⅰ. 안전성 논란

유전자변형생물체를 둘러싼 논쟁은 인체 및 건강에 대한 안전성 여부로 압축되고 있다. 예컨대, 안전성에 우려를 표시하면서 규제를 강화하자는 측과 안전성에 문제가 없다면서 식량 부족, 기아, 질병문제 등의 돌파구로 규제 완화를 주장하는 측의 대립이 그것이다. 인류의 재앙이다는 입장과 인류의 희망이다는 입장의 대립은 좀체로 좁혀지지 않고 있다. 그러나 중요한 것은 어느 쪽도 안전성을 단정하지 못하고 있다는 것이다.

유전자변형생물체가 인류 미래의 희망이 될 수 있다는 측에서는 유전자변형생물체가 식량의 증산, 질병 · 비만 · 노화 방지 식품의 생산, 환경정화나 농약사용 감소 등을 통한 환경보전, 제초제 및 농약사용 감소에 따른 농업생산비 절감, 고기능 건강식품의 생산, 고품질 작물의 생산, 유용물질(의약)의 생산 등에 기여한다고 주장하고 있다.

유전자변형생물체의 생산 · 유통 · 소비에 대해서는 부정적인 입장이 커지고 있다. 유전자변형생물체의 안전성에 우려를 표하는 이유로는 다음과 같은 것들이 들어지고 있다: ① 식량 부족의 핵심은 양적인 문제보다 분배문제에 있다. ② 유전자변형생물의 방출은 잠재적 · 장기적 위해를 초래할 가능성이 있다. ③ 유전자변형생물은 인체와 생태계에 끼치는 영향이 명확히 검증되지 않았다. ④ 유전자변형생물에 아직 남아 있는 해충을 제거하기 위해 보다 강력한 살충제가 살포되면서 저항력이 있는 해충이 양산될 가능성이 있다. ⑤ 식품에 소비자에게 알려지지 않은 알레르기 유발물질(allergens)이 존재할 가능성이 있다. ⑥ 제초제에 대한 내성을 지닌 유전자변형 농산물의 유전자를 받아들여 어떤 제초제로도 제거하기 어려운 성질을 갖게 된 '슈퍼잡초(superweeds)'가 탄생한다. ⑦ 유전자는 그것이 삽입된 개체 바깥으로 빠져나와서 다른 유기체를 '감염'시키는 수평적 유전자 전이(horizontal gene transfer)를 일으킬 수 있다. ⑧ 슈퍼농작물(super−crops)이 출현하면서 단일경작(monocultures) 시스템이 도입될 가능성이 있다. ⑨ 유전자변형생물체 오염으로 인한 피해와 국가간 책임문제가 발생한다.5)

지금까지 지구상에 존재하지 않았던 새로운 유전자 조합을 가지고 있는 유전자변형생물체. 이는 바로 불확실성을 내포할 수밖에 없고, 이것이 우리에게 두려움을 안겨주고 있다.

4) 현재는 우리나라에서 유전자변형생물체가 생산되고 있지 않기 때문에 주로 수출입 규정이 문제되고 있으나 앞으로 국내 생산이 본격화되면 국내 연구 · 개발 · 생산 · 유통 등 전 단계에 적용될 가능성이 많다.

5) Ved P. Nanda' and George Pring, International Environmental Law & Policy for the 21st Century 354~359 (Transnational Publishers, Inc., 2003).

Ⅱ. 주요 내용

「생물다양성협약」은 여러 곳에서 유전자원에 대한 접근 · 이용과 이에 대한 반대급부인 이익의 공유, 기술 · 연구 · 지식의 이전 등의 문제를 다루고 있다.[6] 그러나 생명공학기술과 이로 인한 유전자변형생물체의 안전성 문제를 직접 다루고 있는 조항은 많지 않다. 다만 당사국들은 생물다양성의 보전과 지속가능한 이용에 악영향을 미칠 수 있는 생명공학기술로 인한 유전자변형생물체의 안전한 이동 · 취급 · 사용을 위한 의정서의 필요성을 인식하였다.[7] 「생물다양성협약」에서 이루어진 합의에 따라 의정서의 초안에 대한 논의가 시작되었는데, 이해관계에 따라 다양한 그룹이 형성되면서 합의 도출이 쉽지 않았다.

우여곡절 끝에 2000년 1월 개최된 「생물다양성협약」 특별당사국회의에서 극적으로 「카르타헤나의정서」가 채택되기에 이르렀다. 이 의정서는 유전자변형생물체를 의도적으로 환경에 방출되는 유전자변형생물체와 식용 · 사료용 · 가공용 유전자변형생물체로 구분하여 의도적으로 환경에 방출되는 유전자변형생물체의 국제거래의 경우 사전통지동의(Advanced Informed Agreement: AIA)절차를 적용하고, 식용 · 사료용 · 가공용 유전자변형생물체의 경우보다 더 엄격하게 표시제를 시행하는 등 차별적인 규제를 시도하고 있다.[8]

유전자변형생물체에 대한 종합적인 관리체계를 확립하고 「카르타헤나의정서」의 비준 및 시행을 뒷받침하기 위한 법적 대응이 2001. 3. 28. 제정된 「유전자변형생물체의 국가간 이동 등에 관한 법률」이다. 동법은 유전자변형생물체에 관한 일반법의 성격을 지니고 있다(제4조). 동법은 유전자변형생물체의 개발 · 생산 · 수입 · 수출 · 유통 등에 관한 안전성의 확보를 위하여 수입 · 생산승인, 위해성심사, 표시, 취급관리기준, 정보공개 등 다양한 제도를 두고 있다. 이러한 제도는 유전자변형생물체의 위해성 관리가 사전배려의 원칙에 기초하여 이루어지고 있음을 보여준다.

1. 국가 등의 책무

동법은 국가와 지방자치단체로 하여금 국민의 건강과 생물다양성의 보전 및 지속적인 이용에 대하여 유전자변형생물체가 끼칠 위해를 방지하기 위하여 필요한 시책을 마련하도록 함으로써, 국가와 지방자치단체에게 유전자변형생물체에 대한 1차적 관리책임을 부과하고 있다(제5조 제1항). 한편, 유전자변형생물체의 수출입등을 하는 자는 국민 건강과 환경에 위해가 발생하지 아니하도록 유전자변형생물체를 안전하게 관리하여야 한다(동조 제2항).

---

6) Convention on Biological Diversity, 31 I. L. M. 818 (1992). 제15조 내지 21조 참조.

7) *Id.* 제19조 제3항.

8) 「카르타헤나의정서」에 대하여 자세한 내용은 박용하, “생명공학안정성의정서의 채택 및 이에 대한 분석”, 환경법연구 제22권, 2000, 116면 이하 참조.

2. 안전관리계획의 수립 · 시행

관계 중앙행정기관[9]의 장은 소관별로 바이오안전성위원회의 심의를 거쳐 유전자변형생물체 안전관리계획과 안전관리계획의 시행을 위한 세부시행계획을 수립 · 시행하여야 한다(제7조).

3. 수입승인 등

유전자변형생물체를 수입하려는 자는 관계 중앙행정기관의 장의 '승인'을 받아야 한다(제8조 제1항). 나아가 동법은 환경 방출[10]로 사용되는 유전자변형생물체의 수입 시 의정서에서 규정하고 있는 '사전통지동의절차'를 따르도록 하고 있다. 즉 환경 방출로 사용되는 유전자변형생물체를 수입하려는 자는 국가책임기관의 장을 거쳐 관계 중앙행정기관의 장에게 수입승인을 신청하여야 한다. 이 경우 국가책임기관의 장과 관계 중앙행정기관의 장은 의정서 제8조부터 제10조까지에 따른 유전자변형생물체의 국가간 이동에 필요한 절차를 따라야 한다(동조 제2항). 승인 절차는 주권적 권리에 기초하여 사전에 유전자변형생물체의 수입 여부를 결정하고, 자체적으로 위해성관리를 위한 조치를 취할 수 있도록 한다.

관계 중앙행정기관의 장은 유전자변형생물체가 국내 생물다양성의 가치에 미칠 사회 · 경제적 영향을 고려하여 승인 여부를 결정하여야 한다(동조 제5항). 승인을 받은 유전자변형생물체는 일단 안전성이 확보된 것으로 판단되어 수입이 가능하다.

한편, 동법은 시험 · 연구용 등의 유전자변형생물체에 대해서 대량으로 수입되거나 환경 방출용으로 사용되는 유전자변형생물체와 달리 위해성이 크지 않다는 점을 고려하여 특별히 취급하고 있다. 즉 시험 · 연구용으로 사용하거나 박람회 · 전시회에 출품하기 위한 용도의 유전자변형생물체는 신고만으로 수입이 허용된다(제9조).

동법은 수입검사에 대한 법적 근거를 두어 관계 중앙행정기관의 장으로 하여금 수입되는 유전자변형생물체에 대하여 통관 이전에 수입승인 또는 신고한 유전자변형생물체와 동일한 품목인지 여부를 검사할 수 있도록 하고 있다(제10조). 이는 유전자변형생물체의 안전성을 확보하기 위한 절차라고 할 수 있다.

4. 생산승인

동법은 유전자변형생물체의 국내 생산의 경우에도 수입 시와 마찬가지로 관계 중앙행정기관의 장의 승인을 받도록 한다(제12조).

---

9) '관계 중앙행정기관'이란 유전자변형생물체의 개발 · 생산 · 수입 · 수출 · 판매 · 운반 · 보관 등(수출입등)의 업무를 관장하는 중앙행정기관을 말한다(제2조 제3호). 현재 유전자변형생물체의 용도에 따라 미래창조과학부는 시험 · 연구용을, 농림축산식품부는 농업, 임업, 축산업 또는 동물용 의약품용을, 산업통상자원부는 산업용을, 보건복지부는 보건의료용을, 환경부는 환경정화용을, 해양수산부는 해양산업용과 수산업용에 관한 업무를 담당한다.

10) '환경 방출'이란 유전자변형생물체를 시설, 장치, 그 밖의 구조물을 이용하여 밀폐하지 아니하고 의도적으로 자연환경에 노출되게 하는 것을 말한다(제2조 제4호).

5. 위해성심사

수입 또는 생산을 위해 사전 승인을 거치도록 하고 있는 것과 함께 위해성심사는 사전배려의 원칙을 구체화하고 있는 것으로서, 동법에서 가장 핵심적인 내용이라고 할 수 있다. 위해성심사제도에 따라 유전자변형생물체를 수입, 생산 또는 이용하려는 자는 그 승인을 받기 전까지 위해성심사에 필요한 자료를 갖추어 관계 중앙행정기관의 장으로부터 위해성심사를 받아야 한다(제7조의2 제1항). 다만, 유전자변형생물체를 생산 또는 이용하려는 자가 수입 시에 위해성심사를 받은 신규 유전자변형생물체를 생산하거나 이용하는 경우에는 그러하지 아니하다(동조 단서). 국내 생산의 경우에도 위해성심사를 거치도록 한 것은 외국에서 생산된 경우와 형평성을 유지함으로써, 불필요한 국제 분쟁을 방지하기 위한 것으로 이해된다.

관계 중앙행정기관의 장은 위해성심사를 하는 경우 유전자변형생물체가 인체에 미치는 영향에 대하여는 보건복지부장관과, 환경 방출되거나 환경 방출될 우려가 있는 유전자변형생물체의 경우에는 다음 구분에 따른 기관의 장과 미리 협의하여야 한다. ① 자연생태계에 미치는 영향: 환경부장관; ② 작물재배 환경에 미치는 영향: 농림축산식품부장관; ③ 수산 환경 및 해양생태계에 미치는 영향: 해양수산부장관(동조 제3항).

6. 수입 또는 생산의 금지

관계 중앙행정기관의 장은 다음의 어느 하나에 해당하는 생물체의 수입이나 생산을 금지하거나 제한할 수 있다: ① 국민의 건강과 생물다양성의 보전 및 지속적인 이용에 위해를 미치거나 미칠 우려가 있다고 인정하는 유전자변형생물체; ② 위 ①에 해당하는 유전자변형생물체와 교배하여 생산된 생물체; ③ 국내 생물다양성의 가치와 관련하여 사회·경제적으로 부정적인 영향을 미치거나 미칠 우려가 있다고 인정하는 유전자변형생물체(제14조 제1항). 위해를 미칠 우려가 있는 경우에도 해당 유전자변형생물체의 수입·생산을 금지하거나 제한할 수 있도록 규정하고 있어 철저한 위해 예방을 실현하려 하고 있다.

7. 승인취소

승인 당시에는 위해성이 없다고 판단되었으나 추후에 새로운 과학적 사실이 발견되어 위해성이 있다고 판명된 경우에는 그 승인을 즉시 취소하고, 안전성을 확보하는 것이 필요하다. 이에 동법은 수입이나 생산 승인을 받은 유전자변형생물체라 하더라도 국민의 건강과 생물다양성의 보전 및 지속적인 이용에 위해를 미치거나 미칠 우려가 있다는 사실이 밝혀진 경우 등 일정한 경우에는 승인을 취소할 수 있도록 하고(제17조), 해당 유전자변형생물체의 소유자에게 폐기·반송 등을 명할 수 있도록 하고 있다(제23조의2).

8. 연구시설의 설치 · 운영

유전자변형생물체를 개발하거나 이를 이용하여 실험을 하는 시설(연구시설)을 설치 · 운영하려는 자는 연구시설의 안전관리 등급별로 관계 중앙행정기관의 장의 허가를 받거나 관계 중앙행정기관의 장에게 신고를 하여야 한다(제22조 제1항). 유전자변형생물체의 환경 방출은 연구과정에서도 이루어질 수 있기 때문에 연구시설에 대한 안전성 확보는 유전자변형생물체의 안전성 확보와 직결된다. 연구시설의 안전관리 차원에서 동법은 연구시설을 폐쇄하는 경우 그 내용을 관계 중앙행정기관의 장에게 신고하도록 하고 있다(동조 제4항). 한편, 연구시설의 설치 · 운영 허가를 받거나 신고를 한 자는 대통령령으로 정하는 위해 가능성이 큰 유전자변형생물체를 개발 · 실험하려는 경우에는 관계 중앙행정기관의 장의 승인을 받아야 한다(제22조의2).

9. 생산공정이용시설의 설치 · 운영

유전자변형미생물을 생산공정 중에 이용하는 사례가 발생하고 있는데, 유전자변형미생물의 경우 다른 동식물보다도 인체에의 영향이나 환경 방출의 위험이 매우 높으므로 시설에 대한 엄격한 관리 및 절차적 투명성을 확보할 필요가 있다. 이에 동법은 생산공정 중에 유전자변형생물체를 이용하는 시설(생산공정이용시설)을 설치 · 운영하려는 자로 하여금 관계 중앙행정기관의 장의 허가를 받거나 관계 중앙행정기관의 장에게 신고하도록 하고(제22조의3), 유전자변형생물체를 생산공정이용시설에서 이용하려는 경우에는 관계 중앙행정기관의 장으로부터 이용승인을 받도록 하고 있다(제22조의4). 이러한 규제는 유전자변형생물체 이용의 안전성을 제고할 뿐만 아니라 국내 바이오산업의 건전한 발전을 유도할 수 있을 것이다.

10. 표 시

제24조는 논란이 많은 표시제도를 규정하고 있다. 이에 따르면 유전자변형생물체를 개발 · 생산 또는 수입하는 자는 그 유전자변형생물체 또는 그 유전자변형생물체의 용기나 포장 또는 수입송장에 유전자변형생물체의 종류 등 대통령령으로 정하는 사항을 표시하여야 한다. 표시제도는 소비자의 알고 선택할 권리의 보장 및 사전배려의 원칙 차원에서 필요한 조치이다.[11)]

유전자변형생물체의 용기나 포장에 표시하여야 하는 사항은 ① 유전자변형생물체의 명칭 · 종류 · 용도 및 특성, ② 유전자변형생물체의 안전한 취급을 위한 주의사항, ③ 유전자변형생물체의 개발자 또는 생산자, 수출자 및 수입자의 성명 · 주소(상세하게 기재한다) 및 전화번호, ④ 유전자변형생물체에 해당하는 사실, ⑤ 환경 방출로 사용되는 유전자변

11) 박선희 · 이승용 "유전자재조합식품의 표시방법: 대상품목의 범위와 선정방법", 환경법연구 제22권, 68 내지 73면 참조

형생물체 해당여부 등이다(시행령 제24조).

11. 취급관리

유전자변형생물체의 수출입등을 하는 자는 유전자변형생물체를 취급하거나 관리할 때에 밀폐운송 등 대통령령으로 정하는 취급관리기준을 지켜야 한다(제25조). 취급관리기준에는 이동 시 밀폐 운송, 전담자 또는 책임자의 지정, 취급 · 관리를 위한 설비의 적정한 유지 · 관리, 비상조치방법의 숙지 등이 포함된다(시행령 제25조).

12. 환경영향 등의 조사

국내에 유통되는 유전자변형생물체의 경우 국민 건강과 환경에 미치는 영향을 지속적으로 파악할 필요가 있다. 이에 동법은 관계 중앙행정기관의 장으로 하여금 국민 건강과 환경에 미치는 영향을 파악하기 위하여 연구시설, 생산공정이용시설, 사업장, 보관장소 및 그 주변지역을 조사할 수 있도록 하고 있다(제26조의2).

13. 정보공개

동법은 바이오안전성정보센터를 통하여 유전자변형생물체의 안전성에 관한 정보를 국민에게 공개하도록 하고 있다(제32조).

제 5 절 환경보건법

환경과 보건은 깊은 상관성을 갖는다. 환경은 인간의 삶의 질을 향상시키기도 하지만 인간의 건강은 물론이고 삶 자체를 파괴할 수 있다. 도처에 산재한 환경위험 요소들은 환경과 인간을 위협하면서 이를 현실화하고 있다. 새로운 기술 및 물질의 도입 · 사용이 증가하면서 국민의 건강이 위협받고 있기 때문이다. 이에 따라 환경유해인자의 위해성을 지속적으로 평가 · 관리하고, 환경에 영향을 미치는 개발사업과 개발계획을 수립할 때에 주민의 건강을 고려하도록 하며, 환경유해인자로 인한 국민의 건강피해 현황을 조사하고 그 결과에 따라 조치를 하는 등 변화된 환경행정에 적극적으로 대처해야 할 필요성이 있다.

환경오염은 국민 건강에 치명적이고 회복 불가능한 피해를 초래할 수 있다. 이러한 이유 때문에 환경보건정책은 무엇보다도 사전예방에 초점이 맞추어져야 한다. 이는 사전예방적 접근이 최근의 환경정책 패러다임의 큰 흐름을 형성하고 있는 것과 무관하지 않다. 한편, 최근에는 대기 · 수질 · 폐기물 · 토양 등을 개별적으로 관리하던 매체별 관리 중심에서 매체통합적 관리로 환경정책의 중심이 이동하고 있는데,[1] 이러한 방향 전환은 특

1) 신용승, "통합환경관리를 위한 매체 통합적 위해성 평가의 필요성 및 현황", 환경법과 정책 제2권, 강원대학교 비교법학연구소 환경법센터, 2009. 2, 146면. 오염매체별 환경관리의 문제점으로는 오염물질 매체간의 전이(轉移), 환경정책의 비효율성, 규제비용의 증가, 정책의 우선순위를 정하는 데 어려움, 정책연계 수단의 미발전, 지역적 특성의 반영 곤란, 환경

히 환경보건 분야에 더욱 요구되고 있다. 환경보건정책의 최종 수요자가 환경매체가 아니고 인간이기 때문이다. 그 동안의 환경오염 매체 중심의 관리로는 효율적으로 환경보건정책을 수립 · 시행하는 데 한계가 있다. 환경오염 방지의 궁극적인 목적은 국민건강의 보호라고 할 수 있는데, 매체별 관리는 국민의 건강을 직접 고려하지 않고 있기 때문이다. 그 결과 매체별 관리에 초점이 있는 기존 환경정책과 법규로는 국민건강의 보호에 중점을 두는 수용체(receptor) 중심의 정책을 수행하는 데 한계가 있을 수밖에 없었다.

이러한 차원에서 사전예방적, 매체통합적, 수용체 중심적 관리는 환경보건정책의 관건이라 할 수 있으며, 이러한 점을 고려하여 「환경보건법」이 2008년 3월 제정되었다. 동법은 "환경오염과 유해화학물질 등이 국민건강 및 생태계에 미치는 영향 및 피해를 조사 · 규명 및 감시하여 국민건강에 대한 위협을 예방하고, 이를 줄이기 위한 대책을 마련함으로써 국민건강과 생태계의 건전성을 보호 · 유지할 수 있도록 함"을 명시적인 목적으로 하고 있다. 이로써 국민건강의 보호라는 환경보건정책의 궁극적인 목적을 달성하기 위한 법적 · 제도적 기반이 마련되었다고 할 수 있다.

기존의 개별 환경법에 필요 규정을 추가하는 형식이 아니라 별도의 법률을 제정하게 된 것은 개별 환경법이 매체별 오염방지 · 개선을 주요내용으로 하고 있고, 환경정책의 궁극적인 목표가 되는 국민건강 및 생태계 보호에는 한계가 있기 때문에 별도의 법률로써 종합적인 환경보건정책을 추진하는 것이 필요하다는 점이 고려되었을 것이다. 특수보건영역 중 학교보건의 경우에는 「학교보건법」, 산업보건의 경우에는 「산업안전보건법」 등이 개별 법률로서 국민건강을 보호하고 있다는 점도 지적할 수 있다. 환경오염으로 인한 국민건강 피해를 예방하기 위하여 「환경보건법」이 제정되었다는 점을 고려할 경우 이들 법률과 균형을 이루고 있으며, 비로소 환경보건 분야의 법제가 완비되었다고 평가할 수 있다. 그러나 환경과 보건의 통합적 관리라는 애초의 입법취지에도 불구하고 부서간의 권한 충돌이 예상되고 법 자체의 실효성에도 의문이 제기되는 등 그 전망이 밝은 것만은 아니다.2)

1. 기본 이념

동법은 사전배려의 원칙, 어린이 등 취약 · 민감계층의 우선 보호, 수용체 중심의 통합적 접근 및 관리, 정보제공과 국민참여 등 알권리 보장 등을 환경보건 정책에 관한 4대 기본 이념으로 채택하고 있다(제4조).

2. 책　　무

국가와 지방자치단체는 환경유해인자3)가 수용체에 미치는 영향을 항상 파악하고, 환

법체계의 복잡화 초래 환경법 위반에 대한 처벌과 절차 규제에서 형평성과 일관성의 결여 등을 들 수 있다. 한상운, "한국에서의 오염매체별 환경관리의 법적 문제점", 환경법연구 제29권 제2호(1), 2007. 8, 21 내지 29면 참조.

2) 이헌석, "환경보건법의 방향과 과제", 환경법연구 제29권 2호(2), 2007. 8, 308면.

3) 「환경정책기본법」 제3조 제4호에 따른 환경오염과 「화학물질관리법」 제2조 제8호에 따른 유해화학물질 등을 말한다(제2

경유해인자로부터 수용체를 보호하기 위하여 필요한 시책을 세우고 시행하여야 하고, 환경보건에 관한 교육과 홍보를 강화하며, 환경보건 발전을 위한 국제적인 노력에 적극적으로 참여하고 협력하여야 한다(제5조 제1항·제2항). 사업자는 사업 활동에서 발생하는 환경유해인자가 수용체에 미치는 영향 및 피해를 스스로 방지하기 위하여 필요한 조치를 취하여야 하며, 국가와 지방자치단체의 환경보건시책에 적극적으로 참여하고 협력하여야 한다(동조 제3항).

3. 환경보건계획의 수립 · 시행

환경보건시책을 체계적으로 추진하기 위해서는 환경보건에 관한 중 · 장기적인 계획을 수립 · 시행할 필요가 있다. 이에 동법은 환경부장관으로 하여금 관계 중앙행정기관의 장과의 협의와 환경보건위원회의 심의를 거쳐 환경보건에 관한 기본적 시책 등이 포함된 환경보건종합계획을 10년마다 수립하고, 관계 행정기관에게 알려 소관 사항에 대하여 필요한 조치를 하도록 하고 있다(제6조 내지 제8조). 이 계획은 환경성질환 및 그 밖에 환경유해인자에 대한 적절한 시책 마련과 조치, 환경유해인자의 위해성평가, 환경유해인자가 국민건강에 미치는 영향에 관한 조사 · 연구 · 분석 · 예방 및 관리, 어린이 · 노인 · 임산부 등 환경유해인자의 노출에 민감한 계층에 대한 특별관리 대책, 수용체 중심의 통합적 환경기준 마련 등 관련 정책을 추진하기 위한 근거가 된다.

한편 동법은 특별시장 · 광역시장 · 특별자치시장 · 도지사 · 특별자치도지사(시 · 도지사)로 하여금 관할 구역의 지역적 특성을 고려하여 환경보건종합계획에 따른 지역환경보건계획을 수립하도록 하고 있다(제6조의2). 이는 지역의 환경보건 증진에 관한 주요 사항을 심의하는 지역환경보건위원회의 설치(제10조의2)와 함께 지방자치단체의 관할 지역에 대한 환경보건 관리 책임의 강화와 지역 환경보건 증진에 기여할 것이다.

4. 환경유해인자의 위해성평가 · 관리

환경보건 정책의 가장 핵심적인 요소는 환경유해인자를 정확하게 평가 · 관리하고, 그러한 환경유해인자로 인해 발생하는 국민의 건강피해를 효과적으로 예방 · 관리하는 것이라 할 수 있다. 이에 동법은 환경부장관으로 하여금 환경유해인자의 위해성평가[4]를 실시하고, 환경부령으로 정하는 위해성기준을 초과하는 환경유해인자를 관리하기 위한 대책을 마련하도록 함으로써(제11조), 국민의 건강이나 생태계를 보호하기 위하여 환경유해인자의 위해성을 체계적으로 관리하는 기반을 마련하고 있다. 또한 환경부장관으로 하여금 위해성평가 결과 위해성이 인정되는 새로운 기술의 적용 또는 물질의 사용을 제한할 수 있도

조 제1호).

4) 동법상 '위해성평가'란 환경유해인자가 사람의 건강이나 생태계에 미치는 영향을 예측하기 위하여 환경유해인자에의 노출과 환경유해인자의 독성(毒性) 정보를 체계적으로 검토 · 평가하는 것을 말한다(제2조 제3호).

록 함으로써(제12조), 새로운 기술이나 물질로 인하여 발생할 수 있는 인체 및 생태계에 대한 예상하지 못한 위해를 미리 방지할 수 있도록 하고 있다.

환경보건 분야에서의 위해성평가는 특히 수용체의 관점에서 다양한 오염물질에 대해서 다매체, 다노출경로의 총노출을 평가해서 위해도를 평가하고 그에 따른 관리방안을 수립하는, '수용체 중심의 통합 위해성평가'가 요구된다. 이러한 수용체 중심의 통합 위해성평가는 다양한 유해물질 또는 유해요인의 다양한 경로를 통한 총노출을 고려하여 경로별 기여도를 반영한 위해성 관리방안을 제시하고, 그 결과 매체별 노출기여도를 반영한 매체별 환경관리기준과 위해도 저감방안을 제시하기 때문이다.[5)]

동법은 수용체 보호의 관점에서 환경매체별 계획과 시책을 통합 · 조정할 것을 기본이념으로 하고 있으며(제4조 제4호), 종합계획을 수립함에 있어 수용체 중심의 통합적 환경기준의 마련에 관한 사항을 포함하도록 하는(제6조 제2항 제8호) 등 수용체 중심의 통합 위해성평가 및 관리를 표방하고 있다.

5. 건강영향평가항목의 추가 · 평가

관계 행정기관의 장이나 환경영향평가 대상사업의 사업계획을 수립하거나 시행하는 사업자는 전략환경영향평가 또는 환경영향평가의 대상이 되는 계획 및 개발사업 중 대통령령으로 정하는 계획 및 개발사업에 대하여는 검토 · 평가 항목에 환경유해인자가 국민건강에 미치는 영향을 추가하여 환경부장관이나 지방환경관서의 장에게 검토 · 평가에 대한 협의를 요청하여야 한다(제13조). 건강영향 항목의 추가 · 평가 대상사업은 산업입지 및 산업단지의 조성, 에너지개발, 폐기물처리시설, 분뇨처리시설 및 가축분뇨공공처리시설의 설치 등으로 제한적이고(시행령 제12조, 별표 1),[6)] 그 선정기준은 불분명하다.

이는 기존 환경영향평가제도가 각종 계획이나 개발사업으로 인한 환경영향만을 고려하고 있을 뿐 국민의 건강에 영향을 미치는 것에 대한 고려가 부족하다는 점에 착안하여 일정한 계획이나 개발사업에 대한 환경성 검토 · 평가 항목에 환경유해인자가 국민의 건강에 미치는 영향을 추가하려는 것이다.

건강영향평가제도는 개발사업 시행 전에 해당 사업이 야기하는 생물적 · 물리적 환경영향 이외에 인체 건강에 대한 영향까지 평가하기 때문에 환경영향평가제도를 보완하는 기능을 한다. 이는 환경영향평가제도와 달리 건강영향까지 포괄적으로 사전에 평가할 수 있는 시스템이기 때문에 국민의 건강에 심각한 영향을 미칠 것으로 예상되는 행정계획이나 개발사업 등이 시행되기 이전 단계에서 그에 따른 영향을 미리 예측 · 분석하고 그 영향을 최소화시키는 방안을 마련하게 한다. 그 결과 국민의 건강을 보호하고 개발사업 등

5) 신용승(각주 1), 150면.

6) 현재 입지에 영향을 미치는 전략환경영향평가 대상이 되는 계획은 포함되어 있지 않은데, 대상의 확대 차원에서 도시의 개발, 산업단지의 조성, 폐기물처리시설의 설치 등과 관련한 개발기본계획을 포함할 필요성이 제기된다.

으로 인한 사회적 갈등이 줄어들 것으로 예상된다. 나아가 건강영향평가는 특히 취약·민감계층의 건강에 미칠 영향에 주목하기 때문에 취약·민감계층의 우선 보호를 위해 필요한 제도이며, 사회정의를 구현하는 제도적 장치로 기능한다.

그러나 건강영향평가가 환경영향평가의 한 부분으로 구성되는 것에 대해서 환경과 건강 중 한 부분만 지나치게 강조될 수 있는 위험성이 있으며, 현재의 환경영향평가제도에 대한 획기적인 개선이 없는 상태에서 건강영향평가를 병행하는 것은 실효성이 떨어진다는 등 회의적인 평가도 있다.[7] 전략환경영향평가와는 수직적 통합을, 환경영향평가와는 수평적 통합을 이루었다고 할 수 있으나 건강영향평가 관련 법률이 「환경영향평가법」 이외에 「환경보건법」이 추가된다는 점을 지적하면서 「환경영향평가법」에서 건강영향평가를 다루는 것이 보다 합리적이라는 주장도 있다.[8] 건강영향평가기술이 제대로 개발되지 않은 상태에서는 효과적인 견제가 아니라 불필요한 논란과 사업지연만 초래하는 수단으로 전락할 가능성도 있다.

실무상 건강영향 항목의 추가·평가가 환경영향평가 협의절차에 따라 이루어지고 있는데, 이는 문리해석에 맞지 않는다고 할 수 있다(협의 요청 기관이 환경영향평가에서는 승인기기관의 장인데, 건강영향 항목의 평가와 관련해서는 관계 행정기관의 장이나 사업자로서 다르다는 점을 생각해 보라). 건강영향 항목의 평가와 환경영향평가 간의 관계 설정을 분명히 한다는 차원에서 문구의 수정이 불가피해 보이며, 경우에 따라 명시적으로 건강영향평가의 절차, 방법, 평가 후의 관리 등에 대하여 환경영향평가절차를 준용하도록 할 필요가 있다. 건강영향 항목의 검토 및 평가가 주로 환경부 지침('건강영향평가의 검토 및 평가에 관한 업무지침', 환경부 예규 제589호)에 의거해서 이루어지는 것도 향후 상위 법령에 의해 이루어지도록 관련 내용을 시행령 등에 포섭할 필요가 있다.

6. 환경관련 건강피해의 예방과 관리

동법은 환경보건시책을 효과적으로 추진하기 위하여 환경유해인자와 국민건강 사이의 상관성에 관한 정보를 체계적으로 수집·분석하고, 이를 토대로 관련 대책을 마련하도록 하고 있다. 이에 따르면 환경부장관은 3년마다 환경유해인자의 생체 내 농도와 환경성질환[9]의 발생 현황 등을 조사(기초조사)하고, 기초조사 결과 환경유해인자로 인한 건강피해

7) 이헌석(각주 2), 331면.

8) 한삼인·강홍균, "건강영향평가의 입법론적 고찰", 환경법연구 제29권 제2호(2), 2007. 8, 631면.

9) '환경성질환'이란 역학조사 등을 통하여 환경유해인자와 상관성이 있다고 인정되는 질환으로서 제9조에 따른 환경보건위원회 심의를 거쳐 환경부령으로 정하는 질환을 말한다(제2조 제2호). 여기에는 현재 ① 「물환경보전법」 제2조 제7호에 따른 수질오염물질로 인한 질환, ② 「화학물질관리법」 제2조 제7호에 따른 유해화학물질로 인한 중독증, 신경계 및 생식계 질환, ③ 석면으로 인한 폐질환, ④ 환경오염사고로 인한 건강장해, ⑤ 「실내공기질 관리법」 제2조 제3호에 따른 오염물질 및 「대기환경보전법」 제2조 제1호에 따른 대기오염물질과 관련된 호흡기 및 알레르기 질환 ⑥ 가습기살균제[미생물 번식과 물때 발생을 예방할 목적으로 가습기 내의 물에 첨가하여 사용하는 제제(製劑) 또는 물질을 말함]에 포함된 유해화학물질(「화학물질관리법」 제2조 제2호의 인체등유해성물질로 고시된 것만 해당)로 인한 폐질환 등이 포함된다(시행규칙 제2조).

가 큰 경우, 환경성질환이 어느 지역에 많이 발생한 경우 등 일정한 경우에는 원인규명 등을 위한 정밀조사를 실시하여야 한다(제14조).

한편, 환경부장관 또는 시 · 도지사는 환경보건정책의 수립에 필요한 기초자료를 확보하기 위하여 환경유해인자의 노출에 민감한 계층의 활동공간 등에 대한 실태조사를 할 수 있으며(제14조의2), 환경성질환의 발생 또는 환경유해인자로 인한 건강피해가 우려되는 경우에는 원인 규명을 위한 역학조사(疫學調査)[10]를 실시할 수 있다(제15조).

환경부장관이나 지방자치단체는 조사 결과에 따른 조치의무가 있다. 즉 환경부장관이나 지방자치단체의 장은 기초조사, 건강영향조사, 역학조사를 마친 때에는 그 결과를 관계 행정기관의 장에게 알려야 하며, 환경부장관은 조사 결과에 따라 환경매체와 환경유해인자를 적절하게 관리하기 위하여 필요한 조치를 하여야 한다(제17조의2).

7. 환경성질환에 대한 배상책임

사업활동 등에서 생긴 환경유해인자로 인하여 다른 사람에게 환경성질환을 발생하게 한 자는 그 피해를 배상하여야 한다(제19조 제1항). 이 규정과 관련해서는 그 규정이 애매하고 책임 범위가 지나치게 광범위한 측면이 있어 책임의 성질, 주체 및 범위가 어떤지 등을 둘러싸고 논란이 제기될 수 있다. 그러나 2018. 6. 12. 개정 법에서는 징벌적 손해배상을 도입함으로써 책임의 성질이 무과실책임이라는 점을 분명히 하고 있다.

징벌적 손해배상의 도입은 국민들이 높은 수준으로 주의를 기울여도 유해화학물질 등을 사용하여 제조된 제품의 경우 그 위해성을 쉽게 알기 어렵고 가습기살균제 피해사고와 같은 유사 사례가 지속적으로 발생하고 있는 상항에서 환경유해인자와 환경성질환에 대한 사업자의 주의의무를 높여야 한다는 인식에 기초하고 있다. 이에 따르면 그 피해가 사업자의 고의 또는 중대한 과실에 의하여 발생한 경우에는 고의 또는 손해발생의 우려를 인식한 정도, 손해발생을 줄이기 위하여 노력한 정도, 환경유해인자의 유해성 등을 고려하여 그 피해액의 3배를 넘지 아니하는 범위에서 배상하여야 한다(동조 제2항). 면책사유, 연대책임, 면책특약의 제한, 소멸시효 등에 관하여는 「제조물 책임법」 제4조부터 제7조까지를 준용한다(동조 제3항). 그러나 징벌적 손해배상은 사법적 구제라는 한계가 있는바, 건강피해보상이나 기금을 통한 공법적 구제도 입법적으로 고려할 필요가 있다.

---

10) '역학조사'란 특정 인구집단이나 특정 지역에서 환경유해인자로 인한 건강피해가 발생하였거나 발생할 우려가 있는 경우에 질환과 사망 등 건강피해의 발생 규모를 파악하고 환경유해인자와 질환 사이의 상관관계를 확인하여 그 원인을 규명하기 위한 활동을 말한다(제2조 제4호). 역학조사 대상은 지역 주민뿐만 아니라 특정 인구집단도 포함한다. 특히 환경부장관은 의무적으로 다음의 자에 대하여는 환경유해인자가 건강에 미치는 영향을 지속적으로 조사 · 평가하여야 한다: ① 어린이, 노인, 임산부 등 환경유해인자의 노출에 민감한 계층, ② 산업단지, 폐광지역, 교통밀집지역 등 환경유해인자로 인한 건강영향의 우려가 큰 지역에 거주하는 주민, ③ 미세먼지 등 환경유해인자가 「환경정책기본법」 제12조에 따른 환경기준을 초과하는 등 같은 법 제3조 제4호에 따른 환경오염이 현저하거나 현저할 우려가 있는 지역에 거주하는 주민이나 인구집단(제15조 제2항).

8. 국가 등의 지원

동법은 국가의 행정적 · 재정적 지원의 법적 근거를 두고(제20조), 특히 시행령에서는 환경유해인자로 인하여 건강피해를 입은 사람에 대한 지원 근거를 두고 있다(제13조의2). 환경유해인자와 그로 인한 피해 간에 인과관계 규명이 쉽지 않는 등 이유로 배상책임을 묻는 것이 어려운 상황에서 피해배상에 앞서 피해자의 위급한 경제적 어려움을 해소한다는 차원에서 이루어지는 국가의 지원은 특별한 의미가 있다고 할 수 있다. 한편, 환경부장관은 환경보건취약계층의 환경보건을 증진시키기 위하여 실태조사, 환경보건이용권[11] 발급 및 이용촉진 등에 관한 환경보건 지원사업을 할 수 있다(제20조의2).

9. 어린이 건강보호

동법 특히 환경성질환에 대하여 대표적인 취약 · 민감계층인 어린이의 건강을 환경성질환으로부터 보호하기 위하여 특별한 주의를 기울이고 있다. 어린이는 성인에 비하여 신체발달이 불완전하고 환경유해인자의 노출에 민감한 취약계층이므로 어린이의 건강을 보호하기 위하여 어린이가 주로 노출될 수 있는 환경유해인자를 관리할 필요가 있다. 이러한 점을 고려하여 동법은 대통령령으로 정하는 어린이활동공간에 대하여 환경유해인자의 노출을 평가하고, 어린이활동공간에 대한 환경안전관리기준을 정하며, 노출평가 결과에 따라 환경유해인자의 위해성이 크다고 인정되는 경우 환경유해인자의 사용을 제한하도록 하고 있다. 어린이활동공간 환경안전관리기준의 준수를 확보하기 위해서는 이행명령 및 확인검사가 도입되어 있다(제23조). 어린이용품 검사기관 지정(제23조의2), 어린이활동공간 환경안심 인증(제23조의4) 등도 같은 맥락으로 이해할 수 있다.

한편 동법은 어린이의 건강에 위협이 되는 환경유해인자를 관리하기 위해 위해성평가를 실시하고, 위해성평가 결과 위해성기준을 초과하는 경우 환경위해인자를 함유하는 어린이용품(장난감, 문구용품, 일회용 기저귀, 물휴지)의 사용 · 판매를 금지함으로써 어린이를 위해환경으로부터 보호하려고 하고 있다(제24조 제2항 · 제3항). 또한 위해성평가 결과 위해성이 크다고 인정되면 사업자에게 판매 중지나 회수를 권고하고 그 사실을 공표할 수 있도록 하고 있다(동조 제6항·제7항). 환경부장관이 환경유해인자를 함유하는 어린이용품의 판매금지 등을 관계 중앙행정기관의 장에게 요청한 경우 해당 어린이용품, 요청 사실 등을 공표하도록 하고(동조 제9항), 환경유해인자를 제조 · 수입 · 판매하는 사업자에게 환경유해인자를 어린이 용도로 사용하거나 판매한 사실 등을 보고하도록 의무를 부여하고(제24조의2), 어린이 위해성 정보를 인터넷 홈페이지 등을 이용하여 국민에게 제공하도록 하고 있는 것(제25조) 등은 알권리 차원에서도 중요한 의미가 있다. 이로써, 환경유해인자

11) '환경보건이용권'이란 어린이, 노인, 임산부 등 환경유해인자의 노출에 민감한 취약계층(환경보건취약계층)이 환경성질환과 관련한 실내환경개선, 진료지원 등 환경보건서비스를 이용하기 위한 금액이나 수량이 기재(전자적 또는 자기적 방법에 의한 기록을 포함)된 증표를 말한다(제2조 제9호).

노출로 인하여 발생할 수 있는 어린이의 신체적 · 정신적 건강피해를 최소화할 수 있을 것으로 기대된다. 환경적으로 열악한 지위에 있는 취약 · 민감계층에 대한 우선적 보호와 특별한 배려는 환경정의(environmental justice)에 부합하는 것이다.

또한 동법은 환경부장관으로 하여금 환경성질환의 발생 또는 환경유해인자로 인한 건강피해가 우려되거나 의심되는 경우 어린이의 건강진단 및 치료 등에 대한 지원을 할 수 있도록 하는데(제25조의2), 이는 환경유해인자의 노출에 민감한 계층인 어린이의 건강 보호에 기여할 것이다.

10. 환경보건 전문인력의 육성 및 지원 등

동법은 환경보건정책의 효과적인 추진을 뒷받침한다는 차원에서 환경보건센터(제26조), 환경성질환 예방 · 관리센터의 설치 · 운영(제27조의2), 환경보건 전문인력의 육성 및 지원(제28조), 환경보건종합정보시스템이 구축 · 운영(제28조의2) 등에 대한 법적 근거를 마련하고 있다.

11. 환경보건위원회

환경보건의 증진에 관한 주요 사항을 심의하기 위하여 환경부장관 소속 하에 환경보건위원회가 설치 · 운영된다(제9조). 환경보건위원회는 법정 심의기구로서, 환경보건정책을 수행하는 데에 핵심적인 역할을 담당하고 있는 기구라 할 수 있다. 이 위원회의 심의대상 사항은 환경성질환의 지정, 종합계획의 수립과 변경, 환경보건의 증진에 관한 시책 등을 비롯한 환경보건정책의 전반적인 내용에 미친다.

제 6 절 석면안전관리법

최근 석면노출로 인한 건강피해가 사회적으로 큰 문제가 되고 있다. 석면은 자연적으로 생성되며 섬유상 형태를 갖는 규산염 광물류로서(제2조 제1호), 열이나 마찰, 산이나 알칼리 등에 강하고 탄탄하며 잘 변화하지 않는다는 특성을 갖고 있다. 이 때문에 석면은 건축자재, 마찰재, 단열재 등 다양한 용도로 사용되어 왔다. 석면은 이와 같이 공업재료로는 뛰어난 성질을 갖고 있는 반면, 악성중피종, 폐암, 석면폐 등의 원인물질이라는 사실이 밝혀지고 있다.[1)] 이에 따라 오늘날 많은 국가에서 석면의 제조 및 사용이 원칙적으로 금지되기에 이르고 있다. 그러나 석면노출로부터 폐암, 중피종 등의 질병이 발병하

1) 김현욱, "석면 유해성 및 사용실태", 석면에 의한 근로자 건강장해 예방을 위한 석면정책심포지엄 자료집, 노동부, 2006, 4 내지 5면 참조. 악성중피종을 석면에 대한 비직업적 · 환경적 노출로 인해 발생한 특이성질환(signal tumor)으로 보아 그 인과관계를 인정한 판례는 부산지법 2012. 5. 10. 선고 2008가합21566 판결(甲 주식회사가 운영하던 석면공장 인근에서 거주한 후 악성중피종이 발병하여 사망한 乙 등의 유족들이 甲 회사를 상대로 손해배상을 구한 사안에서, 甲 회사는 乙 등이 입은 손해를 배상할 책임이 있다고 한 사례) 참조.

기까지는 약 10~40년의 긴 잠복기간이 걸린다고 한다.[2)] 이 때문인지 석면의 제조 · 사용이 금지되어 있는 오늘날에도 외국에서는 중피종의 발병 수가 계속적으로 증가하고 있다.

2011년 4월 28일에 석면을 안전하게 관리함으로써 석면으로 인한 국민의 건강 피해를 예방하고 국민이 건강하고 쾌적한 환경에서 생활할 수 있도록 하는 것을 목적으로 「석면안전관리법」이 제정되었다. 이는 종래 여러 법령으로 석면관리에 관한 규정이 분산되어 있고 이에 따라 석면의 효율적이고 체계적인 관리가 어려웠음을 인식하고, 석면 관리에 관한 사항을 통합적으로 조정 · 연계함과 아울러, 종래 법령상으로 결여되어 있던 건축물 해체 · 철거 과정에서의 석면 비산 관리, 건축자재로 이미 건축물에 사용되어 있는 석면의 안전 관리, 자연발생석면의 관리 등을 체계적으로 추진하기 위한 목적을 가지고 있다.

Ⅰ. 석면관리기본계획

정부는 5년마다 ① 석면관리의 기본목표 및 추진방향, ② 석면관리에 관한 주요 추진계획, ③ 석면관리의 현황 및 향후 전망, ④ 석면관리에 관한 각종 사업의 재원 조달 방안 등을 내용으로 하는 석면관리기본계획을 수립 · 시행하여야 한다(제5조). 이는 종래 석면이 「산업안전보건법」, 「폐기물관리법」, 「학교보건법」, 「식품위생법」, 「전기용품 및 생활용품 안전관리법」 등 관계 부처별로 각기 다른 법률에 따라 분산 관리되고 있음으로 인한 문제점 인식에서 비롯된 것으로, 각 부처가 수립 · 추진하는 석면관리 시책을 상호 조정하고 일정한 지침을 제공하기 위한 것으로 이해된다. 한편, 환경부장관, 관계 중앙행정기관의 장 및 시 · 도지사는 매년 기본계획을 시행하기 위한 부문별 또는 지역별 세부계획을 수립 · 시행하여야 한다.

Ⅱ. 실태조사

환경부장관, 관계 중앙행정기관의 장 및 시 · 도지사는 기본계획과 시행계획을 효율적으로 수립 · 추진하기 위하여 석면의 이용 · 관리 등에 관한 실태조사를 실시하고(제6조 제1항), 그 결과를 공개하여야 한다(동조 제2항).

Ⅲ. 석면함유제품 등의 관리

동법은 다른 법령에 따라 인정되는 예외적인 경우를 제외하고는, 석면이나 석면함유제품의 제조 · 수입 · 양도 · 제공 또는 사용을 금지하고 있다. 이를 위반한 자에게는 해당 제품의 회수 또는 판매금지 명령이 내려질 수 있다(제8조). 또한, 환경부장관으로 하여금 인체에 미치는 위해성 등이 우려되는 광물질에 대하여 석면함유가능물질로 지정 · 고시하

---

2) 환경부, 환경백서, 2016, 186면.

고(제10조), 해당 물질의 원료형태로의 수입 · 생산에 대한 승인을 의무화하는 한편, 석면 함유기준, 석면배출허용기준 등을 준수하도록 하고 위반 시에는 관계 행정기관의 장에게 회수 또는 유통금지 명령을 요청할 수 있도록 하고 있다(제11조).

Ⅳ. 자연발생석면의 관리

동법은 지질작용 등 자연활동으로 인하여 토지에 붙어 있는 석면, 즉 자연발생석면의 관리에 관해서도 규정하고 있다. 환경부장관은 자연발생석면 분포지역에 대한 지질도를 작성 · 공고하여야 하고(제12조), 환경부장관 또는 시 · 도지사는 이를 기초로 자연발생석면이 존재하거나 존재하는 것으로 예상되는 지역에 대하여 공기 · 토양 중 석면 농도, 석면으로 인한 지역주민의 건강피해 및 위해성 등에 대한 조사, 즉 자연발생석면영향조사를 실시할 수 있으며(제13조), 그 결과 지역주민의 건강피해 및 위해성 등이 크게 우려되는 경우 환경부장관이 자연발생석면관리지역으로 지정 · 고시할 수 있다(제14조).

시 · 도지사는 자연발생석면관리지역에 대하여 개발사업현황, 석면 노출로 인한 피해방지, 주민 건강관리 및 피해 예방 등에 관한 사항을 포함하는 석면안전관리계획을 수립 · 시행하여야 하는데(제15조), 환경부장관은 관리계획의 시행을 위하여 필요한 행정적 · 재정적 지원을 할 수 있다(제16조). 또한, 이 지역에서 개발사업[3]을 하려는 자는 석면의 비산을 방지하고 주민의 건강을 보호하기 위한 석면비산방지계획서를 작성하여 승인을 받아야 한다(제17조).

Ⅴ. 건축물 석면의 관리

우리나라에서는 1970년대부터 석면함유건축자재가 학교, 공공건물, 다중이용시설 등에 다량으로 사용된 것으로 알려져 있다. 아울러 장기간 자체 노후화 등으로 석면이 공기 중으로 비산되어 건강상 위해를 미칠 가능성이 상존하고 있다. 이에, 「석면안전관리법」은 건축물 석면 관리에 관한 다수의 규정을 두고 있다.

유치원, 학교 등 일정한 건축물의 소유자는 석면조사기관으로부터 석면조사를 받고(제21조),[4] 그 결과를 특별자치시장 · 특별자치도지사 · 시장 · 군수 · 구청장에게 제출하여야 하며, 일정한 기준 이상의 석면건축자재가 사용된 건축물(석면건축물)의 경우에는 그

---

3) '개발사업'이란 국가 또는 지방자치단체로부터 승인 · 허가 · 면허 등(신고에 대한 수리를 포함)을 받아 시행하는 다음의 사업으로서 석면이 비산(飛散)되거나 비산될 가능성이 있는 대통령령으로 정하는 사업을 말한다: ① 환경영향평가 대상사업; ② 소규모 환경영향평가 대상사업; ③ 그 밖에 건축물의 건축, 토석채취 등에 따라 석면에 대한 관리가 필요한 사업(제2조 제3호).

4) 동법은 석면조사 착수시점을 사용승인서를 받은 날, 협의대상 건축물에 대한 협의통보를 받은 날, 다른 법령에 따라 해당 건물을 사용하는 사업의 신고 · 등록 · 인가 · 허가 등의 절차가 완료되어 해당 건축물을 사용 가능하게 된 날 등으로 건축물의 사용개시 유형별로 세분화하여 정하고 있으며(동조 제1항), 석면조사 대상에서 제외되는 건축물을 특정하고 있다(동조 제2항).

건축물에 사용된 석면건축자재의 위치, 면적 및 상태 등을 표시한 건축물석면지도를 석면조사기관으로 하여금 작성하도록 하여 함께 제출하고 임차인 · 관리인 등 건축물 관계자 및 건축물의 양수인에게도 해당 사실을 알려주어야 한다(제22조 제1항). 또한 석면건축물의 소유자는 석면건축물 관리기준을 지켜야 하며, 제35조에 따른 석면관리 종합정보망을 통하여 석면건축물 관리대장을 기록하여야 한다(동조 제3항). 특별자치시장 · 특별자치도지사 · 시장 · 군수 · 구청장은 석면의 비산 등으로 인체에 미칠 위해가 우려된다고 인정하면 그 소유자에게 석면 해체 · 제거, 그 밖에 석면 비산방지에 필요한 조치를 명할 수 있으며(동조 제4항), 불이행 시에는 건축물의 사용중지명령을 내릴 수 있다(동조 제5항). 또한, 석면건축물의 소유자는 석면건축물 안전관리인을 지정하고, 석면안전관리교육을 받도록 하여야 한다(제24조).

이상의 건축물 석면관리는 비교적 규모가 있고 다수인이 사용하는 건축물에 적용되는 사항이다. 그러나 농어촌의 석면슬레이트 주택이나 소규모 영세공장이라고 하더라도 그 관리를 소홀히 해서는 안 될 것이다. 이들 소규모 건축물의 경우 그 관리가 미흡하고 자연붕괴나 풍화작용으로 인한 석면 피해가 우려되고 있을 뿐만 아니라, 「폐기물관리법」상 석면슬레이트가 폐석면으로 분류되어 엄격한 관리의 대상이 됨에도 불구하고, 재정적 · 기술적인 어려움 등으로 이를 사실상 이행하기 곤란한 측면이 많으므로, 이들을 적절하게 지원할 수 있는 조치가 필요하다.

이러한 인식에 따라, 동법은 환경부장관, 관계 중앙행정기관의 장 또는 지방자치단체의 장으로 하여금 슬레이트가 사용된 시설물 등 일정한 시설물에 대하여 석면의 사용 실태 및 인체에 미치는 위해성 등을 조사할 수 있도록 하고, 해당 시설물에 사용된 석면의 해체 · 제거 · 처리 및 석면의 해체 · 제거 · 처리로 인한 시설물의 개량 등에 드는 비용의 전부 또는 일부를 지원할 수 있도록 하고 있는 한편(제25조), 해당 시설물에 사용된 슬레이트의 해체 · 제거 · 수집 · 운반 · 보관 · 처리에 관하여 「산업안전보건법」에 따른 석면조사 및 석면해체 · 작업기준, 그리고 「폐기물관리법」에 따른 폐기물처리기준에 대한 특례를 인정하고 있다(제26조).

Ⅵ. 석면해체 사업장의 주변환경관리

최근에는 석면건축자재가 사용된 기존 건물의 재건축 시기가 도래함에 따라 건축물 해체작업에 의한 근로자와 일반대중에 대한 석면 노출 가능성도 확대되고 있다. 근로자에 대한 석면 노출에 관해서는 「산업안전보건법」에 따라 석면해체 · 작업관리기준이 마련되어 일정한 관리가 이루어지고 있는 반면, 석면해체 · 제거작업으로 인한 환경 중으로의 석면 비산을 제대로 관리할 수 있는 법적 장치는 갖추어져 있지 않았다.

이에 따라, 동법은 특별자치시장 · 특별자치도지사 · 시장 · 군수 · 구청장으로 하여금 관할 구역에서 건축물이나 설비로부터 석면을 해체하거나 제거하는 작업, 즉 석면해체 · 제거작업이 있는 경우 그 사실을 공개하도록 하는 한편(제27조), 석면해체 · 제거작업자에게 사업장 주변의 석면배출허용기준 준수를, 발주자에게 석면의 비산 정도 측정 및 결과제출 등을 의무화하고 있다(제28조 제1항 · 제2항). 또한, 특별자치시장 · 특별자치도지사 · 시장 · 군수 · 구청장에게는 주택재개발사업, 주택재건축사업 등의 사업장 주변의 석면 비산 정도 측정 및 공개가 의무화되어 있다(동조 제4항). 측정 결과, 석면해체 · 제거업자가 배출허용기준을 준수하지 아니한 것으로 확인되는 경우에는 석면해체 · 제거작업의 중지명령이 의무화된다(제29조). 또한, 발주자에게는 석면해체작업감리인의 지정이 의무화되어 있다(제30조). 나아가 석면 잔류 문제의 주요 원인으로 지목되고 있는 감리인의 감리부실 문제를 개선하기 위해 석면 해체작업 감리인의 등록 및 평가제도를 도입하여 감리실적 등을 평가하여 공개하도록 하고, 미흡한 감리인에 대해서는 퇴출시킬 수 있는 근거규정을 마련하고 있다(제30조의2 이하). 아울러 발주자는 건설공사를 시공하는 자에게 시공방법, 공사기간 등에 관하여 사업장주변석면배출허용기준을 지키기 어렵게 하는 조건을 붙여서는 아니 되고, 공사비용에 석면 해체 · 제거 및 폐석면 처리 비용을 반영하여야 한다(제31조).

제 7 절 석면피해구제법

석면으로 인한 건강피해는 산업화된 국가에서는 거의 공통적으로 발생하고 있다는 점, 피해자 수나 피해의 성질에 있어서 무시할 수 없는 큰 규모의 것이며 잠복기간이 길다는 점 등의 특징 때문에, 석면피해를 어떻게 구제할 것인가의 문제는 우리나라뿐만 아니라 여러 외국에서도 큰 문제로 인식되고 있다.[1] 우리나라에서는 실제 석면에 노출됨으로써 피해를 입은 자를 행정적으로 구제하기 위한 목적으로, 2010년 3월 22일 「석면피해구제법」이 제정되었다.

Ⅰ. 구제대상

한국환경산업기술원으로부터 국내에서 석면에 노출됨으로써 석면질병에 걸린 것이라는 취지의 인정을 받은 자 및 그의 유족이 구제대상이 된다(제6조 제1항, 제14조 제1항). 여기에서 '석면질병'이란 "석면을 흡입함으로써 발생하는 것으로 원발성(原發性) 악성중피종, 원발성 폐암, 석면폐증 및 그 밖에 대통령령으로 정하는 질병"을 말한다(제2조 제2호).

1) 박종원, "석면피해구제의 비용부담과 원인자책임원칙", 환경법연구 제31권 제1호, 2009. 5, 194면. 석면피해에 대한 법적 구제방법으로는 「산업재해보상보험법」상의 급여청구, 채무불이행 또는 불법행위에 의한 손해배상청구, 「제조물책임법」상의 손해배상청구 등을 생각해 볼 수 있다. 함태성 · 정민호, "석면피해구제에 대한 법적 검토", 환경법과 정책 제6권, 2011. 5, 179면 이하 참조. 실무상 석면 피해와 관련한 소송은 주로 「산업재해보상보험법」상 급여 청구와 불법행위에 따른 손해배상청구에 관한 것이다. 대법원 2005. 11. 10. 선고 2005두8009 판결; 대법원 2007. 6. 1. 선고 2005두517 판결; 대구지법 2007. 12. 4. 선고 2005가단51553 판결; 부산지법 2012. 5. 10. 선고 2008가합21566 판결.

즉, 동법은 석면질병의 감염경로와 관련하여, 당장 시급하게 구제하여야 할 필요성이 있는 질병은 모두 호흡기질환에 해당하는바, 석면질병의 범위를 석면을 '흡입'함으로써 발생하는 것으로 제한하고 있다. 다만, 이들 질병 이외의 석면관련질병 또한 대통령령으로 정할 수 있도록 함으로써, 향후 다른 석면관련질병으로 인한 피해의 구제 필요성 여하에 따라 이를 추가할 수 있도록 하고 있다. 한편, 구제에 드는 비용을 부담하는 주체가 국가, 지방자치단체, 국내 기업 등이라는 점을 고려하여, '국내에서'라는 조건을 붙이고 있다. 그렇지만, 외국인이라고 하더라도 국내에서 석면을 흡입함으로써 석면질병에 걸린 자의 경우에는 동법에 따른 구제대상에 포함될 것이다.

동법은 「산업재해보상보험법」 등에 따라 급여 등을 받을 수 있는 자를 적용대상에서 배제하고 있다(제3조). 예컨대, 동일한 사유로 「산업재해보상보험법」에 따라 급여를 받았거나 받고 있는 자는 동법의 적용대상에서 배제된다. 이는 동법의 제정취지가 손해배상청구나 산업재해보상청구 등 종래의 제도만으로는 석면피해에 대한 충실한 구제가 곤란하다는 인식에서 비롯된 것이기 때문에, 이미 기존의 제도를 통하여 구제받을 수 있는 자까지 동법에 따른 구제를 받을 수 있도록 하는 것은 종래 제도의 한계를 극복한다고 하는 당초 동법의 취지에 맞지 않기 때문이다.

Ⅱ. 구제급여의 종류 및 지급기준

구제급여의 종류로는 요양급여, 요양생활수당, 장례비, 특별유족조위금, 특별장례비, 구제급여조정금 등 6종류가 있으며, 시장 · 군수 · 구청장이 이를 지급한다(제5조, 제17조). 동법에 따른 구제는 민사상 배상책임에 근거한 것이 아니라, 사회보장적인 견지에서 위로금적 급부를 하는 것이라 할 수 있다. 따라서 그 급부내용도 일실이익이나 적극적 손해, 위자료 등을 모두 전보하는 것이 아니라, 의료비를 포함한 요양급여, 요양생활수당, 장의비 등을 포함하는 위로금적인 것이라 할 수 있다. 동법은 제9조 이하에서 요양급여 등 구제급여의 신청, 인정절차, 인정금액 등에 대하여 구체적으로 규정하고 있다.

Ⅲ. 석면피해에 대한 인정

구제급여의 지급을 위해서는 '석면피해인정' 또는 '특별유족인정'을 받아야 한다. 동법은 석면피해인정 또는 특별유족인정에 관한 결정에 있어서 국내에서 석면에 노출됨으로써 석면질병에 걸린 것이라는 취지의 의학적 판정의 방법에 관하여 구체적으로 규정하고 있지 않다. 구체적인 인정기준은 대통령령에 위임되어 있다. 다만, 석면노출로 인하여 해당 질병에 걸렸는지 여부에 대한 의학적 판정은 고도의 의학적 지식과 전문성을 요하는 것인바, 전문가로 구성되는 「환경분쟁 조정 및 환경피해 구제 등에 관한 법률」에 따른 환경분쟁조정피해구제위원회로부터 석면피해인정을 받도록 하고 있다(제6조).

또한, 동법은 석면피해인정의 유효기간을 따로 정하도록 하고 있다(제7조). 동법에 따른 구제는 현재 석면질병으로 인해 건강피해를 입고 있는 자에 관하여 그 건강피해를 감안하여 구제급여를 지급하는 것이므로, 질병이 치유된 자에 관해서는 신속하게 그 인정을 취소할 필요가 있는바, 이러한 취지에서 질병의 종류 및 피해등급 등에 따라 유효기간을 정하도록 하되 그 사이에 질병이 치유되지 않은 경우에는 이를 갱신할 수 있도록 하고 있다.

Ⅳ. 구제급여의 재원

석면피해를 입은 자에게 구제급여를 지급하기 위해서는 당연히 재원의 확보가 요구된다. 동법은 구제급여의 지급 비용을 충당하기 위하여 석면피해구제기금을 설치하고(제24조 제1항), 이를 정부 출연금, 석면피해구제분담금 등의 재원으로 조성하도록 하고 있다(동조 제2항). 특히 동법은 정부의 기금에 대한 출연을 의무화하고 있다(동조 제3항). 또한, 석면이 산업기반이 되는 시설, 설비, 기계 등에 널리 사용되어 왔다는 점을 고려하여, 직·간접적으로 경제적 이익을 얻어온 사업주 전부에 대하여 분담금 납부를 의무화하고 있다(제31조 제1항).

근로자를 사용하는 거의 모든 사업주로부터 분담금을 징수하도록 한 것은 모든 사업주가 사업활동을 통하여 석면의 사용으로 인한 경제적 이득을 향수하였다는 점을 감안하여, 보상책임의 관점에서 부담을 지도록 한 것이다. 즉, 건축자재나 자동차부품 등 석면을 함유하는 제품을 제조하는 사업주뿐만 아니라, 많은 사업주가 그 의식 여부와 관계없이 석면을 사용한 건축물을 사무소로 하고, 석면을 사용한 자동차를 영업차량으로 이용해 왔다. 또한, 석면을 함유하는 패킹을 사용하는 발전소에서 발전된 전기, 그리고 석면을 함유하는 시멘트수도관을 통하여 급수된 용수를 자원으로 사용하여 사업활동을 해 왔다는 점을 고려하면, 거의 모든 사업주는 석면의 사용으로 인한 경제적 이득을 얻어 왔다고 볼 수 있기 때문에, 근로자 등을 사용하는 모든 사업주로부터 비용을 징수하도록 한 것이다.

이와 같이 석면으로 인한 건강피해는 개별적인 인과관계의 입증이 곤란하지만, 기본적으로 사업활동에 기인한 것이라는 점은 분명하며 모든 사업자가 사업활동을 통하여 석면의 사용에 따른 경제적 이익을 얻어 왔다는 점을 고려하여, 근로자를 사용하는 사업주로부터 석면피해구제분담금을 지급하도록 하고 있다. 분담금의 금액을 산정함에 있어서는 석면사용을 통하여 어느 정도의 경제적 이익을 얻었는지가 고려되어야 할 것인바, 동법은 그 이익의 정도에 관하여 '보수총액'을 이용하고 있다. 이에 따라 분담금의 금액은 보수총액과 석면피해구제분담금률을 곱한 금액으로 한다(제32조 제1항).

한편, 석면과의 관련성이 특히 큰 사업활동을 하였던 것으로 인정되는 자, 즉 사업활동에 있어서 비교적 많은 양의 석면을 사용해 온 자에 대해서는 석면으로 인한 건강피해에 관하여 보다 큰 책임을 져야 한다는 시각에서 일반분담금률을 상회하는 특별분담금률을 적용하도록 하고 있다. 즉, 「산업안전보건법」에 따라 제조 또는 사용허가를 받은 석면량 누계가 1만톤 이상이 되는 사업장을 설치 · 운영하는 사업주에게는 특별분담금률을 적용하게 된다(제33조). 다만, 특별분담금률을 적용하는 사업장에 부과하는 분담금 총액의 상한을 정하도록 하고 있는바, 이는 피해자의 구제가 계속적이고 안정적으로 이루어질 필요가 있음을 고려하여 이들 사업주의 파산이나 현저한 경영상의 장애를 초래하지 않을 정도의 금액을 부담시키도록 배려하는 취지로 이해된다.

Ⅴ. 건강영향조사

동법은 환경부장관과 지방자치단체의 장이 석면 및 석면함유제품을 사용한 건축물이 밀집된 지역에 거주하였거나 거주 중인 사람에 대하여 석면 관련 건강영향조사 등을 할 수 있도록 하고(제47조 제2항), 건강영향조사를 위하여 필요한 정보 · 자료를 관계 기관에게 요청할 수 있도록 하고 있다(동조 제3항).

제 8 절 가습기살균제 피해구제를 위한 특별법

2011년 4월 발생한 단일 환경사건으로 유례가 없는 생활화학가정용품의 대규모 치사사건인 가습기살균제 피해사고[1]는 배상책임 규정의 한계를 극명하게 보여주었다. 가습기살균제 피해 문제는 가습기살균제 제품에서 사용한 유독성 화학물질에 의한 피해라는 측면도 있었지만 정부는 "제조물의 결함에 따른 소비자의 피해에 정부가 개입하여 보상할 수 없다"라는 입장을 견지하였다. 피해자와 그 유족들은 정부와 기업을 상대로 손해 배상 소송을 제기하였으나 소송이 장기화되면서 피해자들과 가족이 겪는 고통은 가중되고 있다.[2] 급기야 2014. 3. 13. 개정 「환경보건법 시행규칙」은 가습기살균제로 인한 폐질환을

1) 가습기살균제 사태는 1994.부터 시중에 유통된 가습기살균제 사용자들이 폐 손상 등의 피해를 본 사건으로 2011. 처음 세상에 알려졌다. 가습기살균제 원료의 주성분은 PHMG, PGH 또는 CMIT/MIT로 알려지고 있다. 보건복지부 질병관리본부는 2011. 4.경 원인미상의 중증 폐질환 환자가 증가하고 있다는 신고 및 조사요청을 받아 역학조사를 실시하였고, 보건복지부는 2011. 8. 31. 가습기살균제가 원인미상 폐손상의 위험요인으로 추정된다고 발표하였다. 「가습기살균제 피해구제를 위한 특별법」은 제정 이유서에서 "2016년 11월 8일 기준 총 5117명이 정부기관에 가습기살균제로 인한 폐질환 등 피해를 신고했고, 그 중 사망자는 1,064명에 이르렀다. 여기에 가습기살균제로 인한 폐렴 사망자가 2만여 명에 가깝다는 연구결과와 우리 국민 20%가 가습기살균제를 사용했을 것이라는 여론조사 추정치 등을 더하면 피해규모는 가늠하기 어려운 수준이다"고 밝히고 있다. 2021. 11. 30. 현재 가습기살균제 피해신청자 중 사망자는 1,736명에 이른다. 그러나 이것은 신청한 사람 기준이고 정확한 피해규모는 알 수 없다. 한편 「가습기살균제 피해구제 특별법」에 따라 구제급여 지급 결정이 이루어진 사망자는 1,027명에 불과하다. 한국환경산업기술원, 가습기살균제 피해지원 종합포털(https://www.healthrelief.or.kr/home/content/stats01/view.do, 2021. 12. 31 검색) 참조.

2) 법원은 제품의 제조 · 판매사에 대한 배상책임(전주지방법원 군산지원 2022. 9. 1. 선고 2021가합62 판결)은 물론이고 국가의 배상책임도 부인하였다. 서울중앙지법 2015. 1. 29. 선고 2012가합4515 판결; 서울중앙지법 2016. 11. 15. 선고 2014가합563032 판결; 수원지법 2023. 7. 19. 선고 2022가합589 판결 참조. 그 후 가습기살균제 사건이 표면에 드러나고 13년 정도가 지나서야 비로소 국가배상책임을 인정하는 판결이 나타났다(서울고법 2024. 2. 6. 선고 2016나2086563 판결 참조). 한편, 비교적 최근에는 가습기살균제 업체 관계자들에 대한 업무상과실치사죄 등에 대하여 유죄 판결이 있었는데, 사안에서 핵심 쟁점은 가습기살균제와 폐질환 사이의 인관과계 인정 여하였다. PHMG 또는 PGH가 주원료인 가습기살균제와 폐질환 간의

환경성질환으로 지정 · 포함하였다. 환경성질환 지정으로 피해자 구제에 새로운 전기가 마련되었으나 정부 차원의 기금을 통한 보상책이 마련되지 않는 한 여전히 한계가 있어 보인다. 급기야 2017. 2. 8. 피해자에 대한 신속한 배상과 분담금 등을 통한 구제를 골자로 하는 「가습기살균제 피해구제를 위한 특별법」(가습기살균제피해구제법)이 제정되었다. 여기에는 손해배상책임, 인과관계의 추정, 정보청구권, 구제급여 지급 신청 방법 · 절차, 구제급여 지급결정의 유효기간 및 갱신, 구제급여의 종류 · 범위, 피해구제자금, 분담금 등이 구체적으로 규정되어 있다. 동법의 목적은 두말할 것도 없이 가습기살균제 피해자에 대한 신속한 구제 및 지속가능한 지원이다. 이와 별도로 폐질환의 인정 및 지원 기준 등에 대해서는 고시로 정하고 있다.[3] 그러나 이것이 끝이 될 수 없다. 일상생활에서 방향제 · 탈취제 등 화학물질이 함유된 제품이 많이 사용되고 있어 제2의 가습기살균제 피해가 발생할 우려가 상존하기 때문이다. 이러한 상황에서 2018. 3. 20. 살생물제(biocides)뿐만 아니라 생활화학제품에 대한 체계적인 안전관리를 기치로 내세운 「생활화학제품 및 살생물제의 안전관리에 관한 법률」이 제정된 것은 중요한 의미가 있다고 할 수 있다(동법에 대하여 자세한 내용은 제11장 제1절 Ⅲ.).

Ⅰ. 구제대상

동법의 구제대상은 가습기살균제 건강피해를 입은 사람으로서 제10조 제2항에 따라 환경부장관에게 구제급여 지급결정을 받은 사람이다(제2조 제4호). 여기에서 '가습기살균제'란 "미생물 번식과 물때 발생을 예방할 목적으로 가습기 내의 물에 첨가하여 사용하는 제제(製劑) 또는 물질"을 말하며(동조 제1호), '가습기살균제 건강피해'란 "독성 화학물질을 함유한 가습기살균제에 노출되어 발생하거나 악화된 생명 또는 건강상의 피해(후유증을 포함)"를 말한다(동조 제3호). 이는 종전에 건강피해 질환을 폐질환 등으로 한정하던 것을 포괄적으로 규정하는 것으로 결과적으로 가습기살균제 건강피해를 넓히고 있다고 볼 수 있다.

가습기살균제 건강피해가 발생한 경우에는 해당 가습기살균제 사업자[4]가 그 피해를 배상하여야 하는데(제4조 제1항), 그 배상액을 산정함에 있어서는 다음의 사항을 고려하여야 한다: ① 고의 또는 손해 발생의 가능성을 인식한 정도; ② 해당 가습기살균제의 결함으로 인하여 발생한 손해의 정도; ③ 해당 행위자가 피해구제를 위하여 노력한 정도; ④ 피해자의 연령, 완치 가능성 및 장애의 정도와 지속성 등(제4조). 손해배상청구권의 소

인정관계가 인정된다는 판결(서울중앙지법 2017. 1. 6. 선고 2016고합527, 2016고합623 판결), CMIT/MIT가 주원료인 가습기살균제와 폐질환 또는 천식 간의 인과관계가 인정된다는 판결(서울고법 2024. 1. 11. 선고 2021노134 판결, 원심은 인과관계를 부정하였음) 등 참조.

3) '가습기살균제에 사용된 화학물질로 인한 폐질환의 인정 및 지원 기준 등에 관한 고시'(환경부고시 제2016-156호).

4) '가습기살균제 사업자'란 가습기살균제를 제조 · 수입하여 직접 또는 제3자를 통하여 판매한 사업자(주문자 상표부착 또는 제조업자 개발생산으로 제조한 사업자와 원청사업자 및 하청사업자를 포함)를 말한다(제2조 제5호).

멸시효기간은 30년이다(제41조). 이는 가습기살균제가 출시된 초기인 1990년대 중순에 발생한 피해자도 염두에 둔 것으로 보인다.

Ⅱ. 인과관계의 추정

동법은 피해자의 입장에서 인과관계 입증을 용이하게 한다는 차원에서 인과관계의 추정 규정을 두고 있다. ① 가습기살균제에 노출된 사실, ② 가습기살균제 노출 이후 질환이 발생하였거나 기존 질환이 악화되었다는 사실, ③ 대통령령으로 정하는 조사 · 연구에 따라 가습기살균제 노출과 질환 간에 역학적 상관관계가 있음이 확인된 사실 등이 모두 증명된 경우에는 독성 화학물질을 함유한 가습기살균제로 인하여 생명 또는 건강상의 피해가 발생한 것으로 추정한다(제5조). 다만, 사업자가 다른 원인으로 인하여 그 피해가 발생하였다는 사실을 증명한 경우에는 추정이 배제된다(동조 단서). 추정의 요건을 열거하고 있는 것은 피해자의 입증책임 완화에 크게 도움이 될 것이다.[5)]

≪가습기살균제피해구제법 제5조에 따른 인과관계 추정 체계≫[6)]

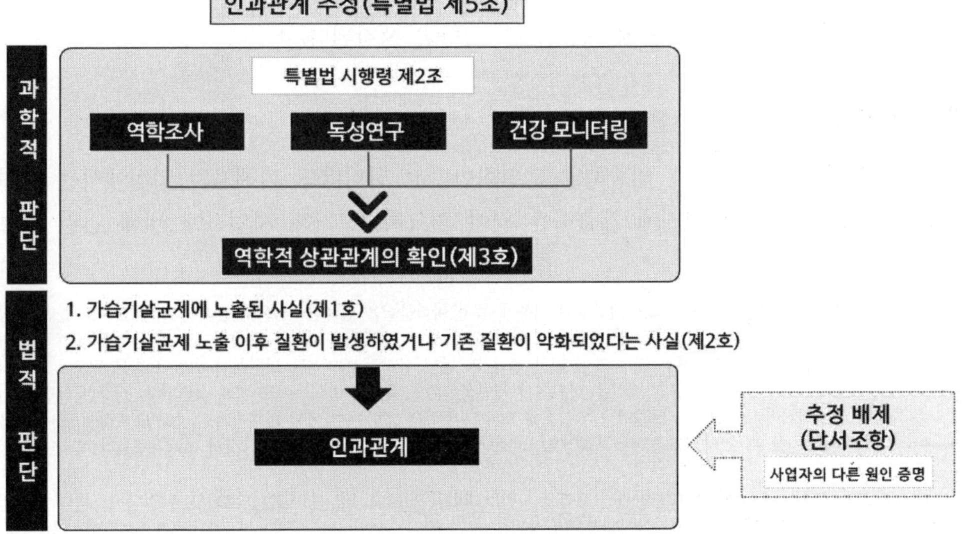

인과관계의 추정을 위해 '역학적 상관관계'라는 용어를 사용하고 있는데, 그 의미가 무엇인지 논란이 있을 수 있다. 종래 '상당한 개연성이 있는 때' 인과관계를 추정함으로

5) 참고적으로 「환경오염피해 배상책임 및 구제에 관한 법률」은 인과관계의 추정 규정을 두면서 "상당한 개연성이 있는지의 여부는 시설의 가동과정, 사용된 설비, 투입되거나 배출된 물질의 종류와 농도, 기상조건, 피해발생의 시간과 장소, 피해의 양상과 그 밖에 피해발생에 영향을 준 사정 등을 고려하여 판단한다(제9조 제2항)"고 하면서 추정의 판단 요소를 예시하고 있다.

6) 국립환경과학원, 가습기살균제 노출과 질환 간 역학적 상관관계 검토보고서, 2022. 9, 26면.

써,[7] 피해자의 입증책임을 완화하였고, 2020. 3. 24. 개정 법에서 '역학적 상관관계'가 있음이 확인된 경우 인과관계를 추정함으로써 인과관계 입증을 더욱 용이하게 하고 있다는 점, 법원에서 역학적 인과관계라는 표현과 달리 역학적 상관관계라는 표현을 사용하고 있는 점,[8] 특히 그 의미를 통계적, 일반적 관련성의 의미로 사용하고 있는 점,[9] 역학에서는 흔히 통계적 관련성(statistical association)에 추가하여 인과적 관련성이 인정되는 경우 '일반적 인과관계(general causation)'가 인정되는 것으로 이해하고 있는 점[10] 등을 고려할 때 '역학적 상관관계'는 일반적 인과관계의 수준이 아닌 통계적 관련성을 의미하는 것이 합리적인 해석이라고 생각된다.[11]

특히 동법 시행령(제2조 제3호)에서는 역학조사, 건강모니터링, 독성연구 등이 역학적 상관관계에 관한 조사 · 연구로 보고 있다는 점을 고려할 때 문리해석상 예컨대, 독성연구만으로도 역학적 상관관계를 인정할 수 있다고 이해된다. 한편, 동법 제5조 제1호(노출) 및 제2호(발생 · 악화)는 강학상의 개별적 인과관계를 의미한다고 할 수 있을 것이다. 동법은 일반적 인과관계, 개별적 인과관계, Hill 기준[12] 등을 원용하지 않은 채 인과관계를 추정하고 있다. 그 결과, 인과관계가 인정되기 위해서 Hill 기준을 추가적으로 적용할 필요없이, 역학적 상관관계에 추가하여 노출, 발생 · 악화(개별적 인과관계)가 증명되면 인과관계를 추정할 수 있다는 결론에 도달할 수 있다고 생각된다.

Ⅲ. 정보청구권

인과관계의 추정을 통해 입증책임을 완화한다고 하더라도 피해자의 입장에서는 관련 증거를 수집 · 확보하여 법원에 제출하는 것이 필요하다. 가해 사업자에 비해 관련 정보

7) 2017. 2. 8. 제정 시 제5조는 생명 또는 건강상의 피해가 독성 화학물질을 함유한 가습기살균제에 의한 것으로 볼만한 상당한 개연성이 있는 때에는 해당 가습기살균제로 인하여 생명 또는 건강상의 피해가 발생한 것으로 추정한다"고 규정하고 있었다. 「환경오염피해 배상책임 및 구제에 관한 법률」과 달리 상당한 개연성을 판단하기 위한 요소를 별도로 제시하고 있지는 않다. 그러나 이러한 규정 방식은 법원에서 개연성이론을 확고히 받아들이고 있는 상태이고, 상당한 개연성 기준 자체가 추상적이며, 그 판단이 법관의 자유심증에 의존할 수밖에 없다는 점에서 피해자의 입증책임 완화에 크게 도움이 되지 못하다고 할 수 있다. 결국 이는 「환경오염피해 배상책임 및 구제에 관한 법률」상의 추정규정보다 후퇴한 규정이라고 할 수 있다.

8) 대법원 2013. 7. 12. 선고 2006다17539 판결(고엽제 사건); 대법원 2014. 4. 10. 선고 2011다22092 판결(담배 사건); 대법원 2014. 9. 4. 선고 2011다7437 판결(자동차대기오염 사건).

9) 서울중앙지법 2010. 2. 3. 선고 2007가합16309 판결(자동차대기오염 사건, 1심). 인과관계(causation)와 구별하여 통계학적 연관성(statistical association)이라는 표현을 사용하는 판례는 대법원 2013. 7. 12. 선고 2006다17539 판결(고엽제 사건).

10) 천경송, "공해소송에 있어서의 인과관계의 입증", 사법논집 제8집, 1977, 140면. 이러한 접근에 충실한 입장이 고엽제 사건(항소심)이라고 할 수 있다.

11) 역학적 상관관계는 통계적 관련성의 정도를 나타낼 뿐이므로 '인과적 관련성'이 별도로 요구된다. 역학연구에 추가하여 힐(Bradford Hill) 기준이 충족되는 경우 일반적 인과관계가 인정되는바, 힐 기준의 적용이 힘든 경우에는 동물실험, 기전연구 등을 통해 이를 보완하는 방식으로 인과적 관련성을 인정하는 경우가 있다.

12) '인과적 관련성'의 추론을 위해 역학에서 일반적으로 사용하는 기준이 이른바, 힐(Bradford Hill) 기준인데, 여기에는 시간적 선후관계, 용량－반응관계, 생물학적 개연성 등이 포함된다. 가습기살균제 노출과 질환 간 역학적 상관관계 검토보고서(각주 6), 66면. 최근에는 고디스(Gordis) 기준이 활용되기도 한다.

에 대한 접근이 절대적으로 취약한 피해자에게 정보청구권을 인정하지 않을 경우에는 구제 자체가 이루어지기 어려울 수 있다. 이에 정보에 대한 접근을 쉽게 하여 실질적 구제가 가능하도록 하여야 한다. 말하자면 손해배상청구권의 성립과 그 범위를 확정하기 위해서 정보청구권의 인정은 필수불가결한 조치라고 할 수 있다. 가뜩이나 인과관계 추정 규정을 두고 이와 관련하여 추정의 판단 주체가 종국적으로 법원이 된다는 점에서 제조과정, 사용설비, 사용물질의 종류와 농도, 독성, 생산 · 판매, 인허가(신고, 등록, 변경신고, 변경등록 등을 포함) 등 추정 요건의 판단 요소와 관련한 내용이 정보공개청구권에 포함되어 관련 정보가 법원에 쉽게 현출되도록 하여야 한다. 이에 동법은, 정보제공청구권과 열람청구권의 관계에 대해서는 밝히지 않은 채, 사업자에게 관련 정보의 제공 또는 열람을 청구할 수 있도록 하고 있다(제6조 제1항, 제3항). 나아가 동법은 무기대등의 원칙에 따라 피해자의 정보청구권뿐만 아니라 사업자의 정보청구권도 규정하고 있다(동조 제2항). 한편, 법원이 가습기살균제 건강피해로 인한 손해배상의 소송에서 당사자의 신청에 의하여 상대방 당사자에게 해당 피해의 증명 또는 피해로 인한 손해액의 산정에 필요한 자료의 제출을 명할 수 있도록 하고 있다(제6조의2 제1항). 당사자가 정당한 이유 없이 자료제출명령에 따르지 아니한 때에는 법원은 자료의 기재에 대한 상대방의 주장을 진실한 것으로 인정할 수 있다(동조 제4항).

Ⅳ. 가습기살균제 피해구제위원회

동법은 가습기살균제 건강피해에 대한 구제 및 지원 등에 관한 사항을 심의 · 의결하기 위하여 환경부 소속으로 가습기살균제피해구제위원회를 두고, 위원회 내에 조사판정전문위원회와 재심사전문위원회를 두도록 하고 있다(제7조).

Ⅴ. 피해자단체

가습기살균제 피해자와 유족은 대통령령으로 정하는 바에 따라 단체를 구성하여 환경부장관에게 신고할 수 있다(제9조 제1항). 신고한 단체(피해자단체)는 가습기살균제 피해자의 이해를 대변하는 활동, 가습기살균제 피해와 관련된 추모사업, 조사 · 연구사업 등을 할 수 있으며(동조 제2항), 대통령령으로 정하는 사업을 수행하는 단체에게는 환경부장관이 피해구제자금으로 해당 사업에 필요한 비용의 일부를 지원할 수 있다(동조 제4항).

한편, 가습기살균제 노출확인자[13]는 대통령령으로 정하는 바에 따라 단체를 구성하여 환경부장관에게 신고할 수 있다(제9조의2 제1항). 신고한 단체는 가습기살균제 노출확인자의 이해를 대변하는 활동을 할 수 있으며(동조 제2항), 구제급여 지급결정을 원활히 받도

13) '가습기살균제 노출확인자'란 가습기살균제 사용 환경, 사용 기간 및 사용 제품 등을 조사하는 환경노출조사를 거쳐 환경부령으로 정하는 바에 따라 가습기살균제에 노출된 사실이 확인된 사람을 말한다(제2조 제4호의2).

록 하기 위하여 정보청구권을 행사할 수 있다(동조 제3항).

Ⅵ. 구제급여의 종류 및 지급기준

구제급여의 종류로는 요양급여, 요양생활수당, 장의비, 간병비, 특별유족조위금, 특별장의비, 구제급여조정금 등 7종류가 있으며, 환경부장관이 가습기살균제피해구제위원회의 심의·의결을 거쳐 이를 지급한다(제12조). 동법에 따른 구제는 민사상 배상책임에 근거한 것이 아니라, 사회보장적인 견지에서 위로금적 급부를 하는 것이라 할 수 있다. 따라서 그 급부내용도 일실이익이나 적극적 손해 등을 모두 전보하는 것이 아니라, 의료비를 포함한 요양급여, 요양생활수당, 장의비 등을 포함하는 위로금적인 것이라 할 수 있다. 구제급여 중 특별유족조위금과 이를 보충 내지 보완해주는 구제급여조정금 등은 위자료의 성격을 갖는다고 할 수 있다(제25조 제3항 참조). 동법은 제13조 이하에서 요양급여 등 구제급여의 신청, 인정절차, 인정금액 등에 대하여 구체적으로 규정하고 있다.

환경부장관은 가습기살균제 피해자가 고의 또는 중대한 과실로 해당 건강피해의 상태를 악화시키거나 치유를 방해한 것으로 인정되는 때에는 요양급여등의 지급을 중단할 수 있다(제24조). 구제급여를 지급받을 수 있는 사람이 동일한 사유로 「민법」이나 그 밖의 법령에 따라 구제급여에 상당한 금품을 받은 경우에는 그 받은 금품을 대통령령으로 정하는 방법에 따라 환산한 금액의 한도에서 구제급여를 지급하지 아니하며(제25조 제1항), 이 법이나 민법, 그 밖의 법령에 따라 손해배상을 받을 사람이 동일한 사유로 이 법에 따른 구제급여를 지급받은 경우에는 그 지급받은 구제급여의 액수를 빼고 손해배상의 액수를 정하여야 한다(동조 제4항).[14] 한편, 환경부장관은 구제급여를 지급한 경우 지급한 구제급여 중 정부출연금 범위에서 가습기살균제 피해자 또는 유족이 가습기살균제 사업자 등에 대하여 가지는 손해배상청구권을 대위할 수 있다(동조 제2항). 대위하여야 한다가 아니라 "대위할 수 있다"라고 규정하고 있는 것은 손해배상청구권의 대위를 전제로 구제급여를 지급하는 것을 차단하려는 것으로 피해자를 배려하는 입법적 조치라고 할 수 있다.

Ⅶ. 피해구제자금의 설치·운영

1. 피해구제자금의 설치

동법은 환경부장관은 가습기살균제 피해자에 대한 구제급여의 지급 등 가습기살균제

14) 위와 같은 규정에 따라 공제가 이루어지기 위해서는, 손해배상책임의 원인이 되는 행위로 인하여 피해자가 새로운 이득을 얻었을 뿐만 아니라 그 이득은 배상의무자가 배상하여야 할 손해의 범위에 대응하는 것이어야 한다(대법원 2007. 11. 16. 선고 2005다3229 판결, 대법원 2008. 9. 25. 선고 2006다18228 판결, 대법원 2011. 4. 28. 선고 2009다98652 판결 등 참조). 원고들(유족)이 지급받은 구제급여 등 가운데 손익상계의 대상이 되는 것은 원고들이 구하는 손해배상의 범위에 대응하는 것, 즉 상속 위자료가 아니라 유족의 '고유 위자료' 성격의 돈(구제급여조정금)에 한한다(가습기살균제 사건, 서울고법 2024. 2. 6. 선고 2016나2086563 판결).

피해자 등을 지원하기 위하여 가습기살균제 피해구제자금을 설치하여 운영하도록 하고 있다(제31조 내지 제33조).[15] 나아가 피해구제자금의 재원으로 가습기살균제피해구제분담금, 추가분담금, 정부출연금, 기부금 등을 규정하고 있다(제31조 제2항).

2. 가습기살균제피해구제분담금

피해구제자금의 재원 중 중요 부분을 이루는 가습기살균제피해구제분담금의 부과 대상자는 가습기살균제 사업자와 원료물질 사업자이다(제34조 제1항). 해당 분담금은 개별 가습기살균제 사용비율과 판매량비율 등을 기준으로 산정한다(제35조). 동법은 환경부장관으로 하여금 가습기살균제 피해자의 증가, 장기구제의 필요성 등으로 피해구제자금의 추가 조성이 불가피한 경우 가습기살균제 사업자와 원료물질 사업자에 대하여 추가로 분담금을 부과 · 징수할 수 있도록 하고 있다(제35조의2).

Ⅷ. 가습기살균제피해종합지원센터 등의 설치 및 운영

동법은 가습기살균제 피해자 지원 등을 위하여 가습기살균제피해종합지원센터를 설치하고 건강피해의 조사 · 연구 등을 위하여 가습기살균제보건센터를 지정 · 운영하도록 하고 있다(제40조).

15) 종전에는 구제급여와 별도로 특별구제계정을 통한 이중적 지원이 이루어졌으나 동법의 입법취지가 피해자의 충실한 구제에 있고, 구제급여가 대위를 전제로 하지 않고 이루어지고, 구제급여의 내용과 특별구제계정을 통한 지원 내용이 크게 다르지 않다는 점을 고려하여 2020. 3. 24. 개정 법에서는 양자를 일원화하여 가습기살균제 피해구제자금을 설치하였다.

제12장 토양환경의 보전

토양은 물, 공기 등과 더불어 자연 생태계를 구성하는 중요 요소이다. 토양생태계는 무생물과 생물의 안정된 평형상태를 유지시킬 뿐만 아니라 홍수의 방지, 수원의 함양, 수질의 정화, 오염물질의 정화, 토사 붕괴의 방지, 토양침식의 방지, 지반침하의 방지, 지표온도 · 습도 변화의 완화, 토양생물의 보호, 식생의 보호 등 기능을 수행한다.[1] 따라서 토양환경의 보전은 사람을 비롯한 지상의 모든 생명체를 보호하고 지하수의 오염 등을 예방하며 자연적 생태기능의 유지확보를 위해 매우 중요하다.

토양의 완충능력(buffering capacity)[2]의 한계 이상으로 토양오염이 이루어질 때 토양오염은 생태계에 피해를 발생시킨다. 토양에 해로운 물질은 여러 경로를 통하여 토양 내에 축적된다. 석유나 유독물 저장시설로부터의 오염물질 유출, 농약 · 비료의 사용, 각종 공장 폐수의 유입, 매연 · 자동차배출가스의 유입, 폐기물의 방치 및 불법처리 등으로 토양오염이 이루어진다. 폐기물에 함유된 각종 유해화학물질과 중금속도 토양오염의 커다란 원인이 된다. 토양오염은 흔히 지하수의 오염을 수반한다. 오염된 토양에 남아있는 오염물질은 지하수나 먹이사슬을 통하여 인체에 피해를 주게 된다.

우리나라에서 토양환경문제는 물이나 대기에 비해 소홀히 다루어졌고, 토양오염 및 이에 따른 지하수오염과 관련하여 법제가 미비한 상태이다.[3] 이는 토양오염은 대기나 수질오염과 달리 그 영향이 서서히 나타나고 그 피해도 식량 및 지하수 등을 통하여 간접적으로 일어나는 것에 기인하는 바가 크다. 이와 같이 토양오염은 간접적이고 만성적으로 이루어지기 때문에 그 오염 여부를 인식하기가 힘들고, 오염물질이 토양에 오랜 기간에 걸쳐 누적되면서 이루어지기 때문에 오염행위와 피해발생 간에 상당한 시차가 존재하고, 그 피해는 장기간에 걸쳐 나타난다. 이러한 특징들은 오염물질과 오염 간의 인과관계 규

---

1) 환경부, 환경백서, 2012, 541면.

2) 토양에 부하되는 각종 오염물질은 과도하지 않을 경우 토양 내에 존재하는 미생물에 의하여 분해되고 소멸되거나, 강우에 의하여 유실되거나, 식물체에 흡수되어 일정기간이 경과할 경우 토양 중에서 없어지는바 이러한 토양의 정화능력을 완충능력이라 한다.

3) 토양오염과 지하수 오염의 불가결한 관련성에 착안하면서, 현행의 「지하수법」과 「토양환경보전법」에서 규율하고 있는 오염방지대책과 그 수단이 크게 차이가 없으므로, 양 법률을 통합하자는 주장이 제기되고 있다. 김해룡, "지하수법과 토양환경보전법의 통합에 관한 고찰", 환경법연구 제26권 제1호, 2004. 4, 85면 이하. 토양환경보전과의 밀접성에 착안하여 「지하수법」 제16조(지하수오염방지명령), 제16조의2(지하수오염유발시설의 오염방지 등), 제16조의3(지하수오염유발시설관리자에 대한 조치), 제16조의4(오염지하수 정화계획의 승인 등), 제18조(수질오염의 측정), 제20조(수질검사) 등의 규정을 「토양환경보전법」에 통합하여 규율하는 것이 무방하다는 견해는 함태성, "지하수의 체계적 보전 · 관리를 위한 입법적 검토", 환경법연구 제32권 제1호, 2010. 4, 497면.

명을 어렵게 한다.4) 또한 일단 오염된 경우에는 원상회복이 곤란하며 일부 회복되는 경우라도 오랜 시간과 많은 비용이 소요된다.5) 이러한 토양오염의 특성은 토양환경 문제에 대한 규제 · 관리를 어렵게 하는 원인으로 작용하고 있다. 특히 폐기물처리장이나 공장의 부지에 대한 관리는 환경정책의 중요 관심사 중의 하나이지만 제대로 관리되고 있지 않는 실정이다. 토양환경을 보전하기 위해서는 오염된 토양을 찾아 이를 정화해 나가는 것보다 사전에 오염을 방지하는 것이 무엇보다 중요하다.6)

우리나라는 1977년 제정된 '환경보전법'에서 처음으로 토양오염방지를 위한 약간의 규정을 두었고,7) 그 후 구 「수질환경보전법」, 「폐기물관리법」, 「농약관리법」 등에서 토양오염규제와 관련된 단편적인 규정을 갖고 있다가 1995년 1월 5일 「토양환경보전법」이 제정되면서 종합적 · 체계적 · 본격적으로 토양보전 · 관리를 할 수 있는 기반이 마련되었다.

「토양환경보전법」은 토양오염으로 인한 국민건강 및 환경상의 위해를 예방하고, 토양생태계의 보전을 위하여 오염된 토양을 정화하는 등 토양을 적정하게 관리 · 보전함으로써 모든 국민이 건강하고 쾌적한 삶을 누릴 수 있게 함을 목적으로 하고 있는바(제1조), 그 목적을 달성하기 위해 토양측정망, 토양오염관리대상시설 관리, 토양오염 방지조치, 토양보전대책지역 지정 · 관리, 오염토양의 정화책임 규정 등을 두고 있다. 그러나 동법은 방사성물질에 의한 토양오염 및 그 방지에 관하여는 적용되지 않으며, 오염된 농지를 「농지법」 제21조에 따른 토양의 개량사업으로 정화하는 경우에는 제15조의3(오염토양의 정화) 및 제15조의6(토양정화의 검증)을 적용하지 아니한다(제3조).

제 1 절 토양오염의 규제

「토양환경보전법」은 오염의 방지뿐만 아니라 오염된 환경의 개선에 관해서도 규정하고 있다. 이와 같이 사전적 관리뿐만 아니라 사후적 관리를 고려하고 있다는 점에서 다른 개별 환경법규들에 비해 진일보한 면이 있다. 즉 「환경정책기본법」과 「환경개선비용부담법」은 정화책임자에 대하여 환경개선에 소요되는 비용만을 부담하도록 규정하고 있음에 반하여 「토양환경보전법」은 더 나아가 국가가 정화책임자에게 직접 토양오염을 방지하기 위한 토양오염관리대상시설의 개선 또는 이전, 토양오염물질의 사용제한 또는 사

4) 서울중앙지법 2007. 8. 21. 선고 2006가합18858 판결(녹사평역 미군기지 기름유출 사건) 참조. 토양정화자문위원회에서 다루어지는 사건의 대부분이 인과관계문제와 관련된 것으로 알려지고 있다.

5) 2012년 환경백서(각주 1), 541면.

6) 미국의 「종합환경대응보상책임법(CERCLA)」은 유해폐기물의 오염지역의 정화를 위한 종합적인 대응법이다. 「토양환경보전법」도 목적 조항(제1조)에서 "이 법은 토양오염으로 인한 국민건강 및 환경상의 위해를 예방하고, 오염된 토양을 정화하는 등 토양을 적정하게 관리 · 보전함으로써 토양생태계를 보전하고, 자원으로서의 토양가치를 높이며, 모든 국민이 건강하고 쾌적한 삶을 누릴 수 있게 함을 목적으로 한다"라고 규정하여 '오염된 토양의 정화'를 중요한 목적으로 하고 있다.

7) 구 '환경보전법'에서의 토양보전관련 조항은 농경지의 오염방지(제41조), 농산물의 재배제한(제42조), 농약잔류허용기준(제42조의2), 농약 및 농업용수의 사용규제(제60조의2 제5호 및 6호) 등이 있었다.

용중지, 오염된 토양의 정화 등 필요한 조치를 명할 수 있도록 규정하고(제15조), 토양보전대책지역에서 오염토양개선사업의 전부 또는 일부의 실시를 정화책임자에게 명할 수 있도록 함으로써(제19조), 정화책임자로 하여금 토양오염을 방지 · 제거 · 개선토록 하고 있다.

동법은 토양오염관리대상시설의 관리를 통하여 토양오염을 사전에 방지하는 한편, 특정토양오염관리대상시설이 설치된 토지와 그 주변지역에 대하여 토양관련전문기관이 정기적으로 실시하는 토양오염검사, 그리고 그 밖의 지역에 대하여 환경부장관과 시 · 도지사가 실시하는 상시측정 및 토양오염실태조사 또는 토양정밀조사를 통하여 오염된 토양을 찾아내고 그 중 1단계 기준(우려기준)을 초과하는 지역에 대해서는 더 이상 토양오염이 심화되지 않도록 하기 위하여 오염방지시설의 설치 또는 개선, 오염된 토양의 정화조치, 토양오염관리대상시설의 개선 또는 이전, 토양오염물질의 사용제한 또는 사용중지 등 필요한 조치를 취하고, 2단계 기준(대책기준)을 초과할 정도로 토양오염이 심화되었을 경우에는 정화책임자로 하여금 개선사업을 하도록 명령하거나 시 · 도지사가 정화책임자의 비용으로 개선사업을 실시하도록 규정하고 있다.

Ⅰ. 일 반

1. 토양오염이란?

「토양환경보전법」은 '토양' 개념을 정의하지 아니한 채 토양오염을 "사업활동이나 그 밖의 사람의 활동에 따라 토양이 오염되는 것으로서 사람의 건강 · 재산이나 환경에 피해를 주는 상태"로 정의하고 있다(동법 제2조 제1호). 이는 사람의 활동을 전제로 한 개념이기 때문에 환경에 피해를 주는 활동 자체에 전혀 개입하지 아니한 사람을 포섭하지 못한다.[8] 다시 말해 토양오염은 인간활동의 결과로 생겨난 토양오염물질이 토양에 반입됨에 따라 환경적 구성요소(environmental component)로서의 토양의 기능이 소실되는 것을 말한다.[9] 따라서 토양오염의 판단기준은 단순한 오염물질의 축적이나 오염된 상태가 아니라 토양에 축적되는 각 유해물질의 환경에 대한 위해성평가의 결과에 따라 결정된다.[10]

2. 토양오염물질

'토양오염물질'이라 함은 토양오염의 원인이 되는 물질로서 환경부령으로 정하는 것을 말하는데, 동법 시행규칙은 카드뮴, 구리, 비소, 수은, 납, 6가크롬, 유기인화합물, 폴리클로리네이티드페놀(PCB), 페놀류, 시안화합물 등 21개 물질로 제한하고 있다(제2조 제2호,

8) 조홍식, "토양환경침해에 관한 법적책임", 환경법연구 제20권, 1998, 301면. 이와 같은 개념 정의가 토양오염의 사후적 측면에만 주목하고 있다면서 토양오염을 "인위적인 오염물질이 토양에 유입되어 토양의 형질과 조성을 변화시키고, 토양구조를 파괴시켜 생물의 생육에 장애를 일으키는 등 토양의 질이 악화되는 것"으로 이해하는 견해가 있다. 최봉석, "토양오염에 대한 법적 · 정책적 대응의 현황과 과제", 환경법연구 제29권 제1호, 2007. 4, 392면.

9) 조성진, 토양학, 향문사, 1985, 20면 참조.

10) 박용하 · 이승희, "토양환경보전을 위한 오염방지기준 및 관리대책", 한국환경기술개발원, 1995, 4 내지 5면.

동법 시행규칙 제1조의2, 별표 1). 현재 우리나라의 토양오염물질의 항목 수는 외국에 비해 수도 부족하고 중금속 위주로 구분되어 있어 향후 다양한 유해물질들이 규제대상에 포함되어야 할 것이다.[11] 또한 각 토양오염물질을 개별적으로 측정하여 그 심각성을 판단하는 것은 지극히 형식적이어서 인체와 생태계에 미치는 위험성을 실질적으로 판단할 수 없으므로 오염물질별 측정뿐만 아니라 여러 오염물질이 혼합되어 나타날 수 있는 위해성에 대하여도 고려하여야 한다.[12]

Ⅱ. 기본 시책

1. 토양보전기본계획의 수립 · 시행

환경부장관은 토양보전을 위하여 10년마다 관계 중앙행정기관의 장과 협의한 후 토양보전에 관한 기본계획을 수립 · 시행하여야 한다(제4조 제1항 · 제2항). 기본계획에는 토양보전에 관한 시책방향, 토양오염의 현황 · 진행상황 및 장래예측, 토양오염의 방지에 관한 사항, 그 밖에 토양보전에 관하여 필요한 사항 등이 포함되어야 한다(동조 제3항). 특별시장 · 광역시장 · 도지사 · 특별자치도지사(시 · 도지사)는 기본계획에 따라 관할 구역의 지역토양보전계획(지역계획)을 수립하여 환경부장관의 승인을 받아 시행하여야 한다(동조 제4항).

2. 토양오염기준의 설정

동법은 토양오염정도를 두 가지 기준, 즉 토양오염의 우려기준과 토양오염의 대책기준으로 나누어 규제를 달리하고 있다. 우려기준은 "사람의 건강 · 재산이나 동물 · 식물의 생육에 지장을 줄 우려가 있는 토양오염의 기준"으로서 환경부령으로 정하도록 하고 있다(제4조의2, 시행규칙 제1조의4, 별표 3). 대책기준은 "우려기준을 초과하여 사람의 건강 및 재산과 동 · 식물의 생육에 지장을 주어서 토양오염에 대한 대책이 필요한 토양오염의 기준"으로서 환경부령으로 정하도록 하고 있다(제16조, 시행규칙 제20조, 별표 7).

대책기준은 오염의 정도가 사람의 건강 및 재산과 동 · 식물의 생육에 지장을 주어 토지의 이용중지, 시설의 설치금지 등 규제조치가 필요한 정도의 오염상태를 말해 주는 기준인 데 비하여 우려기준은 대책기준의 약 40% 정도로 더 이상 오염이 심화되는 것을 예방하기 위한 오염수준을 가리키는 기준이다.[13] 동법 시행규칙은 토양오염물질에 대하

11) 참고적으로 미국 「종합환경대응보상책임법」은 동법 제102조에 의해 지정된 요소, 화합물, 혼합물, 용액 또는 그 외의 물질 또는 그 외의 물질, 「자원보전회수법(RCRA)」상 규제대상이 되는 유해폐기물, 「수질정화법(CWA)」상 규제되는 물질, 「대기정화법(CAA)」상에 열거된 유해대기오염물질, 「유해화학물질관리법(TSCA)」상의 연방정부의 소송제기와 관련된 긴급하고 유해한 화학물질 혹은 혼합물 등 광범위한 물질을 규제대상으로 하고 있다. CERCLA § 101(14). 동법이 규제하는 유해물질의 종류는 800가지가 넘는다. 40 C.F.R. § 302.4.

12) 채영근, "우리나라 토양환경보전법과 그 개정안의 내용과 문제점 －미국의 CERCLA와 비교하며－", 공법연구 제29집 제2호, 2001, 381면.

13) 홍준형, 환경법, 박영사, 2005, 885면.

여 지역의 용도에 따라 농경지(1지역), 임야(2지역)와 공장용지(3지역)로 구분하여 우려기준과 대책기준을 설정하고 있다.

≪우려기준≫14)

[단위: mg/kg]

물질	1지역	2지역	3지역
카드뮴	4	10	60
구리	150	500	2,000
비소	25	50	200
수은	4	10	20
납	200	400	700
6가크롬	5	15	40
아연	300	600	2,000
니켈	100	200	500
불소	800	1,300	2,000
유기인화합물	10	10	30
폴리클로리네이티드비페닐	1	4	12
시안	2	2	120
페놀	4	4	20
벤젠	1	1	3
톨루엔	20	20	60
에틸벤젠	50	50	340
크실렌	15	15	45
석유계총탄화수소(TPH)	500	800	2,000
트리클로로에틸렌(TCE)	8	8	40
테트라클로로에틸렌(PCE)	4	4	25
벤조(a)피렌	0.7	2	7

≪대책기준≫15)

[단위: mg/kg]

물질	1지역	2지역	3지역
카드뮴	12	30	180
구리	450	1,500	6,000
비소	75	150	600
수은	12	30	60
납	600	1,200	2,100
6가크롬	15	45	120
아연	900	1,800	5,000
니켈	300	600	1,500
불소	2,400	3,900	6,000
유기인화합물	–	–	–
폴리클로리네이티드비페닐	3	12	36

14) 시행규칙 제1조의5, 별표 3.

시안	5	5	300
페놀	10	10	50
벤젠	3	3	9
톨루엔	60	60	180
에틸벤젠	150	150	1,020
크실렌	45	45	135
석유계총탄화수소(TPH)	2,000	2,400	6,000
트리클로로에틸렌(TCE)	24	24	120
테트라클로로에틸렌(PCE)	12	12	75
벤조(a)피렌	2	6	21

* 1지역: 전 · 답 · 과수원 · 목장용지 · 광천지 · 대(주거의 용도로 사용되는 부지만 해당) · 학교용지 · 구거(溝渠) · 양어장 · 공원 · 사적지 · 묘지인 지역과 어린이 놀이시설 부지

** 2지역: 임야 · 염전 · 대(1지역에 해당하는 부지 외의 모든 대) · 창고용지 · 하천 · 유지 · 수도용지 · 체육용지 · 유원지 · 종교용지 및 잡종지인 지역

*** 3지역: 공장용지 · 주차장 · 주유소용지 · 도로 · 철도용지 · 제방 · 잡종지(2지역에 해당하는 부지 외의 모든 잡종지)인 지역과 국방 · 군사시설 부지

우려기준을 초과하는 지역, 그 밖의 토양오염사고 등으로 인하여 우려기준을 넘을 가능성이 큰 지역에 대해서는 토양오염관리대상시설의 개선 또는 이전, 당해 오염물질의 사용제한 또는 사용중지, 오염된 토양의 정화 등 오염토양 개선조치를 시행하며, 토양오염대책기준을 초과하는 지역에 대하여는 필요 시 토양보전대책지역으로 지정한 후 오염토양개선사업을 시행한다.

3. 정보시스템 구축 · 운영

동법은 환경부장관으로 하여금 토양환경정보 및 자료에 국민이 쉽게 접근할 수 있도록 정보시스템을 구축 · 운영하도록 하고 있다(제4조의3). 이는 상시측정, 토양오염 이력정보, 토양오염실태조사, 토양정밀조사 결과 등을 정보시스템을 구축하여 국민들에게 공개함으로써 국민의 정보접근권을 보장하고 그 이용을 촉진하기 위한 것이라고 이해된다.

4. 토양오염관리대상시설 등 조사

환경부장관은 토양오염관리대상시설의 분포현황 및 토양정밀조사, 오염토양의 정화 또는 오염토양 개선사업의 실시현황을 정기적으로 조사하고, 이를 위하여 관계 기관의 장에게 필요한 자료의 제출을 요청할 수 있다. 이 경우 요청을 받은 관계 기관의 장은 특별한 사유가 없으면 그 요청에 따라야 한다(제4조의4). 토양오염의 원인에 잠재적 개연성이 있는 시설에 대한 현황조사는 토양오염 관련 정책이나 계획수립의 효율적인 수행에 기여할 것이다.

15) 시행규칙 제20조, 별표 7.

5. 토양오염 이력정보의 작성 · 관리

동법은 환경부장관으로 하여금 토양오염이 발생하였거나 발생할 우려가 있는 토지에 대하여 토지의 용도, 토양오염관리대상시설의 설치현황, 오염 정도, 정화 조치 여부 등 토양오염 이력정보를 작성 · 관리하도록 하고 있다(제4조의5). 구체적으로 토양오염의 발생 또는 발생의 우려가 있는 토지는 상시측정, 토양오염실태조사, 토양정밀조사를 실시한 토지로 국한된다. 토지이력의 관리는 토지 이용 · 오염 · 정화 이력 등을 데이터베이스화하여 토양오염을 상시적으로 관리하는 데 그치지 않고 토지 거래 당사자간의 정화책임을 둘러싼 분쟁을 막는 효과도 가질 것으로 예상된다. 이러한 점을 고려할 때 토양환경평가제도(제10조의2)와 직 · 간접적으로 관련을 갖는다고 할 수 있다.

6. 토양오염조사

전국 토양에 대한 오염실태와 오염추세를 종합적 · 지속적으로 파악하는 것은 토양오염의 사전예방대책의 마련 및 오염토양의 정화 · 복원 등 토양환경정책의 수립을 위한 기초자료를 제공한다는 점에서 중요한 의미를 갖는다. 현재 전국 토양오염조사는 크게 환경부장관이 설치 · 운영하는 측정망(제5조 제1항)과 시 · 도지사 또는 시장 · 군수 · 구청장이 실시하는 토양오염실태조사(동조 제2항)의 두 경로를 통하여 이루어지고 있다.[16] 토양오염실태조사는 오염지역을 적극 발굴하여 정화하기 위한 것으로 매년 조사지점을 달리한다는 점에서 환경부장관이 설치 · 운영하는 측정망과 구별된다. 말하자면 토양오염실태조사 체계는 측정망 체계가 갖는 형식성과 경직성을 탈피 · 보완한다고 할 수 있다. 환경부장관, 시 · 도지사 또는 시장 · 군수 · 구청장은 토양보전을 위하여 필요하다고 인정하면 상시측정, 토양오염실태조사의 결과 우려기준을 넘는 지역 등에 대하여 토양정밀조사를 할 수 있다(동조 제4항). 동법은 뒤에서 살펴보는 바와 같이 토양을 오염시킬 가능성이 많고 위해가 심한 물질을 상시 취급하는 시설 등을 토양오염관리대상시설로 지정하여 관리하는 한편, 지정되지 아니한 오염원을 토양오염조사체계를 통해 관리하고 있다.

16) 측정망은 전국망과 지역망으로 구분하여 운영하고 있는데, 2014년 현재 환경부는 2,000개의 측정망(전국망)을 설치 · 운영하고 있으며, 2,472개 지역에 대한 오염실태조사를 실시하였다. 환경부, 환경백서, 2016, 305면.

≪토양오염조사 관리체계도≫

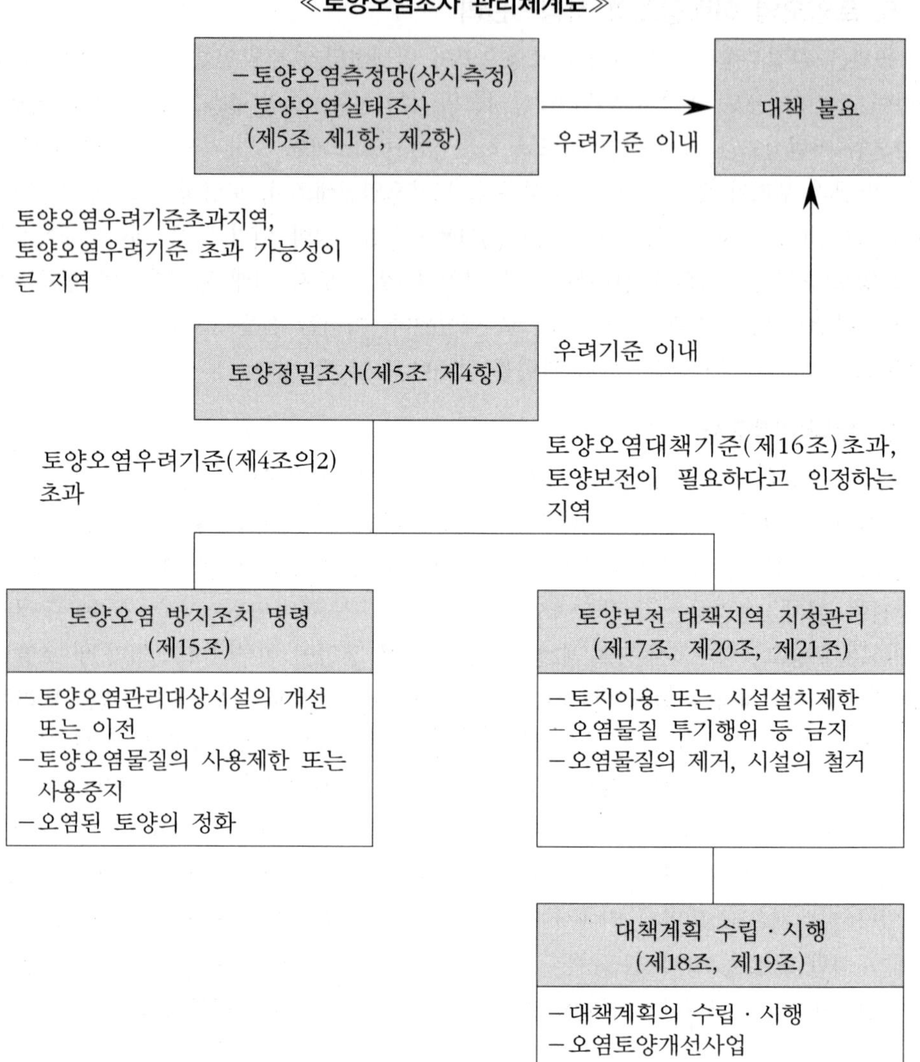

7. 표토의 침식현황 조사

동법은 토양환경에 미치는 영향이 큰 표토(表土) 관리를 강화하기 위하여 환경부장관으로 하여금 상수원보호구역, 수변구역 등에 대하여 표토의 침식현황 및 정도에 대한 조사를 실시하고, 이에 대한 대책을 수립하여 시행하도록 함으로써 표토의 침식으로 인한 토양환경 영향을 최소화할 수 있도록 하고 있다(제6조의2). 「토양환경보전법」의 내용이 기본적으로 오염토양의 정화라는 토양의 질을 보전하려는 소극적인 측면에 치중하고 있다는 점에서 토양의 양을 관리하려는 적극적인 면을 내포하고 있는 이 규정은 주목할 만하다. 그러나 표토 개념과 표토와 토양과의 관계가 불분명하고, 표토의 침식만을 염두에 두고 있으며, 개인의 소유권과 충돌 가능성이 있기 때문에 일정한 한계가 있다. 토양의 기능, 건강성 상실로 인한 토양의 유실에 대한 고려도 필요해 보인다.

8. 국유재산 등에 대한 토양정화

환경부장관은 일정한 경우에는 오염토양을 직접 정화할 수 있는데, 여기에는 국유재산에서 토양오염이 발생한 경우로서 국가가 정화책임자인 경우, 정화책임자를 알 수 없거나 정화책임자가 오염토양을 정화할 수 없는 경우로서 긴급한 토양정화가 필요하여 시·도지사 또는 시장·군수·구청장의 정화 요청이 있는 경우 등이 포함된다(제6조의3 제1항). 이에 따라 환경부장관이 토양정화를 하려는 경우에는 시·도지사 또는 시장·군수·구청장 및 정화책임자와 토양정화의 시기, 면적 및 비용 등에 관하여 미리 협의하여야 하고, 토양정화 등에 소요되는 비용 총액의 100분의 50 이내의 범위에서 토양정화를 요청한 지방자치단체에게 부담하게 할 수 있다(동조 제2항, 시행규칙 제5조의3).

이러한 정화체계하에서 재원이 충분치 않은 지방자치단체로서는 정화비용의 부담을 꺼려 환경부장관에게 토양정화조치를 요청할 유인이 없고, 환경부도 전면에 나서 토양정화조치를 할 이유가 없기 때문에 오염된 토양의 정화는 지지부진해질 가능성이 많다. 결국 현행 「토양환경보전법」은 정화책임자를 알 수 없거나 정화책임자에 의한 토양정화가 곤란하다고 인정하는 경우 국가나 지방자치단체가 오염토양의 정화를 실시할 수 있는 법적 근거를 마련하고 있으나 실제 국가나 지방자치단체에 의한 토양정화가 이루어지는 데에는 한계가 있다고 할 수 있다. 이와 같이 국가나 지방자치단체가 오염토양을 정화하는데 적극적으로 나서지 못하는 이유에는 재원의 부재, 부족을 무시할 수 없을 것이다.

9. 토양환경평가

동법은 정화책임자로 하여금 토양오염조사를 직접, 그리고 자발적으로 실시하게 할 수 있도록 하며, 토양오염에 대한 배상·정화의무와 정화책임 등 법적 책임관계를 명확히 하기 위하여 '토양환경평가'에 관한 규정을 두고 있다. 즉 제10조의2 제1항은 "토양오염관리대상시설, 공장, 국방·군사시설이 설치되어 있거나 설치되어 있었던 부지, 그 밖에 토양오염의 우려가 있는 토지를 양도·양수 또는 임대·임차하는 경우에 양도인·양수인·임대인 또는 임차인은 해당 부지와 그 주변지역, 그 밖에 토양오염의 우려가 있는 토지에 대하여 토양관련전문기관[17]으로부터 토양오염에 관한 평가를 받을 수 있다"라고 규정함으로써, 양도인 또는 양수인 등이 토양환경평가를 자율적으로 실시하도록 하고 있다.

17) 동법은 토양정밀조사, 토양환경평가 등 업무를 전문적으로 수행할 수 있도록 토양관련전문기관을 두고 토양관련전문기관이 되려는 자는 일정한 시설, 장비 및 기술능력을 갖추어 환경부장관의 지정을 받도록 하고 있으며, 결격사유, 지정취소 등 관련 규정을 두고 있다(제23조의2 이하 참조).

한편, 동조 제2항은 "양수한 자가 양수 당시 같은 항에 따라 토양환경평가를 받고 그 부지 또는 토지의 오염 정도가 우려기준 이하인 것을 확인한 경우에는 토양오염 사실에 대하여 선의이며 과실이 없는 것으로 추정한다"고 규정함으로써, 거래에 관여하는 자들 사이에서 그 책임소재를 분명히 하고 있다. 여기서 '선의'라는 것은 토양오염사실을 몰랐다는 의미의 부지(不知)를 의미하며, 무과실이라는 것은 이 부지에 이르게 된 데에 과실이 없음을 의미한다.[18] 우려기준 이하의 오염 정도 확인은 거래 시 가격 등에 고려되며, 거래 이후에도 재산상 불이익이나 정화책임에 대한 면책의 기초로 사용될 것이다. 그러나 오염 정도가 우려기준 이상임을 확인한 경우에는 양수한 자가 정화책임을 져야할 것이다.

토양환경평가는 정화책임자(제10조의4 제2항에 따른 토지 양수인)의 면책사유가 되는 선의·무과실 여부의 판단과 관련해서 중요한 의미를 갖는다. "우려기준 이하"라는 조건이 붙어 있지만 면책의 가능성을 열어두고 있기 때문이다. 종전에 "토양환경평가를 받아 그 토양오염관리대상시설의 오염 정도가 우려기준 이하인 것을 확인한 경우"를 선의·무과실의 한 예로 보던 것을 '추정'해주는 방식으로 바꾼 것은 허위·부실의 토양환경영향평가와 그에 따른 책임 면제를 막을 수 있다는 점에서 적절한 입법 방식이라고 할 것이다.

토양환경평가제도는 공장부지, 폐광지역 등 토양오염의 우려가 있는 지역에 대한 오염 여부, 범위 등에 대한 적극적인 조사 및 평가와 그 정화를 추진하도록 하며, 토지거래, 영업의 양도·양수, 기업의 인수·합병, 기업의 신용평가 및 금융기관의 대출 등 다양한 분야에서 법적 책임의 면제, 자산 손실의 방지 등 환경리스크를 방지·감소하는 유용한 수단으로 작용할 수 있다.[19]

동법상 토양환경평가가 임의적이지만 그 활용이 활발해질 것이라고 생각된다. 환경영향평가가 토지 양수인의 '선의·무과실 항변'의 유용한 수단이 되기 때문에 토지 양수인은 자신의 면책을 주장하기 위해서는 토양환경평가를 사실상 수행하여야만 하며, 양도인의 입장에서도 자신의 책임범위 및 정도를 미리 확정하여 둠으로써 거래 후에 혹시 발생될 수 있는 책임을 예방할 필요가 있게 된다. 결국 토양환경평가 결과는 거래 당사자간의 공법상 및 사법상 책임의 한계를 설정하는 중요한 기준이 되기 때문에 동법이 토양환경평가를 비록 의무가 아닌 임의사항으로 하고 있지만 토양환경평가가 토지거래에서 필수적인 과정이 될 가능성이 있다.[20]

토양환경평가를 강제할 필요가 없다는 견해도 있다. 거래 대상 토지의 토양오염 가능

18) 조홍식, 환경법원론, 박영사, 2019, 532면.

19) 이러한 평가제도는 미국에서 제일 먼저 제도화되었는데, ASTM(American Society for Testing Materials)에 의해 1997년 규격이 제정되었다. ASTM에서 자율적으로 만든 표준규격은 현재 EU국가를 비롯한 선진국가들과 주요 다국적기업에서 활용되고 있으며, 국제표준화기구(ISO)에서도 이에 대한 표준화를 진행시키고 있다. 신관호, "토양환경평가제도 시행방안", 토양오염평가 및 복원에 관한 세미나 자료집, 2001. 4, 84 내지 85면.

20) 김명용, 토양환경보전법의 개선방안, 한국법제연구원, 2001. 12, 41 내지 42면.

성이 거의 없어 평가비용이 불필요한 비용이라고 생각되는 경우와 매도인과 매수인이 계약상 비용부담에 대한 정산 규정을 두는 경우에는 굳이 평가를 하지 아니하여도 무방하다는 것이 그 주된 논거이다.[21] 그러나 토양환경평가의 자율적 실시는 환경오염 여부와 그 범위에 대한 정확한 조사·평가를 통한 토양관리제도 강화라는 제도의 취지를 무색케 하는 결과를 초래할 수 있기 때문에 토양환경평가를 의무화할 필요가 있다고 생각한다. 비용의 추가, 토양관련전문기관 및 전문가의 부족 등의 문제[22]로 광범위하게 토양환경평가를 강제하는 것이 현실적으로 어렵다면 특정오염관리대상시설이 설치되어 있거나 설치되어 있었던 부지에 한하여 강제적으로 실시하도록 할 필요성이 있다.

10. 토양정화공제조합의 설립

특정토양오염관리대상시설의 설치자·운영자 및 토양정화업자는 토양오염의 정화를 보증하고, 토양정화에 드는 재원을 확보하기 위하여 환경부장관의 허가를 받아 공제조합을 설립하고, 토양정화를 위한 공제사업 등을 수행할 수 있다(제10조의5 이하).

Ⅲ. 토양오염의 규제

1. 토양오염의 신고

동법은 토양오염에 대한 신속한 대응을 위하여 토양오염물질을 생산·운반·저장·취급·가공 또는 처리하는 자로 하여금 그 과정에서 토양오염물질을 누출·유출한 때, 토양오염관리대상시설을 소유·점유 또는 운영하는 자가 그 소유·점유 또는 운영 중인 토양오염관리대상시설에서 토양이 오염된 사실을 발견한 때에는 관할 특별자치시장·특별자치도지사·시장·군수·구청장에게 신고하도록 하고 있다(제11조 제1항). 특별자치시장·특별자치도지사·시장·군수·구청장은 토양오염 신고를 받거나 토양오염물질이 누출·유출된 사실을 발견하거나 그 밖에 토양오염이 발생한 사실을 알게 된 때에는 소속 공무원으로 하여금 해당 토지에 출입하여 오염 원인과 오염도에 관한 조사를 하게 할 수 있다(동조 제2항). 조사를 한 결과 오염도가 우려기준을 넘는 토양(오염토양)에 대하여는 대통령령으로 정하는 바에 따라 기간을 정하여 정화책임자에게 토양관련전문기관에 의한

21) 김성균·이비안, "낙후산업지역(Brownfield) 개발 관련 입법 동향 분석 및 대안의 모색", 환경법연구 제30권 제1호, 2008. 5, 106면.

22) 우리나라의 토양오염조사기관의 조사능력 및 실태가 신뢰할 만한 수준에 이르지 못하고 있어, 양수 시 오염되지 않은 것으로 나타난 결과 양수하였으나 후에 다시 토지를 매각할 때 다시 토양환경평가를 한 결과 심각한 토양오염이 발견되면 해당 토양오염은 양수인의 소유기간 중의 행위에 의한 것으로 추정되게 되는 모순이 발생하게 된다. 토양오염조사기관의 조사활동에 대한 기준과 방법이 설정되고 이에 대한 관행이 수립되어 널리 받아들여질 때까지는 토양오염조사의 신뢰성이 확보되지 않아 많은 혼란을 초래할 우려가 있다. 채영근(각주 12), 388면. 이러한 실무상의 문제점은 거래당사자들, 특히 양수인으로 하여금 법에서 요구하는 방식보다 더욱 엄격한 정밀조사를 하거나 복수의 토양환경평가의 방식을 취하게 될 가능성이 많아지게 되고 그럴 경우 사회적으로 당초 예상한 것 이상의 거래비용을 야기할 수도 있다. 황창식, "기업의 인수·합병과 토양오염", 환경문제연구총서 Ⅸ, 대한변호사협회, 2001, 149면.

토양정밀조사의 실시, 오염토양의 정화조치를 할 것을 명할 수 있다(동조 제3항).

2. 오염토양의 정화

급속한 산업화에 따른 부작용으로 중금속 등에 의한 토양오염이 증가함에 따라 그 피해가 커지고 있다. 이러한 문제를 해결하기 위해서는 토양오염의 방지를 위한 대책과 함께 토양정화의 전문성을 제고하고 토양오염에 따른 필요한 대책을 추진할 필요가 있다. 정화기준의 설정, 정화의 위탁, 위해성평가, 토양정화 검증제도 등이 대표적인 예이다.

가. 정화기준

책임당사자의 특정 못지않게 책임범위를 어디까지로 할 것인지를 정하는 것은 정화책임 추구의 실효성 확보차원에서 중요하다. 「토양환경보전법」은 책임범위를 특정하지 아니하고 있어서 피해의 범위에 관한 해석을 둘러싸고 논란이 제기될 수 있다. 특히 종전 법에서는 별도로 정화기준을 설정하고 있지 아니하여서 어느 정도까지 정화하여야 하는지 그 판단이 어려웠다. 더욱이 정화는 오염제거기술에 따라 그 비용도 다를 수밖에 없기 때문에 그 손해액 산정 및 책임 정도의 확정은 어려울 수밖에 없다. 결과적으로 동법상의 책임추구는 그 효율성이 저해될 수밖에 없다. 책임범위 또는 정화기준의 설정이 중요한 이유이다. 2004. 12. 31. 개정 법은 오염토양은 대통령령으로 정하는 정화기준 및 정화방법에 따라 정화하여야 한다고 규정함으로써 문제를 해결하였다(제15조의3 제1항). 구체적으로 시행령에서는 정화기준을 '우려기준'으로 하고 있다(시행령 제10조 제1항).23)

「특정토양오염관리대상시설의 토양오염방지시설 및 오염토양의 정화방법 등에 관한 고시」에 따르면 오염토양을 발생현장으로부터 반출하여 정화하는 경우에 적용하는 정화기준은 토양오염우려기준으로 한다. 이 경우, 오염토양 발생장소의 지역기준과 정화 후 재이용될 장소의 지역기준이 다른 경우에는 "상위 지역"의 기준을 적용한다(제4조 제2항). 정화조치 명령 당시 해당 토지가 전 · 답(1지역)에 해당하였으나 공장(3지역) 용지로 조성을 마치고 그 용도로 이용되고 있고 가까운 장래에 그와 같이 지목이 변경될 것이 예상되는 경우 오염토양정화 조치를 어느 지역 기준을 적용해서 하여야 하는가? 판례는 3지역 기준을 적용하여야 한다는 입장이다(판례 [1]).

[1] 춘천지법 강릉지원 2015. 7. 16. 선고 2014구합3328 판결

토양오염 우려기준은 사람의 건강 · 재산이나 동물 · 식물의 생육에 지장을 줄 수

23) 참고적으로 미국 「종합환경대응보상책임법」상 정화는 국가비상계획(National Contingency Plan: NCP)에 따라야 하는데, 국가비상계획은 환경보호청(EPA), 주(州), 또는 책임당사자가 오염제거사업 또는 정화작업을 수행할 때 따라야 할 절차를 정하고 있다. CERCLA §105(a), 40 C.F.R. 300. 동법은 정화활동이 국가비상계획에 따라 이루어졌을 때 그 소요된 경비를 대응비용(response costs)으로 인정하여 그에 대한 책임추구가 가능하도록 하고 있다. CERCLA §107(a)(4). 1986년 '슈퍼펀드 개정 및 재승인법(SARA)'은 미국 환경보호청으로 하여금 정화 목표수준을 정하도록 하면서 "적용할 수 있거나 또는 관련된 적절한 기준(Applicable or Relevant and Appropriate Requirements: ARARs)"을 제시하고 있다. CERCLA §121(d).

있는 토양오염의 정도를 수치화하여 나타낸 것이고 토양오염이 이와 같이 사람 등에 영향을 미치는 정도는 토양의 현재 및 장래의 실제 용도에 따라 다를 것이므로, 토양오염 우려기준을 차등하여 적용할 지역의 구분 및 그 적용은 토양의 실제 용도가 적절히 반영되어야 한다. 한편 지적법상 지목은 토지의 주된 용도에 따라 토지의 종류를 구분한 것이고 토지의 이동이 있을 때 소정의 절차에 따라 변경될 수 있는 것이므로, 지목은 대체로 토지의 현재 및 장래의 실제 용도를 반영하지만 적법한 절차에 따라 그 용도가 바뀌는 과정에 있는 토지에 관하여는 현재 및 장래의 용도를 제대로 반영하지 못한다고 볼 수 있다. 이러한 제반 사정에 더하여 하위규범의 모법합치적 법률해석의 원칙까지 함께 고려하여 보면, 토양오염 우려기준을 토지의 지목에 따라 구분하여 규정한 토양환경보전법 시행규칙 제1조의5 [별표 3]의 적용은 지목이 토지의 현재 및 장래의 주된 용도를 제대로 반영하고 있을 때로 제한되고, 토지가 적법한 절차에 따라 형질이나 용도가 바뀌어 가까운 장래에 지목이 변경될 것임을 충분히 예상할 수 있을 때에는 변경 예정인 지목에 따라 위 규정을 적용함이 타당하다.[24)]

나. 위　　탁

동법은 토양정화를 전문적으로 수행할 수 있는 토양정화업을 두고, 토양정화업을 하려는 자로 하여금 일정한 시설 · 장비 및 기술인력을 갖추어 환경부장관에게 등록하도록 하며(제23조의7 이하), 오염토양은 토양정화업자에게 위탁하여 정화하도록 하고 있다(제15조의3 제2항 본문).

다. 정화 방법

오염토양은 대통령령으로 정하는 정화방법에 따라 정화하여야 한다(제15조의3 제1항). 이에 따라 시행령에서는 오염토양의 정화방법으로 다음 3가지를 들고 있다: ① 미생물이나 식물을 이용한 오염물질의 분해 · 흡수 등 생물학적 처리; ② 오염물질의 차단 · 분리추출 · 세척처리 등 물리 · 화학적 처리; ③ 오염물질의 소각 · 분해 등 열적 처리(시행령 제10조). 구체적인 정화방법은 정화장소, 처리기술별로 고시(「특정토양오염관리대상시설의 토양오염방지시설 및 오염토양의 정화방법 등에 관한 고시」)에 정해져 있다.

오염토양을 정화할 때에는 원칙적으로 오염이 발생한 해당 부지에서 정화하여야 한다. 다만, 부지의 협소 등 환경부령으로 정하는 불가피한 사유[25)]로 그 부지에서 오염토

24) 정화조치 명령 당시 해당 토지가 공장용지로 조성을 마치고 그 용도로 이용되고 있고 가까운 장래에 그와 같이 지목이 변경될 것이 충분히 예상되므로 그 변경 예정인 지목에 따라 3지역 기준을 적용하여 오염토양정화 조치를 명하여야 한다고 한 사례.

25) 여기에는 ① 「국토의 계획 및 이용에 관한 법률」에 의한 도시지역안의 건설공사 현장 등 환경부장관이 정하여 고시하는 경우; ② 토양오염물질 운송차량의 전복 등 긴급한 사고로 인한 오염토양으로서 즉시 처리하여야 하는 경우; ③ 오염토양의 양이 5세제곱미터 미만으로서 현장에서 정화하는 때에는 정화효율이 현저하게 저하되는 경우; ④ 정화 조치명령을 받은 자가 오염토양 정화공사를 시행하였으나 오염물질의 종류, 오염정도 및 기술적 한계 등으로 최초 조치명령기간 내에 이를 완료하지 못한 경우로서 토양오염조사기관의 정화과정 검증결과 반출하여 정화할 필요가 있다고 인정한 경우; ⑤ 토양정화업자가 오염부지 중 어느 한 곳에 설치한 시설을 이용하여 한꺼번에 정화하는 경우; ⑥ 오염토양을 연구목적으로 이용하려는 경우 등이 포함된다(시행규칙 제19조).

양의 정화가 곤란한 경우에는 토양정화업자가 보유한 시설(제23조의7 제1항에 따라 오염토양을 반입하여 정화하기 위하여 등록한 시설)로 반출하여 정화할 수 있다(제15조의3 제3항). 이와 같이 해당 부지 내 처리를 원칙으로 하고 있는 것은 불법투기와 누출·유출의 우려, 토양 본래의 식생훼손 우려, 오염토양 반출로 인한 2차 오염 가능성 등을 고려한 것이다. 이에 시행규칙은 반출절차 및 방법 등을 엄격히 정하고 있다(제19조의2). 규정방식이나 동조 제4항(적정통보)의 취지 등에 비추어 환경부령으로 정하는 불가피한 사유가 있더라도 그러한 사유로 "해당 부지에서 오염토양의 정화가 곤란" 여부에 대한 판단은 재량사항이라고 이해된다.

오염토양을 반출하여 정화하려는 자는 오염토양반출정화계획서를 관할 특별자치시장·특별자치도지사·시장·군수·구청장에게 제출하여 적정통보를 받아야 한다(제15조의3 제4항). 반출정화 적정 여부에 대한 판단(통보)은 법령에서 반출정화 적정 여부에 대하여 일률적으로 확정하여 규정하지 않고 있어 반출정화의 적정 여부에 대하여 재량의 여지를 두고 있다는 점에서 행정청의 재량사항이라고 할 수 있다. 동법은 오염토양의 반출·운반·정화 또는 사용 과정을 전산처리할 수 있는 오염토양 정보시스템을 설치·운영하도록 하고(동조 제9항), 오염토양을 반출·운반·정화 또는 사용(정화된 토양을 최초로 사용하는 것을 말함)하는 과정에서 토양 인수인계서를 오염토양 정보시스템에 입력하도록 하고 있다(동조 제6항). 토양 인수인계서 입력의무자는 적정통보를 받은 자로 국한되고 토양정화업자나 운반자 등은 명문상 제외된다. 오염토양을 정화하는 자는 오염토양에 다른 토양을 섞어서 오염농도를 낮추는 행위, 오염토양을 반출하여 정화하는 경우 등록한 시설의 용량을 초과하여 오염토양을 보관하는 행위 등을 하여서는 아니 된다(동조 제7항).

3. 오염토양의 투기금지

동법은 국민 건강 및 토양 생태계의 보호를 위하여 ① 오염토양을 버리거나 매립하는 행위, ② 보관·운반 및 정화 등의 과정에서 오염토양을 누출·유출하는 행위, ③ 정화가 완료된 토양을 그 토양에 적용된 것보다 엄격한 우려기준이 적용되는 지역의 토양에 사용하는 행위[26] 등을 금지하고 있다(제15조의4).

4. 위해성평가

정화기간, 방법, 범위 등을 획일적으로 정하고 있는 정화체계를 엄격히 따를 경우 정화책임자가 정화 의지를 갖고 정화실시를 하려고 해도 기술적인 한계 등으로 정화기간 내에 정화목표를 달성하기 어려운 경우가 발생할 수 있다. 이러한 점을 고려하여 동법은

---

26) 이에 따르면 3지역 우려기준으로 정화된 토양의 경우 1지역이나 2지역에 사용될 수 없다. 반대로 1지역 기준을 충족하는 토양은 어떠한 지역에도 자유롭게 사용될 수 있다. 법문상 사용 용도에 대해서는 제한이 없다. 이와 관련해서는 1지역 기준으로 정화된 토양이라도 어느 정도의 오염물질이 존재할 수밖에 없기 때문에 오염되지 않은 토지에 무분별하게 재사용되는 경우 토양환경에 대한 오염부하가 가중될 수 있다는 비판이 제기될 수 있다.

위해성평가를 통해 토지 특성이나 오염물질 종류에 적합한 정화 기간, 방법 등을 합리적으로 적용할 수 있도록 하고 있다. 즉 동법은 정화책임자를 알 수 없거나 정화책임자에 의한 오염토양의 정화가 곤란하여 시 · 도지사 또는 시장 · 군수 · 구청장이 오염토양의 정화를 실시하는 경우 등에는 위해성평가기관으로 하여금 오염물질의 위해성을 평가하게 한 후 오염정도 및 재정적 여건 등에 따라 정화의 범위, 시기 및 수준 등에 반영할 수 있도록 하고 있다(제15조의5 제1항).

위해성평가는 토양정화의 기준이나 방법을 예외적으로 달리 정하여 적용하는 것이므로 그 실시요건은 다음의 경우로 한정된다: ① 국유재산으로 인하여 우려기준을 넘는 토양오염이 발생하여 토양정화가 필요한 경우로서 국가가 정화책임자로서 토양정화를 하려는 경우; ② 정화책임자를 알 수 없거나 정화책임자에 의한 토양정화가 곤란하여 시 · 도지사 또는 시장 · 군수 · 구청장이 오염토양을 정화하려는 경우; ③ 정화책임자가 존재하지 아니하거나 정화책임자에 의한 오염토양 개선사업의 실시가 곤란하여 특별자치시장 · 특별자치도지사 · 시장 · 군수 · 구청장이 오염토양 개선사업을 하려는 경우; ④ 자연적인 원인으로 인한 토양오염[27]이라고 대통령령으로 정하는 방법에 따라 입증된 부지의 오염토양을 정화하려는 경우(오염토양을 반출하여 정화하는 경우는 제외); ⑤ 그 밖에 위해성평가를 할 필요가 있는 경우로서 대통령령으로 정하는 경우[28](동조 제2항). 이 중 국가나 지방자치단체 이외의 정화책임자가 위해성평가를 실시할 수 있는 경우는 사실상 ④인 경우로 극히 제한적이다. 이에 위해성평가 대상의 확대를 검토할 필요가 있다. '정화곤란 부지'에 대한 고려가 대표적이다.[29]

실무상 위해성평가가 정화의 면제로 이해되는 경향이 있는데, 환경 또는 환경에 해로운 영향을 예방하려는 제도의 취지를 몰각하는 이러한 왜곡은 경계되어야 한다. 한편, 위해성평가에 대한 수요가 증가함에 따라 제도의 안전장치(예컨대, 평가항목의 확대, 정화시기 연장에 따른 이행보증금의 예치, 저감조치, 행위제한, 모니터링)를 보다 정교히 할 필요가 있다. 나아가 토양정화의 범위, 시기 및 수준 등에 반영하는 데 그치는 소극적인 방식에서 탈피하여 승인제도를 도입하여 환경부장관이 위해성평가를 거쳐 토양정화의 실시 여부를

27) "자연적인 원인으로 인한 토양오염"이 무엇을 의미하는지 분명치 않아 보인다. 이는 '토양오염'이 개념정의상 인위적인 활동과 결부되는 개념이기 때문에(제2조 제1호) '자연적인 원인'과 조화될 수 없다는 점과 무관하지 않을 것이다.

28) '대통령령으로 정하는 경우'란 도로, 철도, 건축물 등 시설물 아래의 오염토양(국가, 지방자치단체 또는 공공기관이 정화책임자인 경우로 한정)을 정화하려는 경우로서 환경부장관이 위해성평가가 필요하다고 인정하는 경우를 말한다(시행령 제11조의2 제4항).

29) 정화곤란부지, 즉 ① 중금속, 비소 등의 토양오염물질 또는 윤활유, 다이옥신 등의 정화가 어려운 물질로 오염된 부지, ② 상부에 도로, 철도, 대규모 시설 등이 위치하고 있어 현재 적용 가능한 토양정화기술로 오염물질의 농도를 정화기준 이하로 낮추기 위해서는 시설의 장기간 사용을 중단할 필요가 있는 오염부지, ③ 정화에 따른 정화비용이 해당 토지와 그 지상 시설의 가액 및 그 소유 · 점유 또는 운영을 통하여 얻었거나 향후 얻을 수 있을 것으로 기대되는 이익을 현저히 초과하는 등의 경제적 부담이 높은 오염부지 등을 위해성평가의 대상에 포함할 필요가 있다. 박용하 외 2, 토양정화 곤란 부지의 최적 관리방안 연구, 한국환경정책 · 평가연구원, 2016, 97면 이하.

승인하고 사후에 검증을 통해 토양정화의 재실시, 복원 등을 명하는 등 적극적인 방식으로 전환하는 것도 검토할 필요가 있다. 위해성평가 실시자와 지역주민의 상반된 이해관계의 조정, 갈등의 해소 등을 위해 지역주민 등의 의견을 듣도록 하는 것은 위해성평가절차에서 중요한 절차라고 할 수 있다. 이러한 관점에서 원론적으로 조기단계부터 의견수렴절차의 진행, 의견수렴 대상자의 확대, 의견수렴절차에 환경단체 및 민간단체의 참여, 의견수렴 반영 여하에 대한 피드백 등 주민의견수렴절차를 활성화하는 제도적 장치에 대한 모색이 필요해 보인다.

5. 토양정화 검증제도

동법은 토양정화업자가 오염토양을 적정하게 정화하는지에 대한 확인을 위하여 토양오염조사기관으로 하여금 정화과정 및 정화완료에 대한 검증을 하도록 하고 있다(제15조의6).

6. 토양관리단지의 지정

오염지역 밖으로 반출하여 정화하는 오염토양의 효율적인 정화 및 재활용을 위하여 환경부장관은 국유재산 중 환경부장관이 관리청인 토지를 토양관리단지로 지정할 수 있으며 기반시설의 설치 지원 등 토양관리단지의 운영에 필요한 지원을 할 수 있다(제15조의7).

7. 잔류성오염물질 등에 의한 토양오염의 정화

최근 주한 미군기지 반환(예정) 부지에서 다이옥신, 퓨란 등 잔류성오염물질에 의한 토양오염이 확인됨에 따라 신속하고 안전한 정화가 필요하나 토양오염물질로 지정되어 있지 않기 때문에 이와 관련한 정화기준 및 정화방법 자체가 마련되어 있지 않아 반출정화를 포함한 적절한 토양정화가 이뤄지지 않는 것으로 알려지고 있다. 이에 2018. 6. 12. 개정 법은 토양오염이 발생한 해당 부지가 우려기준을 넘는 토양오염물질 외에 잔류성오염물질로도 함께 오염이 발생한 경우, 토양오염정화자로 하여금 오염토양의 정화기준 및 정화방법 등이 포함된 정화계획안을 작성해 해당 지역주민의 의견을 듣도록 함으로써(제15조의8 제1항), 복합적 토양오염에 대처하고 있다.[30] 지역주민의 의견수렴 절차를 두고 있는 것은 오염된 미군기지 반환(예정)이라는 특수한 상황에서 지역주민의 불안감을 해소하고 불필요한 갈등을 최소화하려는 것으로 이해된다. 이에 따르면 정화책임이 있는 자 또는 해당 부지의 관리자(토양오염정화자)는 지역주민의 의견을 반영한 정화계획안에 대하여 환경부장관과의 협의를 거쳐 정화계획을 수립하여야 하고(동조 제2항), 정화계획에 따라 오염된 토양을 정화하는 경우에는 토양정화업자에게 위탁하여 정화하여야 하며, 지정을 받

30) 미군기지 반환(예정) 오염부지의 정화라는 이례적이고 임시적인 상황에 대비하기 위한 것이라고는 하지만 토양오염물질과 잔류성오염물질이 복합된 물질의 법적 성격이나 지위, 그리고 잔류성오염물질의 구성비율 등은 밝히지 않은 채 동법에 따라 정화하도록 하고 있는바, 정합성이나 체계성을 깨트릴 소지가 있다. 차라리 「잔류성유기오염물질 관리법」에서 이를 다루면서 「토양환경보전법」상의 정화기준, 정화방법 등을 준용하도록 하는 것이 어땠을까 하는 아쉬움이 있다.

은 토양오염조사기관으로 하여금 정화과정 및 정화완료에 대한 검증을 하게 하여야 한다(동조 제3항).

Ⅳ. 특정토양오염관리대상시설의 규제

동법은 토양오염관리대상시설과 특정토양오염관리대상시설의 관리체계를 2원화하고 특정토양오염관리대상시설에 대한 관리를 강화하고 있다.

1. 특정토양오염관리대상시설

'토양오염관리대상시설'이란 토양오염물질의 생산 · 운반 · 저장 · 취급 · 가공 또는 처리 등으로 토양을 오염시킬 우려가 있는 시설 · 장치 · 건물 · 구축물 및 그 밖에 환경부령으로 정하는 것을 말한다(제2조 제3호). 토양오염관리대상시설을 한정하지 않고 포괄적으로 규정하고 있기 때문에 제련소, 화학공장, 매립 · 소각시설 등 토양오염 가능성이 큰 시설이 토양오염관리대상시설에 포함될 수 있을 것이다. 2014. 3. 24. 개정 법은 종전의 토양오염관리대상시설의 개념 정의에서 토양오염관리대상시설의 부지와 토양오염이 발생한 장소를 제외하고 있다. 이는 토양오염의 원인이 되는 시설(facility)과 토양오염의 결과인 부지 또는 토지를 분리하는 것으로써, 종전에 '토양오염이 발생한 장소'도 토양오염관리대상시설에 포함되었기 때문에 토양오염이 발생된 부지 또는 토지가 토양오염의 원인이 될 수 있는지와 관계없이 오염 결과만으로 토양오염관리대상시설에 해당하는지 논란이 제기되었는바, 이를 입법적으로 해결한 것이다. 그러나 뒤에서 보는 바와 같이 정화책임자의 범위에는 그 부지나 토양오염이 발생한 장소의 소유자 · 점유자 등이 포함된다. 토양오염물질을 직접 생산 또는 처리하는 시설 등에 한정되지 않기 때문에 토양오염물질을 포함하거나 배출하는 물품 등을 생산 또는 처리하는 시설도 여기에 포함된다.[31]

한편, 동법은 특히 토양오염관리대상시설 중 토양을 현저하게 오염시킬 우려가 있는 토양오염관리대상시설을 '특정토양오염관리대상시설'로 보아 이에 대한 관리를 철저히 함으로써, 토양오염을 사전에 예방하도록 하고 있다. 동법은 환경부령에서 특정토양오염관리대상시설을 정하도록 하고 있는바(제2조 제4호), 여기에는 석유류의 제조 및 저장시설(2만ℓ 이상), 유독물의 제조 및 저장시설, 송유관시설, 기타 위 관리대상시설과 유사한 시설로서 특별히 관리할 필요가 있다고 인정되어 환경부장관이 관계 중앙행정기관의 장과 협의하여 고시하는 시설 등이 포함된다(시행규칙 제1조의3, 별표2).

2. 특정토양오염관리대상시설 설치자의 의무

동법은 특정토양오염관리대상시설에 관한 규정을 두고 이들에 대하여 특별히 관리하

31) 대법원 2010. 2. 11. 선고 2009두20137 판결(택시 차고지로서 세차장 및 정비소를 갖춘 시설을 점유 또는 운영하는 자가 오염원인자에 해당한다고 본 사례).

고 있다. 예컨대 특정토양오염관리대상시설의 설치자[32]는 시설에 대하여 신고[33]하고(제12조 제1항),[34] 토양오염방지시설을 설치하고(동조 제3항), 정기적으로 토양오염검사(토양오염도 검사 및 누출검사)[35]를 받고 검사 결과를 보존하도록 하고 있다(제13조).

현재 토양오염검사는 대규모 특정토양오염관리대상시설에 대하여 실시하고 있는데, 오염지역의 종합적인 파악에 일정한 한계가 있으므로, 사업장의 종류 또는 규모를 불문하고 일정량 이상의 유해물질 및 유해폐기물이 방치된 것이 밝혀진다면 사업장 및 해당 토지의 소유자 또는 점유자로 하여금 관할 관청에 즉시 신고하도록 할 필요가 있다.[36]

한편, 토양오염방지시설을 설치하지 아니하거나 토양오염검사 결과 우려기준을 넘는 경우 각종 행정제재, 즉 방지시설의 설치 또는 개선, 토양정밀조사의 실시, 정화조치, 사용중지 등이 명하여진다(제14조). 특정토양오염관리대상시설에서 배출되는 오염물질의 정도가 심하여 주민의 환경권 또는 환경이익에 대한 중대한 침해가 있는데도 불구하고 행정청이 필요한 조치를 일체 취하지 않는 경우에는 재량의 수축 내지 소멸이 인정될 여지가 많을 것이므로 상황에 따라서는 토양오염관리대상시설 설치자에 대한 일정한 조치명령의 발동은 행정청의 의무가 될 수 있다.

현재 특정토양오염관리대상시설의 설치 · 운영자가 토양오염에 대하여 전혀 기여한 바가 없고 과거의 설치 · 운영자에 의하여 토양오염이 이루어진 경우에 현재의 설치 · 운영자에게 정화조치명령을 할 수 있는지 문제될 수 있다. 오염원인자 책임원칙을 엄격히 적용하는 입장에서는 현재의 설치 · 운영자를 정화조치명령의 대상자로 할 수 없다고 할 것이나,[37] 오염된 토양의 정화를 중요시하는 입법 목적 등을 고려할 경우에는 현재의 설치 · 운영자에게 상태책임을 물을 수 있다고 할 것이다.

---

32) 특정토양오염관리대상시설과 관련한 책임 주체인 설치자 개념에는 운영자가 포함된다(제12조 제3항). 설치자는 당해 시설을 자기의 계산으로 설치한 자를 의미하므로 시설을 타인에게 위임하여 설치한 경우에는 위임자가 설치자이다. 토지를 양수한 사람 또는 특정토양오염관리대상시설을 운영하는 회사를 인수한 사람이 당해 시설의 운영을 포기한 경우에는 설치 또는 운영이라는 요건을 요구하는 규정의 문면에 반하므로 설치자로 볼 수 없다. 조홍식(각주 8), 317 내지 318면.

33) 신고의 법적 성질은 '수리'를 염두에 두고 있다는 점에서(제12조 제2항 · 제3항) 자기완결적 신고로 볼 수 없다.

34) 참고적으로 2014년 말 현재 시 · 도지사에게 신고된 특정토양오염관리대상시설은 모두 22,039개소이며, 이 중 주유소가 14,664개소(66.5%)로 가장 많다. 2016년 환경백서(각주 16), 309면.

35) 토양오염도검사는 토양시료를 채취하여 토양오염물질의 함유정도를 확인하기 위하여 실시하는 검사를 말하며, 누출검사는 지하매설저장시설의 저장물질이 누출되고 있는지 여부와 누출량을 확인하기 위하여 실시하는 검사를 말한다. "특정토양오염유발시설관리지침", 환경부 예규 제2002-1호(2002. 2. 8).

36) 김명용(각주 20), 152면.

37) 단순히 오염된 토양 위에 토양관리대상시설을 설치 · 운영하고 있다는 것만으로는 책임을 물을 수 없고 적어도 현재의 설치 · 운영자가 당해 토양오염관리대상시설을 설치 · 운영한 이후에도 토양오염물질의 누출이 계속되었던 경우에 한하여 책임을 물을 수 있다고 해석하는 것이 타당하다. 그러나 자신의 설치 · 운영기간 중에 토양오염물질의 누출이 없었다는 점을 입증하는 것이 사실상 불가능하고, 더욱이 연대책임의 원칙이 수평적으로만 아니라 수직적으로도 적용된다고 한다면 토양오염의 원인사실에 대한 입증책임을 현재의 토양오염관리대상시설의 설치 · 운영자가 부담하게 되는데, 그러한 입증이 사실상 불가능한 경우가 대부분이라는 점을 고려하면 동 규정은 실제상 시설자 혹은 소유자책임을 부과하는 것처럼 운영될 수 있으며, 소급책임을 인정하는 결과가 될 것이다. 황창식(각주 22), 129 내지 130면.

≪특정토양오염관리대상시설 관리 체계도≫[38)]

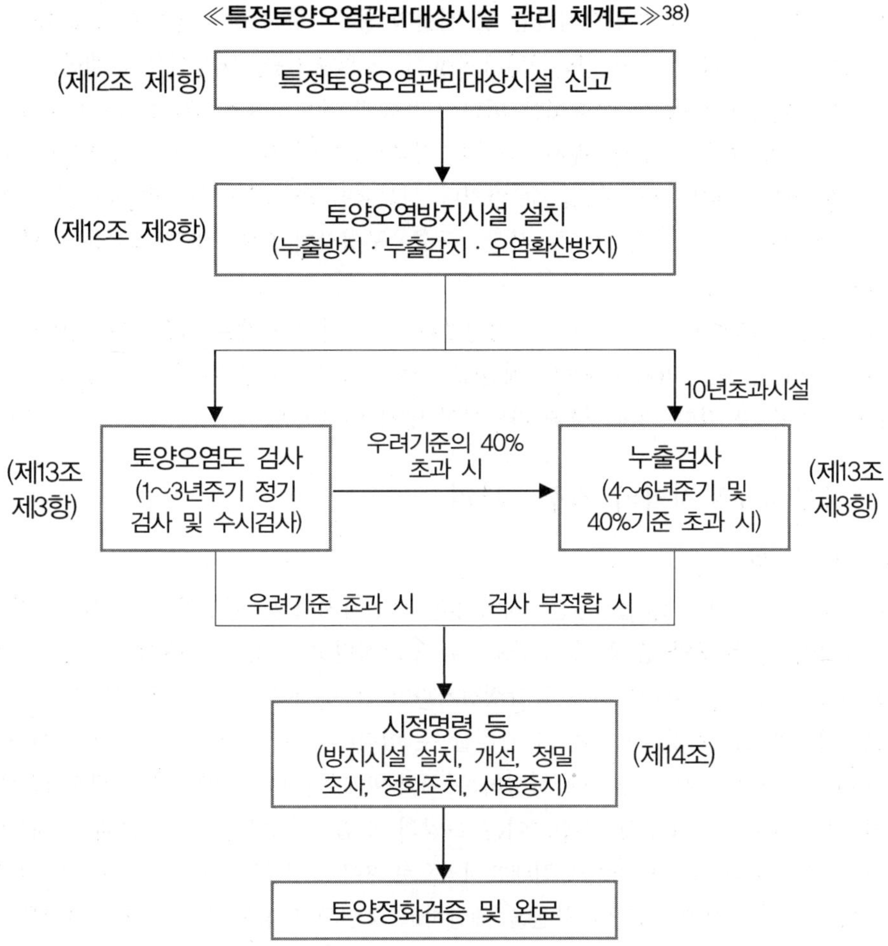

Ⅴ. 토양오염방지조치

시 · 도지사 또는 시장 · 군수 · 구청장은 상시측정 또는 토양오염실태조사의 결과 우려기준을 넘는 지역의 정화책임자에 대하여 토양오염지역의 범위 등을 감안하여 6월의 범위 안에서 그 이행기간을 정하여 토양관련전문기관으로부터 토양정밀조사를 받도록 명할 수 있다(제15조 제1항).

동법은 토양오염우려기준의 실효성과 정화책임자의 책임 확보를 위하여 시 · 도지사 또는 시장 · 군수 · 구청장에게 토양오염방지조치명령권 등을 부여하고 있다. 즉 상시측정 · 토양오염실태조사 또는 토양정밀조사의 결과 우려기준을 넘는 경우, 시 · 도지사 또

38) 환경부, 환경백서, 2007, 637면.

는 시장 · 군수 · 구청장은 토양오염물질 및 시설의 종류 · 규모 등을 감안하여 2년의 범위 안에서 그 이행기간을 정하여 정화책임자에게 ① 토양오염관리대상시설의 개선 또는 이전, ② 해당 토양오염물질의 사용제한 또는 사용중지, ③ 오염토양의 정화조치를 실시하도록 명할 수 있다(동조 제3항 본문). 국가도 정화책임자에 해당할 경우 그 대상자가 될 수 있다.39) 다만, 정화책임자를 알 수 없거나 정화책임자에 의한 토양정화가 곤란하다고 인정하는 경우에는 시 · 도지사 또는 시장 · 군수 · 구청장이 오염토양의 정화를 실시할 수 있다(동항 단서).

그 명령은 처분으로서 기본적으로 행정청과 사인 간의 관계를 규율하는 것이지만 사실상 사인간에 영향을 미치게 된다. 예컨대, 정화조치명령을 받은 자는 구상 등을 통해 제3자에게 배상 및 정화책임을 물을 가능성이 많기 때문이다.

Ⅵ. 토양보전대책지역의 지정 · 관리

1. 지 정

환경부장관은 대책기준을 넘는 지역이나 특별자치시장 · 특별자치도지사 · 시장 · 군수 · 구청장이 관할 구역 중 특히 토양보전이 필요하다고 인정하여 대책지역으로 지정하여 줄 것을 요청하는 지역을 관계 중앙행정기관의 장 및 관할 시 · 도지사와 협의하여 토양보전대책지역으로 지정하여 특별히 관리할 수 있다(제17조 제1항 · 제2항). 다만 환경부장관은 대통령령으로 정하는 경우에 해당하는 지역40)에 대해서는 반드시 대책지역으로 지정하여 관리하여야 한다(동항 단서). 이는 토양의 오염도가 대책기준을 초과한 지역이나 초과할 우려가 있는 지역을 토양보전대책지역으로 지정하여 토지의 이용, 시설의 설치 등을 제한함으로써 오염의 심화와 확산을 예방하고 오염된 토양에 대하여 개선사업을 시행하여 오염원을 제거하고 오염도를 저하시키려는 일종의 특별대책수단이라 할 수 있다.41)

오염된 토양의 개선사업은 환경부장관이 토양보전대책지역으로 지정한 지역에 대하여 시행되므로, 토양보전대책지역의 지정 여부와 개선사업의 내용은 해당 토지에 결정적인 영향을 미치게 된다. 현행법은 대책지역의 지정기준 및 절차에 관하여 대통령령에 위임하고 있는데(제17조 제3항),42) 이러한 사항은 개인의 재산권에 미치는 영향이 크므로 법률에

39) 서울행정법원 2007. 1. 31. 선고 2006구합21504 판결 참조.

40) "대통령령으로 정하는 경우에 해당하는 지역"이라 함은 다음과 같다: ① 재배작물 중 오염물질함량이 「식품위생법」 제7조의 규정에 의한 중금속잔류허용기준을 초과한 면적이 1만㎡ 이상인 농경지; ② 중금속 · 유류 등 토양오염물질에 의하여 토양 · 지하수 등이 복합적으로 오염되어 사람의 건강에 피해를 주거나 환경상의 위해가 있어 특별한 대책이 필요한 지역(시행령 제12조 제1항).

41) 홍준형(각주 13), 894면.

42) 시행령에서는 토양보전대책지역의 지정기준을 ① 농경지의 경우에는 지표면으로부터 30㎝까지의 토양오염도가 대책기준을 초과하거나 시 · 도지사가 재배작물 중 오염물질함량이 관련 허용기준을 초과하여 대책지역 지정을 요청한 지역일 것, ② 농경지 외의 지역의 경우에는 지표면으로부터 지하수(대수층)면 상부 토양 사이의 토양오염도가 대책기준을 초과한 지역 또는 시 · 도지사가 대책지역 지정을 요청한 지역으로서 인체에 대한 피해가 우려되고 그 면적이 1만㎡ 이상의 지

서 그 구체적인 범위를 정하여 개별적으로 위임하는 것이 타당하다고 판단된다.

2. 관 리

동법은 토양보전대책지역의 효율적인 관리 차원에서 대책계획의 수립 · 시행(제18조), 오염토양개선사업의 실시(제19조),[43] 토지이용 또는 시설의 설치제한(제20조), 금지행위(제21조), 대집행(제24조) 등을 규정하고 있다.

제2절 토양오염 피해에 대한 책임

종전 토양오염피해에 대한 무과실책임 규정에 대해서는 공법상의 책임이라고 할 수 있는 정화와 함께 배상책임을 언급하고 있었기 때문에 성격이 다른 책임이 한 규정에 있다는 비판과 함께 사법관계도 규율하는 것으로 볼 수 있는지 논란이 있었다.[1] 그러나 2014. 3. 24. 개정 법은 정화책임 규정을 배상책임과 구별하여 규정함으로써, 그 논란을 해소하고 있다. 배상책임(제10조의3)은 해당 토양오염을 발생시킨 자에게 토양오염의 피해에 대한 무과실책임을 묻고 있으며, 정화책임(제10조의4)은 일정한 범위의 정화책임자로 하여금 오염토양의 정화, 오염토양 개선사업의 실시 등을 실시하도록 하고 있다. 말하자면 전자가 사법상의 책임이라면 후자는 공법상의 책임이라고 할 수 있다.

한편, 토양오염에 대하여는 불법행위책임인 「토양환경보전법」 제10조의3, 「환경정책기본법」 제44조, 일반 불법행위책임(민법 제750조), 공작물책임(민법 제758조) 등에 기한 손해배상책임과 계약책임인 하자담보책임(민법 제580조), 불완전이행책임 등이 문제될 수 있을 것이다.

Ⅰ. 배상책임

1. 토양오염피해에 대한 무과실책임

「토양환경보전법」은 "토양오염으로 인하여 피해가 발생한 경우 그 오염을 발생시킨 자는 그 피해를 배상하고 오염된 토양을 정화하는 등의 조치를 하여야 한다"고 규정함으로써(제10조의3 제1항 본문), 토양오염의 피해에 대한 무과실책임을 인정하고 있다. 이 규

역일 것으로 하고 있다(제12조 제2항).

43) 오염개선사업의 목표기준이 명확하게 설정되어 있지 못하여 어느 정도까지 개선사업을 실시하여야 하는지 그 판단이 어렵다. 대책기준이 하나의 기준으로 작용할 수 있을 것이나 이를 명확히 할 필요가 있다.

1) 구 「토양환경보전법」 제10조의3에 따른 정화책임이 공법상의 위험방지책임(경찰책임)으로 보아야 한다는 견해는 김현준, "토양정화책임 －토양환경보전법 제10조의3에 대한 비판적 검토－", 공법연구 제34집 제1호, 2005. 12, 193면; 조은래, "토양환경보전법상 정화책임의 민사법적 검토", 환경법과 정책 제8권, 2012. 5, 30면. 오염원인자의 정화책임은 공법상의 책임임에 반해 손해배상책임은 사인에 대한 사법상의 책임이라면서 성격이 다른 두 종류의 책임을 한 규정에 두고 있는 것이 입법 기술상 타당하지 않다는 견해는 채영근, "우리나라 토양환경보전법과 그 개정안의 내용과 문제점 －미국의 CERCLA와 비교하며－", 공법연구 제29집 제2호, 2001, 387면.

정은 위험책임의 법리를 실정화한 것으로, 토양오염 피해자는 가해자의 고의 내지 과실을 입증할 필요 없이 손해배상을 받을 수 있다. 예외적으로 무과실책임을 인정한 부분은 민법상 불법행위에 관한 특별규정에 해당하므로 이를 제외한 나머지 불법행위 성립요건에 관해서는 민법상 불법행위 법리가 그대로 적용된다. 또한 동규정은 피해배상뿐만 아니라 '정화'의무를 규정하고 있는데, 토양오염의 사전예방뿐만 아니라 오염된 토양의 사후적 복구를 도모하고 있다는 점에서 의미가 있다.

가. 요 건

(1) 오염을 발생시킨 자

책임주체는 토양오염을 발생시킨 자이다. 책임 주체를 "오염을 발생시킨 자"로 한 것은 종전에 책임의 주체를 '오염원인자'로 하면서 오염원인자가 구체적으로 누구인지, 오염원인자를 토양오염 발생과 직접적인 관련이 없는 자(예컨대, 토양오염관리대상시설의 소유자, 승계인)로 확대해석할 수 있는지 등 논란이 있었는데, 그 논란을 잠재우려는 입법적 노력이라고 이해된다. 그러나 동법은 '오염을 발생시킨 자'에 대한 별도의 개념규정을 두고 있지 않으며, 보기에 따라 그 범위가 여전히 광범위하고, 불분명한 점이 있어서 구체적인 경우 그 해석을 둘러싸고 논란이 제기될 수 있다.

(2) 토양오염피해

'토양오염'이란 사업활동이나 그 밖의 사람의 활동에 의하여 토양이 오염되는 것으로서 사람의 건강 · 재산이나 환경에 피해를 주는 상태를 말한다(제2조 제1호). 동법이 '토양오염물질'을 "토양오염의 원인이 되는 물질로서 환경부령으로 정하는 것을 말한다"고 정의하고 있음(제2조 제2호)에 비추어 토양오염은 토양오염물질로 인한 오염으로 이해된다.

여기서 "토양오염으로 인한 피해"란 토양오염으로 인하여 직접적인 피해가 발생한 경우만을 의미하는 것인가? 아니면 오염된 토지의 매매가 이루어진 후 거래과정에서 오염사실이 제대로 반영되지 못함으로써 매수인에게 생겨날 수 있는 재산상 손해(오염 정화비용 상당의 손해)까지도 포함하는가? 법원은 위 조항에서 언급하고 있는 '정화의무'가 민사법적인 의무라고 지적하면서 "위법한 토양오염이 있다고 인정되는 경우라면 이미 재산이나 환경에 피해가 발생한 상태에 이른 것으로 보아 토양오염 유발자는 그 토지의 전전매수인(전득자)인 현재의 소유자에 대하여도 위 조항에 따른 정화의무를 부담한다"고 설명함으로써,[2] "토양오염으로 인한 피해"를 오염 그 자체를 원인으로 타인에게 손해가 발생한 경우만으로 국한하지 않고 오염된 토지의 매수인이 지출한 정화비용, 처리비용까지도 포함하는 것으로 넓게 해석하고 있다.[3]

2) 대법원 2016. 5. 19. 선고 2009다66549 전원합의체 판결(다수의견에 대한 보충의견, 판례 [5]). 여기에 대하여 소수의견은 위 규정에서 '피해'는 사람의 건강 · 재산이나 환경상의 피해를 말하는데, 위 '피해'에 매매의 대상이 된 토지 자체의 토양오염이나 오염토양정화비용은 포함되지 않는다고 하고 있다.

3) 그러나 여기에서의 피해는 토양오염으로 인하여 발생한 직접 피해만을 의미하며, 거래로 인하여 매수인에게 발생한 피해

불법행위로 인한 손해배상청구권은 현실적으로 손해가 발생한 때에 성립하는 것이고, 현실적으로 손해가 발생하였는지 여부는 사회통념에 비추어 객관적이고 합리적으로 판단하여야 한다(대법원 2003. 4. 8. 선고 2000다53038 판결 참조). 주목할 것은 토양오염이 발생한 경우, 법원은 '정화비용을 지출해야만 하는 상황'이라면 손해가 현실적으로 발생하였다고 본다는 것이다(판례 [1]).

[1] 대법원 2016. 5. 19 선고 2009다66549 전원합의체 판결

현재의 토지 소유자가 오염토양 또는 폐기물이 매립되어 있는 지하까지 그 토지를 개발·사용하게 된 경우 등과 같이 자신의 토지소유권을 완전하게 행사하기 위하여 오염토양 정화비용이나 폐기물 처리비용을 지출하였거나 지출해야만 하는 상황에 이르렀다거나 구 토양환경보전법에 의하여 관할 행정관청으로부터 조치명령 등을 받음에 따라 마찬가지의 상황에 이르렀다면 위 위법행위로 인하여 오염토양 정화비용 또는 폐기물 처리비용의 지출이라는 손해의 결과가 현실적으로 발생하였다고 할 것이므로, 토양오염을 유발하거나 폐기물을 매립한 종전 토지 소유자는 그 오염토양 정화비용 또는 폐기물 처리비용 상당의 손해에 대하여 불법행위자로서 손해배상책임을 진다.

나. 책임의 내용

제10조의3 제1항은 손해배상과 오염된 토양의 정화를 그 책임으로 인정하고 있다. 이는 원인자의 과실 여부를 떠나 인정되는 '무과실책임'이다. 여기서 '정화책임'은 앞서 피해배상책임과 같이 불법행위에 따른 책임이라고 할 수 있으며, 피해배상과 정화의무의 이행은 상호보완적인 관계에 있다.[4] 원인자에게 배상과 함께 '오염된 토양'을 정화하는 조치를 구할 수 있는데, '오염된 토양'에 대한 개념 정의가 없어 다소 혼란스러운 부분이 있다. 예컨대, 여기서 말하는 '오염된 토양'이 공법상의 정화책임의 책임범위가 되는 오염도가 우려기준을 초과하는 경우로 보아야 하는가? 제11조 제3항에서는 '오염토양'과 관련해서 "오염도가 우려기준을 넘는 토양"이라고 정의하고 있기 때문에 이러한 정의가 제10조의3에 따른 정화의무에도 유추적용될 수 있다는 견해가 있을 수 있으나 공법상 책임과 사법상 책임을 구별하고 있는 상황에서 공법상 정화책임에 적용되는 이러한 요건이 제10

는 포함하지 않는다고 보는 것이 합리적인 해석이라고 생각한다.

4) 이와 관련해서 제10조의3의 '배상' 부분은 손해배상책임을, '정화' 부분은 동법상의 정화책임을 규정하고 있다는 견해가 있다. 조홍식, 환경법원론, 박영사, 2019, 557면. 그러나 2014. 3. 24. 개정 시 개정이유에서 "토양오염에 따른 사법상의 손해배상책임과 공법상의 토양정화책임 간의 법적 영역을 명확히 구분하도록 함(제10조의3)"을 밝히고 있는 점, 종전에 한 조문에서 배상책임과 같이 다루던 정화책임을 제10조의4에서 별도로 규정하고 있는 점, 제11조 제3항(토양정밀조사), 제15조 제3항(토양오염방지 조치명령) 등과 같은 행정명령의 근거 규정을 두고 있지 않은 점 등을 살펴볼 때 제10조의3은 사법상의 책임으로 이해하는 것이 타당하다. 다만 동조문에서 종전의 "오염토양을 정화하여야 한다"라는 표현 대신에 "오염된 토양을 정화하는 등의 조치를 하여야 한다"라는 유사한 표현을 사용한 것은 불필요한 논란을 제기할 수 있다는 점에서 입법의 부주의라고 할 수 있다.

조의3에 따른 사법상 책임에도 그대로 적용될 수 있는지는 의문이다.[5)]

다. 책임의 면제

동법은 명시적으로 토양오염이 천재지변이나 전쟁, 그 밖의 불가항력으로 인하여 발생한 경우 책임을 묻지 않고 있다(제10조의3 제1항 단서).

2. 복수원인자 책임

수인이 공동으로 오염물질을 배출하여 환경피해를 야기한 경우 과연 누구에 의해 피해가 발생한 것인지를 밝히기란 쉬운 일이 아니다. 이러한 환경피해에 대한 책임소재 규명의 어려움을 해결하기 위하여 「토양환경보전법」 제10조의3 제2항은 「환경정책기본법」 제44조 제2항의 규정 취지와 같은 맥락에서 "토양오염을 발생시킨 자가 둘 이상인 경우에 어느 자에 의하여 제1항의 피해가 발생한 것인지를 알 수 없을 때에는 각자가 연대하여 배상하고 오염된 토양을 정화하는 등의 조치를 하여야 한다"라고 규정하고 있다.

이러한 연대책임규정은 같은 시기에 공간적으로 인접한 2개의 사업장에서 오염물질을 배출하여 토양을 오염시킨 경우에 적용될 것은 분명하지만, 같은 장소에 시간을 달리하여 존재한 복수의 사업장에 의한 토양오염의 경우 또는 2인 이상이 누적적으로 같은 장소의 토양을 오염시킨 경우 관련당사자 모두를 책임자로 볼 수 있는지는 불분명하다. 실제 입증의 여하는 별론으로 하고, 이를 소극적으로 해석할 이유는 없다고 본다.

복수원인자의 연대책임을 인정하는 이유는 토양오염으로 인한 피해는 그 피해의 만성적·누적적 성격 때문에 그 책임소재 규명이 매우 어렵고, 경우에 따라서는 책임분할 자체가 곤란하며, 이미 도산하였거나 지불능력이 없는 자에게 책임을 묻는 것이 현실적으로 의미가 없기 때문이다. 모든 원인자에게 소를 제기하지 않고 상대적으로 부유한 자(deep pocket)에게 비용을 소구할 수 있도록 하는 것이 정화작업의 중요한 요소인 신속성을 확보할 수 있게 한다는 점도 복수원인자에게 연대책임을 묻는 중요한 이유가 될 수 있다.

그러나 연대책임은 부유한 자에게는 아무리 오염억제조치를 취하여도 책임을 지도록 하고 가난한 자에게는 책임추구 가능성을 배제함으로써, 이들 모두에게 도덕적 해이(moral hazard)를 유발하여, 결과적으로 오염억제효과를 반감시키고, 오염 기여도가 적은 자에게 지나친 부담을 줌으로써, 형평의 관념과 오염원인자 책임원칙에 반한다는 비판이 제기될 수 있다.

3. 「환경정책기본법」상의 무과실책임과의 관계

「토양환경보전법」상의 토양오염피해에 대한 배상책임 규정은 개별 환경법에서 무과

---

5) 이른바 대한전선 사건에서 법원은 '토양오염'에 대한 개념 정의(제2조 제1호)를 유추하여 '오염토양'을 "토양오염물질이 축적되어 사람의 건강·재산, 동·식물의 생육에 지장을 주는 토양"이라고 정의하고 있다. 대법원 2011. 5. 26. 선고 2008도2907 판결 참조(이 사안에서는 문제의 토양이 우려기준을 초과하고 있기 때문에 그 결론이 달라지지는 않을 것이다).

실책임을 인정하고 있는 유일한 규정이다.[6] 이 규정이 「환경정책기본법」상 원인자의 무과실책임 규정, 즉 "환경오염 또는 환경훼손으로 피해가 발생한 경우에는 해당 환경오염 또는 환경훼손의 원인자가 그 피해를 배상하여야 한다(제44조 제1항)"는 규정에 대하여 특별법적 지위를 갖는가에 대하여는 논란이 제기될 수 있다.

「토양환경보전법」은 환경오염의 피해 원인을 '토양오염'에 국한하고, '토양오염물질'을 한정하고 있다. 다시 말하면 토양오염은 「환경정책기본법」 제44조상 환경오염의 한 유형이고, 토양오염을 발생시킨 자는 「환경정책기본법」 제44조상 '원인자'에 포섭될 수 있기 때문에 「토양환경보전법」상 무과실책임 규정의 구제범위는 「환경정책기본법」상 원인자의 무과실책임 규정의 구제범위보다 제한적이라고 할 수 있다. 결국 피해자는 입증부담을 덜기 위하여 「토양환경보전법」 제10조의3 제1항이 적용될 수 있는 경우에도 이 규정에 의하지 않고 구제범위가 보다 넓은 「환경정책기본법」 제44조에 기한 책임을 물을 가능성이 있다. 그러나 「토양환경보전법」 제10조의3은 피해자로 하여금 손해배상뿐만 아니라 '정화'책임도 물을 수 있도록 하기 때문에 정화를 위한 구제수단으로 여전히 의미가 있다고 할 수 있다.

그러나 피해자가 흔히 손해배상의 전 단계로 정화를 포함한 정상 복구를 요구하고, 그것이 여의치 않을 경우에 손해배상을 청구할 가능성이 많기 때문에 「토양환경보전법」상의 무과실책임 규정은 상당 부분 의미가 퇴색되어 있다고 할 수 있다. 더욱이 2014. 12. 31. 제정(2016. 1. 1. 시행)된 「환경오염피해 배상책임 및 구제에 관한 법률」은 「토양환경보전법」상의 무과실책임 조항 자체의 폐지까지 심각하게 고려하도록 하고 있다.[7]

Ⅱ. 정화책임

동법은 일정한 정화책임자에게 토양정밀조사, 오염토양의 정화 또는 오염토양 개선사업의 실시를 하도록 하고 있다. 특히 오염원인자의 범위를 정하고 있던 종전 규정이 헌법불합치 결정을 받음으로써,[8] 2014. 3. 24. 개정 법은 정화책임의 주체로 '정화책임자'라는 용어를 새로이 도입하고, 정화책임자의 범위를 재설정하고, 면책을 확대하는 등 대폭적인 손질을 하였다.

---

6) 토양오염은 일반적 환경피해에 포함시켜 통일적 규율의 대상으로 함에 큰 문제가 없을 것이다. 입법론상 다른 환경오염(예컨대, 수질오염, 대기오염, 지하수오염 등)과 달리 특별히 토양오염만을 특별히 취급할 필요성은 없어 보인다. 일본 「大氣汚染防止法」(제25조 제1항), 「水質汚濁防止法」(제19조 제1항)에서는 일정한 경우 사업자의 무과실책임을 인정하고 있다.

7) 동법은 일정한 대상 시설에 대한 무과실책임, 보험 가입의 의무화, 인과관계 추정, 환경오염피해 보상계정 설치·운용 등 규정을 둠으로써 피해자 구제의 신속성과 충실성을 도모하고 있다. 동법은 토양오염관리대상시설을 적용대상으로 하고 있는바, 토양오염관리대상시설로 인한 토양오염피해에 대한 배상책임의 근거로 굳이 「토양환경보전법」상의 무과실책임 규정을 둘 필요성은 많지 않다고 보인다. 그러나 토양오염관리대상시설 이외의 원인자로 인한 토양오염피해에 대하여, 그리고 배상책임 이외에 '정화'책임도 물을 수 있도록 하고 있다는 점은 여전히 의미를 갖는다고 할 것이다.

8) 헌재 2012. 8. 23. 선고 2010헌바167 결정(마산주유소 사건); 헌재 2012. 8. 23. 선고 2010헌바28 결정(부영 사건).

1. 정화책임자

동법은 제10조의4에서 오염토양의 정화 등 책임을 지는 '정화책임자'를 특정하고 있다. 여기에는 ① 토양오염물질의 누출·유출·투기(投棄)·방치 또는 그 밖의 행위로 토양오염을 발생시킨 자, ② 토양오염의 발생 당시 토양오염의 원인이 된 토양오염관리대상시설의 소유자·점유자 또는 운영자, ③ 합병·상속이나 그 밖의 사유로 ① 및 ②에 해당되는 자의 권리·의무를 포괄적으로 승계한 자, ④ 토양오염이 발생한 토지를 소유하고 있었거나 현재 소유 또는 점유하고 있는 자가 포함된다(동조 제1항). 다만 ④에 해당하는 토지의 소유자·점유자는 선의·무과실 등 일정한 경우에는 면책된다(동조 제2항). 이는 ④에 해당하는 토지의 소유자·점유자를 제외한 다른 정화책임자에게는 사실상 면책이 인정되지 않는 무과실책임을 인정하는 셈이다. 이 정화책임자 조항은 과거 오염원인자의 범위에 관한 논란을 어느 정도 해결했다는 점에서 의미가 크다. 그러나 구체적인 경우 그 해석을 둘러싼 치열한 논란이 예상되고 있다.

가. 토양오염을 발생시킨 자

동법은 토양오염물질의 누출·유출·투기(投棄)·방치[9] 또는 그 밖의 행위[10]로 토양오염을 발생시킨 자를 정화책임자로 규정하고 있다(동조 제1항 제1호). 이는 토양오염관리대상시설의 소유·점유·운영 여부와 관계없이 토양오염물질을 사용 또는 취급하던 중 토양오염이라는 결과를 야기한 경우 정화책임을 지도록 하고 있는 것이다. 이러한 점에서 '토양오염을 발생시킨 자'가 지는 책임은 '행위책임'이라고 할 수 있다. 그 결과 행위와 토양오염의 발생 사이에 인과관계가 존재하여야 하는데, 주지하는 바와 같이 인과관계를 명확히 밝히는 것은 쉽지 않다.

'오염을 발생시킨 자'의 범위는 상당히 넓다고 할 수 있으며, 다소 모호한 측면도 있다. 이는 '그 밖의 행위'를 어떻게 해석하느냐의 문제와 관련이 있다. 예컨대, 토양오염물질의 발생자로서 그 처리를 위탁한 자를 토양오염을 발생시킨 자로 볼 수 있는지 분명하지 아니하다. 토양오염물질을 발생시킨 자가 그 처리를 위탁한 경우 발생자는 적절한 처리를 위탁하였을 뿐 토양에 누출·유출시키거나 투기·방치하였다고 보기는 어렵다고 볼 수도 있으나, 토양오염물질의 발생은 기업의 운영에 있어서 불가피하고, 당해 기업은 그로 인해 막대한 이윤을 획득하고 있으므로 정화책임자로 보아 책임을 부담케 하는 것이 오염된 토양의 정화를 중요한 목적으로 하는 법 취지에 보다 부합할 것이다.[11] 논란을 없

9) 토양오염의 원인이 되는 물질을 방치함으로써 토양오염을 유발시킨 자는 토양의 정화책임자에 해당한다고 할 것이지만, 이미 오염된 토양을 정화하지 않고 방치하는 행위는 그 행위로 인하여 새로운 토양오염을 유발시키지 않은 이상 토양의 정화책임자에 해당한다고 할 수 없다. 광주지법 2010. 3. 26. 선고 2009노2091 판결.

10) 토양오염물질의 누출, 유출, 투기 없이 단순히 토양의 위치만 이동하는 것(복토)을 토양오염행위로 보아야 하는가? 인과관계 연속에 참여한 자를 광범위하게 정화책임자로 하고 있는 동법의 목적 및 취지에 비추어 "그 밖의 행위"에 해당한다고 보는 것인 합리적인 해석일 것이다.

11) 이에 반해 위탁은 특별한 사정(예컨대 수탁업자와의 공모)이 없는 한 '그 밖의 행위'에 포섭되지 않는다는 견해는 조홍식

애기 위해서는 입법적으로 이를 분명히 할 필요가 있다.

나. 토양오염관리대상시설의 소유자 · 점유자 · 운영자

또한 동법은 토양오염 '발생' 당시 토양오염의 원인이 된 토양오염관리대상시설의 소유자 · 점유자 · 운영자를 정화책임자로 명시하고 있다(동항 제2호). 그 결과 토양오염물질을 직접 발생시키지는 않았더라도 토양오염의 '발생' 당시[12] 소유자 · 점유자 · 운영자라면 그 책임을 질 수 있다.[13] 앞서 토양오염을 발생시킨 자(동항 제1호)가 지는 책임이 행위책임이라면 소유자 · 점유자 · 운영자가 지는 책임은 토양오염관리대상시설을 지배하고 있다는 사실만으로 인정되는 '상태책임'이라고 할 수 있다.[14] 그러나 '토양오염의 원인이 된'이라는 요건이 충족되어야 하므로, 토양오염을 유발시키는 직접적 행위가 매개되지 않더라도, 토양오염관리대상시설과 토양오염 간의 관련성은 인정되어야 한다.[15] 이는 토양오염의 발생과 행위와의 직접 관련성을 요구하는 제1호의 오염을 발생 시킨 자와 구별되는 것이다. 실제 토양오염을 발생시킨 자와 토양오염관리대상시설의 소유자 · 점유자 · 운영자는 중복될 가능성이 많으나 이를 굳이 구별해 본다면, 예컨대 송유관에서 기름을 도굴하는 과정에서 기름이 누출된 경우 도굴자는 전자, 송유관 소유자는 후자에 해당될 것이다.

(각주 4), 571면.

12) '배출'과 오염 '발생' 간에는 시간 차가 있을 수 있으며, 오염원인자 책임원칙에 부합하기 위해서는 발생이라는 표현 대신에 '배출' 또는 '처리' 등의 표현이 보다 적합하다고 생각한다. 참고적으로 미국 「종합환경대응보상책임법(CERCLA)」은 유해물질의 '처분(disposal) 당시'에 시설(부지를 포함)을 소유 또는 운영하였던 자에게 동법상의 책임을 묻고 있다. CERCLA §107 (a)(1), (2).

13) 2014. 3. 24. 개정 전 "소유 · 점유 또는 운영하고 있는 자"라는 현재형 대신에 "소유자 · 점유자 또는 운영자"라는 표현을 쓰고 있는 점에 주목하면서 제2호가 토양오염의 '발생 당시'를 기준으로 '그 원인을 제공한' 시설의 소유자 · 점유자 또는 운영자를 정화책임자로 하고 있다는 견해가 있다. 박종원, "2014년 개정 「토양환경보전법」에 따른 토양정화책임에 대한 평가와 전망", 환경법연구 제36권 제1호, 2014. 4, 313면. 이러한 견해는, 이 글에서 분명히 밝히고 있지는 않지만, 제2호의 정화책임자에게 소급책임이 인정될 수 있다고 이해하는 것으로 보인다.

14) 조홍식(각주 4), 571면; 헌재 2012. 8. 23. 선고 2010헌바167 결정(마산주유소 사건). 제1호에서 '행위책임자'인 '토양오염을 발생시킨 자'에 대하여 별도로 규정하고 있다는 점에서 제2호에서 상태책임자를 정화책임자의 범위에 포함시키려고 한 것이 입법자의 의도라고 해석할 수 있으며, 상태책임을 인정하지 않을 경우에는 토양오염의 장기성 · 누적성 등으로 인해 그 원인자를 발견하기가 쉽지 않은 상황에서 입법 취지가 크게 손상될 수 있다. 그러나 김종대 재판관(소수의견)은 "토양오염관리대상시설의 소유자 · 점유자 · 운영자는 토양오염 발생 당시에 그 원인이 된 토양오염관리대상시설을 사실적으로 지배하고 있으나(이는 기본적으로 소유자 등의 책임이 상태책임임을 인정하는 것으로 이해됨), 토양오염관리대상시설의 양수자 · 인수자는 토양오염관리대상시설을 양수 · 인수하기 이전에는 토양오염의 발생과 전혀 무관하므로, 토양오염 발생에 대한 귀책의 정도가 본질적으로 다르다"고 지적한 바 있다. 마찬가지로, 소유자(제2호)의 책임이 상태책임인지 여하를 분명히 하지 아니한 채, 경찰책임의 법리에 따를 경우 소유자의 책임과 양수인(구법 제10조의4 제3호, 2014. 3. 24. 개정 법에서는 삭제됨)의 책임은 다른 유형의 책임으로 보아야 한다는 견해가 있다. 박종원 · 김현준, 토양정화책임 관련 분쟁사례 분석, 한국법제연구원, 2012. 10, 204면. 기본적으로 상태책임이라고 인정하면서 토양오염 '발생 당시' 토양오염관리대상시설의 소유자 · 점유자 · 운영자를 정화책임자로 하고 있는 점, '운영자'가 포함되어 있는 점 등에 비추어 이들 정화책임자 중에는 행위책임자에 해당하는 자 또는 양자의 성격이 혼재되어 있는 자가 있을 수 있다는 견해도 있다. 김연태, "토양환경보전법상 정화책임자의 범위와 책임의 한계", 고려법학 제77호, 2015. 6, 99면.

15) 대법원 2012. 1. 26. 선고 2009다76546 판결(갑이 토지소유자 을에게서 토지를 임차하여 주유소를 운영하였는데 인접장소에서 유류에 오염된 토양이 발견되어 토양오염검사(누출검사)를 실시한 결과, 갑의 주유소 유류저장조에 연결된 배관 불량이 원인으로 판명된 사안에서, 갑과 을의 토지임대차관계 등 제반 사정에 비추어 을 소유의 토지와 인접한 토양의 오염 사이에 인과관계가 인정되지 않는다는 이유로, 을에게 피해배상책임을 부담할 수 없다고 한 사례).

[2] 택시 차고지 사건: 대법원 2010. 2. 11. 선고 2009두20137 판결

이 사건 토지에 대한 오염은 이 사건 토지가 택시 차고지로 사용된 1987년경 이래 원고가 점유 · 사용하고 있는 현재까지 계속되고 있다고 볼 것이므로, 원고는 토양오염의 발생 당시 토양오염의 원인이 된 도양오염관리대상시설을 점유 또는 운영하는 자로서 본 법 제10조의3 제3항 제2호의 오염원인자에 해당한다고 할 것이다.

여기서의 토양오염관리대상시설의 소유자 등에 당해 시설에 대한 담보권을 보유하면서 운영에 참여한 자가 포함되는지는 분명하지 아니하다. 미국에서도 이를 둘러싼 논란이 지속되고 있다는 점을 감안할 때 입법적 해결이 요망된다. 한편 「신탁법」에 따른 신탁으로 인하여 시설의 소유권이 수탁자인 신탁회사에 이전된 경우 신탁회사는 정화책임자가 될 수 있다.

다. 권리 · 의무의 승계자

동항 제3호는 "합병 · 상속이나 그 밖의 사유로 제1호 및 제2호에 해당하는 자의 권리 · 의무를 포괄적으로 승계한 자"를 규정함으로써, 양수인의 의무승계에 관한 규정을 두고 있다. 그 결과 토양오염의 원인에 기여하지 않더라도 토양오염을 발생시킨 자(제1호)나 토양오염관리대상시설의 소유자 · 점유자 또는 운영자(제2호)의 지위를 승계한 자가 정화책임을 질 가능성이 높아졌다.

전통적으로 포괄적 승계라는 법률적 효과를 발생하는 것으로 이해되어 온 합병, 상속의 경우에는 동 규정이 특별한 의미를 갖지 않는다. 문제는 '영업양도'와 같은 특수한 경우인데, 해석상 "그 밖의 사유"에 포함되어 일정한 경우에는 그 승계자의 책임이 인정될 수 있을 것이다. 문제의 핵심은 영업양도의 의미가 무엇인지, 어느 경우에 '포괄적' 승계가 있는지 등일 것이다.

원칙적으로 영업의 동일성이 인정되는 경우 양수인은 양도인의 책임을 부담한다 할 것이다. 동일성의 판단은 종래의 영업조직의 전부 또는 중요한 일부가 유지되며 같은 기능을 할 수 있느냐에 의하여 판단되어야 한다.[16] 동일성을 결정하는 데 있어 중요한 요소는 주주의 계속성, 이사의 계속성, 임원의 계속성이지만[17] 그 밖에도 동일한 고용인, 동일한 감독자, 동일한 장소, 동일한 생산시설, 동일한 제품, 동일한 영업, 동일한 상호, 자산의 계속성, 양도기업과의 일체성 등이 제시될 수 있을 것이다.

'자산인수'의 경우에는 자산의 상당부분을 인수한 경우라도 원칙적으로 포괄적 승계가 이루어진 것이 아니므로 그 인수자가 양도인의 기존 책임을 승계한다고 할 수는 없을 것이다. 이에 이러한 원칙을 악용하는 거래행위를 제한할 필요성이 제기되는데, 이때 비록

16) 대법원 1989. 12. 26. 선고 88다카10128 판결; 이철송, 상법총칙 · 상행위, 박영사, 1996, 241면.
17) 김홍균, "환경법상 책임의 승계", 사법 제29호, 2014. 9, 165면.

예외적이지만 자산인수의 경우에도 양수인이 양도인의 책임을 승계할 수 있다는 경우를 인정하여 온 미국 법원의 태도는 참고할 만하다.[18)]

사업을 '분할'한 경우는 어떠한가. 예를 들어 사업을 분할하여 새로운 법인을 설립하거나 다른 법인에 합병하는 경우 신설법인이 그 권리 · 의무를 포괄적으로 승계하여 정화책임자가 되는지 문제될 수 있다. 신설법인이 "권리 · 의무를 포괄적으로 승계한 자"에 해당한다는 견해가 있을 수 있으나 동 규정에서 "권리 · 의무를 포괄적으로 승계한 자"의 예시로 합병과 상속만을 들고 분할을 들고 있지 않아 해석상 논란이 제기될 수 있다.

라. 토지의 소유자 · 점유자

2014. 3. 24. 개정 법은 "토양오염이 발생한 토지를 소유하고 있었거나 현재 소유 또는 점유하고 있는 자"를 정화책임자로 하고 있다(동항 제4호). 이에 따라 '토지'의 과거 소유자나 현재 소유자 · 점유자가 오염토양의 정화 등 책임을 지게 된다. 이는 토양오염의 원인을 제공하였는지와 관계없이 오염 결과만으로 오염된 토지의 소유자 · 점유자가 정화책임을 질수 있다는 것을 의미한다. 토지의 소유자 · 점유자라는 이름으로 책임을 지기 때문에 '상태책임'으로 이해된다. 이와 같이 상태책임이라는 점에서 앞서 토양오염관리대상시설의 소유자 등의 책임(제2호)과 유사하지만 '시설'책임이 아니라 '토지'책임이라는 점에서 구분된다. 그리고 양자 간의 중요한 구별실익은 뒤에서 살펴보는 면책이 '토지'책임과 관련해서만 적용된다는 것이다.

2. 책임의 내용

정화책임자가 지는 책임의 내용은 제11조 제3항, 제14조 제1항, 제15조 제1항 · 제3항 또는 제19조 제1항에 따른 토양정밀조사, 오염토양의 정화 또는 오염토양 개선사업의 실시(토양정화등)이다.

3. 면 책

종전에는 토양오염관리대상시설(2014. 3. 24. 개정 전에는 부지와 토양오염이 발생한 장소를 포함하였음)의 양수자가 선의 · 무과실인 경우에만 그 책임을 면할 수 있도록 하였다(구법 제10조의4 단서). 그러나 2014. 3. 24. 개정 법은 신뢰보호의 원칙 또는 과잉금지원칙 위반 상태를 해소한다는 차원에서 넓게 면책을 인정하고 있다. 즉 제10조의4 제1항에도 불구하고 다음의 어느 하나에 해당하는 경우에는 같은 항 제4호('토지'의 소유자 · 점유자)에 따

---

18) 참고적으로 미국 법원은 자산인수의 경우에도 양수인이 양도인의 책임을 인수할 수 있다는 예외적인 경우를 인정하여 왔다. 예를 들어, 당사자간에 책임을 인수한다고 약정을 하는 경우(assumption of liability), 회사법이 요구하는 합병절차를 밟지 아니하였으나 사실상 합병에 상당하는 기업통합이 있는 경우(*de facto* merger), 거래대금을 지불하지 않고 사기행위(fraud)로 회사를 인수한 경우, 단순히 기업형태만 바꾸고, 동일한 주주, 이사, 임원을 가지고 동일한 영업을 하는 경우(mere continuation) 등이 그것이다. William B. Johnson, *Liability of Parent or Successor Corporation, or Corporate Shareholders, in Action Pursuant to Comprehensive Environmental Response, Compensation, and Liability Act*, 121 American Law Reports 173 (1997).

른 정화책임자로 보지 아니한다. 다만, 1996년 1월 6일 이후에 제1항 제1호(토양오염을 발생시킨 자) 또는 제2호(토양오염관리대상시설의 소유자 · 점유자 · 운영자)에 해당하는 자에게 자신이 소유 또는 점유 중인 토지의 사용을 허용한 경우에는 그러하지 아니하다: ① 1996년 1월 5일 이전에 양도 또는 그 밖의 사유로 해당 토지를 소유하지 아니하게 된 경우; ② 해당 토지를 1996년 1월 5일 이전에 양수한 경우; ③ 토양오염이 발생한 토지를 양수할 당시 토양오염 사실에 대하여 선의이며 과실이 없는 경우; ④ 해당 토지를 소유 또는 점유하고 있는 중에 토양오염이 발생한 경우로서 자신이 해당 토양오염 발생에 대하여 귀책사유가 없는 경우(동조 제2항).

이에 따르면 면책은 '토지'의 소유자 · 점유자에게만 인정되고 토양오염을 발생시킨 자, 토양오염관리대상시설의 소유자 · 점유자 · 운영자 등에는 인정되지 않는다. 즉 1996년 1월 6일 이후 해당 토지를 양도하거나 소유하지 아니하게 된 경우에는 면책되지 않는데, 이는 오염이 발생한 토지의 소유자가 해당 토지를 양도하거나 소유권을 포기함으로써 책임으로부터 벗어날 수 있는 불합리한 결과를 막기 위한 것이라고 이해할 수 있다.

기준 시점을 「토양환경보전법」(1995 1. 5. 제정)의 시행일인 1996년 1월 6일로 하고, 그 이전에 토지를 양도 · 양수한 경우 면책을 하고 있는바, 그 규정 형식은 면책이지만 2014. 3. 24. 개정 법을 기준으로 할 경우에는 토지의 소유자에게 사실상 소급책임(다만, 기준 시점 이전에는 소급효가 제한됨)을 인정하는 것이다. 면책규정 제10조의4 제2항 제1호(소유), 제2호 · 제3호(양수)에서 점유가 누락되어 있는데, 점유자를 정화책임자에서 뺄 이유가 없다는 점에서 입법의 부주의로 보인다.

한편, 단지 토지의 소유자 · 점유자라는 이유만으로 책임을 지게 된다면 이는 책임원칙에 반하고, 형평에 맞지 않는 결과를 초래할 수 있으며, 자칫 투자가 위축되는 예기치 아니한 부작용까지 초래할 우려가 있게 된다. 이러한 점을 고려하여 동법은 토지의 소유자 · 점유자 등을 보호하기 위하여 토지의 양수인이 선의 · 무과실인 경우 그 책임을 면할 수 있도록 하고 있다.

이러한 선의 · 무과실 면책 규정은 미국 「종합환경대응보상책임법(CERCLA)」상의 선의의 소유자(innocent landowner)항변을 도입한 것이다.19) 그러나 어떠한 경우에 토지 양수인의 선의 · 무과실이 인정되는지에 대하여는 명문규정을 두고 있지 아니하므로 구체적 적용에 있어서는 논란이 예상된다. 기본적으로 선의 · 무과실은 사안별로 판단할 수밖에 없다. 예컨대, 토양환경평가를 받아 그 토지의 오염 정도가 우려기준 이하인 것을 확인하는 경우는 그렇지 않은 경우에 비해 선의 · 무과실을 인정받기 쉬울 것이다. 향후 논란을

---

19) 미국 「종합환경대응보상책임법」에서는 선의 · 무과실이 아닌 "모든 적절한 조사(all appropriate inquiries)"라는 표현을 사용하고 있다. 이에 따르면 선의의 토지소유자(innocent landowner)는 그 책임을 면하기 위해서 문제의 부지를 매수하기 전에 이전 소유자와 용도 등에 대해 "모든 적절한 조사"를 한 후에, 해당 부지를 매수할 당시 문제의 부지에서 유해물질이 처분되었다는 것을 몰랐거나 모름에 상당한 이유가 있음을 입증해야 한다. CERCLA § 101(35)(A)(i), (B)(i).

차단하기 위해서 선의 · 무과실이라는 개념보다는 적절한 조치를 취한 경우 면책된다는 표현으로 바꾸고, 적절한 조치를 명확히 하는 것도 고려할 필요가 있다.[20)]

[3] 선의 · 무과실: 창원지법 2008. 12. 18. 선고 2007구합3204 판결(상고)

건설전문업체인 원고로서는 아파트 건설을 위하여 철강공장 부지였던 이 사건 토지를 매수함에 있어 더욱 신중하게 처리하는 것이 통상적일 것임에도, 법 제10조의2 제1항의 토양환경영향평가 등 토양오염실태에 대한 별다른 조사 없이 이 사건 매매계약을 체결한 점, 매수 당시 이 사건 토지 및 그 지상 공장시설의 상태, 원고가 위 매매계약 당시 한국○○과 사이에 이 사건 토지 지상, 지하의 폐기물에 대하여 자신이 책임지기로 약정하는 등 위 매매계약의 약정 내용, 그 밖의 이 사건 토지의 규모, 현황, 형성과정 등에 비추어 보면, 원고는 위 매매계약 당시 설령 이 사건 토지의 토양오염 상태 및 그 정도를 알지 못하였다 하더라도 거기에 과실이 있었다고 봄이 상당하다.[21)]

또한 2014. 3. 24. 개정 법은 "해당 토지를 소유 또는 점유하고 있는 중에 토양오염이 발생한 경우로서 해당 토양오염 발생에 대하여 귀책사유가 없는 경우"에 토지 소유자 또는 점유자는 정화책임자로 보지 아니한다는 규정을 두고 있다(제10조의4 제2항 제4호). 이는 토지의 오염 발생이 인접 부지로부터 이동한(migrated) 오염물질에 의해 초래된 경우와 같은 소극적 형태의 오염 발생에 의해 오히려 피해자라고 할 수 있는 토지의 소유자 및 점유자에게 정화책임을 부과하는 것이 부당하다는 그 동안의 비판을 받아들인 것이라고 할 수 있다.[22)]

"귀책사유가 없는 경우"를 일반적 의미와 같이 고의 · 과실이 없는 경우로 이해할 경우에는 정화책임자가 지는 책임의 성질을 기본적으로 무과실책임으로 이해하면서 과실이 없는 경우 면책된다는 이상한 결론에 도달한다. 이러한 점을 고려할 때 여기에서 말하는

20) 2001년 개정 미국 「종합환경대응보상책임법」(일명 브라운필드법)은 사전 및 사후 의무를 부가하면서 "모든 적절한 조사"의 판단기준을 명확히 함으로써 불명확성을 해소하고자 하고 있다. 즉 동법은 해당 시설을 취득할 당시 혹은 그 이전에 당해 시설의 소유 및 이용 상황에 관한 모든 적절한 조사를 행하였고, 계속적인 유출의 금지, 장래 유출 위협의 방지 등 합리적인 조치(reasonable steps)를 취한 선의의 토지소유자를 면책하도록 하고 있다. 또한 동법은 매수자로 하여금 오염물질에 대한 대응조치를 실시하는 자에 대하여 충분한 협력 · 지원 · 접근을 제공하고, 대응조치와 관련하여 수립된 또는 의존하는 모든 토지이용규제(land use restrictions)에 따르고, 해당 시설에 적용되는 어떤 조직 통제의 효율성과 통합성을 방해하지 않도록 하고 있다. *Id.* § 101(35)(A)(iii).

21) 공장시설 등의 부지만을 양수한 자가 구법 제10조의3 제3항 제3호의 토지오염관리대상시설을 양수한 자에 해당한다고 보고 취한 정화조치명령이 적법하다고 한 사례.

22) 소극적 형태의 오염 발생에 의해 피해자인 토지의 소유자 및 점유자는 토지를 소유 또는 점유하고 있는 중에 토양오염이 발생한 경우로서 자신이 해당 토양오염 발생에 대하여 귀책사유가 없는 경우임을 입증함으로써 책임을 면할 수 있을 것이다. 미국 「종합환경대응보상책임법」은 현재의 소유자 · 운영자뿐만 아니라 과거의 소유자 또는 과거의 운영자도 책임당사자로 하고 있는데, 즉, 유해물질의 '처분(disposal) 당시'에 시설(부지를 포함)을 소유 또는 운영하였던 자는 동법상의 책임을 지게 된다. CERCLA § 107(a)(1), (2). '처분'은 배출, 저장, 주입, 덤핑, 유출(spilling), 누출(leaking) 등을 포함하는 개념이다. RCRA § 1004(3). 판례는 이 '처분'에 '소극적인 이동(passive migration)'이 포함되지 않는다고 이해하고 있다. *United States v. CDMG Realty Co.*, 96 F.3d 706 (1996).

귀책사유가 없는 경우란 그의 책임으로 돌릴 수 없는 경우나 토양오염 발생에 기여한 바가 없는 경우로 이해하는 것이 합리적이라고 생각한다. 헌법재판소는 제3자의 행위, 법적으로 허용된 행위, 일반 공중에 귀속될 수 있는 원인 등으로 인하여 토양오염이 발생한 경우 등을 그 예로 들고 있다.[23)]

한편 "소유·점유 중에 토양오염이 발생한 경우"에는 토양오염 발생 시점이 소유·점유 중인 때는 물론이고 토양오염이 소유·점유 이전에 발생하였다고 하더라도 그 오염상황이 제거되지 않고 소유·점유하고 있는 현재까지 계속되는 경우가 포함된다고 해석하는 것이 정화책임을 강화하려는 동법의 취지에 부합한다고 생각된다.

이와 같이 2014. 3. 24. 개정 법은 「토양환경보전법」이 시행되기 이전(1996년 1월 5일 이전)에 해당 토지를 소유하지 아니하게 된 자와 양수한 자 등에 대해서는 정화책임을 면제하고 있다. 다만, 1996년 1월 6일 이후에 토양오염을 발생시킨 자 또는 토양오염관리대상시설의 소유자·점유자·운영자에게 자신이 소유 또는 점유 중인 "토지의 사용을 허용한 경우"에는 책임을 면제하고 있지 않다(제10조의4 제2항). 이는 「토양환경보전법」 시행 이후이므로 동법에 따른 규제를 인식할 수 있었고 해당 토지의 사용을 '허용한' 자로서 정화책임이 부과될 수 있다는 예측이 충분히 가능하였다는 점을 고려한 것으로 보인다. 그러나 1996년 1월 6일 법 시행 당시에는 '오염의 원인을 발생하게 한 자(오염원인자)'에 대하여 토양오염물질의 제거 등 토양오염방지를 위한 조치를 명할 수 있도록 하는 규정만이 있었을 뿐이고(제15조 제1항), 토양오염관리대상시설의 소유자 등에 대하여 정화책임이 부과될 수 있는 근거 규정은 2001. 3. 28. 개정 법(제23조)에서 비로소 도입되었는바(제15조 제1항), 스스로 토양오염을 발생시킨 것이 아니고, 다른 사람에게 자신이 소유 또는 점유 중인 토지의 사용을 허용한 것에 불과한 자에게도 정화책임이 부과된다는 것이 예측가능하였다고 할 수 있는지 논란이 있을 수 있다. 판례는 적극적인 입장이다(판례 [4]).

[4] 헌재 2016. 11. 24. 선고 2016헌바11 결정

심판대상조항(제10조의4 제2항 단서 중 '자신이 소유 중인 토지의 사용을 허용한 경우'에 관한 부분)은 면책사유에 해당하지 않는 한 신속하고 확실하게 토양오염에 대한 책임자를 특정하고 그에 따른 책임이행을 확보할 수 있도록 정화책임자의 범위를 오염토지의 소유자로 확장하여 이들에게 공법상 무과실의 책임을 부담시키고 있는데, 자력이 있는 것으로 추정되는 토지소유자에게 정화책임 등을 부과하는 것은 입법목적 달성에 적합한 수단이 된다. 토지소유자가 토양오염발생자 등에게 토지의

23) 헌재 2012. 8. 23. 선고 2010헌바167 결정(마산주유소 사건). 귀책사유가 없다는 의미를 소유자 등이 토양오염 발생에 관하여 선의·무과실인 경우만으로 국한할 경우에는 자칫 정화책임의 성질을 과실책임으로 회귀시킬 가능성이 있다. 이러한 좁은 해석은 오염된 토양의 신속한 정화를 목적으로 하는 동법의 취지를 형해화할 수 있다. 오해와 혼란을 제거하기 위해서는 귀책사유 대신에 '기여'라는 표현이 보다 적절해 보인다.

사용을 허용한 경우에는 해당 토지를 환경적 위험과 결부된 토지이용에 제공함으로써 토양오염의 발생에 관여하거나 위험을 인수한 것이므로, 이 경우의 토지소유자에게 토양오염에 대하여 상태책임을 지우는 것은 정당한 근거가 있고, 토지소유자는 토양오염의 발생이라는 상태에 가장 근접해 있는 자로서 토양오염을 효과적으로 제거할 수 있는 법적 · 사실적 지위에 있다. 또한, 개정된 토양환경보전법은 토지소유자의 면책범위를 대폭 확대하고 책임을 완화하는 수단을 마련하고 있다. 토양오염의 문제점을 인식하고 토양의 보전과 관리를 종합적 · 체계적 · 본격적으로 하기 위하여 구 토양환경보전법이 1995. 1. 5. 제정되고 1996. 1. 6. 시행되었는바, 이러한 법률의 제정과 시행으로 토지소유자 자신이 토양오염 발생에 직접 관여하지 않은 경우에도 공법상의 무과실책임을 부담할 수 있다는 예측이 가능하였다. 심판대상조항이 달성하려고 하는 원활하고 신속한 토양오염정화라는 목적은 일반 공중의 건강, 쾌적한 생활환경의 확보라는 중요한 공익에 직결되어 있는 반면, 1996. 1. 6. 이후에 토양오염발생자 등에게 토지사용을 허용한 토지소유자는 공법상의 무과실책임을 일정한 범위 내에서 부담하지만, 구상권의 행사를 비롯하여 국가의 비용지원 등의 방법으로 사익의 침해를 최소화하기 위한 장치가 마련되어 있다는 점에서, 심판대상조항으로 인하여 얻게 될 공익이 토지소유자가 입게 되는 불이익보다 크다고 할 것이다. 따라서 심판대상조항은 재산권을 침해하지 아니한다.

4. 복수의 정화책임자의 선택

2014. 3. 24. 개정 법은 복수의 정화책임자가 존재하는 경우 정화책임자간 우선순위를 정하고 있다. 즉 시 · 도지사 또는 시장 · 군수 · 구청장은 토양정화등을 명할 수 있는 정화책임자가 둘 이상인 경우에는 대통령령으로 정하는 바에 따라 해당 토양오염에 대한 각 정화책임자의 귀책정도, 신속하고 원활한 토양정화의 가능성 등을 고려하여 토양정화등을 명하여야 한다(제10조의4 제3항 전문). 그 판단이 곤란한 경우에는 토양정화자문위원회에 자문할 수 있다(동항 후문).24)

시행령에서는 다음의 순서에 따라 명하도록 하고 있다: ① 토양오염을 발생시킨 자와 그의 권리 · 의무를 포괄적으로 승계한 자; ② 토양오염관리대상시설의 점유자 또는 운영자와 그의 권리 · 의무를 포괄적으로 승계한 자; ③ 토양오염관리대상시설의 소유자와 그의 권리 · 의무를 포괄적으로 승계한 자; ④ 토양오염이 발생한 토지를 현재 소유 또는 점유하고 있는 자; ⑤ 토양오염이 발생한 토지를 소유하였던 자(시행령 제5조의3 제1항). 이는 행위책임자에게 상태책임자보다 우선하여 정화책임을 부여하는 형태라고 이해할 수 있다. 모법에서는 재량권 행사의 기준 또는 고려요소를 제시하는 데 그치고 있는데, 시행령에서는 정화책임자간 우선순위를 정하고 있다. 시행령에서 '명하여야 한다'고 규정하고

24) 이로써 토양정화자문위원회가 사실상 정화책임자를 정하게 됨에 따라 업무 폭증이 우려된다.

있는 것은 정화책임자들간의 연대책임을 사실상 포기한 것으로 헌법재판소에서 위헌성을 해소한다는 차원에서 제안한 바 있는 '보충책임'을 받아들인 것으로 이해된다.[25] 정화책임자로 지목되어 토양정화등 명령을 받은 자는 자신이 정화책임자가 아니라는 점 또는 다른 선순위자가 있음을 주장 · 입증함으로써 책임을 면할 수 있을 것이다.

그러나 시행령은 다음의 어느 하나에 해당하는 경우 위 순서 중 후순위의 정화책임자 중 어느 하나에게 선순위의 정화책임자에 앞서 토양정화등을 명할 수 있도록 함으로써 정화책임자의 선택을 행정청의 재량사항으로 하고 있다: ① 선순위의 정화책임자를 주소불명 등으로 확인할 수 없는 경우; ② 선순위의 정화책임자가 후순위의 정화책임자에 비하여 해당 토양오염에 대한 귀책사유가 매우 적은 것으로 판단되는 경우; ③ 선순위의 정화책임자가 부담하여야 하는 정화비용이 본인 소유의 재산가액을 현저히 초과하여 토양정화등을 실시하는 것이 불가능하다고 판단되는 경우; ④ 선순위의 정화책임자가 토양정화등을 실시하는 것에 대하여 후순위의 정화책임자가 이의를 제기하거나 협조하지 아니하는 경우; ⑤ 선순위의 정화책임자를 확인하기 위하여 필요한 조사 또는 그 밖의 조치에 후순위의 정화책임자가 협조하지 아니하는 경우(동조 제2항). 후순위자의 책임을 인정하기 위해서 필요한 예외적 사유(예컨대, 주소불명, 귀책사유가 매우 적은 경우, 본인 소유의 재산가액을 현저히 초과하는 경우)에 대한 입증책임은 규정방식을 고려할 때 후순위자의 책임을 주장하는 측에게 있는 것으로 보아야 할 것이다.[26] 그러한 즉, 후순위의 정화책임자에게 토양정화등 명령을 내리는 경우 주소불명 등 요건에 대한 입증책임은 이를 주장하는 행정청에게 있는 것으로 이해된다.[27]

5. 구 상 권

그 동안 정화책임자가 공법상의 책임이라고 할 수 있는 토양정화등의 조치를 이행한 경우 명문 규정이 없는 상황에서 다른 정화책임자에 대하여 비용상환을 요구할 수 있는지 논란이 있었다. 그 논란을 잠재우는 한편, 정화책임자 조항의 과잉금지원칙 위반을 완화하기 위하여 2014. 3. 24. 개정 법은 구상권 행사에 관한 법적 근거를 두고 있다. 이에 따르면 토양정화등의 명령을 받은 정화책임자가 자신의 비용으로 토양정화등을 한 경우

25) 박균성 · 함태성, 환경법, 박영사, 2015, 617면. '연대'라는 문구가 사라졌다고 하더라도 토양정화책임의 성질은 여전히 연대책임이라는 견해는 박종원, "복수의 토양정화책임자와 정화조치명령 대상자의 선택 –2015년 개정 「토양환경보전법 시행령」 제5조의3의 해석과 평가–", 환경법연구 제37권 제2호, 2015. 8. 6면. 행정청의 선택권이 제한된 '연성(軟性) 연대책임'이라는 견해는 조홍식(각주 4), 580면. 박종원 교수는 구상권 인정을 연대책임으로 보아야 하는 중요한 근거로 들고 있으나 연대책임의 본질은 구상권 인정 여하가 아니라 책임부담에 우선순위가 없다는 점이라고 할 수 있다.

26) 전주지법 2018. 8. 31. 선고 2017노1750 판결 참조. 이 사건에서 법원은 1순위 정화책임자로서 정화조치명령을 받은 피고인이 정화조치명령을 이행할 수 없다거나 자신의 귀책사유로 토양오염이 발생한 것이 아니라는 취지의 이의를 제기하지 않았고, 피고인 소유의 재산가액을 확인할 수 있는 객관적인 자료도 제출하지 않은 점 등을 들어 행정청이 재량권을 일탈 · 남용한 것이라고 보기 어렵다고 판단함으로써 결과적으로 예외적 사유에 대한 입증책임을 1순위 정화책임자에게 부담시키는 결정을 한 바 있다.

27) 박종원(각주 25), 11면.

에는 다른 정화책임자의 부담부분에 관하여 구상권을 행사할 수 있다(제10조의4 제4항).

6. 정화비용의 지원

2014. 3. 24. 개정 법은 과잉금지원칙 위반 상태를 해소, 완화하기 위하여 정화비용의 지원에 관한 근거를 두고 있다. 즉 국가 및 지방자치단체는 다음의 어느 하나에 해당하는 경우에는 토양정화등을 하는 데 드는 비용(제10조의4 제4항에 따른 구상권 행사를 통하여 상환받을 수 있는 비용 및 토양정화등으로 인한 해당 토지 가액의 상승분에 상당하는 금액은 제외)의 전부 또는 일부를 대통령령으로 정하는 바에 따라 지원할 수 있다:

① 제1항 제1호 · 제2호 또는 제3호의 정화책임자가 토양정화등을 하는 데 드는 비용이 자신의 부담부분을 현저히 초과하거나 해당 토양오염관리대상시설의 소유 · 점유 또는 운영을 통하여 얻었거나 향후 얻을 수 있을 것으로 기대되는 이익을 현저히 초과하는 경우;

② 2001년 12월 31일 이전에 해당 토지를 양수하였거나 양도 또는 그 밖의 사유로 소유하지 아니하게 된 자가 정화책임자로서 토양정화등을 하는 데 드는 비용이 해당 토지의 가액을 초과하는 경우;

③ 2002년 1월 1일 이후에 해당 토지를 양수한 자가 정화책임자로서 토양정화등을 하는 데 드는 비용이 해당 토지의 가액 및 토지의 소유 또는 점유를 통하여 얻었거나 향후 얻을 수 있을 것으로 기대되는 이익을 현저히 초과하는 경우

④ 그 밖에 토양정화등의 비용 지원이 필요한 경우로서 대통령령으로 정하는 경우[28] (동조 제5항).

지원과 관련해서 중요한 기준 시점은 「토양환경보전법」상 정화책임 규정이 시행된 2002년 1월 1일이다. 국가의 정화비용 지원은 정화책임자 개인의 부담과 국가의 부담을 절충한 것으로 이를 자세히 들여다보면 사실상 정화비용 지원을 통한 정화책임자의 책임 제한이라고 할 수 있다. 이로써 정화책임자 조항의 과잉금지원칙 위반 상태는 일정 부분 해소될 것으로 보인다. 그러나 실무적으로는 지원의 기준으로 작용하게 될 해당 토지의 가액, 기대이익 등의 산정을 둘러싸고 분쟁이 발생할 것으로 예상된다.

7. 토지의 소유자 · 점유자의 협조

토양오염이 발생한 토지를 소유 또는 점유하고 있는 자로서 정화책임자가 아닌 자는 해당 토양오염에 대한 정화책임자가 토양정화등의 명령을 받아 토양정화등을 하려는 경우에는 정당한 사유가 없으면 이에 협조하여야 한다(동조 제6항). 토지소유자 등에게 협조

---

28) "대통령령으로 정하는 경우"란 다음의 어느 하나에 해당하는 경우를 말한다: ① 2001년 12월 31일 이전에 해당 토지를 양수하고 2002년 1월 1일 이후에 해당 토지를 양도 또는 그 밖의 사유로 소유하지 아니하게 된 자가 정화책임자로서 토양정화등을 하는 데 드는 비용이 해당 토지의 가액을 초과하는 경우; ② 2002년 1월 1일 이후에 해당 토지를 양수하고 그 이후 해당 토지를 양도 또는 그 밖의 사유로 소유하지 아니하게 된 자가 정화책임자로서 토양정화등을 하는 데 드는 비용이 해당 토지의 가액 및 소유 또는 점유를 통하여 얻은 이익을 현저히 초과하는 경우(시행령 제5조의4 제3항).

의무를 부과하고 있는 것은 정화책임자의 정화 의지에도 불구하고 토지소유자 등의 비협조로 정화 지연, 오염 방치 등이 초래되는 것을 막기 위한 것으로 이해된다. 동법은 토지소유자 등에게 협조의무를 부과하는 반면에 정화책임자로 하여금 협조로 인하여 토지소유자 등에게 발생한 손실을 보상하도록 하고 있다(동조 제7항).

8. 평 가

2014. 3. 24. 개정 법은 기존 토양오염관리대상시설의 개념 정의에서 부지나 토양오염의 발생 장소를 제외하고 오염원인자를 정화책임자로 용어를 변경하면서, 무엇보다도 토지의 소유자 · 점유자에 대한 면책범위를 확대하고, 정화조치명령의 우선순위, 구상권, 정화비용의 국가 지원 등을 도입하여 정화책임자의 과중한 정화책임을 완화하고 있다. 이러한 개정 내용은 두말할 것도 없이 헌법재판소의 헌법불합치 결정에서도 지적된 바와 같은 기존 오염원인자 조항의 위헌적 요소를 제거하기 위한 것이다. 이로써 정화책임자 조항의 위헌적 요소는 상당 부분 해소 · 완화되었다고 할 수 있다. 그러나 「토양환경보전법」상의 정화책임 규정과 관련하여서는 다음과 같은 비판이 제기될 수 있다.

가. 정화책임자의 범위의 불분명

먼저 정화책임자를 구체적으로 특정하고 있기는 하지만 정화책임자가 광범위하고 불분명한 점이 있어서 구체적인 경우 정화책임자의 범위에 관한 해석을 둘러싸고 논란이 제기될 수 있다는 것이다. 또한, 그 적용대상이 토양오염에만 한정되므로, 토양오염에 기인하는 지하수 또는 지표수 등 수질오염에 대한 대처가 미흡하다 할 수 있다. 한편, 기존 토양오염에 대한 책임은 입법적인 해결을 요구하고 있다.[29]

일견 동법상의 정화책임자는 미국 「종합환경대응보상책임법」상의 책임당사자[30]의 범위보다 크게 좁아 보인다. 토양오염물질이 한정됨으로써 적용대상 범위가 제한적이고, 「종합환경대응보상책임법」상의 책임당사자인 토양오염물질의 처리위탁자와 운반자가 누락되어 있는 것이 그 예이다. 그러나 실제 해석 및 적용을 어떻게 하느냐에 따라서는 그 결과는 충분히 달라질 수 있을 것이다.

입법적으로 토양환경 관리의 강화 차원에서 토양오염물질의 확대가 요망된다. 토양오

---

29) 「토양환경보전법」상 정화책임 규정의 평가에 대하여 자세한 내용은 김홍균, "미국 종합환경대응책임법(CERCLA)상의 책임당사자와 토양환경보전법상의 정화책임자", 환경법연구 제24권 제1호, 2002. 9, 92 내지 99면 참조.

30) 미국 「종합환경대응보상책임법」은 유해폐기물 오염지역에 관해 정화책임을 지는 잠재적 책임당사자(PRPs)로, ① 현재 시설 또는 선박을 소유하고 있는 자와 운영하는 자, ② 유해물질의 처분 당시에 그러한 유해물질이 처분된 시설을 소유하였거나 또는 운영하였던 자, ③ 자기 소유의 유해물질을 다른 당사자가 소유 · 운영 · 보관하고 있는 시설에서 처분 또는 처리하기 위하여 계약, 합의를 한 자 또는 유해물질을 그 곳으로 운반하기 위하여 운반자와 계약을 맺은 자, 그리고 ④ 유해물질을 자기가 선택한 처분 또는 처리시설, 소각용 선박 또는 부지로 운반하기 위해 수령 또는 수령하였던 자로 규정하여 광범위하게 인정하고 있다. CERCLA § 107. 법원도 이러한 책임당사자의 범위를 넓게 해석하고 있다. 책임당사자가 부담하는 책임의 성질은 엄격책임, 연대책임, 소급책임이라고 이해되고 있다. 미국 「종합환경대응보상책임법」상 책임당사자에 대하여 자세한 내용은 김홍균(앞의 글), 66 내지 75면.

염물질의 처리위탁자와 운반자도 「종합환경대응보상책임법」에서와 같이 일정한 경우에는 책임을 부담하도록 하는 입법적 고려가 필요하다. 미국에서 명문의 규정이 없어 논란이 되고 있는 주주, 임원, 이사,[31] 모회사,[32] 대주(貸主)[33] 등의 책임에 대해서도 「토양환경보전법」이 침묵하고 있어 추후에 이를 둘러싼 분쟁이 제기될 것이 예상된다. 이러한 문제는 정책의 우선순위 판단과 사회적 합의를 전제로 하는 것이다. 논란을 잠재우기 위하여서는 이들을 책임당사자에 포함시킬지 입법적으로 해결하여야 할 것인바, 포함시킬 경우에는 "경영이나 운영에 실질적으로 참가하여야 하여야 한다"는 등 그 요건 및 기준을 명확히 확립할 필요가 있다. 동법은 정화책임자의 권리 · 의무를 포괄적으로 승계한 자를 정화책임자로 하고 있는데, 어느 경우에 '포괄적 승계'가 있었는지 논란이 있을 수 있는 등 그 해석 · 적용에 어려움이 예상되면서 그 실효성이 약화되고 있는바, 추후에 이에 대

31) 미국 판례는 주주(stockholder), 관리자(manager), 임원(officer), 이사(director), 회사의 종업원 등도 그들이 직접적으로 시설 통제행위에 개입되어 있거나 오염을 야기한 행위를 방지할 수 있는 지위에 있었던 경우에는 '운영자'로서 책임을 지는 경우가 있다고 판단하고 있다. Susan R. Poulter, *Cleanup and Restoration: Who Should Pay?*, 18 J. Land Resources & Envtl. L. 77, 86 (1998); Linda J. Oswald & Cindy A. Schipani, *CERCLA and the "Erosion" of Traditional Corporate Law Doctrine*, 86 Nw.U. L. Rev. 259 (1992).

32) 미국 법원은 모회사가 자회사의 운영에 실제적으로 참여하고(actually participate) 통제할 경우(*Unites States v. Bestfoods*, 524 U.S. 51 (1998)), 또는 광범위한 통제(pervasive control)를 할 경우 '운영자'로서 책임을 진다고 판시하였다(*United States v. Kayser-Roth Corp.*, 910 F.2d 24, 27~28 (1st Cir. 1990)). 법원은 모회사가 폐기물 처리에 관하여 직접적인 통제를 할 필요까지는 없고 환경문제를 포함하여 자회사의 일반적인 기업 경영을 통제하였다고 할 경우에는 책임이 있는 것으로 보고 있다. *Vermont v. Staco Inc.*, 684 F.Supp. 822, 831~832 (D. Vt. 1988); *United States v. Kayser-Roth Corp.*, 910 F.2d 24 (1st Cir. 1990), cert. denied, 498 U.S. 1084 (1991). 폐기물 처리를 통제할 권한을 실제로 행사하지 아니하였다고 하더라도 책임 발생에는 통제할 권한이 있는 것으로 족하다는 입장이 있다. *United States v. Fleet Factors Corp.*, 901 F.2d 1550, 1556 (11th Cir. 1990), *cert. denied*, 498 U.S 1046 (1991). *United States v. Nicolet*, 712 F.Supp. 1193 (E.D.Pa. 1989). 이에 반해 통제할 권한의 유무를 책임 판단의 기준으로 하는 것은 너무 광범위하다고 하면서 책임을 지우기 위해서는 처리 행위와의 실제적인 연결 고리(nexus)를 요구하는 입장도 있다. *United States v. TIC Inv. Corp.*, 68 F.3d 1082 (8th Cir. 1995). 한편, 법인격부인론(piercing the corporate veil)에 의하여 모회사는 예외적인 상황에서 자회사의 소유자로서 책임을 질 수 있는데, 이때 자회사에 대한 통제 정도가 중요한 판단기준이 되고 있다. *In re Acushnet River & New Bedford Harbor*, 675 F.Supp. 22, 30 (D. Mass. 1987); *United States v. Nicolet, Inc.*, 712 F.Supp. 1193, 1202 (E.D. Pa. 1989); *Joslyn Mfg. Co. v. T.L. James & Co.*, 893 F.2d 80, 82 (5th Cir. 1990).

33) 경매절차 등을 통해 담보권을 행사한 금융기관이 「종합환경대응보상책임법」상의 책임을 지게 되는가? 대부자책임을 넓게 인정한 것으로 유명한 *Fleet Factors* 사건에서 미국 법원은 담보권자가 회사의 유해물질 처리에 실질적으로 영향력을 행사하지 아니하였다고 하더라도 유해물질의 처리결정에 영향력을 행사할 수 있을 만큼 재정상 운영에 관여(participating in the financial management)하였다면 동법에 의한 책임을 부담한다고 판시하였다. 이러한 법원의 결정은 기존의 대출관행을 상당히 제한하고 복잡하게 만들면서 금융을 비롯한 경제 전반에 큰 영향을 미쳤다. 위 *Fleet Factors* 판결이 대부자의 책임부담을 가중시킨다는 인식이 확산되면서, 1992년 미국 환경보호청(EPA)은 대부자책임을 제한하기 위한 규칙을 제정하기에 이르렀다. 그러나 그 규칙에 대하여는 1994년 *Kelley* 사건에서 환경보호청이 이러한 규칙을 만들 권한이 없다는 이유로 위헌결정이 내려졌다. 환경보호청과 법무성은 그 위헌 판결에도 불구하고 1992년의 동 규칙을 계속하여 사용할 것이라는 성명서(memorandum)를 발표하였으며, *Bancamerica Commercial Corp. and ASARCO Inc. v. Trinity Industries Inc.* 사건에서 법원은 점유를 취득한 채권자는 유해물질의 처리에 대한 결정에 영향력을 행사할 수 있다는 이유만으로 대부자가 책임을 지는 것이 아니라 사업장의 운영에 관여한 정도에 따라 책임을 진다고 판시, 사실상 *Kelley* 판결의 내용을 뒤집음으로써 대부자책임의 기준에 대한 혼란이 가중되었다. 이에 의회는 대부자책임의 범위를 둘러싼 혼란에 종지부를 찍을 필요성을 강하게 인식하게 되었고, 드디어 1996년 「자산보전대부자책임및예금보험보호법(Asset Conservation, Lender Liability, and Deposit Insurance Protection Act: ALDA)」을 제정하기에 이르렀다. 김홍균(각주 29), 70 내지 72면. 동법에 따르면, 대부자가 책임을 지기 위해서는 경영이나 운영에 실질적으로 참가(actually participating)하여야 하며, "단순히 영향력을 행사할 수 있다는 지위(merely having the capacity to influence)"나 "행사되지 아니한 지배권(unexercised right of control)"을 가졌다고 하여 책임을 지지 아니한다. CERCLA §101(20)(F).

한 입법적 고려가 필요하다.

나. 엄한 책임

엄한 책임은 오염물질의 배출자, 처리자에게 그 관리를 보다 엄격하고 안전하게 할 유인을 제공하고, 책임비율을 분할하기가 어렵거나 책임당사자의 규명이 어려운 경우 또는 책임당사자가 있더라도 파산 등의 이유로 재정능력이 없는 경우 다른 책임당사자에게 책임을 물음으로써, 정부의 예산지출을 덜고, 궁극적으로는 신속한 정화에 충실할 수 있다. 그러나 문제는 그 책임이 지나치게 무겁다는 데에 있다.[34] 지나치게 무거운 책임은 도리어 책임당사자로 하여금 자포자기 내지 도덕적 해이를 유발함으로써 오염발생의 억제효과를 갖지 못하게 만든다.[35] 이는 다른 한편, 법적인 차원에서 재산권의 본질적인 내용의 침해, 비례원칙 위반 등 위헌성 문제를 촉발할 수 있다.[36]

이러한 이유로 미국 「종합환경대응보상책임법」은 엄격책임(strict liability)을 지우는 대신에 선의의 토지소유자(innocent landowner),[37] 재활용가능자원의 재활용을 목적으로 처리위탁한 유해물질 발생자(arranger)와 운반자(transporter),[38] 선의의 토지구입예정자(bona fide prospective purchaser),[39] 오염부지에 대한 오염 기여도가 적은(110갤런 이하의 액체성 물질 또는 200파운드 이하의 고형 물질) 배출자(처리위탁자),[40] 도시형 폐기물을 배출하는 주거용 재산 소유자 및 운영자와 소규모 기업,[41] 오염부지에 인접한 부동산 소유자(contiguous owner) 등에게 일정한 경우 책임을 면제하는 규정을 두고 있다.[42] 이러한 규정에도 불구하고 소급책임을 인정하지 않고,[43] 입법이 이루어진 1980년 이전의 행위에 대하여 책임을 묻지 않기로 하자는 움직임이 있으며,[44] 책임한도제를 수용하는 과실책임으로의 복

---

34) 오염부지의 신속한 정화를 목적으로 만들어진 미국 「종합환경대응보상책임법」에 대하여는 정화작업의 지연, 고액의 정화비용 소요, 직접적인 정화와 무관한 거래비용의 과다, 브라운필드 문제, 오염원인자 책임원칙에의 불합치 등 문제점이 제기되고 있다. 김홍균(앞의 글), 87 내지 92면 참조. 그 비판의 초점은 소급책임, 엄격책임, 연대책임으로 정리되는 동법상의 책임이 지나치게 무겁다는 데 모아지고 있다. 과중한 책임과 정화비용의 예측 불가능성이 투자 및 보험시장을 위축하고 있다는 사실도 같은 맥락으로 이해될 수 있다. Michael J. Gergen, *The Failed Promise of the "Polluter Pays" Principle: An Economic Analysis of Landowner Liability for Hazardous Waste*, 69 N.Y.U. L. Rev. 624, 676~680 (1994); Kenneth S. Abraham, *Environmental Liability and the Limits of Insurance*, 88 Colum. L. Rev. 942, 945~949 (1988).

35) 이상돈, "미국의 종합대응책임법(수퍼펀드법)에 대한 최근의 논쟁과 개정 논의", 법학논문집 제24집 제1호, 중앙대학교 법학연구소, 2000, 81면.

36) 조홍식, 소급적 환경책임의 위헌성 −2010헌가77 토양환경보전법 제10조의3 제1항 등 위헌제청사건을 글감으로 하여−, 사법, 2013. 12, 145면 이하.

37) CERCLA § 101(35).

38) *Id.* § 127.

39) *Id.* § 107(r).

40) *Id.* § 107(o).

41) *Id.* § 107(p).

42) *Id.* § 107(q). 엄격책임을 완화하기 위한 이른바, '브라운필드법'에 대하여 자세한 내용은 김홍균, "토양환경보전법 책임체계의 새로운 방향: 브라운필드(Brownfields) 문제", 저스티스, 2009. 4, 258 내지 270면 참조.

43) James E. Satterfield, *A Funny Thing Happened on the Way to the Revolution: The Environmental Record of the 104th Congress*, 27 Envtl L. Rep. 10019, 10028~30 (1997).

44) *Senator Submits Drastically Revised Plan; Parties Would Be Repaid for Pre−1980 Response*, 6 Envtl. Rep.

귀,[45] 「종합환경대응보상책임법」의 완전한 폐지[46] 등 주장이 사그라지지 않고 있다. 「토양환경보전법」상의 책임 규정은 이러한 점을 충분히 고려하지 못하고 만들어졌는데, 추후 개정 시에는 그 문제점과 해결방안을 면밀히 검토하고 보완하여야 할 것이다.

2012년 헌법재판소의 두 사건에 대한 헌법불합치 결정은 그동안 논란이 되어 있던 문제를 일순간에 표면화하였으며, 2014. 3. 24. 법 개정의 기폭제가 되었다. 돌이켜 보면, 이른바 마산주유소 사건에서는 과잉금지원칙 위반 여하가, 부영 사건에서는 소급효 문제가 큰 쟁점이었다. 그런데 소급효 문제는 신뢰보호원칙 위반 여하를 다룰 수밖에 없고 그 과정에서 침해의 중한 정도를 따지게 되는데, 이는 과잉금지원칙 위반 여하를 가르기 위한 침해의 최소성과 맥이 닿아 있다. 결국 두 사건은 심판대상 조항과 쟁점의 차이에도 불구하고 오염원인자(현행 정화책임자) 조항이 양수자(2014. 3. 24. 개정 법에서는 삭제됨)와 소유자 등에 너무 과중한 책임을 지운다는 동일한 결론에 도달하고 있다고 볼 수 있다.[47] 나아가 위 헌법재판소 결정들은 모두 위헌적 요소를 제거하려는 가능성을 제기하고 있는데, 그 종착점은 책임완화로 요약할 수 있다. 이러한 문제 인식은 오래 전부터 제기되어 온 것으로[48] 헌법재판소의 친절한 제안을 담고 있는 다음과 같은 결정에 잘 담겨져 있다:

"토양오염관리대상시설의 소유자 · 점유자 · 운영자에게 '토양오염을 유발시킨 자'(구법 제10조의3 제3항 제1호)의 책임에 대한 보충책임을 부담시키는 방법, 토양오염 발생에 관하여 선의 · 무과실이고 그 책임으로 돌릴 수 없는 경우에 한하여 면책하는 방법, 토양오염 발생에 대하여 선의 · 무과실인 토양오염관리대상시설의 소유자 · 점유자 · 운영자의 책임을 당해 토양오염관리대상시설의 시가 범위 내로 제한하거나, 일반적인 책임한도제를 도입하는 방법 등으로 침해를 최소화할 수 있고, 위와 같은 수단들을 도입함으로 인하여 발생할 수 있는 손해배상 및 토양정화 등 책임의 공백 또는 그 책임 이행의 지연 문제는 환경손해보험 및 토양정화기금 등과 같은 제도로 보완될 수 있으며, 구상권의 존재는 이 사건 오염원인자 조항으로 인하여 토양오염관리대상시설의 소유자 · 점유자 · 운영자가 받게 되는 침해를 완화하기에 부족하다."[49]

2263 (Mar. 29, 1996).

45) Michael J. Gergen(각주 30), 683 내지 687면; Kenneth S. Abraham(각주 30).

46) Jerry Taylor, *Salting the Earth – The Case for Repealing Superfund*, Regulation (Cato Institute), Nov. 1996, 10면; 이상돈(각주 35), 79면.

47) 특기할 것은 헌법재판소의 결정 당시 적용 구법(2011. 4. 5. 개정 전)에서는 '토양오염관리대상시설'이라는 개념에 "부지와 토양오염이 발생한 장소(현행 토지)"가 포함되어 있는 상태에서(제2조 제3호) '토양오염관리대상시설의 소유자 · 점유자 · 운영자' 조항(제10조의3 제3항 제2호)과 '토양오염관리대상시설을 양수한 자' 조항(같은 항 제3호)의 위헌 여부가 문제가 되었지만 두 사건 모두 토지소유자가 청구인이라는 점에서 실제로는 '토지의 소유자 · 점유자'부분과 '토지를 양수한 자' 부분의 위헌 여부가 본질이라고 할 수 있습니다. 이러한 배경은 위헌 상태를 해소한다는 차원에서 이루어진 2014. 3. 24. 개정 법에서 '토지'의 소유자 · 점유자 문제에 초점을 맞추고 있는 것과 무관하지 않다.

48) 김홍균(각주 29), 92면 이하 참조.

49) 헌재 2012. 8. 23. 선고 2010헌바167 결정(마산주유소 사건).

다. 불완전한 소급책임의 인정

소급책임은 자칫 지나친 재산권의 침해를 유발함으로써, 위헌의 소지를 안고 있으며, 법적 안정성과 책임원칙과 형평의 원칙에도 반하므로 쉽게 인정되어서는 곤란하다(해당 규정이 시행되기 이전에 이루어진 토양오염 발생에 대하여 무제한적으로 적용되는 경우를 생각해 보라). 「토양환경보전법」이 구제에만 초점이 있는 책임법이 아니라는 점도 고려하여야 할 것이다. 관련 규정의 제 · 개정이 정책의 변경이 아니라 지식이나 평가의 변경에 따라 이루어진, 이른바 '부진정 소급'의 문제로 보는 입장에서는 소급책임을 인정할 가능성이 많다.[50] 또한 개정 법령이 사실 또는 법률관계가 아직 종료되지 않은 토양오염문제를 다루는 것으로 이해할 경우(부진정 소급입법) 소급효가 인정될 가능성이 있다.[51] 부영 사건[52]에서 헌법재판소는 해석을 통해 부진정 소급입법이라는 결론을 도출하고 있다. 그러나 소급효를 인정하는 명시적인 규정이 없고, 입법자의 의도가 없는 상황에서 해석을 통해 문제의 정화책임자 조항을 부진정 소급입법으로 보는 것은 섣부른 결론이라고 생각한다. 그러한 해석이 과연 합리적인 해석인가도 의심이 든다. 결론적으로 정화책임자 규정의 시행(이 규정은 2002. 1. 1.부터 시행됨) 이전의 토양오염관리대상시설의 소유자 등에게 동규정 시행 이전에 이루어진 토양오염에 대하여 책임을 묻는 것은 신중한 검토가 필요하다. 이와 같은 결론은 추론과정은 다르지만 헌법재판소의 최종 결론과 일치한다. 헌법재판소는 과거 오염원인자(현행 정화책임자) 조항이 부진정 소급입법이라고 보았지만 이러한 잠정 결론을 신뢰보호원칙으로 수정하면서, 문제의 "오염원인자 조항이 2002. 1. 1. 이전에 토양오염관리대상시설을 양수한 자를 그 양수 시기의 제한 없이 모두 오염원인자로 간주하여 보호가치 있는 신뢰를 침해하고 있다"고 결정하였기 때문이다.[53]

2014. 3. 24. 개정 법에서는 '토지'의 양수자 · 소유자에 대하여 「토양환경보전법」이 처

---

50) 조홍식, "폐기물관리법상 사업장폐기물 배출사업자의 법적 책임", 환경법연구 제26권 제2호, 2004. 6, 276면, 282면 참조.

51) 판례는 소급입법은 신법이 이미 종료된 사실관계에 작용하는지(과거에 완성된 사실 또는 법률관계를 규율대상으로 하는지), 아니면 과거에 시작되었으나 아직 완성되지 아니하고 현재 진행 중에 있는 사실관계에 작용하는지에 따라 '진정 소급입법'과 '부진정 소급입법'으로 구분되는데, 전자는 헌법적으로 허용되지 않는 것이 원칙이며 특단의 사정이 있는 경우에만 예외적으로 허용될 수 있는 반면, 후자는 원칙적으로 허용되지만 소급효를 요구하는 공익상의 사유와 신뢰보호의 요청 사이의 교량과정에서 신뢰보호의 관점이 입법자의 형성권에 제한을 가하게 된다는 입장이다. 헌재 1997. 6. 26. 선고 96헌바94 결정; 대법원 2003. 3. 10. 선고 97누13818 판결 참조.

52) 헌재 2012. 8. 23. 선고 2010헌바28 결정(부영 사건).

53) 2002. 1. 1. 이후 「민사집행법」에 의한 경매절차에 따라 토양오염관리대상시설을 인수한 자를 오염원인자로 간주하여 토양정화책임을 부과하고 이를 위반한 경우 형사처벌하도록 규정한 구 토양환경보전법(2004. 12. 31. 개정 전) 제10조의3 제3항 제4호 중 '2002. 1. 1. 이후 「민사집행법」에 의한 경매절차에 따라 토양오염관리대상시설을 인수한 자'에 관한 부분이 신뢰보호원칙에 위배되는지 여부가 다투어진 사안(헌재 2016. 11. 24 선고 2013헌가19 결정)에서 헌법재판소는 "2002. 1. 1. 이후 토양오염관리대상시설을 인수한 자는 토양오염관리대상시설의 양수자와 마찬가지로 구 토양환경보전법(2001. 3. 28.· 개정 전)의 시행으로 오염원인자로 간주되어 자신이 관여하지 않은 인수 이전의 토양오염에 대해서도 책임을 부담할 수 있다는 사실을 충분히 인식할 수 있었고, 토양환경평가제도를 통하여 토양오염사실에 대한 선의 · 무과실을 입증하여 면책될 수 있으므로, 보호가치 있는 신뢰를 인정하기 어렵다"고 판시하였다. 그렇지만 2002. 1. 1. 전의 양수의 경우 "오염원인자 조항(구법 제10조의3 제3항 제3호 중 '토양오염관리대상시설을 양수한 자' 부분)은 예측하기 곤란한 중대한 제약을 사후적으로 가하고 있으면서도, 그로 인한 침해를 최소화할 다른 제도적 수단을 마련하고 있지 않으므로 신뢰이익의 손상 정도가 중대하다"고 판시함으로써 여전히 논란이 제기될 수 있음을 암시하고 있다.

음 시행된 1996년을 제한기준 시점으로 해서 소급책임을 인정하고 있다. 그러나 소급책임 논란은 '토지'의 양수자 · 소유자에게만 발생하는 것이 아니다. 당초 소급효 논란은 "토양오염관리대상시설을 양수한 자(구법 제10조의3 제3항 제3호)" 규정을 둘러싸고 제기된 것이지만(당시에는 토양오염관리대상시설에 시설의 부지가 포함되어 있었음) 헌법재판소의 해석에 따르면 다른 정화책임자 조항 전반으로 번질 가능성도 많다.

예컨대, 토양오염관리대상시설의 소유자 · 점유자 · 운영자 책임 규정(제10조의4 제2호)과 관련해서 소급효가 당연히 인정된다고 단정하기는 어려워 보인다.[54] 설령 문제의 조항이 과거형을 취하고 있다거나 입법 취지가 소급효를 염두에 둔 것이라는 등 이유로 '부진정 소급입법'이라고 하더라도 종래의 법적 상태를 신뢰한 자에 대한 신뢰보호 문제는 여전히 남는다. 문제는 법에서 규정하고 있는 면책(제10조의4 제2항),[55] 구상권(동조 제4항),[56] 비용지원(동조 제5항)[57] 등이 신뢰이익의 보호에 충분한지 의문이 제기될 수 있다는 것이다. 또한 소급효가 인정되는 것으로 이해할 경우에는 언제 토양오염물질의 누출 등이 있었는지, 언제 토양오염관리대상시설의 소유 · 점유 · 운영이 이루어졌는지 관계없이 소급효를 제한하는 규정이 없기 때문에 소급효가 무한정 확대될 수 있는 불합리가 발생할 수 있다.

더 이상의 불필요한 논란을 차단하기 위해서는 정화책임자 조항 전부에 대하여 소급

54) 소급효 인정에 의문을 표하는 견해는 김홍균, "헌법재판소의 헌법불합치 결정 이후: 정화책임자 조항의 위헌성은 제거되었는가?", 환경법연구, 2015. 11, 140면 참조. 소급효를 부인한 판례는 서울행정법원 2021. 9. 17. 선고 2020구합81373 판결(2014. 3. 24. 개정 토양환경보전법은 그 본문과 부칙에서 개정법률의 소급적용에 대한 아무런 규정을 두고 있지 않으므로, 특별한 사정이 없는 한 개정 후 규정이 시행되기 전 이미 토지 및 건물의 소유권을 상실하여 '토양오염관리대상시설의 소유자 · 점유자 또는 운영자'가 아니게 된 원고에게 개정 후 규정을 소급하여 적용할 수는 없다고 한 사례).

55) 개정 법은 토양오염이 발생한 '토지'를 소유하고 있었거나 현재 소유 또는 점유하고 있는 자에 대해서 선의 · 무과실 등 일정한 경우 정화책임을 면제하고 있으나 다른 유형의 정화책임자에 대하여는 면책을 인정하고 있지 않다. 종전 선의 · 무과실의 토양오염관리대상시설의 양수인에 대한 면책 규정(구법 제10조의4 단서)이 삭제됨으로써, 토양오염관리대상시설의 소유자 등의 면책 가능성은 오히려 사라진 측면이 있다. 토양오염관리대상시설의 소유자 등이 지는 책임의 성질이 상태책임이라는 점을 고려할 경우 토양오염관리대상시설의 소유자 등으로 낙인이 찍히는 순간 면책 가능성은 거의 없으며 무제한의 소급책임을 지게 되는 것이다. 마산주유소 사건에서 다수의견은, 비록 토양오염관리대상시설의 양수자 · 인수자가 부담하는 책임과 비교를 통해서지만, 토양오염관리대상시설의 소유자 등에게 "다른 면책사유 또는 책임제한 수단을 전혀 인정하지 않은 것은 합리적인 이유가 있다고 할 수 없다"고 적절히 지적한 바 있다.

56) 토양오염의 장기성 때문에 다른 정화책임자를 찾을 수 없거나 다른 정화책임자가 무자력인 경우가 많아 사실상 구상권은 의미가 없는 경우가 많고, 구상권 행사의 절차와 책임 분담의 기준이 규정되어 있지 않아 구상권의 실현에 많은 시간과 비용이 소요되므로 구상권의 존재가 승계인이 받게 되는 침해를 완화하기에 부족하다. 헌재 2012. 8. 23. 선고 2010헌바167 결정(마산주유소 사건).

57) 개정 법은 과잉금지원칙 위반 상태를 해소한다는 차원에서 국가의 정화비용 지원 근거규정을 두고 있다. 문제의 본질은 비용의 지원이 일부에 그치기 때문에 정화책임자는 여전히 책임을 진다는 것이다. 특히 동법은 토지의 소유자 · 점유자에 대한 지원의 기준 시점을 2002년 1월 1일로 하고 있는데, 이는 토양오염관리대상시설의 소유자 등에 대하여 정화책임이 부과될 수 있는 근거 규정이 2001. 3. 28. 개정 법에서 비로소 도입된 것과 무관하지 않을 것이다. 토양오염관리대상시설의 소유자 등에 대하여 정화책임이 부과될 수 있는 근거 규정이 도입되기 전에 토양오염관리대상시설의 소유자 등(특히 동법 시행 전에 양수한 자)에게 정화책임이 부과된다는 것이 예측가능하였다고 할 수 있는지 의문이 있을 수 있다. 한편, 토지 소유자와 달리 토양오염관리대상시설의 소유자 등에게, 선의 · 무과실 등 면책 가능성이 없는 상태에서, 기대이익의 한도까지 정화비용을 부담하여야 하고, 기대이익을 현저히 초과하는 경우에만 국가의 지원을 받을 수 있다는 가능성만으로는 침해를 최소화한다거나 신뢰이익에 대한 침해를 정당화하기에는 충분치 않다고 할 수 있다.

효 여부와 관련한 명시적인 규정을 둘 필요가 있다. 적어도 소급책임을 합리적인 범위로 제한하는 것이 필요하다. 이는 선진 제국의 입법례에서도 흔히 발견되는 입법 조치이다.[58] 그 이유는 간단하다. 예측가능성이 없는 자에게 무한적 소급책임을 지우는 것은 공평하지 않기 때문이다.

소급책임을 적용하지 않거나 시적 범위를 제한할 경우에는 기존 오염에 대한 책임과 책임자의 자력부족의 경우에 발생되는 정화문제 등이 여전히 숙제로 남게 된다. 이에 미국 「종합환경대응보상책임법」에서와 같은 기금의 설치를 고려해 볼 수 있을 것이다.[59] 이때 중요한 것은 기금의 투명한 운영이다. 이러한 관점에서 기금의 도입 시 대상자, 조성절차, 용도[60] 등을 명확히 하는 작업이 필요하다. 현실적으로 기금의 설치가 어려울 경우에는 보험제도의 도입도 적극 검토할 필요가 있다.

라. 신속한 정화의 장애

토양오염의 장기성 · 누적성 등을 고려할 때 신속하고 효율적인 정화를 위해서는 연대책임을 쉽게 포기하여서는 안 될 것이다. 정화책임자간 우선순위를 정함으로써, 정화책임자들간의 연대책임을 사실상 포기하는 시행령의 입법방식은 「토양환경보전법」의 입법취지를 몰각하고 당장의 위헌성 문제를 해소하기 위한 소극적이고 단기적인 처방일 뿐이다.[61] 이러한 입법방식에 대해서 정화책임의 본질이 '연대책임'이고, 정화책임자들간에 구상권을 인정하고 있으며, 후순위에 있는 자가 정화책임으로부터 완전히 자유로워지지 않는다는 등의 이유로 정화책임의 성격이 '연대책임'이라는 견해가 있다.[62] 그러나 연대책임의 본질이 구상권의 인정 여하가 아니라 책임자 가운데 임의의 1인에 대하여 전부의 책임

---

58) 관련 법에 소급 규정을 두고 있는 국가로는 네덜란드가 대표적이다. 네덜란드는 1987년 이전과 이후 발생 오염으로 구분하여 다른 기준을 적용하고 있는데, 이에 따르면 오염유발자 등은 다음과 같이 세 가지로 방식으로 정화비용을 부담한다: ① 1987년 이후에 발생된 토양오염은 오염책임자가 모두 부담한다; ② 1975년~1987년에 발생된 오염은 과실의 정도, 사건의 시기, 재정적 능력 등을 고려하여 정부가 보조금을 지급한다; ③ 1975년 이전에 발생된 오염은 부지의 용도와 비용효율성을 고려하여 소유자 또는 지방정부가 부담하게 되는데 중앙정부는 정화비용의 1/3(최대 50%)을 보조한다. 박용하 · 박상열 · 양재의, "토양오염지역이 책임에 관한 우리나라, 미국, 영국, 독일, 네덜란드, 덴마크 법과 제도의 비교 분석 및 우리나라 정책개선방향", 환경정책연구 제3권 제2호, 2004, 46면. 일본 「土壤汚染對策法」과 독일 「연방토양보호법」 등이 명시적으로 소급책임 여부와 관련해서 명시적인 규정을 두지 않은 것이 우리나라에서도 소급효 여부와 관련한 규정을 둘 필요없다는 논거로 작용해서는 안 된다. 이들 국가에서도 논란이 지속되고 있기 때문이다. 독일, 일본에서의 논란에 대해서는 박종원 · 김현준(각주 14), 124 내지 131면, 156면, 216면 참조.

59) 기금의 필요성, 도입 · 설계방안에 대하여 자세한 내용은 김홍균, "오염토양정화기금의 도입과 설계", 환경법연구 제41권 제1호, 2019. 4, 187면 이하.

60) 참고적으로 미국의 「종합환경대응보상책임법」은 정화조치에 사용되는 재원인 '슈퍼펀드'의 사용용도를 구체적으로 규정하고 있다. 즉 슈퍼펀드는 유해물질 오염지역에 대한 정부의 대응조치비용의 지급, 기술지원보조금, 유해물질의 배출로 인한 자연자원에 대한 피해의 장 · 단기 평가비용, 유해물질의 배출로 손상 · 파괴 · 손실된 자연자원의 회복이나 복구 내지는 이에 상당하는 등가물의 획득을 위한 연방정부 · 주정부 · 인디언부족의 지출비용, 유해물질 배출에 대한 확인 · 조사 등을 위한 프로그램 비용, §104(i)에 의한 조치로 발생한 비용, 유해물질 배출에 대한 대응조치와 관련된 피용자의 건강과 안전을 보호하는 프로그램 비용, §105(d)의 배출평가에 관한 청원에 따라 시설평가를 하는 데 드는 비용, §104(j)에 의해 부동산이나 부동산이익을 취하는 데 드는 비용, §160에 의한 조사 · 개발 · 증명 비용, 피용자에 대한 교육 · 훈련 보조금, §109(d)에 의해 승인된 상금, 납독성 연구 등에 사용된다. CERCLA §111(a),(c).

61) 마찬가지로 이러한 입법방식에 문제를 제기하는 견해는 김연태(각주 11), 107면.

62) 박종원(각주 25), 6면.

을 묻거나 모든 책임자에게 책임 전부를 물을 수 있다는 점에 있다고 볼 때 정화책임자간 우선순위를 정하고 있는 것은 연대책임의 본질을 크게 벗어나는 것이라고 할 수 있다.

시행령에서 정화책임자간 우선순위를 정하고 있는 것은 연대책임에 따른 정화책임자의 과중한 부담, 오염원인자 책임원칙 및 형평의 원칙의 위반 소지 등을 해소하기 위한 고육책이라고 할 수 있다. 그러나 주소불명 등 일정한 경우 정화책임자의 선택이 행정청의 재량에 의해 이루어지기 때문에 또 다른 분쟁을 야기할 수 있다. 비록 재량권 행사기준 (예컨대, 주소불명, 귀책사유가 매우 적은 경우, 본인 소유의 재산가액을 현저히 초과하는 경우)을 정하고 대통령령으로 우선순위를 정하고 있지만 이를 둘러싸고 분쟁이 발생할 가능성도 많다. 선순위자 및 그의 귀책 정도, 이행 가능성 등은 쉽게 밝혀지지 않을 수 있으며, 이러한 점들이 모두 밝혀진 다음에 비로소 후순위자에게 정화책임을 부과하게 된다면, 오염된 토양의 정화는 지연될 수밖에 없을 것이다. 결국 이러한 논란은 신속한 정화를 막을 수 있다.63)

정화책임자간 우선순위를 정하는 방식은 향후 정화책임과 관련한 분쟁에서 가장 뜨거운 감자가 될 수 있다. 실제 토양정화자문위원회에서 다루어지는 주된 주제가 정화책임자간 우선순위이다. 정화책임자로 지목된 자는 토양정화 책임을 무한책임으로 부담할 가능성이 많기 때문에 의례히 자신이 선순위의 정화책임자가 아니라는 주장을 할 것이 명약관화하기 때문이다. 그 논란은, 입법방식에 기인하는 바가 크다. 이러한 입법방식은 행정명령에 의해 정화책임자가 정해지는 꼴이기 때문에 책임법적 성격의 체계에 부합하지 않는 측면이 있다. 이는 모법에서 인정하려고 하는 행정청의 재량을 지나치게 제한한다는 측면도 있다.64)

복수의 정화책임자가 존재하는 경우 관계 행정청으로 하여금 정화책임자를 선택하도록 하고 있는 것은 입법정책적으로 재고할 필요가 있다. 신속하고 확실한 정화를 위해서는 연대책임을 포기하지 않고 행정청이 이행 가능성 등을 고려하여 합리적인 결정(재량)으로 가장 적합한 지위에 있는 자를 선택하도록 하는 것이 바람직하다. 이 경우 복수의 정화책임자들 사이에 발생하는 공평 부담문제는 구상권을 인정함으로써 해결할 수 있을 것이다. 위헌성을 제거하기 위해서는 연대책임의 포기가 아닌 기금의 설치, 면책의 확대, 국가의 비용 지원 등으로 풀어야 할 것이다.

Ⅲ. 일반 불법행위책임

1. 토양오염으로 인하여 직접적인 피해가 발생한 경우

오염된 토양으로 인하여 피해를 입은 자(예컨대, 오염된 토양에서 발생하는 가스를 흡입하

63) 김연태(각주 14), 107면.
64) 박종원(각주 25), 21면.

거나 오염된 토양이 2차적으로 오염시킨 지하수를 음용한 자)는 직접 토양을 오염시킨 자뿐만 아니라 해당 토지의 현재의 소유자 또는 점유자 등을 상대로 「환경정책기본법」 제44조, 「토양환경보전법」 제10조의3, 민법 제750조 등에 기한 불법행위를 원인으로 한 손해배상 청구를 제기할 수 있을 것이다. 이 경우 고의·과실, 위법성, 인과관계(개연성), 피해 등 불법행위 일반의 원칙이 적용된다.

특히 현재의 소유자 또는 점유자가 오염된 토지 자체의 양수인의 경우는 다소 논란이 있을 수 있다. 구체적으로 어느 경우에 고의·과실이 존재하는지 판단하기가 어렵기 때문이다. 이와 관련하여 오염된 토지를 매수하거나 오염된 토지를 자산으로 가지고 있는 회사를 인수 합병한 자가 그 매수, 인수 전에 발생한 토양오염으로 인한 피해에 대하여 배상책임을 져야 하는가, 만약 배상책임을 지게 된다면 매수, 인수 시에 있어 어느 정도의 주의의무를 기울여야 그와 같은 책임을 면할 수 있는가 등이 문제될 수 있다.

현재의 소유자 또는 점유자가 토양이 오염된 사실과 그로 인하여 타인에게 피해를 줄 수 있다는 사실을 알았거나 알 수 있었음에도 불구하고 이를 방지하기 위하여 적극적인 조치를 취하지 아니한 경우에는 그 부작위로 인하여 발생한 손해에 대해 책임을 부담할 수 있다고 해석하는 것이 합리적일 것이다.[65] 여기에 대해서는 소유자 또는 매수인의 인식가능성에 근거하여 책임을 인정하는 것은 그 기준 자체가 지나치게 주관적이고 모호하여 거래안정을 해하며, 현행 법체계의 허용범위를 벗어난 해석론이라는 비판이 있다.[66]

[5] 현실적인 손해의 발생: 대법원 2021. 3. 11. 선고 2017다179, 186 판결

불법행위로 인한 손해배상청구권은 현실적으로 손해가 발생한 때에 성립하는 것이고, 현실적으로 손해가 발생하였는지 여부는 사회통념에 비추어 객관적이고 합리적으로 판단하여야 한다(대법원 2003. 4. 8. 선고 2000다53038 판결 등 참조). 만일 이 사건 소송에서 피고들이 이 사건 인접 토지와 이 사건 유류저장소에 대한 각 소유권을 취득한 이후 추가로 원고들 소유의 이 사건 토지에 토양오염을 유발한 사실이 인정될 수 있다면, 피고들은 토양환경보전법 제10조의3 제1항에 따른 오염토양 정화의무를 부담한다고 볼 수 있고, 피고들이 이러한 오염토양 정화의무를 이행하지 않음에 따라 원고들로서는 이 사건 토지 소유권을 완전하게 행사하기 위하여 원고들의 비용으로 오염토양을 정화할 수밖에 없게 되었다고 볼 수 있다. 이런 상황이라면 사회통념상 오염토양 정화비용 상당의 손해가 원고들에게 현실적으로 발생한 것으로 볼 수 있다.

---

65) 조홍식, "토양환경침해에 관한 법적책임", 환경법연구 제20권, 1998, 332 내지 333면.

66) 토지 매수인 또는 소유자의 작위의무의 인정근거를 토양오염의 인식 또는 인식가능성이라는 주관적 요소에 착안하지 않고 공법상의 책임에도 불구하고 그 공법상 책임을 이행하지 않은 결과로 인하여 제3자에게 손해가 발생하였다는, 법령상의 의무에 착안하여 부작위에 의한 불법행위책임을 물을 수 있을 것이다. 황창식, "기업의 인수·합병과 토양오염", 환경문제연구총서 IX, 대한변호사협회, 2001, 139 내지 140면.

2. 오염된 토양의 거래로 인하여 매수인에게 피해가 발생한 경우

오염된 토양의 거래에 따른 거래당사자간의 불법행위책임 여부는 어려운 문제를 제기한다. 예컨대, 매매의 대상이 된 토지 자체의 토양오염이나 오염토양 정화비용 상당의 손해에 대하여 매도인이 매수인에 대하여 불법행위책임을 지는가? 이는 토양오염으로 지하수가 오염되어 그 물을 마신 사람의 건강에 해를 끼친 때나 인접한 타인 소유의 토지를 오염시킨 때와 같이 토양오염으로 인하여 직접적인 피해가 발생한 경우와 구별된다. 원칙적으로 매매과정에서 매도인의 기망 등 위법행위가 있었던 것으로 평가될 수 있는 사정이 있다면, 그리고 그것이 매도인의 고의 또는 과실로 인한 것으로 평가될 수 있다면 매도인은 매수인에 대하여 불법행위책임을 부담할 수 있다. 매수인의 매수 목적, 토양오염 사실에 대한 인식 또는 예견가능성, 이러한 사정이 매매가격의 결정에 고려되었는지 여하 등은 불법행위책임의 한 요건인 손해발생 여부를 판단하는 요소가 된다.

특히 오염토양 유발자가 자신과 직접적 거래관계가 없는 토지의 전전 매수인(전득자)에 대하여 불법행위책임을 지는지 여하는 계약책임과 조화되지 않는 측면이 있어 쉽게 결론을 내리기 어렵다. 법원은, 토양이 오염되어 있음에도 쉽게 드러나지 아니하는 토지환경오염의 특수성과 손해의 공평한 부담에 착안하면서, 토지 소유자가 토양오염물질을 토양에 누출 · 유출하거나 투기 · 방치함으로써 토양오염을 유발하였음에도 오염토양을 정화하지 않은 상태에서 오염토양이 포함된 토지를 거래에 제공함으로써 유통되게 하거나, 토지에 폐기물을 불법으로 매립하였음에도 처리하지 않은 상태에서 토지를 거래에 제공하는 등으로 유통되게 한 경우, 거래 상대방 및 토지를 전전 취득한 현재의 토지 소유자에 대한 위법행위로서 불법행위가 성립할 수 있다고 보고 있다(판례 [6]).

[6] 기아자동차부지 사건: 대법원 2016. 5. 19. 선고 2009다66549 전원합의체 판결

[다수의견]

헌법 제35조 제1항, 구 환경정책기본법(2011. 7. 21. 개정 전), 구 토양환경보전법(2011. 4. 5. 개정 전) 및 구 폐기물관리법(2007. 1. 19. 개정 전)의 취지와 아울러 토양오염원인자의 피해배상의무 및 오염토양 정화의무, 폐기물 처리의무 등에 관한 관련 규정들과 법리에 비추어 보면, 토지의 소유자라 하더라도 토양오염물질을 토양에 누출 · 유출하거나 투기 · 방치함으로써 토양오염을 유발하였음에도 오염토양을 정화하지 않은 상태에서 오염토양이 포함된 토지를 거래에 제공함으로써 유통되게 하거나, 토지에 폐기물을 불법으로 매립하였음에도 처리하지 않은 상태에서 토지를 거래에 제공하는 등으로 유통되게 하였다면, 다른 특별한 사정이 없는 한 이는 거래의 상대방 및 토지를 전전 취득한 현재의 토지 소유자에 대한 위법행위로서 불법행위가 성립할 수 있다. 그리고 토지를 매수한 현재의 토지 소유자가 오염토양 또는 폐기물이 매립되어 있는 지하까지 토지를 개발 · 사용하게 된 경우 등과 같이 자신의 토지소유권을 완전하게 행사하기 위하여 오염토양 정화비용이나 폐기물 처리비용을 지출하였거나 지출해야만 하는 상황에 이르렀다거나 구 토양환경보전법에 의하여 관할 행정관청으로부터 조치명령 등을 받음에 따라 마찬가지의 상황에 이르렀다면 위법행위로 인하여 오염토양 정화비용 또는 폐기물 처리비용의 지출이라는 손해의 결과가 현실적으로 발생하였으므로, 토양오염을 유발하거나 폐기물을 매립한 종전 토지 소유자는 오염토양 정화비용 또는 폐기물 처리비용 상당의 손해에 대하여 불법행위자로서 손해배상책임을 진다.

[반대의견]

자신의 토지에 폐기물을 매립하거나 토양을 오염시켜 토지를 유통시킨 경우는 물론 타인의 토지에 그러한 행위를 하여 토지가 유통된 경우라 하더라도, 행위자가 폐기물을 매립한 자 또는 토양오염을 유발시킨 자라는 이유만으로 자신과 직접적인 거래관계가 없는 토지의 전전 매수인에 대한 관계에서 폐기물 처리비용이나 오염정화비용 상당의 손해에 관한 불법행위책임을 부담한다고 볼 수는 없다.67)

이와 관련해서는 전매도인의 단순 토지 유통에 위법성을 인정하기 어렵다는 점, 손해의 원인이 전매도인이 해당 토지를 유통하였기 때문이라고 할 수 없다는 점, 손해는 거래 당사자인 매도인과 매수인 사이에서만 논할 수 있다는 점, 전매도인에게 무한의 소급책임을 물을 수 있다는 점, 손해의 발생시점을 매수인이 임의로 선택함으로써 소멸시효제도가 무력화될 수 있다는 점, 전매도인과 제1매수인 사이의 손익을 고려하여 이루어지는 합리적인 계약 체결 가능성조차 차단될 있다는 점, 전매도인이 제1매수인에게 매도한 이후에 발생한 양도차익 등은 제1매수인이 모두 취하는 대신에 전매도인이 정화비용, 처리비용 등을 모두 부담하는 것이 정의 관념에 맞지 않다는 점 등에 비추어 비판이 제기될 수 있다.

Ⅳ. 공작물책임

토양오염관리대상시설이 설치되어 이 시설로부터 오염물질이 배출되는 경우에는 민법 제758조(공작물책임) 규정에 의한 불법행위책임을 물을 수 있을 것이다. 즉 피해자는 "공작물의 설치 또는 보존의 하자로 인하여 타인에게 손해를 가한 때에는 공작물 점유자가 손해를 배상할 책임이 있다. 그러나 점유자가 손해의 방지에 필요한 주의를 해태하지 아니한 때에는 그 소유자가 손해를 배상할 책임이 있다"는 규정에 의거하여, 비교적 쉽게 원인자를 규명함으로써, 점유자 또는 소유자에게 손해배상을 청구할 수 있을 것이다.

그러나 공작물책임 규정은 해당 공작물의 점유 혹은 소유기간 동안에 발생한 손해에 대하여만 적용되며, 그 공작물의 점유 혹은 소유시점 이전에 발생한 손해에 대하여 책임

67) 다수의견이 토양이 오염되어 있음에도 쉽게 드러나지 아니하는 토지 환경오염의 특수성과 손해의 공평한 부담에 착안하고 있다면, 소수의견은 거래 상대방 사이의 이해관계 조정 문제로 보는 입장이라고 할 수 있다.

을 물을 수 있는 근거가 되지 못한다. 또한 「토양환경보전법」상의 무과실책임 규정이 있는 상황에서 굳이 공작물책임을 물을 현실적인 필요는 많지 않다고 판단된다.[68)]

Ⅴ. 하자담보책임 등

특히 매매계약이 오염토양을 목적물로 한 경우에는 계약책임의 일종인 하자담보책임(민법 제580조), 불완전이행책임 등이 문제될 수 있을 것이다. 매매의 목적물에 하자가 있는 때에는 매수인은 목적물의 하자로 말미암아 매매의 목적을 달성할 수 없는 경우 계약을 해제하고 아울러 손해배상을 청구할 수 있다(민법 제580조). 그러나 매매의 목적물에 하자가 있는 때에도 매수인이 하자있는 것을 알았거나 과실로 인하여 이를 알지 못한 때에는 그러하지 아니하다(동조 단서). 당사자는 이러한 매도인의 하자담보책임을 배제 또는 경감하거나 가중하는 특약을 할 수 있으나 매매의 목적물에 하자가 있는 것을 매도인 자신이 알고 있음에도 불구하고 이를 매수인에게 통지하지 않은 경우에는 매도인은 그 책임을 면할 수 없다(민법 제584조). 다만 매수인이 그 하자 있음을 알고 있을 때에는 특약은 효력이 있다.[69)] 민법상의 하자담보책임은 하자를 발견한 날로부터 6개월 이내에 행사하여야 한다(민법 제582조).

토지매매가 상인간의 거래로 이루어진 경우에는 상사매매에 대한 하자담보책임의 특칙이 적용되어 매매 당시 하자를 발견할 수 없는 것이라고 하더라도 6개월 이내에 하자를 발견하여 매도인에게 그 통지를 발송하지 아니하면 하자담보책임을 물을 수 없게 될 것이다. 물론 매도인이 이러한 하자를 알고 있었던 경우라면 이러한 특칙이 적용되지 않는다(상법 제69조).

예컨대, 토양의 오염정도가 「토양환경보전법」상의 우려기준 또는 대책기준을 초과하는 경우 매수인이 「토양환경보전법」상의 오염방지조치 또는 개선사업을 행할 의무를 지게 될 가능성이 있으며, 경우에 따라서는 일정기간 토지사용이 제한될 수도 있다는 점에서 매도인이 하자담보책임을 지게 될 가능성이 있게 되는 것이다.[70)]

그러나 구체적으로 어느 정도 오염되면 하자가 있다고 할 수 있는지, 매수인이 오랫동안 공장으로 사용된 토지를 매수하면서 오염조사를 하지 아니한 경우 과실이 있다고 할 수 있는지, 매도인은 토양이나 지하수의 오염사실을 매수인에게 고지하여야 하는지,

---

68) 황창식(각주 66), 138면.

69) 곽윤직, 채권각론, 박영사, 1995, 254면.

70) 수원지법 1996. 10. 24. 선고 95가합17789 판결(아파트 건축 용도로 매수한 토지의 지하에 폐기물이 매립되어 있는 경우, 그 토지에 매매목적물로서의 하자가 있는 것으로 본 사례); 대법원 2004. 7. 22. 선고 2002다51586 판결(성토작업을 기화로 다량의 폐기물을 은밀히 매립한 토지의 매도인이 협의취득 절차를 통하여 공공사업시행자에게 이를 매도함으로써 매수인에게 토지의 폐기물처리비용 상당의 손해를 입게 한 경우, 채무불이행책임과 하자담보책임이 경합적으로 인정된다고 한 사례); 서울중앙지법 2007. 10. 25. 선고 2006가합34379 판결. 박상열, "토양오염과 법률문제", 토양환경 제1권 제1호, 1996. 9, 7면.

매도인이 오염의 의심이 있더라도 차라리 이를 확인하지 아니하고 계약을 체결한 경우 그 책임을 면할 수 있는지 등 해결해야 할 문제가 많다.[71] 또한 매매 후 6개월 이내에 토양오염을 발견하는 것이 쉽지 아니하고, 토양오염이 밝혀질 때까지 장시간이 소요될 것으로 보이는데 대하여 하자담보책임의 제척기간이 짧기 때문에 실제로 하자담보책임을 물을 수 없는 경우가 많을 것이다.[72] 하자담보책임의 경우 확대손해의 배상이 인정되는지 여부에 대한 논란도 있다.

한편, 매수자로 하여금 정화비용 상당의 손해를 입게 하였다면 매도인은 채무불이행의 일종인 불완전이행(적극적 채권침해)에 기하여 손해배상책임을 부담할 수 있다.[73] 채무불이행으로 인한 손해배상책임은 하자담보책임과 경합적으로 인정된다.[74] 불완전이행에 기한 책임 추구는 무엇보다도 하자담보책임이 갖는 짧은 제척기간의 한계를 극복할 수 있을 것이다.

71) 박상열(앞의 글), 9면.

72) 대법원 2015. 6. 24. 선고 2013다522 판결(甲 유한회사가 乙 주식회사를 상대로 乙 회사가 유류, 중금속 등으로 오염된 토지를 매도하였다는 이유로 매도인의 하자담보책임 또는 불완전이행으로 인한 손해배상을 구한 사안에서, 甲 회사와 乙 회사의 매매계약은 상인 간의 매매인데 甲 회사가 토지를 인도받아 소유권이전등기를 마친 때로부터 6개월이 훨씬 경과한 후에야 토지에 토양 오염 등의 하자가 있음을 통지하였다는 이유로 하자담보책임에 기한 손해배상청구는 배척하고, 乙 회사가 오염된 토양을 정화하지 않은 채 토지를 인도한 것은 불완전이행에 해당한다는 이유로 오염된 토양을 정화하는 데 필요한 비용 상당의 손해배상책임을 인정한 원심판단이 정당하다고 한 사례) 참조.

73) 대법원 2015. 6. 24. 선고 2013다522 판결, 서울고법 2017. 9. 28. 선고 2014나59783 판결(이 사건 토지가 건설폐기물 또는 재활용대상 일반폐기물을 재활용하여 생산한 골재 및 토사를 성토재로 하여 적지복구된 점, 이 사건 토지에 지정폐기물이나 유기성 오니 등 사용될 수 없는 폐기물이 매립되어 있다고 볼 수는 없는 점, 이 사건 토지가 광범위하게 토양오염 우려기준을 초과하는 수준으로 오염되어 있다고 보기에 부족하다는 점 등을 고려하여 원고의 채무불이행을 원인으로 한 손해배상청구를 부인한 사례) 등 참조.

74) 대법원 2004. 7. 22. 선고 2002다51586 판결; 대법원 2021. 4. 8. 선고 2017다202050 판결.

제13장 먹는물 관리

수돗물, 지하수 등은 인간 생존과 문명의 발전을 위한 조건이다. 도시화 및 산업화와 이로 인한 인구의 급증, 생활수준의 향상으로 물수요가 급증하고 있다. 이에 비례하여 안전하고 깨끗한 물을 위협하는 요소는 증가하고 있으며, 수돗물에 대한 불신은 증대하고 있다. 질 좋은 먹는물이 안정적으로 공급될 수 있으려면 상수원의 적정한 관리가 중요하다. 상수원은 자연상태의 물인 원수를 취수하는 시설이 설치된 지역의 하천 · 호소 · 지하수 등으로서, 맑은 물이 수요자에게 공급되기 위해서는 상수원의 적정한 관리가 무엇보다도 중요하다.

최근에는 맑은 물의 유지 못지않게 수량의 확보도 중요한 과제로 대두되고 있다. 특히 물부족 국가로 분류되고 있는 우리나라로서는 수량확보는 남다른 의미를 갖고 있다.[1] 그 결과 물절약, 우수저장, 물재활용 등과 같은 정책이 중요한 과제로 떠오르고 있다. 잠재적인 수량 부족문제는 수리권에 대한 관심을 고조시키고 있다. 물을 둘러싼 갈등과 분쟁은 수리권 문제를 전면으로 부상시키고 있다. 그 갈등에는 수리권의 법적 성격, 내용, 범위 등의 불확실성이 기여하는 바가 크다.

전통적으로 물관리를 수량과 수질로 나누어 관리하여 왔으며 수량관리에 보다 치중한 감이 있었다. 이에 따라 관리 부처도 크게 수질은 환경부, 수량은 국토교통부와 한국수자원공사로 2원화되어 있었다. 이러한 2원적 접근방법은 비효율적인 물관리를 초래하였으며 이러한 반성적 고려에서 수질관리와 수량관리를 통합하는 방안이 오랫동안 논의되었다. 2018년 5월 28일 물관리 3법(「정부조직법」, 「물관리기본법」, 「물관리기술 발전 및 물산업 진흥에 관한 법률」)의 국회 통과는 새로운 전기를 마련하였다. 이로써 수량과 수질의 통합, 지표수와 지하수 통합을 비롯한 물관리일원화가 닻을 올리게 되었기 때문이다.

최근에는 먹는물의 수량 · 수질의 확보 문제를 넘어서서 물 자체를 하나의 상품으로 인식하고 이를 생산 · 유통하는 것을 하나의 산업으로 보는 인식이 확산되고 있다. 급기야 물 산업은 21세기 '블루골드(blue gold)'산업으로 주목받기에 이르렀다. 물 산업의 시장 규모는 2007년 현재 전 세계적으로 약 3,160억달러(약 313조원)에 이르는 것으로 추산되

1) 1993년 유엔 국제인구행동연구소(Pollution Action Institute)에서 우리나라를 물부족국가군으로 분류한 바 있다. 이에 따르면 연간 물 사용 가능량이 1000㎥ 미만은 물기근 국가, 1,000~ 1,700㎥는 물부족 국가, 1700㎥ 이상은 물풍요 국가로 분류된다. 우리나라는 2000년 사용 가능량이 1488㎥로 물부족 국가에 해당된다. 건설교통부 · 한국수자원공사, 물과 미래, 2004, 11면.

고 있다.[2)] 가까운 시일 내에 석유산업을 추월할 것이라는 전망도 나오고 있다. 국내 물산업 규모는 매년 높은 성장률을 보이면서 2003년 현재 11조원으로 국내총생산(GDP)의 1.5%를 차지하는 것으로 추산되고 있다.[3)] 이와 같이 물산업의 중요성이 증대하면서 정부도 물산업 육성을 정책적으로 추진하고 있다. 여기에는 민영화 또는 구조개편 등을 통한 상하수도사업의 경영효율화, 기반시설의 확충, 먹는샘물의 세계적 브랜드화 등을 통한 해외시장 진출 등이 포함되고 있다. 이러한 정책의 기저에는 국내 물산업의 열악한 환경을 개선하여야 한다는 절박감과 함께 세계 유수의 다국적 물기업과의 경쟁에서 살아남아야 한다는 위기의식도 자리하고 있다. 이러한 정책을 뒷받침하기 위하여 2018. 6. 12. 「물관리기술 발전 및 물산업 진흥에 관한 법률」이 제정되었다.[4)]

이제 더 이상 물을 물 쓰듯이 쓰는 시절은 지났다. 물은 더 이상 공짜가 아님을 인식하여야 한다. 물은 이미 자유재가 아니기 때문에 무제한의 공공재라는 인식이 바뀌어야 한다. 지금은 "더 이상 물로 보지 말라"는 말이 진담이 되고 있다. 먹는물의 '공공성'을 부인할 수는 없지만 유한재인 상품으로서 판매될 수 있다는 인식이 요구되고 있기 때문이다.

지난 30년간 시행착오를 거치면서 다양한 정책을 시도하였음에도 획기적인 수질개선은 이루어지지 않고 있다. 물고기 떼죽음과 일부 정수장의 급수 중단 사태는 수질악화를 상징적으로 보여주는 한 예에 불과하다. 이와 동시에 상류지역주민에 대한 각종 행위규제는 재산권 침해 등 논란을 야기하면서 물관리정책을 어렵게 하고 있다. 상수원에 대한 국민의 불신은 커지고 있다. 상수원 원수의 악화는 수돗물이 안전하다는 정부의 발표를 믿지 않는 원인이 되고 있다. 특별대책지역, 상수원보호구역, 개발제한구역, 자연보전권역 등에서 일정 규모·면적 이상 시설물의 입지 또는 개발사업의 시행을 규제하고 있는 정책은 오히려 소규모 오염원만을 가중시켰을 뿐이다. 비점오염원에 대한 소홀한 대처는 오염배출량의 증가를 초래하였다. 액비라는 이름으로 무단 살포되는 가축분뇨와 부실한 가축분뇨 공공처리시설의 관리, 하수관로 또는 배수관거(排水管渠)의 부실 및 관리 미흡 등은 팔당호의 주된 오염원이 되고 있다.[5)] 이에 종합적이고도 강력한 법적 대응 방안이 강하게 요구되고 있다.

---

2) 중앙일보, "물산업 '더 이상 물로 보지마': 21세기 블루골드 떠오른다", 2008. 5. 12. 기사. 현재 세계 물산업이 연간 500조원 이상에 이른다는 추산도 있다. 환경부, 물산업 육성 5개년 추진계획 수립 연구, 2006. 12, 7면.

3) 환경부(앞의 책), 6면.

4) 여기에는 물관리기술 발전 및 물산업 진흥 기본계획(제5조), 물기술종합정보시스템을 구축·운영(제7조), 물관리기술 개발 촉진(제8조), 물산업 표준화 기반조성(제9조), 우수제품등의 사업화 지원(제10조), 시범사업의 실시(제11조), 창업지원(제12조), 혁신형 물기업 지정 및 지원(제13조 및 제14조), 물산업 실증화 시설 및 집적단지의 조성(제15조), 입주기업 등에 대한 지원(제16조), 분산형 실증화 시설 조성 및 하수 또는 폐수의 공급 특례(제17조 및 제18조), 한국물기술인증원의 설립(제19조), 물산업지원센터의 설치·운영(제20조), 해외진출 지원(제21조) 등이 규정되어 있다.

5) 조길영, "4대강 수계 수질개선 특별대책의 문제점과 대안-축산폐수와 하수관로를 중심으로", 녹색국가의 구상, 환경과 생명, 2003, 176면 이하 참조.

먹는물 보호 및 관리를 위한 대표적인 법으로는 「수도법」, 「한강수계 상수원수질개선 및 주민지원 등에 관한 법률」(한강수계법)을 포함한 이른바, '4대강수계법', 「먹는물관리법」 등이 있다. 이들 법의 제정 경위를 간단히 살펴보면 먼저 수도에 관한 종합적인 계획을 수립하고 수도를 적정하고 합리적으로 설치 · 관리함으로써 공중위생의 향상과 생활환경의 개선에 이바지함을 목적으로 1961년 「수도법」이, 수돗물을 비롯한 지하샘물의 수질보전을 위하여 1995년 「먹는물관리법」이, 지하수 관리를 위한 기본법으로 「지하수법」이 1997년 각 제정되었다. 나아가 수돗물이용자와 상류지역 주민의 이해를 조정하여 해당 유역의 수질을 개선하기 위하여 1999년 한강수계법을 필두로, 2002. 1. 14. 「낙동강수계 물관리 및 주민지원 등에 관한 법률」(낙동강수계법), 「영산강 · 섬진강수계 물관리 및 주민지원 등에 관한 법률」(영산강수계법), 「금강수계 물관리 및 주민지원 등에 관한 법률」(금강수계법) 등 3개 법률이 제정되기에 이르렀다.

일반적으로 수질오염의 방지 및 맑은 물의 유지는 먹는물의 수질과 밀접한 관련을 갖고 있으므로 수질오염을 다루는 「물환경보전법」, 「가축분뇨의 관리 및 이용에 관한 법률」, 「하수도법」 등과도 밀접한 관련을 갖게 된다. 식수원 또는 상수원이 하천 표류수에 크게 의존하기 때문에 「하천법」도 먹는물 관리를 위해 중요한 의미를 갖는다.

이들 먹는물 관련 법들은 수질 및 수량확보를 위한 다양한 수단을 마련하고 있다. 특히 상수원 보호 및 관리를 위해서는 배출규제와 함께 상수원보호구역제도와 같은 토지이용규제가 중요하다. 이들은 행위규제 중심의 정책이라 할 수 있는데, 보다 효율적인 상수원관리를 위해서는 적극적이고 조장적인 관리 중심의 수단이 요구되고 있다.

제1절 수 도 법

수도에 관한 종합적인 계획을 수립하고 수도를 적정하고 합리적으로 설치 · 관리하여 공중위생을 향상시키고 생활환경을 개선하게 하는 것을 목적으로 「수도법」이 제정되었다(제1조).

Ⅰ. 일 반

1. 국가 및 지방자치단체 등의 책무

동법은 수도행정과 관련한 종합적 계획의 수립, 기술 및 재정지원, 상수원의 관리, 수도시설의 관리 등 포괄적인 책무를 국가 및 지방자치단체에 부과하고 있다(제2조 제1항 내지 제4항). 한편, 수도사업자는 수도를 계획적으로 정비하고 수도사업을 합리적으로 경영하여야 하며 수돗물을 안전하고 적정하게 공급하도록 노력하여야 한다(동조 제5항). 모든 국민은 국가가 추진하는 수도에 관한 시책에 협력하고 수돗물을 합리적으로 사용하도록 노력하여야 한다(동조 제6항). 국가, 지방자치단체 및 수도사업자는 빈곤층 등 모든 국민에 대한 수돗물의 보편적 공급에 기여하고, 수돗물에 대한 인식과 음용률을 높이기 위하여 노력하여야 한다(동조 제7항).

2. 국가수도기본계획과 수도정비계획

환경부장관은 국가 수도정책의 체계적 발전, 용수의 효율적 이용 및 수돗물의 안정적 공급을 위하여 국가수도기본계획을 10년마다 수립하여야 한다(제4조 제1항). 이 기본계획은 우리나라 수도정책의 근간을 이루는 중요한 계획이라 할 것이다.

한편, 특별시장 · 광역시장 · 특별자치시장 · 특별자치도지사 · 시장 · 군수는 일반수도 및 공업용수도를 적정하고 합리적으로 설치 · 관리하기 위하여 국가수도기본계획을 바탕으로 10년마다 수도의 정비에 관한 종합적인 수도정비계획을 수립하여야 한다(제5조 제1항). 수도정비계획에는 기본방침, 수돗물의 중장기수급에 관한 사항 등 수도정비 정책을 위해 기본적이고 필수적인 사항이 포함되어야 한다(동조 제7항).

동법은 국가수도기본계획과 수도정비계획이 수립된 날로부터 5년이 경과한 때에는 타당성 여부를 재검토하여 이를 반영하도록 하고 있다(제4조 제6항, 제5조 제9항). 이와 같이 타당성 여부를 재검토하도록 한 것은 기술개발 및 물 수요 변화 등 변화하는 다양한 여건을 수시로 반영하도록 함으로써, 계획의 합리성을 제고하기 위한 것으로 이해된다.

3. 수도사업 통합계획

동법은 수도사업의 경영합리화를 통하여 지속가능한 수도공급체계를 구축하고 지역 간 수도서비스 격차를 해소하기 위하여 둘 이상의 지방자치단체가 수도사업의 운영·관리를 일원화하는 '수도사업 통합' 추진에 필요한 사항을 규정하고 있다. 수도사업 통합계획의 수립 및 환경부장관의 승인은 그 일부에 불과하다(제5조의2).

4. 물 수요 관리 목표제의 실시

시 · 도지사는 수도사업의 효율성을 높이고 수돗물의 수요 관리를 강화하기 위하여 1인당 적정 물 사용량 등을 고려하여 관할 시 · 군 · 구(자치구를 말함)별 물 수요 관리 목표를 정하고 이를 달성하기 위한 종합적인 계획(종합계획)을 5년마다 수립하여 환경부장관의 승인을 받아야 하며(제6조 제1항), 시장 · 군수 · 구청장은 종합계획을 시행하기 위하여 시행계획을 수립하여 시 · 도지사의 승인을 받아야 한다(동조 제2항).

5. 수도요금

수도사업자는 수도사업을 경영하는 경우 합리적인 원가산정에 따른 수도 요금 체계를 확립하고, 수도시설의 정비 · 확충 및 수도에 관한 기술 향상을 위하여 노력하여야 하며(제12조 제2항), 수도요금 체계를 확립하는 경우에 수요자의 물 절약을 유도하고 수요자가 물을 공급받는 데에 드는 비용과 사업의 계속성을 유지하기 위하여 필요한 재원을 요금수입으로 확보하도록 노력하여야 한다(동조 제3항). 한편, 수도사업자는 「재난 및 안전관리 기본법」에 따른 재난으로 인하여 수도요금의 납부가 곤란하다고 인정할 때에는 대통령령으로 정하는 바에 따라 수도요금을 감면할 수 있다(제12조의2).

6. 영리행위 금지

누구든지 수돗물을 용기에 넣거나 기구 등으로 다시 처리하여 판매할 수 없다(제13조).

7. 수도용 자재와 제품의 인증

수도시설(취수 · 저수 · 도수 시설은 제외) 중 물에 접촉하는 수도용 자재나 제품을 제조 또는 수입하려는 자는 미리 환경부장관으로부터 그 수도용 자재와 제품이 대통령령으로 정하는 위생안전기준에 맞는지에 대하여 인증을 받아야 하며(제14조), 누구든지 인증을 받지 아니하거나 정기검사 또는 수시검사 결과 기준에 적합하지 아니한 수도용 자재나 제품을 제조 · 수입 · 공급 · 판매하여서는 아니 된다(제14조). 동법은 인증제도의 실효성을 확보한다는 차원에서 인증의 취소(제14조의2), 검사기관의 지정(제14조의3) 등의 규정을 두고, 제품등의 수거 · 파기 · 교환 · 환급 · 개선조치 또는 그 밖에 필요한 조치(수거등)의 명령 · 공표(제14조의6 제1항), 직접 수거등, 비용징수(동조 제3항), 현장조사(제14조의7) 등의 법적 근거를 두고 있다.

Ⅱ. 상수원보호구역

동법의 핵심적인 내용을 이루는 것이 상수원보호구역의 지정을 통한 상수원[6]의 확보와 수질보전이다. 상수원보호구역에서는 행위규제가 강하고, 지정에 따른 규제지역과 수혜지역이 달라 그 시행에 많은 어려움이 있다. 지역이기주의 내지 지역 갈등, 지방자치단체의 개발수요 등은 이 제도를 둘러싼 논의를 복잡하게 하고 있으며, 현실적으로는 추가 지정 및 확대를 어렵게 하고 있다. 결국 상수원보호구역의 지정은 해당 지역주민의 행위제한, 재산권 행사의 제한 등의 문제를 수반하면서 이에 대한 고려가 동제도의 성공적인 요소가 되고 있다. 이러한 차원에서 동법은 상수원보호구역 내의 주민에 대한 주민지원사업의 실시를 위한 근거규정을 두고 있다.

1. 지 정

환경부장관은 상수원의 확보와 수질 보전을 위하여 필요하다고 인정되는 지역을 상수원보호구역으로 지정하거나 변경할 수 있다(제7조).[7] 상수원보호구역을 지정하거나 변

6) '상수원'이란 음용 · 공업용 등으로 제공하기 위하여 취수시설을 설치한 지역의 하천 · 호소 · 지하수 · 해수 등을 말한다(제3조 제2호).

7) 상수원보호구역은 2016년 말 현재 288개소(1,138㎢)가 지정되어 있다. 환경부, 환경백서, 2018, 198면.

경하려는 경우에는 주민의 의견을 들어야 하고, 그 의견이 타당하다고 인정하면 이를 반영하여야 한다(시행령 제11조의2). 현재 환경부장관의 상수원보호구역 지정 · 변경 및 공고 권한은 시 · 도지사에게 위임되어 있는데(제78조, 시행령 제67조 제1항), 흔히 시 · 도지사는 주민의 재산권행사 및 행위를 제한하는 상수원보호구역 지정에 소극적인 경향을 보이고 있다. 경우에 따라서는 행위제한을 피하기 위하여 이미 지정된 상수원보호구역을 변경하려는 시도도 나타나고 있다.8)

2. 상수원보호구역에서의 행위제한

상수원보호구역에서는 토지이용의 제한 및 오염물질 배출 등에 대한 강력한 규제가 가해지고 있다.

가. 금지행위

상수원보호구역에서는 수질오염을 초래하는 다음과 같은 행위를 할 수 없다: ① 수질오염물질 · 특정수질유해물질, 유해화학물질, 농약, 폐기물, 오수 · 분뇨 또는 가축분뇨를 사용하거나 버리는 행위;9) ② 그 밖에 상수원을 오염시킬 명백한 위험이 있는 행위로서 ㉠ 가축을 놓아 기르는 행위; ㉡ 수영 · 목욕 · 세탁 · 선박운항 또는 수면을 이용한 레저행위; ㉢ 행락 · 야영 또는 야외취사행위; ㉣ 어패류를 잡거나 양식하는 행위. 다만, 환경부령으로 정하는 자가 하는 환경부령으로 정하는 어로행위는 제외한다; ㉤ 자동차를 세차하는 행위; ㉥ 하천구역에 해당하는 지역에서 농작물을 경작하는 행위. 다만, 「친환경농업육성 및 유기식품 등의 관리 · 지원에 관한 법률」 제2조 제2호에 따른 친환경농수산물(수산물을 제외)을 인증기준에 따라 경작하는 행위는 제외한다(제7조 제3항, 시행령 제12조 제1항).

나. 허 가

상수원보호구역에서 다음에 해당하는 행위를 하려는 관할 특별자치시장 · 특별자치도지사 · 시장 · 군수 · 구청장의 허가를 받아야 한다: ① 건축물, 그 밖의 공작물의 신축 · 증축 · 개축 · 재축 · 이전 · 용도변경 또는 제거; ② 입목 및 대나무의 재배 또는 벌채; ③ 토지의 굴착 · 성토, 그 밖에 토지의 형질변경(제7조 제4항). 이러한 허가를 요하는 행위에 대하여는 상수원보호구역의 지정목적을 고려하여 구체적인 행위허가기준을 마련하고 있다(시행령 제13조). 여기에서의 허가는 상수원보호구역의 지정목적에 지장이 없다고 인정되

---

8) 화장장설치를 위하여 문제의 토지를 상수원보호구역에서 제외하는 상수원보호구역변경처분 대하여 인근 주민들이 그 처분취소를 구한 이른바, '공설화장장 사건'에서 대법원은 "상수원보호구역 설정의 근거가 되는 수도법 제5조 제1항 및 동 시행령 제7조 제1항이 보호하고자 하는 것은 상수원의 확보와 수질보전일 뿐이고, 그 상수원에서 급수를 받고 있는 지역주민들이 가지는 상수원의 오염을 막아 양질의 급수를 받을 이익은 직접적이고 구체적으로는 보호하고 있지 않음이 명백하여 위 지역주민들이 가지는 이익은 상수원의 확보와 수질보호라는 공공의 이익이 달성됨에 따라 반사적으로 얻게 되는 이익에 불과하다"고 하면서 지역주민들인 원고적격을 부인한바 있다. 대법원 1995. 9. 26. 선고 94누14544 판결.

9) 동법은 상수원보호구역 내 유해화학물질 취급 규제를 합리적으로 완화한다는 차원에서 취수 · 정수시설 등이 유해화학물질을 수처리제 등으로 사용하는 경우와 사용금지 적용 이전부터 해당 화학물질을 사용하고 있던 기존 사업장에 대한 유해화학물질 사용 특례를 규정하고 있다(제7조 제3항 제1호 단서).

는 경우에 한하여 허가할 수 있다는 시행령의 규정 형식에 비추어 재량행위라 할 것이다.

다. 상수원보호구역 외의 지역에서의 공장설립 제한

동법은 상수원보호구역의 상류지역이나 취수시설의 상류 · 하류 일정 지역에서 공장을 설립할 수 없도록 하되, 공장설립이 제한되는 지역 중 상수원에 미치는 영향 등을 고려하여 일정 범위의 지역에서는 공장의 설립을 부분적으로 승인할 수 있도록 하고 있다(제7조의2). 이와 같이 상수원보호구역 상류지역 등에서 공장의 설립을 제한할 수 있도록 하는 것은 상류지역에 설립된 공장에서 발생하는 화재 등 사고로 인한 상수원 수질오염 가능성을 차단한다는 의미를 갖는다. 그러나 그 제한으로 인한 재산권 침해 논란이 제기될 가능성이 있다.

3. 상수원 정보관리체계 구축 · 운영

동법은 환경부장관으로 하여금 상수원보호구역 및 공장설립이 제한되는 지역의 수질관리를 위하여 상수원 정보관리체계를 구축 · 운영하도록 하고 있다(제7조의3).

4. 상수원보호구역의 관리

상수원보호구역의 관리책임은 해당 구역을 관할하는 특별자치시장 · 특별자치도지사 · 시장 · 군수 · 구청장에게 있다(제8조 제1항). 특별자치시장 · 특별자치도지사 · 시장 · 군수 · 구청장은 5년마다 관할 상수원보호구역에 대한 수질관리계획을 수립 · 시행하여야 한다(제8조의2).

5. 주민지원사업

상수원보호를 위한 행위규제 내지 토지이용규제의 결과 그 하류지역에 거주하고 있는 주민은 이로 인하여 깨끗한 물을 마실 수 있는 이익을 향유하게 된다. 이 경우 오염원인자부담의 원칙에 의하여 상류지역에 거주하는 주민들에게 모든 규제를 감수하라고 하는 것은 형평의 관념에 어긋난다. 이에 하류지역에 거주하는 주민들에게 그들이 얻는 이익의 범위 내에서 비용을 일정부분 부담하는 것이 형평에 맞는 것이다. 이러한 원칙이 오염원인자 부담원칙의 반면인 이른바 수혜자부담의 원칙인 것이다. 상수원보호구역의 지정으로 인하여 토지이용의 제한이라는 불이익을 받게 되는 지역주민들을 위하여 관리청이 주민지원사업을 시행하는 것은(제9조 제1항) 결국 수혜자부담의 원칙을 적용하는 것이다.

주민지원사업의 종류는 소득증대사업, 복지증진사업, 육영사업, 그 밖에 대통령령으로 정하는 사업 등인데(동조 제2항), 구체적인 주민사업의 종류는 시행령에 위임되어 있다(시행령 제18조, 별표 1). 주민지원사업은 수도사업자의 출연금, 차입금 등과 30% 범위 내의 국가의 환경개선특별회계상의 보조 재원으로 추진하고 있다(제10조). 현재의 지원 내용은 지역주민들이 원하는 생활보조금 지원, 세제 지원, 소득보전사업 등 직접지원이 아니라 간접지원에 그치고 있다. 주의할 것은 해당지역 주민이라는 이유로 무조건적으로 지원이 이루어져서는 안 된다는 것이다. 예컨대, 상수원보호구역에서의 행위제한을 위반한 자에 대해서까지 지원이 돌아가는 것은 그 지원이 어디까지나 행위제한에 상응한다는 점을 고려할 때 형평의 원칙상 허용되어서는 안 될 것이다.

특별히 팔당상수원보호구역의 경우에는 「수도법」이 적용되지 아니하고,10) 1999. 2. 8. 제정 · 공포된 '한강수계법'에 의하여 서울 등 수도권 주민에 대하여 물이용부담금을 부과함으로써, 재원을 마련하여 상류지역 주민지원 사업을 도모하고 있다.

6. 비용부담

수도사업자가 상수원보호구역의 지정 · 관리로 인하여 이익을 받는 경우에는 그 상수원보호구역의 관리와 수질오염방지시설의 운영 등에 드는 비용을 그 상수원보호구역을 관리하는 관리청과 협의하여 그 이익을 받는 범위에서 비용부담기준에 따라 부담하여야 한다(제11조 제1항).

수도사업자로 하여금 주민지원사업에 필요한 재원을 마련하기 위하여 출연금을 내도록 하면서(제10조 제1항), 동시에 상수원보호구역의 관리 등을 위한 소요비용도 부담하도록 하는 것은 부담자에게는 2중의 부담이 될 수 있으며, 관리비용의 부담이 행정청과의 협의를 통해 결정된다고 하면 행정주체의 자의적 판단이 강하게 작용될 가능성이 있다는 비판이 제기되고 있다.11)

7. 평가(문제점)

문제점을 중심으로 상수원보호구역제도를 평가해 보면 다음과 같다: ① 지정권한이 시 · 도지사에게 위임되어 있는데, 시 · 도지사는 주민들의 저항을 고려하여 그 지정에 소극적일 수 있다; ② 지역주민의 의사를 수렴하는 절차가 마련되어 있지 않다; ③ 특별대책지역, 개발제한구역, 수변구역, 자연보전권역 등과 중첩적으로 지정되어 있다; ④ 취수장 부근의 수면위주로 지정되고, 행정구역 위주로 지정되며, 인구밀집지역이 제외되는 등 합리적으로 구역 지정이 이루어지지 않은 측면이 있다; ⑤ 주민지원사업 재원의 종류가 다양하지 못하고 규모가 작다; ⑥ 행위제한과 관련하여 손실보상 규정이 마련되어 있지 못하다.12) ⑦ 하천 하류의 수혜지역 지방자치단체의 비용부담에 대한 내용이 없으며, 비용부담기준도 불명확하다.13)

---

10) 「한강수계 상수원 수질개선 및 지원에 관한 법률」의 적용을 받는 지역에 대해서는 상수원보호구역에 관한 규정이 적용되지 아니한다. 조현권, 환경법 －이론과 실무－, 법률문화원, 1999, 507면.

11) 채우석, "수질개선부담금의 법적 문제", 환경법연구 제25권 제2호, 2003. 12, 161면.

12) 조현권(각주 10), 505 내지 507면 참조.

13) 손진상, "상수원보호구역과 법적 문제", 안동개발연구 제9집, 안동대학교, 1998. 2, 11면.

Ⅲ. 수도사업

물산업의 큰 부분을 차지하는[14] 수도사업은 일반의 수요자 또는 다른 수도사업자에게 수도에 의하여 원수 또는 정수를 공급하는 사업을 말하며, 일반수도사업과 공업용수도사업으로 구분된다(제3조 제18호). 수도사업은 국가 · 지방자치단체 또는 한국수자원공사가 경영하는 것을 원칙으로 한다(제12조 제1항). 그러나 동법은 예외적인 경우에 민간사업자가 수도사업을 경영하거나 운영할 수 있도록 하고 있다(동항 단서). 최근 수도사업의 경쟁력과 효율성 제고 차원에서 논의가 진행되고 있는 수도사업의 민영화 또는 구조개편 등은 이러한 근거규정과 밀접한 관련을 갖게 된다.

수도사업자는 수도사업을 경영하는 경우 합리적인 원가산정에 따른 수도요금체계를 확립하고, 수도시설의 정비 · 확충 및 수도에 관한 기술 향상을 위하여 노력하여야 하며, 수도요금체계를 확립하는 경우에 수요자의 물절약을 유도하고 수요자가 물을 공급받는 데 드는 비용과 사업의 계속성을 유지하기 위하여 필요한 재원을 요금수입으로 확보하도록 노력하여야 한다(동조 제2항 · 제3항). 수도사업자 외의 자는 영리행위가 금지되는데, 즉 수돗물을 용기에 넣거나 기구 등으로 다시 처리하여 판매할 수 없다(제13조 제1항). 물에 접촉하는 수도용 자재나 제품을 제조 또는 수입하려는 자는 수도용 자재와 제품이 위생안전기준에 맞는지에 대하여 인증을 받아야 하며, 누구든지 인증을 받지 아니한 수도용 자재와 제품을 제조 · 수입 · 공급 · 판매하여서는 아니 된다(제14조).

수도사업자는 수도공사를 하는 데에 비용 발생의 원인을 제공한 자(주택단지 · 산업시설 등 수돗물을 많이 쓰는 시설을 설치하여 수도시설의 신설이나 증설 등의 원인을 제공한 자를 포함) 또는 수도시설을 손괴하는 사업이나 행위를 한 자에게 그 수도공사 · 수도시설의 유지나 손괴 예방을 위하여 필요한 비용의 전부 또는 일부(원인자부담금)를 부담하게 할 수 있다(제71조 제1항).

1. 일반수도사업

'일반수도사업'이라 함은 일반 수요자 또는 다른 수도사업자에게 일반수도를 사용하여 원수 또는 정수를 공급하는 사업을 말한다(제3조 제19호). 일반수도는 국가 · 지방자치단체 · 한국수자원공사가 공급주체가 되는 광역상수도[15]와 지방자치단체가 공급하는 지방상수도[16] 및 마을상수도[17]로 구분된다(제3조 제7호 내지 제9호).

---

14) 상하수도사업은 전체 물사업의 80%를 차지할 정도로 큰 비중을 차지하고 있다.

15) '광역상수도'란 국가 · 지방자치단체 · 한국수자원공사 또는 환경부장관이 인정하는 자가 둘 이상의 지방자치단체에 원수나 정수를 공급(제43조 제4항에 따라 일반 수요자에게 공급하는 경우를 포함)하는 일반수도를 말한다. 이 경우 국가나 지방자치단체가 설치할 수 있는 광역상수도의 범위는 대통령령으로 정한다(제3조 제7호).

16) '지방상수도'란 지방자치단체가 관할 지역주민, 인근 지방자치단체 또는 그 주민에게 원수 또는 정수를 공급하는 일반수도로서 광역상수도 및 마을상수도 외의 수도를 말한다(제3조 제8호).

17) '마을상수도'란 지방자치단체가 대통령령으로 정하는 수도시설에 따라 100명 이상 2천5백명 이내의 급수인구에게 정수를

가. 인 가

동법은 수도사업에 대하여 인가제를 채택하고 있다(제17조). 일반수도사업은 사업의 종류에 따라 그 관장 주체가 구분되며, 광역상수도 및 지방상수도는 환경부장관의, 도 또는 특별자치도의 관할구역에서 지방자치단체 또는 상수도조합이 설치하는 시설용량 1일 1만톤 이하인 광역상수도 및 지방상수도는 도지사 또는 특별자치도지사의, 마을상수도는 특별시장 · 광역시장 · 특별자치시장 · 특별자치도지사 · 시장 · 군수의 인가를 받아 시행하는 복잡한 관리구조를 가지고 있다. 특히 마을상수도의 인가사무를 시장 · 군수 등으로 하는 것은 수도관련 행정사무의 효율적인 수행 및 주민편의를 도모하기 위한 것으로 이해된다.

≪상수도 공급 체계≫18)

지방상수도
지방상수원개발
(저수지, 지방하천, 지하수)
취수시설
도수관로
정수장
송수관로
배수지
급 · 배수관로
수용가

광역상수도
광역상수원개발
(다목적댐, 국가하천)
취수시설
도수관로(원수)
(시 · 군 경계)
정수장
송수관로
배수지
급 · 배수관로
수용가
통합정수장
송수관로
배수지
급 · 배수관로
수용가

나. 사업자의 의무

동법은 일반수도사업의 시설기준 등에 대한 요건을 정하고 있는바, 즉 일반수도사업자는 수도시설을 설치할 때에 지진에 대한 안전성을 고려하여야 하고, 원수의 질 · 양, 지리적 조건, 수도의 종류 및 시설의 규모에 따라 대통령령으로 정하는 기준에 맞는 일반수도의 수도시설을 갖추어야 한다(제18조). 또한 수질검사와 수량분석(제19조, 제29조), 취

공급하는 일반수도로서 1일 공급량이 20㎥ 이상 500㎥ 미만인 수도 또는 이와 비슷한 규모의 수도로서 특별시장 · 광역시장 · 특별자치시장 · 특별자치도지사 · 시장 · 군수가 지정하는 수도를 말한다(제3조 제9호).

18) 2018년 환경백서(각주 7), 196면.

수 · 정수 또는 배수시설에서 업무에 종사하는 자 및 그 시설 안에 거주하는 자에 대한 건강진단(제32조), 위생상의 조치(제33조),[19] 수돗물 공급(제39조)[20] 등의 의무가 있다.

나아가 동법은 효율적인 수도사업의 운영 · 관리 차원에서 수도시설의 보호(제20조), 수도시설의 관리(제21조), 상수도관망의 관리(제21조의2), 상수도관망 중점관리지역 지정(제21조의3), 수도사업의 민간자본 유치(제22조), 수도시설 운영 · 관리 업무의 위탁(제23조), 정수시설운영관리사(제24조)와 상수도관망시설운영관리사(제25조의2) 자격 제도 등을 위한 근거 규정을 두고 있다.

다. 수질관리

수질기준은 먹는물 중에 검출가능성이 높은 유해물질에 대하여 사람이 일생동안 섭취하여도 유해하지 않은 수준인 최대허용량을 정하고 그 나라의 수자원상태, 경제적 수준, 정수처리기술 등을 종합적으로 고려하여 규제대상 물질의 종류나 허용한도를 설정하고 관리하는 기준이다. 수도에 의하여 음용을 목적으로 공급되는 물에는 다음의 물질이 함유되어서는 아니 된다: ① 병원성 미생물에 오염되었거나 오염될 우려가 있는 물질; ② 건강에 해로운 영향을 미칠 수 있는 무기물질 또는 유기물질; ③ 심미적 영향을 미칠 수 있는 물질; ④ 그 밖에 건강에 해로운 영향을 미칠 수 있는 물질(제26조 제1항).

동법은 수질기준에 관하여 필요한 사항을 정하는 것을 환경부령에 위임하고 있는바(동조 제2항), '먹는물 수질기준 및 검사 등에 관한 규칙'에서 먹는물의 수질기준을 일반세균, 대장균균, 납, 불소, 수은, 냄새, 맛, 색도 등 55개 항목에 걸쳐 설정하고 있다(동규칙 제2조 제1항, 별표 1참조).

한편, 동법은 수돗물이 수질기준에 위반된 경우 위반 항목, 조치계획 등의 보고, 현장수습조정관 파견 등의 대응체계를 규정하면서(26조의2), 수돗물 정보공개제도를 도입하여 일반수도사업자에게 수질기준 위반내용을 관할 구역의 주민에게 공지함과 동시에 수질개선을 위하여 필요한 조치를 취하도록 하고(제27조 제1항), 매년 1회 이상 수돗물품질보고서를 관할 급수구역에서 수돗물을 공급받는 자에게 제공할 의무를 부과하고 있다(제31조).

---

19) 일반수도사업자는 수도에 관하여 소독 및 수질검사, 그 밖의 위생에 필요한 조치를 하여야 한다(제33조 제1항). 수돗물을 다량으로 사용하는 건축물 또는 시설로서 대통령령으로 정하는 규모 이상의 건축물 또는 시설의 소유자나 관리자는 급수설비에 대한 소독 등 위생조치를 하여야 한다(동조 제3항). 대규모점포, 공동주택, 의료시설, 교육연구시설 등 일정한 건축물 또는 시설로서 대통령령으로 정하는 규모 이상의 건축물 또는 시설의 소유자나 관리자는 급수관을 주기적으로 검사하고, 그 결과에 따라 세척 · 갱생 · 교체 등 필요한 조치를 하여야 한다(동조 제4항).

20) 일반수도사업자는 수돗물의 공급을 원하는 자에게 정당한 이유 없이 그 공급을 거절하여서는 아니 되는데(제39조 제1항), 시행령에서 정하고 있는 공급 거절 사유는 ① 수도시설의 파괴 또는 고장 등의 사유로 수돗물의 정상적인 공급이 어려운 경우, ② 정수시설의 교체 또는 오작동이나 유해물질의 유입 등의 사유로 수질기준을 충족하지 못하게 된 경우 등 수돗물을 공급받는 자의 건강보호를 위하여 필요한 경우 등으로 상당히 제한적이다(시행령 제53조의3). 이 규정은 국민의 기본권 보장 차원에서 신규공급 요청의 경우에 일반수도사업자에게 공급의무가 있음을 선언하고 있는 규정으로서(기존공급을 염두에 두고 있는 제37조상의 긴급정지와 구별됨), 가뭄의 장기화, 조류(藻類)의 대발생 등과 같은 재난상황으로 인한 수돗물의 공급 중단이나 제한을 위해서는 제37조(긴급정지)나 제39조 제2항의 개정을 통한 입법적 조치가 필요해 보인다.

정보공개제도는 수돗물이 음용에 적합하지 않다는 인식이 확대되면서 수돗물을 직접 마시는 인구가 점차 감소함에 따라 수돗물에 대한 불식을 해소하기 위한 고육책이라고 할 수 있다. 이에 따라 수돗물에 대한 정확한 정보가 제공되면서 수질오염 사고로 인한 피해가 줄고, 수돗물에 대한 막연한 불신이 감소할 것으로 기대된다. 나아가 일반수도사업자는 정수처리기준을 준수하고(제28조), 병원성 미생물의 분포 실태를 조사할 의무가 있다(제28조의2).

정수장에서 아무리 깨끗한 물을 공급하더라도 수도, 급수설비 등이 문제가 있을 경우에는 일반수요자에 대한 깨끗한 물 공급 정책은 공염불이 될 가능성이 많다. 이러한 점을 고려하여 동법은 수도, 급수설비 등에 대한 위생조치 규정을 두고 있다(제33조). 이러한 조치들은 급수관, 저수조 등의 관리미비로 수돗물 수질에 대한 불신이 가중됨에 따라 옥내급수관과 소형저수조 등에 대한 위생상의 조치를 강화하는 일련의 조치로 이해할 수 있으며, 이로써 수돗물의 최종 급수단계에서 수질관리가 강화되면서 이용자에게 안전한 수돗물을 공급할 수 있을 것으로 기대된다.

그 밖에 동법은 수돗물 먹는 실태조사(제29조의2), 취수 · 정수 또는 배수시설에서 업무에 종사하는 자 등에 대한 건강진단(제32조), 위생상의 조치(제33조), 정수장의 위생안전인증(제33조의2), 저수조청소업에 대한 신고, 영업정지 등 규제(제34조, 제35조), 수도시설관리에 관한 교육(제36조), 급수의 긴급정지(제37조) 등 규정을 두고 수돗물의 수질관리를 도모하고 있다.

라. 공급규정 및 요금

일반수도사업자는 수돗물의 요금, 급수설비에 관한 공사의 비용부담, 그 밖에 수돗물의 공급 조건에 관한 규정을 정하여 수돗물의 공급을 시작하기 전까지 인가관청의 승인을 받아야 한다. 다만, 수도사업자가 지방자치단체이면 그 지방자치단체의 조례로 정한다(제38조 제1항). 일반수도사업자 및 인가관청은 수돗물의 공급 조건에 관한 규정을 정하거나 승인할 때에 그 수도의 설치에 든 비용을 전액 수돗물의 요금으로 회수할 수 있도록 하여야 한다(동조 제2항). 제68조에서는 요금 등의 강제징수에 관한 근거 규정을 두고 있다. 한편, 동법은 교육시설 · 사회복지시설 등의 공익시설과 노인, 장애인, 기초생활수급권자 등에 대하여 요금을 감면할 수 있는 근거를 두고 있다(동조 제3항).

[1] 대법원 2006. 6. 22. 선고 2003두8128 전원합의체 판결

구 수도법(2002. 12. 26. 개정 전) 등 관계 법령에 다른 특별한 규정이 없는 한, 수도사업자인 지방자치단체는 수도의 설치비용을 자신이 부담하여야 하고, 다만 급수장치에 관한 공사의 비용부담에 관하여는 이를 조례로 정하도록 되어 있을 뿐이므로, 수도사업자인 지방자치단체가 급수장치에 관한 공사의 비용부담에 관한 규정을 조례로 정하면서 급수장치가 아닌 수도시설의 설치비용을 급수공사를 하고자 하는 자에게 부담시키는 것은 상위법령인 구 수도법 제23조(현행 제38조) 및 제52조의2 제1항의 규정에 위반된다.[21]

[2] 대법원 1977. 2. 22. 선고 76다2517 판결

수도법에 의하여 지방자치단체인 수도사업자가 그 수돗물의 공급을 받은 자에 대하여 하는 수도료의 부과징수와 이에 따른 수도료의 납부관계는 공법상의 권리의무관계라 할 것이므로 이에 관한 소송은 행정소송절차에 의하여야 하고, 민사소송절차에 의할 수 없다 할 것이다.

수도사업자인 지방자치단체가 제공한 수도서비스에 대한 반대급부로 고객인 주민이 부담하는 요금은 사용료의 일종으로서 그에 대한 결정은 지방의회의 권한이다. 그 결과 지방자치단체별로 차등적인 사용료가 부과되고 있다.[22] 그러나 최근에는 수도사업의 전문화, 경영효율화, 국제경쟁력의 제고 등을 위해 수도사업의 민영화 움직임이 가시화되면서 수도사업자가 되는 민간부문에서 수도요금을 정하여야 한다는 견해가 있을 수 있다. 다양한 민간자본의 참여와 광범위한 민간에 대한 위탁경영이 이루어진다는 전제에서는 민간부문에서 수도요금을 결정하는 것도 고려해 볼 수 있지만 수도사업의 '공공성'을 고려할 경우 완전한 시장결정 구조는 적절하지 않다고 생각된다. 이러한 관점에서 중간적인 형태, 즉 지방자치단체의 장, 주민대표, 수탁사업자, 민간단체, 소비자 등 이해관계자가 참여하는 기구인 가칭 '수도사업위원회'에서 결정하는 것을 검토할 필요가 있다고 생각한다. 민영화는 수도요금의 인상을 초래할 가능성이 크기 때문에 이에 대비하여 요금의 상한제를 도입하는 것도 적극 검토하여야 한다.

[3] 급수사용료부과처분취소: 대법원 1993. 5. 11. 선고 92누17211 판결

수도법 제17조의 규정에 의하여 제정된 서울특별시급수조례 제5조(1992. 7. 22. 개정 전)는 "급수장치(현행 급수설비)는 그 설치된 건물 또는 토지의 처분에 부수하며 취득자는 이 조례에 의하여 그 취득 전에 발생된 의무에 대하여도 이를 승계한다"고 규정하고 있는바, 위 규정은 급수장치에 관한 권리의무의 승계에 관한 것으로서 건물에 대한 소유권을 취득하였다는 것만으로 건물의 구소유자의 체납수도요금 납부의무까지 신소유자에게 승계된다고 할 수 없다.[23]

---

21) 수도사업자인 지방자치단체가 급수장치에 관한 공사의 비용부담에 관한 규정을 조례로 정하면서 수도시설의 설치비용을 급수공사를 하고자 하는 자에게 부담시키는 것이 상위법령인 구 「수도법」 제23조(현행 38조) 및 제52조의2 제1항의 규정에 위반된다고 한 사례.

22) 지역별로 수도요금 수준이 차이 나는 이유는 광역상수도에서 물을 공급받는지의 여부, 취수원 개발의 용이성, 취수원과 물공급지역과의 거리, 수돗물 생산시설의 규모, 정수처리비용, 수도사업 경영능력 및 재정상태 등의 차이에서 기인한다. 환경부, 환경백서, 2010, 466면.

[4] 부당이득금반환: 대법원 1996. 7. 9. 선고 94다31112 판결

수도 사용자의 범위를 급수장치(현행 급수설비)의 사용자, 소유자 및 관리인으로 규정하면서 그들이 요금납부에 있어서 연대책임을 진다는 춘천시의 급수조례 제2조 제5호, 제25조의 규정 내용은 모두 구 수도법(1991. 12. 14. 개정되기 전) 제17조 소정의 '기타 물의 공급에 관하여 필요한 사항'에 포함된다고 봄이 상당하고, 같은 법 제32조는 요금의 강제징수에 관한 규정일 뿐 요금의 납부의무자에 대한 규정이라고 볼 수 없어 이를 근거로 물의 공급을 받은 자만이 요금 납부의무자라고 할 수 없으므로, 춘천시의 급수조례 제25조가 모법인 구 수도법에 위반하여 무효라고 할 수 없다.[24)]

마. 수도사업의 민영화

「수도법」 제12조는 수도사업자를 국가, 지방자치단체, 한국수자원공사로 제한하고 있다. 다만, 지방자치단체 등을 대신하여 민간 사업자 또는 상수도조합에 의하여 수돗물을 공급하는 것이 필요하다고 인정되는 경우에는 그러하지 아니하다. 「지방자치법」은 상수도 · 하수도의 설치와 관리를 지방자치단체의 고유사무로 규정하고 있다(제9조 제2항 제4호 자목). 이러한 관리체계하에서 지방상수도의 공급 주체, 즉 사업자는 원칙적으로 지방자치단체가 되고 있다. 현재 우리나라는 160여 지방자치단체의 상당부분이 직영체제로 수도사업을 시행하고 있다.[25)] 이러한 공급체계는 다음과 같은 많은 문제점을 발생시키고 있다: 군소 영세수도사업자의 난립을 초래하고 있다. 규모 및 범위의 경제가 실현되지 못해 운영의 효율성이 떨어지고 있다. 경제 · 경쟁의 원리가 적용되지 않아 생산성 향상이 저해되고 있다. 수도사업의 영세성은 경영을 악화시키고, 전문인력의 양성 및 기술력의 배양을 저해한다. 높은 생산원가와 비현실적으로 낮은 요금은 요금 현실화율을 떨어트리고[26)] 재정악화의 원인으로 작용하고 있다. 수질기준의 충족과 효율적 운영을 위해 필요한 투자재원을 확보하기가 곤란하다. 적시에 투자가 이루어지지 못하기 때문에 시설 · 장비가 노후화되고 있다. 이는 낮은 유수율(有收率)[27)]과 높은 누수율로 이어지고 있다.[28)]

---

23) 구 서울특별시급수조례 제5조에 의하여 건물 구소유자의 체납수도요금 납부의무가 당연히 신소유자에게 승계되지 않는다고 한 사례.

24) 급수설비의 사용자 외에 그 소유자 및 관리인에게도 수도요금 연대납부책임을 지도록 한 조례 규정이 구 「수도법」에 위반되지 않는다고 한 사례.

25) 수도사업은 광역상수도 · 지방상수도 · 하수도 등 수처리 단계에 따라 수직적으로 분화되어 있으며, 지방상수도의 경우 전국 행정구역 단위로 수평적으로 분할되어 있다. 이에 따라 현재 우리나라는 전국 161개 지방수도업자(특별광역시 7, 특별자치시 1, 시 75, 군 77) 및 1개 광역수도업자가 존재한다. 환경부, 2018 상수도 통계, 2019, 5면.

26) 2018년 전국의 평균 수도요금은 736.9원/㎥으로 생산원가 914.3원/㎥의 80.6% 수준이다. 2018 상수도 통계(앞의 책). 4면. 그러나 급수인구 10만명 미만의 96개 지방자치단체의 요금 현실화율이 47.2%에 그치고 있기 때문에 지방자치단체간의 격차는 상당히 크다고 할 수 있다. 손진식 외 1, "지방상수도 역량 강화를 위한 광역-지방 수도 통합 방안", 국민이 원하는 통합물관리, 피어나, 2019. 11, 259면. 농·어촌 지역은 저소득층이 많아 요금현실화를 어렵게 하고 있으며, 선출직 지방자치단체장의 부담, 지방의회 통제, 정부의 공공요금인상 억제정책 등도 요금현실화를 저해하는 요인으로 작용하고 있다.

27) 수도사업자가 수도시설을 통하여 공급한 총급수량 중 유수수량((有收水量, 요금을 징수할 수 있는 수량)의 비율을 말한다(제21조의2).

투자의 부족뿐만 아니라 중복투자가 이루어지는 것도 문제다. 행정구역별 개별공급체계로 인하여 수질 · 수량 및 요금[29]과 급수보급율[30] 등 서비스의 지역적 격차가 발생하고 있다.[31] 수도사업이 일반 행정의 계선조직에 크게 의지하면서 책임경영체제를 확보하기 어렵고 전문성 · 자율성을 담보하기가 어렵다. 기술경쟁력의 저하로 인하여 관거 · 관로의 부적절한 유지 및 교체의 실기, 정수처리 공정기술이 부족 등 문제가 발생하고 있다. 제한된 수도사업자로서는 물시장의 개방화와 세계화에 따르는 변화에 제대로 적응할 수 없으며 세계의 유수한 다국적 물기업과는 경쟁하기 어렵다.[32] 이러한 문제점을 개선하기 위해서는 '공공성'과 '사업성'을 동시에 제고하는 방안이 검토되어야 한다.

이러한 방안의 중심에는 지방수도사업의 민영화(privatization) 또는 구조개편(조정)이 자리하고 있다. 경쟁의 원리, 책임경영, 규모 및 범위의 경제를 통한 경영효율성 및 생산 향상성을 제고하기 위해서는 어떤 형태로든 민간부문의 참여가 필수적이라는 것이다. 예컨대, 시설의 매각, 출자를 통한 공사화, 출자를 통한 주식회사의 설립, 양여계약(concession), 민간 위탁 등이 대표적인 예이다. 이러한 민영화 방식은 궁극적으로 지방상수도간의 통합(수평적 통합), 광역상수도와 지방상수도 간의 통합(수직적 통합)을 염두에 두고 있다.

민영화 또는 구조개편 논의와 밀접한 관련을 갖는 규정은 수도사업의 경영원칙을 규정한 제12조와 함께 수도사업의 민간자본 유치, 수도시설 · 관리업무의 위탁 등과 관련한 규정이다. 이에 따르면 국가 또는 지방자치단체는 「사회기반시설에 대한 민간투자법」으로 정하는 바에 따라 수도사업에 드는 비용의 전부 또는 일부에 대하여 민간자본을 유치할 수 있다(제22조). 일반수도사업자(지방자치단체인 일반수도사업자)는 수도사업을 효율적으로 운영 · 관리하기 위하여 대통령령으로 정하는 바에 따라 운영 · 관리에 관한 업무(수도관리업무)의 전부 또는 일부를 대통령령으로 정하는 전문기관 또는 지방자치단체인 수도

28) 열악한 재정여건(낮은 재정자립도, 적자 경영)은 신규 및 재투자를 위축하며, 수도시설의 낙후, 수도사업 손실이라는 악순환을 초래하며, 수도서비스의 질 저하를 초래한다. 이러한 현상은 소규모 시 · 군일수록 심각하게 나타나고 있다. 2018년 현재 유수율은 84.9%, 누수율은 10.8% 수준이다. 2018 상수도 통계(각주 25). 21면.

29) 도 · 농간, 지역간 원가 및 요금격차가 심각한데, 원가는 대체로 농촌지역일수록 높고 도시지역일수록 낮다. 요금은 농촌지역이 대체로 대도시보다 비싸다. 2018 상수도 통계(앞의 책), 29 내지 34면. 이와 같이 지역별로 요금 수준이 차이가 나는 이유는 광역상수도에서 물을 공급받는지의 여부, 취수원 개발의 용이성, 취수원과 물 공급지역과의 거리, 수돗물 생산시설의 규모, 정수처리비용, 수도사업 경영능력 및 재정사태 등의 차이에서 기인하는 것으로 분석된다. 2010년 환경백서(각주 22), 466면.

30) 2018년 현재 전국 수도보급률은 99.2%에 이르는데, 특 · 광역시(100%), 읍지역(97.9%), 농어촌지역(94.8%)으로 갈수록 떨어지고 있다. 2018 상수도 통계(앞의 책), 6면.

31) 시 · 군별로 사업이 추진되면서 급수인구, 주거밀집도, 취수원 유무 등에 따라 도 · 농간, 지역간 급수보급률, 누수율, 정수장 노후정도, 요금 등에 격차가 발생하고 있다. 이러한 현상은 지자체별 재정여건 차이 및 자치단체장 의지에 따라 상수도에 대한 투자가 달라 수도서비스 불균형을 더욱 악화시키는 경향이 있다.

32) 우리나라 현재 수도사업의 문제점에 대하여 자세한 내용은 김병기, "수도사업의 효율화 방안과 관련 법 · 제도 정비", 환경법연구 제26권 제2호, 2004. 6, 14면 내지 20면; 이달곤 · 김철희, "물산업 경쟁력 강화를 위한 법정책적 과제 −공공부문 경쟁모델 도입을 중심으로−", 환경법연구 제26권 제3호, 2004. 9, 155면 내지 157면; 지속가능발전위원회, "수도사업 구조 개편", 지속가능한 물관리 정책, 박영사, 2005. 169 내지 172면 참조.

사업자에게 위탁할 수 있다(제23조 제1항). 이에 따라 시행령에서는 전문기관을 한국수자원공사를 비롯하여 비교적 광범위하게 들고 있다(시행령 제36조). 수도시설의 운영 · 관리에 관한 업무(수도관리업무)의 위탁은 단순위탁과 복합위탁으로 구분된다. 단순위탁은 취수시설이나 정수시설 중 1개 시설의 수도관리업무 또는 슬러지(정수과정에서 발생하는 침전물 등)의 수거 · 처리, 계량기의 검침 · 교체, 수도요금 고지서의 발급 · 송달 등 단순하고 반복적인 업무의 위탁을, 복합위탁은 수도시설의 개량(대체하는 경우를 포함)업무의 위탁 또는 취수시설, 정수시설, 송 · 배수시설 중 2개 이상 시설의 수도관리업무 위탁을 포함한다(시행령 제35조 제1항). 단순위탁의 위탁기간은 5년 이내로 하며, 복합위탁의 위탁기간은 5년 이상 20년 이내로 한다(동조 제2항).

그러나 민영화라는 개념 자체가 다의적이기 때문에 논의의 전개를 위해서는 보다 정치한 개념의 정립이 필요하다. 민영화는 좁은 의미에서는 사업의 소유권을 공공부문(정부)으로부터 민간부문으로 이전하는 과정 또는 상황을 의미하나 넓게는 소유권의 이전과 관계없이 국가의 재산 또는 재화의 생산이나 서비스의 공급을 정부로부터 민간으로 이전하는 것을 의미한다. 경우에 따라서는 정부의 규모나 역할범위를 축소하는 일체의 과정 또는 상황(예컨대, 감세, 재정지출의 감소, 정부 규제의 완화 등)을 포괄하기도 한다. 좁은 의미의, 즉 소유권의 이전을 전제로 한 민영화를 '완전한 민영화'라고 한다면 소유권 자체의 이전을 허용하지 않는 민영화는 '불완전한 민영화' 또는 수도사업의 '구조개편'이라고 할 수 있다. 소유권과 관리권을 분리하여 관리권만의 이전을 허용하는 형태, 소유권을 제외하고 수도시설관리권에 대한 출자를 통한 공사나 주식회사의 설립 등이 그 대표적인 예이다. 수도사업의 공공성을 강조하는 입장에서는 완전한 민영화가 조심스러울 수밖에 없다.

현재의 상황을 타개하기 위해서는 어떤 형태로든 민영화가 필요하다는 인식이 확산되고 있는 상황에서 민영화에 대한 경계심도 고조되고 있다. 그 기저에는 민영화 과정에서 많은 문제점이 노출되고 있기 때문에 민영화가 결코 만병통치약이 될 수 없다는 것이다. 그 이유는 다음과 같다: ① 수도사업의 자본축적적 · 기술집약적 성격 때문에 민간기업이 수도시장에 참여할 가능성은 많지 않다; ② 초기 투자과정에서의 높은 이자율 및 현재의 낮은 요금체계에서 민간의 참여를 유도하는 데에는 한계가 있다; ③ 민영화 과정에서 수반되는 인력전환 문제는 공공부문의 큰 저항을 불러일으킨다; ④ 민간기업은 사적 이윤추구가 제1의 목적이기 때문에 수익의 재투자가 이루어지지 않을 가능성이 있다; ⑤ 민간기업의 극단적인 이윤추구는 수질악화를 초래할 수 있다; ⑥ 세제상의 변화(세금, 이익률)에 따라 수도요금이 인상될 가능성이 크다. 이에 따라 최악의 경우 물 값이 상승함에도 불구하고 수질은 오히려 악화될 수 있다; ⑦ 민간기업은 이익이 발생하는 지역에 참여할 가능성이 많기 때문에 낙후지역의 소외가 심화된다; ⑧ 지역간 서비스 수준 및 요금의 불균형이 심화된다; ⑨ 민간기업의 책임성 확보가 쉽지 않다; ⑩ 서비스의 불안정한 공급도 배제할 수 없다; ⑪ 수도공급의 정지, 사고, 질병 발생 등 사고 시 공공부문이 공적 책임으로부터 자유로울 수 없다; ⑫ 기술력과 자본력을 요구하는 수도사업의 성질상 민영화는 소수 민간기업에 의한 또 다른 독점체제를 구축할 가능성이 있다; ⑬ 민영화에 대한 국민의 인식 저하와 수용성 약화는 큰 국민적 저항을 불러일으킬 수 있다.

이러한 문제점들은 민영화(또는 구조개편)의 방향이 급진적 · 전면적이 아니라 부작용을 최소화하기 위해 점진적 · 부분적으로 이루어져야 한다는 것을 암시한다. 이는 수도시설의 소유권까지 이전하는 완전한 민영화에 대한 경계로 이어진다. 2008. 4.경 환경부가 제안한 '물산업지원법(안)'이 수도사업자인 지방자치단체가 지방공사나 민간기업에 수도시설의 소유권을 이전하는 것을 봉쇄하고, 수도시설의 소유권과 관리권을 분리하여 지방공사와 출자법인의 출자 대상을 수도시설관리권에 한정하고 있는 것은 점진적 민영화를 염두에 둔 것으로 보인다. 현 단계에서 적극적이고 완전한 민영화 방식(예컨대, 매각방식이나 유형출자 등)을 통해 수도시설의 소유권이 이전될 수 있다는 가능성을 열어 둔다는 것은 그 시행이 당장 현실화될 수 있다는 것을 의미하는 것이므로 현실성 여부를 떠나 현 단계에서는 조심스러울 수밖에 없다.

인위적인 민영화(또는 구조개편)도 문제라고 할 수 있다. 수도사업의 전문화, 경영효율화, 국제경쟁력의 제고 등을 위해서는 자율적이고, 시장중심적인 그리고 사업자의 의견이 반영되는 민영화가 이루어져야 할 것이다. 이러한 관점에서 기술력, 자본력, 권역 등을 고려하여 공공부문(현재 수도사업의 핵심 주체인 지방자치단체, 한국수자원공사를 비롯하여 지방공사 또는 지방공단 등을 포함)과 민간부문을 아울러 20개 정도의 사업자를 선정 · 육성하는 방안을 검토할 필요성이 있다. 이들 사업자들은 전략적 제휴, 인수합병, 위탁계약 등을 통하여 궁극적으로 10개 정도의 사업자로 압축될 가능성이 있다.

한편 민영화는 감독기관과 사업자의 분리, 전문 · 독립경영체제의 확립, 권역별 상하수도사업자간의 이른바 수직적 통합과 상수도사업자간의 이른바 수평적 통합, 사후관리(경영평가)의 철저, 참여와 공개의 보장이라는 큰 틀에서 이루어져야 할 것이다.33)

2. 공업용수도사업

공업용수도사업이란 일반 수요자 또는 다른 수도사업자에게 공업용수도를 사용하여 원수나 정수를 공급하는 사업을 말하는데(제3조 제20호), 공업용수도사업을 하고자 하는 자는 환경부장관 또는 시 · 도지사의 인가를 받아야 하며, 이 경우 시 · 도지사는 환경부장관과 미리 협의하여야 한다(제49조). 이와 같이 시 · 도지사가 환경부장관과 미리 협의하도록 한 것은 일반수도사업(광역상수도 또는 지방상수도)의 인가 시 환경부장관

33) 수도사업의 민영화 또는 구조개편 방향 및 구체적 방안에 대하여 자세한 내용은 김홍균, "수도사업 관계 법령 분석 및 개선방안", 물 정책 · 경제 연구, 2011, 88면 이하 참조.

과 시 · 도지사가 서로 협의하도록 한 규정(제17조 제2항)과 균형을 맞추고, 수도사업정책의 일관성을 확보하기 위한 것으로 이해된다.

한편, 공업용수도사업자는 한정된 수자원의 합리적인 이용을 위하여 필요한 경우 공업용수도를 통해 원수나 정수 외에 「물의 재이용 촉진 및 지원에 관한 법률」 제2조 제5호의 하수처리수를 공업용에 맞게 처리하여 공급할 수 있다(제49조의2).

Ⅳ. 전용수도

전용수도란 전용상수도와 전용공업용수도를 말하는데(제3조 제11호), '전용상수도'란 100명 이상을 수용하는 기숙사 · 사택 · 요양소, 그 밖의 시설에서 사용되는 자가용의 수도와 수도사업에 제공되는 수도 외의 수도로서 급수인구 100명 이상 5천명 이내의 급수인구(학교·교회 등의 유동인구를 포함)에 대하여 원수나 정수를 공급하는 수도를 말하며(다만, 다른 수도에서 공급되는 물만을 상수원으로 하는 것 중 대통령령으로 정하는 것과 그 수도시설의 규모가 대통령령으로 정하는 기준에 못 미치는 것은 제외)(동조 제12호), '전용공업용수도'란 수도사업에 제공되는 수도 외의 수도로서 원수 또는 정수를 공업용에 맞게 처리하여 사용하는 수도를 말한다(다만, 다른 수도에서 공급되는 물만을 상수원으로 하는 것 중 대통령령으로 정하는 것과 그 수도시설의 규모가 대통령령으로 정하는 기준에 못 미치는 것은 제외)(동조 제13호).

국가가 설치하는 전용수도에 관하여는 이 법에 특별한 규정이 있는 것 외에는 대통령령으로 정하는 바에 따른다(제51조). 전용상수도를 설치하려는 자는 특별시장 · 광역시장 · 특별자치시장 · 특별자치도지사 · 시장 · 군수(광역시의 군수는 제외)의 인가를 받아야 한다(제52조 제1항). 제18조(시설기준), 제19조(완공 시 수질검사), 제21조 제6항(수도시설관리자의 임명), 제26조(수질기준), 제29조 제1항 · 제3항(수질검사 및 수량분석), 제32조 내지 제33조(건강진단, 위생상의 조치), 제37조(급수의 긴급정지) 및 제61조(타인 토지에의 출입 등)의 규정은 전용상수도에 관하여 이를 준용하며(제53조), 제21조 제6항, 제52조(전용상수도 인가) 및 제61조의 규정은 전용공업용수도에 관하여 이를 준용한다(제38조).

Ⅴ. 절수설비 설치

장래 예상되는 물부족에 대처하기 위하여 물절약은 중요한 전략이 되고 있다. 동법은 이러한 차원에서 물절약을 가능케 하는 절수설비의 설치를 위한 근거 규정을 두고 있다. 즉 동법은 일정한 건축물 및 조례로 정하는 시설을 신축하는 경우 반드시 절수설비34)를 설치하도록 하고 있으며, 기존 건물이라고 하더라도 물을 많이 사용하

34) '절수설비'란 물을 적게 사용하도록 환경부령으로 정하는 구조 · 규격 등의 기준에 맞게 제작된 수도꼭지 및 변기 등 환경부령으로 정하는 설비를 말한다(제3조 제31호).

는 목욕장, 숙박업소, 골프장, 공중화장실 등에는 절수설비의 설치를 의무화하고 있다(제15조 제1항 · 제2항). 한편, 절수설비를 국내에 판매하기 위하여 제조하거나 수입하려는 자는 해당 절수설비에 절수등급을 표시하여야 한다(동조 제3항).

Ⅵ. 소규모급수시설

소규모급수시설이란 주민이 공동으로 설치 · 관리하는 급수인구 100명 미만 또는 1일 공급량 20㎥ 미만인 급수시설 중 특별시장 · 광역시장 · 특별자치시장 · 특별자치도지사 · 시장 · 군수가 지정하는 급수시설을 말한다(제3조 제14호). 특별시장 · 광역시장 · 특별자치시장 · 특별자치도지사 · 시장 · 군수는 소규모급수시설에 대하여 수질검사를 하여야 하며(제55조 제1항), 필요하다고 인정하는 경우 또는 지역적 특성을 고려하여 수질을 유지할 필요가 있다고 인정하는 경우에는 해당 지방자치단체의 조례로 정하는 바에 따라 환경부령으로 정하는 수질기준 및 수질검사 주기보다 강화된 수질기준 및 수질검사 주기를 마련하여 적용할 수 있으며(동조 제2항), 소규모급수시설의 개량 · 관리를 위하여 노력하여야 한다(동조 제3항). 한편, 국가 및 지방자치단체는 소규모급수시설의 설치 및 위생관리를 위하여 필요한 기술적 · 재정적 지원을 할 수 있다(동조 제4항).

Ⅶ. 토지 등의 수용과 사용

동법은 수도사업자로 하여금 수도사업의 시행을 위하여 필요하면 「공익사업을 위한 토지 등의 취득 및 보상에 관한 법률」 제3조에서 정하는 토지 · 물건 또는 권리를 수용하거나 사용할 수 있도록 하되(제60조), 수도사업자가 다른 자의 토지의 지하부분을 사용하는 경우에 대한 보상규정을 마련하여 국민의 재산권을 보호하고(제60조의2), 토지의 지하부분 사용에 대한 구분지상권의 등기절차와 존속기간을 정함으로써 수도사업의 안정적 추진을 보장하고 있다(제60조의3).

Ⅷ. 원인자부담금

수도사업자는 수도공사를 하는 데에 비용 발생의 원인을 제공한 자(주택단지 · 산업시설 등 수돗물을 많이 쓰는 시설을 설치하여 수도시설의 신설이나 증설 등의 원인을 제공한 자를 포함) 또는 수도시설을 손괴하는 사업이나 행위를 한 자에게 그 수도공사 · 수도시설의 유지나 손괴 예방을 위하여 필요한 비용의 전부 또는 일부를 부담하게 할 수 있다(제71조 제1항).

'원인자부담금'은 주택단지 등의 시설이 설치됨에 따라 상수도시설의 신설 · 증설 등이 필요한 경우에 그 원인을 제공한 자를 상대로 새로운 급수지역 내에서 설치하는 상수도시설의 공사비용을 부담시키는 것이라고 할 수 있다.

동법은 부담금의 산정 기준과 징수방법, 그 밖에 필요한 사항은 대통령령으로 정하도록 규정하고 있으며(동조 제2항), 시행령은 부담금 산정에 필요한 세부기준을 지방자치단체의 조례로 정하도록 위임하고 있다(제65조 제6항).

[5] 대법원 2024. 7. 25 선고 2022두48837 판결

수도법 제71조 제1항은 '수도공사를 하는 데에 비용 발생의 원인을 제공'할 것을 요건으로 원인자부담금을 부과할 수 있도록 규정하고 있을 뿐, 그로 인해 즉시 수도시설의 신설·증설 등 수도공사가 필요한 경우에 한하여 원인자부담금을 부과할 수 있다고 규정하고 있지 않고, 오히려 '주택단지·산업시설 등 수돗물을 많이 쓰는 시설을 설치하여 수도시설의 신설·증설 등의 원인'만 제공한 경우도 그 대상에 포함시켜, 즉시 수도시설의 신설·증설이 이루어지지 않더라도 원인자부담금 부과가 가능할 수 있음을 전제로 하고 있다. 수도법 제71조 제3항에 의하면, 상수도 원인자부담금은 지방자치단체의 조례에서 정하는 바에 따라 징수하여 상수도 특별회계에 편입한 후 향후 수도의 신설, 증설, 이설, 개축 및 개수 등 공사에 드는 비용으로만 사용할 수 있다(대법원 2021. 4. 8. 선고 2015두38788 판결 등 참조). 이 사건 조례 제4조 제1항 제1호는 수도시설의 신설·증설 등 수도공사의 원인을 제공한 것에 대하여 장래의 공사비용에 상응하는 비용을 '해당 공사비용'을 기준으로 부담하게 하는 것으로 볼 수 있다.

[6] 대법원 2014. 1. 16. 선고 2011두6264 판결

수도시설의 손괴자에게 수도시설의 유지나 손괴 예방을 위하여 필요한 비용을 부담시키는 취지는 그 비용발생의 원인을 제공한 자에게 그 비용을 부담시키는 것이 합리적이라는 데 있다. 수도시설이 손괴되면 새거나 사용할 수 없게 된 수돗물이 발생하는 경우를 쉽게 예상할 수 있는바, 수돗물 공급의무를 부담하고 있는 수도사업자로서는 새거나 사용할 수 없게 된 수돗물만큼 추가로 취수, 정수, 송수를 해야 하고, 그 비용을 보전받아야 전체적으로 수도시설을 유지하는 등 수도공급 사업을 원활하게 이룰 수 있다. 한편 구 수도법 제71조 제1항의 취지에 비추어 보면 손괴자부담금 부과처분은 재량행위이므로, 수도사업자로서는 누수의 구체적 원인, 누수 기간과 양, 누수에 대한 수도시설 손괴자의 고의나 과실의 정도, 누수 피해의 확대에 대한 수도사업자의 고의나 과실의 정도 등을 참작하여, 수도시설 손괴자에게 그 책임에 상응한 적절한 누수금액을 손괴자부담금으로 부담시켜야 하며, 그 한계를 벗어날 경우 위법을 면치 못한다.

앞서 본 하위규범의 모법합치적 법률해석의 원칙, 수도시설 손괴자부담금 규정의 입법취지와 관련 규정의 형식과 내용, 손괴자부담금 부과처분의 재량권에 대한 사법통제 가능성 등을 고려하면, 수도법 시행령 제65조 제5항 제1호, 구 징수조례 제3조 제2항 제3호에서 규정하고 있는 '수도시설의 손괴 등으로 인하여 새거나 사용할 수

앞서 본 하위규범의 모법합치적 법률해석의 원칙, 수도시설 손괴자부담금 규정의 입법취지와 관련 규정의 형식과 내용, 손괴자부담금 부과처분의 재량권에 대한 사법통제 가능성 등을 고려하면, 수도법 시행령 제65조 제5항 제1호, 구 징수조례 제3조 제2항 제3호에서 규정하고 있는 '수도시설의 손괴 등으로 인하여 새거나 사용할 수 없게 된 수돗물의 요금에 상당하는 금액'은 구 수도법 제71조 제1항이 규정한 '수도시설의 유지를 위하여 필요한 비용'에 포함된다고 해석할 수 있으므로, 위 시행령이나 조례의 규정이 모법의 범위를 벗어나 무효라고 볼 수 없다.35)

[7] 대법원 2023. 12. 28 선고 2023다268686 판결

수도법 제71조 제1항에 따른 원인자부담금은 수도시설의 신설 · 증설 · 개조 등 수도공사가 필요한 경우 그 수도공사를 시행하기 전에 장래에 소요될 수도시설 공사비용을 분담하도록 하는 것이고, 구 지방자치법 제138조 및 구 인천광역시 수도급수 조례 제14조에 따른 시설분담금은 이미 상수도시설 설치가 완료된 지역에 신규 급수를 신청하는 자에 대하여 급수공사비를 납부하면서 함께 기존 상수도시설의 조성비용을 분담하도록 하는 것이어서, 그 부과 · 납부시점을 달리하지만, 부과상대방이 수돗물 사용량을 증가시켜 기존 상수도시설의 용량에 부담을 유발하는 자이고, 재원조달목적이 상수도시설의 설치비용이라는 점에서 실질적으로 중복되는 요소가 있다. 따라서 이미 수도법 제71조 제1항에 따른 원인자부담금을 부담하였음에도, 이와 별도로 구 지방자치법 제138조 및 구 인천광역시 수도급수 조례 제14조에 따른 시설분담금을 추가로 부과하는 것은 위와 같이 중복되는 범위 내에서는 실질적으로 부담금관리 기본법 제5조 제1항이 금지하고 있는 부담금의 이중부과에 해당하므로 허용될 수 없다. 그리고 이러한 법리는 원인자부담금과 시설분담금을 부담하는 주체가 다른 경우에도 그대로 적용된다.

[8] 대법원 2022. 4. 28. 선고 2021두58837 판결

수도법 제71조 및 동법 시행령 제65조에서 정한 상수도원인자부담금은 해당 지방자치단체의 조례에서 그 산정시점에 관하여 특별히 정함이 없는 한, 부과처분일 당시 적용되는 법령에 따라 이를 산정하여야 한다.

35) 기존 손괴자부담금은 2011. 7. 28. 개정 법에 따라 원인자부담금으로 통합, 변경되었다.

제 2 절 4대강수계법

1989년 '맑은 물 공급 종합대책', 1996년 '물관리 종합대책', 1998년 '4대강 물관리 종합대책' 등 수질개선사업의 지속적인 실시에도 불구하고 상수원지역 수질의 획기적인 개선은 이루어지지 않고 있다.1) 상류지역주민에 대한 토지이용규제는 재산권 침해 논란을 야기하면서 효율적인 물관리정책이 되지 못하였다. 그 동안 상수원보호구역, 자연보전권역, 특별대책지역 등의 지정을 통해 오염원 규제와 환경기초시설의 확충이 이루어졌으나 수질개선은 기대에 못미쳤다. 이에 반해 재산권 행사의 제한과 불편에 대한 불만은 고조되었고, 상수원에 대한 국민의 불신은 커졌다. 예컨대, 한강수계의 경우는 그 동안 수도권 2천만 인구의 유일한 상수원인 팔당호의 수질개선을 위하여 1975년 상수원보호구역을, 1982년에는 자연보전권역을, 1990년에는 특별대책지역을 지정하여 오염원 규제와 환경기초시설의 확충 등 수질개선 노력을 기울였으나 가시적인 성과는 나타나지 않았다. 가시적인 수질개선 효과가 나타나지 않자 환경부는 1998년 체계적인 수질개선대책인 '팔당호 등 한강수계 상수원 수질개선 특별 종합대책'을 확정하였다. 이러한 상황은 다른 주요 수계의 경우에도 비슷하였다.

이에 종합적이고도 강력한 법적 대응 방안이 강하게 요구되기에 이르렀다. 그 요구는 한강, 낙동강, 영산강 · 섬진강, 금강 등 주요 강의 수질을 특별히 관리하기 위한 특별법으로 1999. 2. 8. 「한강수계 상수원수질개선 및 주민지원 등에 관한 법률(한강수계법)」이, 2002. 1. 14. 「낙동강수계 물관리 및 주민지원 등에 관한 법률(낙동강수계법)」, 「영산강 · 섬진강수계 물관리 및 주민지원 등에 관한 법률(영산강수계법)」, 「금강수계 물관리 및 주민지원 등에 관한 법률(금강수계법)」 등 4개 법률이 제정됨으로써 결실을 맺었다. 이 법률들(이하 전부를 일컬을 경우에는 4대강수계법, 한강수계법을 제외한 나머지를 일컬을 경우에는 3대강수계법)은 해당 수계를 적절하게 관리하고 상수원 상류지역의 수질개선 및 주민지원사업 등을 효율적으로 추진하여 상수원의 수질을 개선하고 수돗물을 안정적으로 공급함을 목적으로 하고 있다(각 법 제1조).

말하자면 1993년 '맑은 물 공급 종합대책', 1996년 '물관리 종합대책', 1998년 '팔당호 등 한강수계 상수원 수질개선 특별 종합대책' 등을 법적으로 뒷받침하고 있는 것이 이른바, 4대강수계법이라고 할 수 있다. 이 법들은 제정 목적이나 체제가 유사한바, 수변구역의 지정 및 관리, 오염총량관리제의 실시, 해당수계의 수질에 영향을 미치는 지역 주민들에 대하여는 재산권의 행사 등 일정한 제한을 하고, 그 제한으로 깨끗한 물을 공급받는 하류지역 주민들로부터는 물이용부담금을 부과 · 징수하여 이들 제한지역에 대한 주민지

1) '물관리 종합대책(1996)', '4대강 물관리 종합대책'(1998~2005), '물환경관리기본계획'(2006~2015) 등의 추진으로 공공수역의 BOD 농도는 감소하고 있으나, COD 농도는 화학물질의 사용 증가, 비점오염원 등의 유입으로 다소 증가하거나 BOD에 비해 적게 감소하였다. 환경부, 환경백서, 2016, 208면.

원을 도모하는 것을 주 내용으로 하고 있다.

Ⅰ. 적용범위

4대강수계법은 해당 수계와 해당 수계에서 취수한 수돗물을 사용하는 해당 수계 밖의 모든 지역(수계 바깥지역)에 대하여 적용한다(4대강수계법 제3조 제1항). 구체적인 지역의 범위는 환경부령으로 정한다(동조 제2항).

Ⅱ. 수변구역의 지정 및 관리

1. 수변구역

수질과 하천생태계의 민감한 지역을 집중적으로 관리하기 위하여 수변구역(Riparian Buffer Zone)이라는 규제지역을 지정하고 있다.[2] 수변구역은 오염물질이 상수원으로 직접 유입되는 것을 차단함으로써 상수원의 수질을 개선하고 생태계를 보전하는 기능을 수행한다. 수변구역의 지정 및 관리권은 환경부장관에게 있다. 하천 인접지역에 완충역할을 수행하는 수변구역의 지정은 상수원 인근지역에 오염원이 원천적으로 들어설 수 없게 함으로써, 해당 수계의 수질개선을 이루는 효과를 얻을 것으로 보인다.

2. 제 외

상수원보호구역, 개발제한구역, 군사시설보호구역은 개별법에 의해 시설설치 등에 대한 행위제한을 받고 있고, 하수처리구역은 수질오염의 정도가 약하며, 도시지역 및 지구단위계획구역(주거형으로 한정)과 자연마을이 형성되어 있는 지역은 기존 주민의 재산권 보호가 필요하다는 이유로 수변구역에서 각 제외된다(4대강수계법 제4조 제2항).

≪수변구역≫

한강 (한강수계법 제4조 제1항)	① 팔당호, 한강(팔당댐부터 충주 조정지댐까지의 구간으로 한정), 북한강(팔당댐부터 의암댐까지의 구간으로 한정) 및 경안천(「하천법」에 따라 지정된 구간에 한한다)의 양안 ② 특별대책지역은 그 하천 · 호소의 경계로부터 1㎞ 이내의 지역 ③ 그 밖의 지역은 그 하천 · 호소의 경계로부터 500m 이내의 지역
낙동강 (낙동강수계법 제4조 제1항 · 제2항)	① 상수원으로 이용되는 댐 ② 그 상류지역 중 대통령령으로 정하는 거리 이내의 지역으로서 수질에 미치는 영향이 크다고 인정되는 지역

2) 환경법상 상수원 등 특정지역의 오염예방을 위한 용도지역으로는 4대강수계법에 의한 수변구역 외에도 「환경정책기본법」에 기한 수질보전특별대책지역, 「수도법」에 의한 상수원보호구역 등이 있다. 토지법제상으로는 「국토의 계획 및 이용에 관한 법률」에 의한 자연환경보전권역, 「개발제한구역의 지정 및 관리에 관한 특별조치법」에 의한 개발제한구역, 「수도권정비계획법」에 의한 자연보전권역 등이 있다.

	③ 댐 및 그 댐으로 유입되는 하천(해당 하천으로 유입되는 지천은 제외)의 경계로부터 500m 이내의 지역
영산강 · 섬진강 (영산강수계법 제4조 제1항)	① 주암호 · 동복호 · 상사호 · 수어호 및 환경부령으로 정하는 상수원으로 이용되는 댐의 경계로부터 500m 이내의 지역 ② 그 상류지역 중 해당 댐으로 유입되는 하천 및 이에 직접 유입되는 지류의 경계로부터 500m 이내의 지역
금강 (금강수계법 제4조 제1항)	① 상수원으로 이용되는 댐과 특별대책지역 안의 금강본류인 경우에는 해당 댐과 하천의 경계로부터 1㎞ 이내의 지역 ② 금강본류인 경우에는 해당 하천의 경계로부터 500m 이내의 지역 ③ 금강본류에 직접 유입되는 하천인 경우에는 그 하천의 경계로부터 300m 이내의 지역

3. 지정절차

환경부장관은 해당수계의 수질보전을 위하여 해당 지역을 수변구역으로 지정 · 고시한다. 한강수계법이나 낙동강수계법에서는 수변구역을 지정함에 있어서 주민의 의사를 반영하는 규정을 두고 있지 않으나 금강수계법, 영산강수계법에 서는 수변구역의 지정 시 지역주민의 동의를 의무화하고 있다. 즉 금강본류에 직접 유입되는 하천의 경우 당해 하천의 경계로부터 300m 이내지역(금강수계법 시행령 제4조), 영산강 지류지역 또는 자연마을이 형성되어 있는 지역을 수변구역으로 지정하고자 하는 경우 소유자의 3분의 2 이상의 동의를 요구하고 있다(영산강 · 섬진강수계법 시행령 제4조).

4. 행위제한

수변구역 안에서는 폐수배출시설, 축산폐수배출시설, 식품접객업, 숙박업 등의 입지가 제한된다. 즉 누구든지 수변구역 안에서는 폐수배출시설, 가축분뇨배출시설, 식품접객업 · 숙박업 · 목욕장업 및 관광숙박업을 영위하는 시설, 공동주택, 종교시설, 양로시설 · 노인복지주택 · 노인요양시설, 청소년수련시설, 공장 등을 새로 설치(용도변경을 포함)하여서는 아니 된다(4대강수계법 제5조 제1항). 다만 도로 · 철도 · 전기설비의 건설을 위한 터널공사의 시행에 따라 임시로 설치하는 폐수배출시설, 가축분뇨를 공공처리시설에서 처리할 목적으로 수변구역에 설치하는 배출시설 등은 상수원의 수질 보전에 지장이 없다고 인정되는 경우 예외적으로 수변구역 내 설치가 허용된다(동조 제2항). 도로 · 철도 등 건설 시 일시적으로 설치하는 배출시설의 설치를 허용하는 것은 국책사업의 시행에 차질을 초래하거나 불필요한 노선 변경 등의 문제를 예방하기 위한 것으로 이해된다. 그 설치를 위해서는 환경부장관의 허가를 받아야 하는데, 허가 여부는 상수원의 수질 보전에 지장이 있는지 여부를 판단하여 결정하는 재량행위이다.

또한 법은 개발행위를 유발하거나 수질을 더 나쁘게 할 우려가 있는 용도지역·지구를 새로이 지정하거나 변경할 수 없도록 하고 있다(동조 제3항). 이러한 제한은 수변에 새로운 오염원이 들어서는 것 자체를 제한함으로써, 오염물질이 직접 하천으로 유입되는 것을 방지, 오염을 사전에 예방하는 한편, 수변을 보호함으로써 오염물질의 완충 내지는 자연정화기능을 제고하는 효과를 갖게 한다. 특히 한강수계법은 오염총량관리제를 시행하는 경우 특별대책지역에서의 행위제한의 일부를 적용하지 아니할 수 있도록 함으로써 오염총량관리제 실시를 위한 유인을 제공하고 있다(한강수계법 제9조).

5. 관리기본계획의 수립 · 시행

수변구역 전체에 대한 기본계획의 부재는 수변구역에 대한 적절하고 체계적인 관리를 힘들게 한다. 예컨대, 토지매수에 있어서 오염부하량이 상대적으로 적은 토지를 매수한다든가 매수토지를 수변생태벨트 등으로 조성함에 있어서 계획수립과 사후관리가 제대로 이루어지지 않는 것이 그 좋은 예이다. 이에 4대강수계법은 환경부장관으로 하여금 수변구역으로 지정된 지역에 관하여 수변구역 관리계획, 수변녹지 등 수변생태벨트 조성계획 등이 포함된 수변구역 관리기본계획을 5년마다 수립 · 시행하도록 하고 있다(4대강수계법 제4조의2).

나아가 환경부장관은 위 수변생태벨트 조성계획에 따라 수변생태벨트 조성사업을 시행하려는 경우 그 시행계획을 수립하여야 한다(4대강수계법 제4조의3). 이 때 수변생태벨트의 연결성 강화가 중요해 보인다. 예컨대 제내지(堤內地) 위주로 추진되는 수변생태벨트 사업은 제외지(국토교통부)와의 연계가 이루어지지 않을 경우 횡적 측면에서 생태계 지속가능성을 확보할 수 없고 결국 수변구역의 효율적인 활용이 저해될 수 있기 때문에 제내지와 제외지를 연결한 횡적 연속성 확보가 필요하다. 같은 맥락에서 수변구역 토지를 매수할 경우에도 기존 수변생태벨트와의 연결성 강화를 위해 기존 매수지역과의 인접성이 중요하게 고려되어야 한다.

6. 평 가

하천에서 일정 구간을 완충지역으로 설정하여 음식점, 공장, 축사 등을 설치하는 것을 제한하고, 토지구역 내의 토지를 단계적으로 협의매수하여 수변녹지로 조성하고, 수변생태계를 복원하는 한편, 비점오염원으로부터 수질오염 영향을 줄이겠다는 수변구역제도는 획기적인 수질개선을 도모하기 위하여 도입한 의욕적인 제도이다.

그러나 좋은 도입취지에도 불구하고 넓은 토지의 매수 및 확보가 전제되어야 하는데 이러한 것이 쉽지 않고, 하천지역마다 하천을 오염원으로부터 격리하는 홍수 방지용 제방이 흔히 설치되어 있으며, 주변지역 경사가 급하고 여름철에 집중호우가 내리는 등 우리나라의 지형 및 기후특성에 맞지 않다는 점 등을 들어 비용 · 경제적이지도 않고 유용한 수단도 아니라는 비판이 제기되고 있다.[3] 우리나라 실정에 맞지 않는, 수질개선 효과가 미미한 수변구역제도에 재검토가 필요하다. 수변구역을 세분화하여 수변 30m 이내를 절대수변구역으로 지정 · 매수하여 절대 보전하고 다른 구역에 대해서는 유연성을 부여하는 방안을 검토할 필요가 있다.[4]

Ⅲ. 팔당댐 하류 구간에서의 오염행위 제한

팔당댐과 잠실수중보 사이의 한강본류 하천구간에서의 행위제한 및 관리에 관하여는 「수도법」 제7조 제3항부터 제5항까지 및 같은 법 제8조가 준용되므로 수질오염물질 · 특정수질유해물질 · 유해화학물질 · 농약 · 폐기물 · 오수 · 분뇨 또는 가축분뇨를 버리는 행위, 가축을 놓아기르는 행위, 낚시, 야영, 수영, 뱃놀이, 자동차의 세차 등이 금지되고, 건축물의 신축 및 입목 및 대나무의 재배 등이 제한된다(한강수계법 제6조 제1항).

Ⅳ. 하천구역에서의 수질오염원 관리

누구든지 하천구역에서 「농약관리법」에 의한 농약 및 「비료관리법」에 의한 비료를 사용하는 경우에는 환경부령으로 정하는 기준에 따라야 한다(한강수계법 제6조의2, 3대강수계법 제6조).

Ⅴ. 오염저감시설 설치

관계 행정기관의 장은 낙동강 본류와 이에 직접 유입되는 지류의 경계로부터 대통령령으로 정하는 거리 이내의 지역에서 도시개발사업의 시행, 산업단지 및 관광지등의 개발과 대통령령으로 정하는 규모 이상의 건축물 등 시설물의 설치에 대한 승인 · 허가 등을 할 때에는 오염물질을 없애거나 줄이기 위한 시설을 설치하거나 녹지(綠地)를 만들어야 한다는 조건을 붙여야 한다(낙동강수계법 제6조 제3항).

Ⅵ. 상수원보호구역의 시 · 도지사 직권지정

시 · 도지사는 취수시설에서 취수하는 원수(원수)의 연평균 수질이 대통령령으로 정하는 기준에 미달하면 그 취수시설의 상류 집수구역 중 환경부령으로 정하는 지정기준에 해당되는 지역을 「수도법」 제7조에도 불구하고 상수원보호구역으로 지정하여야 한다(3대강수계법 제7조).

---

3) 홍욱희, 위기의 환경주의 오류의 환경정책, 지성사, 2006, 150 내지 153면.
4) 최지용 외 1, 수변구역의 효율성 제고를 위한 정책개선방안 연구, 한국환경정책 · 평가연구원, 2004, 145면.

Ⅶ. 토지 매수

4대강수계법은 일정한 지역의 토지 또는 시설의 소유자로 하여금 국가에게 매수를 청구할 수 있도록 하고 국가가 이를 매수할 수 있도록 하고 있다. 이에 따르면 국가는 해당 수계 중 상수원보호구역, 수변구역 및 상수원의 수질을 보전하기 위하여 필요한 지역으로서 환경부령으로 정하는 지역의 토지 또는 그 토지에 부착된 시설에 대하여 소유자가 국가에 토지등을 매도하려는 경우에는 해당 수계관리기금으로 이를 매수하여 수변생태벨트를 조성하는 등 수계의 수질 개선을 위하여 활용할 수 있으며, 그 매수 가격은 「부동산 가격공시에 관한 법률」에 따른 공시지가를 기준으로 그 토지의 위치 · 형상 · 환경 및 이용 상황 등을 고려하여 평가한 금액으로 한다(한강수계법 제7조, 3대강수계법 제8조). 4대강수계법에서는 매수대상지역에 해당 "수계관리위원회가 인정하는 지역"을 포함시켜 유연성을 확보하고 있다.

이러한 조치는 주민 불편을 해소하고 해당 토지 및 시설 소유자의 사유재산권에 대한 법적인 보호방안을 확보하기 위한 것이다. 그러나 국가의 매수가 의무화되어 있지 아니하고 다만 '매수할 수 있다'고 규정[5]되어 있기 때문에 결국 국가의 매수요구와 의지가 있어야 매각이 이루어질 수 있어 실효성 있는 보상대책이 될 수 없다고 생각한다. 또한 협의매수임에도 불구하고 매수가격의 산정은 일반적인 수용보상의 기준인 공시지가를 기준으로 하고 있어 토지소유자와 갈등이 발생할 여지가 높다. 기본적으로 토지 매수를 확대하되 여의치 않은 경우에는 그 대안으로 개발 가능성이 높으나 주민이 소유권을 보유하고자 하는 토지에 대해 보존지역권을 설정하거나 환경친화적 관리계약, 토지임차제 등을 활용하는 것을 검토할 필요가 있다.[6]

토지 등의 소유자가 국가의 매수거절[7]에 대하여 다툴 수 있겠지만 매수우선순위에 따라 그 매수 여부가 결정되기 때문에 한계가 있다.

Ⅷ. 오염총량관리제의 실시

그 동안 토지이용 규제 등 다양한 수단, 그리고 막대한 노력과 예산이 동원되었음에도 한강, 낙동강 등 우리나라 주요 수계의 수질개선이 크게 이루어지 않은 주요 원인으로는 농도규제와 규모 · 면적 기준 위주의 토지이용규제가 갖는 본질적 한계를 들 수 있다. 중 · 하류에 밀집된 인구 및 산업시설을 갖고 있는 이들 수계의 여건에

5) 이는 공원관리청으로 하여금 매수청구를 받은 토지가 대통령령으로 정한 판정기준에 해당되는 때에는 이를 반드시 매수하도록 하고 있는 「자연공원법」(제77조 제3항), 산림청장으로 하여금 일정한 토지소유자로부터 매수청구를 받은 경우 토지를 매수하여야 하는 「백두대간 보호에 관한 법률」(제10조의2)상의 매수청구권제도와 구별된다.

6) 고재경, "물이용부담금의 패러다임 변화와 개선방향 −환경서비스에 대한 지불 원칙의 적용−", 경기논단, 2007, 60면.

7) 매수 거부행위가 항고소송의 대상이 되는 행정처분이 된다(대법원 2009. 9. 10. 선고 2007두20638 판결).

서, 이러한 규제방식으로는 규제미만 오염원의 난립만을 초래할 뿐이었으며, 오염원의 수와 규모를 억제하는 데에는 역부족이었다. 그 결과 오염부하는 증가되었고, 수질개선 효과는 미미하였으며, 수질목표의 달성은 실패로 돌아갈 수밖에 없었다. 결국 정부는 이러한 규제방식에 대한 대안을 모색하기에 이르렀다. 마침 선진유역관리제로 부각되고 있는 오염총량관리제는 그 관심을 끌기에 충분하였다.

오염총량관리제란 일정한 지역 안에서 배출되는 오염부하량과 오염부하량 증가를 총량으로 관리하는 방법이라고 할 수 있다.[8] 1998년 '팔당호 등 한강수계 상수원 수질관리 종합대책'에서 처음으로 도입된 오염총량관리제는 그 후 낙동강 등 3대강 종합대책에 반영되었으며, 4대강수계법은 효과적인 상수원관리를 위한 오염총량관리제의 실시근거를 마련하기에 이르렀다.

3대강수계법은 낙동강, 금강, 영산강 · 섬진강 등 3대강수계의 목표수질을 달성하지 못하는 경우 광역시 · 시 · 군에서 의무적으로 오염총량관리제를 시행하도록 규정하고 있다. 이들 수계 오염총량관리제가 시행 초기부터 의무적 추진체제로 도입된 것은 주요 상수원이 하류에 위치하고 있으며, 특별대책지역과 같은 수질보전 목적의 입지제한이 설정되어 있지 않은 지역적 여건이 고려된 것으로 알려지고 있다.[9] 이들 오염총량관리제는 2004년 8월 부산 및 대구광역시를 시작으로 2008년 8월까지 3대강수계 전역에서 단계적으로 시행되고 있다.

한강수계법에서는 2013년 6월부터 그 실시를 의무화하고 있다. 그 동안 한강수계에서 오염총량관리제가 임의제로 시행된 이유는 이 지역이 「환경정책기본법」에 기한 특별대책지역, 「수도법」에 기한 상수원보호구역, 「수도권정비계획법」에 기한 자연보전권역, 「개발제한구역의 지정 및 관리에 관한 특별조치법」에 기한 개발제한구역 등이 지정되어 이미 많은 규제가 행해지고 있다는 해당 지방자치단체의 불만 · 주장이 반영되었기 때문이다. 한편 「물환경보전법」은 이들 4대강수계 지역에 대해서는 4대강수계법 규정에 따른다고 밝히는 한편, 4대강 이외의 수계에 대해서도 수질오염 총량관리를 할 수 있는 근거를 마련함으로써 기존의 배출허용기준 중심의 관리체제를 보완하였다. 이로써 4대강수계 이외의 지역으로서 수질오염이 심한 삽교천, 안성천, 태화강, 형산강 지역 등에서도 과학적 · 체계적인 수질관리를 통해 실질적인 수질개선이 이루어질 수 있는 기반이 마련되었다. 동법 제4조 이하에서는 4대강 이외의 수계에 대하여 적용할 총량관리의 절차를 구체적으로 규정하고 있다. 그 절차와 방식은 4대강수계에 대한 총량관리방식과 동일하다.

8) 홍준형, 환경법, 박영사, 2001, 596면.
9) 이창희, "수질오염총량관리제의 시행현황 및 발전방향", 환경포럼, 한국환경정책 · 평가연구원, 2000. 9. 8, 5면.

1. 오염총량관리기본방침

환경부장관은 해당 수계의 이용상황과 수질상태 등을 고려하여 대통령령으로 정하는 바에 따라 수계구간별 목표수질을 정하고 이를 고시하여야 하며, 목표수질을 달성·유지하기 위하여 해당 수계관리위원회와 협의를 거쳐 오염총량관리에 관한 기본방침(오염총량관리기본방침)을 수립하여 관계 시·도지사에게 통보하여야 한다. 오염총량관리기본방침에는 다음의 사항이 포함되어야 한다: ① 오염총량관리목표; ② 오염총량관리대상 오염물질의 종류[10]; ③ 오염총량관리계획의 기간; ④ 지역개발계획의 종류와 검토절차, ⑤ 오염부하량의 산정방법(한강수계법 제8조, 3대강수계법 제9조). 광역시장·시장·군수 또는 구청장은 관할 지역의 수질이 목표수질보다 나쁜 이러한 오염총량관리기본방침은 행정청 내부에만 그 효력이 미치는 행정규칙이다.

2. 오염총량관리기본계획의 수립

시·도지사는 오염총량관리기본방침에 따라 10년 단위의 오염총량관리기본계획을 수립하여 환경부장관의 승인을 받아야 한다(한강수계법 제8조의2, 3대강수계법 제10조). 해당 계획은 중앙정부인 환경부의 승인을 받아 시행하게 되는데, 오염총량관리제가 성공적으로 작동하기 위해서는 그 계획이 성공적으로 수립되어야 할 뿐만 아니라 이에 대한 승인이 엄격하게 이루어져야 한다.

3. 오염총량관리시행계획의 수립·시행

특별시장·광역시장·시장·군수(광역시의 군수를 제외)는 오염총량관리기본계획에 따라 오염총량관리시행계획을 수립·시행하여야 한다(한강수계법 제8조의3 제1항, 3대강수계법 제11조 제1항). 오염총량관리시행계획의 수립 주체는 특별시장·광역시장·시장·군수이며, 계획기간은 오염총량관리기본계획과 마찬가지로 10년이다(한강수계법 시행규칙 제8조의7).

---

10) 정부는 그 동안 오염총량관리제를 시행하면서 오염총량관리대상 오염물질을 생물화학적산소요구량(BOD), 총인(T−P)으로 제한하였다. 2016년 환경백서(각주 1), 255면. 이는 오염총량관리제가 어렵게 시행되었다는 점, 기존 수질 정책의 주안점이 BOD를 줄이는 데 맞추어졌다는 점, 하천에 대한 수질환경기준이 질소 등을 포함하고 있지 않다는 점 등이 고려된 것으로 보인다. 그러나 오염총량관리제가 실질적인 수질개선을 도모하기 위해 도입되었다는 점을 감안할 때 화학적산소요구량(COD), 질소 등으로 그 대상을 확대할 필요가 있다.

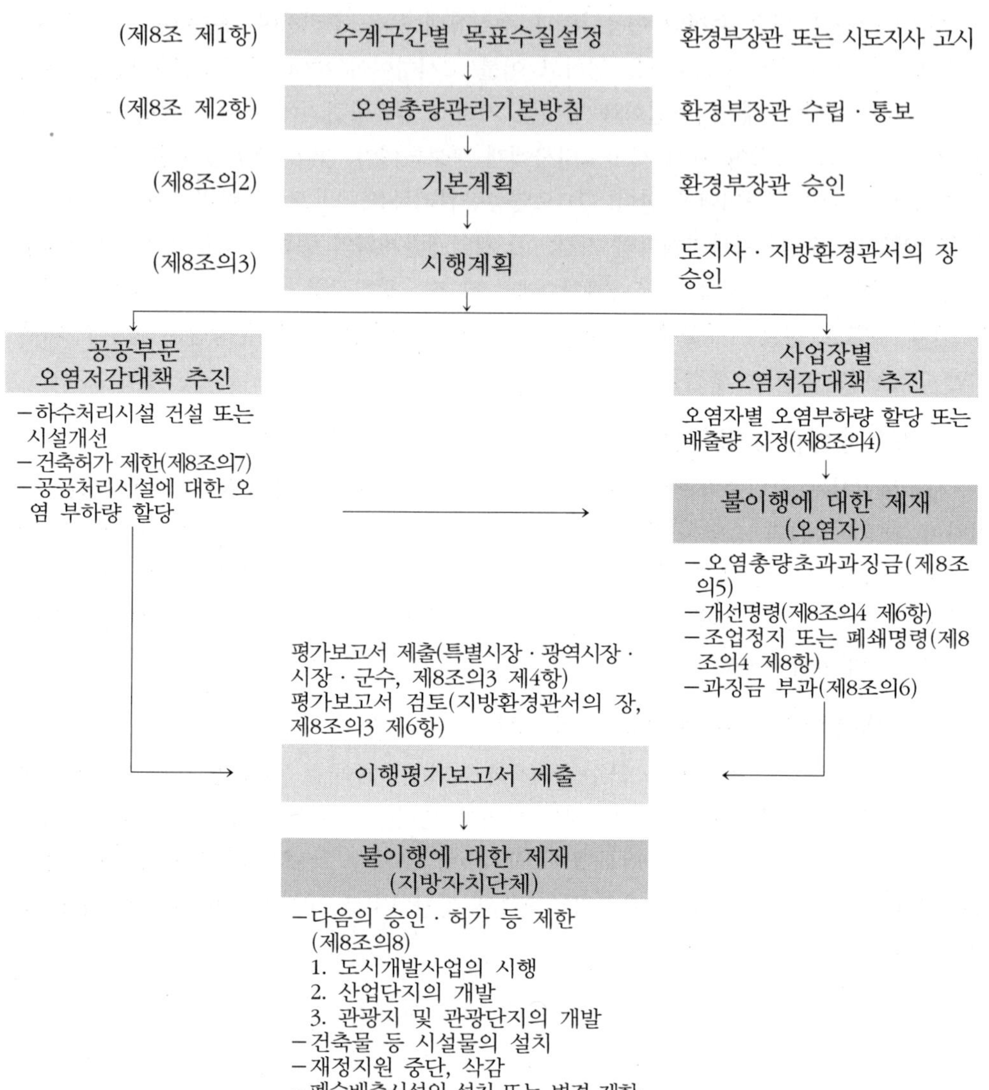

4. 이행수단

가. 사업장별 오염부하량 할당

환경부장관 또는 특별시장 · 광역시장 · 시장 · 군수는 목표수질을 달성 · 유지하기 위하여 필요하다고 인정되면 공공폐수처리시설, 공공하수처리시설 · 분뇨처리시설 · 개인하수처리시설, 정화시설, 1일 오수 또는 폐수 방류량이 200㎥ 이상인 「환경오염시설의 통합관리에 관한 법률」 제8조 제1항(허가배출기준)을 적용받는 시설로서 시행계획에서 정하는 시설 등을 설치 · 운영하는 자에 대하여 환경부령으로 정하는 바에 따라 최종방류구별 · 단위기간별로 오염부하량을 할당하거나 배출량을 지정할 수 있다(한강수계법 제8조의4 제1항, 3대강수계법 제12조 제1항). 오염부하량을 할당하는 것은 행정청의 재량행위이다.11)

법은 할당방법을 환경부령에 위임하여 정하도록 하고 있으나 시행규칙은 할당방법이나 기준을 명확히 제시하고 있지 않다(낙동강수계법 시행규칙 제21조). 그 결과 오염부하량의 삭감 부담이 공공처리시설에 집중될 가능성이 높다. 이러한 가능성은 더 나아가 오염부하량의 삭감이 이루어지지 않았을 경우 그 책임소재를 어렵게 할 수 있다.12)

나. 조치명령 등

환경부장관 또는 특별시장 · 광역시장 · 시장 · 군수는 할당된 오염부하량 또는 지정된 배출량을 초과하여 배출하는 사업자에 대하여 의무이행을 확보한다는 차원에서 개선 · 조업정지 · 폐쇄명령(한강수계법 제8조의4 제6항 · 제8항, 3대강수계법 제12조 제6항 · 제8항), 과징금 처분(한강수계법 제8조의6, 3대강수계법 제14조) 등에 대한 법적 근거를 두고 있다.

다. 오염총량초과과징금

할당된 오염부하량 또는 지정된 배출량을 초과하여 배출한 자에 대하여는 오염총량초과과징금이 부과된다. 오염총량초과과징금은 초과배출이익(오염물질을 초과배출함으로써 지출하지 아니하게 된 그 오염물질의 처리비용)에 초과율별 부과계수, 지역별 부과계수 및 위반횟수별 부과계수를 곱하여 산정한다(한강수계법 제8조의5, 3대강수계법 제13조).

라. 허가의 제한

환경부장관, 시 · 도지사 또는 시장 · 군수(광역시의 군수를 포함) · 구청장은 연도별 할당 오염부하량을 초과한 경우에는 건축물의 신축 등을 허가하지 아니할 수 있다(한강수계법 제8조의7 제1항, 3대강수계법 제15조 제1항). 4대강수계법은 허가제한의 주체에 환경부장관을 포함하고 있으며, 제한 내용을 건축물의 신축, 폐수배출시설 및 배출시설의 설치로 넓히고 있다.

마. 오염총량관리의 불이행에 대한 제재

관계 행정기관의 장은 할당된 오염부하량을 초과하거나 특별한 사유 없이 오염총량관리기본계획 또는 오염총량관리시행계획을 수립 · 시행하지 아니하는 특별시 · 광역시 · 도 및 시 · 군에는 다음에 대한 승인 · 허가 등을 하여서는 아니 된다: ① 도시개발사업의 시행; ② 산업단지의 개발; ③ 관광지 및 관광단지의 개발; ④ 대통령령으로 정하는 규모 이상의 건축물 등 시설물의 설치(한강수계법 제8조의8 제1항, 3대강수계법 제16조 제1항).

---

11) 청주지법 2014. 1. 27. 선고 2013구합937 판결.

12) 전만식, "수질오염총량제의 문제점", 환경법, 그 이론과 정책심포지엄 자료집, 강원대학교 비교법학연구소 · 환경운동연합 환경법률센터, 2006. 11, 41면.

또한 환경부장관이나 관계 중앙행정기관의 장은 관계 행정기관의 장이 제1항을 위반하거나 특별시장 · 광역시장 · 시장 · 군수가 시행계획을 이행하기 위하여 지방환경관서의 장의 필요한 조치나 대책의 수립 · 시행 요청을 이행하지 아니하면 다음의 조치를 할 수 있다: ① 재정적 지원의 중단 · 삭감 등 재정상 필요한 조치; ② 폐수배출시설의 설치 또는 변경의 제한(한강수계법 제8조의8 제2항, 3대강수계법 제16조 제2항). 고민은 재정적 지원의 중단 또는 삭감이 오염총량관리의 이행을 유인하는 소극적인 유인이 될 수는 있지만 강력하고 유효한 수단이 될 수 없다는 것이다. 가뜩이나 재정이 열악한 지방자치단체에서 이러한 조치는 진행하던 사업의 방치로 이어질 수 있어 더 큰 문제를 야기할 수도 있을 것이다.

5. 오염총량관리비용 등의 우선 지원

해당 수계관리위원회는 오염총량관리시행계획을 수립 · 시행하는 특별시 · 광역시 · 시 · 군에 대하여는 오염총량관리에 필요한 비용의 일부를 지원할 수 있다(한강수계법 제10조, 3대강수계법 제17조). 낙동강수계법은 특히 이 경우 「댐건설 및 주변지역 지원 등에 관한 법률」상의 댐주변지역을 관할하는 광역시 · 시 · 군에 대하여는 다른 지방자치단체에 우선하여 지원할 수 있다는 별도의 규정을 두고 있다.

오염총량관리제를 시행하는 경우 「환경정책기본법」 제38조 제2항(특별대책지역 내의 토지이용과 시설설치 제한)에 따른 행위제한의 적용을 배제할 수 있도록 하고 있는 것도 유인으로 작용할 수 있다(한강수계법 제9조).

이러한 행위제한의 예외는 오염총량관리제의 시행에 따른 반대급부 차원에서, 수도권 지방자치단체의 지역개발의 걸림돌로 작용하고 있는 규제에 대한 완화 요구를 수용한 것이라고 할 수 있다. 그러나 이러한 유인들은 수도권 지역에 한정된 것으로 상류지역 지방자치단체에 대한 유인력은 적다고 할 수 있다. 또한 이러한 예외는 수도권 지방자치단체의 개발욕구를 부추김으로써, 실질적인 수질개선을 이룰 수 없는 요인으로 작용할 수 있다.

한강수계 오염총량관리제가 당초 임의적인 시행체제로서 도입된 것은 이러한 체제가 수질개선을 위한 최적의 체제이었기 때문이 아니라 총량관리제를 시행하고자 하는 정부의지와 추가적인 규제에 반발하는 지방자치단체간에 좋은 타협책이 될 수 있었기 때문으로 보인다. 보다 엄밀히 말하면 지방자치단체들이 진정으로 기대하였던 것은 수질개선보다는 오염총량제가 가져올 수 있는 행위제한의 완화, 즉 추가적인 지역개발이라는 유인이라 할 수 있다. 이는 그 도입에 적극적이었던 지방자치단체들이 추진과정에서 당초 정부가 유인으로 제안하였던 대단위 위락시설의 설치 허용 등이 삭제되고 행위제한의 적용배제가 대폭 축소되는 등 유인이 기대에 훨씬 못미치자 그 도입 · 시행에 소극적인 자세로 돌변한 것이 잘 말해 준다.[13)] 이러한 사태가 오염총량관리제가 자발적 추진체제로서 출발하도록 하는 데 크게 작용하였음을 부인할 수 없을 것이다.

오염총량관리제는 이해집단간의 흥정이 아닌, 수질개선이라는 순수한 목적으로 시행되어야 한다. 이러한 관점에서 이러한 예외 규정은 삭제되어야 할 것이다. 다만 제도의 성공을 위해서는 현실성 있는 제재 및 의무 이행수단이 마련되어야 하며, 더불어 제도의 성공을 위한 유인이 강화되어야 할 것이다. 지방자치단체들은 오염총량관리제를 지역개발의 도구로 사용하여서는 안 된다. 지방자치단체들은 오염총량관리제를 지역개발의 장애물로 인식하기보다는 종합적 · 계획적 · 과학적 · 선진적 수질관리를 통한 지속가능한 개발의 좋은 기회로 인식하여야 할 것이다. 수질보전과 환경친화적인 지역개발이 오염총량관리제를 통해 거듭 태어날 수 있는 것이다.

6. 평　가

주요 수계의 실질적인 수질개선이 이루어지 않은 주요 원인으로 기존 농도 규제방식과 규모 · 면적 기준 위주의 토지이용규제를 꼽을 수 있다. 농도규제방식으로는 오염부하량의 증가를 억제하는 데 한계가 있을 수밖에 없는데, 특히 오염원이 밀집된 지역에 두드러진다. 농도기준을 고수하면서 환경기초시설의 확충이나 환경기준의 강화와 같은 사후적 규제수단을 동원하는 것만으로는 실질적인 수질개선을 이루는 데 한계가 있다. 특별대책지역과 자연보전권역 등으로 대표되는 이들 지역에서의 규모 · 면적 기준 위주의 토지이용규제는 영세 시설의 입지와 소규모 개발사업의 시행을 양산하여 수질오염을 가중시켰다. 지역주민의 재산권 침해 논란은 문제를 더욱 어렵게 하고 있다. 이러한 시행착오를 극복하기 위한 대안으로 오염총량관리제가 도입된 것은 얼마 되지 않은 일이다.

토지이용이 고도화되어 있고, 상수원 주변에 각종 오염원이 산재하여 있으며, 지방자치단체의 개발압력이 가중되고 있는 상황에서는 오염총량관리제에 거는 기대가 클 수밖에 없다. 오염총량관리제는 기존의 농도규제, 그리고 사후 규제 중심에서 과감히 탈피하여 양적 규제, 그리고 사전 예방으로 정책의 대전환을 도모하고 있다는 점에서 우리나라 환경정책사에서 한 획을 긋는 제도라고 할 수 있다. 또한 유역관리체제를 채택하여 상 · 하류 지역간 갈등, 대립 구조를 대화 · 협력 구조로 변경하고 있다는 점에서 진일보한 체제라고 평가할 수 있다. 아직까지는 초창기 시행 단계라고 할 수 있고, 일부 지역에서는 시행 자체가 불투명하기 때문에 이에 대한 평가를 내리기가 쉽지 않으나 적어도 수질의 지속적인 악화방지, 새로운 처리기술의 개발 · 적용의 촉진, 난개발의 억제, 수질관리의 과학성 제고, 지역여건에 적합한 수질관리, 지역주민의 자발적 참여 유도 등의 긍정적인 효과를 기대할 수 있을 것이다.[14]

---

13) 이창희(각주 9), 3면.

14) 이창희(앞의 글), 7면; 송동수, "수질오염총량관리제와 국토이용관계법령의 조화방안", 환경법연구 제25권 제2호, 2003, 141 내지 143면 참조. 여기에 대하여 수질오염총량제가 우리나라 실정에 맞지 않는, 비현실적인 제도라는 비판이 있다.

그러나 4대강수계법에서 제도적으로 뒷받침하고 있는 오염총량관리제가 성공할지는 미지수다. 정부와 지방자치단체 간의 입장 차이, 지방자치단체의 소극적인 자세 등은 오염총량관리제의 시행을 어렵게 하고 있다. 시행하더라도 총량관리계획의 준수를 쉽게 장담할 수 없다.

오염총량관리제 시행의 가장 큰 걸림돌은 목표수질, 오염부하량, 배출량 등의 산정이 어렵다는 것이다. 기초 환경자료 및 통계의 부족은 목표수질, 오염부하량 등의 산정을 어렵게 하는데, 이는 오염부하량의 할당, 더 나아가 계획수립 자체를 어렵게 하고 있다. 불명확하고, 현실성이 없는 계획은 오염저감대책의 이행 준수를 저해하고 제도의 성공을 담보하지 않는다. 결국 환경자료 및 통계의 축적, 그리고 정확성을 확보하는 것이 오염총량관리제를 실시함에 있어 선결과제라고 할 수 있다. 더불어 비점오염원에 대한 효율적인 규제도 중요하다

이 제도가 성공하기 위해서는 적절한 규제와 함께 강한 유인이 필수적이다. 이 제도가 규제수단으로만 인식되고 유인의 동기가 적으면 그 제도는 쉽게 성공하기가 힘들다. 이는 유인수단의 강화가 제도의 성공과 직결된다는 것을 의미한다. 4대강수계법이 예정하고 있는 유인수단은 오염총량관리비용 등의 지원이 고작인데, 이러한 유인만으로 해당 지방자치단체가 이 제도의 도입·시행을 서두를 것으로는 보이지 않는다. 수도권 지역에 초점을 맞춘 규제완화 조치는 수도권 지방자치단체의 개발욕구만을 부추기고 실질적인 수질개선을 이룰 수 없는 요인으로 작용할 수 있다는 점에서 삭제되어야 할 것이다. 오염총량관리 불이행에 대한 승인·허가 등의 제한, 재정지원 중단, 삭감 등은 소극적 유인수단일 뿐만 아니라 지방자치단체에 대한 압박 수단에 불과하다.

오염총량관리제가 성공하기 위해서는 개별 오염원(사업장)의 참여가 필수적이라 할 수 있다. 이러한 관점에서 동일 수계 내의 사업장간에 배출권의 거래를 허용하는 배출권거래제도의 도입을 적극적으로 검토할 필요가 있다. 배출권거래제도는 경제적 유인수단으로써, 비용절감, 오염 저감 및 기술개발의 유인 등의 장점을 제공하고 있는 반면, 불충분한 자료, 불명확성, 감독의 어려움, 많은 거래비용, 극심한 오염지역(hot spots)의 발생 등의 문제가 있다. 또한 배출권거래제도는 지역의 요구와 조건에 맞아야 성공할 수 있기 때문에 그 도입을 위해서는 우리나라 실정에 맞는 제도인지에 대한 치밀한 분석이 요구된다. 성공을 위한 요소, 즉 문제점의 극복 방안으로는 자료의 확보, 불확실성의 제거, 거래시장의 확장(예컨대, 점·비점오염원간의 거래, 비점오염원간의 거래 등), 공중의 참여, 거래비용

그 논거는 다음과 같다. ① 총량제는 수계 내의 점오염원으로부터 배출되는 BOD 부하량을 통제해서 하천의 BOD 농도를 목표수질 이하로 낮추는 것을 목표로 하고 있는데, 목표수질 기준으로 하고 있는 BOD는 규제항목으로 바람직하지도 않고, 우리나라 하천의 특성을 고려할 때 '달성 불가능한' 목표이다. ② 하천 상류의 수질오염부하량과 하천 하류 수질 사이의 분명한 인과관계를 밝히는 수질모델링 기술이 미미하기 때문에 미래 수질의 예측도 거의 신뢰성을 잃고 있다. ③ 구간별 목표수질 할당이 비합리적이고 비효율적이다. 목표수질관리 지점이나 그 지점들에 할당된 목표수질 등이 어떤 특별한 원칙에 의해 정해진 것이 아니다. 홍욱희(각주 3), 202 내지 205면.

의 감소, 극심한 오염지역이 발생되는 문제의 해결 등을 들 수 있다.15)

오염총량관리제의 실시는 해당 지역의 토지이용규제, 행위규제를 수반하고 있다. 이러한 규제는 해당 지역의 불만, 민원을 야기하면서 많은 사회적 비용을 요구하고 있으며, 제도의 성공을 저해하는 요인으로 작용할 수 있다. 제도의 성공을 위해서는 이러한 지역, 주민의 불편, 희생을 적극적으로 고려하는 것이 필요하다. 주민지원사업의 시행 등이 그 대표적인 예라 할 수 있는데, 이러한 고려는 형평성 차원에서도 설득력을 갖는다.

이와 같이 오염총량관리제가 성공적으로 시행되기 위해서는 넘어야 할 산이 많다. 오염총량관리제가 완전한 형태로 정착되기 위해서는 적지 않은 기간이 필요할 것이다. 그러나 수질개선과 맑은 물의 유지 · 공급이라는 일차적 과제를 위해서는 그 고단한 기간을 감내하여야 할 것이다. 이를 위해서는 그냥 한번 시험삼아 해보지라든가 불편을 감수하겠다든가 식의 무책임하고 소극적 자세를 버려야 한다. 정부와 지방자치단체, 상 · 하류 지역은 현실적이고 단기적인 이익에 집착하지 말고 서로 머리를 맞대고 지속적인 제도 개선을 경주하여야 한다. 이러한 인식과 제도의 전환은 정부와 지방자치단체 간, 상 · 하류 지역간의 상생(win－win)을 위해서 필수적이다. 이러한 상생 · 동맹정신이야 말로 지역도 살리고 물도 살리는 길이라고 할 수 있다.

Ⅸ. 폐수배출시설 등의 관리 강화

1. 유출차단시설 · 집수시설 등의 설치

낙동강수계법은 유출차단시설 · 집수시설 설치 대상자를 광범위하게 정함으로써 수질오염사고를 차단하고자 하고 있다. 이에 따르면 다음에 해당하는 자 중 환경부령으로 정하는 자는 사업장에서 발생되는 빗물 · 오수 · 폐수 및 소화수(消火水) 등에 대한 유출차단시설 · 집수시설과 그 밖의 수질오염사고방지시설을 설치하여야 한다. 다만, 완충저류시설로 유입하는 자에 대하여는 그러하지 아니하다: ① 유해화학물질 영업허가를 받은 자; ② 특정수질유해물질의 배출시설을 설치 · 운영하는 자; ③ 농약과 원제(原劑)를 제조 · 보관 · 저장 또는 사용하는 자; ④ ①부터 ③에 준하는 수질유해물질로서 환경부장관이 정하여 고시하는 수질유해물질을 제조 · 보관 · 저장 또는 사용하는 자(낙동강수계법 제18조). 이러한 오염행위 규제는 수질오염사고의 근원적인 예방을 도모하려는 것이지만 해당 지방자치단체와 지역주민으로부터 규제의 정도가 심하다는 불만을 불러일으킬 가능성이 있다.

2. 관거의 관리

하수처리시설과 연결된 하 · 폐수 관거가 적정하게 설치 · 관리되지 아니할 경우 지하

15) 배출권거래제도에 대하여 자세한 내용은 김홍균, "수질관련 배출권거래제도", 물 정책경제연구 제2권 제2호, 2009. 10, 1면 이하 참조.

수 또는 하천수 등이 관거 내로 다량 유입되어 처리시설 운영의 효율이 떨어지는 문제가 발생한다. 배수관거(排水管渠)의 부실은 막대한 건설 · 운영비가 들어가는 공공하수처리시설, 공공폐수처리시설 등의 기능을 저하시킬 뿐만 아니라 오염물질의 누수 등으로 지하수와 하천 등에 2차 오염을 유발할 수 있다. 배수관거의 정상적인 기능 유지가 중요한 이유이다. 이러한 점을 고려하여 4대강수계법은 관거에 대한 관리의무를 그 설치 · 운영자에게 부과하고 있다. 즉 배수관거를 설치 · 운영하는 자는 환경부령으로 정하는 바에 따라 그 관거를 정기적으로 검사하여야 하고, 이상이 있을 경우 관거가 정상기능을 유지하도록 보수하거나 바꾸는 등 필요한 조치를 하여야 하며 그 내용을 기록하여 최종기록한 날부터 10년간 보존하여야 한다. 환경부장관은 이 규정에 의하여 필요한 조치를 하지 아니한 사업자에 대하여 그 시설의 개선이나 그 밖의 필요한 조치를 명할 수 있다(한강수계법 제15조의3, 낙동강수계법 제20조, 영산강수계법 · 금강수계법 제19조).

3. 폐기물매립시설의 설치 제한

상수원 인접지역에 입지한 폐기물매립시설의 침출수가 부적절하게 처리되어 방류되거나 강우 시 폐기물이 하천으로 쓸려 유입될 경우 하천 수질에 심각한 영향을 초래할 수 있다. 이에 폐기물매립시설이 상수원 인접지역에 설치되는 것을 방지하여 오염사고를 사전에 예방할 필요가 있다. 4대강수계법은 관계 행정기관의 장으로 하여금 본류의 경계로부터 1㎞, 본류에 직접 유입되는 지류의 경계로부터 500m 이내 지역에서 폐기물매립시설 설치에 대한 허가 · 승인 등을 하지 못하도록 함으로써, 폐기물매립시설의 설치를 제한하고 있다(한강수계법 제15조의4, 낙동강수계법 제21조, 영산강수계법 · 금강수계법 제20조).

Ⅹ. 주민지원사업의 실시

수변지역이 지정되면 지가하락 및 개발기회의 감소 등으로 재산권 행사가 제한되는 것은 물론이고 생계에도 지장을 받을 것을 우려하여 해당 지역 주민들은 그 지정에 반대하고 있다. 그 결과 수변구역 지정이 늦어지고 해당 수계의 효율적인 보호 · 관리가 어려워질 가능성이 있다. 이에 해당 지역 주민에 대한 지원사업이 필요하게 된다. 수변구역의 지정으로 인하여 토지이용의 제한이라는 불이익을 받게 되는 지역주민들을 위하여 주민지원사업을 시행하는 것은 형평의 원칙에도 부합하는 것이다. 주민지원사업을 효율적으로 추진하기 위해서는 필요한 예산의 확보가 우선되어야 한다. 뒤에서 살펴보는 물이용부담금이 중요한 이유이다.

1. 지원사업의 대상지역 및 지원대상

관리청은 상수원관리지역 등 일정한 지역의 주민에 대한 지원사업에 관한 계획을 해당 수계관리위원회의 심의를 거쳐 수립하여야 한다(한강수계법 제11조 제1항, 낙동강수계법

제23조, 영산강수계법 · 금강수계법 제21조). 지원대상 주민은 상수원관리지역의 주민뿐만 아니라 이 지역에 토지 · 건축물 등을 소유하고 해당 상수원관리지역을 관할하는 시 · 군 · 자치구에 거주하는 주민 및 그 주민이 거주하는 마을, 주민의 자율적인 노력에 의하여 연평균 수질을 대통령령으로 정하는 기준 이내로 환경부령으로 정하는 일정 기간 이상 유지하고 있는 지역도 포함된다. 지원방식을 주민 외에 지역단위로도 실시할 수 있도록 하는 것은 보다 종합적이고 지속적인 지원이 가능하는 데 기여할 것이다. 또한 대상지역에 주민의 자율적인 노력에 의하여 수질을 개선한 지역을 포함하고 있는 것은 지역주민의 자발적 수질개선에 인센티브를 부여함으로써 수질개선정책의 효율성을 제공하기 위한 것으로 이해된다. 낙동강수계의 경우에는 댐주변지역도 지원대상지역이 된다.

지원대상 주민은 원칙적으로 토지나 건축물을 소유하는 자이다(한강수계법 시행령 제13조, 낙동강수계법 시행령 제22조, 영산강수계법 · 금강수계법 시행령 제21조). 그러나 상수원관리지역 거주자로서 상수원보호구역의 지정 전부터 계속하여 해당 상수원보호구역에서 농림 · 수산업 등 위원회가 정하는 생업에 종사하는 자도 포함함으로써, 임차 등을 통해 농림 · 수산업에 종사하는 주민들에 대한 지원의 길을 열고 있다.

2. 주민지원사업의 종류

주민지원사업의 종류는 다음과 같다: ① 농림축산업관련시설 · 유기영농의 지원 등 소득증대사업; ② 수도시설을 비롯한 주민편익시설의 설치 지원 등 복지증진사업; ③ 교육기자재 공급 등 육영사업; ④ 오염물질 정화를 위한 시설과 하수도의 설치 및 정비를 위한 지원사업; ⑤ 상수원보호구역의 지정으로 행위가 제한되어 생업을 유지하는 것이 곤란하다고 인정되는 사람의 이주나 전업에 대한 지원; ⑥ 주택개량에 사용되는 자금지원 등 그 밖에 대통령령으로 정하는 직 · 간접 지원사업(한강수계법 제11조 제2항, 낙동강수계법 제23조 제2항, 영산강수계법 · 금강수계법 제21조 제2항).

주민지원사업과 관련해서는 다른 법령(예컨대, 「댐건설 · 관리 및 주변지역지원 등에 관한 법률」, 「발전소주변지역 지원에 관한 법률」, 「수도법」)에 의한 유사한 지원제도와 중복되는 면이 있고, 다목적댐 상류지역 주민들에 대한 지원에 소홀한 측면이 있다. 이에 다목적댐 상류지역 주민들에 대한 지원을 확대할 필요가 있다. 지원사업 항목의 다양화, 지원사업의 증가도 중요하다. 다만 경계하여야 할 것은 일방적인 직접지원사업의 증가라 할 것이다. 직접지원사업은 주민의 피해보상, 현금지원에 치우치면서, 일회성 · 소모성 경비로 사용될 우려가 있기 때문이다. 주민지원사업은 원칙적으로 수질개선과 연계되면서도 지역주민의 경제적 생활여건의 안정 및 향상에 도움이 되는 방향으로 이루어져야 한다. 효율적이고 현실적인 주민지원이 되기 위해서는 시 · 군 단위에서 자율적으로 사업을 추진 · 관리하는 것일 것이다. 이는 지역 특성을 가장 잘 아는 의사 결정자가 가장 현명한 의사결정을 할 수 있다는 믿음에 기초한다. 피해지역의 불공평과 수용성 문제를 해소한다는 차원에서 지원사업의 투명성, 형평성의 확보도 필요하다.

3. 시행절차

주민지원사업에 관한 계획의 수립 · 시행절차 · 세부내용 및 재원배분의 기준과 지원대상 주민 또는 지역의 범위 등은 대통령으로 정하도록 위임되어 있다. 특기할 것은 시행절차와 관련해서 4대강수계법은 시장 · 군수 · 구청장이 사업계획을 수립함에 있어서는 당해 시 · 군 · 구의 조례가 정하는 절차 및 방법 등에 따라 주민의 의견을 수렴할 것을 의무화하고 있다는 것이다(한강수계법 시행령 제15조 제3항, 낙동강수계법 시행령 제24조 제3항, 영산강수계법 · 금강수계법 시행령 제23조 제3항).

4. 자료 등의 요청

주민지원사업 대상자를 확정하기 위해서는 재산의 계속 소유 여부, 상속 · 증여 여부 등 자격 요건의 변동 확인이 필요하다. 이에 4대강수계법은 한강수계관리위원회 등이 지원 대상 확인에 필요한 자료 및 정보를 관계기관의 장에게 요청하여 제공받을 수 있는 명시적인 근거를 마련하고 있다(한강수계법 제11조의3, 낙동강수계법 제23조의3, 영산강 · 금강수계법 제21조의3). 이는 대상자 확정의 지연 및 오류 가능성을 차단함으로써, 주민지원사업을 원활히 추진할 뿐만 아니라 사업비의 부적정한 집행을 방지하기 위한 것으로 이해된다.

5. 지역상생협력사업의 지원

낙동강수계법은 광역상수원이 있는 지역 중 지방자치단체 간 상생 발전을 지원하기 위하여 환경부장관이 고시하는 시 · 군을 관할하는 시장·군수는 지속가능한 지역발전을 유도하는 사업에 관한 계획을 수립 · 시행할 수 있도록 하고 있다(제23조의4).

6. 친환경 청정사업의 지원

잠실수중보 상류지역을 관할하는 시 · 도지사 또는 시장 · 군수 · 구청장은 수질오염을 최소화하면서 지속가능한 지역발전을 유도하는 사업(친환경 청정사업)에 관한 계획을 수계관리위원회의 심의를 거쳐 수립 · 시행할 수 있다(한강수계법 제11조의4 제1항). 한강수계관리위원회는 「산림자원의 조성 및 관리에 관한 법률」 제2조에 따른 산림면적, 한강수계 유역면적 등 상수원의 수질보전에 기여한다고 인정되는 배분요소를 고려하여 친환경 청정사업 지원에 대한 배분원칙을 정한다(동조 제2항).

7. 기술 및 재정지원

환경부장관 및 관계 중앙행정기관의 장은 대통령령으로 정하는 바에 따라 상수원관리지역 등 일정 지역의 사업장에 대하여 오염방지시설의 설치와 운영 · 관리에 필요한 기술적 · 재정적 지원을 할 수 있다(한강수계법 제12조, 낙동강수계법 제24조, 영산강수계법 · 금강수계법 제22조).

8. 수질오염방지시설의 운영에 대한 지원

해당 수계관리위원회는 환경부령으로 정하는 폐수배출시설이나 공공폐수처리시설을 설치 · 운영하는 자가 환경부령으로 정하는 기준 이내로 폐수를 배출하는 경우에는 대통령령으로 정하는 바에 따라 수질오염방지시설의 운영비용 일부를 지원할 수 있다(한강수계법 제12조의2, 낙동강수계법 제25조, 영산강수계법 · 금강수계법 제23조). 이는 폐수배출시설이나 공공폐수처리시설의 자발적 수질개선 노력을 유도하기 위한 것이다.

XI. 수질개선사업

특별시장 · 광역시장 또는 시장 · 군수는 매년 수질개선사업계획을 수립하여 환경부장관의 승인을 받아 이를 시행하여야 한다(한강수계법 제13조, 낙동강수계법 제26조, 영산강수계법 · 금강수계법 제24조). 수질개선사업의 시행자는 수질개선사업을 위하여 필요한 토지등을 수용하거나 사용할 수 있다(한강수계법 제14조 제1항, 낙동강수계법 제27조, 영산강수계법 · 금강수계법 제25조).

XII. 재원의 확보 및 관리

4대강수계법은 수질개선사업과 주민지원사업 등에 소요되는 재원의 확보 및 관리를 위한 규정을 두고 있다. 가장 본질적인 내용은 물이용부담금을 부과 · 징수하여 주민지원 및 수질개선사업을 하는 것이다.

1. 수질개선 특별회계의 설치

수질개선사업과 주민지원사업 등에 드는 사업비를 확보하기 위하여 특별시 · 광역시 및 시 · 군 · 구에 수질개선특별회계를 설치할 수 있다(한강수계법 제16조, 낙동강수계법 제29조, 영산강수계법 · 금강수계법 제27조).

2. 물이용부담금

상수원 상류지역의 주민지원사업과 수질개선사업 등에 소요되는 재원의 확보 및 관리를 위한 물이용부담금제도는 4대강수계법의 핵심을 이루고 있다. 이로써 상수원 보호를 위해 각종 규제를 받고 있는 상수원지역의 주민 및 자치단체에 대한 지원과 수질개선사업과 상수원 수질에 큰 영향을 주는 토지의 매입 등에 필요한 재원을 마련할 수 있는 기틀이 마련되었다.

이러한 재원 조성은 다음과 같은 사실에 명시적이든 묵시적이든 국민적 합의와 동의가 이루어졌기 때문에 가능하였다. 먼저, 그 동안 행위제한에 상응하는 행위제한지역 주민에 대한 지원이 미흡하였다는 것이다. 상수원보호구역, 특별대책지역 등에 대하여는 강한 행위제한이 가해지고 있는데, 그 행위제한 및 재산권 제한에도 불구하고 행위제한지역에 거주하는 주민들에 대한 보상은 충분히 이루어지지 못하였다. 이들 행위제한지역과 주민들의 팽배한 불만을 완화하기 위해서는 어떤 식으로든 지원 또는 보상책을 마련하여야 하였다.

둘째, 팔당호를 위시한 주요 수계의 수질개선 노력에도 불구하고 획기적이고 가시적인 성과가 이루어지지 않았기 때문에 보다 종합적이고 근본적인 대응 방안이 요구되었다. 그 방안의 하나가 토지매입, 환경기초시설의 설치 · 운영 등이었다. 이를 위해서는 막대한 재원이 절실하였다. 지방재정의 취약성은 정부 차원의 개입을 요구하였다.

셋째, 수계를 하나의 연결된 시스템으로 이해하면서 동일 수계 또는 유역별로 상류부터 하류에 이르기까지 종합적이고 일관된 관리가 필요하다는 인식이 확산되었다. 수계의 수질개선을 위해서 상류와 하류지역의 공동 노력이 필요하고 공동으로 책임져야 한다는 인식은 수질보전비용의 공동 부담을 요구하기에 이르렀다. 이는 지역갈등의 해소와 지속적인 파트너십의 형성을 위해서도 필요한 것이었다.

마지막으로 조세와 같은 전통적인 공과금체계만으로는 현대국가의 새로운 행정수요에 원활하게 대처할 수 없다는 점은 정부로 하여금 새로운 유형의 공과금제도에 눈을 돌리게 하였다. 부담금이 조세에 비하여 국민의 저항이 크지 않고 징수나 집행과정의 어려움이 적어 손쉽게 재원조달이 이루어질 수 있으며, 그 수입이 기금형태로 관리된다면 일반예산에 비해 안정적으로 사업비를 확보할 수 있다는 장점을 누구보다도 잘 알고 있는 행정당국으로서는 물이용부담금의 신설은 매력적인 것이었다.

가. 물이용부담금의 부과 · 징수

물이용부담금의 부과 · 징수권자는 수도사업자이다. 즉 수도사업자는 주민지원사업과 수질개선사업 등의 재원을 조성하기 위하여 대통령령이 정하는 공공수역으로부터 취수된 원수를 직접 또는 정수하여 공급받는 '최종수요자'에게 물사용량에 비례한 물이용부담금을 부과 · 징수하여 기금에 납입하여야 한다. 물이용부담금의 부과 상대방인 최종수요자는 원수를 직접 또는 정수하여 공급받아 실제 사용하는 자로 해석된다.[16] 다만, 최종수요자가 상수원관리지역에 거주하는 경우와 하천유지(維持)용수로 사용하는 경우에는 물이용부담금 납부대상이 아니다(한강수계법 제19조 제1항, 낙동강수계법 제32조 제1항, 영산강수계법 · 금강수계법 제30조 제1항). 청계천과 같은 환경개선용수가 부과대상이 되는지는 분명하지 아니하다. 환경개선용수를 하천유지용수로 볼 경우 부과제외 대상이 되기 때문이다.

16) 대법원 2012. 10. 11. 선고 2011두19369 판결.

나. 법적 성격

물이용부담금은 상수원 상류지역의 수질개선과 주민지원사업이라는 특정한 행정과제의 수행을 위하여 반대급부 없이 부과되며, 그 지출용도가 매우 제한적으로 설정되어 있고(한강수계법 제22조, 낙동강수계법 제35조, 영산강수계법 · 금강수계법 제33조), 위 행정과제에 대하여 특별하고 긴밀한 관계에 있는 특정집단에 대하여만 부과된다는 점에서 "조세외적 부담금"에 해당되며, 일반적인 국가재정 수요의 충당을 위하여 일반 국민으로부터 그 담세능력에 따라 징수되는 조세와 구별된다.

부담금을 그 부과목적과 기능 및 성격에 따라 재정충당 부담금과 유도적 부담금으로 구분할 경우 물이용부담금은 주민지원사업 및 수질개선사업 등에 소요되는 재정을 충당하기 위한 것이기 때문에 재정조달에 목적이 있는 재정충당 부담금이라 할 것이다. 법문상으로도 재정충당 목적만 나타나 있고 유도적 목적은 나타나 있지 않다. 다시 말하면 물이용부담금은 재정충당이 부각되는 반면, 부담금을 부과함으로써 물사용을 제한 내지 금지하거나 물자원을 효과적으로 사용하도록 하기 위한 정책적, 유도적 성격은 희박하다.[17] 원수를 공급받는 최종 수요자에게 부과한다는 측면에서는 수익자부담금에 유사한 성격을 지닌다.

이와 같이 물이용부담금을 재정조달에 주된 목적이 있는 재정충당 부담금으로 이해할 경우 헌법재판소가 제시하고 있는 헌법적 정당화 요건(집단적 동질성, 집단적 효용성, 객관적 근접성, 집단적 책임성)을 충족하고 있기 때문에 정당화된다.[18] 그러나 물이용부담금이 위와 같이 헌법적 정당성을 확보하고 있다고 하더라도 그 정당성은 완전하고 만족스러운 수준의 정당성은 아니라고 생각한다. 물이용부담금의 부과는 상 · 하류간 상생, 수질개선이라는 절대 명제 등을 위해 필요한 측면이 많다. 그러나 이러한 현실적 · 정치적인 면을 강조하고 그 정당성을 무시하거나 약화시키는 일방 통행적, 행정 편의적인 시행은 곤란하다. 약한 정당성은 불필요한 지역 · 주민갈등을 유발하고, 지속가능한 개발을 저해하고, 궁극적으로 제도의 성공을 막는다. 정당성의 제고를 논하는 이유가 여기에 있다.

주민지원사업 및 수질개선사업이 해당 수계 이외의 지역에서 이루어지는 경우까지

---

17) 환경부는 "'물자원의 절약을 유도'하고 주민지원사업 및 상류지역 자치단체 지원에 소요되는 비용을 조달하기 위하여 물이용부담금을 징수한다"라고 밝힘으로써(환경부, 환경백서, 2000, 378면), 물이용부담금이 재정조달 목적뿐만 아니라 물자원 절약정책의 실현 목적도 가지고 있는 것으로 이해하는 듯하다. 그러나 부담금을 통한 물자원의 절약의 실효성은 의문이기 때문에 유도적 목적은 인위적인 것에 불과하고, 재정충당 목적이 부각될 수밖에 없다. 물자원의 절약은 물 부족이 예상되는 우리나라 상황에서 타당한 환경정책이라고 할 수 있으나 이는 수도요금의 부과 등 다른 비제한적인, 최소의 침해가 있는 수단으로 이룰 수 있으며, 굳이 준조세적 성격의 부담금 형태로 해결할 문제는 아니라고 할 것이다. 국가가 이러한 조치나 노력을 충실히 하지 않고 국민에게 그 책임을 전가하고 부담금을 부과하는 것은 지나치게 행정 편의적인 발상이라고 할 수 있다.

18) 헌법재판소는 재정조달목적 부담금에 해당한다는 입장이다. 헌재 2020. 8. 28. 선고 2018헌바425 결정. 부담금의 헌법적 정당화 요건과 물이용부담금의 정당성에 대하여 자세한 내용은 김홍균, "물이용부담금의 법적 고찰", 물 정책경제연구, 2008. 12, 물 정책 · 경제 포럼, 8 내지 18면 참조.

허용될 것인지는 명문 규정이 없어 논란이 있을 수 있으나 법의 목적, 취지에 비추어 해당 수계에 국한한다고 보아야 할 것이다. 결국 해당 수계의 수질개선사업과 무관한 지역에 환경기초시설의 설치 등 지원하는 것은 법문에 명시된 목적 밖으로 부담금의 본질적 요건인 객관적 근접성과 집단적 책임성이라는 부담금의 헌법적 정당화 요건을 충족하지 못한다고 할 것이다. 다만 수질개선사업이 해당 수계에서 이루어지면 충분하고 그 지역이 상수원 상류지역에 국한되어야 한다고 좁게 해석할 이유는 없다고 본다.

다. 부과대상자 및 면제

부과대상자는 전용수도설치자와 하천수사용자이다. 즉 대통령령으로 정하는 공공수역으로부터 취수하는 전용수도의 설치자, 「하천법」에 따른 유수(流水)의 사용자는 자기가 취수하는 원수의 양에 따른 물이용부담금을 기금에 납입하여야 한다(한강수계법 제19조 제2항, 낙동강수계법 제32조 제2항, 영산강수계법 · 금강수계법 제30조 제2항). 부과대상자는 이와 같이 유수사용자를 포함하나 전원개발사업자로서 발전용 댐을 운영하는 자, 하천수를 농업용수로 사용하는 자 등은 제외된다. 구체적으로 해당수계에 따라 다르다.

라. 부과면제 지역

해당 수계에 따라 부과면제 지역이 다르다.

① 낙동강: 상수원관리지역, 댐주변지역, 다목적댐이 2이상 소재한 시 · 군 지역, 다목적댐으로 유입되는 하천의 집수구역(낙동강수계법 시행령 제30조);

② 영산강 · 섬진강: 상수원관리지역, 공공수역으로 유입되는 하천의 집수구역(영산강수계법 시행령 제29조);

③ 금강: 상수원관리지역, 광역상수원으로 이용되는 댐으로 유입되는 하천의 집수구역(금강수계법 시행령 제29조).

마. 부과 · 징수방법

구체적 물이용부담금은 정해진 부과율에 물사용량을 곱하여 산정한다.19) 부과 · 징수방법 및 납입절차 등에 관하여 필요한 사항은 대통령령으로 정하는데, 시행령에서는 수도사업자가 수도요금 납입고지서에 통합 · 징수하여 수계관리기금에 납입하도록 하고 있다.

바. 평 가

한강수계를 시작으로 물이용부담금이 도입 · 시행된 지 벌써 10년이 되어가고 있다. 그 동안 물이용부담금은 상수원 상류지역 주민지원사업과 수질개선사업을 위한 주요한 재원으로서 수질개선의 효과를 높이고 상 · 하류 지역의 상생과 공영을 위한 중요한 기틀을 마련하였다. 그러나 이러한 성과에도 불구하고 물이용부담금이 도입

---

19) 2015년 한강수계에서 4,576억원, 낙동강수계에서 2,238억원, 금강수계에서 1,057억원, 영산강 · 섬진강수계에서 788억원 등 8,661억원이 징수되었다. 2016년 환경백서(각주 1), 253면.

목적과 취지에 맞게 운용되고 있는지에 대해서는 논란이 지속되고 있다. 또 하나의 준조세로서 국민부담만 가중하는 규제수단이 아닌가 하는 의문도 계속되고 있다.

물이용부담금은 오염원인자 책임원칙의 확장인 공동책임원칙[20] 또는 수익자부담의 원칙이 반영된 것이라 할 것이다. 원수를 공급받는 '최종수요자'에게 부과한다는 측면에서는 수익자부담금에 유사한 성격을 지닌다. 물이용부담금이 제도의 목적에 부합하게 운용되면 주민지원사업과 수질개선사업이 효율적으로 이루어질 것이 분명하다. 그러나 물이용부담금제도의 성공을 저해하는 요소가 많이 있기 때문에 제도 본래의 목적을 달성할 수 있을 지에 대해서 쉽게 평가할 수 없다. 물이용부담금제도의 성공을 저해하는 한계점으로는 다음을 들 수 있다: ① 부과율이 과도한 측면이 있다;[21] ② 일종의 공과금의 성질을 띠는데, 수계관리위원회를 통한 부담금 결정절차가 지나치게 단순하다; ③ 부담금 부과를 회피하기 위하여 본류에서 취수하는 것을 회피하거나 지류에서 취수하기 위해 취수원을 이전하거나 지류시설을 확장하는 문제가 발생할 수 있다. 이는 중복투자와 국가재정의 낭비로 연결된다. 또한 본류의 건천화와 수질악화도 우려된다; ④ 4대강 수계 이외의 다른 수계, 그리고 부담금이 부과되는 특정 구간 이외의 다른 구간과 형평성의 문제가 발생할 수 있다; ⑤ 전체 용수 중 큰 비중을 차지하고 있는 농업용수에 대해서는 부과되지 않는다; ⑥ 수도요금과 함께 부과되고 있어 국민들은 물이용부담금을 요금으로 인식하며, 물이용부담금 비중이 요금에 비해 너무 커서 수도요금의 현실화를 어렵게 하는 요인이 되고 있다.

3. 수계관리기금의 설치

물이용부담금을 효율적으로 관리하기 위하여 해당 수계관리위원회[22]에 수계관리기금을 설치한다(한강수계법 제20조, 낙동강수계법 제33조, 영산강수계법 · 금강수계법 제31조). 기금의 재원은 물이용부담금, 매수한 토지 등으로부터 발생하는 수익과 토지 등의 매도금액, 국가 외의 자가 출연하는 현금 · 물품, 그 밖의 재산, 차입금, 기금운용수익금 등으로 조성되는데(한강수계법 제21조, 낙동강수계법 제34조, 영산강수계법 · 금강수계법 제32조), 물이용부담금이 주 수입원(전체의 90% 정도)을 이루고 있다.

---

20) 수익자와 함께 최종수요자라는 명분으로 상류지역 주민에 대하여도 물이용부담금을 부과한다는 점을 강조할 경우 공동책임의 원칙이 반영된 것으로 이해할 수 있다.

21) 물이용부담금의 부과율은 수계별로 다르다. 2015년도 기준 톤당 부과율은 한강 · 낙동강 · 영산강 · 섬진강수계는 170원, 금강수계는 160원이다. 2016년 환경백서(각주 1), 253면. 이는 댐 건설 및 운영비에 근거한 댐용수 요금(47.93원/㎥)의 3.5배 수준에 이른다. 발생 원가가 없음에도 댐 건설 및 관리 등 발생 원가에 기초한 댐용수 요금보다 높다는 것은 그 부과율이 과도하다는 것을 보여준다.

22) 수계관리위원회는 환경부차관을 위원장으로 하고, 하천관리를 담당하는 자로서 국토교통부장관이 지명하는 자, 해당 수계와 관련된 지방자치단체의 부시장 또는 부지사, 한국수자원공사 사장, 전원개발사업자로서 발전용 댐을 운영하는 자 등을 위원으로 하는 법인의 형태를 취하고 있다(한강수계법 제24조, 낙동강수계법 제37조, 금강수계법 제35조).

≪4대강수계법 비교≫

구 분		한강	낙동강	금강	영산강·섬진강	비 고
공통점	수변구역지정과 구역 내 행위제한	○	○	○	○	－낙동강수계법은 수변구역지정범위를 대통령령에 위임하고 있음(낙동강수계법 제4조)
	오염총량관리 계획의 수립	○	○	○	○	
	사업장별 오염 부하량의 할당	○	○	○	○	
	물이용부담금의 부과 · 징수	○	○	○	○	
	주민지원사업의 실시	○	○	○	○	－낙동강수계법은 지원대상자에 댐주변지역 또는 그 지역의 주민을 포함하고 있음(제36조)
	환경기초시설의 설치 촉진	○	○	○	○	
차이점	팔당댐 하류구간에서 행위제한	○	×	×	×	－한강수계법 제6조 제1항
	하천구역 수질 오염관리	×	○	×	×	－도시개발사업의 시행, 산업단지의 개발, 관광지 및 관광단지의 개발 시 시설물 승인 · 허가조건 강화(낙동강수계법 제6조 제2항)
	행위제한의 적용배제	○	×	×	×	－오염총량관리 시행계획을 수립 · 시행하는 시 · 군에 대한 행위제한 일부 비적용(한강수계법 제9조)
	친환경청정산업의 지원	○	×	×	×	－한강수계법 제11조의3
	상수원보호구역 지정강화	×	○	○	○	－3대강수계법 제7조
	유출차단시설 · 집수시설의 설치	×	○	×	×	－낙동강수계법 제18조

기금은 하천구역에서 농약 · 비료 사용제한으로 경작자가 입은 손실보상, 토지등의 매수, 오염총량관리에 필요한 비용의 지원, 주민지원사업, 수질오염방지시설의 운영지원, 환경기초시설의 설치 · 운영 지원, 안정적인 수돗물 공급을 위한 가뭄 · 홍수 등 물 관련 재해 대응과 수돗물 수질오염 등 사고 대응을 위한 사업을 위한 사업, 특별회계로의 전출

금, 수계관리위원회의 운영, 친환경청정산업에 대한 지원, 물이용부담금의 부과 · 징수에 필요한 비용의 지원, 그 밖에 상수원의 수질개선을 위하여 대통령령으로 정하는 사업[23] 등 정해진 용도로 운용한다(한강수계법 제22조, 낙동강수계법 제35조, 영산강수계법 · 금강수계법 제33조).[24]

수계관리기금의 용도와 관련해서는 특히 기타 수질개선사업에 대한 사업별, 지방자치단체별 지원 기준이 불명확하다는 비판이 제기되고 있다.[25] 수계관리기금은 1회성, 소모적 경비로 소비되어서는 곤란하고 실질적인 수질개선에 투입되어야 한다. 기금의 용도가 수질개선사업에 치중되어 있는데 수량확보를 위한 하천의 이 · 치수, 생태환경의 개선 등으로 확대할 필요성이 있다고 생각한다.

XIII. 개선명령

환경부장관은 강수량의 부족, 조류발생 등으로 인하여 상수원의 수질이 악화되었거나 악화될 우려가 있다고 인정되면 시 · 도지사, 시장 · 군수 · 구청장, 수도사업자 또는 댐관리청과 댐수탁관리자 등에게 댐 방류량 증대, 상수원 준설, 조류 제거, 상수원 주변 및 수면 청소 등을 요청할 수 있다. 환경부장관이나 관계 지방자치단체의 장은 이 법 또는 이 법에 따른 명령이나 처분을 위반한 자에 대하여 인 · 허가 등의 취소, 공사의 중지, 시설의 개선 · 이전 또는 제거, 그 밖에 필요한 조치를 하도록 관계 행정기관의 장에게 요청할 수 있다(한강수계법 제28조, 낙동강수계법 제41조, 영산강수계법 · 금강수계법 제38조).

제 3 절 지하수법

숨겨져 있는 생명, 국토의 혈관, 마르지 않는 공짜 댐, 숨겨진 물, 지하수가 위기다. 지하수의 고갈과 오염이 심각한 수준으로 치닫고 있기 때문이다. "20세기의 전쟁이 석유를 차지하기 위한 전쟁이었다면, 21세기의 전쟁은 물을 차지하기 위한 전쟁이 될 것이다"라는 경고는 점차 현실화되고 있다.[1] 20세기에 들어 세계인구가 2배 증가하는 동안 물

---

23) "그 밖에 상수원의 수질개선을 위하여 대통령령으로 정하는 사업"이란 다음의 어느 하나에 해당하는 사업을 말한다: 팔당호 및 잠실수중보 등의 퇴적물 준설사업, 수변녹지 조성사업, 매수한 토지등의 관리, 민간단체의 수질감시 및 보전활동의 지원, 환경기초조사사업, 수질개선을 위한 교육 및 홍보, 상수원관리지역 및 법 제6조에 따라 상수원보호구역에서의 행위제한이 준용되는 하천구간의 관리, 생태하천 복원사업, 수질자동측정감시 장치의 설치와 운영, 소유자 또는 관리자가 없는 지하수 개발 · 이용시설에 대한 수질오염방지사업, 비점오염저감사업, 수원함양기능을 증진하기 위한 산림사업, 그 밖에 한강수계의 상수원의 수질개선을 위하여 위원회가 선정하는 사업(한강수계법 제28조).

24) 1999년부터 2015년까지 4대강수계에서는 수계관리기금 10조 1,856억원이 조성되어 주민지원사업에 1조 8,834억원, 토지매수 및 수변구역관리사업에 2조 1,858억원, 환경기초시설 설치 · 운영사업에 4조 7,918억원, 기타 수질개선사업에 8,567억원이 사용되었다. 2016년 환경백서(각주 1), 254면.

25) 송미영 외 1, 한강수계 물이용부담금의 효과적인 운영방안, 경기개발연구원, 2000. 12, 51면 참조.

1) 1995년 당시 세계은행(World Bank)의 부총재였던 이스마일 세라겔딘(Ismail Serageldin)은 미래의 전쟁에 관하여 위와 같이 말하였다. Vandana Shiva/이상훈(역), 물 전쟁, 생각의 나무, 2003, 15면. 1995년 8월에 열린 스웨덴 스톡홀름의 '국

소비량은 6배나 증가했고, 세계적인 물 부족 현상으로 인하여 앞으로 50년 안에 물 전쟁이 발발할 가능성마저도 있는 것으로 지적되고 있는 것이다.[2] 인류의 공공자원인 물이 심각한 위기에 봉착함에 따라 인류의 고통도 증가하고 있다.[3]

우리의 고민도 깊어가고 있다. 그 고민은 이러한 상황이 비단 남의 나라의 일로만 치부할 수 없다는 데 있다. 유엔에 의하면, 우리나라는 '물 부족 국가'로 분류되고 있다.[4] 2025년에는 리비아 등 사막 국가들과 같이 물 기근 국가가 될 것으로 추정되고 있으며, 2006년부터는 물 공급이 수요를 따르지 못하는 역전현상이 시작돼 만성적인 물 부족 국가가 될 것이라는 정부의 내부 보고서도 나오고 있는 실정이다.[5] 물론 이러한 예상이 모두 추정에 불과하기 때문에 현실화될 것인지는 분명치 아니하나 이제 물을 '물 쓰듯' 쓸 수 없게 된 것은 분명하다.

물 부족이라는 문제의 근본적인 해결방안으로는 지하수 개발 · 이용이 그 중심에 설 수밖에 없는 상황이다. 더욱이 강수량의 지역적 · 계절적 편차가 크고 전쟁위험까지 상존해 있는 우리나라에서는 지하수야말로 안정적으로 맑은 물을 공급받을 수 있는 유일한 통로나 다름없다.

물 부족 문제에 대한 강력한 대안이 지하수가 될 수 있음에도 불구하고, 그 동안 지하수 문제는 소홀히 다루어졌다. 그 동안 물 문제(수량 및 수질)는 지표수를 중심으로 다루어졌으며,[6] 눈에 보이지 않는 지하수 문제는 상대적으로 소홀히 다루어진 것이 사실이다. 지하수 문제에 국한하여 볼 경우에는 지하수의 관리 · 보전 측면보다 개발 · 이용의 측면이 강조되면서 지하수의 고갈과 오염 문제는 거의 도외시되어 왔다. 그 결과는 냉혹한 현실로 돌아오고 있다. 무분별한 지하수의 채수 및 개발은 지하수 자원의 고갈 및 오염을 가속화시키고 있다. 지하수의 오염은 지표수의 오염, 폐공을 통한 오염, 토양의 오

제 물 심포지엄'에서 세계 물 정책연구소의 샌드러 포스텔(Sandra L. Postel) 소장도 "20세기의 국제간 분쟁 원인이 석유에 있다면 21세기는 물의 시대로 될 것이다"라고 경고한바 있다. 정준현, "수자원의 보전과 취수부과금제도", 토지공법연구 제14집, 2001. 12, 239면.

2) "50년 내에 물전쟁 경고 −유엔 오일쇼크보다 더 심각−", 중앙일보, 1996. 6. 7. 기사.

3) 유엔의 의하면, 2002년 현재 10억 명이 넘는 사람들이 깨끗한 식수를 공급받고 있지 못하며, 30억명 가량이 제대로 된 하수 시설을 갖추지 못한 채 살아가고 있다. 2025년이 되면 세계 인구는 지금보다 26억명이 더 늘어날 전망이지만 그 가운데 3분의 2가 심각한 물 부족 속에서, 그리고 3분의 1이 절대적인 물 기근 속에서 살아갈 것으로 예상된다. 모드 발로 · 토니 클라크/이창신(역), 블루골드 −지구의 물을 약탈하는 기업들과의 싸움−, 개마고원, 2001, 51면. 특히 제3세계 사람들의 5명 중 1명은 위생적인 물을 마시지 못하는데, 오염된 물을 마시고 어린이들이 8초마다 한 명씩 죽어가고 있다. 전체적으로는 매일 1만4천여명에서 3만여명 정도의 사람들이 수인성 질병으로 사망하고 있다. 이상헌, "세계 물 위기의 현주소와 전망", 환경과 생명, 2003. 봄, 26 내지 27면.

4) UN의 국제인구행동연구소(Population Action International: PAI)는 국민 1인당 확보된 연간 담수량을 기준으로 1,000톤 미만인 국가를 만성적인 물 부족을 경험하는 '물 기근 국가'군에, 1,700톤 미만을 주기적인 물 압박을 경험하는 '물 부족(압박) 국가'군에 포함시키고 있다. 이에 따르면 우리나라를 포함한 레바논, 체코, 덴마크, 폴란드, 소말리아, 남아프리카공화국 등이 '물 부족 국가'군으로 분류되었다. 건설교통부 · 한국수자원공사, 물과 미래, 2004. 3, 11면.

5) "2025년 '사막국가' 된다", 세계일보 2001. 3. 13. 기사.

6) 1997년부터 1999년 사이 지표수 개발에 소요된 예산이 매년 평균 1조 5,683억원에 이르고 있음에 반해 지하수 관리 · 보전을 위해 투입된 예산은 이의 2.4% 수준인 381억원에 불과하다. 김상권, "지하수관리체계 개선방안에 관한 연구", 지하수 환경 제19호, 2000. 3, 49면.

염 등과 밀접한 관련을 갖는다. 현재 대도시 지하수의 80%, 농어촌의 경우에는 50%가 오염되었고, 이중 20~30%는 단기간에 회복 불가능한 상태까지 진행되었다는 보고는 상당히 충격적이다.[7)]

그러나 희망은 있다. 아직은 지하수 이용량이 개발가능량을 훨씬 밑도는 것이 그것이다.[8)] 그렇다고 지하수 고갈 및 오염문제를 남의 일로 생각하기에는 문제의 심각성이 아주 크다. 이제부터라도 지하수 문제를 등한히 하여서는 안 된다. 우리나라도 다른 나라와 마찬가지로 물 전쟁을 치르지 않는다는 보장이 없으며, 지하수의 고갈과 오염은 우리의 건강과 환경에 중대한 악영향을 미칠 뿐만 아니라 우리 후세에도 심각한 문제를 안겨주게 될 것이 분명하기 때문이다. 이러한 점에서 지하수의 공유화에 대해서도 진지한 검토가 이루어져야 할 것이다.[9)]

1997년 지하수의 적절한 개발·이용과 효율적인 보전·관리에 관한 사항을 정함으로써 지하수개발·이용의 적정을 기하고 지하수오염을 예방하여 공공의 복리증진과 국민경제의 발전에 이바지함을 목적으로 「지하수법」이 제정되었다. 동법은 지하수의 보전과 오염방지를 위한 대책법으로서의 성질을 가지면서 동시에 지하수의 개발과 이용을 위한 규정을 담고 있어 개발 및 이용법으로서의 성질도 갖고 있다. 종전에 관리구조는 국토교통부와 환경부의 이원적 구조를 취하고 있었는데, 물관리일원화 차원에서 2018. 6. 8. 「정부조직법」의 개정에 따라 환경부로 일원화되었다. 통합물관리는 지하수 관리에 새로운 패러다임을 요구하고 있다. 동시에 지하수 관리의 기본법이 되고 있는 「지하수법」에 대한 재편도 요구하고 있다. 급기야 이에 부응하여 2021. 1. 5. 동법이 개정되었으나 그 내용은 기대와 달리 지표수와 지하수의 통합이라는 대의를 충분히 반영하고 있지 못하다. 물순환과 지표수 등과의 통합적 관리 등을 지하수관리의 기본원칙으로 수용하는 데 그치고 통합물관리와 직결되는 핵심적이고 실효적인 내용은 빠져있기 때문이다. 효과적인 물관리는 지하수와 지표수의 통합관리를 요구한다. 물관리일원화 차원에서 「지하수법」이 명실상부한 환경부 소관의 법이 되면서 지하수 개발과 관련한 업무가 환경부 소관이 되었다. 이로써 통합의 모양새가 갖추어 졌으나 실질적 통합을 위해서는 여기가 끝이 될 수 없다. 명실상부한 통합물관리를 위해서는 그간의 비효율적인 지하수 물관리 운영체계에 대한 근본적인 개선이 필요하다. 이를 위해서는 지표수와의 기계적·형식적 통합이 아니라 화학적·실질적 통합이 필요하다.[10)]

---

7) "지하수 오염 '중증'", 중앙일보, 1998. 10. 30. 기사.

8) 우리나라 강수량 중 (내린 비가 지하수로 함양되는) 지하수 함양량은 약 200억㎥/년으로 추산되는데, 개발가능량은 약 130억㎥/년 수준인 것으로 파악되고 있다. 한편 지하수는 전체 수자원 이용량 중 7.6% 정도를 차지하고 있다. 제1차 국가물관리기본계획, 2021, 14면. 17면.

9) 지하수의 공유화 방안에 대하여 자세한 내용은 김홍균, "지하수의 공유화", 인권과 정의, 2006. 9, 176 내지 179면 참조.

10) 구체적 정비방안으로는 통합물관리 목적의 천명, 수질관리와 수량관리를 별도의 장으로 두는 조문 편제의 개편, 지하수의 조사·관측·정보의 통합관리체계 구축, 지하수관리기본계획은 국가물관리기본계획으로, 지역지하수관리계획은 유역물

동법은 지하수의 개발 · 이용과 보전 · 관리에 관한 일반법으로서의 성질을 갖는다. 그렇기 때문에 지하수의 조사 · 개발 · 이용 및 보전 · 관리에 관하여 다른 법률에 특별한 규정이 있는 경우(제14조 내지 제16조의 규정은 제외)에는 그 법률이 정하는 바에 의한다(제4조).

Ⅰ. 일 반

1. 지하수란?

「지하수법」에서는 지하수를 "지하의 지층이나 암석 사이의 빈틈을 채우고 있거나 흐르는 물"이라고 넓게 정의하고 있다(제2조 제1호). 우리가 포괄적으로 일컫고 있는 지하수는 정확하게는 지하수(ground water)와 지중수(subsurface water)로 구별된다. 지중수란 암석 및 토양의 틈새 또는 공간에 존재하는 모든 물을 뜻한다. 그리고 지하수면(water table)이라고 불리는 지하의 일정 수준 아래에는 암석물질의 간격이 지중수로써 완전히 채워져 있다. 이 부분, 즉 지하수를 포함하고 있는 암석 또는 토양층을 삼투대(zone of saturation)라고 하고, 이 지대에 존재하는 물을 특히 지하수라고 한다. 삼투대 중 지하수를 이용할 수 있는 정도의 상당한 양의 물을 공급하는 암석층을 대수층(帶水層: aquifer)이라고 부른다. 삼투대의 상단부분의 수위를 지하수면이라 하고, 대수층의 하단부분 불침투성의 암석을 기반암(bedrock)이라 부른다. 대수층은 대수층의 상부에 있는 비침투성의 지층이 지하수의 이동을 억제하기 때문에 대기의 압력보다 높은 압력이 지하수에 주어지며 그 압력이 현저히 높아지면 자연적으로 샘이 용출하게 되는 피압대수층(被壓帶水層: confined aquifer)과 대기의 압력에 의해 지지되며 그 물이 자연히 용출하지 않고 취수를 위하여 펌프를 사용하여야 하는 불압대수층(不壓帶水層: unconfined aquifer)으로 나누어진다.[11]

2. 지하수의 특징

지하수는 유동성, 저속성(低速性), 이동범위의 광역성, 지표수와의 연계성, 오염원의 다양성 등의 특징을 가지고 있다.[12] 이러한 특징들은 점진적인 오염, 모니터링의 어려움, 오염 여부 식별의 곤란, 관리감독의 곤란, 책임자 규명 및 책임 추구의 어려움, 오염 제거 및 복구의 어려움으로 이어지고 있다.[13] 지하수의 과다 개발 · 이용은 지하수 및 지표수량의 감소는 물론이고 지하수 오염, 지반침하, 지하수이용권간의 충돌 등의 문제

관리종합계획으로 포섭하는 등 지하수관리계획의 개편, 지표수와 지하수의 통합관리, 지하수 수질관리의 강화, 지하수의 공공성 강화, 지하수정화체체계의 구축, 재정체계의 구축 등을 들 수 있다. 자세한 내용은 김홍균, "통합물관리 실현을 위한 지하수법이 정비 방안", Groundwater: making the invisible visible, K water, 2022. 3, 133면 이하 참조.

11) 구연창 · 원학희 · 권오승, "지하수오염의 방지대책", 환경법연구 제7권, 1985, 82 내지 83면; 구연창, "민법상의 지하수이용권 −그 개념정립을 위한 한 시도−", 노동법과 현대법의 제 문제(남관 심태식박사 화갑기념 논문집), 1983, 229면 참조.

12) 박균성, "현행 지하수법의 몇 가지 법적 문제", 환경법연구 제19권, 1997, 116 내지 117면; 윤철홍, "지하수법의 문제점과 개선방향", 비교사법 제8권 제1호(상), 통권 제14호, 2001. 6, 227면 참조.

13) 구연창 외 2(각주 11), 94 내지 96면 참조.

를 야기한다. 이러한 점을 고려할 때 무엇보다 일차적으로 지하수가 오염되지 않도록 세심한 주의를 기울여야 한다. 부존량이 유한하다는 점은 현명한 이용이 중요하다는 것을 알려준다.

3. 지하수 관리체계

기본적으로 지하수의 조사 및 개발 · 이용 및 수질보전은 환경부가 주관하지만 농업용 지하수의 이용은 농림축산식품부, 온천개발은 안전행정부, 군사목적의 지하수시설 관리는 국방부, 일반적인 통제는 지방자치단체에서 담당하는 등 지하수에 대한 주무부서는 다양하고, 그 관리체계는 다원화되어 있다. 또한 지하수 관련 규제는 「지하수법」(지하수), 「먹는물관리법」(먹는 샘물), 「온천법」(온천수), 「농어촌정비법」(농어촌 용수), 「제주특별자치도 설치 및 국제자유도시 조성을 위한 특별법」(제주자치도 지역 지하수), 「수도법」, 「하천법」, 「민방위기본법」, 「국방 · 군사시설 사업에 관한 법률」 등 다수 법에 의해 이루어지고 있기 때문에[14] 국가 차원에서 효율적인 지하수 관리가 이루어지지 못하고 있다.

지하수개발 · 이용에 따른 세금, 부담금 등 세원 징수체계 또한 다원화되어 있다. 예컨대, 「지하수법」은 시장 · 군수로 하여금 지하수의 적정한 개발 · 이용과 보전 · 관리에 필요한 재원을 조성하기 위하여 허가를 받거나 신고를 하고 지하수를 개발 · 이용하는 자로부터 지하수이용부담금을 부과 · 징수할 수 있도록 하고 있다(제30조의3). 「지방세법」에 의하면 수질개선과 수자원보호 등을 위한 재원을 확보하기 위하여 지하수를 채수하는 자로부터 지하수에 대한 지역자원시설세를 부과 · 징수할 수 있도록 되어 있고(제143조 제2호), 「먹는물관리법」에서는 공공의 지하수자원을 보호하고 먹는물의 수질개선에 기여하게 하기 위하여 먹는샘물제조업자, 먹는샘물수입판매업자 및 샘물개발허가를 받은 자로부터 수질개선부담금을 부과 · 징수할 수 있도록 규정하고 있다(제31조 제1항). 또한 「제주특별자치도 설치 및 국제자유도시 조성을 위한 특별법」에서는 지하수의 적정한 보전 · 관리에 필요한 재원의 조성을 위하여 도지사로 하여금 지하수개발 · 이용허가를 받은 자와 온천이용허가를 받아 온천수를 이용하는 자로부터 지하수원수대금을 부과 · 징수할 수 있도록 하고 있다(제387조). 이와 같은 징수체계의 다원화는 부담자의 부담가중과 징수인력의 낭비를 초래할 수 있다.

4. 지하수관리의 기본원칙

동법은 지하수관리의 기본원칙을 다음과 같이 명시하고 있다: ① 지하수는 현재와 미래 세대를 위한 공적 자원으로서 공공이익의 증진에 적합하도록 보전 · 관리되어야 하며, 그에 따른 혜택은 모든 국민이 골고루 누릴 수 있도록 배분되어야 한다; ② 지하수는 물

14) 현재 지하수는 이용목적에 따라 환경부, 농림축산식품부 등 10개 부처가 17개 관련 법률에 의거 분산 관리하고 있다. 환경부, 환경백서, 2016, 237면.

순환을 통하여 지표수(地表水)를 포함한 모든 형상의 수자원과 긴밀하게 연관되는 특성을 고려하여 상호 균형을 이루도록 통합적으로 관리되어야 한다; ③ 지하수는 수질보전, 수량확보뿐만 아니라, 사회 · 경제 · 자연환경 등을 종합적으로 고려하여 관리되어야 한다(제2조의2). 2021. 1. 5. 개정 법에서 물순환과 지표수 등과의 통합적 관리가 지하수관리의 기본원칙으로 수용되었는데, 이는 물관리일원화 내지 통합물관리 방향성을 제시한 것이라고 할 수 있다.

5. 책 무

지하수 보전 · 관리 및 오염방지는 국가와 국민 모두의 노력 없이는 이루기 힘들다. 이에 「지하수법」은 국가에 지하수에 대한 효율적인 보전 · 관리를 통하여 모든 국민이 양질의 지하수를 이용하고 지하수열 등 지하수의 부가가치를 창출할 수 있도록 지하수에 관한 종합적인 계획을 수립하고 합리적인 시책을 강구할 책무를 부과하는 한편, 국민에게 국가의 지하수보전 · 관리시책에 협력하고, 지하수보전과 오염방지를 위하여 노력할 것을 요구하고 있다. 자기의 행위 또는 사업활동으로 지하수 오염 또는 훼손의 원인을 발생시킨 자는 그 오염 · 훼손을 방지하고 오염 · 훼손된 지하수를 회복 · 복원할 책임을 지며, 지하수 오염 또는 훼손으로 인한 피해의 구제에 드는 비용을 부담함을 원칙으로 한다(제3조).

Ⅱ. 지하수의 조사 및 개발 · 이용

1. 지하수의 조사 등

지하수의 정확한 현황파악은 지하수 보전 · 관리 및 오염방지를 위한 정책을 수행함에 있어 기초자료로 활용된다. 이에 동법은 지하수 실태 파악(조사)과 지하수정보체계의 구축을 위한 근거 규정을 두고 있다(제5조, 제5조의2). 환경부장관은 지하수정보체계의 구축 · 운영을 위하여 국가지하수정보센터를 설치 · 운영할 수 있다(제5조의3).

2. 지하수관리기본계획의 수립 · 시행

동법상 환경부장관에게는 지하수관리를 위한 포괄적인 계획을 수립할 권한이 있다. 이에 따르면, 환경부장관은 지하수의 부존특성 및 개발가능량, 지하수의 이용실태, 지하수의 이용 · 보전계획 등이 포함된 전국의 지하수관리기본계획을 미리 시 · 도지사의 의견을 듣고 관계 중앙행정기관의 장과 협의하여 수립하여야 한다(제6조 제1항 · 제5항). 의견수렴절차, 의견수렴 결과 및 반영 여부의 공개, 계획의 평가와 사후관리체계에 관한 규정은 두고 있지 않다. 한편, 시 · 도지사는 기본계획에 따라 관할 구역 안의 지역지하수관리계획을 수립하여 환경부장관의 승인을 얻어야 한다(제6조의2 제1항). 동계획에 있어서 수립연한이 제시되지 않는 것은 계획의 형식화를 초래할 가능성이 있으므로 10년 단위, 5년 단위 등 수립 연한의 특정이 필요하다고 생각된다.

3. 지하수개발 · 이용

가. 허 가

(1) 허가사항

모든 토지 소유자가 자신의 토지라는 이유만으로 자신의 토지의 하부에 위치한 지하수를 제한 없이 이용할 수 있다면 지하수 고갈 및 오염, 지반 침하 등 심각한 사회적 문제가 발생할 수 있다. 「지하수법」은 이러한 점을 염려하여 지하수 이용을 '허가' 사항으로 하고 있다(제7조 제1항).

지하수 개발 · 이용 허가의 법적 성질을 둘러싸고 논란이 제기되고 있다. 「지하수법」상 허가제를 어떻게 이해하느냐에 따라 지하수의 공적 성격 나아가 공유화 논의의 단초가 제공될 수 있을 것이다. 지하수를 공공의 자원으로 보고 지하수이용권이 지하수 개발 · 이용 허가에 의해 창설된다고 보아 지하수 개발 · 이용허가를 '특허'로 이해하는 견해가 있는데, 흔히 재량행위로 규정하고 있는 제7조 제3항[15]의 규정방식과 특허적 측면을 내포하고 있는 규정, 즉 공공의 안녕과 질서보호 차원이 아닌 지하수의 적정관리 측면을 포함하는 규정(제3호 · 제4호)을 그 근거로 제시하고 있다.[16] 이에 반해 특허에 해당하는 경우에는 법률에 규정되지 아니하여도 행정청이 그 허가를 거부할 수 있고, 그 거부행위가 합법적인 행위가 됨에도 불구하고, 현행법 제7조 제3항에서 허가거부사유를 규정하고 있다는 점 등을 근거로 현행법상의 지하수 개발 · 이용허가를 강학상의 '허가'로 이해하는 견해가 있다.[17]

한편 지하수가 토지에 포함되는지에 대해 견해가 대립되는바,[18] 지하수가 토지 소유

---

15) 동법 및 시행령은 시장 · 군수 · 구청장으로 하여금 다음의 어느 하나의 경우에는 허가를 하지 아니하거나 취수량을 제한할 수 있도록 하고 있다: ① 지하수 채취로 인하여 인근 지역의 수원(水源)의 고갈 또는 지반의 침하를 가져올 우려가 있거나 주변 시설물의 안전을 해칠 우려가 있는 경우; ② 지하수를 오염시키거나 자연생태계를 해칠 우려가 있는 경우; ③ 지하수의 적정 관리 또는 「국토의 계획 및 이용에 관한 법률」에 따른 도시 · 군관리계획, 그 밖에 공공사업에 지장을 줄 우려가 있는 경우; ④ 하천의 수량에 영향을 미치는 등의 사유로 관계 행정기관으로부터 지하수 개발 · 이용제한을 요청받은 경우(제7조 제3항, 시행령 제9조의2).

16) 박균성(각주 12), 119면, 134면. 계속하여 동 견해는 「지하수법」 제7조 제3항 제1호와 제2호에서 지하수의 채취로 인하여 인근지역의 수원의 고갈 또는 지반의 침하를 가져올 우려가 있는 경우, 주변시설물의 안전을 해할 우려가 있거나 지하수를 오염시키거나 자연생태계를 해칠 우려가 있는 경우 등에도 재량행위로 규정하고 있는 것은 입법적으로 타당하지 않다고 하면서 위 경우에는 기속행위로 규정하여 허가를 하여서는 안 되는 것으로 하여야 한다고 주장하고 있다. 자연히 용출되는 지하수, 동력장치를 사용하지 아니하는 우물, 기타 경미한 개발 · 이용 등은 '허가'에 해당하고, 이를 초과하는 지하수 개발 · 이용은 '특허'의 성질에 해당한다는 견해는 함태성, "지하수의 체계적 보전 · 관리를 위한 입법적 검토", 환경법연구 제32권 제1호, 2010. 4, 495면.

17) 이종영, "지속가능한 하천수개발과 유지를 위한 현행제도와 그 개선방안", 환경법연구 제25권 제1호, 2003. 9, 343면.

18) 민법뿐만 아니라 「지하수법」에서도 지하의 '물의 소유' 및 그 범위에 대하여 직접적으로 규정하고 있지 아니하다. 대다수의 민법학자들은 지하수도 토지의 구성부분이므로 토지소유권의 객체가 된다는 입장을 취하고 있다. 곽윤직, 물권법, 박영사, 2002, 173면; 곽윤직(편집대표), 민법주해[V] 물권(2), 박영사, 1999, 170면, 326면; 김증한 · 김학동, 물권법, 박영사, 1996, 255면; 장경학, 물권법, 법문사, 1990, 371면; 김용한, 물권법론, 박영사, 1993, 261면; 김상용, 토지법, 법원사, 2004, 372면. 판례도 "지하수의 일종인 온천이 그 용출지반과 떠나서 별개의 독립한 관습법상의 물권이나 준물권이라고 볼 수 없다"고 판시함으로써(대법원 1998. 2. 13. 선고 97누15142 판결), 지하수(온천)이용권이 토지소유권의 내용을 이루

권의 구성부분이 되며 지하수의 개발이 인간의 자연적 자유에 속하는 것으로 본다면 지하수 개발 · 이용의 허가는 강학상의 허가라고 하여야 하며, 지하수를 공공의 자원으로 보고 지하수 이용권이 지하수 개발 · 이용허가에 의하여 창설되는 것으로 본다면 지하수 개발 · 이용허가를 특허로 보는 것이 이론상 타당하다. 판례는 원칙적으로 토지의 소유권이 지하수에 미친다는 입장을 취하고 있으나[19] 지하수 개발 · 이용의 '허가'가 강학상의 허가에 해당하는지, 아니면 특허에 해당하는지에 대하여는 명확한 입장을 밝히고 있지 않다(판례 [1] 참조).

[1] 생활용수 방해제거 및 예방청구: 대법원 1998. 4. 28. 선고 97다48913 판결

가. 토지의 소유권은 정당한 이익이 있는 범위 내에서 토지의 상하에 미치므로 토지 소유자는 법률의 제한 범위 내에서 그 소유 토지의 지표면 아래에 있는 지하수를 개발하여 이용할 수 있다 할 것이나, 소유권 방해제거 · 예방청구권에 관한 민법 제214조의 규정과 용수장해로 인한 용수권자의 손해배상청구권 및 원상회복청구권에 관한 민법 제236조의 규정을 종합하여 보면, 어느 토지 소유자가 새로이 지하수 개발공사를 시행하여 설치한 취수공 등을 통하여 지하수를 취수함으로 말미암아 그 이전부터 인근 토지 내의 원천에서 나오는 지하수를 이용하고 있는 인근 토지 소유자의 음료수 기타 생활상 필요한 용수에 장해가 생기거나 그 장해의 염려가 있는 때에는, 생활용수 방해를 정당화하는 사유가 없는 한 인근 토지 소유자는 그 생활용수 방해의 제거(원상회복)나 예방을 청구할 수 있다.

나. 토지 소유자의 새로운 원천의 개발 및 지하수 이용으로 인하여 기존의 원천에서 나오는 지하수를 이용하고 있던 인근 토지 소유자의 생활용수에 장해가 생긴다면, 그와 같은 생활방해가 사회통념상 일반적으로 수인할 정도를 넘어서지 않는다고 볼 만한 특별한 사정이 없는 한 그 생활방해는 위법하다고 할 것이고, 토지 소유자가 지하수 개발에 대하여 관할 행정청으로부터 먹는물관리법에 의한 허가를 받았다는 사유만으로는 생활방해가 정당화된다고 할 수 없다.

다. 지하수 개발공사 자체만으로는 인근 토지 소유자의 생활용수에 장해가 생기지

는 것으로 보고 있다. 그러나 지하수이용권을 토지이용권과 구별하여야 한다는 주장도 만만치 않다. 김용한, 물권법론, 박영사, 1993, 261면; 구연창(각주 11), 235면; 박균성(각주 12), 119면.

19) 판례는 지하수이용권을 토지소유권에 부수하여 존재하는 것으로 보고 있다(대법원 1998. 2. 13. 선고 97누15142 판결; 대법원 1972. 8. 29. 선고 72다1243 판결; 대법원 1970. 5. 26 선고 69다1239 판결 참조). 이는 지하수를 원칙적으로 토지의 구성부분으로 보고 있다는 것을 의미한다. 다만 판례는 "자연히 용출하는 지하수나 동력장치를 사용하지 아니한 가정용 우물 또는 공동우물 및 기타 경미한 개발 · 이용 등 공공의 이해에 직접 영향을 미치지 아니하는 범위에 속하는 지하수의 이용은 토지소유권에 기한 것으로서 토지소유권에 부수(附隨)하여 인정되는 권리로 보아야 할 것이지만, 그 범위를 넘어선 지하수 개발 · 이용은 토지소유권에 부수되는 것이 아니라 지하수의 공적 수자원으로서의 성질과 기능 등을 고려하여 행정청의 허가 · 감시 · 감독 · 이용제한 · 공동이용 명령 · 허가 · 취소 등 공적관리방법에 의한 규제를 받게 하고 있다고 할 것이고, 따라서 이러한 규제의 범위에 속하는 지하수 개발 · 이용권은 토지소유권의 범위에 속하지 않는 것이므로 지하수의 개발 · 이용허가를 받은 후 그 토지소유권이 이전된다고 하여 허가에 의한 지하수 개발 · 이용권이 새로운 토지소유자에게 당연히 이전되는 것은 아니다"라고 판시함으로써(대법원 2001. 10. 23. 선고 99두7470 판결), 타인의 지하수이용과 관련하여 지하수의 공적 성격을 강조하면서 그에 따른 제한 가능성을 인정하고 있다.

않는다고 하더라도, 인근 토지 소유자는 지하수의 대량취수에 의한 생활방해의 예방을 위하여 필요한 한도 내에서 대량취수를 위한 지하수개발공사의 중지를 구할 수 있다.20)

허가를 신청하고자 하는 자는 제27조의 규정에 의한 지하수영향조사기관이 실시하는 지하수영향조사를 받은 후 지하수영향조사기관이 작성한 지하수영향조사서를 제출하여야 하며, 시장 · 군수 · 구청장은 대통령령이 정하는 바에 따라 지하수영향조사서를 심사하여 그 결과를 허가내용에 반영하여야 한다(동조 제2항). 지하수영향조사는 지하수 환경에 미치는 악영향을 사전에 예측, 분석한다는 점에서 환경영향평가제도와 같은 맥락으로 이해할 수 있을 것이다. 동법은 지하수영향조사의 신뢰성과 실효성을 담보하기 위하여 지하수영향조사기관과 관련하여 등록(제27조), 결격사유(제28조), 등록취소(제29조), 명의대여 금지(제30조) 등의 규정을 두고 있다.

허가는 위와 같이 시장 · 군수가 지하수영향조사서를 심사하여 허가내용에 반영하고, 지하수를 오염시키거나 자연생태계를 해칠 우려가 있는 경우 등 일정한 경우에는 허가하지 아니할 수 있고, 허가를 하더라도 취수량을 제한할 수 있다는 점(동조 제3항)에 비추어 재량행위라 할 것이다.

(2) 하천인근에서의 지하수개발 · 이용허가

시장 · 군수 · 구청장은 허가를 할 때 하천구역의 경계로부터 대통령령으로 정하는 범위 내의 지역에서 지하수를 개발 · 이용하는 경우에는 지하수영향조사서를 첨부하여 환경부장관과 미리 협의하여야 한다(제7조의2 제1항). 동법은 이 경우 "환경부장관은 해당 허가로 인하여 「하천법」 제34조에 따른 기득하천사용자가 손실을 받을 것이 명백한 경우에는 허가를 신청한 자가 기득하천사용자로부터 동의를 받도록 하여야 한다(동조 제2항)"고 규정함으로써 하천수리권을 고려하고 있다.

나. 신 고

(1) 지하수 개발 · 이용신고

동법은 이와 같이 원칙적으로 지하수 개발 · 이용과 관련하여 허가제를 시행하고 있다. 그러나 예외적으로 국방 · 군사시설사업에 의하여 설치된 시설에서 지하수를 개발 · 이용하는 경우, 농어업을 영위할 목적으로 대통령령으로 정하는 규모 이하로 지하수를 개발 · 이용하는 경우 등 일정한 경우에는 시장 · 군수 · 구청장에게 신고하고 지하수를 개

20) 새로운 지하수 개발 및 취수로 인하여 인근 토지 소유자의 기존생활용수에 장해가 생기거나 장해의 염려가 있는 경우, 인근 토지 소유자에게 생활용수 방해제거 및 예방청구권에 있다고 한 사례. 동일한 취지의 판례는 대법원 1998. 6. 12. 선고 98두6180 판결 참조. 판례는 인근 토지 소유자의 생활용수에 장해가 생긴 경우 생활용수 방해의 제거(원상회복)나 예방을 청구할 수 있다고 판단하고 있을 뿐 구체적으로 인근 토지 소유자의 용수량이 어느 정도 감소하여야 위법한지, 새로이 취수한 지하수의 용도와 취수량이 어느 경우에 위법하게 되는지 등 판단 기준에 대하여는 침묵하고 있다. 그 판단 기준을 정하는 것이 쉽지 않을 것이다.

발 · 이용할 수 있다(제8조 제1항). 신고의 법적 성질은 '수리'를 염두에 두고 있다는 점에서(동조 제3항) 자기완결적 신고로 볼 수 없다.

(2) 공사준공신고 등

그 밖에 동법은 공사준공(제9조), 지하수 개발 · 이용의 종료(제9조의3), 지하수에 영향을 미치는 굴착행위(제9조의4) 등에 신고를 요구하고 있다.

다. 유출지하수의 이용

지하시설물 또는 건축물의 공사 등 인위적인 행위로 인하여 자연히 흘러나오는 지하수(유출지하수)를 체계적으로 관리하기 위하여 동법은 지하철 · 터널 등의 지하시설물을 설치하려는 자 또는 환경부령으로 정하는 규모 이상의 건축물이나 그 밖의 시설물을 설치하려는 자 등에게 발생현황의 신고와 이용계획의 수립 및 신고 의무,[21] 개선명령, 필요한 조치명령 등을 부과함으로써, 유출지하수의 감소 및 이용에 관하여 규정하고 있다(제9조의2). 나아가 유출지하수 이용시설의 설치 · 지원 등에 관한 근거 규정을 마련하여 유출지하수 이용의 실효성을 제고하고 있다.

라. 지하수개발 · 이용시설의 사후관리

이 법 또는 다른 법률에 따른 허가 · 인가 등을 받거나 신고를 하고 지하수를 개발 · 이용하는 자는 지하수 수질보전 등을 위하여 지하수개발 · 이용시설의 정비 등 사후관리를 하여야 한다(제9조의5).

마. 지하수자원확보시설의 설치

기후변화로 인한 가뭄 등으로 일부 지역에 급수난이 발생하고 있으나, 이를 해결할 수 있는 지하수를 확보할 수 있는 시설의 설치가 미비하다. 이에 동법은 지하수댐, 지하수 함양시설 등 지하수자원확보시설을 설치할 수 있는 근거를 마련하고 있다. 즉 환경부장관 및 지방자치단체의 장은 안정적인 수자원의 확보와 가뭄 등에 대비하여 도서 · 해안지역, 가뭄 등에 취약하여 비상시에 대비한 수자원의 확보가 필요한 지역, 기준 이상으로 지하수가 유출되는 지역, 물 공급 취약지역, 지하수 수위가 불안정한 지역, 하천수 및 호소수의 확보가 어려운 지역 등에 지하수자원확보시설을 설치 · 관리할 수 있다(제9조의6, 시행령 제14조의5).

바. 지하수의 냉난방에너지원으로 이용

동법은 향후 발전가능성이 높은 지하수의 냉 · 난방에너지원으로의 활용과 관련하여 지하수의 이용 · 개발에 관한 시책을 강구하고, 필요한 경우 그에 필요한 지원을 할 수 있도록 하고 있다(제9조의7).

---

21) '신고' 대상은 지하철, 터널 등 주로 도심에서 발생하는 유출수로 제한된다. 차제에 도심 이외의 지역에서 발생하는 유출지하수로 신고 대상을 확대함으로써, 공공용수 확보 및 유출지하수 관리를 강화할 필요가 있다.

사. 물 공급 취약지역 등에 대한 지원

동법은 물 공급 취약지역 등에 대한 지원 근거를 마련하고 있다(제9조의8). 물 부족 문제와 관련해서는 특히 상습적으로 물 부족을 겪는 지역, 물 이용 취약지역(섬을 생각해 보라), 수질사고 등으로 물 부족을 겪는 경우 등에 대비한 지속적이고 안정적인 급수량 확보가 중요해 보인다. 물 공급 취약지역 등에 대한 지원은 간접적, 소극적인 방안에 그치는 것이다. 이에 가뭄, 수질사고 등 필요 시 개발한 지하수를 공공용수로 전환할 수 있는 공급체계의 구축, 지형 · 지질 등 지역 및 수요 특성에 맞는 지하수 활용 체계의 구축, 지하수 공공관정이나 지하수저류지(대용량 지하수) 또는 강변여과수 등 대체 수자원의 개발 및 활성화 등 근본적인 대비가 필요하다.

아. 권리 · 의무의 승계

동법은 지하수개발 · 이용자가 지하수개발 · 이용시설을 양도하거나 사망한 경우 또는 법인의 합병이 있는 경우와 경매, 환가, 압류재산의 매각 등에 따라 지하수개발 · 이용시설을 인수한 자에 대하여 권리 · 의무가 승계되도록 하여 양수인 등의 법적 지위를 안정적으로 설정하고 분쟁의 소지를 없애려고 하고 있다(제11조).

Ⅲ. 지하수의 보전 · 관리

'물 전쟁'에 대비한 우리의 최후의 자원이며, 안정적으로 맑은 물을 공급받을 수 있는 유일한 통로인 지하수. 이와 같이 소중한 지하수가 단지 숨어있다는 이유로 방치되어서는 안 된다. 적절한 보전 · 관리 없이는 고갈, 오염되어버리기 때문이다. 이에 동법은 지하수보전구역의 지정, 지하수이용부담금제도 등 관련 규정을 두고 있다.

1. 지하수보전구역의 지정

시 · 도지사는 지하수의 보전 · 관리를 위하여 필요하다고 인정되는 경우에는 주민의 의견을 들어 일정한 지역을 지하수보전구역으로 지정할 수 있다(제12조 제1항, 제12조의2).[22] 나아가 동법은 지방자치단체의 난개발을 막기 위하여 일정한 경우에는 환경부장관이 지하수보전구역의 지정에 개입할 수 있도록 하고 있으며(동조 제7항), 제1항 각 호에 해당하는 경우 그 지역의 안정적인 지하수자원 확보를 위하여 필요하다고 인정하는 경우에는 미리 시 · 도지사의 의견을 듣고 지하수를 보전 · 관리하기 위한 대책을 수립 · 시행할 수 있다(동조 제9항).

22) 지하수보전구역으로 지정될 경우, 그 지역 내에서 각종 행위가 제한받게 되어 주민들의 반발이 발생할 수 있으며, 지방자치단체가 지하수의 보전 · 관리 대책을 수립 · 시행할 여력이 부족하여 지방자치단체의 보전구역 지정 실적이 미흡한 상황인데, 현재 지하수보전구역으로 지정된 지역은 2곳(전남 무안군 일원, 충남 당진군 합덕읍 일원)에 불과하다. 환경부, 환경자료실, 지하수보전구역 현황, 2005. 11. 17.

가. 지하수보전구역

시 · 도지사는 다음의 어느 하나에 해당하는 지역을 지하수보전구역으로 지정할 수 있다: ① 지하수를 이용하는 하류지역과 수리적으로 연결된 지하수의 공급원이 되는 상류지역, ② 주된 용수공급원이 되는 지하수가 상당히 부존되어 있는 지역,

③ 대통령령이 정하는 공공급수용 지하수개발 · 이용시설의 중심에서 대통령령이 정하는 반지름 이내에 제13조 제1항 제2호의 규정에 따른 시설이 설치되어 수질의 저하가 우려되는 지역,

④ 지하수개발 · 이용량이 기본계획 또는 지역관리계획에서 정한 지하수개발가능량에 비하여 현저하게 높다고 판단되는 지역,

⑤ 지하수의 지나친 개발 · 이용으로 인하여 지하수의 고갈현상 · 지반침하 또는 하천이 마르는 현상이 발생하거나 발생할 우려가 있는 지역,

⑥ 지하수의 개발 · 이용으로 인하여 주변 생태계에 심각한 악영향을 미치거나 미칠 우려가 있는 지역,

⑦ 그 밖에 지하수의 수량이나 수질의 보전에 필요한 지역으로서 대통령령이 정하는 지역(제12조 제1항). 지정요건이 객관화되어 있지 않고, 수량문제가 주로 제시되고 있는 반면 수질문제는 제한적으로 제시되고 있을 뿐이다.

나. 행위제한

지하수보전구역 안에서 다음에 해당하는 행위를 하고자 하는 자는 시장 · 군수의 허가를 받아야 한다: ① 제8조 제1항 제5호의 규정에 의하여 신고하도록 되어 있는 규모의 범위 안에서 대통령령이 정하는 규모이상의 지하수를 개발 · 이용하는 행위; ② 특정수질유해물질, 폐기물, 오수 · 분뇨 및 가축분뇨, 유해화학물질, 토양오염물질을 배출 · 제조 또는 저장하는 시설로서 대통령령이 정하는 시설의 설치; ③ 지하수의 수위저하 · 수질오염 또는 지반침하 등 명백한 위험을 가져오는 행위로서 대통령령으로 정하는 행위[23](제13조 제1항).[24] 한편, 시장 · 군수는 대통령령으로 정하는 바에 따라 지하수보전구역에서 새로운 지하수의 개발 · 이용을 금지할 수 있다(동조 제2항).

2. 지하수이용부담금

지하수 보전 · 관리를 철저히 하기 위해서는 지하수의 국유화와 함께 지하수이용부담금제도의 활성화가 필요하다. 종전에는 허가제를 통하여 취수량을 제한하고 있을 뿐, 지

23) "대통령령으로 정하는 행위"라 함은 다음에 해당하는 행위를 말한다: ① 터널공사 등 지하수의 유동로 및 유동속도를 변경시킬 우려가 있는 지하굴착공사; ② 지하유류저장고 등 지하수를 오염시킬 우려가 있는 구조물의 설치; ③ 폐기물매립장 · 특정폐기물보관시설 및 집단묘지 등의 설치; ④ 지하수의 수량 및 수질에 현저한 영향을 줄 수 있는 행위로서 환경부령이 정하는 규모 이상의 채광 · 토석채취 및 가축 등의 사육(시행령 제21조 제4항).

24) 지하수맥이 상호 연결되어 있거나 지하수 오염이 광역화 될 수 있다는 점을 감안하여 이러한 행위제한을 지하수보전구역에 한해서만 부과할 것이 아니라 그 범위를 확대할 필요가 있다는 견해가 있다. 홍준형, 환경법, 박영사, 2001, 694면 참조.

하수의 취수량에 따른 부담금 내지 부과금은 부과하고 있지 아니하였다. 이러한 지하수 법제, 즉 '물 사용에 따른' 부담금이 배제되어 있는 상황에서는 공공자원인 지하수에 대한 효율적인 보전 · 관리가 이루어질 수 없었다.

이에 대한 반성 차원에서 2005. 5. 31. 개정 법은 시장 · 군수 · 구청장으로 하여금 지하수의 적정한 개발 · 이용과 보전 · 관리에 필요한 재원을 조성하기 위하여 제7조에 따라 허가를 받거나 제8조에 따라 신고하고 지하수를 개발 · 이용하는 자로부터 지하수이용부담금을 부과 · 징수할 수 있도록 근거 규정을 두었다(제30조의3 제1항). 동법은 지하수이용부담금의 부과 · 징수를 시장 · 군수 · 구청장의 재량사항으로 하고 있으며, 농업과 어업을 영위할 목적으로 지하수를 개발 · 이용하는 경우, 하천수사용료가 부과된 경우, 생활용수 중 가정용으로 지하수를 개발 · 이용하는 경우 등을 포함하여 광범위하게 지하수이용부담금이 면제되는 경우를 들고 있다(동법 제30조의3 제1항, 시행령 제40조의3 제1항).

이와 같이 개정 「지하수법」은 뒤늦은 감이 있지만 지하수의 사용에 대한 부담금을 고려하고 있는데, 지하수에 대한 효율적 보전 · 관리 필요성, 오염원인자 책임원칙의 구현, 지하수 보전 · 관리사업을 위한 재원마련 등을 고려할 때 사용한 '지하수 양(취수량)'에 기초한 지하수이용부담금제도의 적극적인 활용이 요망되고 있다. 동법은 이 점을 적절히 지적하고 있다. 즉 지하수이용부담금은 「한강수계 상수원수질개선 및 주민지원 등에 관한 법률」 제19조에 따른 물이용부담금 상당액의 100분의 50의 범위에서 지하수 취수량, 용도 등을 고려하여 시 · 군 또는 자치구의 조례로 정한다(동조 제3항).[25] 그러나 부담금의 용도를 특정하지 않은 것은 통제 필요성 및 투명성 확보차원에서 재고되어야 한다. 「먹는물관리법」상의 수질개선부담금과의 중복성 논란도 예상된다.

3. 이행보증금의 예치

이 법 또는 다른 법률에 따른 허가 · 인가 등을 받거나 신고를 하고 지하수를 개발 · 이용하는 자 또는 제9조의4에 따라 굴착행위 신고를 하고 토지를 굴착하는 자는 원상복구의 이행을 담보하기 위하여 이행보증금을 예치하여야 한다(제14조).

4. 원상복구

이 법 또는 다른 법률에 따른 허가 · 인가 등을 받거나 신고를 하고 지하수를 개발 · 이용하는 자(제13조에 따른 허가를 받고 같은 조 제1항 각 호의 어느 하나에 해당하는 행위를 하는 자를 포함)가 다음의 어느 하나에 해당하는 경우에는 해당 시설 및 토지를 원상복구하여야 한다: ① 이 법 또는 다른 법률에 따른 허가 · 인가 등이 취소된 경우; ② 이 법 또

---

25) 2018년 현재 물이용부담금 톤당 부과율이 170원인 점을 고려할 때(환경부, 환경백서, 2019, 125면) 물이용부담금의 50% 내(톤당 85원 이내)에서 정해지는 지하수이용부담금은 지하수 이용을 자제할 수 있는 유인으로 작용하기에는 턱없이 낮은 수준이라고 평가할 수 있다.

는 다른 법률에 따른 허가 · 인가 등에 의한 개발 · 이용기간이 끝난 경우; ③ 지하수의 개발 · 이용을 위하여 굴착한 장소에서 지하수가 채취되지 아니한 경우; ④ 수질불량으로 지하수를 개발 · 이용할 수 없는 경우; ⑤ 지하수의 개발 · 이용을 종료한 경우; ⑥ 제8조의2에 따라 신고의 효력이 상실된 경우; ⑦ 제9조의4에 따라 신고를 하고 토지를 굴착한 경우로서 같은 조 제1항 각 호의 어느 하나에 해당하는 행위를 종료한 경우; ⑧ 그 밖에 원상복구가 필요한 경우로서 대통령령으로 정하는 경우(제15조).

5. 지하수 오염방지명령 등

지하수를 개발 · 이용하는 자(제13조에 따른 허가를 받고 같은 조 제1항 각 호의 어느 하나에 해당하는 행위를 하는 자를 포함)는 대통령령으로 정하는 바에 따라 지하수 오염방지를 위한 시설의 설치 등 필요한 조치를 하여야 한다(제16조 제1항).[26] 의무자에게 오염물질의 누출신고의무는 부과되고 있지 않다. 특히 환경부장관 또는 시장 · 군수 · 구청장은 지하수 오염방지를 위하여 특히 필요하다고 인정할 때에는 대통령령으로 정하는 바에 따라 지하수를 오염시키거나 현저하게 오염시킬 우려가 있는 시설의 설치자 또는 관리자에게 지하수 오염방지를 위한 조치를 하도록 명할 수 있다(동조 제2항). 시행령에서는 관측정의 설치 및 수질측정, 지하수 오염 진행상황의 평가, 누출방지시설의 설치, 정화, 개선, 폐쇄 · 이전 또는 철거 등을 예시함으로써 오염방지를 위한 조치를 광범위하게 정하고 있다(제26조). 동법은 환경부장관 또는 시장 · 군수 · 구청장으로 하여금 지하수를 오염시킨 시설의 설치자 또는 관리자가 제2항에 따른 명령을 이행하지 아니하거나 이행 후 해당 부지와 그 주변지역의 지하수오염 정도가 환경부령으로 정하는 오염지하수 정화기준 이내로 감소되지 아니할 경우에는 해당 시설의 운영 및 사용을 중지하게 하거나 폐쇄 · 철거 또는 이전을 명할 수 있도록 함으로써(제16조 제3항), 실효성을 확보하고 있다.

6. 지하수오염유발시설의 오염방지 등

지하수를 오염시키거나 현저하게 오염시킬 우려가 있는 시설로서 다음 각 호의 어느 하나에 해당하는 시설(지하수오염유발시설)의 설치자 또는 관리자(지하수오염유발시설관리자)는 대통령령으로 정하는 바에 따라 지하수 오염방지를 위한 조치를 하고, 지하수 오염관측정(觀測井)을 설치하여 수질측정을 하여야 하며, 그 측정 결과를 시장 · 군수 · 구청장에게 보고하여야 한다: ① 지하수보전구역에 설치된 환경부령으로 정하는 시설; ② 지하수의 오염방지를 위하여 오염 여부에 대한 지속적인 관측이 필요하다고 인정되는 시설로

26) 지하수 오염방지를 위한 시설의 설치 등 필요한 조치를 하여야 하는 자(지하수 오염방지 의무자)는 다음의 기준에 따라 지하수 오염방지조치를 하여야 한다: ① 지하수개발 · 이용시설의 상부보호공 및 지표하부보호벽을 설치하고 지하수개발 · 이용시설 주변에 일정한 경사도를 유지하여 지표 또는 다른 지하수개발 · 이용시설로부터 오염물질이 흘러들지 아니하도록 할 것; ② 정착된 동력장치를 이용하지 아니하는 농 · 어업용 지하수개발 · 이용시설에 설치되는 토출관을 지표면으로부터 30센티미터 이상 높게 하고, 그 토출관의 끝부분을 "ㄱ"자 모양으로 한 후 뚜껑을 씌워 오염물질이 흘러들지 아니하도록 할 것; ③ 그 밖에 환경부장관이 지하수의 오염방지를 위하여 정하는 조치를 이행할 것(시행령 제25조 제1항).

서 환경부령으로 정하는 시설(제16조의2 제1항). 규제의 출발점이 될 수 있는 지하수오염유발시설관리자에 대한 지하수오염유발시설 설치신고 의무는 부과되고 있지 않다. 지하수오염유발시설이 앞서 제16조 제2항에 따른 시설 중에서 지하수오염 유발가능성이 보다 큰 시설을 대상으로 하고 있다고는 보이나 관측정 설치의무가 부과되고 정화조치 및 정화명령의 대상자가 될 수 있다는 점을 제외하고 그 규제에 특별한 차이점이 발견되지 않기 때문에 그 구별 실익이 무엇인지 의문이 제기된다.

한편, 지하수오염유발시설관리자는 해당 시설을 운영하는 과정에서 대통령령으로 정하는 지하수오염이 우려되거나 지하수오염이 발생하였을 때[27]에는 지체 없이 적절한 조치를 하고 이를 시장 · 군수 · 구청장에게 신고하여야 한다(동조 제2항 1문). 시행령에서는 지하수오염유발시설관리자가 취해야할 조치로 ① 지하수의 수질측정, ② 오염물질의 제거, ③ 오염물질의 확산을 방지하기 위한 시설의 설치 등으로 제한하고 있다(시행령 제26조의2 제3항). 이 경우 시장 · 군수 · 구청장은 신고 내용을 조사 · 확인하여 오염방지 등 적절한 대책을 마련하여야 한다(제16조의2 제2항 제2문). 적절한 대책으로는 지하수오염실태조사 또는 정밀조사와 정화조치명령 등을 들 수 있을 것이다. 정화조치명령은 완전하지는 않지만 제16조의3에 규정되어 있는데, 지하수오염실태조사에 대한 법적 근거는 마련되어 있지 않은 상태이다. 지하수의 변동실태(제17조)가 이를 포함하는지는 불분명하다.

7. 지하수오염유발시설관리자에 대한 조치

환경부장관 또는 시장 · 군수 · 구청장은 제16조의2 제1항에 따른 수질측정 결과 지하수의 수질이 환경부령으로 정한 기준에 적합하지 아니하게 된 경우에는 대통령령으로 정하는 바에 따라 그 오염의 원인을 제공한 지하수오염유발시설관리자에게 지하수의 수질을 복원할 수 있는 정화작업과 그 밖에 필요한 조치를 하도록 명하여야 한다(제16조의3 제1항). 그 밖에 필요한 조치에는 정밀조사, 누출을 방지하기 위한 추가적인 시설의 설치, 운송 · 저장 · 처리 방식의 변경, 개선, 자연정화 여부에 대한 조사 등이 광범위하게 포함된다(시행령 제26조의3 제2항). 환경부장관 또는 시장 · 군수 · 구청장은 지하수오염유발시설관리자가 이 명령을 이행하지 아니하거나 이행 후 해당 부지와 그 주변지역의 지하수오염 정도가 환경부령으로 정하는 오염지하수 정화기준[28] 이내로 감소되지 아니할 경우에는 해당 지하수오염유발시설의 운영 및 사용을 중지하게 하거나 지하수오염유발시설의 폐쇄 · 철거 또는 이전을 명할 수 있다(제16조의3 제2항).

한편 시장 · 군수 · 구청장은 지하수 오염의 원인을 제공한 지하수오염유발시설관리자

27) '대통령령으로 정하는 지하수오염이 우려되거나 지하수오염이 발생하였을 때'란 지하수오염유발시설을 운영하는 과정에서 오염물질이 인근 지하수로 누출되었을 때를 말한다(시행령 제26조의2 제2항).

28) '지하수의 수질보전 등에 관한 규칙'(환경부령 제633호)에 따르면 정화기준은 ① 특정유해물질이 별표 4 제2호의 생활용수의 특정유해물질에 관한 수질기준 이내일 것; ② 석유계총탄화수소가 리터당 1.5밀리그램 이하일 것 등이다(제7조).

가 불분명하거나 지하수 오염의 원인을 제공한 지하수오염유발시설관리자에 의한 정화작업이 곤란하다고 인정하는 경우에는 직접 해당 정화작업을 할 수 있다(동조 제4항). 이러한 예외적인 경우 동법은 시장 · 군수 · 구청장만이 2차적으로 정화작업에 나설 수 있도록 하고 있는바, 재원이 충분치 않은 지방자치단체가 고액의 정화비용에 대한 부담을 느껴 정화작업에 적극 나설 가능성이 많지 않다는 점을 고려할 때 환경부장관도 전면에 나설 수 있는 여지를 주는 입법적 검토가 필요해 보인다. 말하자면 정화작업을 지방자치단체와 법률상 공동 사무로 규정하는 것이다.

8. 오염된 지하수의 정화

동법상 지하수 정화조치명령의 법적 근거가 있고(제16조의3), 지하수 오염방지명령의 하나로 지하수의 정화가 제시되고 있음에도(시행령 제26조 제1항) 관련 규정의 불충분성과 불명확성으로 그 명령이 제대로 발동할 수 있는지는 의문이다. 이에 발동시점의 객관화 · 명확화, 대상자의 확대 및 특정, 정화방법의 특정, 정화과정 및 정화완료에 대한 검증 등에 대한 입법적 검토가 요망된다. 오염발생 원인이 된 행위를 한 자를 알 수 없거나 발생원인이 된 행위를 한 자에 의한 정화가 곤란하다고 인정하는 경우 등과 같은 예외적인 경우를 대비해 사회적 비용으로 해결하는 방법(보험, 기금 등)에 대해서도 진지한 고민이 필요해 보인다.

오염방지시설의 설치기준, 지하수오염유발시설의 종류, 정화기준 등이 시행규칙과 별도로 '지하수의 수질보전 등에 관한 규칙'에서 정하고 있는데, 관련 내용이 국민의 권리 · 의무와 직접 관련성을 갖고, 법체계상 불필요한 혼란을 방지하고 수범자의 이해를 도와 실효성을 제고한다는 차원에서 시행령 이상에서 정화 관련 규정을 통합 · 정비할 필요가 있다.

동법과 「토양환경보전법」과의 연계성 강화도 중요해 보인다. 현재 토양 및 지하수오염의 정화와 관련해서 「토양환경보전법」과 「지하수법」에서 각자 규정하여 관리하고 있다. 이는 토양오염과 지하수오염의 특성 및 정화방법 등이 다소 다를 수 있다는 점을 고려하더라도 토양의 오염이 필연적으로 지하수오염을 유발한다는 점을 고려할 때 낭비적이고 효율성이 떨어진다고 할 수 있다. 이러한 점을 감안하여 「토양환경보전법」상의 실태조사, 정밀조사에 지하수 장해 조사를 포함하고 이들 조사가 이루어진 경우 지하수오염 실태조사 또는 정밀조사를 의제하는 방식으로 「토양환경보전법」과의 연계성을 강화할 필요가 있다. 마찬가지 맥락에서 정화 발동시점, 대상자, 정화방법, 정화과정 및 정화완료에 대한 검증, 예외적인 반출 정화,[29] 위해성평가를 통한 정화범위 · 기간 · 방법 등의 합리

---

29) 「토양환경보전법」에서는 불가피한 사유로 그 부지에서 오염토양의 정화가 곤란한 경우에는 오염토양을 반출하여 정화할 수 있도록 하고 있다(제15조의3 제3항).

적인 조정[30] 등과 관련해서 「토양환경보전법」의 관련 규정을 준용할 수 있도록 하는 것도 검토해 볼 만하다. 토양오염과 지하수오염에 대하여 통합적 규율의 근거를 마련하는 것은 통합물관리를 기화로 촉발된 「지하수법」 개정의 중요한 주제라고 할 수 있다.

9. 지하수의 측정

환경부장관은 전국적인 지하수측정시설(국가측정망)을 설치하여 지하수의 변동실태를 조사하여야 하며, 시장 · 군수 · 구청장은 관할구역의 지하수의 변동실태를 파악 · 분석하기 위하여 국가측정망을 보완하는 지역 지하수측정시설(보조측정망)을 설치하고 지하수의 변동실태를 조사하여 그 결과를 환경부장관에게 보고하여야 한다(제17조 제1항 · 제2항). 환경부장관 및 시장 · 군수 · 구청장은 지하수의 변동실태 조사 결과 지하수 장해(수위 저하, 수질오염)가 발생한 경우에는 필요한 조치[31]를 하여야 한다(동조 제3항). 지하수의 "변동실태를 조사"하기 위하여 국가측정망을 설치하도록 하고 있는데, '변동실태'란 보기에 따라 상당히 모호한 개념이라고 할 수 있다. 변동실태에 수질과 수량 모두를 아우르는 것인지조차 분명치 않다. 지하수의 측정(제17조) 규정이 수질오염을 염두에 둔 규정이라면 앞서 지하수의 조사(제5조) 규정은 지하수 개발 · 이용을 염두에 두고 있는 것으로 보인다. 통합물관리가 추세가 되고 있는 상황에서 조사와 측정망의 통합관리를 도모할 필요가 있다.

10. 수질검사

허가를 받거나 신고하고 지하수를 개발 · 이용하는 자로서 대통령령으로 정하는 자는 정기적으로 지하수 관련 검사전문기관의 수질검사를 받아야 한다(제20조 제1항). 환경부장관 또는 시장 · 군수 · 구청장은 수질검사 결과 그 수질이 환경부령으로 정하는 수질기준에 적합하지 아니한 경우에는 지하수의 이용중지 또는 수질개선 등 필요한 조치를 명할 수 있다(동조 제2항).

제 4 절 먹는물관리법

마시는 물로서 수돗물 이외에 개인이 생산 · 판매하는 먹는샘물이 등장한 것은 1974년 개정 「식품위생법」 시행령에서 보존음료수 제조업을 신설하면서이다. 먹는물 관리제도는 법 · 정책과 현실 사이에서 표류해 왔는데, 당시 먹는샘물은 전량을 수출하거나 주

30) 참고로 「토양환경보전법」은 정화책임자를 알 수 없거나 정화책임자에 의한 오염토양의 정화가 곤란하여 시 · 도지사 또는 시장 · 군수 · 구청장이 오염토양의 정화를 실시하는 경우 등에는 위해성평가기관으로 하여금 오염물질의 위해성을 평가하게 한 후 오염정도 및 재정적 여건 등에 따라 정화의 범위, 시기 및 수준 등에 반영할 수 있도록 하고 있다(제15조의5 제1항).

31) 그 원인을 분석하기 위하여 지하수의 부존 특성, 개발 가능량, 개발 · 이용실태 등에 관한 세부적인 조사를 실시하고, 조사 결과 해당 지역을 지하수보전구역으로 지정할 필요가 있다고 인정되는 경우에는 관할 시 · 도지사에게 그 지정을 요청할 수 있다(시행령 제28조).

한외국인에 판매하는 조건으로만 제조가 허가되었다. 그러다가 1986년 아시안 게임과 1988년 올림픽을 계기로 먹는샘물 국내시장이 음성적으로나마 본격적으로 형성되면서 먹는샘물의 국내시판 허용이 당국에 의해 긍정적으로 검토되기에 이르렀다. 그러나 1989년 수돗물 중금속 파동, 1991년 낙동강 페놀 오염 사건 등이 잇달아 발생하자, 먹는샘물의 국내시판 허용은 수돗물에 대한 국민의 불신을 가중시킬 수 있다는 이유로 유보되었고, 이후 당국의 방침은 국내시판의 허용과 그 유보 사이에서 오락가락하였다. 한편에서는 먹는샘물의 시판이 수돗물의 신뢰성을 떨어뜨리고 계층간 위화감을 조성할 수 있으며, 식수공급행정에 대한 혼란을 초래할 수 있다는 우려가 꾸준히 제기되었으나, 소득수준의 향상과 1989년 이후 거듭된 수돗물 오염파동으로 먹는샘물을 마시는 인구가 늘어나는 현실은 무시할 수 없는 것이었다.

이러한 정책의 표류는 1994년 3월 8일 대법원 판결을 고비로 허용 쪽으로 정리되었다. 즉 국내시판 허용과 불허라는 상반된 정책이 반복되면서 무허가업체가 난립하는 결과를 초래하였고, 이 과정에서 보존음료수 제조업체들이 먹는샘물의 국내시판 불허는 위헌이라는 행정소송을 제기하기에 이르렀다. 여기에서 대법원은 정부가 먹는샘물의 국내시판을 금지하는 것은 국민의 행복추구권과 직업의 자유를 과도하게 침해하여 위헌이라는 판결을 내렸다.[1)] 때맞춰 1994년 초 유기용제 오염사고 등이 발생하면서 먹는샘물 판매량은 급증하였다. 이를 계기로 정부는 국내시판의 허용으로 입장을 선회하였다.

1994년 5월 건설부 등 여러 부처에 흩어져 있던 수질관리업무는 환경부로 일원화되었고 먹는샘물의 관리업무도 보건사회부에서 환경부로 이관되었다. 이에 따라 환경부는 먹는샘물의 국내시판을 허용하는 한편, 그로 인하여 야기되는 무분별한 지하수 개발로 인한 지하수 오염과 고갈을 방지하고, 먹는샘물에 대한 엄격한 관리를 위하여 1995년 1월 5일 허가요건과 관리를 엄격히 규제하는 것을 주된 내용으로 하는 「먹는물관리법」을 제정하기에 이르렀으며, 이때부터 정부차원에서의 먹는샘물에 대한 본격적인 관리가 시작되었다.

동법은 무분별한 지하수 개발로 인한 지하수 오염과 고갈을 방지하고, 먹는샘물 수질의 안전성을 보장하여 국민의 건강을 보호한다는 차원에서 먹는샘물에 대한 엄격한 관리체제를 구축하기 위하여 샘물을 개발하고자 하는 자로 하여금 샘물개발가허가를 받고 환경영향조사를 실시한 후 샘물개발허가를 받도록 하고 있으며, 먹는샘물 제조업자 및 수입판매업자 그리고 샘물개발허가를 받은 자에게 수질개선부과금을 부과할 수 있는 규정을 두고 있다. 이러한 규정은 먹는물의 수량보다도 수질의 보전에 그 주안점이 있는 것이다.

---

1) 대법원 1994. 3. 8. 선고 92누1728 판결(보존음료수의 국내판매를 금지해 온 고시는 헌법이 보장하고 있는 직업의 자유와 행복추구권을 침해하는 것으로서 헌법에 위반되어 효력이 없는 것이라고 할 수밖에 없고, 따라서 무효인 위 고시가 효력이 있는 것임을 전제로 부과된 과징금부과처분은 위법하다고 한 사례).

Ⅰ. 먹는샘물 관리제도

1. 적용대상

동법상 먹는물이라 함은 먹는 데에 통상 사용하는 자연상태의 물, 자연상태의 물을 먹기에 적합하게 처리한 수돗물, 먹는샘물, 먹는염지하수(鹽地下水),[2] 먹는해양심층수 등을 말하고(제3조 제1호), 샘물이란 암반대수층 안의 지하수 또는 용천수 등 수질의 안전성을 계속 유지할 수 있는 자연상태의 깨끗한 물을 먹는 용도로 사용할 원수를 말하며(제3조 제2호), 먹는샘물이라 함은 샘물을 먹기에 적합하도록 물리적으로 처리하는 등의 방법으로 제조한 물을 말한다(제3조 제3호).[3]

「지하수법」은 지하수의 개발·이용과 보전·관리에 관한 일반법이므로 「먹는물관리법」에 없는 사항에 대하여는 「지하수법」이 적용되며,[4] 먹는물과 관련된 사항 중 수돗물에 관하여는 「수도법」이, 먹는해양심층수에 관하여는 「해양심층수의 개발 및 관리에 관한 법률」이 적용된다(제4조).

2. 먹는물의 수질관리

먹는물 수질관리를 위하여 동법은 우선 환경부장관에게 먹는물, 샘물 및 염지하수의 수질기준을 정하여 보급하는 등 먹는물의 수질관리를 위하여 필요한 시책을 마련하여야 할 책무를 부과하고(제5조 제1항), 수질기준 설정 등을 위하여 먹는물, 샘물 및 염지하수 중 위해 우려가 있는 물질 등 감시가 필요한 항목을 먹는물, 샘물 및 염지하수 수질감시항목으로 지정할 수 있는 권한을 부여하고 있다(동조 제4항). 한편, 환경부장관 또는 특별시장·광역시장·특별자치시장·도지사·특별자치도지사(시·도지사)로 하여금 먹는물, 샘물 및 염지하수의 수질검사를 실시하도록 하고 있다(동조 제2항). 아울러 동법은 먹는물 수질공정시험방법(제6조), 먹는물 수질감시원(제7조), 먹는물공동시설(예컨대, 약수터)[5]의 관리(제8조), 냉·온수기 또는 정수기의 설치·관리(제8조의2) 등에 관한 규정을 두고 있다.

---

2) '염지하수'란 물속에 녹아 있는 염분 등의 함량이 환경부령으로 정하는 기준 이상인 암반대수층 안의 지하수로서 수질의 안전성을 계속 유지할 수 있는 자연상태의 물을 먹는 용도로 사용할 원수를 말한다(제3조 제3의2호). 먹는물의 범주에 먹는염지하수가 포함됨으로써 먹는물에 대한 소비자 선택의 폭은 넓어졌으며, 지역경제 활성화에 기여할 것으로 보인다.

3) 물리적 처리 등의 방법으로 제조한 물이면 되므로 필터링이나 자외선 살균 같은 물리적 처리 외에도 오존처리 같은 화학적 처리를 한 자연상태의 깨끗한 물도 이에 포함된다. 이상돈·이창환, 환경법, 이진출판사, 1999, 216면. "단지 샘물을 용기에 넣거나 그 용기를 소독하는 것만으로는 '샘물을 먹기에 적합하도록 물리적으로 처리하는 등의 방법으로 제조'하는 행위에 속하지 않는다". 대법원 2008. 9. 25. 선고 2008도4674 판결.

4) 조현권, 환경법 —이론과 실무—, 1999. 545면.

5) 동법상 먹는물공동시설의 관리대상은 상시 이용인구가 50명 이상으로서 특별자치시장·특별자치도지사·시장·군수·구청장이 지정하는 시설과 상시 이용인구가 50명 미만으로서 시장·군수·구청장이 수질관리가 특히 필요하다고 인정하여 지정하는 시설이다(시행규칙 제2조).

Ⅱ. 샘물등 개발 및 보전

1. 샘물의 보전

동법은 시 · 도지사로 하여금 먹는샘물의 원수(原水)로 이용가치가 높은 샘물의 부존지역 및 그 주변지역 등을 시장 · 군수 · 구청장 및 주민의 의견을 들어 샘물보전구역으로 지정할 수 있도록 하고(제8조의3), 샘물보전구역에는 가축의 사체를 매몰하는 행위와 각종 오염유발시설의 설치 행위를 금지하여 샘물의 오염을 방지하며(제8조의5), 해당 샘물의 개발로 인하여 징수한 수질개선부담금의 일부를 시 · 도에 지원하도록 함으로써(제31조, 제9항) 시 · 도지사의 샘물보전구역 지정을 촉진하여 먹는샘물의 수질안전성을 도모하고 있다.

2. 샘물등 개발의 규제

동법은 샘물 또는 염지하수(샘물등)의 개발행위를 규제하기 위하여 허가제를 채택하고 있다. 이에 부수하여 가허가, 환경영향조사 등을 통하여 샘물등의 개발을 규제하고 있다. 샘물등의 개발 허가 업무는 지역성이 강하다는 점을 감안하여 시 · 도지사의 고유권한으로 되어 있다.

가. 허가대상

대통령령으로 정하는 규모 이상의 샘물등을 개발하려는 자[6]는 환경부령으로 정하는 바에 따라 시 · 도지사의 허가를 받아야 한다(제9조).

나. 성 질

동법이 뒤에서 보는 바와 같이 시 · 도지사는 환경영향심사 결과 다른 공공의 지하수자원 개발 또는 지표수의 수질 등에 영향을 미칠 우려가 있다고 인정하면 샘물등 개발허가를 하지 아니할 수 있으며, 샘물등 개발허가를 하는 경우에도 환경영향심사 결과에 따라 1일 취수량을 제한하는 등의 필요한 조건을 붙일 수 있다고 규정하고 있는 점(제11조 제1항 · 제2항)에 비추어 샘물등 개발허가는 재량행위라 할 것이다. 그러나 지하수의 공수개념을 인정하는 입장에서는 허가를 행정법상의 특허로 이해하는 경향이 있다.[7] 염지하수 개발허가는 환경적으로 안전하게 염지하수를 개발할 수 있다고 인정되어 관리구역으로 지정 · 고시한 지역에서만 할 수 있다(동조 제3항).

---

6) "대통령령으로 정하는 규모 이상의 샘물 또는 염지하수를 개발하려는 자"라 함은 다음의 자를 말한다: ① 법 제21조 제1항에 따라 먹는샘물 또는 염지하수의 제조업을 하려는 자; ② 1일 취수능력 300톤 이상의 샘물(원수의 일부를 음료류 · 주류 등의 원료로 사용하는 샘물을 말함)을 개발하려는 자(시행령 제3조 제1항).

7) 박균성, "지하수법의 몇 가지 법적문제", 환경법연구 제19권, 1997, 134면 참조.

[1] 대법원 2005. 7. 29. 선고 2003두2311 판결

'먹는샘물'(생수) 제조에 사용되던 지하수에 대한 이용권이, 관계 법령상 물권에 준하는 권리 또는 관습상의 물권이라고 할 수 없고, 먹는물관리법 제9조에 의한 샘물개발허가를 받은 것만으로는 그 토지의 지면 하에 있는 지하수를 계속적, 배타적으로 이용할 수 있는 권리가 생긴다고 볼 수도 없다.[8)]

다. 절　　차

(1) 임시 허가

시 · 도지사는 허가를 하기 전에 환경영향조사를 실시하고, 조사서를 환경부령으로 정하는 기간에 제출할 것을 조건으로 샘물등 개발의 임시 허가를 할 수 있다(제10조 제1항). 임시 허가는 이른바, 가행정행위, 즉 행정행위의 법적 효과 또는 구속력이 최종적으로 결정될 때까지 잠정적으로만 구속력을 가지는 행정의 행위형식이다.[9)] 허가에 앞서 임시 허가제도를 두고 있는 것은 샘물등 개발허가를 받기 위하여 상당한 준비나 시설투자 등을 하였는데, 막상 허가단계에서 불허가되면 허가신청인에게 막대한 경제적 · 시간적 손실을 입게 되므로 이를 방지하는 동시에 허가관청으로 하여금 환경영향조사의 실시 및 조사서 결과를 허가발급 여부를 결정하는 데 있어 반영할 수 있도록 하면 위험을 최소화할 수 있다는 데 그 취지가 있다.

(2) 환경영향조사

동법은 허가와 연계하여 허가신청인에게 환경영향조사의 실시 및 조사서의 제출을 의무화하고 있다(제13조 제1항). 나아가 동법은 환경영향조사의 대행을 임의적이 아닌 의무적인 사항으로 하고 있다(제14조). 법은 그 밖에 환경영향조사 준수사항(제14조의2), 환경영향조사대행자의 등록(제15조), 결격사유(제16조), 등록취소 사유(제17조) 등을 법정함으로써, 환경영향조사의 공정성 · 신뢰성을 확보하고 있다.

(3) 허　　가

환경영향조사에 대한 심사책임은 환경부장관에게 있다(제18조). 동법은 시 · 도지사가 환경영향심사 결과 다른 공공의 지하수 자원 개발 또는 지표수의 수질 등에 영향을 미칠 우려가 있다고 인정하면 샘물등 개발허가를 하지 아니할 수 있도록 함으로써(제11조 제1항), 허가를 거부할 수 있는 근거를 두고 있다. 샘물등 개발허가의 유효기간은 5년으로 한다(제12조 제1항). 나아가 동법은 허가취소의 근거규정을 두고 취소사유를 특정함으로써, 허가취소의 판단기준을 명확히 하고 있다(제12조의2). 특히 허가를 받은 후 정당한 사유

---

8) '먹는샘물'(생수) 제조에 사용되던 지하수에 대한 이용권이 공익사업을 위한 토지 등의 취득 및 보상에 관한 법률에서 손실보상의 대상으로 규정한 '물의 사용에 관한 권리'에 해당하지 않는다고 한 사례.

9) 김남진, 행정법 I, 법문사, 1998, 246면; 홍준형, 환경법, 박영사, 2001, 709면. 가행정행위는 행정법상 행정행위의 철회 또는 취소를 제약하는 법리를 완화시켜주는 기능을 가지는 동시에, 행정의 능률화에도 이바지하는 행위유형이다. 김남진(앞의 책).

없이 샘물등을 개발하지 아니한 경우를 취소사유로 하고 있는 것은 샘물등의 개발이 지연될 경우 외부 오염물질이 취수공으로 유입될 가능성이 높아 지하수 오염의 우려가 있으므로 이를 방지할 필요가 있기 때문이다.

Ⅲ. 먹는물관련영업의 관리

동법은 먹는물관련영업의 허가 및 관리 등의 업무가 샘물등 개발허가 업무와 마찬가지로 지역성이 강하다는 점을 감안하여 시 · 도지사의 고유권한으로 하고 있다. 동법은 먹는물관련영업의 효율적인 관리를 위하여 시설기준(제20조), 허가(제21조 제1항),10) 샘물등의 수위 · 수량 · 수질 자동계측기의 설치(제22조), 영업의 승계(제25조), 수입신고(제26조), 품질관리인(제27조), 건강진단(제29조), 영업자에 대한 지도 · 감독(예컨대, 지도 및 개선명령, 폐쇄조치, 폐기처분, 공표명령, 먹는샘물등의 회수, 허가의 취소, 과징금 처분)(제7장) 등에 관하여 규정하고 있다.

Ⅳ. 수질개선부담금

수질개선부담금제도는 1995년 「먹는물관리법」의 제정과 동시에 처음으로 도입된 제도이며, 공공의 지하수자원을 보호하고 먹는물의 수질개선에 이바지함을 부과목적으로 표방하고 있다.

1. 의의 및 성격

수질개선부담금은 지하수자원의 보호와 먹는물의 수질개선이라는 특정한 행정과제의 수행을 위하여 반대급부 없이 부과되며, 그 지출용도가 매우 제한적으로 설정되어 있고(제33조), 위 행정과제에 대하여 특별하고 긴밀한 관계에 있는 특정집단에 대하여만 부과된다는 점에서 "조세외적 부담금"에 해당되며,11) 일반적인 국가재정 수요의 충당을 위하여 일반 국민으로부터 그 담세능력에 따라 징수되는 조세와 구별된다.

부담금을 그 부과목적과 기능 및 성격에 따라 재정조달목적 부담금(재정충당 부담금)과 정책실현목적 부담금(유도적 부담금)으로 구분할 경우 수질개선부담금은 어떠한 부담금에 해당할까? 이는 부담금의 헌법적 정당성 요건과 밀접한 관련을 갖는다. 헌법재판소 다수의견은 두 차례의 결정을 통해 수질개선부담금의 성질을 공공의 지하수 자원을 보호하고 먹는물의 수질개선에 소요되는 재원을 확보하기 위한 재정조달 목적뿐만 아니라 원

---

10) 동법은 영업의 종류에 따라 차등 규제하고 있는데, 즉 먹는샘물등제조업에 대하여는 허가제를 도입하면서, 수처리제조업 · 먹는샘물등의 수입판매업에 대하여는 등록제를, 먹는샘물등의 유통전문판매업과 정수기의 제조업 또는 수입판매업에 대하여는 신고제를 채택함으로써, 그 규제를 완화하고 있다(제21조 제2항 내지 제7항).

11) 헌재 1998. 12. 24. 선고 98헌가1 전원재판부 결정(판례 [2]); 헌재 2004. 7. 15. 선고 2002헌바42 전원재판부 결정(판례 [4]); 서울행정법원 2002. 4. 17. 선고 2001아2313 결정(판례 [3]).

활한 수돗물 우선정책의 실현 목적도 가지고 있는 것으로 이해하고 있다.[12] 여기에 대하여 소수의견은 "법률조항은 단지 '공공의 지하수자원을 보호하고 먹는물의 수질개선에 기여하게 하기 위하여'라고 설치목적을 밝히고 있으므로, 이러한 법문에 명시된 목적과 전혀 동떨어진 것은 부담금을 부과하는 적법한 목적으로 볼 수 없다"고 강조하면서, 수질개선부담금의 정책실현 목적을 부인하고 재정조달에 주된 목적이 있다는 점을 지적하고 있다.[13]

수질개선부담금의 성질을 어떻게 보는가에 따라 헌법적 정당화 요건은 달라지게 된다. 재정충당 부담금의 경우에는 조세와 경쟁관계에 서는 것이기 때문에 부담금에 보다 엄격한 요건이 설정되어야 하지만 유도적 부담금은 그 유도하는 정책적 목적의 실현에 보다 적절하고 효과적인 것인가의 여부가 부담금의 헌법적 정당성의 판단기준이 되기 때문에 그 요건은 일부 완화될 수 있을 것이다.[14] 그러나 어느 경우에도 객관적 근접성과 집단적 책임성 요건은 결코 포기되거나 완화될 수 없다.

[2] 수질개선부담금의 위헌성 여부: 헌재 1998. 12. 24. 선고 98헌가1 전원재판부 결정

1. 수질개선부담금 부과의 헌법적 한계

수질개선부담금과 같은 부담금을 부과함에 있어서는 평등원칙이나 비례성원칙과 같은 기본권제한입법의 한계를 준수하여야 함은 물론 이러한 부담금의 부과를 통하여 수행하고자 하는 특정한 사회적·경제적 과제에 대하여 조세외적 부담을 지울 만큼 특별하고 긴밀한 관계가 있는 특정집단에 국한하여 부과되어야 하고, 이와 같이 부과. 징수된 부담금은 그 특정과제의 수행을 위하여 별도로 관리·지출되어야

12) 이러한 입장은 헌법재판소 다수의견을 이루는 것으로 "환경침해를 일으키는 먹는샘물제조업자에게 재정적 부담을 지움으로써 환경을 고갈시키고 침해하는 기업활동을 억제하도록 간접적으로 유도함과 아울러 먹는물, 특히 수돗물 수질개선이라는 환경정책 실현을 위한 재원을 마련하고자 하는 것이므로 그 내용상 환경에 관한 부담금이고, 기능상으로는 정책목표 달성을 유도하고 조정하는 성격을 가진 부담금이다"(판례 [2])라는 판시와 "수돗물과 대체적·경쟁적 관계있는 먹는샘물이 음용수로 증가함으로써 수돗물을 음용수로 이용하는 사람의 수가 감소하게 되어 상수도 보급확대, 시설개량 및 수돗물 수질개선에 관한 정부의 정책 유인이 감소되어 장기적으로는 먹는물의 일종인 수돗물의 수질 저하가 야기되는 것을 방지하기 위하여 수돗물과 대체관계에 있는 먹는샘물의 보급 및 소비를 상대적으로 억제하고 징수된 부담금으로 수돗물 수질개선이라는 환경정책 실현을 위한 재원을 마련함으로써 국가가 수돗물의 질을 개선하여 저렴하게 공급하는 수돗물 우선정책을 달성하는 데 밀접한 관련이 있으므로 그 내용상으로는 환경에 관한 부담금이고, 그 기능상으로는 정책실현목적의 유도적 부담금이라 할 것이다"(판례 [4])라는 판시가 이를 뒷받침하고 있다.

13) 헌재 2004. 7. 15. 선고 2002헌바42 전원재판부 결정(판례 [4]), 소수의견. 같은 맥락에서 법률조항은 단지 "공공의 지하수자원을 보호하고 먹는물의 수질개선에 기여하게 하기 위하여"라는 목적을 밝히고 있을 뿐, 수입판매업자와 경쟁관계에 있는 국내 제조업자의 보호나 저소득 계층의 보호에 관하여는 구체적으로 언급하고 있는 바가 없으며, 특히 먹는샘물 수입판매업자는 국내 지하수자원이나 먹는물의 수질악화 등에 직접적인 관련이 없다는 점에서 법문상 명시된 정책목적과 수입판매업자에 대한 부담금 부과는 정책목적과 연관성이 없다는 분석이 가능하다면서 다수의견은 임의적 정책 목적을 설정하여 정당화 기준의 외연을 부당하게 확장하고 있다는 비판을 받을 수 있다는 지적이 있다. 엄윤령, 판례백선, 박영사, 2019, 185면.

14) 수질개선부담금 관련 사건은 아니지만 헌재 2004. 7. 15. 선고 2002헌바42 전원재판부 결정보다 7개월 정도 앞서 이루어진 이른바, 문예진흥기금 사건에서 헌법재판소는 재정충당 부담금과 유도적 부담금을 구분하여 재정충당 부담금에 집단의 동질성, 객관적 근접성, 집단적 책임성, 집단적 효용성이라는 부담금의 헌법적 정당화 요건은 비교적 엄격하게 적용되어야 하며, 재정충당의 목적과 유도의 목적이 혼재된 부담금의 경우에는 구체적인 사안별로 위와 같은 헌법적 정당화 요건은 일정 부분 완화될 수 있다고 판단하였다. 헌재 2003. 12. 18. 선고 2002헌가2 결정(문예진흥기금의 납입금 자체가 특별부담금의 헌법적 허용한계를 벗어나서 국민의 재산권을 침해하므로 위헌이라 한 사례).

하며 국가의 일반적 재정수입에 포함시켜 일반적 국가과제를 수행하는 데 사용하여서는 아니 된다.

2. 평등원칙의 위배 여부

주류 · 청량음료 제조업자 등 지하수를 사용하는 다른 경우와 달리 먹는샘물제조업자에 대해서만 수질개선부담금을 부과하는 것은, 먹는샘물이 수돗물과 마찬가지로 음용수로 사용된다는 점에서 수돗물과 대체적 · 경쟁적 관계에 있어서 그 음용이 보편화되면 그만큼 국가가 추진하는 수돗물 수질개선정책이 위축되는 관계에 있는 점, 먹는샘물의 이용이 일반화될 경우 먹는샘물용 지하수 개발 및 취수가 기하급수적으로 증가되어 그만큼 지하수자원의 고갈 및 오염의 우려가 높아진다는 점, 국민의 대다수가 수돗물을 음용수로 이용하고 있는 상황에서 국가의 수돗물정책이 포기되거나 제대로 실현되지 못한다면 수돗물을 이용하는 대다수 국민의 먹는물 비용부담이 증가되고, 특히 먹는샘물을 선택할 경제적 능력이 부족한 저소득층 국민들로 하여금 질 낮은 수돗물을 마시게 하는 결과를 초래하게 되는 점 등 여러 가지 사정을 종합적으로 고려할 때 합리적 이유가 있다고 할 것이어서 평등원칙에 위배되지 아니한다.

3. 비례성원칙의 위배 여부(방법의 적정성 여부, 과잉징수 여부)

헌법 제35조 제1항, 제120조 제1항 · 제2항에 근거하여 국가는 자연자원 보호와 환경보전을 위하여 강력한 규제 · 조정의 권한을 가지므로 지하수 보호라는 환경정책 실현을 위하여 수질개선부담금과 같은 환경부담금을 부과 · 징수하는 방법을 선택할 수 있달 할 것이고, 먹는샘물 제조업자를 지하수 보전 및 수돗물 우선정책에 대한 특별한 위험을 야기하는 집단으로 보아 이들에 대하여 수질개선부담금을 부과하고, 이들로부터 징수한 부담금을 환경개선사업지원등의 용도로 사용하는 것은 지하수자원 보전 및 먹는물 수질개선이라는 입법목적 달성을 위한 적정한 방법이라고 인정되고, 한편 지하수는 자연자원으로서 유한한 공공재이고, 우리의 후손에까지 물려줘야 할 최후의 수자원인데, 이렇듯 소중한 지하수자원을 소모해 가면서 이윤을 획득하는 먹는샘물제조업에 대하여는 상당한 정도 고율의 부담금을 부과하더라도 헌법상 용인된다 할 것이므로 먹는샘물제조업 자체를 허용하면서 단지 판매가액의 최고 20%의 한도에서 부담금을 부과하도록 하였다 하여 헌법재판소가 관여할 정도로 현저히 자의적이거나 과도한 비율의 부담금을 책정한 것이라 볼 수 없다.

4. 행복추구권의 침해 여부

구 먹는물관리법 제28조 제1항은 국민에게 먹는샘물에 대한 원칙적 선택권을 인정하는 가운데 수질개선부담금을 부과함으로써 가격전가를 통하여 먹는샘물의 소비자에게 경제적 부담을 가하는 것에 그치고 있는데 그 부담의 정도가 지나치지 아니하며, 더욱이 먹는샘물을 마시는 사람은 유한한 환경재화인 지하수를 소비하는 사람이므로 이들에 대하여 환경보전에 대한 비용을 부담하게 할 수도 있는 것이므로 위 법률조항으로 인하여 국민이 마시고 싶은 물을 자유롭게 선택할 권리를 빼앗겨 행복추구권을 침해받는다고 할 수 없다.

수질개선부담금은 제9조에 따라 샘물등의 개발허가를 받은 자, 먹는샘물등의 제조업자 및 먹는샘물등의 수입판매업자에 대하여 일정 금원을 부담케 하는 제도로서, 먹는샘물을 제조하기 위한 지하수의 개발로 야기된 지하수자원의 보전비용을 그 원인자인 먹는샘물 제조업체에게 부담시킨다는 점에서 오염원인자(훼손자)책임원칙을 구현하는 제도라고 할 것이다.

한편, 부담금은 전통적으로 의무부과의 원인에 따라 수익자부담금, 원인자부담금, 손괴자부담금 등으로 구분되고 있는바,[15] 수질개선부담금은 지하수의 개발로 훼손된 자원에 대한 보전비용을 부담시킨다는 점에서 손괴자부담금에 유사한 성격을 갖는다. 특정 공익사업으로부터 특별한 이익을 얻는 사람에 대하여 그 수익의 한도 내에서 그 사업의 경비를 부담시키고자 하는 부담금(이른바, 수익자부담금)이 아니며, 특정한 공익사업의 시행이 필요하도록 원인을 조성한 사람에 대하여 그 사업비용을 부담시키고자 하는 부담금(이른바, 원인자부담금)도 아니다.[16]

2. 부과주체 및 의무자

동법은 수질개선부담금의 부과주체를 환경부장관으로 명시하고 있다(제31조 제1항). 그러나 동법 제55조는 시 · 도지사에게 부담금 및 가산금의 징수에 관한 권한을 위임할 수 있다는 규정을 두고 있고 제31조 제8항에서 제55조의 규정에 의하여 시 · 도지사에게 부담금 및 가산금의 징수에 관한 권한을 위임한 경우를 상정하고 있다. 실제로 수질개선부담금부과 · 징수업무처리규정(환경부훈령 제305호) 제6조에 의하면, 부과금의 부과 · 징수 및 환급권한은 시 · 도지사가 갖도록 되어 있고, 이를 징수권자로 명기하고 있다.

수질개선부담금의 납부의무자는 샘물등의 개발허가를 받은 자, 먹는샘물등의 제조업자, 먹는샘물등의 수입판매업자이다(제31조 제1항).

[3] 수입판매업자: 서울행정법원 2002. 4. 17. 선고 2001아2313 결정

수입판매업자와 제조업자는 모두 국가의 수돗물 우선정책에 직접적이고도 상반되는 이해관계를 가지면서 그에 특별한 위험을 야기하는 집단이고, 따라서 수질개선부담금을 지울 수 있을 만한 특별한 관계에 있다고 할 것이다. 그러므로 수입판매업자에게 제조업자와 마찬가지로 수질개선부담금을 부과하는 것은 부과대상자의 선정 측면에서 적정한 방법이라고 할 수 있다. 그리고 수입판매업자와 제조업자가 수돗물 우선정책에 특별한 위험을 야기하는 정도는 일반적으로 각 그 판매가액에 비례한다고 보이므로, 이를 기준으로 수질개선부담금을 부과하는 것은 그 부과방법에 있어서도 적정하다고 할 수 있다(수입판매업자에 대해서 수입원가가 아닌 판매가액을 기준

15) 김동희, 행정법 II, 박영사, 1998, 304면; 홍정선, 행정법원론(하), 박영사, 1999, 387면.
16) 헌재 1998. 12. 24 선고 98헌가1 전원재판부 결정(판례 [2]) 참조.

으로 수질개선부담금을 부과함으로써 수입판매업자에게 더 과중한 부담금을 부과시키게 되더라도 이는 수입판매업자가 먹는샘물을 수입함으로써 비용이 증가하여 생긴 결과일 뿐이므로, 이를 이유로 부과 방법이 적정하지 못하다고 보기는 어렵다).17)

[4] 수질개선부담금의 헌법적 정당성 요건: 헌재 2004. 7. 15. 선고 2002헌바42 전원재판부 결정

[다수의견]

가. 부담금은 조세에 대한 관계에서 어디까지나 예외적으로만 인정되어야 하며, 어떤 공적 과제에 관한 재정조달을 조세로 할 것인지 아니면 부담금으로 할 것인지에 관하여 입법자의 자유로운 선택권을 허용하여서는 안 된다. 부담금 납부의무자는 재정조달 대상인 공적 과제에 대하여 일반국민에 비해 '특별히 밀접한 관련성'을 가져야 하며, 부담금이 장기적으로 유지되는 경우에 있어서는 그 징수의 타당성이나 적정성이 입법자에 의해 지속적으로 심사될 것이 요구된다. 다만, 부담금이 재정조달 목적뿐 아니라 정책실현목적도 함께 가지는 경우에는 위 요건들 중 일부가 완화된다.

나. 우리나라의 자연환경, 수자원의 현황, 국민의 소득수준 등의 여러 요소와 사정을 종합적으로 고려할 때 음용수에 관하여 국가가 수돗물 우선정책을 추진하는 것은 합리적인 정책형성권 행사로서 존중되어야 할 것인데, 수돗물과 대체적 · 경쟁적 관계에 있는 수입 먹는샘물이 음용수로 사용되는 것이 증가하면 그만큼 수돗물 우선정책은 위축되게 되고, 나아가 수입 먹는샘물을 선택할 경제적 능력이 부족한 저소득층 국민들로 하여금 질 낮은 수돗물을 마시지 않을 수 없게 하는 결과를 초래할 것이다. 그러므로 먹는샘물 수입판매업자에게 수질개선부담금을 부과하는 것은 수돗물 우선정책에 반하는 수입 먹는샘물의 보급 및 소비를 억제하도록 간접적으로 유도함으로써 궁극적으로는 수돗물의 질을 개선하고 이를 국민에게 저렴하게 공급하려는 정당한 국가정책이 원활하게 실현될 수 있게 하기 위한 것으로서, 부과에 합리적인 이유가 있으므로 평등원칙에 위배되는 것이라 볼 수 없다.

다. 먹는물관리법(1997. 8. 28. 개정) 제28조 제1항 중 먹는샘물 수입판매업자에 관한 부분은 먹는물의 수질에 관한 국가의 일원화되고 합리적인 관리를 재정적으로 뒷받침하는 한편, 수돗물 우선정책이 원활하게 실현될 수 있게 하여 궁극적으로는 국민이 질 좋은 수돗물을 저렴하게 공급받을 수 있도록 함을 목적으로 하며, 이러한 입법목적은 정당하다.

한편, 먹는샘물은 수돗물과 마찬가지로 음용수로 사용된다는 점에서 수돗물과 대체적 · 경쟁적 관계에 있어서 먹는샘물이 음용수로 보편화되면 그만큼 수돗물 우선정책이 위축되는바, 먹는샘물을 수입하여 판매함으로써 수돗물 우선정책에 특별한 위험을 야기하는 수입판매업자에 대하여 수질개선부담금을 부과하기로 한 것은 부

---

17) 수입하여 판매하는 생수에 대해서 수질환경개선부담금을 부과하는 것이 정당하고, 또한 수입생수의 판매가액을 기준으로 수질개선부담금을 부과하는 것도 적정하다는 사례.

과대상자의 선정의 측면에서 적정하다.

이 사건 법률조항은 단지 부담금의 부과 및 그것의 가격에의 반영을 통해 먹는샘물의 수입판매 및 소비를 간접적으로 규제하는 데 그치고 있을 뿐, 이를 원천적으로 봉쇄하고 있지는 않다. 한편, 수질개선부담금은 먹는샘물의 보급 및 소비를 억제함으로써 수돗물 우선정책의 원활한 실현을 가능하게 하고 아울러 먹는물의 수질개선에 소요되는 재정을 마련하기 위한 것인바, 입법자는 이러한 공익목적과 국민의 사익을 적절히 형량하여 합리적이라고 판단되는 부과율을 책정할 수 있다. 그런데 이 사건 법률조항은 먹는샘물 수입판매업자에 대한 구체적인 부과율을 평균판매가액의 100분의 20의 범위 안에서 대통령령이 정하도록 위임하고 있고, 그에 기하여 법 시행령 제8조는 이를 1천분의 75(7.5%)로 정하고 있는바, 이러한 부과율 자체가 현저히 불합리하거나 위헌이라고 볼 정도로 지나치게 높다고 할 수 없다. 더구나 부담금관리기본법 제7조에 의하면 기획예산처장관은 매년 부담금의 부과실적 및 사용명세 등이 포함된 부담금운용종합보고서를 작성하여 국회에 제출하도록 되어 있어, 수질개선부담금 징수의 타당성이나 적정성은 매년 입법자의 지속적인 심사 하에 놓여 있다.

그렇다면 이 사건 법률조항은 먹는샘물 수입판매업자의 직업의 자유와 재산권, 국민의 행복추구권을 필요 이상으로 지나치게 제약함으로써 헌법에 위반되는 것이라고는 볼 수 없다.

[재판관 윤영철, 재판관 김영일, 재판관 권 성, 재판관 송인준의 반대의견]

준조세적 성격을 가진 부담금은 자칫 공과금 부담의 형평성을 훼손하고 국회의 재정통제권을 무력화시킬 수 있기 때문에, 납부의무자가 특정한 공적 과제에 대하여 일반국민에 비해 특별히 밀접한 관련성이 있는 경우에 예외적으로 최소한의 범위 내에서 허용되어야 하며, 그 위헌성은 엄격하게 심사되어야 한다.

그런데 먹는샘물 수입판매업자는 국내 지하수 자원을 이용하거나 훼손하지 않는 점에서 공공의 지하수자원의 보호라는 과제에 대하여 특별히 밀접한 관련성을 가진다고 할 수 없다. 또한 수입 먹는샘물 이외의 먹는물, 그 중에서도 특히 수돗물의 수질개선의 과제는 국가나 지방자치단체의 일반적 과제에 속하므로 이에 대해 먹는샘물 수입판매업자들에게 특별한 재정책임을 인정하기는 어렵다. 그렇다면 이 사건 법률조항은 합리적 이유 없이 수입판매업자에 대하여 조세외적 부담금을 추가로 부담시킴으로써 공과금 부담의 형평성을 훼손한다고 할 것이므로 평등원칙에 위배된다.

다음으로, 수입 먹는샘물에 관한 수질개선사업이란 사실상 수질검사 및 유통관리에 국한될 수밖에 없다. 나아가 관계 법령의 규정을 보면, 수입 먹는샘물 자체의 수질개선사업에 소요되는 재정은 매우 미미할 것으로 보이고, 실제로 먹는샘물 수입판매업자에게서 거둔 이 사건 부담금은 환경개선특별회계에 편입되어 그 세입의 일부를 이루지만 동 특별회계의 세입 중 정작 수입 먹는샘물과 관련하여 별도로 지출되는 금액은 거의 전무한 실정이다. 그럼에도 불구하고 먹는샘물 수입판매업자들은 이 사건 법률조항에 의하여 매분기마다 평균판매가액의 최고 100분의 20의 비율 범위 내에서 수질개선부담금을 고정적으로 납부하도록 되어 있는바, 이는 먹는샘물 수입 판매업자들의 기업활동의 자유나 재산권을 필요 이상으로 지나치게 제약하는 것으로, 비례성의 원칙에 위배된다.18)

3. 부과대상

수질개선부담금 부과의 대상은 ① 샘물등의 개발허가를 받은 자가 취수한 샘물, ② 먹는샘물등의 제조업 허가를 받은 자(먹는샘물등의 제조업자)가 취수한 샘물, ③ 먹는샘물등의 수입판매업의 등록을 받은 자(먹는샘물등의 수입판매업자)가 수입한 먹는샘물등이다(시행령 제7조 제1항). 단, 수출하는 것, 우리나라에 주재하는 외국군대 또는 주한외국공관에 납품하는 것, 그리고 「재난 및 안전관리 기본법」 상 이재민의 구호를 위하여 지원 · 제공하는 것은 수질개선부담금 부과의 대상에서 제외된다(동조 제2항).

4. 산정방법

먹는샘물등의 개발허가를 받은 자와 먹는샘물등의 제조업자에게는 먹는샘물등 '취수량'을 기준으로, 먹는샘물등의 수입판매업자에게는 먹는샘물등 '수입량'을 기준으로 다음의 금액을 더한 금액의 3배의 범위에서 대통령령으로 정하는 바에 따라 부과 · 징수한다: ① 「지방공기업법」 제21조에 따른 상수도 원가 및 하수도 원가; ② 「수도법」 제71조에 따른 원인자부담금; ③ 「하수도법」 제61조에 따른 원인자부담금; ④ 4대강수계법에 따른 물이용부담금을 평균한 금액; ⑤ 「환경정책기본법」 제47조 제1항 제1호에 따른 국가환경개선사업 중 상수도 및 수질보전 부문의 세출(제31조 제2항).

5. 용 도

가. 환경개선특별회계로의 편입

동법은 징수한 부담금과 가산금을 「환경정책기본법」에 따른 환경개선특별회계의 세입으로 하도록 하고 있으며(제31조 제6항), 이러한 세입 중 샘물등의 개발허가를 받은 자와 먹는샘물등의 제조업자 중 대통령령으로 정하는 자19)로부터 징수한 부담금 및 가산금의 40%에 상당하는 금액을 해당 취수정이 위치한 특별자치시 · 특별자치도 · 시 · 군 또는 구에 지급하도록 하고 있다(동조 제7항).

---

18) 먹는샘물 수입판매업자에 대한 수질개선부담금 부과가 평등원칙에 위배되지 않는다고 한 사례. 이 사건에서 헌법재판소는 수질개선부담금이 유도적 부담금의 성질을 가지고 있다고 판단하였다. 특기할 것은 헌법재판소는 "재정충당 부담금의 헌법적 정당화 요건과 관련하여 부담금 납부의무자가 재정조달 대상인 공적 과제에 대하여 일반 국민에 비해 '특별히 밀접한 관련'을 가져야 한다"고 판시하면서 헌법적 정당화 요건 중 '객관적 근접성'을 강조하고 있다. 나아가 '재정조달 대상 공적 과제에 대한 납부의무자 집단의 특별한 재정책임 여부' 내지 '납부의무자 집단에 대한 부담금의 유용한 사용 여부' 등에 대하여 언급하고 있는데, 이는 집단적 책임성, 집단적 효용성 등의 다른 표현이라고 이해된다. 그러나 집단의 동질성에 대해서는 특별한 언급을 하고 있지 않다.

19) "대통령령으로 정하는 자"란 기타샘물 개발자 또는 먹는샘물등의 제조업자를 말한다(시행령 제12조의2 제1항).

나. 지방자치단체에 대한 교부

부담금 및 가산금의 징수에 관한 권한을 시 · 도지사에 위임한 경우에는 징수액의 20%에 상당하는 금액을 시 · 도의 징수비용으로 지급하여야 한다(제31조 제8항, 시행령 제12조의2 제2항).

다. 수질개선부담금의 용도에 대한 제한

수질개선부담금은 기본적으로 먹는샘물등의 수질을 적정하게 보전해야 하는 정부 정책의 시행에 따른 비용을 마련하는 데 있다. 이에 동법은 수질개선부담금에서 징수비용으로 교부한 금액은 해당 수질개선부담금을 부과 · 징수하는 데에 드는 경비로 사용하여야 하고, 그 외의 경우 수질개선부담금의 용도를 다음과 같이 특정하고 있다: ① 먹는물의 수질관리시책 사업비의 지원; ② 먹는물의 수질검사 실시비용의 지원; ③ 먹는물공동시설의 관리를 위한 비용의 지원; ④ 지하수보전구역의 지정을 위한 조사의 실시; ⑤ 지하수 자원의 개발 · 이용 및 보전 · 관리를 위한 기초조사와 복구사업의 실시; ⑥ 샘물보전구역을 지정한 시 · 도지사에 대한 지원(제33조, 시행령 제15조).

6. 평 가

종전에는 제조업자 · 수입판매업자에 대하여는 먹는샘물등의 '평균판매가액'을,[20] 샘물개발허가를 받은 자에 대하여는 '샘물을 사용한 제품의 판매가격'을 부과기준으로 하였다. 여기에 대하여는 채수하는 지하수 양 또는 지하수 가액이 아닌 판매가액 기준의 부과방식으로 인해 정책과 정책대상 간의 연계성이 부족하며, 취수한 후 제품에 사용되지 않은 샘물이 부과대상에서 제외되고, 먹는샘물과 기타샘물 업체간에 비형평성 문제가 발생한다는 등 비판이 있어 왔다. 이에 2008. 3. 21. 개정 법에서는 샘물 '취수량'과 '수입량'을 부과기준으로 함으로써, 수질개선부담금의 도입취지에 부합하도록 하였으며 정책과의 연계성을 강화하였다. '평균판매가액'이 아닌 '취수량'을 부과기준으로 하는 것은 '지하수자원의 보호'라는 수질개선부과금의 도입 취지 및 목적에 보다 부합한다 할 것이다. 또한, 먹는샘물등과 기타샘물(예컨대, 음료수, 주류)에 대한 부과기준을 샘물등 '취수량'으로 통일함으로써, 그 동안 논란이 있었던 먹는샘물등과 기타샘물 업체 간의 비형평성 문제를 개선하였다. 그러나 이러한 제도적 개선에도 불구하고 이 제도는 기본적으로 지하수 자원의 고갈에 대한 책임만을 강조하고 있기 때문에 폐공을 통한 지하수 오염 및 토양오염에 대해서는 고려가 미흡한 문제가 있다.[21]

---

20) 종전에는 평균판매가액의 20% 범위 안에서 부과하도록 하고 있었는데, 판매가액의 최고 20%라는 부과율이 헌법상 용인될 수 없을 정도로 과도한 것이 아닌가 위헌 소송이 제기된바 있다. 헌법재판소는 이러한 부과율이 비례성의 원칙에 어긋나지 아니한다고 결정하였다(판례 [2]). 그러나 그 결정에도 불구하고 과도성 여부는 의문으로 남아 있던 차 수차례 개정 시행령에서는 부과율을 하향 조정하였다(예컨대, 평균판매가액의 6.75%). 그 후 부과기준은 평균판매가액에서 취수량으로 변경되었다.

21) 손원익 외 4, 환경오염 저감을 위한 세제 및 관련제도 개선방향, 한국조세연구원 · 한국환경기술개발원, 1996. 120면; 문

Ⅴ. 먹는샘물등의 유통규제

동법은 먹는샘물등의 유통를 통하여 먹는샘물의 안전을 확보하려고 하고 있다. 판매, 채취, 제조, 수입, 저장, 운반 또는 진열 등의 금지(제19조), 기준과 규격(제36조), 표시기준(제37조), 수출용 제품의 기준 · 규격 · 표시 기준(제38조), 광고의 금지 · 제한(제39조), 거짓 또는 과대 표시 · 광고의 금지(제40조), 유사 표시의 사용금지(제40조의2), 유통 중인 먹는샘물등의 품질검사(제41조의2) 등이 그것이다.

현주 외 2, 유연한 산업환경규제체계를 통한 환경성과 개선방안 연구, 한국환경정책 · 평가연구원, 1999. 12, 22면.

제14장 환경오염의 규제

그 동안 우리나라는 환경보전을 위하여 농도기준을 기초로 한 사후 규제와 직접 규제 위주의 명령 · 규제방식(Command and Control)을 주로 동원함으로써 경직적인 접근에서 크게 벗어나지 못하였다. 그 경직성을 벗어나기 위하여 약간의 경제적 유인수단을 도입하였으나 적용대상 · 범위의 제한, 낮은 부과 요율, 이중 부담의 문제 등 정책 설계상의 문제로 제한적인 효과를 거두고 있을 뿐이다. 환경오염 규제방식은 오염매체별 규제로 통합성이 결여되어 있다고 할 수 있다. 또한 그 규제가 지역별 · 산업별 특성을 크게 고려하지 않은 결과 지역 · 산업에 과도한 부담만을 줄 뿐 환경개선이나 기술 투자에 대한 강한 유인으로 연결되지 못하고 있다. 이러한 상황은 해당 환경오염 규제수단의 정당성을 떨어트리면서 그 성공을 담보하지 못하고 있다.

이러한 관점에서 새로운 접근 방향의 모색이 강하게 요구되고 있다. 종전의 사후 규제 위주에서 사전 예방적 규제로의 방향 전환, 비용－경제적으로 오염배출량을 감소시키는 경제적 유인수단의 도입을 통한 명령 · 규제방식의 보완, 기업의 자발적인 협조와 대화를 통한 환경정책의 개발 및 시행, 사회적 · 경제적 정책과의 연계성 제고 등은 그 방향성을 위한 약간의 예이다.

환경오염 및 피해의 형태가 복잡하고 새로운 양상을 띰에 따라 환경문제에 적극적으로 대처하기 위하여 더욱 다양한 수단을 개발할 필요가 있다. 다양한 수단은 환경정책 전반의 관점에서 상호보완성을 극대화할 수 있을 것이다. 물론 규제수단의 복잡성과 다양성이 반드시 효율성을 보장하는 것은 아니다. 오히려 해석이나 적용에 있어서 많은 혼란을 야기하고, 그 실효성을 저해할 수도 있다. 그러나 기본적으로 그 다양성은 대안의 선택 폭을 넓히고, 수단들 간의 상호 보완적 기능을 통해 종합적인 접근을 가능케 함으로써, 환경보전이라는 궁극적 목표 달성에 효과적일 것이다. 환경보전을 위해 다양한 수단을 모색하는 것은 손해 볼 것이 없는 장사인 것이다. 이상의 논의는 규제의 틀에서 크게 벗어나지 않는 것이지만 효율적인 환경행정을 수행하기 위해서는 규제 못지않게 환경보전을 위한 적극적 조성행정, 관리의 중요성도 등한히 해서는 안 된다는 점을 유의할 필요가 있다.

제1절 일 반 론

환경보전을 위한 규제수단은 다양하지만 크게 명령 · 규제 수단과 경제 유인수단으로 구별해 볼 수 있다. 최근에는 근본적인 환경문제의 해결을 위해서는 오염원 스스로의 노력이 제일 관건이라는 점 때문에 자율적 환경관리방식이 주목을 받고 있다. 이러한 구별은 편의적인 것이고 그 경계와 범위를 엄밀히 나누기가 쉽지 않다. 어떠한 영역에 포함시켜 일의적 · 획일적으로 다루기 어려운 분야도 있다.

경제적 유인수단은 명령 · 규제수단과 달리 환경오염행위를 직접 규제하는 것이 아니라 경제적 유인을 통하여 간접적으로 생산자나 소비자의 행태에 영향을 주어 환경오염을 규제하고자 하는 것이다. 이는 시장기구를 통하여 환경오염을 통제하는데, 오염원인자로 하여금 오염물질의 배출 및 환경이용에 대하여 응분의 가격을 치르게 하는 것이다(환경비용의 내부화).

일반적으로 전통적인 명령 · 규제방식은 오염원인자로 하여금 특정기술 내지 시설을 도입하거나 일률적으로 정하여진 이행 기준을 준수할 것을 강제하고 있다. 배출허용기준의 설정, 배출시설의 설치허가제도, 개선 · 조업정지 · 폐쇄명령 등의 행정명령과 벌금 · 과징금의 부과 등이 그 전형적인 예이다. 환경계획, 환경영향평가, 토지이용규제(지역 · 지구 · 구역 등의 지정), 신고 · 등록 · 표시, 허가 · 특허 · 인가, 특정 행위의 금지 · 제한 등도 유효한 명령 · 규제수단이다. 이러한 명령 · 규제방식에 대하여는 오염원(source)들 간에 오염배출 감소를 위한 한계비용의 차이가 있을 수 있다는 점을 무시하고 통일적으로 모든 오염원에 동일한 배출기준의 준수를 요구하기 때문에 비용-경제적이지 못하고, 해당 오염원에게 배출량 감소를 위한 새로운 기술개발 및 투자에 대한 유인(incentive)을 제공하지 못하며, 경우에 따라서는 규제가 지나치게 엄격하여 기업의 경쟁력을 떨어뜨리고, 이행감시 및 위반에 따른 제재 등 행정비용이 많이 소요된다는 등 비판이 제기될 수 있다.

이에 반해 시장유인적 규제수단은 무엇보다도 비용-경제적이고, 혁신적인 기술의 도입을 촉진하며, 해당 오염원에게 최적의 선택을 할 수 있는 기회를 준다는 점에서 유연성이 있다는 장점이 있다. 또한, 민주적인 의사결정과정을 갖고 있으며, 오염 피해를 회복하는 데 필요한 재원을 조달하는 효과도 있다.[1] 정부는 덜 경찰국가화되고, 생산자와 소비자는 경제 원리에 기초한 스스로의 판단에 따라 환경친화적인 행동을 취하게 된다.

이러한 관점에서 오염원에게 경제적 동기를 부여함으로써, 가장 비용-경제적인 방법으로 배출량을 감소하도록 하는 경제적 유인수단의 도입을 통한 명령 · 규제방식의 보완이 강하게 제기되고 있다. 「환경정책기본법」 제32조는 "정부는 자원의 효율적인 이용을

---

1) 김유환, "환경법규에 있어서의 법규실패와 법적 대응", 환경법연구 제16권, 1994, 129면; 임동순 외 2, 대기오염 규제제도의 주요 산업별 영향과 효율적 개선 방안, 산업연구원, 1998. 11, 88 내지 89면.

도모하고 환경오염의 원인을 일으킨 자가 스스로 오염물질의 배출을 줄이도록 유도하기 위하여 필요한 경제적 유인수단을 마련하여야 한다"고 규정함으로써, 경제적 유인제도의 필요성을 인식하고 있다. 시장유인적 규제수단으로는 흔히 부과금, 부담금, 조세, 수수료, 사용료, 과징금, 강제금 등 각종 공과금[2]의 부과, 보조금의 지급, 금융지원, 배출권거래제, 예치/반환제도(deposit－refund system) 등이 거론되고 있다.

오염원에 대한 명령 · 규제방식만으로는 근본적으로 환경문제를 해결할 수 없고 획기적인 환경개선을 이루는 데 한계가 있다는 인식이 확산되면서 이를 대체 · 보완하는 수단에 대한 관심이 높아지고 있다. 명령 · 규제방식의 비효율성과 경직성을 완화하기 위해 1990년대에 들어서 다수의 경제적 유인수단을 도입하였으나 이 역시 낮은 요율 등 제도상의 문제로 충분한 효과를 거두지 못하고 있다. 이러한 배경에서 최근에는 자율적 환경관리수단이 크게 주목을 받고 있다. 자율적 환경관리방식의 예로는 자가측정제도, 환경기술인제도, 녹색기업지정제도, 환경라벨링제도, 자발적 협약, 환경감사 등을 들 수 있다.[3]

자율적 환경관리방식이란 정부, 기업, 민간부문이 바람직한 환경목표를 달성하기 위하여 협력과 동반자관계를 형성하여 기업 스스로가 보다 효율적인 방법으로 환경문제 해결과 환경개선을 도모하려는 방식이라 할 수 있다. 이러한 자율적 환경관리방식이 부각되는 근저에는 잠재적인 환경오염 원인자(사업자 또는 기업)가 규제당사자(정부)보다 환경친화적인 기술, 공정, 제품개발에 대한 필요성을 크게 인식할 뿐만 아니라 효율적인 환경관리에 대한 정보 및 능력을 더 갖추고 있으며, 그렇기 때문에 기업이 자발적으로 환경관리를 할 수 있도록 충분한 유인을 제공하여 준다면 근본적인 환경문제 해결과 환경개선을 이룰 수 있을 것이라는 인식이 깔려 있다.

「환경정책기본법」에서는 "국가 및 지방자치단체는 사업자가 스스로 환경관리를 위하여 노력하는 자발적 환경관리체제가 정착 · 확산될 수 있도록 필요한 행정적 · 재정적 지원을 할 수 있다"(제56조 제2항)고 규정하여 국가 및 지방자치단체로 하여금 자발적으로 환경관리를 추진하는 사업자에게 재정적 · 행정적 지원을 할 수 있는 근거를 마련함으로써, 환경정책 수단의 전환을 도모하고 있다. 명령 · 규제방식과 경제적 유인제도의 보완장치로서, 일방적 규제가 아니라 정부와 기업간 협력적 · 합의적 행정작용을 염두에 두고 있는 자율적 환경관리방식은 환경친화적인 생산 · 소비를 통한 지속가능한 사회체계 구축을 위해 효과적인 수단으로 작용할 수 있다.

자율적 환경관리방식의 장점으로는 규제의 유연성 확보를 통한 비용－효율적인 환경

---

2) 공과금이란 국가 또는 공공단체에 의하여 국민 또는 공공단체의 구성원에게 강제적으로 부과되는 모든 공적 부담을 뜻한다.

3) 사업장폐기물 감량화제도, 화학물질배출량조사제도 등을 자율환경관리방식의 한 예로 드는 견해가 있다. 정회성 · 김미숙, "산업환경관리 수단으로서의 자율관리제도", 환경법연구 제29권 제1호, 2007. 4, 112면, 114면. 그러나 이러한 제도는 획일적인 규제가 부과되고 위반의 경우 강한 제재가 수반되는 등 도입 초기와 달리 규제적인 성격이 가미되고 있다는 점에서 자율적 환경관리의 의미가 퇴색되었다고 할 수 있다.

관리, 환경목표와 성과의 신속한 달성, 정부와 기업 간의 협력을 통한 상호 이해와 신뢰의 확보, 능동적인 환경인식 전환에 따른 생산혁신의 촉진, 정부의 행정비용이나 집행비용의 절감, 기업 이미지 제고를 통한 시장의 확대 등을 들 수 있다.4) 이에 반해 자율적 환경관리방식에 대해서는 다음과 같은 문제점이 지적되고 있다: ① 참여자에 대한 유인이 불확실하며 이행준수에 대한 보증이 없어 그 성과가 불확실하다; ② 교섭비용 때문에 참여자의 숫자가 제한될 우려가 있으며 그 효과에 한계를 보일 우려가 있다; ③ 합의를 위한 협상과정에서 과도한 시간과 비용이 소요되며 관료적으로 운영될 우려가 있다; ④ 일반국민이나 환경단체에 신뢰감을 주기 어려워 이들의 강력한 저항에 직면할 우려가 있으며, 특히 제도 운영과정의 투명성이 부족할 경우 그 가능성이 높다; ⑤ 공공의 이익보다는 사익과 기업의 이익을 대변하려는 매력적인 대안으로 악용될 소지가 있고, 정책결정과정이 투명하지 않을 경우에는 특정기업이나 산업계의 이익을 보호하는 데 효과적일 수 있다.5)

이하에서는 앞 장에서 미처 다루지 않은 수단을 중심으로 살펴보기로 한다.

제 2 절 구체적 수단

Ⅰ. 환경부담금

1. 의 의

전통적으로 부담금은 일반적으로 국가나 지방자치단체 등의 행정주체가 특정의 공익사업과 특별한 이해관계가 있는 사인에게 그 사업에 필요한 경비의 전부 또는 일부를 부담하게 하는 경우, 이로 인해 사인이 공법상 납부의무를 부담하는 금전으로 이해되고 있으며, 경비의 일부를 부담시키는 경우 분담금이라고도 표현된다.1) 「부담금관리 기본법」 제2조에서는 부담금을 "중앙행정기관의 장, 지방자치단체의 장, 행정권한을 위탁받은 공공단체 또는 법인의 장 등 법률에 따라 금전적 부담의 부과권한이 부여된 자가 분담금, 부과금, 기여금, 그 밖의 명칭에도 불구하고 재화 또는 용역의 제공과 관계없이 특정 공익사업과 관련하여 법률에서 정하는 바에 따라 부과하는 조세 외의 금전지급의무"라고 정의하고 있다. 이와 같이 「부담금관리 기본법」은 부담금의 개념요소에서 반대급부인 특별한 경제적 이익의 보장이라는 요소를 배제하여, 부담금제도 설정의 허용범위를 비교적 넓게 인정하고 있다. 한편, 동법 제3조는 "부담금은 별표에 규정된 법률에 따르지 아니하

---

4) 정회성 · 강철구, 종합적 환경관리체계의 개선방안 연구－자율환경관리의 활성화 방안, 한국환경정책 · 평가연구원, 1998, 12, 43 내지 44면.

5) 정회성 · 강철구(앞의 책), 45면.

1) 김동희, 행정법 II, 박영사, 1998, 303면; 홍정선, 행정법원론(하), 박영사, 1999, 385면.

고는 이를 설치할 수 없다"라고 하여 부담금 설치를 제한하고 있다.[2)]

부담금은 흔히 다음과 같은 점에서 조세와 구별되고 있다. 즉 ① 부담금은 특정한 공익사업의 경비에 충당하기 위한 것인 데 반하여, 조세는 재정작용으로서 일반수입을 목적으로 징수하고 있다; ② 부담금의 부과는 특정한 공익사업에 특별한 관계를 가지는 자를 대상으로 하고 있으나 조세는 일반국민이나 개인을 대상으로 하는 것이다; ③ 조세는 개인의 담세력을 표준으로 하여 과해지는 데 반하여 부담금은 달리 법률에 표준이 없는 경우 사업소요경비, 공익사업과의 특별관계의 정도 등을 종합적으로 고려하여 과해진다.

2. 종 류

현행 환경관련 부담금에는 사업의 종류에 따라 환경개선부담금(자세한 내용은 아래 Ⅱ. 참조), 폐기물부담금, 수질개선부담금, 물이용부담금, 지하수이용부담금, 해양환경개선부담금 등 다양한 형태가 있다. 배출부과금(「대기환경보전법」 제35조, 「물환경보전법」 제41조), 생태계보전부담금(「자연환경보전법」 제46조, 「해양생태계의 보전 및 관리에 관한 법률」 제49조), 원상회복예치금(「자연공원법」 제24조), 폐기물처리시설의 사후관리이행보증금(「폐기물관리법」 제51조), 원인자부담금(「수도법」 제71조 제1항), 방제분담금(「해양환경관리법」 제69조 제1항) 등의 비용부담도 부담금의 일종이라고 할 수 있다. 이들 부담금은 「부담금관리 기본법」에 열거되어 있다(제3조, 별표 참조).

3. 구 분

부담금은 전통적으로 부과원인에 따라 수익자부담금, 원인자부담금, 손괴자부담금 등으로 구분되고 있다.[3)] 최근에는 전통적으로 특정의 공익사업과 특별한 이해관계가 있는 자에 대하여 그 사업에 필요한 경비를 부담시키기 위하여 과하는 금전지급의무로 정의되던 유형의 부담금과 달리 행정 주체의 의무이행확보수단으로서의 부담금, 국가 행정목적의 달성을 유도하기 위한 부담금 등 특별한 부담금이 속속 만들어지면서 부담금 개념 자체에 대한 혼란을 야기하고 있다. 개발부담금(「개발이익환수에 관한 법률」), 환경개선부담금(「환경개선비용 부담법」) 등은 그 한 예에 불과하다. 이는 조세나 비용부담, 사용료 · 수수료 같은 전통적인 공과금 체계만으로는 현대국가의 새로운 행정수요에 원활하게 대처할 수 없는 현실을 반영하는 것이다.[4)]

---

2) 이 법의 별표에는 총 101개의 부담금이 열거되어 있는데 이 중 부담금으로 이름 붙여진 것이 55개, 출연금이 9개, 부과금, 예치금이 각각 6개, 분담금이 5개, 수입이익금이 4개, 이행보증금이 3개, 납입금, 부가금, 조성비가 각 2개이며, 그밖에 기여금, 혼잡통행료, 조성금, 수입금, 협력금, 모금 등의 용어가 사용되고 있다. 기획예산처, 2001년도 부담금운용종합보고서, 제1편 부담금 총괄, 10면 참조; 2009. 6. 9. 개정된 별표에 따르면 현재 101개의 부담금이 있다.

3) 김동희(각주 1), 304면; 홍정선(각주 1), 387면.

4) 헌법재판소는 새로운 유형의 공과금이라는 점에 착안하여 '특별부담금'이라는 용어를 사용하고 있다. 헌재 2003. 1. 30. 선고 2002헌바5 결정(국외여행자납부금 사건); 헌재 2003. 12. 18. 선고 2002헌가2 결정(문예진흥기금 사건) 참조. 독일에서는 특정한 공공시설을 설치 · 유지하는 데서 특별한 경제적 이익을 얻게 되는 사람들에 대하여 그 이익의 범위 내에서 해당 시설의 설치 · 유지에 드는 비용을 분담시키기 위하여 부과하는 공과금을 의미하는 분담금(Beiträge)과 구별하기 위하

≪부담금의 구분≫

구 분	현행 부담금
손괴자 부담금	수질개선부담금(지하수), 지하수이용부담금(지하수)
이용자 · 원인자 부담금	원인자부담금(수도, 하수도), 생태계보전협력금, 물이용부담금
수익자 부담금	수질개선부담금(지하수), 물이용부담금(4대강 수계), 지하수이용부담금(지하수)
예치금	폐기물처리이행 보증금, 폐기물처리시설의 사후관리이행보증금, 원상회복예치금(자연공원)
조세성 부담금	배출부과금(대기 · 수질), 환경개선부담금(경유차), 폐기물부담금

이러한 상황은 전통적으로 공익사업과 부담금 납부자와의 관계를 중심으로 한 분류(수익자부담금, 원인자부담금, 손괴자부담금)의 실익을 떨어트리고 있다. 부담금 간의 명확한 구별도 쉽지 않다. 오히려 부담금의 부과목적과 기능 및 법적 성격 그리고 그 정당성에 기초한 분류체계가 그 구분실익이 커 보인다. 이러한 관점, 즉 그 성격에 따라 부담금을 분류할 경우 부담금은 ① 일정한 과제의 수행에 필요한 재정경비를 조성하는 것을 목적으로 한 '재정충당 부담금(재정조달목적 부담금)'과 ② 법상의 명령이나 금지에 의하여 직접 규제하는 대신에 금전의 부담을 지워 간접적으로 일정한 국가목적의 달성을 유도하는 기능을 가진 '유도적 부담금(정책실현목적 부담금)'으로 나눌 수 있다.5)

4. 통 제

부담금은 조세와 경쟁관계에 있는 준조세, 목적세와 같은 기능과 역할을 수행하고 있다. 이는 예산총계주의 원칙(이른바, 예산완전성의 원칙)과 예산단일성의 원칙에 중대한 예외를 이루며, 국회의 예산심의 · 확정권 행사를 해치고, 국회의 재정통제권을 무력화할 가

여 특별부담금(Sonderabgaben) 개념이 필요할지 모르나 우리나라의 경우에는 독일과 달리 실정법(「부담금관리 기본법」) 상 부담금 개념을 비교적 명확히 설정해 놓고 있으며, 동법에서 부담금의 개념요소 중의 하나로 "재화 또는 용역의 제공과 관계없이"라는 요소를 제시하면서 반대급부인 특별한 경제적 이익의 보장이라는 요소를 배제함으로써, 부담금의 범위를 넓게 인정하고 있다는 점에서 굳이 특별부담금이라는 개념을 인정할 필요성과 실익이 있는지 의문스럽다. 종전에 특별부담금이라는 용어를 사용하던 헌법재판소가 최근에 점점 부담금이라는 표현을 사용하는 것은 이러한 맥락에서 이해된다. 헌재 2004. 7. 15. 선고 2002헌바42 전원재판부 결정(수질개선부담금 사건); 헌재 2007. 12. 27. 선고 2006헌바25 결정(해양환경개선부담금 사건); 헌재 2008. 11. 27. 선고 2007헌마860 결정(영화상영관 입장권부과금 사건) 참조.

5) 헌재 2003. 1. 30. 선고 2002헌바5 결정(국외여행자납부금 사건); 헌재 2003. 12. 18. 선고 2002헌가2 결정(문예진흥기금 사건); 헌재 2008. 11. 27. 선고 2007헌마860 결정(영화상영관 입장권부과금 사건) 참조. 이러한 분류에 따를 경우, 배출부과금, 폐기물부담금, 생태계보전협력금, 폐기물처리이행보증금 등은 유도적 부담금으로, 물이용부담금, 환경개선부담금 등은 재정충당 부담금으로 분류할 수 있다. 헌법재판소는 수질개선부담금을 정책실현 목적의 유도적 부담금으로 파악하고 있다. 헌재 2004. 7. 15. 선고 2002헌바42 전원재판부 결정(수질개선부담금 사건). 이에 반해 물이용부담금은 재정충당 부담금으로 파악하고 있다. 헌재 2020. 8. 28. 선고 2018헌바425 결정.

능성이 있다. 부과 대상자를 일반 국민과 구별함으로써 형평성의 문제도 제기할 수 있다. 부담금에 대한 엄격한 통제가 필요한 이유이다. 이는 헌법적 정당성이 확보되지 않고는 행정편의적인 부담금 부과가 이루어져서는 안 된다는 것을 의미하는 것이다. 부담금 부과는 납부의무자가 특정한 공적 과제에 대하여 일반국민에 비해 특별히 밀접한 관련성이 있는 경우에 예외적으로 최소한의 범위 내에서 허용되어야 하며, 그 위헌성은 엄격하게 심사되어야 한다.[6)]

특히 헌법재판소는 부담금의 헌법적 정당화 요건을 도출하여 해당 부담금의 위헌 여부를 가르는 도구로 사용하고 있다. 즉 부담금을 재정충당 부담금과 유도적 부담금으로 구분하고 재정충당 부담금의 경우에는 집단의 동질성,[7)] 객관적 근접성,[8)] 집단적 책임성,[9)] 집단적 효용성[10)] 등 4개의 헌법적 정당화 요건을 비교적 엄격하게 적용하고, 유도적 부담금인 경우나 재정충당 목적과 유도 목적이 혼재된 부담금의 경우에는 구체적인 사안별로 위와 같은 헌법적 정당화 요건을 부분적으로 완화하고 있다. 그러나 어느 경우에도 객관적 근접성과 집단적 책임성은 부담금의 본질적 요소이므로 결코 포기되거나 완화될 수 없다.[11)] 이러한 원칙에 따라 부담금이 정당화되기 위해서는 특별한 공익사업에 대한 부담금 부과 여부, 의무자 집단의 동질성 여부, 의무자 집단의 특정 공익사업과의 밀접한 관련성 여부 등을 살펴보아야 할 것인데, 이러한 판단 요소는 기본권 제한의 한계를 심사함으로써 자연히 고려될 수 있다.[12)]

이러한 헌법적 허용요건에 대해서 "헌법에 명시적인 지침적 요건이 존재하지 아니함에도 불구하고 헌법해석에 의한 논증의 방법으로 특별부담금의 헌법적 정당화요건을 도출하여 위헌논증의 도구로 삼는 것에 찬동하지 아니한다"고 밝히면서 그 목적의 정당성과 수단의 적합성을 중요한 판단 요소로 보는 견해가 있다.[13)] 이는 헌법 제37조 제2항에서 정하고 있는 비례의 원칙 또는 과잉금지의 원칙에 기초하여 그 요소 즉, 목적의 정당

6) 헌재 2003. 12. 18. 선고 2002헌가2 결정(문예진흥기금 사건); 헌재 2004. 7. 15. 선고 2002헌바42 전원재판부 결정(수질개선부담금 사건, 소수의견) 참조.

7) 이에 따르면 부담금은 일반인과 구별되는 동질성을 지니어 특정집단이라고 이해할 수 있는 그러한 사람들에게만 부과되어야 한다. "납부의무자들 사이에서는 일정한 동질성을 지니고 있어야만 의무자집단 전체에 대하여 공익사업과의 집단적 관련성 및 나아가 특별한 집단적 책임성 여부의 인정 여부를 검토할 수 있을 것이다. 동질성 요건은 의무자집단이 동질적 요소에 의하여 일반 국민과 구별되어야 할 뿐만 아니라 의무자집단 내부의 납부의무자들 사이에서도 동질성의 정도가 서로 유사하게 유지되어야 한다는 것을 의미한다." 헌재 2005. 3. 31. 선고 2003헌가20 결정(학교용지부담금 사건).

8) 부담금의 부과를 통하여 수행하고자 하는 특정한 경제적 · 사회적 과제와 특별히 객관적으로 '밀접한 관련성'이 있어야 한다.

9) 특정 과제의 수행에 관하여 조세외적 부담을 져야 할 책임이 인정될 만한 집단에 대해서만 부과되어야 한다.

10) 부담금의 수입이 부담금 납부의무자의 집단적 이익을 위하여 사용되어야 한다. "부담금의 개념 요소에 반드시 반대급부의 보장이 요구되는 것은 아니다. 따라서 부담금의 수입이 반드시 납부의무자의 집단적 이익을 위하여 사용되어야 하는 것은 아니다. 그러나 납부의무자의 집단적 이익을 위하여 사용되는 경우에는 부담금 부과의 정당성이 제고됨은 말할 필요가 없다." 헌재 2003. 1. 30. 선고 2002헌바5 결정(국외여행자납부금 사건).

11) 헌재 2003. 12. 18. 선고 2002헌가2 결정(문예진흥기금 사건, 문예진흥기금의 납입금 자체가 특별부담금의 헌법적 허용한계를 벗어나서 국민의 재산권을 침해하므로 위헌이라 한 사례).

12) 헌재 2005. 3. 31. 선고 2003헌가20 결정(학교용지부담금 사건).

13) 헌재 2003. 12. 18. 선고 2002헌가2 결정, 소수의견.

성, 방법의 적정성, 피해의 최소성, 법익의 균형성 등을 위헌 여부를 판단하는 중요한 잣대로 보는 입장이라고 이해된다.14) 이러한 입장이 우리나라의 헌법적 구조에 맞게 부담금의 헌법상 허용요건을 도출하려고 한다는 점에서 타당하다고 생각한다.

「부담금관리 기본법」 제4조는, 부담금부과의 근거가 되는 법률에는 부담금의 부과 및 징수주체 · 설치목적 · 부과요건 · 산정기준 · 산정방법 · 부과요율 등이 구체적이고 명확하게 규정되어야 하지만, 부과요건 등의 세부적인 내용은 당해 법률이 구체적으로 범위를 정하여 위임한 바에 따라 대통령령 · 총리령 · 부령 또는 조례 · 규칙으로 정할 수 있다고 규정하고 있다. 또한, 동법 제5조는 부담금 부과의 원칙에 관하여 규율하고 있는데, "부담금은 설치목적을 달성하기 위하여 필요한 최소한의 범위에서 공정성 및 투명성이 확보되도록 부과되어야 하며, 특별한 사유가 없으면 하나의 부과대상에 대하여 이중으로 부과되어서는 아니 된다"라고 규정하고 있다.

더불어 「부담금관리 기본법」 제3조는 부담금설치의 제한에 대하여 규정하고 있는데, "부담금은 별표에 규정한 법률에 따르지 아니하고는 이를 설치할 수 없다"라고 규정하고 있다. 이에 따라 각종 부담금은 「부담금관리 기본법」의 부담금 부과원칙에 따라 법률에서 부담금의 부과요율의 상한, 산정방법과 시기, 부과시기 등을 구체적이고 명확하게 규정하도록 함으로써 부담금 운용의 공정성과 투명성을 확보하여야 한다.

Ⅱ. 환경개선비용부담

환경보호 및 개선이 중요해질수록 여기에 소용되는 환경재원을 마련하는 것이 중요한 정책적, 현실적 과제가 되고 있다. 이는 규제행정에서 조성행정으로 환경정책의 방향이 전환되는 시점에서 크게 주목받는 주제이다. 그러나 누구에게, 어떻게 부담시킬 것인가? 우선 오염원인자 책임원칙이나 수익자 비용부담원칙이 적용될 수 있을 것이다. 현대 환경국가, 복지국가에서 국가 또는 지방자치단체는 국민의 건강하고 쾌적한 환경을 보장해야할 일반적 의무를 부담하기 때문에 환경개선사업을 위한 명목으로 부담금을 부과하는 경우도 있다. 「환경개선비용 부담법」에 근거하고 있는 환경개선부담금이 그 좋은 예이다. 1991년 12월 31일에 제정하여 시행 중인 동법은 환경오염의 원인자로 하여금 환경개선에 필요한 비용을 부담하게 하여 환경개선을 위한 투자재원을 합리적으로 조달함으로써 국가의 지속적인 발전의 기반이 되는 쾌적한 환경을 조성하는 데에 이바지함을 동법의 목적으로 밝히고 있다(제1조). 이러한 목적을 달성하기 위한 것이 경유차에 대해 부과되는 환경개선부담금이다.

---

14) 헌재 2003. 1. 30. 선고 2002헌바5 결정(국외여행자납부금 사건); 헌재 2005. 3. 31. 선고 2003헌가20 결정(학교용지부담금 사건); 헌재 2008. 11. 27. 선고 2007헌마860 결정(영화상영관 입장권부과금 사건) 참조. 특히 영화상영관 입장권부과금 사건에서 헌법재판소는 집단적 동질성, 객관적 근접성, 집단적 책임성, 집단적 효용성이라는 4가지 요건을 재산권 제한에 대한 위헌심사기준인 과잉금지원칙 중 방법의 적절성에서 판단하고 있다.

1. 목 적

환경개선부담금의 부과 목적은 오염원인자 책임의 원칙에 따라 오염원인자에게 오염물질처리비용을 부담토록 하여 오염저감을 유도하고 환경개선을 위한 투자재원을 합리적으로 조달하는 데 있다.

2. 성 격

환경개선부담금은 환경개선사업 등 특정한 행정과제의 수행을 위하여 자동차의 소유자에 대하여만 부과된다는 점에서 '조세외적 부담금'에 해당되며, 일반적인 국가재정 수요의 충당을 위하여 일반 국민으로부터 그 담세능력에 따라 징수되는 조세와 구별된다.

부담금을 그 부과목적과 기능의 성격에 따라 재정조달목적 부담금(재정충당 부담금)과 정책실현목적 부담금(유도적 부담금)으로 구분할 경우 환경개선부담금은 성격상 환경개선사업 등에 소요되는 재정을 충당하기 위한 것이기 때문에 재정조달에 목적이 있는 재정충당 부담금이라 할 것이다. 법문상으로도 재정충당 목적만 나타나 있고 유도적 목적은 나타나 있지 않다. 부담금을 부과함으로써 오염을 저감시키는 정책적 · 유도적 성격은 희박하다.

3. 부과대상

환경부장관은 유통 · 소비과정에서 환경오염물질을 다량으로 배출하여 환경오염의 직접적인 원인이 되는 경유를 연료로 사용하는 자동차의 소유자로부터 환경개선부담금을 부과 · 징수한다(제9조 제1항). 유통 · 소비과정에서의 오염물질 배출행위를 규제한다는 점에서 생산 · 제조과정에서의 오염물질 배출행위와 관련하여 부과되는 「물환경보전법」과 「대기환경보전법」상의 배출부과금과 구별된다.

구체적으로 환경개선부담금의 부과대상은 경유를 연료로 사용하는 자동차로서 「자동차등록법」에 따라 등록된 자동차이다(동조 제2항, 시행령 제4조 제2항).

4. 부과대상 제외

관련법에 의한 휴업기간 중에 있는 자동차, 공매 등 강제집행절차가 진행 중인 자동차로서 집행기관 인도일 이후부터 경락대금 납부일 전까지의 자동차 등은 부과대상에서 제외된다(시행령 제4조 제2항).

5. 부과대상자

부과대상자는 부과 기준일 현재 해당 자동차를 소유하고 있는 자로 한다. 다만, 부과기간 중 자동차의 소유자가 변경된 때에는 개선부담금의 부과대상자를 소유기간별로 구분한다(시행령 제5조 제3항). 부과 기간 중 자동차의 사용폐지 등으로 부과 기준일 현재 부과대상자가 없을 경우에는 당해 부과 기간 중 최종 소유자를 부과대상자로 한다(동조 제4항).

6. 감 면

다음에 해당하는 자동차에 대하여는 개선부담금을 감면할 수 있다: ① 외국정부 및 국제기구의 소유인 자동차(외국정부 공관원 및 국제기구의 직원이 소유하는 자동차를 포함). 다만, 해당 국가가 대한민국정부의 소유인 자동차(대한민국정부의 공관원이 소유하는 자동차를 포함)에 대하여 개선부담금과 유사한 성격의 부담금을 부과하는 경우에는 그러하지 아니할 수 있다; ② 전시용 자동차나 배출가스가 현저히 적게 배출되는 자동차로서 대통령령으로 정하는 자동차; ③ 「국민기초생활 보장법」에 따른 수급권자, 대통령령으로 정하는 국가유공자나 장애인이 보철용 · 생업활동용으로 사용하기 위하여 등록한 자동차 1대(제9조 제3항).

7. 부담금의 산정기준

기본적으로 환경개선부담금은 오염원인자 책임의 원칙에 근거하여 오염물질 배출총량을 감안하여 산정하는데, 그 부과방법은 다음과 같다(제10조).

대당 기본 부과금액 × 오염유발계수 × 차령계수 × 지역계수

8. 부과 및 징수절차

시행령에서는 환경개선부담금의 부과 · 징수 절차 등에 대하여 자세히 규정하고 있다(시행령 제8조).

9. 조 정

환경부장관은 부과되었거나 징수된 개선부담금이 다음에 해당하는 경우에는 개선부담금을 다시 산정하여 조정하되, 이미 납부한 금액과 조정된 금액에 차이가 있는 때에는 그 차액을 다시 부과하거나 환급하여야 한다: ① 개선부담금의 납부대상자가 잘못된 경우; ② 개선부담금의 부과대상 또는 산정방법이 잘못 적용된 경우; ③ 분할납부 금액이 잘못 산정된 경우(시행령 제9조).

10. 용 도

환경개선부담금은 다음의 용도에 한하여 사용한다: ① 「환경정책기본법」상 환경보전중기종합계획에 따라 시행하는 대기 및 수질환경개선사업비의 지원; ② 사업자가 시행하는 대기 및 수질환경개선사업비의 융자 및 저공해기술 개발 연구비의 지원; ③ 자연환경보전사업이나 그 밖에 대통령령으로 정하는 용도[15](제11조).

15) "그 밖에 대통령령으로 정하는 용도"라 함은 다음 용도를 말한다: ① 환경과학기술 개발비의 지원; ② 환경오염 현황 조사 및 분석비의 지원; ③ 환경정책 연구 · 개발비의 지원; ④ 그 밖에 환경부장관이 환경개선에 필요하다고 인정하는 용도(시행령 제18조).

11. 평 가

이 제도는 그 동안 환경정책 대상에서 등한시 되어 왔던 소비 · 유통부문의 오염행위에 대한 본격적인 정책적 대응이라 할 것이다. 당초 환경개선부담금은 건물이나 그 밖의 시설물의 소유자 또는 점유자도 부과대상으로 하였는바, 여기에 대해서는 정책수단과 정책대상간의 연계성 부족, 배출부과금, 수도요금 등과의 중복성, 부담금의 헌법적 정당화 요건(특히 집단적 동질성과 집단적 효용성)의 미충족 등 비판이 제기되었다. 이에 2015. 1. 20 개정 법에서는 이러한 문제를 해소하기 위하여 건물 등의 소유자 등에게 부과하는 환경개선부담금을 폐지하여 이들의 부담을 완화하기에 이르렀다. 같은 맥락에서 환경개선부담금의 납부 편의를 도모하기 위하여 자동차세의 일시납부 기간인 1월에도 환경개선부담금을 일시납부 및 감면할 수 있도록 하고(제9조 제7항), 신용카드 등으로도 환경개선부담금을 납부할 수 있도록 하고 있다(제9조의2).

Ⅲ. 환 경 세

1. 의 의

환경정책을 수행하기 위하여 조세수단이 활용될 수 있다. 조세는 적극적으로 환경보호시설이나 사업을 조성하기 위한 수단으로, 또 한편으로는 환경오염 사업의 억제 수단으로 사용될 수 있다. 최근에는 특히 환경보전을 위한 세제상의 규제수단으로 환경세가 주목을 받고 있다.[16] 환경세는 일반적으로 광의의 환경세와 협의의 환경세로 나누어 볼 수 있다. 광의의 환경세는 당초 도입목적을 떠나 결과적으로 환경보전에 일정한 역할을 하는 모든 조세, 즉 에너지세, 자동차세, 특별소비세, 환경관련 예치금, 부담금, 보조금 등을 포함하는 개념이다. 우리나라 환경관계법에 근거한 각종 부담금, 부과금, 사용료 등은 오염행위 등에 강제적으로 부과된다는 점에서 광의의 환경세에 포함될 수 있다. 한편, 협의의 환경세는 환경보전을 목적으로 부과되는 조세로 탄소세나 에너지세와 같이 일반조세의 형식으로 부과되는 것이 여기에 해당한다.[17]

한편, 환경세는 오염물질의 배출량에 따라서 그 오염원에 직접 부과되는 배출부과금과 같이 오염물질의 배출행위 그 자체에 부과되는 직접환경세와 그러한 배출행위에 관련된 중간 투입물이나 다른 행위에 간접적으로 부과되는 간접환경세, 그리고 오염행위와 관련이 없는 단순한 환경보호에 관련된 지출을 위한 재원을 조달하기 위한 목적환경세로

---

16) 환경세에 대하여 자세한 내용은 이종영, “환경세의 기능과 효과”, 환경법연구 제19권, 1997, 75면 이하; 김형성 · 박정우, “환경친화적 조세정책과 환경세 도입방안에 관한 연구”, 환경법연구 제21권, 1999, 301면 이하; 박정우, “환경세 도입을 통한 우리나라 환경법 개선에 대한 연구”, 국제법무연구 제4호, 2000. 2, 91면 이하; 김명용, “환경세의 도입에 관한 법적 연구”, 법제연구 제24호, 2003, 155면; 김춘환, “환경세의 도입방안”, 환경법연구 제25권 제1호, 2003. 9, 209면 이하 참조.

17) 박균성 · 함태성, 환경법, 박영사, 2004, 178면. 엄격한 의미에서 환경세란 환경오염의 억제를 목적으로 하며, 과세표준이 환경에 부담을 주는 오염물질에 근거하여야 한다. 김명용(앞의 글), 165면.

나눌 수 있다.[18)]

2007. 1. 1.부터 시행되고 있는 「교통 · 에너지 · 환경세법」은 목적세로 에너지세 등을 두고 있다. 동법은 "도로 · 도시철도 등 교통시설의 확충 및 대중교통 육성을 위한 사업, 에너지 및 자원 관련 사업, 환경의 보전과 개선을 위한 사업에 필요한 재원을 확보함을 목적으로 한다"고 규정함으로써, 재원을 환경의 보전과 개선에 사용할 수 있도록 하고 있다(제1조). 교통 · 에너지 · 환경세는 한시적으로[19)] 휘발유와 경유에 대해서만 부과된다. 세율은 휘발유와 이와 유사한 대체유류는 리터당 475원, 경유 및 이와 유사한 대체유류는 리터당 340원이다(제2조). 징수한 세금은 교통시설특별회계, 지역발전특별회계 등으로 전입되어 지정된 용도로 사용된다.[20)]

기후변화 대응의 일환으로 배출권거래제도와 함께 탄소세가 주목을 받고 있다.[21)] 탄소세[22)]의 역사는 20여년이 넘었다. 그러나 현재 탄소세를 도입 · 운영하고 있는 국가는 유럽의 몇 개 국가를 제외하고 많지 않다.[23)] 우리나라에서 탄소세에 대한 논의는 지지부진한 상태이다. 그동안 우리나라에서는 탄소세에 대해서 그 필요성에도 불구하고 정치적인 저항 등을 이유로 논의 자체가 터부시된 느낌이 든다. 그러나 탄소세는 제도 설계의 단순성, 행정비용의 저렴, 시행의 용이성과 즉시성, 적용범위의 광범위성, 재정수입의 증가, 비용의 안정성과 예측가능성, 신호 기능, 공평성, 도덕적 정당성 등을 고려할 때 배출권거래제도에 비해 오히려 우수한 측면이 많다.[24)] 탄소세가 광범위한 과세 기반을 두고

---

18) 김형성 · 박정우(각주 16), 303면.

19) 교통 · 에너지 · 환경세는 1994년 '교통세'로 도입되어 2003년까지만 한시적으로 운영하기로 하였으나, 이후 과세기한이 3년마다 계속 연장되었고 2007년부터는 교통 · 에너지 · 환경세로 명칭이 변경되어 현재에 이르고 있다. 2021. 12. 21. 개정법에서는 유효기간을 2021년 12월 31일까지에서 2024년 12월 31일까지로 3년 연장하였다.

20) 교통 · 에너지 · 환경세는 73%는 교통시설특별회계, 25%는 환경개선특별회계, 2%는 국가균형발전특별회계 등으로 전입된다(「교통시설특별회계법」 제8조 제1항 제1호, 「국가균형발전 특별법」 제36조).

21) 양자는 배출권거래제도가 양(caps)을 규제한다면 탄소세는 가격(taxes)을 규제한다는 점에서 차이가 있다. Christina K. Harper, *Climate Change and Tax Policy*, 30 B.C. Int'l & Comp. L. Rev. 411, 458 (2007).

22) 탄소세는 이산화탄소를 배출하는 주요 오염원(예컨대, 석유, 석탄, 천연가스 등)에 대하여 탄소 함유량에 비례하여 부과되거나 이산화탄소 실제 배출량에 기초하여 부과하는 개념이다. 흔히 이들을 모두를 탄소세라고 혼용하고 있는데, 엄밀히 말하면 전자의 경우는 물품세이고 후자의 경우는 탄소배출세라고 할 수 있다. 양자의 구별 실익은 국경세 조정(border tax adjustment)의 대상 여부와 관련이 있다. 수입제품의 탄소 함유량에 기초하여 탄소세를 부과하고 수출제품의 탄소 함유량에 기초하여 환급해 주는 것이 WTO체제에 부합한다는 점에 대해서는 의견이 합치되고 있으나 제조 과정에서 소비된(그러나 최종 제품에 포함되지 않은) 탄소 예컨대, 철을 만드는 과정에 사용된 탄소에 대한 부과가 WTO체제에 부합하는지에 대하여는 견해가 나뉘어진다.

23) 1990년 핀란드를 필두로 탄소세는 유럽을 중심으로 확산되었다. 현재는 독일, 영국, 이탈리아, 스위스, 아일랜드 등이 탄소세나 탄소세 성격의 세제를 시행 중에 있다. 외국의 탄소세제에 대하여 자세한 내용은 김동복, "저탄소녹색성장을 위한 탄소세에 관한 소고", 토지공법연구 제45집, 2009. 8, 277면 이하; 안창남 · 길병학, "우리나라 탄소세 도입방안 연구 −과세제도 및 체계를 중심으로−", 조세연구 제10−2집, 2010, 228면 이하; 박광수 · 김현석, 시장친화형 에너지 가격체계 구축 종합연구, 에너지경제연구원, 2011. 12, 12면 이하; 강만옥 외 2, 탄소세 도입 및 에너지세제 개편방안 연구, 한국환경정책 · 평가연구원, 2011. 12, 30 내지 52면; 신상철 · 박현주, 탄소세와 배출권거래제 연계를 통한 효율적 기후변화 대응 방안, 한국환경정책 · 평가연구원, 2011, 12, 29면 이하 참조. 유럽 이외의 국가로는 오스트레일리아가 탄소세 도입에 비교적 적극적이었다. 그러나 최근 오스트레일리아 정부는 2012년 7월 도입된 탄소세를 도입 1년여 만에 폐지하고 대신 배출권거래제를 당초 보다 1년 앞당겨 실시한다고 밝혔다. "호주, 탄소세 폐지 대신 배출권거래제 조기시행", 연합뉴스 2013. 7. 15. 기사.

24) 탄소세의 장점에 대하여 자세한 내용은, 김홍균, "온실가스 규제를 위한 방안: 탄소세인가? 배출권거래제인가?", 저스티

있으며 그 정책 효과가 비교적 장기적이고 지속적이라는 점을 감안할 때 이를 기후변화 대응 정책의 기본 수단으로 삼고 보다 강화된 관리가 필요한 특정 부문에 대해서 배출권 거래제도로 보완하는 것이 타당해 보인다. 이러한 관점에서 배출권거래제도를 도입한 주요 국가들이 탄소세를 도입하고 난 후에 배출권거래제도를 시행하고 있다는 점은 시사하는 바가 많다고 생각한다.

2. 평　　가

최근에 환경세의 도입 여부가 큰 쟁점으로 부각되고 있다. 환경세는 재원의 확보, 투자와의 연계 가능성 등에서 장점을 갖는다.25) 환경세는 오염물질의 배출을 수반하는 제품의 생산이나 소비 또는 환경기준 위반 등 일정한 행위를 한 자에 대하여 부과된다는 점에서 징벌적 성질을 갖는다. 결국 환경세 납세의무자는 환경세 납부를 회피하기 위해 환경오염을 유발하는 제품의 생산 내지 소비를 줄이는 노력을 기울이게 된다. 한편, 환경세의 부과주체는 의무자로부터 부과 · 징수된 환경세를 환경부문 투자재원으로 확보하여 오염방지사업 또는 환경보호 사업을 수행할 수 있게 된다. 이에 전세계적으로 환경세 도입이 확산되는 추세에 있다. 우리나라도 환경친화적 조세체계 구축에 대한 인식의 전환이 절실히 요청되는 시점에 놓여 있다.

그러나 이러한 기능 및 장점에도 불구하고 국민의 부담이 가중될 우려가 높다는 지적은 그 도입을 꺼리는 요인으로 작용하고 있다. 탄소세의 도입이 현실화할 경우 국가경제와 국민 부담을 완화한다는 차원에서 배출권거래제와의 조화,26) 「교통 · 에너지 · 환경세법」에 따른 교통 · 에너지 · 환경세의 개편27) 또는 폐지28) 등도 대안으로 고려할 필요가 있다.

Ⅳ. 녹색기업지정제도

1. 의　　의

「환경기술 및 환경산업 지원법」(환경기술산업법)은 환경부장관으로 하여금 오염물질의 현저한 감소, 자원과 에너지의 절감, 제품의 환경성 개선, 녹색경영체제의 구축 등을 통

스 제141호, 2014. 4, 126 내지 139면.

25) 환경세는 재원의 규모, 재원의 안정성, 재원조달비용, 투자와의 연계 가능성, 소득분배 등의 효과성 측면에서 부담금보다 우월한 장점을 가지고 있다. 김명용(각주 16), 167면, 187면.

26) 배출권거래제 적용대상이 아닌 산업, 수송, 가정, 상업 및 공공 부문에 대한 부과, 무상할당 대상 업체에 대한 부과, 배출권거래제 대상업체에 대한 탄소세의 경감이나 환급조치 등이 고려될 수 있다.

27) 균형과세 차원에서 교통 · 에너지 · 환경세가 부과되지 않는 석탄, 발전 등에 대한 과세가 좋은 예이다. 도로 및 도시철도 등 사회간접자본의 확충에 소요되는 교통시설특별회계전입이 불균형적으로 많은 구조를 탈피(환경개선특별회계의 비중 확대)하는 것도 개편의 방향이 될 수 있다.

28) 도로 및 도시철도 건설 등 사회간접자본에 대한 투자 필요성의 감소, 과세와 정책과의 연계성의 부족 등은 폐지에 대한 검토를 요구하고 있다.

하여 환경개선에 크게 기여하는 기업 및 사업장을 녹색기업으로 지정할 수 있도록 하고, 녹색기업으로 지정된 기업에 일정한 유인[29]을 제공하고 있다(제16조의2).

녹색기업지정제도란 기업이 사업활동의 전과정에 걸친 환경영향을 평가하고 구체적인 환경목표를 설정하여 자율적으로 환경개선을 도모하도록 하기 위해 특정한 요건을 갖추고 지정을 신청한 기업에 대해 환경부가 녹색기업이라고 인정을 하는 제도를 의미한다. 이 제도는 기업이 환경규제기준의 준수에 그치는 기존의 소극적 대응방식에서 벗어나 기업 스스로가 환경성을 평가하고 이를 토대로 오염물질 삭감계획과 방법 등이 명시된 개선계획을 마련하고 이를 지속적으로 시행하도록 하는 적극적 관리방식이다. 도입배경은 1992년 6월 리우선언을 계기로 정부와 기업의 관계를 기존의 명령 · 규제에서 상호신뢰를 바탕으로 한 동반 · 협력의 관계로 전환하기 위한 것이다.

이 제도는 기업 스스로 환경개선을 위하여 노력하도록 유도하는 다시 말하면 사업장의 자율적 환경관리체제를 구축하도록 장려하는 것이다. 여기에는 오염물질이 발생한 후 사후처리를 하는 것보다 청정생산기술개발 등을 통하여 사전에 오염물질을 억제, 감축하는 것이 더 효율적이고 일정시점 이후부터는 오히려 비용절약적이라는 인식이 바닥에 깔려 있는 것이다.[30]

2. 평　가

허가제도의 완화, 보고 · 검사의 면제 등 녹색기업에 대한 직접적 유인과 더불어 녹색기업으로 지정된 기업은 소비자의 주의를 환기시켜 시장에서의 경쟁력 우위를 확보할 수 있으므로, 녹색기업으로 지정받으려는 기업의 범위와 그들의 자발적인 환경보호노력은 증가할 것으로 생각된다. 그러나 녹색기업지정제도에 대해서는 다음의 문제점들이 제기되고 있다: ① 민간 주도로 이루어지는 세계적 추세와 달리 정부주도로 운영되고 있다; ② 심사과정에서 시간이나 집중도의 부족 및 심사기준의 자의성에 따라 객관성과 형평성을 잃을 우려가 있다; ③ 실제 운영과정에서 제조업 중심으로 지정이 이루어지고 있으며,[31] 중소기업의 참여가 저조하다.[32]

이러한 문제점을 해소하기 위한 방안으로는 건설업, 유통업, 호텔업 등 서비스업종으

29) 환경부장관은 녹색기업으로 지정된 기업 및 사업장에 대하여는 다음의 어느 하나에 해당하는 조치를 하여야 한다: ① 「대기환경보전법」 제23조 및 「물환경보전법」 제33조에 따른 허가를 신고로 대신; ② 「대기환경보전법」 제82조, 「물환경보전법」 제68조, 「소음 · 진동관리법」 제47조, 「폐기물관리법」 제39조, 「화학물질의 등록 및 평가 등에 관한 법률」 제43조, 「화학물질관리법」 제49조, 「가축분뇨의 관리 및 이용에 관한 법률」 제41조, 「하수도법」 제69조, 「건설폐기물의 재활용촉진에 관한 법률」 제34조, 「악취방지법」 제17조, 「토양환경보전법」 제26조의2 및 「잔류성오염물질 관리법」 제29조에 따른 보고 · 검사 중 환경부령으로 정하는 사항의 면제; ③ 그 밖에 대통령령으로 정하는 우대 조치(제16조의2 제5항).

30) 김연태, "환경법에 있어서 사전배려원칙의 실현", 법학논집 제34집, 고려대학교 법학연구소, 1998. 12, 95면.

31) 2015년 12월 현재 우리나라에서 녹색기업으로 지정된 업체는 총 179개 업체이다. 업종별로는 화학이 47개소로 가장 많으며 전자 33개소, 전기 27개소, 음식료 23개소, 자동차 10개소 등의 분포를 보이고 있다. 환경부, 환경백서, 2016, 493면.

32) 정회성 · 강철구, 종합적 환경관리체계의 개선방안 연구—자율환경관리의 활성화 방안, 한국환경정책 · 평가연구원, 1998. 12, 217 내지 219면 참조.

로 지정범위를 확대하고, 중소기업도 쉽게 참여하는 방안을 모색할 필요가 있다. 녹색기업으로 지정된 업체수가 크게 증가하지 않는[33] 중요한 원인 중의 하나는 유인이 크지 않다는 것이라고 생각되는데 이 제도의 활성화를 위해서는 배출부과금(특히 기본부과금)의 감면, 우수환경경영사례발표회 개최 및 포상, 녹색기업 로고의 부착허용, 녹색기업 실적평가결과의 인터넷 등에의 공개 등의 혜택을 부여하여 유인을 강화하여야 할 것이다.[34] 제도의 성공을 위해서는 지속적이고 강화된 사후관리가 요구된다.

Ⅴ. 환경라벨링제도

1. 의　　의

오염원에 대한 직접적 규제만으로는 근본적인 환경문제 해결과 환경개선을 이룰 수 없다는 인식이 확산되면서 환경친화적인 생산 · 소비 촉진을 통한 지속가능한 사회체계 구축에 대한 관심이 높아지고 있다. 이러한 배경에서 최근에는 환경라벨링제도가 크게 주목을 받고 있다. 환경라벨링제도는 제품의 환경성에 대한 정보를 제품에 표시하는 환경친화적인 상품에 대한 품질인증제도로서, 제품 생산자로 하여금 환경친화적 제품의 개발 및 생산을 촉진하고, 소비자는 이러한 환경친화적 제품을 선택 · 사용하게 하여 환경보전에 스스로 참여하도록 유도하는 기능을 갖는다.

환경라벨링제도는 현재 세계 여러 국가에서 시행하고 있으며,[35] 국제사회에서 세계무역기구(WTO), 국제표준화기구(International Standardization Orga－nization: ISO), OECD 등을 중심으로 환경과 무역의 연계수단으로서 활발히 논의하고 있으며, 환경라벨링이 무역장벽으로 작용할 가능성에 대하여도 검토하고 있다. WTO 부속 협정의 하나인 무역에 대한 기술장벽에 관한 협정(TBT협정)[36]은 환경라벨링이 자유무역원칙에 부합할 것을 강조하고 있다. 한편, 국제표준화기구의 주관으로 진행되고 있는 환경마크제도의 국제표준화 작업도 세계적으로 주목받고 있다.

환경라벨링제도에는 크게 환경표지(일명 환경마크)제도(Type Ⅰ), 제품의 환경성 자기주장제도(Type Ⅱ), 환경성적표지제도(Type Ⅲ) 등 3가지 유형이 있다.

---

33) 연도별 녹색기업 지정업체의 수를 살펴보면, 2009년 188개, 2010년 193개, 2011년 210개, 2012년 207개, 2013년 203개, 2013년 197개, 2013년 179개로 증가율이 답보상태에 있고 최근에는 오히려 줄어드는 추세이다. 2016년 환경백서(각주 30), 493면.

34) 정회성 · 강철구(각주 28), 153 내지 154면.

35) 환경표지제도는 1979년 독일에서 최초로 도입된 이래 유럽연합, 북유럽, 미국, 일본, 중국 등 47개국에서 시행하고 있으며, 환경성적표지제도는 1992년 미국에서 처음 시행된 이래 우리나라를 포함하여 스웨덴, 캐나다, 일본 등 8개국에서 시행하고 있다. 2016년 환경백서(각주 31), 488면.

36) Agreement on Technical Barriers to Trade, http://www.wto.org/english/docs_e/legal_e/17－tbt_e.htm.

≪환경라벨링제도≫37)

제도유형	주 요 내 용
환경표지 (Type Ⅰ)	· 제품의 전과정을 고려하여 자원·에너지 절약, 환경오염 예방, 인체 유해성 저감 등에 대한 환경기준과 품질기준을 설정하고 동 기준에 적합한 제품에 대해 제3자 기관이 환경표지 사용을 인증하는 제도
환경성 자기주장 (Type Ⅱ)	· 제품의 공급자가 자체적으로 제품의 환경성에 대한 주장을 할 수 있는 방법과 준수요건을 규정하여 공급자의 무분별한 환경성 주장에 따른 소비자 기만행위 및 혼란 예방을 위한 가이드라인을 정함
환경성적표지 (TypeⅢ)	· 제품에 대한 전과정평가(LCA) 결과에 따라 자원사용, 지구온난화, 수질오염, 대기오염 등 계량화된 전과정 환경영향 정보를 제3자가 인증하여 제품에 표기하는 제도

환경기술산업법은 환경표지제도(제17조)와 환경성적표지제도(제18조)에 대한 법적 근거를 마련하고 있다. 한편, 정부는 기후변화 대응 차원에서 2009년 2월부터 제품과 서비스의 원료채취, 수송·유통, 생산, 소비, 폐기 등 전과정(life cycle)에서 발생하는 온실가스 배출량을 이산화탄소 배출량으로 환산하여 제품에 표시함으로써 소비자의 친환경소비를 유도하는 '탄소성적표지제도'를 시행하고 있다.38)

2. 평 가

환경라벨링제도는 기업체로 하여금 저공해제품의 개발 및 생산을 촉진하고, 소비자로 하여금 친환경상품을 선택·사용토록 함으로써 환경보호에 기여한다는 의미가 있다. 환경친화적인 제품에 대한 소비자의 주의를 환기시켜 동 제품의 시장에서의 경쟁력을 확보할 수 있도록 하고 궁극적으로 생산자들의 환경보호 노력과 동참을 증가시킬 것으로 예상된다. 그러나 환경표지 및 환경성적표지 대상제품의 확대, 인증기준의 합리성·과학성 제고, 인증수탁기관의 인증업무에 대한 전문성 제고, 환경성적 산출에 필요한 모듈개발 및 보급 등을 통한 기업의 참여여건 개선 등은 환경라벨링제도의 정착과 성공을 위해 지속적으로 추구해야 하는 과제로 남는다.

Ⅵ. 자발적 협약

1. 의 의

자발적 협약(Voluntary Agreement)은 환경보호를 목적으로 한 행정청(정부 또는 공공기

37) 2016년 환경백서(각주 31), 482면.
38) 2016년 환경백서(앞의 책), 485 내지 486면.

관)과 사인(주로 기업) 간의 합의라고 할 수 있다.[39] 흔한 형태는 행정주체인 정부 또는 지방자치단체가 사업자 또는 기업과 환경개선협약을 맺고, 협약의 이행을 지원하기 위하여 유인을 제공하고, 불이행 시에는 유인을 취소하거나 제재적 행정처분 또는 벌칙을 부과하거나 허가제와 연계시키는 등 제재를 가함으로써 환경목표와 성과를 달성하는 것이다.[40] 자발적 협약의 일방 주체는 정부 또는 지방자치단체이다. 이는 정부, 지방자치단체와의 파트너십을 바탕으로 협약에 참여하는 기업들이 자율적 · 적극적으로 환경관리 목표를 설정하고 이를 이행하는 방식이라고 할 수 있다. 행정주체와 사인 간의 협의와 협력을 바탕으로 하고 있다는 점에서 협동의 원칙의 한 구현형태라고 할 수 있다.

이러한 자발적 협약은 기업의 자유로운 의사결정을 유도함으로써 기업 특성에 맞는 환경관리방식을 채택할 수 있고, 유연하고 탄력적인 방법으로 환경목적을 신속하고 비용-효율적으로 달성할 수 있으며, 기업으로 하여금 환경친화적 이미지를 제고할 수 있도록 하는데 유용하게 활용될 수 있다. 직접규제방식에 비해 정부의 행정비용을 줄일 수 있는 것도 큰 장점이라 할 수 있다. 이러한 기능 및 장점은 기존의 전통적인 규제정책으로는 정책시행의 실효성이 적은 부분이나 분야에 대하여 효과적일 수 있다는 점을 암시한다. 이러한 점에서 자발적 협약은 명령 · 규제방식을 대체 또는 보완할 수 있는 가능성을 제공한다.

「환경정책기본법」에서는 "국가 또는 지방자치단체는 사업자가 스스로 환경관리를 위하여 노력하는 자발적 환경관리체제가 정착 · 확산될 수 있도록 필요한 행정적 · 재정적 지원을 할 수 있다(제56조 제2항)"고 규정하여 자발적 협약의 기초를 제공하고 있다. 개별법 중에는 「자원의 절약과 재활용촉진에 관한 법률」(제34조의8 제1항), 「대기관리권역의 대기환경개선에 관한 특별법」(제25조), 「생물다양성 보전 및 이용에 관한 법률」(제16조), 「에너지이용 합리화법」(제28조), 「녹색제품 구매촉진에 관한 법률」(제15조의3) 등에서 법적 근거를 규정하고 있다. 특기할 것은 정부가 2002. 9. 배출업소 지도점검업무의 지방자치단체 위임에 대비하여 그 동안 시행되어 오던 자율환경관리지침서의 내용을 체계적으로 재정비하여 '자율환경관리협약운영규정'을 제정 · 고시하고, 협약대상자를 대기 · 수질 · 폐기물 등 기존의 배출업소 위주에서 실제 오염물질을 배출하는 자 또는 단체로 확대하고, 협약대상 분야도 지구환경에 영향을 미치는 오염물질 등을 추가하였다는 점이다. 자율환경관리협약을 체결한 사업장에 대해서는 환경개선자금(환경오염 방지시설 설치 자금, 환경기술개발및산업화자금)과 재활용산업육성자금을 우선 지원토록 하고 있으며, '환경오염물질배

39) '자율환경관리협약운영규정(환경부 고시 제2002-139호, 2002. 9. 19)'에서는 '협약'을 "환경오염저감을 위하여 기업 또는 단체와 정부 또는 지방자치단체간에 체결하는 자발적인 환경관리협약"이라고 정의하고 있다(제2조 제1호). 「에너지이용 합리화법」에서는 자발적 협약을 "에너지사용자 또는 에너지공급자로서 에너지의 절약과 합리적인 이용을 통한 온실가스의 배출을 줄이기 위한 목표와 그 이행방법 등에 관한 계획을 자발적으로 수립하여 이를 이행하기로 정부나 지방자치단체와 약속"하는 것으로 정의하고 있다(제28조). 자발적 환경협약을 행정청과 사인 간에 환경보호를 목적으로 양자의 장래의 행위에 대하여 합의하는 것으로 정의하는 견해도 있다. 김현준, "자발적 환경협약", 환경법연구 제29권 제1호, 2007. 4, 4면.

40) 홍준형, 환경법, 박영사, 2005, 294면.

출사업장지도 · 점검에 관한 규정'에 의한 정기점검을 환경실태진단으로 전환하고 있다. 그 외에 녹색기업으로 지정받고자 할 경우 가점 부여, 환경관리공단의 기술지원 등을 실시하고 있다.41)

2. 법적 성격

자발적 협약은 다양한 형식을 띠고 있기 때문에 그 법적 성격을 일률적으로 파악할 수 없다. 오히려 법적 구속력 여하를 기준으로 구속력이 없는 협약은 비공식적 행정작용으로, 구속력이 있는 협약은 공법상 계약으로 이해하는 것이 타당하다고 생각된다.42) 현실적으로는 법적으로 구속력이 없는 자발적 협약이 많지만 구속력이 있는 경우도 종종 발견된다. 당사자간의 합의를 강조하는 제도의 목적이나 취지에 비추어 보면 법적 구속력이 없는 협약이 본래 의미의 자발적 협약에 가깝다고 할 것이다.

3. 평 가

협약을 준수하지 않았을 경우 법적인 처벌이 어렵다는 점은 자발적 협약의 큰 한계라고 할 수 있다. 법적 구속력은 없고 사실상의 구속력이 작용할 뿐이다. 합의 내용이 지켜질 것이라는 기대는 있지만 소구(訴求) 가능한 이행청구권은 없으며, 일방 당사자에 의해 언제라도 합의가 깨질 수 있는 '불안한 타협안'이 자발적 협약인 것이다.43) 자발적 협약에 참여한 기업에 대하여 정기점검을 면제하는 등 인센티브를 제공하면서 그 위반에 대하여 어떠한 처벌도 하지 않는 경우, 기업은 자발적 협약에 참여한 것으로 위장해서 이익을 챙기면서 협약상의 의무는 이행하지 않을 가능성이 있다. 자칫 직접규제의 적용을 지연시키는 도구로 악용될 수 있다. 또한 협약 내용의 이행 여부를 판단하는 근거가 기업에서 제출한 자료에 의존하고 있어 객관적인 평가가 어렵고, 협약의 목표가 모호하게 규정되어 있거나 너무 낮게 설정되어 있다는 등의 이유로 실효성에 의문이 제기되고 있다.44) 이러한 문제점은 법적 구속력이 없는 자발적 협약의 경우에 흔히 나타날 수 있다. 이와 반대로 명백한 법적 근거 없이 자발적이라는 명목으로 사실상 강제되는 문제도 있을 수 있다. 이는 법치행정 또는 법률유보의 원칙을 해칠 수 있다. 현실적으로는 그 부담이 협약 당사자인 기업이 아닌 일반 국민에게 돌아갈 가능성이 많다.

이러한 문제점을 해결하기 위해서는 협약 이행에 대하여 투명하고 객관적인 평가가 이루어져야 하며, 협약 불이행 시에는 그에 상응하는 제재가 이루어져야 한다. 자발적 협약체결 사업자나 기업에 대하여 그 이행을 위하여 필요한 재원의 지원, 부과금의 감액

41) 환경부, 환경백서, 2013, 502면.
42) 김현준(각주 38), 8면. 공법상 계약이라는 견해는 이희정, 법의 지배와 행정법상 재판외 분쟁해결수단: 미국의 경우를 중심으로, 서울대 법학박사학위논문, 2004, 306면.
43) 김현준(앞의 글), 12면.
44) 명형남, "그들만의 허울 좋은 협약: 기업들의 자발적 협약", 함께 사는 길, 2008. 4, 16 내지 18면.

등 충분한 인센티브를 제공하는 것도 중요하다. 이 제도는 기업과 정부 그리고 시민과의 신뢰를 바탕으로 하기 때문에 이러한 방식의 제도가 성공하기 위해서는 무엇보다도 그 약속이 잘 지켜져야 한다. 그렇지 않을 경우에는 정부가 직접 규제하는 것보다도 못한 결과가 초래될 수 있다.

우리나라에서 자발적 협약에 대한 관심은 최근에야 이루어졌다. 자발적 환경협약이 1990년대 중반에 나타났다는 보고[45]는 자발적 협약이 초기 단계에 있음을 알려준다. 그러나 자발적 협약은 대기, 수질, 폐기물 등은 물론이고 오염토양 정화, 화학물질 배출량 저감, 에너지 절약, 친환경상품 구매 · 유통, 포장재 줄이기 등 다양한 분야로 계속 확대되고 있다.

이제 자발적 협약은 추세가 되고 있으며, 기존의 전통적인 규제정책으로는 정책시행의 실효성이 적은 부분이나 분야로 확대될 가능성이 많다. 자연환경보전분야와 에너지관리 분야 등이 대표적인 예이다. 예컨대, 최근 기후변화문제가 심각해지면서 에너지의 생산, 공급, 소비에 관련되는 기업들과 정부 간 협의를 통한 에너지 절약 및 온실가스 배출 저감을 위한 자발적 협약의 필요성은 어느 때보다 높다.

Ⅶ. 환경감사

1. 의　　의

환경감사(Environmental Audit)란 환경침해를 유발하는 사업자 또는 기업이 스스로 환경침해 또는 환경보호 상태를 심사하는 것이라고 할 수 있다. 참고로 미국 환경보호청(EPA)은 환경감사를 "피규제자인 시설 운영자에 의한 체계적이고 문서화된 그리고 정기적이고 객관적인 심사와 환경요건을 충족시키는 데 관련된 업무"로 정의하고 있다.[46] 환경감사는 다음과 같은 이점을 제공한다: 기업으로 하여금 현재 상태에 대한 정확한 평가를 하도록 하며, 환경문제를 시정할 수 있도록 한다; 장래의 의무 불이행을 방지 또는 감소할 수 있는 대안을 모색하게 한다; 기업에게 환경법규 준수 여부에 대한 중요한 정보를 제공함으로써 기업으로 하여금 환경책임을 면하거나 줄일 수 있게 한다; 환경감사의 시행에는 많은 비용이 소요되지만 궁극적으로 환경친화적인 제품 디자인, 생산공정, 기술의 도입 등을 유도하면서 비용절감과 이윤의 확대를 이룰 수 있게 한다; 기업 이미지를 제고하고 투자자를 유인하고 대중으로부터 좋은 평판을 얻게 하며, 결과적으로 기업의 시장 경쟁력을 향상시킨다; 법적 규제자의 입장에서는 행정제재 또는 형벌권 행사를 억제케 한다. 이에 반해 환경감사의 문제점으로는 환경감사비용의 과다, 객관성 보장의 불확실, 불

45) 김현준(각주 38), 20면(에너지관리공단, 에너지절약 및 온실가스배출 감축을 위한 자발적 협약지침서, 4면 이하 재인용).
46) *Environmental Auditing Policy Statement*, 51 Fe. Reg. 25,004, 25,006 (1986); *Incentives for Self-Policing: Discovery, Disclosure, Correction and Prevention of Violations*, 60 Fed. Reg. 66,706, 66,710 (1995).

충분한 유인, 기업 경영상 비밀의 노출 가능성, 환경심사기관의 불공정성, 환경비용의 소비자에 전가 가능성 등을 들 수 있다.

2. 평 가

환경감사는 법적 보호 여하에 따라 기업에게 환경법 위반에 대한 책임을 회피할 수 있는 여지를 주는 한편, 기업의 법적 책임 가능성을 높일 수 있다. 법적 보호가 충분하지 아니할 경우 환경감사에 의해 밝혀진 정보로 인하여 기업은 법적 책임을 지게 될 위험성이 높으며, 이는 역으로 기업으로 하여금 부실한 감사를 유도하고 기업비밀 유지에 급급하도록 할 가능성이 있다. 환경감사의 증거능력이 인정될 가능성이 높은 상태에서,[47] 환경감사에 대한 법적 보호는 입법적으로 해결할 수밖에 없을 것이다.[48] 이때 고려할 요소는 감사의 범위, 감사기관, 면책 또는 특권의 범위,[49] 기업의 정보제공 범위, 대중에 대한 정보공개 범위, 제재의 범위와 정도 등이다.

환경감사가 성공하기 위해서는 기업에게 충분한 유인이 제공되어야 하는데, 예컨대, 감사 결과 발견된 위법행위에 대한 민 · 형사상 책임 감면, 증거능력의 부인, 환경경영체제의 인증, 환경감사결과와 환경경영정보 등에 대한 공중의 접근 보장, 중소기업의 참여 확대 등이 그것이다.

Ⅷ. 환경정보의 공개

환경피해는 그 피해가 막대하고 한번 발생하면 그 복구가 사실상 불가능하거나 비용이 많이 소요되기 때문에 피해구제 보다도 사전에 예방을 위한 규제가 중요한 의미를 갖

47) 미국 법원은 일반적으로 환경감사의 증거능력을 인정함으로써, 환경감사에 대한 법적 보호는 만족스럽지 못하다. 미국 법원들은 일반적으로 기업들이 환경감사의 법적 보호를 위해 주장하는 변호사－의뢰인 증거특권(attorney－client privilege), 업무－결과물 증거특권(work－product privilege), 자발적 평가 증거특권(self－evaluative privilege) 등을 부인하고 있다. Michael Ray Harris, *Promoting Corporate Self－Compliance: An Examination of the Debate Over Legal Protection for Environmental Audits*, 23 Ecology L. Q. 663, 663 (1996).

48) 1995년경 현재 미국은 최소 17개 주(州)가 주법(州法)을 통하여 환경감사에 대한 법적 보호를 하고 있다. Cheryl Hogue, *Audit Legislation Gains, But Some Predict Slowdown in Future*, 26 Env't Rep. (BNA) No. 18, at 882 (Sept. 1, 1995). 예컨대, 오래곤 주법은 환경감사 결과 밝혀진 위반행위를 민사 · 형사소송으로부터 보호하는데, 이러한 보호를 받기 위해서는 기업은 감사에 의해 밝혀진 환경위반을 시정하기 위한 행위를 신속하게 제기하고 성실하게(reasonable diligence) 수행하여야 한다. Thomas E. Lindley and Jerry B. Hodson, *Environmental Audit Privilege: Oregon's Experiment*, 24 Env't Rep. (BNA) No. 24, at 1222 (Oct. 29, 1993). 한편 환경보호청(EPA)은 1995년 성명서(Final Policy Statement of December 22, 1995)를 발표하여 환경감사 정책하에서 기업이 법적 인센티브(중대성에 기초한 벌금부과의 포기, 형사기소의 비권유, 민 · 형사사건 조사를 착수하기 위해 환경감사를 요청하거나 사용하는 것을 자제)를 부여받기 위해 충족해야 할 9가지 요건(체계적 발견, 자발적 발견, 즉시 공개, 독립적 발견과 공개, 시정과 구제, 재발 방지, 반복적 위반에 해당하지 않을 것, 위반이 심각한 실제의 손해를 유발하지 않거나 인간의 건강에 급박하고 중대한 위험을 초래하지 않거나, 또는 사법 또는 행정 명령 또는 협의 조건을 위반하지 않을 것, 협력)을 제시하였다. Incentives for Self－Policing(각주 45), 66,711 내지 66,712면.

49) 면책이 되지 않는 예외적인 경우로 3개 이상의 위반행위, 은혜기간(grace period) 내의 추가 위반, 사기, 악의 또는 소송회피 목적으로 환경감사를 한 경우, 위반이 직접적으로 심각한 건강과 안전문제를 유발하였거나 우려가 있는 경우, 고의적 범죄행위 등을 검토할 필요가 있다. Brooks M. Beard, *The New Environmental Federalism: Can the EPA's Voluntary Audit Policy Survive?*, 17 Va. Envtl. L. J. 1, 42 (1997).

는다. 이러한 차원에서 사전 예방적 규제수단의 필요성에 대하여는 아무리 강조하여도 지나침이 없다. 환경정보의 공개는 이러한 필요성을 잘 충족시켜 줄 수 있다. 환경정보의 공개는 적은 비용으로 공중의 참여를 유도하면서 환경문제를 사전에 예방하게 할 수 있다. 환경정보는 정책을 수립·시행하는 행정청에게 기초적인 자료를 제공할 뿐만 아니라 일반 국민에게는 주민통제의 단초를 제공한다. 이러한 기능은 환경보전 및 개선으로 승화될 수 있으며, 환경위험에 효율적으로 대처할 수 있도록 한다.[50] 한편, 환경정보의 공개는 정부와 기업, 지역주민, 환경단체 등 이해관계자간의 협력관계를 조장할 수 있다는 점에서 '협력의 원칙'과 밀접한 관련을 갖는다.

정보공개와 관련하여 중요한 것은 환경정보에의 접근문제이다. 환경정보에의 접근은 환경정보가 사실상 의사결정과정상의 공중참여를 위한 기본 자료를 제공한다는 점에서 가장 기본적인 권리라고 할 수 있다. 관련 정보가 없다면 공중참여는 물론이고 나아가 사법적 구제도 이루어질 수 없게 된다. 사업의 성질, 계획의 시기 및 범위, 영향을 받는 자원, 예상되는 영향, 내포된 위해성, 대안 등에 대한 관련 정보가 없는 경우 어떻게 공중이 환경의사결정 과정에 참여할 수 있으며, 사법적 구제를 받을 수 있겠는가? 정보 접근권은 정부에게 두 가지 다른 형태의 의무를 부과한다: ① 공중의 요구에 따라 정보를 생산·제공해야 할 소극적 의무와 ② 공중의 요구를 불문하고 정보를 수집·준비·배포하여야 할 적극적 의무.

이러한 점에 주목하여 1992년 리우선언은 모든 이해당사자들의 참여, 환경정보에의 접근을 강조하면서 당사국들로 하여금 공중의 정보접근을 통해 공중의 인식과 참여를 조장할 것을 선언하고 있으며(원칙 10), 「환경정책기본법」은 이러한 원칙을 수용하여 "환경부장관은 모든 국민에게 환경보전에 관한 지식·정보를 보급하고, 국민이 환경에 관한 정보에 쉽게 접근할 수 있도록 노력하여야 한다"고 밝히고 있다(제24조 제1항).

우리나라는 선진 외국의 경우와 같이 환경정보의 공개와 관련한 독립적인 법률과 일반적인 규정을 가지고 있지 못하나,[51] 개별 환경법에서 단편적으로 직·간접적인 규정을

---

50) 환경정보공개의 필요성과 기능에 대하여는 홍준형, "환경정보공개제도의 도입방안에 관한 연구", 행정논총 34(2), 1996. 12, 208 내지 216면; 김인환·전병성, 환경법, 홍문관, 2003, 201 내지 205면 참조.

51) 독일에서는 1994년 「환경정보법(Umweltinformationsgesetz)」이 제정되어 시행되고 있다. 환경정보법의 적용범위는 연방, 주, 지방자치단체, 지방자치단체조합 및 기타 공법상 법인이 보유하고 있는 환경정보와 환경보호분야에서 공법적 임무를 수행하고 공공기관의 감독을 받는 사법상의 자연인 또는 법인이 보유하고 있는 환경정보에 한정된다(제2조). 환경정보청구권의 주체는 모든 자연인과 사법상 법인이며, 공개의 대상이 되는 환경정보는 공공기관이 보유하는 문서·도화 또는 기타 정보매체의 형태로 되어 있는 정보로서, 호소·하천, 대기, 토양, 동·식물계 및 자연적 생활공간에 관한 정보, 그러한 환경상태에 영향을 미치거나 미칠 수 있는, 소음과 같은 안온방해를 발생시키는 행위를 포함한 활동이나 조치에 관한 정보 또는 환경보호를 위한 행정기술적 조치나 프로그램을 비롯한 앞의 제환경분야를 보호하기 위한 활동이나 조치에 관한 정보이다(제3조 제2항). 독일 환경정보법에 대하여 자세한 내용은 홍준형(앞의 글), 216 내지 232면; 김세규, "독일의 정보공개제도와 환경정보법", 동아법학 제26호, 1999. 12, 1면 이하 참조. 한편, 1986년에 제정된 미국 「비상계획 및 알권리에 관한 법(Emergency Planning and Community Right-to-Know Act: EPCRA)」은 각 주(州)로 하여금 비상계획을 수립할 수 있도록 주와 지방정부 차원의 비상대응위원회와 비상계획위원회를 설치하도록 하고 있으며(§301), 비상계획의 개발·시행을 위하여 일정한 수준 이상의 유해물질을 보유하고 있는 시설로 하여금 필요한 정보를 위원회에 통지하

두어 정보공개를 도모하고 있다. 1996년 12월 제정된 「공공기관의 정보공개에 관한 법률」은 "공공기관이 보유·관리하는 정보는 국민의 알권리 보장 등을 위하여 이 법에서 정하는 바에 따라 적극적으로 공개하여야 한다(제3조)"고 정보공개의 원칙을 천명하고 있는데, 공공기관의 환경정보는 동법에 따라 공개될 수 있을 것이다. 「환경정책기본법」 제11조는 환경보전시책의 추진상황에 관한 보고서에 환경오염·환경훼손의 현황, 국내·외 환경동향, 환경보전시책의 추진상황, 그 밖에 환경보전에 관한 주요사항을 포함하도록 하고 있다.

개별 환경법 차원에서 전략환경영향평가 및 환경영향평가 과정에서의 의견수렴절차, 환경영향평가서 등의 공개(「환경영향평가법」 제66조), 환경영향평가 정보의 수집·보급(동법 제70조), 정보의 공개(「환경오염시설의 통합관리에 관한 법률」 제27조), 타당성 조사의 과정과 그 결과의 공개(「폐기물처리시설 설치촉진 및 주변지역지원 등에 관한 법률」 제9조 제6항), 폐기물처리시설 설치기관의 환경상 영향의 조사·공개(동법 제26조), 화학물질 배출량 조사 결과 공개(「화학물질관리법」 제12조), 위해관리계획서의 지역사회 고지(동법 제42조), 유해성 심사 결과의 공개(「화학물질의 등록 및 평가 등에 관한 법률」 제21조), 화학물질의 정보제공(동법 제29조), 하위 사용자 등이 정보제공(동법 제30조), 화학물질의 정보제공을 위한 통보 등(동법 제31조), 제품 내 함유 화학물질의 정보제공(동법 제35조), 화학물질 정보의 공개(동법 제42조), 환경정보의 작성·공개(환경기술산업법 제16조의8)[52] 등은 정보공개와 정보접근권의 보장과 관련하여 중요한 의미를 갖고 있다.

최근 지속가능경영, 금융기관의 환경책임 투자 활성화 등으로 ESG의 각 분야인 환경(Environment), 사회(Social), 지배구조(Governance)의 중요성이 부각되고 있다. 그 일환으로 특히 녹색경영을 확산하고 자원·에너지 절약, 온실가스 배출 및 환경오염 발생 최소화 등을 목적으로 하는 환경정보 공개의 중요성이 대두되고 있다. ESG를 오래 전부터 준비하고 선제적으로 법제도를 갖추고 있은 유럽연합에 비해 우리나라의 관련 법제도는 미흡하다고 할 수 있다. 환경정보의 공개로 국한하여 살펴볼 때 현행 법·제도에서는 녹색기업, 공공기관 등 일정한 기업이 일부 환경정보를 공개하는 의무가 있고(환경기술산업법 제16조의8), 기업공시제도하에서 사업보고서를 통한 의무 공시(「자본시장과 금융투자업에 관한 법률」 제159조)나 지속가능경영보고서 등을 통한 자율 공시(유가증권시장 공시규정 제28조, 동 규정 시행세칙 제8조 제7항) 등이 있다. 이와 같이 환경정보를 둘러싸고 산재된 법에 따라

도록 하고 있다(§302). 유해물질을 일정 양 이상 배출한 시설의 소유자·운영자는 CERCLA상의 통지의무를 부담할 뿐만 아니라 유출 사실을 위원회에 알려야 한다(§304). 한편, 일정 양 이상의 유해화학물질을 생산, 처리, 사용하는 시설의 소유자·운영자는 환경보호청(EPA)에 그 배출을 알리고 환경보호청은 이러한 정보를 데이터베이스화(TRI)하여야 한다(§313). 주목할 만한 것은 동법이 이상의 관련정보에 대하여 공중의 접근을 보장하고 있다는 것이다(§313).

52) 동법에 따라 환경정보를 작성·공개할 의무가 있는 기업은 녹색기업, 자산 총액이 2조 이상인 기업, 그 밖에 대통령령으로 정하는 공공기관 및 환경영향이 큰 기업 등이다. 공개대상 환경정보는 환경관리를 위한 목표 및 주요활동 계획, 환경관리를 위한 제품 및 서비스의 개발·활용에 관한 사항, 환경관리 성과에 관한 사항, 녹색경영에 관한 사항 등이다.

적용대상 기업, 공개의 범위, 의무 여하 등을 달리하는 것을 두고 이를 통합하여 공시할 수 있도록 법과 제도를 정비할 필요성이 제기되고 있다.[53] 이는 궁극적으로 기업의 그린워싱(green washing, 위장환경주의) 방지, 환경친화적 기업으로의 전환 및 투자 확대를 촉진할 것으로 보인다.

Ⅸ. 환경성 표시 · 광고 관리제도

환경기술산업법은 환경성 표시 · 광고 관리제도에 따라 부당한 환경성 표시 · 광고 행위를 규제하고 있다. 그 보호이익은 환경이익 내지 환경정보 접근권이라고 할 수 있는데, 공정한 거래질서를 주된 보호법익으로 하고 있는 「표시 · 광고의 공정화에 관한 법률」(표시광고법)상의 부당한 표시 · 광고 행위의 금지와 구별된다. 규제 범위도 '제품'의 표시 · 광고만을 규율하고 있다는 점에서 상품 또는 용역을 규율하고 있는 표시광고법과 구별된다.

환경성 표시 · 광고 관리제도에 따라 제조업자, 제조판매업자 또는 판매자(제조업자등)는 제품의 환경성과 관련하여 소비자를 속이거나 소비자로 하여금 잘못 알게 할 우려가 있는 다음의 행위를 하여서는 아니 된다: ① 거짓 · 과장의 표시 · 광고, ② 기만적인 표시 · 광고, ③ 부당하게 비교하는 표시 · 광고, ④ 비방적인 표시 · 광고(제16조의10). 표시 · 광고 행위의 제재 범위는 '제품'으로 한정되며,[54] '제품의 환경성'이란 재료와 제품을 제조 · 소비 · 폐기하는 전 과정에서 오염물질이나 온실가스 등을 배출하는 정도 및 자원과 에너지를 소비하는 정도 등 환경에 미치는 영향력의 정도를 말한다(제2조 제5호). 부당한 표시 · 광고 행위의 세부유형은 시행령(제22조의11, 별표 2의2) 및 '환경성 표시 · 광고 관리제도에 관한 고시'(환경부고시 제2019-24호)에서 구체적으로 정하고 있다(제7조).

위 고시에서는 환경성 표시 · 광고의 기본원칙으로 진실성, 표현의 명확성, 대상의 구체성, 환경성 개선의 상당성, 환경성 개선의 자발성, 정보의 완전성, 제품과의 관련성, 실증 가능성 등을 들고 있다(제5조). 또한 포괄적 환경성 용어 및 표현(예컨대, 친환경제품, 친환경, 무독성, 무공해 등)을 제한하면서 "소비자 오인성"을 언급하고 그 판단기준으로 "보통의 주의력을 가진 일반적인 소비자"가 해당 표시 · 광고를 통해 받는 "전체적이고 궁극적"인 인식 · 인지 내용을 제시하고 있다(제6조).[55]

53) 개선방안에 대하여 자세한 내용은 김신영 외 1, "기업의 ESG 공시제도에 관한 유럽연합 지침의 소개 및 그 시사점 – 환경 정보의 공시를 중심으로 –", 환경법연구 제43권 제2호, 2021. 8, 390 내지 392면.

54) 이와 달리 「표시광고법」은 제재 범위를 상품뿐만 아니라 '용역'까지도 포함하고 있다.

55) 「표시광고법」상 허위 · 과장광고나 기만적인 광고 관련 사안이지만 이러한 기준을 제시하고 있는 판례는 대법원 2003. 6. 27. 선고 2002두6965 판결, 대법원 2005. 2. 18. 선고 2003두8203 판결, 대법원 2006. 2. 10. 선고 2005두4175 판결, 대법원 2017. 4. 7. 선고 2016두61242 판결, 대법원 2018. 7. 12. 선고 2017두60109 판결 등 참조. "일반 소비자는 표시 · 광고에서 직접적으로 표현된 문장, 단어, 디자인, 도안, 소리 또는 이들의 결합에 의하여 제시되는 표현뿐만 아니라 간접적으로 암시하고 있는 사항, 관례적이고 통상적인 상황 등도 종합하여 전체적 · 궁극적 인상을 형성하게 된다. 따라서 표시 · 광고가 소비자를 속이거나 소비자로 하여금 잘못 알게 할 우려가 있는지는 보통의 주의력을 가진 일반 소비자가 그 표시 · 광고를 받아들이는 전체적 · 궁극적 인상을 기준으로 하여 객관적으로 판단하여야 한다"(대법원 2019. 10. 17 선고

제조업자등은 자기가 한 표시 · 광고 중 제품의 환경성과 관련한 사항에 대하여는 이를 실증(實證)할 수 있어야 하며(법 제16조의11), 환경부장관은 제조업자등의 위반행위 대하여 해당 위반행위의 중지, 시정명령을 받은 사실의 공표, 정정광고, 그 밖에 위반행위의 시정을 위하여 필요한 조치 등을 명할 수 있다(제16조의12). 또한 거짓 · 과장의 표시 · 광고, 기만적인 표시 · 광고 행위에 대해서는 벌칙이 부과될 수 있다(제34조).

X. 환경교육

환경문제가 초미의 관심사로 부각하고 있는 상황에서 환경교육을 강화할 필요성이 증가하고 있다. 환경교육은 환경보전으로 직결되기 때문에다. 국민 개개인은 직접적으로 환경문제를 접하기 때문에 환경문제의 근본적인 해결을 위해서 가장 기본이 되는 주체가 된다. 환경교육은 이들의 환경인식을 제고하고, 이들로 하여금 문제해결을 위한 실천적 방안을 모색하도록 한다. 이러한 점에서 환경교육은 중요한 의미를 갖는다. 학교교육이나 사회교육을 통한 환경교육은 알게 모르게 국민 개개인의 환경에 대한 인식을 바꾸고, 환경친화적인 활동을 유도하게 된다.

그 동안 우리나라의 환경교육은 인적 · 물적 기반이 부족한 이유로 비체계적이고, 사후약방문식, 주먹구구식으로 이루어진 측면이 많다.56) 종종 발생한 대형 환경사고가 환경문제에 대한 인식을 새롭게 하였으나 일회성으로 그치는 경우가 많았다. 환경에 대한 관심은 우리사회의 민주화, 경제발전, 시민의식의 향상 등과 밀접한 관련을 갖는다. 그 동안 경제성장, 산업화에 가려 환경문제는 등한시되어 온 것이 사실이다. 이는 국민들의 환경인식이 정부의 환경정책을 앞서고 있다는 것을 의미한다. 이러한 시대 상황에서 민간환경단체의 활동은 중요한 환경교육을 수행하였다고 평가할 수 있다.

환경문제의 원인을 정확히 이해하고, 그 해소를 위해서는 환경교육이 중요하다. 특히 탄소중립, 기후변화, 미세먼지 등 다양한 환경문제를 예방 · 해결할 수 있는 관련지식과 가치관 및 소양을 조기에 갖출 수 있도록 조기부터 환경교육을 실시 · 강화할 필요가 있다. 그렇다면 어떻게 환경교육을 수행하여야 하는가? 2008. 3. 제정된 「환경교육진흥법」(2021년 1월 「환경교육의 활성화 및 지원에 관한 법률」로 대체)은 약간의 해결책을 제시하고 있다. 환경교육계획의 수립 및 시행(제5조 · 제6조), 학교 등에서의 환경교육의 지원(제10조), 학교환경교육의 실시(제10조의2), 환경교육우수학교의 지정(제11조), 사회환경교육의 활성화(제13조), 사회환경교육기관의 지정(제15조), 환경교육사(제16조), 환경교육프로그램의 개발 · 보급 및 우수 환경교육프로그램의 지정(제21조) 등이 그것이다.57)

2019두31815 판결).

56) 환경교육의 실태에 대해서는 최병두, "지속가능한 발전을 위한 환경교육", 녹색사회를 위한 비평, 한울, 1999, 386면 참조.

57) 동법에 대하여 자세한 내용은 윤익준, "환경교육의 실효성 제고를 위한 법적 과제 – 환경교육진흥법을 중심으로 –", 환경법연구 제36권 제3호, 2014. 11, 109면 이하.

제15장　환경오염피해에 대한 구제

환경법이 다루는 범위는 크게 환경오염의 발생을 사전에 막으려는 환경오염의 규제와 이미 발생된 환경오염에 대하여 이를 구제하려는 환경오염피해의 구제로 나눌 수 있을 것이다. 환경오염은 지속적, 대규모이고 이미 발생된 손해는 원상회복이 거의 불가능하므로 사전에 환경오염이 발생하지 않도록 예방 · 규제하는 것이 중요하다. 그리고 이에 못지않게 일단 환경피해가 발생되었을 때에는 빠른 시일 내에 원상에 가깝게 복구하는 것이 중요하다. 환경오염 피해자로 하여금 원상회복이나 손해배상을 손쉽게 청구할 수 있도록 제도적으로 보장해 준다 함은, 환경피해의 구제에 그 만큼 충실함을 의미할 뿐만 아니라 잠재적 환경오염 원인자로 하여금 환경오염의 발생을 억제케 함으로써 넓은 의미의 환경오염 방지 내지 감소를 의미하게 된다.

환경오염피해의 구제가 사법(司法)의 장에 등장하는 형태는 크게 두 가지이다. 첫 번째는 제3자의 행위에 구체적 권리를 침해당하고 손해를 입은 개인이 그 손해배상 또는 유지청구(留止請求)를 구하는 것이다. 이는 일반 시민의 이해 대립을 법적으로 해결하는 것으로서 일반 민사법 질서가 개입하게 된다. 그 형태는 원고, 피고 모두 일반 시민이 된다.

두 번째는 국가 또는 지방자치단체의 개발행위와 침해행위를 문제삼는 것이다. 여기에서는 행정청의 인·허가권의 행사가 환경이익을 적정하게 고려하면서 이루어졌는지, 개인의 권리침해와 피해가 발생한 경우 국가 또는 지방자치단체가 이를 구제하여야 하는지를 사법적으로 심사하는 것이 주로 문제된다. 그 형태는 행정청의 권력적 행위에 대해 일반 시민이 불복하는 소송으로 일반 시민이 원고, 행정청이 피고가 된다. 행정소송, 국가배상, 손실보상 등이 그 좋은 예이다. 전자의 경우가 사법상 구제의 영역이라고 한다면, 후자의 경우는 공법상 구제의 영역이라고 할 수 있다.

한편, 환경오염으로 인해 피해가 발생한 경우 통상적인 해결방법은 피해당사자가 가해자를 상대로 소송을 제기하여 피해를 배상받는 것이 될 것이다. 즉 피해자인 원고는 민사소송을 통해 가해자의 고의 또는 과실, 피해, 위법성 그리고 원인이 된 행위와 피해 간의 인과관계 등을 입증함으로써 피해를 배상받을 수 있는 것이다. 문제는 이러한 입증이 여간 어려운 것이 아니라는 것이다. 예컨대, 가해자인 기업이 주의의무를 게을리 하였다는 것을 피해자인 주민이 입증한다는 것은 쉬운 것이 아니다. 또한, 환경오염은 피해

범위가 광역적일 뿐더러 상당한 기간에 걸쳐 누적적으로 진행되기 때문에 원인행위와 피해 사이의 인과관계를 입증한다는 것도 어렵다. 더욱이 소송절차는 많은 비용과 시간을 요구하므로 특히 경제력이 약한 피해자가 소송을 제기하는 것 자체는 여간 어려운 것이 아니다. 환경오염피해의 다양성과 분쟁당사자의 다수성은 이 같은 상황을 더욱 복잡하게 하고 있다. 재판부가 환경피해 사건에 대해 전문지식을 갖고 있다고 보기도 어려운 것이 현실이다.

이러한 이유에서 환경오염피해에 있어서는 그 구제의 충실화를 위하여 특수한 법리나 제도의 개발이 절실히 요구되고 있으며, 환경오염피해를 둘러싼 분쟁이 가지는 특수성으로 말미암아 이를 신속하고 효과적으로 처리할 수 있는 소송외적 분쟁처리절차가 설득력을 갖게 된다. 이에 소송 전 단계로써 행정기관이 지니고 있는 전문성과 과학적 지식을 활용하여 분쟁을 신속하게 해결하는 방법을 모색해 볼 수 있는데, 「환경분쟁 조정 및 환경피해 구제 등에 관한 법률」(환경분쟁조정피해구제법)상의 환경분쟁조정피해구제위원회라는 행정기관을 통한 환경분쟁조정방식이 그것이다. 동법은 구 「환경분쟁조정법」을 2024. 3. 19. 전면 개정한 것으로서, 환경분쟁 조정제도 외에 타법에 따른 건강영향조사 제도, 석면으로 인한 건강피해구제 제도, 환경오염피해구제 제도 및 살생물제품피해 구제 제도가 각각 다른 기관에 의해 분산적으로 운영됨에 따른 국민들의 불편을 해소하기 위하여 환경분쟁조정피해구제위원회가 위 제도들을 유기적으로 통합 · 운영하도록 하고 있다. 통합 · 운영은 제도간 연계를 통한 국민의 접근성 용이, 신속하고 실효성 있는 구제, 업무중복에 따른 행정 비효율성의 해소, 상이한 결론의 방지 등에 기여할 것이다. 나아가 동법은 환경분쟁조정을 넘어서 조사 및 피해구제 분야까지 포괄하면서 적용범위, 대상을 확대하고 있다.

제 1 절 환경분쟁조정과 환경피해 구제

동법은 조사 → 분쟁조정 → 피해구제라는 일련의 과정으로 이어지는 환경피해 구제체계를 염두에 두고, 법적 근거를 달리하여 개별적, 분산적으로으로 운영되었던 제도를 통합하여 피해자가 1회의 신청으로 환경피해를 해결할 수 있도록 하고 있다. 말하자면 대민창구일원화를 통한 원스톱서비스를 표방하고 있다고 할 수 있다. 그 중심에 합의제 행정기관의 일종인 환경분쟁조정피해구제위원회(위원회)가 있다. 위원회의 소관 사무는 건강피해조사, 환경분쟁의 조정, 「환경오염피해 배상책임 및 구제에 관한 법률」, 「석면피해구제법」, 「생활화학제품 및 살생물제의 안전관리에 관한 법률」에 따른 피해인정, 구제급여 신청 등에 대한 심사, 재심사의 심의 · 결정 · 재결 등이다(제5조).

위원회는 건강피해조사와 구제급여 지급결정 업무 등을 전문적이고 효율적으로 수행하기 위하여 건강피해조사분과위원회, 환경피해구제분과위원회 및 환경피해구제재심사분과위원회(구제급여 지급결정 업무를 다루는 분과위원회는 중앙위원회만 해당) 등 3개 분과위원회를 두고 업무를 통합·운영한다(제16조). 동법은 각 제도간 연계를 위해 관할 사무의 이송(제7조), 다른 분과위원회 또는 조정위원회에 회부절차와 환경분쟁 조정 또는 환경피해구제급여 지급결정이 이루어지지 아니하였을 경우 다른 제도의 활용을 규정하고 있다(제24조). 기존 환경분쟁조정이 중앙위원회와 지방위원회의 종적 연계에 그쳤다면 새로이 전개될 분과위원회간의 횡적연계는 눈여겨볼 만하다. 이러한 연계는 제도간 장 · 단점을 향상, 보완함으로써 충실한 환경피해 구제에 기여할 것이다. 한편, 동법은 위원회 업무의 공정성과 신뢰성을 확보하기 위하여 일정한 경우 위원을 직무집행에서 배제하는 제척·기피·회피제도를 두고 있다(제22조).

Ⅰ. 건강피해 등에 관한 조사

건강피해 등에 관한 조사는 기존 「환경보건법」상의 청원에 의한 건강영향조사와 「석면피해구제법」상의 건강피해에 대한 조사(제44조 제2항)를 포괄하는 것이다(제2조 제2호). 동법은 건강피해 등에 관한 조사를 위원장 결정에 따른 조사와 청원에 따른 조사로 구분하여 규정하고 있다. 이에 따르면 우선, 위원회는 환경분쟁 조정 또는 환경피해 구제급여 지급결정과 관련하여 건강상 피해가 우려되거나 의심되는 지역 주민 등 특정 인구집단에 대하여 위원장이 필요하다고 인정하는 경우 건강피해 등에 관한 조사를 실시할 수 있다(제26조 제1항). 위원회는 조사를 위하여 대통령령으로 정하는 바에 따라 조사반을 구성하여 운영할 수 있다(동조 제2항).

한편, 국민은 환경피해를 원인으로 하여 자신의 건강상 피해가 발생하거나 발생이 우려되는 경우에는 위원회에 해당 원인이 건강에 미치는 영향에 대한 조사를 실시하여 줄 것을 청원할 수 있다(제27조 제1항). 청원은 국가나 지방자치단체의 일방적, 하향식 접근에서 일반 국민의 상향식 접근으로 방향 전환을 모색하고 있다는 점에서 중요한 의미가 있다. 위원회는 관계 행정기관의 장의 의견을 들어 그 필요성에 대한 심의를 거쳐 청원의 처리를 결정하여야 한다(동조 제2항 · 제3항).

건강피해 등에 관한 조사는 환경분쟁조정, 피해구제 등으로 나아가기 위한 단초를 제공하는 중요한 과정이라고 할 수 있다. 조사는 흔히 장기간에 걸치고 전문성이 요구되는 분야이므로 위원회의 역량 확보가 제도 성공을 위해 중요해 보인다.

Ⅱ. 환경분쟁조정제도

환경분쟁조정제도는 행정기관에 의한 대체적 분쟁해결제도(Alternative Dispute Resolution:

ADR)[1]의 일종으로서 주목을 받고 있다. 「환경정책기본법」 제43조는 국가 및 지방자치단체로 하여금 환경오염 또는 환경훼손으로 인한 피해를 원활히 구제하기 위하여 필요한 시책을 마련하도록 하고 있으며, 동법 제42조는 "국가 및 지방자치단체는 환경오염 또는 환경훼손으로 인한 분쟁이나 그 밖에 환경관련 분쟁이 발생한 경우에 그 분쟁이 신속하고 공정하게 해결되도록 하기 위하여 필요한 시책을 마련하여야 한다"라고 규정함으로써 환경분쟁조정피해구제법 및 환경분쟁조정제도의 법적 근거를 제시하고 있다. 동법은 환경분쟁조정제도의 절차 등을 규정함으로써 환경분쟁을 신속·공정하고 효율적으로 해결하여 환경을 보전하고 국민의 건강 및 재산상의 피해를 구제함을 목적으로 하고 있다.

흔히 환경분쟁조정제도는 행정기관의 전문성을 활용하면서도 사법기관에 의한 공평타당한 분쟁해결방식을 추구한다는 점에서 행정상 준사법절차로 이해할 수 있으며, 저렴한 비용[2]과 유연성 있고 간단한 절차를 통한 신속한 분쟁해결, 피해사실 입증에 있어서의 기술적 · 경제적 부담 경감,[3] 전문성과 과학적인 지식 · 정보의 충분한 활용, 직권주의를 활용한 증거수집의 용이 등의 장점을 갖고 있다. 이러한 장점은 분쟁조정 신청건수의 증가로 이어지고 있다.

1. 기구(위원회)와 권한

위원회는 환경부에 설치된 중앙위원회와 특별시 · 광역시 · 특별자치시 · 도 · 특별자치도(시 · 도)에 설치된 지방위원회가 있다. 중앙위원회는 위원장 1명을 포함한 100명 이내의 위원(상임위원은 3명 이내)으로 구성되는데(제8조 제1항), 일정한 요건을 갖춘 자 중에서 대통령이 임명 또는 위촉하고, 그 신분을 보장함으로써 독립성을 보장하고 있다(제12조 제1항). 중앙위원회는 분쟁조정사무 중 ① 분쟁의 재정(마목에 따른 재정은 제외) 및 중재, ② 국가나 지방자치단체를 당사자로 하는 분쟁의 조정, ③ 2 이상의 시·도의 관할 구역에 걸치는 분쟁의 조정, ④ 제46조에 따른 직권조정, ⑤ 원인재정과 원인재정 이후 신청된 환경분쟁의 조정, ⑥ 관할 지방위원회가 스스로 조정하기 곤란하다고 결정하여 이송한 분쟁의 조정 등을 행한다(제6조 제1항 제2호, 시행령 제3조).

---

1) 대체적 분쟁해결제도는 소송절차에 의한 판결에 의하지 아니하고 법적 분쟁을 해결하는 것을 의미하는데, 화해(Settlement), 협상(Negotiation), 조정(Mediation), 중재(Arbitration) 등이 그 대표적인 예이다. 대체적 분쟁해결제도의 장점으로는 시간과 비용의 절감, 비밀보장 및 사생활보호, 자기결정권의 보장, 감정과 기분의 존중, 유대관계의 유지, 창조적 분쟁해결, 탄력적이고 비정형적인 절차, 선례(판례)로부터의 자유 등을 들 수 있다. 유병현, "ADR의 발전과 법원외 조정의 효력", 법조, 2004. 6, 47면 내지 50면.

2) 분쟁조정신청비용이 민사소송에 비하여 저렴하고(제63조 제2항, 제35조 제1항, 시행령 별표 1 참조), 사실조사 시 출장비, 조사비용 등은 국가가 부담하므로 신청자의 경제적 부담은 상당부분 경감된다(제63조 제1항). 또한 환경분쟁조정의 경우 흔히 변호사의 조력 없이도 절차를 진행할 수 있기 때문에 당사자의 비용 부담은 그만큼 줄어든다.

3) 환경분쟁조정제도의 가장 큰 장점은 당사자의 주장 · 입증책임의 경감이라고 할 수 있다. 민사소송의 경우에는 변론주의에 따라 당사자가 요건사실에 대해 주장 · 입증하여야 하는 데 반해, 환경분쟁조정의 경우에는 담당공무원들이 피해의 요건사실을 조사하게 된다. 또한 환경분쟁조정피해구제위원회는 정부기관으로서 다른 정부기관으로부터 조사에 필요한 협력도 더 용이하게 받을 수 있을 뿐만 아니라, 별도의 용역사업을 통해 축적해 온 환경분쟁 유형별 인과관계 입증에 대한 전문지식도 사건 처리에 활용할 수 있다. 김형진, "환경분쟁조정법의 제문제", 법조, 2001. 12, 148면.

한편, 지방위원회는 위원장 1명을 포함한 30명 이내의 위원(상임위원은 1명을 둘 수 있음)으로 구성되는데(제8조 제2항), 일정한 요건을 갖춘 자 중에서 시·도지사가 임명 또는 위촉한다(제9조 제3항). 지방위원회는 해당 시 · 도의 관할 구역에서 발생한 분쟁의 조정사무 중 위 중앙위원회 관할 사무 외의 사무를 관할한다(제6조 제2항).

위원회는 환경분쟁의 조정을 위하여 필요하다고 인정하는 경우에는 관계 행정기관의 장에게 자료 또는 의견의 제출, 기술적 지식의 제공, 환경오염물질의 측정 및 분석 등 필요한 협조를 요청할 수 있으며, 분쟁의 조정 시에 환경피해의 제거 또는 예방을 위하여 필요하다고 인정하면 관계 행정기관의 장에게 환경피해의 원인을 제공하는 자에 대한 개선명령, 조업정지명령 또는 공사중지명령 등 필요한 행정조치를 하도록 권고할 수 있다(제23조 제1항, 제2항). 위 협조를 요청받거나 권고를 받은 관계 행정기관의 장은 정당한 사유가 없으면 이에 따라야 한다(동조 제3항).

한편, 위원회는 소관 업무의 수행으로 얻게 된 환경보전 및 환경피해방지를 위한 개선대책에 관한 의견을 관계 행정기관의 장에게 통지할 수 있다(동조 제2항). 이는 비슷한 환경피해의 발생이나 확산을 예방하기 위하여 환경분쟁조정 신청사건의 처리과정에서 얻게 된 환경피해 방지 등을 위한 개선의견을 관계 행정기관에 통지하여 관계 행정기관으로 하여금 환경보전과 예방과 관련된 정책을 수립할 때 참고로 활용하고, 법령 등에 반영할 수 있도록 하기 위한 것으로 이해된다. 이러한 조치는 환경분쟁조정제도가 단순히 개별 사건의 처리에 그치지 아니하고 거시적이고 궁극적인 환경문제 해결에 기여토록 할 것이다. 그러나 이 경우 '통지'는 단순한 정보제공 차원에서 알려주는 것에 그치므로 관계 행정기관이 이를 따를 의무는 없다고 할 것이다.

또한, 동법은 조정신청사건의 상당수가 위원회 상정 전에 당사자간의 합의로 해결되고 있는 실정을 고려하여 당사자 모두가 만족한 결과를 이끌어 내기 위한 위원회의 합의 노력을 법률적으로 뒷받침할 수 있는 근거를 마련하고, 궁극적으로 사전합의를 활성화하고자 하고 있다. 즉 위원회는 조정신청을 받으면 당사자에게 피해배상에 관한 합의를 권고할 수 있다(제31조 제1항). 다만 그 권고는 조정절차의 진행에 영향을 미치지 아니한다(동조 제2항).

2. 환경분쟁조정대상

동법은 '환경분쟁'을 "환경피해에 대한 다툼과 「환경기술 및 환경산업 지원법」 제2조 제2호에 따른 환경시설의 설치 또는 관리와 관련된 다툼"으로 정의하면서(제2조 제3호),[4]

4) 「환경기술 및 환경산업 지원법」은 제2조 제2호에서 '환경시설'을 "환경오염물질 등으로 인한 자연환경 및 생활환경에 대한 위해를 사전에 예방 또는 감소하거나 환경오염물질의 적정한 처리 또는 폐기물 등의 재활용을 위한 시설 · 기계 · 기구, 그 밖의 물체로서 환경부령으로 정하는 것을 말한다"라고 광범위하게 정의하면서, 동법 시행규칙 제2조에서 환경오염방지시설, 하수도, 공공폐수처리시설, 가축분뇨처리시설 및 공공처리시설, 재활용시설, 폐기물처리시설, 수도시설 등을 열거하고 있다.

환경분쟁조정대상이 되는 '환경피해'로 사업활동, 그 밖에 사람의 활동에 의하여 발생하였거나 발생이 예상되는 대기오염, 수질오염, 토양오염, 해양오염, 소음 · 진동, 악취, 자연생태계 파괴, 일조 방해, 통풍 방해, 조망 저해,[5] 인공조명에 의한 빛공해, 지하수 수위 또는 이동경로의 변화,[6] 하천수위의 변화,[7] 화학물질 유출 · 노출, 살생물제품 노출, 진동이 그 원인 중의 하나가 되는 지반침하(광물 채굴로 인한 지반침하를 제외)로 인한 건강상 · 재산상 · 정신상의 피해를 명시하고 있다(제2조 제1호, 시행령 제2조). 동법이 기존 환경분쟁조정에서 나아가 조사 및 피해구제 분야까지 포섭하면서 화학물질 유출 · 노출, 살생물제품 노출 등을 환경피해의 원인으로 추가하고 결과적으로 대상을 확대하고 있는 점은 주목할 필요가 있다.

한편, 「폐기물처리시설 설치촉진 및 주변지역지원 등에 관한 법률」은 동법의 적용을 받는 폐기물처리시설의 입지선정문제를 둘러싸고 발생한 폐기물처리설치기관과 인접 지방자치단체장 간에 협의가 이루어지지 아니한 경우 중앙위원회에 반드시 조정을 신청하도록 하고 있으며(동법 제9조 제7항), 폐기물처리시설 설치계획에 따른 폐기물처리시설의 설치로 인하여 발생할 것으로 예상되는 피해에 관하여 분쟁이 발생한 경우에 당사자로 하여금 환경분쟁조정피해구제법에 따른 분쟁의 조정을 신청하는 길을 열어 놓고 있다(동법 제13조 제2항). 「공공폐자원관리시설의 설치 · 운영 및 주민지원 등에 관한 특별법」은 공공폐자원관리시설의 설치 · 운영으로 인한 피해에 관하여 분쟁이 발생한 경우 당사자로 하여금 위원회에 분쟁의 조정을 신청할 수 있도록 하고 있다(제17조).

환경분쟁조정피해구제법은 그 대상에 이미 피해가 발생한 경우뿐만 아니라 피해발생이 예상되는 경우까지를 포함하고,[8] 자연생태계 파괴[9] 등을 포함시킴으로써 비교적 광범위하게 분쟁조정대상을 정하고 있다. 그러나 방사능오염으로 인한 피해, 경관 침해, 전자

---

5) 2006. 3. 24. 개정 법은 환경피해의 원인으로 일조 방해, 통풍 방해, 조망 저해를 추가하였다. 또한 정신적 피해를 피해 내용에 추가하여 위자료에 대한 배상이 가능하도록 하였다. '환경피해' 개념 정의와 소관 사무규정을 종합하여 보면 일조 방해 또는 조망 저해의 경우에는 「건축법」의 적용을 받지 아니하는 구조물에 의한 일조 방해 또는 조망 저해이거나 「건축법」의 적용을 받는 경우에는 다른 분쟁(예컨대, 소음 · 진동)과 '함께' 발생한 일조 방해 또는 조망 저해인 경우에 조정의 대상이 된다. 조홍식, "환경분쟁조정의 법정책 –라즈의 권위와 이론에 의존하여–", 법학 제52권 제3호, 2001. 9, 135면.

6) 지하수 수위 또는 이동경로의 변화와 관련된 분쟁은 공사 또는 작업(「지하수법」에 따른 지하수의 개발 · 이용을 위한 공사 또는 작업은 제외한다)으로 인한 경우에 조정의 대상이 된다(제5조 제1호 나목).

7) 2021. 4. 1. 개정 법에서 하천수위의 변화로 인한 피해가 추가됨으로써 집중호우로 피해를 입은 주민들이 신속하고 간편하게 피해구제를 받을 수 있는 길이 열렸다고 할 수 있다. 하천수위의 변화와 관련된 분쟁은 「하천법」 제2조 제3호에 따른 하천시설 또는 「수자원의 조사 · 계획 및 관리에 관한 법률」 제2조 제4호에 따른 수자원시설로 인한 경우에 조정의 대상이 된다(제5조 제1호 다목).

8) 예상되는 피해로 인한 분쟁의 알선 · 조정 또는 재정신청은 사업의 시행자 · 규모 · 위치 · 기간 등을 포함한 사업계획이 관계 법령에 의한 절차에 따라 결정된 후에 할 수 있다(시행령 제9조).

9) 동법은 "자연생태계 파괴로 인한 '재산'에 관한 피해에 관한 다툼"은 분쟁조정의 대상으로 하고 있는바, 자연생태계 파괴가 재산적 손해로 포섭될 수 있는 한도에서 자연자원 또는 생태계 자체에 대한 침해에 대해서도 분쟁조정을 청구할 수 있다고 해석된다. 조홍식(각주 5), 142면. 자연생태계 파괴로 인한 경우를 포함시켜 그 대상을 확대한 것은 바람직하나 환경생태계 파괴 그 자체로 그치지 아니하고 환경생태계 파괴로 인해 건강상, 재산상의 피해까지 발생해야 하기 때문에 실질적으로는 큰 의미가 없다. 이상돈 · 이창환, 환경법, 이진출판사, 1999, 224면.

파, 유전자변형물질로 인한 피해 등은 명문상 또는 해석상 제외된다.[10)]

3. 신 청 자

가. 당 사 자

조정은 당사자의 신청에 의해 개시되는데, 조정을 신청하려는 자는 관할 위원회에 알선·조정(調停)·재정 또는 중재신청서를 제출하여야 한다(제30조 제1항). 다수인이 공동으로 조정의 당사자가 되는 때에는 그 중에서 3명 이하의 대표자를 선정할 수 있으며, 위원회는 당사자가 대표자를 선정하지 아니한 경우에 필요하다고 인정할 때에는 당사자들에게 대표자를 선정할 것을 권고할 수 있다(제33조).

나. 대표당사자

동법은 동일한 원인으로 인한 환경피해를 주장하는 자가 다수인, 이른바, 다수인관련 분쟁에 대한 배려를 하고 있는데, 즉 다수인에게 같은 원인으로 환경피해가 발생하거나 발생할 우려가 있는 경우에는 그 중의 1명 또는 수인(數人)이 대표당사자로서 조정을 신청할 수 있도록 하고 있다(제72조 제1항). 이는 미국의 집단소송제도(class action)와 맥락을 같이하는 것으로, 다수의 소액피해자에 대한 구제를 손쉽게 하기 위한 것이라 할 수 있다. 한편, 피해자 중의 1명 또는 다수인이 다른 피해자들의 위임 없이 다른 피해자들을 위하여 소송행위를 할 수 있다는 점에서 선정당사자제도와 구별된다.

한편, 동법은 신청의 남용을 방지하기 위하여 조정을 신청하려는 자로 하여금 위원회의 허가를 받도록 하고 있다(동조 제2항). 즉 위원회는 허가신청이 다음의 요건을 모두 충족할 때에는 이를 허가할 수 있다: ① 같은 원인으로 발생하였거나 발생할 우려가 있는 환경피해를 청구원인으로 할 것; ② 공동의 이해관계를 가진 자가 100명 이상이며, 선정대표자에 의한 조정이 현저하게 곤란할 것; ③ 피해배상을 신청하는 경우에는 1명당 피해배상요구액이 500만원 이하일 것; ④ 신청인이 대표하려는 다수인 중 30명 이상이 동의할 것; ⑤ 신청인이 구성원의 이익을 공정하고 적절하게 대표할 수 있을 것(제73조).

미국의 집단소송제도는, 일정한 경우 소의 제기를 알지 못하고 통지를 받지 못한 구성원에게도 재판의 효력이 미치는 관계로[11)] 특히 집단의 1명이 원고로서 소송을 제기하여 패소하게 되는 경우 구성원의 재판받을 권리를 침해하게 되는 중대한 결함을 갖고 있다. 이에 이들의 재판권을 보호하는 장치가 마련되어야 할 것인바, 환경분쟁조정피해구제

10) 전창조, "일본의 공해분쟁처리제도", 환경법연구 제13권, 1991, 75면. 구 '환경오염피해분쟁조정법' 제1조는 환경오염으로 인한 피해의 조사와 분쟁조정을 다룬다고 규정함으로써 환경오염피해분쟁조정의 대상을 환경오염으로 하였으며, 「환경정책기본법」은 환경오염을 대기오염, 수질오염, 토양오염, 해양오염, 방사능오염, 소음·진동·악취 등으로 사람의 건강이나 환경에 피해를 주는 상태로 정의했기 때문에 "… 악취 등"의 해석상 일조권, 전망권 등의 침해, 지반침하, 자장피해가 이에 포함되는 것으로 해석할 수 있었으나 현행법은 그런 여지를 없애 버렸다고 하면서 입법상 실수라고 지적하는 견해가 있다. 이상돈·이창환(앞의 책), 224면.

11) Federal Rules of Civil Procedure, § 23(c)(3).

법은 대표당사자의 신청에 의한 조정의 효력이 대표당사자와 제78조에 따라 참가를 신청한 자에게만 미치는 것으로 하면서(제79조), 참가신청을 하지 아니한 자가 그 신청원인 및 신청취지상 동일한 분쟁으로 인정되는 사건에 대하여는 다시 조정을 신청할 수 없도록 할 뿐 별도의 소제기를 제한하고 있지는 아니하다(제80조).

다. 환경단체

동법은 중대한 자연생태계 파괴로 인한 피해가 발생하였거나 발생할 위험이 현저한 경우에는 환경단체로 하여금 위원회의 허가를 받아 분쟁 당사자를 대리하여 위원회에 조정을 신청할 수 있도록 하고 있다. 그러나 환경단체의 대리권 남용을 방지하기 위하여 대리인 적격을 갖는 환경단체를 다음과 같이 정하고 있다: ① 「민법」 제32조에 따라 환경부장관의 허가를 받아 설립된 비영리법인일 것; ② 정관에 따라 환경보호 등 공익의 보호와 증진을 목적으로 하는 단체일 것; ③ 구성원이 100명 이상일 것; ④ 신청일 현재 법인으로서의 자연환경 분야 활동 실적이 2년 이상일 것(제39조 제1항, 시행령 제20조).

환경단체의 조정신청권은 환경분쟁조정제도의 전문성과 실효성을 제고하기 위한 것이나, 분쟁당사자로부터 대리권 수여가 없는 경우에는 의미가 없게 되며, 환경단체에 원고적격을 인정하고 있지 않는 상황에서는 본질적으로 한계가 있을 수밖에 없다.[12)]

라. 직권조정

조정은 원칙적으로 당사자의 신청에 의해 개시된다(제30조 제1항). 그러나 환경오염으로 인한 사람의 생명 · 신체에 대한 중대한 피해, 제2조 제3호의 환경시설의 설치 또는 관리와 관련된 다툼 등 사회적으로 파급효과가 클 것으로 우려되는 환경분쟁에 대하여는 당사자의 신청이 없는 경우에도 중앙위원회의 직권으로 조정절차를 개시할 수 있다(제46조 제1항). 시 · 도지사, 시장 · 군수 · 구청장(자치구의 구청장을 말함) 또는 유역환경청장·지방환경청장은 제1항에 따른 직권조정이 필요하다고 판단되는 분쟁에 대해서는 중앙위원회에 직권조정을 요청할 수 있다(동조 제2항). 직권으로 개시할 수 있는 것은 조정(調停)에 한하며, 직권재정은 당사자의 신청에 의해서만 할 수 있다.

종전에는 중대한 환경피해가 발생하여 이를 방치하면 사회적으로 중대한 영향을 미칠 우려가 있다고 인정되는, 즉 피해규모가 큰 분쟁사건의 경우에만 직권조정을 할 수 있었으나 2008. 3. 개정 법은 "사회적으로 파급효과가 클 것으로 우려되는 분쟁"으로 범위를 확대하고, 직권조정의 대상,[13)] 조정절차 및 직권조정을 수행하는 사람에 관한 사항

12) 남대천양수발전소 사건에서 대법원은 환경영향평가대상지역 밖의 자연을 찾아 즐기거나 연구 · 보전하려는 산악인, 생물학자, 생태연구가, 사진가, 일반시민, '환경보호단체' 등이 발전소건설사업승인처분과 관련하여 갖고 있는 환경상 이익은 단순히 환경공익 보호의 결과로 국민 일반이 공통적으로 가지게 되는 추상적 · 평균적 · 일반적인 이익에 그치는 이익이라는 취지로 판시하면서 이들의 원고적격을 부인한 바 있다. 대법원 1998. 9. 22. 선고 97누19571 판결.

13) 직권조정의 대상은 다음과 같다: ① 환경피해로 인하여 사람이 사망하거나 신체에 중대한 장애가 발생한 분쟁; ② 「환경기술 및 환경산업 지원법」 제2조 제2호에 따른 환경시설의 설치 또는 관리와 관련한 분쟁; ③ 분쟁조정 예정가액이 10억원 이상인 분쟁(시행령 제23조 제1항).

을 대통령령으로 정하도록 하고 있다(동조 제3항). 건강피해 등에 관한 조사와 회부 절차가 직권조정으로 이어질 경우에는 보다 신속하고 충실한 환경피해 구제가 이루어질 가능성이 있다.

직권조정의 범위를 확대한 것은 위원회가 환경피해 사건뿐만 아니라 환경시설 설치 관련 분쟁에 적극 개입하고, 조정전문가를 활용하도록 하여 환경 관련 갈등을 조기에 수습하게 함으로써 사회적 비용을 던다는 측면도 있지만 당사자들의 자발적인 참여를 기본으로 하는 조정제도 본래의 목적·취지에 역행하며, 대체적 분쟁해결제도의 일반이론과 조화되지 않는 측면이 있다고 생각된다.

4. 신청 및 조정 내용

당사자는 손해배상청구 및 손해배상에 갈음한 원상회복(제62조)뿐만 아니라 환경피해를 예방 또는 방지하기 위한 유지청구를 할 수 있다. 따라서 피해당사자는 조업정지, 작업방법의 개선 및 변경, 공사중지, 방음 · 방진벽의 설치청구 등을 통하여 피해의 예방 및 확산의 방지를 구할 수 있다.

5. 분쟁조정제도의 유형

환경분쟁조정(調整)의 유형에는 알선(斡旋), 조정(調停), 재정(裁定), 중재(仲裁) 등 4종류가 있는데, 실제 분쟁처리는 주로 재정에 의해 처리되고 있다.[14] 조정사건이 재정에 비해 불균형적으로 적은 것은 상당 수 사건이 위원회에 상정되기도 전에 당사자간의 합의로 해결되기 때문인 점도 있지만, 환경분쟁조정제도가 기본적으로 상호 양보와 타협에 의해 분쟁을 해결하고자 하는 대체적 분쟁해결제도라는 점에 비추어, 조정이 활성화되지 않은 것은 제도 취지에 부합하지 않고 그만큼 환경분쟁조정제도가 왜곡되어 있다고 할 수 있다. 선진적인 형태의 환경분쟁조정제도가 자리잡기 위해서는 재정보다 조정이 활성화되어야 한다.

중앙위원회에 신청된 조정사건을 내용별로 보면, 소음 · 진동 사건이 상당 부분을 차지하는 등 불균형적으로 이루어지고 있다.[15] 이러한 점에 주목한다면 환경분쟁조정피해구제위원회는 '소음 · 진동분쟁조정위원회'라는 비난을 들을 만하다. 이와 같이 특정 분야에 사건이 집중하는 이유는 사실 조사 등에 대한 국가의 예산지원이 편중된다는 점을 무시할 수 없을 것이다.

---

14) 2014년 환경분쟁조정위원회에서 처리된 사건은 455건인데, 이 중 재정사건이 294건으로 대부분을 차지하고, 조정사건은 17건에 불과하다. 환경부, 환경백서, 2015, 222면. 총 조정처리에는 중재합의된 것을 포함하고 있기 때문에 신청 사건만을 기준으로 할 경우에는 재정사건 비율이 더 올라갈 가능성이 많다. 이러한 점 때문에 환경분쟁조정제도가 일종의 "환경소액사건에 대한 재정 위주의 사법종속적 분쟁해결서비스"로 흐르고 있다는 지적이 나오고 있다. 홍준형, "환경분쟁조정제도의 실효성 및 실효성 제고방안에 대한 고찰", 환경법연구 제28권 제1호, 2006. 5, 148면.

15) 중앙환경분쟁조정위원회에서 2014년 조정 · 처리한 236건 중 소음 · 진동 사건이 202건인 85%로 대부분이고, 일조가 18건, 대기오염 사건이 5건을 차지하고 있다. 2015년 환경백서(앞의 책), 222면.

가. 알　　선

알선은 알선위원이 당사자간의 분쟁이 자주적으로 해결되도록 교섭장소의 제공, 자료의 제시 및 쟁점의 정리 등 교섭을 지원하고 촉진함으로써 화해를 유도하여 합의가 원활하게 진행되도록 중개하는 절차를 말한다. 알선은 당사자의 자주성을 존중하고 당사자간의 자주적 해결을 원조함으로써, 분쟁해결을 도모하는 것이므로 본격적인 증거조사는 이루어지지 않는다.

알선은 지방위원회의 (전속)관할이다(제6조 제2항). 알선위원회의 위원장은 위원회 위원 중에서 사건마다 3명 이내의 알선위원을 지명한다(제43조). 알선위원은 당사자 양쪽이 주장하는 요점을 확인하여 사건이 공정하게 해결되도록 노력하여야 한다(제44조). 위원회는 신청서를 받은 때로부터 3개월 내에 그 절차를 완료하여야 하는데, 다만 당사자등의 동의가 있는 경우 등 일정한 경우에는 위원회의 결정으로 기간을 한 차례만 연장할 수 있다(제30조 제7항, 시행령 제12조).

알선은 일정한 경우 중단되는데, 즉 알선위원은 알선으로는 분쟁 해결의 가능성이 없다고 인정할 때에는 알선을 중단할 수 있으며(제45조 제1항), 알선 중인 환경분쟁에 대하여 조정 · 재정 또는 중재 신청이 있으면 그 알선은 중단된 것으로 본다(동조 제2항). 알선은 합의서의 작성으로 종료되며, 알선에 의하여 당사자간에 성립한 화해계약은 민법상 계약으로서 채무승인의 법률효과가 발생한다. 당사자간에 합의가 이루어지지 아니한 경우에는 조정·재정 또는 중재 신청 또는 소송 제기가 가능하다.

나. 조　　정(調停)

조정은 제3자인 조정위원회가 특정한 분쟁사건에 관하여 양 당사자의 주장을 들어보고 쟁점이 되는 사실을 조사하여 상당한 이유가 있다고 인정되는 경우에는 조정안을 작성하여 당사자간에 일정 기간을 정하여 수락을 권고함으로써 분쟁을 해결하는 절차이다. 조정은 앞서 살펴본 알선과 달리 사실조사가 이루어진다. 즉 조정위원회는 분쟁의 조정을 위하여 필요하다고 인정할 때에는 조정위원회의 위원 또는 심사관으로 하여금 당사자가 점유하고 있는 공장, 사업장 또는 그 밖에 사건과 관련이 있는 장소에 출입하여 관계 문서 또는 물건을 조사 · 열람 또는 복사하도록 하거나 참고인의 진술을 들을 수 있도록 할 수 있다(제48조 제1항).

조정은 3명의 위원으로 구성되는 조정위원회에서 한다(제47조 제1항). 한편, 위원회는 당사자의 조정신청서를 받은 때로부터 9개월 내에 그 절차를 완료하여야 한다. 다만, 당사자등의 동의가 있는 경우 등 일정한 경우에는 위원회의 결정으로 기간을 한 차례만 연장할 수 있다(제30조 제7항, 시행령 제12조). 나아가 동법은 조정의 실효성을 높이기 위해 조정위원회로 하여금 조정기일을 정하여 당사자에게 출석을 요구할 수 있도록 하고(제49조 제1항), 신청인이 정해진 조정기일에 2회에 걸쳐 참석하지 아니한 경우에는 해당 조정

신청이 취하된 것으로 보고 있다(동조 제3항).

조정위원회는 해당 조정사건에 관하여 당사자간에 합의가 이루어질 가능성이 없다고 인정할 때에는 조정을 하지 아니한다는 결정으로 조정을 종결시킬 수 있으며(제53조 제1항), 위조정결정에 대하여 이의신청이 있는 경우에는 당사자간의 조정은 종결된다(동조 제2항). 또한 조정절차가 진행 중인 환경분쟁에 대하여 재정 또는 중재 신청이 있으면 그 조정은 종결된다(동조 제3항).

조정은 당사자 간에 합의된 사항을 조서에 적음으로써 성립된다(제50조 제1항). 조정조서는 재판상 화해와 동일한 효력이 있다. 다만, 당사자가 임의로 처분할 수 없는 사항에 관한 것은 그러하지 아니하다(제54조). 조정조서에 '재판상 화해'의 효력을 부여한 것은 분쟁조정의 실효성을 확보하기 위한 조치라고 이해된다.16) 합의가 이루어지지 아니할 경우 당사자는 재정 또는 중재 신청이나 소송을 제기할 수 있다. 한편. 조정위원회는 당사자 간에 합의가 이루어지지 아니한 경우에는 조정에 갈음하는 조정결정을 할 수 있으며, 당사자는 이에 대해 이의신청을 할 수 있다(제51조 제4항). 조정결정문서 정본을 송달받은 날부터 14일 이내에 이의신청이 없는 조정결정은 재판상 화해와 동일한 효력이 있다(제54조).

다. 재 정

재정은 제3자인 재정위원회가 서로 대립하는 당사자간의 분쟁에 대하여 사실조사 및 심문 등의 절차를 거쳐 법률적인 판단(재정결정)으로 분쟁을 해결하는 준사법적 쟁송절차이다. 재정에는 ① 환경피해를 발생시키는 행위와 환경피해 사이의 인과관계 존재 여부를 결정하는 재정(원인재정), ② 환경피해에 대한 분쟁 당사자 간의 손해배상 등의 책임의 존재와 그 범위 등을 결정하는 재정(책임재정)이 있다(제56조).17)

재정은 5명의 위원으로 구성되는 재정위원회에서 한다. 그러나 조정가액이 중앙위원회의 경우에는 2억원 이하, 지방위원회의 경우에는 5천만원 이하인 분쟁사건의 재정은 3명의 위원으로 구성되는 재정위원회에서 할 수 있다(제57조, 시행령 제26조).

동법은 재정위원회로 하여금 분쟁의 재정을 위하여 필요하다고 인정할 때에는 당사자의 신청에 의하여 또는 직권으로 당사자 또는 참고인에 대한 출석 요구·질문 및 진술청취, 감정인의 출석 및 감정의 요구, 사건과 관계있는 문서 또는 물건의 열람·복사·제출요구 및 유치, 사건과 관계있는 장소의 출입 · 조사 등의 행위를 할 수 있도록 함으로써 사실조사 등에 직권주의를 가미하고 있다(제59조 제1항). 또한, 재정위원회는 재정 신청

---

16) 종전에는 조정의 효력과 관련하여 당사자간에 조정조서와 동일한 내용의 합의가 성립된 것으로 보는 것으로 그쳤는데, 그 결과 민사조정과 달리 강제력을 갖지 못하고, 강제집행을 위한 집행권원으로서의 효력이 인정되지 않았다. 이에 2008. 3. 개정 법에서는 '재판상 효력'을 부여함으로써, 구제의 실효성을 높이고 불필요한 소 제기로 발생하는 사회적 비용을 덜고자 하고 있다.

17) 2018. 10. 16. 개정 법은 환경분쟁의 신속한 해결을 도모하기 위하여 책임재정 외에 환경오염피해의 원인을 밝히는 것만을 목적으로 하는 원인재정을 도입하였는데, 이는 일본 「공해분쟁처리법」에 의한 원인재정(제42조)을 거의 그대로 가져온 것이다. 일본 재정제도에 대하여 자세한 내용은 전창조(각주 10), 67면 이하 참조.

전에 미리 증거조사를 하지 아니하면 그 증거를 확보하기가 곤란하다고 인정하는 경우에 재정을 신청하려는 자의 신청으로 위 조사행위를 할 수 있으며(제60조 제1항), 환경피해의 복구를 위하여 원상회복이 필요하다고 인정하면 손해배상을 갈음하여 당사자에게 원상회복을 명하는 책임재정을 하여야 한다. 다만, 원상회복에 과다한 비용이 소요되거나 그 밖의 사유로 그 이행이 현저히 곤란하다고 인정하는 경우에는 그러하지 아니하다(제62조).

재정은 당사자의 신청서 제출일로부터 9개월 내에 그 절차를 완료하여야 하는데, 다만, 당사자등의 동의가 있는 경우 등 일정한 경우에는 위원회의 결정으로 기간을 한 차례만 연장할 수 있다(제30조 제7항, 시행령 제12조).

지방위원회의 재정위원회가 한 책임재정에 불복하는 당사자는 재정문서의 정본이 당사자에게 송달된 날부터 60일 이내에 중앙위원회에 책임재정을 신청할 수 있다(제63조 제1항). 재정위원회가 원인재정을 하여 재정문서의 정본을 송달받은 당사자는 이 법에 따른 알선, 조정, 책임재정 및 중재를 신청할 수 있다(동조 제2항). 재정위원회가 책임재정을 한 경우에 재정문서의 정본이 당사자에게 송달[18]된 날부터 60일 이내에 당사자 양쪽 또는 어느 한쪽으로부터 그 재정의 대상인 환경피해를 원인으로 하는 소송이 제기되지 아니하거나 그 소송이 철회된 경우 또는 제1항에 따른 신청이 되지 아니한 경우에는 그 재정문서는 '재판상 화해'와 동일한 효력이 있다.[19] 다만, 당사자가 임의로 처분할 수 없는 사항에 관한 것은 그러하지 아니하다(동조 제3항).

당사자가 책임재정에 불복하여 소송을 제기한 경우 시효의 중단 및 제소기간의 계산에 있어서는 책임재정의 신청을 재판상의 청구로 본다(제66조). 재정이 신청된 사건에 대한 소송이 진행 중일 때에는 수소법원은 재정이 있을 때까지 소송절차를 중지할 수 있으며, 재정위원회는 이 규정에 의한 소송절차의 중지가 없는 경우(원인재정을 하는 경우는 제

18) 재정문서의 송달은 공시송달의 방법으로는 할 수 없다. 대법원 2016. 4. 15. 선고 2015다201510 판결.

19) 종전에는 재정결과에 민사상 합의로서의 효력이 있을 뿐이라고 이해되었다. 그 결과 가해자가 재정결과를 이행하지 아니할 경우 피해자는 별도의 소제기를 통하여 강제집행을 위한 집행권원을 부여받아야 하였으며, 가해자로서, 재정결과에 불복하는 자는 채무부존재확인의 소 등을 제기함으로써, 재정문서의 효력을 부인할 수 있었다. 이에 분쟁조정의 실효성을 확보하고, 소제기로 인하여 발생하는 사회적 비용을 줄이기 위해 2008. 3. 개정 법에서는 '재판상 효력'이 있는 것으로 격상하고, 재정결과에 집행력을 부여하였다. 분쟁의 궁극적인 해결을 통한 환경분쟁조정제도의 실질화를 위하여는 재정문서에 강제집행을 위한 집행권원으로서의 효력을 부여하여야 한다는 견해가 있다. 이상규, "환경오염분쟁조정제도의 법적 성격", 인권과 정의 제219호, 1994. 11, 36면; 이경환, "환경오염피해분쟁조정제도(개선방안을 중심으로)", 저스티스 제25권 제2호, 1992. 12, 253면, 270면; 김민중, "소송외적 방법에 의한 환경오염피해분쟁의 해결제도", 비교사법 제2권 제2호, 1995. 12, 21면. 재정은 「국가배상법」상의 배상심의절차와는 달리 준사법적 쟁송의 성질을 띠고 있고 또 불복제소의 기회가 봉쇄되어 있는 것도 아니기 때문에 그 효력을 재판상 화해와 동일한 것으로 강화시킨다고 해도 재판청구권 침해 등 위헌의 문제는 생기지 않는다는 견해도 있다. 홍준형(각주 13), 161 내지 162면. 이에 반해 재판상 화해조서와 같은 효력을 인정하는 것은 권력분립주의, 사법권 독립주의, 국민의 재판받을 권리 등을 침해하는 것으로 위헌의 소지가 있다는 견해가 있다. 김형진(각주 3), 139면. "환경분쟁조정제도는 그 자체로서 사법적인 권리구제제도를 대신할 수도, 대신하여서도 안 되"고 확정판결과 동일한 효력을 부여하는 것은 "실용적 해결을 명분으로 하여, 법률이 정한 법관에 의한 재판을 받을 권리를 사실상 박탈하는 문제를 야기하므로 위헌의 소지를 낳을 수 있"다는 견해도 같은 맥락으로 이해할 수 있다. 유지태, "환경오염피해분쟁조정제도의 비교법적 고찰", 인권과 정의 제219호, 1994. 11, 51면. 또한, 집행분야에 전문성이 약한 위원회 작성의 재정문서는 집행불능의 가능성도 있으므로 재정문서의 효력에 민법상 합의정도의 효력을 인정함이 타당하다는 견해도 있다. 조현권, 환경법 —이론과 실무—, 법률문화원, 1999, 348면.

외)에는 해당 사건의 재정절차를 중지하여야 한다(제67조 제1항, 제2항). 한편, 환경분쟁에 대한 소송과 관련하여 수소법원은 분쟁의 인과관계 여부를 판단하기 위하여 필요한 경우에는 중앙위원회에 원인재정을 촉탁할 수 있다. 이 경우 제30조 제1항에 따른 당사자의 신청이 있는 것으로 본다(동조 제4항). 이 밖에도 동법은 재판에 준하는 엄정성을 확보하기 위하여 당사자 심문, 심문의 공개(제58조), 재정문서의 필요적 기재사항(제61조) 등에 관한 규정을 두고 있다.

라. 중 재

2015. 12. 22. 개정 법은 당사자의 합의에 기초한 신속한 분쟁해결 수단인 중재제도를 도입하고 있다. 이는 우리나라 분쟁조정제도의 모델이 된 일본 「공해분쟁처리법」에 의한 재정제도를 염두에 둔 것이다. 중재는 분쟁의 당사자 쌍방이 법원에서의 재판을 받을 권리를 포기하고, 분쟁의 해결을 중재위원회에 맡기고 그 판단에 따르겠다는 약속(중재합의)을 함으로써 중재위원회에서 내리는 판정에 의해 분쟁을 최종적으로 해결하는 절차이다.

당사자 사이에 중재합의가 반드시 필요하다는 점, 분쟁을 강행적으로 해결한다는 점에서 당사자 사이의 합의로 이루어지는 임의성이 강한 조정, 재정 등과 구별된다. 한편, 중재는 당사자 사이의 자주적인 분쟁해결이라는 점에서 법원에 의한 일방적, 강행적 분쟁해결 방식인 소송과 구별된다. 또한 중재는 원칙적으로 일회적으로 끝나기 때문에 소송보다 신속하게 분쟁을 해결할 수 있고 소요되는 비용도 저렴하다.

중재는 3명의 위원으로 구성되는 중재위원회에서 한다(제68조 제1항). 중재위원회의 위원은 사건마다 위원회 위원 중에서 위원회의 위원장이 지명하되, 당사자가 합의하여 위원을 선정한 경우에는 그 위원을 지명한다(동조 제2항). 중재위원회의 심문, 조사권, 증거보전, 중재의 방식 및 원상회복 등에 관하여는 제58조부터 제62조까지의 규정을 준용한다(제45조의3). 즉 당사자간 중재합의를 근거로, 당사자 일방 또는 쌍방으로부터 신청이 있는 경우 중재위원회는 당사자 및 참고인, 감정인을 심문하는 등으로 다툼의 원인이 되는 사실관계를 탐지하고 중재판정을 한다.

중재와 관련된 절차에 관하여는 이 법에 특별한 규정이 있는 경우를 제외하고는 「중재법」을 준용한다(제71조). 그 결과 중재합의의 대상인 분쟁에 관하여 소가 제기된 경우에 피고가 중재합의가 있다는 항변(抗辯)을 하였을 때에는 법원은 그 소를 각하하여야 한다(「중재법」 제9조). 중재절차는 신청의 취하 또는 중재위원회의 결정에 따라 종료된다. 중재판정은 서면으로 작성하여야 한다(「중재법」 제32조).

중재는 양쪽 당사자 간에 법원의 확정판결과 동일한 효력이 있다(제70조). 따라서 당사자는 중재판정에 의하여 확정된 내용에 관하여는 다툴 수 없으며 법원도 이에 반하는 판단을 할 수 없게 된다. 이와 같이 중재가 확정판결과 동일한 효력이 있다고 하지만 집행을 위해서 별도의 법원의 집행결정을 받아야 하기 때문에(「중재법」 제37조), 확정판결과 완전히 동일한 집행력이 인정되고 있지 않다고 할 수 있다.

중재에 대한 불복과 중재의 취소에 관하여는 「중재법」 제36조를 준용한다(제71조 제1항). 그 결과 중재판정에 대한 불복은 법원에 중재판정 취소의 소를 제기하는 방법으로만 할 수 있다. 원칙적으로 불복을 할 수 없도록 하는 것은 중재가 중재위원회의 결정에 전적으로 복종한다는 당사자간의 합의가 전제되기 때문이라고 할 수 있다. 「중재법」은 일정한 경우에 중재판정취소의 소를 제기할 수 있는 길을 열어 놓고 있으나 그 요건은 상당히 제한적이다(제36조). 취소사유를 제한적으로 인정하는 것은 불복의 남용으로 인한 폐해를 막기 위한 것이라고 할 수 있다.

이상의 환경분쟁조정절차를 ≪도표≫로 그리면 다음과 같다.

≪환경분쟁조정절차의 흐름도≫[20]

환 경 분 쟁

알 선 신 청	조 정 신 청	재 정 신 청	중 재 신 청
비교적 간단한 피해분쟁사건	알선으로 해결이 곤란한 피해분쟁사건	알선 · 조정으로 해결이 곤란한 피해분쟁사건	당사자간 중재합의가 있는 사건
알 선	조 정	재 정	중 재
알선위원이 분쟁당사자의 화해를 유도하여 합의가 이루어지게 하는 절차	조정위원회가 사실조사 후 조정안을 작성, 양측에 수락을 권고하는 절차	재정위원회가 인과관계의 유무 및 피해액을 판단하여 결정하는 재판에 준하는 절차	중재위원회가 인과관계의 유무 및 피해액을 판단하여 결정하는 재판에 준하는 절차
합의 — 불성립시 조정 · 재정 또는 중재신청, 소송제기	수락 — 수락 거부시 재정 또는 중재신청, 소송제기	승복 — 불복시 소송 제기	승복 — 불복시 중재판정 취소의 소제기

분쟁조정제도에 의한 해결(당사자간 합의)

20) 환경부, 환경백서, 2003, 162면 참조.

6. 「국가배상법」과의 관계

「국가배상법」을 적용받는 환경분쟁으로서 환경분쟁조정피해구제법상의 조정절차를 거친 경우(제52조 및 제53조를 포함)에는 「국가배상법」에 따른 배상심의회의 심의·의결을 거친 것으로 본다(제40조).

Ⅲ. 환경피해 구제

위원회는 「환경오염피해 배상책임 및 구제에 관한 법률」, 「석면피해구제법」, 「생활화학제품 및 살생물제의 안전관리에 관한 법률」에 따른 피해인정, 구제급여 신청 등에 대한 심사, 재심사의 심의 · 결정 · 재결 등을 관할한다(제5조 제3호). 가습기살균제 피해구제는 관할에서 제외되어 있다. 동법은 구제 요건, 절차, 기준 등과 관련해서는 별도의 규정을 두고 있지 않고, 개별 법에 미루고 있다. 개별 법에 분산된 구제업무의 통합 · 운영은 사후구제기능의 집중 · 강화로 이해할 수 있을 것이다.

제 2 절 사법상 구제

환경오염피해에 대한 사법(私法)상 구제(민사소송)의 내용으로는 크게 불법행위(민법 제750조)와 소유자 또는 점유자의 물권(민법 제205조, 제206조, 제214조), 매연, 열기체 등에 의한 생활방해(민법 제217조), 하자담보책임(민법 제580조), 제조물책임(「제조물책임법」) 등에 기초한 손해배상청구나 유지청구(留止請求)를 들 수 있다.

한편, 환경법 영역에서 발생하는 책임 이슈를 정리하고 획기적으로 책임법체계를 마련하고 있는, 2014. 12. 31. 제정 「환경오염피해 배상책임 및 구제에 관한 법률」(피해구제법)은 특히 손해배상 분야와 관련해서는 빼놓을 수 없는 중요한 법이라고 할 수 있다.

Ⅰ. 손해배상청구

우리나라의 개별 환경법은 피해구제를 위한 체계적인 법적 장치를 갖추고 있지 못하기 때문에 다수의 학자, 판례가 손해배상청구의 법적 근거로 삼는 민법 제750조는 큰 의미를 갖는다. 그러나 위 조항에 기한 손해배상청구는 장기간에 걸친 소송, 과다한 소송비용 등 일반 소송구조에서 나타나는 한계 외에 환경소송의 특질상 많은 한계가 발견되고 있다. 최근에는 이러한 한계를 극복하기 위한 입법적 고려가 두드러지고 있다.

1. 고의 · 과실

가. 위험책임법리의 실정화

최근에는 환경피해에 대하여 고의 · 과실이 없다고 하더라도 배상책임을 지우는 경향이 뚜렷해지고 있는데 우리나라의 환경관계법에서도 이 같은 규정을 다수 담고 있다. 예컨대, 「원자력손해배상법」 제3조 제1항에서는 "원자로의 운전 등으로 인하여 원자력손해가 생긴 때" 원자력사업자에게, 「유류오염손해배상 보장법」 제5조 제1항에서는 "유류오염손해가 발생한 때" 사고 당시의 선박소유자에게 무과실책임을 지우고 있으며, 「토양환경보전법」 제10조의3에서는 "토양오염으로 인하여 피해가 발생하였을 때" 오염을 발생시킨 자가 무과실책임을 지도록 규정하고 있고, 「광업법」 제75조에서는 광해에 대하여 무과실책임을 규정하고 있으며, 「수산업법」 제82조는 "산업시설이나 그 밖의 사업장의 건설 또는 조업, 선박 또는 해양시설(「해양환경관리법」 제2조 제17호에 따른 해양시설을 말함)과 해저광구의 개발 등에 의한 수질오염으로 인하여 면허받은 어업에 피해가 발생한 때" 오염발생시설의 경영자에게 무과실책임을 지우고 있다.

위와 같은 규정들은 위험책임의 법리를 실정화한 것으로, 환경오염 피해자는 가해자의 고의 내지 과실을 입증할 필요 없이 손해배상을 받을 수 있으므로, 환경피해 구제의 효율성을 높인다.

나. 「환경정책기본법」 제44조와 피해구제법 제6조

「환경정책기본법」은 제44조 제1항에서 "환경오염 또는 환경훼손으로 인하여 피해가 발생한 경우에는 해당 환경오염 또는 환경훼손의 원인자가 그 피해를 배상하여야 한다"라고 규정하여 환경오염의 피해에 대한 원인자의 무과실책임을 인정하고 있다.

법원은 이 규정의 구체적 효력을 인정하고 있다.[1] 그 결과 위 규정의 구성요건에 해당되는 환경오염피해를 입은 자는 오염원인자에게 무과실책임을 지울 수 있다(자세한 내용은 제2장 VI 참조). 이 규정은 민법 제750조에 대한 특별규정이므로 피해자가 이 규정의 적용을 구하는 주장이 없더라도 민법 제750조에 우선하여 적용된다(법조경합).[2]

한편, 피해구제법은 시설의 설치 · 운영과 관련하여 환경오염피해가 발생한 때에는 해당 시설의 사업자가 그 피해를 배상하도록 하고 있다(제6조 제1항). 책임의 성질은 무과실책임이다. 여기서 민법상 불법행위책임과의 관계가 문제되는데, 양법에 따른 배상책임 규정이 청구권경합의 관계에 있다고 보는 것이 타당하다(자세한 내용은 제2절 Ⅱ. 15. 참조). 위와 같이 환경오염의 피해에 대하여 무과실책임을 인정하게 되면 피해자는 고의 · 과실 자체에 대한 입증이 불필요하게 되므로 환경오염피해에 대한 구제는 그만큼 충실해진다.

---

1) 대법원 2001. 2. 9. 선고 99다55434 판결; 대법원 2003. 6. 27. 선고 2001다734 판결; 대법원 2008. 9. 11. 선고 2006다50338 판결; 대법원 2011. 11. 10. 선고 2010다98863 판결; 서울고법 2015. 4. 30. 선고 2014나2007924 판결(확정); 대법원 2017. 2. 15. 선고 2015다23321 판결.

2) 인천지법 2004. 10. 22. 선고 2002가단23361 판결(확정; 대법원 2008. 9. 11. 선고 2006다50338 판결.

2. 위 법 성

가. 수인한도론

환경 침해의 경우 불법행위를 원인으로 하는 배상책임을 지우기 위해서는 침해 행위가 위법한 것이어야 하는데, 구체적인 경우 위법성이 있는지 여부를 판단하기는 결코 쉬운 일이 아니다. 예컨대, 설치허가를 받은 배출시설에서 배출허용기준 이하의 오염물질이 배출된다고 하여 당연히 위법성이 없다고 단정할 수 없는 것이기 때문이다.[3] 배출당시에 규제법규가 존재하지 않았는데, 배출된 물질이 유해물질로서 그로 인하여 지금의 피해가 발생한 경우 배출행위에 위법성이 인정될 수 있는지도 논란이 될 수 있는데, 책임의 소급효와 맞물리면서 어려운 문제를 제기할 수 있다. 이와 같이 위법성 여부를 밝히기 어려운 현실적 한계를 극복하기 위한 하나의 수단으로 '수인한도론'이 발전되었다. 수인한도론에 의하면 환경피해가 사회 공동생활을 함에 있어서 일반적으로 용인될 수 있는 범위 내의 것인 때에는 위법성이 없는 것으로 볼 수 있으나, 그러한 수인의 한도를 넘는 것이면 위법성이 있는 것으로 하여 배상책임이 인정된다는 것이다. 판례는 위법성 판단에 수인한도론을 적용하고 있음을 분명히 하고 있다(판례 [1]).

[1] 수인한도론: 대법원 2000. 5. 16. 선고 98다56997 판결

사회통념상 수인한도를 넘었는지의 여부는 피해의 정도, 피해이익의 성질 및 그에 대한 사회적 평가, 가해건물의 용도, 지역성, 토지이용의 선후관계, 가해방지 및 피해회피의 가능성, 공법적 규제의 위반 여부, 교섭경과 등 모든 사정을 종합적으로 고려하여 판단하여야 한다.

* 동지: 대법원 2010. 7. 15. 선고 2006다84126 판결; 대법원 2015. 9. 24. 선고 2011다91784 판결; 대법원 2016. 12. 29. 선고 2014다67720 판결; 대법원 2021. 6. 3. 선고 2016다33202, 33219 판결.

다만 수인한도법리와 관련한 대다수의 판례는 소음·진동, 악취,[4] 일조,[5] 통풍, 조망,[6] 천공(天空),[7] 빛반사,[8] 사생활(privacy)[9] 등 생활이익 침해와 관련한 것인데, 이러한 침해

3) 판례는 오염배출이 행정적인 배출허용기준치 이하였다고 하더라도 통상의 수인한도를 넘어 손해가 발생한 경우에는 피해자에게 그 손해를 배상할 책임이 있다고 하고 있다. 서울민사지법 1992. 10. 13. 선고 92가합 4135 판결; 대구고법 1990. 1. 12. 선고 88나3049 판결; 대전지법 1995. 2. 8. 선고 93가합3237 판결.

4) 부산고법 2012. 4. 10. 선고 2011나2258, 2011나2265, 2011나2272, 2011나2289 판결; 창원지법 2022. 9. 29. 선고 2021가합50966 판결.

5) 서울고법 1996. 3. 29. 선고 94나11806 판결(확정); 서울지법 2003. 11. 12. 선고 2002가합3921 판결; 서울중앙지법 2008. 7. 8. 선고 2007가합79119 판결(확정); 부산지법 2009. 8. 28. 선고 2009카합1295 결정; 대법원 2004. 10. 28. 선고 2002다63565 판결; 대법원 1999. 1. 26. 선고 98다23850 판결; 대법원 2007. 6. 14. 선고 2005다72058 판결; 대법원 2007. 6. 28. 선고 2004다54282 판결; 대법원 2008. 4. 17. 선고 2006다35865 전원합의체 판결; 대법원 2010. 6. 24. 선고 2008다23729 판결; 대법원 2011. 2. 24. 선고 2010다13107 판결.

6) 서울고법 1996. 3. 29. 선고 94나11806 판결; 서울고법 2000. 7. 7. 선고 99나52567 판결; 부산지법 2001. 5. 21. 선고 2001카합600 결정; 대법원 2004. 9. 13. 선고 2003다64602 판결; 대법원 2014. 2. 27. 선고 2009다40462 판결.

가 아닌 다른 종류의 환경 침해에 대하여도 수인한도법리를 폭넓게 적용할 것인지는 의문이 제기된다. 법원은 일반 환경오염피해에서도 수인한도론을 거론하고 있다.[10]

공작물에 하자가 있는 경우 민법 제758조에 따른 공작물 책임을 물을 수 있을 것이다.[11] 공작물에 대하여 국가 또는 지방자치단체에 대해 책임을 묻는 경우가 있는데(도로 소음의 경우를 생각해 보라), 이 경우는 엄밀하게 말하면 민법 제758조가 아니라 「국가배상법」 제5조에 따른 영조물로서의 책임이 문제가 될 것이다. 그러나 이러한 두 법적 근거는 해당 공작물의 소유자 또는 관리자가 누구인가에 의한 차이일 뿐, 원칙적으로 동일한 법리가 적용되어야 할 것이다. 판례는 영조물의 설치 · 관리상의 '하자'와 관련하여 물적 하자뿐만 아니라 '기능적 하자(내지 작용상 하자)'를 포함하며,[12] 나아가 기능적 하자의 판단 시 수인한도론을 확장 적용하고 있다. 그 판단 요소는 위법성의 판단 요소와 유사하다.

나. 공법적 규제와 수인한도

공법적 규제에 의하여 확보하고자 하는 이익은 원래 사법상 보호되는 이익을 공법적인 면에서도 가능한 한 보증하려는 것으로서 특별한 사정이 없는 한 사법상 보호되는 이익을 보호하기 위한 '최소한도의 기준'으로 봄이 상당하다. 그렇기 때문에 공법적 규제에 형식적으로 적합하다고 하더라도 현실적인 침해의 정도가 현저하게 커 사회통념상 수인한도를 넘은 경우에는 위법행위로 평가될 수 있는 것이다.[13] 건축 후에 신설된 새로운 공법적 규제 역시 위법성의 평가에 있어서 중요한 자료가 될 수 있다.[14] 법 개정 이전의 상황에 대해서도 개정 이후의 기준이 수인한도 기준으로 채택될 수 있다.[15]

---

7) 서울고등 2004. 9. 1. 2003나82275 판결; 대구지법 2022. 12. 22. 2022가합203334 판결.

8) 대법원 2021. 3. 11. 선고 2013다59142 판결; 대법원 2021. 6. 3. 선고 2016다33202, 33213 판결(네이버 사건).

9) 서울고법 2000. 7. 7. 선고 99나52567 판결; 서울중앙지법 2016. 1. 14. 선고 2014가단22640 판결; 인천지법 2016. 11. 29. 선고 2015가단202000 판결.

10) 대법원 1991. 7. 23. 선고 89다카1275 판결; 대법원 1991. 7. 26. 선고 90다카26607, 26614 결정; 서울민사지법 1989. 1. 12. 선고 88가합2897 판결; 대법원 2003. 6. 27. 선고 2001다734 판결(원자력발전소에서의 온배수 배출행위로 양식장의 어류가 집단폐사한 경우 손해배상을 인정한 사례); 부산지법 2011. 2. 10. 선고 2009가합10372 판결(악취로 인한 인근 아파트 주민들이 입은 피해에 대하여 손해배상을 인정한 사례); 대법원 2012. 1. 12. 선고 2009다84608 판결(어민들이 수도권매립지관리공사를 상대로 수질오염으로 인한 손해배상을 구한 사안에서, 그 손해는 수인한도를 넘는 것이어서 위법성이 인정된다고 한 사례); 대법원 2013. 10. 24. 선고 2013다10383 판결.

11) 민법 제758조에 따른 공작물 책임을 물은 사건은 대법원 2007. 6. 15. 선고 2004다37904 판결; 대구고법 2011. 12. 14. 선고 2011나5043 판결; 대법원 2017. 2. 15. 선고 2015다23321 판결; 대법원 2019. 11. 28. 선고 2016다233538, 233545 판결(한국도로공사가 설치 · 관리하는 고속도로에서 발생한 매연과 한국도로공사가 살포한 제설제의 염화물 성분 등이 甲이 운영하는 과수원에 도달함으로써, 과수가 고사하거나 성장과 결실이 부족하고 상품판매율이 떨어지는 피해가 발생하였을 뿐만 아니라, 이는 통상의 참을 한도를 넘는 것이어서 위법성이 인정된다고 보아 한국도로공사의 손해배상책임을 인정한 사례).

12) 판례에 따르면 '기능적 하자'란 공작물(또는 영조물)이 공공의 목적에 이용됨에 있어 그 이용상태 및 정도가 일정한 한도를 초과하여 제3자에게 사회통념상 수인할 것이 기대되는 한도를 넘는 피해를 입히는 경우를 의미한다. 대법원 2005. 1. 27. 선고 2003다49566 판결(김포공항 사건, 판례 [4]), 대법원 2004. 3. 12. 선고 2002다14242 판결(매향리사격장 사건) 참조.

13) 서울민사지법 1989. 1. 12. 선고 88가합2897 판결(진폐증 사건); 대법원 1991. 7. 23. 선고 89다카1275 판결(나전모방 사건); 대법원 1999. 1. 26. 선고 98다23850 판결; 대법원 2000. 5. 16. 선고 98다56997 판결; 대법원 2004. 9. 13. 선고 2003다64602 판결; 대법원 2023. 4. 13. 선고 2022다210000 판결.

14) 대법원 1999. 1. 26. 선고 98다23850 판결 참조.

다. 복수의 행위가 개재된 경우 위법성 판단 기준

복수의 관련 행위가 매개된 된 경우 위법성 여하를 관련 행위 전체를 일체로 종합적으로 판단하여야 하는가, 아니면 문제가 되는 행위마다 개별적 · 상대적으로 판단하여야 하는가. 판례는 후자의 입장이다.16)

3. 인과관계

가. 개연성이론

일반 불법행위로 인한 손해배상을 청구하는 경우 피해자는 가해자의 행위로 인해 피해자가 손해를 입은 사실, 즉 가해행위와 손해 사이에 인과관계가 있다는 것을 입증해야 하는데 그것이 쉽지 않다는 것은 주지의 사실이다. 환경 피해로 인한 손해배상을 청구하는 경우에는 더욱 그러하다. 환경오염의 경우에는 그 오염원인의 복잡성과 불명확성, 피해의 누적성, 광역성 등으로 그 인과관계를 규명하기가 쉬운 일이 아닐 뿐만 아니라 원인물질의 성분, 오염 경로 등을 과학적으로 일일이 밝히는 것도 쉬운 일이 아니다.

이러한 상황에서 전문적, 과학적 접근이 어려운 일반인에게 엄격한 인과관계의 입증을 요구한다면 이는 사실상 소송에서 이길 가능성을 봉쇄하는 것이고, 결과적으로 제소 자체를 제한하는 결과를 초래할 것이다. 이러한 상황을 우리는 전자파,17) 고엽제,18) 담배 사건,19) 가습기살균제 사건 등에서 무수히 경험하였다.

위와 같은 견지에서 환경오염피해 배상소송의 경우 인과관계의 입증책임을 완화 또는 전환하려는 시도는 자연스러운 것이다. '개연성이론'이 바로 이러한 시도 중의 하나인데, 개연성이론이란 환경침해로 인한 손해배상청구소송에서 인과관계의 입증은 자연과학적으로 엄격한 증명을 요구하는 것이 아니고, 가해행위와 손해 사이에 상당정도의 가능성, 즉 개연성이 있다는 입증으로 족하다는 것이다.20) 대법원은 1974년 이른바, '한국전력 사건'에서 개연성이론을 도입한 이래 개연성설의 입장을 확고하게 고수하고 있다.21)

나아가 최근에는 인과관계 인정에 필요한 주요사실을 배출요건, 유해성요건, 도달요건, 손해발생요건 등으로 유형화하고 그 요건의 전부 또는 일부가 모순 없이 개연성을

15) 서울중앙지법 2009. 8. 26. 선고 2008가합72566 판결(확정).

16) 대법원 2001. 2. 9. 선고 99다55434 판결; 부산고법 2013. 6. 25. 선고 2011나474 판결; 대법원 2019. 11. 28. 선고 2016다233538, 233545 판결 참조.

17) 대법원 2001. 3. 9. 선고 2000두8806 판결(백혈병의 발병 내지 악화와 망인의 업무 사이에 상당인과관계가 있다고 보기 어렵다고 하면서 원고의 유족보상금지급청구를 거절한 피고의 처분이 적법하다고 한 사례); 대법원 2002. 4. 15. 선고 2002다15160 판결; 대법원 2004. 10. 15. 선고 2003두6573 판결 참조.

18) 대법원 2013. 7. 12. 선고 2006다17539 판결 참조.

19) 대법원 2014. 4. 10. 선고 2011다22092 판결; 대법원 2014. 4. 10. 선고 2011다23422 판결.

20) 개연성이론의 이론적 근거로는 흔히 사실상의 추정이론과 영미법상의 증거우월의 이론(pre-ponderance of evidence)이 들어지고 있다. 천병태 · 김명길, 환경법론, 삼영사, 1997, 265면; 오석락, 환경소송의 제문제, 삼영사, 1996, 96면 내지 99면; 홍천룡, "환경오염 피해의 구제 -손해배상청구와 유지청구-", 환경법연구 제14권, 1992, 29면.

21) 대법원 1974. 12. 10. 선고 72다1774 판결(한국전력 사건); 대법원 1991. 7. 23. 선고 89다카1275 판결 등 참조.

인정할 수 있을 정도로 증명되면 인과관계의 증명이 있다고 보는 입장(신개연성설, 일명 간접반증이론)이 정착되고 있다(판례 [2]).22)

[2] 여천공단 사건(신개연성이론과 증명책임의 분배): 대법원 2004. 11. 26. 선고 2003다2123 판결

공해로 인한 손해배상청구소송에 있어서는 가해행위와 손해발생 사이의 인과관계의 고리를 모두 자연과학적으로 증명하는 것은 곤란 내지 불가능한 경우가 대부분이고, 가해기업은 기술적 · 경제적으로 피해자보다 원인조사가 용이할 뿐 아니라 자신이 배출하는 물질이 유해하지 않다는 것을 입증할 사회적 의무를 부담한다고 할 것이므로, 가해기업이 배출한 어떤 물질이 피해 물건에 도달하여 손해가 발생하였다면 가해자측에서 그 무해함을 입증하지 못하는 한 책임을 면할 수 없다고 봄이 사회 형평의 관념에 적합하다.

따라서 수질오염으로 인한 공해소송인 이 사건에서 (1) 피고들 공장이 위치한 여천공단에서 재첩 양식에 악영향을 줄 수 있는 폐수가 배출되고, (2) 그 폐수 중 일부가 물의 흐름에 따라 이 사건 재첩 양식장에 도달하였으며, (3) 그 후 재첩에 피해가 있었다는 사실이 각 모순 없이 증명되면 여천공단 공장들의 폐수배출과 재첩 양식이 폐사함으로 발생한 손해 사이의 인과관계가 일응 증명되었다고 할 것이므로, 피고들이 반증으로 (1) 피고들이 배출하는 폐수 중에는 재첩의 생육에 악영향을 끼칠 수 있는 원인물질이 들어 있지 않으며, (2) 원인물질이 들어 있다 하더라도 안전농도 범위 내에 속한다는 사실을 입증하거나, 간접반증으로 재첩 양식장의 피해는 피고 공장들이 배출한 폐수가 아닌 다른 원인이 전적으로 작용하여 발생한 것임을 입증하지 못하는 이상 피고들은 그 책임을 면할 수 없다고 할 것이다.23)

나. 역학적 인과관계

최근에는 어느 정도 증명이 있어야 개연성의 입증이 된다고 할 것인가에 대한 문제인식을 바탕으로 자연과학적 인과관계의 증명수단으로 이용되는 역학(疫學: epidemiology)

---

22) 혹자는 이러한 입장을 종래의 막연히 개연성의 증명만으로 인과관계의 증명이 족하다는 개연성설과 구별하기 위하여 '신개연성설'이라고 부르고 있다. 이는 막연하게 피해자의 입증의 부담을 경감하는 것이 아니라 일정한 경우에 가해자에게 간접반증의 책임을 과하는 견해이다. 천병태 · 김명길(각주 20), 266면; 오석락(각주 20), 79면. 이러한 입장을 취하는 판례는 대법원 1984. 6. 12 선고 81다558 판결(진해화학 사건); 대법원 1997. 6. 27. 선고 95다2692 판결(현대자동차 폐수배출 사건, 공사장에서 배출되는 황토 등이 양식어장에 유입되어 농어가 폐사한 경우, 개연성 이론에 의하여 인과관계가 증명되었다고 본 사례); 인천지법 1999. 8. 8. 선고 96가합8303 판결(비산유리섬유 사건); 서울중앙지법 2007. 1. 25. 선고 99가합10497 판결(담배 사건); 서울중앙지법 2010. 2. 3. 선고 2007가합16309 판결; 대법원 2012. 1. 12. 선고 2009다84608 판결(어민 갑 등이 수도권매립지관리공사를 상대로 수질오염으로 인한 손해배상을 구한 사안에서, 갑 등이 조업하는 어장에 발생한 피해는 공사가 배출한 침출처리수에 포함된 오염물질이 해양생물에 작용함으로써 발생하였다는 상당한 개연성이 인정되므로 공사의 오염물질 배출과 어장의 피해 사이에 인과관계가 일응 증명되었고, 인과관계를 부정하기 위한 반증도 인정되지 않으며, 그 손해는 수인한도를 넘는 것이어서 위법성이 인정된다고 한 사례); 부산고법 2022. 11. 24. 선고 2019나13646 판결(사천 모례마을 사건) 등 참조. 개연성이론과 신개연성이론에 대하여 자세한 내용은 권용우, 불법행위론, 신양사, 1998, 258 내지 284면 참조.

23) 여천공단 내 공장들의 폐수 배출과 재첩 양식장에 발생한 손해 사이에 인과관계가 인정된다고 한 사례.

상의 인과관계가 인정된다면 가해자가 피해자의 생명 · 건강침해에 관하여 다른 원인이 존재한다는 반증을 하지 못하는 한 법적 인과관계가 인정될 수 있다는 주장이 제기되고 있다.[24)]

판례는 역학상의 인과관계를 인정하기 위하여 요구되는 요건 가운데, ① 특정의 인자가 발병의 일정 기간 전에 작용 또는 존재한 것일 것(시간적 선후관계), ② 그 인자가 작용하는 정도가 현저할수록 질병의 발생률이 높을 것(용량−반응관계), ③ 그 인자가 제거된 경우 그 질병의 발생률이 저하하거나 또는 그 인자를 가지지 않는 집단에서 그 질병의 발생률이 극히 낮을 것(가역성), ④ 그 인자가 원인으로써 작용하는 과정이 생물학적으로 모순 없이 설명될 것(생물학적 개연성) 등의 네 가지 요건이 충족되면, 특정 인자와 질병 발생 사이에 상당한 개연성이 존재한다고 보아 역학적 인과관계를 긍정할 수 있다고 본다.[25)]

역학적 인과관계론이란 역학상의 연구를 인과관계의 인정 유무의 판단에 이용하고자 하는 접근이라고 할 수 있다. 법원은 역학적 인과관계의 인정을 위해 2단계 인과관계의 증명을 요구하고 있다. 일반적으로 인체가 해당 유해 물질에 노출될 경우 문제된 질병이 야기될 수 있다는 '일반적 인과관계'와 피해자가 해당 유해 물질에 노출된 후 질병이 발생하였다는 '개별적 인과관계'가 그것이다. 대법원은 특히 원인과 결과가 명확히 대응하지 않는 비특이성질환의 경우 엄격히 개별적 인과관계의 입증을 요구하고 있다. 이 과정에서 대법원은 '역학적 상관관계'라는 표현을 사용하고 있다. 즉 "역학적 상관관계가 인정되더라도 어느 개인이 위험인자에 노출된 사실과 비특이성 질환에 걸린 사실의 증명만으로 양자 사이의 인과관계를 인정할 만한 개연성이 증명되었다고 볼 수 없다"라고 하면서 개별적 인과관계의 증명을 별도로 요구하고 있다.[26)] 말하자면 법원은 역학적 상관관계를 기초로 인과관계를 인정하고 있는 셈이다.

역학에서는 흔히 통계적 관련성에 추가하여 인과적 관련성이 인정되는 경우 '일반적 인과관계(general causation)'가 인정되는 것으로 이해하고 있는바,[27)] 이는 원고 개인의 위

---

24) 홍천룡, "환경오염 피해의 구제 −손해배상청구와 유지청구−", 환경법연구 제14권, 1992, 32면 내지 33면; 소재선 · 박노일, "환경소송을 통한 사법적 구제와 역학적 인과관계", 국제법무연구 제2호, 1999. 2, 272면; 장영민 · 박기석, 환경형법의 이론적 문제점에 관한 연구, 한국형사정책연구원, 1996, 96면 이하. 역학상의 인과관계가 인정되기 위한 조건으로는 시간적 선후관계(temporal relationship), 생물학적 개연성(biological plausibility), 일관성(consistency), 관련성의 강도(strength of association), 용량−반응관계(dose−response relationship), 가역성(reversibility), 연구 설계(study design), 특이성(specificity) 등을 들고 있다. 이경환, "환경소송에서의 역학적 인과관계론", 환경문제연구총서 IX, 2001. 12, 80 내지 82면.

25) 서울고법 2006. 1. 26. 선고 2002나32662 판결(고엽제 사건[항소심]).

26) 대법원 2013. 7. 12. 선고 2006다17539 판결(고엽제 사건); 대법원 2014. 4. 10. 선고 2011다22092 판결(담배 사건); 대법원 2014. 9. 4. 선고 2011다7437 판결(자동차대기오염 사건); 서울고법 2015. 5. 28. 선고 2014나7300 판결(시멘트공장 분진 사건).

27) 천경송, "공해소송에 있어서의 인과관계의 입증", 사법논집 제8집, 1977, 140면. 이러한 접근에 충실한 입장이 고엽제 사건(항소심)이라고 할 수 있다. 역학연구에 추가하여 시간적 선후관계, 용량−반응관계, 생물학적 지연성 등이 포함된 이른바 힐(Hill) 기준이 충족되는 경우 일반적 인과관계가 인정된다. 국립환경과학원, 가습기살균제 노출과 질환 간 역학적

험인자에의 '노출'에 초점을 두고 구체적 관련성을 의미하는 개별적 인과관계와 구분되는 것이다.[28] 특기할 것은 2020. 3. 24. 개정 「가습기살균제 피해구제를 위한 특별법」(가습기살균제피해구제법)에서는 대법원이 사용하고 있는 '역학적 상관관계'가 있음이 확인된 경우 인과관계를 추정하고 있다(제5조).

주의할 것은 역학은 보건학적 연구의 기초가 되는 학문으로서 인구집단을 대상으로 하고 있는바, 역학적 인과관계의 적용 대상은 과수, 어장 등 물질적 피해에 대해서는 적용하기 어렵다. 역학이라는 것은 사람에 국한되는 문제이고, 그것은 집단에 대한 문제이기 때문에 인구집단의 건강침해와 관련된 소송에 적용될 뿐이다.[29] 또한 원인과 결과가 명확히 대응하지 않는 비특이성질환에 적용하기 어렵다.

다. 인과관계의 추정

개연성이론은 기본적으로 입증책임의 완화 내지 경감에 그칠 뿐 입증책임을 전환하는 것이 아니므로 피해 구제에 일정한 한계를 지니고 있다. 이에 입증책임의 전환을 시도하는 노력은 경청할 만한 것이다.

피해구제법은 인과관계 추정 방식을 택하고 있다. 즉 "시설이 환경오염피해 발생의 원인을 제공한 것으로 볼 만한 상당한 개연성이 있는 때에는 그 시설로 인하여 환경오염피해가 발생한 것으로 추정한다(제9조 제1항)." 상당한 개연성이 있는지의 여부는 시설의 가동과정, 사용된 설비, 투입되거나 배출된 물질의 종류와 농도, 기상조건, 피해발생의 시간과 장소, 피해의 양상과 그 밖에 피해발생에 영향을 준 사정 등을 고려하여 판단한다(동조 제2항).

한편, 2020. 3. 24. 개정 가습기살균제피해구제법에서는 ① 가습기살균제에 노출된 사실, ② 가습기살균제 노출 이후 질환이 발생하였거나 기존 질환이 악화되었다는 사실, ③ 대통령령으로 정하는 조사 · 연구에 따라 가습기살균제 노출과 질환 간에 역학적 상관관계가 있음이 확인된 사실 등이 모두 증명된 경우에는 독성 화학물질을 함유한 가습기살균제로 인하여 생명 또는 건강상의 피해가 발생한 것으로 추정한다는 규정을 두고 있다(제5조).[30]

라. 원인의 경합

(1) 공동불법행위

수인이 공동으로 오염물질을 배출하여 환경피해를 야기한 경우 과연 누구에 의해 피해가 발생한 것인지를 밝히기란 쉬운 일이 아니다. 이러한 환경피해에 대한 책임소재 규

상관관계 검토보고서, 2021, 10면, 278면.

28) 역학이 일반적 인과관계에 초점이 있다면 법학은 개별적 인과관계에 보다 초점이 있다고 할 수 있다.

29) 이경환(각주 24), 80 내지 82면.

30) 자세한 내용은 제11장 제8절 Ⅱ. 참조.

명의 어려움을 해결하기 위하여는 우선 민법상의 공동불법책임이 적용될 수 있을 것이다. 즉 민법 제760조 제1항은 "수인이 공동의 불법행위로 타인에게 손해를 가한 때에는 연대하여 그 손해를 배상할 책임이 있다"라고 규정하고 있는데, 위 공동불법행위책임을 지우기 위해서는 공동행위자의 각 행위가 독립하여 불법행위의 요건을 갖추고 있으면서 객관적으로 관련되고 공동으로 위법하게 피해자에게 손해를 가하여야 한다.[31] 나아가 동법은 "공동 아닌 수인의 행위 중 어느 자의 행위가 그 손해를 가한 것인지를 알 수 없는 때에도 전항과 같다(동조 제2항)"고 규정함으로써, 공동불법행위가 아니더라도 연대책임을 지울 수 있는 경우를 상정하고 있다.

그러나 환경오염 피해의 경우에는 피해의 만성적, 누적적 성격 때문에 이러한 요건을 충족하는지 규명하기가 쉬운 것이 아니다. 이러한 점 때문에 환경오염 피해의 경우에는 공동불법행위에 대한 특수한 법리가 요구되는데, 「환경정책기본법」 제44조 제2항의 "환경오염 또는 환경훼손의 원인자가 둘 이상인 경우에 어느 원인자에 의하여 제1항에 따른 피해가 발생한 것인지를 알 수 없을 때에는 각 원인자가 연대하여 배상하여야 한다"라는 규정과 「토양환경보전법」 제10조의3 제2항의 "오염원인자가 둘 이상인 경우에 어느 오염원인자에 의하여 제1항의 피해가 발생한 것인지를 알 수 없을 때에는 각 오염원인자가 연대하여 배상하고 오염토양을 정화하여야 한다"라는 규정은 이러한 요구에 부응하는 것이다. 이들 규정은 민법과 달리 공동불법행위 규정을 두지 않고 여러 사람의 행위가 경합하여 손해가 발생한 경우 인과관계가 불명하더라도 연대책임을 지울 수 있도록 하고 있다. 이들 규정을 객관적 관련공동성이 없는 경우에도 개개의 행위와 환경오염 사이에, 그리고 환경오염과 피해 사이에 인과관계가 인정되는 경우에는 연대책임을 인정할 수 있다고 이해할 경우[32] 민법 제760조보다 강화된 형태를 규정하고 있는 셈이다.

(2) 자연력의 기여

피해가 자연력과 가해자의 행위가 경합되어 발생한 경우 손해배상의 범위를 산정함에 있어서는 공평 부담의 차원에서 자연력의 기여분을 고려해야 할 것이다.[33] 이는 결국

---

31) 대법원 2006. 1. 26. 선고 2005다47014, 47021, 47038 판결; 대법원 2000. 4. 11. 선고 99다41749 판결; 대법원 1996. 5. 14. 선고 95다45767 판결; 대법원 1994. 11. 25. 선고 94다35671 판결; 대법원 1993. 1. 26. 선고 92다4871 판결; 대법원 1989. 5. 23. 선고 87다카2723 판결; 대법원 1988. 4. 12. 선고 87다카2951 판결; 곽윤직, 채권각론, 박영사, 1995, 766면. 이에 반해 공동불법행위가 성립하기 위해서는 가해자들 사이에 공모 내지 공동의 인식, 즉 주관적 공동이 있어야 한다는 견해가 있다. 이은영, 채권각론, 박영사, 1993, 612 내지 613면.

32) 조홍식, 환경법원론, 박영사, 2019, 772면.

33) 대법원 2003. 6. 27. 선고 2001다734 판결(원자력발전소에서의 온배수 배출행위와 해수온도의 상승이라는 자연력이 복합적으로 작용하여 온배수배출구 인근 양식장의 어류가 집단폐사한 경우, 손해배상 범위 결정시 자연력의 기여도를 고려하는 것이 타당하다고 판단한 사례); 대법원 1991. 7. 23. 선고 89다카1275 판결; 대법원 1991. 12. 27. 선고 90다카5198 판결; 대법원 1993. 2. 23. 선고 92다52122 판결; 대법원 2019. 11. 28. 선고 2016다233538, 233545 판결 참조. 한편, 자연력의 기여도를 인정하지 아니한 판결은 대법원 1995. 2. 28. 선고 94다31334 판결; 대법원 2001. 2. 23. 선고 99다61316 판결(임도 개설공사 이후 집중호우로 인한 산사태로 말미암아 발생한 손해의 배상범위를 정함에 있어서 자연력의 기여분을 인정하지 아니한 사례); 대법원 2009.6.11. 선고 2006다13001 판결 참조.

기여도의 과실상계를 의미하게 된다.

라. 누적적 인과관계와 격지간 인과관계

환경피해의 한 특성으로 누적성과 격지성을 들 수 있다. 즉 환경피해는 흔히 시간상 장기간에 걸쳐 누적적·반복적으로 이루어지고, 거리상 환경오염의 발생지와 피해의 발생지가 장거리에 걸치고 있다. 이러한 누적성과 격지성은 인과관계를 밝히는 데 있어 큰 장애로 작용하는데, 극단적으로는 손해는 분명히 발생하였는데도 책임자가 없는 어처구니 없는 결과가 발생할 수 있다. 이와 같은 경우를 대비하여 국가가 그 피해에 대한 책임을 지도록 하거나 잠재적 환경오염 원인자들에게 기여금을 부과, 피해에 대한 보상을 목적으로 하는 일정한 기금(Funds)을 형성하여 해결하는 방법 등을 고려해 볼 수 있다.[34]

4. 손　　해

가. 손해의 종류 및 범위

손해액을 산정하여 재산적 손해로 인정하는 것은 쉬운 일이 아니다. 예컨대, 오염지역 정화의 경우 오염정화기준이 설정되어 있지 아니한 상태에서 어느 정도까지 정화하여야 하는지 그 판단이 어려울 뿐만 아니라,[35] 오염제거기술에 따라 그 비용도 다를 수밖에 없기 때문에 그 손해액 산정은 어려울 수밖에 없다. 더욱이 가치를 수치화하기가 어려운 생태계나 자연 경관이 침해되었을 경우 그 구체적 손해액을 산정하기는 여간 어려운 일이 아닐 것이다.[36] 이러한 견지에서, 환경피해배상청구에서의 정신적 손해에 대한 배상이 상당한 의미를 갖는다.[37]

실무상으로는 정신적 손해에 대한 실제 인정금액이 극소액에 그치고 있는데, 실질적인 피해 구제를 위하여는 정신적 손해에 대한 인정 액수를 과감히 높이는 것이 요망된다. 손해액 산정의 곤란성을 극복하기 위한 방안으로는 징벌적 손해(punitive damage)배상제도[38]의 도입도 고려해 볼 수 있다.

불법행위로 인한 손해배상청구권의 성립 시기는 현실적으로 손해가 발생한 때이다(판

---

34) 박기갑, "환경보호에 관한 국제법상의 문제", 환경오염의 법적 구제와 개선책, 소화, 1996, 188면.

35) 참고적으로 미국의 「종합환경대응보상책임법(CERCLA)」상 정화의 정도는 국가비상계획(National Contingency Plan: NCP)에 따라야 하는데, 국가비상계획은 미 환경보호청(EPA), 주 또는 책임당사자가 오염제거사업 또는 정화작업을 수행할 때 따라야 할 절차를 정하고 있다. CERCLA §105(a), 40 C.F.R. 300.

36) 미국의 「종합환경대응보상책임법」과 「유류오염법(Oil Pollution Act: OPA)」은 자연자원의 침해에 대한 고려를 하고 있다. 즉 종합환경대응보상책임법상 책임자는 자연자원의 손상, 파괴, 상실(이를 평가하는 합리적인 비용을 포함)에 대한 피해에 대하여 책임을 진다. CERCLA §107(a)(1−4)(C). 「유류오염법」은 자연자원의 손상, 파괴, 상실뿐만 아니라 이용의 상실과 피해를 평가하는 데 소요되는 합리적인 비용도 자연자원에 대한 피해로 보고 있다. OPA §1002(b)(2)(A).

37) 서울고법 1983. 11. 17. 선고 83나1174 판결은, 부동산 시가의 하락 사실만으로써 곧 원고에게 손해가 현실적으로 발생하였다고 단정하기 어렵다고 하면서 원고의 재산적 손해에 대한 주장을 받아들이지 아니하고 다만 위자료 산정에 이를 참작하고 있는바, 이는 환경오염피해 소송에서 정신적 손해에 대한 배상의 중요성 내지 효용성을 엿보게 하는 대목이라 할 것이다.

38) 징벌적 손해는 흔히 가해자의 행위가 무분별(reckless)하거나, 악의적(malicious)일 경우 인정되고 있다.

례 [3]).[39)]

[3] 대법원 2021. 3. 11. 선고 2017다179, 186 판결

불법행위로 인한 손해배상청구권은 현실적으로 손해가 발생한 때에 성립하는 것이고, 현실적으로 손해가 발생하였는지 여부는 사회통념에 비추어 객관적이고 합리적으로 판단하여야 한다(대법원 2003. 4. 8. 선고 2000다53038 판결 등 참조). 만일 이 사건 소송에서 피고들이 이 사건 인접 토지와 이 사건 유류저장소에 대한 각 소유권을 취득한 이후 추가로 원고들 소유의 이 사건 토지에 토양오염을 유발한 사실이 인정될 수 있다면, 피고들은 토양환경보전법 제10조의3 제1항에 따른 오염토양 정화의무를 부담한다고 볼 수 있고, 피고들이 이러한 오염토양 정화의무를 이행하지 않음에 따라 원고들로서는 이 사건 토지 소유권을 완전하게 행사하기 위하여 원고들의 비용으로 오염토양을 정화할 수밖에 없게 되었다고 볼 수 있다. 이런 상황이라면 사회통념상 오염토양 정화비용 상당의 손해가 원고들에게 현실적으로 발생한 것으로 볼 수 있다.

나. 위험에의 접근이론과 책임감면

소음 등으로 인한 피해가 존재하고 있는 지역으로 뒤늦게 이주해 들어 온 자에 대하여는 종전부터 그 지역에 거주하고 있던 사람들과 구별하여 이른바 '위험에의 접근이론'을 적용할 수 있을 것이다. 이는 이미 환경피해를 입은 자의 손해배상청구나 유지청구를 판단함에 있어서 피해자가 위험에 스스로 접근한 사실을 고려해야 한다는 이론이다. 법원은 피해자의 위험에의 접근 여부를 책임감면사유로 보고 있다(판례 [4]).[40)]

[4] 김포공항 사건: 대법원 2005. 1. 27. 선고 2003다49566 판결

소음 등을 포함한 공해 등의 위험지역으로 이주하여 들어가서 거주하는 경우와 같이 위험의 존재를 인식하면서 그로 인한 피해를 용인하며 접근한 것으로 볼 수 있는 경우에, 그 피해가 직접 생명이나 신체에 관련된 것이 아니라 정신적 고통이나 생활방해의 정도에 그치고 그 침해행위에 고도의 공공성이 인정되는 때에는, 위험에

39) 대법원 2016. 5. 19 선고 2009다66549 전원합의체 판결(현재의 토지 소유자가 오염토양 또는 폐기물이 매립되어 있는 지하까지 그 토지를 개발 · 사용하게 된 경우 등과 같이 자신의 토지소유권을 완전하게 행사하기 위하여 오염토양 정화비용이나 폐기물 처리비용을 지출하였거나 지출해야만 하는 상황에 이르렀다거나 토양환경보전법에 의하여 관할 행정관청으로부터 조치명령 등을 받음에 따라 마찬가지의 상황에 이르렀다면 위 위법행위로 인하여 오염토양 정화비용 또는 폐기물 처리비용의 지출이라는 손해의 결과가 현실적으로 발생하였다고 한 사례).

40) 판례는 피해를 인식하였거나 과실로 인식하지 못한 것만 가지고 피해를 용인하였다고 보기는 어렵다면서 손해액의 30%를 감액하는 경향이 있다. 서울지법 2004. 1. 27. 선고 2002가합 2002가합33132 판결(군산비행장 사건); 서울중앙지법 2008. 1. 22. 선고 2004가합106508 판결(청주비행장 사건); 서울중앙지법 2006. 10. 31. 선고 2005가합56815 판결(충주비행장 사건); 서울남부지법 2009. 10. 9. 선고 2006가합14470 판결(김포공항 사건); 대법원 2010. 11. 25. 선고 2007다74560 판결(대구비행장 사건); 대법원 2012. 6. 14. 선고 2012다13569 판결(다른 주민들이 제기한 종전 소송에서 국가의 배상책임을 인정한 대법원 판결 내용이 언론보도 등을 통하여 널리 알려졌다고 보이는 2011. 1. 1. 이후 전입한 주민들에 대하여 손해액을 50% 감액한 사안) 참조.

접근한 후 실제로 입은 피해 정도가 위험에 접근할 당시에 인식하고 있었던 위험의 정도를 초과하는 것이거나 위험에 접근한 후에 그 위험이 특별히 증대하였다는 등의 특별한 사정이 없는 한 가해자의 면책을 인정하여야 하는 경우도 있을 수 있을 것이나(대법원 2004. 3. 12. 선고 2002다14242 판결 참조), 일반인이 공해 등의 위험지역으로 이주하여 거주하는 경우라고 하더라도 위험에 접근할 당시에 그러한 위험이 존재하는 사실을 정확하게 알 수 없는 경우가 많고, 그 밖에 위험에 접근하게 된 경위와 동기 등의 여러 가지 사정을 종합하여 그와 같은 위험의 존재를 인식하면서 굳이 위험으로 인한 피해를 용인하였다고 볼 수 없는 경우에는 손해배상액의 산정에 있어 형평의 원칙상 과실상계에 준하여 감액사유로 고려하는 것이 상당하다.41)

5. 소멸시효

불법행위로 인한 손해배상청구권은 피해자나 그 법정대리인이 그 손해 및 가해자를 안 날로부터 3년간, 불법행위를 한 날로부터 10년간 이를 행사하지 아니하면 시효로 소멸하게 된다(민법 제766조 제1항, 제2항). 환경피해는 흔히 장기간에 걸쳐 누적적으로 이루어지고, 원인 규명도 곤란한 관계로 자칫 위 소멸시효 기간을 지나치기 쉬울 수 있다. 월남전 참전 시 접촉하였을 고엽제와 현재의 질병 사이의 인과관계의 입증문제는 차치하더라도 월남전 참전 20여년이 지난 지금에 와서 과연 고엽제 피해배상청구소송이 가능한가 하는 최근 논의가 이를 극명하게 나타내 주고 있다.

환경오염으로 인한 피해는 흔히 장기적, 누적적 성격을 갖고 있으므로 소멸시효의 기산점을 어디로 하느냐에 따라 피해 구제의 범위가 달라질 수 있게 된다. 법원은 민법상 손해배상청구권에 대한 (단기)소멸시효의 기산점으로서 "손해 및 가해자를 안 날"이라 함은 손해가 가해자의 불법행위로 인한 것임을 안 때라고 할 것이므로, 손해 및 가해자를 알았다고 하기 위하여는 위법한 가해행위의 존재, 가해행위와 손해의 발생사이의 인과관계가 있다는 것까지도 알 것을 요하고,42) 손해를 안 날이라는 뜻은 손해의 "발생사실뿐만 아니라 그 행위가 불법행위를 구성한다고 하는 사실까지 안 날을 의미하며",43) (장기) 소멸시효의 기산점으로서 "불법행위를 한 날"이라 함은 가해자의 위법행위로 인한 손해의 발생이 현실화되어 그 손해가 발생하는 것이 확정적으로 된 날을 가리킨다고 해석하고 있다.44) 그러나 막상 환경오염으로 인한 손해의 발생이 문제되는 경우 일반인의 관점

41) 이에 따르면 위험에의 접근이론이 적용되기 위해서는 다음 4가지 요건이 요구된다: ① 피해를 용인하며 접근한 것으로 볼 수 있을 것, ② 피해가 직접 생명이나 신체에 관련된 것이 아니라 정신적 고통이나 생활방해의 정도에 그칠 것, ③ 침해행위에 고도의 공공성이 인정될 것, ④ 피해 정도가 위험에 접근할 당시에 인식하고 있었던 위험의 정도를 초과하는 것이거나 위험에 접근한 후에 그 위험이 특별히 증대하였다는 등의 특별한 사정이 없을 것. 같은 취지의 판결은 대법원 2010. 11. 11. 선고 2008다57975 판결; 대법원 2010. 11. 25. 선고 2007다74560 판결(대구비행장 사건); 대법원 2010. 12. 23. 선고 2009다10928 판결(평택비행장 사건); 대법원 2012. 6. 14. 선고 2012다13569 판결.

42) 대법원 1997. 12. 26. 선고 97다28780 판결; 대법원 1995. 11. 10. 선고 95다32228 판결; 대법원 2013. 7. 12. 선고 2006다17539 판결(고엽제 사건).

43) 대법원 1994. 7. 29. 선고 92다22831 판결; 대법원 1989. 9. 12. 선고 89다카2285 판결.

에서 그 피해의 정도가 수인한도를 넘는다는 것을 판단하기가 쉽지 않으므로 어느 시점부터 피해자가 그 손해 및 가해자를 안 것으로 보아야 하는지 문제될 수 있다.45)

한편, 불법행위가 계속적으로 행하여지는 결과 손해도 역시 계속적으로 발생하는 경우에는 특별한 사정이 없는 한 그 손해는 날마다 새로운 불법행위에 기하여 발생하는 손해로서 민법 제766조 제1항을 적용함에 있어서 그 각 손해를 안 때로부터 별개의 소멸시효가 진행된다고 보아야 한다.46) 다만 판례는 일조침해는 예외적인 경우(위법성이 커 철거의무를 부담하는 경우)에 한하여 계속적 침해가 발생한다고 보고 있다. 나아가 소멸시효는 건물 등이 준공되거나 최상층의 외부골조공사가 완료되는 시점부터 진행된다고 밝히고 있다(판례 [5]).

[5] 일조방해와 소멸시효 기산점: 대법원 2008. 4. 17. 선고 2006다35865 전원합의체 판결

[다수의견]

(가) 토지의 소유자 등이 종전부터 향유하던 일조이익(日照利益)이 객관적인생활이익으로서 가치가 있다고 인정되면 법적인 보호의 대상이 될 수 있는데, 그 인근에서 건물이나 구조물 등이 신축됨으로 인하여 햇빛이 차단되어 생기는 그늘, 즉 일영(日影)이 증가함으로써 해당 토지에서 종래 향유하던 일조량이 감소하는 일조방해가 발생한 경우, 그 일조방해의 정도, 피해이익의 법적 성질, 가해 건물의 용도, 지역성, 토지이용의 선후관계, 가해 방지 및 피해 회피의 가능성, 공법적 규제의 위반 여부, 교섭 경과 등 모든 사정을 종합적으로 고려하여 사회통념상 일반적으로 해당 토지 소유자의 수인한도를 넘게 되면 그 건축행위는 정당한 권리행사의 범위를 벗어나 사법상(私法上) 위법한 가해행위로 평가된다.

(나) 일반적으로 위법한 건축행위에 의하여 건물 등이 준공되거나 외부골조공사가 완료되면 그 건축행위에 따른 일영의 증가는 더 이상 발생하지 않게 되고 해당 토지의 소유자는 그 시점에 이러한 일조방해행위로 인하여 현재 또는 장래에 발생 가능한 재산상 손해나 정신적 손해 등을 예견할 수 있다고 할 것이므로, 이러한 손해배상청구권에 관한 민법 제766조 제1항 소정의 소멸시효는 원칙적으로 그때부터 진행한다. 다만, 위와 같은 일조방해로 인하여 건물 등의 소유자 내지 실질적 처분 권자가 피해자에 대하여 건물 등의 전부 또는 일부에 대한 철거의무를 부담하는 경우가 있다면, 이러한 철거의무를 계속적으로 이행하지 않는 부작위는 새로운 불법행위가 되고 그 손해는 날마다 새로운 불법행위에 기하여 발생하는 것이므로 피해자가

44) 대법원 1998. 5. 8. 선고 97다36613 판결; 대법원 1993. 7. 27. 선고 93다357 판결; 서울민사지법 1992. 10. 13. 선고 92가합4135 판결.

45) 공항 또는 사격장이 설치 된 날(대법원 2010. 11. 11. 선고 2008다57975 판결[웅천사격장 사건]; 서울중앙지법 2006. 10. 31. 선고 2005가합56815 판결[충주비행장 사건]), 소음피해지역 또는 소음피해예상지역으로 지정·고시된 날(서울남부지법 2009. 10. 9. 선고 2006가합14470 판결[김포공항 사건]), 군용비행장에 민간항공기가 취항하는 등 항공기소음의 정도가 급격하게 증가한 날([군산비행장 사건]), 주민들이 관계 당국에 피해대책을 요구하기 시작한 시기(서울지법 2002. 1. 9. 선고 2001나29253 판결[매향리사격장 사건]) 등으로 법원마다 소멸시효 기산점이 다소 다르다.

46) 대법원 1999. 3. 23. 선고 98다30285 판결.

그 각 손해를 안 때로부터 각별로 소멸시효가 진행한다.

[대법관 고현철, 김영란, 이홍훈, 김능환의 반대의견]

(가) 일조방해란 태양의 직사광선이 차단되는 불이익을 말하는 것이고, 그 일조방해의 정도가 사회통념상 일반적으로 인용하는 수인한도를 넘게 되면 사법상 위법한 가해행위로 평가된다. 헌법 제35조 제1항에 비추어 볼 때, 위법한 일조방해는 단순한 재산권의 침해에 그치는 것이 아니라 건강하고 쾌적한 환경에서 생활할 개인의 인격권을 침해하는 성격도 지니고 있다.

(나) 위법한 일조방해행위로 인한 피해 부동산의 시세 하락 등 재산상의 손해는 특별한 사정이 없는 한 가해 건물이 완성될 때 일회적으로 발생한다고 볼 수 있으나, 위법한 일조방해로 직사광선이 차단되는 등 생활환경이 악화됨으로써 피해 건물의 거주자가 입게 되는 정신적 손해는 가해 건물이 존속하는 한 날마다 계속적으로 발생한다고 보아야 하므로, 그 위자료 청구권의 소멸시효는 가해 건물이 피해 부동산의 일조를 방해하는 상태로 존속하는 한 날마다 개별적으로 진행한다.47)

Ⅱ. 환경오염피해 배상책임 및 구제에 관한 법률

2014. 12. 31. 피해구제법이 제정되었다. 동법률의 후폭풍이 어느 정도일지 쉽게 가늠할 수 없지만 우리나라 환경책임 및 구제체계를 근본적으로 뒤흔드는 큰 사건임에 틀림없다. 환경오염피해 배상책임 및 구제 규정은 환경책임 체계의 전반과 맞물리는 중요한 것이고 어떻게 적용되는가에 따라 잠재적 책임 당사자의 운명이 크게 엇갈릴 수 있기 때문이다.

신속하고 충실한 구제를 위하여 동법은 사업자의 무과실책임, 환경책임보험의 가입, 인과관계 추정, 정보청구권, 구제급여의 지급 등을 규정하고 있다. 특히 손해배상과 함께 보상 차원에서 이루어지는 국가의 구제급여 지급은 특기할 만하다. 그러나 무과실책임 등은 사업자에게 과중한 책임을 부과할 수 있기 때문에 사업자에 대한 배려도 고려하고 있다. 배상책임한도의 설정, 인과관계 추정의 배제 등이 그 좋은 예이다.

47) 아파트의 신축으로 인하여 발생한 일조방해의 정도가 사회통념상 일반적으로 인용해야 할 수인한도를 초과하는 것이지만 그 위법성의 정도가 피고에게 철거의무를 부과해야 할 정도에는 이르지 않는다고 보고, 건축주가 사용승인을 받은 날로부터 3년이 경과함으로써 손해배상청구권의 소멸시효가 완성되었다고 한 사례.

≪환경오염피해 배상책임 및 구제 체계≫

	단계	내용
	구제급여 (3단계: 국 가)	– 국가가 배상책임한도 초과, 원인자 불명/부존재/무자력 등의 경우 구제계정을 통해 피해구제
배상책임한도 (최대 2천억원)	배상책임한도 (2단계: 사업자)	– 사업자가 배상책임한도까지 자력 또는 보험을 통해 피해자에게 배상
보장계약 금액 (30~300억원)	환경책임보험 (1단계: 보험사)	– 사업자가 가입한 환경책임보험을 통해 보험사와 사업자가 약정한 보장계약 금액까지 보험사가 피해자에게 배상

1. 무과실책임

시설의 설치 · 운영과 관련하여 환경오염피해가 발생한 때에는 해당 시설의 사업자가 그 피해를 배상하여야 한다(제6조 제1항). '환경오염피해'란 시설의 설치 · 운영으로 인하여 발생되는 대기오염, 수질오염, 토양오염, 해양오염, 소음 · 진동, 그 밖에 대통령령으로 정하는 원인[48]으로 인하여 다른 사람의 생명 · 신체(정신적 피해를 포함) 및 재산에 발생된 피해(동일한 원인에 의한 일련의 피해를 포함)를 말한다. 다만, 해당 사업자가 받은 피해와 해당 사업자의 종업원이 업무상 받은 피해는 제외한다(제2조 제1호). 책임의 성질은 무과실책임이다.

2. 적용대상

동법은 시설책임을 채택하고 있다. 즉 동법은 환경위험이 크다고 할 수 있는 대기오염물질배출시설, 폐수배출시설, 폐기물처리시설, 가축분뇨배출시설, 토양오염관리대상시설, 유해화학물질 취급시설, 소음 · 진동배출시설, 잔류성유기오염물질 배출시설, 대통령령으로 정하는 해양시설[49] 등 10개 시설을 적용대상으로 하고 있다.[50] 시설의 규모는 묻지 않고 있는데, 환경오염사고가 규모의 대 · 소와 관계없이 발생하며 규모 여하에 따라 위해성이 달라지는 것도 아니기 때문에 소규모 시설을 책임대상에서 제외하지 않은 것은 적절해 보인다. 나아가 동법은 '시설'을 해당 시설의 설치·운영과 밀접한 관계가 있는 사업장, 창고, 토지에 정착된 설비, 그 밖에 장소 이동을 수반하는 기계 · 기구, 차량, 기술설비 및 부속설비를 포함한다고 정의하고 있다(제2조 제2호). 그 결과 시설은 기본적으로

48) '대통령령으로 정하는 원인'이란 진동이 그 원인 중 하나가 되는 지반침하(광물 채굴이 주된 원인인 경우는 제외), 「화학물질관리법」 제2조 제13호에 따른 화학사고를 말한다(시행령 제2조).

49) 여기에는 ① 기름 및 유해액체물질 저장(비축을 포함)시설 중 합계 용량 300㎘ 이상인 시설, ② 「해양환경관리법」 제38조에 따른 오염물질저장시설 중 합계 용량 300㎘ 이상인 시설이 포함된다(시행령 제3조, 별표 1).

50) 독일 「환경책임법」은 96종의 시설 보유자로 하여금 배상책임을 부담하도록 하고 있다.

토지에 정착된, 즉 고정성이 있을 것을 요하나 자동차나 선박과 같이 이동성이 있는 것도 해당 시설과 공간적으로나 운용기술상 관련성이 있는 경우 그로 인하여 발생한 환경오염피해에 대하여 책임을 물을 수 있다.

3. 책임 당사자: 사업자

시설의 소유자 또는 설치 · 운영자와 포괄승계인은 해당 시설로 인하여 발생된 환경오염피해에 대하여 무과실 책임을 지게 된다. 동법은 사업자라는 개념을 도입하여 책임을 묻고 있다. 동법상 '사업자'란 해당 시설에 대한 '사실적 지배관계'에 있는 시설의 소유자, 설치자 또는 운영자를 말하는바(제2조 제3호), 여기에서 사실적 지배관계란 시설의 운영을 위하여 비용을 조달하고 이에 관한 의사결정을 하는 등으로 시설을 현실적, 경제적으로 지배하는 자라고 봄이 타당하다.[51]

환경오염피해를 발생시킨 사업자가 둘 이상인 경우에 어느 사업자에 의하여 그 피해가 발생한 것인지를 알 수 없을 때에는 해당 사업자들이 연대하여 배상하여야 한다(제10조).

4. 면 책

환경오염피해가 전쟁 · 내란 · 폭동 또는 천재지변, 그 밖의 불가항력으로 인한 경우에는 면책된다(제6조 단서).

5. 책임의 내용

책임의 내용은 원칙적으로 배상책임이다. 다만, 배상 금액에 비하여 과도한 비용을 들이지 아니하고 원상으로 회복할 수 있는 경우에는 피해자는 원상회복을 청구할 수 있다(제13조). 동법은 소유권 침해 등 개인적 이익의 침해에 수반하여 자연환경피해가 발생한 경우와 같이 제한된 범위에서 원상회복을 인정하여 자연환경피해에 대한 복원 가능성을 열어두고 있다(제14조). 나아가 자연환경 피해자에게 원상회복의 선택을 강제하지 않으며, 피해자가 직접 원상회복을 한 경우 '그에 상당한 범위'에서 그 비용을 청구할 수 있도록 하고 있다.

6. 책임범위

책임범위를 어떻게 할 것인지도 예민하고도 중요한 문제이다. 그러나 그 피해 범위와 한계를 정하는 것은 쉽지 않다. 이는 환경오염피해를 어떻게 볼 것인지와도 관련이 있다. 동법은 환경오염피해로 인한 제3자의 생명 · 신체에 대한 피해와 재산적 피해를 포함하고

51) 사실적 지배관계는 법적 지배관계와 다소 다른 개념으로 시설의 소유자보다는 설치자 또는 운영자를 이해하는 데 더 큰 의미를 갖는다고 할 것이다. 입법자의 의도가 불분명하나 사실적 지배관계를 부가요건으로 요구하기 때문에 사업자의 책임이 순수한 상태책임은 아니라고 이해된다.

있다(제2조 제1호). 제3자의 피해이기 때문에 가해행위를 한 자 자신이나 그의 피용자에 대한 피해는 포함되지 않는다(제2조 제1호 단서).

피해구제법은 원상회복비용에 대해서도 고려하고 있다. 즉 동법은 제3자에 대한 피해로서 물건의 훼손이 동시에 자연이나 경관의 침해를 수반한 경우에 한하여 피해자가 직접 원상회복을 한 때에는 그에 상당한 범위에서 해당 사업자에게 그 비용을 청구할 수 있도록 함으로써(제14조 제2문), 일정한 제한하에 원상회복 비용을 인정하고 있다.[52]

7. 배상책임한도

동법은 2천억원을 책임한도로 하고 있다(제7조 본문). 책임한도 금액은, 법에서 인적인 피해와 물적인 피해를 구분하고 있지 않기 때문에 인적 · 물적 피해를 합산한 금액이라고 이해된다.[53] 배상책임한도를 일률적으로 정할 경우에는 대기업과 중소기업 간의 형평성을 해칠 수 있다는 비판이 있을 수 있는바, 동법은 2천억원의 범위에서 시설의 규모 및 발생될 피해의 결과 등을 감안하여 차등적으로 정할 수 있도록 하고 있다. 이에 따라 시행령에서는 가군(2천억), 나군(1천억), 다군(500억)으로 구분하여 시설의 범위 및 배상책임한도금액을 정하고 있다(제4조, 별표 2).

동법은 이와 같이 책임한도를 두어 가해자를 배려하는 한편, 책임한도의 예외를 두어 (예외를 둔다는 것은 무한책임을 지게 된다는 것을 의미한다) 면책 우려를 불식시키고 있다. 즉 ① 환경오염피해가 사업자의 고의 또는 중대한 과실로 발생한 경우, ② 환경오염피해의 원인을 제공한 시설에 대하여 사업자가 시설의 설치 · 운영과 관련하여 안전관리기준을 준수하지 아니하거나 배출허용기준을 초과하여 배출하는 등 관계 법령을 준수하지 아니한 경우, ③ 환경오염피해의 원인을 제공한 사업자가 피해의 확산방지 등 환경오염피해의 방제(防除)를 위한 적정한 조치를 하지 아니한 경우에는 무한책임을 지게 된다(동조 단서). 동법은 책임한도를 넘는 피해에 대하여는 국가가 개입하여 보상급여를 지급하는 방식으로 해결하고 있다(제23조 제1항).

8. 입증책임 완화: 인과관계의 추정

인과관계의 입증이 환경소송에서 가장 어려운 부분이라는 것은 주지의 사실이다. 이에 환경구제를 목적으로 하는 법은 당연히 입증책임을 완화해 주는 조치를 포함하여야 한다. 이러한 차원에서 동법은 인과관계 추정 방식을 택하고 있다. 즉 "시설이 환경오염피해 발생의 원인을 제공한 것으로 볼 만한 상당한 개연성이 있는 때에는 그 시설로 인

---

52) 이와 유사하게 독일 「환경책임법」은 "물건의 훼손이 동시에 자연이나 경관의 침해를 수반한 경우 피해자가 침해를 발생하지 아니하였으면 존재할 상태를 복구하게 된 때에는 민법 제251조 제2항은 원상회복비용이 물건의 가액을 초과한다는 이유만으로 부당하게 되지 않는 한도에서 적용된다"고 규정함으로써(제16조), 자연환경피해에 대한 원상회복도 가능하도록 하고 있다.

53) 참고로 독일 「환경책임법」은 사고 당 인적 피해와 물적 피해 각 8,500만 유로를 책임한도로 하고 있다(제15조).

하여 환경오염피해가 발생한 것으로 추정한다(제9조 제1항)." 상당한 개연성이 있는지의 여부는 시설의 가동과정, 사용된 설비, 투입되거나 배출된 물질의 종류와 농도, 기상조건, 피해발생의 시간과 장소, 피해의 양상과 그 밖에 피해발생에 영향을 준 사정 등을 고려하여 판단한다(동조 제2항).

한편, 상당한 개연성이 있는지 여부의 판단 요소는 피해자에게 자칫 입증의 부담이 될 수 있는 측면이 있을 있는 바, 동법은 정보청구권을 인정하여 관련 정보의 제공과 열람을 보장해 주고 있다(제15조).

한편, 형평성 차원에서 동법은 ① 환경오염피해가 다른 원인으로 인하여 발생하였거나,[54] ② 사업자가 대통령령으로 정하는 환경오염피해 발생의 원인과 관련된 환경 · 안전 관계 법령[55] 및 인허가조건을 모두 준수하고 환경오염피해를 예방하기 위하여 노력하는 등 제4조 제3항에 따른 사업자의 책무를 다하였다는 사실을 증명하는 경우에는 제1항에 따른 추정이 배제되도록 하고 있다(동조 제3항). 이와 같이 광범위한 법령상의 기준 및 조건을 모두 준수하고 이에 더하여 모호한 사업자의 책무를 다한 경우에 비로소 인과관계 추정을 배제하고 있기 때문에 인과관계 추정 규정은 상당히 엄격하다고 할 수 있다.

[6] 불산 누출 사건: 대법원 2023. 12. 28 선고 2019다300866 판결

구 환경오염피해구제법의 입법 목적과 취지, 관련 규정의 내용 등을 종합하여 보면, 환경오염피해에 대하여 시설의 사업자에게 구 환경오염피해구제법 제6조 제1항에 따른 손해배상책임을 묻는 경우, 피해자가 같은 법 제9조 제2항이 정한 여러 간접사실을 통하여 전체적으로 보아 시설의 설치 · 운영과 관련하여 배출된 오염물질 등으로 인해 다른 사람의 생명 · 신체 및 재산에 피해가 발생한 것으로 볼 만한 상당한 개연성이 있다는 점을 증명하면 그 시설과 피해 사이의 인과관계가 추정된다고 보아야 하고, 이때 해당 시설에서 배출된 오염물질 등이 피해자나 피해물건에 도달하여 피해가 발생하였다는 사실이 반드시 직접 증명되어야만 하는 것은 아니라고 할 것이다. 한편 사업자는 같은 법 제9조 제2항의 간접사실들에 대하여 반증을 들어 다투거나 같은 조 제3항의 사실들을 증명하여 추정을 번복하거나 배제시킬 수 있다.[56]

9. 담보의 제공: 보험 가입

환경오염피해는 흔히 규모와 범위가 크고 배상액이 고가인 경우가 많기 때문에 가해

54) 이는 판례가 인정하고 있는 이른바 '간접반증이론'을 도입하고 있는 것으로 이해할 수 있다.

55) 시행령에서는 해당 시설의 근거 법령 외에 「위험물안전관리법」, 「산업안전보건법」, 「소방시설 설치 · 유지 및 안전관리에 관한 법률」, 「고압가스 안전관리법」, 「액화석유가스의 안전관리 및 사업법」, 「전기사업법」 등을 추가하고 있다(제5조).

56) 피고가 설치 · 운영하는 공장에서 누출된 불산이 증발하여 약 33.04㎏ 상당 불화수소가 기체 상태로 대기 중으로 확산되는 사고가 발생하자, 인근 마을 주민이었던 원고(선정당사자)와 선정자들이 피고를 상대로 구 환경오염피해구제법에 따른 손해배상을 구하는 사안에서 원고의 청구를 인정한 사례.

자의 배상능력에 한계가 발생할 수 있다. 이에 배상책임의 이행을 담보하기 위한 수단을 마련하는 것은 충실한 피해구제를 위하여 중요하다. 이러한 차원에서 동법은 일정한 시설을 설치·운영하는 사업자로 하여금 환경책임보험에 가입하도록 하고 있다. 보험 가입이 강제되는 시설에는 ① 특정대기유해물질을 배출하는 시설, ② 특정수질유해물질을 배출하는 시설, ③ 지정폐기물 처리시설, ④ 특정토양오염관리대상시설로서 대통령령으로 정하는 시설,[57] ⑤ 유해화학물질 취급시설로서 대통령령으로 정하는 시설,[58] ⑥ 해양시설, ⑦ 그 밖에 환경오염피해를 유발할 위험성이 높은 시설로서 대통령령으로 정하는 시설[59] 등이 포함된다(제17조 제1항).

환경책임보험의 가입단위가 시설인지, 사업장인지 분명치가 않다. 시행령에서는 환경책임보험 또는 보장계약은 시설이 설치된 사업장별로 가입하거나 체결하여야 한다고 함으로써, 가입단위가 사업장임을 밝히고 있다(제8조 제1항). 한편, 환경책임보험의 보장계약 금액, 보장 범위 등은 대통령령에 위임되어 있다(동조 제4항). 이에 따라 시행령에서는 가, 나, 다 3개 군별로 구분한 후 다시 소기업과 소기업 외의 시설로 세분하여 30억원 내지 300억원까지 보장 금액을 각 정하고 있다(동조 제2항, 별표 4).

보험자는 환경부장관과 환경책임보험 사업의 운영 등에 관한 약정을 체결하여야 하고, 환경책임보험의 원활한 운영 차원에서 조업중지 중인 경우 등 대통령령으로 정하는 경우 이외에는 보험계약의 체결을 거부할 수 없다(제18조 제3항). 특히 동법은 보험금 일부의 선지급을 규정하고 있는데(제20조),[60] 이는 신속한 구제와 깊은 관련이 있다.

10. 정보청구권

인과관계의 추정을 통해 입증책임을 완화한다고 하더라도 피해자의 입장에서는 관련 증거를 수집·확보하여 법원에 제출하는 것이 필요하다. 이에 동법은, 정보제공청구권과 열람청구권의 관계에 대해서는 밝히지 않은 채, 피해자가 가해자에게 관련 정보의 제공 또는 열람을 청구할 수 있도록 하고 있다(제15조 제1항).

동법은 무기대등의 원칙에 따라 피해자의 정보청구권뿐만 아니라 사업자의 정보청구권도 규정하고 있다.[61] 가해자 자신의 면책이나 다른 가해자에 대한 구상권의 범위 확정

---

57) 여기에는 ① 저장용량 1천kℓ 이상인 석유류 제조·저장시설, ②「화학물질관리법」 제2조 제6호에 따른 사고대비물질을 같은 법 제23조 제4항에 따른 기준 이상으로 취급하는 시설이 설치·운영되는 사업장의 유해화학물질 제조·저장시설, ③「송유관 안전관리법」 제2조 제2호에 따른 송유관 등이 포함된다(시행령 제7조 별표 3).

58) '대통령령으로 정하는 시설'이란「화학물질관리법」 제2조 제6호에 따른 사고대비물질을 같은 법 제23조 제4항에 따른 기준 이상으로 취급하는 시설이 설치·운영되는 사업장의 유해화학물질 취급시설을 말한다(시행령 제7조 별표 3).

59) '대통령령으로 정하는 시설'이란 ①「대기환경보전법」 제25조에 따른 1종사업장의 대기오염물질배출시설, ②「물환경보전법 시행령」 제44조 및 같은 영 별표 13에 따른 제1종사업장의 폐수배출시설 또는 폐수무방류배출시설 등을 말한다(시행령 제7조, 별표 3).

60) 보험자가 피해자에게 보험자가 추정한 보험금 일부를 선지급하는 경우 선지급 금액은 보험자가 추정한 보험금의 100분의 50 이내에서 피해자가 청구하는 금액으로 한다(시행규칙 제13조).

61) 피해자의 행정청에 대한 정보청구권은「공공기관의 정보공개에 관한 법률」에 따르면 될 것이다.

을 위해 관련 정보가 필요할 수 있어 정보공개청구권은 가해자에게도 인정될 필요가 있기 때문이다. 이에 피해배상 청구를 받은 사업자는 피해자에 대한 피해배상이나 다른 사업자에 대한 구상권의 범위를 확정하기 위하여 다른 사업자에게 관련 정보의 제공 또는 열람을 청구할 수 있다(동조 제2항).

11. 구제급여

동법은 원인자 불명, 배상책임한도의 초과 등으로 보험을 통한 피해배상이 사실상 불가능한 경우, 「환경분쟁 조정 및 환경피해 구제 등에 관한 법률」에 따른 환경분쟁조정피해구제위원회의 심의 · 결정에 따라 피해자 또는 유족에게 환경오염피해 구제를 위한 구제급여 지급을 할 수 있도록 하고(제23조 이하), 구제급여의 지급 비용을 충당하기 위하여 환경오염피해구제계정을 설치하도록 하고 있다(제35조). 보상차원에서 이루어지는 이러한 구제급여는 두말 할 것도 없이 충실한 피해구제를 위한 것이다. 이는 사실상 국가가 주도하여 배상책임의 한계를 보완하려는 것으로 선진 외국에서도 찾아보기 힘든 선진적인 입법례라 할 수 있다.

12. 재정지원 및 취약계층 소송지원

동법은 소기업 중 환경관리 의무를 성실하게 이행하는 사업자에 대한 보험료의 일부의 지원(제41조),[62] 저소득층, 노약자, 장애인 등 취약계층의 피해자에 대한 피해배상청구소송 수행의 지원과 환경오염피해소송지원변호인단의 구성 · 운영의 법적 근거를 두고 있다(제42조).

13. 기 타

그 밖에 동법은 구제법의 성격에는 잘 맞지 않지만 그 실효성을 확보한다는 차원에서 행정규제적 성격의 규정을 다수 두고 있다. 예컨대, 환경오염 사고가 발생한 경우 신속하고 효과적인 대응을 위해 해당 사업자로 하여금 관계 행정기관에 신고하고 응급조치를 할 의무를 부과하고(제8조), 환경부령으로 정하는 사업자로 하여금 시설의 설치 · 운영에 관한 업무를 도급(하도급을 포함)하는 경우 배상책임의 배분 등에 관한 내용을 도급계약서에 명시하고 이를 시설의 인 · 허가 기관에 신고하고, 수급인을 관리 · 감독하도록 하는 것이 대표적이다(제12조). 동법에 따른 일정한 행위를 이해하지 않는 자에 대한 벌칙(제47조)이나 과태료(제49조)의 부과도 같은 맥락으로 이해할 수 있다.

62) 지원 대상 사업자의 기준은 ① 최근 3년 이내에 환경오염피해가 발생한 사실이 없을 것; ② 최근 3년 이내에 환경·안전 관계 법령을 위반하여 행정처분이나 형사처벌을 받은 사실이 없을 것; ③ 법 제4조 제3항에 따른 사업자의 책무를 이행하였을 것; ④ 연간 보험료가 해당 사업자의 연간 영업이익의 일정기준을 초과할 것이다(시행령 제27조).

14. 타법과의 관계

가. 민법상 불법행위책임과의 관계

피해구제법이 시설책임(민법은 행위책임을 염두에 두고 있음)을 근간으로 하고 환경오염피해의 배상을 원활하게 하기 위하여 인과관계의 추정, 일정한 시설의 설치·운영자의 보험 가입, 환경오염피해구제계정을 통한 피해자에 대한 구제급여 등을 염두에 두고 있기 때문에 피해자에 유리한 측면이 많다고 할 수 있다. 그러나 배상책임한도를 정하고 있다는 점에서 무한책임을 물을 수 있는 민법에 비해 피해자 보호에 소홀할 수 있는 측면도 존재한다. 그 결과 예컨대, 인과관계가 명확한 경우에는 피해구제법이 아닌 민법상 불법행위책임을 묻는 것이 유리할 수 있다. 결국 양법 중 어느 법이 특별법적인 지위에 있다고 단정할 수 없다.[63] 오히려 환경오염피해에 대해 구제를 보다 두텁게 한다는 측면에서 양법에 따른 배상책임 규정이 청구권경합의 관계에 있다고 보는 것이 타당하다.[64]

동법은 적절하게 "이 법에 따른 청구권은 민법 등 다른 법률에 따른 청구권에 영향을 미치지 아니한다"는 점을 명기하여(동조 제2항) 청구권경합의 관계에 있음을 밝히고 있다.

나. 「토양환경보전법」상 오염을 발생시킨 자의 무과실책임과의 관계

「토양환경보전법」 제10조의3은 "토양오염으로 인하여 피해가 발생한 경우 그 오염을 발생시킨 자는 그 피해를 배상하고 오염된 토양을 정화하는 등의 조치를 하여야 한다"고 규정함으로써, 오염을 발생시킨 자의 무과실책임을 인정하고 있다. 이 규정이 피해구제법상의 배상책임 규정에 대하여 특별법적 지위를 갖는가에 대하여 논란이 제기될 수 있다. 「토양환경보전법」은 피해 원인을 '토양오염'에 국한하고, '토양오염물질'을 한정하고 있으며, '토양오염물질'을 한정하고 있으며, 피해자로 하여금 손해배상뿐만 아니라 '정화'책임도 물을 수 있도록 하고 있으며, 무엇보다도 가해자의 무한책임을 인정하고 있다. 한편, 피해구제법상의 배상책임 규정은 토양오염관리대상시설을 적용대상으로 하고, 사업자를 책임 주체로 하며, 배상책임한도를 정하고 있어 「토양환경보전법」이 피해자 입장에서 유리한 측면이 있다. 그러나 인과관계의 추정, 시설의 설치·운영자의 보험 가입, 피해자에 대한 구제급여 등 피해구제법의 규정은 피해자에 유리한 측면이 많다고 할 수 있다. 결국 어느 법이 특별법의 지위에 있는지 판단이 쉽지 않다. 그 결과 토양오염인지 여부가 문제되어 「토양환경보전법」 제10조의3의 적용 여부가 쟁점이 되는 경우에, 원고는 동 규정에 의하지 않고 피해구제법에 기한 손해배상을 청구할 수 있다고 해석된다(청구권경합설).[65]

다. 「환경정책기본법」상 원인자의 무과실책임과의 관계

피해구제법상 배상책임 규정과 「환경정책기본법」상 무과실책임 규정과의 관계는 앞

63) 한상운, "환경책임과 환경보험 ―환경피해구제법(2013. 7. 30. 국회발의)를 중심으로―", 사법 제26호, 2013. 12, 115면.
64) 동지 판례는 부산고법 2022. 11. 24. 선고 2019나13646 판결(사천 모례마을 사건).
65) 같은 취지는 한상운(각주 63), 116면.

서 피해구제법과 민법 제750조와의 관계에서 논한 것과 유사한 이유로 어느 법이 특별법적인 지위에 있다고 단정할 수 없기 때문에 양법에 따른 배상책임 규정이 청구권경합의 관계에 있다고 보는 것이 타당하다.

Ⅲ. 유지청구

손해배상청구의 경우에는 이미 발생한 손해를 금전으로 전보하는 데 그치므로, 원상회복이 거의 불가능한 환경피해의 경우 손해배상청구만으로는 그 구제에 분명한 한계가 있다. 오히려 사전에 환경피해가 아예 발생하지 아니하도록 조치하거나 피해가 이미 발생되었을 경우에는 더 이상 피해가 확대되지 않도록 조치하는 것이 중요하다. 사전적 구제조치라고 할 수 있는 유지청구(留止請求)[66]의 중요성이 강조되는 이유가 여기에 있다. 그러나 유지청구는 그 중요성에도 불구하고 실제에 있어서는 환경오염에 대한 인식부족과 뒤에서 보는 바와 같이 법적 근거에 대한 명쾌한 이론 정립이 내려져 있지 않는 등의 이유로 활용이 미미한 실정이다. 실무상으로 유지청구의 대부분은 가처분의 형태를 띠는데, 일조, 소음, 통풍, 조망 등 제한된 범위에서의 방해금지가처분이 대부분이고,[67] 손해배상을 함께 청구하는 것이 일반적이다.

1. 법적 근거

우리나라 헌법 제35조 제1항은 "모든 국민은 건강하고 쾌적한 환경에서 생활할 권리를 가지며, 국가와 국민은 환경보전을 위하여 노력하여야 한다"고 규정하여 기본권으로서의 환경권을 인정하고 있다. 그런데 이러한 환경권을 사법상의 구체적인 권리로까지 인정하여 환경권 자체의 침해 또는 침해의 우려에 대하여 그 배제청구권을 인정할 수 있을 것인지에 대하여는 환경의 범위, 내용, 주체, 법적 안정성의 문제 등을 놓고 논란이 있다. 즉 환경권도 사인에 대하여 효력을 가지지만 이는 사법의 일반조항을 통하여 사인에게 간접 적용된다는 설[68]과 헌법이 명문의 규정을 가지고 국민의 환경보전의무를 규정하고 있는 이상 환경권은 사인 상호간의 관계에도 직접 적용된다고 하여 사인에 대하여도 헌법 제35조 제1항을 근거로 오염의 배제나 손해배상을 청구할 수 있다는 설[69] 등이 그것이다.

환경권이 사인 상호간에 직접 적용된다고 할 경우에는 그 논리의 귀결상 침해배제청

66) 중지청구, 방해배제 · 예방청구 등으로 이해되고 있다. 천병태 · 김명길(각주 20), 270면, 이상돈 · 이창환, 환경법, 이진출판사, 1999, 320면. 여기에서의 논의 초점인 사법상 유지청구에 대비되는 개념으로 공법상 유지청구가 있을 수 있는데 이에는 개선명령, 조업정지명령, 시설의 이전명령, 위법시설에 대한 폐쇄조치 등이 거론될 수 있다.

67) 대법원 1979. 11. 13. 선고 79다484 판결; 대법원 1981. 3. 10. 선고 80다2832 판결; 대법원 1995. 9. 15. 선고 95다23378 판결(부산대 사건, 판례 [7]); 대법원 1997. 7. 22. 선고 96다56153 판결(봉은사 사건); 대법원 1999. 7. 27. 선고 98다47528 판결 참조.

68) 김철수, 헌법학개론, 박영사, 1999, 743면.

69) 권영성, 헌법학원론, 법문사, 1999, 651면.

구권 또는 침해예방청구권을 쉽게 인정할 수 있을 것이다. 환경권이 사인 상호간에 직접 효력을 미치지 않는다고 하더라도 사법법규의 해석과 적용에 있어서 헌법이 환경권을 국민의 기본권의 하나로서 승인하고 있는 마당에 이러한 기본권이 충분히 보장되도록 고려하여야 할 것인바, 이러한 점에서 사인이 환경오염을 발생하여 다른 사인의 생명, 신체, 재산 등에 대한 피해를 가하거나 가할 우려가 있을 때에는 손해배상은 물론 방해배제청구권 또는 방해예방청구권을 행사할 수 있다고 보아야 할 것이다.[70)]

학설이나 판례상 환경침해에 대한 손해배상청구의 법적 근거를 민법 제750조에 기한 불법행위책임으로 보는 데 별 이론이 없다. 그러나 유지청구의 법적 근거로는 물권적청구권, 상린권, 불법행위, 인격권, 환경권 등 견해의 대립이 심하다. 위 각 견해들은 각자 일면의 근거를 가지고 있는 것이 사실이지만, 어떠한 것도 명쾌한 근거를 제시하고 있지 아니한 것도 사실이다. 통설, 판례는 물권적청구권설의 입장을 취하고 있다고 이해된다.[71)] 그러나 최근에는 환경권의 구체적 효력을 인정하는 견해가 만만치 않게 나타나고 있다.[72)] 하급심 법원도 이를 인정한 바 있다.[73)] 자세한 설시는 없지만 소유권과 함께 명시적으로 환경권을 공사중지와 금지를 청구할 권리의 한 근거로 들고 있는 대법원 결정도 있어 주목받고 있다(판례 [8]).

[7] 부산대 사건: 대법원 1995. 9. 15. 선고 95다23378 판결

가. 환경권에 관한 헌법 제35조의 규정이 개개의 국민에게 직접으로 구체적인 사법상의 권리를 부여한 것이라고 보기는 어렵고, 사법상의 권리로서의 환경권이 인정되려면 그에 관한 명문의 법률규정이 있거나 관계 법령의 규정취지 및 조리에 비추어 권리의 주체, 대상, 내용, 행사방법 등이 구체적으로 정립될 수 있어야 함은 소론이 주장하는 바와 같다(당원 1995. 5. 23. 선고 94마2218 결정 참조).

그러나 원심 판시와 같이 피신청인이 건축하는 이 사건 아파트가 24층까지 완공

---

70) 환경권은 국가의 환경침해에 대한 방어권, 국가 이외의 제3자가 일으키는 환경오염을 막아 줄 것을 요구할 수 있는 공해배제청구권, 건강하고 쾌적한 생활환경조성권 등을 그 내용으로 한다. 허영, 한국헌법론, 박영사, 1999, 422 내지 425면.

71) 조홍식, "유지청구 허용 여부에 관한 소고", 민사판례연구 XXII, 박영사, 2000, 87 내지 88면; 김재호, "환경오염 피해에 대한 법적 구제 –사법적 측면을 중심으로–", 천봉석종현박사 화갑논문집, 현대 공법이론의 제문제, 2003, 644면; 손윤하, 환경침해와 민사소송, 청림출판, 2005, 370면; 안경희, "환경침해에 대한 민사법적 구제", 환경법연구 제28권 제3호, 2006. 11, 16면. 대법원 1995. 9. 15. 선고 95다23378 판결(부산대 사건, 판례 [7]); 대법원 1997. 7. 22. 선고 96다56153 판결(봉은사 사건); 대법원 2007. 6. 15. 선고 2004다37904 판결(판례 [10]).

72) 구체적 효력을 인정하는 견해로는 조성민, "환경침해와 방해배제청구권의 인부", 고시계, 1996. 4, 188 내지 191면; 송기춘, "환경권의 대사인적 효력", 공법연구 제28집 제3호, 2000. 3, 153면; 김춘환, "공권적 환경권이론", 공법연구 제29집 제2호, 2001, 355면; 황진호, "국가 · 지방자치단체의 환경보전의무위반으로 인한 손해배상책임", 한국의 환경 및 에너지에 관한 법원리, 환경문제연구총서 X, 대한변호사협회, 2003, 45면; 정사언, "환경권의 규범화방안에 관한 검토", 천봉석종현박사 화갑논문집, 현대 공법이론의 제문제, 2003, 1492면; 김형성, "헌법상 환경규정의 규범적 의의", 환경법연구 제26권 제4호, 2004. 12, 126면; 홍준형, 환경법, 박영사, 2005, 37면; 석인선, 환경권론, 이화여자대학출판부, 2007, 233면 참조.

73) 부산고법 1995. 5. 18. 선고 95카합5 판결(부산대 사건); 서울지법 1995. 9. 7. 선고 94카합6253 판결(봉은사 사건); 청주지법 1998. 2. 26. 선고 97카합613 판결.

되는 경우 신청인 산하 부산대학교 구내의 그 판시 첨단과학관에서의 교육 및 연구활동에 커다란 지장이 초래되고, 위 첨단과학관 옥상에 설치된 자동기상관측장비 등의 본래의 기능 및 활용성이 극도로 저하되며, 위 부산대학교의 대학교로서의 경관, 조망이 훼손되고, 조용하고 쾌적한 교육환경이 저해되며, 소음의 증가 등으로 교육 및 연구활동이 방해받게 된다면, 위 부산대학교의 부지 및 건물을 교육 및 연구시설로서 활용하는 것을 방해받게 되는 그 소유자인 신청인으로서는 위와 같은 방해가 사회통념상 일반적으로 수인할 정도를 넘어선다고 인정되는 한 그것이 민법 제217조 제1항 소정의 매연, 열기체, 액체, 음향, 진동 기타 이에 유사한 것에 해당하는지 여부를 떠나 그 소유권에 기하여 그 방해의 제거나 예방을 청구할 수 있다할 것이므로, 적어도 원심이 소유권에 기한 방해배제청구권을 이 사건 가처분의 피보전권리로 삼은 부분만큼은 정당하고(신청인의 신청원인사실 주장 속에는 이러한 취지의 주장도 포함되어 있는 것으로 보인다), 따라서 헌법 제35조의 규정이 구체적인 사법상의 권리를 부여한 것이 아니고 달리 사법상의 권리로서의 환경권을 인정하는 명문의 법률규정이 없는데도 원심이 마치 신청인이 환경권에 기하여 방해배제를 청구할 수 있는 것처럼 설시하고, 또한 원심이 불법행위나 인격권에 기한 방해배제청구권을 이 사건 피보전권리의 하나로 들고 있는 데에 설령 소론과 같은 잘못이 있다 하더라도, 그와 같은 잘못은 판결 결과에 영향을 미치지 못한다 할 것이다.

나. 이 사건과 같은 경우 그 침해가 사회통념상 일반적으로 수인할 정도를 넘어서는지 여부는 피해의 성질 및 정도, 피해이익의 공공성과 사회적 가치, 가해행위의 태양, 가해행위의 공공성과 사회적 가치, 방지조치 또는 손해회피의 가능성, 공법적 규제 및 인·허가 관계, 지역성, 토지이용의 선후관계 등 모든 사정을 종합적으로 고려하여 판단하여야 할 것이다.

원심은, 이 사건 토지 주변의 지역성, 피신청인이 이 사건 아파트를 건축하게 된 경위, 이 사건 아파트 건축공사를 시작할 당시와 현재의 주위 상황, 이 사건 아파트의 완성으로 인하여 예상되는 위 부산대학교에 대한 교육환경 침해의 태양과 정도, 이 사건 아파트 건축공사가 금지됨에 따라 피신청인이 입게 될 손해의 정도 등에 관하여 그 판시와 같은 사실을 확정한 다음, 이 사건 아파트가 24층까지 완공됨으로 인하여 위 부산대학교가 받게 될 교육환경 등의 침해는 사회통념상 수인한도를 초과한다고 판단하고, 나아가 공사금지의 범위를 최소화하면서도 신청인이 입게 되는 침해를 상당히 감소시킬 수 있는 조화점을 찾아 임시로 이 사건 아파트 건축공사 중 18층을 초과하는 부분에 대한 공사를 금지시켰는바, 기록에 의하여 살펴보면 원심의 위와 같은 조처는 수긍이 가고, 거기에 소론과 같이 이익교량에 관한 법리를 오해하고 정의와 형평에 어긋나는 판단을 한 위법이 있다 할 수 없다.

[8] 음성광산 사건: 대법원 2008. 9. 25. 선고 2006다49284 판결

원고가 광산에서 금광의 탐광 및 채광을 위한 굴진공사를 계속 진행할 경우, 광산 지하를 통과하는 지하수가 고갈되고, 이로 인하여 인근 토지가 침하되며, 지하수와 토양이 심하게 오염될 가능성에 대한 충분한 개연성이 인정되고, 이러한 환경침해가 발생할 경우 광산 이웃 토지 소유자이거나 근접 토지 거주자들은 종전부터 향유하고 있던 자연환경 및 생활환경에 대하여 수인한도를 넘는 침해가 발생하며, 또 그 침해되는 환경적 이익이 그들의 생명, 건강 기타 금전으로 배상하기 어려운 생활상의 이익에 관련된 것임이 충분히 증명되었으므로 피고들을 포함한 인근 주민들은 토지 소유권 및 환경권에 기초하여 공사의 중지와 금지를 청구할 권리가 있다.

2. 요　　건

유지청구를 위하여는 ① 피해의 성질과 정도에 비추어 금전적 평가가 곤란할 것, ② 금전보상만으로는 피해회복이 어려울 것, ③ 피해가 일시적인 것이 아니라 계속적으로 중대하고 명백하게 부당한 것일 것, ④ 피해가 수인한도를 초과할 것 등이 그 요건으로 요구된다.[74)]

[9] 피해의 계속성(소극): 대법원 2019. 7. 10. 선고 2016다205540 판결

이 사건 토지 지하에 매립된 생활쓰레기는 매립된 후 30년 이상 경과하였고, 그 사이 오니류와 각종 생활쓰레기가 주변 토양과 뒤섞여 토양을 오염시키고 토양과 사실상 분리하기 어려울 정도로 혼재되어 있다고 봄이 타당하며, 이러한 상태는 과거 甲 지방자치단체의 위법한 쓰레기매립행위로 인하여 생긴 결과로서 토지 소유자인 乙이 입은 손해에 불과할 뿐 생활쓰레기가 현재 乙의 소유권에 대하여 별도의 침해를 지속하고 있는 것이라고 볼 수 없으므로, 乙의 방해배제청구는 인용될 수 없다.[75)]

3. 한계: 수인한도

유지청구는 가해자의 이익과 피해자가 입는 손해의 교량을 전제하기 때문에 수인한도론이 갖는 의미는 손해배상청구에서의 그것보다 큰 것이다. 유지청구에서 수인한도 기준은 손해배상청구에서의 수인한도 기준과는 다르다고 보는 것이 일반적이다(위법성 2단계설).[76)] 그 결과 본안소송에서 유지청구가 인용될 가능성은 손해배상청구가 인용될 가능성보다 낮아지게 된다. 오염발생을 이유로 오염발생시설의 가동중지나 행위의 금지를 명하게 되면 오염으로 피해자가 입을 손해에 비하여 가해자가 입는 손해가 막대한 경우가 많

74) 서울지법 1995. 9. 7. 선고 94카합6253 판결(봉은사 사건); 부산고법 1995. 5. 18. 선고 95카합5 판결(부산대 사건).

75) 甲 지방자치단체가 30여 년 전 쓰레기매립지에 쓰레기를 매립하는 과정에서 매립지와 경계를 같이하는 인접 토지에 상당한 양의 쓰레기가 매립되었고, 그 후 인접 토지의 소유권을 취득한 乙이 토지를 굴착한 결과 지하 1.5~4m 지점 사이에 비닐, 목재, 폐의류, 오니류, 건축폐기물 등 각종 생활쓰레기가 뒤섞여 혼합된 상태로 매립되어 있었고 주변 토양은 검게 오염되어 있었으며, 이에 乙이 甲 지방자치단체를 상대로 매립물제거 등을 구한 사안에서, 생활쓰레기가 현재 乙의 소유권에 대하여 별도의 침해를 지속하고 있는 것이라고 볼 수 없다면서 乙의 방해배제청권을 부인한 사례.

76) 부산지법 2009. 8. 28. 선고 2009카합1295 결정; 대법원 2015. 9. 24. 선고 2011다91784 판결.

은 점, 오염발생시설인 공장이나 공사장, 교통시설의 가동을 중지하는 것은 공익적인 관점에서 바람직하지 못하다는 점, 오염발생에 대한 대책으로는 오염발생을 막는 것이 아니라도 오염방지시설 · 방음막 등의 설치 등 다른 방법을 강구할 수 있다는 점이 그 이유가 될 수 있다. 유지청구에서 수인한도를 판단할 때에는 손해배상청구에서 살펴본 수인한도의 요소 외에도 손해배상으로써 전보될 수 없을 정도로 법익 침해가 심한지와 가해자에게 발생할 손실을 함께 고려하여야 한다.

4. 추상적 유지청구

유지청구는 강제집행이 가능하도록 구체적이고 명확하게 특정되어야 한다. 이는 피고에게 방어기회를 보장한다는 의미도 있다. 대기오염소송이나 소음 · 진동소송에서는 종종 피고가 준수하여야 할 구체적 행위를 적시하지 아니한 채 일정한 행위나 상태를 금지하는 부작위 명령을 구하는 경우가 있는데, 일정 수치 이상을 초과하여 배출해서는 아니 된다는 식의 추상적 명령을 구하는 경우가 그 예이다(예컨대, 50dB을 초과하는 소음을 도달하게 하여서는 아니 된다). 어떠한 조치를 취하면 일정 기준치를 초과하는 피해를 발생시키지 아니할 수 있다는 점에 대하여 흔히 피고측에게 전문 지식이 있고, 달성 수단을 원고가 선택하도록 하면 청구가 인용된 경우 피고의 입장에서 선택의 폭이 좁을 수 있다는 불합리가 발생할 수도 있다는 점에서 이러한 청구를 엄격히 적용하는 것이 타당하지 않을 수 있다. 강제집행의 방법은 「민사집행법」에 따른 간접강제(제261조)가 가능하기 때문에 강제집행의 가능성은 긍정된다. 판례는 이러한 추상적 유지청구를 인용한 바 있다(판례 [10]).

[10] 경인고속도로 소음: 대법원 2007. 6. 15. 선고 2004다37904 판결

고속도로로부터 발생하는 소음이 피해 주민들 주택을 기준으로 일정 한도를 초과하여 유입되지 않도록 하라는 취지의 유지청구는 소음발생원을 특정하여 일정한 종류의 생활방해를 일정 한도 이상 미치게 하는 것을 금지하는 것으로 청구가 특정되지 않은 것이라고 할 수 없고, 이러한 내용의 판결이 확정될 경우 민사집행법 제261조 제1항에 따라 간접강제의 방법으로 집행을 할 수 있으므로, 이러한 청구가 내용이 특정되지 않거나 강제집행이 불가능하여 부적법하다고 볼 수는 없다.[77)]

77) 고속도로로부터 발생하는 소음이 피해 주민들 주택을 기준으로 일정 한도를 초과하여 유입되지 않도록 하라는 취지의 유지청구가 적법하다고 한 사례.

제3절 공법상 구제

국민의 환경의식이 증가되면서 환경분쟁의 해결을 위한 공법상 구제제도의 중요성이 증가하고 있다. 더불어 그 활용도 증가하고 있다. 여기에서는 환경피해에 대한 공법상의 구제제도로 비교적 많이 활용되는 행정소송(특히 취소소송), 국가배상 등을 중심으로 살펴보기로 한다. 그 밖에 손실보상, 헌법소원 등에 대해서는 지면 관계상 부득이 생략하는데, 이는 필자의 다른 책(로스쿨환경법)에서 이미 다룬 바 있다.

Ⅰ. 행정소송

행정소송을 통해 나타나는 환경분쟁의 특성은 국가나 지방자치단체의 작위 · 부작위 · 해태 등으로 인한 환경오염 피해의 구제, 허가 등 처분의 직접 상대방보다는 제3자 내지 주민의 권익구제, 피해의 광범위성 · 피해자의 다수성 등에 기인하는 집단적 이해관계의 구제 등이 중요한 문제로 제기되고 있다는 것이다.[1] 예컨대, 국가나 지방자치단체의 폐기물소각장 설치결정으로 피해를 입은 주민이 국가나 지방자치단체를 상대로 취소를 구하거나 행정청이 환경오염물질 배출시설을 위법 · 부당하게 허가하거나 오염물질배출에 대한 규제조치(개선명령 등)를 위법 · 부당하게 이행하지 아니함으로 인하여 이해관계가 있는 주민이 행정청을 상대로 행정쟁송을 하는 경우 등이 그것이다. 그 동안 인인(隣人)소송 내지 주민소송과 관련한 판례가 다수 형성되기에 이르렀으나 행정행위의 처분성, 원고적격, 제소기간 등 행정소송의 요건을 놓고 논란이 그치지 않고 있다. 이러한 요건들이 크게 문제가 되는 이유는 환경피해 소송이 그 요건을 갖추고 있지 않다는 이유로 본안에는 들어가 보지도 못하고 문전에서 박대되는 상황이 비일비재하게 발생하기 때문이다. 기존 법 · 제도만으로는 환경보호에 철저할 수 없다는 한계를 절감하고 있는 시점에서, 그 한계를 극복하기 위한 근본적인 사고의 전환이 요구되고 있다.

1. 처 분 성

가. 공권력의 행사

항고소송의 대상이 될 수 있는 것은 행정청의 '처분'이다. 「행정소송법」은 '처분등'을 "행정청이 행하는 구체적 사실에 관한 법집행으로서의 공권력의 행사 또는 그 거부와 그 밖에 이에 준하는 행정작용 및 행정심판에 대한 재결"이라고 정의하고 있다(제2조 제1항 제1호).

법원은 항고소송의 대상이 되는 행정청의 '처분'을 "행정청의 공법상의 행위로서 특정사항에 대하여 법규에 의한 권리의 설정 또는 의무의 부담을 명하거나 기타 법률상 효과

1) 천병태 · 김명길, 환경법론, 삼영사, 1997, 302 내지 303면.

를 발생하게 하는 등 '국민의 권리의무에 직접 관계가 있는 행위'[2] 또는 '국민의 구체적인 권리의무에 직접적 변동을 초래하는 행위'[3]를 가리키는 것"이라고 함으로써, 국민의 권리의무에 대한 직접관련성 여부를 기준으로 하여 그 처분성 여부를 판단하고 있다.[4]

판례는 특정 개인의 권리 내지 법률상의 이익을 개별적이고 구체적으로 규제하는 효과를 가져오게 하는 도시계획결정,[5] 폐기물처리업허가권자의 부적정통보,[6] 국가배출권할당계획,[7] 배출권 할당,[8] 공장입지조정명령,[9] 단수처분[10] 등에 대하여 행정소송의 대상이 되는 행정청의 처분으로 보고 있다. 이에 반해, 하수도정비기본계획,[11] 행정기관 내부에서의 행위[12]나 알선, 권유, 권고,[13] 사실상의 통지,[14] 일반적, 추상적 법령,[15] 기준지가고시[16] 등과 같이 상대방 또는 기타 관계자들의 법률상 지위에 직접적인 법률적 변동을 일으키지 아니하는 행위 등은 항고소송의 대상이 되는 행정처분이 아니라고 판단하고 있으며, 사실행위,[17] 확약,[18] 과태료 부과[19] 등에 대하여도 처분성을 인정하고 있지 아니하다.

나. 거부처분

한편, 거부처분에 대하여도 취소소송을 제기할 수 있는데, 국민의 적극적 신청행위에 대하여 행정청이 그 신청에 따른 행위를 하지 않겠다고 거부한 행위가 항고소송의 대상이 되는 행정처분에 해당하는 것이라고 하려면, "그 신청한 행위가 공권력의 행사 또는

2) 대법원 1983. 2. 22. 선고 81누283 판결; 대법원 1984. 2. 14. 선고 82누370 판결; 대법원 1996. 3. 22. 선고 96누433 판결; 대법원 2002. 5. 17. 선고 2001두10578 판결.
3) 대법원 1993. 10. 26. 선고 93누6331 판결; 대법원 1995. 7. 28. 선고 94누10832 판결; 대법원 1995. 11. 21. 선고 95누9099 판결; 대법원 2015. 12. 10. 선고 2011두32515 판결('4대강 살리기 마스터플랜'이 행정기관 내부에서 사업의 기본방향을 제시할 계획일 뿐 국민의 권리·의무에 직접 영향을 미치는 것이 아니라서 행정처분에 해당하지 않는다고 한 사례).
4) 박균성·함태성, 환경법, 박영사, 2015, 184면.
5) "도시계획법 제12조 소정의 고시된 도시계획결정은 특정 개인의 권리 내지 법률상의 이익을 개별적이고 구체적으로 규제하는 효과를 가져오게 하는 행정청의 처분이라 할 것이고, 이는 행정소송의 대상이 된다." 대법원 1982. 3. 9. 선고 80누105 판결.
6) 대법원 1998. 4. 28. 선고 97누21086 판결.
7) 서울행정법원 2017. 3. 30. 선고 2014구합74527 판결(국가온실가스 감축목표, 배출허용총량, 배출권 총수량, 예비분, 업종별 할당량 등이 확정되면 대상업종 내 할당대상업체들의 궁극적인 할당량에 직접적이고 구체적인 영향을 미친다면서 처분성을 인정한 사례).
8) 법원은 배출권 할당을 권리를 설정하고 이익을 부여하는 수익적 처분으로 보고 있다. 서울고법 2018. 2. 9. 선고 2017누39763 판결; 서울행정법원 2016. 12. 8. 선고 52330 판결; 서울행정법원 2017. 2. 2. 선고 2015구합55431 판결; 서울행정법원 2017. 2. 2. 선고 2015구합55547 판결.
9) 대법원 1996. 7. 12. 선고 95누11665 판결.
10) 대법원 1979. 12. 28. 선고 79누218 판결.
11) 대법원 2002. 5. 17. 선고 2001두10578 판결.
12) 대법원 1993. 9. 14. 선고 93누9163 판결; 대법원 1995. 10. 17. 선고 94누14148 판결.
13) 대법원 1996. 3. 22. 선고 96누433 판결; 대법원 1995. 11. 21. 선고 95누9099 판결.
14) 대법원 1983. 2. 22. 선고 81누283 판결; 대법원 1993. 10. 26. 선고 93누6331 판결.
15) 대법원 1987. 3. 24. 선고 86누656 판결.
16) 대법원 1979. 4. 24. 선고 78누242 판결.
17) 대법원 1992. 10. 13. 선고 92누2325 판결(건설부장관이 행한 국립공원지정처분에 따라 공원관리청이 행한 경계측량 및 표지의 설치 등의 처분성을 부인한 사례).
18) 대법원 1995. 1. 20. 선고 94누6529 판결.
19) 청주지법 2008. 5. 1. 선고 2007구합431 판결; 대법원 2012. 10. 11. 선고 2011두19369 판결.

이에 준하는 행정작용이어야 하고, 그 거부행위가 신청인의 법률관계에 어떤 변동을 일으키는 것이어야 하며, 그 국민에게 그 행위발동을 요구할 법규상 또는 조리상의 신청권이 있어야 한다"고 판시함으로써,[20] 신청권의 존재를 거부처분취소소송의 소송요건으로 보고 있다.

2. 원고적격

「행정소송법」 제12조는 "취소소송은 처분 등의 취소를 구할 법률상 이익이 있는 자가 제기할 수 있다"라고 규정하고 있으므로, 항고소송에 있어서 소를 제기할 수 있는 자격(원고적격)이 인정되기 위하여는 위 규정상의 "법률상 이익이 있는 자"이어야 한다. 통설의 입장인 '법률상 이익구제설'에서는 '법률상 이익'을 법률상 보호되는 이익이라고 보고 있으며,[21] 대법원도 "당해 처분의 근거법규에 의하여 보호되는 개별적 · 직접적 · 구체적인 이익이 있는 경우를 말하고 간접적이거나 사실적, 경제적 이해관계를 가지는 데 불과한 경우는 여기에 해당하지 아니한다"고 판시함으로써,[22] 같은 입장을 취하고 있다.

가. 처분의 근거법규

'법률상 이익구제설'의 입장에서, 최근에는 법률상 보호되는 이익에 처분의 직접 근거가 되는 법규는 물론이고 나아가 당해 처분의 근거법규에 의하여 보호되지는 아니하지만 당해 처분의 조건을 성취하거나 당해 처분의 행정 목적을 달성하기 위한 일련의 관련 처분들의 근거법규에 의하여 명시적으로 보호받는 법률상 이익도 포함하는 경향이 있다.[23] 이에 따르면 처분의 근거가 되는 법규가 원용하고 있는 법규도 처분의 근거법규로 될 수 있으며 결과적으로 취소소송의 원고적격은 확대된다. 환경영향평가와 관련한 법률까지도 처분의 근거법규로 보고, 비록 제한적 범위이지만 환경영향평가대상지역 안의 주민에게까지 원고적격을 확대하고 있는 것이 그 좋은 예이다.[24]

---

20) 대법원 1984. 10. 23. 선고 84누227 판결; 대법원 1993. 5. 25. 선고 92누2394 판결; 대법원 1994. 12. 9. 선고 94누8433 판결; 대법원 1994. 1. 28. 선고 93누22029 판결; 대법원 1995. 5. 26. 선고 93누21729 판결; 서울행정법원 2005. 2. 4. 선고 2001구33563 판결(새만금 사건 1심); 대법원 2006. 6. 30. 선고 2004두701 판결; 대법원 2009. 9. 10. 선고 2007두20638 판결(금강수계 중 상수원 수질보전을 위하여 필요한 지역의 토지 등의 소유자가 국가에 그 토지 등을 매도하기 위하여 매수신청을 하였으나 유역환경청장이 이를 거절한 사안에서, 그 매수 거부행위가 항고소송의 대상이 되는 행정처분에 해당한다고 한 사례); 대전지법 2014. 9. 17. 선고 2013구합2572 판결(지방국토관리청장이 국가산업단지 내 진입도로 공사를 하면서 방음벽을 설치하였는데, 인접한 토지 소유자 갑이 방음벽으로 건축허가를 받지 못하고 있으므로 방음벽을 제거해 달라는 민원을 제기하자 방음벽은 환경영향평가법에 따라 설치한 것이라 제거가 곤란하다는 취지의 회신을 한 사안에서, 위 회신이 항고소송의 대상이 되는 거부처분이라 할 수 없다고 한 사례).

21) 김동희, 행정법(Ⅰ), 박영사, 1999, 625면; 김남진, 행정법(Ⅰ), 법문사, 1998, 756면 참조.

22) 대법원 1990. 5. 22. 선고 90누813 판결; 대법원 1991. 12. 13. 선고 90누10360 판결; 대법원 1994. 4. 12. 선고 93누24247 판결; 대법원 1995. 2. 28. 선고 94누3964 판결; 대법원 1995. 9. 26. 선고 94누14544 판결(판례 [2]); 대법원 1995. 10. 17. 선고 94누14148 판결; 대법원 2002. 10. 25. 선고 2001두4450 판결; 대법원 2004. 8. 16. 선고 2003두2175 판결; 대법원 2006. 3. 16. 선고 2006두330 전원합의체 판결(새만금 사건); 대법원 2006. 7. 28. 선고 2004두6716 판결 참조.

23) 대법원 2004. 8. 16. 선고 2003두2175 판결; 대법원 2004. 12. 9. 선고 2003두12073 판결.

24) 대법원 1998. 4. 24. 선고 97누3286 판결; 대법원 1998. 9. 4. 선고 97누19588 판결; 대법원 2001. 7. 27. 선고 99두2970 판결; 대법원 2001. 7. 27. 선고 99두5092 판결(용화온천 사건); 서울행정법원 2001. 7. 25. 선고 2000구12811 판결; 대법원

해당 처분의 근거법규에 의하여 보호되는 이익에서 말하는 '근거법규'에는 시행령, 고시, 조례 등도 포함될 수 있다.25) 또한 처분의 직접 근거가 되는 실체요건법규는 물론이고, 절차요건법규도 포함된다.26) 이에는 해당 처분의 행정목적을 달성하기 위한 일련의 단계적인 관련처분들의 근거법규를 포함하며,27) 더 나아가 당해 처분의 근거가 되는 법률 및 조문의 취지, 목적도 포함하는 개념이어야 한다.28) 여기에는 넓게 헌법도 포함될 수 있을 것이라는 견해가 있다.29) 헌법재판소는 헌법상의 기본권이 취소를 구할 자격이 인정되기 위한 요건, 즉 '법률상 보호되는 이익'이 될 수 있다고 판단한 바 있다.30)

나. 법률상 이익: 개별적 · 직접적 · 구체적 이익

판례는 처분의 근거가 되는 법규의 보호목적을 기준으로 하여 처분의 근거법규가 공익보호뿐만 아니라 개인의 이익도 보호하고 있다고 판단되는 경우에 원고적격이 있는 것으로 보고 있는데, 그 결과 공익보호의 결과로 국민일반이 공통적으로 가지는 추상적, 평균적, 일반적인 이익과 같은 것은 여기에서 말하는 법률상 이익에 포함되지 않게 된다(판례 [1]).31)

[1] 생태 · 자연도 등급변경과 원고적격(소극): 대법원 2014. 2. 21. 선고 2011다29052 판결

생태 · 자연도의 작성 및 등급변경의 근거가 되는 구 자연환경보전법(2011. 7. 28. 개정 전) 제34조 제1항 및 그 시행령 제27조 제1, 2항에 의하면, 생태 · 자연도는 토지이용 및 개발계획의 수립이나 시행에 활용하여 자연환경을 체계적으로 보전 · 관리하기 위한 것일 뿐, 1등급 권역의 인근 주민들이 가지는 생활상 이익을 직접적이고 구체적으로 보호하기 위한 것이 아님이 명백하고, 1등급 권역의 인근 주민들이 가지는 이익은 환경보호라는 공공의 이익이 달성됨에 따라 반사적으로 얻게 되는

2004. 12. 9. 선고 2003두12073 판결; 대법원 2005. 5. 12. 선고 2004두14229 판결; 대법원 2006. 3. 16. 선고 2006두330 전원합의체 판결(새만금 사건).

25) 부산고법 2007. 6. 29. 선고 2006누5540 판결 참조. 상고심인 대법원 2010. 4. 15. 선고 2007두16127 판결에서는 해당 조례('김해시 공장건축가능지역 지정에 관한 조례')가 해당 사례에서 공장설립승인처분의 근거 법규 및 관련법규가 될 수 없다고 판단하였다. 그러나 구 '산업집적활성화 및 공장설립에 관한 법률' 및 '국토계획법' 등에 의하여 물금취수장에서 물을 공급받는 부산광역시 또는 양산시에 거주하는 주민들에게 원고적격을 인정하였다.

26) 서울고법 2006. 9. 11. 선고 2006루122 결정. 당해 처분을 내리는 과정에 개입된 '관련 법률'을 법률상 이익 여부를 판단하는 근거 법률로 해석하여야 한다는 견해가 있다. 조홍식, "환경구제법 소고", 환경법연구 제21권, 1999, 153면.

27) 대법원 2004. 8. 16. 선고 2003두2175 판결.

28) 서울행정법원 2001. 7. 25. 선고 2000구12811 판결.

29) 신보성, "환경분쟁과 주민의 당사자 적격에 관한 고찰", 중앙법학 제2호, 2000, 164면, 170면; 김향기, "행정소송의 원고적격에 관한 연구", 환경법연구 제31권 제2호, 2009. 8, 241면.

30) 헌재 1998. 4. 30. 선고 97헌마141 결정(병마개 사건, 기본권인 경쟁의 자유가 행정청의 지정행위의 취소를 구할 법률상의 이익이 된다고 하면서 청구인이 침해되었다고 주장하는 기본권을 효율적으로 구제할 수 있는 권리구제절차라 할 수 있는 행정소송절차를 거치지 아니하고 제기된 헌법소원 심판청구가 보충성 요건이 결여되어 부적법하다고 한 사례).

31) 대법원 1992. 9. 22. 선고 91누13212 판결(일반국민 또는 주민이 문화재를 향유할 이익이 구체적이고 법률적인 이익이 아니라고 한 사례); 대법원 1995. 2. 28. 선고 94누3964 판결(공장설립지지정승인처분이 취소됨으로 인하여 그 공장설립예정지에 인접한 마을과 주위 토지 및 그 지상의 묘소가 분진, 소음, 수질오염 등의 해를 입을 우려에서 벗어나는 것과 같은 이익은 법률상 이익이라고 할 수 없다고 한 사례).

이익에 불과하므로, 인근 주민에 불과한 원고는 피고 환경부장관이 이 사건 지역의 생태 · 자연도 등급권역을 1등급에서 일부는 2등급으로, 일부는 3등급으로 변경한 결정의 무효확인을 구할 원고적격이 없다.32)

통설과 판례의 입장인 '법률상 이익구제설'은 행정처분의 직접 상대방이 아닌 제3자의 원고적격 여부를 판단함에 있어서 주관적 공권의 성립 여부를 그 기준으로 삼고 있는데, 여기서 공권은 행정청의 특정 의무를 규정하는 객관적인 법규범이 존재하고 그 법규범이 공익뿐만 아니라 사익의 보호도 의도하고 있는 경우에 비로소 인정된다고 이해하고 있다.

당해 처분의 근거법규가 개인의 이익도 보호하고 있는지 여부는 명문규정이 없더라도 처분의 직접 근거법규 및 관련 법규 등 법체계 전체를 종합적으로 고려하여 합목적적으로 판단하여야 할 것이다. 이는 결국 구체적인 사건에 있어서 처분의 상대방이 아닌 제3자에게 원고적격이 인정되는지 여부는 처분의 근거법규(관련 법규 포함) 등의 취지, 목적, 그 처분으로 침해되는 이익의 내용, 성질, 태양 등을 종합하여 개별적으로 판단되어야 한다는 것을 의미한다. 이러한 관점에서 이른바 '공설화장장 사건'(판례 [2])에서 상수원보호구역 설정의 근거가 되는 「수도법」 관련 규정의 보호 목적이 상수원의 확보와 수질보전뿐이라는 대법원의 견해는 쉽게 찬성하기 어렵다. 상수원의 확보와 수질보전의 궁극적인 목적은 수요자인 국민의 환경권을 보호하는 것이므로 「수도법」 관련 규정이 지역주민의 양질의 급수를 받을 이익을 보호하고 있다고 합목적적으로 해석할 수 있기 때문이다.33)

[2] 공설화장장 사건-상수원보호구역 설정과 원고적격(소극): 대법원 1995. 9. 26. 선고 94누14544 판결

상수원보호구역 설정의 근거가 되는 수도법 제5조 제1항 및 동 시행령 제7조 제1항이 보호하고자 하는 것은 상수원의 확보와 수질보전일 뿐이고, 그 상수원에서 급수를 받고 있는 지역주민들이 가지는 상수원의 오염을 막아 양질의 급수를 받을 이익은 직접적이고 구체적으로는 보호하고 있지 않음이 명백하여 위 지역주민들이 가지는 이익은 상수원의 확보와 수질보호라는 공공의 이익이 달성됨에 따라 반사적으로 얻게 되는 이익에 불과하므로 지역주민들에 불과한 원고들에게는 위 상수원보호구역변경처분의 취소를 구할 법률상의 이익이 없다.34)

32) 환경부장관이 생태 · 자연도 1등급으로 지정되었던 지역을 2등급 또는 3등급으로 변경하는 내용의 생태 · 자연도 수정 · 보완을 고시하자, 인근 주민이 생태 · 자연도 등급변경처분의 무효 확인을 청구한 사안에서, 무효 확인을 구할 원고적격이 없다고 한 사례.

33) 김성수, 행정법판례평론: 사례 · 해설, 홍문사, 2006, 425면.

34) 부산광역시가 종래 상수원보호구역으로 지정된 구역 내 부지에 공설화장장을 설치하기 위하여 해당 부지를 상수원보호구역에서 제외시키는 상수원보호구역변경처분을 한 것에 대하여 지역주민들이 그 처분의 취소를 구한 사건에서 원고들에게 상수원보호구역변경처분의 취소를 구할 법률상 이익이 없다고 판단한 사례.

다. 법률상 이익의 침해 우려

원고적격이 인정되기 위해서는 해당 처분의 근거법규 또는 관련 법규에서 개인의 구체적, 직접적인 법률상 이익을 보호하여야 할 뿐만 아니라, 나아가 그 보호의 인적 범위에 있어서 해당 행정처분의 취소를 구하는 자가 그 행정처분으로 인하여 위 근거법규 또는 관련 법규에 의해 보호되는 구체적, 직접적인 법률상 이익을 침해당할 가능성이 있는 자에 해당함이 인정되어야 할 것이다(다만 실제로 법률상 이익을 침해당하였는가의 여부는 본안에서 판단할 사항이라 할 것이다).35)

처분의 근거법규 및 관련 법규에서 환경상의 영향을 받으리라고 예상되는 영향권의 범위를 구체적으로 규정하여 놓은 경우, 그 범위 내의 주민들은 특단의 사정이 없는 한 환경상 이익에 대한 침해 또는 침해우려가 있는 것으로 '사실상 추정'되어 당해 처분의 취소나 무효확인을 구할 원고적격이 있다고 보아야 할 것이다.36) 환경영향평가대상지역 안의 주민들에 대하여는 특단의 사정이 없는 한 환경상의 이익에 대한 침해 또는 침해우려가 있는 것으로 사실상 추정되어 원고적격이 비교적 쉽게 인정되는 경우가 그 좋은 예이다.37)

권리구제의 충실화 차원에서 침해환경오염피해의 광역성, 대규모성 등을 고려할 때 피해의 영향권을 가능한 한 넓게 인정하여 원고적격의 범위를 넓히려는 시도는 중요한 의미를 갖는다. "원고들의 거주지역이 물금취수장으로부터 다소 떨어진 부산광역시 또는 양산시이기는 하나, 수돗물은 수도관 등 급수시설에 의해 공급되는 것이어서 수돗물을 공급받는 주민들이 가지게 되는 수돗물의 수질악화 등으로 인한 환경상 이익의 침해나 침해 우려는 그 거주 지역에 불구하고 그 수돗물을 공급하는 취수시설이 입게 되는 수질오염 등의 피해나 피해 우려와 동일하게 평가될 수 있다고 할 것이다"고 판시하면서 원고적격을 인정한 이른바, '물금취수장 사건'38)은 그 좋은 사례라고 할 수 있다.

라. 원고적격의 확대

원고적격을 엄격하게 적용하고, 기존 소송체계를 고집함으로써, 이것이 환경소송을 제기함에 있어서 커다란 장애요건이 되어서는 곤란하다. 이러한 차원에서 최근에는 원고

---

35) 서울행정법원 2001. 3. 31. 선고 2000구7222 판결.

36) 대법원 2005. 3. 11. 선고 2003두13489 판결(폐기물처리시설 설치기관이 주변영향지역으로 지정 · 고시하지 아니한 경우, 폐기물처리시설의 부지경계선으로부터 최소 900m 이상 떨어진 지역에 거주하는 주민이 폐기물처리시설의 설치 · 운영으로 인하여 환경상 이익에 대한 침해 또는 침해우려가 있다는 점을 입증하지 못하였다는 이유로 폐기물소각시설의 입지지역을 결정 · 고시하는 처분의 무효확인을 구할 원고적격이 없다고 한 사례) 참조.

37) 대법원 2006. 3. 16. 선고 2006두330 전원합의체 판결(새만금 사건); 대법원 2006. 12. 22. 선고 2006두14001 판결; 대법원 2009. 9. 24. 선고 2009두2825 판결 참조.

38) 대법원 2010. 4. 15. 선고 2007두16127 판결(김해시장이 낙동강에 합류하는 하천수주변의 토지에 구 「산업집적활성화 및 공장설립에 관한 법률」 제13조에 따라 공장설립을 승인하는 처분을 한 사안에서, 공장설립으로 수질오염 등이 발생할 우려가 있는 취수장에서 물을 공급받는 부산광역시 또는 양산시에 거주하는 주민들도 위 처분의 근거 법규 및 관련 법규에 의하여 법률상 보호되는 이익이 침해되거나 침해될 우려가 있는 주민으로서 원고적격이 인정된다고 한 사례).

적격을 확대하려는 다각적인 시도가 이루어지고 있다. 환경권, 단체소송,39) 미래세대, 공공신탁(public trust)이론,40) 자연의 권리소송41) 등의 인정이 그것이다.

3. 제소기간

취소소송은 처분등이 있음을 안 날로부터 90일 이내에 제기하여야 한다(「행정소송법」 제20조 제1항). 이 제소기간은 불변기간인데(동조 제3항), 다만 "당사자가 책임질 수 없는 사유"로 인하여 이를 준수할 수 없었던 경우에는 동법 제8조에 의하여 준용되는 「민사소송법」 제173조 제1항에 의하여 그 사유가 없어진 날부터 2주 이내에 게을리한 제소행위를 추완할 수 있다고 할 것이다. 여기서 "당사자가 책임질 수 없는 사유"란 당사자가 그 소송행위를 하기 위하여 일반적으로 하여야 할 주의를 다하였음에도 불구하고 그 기간을 준수할 수 없었던 사유를 말한다.42)

한편, 처분등이 있은 날부터 1년을 경과하면 이를 제기하지 못한다(동조 제2항). 다만, 정당한 사유가 있는 때에는 그러하지 아니하다(동항 단서). "정당한 사유"란 불확정 개념으로서 「민사소송법」 제173조의 당사자가 책임질 수 없는 사유나 「행정심판법」 제27조 제2항 소정의 "천재지변 · 전쟁 · 사변 그 밖의 불가항력적인 사유"보다는 넓은 개념이라고 풀이되나, 그 존부는 사안에 따라 개별적, 구체적으로 판단하여야 하되, 당해 소송청구에 상당한 지장이 있다는 것이 객관적으로 명백한 경우이어야 한다.43)

4. 위 법 성

가. 재량행위

「행정소송법」 제27조에서는 "행정청의 재량에 속하는 처분이라도 재량권의 한계를 넘거나 그 남용이 있는 때에는 법원은 이를 취소할 수 있다"고 규정하여, 재량행위라 하더라도 일정한 범위 내에서 사법심사의 대상이 되는 것으로 하고 있다.

취소소송과 관련하여 당사자나 법원은 먼저 문제의 처분이 기속행위인지 재량행위인지를 판단하게 되는데, 많은 환경행정처분이 재량행위에 해당하기 때문에 환경행정소송의 상당부분은 그 처분이 재량권을 일탈하였거나 남용이 있었는지 여부에 집중되고 있다. 이

39) 환경단체의 원고적격을 부인한 판례는 대법원 1998. 9. 22. 선고 97누19571 판결(남대천양수발전소 사건); 청주지법 2008. 11. 13. 선고 2007구합1212 판결(확정, 황금박쥐 사건).

40) 공공신탁이론의 내용과 범위에 대하여는 논란이 있으나 일반적으로 중요한 자연자원에 대하여는 일반 국민의 공적 이익을 위하여 그 소유자에게 신탁되어 있다고 보고, 소유자는 공공수탁자(trustee)로서 이를 보전, 보호하여야 할 의무를 부담하는 것으로 이해되고 있다. 조홍식, "공공신탁이론과 한국에서의 적용가능성", 법조, 1999. 5, 42면.

41) 우리나라 법원은 자연의 권리 개념을 부인하고 있다. 울산지법 2004. 4. 8. 선고 2003카합982 판결(도롱뇽 사건); 청주지법 2008. 11. 13. 선고 2007구합1212 판결(확정, 황금박쥐 사건); 서울행정법원 2010. 4. 23. 선고 2008구합29038 판결(군산복합화력발전소 사건) 등 참조.

42) 대법원 2001. 5. 8. 선고 2000두6916 판결; 대법원 1998. 10. 2. 선고 97다50152 판결; 대법원 1987. 3. 10. 선고 86다카2224 판결.

43) 대법원 1991. 6. 18. 선고 90누6521 판결.

때 그 판단기준이 무엇인지 논란이 있을 수밖에 없다. 흔히 환경행정소송에서는 당해 처분으로 얻게 되는 사익(예컨대, 재산권)과 침해되는 이익(예컨대, 환경이익) 간의 이익교량을 둘러싸고 이해관계자간에 첨예한 대립이 지속되고 있어 문제를 어렵게 하고 있다. 관련 법규에 환경을 고려하는 내용의 규정이 없는 경우에도 침해되는 환경이익을 고려하여야 하는가의 문제, 재량이 수축·소멸하여 행정의 자유가 의무로 되는 경우가 언제인지 등의 문제도 쉬운 문제가 아니다.

나. 한 계

(1) 재량의 일탈과 남용

원칙적으로 재량권의 범위를 일탈 또는 남용하였는지의 여부는 처분사유인 위반행위의 내용과 그에 의한 공익침해의 정도 및 해당 처분에 의하여 달성하려는 공익목적을 그 처분으로 인하여 입게 될 상대방의 불이익과 비교·교량하여 판단하여야 하나, 구체적인 경우 그 판단이 쉬운 것은 아니다.[44]

(2) 판단기준

행정청의 재량행위의 기준이 객관적으로 합리적이 아니라거나 타당하지 않다고 보이는 경우 또는 그러한 기준을 설정하지 않은 채 구체적이고 합리적인 이유의 제시 없이 처분을 하는 경우 그러한 처분은 재량권을 남용하거나 그 범위를 일탈한 것으로서 위법하다.[45]

재량권의 한계를 넘거나 그 남용이 있는지 여부를 판단할 경우 사실오인,[46] 목적위반,[47] 신뢰보호의 원칙,[48] 비례의 원칙·형평의 원칙 등의 위반이 중요한 기준으로 등장하게 된다.[49]

(3) 비교형량

환경관련 소송에서는 흔히 당해 처분으로 얻게 되는 사익 또는 공익으로서의 개발이

---

44) 대법원 1992. 4. 14. 선고 91누9251 판결(배출시설이전명령불이행을 이유로 배출시설설치허가를 취소한 것이 구 '환경보전법'의 취지와 공익상의 요청 등에 비추어 볼 때 정당하여 위 처분이 재량권을 남용하였거나 재량권의 범위를 일탈한 것이라고 할 수 없다고 한 사례); 부산고법 1996. 10. 17. 선고 96구990 판결(폐수처리에 필요하지 아니한 배관설치로 인해 받은 3개월의 영업정지처분이 적법하다고 본 사례); 서울고법 1997. 7. 23. 선고 96구28709 판결(비밀배출구 설치에 따른 영업정지 처분에 대하여 재량권의 일탈을 부인한 사례); 서울고법 1997. 6. 4. 선고 96구44497 판결(가지배관 설치에 따른 조업정지처분이 재량권의 일탈·남용이라고 본 사례) 참조.

45) 대법원 2004. 5. 28. 선고 2004두961 판결(구체적이고 합리적인 이유의 제시없이 사업계획의 부적정 통보를 하거나 사업계획서를 반려하는 경우가 재량권의 일탈·남용에 해당하여 위법하다고 한 사례).

46) 대법원 2001. 7. 27. 선고 99두8589 판결(문장대온천 사건).

47) 대법원 2004. 7. 22. 선고 2003두7606 판결(개발제한구역 내에서의 토지형질변경 등의 허가신청에 대한 거부처분이 재량권의 일탈·남용이 아니라고 한 사례).

48) 대법원 1996. 7. 12. 선고 95누11665 판결; 대법원 1998. 5. 8. 선고 98두4061 판결(폐기물처리업에 대하여 관할 관청의 사전 적정통보를 받고 막대한 비용을 들여 허가요건을 갖춘 다음 허가신청을 하였음에도 청소업자의 난립으로 효율적인 청소업무의 수행에 지장이 있다는 이유로 한 불허가처분이 신뢰보호의 원칙에 반하여 재량권을 남용한 위법한 처분이라고 본 사례).

49) 김남진(각주 21), 232 내지 233면; 석종현, 행정법강의(Ⅰ), 삼영사, 1998, 220 내지 222면; 김철용, 행정법(Ⅰ), 박영사, 2006, 217면. 대법원 1998. 11. 13. 선고 98두7343 판결; 대법원 1997. 11. 11. 선고 97누11966 판결; 서울행정법원 2000. 1. 7. 선고 99구2791 판결(가야산 골프장 사건) 등 참조.

익과 침해되는 이익으로서의 환경이익이 충돌되고 있다. 이러한 문제 해결을 위해서는 이익 형량(교량)의 원칙이 동원되는데, 즉 당해 행정처분으로 얻게 되는 이익과 그로 말미암아 침해되는 이익을 비교형량하였을 때 침해되는 이익이 월등히 클 경우 그 처분은 위법을 면치 못하게 되는 것이다. 최근 환경의식이 향상되는 것에 부응하여 법원은 환경보호라는 이익을 중요한 이익으로 고려하고 있다.[50)]

환경보호는 특히 그 중요성의 인식 여하 및 사고의 전환에 따라서 결과가 크게 달라질 수 있는 영역이다. 이러한 이유 때문에 환경이익이 "한 차원 높은 가치",[51)] "영업상의 이익 또는 여가생활 향유라는 이익보다 훨씬 우월한 이익",[52)] "토지소유권을 행사하는 경제적 자유보다 우선하는 지위"[53)]라거나 "환경권을 재산권이나 영업의 자유보다 우위에 있는 기본권"으로 인식하면서 관련 규정을 "합목적적"으로 해석하는 법원이나 헌법재판소의 전향적인 자세는 신선하고 고무적이다.[54)] 이러한 고무적인 상황이 환경권의 구체적 권리를 인정하는 방향으로까지 결실을 맺을지는 의문이나 환경이익을 강조하는 판결을 양산할 것임은 분명하다.

(4) 환경이익

처분의 근거법령이 환경을 고려할 것을 규정하고 있는 경우 이익형량 시 환경이익을 고려해야 하는 것은 의심의 여지가 없다. 문제는 환경을 고려하는 내용의 규정이 없는 경우에도 침해되는 환경이익을 고려하여야 하는가이다. 헌법상 환경권을 인정하고 있고, 국가에게 환경보전을 위하여 노력하여야 하고(헌법 제35조 제1항), 환경을 이용하는 모든 행위를 할 때에는 환경보전을 우선적으로 고려하며, 환경오염 및 환경훼손과 그 위해를 예방하고 환경을 적정하게 관리 · 보전할 책무가 있다(「환경정책기본법」 제2조, 제4조)는 점에 비추어 환경이익을 적극적으로 고려하여야 할 것이다. 판례도 일정한 경우에는 법규에

---

50) 대법원 2001. 7. 27. 선고 99두8589 판결(문장대온천 사건); 대법원 2001. 7. 27. 선고 99두5092 판결(용화온천 사건); 대법원 1997. 11. 11. 선고 97누11966 판결; 대법원 1995. 12. 22. 선고 95누3831 판결; 서울고법 1992. 4. 1. 선고 91구8366 판결; 대법원 1997. 9. 12. 선고 97누1228 판결; 대법원 2000. 5. 26. 선고 98두6500 판결; 대법원 2000. 4. 25. 선고 98두6555 판결; 대법원 1989. 12. 26. 선고 88누11018 판결; 대법원 2001. 11. 30. 선고 2001두5866 판결; 대법원 2002. 6. 14. 선고 2000두10663 판결; 대법원 2005. 4. 28. 선고 2004두8828 판결.

51) 대법원 1996. 7. 12. 선고 95누11665 판결; 서울중앙지법 2009. 8. 26. 선고 2008가합72566 판결(공사장 소음 입증의 어려움, 입증책임이나 입증방법을 일반적인 경우와 달리하여야 할 필요성이 있는 점 등을 이유로 원고에게 요구되는 입증의 정도가 상당한 정도 완화되어야 한다고 하면서 아파트 옆 공사장의 소음 피해 정도를 명확하게 입증하지 못해도 건설사에 배상책임이 있다고 한 사례).

52) 대법원 2001. 7. 27. 선고 99두8589 판결(문장대온천 사건); 대법원 2001. 7. 27. 선고 99두5092 판결(용화온천 사건).

53) "모든 국민이 건강하고 쾌적한 환경에서 생활할 수 있는 환경권(헌법 제35조)은 인간의 존엄과 가치 · 행복추구권의 실현에 기초가 되는 기본권이므로 사유재산권인 토지소유권을 행사하는 경제적 자유보다 우선하는 지위에 있다." 헌재 1998. 12. 24. 선고 89헌마214, 97헌바78 결정, 재판관 이영모의 반대의견.

54) 대법원 1999. 8. 19. 선고 98두1857 전원합의체 판결(러브호텔 사건, 구 '국토이용관리법' 시행령의 위임에 따른 준농림지역내의 숙박시설 설치 등 토지이용행위 제한에 관한 조례에 의하여 행위제한지역과 제한대상행위를 구체적으로 지정하지 아니한 경우에도 그 지정에 관하여 조례가 정한 기준에 해당하는 경우 건축허가를 거부할 수 있다고 한 사례). 법원은 환경보호 내지 환경오염 방지라는 이념을 중시하고, 법규의 '합목적적' 해석을 통하여 준농림지역 안에서의 숙박시설설치를 제한함으로써, 결과적으로 지방자치단체의 개발압력에 제동을 걸었다.

명문의 규정이 없는 경우에도 환경이익을 고려하도록 하고 있다.55)

마. 재량권 0으로의 수축

예외적인 상황에서는 재량이 수축, 소멸하여 행정의 자유가 의무로 되는 경우가 있을 수 있다는 것이 학설, 판례의 경향인데, 이러한 이론을 흔히 '재량권의 0으로의 수축이론'이라고 한다. 예외적인 상황으로는 사람의 생명, 신체 및 재산 등에 중대하고 급박한 위험이 존재하고, 그러한 위험이 행정권의 발동에 의해 제거될 수 있는 것으로 판단되며, 피해자의 개인적인 노력으로는 권익침해의 방지가 충분하게 이루어질 수 없다고 인정되는 경우 등이 들어지고 있다.56) '재량권의 0으로의 수축이론'을 명시적으로 인정한 법원 판례는 없으나 헌법재판소의 결정 중에는 이 이론을 인용한 사례가 있다(판례 [3]).

[3] 재량권 0으로의 수축: 헌재 2007. 10. 25. 선고 2006헌마869 결정

경찰권의 행사 여부는 원칙적으로 재량처분으로 인정되고 있으나, 목전의 상황이 매우 중대하고 긴박한 것이거나, 그로 인하여 국민의 중대한 법익이 침해될 우려가 있는 경우에는, 재량권이 영으로 수축하여 경찰권을 발동할 의무가 있다. 따라서 사람이 바다에서 조난을 당하여 인명이 경각에 달린 경우에 해양경찰관으로서는 그 직무상 즉시 출동하여 인명을 구조할 의무가 있다.

이와 같이 재량권이 0으로 수축되는 경우 피해자는 의무이행심판, 거부처분취소소송,57) 부작위위법확인소송 등을 통해서도 이를 다툴 수 있게 된다. '재량권 0으로의 수축이론'은 현실적으로 항고소송에서보다 국가배상청구소송에서 큰 의미를 갖게 되는데, 재량권이 0으로 수축되는 경우에도 행정청이 아무런 조치를 취하지 아니하고 수수방관하였고, 그 결과 피해자에게 손해가 발생한 경우, 피해자는 국가배상청구소송을 제기하여 그 손해를 구제받을 수 있을 것이다.58)

---

55) 대법원 1997. 9. 12. 선고 97누1228 판결(산림형질변경); 대법원 2000. 7. 7. 선고 99두66 판결; 대법원 1993. 4. 23. 선고 92누7726 판결; 대법원 2006. 3. 24. 선고 2005두4854 판결(토지형질변경); 대법원 2003. 6. 10. 선고 2002두12861 판결(농지전용행위); 대법원 2002. 10. 25. 선고 2002두6651 판결(산림형질변경); 대법원 2001. 1. 19. 선고 2000두8547 판결; 대법원 2000. 5. 12. 선고 98두15382 판결(농지전용행위); 대법원 1995. 9. 15. 선고 95누6113 판결; 대법원 1993. 5. 27. 선고 93누4854 판결; 대법원 2007. 6. 15. 선고 2005두9736 판결.

56) 박균성, "환경피해의 공법적 구제", 환경법연구 제23권 제1호, 2001. 9, 154면.

57) 서울행정법원 2005. 2. 4. 선고 2001구33563 판결(새만금 사건) 참조.

58) "긴급구호권한과 같은 경찰관의 조치권한은 일반적으로 경찰관의 전문적 판단에 기한 합리적인 재량에 위임되어 있는 것이나, 그렇다고 하더라도 구체적 상황하에서 경찰관에게 그러한 조치권한을 부여한 취지와 목적에 비추어 볼 때 그 불행사가 현저하게 불합리하다고 인정되는 경우에는, 그러한 불행사는 법령에 위반하는 행위에 해당하게 되어 국가배상법상의 다른 요건이 충족되는 한, 국가는 그로 인하여 피해를 입은 자에 대하여 국가배상책임을 부담한다." 대법원 1996. 10. 25. 선고 95다45927 판결. '재량권 0으로의 수축이론'을 명시적으로 인정하고 있지는 않지만 1. 21. 사태 시 무장공비에 의해 생명을 위협받고 있는 청년의 동거인이 인근 파출소에 구원을 요청(3차례 신고)했음에도 불구하고 경찰이 즉시 출동하지 않았음으로 인해 청년이 사망한 사건에서 국가배상책임 인정한 사례(대법원 1971. 4. 6. 선고 71다124 판결)는 같은 맥락으로 이해될 수 있을 것이다.

5. 사정판결

행정처분이 위법한 경우에는 이를 취소하는 것이 원칙이나 그 위법한 처분을 취소·변경함이 도리어 현저히 공공복리에 적합하지 않는 경우, 「행정소송법」 제28조에 의하여 예외적으로 위법한 행정처분의 취소를 허용하지 아니하는 사정판결을 할 수 있다. 또한, 그 요건인 현저히 공공복리에 적합하지 아니한 경우에 해당하는지 여부를 판단함에 있어서는 위법·부당한 행정처분을 취소·변경하여야 할 필요와 그 취소·변경으로 인하여 발생할 수 있는 공공복리에 반하는 사태 등을 비교·교량하여 그 적용 여부를 판단하여야 한다.59)

사정판결은 해당 처분을 취소하지 않으나 그 처분이 위법하다는 것을 판결문에 명시함으로써 해당 사업의 추진 및 반복에 경종을 울린다는 의미를 갖는다. 해당 처분의 위법성을 인정하면서도 처분의 취소를 부인한다는 점에서 법원은 사정판결의 요건인 “현저히 공공복리에 적합하지 아니한 경우”를 쉽게 허용해서는 안 될 것이다. 이를 광범위하게 인정할 경우에는 사정판결이 환경문제 등의 이유로 당초 사업 시작 자체가 잘못되었음에도 불구하고 오히려 사업이 거의 완공단계에 있다는 등의 이유로 자칫 사업의 계속 추진을 합리화하는 수단으로 변질될 수 있다. 이러한 본말의 전도는 대규모 국책사업의 경우에 더욱 경계되어야 하는데, 새만금 사업, 4대강 사업 등에서도 어김없이 등장하였다.

[4] 4대강 사건: 부산고법 2012. 2. 10. 선고 2011누228 판결

첫째, 대규모 국책사업인 4대강 마스터플랜에 따른 낙동강 살리기 사업(이 사건 사업)은 이미 대부분의 공정이 90% 이상 완료되어 이를 원상회복한다는 것은 사실상 불가능한 상태이다. 보의 설치는 거의 100% 완성되었고, 준설 역시 대부분 구간에서 완료된 상황에서 이를 원래대로 원상회복한다는 조치(특히 준설의 경우)는 국가 재정의 효율성 측면에서는 물론이거니와 기술적·환경 침해적 측면에서도 오히려 심각한 문제를 야기시킬 것으로 예상되는바, 만약 이런 원상회복을 위한 계획이 수립되어 추진된다면, 이에 대하여 환경상 이익 등의 침해를 이유로 그 위법성에 대한 논란이 제기되는 역설적인 상황도 벌어질 수 있다.

둘째, 이 사건 사업은 용수확보, 홍수예방, 친수공간확보 등의 목적에서 국토 전반의 주요 국가하천을 대상으로 진행되는 일련의 사업인데, 그 중 제소기간이 도과되어 위법성을 다툴 수 없는 공구들에 대한 처분을 제외한 채 나머지 일부 공구에 대한 처분만을 취소하는 것은 이 사건 사업의 계속적 유지를 위하여 매년 투입되는 유지관리비를 감안하더라도 도리어 전체 사업을 위해 이미 투입된 예산의 효율성을 현저히 침해하는 결과를 초래하게 된다.

셋째, 이 사건 사업의 집행을 위하여 광범위한 토지에 대한 수용절차가 이미 완료

59) 대법원 2001. 1. 19. 선고 99두9674 판결; 대법원 1997. 11. 11. 선고 95누4902, 4919 판결 참조.

되는 등 기왕의 처분을 토대로 다수의 이해관계인들과 새로운 법률관계가 이미 형성되었는바, 뒤늦게 이를 취소한다면 기존에 형성된 법률관계에 엄청난 혼란이 발생할 것이 우려된다.

넷째, 이 사건 각 처분(이 사건 사업과 관련하여 국토해양부장관, 부산지방국토관리청장 등이 한 공구별 하천공사 시행계획(변경) 고시처분 등)이 그 수립절차 관련 법률에 위반된다고 평가되기는 하나 그 사업 자체 목적의 정당성, 필요성을 부인할 수는 없고, 이 사건 사업에 투입된 재정의 효율성은 차치하더라도 재정사업의 효과(홍수예방, 수자원확보, 지역균형발전, 경기부양, 수변지역 개발, 수생태계 복원 및 레저공간 활용 등)는 결코 무시될 수 없으므로, 완성단계에 있는 사업을 원점으로 되돌리는 것보다는 지금이라도 이미 구축된 강 살리기 사업의 성과물들을 현명하게 유지, 관리하고 그 주변발전계획을 철저히 수립·활용한다면, 국민들의 삶의 질을 한 차원 높일 수 있는 시설로서 후세에 물려줄 성과로 이어질 수 있고, 아울러 이 사건 사업 시행으로 인하여 직접적인 피해가 예상되는 일부 농민들에 대한 철저한 보상이 마련될 수 있을 것으로 기대할 수 있다.

다섯째, 위와 같은 혼란 등 공공복리에 반하는 사태를 방지하기 위하여 굳이 이 사건 각 처분을 취소하여 이를 토대로 하여 형성된 법률관계의 효력을 전면적으로 부정하기보다는, 그 효력을 유지하되 다만 이 판결의 주문에서 처분이 위법함을 명시하는 것이 공공의 복리에 반하는 결과를 방지함과 동시에 법률이 정한 절차를 준수하지 않은 행정작용에 대한 사법적 통제의 필요성을 동시에 충족할 수 있는 적절한 방법이라고 판단된다. 위와 같은 여러 사정들에 비추어 볼 때, 이 사건 각 처분에는 행정소송법 제28조에 의하여 사정판결을 할 사유가 충분하다.60)

Ⅱ. 국가배상

환경오염피해가 공무원의 위법한 행위로 발생하거나 국가나 지방자치단체가 설치·운영하는 배출시설이나 폐기물처리시설등에 의하여 종종 발생할 수 있다는 점에서 국가의 국가배상 책임 가능성은 상존하고 있다. 그리고 그 가능성은 환경에 대한 국민의식이 높아지고 국가나 지방자치단체에 대한 국민의 요구가 커지면서 현실화하고 있다. 우리는 이를 '낙동강 물 사건', '김포공항 사건', '매향리사격장 사건' 등에서 확인한 바 있다.

그 동안 손해배상소송의 책임 주체는 주로 사인이었다. 그러나 최근에는 국가나 지방

60) 보의 설치, 준설 등의 사업에 대하여 예비타당성 조사를 거치지 아니한 것이 「국가재정법」 제38조 제1항을 위반하였으나 위법한 처분을 취소·변경함이 도리어 현저히 공공의 복리에 적합하지 않는다고 보아 사정판결을 한 사례. 대법원은 "국가재정법령에 규정된 예비타당성조사는 이 사건 각 처분과 형식상 전혀 별개의 행정계획인 예산의 편성을 위한 절차일 뿐 이 사건 각 처분에 앞서 거쳐야 하거나 그 근거법규 자체에서 규정한 절차가 아니므로, 예비타당성조사를 실시하지 아니한 하자는 원칙적으로 예산 자체의 하자일 뿐, 그로써 곧바로 이 사건 각 처분의 하자가 된다고 할 수 없다"고 하면서 원심판결을 파기하였다. 대법원 2015. 12. 10. 선고 2012두6322 판결. 여기에 대해서는 4대강 사업이 이루어지기 위해서는 「국가재정법」에서 요구하는 예비타당성 및 타당성조사가 합법적으로 선행되어야만 한다는 점을 도외시하는 판결이라는 비판이 있다. 소병천, "4대강 사업(낙동강)", 환경판례백선, 박영사, 2019, 116면.

자치단체의 책임을 정면으로 거론하는 사례가 늘고 있다. 여기에는 국민의 의식 수준이 향상된 것도 있지만 국가나 지방자치단체가 직 · 간접적으로 환경오염피해에 관여하고 있다는 점도 무시할 수 없다. 그러나 아직까지 법원은 국가배상에 대하여 소극적인 입장을 취하거나 구체적인 배상액에서 국민의 요구에 크게 부응하고 있지 못하다. 이는 또 다른 갈등의 요소로 작용하고 있다.

국가배상청구소송은 "행정청의 처분등을 원인으로 하는 법률관계에 관한 소송 그 밖에 공법상 법률관계에 관한 소송", 즉 당사자소송(「행정소송법」 제3조 제2호)의 형태로 제기되어야 할 것이다. 그러나 민사소송의 형태로 사인과 함께 국가나 지방자치단체를 공동피고로 하는 소송도 심심치 않게 발견된다. 국가배상청구소송은 환경피해를 구제하는 기능이 주가 되지만 환경행정의 위법을 추궁 · 억제하는 수단으로도 작용한다.

1. 공무원의 불법행위로 인한 손해배상

「국가배상법」 제2조는 국가 또는 지방자치단체로 하여금 공무원이 그 직무를 집행함에 당하여 고의 또는 과실로 법령에 위반하여 타인에게 손해를 가한 때 그 손해를 배상하도록 하고 있다. 이에 따라 공무원이 위법하게 배출시설(또는 폐기물처리시설)의 설치를 허가(또는 승인)해 주었는데, 당해 시설로부터 오염물질이 배출되어 환경오염피해가 발생한 경우, 공무원이 고의 또는 과실로 법에 위반하여 개발사업을 승인(허가, 인가, 결정 등 포함)함으로써 환경오염피해가 발생한 경우, 국가나 지방자치단체가 배출시설을 위법하게 설치·운영함으로써 직접 환경오염피해를 야기한 경우 등에 피해자는 국가 또는 지방단체를 상대로 동법 규정에 의한 손해배상을 청구할 수 있을 것이다.

환경피해와 관련하여 볼 때 국가배상책임문제는 규제 · 감독의무 또는 권한을 갖고 있는 국가나 지방자치단체가 그 의무 · 권한을 충분히 행사하지 아니하거나(해태), 수수방관하는 경우(부작위)에도 제기될 수 있다. 예컨대, 법령규정상 규제조치가 행정청의 의무인 경우(예컨대, 「대기환경보전법」 제38조, 「물환경보전법」 제44조상의 위법시설에 대한 폐쇄조치) 또는 원래 행정청의 재량사항이었던 규제조치가 재량권 0으로의 수축으로 행정청의 의무가 되는 경우에, 행정청이 환경규제조치를 이행하지 않음으로 인하여 환경피해를 입은 피해자는 국가 또는 지방자치단체에 대하여 위법한 부작위로 인한 손해배상을 청구할 수 있을 것이다. 판례는 예외적인 상황에서 행정권의 불행사로 발생한 생명, 신체에 대한 피해에 대하여 국가배상책임을 인정하고 있다.[61]

국가배생책임의 요건 중 가장 논란이 심한 것은 위법성을 의미하는 "법령에 위반하

61) 1. 21. 사태 시 무장공비에 의해 생명을 위협받고 있는 청년의 동거인이 인근 파출소에 구원을 요청(3차례 신고)했음에도 불구하고 경찰이 즉시 출동하지 않았음으로 인해 청년이 사망한 사건에서 국가배상책임 인정한 사례(대법원 1971. 4. 6. 선고 71다124 판결)가 있는 반면, 정신질환자인 세입자에 의해 살해당한 집주인의 유족이 정신질환자의 평소 행동에 대한 사법경찰관리의 수사 미개시 및 긴급구호권 불행사를 이유로 제기한 국가배상청구를 배척한 사례(대법원 1996. 10. 25. 선고 95다45927 판결)도 있다.

여”가 무엇을 의미하는지, 그 판단하는 방법은 무엇인지 등이다. 공무원의 부작위에 위법성이 인정되기 위하여는 그 전제로서 당해 공무원에게 개별적이고도 구체적인 작위의무가 인정되어야 한다. 이러한 작위의무는 법령에 명문의 규정이 있거나 법령의 해석상 당연히 인정되는 ‘법령상의 작위의무’와 행정권의 행사가 자유재량에 위임되어 있으나 그 불행사가 현저히 합리성을 결여하여 사회적 타당성이 없는 경우에 인정되는 ‘조리상의 작위의무’로 나눌 수 있을 것이다. 조리상의 작위의무는 피해자의 생명, 신체, 재산 등에 대하여 급박한 위험이 있는데 공무원이 쉽게 권한을 행사함으로써 그 위험을 유효적절하게 피할 수 있는 경우에 인정될 수 있다.62)

이와 관련해서 법원은 “‘법령에 위반하여’라고 하는 것이 엄격하게 형식적 의미의 법령에 명시적으로 공무원의 작위의무가 규정되어 있는데도 이를 위반하는 경우만을 의미하는 것은 아니고, 국민의 생명, 신체, 재산 등에 대하여 절박하고 중대한 위험상태가 발생하였다거나 발생할 우려가 있어서 국민의 생명, 신체, 재산 등을 보호하는 것을 본래적 사명으로 하는 국가가 초법규적, 일차적으로 그 위험배제에 나서지 아니하면 국민의 생명, 신체, 재산 등을 보호할 수 없는 경우에는 형식적 의미의 법령에 근거가 없더라도 국가나 관련 공무원에 대하여 이러한 위험을 배제할 작위의무를 인정할 수 있을 것이다”라고 판시하고 있다(판례 [5]).63)

[5] 대법원 2005. 6. 10. 선고 2002다53995 판결

공무원의 부작위로 인한 국가배상책임을 인정하기 위하여는 공무원의 작위로 인한 국가배상책임을 인정하는 경우와 마찬가지로 ‘공무원이 그 직무를 집행함에 당하여 고의 또는 과실로 법령에 위반하여 타인에게 손해를 가한 때’라고 하는 국가배상법 제2조 제1항의 요건이 충족되어야 할 것인바, 여기서 ‘법령에 위반하여’라고 하는 것이 엄격하게 형식적 의미의 법령에 명시적으로 공무원의 작위의무가 규정되어 있는데도 이를 위반하는 경우만을 의미하는 것은 아니고, 국민의 생명, 신체, 재산 등에 대하여 절박하고 중대한 위험상태가 발생하였다거나 발생할 우려가 있어서 국민의 생명, 신체, 재산 등을 보호하는 것을 본래적 사명으로 하는 국가가 초법규적, 일차적으로 그 위험배제에 나서지 아니하면 국민의 생명, 신체, 재산 등을 보호할 수 없는 경우에는 형식적 의미의 법령에 근거가 없더라도 국가나 관련 공무원에 대하여 이러한 위험을 배제할 작위의무를 인정할 수 있을 것이나, 그와 같은 절박하고 중대한 위험상태가 발생하였거나 발생할 우려가 있는 경우가 아닌 한, 원칙적으로

---

62) 서울민사지법 1993. 7. 2. 선고 91가합42895 판결(국가 또는 지방자치단체가 오·하수방지시설을 하지 아니한 결과 하천의 수질이 악화되고 그 하천수가 바다로 유입된 탓에 바다에서 양식되고 있던 조개 등이 폐사하였다 하여도 국가 또는 지방자치단체에게 오·하수방지시설을 할 구체적이고 개별적인 법령상의 작위의무나 조리상의 작위의무가 현실적으로 발생하였다고 볼 수 없으므로 「국가배상법」 제2조에 의한 책임이 없다고 본 사례) 참조.

63) 대법원 1998. 10. 13. 선고 98다18520 판결; 대법원 2001. 4. 24 선고 2000다57856 판결; 서울중앙지법 2010. 6. 22. 선고 2009가합120431 판결(베이비파우더 사건); 서울중앙지법 2015. 1. 29. 선고 2012가합4515 판결(가습기살균제 사건).

공무원이 관련 법령대로만 직무를 수행하였다면 그와 같은 공무원의 부작위를 가지고 '고의 또는 과실로 법령에 위반'하였다고 할 수는 없을 것이므로, 공무원의 부작위로 인한 국가배상책임을 인정할 것인지 여부가 문제되는 경우에 관련 공무원에 대하여 작위의무를 명하는 법령의 규정이 없다면 공무원의 부작위로 인하여 침해된 국민의 법적 또는 국민에게 발생한 손해가 어느 정도 심각하고 절박한 것인지, 관련 공무원이 그와 같은 결과를 예견하여 그 결과를 회피하기 위한 조치를 취할 수 있는 가능성이 있는지 등을 종합적으로 고려하여 판단하여야 한다(대법원 2001. 4. 24. 선고 2000다57856 판결 등 참조).

[6] 가습기살균제 사건: 서울고법 2024. 2. 6. 선고 2016나2086563 판결

공무원이 직무를 집행함에 있어서 형식적 의미의 법령을 명시적으로 위반하는 경우뿐만 아니라 재량권 행사가 현저하게 합리성을 잃어 사회적 타당성이 없거나 객관적 정당성을 상실한 경우도 국가배상법 제2조 제1항의 '법령 위반'에 해당되어 직무상 의무 위반으로 평가될 수 있고(대법원 2004. 12. 9. 선고 2003다50184 판결, 대법원 2010. 9. 9. 선고 2008다77795 판결 등 참조), 특히 재량권 행사가 직무상 의무 위반인지 판단함에 있어서는 관련 법령에서 공무원에게 재량권을 부여한 취지, 재량권 행사가 국민의 건강 · 생명 · 신체에 미치는 영향, 헌법상 국가의 국민보건에 관한 보호의무를 비롯한 국가의 책무 등도 고려되어야 한다.[64]

[7] 미니컵 젤리 사건: 대법원 2010. 9. 9. 선고 2008다77795 판결

사고 발생 전에 미니컵 젤리에 대한 세계 각국의 규제 내용이 주로 곤약 등 미니컵 젤리의 성분과 용기의 규격에 대한 규제에 머물러 있었고, 대한민국 정부도 그 수준에 맞추어 미니컵 젤리의 기준과 규격, 표시 등을 규제하는 조치를 취하여 위 사고 발생 전까지 미니컵 젤리와 관련한 질식사고가 발생하지 않았던 점 등에 비추어, 비록 당시의 과학수준상 미니컵 젤리의 성분에 대하여 허위신고를 하더라도 그 진위를 가려내기 어려웠고, 위 사고 발생 후 시험 등을 통하여 그러한 허위신고의 가능성이 확인되고 곤약 등을 제외한 다른 성분을 함유한 미니컵 젤리로 인한 질식의 위험성이 드러났다고 하더라도, 위 사고 발생 무렵 식품의약품안전청장 및 관계 공무원이 그러한 위험성을 인식하거나 예견하기 어려웠던 점 등 여러 사정을 고려하여 보면, 식품의약품안전청장 및 관계 공무원이 위 사고 발생 시까지 구 식품위생법(2005. 1. 27. 개정 전)상의 규제 권한을 행사하여 미니컵 젤리의 수입 · 유통 등을 금지하거나 그 기준과 규격, 표시 등을 강화하고 그에 필요한 검사 등을 실시하는 조치를 취하지 않은 것이 현저하게 합리성을 잃어 사회적 타당성이 없다거나 객관적 정당성을 상실

64) "PGH, PHMG에 대한 불충분한 유해성심사와 고시 및 그 화학물질을 이용한 이 사건 가습기살균제의 제조 · 유통은 국민의 건강 · 생명 · 신체에 미치는 영향이 상당히 크고 직접적이었다고 보인다"면서 국가배상책임을 인정한 사례(참고로 1심 판결은 원고들의 청구를 기각하였음).

하여 위법하다고 할 수 있을 정도에까지 이르렀다고 보기 어렵고, 그 권한 불행사에 과실이 있다고 할 수도 없다.[65)]

부작위로 인한 국가배상책임을 인정하기 위해서는 공무원의 부작위로 인하여 침해된 국민의 법익 또는 국민에게 발생한 손해의 잠재적·추상적 위험만으로는 부족하고 '심각하고 절박한 위험'이 있어야 하며, 관련 공무원이 그와 같은 결과를 예견하여 그 결과를 회피하기 위한 조치를 취할 수 있는 가능성이 있어야 한다.[66)] 그러나 법원은 그 기준을 엄격히 적용하는 경향이 있어서 이를 충족하기가 쉽지 않다. 그 결과 원칙적으로 공무원이 관련 법령에서 정하여진 대로 직무를 수행하였다면 그와 같은 공무원의 부작위를 가지고 '고의 또는 과실로 법령에 위반'하였다고 할 수 없다는 결론에 이르게 된다.

한편, 공무원이 고의 또는 과실로 그에게 부과된 직무상 의무를 위반하였을 경우라고 하더라도 국가는 그러한 직무상의 의무 위반과 피해자가 입은 손해 사이에 상당인과관계가 인정되는 범위 내에서만 배상책임을 지는 것이고, 이 경우 상당인과관계가 인정되기 위하여는 공무원에게 부과된 직무상 의무의 내용이 단순히 공공 일반의 이익을 위한 것이거나 행정기관 내부의 질서를 규율하기 위한 것이 아니고 전적으로 또는 부수적으로 사회구성원 개인의 안전과 이익을 보호하기 위하여 설정된 것이어야 한다(직무상 의무의 사익보호성).[67)] 예컨대, 환경기준이 유지되지 않는 경우 국가 등의 의무위반으로 보아 발생한 손해에 대하여 국가배상책임을 인정할 수 있는가? 법원은 그 기준이 국민 일반의 건강을 보호하여 공공 일반의 전체적인 이익을 도모하기 위한 것이지, 국민 개개인의 안전과 이익을 직접적으로 보호하기 위한 것이 아니라는 것을 논거로 국가배상책임을 부인하였다.[68)]

2. 영조물의 설치 · 관리상의 하자로 인한 손해배상

영조물의 설치 또는 관리의 하자로 인하여 손해가 발생한 경우 「국가배상법」 제5조

65) 어린이가 '미니컵 젤리'를 먹다가 질식하여 사망한 사안에서, 식품의약품안전청장 등이 그 사고 발생 시까지 구 식품위생법상의 규제권한을 행사하여 미니컵 젤리의 수입·유통 등을 금지하거나 그 기준과 규격, 표시 등을 강화하고 그에 필요한 검사 등을 실시하는 조치를 취하지 않은 것이 현저하게 합리성을 잃어 사회적 타당성이 없다거나 객관적 정당성을 상실하여 위법하다고 할 수 있을 정도에까지 이르렀다고 보기 어렵고, 그 권한 불행사에 과실이 있다고 할 수도 없다고 한 사례.

66) 대법원 2008. 10. 9. 선고 2007다40031 판결; 대법원 2009. 9. 24. 선고 2006다82649 판결; 서울중앙지법 2010. 6. 22. 선고 2009가합120431 판결(베이비파우더 사건); 대법원 2021. 7. 21. 선고 2021두33838 판결.

67) 판례는 상당인과관계설의 입장에서 사익보호성을 요구한다. 대법원 2003. 4. 25. 선고 2001다59842 판결; 대법원 2007. 12. 27. 선고 2005다62747 판결; 대법원 2010. 9. 9. 선고 2008다77795 판결(미니컵 젤리 사건, 판례 [6]). 이와 관련하여 직무상 의무를 위반한 행위는 당해 직무상 의무의 사익보호성 여부와 관계없이 모두 위법으로 보아야 하기 때문에 직무상 의무의 사익보호성을 국가배상책임의 요건으로 보는 것은 타당하지 않다는 견해가 있다. 박균성 · 함태성, 환경법, 박영사, 2012, 202면.

68) 대법원 2001. 10. 23. 선고 99다36280 판결(낙동강 물 사건). '사익보호성'을 「국가배상법」 제2조 제1항에서 말하는 직무의 문제로 보면서 이 사건을 직무상 의무의 사익보호성을 부정한 판례로 이해하는 견해가 있다. 홍정선, 행정법원론(상), 박영사, 2007, 607 내지 609면.

에 의하여 국가 또는 지방자치단체는 그 손해를 배상하여야 한다. 국가나 지방자치단체가 설치 · 운영하는 배출시설이나 폐기물처리시설, 도로 등에 의하여 종종 환경오염피해가 발생할 수 있다는 점에서 동 규정은 큰 의미를 갖게 된다. 이 규정은 특히 침해를 유발하는 행위자를 특정하기 어려워 피침해자를 구제하기 어려운 경우에 유효한 수단이 될 수 있다. 여기에는 입증책임과 관련해서 피해자가 일반 불법행위로 인한 손해배상을 청구하기보다 영조물의 설치 · 관리상의 하자로 인한 손해배상을 청구하는 것이 보다 쉽다는 점이 작용한다. 이는 도로 운전자 개개인의 고의 · 과실과 피해 기여도 등을 개별적, 구체적으로 입증하는 것보다 국가나 지방자치단체가 설치 · 관리하는 영조물인 도로의 하자를 입증하는 것이 훨씬 용이할 것이라는 점을 상기하면 쉽게 이해될 것이다. 이러한 점에서 철도 · 도로 · 항만 · 항공 등 교통수단에서 발생하는 소음으로 인한 피해배상은 물론이고 국가나 지방자치단체가 설치 · 운영하는 시설에서 배출되는 석면으로 인한 피해 구제 등 그 동안 구제의 사각지대에 놓여있던 피해의 구제를 위해 유력한 대안이 될 수 있다.

「국가배상법」상의 영조물의 설치 · 관리상의 하자로 인한 책임은 무과실책임이고, 민법 제758조 소정의 공작물의 점유자의 책임과는 달리 면책사유도 규정되어 있지 않으므로, 국가 또는 지방자치단체는 영조물의 설치 · 관리상의 하자로 인하여 타인에게 손해를 가한 경우에 그 손해의 방지에 필요한 주의를 해태하지 아니하였다 하여 면책을 주장할 수 없다. 문제는 영조물의 설치 · 관리상의 하자가 어떤 것이냐 하는 해석의 문제인데, 판례는 "영조물의 설치 · 관리상의 하자라 함은 영조물의 설치 및 관리에 불완전한 점이 있어 이 때문에 영조물 자체가 통상 갖추어야 할 (객관적) 안전성을 갖추지 못한 상태에 있는 것을 말하는 것이다"라고 판시하고 있다.69) 이에 따르면 객관적으로 보아 통상의 안전성만 갖추고 있으면 하자가 없다고 보아야 하며 완전무결한 안전성을 갖추고 있어야만 그 설치 및 관리에 하자가 없는 것이 아니다(객관설). 그러나 구체적인 판단은 용이한 것이 아니다.

법원은 '하자'를 물적 하자뿐만 아니라 '기능적 하자(내지 작용상 하자)'를 포함하는 개념으로 이해하고 있으며, 나아가 수인한도론을 '기능적 하자' 판단의 영역으로 끌어들이고 있다.70) 이에 따르면 안전성을 갖추지 못한 상태, 즉 타인에게 위해를 끼칠 위험성이 있는 상태라 함은 당해 영조물을 구성하는 물적 시설 그 자체에 있는 물리적 · 외형적 흠결이나 불비로 인하여 그 이용자에게 위해를 끼칠 위험성이 있는 경우뿐만 아니라, 그 영

69) 대법원 1994. 11. 22. 선고 94다32924 판결; 대법원 1967. 2. 21. 선고 66다1723 판결.

70) 이와 관련하여 하자의 개념에 '기능적 하자'를 포섭함으로써, "민법 또는 「국가배상법」상의 공작물 또는 영조물책임의 범위를 지나치게 확대하고 있다는 비판을 하면서 이는 수인한도와 위법성의 존재를 별개의 성립요건으로 규정하고 있는 현행법 체제에 반하는 것으로 수인한도를 초과하는 피해가 있으면 하자와 함께 위법성까지도 인정하는 결과를 낳는다"는 견해가 있다. 안경희, "항공기 소음으로 인한 민사책임", 환경법연구 제33권 제2호, 2011. 8, 256면; 채영근, "항공기소음피해에 대한 국가배상판결에 대한 고찰", 항공우주법학회지 제20권 제1호, 2005. 6, 한국항공우주법학회, 242면.

조물이 공공의 목적에 이용됨에 있어 그 이용상태 및 정도가 일정한 한도를 초과하여 제3자에게 사회통념상 수인할 것이 기대되는 한도를 넘는 피해를 입히는 경우까지 포함된다고 보아야 할 것이다(판례 [8]).71) 그 결과 기능적 하자가 있는지 여부에 대한 판단 요소는 위법성(수인한도)의 판단 요소와 유사하다.

[8] 김포공항 사건: 대법원 2005. 1. 27. 선고 2003다49566 판결

[1] 국가배상법 제5조 제1항에 정하여진 '영조물의 설치 또는 관리의 하자'라 함은 공공의 목적에 공여된 영조물이 그 용도에 따라 갖추어야 할 안전성을 갖추지 못한 상태에 있음을 말하고, 안전성을 갖추지 못한 상태, 즉 타인에게 위해를 끼칠 위험성이 있는 상태라 함은 당해 영조물을 구성하는 물적 시설 그 자체에 있는 물리적 · 외형적 흠결이나 불비로 인하여 그 이용자에게 위해를 끼칠 위험성이 있는 경우뿐만 아니라, 그 영조물이 공공의 목적에 이용됨에 있어 그 이용상태 및 정도가 일정한 한도를 초과하여 제3자에게 사회통념상 수인할 것이 기대되는 한도를 넘는 피해를 입히는 경우까지 포함된다고 보아야 한다.

[2] '영조물 설치 또는 하자'에 관한 제3자의 수인한도의 기준을 결정함에 있어서는 일반적으로 침해되는 권리나 이익의 성질과 침해의 정도뿐만 아니라 침해행위가 갖는 공공성의 내용과 정도, 그 지역환경의 특수성, 공법적인 규제에 의하여 확보하려는 환경기준, 침해를 방지 또는 경감시키거나 손해를 회피할 방안의 유무 및 그 난이 정도 등 여러 사정을 종합적으로 고려하여 구체적 사건에 따라 개별적으로 결정하여야 한다.72)

---

71) 대법원 2004. 3. 12. 선고 2002다14242 판결(매향리사격장 사건, 매향리사격장 주변에 거주하는 14명의 주민들이 매향리사격장에서 발생하는 소음 등으로 신체적, 정신적 피해 및 생활방해 등 피해를 입었다고 주장하면서 국가배상법 제5조 제1항을 근거로 국가를 상대로 제기한 손해배상청구사건에서 국가의 배상의무를 인정한 사례. 매향리 사격장 사건은 항공기 소음도 문제였지만 사격장에서 발생하는 폭탄 파열음 등이 더 문제가 된 사건이이라는 점에서 순수하게 항공기 소음만이 문제된 김포공항 소음사건과 대비된다); 대법원 2008. 8. 21. 선고 2008다9358 판결; 대법원 2010. 12. 23. 선고 2009다10928 판결(평택비행장 사건) 참조.

72) 김포공항에서 발생하는 소음 등으로 인근 주민들이 입은 피해는 사회통념상 수인한도를 넘는 것으로서 김포공항의 설치 · 관리에 하자가 있다고 본 사례.

제16장 환경범죄의 형사법적 규제

전통적인 범죄행위에 비하여 환경침해행위는 여러 측면에서 특수한 성격을 갖고 있다. 즉 환경침해행위는 환경재라는 매개체를 통하여 인간의 생명이나 신체에 침해를 가하고(침해의 간접성), 환경재의 특수성으로 인하여 한 번의 오염이 확산 · 전파되며(침해의 전파성), 그 원인행위의 완만한 진행으로 말미암아 피해의 발생과 인식시기가 애매하고 따라서 그 피해에 대한 단일한 원인추적이 어려운 경우가 많다(침해의 완만성). 환경침해행위는 특별히 범죄행위로서의 태양을 취하기보다는 일상적인 사회활동 속에서 이루어지고(침해행위의 상규성), 가해과정에서 다른 간접요인과 복합되는 경우가 일반적이다(침해의 복합성 내지는 경합성). 환경침해행위에 따른 피해는 지역적으로 광범위하고 피해자가 다수인 경우가 많다(피해의 광범위성). 또한 가해자나 피해자가 다수일 뿐만 아니라 경우에 따라서는 불명확하여 그 특정이 어려운 경우가 많으며(가해주체와 피해주체 특정의 곤란성), 침해행위의 상규성으로 말미암아 고의 · 과실이 불분명하여 미필적 고의와 인식있는 과실의 경계에 있는 경우가 종종 발생하며(고의와 과실의 불분명성), 흔히 가해자가 피해자에 비해 사회적 · 경제적으로 월등한 지위에 있고 관계 정보 또는 자료를 독점하고 있다(가해자와 피해자의 힘의 불균형성).[1] 환경침해행위의 이러한 특수성으로 말미암아 환경범죄를 다루는 환경형법에 있어서는 전통적인 형법이론으로는 해결이 잘 안 되는 새로운 문제가 제기되면서 보호법익, 인과관계, 고의 · 과실, 법인의 형사책임 등 광범위한 영역에서 논란이 그치지 않고 있다.

현재 환경범죄는 크게 개별 환경관계법과 「환경범죄 등의 단속 및 가중처벌에 관한 법률」에 의하여 다루어지는데, 두 법의 커다란 차이점은 개별 환경관계법에서는 환경범죄를 추상적 위험범의 형태로 규정하여 일정한 환경오염행위만 있으면 처벌할 수 있음에 반하여, 이 법은 구체적 위험범의 형태로 규정하여 사람의 생명이나 신체에 위해가 발생되어야 범죄가 성립하고, 처벌할 수 있다는 것이다.

---

1) 이동기, "환경범죄의 유형과 규제방안", 배준상교수 정년 기념 논문집, 법원사, 1997, 1016 내지 1017면; 장영민, "환경형법의 이론상 문제점", 환경범죄의 실태와 규제방안 －제9회 형사정책 세미나－, 한국형사정책연구원, 1993. 4, 125 내지 126면.

제1절 환경형법의 제문제

Ⅰ. 보호법익

환경형법의 보호법익이 무엇이냐에 관하여는 일반적으로 환경재 자체(환경재설),2) 사람의 생명이나 신체(인간법익설),3) 사람의 생명이나 신체와 관련을 갖는 범위 내에서의 환경재(이중적 보호법익설),4) 환경행정의 원활성 담보5) 등이 제시되고 있다. 본질적으로 인간의 생명과 신체와 결부되지 않는 환경재란 존재할 수 없고, 환경의 중요성과 초기단계에서의 범죄예방을 통한 환경오염의 방지라는 법정책적 이유 등을 고려할 때 이른바, '이중적 보호법익이론'이 설득력을 갖게 된다.

보호법익을 무엇으로 보느냐에 따라 형벌이 개입하는 단계가 달라질 수밖에 없는데, 환경재 자체를 보호법익으로 한다는 견해에 의하면 생명이나 신체의 침해를 불문하고 오염행위가 이루어지면 환경범죄가 성립하고, 사람의 생명이나 신체를 보호법익으로 한다는 견해에 의하면 생명이나 신체의 침해가 이루어지지 않는 한 범죄행위가 성립하지 않게 된다.

보호법익과 관련한 논의는 입법론으로서는 의미가 있으나 현행법 체계에서의 논의 실익은 커 보이지 않는다. 「환경범죄 등의 단속 및 가중처벌에 관한 법률」은 환경재 침해를 통해 인간의 생명 · 신체에 위해를 끼치는 행위뿐만 아니라 생태계 침해행위 자체도 처벌함으로써 이중적 보호법익설을 반영하고 있다. 이에 반해 개별 환경관계법이 규정하고 있는 환경범죄는 일반적으로 생명 · 신체의 침해를 요건으로 하고 있지 않다. 환경재의 침해를 직접요건으로 하는 경우도 예외적으로만 인정할 뿐이고,6) 흔히는 규제행위를

2) 조병선, "환경형법에 있어서의 위험범", 환경 · 공해문제에 대한 한일의 법적 대응(한일법학회 제15회 국제학술대회 자료집), 1995, 40면. 이 견해에 대해서는 환경법익이 지나치게 관념화되고 이념화됨으로써 구성요건 해석의 면에서 구체성을 상실할 우려가 있으며, 보호법익의 불확실성으로 인해 형벌권 과잉 발동의 위험성이 있다는 비판이 있다. 이형국 · 박상기, "환경범죄와 형법의 역할", 형사법연구 제3호, 1990, 30면; 장영민 · 박기석, 환경형법의 이론적 문제점에 관한 연구, 한국형사정책연구원, 1996, 54면; 정성근, "환경범죄규제에 관한 비교법적 고찰", 법학논총 제4집, 조선대학교, 1998, 393면. 나아가 이중적 보호법익을 주장하는 입장에서는 인간에의 최종관련성을 갖지 않는 보호법익은 존재할 수 없다는 것을 근거로 '환경재' 자체만을 보호법익으로 할 수는 없다고 한다.

3) 김일수, "우리나라와 서독에 있어서 환경보전의 형법적 규제에 관한 비교연구", 단국대학교 사회과학논집, 1984, 133면. 1992년 형법개정안에 포함되어 있던 환경에 관한 죄 규정이 이러한 입장에 있다고 할 수 있다. 이 견해에 대해서는 규범의 목적과 법익을 혼동하고 있으며, 환경범죄의 보호법익을 인간의 생명 · 신체로 파악할 경우 범죄유형을 추상적 위험범으로 규정하게 되어 형벌권이 자의적으로 행사될 가능성이 있고, 환경범죄와 기존의 살인죄, 상해죄, 보건에 관한 죄 등을 특별히 구별할 수 있는 표지가 없기 때문에 환경범죄의 독자성을 인정하기 어렵다는 비판이 있다. 인간의 생명 · 신체의 보호 이전에 환경재의 사전적 보호만이 효과적인 대책이 된다는 반론도 제기되고 있다. 장영민 · 박기석(앞의 글), 52 내지 53면; 정성근(앞의 글), 392면.

4) 이형국 · 박상기(각주 2); 장영민(각주 1), 133면; 이동기(각주 1), 1019면; 정성근(각주 2), 394면; 안원하, "환경형법과 환경보호의 효율성", 환경법연구 제22권, 2000, 286면. 한편, 환경범죄의 보호법익과 관련하여 해석론과 입법론으로 구별하여 논의를 전개하는 견해가 있다. 이에 따르면, 해석론상으로는 개별 규정에 따라 그 보호법익을 달리하고 있으나, 입법론상으로는 사람의 생명 · 건강과 관련된 환경재의 보호로 하여야 한다고 보고 있다. 박기석, 환경범죄의 효율적 대처방안에 관한 연구, 한양대학교 박사학위논문, 1996. 12, 32 내지 33면.

5) 신동운, "환경범죄의 효율적 대처방안", 형사정책연구 제2호, 1990, 26면. 이 견해는 행정규제 및 처벌의 궁극적인 목적이 환경재의 보호 또는 환경재 보호를 통한 생명 · 신체의 보호라는 점에서 본질을 경시한 것이라 할 것이다.

매개로 그 위반에 대한 처벌(예컨대, 무허가 조업행위, 비정상 운영행위, 조업정지 등 명령 위반)을 통해 간접적으로 환경재를 보호하고 있을 뿐이다.

일반적으로 보호법익의 보호 정도에 따라 침해범, 추상적 위험범, 구체적 위험범으로 구분되는데, 크게 「환경범죄 등의 단속 및 가중처벌에 관한 법률」의 규정은 생명 · 신체에 대한 구체적 위험범과 환경재(자연생태계)에 대한 침해범 유형을, 환경관계법의 규정은 생명 · 신체 또는 환경재에 대한 추상적 위험범 유형을 상정하고 있다고 볼 수 있다.

Ⅱ. 고의 · 과실

1. 고 의

환경범죄도 다른 일반 범죄와 같이 고의가 성립하려면 구성요건요소에 대한 인식과 의지적 요소로서 이들에 대한 인용이 필요하다. 문제는 환경범죄는 위에서 본 바와 같이 그 상규성으로 인하여 범죄행위로 인식하지 아니하고 이루어지는 경우가 많다는 것이다. 일반적 고의의 내용에는 행위의 주체, 행위의 객체, 태양(방법), 구성요건적 결과, 행위정황 등이 포함된다. 신분범(예컨대, 사업자)으로 규정된 경우에는 이에 대한 인식도 필요하다. 인과관계의 인식이 고의의 내용에 포함되는지 여부를 둘러싸고는 논란이 있다. 포함된다는 것이 일반적인 견해인데, 다만 인과관계의 인식의 정도는 모든 결과발생의 경로를 구체적으로 인식할 수는 없다고 할 것이므로 대체적으로 그 본질적인 점을 인식하면 족하다고 보고 있다.[7]

「환경범죄 등의 단속 및 가중처벌에 관한 법률」의 중심규정이라고 할 수 있는 제3조 제1항의 범죄를 구체적 위험범으로 이해할 경우,[8] 그 범죄가 성립하기 위하여는 구체적 위험발생에 대한 인식까지 있어야 한다. 즉 오염물질 배출이라는 행위사실과 사람의 생명이나 신체에 대한 구체적인 위험성을 인식하고 있어야 한다.

환경범죄의 경우에는 장기간에 걸쳐 이루어지고 결과발생의 위험을 명확하게 인식하지 못하는 경우가 많을 것이므로 미필적 고의의 형태가 많은 부분을 차지하게 될 것이다. 범죄를 범할 목적이 있을 것을 요하는 목적범의 경우에는 목적에 대한 인식이 요구된다(판례 [1]).

6) 공공수역에 다량의 토사를 유출하거나 버려 상수원 또는 하천 · 호소를 현저히 오염시킨 경우(「물환경보전법」 제78조 제4호, 제15조 제1항 제4호), 폐기물의 처리기준을 위반하여 폐기물을 처리하여 주변환경을 오염시킨 경우(「폐기물관리법」 제66조 제1호), 폐기물처리시설의 관리기준에 적합하지 아니하게 폐기물처리시설을 유지 · 관리하여 주변환경을 오염시킨 경우(「폐기물관리법」 제66조 제13호) 등 제한적으로 환경재의 침해를 구성요건으로 하여 처벌하고 있다.

7) 장영민(각주 1), 147면; 이재상, 형법총론, 박영사, 1999, 157면; 오영근, 형법총론, 대명출판사, 2002, 204면.

8) 오영근, "현행 환경범죄규제법규의 문제점", 환경범죄의 실태와 규제방안 —제9회 형사정책 세미나—, 한국형사정책연구원, 1993. 4, 185면.

[1] 목적범: 제주지법 2008. 12. 24. 선고 2008노391 판결(상고)

야생동 · 식물보호법 제70조 제14호는, '야생동 · 식물보호법'의 규정을 위반하여 "야생동물을 포획할 목적으로" 총기와 실탄을 지니고 돌아다니는 자'를 그 처벌대상으로 정하고 있어 고의 외에 초과주관적 위법요소로서 "야생동물을 포획할 목적"을 범죄성립요건으로 하는 목적범임이 그 법문상 명백하고, 그 목적에 대하여는 적극적 의욕이나 확정적 인식임을 요하지 아니하고 미필적 인식이 있으면 족하다고 할 것인바, 그 목적이 있었는지 여부는 총기와 실탄을 지니고 돌아다닌 장소와 시간, 돌아다닌 경로 및 경위, 단속 이전에 이미 야생동물을 포획하였거나 포획하려 하였는지의 여부, 총기와 실탄 외의 다른 소지품의 보유 현황, 피고인의 직업 및 경력 등의 제반사정들을 종합하여 사회통념에 비추어 합리적으로 판단하여야 한다.

원심에서 적법하게 채택하여 조사한 증거들에 의하면, 우선 피고인이 이 사건 공소사실 기재 일시인 2007. 2. 25. 11:30경 수렵금지구역인 제주시 조천읍 소재 농협하나로마트 물류창고 부근에서 자신 소유의 테라칸 차량을 저속으로 운행하던 중 대한수렵관리협회 밀렵감시단 제주본부 소속 박용배에게 야생동 · 식물보호법 위반 혐의로 단속된 사실, 단속 당시 피고인은 위 차량의 운전석과 조수석 사이에 6발의 탄알이 장전되고 그 중 1발은 약실에 장전된 공기총 1정(골든세이버70005, 총번 SY06000140, 5.0㎜)을 두고 있었으며, 위 차량의 창문을 연 상태였던 사실, 위 2007. 7. 25. 제주시 일원에는 06시경에는 0.5㎜, 09시경에는 2.5㎜, 12시경에는 0.5㎜의 비가 내렸던 사실을 인정할 수 있다. 그러나 한편, 위 증거들에 의하면, 위 단속 직전 피고인이 위 차량을 운행한 구간은 국도에 연결된 시멘트 포장이 된 농로로서 그 주변에 과수원들이 많고, 일부 지역에만 숲이 조성되어 있어 야생동물 사냥을 하기에는 적절하지 않은 장소였던 사실, 피고인이 운전하던 위 차량의 조수석에는 당시 피고인의 처가 동승하고 있었던 사실, 피고인은 위 공기총을 2006. 12.말경 구입하고, 2007. 1. 2.경에는 제주시장으로부터 포획기간을 2007. 1. 2.부터 같은 해 2. 28.까지로 정한 공기총을 이용한 꿩 등 야생동물 포획승인을 받기도 한 사실, 적발 당시 피고인은 위와 같이 6발의 탄알이 장전된 공기총 1정과 가스통 1개 외에 사냥을 위한 다른 장비는 소지하고 있지 않았던 사실, 피고인은 위의 공기총을 구입한 이후 연습사격을 하여 보았으나 제대로 조준이 되지 아니하자 공기총을 판매한 총포상에게 이를 따지는 한편, 사격연습을 하여 왔고, 위 단속 당시 위 차량 내에 영점사격용 표적판을 싣고 있었던 사실을 인정할 수 있는바, 위 인정사실에 비추어 보면, 앞서 본 바와 같이, 피고인이 위 차량 내에 탄알이 장전된 공기총 1정을 실은 상태에서 위 차량의 창문을 열고 저속으로 농로를 운행하였고, 단속 직전에 제주시 일원에 약간의 비가 내린 상태였다는 사정만으로는, 단속 당시 피고인이 "야생동물을 포획할 목적"으로 탄알이 장전된 공기총을 지니고 돌아다녔다고 단정하기에 부족하고, 달리 피고인에게 그와 같은 목적이 있었다고 인정할 증거가 없다.

따라서 그와 같은 취지에서 이 사건 공소사실에 대한 범죄의 증명이 없음을 이유로 피고인에게 무죄를 선고한 원심판결은 정당하고, 사실오인의 위법이 있다고 할 수 없다.9)

2. 과 실

환경범죄는 상규적 일상행위에 의해 이루어지는 경우가 많아 고의범보다 과실범의 형태로 발생할 가능성이 크다. 과실범은 법률에 특별한 규정이 있는 경우에 한하여 처벌한다(형법 제14조). 환경관계법에서는 극히 제한적으로 과실범을 처벌하고 있는데, 예컨대, 「물환경보전법」 제78조 제2호(업무상 또는 중대한 과실로 인한 특정수질유해물질등 누출 · 유출), 「토양환경보전법」 제30조 제1호 · 제10호(중대한 과실로 토양정밀조사의 수행 · 토양정화의 검증), 「해양환경관리법」 제127조 제2호, 제128조 제1호(과실로 인한 폐기물 · 기름 · 유해액체물질 · 포장유해물질의 배출) 등이 그것이다. 「환경범죄 등의 단속 및 가중처벌에 관한 법률」은 제5조에서 일반과실범이 아닌 업무상과실이나 중과실의 경우에만 처벌하는 규정을 두고 있다. 이와 같이 과실범을 처벌하는 명문 규정이 있는 경우에는 논란이 있을 수 없으나 규정 취지가 과실범을 처벌하는 것으로 해석할 여지가 있는 경우에는 죄형법정주의 원칙과 관련하여 문제가 될 수 있다. 법원은 입법 목적이나 규정의 취지 등을 고려하여 해당 처벌 규정이 과실범도 처벌하는 규정인지를 판단하여야 한다고 판시함으로써, 과실범 처벌의 가능성을 넓게 열어 놓고 있다(판례 [2]). 그러나 이러한 태도는 죄형법정주의를 위반할 소지가 있다고 생각된다.

[2] 명문규정이 없는 경우의 과실범 처벌 가부: 대법원 2008. 11. 27. 선고 2008도7438 판결

대기오염으로 인한 국민건강 및 환경상의 위해를 예방하고 대기환경을 적정하고 지속가능하게 관리 · 보전함으로써 모든 국민이 건강하고 쾌적한 환경에서 생활할 수 있게 함을 목적으로 한 구 대기환경보전법의 입법 목적이나 제반관계 규정의 취지 등을 고려하면, 구 대기환경보전법 제28조 제1항(현행 제43조 제1항)에 위반하는 행위 즉, 위 규정에 따른 비산먼지의 발생을 억제하기 위한 시설을 설치하지 아니하거나 필요한 조치를 하지 아니한 자를 처벌하고자 하는 구 대기환경보전법 제57조 제4호(현행 제92조 제5호)의 규정은 고의범은 물론이고, 과실로 인하여 그러한 내용을 인식하지 못하고 위 시설을 설치하지 아니하거나 필요한 조치를 하지 아니한 자도 함께 처벌하는 규정이라고 해석함이 상당하다.[10]

과학기술, 산업기술의 복잡화 · 고도화가 진전됨에 따라 새로운 물질, 현상, 경로가 속속 발견되고 있으며, 그 내용을 이해하고 예측하는 것은 점점 어려워지고 있다. 이에 수

9) 포획할 목적이 있었는지 여부는 장소와 시간 등의 제반사정들을 종합하여 판단하여야 한다면서 탄알이 장전된 공기총 1정을 실은 상태에서 차량의 창문을 열고 저속으로 농로를 운행한 사정만으로 "야생동물을 포획할 목적"으로 탄알이 장전된 공기총을 지니고 돌아다녔다고 단정하기에 부족하다고 한 사례.

10) 같은 취지의 판례는 대법원 1993. 9. 10. 선고 92도1136 판결(운행차배출허용기준을 위반하여 운행한 행위를 처벌하는 구 「대기환경보전법」 제57조 제6호가 과실범도 처벌하는 규정이라고 한 사례). 이러한 판례의 태도는 죄형법정주의를 위반할 소지가 있다. 이러한 점을 의식해서인지 현행법상으로는 운행차배출허용기준을 위반하여 운행한 행위에 대하여 종전의 벌금형 대신에 과태료가 부과되고 있다(「대기환경보전법」 제94조 제2항 제4호, 제57조 참조).

반하여 발생하는 환경오염사고는 그 피해규모가 엄청나고 인간에 미치는 영향에 대해서 정확한 예측이 안 되고 있다. 이러한 환경오염사고를 효율적으로 규제하기 위해서는 이에 대한 형사처벌을 확장시킬 필요가 있다. 과실범 성립의 범위를 확장하려는 위구감설(危懼感說)[11] 등의 이론적 시도가 이루어지고 있는 것은 이 때문이다. 한편, 환경범죄는 기업에 의하여도 자주 발생하기 때문에 감독과실을 어느 정도로, 어떻게 인정할 것인지에 따라 기업에 대한 규제 정도는 사뭇 달라질 수밖에 없을 것이다.[12]

Ⅲ. 법인의 책임

1. 법인의 범죄능력, 형벌능력

환경침해행위는 개인의 행위에 의해서도 기업에 의해서도 가능하나 오늘날의 산업화 사회에 있어서는 대량오염의 가능성 때문에 기업에 의한 환경침해행위가 더욱 문제되고 있다. 그런데 기업은 흔히 법인의 형태를 띠기 때문에, 법인에 대하여 형사적 제재를 가하는 경우 제기되는 문제를 검토할 필요가 있게 된다. 특히 법인의 범죄능력 혹은 형벌능력의 인정 여부 및 책임의 근거 등에 대해서는 심한 논란이 있다. 법원은 법인의 범죄능력을 부인하고 있으며,[13] 다만 양벌규정과 관련하여 뒤에서 보는 바와 같이 법인의 형벌능력을 인정하고 있다. 사회에서 법인의 독자적인 의사와 행위가 인정되고 있으며, 현행법상 법인의 처벌 규정이 엄존하므로 법인의 범죄능력을 인정하고 이를 전제로 감독책임 또는 행위책임을 인정하는 것이 양벌규정의 합리적 해석을 위해서도 합당하다고 생각된다.[14]

2. 양벌규정

환경관계법 및 「환경범죄 등의 단속 및 가중처벌에 관한 법률」 등은 이른바, 양벌규정을 두어 행위자뿐만 아니라 법인의 처벌을 예정하고 있다. 즉 "법인의 대표자나 법인 또는 개인의 대리인, 사용인, 그 밖의 종업원이 그 법인 또는 업무에 관하여 제○조의 위

11) 예견가능성은 구체적일 필요가 없고 행위 당시 행위자가 결과발생에 대한 막연한 불안감 즉 위구감을 갖는 정도이면 예견가능성이 있었던 것으로 보아 주의의무위반을 충족시킨다는 것이 이른바 위구감설인데, 이에 대하여는 과실범의 성립범위를 지나치게 확대하고, 책임주의에 반한다는 비판이 제기되고 있다. 이형국 · 박상기(각주 2), 51면; 장영민(각주 1), 150면.

12) 평상시의 배출시설의 점검, 안전교육의 실시 등을 통한 안전체제를 확립하지 않은 위험상황하에서 피감독자로 하여금 작업을 시킨 행위는 과실범으로 처벌하여야 한다는 견해가 있다. 장영민(앞의 글), 150면.

13) 법원은 "형법 제355조 제2항의 배임죄에 있어서 타인의 사무를 처리할 의무의 주체가 법인이 되는 경우라도 법인은 다만 사법상의 의무 주체가 될 뿐 범죄능력이 없는 것이며 그 타인의 사무는 법인을 대표하는 자연인인 대표기관의 의사결정에 따른 대표행위에 의하여 실현될 수밖에 없어 그 대표기관은 마땅히 법인이 타인에 대하여 부담하고 있는 의무 내용대로 사무를 처리할 임무가 있다 할 것이므로 법인이 처리할 의무를 지는 타인의 사무에 관하여는 법인이 배임죄의 주체가 될 수 없고 그 법인을 대표하여 사무를 처리하는 자연인인 대표기관이 바로 타인의 사무를 처리하는 자 즉 배임죄의 주체가 된다"(대법원 1984. 10. 10. 선고 82도2595 전원합의체 판결), "법인은 기관인 자연인을 통하여 행위를 하게 되는 것이기 때문에, 자연인이 법인의 기관으로서 범죄행위를 한 경우에도 행위자인 자연인이 범죄행위에 대한 형사책임을 지는 것이고, 다만 법률이 목적을 달성하기 위하여 특별히 규정하고 있는 경우에만 행위자를 벌하는 외에 법률효과가 귀속되는 법인에 대하여도 벌금형을 과할 수 있을 뿐이다"(대법원 1994. 2. 8. 선고 93도1483 판결)라고 판시함으로써, 법인의 범죄능력을 부인하고 있다.

14) 정성근(각주 2), 404면.

반행위를 한 때에는 그 행위자를 벌하는 외에 그 법인 또는 개인에게도 해당 조문의 벌금형을 과한다"는 것이다.[15] 양벌규정의 취지는 해당 법조의 위반행위를 사업주인 법인이나 개인이 직접하지 않은 경우에도 그 행위자와 사업주 쌍방을 모두 처벌하려는 데 있다.[16] 여기서 '대표자'라 함은 주식회사의 대표이사, 법인의 이사와 같이 법인을 대표할 수 있는 자를, '대리인'이라 함은 상법상 지배인과 같이 법인 또는 자연인을 대신하여 당해 업무에 관한 일체의 행위를 할 권한을 가진 자를, '사용인'이라 함은 고용관계에 기초하여 당해 법인 또는 자연인의 업무에 관하여 노무를 제공하는 자를,[17] '그 밖의 종업원'이라 함은 사업주의 고용인이 자신의 보조자로 사용하는 자를 말한다.[18] 이때 인격 없는 사단은 죄형법정주의 원칙상 처벌이 예정된 법인에 포함되지 않는다고 이해된다.[19]

실무상으로는 법인의 책임능력 여하보다는 구체적으로 양벌규정에 의하여 책임을 지게 되는 행위자가 누구인가에 논의의 초점이 두어진다. 예컨대, 신분범으로 규정된 경우(예컨대, 「대기환경보전법」 제31조, 「물환경보전법」 제38조상의 배출시설 · 방지시설의 비정상 운영행위)에서 신분이 없는, 다시 말하면 사업주가 아닌 행위자(예컨대, 환경기술인, 종업원)가 한 행위를 양벌규정에 의하여 처벌할 수 있는가가 그것이다. 판례는 적극적으로 해석하고 있다(판례 [3]).[20]

[3] 양벌규정과 신분범: 대법원 1991. 11. 12. 선고 91도801 판결

구 환경보전법 제66조 제1호, 제16조의2 제1항 소정의 벌칙규정의 적용대상은 사업자임이 그 규정자체에 의하여 명백하나, 한편 같은 법 제70조는 법인의 대표자 또는 법인이나 개인의 대리인, 사용인 기타의 종업원이 제66조 내지 제69조의 규정에

---

15) 「환경영향평가법」 제75조; 「대기환경보전법」 제95조; 「물환경보전법」 제81조; 「자연환경보전법」 제65조; 「야생생물 보호 및 관리에 관한 법률」 제72조; 「폐기물관리법」 제67조; 「화학물질관리법」 제63조; 「소음 · 진동관리법」 제62조; 「악취방지법」 제29조; 「대기관리권역의 대기환경개선에 관한 특별법」 제45조; 「토양환경보전법」 제31조; 「자연공원법」 제85조; 「습지보전법」 제26조; 「해양환경관리법」 제130조; 「환경범죄 등의 단속 및 가중처벌에 관한 법률」 제10조.

16) 대법원 1991. 11. 12. 선고 91도801 판결; 대법원 1995. 5. 26. 선고 95도230 판결.

17) "소음 · 진동규제법 제62조 소정의 '법인의 사용인'에는 법인과 정식 고용계약이 체결되어 근무하는 자뿐만 아니라 그 법인의 업무를 직접 또는 간접으로 수행하면서 법인의 통제, 감독하에 있는 자도 포함된다." 대법원 2004. 3. 12. 선고 2002도2298 판결.

18) 조현권, 환경법 -이론과 실무-, 법률문화원, 1999, 628면.

19) "법인격 없는 사단과 같은 단체는 법인과 마찬가지로 사법상의 권리의무의 주체가 될 수 있음은 별론으로 하더라도 법률에 명문의 규정이 없는 한 그 범죄능력은 없고 그 단체의 업무는 단체를 대표하는 자연인인 대표기관의 의사결정에 따른 대표행위에 의하여 실현될 수밖에 없는바, 구 건축법(1995. 1. 5. 개정 전) 제26조 제1항의 규정에 의하여 건축물의 유지 · 관리의무를 지는 '소유자 또는 관리자'가 법인격 없는 사단인 경우에는 자연인인 대표기관이 그 업무를 수행하는 것이므로, 같은 법 제79조 제4호에서 같은 법 제26조 제1항의 규정에 위반한 자라 함은 법인격 없는 사단의 대표기관인 자연인을 의미한다." 대법원 1997. 1. 24. 선고 96도524 판결.

20) 그 밖에 대법원 1980. 12. 9. 선고 80도384 판결; 대법원 1995. 5. 26. 선고 95도230 판결. "환경보전법 제15조의 규정에 의한 허가를 받아 배출시설을 설치하여 조업을 하는 행위의 주체는 법정의무자인 사업자이나, 사업자가 법인인 경우에는 위 법인의 사용인 기타 종업원인 자연인이 업무에 관하여 환경보전법 제66조 제1호 소정의 위반행위를 한 때에는 행위자인 자연인 및 그 소속법인 모두를 동법 제70조(양벌규정)에 의하여 처벌하여야 할 것이다." 서울형사지법 1987. 5. 13. 선고 86노7307 판결.

위반하여 죄를 범한 때에는 그 행위자를 벌하는 외에 그 법인 또는 개인에 대하여도 각 본조의 벌칙규정을 적용하도록 양벌규정을 두고 있고, 이 규정의 취지는 각 본조의 위반행위를 사업자인 법인이나 개인이 직접 하지 않은 경우에도 그 행위자와 사업자 쌍방을 모두 처벌하려는 데에 있으므로, 양벌규정에 의하여 사업자가 아닌 행위자도 사업자에 대한 각 본조의 벌칙규정의 적용대상이 되는 것이다. (…).

피고인은 축산협동조합의 전무로서 조합업무를 통할하고 일상업무에 관하여는 위 조합을 대표하는 자로서 환경기사 자격이 있는 인공수정사로 하여금 도축장 폐수처리업무까지 겸하도록 하였는데 그가 업무를 소홀히 하여 오염방지시설을 정상적으로 운영하지 아니한 경우, 피고인이 폐수처리업무 담당자의 도축장 오염방지시설에 대한 관리상황을 철저하게 감독하지 아니한 지휘 · 감독상의 과실은 인정될지언정 고의로 오염방지시설을 정상운영하지 아니한 것이라고는 볼 수 없어, 구 환경보전법 제70조 소정의 행위자에 해당하지 않는다.

일반적으로 양벌규정에 의하여 책임을 지는 '행위자'란 그 행위를 실질적으로 지배하고 있던 자라고 할 수 있으나 구체적인 경우 그 판단이 쉬운 것이 아니다(판례 [3] 내지 [5] 참조).[21] 특히 기업의 경우에는 의사결정 및 행동이 사업주에서부터 말단 직원에 이르기까지 일련의 과정을 통해 유기적으로 이루어지기 때문에 어려움을 더해주고 있다.

[4] 양벌규정과 행위자: 대법원 1991. 2. 26. 선고 90도2597 판결

구 환경보전법 제66조는 같은 법 제16조의2 등에 규정된 사업자인 법인의 대표자 또는 그와 같은 법인 또는 개인의 대리인, 사용인 기타의 종업원이 위 제66조 각호에 규정된 행위를 한 때에 이들을 행위자로서 처벌하는 규정이고 같은 법 제70조는 그 사업자인 법인 또는 개인을 위와 같은 행위자와 함께 처벌하도록 하는 양벌규정인바, 위 법 제16조의2에 정한 사업자인 대학교부속 병원의 대표자를 보좌하여 병원의 시설운영 등 그 관리사무를 총괄하는 관리부원장이 위 대학교 치과대학 부속병원의 폐수를 위 대학교병원 본원의 폐수시설을 거치지 않고 그대로 방류하게 하였다면 같은 법 제66조 제1호에 해당한다.

21) 대법원 2017. 11. 14. 선고 2017도7492 판결(피고인 1과 2는 폐기물관리시설인 폐기물 매립장의 설치 · 운영자이고, 피고인 3은 피고인 2 주식회사의 전무이사로 해당 시설의 행정과 관리 · 운영업무를 실제로 담당한 자인 사안에서 피고인 2가 '폐기물처리시설을 설치 · 운영하는 자'에 해당하고, 피고인 3은 피고인 2의 대리인, 사용인, 그 밖의 종업원에 해당하는 자이며, 피고인 3은 「폐기물관리법」 제66조 제13호만에 의하여 처벌할 수는 없고, 양벌규정을 정한 제67조에 의하여 행위자로서 처벌 될 수 있다고 본 사례); 대법원 2018. 10. 25 선고 2016도11847 판결(주식회사의 인프라기술센터장으로 재직하고 있던 피고인이 회사 사업장에서 발생한 불산 누출 사고에 대하여 구체적 · 직접적 주의의무를 부담한다고 보기 어려우므로 위반행위의 행위자라고 인정하기 어렵다고 한 사례).

[5] 업무를 실제로 집행하는 자: 대법원 2007. 12. 28. 선고 2007두8401 판결

가. 구 폐기물관리법(2007. 1. 3. 개정 전. 이하 같다) 제60조 제2호, 제25조 제1항이나 같은 법 제61조 제2호, 제24조 제2항의 각 벌칙규정 및 같은 법 제62조의 양벌규정의 규정 내용과 그 취지에 비추어 볼 때, 위 양벌규정은 사업장폐기물배출자가 아니면서 당해 업무를 실제로 집행하는 자가 있는 때에 위 벌칙규정의 실효성을 확보하기 위하여 그 적용대상자를 당해 업무를 실제로 집행하는 자에게까지 확장함으로써 그러한 자가 당해 업무집행과 관련하여 위 벌칙규정의 위반행위를 한 경우 위 양벌규정에 의하여 처벌할 수 있도록 한행위자의 처벌규정임과 동시에 그 위반행위의 이익귀속주체인 사업장폐기물배출자에 대한 처벌규정이라고 할 것이다(대법원 2005. 12. 22. 선고 2003도3984 판결 등 참조). 다만, 여기서 '당해 업무를 실제로 집행하는 자'라 함은 그 법인 또는 개인의 업무에 관하여, 자신의 독자적인 권한이 없이 오로지 상급자의 지시에 의하여 단순히 노무제공을 하는 것에 그치는 것이 아니라, 적어도 일정한 범위 내에서는 자신의 독자적인 판단이나 권한에 의하여 그 업무를 수행할 수 있는 자를 의미한다고 봄이 상당하다.

나. 원심은, 적법하게 채택한 증거들을 종합하여 그 판시와 같은 사실들 및 사정들을 인정한 다음, 피고인 1은 인천 부평구 산곡동 306 소재 주한미군 부평교역처 보급창(이하 '부평교역처'라고 한다)의 직원으로 근무하면서 부평교역처의 폐기물처리업무를 담당하는 자로서, 부평교역처의 일반적인 통제 · 감독을 받고 있기는 하나 폐기물처리에 있어서는 어느 정도의 범위 안에서 독자적 권한이 있어, 구 폐기물관리법 제62조의 양벌규정에서 말하는 대리인 · 사용인 기타 종업원에 해당한다고 봄이 상당하고, 따라서 위 피고인은, 폐기물관리법에 의하여, 1일 평균 300kg 이상의 폐기물을 배출하는 사업장인 부평교역처에 관하여 그 사업장폐기물의 종류, 발생량 등을 구청장에게 신고하여야 하고, 부평교역처에서 발생하는 폐기물을 시 · 도지사로부터 폐기물처리업의 허가를 받거나 시 · 도지사에게 폐기물재활용 신고를 한 자 등에게 위탁하여 처리하여야 함에도 불구하고, 부평교역처에서 위 기준을 넘어서는 이 사건 사업장폐기물(유통기한이 경과된 밀가루, 햄, 과자, 치즈, 음료 등의 폐기물을 말한다. 이하 같다)이 발생하였음에도 그 사업장폐기물의 종류, 발생량 등을 구청장에게 신고하지 아니하고, 또한 신화자원환경이라는 상호로 영업을 하는 공소외 1이 시 · 도지사로부터 폐기물처리업의 허가를 받거나 시 · 도지사에게 폐기물재활용신고를 하지 않은 채 영업을 한다는 사실을 알면서도 이 사건 사업장폐기물을 공소외 1에게 위탁하여 처리하게 함으로써, 구 폐기물관리법의 위 각 의무규정을 위반하였다고 판단하였다.

앞서 본 바와 같은 법리 및 기록에 비추어 살펴보면, 위와 같은 원심의 증거의 취사선택과 사실인정 및 판단은 정당하여 수긍할 수 있고, 거기에 상고이유로 주장하는 바와 같은 채증법칙 위반으로 인한 사실오인 내지 피고인 1의 폐기물관리법 위반죄의 고의 또는 폐기물관리법상 양벌규정에 관한 법리오해 등의 위법이 있다고 할 수 없다.[22]

22) 주한미군 부평교역처 보급창의 폐기물처리업무를 담당하는 직원이 적법한 신고절차 없이 미허가 · 미신고의 폐기물처리업

사업주 자신이 비정상 운영행위에 일체 개입하지 아니한 경우에는 어떠한가도 문제될 수 있다. 이러한 경우 법인의 대표자나 중간관리자의 처벌은 행위책임의 원칙에 반하므로 소극적으로 해석하여야 할 것이다.[23] 판례도 이러한 경우에 사업주 자신을 처벌하는 데 소극적이다(판례 [6]).

[6] 양벌규정과 대표자: 대법원 1996. 4. 9. 선고 96도263 판결

법인의 대표자를 건축법 제78조 제1항에 의하여 무허가 건축행위로 처벌하기 위하여는 그 법인의 대표자가 직접 무허가 건축행위를 하도록 지시하였거나 또는 그 법인의 대리인, 사용인 기타 종업원이 무허가 건축행위를 한다는 점을 알면서 이를 묵인 내지 방치한 사실이 인정되어야만 할 것이고, 단순히 그 법인의 대리인, 사용인 기타 종업원으로 하여금 무허가 건축행위를 하지 못하도록 지휘·감독하여야 할 주의의무를 게을리함으로 말미암아 허가 없이 건축행위가 이루어진 데 불과한 경우에는 그 법인의 대표자를 위 제78조 제1항에 의하여 처벌할 수 없다.

이 양벌규정에 따른 법인처벌의 성격은 흔히 법인의 행위책임이 아니라, 법인의 자연인 행위자에 대한 '감독책임'으로 이해되고 있다.[24] 법원(판례 [7]),[25] 헌법재판소도 이와 크게 다르지 않다.[26] 이는 종업원에 대한 선임감독상의 주의의무위반, 즉 과실책임을 근

자에게 사업장폐기물을 처리하게 한 사안에서, 위 직원이 양벌규정이 적용되는 대리인·사용인 기타의 종업원에 해당한다고 본 사례.

23) 같은 맥락에서 이들의 처벌에 소극적인 입장을 취하면서 공범론 또는 과실범론의 적극 활용이 요망된다는 견해가 있다. 조현권(각주 18), 645면.

24) 양벌규정상 법인의 처벌은 부작위에 의한 감독책임이며 자기책임이다. 정성근(각주 2), 413면. 여기에 대하여 법인의 기관 또는 고위 관리자의 불법행위는 법인 자신의 행위로 보아 법인의 행위책임을 인정하고, 기타 종업원의 불법행위에 대하여는 관리감독상의 부작위책임을 인정하여야 한다는 '부작위감독책임·행위책임 이원설'이 있다. 김일수·서보학, 형법총론, 박영사, 2006, 142면. 처벌의 근거를 '감독책임'으로 이해한다면 논리적으로 관리자·감독자·상급자의 감독의무 위반 등에 대한 입증이 이루어져야 할 것이다. 그러나 실무상 법인의 과실을 의제함으로써, 사실상 이에 대한 입증이 이루어지지 않고 있다. 이는 논리적으로 맞지 않을 뿐만 아니라 법인의 책임을 지나치게 넓힐 소지가 있다.

25) 양벌규정에 의해 사업주인 법인 또는 개인이 지는 책임의 근거와 관련해서 법원은 무과실책임설(대법원 1982. 9. 14. 선고 82도1439 판결), 과실추정설(대법원 1982. 6. 22. 선고 82도777 판결), 과실책임설(대법원 1987. 11. 10. 선고 87도1213)을 따른 것이 있어 입장이 명확하지 않다. 무과실책임이나 과실의 추정은 형사책임의 큰 원칙인 행위책임이나 무죄추정의 원칙에 반하기 때문에 과실책임설이 타당하다고 생각한다. 최근에 대법원은 "양벌규정에 의한 영업주의 처벌은 금지위반 행위자인 종업원의 처벌에 종속되는 것이 아니라 독립하여 그 자신의 종업원에 대한 선임감독상의 과실로 인하여 처벌되는 것이므로 …"(대법원 2006. 2. 24. 선고 2005도7673 판결 참조), 또는 "이는 법인에게 무과실책임은 아니라 하더라도 입증책임을 부과함으로써 업무주체에 대한 과실의 추정을 강하게 하려는 데 그 목적이 있다 할 것이므로 …"(대법원 1980. 3. 11. 선고 80도138 판결; 대법원 1992. 8. 18. 선고 92도1395 판결; 대법원 1995. 7. 25. 선고 95도391 판결; 대법원 2002. 1. 25. 선고 2001도5595 판결 참조)라고 각 판시함으로써, 사업주의 종업원에 대한 선임감독상의 주의의무위반, 즉 과실책임을 근거로 사업주의 책임을 묻는 경향이 강하다.

26) "과적차량을 운행한 자나 그 운행을 지시·요구한 자를 처벌하는 것은 직접 위반행위를 한 자를 처벌하는 것이고, 행정형벌법규에서 양벌규정으로 사업주인 법인 또는 개인을 처벌하는 것은 위반행위를 한 피용자에 대한 선임 감독의 책임을 물음으로써 행정규제의 목적을 달성하려는 것이므로 형벌체계상 합리적인 근거가 있다고 할 것이나, 과적차량의 운행을 지시·요구하지도 않고 과적차량을 운행한 자에 대한 선임감독의 책임도 없는 화주 등을 과적차량을 운행한 자와 양벌규정으로 처벌하는 것은 형법상 책임주의의 원칙에 반하므로, 이 사건 법률조항이 과적차량을 운행하는 자와 화주 등을 양벌규정으로 처벌하지 않고 화주 등은 과적차량의 운행을 지시·요구한 때에만 처벌하도록 규정한 데에는 합리적인 이유가 있는 것으로 평등의 원칙에 위반된 것이라고 볼 수 없다." 헌재 2000. 6. 1. 선고 99헌바73 전원재판부 결정.

거로 법인의 책임을 묻는 것이라고 이해된다.

[7] 천지창조 사건(법인의 감독책임): 대법원 1987. 11. 10. 선고 87도1213 판결

양벌규정에 의한 영업주의 처벌은 금지위반행위자인 종업원의 처벌에 종속하는 것이 아니라 독립하여 그 자신의 종업원에 대한 선임감독상의 과실로 인하여 처벌되는 것이므로 영업주의 위 과실책임을 묻는 경우 금지 위반행위자인 종업원에게 구성요건상의 자격이 없다고 하더라도 영업주의 범죄 성립에는 아무런 지장이 없다. (…). 종업원 등의 행정법규위반 행위에 대하여 양벌규정으로 영업주의 책임을 묻는 것은 종업원 등에 대한 영업주의 선임감독상의 과실책임을 근거로 하는 것이며 그 종업원은 영업주의 사업경영 과정에 있어서 직접 또는 간접으로 영업주의 감독통제 아래 그 사업에 종사하는 자를 일컫는 것이므로 영업주 스스로 고용한 자가 아니고 타인의 고용인으로서 타인으로부터 보수를 받고 있다 하더라도 객관적 외형상으로 영업주의 업무를 처리하고 영업주의 종업원을 통하여 간접적으로 감독통제를 받는 자라면 위에 포함된다. (…). 객관적 외형상으로 영업주의 업무에 관한 행위이고 종업원이 그 영업주의 업무를 수행함에 있어서 위법행위를 한 것이라면 그 위법행위의 동기가 종업원 기타 제3자의 이익을 위한 것에 불과하고 영업주의 영업에 이로운 행위가 아니라 하여도 영업주는 그 감독해태에 대한 책임을 면할 수 없다.

그 책임은 법인 자신의 위법행위에 대한 책임이므로 벌금의 납부 역시 행위를 한 종업원에게 그 배상을 구할 수 없다(판례 [8]).

[8] 양벌규정과 손해배상: 대법원 2007. 11. 16. 선고 2005다3229 판결

양벌규정에 의한 사용자의 처벌은 금지위반행위자인 종업원의 처벌과는 독립하여 그 자신의 종업원에 대한 선임감독상의 과실로 인하여 처벌되는 것이고(대법원 2006. 2. 24. 선고 2005도7673 판결 참조), 객관적 외관상으로 그 사용자의 업무에 관한 행위이고 종업원이 그 사용자의 업무를 수행함에 있어서 위법행위를 한 것이라면 그 위법행위의 동기가 종업원 기타 제3자의 이익을 위한 것에 불과하고 사용자의 영업에 이로운 행위가 아니라 하여도 사용자는 그 감독해태에 대한 책임을 면할 수 없는 것이므로(대법원 2002. 1. 25. 선고 2001도5595 판결 참조), 그로 인한 벌금의 납부 역시 사용자 자신의 과실행위로 인한 손해에 해당하고 특별한 약정이 없는 한 위법행위를 한 종업원이나 그 종업원의 실질적인 사용자에게 그 배상을 구할 수는 없다.

그러나 양벌규정 자체에 사업주의 관여나 선임감독상의 과실 등과 같은 요건을 규정하고 있지 않음에도 선임감독상의 주의의무위반을 근거로 법인인 사업주를 처벌할 수 있다는 해석이 가능한지는 의문이다. 이는 양벌규정의 문구상 종업원의 일정한 범죄행위가 있으면 사업주의 책임 유무를 떠나 곧바로 사업주를 종업원과 같이 처벌하도록 하고 있어 형벌에 관한 책임주의 원칙을 위반할 소지가 있다는 인식에 기초한다. 최근에 헌법재판소는 "그 문언상 명백한 의미와 달리 종업원의 범죄행위에 대해 '영업주의 선임감독상의 과실(기타 영업주의 귀책사유)이 인정되는 경우'라는 요건을 추가하여 해석하는 것은 문리해석의 범위를 넘어서는 것으로서 허용될 수 없다"라는 취지로 판시한 바 있다(판례 [9]). 이에 사업주의 면책 가능성을 열어 두어 위헌의 소지를 차단할 필요가 있다.[27]

[9] 양벌규정의 위헌성(적극): 헌재 2007. 11. 29. 선고 2005헌가10 전원재판부 결정

[다수의견]

(1) 재판관 이강국, 재판관 김종대, 재판관 민형기, 재판관 목영준의 의견

이 사건 법률조항이 종업원의 업무 관련 무면허의료행위가 있으면 이에 대해 영업주가 비난받을 만한 행위가 있었는지 여부와는 관계없이 자동적으로 영업주도 처벌하도록 규정하고 있고, 그 문언상 명백한 의미와 달리 "종업원의 범죄행위에 대해 영업주의 선임감독상의 과실(기타 영업주의 귀책사유)이 인정되는 경우"라는 요건을 추가하여 해석하는 것은 문리해석의 범위를 넘어서는 것으로서 허용될 수 없으므로, 결국 위 법률조항은 다른 사람의 범죄에 대해 그 책임 유무를 묻지 않고 형벌을 부과함으로써, 법정형에 나아가 판단할 것 없이, 형사법의 기본원리인 '책임없는 자에게 형벌을 부과할 수 없다'는 책임주의에 반한다.

(2) 재판관 이공현, 재판관 조대현, 재판관 김희옥, 재판관 송두환의 의견

일정한 범죄에 대해 형벌을 부과하는 법률조항이 정당화되기 위해서는 범죄에 대한 귀책사유를 의미하는 책임이 인정되어야 하고, 그 법정형 또한 책임의 정도에 비례하도록 규정되어야 하는데, 이 사건 법률조항은 문언상 종업원의 범죄에 아무런 귀책사유가 없는 영업주에 대해서도 그 처벌가능성을 열어두고 있을 뿐만 아니라, 가사 위 법률조항을 종업원에 대한 선임감독상의 과실 있는 영업주만을 처벌하는 규정으로 보더라도, 과실밖에 없는 영업주를 고의의 본범(종업원)과 동일하게 '무기 또는 2년 이상의 징역형'이라는 법정형으로 처벌하는 것은 그 책임의 정도에 비해 지나치게 무거운 법정형을 규정하는 것이므로, 두 가지 점을 모두 고려하면 형벌에 관한 책임원칙에 반한다.

[재판관 이동흡의 반대의견]

이 사건 법률조항은 문언상 자신의 '업무'에 관하여 종업원의 '위반행위'가 있는 영업주만을 처벌하도록 규정하고 있으므로, 일관된 대법원 판례와 같이 '영업주의 종업원에 대한 선임감독상의 과실'이 있는 경우에만 처벌하는 것으로 보는 것은 문언해석의 범위 내에서 허용되는 합헌적 법률해석이라 할 것이고, 이를 전제로 할 때에 위 법률조항은 책임주의원칙에 위반되지 아니하며, 국민건강이라는 보호법익의

27) 양벌규정에 대한 헌법재판소의 결정 취지를 고려하여 「자연공원법」, 「환경영향평가법」, 「폐기물관리법」, 「하수도법」 등에서는 양벌규정 적용 시 "법인 또는 개인이 그 위반행위를 방지하기 위하여 해당 업무에 관하여 상당한 주의와 감독을 게을리 하지 아니한 경우"에는 벌하지 않도록 하는 면책 조항을 두고 있다(「자연공원법」 제85조, 「환경영향평가법」 제75조, 「폐기물관리법」 제67조, 「하수도법」 제79조).

중대성과 영업주라는 지위에 대한 비난가능성 등에 비추어 보면, 영업주의 선임감독상 과실의 죄책은 직접 행위자와 동등하게 평가될 수도 있는 것이므로, 영업주에게도 종업원과 동일한 법정형을 규정하였다고 하여 입법재량의 한계를 벗어나 책임과 형벌의 비례성원칙에 위반된다고도 볼 수 없다.28)

이러한 양벌규정과 관련하여서는 법인을 처벌하기 위한 전제요건으로서 법인의 대리인, 사용인 기타 종업원이 환경범죄를 범하였음을 입증하여야 하는데, 종업원 등의 잦은 부서 및 직장 변경 등으로 행위자를 특정하여 소추하기 어렵고,29) 법인의 대표자와 위반행위자는 아니지만 환경오염행위에 실질적이며 주도적으로 관여한 회사임원, 중간관리자 등에 대해서는 책임을 묻기가 곤란하다는 등 비판이 제기되고 있다. 환경오염의 적극적인 방지를 위해서는 이들에 대한 처벌이 이루어져야 할 것이다.30) 법인에 대한 처벌은 벌금형만이 가능하고,31) 그 액수는 법인 범죄에 대한 일반예방적 효과를 충분히 가질 수 있을 정도로 높지 않다고 생각된다.32)

Ⅳ. 인과관계

1. 환경형법에서의 특수성

환경범죄도 일반 범죄와 마찬가지로 범죄성립에 인과관계를 요한다. 예컨대, 「환경범죄 등의 단속 및 가중처벌에 관한 법률」 제3조 제1항에 의하여 사람의 생명이나 신체에 위해를 끼친 자를 처벌하기 위하여는 배출행위와 위해발생 사이에 인과관계가 존재하여야 한다. 그런데 환경범죄에서는 가해행위자의 다수성, 가해행위의 누적성, 복합성 내지 경합성으로 인하여 인과관계의 증명이 여간 어려운 것이 아니다. 과학의 발달로 과거에는

---

28) 종업원의 위반행위에 대하여 양벌조항으로서 개인인 영업주에게도 동일한 법정형으로 처벌하도록 규정하고 있는 「보건범죄 단속에 관한 특별조치법」 제6조 중 제5조에 의한 처벌 부분이 형사법상 책임원칙에 반한다고 한 사례.

29) 신동운(각주 5), 30면; 허일태, "한국에 있어서 환경범죄에 대한 대처현황", 동아법학 제21호, 1996, 88면. 이러한 난점을 극복하기 위하여 범죄를 범한 구체적 개인을 확정할 수 없더라도 그 행위가 전체로서의 법인의 활동에 기인한 것이라고 판단되는 경우에는 법인만을 별도로 처벌할 수 있는 입법조치가 필요하다는 주장이 있다. 오영근(각주 8), 196면.

30) 신동운(앞의 글), 19면, 31면; 이형국 · 박상기(각주 2), 57면; 이상돈 · 이창환, 환경법, 이진출판사, 1999, 325면. 이에 반해 행위자 외에 법인의 대표자나 중간관리자를 처벌하는 것은 행위자책임 원칙에 반하므로 공범론 또는 과실범론을 적극 활용하는 것이 바람직하다는 견해가 있다. 조현권(각주 18), 629면. 독일 형법 제14조는 "법인의 대표기관의 구성원 등의 자격으로 행위를 한 때에는 특별한 인적 성질 · 관계 · 상황(특별 인적 요소)이 가벌성의 기초를 이루는 법률은 그와 같은 요소가 대리인에게는 존재하지 않고 본인에게만 존재하는 경우에도 그 대리인에 대하여 이를 적용한다"고 규정하고, 일정한 경우 법인의 대표권한이 있는 기관의 '구성원'에 대하여 처벌할 수 있도록 함으로써, 법인의 대표자는 물론이고 중간관리자에 대한 처벌의 근거를 마련하고 있다.

31) 법인에 대한 형벌은 자연인과 다른 형벌 종류와 체계를 갖추어야 하는데, 예컨대, 벌금형 외에 형사절차를 통한 조업정지, 공표, 사회봉사명령 등을 생각해 볼 수 있다. 박기석, "환경범죄 처벌의 문제점과 대책 −법사회학적 분석−", 형사법연구 제10호, 1998, 335 내지 340면.

32) 벌금만으로 살펴볼 때 현행 환경관계법에서 법정 최고형은 1억원(「대기환경보전법」 제89조), 5천만원이다(「물환경보전법」 제75조, 「폐기물관리법」 제63조). 이러한 결과는 벌칙을 자연인에 연동해서 규정하고 있기 때문인 것으로 보인다. 이에 자연인과 법인에 대한 벌칙을 차별화해서 규정하는 것을 대안으로 생각해 볼 필요가 있다.

알려지지 않았던 새로운 물질이 출현하여 전혀 새로운 양상의 피해를 유발하는 경우가 종종 있다는 점도 인과관계의 증명을 어렵게 하고 있다. 환경범죄와 관련하여 전통적인 증명 방법의 한계를 극복하는 새로운 증명방법의 개발, 도입이 필요한 이유가 여기에 있다.

2. 역학적 인과관계

환경범죄에서와 같이 인과관계의 규명이 어려운 경우를 대비하여 최근 통계적 방법을 원용하여 그 법칙성을 확인하는 역학적 방법이 시도되고 있다. 먼저 역학(epidemiology)이라 함은 질병이나 환자가 발생한 경우 그 원인을 규명하기 위하여 발병집단을 둘러싼 제 조건의 변화를 탐색하여 그 조건과 질병의 상관관계를 통계적 방법을 이용하여 규명하려는 분야이다. 즉 발병인자와 질병 사이의 상세한 메카니즘을 규명하기 어려운 경우에 대량관찰에 의하여 통계적 방법으로 당해 인자와 질병 사이의 개연성을 확인하는 것을 말한다.[33] 이러한 역학적 방법에 의하여 구체적 인과관계를 인정하려는 이론을 '역학적(疫學的) 인과관계론'이라고 한다.

문제는 이와 같이 원인과 결과의 직접적인 관계 규명이 아닌 확률상의 개연성을 통해 양자의 관련을 인정하는 방법을 형법의 인과관계 증명에 원용할 수 있는가이다. 이는 결국 역학적 증명을 토대로 형성된 증거방법에 대해 어느 정도의 증명력을 인정할 것인가의 문제로 귀착된다. 이에 관해서는 견해가 나뉘어지는바, 크게 경험법칙으로 보는 견해,[34] 개연성의 인정에 그친다는 견해,[35] 정황증거로 보는 견해[36] 등으로 나눌 수 있다.[37] 실험의 정밀도나 표본의 양 등에 따라 경험칙의 수준에 도달하는 경우도 있고 단순히 개연성 인정에 그치는 경우도 있을 것이므로 역학적 증명의 증명력을 모든 사건에 있어서 획일적으로 판단할 것이 아니고 구체적인 경우에 따라 개별적으로 판단하여야 할 것이다.[38] 경험법칙의 정도에 이르지 못할 경우에는 법관의 자유심증에 따라 그 증명력이 달라질 것이다.

과학 · 기술의 발달과 통계방법의 발달에 따라 그 증명력의 정도는 향상될 것이 분명하다. 최근 들어 크게 문제가 되고 있는 전자파, 유전자변형물질, 내분비계장애물질(환경호르몬) 등으로 인한 피해와 관련하여 입증의 곤란을 해소하는 방법으로 그 역할이 기대되고 있는 이유가 여기에 있다.

---

33) 장영민(각주 1), 140면.

34) "역학상의 지식은 인과관계를 추인하기 위한 경험칙의 일종이라고 볼 수 있다"는 견해가 이에 해당한다. 田宮裕, "公害犯罪と證據法", 公害犯罪と企業責任(藤木英雄編), 1975, 137면.

35) 박광섭, "환경침해에 대한 형법적 규제", 경남법학 제2집, 1987. 2, 95면.

36) 정성근, "환경형법에 있어서의 인과관계", 형사정책 제11호, 한국형사정책학회, 1999, 100면.

37) 역학적 인과관계에 대하여 자세한 내용은 권오걸, "환경범죄에 있어서의 인과관계의 입증", 형사법연구 제3호, 1990, 67면 이하 참조.

38) 장영민(각주 1), 142면; 장영민 · 박기석(각주 2), 98 내지 99면.

3. 복합적 · 누적적 경합에 의한 환경침해행위의 귀속문제

환경침해의 복합성 내지는 경합성으로 인하여 환경범죄에서 제기될 수 있는 특수한 문제가 있다. 예컨대, 단독의 침해행위로는 구체적 위험(내지 결과)발생을 야기하지 못하나 다수의 침해행위가 복합 내지 경합된 결과로 구체적 위험(내지 결과)이 발생한 경우 각각의 행위자에게 어떠한 책임을 물을 수 있을 것인가이다. 이는 결국 발생한 결과를 각 행위자에게 어느 범위에서 귀속시킬 것인가의 문제와 결부된다. 이는 행위자에게 고의가 존재한다는 것을 전제로 하여 다음 두 경우로 나누어서 살펴볼 수 있을 것이다.

먼저, 단독의 침해행위가 허용된 한계를 초과하지 않은 경우이다. 이 경우에는 '법령에 의한 행위'로, 형법 제20조상의 정당한 행위에 해당되므로, 위법성이 조각되어 누적의 결과 구체적 위험이나 침해의 결과가 발생하더라도 처벌할 수 없다고 생각된다.[39] 환경범죄의 행정종속성을 고려할 때 허용기준을 지킨 행위에 대하여 이를 처벌하는 것은 죄형법정주의에 위배될 소지도 있다.[40] 한편, 허용된 한계를 초과한 행위에 대해서는 당해 행위만에 의해 위험(또는 침해)이 발생한 경우를 제외하고는 전체 결과를 귀속시킬 수 없고, 미수로 처벌해야 할 것이다. 과실로 허용된 한계를 초과한 경우에는 초과행위 자체에 대한 처벌은 별론으로 하고 발생한 구체적 위험이나 결과를 과실행위에 귀속시킬 수는 없다.[41]

4. 인과관계의 추정

추정이라 함은 어떤 전제사실로부터 다른 사실(추정사실)을 의제하는 기법이다. 추정에는 사실상의 추정과 법률상의 추정이 있는데, 우리나라와 일본의 관련법에서는 '법률상의 추정'이 활용되고 있다. 즉 우리나라의 「환경범죄 등의 단속 및 가중처벌에 관한 법률」 제11조와 일본의 「人の健康に係る公害犯罪の處罰に關する法律」 제5조는 엄격한 요건하에 인과관계 추정 규정을 두고 있다. 이는 '추정'이기 때문에 간주와는 달리 반증을 통해서 깨뜨릴 수 있다. 이러한 추정규정을 두는 큰 이유는 두말할 것도 없이 환경범죄에서 인과관계 증명의 어려움을 해결하기 위한 것이다.

인과관계 추정 규정은 입증책임을 경감함으로써, 형사처벌을 용이하게 한다는 기능이 있으나, 무죄추정의 법리나 자유심증주의에 어긋나 위헌의 소지가 있다. 법률상 추정을 하지 않더라도 '정황증거에 의한 사실상의 추정'에 의하여 인과관계를 인정할 수도 있으므로 소송법상의 원칙에 위배하면서까지 추정규정을 둘 의의는 크다고 볼 수 없으며,[42] 현실적으로도 그 활용가능성이 적다는 등 비판도 만만치 아니하다.[43] 법률상 추정은 처

39) 장영민(앞의 글), 143면; 오영근(각주 8), 190면; 이동기(각주 1), 1024 내지 1025면.
40) 장영민 · 박기석(각주 2), 106면.
41) 장영민(각주 1), 144면; 이동기(각주 1), 1024 내지 1025면; 장영민 · 박기석(앞의 글), 106면.
42) 박정식, "환경사범의 인과관계", 검사세미나연수자료집 11, 법무연수원, 1992, 385면.
43) 추정의 무분별한 남용을 막기 위해서 전제사실의 요건을 구체적으로 규정하여야 하는데 그럴 경우 현실적 적용가능성은 적어진다. 일본의 경우 추정규정을 활용한 사례는 약 20년 동안 4건에 불과하고 이는 우리나라의 경우도 마찬가지이다.

벌의 강화를 통해 일반에 대한 환경보호에 대한 인식을 제고하는 효과 외에는 특별히 이론적 · 현실적 합리성을 인정하기 어려우며, 오히려 과학적 수사의 발전을 저해할 우려가 있다는 견해,44) 입증의 곤란이라는 문제를 해결하기 위해 위헌의 소지가 있고 현실적으로 적용가능성이 적은 추정규정을 두기보다는 오히려 추상적 위험범의 형태로 규정하거나45) 복합환경오염의 경우 미수범을 처벌하는 규정을 두는 것이 효과적이라는 견해46) 등도 같은 맥락으로 이해할 수 있다.

5. 입증책임의 전환

형사소송에 있어서의 입증책임은 원칙적으로 검사에게 있다. 그러나 전통적 범죄와 달리 환경범죄는 가해자의 관련 정보, 자료에 대한 독점, 침해행위의 과학적 · 기술적 · 전문적 성격 등으로 인해 그 입증을 다하기가 어려운 실정이다. 이와 같은 이유로 환경범죄에 대하여 입증책임을 전환하여 검사가 아닌 피고인이 부담하는 것이 합리적이라는 견해가 제시될 수 있다. 그러나 입증책임을 전환해야 한다는 입장은 '의심스러운 때에는 피고인의 이익으로'라는 형사법의 근본원칙에 반하므로 신중한 접근이 필요하다. 유해화학물질의 제조 등 극히 제한된 영역에서의 입증책임의 전환은 검토할 필요가 있다고 본다.

Ⅴ. 행정종속성

1. 행정종속의 의미, 필요성

환경범죄를 구성요건화함에 있어서는 행정종속성이라는 특징이 나타나게 된다. 이는 범죄구성요건의 내용이 행정개념, 행정행위나 행정법에 의해서 보충됨으로써 비로소 확정되는 성질을 의미한다. 이러한 입법기술은 환경범죄의 구성요건을 이루는 내용이 과학적 · 기술적 내용을 담고 있거나 행정법적 의무를 그 전제로 하고 있어 구체적인 환경관계법 규정과 일정한 관련하에서만 규정이 가능하고, 환경침해행위의 태양과 경로, 침해물질 등이 다양하고 복잡하게 존재하기 때문에 구체적인 기준을 구성요건에 세세하고 명쾌하게 확정적으로 담을 수 없기 때문에 필요한 것이다. 결국, 환경범죄는 환경관계법상의 내용을 참조하여야만 구성요건의 내용이 확정되고 가벌성의 범위를 정할 수 있게 되는 것이다.47)

장영민(각주 1), 145면, 각주 28.

44) 장영민(앞의 글), 145면.

45) 이형국 · 박상기(각주 2), 56면; 정성근(각주 2), 109면, 114면.

46) 오영근(각주 8), 193면; 허일태(각주 29), 80면.

47) 이에 관한 자세한 내용은 유지태, "환경행정법과 환경형법", 환경법연구 제14권, 1992, 64면 이하; 박기석(각주 4), 41 내지 42면 참조.

2. 행정종속성의 형태

행정종속은 무엇에 종속되는가에 따라 개념적 종속, 행정법 종속, 행정행위 종속 등으로 나눌 수 있다.[48]

가. 개념적 종속

개념적 종속이란 형법이 범죄 구성요건의 요소로 '공공수역', '배출시설', '폐기물', '유독물' 등 환경행정법상의 개념을 요구하는 경우이다. 이에 따르면 환경행정법상 개념변경이 이루어지면 형법에도 의미변경이 이루어지게 된다.

나. 행정법 종속

행정법 종속이란 환경범죄의 구성요건이 환경행정법상의 규정에 종속되는 것을 의미한다. 행정법 종속이 있을 경우 가벌성의 여부는 행위자가 '(행정)법규정에 위반하여' 행위를 하였는가에 달려 있다.

다. 행정행위 종속

행정행위 종속이란 행정명령 · 처분 등의 행정행위의 위반이 환경범죄의 성립요건이 되는 것을 말한다. 이에 따라 예컨대, 형법이 '허가 없이' 행위하는 것을 범죄성립 요건으로 하는 경우 가벌성의 여부는 처분인 '허가'의 유무에 좌우되게 된다.

3. 효과(선결문제)

환경관계법에서는 흔히 이행명령, 조치명령 등을 먼저 발하고 그 위반이 있는 경우에 벌칙을 부과하는 규정형식을 취하고 있는데, 그 처벌의 전제조건으로 명령 등이 적법한 것이어야 하는지 여부가 선결문제로서 문제되고 있다. 이는 행정행위의 공정력과 밀접한 관련이 있다. 판례는 "처분이나 조치명령을 받은 자가 이에 위반한 경우 이로 인하여 법에 정한 처벌을 하기 위하여는 그 처분이나 조치명령이 적법한 것이라야 하고, 그 처분이 당연무효가 아니라 하더라도 그것이 위법한 처분으로 인정되는 한 관련법상의 위반죄가 성립될 수 없다"라고 판시함으로써,[49] 형사재판에서 선결문제로서 행정행위의 위법성 판단이 가능하다는 입장을 분명히 하고 있다(판례 [10]).

---

48) 조병선, "독일환경형법의 이론체계－새로운 환경형법이론의 시도와 한계－", 인권과정의 제214호, 1994. 6, 79 내지 80면.

49) "구 도시계획법(1991. 12. 14. 개정 전) 제92조 제4호, 제78조 제1호, 제4조 제1항 제1호의 각 규정을 종합하면 도시계획구역 안에서 허가 없이 토지의 형질을 변경한 경우 행정청은 그 토지의 형질을 변경한 자에 대하여서만 같은 법 제78조 제1항에 의하여 처분이나 원상회복 등의 조치명령을 할 수 있다고 해석되고, 토지의 형질을 변경한 자도 아닌 자에 대하여 원상복구의 시정명령이 발하여진 경우 위 원상복구의 시정명령은 위법하다 할 것이다. (…) 같은 법 제78조 제1항에 정한 처분이나 조치명령을 받은 자가 이에 위반한 경우 이로 인하여 같은 법 제92조에 정한 처벌을 하기 위하여는 그 처분이나 조치명령이 적법한 것이라야 하고, 그 처분이 당연무효가 아니라 하더라도 그것이 위법한 처분으로 인정되는 한 같은 법 제92조 위반죄가 성립될 수 없다." 대법원 1992. 8. 18. 선고 90도1709 판결; 대법원 1996. 7. 12. 선고 96도1237 판결. "연령미달의 결격자인 피고인이 소외인의 이름으로 운전면허시험에 응시, 합격하여 교부받은 운전면허는 당연무효가 아니고 도로교통법 제65조 제3호의 사유에 해당함에 불과하여 취소되지 않는 한 유효하므로 피고인의 운전행위는 무면허 운전에 해당하지 아니한다." 대법원 1982. 6. 8. 선고 80도2646 판결.

[10] 개선명령과 행정종속성: 대법원 1996. 2. 13. 선고 95도1993 판결

1993. 12. 27. 대기환경보전법의 개정(법률 제4652호) 후 운행차의 개선명령에 관한 시·도지사의 권한을 시장·군수 등에게 위임하는 내용의 새로운 조례가 제정되지 아니한 이상 군수가 한 개선명령은 적법한 위임 없이 권한 없는 자에 의하여 행하여진 것으로서 당연무효이다. (…) 당연무효인 운행차의 개선명령에 불응한 자에 대하여 대기환경보전법 제57조 제8호 위반으로 형사처벌을 할 수는 없다.

Ⅵ. 법률의 착오

형법 제16조는 '법률의 착오'라는 이름하에 "자기의 행위가 법령에 의하여 죄가 되지 아니하는 것으로 인식한 경우에 그 오인에 정당한 이유가 있는 경우에는 벌하지 아니한다"라고 규정하고 있다. 법원은 이 규정은 "단순한 법률의 부지의 경우를 말하는 것이 아니고 일반적으로 범죄가 되는 행위이지만 자기의 특수한 경우에는 법령에 의하여 허용된 행위로서 죄가 되지 아니한다고 그릇 인식하고 그와 같이 그릇 인식함에 정당한 이유가 있는 경우에는 벌하지 아니한다는 취지이다"라고 해석하고 있다.[50] 단순히 법률의 부지인 경우에는 그에 대한 정당한 이유가 있어도 처벌된다.

결국, 어느 경우에 단순한 법률의 부지가 있고, 어느 경우에 법률의 착오로서 정당한 이유가 존재하는지를 판단하는 것은 처벌 여부를 좌우하는 중요한 요소가 되게 된다. 그러나 구체적인 경우에 이를 판단하는 것은 쉬운 작업이 아니다(판례 [11], [12] 참조). 예컨대, 실무상 많이 다루어지고 있는 무허가·신고조업행위와 관련하여 피고인이 배출시설 설치허가나 신고대상인 줄 모르고 허가·신고 없이 배출시설을 설치·조업한 경우 이를 단순한 법률의 부지에 해당한다고 볼 것인지 문제될 수 있다. 법원이 「건축법」상 허가대상인 줄 모르고 허가 없이 용도변경한 행위에 대하여 이는 단순한 법률의 부지에 해당한다 할 것이고 피고인의 행위가 특히 법령에 의하여 허용된 행위로서 죄가 되지 않는다고 그릇 인식한 경우는 아니므로 범죄의 성립에 지장이 없다는 취지로 판시하면서[51] 법률의 부지를 폭넓게 인정하고 있는 점에 비추어 법률의 부지에 불과하여 처벌이 이루어질 가능성이 많다. 실무상 법원이 법률의 부지를 폭넓게 인정하고 있는 것은 그 범위 내에서 처벌이 쉽다는 것을 의미한다.

50) 대법원 1995. 8. 25. 선고 95도1351 판결; 대법원 1998. 6. 23. 선고 97도1189 판결; 대법원 1998. 10. 13. 선고 97도3337 판결.

51) "형법 제16조에 의하여 처벌하지 아니하는 경우란 단순한 법률의 부지의 경우를 말하는 것이 아니고, 일반적으로 범죄가 되는 행위이지만 자기의 특수한 경우에는 법령에 의하여 허용된 행위로서 죄가 되지 아니한다고 그릇 인식하고 그와 같이 인식함에 있어 정당한 이유가 있는 경우에는 벌하지 아니한다는 취지이므로, 피고인이 자신의 행위가 건축법상의 허가대상인 줄을 몰랐다는 사정은 단순한 법률의 부지에 불과하고 특히 법령에 의하여 허용된 행위로서 죄가 되지 않는다고 적극적으로 그릇 인식한 경우가 아니어서 이를 법률의 착오에 기인한 행위라고 할 수 없다. 대법원 1991. 10. 11. 선고 91도1566 판결.

[11] 법률의 착오와 정당한 이유: 대법원 1998. 6. 23. 선고 97도1189 판결

관할 환경청이 비록 폐기물 배출업자가 차량을 임차하여 폐기물을 수집 · 운반하는 경우에도 '스스로 폐기물을 수집 · 운반하는 경우'에 해당하는 것으로 해석하고, 관련 규정에 따라 그 임차차량에 대하여 특정폐기물 수집 · 운반차량증을 발급해 주고 있었다 하더라도, 그러한 사정만으로는 관할 환경청이 폐기물 배출업자가 폐기물의 수집 · 운반만을 위하여 무허가 업자로부터 폐기물 운반차량을 그 운전사와 함께 임차하는 형식을 취하면서 실질적으로는 무허가 업자에게 위탁하여 폐기물을 수집 · 운반하게 하는 행위까지 적법한 것으로 해석하였다고 볼 수 없으므로, 피고인이 피고인 회사의 폐기물 수집 · 운반 방법이 죄가 되지 아니하는 것으로 믿었다 하더라도 그와 같이 믿는 데 정당한 이유가 있었다고 보기 어렵다.

[12] 법률의 착오와 정당한 이유: 대법원 2006. 5. 11. 선고 2006도631 판결

피고인 1이 환경부 홈페이지에 게시된 전자민원창구의 질의응답자료 중에서 "오염물질을 제거하기 위한 목적이 아닌 수심확보를 위하여 시행한 공사에서 발생되는 자연 상태의 준설토는 폐기물에 해당되지 않습니다"라는 게시물 혹은 "우수로에 퇴적된 자연 상태의 토사는 폐기물에 해당되지 않습니다"라는 게시물 등을 확인하고 이 사건 토사가 폐기물에 해당하지 않는 것으로 오인하게 되었다고 하더라도, 기록에 의하면 이 사건 토사는 자연 상태의 퇴적된 토사라고 할 수 없으므로 피고인 1이 위와 같이 오인하게 된 데에 정당한 사유가 있다고 보기 어렵고, 나아가 횡배수관 관로준설공사를 수행한 공소외 주식회사도 이 사건 토사가 폐기물인 것을 알지 못하였다는 사정 역시 위 피고인이 위와 같이 오인을 함에 있어 정당한 사유가 된다고 보기 어렵다.

특히, 환경관계법의 경우 고의가 성립하기 위하여는 일반적인 객관적 구성요건사실에 대한 인식뿐만 아니라 환경관계법상의 의무위반에 대한 인식이 있어야 한다. 그 전제로서 집행력 있는 이행명령 또는 금지가 행정관청으로부터 발하여졌다는 사실과 그 내용을 행위자가 인식해야 한다. 인 · 허가 등이 요구되는 행위의 경우에는 그 행위가 인 · 허가대상이라는 사실, 인 · 허가 없이 행위한다는 사실 등에 대한 인식이 요구된다. 이와 같은 인식이 존재하지 않는다면 고의가 조각되어 범죄가 성립하지 않을 것이다.[52]

Ⅶ. 위법성조각

사업자가 흔히 저지를 수 있는 행위 중의 하나가 배출허용기준 위반이다. 배출허용기준 이내의 배출행위는 '법령에 의한 행위'로서, 형법 제20조의 정당한 행위로 보아 처벌할 수 없다는 견해가 있다(판례 [13]).[53]

---

52) 장영민(각주 1), 146면.

[13] 정당행위: 부산지법 2001. 9. 25. 선고 2001노310 판결

구 대기환경보전법(1999. 4. 15. 개정 전) 제15조 제1항 제1호를 비롯한 각 규정(제10조 제1항, 제11조 제1항 등)이 배출시설 및 방지시설과 관련하여 사업자에게 부과하고 있는 각종 의무가 종국적으로 배출시설에서 배출되는 대기오염물질의 양을 배출허용기준 이하로 규제하고자 함에 있는 점, 회사측에서는 배출시설이 별도의 방지시설 없이 가동하여도 적합한 시설로 알고 가동하였던 점, 실제로 위 배출시설의 가동으로 인하여 배출되는 오염물질의 양이 위 법 소정의 배출허용기준에 훨씬 미치지 못하고 있어 위 법 제10조 제4항 소정의 절차에 따라 배출시설 변경허가를 받았더라면 방지시설설치의무가 면제되었을 것이 명백한 점 등 이와 같은 대기환경보전법위반행위에 이르게 된 경위, 위 법의 보호법익 및 위 위반행위로 인한 실질적인 법익침해정도 등 제반사정을 고려하면 위 위반행위는 사회통념상 허용될 만한 정도의 상당성이 있는 것으로서 위법성이 없는 행위에 해당되어 범죄로 되지 아니한다고 할 것이다.[54)]

그러나 이러한 논의는 환경관계법에서 배출허용기준 위반 자체를 처벌의 대상으로 하고 있지 않다는 점에서 큰 의미가 없어 보인다.[55)] 관련 환경관계법에서는 다만, 배출허용기준을 위반한 경우에 개선명령을(「대기환경보전법」 제33조, 「물환경보전법」 제39조), 정해진 기간 내에 개선명령을 이행하지 아니하거나 배출허용기준을 계속 초과한 경우에 조업정지명령을(「대기환경보전법」 제34조, 「물환경보전법」 제40조), 이 명령을 위반한 경우에 허가의 취소 · 폐쇄 · 조업정지 명령을 내리고(「대기환경보전법」 제36조, 「물환경보전법」 제42조), 이 조업정지명령, 허가취소 등 명령을 위반한 경우에 비로소 처벌하고 있을 뿐이다(「대기환경보전법」 제89조 제4호 · 제5호, 「물환경보전법」 제76조 제3호 · 제4호).

한편, 관련 환경관계법에서는 정당한 사유[56)]가 없이 배출시설 및 방지시설을 방치하거나(「대기환경보전법」 제31조 제1항 제3호 · 제4호) 정상적으로 가동하지 아니하여 배출허용기준을 초과한 오염물질을 배출하는 행위(「대기환경보전법」 제31조 제1항 제5호, 「물환경보전법」 제38조 제1항 제4호), 정당한 사유 없이 공공수역에 특정수질유해물질 등을 누출 · 유출하거나 버리는 행위(「물환경보전법」 제15조 제1항), 정당한 사유 없이 정화처리시설을 정상적으로 가동하지 아니하여 방류수수질기준에 맞지 아니하게 가축분뇨를 배출하는 행위(「가축분뇨의 관리 및 이용에 관한 법률」제17조 제1항 제7호), 정당한 사유없이 환경기술인의 요청

53) 조현권(각주 18), 632면; 한국형사정책연구원, 현행환경범죄처벌법규의 문제점과 대책, 1993, 54면, 55면, 67면.

54) 화학제품 생산회사가 대기오염물질을 배출하는 건조시설을 운영함에 있어 별도의 방지시설을 가동하지 아니하였다 하더라도 이전에 수차례 오염물질배출 조사에서 적합판정을 받는 등 항상 배출허용기준 이하의 오염물질을 배출하는 시설임을 추단할 만한 사정이 있는 경우, 공해배출방지시설을 가동하지 아니한 행위가 정당행위에 해당한다고 한 사례.

55) 배출허용기준 또는 방류수수질기준 위반 자체에 대하여 과태료가 부과되는 경우는 있다(「대기환경보전법」 제94조 제2항 제4호, 「가축분뇨의 관리 및 이용에 관한 법률」 제53조 제1항 제1호, 제2항 제2호).

56) 갑작스런 단전 · 단수, 오염물질의 부하변동 등 처리상의 문제점으로 부득이하게 배출허용기준을 초과한 경우에는 정당한 사유가 있었다고 인정할 수 있을 것이다. 대검찰청, 환경사범수사편람, 1995, 95면.

을 거부한 경우(「대기환경보전법」 제93조, 「물환경보전법」 제80조 제2호) 등을 처벌하고 있는데, 이때 '정당한 사유'가 있는 경우에는 위법성조각 이전에 범죄 구성요건이 충족되지 아니한다 할 것이다.57) 다만 정당한 사유의 해석과 관련하여서는 자의적인 판단이 이루어지고, 처벌범위가 지나치게 확장될 가능성이 있으므로 이를 특정할 것이 요망된다.58)

Ⅷ. 미 수 범

복합적 · 누적적 원인에 의한 환경침해행위는 형법상의 독립행위의 경합규정, 즉 "동시 또는 이시의 독립행위가 경합한 경우에 그 결과발생의 원인된 행위가 판명되지 아니한 때에는 각 행위를 미수범으로 처벌한다(제19조)"는 규정이 적용될 수 있을 것이다. 이 규정은 인과관계 입증의 곤란을 완화해 줄 수 있는데, 문제는 환경관계법과 「환경범죄 등의 단속 및 가중처벌에 관한 법률」은 미수범 처벌 규정을 두고 있지 않으므로 결국 그 처벌이 곤란하다는 것이다.59) 이에 미수범 처벌규정의 도입 필요성이 대두되고 있다.

Ⅸ. 죄 수

환경관계법에서는 무허가 배출시설을 설치하고, 조업행위를 하는 경우를 비교적 중하게 처벌하고 있다.60) 계속되는 무허가 조업행위에 대하여는 포괄일죄가 될 수 있다. 문제는 무허가 배출시설을 설치하여 조업하였다는 이유로 처벌을 받은 후, 동일한 배출시설을 이용하여 조업행위를 계속한 경우 별도의 죄가 성립하는가이다. 이는 기판력의 문제를 내포하게 된다. 판례는 별도의 죄가 성립하는 것으로 보고, 위 확정판결의 기판력이 그 이후의 범행에 미치지 않는 것으로 보고 있다.61)

[14] 진정부작위 범죄의 기수시기: 대법원 1994. 4. 26. 선고 93도1731 판결

일정한 기간 내에 잘못된 상태를 바로잡으라는 행정청의 지시를 이행하지 않았다는 것을 구성요건으로 하는 범죄는 이른바 진정부작위범으로서 그 의무이행기간의

57) 이에 반해 "정당한 사유 없이"를 위법성을 조각시켜주는 표지로 이해하는 견해가 있다. 장영민 · 박기석(각주 2), 42면. 정당한 사유가 법령에 정해져 있다면 구성요건 요소로 이해하는 것이 타당하고 그 이외의 경우 특히 행정청의 형식적 절차를 규정한 것이 아닌 경우에는 위법성요소로 파악하는 것이 타당하다는 견해도 있다. 장한철, "환경형법에 있어서의 보호법익과 행정종속성에 대한 고찰", 환경법연구 제26권 제1호, 2004. 4, 241면.

58) 구 「대기환경보전법」 시행령(제11조), 구 '수질환경보전법'(현행 「물환경보전법」) 시행령(제9조) 등에서 들고 있는 다음과 같은 "부득이한 사유"가 정당한 사유가 될 수 있을 것이다: ① 배출시설 또는 방지시설을 개선, 변경 · 점검 또는 보수하기 위하여 부득이한 경우; ② 배출시설 또는 방지시설의 주요기계장치 등의 돌발적 사고로 인하여 적정운영을 할 수 없는 경우; ③ 단전, 단수로 배출시설 또는 방지시설을 적정운영할 수 없는 경우; ④ 천재지변, 화재 기타 불가항력적인 사유로 배출시설 또는 방지시설을 적정운영할 수 없는 경우.

59) 송관호, "대기환경보전법상의 휘발성유기화합물질(VOC)의 행정적, 형사적 규제", 법조, 2001. 12, 95면.

60) 「대기환경보전법」과 「물환경보전법」에서는 7년 이하의 징역 또는 1억원 · 5천만원 이하의 벌금을 부과하고 있다(「대기환경보전법」 제89조 제1호, 「물환경보전법」 제75조 제1호).

61) 대법원 1992. 2. 28. 선고 91도2935 판결; 대법원 2000. 10. 27. 선고 2000도3792 판결.

경과에 의하여 범행이 기수에 이름과 동시에 작위의무를 발생시킨 행정청의 지시 역시 그 기능을 다한 것으로 보아야 한다. (…) 2개월 내에 작위의무를 이행하라는 행정청의 지시를 이행하지 아니한 행위와 7개월 후 다시 같은 내용의 지시를 받고 이를 이행하지 아니한 행위는 성립의 근거와 일시 및 이행기간이 뚜렷이 구별되어 서로 양립이 가능한 전혀 별개의 범죄로서 동일성이 없다.

[15] 대법원 2013. 5. 24. 선고 2011도9549 판결

폐기물관리법 제63조는 같은 법 제8조 제2항을 위반하여 사업장폐기물을 매립한 자를 7년 이하의 징역이나 5천만 원 이하의 벌금에 처하도록 규정하고 있는데(다만 징역형과 벌금형은 병과할 수 있다), 폐기물관리법 제8조 제2항은 "누구든지 이 법에 따라 허가 또는 승인을 받거나 신고한 폐기물처리시설이 아닌 곳에서 폐기물을 매립하거나 소각하여서는 아니 된다"고 규정하고 있어 폐기물을 어느 곳에 매립하는지에 따라 범죄의 성립 여부가 달라질 뿐만 아니라, 매립은 그 자체로 매립장소와 불가분의 관계에 있다고 볼 수 있고, 매립장소에 따라 해당 지역이나 주민에게 미치는 영향이 상당하며, 매립장소 변경 시 범의의 갱신이 이루어질 수 있다는 점을 고려할 때, 폐기물관리법 제8조 제2항 위반죄에서 매립장소는 포괄일죄 여부를 판단하는 중요한 기준이 된다. 그리고 폐기물의 매립과 관련하여 범의의 단일성과 계속성이 인정되는지를 판단하기 위해서는 위와 같은 폐기물 매립장소에 더하여 매립의 경위와 기간, 방법, 도구 등은 물론 폐기물위탁처리업체와의 거래경위나 거래방식이 어떠하고 거기에 변경이 있는지 등을 함께 고려하여야 한다.

X. 죄형법정주의의 위반 여부

환경관계법은 구체적인 행위기준을 대통령령이나 환경부령 등으로 정하는 경우가 많으며, 경우에 따라서는 당해 처벌규정이 대통령령이나 환경부령 등으로 정하여진 기준의 위반 여부를 문제삼고 있다. 예컨대, 배출허용기준(방류수수질기준)을 초과하여 오염물질(오수)을 배출하는 경우 처벌하도록 하면서(「물환경보전법」 제76조 제2호, 제38조 제1항 제4호, 「가축분뇨의 관리 및 이용에 관한 법률」 제50조 제4호, 제17조 제1항 제7호), 배출허용기준(방류수수질기준)을 환경부령으로 정하도록 하는 경우이다(「물환경보전법」 제12조, 「가축분뇨의 관리 및 이용에 관한 법률」 제13조). 이와 같은 경우에는 결국, 그 처벌의 요건이 법률이 아닌 그 하위법령에 의해 결정되기 때문에 죄형법정주의를 위반할 소지가 있다. 판례는 이를 일축하고 있다.[62]

62) 대법원 1992. 12. 8. 선고 92도407 판결.

XI. 시간적 효력(행위시법주의)

과학, 기술수준, 경제상황 등 변화에 따라 규제범위나 정도가 변할 수밖에 없는데, 특히 환경법은 그 변화가 심한 영역이라 할 것이다. 이러한 변화 가능성은 개정이 곤란한 법률보다는 시행령, 고시 등의 하위 법령이 중요한 기능을 발휘하게 만든다. 법령의 잦은 개정은 법적 안정성을 해치는 면이 있으나 변화가 심한 영역에서의 유연성 확보라는 차원에서 정당성이 인정되고 있다.

종전에 규제되지 않았던 행위가 관련 시행령, 고시 등의 변경에 의하여 범죄를 구성하는 경우에는 형법상의 행위시법주의 때문에 이를 처벌할 수는 없을 것이다.[63]

문제는 종전에 규제되던 행위가 관련 시행령, 고시 등의 변경에 의하여 범죄를 구성하지 아니하는 경우에 추급효(追及效)를 인정할 수 있는가에 있다. 형법은 제1조 제2항에서 "범죄 후 법률의 변경에 의하여 그 행위가 범죄를 구성하지 아니하거나 형이 구법보다 경한 때에는 신법에 의한다"라고 규정하고 있는데, 이를 엄격히 해석하면 특별한 규정이 없는 한 추급효는 부인된다 할 것이다. 특기할 것은, 판례는 이른바, '동기설'을 취하고 있다는 것이다. 이에 따르면, 신법에 의하여 형이 폐지되거나 경하게 변경한 경우 그 변경의 동기가 법률이념의 변경 때문인가, 단순한 사실관계의 변경 때문인가로 구분하여 전자의 경우에는 피고인에게 유리한 신법을 적용하지만 후자인 경우에는 구법을 적용하게 된다.[64]

XII. 공소시효

실무상 많이 다루어지고 있는 무허가 배출시설설치행위는 상태범이므로 공소시효의 기산점은 설치행위 완료시점이 된다. 한편, 환경관계법에서는 무허가 설치행위에 대하여 위법시설이라는 이유로 폐쇄조치등 명령, 허가의 취소등 명령을 내리고, 그 명령 위반에 대하여 별도로 처벌할 수 있는 규정을 마련하고 있는데(「대기환경보전법」 제89조 제4호·제5호, 「물환경보전법」 제76조 제3호·제4호), 이때 공소시효는 명령 위반 시부터 진행하게 된다. 결국, 무허가 설치행위에 대한 공소시효가 완성하여 이를 처벌할 수 없는 경우에도 위 명령위반죄로 처벌이 가능하게 되는 것이다.

환경오염사고는 장기간에 걸쳐 이루어지는 관계로 자칫 환경오염행위에 대한 공소시효가 완성되어 형사소추가 곤란한 경우가 발생할 가능성이 있다. 예컨대, 사업장폐기물불법매립사건의 경우에 오래 전에 이루어진 불법매립으로 인하여 토양오염, 지하수 오염 등

63) 대법원 2001. 3. 9. 선고 2000도5895 판결(이미 축산폐수배출시설을 설치한자가 그 설치 당시에는 신고대상자가 아니었다가 그 후 법령의 개정에 따라 그 시설이 신고대상 규모에 해당하게 된 경우, 같은 법 '신고 대상자'에 해당하지 않는다고 판단한 사례). 같은 취지의 판결은 대법원 2011. 7. 14. 선고 2011도2471 판결; 대법원 2016. 6. 23. 선고 2014도7170 판결.

64) 대법원 1994. 4. 12. 선고 94도221 판결.

피해가 한참의 시간이 경과한 후에야 발생된다는 사실은 공소시효가 경과할 가능성을 높이고 있다. 「폐기물관리법」은 사업장폐기물불법매립행위에 대하여 7년 이하의 징역에 처하도록 하고 있어(제63조) 공소시효가 5년이지만 불법매립행위는 이 공소시효가 훨씬 지난 후에도 발견될 수 있는 것이다. 이러한 문제점을 해소하기 위하여 예외를 인정하여 수사기관에서 범죄를 발견한 때부터 기산하도록 하자는 견해가 있으나[65] 공소시효제도의 예외를 인정함에는 신중한 접근이 필요하다. 오히려 처벌을 강화함으로써 공소시효를 보다 장기화하는 것이 합리적인 방법이라고 생각된다.

제 2 절 환경형법의 체제

우리나라에서 환경형법은 1963년 '공해방지법'을 통해 처음 모습을 드러냈다. 당시 동법에는 벌금형만 규정되어 있었는데, 1971년 개정 법률에 의하여 자유형이 삽입되었다. 1970년대 환경문제에 대한 인식이 증대하면서 소극적인 공해규제를 목적으로 하는 '공해방지법'으로는 다양하고 복잡한 환경문제를 해결하는 데 한계가 발견되었다. 결국 1977년 '공해방지법'을 대체하는 '환경보전법'이 제정되기에 이르렀다. 이 법들은 벌칙의 장에서 환경범죄를 다루었는데, 몇 개 조문에 불과하였고, 환경오염의 종류를 구분하지 아니하고 환경오염을 어떻게 야기하였느냐만을 구분하여 처벌함으로써, 규제가 미흡할 수밖에 없었다.

1990년대는 우리나라 환경법 역사에서 큰 의미를 갖고 있다. 산업화, 도시화로 환경문제가 더욱 악화되고 다양화되자 오염분야별로 대책을 마련하여야 한다는 인식이 확산되면서 우리나라 환경법은 종래의 '환경보전법'이라는 단일법체계를 대신하여 이른바 복수법체계를 채택하기에 이르른 것이다. 즉, 환경보전법을 대체하는 이른바, '환경 6법'이라고 불리는 「환경정책기본법」, 「대기환경보전법」, '수질환경보전법'(현행 「물환경보전법」), '소음 · 진동규제법'(현행 「소음 · 진동관리법」), '유해화학물질관리법'(현행 「화학물질관리법」), '환경오염피해분쟁조정법'(현행 「환경분쟁 조정 및 환경피해 구제 등에 관한 법률」) 등이 1990년 8월 1일 제정되었던 것이다. 이후 환경오염발생의 종류와 원인에 따라 개별 환경관계법이 속속 제정 · 개정되었는데, 「환경정책기본법」 등 몇 개 법을 제외한 개별 환경관계법에서는 거의 한결같이 별도의 장에서 환경범죄를 다루기 시작하였다.

환경관계법에서 벌칙규정을 두고 환경범죄를 본격적, 계속적으로 다루었음에도 불구하고 환경범죄는 감소하지 아니하였다. 환경오염이 심화되는 상황에서 특히 1991년 발생한 '낙동강 페놀오염사고'[1]는 기업형 환경범죄의 처벌 필요성을 제고하였으며, 결국 같은

---

65) 조현권(각주 18), 636면.

1) 이 사건은 1991년 3월 16일 구미공단의 두산전자(주)에서 유출된 페놀이 낙동강에 유입되어 식수를 오염시킴으로써 주민들의 건강을 해치고 수돗물에 대한 불신을 확산시킨 사건이다. 지상파이프의 연결부분에 틈이 벌어져 페놀원액 약 30톤이 배수구를 통하여 유출되어 옥계천에 유입되었고, 페놀원액이 섞인 옥계천물이 수원지에 도착하여 수돗물 살균제인 염

해 5월 31일 '환경범죄의 처벌에 관한 특별조치법'의 제정으로 그 결실을 맺게 되었다. 그 후 동법은 1999년 '환경범죄의 단속에 관한 특별조치법'(2011년 4월 「환경범죄 등의 단속 및 가중처벌에 관한 법률」로 대체)으로 명칭을 바꾸고 전면 개정되면서 적용범위를 확대하고 처벌을 강화하며, 불법배출이익의 환수 등 행정적 제재를 포함하게 되었다.

Ⅰ. 환경형법의 체제

1. 형 법

환경침해를 통해 사람의 생명이나 신체에 위해를 초래한 행위는 형법상의 살인죄(제250조), 상해죄(제257조), 업무상과실치사상죄(제268조)의 규정에 의해 처벌될 수 있으나 특별법우선의 원칙에 따라 형법의 특별법으로서의 성질을 갖는 「환경범죄 등의 단속 및 가중처벌에 관한 법률」상의 구성요건에 해당하는 경우 동법의 규율을 받을 가능성이 많다. 한편, 음용수에 관한 죄(제192조 내지 197조)[2]도 넓은 의미에서 환경범죄로 다루어질 수 있을 것이다.

형법 학자들을 중심으로 환경범죄를 형법에 통일적으로 규정[3]하자는 주장이 제기되고 있으나[4] 환경법의 특수원리, 개념을 수용하기가 어렵고, 개정이 용이하지 않아 과학 · 기술 · 경제 등 시대적 · 사회적 변화에 따른 유연한 대처가 곤란하며, 「환경범죄 등의 단속 및 가중처벌에 관한 법률」이라는 특별법이 이미 제정되어 있다는 점에서 그 현실성은 적어 보인다. 1992년에 마련된 형법개정법률안이 우여곡절 끝에 국회를 통과하지 못하고 폐기된 사실이 이를 반증하고 있다. 동 개정안은 제27장에서 환경에 관한 죄라는 장을 따로 신설하여 환경오염죄, 환경오염치사상죄 및 미수죄, 과실환경오염죄 등을 규정하고 있었는데, 공중의 생명 또는 신체의 침해에 대한 위험발생을 구성요건으로 하는 구

소와 반응을 일으켜 클로로페놀로 변하면서 수돗물에 악취가 난 것으로 밝혀졌다. 이 사건을 수사하는 과정에서 검찰은 두산전자(주) 공장장 등 6명과, 관련 공무원 7명을 구속하고 재판에 회부하기에 이르렀다(대법원 1992. 12. 8. 선고 92도407 판결 참조). 한편, 두산전자(주)에는 1개월의 조업정지 명령이 내려졌는데, 조업정지명령 10여일 만에 수출에 차질이 우려된다는 등 국민경제적 차원에서 집행정지결정이 내려졌고, 재가동에 들어간 지 8일 만인 4월 22일 부실한 시설보완공사로 인한 페놀원액 1.3톤이 누출되는 이른바, 제2차 페놀원액 유출사고가 발생하였다. "낙동강 페놀 2차 오염사태", 조선일보, 1991. 4. 22. 기사.

2) 음용수의 사용방해죄(제192조), 수도음용수의 사용방해죄(제193조), 음용수혼독치사상죄(제194조), 수도불통죄(제194조) 등이 이에 해당한다.

3) 독일, 오스트리아, 포르투갈, 스웨덴, 스페인 등이 이러한 입법례를 취하고 있다고 알려지고 있다. 신동운, "환경범죄의 효율적 대처방안", 형사정책연구 제2호, 1990, 15면.

4) 이러한 주장의 주된 논거는 다음과 같다. ① 환경침해에 대하여 지금까지보다 더 확장된 형사법적 제재방안을 환경형법에 마련함으로써 환경문제에 보다 효율적으로 대처할 수 있다. ② 환경범죄를 일반형법전에 규정함으로써 환경파괴행위가 가지는 사회적 해악성 및 범죄성을 분명하게 인식시켜서 일반예방적 효과를 기대할 수 있다. ③ 형법전에 환경범죄를 규정함으로써 날로 다양화, 세분화되어 가는 환경관계법령의 집행에 통일성을 기할 수 있다. ④ 환경형법을 환경행정법으로부터 분리시켜 일반형법전에 규정할 때 행정법상의 특수원리와 형법상의 기본원리들이 원만하게 조절되어서 법집행의 원활을 꾀할 수 있다. 신동운(앞의 글), 24면. 형법전에서 통일적 규율을 할 필요가 있다는 견해는 조병선, "형법개정과 환경범죄", 한국형사법학회 1991 정기총회 발표자료, 7면 이하 참조.

체적 위험범을 상정하고 있었다.

2. 환경관계법

「환경정책기본법」 등 몇 개 법을 제외한 개별 환경관계법은 모두 벌칙의 장에서 과태료와 함께 환경침해행위를 처벌하는 규정을 두고 있다. 환경관계법에서 다루는 환경범죄는 뒤에서 살펴보는 「환경범죄 등의 단속 및 가중처벌에 관한 법률」과 달리 사람의 생명 또는 신체에 대한 위해발생 이전 단계인 환경재의 침해 내지 위험행위를 범죄화하고 있다. 이 규정들은 주로 추상적 위험범의 형태를 상정함으로써, 생명 · 신체의 위험 또는 침해발생을 요건으로 하지 아니하고, 구성요건에 해당하는 행위만 있으면 바로 범죄가 성립하게 된다. 예컨대, 무허가 배출시설설치행위(「대기환경보전법」 제23조, 「물환경보전법」 제33조)는 대기 · 수질환경을 침해할 가능성이 높으므로 구체적으로 환경이 침해되었는지를 불문하고 그 행위를 처벌하고 있는 것이다. 이 같은 추상적 위험범 형태는 환경오염의 일반 예방차원에서 정당성이 인정되는 부분이 없는 것은 아니나 조업정지, 과태료 등 행정규제로 해결하면 될 것조차 범죄화함으로써, 형법의 보충성 원칙에 반할 우려가 있다.[5] 문제의 심각성은 사소한 법익의 침해에 해당되는 것조차 행정편의적으로 처벌하는 경향이 있다는 것이다.

「환경범죄 등의 단속 및 가중처벌에 관한 법률」의 대상범죄가 제한적이고 중한 범죄만을 다루고 있다면, 환경관계법의 적용대상범죄는 광범위하다. 일반적으로 환경범죄에 대한 형은 단순한 행정규제 위반에 대하여도 처벌하고 있다는 점에서 그 형이 무겁다고 할 수 있으나[6] 일부 범죄에 대하여는 형이 지나치게 가벼운 면도 있어 형평성의 문제가 제기될 수 있다.[7] 실무상으로는 무허가 배출시설설치 · 조업행위, 배출시설 · 방지시설의 비정상운영이 압도적 비중을 차지하고 있으며,[8] 벌금형이 주로 부과되고 있다.[9] 현행 환경관계법에서의 법정 최고형은 징역형으로는 7년, 벌금형으로는 1억원이다.

---

5) 형사처벌과 행정제재를 택일적으로 가할 수 있는 구조는 처벌받는 행위가 형벌이라는 최후 수단에 의해 처벌될 만한 진정한 범죄행위인지 의문을 가지게 한다. 조병선, "우리나라의 환경범죄와 환경형법 —환경오염의 범죄성판단지침 및 그와 대비한 환경형법의 평가 및 제안—", 형사법연구 제5호, 1992/1993, 149면.

6) 허가를 받지 않고 조업하였으나 오염물질을 배출하지 아니한 경우 7년 이하의 징역이나 5천만원 이하의 벌금에 처하도록 하고 있는 것은 지나치게 과중한 형벌일 뿐만 아니라 더 나아가 이러한 행위에 대하여는 과태료를 부과하면 족할 것이라는 견해가 있다. 오영근, "현행 환경범죄규제법규의 문제점", 환경범죄의 실태와 규제방안 —제9회 형사정책 세미나—, 한국형사정책연구원, 1993. 4, 197면.

7) 예컨대, 징역형만을 살펴볼 때 「자연환경보전법」(제63조), 「자연공원법」(제82조), 「습지보전법」(제23조), 「악취방지법」(제26조), 「소음 · 진동관리법」(제56조), 「지하수법」(제37조)에서는 징역 3년, 「자원의 절약과 재활용촉진에 관한 법률」(제39조)에서는 징역 3년이 법정 최고형이다.

8) 김익기 · 김성언, 한국의 환경오염 및 환경범죄의 실태와 대책, 한국형사정책연구원, 1993, 98 내지 99면.

9) 검찰의 환경범죄에 대한 전체 사건 중 구약식이 1994년부터 1998년까지 평균 78.8%에 이르며, 1998년의 경우는 76.3%를 차지하고 있다. 대검찰청, 환경사범 수사사례집, 1999, 10면.

3. 환경범죄 등의 단속 및 가중처벌에 관한 법률

일본의 「人の健康に係る公害犯罪の處罰に關する法律」을 모델로 하여 제정된 것으로 알려진 이 법은 생활환경 또는 자연환경 등에 위해를 끼치는 환경오염 또는 환경훼손 행위에 대한 가중처벌 및 단속 · 예방 등에 관한 사항을 정함으로써 환경보전에 이바지함을 목적으로 하고 있다(제1조). 동법은 중대한 환경범죄행위를 독자적인 범죄구성요건과 형벌체계를 갖추어 가중처벌하고 있다는 점에서 형사특별법으로서의 성질을 가지고 있다. 더 나아가 법명 중 '단속'이 함축하는 바와 같이 행정규제법으로서의 성질도 가지고 있는데, 오염물질의 불법배출로 인하여 얻은 불법배출이익에 대한 과징금의 부과, 불법배출시설의 사용중지, 철거 또는 폐쇄명령과 이러한 행정처분의 실효성을 확보하기 위한 대집행, 환경범죄의 제보자에 대한 포상제도, 환경감시관제도 등이 그 좋은 예이다.

가. 오염물질 배출행위 등의 가중 처벌

동법의 핵심적인 규정이라고 할 수 있는 제3조 제1항은 오염물질을 불법배출함으로써 사람의 생명이나 신체에 위해를 끼치거나 상수원을 오염시킴으로써 먹는 물의 사용에 위험을 끼친 자를 3년 이상 15년 이하의 유기징역에 처하도록 함으로써, 오염물질 불법배출행위를 가중처벌하고 있다. 이 규정은 사람의 생명 · 신체에 구체적 위해를 끼친 경우만을 처벌하기 때문에, 환경관계법상의 환경범죄에 비하여 적용 및 처벌시점이 늦고 적용대상범죄도 제한적이다. 이는 이 규정 나아가 동법의 적용을 제한하는 요소로 작용하게 된다.[10] 아직까지 환경관계법상의 환경범죄가 처벌의 중심을 차지하고 있는 이유가 여기에 있다.

(1) 사람의 생명 · 신체에 대한 위해

(가) 오염물질의 배출

동 규정은 인체에 해로운 오염물질을 배출하여 사람의 생명, 신체에 위해를 끼친 자를 기존의 환경관계법에서보다 특별히 무겁게 처벌하고 있다. 이 규정에 의하여 처벌하기 위하여는 우선 행위자가 '오염물질'을 배출하여야 한다. 여기에서 말하는 오염물질이란 개별 환경관계법 규정에 의한 대기오염물질, 수질오염물질, 토양오염물질, 유독물, 오수 · 분뇨 또는 가축분뇨, 폐기물, 농약 및 원제 등이다(제2조 제1호). 그 결과 예컨대, 악취물질은 대기오염물질로서, 석유는 수질오염물질로서, 동물의 분뇨는 가축분뇨로서 이러한 물질을 배출한 자는 동 규정의 의율을 받을 수 있게 된다. 그러나 방사성물질[11], 소음 · 진동, 해양오염물질(예컨대, 「해양환경관리법」상의 기름, 유해액체물질 등),[12] 일조, 통풍, 조망,

---

10) 1998년 동법 위반으로 사법처리된 인원은 12명(구속 3명 포함)에 불과하다. 대검찰청(앞의 책), 8면.

11) 「환경정책기본법」에서는 정부로 하여금 방사성물질에 의한 환경오염 및 그 방지 등을 위하여 적절한 조치를 취하도록 하고 있는데(제34조), 물론 「형법」(제172조의2), 「원자력안전법」(제115조)에 의한 규율을 기대해 볼 수 있으나 방사성 물질에 의한 피해가 심각하다는 점에서 동법의 적용가능성을 열어 둘 필요가 있다.

12) 「환경정책기본법」 제30조는 정부로 하여금 환경보전을 위하여 대기오염 · 수질오염 · 토양오염 또는 해양오염의 원인이 되

지반침하[13] 등에 의한 침해에 대해서는 해석상 그 적용이 배제됨으로써 동법에 의한 형사제제가 곤란하게 된다. 이러한 관점에서 적용범위의 확대 필요성이 제기된다.[14] 이에 대하여 방사성물질은 형법 제172조의2, 「원자력안전법」 등에 처벌규정이 마련되어 있고, 소음 · 진동은 보존되는 물질이 아니어서 그 결과인 피해발생 사이의 인과관계의 입증이 어렵다는 등 이유로 적용대상의 확대에 소극적인 견해가 있다.[15]

(나) 불법배출

동 규정이 적용되기 위해서는 그 배출이 '불법배출'이어야 한다. 동법은 불법배출행위를 특정하고 있는데 아래 ≪표≫와 같다. 주의할 것은 오염물질을 실제로 배출하지 않고 단순히 불법배출관을 설치한 것도 그 자체로 동법에서 말하는 불법배출의 개념에 포함된다는 것이다(제2조 제2호).

≪불법배출≫

유 형	해당 법조문	벌 칙
배출시설 · 방지시설의 비정상 운영	대기환경보전법 제31조 제1항 제1호 · 제5호	7년 이하의 징역 또는 1억원 이하의 벌금(제89조 제3호)
〃 (가지배출관 등 설치)	대기환경보전법 제31조 제1항 제2호	5년 이하의 징역 또는 천만원 이하의 벌금(제90조 제2호)
공공수역에 특정수질유해물질 등 누출 등	물환경보전법 제15조 제1항 제1호	3년 이하의 징역 또는 1천5백만원 이하의 벌금(제77조)
배출시설 · 방지시설의 비정상 운영	물환경보전법 제38조 제1항	5년 이하의 징역 또는 3천만원 이하의 벌금(제76조 제2호)
폐수무방류배출시설의 비정상 운영	물환경보전법 제38조 제2항	7년 이하의 징역 또는 5천만원 이하의 벌금(제75조 제3호)
사업장폐기물 투기 · 매립	폐기물관리법 제8조 제1항 · 제2항	7년 이하의 징역 또는 5천만원 이하의 벌금(병과 가능)(제63조)
폐기물 불법매립	폐기물관리법 제13조	3년 이하의 징역 또는 2천만원 이하의 벌금(병과 가능) (제65조 제1호)
폐기물수집 · 운반 · 보관 · 처리기준 위반에 의한 환경오염	폐기물관리법 제13조	2년 이하의 징역 또는 1천만원 이하의 벌금(제66조 제1호)
폐기물처리시설 관리기준 위반에 의한 환경오염	폐기물관리법 제31조 제1항	2년 이하의 징역 또는 1천만원 이하의 벌금(제66조 제13호)

는 물질의 배출, 소음, 진동, 악취의 발생, 폐기물의 처리, 일조의 침해 및 자연환경의 훼손에 대하여 필요한 규제를 하도록 규정하고 있음에도 불구하고 「환경범죄 등의 단속 및 가중처벌에 관한 법률」은 해양오염물질, 소음 · 진동에 따른 침해행위에 대한 적용을 고려하고 있지 않다.

13) 「환경분쟁조정법」은 일조, 통풍, 조망, 지반침해 등을 분쟁조정대상의 범위에 넣고 있다(제2조, 시행령 제2조).

14) 이상돈 · 이창환, 환경법, 이진출판사, 1999, 325면.

15) 조현권, 환경법 −이론과 실무−, 법률문화원, 1999, 639면.

공공하수처리시설 또는 분뇨 처리시설의 비정상운영	하수도법 제19조 제2항	5년 · 2년 이하의 징역 또는 3천 · 2천만원 이하의 벌금(제75조 제1호, 제76조 제1호)
개인하수처리시설의 비정상 운영	하수도법 제39조 제1항	1년 이하의 징역 또는 1천만원 이하의 벌금(제77조 제7호)
분뇨의 부적정 처리	하수도법 제43조 제2항	1년 이하의 징역 또는 1천만원 이하의 벌금(제77조 제9호)
배출시설 · 처리시설의 비정상 운영	가축분뇨의관리및이용에관한법률 제17조 제1항	2년 이하의 징역 또는 2천만원 이하의 벌금(제49조 제5호)
공공처리시설의 비정상운영	가축분뇨의관리및이용에관한법률 제25조 제1항	5년 이하의 징역 또는 3천만원 이하의 벌금(제48조 제3호)
공공수역에 분뇨 등 투기, 다량의 토사 유출 등	물환경보전법 제15조 제1항 제2호 · 제4호	1년 이하의 징역 또는 1천만원 이하의 벌금(제78조 제3호 · 제4호)
유해화학물질 취급기준 위반 유해화학물질의 배출 · 누출	화학물질관리법 제13조	3년 이하의 징역 또는 5천만원 이하의 벌금(제59조 제1호)
배출허용기준 초과 오염물질의 배출	대기환경보전법 제16조, 제29조 제3항	처벌 없음
〃	물환경보전법 제32조	〃
방류수수질기준 초과 오염물질의 배출	하수도법 제7조	500만원 이하의 과태료(제80조 제1항 제1호)
처리시설의 방류수수질기준 초과 오염물질의 배출	가축분뇨의관리및이용에관한법률 제13조	1천만원 · 500만원 이하의 과태료(제53조 제1항 제1호, 제2항 제2호)
대기오염물질배출시설 · 방지시설 비정상운영(공기를 섞어 배출하는 행위)	환경오염시설의통합관리에관한법률 제21조 제1항 제1호 가목	7년 이하의 징역 도는 1억원 이하의 벌금
대기오염물질배출시설 · 방지시설 비정상운영(가지 배출관 등의 설치)	같은 호 나목	5년 이하의 징역 도는 5천만원 이하의 벌금
폐수배출시설 · 방지시설 비정상 운영	같은 항 제2호	5년 이하의 징역 도는 5천만원 이하의 벌금
허가배출기준 초과 오염물질등의 배출	같은 항 제3호	7년 이하의 징역 도는 1억원 이하의 벌금

(다) 사람의 생명 또는 신체에 '위해'를 발생

오염물질의 불법배출로 인하여 사람의 생명 또는 신체에 위해가 발생되어야 한다. 동 · 식물에 대한 피해나 재산피해를 발생시키는 행위는 동법의 처벌대상이 아니다. '사람의 생명 또는 신체에 위해'를 끼친다는 것은 사람의 생명 또는 신체를 침해할 염려가 있는 상태로 만드는 것을 의미한다. 이는 생명 또는 신체의 구체적 위험, 즉 현실적 위험의 발생을 요건으로 한다는 점에서 구체적 위험범이라고 할 수 있다.

[1] 생명 또는 신체에 대한 위험: 인천지법 1995. 10. 25. 선고 95고합486 판결(항소)

환경범죄의처벌에관한특별조치법 제2조 제1항은 유해물질 등 인체에 해로운 물질을 배출하여 공중의 생명, 신체에 위험을 발생시킨 자를 기존의 환경관계법보다 특별히 무겁게 처벌하고자 하는 데 그 입법 목적이 있다고 할 것이어서, 위 특별조치법을 적용하기 위하여는 단순히 배출허용기준을 초과한 특정수질오염물질을 배출하거나 무단 방류한 것만으로는 부족하고 이로 인하여 공중의 생명 또는 신체에 대한 위험이 발생할 것을 요하며, 여기서 말하는 위험은 단순한 추상적인 위험만을 의미하는 것이 아니라 공중의 생명 · 신체에 대한 실해가 발생하거나 실해 발생에 대한 절박성 내지는 고도의 개연성까지는 요하지 않는다고 하더라도, 적어도 일반인의 건전한 상식에 비추어 특정수질오염물질의 배출로 인하여 공중의 생명 또는 신체에 위험이 생겼다고 두려움을 가질 정도의 구체적인 위험을 의미한다.

일반적으로 위해라 함은 피해발생 이전 단계로서 실해 발생의 가능성 또는 개연성이 존재하는 상태라고 말할 수 있으나 구체적으로 어느 시기에 그 위해가 발생한 것인지를 판단하기란 쉬운 것이 아니다. 예컨대, 오염물질의 배출, 해양에 오염물질의 축적, 플랑크톤 등의 미생물에 오염물질의 축적, 사람이 먹는 생물(예컨대 물고기, 김)의 오염, 사람의 체내에 오염물질의 반입, 사람의 체내에 오염물질의 축적, 사람의 신체에 이상징후의 발생 등 일련의 전개과정에서 어느 시점에 위해가 발생한 것으로 볼 것인지 그 판단은 여간 어려운 것이 아닐 것이다.

구체적 위험범 형태로 규정하면서 발생하는 이러한 문제는 구성요건 기준이 명확하지 않아 수사기관이나 법원의 자의적인 판단이 개입할 여지가 많다는 비판으로 이어지고, 그 대안으로 사람의 생명 또는 신체에 대한 위해발생 이전에, 즉 환경재에 대한 침해 또는 오염물질의 배출행위 자체로 범죄가 성립한 것으로 보자는 입법론이 모색되고 있다. 추상적 위험범의 형태로 규정하자는 견해도 있다.16)

한편, 이 죄를 범하여 사람을 죽거나 다치게 한 자는 무기 또는 5년 이상의 유기징역에 처한다(제3조 제2항). 사망과 상해를 구별하지 아니하고 동일한 법정형을 두고 있는 것이 양형과 관련하여 법관에게 과도한 재량권을 준 것이라는 비판이 제기될 수 있다.

(2) 상수원 오염

동법은 상수원을 오염시킴으로써 먹는 물의 사용에 위험을 끼친 자를 처벌하고 있다(제3조 제1항). 이 범죄는 상수원 오염의 초래와 먹는 물의 사용에 위험을 초래할 것을 요구하는 결과적 가중범이다. 일반적으로 상수원은 식용 · 공업용 등에 제공하기 위하여 취수시설을 설치한 지역의 하천 · 호소 · 지하수 등을 말하나(「수도법」 제3조 제2호), 동 규정이 특별히 먹는 물의 사용에 위험을 끼친 경우를 처벌한다는 점에서 음용에 해당하는 상수원만

16) 오영근(각주 6), 192면.

이 문제될 것이다. 다만 먹는 물로 사용되지 않는 상수원은 자연생태계 침해행위를 처벌하는 제3조 제3항의 적용을 받을 수 있을 것이다. '먹는 물 사용의 위험'은 생명 또는 신체에 대한 위험이 아니라 먹는 물로 사용하려는 데 따르는 위험을 말한다. 그 결과 식수사용중단조치가 내려진 경우에도 이 규정의 구성요건에 해당된다고 이해되고 있다.[17] 이 죄를 범하여 사람을 죽거나 다치게 한 자는 무기 또는 5년 이상의 유기징역에 처한다(제3조 제2항).

나. 자연생태계 침해행위의 처벌

1996년 6월 경 발생한 '한탄강 물고기 떼죽음 사건'[18]을 비롯한 어패류 집단폐사 등 대형 환경오염사고는 자연생태계파괴에 대처하는 입법의 필요성을 제기하였다. 동법은 이러한 요구에 부응하여 사람의 생명 · 신체에 위해를 끼쳤는지와 무관하게 자연생태계에 환경오염 또는 환경훼손을 초래한 행위자체를 별도로 처벌하고 있다. 즉 오염물질을 불법배출한 자로서 다음에 해당하거나 「물환경보전법」 제15조 제1항 제4호를 위반한 자로서 ③에 해당하는 자는 1년 이상 7년 이하의 징역에 처한다: ① 농업 · 축산업 · 임업 또는 원예업에 이용되는 300㎡ 이상의 토지를 해당 용도로 이용할 수 없게 한 자,[19] ② 바다 · 하천 · 호소 또는 지하수를 별표 1에서 정하는 규모 및 기준 이상으로 오염시킨 자, ③ 어패류를 별표 2에서 정하는 규모 이상으로 집단폐사에 이르게 한 자(제3조 제3항). 형의 하한(1년)을 정함으로서 자연생태계 침해범죄를 중하게 처벌하고 있다.

다. 환경보호지역 오염행위 등의 가중처벌

동법은 상수원보호구역, 자연공원, 특별대책지역, 수변공원 등 환경보호지역에서의 오염행위 등에 대하여 가중처벌하는 규정을 두고 있다. 즉 환경보호지역에서 제3조 제1항부터 제3항까지의 죄를 범한 자에 대하여는 해당 형의 2분의 1까지 가중할 수 있으며(제4조 제1항), 환경보호지역에서 「자연환경보전법」 제15조 제1항 제2호(동법 제22조 제2항에서 준용하는 경우를 포함), 「독도 등 도서지역의 생태계보전에 관한 특별법」 제8조 제1항 제3호, 「자연공원법」 제23조 제1항 제3호(공원구역 중 공원자연보존지구와 공원자연환경지구의 경우만 해당), 「습지보전법」 제13조 제1항 제1호 또는 「수도법」 제7조 제4항 제3호를 위반하여 토지를 300㎡ 이상 형질변경[20]한 자는 2년 이상 15년 이하의 유기징역에 처한

17) 조현권(각주 15), 641면.

18) 1996년 6월 11일 국민관광지인 한탄강에서 잉어, 붕어 등 민물고기 수십만 마리가 떼죽음 당하는 사건이 발생하였다. 당국은 한탄강 상류지역인 총연장 149㎞의 신천변에 밀집한 350개소의 염색, 피혁 업체와 다수의 축산 농가에서 무단방류된 공장, 축산폐수를 그 오염원으로 보고 있다. "한탄강 물고기 떼죽음", 조선일보, 1996. 6. 11. 기사; "물고기 떼죽음 '죽음의 강'", 조선일보, 1996. 6. 12. 기사.

19) "이용할 수 없게 한 경우"란 일시적이거나 영구적이거나를 불문하고 사실적으로나 감정상으로나 물건의 본래 이용목적에 이용할 수 없도록 만드는 것을 말한다. 대법원 1971. 11. 23. 선고 71도1576 판결 참조.

20) "도시계획법 제4조 제1항 제1호 등에서 규정하는 '토지의 형질변경'이라 함은 절토, 성토 또는 정지 등으로 토지의 형상을 변경하는 행위(조성이 완료된 기존 대지 안에서의 건축물 기타 공작물의 설치를 위한 토지의 굴착행위를 제외한다)와 공유수면의 매립을 뜻하는 것으로서 토지의 형질을 외형적으로 사실상 변경시킬 것과 그 변경으로 말미암아 원상회복이 어려운 상태에 있을 것을 요하고, 여기에서 절토라 함은 기존 토지의 토석의 양을 줄이는 행위를, 성토라 함은 반대로 기존 토지의 토석의 양을 늘리는 행위를 의미하는바, 개발제한구역으로 지정된 토지 내의 직경 50m쯤 되는 연못의 흙을

다(동조 제2항). 오염물질을 불법배출하거나 제2항의 죄를 범하여 환경보호지역을 그 설정 또는 지정의 목적을 상실하게 할 정도에 이르게 한 자는 5년 이상의 유기징역에 처한다(동조 제3항).

라. 과실범의 처벌

동법은 고의범은 물론이고 일정한 범위에서 과실범도 처벌하고 있다. 즉 업무상과실 또는 중대한 과실로 인하여 제3조 제1항의 죄를 범한 자는 7년 이하의 징역 또는 1억원 이하의 벌금에 처한다(제5조 제1항). 업무상과실 또는 중대한 과실로 인하여 제3조 제2항 또는 제4조 제3항의 죄를 범한 자는 10년 이하의 징역 또는 1억5천만원 이하의 벌금에 처한다(동조 제2항). 자연생태계가 파괴되면 흔히 사람의 생명 또는 신체에 심대한 영향을 미칠 뿐만 아니라 그 복원비용이 엄청나고, 완전복원이 사실상 불가능하다는 점 등을 고려하여 업무상과실 또는 중대한 과실로 인하여 제3조 제3항의 죄를 범한 자는 3년 이하의 징역이나 금고 또는 3천만원 이하의 벌금에 처한다(동조 제3항).

마. 멸종위기 야생생물의 포획등의 가중처벌

야생동물에 대한 조직적인 밀렵행위를 단속하기 위하여 그 처벌의 강화 및 지속적인 단속이 요구되고 있다. 동법은 매매를 목적으로 멸종위기야생생물을 포획 · 채취 · 훼손하거나 고사시킨 경우, 가공 · 유통 · 보관 · 수출 · 수입 · 반출 또는 반입한 경우, 또는 멸종위기야생생물을 포획하거나 고사시키기 위하여 폭발물 · 덫 · 창애 · 올무 · 함정 · 전류 및 그물을 설치 또는 사용하거나 유독물 · 농약 및 이와 유사한 물질을 살포 또는 주입한 경우 「야생생물 보호 및 관리에 관한 법률」의 해당 조에서 정한 징역과 함께 매매로 인하여 취득하였거나 취득할 수 있는 가액의 2배 이상 10배 이하에 해당하는 벌금을 병과하도록 하고 있다(제6조).

바. 폐기물 불법처리의 가중처벌

동법은 조직적인 폐기물 매립행위를 차단하기 위하여 단체 또는 집단의 구성원으로서 영리를 목적으로 사업장폐기물을 버리거나 매립하는 자(「폐기물관리법」 제63조)에 대하여 가중처벌하고(2년 이상 10년 이하의 징역), 폐기물을 버리거나 매립함으로 인하여 취득한 가액의 2배 이상 10배 이하에 해당하는 벌금을 병과하도록 함으로써(제7조), 폐기물 불법처리에 대한 법적 제재를 강화하고 있다.

환경범죄는 그로 인해 큰 이익을 얻을 수 있는 반면 위반행위가 쉽게 발각되지 않아 고의적으로 범하는 경우가 많으므로 무엇보다도 범죄로 인하여 얻는 이익의 가능성보다 그에 의해 보게 될 손실가능성이 크도록 하는 것이 중요하다. 이러한 점에서 손실가능성을 크게 하고 있는 이와 같은 규정은 주목할 만하다.

파내어 직경 20m쯤 되는 연못을 메우는 등 절토 및 성토작업을 한 사실은 도시계획법 제21조 제2항 소정의 형질변경행위에 해당한다." 대법원 1995. 3. 10. 선고 94도3209 판결; 대법원 1996. 7. 12. 선고 96도1237 판결.

사. 누범의 가중

오염물질의 불법배출에 대한 지속적인 단속에도 불구하고 환경범죄가 감소하지 아니하고 오히려 조직적 · 반복적으로 이루어지고 있는 것은 처벌의 강도가 약한 것이 아닌가 하는 의구심을 불러일으키기에 충분하다. 이러한 관점에서 상습범 내지 누범에 대한 처벌의 강화는 합리적 근거를 갖게 된다. 동법은 제3조부터 제5조까지 또는 제7조의 죄로 금고 이상의 형을 선고받고 그 집행이 끝나거나 집행을 면제받은 지 3년 내에 제3조 제1항, 제4조 제3항 또는 제7조의 죄를 범한 자에 대하여 무기 또는 5년 이상의 유기징역에 처하도록 하고 있으며, 특히 제7조의 죄를 범한 자에 대하여는 폐기물을 버리거나 매립함으로 인하여 취득한 가액의 2배 이상 10배 이하에 상당하는 벌금을 병과하도록 하고 있다(제8조).

문제는 개별 환경관계법에 의한 불법배출행위는 그 처벌의 정도가 각기 다른데도 불구하고 동법이 그 누범에 대하여 형의 하한(5년)을 정하여 일률적으로 동일하게 가중처벌함으로써 형평성을 해칠 우려가 있다는 것이다.21) 예컨대, 7년 이하의 징역 또는 1억원 · 5천만원 이하의 벌금이 부과되는 배출시설 · 방지시설의 비정상 운영(「대기환경보전법」 제89조), 사업장폐기물 투기 · 매립(「폐기물관리법」 제63조)이나 200만원 이하의 벌금이나 500만원 이하의 과태료 등이 부과될 뿐인 방류수수질기준 위반(「하수도법」 제80조) 등에 대하여 누범이라는 이유로 동일하게 5년 이상의 징역에 처한다는 것은 형평성 차원에서 문제가 있는 것이다.

형법상의 누범가중의 예, 즉 장기의 2배까지 형벌을 가중하도록 되어있는 예를 따르는 것이 무난하리라고 보인다. 굳이 가중처벌의 필요가 있는 경우에는 환경관계법의 벌칙을 강화함으로써 해결할 수 있을 것이다.

아. 양벌규정

동법은 전형적인 양벌규정을 두어 행위자뿐만 아니라 법인 또는 기업주를 처벌하는 근거를 마련하고 있다. 즉 법인의 대표자나 법인 또는 개인의 대리인, 사용인, 그 밖의 종업원이 그 법인 또는 개인의 업무에 관하여 제5조부터 제7조까지의 위반행위를 하면 그 행위자를 벌하는 외에 그 법인 또는 개인에게도 해당 조문의 벌금형을 과한다. 다만, 법인 또는 개인이 그 위반행위를 방지하기 위하여 해당 업무에 관하여 상당한 주의와 감독을 게을리 하지 아니하였을 경우에는 그러하지 아니하다(제10조).

자. 인과관계의 추정

동법은 엄격한 요건하에서 인과관계를 추정하는 규정을 마련하고 있다. 즉 사람의 생명 · 신체, 상수원 또는 자연생태계 등에 위해(제3조 제3항 각호의 어느 하나에 해당하는 경우

---

21) 김승열, "환경범죄의처벌에관한특별조치법개정법률안", 법제 제503호, 1999. 11, 52 내지 53면.

를 포함)를 끼칠 정도로 오염물질을 불법배출한 사업자가 있는 경우 그 오염물질의 불법배출에 의하여 위해가 발생할 수 있는 지역에서 같은 종류의 오염물질로 인하여 생명 · 신체등에 위해가 발생하고 그 불법배출과 발생한 위해 사이에 상당한 개연성이 있는 때에는 그 위해는 그 사업자가 불법배출한 물질로 인하여 발생한 것으로 추정한다(제11조). 따라서 오염물질을 위해가 발생할 수 있을 정도로 배출한 자는 그 영향이 미치는 지역 안에서 동종의 물질에 의하여 발생한 위험에 대하여 자신의 행위에 의한 것이 아니라는 것을 증명함으로써 그 추정을 배제할 수 있다. 이 규정과 관련하여서는 인과관계만 있다면 이를 추정한다는 의미없는 규정이므로 폐지되어야 한다는 주장이 있으나[22] 오염행위와 피해 사이에 자연과학적인 증명이 여간 어려운 것이 아니라는 점에서 동 규정은 나름대로 의미가 있다 할 것이다. 문제의 핵심은 이 규정의 폐지 여부가 아니라 활용 여부에 있는 것이다.

차. 과 징 금

현행 환경관계법에서는 불법배출시설 · 비밀배출관 등을 통한 오염물질의 배출행위, 공공수역에의 특정수질유해물질 · 지정폐기물 · 유류 · 유독물 · 농약의 누출 · 유출 또는 투기행위, 영리를 목적으로한 폐기물의 불법투기 · 매립행위, 일정 규모 미만인 관계로 배출시설이 아닌 시설로부터의 배출행위, 악취발생물질의 노천소각 등을 통하여 이득을 취득한 자에 대하여 그 이득을 회수할 수 있는 방안이 마련되어있지 않다. 또한, 환경규제수단으로서 중요한 기능을 하는 배출부과금(「물환경보전법」 제41조, 「대기환경보전법」 제35조)은 원칙적으로 배출허용기준초과가 적발된 이후를 대상으로 하고 있으므로 적발 이전에 사업자가 불법배출시설, 비밀배출관 등을 통하여 오염물질을 불법배출한 경우 불법배출로 지출이 이루어지지 아니한 처리비용은 그대로 사업자의 이득으로 남을 가능성이 많다. 이러한 불법이득은 사업자에게 불법배출의 동기를 제공하고, 계속적인 불법배출로 이어진다는 문제점이 지적되어 왔다. 이에 동법은 이러한 문제점을 보완하여 사업자의 불법이득에 대한 환수규정을 두기에 이르렀다. 즉 환경부장관은 특정대기유해물질을 불법배출한 자 등 일정한 자에게 매출액에 100분의 5를 곱한 금액을 초과하지 아니하는 금액(위반부과금액)과 오염물질의 제거 및 원상회복에 드는 비용(정화비용)을 더한 금액을 과징금으로 부과할 수 있다. 다만, 매출액이 없거나 매출액의 산정이 곤란한 경우로서 대통령령으로 정하는 경우에는 위반부과금액을 10억원 이내로 한다(제12조 제1항). 매출액을 계산할 때에는 해당 사업장의 최근 3년간 매출액의 평균을 기준으로 한다(동조 제2항). 한편 과징금을 산출함에 있어 행위자가 동일한 위반행위로 제15조의2 제1항 각 호에 따른 벌금, 과징금, 과태료 또는 배출부과금을 부과 받은 경우 그 액수에 상당하는 금액을 과징금에서 뺀다

22) 오영근(각주 6), 193면.

(동조 제3항).

카. 행정처분 등

환경부장관은 불법배출시설의 소유자 또는 점유자에게 해당 시설의 사용중지, 철거 또는 폐쇄를 명할 수 있다(제13조 제1항). 동법은 이를 이행하지 않는 경우에 대집행(동조 제3항)과 형사처벌(제9조)이 가능하도록 함으로써 행정처분의 실효성을 확보하고 있다.

타. 행정처분 효과의 승계

동법은 사업자가 불법배출시설을 양도하거나 사망한 경우 또는 법인인 사업자가 합병한 경우에는 종전의 사업자에 대하여 제13조에 따라 행정처분의 효과가 양수인, 상속인 또는 합병 후 존속하는 법인이나 합병으로 새로 설립되는 법인에 승계되도록 함으로써(제14조), 행정처분의 실효성 확보를 도모하고 있다.

파. 포 상 금

환경범죄에 대한 정부의 단속에는 일정한 한계가 있고, 근본적인 환경범죄의 감소를 위해서는 시민의식이 중요하다는 점에서 시민의 환경감시 기능은 중요하다. 동법은 이 법 또는 대통령령으로 정하는 환경관계 법률을 위반한 행위(환경법위반행위)가 발각되기 전에 수사기관, 환경부장관, 지방환경관서의 장, 시 · 도지사, 또는 시장 · 군수 · 구청장에게 신고한 자에게 포상금을 지급할 수 있도록 함으로써(제15조), 환경범죄에 대한 시민의 신고를 유인하고, 범죄예방 효과를 기대하고 있다.

하. 환경감시관

동법은 「대기환경보전법」 등 45개 법률에서 규정하는 위반행위의 단속 · 예방을 위하여 환경부 및 그 소속기관에 환경감시관을 두고, 환경감시관은 환경부 및 그 소속기관에서 환경감시업무에 종사하는 공무원 중에서 임명하도록 하고 있다(제15조의2).

Ⅱ. 환경범죄의 단속기관

범죄수사권은 검사에게 있다. 사법경찰관(수사관, 경무관, 총경, 경감, 경위)은 검사의 지휘를 받아 수사를 할 수 있고, 사법경찰리(경사, 순경)는 검사 또는 사법경찰관의 지휘를 받아 수사를 보조할 수 있다(「형사소송법」 제196조 제1항, 제2항). 한편, 「형사소송법」은 경사, 순경 등 사법경찰리 이외에 삼림, 해사, 전매, 세무 등 특별한 사항에 관하여 법률로써 특별사법경찰관리를 정할 수 있도록 하고 있는데(제196조 제3항, 제197조), 이에 관한 법률이 「사법경찰관리의 직무를 수행할 자와 그 직무범위에 관한 법률」이다.

동법은 환경범죄를 담당할 특별사법경찰관리에 관한 규정을 두고 있다. 이에 따르면 특별사법경찰관리는 환경부, 특별시 · 광역시 · 도 및 시 · 군 · 구에 근무하며 환경관계 단속 사무에 종사하는 4급부터 9급까지의 국가공무원 및 지방공무원 중에서 그 소속관서의 장의 제청에 의하여 그 근무지를 관할하는 지방검찰청검사장이 지명하게 되는데, 7급 이상의 국가 · 지방공무원은 사법경찰관의 직무를, 8급 · 9급의 국가 · 지방공무원은 사법경찰리의 직무를 수행한다(제5조). 특별사법경찰관리로 지명받은 자는 그 소속관서 관할 구역에서 발생하는 「대기환경보전법」, 「물환경보전법」, 「소음 · 진동관리법」, 「화학물질 관리법」, 「폐기물관리법」, 「토양환경보전법」 등 환경관계법에 규정된 범죄를 관할한다(제6조 제19호).

현재 900명 이상의 환경관련 공무원이 환경범죄를 수사할 수 있는 특별경찰관리로 지정되어 있으나,[23] 대부분 전문가가 아닌 일반 행정사무담당자들일 뿐만 아니라 그나마 보직이 수시로 변경되어 전문성이 결여되어 있으며, 더구나 수사업무에 대한 교육을 거의 받지 못하여 독자적으로 환경사범을 수사하여 검찰에 송치할 능력을 갖추고 있지 못한 것으로 알려지고 있다.[24] 따라서 현실적으로 수사를 하기보다는 검찰에 고발하거나 단속자료를 송부하는 데 그치고 있다.[25] 전문성을 가지고 있는 환경관련 공무원의 보다 적극적인 수사권 발동과 이를 통한 환경사범의 근절이 중요한 과제로 떠오르고 있는 것이다.

23) 2002년 현재 환경분야 특별사법경찰관리로 지명된 사람은 930명이다. "올 환경범죄 827건 적발", 경향신문, 2002. 12. 25. 기사.

24) 이동기, "환경범죄의 유형과 규제방안", 배준상교수 정년 기념 논문집, 법원사, 1997, 1090면. 미국에서는 환경보호처(EPA) 내에 환경범죄의 소추를 전담하는 부서가 설치되어 있다. 신동운(각주 3), 21면.

25) 김주덕, "국가의 지구환경보호책임과 환경검찰권 행사방안 연구", 저스티스 제30권 제2호, 1997, 27면, 환경범죄의 수사는 80~90%가 환경담당공무원의 고발에 의하고 있다. 김익기 · 김성언(각주 8), 95면.

[판례색인]

[사항색인]

[ㅇ]

[영문]

[저자약력]
고려대학교 법과대학 졸업
S. J. D., University of Wisconsin, Law School
제27회 사법시험 합격(연수원 18기)
(전) 한양대학교 법학전문대학원 교수
(전) 한국환경법학회 회장
진앤리 법률사무소 변호사
국제환경법정책학회 회장

[저서 및 논문]
환경법 –문제 · 사례–
국제환경법
로스쿨환경법
환경법연습
Stopping Environmental Injustice: Hazardous Waste Trade(S. J. D. 학위논문)
환경영향평가와 사법심사
지하수의 공유화
토양환경보전법상 오염원인자 조항의 위헌성과 위헌성 제거방안
환경오염피해 배상책임 및 구제에 관한 법률의 평가와 향후 과제
Is the Korean Soil Environment Conservation Act's Liability Too Severe?: Learning from CERCLA 외 다수

제 8 판 환 경 법

2010년 3월 10일 초 판 발행
2012년 3월 5일 제2판 발행
2014년 2월 28일 제3판 발행
2017년 8월 30일 제4판 발행
2019년 2월 27일 제5판 발행
2022년 2월 25일 제6판 발행
2024년 3월 5일 제7판 발행
2025년 3월 5일 제8판 발행

저 자 김 홍 균
발행인 임 권 규
발행처 弘 文 社

05855 서울시 송파구 송파대로 167 테라타워 B동 802호
등록 1993. 6. 24. 제1-1543호
TEL. 712-5311(代) FAX. 716-5311

값 55,000원

ISBN 978-89-7770-769-6 93360